仪 表 工 手 册

第二版

乐嘉谦　主编

化学工业出版社

·北 京·

本书第一版出版后因其内容丰富，实用性、针对性强，深受广大读者的喜爱，并成为仪表工得心应手的工具。

本次修订中，作者针对检测与过程控制仪表发展快的特点，力求将最新知识编入其中。本书主要增加了环境监测仪表和现场总线两大部分。这两部分均呈现在自动控制领域的热点和重点，其他部分去旧增新。

本书主要针对从事自动化工作的工程技术人员及技术工人，对他们有很高的参考价值。

图书在版编目（CIP）数据

仪表工手册/乐嘉谦主编．—2版．—北京：化学工业出版社，2003.7（2023.7重印）
ISBN 978-7-5025-4506-2

Ⅰ．仪…　Ⅱ．乐…　Ⅲ．仪表-手册　Ⅳ．TH7-62

中国版本图书馆CIP数据核字（2003）第045248号

责任编辑：刘　哲　陈逢阳　　　文字编辑：麻雪丽　吴　俊
责任校对：顾淑云　　　装帧设计：于　兵

出版发行：化学工业出版社（北京市东城区青年湖南街13号　邮政编码100011）
印　　装：三河市航远印刷有限公司
787mm×1092mm　1/16　印张57½　字数2039千字　2023年7月北京第2版第22次印刷

购书咨询：010-64518888　　　售后服务：010-64518899
网　　址：http://www.cip.com.cn
凡购买本书，如有缺损质量问题，本社销售中心负责调换。

定　　价：168.00元
京化广临字2015—13号

第二版前言

《仪表工手册》第一版基本上将企业过程自动化技术人员和仪表工人所关心的问题编写成册，并力求将最新知识编入其中。

自《仪表工手册》出版以来，除仪表自动化领域变化快之外，人们环保意识不断增强，对环境保护与监测也越来越关心和重视，石油、化工企业废气、废水的排放和监测也受到人们普遍的关注；大型传动机械和设备的安全运行直接关系到企业安全生产和经济效益，旋转机械的保护和监测在石油、化工、电力、冶金等行业越来越受到各级领导和管理人员的关心和重视。基于这些情况，《仪表工手册》第二版增加了环保和旋转机械保护与监测的内容。

现场总线逐渐走向成熟，这几年发展方兴未艾，2000 年通过了现场总线国际标准 IEC 61158。现场总线系统（FCS）将改变过程自动化“孤岛”状态，将自动化、信息化结合成一体，预示着过程自动化发展的方向。《仪表工手册》第二版简要地介绍了基金会总线 FF、Profibus、WorldFIP 4 种现场总线。

有关检测仪表和 DCS，在《仪表工手册》第二版中做了相当大的调整和补充，删去相对落后的产品介绍，诸如数字显示仪表、自动平衡电桥和 DDZ-Ⅲ调节器，增加智能变送器和先进控制技术等内容。对于 DCS 系统，以浙大中控 SUPCON WebField ECS-100 为重点，做比较系统的介绍，删去 SUPCONJX-300 内容；用 Honey Well 公司 Plant Scape 应用于批量处理、过程控制、数据采集与控制系统替代 TDC-3000；增加 Rosemount 公司新产品 Delta Ⅴ系统，力求将 DCS 最新成果编入其中。

手册中第 4 篇仪表检定与校准和第 5 篇仪表安装，由于这两部分技术比较成熟，近年来变化不太大，所以第二版不做大的改动。

仪表日常维护与常见故障处理作为《仪表工手册》独立一篇，深受广大仪表工的欢迎。第二版增加了控制系统与 DCS 故障处理，以及联锁系统故障处理的内容。

参加编写的人员如下。

第 1 篇　乐嘉谦；第 2 篇　方卫东；第 3 篇　蔡亚吉、乐嘉谦、金建祥、俞海斌、童剑青；第 4 篇　章顺增；第 5 篇　严言友；第 6 篇　乐嘉谦。参加第 6 篇第 2 章编写的还有冯宝罗、涂勇、张会国、何谦、鞠晓程。

全书由乐嘉谦统稿和定稿。

由于编辑时间仓促，信息和水平有限，难免有不妥之处，敬请指正。

编者

第一版前言

《仪表工手册》是仪表工的朋友，应当成为仪表工得心应手的工具。在化学工业出版社的组织下，编者以此为宗旨进行编写。

仪表工在生产过程中对检测与过程控制仪表进行日常维护和故障处理，涉及知识面十分广泛，不但要精通检测仪表、调节器和执行器等工作原理和结构特点，而且要有一定的过程控制（自动化）知识。在故障现象中不仅有仪表故障，而且混杂有工艺和设备故障，仪表工要分析与判断故障，必须要有一定的化工工艺知识和化工设备知识。对于化工、石油化工等行业，易燃、易爆和有毒是行业的特点，仪表工在处理故障时，对这类问题绝对不能掉以轻心。

除日常维护外，企业有不少技改项目，既有仪表专业技改项目，亦有工艺技改项目，需要仪表配合实施，这些大大小小的项目，需要设计（大项目可以委托设计）、施工准备、安装、开车等一系列工作，仪表施工、安装知识是和日常维护同样重要的知识。对于安装公司仪表工而言，仪表安装是他们的专业，当然就更重要了。

中华人民共和国计量法颁布实施有10余年了，检测与过程控制仪表绝大部分属于计量器具，对于计量器具要根据计量法规要求实施法制管理。每一个仪表工都应有很强的法制观念，使用法定计量单位对计量器具进行周期检定，建立企业最高计量标准等。

计算机技术被大量地应用于过程控制中，集散控制系统（DCS）和可编程序控制器方面的知识，仪表工需要了解和掌握。

针对以上仪表工在日常工作中需要和可能涉及到的知识，编者尽可能编入《仪表工手册》。考虑到携带和翻阅方便，在编写过程中，侧重于资料性、实用性和针对性，对于工作原理以及仪表工已经掌握的基本知识一带而过，不再详细介绍。由于检测与过程控制仪表发展很快，知识老化现象比较严重，《仪表工手册》力求将最新知识编入其中。

仪表日常维护与常见故障处理作为《仪表工手册》独立的一篇，是为了加强手册的实用性。这一篇内容主要是编者和广大从事仪表和控制的工程技术人员、仪表工在多年工作中的经验和体会，谨供借鉴和参考。

《仪表工手册》根据中、高级仪表工技能水平和知识范围进行编写。其中一些经验体会和资料可供工程技术人员参考和应用。

参加编写的人员如下：第一篇乐嘉谦；第二篇方卫东；第三篇蔡亚吉；第四篇章顺增；第五篇严言友；第六篇乐嘉谦，其中第二章第二节仪表常见故障处理实例中部分实例由泸天化张先政、涂勇、何谦、张中华提供。全书由乐嘉谦定稿。

由于编辑时间仓促以及水平有限，肯定会有不少谬误之处，请读者雅正。

编者

1997年4月

目　　录

第1篇　基础知识

第 2 篇 仪表与控制系统

第 3 篇 可编程控制器和集散控制系统

第4篇 仪表检定与校准

第5篇 仪 表 安 装

第 6 篇 仪表日常维护与常见故障处理

第1篇　基础知识

第1章　仪表基础知识

1　仪表分类

检测与过程控制仪表（通常称自动化仪表）分类方法很多，根据不同原则可以进行相应的分类。例如按仪表所使用的能源分类，可以分为气动仪表、电动仪表和液动仪表（很少见）；按仪表组合形式，可以分为基地式仪表、单元组合仪表和综合控制装置；按仪表安装形式，可以分为现场仪表、盘装仪表和架装仪表；随着微处理机的蓬勃发展，根据仪表有否引入微处理机（器）又可以分为智能仪表与非智能仪表；根据仪表信号的形式可分为模拟仪表和数字仪表。

检测与过程控制仪表最通用的分类，是按仪表在测量与控制系统中的作用进行划分，一般分为检测仪表、显示仪表、调节（控制）仪表和执行器4大类，见表1-1-1。

检测仪表根据其被测变量不同，根据化工生产5大参量又可分为温度检测仪表、流量检测仪表、压力检测仪表、物位检测仪表和分析仪表（器）。

表1-1-1　检测与过程控制仪表分类表

按功能	按被测变量	按工作原理或结构形式	按组合形式	按能源	其他
检测仪表	压力	液柱式，弹性式，电气式，活塞式	单元组合	电、气	智能
	温度	膨胀式，热电偶，热电阻，光学，辐射	单元组合		智能
	流量	节流式，转子式，容积式，速度式，靶式，电磁，旋涡	单元组合	电、气	智能
	物位	直读，浮力，静压，电学，声波，辐射，光学	单元组合	电、气	智能
	成分	pH值，氧分析，色谱，红外，紫外	实验室和流程		
显示仪表		模拟和数字 指示和记录 动圈，自动平衡电桥，电位差计		电、气	单点，多点，打印，笔录
调节（控制）仪表		自力式 组装式 可编程	基地式 单元组合	气动 电动	
执行器	执行机构	薄膜，活塞，长行程，其他	执行机构和阀可以进行各种组合	气、电、液	
	阀	直通单座，直通双座，套筒（笼式）球阀，蝶阀，隔膜阀，偏心旋转，角形，三通，阀体分离			直线，对数，抛物线，快开

显示仪表根据记录和指示、模拟与数字等功能，又可以分为记录仪表和指示仪表、模拟仪表和数显仪表，其中记录仪表又可分为单点记录和多点记录（指示亦可以有单点和多点），其中又有有纸记录或无纸记录，若是有纸纪录又分笔录和打印记录。

调节仪表可以分为基地式调节仪表和单元组合式调节仪表。由于微处理机引入，又有可编程调节器与固定程序调节器之分。

执行器由执行机构和调节阀两部分组成。执行机构按能源划分有气动执行器、电动执行器和液动执行器，按结构形式可以分为薄膜式、活塞式（气缸式）和长行程执行机构。调节阀根据其结构特点和流量特性不同进行分类，按结构特点分通常有直通单座、直通双座、三通、角形、隔膜、蝶形、球阀、偏心旋转、套筒（笼式)、阀体分离等，按流量特性分有直线、对数（等百分比)、抛物线、快开等。

这类分类方法相对比较合理，仪表覆盖面也比较广，但任何一种分类方法均不能将所有仪表分门别类地划分得井井有序，它们中间互有渗透，彼此沟通。例如变送器具有多种功能，温度变送器可以划归温度检测仪表，差压变送器可以划归流量检测仪表，压力变送器可以划归压力检测仪表，若用静压法测液位可以划归物位检测仪表，很难确切划归哪一类。另外单元组合仪表中的计算和辅助单元也很难归并。

2 仪表主要性能指标

2.1 概述

在工程上仪表性能指标通常用精确度（又称精度)、变差、灵敏度来描述。仪表工校验仪表通常也是调校精确度、变差和灵敏度 3 项。变差是指仪表被测变量（可理解为输入信号）多次从不同方向达到同一数值时，仪表指示值之间的最大差值，或者说是仪表在外界条件不变的情况下，被测参数由小到大变化（正向特性）和被测参数由大到小变化（反向特性）不一致的程度，两者之差即为仪表变差，如图 1-1-1 所示。变差大小取最大绝对误差与仪表标尺范围之比的百分比：

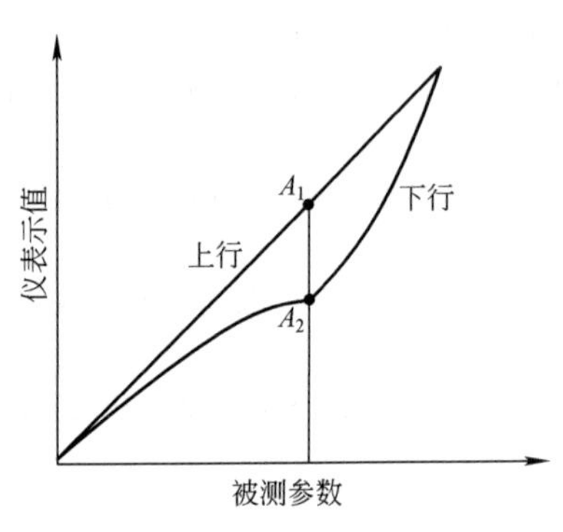

图 1-1-1　仪表变差特性

$$变差=\frac{\Delta_{max}}{标尺上限值-标尺下限值}\times 100\% \tag{1-1-1}$$

其中 $\Delta_{max}=|A_1-A_2|$

变差产生的主要原因是仪表传动机构的间隙，运动部件的摩擦，弹性元件滞后等。随着仪表制造技术的不断改进，特别是微电子技术的引入，许多仪表全电子化了，无可动部件，模拟仪表改为数字仪表等，所以变差这个指标在智能型仪表中显得不那么重要和突出了。

灵敏度是指仪表对被测参数变化的灵敏程度，或者说是对被测的量变化的反应能力，是在稳态下，输出变化增量对输入变化增量的比值：

$$s=\frac{\Delta L}{\Delta x} \tag{1-1-2}$$

式中　s ——仪表灵敏度；

ΔL ——仪表输出变化增量；

Δx ——仪表输入变化增量。

灵敏度有时也称“放大比”，也是仪表静特性曲线上各点的斜率。增加放大倍数可以提高仪表灵敏度，单纯加大灵敏度并不改变仪表的基本性能，即仪表精度并没有提高，相反有时会出现振荡现象，造成输出不稳定。仪表灵敏度应保持适当的量。

然而对于仪表用户，诸如化工企业仪表工来讲，仪表精度固然是一个重要指标，但在实际使用中，往往更强调仪表的稳定性和可靠性，因为化工企业检测与过程控制仪表用于计量的为数不多，而大量的是用于检测。另外，使用在过程控制系统中的检测仪表，其稳定性、可靠性比精度更为重要。

2.2 精确度

仪表精确度简称精度，又称准确度。精确度和误差可以说是孪生兄弟，因为有误差的存在，才有精确度这个概念。仪表精确度简言之就是仪表测量值接近真值的准确程度，通常用相对百分误差（也称相对折合误差）表示。相对百分误差公式如下：

$$\delta=\frac{\Delta x}{标尺上限值-标尺下限值}\times 100\% \tag{1-1-3}$$

式中　δ——检测过程中相对百分误差；

（标尺上限值－标尺下限值）——仪表测量范围；

Δx——绝对误差，是被测参数测量值 x_1 和被测参数标准值 x_0 之差。

所谓标准值是精确度比被测仪表高 3～5 倍的标准表测得的数值。

从式（1-1-3）中可以看出，仪表精确度不仅和绝对误差有关，而且和仪表的测量范围有关。绝对误差大，相对百分误差就大，仪表精确度就低。如果绝对误差相同的两台仪表，其测量范围不同，那么测量范围大的仪表相对百分误差就小，仪表精确度就高。精确度是仪表很重要的一个质量指标，常用精度等级来规范和表示。精度等级就是最大相对百分误差去掉正负号和%。按国家统一规定划分的等级有0.005，0.02，0.05，0.1，0.2，0.35，0.5，1.0，1.5，2.5，4等。仪表精度等级一般都标志在仪表标尺或标牌上，如◇0.5◇，(0.5)，0.5等，数字越小，说明仪表精确度越高。

要提高仪表精确度，就要进行误差分析。误差通常可以分为疏忽误差、缓变误差、系统误差和随机误差。疏忽误差是指测量过程中人为造成的误差，一则可以克服，二则和仪表本身没有什么关系。缓变误差是由于仪表内部元器件老化过程引起的，它可以用更换元器件、零部件或通过不断校正加以克服和消除。系统误差是指对同一被测参数进行多次重复测量时，所出现的数值大小或符号都相同的误差，或按一定规律变化的误差，可以通过分析计算加以处理，使其最后的影响减到最小，但是难以完全消除。随机误差（偶然误差）是由于某些目前尚未被人们认识的偶然因素所引起，其数值大小和性质都不固定，难以估计，但可以通过统计方法从理论上估计其对检测结果的影响。误差来源主要指系统误差和随机误差。在用误差表示精度时，是指随机误差和系统误差之和。

2.3 复现性

测量复现性是在不同测量条件下，如不同的方法，不同的观测者，在不同的检测环境对同一被检测的量进行检测时，其测量结果一致的程度。测量复现性作为仪表的性能指标，表征仪表的特性尚不普及，但是随着智能仪表的问世、发展和完善，复现性必将成为仪表的重要性能指标。

测量的精确性不仅仅是仪表的精确度，它还包括各种因素对测量参数的影响，是综合误差。以电动Ⅲ型差压变送器为例，综合误差如下式所示：

$$e_{综}=(e_0^2+e_1^2+e_2^2+e_3^2+e_4^2+\cdots)^{1/2} \tag{1-1-4}$$

式中 e_0——(25±1)℃状态下的参考精度，±0.25%或±0.5%；

e_1——环境温度对零点（4mA）的影响，±1.75%；

e_2——环境温度对全量程（20mA）的影响，±0.5%；

e_3——工作压力对零点（4mA）的影响，±0.25%；

e_4——工作压力对全量程（20mA）的影响，±0.25%。

将e_0、e_1、e_2、e_3、e_4的数值代入式（1-1-4）得：

$$\begin{aligned}e_{综}&=[(0.25)^2+(1.75)^2+(0.5)^2+(0.25)^2+(0.25)^2]^{1/2}\\&=\pm1.87\%\end{aligned}$$

这说明0.25级电动Ⅲ型差压变送器测量精度由于温度和工作压力变化的影响，由原来的0.25级下降为1.87级，说明这台仪表复现性差。它也说明对同一被测的量进行检测时，由于测量条件不同，受到环境温度和工作压力的影响，其测量结果一致的程度差。

若用一台全智能差压变送器代替上例中电动Ⅲ型差压变送器，对应于式（1-1-4）中的$e_0=\pm0.0625\%$，$e_1+e_2=\pm0.075\%$，$e_3+e_4=\pm0.15\%$，代入式（1-1-4）得$e_{综}=\pm0.18\%$，由此可见全智能差压变送器测量综合误差$e_{综}=\pm0.18\%$，要比电动Ⅲ型差压变送器$e_{综}=\pm1.87\%$小得多，说明全智能差压变送器对温度和压力进行补偿、抗环境温度和工作压力能力强。可以用仪表复现性来描述仪表的抗干扰能力。

测量复现性通常用不确定度来估计。不确定度是由于测量误差的存在而对被测量值不能肯定的程度，可采用方差或标准差（取方差的正平方根）表示。不确定度的所有分量分为两类：

A类：用统计方法确定的分量；

B类：用非统计方法确定的分量。

设A类不确定度的方差为s_i^2（标准差为s_i），B类不确定度假定存在的相应近似方差为u_j^2（标准差为u_j），则合成不确定度为：

$$\sigma=\sqrt{\sum s_i^2+\sum u_j^2} \tag{1-1-5}$$

2.4 稳定性

在规定工作条件内，仪表某些性能随时间保持不变的能力称为稳定性（度）。仪表稳定性是化工企业仪表工十分关心的一个性能指标。由于化工企业使用仪表的环境相对比较恶劣，被测量的介质温度、压力变化也相对比较大，在这种环境中投入仪表使用，仪表的某些部件随时间保持不变的能力会降低，仪表的稳定性会下降。衡量或表征仪表稳定性现在尚未有定量值，化工企业通常用仪表零点漂移来衡量仪表的稳定性。仪表投入运行一年之中零位没有漂移，说明这台仪表稳定性好，相反仪表投入运行不到 3 个月，仪表零位就变了，说明仪表稳定性不好。仪表稳定性的好坏直接关系到仪表的使用范围，有时直接影响化工生产。仪表稳定性不好造成的影响往往比仪表精度下降对化工生产的影响还要大。仪表稳定性不好，仪表维护量增大，是仪表工最不希望出现的事情。

2.5 可靠性

仪表可靠性是化工企业仪表工所追求的另一个重要性能指标。可靠性和仪表维护量是相辅相成的，仪表可靠性高说明仪表维修量小，反之仪表可靠性差，仪表维护量就大。对于化工企业检测与过程控制仪表，大部分安装在工艺管道、各类塔、釜、罐、器上，而且化工生产的连续性，多数为有毒、易燃易爆的环境，给仪表维护增加了很多困难，一是考虑化工生产安全，二是关系到仪表维护人员人身安全，所以化工企业使用检测与过程控制仪表要求维护量越小越好，亦即要求仪表可靠性尽可能地高。

随着仪表更新换代，特别是微电子技术引入仪表制造行业，使仪表可靠性大大提高。仪表生产厂商对这个性能指标也越来越重视，通常用平均无故障时间 MTBF 来描述仪表的可靠性。一台全智能变送器的 MTBF 比一般非智能仪表如电动Ⅲ型差压变送器要高 10 倍左右，它可高达 100～390 年。

第 2 章　常用图例符号

1　常用仪表、控制图形符号

根据国家行业标准 HG 20505—92《过程检测和控制系统用文字代号和图形符号》，参照 GB 2625—81 国家标准，化工自控常用图形及文字代号如下。

1.1　图形符号

1.1.1　测量点

测量点（包括检出元件）是由过程设备或管道符号引到仪表圆圈的连接引线的起点，一般无特定的图形符号，如图 1-2-1(a) 所示。

若测量点位于设备中，当有必要标出测量点在过程设备中的位置时，可在引线的起点加一个直径为 2mm 的小圆符号或加虚线，如图 1-2-1(b) 所示。必要时，检出元件或检出仪表可以用表 1-2-2 所列的图形符号表示。

测量点

测量点

(a)

(b)

图 1-2-1　测量点

1.1.2　连接线图形符号

仪表圆圈与过程测量点的连接引线，通用的仪表信号线和能源线的符号是细实线。当有必要标注能源类别时，可采用相应的缩写标注在能源线符号之上。例如 AS-0.14 为 0.14MPa 的空气源，ES-24DC 为 24V 的直流电源。

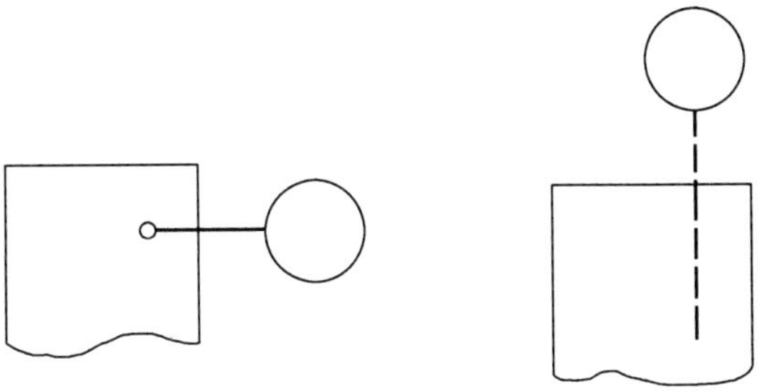

当通用的仪表信号线为细实线可能造成混淆时，通用信号线符号可在细实线上加斜短划线（斜短划线与细实线成 45°角）。

仪表连接线图形符号见表 1-2-1。

表 1-2-1　仪表连线符号表

序　号	类　　别	图 形 符 号	备　注
1	仪表与工艺设备、管道上测量点的连接线或机械连动线	(细实线；下同)	
2	通用的仪表信号线		
3	连接线交叉		
4	连接线相接	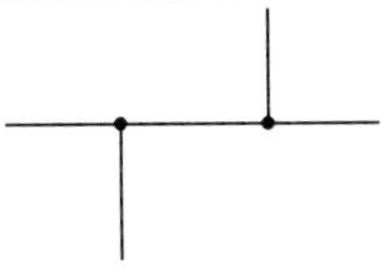	
5	表示信号的方向	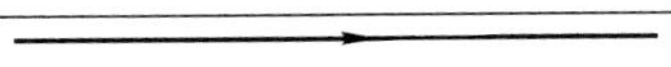	
当有必要区分信号线的类别时			
6	气压信号线	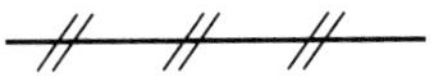	短划线与细实线成 45°角，下同

续表

序 号	类 别	图 形 符 号	备 注
7	电信号线	或	
8	导压毛细管		
9	液压信号线		
10	电磁、辐射、热、光、声波等信号线(有导向)		
11	电磁、辐射、热、光、声波等信号线(无导向)		
12	内部系统链(软件或数据链)		
13	机械链		
14	二进制电信号	或	
15	二进制气信号		

1.1.3 仪表图形符号

仪表图形符号是直径为 12mm（或 10mm）的细实线圆圈。仪表位号的字母或阿拉伯数字较多，圆圈内不能容纳时，可以断开。如图 1-2-2(a) 所示。处理两个或多个变量，或处理一个变量但有多个功能的复式仪表，可用相切的仪表圆圈表示，如图 1-2-2(b) 所示。当两个测量点引到一台复式仪表上，而两个测量点在图纸上距离较远或不在同一张图纸上，则分别用两个相切的实线圆圈和虚线圆圈表示，见图 1-2-2(c) 所示。

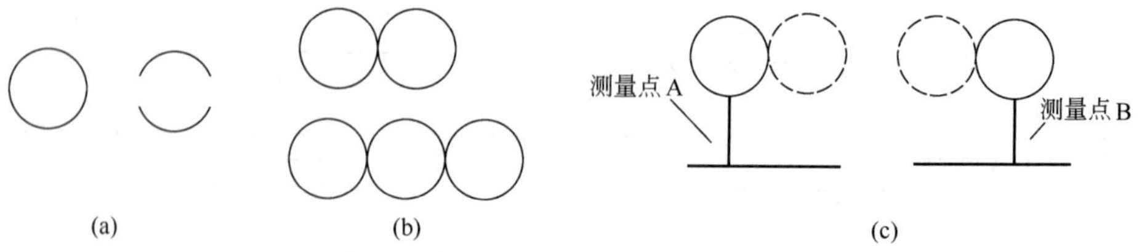

图 1-2-2 仪表图形符号

分散控制系统（又称集散控制系统）仪表图形符号是直径为 12mm（或 10mm）的细实线圆圈，外加与圆圈相切的细实线方框，如图 1-2-3(a) 所示。作为分散控制系统一个部件的计算机功能图形符号，是对角线长为 12mm（或 10mm）的细实线六边形，如图 1-2-3(b) 所示。分散控制系统内部连接的可编程序逻辑控制器功能图形符号如图 1-2-3(c) 所示，外四方形边长为 12mm（或 10mm）。

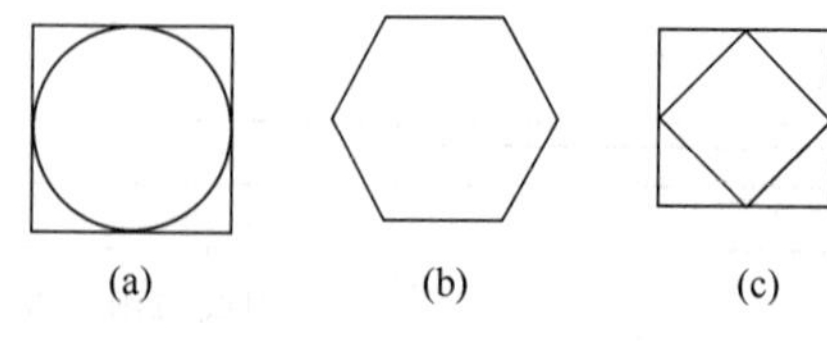

图 1-2-3 分散控制系统仪表图形符号

其他仪表或功能图形符号见表 1-2-2。

表 1-2-2　仪表功能图形符号

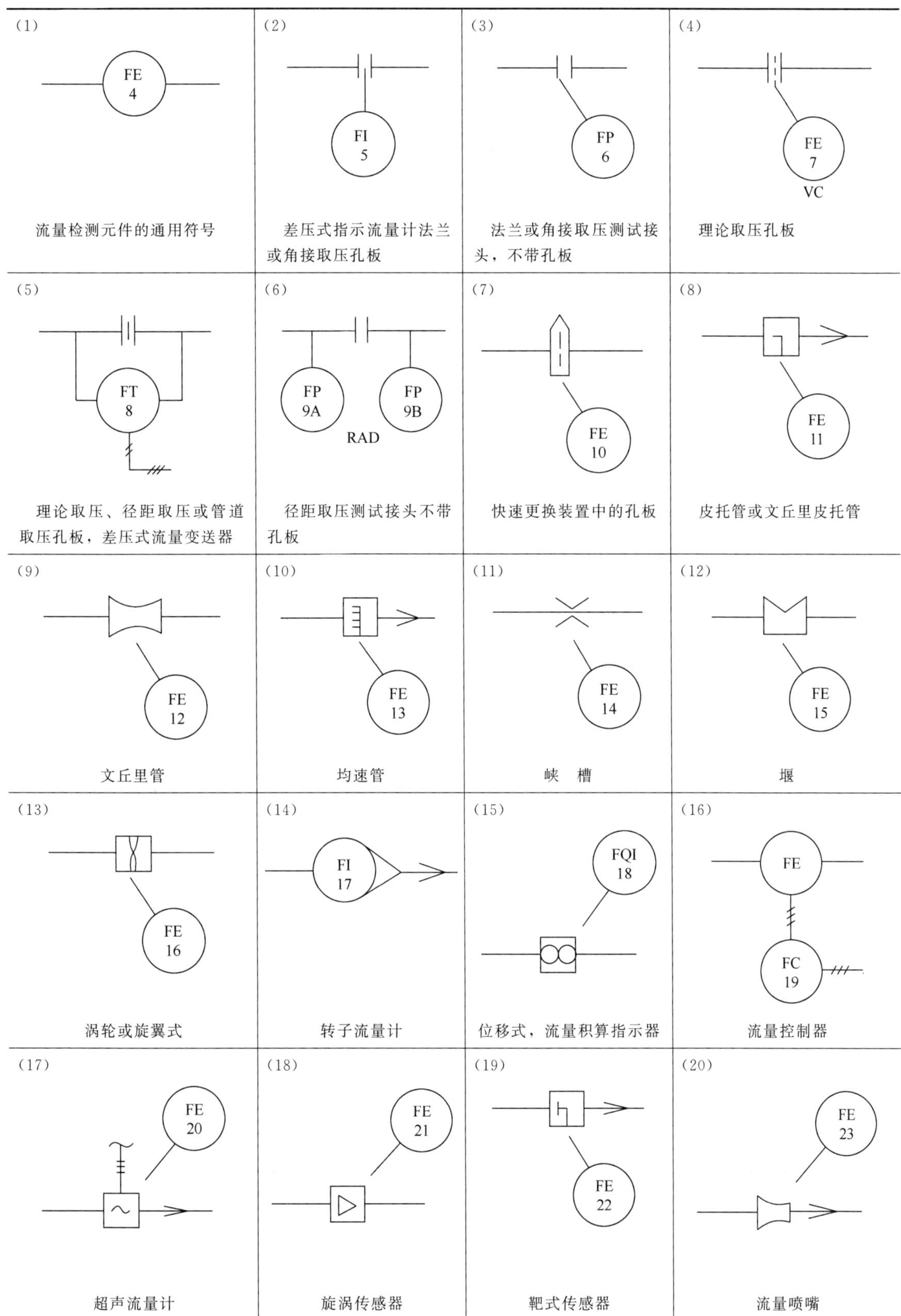

续表

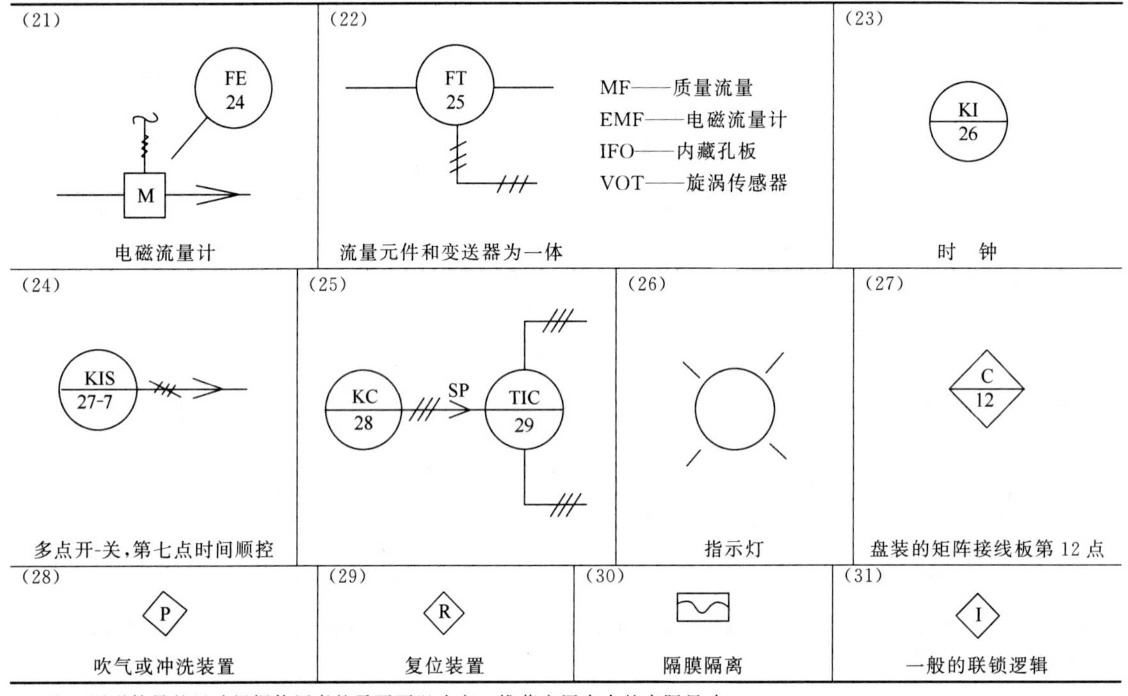

注：图形符号的尺寸根据使用者的需要可以改变，推荐应用表中的实际尺寸。

1.1.4　表示仪表安装位置图形符号

表示仪表安装位置的图形符号见表 1-2-3。

表 1-2-3　表示仪表安装位置的图形符号

项　目	主要位置 操作员监视用①	现场安装 正常情况下，操作员不监视	辅助位置 操作员监视用
离散仪表	(1)　IPI②	(2)	(3)
共用显示 共用控制	(4)	(5)	(6)
计算机功能	(7)	(8)	(9)
可编程序 逻辑控制 功能	(10)	(11)	(12)

① 正常情况下操作员不监视，或盘后安装的仪表设备或功能，仪表图形符号列可表示为：

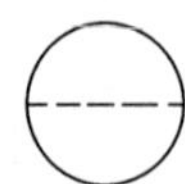

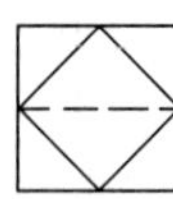

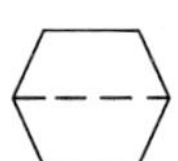

② 在需要时标注仪表盘号或操作台号。

1.1.5 调节阀体图形符号、风门图形符号

调节阀体图形符号、风门图形符号见表 1-2-4。

表 1-2-4 调节阀体图形符号、风门图形符号

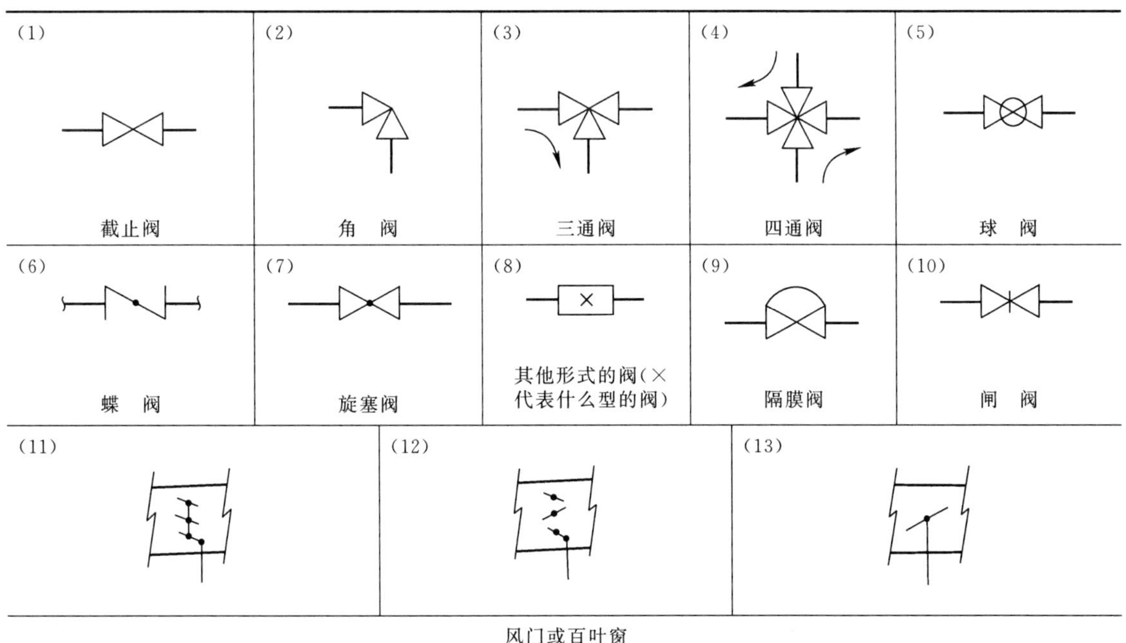

1.1.6 执行机构图形符号

执行机构图形符号见表 1-2-5。

表 1-2-5 执行机构图形符号

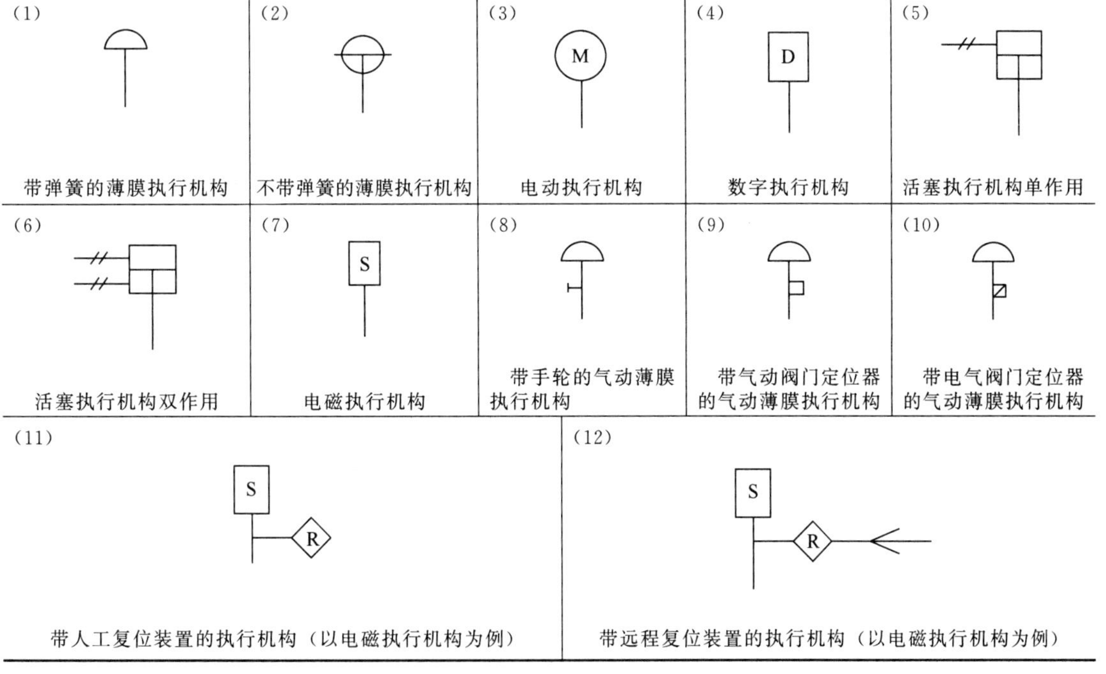

1.1.7 执行机构能源中断时控制位置的图形符号

执行机构能源中断时调节阀位置的图形符号，以带弹簧的气动薄膜执行机构调节阀为例，见表 1-2-6。

表 1-2-6　执行机构能源中断时调节阀位置的图形符号

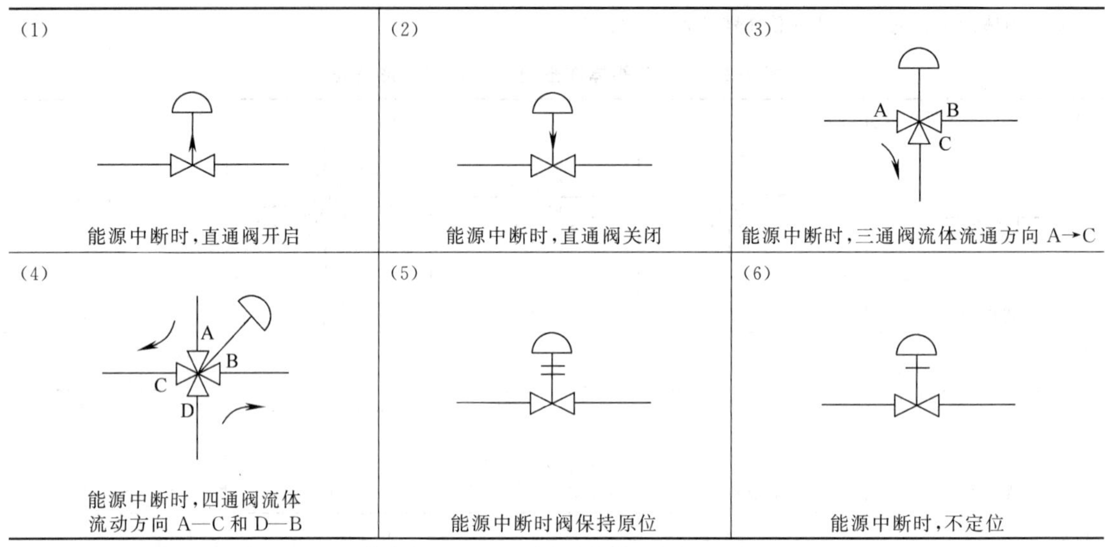

(1)
能源中断时,直通阀开启
(2)
能源中断时,直通阀关闭
(3)
A
B
C
能源中断时,三通阀流体流通方向 A→C
(4)
A
B
C
D
能源中断时,四通阀流体
流动方向 A—C 和 D—B
(5)
能源中断时阀保持原位
(6)
能源中断时,不定位

注：上述图形符号中，若不用箭头、横线表示，也可以在调节阀体下部标注下列缩写词

FO ——能源中断时阀开启；

FC ——能源中断时阀关闭；

FL ——能源中断时阀保持原位；

FI ——能源中断时任意位置。

1.1.8　配管管线图例符号

配管管线图例符号见表 1-2-7。

表 1-2-7　配管管线图例符号

序号	内　　容	图形符号	序号	内　　容	图形符号
1	单管向下		4	管束向上	
2	单管向上		5	管束向下分叉平走	
3	管束向下		6	管束向上分叉平走	

1.2　字母代号

1.2.1　被测变量和仪表功能

表示被测变量和仪表功能的字母代号见表 1-2-8。

表 1-2-8　被测变量和仪表功能的字母代号

字母	第　一　位　字　母		后　继　字　母		
	被测变量或引发变量	修 饰 词	读出功能	输 出 功 能	修 饰 词
A	分析		报警		
B	烧嘴、火焰		供选用	供选用	供选用
C	电导率			控制	
D	密度	差			

续表

字母	第一位字母		后继字母		
	被测变量或引发变量	修饰词	读出功能	输出功能	修饰词
E	电压(电动势)		检测元件		
F	流量	比(分数)			
G	供选用		视镜;观察		
H	手动				高
I	电流		指示		
J	功率	扫描			
K	时间、时间程序	变化速率		操作器	
L	物位		灯		低
M	水分或湿度	瞬动			中、中间
N	供选用		供选用	供选用	供选用
O	供选用		节流孔		
P	压力、真空		连接点、测试点		
Q	数量	积算、累计			
R	核辐射		记录		
S	速度、频率	安全		开关、联锁	
T	温度			传送	
U	多变量		多功能	多功能	多功能
V	振动、机械监视			阀、风门、百叶窗	
W	重量、力		套管		
X	未分类	X 轴	未分类	未分类	未分类
Y	事件、状态	Y 轴		继动器、计算器、转换器	
Z	位置、尺寸	Z 轴		驱动器、执行机构未分类的最终执行元件	

注：1. “供选用”指的是在个别设计中多次使用，而表中未规定其含义。

2. 字母“X”未分类，即表中未规定其含义，适用于在设计中一次或有限几次使用。

3. 后继字母确切含义，根据实际需要可以有不同的解释。

4. 被测变量的任何第一位字母若与修饰字母 D（差）、F（比）、M（瞬间）、K（变化速率）、Q（积算式累计）中任何一个组合在一起，则表示另外一种含义的被测变量，例如 TD1 和 T1 分别表示温差指示和温度指示。

5. 分析变量的字母“A”，当有必要表明具体的分析项目时，在圆圈外右上方写出具体的分析项目，例如分析二氧化碳，圆圈内标 A，圆圈外标注 CO_2。

6. 用后继字母“Y”表示继动或计算功能时，应在仪表圆圈外（一般在右上方）标注它的具体功能，如果功能明显时，也可以不标注。

7. 后继字母修饰词 H（高）、M（中）、L（低）可分别写在仪表圆圈外的右上方。

8. 当 H（高）、L（低）用来表示阀或其他开关装置的位置时，“H”表示阀在全开式接近全开位置，“L”表示阀在全关或接近全关位置。

9. 后继字母“K”表示设置在控制回路内的自动-手动操作器，例如流量控制回路的自动-手动操作器为“FK”，它区别于 HC 手动操作器。

1.2.2 被测变量及仪表功能组合示例

被测变量及仪表功能字母组合示例见表 1-2-9。

表 1-2-9　被测变量及仪表功能字母组合示例

第一位字母	被测变量或引发变量	控制器				读出仪表		开关和报警装置			变送器			电磁阀继动器计算器	检测元件	测试点	套管或探头	视镜观察	安全装置	最终执行元件
		记录	指示	无指示	自力式调节阀	记录	指示	高	低	高低组合	记录	指示	无指示							
A	分析	ARC	AIC	AC		AR	AI	ASH	ASL	ASHL	ART	AIT	AT	AY	AE	AP	AW			AV
B	烧嘴、火焰	BRC	BIC	BC		BR	BI	BSH	BSL	BSHL	BRT	BIT	BT	BY	BE		BW	BG		BZ
C	电导率	CRC	CIC			CR	CI	CSH	CSL	CSHL		CIT	CT	CY	CE					CV
D	密度	DRC	DIC	DC		DR	DI	DSH	DSL	DSHL		DIT	DT	DY	DE					DV
E	电压(电动势)	ERC	EIC	EC		ER	EI	ESH	ESL	ESHL	ERT	EIT	ET	EY	EE					EZ
F	流量	FRC	FIC	FC	FCV FICV	FR	FI	FSH	FSL	FSHL	FRT	FIT	FT	FY	FE	FP		FG		FV
FQ	流量累计	FQRC	FQIC			FQR	FQI	FQSH	FQSL			FQIT	FQT	FQY	FQE					FQV
FF	流量比	FFRC	FFIC	FFC		FFR	FFI	FFSH	FFSL						FE					FFV
G	供选用																			
H	手动		HIC	HC						HS										HV
I	电流	IRC	IIC			IR	II	ISH	ISL	ISHL	IRT	IIT	IT	IY	IE					IZ
J	功率	JRC	JIC			JR	JI	JSH	JSL	JSHL	JRT	JIT	JT	JY	JE					JV
K	时间、时间程序	KRC	KIC	KC	KCV	KR	KI	KSH	KSL	KSHL	KRT	KIT	KT	KY	KE					KV
L	物位	LRC	LIC	LC	LCV	LR	LI	LSH	LSL	LSHL	LRT	LIT	LT	LY	LE		LW	LG		LV
M	水分或湿度	MRC	MIC			MR	MI	MSH	MSL	MSHL		MIT	MT		ME		MW			MV
N	供选用																			
O	供选用																			
P	压力、真空	PRC	PIC	PC	PCV	PR	PI	PSH	PSL	PSHL	PRT	PIT	PT	PY	PE	PP			PSV PSE	PV
PD	压力差	PDRC	PDIC	PDC	PDCV	PDR	PDI	PDSH	PDSL		PDRT	PDIT	PDT	PDY	PE	PP				PDV
Q	流量	QRC	QIC			QR	QI	QSH	QSL	QSHL	QRT	QIT	QT	QY	QE					QZ
R	核辐射	RRC	RIC	RC		RR	RI	RSH	RSL	RSHL	RRT	RIT	RT	RY	RE		RW			RZ
S	速度、频率	SRC	SIC	SC	SCV	SR	SI	SSH	SSL	SSHL	SRT	SIT	ST	SY	SE					SV
T	温度	TRC	TIC	TC	TCV	TR	TI	TSH	TSL	TSHL	TRT	TIT	TT	TY	TE	TP	TW		TSE	TV
TD	温度差	TDRC	TDIC	TDC	TDCV	TDR	TDI	TDSH	TDSL		TDRT	TDIT	TDT	TDY	TE	TP	TW			TDV
U	多变量					UR	UI							UY						UV
V	振动、机械监视					VR	VI	VSH	VSL	VSHL	VRT	VIT	VT	VY	VE					VZ
W	重量、力	WRC	WIC	WC	WCV	WR	WI	WSH	WSL	WSHL	WRT	WIT	WT	WY	WE					WZ
WD	重量差、力差	WDRC	WDIC	WDC	WDCV	WDR	WDI	WDSH	WDSL		WDRT	WDIT	WDT	WDY	WE					WDZ
X	未分类																			
Y	事件、状态		YIC	YC		YR	YI	YSH	YSL				YT	YY	YE					YZ
Z	位置、尺寸	ZRC	ZIC	ZC	ZCV	ZR	ZI	ZSH	ZSL	ZSHL	ZRT	ZIT	ZT	ZY	ZE					ZV
ZD	检尺、位置差	ZDRC	ZDIC	ZDC	ZDCV	ZDR	ZDI	ZDSH	ZDSL		ZDRT	ZDIT	ZDT	ZDY	ZDE					ZDV

其他						
其　他	FIK	带流量指示自动-手动操作	PFI	压缩比指示	QQI	数量积算指示
	FO	限流孔板	TJI	扫描指示	WKIC	失重率指示、控制
	HMS	手动瞬动开关	TJIA	扫描指示、报警		
	KQI	时间或时间程序指示	TJR	扫描记录		
	LCT	液位控制、变送	TJRA	扫描记录、报警		
	LLH	液位指示灯				

1.2.3 继动器和计算器功能的附加符号

继动器和计算器功能的附加符号见表 1-2-10。

表 1-2-10 继动器和计算器功能的附加符号

序号	功 能	符 号	数学方程式	曲线表示法	说 明
1	加或总计(加或减)	$\boxed{\Sigma}$	$M=x_1+x_2+\cdots+x_n$	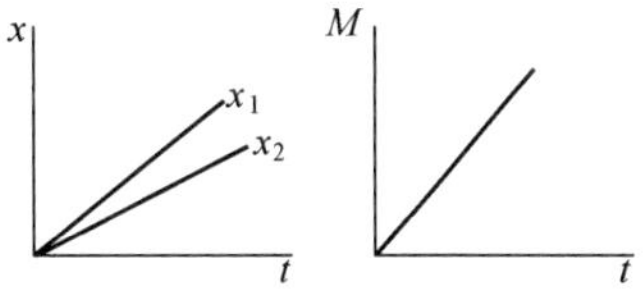 x, x_1, x_2, t; M, t	输出等于输入信号的代数和
2	平均值	$\boxed{\Sigma/n}$	$M=\frac{x_1+x_2+\cdots+x_n}{n}$	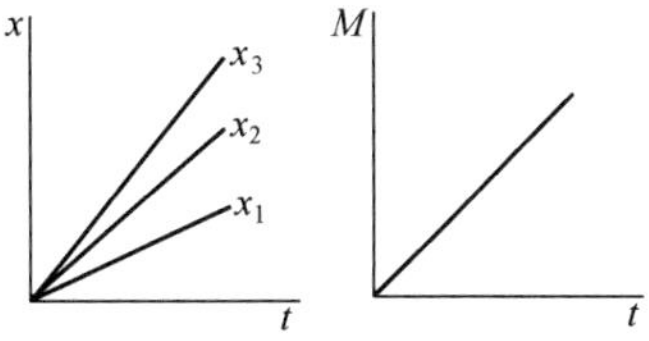 x, x_3, x_2, x_1, t; M, t	输出等于输入信号的代数和除以输入信号数目
3	差 值	$\boxed{\Delta}$	$M=x_1-x_2$	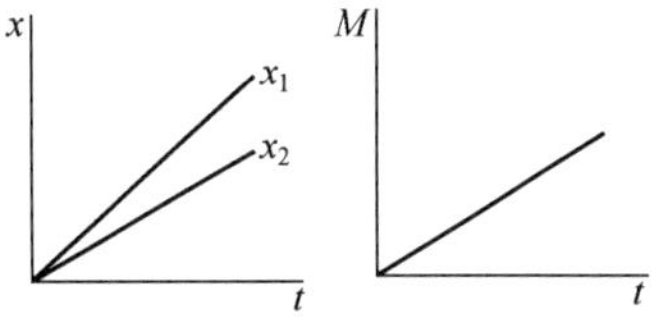 x, x_1, x_2, t; M, t	输出等于输入信号的代数差
4	比 例	$\boxed{\times}$ $\boxed{1:1}$ $\boxed{2:1}$	$M=kx$	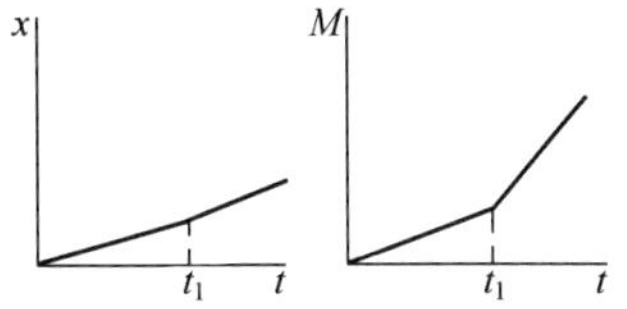 x, t_1, t; M, t_1, t	输出与输入成正比
5	积 分	$\boxed{\int}$	$M=\frac{1}{T_1}\int x\mathrm{d}t$	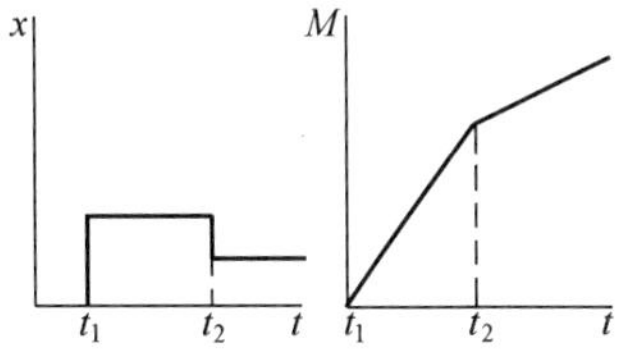 x, t_1, t_2, t; M, t_1, t_2, t	输出随输入信号的幅度和持续时间而变化，输出与输入信号的时间积分成比例
6	微 分	$\boxed{\mathrm{d}/\mathrm{d}t}$	$M=T_D\frac{\mathrm{d}x}{\mathrm{d}t}$	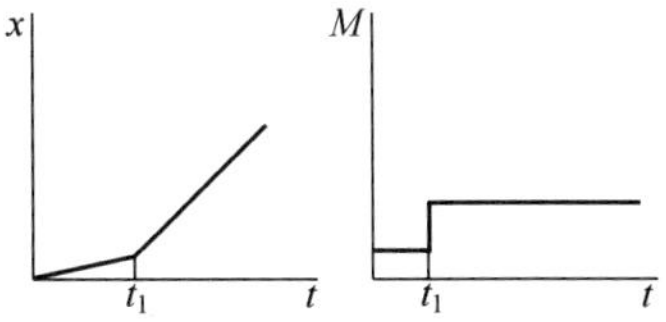 x, t_1, t; M, t_1, t	输出与输入信号的变化率成比例
7	乘 法	$\boxed{\times}$	$M=x_1x_2$	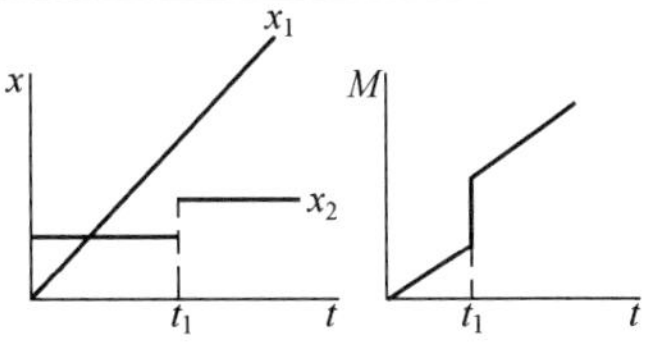 x, x_1, x_2, t_1, t; M, t_1, t	输出等于两个输入信号的乘积
8	除 法	$\boxed{\div}$	$M=\frac{x_1}{x_2}$	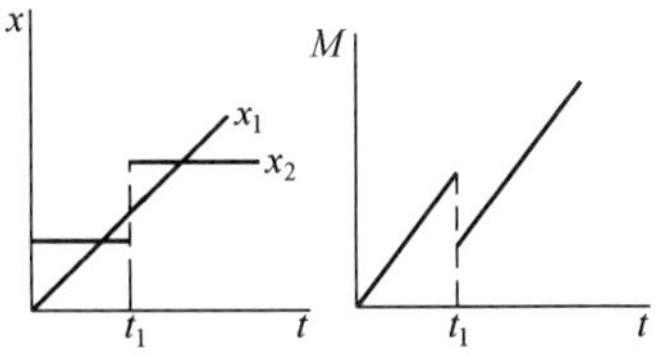 x, x_1, x_2, t_1, t; M, t_1, t	输出等于两个输入信号的商

续表

序号	功　能	符　号	数学方程式	曲线表示法	说　　明
9	方　根	$\sqrt[n]{}$	$m=\sqrt[n]{x}$	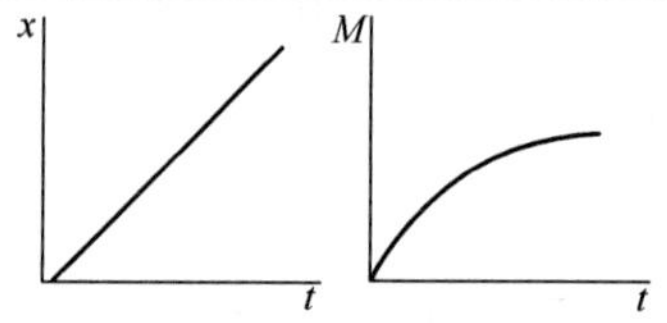 x, t; M, t	输出等于输入信号的开方(如平方根、三次方根、3/2 次方根等)
10	指　数	x^n	$M=x^n$	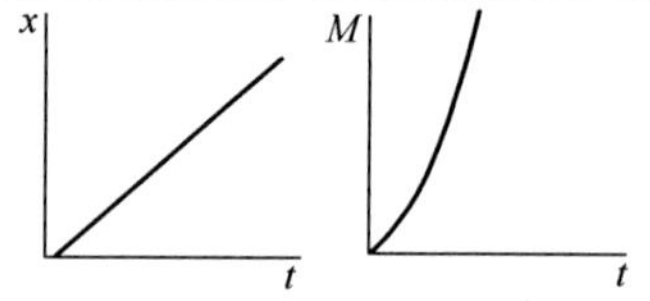 x, t; M, t	输出等于输入信号的 n 次方
11	非线性或未定义函数	$f(x)$	$M=f(x)$	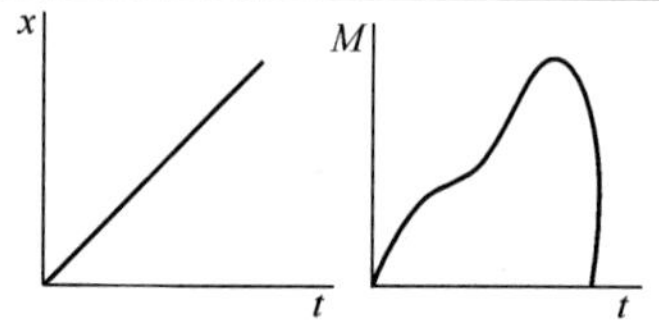 x, t; M, t	输出等于输入信号的某种非线性或未定义函数
12	时间函数	$f(t)$	$M=xf(t)$ $M=f(t)$	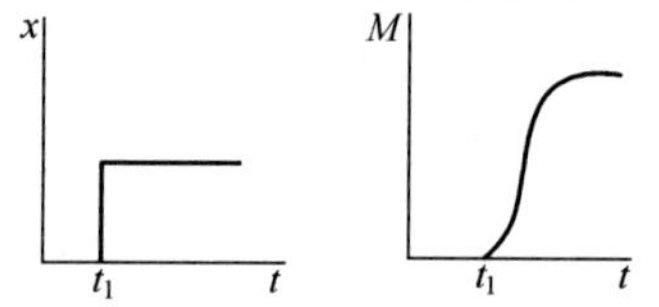 x, t_1, t; M, t_1, t	输出等于输入信号乘某种时间函数或仅等于某种时间函数
13	高　选	$>$	$M=\begin{cases}x_1 \text{ 当 } x_1\geqslant x_2\\ x_2 \text{ 当 } x_1\leqslant x_2\end{cases}$	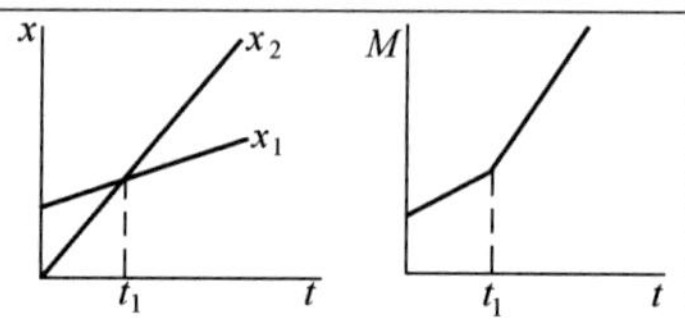 x, x_2, x_1, t_1, t; M, t_1, t	输出等于几个输入信号中的最大值
14	低　选	$<$	$M=\begin{cases}x_1 \text{ 当 } x_1\leqslant x_2\\ x_2 \text{ 当 } x_1\geqslant x_2\end{cases}$	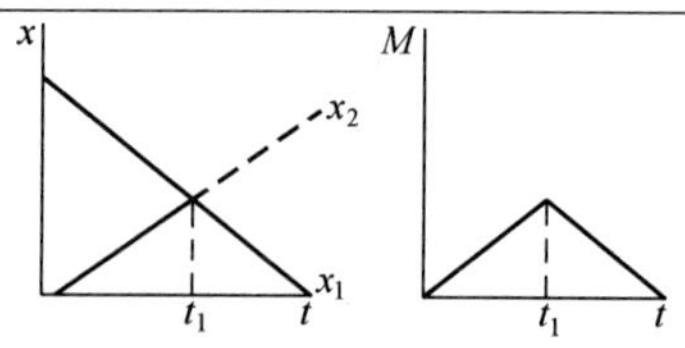 x, x_2, x_1, t_1, t; M, t_1, t	输出等于几个输入信号中的最小值
15	上　限	$\ngtr$	$M=\begin{cases}x \text{ 当 } x\leqslant H\\ H \text{ 当 } x\geqslant H\end{cases}$	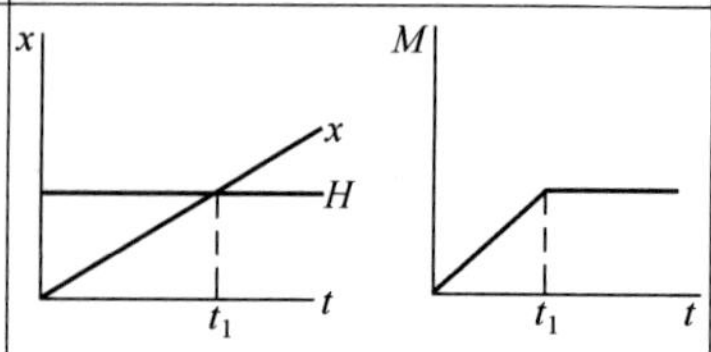 x, H, t_1, t; M, t_1, t	输出等于输入($x\leqslant H$ 时)或输出等于上限值($x\geqslant H$ 时)
16	下　限	$\nless$	$M=\begin{cases}x \text{ 当 } x\geqslant L\\ L \text{ 当 } x\leqslant L\end{cases}$	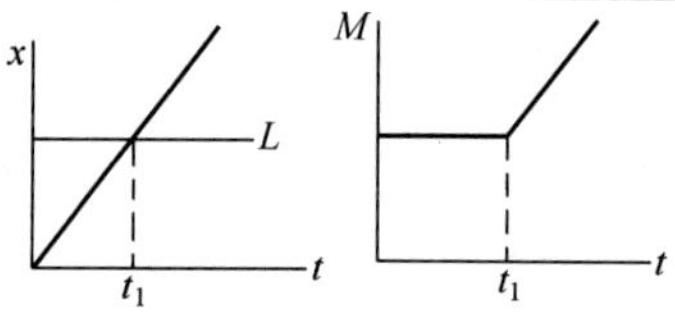 x, L, t_1, t; M, t_1, t	输出等于输入($x\geqslant L$ 时)或输出等于下限值($x\leqslant L$)
17	反　比	$-K$	$m=-Kx$	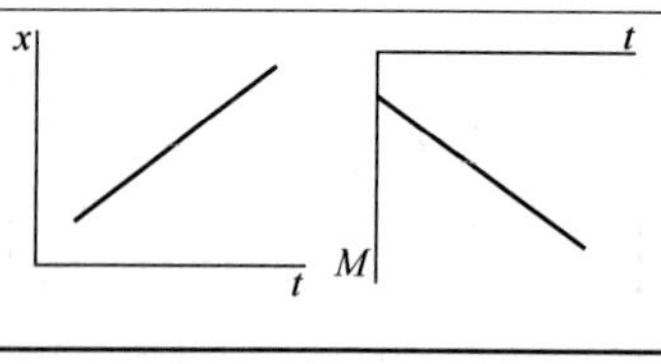 x, t; t, M	输出与输入成反比

续表

序号	功能	符号	数学方程式	曲线表示法	说明
18	限速	V	$\frac{dM}{dt}=\frac{dx}{dt}\begin{cases}\frac{dx}{dt}\leqslant H \text{ 和}\\ M=x\end{cases}$ $\frac{dM}{dt}=H\begin{cases}\frac{dx}{dt}\geqslant H \text{ 或}\\ M\neq x\end{cases}$	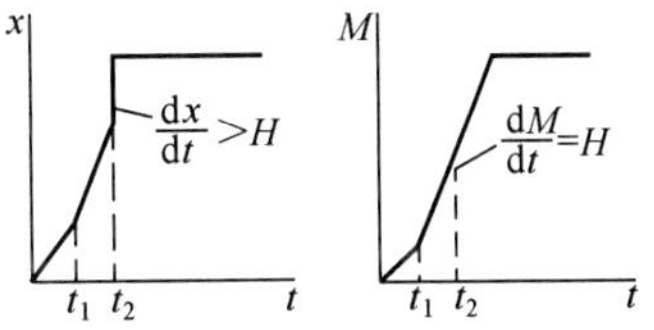 $\frac{dx}{dt}>H$；$\frac{dM}{dt}=H$；t_1 t_2	只要输入的变化率不超过限制值，输出就等于输入。否则输出变化率受此限制值限制，直到输出重新等于输入
19	偏置	+ − ±	$M=x\pm b$	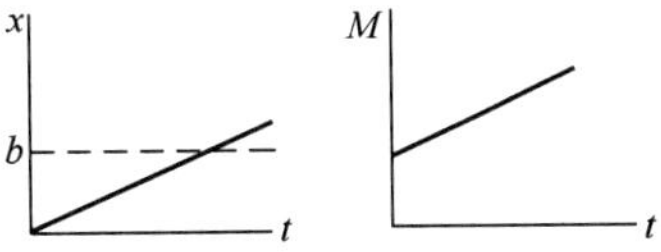	输出等于输入加(或减)某一任意值(偏置值)
20	转换	*/*	输出$=f$(输入)	无	*输出信号的类型不同于输入信号的类型： E——电压 B——二进制 I——电流 H——液压 P——气压 O——电磁波、声波 A——模拟 R——电阻 D——数字
21	信号监视上限	**H	状态 1：$x\leqslant H$ 状态 2：$x>H$ (激励或报警状态)	状态1 状态2	输出为分离状态取决于输入值，当输入超出(或低于)一个任意限值时，输出状态改变
	信号监视下限	**L	状态 1：$x\leqslant L$ (激励或报警状态) 状态 2：$x\geqslant L$	状态1 状态2	
	信号监视有中间带的上、下限	**HL	状态 1：$x<L$ (第一输出 M_1 激励或报警状态) 状态 2：$L\leqslant x\leqslant H$ (不动作) 状态 3：$x>H$ (第三输出 M_2 激励或报警状态)	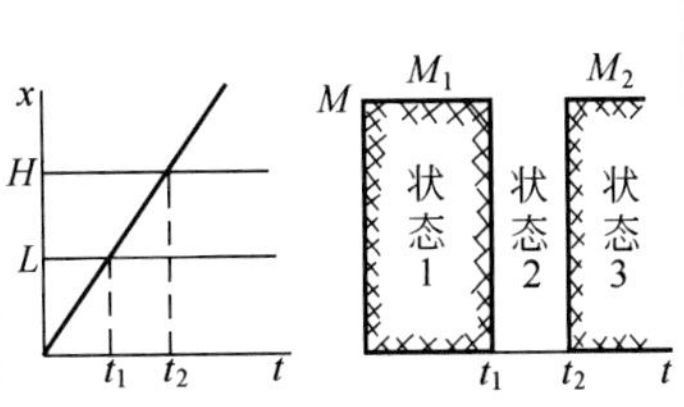 M_1 M_2 状态1 状态2 状态3	

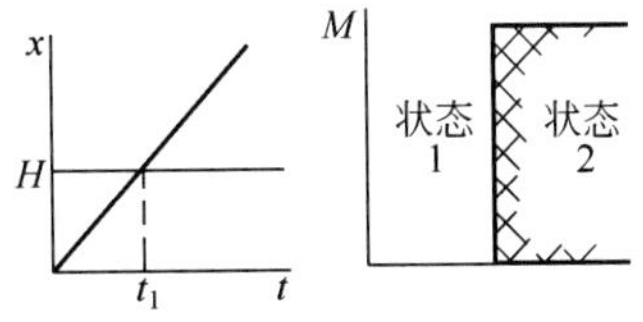

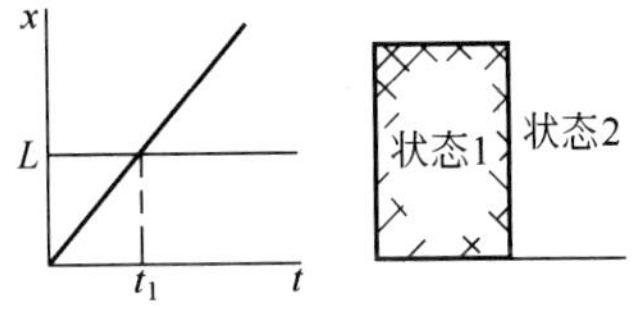

注：b——模拟偏置值；$\frac{d}{dt}$——对时间微分；H——任意的模拟上限值；L——任意的模拟下限值；$\frac{1}{T_I}$——积分率；M——模拟输出变量；n——模拟输入的数目或指数的幂值；t——时间；T_D——微分时间；x——模拟输入变量；$x_1, x_2, x_3, \cdots, x_n$——模拟输入变量(1 个至 n 个)；**——表 1-2-9 字母的命名。

以下方块可用于旗标：

1-0 开-关　　REV 反作用

1.2.4 自控设备元件、部件字母代号

自控设备元件、部件字母代号见表 1-2-11。

表 1-2-11 自控设备元件、部件字母代号

序号	字母代号	名　　称	序号	字母代号	名　　称
1	SB	供电箱	6	SX	信号接线端子板
2	RB	继电器箱	7	TX	供电箱内接线端子板
3	TB	接线端子箱	8	RX	继电器箱内接线端子板
4	DB	无接线端子分线箱（盒）	9	CB	接管箱
5	PX	仪表电源接线端子板	10	BA	穿板接头

1.2.5 电缆、电线、管线字母代号

电缆、电线、管线字母代号见表 1-2-12。

表 1-2-12 电缆、电线、管线字母代号

序号	字母代号	名　　称	序号	字母代号	名　　称
1	C	电缆、电线	5	IP	冲击管线
2	P	气动信号管缆、管线	6	PP	保护管线
3	AP	空气源管线	7	TP	保温伴热管线
4	NP	氮气源管线			

1.2.6 仪表外部接头字母代号

仪表外部接头字母代号见表 1-2-13。

表 1-2-13 仪表外部接头字母代号

序号	字母代号	名　　称	序号	字母代号	名　　称
1	1	输入	3	A	气源
2	0	输出	4	S	设定

1.3 仪表位号的表示方法

1.3.1 仪表位号组成

在检测、控制系统中，构成一个回路的每个仪表（或元件）都应有自己的仪表位号。仪表位号由字母代号组合和回路编号两部分组成。仪表位号中，第一位字母表示被测变量，后继字母表示仪表的功能；回路编号可以按装置或工段（区域）进行编制，一般用三位至五位数字表示。如下例所示：

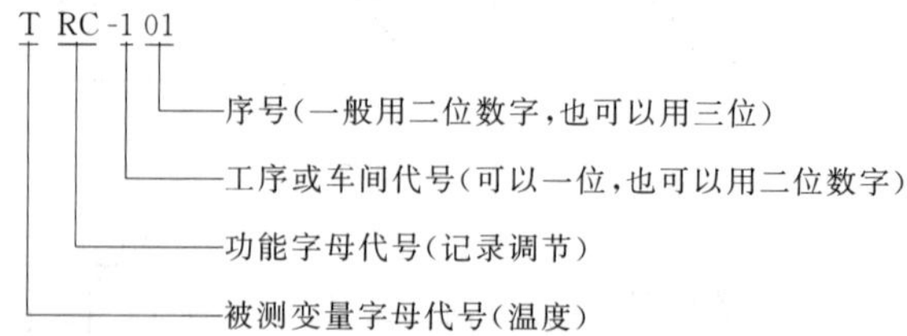

1.3.2 分类与编号

仪表位号按被测变量进行分类，即同一个装置（或工段）的相同被测变量的仪表位号中数字编号是连续的，但允许中间有空号；不同被测变量的仪表位号不能连续编号。如果同一个仪表回路中有两个以上具有相同功能的仪表，可用仪表位号后附加尾缀（大写英文字母）加以区别，例如：PT-202A、PT-202B 表示同一回路内的两台变送器；PV-201A、PV-201B 表示同一回路内的两台调节阀。当属于不同工段的多个检出元件共用一台显示仪表时，仪表位号只编顺序号，不表示工段号，例如多点温度指示仪的仪表位号为 TI-1，相应的检测元件仪表位号为 TE-1-1、TE-1-2……。当一台仪表由两个或多个回路共用时，应标注各回路的仪表位号，例如一台双笔记录仪记录流量和压力时，仪表位号为 FR-121/PR-131，若记录两个回路的流量时，仪表位号应为 FR-101/FR-102 或 FR101/102。

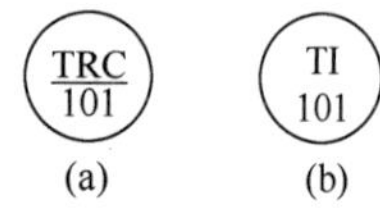

图 1-2-4 在带控制点流程图上表示方法

1.3.3 带控制点流程图和仪表系统图上表示方法

仪表位号表示方法是：字母代号填写在圆圈上半圈中，回路编号填写在圆圈下半圈中。集中仪表盘面安装仪表，圆圈中有一横，如图 1-2-4 中（a）所示，就地安装仪表中间没有一横，如图1-2-4中（b）所示。

根据图形符号、文字代号以及仪表位号表示方法，可以绘制仪表系统图，见表1-2-14。

表 1-2-14　带控制点流程图例

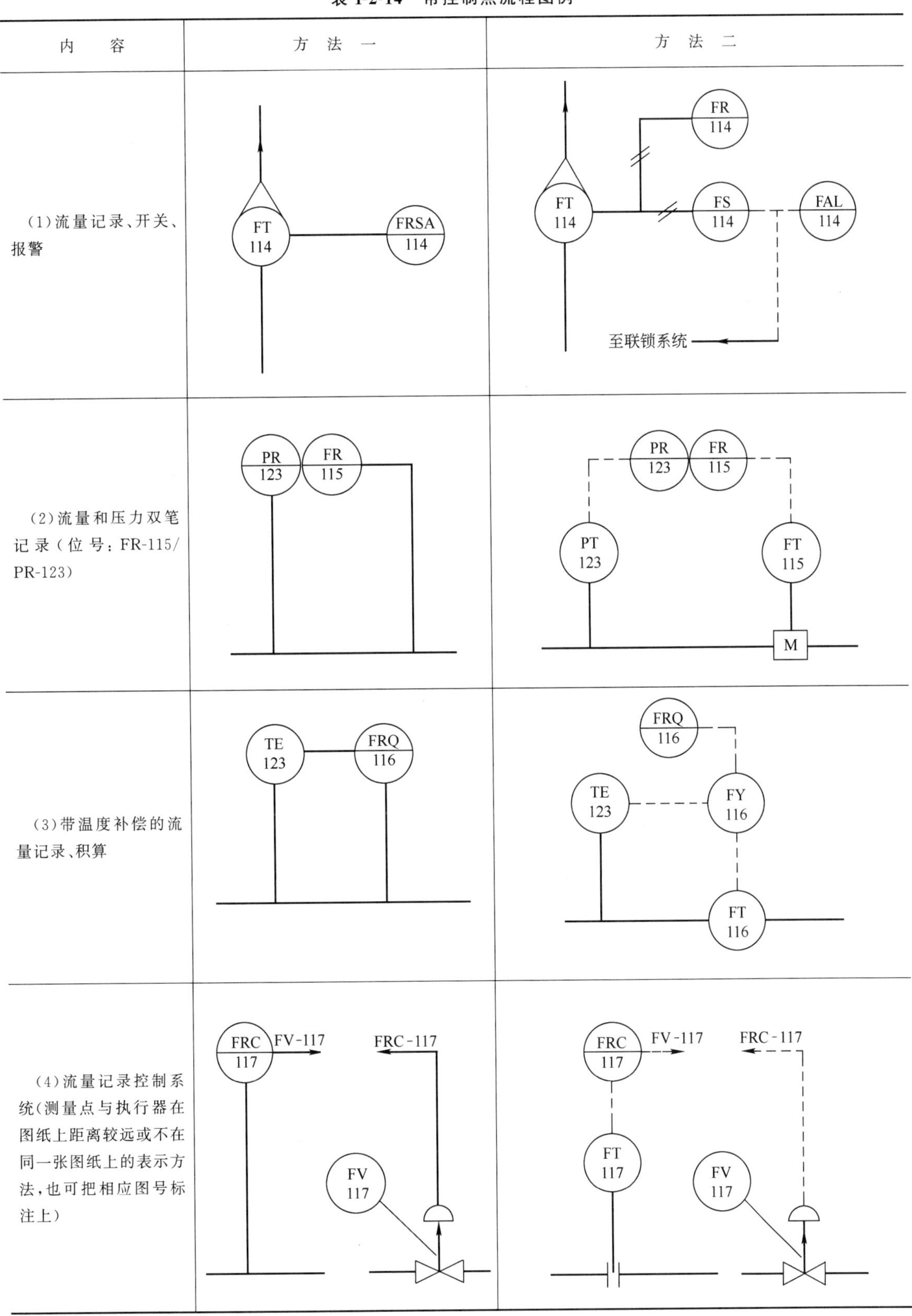

内　　容	方　法　一	方　法　二
(1)流量记录、开关、报警		
(2)流量和压力双笔记录(位号：FR-115/PR-123)		
(3)带温度补偿的流量记录、积算		
(4)流量记录控制系统(测量点与执行器在图纸上距离较远或不在同一张图纸上的表示方法，也可把相应图号标注上)		

续表

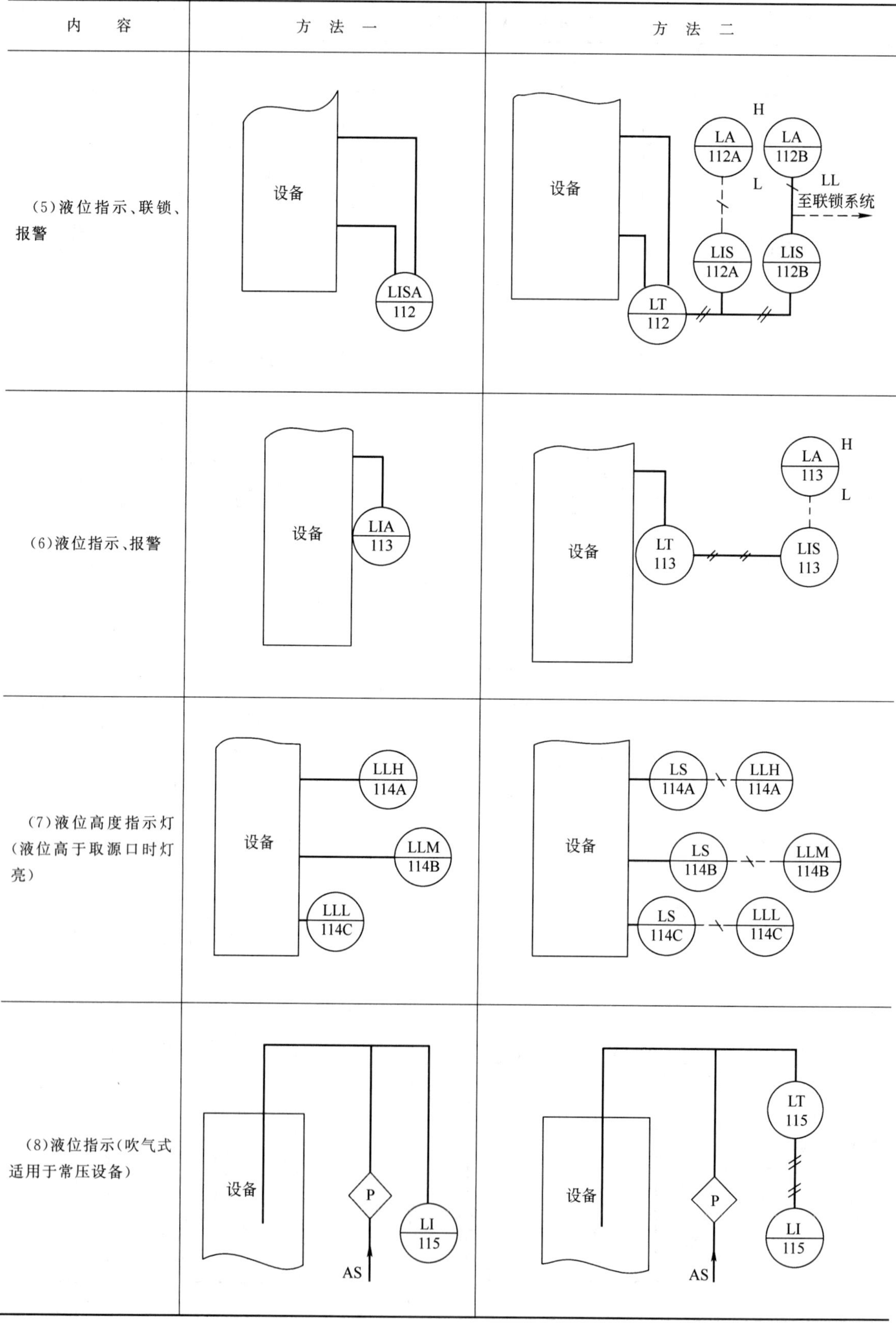

内容	方法一	方法二
(5)液位指示、联锁、报警		
(6)液位指示、报警		
(7)液位高度指示灯(液位高于取源口时灯亮)		
(8)液位指示(吹气式适用于常压设备)		

续表

内　　容	方　法　一	方　法　二
(9)压力记录控制系统(控制泵的冲程)	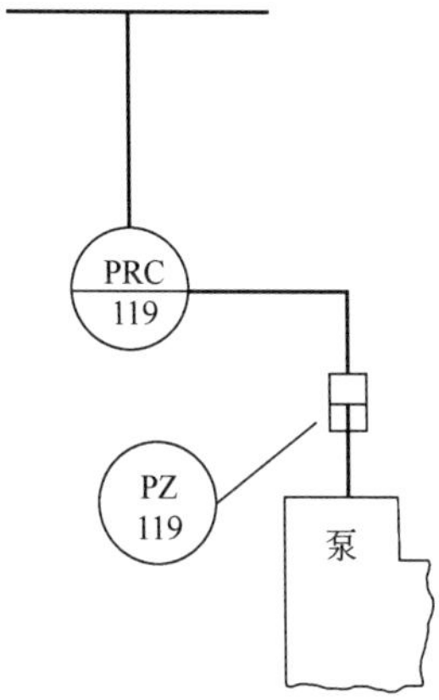 PRC 119 PZ 119 泵	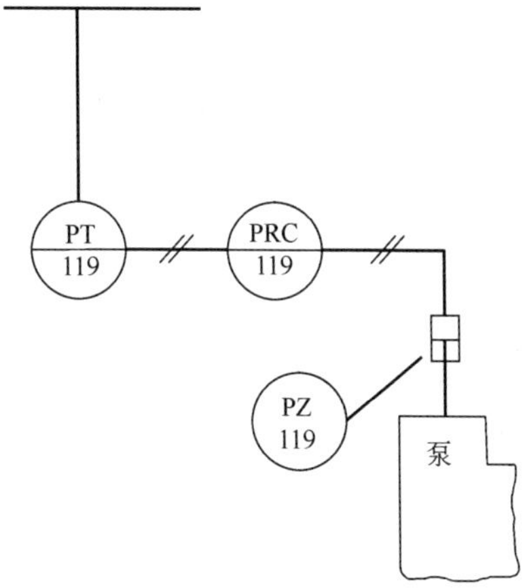 PT 119 PRC 119 PZ 119 泵
(10)温度、压力串级控制系统温度趋势记录、低报警	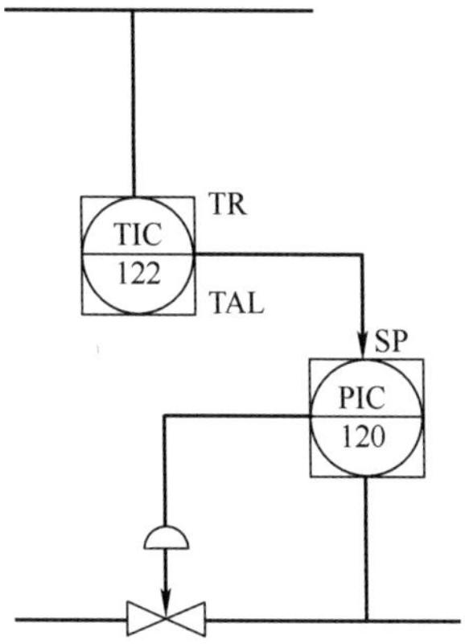 TIC 122 TR TAL SP PIC 120	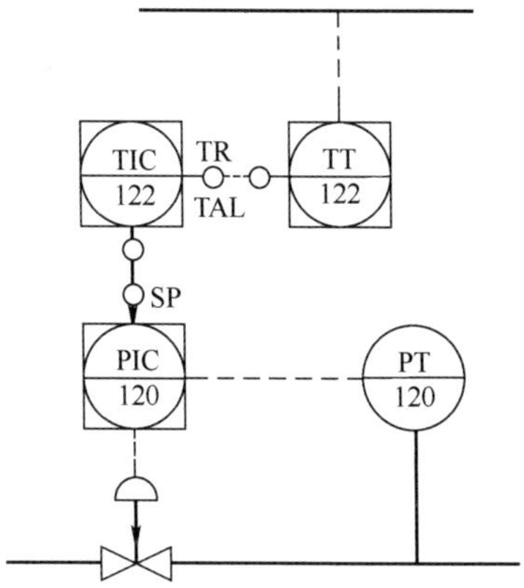 TIC 122 TR TAL TT 122 SP PIC 120 PT 120
(11)带集中指示、操作器的就地压力控制系统(四管系统)	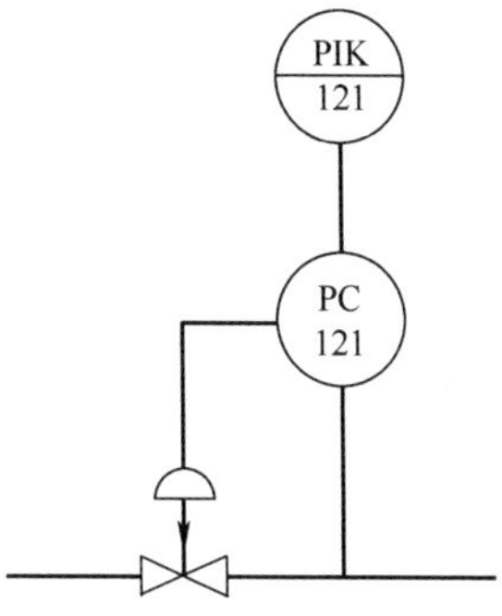 PIK 121 PC 121	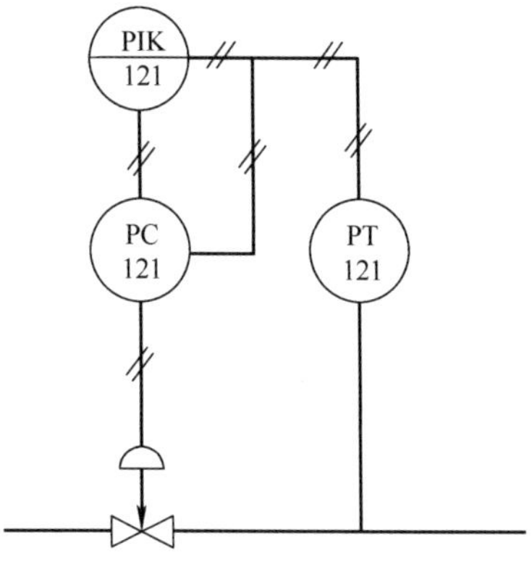 PIK 121 PC 121 PT 121

续表

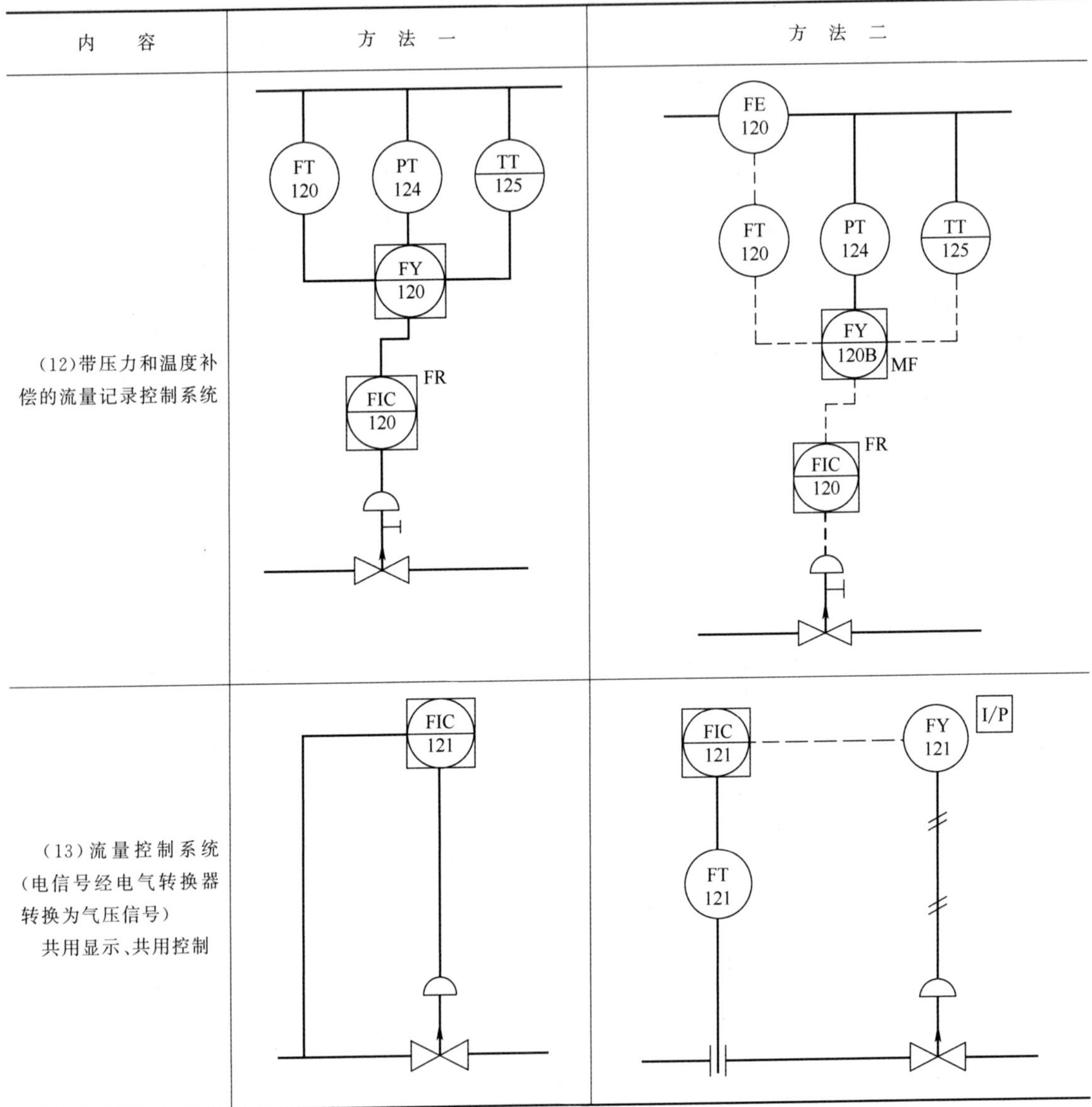

内　容	方　法　一	方　法　二
(12)带压力和温度补偿的流量记录控制系统		
(13)流量控制系统(电信号经电气转换器转换为气压信号)共用显示、共用控制		

1.4　HG 20505—92 标准与 ISA、ISO 标准比较分析

过程检测和控制系统用文字代号和图形符号标准，一般认为国际上通用性较强的是 ISA（美国仪表会）和 ISO（国际标准化组织）的有关标准。ISA 标准内容比较完善，系统性强；ISO 标准概括性强，但是尚属发展、协调和完善阶段。

对我国引进的几个发达国家化工装置中所采用的过程检测和控制系统，用文字代号和图形符号标准进行分析探讨，发现大多数国外工程公司采用标准十分接近 ISA 的标准。HG 20505—92 标准就是以国际上通用的 ISA 和 ISO 标准为基本框架修订后的版本。

标准 HG 20505—92 与 ISA 及 ISO 有关标准分析比较如下。

ISA 及 ISO 标准的版本是：

- ISA—S5，1—1984　INSTRUMENTATION SYMBOLS AND IDENTIFICATION（仪表符号和标志）
- ISO 3511/1—1984 PROCESS MEASOREMENT CONTROL（过程测量控制）
  FUNCTIONS AND INSTRUMENTION-SYMBOLIC REPRESENTATION（功能与仪表符号表示）
  PART 1：BASIC REQUIREMENTS（基本规格）
- ISO 3511/2—1984　PART 2：EXTENSION OF BASIC REQUIREMENTS（扩展规格）

- ISO 3511/3—1984 PART 3：DETAILED SYMBOLS FOR INSTRUMENT（仪表部件符号）INTERCONNECTION DIAGRAMS（连接图）
- ISO 3511/4—1985 INDUSTRIAL PROCESS MEASUREMENT CONTROL FUNCTIONS AND INSTRUMENTATION SYMBOLIC REPRESENTATION（工业过程测量控制功能和仪表符号表示）PART 4：BASIC SYMBOLS FOR PROCESS COMPUTER（过程计算机基本符号）INTERFACE AND SHARED DISPLAY/CONTROL FUNCTIONS（接口和共用显示/控制功能）

HG 20505—92 与 ISA、ISO 有关标准的异同处如下。

①HG 20505—92 名词术语一章与 ISA 标准等效应用。

②HG 20505—92 仪表位号编制方式与 ISA 标准一致，仅增加了说明示例。ISA 标准有前缀示例和说明，HG 20505—92 没有编入。

③HG 20505—92 表 4.1.1 仪表位号中表示被测变量和仪表功能的字母代号（见表 1-2-15）考虑到目前工程项目实际应用的习惯，第一位字母中"C""D""M"都规定了具体的内容，而在 ISA 标准中第一位字母"C""D""M"为供选用（USERS CHOICE），没有具体规定内容，见表 1-2-16，标出了两者不同之处。

ISO 标准见表 1-2-17。

表 1-2-15 被测变量和仪表功能的字母代号

（HG 20505—92 表 4.1.1）

字母	第一位字母④		后继字母③		
	被测变量或引发变量	修饰词	读出功能	输出功能	修饰词
A	分析⑤⑰		报警		
B	烧嘴、火焰		供选用①	供选用①	供选用①
C	电导率			控制⑫	
D	密度	差④			
E	电压(电动势)		检测元件		
F	流量	比(分数)④			
G	供选用①		视镜,观察⑨		
H	手动				高⑭⑮
I	电流		指示⑩		
J	功率	扫描			
K	时间,时间程序	变化速率④⑲		操作器⑳	
L	物位		灯⑪		低⑭⑮
M	水分或湿度	瞬动④			中、中间⑭

表 1-2-16 字母代号

字母	第一位字母(4)		后缀字母(3)		
	测量变量或引发变量	修饰词	读出功能	输出功能	修饰词
A	分析(5,19)		报警		
B	烧嘴,火焰		供选用(1)	供选用(1)	供选用(1)
C	供选用(1)			控制(13)	
D	供选用(1)	差(4)			
E	电压		控制元件		
F	流量	比(分数)(4)			
G	供选用(1)		视镜,观察(9)		

续表

字母	第一位字母(4)		后缀字母(3)		
	测量变量或引发变量	修饰词	读出功能	输出功能	修饰词
H	手动				高(7,15,16)
I	电流		指示(10)		
J	功率	扫描(7)			
K	时间,时间程序	变化速率(4,21)		操作器(22)	
L	物位		灯(11)		低(7,15,16)
M	供选用(1)	瞬动(4)			中间(7,15)
N	供选用(1)		供选用(1)	供选用(1)	供选用(1)
O	供选用(1)		孔板		
P	压力,真空		点(试验)连接		
Q	量	总量、累积(4)			
R	辐射		记录(17)		
S	速度,频率	安全(8)		开关(13)	
T	温度			变送(18)	

表 1-2-17　字母表示仪表功能代号（ISO 标准）

1	2	3	4
	第一位字母		后继字母
	测量与引发变量	修饰词	显示或输出功能
A			报警
B			状态显示(例如电机转动)
C			控制
D	密度	差	
E	所有电变量		感应元件
F	流量	比	
G	测量位置或长度		
H	手动操作		
I			指示
J		扫描	
K	时间或时间程序		
L	物位		
M	水分或湿度		
N	供选用		供选用
O	供选用		
P	压力或真空		试验点连接

④ 与字母代号相关联的被测变量及仪表功能字母组合示例，HG 20505—92 与 ISA 标准同样有相应的不同之处，见表 1-2-18 和表 1-2-19 记号□标志。

⑤ HG 20505—92 继动器和计算器功能的附加符号表 4.3.1 与 ISA 标准 TABLE 可等效应用。

⑥ HG 20505—92 表 4.4.1 变量和功能以外的常用缩写词，ISA 和 ISO 标准都没有。

⑦ HG 20505—92 第 5 章图形符号在内容编排上与 ISA 标准有些区别，但其内容基本上是一致的，仅仅有个别图形符号采用了 ISO 标准的规定符号，列举如下：

a. HG 20505—92 5.1 节，测量点的图形符号与 ISO 标准是一致的，在 ISA 标准中则没有明确符号；

表 1-2-18　字母组合表（HG 20505—92 表 4.2.1）

第一位字母	被测变量或引发变量	控制器				读出仪表		开关和报警装置①			变送器			电磁阀继动器计算器	检测元件	测试点	套管或探头	视镜观察	安全装置	最终执行元件
		记录	指示	无指示	自力式调节阀	记录	指示	高②	低	高低组合	记录	指示	无指示							
A	分析	ARC	AIC	AC		AR	AI	ASH	ASL	ASHL	ART	AIT	AT	AY	AE	AP	AW			AV
B	烧嘴、火焰	BRC	BIC	BC		BR	BI	BSH	BSL	BSHL	BRT	BIT	BT	BY	BE		BW	BG		BZ
C	电导率	CRC	CIC			CR	CI	CSH	CSL	CSHL		CIT	CT	CY	CE					CV
D	密度	DRC	DIC	DC		DR	DI	DSH	DSL	DSHL		DIT	DT	DY	DE					DV
E	电压（电动势）	ERC	EIC	EC		ER	EI	ESH	ESL	ESHL	ERT	EIT	ET	EY	EE					EZ
F	流量	FRC	FIC	FC	FCV FICV	FR	FI	FSH	FSL	FSHL	FRT	FIT	FT	FY	FE	FP		FG		FV
FQ	流量累计	FQRC	FQIC			FQR	FQI	FQSH	FQSL			FQIT	FQT	FQY	FQE					FQV
FF	流量比	FFRC	FFIC	FFC		FFR	FFI	FFSH	FFSL						FE					FFV
G	供选用																			
H	手动		HIC	HC						H										HV
I	电流	IRC	IIC			IR	II	ISH	ISL	ISHL	IRT	IIT	IT	IY	IE					IZ
J	功率	JRC	JIC			JR	JI	JSH	JSL	JSHL	JRT	JIT	JT	JY	JE					JV
K	时间、时间程序	KRC	KIC	KC	KCV	KR	KI	KSH	KSL	KSHL	KRT	KIT	KT	KY	KE					KV
L	物位	LRC	LIC	LC	LCV	LR	LI	LSH	LSL	LSHL	LRT	LIT	LT	LY	LE		LW	LG		LV
M	水分或湿度	MRC	MIC			MR	MI	MSH	MSL	MSHL		MIT	MT		ME		MW			MV
N	供选用																			

① A 报警（信号装置），可以采用与表中 SG 工关（驱动装置）相同的字母组合方式。

② 在含义不确切时，字母 H 和 L 可暂不标注。

注：表 4.2.1 字母组合示例，仅列举一部分。

表 1-2-19　美国仪表学会典型字母组合表

第一位字母	测量变量或引发变量	调节器 自力式调节阀 记录 指示 无指示	读出仪表 记录 指示	开关和报警装置 高 低 组合	变送器 记录 指示 无指示	电磁阀 继动器 计算器	检测元件	测试点	套管或探头	视镜或观察	安全装置	最终执行元件
A	分析	ARC AIC AC	AR AI	ASH ASL ASHL	ART AIT AT	AY	AE	AD	AW			AV
B	烧嘴	BRC BIC BC	BR BI	BSH BSL BSHL	BRT BIT BT	BY	BE		BW	BG		BZ
C	供选用											
D	供选用											
E	电压	ERC EIC EC	ER EI	ESH ESL ESHL	ERT EIT ET	EY	EE					EZ
F	流量	FRC FIC FC FCV FICV	FR FI	FSLH FSL FSHL	FRT FIT FT	FY	FE	FP		FG		FV
FQ	流量累计	FQRC FQIC	FOR FOI	FQSH FQSL	FQIT FOT	FQY	FOE					FOV
FF	流量比	FFRC FFIC FFC	FFR FFI	FFSH FFSL			FE					FFV
G	供选用											
H	手动	HIC HC		HS								
I	电流	IRC IIC	IR II	ISH ISL ISHL	IRT IIT IT	IY	IE					HV IZ
J	功率	JRC JIC	JR JI	JSH JSL JSHL	JRT JIT JT	JY	JE					JV
K	时间	KRC KIC KC KCV	KR KI	KSH KSL KSHL	KRT KIT KT	KY	KE					KV
L	物位	LRC LIC LC LCV	LR LI	LSH LSL LSHL	LRT LIT LT	LY	LE	LW	LG		LV	
M	供选用											
N	供选用											

b. HG 20505—92 5.2.5 节，连接线的交叉和连接线的相接的图形符号采用了 ISO 标准的规定，而在 ISA 标准中无此项内容；

c. HG 20505—92 5.5 节控制阀体图形符号，其中角阀、三通阀、四通阀、球阀、旋塞阀和隔膜阀的表示符号是由化工部配管中心站提供的图形符号，HG 20505—92 5.5.1 控制阀体图形符号、风门图形符号见表 1-2-4，ISA 标准 6.1 CONTROL VALVE BODY SYMBOLS，DAMPER SYMBOLS 见表 1-2-20，注意它们的不同之处。

表 1-2-20　ISA 标准调节阀体与风门符号

1 截止阀	2 角阀	3 蝶阀	4 旋塞阀
5 三通阀	6 四通阀	7 球阀	8
9 隔膜阀	10	11	12
	风门或百叶窗		

⑧ HG 20505—92 5.8 仪表图形符号在管道仪表流程图上画法示例，体现了前面所叙述的所有内容，整体来看基本上与 ISA 标准示例图保持一致，遵循了向国际通用标准靠拢的原则。

2　常用电工与电子学图例符号

2.1　图形符号

根据国标 GB 4728《电气图用图形符号》，参照国际电工委员会（IEC）的规定，现引图形符号于表 1-2-21。

表 1-2-21　电器图形符号

序号	符　　号	名 称 与 说 明
1	——	直流 注：电压可标注在符号右边，系统类型可标注在左边
2	= = =	直流 注：若上示符号可能引起混乱，也可采用本符号
3	～	交流 频率或频率范围以及电压的数值应标注在符号的右边，系统类型应标注在符号的左边
	～　50Hz	示例：交流，50Hz
	～100…600kHz	示例：交流，频率范围 100～600kHz
3	380/220V3N ～ 50Hz	示例：交流，三相带中性线，50Hz，380V（中性线与相线之间为 220V）。3N 可用 3＋N 代替
	3N～50Hz/TN-S	示例：交流、三相、50Hz、具有一个直接接地点且中性线与保护导线全部分开的系统
4	～	低频（工频或亚音频）
5	≈	中频（音频）
6	≋	高频（超音频、载频或射频）
7	～	交直流

续表

序号	符　　号	名 称 与 说 明
8		具有交流分量的整流电流 注：当需要与稳定直流相区别时使用
9	N	中性（中性线）
10	M	中间线
11	+	正极
12	−	负极
13		热效应
14		电磁效应 过电流保护的电磁操作
15		电磁执行器操作
16		热执行器操作（如热继电器、热过电流保护）
17	M	电动机操作
18		正脉冲
19		负脉冲
20		交流脉冲
21		正阶跃函数
22		负阶跃函数
23		锯齿波
24		接地一般符号
25		无噪声接地（抗干扰接地）
26		保护接地
27	形式 1 形式 2	接机壳或接底板
28		等电位
29		理想电流源
30		理想电压源
31		理想回转器
32		故障（用以表示假定故障位置）
33		闪络、击穿
34		永久磁铁
35		动触点 注：如滑动触点
36		测试点指示 示例点：导线上的测试
37		交换器一般符号 转换器一般符号 注：若变换方向不明显，可用箭头表示在符号轮廓上
38		电机一般符号 符号内的星号必须用下述字母代替： C 同步变流机 G 发电机 Gs 同步发电机 M 电动机 MG 能作为发电机或电动机使用的电机 MS 同步电动机 注：可以加上符号—或～ SM 伺服电机 TG 测速发电机 TM 力矩电动机 IS 感应同步器

续表

序号	符　　号	名 称 与 说 明	序号	符　　号	名 称 与 说 明
39	M 3～	三相笼式异步电动机	50		手动开关一般符号
40	M 3～	三相线绕转子异步电动机	51		按钮开关(不闭锁)
			52		拉拔开关(不闭锁)
41	3～ C	并励三相同步变流机	53		旋钮开关、旋转开关(闭锁)
42	TM M	直流力矩电动机 步进电机一般符号	54		位置开关,动合触点 限制开关,动合触点
			55		位置开关,动断触点 限制开关,动断触点
43	G	电机示例: 短分路复励直流发电机 示出接线端子和电刷	56		热敏自动开关动断触点
44	M	串励直流电动机	57		热继电器动断触点
45	M	并励直流电动机	58		接触器触点(在非动作位置断开)
			59		接触器触点(在非动作位置闭合)
46	M 1～	单相笼式有分相端子的异步电动机	60	形式 1 形式 2	操作器件一般符号 注:具有几个绕组的操作器件,可由适当数值的斜线或重复本符号来表示
47	M 1～	单相交流串励电动机	61		缓慢释放(缓放)继电器的线圈
48	MS 1～	单相同步电动机	62		缓慢吸合(缓吸)继电器的线圈
49	MS 1～ *	单相磁滞同步电动机 自整角机一般符号 符号内的星号必须用下列字母代替: CX　控制式自整角发送机 CT　控制式自整角变压器 TX　力矩式自整角发送机 TR　力矩式自整角接收机	63		缓吸和缓放继电器的线圈
			64		快速继电器(快吸和快放)的线圈

续表

序号	符　　号	名称与说明	序号	符　　号	名称与说明
65		对交流不敏感继电器的线圈	78	形式 1 形式 2	先合后断的转换触点(桥接)
66	~	交流继电器的线圈			
67		热继电器的驱动器件	79	形式 1 形式 2	当操作器件被吸合时延时闭合的动合触点
68		熔断器一般符号	80		有弹性返回的动合触点
69		熔断器式开关			
70		熔断器式隔离开关	81		无弹性返回的动合触点
71		熔断器式负荷开关	82		有弹性返回的动断触点
72		火花间隙	83		左边弹性返回、右边无弹性返回的中间断开的双向触点
			84	＊	指示仪表一般符号 星号需用有关符号替代，如A代表电流表等
73		双火花间隙	85	＊	记录仪表一般符号 星号需用有关符号替代，如W代表功率表等
			86	V	指示仪表示例： 电压表
74	形式 1 形式 2	动合(常开)触点 注：本符号也可以用作开关一般符号	87	A	电流表
			88	A $I\sin\varphi$	无功电流表
75		动断(常闭)触点	89	var	无功功率表
76		先断后合的转换触点	90	$\cos\varphi$	功率因数表
77		中间断开的双向触点	91	φ	相位表

续表

序号	符　号	名称与说明
92	Hz	频率表
93		检流计
94		示波器
95	n	转速表
96	W	记录仪表示例：记录式功率表
97	W var	组合式记录功率表和无功功率表
98		记录式示波器
99	Wh	电度表（瓦特小时计）
100	varh	无功电度表
101		灯一般符号 信号灯一般符号 注：①如果要求指示颜色，则在靠近符号处标出下列字母： RD　红 YE　黄 GN　绿 BU　蓝 WH　白 ②如要指出灯的类型，则在靠近符号处标出下列字母： Ne　氖 Xe　氙 Na　钠 Hg　汞 I　碘 IN　白炽 EL　电发光 ARC　弧光 FL　荧光 IR　红外线 UV　紫外线 LED　发光二极管

序号	符　号		名称与说明
102			闪光型信号灯
103			电警笛　报警器
104	优选形 其他形		蜂鸣器
105			电动汽笛
106			电喇叭
107	优选形 其他形		电铃
	形式 1	形式 2	
108			可调压的单相自耦变压器
109			绕组间有屏蔽的双绕组 单相变压器
110			在一个绕组上有中心点抽头的变压器

续表

序号	符号		名称与说明
	形式 1	形式 2	
111			耦合可变的变压器
112			三相变压器 星形-三角形连接
113			三相自耦变压器 星形连接
114			单相自耦变压器
115			双绕组变压器 注：瞬时电压的极性可以在形式 2 中表示 示例：示出瞬时电压极性标记的双绕组变压器 流入绕组标记端的瞬时电流产生辅助磁通
116			三绕组变压器
117			自耦变压器

序号	符号		名称与说明
	形式 1	形式 2	
118			电抗器、扼流圈
119	优选形 其他形		电阻器一般符号
120			可变电阻器 可调电阻器
121	U		压敏电阻器 变阻器 注：U 可以用 V 代替
122			滑线式变阻器
123			带滑动触点和断开位置的电阻器
124			滑动触点电位器
125	优选形	其他形	电容器一般符号 注：如果必须分辨同一电容器的电极时，弧形的极板表示： ①在固定的纸介质和陶瓷介质电容器中表示外电极； ②在可调和可变的电容器中表示动片电极； ③在穿心电容器中表示低电位电极
126			极性电容器
127			可变电容器 可调电容器
128			微调电容器

续表

序号	符　号	名称与说明
129		电感器 线　圈 绕　组 扼流圈
130		半导体二极管一般符号
131	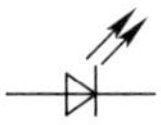	发光二极管一般符号
132	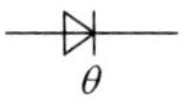 θ	利用室温效应的二极管 θ 可用 t 代替
133	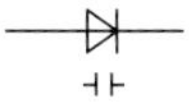	用作电容性器件的二极管（变容二极管）
134	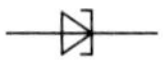	隧道二极管
135	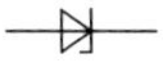	单向击穿二极管 电压调整二极管 江崎二极管
136		双向击穿二极管
137	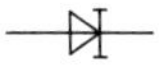	反向二极管（单隧道二极管）
138	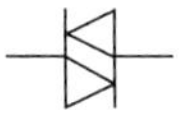	双向二极管 交流开关二极管
139	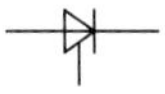	三极晶体闸流管 注：当没有必要规定控制极的类型时，这个符号用于表示反向阻断三极晶体闸流管
140	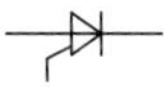	反向阻断三极晶体闸流管，N型控制极（阳极侧受控）
141	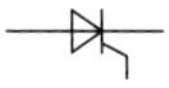	反向阻断三极晶体闸流管，P型控制极（阴极侧受控）
142		可关断三极晶体闸流管，未规定控制极
143	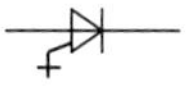	可关断三极晶体闸流管，N型控制极（阳极侧受控）
144	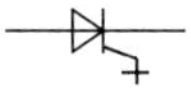	可关断三极晶体闸流管，P型控制极（阴极侧受控）
145	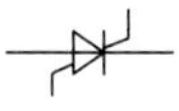	反向阻断四极晶体闸流管
146	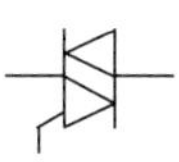	双向三极晶体闸流管 三端双向晶体闸流管
147		反向导通三极晶体闸流管，未规定控制极
148		反向导通三极晶体闸流管，N型控制极（阳极侧受控）
149	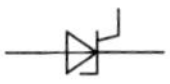	反向导通三极晶体闸流管，P型控制极（阴极侧受控）
150	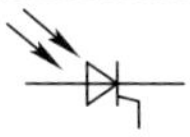	光控晶体闸流管
151		PNP 型半导体管
152		NPN 型半导体管，集电极接管壳
153	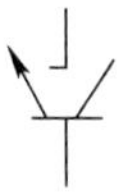	NPN 型雪崩半导体管
154		具有 P 型基极单结型半导体管
155		具有 N 型基极单结型半导体管
156		N 型沟道结型场效应半导体管 注：栅极与源极的引线应绘在一直线上  栅极 源极 漏极
157		P 型沟道结型场效应半导体管
158	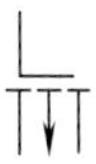	增强型、单栅、P 沟道和衬底无引出线的绝缘栅场效应半导体管
159	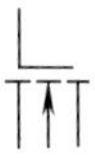	增强型、单栅、N 沟道和衬底无引出线的绝缘栅场效应半导体管
160	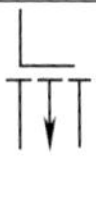	增强型、单栅、P 沟道和衬底有引出线的绝缘栅场效应半导体管
161		增强型、单栅、N 沟道和衬底与源极在内部连接的绝缘栅场效应半导体管

续表

序号	符　号	名称与说明
162		耗尽型、单栅、N沟道和衬底无引出线的绝缘栅场效应半导体管
163		耗尽型、单栅、P沟道和衬底无引出线的绝缘栅场效应半导体管
164		耗尽型、双栅、N沟道和应半导体管衬底有引出线的绝缘栅场效 注:在多栅的情况下,主栅极与源极的引线应在一条直线上
165		光敏电阻 具有对称导电性的光电器件
166		光电二极管 具有非对称导电性的光电器件
167		光电池
168		光电半导体管(示出PNP型)
169		原电池或蓄电池
170	形式1 形式2	原电池或蓄电池组
171	≥1	“或”单元,通用符号 只有一个或一个以上的输入呈现“1”状态,输出才呈现其“1”状态 注:如果不会引起意义混淆,“≥1”可以用“1”代替
172	&	“与”单元,通用符号 只有所有输入呈现“1”状态,输出才呈现“1”状态
173	≥m	逻辑门槛单元,通用符号 只有呈现“1”状态输入的数目等于或大于限定符号中以m表示的数值,输出才呈现“1”状态 注:①m总是小于输入端的数目 ②具有m=1的单元就是上述“或”单元
174	=m	等于m单元,通用符号 只有呈现“1”状态输入的数目等于限定符号中以m表示的数值,输出才呈现“1”状态 注:①m总是小于输入端的数目 ②m=1的2输入单元就是通常所说的“异或”单元
175	>=/2	多数单元,通用符号 只有多数输入呈现“1”状态,输出才呈现“1”状态
176	=	逻辑恒等单元,通用符号 只有所有输入呈现相同的状态,输出才呈现“1”状态
177	2k+1	奇数单元(奇数校验单元) 模2加单元,通用符号 只有呈现“1”状态的输入数目为奇数(1、3、5等),输出才呈现“1”状态
178	2k	偶数单元(偶数校验单元),通用符号 只有呈现“1”状态的输入数目为偶数(0、2、4等),输出才呈现其“1”状态
179	=1	异或单元 只有两个输入之一呈现“1”状态,输出才呈现“1”状态
180	= 1	输出无专门放大的缓冲单元 只有输入呈现“1”状态,输出才呈现“1”状态
181	1	非门 反相器(在用逻辑非符号表示器件的情况下) 只有输入呈现外部“1”状态,输出才呈现外部“0”状态
182	1	反相器(在用逻辑极性符号表示器件的情况下) 只有输入呈现H电平,输出才呈现L电平

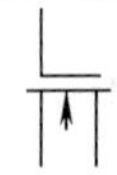

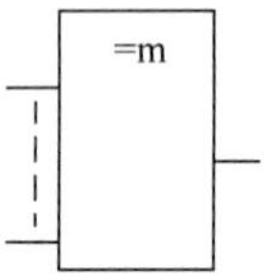

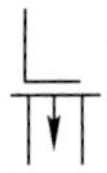

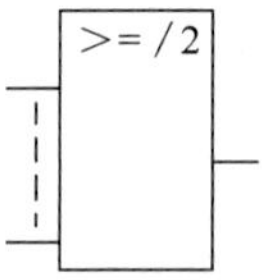

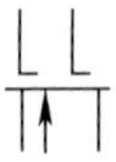

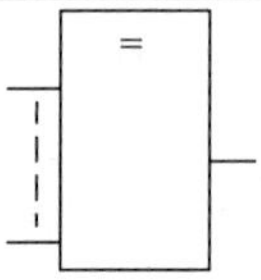

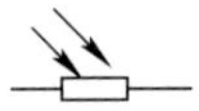

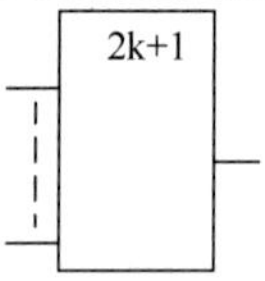

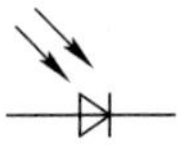

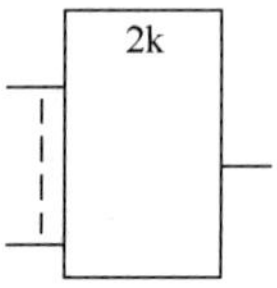

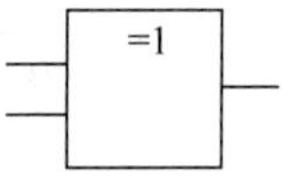

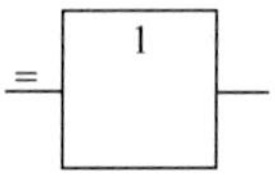

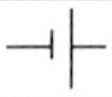

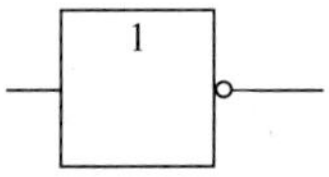

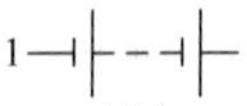

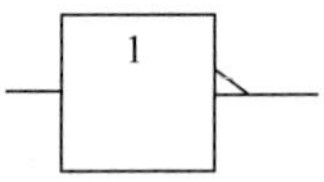

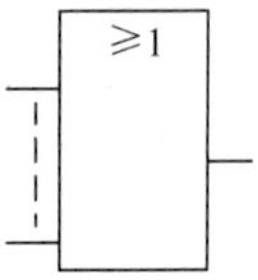

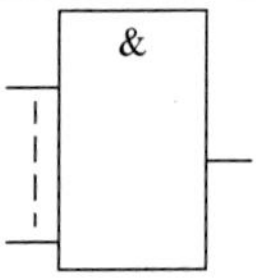

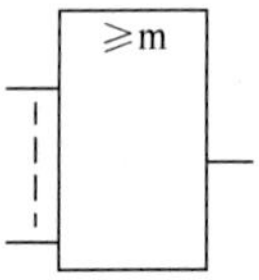

续表

序号	符　　号	名称与说明
183	& 1 2 13 12	3输入与非门 例如CT 1010(国外对应号SN 7410)的一部分
184	≥1 3 4 5 6	3输入或非门 例如CT 1027(国外对应号SN 7427)的一部分
185	& 12 13 11	2输入与非门(具有斯密特触发器) 例如CT 1132(国外对应号SN 74132)的一部分 只在加到每一个输入的外部电平达到其门槛值 V_1 时,输出才呈现其内部“1”状态。输出维持其内部“1”状态,直到加在两输入端的外部电平有一个达到它的门槛值 V_2 为止 注:本符号不等效于 & 12 13 11
186	X/Y	编码器 代码转换器 }通用符号 注:X和Y可分别用表示输入和输出信息代码的适当符号代替
187	Σ	加法器,通用符号
188	P-Q	减法器,通用符号
189	Π	乘法器,通用符号
190	Σ CO	半加器
191	Σ CI CO	一位全加器 注:简单的一位全加器可用奇数单元(模2加单元)和逻辑门槛单元另行描述,如下所示: 2k+1 Σ CI ≥2 CO
192	S R	RS触发器 RS锁存器
193	I=0 S R	初始“0”状态的RS双稳,在电源接通瞬间,输出处在其内部“0”状态
194	I=1 S R	初始“1”状态的RS双稳 在电源接通瞬间,输出处在其内部“1”状态
195	NV S R	非易失的RS双稳 在电源接通瞬间,输出的内部逻辑状态与电源断开时的状态相同
196		单稳,可重复触发(在输出脉冲期间) 单个发射 }通用符号 每次输入变到其“1”状态,输出就变到或维持其“1”状态,经过由特定器件的特性决定的时间间隔后,输出回到其“0”状态,从输入最后一次变到其“1”状态开始算起
197		单稳,非重复触发(在输出脉冲期间),通用符号 只当输入变到其“1”状态时,输出才变到其“1”状态。经过由特定器件的特性决定的时间间隔后,输出回到它的“0”状态,不管在此期间输入变量有什么变化
198	▷∞ − + +	当m=1时,数字“1”可以省略。符号总是应保持在模拟输出端。在额定开路增益非常高而且不特别关心其具体数值的场合,推荐用符号∞作为放大系数 示例:高增益差分放大器(运算放大器)

续表

序号	符号	名称与说明	序号	符号	名称与说明
199	▷10^4	额定放大系数为10000并有两个互补输出的高增益放大器	203	G & a b	受控的非稳态单元，通用符号 说明图：
200	▷1	放大系数为1的反相放大器 $u=-1\cdot a$	204	f ▷ m a_1 W_1 m_1 u_1 a_n W_n m_k u_k	运算放大器一般符号 $a_1\cdots a_n$ 为输入信号 $u_1\cdots u_k$ 为输出信号 $w_1\cdots w_n$ 代表加权系数有正负号的数值 $m_1\cdots m_k$ 代表放大系数有正负号的数值 $u_1=m\cdot m_1\cdot f(w_1\cdot a_1,w_2\cdot a_2,\cdots,w_n\cdot a_n)$ 式中：$i=1,2,\cdots,k$ 除了那些实质上是数字的以外，放大系数的符号都应保持在每个输出上 当整个单元只有一个放大系数，或者从加权系数和放大系数提出公因子时，定性符号中的“m”可以用绝对值代替
201	▷ +2 −3	具有两个输出的放大器，上面一个不反相，放大系数为2；下面一个反相，放大系数为3			
202	a G b	非稳态单元，通用符号 产生“0”和“1”交替序列的信号发生器 注：在此符号中，G是发生器的限定符号。如波形明显时，此符号可不加符号⎍⎍			

2.2 电气设备基本文字符号

根据国标GB 7158—87《电气技术中的文字符号制定通则》，并和国际电工委员会（IEC）规定的国际标准相一致的基本文字符号见表1-2-22。

表1-2-22 电气设备基本文字符号

序号	基本文字符号	电气设备、装置和元器件种类	序号	基本文字符号	电气设备、装置和元器件种类
1	A	组件，部件	12	N	模拟元件
2	B	非电量到电量变换器或电量到非电量变换器	13	P	测量设备；试验设备
3	C	电容器	14	Q	电力电路开关器件
4	D	二进制元件；延迟器件；存储器件	15	R	电阻器
5	E	其他元器件	16	S	控制记忆信号；电路、开关器件；选择器
6	F	保护器件	17	T	变压器
7	G	发生器；发电机；电源	18	U	调制器；变换器
8	H	信号器件	19	V	电子管；晶体管
9	K	继电器；接触器	20	W	传输通道；波导；天线
10	L	电感器；电抗器	21	X	端子；插头；插座
11	M	电动机	22	Y	电子操作的机械器件

2.3 电气技术中辅助文字符号

根据国标GB 7158—87《电气技术中的文字符号制定通则》并和国际电工委员会（IEC）规定的国际标准相一致的辅助文字符号见表1-2-23。

表 1-2-23 常用辅助文字符号

序号	文字符号	名 称	序号	文字符号	名 称
1	AC	交流	11	N	中性线
2	BK	黑	12	PE	保护接地
3	BL	蓝	13	PEN	保护接地与中性线共用
4	D	差动	14	PU	不接地保护
5	DC	直流	15	RD	红
6	E	接地	16	RES	备用
7	GN	绿	17	TE	无噪声接地
8	H	高	18	WH	白
9	L	低	19	YE	黄
10	M	中间线			

3 自控常用英文缩写

根据国家行业标准 HG 20505—92《过程检测和控制系统用文字代号和图形符号》，当有必要在管道仪表流程图等图纸文件上标注文字时，其英文缩写见表 1-2-24。

表 1-2-24 自控常用英文缩写

序号	缩 写	英 文	中 文
1	A	Analog signal	模拟信号
2	AC	Alternating current	交流电
3	ADAPT	Adaptive control mode	自适应控制方式
4	A/D	Analog/Digital	模拟/数字
5	A/M	Automatic/Manual	自动/手动
6	AND	AND gate	“与”门
7	AS	Air supply	空气源
8	AVG	Average	平均
9	C	Patchboard or matrix board connection	线路板或矩阵接线板
10	CHR	Chromatograph	色谱
11	D	Derivative control mode	微分控制方式
12		Digital signal	数字信号
13	D/A	Digital/Analog	数字/模拟
14	DC	Direct current	直流电
15	DIFF	Subtract	减
16	DIR	Direct-acting	正作用
17	E	Voltage signal	电压信号
18		Electric signal	电信号
19	EMF	Electric magnetic flowmeter	电磁流量计
20	ES	Electric supply	电源
21	FC	Fail closed	故障关
22	FF	Feedforward control mode	前馈控制方式
23	FI	Fail indeterminate	故障时任意位置
24	FL	Fail locked	故障时保位
25	FO	Fail open	故障开
26	FS	Flushing supply	冲洗源
27	GS	Gas supply	气体源
28	H	Hydraulic signal	液压信号
29		High	高
30	HH	Highest (higher)	最高（较高）
31	HS	Hydraulic supply	液压源

续表

序号	缩　写	英　　文	中　文
32	H/S	Highest select	高选
33	I	Electric current signal	电流信号
34		Interlock	联锁
35		Integrate	积分
36	IA	Instrument air	仪表空气
37	IFO	Internal orifice plate	内藏孔板
38	IN	Input	输入
39		Inlet	入口
40	IP	Instrument panel	仪表盘
41	L	Low	低
42	LB	Local board	就地盘
43	LL	Lowest(lower)	最低(较低)
44	LS	Light source	光源
45	L/S	Lowest select	低选
46	M	Motor actuator	电动机执行机构
47		Middle	中
48	MAX	Maximum	最大
49	MF	Mass flowmeter	质量流量计
50	MIN	Minimum	最小
51	NOR	Normal	正常
52	NOR	NOR gate	"或非"门
53	NOT	NOT gate	"非"门
54	NS	Nitrogen supply	氮源
55	O	Electromagnetic or Sonic signal	电磁或声信号
56	ON-OFF	Connect-disconnect(automatically)	通-断(自动地)
57	OPT	Optimizing control mode	最佳控制方式
58	OR	OR gate	"或"门
59	OUT	Output	输出
60		Outlet	出口
61	P	Pneumatic signal	气动信号
62		Proportional control mode	比例控制方式
63		Instrument board	仪表盘
64		Purge or flushing device	吹气或冲洗装置
65	PA	Plant air	工厂空气
66	R	Automatic-reset control mode	自动再调控制方式
67		Reset of fail-locked device	能源中断锁住复位装置
68		Resistance(signal)	电阻(信号)
69	RAD	Radio	无线电
70	REV	Reverse-acting	反作用(反向)
71	RS	Radiation source	辐射源
72	RTD	Resistance temperature detector	热电阻
73	S	Solenoid actuator	电磁执行机构
74	SP	Set point	设定点
75	SQRT	Square root	平方根
76	SS	Steam supply	蒸汽源
77	T	Trap	疏水阀
78	TV	Television	电视机
79	VOT	Vortex transducer	旋涡传感器
80	WS	Water supply	水源
81	CD	Independent control desk	独立操纵台

第3章 计量知识

1 法定计量单位

1.1 法定计量单位组成

我国的法定计量单位（以下简称法定单位）包括：

① 国际单位制的基本单位（见表1-3-1）；

② 国际单位制的辅助单位（见表1-3-2）；

③ 国际单位制中具有专门名称的导出单位（见表1-3-3）；

④ 国家选定的非国际单位制单位（见表1-3-4）；

⑤ 由以上单位构成的组合形式的单位；

⑥ 由词头和以上单位所构成的十进倍数和分数单位词头（见表1-3-5）。

表1-3-1 SI基本单位

量	单位名称	单位符号	定义
长度	米	m	米等于氪-86原子的 $2p_{10}$ 和 $5d_5$ 能级之间跃迁所对应的辐射，在真空中的1650763.73个波长的长度
质量	千克(公斤)	kg	千克是质量单位，等于国际千克原器的质量
时间	秒	s	秒是铯-133原子基态的两个超精细能级之间跃迁所对应的辐射的9192631770个周期的持续时间
电流	安[培]	A	安培是一恒定电流，若保持在处于真空中相距1米的两无限长，而圆截面可忽略的平行直导线内，则在此两导线之间产生的力在每米长度上等于 2×10^{-7} 牛顿
热力学温度	开[尔文]	K	热力学温度单位开尔文是水三相点热力学温度的1/273.16
物质的量	摩[尔]	mol	①摩尔是一系统的物质的量，该系统中所包含的基本单元数与0.012千克碳-12的原子数目相等 ②在使用摩尔时，基本单元应予指明，可以是原子、分子、离子、电子及其他粒子，或是这些粒子的特定组合
发光强度	坎[德拉]	cd	坎德拉是一光源在给定方向上的发光强度，该光源发出频率为 540×10^{12} 赫兹的单色辐射，且在此方向上的辐射强度为1/683瓦特每球面度

表1-3-2 SI辅助单位

量	单位名称	单位符号	定义
平面角	弧度	rad	弧度是一圆内两条半径之间的平面角，这两条半径在圆周上截取的弧长与半径相等
立体角	球面度	sr	球面度是一立体角，其顶点位于球心。而它在球面上所截取的面积等于以球半径为边长的正方形面积

表 1-3-3 具有专门名称的SI导出单位

量	SI 单位			
	名 称	符 号	用其他SI单位表示的表示式	用SI基本单位表示的表示式
频率	赫[兹]	Hz		s^{-1}
力	牛[顿]	N		$m \cdot kg \cdot s^{-2}$
压强(压力),应力	帕[斯卡]	Pa	N/m^2	$m^{-1} \cdot kg \cdot s^{-2}$
能,功,热量	焦[耳]	J	$N \cdot m$	$m^2 \cdot kg \cdot s^{-2}$
功率,辐[射]通量	瓦[特]	W	J/s	$m^2 \cdot kg \cdot s^{-3}$
电量,电荷	库[仑]	C		$s \cdot A$
电位(电势),电压,电动势	伏[特]	V	W/A	$m^2 \cdot kg \cdot s^{-3} \cdot A^{-1}$
电容	法[拉]	F	C/V	$m^{-2} \cdot kg^{-1} \cdot s^4 \cdot A^2$
电阻	欧[姆]	Ω	V/A	$m^2 \cdot kg \cdot s^{-3} \cdot A^{-2}$
电导	西[门子]	S	A/V	$m^{-2} \cdot kg^{-1} \cdot s^3 \cdot A^2$
磁通[量]	韦[伯]	Wb	$V \cdot s$	$m^2 \cdot kg \cdot s^{-2} \cdot A^{-1}$
磁感应[强度],磁通密度	特[斯拉]	T	Wb/m^2	$kg \cdot s^{-2} \cdot A^{-1}$
电感	亨[利]	H	Wb/A	$m^2 \cdot kg \cdot s^{-2} \cdot A^{-2}$
摄氏温度	摄氏度	℃		K
光通[量]	流[明]	lm		$cd \cdot sr$
[光]照度	勒[克斯]	lx	lm/m^2	$m^{-2} \cdot cd \cdot sr$
[放射性]活度(放射性强度)	贝可[勒尔]	Bq		s^{-1}

表 1-3-4 可与国际单位制单位并用的我国法定计量单位（摘自 GB 3100—93）

量的名称	单位名称	单位符号	换算关系和说明
时间	分	min	1min=60s
	[小]时	h	1h=60min=3600s
	天(日)	d	1d=24h=86400s
平面角	[角]秒	(″)	1″=(π/648000)rad （π为圆周率）
	[角]分	(′)	1′=60″=(π/10800)rad
	度	(°)	1°=60′=(π/180)rad
旋转速度	转每分	r/min	$1r/min=(1/60)s^{-1}$
质量	吨	t	$1t=10^3kg$
体积	升	L(l)	$1L=1dm^3=10^{-3}m^3$
能	电子伏	eV	$1eV \approx 1.6021892 \times 10^{-19}J$
级差	分 贝	dB	
长度	海里	n mile	1n mile=1852m(只用于航程)
速度	节	kn	1kn=1n mile/n(只用于航行)
线密度	特[克斯]	tex	1tex=1g/km

表 1-3-5 用于构成十进倍数和分数单位词头（摘自 GB 3100—93）

所表示的因数	词头名称	词头符号	所表示的因数	词头名称	词头符号
10^{18}	艾[克萨]	E	10^{-1}	分	d
10^{15}	拍[它]	P	10^{-2}	厘	c
10^{12}	太[拉]	T	10^{-3}	毫	m
10^9	吉[咖]	G	10^{-6}	微	μ
10^6	兆	M	10^{-9}	纳[诺]	n
10^3	千	k	10^{-12}	皮[可]	p
10^2	百	h	10^{-15}	飞[母托]	f
10^1	十	da	10^{-18}	阿[托]	a

1.2 常用化工计量单位对照

化工企业常用计量单位以及非法定计量单位对照与换算列于表 1-3-6。

表 1-3-6 化工常用计量单位对照表

序号	量	非法定计量单位		法定计量单位		备注与换算
		单位名称	符号	单位名称	符号	
1	时间	秒 分 小时 年	sec(″) (′) hr y,yr	秒 分 小时 天(日) 年	s min h d a	1min=60s 1h=60min=3600s 1d=24h=86400s
2	长度	公尺 埃 公厘 毫微米 市尺 英尺 英寸	 Å m/m mμm ft in	米 米 毫米 纳米 米 米 毫米	m m mm nm m m mm	1 公尺=1m 1Å=10^{-10}m 1 公厘=1mm 1mμm=10^{-9}m=1nm 1 市尺=1/3m 1ft=12in=30.48cm 1in=25.4mm
3	面积	平方英寸	in^2			1in^2=6.4516cm^2
4	体积 容积	立方 立升,公升	cum CC,cc	立方米 毫升 升	m^3 ml L,l	1cum=1m^3 1cc=1ml 1L=1dm^3=$10^{-3}m^3$
5	速度	秒米,米秒,每秒米		米每秒	m/s	
6	加速度	米每秒平方,每平方秒米		米每二次方秒 厘米每二次方秒	m/s^2 cm/s^2	 1cm/s^2=$10^{-2}m/s^2$
7	质量	公吨 磅	T	吨	t	1t=1000kg 1 磅=0.4536g
8	物质的量	克原子,克分子, 克当量		摩[尔]	mol	1mol 以当量粒子作为基本单元
9	密度	每立方米千克 每立方厘米克	kg/M^3 g/cm^3	千克每立方米 克每立方厘米	kg/m^3 g/cm^3	1kg/M^3=1kg/m^3 比重用相对密度代替
10	物质的量浓度	当量浓度 克分子浓度	N M	摩[尔]每升 摩[尔]每升	mol/L mol/L	1N≈1mol/L(对于一价) 1M≈1mol/L(对于一价) 以当量粒子作为基本单元
11	动力黏度	厘泊	cP	帕[斯卡]秒	Pa・s	1cP=1×10^{-3}Pa・s
12	黏度			秒	s	照　　用
13	运动黏度	斯托克斯 厘斯托克斯	St cSt	二次方米每秒 二次方米每秒	m^2/s m^2/s	1St=$10^{-4}m^2/s$ 1cSt=$10^{-6}m^2/s$
14	能,功,热	千克力米	kgf・m	千瓦小时	kW・h	1kgf・m=9.80665N・m
15	能,功,热	国际蒸汽表卡 热化学卡 马力小时	cal_{it} cal_{th}	焦[耳] 焦[耳] 焦[耳]	J J J	1cal_{it}=4.1868J 1cal_{th}=4.184J 1kW・h=3.6MJ 1 马力小时=2.6478MJ
16	热容	卡/度	cal/℃	焦[耳]每摄氏度	J/℃	1cal/℃=4.184J/℃
17	比热容	卡/(克・度)	cal/(g・℃)	焦[耳] 每克摄氏度	J/(g・℃)	1cal/(g・℃)=4.184J/(g・℃) 焦[耳]每克开[尔文] 同时可用

续表

序号	量	非法定计量单位		法定计量单位		备注与换算
		单位名称	符号	单位名称	符号	
18	热力学温度 温差	开 氏 度 度	°K deg	开(尔文) 开(尔文)	K K	
19	摄氏温度			摄 氏 度	℃	照　　用
20	表面张力	尔格/厘米^2	erg/cm^2	焦耳每平方米 牛[顿]每米	J/m^2 N/m	1erg/cm^2=10^{-3}J/m^2=10^{-3}N/m
21	压力,压强	千克力每平方厘米 毫米汞柱 毫米水柱 标准大气压	kgf/cm^2 mmHg mmH$_2$O atm	帕[斯卡] 帕[斯卡] 帕[斯卡] 帕[斯卡]	Pa Pa Pa Pa	1kg/cm^2=98.0665kPa 1mmHg=133.322Pa 1mmH$_2$O=9.80665Pa 1atm=101.325kPa
22	力,重力	千克力	kgf	牛[顿]	N	1kgf=9.80665N
23	力,矩	门尼	kgf·cm	牛[顿]米	N·m	1kgf·cm=0.098N·m
24	转矩	公斤力每厘米	kgf·cm	牛[顿]厘米	N·cm	1kgf·cm=9.80665N·m
25	转动惯量	公斤平方米	kg·m^2	千克二次方米	kg·m^2	
26	波长	μ λ	μ λ	米 米	m m	1μ=10^{-6}m 1λ=10^{-10}m
27	阻尼系数	公斤秒每厘米	kgf·s/cm	牛[顿]秒每米	N·s/m	1kgf·s/cm=980.665N·s/m
28	级差			分贝	dB	照用,无量纲量
29	传热系数	卡每厘米秒度	cal/(cm^2·s·℃)	焦[耳]每平方米秒摄氏度	J/(m^2·s·℃)	1cal/(cm^2·s·℃)=41.8kJ/(cm^2·s·℃)
30	导热系数	卡每厘米秒度	cal/(cm·s·℃)	焦[耳]每厘米秒摄氏度	J/(cm·s·℃)	1cal/(cm·s·℃)=41.84J/(cm·s·℃)
31	电导率	1/欧姆·厘米	1/Ω·cm	西[门子]每米	S/m	1/Ω·cm=100S/m
32	功率	每秒卡 每小时千卡 英制马力	cal/s kcal/h hp	瓦[特] 瓦[特] 瓦[特]	W W W	1cal/s=4.1868W 1kcal/s=0.163W 1hp=745.7W
33	电阻			欧[姆]	Ω	照　　用
34	电导	姆欧	Ω	西[门子]	S	1Ω=1S
35	电感			亨[利]	H	照　　用
36	磁通[量]	麦克斯韦	Mx	韦[伯]	Wb	1Mx=10^{-8}Wb
37	磁场强度	奥斯特	Oe	安[培]每米	A/m	1Oe$\triangleq\frac{10^3}{4\pi}$A/m≈80A/m
38	磁感应强度	高斯	Gs	特[斯拉]	T	1Gs$\triangleq 10^{-4}$T
39	发光强度	烛光,支光	Ik	坎[练拉]	cd	1Ik=1.019cd
40	[光]照度	辐透英尺烛光	ph lm/ft^2	勒[克斯] 勒[克斯]	lx lx	1ph=10^4lx 1lm/ft^2=10.76lx
41	光通[量]			流[明]	lm	照　　用
42	[光]亮度	尼特	nt	坎[德拉]每平方米	cd/m^2	1nt=1cd/m^2
43	放射性[活度]	居里	Ci	贝可[勒尔]	Bq	1Ci=3.7×10^{10}Bq
44	旋转速度	每分钟转	rpm,R	转每分	r/min	1r/min=$\frac{1}{60}$s^{-1}
45	频率	周 千周 兆周		赫[兹] 千赫[兹] 兆赫[兹]	Hz kHz MHz	

1.3 数字修约规则

各种测量、计算的数值需要修约时，应按下列规则进行。

① 在拟舍弃的数字中，若左边第一个数字小于5（不包括5），则舍去，所拟保留的末位数字不变。例如15.2434，修约到保留一位小数，修约前15.2434，修约后15.2。

② 在拟舍弃的数字中，若左边第一个数字大于5（不包括5）时，则进1，即所拟保留的末位数字加1。例如48.4843，修约到保留一位小数，修约前48.4843，修约后48.5。

③ 在拟舍弃的数字中，若左边第一个数字等于5，其右边的数字并非全部为零时，则进1，即所拟保留的末位数字加1。例如，2.0501修约到只保留一位小数，修约前2.0501，修约后为2.1。

④ 在拟舍弃的数字中，若左边第一个数字等于5，其右边的数字皆为零，所拟保留的末位数字若为奇数则进1，若为偶数（包括“0”）则不进。例如，下列数字修约到保留一位小数：

修约前	修约后
0.3500	0.4
0.4500	0.4
1.05	1.0

⑤ 所拟舍弃的数字，若为两位以上数字时，不得连续进行多次修约，应根据所拟舍弃数字中左边第一个数字的大小，按上述规定一次修约出结果。例如将15.4546修约成整数，修约前15.4546，修约后15。若多次修约，一次修约为15.455，二次修约为15.46，三次修约为15.5，四次修约为16，这结果就是错误的。

2 量值传递

2.1 企业计量标准

为了保证检测与过程控制仪表的完好，需要定期进行修理和校正，根据中华人民共和国计量法和有关法规的要求，这些仪表以及其他计量器具要定期进行检定，企业根据生产经营管理和保证产品质量的要求，有必要建立量值传递标准，也称企业计量标准。企业计量标准通常分为两个部分，一是企业最高标准，二是次级标准，也称工作标准。对于石化、化肥、氯碱行业等大中型企业，在力学和电磁量传递系统中有企业最高标准和工作标准，大型化机企业在长度量传递系统中有企业最高标准和工作标准，对于中小型企业、橡胶行业、精细化工行业，一般只有企业最高标准而不设工作标准。

企业要不要建立计量标准，建多少个标准比较好，提出以下原则供参考：

① 根据企业生产、经营、保证产品质量等的实际需要出发，同时兼顾及时、方便、适用等因素，要考虑到化工生产的特点及对仪表的要求；

② 进行必要的经济分析。

根据第①原则，初步确定企业应建计量标准；根据第②原则，进行经济分析，以获得最佳方案。

经济分析大致如下。

计量器具检定一般采取两种方法，一是送检，二是自检。两者费用作一粗略概算，加以比较，从而确定最佳方案。

A. 计量器具送检所需费用

$$F_A = NSP_1 + P_2 \tag{1-3-1}$$

式中 F_A——企业计量器具年送检费用；

N——送检计量器具总数；

S——年送检次数；

P_1——每件计量器具检定费用；

P_2——其他费用，如差旅费、修理费等。

B. 计量器具自检所需费用

$$F_B = P_A + P_B + P_C + P_D \tag{1-3-2}$$

式中 F_B——企业自建计量标准年投资费用；

P_A——建标总投资每年折旧费用（总投资/使用年限）；

P_B——每年维护费用；

P_C——配备检定人员年平均费用；

P_D——认证考核年平均费用。

若

$$F_A \geqslant F_B \tag{1-3-3}$$

则建标为好。即使是 F_B 稍大于 F_A，如有可能也应该建标，因为企业建标还包含着社会效益（如有可能可以对外开展技术服务，增加收益），同时它也标志企业计量水平的一个方面。若 $F_A \ll F_B$，则送检为好。

建立企业计量标准，有以下四个要素。

第一，根据计量法有关法规，企业各项最高标准器具要经过有关人民政府计量行政部门主持考核合格后才能使用。要求计量标准必须做到准确、可靠和完善，要求计量标准器、配套仪器和技术资料应具备以下条件：

① 计量标准器及附属设备的名称、规格型号、精度等级、制造厂编号；

② 出厂年、月；

③ 技术条件及使用说明书；

④ 定点计量部门检定合格证书；

⑤ 政府计量部门考核结果及考核所需的全部技术文件资料；

⑥ 计量标准器使用履历表。

第二，具有计量标准正常工作所需要的温度、湿度、防尘、防震、防腐蚀、抗干扰等环境条件和工作场所。

第三，计量检定人员应取得所从事的检定项目的计量检定证件。

第四，具有完善的管理制度，包括计量标准的保存、维护、使用制度、周期检定制度和技术规范。

2.2 量值传递定义

量值传递系统是指通过检定，将国家基准所复现的计量单位量值通过标准逐级传递到工作用计量器具，以保证被测对象所测得的量值准确一致的工作系统。量值传递是计量领域中的常用术语，其含义是指单位量值的大小，通过基准、标准直至工作计量器具逐级传递下来。它是依据计量法、检定系统和检定规程，逐级地进行溯源测量的范畴。其传递系统是根据量值准确度的高低，规定从高准确度量值向低准确度量值逐级确定的方法、步骤。

2.3 企业量值传递系统

以某化工企业为例，其量值传递系统可用图表示。

温度计量量值传递系统见图 1-3-1，电磁计量量值传递系统见图 1-3-2，力学计量量值传递系统（压力）见图 1-3-3，力学计量量值传递系统（质量）见图 1-3-4，力学计量量值传递系统（流量）见图 1-3-5，长度量值传递系统见图 1-3-6，化学计量量值传递系统（黏度）见图 1-3-7，化学计量量值传递系统（酸度）见图 1-3-8，光学计量量值传递系统见图 1-3-9。

企业可以根据具体情况和需要建立若干个标准，可以很多，也可以少几个，其他量值传递系统图不一一列出。

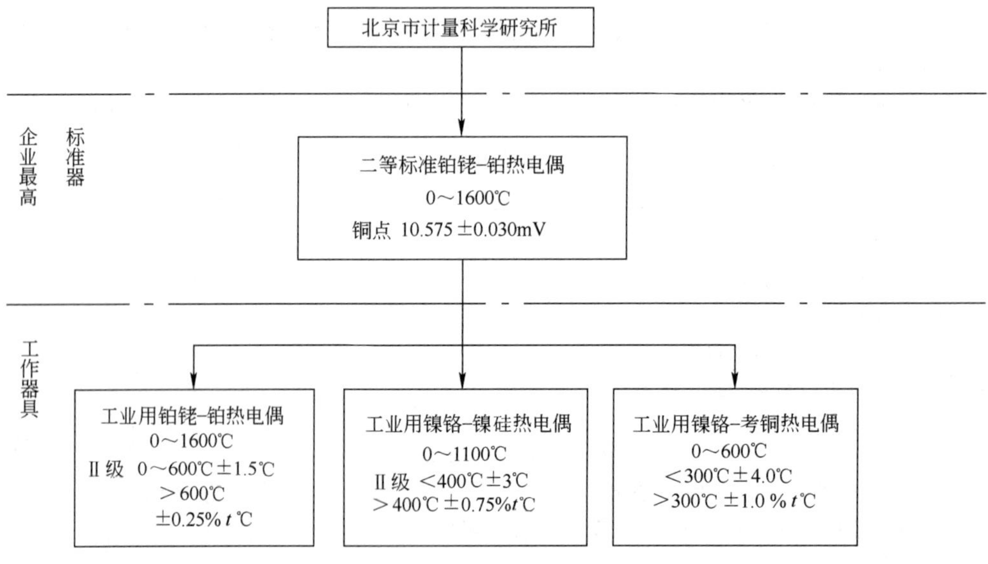

图 1-3-1 温度计量量值传递系统图

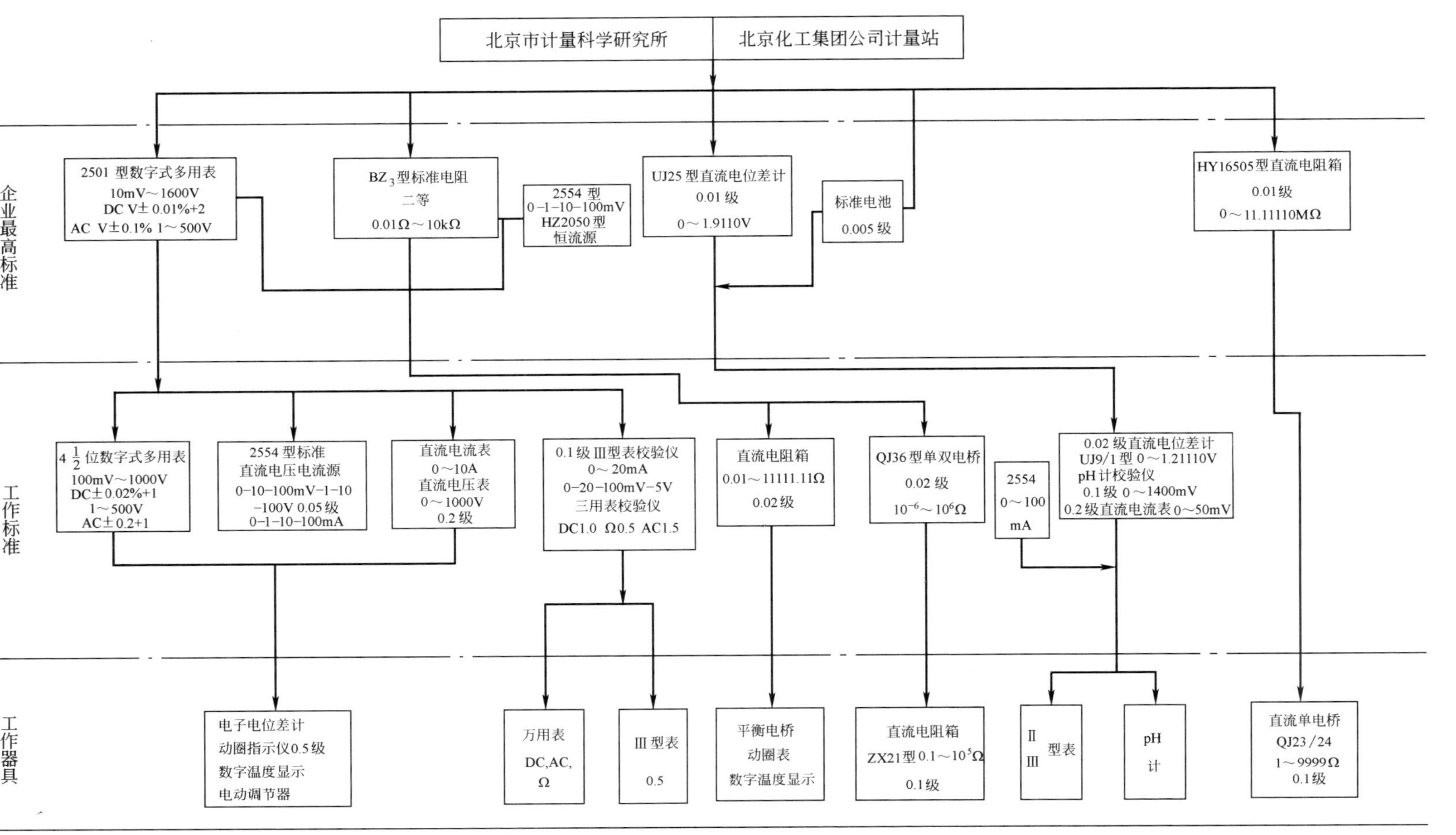

图 1-3-2 电磁计量量值传递系统图

中国计量科学研究院
化工集团公司计量站
企业最高标准器
标准压力发生器
0.05
0～25kPa 0～200kPa
标准压力表
0.25
-0.1～60MPa
压力校验泵
秒表
1 级
工作器具
差压变送器 压力变送器
0.5 1
0～2.5～200kPa
气动单元组合仪表
0.5 1 1.5
20～100kPa
压力变送器 工业压力表
0.5 1 1.5 2 2.5
1～10MPa -0.1～60MPa
血压计
9 台

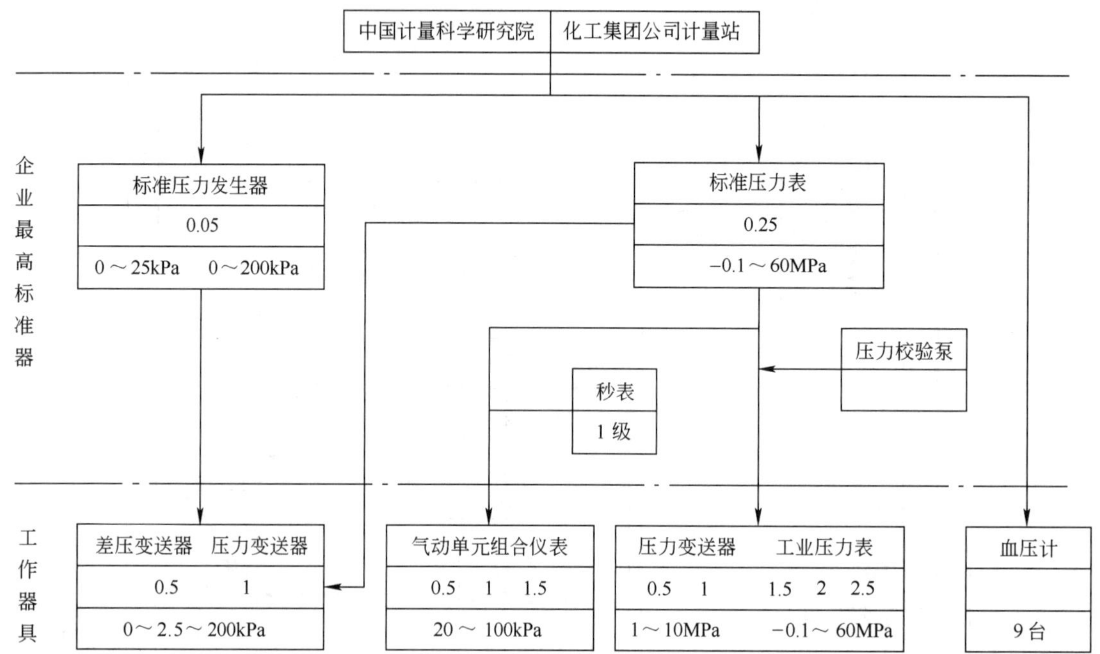

图 1-3-3 力学计量量值传递系统图（压力）

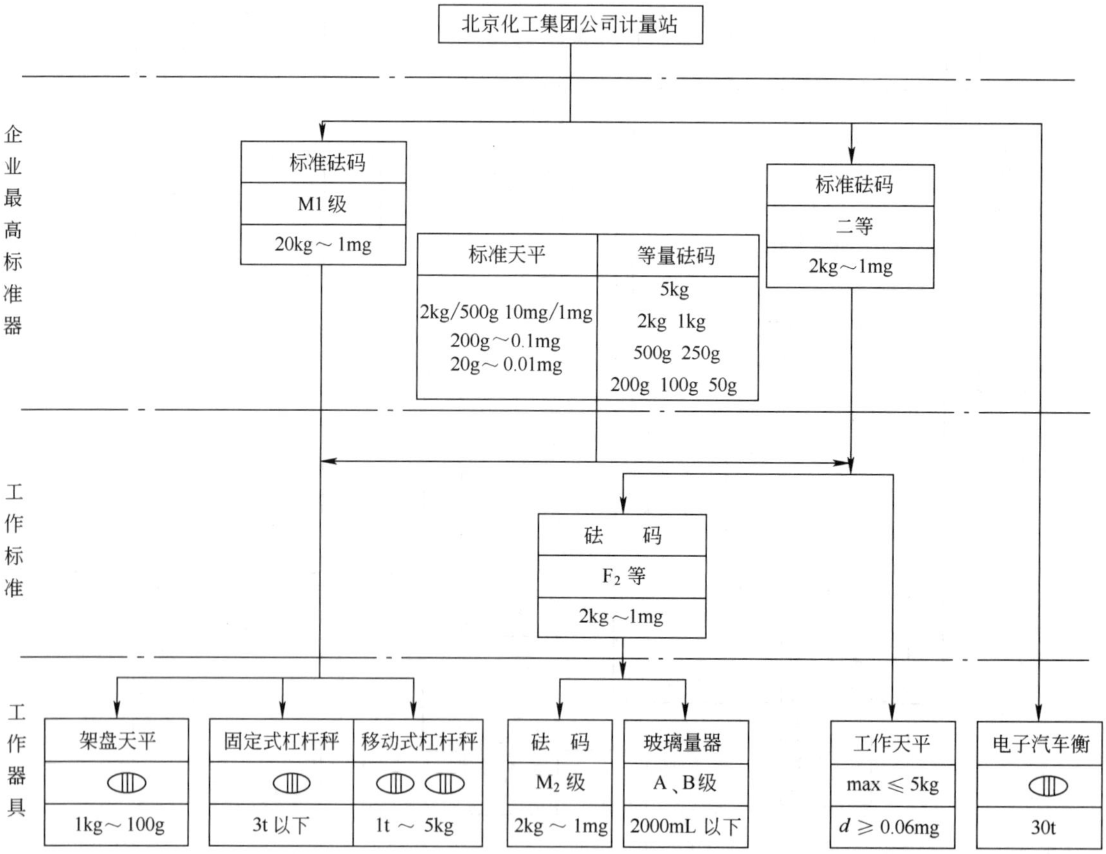

北京化工集团公司计量站
企业最高标准器
标准砝码
M1 级
20kg～1mg
标准天平
2kg/500g 10mg/1mg
200g～0.1mg
20g～0.01mg
等量砝码
5kg
2kg 1kg
500g 250g
200g 100g 50g
标准砝码
二等
2kg～1mg
工作标准
砝 码
F2 等
2kg～1mg
工作器具
架盘天平
1kg～100g
固定式杠杆秤
3t 以下
移动式杠杆秤
1t～5kg
砝 码
M2 级
2kg～1mg
玻璃量器
A、B级
2000mL 以下
工作天平
max ≤ 5kg
d ≥ 0.06mg
电子汽车衡
30t

图 1-3-4 力学计量量值传递系统图（质量）

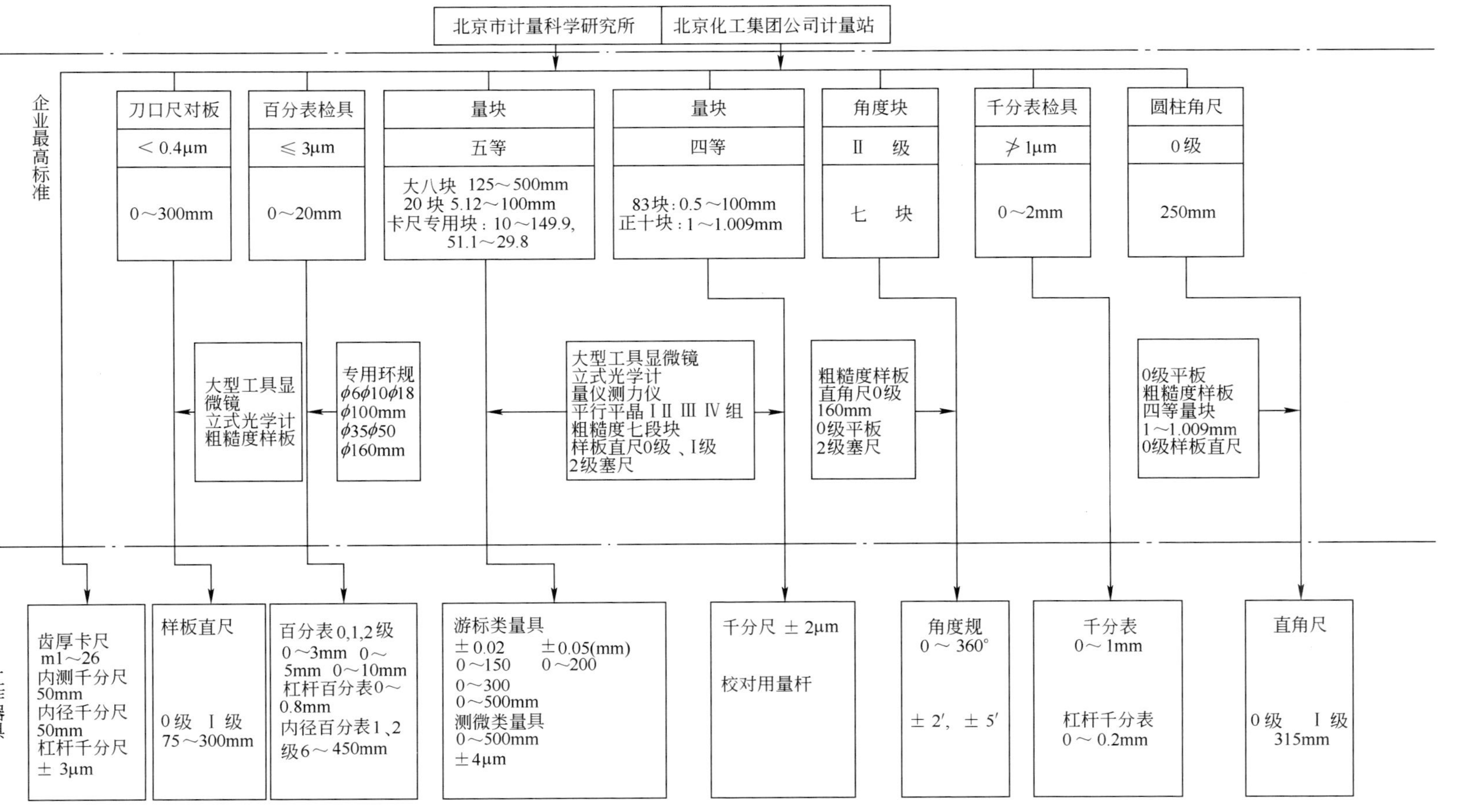

图 1-3-5 长度量值传递系统图

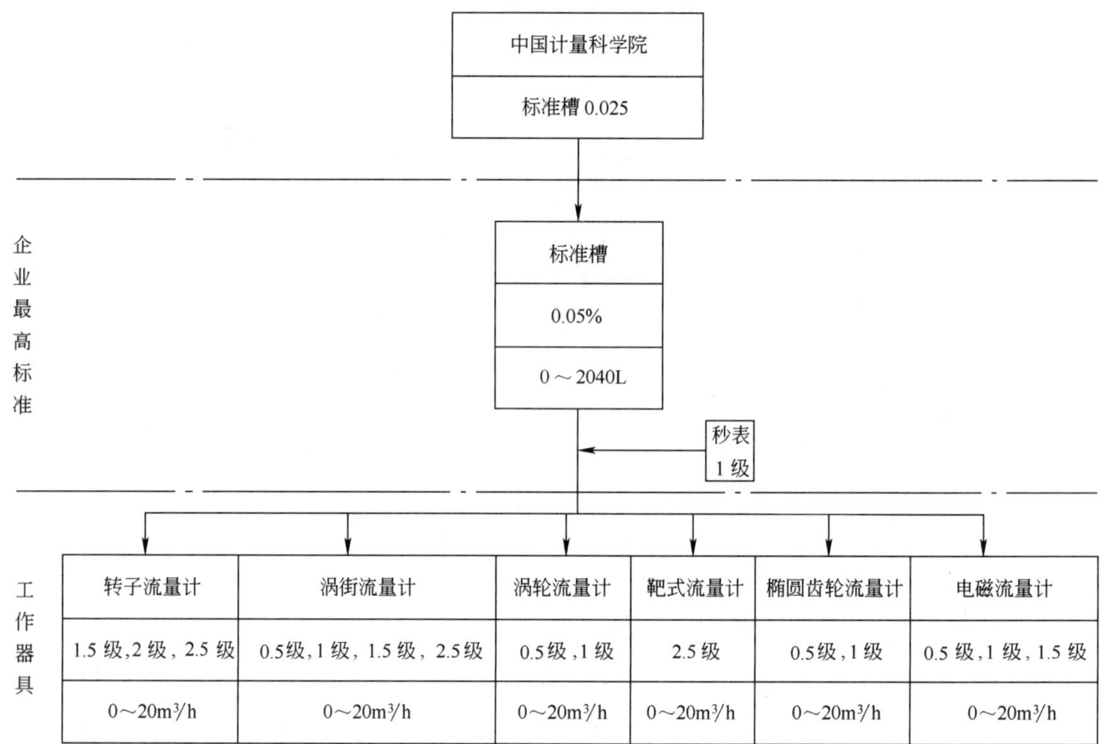

图 1-3-6　力学计量量值传递系统图（流量）

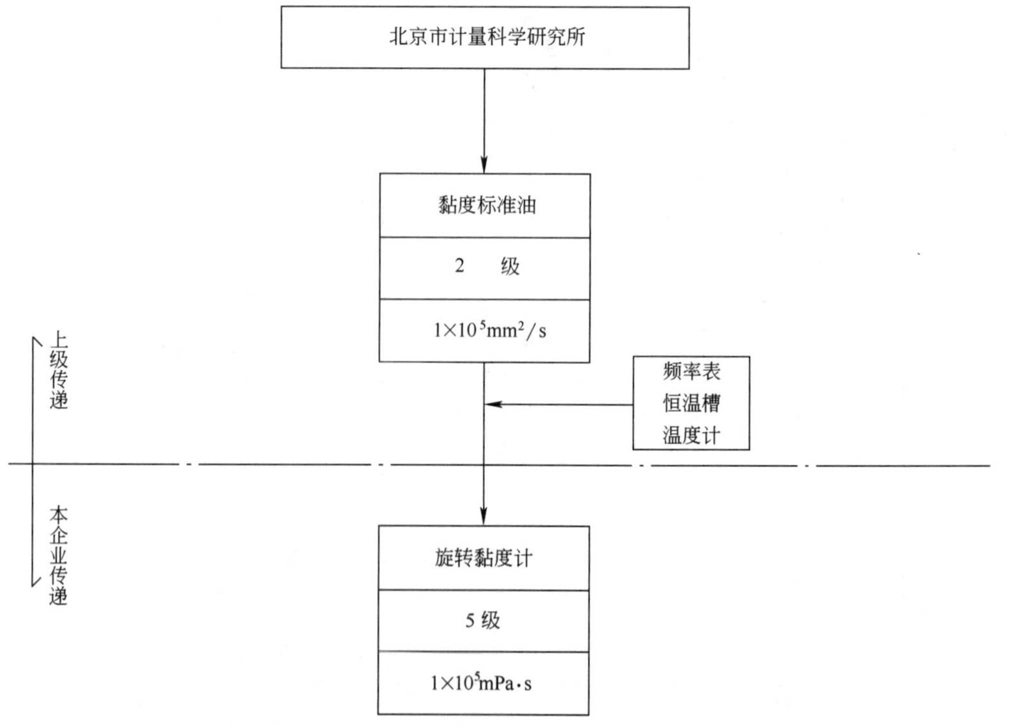

图 1-3-7　化学计量量值传递图（之一　黏度）

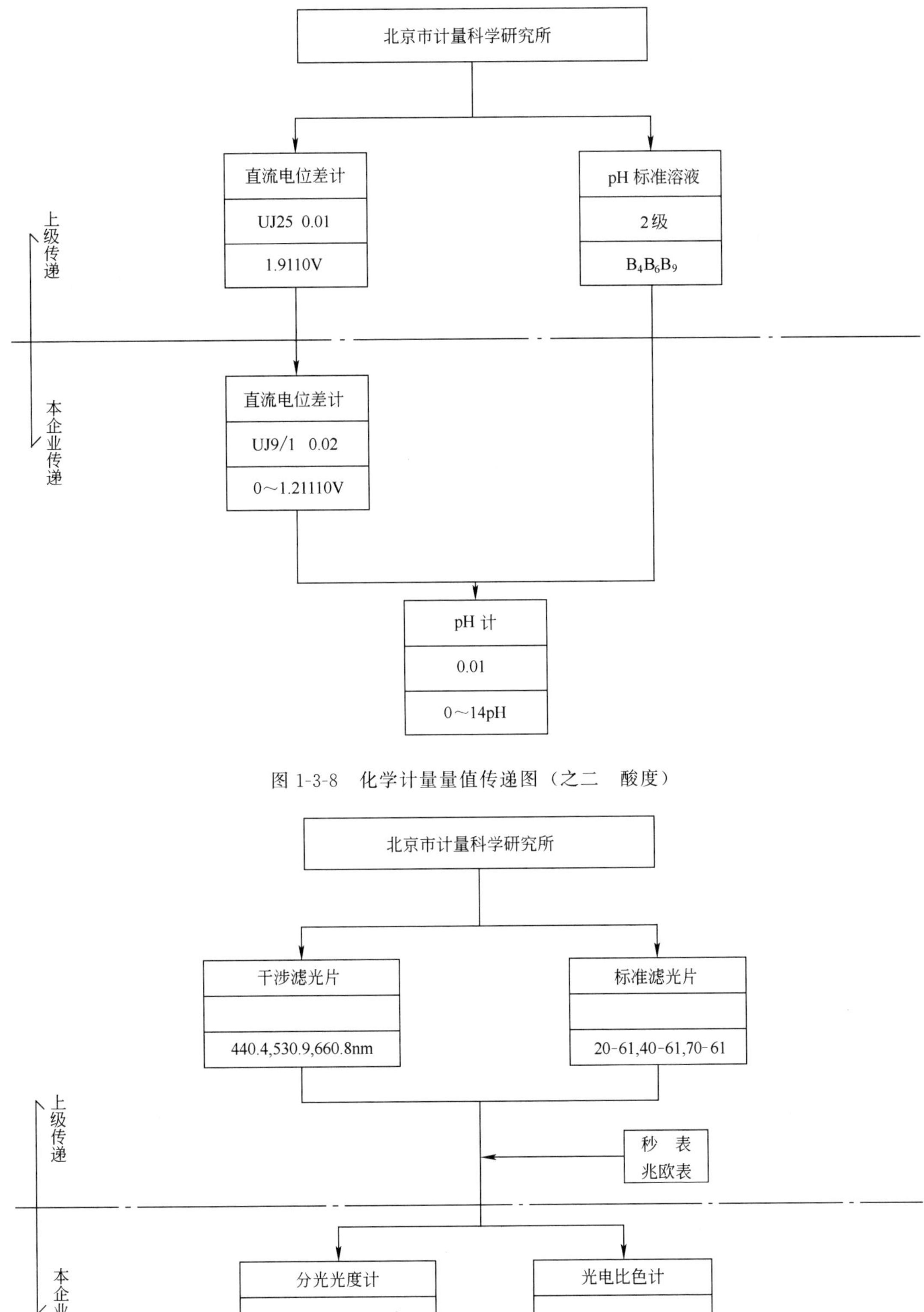

图 1-3-8 化学计量量值传递图（之二 酸度）

图 1-3-9 光学计量量值传递图

3 常用计量器具

这里介绍的常用计量器具通常称为标准仪表（器），主要用于检定和调校在生产经营过程中使用的检测与过程控制用仪表（检测、控制和计量）。化工企业中最常用的计量器具有直流数字电压表、直流数字万用表、标准电阻箱、标准压力表、标准直流电压电流源、标准气压源等。

3.1 直流数字电压表

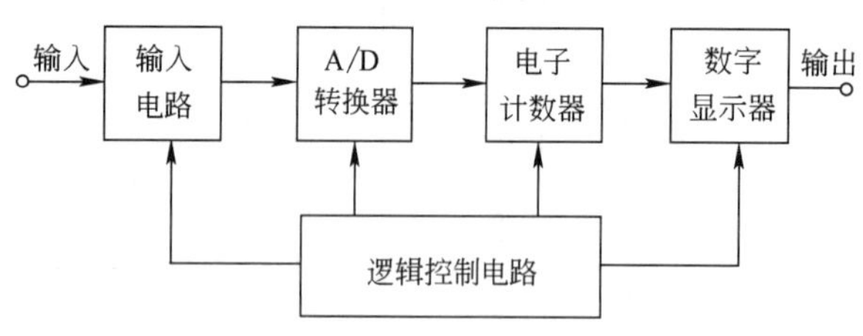

图 1-3-10 直流数字电压表工作原理图

（1）工作原理 直流数字电压表工作原理如图 1-3-10 所示。被测信号（直流电压模拟信号）经输入电路，通过A/D变换器，将模拟信号转换成数字信号，数字信号通过电子计数器计数，再由数字显示器以数字形式输出（显示）。

直流数字电压表中 A/D 变换器最常用的有双积分式和逐次比较式两种。

① 双积分式数字电压表工作原理如图 1-3-11 所示。U_x 是被测直流电压，U_R 是基准电压。测量工作可分成采样、比较和暂停三个阶段。这类仪表抗干扰能力强，性能价格比高，一般用于直流电压测量和检测仪表校正等。

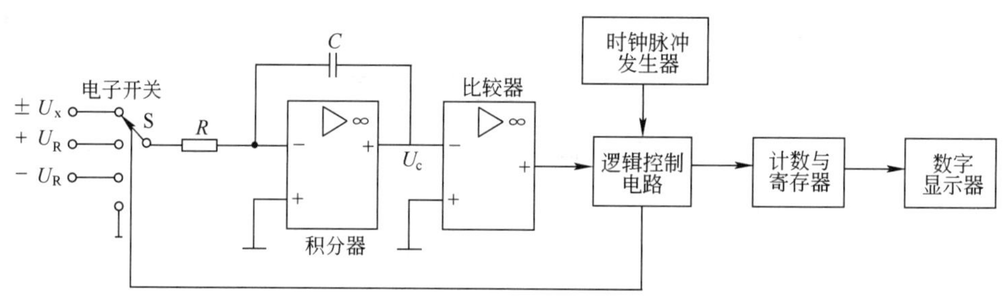

图 1-3-11 双积分式数字电压表工作原理图

② 逐次比较式数字电压表工作原理如图 1-3-12 所示。在数字信号控制下，D/A 变换器输出数值不同的基准量化电压，经比较器与输入的待测模拟电压 U_x 进行比较，从最高位开始经反馈系统自动调节，逐次比较，逐步逼近，至两个电压平衡为止。此时，比较寄存器所储存的二进制数码即表示被测电压大小。这类仪表测量速度快，每秒可达数千次，但抗干扰能力弱。一般用于多点巡回检测系统中多路直流电压测量。

（2）型号规格 常用直流数字电压表型号规格见表 1-3-7。

日本横河公司数字多用表型号规格（包括数字电压表）见表 1-3-8。

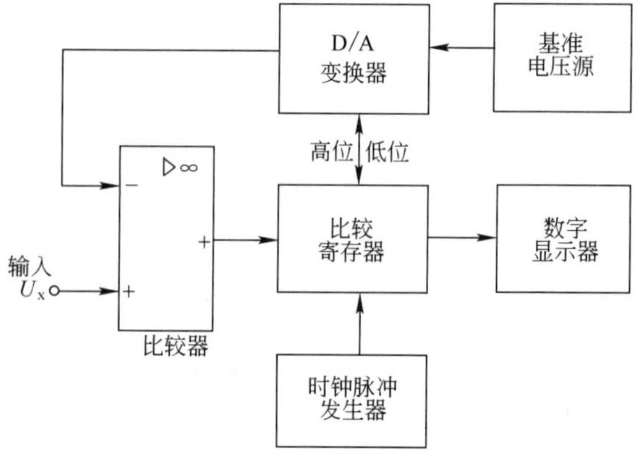

图 1-3-12 逐次比较式数字电压表工作原理图

3.2 标准电压电流源

标准电压电流源输出高精度、高稳定性的电压和电流信号，作为标准信号输入被检定或被调校的仪表，是不可缺少的校验仪表。通常用于检定、校验温度变速器、电子记录仪、电动调节器、数字显示仪表、电气阀门定位器、数据巡回采集仪、DCS 系统现场控制单元等。

以日本横河株式会社产品 2553 为例，其工作原理如图 1-3-13 所示。齐纳二极管产生一个基准电压 V_s 进入积分回路，以对应仪器正面盘上设定值的脉冲宽度时间进行积分。积分器输出 V_1 进入采样保持电路，保持最终值。输出 V_H 进入放大器，根据设定的量程进行放大，从而得到最终输出值 V_o。

表 1-3-7　常用直流数字电压表型号规格

序号	型　号	显示位数	最　高 分辨率 /μV	量　程 /V	准　确　度 （固有误差）	输入电阻 /MΩ	备注
1	PZ8	4½	10	0.2	0.03%读数±2 字	≥500	逐次逼近式
				2	0.02%读数±2 字		
				20	0.03%读数±2 字	10	
				200			
				1000			
2	PZ12A	4¾	10 配用 FH20 直流毫伏 单元可扩 展到 0.1	0.6	0.01%读数±2 字	≥5×10³	双积分式
				6			
				60	0.02%读数±2 字	10	
				600			
				1000			
3	PZ26b	3¾	10	0.06	0.2%读数±2 字	≥100	
				0.6	0.1%读数±1 字		
				6			
				60		10	
				600			
				1000			
4	PZ38	4½	10	0.2	0.03%读数±2 字	500	
				2	0.02%读数±2 字	10³	
				20	0.03%读数±2 字	10	
				200			
				1000			
5	DS14-1-1A	4¾	10	0.6	0.005%读数±3 字		
				6	0.003%读数±1 字		
				60	0.003%读数±3 字		
				600			
6	DS26A	5	10	0.8	0.01%读数±6 字	10³	
				8	0.006%读数±3 字		
				80	0.01%读数±5 字	10	
	DS26B	6		800	0.01%读数±3 字		
				1000	0.03%读数±2 字		

表 1-3-8　日本横河数字多用表型号规格

	型　号	7555				7560（7561，7562）			2501A
	数　位	5½				6½			6½
直流电压	量　程	200mV	2000mV	20V	1000V	200mV	2000mV	1000V	1.000V
	最大读数	199.999	1999.99	19.9999	1000.00	199.9999	1999.999	1100.000	1199999
	分辨率	1μV	10μV	100μV	10mV	0.1μV	1μV	1mV	0.01μV
	精　度	0.005%+6	0.0035%+3	0.007%+4	0.008%+3	0.004%+30	0.0025%+10	0.005%+10	0.005%+5
	输入阻抗	>1GΩ	>1GΩ	10MΩ	10MΩ	1GΩ	1GΩ	10MΩ	

续表

型号		7555				7560 (7561, 7562)			2501A
数位		5½				6½			6½
直流电流	量程	2000μA	20mA	200mA	2000mA	2mA	20mA	2000mA	
	最大读数	1999.99	19.9999	199.999	1999.99	1.99999	19.9999	1999.99	
	分辨率	10nA	100nA	1μA	10μA	10nA	100nA	10μA	
	精度	0.07%+100	0.07%+20	0.07%+20	0.4%+200	0.05%+100	0.05%+20	0.1%+40	
	输入阻抗	<11Ω	<11Ω	<0.3Ω	<0.3Ω	<110Ω	<11Ω	<0.3Ω	
电阻	量程	200Ω	2000Ω	20kΩ	200MΩ	200Ω	2000Ω	200MΩ	100MΩ
	最大读数	199.999	1999.99	19.9999	199.999	199.9999	1999.99	199.999	
	分辨率	1mΩ	10mΩ	100mΩ	10kΩ	100μΩ	1mΩ	1kΩ	0.1mΩ
	精度	0.008%+6	0.007%+4	0.007%+3	2%+20	0.007%+40	0.005%+25	2%+200	0.003%+2
交流电压	量程	200mV	2000mV	20V	700V	200mV	2000mV	700V	500V
	最大读数	199.999	1999.99	19.9999	1000.00	199.999	1999.99	700.00	
	分辨率	1μV	10μV	100μV	10mV	1μV	10μV	10mV	1μV
	精度	0.9%+200	0.8%+200	0.8%+100	1.0%+100	0.9%+200	0.8%+100	1.0%+100	0.07%读数+0.03%量程
	输入阻抗	1MΩ	1MΩ	1MΩ	1MΩ	1MΩ	1MΩ	1MΩ	
交流电流	量程	2000μA	20mA	200mA	2000mA	2mA	20mA	200mA	
	最大读数	1999.99	19.9999	199.999	1999.99	1.99999	19.9999	199.999	
	分辨率	10nA	100nA	1μA	100μA	10nA	100nA	1μA	
	精度	1.5%+350	1.3%+300	1.3%+300	1.5%+300	1.4%+350	1.2%+300	1.2%+300	
	输入阻抗	<11Ω	<11Ω	<0.3Ω	<0.3Ω	<110Ω	<11Ω	<1.2Ω	

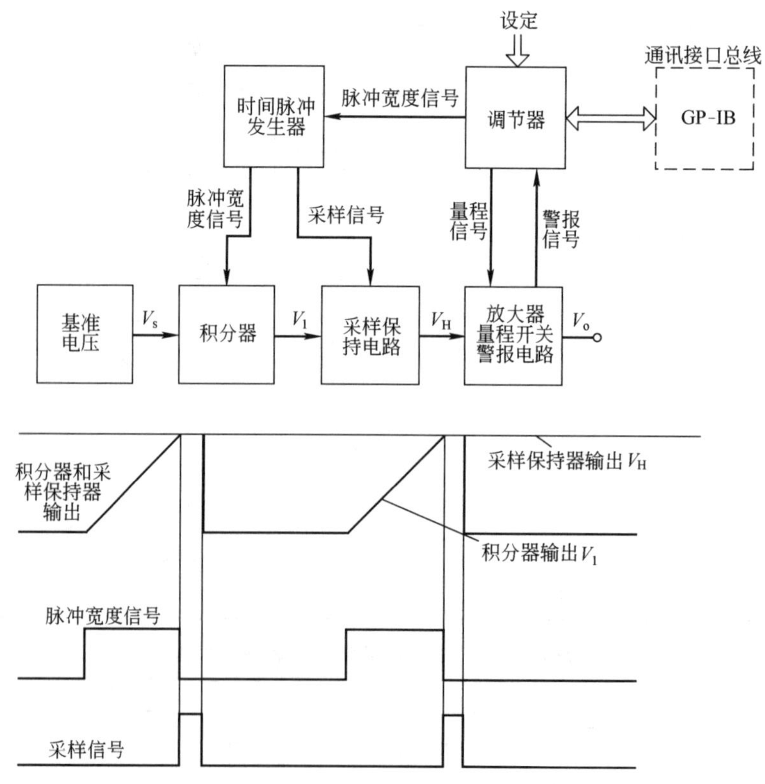

图 1-3-13　2553 标准电压电流源工作原理图

日本横河株式会社生产的标准电压电流源系列产品型号规格见表 1-3-9。

表 1-3-9 日本横河标准电压/电流源型号规格

型号	规格	量程	输出	精度	分辨率	输出阻抗
7651	DCV	10mV	−12.0000～+12.0000mV	±(设定的 0.018%+4μV)	100nV	2Ω
		100mV	−120.000～+120.000mV	±(设定的 0.018%+10μV)	1μV	2Ω
		1V	−1.2～+1.2V	±(设定的 0.01%+100μV)	10μV	<2Ω
		10V	−12～+12V	±(设定的 0.01%+200μV)	100μV	<2Ω
		30V	−32～+32V	±(设定的 0.01%+500μV)	1mV	<2Ω
	DCA	1mA	−1.20000～+1.20000mA	±(设定的 0.02%+0.1μA)	10nA	>100MΩ
		10mA	−12.0000～+12.0000mA	±(设定的 0.02%+0.5μA)	100nA	>100MΩ
		100mA	−120.000～+120.000mA	±(设定的 0.02%+5μA)	1μA	>100MΩ
2552	DCV	1000mV	0～1199.999mV	±(设定的 0.005%)或±10μV	1μV	
		10V	0～11.99999V	±(设定的 0.005%)或±50μV	10μV	
		100V	0～119.9999V	±(设定的 0.005%)或±500μV	100μV	
		1000V	0～1199.999V	±(设定的 0.005%)或±5mV	1mV	
2553	DCV	10mV	0～12.000mV	±(量程的 0.02%+4μV)	1μV	>1.5Ω
		100mV	0～120.00mV	±量程的 0.02%	10μV	>1.5Ω
		1V	0～1.2000V	±量程的 0.02%	100μV	>1.5Ω
		10V	0～12.000V	±量程的 0.02%	1mV	>1.5Ω
	DCA	1mA	0～1.2000mA	±量程的 0.02%	0.1μA	10MΩ
		10mA	0～12.000mA	±量程的 0.02%	1μA	10MΩ
		100mA	0～120.00mA	±量程的 0.02%	10μA	1MΩ
2554	DCV	10mV	0～11.999mV	±(设定的 0.05%+1μV)	1μV	
		100mV	0～119.99mV	±(设定的 0.05%+10μV)	10μV	
		1V	0～1.1999V	±(设定的 0.05%+100μV)	100μV	
		10V	0～11.999V	±(设定的 0.05%+1mV)	1mV	
		100V	0～119.99V	±(设定的 0.05%+10mV)	10mV	
	DCA	1mA	0～1.1999mA	±(设定的 0.05%+0.1μA)	0.1μA	
		10mA	0～11.999mA	±(设定的 0.05%+1μA)	1μA	
		100mA	0～119.99mA	±(设定的 0.05%+1mA)	10μA	
2555	DCV	10mV	0～11mV	±(0.1%+10μV)	2μV	
		100mV	0～110mV	±(0.1%+100μV)	20μV	
		1V	0～1.1V	±(0.1%+1mV)	200μV	
		10V	0～11V	±(0.1%+10mV)	2mV	
	DCA	1mA	0～1.1mA	±(0.2%+1μA)	200nA	
		10mA	0～11mA	±(0.2%+10μA)	2μA	
		100mA	0～110mA	±(0.2%+100μA)	20μA	
2422	DCV	100mV	0～±120.00mV	±(读数的 0.1%+量程的 0.02%)	10μV	
		1V	0～±1200.0mV	±(读数的 0.05%+量程的 0.02%)	100μV	
		10V	0～±12.000V	±(读数的 0.05%+量程的 0.02%)	1mV	
		30V	0～±36.00V	±(读数的 0.05%+量程的 0.06%)	10mV	
	DCA	20mA	0～±24.00mA	±(读数的 0.1%+量程的 0.1%)	10μA	
255001	DCV	同 2552				
	DCA	100μA	0～119.9999μA	±(设定的 0.02%)或±2nA		
		1mA	0～1.199999mA	±(设定的 0.01%)或±10nA		
		10mA	0～11.99999mA	±(设定的 0.01%)或±100nA		
		100mA	0～119.9999mA	±(设定的 0.01%)或±1μA		
		1A	0～1.199999A	±(设定的 0.03%)或±30μA		
		10A	0～11.99999A	±(设定的 0.1%)或±1mA		
		30A	0～35.9999A	±(设定的 0.2%)或±18mA		

续表

型号	规格	量程	输出	精度	分辨率	输出阻抗
2560	DCV	10V,1V 100mA,10mA	同 2553			
		100V	0～120.00V	±(0.15%+20mV)		
		500V	0～600.0V	±(0.15%+200mV)		
		1000V	0～1200.0V	±(0.15%+200mV)		
		100mV	0～120.00mV	±(0.2%+0.02mV)		
	DCA	100mA 100mV,10mV	同 2553			
		1A	0～1.2000A	±(0.2%+0.2mA)		
		10A	0～12.000A	±(0.2%+2mA)		
		30A	0～36.00A	±(0.2%+20mA)		
		10μA	0～12.00μA	±(0.3%+5nA)		
		50μA	0～60.00μA	±(0.3%+20nA)		
		100μA	0～120.0μA	±(0.3%+20nA)		
2558	ACV	100mV	1.00～120.00mV	50/60Hz,±(设定的 0.08%+量程的 0.015%) 小于量程的 20% 量程的±0.02%	10μV	
		1V	0.0100～1.2000V		100μV	
		10V	0.100～12.000V		1mV	
		100V	1.00～120.00V		10mV	
		300V	3.00～360.0V		100mV	
		1000V	10.0～1200.0V		100mV	
	ACA	100mA	1.00～120.00mA	(50A 量程)	10μA	
		1A	0.0100～1.2000A	50/60Hz,±(设定的 0.15%+量程的 0.015%)	100μA	
		10A	0.100～12.000A			
		50A	0.50～60.00A	小于量程的 20% 量程的±0.04%	1mA 10mA	

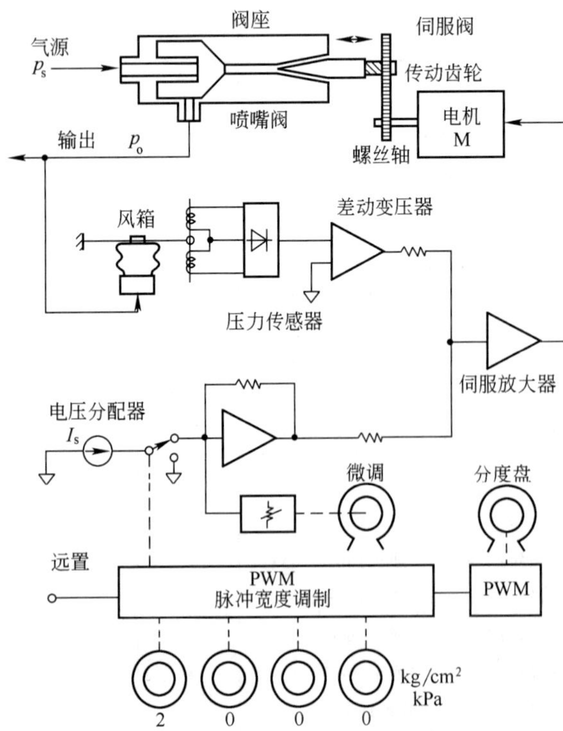

图 1-3-14　2656 标准气动压力信号源工作原理图

3.3　标准气动压力信号源

气动压力信号源提供高精度、高稳定性的气动压力信号，作为检定或调校各类差压变送器、低压压力变送器、法兰差压变送器、气动记录仪、气动调节器等仪表的标准输入信号，是使用频度相当高的检定（也称标准）仪表。

以日本横河株式会社产品 2656 标准气动压力信号源为例，其工作原理如图 1-3-14 所示。仪表主要由电压分配器、伺服阀和压力传感器组成。由压力设置盘上设定信号，通过 D/A 转换电路、脉冲宽度调制产生一个直流标准电压。标准电压与来自压力传感器的反馈电压差通过伺服放大器放大输入伺服阀组件中的电机。伺服阀组件由喷嘴阀、阀座、电机和传动齿轮组成。气动输入压力信号（p_s）通过阀座与喷嘴阀之间开度逸出，电机通过传动齿轮减速，驱动喷嘴阀和螺丝轴。由于螺丝轴转动，喷嘴阀活动方向如箭头所示，它改变压缩空气流量，调节输出压力 p_o，输出压力反馈至压力传感器，反馈电压输出使喷嘴阀活动，直至和标准电压偏差为零。至此，气动压力输出值即为压力设定盘上的设定值。

这类仪表不但输出高精度、高稳定性的气压信号，且在检定仪表时，输入信号量程确定后，可以自动地分 4 步（25%，50%，75%，100%）或 5 步（20%，40%，60%，80%，100%）输入被检定仪表，十分方便。例如检定 1 台低差压变送器，量程为 6250Pa。分 5 步检定，即 1250、2500、3750、5000 和 6250Pa，自动输入差压变送器，观察差压变送器输出（如 1151 型）是否为 7.2、10.4、13.6、16.8 和 20mA。假如没有自动设置功能，首先要输入 20%即 1250Pa，人工调整（用定位器）要用很长时间慢慢靠近，而且很难做到恰好是 1250Pa（1249.5 或 1250.5Pa），费时而且影响输入精度。有自动设置功能既保证输入精度，而且省时省事，大大提高工作效率。

2656 主要型号规格如表 1-3-10 所示。

表 1-3-10　2657 标准气动压力信号源型号规格

型　　号	265700 带 GP-IB 接口 265701 带 RS-232-C 接口	265710 带 GP-IB 接口 265711 带 RS-232-C 接口
输入压力	280±20kPa	50±10kPa
输出压力范围	0～200.00kPa 0～2.0000kgf/cm^2 0～1500.0mmHg 0～20000mmH_2O	0～25.000kPa 0～0.25000kgf/cm^2 0～185.00mmHg 0～2500.0mmH_2O
分辨率	0.01kPa 0.0001kgf/cm^2 0.1mmHg 1mmH_2O	0.001kPa 0.00001kgf/cm^2 0.01mmHg 0.1mmH_2O
精度	±0.05%满量程或±0.1%设定压力	
输出设定	5 位数字	
输出配置设定	输出＝设定×n/m　（m=1～20，n=0～m，n/m≤100%）	
输出功能	自动步进输出功能，扫描输出功能，在设定范围内 0～100%线性输出	
输出监测 偏差监测	10 段液晶棒图显示 0～100%设定 显示最终偏差	
前后倾斜 90° 左右倾斜 30°	±0.1kPa	±0.05kPa

3.4　多功能便携式校准仪

这类仪表的主要特点是集数字多用表和标准电压电流源的功能于一体，可兼作标准测量仪表，标定被检定仪表的输出信号，又可以作为标准信号源，输出标准电压、电流或电阻信号到被检定仪表。这类仪表配上压力模块，可以输出标准气动压力信号，这样前面介绍的三种标准仪器的功能都集中于一体了。

这类仪表的另一个特点就是小巧，坚固，携带方便，就地检定和调校仪表十分方便，尤其是新建项目仪表安装要一次调校、二次调校，使用这类标准仪表更显出它的优越性。

这类仪表第三个特点是测试和检定数据自动记录并存储在仪表中，可以通过文件系统和打字机自动打印检测数据，亦可按要求设置的软件编制检定报告。

美国福禄克公司便携式（手持式）生产过程认证校准仪主要型号规格见表 1-3-11。

表 1-3-11　美国福禄克公司 Fluke-701/702 主要型号规格

项　　目	702			701		
	量　程	测量精度	源输出精度	量　程	测量精度	源输出精度
直流电压	110mV/1.1/11/110/300V	0.025%	0.02%	110mV/1.1/11/110/300V	0.05%	0.03%
直流电流	30mA/110mA	0.025%	0.01%	30mA/110mA	0.025%	0.01%
电　　阻	11/110/1.1k/11k	0.05%	0.02%	11/110/1.1k/11k	0.1%	0.05%
频　　率	1.00～109.99Hz 110.0～1099.9Hz 1.100～10.999kHz 11.00～50.00kHz	5 个	1 个	1.00～109.99Hz 110.0～1099.9Hz 1.100～10.999kHz 11.00～50.00kHz	5 个	1 个
热 电 偶	E/N/J/R/T/K/B/S/C	0.5℃	0.5℃	E/N/J/R/T/K/B/S/C	0.5℃	0.5℃

续表

项　目	702			701		
	量　程	测量精度	源输出精度	量　程	测量精度	源输出精度
热电阻	100ΩPt 120ΩPtNi	0.5℃	0.5℃	100ΩPt 120ΩPtNi	0.5℃	0.5℃
压力模块	7kPa 34kPa 100kPa 200kPa 700kPa 3450kPa 7000kPa		0.05%	7kPa 34kPa 100kPa 200kPa 700kPa 3450kPa 7000kPa		0.05%

第 4 章　电工与电子学知识

1　电工知识

1.1　供电系统

1.1.1　电源质量指标

供电的质量指标是电压、频率稳定性和供电可靠性 3 项。对于检测与过程控制系统，电源质量要求以下几项指标。

(1) 电源电压及允许偏差

交流：220V±10%

直流：$24V^{+10\%}_{-3\%}$

48V±10%

电源电压偏差极限值如下：

交流：1 级　±1.0%

2 级　±10%

3 级　$^{+10\%}_{-15\%}$

4 级　$^{+15\%}_{-20\%}$

直流：1 级　±1.0%

2 级　±5.0%

3 级　$^{+10\%}_{-15\%}$

4 级　$^{+15\%}_{-20\%}$

5 级　$^{+30\%}_{-20\%}$

(2) 电源频率及允许偏差　50Hz±1Hz

频率偏差极限值分为三级：1 级　±0.2%

2 级　±1.0%

3 级　±5.0%

(3) 电源电压降低及线路电压降　电源电压降低主要是电网电压瞬时波动所致。短时压降有可能导致系统控制误动作。

线路电压降主要是供电线路较远时，当线径选择不当，由导线压降损失所致。

(4) 电源瞬时中断　电源瞬时中断又称“电力瞬时扰动”，它指“持续时间等于或小于 0.2s 的扰动”。它对测量和控制系统正常工作有重大影响。

日本石油协会（JPI）有关规定指出：电动回路仪表的允许瞬时停电时间一般为 5ms；继电器一般为 0.5～5ms。

仪表辅助或备用电源切换时间的极限值如表 1-4-1 所示。

表 1-4-1　辅助或备用电源切换时间极限值

电源 / 时间 / 分级	交流电源	直流电源
	切换时间不超过下列值/ms	
1 级	3	1
2 级	10	5
3 级	20	20
4 级	200	200
5 级	1000	1000

(5) 特殊用电要求　某些仪表对交流电源的谐波含量、直流电源电压纹波有特殊要求，一般规定如下：

交流电源的谐波含量：<5%

直流电源的纹波电压：<1%

谐波含量是各谐波电压平方之和的平方根与电源基频电压（均方根值）之比的百分数，即：

$$\text{谐波含量}=\frac{\sqrt{\sum \text{谐波电压}^2}}{\sqrt{\sum \text{基频电压}^2}}\times 100\%$$

纹波电压是电源电压总交流分量（峰-峰值）与电源电压平均值之比的百分数，即：

$$\text{纹波电压}=\frac{\text{总交流分量(峰-峰值)}}{\text{电压平均值}}\times 100\%$$

谐波含量与纹波电压的极限值见表 1-4-2。

表 1-4-2　交流谐波含量与直流纹波电压的极限值

分级	交流谐波含量	直流纹波电压	分级	交流谐波含量	直流纹波电压
1 级	<2%	<0.2%	3 级	<10%	<5%
2 级	<5%	<1.0%	4 级	<20%	<15%

1.1.2　负荷等级

用电负荷根据事故停电在政治上、经济上所造成损失或影响的程度，分为一级负荷、二级负荷、三级负荷。

（1）一级负荷　突然停电将造成人身伤亡的危险，或造成重大的政治影响，或使重大设备损坏且难以修复，或中断对它的供电将发生爆炸、火灾、中毒、混乱等现象的负荷。

（2）二级负荷　突然停电将在政治、经济上造成较大损失，如引起设备损坏或大量产品报废，造成重大减产，人员集中的公共场所秩序混乱等现象的负荷。

（3）三级负荷　较长时间中断供电造成的损失不很严重的负荷。

对于化工企业，根据用电负荷在生产过程中的重要程度划分为以下各级。

（1）一级一类负荷　简称为保安负荷。当企业工作电源突然中断时，为保证安全停产，避免发生爆炸、火灾、中毒等事故，防止人身伤亡和损坏关键的设备；或一旦发生这类故障，能及时处理故障，防止事故扩大的设备；或保护关键设备，例如关键设备的润滑油泵，化工生产过程中聚合反应的聚合釜阻聚剂投送设备，电石炉的冷却水；部分电子计算机及自动控制装置及事故照明、通信、火警电源等。

（2）一级二类负荷　当企业工作电源突然中断时，将使企业的产品及原材料大量报废，恢复供电后，又需要很长时间才能恢复生产，造成重大经济损失的用电负荷，以及从保安负荷挑选剩下的负荷。

（3）二级负荷　当企业工作电源突然中断时，企业连续生产过程被打乱，大量产品报废，生产过程需要较长时间才能恢复，以及重点企业大量减产等的用电负荷。通常化工厂连续性生产的大部分负荷多宜划为二级负荷。

（4）三级负荷　不属于一、二级负荷者。例如允许停电几小时而不造成化工生产损失的用电负荷，机修等辅助车间用电负荷。

1.1.3　供电要求

一级负荷对供电电源的要求是由两个独立电源供电，当一个电源发生故障时，另一个电源应不致同时损坏。对于特别重要的负荷或用电场所，还必须增设应急电源。例如蓄电池静止型不间断供电装置、蓄电池机械储能电机型不间断供电装置、带有自动投入装置的独立于正常电源的专门馈电线路、快速自启动的柴油发电机组等。

通常对二级负荷的供电也是采用二回路供电方式，并配置必要的应急电源备用，只是要求投入的快速性不如一级负荷那样高。

仪表用电负荷、供电要求与电力负荷及供电要求基本上一致。仪表用电应具备保安电源同工作电源并网运行的条件。

当采用静止型不间断电源装置作为保安电源时，大部分仪表电源可以如图 1-4-1 所示配电。

1.1.4　UPS

（1）UPS 工作原理　UPS 是交流不间断电源装置(Uninterrupted Power Supply System)的简称，是一种高可靠性交流电源设备。UPS 通常由两套系统构成，一套用蓄电池储能，另一套直接使用交流电网，两者互为备用，通过电子开关切换。一旦电网突然停电或供电质量不符合要求，另一套能立即投入使用，时间在几毫秒之内。

UPS 有旋转型和静止型之分，旋转型采用电动发电机组，现在较普遍采用静止型 UPS。静止型 UPS 由整流器、蓄电池组、逆变器、静态电子开关等部件组成，其工作原理如图 1-4-2 所示。来自电网的工作电源 220V AC，通过整流器进行整流和滤波转变成直流电压，并和蓄电池组并联送入逆变器，通过逆变器将直流电压转变成 220V AC、50Hz 电压，通过电子切换开关进行监控和调整后输出，供负载使用。

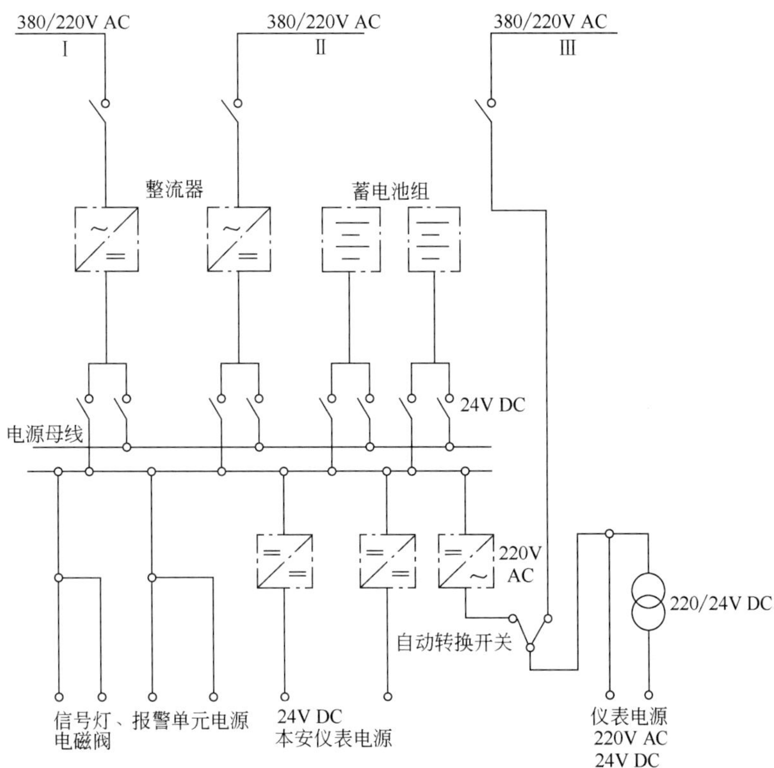

图 1-4-1　仪表用电源及供电回路分组

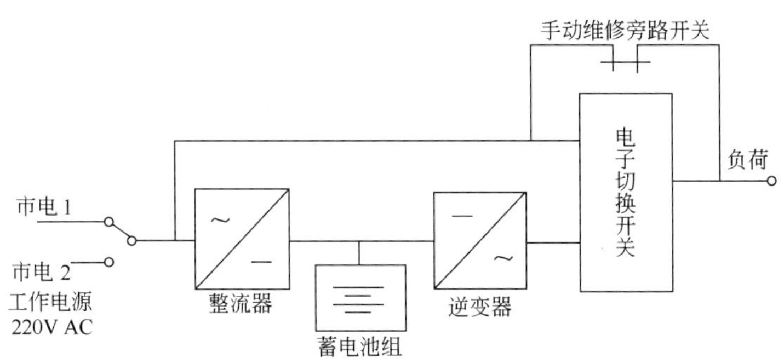

图 1-4-2　UPS 工作原理图

蓄电池组平时由整流器充电，保持充满状态，当工作电源或整流器发生故障，蓄电池可立即通过逆变器对负载供电，保持供电连续性。蓄电池的型号规格决定 UPS 在故障状态下运行时间长短。

UPS 通常设有手动维修旁路开关和备用电源相连，以备 UPS 检修时对负载供电之用。

UPS 主要用于仪表自控系统和电子计算机电源。

(2) UPS 技术指标

a. 稳态电压调整率：±1%

b. 稳态负荷调整率：

平衡负荷从 10%跃变至 100%及从 100%跃变至 10%的电压调整率为±10%；

不平衡负荷，一相满载，其他两相空载时为±5%；

满载情况下自动切换至旁路时，一般为±8%。

c. 瞬变恢复时间（指恢复到静态的 99%所需的时间）：20ms

d. 谐波输出量：

总谐波输出量：≤5%均方根值

单项谐波量：≤3%均方根值

e. 过载能力：

150%　额定负荷能维持 30～60s

125%　额定负荷能维持 10～30min

f. 输出频率调整率：±0.05%

g. 输入电压允许变化范围：±10%～－15%

h. 噪声：

SCR 的 UPS（全部采用晶闸管）：70～75dB

GTR 的 UPS（采用大功率晶体管）：<60dB

i. 效率：

中等容量（15～75kVA）：85%左右

三通道 UPS：90%以上

j. 静态开关切换时间：2～4ms

（3）UPS 主要部件性能　UPS 主要部件有逆变器、电子开关器件和蓄电池，这些部件的性能优劣直接关系到 UPS 的技术指标。逆变器、大功率半导体开关器件（电子切换开关）和蓄电池性能见表 1-4-3。

（4）常用 UPS 型号规格　常用 UPS 型号规格见表 1-4-4。

表 1-4-3　UPS 主要部件性能

部件	型号	性能
逆变器	方波型	线路简单，采用方波逆变桥式斩波器。谐波含量高，逐渐淘汰
	纯正弦波型	无谐波，瞬时响应好。效率低，笨重，适用小功率装置
	稳压变压器型（CTV 型）	输出电压稳定，有滤波与限流作用，能抑制电网高频干扰。线路简单，可靠性高，价格低。动态响应差，谐波失真大
	准方波型（QSW 型）	电压调整率比 CTV 好，达到±2%，谐波失真≤5%，线路简单、可靠，价格低，过载能力强，滤波器体积大，动态响应差
	阶梯波型（SW 型）	波形好，动态响应比方波型、准方波型好。对于三相逆变器较为经济，30kV·A 以上 UPS 中采用较多。控制线路复杂，要求负载不平衡≯20%，不能承受大负荷冲击
	脉宽调制型（PWM 型）	滤波器体积小，动态响应性能高，三相 UPS 承受 100%负载不平衡，控制逻辑复杂，逆变功率级对开关器件要求高，容量受元件制约
	宽脉调制阶梯波型（PWSW）	结合 PWM 和 SW 两型优点，效率和动态响应更好，线路复杂，可靠性降低
	合成正弦波型	通过微机控制，波形、效率、可靠性、动态响应特性更好
电子开关元件	晶闸管 SCR	不能自行关断，需换相电路，使电路复杂，体积、重量增加
	大功率晶体管 GTR	小容量逆变器中采用较多
蓄电池	镉镍碱性电池	尺寸小，重量轻，无腐蚀，寿命长，低温下工作可靠，价格高
	铅酸电池	全密封水分不会消失，无维修量，价格低，寿命 5～10 年。普遍使用

表 1-4-4　常用 UPS 电源型号规格

型号	额定功率	负载调整率	电源调整率	频率	生产厂家
UPS 系列	0.1～20kV·A	±1%	±1%	50.60	美国 Behlman Engineering
XH 1791	48V·A	<1mV	<0.5%		星光仪器厂
XH 1792	36V·A	1mV	<0.5%		星光仪器厂
XH 1793	24V·A	1mV	<0.5%		星光仪器厂
XH 1794	10V·A	1mV	<0.5%		星光仪器厂
L21790	300V·A			50	柳州无线电厂
L21791	500V·A			50	柳州无线电厂
L21792	200V·A			50	柳州无线电厂
GD 1754	300V·A			50	连云港无线电厂

续表

型　号	额定功率	负载调整率	电源调整率	频　率	生产厂家
WH 17593	300V・A			50	卫华仪器厂
WH 17595	500V・A			50	卫华仪器厂
WH 17501	1000V・A			50	卫华仪器厂
UPS-500	500V・A			50	美国 Santak
UPS-1250	1.5kV・A			50	美国 Santak
PCUIK-100	1kV・A			50.60	日本 Kikvsvi
PCU3K-100	3kV・A			50.60	日本 Kikvsvi

1.2 熔断器

熔断器是用于过载和短路保护的电器，俗称保险，主要由绝缘管（熔管）和熔体组成。熔体一般为线状、片状或网状。小电流熔体一般选用铅锡合金、锌等低熔点材料。大电流熔体常用银、铜等高熔点材料。国产熔断器型号符号及意义如下：

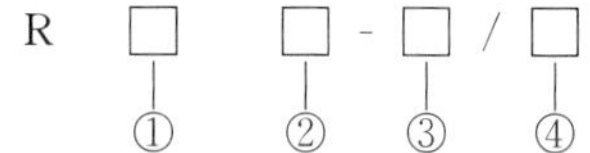

R——熔断器；

① 组别、结构代号，用字母表示：

C—插入式　　M—无填料密封式　　S—快速式

L—螺旋式　　T—有填料密封式

② 设计序号；

③ 熔断器额定电流，A；

④ 熔体（熔丝）额定电流，A。

熔断器结构分开启式、半封闭式和封闭式。封闭式又分为无填料管式、有填料管式和有填料螺旋式等。由于熔断器具有结构简单，安装面积小，分断能力高和维护方便等优点，应用十分广泛。

常用熔断器主要技术数据见表 1-4-5 和表 1-4-6，保护特性见图 1-4-3 和图 1-4-4。

表 1-4-5　RC1A 型瓷插式熔断器主要技术数据

型　号	熔管额定电压 /V	熔管额定电流 /A	熔体额定电流等级 /A	极限分断能力 /kA	特　点	适用场合	外形尺寸/mm 长×宽×高
RC1A-5	380V AC 220V AC	5	2,5	0.25	无特殊灭弧措施，极限分断能力小。最大达 3000A（有效值）	用于电路末端或分支电路作短路保护	50×26×43
RC1A-10		10	2,4,6,10	0.5			62×30×54
RC1A-15		15	6,10,15	0.5			77×38×53
RC1A-30		30	20,25,30	1.5			95×42×60
RC1A-60		60	40,50,60	3			124×50×70
RC1A-100		100	60,80,100	5			160×58×80
RC1A-200		200	100,120,150,200	5			234×64×105

表 1-4-6　RL1 型螺旋式熔断器主要技术数据

型　号	熔管额定电压	熔管额定电流 /A	熔体额定电流等级 /A	极限分断能力 /kA	特　点	适用场合	外形尺寸/mm 长×宽×高
RL1-15	交流：380V 直流：440V 及以下	15	2,4,5,6,10,15	2	极限分断能力提高，最大达 5000A（有效值），并有较大的热惯性	用于配电线路中作过载和短路保护	62×39×62
RL1-60		60	20,25,30,35,40,50,60	3.5			78×55×77
RL1-100		100	60,80,100	20			118×82×110
RL1-200		200	100,125,150,200	50			156×108×116

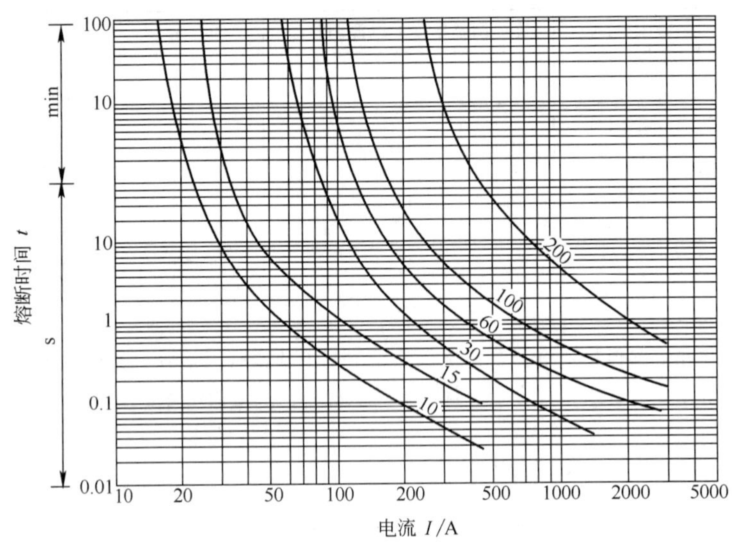

图 1-4-3　RC1A 系列熔断器特性曲线

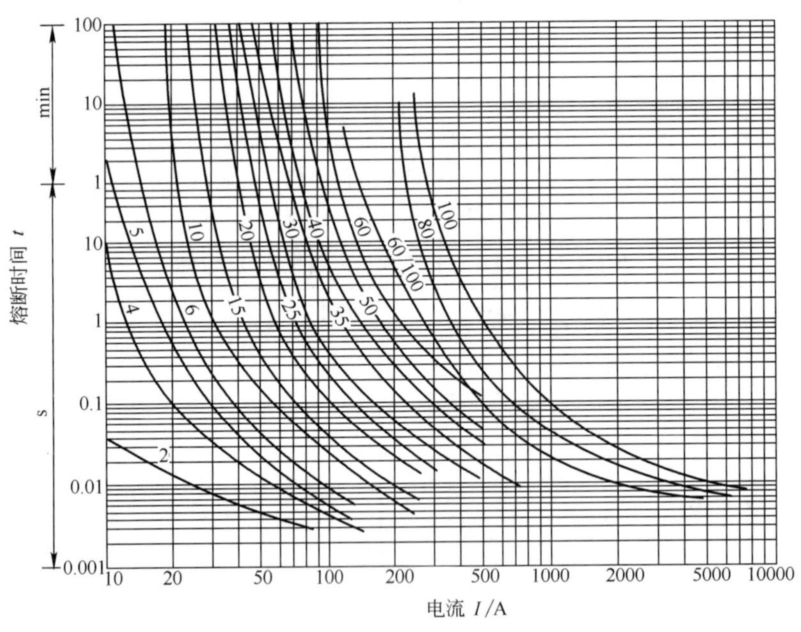

图 1-4-4　RL1 系列熔断器特性曲线

选用熔断器时，应使熔断器的保护特性与被保护设备的过载特性基本吻合，才能起到它应有的保护作用。以 RL1-15 型熔体额定电流 15A 为例，观察其熔断特性曲线。当电流为 15A 时，从曲线趋势看，能保证长时间运行；当电流增加至 25A 时，熔体将在 20min 内熔断；当电流增加到 30A 时，熔体将在 30s 内熔断。由此可知，选用熔体时，正常的负载电流要小于熔体的额定电流，否则，过载保护太频繁，反而影响生产。假如熔体额定电流选得过大，由 RL1-15 型熔体额定电流 15A 改为 RL1-60 型熔体额定电流 20A，从特性曲线可知，当电流过载至 30A 时，熔体要超过 100min 才熔断；当电流增至 40A 时，才在 50s 内熔断，这样设备可能早已损坏，熔断器起不到保护设备的作用。

1.3 自动开关

自动开关不仅能正常通断电路，而且能在过电流、短路、失欠压等非正常情况下自动保护。自动开关的电流值可随需要整定，当电路故障排除后，无需更换零件，可迅速恢复供电，在仪表配电线路中广泛采用自动开关。

自动开关由触头系统、灭弧室、操作机构以及脱扣装置几部分组成，有塑料外壳式（DZ 型）和框架式（DW 型）两大类。自动开关型号符号及意义如下：

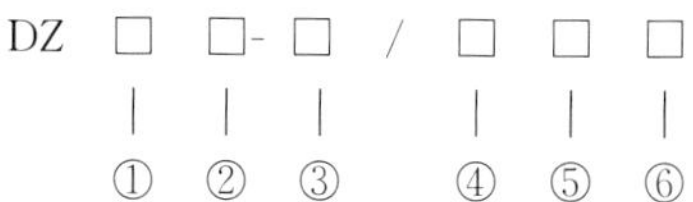

DZ——塑料外壳；

① 设计序号；

② 派生代号；

③ 额定电流；

④ 极数；

⑤ 脱扣器方式及附件代号；

⑥ 用途代号。

DZ-5 系列自动开关技术数据见表 1-4-7。DZ-10 系列自动开关技术数据见表 1-4-8。

DZ-15 系列自动开关按用途又可分为 4 种。代号 1 为保护配电线路，代号 2 为保护电动机，代号 3 为保护照明线路，代号 4 为保护可控硅。

表 1-4-7 DZ5 型自动开关技术数据

型　号	额定电压	主触点额定电流/A	辅助触点类　型	辅助触点额定电流/A	脱扣器型式	脱扣器额定电流/A	极数	备　注
DZ5-10	220V AC	10	1 动合 1 动断	1	复式	0.5,1,1.5,2,3,4,6,10	1	
DZ5-25	380V AC 110V DC	25	无	1	复式	0.5,1,1.6,2.5,4,6,10,15,20,25	1	
DZ5-20/330	380V AC 220V DC	20	1 动合 1 动断	5	复式	0.15	3	
DZ5-20/230	380V AC 220V DC	20	1 动合 1 动断	5	复式	0.20	2	
DZ5-20/320	380V AC 220V DC	20	1 动合 1 动断	5	电磁式	0.30	3	
DZ5-20/220	380V AC 220V DC	20	1 动合 1 动断	5	电磁式	0.45	2	
DZ5-20/310	380V AC 220V DC	20	1 动合 1 动断	5	热脱扣式	0.65	3	
DZ5-20/210	380V AC 220V DC	20	1 动合 1 动断	5	热脱扣式	1,1.5	2	
DZ5-20/300	380V AC 220V DC	20	1 动合 1 动断	5	无脱扣式	2,3	3	
DZ5-20/200	380V AC 220V DC	20	1 动合 1 动断	5	无脱扣式	4.5,6.5,10,15,20	2	
DZ5-50	380V AC 500V DC	50	1 动合,1 动断 2 动合,2 动断	5	液压式	10,15,20,25,30,40,50	3	液压脱扣作用和复式相似只是结构原理不同

表 1-4-8　DZ10 型自动开关技术数据

型　号	额定电压/V	额定电流/A	脱扣器型式	极限与断电流/A	脱扣器额定电流/A	极数	允许切断次数
DZ10-100	直流 220 交流 500	100	复式	7000	15,20	2～3	2
DZ10-100	直流 220 交流 500	100	电磁式	7000	15,20	2～3	2
DZ10-100	直流 220 交流 500	100	无脱扣	7000	15,20	2～3	2
DZ10-100	直流 220 交流 500	100	复式	9000	25,40	2～3	2
DZ10-100	直流 220 交流 500	100	电磁式	9000	25,40	2～3	2
DZ10-100	直流 220 交流 500	100	无脱扣	9000	25,40	2～3	2
DZ10-100	直流 220 交流 500	100	无脱扣	9000	25,40	2～3	2
DZ10-100	直流 220 交流 500	100	复式	12000	50,60,80,100	2～3	2
DZ10-100	直流 220 交流 500	100	电磁式	12000	50～100	2～3	2
DZ10-100	直流 220 交流 500	100	无脱扣	12000	50～100	2～3	2
DZ10-250	直流 220 交流 500	250	复式	20000	100,120,140,170,200,250	2～3	2
DZ10-250	直流 220 交流 500	250	电磁式	20000	250	2～3	2
DZ10-250	直流 220 交流 500	250	无脱扣	20000	250	2～3	2

1.4　控制微电机

自动控制系统和计算装置中，用作检测、放大、执行和解算的小功率电机，统称控制微电机。伺服电动机是控制微电机的一种，它的转速和转向随控制电压的大小和方向（或相位）的变化而变化。与驱动微电机要求不同，驱动微电机着重于启动和运转状态下力的指标（例如记录仪中驱动记录纸的微电机），而伺服电动机（也称可逆电机）侧重于响应快，精度高和转动稳定可靠（例如自动平衡电桥、自动平衡电位差计中的可逆电机）。

伺服电动机有直流和交流之分，其型号符号及意义如下：

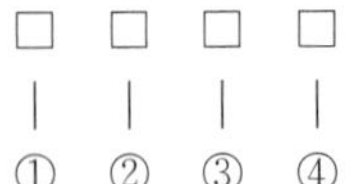

① 机座号，以机壳外径（mm）数字表示；

② 产品代号：

SZ—直流电磁式　　　　SL—交流（两相）笼式转子

SY—直流永磁式　　　　SK—交流（两相）空心杯转子

③ 性能参数代号，用数字表示；

④ 结构派生代号，用字母表示。

1.4.1 直流伺服电动机

直流伺服电动机是用直流电压供电，和直流电动机一样，由定子和转子两部分组成，只是体积、重量和功率要小得多。直流伺服电动机根据定子磁场情况可以分为电磁型和永磁型。电磁型伺服电动机定子有绕组，通过直流供电产生磁场。永磁型伺服电动机的定子由永久磁钢做成，由磁钢产生磁场。

直流伺服电动机特点是调速范围广，机械特性和调节特性线性度好，无自转现象，启动转矩大，通常采用调整电枢（转子）电压的大小和方向来调速和换向。缺点是有电刷换向器的滑动接触，工作可靠性稍差，惯量不够小。当转子采用空心杯形式时，由于转子重量轻，转子惯量可以做到＜1.5g・cm^2。

超低惯量空心杯电枢直流伺服电动机主要型号规格见表1-4-9，SZ型直流永磁式伺服电动机技术数据见表1-4-10，SZ型直流电磁式伺服电动机技术数据见表1-4-11。

表1-4-9 超低惯量空心杯电枢直流伺服电动机型号规格

型　号	功率/W	转速/(r/min)	转矩/mN・m	电压/V	电流/mA	转子惯量/g・cm^2	总长/mm	外径/mm	轴径/mm	质量/g
22SYK01	2	9000	1.66	6	401	1.39	36.5	ϕ22	ϕ1.5	34
22SYK02	2	8100	1.68	9	246	1.45	36.5	ϕ22	ϕ1.5	34
22SYK03	2	9200	1.64	12	201	1.36	36.5	ϕ22	ϕ1.5	34
22SYK04	2	9500	1.60	15	163	1.34	36.5	ϕ22	ϕ1.5	34
22SYK05	2	9600	1.57	18	135	1.32	36.5	ϕ22	ϕ1.5	34
22SYK06	2	10500	1.54	24	108	1.29	36.5	ϕ22	ϕ1.5	34

表1-4-10 SZ型直流电磁式伺服电动机技术数据

型　号	功率/W	转速/(r/min)	转矩/mN・m	电枢、励磁电压/V	电枢电流/A≤	励磁电流/A≤	总长/mm	外径/mm	轴径/mm	质量/kg
36SZ01	5	3000	16.66	24	0.55	0.32	95	ϕ36	ϕ3	0.29
36SZ03	5	3000	16.66	48	0.27	0.18	95	ϕ36	ϕ3	0.29
36SZ05	9	6000	14.21	27	0.74	0.3	95	ϕ36	ϕ3	0.29
36SZ07	9	6000	14.21	110	0.17	0.085	95	ϕ36	ϕ3	0.29
36SZ51	7	3000	23.52	24	0.7	0.32	101	ϕ36	ϕ3	0.32
36SZ53	7	3000	23.52	48	0.33	0.18	101	ϕ36	ϕ3	0.32
36SZ55	12	6000	20.09	27	1.0	0.3	101	ϕ36	ϕ3	0.32
36SZ57	12	6000	20.09	110	0.22	0.1	101	ϕ36	ϕ3	0.32
45SZ01	10	3000	33.32	24	1.1	0.33	104.7	ϕ45	ϕ4,ϕ3	0.45
45SZ03	10	3000	33.32	48	0.52	0.17	104.7	ϕ45	ϕ4,ϕ3	0.45
45SZ05	18	6000	28.42	24	1.6	0.33	104.7	ϕ45	ϕ4,ϕ3	0.45
45SZ07	18	6000	28.42	48	0.8	0.17	104.7	ϕ45	ϕ4,ϕ3	0.45
45SZ51	14	3000	46.06	24	1.3	0.45	112.7	ϕ45	ϕ4,ϕ3	0.53
45SZ53	14	3000	46.06	48	0.65	0.22	112.7	ϕ45	ϕ4,ϕ3	0.53
45SZ55	25	6000	39.2	24	2.0	0.45	112.7	ϕ45	ϕ4,ϕ3	0.53
45SZ56	25	6000	39.2	27	1.8	0.42	112.7	ϕ45	ϕ4,ϕ3	0.53
45SZ57	25	6000	39.2	48	1.0	0.22	112.7	ϕ45	ϕ4,ϕ3	0.53
45SZ58	25	6000	39.2	110	0.42	0.12	112.7	ϕ45	ϕ4,ϕ3	0.53
55SZ01	20	3000	64.68	24	1.55	0.43	118	ϕ55	ϕ5,ϕ4	0.75
55SZ03	20	3000	64.68	48	0.79	0.22	118	ϕ55	ϕ5,ϕ4	0.75
55SZ05	35	6000	64.68	24	2.7	0.43	118	ϕ55	ϕ5,ϕ4	0.75
55SZ07	35	6000	54.88	48	1.34	0.22	118	ϕ55	ϕ5,ϕ4	0.75
55SZ09	40	8000～10000	42.14	110	0.66	0.09	118	ϕ55	ϕ5,ϕ4	0.75
110SZ01	123	1500	784	110	1.8	0.27	204	ϕ110	ϕ10,ϕ8	5.8
110SZ02	123	1500	784	220	0.9	0.13	204	ϕ110	ϕ10,ϕ8	5.8
110SZ03	200	3000	637	110	2.8	0.27	204	ϕ110	ϕ10,ϕ8	5.8

表 1-4-11 SY 型直流永磁式伺服电动机技术数据

型　号	功率 /W	转速 /(r/min)	转矩 /mN·m	电压 /V	电流 /A <	允许顺逆转差 /(r/min)	总长 /mm	外径 /mm	轴径 /mm	质量 /g
20SY01	1.2	6000	1.96	9	0.5	300	66.2	ϕ20	ϕ2.5	60
20SY02	1.8	9000	1.96	9	0.65	400	66.2	ϕ20	ϕ2.5	60
20SY03	1.2	6000	1.96	12	0.36	300	66.2	ϕ20	ϕ2.5	60
20SY04	1.8	9000	1.96	12	0.45	400	66.2	ϕ20	ϕ2.5	60
20SY05	0.6	3000	1.96	5	0.48	300	62	ϕ20	ϕ2.5	60
24SY01	1.8	6000	2.94	9	0.54	300	66.7	ϕ24	ϕ3	95
24SY02	2.8	9000	2.94	9	0.75	400	66.7	ϕ24	ϕ3	95
24SY03	1.8	6000	2.94	12	0.4	300	66.7	ϕ24	ϕ3	95
28SY01	1.5	3000	4.9	9	0.6	200	73	ϕ28	ϕ3	130
28SY02	3.1	6000	4.9	9	0.95	300	73	ϕ28	ϕ3	130
28SY03	4.6	9000	4.9	9	1.3	400	73	ϕ28	ϕ3	130
28SY04	1.5	3000	4.9	12	0.45	200	73	ϕ28	ϕ3	130
28SY05	3.1	6000	4.9	12	0.7	300	73	ϕ28	ϕ3	130
28SY51	2.5	3000	7.84	9	0.9	200	80	ϕ28	ϕ3	115
28SY52	4.9	6000	7.84	9	1.3	300	80	ϕ28	ϕ3	115
28SY53	7.4	9000	7.84	9	1.8	400	80	ϕ28	ϕ3	115
28SY54	2.5	3000	7.84	12	0.65	200	80	ϕ28	ϕ3	115
28SY55	4.9	6000	7.84	12	1.0	300	80	ϕ28	ϕ3	115
28SY56	7.4	9000	7.84	12	1.3	400	80	ϕ28	ϕ3	115
36SY01	3.7	3000	4.76	12	0.85	200	93	ϕ36	ϕ4	280
36SY02	7.4	6000	11.76	12	1.4	300	93	ϕ36	ϕ4	280
36SY03	11	9000	11.76	12	1.8	400	93	ϕ36	ϕ4	280
45SY01	9	3000	29.41	12	1.6	200	103	ϕ45	ϕ4	490
45SY02	19	6000	29.41	12	3.0	300	103	ϕ45	ϕ4	490
45SY03	28	9000	29.41	12	3.8	400	103	ϕ45	ϕ4	490
45SY04	9	3000	29.41	27	0.73	200	103	ϕ45	ϕ4	490

1.4.2 交流伺服电动机

交流伺服电动机是微型两相异步电动机。定子装有两组空间相差90°电角度的工作绕组。一组是加有固定励磁电压的励磁绕组，另一组由伺服放大器供给控制电压的控制绕组。转子结构有笼式转子和非磁性空心杯转子两种。

交流伺服电动机当励磁和控制绕组供电时，其转速随控制电压幅值增加而增加（控制电压相位不变，励磁电压相位差保持90°），亦可以保持控制电压的幅值，改变控制电压的相位进行调速。若控制电压反相，则电机反转。当仅有单相励磁电压而不加控制电压，即控制电压为零时，由于励磁电压产生合成转矩与转子转向相反，形成制动转矩，这样在单相供电时，伺服电动机不会转动，而且在转动情况下，一旦控制电压为零，立即停转。

要提高转速，减小惯量，通常采用非磁性空心杯转子。

交流两相伺服电动机型号规格见表1-4-12。

表 1-4-12 SL 交流两相笼式转子伺服电动机技术数据

型　号	输出功率 /W	励磁电压 /V	控制电压 /V	频率 /Hz	堵转转矩 /mN·m >	空载转速 /(r/min)	总长 /mm	外径 /mm	轴径 /mm	机电时间常数 /ms	质量 /g
12SL4G4	0.16	20	20	400	0.637	9000	41	ϕ12.5	ϕ2	12	20
20SL4E4	0.50	36	36	400	1.764	9000	46.2	ϕ20	ϕ2.5	25	50
20SL4G6	0.32	20	20	400	1.96	5600	46.2	ϕ20	ϕ2.5	12	50

续表

型号	输出功率/W	励磁电压/V	控制电压/V	频率/Hz	堵转转矩/mN·m＞	空载转速/(r/min)	总长/mm	外径/mm	轴径/mm	机电时间常数/ms	质量/g
20SL02	0.25	36	36	400	1.47	6000	40.2	ϕ20	ϕ2.5	15	45
28SL01	1.0	36	36	400	5.0	6000	56.5	ϕ28	ϕ3	20	160
28SL03	1.0	115	36	400	5.0	6000	56.5	ϕ28	ϕ3	20	160
28SL4B8	1.0	115	115	400	5.88	4800	58.5	ϕ28	ϕ3	20	100
28SL4E8	1.0	36	36	400	5.88	4800	58.5	ϕ28	ϕ3	20	100
28SL5C2	0.4	110	110	50	4.9	2700	58.5	ϕ28	ϕ3	8	160
36SL01	1.5	36	36	400	9.0	4800	63.5	ϕ36	ϕ4	20	260
36SL04	2.0	36	36	400	7.0	9000	63.5	ϕ36	ϕ4	35	260
36SL5E2	1.0	36	36	50	10.78	2700	70.5	ϕ36	ϕ4	8	170
45SL04	4	36	36	400	14.7	9000	73.5	ϕ45	ϕ4	30	450
45SL06	4	115	36	400	14.7	9000	73.5	ϕ45	ϕ4	30	335
45SL4A	5.5	115	115	400	16.66	9000	46.5	ϕ45	ϕ4	20	350
45SL58	2.5	36	36	50	29.4	2700	73.5	ϕ45	ϕ4	30	450
45SL59	2.5	110	110	50	29.4	2700	73.5	ϕ45	ϕ4	30	450
45SL60	2.5	110	36	50	29.4	2700	73.5	ϕ45	ϕ4	30	450
45SL5A	3	110	110	50	31.36	2400	60.5	ϕ45	ϕ4	25	350
45SL5B	3	220	220	50	31.36	2400	60.5	ϕ45	ϕ4	25	350
55SL4B4	16	115	115	400	39.22	9000	115	ϕ55	ϕ6	50	850
55SL4B8	9.2	115	115	400	53.92	4800	115	ϕ55	ϕ6	25	850
55SL5A	8	110	110	50	88.2	2400	87	ϕ55	ϕ6	20	800
55SL5A2	8	220	220	50	83.35	2700	115	ϕ55	ϕ6	15	850
55SL5A4	2.5	220	220	50	66.68	1250	115	ϕ55	ϕ6	15	850
55SL5B	8	220	220	50	88.2	2400	87	ϕ55	ϕ6	20	800
55SL5C	5	110	110	50	88.2	1200	87	ϕ55	ϕ6	15	800
70SL5A2	16	220	220	50	176.4	2700	134	ϕ70	ϕ6	15	1500
70SL5C2	16	110	110	50	176.4	2700	134	ϕ70	ϕ6	15	1500
90SL55	25	220	220	50	294.21	2700	136	ϕ90	ϕ9	25	

1.5 电压互感器与电流互感器

变压器是利用电磁感应原理，将某一交流电压转变为另一交流电压的电气设备，广泛应用于电力、电信等各种电气系统中。变压器种类繁多，有电力变压器，也有特种变压器，其中电压互感器与电流互感器属于特种变压器之列。电压与电流互感器具有变压器的结构和电磁关系，用于向测量仪表与保护、控制电器提供正比于供电线路的高电压和大电流值的电压和电流信号，以实现供电线路的测量和保护。也就是说当测量高电压（例如6000V）、大电流（例如500A）时，必须要通过电压或电流互感器，然后和常规的电工测量仪表（电压表和电流表）相连接进行测量。

根据变压器工作原理，原边电压 V_1 和副边电压 V_2 之比等于原边绕组匝数 N_1 和副边绕组匝数 N_2 之比，即：

$$\frac{V_1}{V_2}=\frac{N_1}{N_2}=k \tag{1-4-1}$$

式中 k 为变压比。

电压互感器的结构特点是原边绕组匝数多于副边绕组 $N_1>N_2$。原边绕组和被测电压（高压）并联，电压互感器的额定电压应和被测高压电压相同。副边绕组并联接入电压表和其他仪表，额定电压为100V。从副边绕组并联的电压表中测得电压 V_2，根据变压器工作原理，被测电压 V_1 由式（1-4-1）可得：

$$V_1=kV_2 \tag{1-4-2}$$

电流互感器的结构特点与电压互感器不同，它的原边绕组 N_1 小于副边绕组 N_2，即 $N_1<N_2$。原边绕组和被测电流线路串联，额定电流应稍大于线路的负载电流。副边绕组串联接入电流表和其他仪表，额定电流规定为5A。副边测得电流 I_2，根据变送器的工作原理，被测电流 I_1 由式（1-4-1）可得：

$$I_1 = kI_2 \tag{1-4-3}$$

电压互感器和电流互感器准确度等级一般分为0.5、1、3三个级别，用误差限值的百分数表示。电压互感器误差相对百分比数 Δ_V 即：

$$\Delta_V = \frac{kV_2 - V_1}{V_1} \times 100\% \tag{1-4-4}$$

电流互感器误差相对百分比数 Δ_I 即：

$$\Delta_I = \frac{kI_2 - I_1}{I_1} \times 100\% \tag{1-4-5}$$

电压互感器型号规格见表1-4-13，电流互感器型号规格见表1-4-14。

表 1-4-13 电压互感器型号规格

型号	原绕组额定电压/V	副绕组额定电压/V	额定频率/Hz	精度等级 $\cos\varphi=0.8$	副绕组额定容量/VA	副绕组极限容量/VA	连接组	电压误差/%	相位差 $\left(\frac{1}{60}\right)^\circ$	相位差/($\times 10^{-2}$rad)
JDZ6-3	3000	100	50	0.5	25	200	Y1-12	±0.5	±20	±0.6
JDZ6-3	3000	100	50	1	40	200	Y1-12	±1.0	±40	±1.2
JDZ6-3	3000	100	50	3	100	200	Y1-12	±3.0	不规定	不规定
JDZ6-6	6000	100	50	0.5	50	400	Y1-12	±0.5	±20	±0.6
JDZ6-6	6000	100	50	1	80	400	Y1-12	±1.0	±40	±1.2
JDZ6-6	6000	100	50	3	200	400	Y1-12	±3.0	不规定	不规定
JDZ6-10	10000	100	50	0.5	50	400	Y1-12	±0.5	±20	±0.6
JDZ6-10	10000	100	50	1	80	400	Y1-12	±1.0	±40	±1.2
JDZ6-10	10000	100	50	3	200	400	Y1-12	±3.0	不规定	不规定
JDZ6-0.38	380	100	50	0.5	15	100	Y1-12	±0.5	±20	±0.6
JDZ6-0.38	380	100	50	1	25	100	Y1-12	±1.0	±40	±1.2
JDZ6-0.38	380	100	50	3	60	100	Y1-12	±3.0	不规定	不规定

表 1-4-14 电流互感器的主要技术数据

型号	额定电流比	级次组合	二次额定负荷($\cos\varphi=0.8$)/Ω				1s热稳定倍数	动稳定倍数
			0.5级	1级	3级	D级		
LDZ1-10	600,800,1000/5	0.5/3	0.4	—	0.6	—	50	90
	600,800,1000,1500/5	0.5/3,1/3	0.4	0.4	0.6	—	65(600,800A) 55(1000A) 36(1500A)	120(600,800A) 100(1000A) 65(1500A)
	300,400,500,600,800,1500/5	0.5/3,1/3	0.4	0.6	0.6	—	80(300A) 75(400A) 60(500A) 50(600～1000A)	140(300A) 130(400A) 110(500A) 90(600～1000A)
LFZ2-10 LFZL2-10	5,10,15,20,30,40,50,75,100,150,200,300,400/5	0.5/3	0.4	—	0.6	—	120(5～200A)	210(5～200A)
LFZD2-10 LFZDL2-10	75～400/5	0.5/D,D/D	0.8	—	—	1.2	80(300～400A)	160(300～400A)
LCW-35	15,20,30,40,50,75,100,150,200,300,400/5,600,750,1000/5	0.5/3	2/(50)	4/(100)	2/(50)	—	65	100
LCWQ-35	15～600/5	0.5/1	1.2/(30)	1.2/(30)	3/(75)		90	150

续表

型　　号	额定电流比	级次组合	二次额定负荷($\cos\varphi=0.8$)/Ω				1s热稳定倍数	动稳定倍　数
			0.5级	1级	3级	D级		
LCWD-35	15～1000/5	D/0.5	1.2/(30)			0.8	65	105(15～750A) 100(1000A)
LDWQD-35	15～600/5		1.2/(30)	3/(75)			90	150
LCWD-60	20～600/5	D/1,0.5/1	1.2	1.2		0.8	75	15
LCWD2-110 LCW-110 及LCWD-110	2×50/5,2×75/5,2×100/5,2×150/5，2×200/5,2×300/5,2×600/5	0.5/D/D	2			2	75	135

2　常用测量电路

仪表测量电路最常用的是电桥电路（或称桥式电路），例如温度变送器，电容式、电感式压力传送器，热导池式气相色谱仪等，其测量线路均采用桥式电路。电桥可以分为平衡电桥和不平衡电桥。

2.1　平衡电桥

手动平衡电桥工作原理如图1-4-5所示。图中(R_t+r_1)、(R_2+r_2)、R_3、R_4分别为电桥的桥臂，A、B、C、D为电桥桥顶。R_P为滑线电阻，用于调节电桥平衡。当A在R_P某一位置时，电桥达到平衡，可得：

$$(R_t+r_1)R_4=(R_2+r_2)R_3 \tag{1-4-6}$$

当R_t增加时，电桥平衡破坏，R_P上滑动触点A向左移动，r_1减小，r_2增加，直至电桥达到新的平衡。当R_t继续增加直至到最大值R_{tm}，R_P上滑触点A滑到M点，电桥达到新的平衡，可得：

$$R_{tm}R_4=(R_2+R_P)R_3 \tag{1-4-7}$$

当R_t减小，A点向右滑动，直至R_t减小到下限值R_{t0}时，A点到达N点，达到新的平衡，此时：

$$(R_{t0}+R_P)R_4=R_2R_3 \tag{1-4-8}$$

$$R_{t0}=\frac{R_2R_3}{R_4}-R_P$$

$$R_t=R_{t0}+\Delta R_t \tag{1-4-9}$$

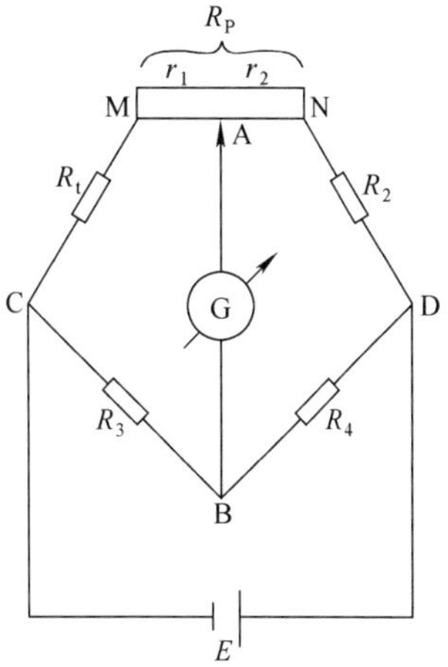

图1-4-5　手动平衡电桥工作原理

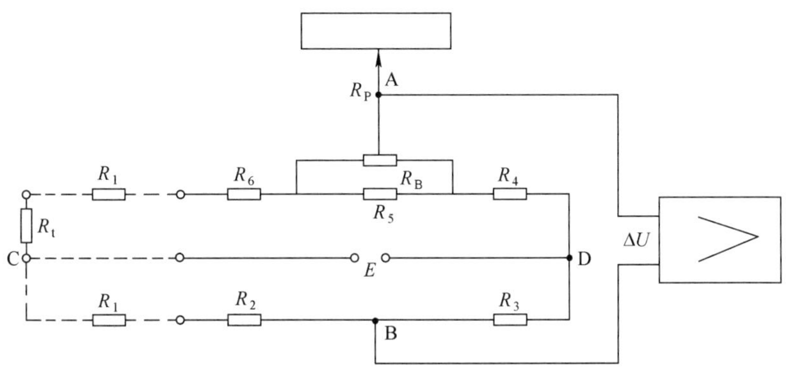

图1-4-6　自动平衡电桥测量线路

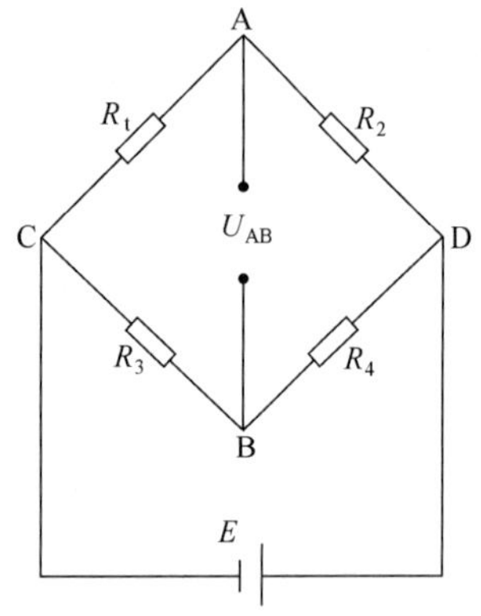

图 1-4-7 不平衡电桥工作原理

E—桥路供电电源，V；R_2，R_3，R_4—桥路固定电阻，Ω；R_6—仪表起始点调整电阻，Ω；R_5—仪表量程调整电阻，Ω；R_P—滑线电阻，Ω；R_B—工艺电阻，和 R_P 并联后电阻值为 90Ω；R_1—连接导线电阻

式中 ΔR_t 是 R_t 的变量。将式（1-4-9）代入式（1-4-6），整理后得：

$$r_2=\frac{R_4}{R_3+R_4}\Delta R_t \tag{1-4-10}$$

式（1-4-10）中 R_3 和 R_4 是固定电阻，r_2 和 ΔR_t 呈线性关系。通过 A 点在 R_P 中的位置（即为 r_2 的值），即可测得 R_t 的数值。

电子自动平衡电桥如图 1-4-6 所示。

当 R_t 有一变量 ΔR_t 时，电桥不平衡，A、B 两点电位差 ΔU 输入放大器，放大器输出信号通过平衡机构反馈并带动活动触点 A，当 A 在某一位置时，A、B 两点的电位差 $\Delta U=0$，电桥重新平衡，A 点位置指示 ΔR_t 的值。

2.2 不平衡电桥

不平衡电桥的电路形式和平衡电桥相似，如图 1-4-7 所示，只有在初始状态，即被测电阻 R_t 为下限值 R_{t0} 时，电桥处于平衡状态 $U_{AB}=0$。当 R_t 增加 ΔR_t 时，电桥不平衡，U_{AB} 有一个输出值 ΔU_{AB}，ΔR_t 和 ΔU_{AB} 一一对应，测量出 ΔU_{AB} 就可得到 ΔR_t。在测量过程中，电桥始终处于不平衡状态，所以称为不平衡电桥。不平衡电桥广泛应用于仪表测量线路，如 XW 系列自动平衡电位差计的测量电路。

3 模拟电路

3.1 放大电路

3.1.1 电压放大器的组成

共发射极电压放大电路如图 1-4-8 所示。

3.1.2 电路中各元件的作用

晶体管 VT 是放大电路核心器件，用以放大电流，若输入电压 u_i 变化 Δu_i，引起基极电流 I_B 变化 ΔI_B，晶体管 VT 将 ΔI_B 放大 β 倍，在集电极上得到 $\Delta I_C=\beta\Delta I_B$，$\beta$ 为电流放大倍数。

集电极电源 U_{cc} 由直流电源供给，同时供给直流偏置电压。

基极偏置电阻 R_{B1} 和 R_{B2} 组成分压电路，使基极获得正偏压：

$$U_B=\frac{U_{cc}}{R_{B1}+R_{B2}}\times R_{B2}$$

发射极电阻 R_E 有电流负反馈作用，可以提高电路工作稳定性。旁路电容 C_E 是信号的交流通道。

耦合电容 C_1、C_2 用以隔断直流电压，交流信号可以通过，直流电源不会加到信号源和负载上去。

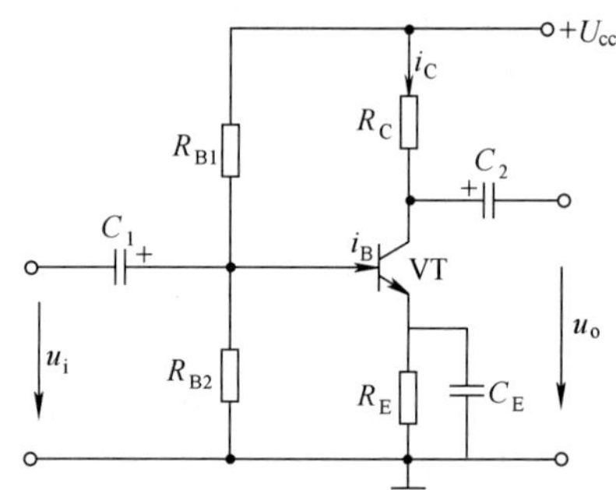

图 1-4-8 分式偏置放大电路

VT—晶体管；U_{cc}—集电极电源；R_{B1}，R_{B2}—基极偏置电阻；R_E—发射极电阻；C_E—发射极旁路电容；C_1，C_2—耦合电容；R_c—集电极负载电阻

集电极电阻 R_C 将集电极信号电流转变为信号电压，使放大电路具有电压放大能力。

3.1.3 放大电路工作状况

放大电路有静态和动态两种情况。静态是指输入信号为零（$u_i=0$）时，电路中只有直流电流和直流电压。为了方便分析，利用放大电路的直流通路（如图 1-4-9 所示，对直流而言，电容器可视为开路）进行静态估算。因为 I_B 很小，由图可知，$I_1=I_2$，$I_C=I_E$，则：

$$U_B=I_2R_{B2}=\frac{U_{cc}}{R_{B1}+R_{B2}}\times R_{B2}$$

$$I_E=\frac{U_B-U_{BE}}{R_E} \tag{1-4-11}$$

$$U_{CE}=U_{cc}-I_CR_C-I_ER_E\approx U_{cc}-I_C(R_E+R_C) \tag{1-4-12}$$

由式（1-4-11）和式（1-4-12）可求得静态电流 I_E 和静态电压 U_{CE} 的值。在晶体管输出特性曲线上根据 I_B 值大小有一个相应的点，称为放大器静态工作点，用 Q 表示，如图 1-4-10 所示。具体计算如下。

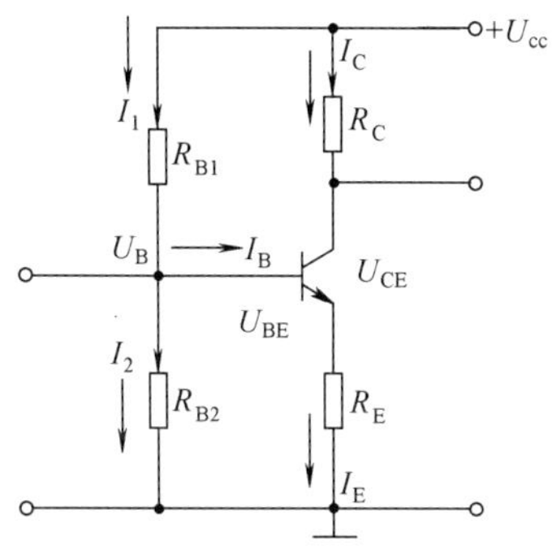

图 1-4-9　放大电路直流通路

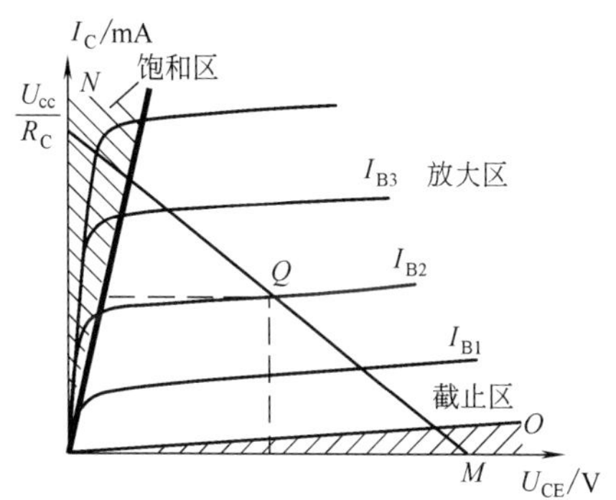

图 1-4-10　放大电路静态工作点

根据式（1-4-12），令 $I_C=0$，则 $U_{CE}=U_{cc}$，在晶体管输出特性曲线上得到横坐标上一个点，记为 M。令 $U_{CE}=0$，则 $I_C=U_{cc}/R_E+R_C$，在纵坐标轴上得到另一个点，记为 N。MN 连线通常称为直流负载线。根据式（1-4-11），亦已知 β 值，可求得 I_B 值，MN 线和 I_B 的交点即为放大器的静态工作点。

当放大器输入信号不为零，输入信号 u_i 为一交变正弦电压时，放大电路处于动态情况。u_i 叠加在原来的静态值上，即以静态工作点参数值（U_{BEQ}）为基础上下波动，在输出特性曲线上有相应的交变量 u_o 输出，亦是以静态工作点参数值（U_{CEQ}）为基础上下波动，如图 1-4-11 所示。

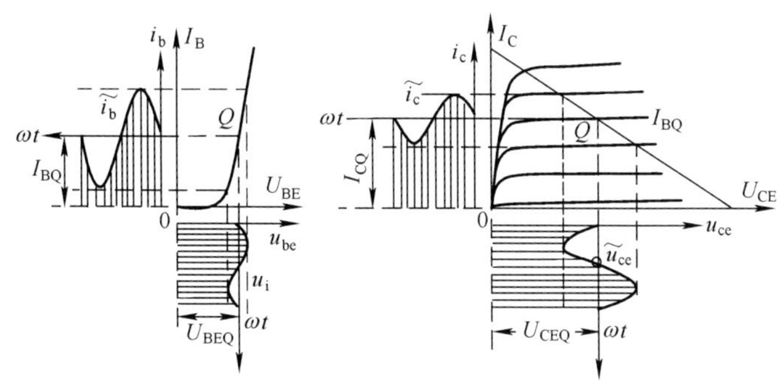

图 1-4-11　放大电路动态状况

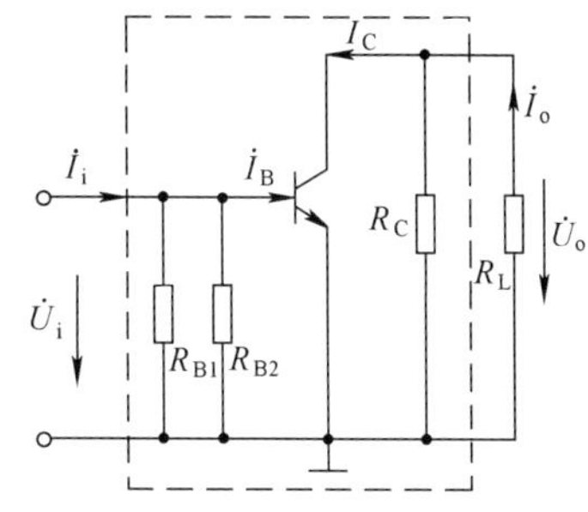

图 1-4-12　放大电路交流通路

3.1.4　等效电路分析

放大电路的交流通路如图 1-4-12 所示。晶体管用线性模型代替如图 1-4-13 所示。分压式偏置放大电路的等效电路如图 1-4-14 所示。

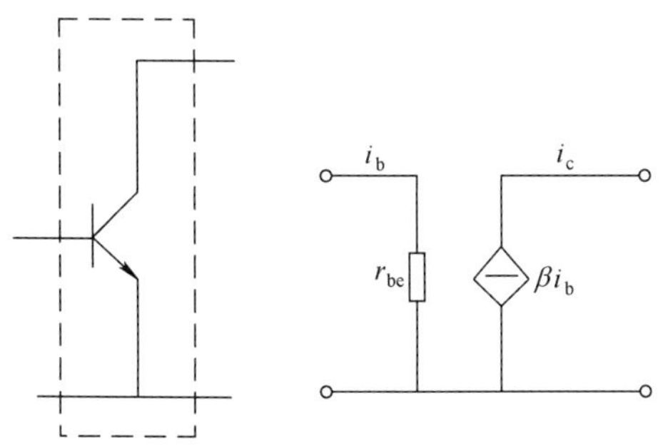

图 1-4-13　晶体三极管等效电路

$r_{be}=r_b+(1+\beta)r_e$

r_{be}—输入端动态电阻；βi_b—电流源；

r_b—基区体电阻；r_e—发射结电阻

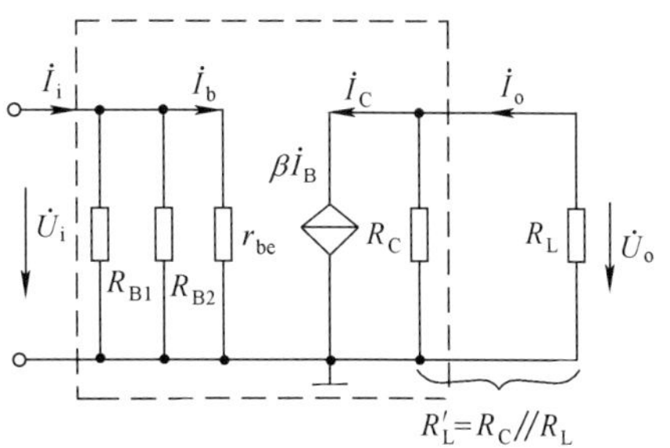

图 1-4-14　放大电路等效电路

（1）放大倍数 $\dot{A}$　由图 1-4-14 可得输入电压：

$$\dot{U}_i = \dot{I}_B r_{be} \tag{1-4-13}$$

输出电压：

$$\dot{U}_o = -\dot{I}_C R_L' = -\beta \dot{I}_B R_L' \tag{1-4-14}$$

$$R_L' = \frac{R_L R_C}{R_L + R_C}$$

放大电路的电压放大倍数：

$$\dot{A} = \frac{\dot{U}_o}{\dot{U}_i} = -\beta \frac{R_L'}{r_{be}} \tag{1-4-15}$$

（2）输入电阻 r_i　放大器输入电阻 r_i 是输入电压 $\dot{U}_i$ 与输入电流 $\dot{I}_i$ 之比：

$$r_i = \frac{\dot{U}_i}{\dot{I}_i} \tag{1-4-16}$$

通常 R_{B1}，$R_{B2} \gg r_{be}$，由图 1-4-14 可知，$\dot{I}_i = \dot{I}_B$，所以：

$$r_i \doteq r_{be} \tag{1-4-17}$$

（3）输出电阻 r_o　放大电路对于负载 R_L 来说可以看作是一个信号源，可以用等效电流源和等效内阻 r_o 来表示，等效内阻被称为放大电路的输出电阻。从图 1-4-14 可得出：

$$r_o = R_L \tag{1-4-18}$$

3.1.5　放大电路三种基本组态

双极型晶体管（简称晶体管）工作过程涉及电子和空穴两种载流子的运动，所以称为双极型。由双极型晶体管组成的放大电路有三种基本组态，见表 1-4-15。

晶体管另一大类是场效应管，它只有一种极性的多数载流子（电子或空穴）在起导电作用，所以也称单极型晶体管。场效应管和双极型晶体管都有放大和开关作用，但工作原理和特点却不同。场效应管组成放大电路也有三种组态，见表 1-4-16。

3.1.6　放大电路中的负反馈

放大电路中将输出信号（电压或电流）全部或一部分通过反馈电路送回输入回路。如果反馈信号削弱输入信号，从而降低放大电路的放大倍数，称为负反馈。反之，反馈回来的信号增加输入电压，并使放大电路放大倍数增加，称为正反馈。

放大电路中的负反馈虽然使放大器的放大倍数下降，但从多方面改善了放大器的性能：

① 增加了放大倍数的恒定性；

② 减少非线性失真；

③ 抑制噪声；

④ 扩展频带；

⑤ 对输入电阻，串联反馈情况下增加输入电阻，并联反馈情况下降低输入电阻；

⑥ 对输出电阻，电压反馈使输出电阻变小，电流反馈使输出电阻增加。

放大电路负反馈通常有四种型式：

① 电压串联负反馈，如图 1-4-15 所示；

② 电压并联负反馈，如图 1-4-16 所示；

③ 电流串联负反馈，如图 1-4-17 所示；

④ 电流并联负反馈，如图 1-4-18 所示。

电压串联负反馈见图 1-4-15，基本放大器用 $\dot{A}$ 表示。电阻 R_1 和 R_2 组成分压器，是反馈电路，用 $\dot{F}$ 表示。通常采用瞬时极性法判断电路的反馈极性。例如放大器输入端加入信号电压 $\dot{U}_s$，其极性如图所示，U_o 和 U_s 同相，$\dot{U}_o$ 经反馈电路产生的反馈电压 $\dot{U}_f$ 和 $\dot{U}_o$ 同相，亦和 U_i 同相，$\dot{U}_f$ 抵消了 $\dot{U}_s$ 的一部分。放大电路输入电压 $\dot{U}_d = \dot{U}_s - \dot{U}_f$，电路输出电压 $\dot{U}_o$ 亦减小，放大器放大倍数降低，这时引入的反馈是负反馈。而 $\dot{U}_f$ 和 $\dot{U}_i$ 在输入回路中彼此串联，所以称电压串联负反馈。其他反馈电路工作原理基本相同。如图 1-4-18 所示，反馈电流 $\dot{I}_f$ 从输出电流 $\dot{I}_o$ 取样，并与输入电流 $\dot{I}_i$ 以并联方式供给放大电路输入电流 $\dot{I}_d$，所以称电流并联负反馈。

表 1-4-15　双极型晶体管放大电路三种基本组态的比较

项　目	共射极电路	共集电极电路(射极输出器)	共基极电路
电路形式	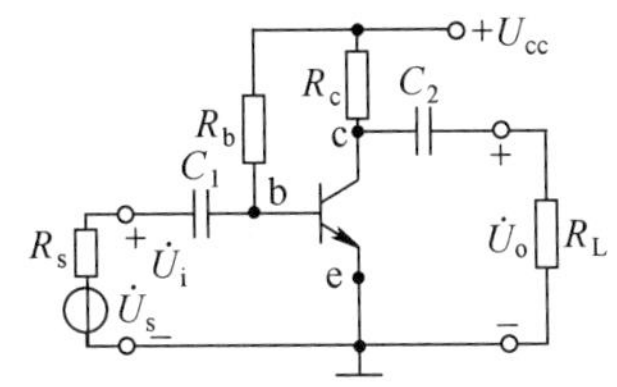	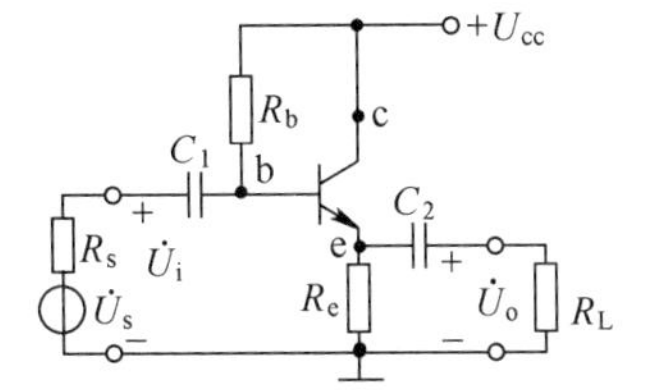	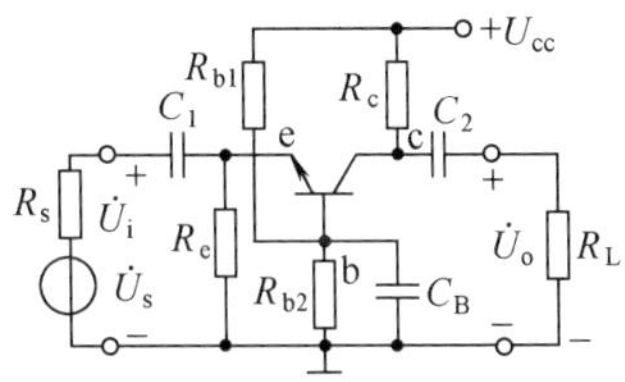
静态工作点	$I_B=\frac{U_{cc}-U_{BE}}{R_b}\approx\frac{U_{cc}}{R_b}$ $I_C=\beta I_B$ $U_{CE}=U_{cc}-I_CR_c$	$I_B=\frac{U_{cc}-U_{BE}}{R_b+(1+\beta)R_e}$ $\approx\frac{U_{cc}}{R_b+(1+\beta)R_e}$ $I_C=\beta I_B$ $U_{CE}=U_{cc}-I_ER_e\approx U_{cc}-I_CR_e$	$U_B=\frac{R_{b2}}{R_{b1}+R_{b2}}U_{cc}$ $I_C\approx I_E=\frac{U_B-U_{BE}}{R_e}\approx\frac{U_B}{R_e}$ $I_B=I_C/\beta$ $U_{CE}=U_{cc}-I_CR_c-\frac{R_{b2}}{R_{b1}+R_{b2}}U_{cc}$
交流通路	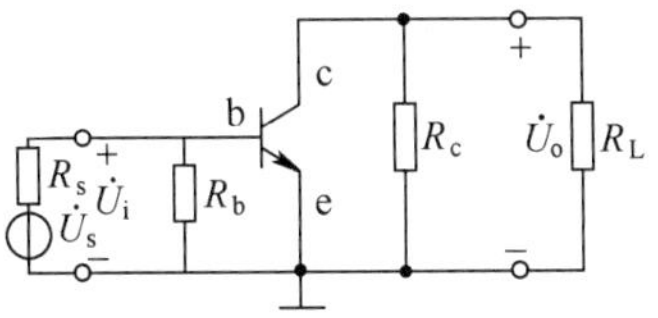	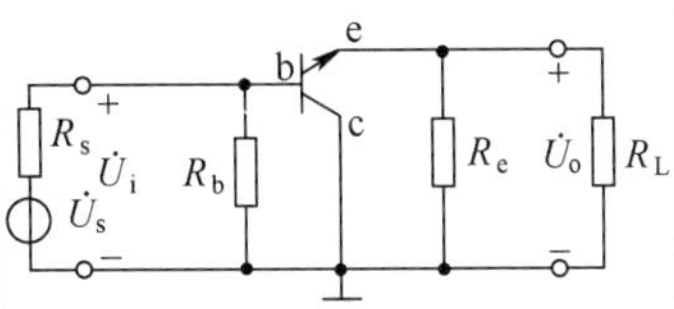	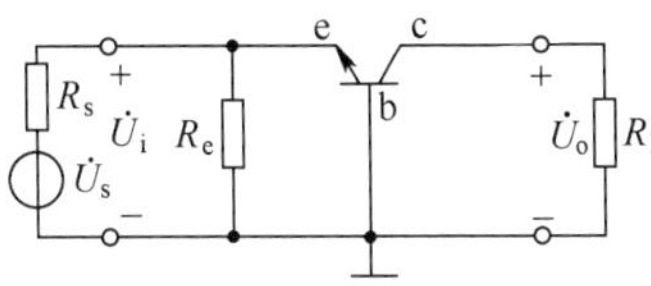
微变等效电路	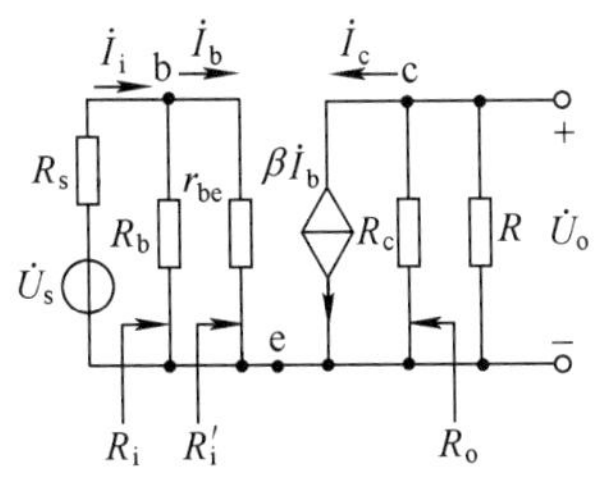	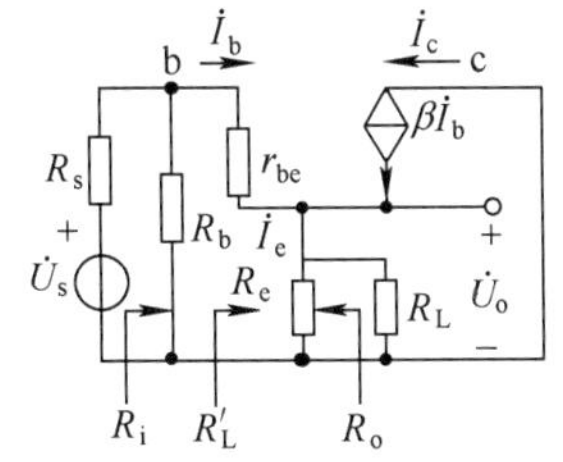	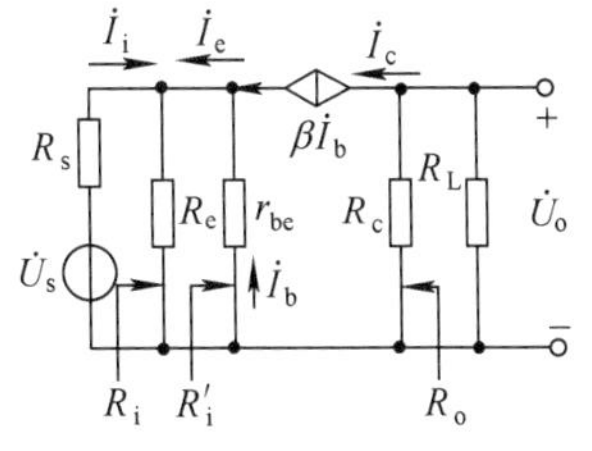
电压放大倍数 $\dot A_U$	$\dot A_U=\frac{\dot U_o}{\dot U_i}=\frac{-\dot I_CR_C/\!/R_L}{\dot I_Br_{be}}$ $=\frac{-\beta\dot I_BR_L'}{\dot I_Br_{be}}=-\beta\frac{R_L'}{r_{be}}$(高)	$\dot A_U=\frac{\dot U_o}{\dot U_i}=\frac{\dot I_ER_L'}{\dot I_B[r_{be}+(1+\beta)R_L']}$ $=\frac{(1+\beta)\dot I_BR_L'}{\dot I_B[r_{be}+(1+\beta)R_L']}$ $=\frac{(1+\beta)R_L'}{r_{be}+(1+\beta)R_L'}\approx1$	$\dot A_U=\frac{\dot U_o}{\dot U_i}=\frac{-\beta\dot I_BR_L'}{-\dot I_br_{be}}=\frac{\beta R_L'}{r_{be}}$(高)
输入电阻 r_i'	$r_i'=\frac{\dot U_i}{\dot I_i}=\frac{\dot U_i}{\dot U_i\left(\frac{1}{R_B}+\frac{1}{r_{be}}\right)}=R_B/\!/r_{be}$ ∵$R_B\gg r_{be}$　∴$r_i'\approx r_{be}$(中)	$r_i'\approx\frac{\dot I_B[r_{be}+(1+\beta)R_L']}{\dot I_B}$ $=r_{be}+(1+\beta)R_L'$ 当 $\beta R_L'\gg r_{be}$ 及 $\beta\gg1$　$r_i'\approx\beta R_L'$(高)	$r_i'=\frac{\dot U_i}{-\dot I_E}=\frac{-\dot I_Br_{be}}{-(1+\beta)\dot I_B}=\frac{r_{be}}{1+\beta}$(低)
输入电阻 r_i	$R_i=R_B/\!/r_{be}$	$R_i=R_b/\!/[r_{be}+(1+\beta)R_L']$	$R_i=R_e/\!/R_i'=R_e/\!/\frac{r_{be}}{1+\beta}$
输出电阻 r_o	$r_o\approx R_c$(高)	$r_o=\frac{r_{be}+R'_s}{1+\beta}$(低) ($R'_s=R_s/\!/R_b$)	$r_o=R_c$(高)
特点和用途	由于有高的电压放大倍数,所以常作为基本放大器、多级放大的中间级	由于 $\dot U_o\approx\dot U_i$,$\dot A_u\approx1$,输出电压与输入电压同相位,电压跟随特性好;r_1 高,r_o 低;具有电流和功率放大能力,故常用作多级放大的输入级、输出级或缓冲级	常作高频或宽频带电路及恒流源电路

表 1-4-16　场效应管放大电路三种基本组态的比较[3]

项　目	共源极电路	共漏极电路（源极输出器）	共栅极电路
电路形式	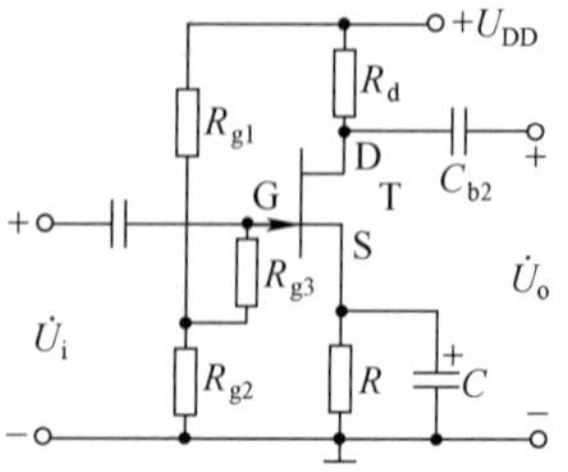	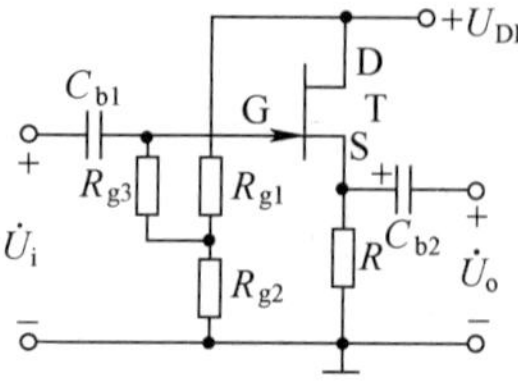	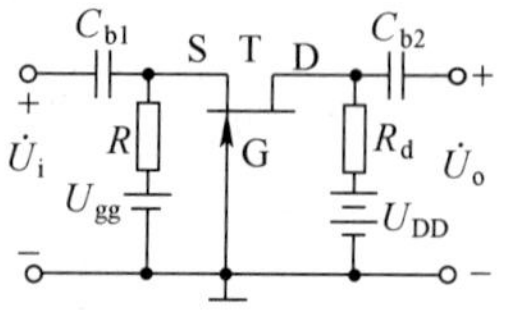
微变等效电路	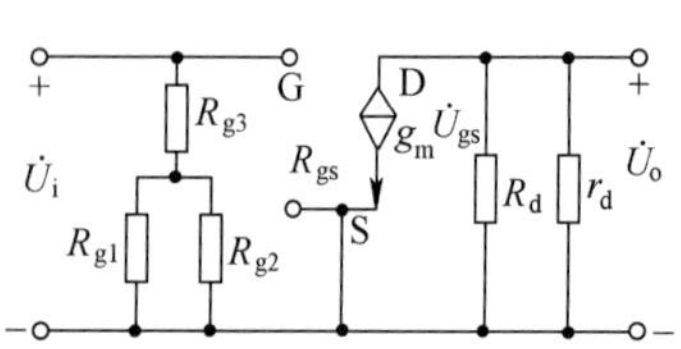	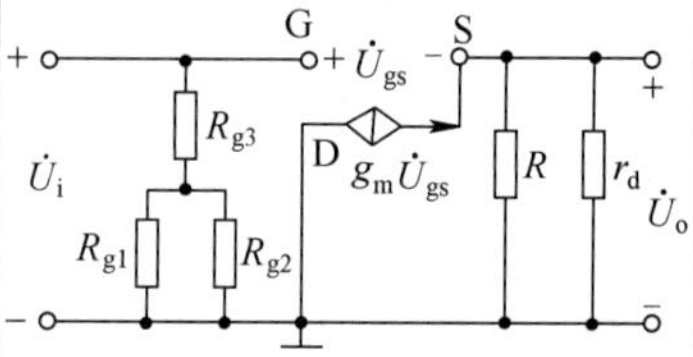	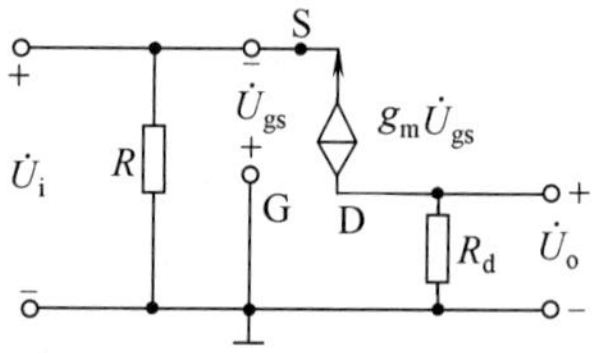
电压放大倍数 $\dot A_U$（未考虑级间电容时）	$\dot U_o=-g_m\dot U_{gs}(R_d /\!/ r_d)$ $=-g_m\dot U_i(R_d /\!/ r_d)$ $\dot A_U=\frac{\dot U_o}{\dot U_i}=-g_m(R_d /\!/ r_d)$ $\approx -g_m R_d$	$\dot U_o=g_m\dot U_{gs}R /\!/ r_d=g_m(\dot U_i-\dot U_o)\frac{Rr_d}{R+r}$ $\dot U_o\left(1+g_m\frac{Rr_d}{R+r_d}\right)=g_m\dot U_i\frac{Rr_d}{R+r_d}$	$\dot A_U=\frac{\left(g_m+\frac{1}{r_d}\right)R_d}{1+R_d/r_d}\approx g_m R_d$ （当 $r_d\gg R_d$ 时）
	“－”表示 $\dot U_o$ 与 $\dot U_i$ 反相	$A_U=\frac{\dot U_o}{\dot U_i}=\frac{g_m\frac{Rr_d}{R+r_d}}{1+g_m\frac{Rr_d}{R+r_d}}$ $=\frac{g_mR}{1+\frac{R}{r_d}+g_mR}\approx\frac{g_mR}{1+g_mR}\approx 1$	
输入电阻 r_i	$r_i=R_{gs} /\!/ [R_3+R_{g1} /\!/ R_{g2}]$ $\approx R_3+R_{g1} /\!/ R_{g2}\approx R_3$ （$\because$　$R_{g3}\gg R_{g1} /\!/ R_{g2}$）	$r_i=R_{g3}+R_{g1} /\!/ R_{g2}$ $\approx R_{g3}$	$\frac{1}{g_m} /\!/ R$
输入电容 C_1	$C_{gs}+(1-\dot A_U)C_{dg}$	$C_{dg}+C_{gs}(1-\dot A_U)$	C_{gs}
输出电阻 r_o	$r_o=r_d /\!/ R_d$ $\because r_d\gg R_d$ $\therefore r_o\approx R_d$	$\frac{1}{g_m} /\!/ R$	$R_d /\!/ r_d$
特　点	①电压放大倍数大 ②输入电压与输出电压反相 ③输入电阻高，输入电容大 ④输出电阻主要由负载电阻 R_d 决定	①电压放大倍数小于 1，但接近 1 ②输入输出电压同相 ③输入电阻高，而输入电容小 ④输出电阻小，可用作放大器的输入级	①电压放大倍数大 ②输入输出电压同相 ③输入电阻小，输入电容小 ④输出电阻大

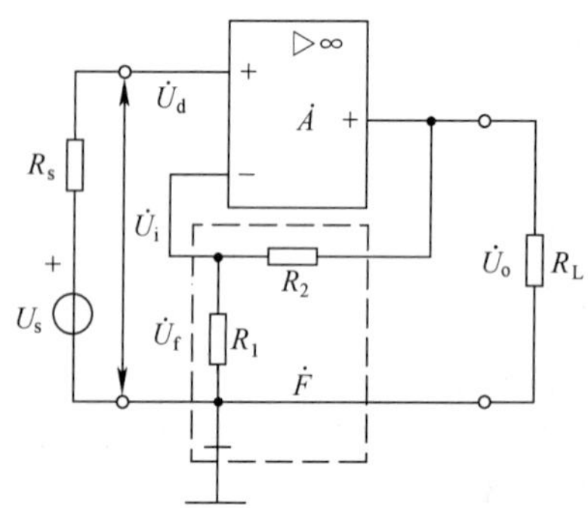

图 1-4-15　电压串联负反馈

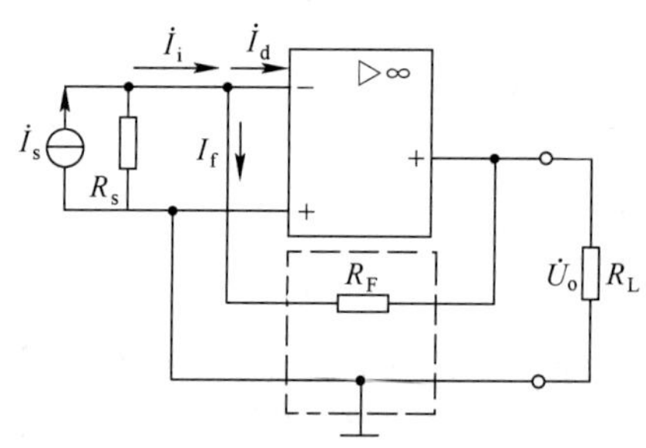

图 1-4-16　电压并联负反馈

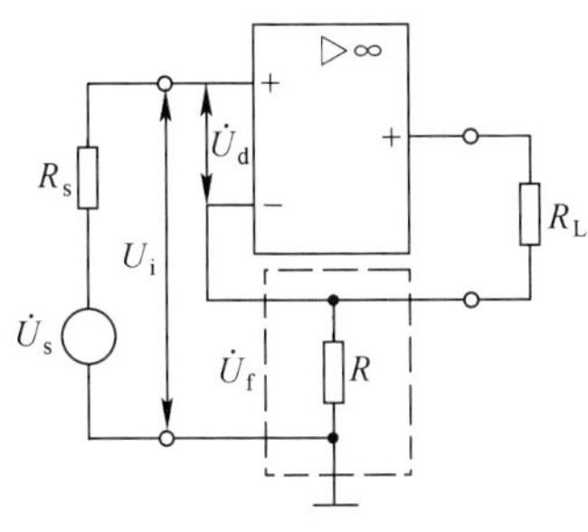

图 1-4-17　电流串联负反馈

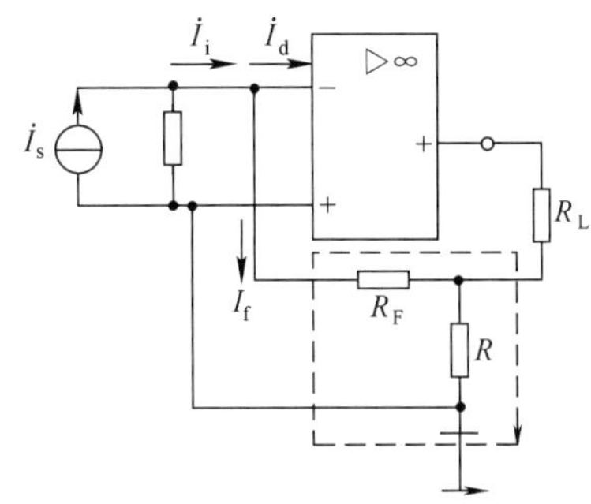

图 1-4-18　电流并联负反馈

3.2　振荡电路

3.2.1　振荡的条件和振荡器分类

振荡电路与放大电路不同。放大电路是输入端加一信号，输出端有一个放大了的输出信号（电压或功率）。振荡电路是不需要外接输入信号，在输出端就可产生正弦或非正弦的输出信号。正弦波振荡器就是一个没有输入信号的带选频网络的正反馈放大器，如图 1-4-19 所示。当放大器输入端外接一定频率、一定幅度的正弦波信号 $\dot{x}_a$ 经过基本放大器 $\dot{A}$ 和反馈网络 $\dot{F}$ 得到反馈信号 $\dot{x}_f$，如果反馈信号 $\dot{x}_f$ 和 $\dot{x}_a$ 大小相等，相位一致，那么就可以除去外接信号 $\dot{x}_a$，将 1、2 两点直接连在一起形成闭环系统，由于 $\dot{x}_f=\dot{x}_a$，所以：

$$\frac{\dot{x}_f}{\dot{x}_a}=\frac{\dot{x}_o}{\dot{x}_a}\cdot\frac{\dot{x}_f}{\dot{x}_o}=1 \text{ 或 } \dot{A}\dot{F}=1 \tag{1-4-19}$$

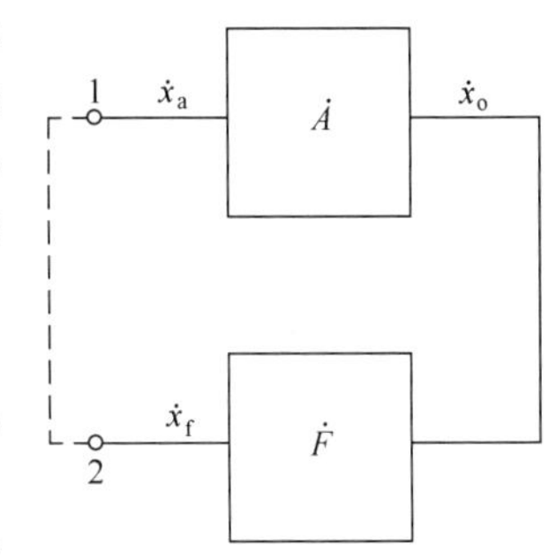

图 1-4-19　正弦波振荡器工作原理

设 $\dot{A}=A\angle\phi_a$，$\dot{F}=F\angle\phi_f$（复数用幅值和相角表示，A、F 称为幅值，ϕ_a、ϕ_f 称为相角）

$$\dot{A}\dot{F}=AF\angle\phi_a+\phi_f=1$$

$$|\dot{A}\dot{F}|=AF=1 \tag{1-4-20}$$

$$\phi_a+\phi_f=2n\pi \quad n=1,2,3\cdots \tag{1-4-21}$$

式（1-4-20）称振幅平衡条件，式（1-4-21）称相位平衡条件。一个正弦波振荡器只在一个频率下满足相位平衡条件，即振荡频率 f_0，所以一个正弦波振荡器（或是 $\dot{A}\dot{F}$ 环路中）要有一个具有选频特性的网络，简称选频网络。选频网络可以放置在放大器 $\dot{A}$ 中，也可以设置在反馈网络 $\dot{F}$ 中；可以用 R、C 元件组成 RC 选频网络，称 RC 振荡器，通常用来产生 1Hz 到 1MHz 范围内的低频信号；亦可以用 L、C 元件组成 LC 选频网络，称 LC 振荡器，一般产生 1MHz 以上高频信号。

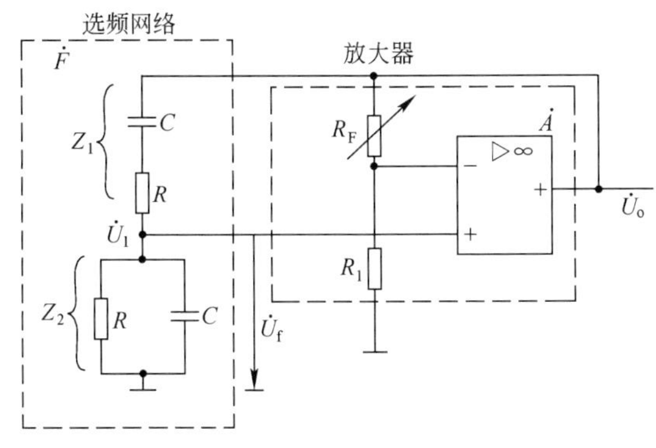

图 1-4-20　RC 桥式振荡器

要使振荡器能自行产生振荡，必须满足 $|\dot{A}\dot{F}|>1$ 的条件。

RC 正弦波振荡器有桥式振荡器、双 T 网络式和移相式振荡器等类型，见表 1-4-17。

LC 正弦波振荡器有变压器反馈式、电感三点式、电容三点式振荡器等类型，见表 1-4-18。

3.2.2　RC 正弦波振荡器

RC 桥式振荡器电路如图 1-4-20 所示。电路由放大器 $\dot{A}$ 和选频网络 $\dot{F}$ 组成，Z_1、Z_2 和 R_1、R_2 正好形成一个四臂电桥，故名 RC 桥式振荡器。

由放大器 $\dot{A}$ 输出端引过来 $\dot{U}_o$ 是 RC 串并联电路（选频网络）的输入电压，$\dot{U}_f$ 是 RC 串并联电路（见

图 1-4-21）的输出电压：

$$\dot{U}_f=\frac{Z_2}{Z_1+Z_2}\times\dot{U}_o$$

反馈网络的反馈系数：

$$\dot{F}=\frac{\dot{U}_f}{\dot{U}_o}=\frac{Z_2}{Z_1+Z_2} \tag{1-4-22}$$

其中

$$Z_1=R+\frac{1}{j\omega C}$$

$$Z_2=\frac{R\times\frac{1}{j\omega C}}{R+\frac{1}{j\omega C}}=\frac{R}{1+j\omega CR}$$

Z_1 和 Z_2 代入式（1-4-22）得：

$$\dot{F}=\frac{1}{3+j\left(\omega RC-\frac{1}{\omega RC}\right)} \tag{1-4-23}$$

令 $\omega_0=\frac{1}{RC}$，则：

$$\dot{F}=\frac{1}{3+j\left(\frac{\omega}{\omega_0}-\frac{\omega_0}{\omega}\right)} \tag{1-4-24}$$

由式（1-4-24）可得 RC 串联选频网络的幅频响应 F 和相频响应 ϕ，见图 1-4-22。

$$F=\frac{1}{\sqrt{3^2+\left(\frac{\omega}{\omega_0}-\frac{\omega_0}{\omega}\right)^2}} \tag{1-4-25}$$

$$\phi=-\tan^{-1}\frac{\frac{\omega}{\omega_0}-\frac{\omega_0}{\omega}}{3} \tag{1-4-26}$$

当 $\omega=\omega_0=\frac{1}{RC}$，即振荡频率 $f_0=\frac{1}{2\pi RC}$时，代入式（1-4-26），相频特性相位角为零，即：

$$\phi=0$$

幅频特性的幅值最大，即：

$$F=F_{max}=\frac{1}{3}$$

说明这时 RC 选频网络传输电压 $\dot{U}_f$ 和 $\dot{U}_o$ 同相，放大器和 Z_1、Z_2 组成的反馈网络刚好形成正反馈系统，亦满足相位平衡条件，引起振荡。

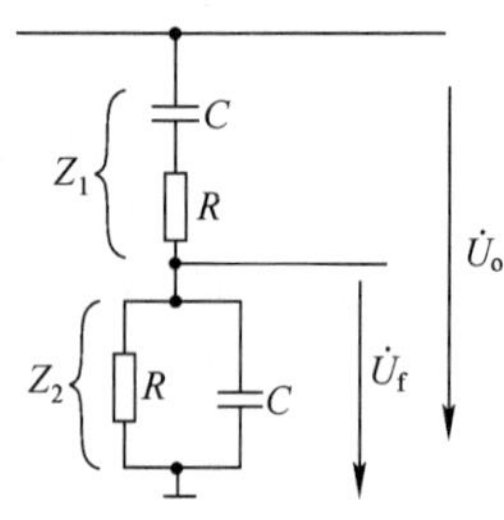

图 1-4-21　RC 串并联选频网络

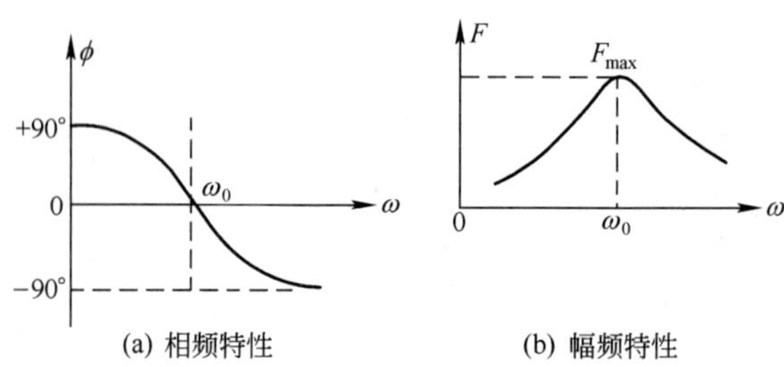

图 1-4-22　RC 串并联电路幅频特性与相频特性

3.2.3　RC 振荡器和 LC 振荡器的类型和特点

RC 振荡器特点见表 1-4-17，LC 振荡器特点见表 1-4-18。

表 1-4-17　几种 RC 振荡器特性

项　目	RC 串并联网络振荡器	RC 移相振荡器	双 T 选频网络振荡器
原理电路图	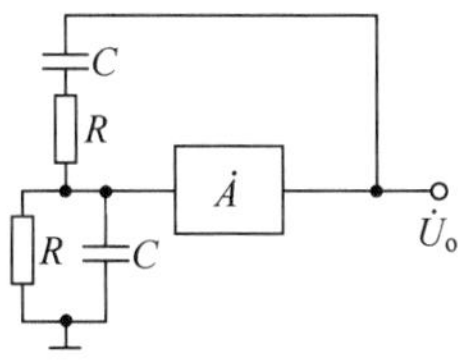	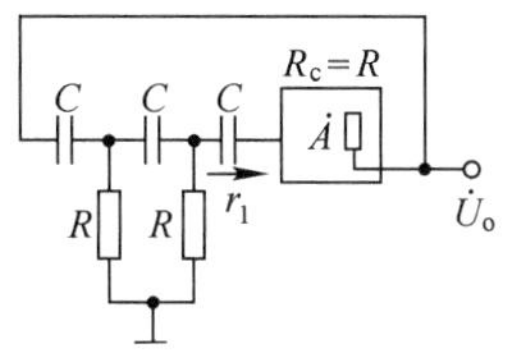	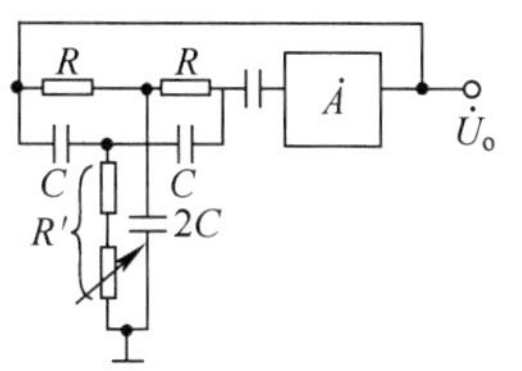
振荡频率	$f_0=\frac{1}{2\pi RC}$	$f_0\approx\frac{1}{2\pi\sqrt{6}RC}$	$f_0\approx\frac{1}{5RC}$
电路特点及应用场合	能方便地连续改变振荡频率，便于加负反馈稳幅电路，容易得到良好的振荡波形	电路简单，经济方便，适用于波形要求不高的轻便测试设备中	选频特性好，适用于产生单一频率的振荡波形

表 1-4-18　几种 LC 振荡器特性

项　目	变压器反馈式振荡器	电感三点式振荡器（哈特莱振荡器）	电容三点式振荡电器（考尔毕兹振荡电器）
电路图	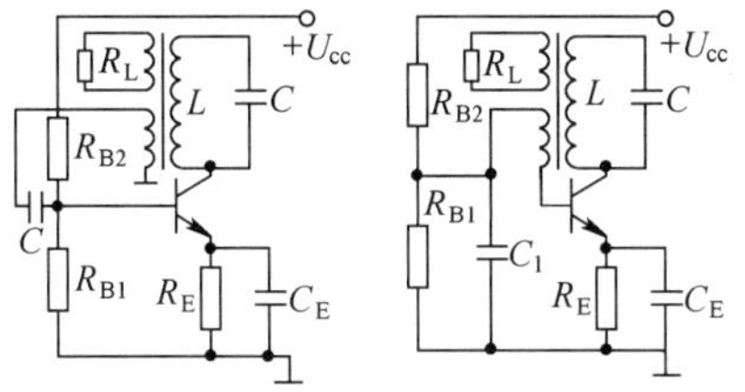	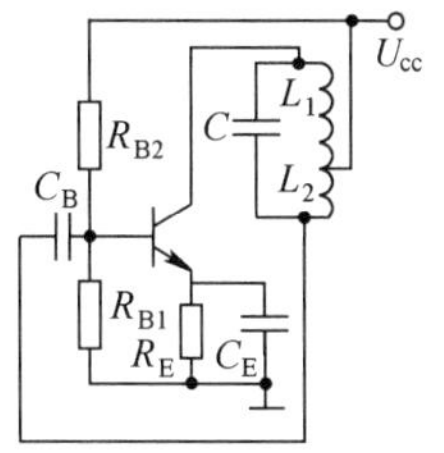	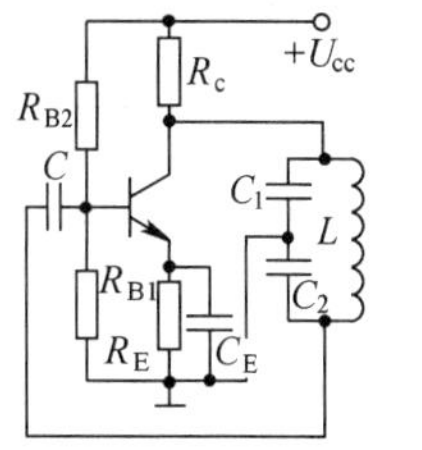
振荡频率	$f_0\approx\frac{1}{2\pi\sqrt{LC}}$	$f_0=\frac{1}{2\pi\sqrt{(L_1+L_2+2M)C}}$	$f_0\approx\frac{1}{2\pi\sqrt{L\frac{C_1C_2}{C_1+C_2}}}$
电路特点及应用场合	频率可调，范围较宽，从几千赫到几十兆赫，波形一般	频率可调，范围较宽，从几千赫到几十兆赫，高次谐波分量大，波形差	频率可调，范围较小，几兆赫到 100MHz 以上，高次谐波分量小，波形好

4　数字电路

4.1　数制与基本逻辑关系

4.1.1　数制

人们在日常生活中已习惯于十进制数，在数字系统中常常采用二进制数。十进制中有十个数字：0，1，2，3，4，5，6，7，8，9；二进制中只有两个数字：0，1。十进制每位的权是 10 的幂，二进制每位的权是 2 的幂，小数点左侧第一位就是 2^0，依次是 2^1，2^2，2^3……，小数点右侧为 2 的负次幂，2^{-1}，2^{-2}，2^{-3}……。十进制是“逢十进位”，即 10 是第一位，100 是第二位，1000 是第三位，二进制是“逢二进位”，“2”是第一位，“4”是第二位，“8”是第三位。

十进制和二进制可以互相转换。转换的方法可以采用基数除法，余数是二进制各位的数，最后一次余数是最高位。例如十进制数 41 转换成二进制数：

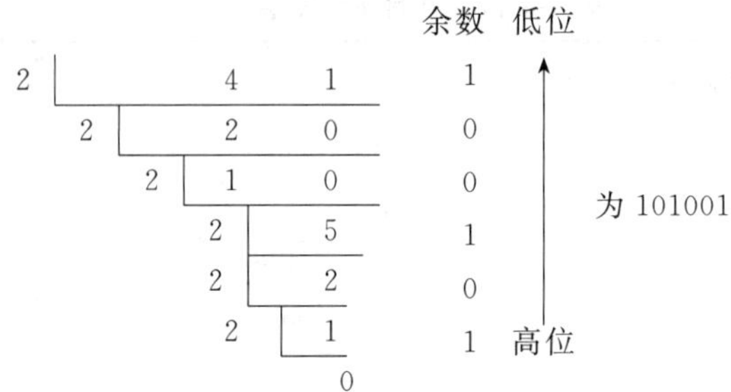

用四位二进制数表示一位十进制数称为二-十进制，或称 8421 BCD码，见表 1-4-19。

表 1-4-19　8421 BCD 码

十进制	二	进	制	
0	0	0	0	0
1	0	0	0	1
2	0	0	1	0
3	0	0	1	1
4	0	1	0	0
5	0	1	0	1
6	0	1	1	0
7	0	1	1	1
8	1	0	0	0
9	1	0	0	1
权	8	4	2	1

用二-十进制很容易和十进制相互转换，例如：

① 十进制数 41，二进制为 01000001；

② 二-十进制 001110010101，十进制数为 395。

4.1.2　基本逻辑关系

逻辑变量只有两种取值，即逻辑 0 和逻辑 1，0 和 1 称为逻辑常量。

基本逻辑运算有与、或、非 3 种，它们可以由相应的逻辑电路实现。

逻辑加（或运算）　图 1-4-23 中两个开关（A 和 B）并联控制一个灯（P），当两个开关之中有一个接通时，灯亮，记逻辑 1；开关断开，灯灭，记逻辑 0。总共有 4 种情况。这种把所有可能条件组合及其对应结果一一列出来的表格，称为真值表，见表 1-4-20。

逻辑加（或逻辑）可用逻辑表达式表示：

$$L=A+B$$

式中“+”为或运算符号，A、B、L 均为逻辑变量。上述 4 种情况可以用如下逻辑关系表达：

$$0+0=0,\qquad 0+1=1$$
$$1+0=1,\qquad 1+1=1$$

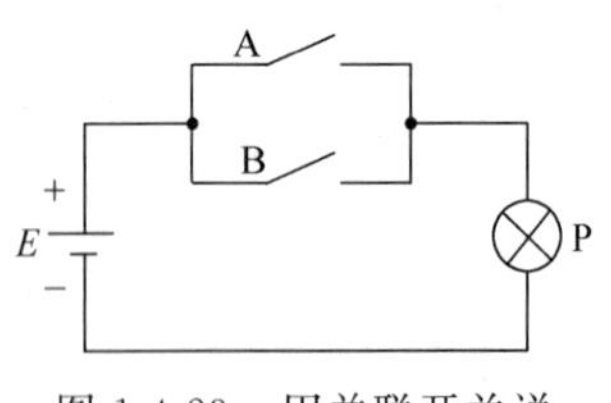

图 1-4-23　用并联开关说明或运算

表 1-4-20　或逻辑真值表

A	B	L
0	0	0
0	1	1
1	0	1
1	1	1

实现逻辑加的电路称为或门（OR），图 1-4-24 为常见或门逻辑符号。图1-4-25表示两输入的二极管或门电路。设定输入 A、B 端的高电位为+3V，低电位为 0V，二极管视为理想开关（即正向导通管压降为 0，反向截止电流为 0）。从电路图可以得到输入电压和输出电压对照表，见表 1-4-21。若用逻辑 1 代替高电位+3V，用逻辑 0 替代低电位 0V，则表 1-4-21 改写为表1-4-22。由此可见，这是一个或门电路，实现了 L=A+B 功能。

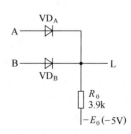

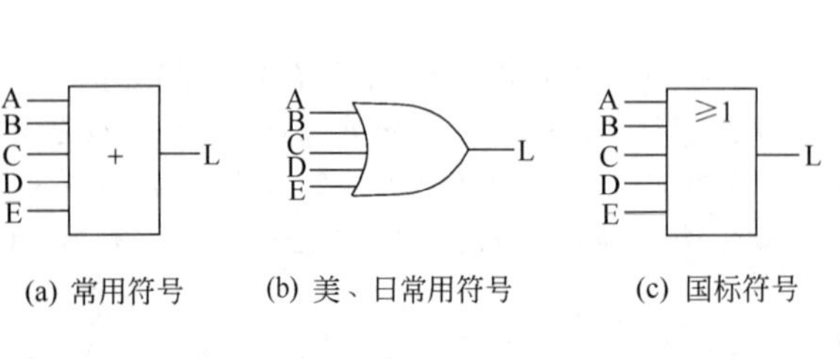

图 1-4-24　或门符号

VD_A　A　B　VD_B　L　R_0 3.9k　$-E_0(-5V)$

图 1-4-25　或门电路

表 1-4-21　输入、输出电压对照

输　入		输　出
A/V	B/V	L/V
0	0	0
+3	0	+3
0	+3	+3
+3	+3	+3

表 1-4-22　或门真值表

输　入		输　出
A	B	L
0	0	0
1	0	1
0	1	1
1	1	1

4.1.3　或、与、非逻辑关系

或逻辑和或门、与逻辑和与门、非逻辑和非门的逻辑关系、逻辑表达式、真值表及逻辑门电路见表1-4-23。

表 1-4-23　或逻辑、与逻辑、非逻辑关系

	或逻辑和或门	与逻辑和与门	非逻辑和非门
逻辑关系	只要具备一个或一个以上的条件，这件事情就会发生	各个条件完全具备时，这件事情才会发生	输出与输入的状态总是相反的，即为非逻辑关系
逻辑关系示例图	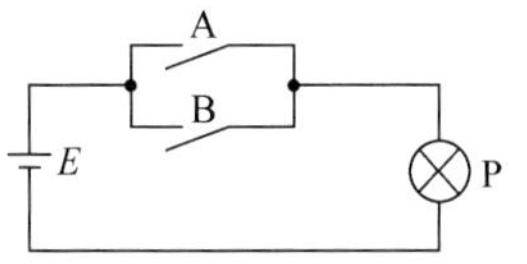 A　B　E　P	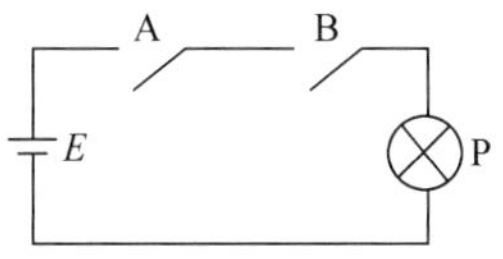 A　B　E　P	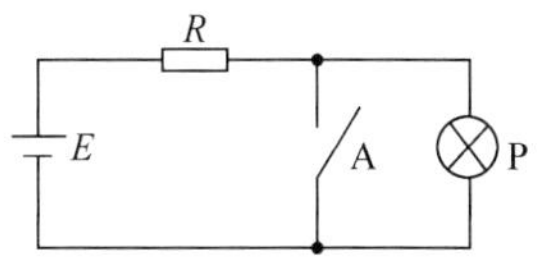 R　E　A　P
逻辑表达式	P=A+B 逻辑或、逻辑加	P=A·B 逻辑与、逻辑乘	P=$\bar{A}$ 逻辑非、逻辑反，也有用“～”、“¬”、“′”表示非运算的
逻辑状态表	A B P 0 0 0 0 1 1 1 0 1 1 1 1	A B P 0 0 0 0 1 0 1 0 0 1 1 1	A P 0 1 1 0
逻辑门电路	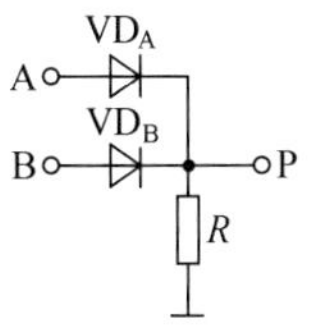 VD_A　A　VD_B　B　P　R 二极管或门	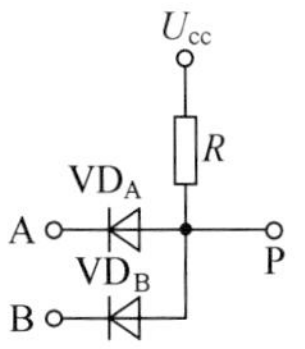 U_{cc}　R　VD_A　A　P　VD_B　B 二极管与门	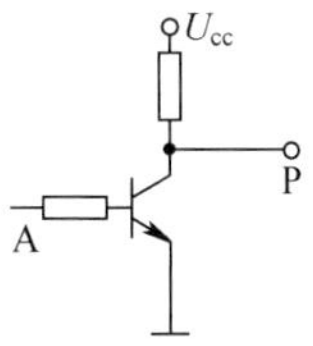 U_{cc}　P　A 三极管反相器

4.2　组合逻辑电路

组合逻辑电路的特点是现时的输出状态取决于现时的输入条件，与电路原来所处的状态无关，即输入信号作用以前电路所处的状态对输出信号没有影响。组合逻辑电路常用于编码器、译码器、半加器、全加器和数据选择器等，应用非常广泛。

4.2.1　编码器

一位二进制代码，只有 0 和 1 两种状态。两位二进制代码有 00，01，10，11 四种状态，为了使二进制代码有更多的状态，可将若干位二进制代码按一定规律编排在一起。这个过程叫做编码。用来实现编码功能的电路通常称为编码器。

编码器是一个多输入、多输出的组合逻辑电路。一个二-十进制编码器能够将十进制数0～9 转换成

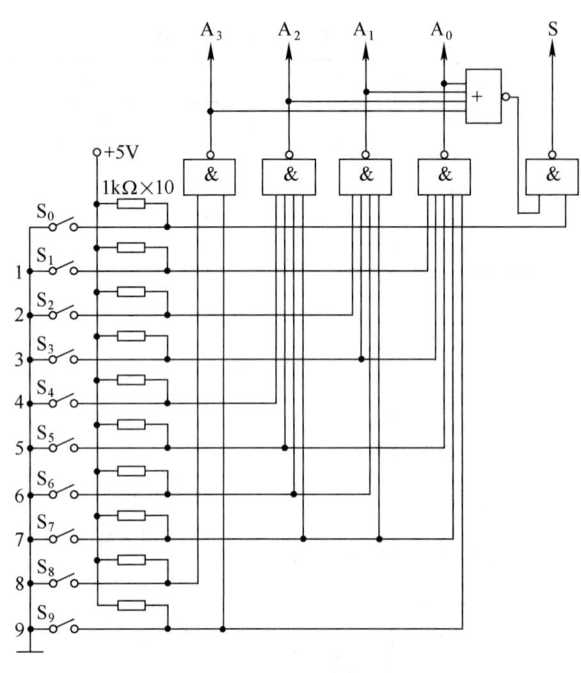

图 1-4-26　用十个按键组成 8421 码编码器工作原理

8421BCD 码。图 1-4-26 是用十个按键和门电路组成的 8421BCD 码编码器。图中S_0～S_9 代表 10 个按键，亦作为 10 个变量。编码器的功能表也就是二-十进制的编码表，见表 1-4-24。

当输入 S_9 或 S_8 为逻辑 0 时，输出 A_3 为逻辑 1；反之，S_9 或 S_8 为逻辑 1 时，输出 A_3 为逻辑 0，$A_3=S_8+S_9$。当输入 S_4、S_5、S_6、S_7 有一个为逻辑 0 时，输出 A_2 为逻辑 1，$A_2=S_4+S_5+S_6+S_7$；当输入 S_2、S_3、S_6、S_7 中有一个为逻辑 0 时，输出 A_1 为逻辑 1，$A_1=S_2+S_3+S_6+S_7$；当输入 S_1、S_3、S_5、S_7、S_9 之中有一个为逻辑 0 时，输出 A_0 为逻辑 1，所以 $A_0=S_1+S_3+S_5+S_7+S_9$。若按下按键“9”，相应输入 S_9 为逻辑 0，则输出 $A_3=1$，$A_2=0$，$A_1=0$，$A_0=1$，$A_3A_2A_1A_0=1001$，也就是将十进制数 9 通过编码器变成了二-十进制代码 1001。设置控制标志 S，是为了区别按下按键“0”时 $A_3A_2A_1A_0=0000$，与不按“0”键时输出 $A_3A_2A_1A_0=0000$ 的不同情况。

表 1-4-24　二-十进制编码器功能表

输入										输出				S
S_0	S_1	S_2	S_3	S_4	S_5	S_6	S_7	S_8	S_9	A_3	A_2	A_1	A_0	
0	1	1	1	1	1	1	1	1	1	0	0	0	0	0
1	0	1	1	1	1	1	1	1	1	0	0	0	1	1
1	1	0	1	1	1	1	1	1	1	0	0	1	0	1
1	1	1	0	1	1	1	1	1	1	0	0	1	1	1
1	1	1	1	0	1	1	1	1	1	0	1	0	0	1
1	1	1	1	1	0	1	1	1	1	0	1	0	1	1
1	1	1	1	1	1	0	1	1	1	0	1	1	0	1
1	1	1	1	1	1	1	0	1	1	0	1	1	1	1
1	1	1	1	1	1	1	1	0	1	1	0	0	0	1
1	1	1	1	1	1	1	1	1	0	1	0	0	1	1

4.2.2　译码器

译码是编码的逆过程。译码器的功能是将给定的输入码组进行翻译，变换成对应的输出信号或另一种形式的代码。译码器是多输入多输出的组合逻辑电路。

图 1-4-27 所示为二进制译码器的一般原理图。它有 n 个输入端、2^n 个输出端和一个使能输入端为有效电平时，对应每一组输入代码，只有其中一个输出端为有效电平，其余输出端则为相反电平。

二输入量的二进制译码器逻辑如图 1-4-28 所示。由于二输入量 A_0、A_1 共有 4 种不同的状态组合，因而可译出 4 个输出信号 Q_0、Q_1、Q_2、Q_3，所以称图 1-4-28 译码器为 2 线-4 线译码器，S 为使能端（或称工作状态选择端）。当 S=0 时，允许译码器工作，S=1 时，译码器不能进行译码工作，所有输出 Q_0、Q_1、Q_2、Q_3 均为 1。2 线-4 线译码差真值表如表 1-4-25 所示。当 S=0 时，对应 A_0A_1 的某种状态组合（总共 4 种），其中只有一个输出是 0，其余输出均为 1。例如状态组合 $A_1A_0=00$ 时，Q_0 为 0，$Q_1Q_2Q_3$ 均为 1；当 $A_1A_0=10$ 时，Q_2 为 0，$Q_0Q_1Q_3$ 均为 1。

由此可见，译码器是通过输出端的逻辑电平来识别不同的代码。

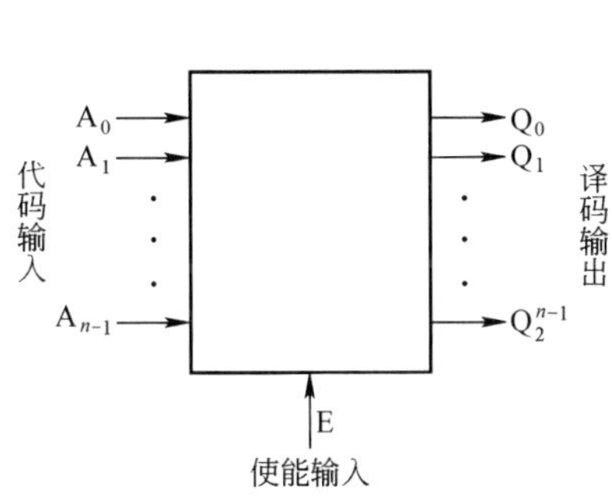

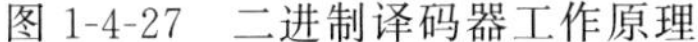
图 1-4-27　二进制译码器工作原理

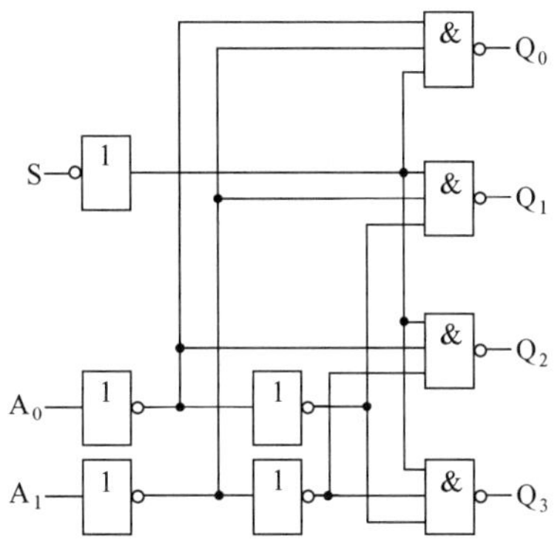

图 1-4-28　2 线-4 线译码器逻辑图

表 1-4-25　2 线-4 线译码器真值表

输　入			输　出			
S	A_1	A_0	Q_0	Q_1	Q_2	Q_3
1	×	×	1	1	1	1
0	0	0	0	1	1	1
	0	1	1	0	1	1
	1	0	1	1	0	1
	1	1	1	1	1	0

4.3　时序逻辑电路

时序逻辑电路的输出状态不仅与输入变量的状态有关，而且和系统原先的状态有关。时序逻辑电路的基本单元一般是触发器，常用的基本电路有二进制计数器、十进制计数器、移位寄存器等。

时序逻辑电路有两个特点。第一个特点是电路由两部分组成，一个是组合逻辑电路，另一个是存储单元或反馈延迟电路。第二个特点是输出-输入之间至少有一条反馈路途。结构示意图如图 1-4-29 所示。

4.3.1　触发器

触发器具有两个互非的输出端 Q 和 $\overline{Q}$，它有两个稳定状态：状态 1（Q=1，$\overline{Q}$=0）和状态 0（Q=0，$\overline{Q}$=1），总是处于相反状态。在无外界信号作用时，维持不变。当有外界输入信号作用时，能从一个稳定状态翻转到另一个稳定状态。

最简单的触发器是用两个与非门构成，如图 1-4-30 所示。图中，Q 是原码输出端，$\overline{Q}$ 是反码输出端，R 是置 0 输入端，S 是置 1 输入端。

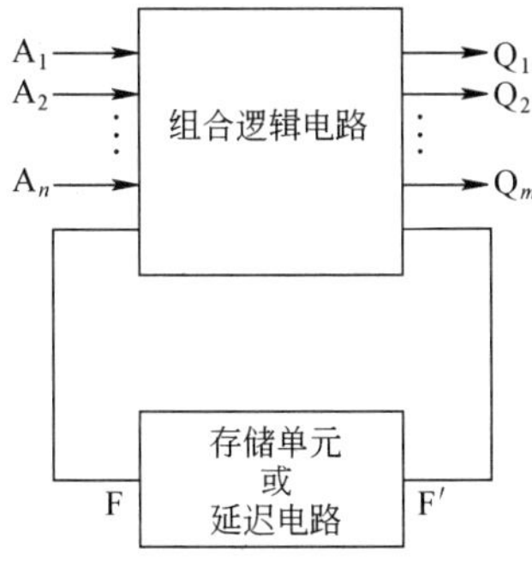

图 1-4-29　时序逻辑电路结构示意图

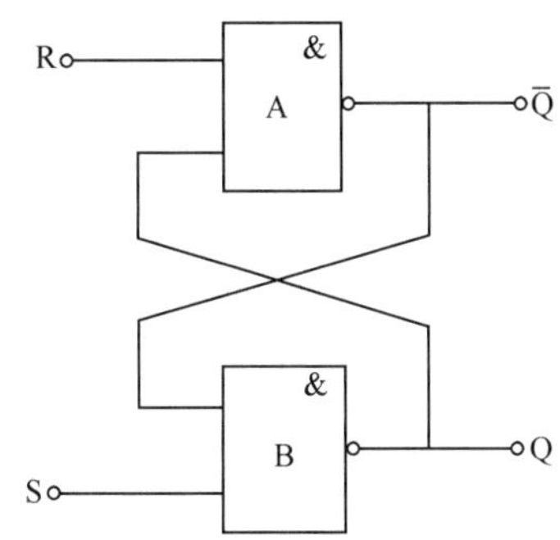

图 1-4-30　基本 R-S 触发器

初始状态，输入端 R 和 S 均处于高电位（即 1 电位），与非门 A 输出低电位（即 0 电位），与非门 B 输出为高电位（1）。当加入一个负脉冲，R 端由 1 变到 0 时，A 的输出由 0 变到 1。这时与非门 B 的输入端均为 1，B 的输出由 1 变到 0，与非门 B 的输出 0 反馈到与非门 A 的输入端，这个低电位反馈信号将取代 R 负脉冲的作用，即使 R 端此后又回到高电位 1，其输出端电位仍然保持电位 1，B 的输出仍为低电位 0。说明在 R 端输入一个负脉冲，R-S 触发器输出端 Q 翻转一个状态，即 Q 由 1 变 0，$\bar{Q}$ 由 0 变 1。

基本 R-S 触发器功能表见表 1-4-26。

表 1-4-26　R-S 触发器功能表

R	S	Q	R	S	Q
0	1	0	1	1	不变
1	0	1	0	0	×

触发器状态以 Q 为准，当

① R=0，S=1 时，触发器置 0

Q=0　$\bar{Q}$=1

② R=1，S=0 时，触发器置 1

Q=1　$\bar{Q}$=0

③ R=1，S=1 时，触发器维持原状态不变；

④ R=0，S=0 时，Q=$\bar{Q}$=1，不是触发器正常运行状态。

4.3.2　二进制计数器

计数器可以按加和减的计数顺序构成加法（递增）和减法（递减）计数器，以及可逆计数器（既可进行加又可进行减）。

计数器按工作方式可以分为同步计数器和异步计数器，按计算内容分类可以分为二进制、十进制和其他任意进制（八进制、十六进制）等。

计数器对脉冲的个数进行计数，以实现数字测量、运算和控制，应用十分广泛。

异步二进制递增计数器是二进制计数器的一种。递增是指每输入一个脉冲就进行一次加 1 运算。输入脉冲个数与二进制数的对应关系见表 1-4-27。由表可知，每输入一个脉冲，最低位 Q_0 的状态就改变一次，当低位的状态由 1 变 0 时，其相邻高位的状态改变一次（进位）。

表 1-4-27　二进制递增计数器状态表

计数脉冲数目	二进制输出				计数脉冲数目	二进制输出			
	Q_3	Q_2	Q_1	Q_0		Q_3	Q_2	Q_1	Q_0
0	0	0	0	0	9	1	0	0	1
1	0	0	0	1	10	1	0	1	0
2	0	0	1	0	11	1	0	1	1
3	0	0	1	1	12	1	1	0	0
4	0	1	0	0	13	1	1	0	1
5	0	1	0	1	14	1	1	1	0
6	0	1	1	0	15	1	1	1	1
7	0	1	1	1	16	0	0	0	0
8	1	0	0	0	17	0	0	0	1

用 4 个 J-K 主从触发器很容易组成四位异步二进制计数器，如图 1-4-31 所示。

由图可知，4 个触发器均处于计数工作状态。计数输入脉冲 N 从最低位触发器 F_0 的 cp 端输入，每输入一个脉冲，脉冲由高电位到低电位时，F_0 的状态改变一次。低位触发器的 Q 端与相邻高位触发器 cp 端相接，每当低位触发器的状态由 1 变 0 时，即向高位的 cp 端输入一个负脉冲，使高位的触发器翻转一次。

二进制递增计数器的工作波形如图 1-4-32 所示，它与表 1-4-27 所示的各触发器状态一一对应。由波形图可以看出，每经一级触发器，输出脉冲的周期就增加 1 倍，即频率降低 1 倍。因此一位二进制计数器是一个二分频器。当触发器的个数为 n 时，最后一个触发器输出的脉冲频率将降为输入脉冲频率的 $1/2^n$，它能累计的最大脉冲个数为 2^n-1。在输入计数脉冲前，向各触发器的直接置 0 端加入一负跳变脉冲，可使计数器清零。

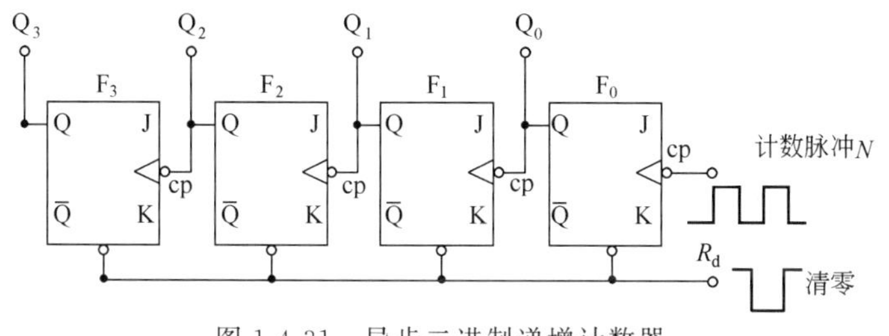

图 1-4-31　异步二进制递增计数器

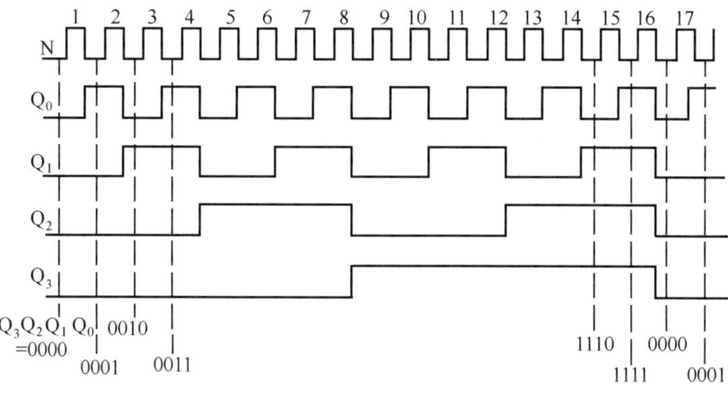

图 1-4-32　二进制递增计数器工作波形

5　稳压电路

5.1　整流滤波电路

5.1.1　整流电路

将正弦交流电变成直流电的过程叫做整流。通常采用二极管的单向导电特性实现整流，能实现整流的电路称为整流电路。整流电路按结构形式分为半波整流、全波整流和桥式整流 3 种。图 1-4-33 所示为典型单相半波整流电路，图 1-4-34 为单相半波整流电路波形图。图中，u_1 为正弦交流电压，通常为 220V 单相电源；T 为变压器；VD 为二极管；u_2 为整流所需电压，它通过变压器实现；R_L 为负载电阻；U_L 为输出直流电压。

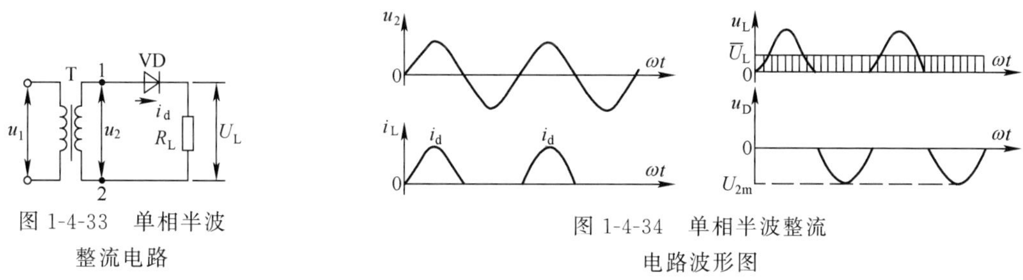

图 1-4-33　单相半波整流电路

图 1-4-34　单相半波整流电路波形图

当 u_1 为正半周时，二极管 VD 导通，电流 i_d 通过二极管 VD 和负载电阻 R_L，并在 R_L 上产生压降 U_L；当 u_1 为负半周时，二极管 VD 不导通，加在它两端的最高反向电压为：

$$U_{fm}=\sqrt{2}U_2 \tag{1-4-27}$$

负载电阻上的脉动电压在一个周期中的平均值为：

$$\overline{U}_L=0.45U_2 \tag{1-4-28}$$

单相半波整流电路的优点是线路简单，缺点是只利用了交流电的正半周，通常采用全波整流。

全波整流有变压器中心抽头和桥式两种，如图 1-4-35 和图 1-4-36 所示。

单相半波整流和单相变压器中心抽头式全波整流及单相桥式全波整流电路特性比较见表 1-4-28。

5.1.2　滤波电路

把脉动的直流电变成比较平滑的直流电的过程叫做平滑滤波，具有这种功能的电路叫平滑滤波电路。滤波

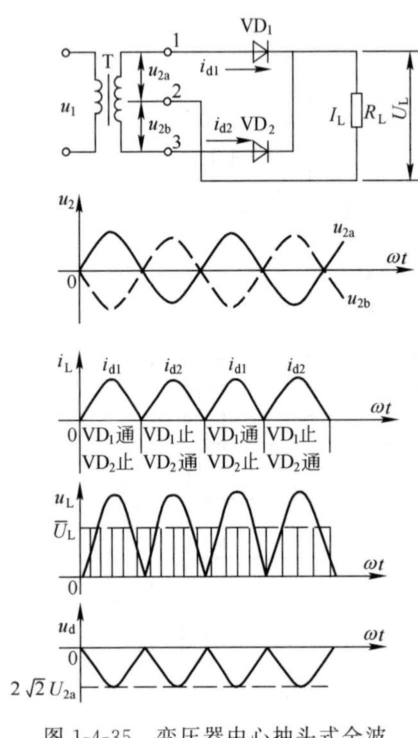

图 1-4-35 变压器中心抽头式全波整流电路及波形图

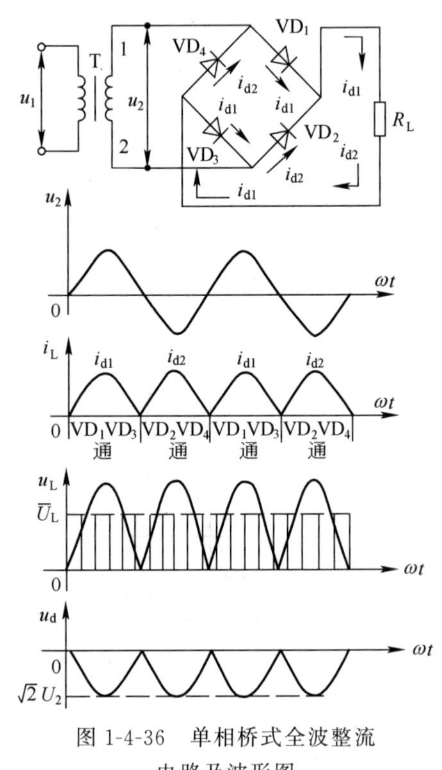

图 1-4-36 单相桥式全波整流电路及波形图

表 1-4-28 常用小功率整流电路特性比较

电路型式	输入交流电压（有效值）	输出直流电压（平均值）$\bar{U}_L$	管子承受的最大反向电压 U_{fm}	每只管子的平均电流 $\bar{I}_D$	需要二极管数量
单相半波整流	U_2	$0.45U_2$	$\sqrt{2}U_2=3.14\bar{U}_L$	$\bar{I}_D=\bar{I}_L$	1
单相全波整流	$U_{2a}+U_{2b}$ $(U_{2a}=U_{2b})$	$0.9U_{2a}$	$2\sqrt{2}U_{2a}=3.14U_L$	$\bar{I}_D=\frac{1}{2}\bar{I}_L$	2
单相桥式整流	U_2	$0.9U_2$	$\sqrt{2}U_2=1.57U_L$	$\bar{I}_D=\frac{1}{2}\bar{I}_L$	4

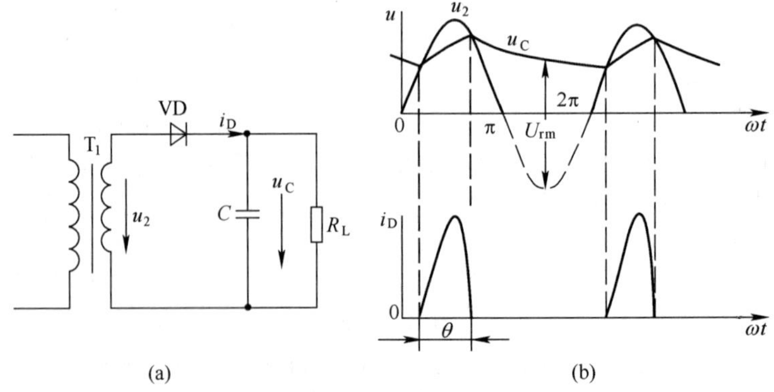

图 1-4-37 电容滤波电路

电路中的主要元件是电容、电感和电阻。

最简单的滤波器为电容滤波器，如图 1-4-37 所示。当 u_2 为正半周时，二极管 VD 导通，电流 i_D 通过负载

电阻 R_L 电容 C 充电。电容器上电压 u_C 随着 u_2 增至最大值也达到最大值。当 u_2 下降，且 $u_2 < u_C$ 时，二极管 VD 处于反偏截止状态。这时，电容器向负载电阻放电，放电时间常数 $\tau_{放} = R_L C$。当 u_2 开始第二个周期，亦 $u_2 > u_C$ 时，二极管 VD 又导通，电容 C 又充电，u_C 增加。当 u_2 下降，并且 $u_2 < u_C$ 时，二极管 VD 又截止，电容 C 再次向负载放电。这时的负载电压不再是半波整流电压，而是呈锯齿波电压，提高了整流输出电压平均值，降低了纹波。电容滤波电路对二极管 VD 的影响是增加了反向承受电压，$U_{rm} = u_2 + u_C$，缩小了正向导通角 θ，流过二极管和变压器的电流形成尖峰性波形。电容 C 容量越大，放电时间越长，u_C 越平稳，但 θ 角小，对二极管和变压器工作都不利。

常见滤波电路结构特性见表 1-4-29。

表 1-4-29　常用滤波电路结构及特点

常用滤波	电路图	优点	缺点	适用场合
电容滤波	I_L　u_d　C　R_L　U_L	①输出电压高 ②I_L 小时滤波效果好	①带负载能力差 ②I_L 增加时，U_L 下降多，U_L 波动大 ③启动时充电电流大	负载较轻且变化不大场合
电感滤波	L　u_d　R_L　U_L	①负载能力好，I_L 增加时 U_L 基本不变，脉动反而减小 ②I_L 大时，滤波效果好 ③对整流管无损害	①I_L 大时需 L 大 ②当负载突变时，电感上的自感电势可能击穿稳压调整管	负载大且经常变动场合
LC 滤波	L　u_d　C　R_L　U_L	①滤波效率高 ②几乎无直流电压损失	低频时体积大笨重、成本高	负载较大，脉动要求严格的场合，频率高时滤波效果更好
π 型滤波	R　u_d　C_1　C_2　R_L　U_L	①结构简单、经济 ②能兼起降压限流作用 ③滤波效果高	①带负载能力差 ②有直流电压损失	负载较轻，脉动要求严格的场合

5.2　稳压电路

5.2.1　稳压二极管稳压电路

稳压电路常用硅稳压二极管与负载组成并联型稳压电路或用晶体管电路组成串联型稳压电路。

稳压二极管并联稳压电路是利用稳压二极管的反向稳压特性达到稳压目的的，稳压管的特性曲线和图形符号见图 1-4-38 所示。稳压管反向接入电路，当反向电压从零值开始上升时，反向电流很小，基本上不导电。当反向电压升到击穿电压 U_{w0} 时，反向电流突然增加。其后，反向电压稍有增加 ΔU_w，反向电流就会有较大增加（ΔI_w 很大）。利用稳压管反向击穿时电流变化很大而管子两端电压几乎不变这一特性，把稳压管作为稳压元件。稳压电路如图 1-4-39 所示。图中，VD_W 为稳压管；R_L 为负载电阻，和 VD_W 组成并联稳压电路；u_i 为稳压器输入电压；R 为串联限流电阻，起调压和限制流过稳压管电流的作用；U_o 为稳压电路输出电压。由图可得，U_o 等于 U_i 减去 $R(I_w + I_L)$，即：

$$U_o = U_i - R(I_w + I_L) \tag{1-4-29}$$

当负载 R_L 不变，U_i 升高时，引起稳压管两端电压（即输出电压 U_o）升高，稳压管 VD_W 的反向电流将有很大增加，于是限流电阻 R 上的压降增加，从而使输出电压

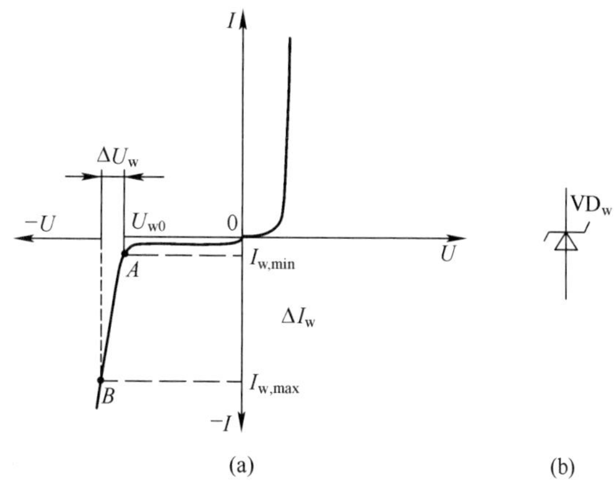

图 1-4-38　稳压管特性曲线及图形符号

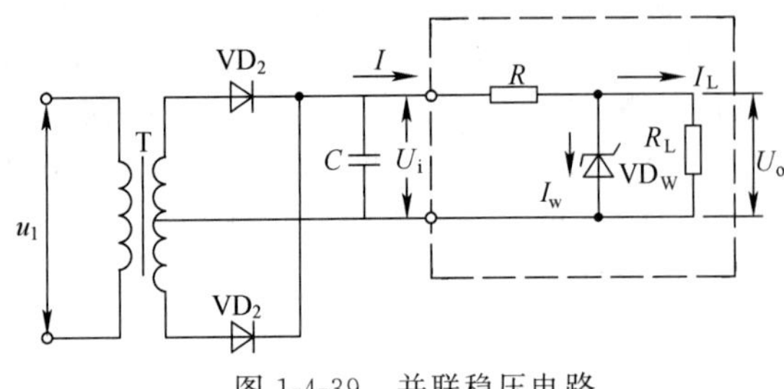

图 1-4-39 并联稳压电路

U_o 下降。反之，当输入电压减小而引起输出电压 U_o 下降时，稳压管 VD_W 的反向电流有较大的减小，R 上的压降减小，使输出电压 U_o 增加。所以当输入电压 U_i 在一定范围内变化时，稳压电路可以基本上保持输出电压稳定。

5.2.2 串联稳压电路

串联型直流稳压电路如图 1-4-40 所示。图中 T 为晶体管，VD_W 为稳压二极管，U_W 为基准电压，R_L 为负载电阻。由图 1-4-40 可见，稳压二极管 VD_W 和电阻 R 为晶体管 T 提供基准电压 U_W，负载电阻 R_L 上的电压 U_L 为：

$$U_L = U_W - U_{be} \doteq U_W \tag{1-4-30}$$

其中 U_{be} 为晶体管发射结偏压，很小，对于硅管为0.6～0.7V。这说明 U_L 电压稳定性取决于稳压二极管 VD_W 的稳压特性。电源 u_i 的变化是通过晶体管 T 的变化来吸收的。由图可得：

$$U_L = U_i - U_{ce} \tag{1-4-31}$$

其中 U_{ce} 为晶体管 T 的集电极电压。

稳压过程如下：当 U_i 降低时，由式（1-4-31）可知，U_L 亦下降。U_L 下降，由式（1-4-30）可知 U_{be} 增加，I_b 亦增加，根据放大电路原理 I_e 亦增加，从而使 U_{ce} 下降。由式（1-4-31）可知，u_i 增加，U_{ce} 减小，正好使 U_L 保持不变，达到稳压的目的。反之，当 U_i 增加时，引起 U_L 增加，U_{be} 下降，I_b 减小，I_e 减小，U_{ce} 增加，使 U_L 减小，达到稳定。

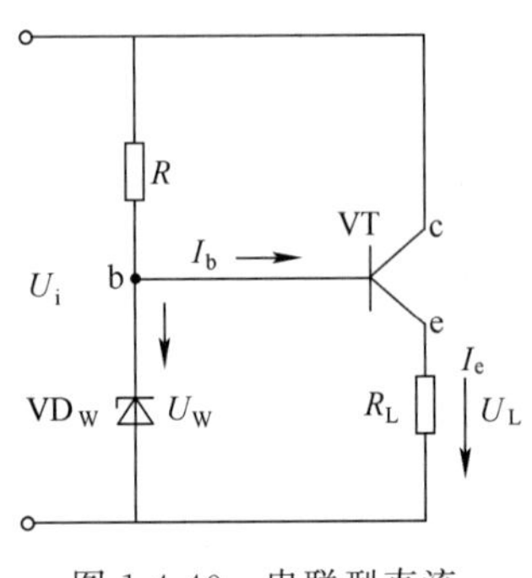

图 1-4-40 串联型直流稳压电路

5.3 集成稳压电路

5.3.1 分类与特点

集成稳压电路或称集成稳压器，是将稳压电路中各种电路和元件全部集中在一块芯片上，或把不同芯片封装在一只管壳内的集成稳压电路。集成稳压器的输出电压可以分为固定与可调两类，广泛应用于仪器仪表中。

集成稳压电路根据电路形式可以分为串联调整式、并联调整式和开关调整式 3 种。

串联调整式稳压器是将调整元件串接在有波动的输出电压端和稳定输出电压之间，通过等效电阻变化，保持输出电压稳定。也就是说，调整元件前电压 U_i 有变化，增加 ΔU_i，通过调整元件，使其等效电阻增加，等效电阻上的压降亦增加，它消耗了 u_i 的变化 ΔU_i，使输出电压 U_o 稳定，达到稳压的目的。

并联调整式稳压器是调整元件与负载并联，通过并联等效电阻变化维持输出电压稳定。

开关调整式稳压器是通过调整元件开和关的时间来保持输出电压不变。

串、并联调整式稳压器外引线数目有两种。一种是 3 个引线，称为三端式；另一种是多个引线，称为多端式。其各类稳压器特点见表 1-4-30。

表 1-4-30 集成稳压器分类与性能

类　型		性　能　特　点
串联调整式	三　端	①输出电压较稳定 ②安装方便,使用简单 ③安全可靠,保护功能全 ④输出电压有可调与不可调之分
	多　端	①输出电压较稳定 ②需要部分外接元件,安装使用不大方便 ③输出电压有可调与不可调之分
并联调整式	三　端	①输出电压稳定度高 ②外接元件少,使用安装较方便 ③效率低,输出电流小,一般作基准电压用 ④只有固定电压输出,不可调
	多　端	
开关调整式		①效率高,自身功耗小,一般不需散热器 ②输出电压调整范围宽,输出电流范围大 ③输出电压稳定度低,包含纹波电压值也较大

5.3.2 集成稳压电源主要性能指标

（1）电压调整率 S_V（又称稳压系数，稳定度） S_V 表征输入电压变化时，稳压电源输出直流电压稳定程度。用单位输出电压下输出和输入电压相对变化的百分比表示：

$$S_V=\left(\frac{\Delta U_o}{\Delta U_i}\right)/U_o\times 100\% \tag{1-4-32}$$

式中 U_o——输出电压；

U_i——输入电压。

（2）电流调整率 S_i（又称电流稳定系数） 它反映稳压器的负载能力，表征当输入电压不变时，稳压器对由于负载电流变化而引起的输出电压波动的抑制能力。通常用单位输出电压下输出电压变化值的百分比表示：

$$S_i=\frac{\Delta U_o}{U_o}\times 100\% \tag{1-4-33}$$

（3）最大输入电压 U_{max} 保证稳压器能够安全工作的最大输入电压。

（4）输出电压 U_o U_o 为稳压器额定输出直流电压值，对于可调稳压器有一个输出电压范围。

（5）最大输出电流 I_{omax} 能使稳压器保持输出电压不变的最大输出电流。

（6）输出阻抗 Z_o 单位负载电流变化所引起的输出电压的变化量，即：

$$Z_o=\frac{\Delta U_o}{\Delta I_o} \tag{1-4-34}$$

6 集成电路

6.1 集成电路分类

集成电路（IC）就是将电路的有源元件、无源元件及它们之间的互连线等一起制作在半导体或绝缘体的衬底上，而在结构上形成紧密联系的整体电路，集成电路块的各个引出端就是该电路的输入、输出、电源和接地等各接线端。

集成电路可以按不同的标准来进行分类。按制作工艺的不同，可以分为半导体集成电路和混合集成电路。半导体集成电路又可以分为双极型半导体集成电路和 MOS 型半导体（场效应管）集成电路。混合集成电路可以分为薄膜集成电路和厚膜集成电路。

按集成规模大小可以分为小规模集成电路、中规模集成电路、大规模集成电路和超大规模集成电路。

按集成电路功能划分可以分为数字集成电路、模拟集成电路和接口电路。

集成电路分类见表 1-4-31。

表 1-4-31 集成电路分类表

数字集成电路	逻辑电路	饱和型逻辑集成电路	电阻耦合——电阻-晶体管逻辑(RTL) 二极管耦合——二极管-晶体管逻辑(DTL),高阈值逻辑(HTL) 晶体管耦合——晶体管-晶体管逻辑(TTL) 合并晶体管——集成注入逻辑(I^2L)
		抗饱和型逻辑集成电路	肖特基二极管钳位 TTL(STTL) 发射极功能逻辑(EFL)
		非饱和型逻辑集成电路	电流型逻辑(CML),即发射极耦合逻辑(ECL) 互补晶体管逻辑(CTL) 非阈值逻辑(NTL) 多元逻辑(DYL)[5]
	微处理机电路		
	存储器电路	随机存取存储器(RAM)和只读存储器(ROM)	

续表

模拟集成电路	线性集成电路	运算放大器、直流放大器、音频放大器、中频放大器、宽带放大器、功率放大器、稳压器等
	非线性集成电路	对数放大器、调制或解调器、各类信号发生器等
	微波集成电路	指工作频率在 300MHz 以上的集成电路
接口电路	A/D、D/A 转换器，逻辑电平转换电路、外围驱动器、显示驱动器、线驱动器、线接收器、读放电路	

6.2 半导体集成电路型号命名法

根据中华人民共和国国家标准 GB 3430—82 规定，半导体集成电路（SIC）的型号由 5 部分组成，其符号及意义如表 1-4-32 所示。

表 1-4-32 半导体集成电路符号及意义

第 0 部分 用字母表示国标		第一部分 用字母表示 SIC 的类型		第二部分 用阿拉伯数字表示 SIC 的系列和品种代号	第三部分 用字母表示 SIC 的工作温度范围		第四部分 用字母表示 SIC 的封装	
符号	意 义	符 号	意 义		符号	意 义	符号	意 义
C	中国制造	T	TTL		C	0～70℃	W	陶瓷扁平
		H	HTL		E	－40～85℃	B	塑料扁平
		E	ECL		R	－55～85℃	F	全密封扁平
		C	CMOS		M	－55～125℃	D	陶瓷直插
		F	线性放大器				P	塑料直插
		D	音响、电视电路				J	黑陶瓷直插
		W	稳压器				K	金属菱形
		J	接口电路				T	金属圆形
		B	非线性电路				⋮	⋮
		M	存储器				⋮	⋮
		μ	微型机电路					
		⋮	⋮					
		⋮	⋮					

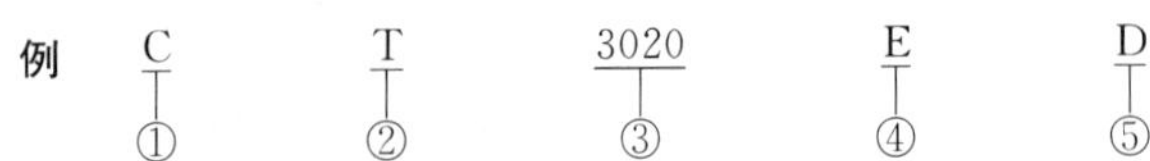

① 表示国标，或中国制造；

② 表示 TTL 电路；

③ 表示肖特基系列双输入与非门；

④ 表示工作温度－40～85℃；

⑤ 表示陶瓷直插封装。

全称是肖特基 TTL 双 4 输入与非门。

例 C C 4001 C B

① ② ③ ④ ⑤

① 国标；

② CMOS 电路；

③ 四工输入或非门；

④ 0～70℃；

⑤ 塑料扁平封装。

6.3 集成电路的封装形式

集成电路的封装对产品的性能和成本有重大影响。通常使用双列直插、金属管壳和扁平封装 3 种形式，见图 1-4-41、图 1-4-42 和图 1-4-43。3 种封装形式的特点见表 1-4-33。

表 1-4-33 集成电路封装形式比较

封装形式	特　　点
双列直插	①可使用 8,10…22 条不同引线,最高可达 40 条 ②价钱便宜,使用方便 ③有塑料、黑陶瓷、金属-陶瓷三种包装
金属壳封装	①热阻小 ②机械强度大,可靠性高 ③引线小,安装不方便,价格高
扁平封装	①引线可达 22 条 ②重量轻,体积小 ③价格高,使用不方便

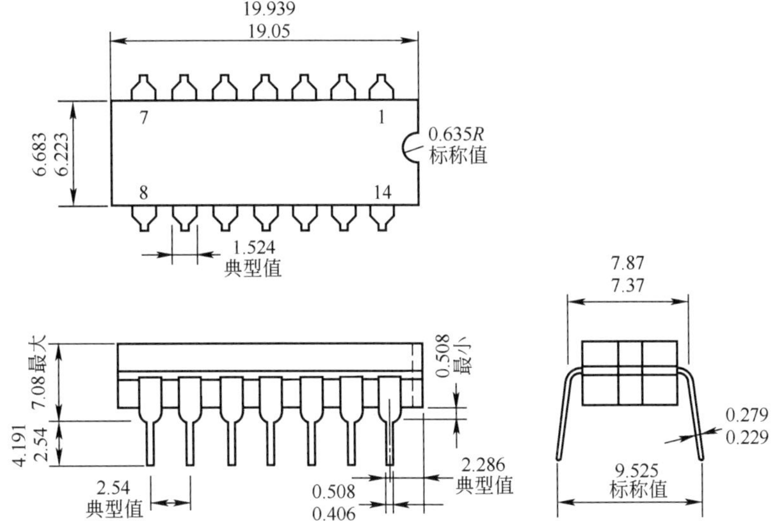

图 1-4-41 双列直插式 IC 外壳（尺寸单位为 mm）

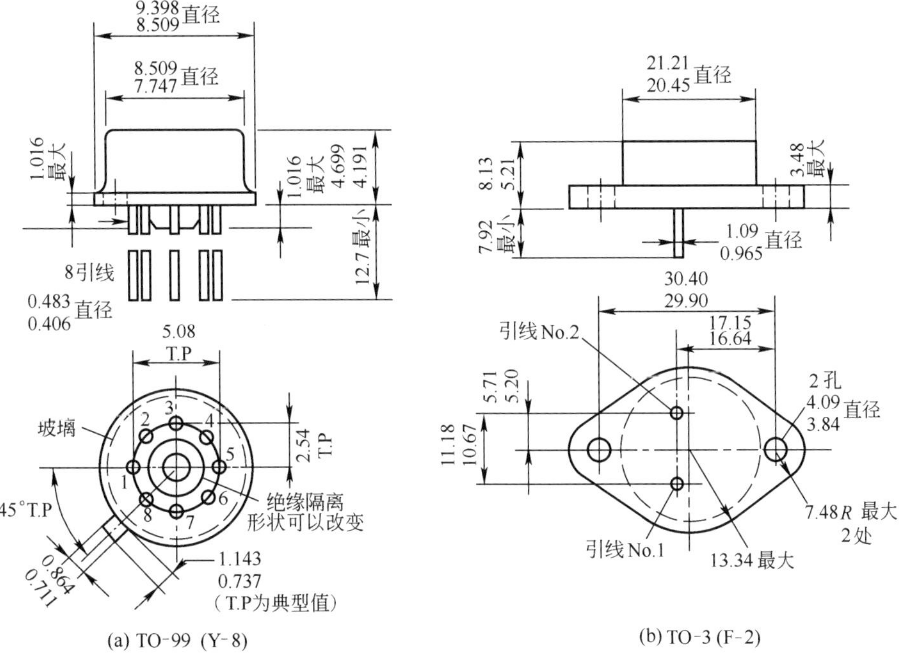

图 1-4-42 金属管壳（尺寸单位为 mm）

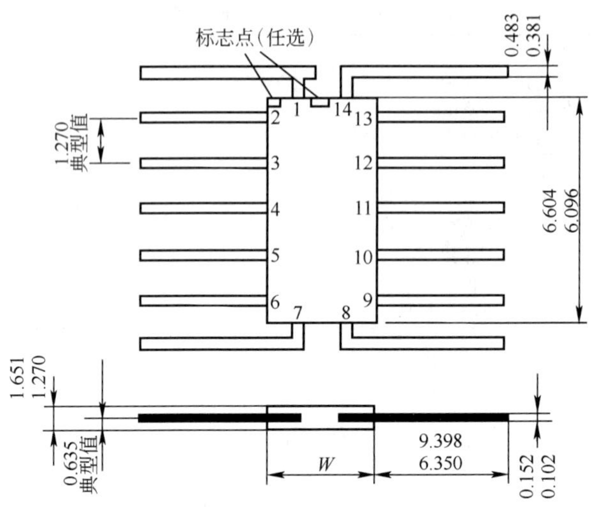

图 1-4-43　14 条引线的扁平管壳（尺寸单位为 mm）

6.4　集成电路运算放大器

6.4.1　集成运算放大器的组成

运算放大器是一种高增益的直流放大器，一般采用差分输入、单端输出，所以它有两个输入端和一个输出端。“+”称为“同相输入端”，表示输出信号和该端的输入信号同相；“−”称为“反相输入端”，表示输出信号和该端的输入信号反相。

运算放大器的内部主要由差分输入级、中间增益级、推挽输出级及各级的偏置电路等 4 部分组成，如图 1-4-44所示。

6.4.2　集成运算放大器的主要技术指标

集成运算放大器主要技术指标如输入特性、传输特性、频率特性、输出特性和电源特性。主要参数的定义简述如下。

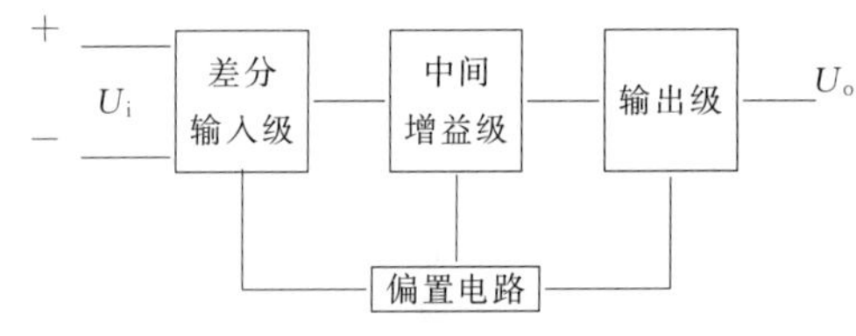

图 1-4-44　集成运算放大器结构框图

（1）输入失调电压 U_{IO}　当运算放大器的输入信号 $U_i=0$ 时，为使其输出电压 $U_o=0$ 而在输入端外加的直流补偿电压即为 U_{IO}。

（2）输入偏置电流 I_{IB}　当运算放大器补偿了失调电压，使其输出电压 $U_o=0$ 时，运算放大器两输入端所需电流的平均值为 I_{IB}，即：

$$I_{IB}=\frac{|I_{iB}|+|I_{\bar{i}B}|}{2} \tag{1-4-35}$$

式中　I_{iB}——同相端输入电流；

$I_{\bar{i}B}$——反相端输入电流。

（3）输入失调电流 I_{IO}　当运算放大器的输入信号 $U_i=0$，经失调电压补偿而使输出电压 $U_o=0$ 时，两输入偏置电流的差，即：

$$I_{IO}=|I_{iB}-I_{\bar{i}B}| \tag{1-4-36}$$

（4）差模输入电阻 R_{ID}　当运算放大器开环时，在输出为线性的范围内，差模输入电压的小量变化和其所引起的输入电流的变化量之比，即：

$$R_{ID}=\left|\frac{\Delta U_{id}}{\Delta I_i}\right| \tag{1-4-37}$$

（5）共模输入电阻 R_{IC}　运算放大器共模输入电压的小量变化和其所引起的输入电流变化量之比，即：

$$R_{IC}=\left|\frac{\Delta U_{ic}}{\Delta I_i}\right| \tag{1-4-38}$$

（6）最大共模输入电压 U_{ICM}　运算放大器的共模抑制比比规定共模电压下的共模抑制比下降 6dB 时，

加在输入端的共模输入电压，即为 U_{ICM}。

（7）最大差模输入电压 U_{IDM}　U_{IDM}是指运算放大器两输入端所能承受的最大反向电压。

（8）开环电压增益 A_{VD}　运算放大器工作在线性区且处于开环状态时，其低频差模电压增益定义为输出电压变化 ΔU_{od}与差模输入电压变化 ΔU_{id}之比，即：

$$A_{VD}=\left|\frac{\Delta U_{od}}{\Delta U_{id}}\right| \tag{1-4-39}$$

在用 dB 表示时，则：

$$A_{VD}=20\lg\left|\frac{U_{od}}{U_{id}}\right| \quad \text{dB} \tag{1-4-40}$$

（9）共模抑制比 K_{CMR}　K_{CMB}是指运算放大器的差模增益 A_{VD}和共模增益 A_{VC}之比，一般用 dB 表示：

$$K_{CMB}=20\lg\frac{A_{VD}}{A_{VC}} \quad \text{dB} \tag{1-4-41}$$

（10）开环带宽 BW　BW 是指当运算放大器的开环增益比某一基准频率下的开环增益下降了3dB时所对应的频率范围。

（11）输出峰-峰电压 U_{OPP}　U_{OPP}是指运算放大器在规定的电源电压和负载下所能输出的最大不失真电压的峰-峰值。

（12）开环输出电阻 R_{OS}　R_{OS}是指运算放大器开环时，外加输出电压变化与相应的输出电流变化之比，它是一个低频小信号参数。

（13）静态功耗 P_D　运算放大器输入端无信号输入，输出端不接负载时所消耗的功率即为 P_D。

通用的运算放大器型号和主要技术指标见表 1-4-34。

表 1-4-34　通用集成运算放大器型号及主要参数

参数 型号	输入失调电压 U_{IO} /mV	输入偏置电流 I_{IB} /μA	输入失调电流 I_{IO} /μA	输入电阻 R_I /kΩ	共模输入电压幅度 U_{ICM} /V	最大输入差模电压 U_{IDM} /V	开环电压增益 A_{VD} /dB	共模抑制比 K_{CMR} /dB	开环带宽 BW /kHz	最大输出电压 U_{OPP} /V	输出电阻 R_{OS} /Ω	静态功耗 P_D /mW
F001 A B C	≤10 ≤5 ≤2	≤10 ≤7 ≤5	≤5 ≤2 ≤1	≥8	0.5 −2 −2	±6	≥60 ≥66 ≥66	≥70 ≥70 ≥80	≥100	±4 ±4.5 ±4.5	≤500	≤150
F002 A B C	≤10 ≤5 ≤2	≤10 ≤7 ≤5	≤5 ≤2 ≤1	≥8	±0.5 −2	±6	≥60 ≥66 ≥66	≥70 ≥70 ≥80	≥100	±4 ±4.5 ±4.5	≤500	≤150
F003 A B C	≤8 ≤5 ≤2	≤2 ≤1.2 ≤0.7	≤0.4 ≤0.2 ≤0.1	≥50	≥±8	±6	≥80 ≥80 ≥86	≥65 ≥70 ≥80	≥10	±10 ±12 ±12	≤200	≤150
F004 A B C	≤8 ≤5 ≤2	≤3 ≤2 ≤1.5	≤1 ≤0.5 ≤0.2	≥100	≥10	±6	≥86 ≥86 ≥90	≥80	≥2	±10	≤2000	≤200
F005 A B C	≤8 ≤5 ≤2	≤2 ≤1.2 ≤0.7	≤0.4 ≤0.2 ≤0.1	≥50	≥±8	±6	≥80 ≥80 ≥86	≥65 ≥70 ≥80	≥10	±10 ±10 ±12	≤200	≤150
F006 A B C	≤10 ≤5 ≤2	≤1 ≤0.5 ≤0.3	≤0.3 ≤0.2 ≤0.1	≥500	±12	±30	≥86 ≥94 ≥94	≥70 ≥80 ≥80	≥7	±10 ±10 ±12	≤200	≤120
F007 A B C	≤10 ≤5 ≤2	≤1 ≤0.5 ≤0.3	≤0.3 ≤0.2 ≤0.1	≥500	±12	±30	≥86 ≥94 ≥94	≥70 ≥80 ≥80	≥7	±10 ±10 ±12	≤200	≤120
F008 A B C	≤10 ≤5 ≤2	≤0.8 ≤0.5 ≤0.3	≤0.3 ≤0.2 ≤0.1	≥500	±6 ±12 ±12	±30	≥86 ≥96 ≥100	≥80 ≥90 ≥90		±10 ±10 ±12		≤75
CF741	≤5	≤0.5	≤0.2	≥500			≥50V/mV	≥70		±10		≤85
CF709 M C	≤5 ≤75	≤0.5 ≤1.5	≤0.2 ≤0.5	≥165 ≥50			25V/mV 15V/mV	≥70		±12 ±12	≤150 ≤150	≤165
FC52 A B C D	≤10 ≤6 ≤10 ≤4		≤1 ≤1 ≤0.5 ≤1	≥20 ≥20 ≥500 ≥500			≥80 ≥94 ≥94 ≥94	≥80	≥1	±9 ±10 ±10 ±11		≤200

续表

参数 型号	输入失调电压 U_{IO} /mV	输入偏置电流 I_{IB} /μA	输入失调电流 I_{IO} /μA	输入电阻 R_I /kΩ	共模输入电压幅度 U_{ICM} /V	最大输入差模电压 U_{IDM} /V	开环电压增益 A_{VD} /dB	共模抑制比 K_{CMR} /dB	开环带宽 BW /kHz	最大输出电压 U_{OPP} /V	输出电阻 R_{OS} /Ω	静态功耗 P_D /mW
101/201	≤0.7	≤30n	≤1.5n	≥4000	−13	±30	≥100	≥90		±14		≤54
301	≤2	≤70n	≤3n	≥2000	15							
7F107/207	≤0.7	≤30n	≤1.5n	≤4000			160V/mV	≥96		±14		≤54
7F307	≤2	≤70n	≤3n	≤2000			160V/mV	≥90		±14		
FX101	≤5	≤0.5	≤0.2	≥300			≥50V/mV	≥70		±12		
A	≤10	≤15	≤5	≥40		±7	≥74			15		
B	≤5	≤10	≤2	≥40		±7				20		
XFC2 C	≤2	≤10	≤1	≥200	7	±7		≥70	≥1	20	≤1000	≤150
8FC21 D	≤10	≤5	≤1	≥200	−13	±14	≥74			15		
E	≤5	≤1	≤0.5	≥200		±14				20		
F	≤2	≤1	≤0.2	≥200		±14				20		
A	≤10		≤5	≥20		±7	≥94			15		
B	≤5		≤2	≥20		±7				20		
XFC3 C	≤2		≤1	≥20	7	±7		≥70	≥1	20	≤200	≤180
8FC3 D	≤10		≤1	≥500	−13	±14	≥94			15		
E	≤5		≤0.5	≥500		±14				20		
F	≤2		≤0.2	≥500		±14				20		
A	≤10	≤1	≤0.5				≥80	≥70		18		
8FC4 B	≤5	≤0.2	≤0.2	≥1000	±13	±30	≥94	≥80		24		≤120
C	≤2	≤0.5	≤0.05				≥94	≥80		24		

6.4.3 运算放大器的基本应用

运算放大器大都是在一定的外加反馈网络下形成闭环回路使用的。各种应用可以分成正反馈电路和负反馈

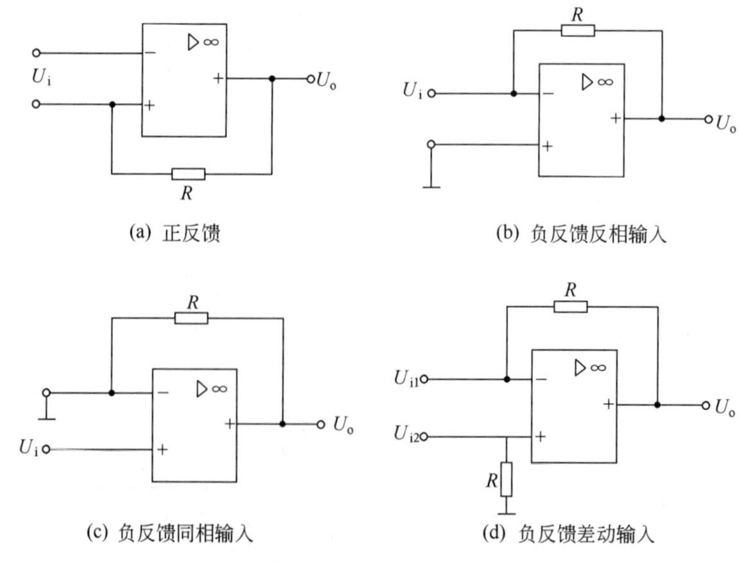

(a) 正反馈　(b) 负反馈反相输入　(c) 负反馈同相输入　(d) 负反馈差动输入

图 1-4-45　运算放大器反馈回路和输入形式

电路两大类。将输出信号直接反馈到“+”端，形成正反馈电路，如图 1-4-45 所示，利用这类电路可以作信号发生器（如正弦波振荡器等）。将输出信号直接反馈到“−”端，形成负反馈电路，这是一种应用更为广泛的电路。根据输入信号的馈送状况，负反馈电路又可分反相放大、同相放大和差分放大 3 类。运算放大器的应用可见表 1-4-35。

表 1-4-35 集成运算放大器的用途

信号处理	线性	放大	直流、音频、视频、功率放大及可变增益放大、自动增益控制放大
		模拟运算	微分、积分、加、减和比例运算
		滤波	有源滤波器，有源电感
	非线性	放大	限幅放大、振幅比较、对数、反对数和有效值(rms)放大
		模拟运算	乘、除等
信号变换	调制与解调		调幅、调频、调相、检波、鉴频、鉴相
	频率变换		分频、变频、倍频
	数⇄模		A/D 变换，D/A 变换
	电压⇄频率		VFC，FVC
信号发生			正弦波、三角波和方波发生
电源	电源变换		直流→交流，交流→直流变换
	稳定化		稳压、稳流

6.5 TTL 电路

TTL 电路是晶体管与晶体管耦合的数字逻辑电路。国产主要有 T1000，T2000，T3000，T4000 四个系列，对应国外的产品型号为 54/74（T1000）54/74H（T2000），54/74S（T3000），54/74LS（T4000）。

6.5.1 TTL 电路主要参数

TTL 电路主要参数，有输入高电平电压 U_{IH}、输入低电平电压 U_{IL}、输入钳位电压 U_{IK}、输出高电平电压 U_{OH}、输出低电平电压 U_{OL}、输入高电平电流 I_{IH}、输入低电平电流 I_{IL}、输出高电平电流 I_{OH}、输出低电平电流 I_{OL}、输出短路电流 I_{OS}。其参数值见表 1-4-36。

表 1-4-36 TTL 系列主要参数

参数名称	符号	单位	54/74			54/74H			54/74S			54/74LS			备注
			最小	典型	最大	最小	典型	最大	最小	典型	最大	最小	典型	最大	
输入高电平电压	U_{IH}	V	2			2			2			2.0			
输入低电平电压	U_{IL}	V			0.8			0.8			0.8			0.7	54
														0.8	74
输入钳位电压	U_{IK}	V			−1.5			−1.5			−1.2			−1.5	
输出高电平电压	U_{OH}	V	2.4	3.4		2.4	3.4		2.5	3.4		2.5	3.4		54
			2.4	3.4		2.4	3.4		2.7	3.4		2.7	3.4		74
输出低电平电压	U_{OL}	V		0.2	0.4			0.3					0.25	0.4	54
				0.2	0.4			0.3			0.5		0.35	0.5	74
输入高电平电流	I_{IH}	μA			40			50			50			20	
输入低电平电流	I_{IL}	mA			−1.5			−2			−2			−0.4	
输出高电平电流	I_{OH}	μA												400	
输出低电平电流	I_{OL}	mA												4	
														8	
输出短路电流	I_{OS}	mA	−20		−55	−40		−100	−40		−100	−20		−100	

6.5.2 TTL数字逻辑电路性能指标

（1）静态功耗 P_D　P_D 反映电路在导通态和截止态时的平均功耗：

$$P_D = I_{cc}U_{cc} \tag{1-4-42}$$

式中　I_{cc}——电源总电流，$I_{cc}=\frac{1}{2}(I_{OL}+I_{OH})$；

U_{cc}——电源电压。

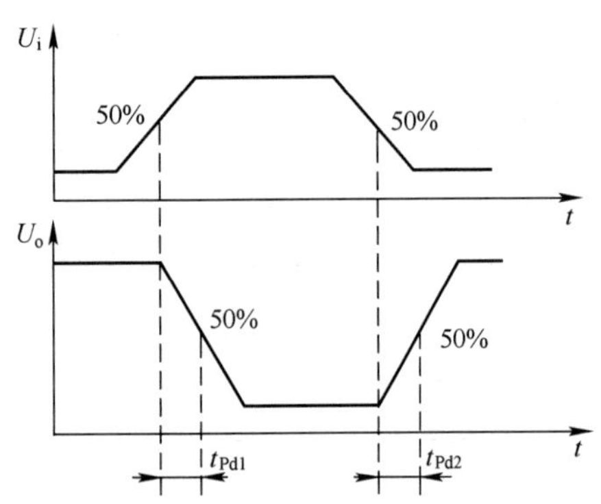

图 1-4-46　平均传输延迟时间

（2）扇出数 N_0　它表示带负载的个数。

（3）噪声容限　它反映电路抗干扰的能力。

高电平直流噪声容限 U_{NH}：

$$U_{NH}=U_{OH}-U_{IH} \tag{1-4-43}$$

低电平直流噪声容限 U_{NL}：

$$U_{NL}=U_{IL}-U_{OL} \tag{1-4-44}$$

（4）逻辑摆幅 U_L

$$U_L=U_{OH}-U_{OL} \tag{1-4-45}$$

（5）平均延时 t_{Pd}　它反映电路瞬态特性（动态特性），是指在输入电压 U_1 的作用下，输出电压 U_o 随时间变化的状况，见图 1-4-46。

$$t_{Pd}=\frac{1}{2}(t_{Pd1}+t_{Pd2}) \tag{1-4-46}$$

式中　t_{Pd1}——从输入波形上升沿的中点到输出波形下降沿中点之间的时间延迟；

t_{Pd2}——从输入波形下降沿的中点到输出波形上升沿中点之间的时间延迟。

6.5.3 常用TTL逻辑门电路型号及性能

TTL逻辑门电路型号及性能见表 1-4-37。

表 1-4-37　TTL逻辑门电路型号性能[3]

功能	名　称	型　号	典　型　参　数		引　脚　逻　辑
		54/74	t_{Pd}/ns	P_D/mW	
与非门	四2输入与非门	54/7400	9.5	40	$3=\overline{1\cdot 2}$
		54/74H00	<10	90	$6=\overline{4\cdot 5}$
		54/74S00	3	76	$8=\overline{9\cdot 10}$
		54/74LS00	9.5	8	$11=\overline{12\cdot 13}$
	四2输入与非门(OC)	54/7401	15～45	40	$1=\overline{2\cdot 3}$
		54/74H01	12～15	82	$4=\overline{5\cdot 6}$
		54/74LS01	16	8	$10=\overline{8\cdot 9}$ $13=\overline{11\cdot 12}$
	四2输入与非门	54/7403	15～45	40	$3=\overline{1\cdot 2}$
		54/74S03	5	66	$6=\overline{4\cdot 5}$
		54/74LS03	16	8	$8=\overline{9\cdot 10}$ $11=\overline{12\cdot 13}$
	三3输入与非门	54/7410	15～22	30	
		54/74H10	10	67.5	$6=\overline{3\cdot 4\cdot 5}$
		54/74S10	3	19	$8=\overline{9\cdot 10\cdot 11}$
		54/74LS10	9.5	6	$12=\overline{1\cdot 2\cdot 13}$

续表

功能	名称	型号	典型参数		引脚逻辑
		54/74	t_{Pd}/ns	P_D/mW	
与非门	三 3 输入与非门(OC)	54/7412	15～45	30	$6=\overline{3\cdot4\cdot5}$
			16		$8=\overline{9\cdot10\cdot11}$
		54/74LS12		6	$12=\overline{1\cdot2\cdot13}$
	双 4 输入与非门	54/7420	15～22	20	
		54/74H20	10	45	
		54/74S20	3	38	$6=\overline{1\cdot2\cdot4\cdot5}$
		54/74LS20	9.5	4	$8=\overline{9\cdot10\cdot12\cdot13}$
	双 4 输入与非门(OC)	54/7422	15～45	20	$6=\overline{1\cdot2\cdot4\cdot5}$
		54/74H22	12～15	41	
		54/74S22	5	35	
		54/74LS22	16	4	$8=\overline{9\cdot10\cdot12\cdot13}$
	13 输入与非门	54/74S133	3	19	$9=\overline{1\cdot2\cdot3\cdot4\cdot5\cdot6\cdot7\cdot10\cdot11\cdot12\cdot13\cdot14\cdot15}$
	8 输入与非门	54/7430	15～22	10	$8=\overline{1\cdot2\cdot3\cdot4\cdot5\cdot6\cdot11\cdot12}$
		54/74S30	3	19	
		54/74LS30	10.5	2.4	
	4 输入双与非门(施密特触发)	7413	＜25	80	$6=\overline{1\cdot2\cdot4\cdot5}$
		54/74LS13	17	17.5	$8=\overline{9\cdot10\cdot12\cdot13}$
		74LS24	19	44	
	四 2 输入与非门(施密特触发)	74132	＜22	50	$3=\overline{1\cdot2}$
		54/74S132	1175	85	$6=\overline{4\cdot5}$
					$8=\overline{9\cdot10}$
		54/74LS132	15	17.5	$11=\overline{12\cdot13}$
反相器	六反相器	54/7404	15～22	27.5	
		54/74H04	10	48.3	$2=\overline{1}$，$4=\overline{3}$，$6=\overline{5}$
		54/74S04	3	45	$8=\overline{9}$，$10=\overline{11}$，$12=\overline{13}$
		54/74LS04	9.5	5.5	
	六反相器(OC)	54/7405	15～55	27.5	
		54/74H05	12～15	48.3	$2=\overline{1}$，$4=\overline{3}$
		54/74S05	5	45	$6=\overline{5}$，$8=\overline{9}$
		54/74LS05	16	5.5	$10=\overline{11}$，$12=\overline{13}$
	六反相器(施密特触发)	7414	＜20	5	$2=\overline{1}$，$4=\overline{3}$，$6=\overline{5}$
		54/74LS14	15	17.6	$8=\overline{9}$，$10=\overline{11}$，$12=\overline{13}$

续表

功能	名称	型号	典型参数		引脚逻辑
		54/74	t_{Pd}/ns	P_D/mW	
或非门	四 2 输入或非门	54/7402	15	33.75	1=$\overline{2+3}$
					4=$\overline{5+6}$
		54/74S02	3.5	56	10=$\overline{8+9}$
		54/74LS02	10	6.75	13=$\overline{11+12}$
	双 4 输入或非门（有选通）	54/7425	11	47.5	6=3·$\overline{(1+2+4+5)}$
					8=11 $\overline{(9+10+12+13)}$
	三 3 输入或非门	54/7427	11～15	65.1	6=$\overline{3+4+5}$
		54/74LS27	10	13.5	8=$\overline{9+10+11}$
					12=$\overline{1+2+13}$
	四 2 输入或非缓冲器	54/7428	15～18	112.6	1=$\overline{2+3}$，4=$\overline{5+6}$
		54/74LS28	12	22	10=$\overline{8+9}$，13=$\overline{11+12}$
	双 5 输入或非门	74S260	4		5=$\overline{1+2+3+12+13}$
		54/74LS260	10	9	6=$\overline{4+8+9+10+11}$
与门	四 2 输入与门	54/7408	19～27	41.6	3=1·2
					6=4·5
		54/74S08	4.75	71	8=9·10
		54/74LS08	12	17	11=12·13
	四 2 输入与门（OC）	54/7409	24～32	41.6	3=1·2
					6=4·5
		54/74S09	6.5	71	8=9·10
		54/74LS09	20	17	11=12·13
	三 3 输入与门	54/74H11	12	80	6=3·4·5
		54/74S11	4.75	31	8=9·10·11
		54/74LS11	12	17	12=1·2·13
	三 3 输入与门（OC）		13～18	37.5	6=3·4·5
		54/7415	23	80	
		54/74H15	10.5	113	8=9·10·11
		54/74S15	5.75	86	
		54/74LS15	20	17	12=1·2·13
	双 4 输入与门	54/7421	23	13.5	6=1·2·4·5
		54/74H21	12	80	8=9·10·12·13
		54/74LS21	11	8.5	
或门	四 2 输入或门	54/7432	19	47.5	3=1+2，6=4+5
		54/74S32	4	85	8=9+10
					11=12+13
		54/74LS32	14	20	

续表

功能	名　称	型　　号 54/74	典　型　参　数 t_{Pd}/ns	 P_D/mW	引　脚　逻　辑
与或非门	2-2、3-3 输入与或非门	54/7451	15～22	28.5	$6=\overline{2\cdot 3+4\cdot 5}$
		54/74LS51	12.5	5.5	$8=\overline{1\cdot 12\cdot 13+9\cdot 10\cdot 11}$
	双 2-2 输 S 入与或非门	54/74L51		7	
		54/74S51	5.5	54.5	$6=\overline{2\cdot 3+4\cdot 5}$
		54/74H51	11		$8=\overline{9\cdot 10+1\cdot 13}$
	2-2-2-2 输入与或非门	54/7454	15～22	22.75	$8=\overline{2\cdot 3+4\cdot 5+9\cdot 10+1\cdot 13}$
	2-3-3-2 输入与或非门	54/74LS54	12.5	4.5	$6=\overline{1\cdot 2+3\cdot 4\cdot 5+9\cdot 10\cdot 11+12\cdot 13}$
	2-2-3-2 输入与或非门	54/74H54	11		$8=\overline{1\cdot 13+2\cdot 3+4\cdot 5\cdot 6+9\cdot 10}$
与或非门可扩展门	4-4 输入与或非门	54/7455	11	30	
		54/74S55	3.5	29	$8=\overline{1\cdot 2\cdot 3\cdot 4+10\cdot 11\cdot 12\cdot 13}$
		54/74LS55	12.5	5.5	
	4-2-3-2 输入与或非门	54/74S64	3.5	29	$8=\overline{1\cdot 11\cdot 12\cdot 13+2\cdot 3+4\cdot 5\cdot 6+9\cdot 10}$
	4-2-3-2 输入与或非门 （OC）	54/74S65	7.5～8.5	42.5	$8=\overline{1\cdot 11\cdot 12\cdot 13+2\cdot 3+4\cdot 5\cdot 6+9\cdot 10}$
	双 2-2 输入与或非门 （一门可扩展）	54/7450	15～22	28.5	$8=\overline{1\cdot 13+9\cdot 10+x}$
		54/74H50	11	28.5	$6=\overline{2\cdot 3+4\cdot 5}$
					$x=11$，$\overline{x}=12$
	2-2-2-2 输入与或非门 （可扩展）	54/7453	15～22	28.5	$8=\overline{1\cdot 13+2\cdot 3+4\cdot 5+9\cdot 10+x}$
		54/74H53	11	22.75	$x=11$，$\overline{x}=12$
展门可扩	4-4 输入与或非门 （可扩展）	54/74H55	11	30	$8=\overline{1\cdot 2\cdot 3\cdot 4+10\cdot 11\cdot 12\cdot 13+x}$ $x=5\overline{x}=9$
门扩展	双 4 输入与扩展器	54/7460	15	10	$1x=1\cdot 2\cdot 3\cdot 13=11$
		54/74H60	11	17.5～22.5	$2x=9=4\cdot 5\cdot 6\cdot 8$
	2-3-3-2 输入与或扩展器	54/74H62	11	35～45	$x=1\cdot 2+3\cdot 4\cdot 5+9\cdot 10\cdot 11+12\cdot 13$

缓冲器（Buffer）在数字计算机中，用来避免被驱动线路对驱动线路的反作用的隔离电路，如“或”门。其中 54/74 型系列 54/7400，54/74H00，54/74S00，54/74LS00 引线图如图 1-4-47 所示。表 1-4-37 中引脚逻辑栏内的逻辑表达式，如 $3=\overline{1\cdot 2}$，是用引脚号表示逻辑门输出函数与输入变量的关系。由图 1-4-47 可知：

$$1Y=\overline{1A\cdot 1B}$$

式中　1Y——输出函数，与非门逻辑；

1A、1B——输入变量。

6.6　CMOS 数字电路

以 MOS 场效应晶体管为主要元件构成的集成电路，叫做 MOS 集成电路（MOSIC）。MOS 集成电路按功能可以分为数字集成电路和模拟集成电路；按其沟道导电类型划分可以分为 P 型沟道（PMOSIC）、N 型沟道（NMOSIC）和互补型（MOSIC）3 种；按栅极材料划分又可分为铝栅、硅栅和钼栅 3 种。

MOS 场效应管采用互补对称工艺生成，常用于数字集成电路，简称 CMOS 电路。CMOS 为互补金属氧化

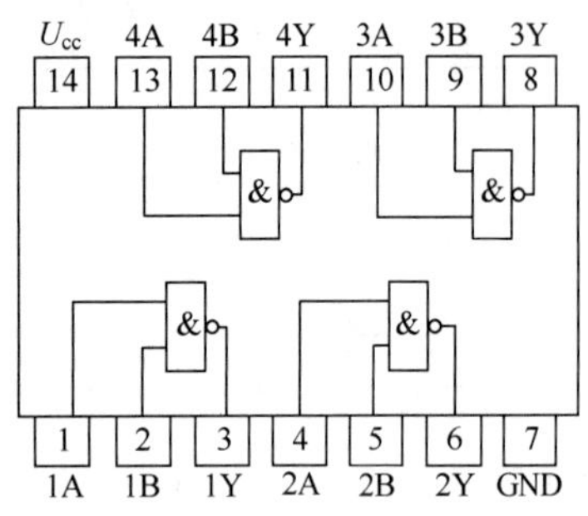

图 1-4-47 54/7400，54/74H06，54/74S00，54/74LS00 引线图

物半导体英文缩写。

6.6.1 CMOS 数字电路主要特点

（1）电源电压范围广　4000 系列 CMOS 电路为 3～18V。

（2）输入阻抗高　直流输入阻抗可在 100MΩ 以上。

（3）静态功耗低。

（4）扇出数大　可以高达 50。

（5）抗干扰能力强　噪声容限 U_N 为电源电压的 30%～45%。

（6）工作速度比 TTL 电路慢　平均传输延迟时间 t_{Pd} 比较大。

6.6.2 CMOS 数字电路型号与品种

根据半导体集成电路型号命名法，其中第二部分用阿拉伯数字表示集成电路系列和品种代号，这部分是由生产厂家自己决定，因此品种和代号五花八门。国产 CMOS 数字集成电路 4000 系列可与国际上 4000 系列的相同型号产品互换使用，其型号与品种名称对照见表 1-4-38 所示。

表 1-4-38　CMOS 集成电路 4000 系列型号与品种名称对照

型　号	品　种　名　称	型　号	品　种　名　称
CC4001	四 2 输入或非门	CC4043	四 R-S 锁存器(3S)
CC4002	双 4 输入或非门	CC4044	四 R-S 锁存器(3S,与非)
CC4007	双互补对及反相器	CC4047	低功耗单稳态/非稳态多谐振荡器
CC4008	4 位二进制超前进位全加器	CC4048	8 输入多功能门(3S,可扩展)
CC4011	四 2 输入与非门	CC4049	六反相缓冲器/电平转换器
CC4012	双 4 输入与非门	CC4050	六缓冲器/电平转换器
CC4013	双上升沿 D 触发器	CC4051	3 选 1 模拟开关
CC4014	8 位移位寄存器	CC4052	双 4 选 1 模拟开关
CC4015	双 4 位移位寄存器(串行输入,并行输出)	CC4053	三 2 选 1 模拟开关
CC4017	十进制计数器/脉冲分配器(译码输出)	CC4055	4 线-七段译码器(BCD 输入,驱动液晶显示器)
CC4018	可预置 N 分频计数器	CC4060	14 位二进制串行计数器
CC4019	四 2 选 1 数据选择器	CC4066	四双向开关
CC4021	8 位移位寄存器(异步并入,同步串入/串出)	CC4067	16 选 1 模拟开关
CC4022	八进制计数器/脉冲分配器(译码输出)	CC4068	8 输入与非/与门
CC4023	三 3 输入与非门	CC4069	六反相器
CC4024	7 位二进制串行计数器	CC4070	四异或门
CC4025	三 3 输入或非门	CC4071	四 2 输入或门
CC4026	十进制计数器/脉冲分配器(七段译码输出)	CC4072	双 4 输入或门
CC4027	双上升沿 J-K 触发器	CC4073	三 3 输入与门
CC4028	4 线-10 线译码器(BCD 输入)	CC4075	三 3 输入或门
CC4029	4 位二进制/十进制加/减计数器(有预置端)	CC4076	四 D 寄存器(3S)
CC4033	十进制计数器/脉冲分配器(七段译码输入,行波消隐)	CC4078	8 输入或非/或门
CC4034	8 位总线寄存器	CC4081	四 2 输入与门
CC4035	4 位移位寄存器(补码输出,并行存取,J-K 输入)	CC4082	双 4 输入与门
CC4040	12 位二进制串行计数器	CC4086	4 路 2-2-2-2 输入与或非门(可扩展)
CC4041	四原码/反码缓冲器		
CC4042	四 D 锁存器	CC4089	4 位二进制比例乘法器

续表

型　号	品　种　名　称	型　号	品　种　名　称
CC4093	四 2 输入与非门(有斯密特触发器)	CC14543	4 线-七段译码器(锁存,BCD 输入,LCD)
CC4095	上升沿 J-K 触发器	CC14544	BCD-七段锁存/译码/驱动器(LCD)
CC4096	上升沿 J-K 触发器(有 J-K 输入端)	CC14547	4 线-七段译码器/驱动器(BCD 输入)
CC4097	双 8 选 1 模拟开关	CC14560	BCD 加法器
CC4502	六反相器/缓冲器(3S,有选通端)	CC14561	BCD 求反器
CC4508	双 4 位锁存器(3S)	CC14585	4 位数值比较器
CC4510	十进制同步加/减计数器(有预置端)	CC14599	8 位双向可寻址锁存器
CC4511	4 线-七段锁存译码器/驱动器(BCD 输入)	CC40105	先进先出寄存器(3S)
CC4514	4 线-16 线译码器(锁存器输入)	CC40106	六反相器(有斯密特触发器)
CC4515	4 线-16 线译码器(锁存器输入,反码输出)	CC40107	双 2 输入与非缓冲器/驱动器(3S)
CC4516	4 位二进制同步加/减计数器(有预置端)	CC40109	四低-高电压电平转换器(3S)
CC4518	双十进制同步计数器	CC40110	十进制加减计数器/译码/锁存/驱动器
CC4520	双 4 位二进制同步计数器	CC40107	10 线-4 线优先编码器(BCD 输出)
CC4527	BCD 比例乘法器	CC40160	十进制同步计数器(有预置端,异步清除)
CC4555	双 2 线-4 线译码器	CC40161	4 位二进制同步计数器(有预置端,异步清除)
CC4556	双 2 线-4 线译码器(反码输出)	CC40162	十进制同步计数器(同步清除)
CC14006	18 位移位寄存器	CC40163	4 位二进制同步计数器(同步清除)
CC14099	8 位可寻址锁存器	CC40174	六上升沿 D 触发器
CC14504	六 TTL/CMOS-CMOS 电平转换器	CC40181	4 位算术逻辑单元/函数产生器(32 个功能)
CC14512	8 选 1 数据选择器(3S)	CC40182	超前进位产生器
CC14513	BCD-七段锁存/译码/驱动器	CC40192	十进制同步加/减计数器(有预置端,双时钟)
CC14522	二-*N*-十进制减计数器(有预置端)	CC40193	4 位二进制同步加/减计数器(有预置端,双时钟)
CC14526	二-*N*-十六进减计数器(有预置端)	CC40194	4 位双向移位寄存器(并行存取)
CC14528	双可重触发单稳态触发器(有清除端)	CC40195	4 位通过移位寄存器(并行存取,J-K 输入)
CC14529	双 4 选 1/8 选 1 模拟数据选择器(3S)	CC40208	4×4 多端口寄存器阵(3S)
CC14538	双精密可重触发单稳态触发器(有清除端)		
CC14539	双 4 通道数据选择器/多路调制器		

6.6.3　部分产品引线图与逻辑图

(1) CC4001　对应国外 CD4001 四 2 输入或非门（一个集成块中有 4 个 2 输入或非门），引线与逻辑图见图 1-4-48。

(2) CC4002　对应国外 CD4002 双 4 输入或非门，引线与逻辑图见图 1-4-49。

(3) CC4008　对应国外 CD4008 4 位二进制超前进位全加器，引线与逻辑图见图 1-4-50。

(4) CC4011　对应国外 CD4011 四 2 输入与非门，引线与逻辑图见图 1-4-51。

(5) CC4012　对应国外 CD4012 双 4 输入与非门，引线与逻辑图见图 1-4-52。

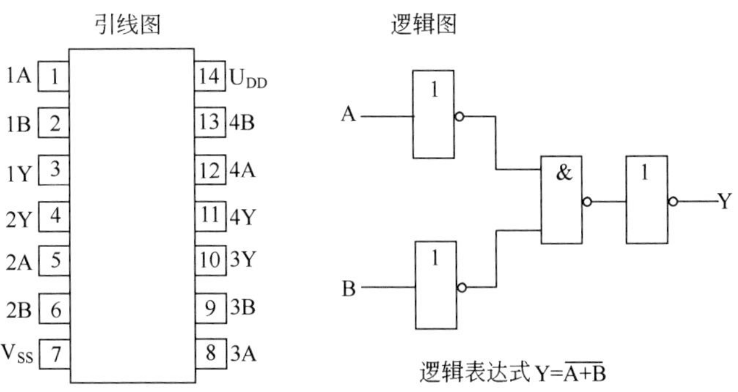

图 1-4-48　CC4001 四 2 输入或非门

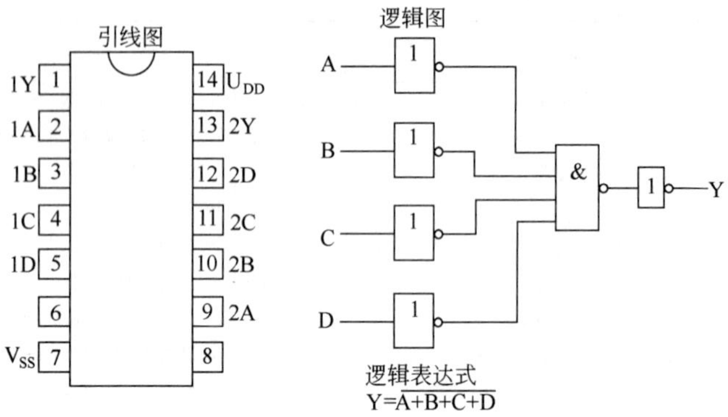

图 1-4-49　CC4002 双 4 输入或非门

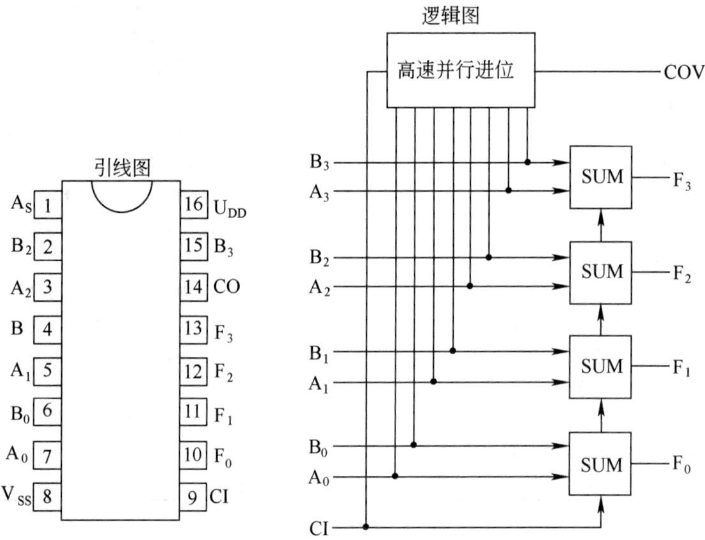

图 1-4-50　CC4008 4 位二进制超前进位全加器

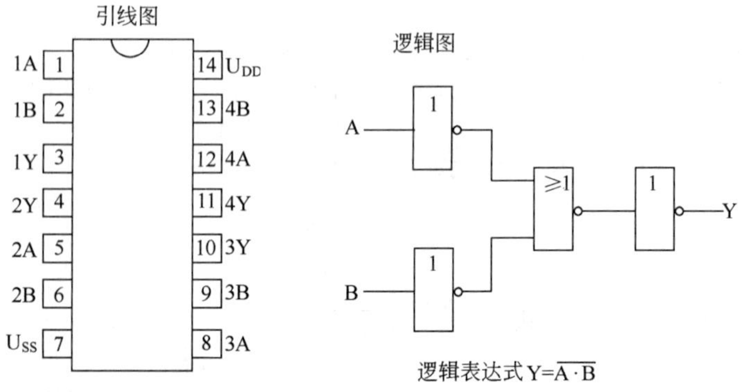

图 1-4-51　CC1011 四 2 输入与非门

6.7　IIL 电路与 ECL 电路

6.7.1　IIL 电路

IIL 电路称集成注入逻辑电路。它具有集成密度高，功耗低，延时功耗积小，成本低的优点，可用来制造高性能、低成本的数字和模拟兼容的大规模集成电路和超大规模集成电路。

IIL 电路的基本逻辑单元是一种单输入多端输出的倒相器，与 TTL 电路多端输入单端输出相反。

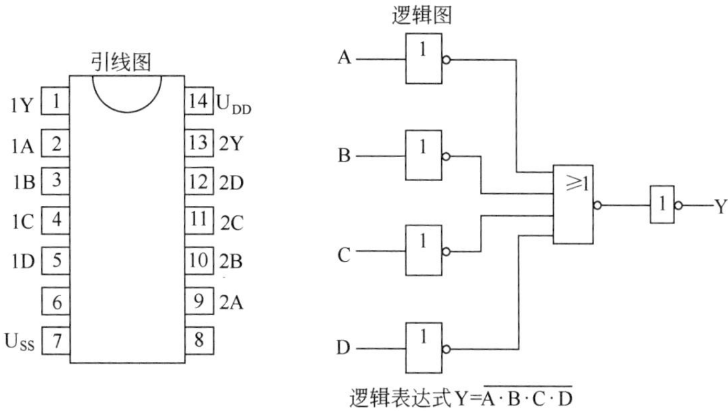

图 1-4-52　CC1012 双 4 输入与非门

6.7.2　ECL 电路

ECL 电路称为发射极耦合逻辑电路。其器件只工作于截止区和线性区，不进入饱和区，是一种非饱和型逻辑电路。它具有速度快，逻辑功能强，扇出能力大等优点，缺点是功耗较大。ECL 电路主要用于大型高速计算机、数字通信和各种高精度测量仪器中。

RTL 电路（电阻-晶体管耦合逻辑电路）、DTL 电路（二极管-晶体管耦合逻辑电路）、HTL 电路（高阈值逻辑电路）、TTL（54/74）、STTL（54/74S，称肖特基 TTL-S 系列）、LSTTL（54/74SL，称低功耗肖特基 TTLLS 系列）、ECL 电路、IIL 电路、CMOS 电路特性比较见表 1-4-39。

表 1-4-39　各类逻辑集成电路性能比较

基本性能＼电路种类	RTL	DTL	HTL	TTL	STTL	LSTTL	ECL	IIL	CMOS
基本门电路	或非	与非	与非	与非	与非	与非	或/或非	或非	或非/与非
每门平均功耗/mW	12	10	55	10	20	2	25	0.04	5×10^{-3}
每门平均延时 t_{Pd}/ns	12	30	90	10	3	9.5	2	25	60
延时功耗积/pJ	144	300	5000	100	60	19	50	1	0.3
电源电压/V	3	5	15	5	5	5	−5.2	>0.8	3～18
逻辑摆幅 U_L/V	0.6	4	14	3	3	3	0.8	0.6	
高电平噪声容限 U_{NH}/V	0.23	0.6	4.0	0.4	0.3	0.3	0.125	0.05	30%电源电压
低电平噪声容限 U_{NL}/V	0.45	0.7	5.0	0.4	0.3	0.3	0.155	0.6	
扇出数 N_0	4～5	8	10	10	10	20	10～25	3	50

6.8　中外集成电路产品型号对照

部分集成运算放大器中外产品型号对照见表 1-4-40；常用集成稳压器中外产品型号对照见表 1-4-41；部分数字集成电路国内外型号对照见表 1-4-42。

表 1-4-40　部分集成运算放大器中外产品型号对照

产品名称	国产型号	美国国家半导体公司 NSC	美国仙童公司 FC	美国 RCA 公司 RCA	美国摩托罗拉公司 MOT
CF101	通用Ⅲ型运算放大器	LM101	μA101		
CF102	电压跟随器	LM102			
F107	通用运算放大器	LM107			
F108	高性能通用运算放大器	LM108			
F110	模拟集成电路	LM110			
CF118	高速运算放大器	LM118			
F124	运算放大器	LM124		CA124	
F134	集成恒流源	LM134			
F1420	宽带双运算放大器				MC1420
F1437	宽带双运算放大器				MC1437
F1456	通用运算放大器				MC1456

续表

产品名称	国产型号	美国国家半导体公司 NSC	美国仙童公司 FC	美国 RCA 公司 RCA	美国摩托罗拉公司 MOT
CF201	通用Ⅲ型运算放大器	LM201	μA201		
CF301	通用Ⅲ型运算放大器	LM301	μA301		
F3011	宽带中频放大器			CA3011	
F441	高输入阻抗低功耗运放	LF441			
F5020	高精度斩波零运放			CAW5020	
F5037	超低噪声高精度运放			CAW5037	
CF702	通用Ⅰ型运算放大器		μA702		
F709	通用Ⅱ型运算放大器		μA709		
F715	高速运算放大器		μA715		
F725	高精度运算放大器		μA725		
F733	差分视频放大器		μA733		

表 1-4-41　常用集成稳压器国内外型号对照

产品名称	国产型号	NSC(美国)	MOT(美国)	FSC(美国)	SG(美国)	NEC(日本)
三端固定正稳压器	CW78L00	LM78L00	MC78L00			
通用稳压器	W104	LM104				
正输出稳压器	W105	LM105				
三端可调稳压器	W117/217/317	LM117/217/317				
三端可调负稳压器	W137/237/337	LM137/237/337				
四端基准电源	W199/399	LM199/399				
三端固定正稳压器	CW78M00	LM78M00	MC78M00	μA78M00		
三端固定正稳压器	CW7800	LM7800	MC7800	μA7800	SG7800	μPC7800
三端固定正稳压器	CW78T00 CW78H00 CW123	LM123	MC123		SG123	
三端固定负稳压器	CW79L00	LM79L00	MC79L00	μA79L00		
三端固定负稳压器	CW79M00	LM79M00	MC79M00	μA79M00		
三端固定负稳压器	CW7900	LM7900	MC7900	μA7900	SG7900	μPC7900
五端稳压器	W200		MC200			
基准稳压器	5G1403		MC1403			
正负双跟踪输出稳压	W1468/1568		MC1468/1568			
开关稳压控制器	W3420/3520		MC3420/3520			
105 型稳压器	W105					μPC141A
电调谐用稳压器	W574					μPC574
104 型稳压器	W104					μPC142
基准电压源	CJ313	LM113/313				
基准电压源	CJ336	LM336				
基准电压源	CJ385	LM385				
基准电压源	CJ329	LM329				

表 1-4-42　部分数字集成电路国内外型号对照

名　称	国内型号	国外型号	名　称	国内型号	国外型号
8 输入端单与非门	T060	SN7430	四位双向移位寄存器(串、并行,时钟,状态不受控制)	T454	SN74S194
4 输入端双与非门	T063	SN7420			
4 输入端双与非门(OC 输出)	T064	SN7422	八位移位寄存器(串入、串出)	T456	SN7491A
2 输入端四与非门	T065	SN7400	八位移位寄存器(并入、并出)	T457	SN74199
2 输入端四与非门(OC 输出)	T066	SN7403	八位双向移位寄存器(并入、并出)	T458	SN74198
4 输入端双与非功率门	T067	SN7440			
4 输入端双与门	T069	SN7421	四位二选一数据选择器(正码)	T570	SN74157
4-3-2-2 与或非门	T072	SN7464			
单 D 触发器	T076	SN7474N	四位三选一数据选择器(OC 输出)	T572	SN8264
双 D 触发器	T077	SN7474			
单 JK 触发器	T078	SN7473N	双四选一数据选择器	T574	SN74153
双 JK 触发器	T079	SN7476N	八选一数据选择器(正反码)	T576	SN74151
5-4 与或非门	T086	SN7455	四位正码反码选择器	T579	SN74H87
3-2 与或非双门	T087	SN7451	四异或门	T690	SN7486
六非门	T112	SN74H04	四异或门(OC 输出)	T691	SN74136
2-5-10 进制计数器	T210	SN7490	四位全加器(串行进位)	T692	SN7483A
2-5-10 进制可预置计数器	T211	SN74196	四位全加器快速进位	T693	SN74283
2-8-16 进制可预置计数器	T212	SN74177	功能发生器	T697	SN74181
2-16 进制同步可预置计数器	T214	SN74161	八位奇偶校验器	T699	SN74180
2-16 进制同步可预置计数器	T215	SN74193	九位奇偶产生校验器	T701	SN74280
2-10 进制同步可预置计数器	T216	SN74160	双或/或非门	E001	MC10109
2-10 进制同步可预置可逆计数器	T217	SN74192	三或/或非门	E003	MC10105
			四或/或非门	E004	MC10101
3 线-8 线译码器	T330	SN74138	双或与/或与非门	E007	MC10117
4 线-10 线译码器	T331	SN7442	或与/或与非门	E008	MC10121
4 线-10 线译码器(OC 输出)	T332	SN74141	三异或/异或非门	E009	MC10107
4 线-16 线译码器	T333	SN74154	单 D 触发器	E010	MC1670
七段字型译码器(发射极输出)	T337	SN7449	双 D 触发器	E012	MC10131
			双锁定触发器	E017	MC10130
七段字型译码器(OC 输出)	T338	SN7446	译码器	E270	MC10161
10 线-4 线 8421 码编码器	T340	SN74147	数据选择器	E510	MC10174
8 线-3 线 8421 码优先编码器	T341	SN74148	超前进位发生器	E634	MC10179
四位双向移位寄存器(串、并行)	T453	SN74194	九位校验器	E635	MC10170

7　电工电子学常用英文缩写

常用电工电子学英文缩写列表如下。

缩　写	中　文	缩　写	中　文
AB	地址总线	AGC	自动增益控制
AC	累加器	ALC	自动电平控制
AC	交流	ALE	地址锁存允许
ACR	自动清零寄存器	ALU	运算单元，运算器
ADC	模数转换器	AM	调幅
ADJ	调整，校准	AP	阵列处理机
ADLC	自动数据线路控制	APB	应用样机模板
ADP	适配器	APU	算术处理单元
AFC	自动频率控制	ASCII	美国信息交换标准代码
AFT	自动微调	ATC	地址转换芯片

缩 写	中 文	缩 写	中 文
BAC	总线辅助芯片	DDMA	双直接存储器存取
BAM	总线仲裁组件	DDR	数据方向寄存器
BBD	双向总线驱动器	DDS	磁盘数据分离器
BCP	字节控制规程	DMA	直接存储器存取
BEP	突发错误处理器	DMAC	直接存储器存取控制器
BIFET	双绝缘场效应管	DMAI	直接存储器存取接口
BISYNC	双同步通讯	DMS	数据管理系统
BMC	磁泡存储控制器	DPDT	双刀双掷
BOP	面向比特规程	DPST	双刀单掷
BPS	比特/秒	DSD	数据加密器件
BPU	字块保护单元	DSP	数据信号处理器
BRG	波特率发生器	DSP	数字信号处理器
BRG	位率发生器	DTE	数字终端设备
BUSSEL	总线选择	DVM	数字电压表
CAD	计算机辅助设计	EAROM	电可改写的只读存储器
CAE	计算机辅助实验	ECC	错误校正码
CAM	中央地址存储器	ECL	发射极耦合逻辑（电路）
CAMAC	计算机自动测量及控制	ED	静电放电
CATV	公用天线电视	EDAC	错误检测和校正
CB	控制总线	EDACC	误差检测和校正电路
CBIN	二进制补码	EDCU	错误检测和校正单元
CCD	电荷耦合器件	EDC	错误检测控制器
CCL	组合单元逻辑	EDIF	电子设计交换格式
CGA	可配置的门阵列	EDLC	以太网络数据链路控制器
CML	电流型逻辑（电路）	EDP	电子数据处理
CMOS	互补金属氧化物半导体	EF	错误标志
CMRR	共模抑制比	EMS	仿真系统
COBIN	偏移二进制补码	EOP	处理结束
CODEC	编码解码器	EPL	电可编程逻辑
CPC	中央处理器芯片	EPL	扩展性能库
CPE	中央处理单元	EPROM	电可编程 ROM
CPU	中央处理单元	EPROM	可擦可编 ROM
CROM	可控制只读存储器	EVM	评价组件
CRT	阴极射线管	FDDS	软盘数据分离器
CRTC	CRT 控制器	FET	场效应晶体管
CSB	直接二进制补码	FIFO	先进先出
CTC	互补二进制补码	FILO	先进后出
CTL	互补晶体管逻辑（电路）	FIR	有限脉冲响应
CTR	电流传输比	FM	频率调制（调频）
CTU	通信终端设备单元	FMS	调频系统
DAA	数据存取装置	F. O.	扇出
DAC	数模转换器	FPLA	现场可编程逻辑阵列
DACIA	异步通讯接口适配器	FPU	浮点处理单元
DART	数据分析记录磁带	FRC	先进先出 RAM 控制器
DB	数据总线	FSC	满量程电流
DCGG	显示字符和图形发生器	FSR	频率漂移率
DCLK	数据时钟	FSS	满量程对称性
DCP	数据加密处理器	FST	满量程温度系数
DDCMP	数字数据通信报文规程	GCP	彩色图形板
DDFDC	双密度软盘控制器	GFI	接地故障中断

缩写	中文
GND	接地
GPB	通用总线
GPIB	通用仪器总线
GPIB	通用接口总线
GPIBC	通用接口总线控制器
HDC	硬盘控制器
HDL	高密度逻辑
HLDLC	高级数据链路控制（规程）
HDS	硬件开发站
Hi-Fi	高保真度
Hi-REL	高可靠性
HNIL	高抗干扰逻辑电路
HOLD	分层组织逻辑数据库
HSA	高速适配器
HTL	高阀值逻辑
IBBD	反向双向总线驱动器
IC	集成电路
ICC	中断控制协处理处
ICU	优先中断控制单元
IF	中频
IIL	集成注入逻辑
IMDC	智能多路磁盘控制器
IMR	中断屏蔽寄存器
INS	信息网系统
I/O	输入/输出
IOBC	I/O 总线控制器
IOP	输入/输出处理器
IR	红外线
IRED	红外发光二极管
IRR	中断请求寄存器
ISA	指令系统结构
ISDN	综合业务数字网
ISL	集成肖特基库
ISL	集成肖特基逻辑
ISO-UP	双隔离
ISR	中断服务寄存器
ISU	指令存储单元
IV	中断矢量
JFET	结型场效应晶体管
JI	结隔离
LAC	先行进位
LAN	局部网
LAN	局部阵列网
LANCE	以太局部网控制器
LCC	引线芯片托架
LCCMOS	线性兼容 CMOS
LCD	液晶显示
LCG	先行进位发生器
LED	发光二极管
LIFO	后进先出
LSB	最低有效位
LSI	大规模集成电路
LSP	最低有效位乘积
LSSD	电平读出扫描设计
LSTTL	低功耗肖特基 TTL
LVI	低电压禁止
MAD	存储器地址指引器
MCLK	主时钟
MCU	微计算机单元
MCU	微程序控制单元（器）
MDAC	乘法 D/A 转换器
MDCC	多数据通道控制
MDS	微处理机开发系统
MDU	乘/除单元
ME	可屏蔽
MEP	多功能外围设备
MIPS	兆/秒
MLB	多模式锁存缓冲器
MMM	存储器管理结构
MMPU	存储器管理和保护单元
MMU	存储器管理单元
MOSFET	金属氧化物半导体场效应晶体管
MP	微处理器
MPCC	多规程通信控制器
MPIF	多处理器接口
MPU	微处理单元
MPU	微处理机单元
MQ	乘数商数
MSB	最高有效位
MSP	最高有效位乘积
MSPS	兆次采样/秒
MUX	多路转换
MVEP	可移动外围设备
NDP	数字数据处理器
NL	非线性
NMOS	N 沟道金属氧化物半导体器件
NRZ	不归零［制］
NRZI	不归零信息
NSP	网络服务处理器
OBIN	偏移二进制输入
OC	集电极开路
OE	发射极开路
OFFREG	关闭寄存器
OSP	操作系统处理器
OVC	输出电压一致性
OVP	过压保护
PACC	可编程阵列组合单元
PACE	处理器和控制单元
PAL	过程汇编语言
PAL	程序设计应用库

缩　写	中　文
PAL	可编程阵列逻辑
PALASM	可编程阵列逻辑汇编器
PB	奇偶位
PC	印刷电路
PCI	可编程通讯接口
PCLK	可编程时钟
PCM	脉冲编码调制
PDIP	塑料双列直插式封装
PGA	针栅阵列
PGA	可编程门阵列
PGC	多项式发生器校验器
PIA	外围设备接口适配器
PIAT	外围接口适配定时器
PI/C	并行接口/控制器
PIC	优先级中断控制器
PI/T	并行接口/定时器
PIT	可编程时间间隔定时器
PKCC	可编程键盘通信控制器
PLA	可编程逻辑阵列
PLC	可编程逻辑控制
PMI	可编程多端口接口
PMSI	可编程阵列逻辑中规模集成电路
PP	并行输入并行输出
PPI	可编程外设接口
PPP	定位组件引脚
PR	页面基标
PROM	可编程只读存储器
PSS	电源灵敏度
PW	页面写
QPL	鉴定合格表
RAM	随机存取存储器
RAS	行地址选择
RCLK	接收时钟
RENA	允许接收
RIOT	ROM I/O 定时器
RMS	光栅存储系统
ROM	只读存储器
RP	读指针
RTC	实时时钟
RWD	完成时释放
SAR	存储地址寄存器
SASI	综合系统接口
SC	选择命令
SCAT	条形芯片拓扑结构
SCC	时序控制计数器
SCC	串行通信控制器
SCF	开关电容滤波器
SCI	串行通信接口
SCI	系统时钟输入
SCR	可控硅整流器
SCI	小型计算机系统接口
SCID	小型计算机系统接口设备
SCT	热塑性半导体
SDD	单向驱动器
SDI	串行数据输入
SDI	串行数据接口
SDO	串行数据输出
SHA	采样保持放大器
SIA	串行接口适配器
SIC	系统接口控制器
SIDC	串行输入显示控制器
SIN	串行入
SIR	系统接口接收器
SIT	系统接口发送器
SLIC	用户专用线接口电路
SMD	表面安装器件
SMDI	存储器组件接口
SMPSC	监视测量电源电路
SOIC	小型集成电路
SOT	小型晶体管
SP	堆栈指针
SPC	小型计算机系统接口规程控制器
SPCC	同步规程通信控制
SPDT	单刀双掷
SPI	信号处理接口
SPST	单刀单掷
SQE	信号质量误差
SRAM	静态随机存取存储器
SS	串行输入串行输出
SSDA	同步串行数据适配器
SSF	特殊移位功能
SSI	小规模集成电路
SSR	串行影像寄存器
STC	系统定时控制器
STHA	采样跟踪保持放大器
STL	同步晶体管逻辑
TC	温度系数
TCLK	发送时钟
TDL	晶体管二极管逻辑
TEL	电话
TELEX	电传
TENA	允许发送
T/H	跟踪和保持电路
TIM	终端接口组件
TTL	晶体管-晶体管逻辑（电路）
TMP	终端管理处理器
TOFREG	正向寄存器
TS	三态
UAF	通用有源滤波器
UART	通用异步收发器

缩　写	中　文	缩　写	中　文
UDC	通用 DMA 控制器	VCO	压控振荡器
UHF	超高频	VF（Video Frequency）	视频
UIC	用户输入控制	VF（Voice Frequency）	音频
UIPC	通用智能外围控制器	VHF	甚高频
UOC	用户输入控制	VIA	多用途接口适配器
UPC	通用外围控制器		

第5章 工艺与安全知识

1 工艺知识

化工企业的特点是高温、高压、易燃易爆、有毒。根据国家防爆及卫生等级的规定（作为设计规定）：

（1）高温 指温度在200℃以上；

（2）高压 指压力大于6.3MPa；

（3）易燃易爆介质 指闪点在28℃以下介质（属甲类防爆等级）及80℃以下低沸点介质；

（4）有毒介质 一般指对人的机体能引起功能障碍、疾病，甚至死亡的介质，如苯酚、氰化物、氯气及农药等。

1.1 常用化工介质特性

化工企业中大量使用生产过程检测与控制仪表，它们和化工工艺休戚相关，熟悉和了解工艺介质和工艺流程，有助于仪表工对仪表进行日常维护保养和故障处理。这里介绍主要化工介质的物化特性。

1.1.1 常用无机酸、盐、氢氧化物的物化数据

常用无机酸、盐、氢氧化物的物化数据见表1-5-1。

表1-5-1 常用无机酸、盐、氢氧化物的物化数据

序号	名 称	熔点/℃	沸点/℃	冰点/℃	密度/(kg/m^3)	溶解度/%	黏度/($10^{-3}Pa·s$)	比热容/[s/(g·℃)]	汽化热/(kJ/mol)	溶解热/(kJ/mol)	导热系数/[kJ/(m·h·℃)]
1	盐酸	—	82.7	−52.6	1187	42.34	0.457	2.92	—	−77.15	1.84
2	硫酸	10.352	105	—	1139	—	1.38	3.33	—	−22.8	1.88
3	硝酸	—	—	—	1115	—	—	3.39	—	—	1.67
4	高氯酸	—	110	—	1770	40.8	1.043	3.31	43.54	−85.4	—
5	氯酸	—	—	—	1172	—	—	3.05	—	—	—
6	氯化钠	804.0	1439	−17.8	2167	26.4	1.622	3.62	170.7	5.36	1.322
7	氯化钾	771	1417	—	1992	25.6	1.02	2.85	162.5	18.58	2.40
8	氯化镁	712	1412	—	2320	35.3	4.12	3.09	136.9	−12.3	1.97
9	氯化钡	925	1560	—	3856	36.2	1.03	3.18	238.5	−8.7	2.08
10	氯化铝	193	180	—	2440	45.9	0.360	3.19	59.9	−326.8	—
11	氯化钙	772	1627	−19.2	1178	42.98	1.89	3.09	180.0	−75.27	2.07
12	三氯化铁	304	315	—	1182	47.8	0.316	3.19	25.2	−132.7	—
13	二氯化铁	677	1026	—	1202	62.6	—	0.81	126.4	−74.9	—
14	氯化汞	277	304	—	4440	5.4	1.04	0.37	59.95	−13.81	—
15	氯化磷	167	160	—	1556	—	—	0.66	64.9	−272.7	—
16	氯酸钠	255	—	—	1161	50.2	6.95	4.10	—	21.9	2.046
17	亚氯酸钠	175	—	—	1185	40.5	—	—	—	—	—
18	氯酸钾	370	400	—	1045	6.96	—	3.20	—	−42.55	—
19	二氧化氯	−59	10.9	—	3.09	0.098	—	433.6	29.71	—	—
20	碳酸钠	851	103	—	1209	18.12	4	0.86	—	−24.81	2.2
21	碳酸钾	897	103	—	1181	52.7	2.24	3.33	—	27.82	1.11
22	硫酸钠	884	1429	—	1201	30.9	1.4	3.49	—	−2.30	2.23
23	氢氧化钠	318	1388	—	1230	52	1.29	1.58	132.2	−30.2	3.64
24	氢氧化钾	360.4	1320	—	1183	55.7	1.63	1.26	196.02	−22.1	0.92

1.1.2 有机化合物的物化数据

常用有机化合物的物化数据见表1-5-2和表1-5-3。

表 1-5-2　常用有机化合物的物化数据(一)

名　称	分 子 式	相对密度[1]（20℃）	沸点/℃	熔点/℃	黏度/cP[2]	比热容/[cal[3]/(g·℃)]	汽化潜热/(cal[3]/g)	熔化潜热/(cal[3]/g)	闪点/℃	自燃点/℃	爆炸范围(在空气中容积)/%	空气中允许浓度	
												10^{-6}	mg/m^3
烃类及其衍生物(脂肪族)													
甲烷	CH_4	0.710g/L(0℃) 0.415(−164℃)	−161.5	−184	108.7mP	0.5931	138	14.5	<−6.67	650～750	5.0～15.0	—	—
乙烷	CH_3CH_3	1.357g/L(0℃) 0.561(−100℃)	−88.3	−172	90.1mP (17.2℃)	0.386(15)	145.97	22.2	<6.67	510～522	3.12～15.0	—	—
丙烷	$CH_3CH_2CH_3$	2.0g/L(0℃) 0.585(−44.5℃)	−42.17	−189.9	79.5mP (17.9℃)	液 0.576 (0℃)	98	—	−104.4	466	2.9～9.5	—	—
丁烷	$CH_3(CH_2)_2CH_3$	0.60(0℃)	−0.6～ −0.3	−135	—	液 0.55 (0℃)	91.5	18.0	−60	475～550	1.9～6.5	—	—
戊烷	$CH_3(CH_2)_3CH_3$	0.626	36.2	−131.5	0.240	0.54	84		−49	300～350	1.3～8.0	—	—
异戊烷	$(CH_3)_2CHCH_2CH_3$	0.621(19℃)	28	−160.5	液 0.233 气 86.0mP (33.5℃)	0.527(8℃)	88.7		−52	420	1.32	—	—
己烷	C_6H_{14}	0.6603	69.0	−96.3	0.326	0.531	82		−22	250～300	1.25～6.9	500	1760
环己烷	C_6H_{12}	0.7791	81.4	6.5	1.02(17℃)	0.47	86		−17.2	268	1.3～8.4	400	1400
乙烯	$CH_2=CH_2$	1.2604g/L 0.566(−10℃)	−103.9	−169.4	100.8mP	0.399	125	25		540～550	2.75～28.6	—	—
丙烯	$CH_2=CHCH_3$	1.937g/L 0.6095(−47℃)	−47.0	−185.2	液 0.44 (−110℃) 气 83.4mP (16.0℃)	—	104.0	16.7	−108	497	2.00～ 11.10	—	—
丁二烯(1,3)	$CH_2=(CH)_2=CH_2$	0.650(−6℃)	−3	−108.92	—	0.311	99.8	35.28	<17.8	450	2.0～11.5	—	—
异戊二烯	$CH_2=CHC(CH_3)=CH_2$	0.6808	34	−145.95	—	—	—		18.3	220	—	—	—
乙炔	$CH\equiv CH$	1.173g/L(0℃) 0.6208g/L (−84℃)	升 −83.6	−81.8	935mP(0℃)	0.3832	198.0		−17.8	335	2.5～80.0	—	—
氯甲烷	CH_3Cl	2.31g/L(0℃) 0.991(−25℃)	−24.22	−97.7	104mP (16℃)	气 0.187 液 0.382	102.3		<0	632	8.25～8.70	100	209
二氯甲烷	CH_2Cl_2	1.336	40.1	−96.7	0.449(15℃)	0.288	78.74			662	15.5～66.4 (在氧气中)	500	1740
三氯甲烷	$CHCl_3$	1.4984(15℃)	61.26	−63.5	0.58	0.225	59	—	—	—		50	240
硝基甲烷	CH_3NO_2	1.130	101	−29	0.620(25℃)		135		35		7.32	100	250

续表

名称	分子式	相对密度[①] (20℃)	沸点 /℃	熔点 /℃	黏度 /cP[②]	比热容 /[cal[③]/(g·℃)]	汽化潜热 /(cal[③]/g)	熔化潜热 /(cal[③]/g)	闪点 /℃	自燃点 /℃	爆炸范围 (在空气中容积)/%	空气中允许浓度	
												10^{-6}	mg/m^3
烃类及其衍生物（脂肪族）													
氯乙烷	C_2H_5Cl	0.9214(0℃)	12.2	−138.7		0.37	92.5		−50	519	4～14.8	1000	2660
二氯乙烷	$C_2H_4Cl_2$	1.257	83.5	−35.3	0.8	0.31	77.3		17	450	6.2～15.6		50
溴乙烷	CH_3CH_2Br	1.430	38.0	−119	—	0.215	59.9	—	—	511	6～11	200	892
硝基乙烷	$C_2H_5NO_2$	1.052	114.8	−90	—	—	—	—	41	414.5	—	100	307
1-氯丙烷	$CH_3CH_2CH_2Cl$	0.890	47.2	−112.8	0.352	—	—	—	−17.8	—	2.6～11.1	—	—
2-氯丙烷	$CH_3CHClCH_3$	0.8590	35.4	−117	—	—	—	—	−32.5	593	2.8～10.7	—	—
1-氯丁烷	$CH_3(CH_2)_2CHCl$	0.884	78	−123.1	0.469(15℃)	0.451	79.77	—	−6.7	471	1.85～10.1	—	—
2-氯丁烷	$C_2H_5CH(CH_3)Cl$	0.8707	68	−131.3	—	—	—	—	—	—	2.05～8.75	—	—
氯乙烯	$CH_2=CHCl$	0.9195	−13.9	−159.7	—	—			<−78		4～22	—	30
醋酸乙烯	$CH_2=CHCH_2COOH$	1.013(15/15)	163	−39	—	—			−29	427	—	—	—
烃类及其衍生物（芳香族）													
苯	C_6H_6	0.8790	80.099	5.51	0.652	0.4107	94.3	30.1	−11	586～650	1.4～4.7	—	50
甲苯	$C_6H_5CH_3$	0.867	110.626	−95	0.590	0.392	86	17.2	4	550～600	1.3～7	—	100
邻二甲苯	$C_6H_4(CH_3)_2$	0.8802	144.41	−29	0.810	0.4 (混合物)			24～29.5 (混合物)	490～550 (混合物)	1～5.3 (混合物)		
间二甲苯	$C_6H_4(CH_3)_2$	0.864	139.104	−53.6	0.62								100
对二甲苯	$C_6H_4(CH_3)_2$	0.861	138.35	13.2	0.648			39.2					
乙基苯	$C_2H_5C_6H_5$	0.867	136.15	−93.9	0.691(17℃)	0.41	145.7	—	54	465.5	—	200	868
异丙苯	$C_6H_5CH(CH_3)_2$	0.862	152.392	−96.9	—	0.43	—	—	36	—	—	—	—

续表

名称	分子式	相对密度[①] (20℃)	沸点 /℃	熔点 /℃	黏度 /cP[②]	比热容 /[cal[③]/(g·℃)]	汽化潜热 /(cal[③]/g)	熔化潜热 /(cal[③]/g)	闪点 /℃	自燃点 /℃	爆炸范围(在空气中容积)/%	空气中允许浓度	
												10^{-6}	mg/m^3
烃类及其衍生物(芳香族)													
丁苯	$C_6H_5C_4H_9$	0.860	183.27	-81.2	—	—	—	—	71	—	—	—	—
氯苯	C_6H_5Cl	1.1066	132	-5.5	0.799	0.30	77.6	—	28	510	1.8~9.6	—	50
邻二氯苯	$C_6H_4Cl_2$	1.3048	180.7	-17.5	—	0.27(0℃)	65	21.0	68.5	—	—	—	—
间二氯苯	$C_6H_4Cl_2$	1.288	172	-24.8	—	0.27(0℃)	—	20.5	—	—	—	—	—
对二氯苯	$C_6H_4Cl_2$	1.4581	173.4	53	—	—	—	29.7	—	—	—	—	—
硝基苯	$C_6H_5NO_2$	1.199(25)	210.9	5.7	2.03	0.339 (30℃)	—	22.5	88	482	1.8 (在93℃)	—	5
邻二硝基苯	$C_6H_4(NO_2)_2$	1.565 (17℃)	319(773)	118	—	0.349 (0℃)	—	32.3	150	—	—	—	1
间二硝基苯	$C_6H_4(NO_2)_2$	1.571(0℃)	302.8 (770)	89.57	—	0.405 (90℃)	—	24.7	—	—	—	—	1
对二硝基苯	$C_6H_4(NO_2)_2$	1.625	299(升)	173~4	—	0.279 (0℃)	—	40.0	—	—	—	—	1
苯酚	C_6H_5OH	1.072	182	41	12.7 (18.3℃)	0.561	—	29.0	80	715	—	—	5
邻甲酚	$CH_3C_6H_4OH$	1.0465	191.5	30	4.49(40℃)	0.499	—	—	81	—	—	5	22
间甲酚	$CH_3C_6H_4OH$	1.034	202.8	11~12	20.8	0.479	100.58	—	86	626	—	5	22
对甲酚	$CH_3C_6H_4OH$	1.0347	202.5	86	7.00(40℃)	—	—	26.3	86	626	1.1 (在150℃)	5	22
萘	$C_{10}H_8$	1.145	217.9	80.22	0.776 (100℃)	0.281 (-130℃)	75.5	35.6	—	—	—	—	100
十氢化萘	$C_{10}H_{18}$	0.8963	194.6	-43.26	—	0.3874	71	—	57	262	—	—	—
蒽	$(C_6H_5CH)_2$	1.25(27℃)	354~355	217	—	0.308 (50℃)	—	38.7					
菲	$C_{14}H_{10}$	1.025	340.2	100				24.3					

续表

名称	分子式	相对密度[①]（20℃）	沸点/℃	熔点/℃	黏度/cP[②]	比热容/[cal[③]/(g·℃)]	汽化潜热/(cal[③]/g)	熔化潜热/(cal[③]/g)	闪点/℃	自燃点/℃	爆炸范围（在空气中容积）/%	空气中允许浓度	
												10^{-6}	mg/m^3
醇类													
甲醇	CH_3OH	0.7928	64.65	-97.8	液 0.547（20℃）气 135mP（140℃）	0.597	262.8	29.5	6	470	6.72~36.5	—	50
乙醇	CH_3CH_2OH	0.7893	78.5	-117.3	1.20	0.588	204.3	24.9	14	390~430	3.3~19		1500
正丙醇	$CH_3CH_2CH_2OH$	0.8044	97.19	-127	2.256	0.586	163	—	15	540	2.15~13.5	—	800
异丙醇	$CH_3CHOHCH_3$	0.7854	82.3	-88~-89.5	2.86(15℃)	0.610	159.4	21.4	12	460	2.02~11.80	400	1020
正丁醇	$CH_3(CH_2)_2CH_2OH$	0.80978	117.71	-89.2~-89.8	2.948	0.689	143.3	29.9	35	340~420	1.45~11.25	—	200
仲醇	$CH_3CH_2CHOHCH_3$	0.808	99.5~100	-89	4.21	0.67	134.4	—	24	414	—	—	—
环己醇	$C_6H_{11}OH$	0.9624	161.5	24	68	0.513	108	4.9	68	—	—	50	200
乙二醇	CH_2OHCH_2OH	1.1155	197.2	-17.4	19.9	0.575	191	44.76	118	417	3.2	—	—
丙三醇（甘油）	$CH_2OHCHOHCH_2OH$	1.260	290	17.9	1490.0	0.60(50℃)	—	—	160	393	—	—	
苯甲醇	$C_6H_5CH_2OH$	1.05(15/15)	205.2	-15.3	58				100.5	436	—	—	—
醛类													
甲醛	HCHO	0.81	-21	-92	—	0.186	—	—	—	300	7~73	—	5
乙醛	CH_3CHO	0.7834(18℃)	21	-123.5	0.22	—	136	—	-3.8	185	4.0~57.0	200	360
丙醛	CH_3CH_2CHO	0.807	48.8	-81	0.41	0.522(0℃)	—	—	-9.44	—	—	—	—
丁醛	$CH_3(CH_2)_2CHO$	0.817	75.7	-99.0	—	—	—	—	-6.77	230	—	—	—
丙烯醛	$CH_2{=}CHCHO$	0.841	52.5	-87.7	—	—	—	—	<-17.8	不稳定 278	—	0.5	1.2
苯甲醛	C_6H_5CHO	1.05(15℃)	179.5	-26	1.39(25℃)	0.428	—	—	148	192		—	—
糠醛	C_4H_3OCHO	1.1598	161.7	-36.5	1.49(25)	—	107.51	—	60	320~350	2.1（在 125℃）	5	20

续表

名称	分子式	相对密度[1]（20℃）	沸点/℃	熔点/℃	黏度/cP[2]	比热容/[cal[3]/(g·℃)]	汽化潜热/(cal[3]/g)	熔化潜热/(cal[3]/g)	闪点/℃	自燃点/℃	爆炸范围（在空气中容积）/%	空气中允许浓度	
												10^{-6}	mg/m^3
酮类醚类及溶剂													
丙酮	CH_3COCH_3	0.792	56.5	-95	0.316(25℃)	0.528	0.1253	23.4	-17	600～650	2.15～13.0	—	400
丁酮-2（甲乙酮）	$CH_3COC_2H_5$	0.805	79.6	-86.4	0.417	0.498	106	24.7	-7	550～615	1.81～11.5	200	590
环己酮	$CO(CH_2)_4CH_2$	0.9478	156.7	-45	2.2	0.433	98	—	42	520～580	1.190(在100℃下)	50	200
乙醚	$C_2H_5OC_2H_5$	0.7135	34.6	α-116.3 β-123.3	0.233	0.538	86.08	23.54	-41	185～195	1.85～36.5	—	600
二丙醚	$(CH_3CH_2CH_2)_2O$	0.7360	91	-122	—							500	2100
苯乙醚	$C_2H_5OC_6H_5$	0.9666	172	-30.2		0.448	—	—	—	—	—	—	—
环氧乙烷	$(CH_2)_2O$	气 1.965g/L(0℃)液 0.887	10.7	-111.3	0.320	0.44	139	—	-20	570	3.00～80.00	50	90
二氧环	$OCH_2CH_2OCH_2CH_2$	1.0353	101.5	11.7	1.2(25℃)	0.42	98.6	33.8	11	180	1.97～22.5	100	360
吡啶	N═CHCH═CHCH═CH	0.982	115.3	-42	0.974	0.431	107.4	—	20	482	1.8～12.4	5	15
呋喃	OCH═CHCH═CH	0.9366	32	—	—	—	95.3	—	-35.5	—	2.3～14.3	—	—
四氢呋喃	$OCH_2CH_2CH_2CH_2$	0.888	64～66	-108.5	—	—	—	—	-14.5	—	2.3～11.8	200	590
二硫化碳	CS_2	1.2628	46.3	-108.6	0.363	0.24	84	—	-22	120～130	1～50	—	10
四氯化碳	CCl_4	1.595	76.8	-22.8	0.969	0.202	46.5	4.2					50
酸类及酸酐类													
甲酸	HCOOH	1.220	100.7	8.40	1.804	0.526	120	—	69	601			
乙酸	CH_3COOH	1.049	118.1	16.6	1.30(18)	0.489	97.1	45.8	45	600	5.4	10	26
丙酸	CH_3CH_2COOH	0.992	141.1	-22	1.102	0.560	98.8	—	—	—	—	—	—
丁酸	$CH_3CH_2CH_2COOH$	0.9587	163.5	-7.9	1.54	0.515	114.0	30.1	77	552	—	—	—

续表

名称	分子式	相对密度[①]（20℃）	沸点/℃	熔点/℃	黏度/cP[②]	比热容/[cal[③]/(g·℃)]	汽化潜热/(cal[③]/g)	熔化潜热/(cal[③]/g)	闪点/℃	自燃点/℃	爆炸范围（在空气中容积）/%	空气中允许浓度	
												10^{-6}	mg/m^3
酸类及酸酐类													
戊酸	$CH_3(CH_2)_3COOH$	0.942	187	-34.5			103.2						
乙二酸（草酸）	$COOH-COOH_2H_2O$	1.653	150(升)	101	—	0.385（60℃）							
丙二酸	$CH_2(COOH)_2$	1.631(15℃)	熔融	135.6	—	0.275	—	—	—	—	—	—	—
顺丁烯二酸	$HOOCH═CHCOOH$	1.590	135(熔)	137.8	—								
苯甲酸	C_6H_5COOH	1.2659(15℃)	249	122	—	0.287							
邻苯二甲酸	$C_6H_4(COOH)_2$	1.593	熔融>191	206～208（升华）	—	0.232							
对苯二甲酸	$C_6H_4(COOH)_2$	1.510	300(升华)	(升华)	—	—	—	—	—				
己二酸	$(CH_2)_4(COOH)_2$	1.366	265	151～153	—	—	—	—	196	—	—	—	
醋酐	$(CH_3CO)_2O$	1.0820	140.0	-73.1	0.90				49		2.7～10.1	5	21
丙酸酐	$(CH_3CH_2CO)_2O$	1.010	169.3	-45	—	—	—	—	74	—	—	—	—
顺丁烯二酸酐	$OCOCH═CHCO$（环）	0.934	202	53	—	—	—	—	—		—	—	—
丁酸酐	$(CH_3CH_2CH_2CO)_2O$	0.9946	198	-75.0	—	—	—	—	88	—	—	—	—
苯酐	$C_6H_4(CO)_2O$	1.527	284.5（升华）	130.8	—	—	—	—	—	—	—	—	—
酯类													
甲酸甲酯	$HCOOCH_3$	0.975	31.50	-99.0	—	0.516	112.4	—	-32	449	5.05～22.7	—	—
甲酸乙酯	$HCOOC_2H_5$	0.9236(25℃)	54.3	-80.5	0.402	0.51	97	—	-19	550～600	2.75～16.40	100	303
甲酸丙酯	$HCOOC_3H_7$	0.9006	81.3	-92.9	—	0.459	88.1	—	-2.78	—	—	—	
甲酸丁酯	$HCOOC_4H_9$	0.8848(25℃)	106.8	-90.6	0.689	0.46	87	—	18	322	—	—	—
乙酸甲酯	CH_3COOCH_3	0.9274(25℃)	57.1	-98.1	0.381	0.50	104.4	—	-13	500～570	4.1～13.9	—	100

续表

名称	分子式	相对密度[1]（20℃）	沸点/℃	熔点/℃	黏度/cP[2]	比热容/[cal[3]/(g·℃)]	汽化潜热/(cal[3]/g)	熔化潜热/(cal[3]/g)	闪点/℃	自燃点/℃	爆炸范围（在空气中容积）/%	空气中允许浓度 10^{-6}	空气中允许浓度 mg/m³
酯类													
乙酸乙酯	$CH_3COOC_2H_5$	0.901	77.15	−83.6	0.455	0.478	87.63	28.43	−5	480～550	2.25～11.0	—	200
乙酸丙酯	$CH_3COOC_3H_7$	0.887	101.6	−92.5	0.59	0.47	80.3	—	14	500～550	1.77～8.00	—	200
乙酸丁酯	$CH_3COOC_4H_9$	0.882	126.5	−76.8	0.732	0.459	73.9	—	23	420～450	1.7～15	—	200
乙酸戊酯	$CH_3COOC_5H_{11}$	0.879	148	—	1.58	—	75	—	41	—	1.1	—	100
乙酸异戊酯	$CH_3COO(CH_2)_2CH(CH_3)_2$	0.87(25℃)	142.5	−78.5	0.872	0.4588	69	—	17～32	560～600	1.0	200	1064
丙酸乙酯	$CH_3CH_2COOC_2H_5$	0.8957(15℃)	99.10	−73.9	0.564(15℃)	0.459	80.1	—	12.2	477	—	—	—
胺类及其他													
一甲胺	CH_3NH_3	0.769(−70℃)	−6.5	−92.5	0.236(℃)	—	—	—	17.8	430	4.95～20.75	—	—
二甲胺	$(CH_3)_2NH$	0.6804(0℃)	7.4	−96.0	—	—	—	—	−5.5	402	2.80～14.40	—	—
三甲胺	$(CH_3)_3N$	0.662(−5℃)	3.5	−124	—	—	—	—	—	190	2.00～11.60	—	—
二乙胺	$(C_2H_5)_2NH$	0.7108(18℃)	55.5	−50.0	0.346(25℃)	0.518	91.02	—	<−17	312	1.77～10.1	—	—
二丙胺	$(C_2H_7)_2NH$	0.7384	110.7	−39.6	—	0.597	—	—	7.72	—	—	—	—
乙醇胺	$H_2NCH_2CH_2OH$	1.0180	172.2	10.5	24.1	—	—	—	93	—	—	0.5	—
二乙醇胺	$HN(CH_2CH_2OH)_2$	1.0966	268	28	196.4	—	—	—	146	662	—	—	—
三乙醇胺	$N(CH_2CH_2OH)_3$	1.1242	277(150 mmHg)	21.2	613.4	—	—	—	193	—	—	—	—
苯胺	$C_6H_5NH_2$	1.022	184.4	−6.2	4.40	0.521(50℃)	103.63	21.0	75.5	538	—	—	5
邻苯二胺	$C_6H_4(NH_2)_2$	—	252	102									
间苯二胺	$C_6H_4(NH_2)_2$	1.1389	287	62.8	—								
对苯二胺	$C_6H_4(NH_2)_2$	—	262	139.7					156				
己二胺	$NH_2(CH_2)_6NH_2$	—	196	39～40									
氯氰	CNCl	1.186	13.8	−6	—	—	135	—	—	—	—	—	—
光气	$COCl_2$	1.392	8.3	−118									0.5
乙二胺	$NH_2CH_2CH_2NH_2$	0.8994	116.1	8.5	—	—	—	33.9	—	—		10	30

① 凡注明 g/L 单位者指化合物的气态下重度，未注明者指化合物液体密度。
② 黏度栏内 mP 指 μP，$1\mu P = 10^{-4}cP$，未注明者指 cP，$1cP = 10^{-3}Pa·s$。
③ 1cal = 4.18J。

表 1-5-3　常用有机化合物的物化数据(二)

名　称	分子式	相对密度(20℃/4℃)	比热容/[kcal[①]/(kg·℃)]	黏度(20℃)/cP[②]	沸点/℃	蒸发热/(kcal[①]/kg)	熔点/℃	熔解热/(kcal[①]/kg)	燃烧热/(kcal[①]/mol)	生成热/(kcal[①]/mol)
邻硝基甲苯	$C_6H_4NO_2CH_3$	1.162	1.168(15℃)	2.37	232.6	85.5	α -10.6 β -4.1	—	895.2	-1.8(沸)
对硝基甲苯	$C_6H_4NO_2CH_3$	1.286	1.1226(55℃)	1.2(60℃)	338.4	90.6	51.6	30.3	895.2	7.5(沸)
间硝基甲苯	$C_6H_4NO_2CH_3$	1.157	—	2.33(20℃)	232.6	90.4	16	24.8	895.2	2.5(沸)
邻甲苯胺	$C_6H_4CH_3NH_2$	1.004	0.454(0℃) 0.478(40.5℃) 0.524(-19.5℃)	5.195(15℃) 3.183(30℃)	198	95.08	-16.3	—	964.3(液)	0.66
对甲苯胺	$C_6H_4CH_3NH_2$	1.046	0.524(43℃) 0.834(58℃) 0.533(94℃)	1.945(48℃) 1.425(60℃)	200.3	—	43.3	39.9	958.4(固)	6.6
间甲苯胺	$C_6H_4CH_3NH_2$	0.989	—	4.418(15℃) 2.741(30℃) 1.531(55℃)	203.3	—	-31.5	—	-965.3(液)	-0.32
邻苯二甲酸酐	$C_8H_4O_3$	1.527	0.388	—	285.1	—	131.6	—	784.5	—
硝基萘 α、β	$C_{10}H_7NO_2$	1.331 (4℃/4℃)	0.365(58.6℃) 0.378(61.4℃) 0.390(94.3℃)	—	304	—	56.7 75.1	25.44	1198.3	—
α-萘酚	$C_{10}H_8O$	1.224 (4℃/4℃)	0.388(℃)	—	288.01	—	95	38.94	1188.8	28
β-萘酚	$C_{10}H_8O$	1.217 (4℃/4℃)	0.403(℃)	—	294.85	—	120.6	31.3	1188.8	26
α-萘磺酸	$C_{10}H_8SO_3$	—	—	—	—	—	91	—	—	—
β-萘磺酸	$C_{10}H_8SO_3$	1.38(磺化液)	—	—	—	—	102	—	—	—
α-萘胺	$C_{10}H_9N$	1.12	0.475(53.2℃) 0.476(94.2℃)	11.2(50℃) 1.4(130℃)	301	—	50	22.34	1263.5	—
β-萘胺	$C_{10}H_9N$	1.06(98℃)	—	1.34(130℃)	306.1	—	113	36.64	1261.5	—

续表

名　称	分子式	相对密度 (20℃/4℃)	比热容 /[kcal①/(kg·℃)]	黏度(20℃) /cP②	沸点 /℃	蒸发热 /(kcal①/kg)	熔点 /℃	熔解热 /(kcal①/kg)	燃烧热 /(kcal①/mol)	生成热 /(kcal①/mol)
联苯	$C_{12}H_{10}$	1.18(0℃)	0.408(77.6℃) 0.418(88.4℃) 0.457(136.6℃) 0.468(150℃)	—	255	74.56	68.6	28.8	1493.6(固)	-24.53
联苯醚	$C_{12}H_{10}O$	1.0728(20℃) 1.066(30℃)	—	3.66(25℃)	258.31	—	28	—	—	—
偶氮苯	$C_{12}H_{10}N_2$	1.203	0.33(28℃)	—	293	—	67.1	28.91	1545.9(固)	-84.5
氧化偶氮苯	$C_{12}H_{10}N_2O$	1.246	—	—	分解	—	36	21.62	1534.5(固)	—
氢化偶氮苯	$C_{12}H_{12}N_2$	—	—	—	—	—	134	22.89	1597.3(固)	—
联苯胺	$C_{12}H_{12}N_2$	1.25	—	—	401.7	—	128	—	1560.9(固)	—
蒽醌	$C_{14}H_8O_2$	1.419	0.255	—	375～381	—	284.8	37.48	1562(固)	—
2,4二硝基氯化苯	$C_6H_3Cl(NO_2)_2$	1.697	0.236	—	315	—	53.4	—	644.5	24
3,4二硝基氯化苯	$C_6H_3Cl(NO_2)_2$	—	—	—	315	—	36.3	—	644.5	24
三硝基酚(苦味酸)	$C_6H_2(NO_2)_3OH$	1.767	0.240(0℃) 0.263(50℃)	—	300(爆炸)	—	122	—	615.6	—
邻硝基氯化苯	$C_6H_4ClNO_2$	1.368(22℃) 1.305(80℃)	—	—	245.7	—	32.5	—	—	—
对硝基氯化苯	$C_6H_4ClNO_2$	1.250(18℃)	—	—	242	—	83.5	31.51	—	—
间硝基氯化苯	$C_6H_4ClNO_2$	1.534 1.343(50℃)	—	—	235.6	—	44.4	29.38	—	—
2,4二硝基酚	$C_6H_4N_2O_5$	1.683(24℃) 1.488(101℃)	—	—	升华	—	113.1	—	654.7	—
溴化苯	C_6H_5Br	1.495	0.231	1.10	155.9	57.6	-30.6	12.7	747.3(沸)	48.5
硝基苯	$C_6H_5NO_2$	1.200	0.358(10℃) 0.329(50℃) 0.303(120℃)	2.01	210.85	79.08	5.85	22.52	724.4(液)	-5.3(25℃)

续表

名　称	分子式	相对密度(20℃/4℃)	比热容/[kcal[1]/(kg·℃)]	黏度(20℃)/cP[2]	沸点/℃	蒸发热/(kcal[1]/kg)	熔点/℃	熔解热/(kcal[1]/kg)	燃烧热/(kcal[1]/mol)	生成热/(kcal[1]/mol)
邻硝基苯酚	$C_6H_5NO_3$	1.657	—	3.65(30℃) 1.82(60℃)	217.25	126(31℃)	45.13	26.76	693.8	46.4(沸)
对硝基苯酚	$C_6H_5NO_3$	1.479 1.282 (117.3℃)	—	2.75(40℃) 1.82(60℃)	279	137.5(41.5℃) 151(72℃)	114	27.4	693.8	46.5(沸)
间硝基苯酚	$C_6H_5NO_3$	1.485	—	—	194	1575(57.5℃)	96	36.7	698.3	—
邻苯二酚	$C_6H_6O_2$	1.344(20℃) 1.149(121℃) 1.110(160℃)	0.287(25℃) 0.406(104℃固) 0.520(104℃液)	2.171(121℃) 1.135(140℃)	240	175(36℃)	104.3	47.4	684.9	84.4(沸)
对苯二酚	$C_6H_6O_2$	1.332(15℃)	0.304(25℃) 0.422(172.9℃固) 0.562(172.3℃液)	—	285(730 mmHg[3])	214.3(78.5℃)	172.3	58.77	683.7(沸)	85.5(沸)
间苯二酚	$C_6H_6O_2$	1.272(15℃) 1.158(141℃)	0.284(25℃) 0.522(103℃液) 0.432(109℃固)	3.755(141℃) 1.214(190℃)	276.5	206(56℃)	109.65	46.2	683.7(沸)	85.5(沸)
苯磺酚	$C_6H_6SO_3$	1.34(磺化液)	—	—	—	—	65～66℃	—	—	—
三硝基甲苯	$C_7H_5N_3O_6$	1.654	0.253(-50℃) 0.385(100℃)	—	240(炸)	—	80.83	22.34	817(固)	—
水杨酸	$C_7H_6O_3$	1.483	—	—	升华	—	159	—	729.4	—
苯甲基氯	C_7H_7Cl	1.1	0.47	1.28(25℃) 1.175(30℃)	179.4	—	-39		886.4	—
三氯苯	$C_6H_3Cl_3$	1.46(25℃)	0.21	1.97(25℃)	213～217	58.2	7.5～11	—	—	—
乙酰苯胺	$C_6H_5NHCOCH_3$	1.21	—	2.22(120℃)	305	—	113～114	—	1010.4(固)	—
邻 间硝基苯胺 对	$NO_2C_6H_4NH_2$	1.442 1.43 1.437	0.4 0.392 0.427	—	284.1 306.4 331.7	—	71.5 114 147.5	—	—	—
喹啉	C_9H_7N	1.095	—	3.64(20.1℃) 1.25(80℃)	237.1	—	-15.6	—	—	—
氯化乙酰	CH_3COCl	1.105	0.399	—	51～52	289(51℃)	-112.0	—	—	—
对苯二甲酸二甲酯	$C_6H_4(COOCH_3)_2$	1.068(150℃)	0.326 (固体29～141℃) 0.464 (液体141～210℃)	—	288	84.9	140.6	38	5737	—

① 1cal=4.18J。
② 1cP=10^{-3}Pa·s。
③ 1mmHg=133.322Pa。

1.2 化工企业常用工艺管道标志

化工企业常用工艺管道涂色，色环和流向标志见图 1-5-1。水、蒸汽、有机溶剂、无机盐溶液、气体、煤气、二氧化碳、酸、碱等工艺介质的色标见表 1-5-4。

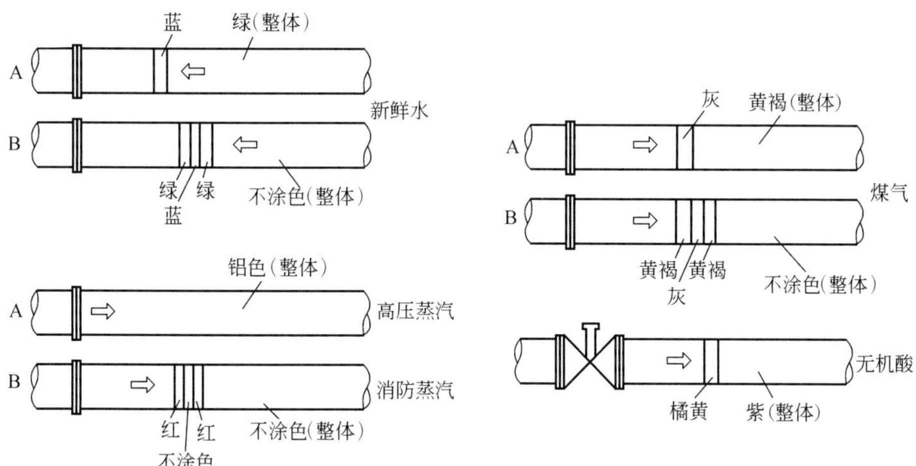

图 1-5-1 管道涂色、色环和流向标志

A—碳钢、低合金钢或隔热外护层需涂漆的管道；B—不锈钢、有色金属或隔热外护层不需涂漆的管道

表 1-5-4 管道涂色、色环和流向标志举例

介质名称	裸管或隔热外护层需涂漆者		不锈钢、有色金属或隔热外护层不需涂漆者	
	整体基本色	色环、流向标志	外环色	中间环色
水	绿			
饮用水、新鲜水	绿	蓝	绿	蓝
热水	绿	褐	绿	褐
软水	绿	黄	绿	黄
冷凝水	绿	白	绿	白
冷冻盐水	绿	灰	绿	灰
消防水	绿	红	绿	红
锅炉给水	绿	浅黄	绿	浅黄
热力网水	绿	紫红	绿	紫红
蒸汽	铝色			
高压蒸汽[4～12MPa(绝)]	铝色		标志字母 HP	
中压蒸汽[1～4MPa(绝)]	铝色		标志字母 MP	
低压蒸汽[<1MPa(绝)]	铝色		标志字母 LP	
消防蒸汽	铝色	红	红	不涂色
液体	灰			
有机溶剂	灰	白	灰	白
无机盐溶液	灰	黄	灰	黄
气体	黄褐			

续表

介质名称	裸管或隔热外护层需涂漆者		不锈钢、有色金属或隔热外护层不需涂漆者	
	整体基本色	色环、流向标志	外环色	中间环色
煤气	黄褐	灰	黄褐	灰
二氧化碳	黄褐	绿	黄褐	绿
酸或碱	紫			
有机酸	紫	白	紫	白
无机酸	紫	橘黄	紫	橘黄
烧碱	紫	红	紫	红
纯碱	紫	蓝	紫	蓝
压缩空气	浅蓝		浅蓝	不涂色
氧、氮	浅蓝	黄	浅蓝	黄
真空	浅蓝	红	浅蓝	红

2 常用化工设备特性

化工设备可以分为静设备和动设备。静设备主要有塔（精馏塔、吸收塔等）、罐（储罐、储槽）、釜（反应釜、聚合釜等）、器（热交换器、蒸发器等）几种。动设备有压缩机、鼓风机、各种化工用泵、压榨机、离心机、粉碎机等。现就压缩机、风机及泵的运行叙述如下。

2.1 离心式压缩机

压缩机是一种提高气体压力能的机器，按工作原理压缩机可以分为速度型和容积型。离心式压缩机属速度型，活塞式压缩机属容积型。

离心式压缩机主要技术参数如下：

① 气体流量 Nm^3/h；

② 进口压力 MPa；

③ 出口压力 MPa；

④ 进口温度 ℃；

⑤ 出口温度 ℃；

⑥ 转速 r/min；

⑦ 功率 kW。

国内化工企业常用离心式压缩机技术参数见表 1-5-5。

表 1-5-5 国内化工行业部分离心式压缩机主要技术参数

型号	流量 /(Nm^3/h)	进口压力 ×0.1/MPa	出口压力 ×0.1/MPa	进口温度 /℃	排出温度 /℃	转速 /(r/min)	功率 /kW	介质
GLY2000-150/25	新鲜气段 121500 循环气段 686000	25.8 135.21	135.21 152.43	38 53.4	184 69	10440	19695	氢氮气
DA930-121	55800	0.913(绝)	37(绝)	37.8	低压缸 213 高压缸 174	低压缸 7100 高压缸 11300	轴功率 8600	空气
5CK57+7CK31	一段入口 54080m^3/h	0.913(绝)	36.91(绝)	37.8	163	低压缸 6600 高压缸 10700	7983	空气

续表

型　　号	流　量 /(Nm³/h)	进口压力 ×0.1/MPa	出口压力 ×0.1/MPa	进口温度 /℃	排出温度 /℃	转　速 /(r/min)	功　率 /kW	介　质
9C26+9B26	一段入口 8878m³/h	4.3(绝)	449(绝)	32.22	168	10800	4075	原料气
2BCG+2BF9-8	新鲜气段一段入口 5616 循环气段 6424	25.8(绝) 136.75(绝)	136.75(绝) 152.43(绝)	37.78 43.3	172.2 67.9	10687	17577	氢氮气
4C57+7CK45	一段:27096kg/h 二段:48619.6kg/h 三段:64243.4kg/h	1.005(绝) 3.26(绝) 6.932	3.297(绝) 7.31 18.98	-32.3 30.7 35.2	66.1 107.2 133.3	低压缸 6700 高压缸 8900	9165	氨
2MCL607+ 2BCL306A	27636 干气	0.96(绝)	144(绝)	40	127	低压缸 7200 高压缸 13900	9660	二氧化碳
2M9-8	一段:24211 二段:50748	3.1 4.8	4.8 19.5	-7 4		10295	5078.6	氨
2MCL607+ 2BCL306A	28800	1.2	146	45		低压缸 6900 高压缸 13400	10184	二氧化碳
CMR66-1+"3"+ CM32-3′+3′	38300	1	36	32	145	低压缸 9330 高压缸 15320	9627.9	空气
2MCL805+ 2MCL456	38830 (干气)	0.942	36.6	32	164.9	低压缸 7520 高压缸 11630	11323	空气
3MCL607+ MCL525	一段入口 16600m³/h	2.02	18.56	-17.8	113	8500	6130	氨
MCL456+BCL455+ BCL357	低压缸进口干气 7773m³/h	4.56	42.40	35	105	10220	3680	原料气
2BC9+2BF9+ 2BF8-6	一段入口 6065m³/h	26.06	240.95	37.8	34.4	10479	19066	氢氮气
VS707+VS106	27640	1.073	31.1	40	100	7050	5000	二氧化碳
RS2358	8926kg/h	1.04	20.0	-102	69.4	12765	1510	乙烯
R-287	38661kg/h	9.95	37.7	-34	-76	12360	2065	工艺气
RZ1716+R457	58204kg/h	1.35	13.2	40	93.8	6480	5150	裂解气
RS3717	125259kg/h	1.30	18	-40	92	4770	8690	丙烯
TC450/320-13Ⅱ	100000	296	320	35		2970	466	氢氮气
K480-41-2	28800m³/h	0.925(绝)	2～2.5	40～50	120～130	8100	1500	氧化氮
K350-6-1	22020m³/h	0.97(绝)	7			8600	1810	
4M9-5+4M3+ 3M10-8	109501	1.35	37.9	40	93	5140	23592	裂解气
2M9-7	一段:114181 二段:25181 三段:37184	1.09 4.29 9.21	4.29 9.21 18.73	-101 -44.6 -12.7	-10.3 10.4 46.3	9453	2860	乙烯

续表

型　号	流　量/(Nm³/h)	进口压力×0.1/MPa	出口压力×0.1/MPa	进口温度/℃	排出温度/℃	转　速/(r/min)	功　率/kW	介　质
4M9-6	一段:115767 二段:144495 三段:159786	1.33 2.63 9.82	2.63 9.82 17.06		−7.8 58.9 87.8	4614	18039	丙烯
4M8-6+3M×5	39987	1.38	12.70	40	94	11256	5888	裂解气
1M5	34337	10.45	37.20	−34	77	11834	2265	工艺气
2M10	一段:6090 二段:9271 三段:16470	1.05 4.11 7.15	4.11 7.15 19.26	−102 −26 −18	−4 15 64	9150	1621	乙烯
4M8-7	一段:60366 二段:83606 三段:77657 四段:81147	1.34 2.86 6.68 9.96	2.86 6.68 9.96 17.15	−40 −9 36 55	−6 36 56 88	4122	9574	丙烯

2.2 活塞式压缩机

2.2.1 活塞式压缩机型号及主要参数

活塞式压缩机型号代号：

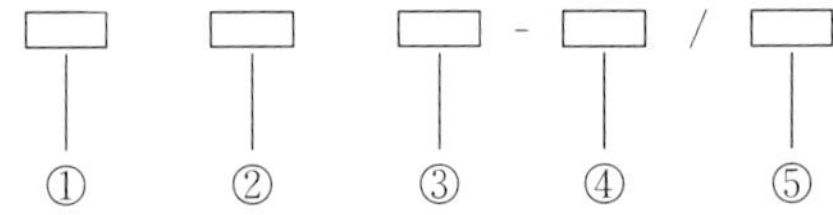

① 气缸列数或设计序号；

② 机型代号；

③ 活塞力；

④ 排气量（吸入状态下），m^3/min；

⑤ 排气压力，100kPa 或 0.1MPa。

其中机型代号：

L——气缸呈 L 型排列（立、卧结合）；

V——气缸呈 V 型排列（角度式）；

W——气缸呈 W 型排列（角度式）；

Z——气缸直立排列（立式）；

P——气缸水平排列（即Ⅱ型排列）；

M——M 型对称平衡式（卧式）；

H——H 型对称平衡式（卧式）；

D——对置或对称平衡式。

活塞式压缩机主要参数见表 1-5-6。

表 1-5-6　化工常用活塞式压缩机的技术性能及主要参数①

名　称	型　号	介　质	生产能力/(m³/h)（吸入状态）	转　速/(r/min)	级数	电机功率/kW	进气压力0.1/MPa	排气压力0.1/MPa
氮氢气压缩机	L3.3-13/320	氮氢气混合气	780	375	6	200	0.03	320
	L3.3-17/320		1040	500	7	320	0.2	320
	3T5.5K(Ⅰ)-40/320		2400	750	6	630	0.03	320
	4M8K(Ⅰ)-35/320		2100	375	6	580	0.03	320
	4M8K(Ⅱ)-40/320		2400	428	6	630	0.03	320
	H12(Ⅰ)-53/320		3180	428	7	1000	0.2	320
	2D6.5-9/150		542	470	4	185	0.26	150
	1Г266/320-Ⅰ		15960	125	6	4000	0.02～0.04	320
	2N45 130/362		7800	125	6	1800	80～1000 mmH_2O②	360
	H22Ⅲ-165/320		9900	333	6	2500	0.02	320
	H22Ⅳ-165/320		9900	333	7	2500	0.03	320
	6D32-250/320		15000	250	6	4000	0.02	320
	6L2K		19700	125	6	5000	0.1	320

续表

名　称	型　　号	介　质	生产能力/(m^3/h)(吸入状态)	转　速/(r/min)	级数	电机功率/kW	进气压力 0.1/MPa	排气压力 0.1/MPa
氮氢气压缩机	3SW-40/8		8000	375	6	2200	0.04	320
	大地牌 H-2900/362		2900	200	6	750	0.025	330
	3D22(Ⅱ)-14.5/14-320		870	333	3	1800	14	320
	2M45-15.7/27-325		942	300	3	3000	27	325
	4D45-25/24.5-320		1500	300	3	4000	24.5	320
	4M45-27.4/16-620		1644	300	4	4000	16	620
	4M12(Ⅰ)-11.55/15-320		693	375	4	1800	15	320
	KM-3		942	333	3	2700	27	325
	4HG/4AP		19000	231	4	5000HP③	15.8	600
	V345-104		21000	300	3	4100	25～27	325
循环机	Z2.4-0.8/290-320	氮、氢、氨	48	365	1	95	290	320
	2Z1.75-1.55/180-200		93	450	1	95	180	200
	5Г-3-285/320		180	125	1	292	285	320
	5Г-6-285/320		432	150	1	630	285	320
	512-6/285-320		360	300	1	630	285	320
	JLK0-200		165	150	1	250	285	320
	R280-320/50		350	187.5	1	630	285	320
	2D7-4/285-320		240	333	1	400	285	320
原料气压缩机	3M16-117/21	焦炉气	7020	375	3	1000	0.1	21
	5L-73/2.5	油田气	4380	450	1	320	0.8	2.0
	5L-40/8	焦炉气	2400	417	2	250	1.1	8
	2P18-34/3-25	天然气	2040	167	2	625	3	25
多用途联合压缩机	4M12-60/20	空　气 天然气	3600 600	333	3 2	800	0.73 3	19 23
多用途联合压缩机	4M12-22/24-3.6/320	空　气 氮、氢气	1320 216	300	3 3	630	0.87 16	24 320
氧气压缩机	4M12-59/30	氧　气	3700	375	3	630	0.2	30
	ZY-33/30		1980	500	3	400	0.2	30
	ZDY-60/20		3600	375	2	630	0.05	20
	ZDY-100/44		6200	375	4	1400	0.3	44
	2-2.833/150		170	330	3	55	0.2	150
	1H1-BBC-550		5000	415	2	550	6	44
	B_4D_5-NICC		5000	490	4	1080	0.85	44
氨压缩机	8AS-12.5	氨　气	21makcal/h	960	1	115		15
	8AS-17-40/15		40	720	1	240		15
	AДK-110/20		110	167	2	625	0.8～3.3	16
	2AD15-95/20		95	300	2	630		15
	2S-300/265		40	450	1	280		16
	6AW-17-30/15		33	720		130		15
	5-200/12		20	320	2	95		16
	2AL-27		23makcal/h	360	1	130	2	16
	BTD-ICC		90	590	2	450	0.84	14.58
二氧化碳压缩机	4D12-55/220	二氧化碳	3365	333	5	1000	1.03	220
	4M12-45/210		2700	300	5	630	1	210
	N-50/260		3000	125	5	1000	0.02～0.04	210
	4HB300-5		3000	365	5	660	1	216
	B_5D_2-ICC		3000	490	5	700	1	220
	JM-3		26140Nm^3/h	333	2	2200	29.5	260

续表

名 称	型 号	介 质	生产能力/(m^3/h)（吸入状态）	转 速/(r/min)	级数	电机功率/kW	进气压力 0.1/MPa	排气压力 0.1/MPa
空气压缩机	4Γ-40-5.5/220	空 气	2400	167	4	420	4.5～5.5	220
	4M12-75/32		4500	333	3	800	0.03	21
	3M16-117/21		6000	375	3	1000	0.02	320
	4D22-110/130		6600	250	4	2000	0.04	22
	4HC/3		5784	428	3	1360HP③	0.95	20
氮气压缩机	4M12-59/30	氮 气	3700	375	3	630	0.2	30
	4M12-123/32		7380	375	3	1250	0.85	32
	4M12-708		2700	333	5	630	0.2	210
	2PA-18/7		1080	500	2	130		6
	3HD/3		4500	375	3	900	0.85	30

① 表内部分系国外型号，与我国活塞式压缩机型号编制方法不同。

② 1mmH_2O=9.8Pa。

③ 1HP=745.7W。

2.2.2 活塞式压缩机的主要用途

化工企业，尤其是中、小型氮肥工业合成氨工艺中常用活塞式压缩机。活塞式压缩机在化工企业中的主要用途见表 1-5-7。

表 1-5-7 活塞式压缩机在化工生产中的主要用途

应用场合		被压缩介质	工作压力/(kgf/cm^2)①
氮肥工业	合成氨	氮氢混合气	150,200,320,600
		空气	35
		氮气	25～35
		氨	15
	尿素	二氧化碳	150,210
石油化工	合成塑料	氯气	5
		乙烯	1500～3500
	合成纤维	裂解气	36～41
		二氧化碳	40
		空气	3.5～12
		乙炔	12
	合成橡胶	生成气	16
		丙烯	20
	有机原料	乙烯,丙烯	18
		甲烷	65
		稀乙炔	12
		一氧化碳	320
石油化工	气体提纯	烃	18.2
		丙烯	18.7
		乙烯	15
	乙烯装置	裂解气	37
		丙烯	17
		乙烯	19
	丙烯腈	丙烯	20
	甲醇（低压合成）	合成气	50
		循环气	50
	液化天然气	丙烷	16
		混合制冷剂	43

续表

应用场合	被压缩介质	工作压力/(kgf/cm²)①
空气分离	空气 氧气 氮气	5～8,25,220 30 40
制冷	氨 氟里昂	8～12 8～12
仪表自动控制	空气	4～6

① 1kgf/cm²≈0.1MPa。

2.3 风机

风机是用来输送气体的一类通用机器，在化工生产中，主要用于空气、半水煤气、烟道气、氧化氮、氧化硫、氧化碳以及其他生产中的排放和加压。

风机按其排气压力 p_d 的范围划分为通风机（$p_d \leqslant 15000$Pa）和鼓风机（15000Pa$< p_d \leqslant 0.2$MPa）两大类。通风机根据气体在机内流动方向的不同，又有离心式通风机和轴流式通风机之分。鼓风机按其工作原理和结构进行分类，见表 1-5-8。

表 1-5-8 鼓风机分类

名称	按工作原理分	按结构分	其他
鼓风机	回转式	滚环式	
		滑片式	
		转子式	罗茨式
			叶氏式
	透平式	离心式	
		轴流式	
		混流式	

在化工企业，常常根据风机在生产工艺中的位置和作用以及输送介质而命名。例如，合成氨厂抽出一段炉烟道气的风机称为一段炉引风机；用于硝酸尾气排送的称氧化氮排风机；输送空气或半水煤气者称空气鼓风机或煤气鼓风机；输送并加压二氧化碳气体称二氧化碳压缩机；用于冷水塔空气的风机称凉水塔轴流风机或简称凉水塔风机。

化工企业常用离心式鼓风机主要技术参数见表 1-5-9。

表 1-5-9 离心式鼓风机主要技术性能

规格型号	流量/(m³/min)	压力/mmH₂O①	温度/℃	介质	转数/(r/min)	级数	配套电机 型号	配套电机 功率/kW
D1100	1100	2000	<30	空气	2975	1	JK2-500	500
D700	700	2900	50	SO_2	2975	1	JK2-440	440
D600	600	1500	常温	NO_x	2950	1	JK-132-2	290
D300	300	4000～7000	<80	煤气	2950	4	JK2-630	630
S1100	1000	750	20	空气	2950	1	JK-132-2	290

① 1mmH₂O=9.8066Pa。

罗茨鼓风机属于回转式鼓风机，化工企业常用。它的特点是压力在小范围内变化能维持流量稳定，所以罗茨鼓风机工作适应性强，在流量要求稳定而阻力变动幅度较大时，可预自动调节，结构简单，制造维修方便。不足之处在于压力较高时，气体漏损率较大，磨损严重，噪声大，对转动部件和气缸内壁加工要求高。

罗茨鼓风机主要技术参数见表 1-5-10。

表 1-5-10 罗茨鼓风机主要技术性能

规格型号	流量/(m^3/min)	压力/kPa	温度/℃	介质	转数/(r/min)	配套电机 型号	配套电机 功率/kW	备注
L41×37-40/0.2～0.5	40	2000～5000	常温	空气	960	J02-82-6	40	直联
L50×73-80/0.2～0.5	80	2000～5000	<60	SO_2	960	JR116-8	90	皮带
L60×65-160/0.2～0.5	160	2000～5000	<80	煤气	960	JR126-6	155	直联
L60×100-250/0.2～0.5	250	2000～5000	常温	空气	960	JR128-6	215	直联

2.4 离心泵

化工用泵种类繁多，要求也很高，诸如要能适应化工工艺要求，耐腐蚀、耐高温、低温，耐磨损，运行可靠，无泄漏或少泄漏，能输送临界状态的液体等。

2.4.1 离心泵的主要技术参数

离心泵是化工企业普遍使用的一类泵，有分段式多级离心泵、水平剖分式离心泵、单级悬臂式离心泵、高速离心泵、立式泵等多种型式。

离心泵型号和主要参数见表 1-5-11。

表 1-5-11 部分离心泵主要技术参数

名称		型号	流量/(m^3/h)	扬程/m	转速/(r/min)	电机功率/kW	可输送介质	温度/℃	过流部分材质
分段式多级离心泵	普通多级离心泵	D 型	6.25～450	19～800	1450、2980	2.2～1250	清水	<80	铸铁 铸钢 中碳钢
		DL 型	43	270	2950	55			
		GD 型	150～630	335～875	2950	124～2500			
		DM 型	85	200～1000	2950				
		DS 型	450	400～1000	2950	800～2000			
		GZ 型	270	750～1350	2950	1000～1600			
		DA 型	18～288	16.6～387.5	1450	3～500			
		DA_1 型	18～280	19～650	2950	2.2～800			
		TSM 型	18～288	18.4～337.5	1450	3～500			
		DK 型	340～1188	79～240	1450	125～1250			
	锅炉给水泵	GC 型	6～144	46～410	2950	3～185	锅炉给水	105～160	铸钢 中碳钢 Cr17Ni2 3Cr13
		G 型	9.5	48～288	2950	5.5～22			
		KG 型	23	380	2950	55			
		LG 型	7	336	2950	30			
		DL 型	6	50	2950	2.2			
		DG 型	6.25～545	75～2680	2950	5.5～6300			
		DGL 型	50.4	250～750	2950	75～250			
		HPHT32-12 1/2N	220～280	1405～650	2980	1250～750			
		BF1C6″LL	321.2	1177.2	3430	1789			
		8HMB-11ST	360	1365	2970	1950			
水平剖分泵		Sh 型	144～11000	10～125	1450	30～1150	清水	<80	铸铁 球墨铸铁 中碳钢
		SA 型	500～6330	13～90	600、2950	55～1600			
		SLA 型	720～5400	21～90	600、1450	55～1600			
		S 型	90～1800	10～95	950、2950	22～1600			
		SL 型	144～280	32～95	2950	30～100			
		L 型	600～756	19.4～45.2	1450	55～135			

续表

名称		型号	流量/(m^3/h)	扬程/m	转速/(r/min)	电机功率/kW	可输送介质	温度/℃	过流部分材质
单级悬臂式泵	清水泵	B 型	9～285	9.5～81	1450、2950	1.1～55	清水	<80	铸铁 中碳钢
		BA 型	9～285	9.5～69.5	1450、2950	1.1～55			
		BZ、BA-Z 型	10～200	8～90	1450、2950	1.1～55			
		BL 型	9～90	11.4～50	2950	1.1～18.5			
	衬胶泵	PNJA 型	15～1000	14.5～41	1000、1500	3～310			橡胶衬里
	陶瓷泵	HTB 型	10～100	20～50	3000	2.2～30	除氢氟酸和热浓碱外其他腐蚀介质	温差骤变<50	化工陶瓷
	硅铁泵	DB-G 型	3.6～191	16～60	2920	0.75～45		0～100	高硅铸铁 3Cr13
	钛泵	1H 型	6.3～400	5～125	1450、2900	0.55～160	不含固体颗粒的各种腐蚀介质		钛或钛合金
	耐蚀泵	F 型	2～400	15～105	2960	0.75～132		−20～160	Cr18Ni12Mo2Ti Cr281Cr18Ni9
	塑料泵	FS 型	3.6～100.8	4.7～40	1450、2950	1.5～17	化学腐蚀介质	<60	环氧树脂玻璃钢 氯化聚醚塑料 三氟氯乙烯 酚醛塑料
		FS_1 型	26.5～28.5	20～25	2950	5.5			
		FS_2 型	94.5～100.8	49～57	2950	30			
		FSf 型	5～100	20～37	2950	2.2～17			
	C_4 钢泵	FC_1 型	25～55	22.5～35.5	2900	7.5～10	不含固体颗粒的各种浓度硝酸和硝硫混酸或其他强腐蚀介质	0～100	ZG00Cr14 Ni14Si4
		FC_{11} 型	3.6～190.8	15～103	1450、2900	0.8～40			
		BN 型	10～60	6.2～100	1450、2940	1.5～75			
	屏蔽泵	P 型	3.1～200	16～95	2950	0.75～37	不含固体颗粒的强腐蚀、易爆、有毒、昂贵、有放射性介质	0～100	铸铁 中碳钢 1Cr18Ni9Ti
		PM 型	25	60	2950	15			
		PW 型	1～4	40～60	2950	1.1～4			
		FPG 型	30	60	2950	15			
立式泵	深井泵	J 型	18～1000	24～191	1450、2950	11～225	不含固体颗粒井水	常温	铸铁黄铜 中碳钢
		JD 型	10～1450	25～99	1450、2950	5.5～460			
	液下泵	DB-Y 型	3.6～360	16～56.5	2950	0.8～75	清洁的酸、碱等有腐蚀性液体	−20～140	铸铁 1Cr18 Ni9 Cr28 Cr18Ni12 Mo2Ti
		FY 型	3.6～190.8	16～42	2950	1.1～40			
		YHL 型	2～20	14.5～32	1450、2950	1.1～7.5			
	低温泵	DL 型	85	28～364	2950	20～100	不含固体颗粒的腐蚀或非腐蚀介质	−105～180	铸铁 16Mn1Cr18 Ni9Cr18Ni12 Mo2Ti
		DLB 型	5～26	85～134	2950	22～30		−100～100	

2.4.2 离心泵的特性

离心泵出口流量 Q 与扬程 H 之间存在着一定的依赖关系，流量 Q 增大，扬程 H 变小，流量为零时，扬程最大，如图 1-5-2 所示，流量 Q 和扬程 H 沿着 ab 曲线变化。图中，ab 为扬程-流量曲线，cd 为功率曲线，

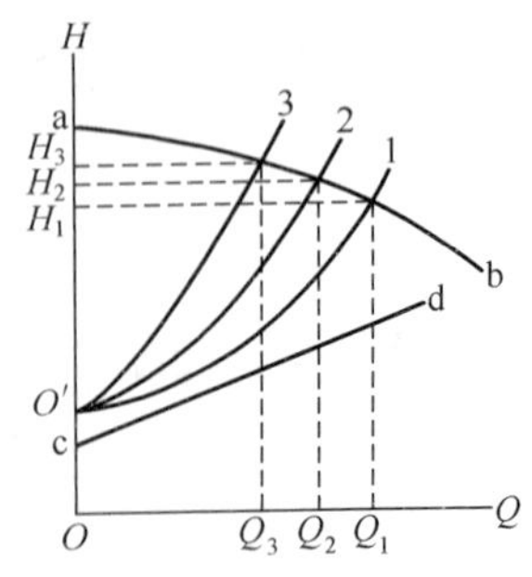

图 1-5-2　离心泵特性曲线

O'-1、O'-2、O'-3 分别为系统中不同阻力曲线。

某一工艺流程存在着系统阻力，（阻力来自管道、弯头、阀门、设备等），对应某一系统阻力，便有一组确定的流量与扬程。例如，对应系统阻力 O'-1，便有相应的流量 Q_1 和扬程 H_1，对于系统阻力 O'-2，便有相应的流量 Q_2 和 H_2，对于系统阻力 O'_1-3，便有相应的流量 Q_3 和 H_3，显然，系统阻力越大，泵的扬程越大，而流量越小。由图 1-5-2 可知，O'-2 阻力大于 O'-1 阻力，则 $H_2 > H_1$，$Q_2 < Q_1$。

系统阻力的大小可以通过调节泵进、出口阀门的开度实现。对于确定的泵系统来说，当出口阀门全开时，系统的阻力最小，而对应的流量最大，扬程最小，功率最大。当出口阀门关死时，系统阻力最大，流量为零，扬程最大（为有限值），功率最小。所以在离心泵启动时，为了避免原动机超载，出口阀门不可全开。应当先将出口阀门关闭，在泵启动后再慢慢地打开，这样可以避免原动机启动时超载。只要泵腔中充满液体（避免口环、轴封等干摩擦），离心泵在出口阀门关闭时，允许短时间的运行。在运行当中，可以通过调节出口阀门开度而得到离心泵性能范围内的任一组流量与扬程。当然，泵在设计工况点运行时效率最高。

3　机械保护系统

3.1　概述

在石油、化工、电力、冶金、造纸等行业使用着大量传动设备，诸如透平、压缩机、鼓风机、电机、泵、风扇等往复式运动机械和旋转机械。这些机械设备运行状态直接关系到企业生产状况、安全与稳定，从而进一步关系到企业的经济效益，是每一个企业管理者所关心的问题。通过机械设备运行状态的监控与评估，将使机械设备危险情况或灾难性事故的发生减少至最小程度，从而增加企业生产的安全性、可靠性；通过机械设备运行状态的监控与评估，减少加工工艺偏差，保证加工产品质量；同时对机械设备维修更有针对性和计划性，使设备维修，小修和大修更有效，最大限度地提高设备的使用年限。自 20 世纪 90 年代以来，各企业主管设备的领导和技术人员对机械运行状态的监测和评估越来越重视。

旋转和往复式运动机械保护系统，一般由轴振动趋近式传感器系统、动态能量传感器、壳体振动传感器系统、扭矩测量传感器等各类传感器监测旋转和往复机械轴的径向振动振幅以及径向位置、轴承位置、机壳振动、轴转速、摆度和偏心等系数，通过电缆在各类指示表上显示指示出来。现在流行的保护表主要有两种类型，即多通道、框架型和单通道变速器型。国际上著名生产厂商有美国本特利内华达公司、派利斯公司和罗克韦尔属下的恩泰克—爱迪公司。

机械保护系统这些仪表，大部分作为设备附件，或设备配套部件，在出售机械设备的同时，一同出售，往往被看成是机械设备的一个组成部分。然而机械保护系统中各类监测传感器、以及各类指示仪表均属仪表范畴。所以机械保护系统界于机械设备和仪表自动化之间，在工厂里，它介于机修和仪表之间［机动科（处）与计量科（处）之间］，大部分企业将机械保护系统列入设备管理，不少企业仪表工对这类仪表不是很熟悉。

随着机械保护系统的发展，采用微处理技术，使机械保护系统进入信息化和计算机化，仪表自动化倾向越来越强，仪表自动化工程技术人员和仪表工应该更多地予以关注和学习，了解机械保护系统。

3.2　3500 监测系统

3500 监测系统是美国本特利内华达公司(BENTLY-Nevada INC.)最新产品，是一个全功能监测系统。介绍如下。

3.2.1　特点

（1）增加操作者信息量　3500 系统设计应用了最新微处理器技术，在向操作人员提供更多信息的同时，其信息的表达形式也更易于被用户所理解，这些信息及表达形式如下：

① 改进数据设计；
② 通频振幅；
③ 探头间隙电压；
④ 1 倍频振幅和相位；
⑤ 2 倍频振幅和相位；
⑥ 非 1 倍频振幅；
⑦ 以 Windows 为基础的操作者显示软件；
⑧ 数据能够在多种场所进行显示。

3500 系统具有 3 种独立接口：

① 数据管理接口（瞬态数据外部接口或动态数据外部接口）；

② 组态 1 数据接口；

③ 通信网关（支持可编程序控制器 PLC、过程控制计算机、集散控制系统 DCS 和以 PC 机为基础的控制系统）。

监测数据和设备运行状态可以通过这些独立接口在下列设备中得到显示，使操作者在使用中更得心应手：

① 本特利内华达公司的数据管理系统 2000（DM2000）；

② 本特利内华达公司的 3500 操作员显示软件；

③ 远程显示面板；

④ DCS 或 PLC 显示监视单元。

（2）提高了与工厂过程控制计算机系统的集成度　3500 系统通信网关支持 Modbos® 协议，其振动和过程量的时间同步。在安装现场，通过软件可以很方便地调整监测器的选项，如量程范围、传感器输入、记录仪输出、报警时间延迟、报警逻辑表决和继电器组态等。

3500 系统通过接口和工厂 DCS 相连，增加了控制系统的集成度。

（3）降低安装和维修费用　3500 系统降低电缆连接费用，它与大多数本特利内华达公司的现有产品兼容。由于 3500 系统提高了空间利用率，便于组态，减少备件，提高了耐用性，减少了维修费用。

（4）提高了可靠性　3500 系统采用备用电源，对单点故障提供保护，有三重冗余继电器卡件，备有冗余通信网关，其可靠性大大提高。

3.2.2　组件

3500 监测系统由安装在框架中的下列模块组成（如图 1-5-3 所示）：

① 1 块或 2 块电源模块　　3500/15；

② 框架接口模块　　3500/20；

③ 位置监测器模块　　3000/45；

④ 键相位模块（最多两块）　　3500/25，3500/40；

⑤ 继电器模块（标准或三重冗余）　　3500/34；

⑥ 位移、速度、加速度监测模块　　3500/42；

⑦ 航空用监测器模块　　3500/44；

⑧ 温度监测器模块　　3500/60，3500/61；

⑨ 转速模块　　3500/50；

⑩ 超速保护系统模块　　3500/53；

⑪ 过程变量监测模块　　3500/62；

⑫ 系统显示模块　　3500/93；

⑬ 通信网关模块　　3500/92，3500/90；

⑭ 动态压力监测模块　　3500/64；

⑮ 汽缸压力监测模块　　3500/77M。

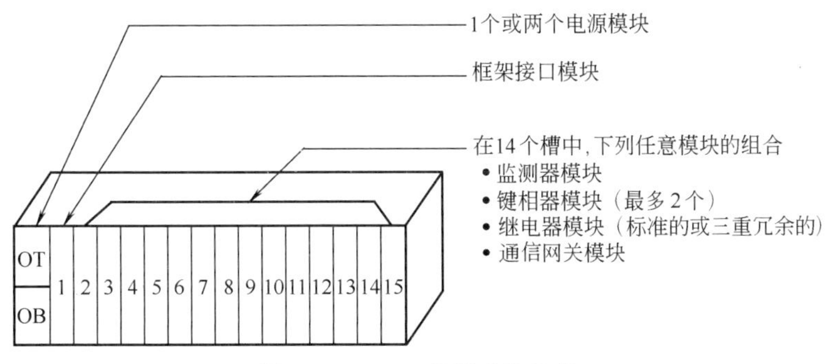

图 1-5-3　3500 监测系统组件

框架可采用面板安装、机柜安装和隔板安装。电源模块和框架接口模块必须安装在框架最左边的位置上。其余 14 个框架位置可由任意一个模块所占用。三重冗余模块系统（TMR）对某些模块的安装位置有所限制。

电源模块是个半高的模块，既有交流型（AC）也有直流型（DC）。可以在框架中安装一个或两个电源模块。每个模块均可独立对整个框架供电。

框架接口模块是一个全高型模块，它的主要功能是与主计算机、本特利内华达公司的通信处理器以及框架中其他模块通信。它还可以管理系统事件列表和报警事件列表。这个模块可以用菊花链的形式与其他框架中的框架接口模块相连接，也可以与数据采集系统/DDE服务器软件系统相连接。

3.2.3 三重冗余（TMR）系统

随着人们对安全意识的日益增强，因而对系统可靠性的要求也越来越迫切。我们必须仔细评价监测系统所有组成部件，从基本元件（传感器，热电偶、压力传感器等），以及监测与控制系统，直至最后的元件（调节阀、停车阀、燃料系统等）性能，以保证其可靠性水平能够满足实际应用的要求。

3500系统通过应用过程危险分析（PHA：Process Hazard Analysis），可完全确定3500组态的需求，有6种组态可以选取：

① 标准系统；

② 具有备用电源的标准系统；

③ 具有单独（总线）输入和单独终端的三重冗余3500框架；

④ 具有单独（总线）输入和三重冗余终端的三重冗余3500框架；

⑤ 具有三重冗余输入和单独终端的三重冗余3500框架；

⑥ 具有全部三重冗余信号通道，从输入到终端的三重冗余3500框架。

三重冗余继电器模块运行在三重冗余模块系统中，两个半高三重冗余继电器模块必须在同一个槽位中运行。

（1）单独传感器系统配合三重监测器和三重冗余继电器　当传动设备每一个检测点不可能安装3个传感器的情况下，3500系统将提供一个单独的输入（Bussed I/O），一旦该信号进入这个系统中后，它将自动地被送到3个不同的信号通路。这些信号再被送到3个监测器中，在这里单独地处理这一信号。这将保证系统中一个监测器发生故障时，不会导致单点失效。来自每个监测器的报警信号将被送到具有三选二逻辑表决功能的三重冗余继电器中，见图1-5-4。

（2）具有三重冗余继电器输出的三重传感器和监测器系统　这个组态包括在机械设备上同时安装3个传感器，三条信号通道通过监测系统驱动一个三重冗余继电器。在此情况下，每个传感器信号通过3个独立的通道进入系统。一旦信号进入系统，它将被送到3个监测器，在这里这些信号将被独立地进行处理。这就保证了在1个监测器上发生了故障，将不会影响这个信号点的正常工作。来自于每个监测器的报警信号将被送到具有三选二逻辑表决功能的三重冗余继电器中。见图1-5-5。

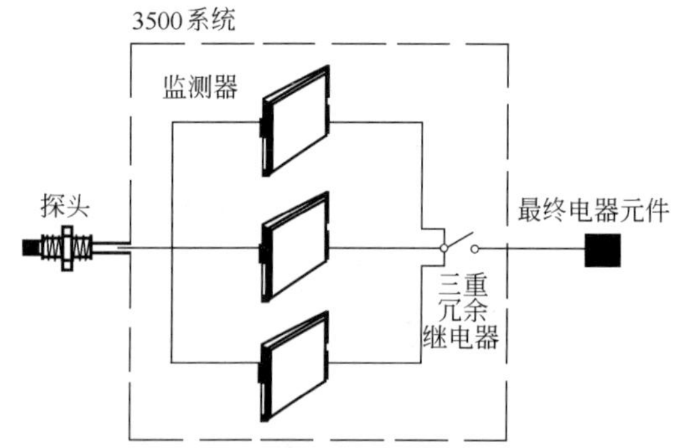

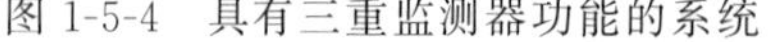
图1-5-4　具有三重监测器功能的系统

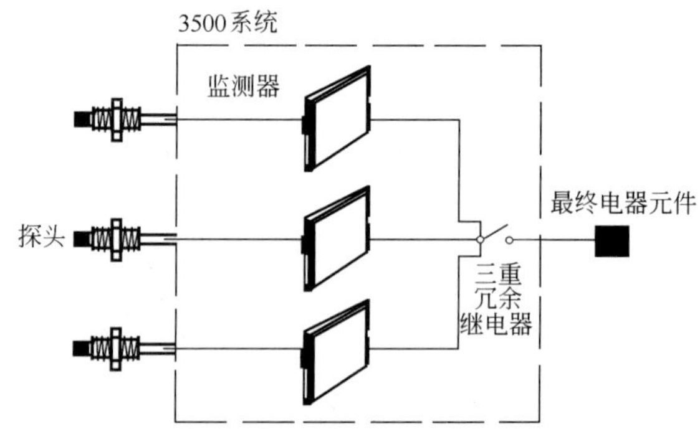

图1-5-5　具有3个探头及三重监测器功能的系统

若将3500监测系统作为一个三重冗余系统运行，需要安装下列模块：

① 三重冗余模式的一个框架接口模块；

② 两个电源模块（如果一个发生故障，另一个将自动进入工作状态而不会中断框架的运行）；

③ 两个在同一槽位中的键相位模块（如果需要键相位信号的情况下）；

④ 两个在同一个槽位的三重冗余继电器模块（如果需要继电器时）；

⑤ 3个安装在相邻槽位的完全相同的监测器模块；

⑥ 两个或3个安装在相邻槽位的通信网关模块（如果要求与外部设备通信时）。

图1-5-6显示了一个典型的具有三重冗余继电器的三重冗余框架。这种组态要求在框架中每3个相同的监测器模块要有一个三重冗余继电器模块，来自这3个监测器的报警信号，通过框架组态软件，定义给三重冗余

继电器模块。

另一类型是具有公共继电器的三重冗余框架。这种组态允许一个三重冗余继电器模块支持多个三重冗余监测器组。来自每个监测器组的报警信号通过“或”逻辑连接后提供给公共的报警继电器和危险继电器。可应用框架组态软件对继电器组态，如图 1-5-7 所示。

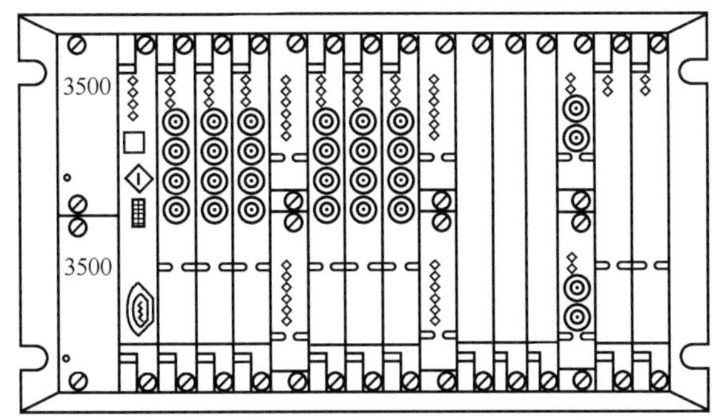

图 1-5-6 典型的具有各自继电器的三重冗余 3500 框架

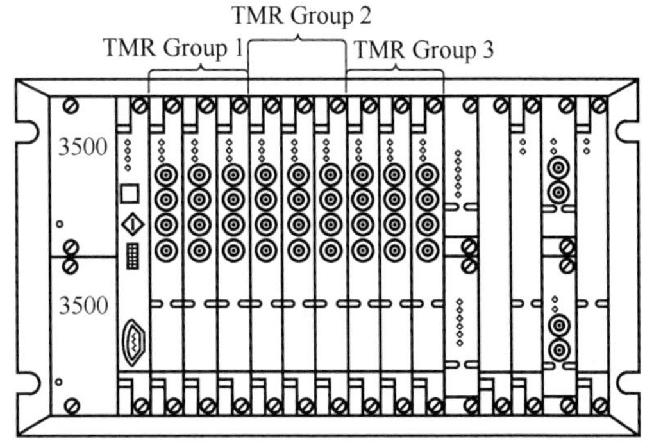

图 1-5-7 典型的具有公共继电器的三重冗余 3500 框架

3.2.4 3500/92 通信网关

（1）特性 3500/92 通信网关是 3500 系统主要通信通道。它采用工业标准网络接口，工业标准通信协议和有力的组态功能，可以直接取代原来的 3500/90 通信网关。

3500/92 通信网关为 3500 系统提供以太网 TCP/IP 接口，这个接口可以与 3500 组态软件和 3500 数据收集软件，同时还可以与第三方面系统进行通信。除 TCP/IP接口外，该系统具有 Modicon（莫迪康）新的 Modbus/TCP 协议。Modbus/TCP 基本上是一个工业标准 Modbus® 协议，其通信被设计成能覆盖整个以太网 TCP/IP（Modbus® 是 Modicon 公司的注册简标）。

3500/92 能够直接给控制系统（DCS）、可编程序控制器（PLC）或者人机界面提供数据。

3500/92 适用的接口除了原来的 RS 232/422 及 RS 485 I/O 模块之外，还有新型的 Ethernet/RS 232 和 Ethernet/RS 485 I/O 模块。

3500/92 采用可组态的实用 Modbus 寄存器，能有效地把不同的比例值、设置点、各种情况等组态到一个 Modbus 寄存器的一个相邻的组里，从而降低系统集成电路对网关装置进行组态所消耗的时间，可以最大限度降低要求用来检查 3500 框架上的网关卡的数量，从而降低总的硬件费用。

3500/92 网关加上了 Modbus 组态文件，用以帮助简化组态过程。组态文件包含有下列信息：

① Modbus 寄存器数量；
② 监测器的说明；
③ 槽位的位置；
④ 通道的位置；
⑤ 通道的形式；
⑥ 数值形式；
⑦ 最大、最小比例值；
⑧ 最大、最小浮动点值；
⑨ 单位；
⑩ 刻度因子。

3500/92 通信网关模块具有双向通信功能。它不仅收集 3500 监测系统的数据传输给控制、显示系统，而且控制系统也能通过它对 3500 系统发出命令，诸如框架时钟设置、框架报警抑制、通道报警设置点变化，框架跳闸倍增（即把危险报警点提高 2 或 3 倍）、框架复位等。可以免去过去习惯的安装方法，简化成简单的（或可选冗余的）串行通信通路。

（2）技术规格

① 输入功率消耗 典型的 Modbus® RS 232/RS 422 I/O 模块，5.0W。

典型的 Modbus RS 485 I/O 模块，5.6W。

② 数据形式 从框架中其他模块通过高速 internal 网收集数据，诸如具有时间标记的当前比例值、模块状态和当前报警情况。

返回的确切数据形式，取决于模块形式和通道的组态。

③ 升级时间 数据收集速率取决于框架组态，但是对于在 3500 框架中的所有模块，不能超过 1s。

④ 输出　前面板 OK 发光二极管，当 3500/92 运行正常时发亮。

TX/RX 发光二极管，它在 3500 框架中，当 3500/92 与其他模块正在通信时，它进行指示。

⑤ 协议　本特利公司主要协议：在整个以太网 TCP/IP 中，与 3500 组态软件和 3500 数据收集以及显示软件进行通信。

Modbus® 基于 AEG Modicon PI-MBUS-300 的参考手册，用户远距离终端装置（RTU）传递模式。

⑥ 以太网　通信线路：以太网，10Mbps 并和 IEEE802.3 一致。

协议：以太网 TCP/IP 系统和 Modbus/TCP。

连接：RJ-45（电话 jack 类型）用于 10BASE-T 以太网电缆线路。

3.2.5　3500/53 超速保护系统

（1）特点　5300/53 机械管理系统是一个高可靠性的平台，它可以与一个快速响应的三重冗余的转速测量系统相结合，用于超速保护和管理。3500/53 具有高度的灵活性以适应不同用户的需要。当与总体 3500 平台一起使用时，3500/53 可用软件组态。3500/53 的一些特性和功能如下。

① 二或三通道系统　3500/53 可提供两通道或三通道系统。为确保最大程度地对关键保护参数的容错功能，推荐使用三通道系统。当三通道系统由于条件限制而不可行时，3500/53 系统具有足够的灵活性，以两通道系统来满足实际状况的要求。3500/53 既可以用于标准的也可以用于三重冗余（TMR）3500 系统。

② 板上测试　3500/53 装配一块板上频率发生器，系统测试变得容易。

③ 传感器 OK 检测　3500/53 检测所有传感器丢失的或多余的脉冲，并可以验证探头在电压 OK 极限范围内运行。

④ 独立的或非独立的表决　3500/53 可以向一个外部表决设备提供一个独立的继电器输出（独立表决），或者该系统可以在一个三选二或二选一的结构中进行表决，驱动它自身的继电器来启动停机动作。

⑤ 常带电（NE）或常不带电（NDE）继电器　常带电继电器使用户可以将继电器组态成当失电时改变状况。常不带电继电器在上电时改变状态。

⑥ 闭锁或非闭锁报警　当报警条件消除时，用户可以组态报警的状态。用户可以用人工或软件方式来复位锁定的报警点。

⑦ 与 DCS（集散控制系统）集成　通过串行数据接口或使用 3500 操作显示软件的 X-Windows，可以将 OPS（超速保护系统）如下数据传递给 DCS：

——当前转速；

——峰值转速；

——报警状态；

——OK 状态；

——设置点；

——软件开关。

⑧ 发光二极管（LEDs）　3500/53 超速保护模块具有 8 个发光二极管用来显示运行状态。

OK LED：模块正常运行时点亮。

传送/接收（TX/RX）LED：传送和接收。闪烁表示此模块正与框架内其他模块进行正常的通信。

旁路（By Pass）LED：用来指示 1 个或多个通道中，某些或所有报警功能被抑制。

测试模式（Test Mode）LED：用来指示 3500/53 处于测试状态。

报警（Alarm）LED：用来指示一个报警条件已发生和与之相联系的继电器已经动作。

⑨ 有效数据　每一超速保护模块可以给出专门的转速比例值。该模块同样也给出监测器和通道状态。

⑩ 模块状态

OK：指示模块工作正常。

警告/一级报警：指示 1 个或多个通道处于警告/一级报警状态。

危险/二级报警：指示 1 个或多个通道处于危险/二级报警状态。

旁路：用来指示 1 个或多个通道中，一些或所有报警功能被抑制。

组态错误：用来指示模块存在无效组态。

特殊报警抑制：用来指示在机械启动时模块上的 OK 检测触发器和报警功能被抑制。

⑪ 通道状态

OK：指示相关的通道工作正常。

警告/一级警告：指示相关的通道处于警告/一级警告状态。

危险/二级警告：指示相关的通道处于危险/二级警告状态。

旁路：用来指示相关通道中某些或全部报警功能被抑制。

特殊报警抑制：用来指示在机械设备启动时，通道的 OK 检测触发器和报警功能被抑制。

关闭：用来指示相关通道被关闭。

（2）技术规格

① 输入传感器　本特利内华达公司 3300　8mm 涡流传感器；7200　5mm、8mm、11mm、14mm 涡流传感器；3300RAM 涡流传感器或磁传感器。

② 输入功耗　8.0W。

③ 输入阻抗　20kΩ。

④ 输入信号　接收 1 个信号输入。

⑤ 前面板发光二极管输出

OK LED：指示 3500/53 模块工作正常。

传送/接收（TX/RX）LED：指示 3500/53 模块正在与 3500 框架内其他模块进行通信。

旁路（By Pass）LED：指示 3500/53 模块处于旁路状态。

测试模式（Test Mode）LED：指示 3500/53 模块处于测试状态。

报警（Alarm）LED：指示一个报警条件已发生和与之联系的继电器已动作。

⑥ 传感器缓冲输出　每 1 模块前部都有 1 个用于缓冲输出的同轴接头，每个接头均有短路和静电保护。

⑦ 输出阻抗　550Ω。

⑧ 传感器电源　−24V DC，最大 40mA。

⑨ 记录仪输出　4～20mA，输出值成比例于模块满量程范围（r/min）。模块运行不受记录仪输出短路的影响。

⑩ 电压容抗（Voltage Compliance）

（电流输出）：并联负载电压 0～+12V DC，负载电阻 0～600Ω。

⑪ 分辨率　室温下，0.3662μA 每比特±0.15%，在整个温度范围内误差±0.4%，大约每 100ms 刷新一次数据。

⑫ 继电器类型　单极双掷（SPDT）继电器，环氧树脂密封。

⑬ 继电器接触功率　最大开关功率为直流 120W，交流 600V·A。

⑭ 继电器阻抗负载　最大开关电流：5A，最小开关电流 100mA@5V DC；最大开关电压：直流 30V，交流 250V。

⑮ 继电器触点寿命　100000 次@5A，24V DC 或 120V AC。

⑯ 继电器工作方式　每一继电器都可以通过开关，选择成常带电或常不带电方式。

3.2.6　3500/45 差胀/轴向位置监视器

3500/45 监视器最基本的用途是：让机械设备运行中转子位置信号与设定的转子位置报警点进行比较，并驱动报警以提供对机械设备的保护；同时对于运行人员和维修人员来讲，得到一个重要的转轴位置信息。

（1）性能特点　3500/45 差胀/轴向位置监视器可接收趋近式涡流传感器、DC 线性可变微分变换器（DC LVDT）、AC 线性可变微分变换器（AC LVDT）和旋转电位计输入信号的 4 通道监视器。

由于有 4 个输入信号，它对输入信号进行调整，并将调整后的信号和用户可编程的报警信号进行比较。应用 3500 框架组态软件，3500/45 可被编程去完成任意的如下功能：

① 轴向位置　见图 1-5-8；

② 差胀　见图 1-5-9；

③ 标准单斜面差胀　见图 1-5-10；

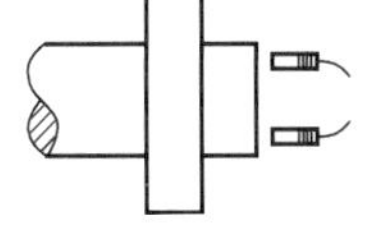

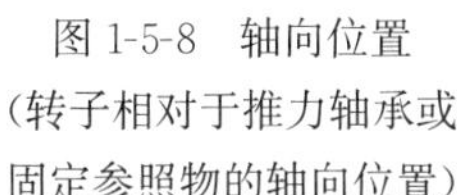

图 1-5-8　轴向位置
（转子相对于推力轴承或固定参照物的轴向位置）

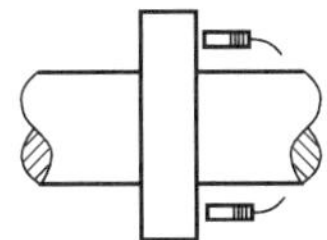

图 1-5-9　差胀
（轴相对于机壳的膨胀）

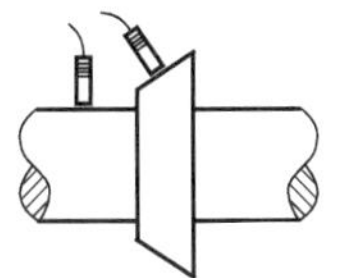

图 1-5-10　标准单斜面式差胀

④ 非标准单斜面差胀　见图 1-5-11；
⑤ 双斜面差胀　见图 1-5-12；
⑥ 补偿式差胀（CIDE）见图 1-5-13；
⑦ 壳胀　见图 1-5-14、图 1-5-15；
⑧ 阀门位置　见图 1-5-16。

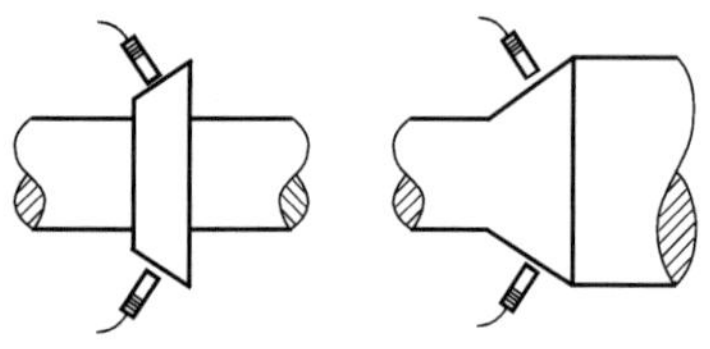

图 1-5-11　非标准单斜面式差胀

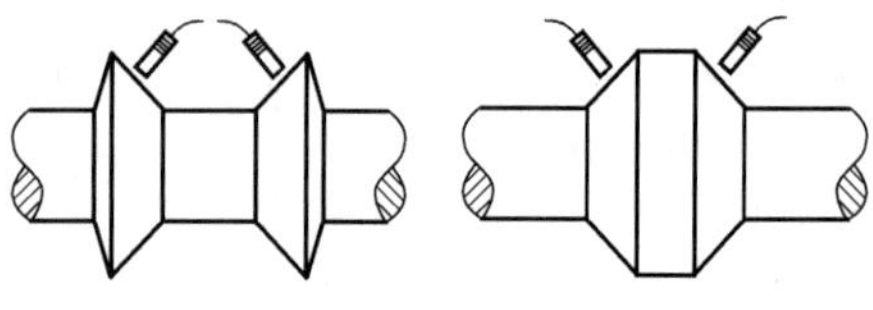

图 1-5-12　双斜面式差胀

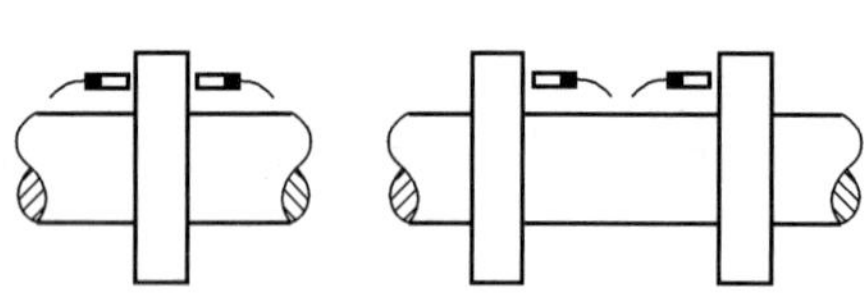

图 1-5-13　补偿输入式差胀（CIDE）（两个探头结合起来测量差胀，其测量范围增加到单探头测量的 2 倍）

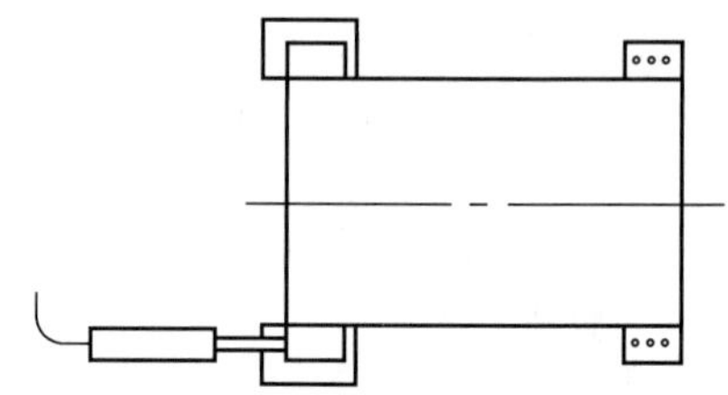

图 1-5-14　单壳胀（测量机器壳体相对于基础的膨胀）

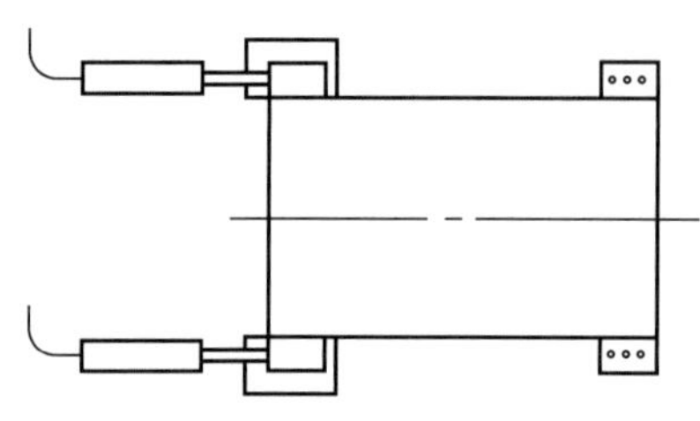

图 1-5-15　双壳胀

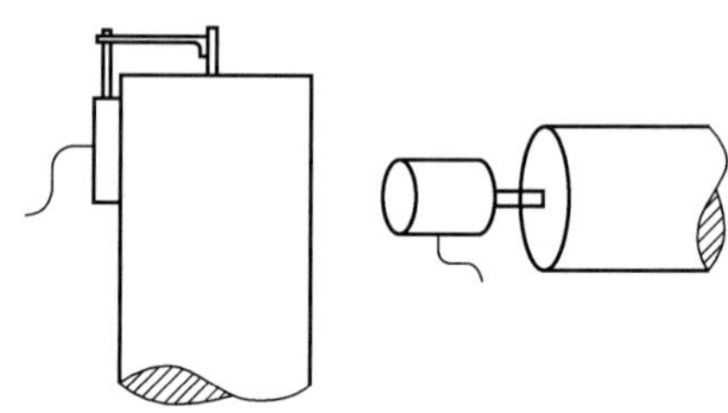

图 1-5-16　阀门位置（测量工艺注入孔阀门手柄相对于全冲程的位置或凸轮轴相对于全周旋转的转动位置）

监测器通道可成对编程，每次最多能完成上述的两个功能。通道 1 和 2 能完成一个功能，通道 3 和 4 能实现另外一个（或同一个）功能。需说明一点，只有通道 3 和 4 能实现壳胀监测。

3500/45，根据组态，每一通道可将输入信号调整为叫做“比例值”的多种参数。每一个有效比例值可组态为报警设置点，而任意两个有效比例值可组态为危险设置点。

3500/45 差胀/轴向位置监视器其传感器类型和测量关系见表 1-5-12。

表 1-5-12　根据测量种类所决定的传感器类型

测　　量	传感器类型	
	电涡流传感器	
轴向位移	3300XL 8mm 3300 8mm 3300 5mm 3300 16mm HTPS 7200 5mm 7200 8mm 7200 11mm	7200 14mm 3000(−18V) 3000(−24V) 3300RAM

续表

测量	传感器类型	
	电涡流传感器	
差胀	25mm 35mm 50mm	大范围传感器 大范围传感器 大范围传感器
斜面差胀	电涡流传感器(对于斜面通道)	电涡流传感器(对于平面通道)
	7200 11mm 7200 14mm 3300 16mm 25mm 大范围传感器 35mm 大范围传感器 50mm 大范围传感器 50mm 差胀传感器	除用于斜面通道的传感器外，还包括下述传感器： 3300XL 8mm 3300 8mm 7200 5mm 7200 8mm
补偿输入差胀	电涡流传感器	
	7200 11mm 7200 14mm 3300 16mm 25mm 大范围传感器	35mm 大范围传感器 50mm 大范围传感器 50mm 差胀传感器
壳胀(通道 3 和 4 有此功能)	大范围传感器 DCLVDT： 25mm(1in) 50mm(2in) 101mm(4in)	ACLVDT： 25mm(1in) 50mm(2in) 101mm(4in)
阀门位置	ACLVDT： 25mm(1in) 50mm(2in) 101mm(4in) 152mm(6in) 203mm(8in) 254mm(10in) 304mm(12in) 508mm(20in)	旋转电位计 转动角度范围从 50°至 300°

(2) 技术规格

① 输入信号　1 至 4 个信号输入。

② 输入阻抗　1MΩ (DC LVDT 输入)；10kΩ (电涡流传感器输入)；137kΩ (AC LVDT 输入)；200kΩ (旋转电位计输入)。

③ 功耗　典型值 7.7W，使用位置 I/O；典型值 8.5W，使用 AC LVDT I/O；典型值 5.6W，使用旋转电位计 I/O。

④ 灵敏度

轴向位置：3.94mV/micrometer(100mV/mil) 或 7.87mV/micrometer(200mV/mil)。

差胀：0.394V/mm(10mV/mil) 或 0.787V/mm(20mV/mil)。

斜面式差胀：0.394V/mm(10mV/mil) 或 0.787V/mm(20mV/mil) 或 3.94V/mm(100mV/mil) 或 7.87V/mm(200mV/mil)。

补偿输入差胀：0.394V/mm(10mV/mil)；或 0.78V/mm(20mV/mil)；或 3.94V/mm(100mV/mil)。

DC LVDT 壳胀：0.05V/mm(1.25V/in) 或 0.08V/mm(1.90V/in)；0.10V/mm(2.50V/in)；0.18 V/mm

(4.50V/in)；0.20V/mm(5.0V/in)；0.22V/mm(5.70V/in)。

AC LVDT 壳胀：28.74mV/V/mm(0.73mV/V/mil)；15.35mV/V/mm(0.39mV/V/mil)；9.45mV/V/mm(0.24mV/V/mil)。

AC LVDT 阀门位置：28.74mV/V/mm(0.73mV/V/mil)；15.35mV/V/mm(0.39mV/V/mil)；9.45mV/V/mm(0.24mV/V/mil)；10.24mV/V/mm(0.26mV/V/mil)；3.15mV/V/mm(0.08mV/V/mil)。

旋转电位计阀门位置：41mV/旋转一度。

⑤ 前面板发光二极管指示输出

OK：指示 3500/45 运行正常。

TX/RX：指示 3500/45 正在与 3500 框架内其他模块进行通信。

旁路：指示 3500/45 正处于旁路状态。

⑥ 传感器缓冲输出　在监视器前面板上每个通道对应有一个同轴接头。各同轴接头带有短路保护。当使用 DC LVDT 时，通道 3 和通道 4 是－10V DC 的电平转换。当使用 AC LVDT 时，所有通道均为由 LVDT 返回的交流信号的直流显示。

⑦ 输出阻抗　550Ω。

⑧ 传感器供电电源

电涡流传感器：－24V DC；

DC LVDT：15V DC；

AC LVDT：2.3V 有效值，3400Hz 正弦波；

旋转电位计：－12.38V DC。

⑨ 记录仪输出　4～20mA。数值和监视器满量程成正比。除斜坡式和补偿输入式差胀测量外，对应每一个通道可提供一个独立的记录仪输出值。监视器的运行不受记录仪输出短路的影响。

⑩ 恒压（电流输出）　0～12V DC 整个负载范围，负载阻抗 0～600Ω。

⑪ 分辨率　每比特（bit）为 0.3662μA，室温条件下误差±0.25%，整个温度范围内误差±0.7%，更新速率应不大于 100ms。

⑫ 信号调节　定义在 25℃（77℉）。

a. 轴向位置和差胀频率响应

通频值滤波：－3dB，1.2Hz 时

间隙值滤波：－3dB，0.41Hz 时

精度：标准值在满量程的±0.33%以内；最大值为±1%

b. 斜面式差胀频率响应

通频值滤波：－3dB，1.2Hz 时

间隙值滤波：－3dB，0.41Hz 时

精度：见表 1-5-13

表 1-5-13 显示了通道组态功能所定义的合成比例值的精度。

表 1-5-13　斜面差胀的精度

满量程最大百分比误差	通道对类型和组态参数		
	标准单斜面差胀	非标准单斜面差胀	双斜面差胀
±1.0	斜面角度 4°～70° 满量程范围大于 3V DC 每对通道为同类型传感器	斜面角度 4°～70° 满量程范围大于 3V DC	斜面角度 4°～70° 满量程范围大于 3V DC
±1.25	斜面角度 4°～70° 满量程范围大于 3V DC 每对通道为同类型传感器	未采用	未采用
±1.5	斜面角度 4°～70° 满量程范围大于 3V DC 各通道不同类型传感器	未采用	未采用
±2.0	斜面角度 4°～70° 满量程范围小于 3V DC 各通道同类型或不同类型传感器	斜面角度 4°～70° 满量程度范围小于 3V DC	斜面角度 4°～70° 满量程范围小于 3V DC

c. 补偿式输入差胀（CIDE）频率响应

通频值滤波：−3dB，1.2Hz 时

间隙值滤波：−3dB，0.41Hz 时

精度：标准值在满量程的±0.33%之内，最大值为±1%

d. 壳胀频率响应

通频值滤波：−3dB，1.2Hz 时

位置值滤波：−3dB，0.41Hz 时

精度：标准值在满量程的±0.33%之内，最大值为±1%

e. 阀门位置频率响应

通频值滤波：−3dB，1.2Hz 时

位置值滤波：−3dB，0.41Hz 时

精度：标准值在满量程的±0.33%，最大值为±1%

⑬ 报警点设定　监测器测量的值均可作为报警点，所测得的任意两个值可作为危险点。所有报警设置点均通过软件组态方式设定。报警值为可调节的，且通常可在各自测量值的满量程 0～100%范围内任意设定。基于传感器类型，对设置点也有所限制。报警的精度应在预定值的 0.13%之内。

⑭ 报警时间延迟　报警延迟可用软件编程，并可按如下设定。

警告：从 1s 到 60s，间隔为 1s。

危险：0.1s（标准）或 1s 到 60s，间隔为 1s。

⑮ 比例值　它是用于监测机械的位置或差胀的测量值。3500/45 差胀/轴向位置监测器根据组态返回以下比例值：

轴向位置　通频、间隙值；

差胀　通频值、间隙值；

斜面式差胀　合成值、通频值、间隙值；

补偿式输入差胀　合成值、通频值、间隙值；

壳胀　合成值、通频值、位置值；

阀门位置　通频值、位置值。

3.3　PT2010 多通道保护表

PT2010 多通道保护表是美国派利斯公司（PALACETEK，INC.）产品，其外观如图 1-5-17 所示。

图 1-5-17　PT2010 多通道保护表

3.3.1　特点

(1) PT2010 旋转机械监测系统采用积木式模块化结构　一个 PT2010 系统包括框架、双冗余电源、系统监测器、数字显示器，以及下列监测表/仪表及其相应的传感系统的任意组合：双通道振动监测表、双通道轴向位置监测表、双通道机壳振动监测表、双通道摆度/偏心监测表、双通道转速监测表、双通道差胀监测表、双通道机壳膨胀表、双通道过程量表、双通道压力脉动表等。

PT2010 系统采用积木式模块方式，使得它可以适用于多方面的要求。当用户要求把监测系统增大时，只要适当地添置相应的监测表，更换显示芯片，增加很少投资，就可很经济地进行这一项工作。

（2）高度的可靠性　PT2010 系统提供可靠的微处理器技术，具有自检程序以及容错硬件。PT2010 系统能够监测它自己，以保证用户能得到对机械连续地、正常地保护。每个 PT2010 系统监测器都具有上电自检、周期自检，这些检查最大限度地保证系统的正常运行以及方便操作者，被检查出的错误在相应监测表以 OK 发光二极管的状态显示出来。每一监测表的电路板都应用了在微处理器信息技术领域中的最新成就，以提供超群的灵活性、可靠性，同时具有合理的价格。

（3）读取数据和操作方便　PT2010 系统具有独特的 3 层显示功能：PT2010 的各通道可以用发光二极管显示通道的瞬时状态；也可以通过观察棒状图得到通道的瞬时值；第三即通过读取右边的 5 位数码管显示，可以极大地方便现场操作人员的数据记录。

大多数监测表的数据读取是通过直接观察发光管棒状图，这种显示的特点是高对比度和更宽的视角。派利斯公司的双通道监测表连续提供每一通道的显示，与众不同的是，该棒状图使用发光管技术，在光线很暗的控制室也可使操作者对系统的所有监测状态一目了然。

整个系统的状态，每个监测表以至每个通道的状态，都可以不用运行人员的任何操作而观察到（即不需按任何按键，不需任何控制面板等）。这一点使运行人员的工作十分简单、方便。监测表在前板上的发光二极管提供了每个通道的状态指示（OK、报警、联锁），以及适当的监测表模式。LED 提供便捷的、精确的监测参数的读取而不需任何机械部件的操作，其寿命也长。

（4）简捷灵活　PT2010 系统提供的灵活性，不仅能在订货时体会到，而且在运行安装时也能体会到。

PT2010 系统采用插入式编程短块，可不用计算机而进行所希望的组态编程。组态时，由操作者根据监测表面板上的组态图，将这些短块非常简单地插入监测表面板上的指示位置而完成编程。微处理器会连续地检查编程短块的位置，以对其操作起到的作用设置到监测表中去。编程短块的完好连接性已被证明与焊接或硬钢丝连接一样有效。

通过前面板上的控制，调整硬件编程可以很容易地选择和改变。它从不需要任何编程模块或工具，而所谓控制也只是为了避免未经授权许可就进行选项变更而在前面板上进行一些简单操作。由于派利斯公司的容错编程技术，这种信息是不易丢失的。这最大可能地保证系统在长久、良好的状态下工作所需要的可靠性和完整性。

（5）PT2010 系统的标准功能

① 每个通道独立可调的两个独立报警点　所有 PT2010 系列监测表都有此编程可选功能。它使监测表的每个通道有独立的参数。报警点是连续可调的。改变报警点必须打开前面显示板，并通过调节相应电位器进行更改时才有效。一些监测表还具有“外围”的报警。

② 上电抑制　减少由于传感器回路电压波动或断电，以及相应再上电而产生的误报警。上电抑制这一功能在电压稳定后起作用，抑制报警时间为 20s，此时若选择有延时 OK、通道失效，该功能开始起作用。

③ 电源双冗余　电源模块双冗余，从根本上解决了电源故障可能造成的事故。

④ 5 位数字显示　最右边是控制显示模块，该模块具有 5 位的数字显示器，大大方便了用户记录数据。

⑤ 自检　PT2010 系统可进行自检通电自检、周期性自检、用户启动自检 3 种自检功能。自检有助于在现场寻找及排除故障，它可用于生产的不同阶段。这对于使用者，可以增加对机器的保护以及信息系统能够正常运行的信息。

⑥ 内置式继电器模块　没有继电器与框架的外部连线。这样可以使用户安装容易，并可使由现场连线发生错误的机会减至最少。也不需要在另外的地方去安装继电器，最大尺寸的 PT2010 系统框架可以容纳 32 个继电器（每个监测表 4 个），继电器用环氧树脂密封。

⑦ 键相位器输入　使用 PT2010/51 转速监测表可以连接 2 个键相信号。输出标准的 TTL 信号。键相位信号可以从转速监测器前面板的同轴电缆接头上获得，亦可当监测表需要一个键相位信号时由监测表框架背板上提供。

⑧ 同轴电缆接头　同轴电缆接头位于监测表的前面板上的端子接线上。它们不需要特殊的电缆或开关就可提供传感器的动态缓冲信号。可使用户快速地且更方便地将其与诊断或预测性维修仪表相连接。

3.3.2　系统的基本组成

PT2010 系统采用积木式的设计，系统的设置、安装以及维修都很简单。

PT2010 多通道保护表由 PT2010/99 系统框架、PT2010/90 冗余电源、PT2010/91 系统监测器、PT2010/92 系统显示控制器，以及可选用的各类监测表所组成。各类监测表是：

PT2010/21 双通道 XY 振动监测表；

PT2010/22 双通道轴向位置监测表；

PT2010/11 双通道机壳振动（加速度/速度/位移）监测表；

PT2010/51 双通道转速/键相监测表；

PT2010/25 双通道摆度/偏心监测表；

PT2010/26 双通道差胀监测表；

PT2010/61 双通道过程监测表；

PT2010/62 双通道机壳膨胀监测表；

PT2010/63 双通道压力脉动监测表。

PT2010/99 框架有各种不同尺寸，可以容纳 1～8 个监测表，亦可扩展最多至 16 个通道。框架最右边的位置被指定为电源位置，紧靠电源的位置用于安装系统监测器，其余的位置可以安装其他任何类型的监测表。

PT2010 框架背板接线端子如图 1-5-18 所示。

PT2010/90 冗余电源能可靠地、有力地存储多达 8 个监测表、系统监视器、显示器及与它们相连的传感器

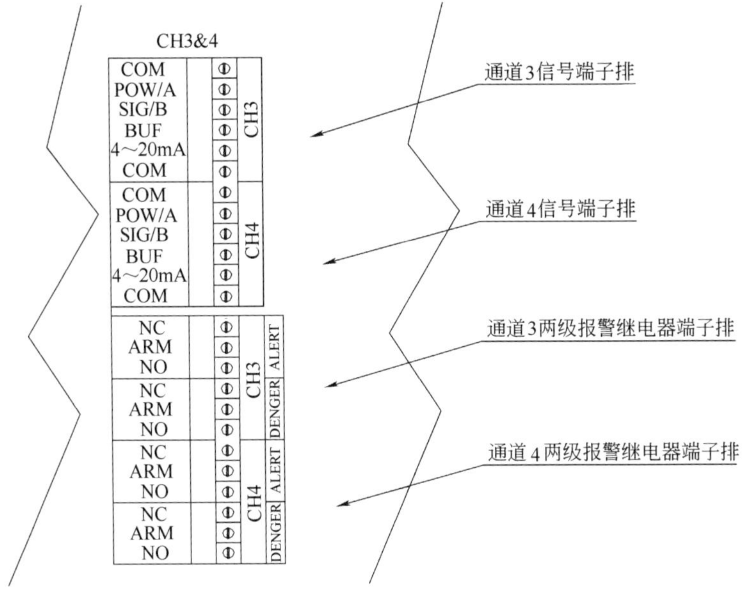

(a) PT2010背板各通道接线端子示意图

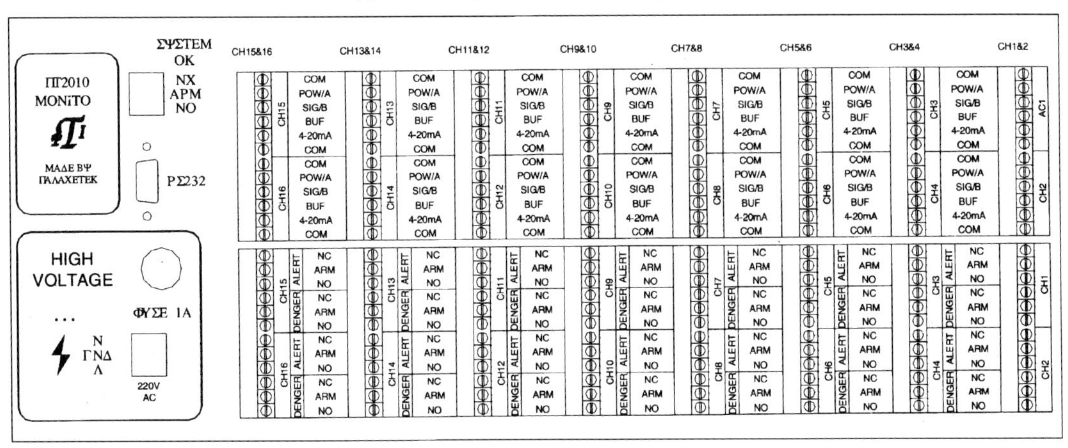

(b) PT2010背板总接线端子示意图

图 1-5-18 PT2010 框架背板接线端子示意图

提供的电源。PT2010/90 电源是为 PT2010 系统提供连续电源而特殊设计的。由于它的重负载设计，使得在同一框架内不再需要第二个电源。它可将 220V AC/110V AC 交流电压转变成直流电压，以供安装在此框架中的监测表使用。

PT2010/90 电源是双冗余电源。该电源模块的任何输出电压均为双冗余。冗余电压大大地增强了系统的可靠性。

(1) PT2010/91 系统监视器　PT2010/91 是监测系统中特有的部件，它对监测系统进行监测。同时它还具有通信功能，可以和派利斯公司计算机化的监测表进行通信，也可以和过程计算机进行通信。根据不同的选项，系统监测器 PT2010/91 在 PT2010 多通道保护表中有如下功能：

① 对框架中所有监测表进行监测；

② 具有串行数据接口，使用 RS 232 串行数据协议，在传感器以及监测表中的数据与过程计算机控制系统 (DCS)、PLC 系统以及其他设备之间进行通信；

③ 对系统电源及其冗余性进行监测，如果一组电源有问题，位于系统监测器前面板的 OK 发光二极管熄灭；

④ 控制显示器；

⑤ 继电器输出“SYSTEM OK”系统运行正常指示。

系统监测器对监测器的监测，不会影响监测系统的正常运转。因为这种监测是不直接连接到监测通道上，它是通过提供系统的正常（OK）功能，即在框架中每一个监测表内都有数个 OK 电路，它会连续检查与它相关的传感器，以及外部连线的状况。系统监测器通过显示面板上的 OK 指示灯来监测供给框架的外界电源是否断电、系统电源是否正常工作等情况。

在系统监测器的后面板上，有一个 OK 继电器，该继电器具有在监测系统工作正常的情况下通电闭合的功能。当系统自检有问题或者系统电源电压有问题时，该继电器断开，并通报给上位机以示故障。

PT2010/91 系统监测器还具备通电抑制功能和微处理器自检功能。通电抑制功能可把由于瞬间的电源波动或者断电，以及随之而来的重新供电所带来的误报警减少到最低限度。这一切可能在电源稳定之后，抑制所有报警约 2s，然后恢复系统的所有报警功能。

通过微处理器自检功能，系统监测器会检查各种电压电平，而这些电压对系统的正常运行是非常重要的。在正常运行情况下，位于系统监测器前面板的 OK 发光二极管亮，这表示电压电平正常。如果某一电压发生问题，则发光二极管熄灭。

(2) PT2010/92 系统显示控制器　PT2010 监测系统不仅有状态显示、棒状图显示，而且还有各通道的数据进行实时显示。PT2010/92 可以显示 5 位各通道的数值，亦可以显示各通道的间隙电压。PT2010/92 具有通道自动巡检功能。巡检间隔时间 5s，即 5s 以后显示控制器再次自动扫描各个通道，亦可以固定在某一个通道上连续显示。

系统显示控制器下方有一个绿色发光二极管的 OK 指示灯，用以系统连续地、瞬时监视内部的各种运行状态。例如多模块的冗余电压的输出、各模块的一次表的供电、模块的正常工作状态等。如果系统有问题发生，自检通不过，则系统的 OK 灯熄灭（SYSTEM OK），而且背板的 OK 继电器由正常通电状态（Normally Energized）变为不通电状态（Normally De-energized），亦可以现场驱动声光报警器，提醒操作人员。

3.3.3　PT2010/22 双通道轴向位置监测表

(1) 功能与应用　对于许多旋转机械，诸如蒸汽轮机、燃气轮机、水轮机、离心式和轴流压缩机、离心泵等，轴承位置是一个十分重要的信号，过大的轴向位移，将引起机械设备损坏。PT2010/22 双通道轴承位置监测表，对于止推轴承损坏可提出早期报警。PT2010/22 接受两个趋近式探头传感器发送过来的信号，进行连续测量。趋近式探头安装在能够直接观察轴上法兰的位置处，这样能正确代表轴上法兰对于止推轴承的相对位置，可以知道两者之间的间隙。一般情况下，被测表面是轴上的止推法兰，或者轴上别的平面。建议安装两只探头，采用双选式安排，两个探头要能同时探测一个平面，平面应和轴是一个整体。通过轴向位置的探测，可以对止推轴承磨损与失效、平衡活塞的磨损与失效、止推法兰的转动、联轴节的锁住等进行判断。

轴向位置（轴向间隙）测量，往往与轴向振动混淆。轴向振动是指趋近式探头与被测的沿轴向的表面之间的距离的快速变动，这是一种轴的振动，用峰-峰值表示，它与平均间隙无关。有些故障可以导致轴向振动，例如压缩机的喘振和不对中即是。

PT2010/22 双通道轴向位置监测表对每个通道的报警和联锁报警，都可进行分别调节，都可以独立进行监视，并能连续地进行显示，还可以将信号输入上位机。每个通道都具有零参考点，以及双向（二个方向）的轴向位置报警和联锁报警，可用来监视轴向正方向和反方向的变化。它能给出工作情况的指示（监测表和传感器正常、报警、联锁的情况）。监视器同时还通过后面板的终端，对供给两个前置器的电源提供短路保护。指示工作正常的线路，连续地监视每个传感器及与之相连的电缆的工作情况。

PT2010/22 配备了计算机接口，利用派利斯公司标准的在线计算机化基础硬件和软件，以加强系统，使其数据计算机化时，不再需要其他附加的硬件，系统具有自检功能。

在轴向测量应用中，由于监测表可能把传感器的失效示成是轴向位移，导致错误报警，双通道轴向位置监测表将提供如下功能：对联锁报警继电器可以连接成“与门”或“非门”。两个传感器输入信号都加以缓冲处理。同时被送到位于信号输入、继电器模块上各自的终端，同时也被送到监测表前面板上的同心接头上。这些信号可用来直接接到故障诊断和预测维修的仪器上，而不需要特殊的电缆和接口。

（2）技术指标

① 输入信号　接受 1 个或 2 个非接触式涡流探头信号。

② 输入阻抗　＞100kΩ。

③ 功耗　正常耗电 2W。

④ 信号调节精度　±1%　满量程刻度。

⑤ 总监测值输出　4～20mA。正比于监测表的满量程。每个通道都有各自的总监测值输出，输出的短路并不影响监测表的运行。输出阻抗 0～750Ω。

⑥ 总监测值输出　1～5V。正比于监测表的满量程。每个通道都有各自的总监测值输出，输出短路并不影响监测表的运行。输出阻抗（电压输出）250Ω。

⑦ 缓冲输出　在前面板上，每一通道都有一个同轴接头，在后面板上每一通道都有一端子连接，所有这些都有短路保护。输出阻抗 250Ω。

⑧ 传感器电源电压　－24V DC，在各个监测表电路板上都有限流装置。

⑨ 报警设置点　对于两个通道，有振动报警和联锁报警设置点。报警点可以在 0～100%满量程内进行调节，并可设在数字显示精度之内（±0.1%）以达到要求的水平。一旦设定，报警精度可在满量程的±0.5%之内重复。

⑩ 继电器模块　每一监测表都安装 8 个报警继电器，每个通道拥有 4 个继电器。继电器分别设置为报警、联锁（高、高高、低、低低）。每个继电器均为单刀双掷 SPDT。容量：最高电压为 36V；最大电流为 2A。

⑪ 棒状图显示　表头：非转换的垂直发光棒状显示，每一通道都有 100 段显示。方向：正数值表示探头

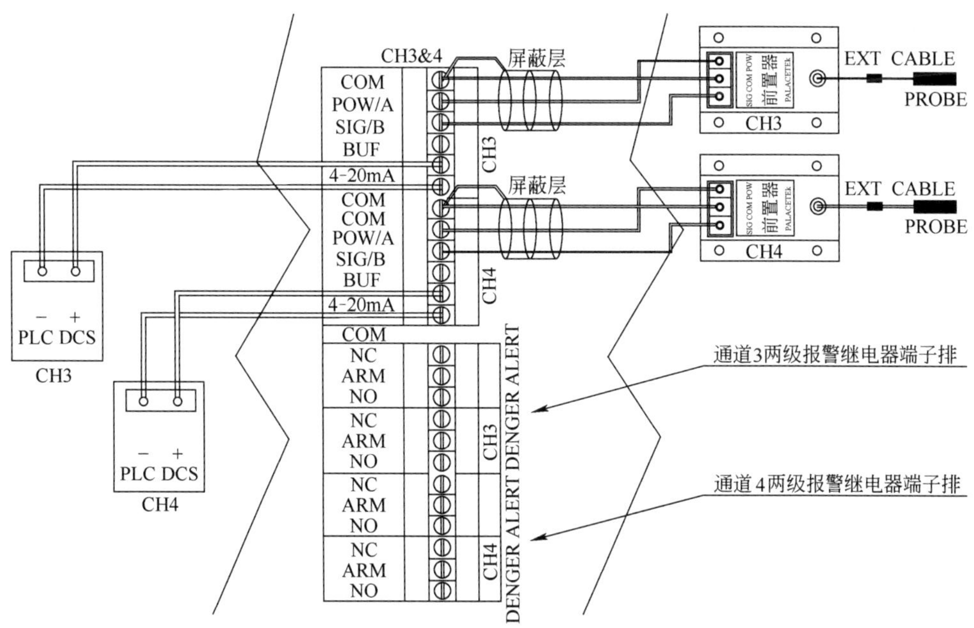

图 1-5-19　PT2010 接涡流传感器的背板接线端子（部分）现场接线图

远离被测物体；负数值表示探头接近被测物体。精度：在监测表满量程的±1.0%之内。

⑫ 发光二极管指示

OK：每一通道都有一个绿色发光二极管，指示监测表情况是否正常，以及与之相连的传感器及其连线的情况是否正常。如正常，则亮；如不正常，或者通道处于旁路状态，则灭。

报警：每一通道都有一个黄色发光二极管，指示报警状态。

联锁：每一通道都有一个红色发光二极管，指示联锁状态。

(3) 现场接线图　PT2010/22 双通道轴向位置监测表现场接线图，如图 1-5-19 所示。

3.3.4　PT2010/21 双通道 XY 振动监测表

评价旋转机械运行状态，轴的径向振动振幅以及径向位置是最重要的参数。很多机械故障，包括转子不平衡、不对中、轴承磨损、轴裂纹，以及发生摩擦，都可以通过这些参数测量进行探测。PT2010/21 双通道振动 XY（垂直与水平振动）监测表可提供高质量的在线监测，它适用于各种形式的旋转和往复式机械，它可连续测量并监测两个独立通道的径向振动。

(1) 功能特性　PT2010/21 双通道 XY 振动监测表测量并监测来自两个非接触式传感器的输入信号。两个通道的振动振幅的大小可由棒状图连续显示。为了对一个轴承进行全面的监测，应该在径向轴承附近，沿着轴向位置，在同一轴的截面上，安装两个互相垂直的探头（XY 互为垂直，夹角 90°）。不一定是垂直和水平，只要互相垂直即可。

PT2010/21 监测表可提供对装备有非接触式传感器机械的误机保护。PT2010/21 具有特殊功能的电路板，可以使得由发生故障的传感器、与之相连的电缆，以及由传感器电源所导致的误报警的可能性降至最低程度，加强了 PT2010 系统的可靠性。

PT2010/21 双通道振动监测表，对于径向振动的振幅，每一通道都有各自的报警和联锁报警设置点。它可提供状态指示（监测表以及传感器的 OK、报警、联锁），以及连续显示每个通道振动信号的峰-峰值振幅，还有总振动信号输出通过后面的端子板，该监测表可对两个传感器提供短路保护。其 OK 线路可连续监测每一个传感器，以及与其相连的现场电缆工作情况。两个通道都连续，并分别在监测表的光柱上显示其读数。

(2) 技术指标

① 输入信号　接受 1 个或 2 个非接触式涡流探头的信号。

② 输入阻抗　>100kΩ。

③ 灵敏度　7.87V/mm。

④ 功耗　2W。

⑤ 信号调节　频率响应：2～5000Hz±3dB（120～300000min）；精度：±1%。

⑥ 总监测值输出　4～20mA，正比于监测表的满量程。每个通道都有各自的总监测值输出，输出短路，并不影响监测表的运行。

最大负载阻抗　0～+24V DC 范围的跨接载荷，载荷阻抗为 0～750Ω。

⑦ 总监测值输出　1～5V，正比于监测表的满量程。每个通道都有各自的总监测值输出，输出短路并不影响监测表的运行。输出阻抗（电压输出）250Ω。

⑧ 缓冲输出　在前面板上，每一通道都有一个同轴接头，在后面板上每个通道都有一端子连接，所有这些都有短路保护。输出阻抗 250Ω。

⑨ 报警　对于两个通道，有振动报警和联锁报警设置点。报警点可以在 0～100%的满量程范围内进行调节，并可设在数字显示精度之内（±0.1%）以达到要求的水平。一旦设定，报警精度可在满量程的±0.5%之内重复。

⑩ 继电器模块　每一监测表都安装 4 个报警继电器，每个通道拥有 2 个继电器。它们分别设置报警、联锁。每个继电器均为单刀双掷 SPDT。容量：最高电压 36V，最大电流 2A。

⑪ 棒状图显示　非转换的垂直发光棒状显示，每一通道都有 100 段显示；精度：监测表满量程的±1.0%。

⑫ 发光二极管指示　OK：每一通道都有一个绿色发光二极管，指示监测表情况是否正常，以及与之相连的传感器和连线的情况是否正常，正常则亮，不正常或通道旁路则灯灭。

报警：每一通道都有一个黄色发光二极管指示报警状态。

联锁：每一通道都有一个红色发光二极管指示联锁状态。

3.4 奥德赛机器状态监测信息系统（EMONITOR ODYSSEY）

奥德赛机器状态监测信息系统是ENTEK IRD（恩泰克-爱迪）公司新一代完整的机器信息系统。这个系统的突出特点是集成了当代广泛采用的状态监测技术和全32位MiCrosoft Windows软件结构。

奥德赛机器状态监测系统架起了离线监测系统和在线监测系统之间的桥梁作用。它将来自便携式仪器、在线巡回检测系统和实时监测保护仪表（AP1670）的振动数据都集成到一个公共的数据库。油液分析数据、红外热像和工艺参数也可以集成到这个数据库。来自其他应用系统的结果可利用独特的Active X窗口显示（Microsoft的最新对象连接和嵌入技术）。通过这些数据将勾划出一个工厂机器运行状况的完整图画，见图1-5-20。

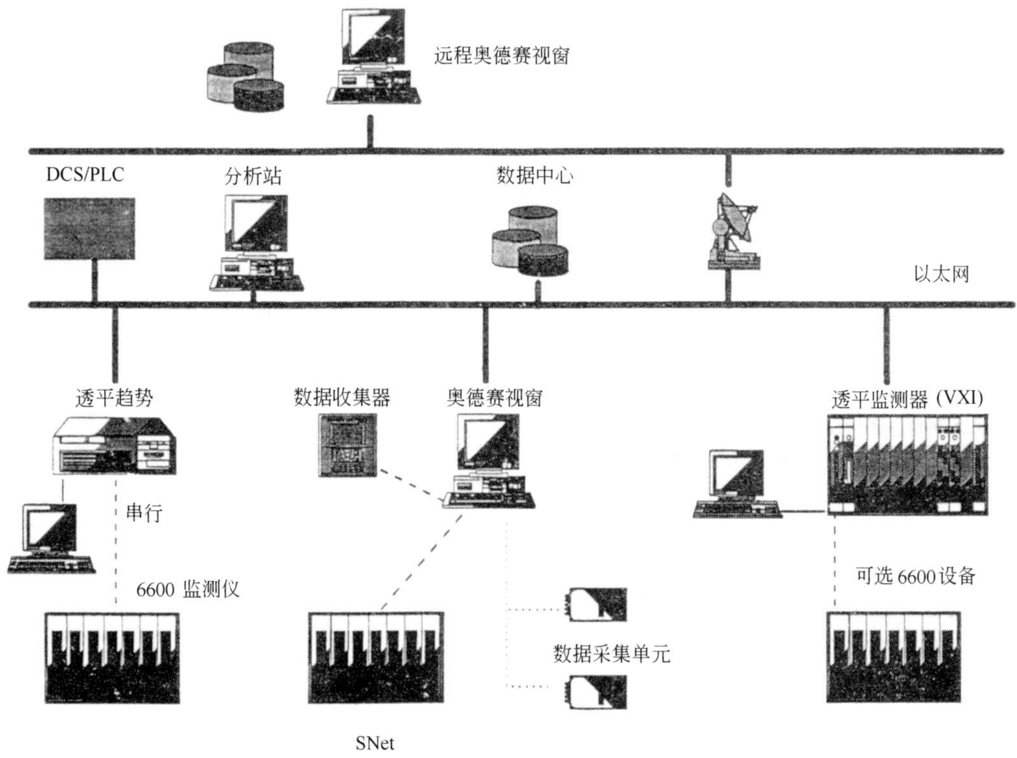

图1-5-20　数据采集系统图

32位软件结构利用了微软公司（Microsoft）的最新操作系统，确保用户的可靠性计划的实施和发展，优化存储管理、多任务和多进程等特点使系统最佳化。

3.4.1　性能特点

（1）工厂状态一目了然　奥德赛机器状态监测系统提供报警严重性等级指示，使用户对工厂机器运行状态一目了然。“状态”包括显示报警的数量和报警的等级，采用机器树形层次画面显示。任何底层监测点的最高等级报警在所有层次上都有指示，展开机器树形层次可迅速识别有问题的区域。通过报警记录和事件记录，可查询完整的机器和系统报警历史，并可以直接从报警记录切入诊断图形。

（2）自诊断功能　奥德赛机器状态监测系统（EMONITOR Odyssey）通过一系列功能强大的自动诊断工具，提供快速准确的故障识别。只要按一个键，用户就可在振动频谱上找出问题的根源。检测报告可在数据采集后自动生成或手动生成。

EMONITOR Odyssey Classic（奥德赛监测软件经典型）可识别超过报警限的频率成分。而EMONITOR Odyssey Deluxe（奥德赛监测软件豪华型）可识别对应振动峰值的机械故障。

（3）机器样板　奥德赛机器状态监测系统的数据库，由于采用独特的机器样板，完全超出人们对建立数据库的想像。通过自动化设置过程，机器样板使系统快速工作，使可靠性计划更有效。

每个样板对特定的设备设定位置、定义、报警以及储存周期。

（4）多种报警设定　要使一台设备可靠运行，合理定义报警范围是非常重要的事情。EMOTITOR

Odyssey（奥德赛机器状态监测系统）通过简单自动的设定功能，提供一系列最强大的报警设定。合理使用多种报警设定，可以延长机器维修周期而不冒风险，同时减少错误预报。多种报警设定起到了数据滤波器的作用，它帮助用户将注意力更集中于有问题的机器，识别问题的所在，找出故障的根源。

（5）异常数据存储　奥德赛机器状态监测系统使用先进的异常数据存储技术，保留有用的机器信息，丢弃无用的信息。这个功能对于在线监测是十分重要的。在线系统有可能在很短的时间被采集的数据占满了存储容量，为避免此问题，数据存储方法可以根据时间和事件标准进行优化。

（6）有效的数据库管理　EMONITOR Odyssey 集成各种状态监测技术数据，使数据实现更有效的数据库管理。在 Windows 95、Windows 98 和 Windows NT4.0 环境下以 32 位模式运行，奥德赛机器状态监测系统提供完善的 Windows 用户界面，显示有按钮、菜单和图标。EMONITOR Odyssey 采用客户服务器结构，适用于所有单用户、局域网（LAN）和广域网（WAN）系统，提供多种数据库支持，以便于与大部分工业信息系统相兼容。

EMONITOR Odyssey 允许用户修改显示窗口，以适合用户特殊的数据库查看、绘图和报告。另外，它还提供 MIMOSA 文件输入输出功能，以便与其他工厂信息系统实现高级连接。

① 数据库特点　奥德赛机器状态监测系统集成多种状态监测技术数据，实现更有效的数据库管理。EMONITOR Odyssey 提供最多 6 级用户可命名的结构层次，并用图标和报警等级指示来标注在结构层次上。

② 数据采集特点　自动采集数据，使日常操作简单而更有效。

③ 便携式仪器　日常操作使用 Load/Unload 图标及图形实现，EMONITOR Odyssey 产生自动报告对采集的数据即时反馈，EMONITOR Odyssey 支持 ENTEK IRD（恩泰克-爱迪公司）的全系列便携式仪器，以及其他重要供应商的仪器。

④ 在线监测　EMONITOR Odyssey Online（奥德赛监测软件在线型）实现自动数据采集，按时间表驱动数据采集而无需用户的干预。但用户可用在线系统的手动采集功能在任何时候启动数据采集。

⑤ 序列功能　EMONITOR Odyssey 的序列是优化数据采集、绘图和报告的强大工具。EMONITOR Odyssey 通过在数据库结构上交互标注，或从数据库自动选择建立序列。用报警等级选择可产生优先序列进行分析和跟踪。

⑥ 绘图功能　EMONITOR Odyssey 的绘图功能提供完整的机器分析工具，这些绘图提供灵活的交互绘图控制，包括橡皮筋式细化、网格、自动标度、线性，读数或 dB Y 轴标度、线性或读数 X 轴标度、多种光标形式。

（7）报告功能　EMONITOR Odyssey 提供 30 多种标准报告格式以及自定义报告生成器。数据图形也可以加入到报告功能，使报告得以提供全面的机器状态描述。

3.4.2　产品规格

（1）奥德赛监测软件经典型（EMONITOR Odyssey Classic）　奥德赛监测软件经典型对机械可靠性系统增加先进的报警检查能力，给用户提供一整套工具来自动建立有意义的频率段和全频谱报警，通过这些报警能全面快速地探测出机器振动的变化。实现这一功能的关键设备是奥德赛监测系统的报警等级模块。报警等级模块对频率段和频谱定义最多 10 个报警等级，这些报警值可对基线数据进行比较，并与上次数据的百分比变化或统计分析自动生成。一点设置好，每次采集新数据可以自动进行报警，快速识别出测量数据的微小变化，得到了这些信息，可对发展之中的机械问题非常早地掌握，有足够的时间作出最有效益的维修决策。

奥德赛监测软件经典型有如下特点：

① 频率段和频谱报警限自动计算；

② 将采集的数据与报警限自动比较，识别机器振动的报警等级；

③ 基线、峰值、百分比变化和统计计算方法；

④ 阶比归一化或包络（等百分比带宽）报警适合于变转速的机器；

⑤ 报警和绘图显示采集的数据、报警限以及报警状态识别。

（2）奥德赛监测软件豪华型（EMONITOR Odyssey Deluxe）　奥德赛监测软件豪华型提供了用户作出最明确的维修决策所需的诊断工具。利用此监测软件所提供的检测报警工具，能更进一步识别机器振动的最可能的机械原因。豪华型监测软件使用对机器及其部件的结构和参数描述计算出一组诊断频率，自动报警报告可以包括对任何报警频率的诊断，使用户能够快速分析采集到的大量数据。

奥德赛监测软件豪华型利用一组工厂机器的模型产生诊断信息，这个模块包括许多计算机部件特征频率的工具，机器部件包括轴转速、轴承频率、齿轮箱、电机、风机、泵和其他机器部件。变速机器很容易处理，因为所有的诊断频率是以诊断时的实际机器转速做参考。

奥德赛监测软件豪华型，包括经典型所有功能，另外增加如下功能：

① 采集数据中的机械故障频率的自动识别；

② 5 种识别机器转速的方法，用于精确计算故障频率，特别是对变速设备；

③ 轴承数据库包含 11 个制造厂的 8000 多个轴承；

④ 故障频率的计算包括转速、轴承、轴、齿轮、皮带、谐频、边带和电机频率；

⑤ 对轧制和绕制过程进行自动线速度与转速的转换。

(3) 奥德赛监测软件在线型（EMONITOR Odyssey Online） 奥德赛监测软件在线型架起了便携式监测系统和在线状态监测之间的桥梁，它对关键的和重要的机器提供在线监测。系统的大小可变，非常适合分布于工厂或几个工厂的机器状态监测，充分利用系统的开放式结构和完善的网络能力。

奥德赛在线监测用于监测重要机器，它是一个监测工厂重要设备、成本较低的有效方案之一，当与VIMP/IMP 系列数据采集和处理仪器一起使用时，它提供了对工厂范围的机器进行巡回监测的可能，用户可定义数据采集规范和时间表，系统既可支持动态（振动）也可支持静态（工艺）测量类型。

从分布的数据采集单元（VIMP/IMP）返回如下数据类型：

① 参数趋势；

② 时域波形；

③ 频谱；

④ 阶比数据（幅值和相位）；

⑤ 报警信息。

奥德赛在线监测软件，通过连续监测系统监测和保护关键、高速机械。它结合离线、巡检式和连续式在线监测数据为一个系统。恩泰克-爱迪公司（Entek-IRD）的 6600 系列机器保护仪表（AP1670），通过标准的串行 Modbus 接口连接到 EMONITOR Odyssey。

从 6600 监测仪表得到如下信息：

① 报警/系统状态；

② 趋势（最近 30min）；

③ 当前频谱；

④ 当前矢量（1×，2×，3×幅值与相位）；

⑤ 报警或跳闸前趋势（报警或跳闸前 30min 趋势）；

⑥ 报警或跳闸频谱。

3.4.3 奥德赛机器状态监测信息系统对硬件的要求

(1) 计算机

① Intel 处理器，Pentium；

② 时钟速度 166MHz；

③ 32M RAM；

④ 2.1GHD（硬盘）；

⑤ CD-ROM；

⑥ 33.6K Modem；

⑦ VGA 或 SVGA 图形卡；

⑧ 2 串行接口；

⑨ 1 并行接口；

⑩ 双键鼠标；

⑪ 2 空扩展槽。

(2) 操作系统 Microsoft Windows 95 或 Windows NT4.0。

(3) 显示器 17 英寸 28；

对速度要求较高或需处理大量数据情况下，推荐使用更快的处理器（200MHz 以上）和 64MRAM。

奥德赛机器状态监测信息系统所属 3 种类型和它的功能，见表 1-5-14。

表 1-5-14 EMONITOR Odyssey 类型与功能表

一 般 功 能	BASIC	CLASSIC	DELUXE
32 位；Windows95，Windows98 和 WindowNT4.0 环境	*	*	*
SQL 客户服务器结构；单用户机 AN 和 WAN 系统	*	*	*
多种服务器支持(ORACLE，Centura，Sybase，ODBC)	*	*	*
全 Windows 用户界面，使用按钮、菜单和图标	*	*	*
完善的帮助系统和在线教授	*	*	*

续表

一 般 功 能	BASIC	CLASSIC	DELUXE
三个安全级登录	*	*	*
数据库、序列和绘图的连接，方便的功能指向	*	*	*
用户自定义数据库显示窗	*	*	*
支持 Entek IRD 所有便携仪器和其他主要制造厂的仪器	*	*	*
支持 Entek IRD 在线巡检仪器(VIMP/IMP)和在线保护仪表(6600 系列)	*	*	*
MIMOSA 文件输入输出能力	*	*	*
数 据 库 功 能	BASIC	CLASSIC	DELUXE
最大 6 级用户可命名的结构层次	*	*	*
结构显示标有图标和报警等级指示	*	*	*
异常和系统事件历史记录(在线模块)	*	*	*
多种数据库显示包括结构、位置、测量、报警、数据历史、频率设置和诊断频率	*	*	*
采集定义、存储定义、滤波器定义和设备分类利于数据库快速设置。基于异常状态的数据存储，包括一个或几个下述存储定义：基于时间的存储(在线模块)，总是存储，报警存储(频谱报警)，幅值报警，频谱报警＋幅值报警，与上次数据比较百分比报警存储	*	*	*
抽屉数据存储(FIFO 缓存)，抽屉数量、缓存尺寸和数据存储率用户可设定	*	*	*
分类编辑、替换和删除功能	*	*	*
用户可定义单位	*	*	*
用户可定义检视码	*	*	*
数据库结构记事本	*	*	*
数据库结构图像	*	*	*
数 据 采 集 功 能	BASIC	CLASSIC	DELUXE
使用 Load/Unload 图标进行图形方式日常操作	*	*	*
采集数据自动报告	*	*	*
自动数据采集(在线模块)	*	*	*
序 列 功 能	BASIC	CLASSIC	DELUXE
数据库结构显示上交互标签建立序列	*	*	*
数据库分类建立序列，用于数据采集、报告和绘图	*	*	*
分类条件存储	*	*	*
任何顺序安排序列	*	*	*
按日历或时间安排的数据采集日程表	*	*	*
按幅值报警等级分类	*	*	*
按频带报警等级分类		*	*
按频谱报警等级分类		*	*

续表

绘 图 功 能	BASIC	CLASSIC	DELUXE
趋势	*	*	*
平均趋势	*	*	*
频谱	*	*	*
三维谱	*	*	*
瀑布图	*	*	*
时域波形	*	*	*
图像作为数据存储(如红外热像)	*	*	*
频率趋势	*	*	*
幅值/相位极坐标图	*	*	*
XY 图	*	*	*
频谱差/比	*	*	*
Active-X 对象	*	*	*
交互绘图控制包括:橡皮筋放大,网格,自动标度,线性,对数或 dBY 轴标度,线性或对数 X 轴标度,多种光标类型,Hz,CPM 或阶比标度	*	*	*
频谱积分和微分	*	*	*
趋势预测	*	*	*
频带趋势		*	*
频谱/频率段报警		*	*
频谱/频谱报警		*	*
光标频率的诊断			*
报警频率的诊断			*
报 告 功 能	BASIC	CLASSIC	DELUXE
30 多种标准报告	*	*	*
报告输出至屏幕、打印机、文件	*	*	*
报告中插入图形	*	*	*
用户自定义报告	*	*	*
幅值超限报告	*	*	*
频带超限报告	*	*	*
频谱超限报告		*	*
诊断报告			*
报 警 功 能	BASIC	CLASSIC	DELUXE
每个测量不限报警设定数量	*	*	*
10 种报警等级	*	*	*
幅值报警基于常量,设备分类常量,窗内,统计,统计指示器,峰值,基线,百分比变化,或变化率	*	*	*
基于报警等级分类数据	*	*	*
极坐标图报警基于图形现状,仅幅值,仅相位,相对上次幅值测量(无相位)	*	*	*
频谱报警基于峰值,统计,统计指示器或基线		*	*

续表

报 警 功 能	BASIC	CLASSIC	DELUXE
频谱报警包络用恒带宽或百分比带宽		*	*
频带报警基于设备分类常量,窗内,峰值,统计,统计指示器,基线,百分比变化或变化率		*	*
诊 断 功 能	BASIC	CLASSIC	DELUXE
用户输入和存储诊断频率项			*
频率计算:常量,多次倍频,分数倍频,比率,和频,差频,谐频,边带,传动皮带,齿轮箱,行星轮,滚动轴承,电机			*
速度参考:人工输入,数据库建立 RPM,与频谱一起存储的现行测量 RPM,或从频谱抽取的 RPM			*
轴承数据库包括 11 个厂家的 8000 多个轴承型号,厂家有 Barden,Copper,FAG,Fafnir,Gamet,Link-Belt,MRC,NTN,SKF,Timken 和 Torrington			*
在频谱上列出所有诊断频率			*
在频谱上列出频带或频谱报警频率			*
在报告中识别频率成分			*

4 防腐

4.1 腐蚀介质及相应防腐材料（金属和合金）

腐蚀是材料在环境的作用下引起的破坏或变质，金属和合金的腐蚀主要是化学或电化学作用引起的破坏，有时同时包含机械、物理或生物作用。

对于非金属来说，破坏一般是由于直接的化学作用或物理作用（如氧化、溶解、溶胀等）引起的，单纯的机械破坏不属于腐蚀的范畴。

常用的防腐材料有铜、不锈钢、哈氏合金、蒙乃尔合金、钛、钽等。下面介绍常用的几种防腐材料。

4.1.1 Cr18Ni9 不锈钢（奥氏体）

Cr18Ni9 不锈钢（奥氏体）主要化学成分和中外牌号对照见表 1-5-15 和表 1-5-16。

表 1-5-15 Cr18Ni9 不锈钢（奥氏体）型号和化学成分

钢 号	主要化学成分/%(YB 10—59)								
	C	Si	Mn	Cr	Ni	S	P	Ti	N
0Cr18Ni9	≤0.06	≤0.80	≤2.00	17～19	8～11	≤0.03	≤0.035	—	—
1Cr18Ni9	≤0.14	≤0.80	≤2.00	17～19	8～11	≤0.03	≤0.035	—	—
1Cr18Ni9Ti	≤0.12	≤0.80	≤2.00	17～19	8～11	≤0.03	≤0.035	5×(C%～0.02)	—
Cr25Ni20	≤0.25			24～26	19～22			～0.80	
Cr18Mn8Ni5	≤0.10	≤1.00	7.5～10.0	17～19	4～6	≤0.03	≤0.06	—	≤0.25
Cr17Mn13N	≤0.12	≤0.80	13～15	17～19	—	≤0.03	≤0.045	—	0.3～0.4

表 1-5-16 Cr18Ni9 中、外牌号对照表

中	美 AISI	英 En	德 W-Nr	日 SUS	前苏联
0Cr18Ni9	304,304L	58E	4301,4306	27,28	ЭИ842
1Cr18Ni9	302	58A	4300	39,40	ЭЯ1
1Cr18Ni9Ti(Nb)	321(347)	58B(F)	4541(4550)	29	ЭЯ1T
Cr25Ni20	310,314			42	
Cr18Mn8Ni5	202				

4.1.2 Cr18Ni12Mo（Ti）不锈钢（奥氏体）

Cr18Ni12Mo（Ti）不锈钢常称含钼不锈钢，由于在其组分中加入 2%～4%的钼，抗腐蚀性能比前述铬镍不锈钢更为优越，常常用于仪表本体。其化学成分与中外牌号对照见表 1-5-17 和表 1-5-18。

表 1-5-17　Cr18Ni12Mo(Ti)型号与化学成分

钢　　号	主　要　化　学　成　分/%(YB10—59)								
	C	Si	Mn	Cr	Ni	Mo	Ti	S	P
Cr18Ni12Mo2Ti	≤0.12	≤0.80	≤2.0	16～19	11～14	2～3	0.3～0.6	<0.03	<0.035
Cr18Ni12Mo3Ti	≤0.12	≤0.80	≤2.0	16～19	11～14	3～4	0.3～0.6	<0.03	<0.035
Cr18Mn10Ni5Mo3	≤0.10	≤1.00	8.5～12.0	17～19	4～6	2.8～3.5	N～0.25	≤0.03	≤0.06
Cr17Mn14Mo2N(A4)	≤0.08	≤0.80	13～15	16.5～18	0	1.8～2.2	N0.23～0.30	≤0.03	≤0.04
Cr26Mo1	0.002			26～29	0	1	N0.008		

表 1-5-18　Cr18Ni12Mo(Ti)中、外牌号对照表

中 YB(10—59)	美 AISI	英 En	德 DIN	日 SUS	前苏联 ЭИ
Cr18Ni12Mo2～3	316,316L	58H,58J	4436,4570-14573	32,33,35	400-1
Cr18Ni12Mo2Ti	317		4449		
Cr26Mo1	E-Brite 26-1	—	—	—	—

4.1.3　哈氏合金

哈氏合金是镍铬铁钼合金，有哈氏 A、哈氏 B、哈氏 C、哈氏 D、哈氏 F、哈氏 N 等型号，在仪表中使用最多是哈氏 B 和哈氏 C。

哈氏 B 含钼（>15%），对沸点下一切浓度的盐酸都有良好的耐蚀性，绝大多数金属和合金都不能抵抗这种强腐蚀介质。同时它也耐硫酸、磷酸、氢氟酸、有机酸等非氧化性酸、碱、非氧化性盐液和多种气体的腐蚀。

哈氏合金 C 能耐氧化性酸，如硝酸、混酸、或铬酸与硫酸的混合物等腐蚀，也耐氧化性的盐类，如 Fe 离子、Cu 离子或其他氧化剂的腐蚀。它对海水的抗力非常好，不会发生孔蚀，但在盐酸中则不及哈氏合金 B 耐腐蚀。

哈氏合金型号与化学成分见表 1-5-19。

表 1-5-19　哈氏合金型号及化学成分

合金型号	主　要　化　学　成　分/%				
	镍	铬	铁	钼	其　　他
A	55～60	—	18～20	20～22	
B	60～65	—	4～7	26～30	
C	54～60	14～16	4～7	15～18	钨 4～5
D	余	<1	<2		硅 8～11,铜 3～5
F	47	22	17～24	6	
N	71	7	5	16	

4.1.4　蒙乃尔合金

蒙乃尔合金即为 Ni70Cu30 合金，它是应用最早、最广泛的镍合金。蒙乃尔合金的耐蚀性与镍和铜相似，但在一般情况下更优越。对非氧化性酸，特别对氢氟酸的耐蚀性能非常好。对热浓碱液有优良的耐蚀性，但不如纯镍的耐蚀性好。

蒙乃尔合金的化学成分见表 1-5-20。

表 1-5-20　蒙乃尔合金化学成分

Ni70Cu30	主　要　化　学　成　分/%					
	镍	铜	碳	锰	铁	硅
	63～70	29～30	<0.30	<1.25	<2.5	<5

4.1.5　钛和钛合金

钛本质是活性金属，但在常温下能生成保护性很强的氧化膜，因而具有非常优良的耐蚀性能，能耐海水、各种氯化物和次氯酸盐、湿氯、氧化性酸（包括发烟硝酸）、有机酸、碱等的腐蚀，不耐硫酸、盐酸等还原性

酸的腐蚀。

因为钛的耐蚀性是依靠氧化膜，所以焊接时需在惰性气体内进行。钛和钛合金不宜用于高温，一般情况下只在530℃以下使用。

4.1.6 钽

金属钽的耐腐性能非常优良，和玻璃相似，除了氢氟酸、氟、发烟硫酸、碱外，几乎能耐一切化学介质的腐蚀，包括能耐在沸点的盐酸、硝酸和175℃以下的硫酸腐蚀。

4.1.7 各类材料抗腐蚀情况

各类金属以及合金均具有各自抗腐蚀介质的特性，仪表工可以根据工艺介质腐蚀情况，选定相应的抗腐蚀材料，以保证仪表正常运行。

常用金属材料防腐蚀性能见表1-5-21。

表1-5-21 仪表常用金属材料防腐蚀性能表

分类	介质名称	浓度/%	温度/℃	碳钢	304 304L	316 316L	哈氏B	哈氏C	蒙乃尔	钛	钽
无机酸	硫酸	20	25	C	C	B	A	A	C	C	A
			100	O	C	C	A	C	O	C	A
		98	25	B	B	B	A	A	C	C	A
			100	O	C	O	A	A	O	C	A
	发烟硫酸		25	C	C	C	A	B	C	C	C
			100	O	C	C	C	B	C	C	C
	硝酸	70	25	C	A	A	C	A	C	A	A
			100	O	O	O	C	O	C	A	A
	盐酸	20	25	C	C	C	A	A	C	B	A
			100	O	C	C	B	C	C	C	A
	磷酸	20	25	C	C	A	A	A	C	B	A
			100	O	C	A	A	A	C	C	A
		90	25	C	C	C	B	B	C	C	A
			100	O	C	C	B	B	C	C	A
	氢氟酸	40	25	C	C	C	A	A	A	C	O
			100	O	C	C	C	C	A	C	O
		90	25	B	C	C	B	B	O	C	O
			100	C	C	C	O	O	O	C	O
	氢溴酸	<60	25	C	C	C	B	O	C	A	A
			100	A	C	C	B	O	C	A	A
	氢氰酸		25	B	B	B	B	B	B	O	A
			100	A	O	B	B	B	B	O	A
	亚硫酸		25	C	B	B	B	B	C	A	A
			100	O	O	B	B	B	C	A	A
	碳酸	10	25	B	A	B	A	A	A	A	A
			100	O	A	C	O	O	A	A	A
		100	25	B	A	A	A	A	B	A	A
			100	O	A	A	O	O	A	A	A

续表

分类	介 质 名 称	浓度/%	温度/℃	碳钢	304 304L	316 316L	哈氏 B	哈氏 C	蒙乃 尔	钛	钽
无机酸	铬酸	<50	25	C	B	C	O	B	C	A	A
			100	O	C	C	O	B	C	A	A
		>50	25	A	C	C	O	B	C	A	A
			100	O	C	C	O	O	C	A	A
	氯酸	10	25	C	C	C	O	B	C	O	A
			100	O	C	C	O	O	C	O	A
	次氯酸		25	C	C	C	O	A	C	A	A
			100	O	C	C	O	O	C	O	A
	硼酸	0～100	25	C	B	A	A	A	B	A	A
			100	C	B	A	A	A	B	A	A
	氯磺酸	10	25	C	O	C	B	B	C	O	A
			100	C	O	C	O	O	C	O	A
		100	25	B	B	B	A	A	C	O	A
			100	O	O	B	A	A	C	O	A
	王水		25	C	C	C	C	C	C	A	A
			100	C	C	C	C	C	C	B	O
有机酸	甲酸	10	25	C	C	O	A	A	O	B	A
			100	O	C	O	A	A	C	B	A
		100	25		C	O	A	A	C	B	A
			100		C	O	A	A	C	B	A
	醋酸	<100	25	C	B	A	A	A	C	A	A
			100	O	B	A	A	A	C	A	A
		100	25		B	B	A	A	B	A	A
			100		C	B	A	A	B	A	A
	丙酸	60～90	25	C	O	B	A	A	B	C	A
			100		O	B	A	A	B	C	A
	丁酸		25	C	B	A	A	A	B	A	A
			100		B	A	A	A	B	A	A
	丁烯酸		25	C	B	B	B	B	B	O	A
			100		B	B	B	B	B	O	A
	硬脂酸		25		A	A	A	A	B	A	A
			100	C	A	A	A	A	O	A	A
	脂肪酸		25	O	B	A	A	A	B	A	A
			100		B	A	A	A	B	A	A
	乙醇酸		25	C	B	B	B	B	B	A	A
			100		B	B	B	B	B	A	A

续表

分类	介质名称	浓度/%	温度/℃	碳钢	304 304L	316 316L	哈氏 B	哈氏 C	蒙乃尔	钛	钽
有机酸	焦木酸	10	25	C	A	A	B	B	B	O	A
			100		A	A	O	O	B	O	A
		100	25	A	B	B	A	A	B	O	A
			100		B	O	O	O	B	O	A
	一氯醋酸	<70	25	C	B	C	B	B	B	A	A
			100			C	B	B	B	A	A
		100	25	B	B	B	A	A	B	A	A
			100		B	O	A	A	B	A	A
	乳酸	<20	25	C	B	A	B	B	C	A	A
			100		B	B	B	B	C	A	A
		>70	25		A	A	B	B	B	A	A
			100		C	B	B	B	B	A	A
	草酸		25		A	B	B	B	B	B	A
			100		A	C	B	B	B	C	A
	丁二酸	<50	25	B	B	B	B	B	B	A	A
			100	B	B	B	B	B	B	A	A
		100	25	B	B	B	B	B	B	A	A
			100	B	B	B	B	B	B	A	A
	苯甲酸	<70	25	C	B	B	A	A	B	A	A
			100		B	B	A	A	B	A	A
	柠檬酸	0～100	25	C	B	A	A	A	B	A	A
			100		B	A	A	A	B	A	A
	水杨酸		25	C	B	B	B	B	B	O	A
			100	C	B	B	O	O	B	O	A
	氨基苯甲酸		25	B	B	B	B	B	B	A	A
			100	B	B	B	B	B	B	A	A
	苯磺酸	0～100	25	C	O	B	B	B	B	A	A
			100	C	O	O	B	B	B	A	A
	萘磺酸	100	25	C	A	B	A	A	B	O	A
			100		O	O	A	A	B	O	A
碱和氢氧化物	氢氧化钠	10	25	A	A	A	A	A	A	A	C
			100	B	C	A	A	A	A	A	C
		70	25	B	B	A	A	A	A	B	C
			100	C	C	B	A	A	A	B	C
	氢氧化钾	<60	25	B	B	A	B	B	A	A	C
			100	B	B	A	B	B	A	A	C

续表

分类	介质名称	浓度/%	温度/℃	碳钢	304 304L	316 316L	哈氏B	哈氏C	蒙乃尔	钛	钽
碱和氢氧化物	氢氧化钾	100	25	B	A	A	B	B	A	B	C
			100	O	A	A	O	O	A	C	C
	氢氧化铵	0～100	25	A	A	A	A	A	A	A	O
			100	B	A	B	A	A	A	A	O
	氢氧化钙	<50	25	B	A	A	O	A	B	A	A
			100	B	A	A	O	A	B	A	A
	氢氧化镁	100	25	B	A	A	A	A	A	A	A
			100	B	A	A	A	A	A	A	A
	氢氧化锂	10	25	B	B	B	B	B	B	O	O
			100	B	B	B	B	B	B	O	O
	氢氧化铝	10	25	B	A	A	B	B	B	A	A
			100	B	A	A	B	B	B	A	A
盐	硫酸铵	<40	25	C	O	B	B	B	B	A	A
			100	O	C	B	B	B	B	A	A
	硝酸铵	10	25	A	A	A	B	B	C	A	A
			100	A	A	A	B	B	C	A	A
	碳酸铵	100	25	B	A	B	B	B	B	A	A
			100	O	B	B	B	B	B	A	A
	氯化铵	<40	25	C	C	A	A	A	B	A	A
			100	C	C	A	A	A	B	A	A
		100	25	B	C	O	B	B	B	O	A
			100	O	C	O	B	B	B	O	A
	醋酸铵	0～100	25	A	A	A	A	A	A	O	O
			100	O	A	A	A	A	A	O	O
	亚硫酸铵	<30	25	C	O	B	B	B	C	O	A
			100	O	O	B	B	B	C	O	A
	硫酸钠	<40	25	A	A	A	A	A	A	A	A
			100	O	A	A	A	A	A	A	A
	碳酸钠	10	25	A	A	A	A	A	A	A	A
			100	A	A	A	A	A	A	A	A
		100	25	A	B	B	B	B	B	O	A
			100	A	C	B	B	B	B	C	A
	次氯酸钠	<20	25	B	C	C	B	B	C	A	A
			100	O	C	C	B	B	C	A	A
	氯化钠	<30	25	C	B	B	B	B	A	A	A
			100	C	B	C	B	B	B	A	A

续表

分类	介质名称	浓度/%	温度/℃	碳钢	304 304L	316 316L	哈氏B	哈氏C	蒙乃尔	钛	钽
盐	硫酸氢钠	＜30	25	C	B	A	B	B	B	A	A
			100	C	C	C	B	B	B	A	A
	亚硝酸钠		25	A	A	A	A	A	B	A	A
			100	B	A	A	A	A	B	A	A
	醋酸钠	＜60	25	A	B	A	B	B	A	A	A
			100	A	B	A	B	B	A	A	A
	苯甲酸钠	＜60	25	B	B	B	B	B	B	B	B
			100	B	B	B	B	B	B	B	B
	硫酸钾	＜20	25	B	A	A	A	A	A	A	A
			100	C	A	A	A	A	A	A	A
	硝酸钾	＜100	25	B	B	A	B	B	B	A	A
			100	B	B	A	B	B	B	C	A
	碳酸钾	＜50	25	O	A	B	B	B	B	A	O
			100	O	A	B	B	B	B	A	C
	高氯酸钾	10	25	C	B	B	B	B	B	A	O
			100	B	B	B	B	B	B	A	O
	氯化钾	＜30	25	B	B	A	B	B	B	A	A
			100	O	C	A	B	B	B	A	A
	溴化钾	＜30	25	O	B	B	B	B	B	A	A
			100	O	B	B	B	B	B	A	A
	铬酸钾	＜30	25	B	B	B	A	A	B	A	A
			100	B	B	B	A	A	B	A	A
	高锰酸钾	10	25	B	B	B	B	B	B	A	O
			100	O	B	B	B	B	B	O	O
	硫酸铝	＜50	25	C	A	A	A	A	B	A	A
			100	O	A	A	A	A	C	A	A
	氯化铝	0～100	25	C	C	B	A	A	A	B	A
			100	O	C	O	A	A	C	C	A
	硫酸镁	＜50	25	A	A	A	A	A	A	A	A
			100	A	A	A	A	A	A	A	A
	硝酸镁		25	B	A	B	O	B	B	B	A
			100	B	A	B	O	B	B	B	A
	氯化镁	＜40	25	B	B	B	A	A	B	A	A
			100	C	O	B	A	A	B	A	A
	硫酸钙	10	25	B	A	A	B	B	B	A	A
			100	B	A	A	B	B	B	A	A

续表

分类	介质名称	浓度/%	温度/℃	碳钢	304 304L	316 316L	哈氏B	哈氏C	蒙乃尔	钛	钽
盐	硝酸钙	10	25	B	A	B	B	B	B	A	A
			100	C	A	B	B	B	B	A	A
	碳酸钙	100	25	B	A	B	B	B	B	A	A
			100	B	A	O	B	B	B	A	A
	磷酸钙	10	25	B	B	B	B	B	B	A	A
			100	B	B	B	B	B	B	A	A
	氯化钙	<80	25	A	A	B	A	A	A	A	A
			100	A	C	B	A	A	A	A	A
元素、气体及其无机化合物	氯	干气	25	B	B	B	A	A	B	C	A
			100	B	B	B	B	B	B	C	A
		湿气	25	C	C	C	B	B	C	A	A
			100	C	C	C	C	C	C	A	A
	溴	干	25	C	C	C	A	A	A	C	A
			100	C	C	C	B	B	A	C	A
		湿	25	C	C	O	O	A	C	C	A
			100	C	C	O	O	A	C	C	A
	磷		25	B	A	A	A	A	C	O	O
			100		A	A	O	O	C	O	O
	钠		370	A	A	A	A	A	A	A	A
	氯化氢	100	25	A	A	A	A	A	A	B	A
			100	A	A	A	A	A	A	B	A
	二氧化硫	10	25	C	B	A	A	A	C	A	O
			100	C	B	A	A	A	C	A	O
		90～100	25	A	B	B	B	B	C	A	O
			100	B	B	B	B	B	C	A	O
	三氯化磷	干	25	A	A	A	A	A	A	A	A
			100	A	O		A	A	A	A	A
	三氯化砷	10	25	C	C	C	B	B	C	O	O
			100	C	C	C	B	B	C	O	O
	过氧化钠	10	25	B	A	A	B	B	B	C	O
			100	B	A	A	B	B	B	C	O
醇、醛、醚、酮、酯	甲醇		25	B	A	A	A	A	A	A	A
			100	A	A	A	A	A	A	A	A
	乙醇		25	A	A	A	A	A	A	A	A
			100	A	B	A	A	A	A	A	A

续表

分类	介质名称	浓度/%	温度/℃	碳钢	304 304L	316 316L	哈氏B	哈氏C	蒙乃尔	钛	钽
醇、醛、醚、酮、酯	甲醛	<70	25	C	A	A	B	B	A	A	A
			100	C	A	A	B	B	A	A	A
	乙醛		25	A	A	A	O	A	A	A	A
			100	A	A	A	O	O	B	A	A
	（二）甲醚		25	B	B	B	B	B	B	A	A
			100	B	B	B	B	B	B	A	A
	（二）乙醚		25	A	A	A	B	B	A	A	A
			100	B	A	A	B	B	A	A	A
	丙酮		25	B	A	A	A	A	A	A	A
			100	B	A	A	A	A	A	A	A
	丁酮	<100	25	B	B	B	B	B	B	A	A
			100	B	B	B	B	B	B	A	A
	甲酸甲酯	<30	25	B	A	B	B	B	B	A	B
			100	B	A	B	B	B	B	A	B
	醋酸乙酯		25	A	A	A	B	B	A	A	A
			100	B	A	B	B	B	A	A	A
烃及石油产品	甲烷		25	A	A	A	A	A	A	A	A
			100	A	A	A	A	A	A	A	A
	苯		25	B	A	B	B	B	A	A	A
			100	B	A	B	B	B	A	A	A
	甲苯		25	A	A	A	A	A	A	A	A
			100	A	A	A	A	A	A	A	A
	苯酚	90	25	A	B	B	A	A	B	A	A
			100	O	B	B	A	A	B	A	A
	丙烯腈		25	A	A	A	A	A	A	A	A
			100	A	A	A	A	A	A	A	A
	尿素	<50	25	B	B	B	B	B	B	A	A
			100	C	B	B	B	B	B	A	A
	硝化甘油		25	A	A	A	A	A	A	A	A
			100		A	A	O	O	O	O	A
	硝基甲苯		25	A	A	A	B	B	B	B	A
			100	A	A	A	B	B	B	B	A
其他	海水		25	C	A	A	A	A	A	A	A
			80	C	A	A	A	A	O	O	A
	盐水		25	B	B	B	A	A	A	A	A
			80	O	B	B	A	A	O	O	A

注：A——防腐性能优良；B——防腐性能良好，可用；C——不用；O——没有资料。

4.2 常用非金属材料

非金属材料种类很多，仪表常用的非金属材料有油漆、聚四氟乙烯、聚三氟氯乙烯、环氧树脂、石墨等。

使用非金属防腐材料的仪表通常有电磁流量计、旋涡流量计、转子流量计以及调节阀等。

使用方式有整体加工（如聚四氟乙烯加工阀体、流量计本体等），有衬里，有喷涂（如用三氟氯乙烯喷涂在调节阀的阀芯上等），也有加工成薄膜、膜片，用以保护仪表敏感元件等形式。

常用非金属材料聚四氟乙烯耐腐蚀特性见表 1-5-22，聚三氟氯乙烯耐腐蚀特性见表 1-5-23，酚醛树脂漆耐腐蚀特性见表 1-5-24。

表 1-5-22 聚四氟乙烯耐腐蚀性能

介质名称	浓度/%	温度/℃	腐蚀	介质名称	浓度/%	温度/℃	腐蚀
盐酸	浓	25～100	耐	氢氟酸	浓	25～100	耐
硝酸	浓	25～85	耐	氢氧化钠	50	25～100	耐
硝酸	发烟	80	耐	氢氧化钾	50	25～100	耐
硫酸	浓	25～300	耐	过氧化钠		100	耐
硫酸	发烟	60	耐	二氯化磷		100	耐
王水		30	耐	氯磺酸		25	耐
金属钠		200	尚耐	臭氧		25	耐
亚硫酸		200	耐	有机酸		25～100	耐
高锰酸钾	5	25～100	耐	氯气	(1atm①)	25～100	耐
过氧水	30	25	耐	氨水		25	耐
铬酸		25	耐	苯甲酸		25～100	耐

① 1atm≈10^5Pa。

表 1-5-23 聚三氟氯乙烯的耐腐蚀性能

介质名称	浓度/%	温度/℃	耐腐蚀性	介质名称	浓度/%	温度/℃	耐腐蚀性
硫　酸	25	常温	耐	草　酸	9	常温	尚耐
硫　酸	50	常温	耐	发烟硫酸		常温	耐
硫　酸	75	常温	耐	烟道气(SO_2)		110	耐
硫　酸	92	常温	耐	亚硫酸	19	常温	尚耐
硫　酸	92	100	耐	甲　醛	36	常温	耐
硫　酸	98	常温	耐	乙　醛	100	常温	尚耐
硝　酸	10	常温	耐	丙　酮	100	常温	耐
硝　酸	25	常温	耐	丙烯腈		常温	耐
硝　酸	50	常温	耐	氯化铵	27	常温	耐
硝　酸	60	常温	耐	氢氧化铵	30	常温	耐
盐　酸	10	常温	耐	硫 酸 铵	27	常温	耐
盐　酸	20	常温	耐	苯　胺	100	常温	尚耐
盐　酸	35～38	100	耐	苯	100	常温	尚耐
醋　酸	10	常温	耐	醋酸丁酯	100	常温	尚耐
醋　酸	50	70	尚耐	二氧化碳	100	常温	尚耐
醋　酸	100	常温	耐	四氯化碳	100	常温	不耐
醋　酸	100	70	尚耐	三氯甲烷	100	常温	不耐
磷　酸	50	常温	耐	硫 酸 铜	15	常温	尚耐
磷　酸	75	常温	耐	二 乙 醚	100	常温	尚耐
磷　酸	85	100	耐	醋酸乙酯	100	常温	尚耐
铬　酸	100	常温	耐	汽　油		常温	耐
铬　酸	50	70	尚耐	过氧化氢	3	常温	尚耐
铬　酸	25	常温	耐	过氧化氢	30	常温	耐
氢氟酸	20	常温	耐	王　水		常温	耐
氢氟酸	40	常温	尚耐	硝 基 苯	100	常温	尚耐
甲　酸	25	常温	耐	糠　醇	100	常温	耐
甲　酸	90	常温	耐	铬 酸 钾	5	常温	尚耐
次氯酸	30	常温	耐	铬 酸 钾	10	常温	耐
油　酸	100	常温	尚耐	高锰酸钾	5	常温	尚耐

续表

介质名称	浓度/%	温度/℃	耐腐蚀性	介质名称	浓度/%	温度/℃	耐腐蚀性
食盐溶液	26	常温	尚耐	氯　苯		100	尚耐
氢氧化钠	10	常温	尚耐	煤　油		常温	耐
氢氧化钠	50	70	尚耐	甲　苯	100	常温	尚耐
次氯酸钠		70	耐	三氟乙烯	100	常温	不耐
亚硝酸钠	40	常温	尚耐	异丙醇气体		40	耐
硫化钠	16	常温	尚耐	三氯乙烷		10～25	耐
五氧化磷		常温	耐	三氯乙醛		30～45	耐
亚氯酸钠	10～15	100	耐	氟硅酸	34	常温	尚耐
氢氧化钾	40	100	耐	糠　醛	100	常温	耐
二甲苯	100	100	尚耐				

表 1-5-24　酚醛树脂漆耐腐蚀性能

介质名称	浓度/%	温度/℃	耐腐蚀性	介质名称	浓度/%	温度/℃	耐腐蚀性
盐　酸	任何	沸点	耐	磷酸铵	任何	<120	耐
硫　酸	5	<120	耐	硫酸钾	任何	<120	耐
硫　酸	60	100	耐	磷酸钾	任何	<120	耐
磷　酸	50	100	耐	氯化钾	任何	20	耐
磷　酸	75	30	耐	氯化钙	任何		耐
醋　酸	50	100	耐	硫酸锰	任何		耐
乙　醇	50	25	耐	硫酸铜	任何	<120	耐
苯	100	60	耐	醋酸铜	任何	<120	耐
苯　胺	—	60	耐	氯化亚铜	任何	<120	耐
氨　水	10	60	耐	亚硫酸钠	任何	<120	耐
湿氯气			耐	硫酸钠	任何	<120	耐
二氧化硫			耐	醋酸钠	任何	<120	耐
蚁　酸	25	100	耐	磷酸钠	任何	<120	耐
氯化铁	10	100	尚耐	氯化镍			耐
漂白粉	饱和	常温	耐	磷酸酐	20		耐
氯化铵	50	100	耐	氢氟酸	40	20	耐
碳酸钠	饱和	100	尚耐	氯化苯	含 0.5%盐酸	40	耐
氯化铝	任何	<120	耐	硫酸锌			耐

4.3　隔离

隔离是防腐的一种方法。隔离还广泛使用在测量黏度高、含固体介质的液体、有毒介质，或在常温下可能汽化、冷凝、结晶、沉淀的介质等场合。

4.3.1　隔离形式

隔离通常用隔离膜片或隔离液将被测介质与仪表传感部件或测量管线隔离，达到防腐作用。膜片隔离常用在膜片压力表也称隔膜压力表上，这里主要介绍用隔离液进行隔离。

隔离液隔离常用于流量、压力、液位测量系统的测量管线上，采用管内隔离和容器隔离两种形式。管内隔离见图 1-5-21，容器隔离见图 1-5-22。

4.3.2　隔离液选择及性能

隔离液选择应注意以下原则：

① 化学稳定性好，与被测介质不发生化学作用；

② 与被测介质不互溶，不发生物理作用；

③ 与被测介质具有不同的密度，且密度差值尽可能大，分层明显；

④ 对仪表和测量管线无腐蚀；

⑤ 沸点高，挥发性小；

⑥ 不结冻。

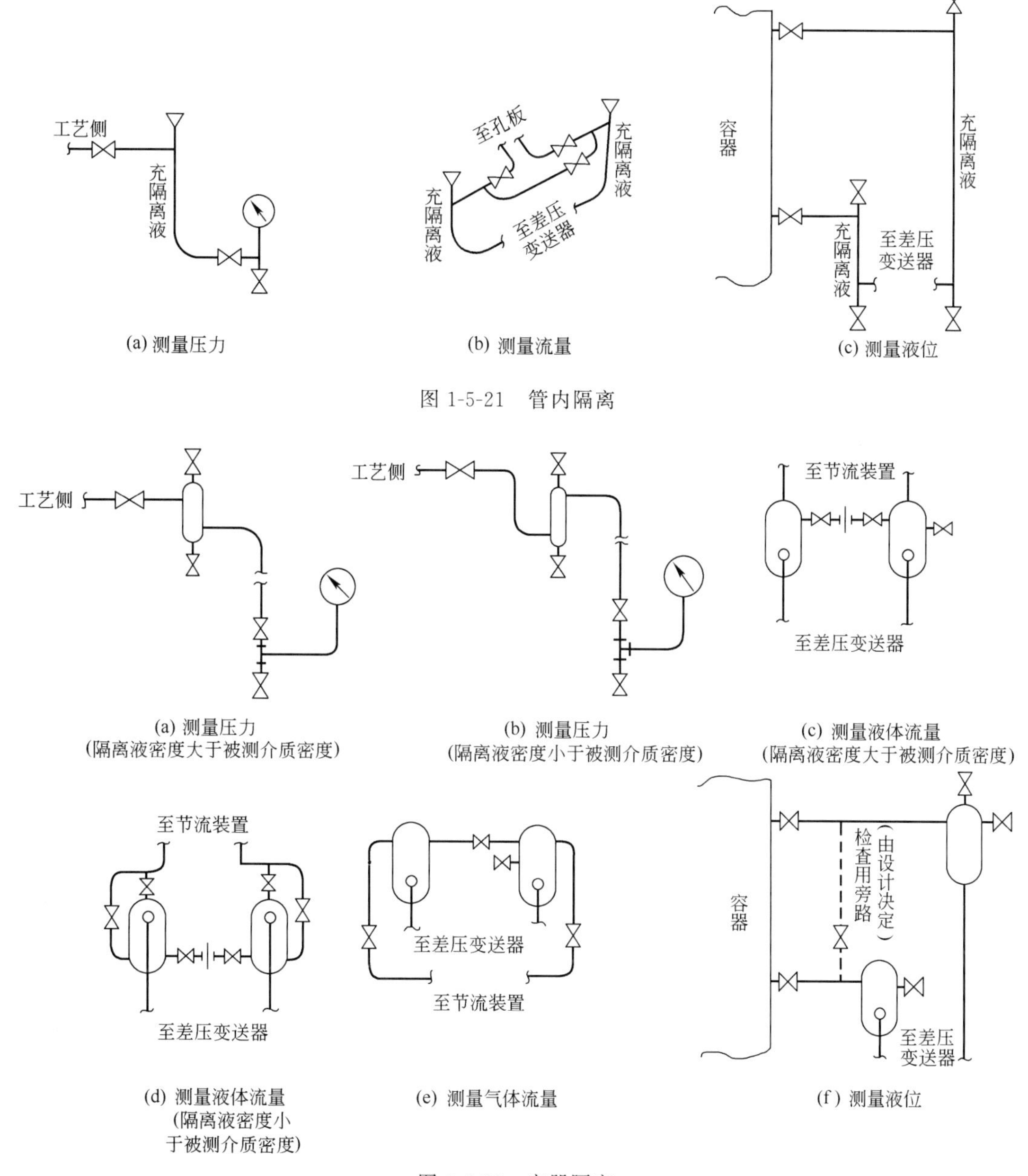

图 1-5-22　容器隔离

常用隔离液有乙二醇、变压器油、硅油、四氯化碳、煤油、甘油等。

常用隔离液的性质及用途见表 1-5-25。

表 1-5-25　常用隔离液的性质及用途

名　　称	相对密度 (15℃/15℃)	黏度/cP①		蒸汽压/mmHg② (20℃)	沸点/℃	凝固点/℃	闪点/℃	性质与用途
		15℃	20℃					
水	1.00	1.125	1.01	17.5	100	0	—	适用于不溶于水的油
质量比 50% 甘油水溶液	1.1295	7.5	5.99	—	106	−23	—	溶于水;适用于油类、蒸汽、水煤气、半水煤气、C_1、C_2、C_3 等烃类、氧

续表

名　称	相对密度(15℃/15℃)	黏度/cP[①]		蒸汽压/mmHg[②](20℃)	沸点/℃	凝固点/℃	闪点/℃	性质与用途
		15℃	20℃					
乙二醇	1.117	25.66	20.9	0.12	197.8	−12.78	118	有吸水性,能溶于水、醇及醚,适用于油类物质及液化气体、氨
质量比50%乙二醇水溶液	1.068	4.36	3.76	13.3	107	−35.6	不着火	溶于水、醇及醚;适用于油类物质及液化气体
体积比36%乙醇溶于乙二醇中	(20℃/15℃) 1.00	—	—	—	78	−51	21.1	溶于水;适用于丙烷、丁烷等介质
磷苯二甲酸二丁酯	(20℃) 1.0484	20.3		(15℃) <0.01	339	−35	171	不溶于水;适用于盐类、酸类等水溶液及硫化氢、二氧化碳等气体介质
乙醇	0.794	1.3	1.2	43.9	78.5	−117.2	12.8	溶于水;适用于丙烷、丁烷等介质
苯	0.884	0.7	0.66	74.7	80.0	5.56	11.1	微溶于水,与醚、醇、丙醇、四氯化碳、醋酸可任意混合,适用于液氨等介质
四氯化碳	1.61	1.0	—	—	76.7	−23	—	不溶于水,与醇、醚、苯、油等可任意混合,有毒;适用于酸类介质
煤油	0.82	2.2	2.0	—	149	−28.9	48.9	不溶于水;适用于腐蚀性无机液体
磺化煤油	0.82	—	—	—	—	−10	—	煤油经磺化处理;适用于乙炔,氢等介质
五氯乙烷	(25℃) 1.67	—	—	—	161～162	−29	—	不溶于水,能与醇,醚等有机物混合,有毒;适用于硝酸
甲基硅油	(25℃/25℃) 0.93～0.94	(25℃) 10±1%cSt	—	—	≥200/0.5 mmHg	−65	≥155	具有优良的电气绝缘、憎水性和防潮性、黏度温度系数小、挥发性小、压缩率大、表面张力小;可在−50～200℃使用,适用于除湿氯气以外的气体、液体
	(25℃/25℃) 0.95～0.96	(25℃) 20±10%cSt	—	—	≥200/0.5 mmHg	−60	≥260	
氟油	1.91					<−35		适用于氯气
全氟三丁胺	(23℃) 1.856	(25℃) 2.74			170～180			不燃烧,不溶于水及一般溶剂,对硝酸、硫酸、王水、盐酸、烧碱不起反应;适用于强酸、氯气
变压器油	0.9							适用于液氨、氨水、NaOH、硫化铵硫酸、水煤气、半水煤气等
5%的碱溶液								适用于水煤气、半水煤气
40% $CaCl_2$ 水溶液								适用于丙酮、苯、石油气

① 1cP=10^{-3}Pa・s;

② 1mmHg=133.3Pa。

5 安全

5.1 石油、化工企业火灾危险性及危险场所分类

根据 YHS—78 炼油化工企业设计防火规定，炼油、石化企业火灾危险性分生产和储存物品两部分。

炼油企业生产的火灾危险性分为 5 类，即甲类、乙类、丙类、丁类、戊类，其中甲类中又分 A、B、C 3 小类 。分类依据见表 1-5-26，危险场所分类见表 1-5-27。

表 1-5-26 炼油企业生产火灾危险性分类

类别		特征
甲	A	使用或产生液化石油气(包括气态)
	B	使用或产生氢气
	C	不属于甲 A、甲 B 的其他甲类,使用或产生下列物质: ①闪点<28℃的易燃液体 ②爆炸下限<10%的可燃气体 ③温度等于或高于自燃点的易燃,可燃液体
乙		使用或产生下列物质: ①闪点≥28℃至<60℃的易燃、可燃液体 ②爆炸下限≥10%的可燃气体 ③助燃气体 ④化学易燃危险固体,如硫磺
丙		使用或产生下列物质: ①闪点≥60℃的可燃液体 ②可燃固体
丁		具有下列情况的生产: ①对非燃烧物质进行加工,并在高温或熔化状态下经常产生强辐射热、火花或火焰 ②将气体、液体、固体进行燃烧,但是不用这种明火对其他可燃气体、易燃和可燃液体、可燃固体进行加热
戊		常温下使用或加工非燃烧物质的生产

表 1-5-27 炼油企业火灾危险场所分类

项目 \ 类别	甲 A	甲 B	甲 C	乙	丙	丁、戊
加热炉	丙烷脱沥青加热炉,叠合加热炉,烷基化加热炉	制氢转化炉,加氢反应器的加热炉,铂重整预加氢反应器的加热炉	常减压蒸馏的常压炉和减压炉,延迟焦化、催化裂化和减黏的加热炉,酮苯脱蜡的滤液及蜡液加热炉,硫磺回收的燃烧炉,沥青氧化的加热炉	煤油分子筛脱蜡加热炉,糠醛精制和酚精制的加热炉	柴油热载体加热炉,轻柴油分子筛脱蜡加热炉	一氧化碳锅炉,惰性气发生炉
反应器和塔	液化石油气分馏塔,石油气脱硫吸收塔,丙烷脱沥青的抽提塔和蒸发塔,催化裂化的稳定塔和吸收塔,叠合反应器,烷基化反应器	加氢裂化和加氢精制的反应器,制氢的中变、低变及甲烷化反应器,二氧化碳吸收塔	常减压蒸馏塔,延迟焦化、加氢裂化、加氢精制和催化裂化的分馏塔和焦炭塔,铂重整的原料预分馏塔、芳烃抽提塔、芳烃及非芳烃水洗塔和苯及甲苯的精馏塔,酮苯脱蜡的滤液及蜡液蒸发塔,沥青氧化的氧化塔,硫磺回收转化器	煤油分子筛脱蜡的吸附塔和分馏塔,糠醛精制和酚精制的抽提塔和溶剂回收蒸发塔	轻柴油分子筛脱蜡的吸附塔和分馏塔,润滑油和石蜡白土精制的白土蒸发塔	

续表

项目＼类别	甲 A	甲 B	甲 C	乙	丙	丁、戊
容器和冷却器、换热器	液化石油气的原料缓冲罐、碱洗罐和水洗罐，液化石油气的冷却器和换热器，二硫化碳容器	加氢的高压气液分离器和低压气液分离器，氢气和含氢气体的冷却器和换热器	汽油馏分的回流罐、水洗罐、碱洗罐和电化学精制罐，苯、甲苯、二甲苯和丙酮的容器，原油、汽油、苯、甲苯和二甲苯的冷却器和换热器，硫磺回收的冷凝器和捕集器，热油的容器、冷却器和换热器	煤油的电化学精制罐，氨的容器，煤油和氨的冷却器和换热器	轻柴油的电化学精制罐、石蜡罐、石蜡发汗罐，润滑油缓冲罐和储罐，沥青缓冲罐，燃料油罐，上述物料的冷却器和换热器	水的容器，压缩空气罐，惰性气体储罐
压缩机、泵和建筑物	石油气压缩机及其厂房，液化石油气泵和泵房，二硫化碳添加房间	氢气压缩机及其厂房	原油、汽油、苯、甲苯、二甲苯和丙酮的泵和泵房，热油泵和热油泵房，酮苯脱蜡的真空过滤机厂房和套管结晶器厂房	煤油泵和泵房，氨压缩机及其厂房，硫磺成型机及其厂房	柴油、石蜡、润滑油、燃料油和沥青的泵和泵房、石蜡和沥青成型机及其厂房，石蜡仓库、沥青仓库	水泵和水泵房，空气压缩机及其厂房、惰性气压缩机及其厂房，白土仓库，仪表室，配电室

炼油企业储存物品火灾危险性分为 3 类，即甲类、乙类、丙类，其中丙类又分 A、B 两小类。分类依据见表 1-5-28，危险场所分类见表 1-5-29。

表 1-5-28 储存物品火灾危险性分类

类别		特征
甲		闪点＜28℃的易燃液体和设计储存温度接近(低 10℃以内)或超过其闪点的易燃，可燃液体
乙		闪点≥28℃至＜60℃的易燃、可燃液体
丙	A	闪点 60℃至 120℃的可燃液体
	B	闪点＞120℃的可燃液体

表 1-5-29 炼油企业储存物品火灾危险性分类

类别		举例
甲		原油，汽油，苯，甲苯，间二甲苯，对二甲苯，二硫化碳，丙酮
乙		煤油，糠醛，邻二甲苯
丙	A	轻柴油，重柴油，酚
	B	蜡油，渣油，液体沥青，润滑油

化工企业生产的火灾危险性分为甲类、乙类、丙类、丁类、戊类 5 类。分类依据见表 1-5-30，危险场所分类见表 1-5-31。

表 1-5-30 化工企业生产的火灾危险性分类

生产类别	特征
甲	生产中使用或产生下列物质： ①闪点＜28℃的易燃液体 ②爆炸下限＜10%的可燃气体 ③常温下能自行分解或在空气中氧化即能导致迅速自燃或爆炸的物质 ④常温下受到水或空气中水蒸气的作用，能产生可燃气体并引起燃烧或爆炸的物质 ⑤遇酸、受热、撞击、摩擦以及遇有机物或硫磺等易燃无机物，极易引起燃烧或爆炸的强氧化剂 ⑥受撞击、摩擦或与氧化剂、有机物接触时能引起燃烧或爆炸的物质 ⑦在压力容器内物质本身温度超过自燃点的生产

续表

生产类别	特征
乙	生产中使用或产生下列物质： ①闪点≥28℃至<60℃的易燃、可燃液体 ②爆炸下限≥10%的可燃气体 ③助燃气体和不属于甲类的氧化剂 ④不属于甲类的化学易燃危险固体 ⑤排出浮游状态的可燃纤维或粉尘，并能与空气形成爆炸性混合物
丙	生产中使用或产生下列物质： ①闪点≥60℃的可燃液体 ②可燃固体
丁	具有下列情况的生产： ①对非燃烧物质进行加工，并在高热或熔化状态下经常产生辐射热，火花或火焰的生产 ②利用气体、液体、固体作为燃料或将气体、液体进行燃烧作其他用的各种生产 ③常温下使用或加工难燃烧物质的生产
戊	常温下使用或加工非燃烧物质的生产

表 1-5-31 化工企业火灾危险场所分类

生产装置	过程名称	类别	生产装置	过程名称	类别
甲烷部分氧化制乙炔装置	部分氧化 乙炔提浓、净化 溶剂处理	甲 甲 甲	氧氯化法氯乙烯装置	乙烯循环气压缩 直接氯化，氧氯化，精馏 二氯乙烷裂解 氯乙烯精馏 残液烧却	甲 甲 甲 甲 丁
管式炉裂解乙烯装置	裂解、急冷 裂解气压缩、乙烯、丙烯制冷 分离	甲 甲 甲	电石法氯乙烯装置	乙炔发生 合成氯化氢 合成氯乙烯，精馏	甲 甲 甲
异丁烯分离（硫酸法）装置	压缩精馏 吸收精馏	甲 甲	丁辛醇装置	合成气压缩 羰基合成，蒸馏，重组分处理 缩合反应，加氢，蒸馏 催化剂制备	甲 甲 甲 戊
丁烯氧化脱氢制丁二烯装置	氧化反应冷却 反应气体压缩	甲 甲	醋酐装置	醋酸裂解 吸收，精馏 稀醋酸回收	甲 甲 乙
合成酒精装置	乙烯水合反应 精馏	甲 甲	环氧氯丙烷装置	丙烯压缩 氯化、精馏 次氯酸化、精馏	甲 甲 甲
直接法乙醛装置	乙烯氧化（一，二段法） 乙醛精制	甲 甲	苯乙烯装置	苯烃化 乙基苯脱氢 乙苯和苯乙烯精馏	甲 甲 甲
醋酸装置	乙醛氧化 醋酸精制	甲 甲	乙二醇装置	空气压缩 循环乙烯气压缩（加氧气的循环乙烯压缩） 氧化，吸收，精馏 环氧乙烷水合 乙二醇精馏	戊 （甲） 甲 甲 乙
裂解汽油加氢装置	氢气压缩机 汽油加氢、分馏	甲 甲	丁苯橡胶	碳氢相配制 水相配制 聚合及脱气 胶浆罐区 后处理（凝聚、干燥、包装）	甲 戊 甲 丙 丙
芳烃抽提	芳烃抽提 精馏	甲 甲	丁腈橡胶	碳氢相配制 水相配制 聚合及脱气 后处理（凝聚、干燥、包装）	甲 戊 甲 丙
对二甲苯装置	甲苯岐化及混合二甲苯异构化 分馏	甲 甲	乙丙橡胶	催化剂及助剂配制 聚合、凝聚 单体及溶剂回收 后处理（脱水、干燥、包装）	甲 甲 甲 丙
丙烯腈装置（丙烯氨氧化法）	空气压缩 反应 精制 氰化钠制造 含氰污水烧结	戊 甲 甲 戊 丁			
苯酚丙酮装置	苯烃化，精馏 异丙苯氧化分解 精　馏	甲 甲 甲			

续表

生产装置	过程名称	类别
顺丁橡胶	催化剂及助剂配制	甲
	聚合，凝聚	甲
	单体及溶剂回收	甲
	后处理(脱水、干燥、包装)	丙
氯丁橡胶	合成乙烯基乙炔	甲
	合成氯丁二烯	甲
	聚合，凝聚	甲
	后处理(脱水、干燥、包装)	丙
异戊橡胶	催化剂及助剂配制	甲
	聚合，凝聚	甲
	单体及溶剂回收	甲
	后处理(脱水、干燥、包装)	丙
尼龙 6(己丙酰胺)	苯加氢，氧化制环己酮	甲
	苯酚加氢，脱氢制环己酮	甲
	环己酮精馏	甲
	肟化，转位，中和	丙
	萃取精制	乙
	切片包装	丙
聚氯乙烯	氯乙烯聚合	甲
	离心过滤，干燥，包装	丙
高压聚乙烯	乙烯压缩	甲
	催化剂配制	甲
	聚合，造粒，洗涤，过滤	甲
	掺合，包装	丙
聚丙烯	催化剂配制	甲
	聚合	甲
	醇解，洗涤，过滤	甲
	溶剂回收	甲
	干燥，掺合，包装	丙
聚乙烯醇	合成醋酸乙烯	甲
	聚合，醇解	甲
	回收甲醇	甲
	包装	丙
	残液烧却	丁
聚酯	空气压缩	戊
	对苯二甲酸	乙
	对苯二甲酸二甲酯	甲
	酯交换(对苯二甲酸二乙酯)	甲
	聚合	丙
	造粒包装	丙
块状聚苯乙烯	聚合	甲
	造粒、包装	丙
ABS 塑料	聚合	甲
	后处理(脱水、造粒)	丙
	包装	丙
低压聚乙烯	催化剂配制	甲
	聚合	甲
	醇解，洗涤，过滤	甲
	溶剂回收	甲
	干燥，包装	丙
尼龙 66	苯酚加氢、氧化制己二酸	甲
	己二酸氨化、脱水制己二腈	乙
	己二腈加氢制己二胺	甲
	聚合(尼龙 66)	丙
	包装	丙
合成氨、合成甲醇装置	粉煤的制备破碎筛分和储存输送	乙
	粉煤造气	甲
	煤焦和煤的备料、干燥及运输	丙
	煤焦造气、水煤气脱硫	甲
	天然气、轻油和焦炉气脱硫	甲
	焦炉气净化	甲
	天然气、轻油、焦炉气、炼厂气的蒸汽转化	甲
	重油、天然气、焦炉气、炼厂气的部分氧化和变换	甲
	脱 CO_2	甲
	铜洗，甲烷化	甲
	氢分，氮洗	甲
	水煤气及氢氮气压缩	甲
	合成	甲
	氨冷冻，氨水吸收	乙
	粗甲醇精馏	甲
尿素生产装置	CO_2 压缩	戊
	尿素合成，气提，氨泵，甲胺泵	乙
	分解，吸收	乙
	蒸发，造粒，输送	丙
	联尿(变换气气提法)	甲
碳酸氢铵装置	吸氨及氨水储罐	乙
	碳化	甲
	离心分离，包装	丁
硝酸装置	空气净化、压缩	戊
	接触氧化(常压、加压)	乙
	常压、加压吸收和尾气处理	戊
	发烟硝酸吸收	乙
	浓硝高压釜	乙
	硝酸镁法提浓硝酸	乙
硝酸铵装置	中和	乙
	结晶或造粒，输送，包装	甲
亚硝酸钠	蒸发结晶分离干燥包装	甲
空气分离装置	空气净化，压缩、冷却	戊
	空气分馏塔氧气压缩装瓶	乙
	氮气压缩装瓶	戊
空气氮洗联合装置		甲

化工企业储存物品火灾危险性亦分为甲、乙、丙、丁、戊五类。分类依据见表 1-5-32，危险场所分类见表1-5-33。

表 1-5-32　化工企业储存物品的火灾危险性分类依据

贮存物品类别	特　　征
甲	①常温下能自行分解或在空气中氧化即能导致迅速自燃或爆炸的物质 ②常温下受到水或空气中水蒸气的作用，能产生可燃气体并引起燃烧或爆炸的物质 ③受撞击、摩擦或与氧化剂、有机物接触时能引起燃烧或爆炸的物质

续表

贮存物品类别	特　　征
甲	④闪点<28℃的易燃液体 ⑤爆炸下限<10%的可燃气体，以及受到水或空气中水蒸气的作用，能产生爆炸下限<10%的可燃气体的固体物质 ⑥遇酸、受热、撞击、摩擦以及遇有机物或硫磺等易燃的无机物极易引起燃烧或爆炸的强氧化剂
乙	①不属于甲类的化学易燃危险固体 ②闪点≥28℃至<60℃的易燃、可燃液体 ③不属于甲类的氧化剂 ④助燃气体 ⑤爆炸下限≥10%的可燃气体 ⑥常温下与空气接触能缓慢氧化，积热不散引起自燃的危险物品
丙	①闪点≥60℃的可燃液体 ②可燃固体
丁	难燃烧物品
戊	非燃烧物品

表 1-5-33　化工企业储存物品火灾危险性分类

储存物品类别	举　　例
甲	①三乙基铝，三异丁基铝，一氯二乙基铝，二氯二乙基铝，硝化棉，硝化纤维胶片，黄磷，三甲硼，丁硼烷 ②钾，钠，钙，锶，锂，氢化钾，氢化钠，氢化钙，磷化钙，活性镍 ③过氧化苯甲酰，偶氮二异丁腈，赤磷，五硫化磷，硝酸钾，硝酸钠，硝酸钙，硝酸铵 ④乙醚，汽油，石油醚，二硫化碳，乙烷，戊烷，石脑油，乙醛，环己烷，丙酮，二乙胺，甲酸甲酯，苯，甲苯，环氧丙烷，甲醇，异戊二烯，乙醇，二氯乙烷，三氯乙烯，醋酸乙烯，乙苯，甲乙酮，丙烯腈，丁醛，氰氢酸，对二甲苯，间二甲苯，醋酸甲酯，醋酸乙酯，羰基镍，醋酸正丁酯，醋酸异戊酯，丙烯酸甲酯，甲基丙烯酸甲酯，原油，硝酸乙酯，呋喃，三聚乙醛，乙基苯 ⑤乙炔，氢，乙烯，甲醚，环氧乙烷，甲烷，甲醛，氯乙烯，丁二烯，丁烯，丙烷，丙烯，异丁烯，异丁烷，液化石油气，乙烷，水煤气，半水煤气，丁烷，焦炉煤气，硫化氢，一氯乙烷，甲胺，一氯甲烷，电石 ⑥过氧化氢，过氧化钾，过氧化钠，氯酸钾，氯酸钠，过硫酸钾，亚硝酸钠
乙	①五氯化磷，五氧化二磷，硫磺，镁粉，铝粉，锌粉，蒽，萘，樟脑，松香，三氯化铝，三聚甲醛 ②氯化苯，丁醇，异丙苯，苯乙烯，异戊醇，煤油，邻二甲苯，松节油，乙二胺，冰醋酸，醋酐，环氧氯丙烷，福尔马林，氯乙醇，环丁砜，环己酮，氯丙醇，四乙基铅 ③高锰酸钾，铬酸，重铬酸钾，重铬酸钠，硝酸，硝酸铜，硝酸汞，硝酸钴，发烟硫酸，漂白粉，漂粉精，溴 ④氧，氯，氧化亚氮 ⑤一氧化碳，氨，发生炉煤气
丙	①糠醛，柴油，二甲基甲酰胺，苯甲醛，环己醇，乙二醇丁醚，糠醇，丁酸，苯胺，辛醇，磷甲基胺，一乙醇胺，乙醇胺，乙二醇，二苯醚，邻甲酚，酚，甲酚，甲酸，已醇，正硅酸乙酯，二甲基亚砜，二氯甲烷 ②二乙醇胺，三乙醇胺，苯二甲酸二甲酯，苯二甲酸二辛酯，二甲酸二丁酯，二甲酸二辛酯，渣油，蜡油，润滑油，机油，甘油，石油沥青，亚麻仁油，二乙二醇醚，三乙二醇醚，环丁砜 ③已二酸，联苯，对二苯酚，苯二甲酸，苯二甲酸酐，有机玻璃，合成和天然橡胶及其制品，聚氯乙烯，聚苯乙烯，尿素，玻璃钢，聚酯，尼龙 6，尼龙 66，聚乙烯醇，聚乙烯醇缩醛，ABS 塑料，氯化铵，硫铵，聚乙烯，聚丙烯
丁	聚甲醛，氨基塑料，碳酸铵，碳酸氢铵，烧碱，纯碱，碳酸氢钠，酚醛塑料，尿醛塑料
戊	氮气，二氧化碳，水蒸气，氦，氩，石棉，硅藻土，玻璃棉，泡沫混凝土，硅酸，灰绿岩，陶瓷，水泥蛭石，膨胀珍珠岩，氟里昂，食盐，过磷酸钙，沉淀磷酸钙

5.2　爆炸性物质和爆炸危险场所等级划分

5.2.1　爆炸性物质分类

根据《中华人民共和国爆炸危险场所电气安全规程》对爆炸性物质进行分类，爆炸性物质分为 3 类：

Ⅰ类：矿井甲烷；

Ⅱ类：爆炸性气体、蒸气；

Ⅲ类：爆炸性粉尘、纤维。

对化工企业，爆炸性物质主要是Ⅱ类和Ⅲ类。Ⅱ类爆炸性气体（含蒸气和薄雾）按最大试验安全间隙和最小点燃电流比分 A、B、C 3 级。

最大试验安全间隙（MESG）是指在标准规定试验条件下，壳内所有浓度的被试验气体或蒸气与空气的混合物点燃后，通过 25mm 长的接合面均不能点燃壳外爆炸性气体混合物。

最小点燃电流（MIC）是指在规定的试验条件下，能点燃最易点燃混合物的最小电流。

最小点燃电流比（MICR）是指在规定试验条件下，对直流 24V、95mH 的电感电路用火花试验装置进行点燃试验，各种气体或蒸气与空气的混合物的最小点燃电流对用烷与空气的混合物的最小点燃电流之比。

按引燃温度可以分为 T1、T2、T3、T4、T5、T6 6 组。

爆炸性气体分类、级以及分组标准见表 1-5-34。

表 1-5-34　爆炸性气体的分类、分级、分组举例表

类和级	最大试验安全间隙 MESG /mm	最小点燃电流比 MICR	引燃温度（℃）与组别					
			T1	T2	T3	T4	T5	T6
			$T>450$	$450\geqslant T>300$	$300\geqslant T>200$	$200\geqslant T>135$	$135\geqslant T>100$	$100\geqslant T>85$
Ⅰ	MESG=1.14	MICR=1.0	甲　烷					
ⅡA	0.9<MESG<1.14	0.8<MICR<1.0	乙烷、丙烷、丙酮、苯乙烯、氯乙烯、氨苯、甲苯、苯、氨、甲醇、一氧化碳、乙酸乙酯、乙酸、丙烯酯	丁烷、乙醇丙烯、丁醇、乙酸丁酯、乙酸戊酯、乙酸酐	戊烷、己烷、庚烷、癸烷、辛烷、汽油、硫化氢、环己烷	乙醚、乙醛		亚硝酸乙酯
ⅡB	0.5<MESG≤0.9	0.45<MICR≤0.8	二甲醚、民用煤气、环丙烷	环氧乙烷、环氧丙烷、丁二烯、乙烯	异戊二烯			
ⅡC	MESG≤0.5	MICR≤0.45	水煤气、氢、焦炉煤气	乙　炔			二硫化碳	硝酸乙酯

Ⅲ类：爆炸性粉尘，按其物理性质分级。按引燃温度分 T1-1、T1-2、T1-3 三组。

引燃温度是指按照标准试验方法试验时，引燃爆炸性混合物的最低温度。

爆炸性粉尘分级、分组标准见表 1-5-35。

表 1-5-35　爆炸性粉尘的分级、分组举例表

类和级	组别 / 引燃温度/℃ / 粉尘物质	T1-1	T1-2	T1-3
		$T>270$	$270\geqslant T>200$	$200\geqslant T>140$
ⅢA	非导电性可燃纤维	木棉纤维、烟草纤维、纸纤维、亚硫酸盐纤维素、人造毛短纤维、亚麻	木质纤维	
	非导电性爆炸性粉尘	小麦、玉米、砂糖、橡胶、染料、聚乙烯、苯酚树脂	可可、米糖	
ⅢB	导电性爆炸性粉尘	镁、铝、铝青铜、锌、钛、焦炭、炭黑	铝(含油) 铁、煤	
	火炸药粉尘		黑火药 T.N.T	硝化棉、吸收药、黑索金、特屈儿、泰安

5.2.2　爆炸危险场所分类

爆炸危险场所按爆炸性物质的物态可以分为两类，即气体爆炸危险场所和粉尘爆炸危险场所。分级按爆炸性物质出现的频度、持续时间和危险程度进行划分。

气体爆炸危险场所可分为 0 级、1 级和 2 级，见表 1-5-36。

粉尘爆炸危险场所可分为 10 级、11 级，见表 1-5-37。

表 1-5-36　气体爆炸危险场所等级

等　级	场　　所
0 级	正常情况下,爆炸性气体混合物连续地短时间频繁地出现或长时间存放的场所
1 级	正常情况下,爆炸性气体混合物有可能出现的场所
2 级	正常情况下,爆炸性气体混合物不能出现,仅在不正常情况下偶尔短时间出现的场所

表 1-5-37　粉尘爆炸危险场所等级

等　级	场　　所
10 级	在正常情况下,爆炸性粉尘或可燃纤维与空气的混合物可能连续地、短时间频繁地出现或长时间存在的区域
11 级	在正常情况下,上述混合物不能出现,仅在不正常情况下偶尔短时间出现的区域

5.3　爆炸性气体、易燃易爆粉尘和易燃纤维特性

爆炸性气体、蒸气特性见表 1-5-38。

易燃易爆粉尘和可燃纤维特性见表 1-5-39。

表 1-5-38　爆炸性气体、蒸气特性表

物质名称	引燃温度组别	引燃温度/℃	闪点/℃	爆炸极限		蒸气密度(空气=1)
				下限/(容积%)	上限/(容积%)	
Ⅰ(Ⅰ类,矿井甲烷)						
甲烷	T1	537	气体	5.0	15.0	0.55
ⅡA(Ⅱ类A级)						
丙烯腈	T1	481	0	2.8	28.0	1.83
乙醛	T4	140	−37.8	4.0	57.0	1.52
乙腈	T1	524	5.6	4.4	16.0	1.42
丙酮	T1	537	−19.0	2.5	13.0	2.00
氨	T1	630	气　体	15.0	28.0	0.59
异辛烷	T2	410	−12.0	1.0	6.0	3.94
异丁醇	T2	426	27.0	1.7	19.0	2.55
异丁基甲基甲酮	T1	475	14.0	1.2	8.0	3.46
异戊烷	T2	420	<−51.1	1.4	7.6	2.48
一氧化碳	T1	605	气　体	12.5	74.0	0.97
乙醇	T2	422	11.1	3.5	19.0	1.59
乙烷	T1	515	气　体	3.0	15.5	1.04
丙烯酸乙酯	T2	350	15.6	1.7		3.50
乙醚	T4	170	−45.0	1.7	48.0	2.55
甲乙酮	T1	505	−6.1	1.8	11.5	2.48
3-氯1,2-环氧丙烷	T2	385	28.0	2.3	34.4	3.29
氯丁烷	T3	245	−12.0	1.8	10.1	3.20
辛烷	T3	210	12.0	0.8	6.5	3.94
邻-二甲苯	T1	463	172.0	1.0	7.6	3.66
间-二甲苯	T1	525	25.0	1.1	7.0	3.66

续表

物质名称	引燃温度组别	引燃温度/℃	闪点/℃	爆炸极限		蒸气密度(空气=1)
				下限/(容积%)	上限/(容积%)	
对-二甲苯	T1	525	25.0	1.1	7.0	3.66
氯化苯	T1	590	28.0	1.3	11.0	3.88
乙酸	T1	485	40.0	4.0	17.0	2.07
乙酸正戊酯	T2	375	25.0	1.0	7.5	4.99
乙酸异戊酯	T2	379	25.0	1.0	10.0	4.49
乙酸乙酯	T2	460	−4.4	2.1	11.5	3.04
乙酸乙烯树脂	T2	385	−4.7	2.6	13.4	2.97
乙酸丁酯	T2	370	22.0	1.2	7.6	4.01
乙酸丙酯	T2	430	10.0	1.7	8.0	3.52
乙酸甲酯	T1	475	−10.0	3.1	16.0	2.56
氰化氢	T1	538	−17.8	5.6	41.0	0.93
溴乙烷	T1	511	<−20.0	6.7	11.3	3.76
环己酮	T2	420	33.8	1.3	9.4	3.38
环己烷	T3	260	−20.0	1.2	8.3	2.90
1,4-二氧杂环乙烷	T4	180	12.2	2.0	22.0	3.03
1,2-二氯乙烷	T2	412	13.3	6.2	16.0	3.40
二氯乙烯	T1	451	−10.0	5.6	16.0	3.35
二丁醚	T4	175	25.0	1.5	7.6	4.48
二甲醚	T3	240	气体	3.0	27.0	1.59
苯乙烯	T1	490	32.0	1.1	8.0	3.59
噻吩	T2	395	−1.1	1.5	12.5	2.90
葵烷	T3	205	46.0	0.7	5.4	4.90
四氢呋喃	T3	230	−13.0	2.0	12.4	2.50
1,2,3-三甲苯	T1	485	50.0	1.1	7.0	4.15
甲苯	T1	535	4.4	1.2	7.0	3.18
1-丁醇	T2	340	28.9	1.4	11.3	2.55
丁烷	T2	365	气体	1.5	8.5	2.05
丁醛	T3	230	−6.7	1.4	12.5	2.48
呋喃	T2	390	0	2.3	14.3	2.30
丙烷	T1	466	气体	2.1	9.5	1.56
异丙醇	T2	399	11.7	2.0	12.0	2.07
己烷	T3	233	−21.7	1.2	7.5	2.79
庚烷	T3	215	−4.0	1.1	6.7	3.46
苯	T1	555	11.1	1.2	8.0	2.70
三氟甲基苯	T1	620	12.2			5.00

续表

物质名称	引燃温度组别	引燃温度/℃	闪点/℃	爆炸极限		蒸气密度（空气=1）
				下限/(容积%)	上限/(容积%)	
戊醇	T3	300	32.7	1.2	10.5	3.04
戊烷	T3	285	<-40.0	1.4	7.8	2.49
醋酐	T2	315	49.0	2.0	10.2	3.52
甲醇	T1	455	11.0	5.5	36.0	1.10
丙烯酸甲酯	T2	415	-2.9	2.4	25.0	3.00
甲基丙烯甲酯			10.0	1.7	8.2	3.60
2-甲基己烷	T3	280	<0			3.46
3-甲基己烷	T3	280	<0			3.46
硫化氢	T3	260	气体	4.3	45.0	1.19
汽油	T3	280	-42.8	1.4	7.6	3.40
壬烷	T3	205	31	0.7	5.6	4.43
环戊烷	T2	380	<-20			2.42
甲基环戊烷	T2					
乙基环丁烷	T3	210	<-20	1.2	7.7	2.90
乙基环戊烷	T3	260	<21	1.1	6.7	3.39
萘烷	T3					
丙烯	T2		气体	2.0	11.7	1.49
甲基苯乙烯	T1					
二甲苯	T1	465	30	1.0	7.6	3.66
乙苯	T2	430	15	1.0	7.8	3.66
三甲苯	T1	485	50	1.1	6.4	4.15
萘	T1	540	80	0.9	5.9	4.42
异丙基苯	T2		31	0.8	6.0	4.15
甲基异丙基苯	T2					
松节油	T3					
石脑油	T3					
煤焦油石脑油	T3					
丙醇	T2	405	15	2.1	13.5	2.07
丁醇	T2	340	29	1.4	10.0	2.55
己醇	T3					
环己醇	T3					
甲基环己醇	T3	295	68			3.93
苯酚	T1					
甲酚	T1					
双丙酮醇	T1					

续表

物质名称	引燃温度组别	引燃温度/℃	闪点/℃	爆炸极限		蒸气密度(空气=1)
				下限/(容积%)	上限/(容积%)	
戊间二酮(乙酰丙酮)	T2					
甲酸甲酯	T2	450	<−20	5.0	20.0	2.07
乙酰基醋酸乙酯	T2					
氯代甲烷(甲基氯)	T1	625	气体	7.1	18.5	1.78
氯乙烷	T1	510	气体	3.6	14.8	2.22
苯胺	T1					
正氯丙烷	T1	520	<−20	2.6	11.1	2.71
二氯丙烷	T1	555	15	3.4	14.5	3.90
氯苯	T1					
苄基苯	T1					
二氯苯	T1		66	2.2	12	5.07
烯丙基氯	T2					
氯乙烯	T2	413	气体	3.8	29.3	2.16
二氯甲烷(甲叉二氯)	T1	605		13.0	22.0	2.93
乙酰氯	T3					
氯乙醇	T2	425	55	5	16	2.78
乙硫醇	T3					
四氢噻吩	T3					
亚硝酸乙酯	T6					
硝基甲烷	T2	415	36	7.1	63	2.11
硝基乙烷	T2	410	28			2.58
甲胺	T2	430	气体	5.0	20.7	1.07
二甲胺	T2		气体	2.8	14.4	1.55
三甲胺	T4		气体	2.0	11.6	2.04
二乙胺	T2		<−20	1.7	10.1	2.53
三乙胺	T1					
正丙胺	T2		<−20	2.0	10.4	2.04
正丁胺	T2					
环己烷	T3					
二胺基己烷	T2					
N,*N*-二甲基苯胺	T3					
甲苯胺	T1					
吡啶	T1	550		1.7	10.6	2.73

续表

物质名称	引燃温度组别	引燃温度/℃	闪点/℃	爆炸极限		蒸气密度(空气=1)
				下限/(容积%)	上限/(容积%)	
ⅡB(Ⅱ类B级)						
异戊间二烯	T3	220	−53.8	1.0	9.7	2.35
乙烯	T2	425	气体	2.7	34.0	0.97
环氧乙烷	T2	428	气体	3.0	100.0	1.52
环氧丙烷	T2	430	−37.2	1.9	24.0	2.00
1,3-丁二烯	T2	415	气体	1.1	12.5	1.87
城市煤气	T1		气体	5.3	32.0	
环丙烷	T1	495	气体	2.4	10.4	1.45
丁二烷(1,3)	T2					
乙基甲基醚	T4	190	气体	2.0	10.1	2.07
乙醚	T4	170	−45.0	1.7	48.0	2.55
1,4-二噁烷	T2					
1,3,5-三噁烷	T2	410		3.6	29.0	3.11
四氢糠醇	T3					
丙烯酸乙酯	T2					
丁烯醛	T3					
丙烯醛	T3		<−20	2.8	31.0	1.94
焦炉煤气	T1					
四氟乙烯	T2					
ⅡC(Ⅱ类C级)						
乙炔	T2	305	气体	1.5	82.0	0.90
氢	T1	560	气体	4.0	75.6	0.07
二硫化碳	T5	102	−30	1.0	60.0	2.64
水煤气	T1		气体	7.0	72.0	
硝酸乙酯	T6					

表 1-5-39　易燃易爆粉尘和可燃纤维特性表

粉尘种类	粉尘的名称	引燃温度(组别)	高温表面沉积粉尘(5mm厚)的引燃温度/℃	云状粉尘的引燃温度/℃	爆炸下限浓度/(g/m^3)	粉尘平均粒径/μm	危险性种类
火药	一号硝化棉	T13	154			100目	爆
	吸收药(片状药)	T13	154			片状	爆
	吸收药(小粒药)	T13	150			小粒	爆
	2/1樟单药	T13	148				爆
	2/1药粉	T13	146			100目	爆
	双基小粒药	T13	140				爆
	片状双基药	T13	164				爆
	黑火药	T12	230			100目	爆

续表

粉尘种类	粉尘的名称	引燃温度（组别）	高温表面沉积粉尘（5mm 厚）的引燃温度/℃	云状粉尘的引燃温度/℃	爆炸下限浓度/(g/m^3)	粉尘平均粒径/μm	危险性种类
炸药	梯恩梯	T12	220				爆
	奥克托金	T12	220				爆
	2 号硝铵煤矿炸药	T12	218				爆
	2 号硝铵岩石炸药	T13	198				爆
	8321 炸药	T13	198				爆
	黑索金（钝感品）	T13	194				爆
	黑索金	T13	159				爆
	特屈儿	T13	158				爆
	泰安	T13	157				爆
	泰安（钝感品）	T13	158				爆
金属	铝（表面处理）	T11	320	590	37～50	10～15	爆
	铝（含油）	T12	230	400	37～50	10～20	爆
	铁粉	T12	242	430	153～240	100～150	易导
	镁	T11	340	470	44～59	5～10	爆
	红磷	T11	305	360	48～64	30～50	易
	炭黑	T12	535	＞690	36～45	10～20	易导
	钛	T11	290	375			爆
	锌	T11	430	530	212～284	10～15	易导
	电石	T11	325	555		＜200	易
	钙硅铝合金	T11	290	465			易导
	8%钙-30%硅-55%铝	T11	＞450	640			易导
	硅铁合金（45%硅）	T11	445	555		＜90	易导
	锆石	T11	305	360	92～123	5～10	易导
化学药品	硬脂酸锌	T11	熔　融	315		8～15	易
	萘	T11	熔　融	575	28～38	80～100	易
	蒽	T11	熔融升华	505	29～39	40～50	易
	己二酸	T11	熔　融	580	65～90		易
	苯二（甲）酸	T11	熔　融	650	60～83	80～100	易
	无水苯二（甲）酸（粗制品）	T11	熔　融	605	52～71		易
	苯二（甲）酸腈	T11	熔　融	＞700	37～50		易
	无水马来酸（粗制品）	T12	熔　融	500	82～113		易
	硫磺	T11	熔　融	235		30～50	易
	乙酸钠酯	T11	熔　融	520	51～70	5～8	易
	结晶紫	T11	熔　融	475	46～70	15～30	易
	四硝基卡唑	T11	熔　融	395	92～129		易
	二硝基甲酚	T11	熔　融	340		40～60	易

续表

粉尘种类	粉尘的名称	引燃温度（组别）	高温表面沉积粉尘（5mm 厚）的引燃温度/℃	云状粉尘的引燃温度/℃	爆炸下限浓度/(g/m³)	粉尘平均粒径/μm	危险性种类
化学药品	阿司匹林	T11	熔　融	405	31～41	60	易
	肥皂粉	T11	熔　融	575		80～100	易
	青色染料	T11	350	465		300～500	易
	萘酚染料	T11	395	415	133～184		易
合成树脂	聚乙烯	T11	熔　融	410	26～35	30～50	易
	聚丙烯	T11	熔　融	430	25～35		易
	聚苯乙烯	T11	熔　融	475	27～37	40～60	易
	苯乙烯(70%) 丁二烯(30%) 粉状聚合物	T11	熔　融	420	27～37		易
	聚乙烯醇	T11	熔　融	450	42～55	5～10	易
	聚丙烯酯	T11	熔融炭化	505	35～55	5～7	易
	聚氨酯(类)	T11	熔　融	425	46～63	50～100	易
	聚乙烯四酞	T11	熔　融	480	52～71	<200	易
	聚乙烯氮戊环酮	T11	熔　融	465	42～58	10～15	易
	聚氯乙烯	T11	熔融炭化	595	63～86	4～5	易
	氯乙烯(70%)苯	T11	熔融炭化	520	44～60	30～40	易
	乙烯(30%)粉状聚合物	T11					易
	酚醛树脂(酚醛清漆)	T11	熔融炭化	520	36～49	10～20	易
	邻苯二甲酸(粗的)	T11	熔　融	650		80～100	易
	邻苯二甲酸酐(粗的)	T11	熔　融	605		500～1000	易
	顺丁烯二(酸)酐	T11	熔　融	500		500～1000	易
橡胶天然树脂	钠丁间酮酸酯	T11	熔　融	520		5～8	
	聚丙烯腈	T11	炭　化	505		5～7	
	聚氨酯	T11	熔　融	425		50～100	
	有机玻璃粉	T11	熔融炭化	485			易
	骨胶(虫胶)	T11	沸　腾	475		20～50	易
	硬质橡胶	T11	沸　腾	360	36～49	20～30	易
	软质橡胶	T11	沸　腾	425		80～100	易
	天然树脂	T11	熔　融	370	38～52	20～30	易
	琥珀树脂	T11	熔　融	330	30～41	20～50	易
	松香	T11	熔　融	325		50～80	易
	货贝胶 W	T11	结　壳	475		20～50	易
	壳胶	T11	结　壳	590		500～600	易
沥青蜡类	硬蜡	T11	熔　融	400	26～36	30～50	易
	绕组沥青	T11	熔　融	620		50～80	易
	硬沥青	T11	熔　融	620		50～150	易
	煤焦油沥青	T11	熔　融	580			易
	软沥青(EP54)	T11	熔　融	620		50～80	易

续表

粉尘种类	粉尘的名称	引燃温度（组别）	高温表面沉积粉尘（5mm厚）的引燃温度/℃	云状粉尘的引燃温度/℃	爆炸下限浓度/(g/m³)	粉尘平均粒径/μm	危险性种类
农产品	裸麦粉(未处理)	T11	325	415	67～93	30～50	易
	裸麦谷物粉(未处理)	T11	305	430		50～100	易
	裸麦筛落品(粉碎品)	T11	305	415		30～40	易
	小麦粉	T11	炭　化	410		20～40	易
	小麦谷物粉	T11	290	420		15～30	易
	小麦筛落粉(粉碎品)	T11	290	410		3～5	易
	乌麦、大麦、谷物粉	T11	270	440		50～150	易
	筛米粉	T11	270	410		50～100	易
	玉米淀粉	T11	炭　化	430		20～30	易
	马铃薯淀粉	T11	炭　化	430		60～80	易
	布丁粉	T11	炭　化	395		10～20	易
	糊精粉	T11	炭　化	400	71～99	20～30	易
	砂糖粉	T11	熔　融	360	77～99	20～40	易
	砂糖粉(含奶粉)	T11	熔　融	450	83～100	20～30	易
	黑麦谷粉	T11	305	430		50～100	易
	黑麦面粉	T11	325	415		30～50	易
	黑麦滤过粉末(磨碎)	T11	305	415		30～40	易
	豆麻饼子和磨坊粉末	T11	285	470			易
	米滤过的粉末	T11	270	420		50～100	易
纤维鱼粉	可可子粉(脱脂品)	T12	245	460		30～40	易
	咖啡粉(精质品)	T11	收　缩	600		40～80	易
	啤酒麦芽粉	T11	285	405		100～150	易
	紫苜蓿	T11	280	480		200～500	易
	亚麻粕粉	T11	285	470			易
	菜种渣粉	T11	炭　化	465		400～600	易
	鱼粉	T11	炭　化	485		80～100	易
	烟草纤维	T11	290	485		50～100	易
	木棉纤维	T11	385				易
	人造短纤维	T11	305				易
	亚硫酸盐纤维素粉	T11	380				易
	木质纤维	T11	250	445		40～80	易
	纸纤维	T11	360				易
	椰子粉	T11	280	450		100～200	易
	软木粉	T11	325	460	44～59	30～40	易
	针叶树(松)粉	T11	325	440		70～150	易
	硬木(丁钠橡胶)粉	T11	315	420		70～100	易

续表

粉尘种类	粉尘的名称	引燃温度（组别）	高温表面沉积粉尘（5mm厚）的引燃温度/℃	云状粉尘的引燃温度/℃	爆炸下限浓度/（g/m³）	粉尘平均粒径/μm	危险性种类
燃料	泥煤粉	T11	260	450		60～90	导
	褐煤粉（褐煤）	T11	260		49～68	2～3	导
	褐煤粉（火车焦用）	T11	230	485		3～5	导
	有烟煤粉	T11	235	595	41～57	5～10	导
	瓦斯煤粉	T11	225	580	35～48	5～10	导
	焦炭用煤粉	T11	280	610	33～45	5～10	导
	贫煤粉	T11	285	680	34～45	5～7	导
	无烟煤粉	T11	＞430	＞600		100～150	导
	水炭粉（质硬）	T11	340	595	39～52	1～2	易导
	泥煤焦炭粉	T11	360	615	40～54	1～2	易导
	裸煤焦炭粉	T11	235			4～5	易导
	煤焦炭粉	T11	430	＞750	37～50	4～5	易导
	焰粉	T11	235	595		5～10	
	石墨	T11	不着火	＞750		15～25	
	炭黑	T11	535	＞690		10～20	

5.4 易燃易爆场所对防爆电气设备的要求

5.4.1 一般规定

爆炸危险场所使用的防爆电气设备，需经劳动人事部指定的鉴定单位检验合格。在运行过程中，必须具备不引燃周围爆炸性混合物的性能。

电气设备防爆形式很多，有隔爆型、增安型、本质安全型、正压型、充油型、充砂型、无火花型、防爆特殊型和粉尘防爆型等。对于电动防爆仪表，通常采用隔爆型、增安型和本质安全型3种。

防爆电气设备的分类、分级和分组与爆炸性物质的分类、分级和分组方法相同，其等级参数及符号亦相同。所不同的是爆炸物质分组按引燃温度分为6组，而电气设备是按表面温度（对爆炸物质即为引燃温度）分为6组，其中指标均相同。

5.4.2 几种电气设备的基本要求

（1）隔爆型电气设备（d） 具有隔爆外壳的电气设备，是指把能点燃爆炸性混合物的部件封闭在一个外壳内，该外壳能承受内部爆炸性混合物的爆炸压力，并阻止其向周围的爆炸性混合物传爆的电气设备。

（2）增安型电气设备 正常运行条件下不会产生点燃爆炸性混合物的火花或危险温度，并在结构上采取措施，提高其安全程度，以避免在正常和规定过载条件下出现点燃现象的电气设备。

（3）本质安全型电气设备 在正常运行或在标准试验条件下所产生的火花或热效应均不能点燃爆炸性混合物的电气设备。本质安全型（简称本安型）电气设备有两种形式。一种是由电池、蓄电池供电的独立的本安电气系统；一种是由电网供电的包括本安和非本安电路混合的电气系统。本安电气系统一般由本安设备、本安关联设备和外部配线3部分组成。本安电气系统有几种组成形式，见图1-5-23。图中，本表示本安设备，关表示本安关联设备。在B、C中危险场所的关，必须符合本安防爆结构，兼具有与其场所相应的防爆结构，例如采用隔爆外壳。D表示有通讯设备。

本安关联设备是指与本安设备有电气连接，并可能影响其本安性能的有关设备，如齐纳式安全栅、电阻式安全栅、变压器隔离式安全栅，及其他具有限流、限压功能的保护装置等。

本安型电气设备按安全程度和使用场所不同，分为ia和ib两个等级，ia等级安全程度高于ib等级。用于0区场所的本安型电气设备应采用ia级，煤矿井下用本安型电气设备可采用ib级。

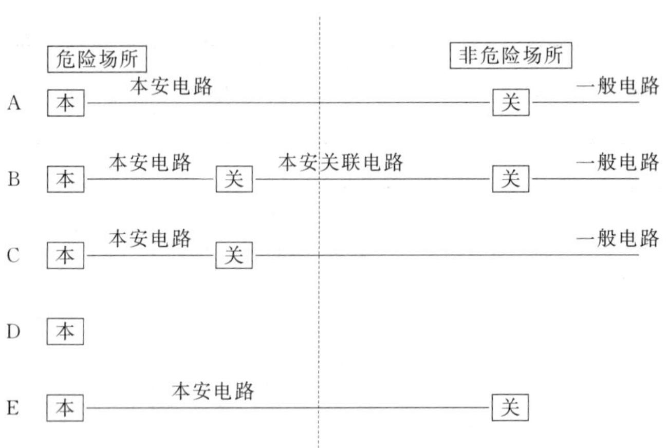

图 1-5-23　本安电气系统组成示意图

5.4.3　防爆电气设备的选型

(1) 选型原则　防爆电气设备应根据爆炸危险区域的等级和爆炸危险物质的类别、级别、组别进行选型（可参见表 1-5-34～表 1-5-39）。

在 0 级区域只准许选用 ia 级本质安全型设备和其他特别为 0 级区域设计的电气设备。

气体爆炸危险场所防爆电气设备的选型按表 1-5-40 进行。

表 1-5-40　气体爆炸危险场所用电气设备防爆类型选型表

爆炸危险区域	适用的防护形式	
	电气设备类型	符号
0 区	1. 本质安全型(ia 级)	ia
	2. 其他特别为 0 区设计的电气设备(特殊型)	s
1 区	1. 适用于 0 区的防护类型	
	2. 隔爆型	b
	3. 增安型	e
	4. 本质安全型(ib 级)	ib
	5. 充油型	o
	6. 正压型	p
	7. 充砂型	q
	8. 其他特别为 1 区设计的电气设备(特殊型)	s
2 区	1. 适用于 0 区或 1 区的防护类型	
	2. 无火花型	n

(2) 根据工艺条件，选用相应的防爆等级仪表　国内外仪表制造企业生产的过程检测与控制仪表，其中在线安装的仪表均标有防爆等级。例如 LUB 型涡街流量变送器，LWGY 型高压涡轮流量传感器，其防爆等级为 dⅡBT3，其中符号含义如下：d 表示隔爆型；ⅡB 表示爆炸物质类别和级别；T3 表示爆炸物质组别。dⅡBT3 说明仪表采用隔爆型式，爆炸性物质属于ⅡA、ⅡB，其中引燃温度属 T1、T2、T3 的工艺介质，或者说除了ⅡC 等级的工艺介质（见表 1-5-38），如乙炔、氢、二硫化碳、水煤气、硝酸乙酯，以及ⅡB 中引燃温度属 T4、T5、T6 的工艺介质，如乙基甲基醚、乙醚等之外，其他工艺介质使用这类隔爆型仪表均符合防爆要求。当然在具体选用仪表时，防爆等级要选得稍高一些，要有一定裕度。

再如 1751DP 型差压变送器，防爆等级有两种：dsⅡBT5 和 iaⅡCT5。dsⅡBT5 符号含义与上述相同。iaⅡCT5含义如下：ia 表示本质安全型，本安型有 ia 和 ib 之分，ia 高于 ib；ⅡC 表示爆炸物质类别Ⅱ类 C 级；T5 表示组别。iaⅡCT5 说明（从表 1-5-34 或表 1-5-38 可知）除硝酸乙酯之外，几乎所有工艺介质均可以使用这类本安型仪表。

5.5　易燃易爆场所仪表操作注意事项

在易燃易爆场所，仪表工从事仪表维护、故障处理时要注意以下安全事项：

① 首先要了解工作场所易燃易爆等级、危险性程度以及对电气设备的防爆要求；

② 具体操作时，必须由两人以上作业；

③ 对仪表进行故障处理，如校正等，需和工艺人员联系，并取得他们同意后方可进行；

④ 电动仪表拆装必须先断开电源；

⑤ 带联锁的仪表先解除联锁（切换手动），再进行维护、修理；

⑥ 使用工具要合适，如敲击时，应使用木锤或橡胶锤，必要时用铜锤，不能用钢锤，避免敲击出现火花；

⑦ 照明灯具必须符合防爆要求，采用安全电压（通常用 24V 或 12V），用防爆接头；

⑧ 进入化工设备、容器内进行检修，必须进行气体取样分析，分析结果表明对人体没有影响，在设备内动火符合安全防爆规范时，才能进入；

⑨ 在易燃易爆场所进行动火作业时，必须要办理动火证，经企业安全部门同意后才能进行。动火时要派人进行监护，一旦发生火情，及时扑灭；

⑩ 不要在有压力的情况下拆卸仪表，对于法兰式差压变送器，应先卸下法兰下边两个螺栓，用改锥敲开一个缝，排气，排残液，然后再拆卸仪表；

⑪ 仪表电源、信号电缆接线要符合防爆电气对接线的要求，防止可燃性或腐蚀性气体进入仪表内部。以往不少电动仪表故障都出现在这方面，应引起仪表工的注意。

6 环保知识

6.1 石油、化工企业废气排放情况

6.1.1 乙烯装置废气排放情况

年产 30 万吨乙烯装置废气排放情况见表 1-5-41。乙烯装置危险性物质的主要物理性质见表 1-5-42。

表 1-5-41 乙烯装置废气排放情况

排放源	排放量/(m³<标>/h)		气体成分	排放口高度/m	方式	去向
	正常	最大				
裂解炉烟道气 (V_1)	0.424×10^6		CO_2 92.12kg/h H_2O 75.35kg/h O_2 <12.88kg/h N_2 44.47kg/h NO_x 28.8～161kg/h SO_2 6.44～77.2kg/h	38	连续	大气
裂解炉和 TLE 清焦气 (V_2)	0.706×10^5		空气 28235m³(标)/h H_2O 42353m³(标)/h NO_x 14.1kg/h 焦粒 10.59kg/h CO_2 少量		间断	大气
火炬燃烧气 (V_3)	26682		CO 0.03 CO_2 1.84 NO_x 5.12 烃类 SO_x 微量 烟尘 0.84	80	连续	大气

表 1-5-42 乙烯装置危险性物料的主要物理性质

名称	相对分子质量	熔点/℃	沸点/℃	闪点/℃	燃点/℃	在空气中爆炸极限/%		国家卫生标准/(mg/m³)	备注
						上限	下限		
氢气	2	−259	−252		510	74.2	4.1		
甲烷	16	−182	−161	<−66.7	645	15.0	5		
乙烯	28	−169	−103.7	<−66.7	540	28.6	3.05		

续表

名　称	相对分子质量	熔点/℃	沸点/℃	闪点/℃	燃点/℃	在空气中爆炸极限/%		国家卫生标准/(mg/m³)	备注
						上限	下限		
乙炔	26	−81	−84	<0	335	80	2.5		
乙烷	30	−183	−88	−66.7	530	12.45	3.22		
丙烯	42	−185	−47.7	<−66.7	455	11.1	2.0		
丙炔	40	−102.7	−23.2	−40			1.7		
丙二烯	40	−136	−34.5						
丙烷	44	−187	−42	<−66.7	510	9.5	2.37		
丁烯-1	56	−185	−6.26	−80	455	9.3	1.6		
丁烯 1-3	54	−108	−4.41			11.5	2		
丁烷	58	−138	−0.5	<−60	490	8.41	1.86		
C_5 馏分	约 85.7	−129	36.1	<−40		7.80	1.40		以戊烷计
汽油	约 110			<28	510	6	1	300	
混合 C_4				<28	约 530	9.50	2.37	100	

6.1.2　环氧乙烷、乙二醇装置废气排放情况

年产 2 万吨环氧乙烷、年产 5 万吨乙二醇装置废气排放情况见表 1-5-43。

表 1-5-43　环氧乙烷及乙二醇装置废气排放表

排　放　源	排放量/(m³/h)	污染物/(kg/h)	排放参数	排放规律	去　　向
再生塔塔顶冷凝器排放气	正常 3540 最大 4450	CO_2 3186 H_2O 333 乙烯 21	43℃ 102kPa	连续	大气

6.1.3　苯酚、丙酮装置废气排放情况

年产 5 万吨苯酚、年产 3 万吨丙酮装置废气排放情况见表 1-5-44。

表 1-5-44　苯酚及丙酮装置废气排放表

排　放　源	排放量/(m³/h)	污染物/(kg/h)	排放规律	处理措施	去　　向
氧化反应器	9000	异丙苯　1.8 N_2　10186 O_2　636 CO_2　138 H_2O　4.2	连续	经水冷再冷冻冷凝然后经活性炭吸附	大气
加氢反应器	33	H_2　2 甲烷　8	连续		事故时排大气
塔罐槽等的放空损失	约 200	丙酮 苯 异丙苯　微量	间断		大气

6.1.4　甲醇装置废气排放情况

年产 10 万吨甲醇装置（以天然气为原料、低压合成工艺）废气排放情况见表 1-5-45。

表 1-5-45　甲醇装置废气排放表

来源	排放量/(m³/h)	组成/%(体积)	去　向	来源	排放量/(m³/h)	组成/%(体积)	去　向
合成驰放气		CH_3OH　0.6 H_2O　0.05	燃烧或脱硫	合成驰放气		H_2　>90 少量 S	燃烧或脱硫

续表

来源	排放量/(m^3/h)	组成/%(体积)	去　向	来源	排放量/(m^3/h)	组成/%(体积)	去　向
精馏不凝气	100	CH_3OH　4.5 H_2O　1.2 O_2　0.7 CO　0.04 二甲醚　84.3	燃烧或火炬	精馏不凝气	100	惰性气体　5.5 有机烃　3.76	燃烧或火炬
				转化炉烟气	74697	N_2、H_2O、O_2、TSP，微量 SO_2	排空

6.1.5　己内酰胺装置废气排放情况

己内酰胺装置废气排放情况见表 1-5-46。

表 1-5-46　己内酰胺装置废气排放一览表

装置名称(单元号)	污染源		污染物		排放特征				排放规律	去向
	名　称	数量	总　量	组　成	温度	压力	排放口高	出口内径		
甲苯氧化(100)	甲苯活性炭吸收塔(X101)	2	13880 m^3(标)/h	甲苯 250mg/m^3(标)	20℃	101.3kPa (1 atm)	25m	200mm	连续	大气
	苯甲酸储罐(T101)	1	0.369kg/h	苯甲酸蒸汽	175℃	2.45kPa	11m		无组织，连续	大气
苯甲酸加氢(200)	环己烷羧酸罐(T201)	1	5.57kg/h	六氢苯甲酸	130℃	2.45kPa	12m		无组织，连续	大气
亚硝酰硫酸制备(300)	废气洗涤塔(C304)	1	13880 m^3(标)/h	NO_x 200×10^{-6} SO_x 80×10^{-6}	20℃	101.3kPa (1 atm)	25m	300mm	连续	大气
硫铵结晶(500)	己内酰胺油罐(T502)	1	4.41kg/h	己内酰胺蒸汽	65℃	101.3kPa (1 atm)	12m		无组织，连续	大气
发烟硫酸(800)	尾气烟囱	1	69400 m^3(标)/h	SO_x 200×10^{-6} (主要是 SO_3) 灰少量 NH_3 15×10^{-6}	50℃	101.3kPa (1 atm)	90m	1200mm	连续	大气
己内酰胺萃取(600)	己内酰胺水溶液储罐(T904)	2	2.96kg/h	己内酰胺蒸汽	95℃	101.3kPa (1 atm)	12m		无组织，连续	大气
焚烧工段(1200)	焚烧炉烟囱	1	34000 m^3(标)/h	SO_2 700×10^{-6} NO_x 250×10^{-6} 灰少量	200℃	101.3kPa (1 atm)	45m	600mm	连续	大气
火炬(1300)	排放火炬(HT1301)	1	24000m^3/h	环己烷 2.0% 其余为 CO_2、N_2、O_2、H_2O	850℃	1 atm	80m	1000m	间断	大气
原料罐区(900)	甲苯储罐(T901)	3	5.37kg/h	甲苯蒸汽	65℃	1 atm	12m		无组织，连续	大气
氨、碱罐区	氨储罐	2	5.17kg/h	NH_3	70℃	1 atm	21m		无组织，连续	大气
	正己烷储罐	1	2.53kg/h	正己烷	130℃	1 atm	0.8m		无组织，连续	大气

6.1.6　联碱装置废气排放情况

联碱装置废气排放情况见表 1-5-47。

表 1-5-47　废气排放一览表

废气来源	废气名称	组成及特性数据/%(体积)	排放特性				排放数量/(m^3/h)	排气筒高度/m
			温度/℃	压力	连续	间断		
碳酸化塔	碳酸化塔尾气	NH_3 0.66 CO_2 11.39 H_2O 7.3 其余为 O_2、N_2 等	40	常压	√		1141.3	25

续表

废气来源	废气名称	组成及特性数据 /%(体积)	排放特性				排放数量 /(m^3/h)	排气筒高度 /m
			温度/℃	压力	连续	间断		
过滤机	过滤尾气	NH_3 0.43 CO_2 5.58 H_2O 15.4 其余为 O_2、N_2 等	38	常压	√		1123.3	25
干铵炉	干铵尾气	NH_4Cl 粉尘<100mg/m^3(标) 空气余量	70	常压	√		19403	25
凉碱炉	凉碱尾气	含碱尘 100mg/m^3(标) 空气余量	60	常压	√		1122	25

6.1.7 烧碱装置废气排放情况

年产 1 万吨烧碱装置废气排放情况见表 1-5-48。

表 1-5-48 烧碱装置废气排放一览表

装置名称	废气来源	废气名称	组成及特性数据	排放特性				排放数量 /(m^3/h)	排放地点	排气筒尺寸 /m	备注
				温度 /℃	压力	连续	间断				
10kt/a 离子膜烧碱	废气处理工段尾气吸收塔	废尾气	Cl_2≤2.77kg/h O_2 3.7%(质量) H_2O 4.5%(质量) 空气 88.3%(质量)	50	常压	√		62(正常)	经排气筒排入大气	$h \geq 20$ $\varphi=0.2$	
50kt/a 离子膜烧碱	废气处理工段尾气吸收塔	废尾气	Cl_2 2.7kg/h 空气 99.53% 水 0.22%	50	常压	√		320(正常)	经排气筒排入大气	$h=30$ $\varphi=0.2$	

6.2 石油、化工企业废水排放情况

6.2.1 排放有毒废水的企业

有毒废水可引起人体急性或慢性中毒；有对本代的危害和对子孙的危害；有直接危害和经食物链富集后的间接危害。因此，对废水排放和其危害性要引起格外重视。排放有毒废水的企业见表 1-5-49。

表 1-5-49 部分工厂废水有害有毒成分表

工厂类型	主要有害有毒物质
焦化厂	酚类、苯类、氰化物、硫化物、砷、焦油、吡啶、氨、萘
化肥厂	氨、氟化物、氰化物、酚类、苯类、铜、汞、砷
电镀厂	氰化物、铬、锌、铜、镉、镍
化工厂	汞、铅、氰化物、砷、萘、苯、硫化物、酸、碱等
石油化工厂	油、氰化物、砷、吡啶、芳烃、酮类
合成橡胶厂	氯丁二烯、二氯丁烯、丁间二烯、苯、二甲苯、乙醛
树脂厂	甲酚、甲醛、汞、苯乙烯、氯乙烯、苯、脂类
化纤厂	二硫化碳、胺类、酮类、丙烯腈、乙二醇
皮革厂	硫化物、铬、甲酸、醛、洗涤剂
造纸厂	硫化物、氰化物、汞、酚、砷、碱、木质素
油漆厂	酚、苯、甲醛、铅、锰、铬、钴
农药厂	各种农药、苯、氯醛、氯仿、氯苯、磷、砷、铅、氟

续表

工厂类型	主要有害有毒物质
制药厂	汞、铅、砷、苯、硝基物
煤气厂	硫化物、酚类、苯类、氨
染料厂	酚类、醛类、胺类、硫化物、硝基化合物
颜料厂	铅、镉、铬

6.2.2 有关水质的名词术语

表示水质的名词术语见表 1-5-50。

表 1-5-50 表示水质的名词术语

术语	含义
色度	水的感官性状指标之一。当水中存在着某种物质时，可使水着色，表现出一定的颜色，即色度。规定 1mg/L 以氯铂酸离子形式存在的铂所产生的颜色，称为 1 度
浊度	表示水因含悬浮物而呈浑浊状态，即对光线透过时所发生阻碍的程度。水的浊度大小不仅与颗粒的数量和性状有关。而且同光散射性有关，我国采用 1L 蒸馏水中含 1mg 二氧化硅为一个浊度单位，即 1 度
硬度	水的硬度是由水中的钙盐和镁盐形成的。硬度分为暂时硬度(碳酸盐)和永久硬度(非碳酸盐)，两者之和称为总硬度。水中的硬度以"度"表示，1L 水中的钙和镁盐的含量相当于 1mg/L 的 CaO 时，叫做 1 德国度
溶解氧(DO)	溶解在水中的分子态氧，叫溶解氧。20℃时，0.1MPa 下，饱和溶解氧含量为 9×10^{-6}。它来自大气和水中化学、生物化学反应生成的分子态氧
化学需氧量(COD)	表示水中可氧化的物质，用氧化剂高锰酸钾或重铬酸钾氧化时所需的氧量，以 mg/L 表示，它是水质污染程度的重要指标，但两种氧化剂都不能氧化稳定的苯等有机化合物
生化需氧量(BOD)	在好气条件下。微生物分解水中有机物质的生物化学过程中所需要的氧量。目前，国内外普遍采用在 20℃下，5 昼夜的生化耗氧量作为指标，即用 BOD 表示。单位以 mg/L 表示
总有机碳(TOC)	水体中所含有机物的全部有机碳的数量。其测定方法是将所有有机物全部氧化成 CO_2 和 H_2O，然后测定所生成的 CO_2 量
总需氧量(TOD)	氧化水体中总的碳、氢、氮和硫等元素所需之氧量。测定全部氧化所生成的 CO_2、H_2O、NO 和 SO_2 等的总需氧量
残渣和悬浮物	在一定温度下，将水样蒸干后所留物质称为残渣。它包括过滤性残渣(水中溶解物)和非过滤性物质(沉降物和悬浮物)两大类。悬浮物就是非过滤性残渣
电导度(EC)	又称电导率，是截面 $1cm^2$，高度为 1cm 的水柱所具有的电导。它随水中溶解盐的增加而增大。电导度的单位为西门子/厘米(S/cm)
pH	指水溶液中，氢离子(H^+)浓度的负对数，即：$pH=-lg(H^+)$，为了便于书写，如 pH=7，实际上是 $n(H^+)=0.0000001=10^{-7}mol/L$，pH 的范围从零到 14。pH 值等于 7 时表示中性，小于 7 时表示酸性，大于 7 时，则为碱性

6.2.3 化工行业废水的特性

(1) 无机化学工业废水的特性　无机化工废水特性见表 1-5-51。

表 1-5-51 无机化学工业废水的特性

项目	每吨产品排放废水的指标
硫酸	酸洗流程：2～5t，含酸浓度 1%～3% 水洗流程：8～10t，含酸浓度 1%～2%，砷 3～5mg/L
盐酸	23～41kg 稀硫酸废液

续表

项目	每吨产品排放废水的指标
氯碱	淡盐水 90～100t，含氯 40kg，碱液 3～4kg，含汞为耗量的 9%～10%
纯碱	10t，含氯化钙 95～115g/L，氯化钠 50～60g/L，氯 0.005g/L
合成氨	以天然气为原料，1.36t，含氨 0.045kg，碳酸氢铵 0.045kg；以煤、焦炭为原料，废水除上述成分外，尚含有酚、氰、砷等
硝酸铵	1000t，含氨、硫化氢、铜等
尿素	550kg，含氨 1.63kg，尿素 0.36kg，碳酸盐 0.05kg
普钙	0.2～0.25t，含氟 5000～10000mg/L
钙镁磷肥	30～40kg，含氟 15～100mg/L
黄磷	100t，含元素磷 57～390mg/L，氰化物 3～68mg/L，氟化物 77～180mg/L
磷铵	约 20t，含氟 1000～2000mg/L，$P_2O_4^{3-}$ 300～1600mg/L，SO_4^{2-} 1400～2600mg/L
红矾钠	约 220t，含 Cr^{6+} 0.1kg
铬黄	约 40t，含二价铅 15～20kg，三价铬 70～80kg
钛白	硫酸法约 250t，含 H_2SO_4 4～6g/L，硫酸亚铁 1.5g/L；氯化法约 27t，含 HCl 2.4g/L，还含少量的无机盐类

(2) 基本有机合成工业废水的特性　基本有机合成工业废水特性见表 1-5-52。

(3) 高分子合成工业废水的特性　高分子工业废水特性见表 1-5-53。

(4) 其他化学工业废水排放特性　其他化学工业废水特性，见表 1-5-54。

表 1-5-52　基本有机合成工业废水特性

项目	每吨产品排放废水的指标
醋酸	乙醛氧化：4.2t，COD 15000mg/L
	甲醇合成：0.19t，含有机物 36kg
	液化石油气氧化：4.18t，COD 30000mg/L，pH 值 4，BOD_5 0.34～0.88g/L
	发酵法：洗涤废水，含有机和有机悬浮物，BOD_5 300～1200mg/L
	木材干馏：含乙酸、甲醇、丙酮、硫酸等，BOD_5 10000～30000mg/L
甲醛	甲烷氧化法：含甲醛、氨等少量废水
	甲醛氧化法：0.42t，COD 1000～5000mg/L，含甲醛、甲酸，BOD_5 0.33～1.06g/L
乙醛	乙炔水合法：4.17t，汞耗量 5～15g，COD 15000mg/L，BOD_5 1.27g/L
	乙烯氧化法：5.01t，含醛类及铜盐，COD 10000mg/L，pH 值 2
	乙醇氧化法：250t，有机酸、醛及酯类有机物占 5%
环氧乙烷	氯化法：8t 灰浆废液，含二氯化钙
乙二醇	水合法：6.3t，含甲醇、甲醛、甲酸等有机物 0.1%；另一种废水 0.63t，含高级醇类有机物 1%
甲醇	合成法：0.38～1.89t，含油类、甲醇及高沸点有机物；BOD_5 0.76～1.12g/L；COD 1.5g/L
丁醇	羰基合成法：1～2t
	液化石油气氧化法：1～2t
乙醇	硫酸法：1～2t，含醇、醚等的碱洗液，COD 300mg/L，pH 值 11；蒸馏塔重馏分 COD 5000mg/L，排 0.04～0.11t 废液；回收 1t 100%的硫酸排 0.05t 废水
	直接水合法：含 COD 13.6～27.2kg，主要含有机氧化物；BOD_5 0.93～1.67g/L
	发酵法：5～10t，含乙醇、有机酸，BOD_5 50～300mg/L
硝基苯	含硫酸、硝酸、苯、硝基苯
苯、甲苯	炼焦工业回收；含酚、焦油、苯及其他芳香烃衍生物
二甲苯	石油催化重整；0.5～2t，含烃化合物 BOD_5 300～400mg/L，COD 1000～8000mg/L

续表

项目	每吨产品排放废水的指标
丙酮	异丙苯法:7t,含酚 180mg/L,COD 13200mg/L 异丙醇脱氢法:90～135kg,含丙酮等有机物 0.5% 丙烯直接氧化法:3.13t,含丙酮等有机物 39.7kg
苯酚	磺化碱熔法:10～13t,含酚 180mg/L 或苯酚 13kg,COD 13200mg/L 氯苯水解法:废水中含苯酚、氯苯、烧碱及其他芳香衍生物 异丙苯法:6t,含酚 180mg/L,COD 13200mg/L,丙酮、磷酸及硫酸
乙炔	电石法:0.057t,酚 6.6mg/L,COD 100～500mg/L 甲烷裂解:排出大量冷却水,含炭黑 0.01%～1%
丙烯腈	丙烯氨氧化法:3～15t,含丙烯腈、氰醇乙腈、氢氰酸等,COD 4600～6100mg/L,pH 值 4.5
苯乙烯	乙基苯脱氢:6t
聚氯乙烯	氯乙烯生产:0.032t,有机物 5g/m^3 聚氯乙烯生产:9.1t,BOD_5 50～500mg/L,COD 1200～1500mg/L
聚乙烯	高压法:1t COD 50～100mg/L 低压法:300～500t,BOD_5 10mg/L,COD 3～52mg/L
聚苯乙烯	1～12t,含苯乙烯 20mg/L,硫酸镁 7000mg/L,COD 1000～3000mg/L,pH 值 2～3

表 1-5-53 高分子合成工业废水特性

项目	每吨产品的废水排放指标
氯丁橡胶	300t,总固体 78.5～1922mg/L,溶解固体 570～1250mg/L,总有机碳 64～171.2mg/L,COD 133～1540mg/L,BOD_5 105～437mg/L
顺丁橡胶	丁二烯工段,0.5t,COD 250～375mg/L,SS 200～500mg/L 聚合工段:300t,总固体 1900～9600mg/L,BOD_5 25～3300mg/L,氯化物 90～3300mg/L
异戊二烯	600t,SS 60～2700mg/L,BOD_5
橡胶	25～1600mg/L
丁苯橡胶	250～300t,SS 60～2700mg/L,总固体 1900～9600mg/L,BOD_5 25～1600mg/L,氯化物 92～3300mg/L
黏胶纤维	500～1000t,SS 150～400mg/L,总固体 3000～6000mg/L,硫化物 50～1000mg/L,BOD_5 150～250mg/L,COD 400～700mg/L,pH 值 2～4
维尼龙	含 SS 20～170mg/L,硫酸 1500～2000mg/L,甲醛 150～200mg/L,COD 45～50mg/L,BOD_5 500～700mg/L,pH 值 1.8～1.9
卡普龙	含 SS 71mg/L,总固体 12400mg/L,硫酸 3mg/L,硫化物 46mg/L,氨氮 230mg/L,BOD_5 98mg/L
ABS 树脂	含苯乙烯 10～20mg/L,丙烯腈 150～500mg/L,硫酸盐 2000～3000mg/L,COD 1400～1800mg/L,BOD_5 1000～1200mg/L
酚醛树脂	缩合水 0.61t,含甲醛 5000mg/L,苯酚 1600mg/L,BOD_5 11500mg/L
尿醛树脂	1.76t,含尿素 3.5kg,甲醛 3.5kg
三聚氰胺树脂	130kg,含三聚氰胺 2kg,甲醛 2kg
环氧树脂	1500t,含苯酚 0.3t
聚丙烯腈	50～100t,SS 158mg/L,总固体物 156mg/L,硫化物 200mg/L,氰化物 1000mg/L,BOD_5 500～700mg/L,COD 6750mg/L,pH 值 5.7

表 1-5-54 其他化学工业废水特性

项 目	每吨产品排放的废水指标
合成洗涤剂	40～80t,含油 100～800mg/L,苯酚、苯氯化物等
肥皂或香皂	黑液 5～7kg,含未皂化油脂、低级脂肪酸;盐析废液 520～800kg,含甘油、脂肪酸、食盐
六六六	3.5t,含苯 4.5kg
滴滴涕	废酸 1.98t,含硫酸 55%,硫酸氯乙酯 20%,对氯苯磺酸 20%;洗涤水:3.2t,含硫酸 2%～6%
对硫磷(1605)	含总固体 27000mg/L,硫化物 3000mg/L,磷 250mg/L,COD 3000mg/L,pH 值 2
啤酒厂	大麦原料:10～25t,含 BOD_5 500～1200mg/L,SS 250～650mg/L,总氮 10～50mg/L
造纸厂	年产 10kt 以上规模木浆为原料 250～330m^3,含 BOD_5 30kg 年产 10kt 以下无碱回收木浆为原料:400～500t,含 BOD_5 40～60kg 年产 10kt 以下无碱回收草浆为原料:500～600t,含 BOD 35～50kg
棉麻印染	每 10^4m 的废水量 330t,含 BOD_5 200～300mg/L,COD 700～1200mg/L,硫化物 10～20mg/L,pH 值8～11
化纤印染	每 10^4m 的废水量 260t,含 BOD_5 250～350mg/L,COD 1000～1200mg/L,硫化物 2mg/L
丝绸印染	每 10^4m 的废水量与棉麻印染相同
毛纺织品染整	630t,含 BOD_5 100～120kg

6.3 污水排放标准

污染物的排放按性质分为两类。第一类污染物排放标准见表 1-5-55。第二类污染物排放标准见表 1-5-56。部分行业污染物排放标准见表 1-5-57。

第二类污染物，指其长远影响小于第一类的污染物质，在排污单位排出口取样。

表 1-5-55 第一类污染物最高允许排放浓度/(mg/L)

污染物	最高允许排放浓度	污染物	最高允许排放浓度	污染物	最高允许排放浓度
总汞	0.05①	总铬	1.5	总铅	1.0
烷基汞	不得检出	六价铬	0.5	总镍	1.0
总镉	0.1	总砷	0.5	苯并(a)芘②	0.00003

① 烧碱行业（新建、扩建、改建企业）采用 0.005mg/L。

② 为试行标准，二级、三级标准区暂不考核。

表 1-5-56 第二类污染物最高允许排放浓度/(mg/L)

标准值及污染物 \ 标准分级 \ 规模	一级标准		二级标准		三级标准
	新扩改	现有	新扩改	现有	
pH 值	6～9	6～9	6～9	6～9①	6～9
色度(稀释倍数)	50	80	80	100	
悬浮物	70	100	200	250②	400
生化需氧量(BOD_5)	30	60	60	80	300③
化学需氧量(COD_{Cr})	100	150	150	200	500③
石油类	10	15	10	20	30
动植物油	20	30	20	40	100
挥发酚	0.5	1.0	0.5	1.0	2.0
氰化物	0.5	0.5	0.5	0.5	1.0
硫化物	1.0	1.0	1.0	2.0	2.0
氨氮	15	25	25	40	
氟化物	10	15	10	15	20
	—	—	20④	30④	

续表

标准值及污染物 \ 标准分级 \ 规模	一级标准		二级标准		三级标准
	新扩改	现有	新扩改	现有	
磷酸盐(以P计)[5]	0.5	1.0	1.0	2.0	
甲醛	1.0	2.0	2.0	3.0	
苯胺类	1.0	2.0	2.0	3.0	
硝基苯类	2.0	3.0	3.0	5.0	5.0
阴离子合成洗涤剂(LAS)	5.0	10	10	15	20
铜	0.5	0.5	1.0	1.0	2.0
锌	2.0	2.0	4.0	5.0	5.0
锰	2.0	5.0	2.0[6]	5.0[6]	5.0

① 现有火电厂和黏胶纤维工业二级标准pH值放宽到9.5。

② 磷肥工业悬浮物放宽至300mg/L。

③ 对排入带有二级污水处理厂的城镇下水道的造纸、皮革、食品、洗毛、酿造、发酵、生物制药、肉类加工、纤维板等工业废水，BOD_5 可放宽至600mg/L；COD_{Cr}可放宽至1000mg/L，具体限度还可以与市政府部门协商。

④ 为低氟地区（系指水体含氟量小于0.5mg/L）允许排放浓度。

⑤ 为排入蓄水性河流和封闭性水域的控制指标。

⑥ 合成脂肪酸工业新扩改为5mg/L，现有企业为7.5mg/L。

表 1-5-57　部分行业最高允许排水定额及污染物最高允许排放浓度[1]

行业类别				企业性质	最高允许排水量或最低允许水循环利用率	污染物最高允许排放浓度/(mg/L)									
						BOD_5		COD_{Cr}		悬浮物		其他			
						一级	二级	一级	二级	一级	二级	一级	二级	一级	二级
矿山工业	冶金系统选矿			新扩改	(90%)						300				
	有色金属系统选矿				(75%)										
	其他矿山工业采矿、选矿、选煤等				(选煤90%)										
	冶金系统选矿			现有	大中(75%)小(60%)					150	400				
	有色金属系统选矿				大中(60%)小(50%)										
	其他矿山工业采矿、选矿、选煤等				(选煤85%)										
	黄金矿山[2]	脉金矿选矿	重选	新扩改	16.0m³/t矿石						500				
			浮选		9.0m³/t矿石										
			氰化		8.0m³/t矿石										
			炭浆		8.0m³/t矿石										
			重选	现有	16.0m³/t矿石						500				
			浮选		9.0m³/t矿石										
			氰化		8.0m³/t矿石										
			炭浆		8.0m³/t矿石										

续表

行业类别		企业性质	最高允许排水量或最低允许水循环利用率		BOD_5 一级	BOD_5 二级	COD_{Cr} 一级	COD_{Cr} 二级	悬浮物 一级	悬浮物 二级	其他 石油类 一级	其他 石油类 二级	其他 硫化物 一级	其他 硫化物 二级
钢铁、铁合金、钢铁联合企业（不包括选矿厂）		新扩改	（缺水区 90%）							200				
			（南方丰水区 80%）											
		现有	（缺水区 85%）						150	300				
			（南方丰水区 60%）											
焦化企业（煤气厂）		新扩改	1.2m^3/t 焦炭					200						
		现有	缺水区 3.0m^3/t 焦炭					350						
			南方丰水区 6.0m^3/t 焦炭											
有色金属冶炼及金属加工		新扩改	（80%）							200				
		现有	（60%）						150	300				
陆地石油开采	普通油田	新扩改	（回注率 90%～95%）					200		200				
		现有	（回注率 85%～90%）					200	150	300				
	气田及高含盐油田	新扩改	（回注率 75%～80%）					200		200				
		现有	（回注率 60%～65%）					200	300	500		30		5
石油炼制工业（不包括直排水炼油厂） 加工深度分类： A 类：燃料型炼油厂 B 类：燃料＋润滑油型炼油厂 C 类：燃料＋润滑油型＋炼油化工型炼油厂（包括加工高含硫原油页石油和石油添加剂生产基地的炼油厂）		新扩改	A	1.0m^3/t 原油（＞500 万吨） 1.2m^3/t 原油（250 万～500 万吨） 1.5m^3/t 原油（＜250 万吨）				100				10		1.0
			B	1.5m^3/t 原油（＞500 万吨） 2.0m^3/t 原油（250 万～500 万吨） 2.0m^3/t 原油（＜250 万吨）				100				10		1.0
			C	2.0m^3/t 原油（＞500 万吨） 2.5m^3/t 原油（250 万～500 万吨） 2.5m^3/t 原油（＜250 万吨）				120				15		1.0
		现有	A	1.0m^3/t 原油（＞500 万吨） 1.5m^3/t 原油（250 万～500 万吨） 2.0m^3/t 原油（＜250 万吨）			100	120			10	10	1.0	1.0
			B	2.0m^3/t 原油（＞500 万吨） 2.5m^3/t 原油（250 万～500 万吨） 3.0m^3/t 原油（＜250 万吨）			100	150			10	10	1.0	1.0
			C	3.5m^3/t 原油（＞500 万吨） 4.0m^3/t 原油（250 万～500 万吨） 4.5m^3/t 原油（＜250 万吨）			150	200			15	20	1.0	1.5

续表

行业类别		企业性质	最高允许排水量或最低允许水循环利用率	污染物最高允许排放浓度/(mg/L)									
				BOD_5		COD_{Cr}		悬浮物		其他			
										LAS		有机磷农药（以P计）	
				一级	二级	一级	二级	一级	二级	一级	二级	一级	二级
合成洗涤剂工业	氯化法生产烷基苯	新扩改	200.0m³/t 烷基苯								15		
	裂解法生产烷基苯		70.0m³/t 烷基苯										
	烷基苯生产合成洗涤剂		10.0m³/t 产品										
	氯化法生产烷基苯	现有	250.0m³/t 烷基苯							15	20		
	裂解法生产烷基苯		80.0m³/t 烷基苯										
	烷基苯生产合成洗涤剂		30.0m³/t 产品										
合成脂肪酸工业		新扩改	200.0m³/t 产品				200						
		现有	300.0m³/t 产品				350						
湿法生产纤维板工业		新扩改	30.0m³/t 板		90		200						
		现有	50.0m³/t 板		150		350						
石油化工工业(大、中型)[③]		新扩改			60		150						
		现有		60	80	150	200						
石油化工工业(小型)[③]（排放废水量≤1000m³/d）		新扩改					150						
		现有				150	250						
有机磷农药工业		新扩改					200						0.5
		现有					250						0.5
造纸工业 制[④]浆造纸	木浆及浆粕行业(包括化纤浆粕) 本色	新扩改	150.0m³/t 浆		150		350		200				
	木浆及浆粕行业(包括化纤浆粕) 漂白		240.0m³/t 浆										
	木浆及浆粕行业(包括化纤浆粕) 本色	现有	190.0m³/t 浆 220.0m³/t 浆	150	180	350	400	200	250				
	木浆及浆粕行业(包括化纤浆粕) 漂白		280.0m³/t 浆 320.0m³/t 浆										
	非木浆 本色	新扩改	190.0m³/t 浆		150		350		200				
	非木浆 漂白		290.0m³/t 浆										
	非木浆 本色	现有	230.0m³/t 浆 270.0m³/t 浆	150	200	350	450	200	250				
	非木浆 漂白		330.0m³/t 浆 370.0m³/t 浆										
	造纸(无纸浆)	新扩改	60.0m³/t 纸										
		现有	70.0m³/t 纸 80.0m³/t 纸										

续表

行业类别			企业性质	最高允许排水量或最低允许水循环利用率	污染物最高允许排放浓度/(mg/L)									
					BOD_5		COD_{Cr}		悬浮物		其他			
					一级	二级	一级	二级	一级	二级	一级	二级	一级	二级
制糖工业	甘蔗制糖		新扩改	10.0m³/t 甘蔗		100		160		150				
			现有	14.0m³/t 甘蔗	100	120	160	200	150	200				
	甜菜制糖		新扩改	4.0m³/t 甜菜		140		250		200				
			现有	6.0m³/t 甜菜	150	250	250	400	200	300				
皮革工业	猪盐湿皮		新扩改	60.0m³/t 原皮										
	牛干皮			100.0m³/t 原皮		150		300		200				
	羊干皮			150.0m³/t 原皮										
	猪盐湿皮		现有	70.0m³/t 原皮										
	牛干皮			120.0m³/t 原皮	150	250	300	400	200	300				
	羊干皮			170.0m³/t 原皮										
发酵与酿造工业	酒精行业	以玉米为原料	新扩改	100.0m³/t 酒精										
		以薯类为原料		80.0m³/t 酒精		200		350		200				
		以糖蜜为原料		70.0m³/t 酒精										
		以玉米为原料	现有	160.0m³/t 酒精										
		以薯类为原料		90.0m³/t 酒精	200	300	350	450	200	300				
		以糖蜜为原料		80.0m³/t 酒精										
	味精行业		新扩改	600.0m³/t 味精		200		350		200				
			现有	650.0m³/t 味精	200	300	350	450	200	300				
	啤酒行业（排水量不包括麦芽水部分）		新扩改	16.0m³/t 啤酒										
			现有	20.0m³/t 啤酒										

行业类别		企业性质	最高允许排水量或最低允许水循环利用率	污染物最高允许排放浓度/(mg/L)							
				BOD_5		COD_{Cr}		悬浮物		其他	
										氨氮	
				一级	二级	一级	二级	一级	二级	一级	二级
烧碱工业	汞法	新扩改	1.5m³/t 产品								
	隔膜法		7.0m³/t 产品								
	汞法	现有	2.0m³/t 产品								
	隔膜法		7.0m³/t 产品								
铬盐工业		新扩改	5.0m³/t 产品								
		现有	20.0m³/t 产品								
硫酸工业（水洗法）		新扩改	15.0m³/t 硫酸								
		现有	15.0m³/t 硫酸								

续表

行业类别	企业性质	最高允许排水量或最低允许水循环利用率	污染物最高允许排放浓度/(mg/L)							
			BOD_5		COD_{Cr}		悬浮物		其他	
									氨氮	
			一级	二级	一级	二级	一级	二级	一级	二级
合成氨工业	新扩改	引进厂或装置≥30万吨装置，10.0m³/t氨								50
		≥4.5万吨装置，80.0m³/t氨								
		<4.5万吨装置，120.0m³/t氨								
	现有	引进厂或装置≥30万吨装置，10.0m³/t氨								120
		≥4.5万吨装置，100.0m³/t氨								80
		<4.5万吨装置，150.0m³/t氨								100

行业类别		企业性质	最高允许排水量或最低允许水循环利用率	污染物最高允许排放浓度/(mg/L)									
				BOD_5		COD_{Cr}		悬浮物		其他			
										锌		色度（稀释倍数）	
				一级	二级	一级	二级	一级	二级	一级	二级	一级	二级
制药工业	生物制药工业	新扩改					300						
		现有					350						
	化学制药工业	新扩改					150						
		现有					250						
纺织印染及染料工业	染料工业	新扩改			60		200						180
		现有			80		250						200
	苎麻脱胶工业④	新扩改	500.0m³/t原麻或750.0m³/t精干麻		100		300						
		现有	700.0m³/t原麻或1050.0m³/t精干麻		100	300	350						
	纺织印染工业⑤	新扩改	2.5m³/百米布		60		180						100
		现有	2.5m³/百米布	60	80	180	240						160
黏胶纤维工业（单纯纤维）	短纤维（棉型中长纤维、毛型中长纤维）	新扩改	300m³/t纤维		60		120				5.0		
	长纤维		800m³/t纤维										
	短纤维（棉型中长纤维、毛型中长纤维）	现有	350m³/t纤维	50	60	160	200			4.0	5.0		
	长纤维		1200m³/t纤维										

续表

行业类别	企业性质	最高允许排水量或最低允许水循环利用率	污染物最高允许排放浓度/(mg/L)							
			BOD_5		COD_{Cr}		悬浮物		其他 大肠菌群数(个/L)	
			一级	二级	一级	二级	一级	二级	一级	二级
肉类联合加工工业	新扩改	5.8m³/t 活畜 6.5m³/t 活畜			100	120			5000	
	现有	7.2m³/t 活畜 7.8m³/t 活畜			120	160			5000	
铁路货车洗刷	新扩改	5.0m³/辆								
	现有	5.0m³/辆								
城市二级污水处理厂(现有城市污水处理厂,根据超负荷情况与当地环保部门协商,指标值可适当放宽)	新扩改			30		120		30		
	现有			30		120		30		

① 最高允许排水定额不包括间接冷却水，厂区生活排水及厂内锅炉、电站排水。括弧内数字为最低允许水循环利用率。未列最高允许排水量的行业，应由行业或地方环境保护部门补充制订最高允许排水定额。

② 砂金选矿（对环境影响小的边远地区，在矿区处理设施出口检测）悬浮物新扩改，800mg/L，现有 1000mg/L。

③ 有丙烯腈装置的石油化工工业现有企业二级标准氰化物为 1.0。

④ 制浆、苎麻脱胶工业排水色度暂不考核。

⑤ 印染污水排放定额不包括洗毛、煮茧和单一漂厂及用水量较大的灯芯绒等品种的生产厂。

6.4 主要污染物的理化性质和毒性

主要污染物质的理化性质和它的毒性见表 1-5-58。主要污染物分为有害气体、芳烃、氰化物、含氮化合物、有机氯化合物、有机磷化合物、有机硫化合物、含氧有机化合物、重金属和类重金属，以及人体致癌物等 10 部分。

表 1-5-58(1) 有害气体

名称	理化性质	对人体的危害	其他危害	最高容许浓度
一氧化碳 CO	是无色无味无刺激性的气体。密度 0.967g/cm³,熔点－199℃,沸点－191℃,微溶于水,易溶于氨水,有剧毒,空气混合的爆炸极限为 12.5%～74%	能和血液中血红蛋白结合,妨碍其输氧功能,造成缺氧症。当空气中 CO 浓度为 400mg/m³ 时,会出现头痛、恶心、虚脱等症状。浓度达 1000mg/m³ 以上时,出现昏迷、痉挛以至于死亡。100mg/m³ 以上时,长时间的暴露也有不良的影响。进入人体内的一氧化碳浓度高时,还与细胞色素氧化酶的铁结合,抑制组织的呼吸过程。造成神经及心血管等系统受损,并可引起"急性 CO 中毒神经系统后发症"		居住区一次测定为 3mg/m³,日平均为 1mg/m³,生产车间为 30mg/m³
二氧化硫 SO_2	又名硫酸酐,是无色有强烈辛辣窒息性臭味气体。密度 2.3g/cm³,熔点－72.70℃,沸点－10℃,易溶于甲醇、乙醇和乙醚,在水中溶解度 8.5%(25℃)	浓度达到 3mg/m³ 时,多数人即能感受刺激。对结膜和上呼吸道黏膜具有强烈刺激性。吸入高浓度 SO_2 可引起喉水肿、支气管炎、肺炎、肺水肿。长期接触低浓度 SO_2,损害鼻、喉、支气管等器官,刺激眼睛、皮肤,影响嗅、味觉,并使心脏功能发生障碍。暴露于 SO_2 浓度在 100mg/m³ 以上时,能致死 SO_2 能由肺泡侵入血液,与血液内的维生素 C 结合,使体内维生素 C 的平衡失调,还抑制或破坏某些酶的活性,使糖和蛋白质的代谢发生紊乱而影响生长发育	对水稻、大麦、棉花等作物以及松柏类针叶树木损害作用最为显著。作物能被熏死。浓度在0.01mg/m³ 时,松树即发生轻度伤害,浓度长期在 0.07～0.08mg/m³ 以上时,松树即不能生存。短时间高浓度接触比长时间低浓度接触危害性更大。SO_2 能腐蚀金属器材及建筑物的表面,使其发生毁坏。并能使纤维织物、皮革制品发生变质	居住区一次测定为 0.5mg/m³,日平均为 0.15mg/m³,生产车间为 15mg/m³

续表

名称	理化性质	对人体的危害	其他危害	最高容许浓度
三氧化硫 SO_3	又称硫酸酐，为无色液体或结晶。密度 2.8g/cm³，熔点 16.83℃，沸点 44.8℃，在水中溶解度达 100%，与大气中的水分结合生成硫酸，成雾状飘浮空间	与水汽形成硫酸雾，侵入肺泡，引起肺水肿和肺硬化，严重者导致死亡	随雨雪降落的硫酸使土壤酸化，影响土壤微生物群体的生存，造成生态系统的混乱。酸化将导致植物生长迟缓，发育不良，甚至枯萎死亡。河流湖泊水体的酸化导致鱼类繁殖率下降，对其他水生生物也产生明显损害	车间为 2mg/m³
二硫化碳 CS_2	纯品是无色液体。长期放置或光照射时可固析出硫而变黄并发生恶臭，熔点 −110℃，沸点 46.3℃，具有高度挥发性，密度 1.26 g/cm³（20℃/4℃），易燃，自燃点为 125℃，可在空气中形成爆炸性混合物	吸入蒸气引起头痛、感觉障碍、消化紊乱。严重时神经中毒 为损害神经和血管的毒物，急性中毒表现头晕、头痛、恶心及眼、鼻黏膜局部刺激症状等。较重者出现谵妄、昏迷、意识丧失、抽搐甚至死亡。慢性中毒可以引起神经衰弱综合症，亦有出现精神症状及发生周围神经炎，表现“手套”或“袜套”型的感觉减退，运动障碍及肌肉萎缩，性功能减退，血压不稳定或伴有视网膜血管病变	对金属及木材均有腐蚀作用	居住区一次为 0.04mg/m³，车间空气中为 10mg/m³
硫化氢 H_2S	是无色有腐蛋臭气的气体。密度 1.1906g/cm³，熔点 − 85.5℃，沸点 −60.7℃，能溶于水、乙醇及甘油，化学性质稳定，在空气中易燃烧	为强烈神经毒物。低浓度对呼吸道及眼的局部刺激作用明显，高浓度引起急性肺水肿及使呼吸与心脏骤停，严重中毒引起痉挛，昏迷，甚至死亡。慢性中毒可引起神衰症候群，或伴发心动过速或过缓，食欲减退，恶心与呕吐等		居住区一次为 0.01mg/m³，车间空气中为 10mg/m³
二氧化氮 NO_2	为红褐色刺鼻气体。密度 1.4494g/cm³，熔点 −11.2℃，沸点 21.2℃，溶于碱、二硫化碳和氯仿，不易溶于水，较稳定	严重刺激鼻及呼吸系统，进入肺泡后与水起作用形成硝酸，刺激及腐蚀肺组织，增加肺毛细血管的通透性，形成肺水肿。亚硝酸盐与血红蛋白可引起组织缺氧，可形成高铁血红蛋白，出现严重的呼吸困难，血压下降，意识丧失及中枢神经麻痹	长期处于$(0.2\sim0.5)\times10^{-6}$浓度下，植物受到慢性损害。浓度在 2.5×10^{-6} 以上时，引起植物急性受害，以至于枯死	居住区一次为 0.15mg/m³，车间空气中为 5mg/m³
氯气 Cl_2	为黄绿色，有强烈刺激性。密度为空气的 2.49 倍，熔点 −100.98℃，沸点 −34.6℃，易溶于水，是强的氧化剂	溶于水成盐酸和次氯酸，引起鼻、眼及上呼吸道刺激症状，出现黏膜炎性肿胀。浓度较高可引起急性肺水肿，偶有发生“电击性”死亡。慢性中毒有神衰症候群及慢性支气管炎、支气管哮喘等	对植物的毒性相当于 SO_2 的 2 倍。对金属器物有腐蚀性	居住区一次为 0.10mg/m³，日平均为 0.03mg/m³，车间空气中为 1mg/m³
氯化氢 HCl	无色气体。有刺激性气味，密度 1.36g/cm³，熔点 −144.8℃，沸点 −85℃，易溶于水，水溶液称为盐酸，溶于乙醇和乙醚等	对眼和呼吸道黏膜有较强的刺激作用，可导致严重中毒，引起胸部窒息感、咳嗽、咯血、肺水肿直至死亡。慢性中毒引起呼吸道发炎、牙齿酸腐蚀、鼻黏膜溃疡、胃肠炎等病症	对植物和金属器物均有危害作用	居住区一次为 0.05mg/m³，日平均为 0.015mg/m³，车间空气中为 15mg/m³

续表

名　称	理　化　性　质	对人体的危害	其　他　危　害	最高容许浓度
氟化氢 HF	无色气体。密度 0.99 g/cm^3，熔点 −83.1℃，沸点 19.5℃，极易溶于水，在潮湿的空气中发烟	刺激眼、鼻黏膜，产生流泪、流涕、喷嚏、鼻塞。高浓度时甚至产生鼻中隔穿孔、支气管炎或肺炎，甚至发生肺水肿。可引起反射性窒息，呼吸循环衰竭。长期接触低浓度氟化氢，可出现牙酸蚀症和氟骨症	对植物影响比 SO_2 大 10～100 倍，极低浓度就可使一些植物受损害，如造成水稻、麦子、大豆等作物减产，对李、桃等果树生长和发育有很不利的影响。氟化物污染的牧草能引起牲畜中毒	居住区一次 $0.02mg/m^3$，日平均为 $0.007mg/m^3$，车间空气中为 $1mg/m^3$，氟化物地面水中为 1.0mg/L
氰化氢 HCN	有杏仁气味，极易扩散。密度 $0.70g/cm^3$，熔点 −14℃，沸点 26℃，易溶于水、酒精、乙醚	对眼和呼吸道有轻度刺激作用。能与人体高铁型细胞色素氧化酶结合，使之失去传递的作用，引起细胞窒息、组织缺氧、呼吸衰竭、意识丧失和惊厥，严重时死亡。长期接触低浓度氰化氢引起慢性中毒，使神经系统受损	对鱼类有很大的毒性	车间空气中为 $0.3mg/m^3$，氰化物地面水中为 0.05mg/L
臭氧 O_3	天蓝色气体，有特殊臭味。密度 $1.65g/cm^3$。熔点 −192.7℃。沸点 −112℃。100mL 中溶解 49mL(25℃)	空气中含有臭氧 $0.4mg/m^3$ 时，即可刺激黏液膜，促使中枢神经系统紊乱，引起支气管和肺组织的病变，中毒严重能致死。臭氧被认为是一种致突变性、致癌性和致畸胎性的物质	能妨碍植物的 CO_2 同化作用，对植物生长发育有不利影响	车间空气中为 $0.3mg/m^3$
光气 $COCl_3$	无色气体，有腐草臭味。密度 $3.4g/cm^3$，熔点 −118℃，沸点 7.56℃，微溶于水	系窒息性高毒气，吸入体后，咽喉有灼烧感，引起胸部疼痛、呕吐、支气管炎等病症，对肺部引起严重损害，可致死		车间空气中为 $0.5mg/m^3$
氨 NH_3	无色气体，有强烈刺激性臭味。密度 0.5971 g/cm^3，沸点 −33.5℃，熔点 −77.7℃，易液化成液体	刺激眼、呼吸道及有腐蚀作用。引起呼吸困难、支气管炎、肺充血、肺水肿等 浓度过高时尚可使中枢神经系统兴奋性增强，引起痉挛		居住区一次及日平均为 $0.2mg/m^3$。车间空气中为 $30mg/m^3$
氯乙烯 C_2H_3Cl	熔点 −153.8℃，沸点 −13.8℃，密度 $2.15g/cm^3$，微溶于水，可溶于乙醇。极易溶于乙醚、四氯化碳	能引起神衰症候群及血小板减少、肝功能下降、肝脾肿大、血管痉挛、暂时性内分泌失调等病变。可能导致肝癌和呼吸系统及脑部肿瘤		车间空气中为 $30mg/m^3$
甲醛 HCHO	为无色气味，有特殊刺激气味。对空气密度为 1.067，沸点 −21℃，熔点 −92℃，易溶于水、醇和醚	为刺激性毒物，对黏膜有刺激作用。能使蛋白质凝固。当空气中浓度 2.4～$3.6mg/m^3$ 时，开始出现刺激症状；5～$6mg/m^3$ 以上，即有不适感，可致结合膜炎、鼻炎、咽炎等；浓度高时可发生喉痉挛、声门水肿及气管炎，并能抑制汗腺分泌。长期接触，使皮肤干燥、皲裂、手掌角化，及引起皮炎		居住区一次为 $0.05mg/m^3$，地面水中为 0.5mg/L，车间空气中为 $3mg/m^3$

续表

名　称	理　化　性　质	对人体的危害	其　他　危　害	最高容许浓度
烃类	烃又称碳氢化合物。种类繁多，分为：①饱和脂肪族烃，其烷烃随碳原子数增多，其沸点和熔点及密度相应增加，烷烃多不溶于水，溶于有机溶煤；②不饱和脂肪族烃，其理化性质与烷烃相似，与相应的烷烃比，其沸点较低，密度和水中溶解度较大，易氧化；③混合烃类为脂肪烃脂环烃和芳香烃的混合物，以脂肪烃为主	第一类以甲烷为代表，高浓度时能引起头痛、头晕、乏力、注意力不集中、心率增加、呼吸困难、窒息及昏迷。第二类以乙烯为代表，有较强的麻醉作用，对眼及呼吸道黏膜引起轻微的刺激症。长期接触出现头昏、全身不适、乏力、思维不集中，个别有胃肠道功能紊乱	参加形成光化学烟雾，对植物生长有影响。极低浓度的乙烯对于植物即有危害作用，影响植物的生长，使植物顶端生长受抑制，而侧向生长受促进	

注：摘自王兆熊等编著《化工环境保护和三废治理技术》一书。

表 1-5-58(2)　芳烃

名　称	理　化　性　质	对人体的危害	其　他　危　害	最高容许浓度
苯类	苯(C_6H_6)是无色油状液体，有特殊的芳香气味。液体在 20℃ 时，密度 0.88 g/cm³，熔点 5.5℃，沸点 80.1℃，易挥发，可燃，空气中的苯蒸气达到一定比例时有爆炸危险	苯类大多损害人的中枢神经，造成神经系统障碍。苯被摄入人体后，危及血液及造血器官，发展严重时，有出血症状或感染败血症。苯在生物体内能逐步氧化生成苯酚等，诱发肝功能异常，使骨髓停止生长，可发生再生障碍性贫血。苯蒸气浓度高时(空气中2%)，引起致死性的急性中毒	含苯度水对鱼类具有毒性	苯在居住区大气中为 2.4mg/m³，日平均为 0.8mg/m³，车间空气中为 5mg/m³，地面水中为 2.5mg/L
多环芳烃	如苯并(a)芘是强致癌的代表物质，纯品为黄色针状晶体。熔点 176.5℃，能溶于苯，稍溶于醇，不溶于水	苯并(a)芘，1，2，5，6-二苯并蒽，3，4-一苯并(a)芘等被认为是强致癌物质。4，4-一苯并(a)芘可能在人体内扰乱核酸代谢，导致细胞恶性分裂，发生癌变。长期接触 PAH，可能引起皮肤癌、肺癌、鼻咽癌、消化道癌、膀胱癌、乳腺癌、子宫癌等	能在鱼类、水生生物、农作物体内积累、最终进入人体	
苯酚类	苯酚俗称石灰酸，是无色式白色晶体。密度 1.071g/cm³，熔点 43℃，沸点 182℃，有特殊气味，有腐蚀性，在室温时稍溶于水	苯酚能使细胞蛋白质发生变性和凝固，导致全身中毒。口服或大面积皮肤吸收高浓度的苯酚能伤害神经中枢，腐蚀内脏黏膜，破坏肝、肾功能，造成大片组织坏死，以致中毒致死。长期接触低浓度苯酚或饮用被酚污染的水，可引起积累性慢性中毒，刺激呼吸中枢，并诱发消化系统、神经系统障碍，伴有贫血和皮疹，最终伤害肠、肾、肝等器官	水中含酚浓度为 0.1～0.2mg/L 时，鱼内即含有酚味。浓度高于 10mg/L 时，可引起鱼类大量死亡，海带、贝类也不能生存。灌溉水含酚浓度高于 100mg/L，可引起农作物和蔬菜枯死和减产	酚(皮)5mg/m³
硝基苯	纯品几乎是无色或微黄液体，有苦杏仁气味。密度 1.20g/cm³，熔点 5.7℃，沸点 210.9℃，几乎难溶于水，易溶于酒精和乙醚中，有爆炸性，属高毒性物质	吸入蒸气将影响神经系统、血液和肝、脾器官功能。如大面积接触液体，经皮肤吸收，可以致死 急性中毒主要产生高铁血红蛋白血症，可使头痛、乏力、皮肤黏膜紫绀，严重时引起呼吸困难、心律紊乱、肝功能损、贫血。慢性中毒可出现神经衰弱症等		工业废水排放标准为 5mg/L，硝基苯(皮)为 mg/m³

表 1-5-58(3) 氰化物

名称	理化性质	对人体的危害	其他危害	最高容许浓度
氰化物	①无机氰化物以氰化氢为代表，其性状为无色液体，具有苦杏仁味。密度0.91g/cm^3，熔点1.34℃，沸点25.7℃，溶于水成氰氢酸 ②有机氰化物称为腈类。以丙烯腈为代表，其性状为无色，为易燃、易挥发的液体，有杏仁味。密度0.8g/cm^3，沸点77.5℃，熔点−83.5℃，易溶于一般有机溶剂	两毒物均属高毒类，其中毒表现相似，对眼和呼吸道有轻度刺激症状，可引起乏力、头痛、头晕、血压不稳定、胸部压迫感、呼吸困难、甚至窒息、意识丧失，直至死亡。慢性中毒出现神经衰弱症候群，丙烯腈中毒时血中测得氰化物含量高，尿中硫氰酸盐排出增高。亚硝酸钠和硫化硫酸钠可作氰化物中毒的解毒剂	对鱼类危害很大，氰离子浓度为0.01～0.1mg/L能使鱼类致死	HCN(氰化氢)车间为0.3mg/m^3，丙烯腈车间为2mg/m^3

表 1-5-58(4) 含氮化合物

名称	理化性质	对人体的危害	其他危害	最高容许浓度
芳香胺类	以苯胺($C_6H_5NH_2$)为代表，是有特殊气味的无色油状液体，暴露于空气中变成棕色，有强烈杏仁似的气味。密度1.022g/cm^3，熔点−6.3℃，沸点184～186℃，能溶于水	2-萘胺、联苯胺，1-萘胺，4-氨基联苯等芳香胺类被认为是致癌物质，可诱发膀胱癌、肾盂癌、尿道癌、肝癌等 二苯胺、联苯胺、2-萘胺等经呼吸道或皮肤侵入人体，能与血红蛋白作用，妨碍其携氧功能，造成缺氧症。影响中枢神经系统，并可引起接触性皮炎	对动物有致癌作用	苯胺在居住区大气中一次为0.10mg/m^3，日平均为0.03mg/m^3，在地面水中为0.1mg/m^3。苯胺、甲苯胺、二甲苯胺(皮)车间空气中5mg/m^3
亚硝胺类	当中亚硝基二甲胺，密度1.0059g/cm^3，沸点151～154℃。亚硝基二乙胺密度0.9422g/cm^3，沸点175～177℃	*N*-亚硝基二甲胺等亚硝胺类是强致癌物质，可诱发胃癌、肝癌、口腔癌、鼻咽癌、肺癌等	对动物有致癌作用	
其他含氮化合物	喹啉无色油状液体。密度1.0929g/cm^3，熔点−15.6℃，沸点238.05℃。吡啶无色液体，呈弱碱性，有特殊臭味，密度0.978g/cm^3，熔点−42℃，沸点115～116℃。硫脲密度1.405g/cm^3，熔点176～178℃	8-羟基喹啉等喹啉类，吡啶、硫脲等氨基化合物，3,4,5,6-二苯咔唑等杂稠环化合物，异烟肼等均有致癌作用。吡啶蒸气急性中毒有黏膜刺激症状，脉搏及呼吸加快，进而有中枢神经系统抑制，白细胞下降，慢性中毒可引起神经衰弱症候群		

表 1-5-58(5) 有机氯化合物

名称	理化性质	对人体的危害	其他危害	最高容许浓度
有机氯农药	有机氯农药具有化学稳定性，在环境中能长久保持，不易降解	有机氯农药中毒性以异狄氏剂、艾氏剂等最强。人体摄入过量时，能发生急性中毒致死 有机氯制剂能在人体内蓄积，引起肝、肾等功能障碍，发生贫血和白血病。刺激眼、皮肤，诱发过敏性皮炎。滴滴涕狄氏剂等有机氯对中枢神经系统产生毒性，并具有诱发肝霉增加的作用，对人体有不良影响 狄氏剂、艾氏剂等可能有致癌作用，诱发肝癌	除造成对农作物污染以外，对鸟类、鱼类都有危害。滴滴涕等摄入鸟类肌体，引起蛋壳变薄、变轻，难以孵化，并使壳类过早衰老。对鱼苗能直接毒死；在成鱼体内积累，则使其不能被食用；抑制鱼类的繁殖率 有机氯农药杀灭昆虫主要作用于神经系统，先出现痉挛，最后麻痹而死亡	六六六在地面水中为0.02mg/L，车间空间气中0.1mg/m^3，丙体六六六为0.05mg/m^3，六氯苯在地面水中为0.05mg/L

续表

名　称	理　化　性　质	对人体的危害	其　他　危　害	最高容许浓度
多氯联苯（PCB）	进入环境的多氯联苯呈乳浊状或附着在微粒固体上而沉积在淤泥中，极少溶于水。密度 1.54g/cm³（25℃），沸点 256～390℃，水中溶解度 12mg/L（25℃）	刺激皮肤引起皮疹。经肠胃道传入人体，能在多脂肪的组织中蓄积。诱发肝肿大、水肿等病症，严重者可发生肝坏死，肝肾综合症，以致死亡。并能破坏钙代谢，影响骨质和牙齿 多氯联苯可能是一种促癌剂	在水生动物及鱼类体内蓄积，破坏其生理机能及繁殖，并抑制植物性浮游生物的生长繁殖 鸟蛋含有 PCB 时，就很难孵化。50mg/kg 大鼠经口发生躯体神经系统行为改变，1.5mg/m³ 31 周大鼠吸入引起肝脏结构改变	二氯苯及三氯苯在地面水中为 0.02mg/L，硝基氯苯（及六氯苯）在地面水中为 0.05mg/L

表 1-5-58(6)　有机磷化合物

名　称	理　化　性　质	对人体的危害	其　他　危　害	最高容许浓度
有机磷化合物	甲拌磷（3911）、内吸磷（1059）、对硫磷（1605）都是剧毒、高效有机磷杀虫剂。内吸磷纯品为无色油状液体，工业品呈棕色，有恶臭。密度 1.19g/cm³，沸点 134℃，难溶于水，易溶于有机溶剂。对硫磷纯品为无色无臭液体，密度 1.36 g/cm³，熔点 35～36℃ 左右，工业品是淡棕色油状液体，有大葱臭味，沸点 160℃，难溶于水和石油，溶于动植物油、苯、丙酮、氯仿、乙醚等	在有机磷制剂中甲拌磷、内吸磷、对硫磷最易引起中毒。在人体内，能降低血液中胆碱酯酶的活性，使神经系统等发生功能障碍，可引起：①毒覃碱样症状，表现为食欲减退、恶心、呕吐、流涎、多汗、瞳孔缩小、肺水肿、大小便失禁等；②烟碱样症状，表现为肌束震颤、肌力减退等；③中枢神经系统症状，表现为头痛、头晕、失眠、乏力、烦躁不安、发热、昏迷等；④循环系统方面，表现为心率加快、血压升高，重者出现心肌炎、心力衰竭等	有机磷使鱼体脊椎骨粘连、扭曲，鱼体能发生变形	内吸磷在地面水中为 0.03mg/L，车间空气中为 0.02 mg/m³。对硫磷在地面水中为 0.003mg/L，在车间空气中为 0.05mg/m³。甲拌磷（3911）0.01mg/m³

表 1-5-58(7)　有机硫化合物

名　称	理　化　性　质	对人体的危害	其　他　危　害	最高容许浓度
有机硫化合物	硫醇为无色液体易挥发，具有强烈臭味。低沸点，密度小，难溶于水，易溶于醇和醚中	低浓度硫醇引起头痛、恶心及不同程度麻醉作用。高浓度硫醇可引起神经系统痉挛、瘫痪，以致死亡	即刻耗氧性很强，进入水体后很快将水中溶解氧消耗掉，影响水体生物自净能力	

表 1-5-58(8)　含氧有机化合物

名　称	理　化　性　质	对人体的危害	其　他　危　害	最高容许浓度
含氧有机化合物	环氧乙烷熔点 −112℃，沸点 10.4℃，密度 0.8694g/cm³，为无色，是具有醚样气味的液体或气体，易燃易爆 丙烯醛为无色液体，有辛辣刺激气味。密度 0.84 g/cm³，熔点 −86.95℃，沸点 52.5℃，溶于水、乙醇和乙醚	环氧乙烷对眼和呼吸道有刺激性，并有中枢神经抑制作用，吸入高浓度蒸气可引起呕吐、惊厥、肺水肿和死亡。水中的环氧乙烷能引起皮肤损伤 丙烯醛对眼和呼吸道器官的黏膜具有强烈刺激性，大量吸入可致肺炎及产生肺水肿。戊醇能刺激眼和呼吸道，引起头痛、呼吸困难、呕吐、腹泻、复视、谵妄等	消耗水体的溶解氧，影响鱼类及其他水生生物的生存	环氧乙烷在工作场所为 5mg/m³。丙烯醛在居住区空气中一次为 0.10 mg/m³，车间空气中为 0.3mg/m³，地面水中为 0.1mg/L

表 1-5-58(9)　重金属和类重金属

名　称	理　化　性　质	对人体的危害	其　他　危　害	最高容许浓度
汞 Hg	是常温下惟一的液态金属，银白色，易流动，密度 13.6g/cm³，熔点 －39℃，沸点 356.58℃。不溶于水，亦不为水所侵润，但可溶于硝酸，能溶解许多金属而生成“汞齐”。其蒸气毒性很强，蒸气比空气重 6 倍	汞蒸汽和无机汞通过呼吸道进入人体，经消化道及皮肤也能吸收汞 汞脂溶性强，能在人体内蓄积，主要作用于神经系统，心脏，肾，肝和胃肠道，急性和亚急性中毒，表现为头痛、头昏、乏力、发热、牙龈红肿、酸痛、糜烂出血积脓、牙齿松动、流涎带腥臭味、水样便或大便带血等 慢性中毒表现精神神经障碍，表现为头昏、乏力、健忘、失眠（或嗜睡）、多梦、噩梦、心烦、易激动、多汗，日久性格发生改变，腱反射活跃或亢进，手指、舌或手震颤，重度中毒患者发生“汞毒性脑病”，有的患者出现“肾病综合症”，可用二巯基丙磺酸钠或二巯基丁二酸钠驱汞治疗	鸟类食用含汞或受汞污染的食物时，能引起死亡 对水生脊椎动物有影响，在鱼类体内能蓄积高浓度的汞，最高可达 50mg/kg 之多	居民区大气中日平均为 0.0003mg/L，车间空气中为金属汞 0.01mg/m³，升汞 0.1mg/m³，有机汞化合物 0.005mg/m³，生活饮用水不超过 0.001mg/L
铅 Pb	是一种灰白色质软的金属。密度为 11.3g/cm³，熔点 327℃，沸点 1740℃，加热到 400～500℃时既有大量蒸汽逸出，并随温度升高而增多。铅蒸气在空气中可迅速氧化，凝集为氧化铅烟尘。铅化合物中硫化铅极难溶于水，氧化铅等较易溶于水	铅及其他化合物粉尘烟雾从呼吸道进入人体，也可随食物及水咽入消化道 铅主要作用于神经系统、造血系统、消化系统和肝、肾等器官。铅能抑制血红蛋白的合成代谢过程，还能直接作用于成熟红细胞 进入血液循环的铅能迅速分布到骨骼、肝、肾、脑等器官，体内大部分铅储存于骨骼中。中毒早期常感乏力，肢体轻度酸痛，口内有金属味和流涎多，继之表现：①有神经衰弱症候群、周围神经炎，重症患者可出现精神障碍等中毒性脑炎；②食欲不振、恶心、呕吐、便秘、腹绞痛，有的出现中毒性肝炎肝坏死；③引起铅中毒性贫血；④重病例对肾脏有损害，可出现蛋白尿 可用依地酸二钠钙（$CaNa_2$-EDTA）作驱铅治疗	铅能在植物体内蓄积，抑制植物的光合作用，对牲畜亦有影响	居民区大气中铅及其无机化合物（换算成 Pb）日平均 0.0007mg/m³，车间铅尘是 0.05mg/m³，车间铅烟 0.03 mg/m³，地面水 0.1mg/L，工业废水排放浓度 10mg/L
镉 Cd	是灰色有光泽的软质金属。密度 8.65g/cm³，熔点 320℃，沸点 765℃。在空气中迅速形成一层氧化膜而失去光泽，不溶于水，溶于硝酸铵，氯化镉则易溶于水。镉蒸气可与空气中的氧结合成棕红色的氧化镉烟尘	通过呼吸道和消化道进入人体后，与肌体中各种含硫基的酶化合物结合，从而抑制酶的活性和生理功能。镉在肾和肝中蓄积，生物学半衰期为 17～18 年，能引起肾脏损害、肾结石、肝损害、贫血等症状。长期饮用受镉污染的水和食物，或吸入镉烟尘，可导致骨痛病。镉进入骨质引起骨质软化、骨骼变形，严重时形成自然骨折，以致死亡。口服入硫酸镉量达 30mg，即可致死。大量吸入镉蒸气可引起气管炎、支气管肺炎以及肺水肿。慢性中毒可引起“神经衰弱症候群”	土壤对镉的容纳量很小，土壤中的镉很易转移到蔬菜、作物，间接引起人畜中毒。灌溉水含镉浓度超过 4×10^{-6} 即影响水稻等作物成长 水溶性镉化合物浓度在 0.0001mg/L 以上时，就能使鱼类及其他水生生物死亡	地面水中是 0.01mg/L，渔业用水体是 0.005mg/L，生活饮用水是 0.01mg/L，氧化镉车间空气 0.1mg/m³

续表

名 称	理 化 性 质	对人体的危害	其 他 危 害	最高容许浓度
铬 Cr	是一种银白色的、有光泽、坚硬而耐腐蚀的金属。密度 7.2g/cm^3，熔点 1857℃，沸点 2672℃。铬化合物以二价、三价、六价的形式存在。二价铬离子可氧化为三价铬离子，而六价铬离子可被加热或在还原剂作用下还原为三价状态	六价铬毒性比三价铬要大 100 倍，对消化道和皮肤具有强烈刺激和腐蚀作用，引起黏膜损害、接触性皮炎，对呼吸道能造成损害，有致癌作用，对中枢神经系统有毒害作用 铬能在肝、肾、肺中蓄积，慢性中毒时引起鼻中隔穿孔、呼吸道和胃肠道炎症及肺、肾、肝脏疾病，腐蚀内脏，可能有致癌作用	铬能蓄积于鱼类组织内，三价或六价铬的化合物对水体中的动物区系和植物区系均有致死作用，水中含铬浓度为 20mg/L 时可使鱼类死亡。含铬废水影响小麦、玉米等作物的生长，而且影响作物对其他化学元素的吸收。在植物体内，铬主要蓄积于绿色的器官	地面水中三价铬 0.5mg/L，六价铬 0.05mg/L，居民区大气中六价铬为 0.0015mg/m^3；车间空气中三氧化铬、铬酸盐、重铬酸盐（换算为 Cr_2O_3）为 0.1mg/m^3；生活饮用水六价铬为 0.05mg/L
砷 As	为灰黄和黑色的固体。密度 5.73g/cm^3，熔点 817℃，升华点 613℃，不溶于水和酸。砷由于不溶解，因此纯砷不能引起中毒。砷的化合物均有剧毒，主要有三氧化二砷（As_2O_3），不纯的俗称砒霜或白砒，为白色粉末，易溶于水，易升华（193℃）。砷化氢是一种无色气体，稍有大蒜样臭气。密度 2.65g/cm^3，沸点 −55℃，熔点 −113.5℃，常积聚于地面。此外还有三氧化二砷（As_2O_3）、五氧化二砷（As_2O_5）、三氯化砷（$AsCl_3$）及亚砷酸（H_3AsO_3）等	砷可随食物和水从消化道摄入体内，能在骨质、肾、肝、脾、肌肉和角化组织中蓄积。三价砷的毒性约为五价砷的 60 倍，三价砷对细胞有强烈的毒性，能同蛋白质的巯基反应，使酶失去活性，导致代谢过程发生障碍，细胞坏死，并引起多发性神经炎、肾炎、肝炎，皮肤病变、毛发萎缩等。急性中毒可引起呕吐、腹泻、大便呈“米汤样”或混有血，可发生中毒性心肌炎 砷化物粉尘、烟雾和蒸气对眼睛和呼吸道有强烈的刺激性，附着在皮肤上能使皮肤发生功能障碍 含砷物有致癌（皮肤癌、支气管癌、鼻腔癌）作用。砷化氢并有溶血作用，二巯基丙磺酸钠、二巯基丁二酸钠有驱砷作用	砷蒸气（三氯化砷，砷化氢等）对动物有致死作用，对大多数鱼类及水生生物具有毒性，能在鱼体内蓄积 对植物有危害，引起叶绿素破坏，对水稻等有抑制生长作用	居住区大气中砷化物（换算成 As）日平均是 0.003mg/m^3；车间空气中砷化氢是 0.3mg/m^3；地面水中砷化物（换算成 As）是 0.04mg/L；生活饮用水是 0.02mg/L
钒 V	是浅灰色金属，有延性，很坚硬。密度 5.96g/cm^3，熔点 1.890℃，沸点 3380℃，在空气中稳定。不溶于盐酸和稀硫酸，溶于硝酸、氢氟酸、浓硫酸	通过呼吸道或消化道进入肌体，有多方面的毒性作用，能引起血液循环，神经系统和代谢方面的变化，还能引起呼吸器官的病变，皮炎。体内逐渐吸收蓄积大量的钒会抑制肝脏中磷脂的合成和含硫氨基酸的代谢，并对生理功能产生一定干扰 五氧化二钒粉尘毒性大于其他钒化合物粉尘，而五氧化二钒烟雾的毒性又为五氧化二钒粉尘的 5 倍。经呼吸道刺激支气管及肺部。对于眼黏膜也有强烈刺激性，可引起心律紊乱，损害肾脏出现蛋白尿、血尿及尿中有管型	使动物中毒，引起肺、脾肾等器官病变，对水生物也具毒性	地面水中为 0.1mg/L；车间空气中为：五氧化二钒烟 0.1mg/m^3，五氧化二钒粉尘 0.5mg/m^3，钒铁合金 1mg/m^3

续表

名　称	理　化　性　质	对人体的危害	其　他　危　害	最高容许浓度
锰 Mn	是银白色金属，性坚且脆。密度 7.2g/cm^3(20℃)，熔点 1244℃，沸点 1962℃，溶于稀酸，放出氢而成锰盐。常见的化合物为二氧化锰(MnO_2)、四氧化三锰(Mn_3O_4)、及氯化锰($MnCl_2$)等	过量的锰长期蓄积于体内可引起神经系统功能障碍，早期表现为神经衰弱，综合性功能紊乱，较重者出现锥体外系神经障碍，两腿发沉，举止缓慢，完成精细动作困难，言语单调低沉，感情淡漠或感情冲动，表情呆板，常伴有精神症状，可发展为走路时表现为前冲步态，足尖先着地，四肢肌张力增高，极易跌倒，及出现肢体或下颌、唇震颤 急性锰化合物中毒表现“金属烟雾热”，依地酸钙($CaNa_2$-EDTA)有驱锰作用	对植物有明显的毒害作用	居民区大气中锰及其化合物(换算成 MnO)一次为 0.03mg/m^3，日平均为 0.01mg/m^3，车间空气中为 0.2mg/m^3
硒 Se	为灰色粉末。灰色六方晶体最稳定。密度 4.79g/cm^3，熔点 217℃，沸点 690℃。性脆，能与金属直接化合，氧化时生成二氧化硒	过量硒对人体有害，引起中毒，出现肝脂肪变性、坏死以及硬化。急性吸入大量硒烟雾、二氧化硒或硒化氢，对眼结膜及鼻黏膜与呼吸道有刺激作用，引起流泪、流涕、咳嗽，对皮肤亦有较强的刺激性，如二氧化硒可引起皮炎，亚硒酸盐可灼伤皮肤	可在动植物体内积累，低浓度硒刺激作物生长，30mg/L 以上浓度的硒使作物受到损害。含硒量达 $(10\sim30)\times10^{-6}$的牧草，能使牲畜中毒	地面水中为 0.01mg/L，生活饮用水中不超过 0.01mg/L
铍 Be	是灰白色的轻金属。密度是 1.85g/cm^3 熔点 1278℃，沸点 2970℃，具有坚硬、耐高温、不锈、耐腐蚀、不受磁力影响等优点。不溶于冷水，微溶于热水，溶于稀盐酸、冷的浓硝酸及氢氧化钾溶液等，铍蒸气在空气中极易被氧化为很轻的氧化铍粉尘	铍及其他化合物对人体的毒性很大，在机体中能抑制碱性磷酸酶等重要酶系统，严重影响组织及细胞的代谢机能。铍吸入中毒有急性和慢性两种。铍化合物可引起急性中毒，发生化学性气管和支气管炎、急性肺炎。慢性中毒在肺内发生肉芽肿性病变，又名“铍肺”，还可引起皮肤病变(接触性皮炎、皮肤溃疡等)。消化系统中毒时，引起肝、脾功能降低。据认为铍在肺及骨骼中可能有致癌性	水中含浓度为 10mg/L 时，可明显阻滞水体自净生化过程和微生物繁殖。铍化合物在水中的浓度在 0.15mg/L(按铍计)以上时，即对鱼类有毒害致死作用，对农作物也有危害	居住区大气中日平均是 0.00001mg/m^3，地面水中 0.0002 mg/L，车间空气中 0.001mg/m^3
锑 Sb	是有光泽的银白色金属，具有鲜明的晶体结构，化学稳定性好。密度 6.68 g/cm^3，熔点 630.74℃，沸点 1750℃。质坚而脆，易碎为粉末，无延性和展性，但有冷胀性。不溶于水、盐酸和碱溶液，溶于王水、浓硫酸及硝酸与酒石酸的混合液，能燃烧成氧化物	锑在机体内抑制含巯基的酶如琥珀氧化酶等的活性，干扰蛋白质糖的代谢。锑刺激黏膜时，能引起结膜炎、肺炎等，刺激皮肤引起皮疹。锑化合物消化道中毒时，能发生腹泻、尿闭血尿、肝脏肿大甚至肝坏死等。慢性中毒时引起肝脏和心脏的损害，可发生心律紊乱及中毒性心肌炎。肾脏受损时出现蛋白尿，血尿，重者发生肾功能衰竭 用二巯基丁二酸钠可以驱锑	锑浓度为 0.5mg/L 时，水体的自净作用即受到阻滞。锑化合物在水中浓度为 3.5mg/L(按锑计)时对藻类生长有害，9～12mg/L 时，对鱼类有害	地面水中是 0.5mg/L

续表

名称	理化性质	对人体的危害	其他危害	最高容许浓度
钴 Co	是银白色金属，硬而有延性。相对原子质量为58.93，密度8.9g/cm^3，熔点1490℃，沸点2870℃，与水和空气不起作用，能逐渐溶于稀盐酸和硫酸，易溶于硝酸。常见的钴化合物有氧化钴(CoO)、氧化高钴(Co_2O_3)、硫酸钴($CoSO_4$)和氯化钴($CoCl_2 \cdot 6H_2O$)等	钴过多引起红细胞增多和甲状腺肿大，损害皮肤黏膜，引起过敏性皮炎、角膜损害等。长期接触钴粉尘和钴盐，可产生上呼吸道病症、哮喘、呼吸困难、干咳，偶有化学性肺炎、肺水肿，并可引起心肌病、心律紊乱		地面水中为1.0mg/L
镍 Ni	是银白色金属，很硬，富延性，能被磁铁吸引。原子量58.71，密度8.908g/cm^3，熔点1455℃，沸点2732℃，有很好的耐腐蚀性。在空气中不被氧化，耐强碱与盐酸和硫酸作用也很缓慢，但溶于硝酸	微细粒子通过呼吸道进入人体，到达肺泡后溶解于血液，参加体内循环，有较强的毒性。金属镍粉末和可溶性镍盐对皮肤及黏膜有强烈刺激作用，能引起皮炎或湿疹，可引起慢性鼻炎、副鼻窦炎，甚至形成鼻中隔穿孔 四羰基镍刺激呼吸道，有强致毒作用，中毒时引起咳嗽、胸闷、气短及发生肺水肿和肝脑的损害，心脏发生脂肪变性，并损害中枢神经，引起血管变异，严重者致死。长期接触低浓度羰基镍可能导致鼻腔癌和肺癌	可溶性镍盐损害动物心脏和肝脏。吸入金属镍、氧化镍粉尘、四羰基镍会引起肺、中枢神经系统等病变 对水中微生物有毒性作用，对亚麻、白菜、土豆等作物有抑制成长作用	地面水中为0.5mg/L
铜 Cu	是带红色而有光泽的金属，富延展性。密度8.92g/cm^3，熔点1083℃，沸点2567℃。铜在有二氧化碳的湿空气中，表面上易生成铜绿。铜的化合物中，氯化铜、硫酸铜均易溶于水	过量的铜对人体有毒性。血中铜存于血清和红细胞中，与血清蛋白结合，而送至组织中，损害肝、肾等器官功能。长期接触微量的铜尘和铜的盐类，可发生结膜炎、鼻出血和鼻炎，偶有鼻中隔溃疡，有时还可引起胃肠道症状 急性中毒表现金属烟雾热、发冷、发热、多汗、口渴、乏力、头晕、咽干、咳嗽、胸痛、呼吸困难、恶心、食欲不振，二巯基丙磺酸钠及二巯基丁二酸钠有促排铜作用	对水生动、植物的毒性很大，危害渔业生产 对农作物也有危害作用，特别有害于根部生长	地面水中为0.1mg/L，渔业水体为0.01mg/L，生活饮用水为1.0mg/L，工业废水排放为1mg/L
锌 Zn	是一种柔软白色有光泽的金属。密度7.14g/cm^3，熔点419.4℃，沸点907℃。在空气中稳定，与酸或碱作用放出氢气，锌不溶于水	锌的盐类能使蛋白质沉淀，对皮肤和黏膜有刺激和腐蚀作用 锌在水中浓度超过10～20mg/L时有致癌作用，可引起金属烟雾热及化学性肺炎	对微生物具有毒性，对鱼类及水生物产生不良影响，过量的锌伤害植物的根系	地面水中为1.0mg/L，(与生活饮用水同)，工业废水排放为5mg/L，氧化锌车间空气为5mg/m^3

表 1-5-58(10) 人体致癌物①

对人体致癌化学物质	1. 4-氨基联苯	7. 双氯甲醚和工业品级氯甲甲醚
	2. 砷和某些砷化合物	8. 己烯雌酚
	3. 石棉	9. 左旋苯丙氨酸氮芥(米尔法兰)
	4. 苯	10. 芥子气
	5. 联苯胺	11. 2-萘胺
	6. *N*,*N*-双(2-氯乙基)-2-萘胺(氯萘吖膝)	12. 氯乙烯
对人体可能致癌化学物质	1. 丙烯腈	12. 多氯联苯类
	2. 阿米脱(氨基三唑)	13. 黄曲霉毒素类
	3. 金胺	14. 镉和某些镉化合物
	4. 铍和某些铍化合物	15. 苯丁酸氮芥
	5. 四氯化碳	16. 环磷酰胺
	6. 二甲基氨基甲酰氯	17. 镍和某些镍化合物
	7. 硫酸二甲酯	18. 三乙烯硫代磷酰胺
	8. 环氧乙烷	19. 铬和某些铬化合物
	9. 右旋糖酐铁	20. 地下赤铁矿开采过程
	10. 康复龙	21. 用强酸法制造异丙醇过程
	11. 非那西丁	22. 烟炱,集油和矿物油类

① 根据世界卫生组织 WHO 国际癌症研究中心提供资料。

7 环保监测仪表

由于人们环保意识的增强，对环境保护愈来愈重视，环保监测仪表并随之得到快速发展。国际、国内都有不少企业从事环保监测仪表生产，其产品也多种多样。这里有代表性地介绍几种产品，以供读者参考。

7.1 S700 模块式气体分析系统

S700 分析仪系列是中德合资北京麦哈克分析仪器有限公司产品。该系列产品采用全新模块式设计，可以根据应用场所以及用户的需求，自由设置及组合。S700 系列仪表外形如图 1-5-24 所示。

S700 分析仪系列提供 7 种测量模块，可测量 60 余种不同气体。

7.1.1 有 7 种测量模块，可以自由选择

(1) UNOR 单组分不分光式红外吸收原理。

(2) MULTOR 多组分不分光式红外吸收原理（最多可达 3 种组分）。

(3) DEFOR 单组分紫外吸收原理。

(4) THERMOR 单组分热导式原理。

(5) FINOR 多组分相关红外原理（最多可达 3 种组分）。

(6) O XOR-P 顺磁性原理测量氧。

(7) O XOR-E 电化学池法测量氧。

7.1.2 有 3 种不同机箱可供选择

(1) S710 19 嵌入式机箱，一般场合使用。

(2) S715 壁挂式机箱，环境恶劣的场合中使用。电路部分及测量部分气密隔离，两部分可分别吹洗，符合 VDE 165/2.91 Section 6.3.1.4 气密要求。

(3) S720 Ex 防爆机箱：112GEExdiaIICT6 可吹洗。

3 种机箱均可装 1～3 个分析模块，不需要任何外部接线和管件，结构紧凑。

7.1.3 分析模块组合

S700 系列分析仪可以把 3 个分析模块装入相应的一个机箱，组成一台分析仪，可以对一台仪器中的任何一个分析模块独立设置，而不影响其他模块。需说明的是 7 个模块中，UNOR 可选为第二模块，但第一模块必须不是 DEFOR 或 FINOR。

7.1.4 主要技术数据

(1) 4 个测量信号值 模拟输出 0/2/4/……20mA、线性、无电位（电流隔离）、最大负载 500Ω。

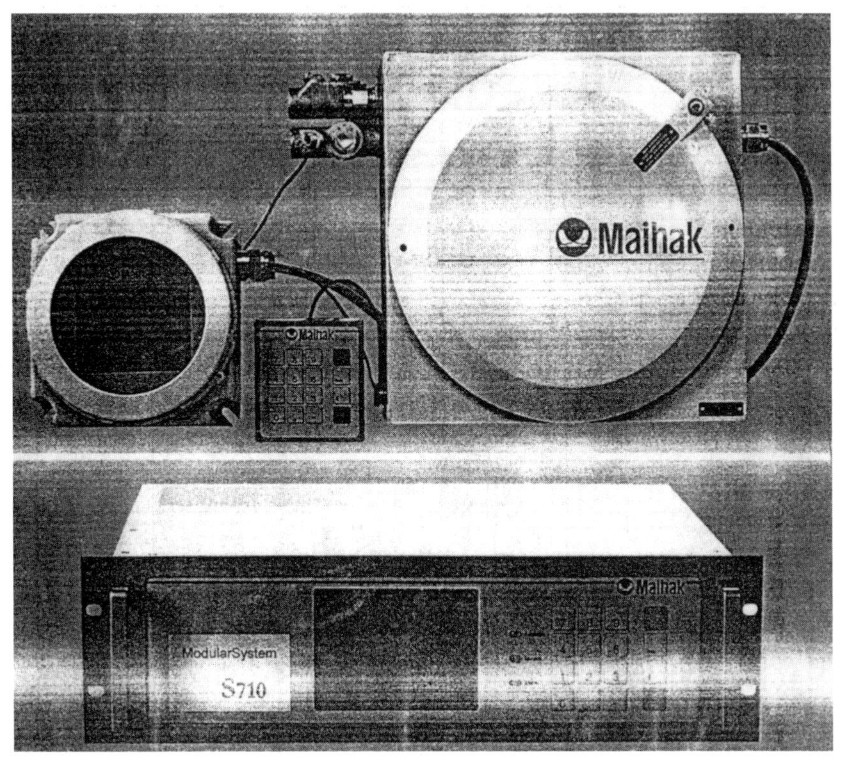

图 1-5-24　S700 模块式气体分析仪

（2）2 个输出范围　可在基本量程范围内自由设置，最大量程比 1∶10，根据需要可达 1∶20。

（3）状态及控制输出

① 8 个开关接点　带有 RS232 数字接口自动输出测量值及状态、日期，亦可以通过调制解调器或输入 PC 机进行远程控制。

② 5 位数字显示。

③ 线段模拟显示。

④ 5 个单位可选　ppb、ppm、%、mg/m^3、g/m^3。

⑤ 每个菜单底部皆显示测量值及仪器状态信号。

⑥ 监控样气中的冷凝情况显示及报警。

⑦ 可对空气压力变化进行补偿校正。

⑧ 对样气压力变化进行补偿校正。

7.1.5　测量模块主要技术指标

测量模块主要技术指标见表 1-5-59。

其中 UNOR 模块测量组分如表 1-5-60 所示。

表 1-5-59　模块主要技术指标

模块名称	UNOR	MULTOR	FINOR	DEFOR	THERMOR	OXOR-P	OXOR-E
最小测量范围	$300\times10^{-6}NH_3$ $20\times10^{-6}CO$ $75\times10^{-6}NO$ $40\times10^{-6}SO_2$ $100\times10^{-6}CH_4$	$160\times10^{-6}CO$ $470\times10^{-6}CH_4$ $190\times10^{-6}NO$ $85\times10^{-6}SO_2$	$6000\times10^{-6}CO$ 1.5%CH_4 0.2%CO_2	$50\times10^{-6}NO_2$ $30\times10^{-6}SO_2$ $200\times10^{-6}Cl_2$ $20\times10^{-9}Hg$ $5\times10^{-6}O_3$ 1% H_2S	0.1%H_2 0～1%CO_2 0～2%Ar	0～1%O_2	0～10%O_2

续表

模块名称	UNOR	MULTOR	FINOR	DEFOR	THERMOR	OXOR-P	OXOR-E
零点漂移	≤1%FS/W	≤1%FS/W	≤0.5%FS/W	≤1%FS/W	≤0.5%FS/W	≤1%FS/W	≤2%FS/月
灵敏度漂移	≤1%FS/W	≤1%FS/W	≤1%FS/W	≤1%FS/W	≤1%FS/W	≤1%FS/W	≤1%FS/W
线性误差	≤1%FS	≤2%FS	≤1.5%FS	≤1%FS	≤1%FS	≤1%FS	≤1.5%FS
噪声	≤0.5%FS	≤1%FS	≤0.5%FS	≤0.5%FS	≤0.5%FS	≤0.5%FS	≤0.1%FS
迟后时间	最小 3s	25s	25s			<4s	20s
备注	认证：13,Blmschv TAluft 17Blmschv	认证：13,Blmschv TAluft				认证：13,17 Blmschv TAluft	认证：17Blmschv TAluft

表 1-5-60 UNOR 模块测量组分

组 分	分子式	最小测量范围/(mg/m³)①		组 分	分子式	最小测量范围/(mg/m³)①	
乙炔	C_2H_2	300	350	氟里昂 22	$CHClF_2$	500	1800
氧	NH_3	300	250	氟里昂 113	$C_2Cl_3F_3$	300	2400
1,3-丁二烯	C_4H_6	300	750	氟里昂 114	$C_2Cl_2F_4$	300	2200
丁烷	C_4H_{10}	100	250	氟里昂 134A	$C_2H_2F_4$	100	500
1-丁醇	$C_4H_{10}O$	1000	3000	*n*-庚烷	C_7H_{15}	500	2100
2-丁醇	C_4H_8O	1000	3000	*n*-己烷	C_5H_{14}	300	1100
1-丁烯	C_4H_8	500	1300	甲烷	CH_4	100	70
反式-2-丁烯	C_4H_8	500	1300	甲醇	CH_3OH	500	700
二氧化碳	CO_2	20	40	甲缩醛	$C_3H_8O_2$	1000	3400
二硫化碳	CS_2	500	1600	氯甲烷	CH_3Cl	500	1100
一氧化碳	CO	20	30	一氧化氮	NO	75	100
三氯甲烷	$CHCl_3$	3000	1500	二氧化氮	NO_2	50	100
环乙烷	C_6H_{12}	300	1100	*n*-戊烷	C_5H_{12}	300	900
环己酮	$C_6H_{10}O$	500	2100	丙二烯	C_3H_4	500	900
1,1-二氯乙烷	$C_2H_4Cl_2$	500	2100	丙烷	C_3H_8	100	200
1,1-二氯乙烯	$C_2H_2Cl_2$	500	2000	*n*-丙醇	C_3H_7OH	1000	2500
二氯甲烷	CH_2Cl_2	200	800	丙烯	C_3H_6	300	600
二甲基甲醚	$(CH_3)_2O$	1000	2000	二氧化硫	SO_2	40	100
乙烷	C_2H_6	100	130	六氟化硫	SF_6	50	300
乙醇	C_2H_5OH	1000	2000	四氯乙烷	C_2Cl_4	500	3500
乙烯	C_2H_4	300	350	甲苯	C_7H_8	500	2000
甲醛	CH_2O	1000	1300	1,1,1-三氯乙烷	$C_2H_3Cl_3$	1000	5600
氟里昂 11	CCl_3F	100	600	三氯乙烯	C_2HCl_3	1000	5500
氟里昂 12	CCl_2F_2	100	510	水蒸气	H_2O	1000	820
氟里昂 13	$CClF_3$	100	450	*o*-二甲苯	C_8H_{10}	500	2200
氟里昂 13B1	$CBrF_3$	300	2000				

① 从$\times10^{-6}$到 mg/m³ 的换算基于 101.325kPa，20℃。

7.2 500型气体检测系统

500型气体检测系统是中美合资无锡梅思安安全设备有限公司产品。该检测系统由气体探测器和前置放大器、500控制单元组成，可检测可燃性气体、有毒气体和氧气。其外形和系统接线图如图1-5-25，图1-5-26所示。

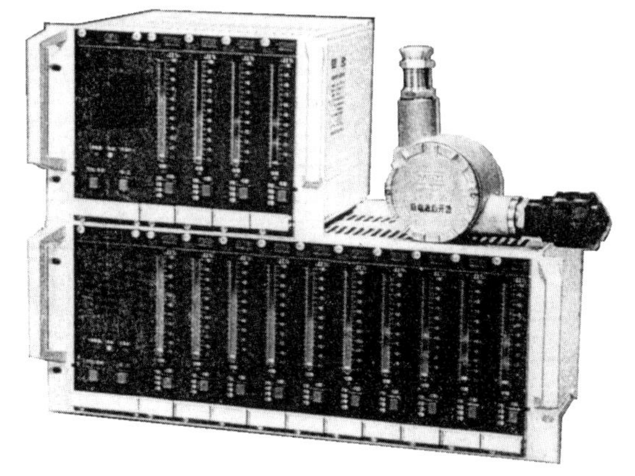

图1-5-25　500型气体检测系统

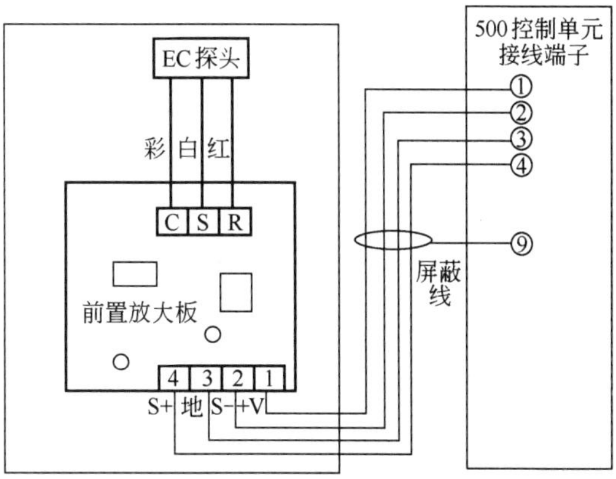

图1-5-26　500型系统接线图

7.2.1　特点

① 采用智能化单光柱显示报警控制器，报警点可视，显示直观，一目了然。

② 稳定性、可靠性高，具有抗干扰、零点漂移小的优点。

③ 可根据不同场合选配ST标准型、IS抗中毒或LT宽温型、HT高温型探测器。

④ 同时具备各单元继电器触点输出和公共继电器触点输出。

⑤ 可选配500型备用电源，使电源在系统断电后可连续工作达2h。

7.2.2　检测气体种类

(1) 500LEL　0～100%　LEL　各种可燃气体检测探头。

(2) 500 O_2　0～25%　O_2。

(3) 500-TOX　各种有毒气体检测探头，诸如CO，CO_2，H_2S，SO_2，H_2，HCl，Cl_2，HCN，PH_3，NH_3，NO，NO_2，ClO_2，O_3，C_2H_4O。

LEL——爆炸下限浓度含量。

7.2.3　主要技术指标

(1) 测量范围　1%～100%　LEL。

(2) 测量精度　±5%　FS。

(3) 响应时间　≤30s。

(4) 模拟输出信号　①4～20mA输出阻抗≤300Ω；②0～1V供专用打印机。

(5) 报警点　40%　LEC（可调）。

(6) 继电器触点容量　24V DC，250V AC，3A。

(7) 防爆标志　ExdIICT6，可安装在Ⅰ级危险场所。

(8) 传输电缆　① RVV P4×1.5mm^2≤750m

　　　　　　　② RVV P4×2.5mm^2≤1500m

7.2.4　500-TOX毒气探测器技术指标

500-TOX毒气探测器测量介质和测量范围见表1-5-61。

表1-5-61　500-TOX毒气探测器

介　质	范围 $0\sim\times10^{-6}$	隔　爆	普　通	介　质	范围 $0\sim\times10^{-6}$	隔　爆	普　通
O_2	25VOL%	√	√	CO_2	50VOL%，100VOL%	√	
CO	1000	√	√	H_2S	50，200	√	√

续表

介　质	范围 $0 \sim \times 10^{-6}$	隔　爆	普　通	介　质	范围 $0 \sim \times 10^{-6}$	隔　爆	普　通
HCN	100		√	NH_3	50，200		√
HCL	100		√	H_2	1000，10000	√	√
NO	100		√	O_3	2		√
NO_2	20，100	√	√	C_2H_4O	20，100		√
SO_2	20，100	√	√	PH_3	1	√	√
Cl_2	20		√				

7.3　电化学传感器

有毒气体以及可燃性气体和蒸汽监测仪器主要由探测器和二次仪表（各类显示、控制、报警仪器）组成，其中探测器是关键元器件。

有毒气体探测器一般为电化学传感器；可燃性气体和蒸汽一般采用催化燃烧式传感器，它抗毒性好，可快速准确地检测低于爆炸下限的可燃性气体和蒸汽的危险性。

现将有关公司电化学气体传感器性能列表，见表 1-5-62。

表 1-5-62　电化学气体传感器

气　　体	型　号	测 量 范 围	分　辨　率	额定输出 /[μA/(mg/L)]	寿命/a
一氧化碳 CO	4CF 3MF 7E/F&7E A3F&3F/DS	0～1500 0～100000 0～1000 0～20000	1×10^{-6} 10×10^{-6} 0.5×10^{-6} 1×10^{-6}	0.07 0.01 0.1 0.07	3
二氧化硫 SO_2	4SH 7ST/F 3SF A3ST/F	0～10 0～100 0～5000 0～10	0.1×10^{-6} 0.5×10^{-6} 1×10^{-6} 0.025×10^{-6}	0.5 0.37 0.1 0.6	2
硫化氢 H_2S	7HH 7H,4H	0～100 0～1000	0.1×10^{-6} 0.25×10^{-6}	1.25 0.37	2
一氧化氮 NO	3NF/F 3NT	0～5000 0～300	1×10^{-6} 0.5×10^{-6}	0.1 0.55	3
二氧化氮 NO_2	7NDH M	0～10 0～3	0.1×10^{-6} 0.01×10^{-6}	1.4 0.17	3
氯气 Cl_2	7CLH	0～20	0.1×10^{-6}	1	3
氢气 H_2	7HYT 3HYE	0～1000 0～20000	2×10^{-6} 10×10^{-6}	0.03 0.003	>2
氨气 NH_3	A7AM 7AM	0～200 0～10	0.5×10^{-6}	0.55	>1
臭氧 O_3	3OZ A3OZ	0～2 0～100	20×10^{-9} 20×10^{-9}	6.0 2.2	>2
氧化乙烯 C_2H_4O	7ETO	0～20	0.1×10^{-6}	2.75	>2
氰化氢 HCN	3HCN	0～100	0.5×10^{-6}	0.1	>2
氯化氢 HCl	7HL	0～50	0.5×10^{-6}	0.75	>2
磷化氢 PH_3	4PH	0～5	0.05×10^{-6}	1.7	>2
甲醛 CH_2O	M7	0～100	0.05×10^{-6}	2.75	>2
砷化氰 ASH_3	4AR	0～20	$<0.05\times10^{-6}$	1.4	>2

续表

气　　体	型　号	测量范围	分　辨　率	额定输出 /[μA/(mg/L)]	寿命/a
氢化硅 SiH_4	4SL	0～20	<0.05×10^{-6}	1.5	>2
溴化氢 B_2H_6	4DB	0～20	<0.05×10^{-6}	0.6	>2
锗化氢 GeH_4	4GE	0～20	<0.05×10^{-6}	1.4	>2
氧气 O_2	C/NLH 7OX KE-25 MOX1-9	0～2×10^{-6} 0～30% 0～100% 0～100%	0.01%	13～17mV in air with a 10Ω load 0.27mA 26mV 9～13mV	2(工作寿命) 5(20℃空气中)
烷类 CH_4	4P-90　4P-50 300P　200N 50N　90N CDH300	0～100%LEL 爆炸范围 低端值	功率:4.25V 58mA、3.3V 75mA 3V 90mA、2.3V 200mA、4.25V 55mA 3.5V 75mA、2V 180mA、2V 280mA 2V 300mA		

7.4 流程液体分光计

7.4.1 概述

LIMOR L 流程液体分光计是中德合资麦哈克分析仪器公司产品，其外观如图 1-5-27 所示。

LIMOR L 是一种基于近红外（NIR） 吸收(波长约 900～2500nm）的定量、选择性的四组分液体分析仪。一个外样品池通过光纤（根据应用情况，最大长度可以达到 200m 或更长些）连接在分析仪上。LIMOR L 可方便地用于流程监控中的在线测定。标准样品池可用于危险区，允许最大压力 30MPa，液体温度可达到 120℃（根据要求还可以提供特别样品池）。一个泡罩分离器装在样品池中，LIMOR L 的电子控制、校准和测量数据的计算已经数字化，分析仪可通过一个 V.24/RS 232C 双向接口与一台计算机相连。

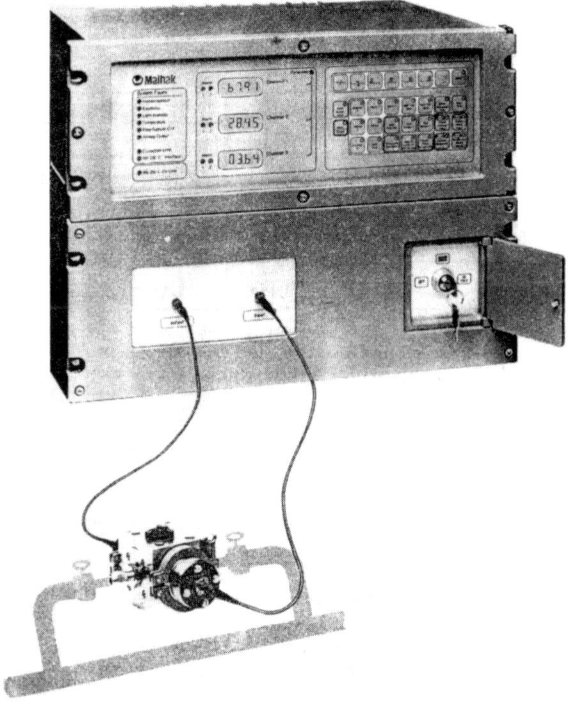

图 1-5-27　LIMOR L 流程液体分光计

该流程分光计适用于同时连续地分析一种载体介质中 4 种液体组分。被测组分在近红外光谱波段内被吸收，面板显示 3 个浓度值以及一些模拟信号，另一个组分浓度可通过模拟信号进行监测。

7.4.2 测量原理

LIMOR L 测量原理基于新型光学组件的采用。这些组件之一是可用电子线路调谐的滤光器(光声调谐滤光器，AOTF)，它基于带压电单晶薄板的二氧化碲（TeO_2）单晶。当由蒸发涂层电极对这个压电晶体（$LiNbO_3$）施加高频电场时，压电板便产生高频声波，它在二氧化碲晶体中传播。如果近红外光的极化电磁谱同时射向晶面，则在晶体中的光谱及声波相互作用。晶体对于每个声频相关光的波长呈透光性。

数字频率信息由内在辅助传输线路传到高速射频合成器，在 1ms 内可在 25～75MHz 之间调到所需要的频率，并提供稳定振荡。恒定输出频率由一个专用的振幅控制装置来维持。一个时钟线路周期性地驱动高频放大

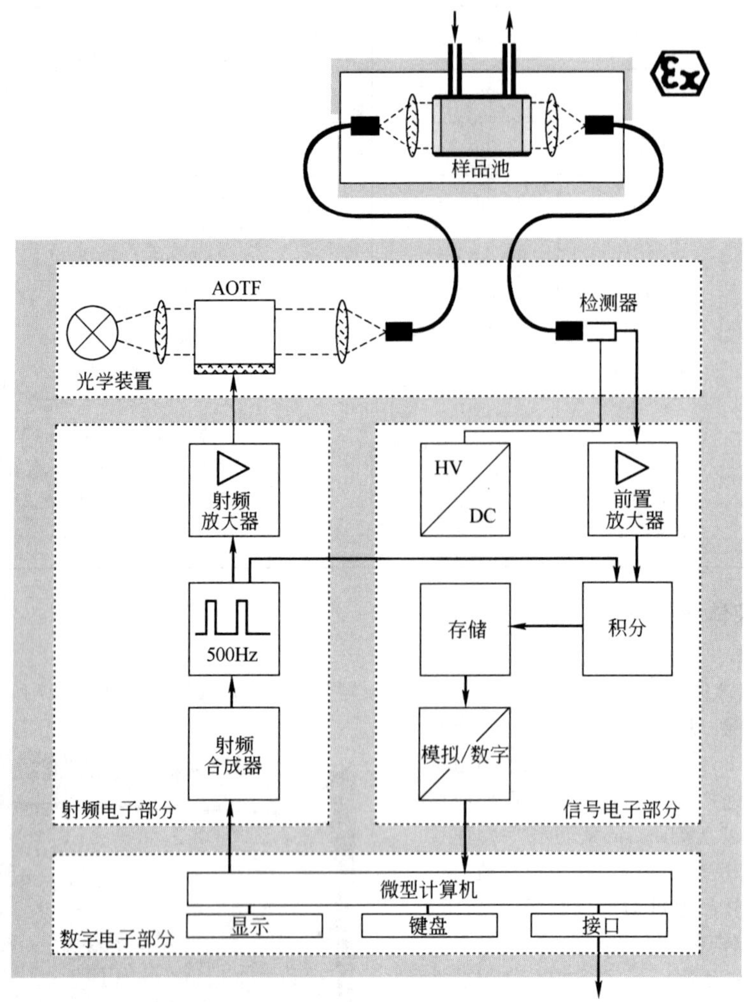

图 1-5-28　LIMOR L 工作原理图

器，使其输出为供给 AOTF（光声调谐滤光器）的高频脉冲电压（至 1W）。工作原理图如图 1-5-28 所示。

7.4.3　测量成分

该流程分析仪可分析如下物质的组分：水、盐酸、甘油（丙三醇）、乙醇、乙醚、汽油、煤油、苯乙烯、糖类、盐类、尿酸、乙酸、咖啡碱、香草醛、氨基酸、芳香族环烃、乙醛、酮、苯酚，以及许多其他物质。

LIMOR L 标准量程用体积百分比表示，可测量溶解度 0.01%～1%。

7.4.4　技术性能

(1) 测量组分　在近红外光谱范围内具有吸收带的液体。

(2) 测量范围　1～4（可调）。

(3) 最大转换比例　1∶10。

(4) 光谱范围　900～2500nm（11000～4000cm^{-1}）。

(5) 辐射源　卤化钨丝灯，使用寿命约 1 年。

(6) 光谱分辨力　50cm^{-1}。

(7) 波长稳定性　<±0.4nm。

(8) 工作状态　单机状态或 PC 机控制——光度计状态（最多 4 组分）；
——分光仪状态。

(9) 测量值显示　3×LCD 数显，4 位数字，带有代数符号。

(10) 响应时间

机械：与流量和采样单元长度有关，一般为 3s；

电气：光度计状态下 1～40s。

(11) 探测器　硫化铅 PbS 1 级玻尔帖制冷。

(12) 不同室温产生的测量误差　一般情况下：<0.5%FS。

(13) 模拟输出　4 种：0～20mA；线性化；无电位（电流隔离）；根据要求确定电压零点，最大负载 600Ω，最大量程－0.3～20.9mA，非线性<1%。

(14) 数字输出　接口 V.24/RS 232C

数据传输率：程序化 50、75、110、135、150、300、600、1200、1800、2400、3600、4800、7200、9600 或 19200bps；

位模式：7 位或 8 位，偶/奇/非字称性，1 或 2 终止位；

线路终端指令：CR＋LF（自动换行）或 CR；

回波：交替开关，程序化。

(15) 开关接点　继电器，用于状态信号、报警或故障信号，测量范围选择及控制输出。

最大电负荷：48V/0.5A。

(16) 标准采样单元的连接　拧在采样单元法兰盘上；“serto 1/4NPT”连接器。

(17) 液体流速　标准 3～60L/h，对于无泡液体，最大 120L/h。

(18) 允许液体温度　－20～120℃；可选－20～200℃。

(19) 允许最高压力　3MPa。

7.5　TOCOR 200 在线 TOC 分析仪

7.5.1　概述

TOCOR 200 是中德合资北京北分麦哈克分析仪器有限公司产品，用于在线分析污水中有机碳（TOC）的环保分析仪器。它可以快速可靠地显示出 TOC（总有机碳）的含量，广泛应用于城市和各工业企业污水和供水系统的监测。其外形如图 1-5-29 所示。

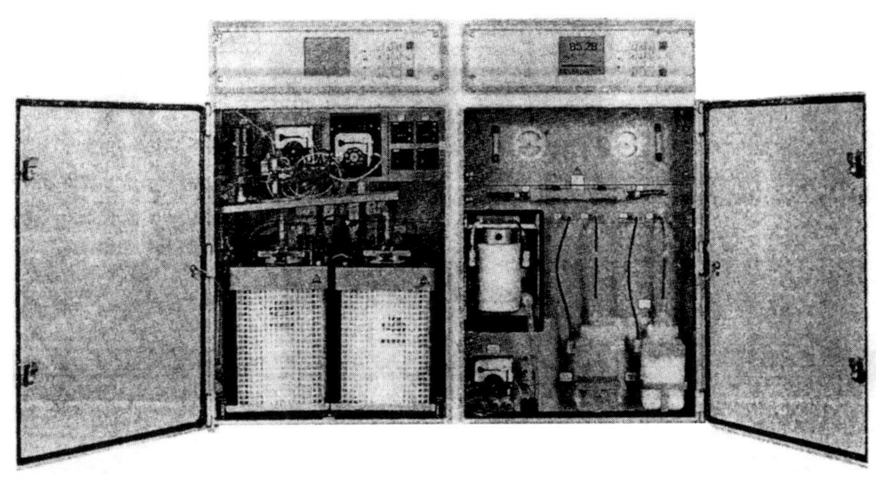

图 1-5-29　TOCOR 200 在线 TOC 分析仪

TOCOR 200 使用环境空气作为载气，但如果用于低量程测量，而且周围空气含有较高的碳氢化合物或不稳定的 CO_2，则需要使用其他载气。

TOCOR 200 的测量系统内部装有电子流量监测器/控制器，控制和监测 TOCOR 200 所有重要功能，通过微处理器控制的气体分析器菜单功能键来设定所需要的流速，亦可通过菜单很容易地控制、设定报警值、输出范围、流速，或当样品需要稀释时重新计算参数。

TOCOR 200 自动校准功能可减少服务时间，并确保可能出现的系统错误将不会影响测量结果，如泵管老化或环境温度大幅度变化。最简单的自动校准只是检查和校正零点。也可选择一个完整的自动校准，它包括灵敏度/跨度校正。另外，使用者可以决定他需要 TOCOR 200 多长时间自检一次。当对大信号进行校正时，甚至不会影响线性化。

7.5.2 测量原理

样品水通过泵的软管被连续抽进 TOCOR 200 分析仪中，样品水首先通过特有的串联分离器以除去无机碳。周围空气先被过滤，分离掉有机碳，然后进行酸化处理除去无机物，使 TIC 含量<200mg/L。挥发性有机物仍保留在样品水中进行分析。

样品水被滴入高温反应炉中，水中碳在近 850℃下燃烧，且被催化剂和载气氧化，转变成 CO_2。

气体混合物通过自动清洗的气体净化器，来除去残留在水中的可溶性颗粒，然后进入冷凝分离器和珀尔帖气体冷却器除去水蒸气。

最后气体再经安全过滤器，除去经过气水分离器后仍存在的腐蚀性气体。不分光式气体分析器 UNOR 测量与水中碳含量成比例的 CO_2 的浓度，前面板上的液晶显示屏（LCD）以 mg/L 显示出 TOC 含量。另外，用线段图示说明当前相对于仪器满量程的浓度值。

其原理图如图 1-5-30 所示。

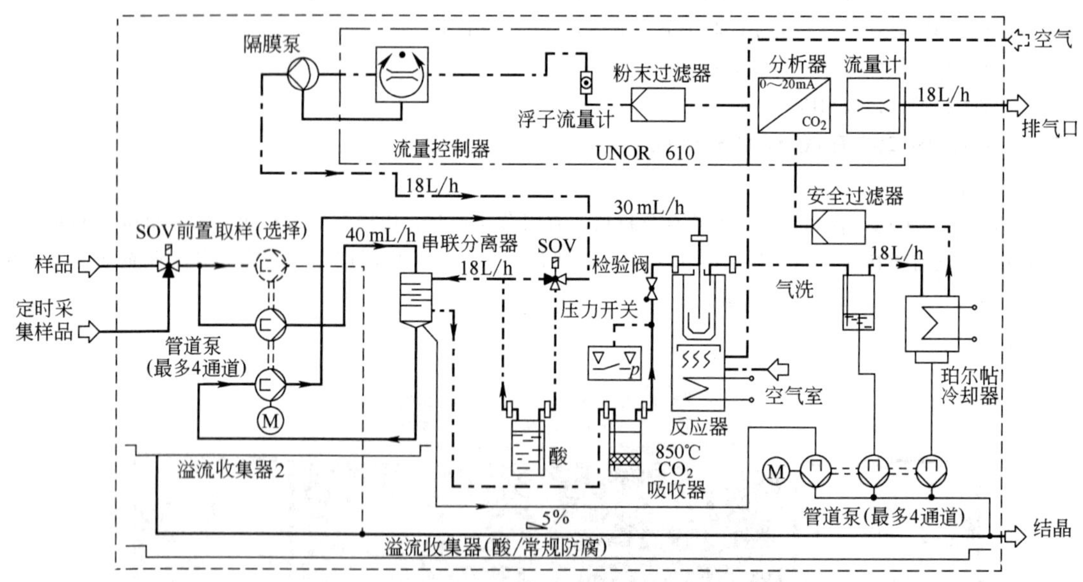

图 1-5-30 TOCOR 200 测量原理图

7.5.3 技术指标

（1）测量成分 TOC 包括 POC，TC。

（2）测量方法 高温催化氧化生成 CO_2，然后利用 NDIR 式气体分析器测量。

（3）测量范围 0～3/10/100/1000/10000mg/L。

（4）显示屏 数显式、4 位液晶显示屏、还有图示。

（5）输出范围 1 个基本测量范围加 1 个附加输出范围。

（6）量程转换 自动、手动或外部控制。

（7）响应时间 从样气入口算≤5min。

（8）重复性 ≤1%FS。

（9）测量极限误差 ≤0.5%FS。

（10）线性误差 ≤2%FS/每周。

(11) 灵敏度漂移　≤2%FS/每周。

(12) 校准方式　手动或自动，校准间隔由软件自行控制。

(13) 模拟测量信号　0/4～20mA，线性化，最大负载 600Ω。

(14) 数字测量信号　RS 232C 接口。

(15) 浓度报警　基本量程内有 2 个报警。

(16) 一般报警信号　1 个故障报警，1 个“需求服务”信号。

(17) 服务状态信号　1 个。

(18) 数字状态信号　通过 RS 232C 接口有 102 个。

(19) 数字输入　3 个，用户控制。

(20) 预热时间　≤90min，取决于量程。

(21) 颗粒尺寸　最大 0.4mm。

(22) 样品流速　约 40mL/h。

(23) 分析部分　材质：PVDF，PTFE，玻璃。

(24) 样品进口　PVDF 管与 ϕ3mm OD 管连接。

(25) 冷凝水出口　PVDF 管与 ϕ8mm OD 管连接。

(26) 允许工作温度　5～40℃。

(27) 电源电压　115/230V，48～62Hz。

(28) 功率　约 2000V·A（包括所有附件）。

附录 1-1　自控专业标准体系表标准代号含义

一、国内标准代号

代号	标准名称	代号	标准名称
GB	国家标准（强制性）	NDGJ	电力工业部工程建设标准
GB/T	国家标准（推荐性）	JGJ	建设部工程建设标准
JB	机械工业部标准（强制性）	FJJ	纺织总会工程建设标准
JB/T	机械工业部标准（推荐性）	EJ	中国核工业总公司行业标准
HG	化学工业部行业标准	JJG	国家计量总局标准
HGJ	化学工业部工程建设标准	ZBY	仪器仪表专业标准
H	原化学工业部标准	ZBN	仪器仪表行业标准
SH	中国石化总公司行业标准	JB/YQ	仪器仪表行业内部标准
SHJ(SYJ)	中国石化总公司工程建设标准	CD	原化学工业部基本建设局标准
SYJ	中国石油天然气工业总公司工程建设标准	TC(CDDC)	自控中心站标准

二、国外标准代号

序号	代号	标准名称	序号	代号	标准名称
1	ISO	国际标准化组织标准	21	NBN	比利时标准
2	IEC	国际电工委员会标准	22	NEN	荷兰标准
3	ANSI	美国国家标准	23	NF	法国标准
4	API	美国石油学会标准	24	NHS	希腊国家标准
5	ASME	美国机械工程师协会标准	25	NI	印度尼西亚标准
6	NEC	美国国家电气规程	26	NP	葡萄牙标准
7	NEMA	美国电气制造商协会标准	27	NS	挪威标准
8	NEPA	美国国家防火协会标准	28	NZS	新西兰标准
		美国流体动力协会标准	29	QNORM	奥地利标准
9	AS	澳大利亚标准	30	PN	波兰标准
10	BS	英国标准	31	PS	巴基斯坦标准
11	BДS	保加利亚国家标准	32	SABS	南非标准
12	CAN	加拿大标准	33	SIS	瑞典标准
13	DIN	德国标准	34	SNV	瑞士标准协会标准
14	DS	丹麦标准	35	SS	新加坡标准
15	ГОСТ	前苏联国家标准	36	STAS	罗马尼亚国家标准
16	IS	印度标准	37	THAI	泰国国家标准
17	ISIRI	伊朗标准	38	TS	土耳其标准
18	JIS	日本工业标准	39	UNE	西班牙标准
19	KSS	科威特标准	40	UBS	缅甸联邦标准
20	MSZ	匈牙利国家标准	41	UNI	意大利标准

附录 1-2　自控专业标准明细表

层　次	门　类	编　号	标　准　号	标　准　名　称
11　自控专业基础标准	1101 图形符号	110101	GB 2625—81	
		110102	GB 4728.1～13—85	过程检测和控制流程图用图形符号和文字代号 电气图用图形符号
		110103	HG 20505—92	过程检测和控制系统用文字代号和图形符号
		110161	ISA S5.1—84	Instrumentation Symbols and Identification (Formerly ANSI Y32.20) 仪表符号和标志
		110162	ISA S5.2—81	Binary Logic Diagrams For Process Operations 用于过程操作的二进制逻辑图
		110163	ISA S5.3—83	Graphic Symbols for Distributed Control Shared Display Instrumentation Logic and Computer Systems 分散控制、共用显示仪表、逻辑和计算机系统用图形符号
		110164	ISA S5.4—81	Instrument Loop Diagrams 仪表回路图图形
		110165	ISA S5.5—86	Graphic Symbols for Process Displays 过程显示图形符号
	1102 名词术语	110201	CD 50A5—84	自控常用名词术语
		110202	ZBY 247—87	工业自动化仪表术语
		110203	ZBN 10002—87	流量测量及仪表术语
		110204	ZBN 10008—89	分散控制系统术语
		110205	GB 9223—88	执行器术语
		110206	JJG 1001—82	常用计量名词术语及定义
		110207	GB/T 13966—92	分析仪器术语
		110261	ISA S51.1—79	Process Instrumentation Terminology 过程仪表术语
		110262	ISA S75.05—86	Control Valve Terminology 控制阀术语
		110263	ISA RP 42.1—82	Nomenclature for Instrument Tube Fittings 仪表管件的命名
	1103 计量单位	110301	国务院 1987 年颁布	中华人民共和国法定计量单位
		110302	GB 100—86	国际单位制及其应用
		110303	GB 3101—86	有关量、单位和符号的一般原则
		110304	GB 1885—83	石油计量换算表
		110361	ISO 31/0	关于量、单位和符号的基本原则
	1104 工程制图	110401	GB 4457—4460—84	机械制图
		110402	CDA 2—81	化工设计标准图图幅和书写格式
		110403	CDA 3—81	标准图的图幅和标准栏
	1105 设计管理规定	110501	(88)化基字 251 号	化工厂初步设计内容深度规定
		110502	(92)化基发字 695 号	化工厂初步设计内容深度规定中有关内容更改的补充

续表

层 次	门 类	编 号	标 准 号	标 准 名 称
11 自控专业基础标准	1105 设计管理规定	110503	HG 20506—92	自控专业施工图设计内容深度规定
		110504	CSD—87	化工设计手册(第十一分册)
		110505	SHJ 033—93	石油化工厂初步设计内容深度规定
		110506	中石化总公司(94)	石油化工自控专业工程设计施工图深度导则
		100507	中石化总设字 300 号	校审规定
		110561	ISA S20—81	Specification Forms for Process Measurement and Control Instruments Primary Elements and Control Valves 工业过程测量和控制系统检出元件和调节阀用技术规格数据表
21 自控专业通用标准	2101 通用标准	210101	GB 3368—82	工业自动化仪表电源、电压
		210102	GB 7260—87	不间断电源设备
		210103	GB 777—85	工业自动化仪表用模拟气动信号
		210104	GB 3369—89	工业自动化仪表用模拟直流电流信号
		210105	GB 3386—88	工业过程测量和控制系统用电动和气动模拟记录仪和指示仪性能测定方法
		210106	GB/T 13283—91	工业过程测量和控制用检测仪表和显示仪表精度等级
		210107	GB 4830—84	工业自动化仪表用气源压力范围和质量
		210108	ZBY 120—83	工业自动化仪表工作条件温度和大气压
		210109	ZBY 092—82	工业自动化仪表电磁干扰电流畸变影响试验方法
		210110	GB 4439—84	工业自动化仪表工作条件 振动
		210111	GB 7353—87	工业自动化仪表盘基本尺寸及型式
		210112	GB/T 1396—91	工业自动化仪表盘盘面布置图绘制方法
		210113	GB/T 1397—91	工业自动化仪表盘接线接管图的绘制方法
		210114	ZBN 10004—88	工业自动化仪表公称通径值系列
		210115	ZBN 10005—88	工业自动化仪表工作压力值系列
		210121	GB 6050—82	计算机机房用活动地板技术条件
		210122	GB 2887—89	计算站场地技术要求
		210123	GB 50174—93	计算机机房设计规定
		210124	GB 50034—91	工业企业照明设计标准
		210125	HG 20556—93	化工厂控制室建筑设计规范
		210126	GBJ 73—84	洁净厂房设计规范
		210127	GBJ 29—90	压缩空气站设计规范
		210128	GB 50177—93	氢氧站设计规范
		210129	GB 50030—91	氧气站设计规范
		210130	GB 50031—91	乙炔站设计规范
		210131	GB 50028—93	城乡燃气设计规范
		210132	GBJ 74—84	石油库设计规范
		210133	GBJ 49—83	小型火电站设计规范
		210134	GBJ 109—87	工业用软水除盐设计规范
		210135	GB 50041—92	锅炉房设计规范
		210136	GBJ 115—87	工业电视系统工程设计规范
		210137	GBJ 72—84	冷库设计规范
		210138	NDGJ 16—89	火力发电厂热工自动化设计技术规定
		210139	JGJ 24—86	民用建筑热工设计规程

续表

层 次	门 类	编 号	标 准 号	标 准 名 称
21 自控专业通用标准	2101 通用标准	210140	FJJ 110—81	涤纶抽丝厂自控设计技术规定
		210141	FJJ 114—81	涤纶抽丝厂仪表设计技术规定
		210142	SHJ 7—88	石油化工企业储运系统罐区设计规范
		210143	SHJ 1026—82	炼油厂燃料油燃气锅炉房设计技术规定
		210151	GB 9112～9128—88	钢制管法兰国家标准汇编
		210152	HGJ 44～66、68～76—91	钢制管法兰、垫片、紧固件
		210153	HGJ 67—91	钢制管法兰压力-温度等级
		210161	ISO 7/1(R. RC)	钢管螺纹
		210162	ISO 228/1(G. Ga)—82	直管螺纹
		210163	ANSI-B16. 5	管法兰和法兰连接件
		210164	ANSI-B16. 36—88 ANSI-B16. 36a—88	孔板法兰
		210165	ASMEB1. 20. 1	管螺纹
		210166	ISA S7. 3—81	仪表空气质量标准
	2102 安全、环保、卫生	210201	GB 50160—92	石油化工企业设计防火规范
		210202	GBJ 16—87	建筑设计防火规范
		210203	YHS 01—88	炼油化工企业设计防火规定
		210204	GB 50058—92	爆炸和火灾危险环境电力设计规范
		210205	HGJ 21—89	化工企业爆炸和火灾危险环境电力设计规范
		210206	SH3063—94	《石油化工企业可燃气体检测报警设计规范》
		210207	GBJ 116—88	火灾自动报警系统设计规范
		210208	GB 3836—83	爆炸性环境用防爆电气设备
		210209	GB 4793—84	电子测量仪器安全要求
		2102010	GBJ 78—90	化工企业静电接地设计规程
		210221	GBJ 87—88	工业噪声控制设计规范
		210222	GBJ 22—88	工业企业噪声测量规定
		210223	HG 20503—92	化工建设项目噪声控制设计规定
		210224	SHJ 24—90	石油化工企业环境保护设计规范
		210225	SHJ 1070—86	炼油厂卫生防护距离
		210241	GBJ 211—87	放射性防护规范
		210242	GB 8702—88	电磁辐射防护规定
		210243	GB 8703—88	辐射防护规定
		210244	GB 11928—89	低、中水平放射性固体废物暂时贮存规定
		210245	GB 11930—89	操作开放型放射性物质的辐射防护规定
		210246	GB 11806—89	放射性物质安全运输规定
		210247	GB 4076—83	密封放射源一般规定
		210248	EJ 269—84	α、γ射线外照射个人剂量监测规定
		210261	ISA RP 12. 1—80	Electrical Instrument in Hazardous Atmospheres 危险大气里的电气仪表
		210262	ISA RP 12. 4—70	Instrument Purging for Reduction of Hazardous Area Classification 危险区里的仪表吹扫系统
		210263	ISA RP 12. 6—88	Installation of Intrinsically safe Systems for Hazardous(classified)Locations 本安系统在危险区的安装
		210264	ISA RP 12. 10—88	Areas Classification in Hazardous(classified) Dust Locations 危险粉尘场所的区域分类

续表

层　次	门　类	编　号	标　准　号	标　准　名　称
21　自控专业通用标准	2102 安全、环保、卫生	210265	ISA RP 12.12—84	Electrical Equipment for Use in Class 1, Division 2 Hazardous(Classified) Locations 1 区 2 类危险场所的电气设备
		210266	IEC—529—76	防护标准
		210267	IEC 79—10—86	爆炸气体场所的电力设备 第 10 部分：危险场所的划分
		210268	IEC 79—14—86	爆炸气体环境的电力设备(除矿用外)
		210269	NFPA 497—75	化工厂电力设备 1 类危险场所的分类
		210270	API RP 500—91	石油装置电气安装位置分类
		210271	IEC 79—16	分析器室保护的人工通风
	2103 施工验收	210301	GBJ 93—86	工业自动化仪表工程施工及验收规范
		210302	GBJ 131—90	自动化仪表安装工程质量检验评定标准
		210303	GBJ 232—82	电气装置安装工程施工及验收规范
		210304	GBJ 235—82	工业管道工程施工及验收规范
		210305	GBJ 236—82	现场设备工业管焊接施工及验收规定
		210306	JB/T 5234—91	工业控制计算机系统验收大纲
		210307	GB 50169—92	电气装置安装工程接地装置施工及验收规范
		210308	HG 20134—93	化工建设项目进口设备材料检验大纲
		210309	HGJ 71—90	洁净室施工及验收规范
		210310	HGJ 229—83	化工设备、管道防腐蚀工程施工及验收规范
		210311	SHJ 521—91	石油化工仪表工程施工技术规程
		210312	SYJ 4005—84	长输管道仪表工程施工及验收规范
31　自控专业专用标准	3101 规范规定	310101	HG 20507—92	自动化仪表选型规定
		310102	HG 20508—92	控制室设计规定
		310103	HG 20509—92	仪表供电设计规定
		310104	HG 20510—92	仪表供气设计规定
		310105	HG 20511—92	信号报警联锁系统设计规定
		310106	HG 20512—92	仪表配管配线设计规定
		310107	HG 20513—92	仪表系统接地设计规定
		310108	HG 20514—92	仪表及管线伴热和绝热保温设计规定
		310109	HG 20515—92	仪表隔离和吹洗设计规定
		310110	HG 20516—92	自动分析器室设计规定
		310111	HG 094	分散控制系统工程设计规定
		310112	CD 50A3—81	氮肥厂自控设计技术规定(一)
		310113	CD 50A3—81	石油化工厂自控设计技术规定(二)
		310114	ZBN 18001—86	工业控制计算机系统安装环境条件
		310115	SHJ 5—88	石油化工企业自动化仪表选型设计规范
		310116	SHJ 6—88	石油化工企业控制室和自动分析器室设计规范
		310117	SHJ 18—90	石油化工企业信号报警、联锁系统设计规范
		310118	SHJ 19—90	石油化工企业仪表配管、配线设计规范
		310119	SHJ 20—90	石油化工企业仪表供气设计规范
		310120	SHJ 21—90	石化化工企业仪表保温及隔离吹洗设计规范
		310121	中石化(92)建设字 367 号	《中国石化总公司“八五”期间工程项目自动化仪表设备选型规定实施导则》
		310122	中石化总公司(93)	DCS 工程设计导则
		310123	SYJ 1010—82	炼油厂自动化仪表安装设计技术规范
		310124	SYJ 1011—82	炼油厂半模拟流程图例
		310125	SYJ 1012—82	炼油厂自动化仪表管线平面布置图图例及文字代号
		310126	SYJ 55—83	长距输油输气管道测量技术规定

续表

层 次	门 类	编 号	标 准 号	标 准 名 称
31 自控专业专用标准	3101 规范规定	310161	ISA S71.01	过程测量和控制系统的环境条件:温度和湿度
		310162	ISA RP 60.3—85	Human Engineering for Control Centers 控制中心的环境工程
		310163	ISA RP 60.8—78	Electrical Guide for Control Centers 控制中心的电气指导
		310164	ISA RP 60.9—81	Piping Guide for Control Centers 控制中心的配管指导
		310165	ISA RP 75.06—81	控制阀的阀组设计
		310166	API RP 520—88	炼油厂压力泄压系统的设计和安装
		310167	AP1670	非接触式振动和轴位移监测系统
	3102 计算及应用软件	310201	GB/T 2624—93	流量测量节流装置用孔板、喷嘴和文丘里测量充满圆管的流体流量
		310202	CD 50A12—84	调节阀口径计算设计规定
		310203	自控中心站(91)	调节阀口径计算指南
		310204		限流孔板计算
		310205	CICAD(1.0)—91	化工自控专业计算机辅助设计软件包
		310206	PCCAD(2.0)—93	中国石化自控专业计算机辅助设计软件包
		310261	ISA S39.1—72	不可压缩流体用调节阀的口径计算公式
		310262	ISA S75.01—85	控制阀口径计算公式
		310263	ANSIFC162—1—62	调节阀口径计算
		310264	ANSIFC170—2—91	调节阀阀座泄漏量
		310265	ANSI B16.104—76	控制阀泄漏量规定
	3103 设计手册	310301	化工出版社—88	石油化工自动控制设计手册(二版)
		310302	自控中心站—92	自控常用材料器件手册(上、下册)
		310303	CDDC 051—93	自控设计防腐蚀手册
		310304	CDDC 052—93	仪表修理车间设计手册
		310305	中石化总公司—93	石油化工企业仪表修理车间设计导则
		310306	中石化总公司—94	仪表维护设备选用手册
		310361	API RP 550—77	炼油厂仪表及调节系统安装手册
	3104 通用图	310401	HGJ 516—87	自控安装图册
		310402	TC50B1—84	仪表单元接线接管图册
		310403	TC50B2—88	仪表回路接线图册
		310404	HGJ 517—91	化工企业电缆直埋和电缆沟敷设通用图
	3105 相关产品标准	310501	GB 2612—85	铂铑 30-铂铑 10 热电偶丝及分度表
		310502	GB 2902—82	铂铑 30-铂铑 6 热电偶丝及分度表
		310503	GB 1598—86	铂铑 13-铂热电偶丝及分度表
		310504	GB 3772—83	铂铑 10-铂热电偶丝及分度表
		310505	GB 2614—85	镍铬-镍硅热电偶丝及分度表
		310506	GB 4993—85	镍铬-铜镍(康铜)热电偶丝及分度表
		310507	GB 4994—85	铁-铜镍(康铜)热电偶丝及分度表(不推荐)
		310508	GB 2903—89	铜-铜镍(康铜)热电偶丝及分度表
		310509	GB 2904—82	镍铬-金铁铜-金铁低温热电偶丝及分度表
		310510	GB 4989—85	热电偶用补偿导线
		310511	GB 4990—85	热电偶用补偿导线合金丝
		310512	GB 5977—86	电阻温度计用铂丝
		310513	GB 7668—87	铠装热电偶材料
		310514	ZBN 05002—88	钨铼热电偶丝用补偿导线
		310515	ZBN 05003—88	钨铼热电偶丝及分度表
		310516	ZBN 05004—88	镍铬硅-镍硅热电偶丝及分度表

续表

层 次	门 类	编 号	标 准 号	标 准 名 称
31 自控专业专用标准	3105 相关产品标准	310517	JB/T 5219—91	工业热电偶型式、基本参数及尺寸
		310518	JB/T 5583—91	工业热电阻型式、基本参数及尺寸
		310519	JB/T 5582—91	铠装热电偶技术条件
		310520	JB 5518—91	工业热电偶与热电阻隔爆技术条件
		310521	ZBN 11012—88	工业铜热电阻技术条件及分度表
		310522	ZBN 11002—87	工业热电偶技术条件
		310523	ZBN 11008—88	工业双金属温度计
		310524	ZBY 276—84	电接点玻璃温度计
		310525	ZBY 166—83	蒸汽和气体压力式温度计技术条件
		310531	GB 1226—86	一般压力表
		310532	GB 1227—86	精密压力表
		310533	GB 11152—89	电位器式远传压力表
		310534	JB/T 599—91	压力表校验器
		310535	JB/T 5491—91	膜片压力表
		310536	JB/T 5493—91	电阻应变式压力传感器
		310537	ZBN 11012—88	氨用压力表
		310538	ZBM11013—88	电接点压力表
		310539	ZBN 11014—88	膜盒压力表
		310540	ZBN 11015—88	电接点膜盒压力表
		310541	JB/YQ 1035—90	高压压力表技术条件
		310542	JB/T 6802—93	压力控制器
		310545	JB 695—74	大口径旋翼式湿式水表
		310546	JB 1434—74	椭圆齿轮流量计
		310547	JB 2363—78	腰轮流量计
		310548	JB/T 5325—91	均速管流量传感器
		310549	ZBN 12005—89	涡轮流量传感器
		310550	ZBN 12006—89	分流旋翼式蒸汽流量计
		310551	ZBN 12007—89	电磁流量计
		310552	ZBN 12008—89	涡街流量传感器
		310553	ZBY 138—83	玻璃转子流量计
		310554	JB/YQ 026—90	公称口径 15～40mm 旋翼式水表
		310555	ZBY 303—85	公称口径 40～400mm 水平螺翼式冷水表
		310556	JB/T 6844—93	金属管浮子流量计
		310561	GB/T 13638—92	工业锅炉水位控制报警装置
		310562	ZBY 268—84	电容物位计
		310563	ZBY 021—81	气动浮筒式液位仪表
		310564	GB 11923—89	核辐射料位计
		310565	ZBN 12002—87	玻璃管液位计
		310566	ZBN 12003—87	玻璃板液位计
		310567	ZBN 12004—88	锅炉用玻璃板水位计
		310571	GB 11166—89	热磁式氧分析器技术条件
		310572	GB 11169—89	氧化锆氧分析器技术条件
		310573	ZBN 52003—88	红外线气体分析器技术条件
		310574	ZBN 53005—89	火焰光度计技术条件
		310575		工业 pH 计
		310576		工业气体分析器技术条件
		310577		氧分析器技术条件
		310578		二氧化硫分析器技术条件
		310581	GB 7551—87	电阻应变称重传感器
		310582	GB/T 13335—91	磁弹性测力称重传感器

续表

层　次	门　类	编　号	标　准　号	标　准　名　称
31　自控专业专用标准	3105 相关产品标准	310583	GB 11885—89	动态电子轨道衡技术条件
		310584	ZBY 281—84	电子皮带秤
		310585	GB/T 4213—92	气动调节阀通用技术条件
		310586	ZBN 16002—86	工业过程控制系统用电磁阀通用技术条件
		310587	GB 9249—88	工业过程测量控制系统用自动平衡式记录仪和指示仪
		310588	ZBY 002—81	仪器仪表运输、贮存基本环境条件及试验方法
		310589	ZBY 003—84	仪器仪表包装运输技术条件
		310591	IEC 584.1/2—89	热电偶
		310592	IEC 751—86	热电阻
		310593	ISARP 74.01	计量连续皮带称的使用和安装
		310594	ISARP 12.13	易燃气体探测器的性能要求
		310595	ISAS 18.1—79	报警器程序和规格
		310596	ISO 6817—92	封闭管道中导电液体流量的测量——采用电磁流量计的方法
		310597	ISO/TC 30 CD 12764—93	封闭管道中流体流量的测量——采用安装在充满流体的圆形截面管道中的涡街流量计测量流量

参　考　文　献

1　周春辉主编．过程控制工程手册．北京：化学工业出版社，1993

2　吕砚山主编．常用电工电子技术手册．北京：化学工业出版社，1995

3　化工部劳资司、中石化人事部组织编写．仪表维修工．北京：化学工业出版社，1986

4　王吉来，赵若江，樊恩健主编．企业计量定级升级考核纲要．沈阳：东北工学院出版社，1991

5　陆德民主编．石油化工自动控制设计手册．第三版．北京：化学工业出版社，2000

6　航空工业部第四规划设计研究院等编．工厂配电设计手册．北京：水利电力出版社，1983

7　张修正主编．化工厂电气手册．北京：化学工业出版社，1994

8　康华光主编．电子技术基础·模拟部分．第三版．北京：高等教育出版社，1988

9　刘宝琴主编．数字电路与系统．北京：清华大学出版社，1993

10　康华光主编．电子技术基础·数字部分．第三版．北京：高等教育出版社，1988

11　贾杜良编著．双极集成电路分析与设计基础．北京：电子工业出版社，1987

12　张建人编著．MOS 集成电路分析与设计基础．北京：电子工业出版社，1987

13　寿之兴，娄兴棠主编．新编世界集成电路大全．黑龙江：黑龙江人民出版社，1987

14　北京石油化工工程公司编．氯碱工业理化常数手册．修订版．北京：化学工业出版社，1988

15　上海医药设计院编．化工工艺设计手册．第一版．修订．北京：化学工业出版社，1989

16　《化工厂机械手册》编辑委员会编写．化工厂机械手册·通用零部件，化工机械的维护检修．北京：化学工业出版社，1989

17　左景伊编．腐蚀数据手册．第一版．北京：化学工业出版社，1982

18　冯肇瑞，杨有启主编．化工安全技术手册．第一版．北京：化学工业出版社，1993

19　宋孝先，吉荣高，宋之熊．炼油化工自动化．1995,(1)

20　化学工业部环境保护设计技术中心站编．化工环境保护设计手册．北京：化学工业出版社，1998

第2篇　仪表与控制系统

第1章　检测仪表

1　温度检测与仪表

1.1　温度测量的基本概念

温度是表征物体冷热程度的物理量。温度只能通过物体随温度变化的某些特性来间接测量，而用来量度物体温度数值的标尺叫温标。它规定了温度的读数起点（零点）和测量温度的基本单位。目前国际上用得较多的温标有华氏温标、摄氏温标、热力学温标和国际实用温标。

华氏温标（℉）规定：在标准大气压下，冰的融点为32℉，水的沸点为212℉，中间划分180等份，每等份为华氏1度，符号为℉。

摄氏温标（℃）规定：在标准大气压下，冰的融点为0℃，水的沸点为100℃，中间划分100等份，每等份为摄氏1度，符号为℃。

摄氏温度值t和华氏温度值t_F有如下关系：

$$t=\frac{5}{9}(t_F-32)\quad ℃ \tag{2-1-1}$$

热力学温标又称开尔文温标，或称绝对温标，它规定分子运动停止时的温度为绝对零度，记符号为K。

国际实用温标是一个国际协议性温标，它与热力学温标相接近，而且复现精度高，使用方便。目前国际上通用的温标是1975年第15届国际权度大会通过的《1968年国际实用温标——1975年修订版》，记为：IPTS—68（Rev—75）。但由于IPTS—68温标存在一定的不足，国际计量委员会在18届国际计量大会第七号决议授权予1989年会议通过了1990年国际温标——ITS—90，ITS—90温标替代IPTS—68。我国自1994年1月1日起全面实施ITS—90国际温标。

1990年国际温标（ITS—90）简介如下。

（1）温度单位　热力学温度（符号为T）是基本的物理量，它的单位为开尔文（符号为K），定义为水三相点的热力学温度的1/273.16。由于以前的温标定义中，使用了与273.15K（冰点）的差值来表示温度，因此现在仍保留这种方法。用这种方法表示的热力学温度称为摄氏温度，符号为t，定义为：

$$t/℃=T/\mathrm{K}-273.15 \tag{2-1-2}$$

式中　t/℃——分子为摄氏温度，分母为摄氏温度的单位；

T/K——分子为开尔文温度，分母为开尔文温度的单位。

根据定义，摄氏度的大小等于开尔文，温差亦可以用摄氏度或开尔文来表示。

国际温标ITS—90同时定义国际开尔文温度（符号为T_{90}）和国际摄氏温度（符号为t_{90}）。T_{90}和t_{90}之间的关系与T和t一样，即：

$$t_{90}/℃=T_{90}/\mathrm{K}-273.15$$

它们的单位及符号与热力学温度T和摄氏温度t一样。

（2）国际温标ITS—90的通则　ITS—90由0.65K向上到普朗克辐射定律使用单色辐射实际可测量的最高温度。ITS—90是这样制定的，即在全量程中，任何温度的T_{90}值非常接近于温标采纳时T的最佳估计值。与直接测量热力学温度相比，T_{90}的测量要方便得多，而且更为精密，并具有很高的复现性。

（3）ITS—90的定义　第一温区为0.65～5.00K之间，T_{90}由^{3}He和^{4}He的蒸气压与温度的关系式来定义。

第二温区为3.0K到氖三相点（24.5561K）之间，T_{90}是用氦气体温度计来定义。

第三温区为平衡氢三相点（13.8033K）到银的凝固点（961.78℃）之间，T_{90}是由铂电阻温度计来定义。它使用一组规定的定义固定点及利用规定的内插法来分度。

银凝固点（961.78℃）以上的温区，T_{90}是按普朗克辐射定律来定义的，复现仪器为光学高温计。

ITS—90 的定义固定点共 17 个，列于表 2-1-1。

表 2-1-1　ITS—90 定义固定点

序　　号	国际实用温标规定值		物　　质	状　　态
	T_{90}/K	t_{90}/℃		
1	3～5	−270.15～−268.15	He	蒸气压点(V)
2	13.8033	−259.3467	e-H_2	三相点(T)
3	～17	～−256.15	e-H_2(或 He)	蒸气压点(V)(或气体温度计点)(G)
4	～20.3	～−252.85	e-H_2(或 He)	蒸气压点(V)(或气体温度计点)(G)
5	24.5561	−248.5939	Ne	三相点(T)
6	54.3584	−218.7916	O_2	三相点(T)
7	83.8058	−189.3442	Ar	三相点(T)
8	234.3158	−38.8344	Hg	三相点(T)
9	273.16	0.01	H_2O	三相点(T)
10	302.9146	29.7646	Ga	熔点(M)
11	429.7485	156.5985	In	凝固点(F)
12	505.078	231.928	Sn	凝固点(F)
13	692.677	419.527	Zn	凝固点(F)
14	933.473	660.323	Al	凝固点(F)
15	1234.93	961.78	Ag	凝固点(F)
16	1337.33	1064.18	Au	凝固点(F)
17	1357.77	1084.62	Cu	凝固点(F)

注：1. 除^{3}He 外，其他物质均为自然同位素成分。e-H_2 为正、仲分子态处于平衡浓度时的氢。

2. 对于这些不同状态的定义，以及有关复现这些不同状态的建议，可参阅“ITS—90 补充资料”。

表中各符号的含义为：V——蒸气压点；T——三相点，在此温度下，固、液和蒸气相呈平衡；G——气体温度计点；M、F——熔点和凝固点，在 101325Pa 压力下，固、液相的平衡温度。

1.2　温度测量仪表的分类

温度测量仪表按测温方式可分为接触式和非接触式两大类。通常来说接触式测温仪表比较简单、可靠，测量精度较高；但因测温元件与被测介质需要进行充分的热交换，故需要一定的时间才能达到热平衡，所以存在测温的延迟现象，同时受耐高温材料的限制，不能应用于很高的温度测量。非接触式仪表测温是通过热辐射原理来测量温度的，测温元件不需与被测介质接触，测温范围广，不受测温上限的限制，也不会破坏被测物体的温度场，反应速度一般也比较快；但受到物体的发射率、测量距离、烟尘和水汽等外界因素的影响，其测量误差较大。

工业上常用的温度检测仪表的分类如表 2-1-2 所示。

表 2-1-2　常用测温仪表种类及优缺点

测温方式	温度计种类		常用测温范围/℃	优　　点	缺　　点
非接触式测温仪表	辐射式	辐射式	400～2000	测温时，不破坏被测温度场	低温段测量不准，环境条件会影响测温准确度
		光学式	700～3200		
		比色式	900～1700		
	红外线	热敏探测	−50～3200	测温时，不破坏被测温度场，响应快，测温范围大，适于测温度分布	易受外界干扰，标定困难
		光电探测	0～3500		
		热电探测	200～2000		

续表

测温方式	温度计种类		常用测温范围/℃	优点	缺点
接触式测温仪表	膨胀式	玻璃液体	−50～600	结构简单,使用方便,测量准确,价格低廉	测量上限和精度受玻璃质量的限制,易碎,不能记录和远传
		双金属	−80～600	结构紧凑,牢固可靠	精度低,量程和使用范围有限
	压力式	液体 气体 蒸汽	−30～600 −20～350 0～250	耐震,坚固,防爆,价格低廉	精度低,测温距离短,滞后大
	热电偶	铂铑-铂 镍铬-镍铝 镍铬-康铜	0～1600 0～900 0～600	测温范围广,精度高,便于远距离、多点、集中测量和自动控制	需冷端温度补偿,在低温段测量精度较低
	热电阻	铂 铜 热敏	−200～500 −50～150 −50～300	测温精度高,便于远距离、多点、集中测量和自动控制	不能测高温,需注意环境温度的影响

表 2-1-3 为温度检测仪表的精度等级和分度值。

表 2-1-3　温度测量仪表的精度等级和分度值

仪表名称	精度等级	分度值/℃	仪表名称	精度等级	分度值/℃
双金属温度计	1,1.5,2.5	0.5～20	光学高温计	1～1.5	5～20
压力式温度计	1,1.5,2.5	0.5～20	辐射温度计(热电堆)	1.5	5～20
玻璃液体温度计	0.5～2.5	0.1～10	部分辐射温度计	1～1.5	1～20
热电阻	0.5～3	1～10	比色温度计	1～1.5	1～20
热电偶	0.5～1	5～20			

1.3　热电偶

热电偶是工业上最常用的温度检测元件之一。其优点是：

① 测量精度高，因热电偶直接与被测对象接触，不受中间介质的影响；

② 测量范围广，常用的热电偶从−50～1600℃均可连续测量，某些特殊热电偶最低可测到−269℃（如金铁-镍铬），最高可达2800℃（如钨-铼）；

③ 构造简单，使用方便。热电偶通常是由两种不同的金属丝组成，而且不受大小和形状的限制，外有保护套管，用起来非常方便。

1.3.1　热电偶测温基本原理

将两种不同材料的导体或半导体 A 和 B 焊接起来，构成一个闭合回路，如图 2-1-1 所示。当导体 A 和 B 的两个接点 1 和 2 之间存在温差时，两者之间便产生电动势，因而在回路中形成一定大小的电流，这种现象称为热电效应。热电偶就是利用这一效应来工作的。

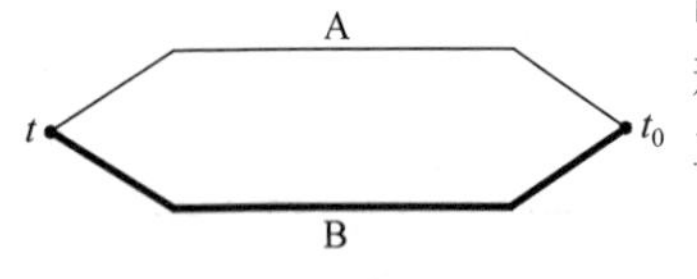

图 2-1-1　热电偶工作原理图

如图 2-1-1 所示，热电偶的一端将 A、B 两种导体焊在一起，置于温度为 t 的被测介质中，称为工作端；另一端称为自由端，放在温度为 t_0 的恒定温度下。当工作端的被测介质温度发生变化时，热电势随之发生变化，将热电势送入显示仪表进行指示或记录，或送入微机进行处理，即可获得温度值。

热电偶两端的热电势差可以用下式表示：

$$E_t = e_{AB}(t) - e_{AB}(t_0) \tag{2-1-3}$$

式中　E_t——热电偶的热电势；

$e_{AB}(t)$——温度为 t 时工作端的热电势；

$e_{AB}(t_0)$——温度为 t_0 时自由端的热电势。

当自由端温度 t_0 恒定时，热电势只与工作端的温度有关，即 $E_t=f(t)$。

当组成热电偶的热电极的材料均匀时，其热电势的大小与热电极本身的长度和直径大小无关，只与热电极材料的成分及两端的温度有关。因此，用各种不同的导体或半导体材料可做成各种用途的热电偶，以满足不同温度对象测量的需要。

1.3.2 热电偶的种类及结构形式

(1) 热电偶的种类　常用热电偶可分为标准热电偶和非标准热电偶两大类。所谓标准热电偶是指国家标准规定了其热电势与温度的关系、允许误差，并有统一的标准分度表的热电偶，它有与其配套的显示仪表供选用。非标准化热电偶在使用范围或数量上均不及标准化热电偶，一般也没有统一的分度表，主要用于某些特殊场合的测量。

① 标准化热电偶　我国从 1988 年 1 月 1 日起，热电偶和热电阻全部按 IEC 国际标准生产，并指定 S、B、E、K、R、J、T 7 种标准化热电偶为我国统一设计型热电偶。这 7 种标准化热电偶的使用特性见表 2-1-4，分度表详见附录 2-1。

表 2-1-4　标准化热电偶使用特性

序号	分度号	热电偶名称	热电偶丝直径/mm	等级及允许偏差					
				Ⅰ		Ⅱ		Ⅲ	
				温度范围/℃	允许偏差	温度范围/℃	允许偏差	温度范围/℃	允许偏差
1	S	铂铑 10-铂	$0.5^{-0.020}$	0～1100	±1℃	0～600	±1.5℃	0～1600	±0.5%t
				1100～1600	±[1+(t−1100)×0.003]℃	600～1600	±0.25%t	≤600	±3℃
								>600	±0.5%t
2	B	铂铑 90-铂铑 6	$0.5^{-0.015}$	—	—	600～1700	±0.25%t	600～800	±4℃
								900～1700	±0.5%t
3	K	镍铬-镍硅	0.3、0.5、0.8、1.0、1.2、1.5、2.0、2.5、3.2	≤400	±1.6℃	≤400	±3℃	−200～0	±1.5%t
				>400	±0.4%t	>400	±0.75%t		
4	J	铁-康铜	0.3、0.5、0.8、1.2、1.6、2.0、3.2	−40～750	±1.5℃或±0.4%t	−40～750	±2.5℃或±0.75%t	—	—
5	R	铂铑 13-铂	$0.5^{-0.020}$	0～1100	±1℃	0～600	±1.5℃	—	—
				1100～1600	±[1+(t−1100)×0.003]℃	600～1600	±0.25%t		
6	E	镍铬-康铜	0.3、0.5、0.8、1.2、1.6、2.0、3.2	−40～800	±1.5℃或±0.4%t	−40～900	±2.5℃或0.75%t	−200～−40	±2.5℃或±1.5%t
7	T	铜-康铜	0.2、0.3、0.5、1.0、1.6	−40～350	±0.5℃或±0.4%t	−40～350	±1.0℃或±0.75%t	−200～40	±1℃或±1.5%t

注：1. t 为被测温度。

2. 允许偏差以℃值或实际温度的百分数表示，两者中采用计算数值的较大值。

② 非标准化热电偶　非标准化热电偶使用概况见表 2-1-5。

表 2-1-5　非标准热电偶使用概况

名称	材料 正极	材料 负极	测温范围/℃	允许误差/℃	特点	用途
高温热电偶	铂铑 13	铂	0～1600		热电势较铂铑 10 大，其他一样	测量钴合金溶液温度(1501℃)，寿命长
	铂铑 13	铂铑 1	0～1700	≤600 为 ±3.0 >600 为 ±0.5%t	在高温下抗沾污性能和力学性能好	各种高温测量
	铂铑 20	铂铑 5	0～1700		在高温下抗氧化性能，力学性能好，化学稳定性能好，50℃以下热电势小，参比端可以不用温度补偿	
	铂铑 40	铂铑 20	0～1850			
	铱铑 40	铱	300～2200	≤1000 为 ±10 >1000 为 ±1.0%t	热电势与温度线性好，适用于氧化、真空、惰性气体，热电势小，价贵，寿命短	航空和空间技术及其他高温测量
	铱铑 60	铱				
	钨铼 3	钨铼 25	300～2800	≤1000 为 ±10 >1000 为 ±1.0%t	上限温度高，热电势比上述材料大，线性较好，适用于真空、还原性和惰性气体	钢水温度测量及其他高温测量
	钨铼 5	钨铼 20				
低温热电偶	镍铬	金铁 0.07%	−270～0	±1.0	在极低温下，灵敏度较高，稳定性好，热电极材料易复制，是较理想的低温热电偶	用于超导、宇航、受控热核反应等低温工程以及科研部门
	铜	金铁 0.07%	−270～−196			
非金属热电偶	碳	石墨	测温上限 2400		热电势大，熔点高，价格低廉，但复现性和力学性能差	用于耐火材料的高温测量
	硼化锆	碳化锆	测温上限 2000			
	二硅化钨	二硅化钼	测温上限 1700			

注：t 为被测温度的绝对值。

(2) 热电偶的结构形式　为了保证热电偶可靠、稳定地工作，对它的结构要求如下：

① 组成热电偶的两个热电极的焊接必须牢固；

② 两个热电极彼此之间应很好地绝缘，以防短路；

③ 补偿导线与热电偶自由端的连接要方便可靠；

④ 保护套管应能保证热电极与有害介质充分隔离。

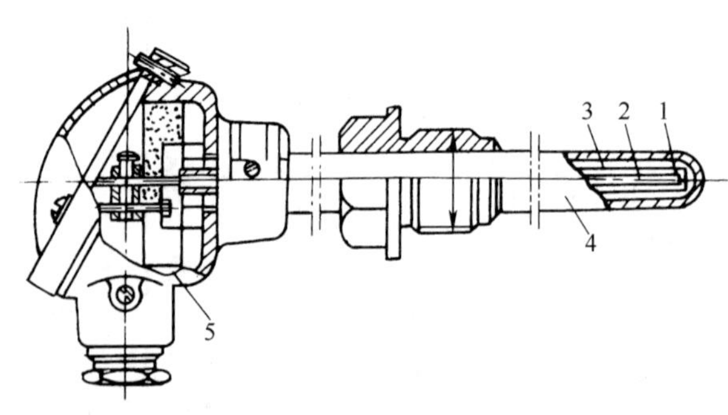

图 2-1-2　普通热电偶结构图
1—热电偶的测量端；2—热电极；3—绝缘管；4—保护管；5—接线盒

按热电偶的用途不同，常制成以下几种形式。

① 普通型热电偶　普通型热电偶是应用最多的，主要用来测量气体、蒸汽和液体等介质的温度。根据测温范围及环境的不同，所用的热电偶电极和保护套管的材料也不同，但因使用条件基本类似，所以这类热电偶已标准化、系列化。按其安装时的连接方法可分为螺纹连接和法兰连接两种。图 2-1-2 所示为普通热电偶结构图。

② 铠装热电偶　铠装热电偶又称缆式热电偶，是由热电极、绝缘材料（通常为电熔氧化镁）和金属保护管三者结合，经拉制而成一个坚实的整体。

铠装热电偶有单支（双芯）和双支（四芯）之分，其测量端有露头型、接壳型和绝缘型 3 种基本形式，见表 2-1-6。

表 2-1-6　铠装热电偶测量端的结构形式及特点

序号	测量端形式	示　意　图	特　　点
1	露　头　型		①时间常数小 ②适用于良好的气氛，寿命短
2	接　壳　形		①时间常数较序号 1 大 ②适用于较坏的气氛
3	绝　缘　形		①时间常数较序号 2 大 ②适用于较恶劣的气氛，寿命长

铠装热电偶的参比端（接线盒）形式有简易式、防水式、防溅式、接插式和小接线盒式等。

铠装热电偶具有体积小、精度高、动态响应快、耐振动、耐冲击、机械强度高、可挠性好、便于安装等优点，已广泛应用在航空、原子能、电力、冶金和石油化工等部门。

③ 表面热电偶　表面热电偶主要用来测量圆弧形表面温度。它的测温结构分为凸形、弓形和针形。图 2-1-3 所示为直柄式弓形热电偶结构示意图。表 2-1-7 为 WRKM 系列表面热电偶。

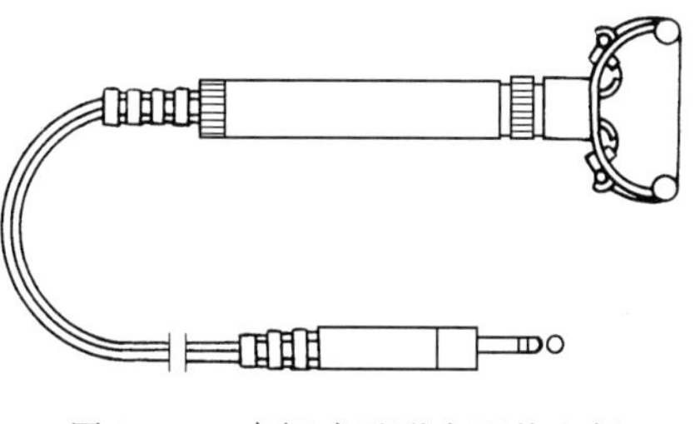

图 2-1-3　直柄式弓形表面热电偶

表 2-1-7　WRKM 系列表面热电偶

名　　称	测温范围/℃	型　号	用　　途
手柄式圆柱表面热电偶	0～250	WRKM-101	各种 ϕ130mm 以上圆柱体、滚筒表面测温
手柄式平面表面热电偶	0～250	WRKM-102	各种固体介质平面表面测温
直柄式圆柱表面热电偶	0～250	WRKM-201	各种 ϕ130mm 以上圆柱体、滚筒表面测温
直柄式平面表面热电偶	0～250	WRKM-202	各种固体介质平面表面测温
直柄式弓形表面热电偶	0～250	WRKM-203	圆柱凸型表面测温
直柄式指针形表面热电偶	0～500	WRKM-204	蒸气、液体测温
直柄式薄片型表面热电偶	0～250	WRKM-205	各种机械设备、各种狭缝处测温
直柄式注射形表面热电偶	0～200	WRKM-206	轮胎胶料内部测温

④ 薄膜式热电偶　薄膜式热电偶是用真空蒸镀的方法，将热电极沉积在绝缘基板上而成的热电偶，其结构如图 2-1-4 所示。因采用蒸镀工艺，所以热电偶可以做得很薄，而且尺寸可做得很小。它的特点是热容量

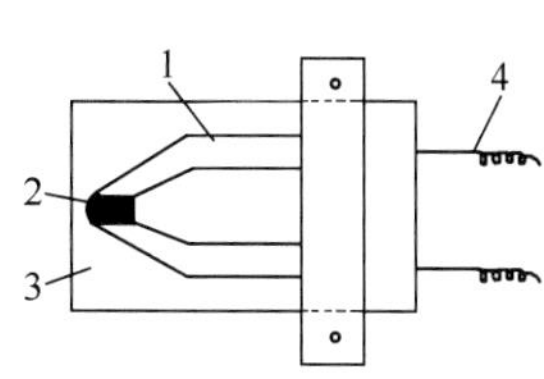

图 2-1-4　薄膜式热电偶

1—热电极；2—热接点；3—绝缘基片；4—引出线

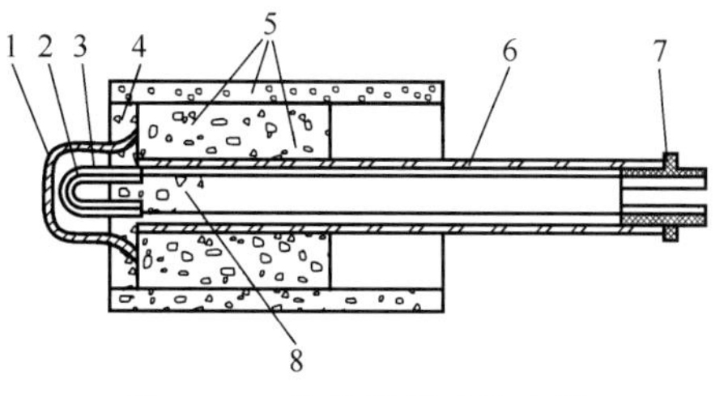

图 2-1-5　快速消耗式热电偶

1—保护帽；2—感温元件；3—石英管；4—耐火水泥；5—纸管；6—补偿导线；7—塑料插座；8—棉花

小，响应速度快，适合于测量微小面积上的瞬变温度。

⑤ 快速消耗型热电偶　这是一种专为测量钢水及熔融金属温度而设计的特殊热电偶，其结构如图 2-1-5 所示。热电极由直径为 0.05～0.1mm 的铂铑 10-铂铑 30（或钨铼 6-钨铼 20）等材料制成，且装在外径为 1mm 的 U 形石英管内，构成测温的敏感元件。其外部有绝缘良好的纸管、保护管及高温绝热水泥加以保护和固定。它的特点是：当其插入钢水后，保护帽瞬即熔化，热电偶工作端立刻暴露于钢水中，由于石英管和热电偶的热容量都很小，因此能很快反映出钢水的温度，反应时间一般为 4～6s。在测出温度后，热电偶和石英保护管都被烧坏，因此它只能一次性使用。

这种热电偶可直接用补偿导线接到专用的快速电子电位差计上，直接读取钢水温度。

1.3.3　热电偶冷端的温度补偿

由于热电偶的材料一般都比较贵重（特别是采用贵金属时），而测温点到仪表的距离都很远，为了节省热电偶材料，降低成本，通常采用补偿导线把热电偶的冷端（自由端）延伸到温度比较稳定的控制室内，连接到仪表端子上。必须指出，热电偶补偿导线的作用只起延长热电极，使热电偶的冷端移动到控制室的仪表端子上，它本身并不能消除冷端温度变化对测温的影响，不起补偿作用。因此，还需采用其他修正方法来补偿冷端温度 $t_0 \neq 0℃$ 时对测温的影响。

在使用热电偶补偿导线时必须注意型号相配，极性不能接错，补偿导线与热电偶连接端的温度不能超过 100℃。常用热电偶的补偿导线列于表 2-1-8 中。

表 2-1-8　常用热电偶的补偿导线

配用热电偶分度号	补偿导线型号	补偿导线正极		补偿导线负极		补偿导线在 100℃的热电势及允许误差/mV	
		材料	颜色	材料	颜色	A（精密级）	B（普通级）
S	SC	铜	红	铜镍	绿	0.645±0.023	0.645±0.037
K	KC	铜	红	铜镍	蓝	4.095±0.063	4.095±0.105
K	KX	镍铬	红	镍硅	黑	4.095±0.063	4.095±0.105
E	EX	镍铬	红	铜镍	棕	6.317±0.102	6.317±0.170
J	JX	铁	红	铜镍	紫	5.268±0.081	5.268±0.135
T	TX	铜	红	铜镍	白	4.277±0.023	4.277±0.047

注：补偿导线型号头一个字母与热电偶分度号相对应；第二个字母字 X 表示延伸型补偿导线，字母 C 表示补偿型补偿导线。

（1）冷端温度校正法　因各种热电偶的分度关系是在冷端温度为 0℃时得到的，如果测温热电偶的热端为 t，冷端温度为 $t_0(t_0>0℃)$，就不能用测得的 $E(t,t_0)$去查分度表得 t，必须根据下式进行修正：

$$E(t,0)=E(t,t_0)+E(t_0,0) \tag{2-1-4}$$

式中　$E(t,0)$——冷端为 0℃而热端为 t 时的热电势；

$E(t,t_0)$——冷端为 t_0 而热端为 t 时的热电势；

$E(t_0,0)$——冷端为 t_0 时应加的校正值。

（2）仪表机械零点调整法　对于具有零位调整的显示仪表而言，如果热电偶冷端温度 t_0 较为恒定时，可采用测温系统未工作前，预先将显示仪表的机械零点调整到 t_0 上，这相当于把热电势修正值 $E(t_0,0)$预先加到了显示仪表上，当此测量系统投入工作后，显示仪表的示值就是实际的被测温度值。

（3）补偿电桥法　当热电偶冷端处温度波动较大时，一般采用补偿电桥法，其测量线路如图 2-1-6 所示。补偿电桥法是利用不平衡电桥（又称冷端补偿器）产生不平衡电压来自动补偿热电偶因冷端温度变化而引起的热电势变化。

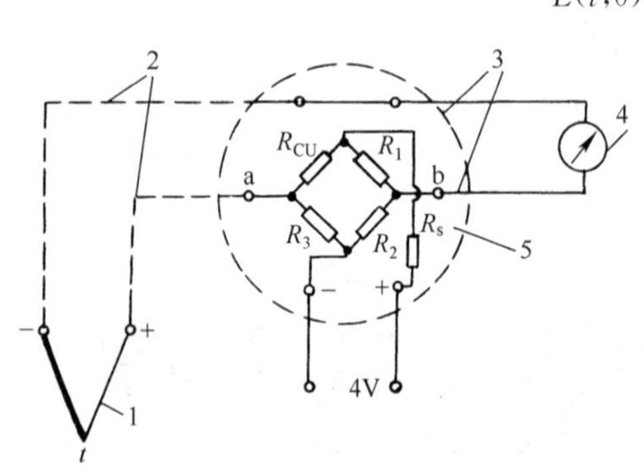

图 2-1-6　具有补偿电桥的热电偶回路

1—热电偶；2—补偿导线；3—铜导线；4—指示仪表；5—冷端补偿器

采用补偿电桥法时必须注意下列几点：

① 所选冷端补偿器必须和热电偶配套；

② 补偿器接入测量系统时正负极性不可接反；

③ 显示仪表的机械零位应调整到冷端温度补偿器设计时的平衡温度，如补偿器是按 $t_0=20℃$ 时电桥平衡设计的，则仪表机械零位应调整到 20℃处；

④ 因热电偶的热电势和补偿电桥输出电压两者随温度变化的特性不完全一致，故冷端补偿器在补偿温度范围内得不到完全补偿，但误差很小，能满足工业生产的需要。

除了以上几种补偿方法外，科研和实验室中还常采用冰浴法。

以上几种补偿法常用于热电偶和动圈显示仪表配套的测温系统中。由于自动电子电位差计和温度变送器等温度测量仪表的测量线路中已设置了冷端补偿电路，因此，热电偶与它们配套使用时不用再考虑补偿方法，但补偿导线仍旧需要。

1.3.4 热电偶常见故障原因及其处理方法

热电偶常见故障原因及处理方法见表 2-1-9。

表 2-1-9 热电偶常见故障原因及处理方法

故障现象	可能原因	处理方法
热电势比实际值小（显示仪表指示值偏低）	热电极短路	找出短路原因，如因潮湿所致，则需进行干燥；如因绝缘子损坏所致，则需更换绝缘子
	热电偶的接线柱处积灰，造成短路	清扫积灰
	补偿导线线间短路	找出短路点，加强绝缘或更换补偿导线
	热电偶热电极变质	在长度允许的情况下，剪去变质段重新焊接，或更换新热电偶
	补偿导线与热电偶极性接反	重新接正确
	补偿导线与热电偶不配套	更换相配套的补偿导线
	热电偶安装位置不当或插入深度不符合要求	重新按规定安装
	热电偶冷端温度补偿不符合要求	调整冷端补偿器
	热电偶与显示仪表不配套	更换热电偶或显示仪表使之相配套
热电势比实际值大（显示仪表指示值偏高）	热电偶与显示仪表不配套	更换热电偶或显示仪表使之相配套
	补偿导线与热电偶不配套	更换补偿导线使之相配套
	有直流干扰信号进入	排除直流干扰
热电势输出不稳定	热电偶接线柱与热电极接触不良	将接线柱螺丝拧紧
	热电偶测量线路绝缘破损，引起断续短路或接地	找出故障点，修复绝缘
	热电偶安装不牢或外部震动	紧固热电偶，消除震动或采取减震措施
	热电极将断未断	修复或更换热电偶
	外界干扰（交流漏电，电磁场感应等）	查出干扰源，采取屏蔽措施
热电偶热电势误差大	热电极变质	更换热电极
	热电偶安装位置不当	改变安装位置
	保护管表面积灰	清除积灰

1.3.5 一体化热电偶温度变送器

一体化热电偶温度变送器是国内新一代超小型温度检测仪表。它主要由热电偶和热电偶温度变送器模块组成，可用以对各种液体、气体、固体的温度进行检测，应用于温度的自动检测、控制的各个领域，也适用于各种仪器以及计算机系统的配套使用。

一体化温度变送器的特点是将传感器（热电偶）与变送器综合为一体。变送器的作用是对传感器输出的温度变化信号进行处理，转换成相应的标准统一信号输出，送到显示、运算、控制等单元，以实现生产过程的自动检测和控制。

一体化热电偶温度变送器的变送模块，对热电偶输出的热电势经滤波、运算放大、非线性校正、V/I 转换等电路处理后，变换成与温度成线性关系的 4～20mA 标准电流信号输出。它的原理框图如图 2-1-7 所示。

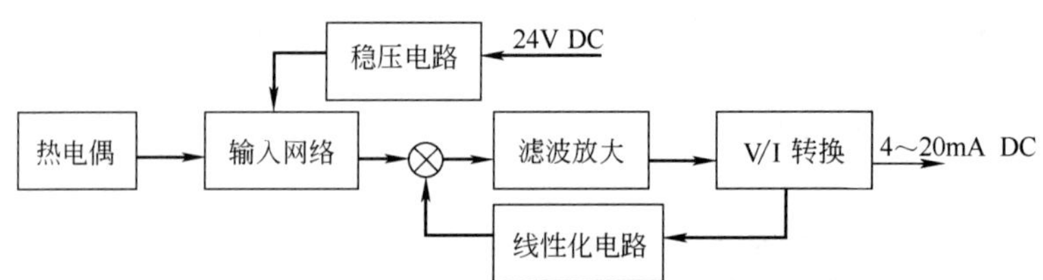

图 2-1-7 一体化热电偶温度变送器工作原理框图

一体化热电偶温度变送器的变送单元置于热电偶的接线盒里，取代接线座。安装后的一体化热电偶温度变送器外观结构如图 2-1-8 所示。变送器模块采用全密封结构，用环氧树脂浇注，具有抗震动、防腐蚀、防潮湿、耐温性能好的特点，可用于恶劣的环境。

变送器模块外形如图 2-1-9 所示。图中“1”、“2”分别代表热电偶正负极连接端子；“4”、“5”为电源和信号线的正负极接线端子；“6”为零点调节；“7”为量程调节。一体化热电偶温度变送器采用两线制，在提供 24V DC 电源的同时，输出 4～20mA DC 电流信号。

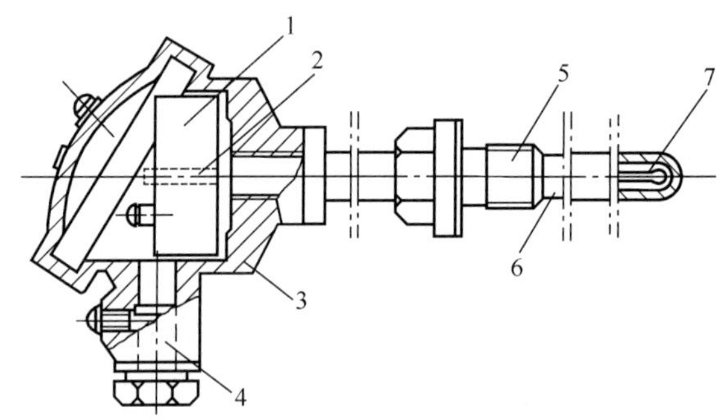

图 2-1-8 一体化温度变送器的外形结构

1—变送器模块；2—穿线孔；3—接线盒；4—进线孔；
5—固定装置；6—保护套管；7—热电极

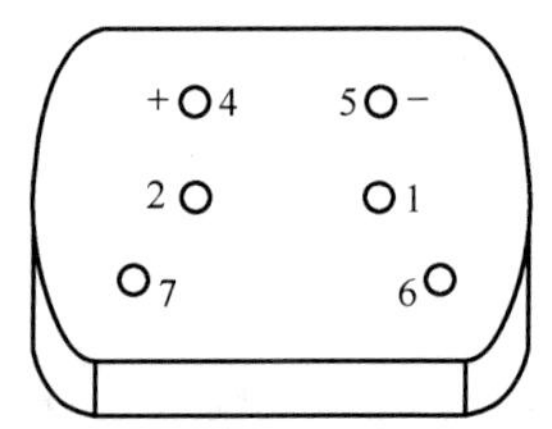

图 2-1-9 变送器模块外形

两根热电极从变送器底下的两个穿线孔中进入，在变送器上面露一点再弯下，对应插入“1”和“2”接线柱，拧紧螺丝。将变送器固定在接线盒内，接好信号线，封接线盒盖后，则一体化温度变送器组装完毕。

变送器在出厂前已经调校好，使用时一般不必再做调整。当使用中产生了误差时，可以用“6”、“7”两个电位器进行微调。若单独调校变送器时，必须用精密信号源提供 mV DC 信号，多次重复调整零点和量程即可达到要求。

一体化热电偶温度变送器的安装与其他热电偶安装要求基本相同，但特别要注意感温元件与大地间应保持良好的绝缘，否则将直接影响检测结果的准确性，严重时甚至会影响仪表的正常运行。

1.4 热电阻

热电阻是中低温区最常用的一种温度检测器。它的主要特点是测量精度高，性能稳定。其中铂热电阻的测量精确度是最高的，它不仅广泛应用于工业测温，而且被制成标准的基准温度计。在 IPTS—68 中规定

$-259.34 \sim 630.74℃$温域内以铂电阻温度计作为基准仪。

1.4.1 热电阻测温原理及材料

热电阻测温是基于金属导体的电阻值随温度的增加而增加这一特性来进行温度测量的。

热电阻大都由纯金属材料制成，目前应用最多的是铂和铜，此外，现在已开始采用铟、镍、锰和铑等材料制造热电阻。

（1）铂热电阻的温度特性　在 0～850℃范围内：

$$R_t = R_0(1 + At + Bt^2) \tag{2-1-5}$$

在−200～0℃范围内：

$$R_t = R_0[1 + At + Bt^2 + C(t-100)t^3] \tag{2-1-6}$$

式中 A、B、C 的系数各为：

$$A = 3.90802 \times 10^{-3} ℃^{-1}$$
$$B = -5.802 \times 10^{-7} ℃^{-2}$$
$$C = -4.27350 \times 10^{-12} ℃^{-4}$$

铂电阻阻值与温度的分度关系由以上两式决定，它们的标准化分度表见附录 2-2。

（2）铜热电阻的温度特性　在−50～150℃范围内：

$$R_t = R_0(1 + At + Bt^2 + Ct^3) \tag{2-1-7}$$

式中　$A = 4.28899 \times 10^{-3} ℃^{-1}$，$B = -2.133 \times 10^{-7} ℃^{-2}$，$C = 1.233 \times 10^{-9} ℃^{-3}$。

铜电阻和温度的分度关系由式（2-1-7）决定，它们的标准分度表见附录 2-2。铂热电阻和铜热电阻的技术性能见表 2-1-10。

表 2-1-10　常用热电阻的技术性能

名称		分度号	温度范围/℃	温度为 0℃时阻值 R_0/Ω	电阻比 R_{100}/R_0	主要特点
标准热电阻	铂电阻（WZP）	Pt10	−200～850	10±0.01	1.385±0.001	测量精度高，稳定性好，可作为基准仪器
		Pt50		50±0.05	1.385±0.001	
		Pt100		100±0.1	1.385±0.001	
	铜电阻（WZC）	Cu50	−50～150	50±0.05	1.428±0.002	稳定性好，便宜；但体积大，机械强度较低
		Cu100		100±0.1	1.428±0.002	
	镍电阻（WZN）	Ni100	−60～180	100±0.1	1.617±0.003	灵敏度高，体积小；但稳定性和复制性较差
		Ni300		300±0.3	1.617±0.003	
		Ni500		500±0.5	1.617±0.003	
低温热电阻	铟电阻		3.4～90K	100		复现性较好，在 4.5～15K 温度范围内，灵敏度比铂电阻高 10 倍；但复制性较差，材质软，易变形
	铑铁热电阻		2～300K	20、50 或 100	$R_{4.2K}/R_{273K}$ 约为 0.07	有较高的灵敏度，复现性好，在 0.5～20K 温度范围内可做精测量；但长期稳定性和复制性较差
	铂钴热电阻		2～100K	100	$R_{4.2K}/R_{273K}$ 约为 0.07	热响应性、自热小，力学性能好，温度低于 30K 时，灵敏度大大高于铂；但不能作为标准温度计

1.4.2 热电阻的结构

（1）普通型热电阻　工业常用热电阻感温元件（电阻体）的结构及特点见表 2-1-11。从热电阻的测温原理可知，被测温度的变化是直接通过热电阻阻值的变化来测量的，因此，热电阻体的引出线等各种导线电阻的变化会给温度测量带来影响。为消除引线电阻的影响，一般采用三线制或四线制。

表 2-1-11　感温元件的结构及特点

结构示意图		特点	结构示意图		特点
铂热电阻	1 2 3 4 陶瓷骨架铂热电阻 1—釉；2—铂丝；3—陶瓷骨架； 4—引出线	体积小,可以小型化,耐振性能较玻璃骨架好。温度测量上限可达 900℃	铂热电阻	1 2 3 4 云母骨架铂热电阻 1—云母绝缘件；2—铂丝； 3—云母骨架；4—引出线	耐振性能好,时间常数小
	1 2 3 4 玻璃骨架铂热电阻感温元件 1—玻璃外壳；2—铂丝； 3—骨架；4—引出线	体积小,可以小型化。缺点是耐振性能差,易碎	铜热电阻	1 2 3 铜热电阻感温元件 1—骨架；2—漆包铜线； 3—引出线	结构简单,价格低廉

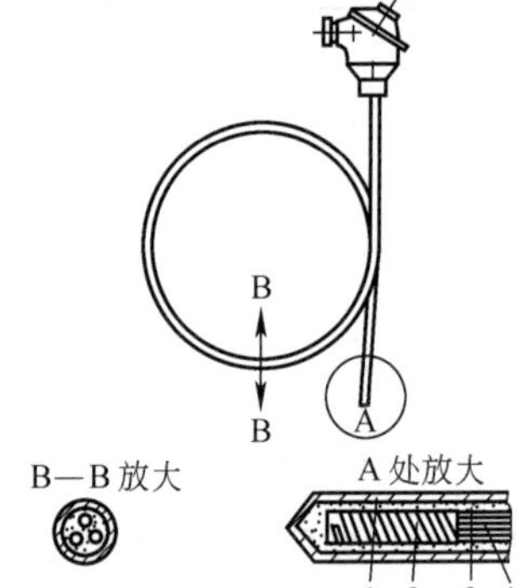

图 2-1-10　铠装热电阻结构

1—金属套管；2—感温元件；3—绝缘材料；4—引出线

(2) 铠装式热电阻　铠装式热电阻是由感温元件（电阻体）、引线、绝缘材料、不锈钢套管组合而成的坚实体，如图 2-1-10 所示，它的外径一般为 $\phi2$～$\phi8$mm，最小可达 $\phi1$mm。

与普通型热电阻相比，它有下列优点：①体积小，内部无空隙，热惯性小，测量滞后小；②力学性能好，耐振，抗冲击；③能弯曲，便于安装；④使用寿命长。

(3) 端面热电阻　端面热电阻感温元件由特殊处理的电阻丝材绕制，紧贴在温度计端面，其结构如图 2-1-11 所示。它与一般轴向热电阻相比，能更正确和快速地反映被测端面的实际温度，适用于测量滑动轴承和其他机件的端面温度。

(4) 隔爆型热电阻　隔爆型热电阻通过特殊结构的接线盒，把其外壳内部爆炸性混合气体因受到火花或电弧等影响而发生的爆炸，局限在接线盒内，生产现场不会引起爆炸。隔爆型热电阻可用于B1a～B3c 级区内具有爆炸危险场所的温度测量。

1.4.3　热电阻测温系统的组成

热电阻测温系统一般由热电阻、连接导线和显示仪表等组成。必须注意以下两点：

① 热电阻和显示仪表的分度号必须一致；

② 为了消除连接导线电阻变化的影响，必须采用三线制接法。具体内容参见本篇第 3 章。

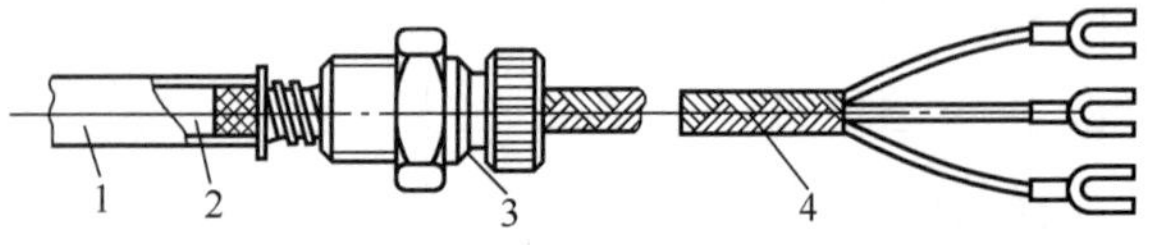

图 2-1-11　端面热电阻结构

1—保护管；2—感温元件；3—安装固定装置；4—三芯屏蔽线

1.4.4　热电阻故障原因及处理方法

热电阻的常见故障是热电阻的短路和断路。一般断路更常见，这是因为热电阻丝较细所致。断路和短路是很容易判断的，可用万用表的“×1Ω”挡，如测得的阻值小于 R_0，则可能有短路的地方；若万用表指示为无穷大，则可断定电阻体已断路。电阻体短路一般较易处理，只要不影响电阻丝的长短和粗细，找到短路处进行吹干，加强绝缘即可。电阻体的断路修理必然要改变电阻丝的长短而影响电阻值，为此更换新的电阻体为好，若采用焊接修理，焊后要校验合格后才能使用。热电阻测温系统在运行中常见故障及处理方法见表 2-1-12。

表 2-1-12　热电阻测温系统常见故障及处理方法

故　障　现　象	可　能　原　因	处　理　方　法
显示仪表指示值比实际值低或示值不稳	保护管内有金属屑、灰尘，接线柱间脏污及热电阻短路(水滴等)	除去金属屑，清扫灰尘、水滴等，找到短路点，加强绝缘等
显示仪表指示无穷大	热电阻或引出线断路及接线端子松开等	更换电阻体，或焊接及拧紧接线螺丝等
阻值与温度关系有变化	热电阻丝材料受腐蚀变质	更换电阻体(热电阻)
显示仪表指示负值	显示仪表与热电阻接线有错，或热电阻有短路现象	改正接线，或找出短路处，加强绝缘

1.4.5　一体化热电阻温度变送器

一体化热电阻温度变送器与一体化热电偶温度变送器一样，将热电阻与变送器融为一体，把温度值经热电阻检测后，转换成 4～20mA DC 的标准信号输出。变送器原理框图与图 2-1-7 相类似，仅将热电偶改为热电阻，同样经过转换、滤波、运算放大、非线性校正、V/I 转换等电路处理输出。

一体化热电阻温度变送器的变送模块与一体化热电偶温度变送器一样，也置于接线盒中，其外形如图 2-1-12 所示。热电阻与变送器融为一体组装，消除了常规测温方式中连接导线所产生的误差，提高了抗干扰能力。

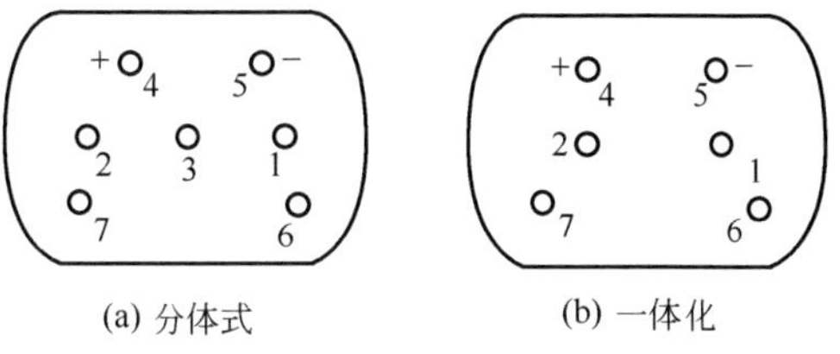

(a) 分体式　　(b) 一体化

图 2-1-12　变送器模块外形

图 2-1-12 中，“1”、“2”为热电阻引线接线端子，“3”为热电阻三线制输入的引线补偿端接线柱。若采用二线制输入，则“3”与“2”必须短接。

1.5　智能温度变送器

1.5.1　系统组成

智能温度变送器由软件和硬件两部分组成，软件包括输入选择、增益调整、冷端补偿运算、显示及通讯控制等。硬件包括输入回路、冷端温度的检测与补偿回路、数字程控放大电路、CPU、A/D 转换、电流、电压、数字输出及通讯接口等。系统结构框图如图 2-1-13。各部分的主要功能如下。

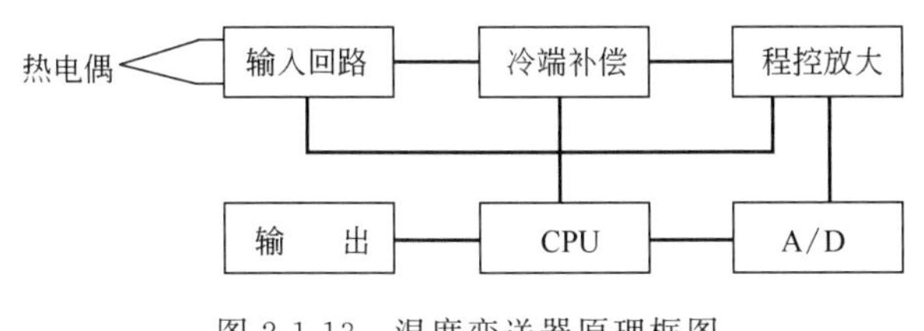

图 2-1-13　温度变送器原理框图

(1) 输入回路　主要包括热电偶选择电路、指示电路、存储电路等，其作用是完成不同型号的热电偶与变送器的连接。

(2) 冷端补偿　热电偶的测温原理表达式：

$$E(t,0)=E(t,t_0)+E(t_0,0)$$

式中　t——热电偶工作端温度；

t_0——热电偶的冷端温度。

可见，热电偶的热电势与工作端温度 t 和冷端温度 t_0 有关，不同的被测温度对应着不同的热电势 $E(t,0)$。但当工作端温度不变而冷端温度发生变化时，同样可引起其输出热电势的变化而产生检测误差。

智能温度变送器使用时，将热电偶的冷端直接引至温度变送器中，则其冷端温度亦为变送器所处环境的温度。达拉斯公司生产的 DS1620 型数字温度变送器，在－55～125℃之间温度转换成对应的 9 位（8 位数据，1 位符号）二进制数字，其分辨率为 0.5℃，数据以串行方式输出。根据热电偶的型号与串行口读入的数据，CPU 运行相应的补偿程序，得出对应的冷端温度 t_0，再进行查表处理，即完成对热电偶冷端温度的补偿。例如当变送器与 S 型热电偶连接测温时，计算机读入的数据为 000110010（即符号位为 0，数据是十进制的 50），则可知此时冷端温度为 25℃，与之对应的电势 $E(t_0,0)=0.143\text{mV}$，将此电势信号与热电偶两端的 $E(t,t_0)$ 进行相加，反查表得出被测温度 t；而当变送器与 K 型热电偶连接，计算机读入数据为 100010100（符号位为 1，数据为十进制的 20）时，热电偶的冷端温度为－10℃，电势为 $E(t_0,0)=-0.397\text{mV}$。可见 DS1620 进行热电偶的冷端温度补偿非常方便，并且可以实现冷端温度的完全补偿。用 DS1620 进行测温或用作温度补偿器件，既可以优化系统的软件、硬件设计，节省 A/D 转换通道，简化运算与转换过程，同时又可以降低成本，也提高可靠性。

此外，DS1620 还具有外部程序设定的上、下限触发信号输出，可用于各种联锁报警控制系统。

(3) 数字电位器组成的程控放大电路　X9312 是阻值 100kΩ，有 99 个级差的非易失性数字电位器，其存储的阻值可保存 100 年之久。选好电阻网络，根据需要任意调整其放大倍数，然后将其锁定，锁定后的数据断电不消失。当改换热电偶型号，需要重新调整系统增益时，只需在 X9312 的电阻增减控制端输入相应的脉冲即可，调整后再次锁定。开机后，X9312 保存最后一次锁定的数据。

X9312 是一种很理想的数字电位器，它不需要机械调整，也没有接触不良、间隙、松动等现象，它的使用使智能温度变送器保持最佳增益和最大灵敏度。

(4) 通讯接口　变送器采用了具有差动平衡传输功能的 RS422 信号标准，它具有较强的抗共模干扰能力及负载能力，在 9600bps 时，通讯距离可达 1200m，而且允许在传输线上并联挂接多个变送器，因此，它特别适合于组成多参数的远距离检控系统。

1.5.2　系统的抗干扰

温度变送器常工作在生产现场，将传感器送来的一次信号变换成统一的标准信号，进行远距离传输。因此，温度变送器良好的抗干扰性能，是保证检控系统正常运行的可靠保证。智能温变采取了以下几方面的抗干扰措施。

(1) 元件布局　放置元件时，尽可能将相关的元件放置在一起或附近，每个器件的电源和地线之间加入 0.01μF 的去耦电容。模拟信号、数字信号相对独立或分开，减小和消除数字信号对模拟信号的干扰。

(2) 系统地线布设　温度变送器按以下原则进行地线的设计。

温度是缓慢变化的信号，变送器工作频率低，对它进行单点接地措施。系统的数字电源、模拟信号电源由两组变压器单独供电，保证电源不混用，模拟、数字信号的地线也从各自的电源引出，最后选取适当的位置进行连接，实现一点接地。

(3) 软件数字滤波　变送器在不同的工业现场，综合运用软件进行各种滤波，如平均值、中值、滑动平均等。软件滤波使设备的成本下降、体积减小、滤波性能提高。

此外，对信号的传输也有严格的抗干扰要求：在远距离传输时，应选用双绞屏蔽线作为传输介质，并将屏蔽层接地，抑制各种杂散的电磁干扰和静电干扰；同时为减小分布电容的影响，应缩短双绞线的节距来提高传输线的抗干扰能力。在干扰严重的场所，可用光电隔离器件将传输线进行浮置处理，以提高系统的可靠性。通讯线采用单独设置的走线管或电缆桥架，避开动力线，更要防止与动力线平行走线。

2　压力检测与变送

2.1　概述

压力是工业生产中的重要参数之一，为了保证生产正常运行，必须对压力进行监测和控制。但需说明的是，这里所说的压力，实际上是物理概念中的压强，即垂直作用在单位面积上的力。

在压力测量中，常有绝对压力、表压力、负压力或真空度之分。所谓绝对压力是指被测介质作用在容器单位面积上的全部压力，用符号 p_j 表示。用来测量绝对压力的仪表称为绝对压力表。地面上的空气柱所产生的平均压力称为大气压力，用符号 p_q 表示。用来测量大气压力的仪表叫气压表。绝对压力与大气压力之差，称为表压力，用符号 p_b 表示。即 $p_b = p_j - p_q$。当绝对压力值小于大气压力值时，表压力为负值（即负压力），此负压力值的绝对值，称为真空度，用符号 p_z 表示。用来测量真空度的仪表称为真空表。既能测量压力值又能测量真空度的仪表叫压力真空表。

2.2　压力的测量与压力计的选择

压力测量原理可分为液柱式、弹性式、电阻式、电容式、电感式和振频式等。压力计测量压力范围宽广，可以从超真空如 133×10^{-13}Pa 直到超高压 280MPa。压力计从结构上可分为实验室型和工业应用型。压力计的品种繁多。因此根据被测压力对象很好地选用压力计就显得十分重要。

2.2.1　就地压力指示

当压力在 2.6kPa～69MPa 时，可采用膜片式压力表、波纹管压力表和波登管压力表。如接近大气压的低压检测时，可用膜片式压力表或波纹管式压力表。

2.2.2 远距离压力显示

若需要进行远距离压力显示时，一般用气动或电动压力变送器，也可用电气压力传感器。当压力范围为140～280MPa时，则应采用高压压力传感器。当高真空测量时可采用热电真空计。

2.2.3 多点压力测量

进行多点压力测量时，可采用巡回压力检测仪。

若被测压力达到极限值需报警的，则应选用附带报警装置的各类压力计。

正确选择压力计除上述几点考虑外，还需考虑以下几点。

(1) 量程的选择　根据被测压力的大小确定仪表量程。对于弹性式压力表，在测稳定压力时，最大压力值应不超过满量程的3/4；测波动压力时，最大压力值应不超过满量程的2/3。最低测量压力值应不低于全量程的1/3。

(2) 精度选择　根据生产允许的最大测量误差，以经济、实用的原则确定仪表的精度级。一般工业用压力表1.5级或2.5级已足够，科研或精密测量用0.5级或0.35级的精密压力计或标准压力表。

(3) 使用环境及介质性能的考虑　环境条件恶劣，如高温、腐蚀、潮湿、振动等；被测介质的性能，如温度的高低、腐蚀性、易结晶、易燃、易爆等等，以此来确定压力表的种类和型号。

(4) 压力表外形尺寸的选择　现场就地指示的压力表一般表面直径为ϕ100mm，在标准较高或照明条件差的场合用表面直径为ϕ200～ϕ250mm的，盘装压力表直径为ϕ150mm，或用矩形压力表。常用弹性式压力表规格见表2-1-13。

表 2-1-13　常用弹性式压力表规格

(1)普通包端管压力表

型　号	结　构	公称直径	测量范围/MPa	精度等级	用　途
Y40 Y40Z	径向 轴向无边	ϕ40	0～0.1,0.16,0.25,0.4,0.6,1	2.5	测量对铜合金不起腐蚀的液体、气体、蒸汽压力
Y60 Y60T(Y60TQ) Y60Z Y60ZQ	径向 径向带后边 轴向无边 轴向带前边	ϕ60	0～0.1,0.16,0.25,0.4,0.6 0～1,1.6,2.5,4,6 −0.1～0,−0.1～0～0.06,−0.1～0.15, −0.1～0.3,−0.1～0.5,−0.1～0.9, −0.1～1.5,−0.1～2.4		测量对铜和钢合金不起腐蚀的液体、气体或蒸汽的压力或真空度
Y100 Y100T Y100ZQ Y100TQ	径向 径向带后边 轴向带前边 径向带前边	ϕ100	0～0.1,0.16,0.25,0.4,0.6 1,1.6,2.5,4,6,10,16,25,40,60,−0.1～0, −0.1～0～0.06,−0.1～0.15,−0.1～0.3, −0.1～0.5,−0.1～0.9 −0.1～1.5,−0.1～2.4	1.5	
Y150 Y150T Y150ZQ Y150TQ	径向 径向带后边 轴向带前边 径向带前边	ϕ150			
Y260	径向	ϕ260			

(2)精密包端管压力表(可作标准压力表)

型　号	结　构	公称直径	测量范围/MPa	精度等级	用　途	备　注
YB-160A YB-160B	径向	ϕ160	−0.1～0,0～0.1,0.16 0.4,0.6,1,1.6, 2.5,4,6,10,16, 25,40,60, 生产(0～0.1)～(0～6)	0.25 0.4	可校普通压力表或精密测量液体、气体、蒸汽压力和负压	A—表示仪表零点可调； B—表示仪表带有镜面； C—带镜面且可调零
YB-160C	径向中压					
YB-160	径向					

注：仪表型号中，常用汉语拼音的第一个字母表示某种意义，如Y—压力，Z—真空（阻尼），B—标准（防爆），J—精密（矩形），A—氨表，X—信号（电接点），P—膜片，E—膜盒，数字表示表面尺寸（mm），尺寸后的符号表示结构或配接的仪表。

2.2.4 包端管压力表在测量运行中的常见故障及处理方法。

包端管压力表常见故障及处理方法见表 2-1-14。

表 2-1-14 包端管压力表在运行中的常见故障及处理方法

故障现象	可能原因	处理方法
压力表无指示	导压管上的切断阀未打开	打开切断阀
	导压管堵塞	拆下导压管，用钢丝疏通，用压缩空气或蒸汽吹洗干净
	弹簧管接头内污物淤积过多而堵塞	取下指针和刻度盘，拆下机芯，将弹簧管放到清洗盘中清洗，并用钢丝疏通
	弹簧管裂开	更换新的弹簧管
	中心齿轮与扇形齿轮牙齿磨损过多，以致不能啮合	更换两齿轮
指针抖动大	被测介质压力波动大	关小阀门开度
	压力计的安装位置震动大	固定压力计或在许可的情况下把压力计移到震动较小的地方，也可装减震器
压力表指针有跳动或呆滞现象	指针与表面玻璃或刻度盘相碰有摩擦	矫正指针，加厚玻璃下面的垫圈或将指针轴孔铰大一些
	中心齿轮轴弯曲	取下齿轮在铁镦上用木锤矫正敲直
	两齿轮啮合处有污物	拆下两齿轮进行清洗
	连杆与扇形齿轮间的活动螺丝不灵活	用锉刀锉薄连杆厚度
压力去掉后，指针不能恢复到零点	指针打弯	用镊子矫直
	游丝力矩不足	脱开中心齿轮与扇形齿轮的啮合，反时针旋动中心轴以增大游丝反力矩
	指针松动	校验后敲紧
	传动齿轮有摩擦	调整传动齿轮啮合间隙
压力指示值误差不均匀	弹簧管变形失效	更换弹簧管
	弹簧管自由端与扇形齿轮、连杆传动比调整不当	重新校验调整
指示偏高	传动比失调	重新调整
指示偏低	传动比失调	重新调整
	弹簧管有渗漏	补焊或更换新的弹簧管
	指针或传动机构有摩擦	找出摩擦部位并加以消除
	导压管线有泄漏	逐段检查管线，找出泄漏之处给予排除
指针不能指示到上限刻度	传动比小	把活节螺丝向里移
	机芯固定在机座位置不当	松开螺丝将机芯向反时针方向转动一点
	弹簧管焊接位置不当	重新焊接

2.3 压力传感器

压力传感器是压力检测系统的重要组成部分。由各种压力敏感元件将被测压力信号转换成容易测量的电信号作输出，给显示仪表显示压力值，或供控制和报警使用。

压力传感器的种类很多，常用压力传感器的性能比较如表 2-1-15 所示。

表 2-1-15　几种常用的压力传感器的性能比较

类别			精度等级	测量范围	输出信号	体积	温度影响	抗振动冲击性能	安装维护
电位器式			1.5	低中压	电阻	大	小	差	方便
应变式	粘贴式	膜片式	0.2	中压	20mV	小	大	好	方便
		弹性梁式（波纹管）	0.3	负压及中压	24mV	较大	小	差	方便
	非粘贴式	应变筒式（垂链膜片）	1	中高压	12mV	小	小	好	利用强制水冷，有较小的温度误差，测量方便
		张丝式	0.5	低压	10mV	小	小	好	方便
霍尔式			1.5	低中压	30mV	小	大	差	方便
气膜式			0.5	低中压	200mV	小	大	较好	复杂
差动变压器式			1	低中压	100mA① (30mV)①	大	小	差	方便
压电式			0.2	微低压	1～5V①	小	小	较好	方便
压阻式			0.2	低中压	10mV	小	大	好	方便
电容式			1	微低压	1～3V① (20mA)	较大	大	好	复杂
振频式			0.5	低中高压	频率	小	大	差	复杂

① 表示输出信号经过放大。

2.3.1　应变式压力传感器

应变式压力传感器是把压力的变化转换成电阻值的变化来进行测量的。应变片是由金属导体或半导体制成的电阻体，其阻值随压力所产生的应变而变化。对于金属导体，电阻变化率$\frac{\Delta R}{R}$的表达式为：

$$\frac{\Delta R}{R}\approx(1+2\mu)\varepsilon \qquad (2\text{-}1\text{-}8)$$

式中　μ——材料的泊松系数；

ε——应变量。

图 2-1-14 为国产 BPR-2 型压力传感器的结构示意图。

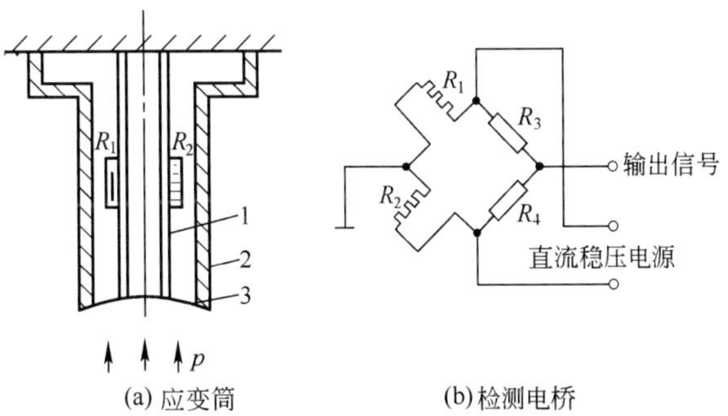

(a) 应变筒　　(b) 检测电桥

图 2-1-14　应变式压力传感器结构原理图

1—应变筒；2—外壳；3—密封膜片

在图 2-1-14(a) 中，应变筒的上端与外壳 2 固定在一起，下边与密封膜片 3 紧密接触，两片康铜丝应变片 R_1 和 R_2 用特殊胶合剂粘贴在应变筒的外壁上。R_1 沿应变筒的轴向粘贴作为测量片，R_2 沿应变筒的径向粘贴作为温度补偿片。必须注意，应变片与筒体之间不能产生相对滑动，并且要保持电气绝缘。当被测压力 p 作用于膜片而使应变筒作轴向受压变形时，沿轴向贴置的应变片 R_1 也将产生轴向压缩应变 ε_1，于是 R_1 的阻值变小；而沿径向贴放的应变片 R_2，由于应变筒的径向产生了拉伸变形，也将产生拉伸应变 ε_2，于是 R_2 的阻值变大。

应变片 R_1、R_2 与另两个固定电阻 R_3、R_4 组成一个桥式电路，见图 2-1-14(b)，由于 R_1 和 R_2 的阻值变化使桥路失去平衡，从而获得不平衡电压作为传感器的输出信号。本传感器桥路的电源为 10V（直流），最大的输出为 5mV 直流信号，再经前置放大成为电动单元组合仪表的输入信号。

BPR-2 型压力传感器有 0～1MPa、0～10MPa 和 0～30MPa 等多种量程可供选用。选择时测量上限一般以不超过仪表量程的 80%为宜。本传感器主要适用于变化较快的压力测量，其非线性及滞后误差小于±1%。

2.3.2　压电式压力传感器

压电式压力传感器的原理是基于某些晶体材料的压电效应。目前广泛使用的压电材料有石英和钛酸钡等，

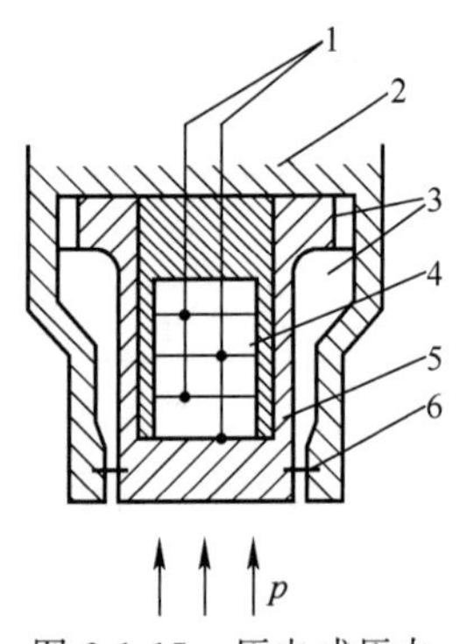

图 2-1-15　压电式压力传感器结构原理图

1—引线；2—外壳；3—冷却腔；4—晶堆；5—薄壁筒；6—膜片

当这些晶体受压力作用发生机械变形时，在其相对的两个侧面上产生异性电荷，这种现象称为“压电效应”。

晶体上所产生的电荷的大小与外部施加的压力成正比，即：

$$q=\eta p \tag{2-1-9}$$

式中　q——压电量（电荷数）；

p——外部施加的压力；

η——压电常数。

这种压力传感器的特点：体积小，结构简单，不需外加电源，灵敏度和响应频率高，适用于动态压力的测量，广泛地应用于空气动力学、爆炸力学、发动机内部燃烧压力的测量等。其测量范围可从 0～700Pa 到 0～70MPa，精确度可达 0.1%。

压电式传感器的结构如图 2-1-15 所示。图中，由受压薄壁筒给出预载力，并将一挠性材料制成非常薄的膜片进行密封。预载筒外的空腔可以连接冷却系统，以保证传感器工作在环境温度一定的条件下，这样就避免了因温度变化所造成的预载力变化而引起测量误差。

2.3.3　光导纤维压力传感器

光导纤维压力传感器与传统压力传感器相比，有其独特的优点：利用光波传导压力信息，不受电磁干扰，电气绝缘好，耐腐蚀，无电火花，可以在高压、易燃易爆的环境中测量压力、流量、液位等。它灵敏度高，体积小，可挠性好，可插入狭窄的空间中进行测量，因此而得到重视，并且得到迅速发展。

图 2-1-16 所示为 Y 形光导纤维压力传感器结构原理图。它由金属膜片杯、Y 形光导纤维、光源、光接收器及支架等组成。膜片与 Y 形光导纤维端面间距离约为 0.1mm。这种传感器能测 0～35MPa 动态压力，也可测量低压，输出信号较大。

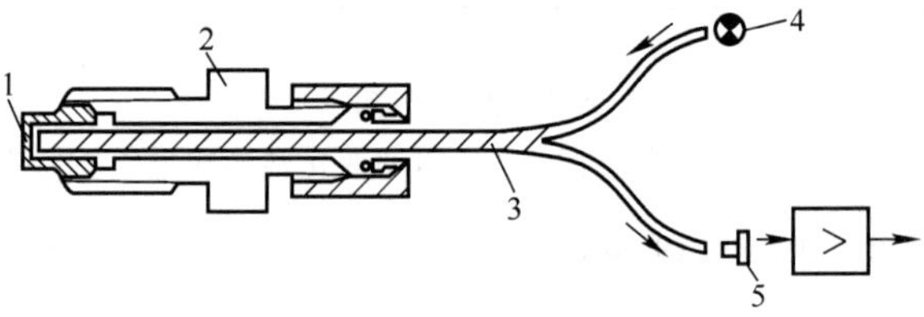

当被测压力作用于膜片杯时，膜片发生位移，从而改变了光导纤维与膜片之间的距离，使光导纤维接收到反射光量变化，这光量由光电元件接收器接收，并且转换成电量，经放大器放大后，显示被测压力值。

传感器要求光源稳定，否则要采取补偿措施，以消除光源波动对测量结果的影响。

图 2-1-16　光导纤维压力传感器示意图

1—灵敏膜片杯；2—支架；3—光导纤维；4—光源；5—光接收器

2.4　智能压力变送器

2.4.1　电容式压力变送器

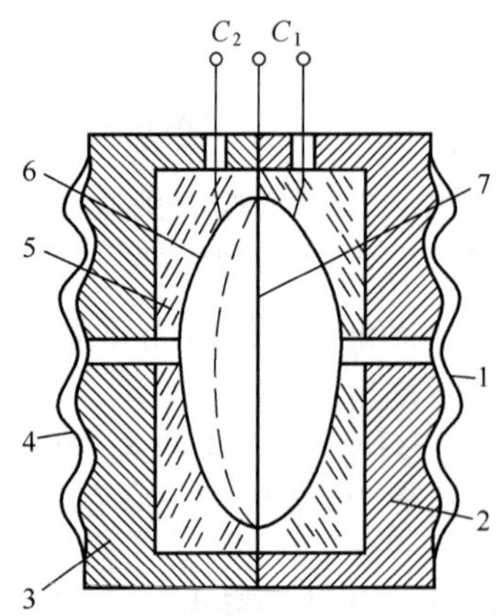

图 2-1-17　两室结构的电容式差压变送器

1，4—波纹隔离膜片；2，3—基座；5—玻璃层；6—金属膜；7—测量膜

电容式压力变送器是根据变电容原理工作的压力检测仪表，是利用弹性元件受压变形来改变可变电容器的电容量，从而实现压力-电容的转换。

电容式压力变送器具有结构简单、体积小、动态性能好、电容相对变化大、灵敏度高等优点，因此获得广泛应用。

电容式压力变送器由检测环节和变送环节组成。检测环节感受被测压力的变化转换成电容量的变化；变送环节则将电容变化量转换成标准电流信号 4～20mA DC 输出。

（1）结构组成与检测原理　电容式压力变送器的检测环节，如图 2-1-17 所示，其核心部分是一个球面电容器。

在检测膜片左右两室中充满硅油，当隔离膜片分别承受高压 p_1 和低压 p_2 时，硅油的不可压缩性和流动性，将差压 $\Delta p=p_1-p_2$ 传递到检测膜片的左右面上。由于检测膜片在焊接前加有预张力，所以当差压 $\Delta p=0$ 时十分平整，使定极板左右两个电容的电容量完全相等，$C_1=C_2=C_0$，电容量的差值 $\Delta C=0$。在有差压作用时，检测膜片发生变形，动极板向低压侧定极板靠近，同时远离高压侧定极板，使电容 $C_1>C_2$，测出电容量的差值 $\Delta C=C_1-C_2$，其值大小与被测差压值成正比。

采用差动电容法的好处：灵敏度高，线性好，并可减少由于介电常数 ε 受温度影响而引起的检测误差。

(2) 1151SMART 型智能变送器　美国 Rosemount 公司生产的 1151SMART 型智能变送器，是带微机智能式现场使用的一种多功能变送器。其特点是变送器采用单片微机，功能强、灵活性高、性能好、可靠性强；检测范围从 0～1.2kPa 到 41.37MPa，量程比可达 15∶1；可用于压力（表压）、差压、液位和绝对压力的检测；最大正迁移为 500%，最大负迁移为 600%；0.1%的精确度可稳定 6 个月以上；一体化的零位和量程按钮；具有自诊断功能；带不需电池即可工作的不易失只读存储器，可与 268 型远传通信器、RS3 集散系统和 RMV9000 过程控制系统进行数字通讯而不需中断输出；采用 HART 总线可寻址远程转换通讯协议。

1151SMART 型智能变送器的原理框图如图 2-1-18 所示。

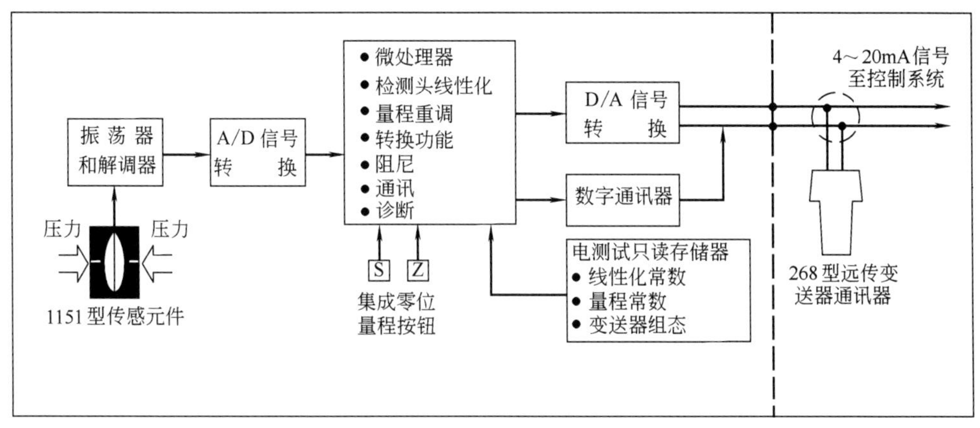

图 2-1-18　1151SMART 型智能变送器原理框图

2.4.2　扩散硅式压力变送器

扩散硅式压力变送器，其实质是以硅杯压阻传感器为核心的变送器。它以 N 型单晶硅膜片作敏感元件，通过扩散杂质，使其形成 4 个 P 型电阻，并组成电桥。当膜片受压力后，由于半导体的压阻效应，电阻阻值发生变化，使电桥有相应的输出。

(1) 传感器结构　扩散硅式压力变送器的传感器结构如图 2-1-19 所示，主要由硅膜片（硅杯）及扩散电阻、引线、外壳等组成。传感器膜片上下有两个受压腔，分别与被测的高低压室连通，用以感受压力的变化。硅杯尺寸十分小巧紧凑，直径约为 1.8～10mm，膜厚 $\delta=50\sim500\mu m$。

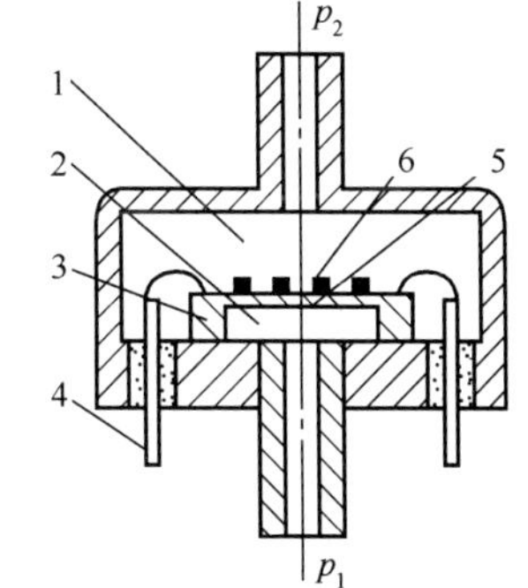

图 2-1-19　扩散硅式压力传感器结构

1—低压腔；2—高压腔；3—硅杯；4—引线；5—硅膜片；6—扩散电阻

压力传感器具有体积小、重量轻、结构简单、稳定性好和精度高等优点。

(2) ST3000 系列智能压力、差压变送器　ST3000 系列智能压力、差压变送器，就是依据扩散硅应变电阻原理进行工作的。它在硅杯上除制作了感受差压的应变电阻外，还同时制作出感受温度和静压的元件，即把差压、温度、静压 3 个传感器中的敏感元件都集成在一起，组成带补偿电路的复合传感器，将差压、温度和静压这 3 个变量转换成 3 路电信号，分时采集后送入微处理器。微处理器利用这些信息数据进行运算处理，产生一个高精度的输出。

① 工作过程　ST3000 系列变送器由易于维护的单元结构组成，主要有测量头、PROM 板、噪声滤波器、避雷器的端子板及通用电子部件等单元。其中测量头截面结构如图 2-1-20 所示。

被测差压（或压力）通过隔离膜片、封入液传递到位于测量头内的传感器上，引起传感器的电阻值作相应变化。此阻值的变化被传感器芯片上的电桥检出，并由 A/D 转换器转换成数字信号送至发信部；与此同时，温度、静压两个辅助传感器的检测输出，也被转换成数字信号并送至发信部。在发信部将数字信号经微处理器运算放大处理，转换成一个对应于被测变量的 4～20mA DC 模拟信号输出。

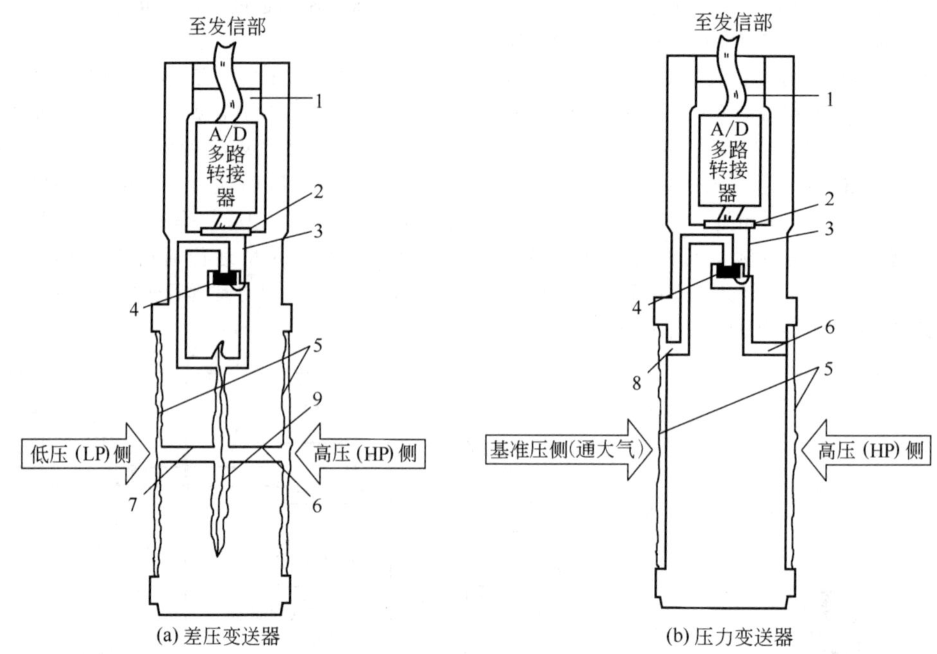

图 2-1-20 测量头截面结构

1—罐颈；2—陶瓷封装；3—引线；4—半导体复合传感器；5—隔离膜片；6—HP 侧封入液；7—LP 侧封入液；8—基准压侧封入液；9—中央膜片

由于半导体传感器的大范围的输出输入特性数据被存储在 PROM 中，使得变送器的量程比可做得非常大，达到 400∶1；因变送器配有微处理器，所以仪表的精确度可达到 0.1 级，在半年之内总漂移不超过全量程的 0.03%，并且时间常数在 0～32s 之间可调。利用现场通信器，在中央控制室就可以对 1500m 以内的各个智能变送器进行各种运行参数的选择和标定。

现场通信器是带有小型键盘和显示器的便携式装置。不需敷设专用导线，借用原有的二线制直流电源兼信号线，用叠加脉冲传递指令和数据。使变送器的零点及量程、线性或开方都能自由选定或调整，各种参数分别以常用物理单位显示在现场通信器上。设定或调整完毕，可将现场通信器的插头拔下，变送器立刻按新的运行参数工作。

② 组成原理　如图 2-1-21 所示为 ST3000 系列变送器的结构原理图。图中 ROM 中存有微处理器工作的主程序，是通用的。PROM 里所存内容则根据每台变送器的压力特性、温度特性的不同而有所不同。它是在编程、检验后，分别写入各自的 PROM 中。此外，传感器所允许的整个工作参数检测范围内的输入输出特性数据，也都存入 PROM 中，以便用户对量程或测量范围有灵活迁移的余地。

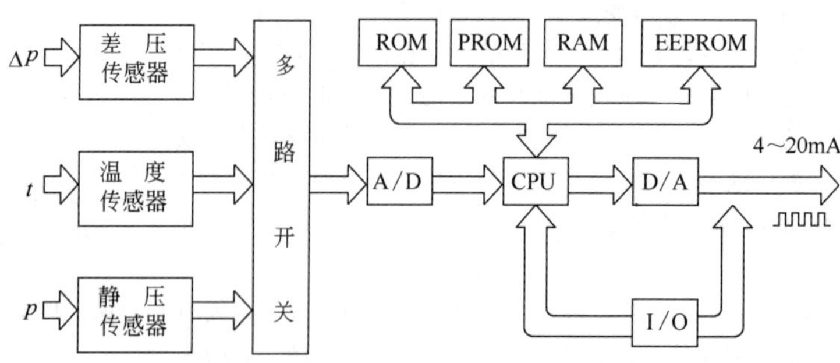

图 2-1-21 ST3000 系列智能变送器原理结构

RAM 是微处理器运算过程中不可缺少的存储器，也是通过通信器对变送器进行各项设定的记忆硬件。例如变送器的位号、检测范围、线性或开方输出、阻尼时间常数、零点和量程等。一旦经过现场通信器逐一设定之后，即使把现场通信器从连接导线上拔掉，变送器亦按照已设定的各项数值工作，这是因为 RAM 已经把指令存储起来了。

EEPROM是RAM的后备存储器，是电可擦除改写的PROM。在正常工作期间，其内容和RAM是一致的。但遇到意外停电时，RAM中的数据立即丢失，而EEPROM里的数据仍保存下来。当供电恢复后，它能自动地将所保存的数据转移到RAM中，这样就不必用后备电池，也能保证原有数据不丢失。

数字输入输出接口I/O的作用：一方面使来自现场通信器的脉冲信号能从4～20mA DC信号导线上分离出来送入CPU；另一方面使变送器的工作状态、已设定的各项数据、自诊断信号、检测结果等，送到现场通信器的显示器上。

现场通信器为便携式，既可以在控制室里与某个变送器的信号导线相连，用于远方设定或检查；也可到现场接在变送器的信号线端子上，进行就地设定或检查。只要连接点与电源间有不小于250Ω电阻就能进行通信。

③ 系统接线　如图2-1-22所示。ST3000系列压力、差压变送器所用的现场通信器为SFC型，具有液晶显示及32个键的键盘，由电池供电，用软导线与检测点连接，具有以下功能。

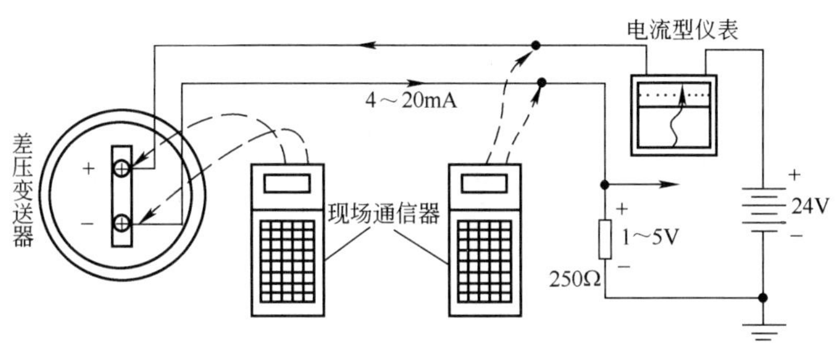

图2-1-22　ST3000系统接线示意图

a. 组态功能　包括给变送器指定位号、检测范围、输出与输入特性（线性或开方）、阻尼时间常数等。

b. 检测范围的改变，不需到现场调整。

c. 变送器的校验，不必将变送器拆送到工作室，也不需要专用设备便可校准零点和量程。

d. 自诊断功能强，包括组态的检查、通信功能检查、变送功能检查、参数异常检查等，诊断结果以不同的形式在显示器上显示，便于维修。

e. 变送器的输入/输出显示。以百分数显示当时的输出，以工程单位显示当时的输入。

f. 可进行恒流输出设定。这一功能是把变送器改作恒流源使用，可任意在4～20mA范围内输出某一直流电流，以便检查其他仪表的功能，这时输出电流恒定不变，与输入差压无关。

智能变送器与现场通信器配合起来，给运行维护带来极大方便。维护人员不必往返于各个生产现场与控制室之间，更无需登塔顶或深入地沟去拆装调整，远离危险场所或高温车间便能进行一般性的检查和调整。这样，既省时省力，又保证了维护质量。

CPU的应用也直接提高了变送器的精确度，主要体现在PROM中存入了针对本变送器的特性修正公式，使其检测精度达到0.1级。

3　流量检测与变送

3.1　概述

工业生产过程中另一个重要参数就是流量。流量就是单位时间内流经某一截面的流体数量。流量可用体积流量和质量流量来表示，其单位分别用m^3/h、L/h和kg/h等。

流量计是指测量流体流量的仪表，它能指示和记录某瞬时流体的流量值；计量表（总量表）是指测量流体总量的仪表，它能累计某段时间间隔内流体的总量，即各瞬时流量的累加和，如水表、煤气表等。

工业上常用的流量仪表可分为两大类。

(1) 速度式流量计　以测量流体在管道中的流速作为测量依据来计算流量的仪表。如差压式流量计、变面积流量计、电磁流量计、漩涡流量计、冲量式流量计、激光流量计、堰式流量计和叶轮水表等。

(2) 容积式流量计　它以单位时间内所排出的流体固定容积的数目作为测量依据。如椭圆齿轮流量计、腰轮流量计、刮板式流量计和活塞式流量计等。

常用流量计的性能比较见表2-1-16。

表 2-1-16 常用流量计的性能比较表

仪表类别		技术参数												
		被测介质	口径或管径/mm	流量范围/(m^3/h)	工作压力/(kgf/cm^2)	工作温度/℃	精度/%	最低雷诺数或黏度界限	压力损失/mmH_2O	量程比	安装要求	体积和重量	价格	使用寿命
节流装置	孔板	液体 气体 蒸汽	50～1000	1.5～9000 16～100000 —	200	500	±1～2	$(75\sim10^3)\sim(8\times10^3)$	＜2000	3:1	需装直管段	小	低	中等
	喷嘴	液体 气体 蒸汽	50～400	5～2500 50～26000 —	200	500	±1～2	72×10^4	＜2000	3:1	需装直管段	中等	较低	长
	文丘里管	液体 气体 蒸汽	150～400	30～1800 240～18000 —	25	500	±1～2	78×10^4	＜500	3:1	需装直管段	重	中等	长
转子流量计	玻璃管转子流量计	液体 气体	4～100	0.001～40 0.016～1000	16	120	±1～2.5	＞10000	10～700	10:1	需垂直安装	轻	低	中等
	金属管转子流量计	液体 气体	15～150	0.012～100 0.4～3000	64	150	±2	＞100	300～600	10:1	需垂直安装	中等	中等	长
容积式计量表	椭圆齿轮计量表	液体	10～250	0.005～500	64	120	±0.2～0.5	500cSt	＜2000	10:1	要装过滤器	重	中等	中等
	腰轮计量表	液体 气体	15～300 —	0.4～1000 —	64 —	120 —	±0.2～0.5	500cSt	＜2000	10:1	要装过滤器	重	高	中等
	旋转活塞计量表	液体	15～100	0.2～90	64	120	±0.5～1	500cSt	＜2000	10:1	要装过滤器	小	低	中等
	皮囊式计量表	气体	15～25	0.2～10	4	40	±2	—	13	10:1	—	小	低	长
速度式叶轮计量表	水表	液体	15～600	0.045～3000	10	40～100	±2	—	＜2000	＞10:1	水平安装	中等	较低	中等
	涡轮流量计	液体 气体	4～500 10～50	0.04～6000 1.5～200	64	120	±0.5～1	20cSt	＜2500	6:1～10:1	有直管段要求且装过滤器	小	中等	较低
靶式流量计		液体 气体 蒸汽	15～200 — —	0.8～400 — —	64	200	±1～4	＞2000	＜2500	3:1	需装直管段	中等	较低	长
电磁流量计		导电液体	6～1200	0.1～12500	16	100	±1～1.5	无一定限制	极小	10:1	对直管段的要求不高	大	高	长
漩涡流量计	旋进漩涡流量计	气体	50～150	10～5000	16	60	±1	—	$11\frac{v^2\gamma}{2g}$	30:1～100:1	要较短的直管段	中等	中等	长
	涡列流量计	气体	150～1000	1～30m/s	64	150	±1	—	极小	30:1～100:1	需要直管段并不准倾斜	轻	中等	长

注：1. 液体流量范围以 20℃ 水计算。

2. 气体流量范围以 20℃ 及 760mmHg 时空气计算。

3. 节流装置流量范围及压力损失是以液体压差选 25000mmH_2O，气体压差选 160mmH_2O 计算的。

4. 上述表内温度和压力是指基型产品允许的最大值。

5. 1kgf/cm^2 = 98kPa，1mmH_2O = 9.8Pa，1cSt = $10^{-6}m^2/s$。

3.2 差压式流量计

节流装置与差压变送器配套测量流体的流量，仍是目前炼油、化工生产中使用最广的一种流量测量仪表。目前工业生产中应用有各种各样的节流装置，如图 2-1-23 所示。

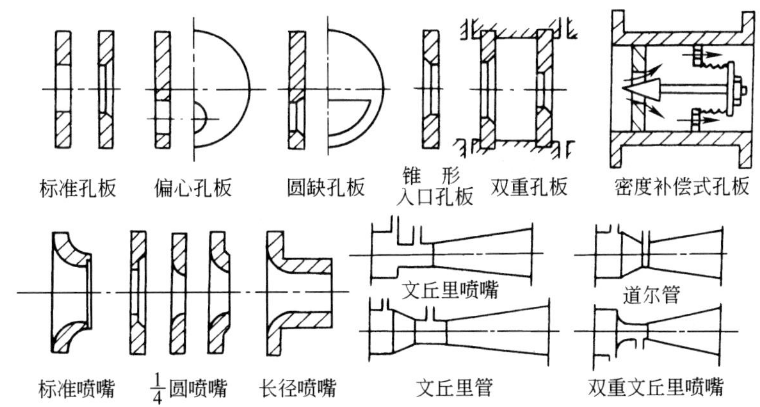

图 2-1-23　各种形式的节流装置

上图所示的节流装置中，应用最多的是孔板、喷嘴、文丘里管和文丘里喷嘴。这 4 种节流元件历史悠久，试验数据完整，产品已标准化，所以称它们为“标准节流装置”。其他形式的节流元件，如双重孔板、圆缺孔板等，由于形状特殊，研究尚不深透，缺乏足够的实验数据，所以尚未标准化，故称它们为特殊节流装置。这类特殊装置设计制造后，必须先进行标定，然后才能使用。

节流元件具有结构简单，便于加工制造，工作可靠，适应性强，使用寿命长等优点。

3.2.1　测量原理

在管道中流动的流体具有动能和位能，在一定条件下这两种能量可以相互转换，但参加转换的能量总和是不变的。应用节流元件测量流量就是利用这个原理来实现的。

根据能量守恒定律及流体连续性原理，节流装置的流量公式可以写成：

体积流量
$$Q=\alpha\varepsilon F_0\sqrt{2\Delta p/\rho_1} \tag{2-1-10}$$

质量流量
$$M=\alpha\varepsilon F_0\sqrt{2\Delta p\rho_1} \tag{2-1-11}$$

式中　M——质量流量，kg/s；

Q——体积流量，m^3/s；

α——流量系数；

ε——流束膨胀系数；

F_0——节流装置开孔截面积，m^2；

ρ_1——流体流经节流元件前的密度，kg/m^3；

Δp——节流元件前后压力差，即 $\Delta p=p_1-p_2$，Pa。

在计算时，根据我国现用单位的习惯，如果 Q 的单位为 m^3/h，M 为 kg/h，F_0 为 mm^2，Δp 为 Pa，ρ 为 kg/m^3 单位时，则上述流量公式可换算为实用流量计算公式，即：

$$Q=0.003999\alpha\varepsilon d^2\sqrt{\Delta p/\rho_1}\quad m^3/h \tag{2-1-12}$$

$$M=0.003999\alpha\varepsilon d^2\sqrt{\rho_1\Delta p}\quad kg/h \tag{2-1-13}$$

式中　d——节流元件的开孔直径，$F_0=\frac{\pi}{4}d^2$。

我国自 1993 年 8 月 1 日起采用 GB/T 2624—93 标准，代替 GB 2624—81 标准。本标准适用于角接取压、法兰取压、D 和 $D/2$ 取压的孔板、喷嘴和文丘里管的节流装置；同时也只适用于管道公称通径为 50～1200mm 的流量测量和管道雷诺数大于 3150 的场合。

GB/T 2624—93 新标准采用流出系数 C 来代替过去的流量系数 α。两者的换算关系如下：

$$C=\alpha/E$$

式中　E——渐近速度系数，并由下式确定：

$$E=1/\sqrt{1-\beta^4}$$

3.2.2 节流装置的取压方式

节流装置的取压方式，就孔板而言有5种，如图2-1-24所示；就喷嘴而言只有角接取压和径距取压两种。

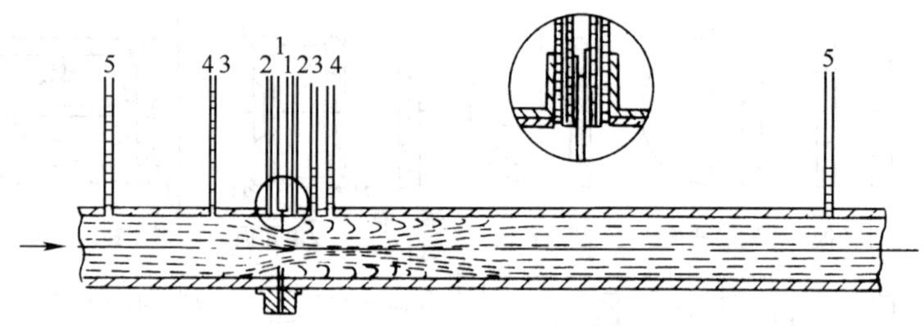

图 2-1-24 节流装置的取压方式

1-1—角接取压法；2-2—法兰取压法；3-3—径距取压法；4-4—理论取压法；5-5—管接取压法

(1) 角接取压 上、下游侧取压孔轴心线与孔板（喷嘴）前后端面的间距各等于取压孔直径的一半，或等于取压环隙宽度的一半，因而取压孔穿透处与孔板端面正好相平。角接取压包括环室取压和单独钻孔取压，如图中1-1。

(2) 法兰取压 上、下游侧取压孔中心至孔板前后端面的间距均为(25.4±0.8)mm，如图中2-2。

(3) 径距取压 上游侧取压孔中心与孔板（喷嘴）前端面的距离为1D，下游侧取压孔中心与孔板（喷嘴）后端面的距离为$\frac{1}{2}D$，如图中3-3。

(4) 理论取压法 上游侧的取压孔中心至孔板前端面的距离为$1D\pm0.1D$；下游侧的取压孔中心线至孔板后端面的间距随$\beta=\frac{d}{D}$的值大小而异，详见表2-1-17。

表 2-1-17 理论取压时下游取压孔位置

d/D	下游取压孔位置	d/D	下游取压孔位置
0.10	$0.84D(1\pm0.30)$	0.50	$0.63D(1\pm0.25)$
0.15	$0.82D(1\pm0.30)$	0.55	$0.59D(1\pm0.20)$
0.20	$0.80D(1\pm0.30)$	0.60	$0.55D(1\pm0.15)$
0.25	$0.78D(1\pm0.30)$	0.65	$0.50D(1\pm0.15)$
0.30	$0.76D(1\pm0.30)$	0.70	$0.45D(1\pm0.10)$
0.35	$0.73D(1\pm0.25)$	0.75	$0.40D(1\pm0.10)$
0.40	$0.70D(1\pm0.25)$	0.80	$0.34D(1\pm0.10)$
0.45	$0.67D(1\pm0.25)$		

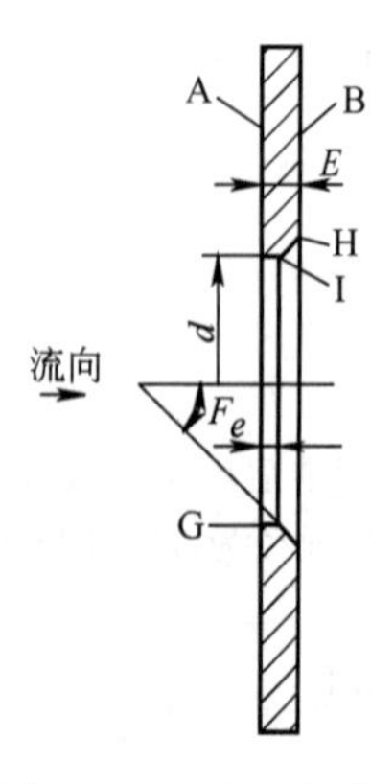

图 2-1-25 标准孔板

(5) 管接取压 上游侧取压孔的中心线距孔板前端面为2.5D，下游侧取压孔中心线距孔板后端面为8D，如图中5-5所示。

以上5种取压方式中，角接取压方式用得最多，其次是法兰取压法。

3.2.3 标准孔板

标准孔板的基本结构如图2-1-25所示。

标准孔板各部分的加工要求如下：孔板前端面A不允许有明显的划痕，其加工表面粗糙度要求：50mm≤D≤500mm时，为R_a3.2μm；500mm≤D≤750mm时，为R_a6.3μm；750mm≤D≤1000mm时，为R_a12.5μm。孔板的后端面B应与A平行，其表面粗糙度可适当降低。上游侧入口边缘G和圆筒形下游侧出口边缘I应无刀痕和毛刺，入口边缘G要求十分尖锐。

标准孔板各部分的尺寸要求如下：孔板开孔圆筒形的长度e要求是$0.005D\leqslant e\leqslant 0.02D$，表面粗糙度不能低于$R_a$1.6μm，其出口边缘无毛刺。孔板的厚度$E$应为$e\leqslant$

$E \leqslant 0.05D$，当管道直径为 50～100mm 之间时，允许 $E=3$mm。随着管道直径 D 的增加，E 也要适当加厚。当 $E>e$ 时，其斜面倾角 F 应为 $30° \leqslant F \leqslant 45°$，表面粗糙度为 $R_a 3.2\mu m$，孔板的不平度在 1%以内。孔板开孔直径 d 的加工要求非常精确，当 $\beta \leqslant 0.67$ 时，d 的公差为 $\pm 0.001d$；当 $\beta \geqslant 0.67$ 时，$d \pm 0.0005d$。

（1）角接取压标准孔板　角接取压的标准孔板有两种取压方式，一种为环室取压方式，另一种为单独钻孔方式，如图 2-1-26 所示。

图 2-1-26 的上半部分为环室取压，p_1 由前环室取出，p_2 由后环室取出，前环室宽度 $c \leqslant 0.2D$，后环室宽度 $c' \leqslant 0.5D$，环室壁厚 $f \leqslant 2a$（a 为环型缝隙的宽度），环腔横截面积 gh 至少为 $50mm^2$，g、h 均不得小于 6mm。取压孔应是圆形的，直径为 $4mm \leqslant \phi \leqslant 10mm$。

图 2-1-26 的下半部分为单独钻孔取压方式示意图。孔板上游侧的静压力 p_1 由前夹紧环取出，p_2 由后夹紧环取出。取压孔应为圆筒形，与孔板前后端面的夹角应小于或等于 3°。

两种取压孔的直径 ϕ 规定如下：

$\beta \leqslant 0.65$ 时，$0.005D \leqslant \phi \leqslant 0.03D$

$\beta > 0.65$ 时，$0.01D \leqslant \phi \leqslant 0.02D$

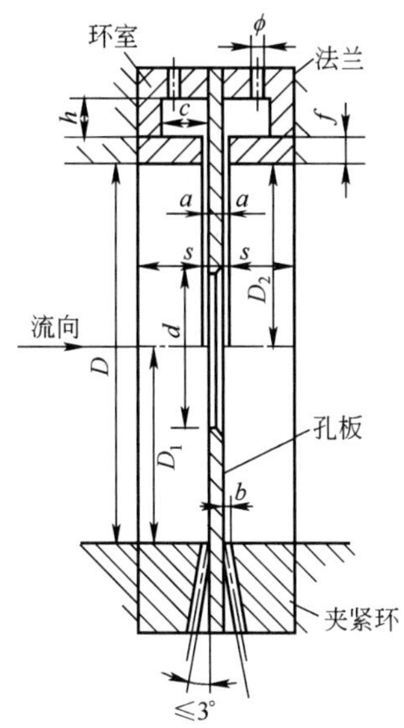

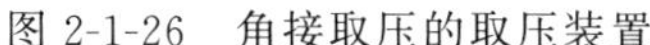

图 2-1-26　角接取压的取压装置

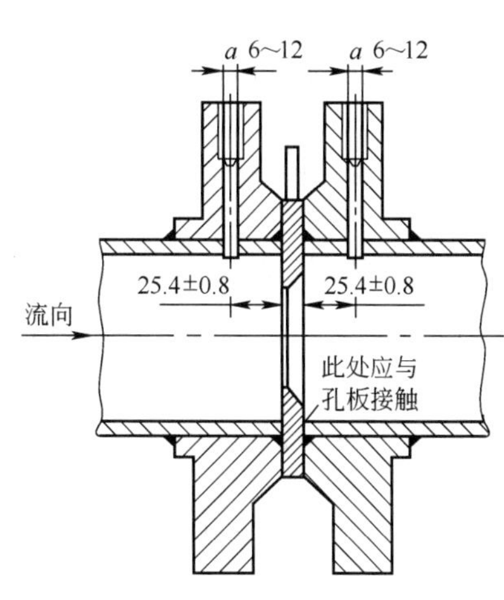

图 2-1-27　法兰取压的取压装置

（2）法兰取压标准孔板　图 2-1-27 为标准孔板使用法兰取压的安装图。从图中知法兰取压孔在法兰盘上，上下游取压孔的中心线距孔板的两个端面的距离均为(25.4±0.8)mm，并垂直于管道的轴线。取压孔直径 $d \leqslant 0.08D$，最好取 d 为 6～12mm 之间。

法兰取压标准孔板可适用于管径 $D=50$～750mm 和直径比 $\beta=0.1$～0.75 的范围内。

3.3　容积式流量计

容积式流量计主要用来测量不含固体杂质的液体，如油类、冷凝液、树脂和液态食品等黏稠流体的流量。对于高黏度介质的流量，其他流量计很难测量，而容积式流量计却能精确测量，精度可达±0.2%。常用的容积式流量计有椭圆齿轮流量计、腰轮（罗茨）流量计、活塞式流量计、刮板式流量计、圆盘式流量计、湿式气体流量计及皮囊式流量计等。腰轮式流量计和皮囊式流量计可用来测量气体流量。

3.3.1　椭圆齿轮流量计

椭圆齿轮流量计的测量部分是由两个互相啮合的椭圆形齿轮、轴和壳体（它与椭圆形齿轮构成计量室）等组成。其测量原理如图 2-1-28 所示。当被测流体流过椭圆齿轮流量计时，它将带动椭圆齿轮旋转，椭圆齿轮每旋转一周，就有一定数量的流体流过仪表，只要用传动及累积机构记录下椭圆齿轮的转数，就能知道被测流体流过仪表的总量。

当流体流过齿轮流量计时，因克服仪表阻力必将引起压力损失而形成压力差 $\Delta p=p_1-p_2$，p_1 为入口压力，p_2 为出口压力。在此 Δp 的作用下，图 2-1-28(a)中的椭圆齿轮 A 将受到一个合力矩的作用，使它绕轴作

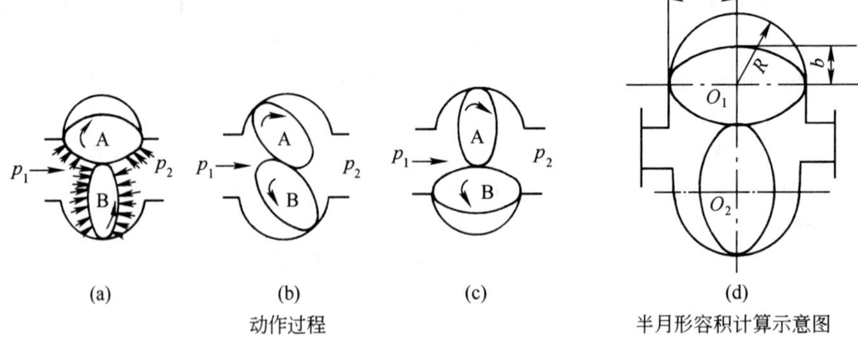

图 2-1-28　椭圆齿轮流量的测量原理图

顺时针转动，而此时椭圆齿轮 B 所受到的合力矩为零。但因两个椭圆齿轮是紧密啮合的，故椭圆齿轮 A 将带动 B 绕轴作逆时针转动，并将 A 与壳体之间月牙形容积内的介质排至出口。显然，此时 A 为主动轮，B 为从动轮。当转至图 2-1-28(b)所示的中间位置时，齿轮 A 与 B 均为主动轮。当再继续转至图 2-1-28(c)所示位置时，A 轮上的合力矩降为零，而作用在 B 轮上的合力矩增至最大，使它继续向逆时针方向转动，从而也将 B 齿轮与壳体间月牙形容积内的介质排至出口。显然这时 B 为主动轮，A 为从动轮，这与图中（a）所示的情况刚好相反。齿轮 A 和齿轮 B 就这样反复循环，相互交替地由一个带动另一个转动，将被测介质以月牙形容积为单位，一次一次地由进口排至出口。图 2-1-28 表示了椭圆齿轮转过 1/4 周的情形，在这段时间内，仪表仅排出了其量为一个月牙形容积的被测介质。所以，椭圆齿轮每转一周所排出的被测介质量为月牙形容积的 4 倍，因而从齿轮的转数便可以计算出排出介质的数量。由图 2-1-28(d)可知，通过流量计的体积总量 V 为：

$$V=4nV_0=4n\left(\frac{1}{2}\pi R^2-\frac{1}{2}\pi ab\right)\delta=2\pi n(R^2-ab)\delta \tag{2-1-14}$$

式中　n——椭圆齿轮的旋转次数；

V_0——椭圆齿轮与壳体间形成的月牙形体积；

R——壳体容室的半径；

a、b——椭圆齿轮的长半轴和短半轴；

δ——椭圆齿轮的厚度。

LCB-9400 系列不锈钢椭圆齿轮流量计不仅具有直读式计数器显示流量总量，还可通过高速输出口，配上脉冲传感器，将其信号输入计算机或显示仪表，实现流量的远距离显示和控制。

LCB-9000S/P 系列流量计是在 9400 基础上，省去了衔接器、齿轮箱和直读计数器，然后装上 S/P 脉冲发生器而成的流量变送器，故它只有远传功能，而没有现场显示功能。

9400 流量计和 S/P 流量计主要用于直接测量流经管道内流体的瞬时流量和总量。它们具有耐腐蚀，测量精度高，使用寿命长，压力损失小，容易安装和维修等特点。其型号规格见表 2-1-18。

表 2-1-18　LCB-9400、9000S/P 椭圆齿轮流量计型号规格表

型号	通径		工作方式	流量范围/(m³/h)						
	in	mm		60℃水	60～110℃热水	<0.2 mPa·s	0.2～2mPa·s		2～200mPa·s	
							汽油	煤油	轻油	重油
9417	1/2	ϕ15	连续	0.05～0.22	0.07～0.15	0.08～0.26	0.06～0.26	0.05～0.26	0.02～0.24	0.01～0.24
			间断	0.05～0.32	0.07～0.23	0.08～0.36	0.06～0.36	0.05～0.36	0.05～0.36	0.01～0.36
9401	1/2	ϕ15	连续	0.15～0.56	0.20～0.50	0.30～0.70	0.20～0.70	0.15～0.70	0.70～1	0.04～1
			间断	0.15～0.65	0.20～0.56	0.30～1	0.20～1	0.15～1	0.07～1.2	0.04～1.2
LCB-9402 LCB-9402S/P	1/2	ϕ15	连续	0.3～1	0.4～0.8	0.4～1.2	0.3～1.2	0.3～1.2	0.2～1.6	0.1～1.6
			间断	0.3～1.5	0.4～1	0.4～1.8	0.3～1.8	0.3～1.8	0.2～2	0.1～2

续表

型号	通径		工作方式	流量范围/(m³/h)						
	in	mm		60℃水	60～110℃热水	＜0.2 mPa·s	0.2～2mPa·s		2～200mPa·s	
							汽油	煤油	轻油	重油
LCB-9453 LCB-9453S/P	1	ϕ25	连续	0.6～2	0.8～1.34	0.8～2.4	0.8～2.4	0.6～2.4	0.3～3.2	0.2～3.2
			间断	0.6～3	0.8～2	0.8～3.6	0.8～3.6	0.8～3.6	0.3～4	0.2～4
LCB-9455 LCB-9455S/P	1	ϕ25	连续	1～5	1.2～4	1.8～5.6	1.2～5.5	1～5.5	0.4～8	0.3～8
			间断	1.2～7	1.2～8	1.3～8.5	1.2～8.5	1～8.5	0.4～10	0.3～10
			极限	9	6	10	10	10	10	10
LCB-9456 LCB-9456S/P	$1\frac{1}{2}$	ϕ45	连续	2～10	2.5～8	3.5～11	2.5～11	2～11	0.9～16	0.6～16
			间断	2～14	2.5～10	3.5～16	2.5～16	2～16	0.9～20	0.6～20
			极限	18	12	20	20	20	20	20
LCB-9457 LCB-9457S/P	2	ϕ50	连续	4～20	5～15.9	8～22	5～22	4～22	2～32	1.2～32
			间断	4～30	5～20	8～35	5～35	4～35	2～40	1.2～40
			极限	35	25	40	40	40	40	40
LCB-9459 LCB-9459S/P	3	ϕ80	连续	8～40	10～35	15～50	10～50	8～50	5.9～70	4～70
			间断	8～60	10～40	15～70	10～70	8～70	5.9～90	4～90
			极限	80	50	90	90	90	90	90

注：1. 间断：指每天工作 8～10h，或定量工作累计 10h。

2. 极限：指短时间（4h 以下）高流量状态下的最大流量能力。

3.3.2 腰轮流量计

腰轮流量计测量流量的基本原理和椭圆齿轮流量计相同，只是轮子的形状略有不同，见图 2-1-29。两个轮子不是互相啮合滚动进行接触旋转，轮子表面无牙齿，它是靠套在伸出壳体的两根轴上的齿轮啮合的，图 2-1-29 展示了轮子的转动情况。

腰轮流量计除了能测量液体流量外，还能测量大流量的气体流量。由于两个腰轮上无齿，所以对流体中的固体杂质没有椭圆齿轮流量计那样敏感。

对于刮板流量计、活塞式等其他容积式流量计读者可参阅文献[2]。

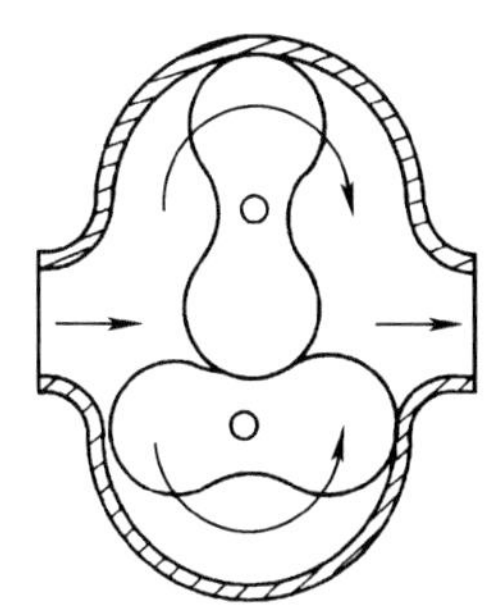

图 2-1-29 腰轮流量计示意图

3.4 智能式漩涡流量计

漩涡流量计是由漩涡发生体和频率检测器构成的变送器、信号转换器等环节组成。输出 4～20mA DC 信号或脉冲电压信号，可检测 Re 在 5×10^3～7×10^6 范围的液体、气体、蒸汽流体流量。漩涡流量计外形如图 2-1-30 所示。

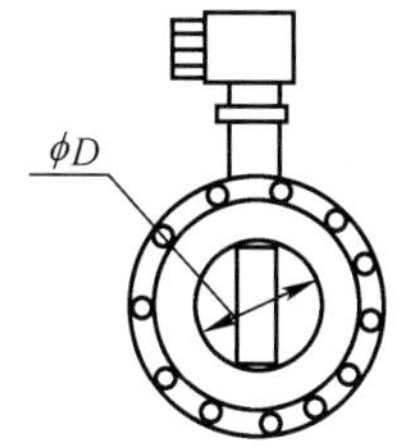

图 2-1-30 漩涡流量计

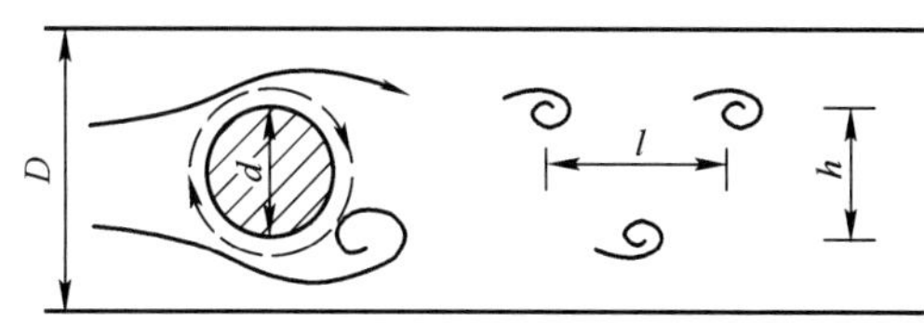

图 2-1-31 卡曼漩涡原理图

3.4.1 检测原理

在流动的流体中，若垂直流动方向放置一个圆柱体，如图 2-1-31 所示。在某一雷诺数范围内，将在圆柱体的后面的两侧交替产生有规律的漩涡，称为卡曼漩涡。漩涡的旋转方向向内，如图 2-1-31 上面一列顺时针旋转，下面一列逆时针旋转。

大量实验证明，单侧漩涡产生的频率 f 与流速 v 和直径 d 之间有如下关系：

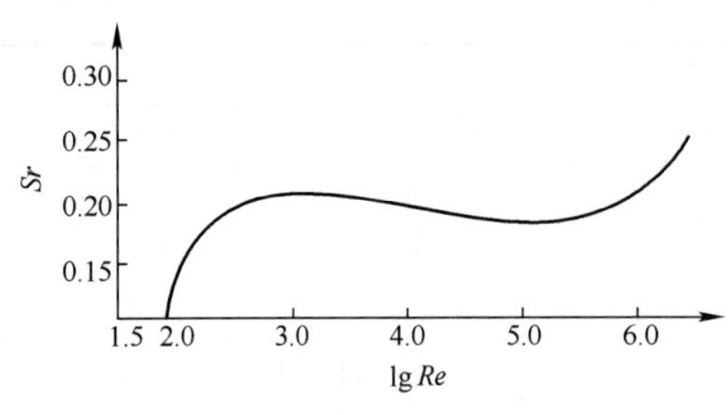

图 2-1-32　Re 与 Sr 的关系

$$f=Sr\times\frac{v}{d}$$

式中　Sr——斯特劳哈尔数。

Sr 是雷诺数的函数，Re 与 Sr 的关系示于图 2-1-32 中。由此得到：

$$q_v=A_o v=A_o\times\frac{d}{Sr}\times f=\xi f$$

式中　A_o——流通截面积；

ξ——仪表常数。

由上式可知，在斯特劳哈尔数 Sr 为常数时，流量 q_v 与单侧漩涡产生的频率 f 成正比。

常见的漩涡发生体有圆柱形、三角柱形、T 柱形等，如图 2-1-33 所示。圆柱形的斯特劳哈尔数较大，稳定性也强，压力损失小，但漩涡度较低。T 柱形的稳定性高，漩涡强度大，但压损较大。三角柱形的压力损失适中，漩涡强度较大，稳定性也好，使用较多。

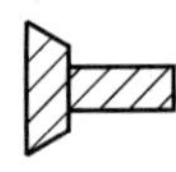

图 2-1-33　常见的漩涡发生体

3.4.2　8800 型智能漩涡流量计

美国罗斯蒙特公司的 8800 型智能漩涡流量计，检测原理为压电方式。它的框图如图 2-1-34 所示。

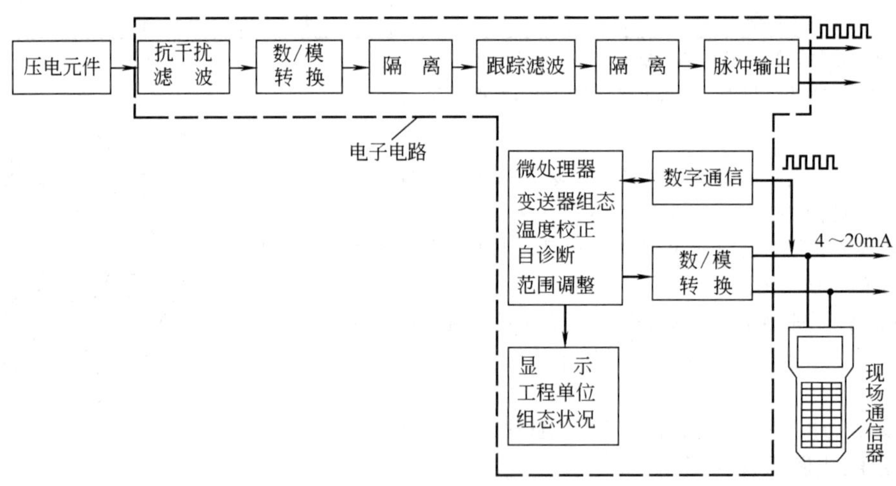

图 2-1-34　8800 型智能漩涡流量变送器

压电元件接收漩涡频率信号，产生的电脉冲信号经滤波、模/数转换后，再送入数字式跟踪滤波器。它能跟踪漩涡频率对噪声信号进行抑制，使滤波后的数字信号正确地反映流量值，且单位流量对应一定的频率数。微处理器接收到跟踪滤波器的数字信号后，一方面经数/模转换成 4～20mA DC 模拟量输出；另一方面可从数字通信模块将脉冲信号旁路，直接送到信号传输线上，使高频脉冲叠加直流信号上送往现场通信器。

变送器本身所带的显示器也由微处理器提供信息，显示以工程单位表示的流量值及组态状况。供现场通信器的数字信号符合工业标准的 HART 总线，可寻址远程转换通信协议，只要符合该协议的现场通信器或包含有这种功能的设备，都可接收到数据。数字通信和模拟信号输出可同时进行。

组态结果存入 EEPROM 中，在意外停电后仍然保持记忆。一旦恢复供电，变送器就立即按已设定的工作方式投入运行。

8800 型变送器可在 12～42V DC 电压下正常工作，但在用通信功能时，电源电压必须在 18～42V 之间。

8800 型变送器检测液体流量时，若雷诺数大于 20000，脉冲输出的基本误差不超过±5%，模拟输出不超过±0.7%。检测气体及蒸汽时，若雷诺数大于 15000，脉冲输出的基本误差不超过±1.5%，模拟输出不超过±0.7%。

3.4.3 常用漩涡流量计的主要技术数据

见表 2-1-19。

表 2-1-19 常用漩涡流量计的主要技术数据

传感器型号	检测元件	被测管道		介质压力/MPa	介质温度/℃	适用介质	显示仪表	生产厂
		公称直径/mm	安装方式					
LUGB	压电晶体	25～300	法兰式	2.5,4	−40～300	气体、液气、蒸汽	LXL 或 LXB	广东省南海石化仪表厂
		250～1000	插入式	2.5				
LUCE	扩散硅压敏元件	200～1400	插入式	1.6	−20～120	液体	XLUY-11	天津自动化仪表十四厂
2350	热敏电阻	25～40	法兰夹装式	10	−50～150（测水＜40）	气体、液体	(1)接收基本频率信号的显示仪表（脉冲幅度6.5V） (2)接收定标脉冲信号的显示仪表（如电磁计数器） (3)接收 4～20mA DC 的模拟量显示仪表	银河仪表厂引进美国EASTECH公司生产技术
2150		50～200						
3050	磁检测器	50～200		20	−48～427	气体、液体、蒸汽		
	压电陶瓷片				−32～180	气体、液体		
2525	热敏电阻	250～450	管法兰式	10	−50～150	气体、液体		
3010	磁检测器			20	−48～427	气体、液体、蒸汽		
	压电陶瓷片				−32～180	气体、液体		
3715,3735	热敏电阻	250～2700	插入式	6	−50～150	气体、液体		
3725				4				
3610,3630	磁检测器			6	−48～427	气体、液体、蒸汽		
3620				4	−48～204			
3610,3630	压电陶瓷片			2.5	−32～180	气体、液体		
3620								

3.5 电磁流量计

电磁流量计是利用电磁感应原理制成的流量测量仪表，可用来测量导电液体体积流量（流速）。变送器几乎没有压力损失，内部无活动部件，用涂层或衬里易解决腐蚀性介质流量的测量。检测过程中不受被测介质的温度、压力、密度、黏度及流动状态等变化的影响，没有测量滞后现象。

3.5.1 电磁流量计的测量原理

电磁流量计是电磁感应定律的具体应用，当导电的被测介质垂直于磁力线方向流动时，在与介质流动和磁力线都垂直的方向上产生一个感应电动势 E_x（见图 2-1-35）：

$$E_x = BDv \quad \text{V} \tag{2-1-15}$$

式中 B——磁感应强度，T；

D——导管直径，即导体垂直切割磁力线的长度，m；

v——被测介质在磁场中运动的速度，m/s。

因体积流量 Q 等于流体流速 v 与管道截面积 A 的乘积，直径为 D 的管道的截面积 $A=\frac{\pi}{4}D^2$，故：

$$Q=\frac{\pi D^2}{4}v \quad \text{m}^3/\text{s} \tag{2-1-16}$$

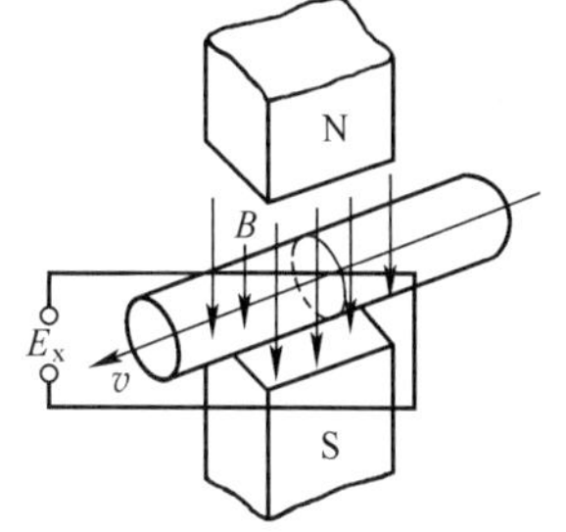

图 2-1-35 电磁流量计原理图

将式（2-1-16）代入式（2-1-15）中，即得：

$$E_x=\frac{4B}{\pi D}Q$$

$$Q=\frac{\pi D}{4B}E_x \tag{2-1-17}$$

由式（2-1-17）可知，当管道直径 D 和磁感应强度 B 不变时，感应电势 E_x 与体积流量 Q 之间成正比。但是上式是在均匀直流磁场条件下导出的，由于直流磁场易使管道中的导电介质发生极化，会影响测量精度，因此工业上常采用交流磁场，$B=B_m \sin\omega t$，得：

$$Q=\frac{\pi D}{4}\times\frac{E_x}{B_m \sin\omega t} \tag{2-1-18}$$

式中 ω——交变磁场的角频率；

B_m——交变磁场磁感应强度的最大值。

由式（2-1-18）可知，感应电势 E_x 与被测介质的体积流量 Q 成正比。但变送器输出的 E_x 是一个微弱的交流信号，其中包含有各种干扰成分，而且信号内阻变化高达几万欧姆，因此，要求转换器是一个高输入阻抗，且能抑制各种干扰成分的交流毫伏转换器，将感应电势转换成 4～20mA DC 统一信号，以供显示、调节和控制，也可送到计算机进行处理。

3.5.2 电磁流量计的特点与应用

电磁流量有许多特点，在应用时对有些问题必须特别注意。

电磁流量计的特点如下。

① 测量导管内无可动部件和阻流体，因而无压损，无机械惯性，所以反应十分灵敏。

② 测量范围宽，量程比一般为 10∶1，最高可达 100∶1。流速范围一般为 1～6m/s，也可扩展到 0.5～10m/s。流量范围可测每小时几十毫升到十几万立方米。测量管径范围可从 2mm 到 2400mm，甚至可达 3000mm。

③ 可测含有固体颗粒、悬浮物（如矿浆、煤粉浆、纸浆等）或酸、碱、盐溶液等具有一定电导率的液体体积流量，也可测脉动流量，并可进行双向测量。

④ E_x 与 Q 成线性关系，故仪表具有均匀刻度，且流体的体积流量与介质的物性（如温度、压力、密度、黏度等）、流动状态无关，所以电磁流量计只需用水标定后，即可用来测量其他导电介质的体积流量而不用修正。

电磁流量计也有其局限性和不足之处。

① 使用温度和压力不能太高。具体使用温度与管道衬里的材料发生膨胀、变形、变质的温度有关，一般不超过 120℃；最高使用压力取决于管道强度、电极部分的密封状况以及法兰的规格等，一般使用压力不超过 1.6MPa。

② 应用范围有限。电磁流量计不能用来测量气体、蒸汽和石油制品等非导电流体的流量。

③ 当流速过低时，要把与干扰信号相同数量级的感应电势进行放大和测量是比较困难的，而且仪表也易产生零点漂移，因此，电磁流量计的满量程流速的下限一般不得低于 0.3m/s。

④ 流速与速度分布不均匀时，将产生较大的测量误差，因此，在电磁流量计前必须有一个适当长度的直管段，以消除各种局部阻力对流速分布对称性的影响。

3.5.3 电磁流量计的型号与规格

LD 型电磁流量计的型号与规格见表 2-1-20。

表 2-1-20 电磁流量计的型号规格表

名称	型 号	测量量程/(m^3/h)	输出信号	主要用途与功能	备 注
电磁流量计	LD-25□	0～1.0…16	① 0～10mA DC(负载阻抗 0～1500Ω)	由电磁流量传感器(LDG型)和电磁流量转换器(LDZ-42型)配套组成的电磁流量计(LD型)，用于测量管道中各种成分的酸碱液或含有纤维及固体悬浮物等导电液体的流量	配套精度：±0.5%FS (DN≤150mm 时) ±1%FS (DN>200mm 时)
	-32□	0～1.6…25	② 4～20mA DC(负载阻抗 0～750Ω)		
	-40□	0～2.5…40	③ 0～1000Hz(负载阻抗≥3000Ω)		
	-50□	0～4.0…60			
	-65□	0～6.0…100			
	-80□	0～10…160			
	-100□	0～16…250			
	-125□	0～25…400			
	-150□	0～40…500			
	-200□	0～60…1000			
	-250□	0～80…1200			
	-300□	0～160…2500			

3.6 超声波流量计

利用超声波测量流体的流速、流量的技术，不仅仅用于工业计量，而且也广泛地应用在医疗、海洋观测、河流等各种计量测试中。

超声波流量计的主要特点是：流体中不插入任何元件，对流束无影响，也没有压力损失；能用于任何液体，特别是具有高黏度、强腐蚀，非导电性等性能的液体的流量测量，也能测量气体流量；对于大口径管道的流量测量，不会因管径大而增加投资；量程比较宽，可达 5∶1；输出与流量之间呈线性等优点。超声波流量计的缺点：当被测液体中含有气泡或有杂音时，将会影响声的传播，降低测量精度；超声波流量计实际测定的流体流速，当流速分布不同时，将会影响测量精度，故要求变送器前后分别应有 $10D$ 和 $5D$ 的直管段；此外，它的结构较复杂，成本较高。

3.6.1 测量原理

设静止流体中的声速为 c，流体流动的速度为 u，传播距离为 L，如图 2-1-36 所示。当声波与流体流动方向一致时（即顺流方向），其传播速度为 $c+u$；而声波传播方向与流体流动方向相反（即逆流方向）时，其传播速度为 $c-u$。在相距为 L 的两处分别放置两组超声波发生器与接收器（T_1、R_1）和（T_2、R_2），当 T_1 顺方向，T_2 逆方向发射超声波时，超声波分别到达接收器 R_1 和 R_2 所需要的时间分别为 t_1 和 t_2：

$$t_1=\frac{L}{c+u} \tag{2-1-19}$$

$$t_2=\frac{L}{c-u} \tag{2-1-20}$$

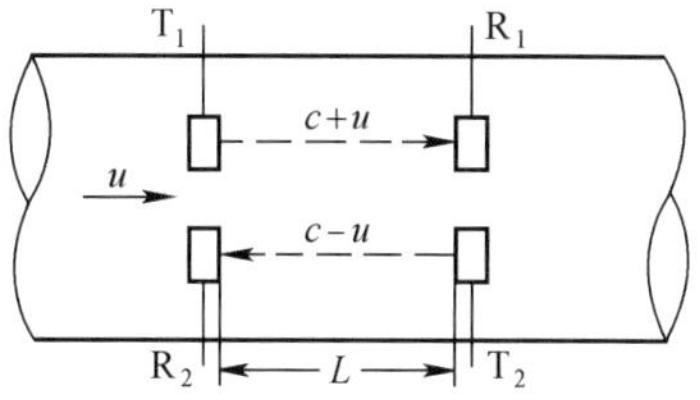

图 2-1-36 超声波测速原理

由于在工业管道中，流体的流速比声速小得多，即 $c \gg u$，因此两者的时差为：

$$\Delta t=t_2-t_1=\frac{2Lu}{c^2} \tag{2-1-21}$$

由式（2-1-21）可知，当声波在流体中的传播速度 c 已知时，只要测出时差 Δt 便可求出流速 u，进而就能求出流量 Q。利用这个原理进行流量测量的方法称为时差法。此外还可以用相差法、频差法等。

相差法的测量原理：如果超声波发生器发射连续超声脉冲或周期较长的脉冲列，则在顺流和逆流发射时所接收到的信号之间便要产生相位差 $\Delta\varphi$，即：

$$\Delta\varphi=\omega\Delta t=\frac{2\omega Lu}{c^2} \tag{2-1-22}$$

式中 ω——超声波的角频率。

由式（2-1-22）可知，当测得 $\Delta\varphi$ 后，即可求出 u，进而求得流量 Q。此法用测量相位差 $\Delta\varphi$ 代替了测量微小时差 Δt，有利于提高测量精度。但存在着声速 c 对测量结果的影响。

频差法的测量原理：为了消除声速 c 的影响，常采用频差法。由前可知，上、下游接收器接收到的超声波的频率之差 Δf 可用下式表示：

$$\Delta f=\frac{c+u}{L}-\frac{c-u}{L}=\frac{2u}{L} \tag{2-1-23}$$

由上式（2-1-23）可知，只要测得 Δf 就可求得流量 Q，并且此法与声速无关。

3.6.2 SP-2 系列智能型超声波流量计简介

SP-2 系列智能型超声波流量计，是参照当前世界上最先进的超声波流量计的原理，结合我国的实际情况而设计生产的一种高级超声波流量计。它具有以下特点：

① 采用了最先进的数学模式作为设计指导思想，所有公式全由微机自动选择调整；

② 为提高测量精度，仪表不仅具有严密的温度补偿，还可对不同管道、不同流速、不同黏度的各种介质进行自动的雷诺数补偿；

③ 采用人机对话形式，各种参数均由按键输入；

④ 不同管道所需的不同参数均由软件自动调整；

⑤ 具有保证仪表安装到正确位置的指示装置；

⑥ 充分发挥了仪表软件功能。仪表具有灵敏的自动跟踪的“学习机能”和智能化的抗干扰功能，以保证仪表能长期稳定可靠地工作；

⑦ 有完备的显示和打印功能，可随时显示和定时打出时间、流速、瞬时流量、累积流量，以及流量差值等参数；

⑧ 可输出 4～20mA DC 标准信号，以便远传；

⑨ 可在管外或管内安装，这种流量计可在 $\phi=100\sim2200$mm 的管道上测 $t=0\sim50$℃，流速为±0～9m/s，不含过多杂质和气泡，能充满管道的水及其黏度不过大的介质流量，此种仪表安装时，一般上游要有 10D 以上，下游 5D 以上的直管段。

3.7 转子流量计

转子流量计又称面积式流量计或恒压降式流量计，也是以流体流动时的节流原理为基础的一种流量测量仪表。

转子流量计的特点：可测多种介质的流量，特别适用于测量中小管径雷诺数较低的中小流量；压力损失小且稳定；反应灵敏，量程较宽（约 10∶1），示值清晰，近似线性刻度；结构简单，价格便宜，使用维护方便；还可测有腐蚀性的介质流量。但转子流量计的精度受测量介质的温度、密度和黏度的影响，而且仪表必须垂直安装等。

3.7.1 转子流量计的工作原理

转子流量计是由一段向上扩大的圆锥形管子 1 和密度大于被测介质密度，且能随被测介质流量大小上下浮动的转子 2 组成，如图 2-1-37 所示。

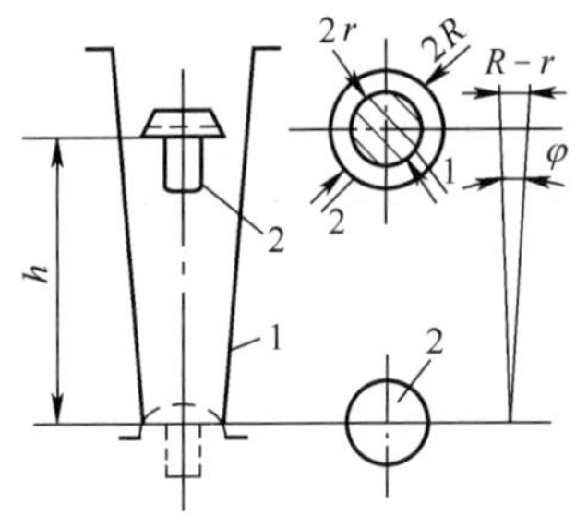

图 2-1-37 转子流量计原理示意图

从图 2-1-37 可知，当流体自下而上流过锥管时，转子因受到流体的冲击而向上运动。随着转子的上移，转子与锥形管之间的环形流通面积增大，流体流速减低，冲击作用减弱，直到流体作用在转子上向上的推力与转子在流体中的重力相平衡。此时，转子停留在锥形管中某一高度上。如果流体的流量再增大，则平衡时转子所处的位置更高；反之则相反。因此，根据转子悬浮的高低就可测知流体流量的大小。

从上可知，平衡流体的作用力是利用改变流通面积的方法来实现的，因此称它为面积式流量计。此外，无论转子处于哪个平衡位置，转子前后的压力差总是相同的。这就是转子流量计又被称为恒压降式流量计的缘故。它的流量方程式为：

$$Q=\alpha\pi[2hr\tan\varphi+(h\tan\varphi)^2]\sqrt{\frac{2gV(\rho_f-\rho)}{F\rho}} \tag{2-1-24}$$

式中 r——转子的最大半径；
φ——锥形管的倾斜角；
V——转子的体积；
$V(\rho_f-\rho)$——转子在流体中的质量；
ρ_f——转子材质密度；
ρ——流体的密度；
F——转子的最大截面积；
α——与转子几何形状和雷诺数有关的流量系数。

由式（2-1-24）可知：

① Q 与 h 之间并非线性关系，但因 φ 很小，可以视作线性，所以被引入测量误差，故精度较低（±2.5%）；

② 影响测量精度的主要因素是流体的密度 ρ 的变化，因此在使用之前必须进行修正。

3.7.2 转子流量计的种类及结构

转子流量计一般按锥形管材料的不同，可分为玻璃管转子流量计和金属管转子流量计两大类。前者一般为就地指示型，后者一

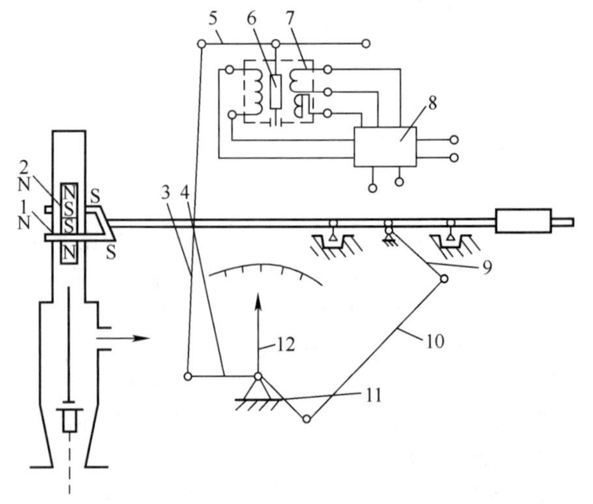

图 2-1-38 电远传金属管转子流量计工作原理图

1、2—磁钢；3、4、5—第二套四连杆机构；6—铁心；7—差动变压器；8—电转换器；9、10、11—第一套四连杆机构；12—指针

般制成流量变送器。金属管转子流量计按转换器不同又可分为气远传、电远传、指示型、报警型、带积算等；按其变送器的结构和用途又可分为基型、夹套保温型、耐腐蚀型、高温型、高压型等。

图 2-1-38 所示为电远传金属管转子流量计工作原理图。当流体流过仪表时，转子上升，其位移通过封镶在转子上部的磁钢与外面的双面磁钢耦合传出，由平衡杆带动两套四连杆机构，分别实现现场指示和使铁心相对于差动变压器产生位移，从而使差动变压器的次级绕组产生不平衡电势，经整流后，输出 0～10mV 或 0～50mV 的电压信号。如要输出标准电流信号，则可将整流后的电信号再经功率放大等，最后输出 0～10mA 或 4～20mA 的标准直流电信号，便于远传进行指示、记录或调节等。

3.7.3 LZD 型电远传转子流量计

LZD 型电远传转子流量计可用于测量连续封闭管道中液体、气体和蒸汽的体积流量。它一般采用不锈钢（1Cr18Ni9Ti）制造（基型），还有双层壳体（夹套保温型）和内衬耐腐蚀材料（耐腐型）。4～20mA DC（二线制）输出的电远传转换器结构分不防爆和防爆（dⅡBT3）两种。具体型号规格编码见表 2-1-21。

表 2-1-21 LZD 型电远传转子流量计型号规格编码一览表

L Z D □ - □ □ □ □ □ □ □ □ □

电远传型转子流量计（LZD）

介质

Y	液体
Q	气体

A 码：公称通径/mm

编码	11	15	21	23
公称通径	15	25	40	50
编码	27	31	33	35
公称通径	80	100	(125)	150

B 码：公称压力/MPa

编码	2	3	4	6	7
压力等级	1.0	1.6	2.5	6.3	≥10

C 码：与管路连接方式

编码	1
连接方式	法兰连接

D 码：动力

编码	2	6
电源	220V,50Hz	+24V DC,二线制

E 码：输出信号（均带现场度盘、指针指示）

编码	1	2
输出信号	0～10mA DC	4～20mA DC

F 码：传感器材料

编码	1	2	7	9
材料	不锈钢	不锈钢＋碳钢法兰	特殊金属	非金属

G 码：流量范围上限值数（$Q=a\times10^n$ 中的 a）

编码	0	2	4	6	8
a 值	1	1.3	2.5	4.0	6

H 码：传感器结构

编码	0	5	6
结构	基型	夹套保温型	耐腐蚀

I 码：防爆等级

编码	0	2
防爆等级	不防爆	dⅡBT3

注：1. 耐腐型只有一种口径：DN25。

2. 空气流量范围上限值约为表中值的 30 倍（20℃，101.325kPa 标准状态）。

举例：LZDY-2741621402 表示公称通径 80mm，公称压力为 2.5MPa，法兰连接，＋24V 直流电源二线制供电，输出 4～20mA DC，传感器壳体，法兰均为不锈钢，流量范围上限值 $2.5\times10\text{m}^3/\text{h}$，基型，隔爆等级为 dⅡBT3 的电远传转子流量计（测液体）。

3.8 冲板式流量计

随着工业生产日趋复杂和生产过程自动化水平的不断提高，固体流量测量显得越来越重要。固体流量仪表种类很多，如电容式流量计、电导率式流量计、冲板式流量计及皮带秤等。

冲板式流量计是一种用于测量自由落下的粉粒状介质的固体流量计，利用被测介质在检测板上的冲击力，通过转换和放大输出与瞬时质量流量成比例的标准电信号或气信号，可与各种显示仪表、调节仪表配套使用，以实现固体流量的指示、积算、记录和控制报警等。

冲板式流量计的分类，按测力方式可分为测垂直分力和水平分力两种；按结构形式可分为天平式和直行程式两种；按检测器形式可分为斜板型和锥塔型两种；按转换原理可分为位移式和力平衡式两种；按输出信号可分为标准电信号和标准气信号两种。

冲板式流量计是以动量原理工作的。从送料器加入的粉粒状介质从高度为 h 处自由下落，冲击在检测板上所产生的冲击力，以及在检测板上流动时所呈现的滞留量与被测介质的瞬时质量流量 M 成正比。

表 2-1-22　DE10 型冲板传感器型号规格

DE10-□□□□□□

技术等级
L—FM 证书①
R—标准
Y—特殊型

量程[质量流速/(t/h)]			轴径	最大极重
	min	max	/mm	/kg
002	1.5	7.5	21.3	2
010	4	12.5	21.3	10
020	7.5	25	21.3	10
030	10	40	42.4	18
060	20	70	42.4	18
100	35	125	42.4	18
200	65	250	42.4	70
300	100	375	42.4	70
600	100	750	42.4	70
999	特殊型			

阻尼器加热装置引线/恒温
H— < 10℃，带加热器，220V AC
T— < 10℃，带加热器，110V AC
R— > 10℃，无加热器
Y— 特殊型

传感器壳体及安装保护膜				
	最高工温	环境温度	膜 (位于 DE10 与 DX11 之间)	DE10 壳体材料
16	90℃	60℃	氯丁橡胶	聚氨酯
18	90℃	80℃	氯丁橡胶	钢
28	180℃	80℃	硅树脂	钢
99	特殊型			

防尘及压力补偿
D—轴密封外加保护罩，最高至 120℃，带压力补偿
K—无防尘设施
L—防尘罩，防尘环，不密封
M—轴密封外加保护罩，最高至 120℃②
Y—特殊型

HMI 361 前放
23—远程安装，带 3m 长电缆
36—内部安装
43—远程安装，带 3m 长电缆，1/2″ NPT 密封
56—内部安装，1/2″ NPT 密封

① “L” 型只适用于下列两种机型：DE10-L-XXX-R-18-M-56 或 DE10-L-XXX-R-28-M-43；
② 选用轴密封件时，不宜选用气体净化功能。

冲板式流量计由变送器和放大器两部分组成。图 2-1-39 所示为检测变送器的一种基本结构。变送器由检测板、差动变压器、量程弹簧、阻尼器、静态校验机构、横梁、挠曲支点和壳体等组成。同时，还包括整流装置、导流器和校验门。

放大器起功率放大和转换作用，以标准信号输出。线性器用来校正输出信号，使其准确地与被测介质的瞬时流量成线性关系。

DE10 冲板传感器及 DME270 变送器组成的冲板式流量计，可以在线连续测量：建筑材料，如生料水泥、熟料水泥、石灰石、石灰岩、石膏、木屑等；化工方面，包括化肥、塑料粉末、塑粒子和硅石等；食品或动物饲料，如咖啡、快餐食品、茶叶、可可粉、谷物、麦芽等，以及能源工业的煤粉、飞灰、焦炭等。DE10 和 DME270 型号规格见表 2-1-22 和表 2-1-23。

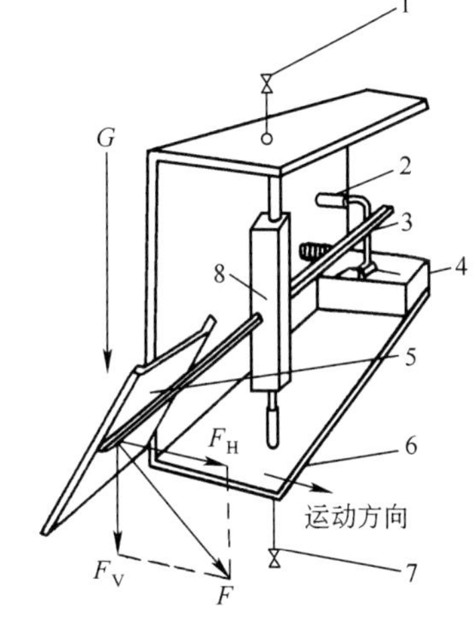

图 2-1-39 变送器结构

1—挠曲支点；2—差动变压器；3—量程弹簧；4—阻尼器；5—检测板；6—固定支架；7—挠曲支点；8—横梁

3.9 质量流量计

在工业生产过程中，有时需要测量流体的质量流量，如化学反应的物料平衡、热量平衡、配料等，都需要测量流体的质量流量。质量流量是指在单位时间内，流经封闭管道截面处流体的质量。用来测量质量流量的仪表统称为质量流量计。

质量流量计有以下特点：①对示值不用加以理论的或人工经验的修正；②输出信号仅与质量流量成比例，而与流体的物性（如温度、压力、黏度、密度、雷诺数等）无关；③与环境条件（如温度、湿度、大气压等）无关；④只需检测、处理一个信号（即仪表的输出信号），就可进行远传和控制；⑤只需一个变量对时间进行积分，所以流量的计算简单等。

质量流量计一般可分为直接式（内补偿式）与推导式（外补偿式）两类。直接式质量流量计又可分为热力式、科氏力式、动量式和差压式等几种；推导式质量流量计又被分为温度压力补偿式和密度补偿式两种。

表 2-1-23 高性能信号处理器 DME270 型号规格

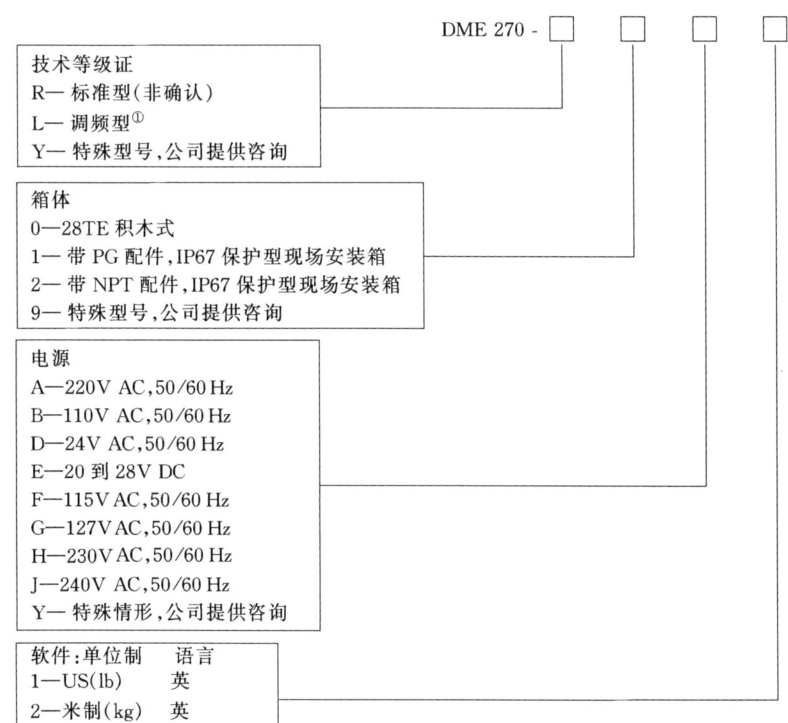

DME 270 - □ □ □ □

技术等级证
R— 标准型(非确认)
L— 调频型[①]
Y— 特殊型号,公司提供咨询

箱体
0—28TE 积木式
1— 带 PG 配件,IP67 保护型现场安装箱
2— 带 NPT 配件,IP67 保护型现场安装箱
9— 特殊型号,公司提供咨询

电源
A—220V AC,50/60 Hz
B—110V AC,50/60 Hz
D—24V AC,50/60 Hz
E—20 到 28V DC
F—115V AC,50/60 Hz
G—127V AC,50/60 Hz
H—230V AC,50/60 Hz
J—240V AC,50/60 Hz
Y— 特殊情形,公司提供咨询

软件:单位制 语言
1—US(lb) 英
2—米制(kg) 英
3—米制(kg) 德

① 调频型只适用 F 及 H 形式的电源。

3.9.1 直接式质量流量计

直接式质量流量计是一种流量测量装置，其敏感元件的反应比例于真正的质量流量。

图 2-1-40 为差压式直接质量流量计的作用原理图。它是根据马格纳斯诱导回流效应，在仪表的壳体内安装一个圆筒，把仪表分割成两个相等的通道。当圆筒静止时，流经通道的质量流量相等，则 p_1 与 p_2 的压力相等。当圆筒以恒定的速度 ω 按顺时针方向旋转时，则旋转圆筒的圆周速度必将叠加到流体的流速上。显然，p_1 处的流速增大，p_2 处的流速减小，两者增减的速度均为旋转圆筒的圆周速度，即：

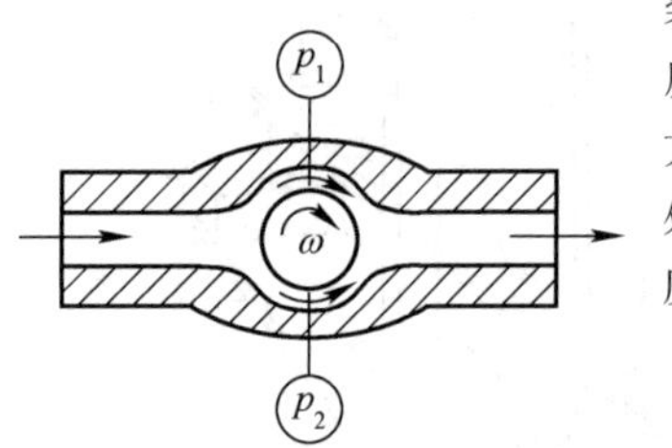

图 2-1-40 应用马氏效应的质量流量计的作用原理图

$$u_1 = u_m + u_0$$

$$u_2 = u_m - u_0$$

式中 u_1，u_2——分别为 p_1 点和 p_2 点的流速；

u_m——圆筒静止时各测点通道的流速；

u_0——由圆筒旋转时所产生的速度。

根据伯努利方程和流量基本公式可求得差压式质量流量计的基本公式：

$$p_1 - p_2 = \frac{M}{A}u_0 \qquad (2\text{-}1\text{-}25)$$

式中 A 为一边通道的截面积。若圆筒由同步电动机带动，确保其转速恒定，则 u_0 为常数。当结构及几何尺寸确定后，则 A 也是常数。可见，只要测出 p_1 和 p_2 的压力差，就能得到与该压力差成正比的质量流量。

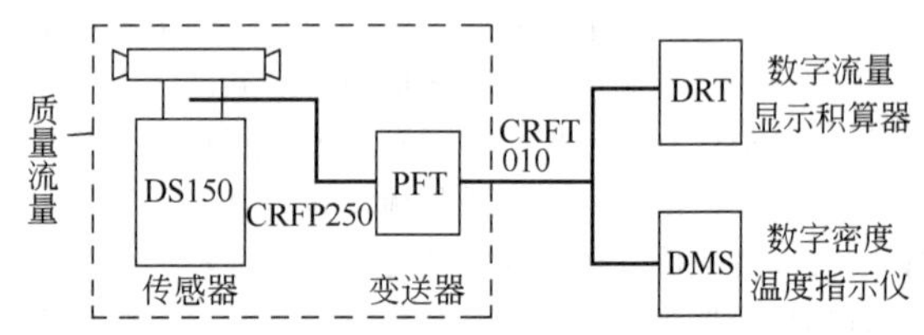

图 2-1-41 质量流量计组成框图

3.9.2 科氏力质量流量计

科氏力质量流量计是目前应用较多，发展较快的一种直接式质量流量计，是美国 Micromotion 公司首先开发出来的，所以也称 Micromotion 流量计。它有以下特点：

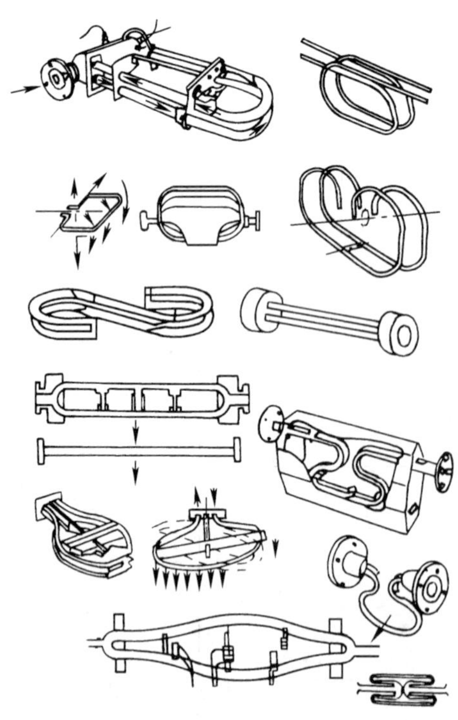

图 2-1-42 Coriolis 式质量流量计的测量管形状

① 可直接测量质量流量，与被测介质的温度、压力、黏度及密度等参数变化无关；

② 无可动部件，可靠性较高，维修容易；

③ 线性输出，测量精度高，它可达±0.1%～±0.2%，并和 DCS 计算机连用；

④ 可调量程比宽，最高可达 1∶100；

⑤ 适用于高压气体、各种液体的测量，如腐蚀性、脏污介质、悬浮液及两相流体（液体中含气体量＜10%体积）等。

科氏力质量流量计的整个测量系统，一般由传感器、变送器及数字式指示累积器等 3 部分组成（参见图 2-1-41）。传感器是根据科里奥利（Coriolis）效应制成的，由传感管、电磁驱动器和电磁检测器 3 部分组成。传感管的结构种类很多，有的是两根 U 形管，有的是两根 Ω 形管，有的是两根直管等，见图 2-1-42。电磁驱动器使传感管（如 U 形传感器）以其固有频率振动，而流量的导入使 U 形传感管在科氏力的作用下产生一种扭曲，在它的左右两侧产生一个相位差，根据科里奥利效应，该相位差与质量流量成正比。电磁检测器把该相位差转变为相应的电平信号送入变送器，经滤波、积分、放大等电量处理后，转换成与质量流量成正比的 4～20mA 模拟信号和一定范围的频率信号两种形式输出。综上可知，科氏力质量流量计与温度、压力、密度和黏度等参数的变化无关，无需进行任何补偿，故称为直接式质量流量计。科氏力质量流量计传感器的规格见表 2-1-24。

表 2-1-24　科氏力流量传感器规格表

名　称	压力等级	与被测介质接触部分材料	单　位	DN6	DN12	DN25	DN40	DN100	DN150	DN300	DN600
流量范围	S①	SS③	kg/min	0～0.91	0～5	0～36	0～55	0～45	0～1270	0～3180	0～9990
	H②	SS	kg/min		0～12	0～55	0～90	0～1135	0～5000	0～18200	
	S	TF④	kg/min		0～6.8						
	S	HR⑤	kg/min						0～1270	0～3180	0～9090
最小满刻度流量	S	SS	kg/min	0.05	0.25	1.8	2.7	23	64	159	455
	H	SS	kg/min		0.64	2.7	4.5	57	250	900	
	S	TF	kg/min		0.36						
	S	HR	kg/min						64	159	455
额定工作压力	S	SS	MPa	19.3	12.4	19.3	8.6	15.5	10.3	4.1	5.5
	H	SS	MPa		27.6	27.6	19.3	38.4	37.1	28.0	
	S	TF	MPa		1						
	S	HR	MPa						6.8	4.1	5.5
零点稳定性	S	SS	kg/min	0.0001	0.001	0.007	0.01	0.05	0.15	0.32	1.1
	H	SS	kg/min		0.002	0.01	0.02				
	S	TF	kg/min		0.001						
	S	HR	kg/min						0.15	0.32	1.1

① S 表示标准压力。

② H 表示较高的压力。

③ SS 表示不锈钢。

④ TF 表示衬聚四氟乙烯。

⑤ HR 表示衬 Halar（一种合成材料的商品名称）。

3.9.3　推导式质量流量计

推导式质量流量计是一种体积流量测量装置。它的输出需经过补偿后才能换算成质量流量。它的实现方法有很多，特别是智能仪表和微机的应用，使推导式质量流量计发展极快。

（1）由流量变送器和密度计组合成的质量流量计　测量流量的变送器有涡轮流量计、电磁流量计、漩涡流量计、超声波流量计等，它们和连续测量 ρ 的密度计相组合，通过 ρQ 乘积的运算，最后可得质量流量 M。

（2）温度、压力补偿式质量流量计　在测出管道中被测流体的体积流量的同时，也测出被测点的介质温度和压力，并对上述三者进行适当运算后，即可求得质量流量。

（3）微型机多通道质量流量计　微型机多通道质量流量计接受来自多通道标准节流装置经差压变送器、压力变送器和温度变送器的信号，采用微型计算机在线自动运算补偿 4 个参数（密度 ρ、流量系数、流束膨胀系数 ε、节流元件的开孔直径 d），按要求设定一个参量（干度 X），并在线自动运算、显示、打印出流体的瞬时质量流量和累计总量。

（4）国外流量计算机　使用微型机实现压力、温度补偿的方法是我国目前应用比较广泛的流量测量方法。但是随着石化工业的蓬勃发展，天然气、石油产品在管道中的传输和销售都需要解决计量问题。另外，又因国际上能源日趋短缺，燃料价格上涨，要求计量准确。因此，国外许多工业发达国家纷纷研究出各种流量计算机，详见表 2-1-25。

表 2-1-25　国外流量计算机一览表

厂　家	型　号	功　能	连接的变送器	依照标准
丹尼工业股份有限公司	2231 型	配孔板测量天然气的体积流量	差压、压力、温度、比重变送器	AGA3
	2232 型	配孔板测量天然气的体积和质量流量	差压、密度、比重变送器	AGA3

续表

厂　　家	型　　号	功　　能	连接的变送器	依照标准
丹尼工业股份有限公司	2233 型	配涡轮测量液态烃的体积、质量流量	压力、温度、密度变送器	API1101 API2540
	2234 型	配孔板测量乙烯气体的重量流量	压力、温度、差压、密度变送器	AGA3
	2236 型	配涡轮测量液态丙烯的体积、质量流量	压力、温度变送器	API2565
ITT 巴腾公司	UMC-2000 型	配孔板或涡轮测量天然气的体积和质量流量	压力、温度、差压、密度变送器	AGA3、5
	MC-3000 型	配孔板测量天然气的体积、质量、能量流量；配涡轮测量石油流量	压力、温度、差压、密度、比重变送器	AGA3、5 API2540
华富控制仪表有限公司	1001A 型	配孔板测量天然气的体积、质量、能量流量，通过组合也可测其他气体或液体的流量	差压、温度、压力、密度、比重、卡路里热值变送器	AGA3、5 AGANX-19
	1120 型	配涡轮、漩涡等测量液态烃的体积、质量流量。经过组合可带自动校验装置	压力、温度、比重、密度变送器	API2540 API1101 API2531
洛克威尔国际公司	MPB 气体流量计算机	配涡轮测量天然气体积、质量流量	压力、温度、密度变送器	AGANX-19
沙拉索泰自动化有限公司	FCD900	配孔板测量天然气或液态烃的体积、质量、能量流量(液态不测能量流量)	差压、温度、密度，压力或比重、卡路里热值变送器	ISO5167 AGA3、5 API2530 ASTM1250D
	FCT900	配涡轮测量天然气或液态烃的体积、质量、能量流量(液态不测能量流量)可带自动校验装置校正涡轮系数	温度、压力或比重、密度、卡路里热值变送器	ISO2715 AGA5、7 ASTM1250D
	FC910	配孔板或涡轮测量天然气和液态烃的体积、质量、能量流量(液态不测能量流量)	差压、温度、压力或比重、密度、卡路里热值变送器	ISO5167 ISO2715 AGA3、7 AGA5 ASTM1250D
KDG 仪器仪表有限公司	781 型(用编程器送数) 782 型(用键盘送数)	配孔板或涡轮测量天然气的体积、质量流量	差压、温度、比重、密度、压力变送器	AGANX-19
索拉铁龙传感器集团公司	7900 过程(流量)计算机	配孔板或涡轮测量天然气和液态石油产品的体积、质量、能量流量(液态不测能量流量)	温度、压力、密度、比重、卡路里热值变送器	ISO5167 AGA3、5

从表 2-1-25 中可见，这些流量计算机不仅采用温度、压力进行补偿，而且还采用密度、比重、基本卡路里热值变送器进行补偿等。

4 物位检测仪表

4.1 概述

在工业生产过程中，常遇到大量的液体物料和固体物料，它们占有一定的体积，堆成一定的高度。把生产过程中罐、塔、槽等容器中存放的液体表面位置称为液位；把料斗、堆场仓库等储存的固体块、颗粒、粉料等的堆积高度和表面位置称为料位；两种互不相溶的物质的界面位置叫作界位。液位、料位以及相界面总称为物位。对物位进行测量的仪表被称为物位检测仪表。

物位测量的主要目的有两个：一是通过物位测量来确定容器中的原料、产品或半成品的数量，以保证连续供应生产中各个环节所需的物料或进行经济核算；另一个是通过物位测量，了解物位是否在规定的范围内，以便使生产过程正常进行，保证产品的质量、产量和生产安全。

物位测量仪表的种类很多，如果按液位、料位、界面来分可分为：

① 测量液位的仪表　玻璃管（板）式、称重式、浮力式（浮筒、浮球、浮标）、静压式（压力式、差压式）、电容式、电感式、电阻式、超声波式、放射性式、激光式及微波式等；

② 测量界面的仪表　浮力式、差压式、电极式和超声波式等；

③ 测量料位的仪表　重锤探测式、音叉式、超声波式、激光式、放射性式等。

物位检测仪表的性能比较见表 2-1-26。

表 2-1-26　物位仪表的性能比较表

检测方式及名称		直读式		浮力式			差压式				电学式		
		玻璃管式液位计	玻璃板式液位计	浮子式液位计	浮球式液位计	浮筒式液位计	压力液位计	吹气式液位计	差压式液位计	油灌称重仪	电阻式物位计	电容式物位计	电感式物位计
检测元件	测量范围/m	<1.5	<3	20		2.5			20			2.5～30	
	测量精度				±1.5%	±1%			±1%	±0.1%	±10 mm	±2%	
	可动部分	无	无	有	有	有	无	无	无	有	无	无	无
	与介质接触与否	接	接	接	接	接	接,不	接	接	接	接	接	接,不
输出方式	连续测量或定点控制	连续	连续	连续	连续 定点	连续	连续	连续	连续	连续	定点	连续 定点	定点
	操作条件	就地目视	就地目视	远传计数	报警	指示报警调节	远传显示调节		远传指示记录调节	远传数字显示	报警调节	指示	报警调节
被测对象	所测物位（液位、料面、界面）	液	液	液	液 界	液 界	液 料	液	液 界	液	液 料	液料界	液
	工作压力/kPa	<1600	<4000	常压	1600	32000	常压	常压				32000	<6400
	介质工作温度/℃	100～150	100～150		<150	<200			−20～200			−200～200	
	防爆要求（本质安全,隔爆,不接触介质）	本质安全	本质安全	可隔爆	本质安全，隔爆	有隔爆	可隔爆	本质安全	气动防爆	可隔爆			
	对黏性介质（结晶悬浮物）						法兰式可用		法兰式可用	钟盖引压可用			
	对多泡沫沸腾介质测量				适用	适用	适用	适用	适用	适用			

续表

检测方式及名称		声学式				核辐射式			其他形式					
		气介式超声波物位计	液介式超声波液位计	固介式超声波物位计	超声波物位信号器	核辐射物位计	核辐射物位计信号器	中子物位计	射流物位计	激光物位计	微波物位计	振动式物位计	重锤式料位测重仪	旋转翼板物位信号器
检测元件	测量范围/m	30	10			15							30	
	测量精度	±3%	±5 mm		±2 mm	±2%	±2.5 mm							±2.5 mm
	可动部分	无	无	无	无	无	无		无	无	无	有	有	有
	与介质接触与否	不	接,不	接	不	不	不	不	接	不	不	接	接	接
输出方式	连续测量或定点控制	连续	连续	连续	定点	连续	定点		定点	定点	定点	定点	连续	定点
	操作条件	数字显示	数字显示			要防护远传指示	要防护远传调节	要防护	调节报警	调节报警				
被测对象	所测物位(液位、料面、界面)	液料	液界	液	液料	液料	液料		液	液料	液料	液料	液界	料
	工作压力/kPa									常压		常压	常压	常压
	介质工作温度/℃	200		高温			1000			不接触1500				
	防爆要求(本质安全,隔爆,不接触介质)					不接触介质	不接触介质		本质安全	不接触介质				
	对黏性介质(结晶悬浮物)	适用	适用	适用	适用	适用	适用	适用	适用	适用				
	对多泡沫沸腾介质测量			适用	适用	适用	适用							

4.2 浮力式液位计

浮力式液位计是根据浮在液面上的浮球或浮标随液位的高低而产生上下位移，或浸于液体中的浮筒随液位变化而引起浮力的变化原理而工作的。

浮力式液位计有两种。一种是维持浮力不变的液位计，称为恒浮力式液位计，如浮球、浮标式等。另一种是在检测过程中浮力发生变化的，叫做变浮力式液位计，如沉筒式液位计等。

浮力式液位计结构简单，造价低，维持方便，因此在工业生产中应用广泛。

4.2.1 恒浮力式液位计

恒浮力式液位计是利用浮子本身的重量和所受的浮力均为定值，并使浮子始终漂浮在液面上，并跟随液面的变化而变化的原理来测量液位的。

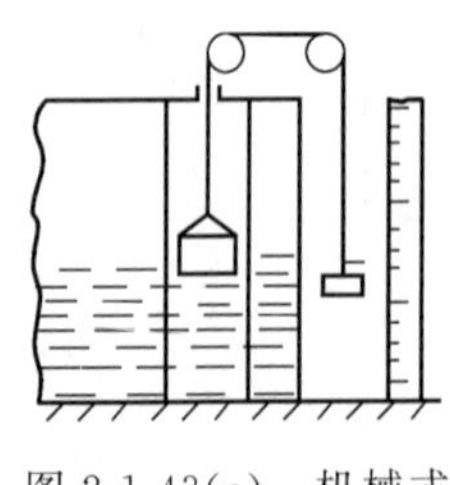

图 2-1-43(a) 机械式就地指示液位计

图2-1-43(a)为机械式就地指示的液位计示意图。浮子和液位指针直接用钢带相连，为了平衡浮子的重量，使它能准确跟随液面上下灵活移动，在指针一端还装有平衡锤，当平衡时可用下式表示：

$$G-F=W \tag{2-1-26}$$

式中 G——浮子的重量；

F——浮子所受的浮力；

W——平衡锤的重量。

当液位上升时，浮子所受的浮力 F 增大，即 $G-F$ 小于 W，使原有的平衡关系被破坏，平衡锤将通过钢带带动浮子上移；与此同时，浮力 F 将减小，即 $G-F$

将增大，直到 $G-F$ 重新等于 W 时，仪表又恢复了平衡，即浮子已跟随液面上移到了一个新的平衡位置。此时指针即在容器外的刻度尺上指示出变化后的液位。当液位下降时，与此相反。

式 (2-1-26) 中 G、W 均可视为常数，因此，浮子平衡在任何高度的液面上时，F 的值均不变，所以把这类液位计称为恒浮力式液位计。

4.2.2 变浮力式液位计

变浮力式液位计（浮筒式液位计）的检测元件是沉浸在液体中的浮筒。它随液位变化而产生浮力的变化，去推动气动或电动元件，发出信号给显示仪表，以指示被测液面值，也可作液面报警和控制。

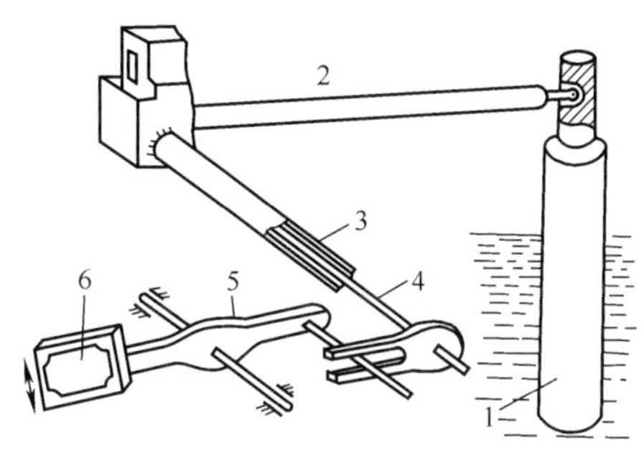

图 2-1-43(b) 位移平衡浮筒式液位变送器
1—浮筒；2—杠杆；3—扭力管；4—心轴；5—推板；6—霍尔片

图 2-1-43(b)所示为位移平衡浮筒式液位变送器原理图。当液位发生变化时，浮筒（又称沉筒）1 本身的重力与所受的浮力的不平衡力，经杠杆 2 传至扭力管 3，而扭力管产生转角弹性变形，由心轴 4 传出，经推板 5 传到霍尔片 6，转换成霍尔电势，经功率放大后转换成统一的标准电信号输出，以远传给显示仪表进行液位指示、记录和控制。

表 2-1-27 所示为浮力式各种液位计主要技术性能。

表 2-1-27 各种浮力式液位计主要技术性能

液位计名称	测量范围	最大误差	介质温度/℃	工作压力/Pa
自力式浮子液位计	0.5～10m	±20mm		开口容器
远传浮子式液位计	0～40m	±(30～50)mm	−5～40	开口容器
自动平衡浮子式液位计	0～16m	±0.02mm	100	开口容器
浮球式液位信号器	0～1000mm	±5mm	150	10×10^5
力平衡浮筒式液位变送器	300～2000mm	±1%	150	16×10^6
位移平衡浮筒式液位变送器	300～2000mm	±2%	150	40×10^6

4.3 差压式液位计

差压式液位计是利用容器内的液位改变时，液柱产生的静压也相应变化的原理而工作的。

差压式液位计的特点：

① 检测元件在容器中几乎不占空间，只需在容器壁上开一个或两个孔即可；

② 检测元件只有一、两根导压管，结构简单，安装方便，便于操作维护，工作可靠；

③ 采用法兰式差压变送器可以解决高黏度、易凝固、易结晶、腐蚀性、含有悬浮物介质的液位测量问题；

④ 差压式液位计通用性强，可以用来测量液位，也可用来测量压力和流量等参数。

图 2-1-44 所示为差压式液位计测量原理图。当差压计一端接液相，另一端接气相时，根据流体静力学原理，有：

$$p_B = p_A + H\rho g \tag{2-1-27}$$

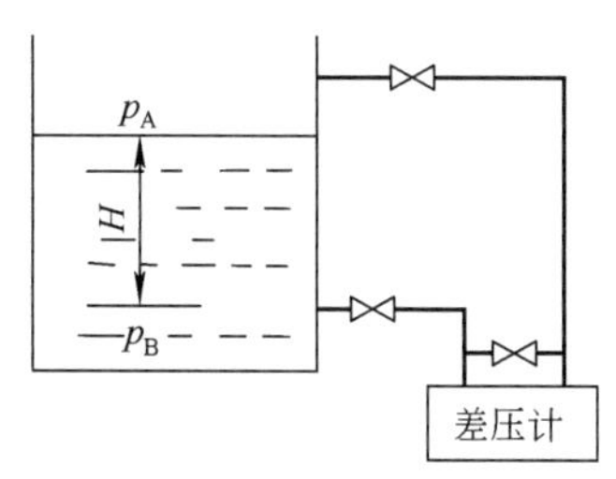

图 2-1-44 差压式液位计测量原理

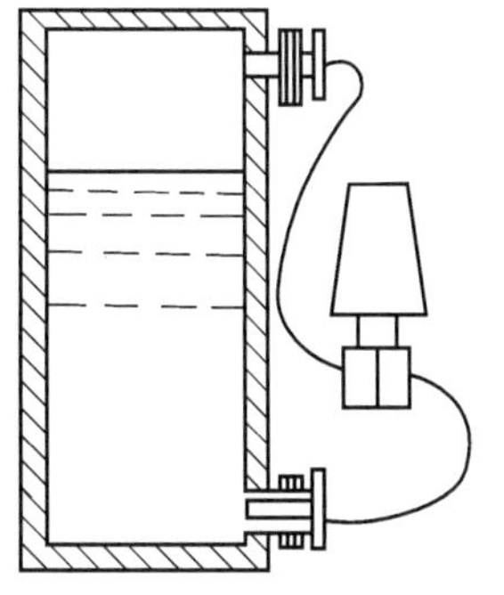

图 2-1-45 法兰式差变测液位示意图

式中　H——液位高度；

ρ——被测介质密度；

g——被测当地的重力加速度。

由式（2-1-27）可得：

$$\Delta p = p_B - p_A = H\rho g \tag{2-1-28}$$

在一般情况下，被测介质的密度和重力加速度都是已知的，因此，差压计测得的差压与液位的高度 H 成正比，这样就把测量液位高度的问题变成了测量差压的问题。

使用差压计测量液位时，必须注意以下两个问题：

① 遇到含有杂质、结晶、凝聚或易自聚的被测介质，用普通的差压变送器可能引起连接管线的堵塞，此时需要采用法兰式差压变送器，如图 2-1-45 所示；

② 当差压变送器与容器之间安装隔离罐时，需要进行零点迁移。

DDZ-Ⅲ矢量法兰式液位变送器型号及规格见表 2-1-28。

表 2-1-28　DDZ-Ⅲ矢量法兰式液位变送器的型号与规格表

名　称	型　号	量程范围	技术指标	用　途
矢量法兰式液位变送器	DBF1-311A-Ⅲ DBF1-312A-Ⅲ DBF1-321A-Ⅲ DBF2-311A-Ⅲ DBF2-312A-Ⅲ 生产厂:上海调节器厂	0～5kPa…0～20kPa 0～15kPa…0～60kPa 0～60kPa…0～250kPa 0～5kPa…0～20kPa 0～15kPa…0～60kPa	输出:4～20mA DC 负载电阻:0～250Ω 基本误差:±1% 灵敏限:0.1% 变差:1% 工作压力:6.4MPa 电源:24V DC±5%	DBF 矢量液位变送器在自动控制系统中,主要用于检测,可连续测量黏性、腐蚀性、沉淀性、结晶性流体的压差,以及开口容器或受压容器的液位。它与节流装置开方器相配合,也可测量液体、气体、蒸汽的流量

4.4　电容式物位计

电容式物位计是电学式物位检测方法之一，直接把物位变化量转换成电容的变化量，然后再变换成统一的标准电信号，传输给显示仪表进行指示、记录、报警或控制。

4.4.1　工作原理

电容式物位计的电容检测元件是根据圆筒形电容器原理进行工作的，结构形式如图 2-1-46 所示。电容器由两个相互绝缘的同轴圆柱极板内电极和外电极组成，在两筒之间充以介电常数为 ε 的电介质时，两圆筒间的电容量为：

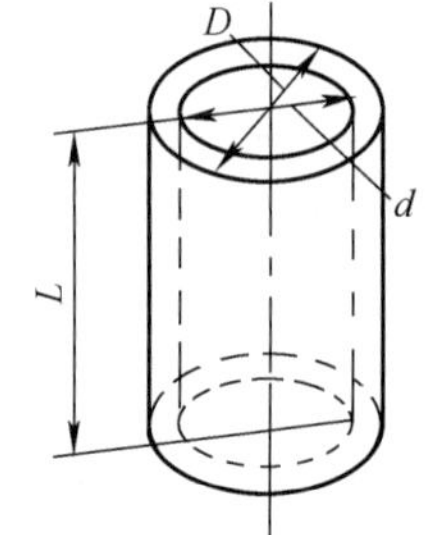

图 2-1-46　圆筒形电容器

$$C = \frac{2\pi\varepsilon L}{\ln D/d} \tag{2-1-29}$$

式中　L——两极板相互遮盖部分的长度；

D——外电极的内径；

d——圆筒形内电极的外径；

ε——中间介质的电介常数，$\varepsilon=\varepsilon_0\varepsilon_p$，其中 $\varepsilon_0 = 8.84\times10^{-12}$ F/m 为真空（和干空气的值近似）介电常数，ε_p 为介质的相对介电常数。

由式（2-1-29）可知，只要 ε、L、D、d 中任何一个参数发生变化，就会引起电容 C 的变化。在实际应用中，D、d、ε 是基本不变的，故测得 C 即可知道液位的高低。

4.4.2　UYB-11A 型电容液位计

图 2-1-47 所示为 UYB -11A 型电容液位计的外形。这种液位计用来测量导电液体的液位，由不锈钢电极套上聚四氟乙烯绝缘套管构成，这时不锈钢棒作为一个电极，导电液体作为另一个电极，聚四氟乙烯绝缘套管作为中间的填充介质，这三者构成一圆柱形电容器。如图 2-1-48 所示。

UYB-11A 电容液位传感器的电容变化量为：

$$C = \frac{2\pi\varepsilon H}{\ln(D_2/D_1)} - C_0 \tag{2-1-30}$$

式中，C_0 为容器未放液体时，不锈钢电极对容器壁的初始电容。

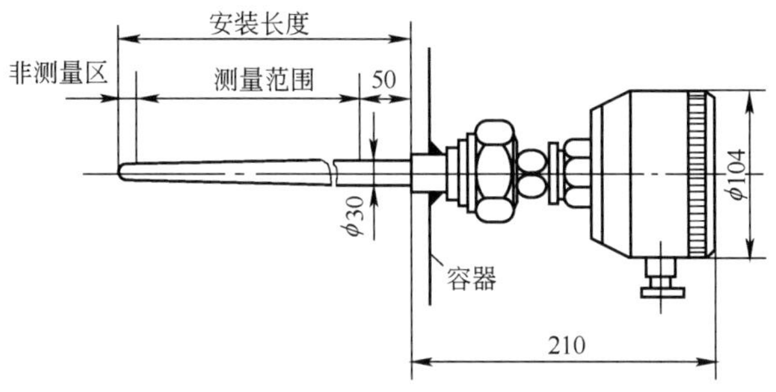

图 2-1-47　UYB -11A 电容液位计外形尺寸

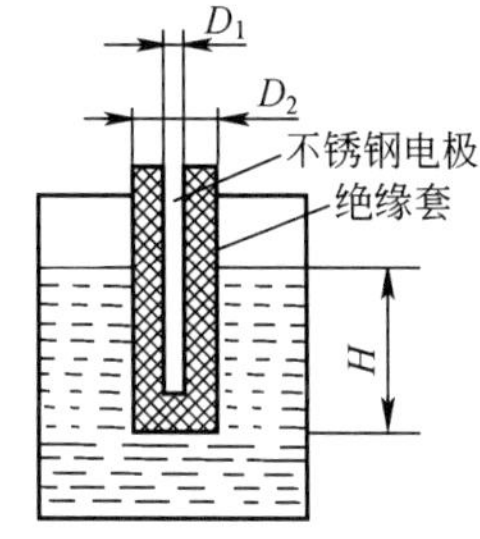

图 2-1-48　UYB -11A 液位计结构图

电容物位计性能比较见表 2-1-29。

表 2-1-29　电容物位计性能比较

名　　称	型　　号	规格及主要技术数据	主　要　用　途　厂
电容液位变送器	11 UYB-12 13	测量范围(m)：0～0.5；1.0；2.0； 2.5；3.0；4.0；5.0 精度：1.5 级	连续测量各种导电或非导电液体的液位，并可报警
电容液位控制器	UYK-11	重复性误差：±3mm 工作压力：<2.5MPa 触点输出功率：48V DC，0.25A	作容器内液位的报警
电容物位控制器	UYK-01 UYK-02	灵敏度：<1pF 使用范围：非爆介质，(颗粒直径≤10mm) 电缆长度：3m 探芯长度：0.1；0.5；1.0；1.5m	对料槽中的任意液体、粉末或颗粒状物质的料位进行控制与报警
防爆电容物位控制器	UYK-01-HⅢc UYK-02-HⅢc	灵敏度：<0.5pF 颗粒状物质直径：≤10mm 控制器和电极头的电缆长：≤30m 工作压力：<4MPa 电极部分防爆	对料槽中的任意液体、粉末或颗粒物质的料位进行控制与报警
电容料面控制器	UYK-51	灵敏度：<0.8pF 电源：220V，50Hz 使用温度：−20～45℃	用于指示导电位差和非导电物料面，并控制给料设备的启动和停止
电容液位计	UY-Z-05	测量范围：0～0.2；0～0.5m 0～1.5；0～1.0mm 精度：±1.5% 工作压力：<3×10²kPa	远距离自动测量电导率不低于 10^{-4}mol/cm 的腐蚀性或放射性液体的液位
电容液面计	UYZ	测量范围：0.5；1；1.5；2m 精度：2.5 级 工作压力：2.5MPa	用于测量液体、粉状物料的物位
电容物位计	UYK-1	灵敏度：0.2pF 工作压力：250kPa 工作温度：−20～60℃	可对塔、罐、槽箱、料仓的液位、料面进行测量控制
电容液面计	UYZ-01 -02	测量范围：0～0.25；0～2m 精度：2.5 级 测量导电液体液位，电导率>10^{-4}mol/cm 测量非导电液体液位，电导率<10^{-11} mol/cm	用于远距离连续测量各种液体的液位
电容物位计	UYZ-41 -42	测量范围：200～400pF； 400～1000pF；1000～ 2000pF；2000～4000pF 基本误差：≤4%(20℃±5℃)	连续指示导体和非导体物料在料仓中的物位高度

续表

名　称	型　号	规格及主要技术数据	主　要　用　途　厂
电容物位计	PMC-133/L -330/L -430/L	测量范围： 02　0～2m 05　0～5m 10　0～10m 25　0～25m 50　0～50m 30　0～50m 范围内任选 精度：±0.5% 电源：24V DC	油罐车等液体液位的测量

一些常见物质的相对介电常数见表 2-1-30。

表 2-1-30　一些物质的相对介电常数

物质名称	相对介电常数	物质名称	相对介电常数	物质名称	相对介电常数
水	80	酚醛塑料	4.8	沥青	2.7
丙三醇	47	米、谷类	3～5	苯	2.3
甲醇	37	纤维素	3.9	聚丙烯	2.2～2.6
乙二醇	35～40	砂	3～5	松节油	3.2
乙醇	20～25	聚酯(涤纶)	3.1	液氯	2
白云石	8	聚四氟乙烯	1.8～2.2	液态、二氧化碳	1.59
盐	6	砂糖	3	纸	2
醋酸纤维素	3.7～7.5	玻璃	3.7	液态空气	1.5
瓷器	5～7	硫磺	3.4		

4.5　其他物位计

4.5.1　超声波物位计

声波可以在气体、液体、固体中传播，并有一定的传播速度。声波在穿过介质时会被吸收而衰减，气体吸收最强，衰减最大；液体次之；固体吸收最少，衰减最小。声波在穿过不同密度的介质分界面处还会产生反射。超声波物位计就是根据声波从发射至接收到反射回波的时间间隔与物位高度成比例的原理来检测物位的。

工业生产中应用的超声波物位计可分为气介式、液介式、固介式 3 种。

（1）超声波物位计的主要特点

① 超声波物位无可动部分，探头的压电晶片虽振动，但振幅很小，结构简单，寿命长。

② 仪表不受湿度、黏度的影响，并与介质的介电系数、电导率、热导率等无关。

③ 可测范围广，液体、粉末、块体（固体颗粒）的物位都可测量。

④ 检测元件（探头）不接触被测介质，因此，此表适用于强腐蚀性、高黏度、有毒介质和低温介质的物位和界面测量。

⑤ 此表的缺点是检测元件不能承受高温，声速又受介质的温度、压力的影响，有些被测介质对声波吸收能力很强，故它的应用有一定的局限性。另外电路复杂，造价较高。

（2）检测原理　当声波从一种介质向另一种介质传播时，在密度不同、声速不同的分界面上传播方向要发生改变，即一部分被反射（入射角=反射角），一部分折射入相邻介质内。假设两种介质的密度分别为 ρ_1、ρ_2，声波在两种介质中的传播速度分别为 u_1、u_2，反射波的声强为 I_R，入射波的声强为 I_B，则存在以下关系：

$$I_R = I_B \frac{\left[1-\left(\dfrac{\rho_1 u_1}{\rho_2 u_2}\right)\dfrac{\cos\beta}{\cos\alpha}\right]^2}{\left[1+\left(\dfrac{\rho_1 u_1}{\rho_2 u_2}\right)\dfrac{\cos\beta}{\cos\alpha}\right]^2} \tag{2-1-31}$$

式中，α 为入射角，β 为折射角，$\rho_1 u_1$ 和 $\rho_2 u_2$ 分别为两种介质的声阻抗。

当声波垂直入射时（$\alpha=\beta=0$），其反射率为：

$$R=\frac{I_R}{I_B}=\left[\frac{\rho_2 u_2-\rho_1 u_1}{\rho_2 u_2+\rho_1 u_1}\right]^2 \tag{2-1-32}$$

在声波从液体或固体传播到气体，或相反的情况下，由于两种介质的密度相差悬殊，声波几乎全部被反射。因此，当置于容器底部的探头向液面发射短促的声脉冲波时（参看图 2-1-49），经过时间 t，探头便可接收到从液面反射回来的回波声脉冲。若设探头到液面的距离为 H，声波在液体中的传播速度为 u，则有以下关系：

$$H=\frac{1}{2}ut \tag{2-1-33}$$

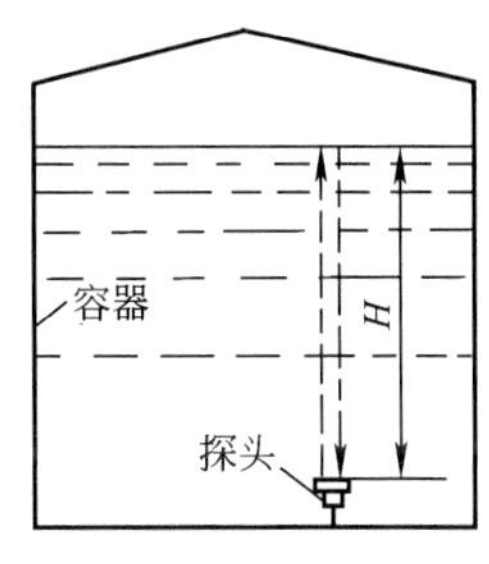

图 2-1-49 回声测距原理

对于一定的液体来说，速度 u 是已知的，因此，只要声速 c 一定，便可以用测量时间的方法来确定出 H 的高度。

超声波物位计的主要技术性能见表 2-1-31。

表 2-1-31 各种超声波物位计技术性能

技术性能	气介式	液介式	固介式
测量范围	0.8～30m	0.2～10m	0.5～5m
误差	±5mm	±3mm	±0.2mm
声波频率	3kHz	1MHz	1MHz
环境温度	－40～50℃	－40～50℃	－40～50℃

超声波物位计的型号规格见表 2-1-32。

表 2-1-32 超声波物位计的型号规格表

名称	型号	量程/m	输出信号	主要用途及功能	精度
超声波物位计	SUSZ-3□05-□ -3□10-□ -3□15-□ -3□20-□	0～5 0～10 0～15 0～20	4～20mA DC 0～10mA DC 0～5V DC 2 路继电器输出 3 路继电器输出 4 路继电器输出	能对各种液位和物料位进行非接触的连续测量，具有范围宽、测量状态，设置方便灵活、自动温度补偿、标准信号输出数字显示等特点，可对量程和数显单位进行设置，具有自诊断等功能	1%
	SUSW-2□05-□ -2□10-□ -2□15-□ -2□20-□	0～5 0～10 0～15 0～20			
	SUSS-1□05-□ -1□10-□ -1□15-□ -1□20-□	0～5 0～10 0～15 0～20	4～20mA DC		

4.5.2 放射性物位计

在自然界中某些元素能放射出某种看不见的粒子流，即射线。如同位素钴（Co^{60}）能放射出 γ 射线，铀（U^{235}、U^{233}）也能放射出 α 和 β 射线等。当这些射线穿过一定厚度的物体时，因粒子的碰撞和克服阻力而消耗了粒子的动能，以致最后动能耗尽，粒子便留在物体中，即被吸收了。不同的物体对射线的穿透与吸收能力是不同的。一般来说，固体大于液体，液体大于气体。利用物体对放射性同位素射线的吸收作用来检测物位的仪表称为放射性物位计。

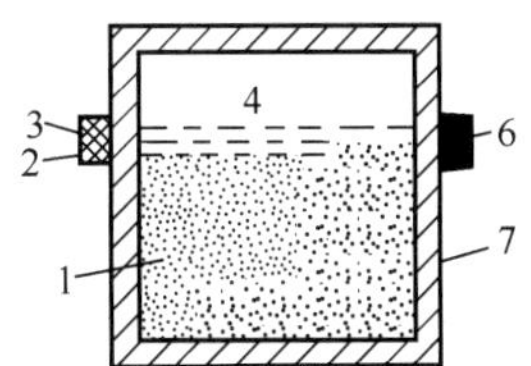

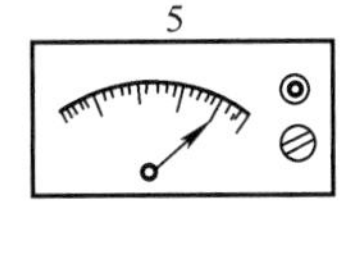

图 2-1-50 γ 射线物位计示意图
1—物料；2—铅屏蔽；3—放射源；4—射线；5—指示仪；6—探测器；7—容器

图 2-1-50 所示为 γ 射线物位计测量示意图。如图中在容器的一侧安放一个放射源，在容器的另一侧放一个探测器（测量射线的仪表），就可测量物位了。

当料位高度低于放射源的位置时，射线粒子大部分通过气体介质到达探测器；若料位上升到超过放射源的高度时，因固体吸收能力强，大部分射线粒子被容器中的物料所吸收，而探测器测得的粒子数很少了。所以，从探测器测得的粒子数的多少，便知容器中的料位有多高。指示仪把测得的粒子数进行转换、功率放大成标准电信号，远传进行指示记录或调节。

放射性物位计的特点：

① 可以实现完全不接触式的测量，这是放射性物位计的最大特点；

② 在被测容器上不用开孔，因而可用于高温、高压的工况；

③ 由于放射源物质的放射不受温度、压力的影响，并且测量元件与被测介质不接触，可用于测量高温、低温、高压容器中的高黏度、强腐蚀性、易燃易爆介质的物位测量；

④ 不仅可以测量液位，也可测量粉状、粒状和块状介质的料位；

⑤ 仪表可在强光、浓烟、尘埃环境下工作，不但可以连续测量，也能进行定值控制；

⑥ γ 射线对人体有较大的伤害，因而在选用上必须慎重。

4.5.3 特殊介质物位计

随着科学技术的发展与进步，工艺操作的强化，往往在高温高压或在低温负压下，可以使产品的质量和产量成倍提高和增加，但它也带来了物位测量上的麻烦，用一般的物位计来检测是不能满足要求的。特殊介质物位计的出现解决了上述物位参数的检测问题。

(1) 涡流式连铸结晶器液面计 精确检测连铸结晶器里的液面并将它控制在一定的液位上，是提高钢铸坯质量和达到工艺最佳化的两项极其重要和不可缺少的技术。以前，钢水液面的测量是采用在结晶器壁上埋入数对热电偶，来测定温度分布的热电偶法，也有用 γ 射线的穿透率的 RI 法等，各种方法都发挥了应有的作用，但在响应性、安全性和使用方便等方面都存在着一些问题。

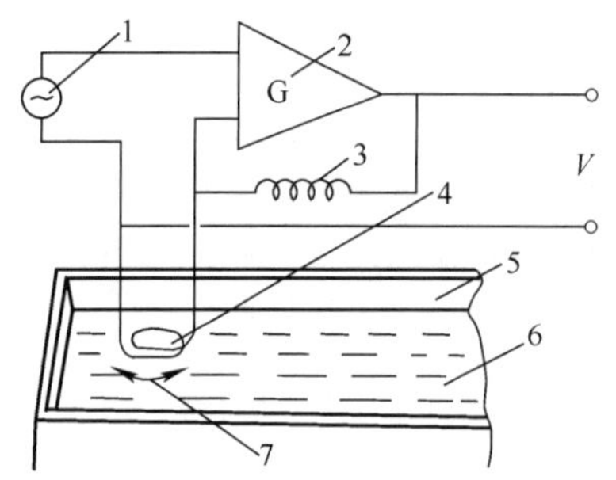

图 2-1-51 涡流式连铸液面计测量原理
1—标准振荡器；2—反馈放大器；3—空芯线圈；4—液面检测线圈；5—连铸结晶器；6—钢水液面；7—涡流

① 测量原理 涡流式连铸结晶器液面计的检测原理：因检测线圈在结晶器的钢水液面里产生电涡流，将电涡流的变化以线圈阻抗值的变化形式反映出来，如果测出阻抗的变化值，就可知道钢水液面的变化了。

图 2-1-51 所示为涡流式连铸液面计的测量原理图。在结晶器内钢水液面的上部安装液面检测线圈和空心线圈，一起组成反馈回路，构成反馈放大器。通过反馈放大器，由标准振荡器对液面检测线圈供给高频电流，产生磁场。这个高频磁场与钢水表面交链，在钢水中产生电动势，即有电涡流流动。电涡流产生新的磁场，由于新的磁场的影响，液面检测线圈的阻抗发生变化，把检测线圈的阻抗值在反馈放大器中转换成电压并把它测出来。根据该电压值，就可知检测线圈和钢水液面的距离 (D)。

反馈放大器的输出电压与液面检测线圈阻抗变化的关系如下：

$$V=\frac{-GE}{1-G\{Z_s(D)/[Z+Z_s(D)]\}} \tag{2-1-34}$$

式中 V——反馈放大器的输出电压；

E——标准振荡器的输出电压；

G——放大器的放大倍数；

Z——空心线圈的阻抗；

$Z_s(D)$——检测线圈的阻抗。

从式(2-1-34)可知，只要测出反馈放大器的输出电压，就能知道铸钢水液面的高度。

② 涡流式液面计的特点 与其他几种高温液面计比较，涡流式液面计有以下几个特点：

a. 频率响应特性非常好，没有测量滞后，能准确地测量液面的位置；

b. 由于非接触型测量，所以不受所加保护渣的影响，能透过保护渣测量钢水的实际液位；

c. 操作简便，没有安全、污染问题，容易安装在现场的设备上，而且价格便宜。

应用具有以上这些优点的涡流式液面计，能大幅度地提高检测和控制效果，从而也有效地提高了铸钢坯的质量。

γ 射线液位计和涡流式液位计性能比较如表 2-1-33 所示。

表 2-1-33　涡流式液面计的特点（与γ射线法比较）

	涡　流　法	γ　射　线　法		涡　流　法	γ　射　线　法
检测特性	① 测量范围大(100±100)mm ② 没有测量滞后，检测、控制好 ③ 测量精度高(1mm以下，分辨率为0.1mm) ④ 不受保护渣影响 ⑤ 检测特性不随时间变化	① 中心点的±35mm ② 时间常数1s，缩短，则分辨率下降 ③ 精度±5mm(分辨率为2mm) ④ 由于保护渣，放射线衰减误差增大 ⑤ 因保护渣影响，检测特性要改变	安全性	没有问题	需要安全管理
			操作性能	① 安装方便 ② 由于安装在结晶器的上部，所以与设备无关，安装容易 ③ 对结晶尺寸有些限制	① 比较费时 ② 必须在结晶器壁上埋入检测部分，需改造设备 ③ 对结晶尺寸无限制

在实际连铸机上作为生产设备的涡流式连铸液面测量装置的规格如表 2-1-34 所示。

表 2-1-34　涡流式液面计规格

	检　测　头	放　大　器
涡流式液面计	外径：ϕ110mm 质量：4kg 温度补偿：内部温度上升在10℃以内，输出变化<3% 线圈部分：K型热电偶 温度测量：(镍铬-镍硅)	液面测量范围：0～200mm 控制范围：(100±35)mm 输出：直流0～1V，4～20mA 使用电路特点：有附加线性补偿器，消除振动的滤波器带AGC回路 报警：检测线圈断线报警电路断线，无电流输出报警

(2) 低沸点液位计　在密闭容器中，低沸点物质液位的测量是一项难度较大的检测工作。因为容器内液体的沸点往往比外界环境温度低。如液氧－183℃，液氮－195℃，液氨－33.3℃等。对这些液体如果采用一般的液位计，把液体引出来，则将因液体迅速汽化而不能进行测量，只能用低沸点液位计才能进行测量。

低沸点液位计实质上是一种具有特殊结构的差压计。图 2-1-52 所示为测量密封保温容器内低沸点液体液位的示意图。

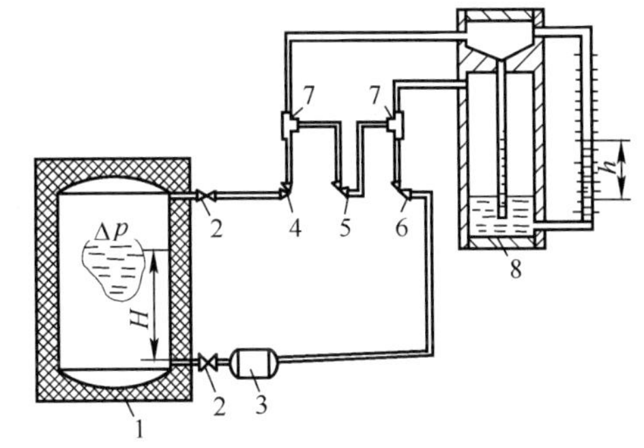

图 2-1-52　测量密封保温容器内低沸点液体液位的示意图

1—被测容器；2—阀门；3—汽化器；4—低压气室阀门；5—平衡阀；6—高压气室阀门；7—三通；8—仪表

被测容器 1 通过细管和阀门、汽化器、三通等管路附件与仪表 8 连接。仪表可以安装在远离被测容器的任何高度上。仪表在正常工作时，平衡阀 5 处于关闭状态，阀门 4 和 6 处于开启状态。低沸点液位计实质上是一台差压计。它的测量值来自被测容器上、下两端的压差。容器上端的气相压力 p_0 通到仪表的低压气室，容器下端的液体由细管流出绝热层之后，由于环境温度远高于液体的沸点，则液体完全被汽化。汽化气体的压力应等于容器上端的压力，再加上高度为 H 的液柱所造成的压力，即：

$$p=p_0+H\rho g$$

式中　p、p_0——分别为下、上两检测点的压力；

H——液面到下检测点的高度；

ρ——被测介质的密度；

g——被测地区的重力加速度。

把压力 p 通到仪表的高压气室，所以液位所测的差压值为：

$$\Delta p=p-p_0=H\rho g \tag{2-1-35}$$

根据上式可知，只要测得差压值，便知被测液位 H。又因为 $H\rho g=h\rho_1 g$，所以 $h=\frac{\rho}{\rho_1}H$，则读得 h 值就能

知道 H 的值。ρ_1 为仪表内所充工作液体的密度。

4.5.4 激光式液位计

激光式液位计是一种很有发展前途的新型液位计。因为激光的光束能集中，强度高，而且不易受外来光源干扰，甚至在1500℃左右的高温（如熔化的玻璃液）下，也能正常工作。另外，激光光束扩散很小，在定点控制液位时，具有较高的精度。

反射式激光液位计的原理图如图2-1-53所示。液位计主要由激光发射装置、接收装置和控制部分等组成，控制精度为±2mm。光氦氖激光管1发射出激光光束，经两个直角棱镜2、3折射后，由盘式接光器4转换为光脉冲，再经聚光小球6聚成很小的光点，经双胶合望远镜7将光束按10°左右的斜度，投射到被测液面上。当被测液位正常时，光束通过液面反射，聚焦在接收器的中间硅光电池10上，经放大器13放大后使正常信号灯亮。当被测液面高于正常液面时，光束反射点升高，被上限硅光电池9接收，经12放大器放大后，使上限报警灯亮；同理，低位时，下限报警灯亮。上限或下限报警后，同时还可控制执行机构改变进料量。上、下光电池间的距离，可根据光点的大小和控制精度高低，进行上、下调整。

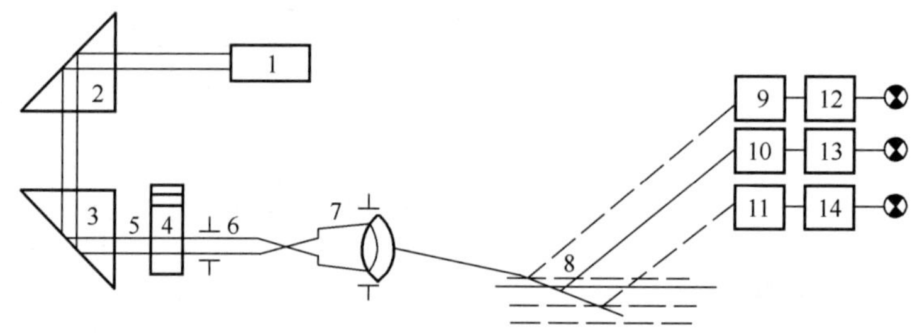

图2-1-53 反射式激光液位计原理图

1—氦氖激光管；2、3—直角棱镜；4—盘式折光器；5—光束；6—聚光小球；7—双胶合望远镜；8—被测液面；9—上限硅光电池；10—中间硅光电池；11—下限硅光电池；12、13、14—放大器

若出现玻璃熔炉内温度降低，或有杂质气泡时，激光光点将产生变形，由原来的小圆光点变为长条光迹。同时反射在三个硅光电池，经三路放大器放大，三只信号灯同时都亮，并发出声响报警。当提高炉温或清除杂质后，液位计重新复位正常工作。

总之，测量物位仪表的种类很多，测量方法差异较大。图2-1-54为部分液位测量仪使用、安装示意图。

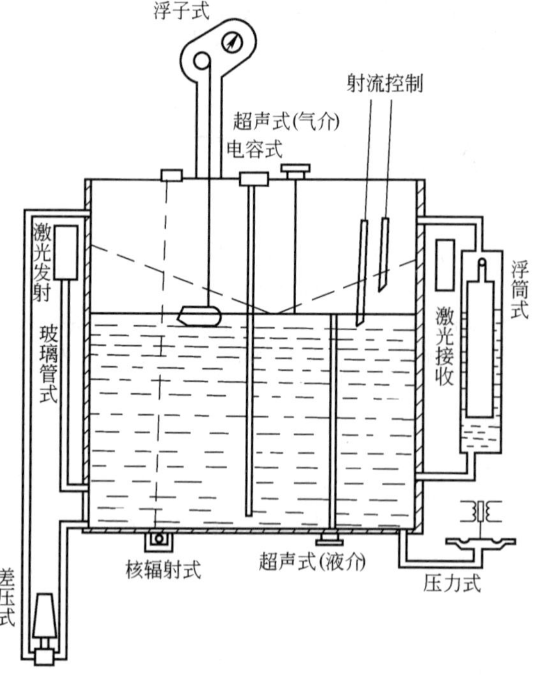

图2-1-54 各种液位测量仪表示意图

4.6 D·K系列电感式变送器

DELTAPIK系列电感式变送器是英国肯特公司使用先进的检测技术设计而成。它以单元组合方式，用于过程控制系统中。能在各种危险或恶劣的工业环境中安全、可靠地运行，它能对压力、差压、流量、液位和料位进行精确、可靠的检测。该变送器已由天津自动化仪表厂引进生产。

D·K系列电感式变送器采用统一的4～20mA DC标准输出信号，在系统中以二线制传送，兼容于所有二线制仪表。该变送器具有安全火花防爆功能和防腐，品种规格齐全，基本上满足了工业过程检测和控制的要求。

4.6.1 变送器的特点

① 采用微位移式电平衡工作原理，没有机械传动、转换部分。

② 零点、量程、阻尼均在仪表外部调整，并且零点和量程调整时互不影响，十分方便。

③ 敏感检测元件的测量头采用全焊接密封结构，

微处理器进行温度、压力补偿，不需要调整静压误差。

④ 除测量头外，其他零部件通用性高，均可互换。

⑤ 仪表检测精度为 0.25%，MTBF≥15 年，外形美观，结构小巧，重量轻，维修方便。

4.6.2 工作原理

整机是由敏感元件——膜盒、放大器、显示表头、外壳和测量室等几部分组成。测量部分如图 2-1-55 所示，它主要由膜盒、敏感膜片、固定电磁电路、隔离膜片、灌充液、过程接口等构成。

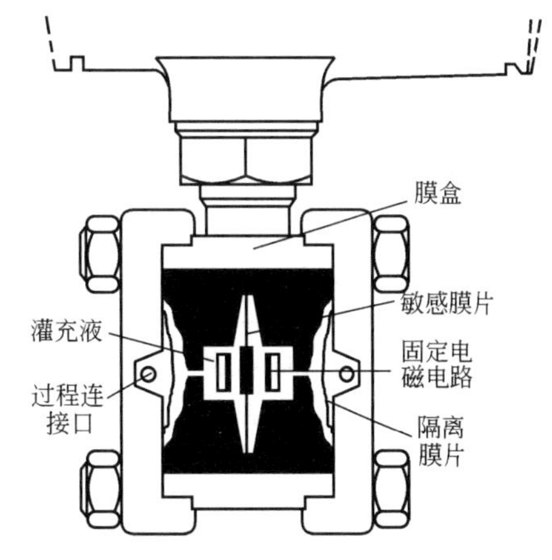

图 2-1-55 敏感膜片固定电磁电路隔离膜片

被测流体的压力或差压通过膜盒的隔离膜片和灌充液（硅油）传递到中心敏感膜片上，从而使中心敏感膜片变形，即产生位移，其位移的大小与检测压力（或差压）成正比。中心敏感膜片的中央部位装有铁淦氧磁片，它与两侧固定的电磁回路组成一个差动变压器。差动变压器电感量的变化与中心敏感膜片的位移量成正比，从而实现了压力（或差压）变化转换成电参数（电感量）变化的目的。

D·K 系列电感式变送器调校接线如图 2-1-56 所示，它采用两线制接法，即电源与信号线共用两根导线。

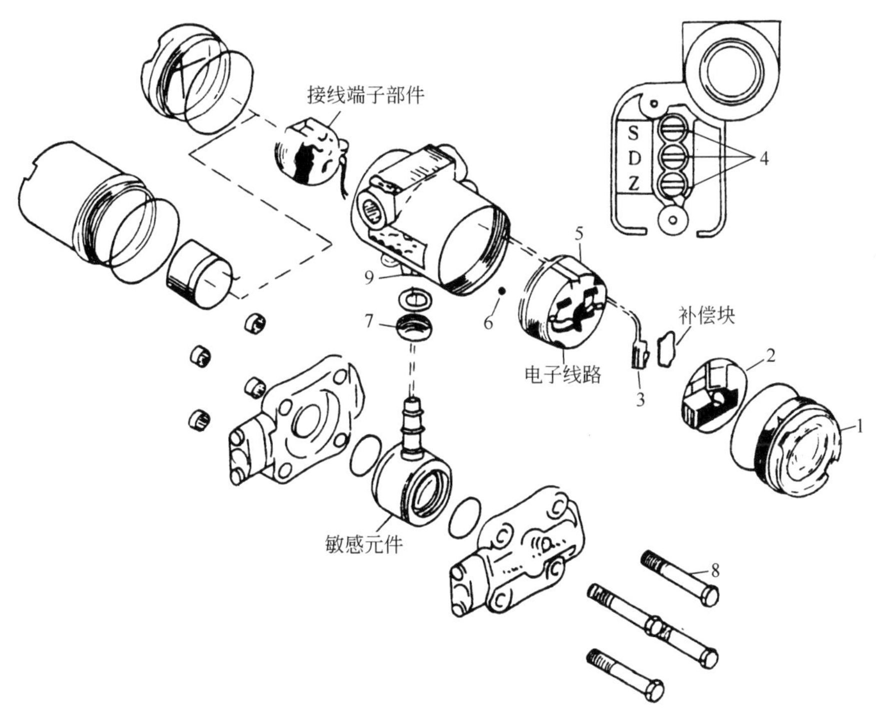

图 2-1-56 仪表组成部件图

1—盖；2—放大器盒盖；3—敏感元件输出电缆及插头；4—零点、阻尼、量程调节螺钉；5—放大器；6—定位螺钉；7—外壳锁紧螺母；8—容室紧固螺栓；9—外壳

第2章 分析仪表

1 概述

分析仪器是用以测量物质（包括混合物和化合物）成分和含量及某些物理特性的一类仪器的总称。用于实验室的称为实验室分析仪器，用于工业生产过程的称为过程在线自动分析仪表，亦称为流程分析仪器。

在工业生产中，成分分析器为操作人员提供生产流程中的有用参数，或将这些参数送入计算机进行数据处理，以实现闭环控制或报警等。利用成分分析仪表，可以了解生产过程中的原料、中间产品及成品的质量。这种控制显然比控制其他参数（如温度、压力、流量等）要直接得多。特别是与微机配合起来，将成分参数与其他参数综合进行分析处理，将更容易提高调节品质，达到优质、高产、低消耗的目标。

成分自动分析仪表利用各种物质的性质之间存在的差异，把所测得的成分或物质的性质转换成标准电信号，以便实现远送、指示、记录或控制。

1.1 过程分析仪表的组成

一般的分析仪表主要由4部分组成，其原理框图如图2-2-1所示。各部分功能如下。

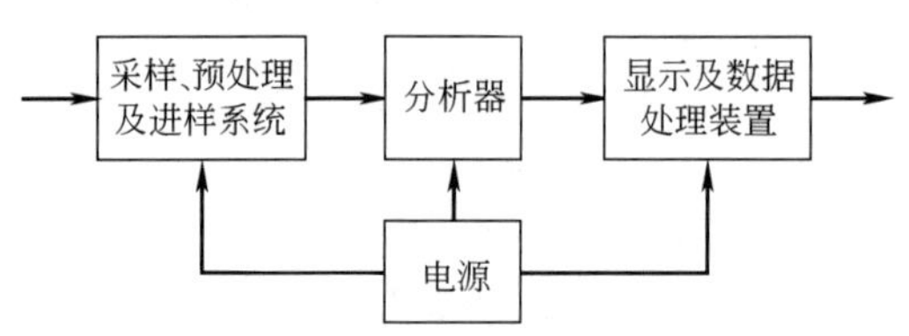

图 2-2-1 分析器的组成原理框图

(1) 采样、预处理及进样系统　这部分的作用是从流程中取出具有代表性的样品，并使其成分符合分析检查对样品的状态条件的要求，送入分析器。为了保证生产过程能连续自动地供给分析器合格的样品，正确地取样并进行预处理是非常重要的。如果忽视这一点，往往会使仪器不能正常工作。采样、预处理及进样系统一般由抽吸器、冷凝器、机械夹杂及化学杂质过滤器、干燥器、转化器、稳压器、稳定器和流量指示器等组成。必须根据被分析的介质的物理化学性能进行选择。

(2) 分析器　分析器的功能是将被分析样品的成分量（或物性量）转换成可以测量的量。随着科学技术的进步，分析器可以采用各种非电量电测法中所使用的各种敏感元件，如光敏电阻、热敏电阻及各种化学传感器等。

(3) 显示及数据处理系统　用来指示、记录分析结果的数据，并将其转换成相应的电信号送入自动控制系统，以实现生产过程自动化。目前很多分析仪器都配有微机，用来对数据进行处理或自动补偿，并对整个仪器的分析过程进行控制，组成智能分析仪器仪表。

(4) 电源　对整个仪器提供稳定、可靠的电源。

1.2 取样与预处理系统

安装在生产流程中的分析仪表是否能正常地工作，很大程度上取决于取样预处理系统性能的好坏。

取样预处理系统包括取样、输送、预处理（清除对分析有干扰的物质，调整样品的压力、流量和温度等），以及样品的排放等整个系统。

对取样、预处理系统的要求：

① 使样品从取样点流到分析器的滞后时间最短；

② 从取样点所取的样品应具有代表性，即与工艺管道（或设备）中的流体组分和含量相符合；

③ 能除去样品中造成仪器内部及管线堵塞和腐蚀的物质，以及对测量有干扰的物质，使处理后的样品清洁干净，压力、温度和流量均符合分析仪器工作要求。

1.2.1 取样系统

取样系统包括取样点选择、取样探头和探头的清洗。

(1) 取样点选择　取样点选择应满足以下要求：①能正确地反映被测组分变化的地点；②不存在泄漏；③试样中含尘雾量少，不会发生堵塞现象；④样品不处于化学反应过程之中。

(2) 取样探头　取样探头的功能是直接与被测介质接触而取得样品，并且初步净化试样。要求探头具有足够的机械强度，不与样品起化学反应和催化作用，不会造成过大的测量滞后，耐腐蚀，易安装、清洗等。

图 2-2-2 所示为敞口式探头结构示意图，图 2-2-2（a）所示为一般取样探头，为了取得相对清洁的气样，采用法兰安装。需要清洗探头时，打开塞子，用杆刷插入清洗；当气样中带有较大颗粒灰尘时，可采用带有取样管调整的探头，如图 2-2-2（b）所示，取样管的倾角可根据需要进行调整；图 2-2-2（c）所示为过滤式取样探头，它适用于气样中含有较多灰尘的场合；在需要取得气样温度及气流速度时，可选用图 2-2-2（d）所示的取样探头。以上 4 种探头只要取样管采用适当材料，可在 1000～1300℃温度使用。

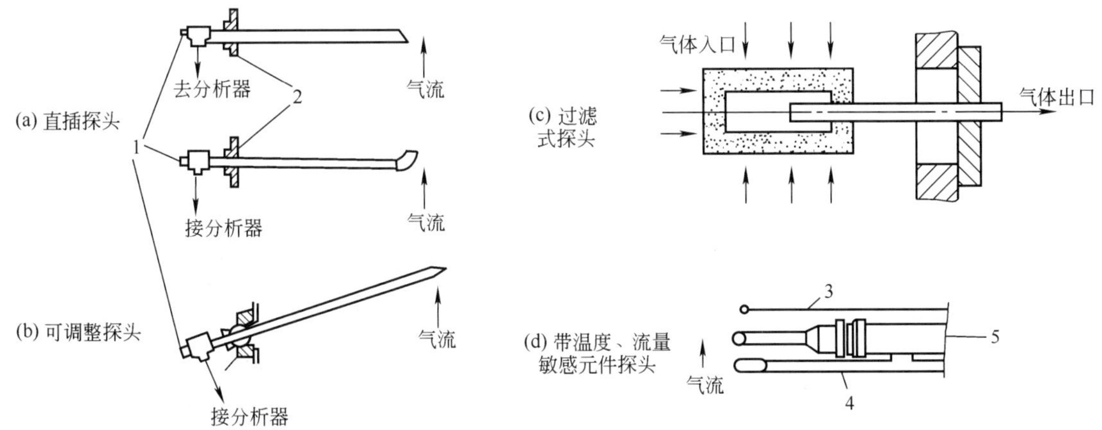

图 2-2-2　探头结构示意

1—塞子；2—法兰；3—感温元件；4—毕托管；5—探头

（3）探头清洗　有些分析仪器的探头（如离子选择性电极、pH 电极等）经常被介质中的污物污染，导致探头及检测元件反应迟钝，因此，需要定时清洗。清洗时，先用阀门将探头及检测元件与工艺流程隔开。自动清洗装置采用高压的流体喷射，或采用加热、化学法及超声波清洗。常见的清洗器见表 2-2-1。

表 2-2-1　常见清洗器的选择

清洗器种类		机械式		化学式			流体动力学	声学超声波
		刷子	旋转的刮削器	酸	碱	乳化剂		
被测介质	石油、脂肪		√			√		√
	树脂				√			√
	橡胶乳液		√					
	固体悬浮液						√	
	结晶沉积物（碳化物）	√	√	√				
	不结晶沉积物（氢氧化物）	√	√	√				√
清洗器	结构材料	不锈钢	不锈钢	PVC 塑料	PVC 塑料	PVC 塑料	不锈钢	聚丙烯、不锈钢
	使用温度/℃	4～60	4～60	4～60	4～60	4～60	4～120	4～90

被分析的样品从工艺流程中取出到试样预处理系统和分析器，要求样品连续输送，并且要保持样品的完整性，因此在特殊情况时，需配备必要的加热或冷却管线等，具体内容可参见《石油化工自动控制设计手册》。

1.2.2　试样预处理系统

预处理系统应除去分析样品中的灰尘、蒸汽、雾及有害物质和干扰组分等，保证样品符合分析仪器规定的使用条件。

（1）除尘　按微尘粒径不同，可采用不同的除尘方法。各种除尘器的性能见表 2-2-2。

表 2-2-2 除尘器性能

除尘器	原 理	除尘粒径 /μm	含尘浓度	试样速度 /(m/s)	压力损失 /Pa	除尘率 /%	其 他
重力沉降式	重力沉降	50 以上	大	0.1～0.4	650～2000	50～90	还能除去部分雾
惯性式		10～20 以上	大	5～10	1300～4000	小	还能除去部分雾
离心式	旋转气流离心力使气固分离	2～20 以上	大	8.5～15	6500～20000	50～90	还能除去部分雾
湿式	液体洗涤	1～5	小	1.5	250～1500	小	还能除雾
过滤式	多孔材质过滤作用	1 以上	小	0.15～0.3	60～150	85 以下	
电气式	静电除尘	5 以下	小	1～20	150～250	85～90	适用于除微尘

常用除尘器结构如图 2-2-3 所示。

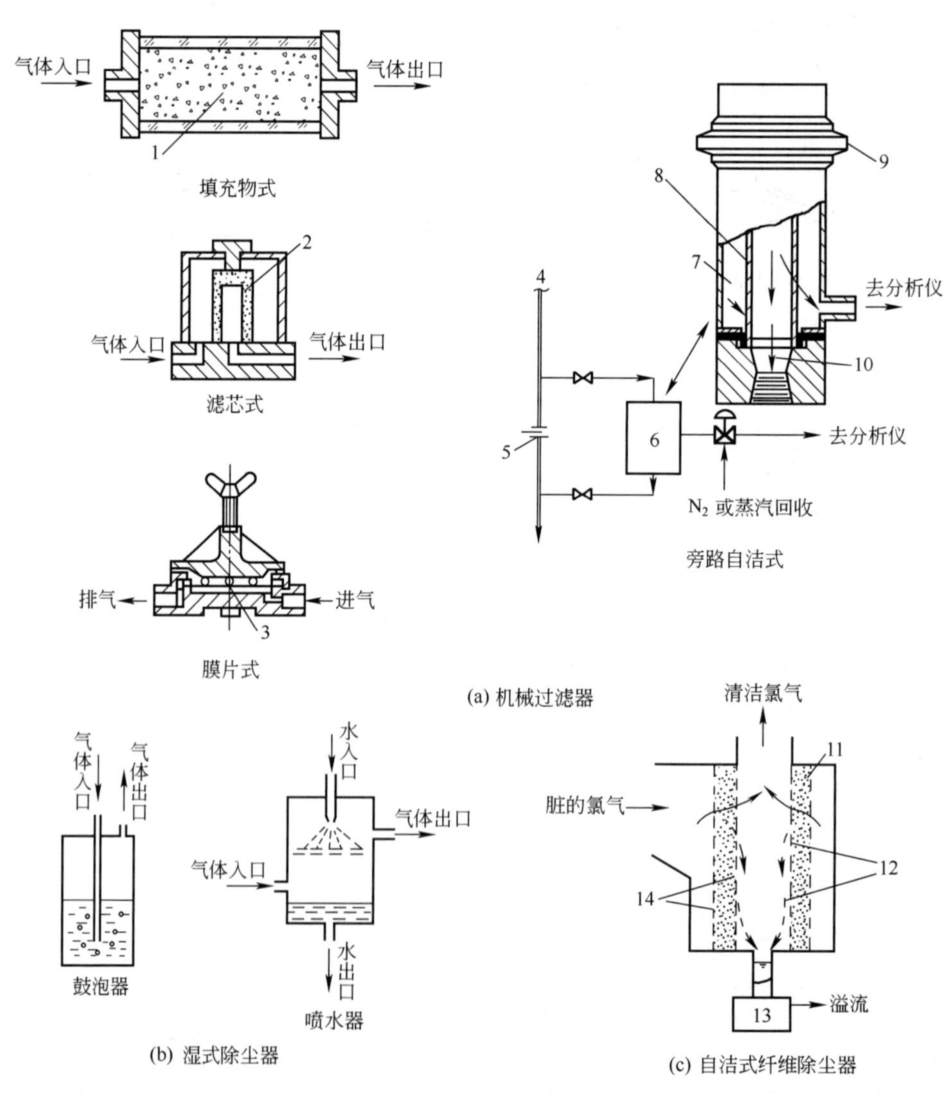

图 2-2-3 过滤器结构示意图

1—填充物；2—滤芯；3—过滤膜片；4—工艺管；5—阻力件；6—回路过滤器；7—清洁试样；8—400 目滤芯；9—快速拆开连接件；10—脏试样；11—纤维；12—排泄液体；13—密封罐；14—筛网

机械过滤器的填充物可以用玻璃棉、动物毛等，不要用植物纤维，如脱脂棉等，因它们遇水后，透气性很差。多孔滤芯可由碳化硅、不锈钢、青铜等粉末烧结而成。过滤薄膜用玻璃纤维布或聚苯乙烯薄膜，它们可以除去 1μm 以上的微尘。自洁式过滤器采用 400 目多孔金属滤芯，其特点是过滤器由流过试样清洗，滤芯不会发生堵塞。

湿式除尘器的原理是气体试样经过水或其他介质时直接进行清洗、吸附、凝缩、起泡等过程，借助吸附力和聚合力将灰尘和其他杂质清除掉。当气样中含有固体、液体及雾杂质时，应采用自洁式纤维除尘器。气样先经过筛网除去尘粒，液体微粒及雾在纤维表面形成液膜，由于气样流动阻力使液膜与纤维表面分离，由液膜本身重力使其向下移动，与此同时纤维得到清洗。

此外，尚有离心式除尘器，它是依靠旋转离心力，粒度和密度较大的物质向四周飞散沉积，能除去 20μm 以上的微尘。

由于各类分析仪器对微尘敏感程度不同，因此需根据具体分析器所允许气样中含尘率，选用合适的除尘器。

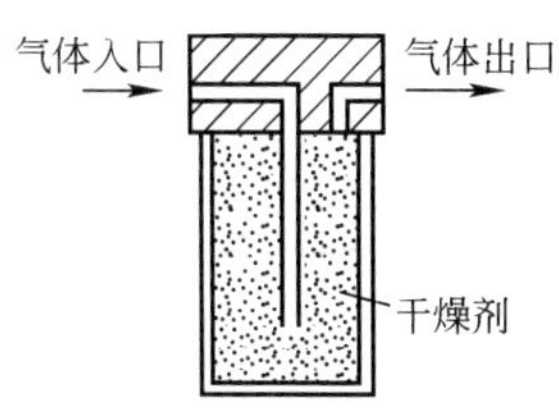

图 2-2-4 吸湿过滤器

(2) 除湿 高温气样经过冷却产生凝结水，或气样本身湿度较大，甚至含有大量蒸汽或游离水。凝结水聚结在管内，可能使管道堵塞。如果气样中含有 CO_2、SO_2、SO_3 等可溶性成分，它们与凝结水形成腐蚀性酸，这样不仅腐蚀管道，还给分析结果带来较大误差。因此，要求送入分析器的气样必须是经过除湿器处理后的干燥气体。

常用除湿器是如图 2-2-4 所示的吸湿过滤器。气样通过干燥剂时，水分被干燥剂吸收。常用干燥剂列于表 2-2-3 中。应选用与气样不起化学反应及吸附作用的，并且气体通过干燥剂后的残留水又能符合分析仪器要求的干燥剂。使用时吸湿过滤器中干燥剂需经常更换，并且不能处理含水率高的试样。现在，还有用分子筛作干燥剂的自动活化吸湿器，它能较长时间工作，而且维护简单。

表 2-2-3 常用干燥剂

干燥剂	气样通过后气样中残留水/(mg/L)	干燥剂	气样通过后气样中残留水/(mg/L)
五氧化二磷	0.00002	氯化钙	0.14
硅　胶	0.003	生石灰	0.20
氢氧化钾	0.003		

对于气体中含有较多游离子水的试样，可采用图 2-2-5 所示的气水分离器进行除湿。当气体流速较小时，靠碰撞及重力作用，除去质量较大的游离水；流速较高时，气体沿分离片旋转，靠离心力析出水滴，通过气水分离器后的残留水为 5%。聚结在底部的冷凝水需定期排走。

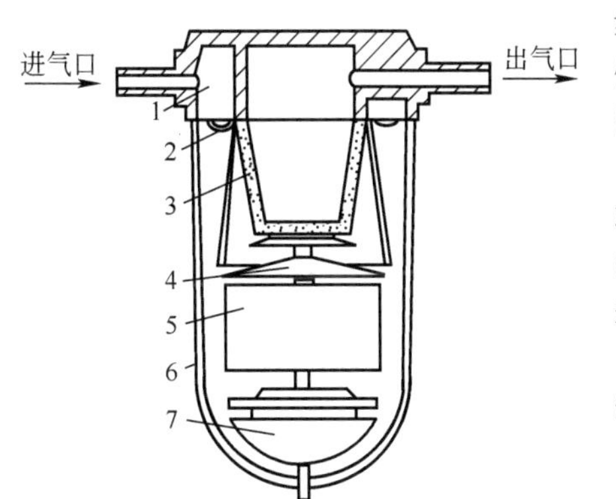

图 2-2-5 气水分离器工作原理图
1—气室；2—分离片；3—过滤器；4—稳流器；5—浮子；6—外壳；7—膜片阀门

(3) 有害成分处理 当被分析的气样中含有腐蚀性物质，或对测量产生干扰，造成分析误差的组分时，应注意选用合适的吸附剂，采用吸收或吸附、燃烧、化学反应等方法除去。常采用的吸附剂性能见表 2-2-4。

此外，还可采用燃烧法，将气样通过催化剂作用在高温燃烧室燃烧，使有害成分通过燃烧转化为无害成分。

(4) 压力调整及抽吸装置 当过程压力较高时，取样需采用减压阀和稳压阀，使试样压力符合分析系统的要求。常用针阀，也可用蒸汽减压阀或液体减压阀来进行减压。当过程压力较低时，必须采用抽吸装置将试样从过程中抽出并导入分析系统。常用抽吸装置有振动膜式泵、喷射泵及水流抽气泵等。

表 2-2-4 吸附剂性能

吸附剂	主要吸收成分	能被吸收的其他成分	吸附剂	主要吸收成分	能被吸收的其他成分
活性炭	H_2SO_4, SO_3		褐铁矿	H_2S, HCN	SO_2、H_2O、CO_2
			发烟硫酸	不饱和烃	
玻璃棉	油、溶剂、蒸汽	NH_3、SO_2、CO_2、Cl_2、C_nH_n	钯石棉	H_2	
碱　灰	CO_2、SO_2	Cl_2, H_2O	硫酸亚铜	CO	

图 2-2-6 所示为适用于接近大气压的抽吸装置结构示意图。图 (a) 为水流抽吸泵，它分为负压及正压两种

工作系统。负压工作系统在抽气室的负压作用下，气样经过水过滤器进行冷却与清洗后，冒出水面的气泡经过滤器滤去水滴及杂质后送入分析器的工作气室；另一路为参比空气，经调压器进入水过滤器的空气过滤室，然后再经过滤器滤去水滴及杂质后进入参比气室。从工作气室和参比气室出来的两路气体合并后到达抽气室，随水流一起排出。抽气用水由水箱下部进水。进入抽气室的水，按一定比例分三路，其中两路向上，分别流入左右水过滤室，一路向下，经过短管流入抽气室。因落水的重力作用，使抽气室造成负压，从而达到抽气的目的。

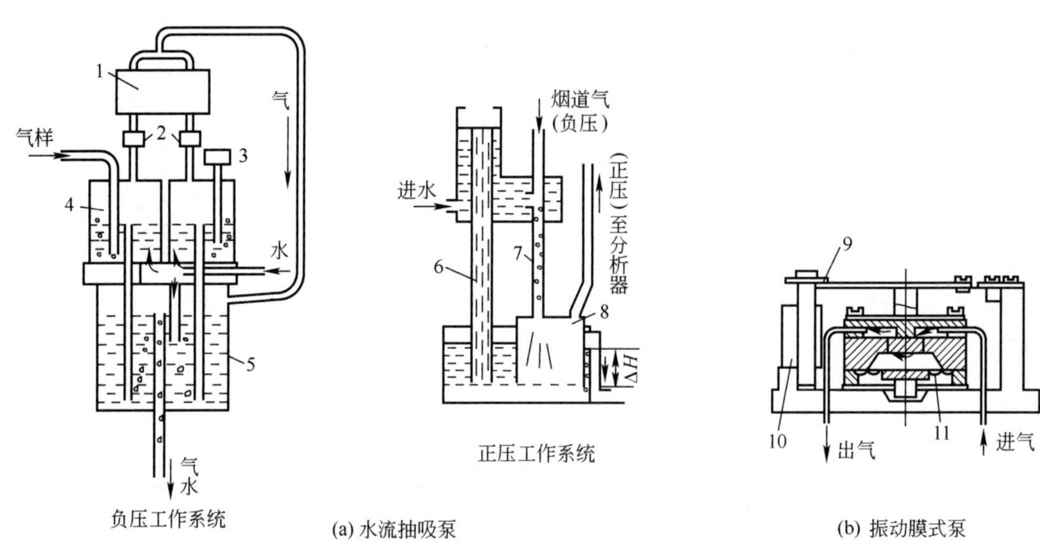

(a) 水流抽吸泵　　(b) 振动膜式泵

图 2-2-6　抽吸装置结构示意图

1—分析检测器；2—过滤器；3—调压器；4—水过滤器；5—抽气室；6—稳压管；7—抽气管；8—气水分离器；9—振动片；10—电磁线圈；11—振动膜

正压工作系统的水流抽吸泵装于取样装置及分析检测器之间，被测气体在抽气管的负压作用下被抽入泵内，与水一起形成气水混合物，然后在水气分离器内形成正压，送入分析检测器。由于分析检测器在正压下工作，测量的可靠性较高。

对于有爆炸危险的场所，常采用蒸汽喷射泵抽吸气样；对负压较大的过程取样，常用真空泵或扩散泵等。

(5) 取样及预处理系统的配置　取样及预处理系统的配置原则：输送管线及预处理装置不堵塞，不被腐蚀，不泄漏；并且试样经过输送和预处理后不影响分析精确度，仍具有代表性，响应时间快，试样符合分析仪器使用要求；另外还需考虑投资少，维护检修方便等。因此，系统配置的程序为除尘→除湿→减压→除有害成分→调压（或稳压稳流）→分析检测器→排放（或放空）。如工艺过程压力较高，则在取样口附近经减压阀减压后，再送入预处理系统。

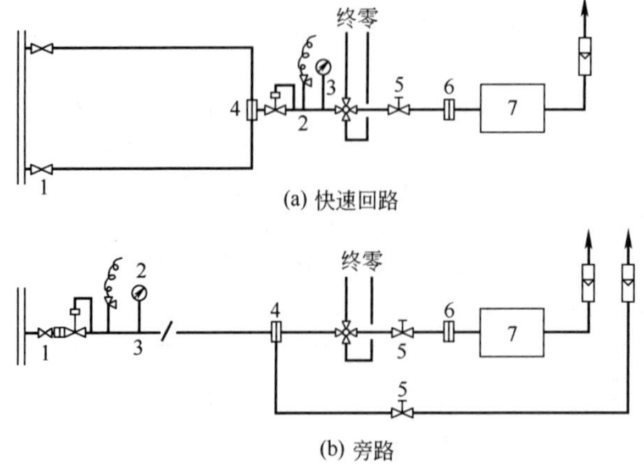

图 2-2-7　单点取样系统

1—关闭阀；2—安全阀；3—压力调节器；4—旁路过滤器；5—针阀；6—精过滤器；7—分析器

一般情况下，根据试样压力和温度，连接导管的内径为 4～6mm 的不锈钢管、铜管、铝管、聚氯乙烯管、尼龙管、橡皮管及玻璃管等。在有可能堵塞处，应局部加粗，避免堵塞。如在试样输送过程中因冷却而产生冷凝液时，则应安装加热伴管，同时还可设置冷凝液收集器。

工业上常见的基本取样系统有以下几种。

① 单点取样系统　如图 2-2-7 所示，仅适用于正压操作的工艺过程，而且试样中无有害组分，无腐蚀性杂质，并且反应迅速。

② 带反冲洗的单阀流路切换系统　如图 2-2-8 所示。该系统的特点是：每个试样流路使用了一只三通阀，支管被试样反冲洗，防止了各试样的相互污染，且每个试样均在流动，反应很快。图中所示，电磁阀 SV-1 通电，流路 1 正在向分析仪供试样；电磁阀 SV-2、SV-3 断电，切断流路 2、3 的试样去分析仪，试样 2、3 经旁路连续放空或回收。流路 1 的试样除去分析仪及旁路外，小部分试样经过反冲洗限流器 R_5 和 R_6，将原先试样清洗掉。本系统因有大量的试样被旁路，因此，需要设置完整的回收装置。

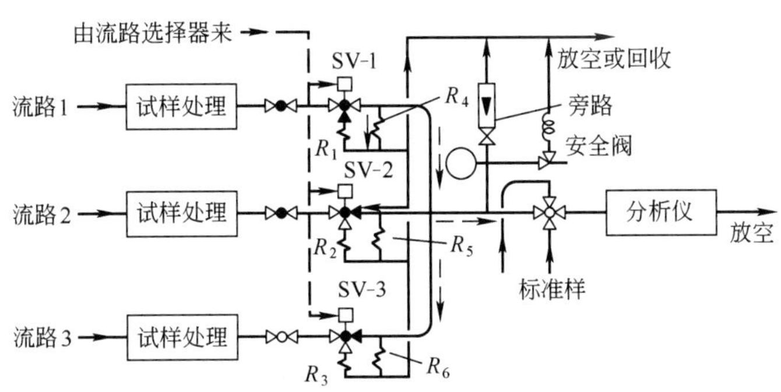

图 2-2-8　带反冲洗的单阀流路切换系统

③ 双段-双泄系统　如图 2-2-9 所示，适用于液体试样。它有三个流路，且带快回路。由图可知，流路 1 正在向分析仪供试样，虚线箭头为阀间放空线，这样可以防止试样相互污染。但当流路切换后，有短时间的迟延，这个时间的长短取决于管线中死体积和试样的流量。如果因试样流量太小而引起响应不及时，则可以采用二次旁路。

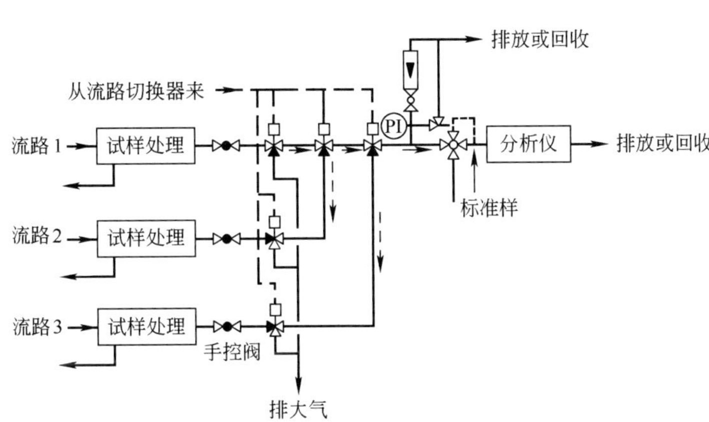

图 2-2-9　双段-双泄系统（液体样品）

图 2-2-8 和图 2-2-9 中流路切换使用的是电磁阀。如在易燃易爆场所，可改用气动切换阀。

对于高温、高湿、腐蚀性强、尘粒重、杂质多的试样，可采用带过滤器取样探头，并且还需设置相应的预处理系统。

1.3　过程分析仪表的主要技术特性与选择

过程分析仪表按工作原理可分为磁导式分析器、热导式分析器、红外线分析器、工业色谱仪、电化学式分析器、热化学式分析器和光电比色式分析器等；此外还有超声波黏度计、工业折光仪、气体热值分析仪、水质浊度计及密度式硫酸浓度计等。

过程分析仪表的特点是专用性强，每种分析器的适用范围都很有限。同一类分析器，即使有相同的测量范围，但由于待测的试样的背景组成不同，并不一定都适用。目前我国对过程分析仪表各项技术性能的定义和指标还没有统一的规定，下面的一些基本的和主要的技术性能仅供读者参考。

1.3.1　精度

由于微机和计算技术的发展，使用微处理机或微型计算的过程分析仪表能自动监测工作条件变化，自动进行补偿；并且不用标准试样，能及时地自动校正零点漂移或由其他原因引起的测量误差，也能对仪器本身进行故障诊断等。这些仪器的精确度可达±0.5%。一般分析仪表精度为±(1～2.5)%，微量分析的分析器精度为±(2～5)%，个别的为±10%或更大。

1.3.2 灵敏度

灵敏度是指仪器输出信号变化与被测组分浓度变化之比，比值越大，表明仪器越灵敏，即被测组分浓度有微小变化时，仪器就有较大的输出变化。灵敏度是衡量分析仪器质量的主要指标之一。

1.3.3 响应时间

响应时间是表达被测组分的浓度发生变化后，仪器输出信号跟随变化的快慢。一般从样品含量发生变化开始，到仪器响应达到最大指示值的90%时所需的时间即为响应时间。

自动分析仪表的响应时间愈短愈好，特别是自动成分分析仪表的输出作在线自控信号时，更显得重要。

1.4 过程分析仪表的选用

目前分析气体的分析仪表已广泛应用于在线检测与控制，有些液体试样分析仪器在过程检测中应用也比较成熟。但因分析仪表品种繁多，选用时应根据具体试样及背景进行选择。

表2-2-5所列是我国目前已能生产的自动分析仪表。

表2-2-5 过程分析器选用简表

介质类别	待测组分（或物理量）	含量范围	背景组成	可选用的过程分析器
气体	H_2	常量,V%	Cl_2、N_2、Ar、O_2	热导式氢分析器
	O_2	常量,V%	烟道气 (CO_2、N_2)	①热磁式氧分析器 ②磁力机械式分析器 ③氧化锆氧分析器 ④极谱式氧分析器
			含过量氢	热化学式氧分析器
			SO_2	氧化锆氧分析器
		微量,$\times 10^{-6}$	Ar、N_2、He	①氧化锆氧分析器 ②电化学式微氧分析器
	Ar	常量,V%	N_2、O_2	热导式氩气分析器
	SO_2	常量,V%	空气	①热导式 SO_2 分析器 ②工业极谱式 SO_2 分析器 ③红外线 SO_2 分析器
	CH_2	常量,V% 微量,$\times 10^{-6}$	H_2、N_2	红外线 CH_4 分析器
	CO_2	常量,V%	烟道气(N_2、O_2) 窑气(N_2、O_2)	①热导式 CO_2 分析器 ②红外线 CO_2 分析器
		微量,$\times 10^{-6}$	H_2、N_2、CH_4 Ar、CO、NH_3	①红外线 CO_2 分析器 ②电导式微量 CO_2、CO分析器
	CO	微量,$\times 10^{-6}$	CO_2、H_2、N_2 CH_4、Ar、NH_3	①红外线CO分析器 ②电导式微量 CO_2、CO分析器
	C_2H_2	微量,$\times 10^{-6}$	空气或 O_2 或 N_2	红外线 C_2H_2 分析器
	NH_4	常量,(%)	H_2、N_2 等	电化学式(库仑滴定)分析器
	H_2S	微量,$\times 10^{-6}$	天然气等	光电比色 H_2S 分析器
	可燃性气体	爆炸下限,%	空气	可燃性气体检测报警器
	多组分	常量或微量	各种气体	工业气相色谱仪
	水分	微量,$\times 10^{-6}$	空气或 H_2 或 O_2	①电解式微量水分分析器 ②压电式微量水分分析器
			惰性气体	
			CO或 CO_2	
			烷烃或芳烃等气体	

续表

介质类别	待测组分（或物理量）	含量范围	背景组成	可选用的过程分析器
液体	热值	800～10000kcal/m³①	燃气、天然气或煤气	气体热值仪
	溶解	微量，μg/L	除氧器锅炉给水	电化学式水中氧分析器
		微量，mg/L	水、污水等	极谱式水中溶解氧分析器
	硅酸根	微量，μg/L	蒸汽或锅炉给水	硅酸根分析器
	磷酸根	微量，mg/L	锅炉给水	磷酸根分析器
	酸（HCl 或 H_2SO_4 或 HNO_3）	常量，V%	H_2O	①电磁式浓度计 ②密度式酸碱浓度计 ③电导式酸碱浓度计
	碱（NaOH）			
	盐	微量，mg/L	蒸汽	盐量计
	Cu	mol/L	铜氨液	Cu 光电比色式分析器
	对比电导率		阳离子交换器出口水	阳离子交换器失效监督仪
			阴离子交换器出口水	阴离子交换器失效监督仪
	电导率		水或离子交换后的水	工业电导仪
	浊度	微量，mg/L	自来水、工业用水	水质浊度计
	pH		各种溶液	工业酸度计（电极为玻璃电极）
			不含氧化还原性物质和重金属离子或与锑电极能生成负离子物质的溶液	锑电极酸度计
	钠离子	4～7pNa	纯水	工业钠度计
		常量（滴度）	联碱生产过程盐析结晶器液体	钠离子浓度计
	黏度	0～50000cP②	牛顿型液体	超声波黏度计
	折光率或浓度		各种溶液	工业折光仪（光电浓度变送器）

① 1cal=4.18J。

② $1cP=10^{-3}Pa\cdot s$。

2 工业色谱仪

气相色谱分析法是一项新的分离技术，由于它分离效能高，分析速度快，样品用量少，并可进行多组分分析，因而发展很快，是目前工业过程中应用最为普遍的一种成分分析仪，但色谱仪不能实现连续进样分析。

气相色谱仪主要有实验室气相色谱仪和工业气相色谱仪。用于生产流程中的全自动气相色谱仪称为工业色谱仪。

2.1 色谱分析的基本原理

色谱分析是一种物理化学的分析方法，特点是使被分析的混合物通过色谱柱将各组分进行分离，并通过检测器后输出与组分的量成比例的信号。

图 2-2-10 所示的为气相色谱工作原理图。载气由气瓶提供，经过流量调节阀和转子流量计后进入进样阀。被测试样从进样阀注入，并随载气一起进入色谱柱。色谱柱内的固定相是一些吸附剂或吸收剂，吸附剂或吸收剂对不同的物质有不同的吸附能力或不同的吸收能力。因此当包含样品的流动相流过固定相表面时，样品中各个组分在流动相和固定相中的分配比例不相同，使得各组分在色谱柱中流动的速度不同，进而使各组分离开色谱柱进入检测器的时间也不一样。检测器根据样品到达的先后次序测定出各组分及浓度信号，得到的色谱图如图 2-2-11 所示。

确定各组分百分含量的一种最简单的方法是按色谱图中各个峰波面积的相对大小来计算。如图 2-2-11 中，

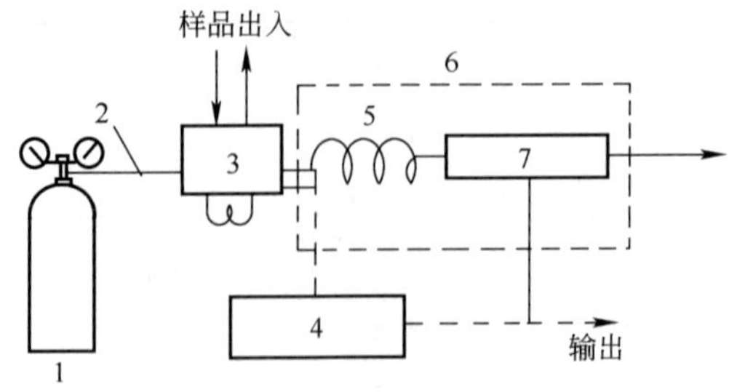

图 2-2-10　气相色谱仪原理图

1—气瓶；2—载气；3—进样阀；4—程序控制器；
5—色谱柱；6—恒温箱；7—检测器

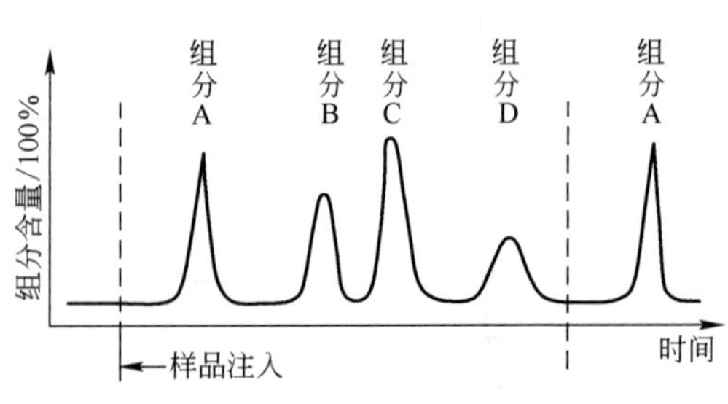

图 2-2-11　色谱图

样品中确定有 4 个组分，而它们的峰波面积分别为 A_1、A_2、A_3 和 A_4，则第 i 个组分的百分含量为：

$$C_i\%=\frac{A_i}{A_1+A_2+A_3+A_4}\times 100\%$$

注意这种求法样品中各组分必须出峰波，而且各组分的灵敏度也要相等。

2.2　工业色谱仪的组成

工业色谱仪由取样系统、分析单元、程序控制器、数据处理装置等部分组成，见图 2-2-12。

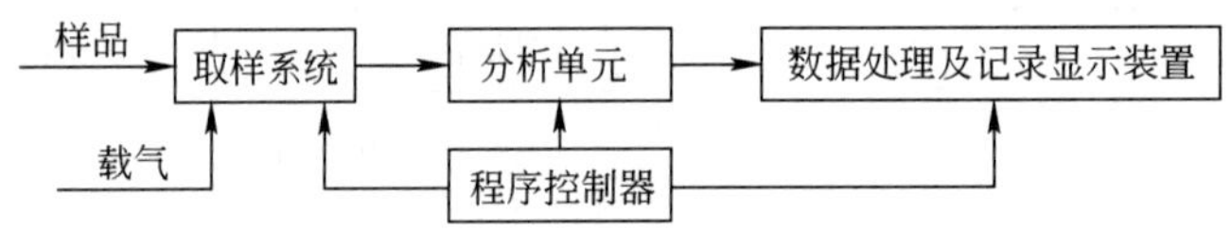

图 2-2-12　工业色谱仪的组成方框图

取样系统包括压力调节阀、过滤器、流量控制器、样品温度调节装置和流路切换阀等。其任务是清除试样和载气中可能存在的雾气、油类、水分、腐蚀性物质和机械杂质等，并使进入分析系统的气样及载气的压力和流量保持恒定。

分析单元由色谱柱、检测器、取样阀、色谱柱切换阀等部分组成。其作用是被分析气样在载气流的携带下进入色谱柱，在色谱柱中各组分按分配系数的不同被先后分离，依次流出，并经过检测器进行测定。

程序控制器按一定的时间程序，对取样、进样、流路切换、信号衰减、零位调整、谱峰记录及数据处理等分析过程发出指令，进行自动操作。

数据处理装置将检测器的输出信号，经过一定的数据处理后进行显示、记录，或通过计算机实现生产过程自动化。

除上述基本部分外，工业色谱仪还应包括一些辅助装置，如供热导检测器用的稳压电源，作氢火焰离子化检测器的微电流放大器及恒温箱的控制线路等。

2.3　SQG 系列工业气相色谱仪

SQG 系列工业气相色谱仪有 3 种：SQG -101 型可连续分析合成氨脱硫后的半水煤气中的甲烷、二氧化碳、氮和一氧化碳 4 个组分；SQG -102 型可连续分析合成氨脱硫后的变换气中的二氧化碳、氧、氮和一氧化碳 4 个组分；SQG -103 型可连续分析进合成氨塔的原料气中的氨、氩、氮和甲烷 4 个组分。这 3 种型号除色谱柱内填装的固定相种类和柱长不同外，其他具体结构、电气线路都是一样的。

SQG 工业气相色谱仪能及时直接反映组分含量，避免繁重的色谱图计算工作。它为了用峰高来折算组分的浓度从标尺上显示出来，采用了在出峰时自动停止记录纸移动，使峰面积成为一条峰高的直线，各组分成为不同长度的平行直线，这种图线通常称为带谱图，非常清晰直观，如图 2-2-13 所示。

2.3.1　SQG 色谱仪的组成

SQG 色谱仪由样气预处理系统、载气预处理系统、分析器、电源控制器和显示仪表 5 部分组成。图 2-2-14 为 SQG 色谱仪的构成框图。

（1）样气预处理系统　是用来对样气进行除尘、干燥、净化、稳定样气压力和调节样气流量。它由针形调节阀 1、2，稳压器，干燥器和流量计等组成，见图 2-2-15。

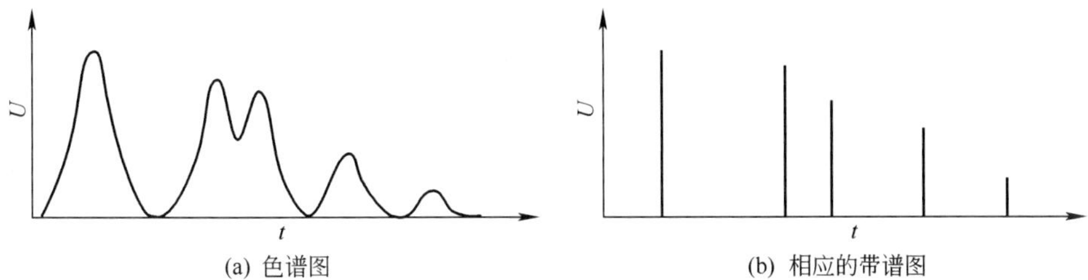

(a) 色谱图　　(b) 相应的带谱图

图 2-2-13　色谱图与带谱图

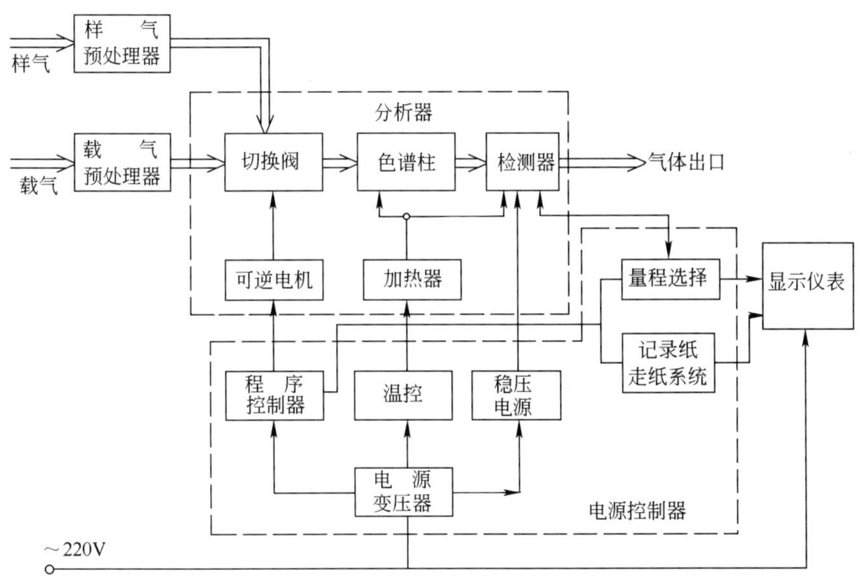

图 2-2-14　SQG 工业色谱仪组成框图

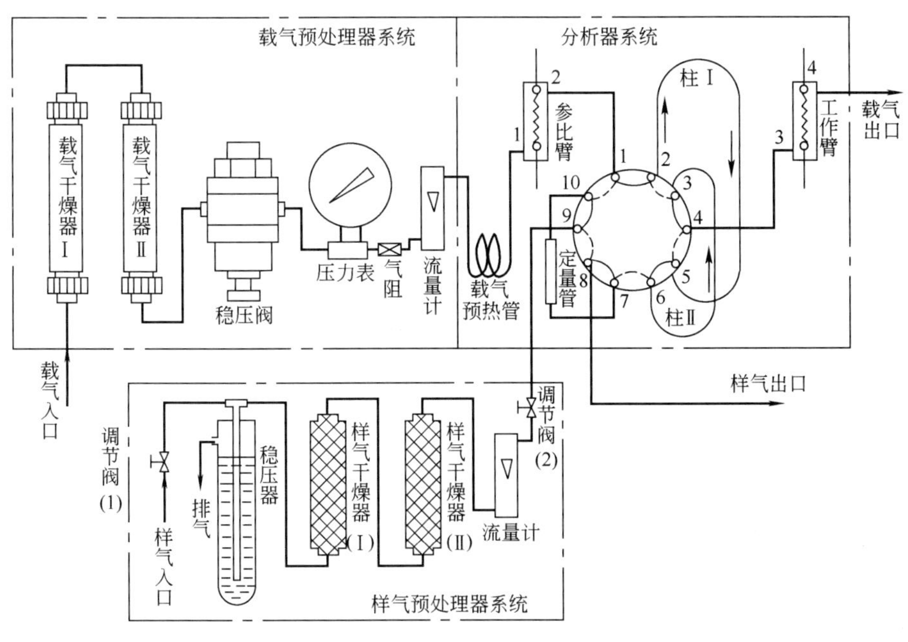

图 2-2-15　气体流程图

调节阀1用于调节稳压器压力，调节阀2用来调节样气的流量。稳压器内盛机油或甘油，来稳定样气压力。干燥器Ⅰ内装有无水氯化钙，对样气进行脱水处理；干燥器Ⅱ内装颗粒为10～20目的电石，进一步对样气进行干燥处理。干燥器的两端均填有脱脂棉和过滤片，用于除去尘埃，防止细微固体颗粒常到气路中。

(2) 载气预处理系统　是用来对载气进行稳压、净化、干燥和流量调节。它由干燥器Ⅰ、Ⅱ，稳压阀、压力表、气阻和流量计组成。干燥器内装有F-10型变色分子筛，对载气进行脱水干燥处理。稳压器用于稳定载气压力，设置气阻的目的是提高柱前压力。

(3) 分析器　是仪表的心脏部件，对分析的样品进行取样、分离和检测。它包括十通平面切换阀取样系统、色谱柱分离系统和组分检测系统。组分检测器为热导式，直通式气路，因此仪表响应快、灵敏度高。检测元件铂丝呈"弓"形，在常温下阻值为27Ω左右。Ⅰ、Ⅱ为参比臂，Ⅲ、Ⅳ为测量臂，组成一个双臂测量电路。热导检测器的结构、接线图如图2-2-16。

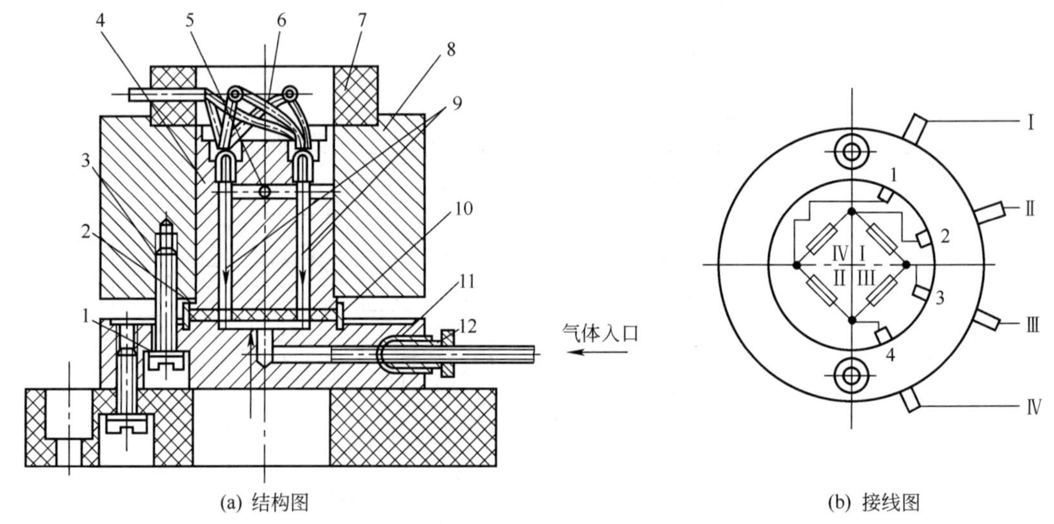

(a) 结构图　　(b) 接线图

图2-2-16　热导检测器

1—底座；2—密封衬垫；3—M4×20螺钉；4—桥体；5—气体出口；6—桥臂引出线；7—接线座；8—金属骨架；9—铂丝桥臂；10—定位圈；11—紫铜密封垫圈；12—螺纹套

2.3.2　SQG色谱仪的安装与接线

① 分析器的预处理系统和检测器一般安装在取样点附近，记录仪和电源控制器安装在控制室的仪表盘上。检测器安装在无强烈振动、无强磁场、无爆炸性气体、无大于或等于3m/s气流直吹、无太阳直晒的地方。

② 用$\phi3\times0.5$聚乙烯管连接载气系统（也可用不锈钢管）；按气体流程连接样气系统。全部气路系统连接完成后，必须进行密封性试验。

③ 按图2-2-17进行电气接线。其中检测器至电源控制器的红、白、黄、蓝4根线和电源控制器至记录仪的两根紫、橙线，都必须采用屏蔽线，并用穿线管保护。不允许将信号线和电源线穿在同一根管内或同用一根电缆。分析器需单独敷地线，它的各部分接地点全部连接在一起，然后统一接地。

④ 分析器需稳定的220V AC供电。

2.3.3　SQG色谱仪的维护

色谱仪工作好坏与日常维护有密切关系，因此，必须对下列各项进行逐项检查，并认真地做好日常维护工作。

① 检查预处理器中，干燥器内的干燥剂是否失效，定期更换干燥剂和过滤片。

② 检查载气系统的压力、流量是否变化，定期用流量计核对。

③ 检查各气路是否有泄漏现象，保持密封性好。

④ 仔细观察加热指示灯的明灭周期（约3min），监视温控电路的工作情况。

⑤ 根据程序指示灯的明灭情况，监视程序控制器的工作情况。

⑥ 定期对分析器的零点、工作电流进行核对，记录仪表的滑线电阻、滑动触头要经常清洗，以保证接触良好。

⑦ 定期对分析器用已知浓度的样气进行刻度校准。

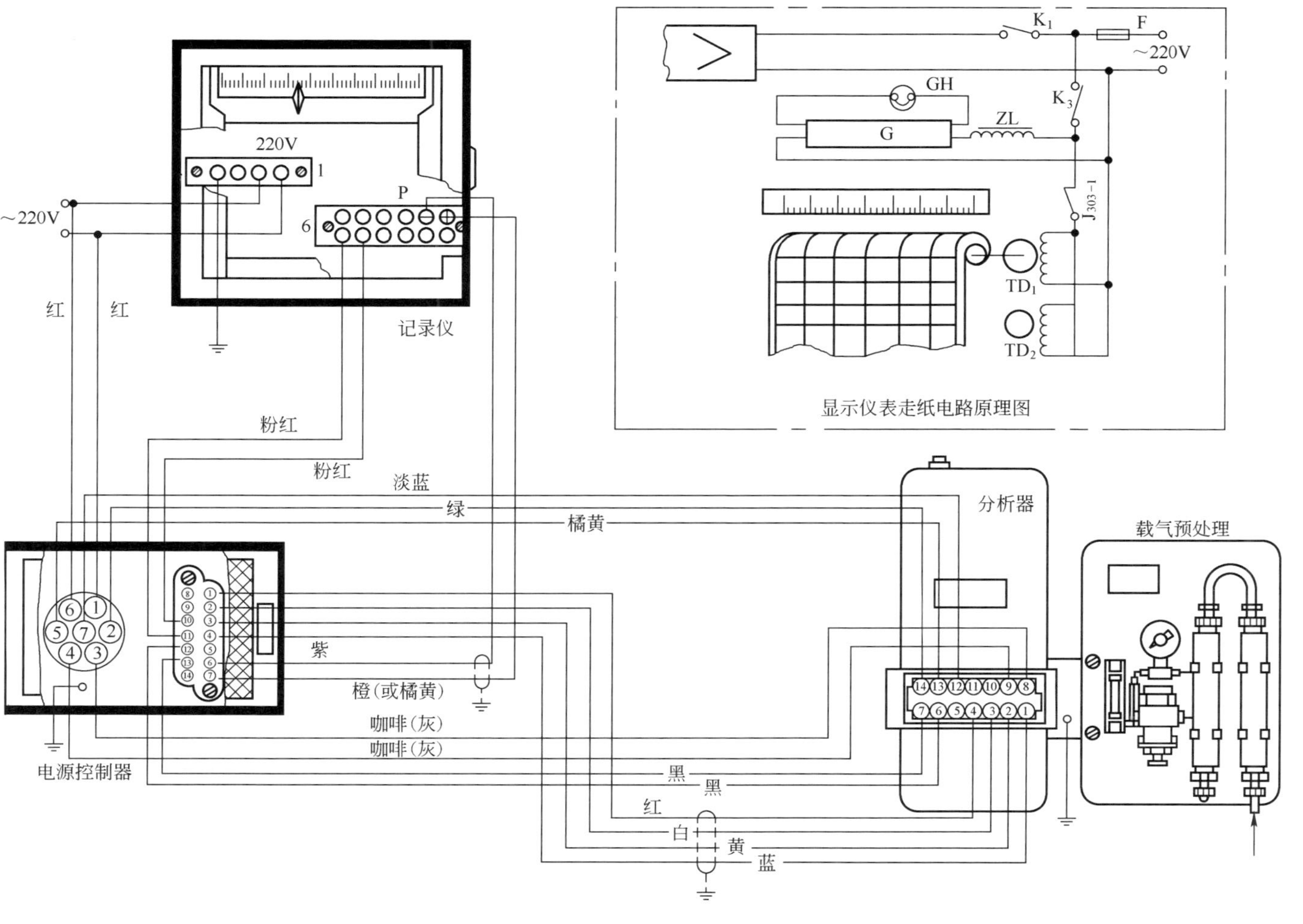

图 2-2-17　SQG 色谱仪外部电气接线图

⑧ 定期作色谱图，根据各组分分离情况，检查色谱柱的分离效能，当流出时间有较大变化时，应适当调整分析器的进样和程序控制器各级延时时间。当发现色谱柱失效时，应及时更换色谱柱。

⑨ 定期向转阀可逆电机减速箱中各齿轮加耐高温轴承油脂，保证有良好润滑。

3 氧量分析仪

3.1 概述

氧含量分析器是目前工业生产自动控制中应用最多的在线分析仪表，主要用来分析混合气体（多为窑炉废气）和钢水中的含氧量等。

过程氧量分析器大致可分为两大类。一类是根据电化学法制成，如原电池法、固体电介质法和极谱法等；另一类是根据物理法制成，如热磁式、磁力机械式等。电化学法灵敏度高，选择性好，但响应速度较慢，维护工作量较大，目前常用于微氧量分析。物理法响应速度快，不消耗被分析气体，稳定性较好，使用维修方便，广泛地应用于常量分析。磁力机械式氧气分析器更有不受背景气体导热率、热容的干扰，具有良好的线性响应，精确度高等优点。

各种氧量分析器的性能列于表 2-2-6 之中。

表 2-2-6 各种氧量分析器性能

分析器原理	测量范围	基本误差/%	响应时间/s	输出信号	应用
热磁式	0～5% 0～10% 90%～100% 95%～100%O_2 0～100% 0～2.5% 98%～100%O_2	±2.5 ±5	9～14	0～10mA 0～10mV	通用性氧量分析仪，可用于燃烧系统及其他流程的气体分析
磁力机械式	0～2.5% 0～5% 0～25% 0～100% 0～1.0%O_2	±0.125%O_2 ±2 <±10	T_{90}≤7	0～10mV	通用型氧量分析仪，可用于分析混合气样或分析复杂的流程
固体电介质（氧化锆）	0～10%O_2 及其他量程 10^{-6}级	±5	1～3 T_{90}约几十秒	0～10mA 或 4～20mA 及 mV 信号	特别适用锅炉烟道气分析和高温炉中气体氧分析，也可用于其他方面
极谱式	常量 10^{-6}级	±2.5	T_{90}=10～20		分析混合气体、液体中氧，适用于食品、医学，也可用于废气中氧测定
原电池式	0～10×10^{-6}至 0～1000×10^{-6}	±2.5	T_{90}=30～120		气体中微量氧测定及水中溶解氧测定

3.2 氧化锆分析仪

氧化锆分析仪是一种新型的氧含量分析器。与磁性氧分析器相比，它具有结构简单，稳定性好，灵敏度高，响应快，价格便宜等优点，因而近年来已经得到了大面积的推广和应用。

氧化锆是固体电解质，在高温下具有传导氧离子的特性。在氧化锆两侧涂上多孔铂电极，当两侧气体中氧浓度不同时，会发生下列反应：

阴极（氧浓度高侧） $O_2+4e\longrightarrow 2O^{2-}$

阳极（氧浓度低侧） $2O^{2-}-4e\longrightarrow O_2$

这样，就构成了以氧化锆管为电解质的浓差电池。两极之间的电动势 E 可由能斯特公式求得：

$$E=\frac{RT}{4F}\ln\frac{p_A}{p_x}$$

式中 R——气体常数；

T——绝对温度，K；

F——法拉第常数；

p_x——被测气体氧浓度百分数；

p_A——参比气体氧浓度百分数，一般为20.60%。

当氧化锆管处的温度被加热至750℃时，上式可变为：

$$E=50.74\lg\frac{p_A}{p_x}$$

即如果把氧化锆元件加热到规定的温度（750℃），测量气在一边流动，测量气中氧浓度和参比气中氧浓度之比的对数与电动势E成正比。因而只要测得电势E，便知被测气体中的含氧浓度。

流程型氧化锆分析仪的传感器结构如图2-2-18所示，它一般制成管状结构，直接插入被测高温气体中。

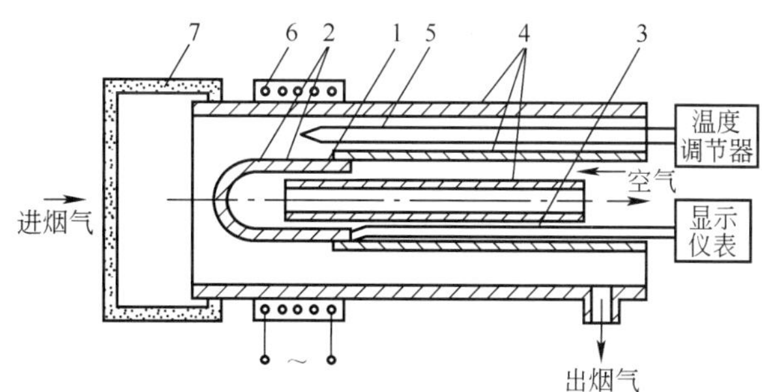

图 2-2-18　氧化锆传感器结构示意图

1—氧化锆管；2—内外铂电极；3—铂电极引线；4—Al_2O_3管；5—热电偶；6—加热炉丝；7—陶瓷过滤器

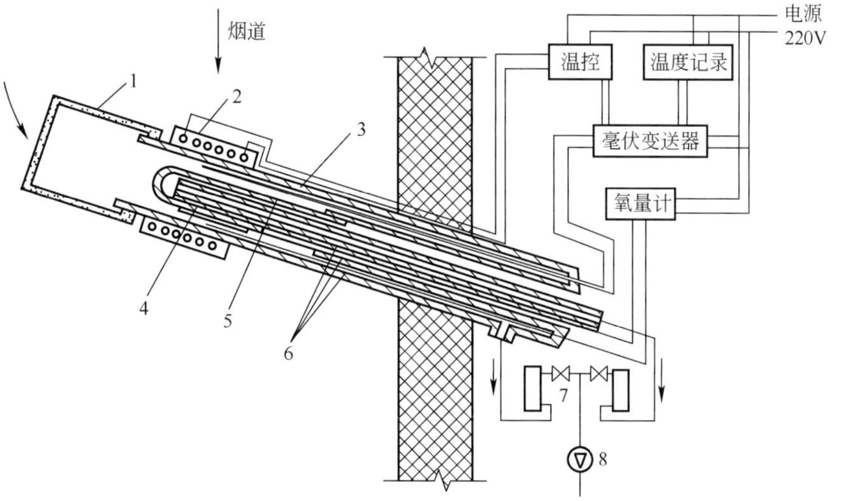

氧化锆分析仪整机工作原理如图2-2-19所示[2]。

用空气作参比气，通入氧化锆管内侧，被测气体经过滤器除去机械杂质后进入管外。用泵抽吸被测气样和空气，使它们流速稳定，并且使两相流体的总压力基本相同。在管外装有测量氧化锆管工作温度的热电偶，热电偶的输出电热信号送入温度控制器，以实现定温控制。

图 2-2-19　直插定温抽气式氧化锆氧量计

1—过滤器；2—定温电炉；3—铂铑-铂热电偶；4—铂电极；5—氧化锆管；6—氧化铝管；7—节流阀；8—电磁泵

直插式氧化锆分析仪的特点是反应迅速，加装过滤器后响应时间也只有3s左右。目前主要用于锅炉烟道气中氧含量和高温炉中气体氧含量的在线测定与控制。

表2-2-7所示为CY-2D氧化锆分析仪产品系统配置及备件。表2-2-8为氧电势与含氧量对照表。表2-2-9所示为氧含量与仪表输出信号对照表。

表 2-2-7　氧分析仪产品系统配置及备件（1989年4月15日开始执行）

产品名称	类型	单位	技术指标
CY-2D氧化锆氧分析仪	低温A型	套	检测器：法兰至检测器端长度为180mm、400mm两种，耐烟温小于600℃，显示范围20.60%和25% 转换器：输出0～10mA或4～20mA DC 变换器：80V·A(最大120V·A) 防尘管：插入长度500mm

续表

产 品 名 称	类 型	单 位	技 术 指 标
CY-2D 氧化锆氧分析仪	低温 B 型	1 套	检测器:转换器,变压器同低温 A 型 导流管:长度 800mm,1m,1.2m
CY-2D 氧化锆氧分析仪	中温 M 型	1 套	检测器:转换器,变压器同低温 A 型 导流管:长度 800mm,1m,1.2m 耐烟温<900℃
CY-2D 氧化锆氧分析仪	高温 H 型	1 套	检测器:转换器,变压器同低温 A 型 取气装置:耐烟温 900～1400℃ 插入长度:800mm,1m,1.2m
氧传感器组件	S(F)	1 套	
检测器	1S-G	1 支	Ⅰ型 40mm Ⅱ型 100mm
转换器	CY-2D	1 台	输出 0～10mA,4～20mA
变压器	T100	1 台	抽头组合式 输入 220V AC,输出 10～100V AC
低温防尘管	PD-L	1 支	耐烟温≤600℃,长度 500mm
低温导流管	GF-L	1 支	耐烟温≤600℃,长度 800mm,1m,1.2m
低温导流管	GF-M	1 支	耐烟温≤900℃,长度 800mm,1m,1.2m
高温导流装置	GF-H	1 套	耐烟温≤1400℃,长度 800mm,1m,1.2m
高温导流装置	PF-H	1 套	耐烟温≤1400℃,长度 800mm,1m,1.2m
校正气单元	CU-I	1 台	

表 2-2-8 氧电势与氧含量对照表

E/mV	氧含量/%	E/mV	氧含量/%	E/mV	氧含量/%	E/mV	氧含量/%	E/mV	氧含量/%
−20	51.0462	7	14.9945	34	4.40456	61	1.29382	88	0.380051
−19	48.7819	8	14.3294	35	4.20919	62	1.23642	89	0.363193
−18	46.6181	9	13.6938	36	4.02247	63	1.18158	90	0.347082
−17	44.5502	10	13.0864	37	3.84404	64	1.12917	91	0.331696
−16	42.574	11	12.5059	38	3.67353	65	1.07908	92	0.316973
−15	40.6855	12	11.9511	39	3.51058	66	1.03121	93	0.302913
−14	38.8808	13	11.421	40	3.35486	67	0.98547	94	0.289476
−13	37.1561	14	10.9144	41	3.20604	68	0.941757	95	0.276636
−12	35.5079	15	10.4302	42	3.06383	69	0.899982	96	0.264365
−11	33.3323	16	9.96759	43	2.32792	70	0.860061	97	0.252638
−10	32.4277	17	9.52544	44	2.79804	71	0.82191	98	0.241431
−9	30.3892	18	9.10291	45	2.67393	72	0.785451	99	0.230722
−8	29.6146	19	8.69912	46	2.55532	73	0.75061	100	0.220488
−7	28.301	20	8.31325	47	2.44197	74	0.717315	101	0.210707
−6	27.0456	21	7.94449	48	2.33365	75	0.685496	102	0.201361
−5	25.8459	22	7.59208	49	2.23013	76	0.655089	103	0.192429
−4	24.6994	23	7.25531	50	2.13121	77	0.62603	104	0.183893
−3	23.6038	24	6.93348	51	2.03667	78	0.598261	105	0.175736
−2	22.5568	25	6.62592	52	1.94633	79	0.571723	106	0.16794
−1	21.5562	26	6.33201	53	1.85999	80	0.546362	107	0.160491
0	20.6	27	6.05113	54	1.77749	81	0.522127	108	0.153372
1	19.6862	28	5.78272	55	1.69864	82	0.498966	109	0.146568
2	18.813	29	5.52621	56	1.62329	83	0.476833	110	0.140067
3	17.9785	30	5.28107	57	1.55129	84	0.455681	111	0.133854
4	17.181	31	5.04682	58	1.48247	85	0.435468	112	0.127916
5	16.4189	32	4.82295	59	1.41671	86	0.416152	113	0.122242
6	15.6906	33	4.60901	60	1.35387	87	0.397692	114	0.11682

表 2-2-9　输出信号对照表

氧含量/%	输出信号			氧含量/%	输出信号		
	0～10mA	0～20mA	4～20mA		0～10mA	0～20mA	4～20mA
0	0	0	4	13.55	6.25	12.5	14
3.25	1.25	2.5	6	15.45	7.5	15	16
5.15	2.5	5	8	18.70	8.75	17.5	18
8.40	3.75	7.5	10	20.60	10	20	20
10.30	5	10	12				

3.3　DH-6 型氧化锆氧分析仪

DH-6 型氧化锆氧分析仪主要用于分析锅炉、加热炉及窑炉中烟道气的含氧量。分析仪的探头为直插式，可直接置于被测气样中，不需附加取样装置，故能及时地反映炉内的燃烧状况；并可与控制仪表组成自动控制系统，以保证最佳的空气燃料比，提高燃烧效率，达到既节能又减少环境污染的双效果。

本分析仪具有性能稳定、工作可靠、反应迅速、适用范围广、结构简单、使用维护方便等特点。它由检测探头、电源控制器、二次仪表、空气泵和变压器等组合而成。

3.3.1　氧化锆探头

探头部件是分析仪的核心，它由碳化硅过滤器、隔爆件、氧化锆元件、加热器、热电偶、气体导管和接线盒等组成。探头内部结构如图 2-2-20 所示。氧化锆元件置于加热器内，用来检测氧浓度的变化。碳化硅过滤器有两个方面的作用：一是防止气样中的灰尘进入氧化锆元件内部而污染电极；二是起缓冲作用，以减少气流冲击而引起的噪声。隔爆件位于过滤器与氧化锆元件之间，起安全隔爆作用。它是用网状不锈钢丝制作的，能耐腐蚀和高温。加热器由加热丝、炉管、保护套管、隔热层和金属外壳等组成。K 型热电偶用来检测电极元件部分温度，与加热丝、温控电路配合实现对氧化锆元件的恒温控制。在探头底座侧面有一个气体接嘴，它是校验气进口，用来做检查和校准探头用。此接嘴平时是用堵丝封死的，以防空气进入。探头所有连接导线全部套在一根蛇皮管内。其中一根双芯屏蔽电缆是探头输出信号线（红色为正，蓝色为负），两根较粗的线为加热线。另外还有两根热偶补偿导线和一根地线。此外，蛇皮管内的一根塑料管是用来与气泵相连，以提供探头所需的新鲜干净的参比气体（空气）。

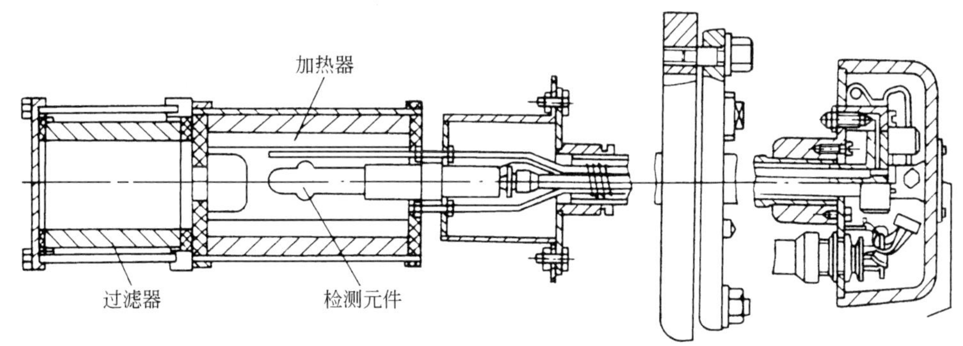

图 2-2-20　探头内部结构图

3.3.2　电源控制器

电源控制器的作用是控制探头加热器温度，并将氧化锆元件产生的氧浓差信号转换成线性标准信号输出。它由检测电路和温度控制电路组成。

(1) 检测电路　它的作用是将氧化锆产生的浓差电势转换成 4～20mA DC 标准信号输出，送给显示仪表作氧含量显示，同时也可作控制器的输入信号，以实现对烟道气氧含量的自动控制。

测量电路包括量程选择电路、高阻抗缓冲放大器、线性化电路和输出电路等 4 个部分。图 2-2-21 为测量电路组成的框图。

量程选择电路主要用来调整分析器输出信号的量程和零点。高阻抗缓冲放大器的作用是进行阻抗转换和信号放大。由于被测气体中氧含量与探头产生的电势 E 是非线性的，不便于仪表的显示和自控，因此采用了非

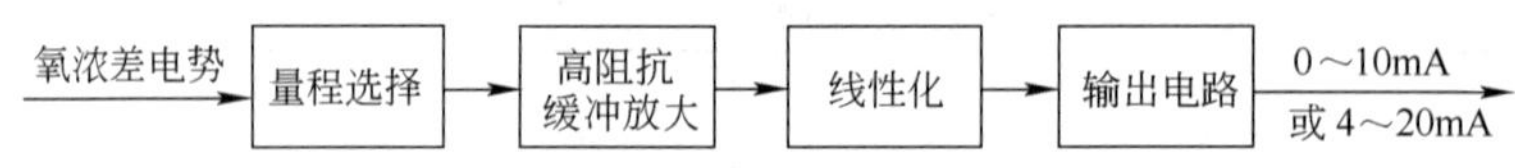

图 2-2-21 测量电路方框图

线性补偿电路。输出电路的作用，是将电源与输入/输出进行隔离，并把输入的电压信号转换成 4～20mA DC 标准信号输出。

（2）温度控制电路 它是保证检测器电极部位的温度为 700℃，使浓差电势与氧含量成单值函数关系。它由温度检测元件、偏差信号放大器、PI 控制器、触发脉冲形成电路和可控硅控制电路等组成。温度控制电路的框图如图 2-2-22 所示。

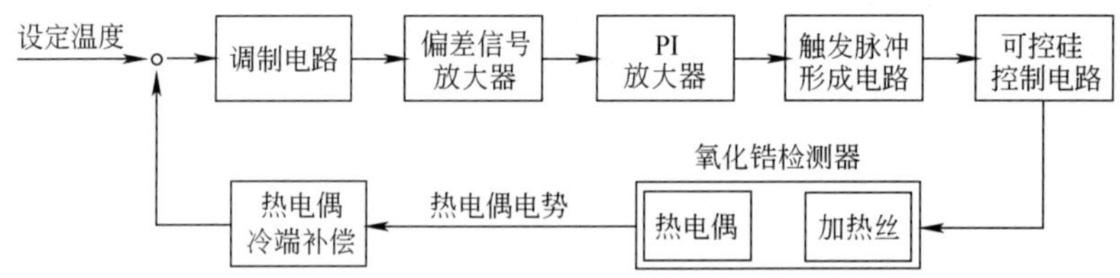

图 2-2-22 温度控制电路原理方框图

（3）稳压电源 它是由三端稳压器（7815 和 7915）组成的直流稳压电源，它提供±15V DC 的电压给检测电路和温度控制电路。

3.3.3 DH-6 型氧化锆氧分析仪的调校

分析仪使用过程中，应定期用标准气样对它进行调校。具体方法是将 1%和 8%的标准气体从校验气孔通入氧化锆探头，反复调节量程、零位电位器 W_2 和 W_1，使显示仪表指在相应的位置。若将探头从烟道中取出后再进行校验，会更准确一些。

氧化锆探头部件的过滤器、隔爆器、加热器、氧化锆元件及电极引线等部分都可单独拆卸，便于检查和更换。

3.4 磁式氧分析器

3.4.1 气体的磁性

任何物质在外磁场的作用下都能被感应磁化。由于物质的结构组成不同，各种物质的磁化率（κ）也不同。根据磁化率大小，物质可分为顺磁性的（$\kappa>0$）和反磁性的（$\kappa<0$）。顺磁性气体的体积磁化率可用下式表示：

$$\kappa=\frac{CM}{R}\times\frac{p}{T^2}$$

式中 C——居里常数；

R——气体常数；

M——气体分子量；

p——压力；

T——绝对温度。

从上式可见，顺磁性气体的体积磁化率与压力成正比，而与绝对温度的平方成反比。即在气体的温度升高时，它的体积磁化率急剧下降。热磁式氧分析器就是基于氧气的体积磁化率大，以及它的磁化率随温度升高而急剧降低的特性而制成的。常见气体磁化率如表 2-2-10 所示。

表 2-2-10 常见气体的磁化率（20℃）

气 体	分子式	$\kappa\times10^{-6}$ C·G·S	气 体	分子式	$\kappa\times10^{-6}$ C·G·S	气 体	分子式	$\kappa\times10^{-6}$ C·G·S
空气		+22.9	二氧化碳	CO_2	−0.42	氯气	Cl_2	−0.59
氧气	O_2	+106.2	水蒸气	$H_2O\uparrow$	−0.43	氦气	He	−0.47
一氧化氮	NO	+48.06	氢气	H_2	−1.97	乙炔	C_2H_2	−0.48
二氧化氮	NO_2	+6.71	氮气	N_2	−0.34	甲烷	CH_4	−2.50

由表 2-2-10 可知，只有 O_2、NO、NO_2 和空气为顺磁性气体，而 O_2 的磁化率最大，因此可利用这一特性

对混合气体中的含氧量进行分析。

实验证明，彼此不进行化学反应的混合气体的磁化率由下式求得：

$$\kappa=\sum\kappa_i C_i=\kappa_1 C_1+(1-C)\kappa_n$$

式中 κ_1——氧气的磁化率；

κ_n——混合气中非氧组分的磁化率；

C_1——氧气的百分含量；

C_i——第 i 组分的百分含量；

κ_i——第 i 组分的磁化率。

由于氧气的磁化率远比其他气体的高，上式中末项的值是微不足道的，可以忽略不计，这样就可以根据混合气体中气体体积磁化率的大小来确定氧气的含量。但必须指出，当混合气体中有 NO、NO_2 时，上述结论就不很正确了。

要直接测量混合气体的体积磁化率来确定氧的含氧量的多少是很困难的，因为氧气与其他气体相比，虽然氧的磁化率最大，而其值却很小。为此，工业上也同其他分析器一样，利用有关规律作间接测量。例如，在不均匀磁场中，顺磁性气体被发热元件加热后，磁化率会显著降低而形成热磁对流效应；又如在不均匀磁场中，被顺磁性气体包围的物体所受的吸引力，随该气体磁化率的变化而变化等。根据上述两种方法，可分别制成热磁式和磁力机械式氧量分析器。

3.4.2 热磁式氧分析器

热磁式氧分析器的工作原理如图 2-2-23 所示。传感器本身是一个中间有通道的环形气室，待测气体进入环形气室后，沿两侧往上走，最后从出口排出。当无外磁场存在时，中间通道两侧的气流是对称的，所以中间通道无气体流动。在中间通道的外面均匀地绕以铂电阻丝，铂丝通电后既起到加热的作用，又起到测量温度变化的感温元件的作用。铂电阻分 r_1、r_2 两部分，r_1、r_2 分别作为测量电桥的两个桥臂，与固定电阻 R_1、R_2 组成测量电桥。

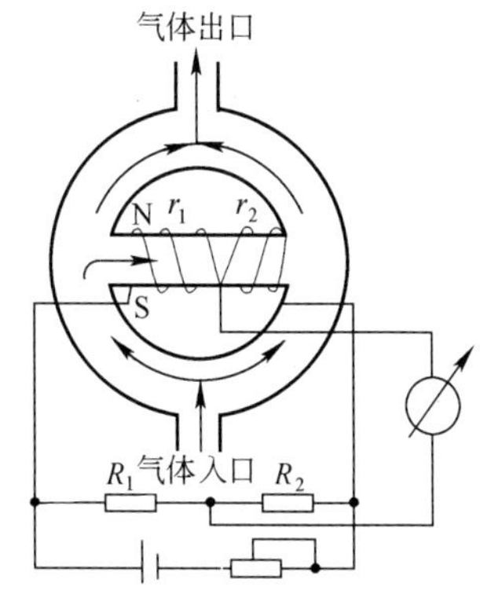

图 2-2-23 热磁式氧分析器的工作原理

通电加热到 200～400℃，当气样进入环形后，顺磁性氧气被左侧强磁场吸入水平管道内，被热丝 r_1 加热，氧的磁化率因温度升高而迅速降低。未被加热的氧气磁化率高，受磁场吸力较大，被吸入水平管道内置换已被加热的氧气。这一过程不断进行，就形成了热磁对流，或称磁风。在磁风的作用下，左侧热丝 r_1 被气流冷却，阻值降低；气流流经右侧热丝 r_2 时，因气流的温度已升高了，冷却作用不大，r_2 的变化远小于 r_1 的变化，电桥失去平衡。输出不平衡电压的大小就表示了被分析气体中氧含量的多少。

热磁式氧分析器的特点：结构简单，便于制造和调整；但是当环境温度升高时，分析器的指示值下降；大气压变化使气体压力相应改变，因此指示改变；当被测气体流量变化时也要引起测量误差等。因此，在实际使用中，常采用恒温措施、双桥测量电路、对被测气样进行稳压、稳流等措施，以减小测量误差。

磁力机械式氧分析器可以连续分析气样中的氧含量，并具有不受背景气体的导热率、热容等因素的干扰，精度高（$<\pm 2\%$），测量范围广，从微量（10^{-6}级）直到 0～100%O_2，响应快，输出线性等优点，因而在生产和科研部门得到了广泛的应用。

4 热导式气体分析器

热导式气体分析器是一种物理式气体分析器。它结构简单，性能稳定，价格便宜，易于工程上的在线检测，是气体分析仪中最常用的一种。

4.1 测量基本原理

热导式气体分析仪用来分析混合气体中某一组分（称为待测组分）的含量。它是根据混合气体中待测组分含量的变化，引起混合气体总的导热系数变化这一物理特性来进行测量的。由于气体的导热率很小，直接测量困难，因此工业上常常把导热率的变化转化成热敏元件阻值的变化，从而可由测得的电阻值的变化，得知待测组分含量的多少。

4.1.1 气体导热系数（又称导热率）

在热力学中用导热率（亦称导热系数）来描述物质的热传导，传热快的物质导热率大。气体的导热率随温度变化而变化，即：

$$\lambda_t = \lambda_0 (1 + \beta t)$$

式中 λ_0——0℃时的导热率；

λ_t——t 时的导热率；

β——导热率的温度系数；

t——温度。

用上式就可求得各种温度下的气体导热率。表 2-2-11 列出了各种气体在 0℃与 100℃时的导热率 λ、相对导热率 λ/λ_0（相对于空气为 0℃时的导热率之比）和导热率温度系数 β 值。

4.1.2 混合气体的导热率

实验结果表明，互不发生化学反应的气体混合物的导热率可由下式计算：

$$\lambda = \sum_{i=1}^{n} \lambda_i C_i$$

式中 λ——混合气体的导热率；

λ_i——对应于百分含量为 C_i 的组分的导热率；

C_i——混合气体中第 i 组分的百分含量。

表 2-2-11 各种气体在 0℃时的导热率 λ_0、相对导热率及导热率温度系数

气体名称		$\lambda_0 \times 10^{-5}$ /[cal①/(cm·s·℃)]	λ_0/λ_0 空气 (0℃)	$\lambda_{100}/\lambda_{100}$ 空气 (100℃)	导热率温度系数 β (0～100℃) $\times 10^{-3}$/℃	气体名称		$\lambda_0 \times 10^{-5}$ /[cal①/(cm·s·℃)]	λ_0/λ_0 空气 (0℃)	$\lambda_{100}/\lambda_{100}$ 空气 (100℃)	导热率温度系数 β (0～100℃) $\times 10^{-3}$/℃
空气		5.83	1.00	1.00	0.0028	二氧化碳	CO_2	3.50	0.605	0.7	0.0048
氢	H_2	41.60	7.15	7.10	0.0027	二氧化硫	SO_2	2.40	0.35	—	—
氦	He	34.80	5.91	5.53	0.0018	硫化氢	H_2S	3.14	0.538	—	—
氘	D_2	34.00	5.85	—	—	二硫化碳	CS_2	3.70	0.285	—	—
氮	N_2	5.81	0.996	0.996	0.0028	甲烷	CH_4	7.21	1.25	1.45	0.0048
氧	O_2	5.89	1.013	1.014	0.0028	乙烷	C_2H_6	4.36	0.75	0.97	0.0065
氖	Ne	11.10	1.9	1.84	0.0024	乙烯	C_2H_4	4.19	0.72	0.98	0.0074
氩	Ar	3.98	0.684	0.696	0.0030	乙炔	C_2H_2	4.53	0.777	0.9	0.0048
氪	Kr	2.12	0.363	—	—	丙烷	C_3H_8	3.58	0.615	0.832	0.0073
氙	Xe	1.24	0.213	—	—	丁烷	C_4H_{10}	3.22	0.552	0.744	0.0072
氯	Cl_2	1.88	0.328	0.370	—	戊烷	C_5H_{12}	3.12	0.535	0.702	—
氯化氢	HCl	—	—	0.635	—	己烷	C_6H_{14}	2.96	0.508	0.662	—
水	H_2O	—	—	0.775	—	苯	C_6H_6	—	0.37	0.583	—
氨	NH_3	5.20	0.89	1.04	0.0048	氯仿	$CHCl_3$	1.58	0.269	0.328	—
一氧化碳	CO	5.63	0.96	0.962	0.0028	汽油		—	0.370	—	0.0098

注：1cal=4.18J。

当被测混合气体中某组分的导热率与其他各组分的导热率有显著差别，并且其他组分的平均导热率在测量中保持恒定时，则上式可化简为：

$$\lambda = \lambda_1 C_1 + \lambda_2 (1 - C_1)$$

式中 λ——混合气体的导热率；

λ_1，C_1——待测组分的导热率及百分含量；

λ_2——其他组分的平均导热率。

热导式气体分析仪就是利用各种气体导热率的差异和导热率与含量的关系来进行测量分析的。

4.1.3 测量方法

气体导热率的值很小，直接测量它是很困难的，因此在实际测量中，是利用热敏元件的电阻值随温度变化而变化的物理特性，将混合气体中待测组分含量的变化所引起的导热率的变化转变成热敏元件的电阻值的变化，即将导热率的测量，转变为热敏元件的电阻的测量。

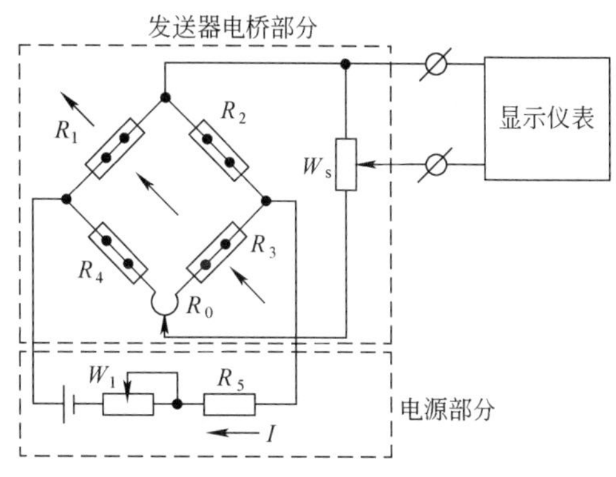

图 2-2-24 热导式气体分析器测量线路原理图

图 2-2-24 所示为热导式气体分析仪测量线路原理图。核心部分是发送器电桥部分，此外还有电源部分和显示仪表部分。显示仪表一般采用自动电子电位差计。

从图 2-2-24 可知，发送器部分由测量气室与参比气室组成电桥的 4 个桥臂。R_1、R_2、R_3、R_4 均为完全相同的铂丝电阻，R_2、R_4 为参比桥臂，它们封在充有标准下限气体的密闭室内；R_1、R_3 为测量桥臂，它们置于有待测气体流过的工作室内。R_0 为调零电阻，W_s 为量程电位器，电桥的加热电流由稳压电源供给，通过调整电位器 W_1，使加热电流为规定值。当测量值零位而桥路不平衡时，亦可调整 R_0 使电桥输出为零（即零位调节）。当测量气室通入上限标准气时，电桥呈不平衡状态，调节 W_s，使显示仪表指示于刻度上限处（即调量程上限）。当测量气室通入待测气体，其组分与参比气室中标准气体不同，其导热率也不同，引起工作气室中铂丝电阻值的改变，电桥失去平衡，产生一个不平衡电压信号输出，它通过二次仪表进行指示、记录或调节，即可测得待测组分的百分含量。

4.2 热导式分析仪的测量线路

热导式分析仪中热丝电阻值都用电桥法测量。图 2-2-25 所示为单臂串联型、单臂并联型、双臂串联型和双臂串并联型 4 种基本的测量线路。

热导式分析仪工业上实际常用的为下列 3 种测量线路。

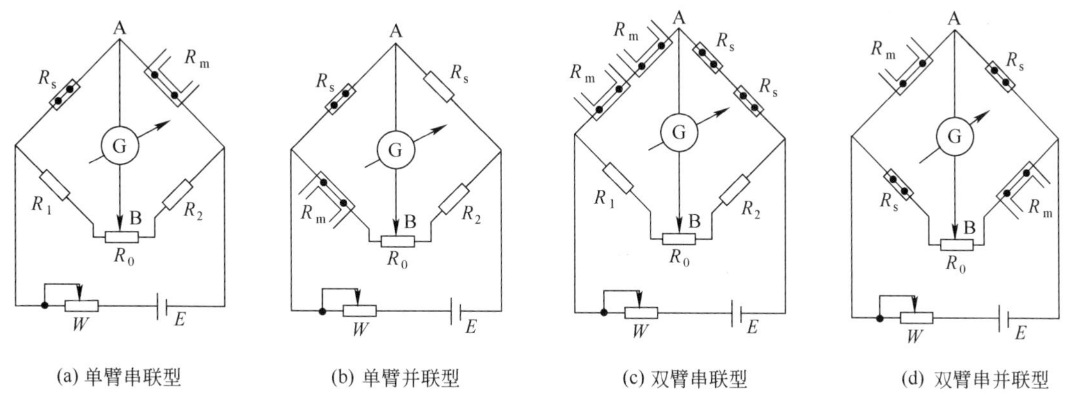
(a) 单臂串联型　(b) 单臂并联型　(c) 双臂串联型　(d) 双臂串并联型

图 2-2-25 4 种基本测量线路

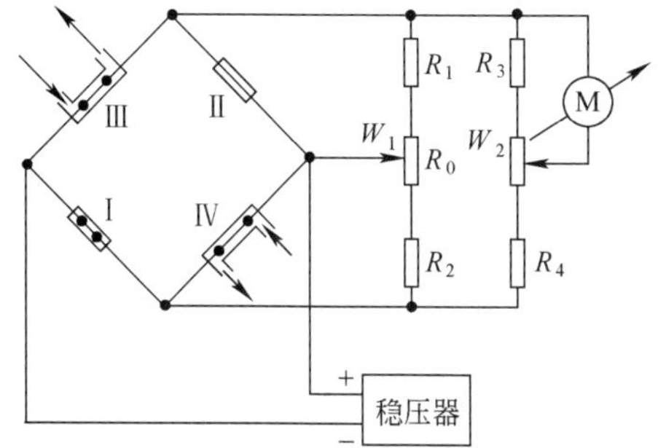

图 2-2-26 稳压器供电的直流单桥测量线路

Ⅰ，Ⅱ—电桥参比臂；Ⅲ，Ⅳ—电桥工作臂；W_2—“量程调节”电位器；W_1— “零位调节”电位器；R_1，R_2—零位电阻；R_3，R_4—“量程” 电阻；M—二次仪表

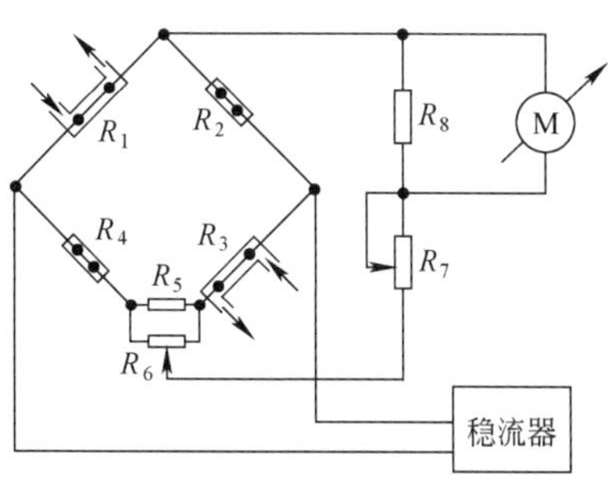

图 2-2-27 稳流器供电的直流单桥测量线路

R_1，R_3—电桥工作臂；R_2，R_4—电桥参比臂；R_6—调零电位器；R_7—量程调节电位器；M—显示仪表

4.2.1 稳压器供电的直流单桥测量线路

如图 2-2-26 所示，桥臂Ⅰ、Ⅱ、Ⅲ、Ⅳ采用恒温结构，以避免环境温度变化对测量精度的影响。该线路调整方便，灵敏度高，测量范围最小可达 0～0.05%H_2。

4.2.2 稳流器供电的直流单桥测量线路

此类测量线路如图 2-2-27 所示。当桥臂元件配对较好的情况下，可以避免环境温度变化对测量精度的影响，但环境温度对终端的影响仍较大，可采用热敏元件进行补偿，减小其误差。这样可省去恒温装置，降低仪器造价。

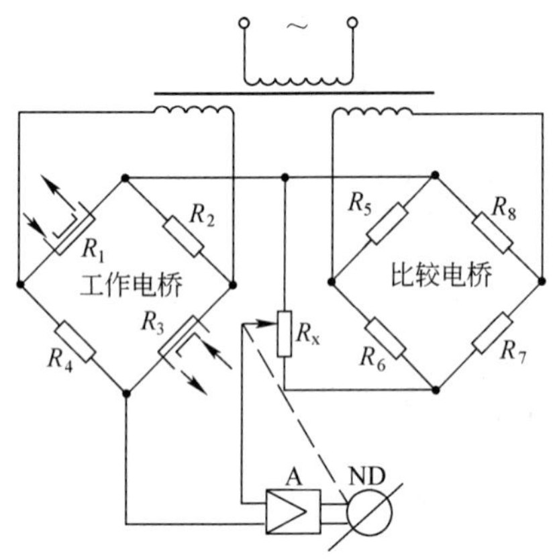

图 2-2-28 自动补偿式双桥测量线路

R_1，R_3—电桥工作臂；R_2，R_4，R_6，R_8—充以测量下限气体的参比臂；R_5，R_7—充以测量上限气体的参比臂；R_x—显示仪表滑线电阻；ND—可逆电机；A—放大器

4.2.3 自动补偿式双桥测量线路

此类线路如图 2-2-28 所示，只要双桥各桥臂元件配对较好，仪器无需采用恒温装置，双电桥自身就能够自动补偿环境温度变化和电压波动对测量的影响。这种仪器的主要缺点，是使用热敏元件多，制造工艺较复杂；其次是量程不能太小。

4.3 热导池的结构

热导式气体分析仪中的测量气室和参比气室，一般称为测量热导池和参比热导池。热导池是热导式分析仪的关键部件，它的结构形式直接影响仪器的响应速度和检测精度。工业上常用热导池结构按被分析气体流过热导池的方式，可分为直通式、对流式、扩散式和对流扩散式 4 种形式，如图 2-2-29 所示。常用的为直通式和对流扩散式。

4.3.1 直通式

图 2-2-29(a) 所示为双臂直通式，被测气体主要流经主气管排出，部分经节流孔进入测量室，直接与热阻丝进行热交换，再经上部节流孔与主气管气体一起排出。恒节流孔的作用是使进入测量气室的气体量与主气管的气体量保持一定比例。这种结构具有响应速度快，测量滞后小的优点；但当气体流量变化时，就会改变进入测量室的气体量，引起测量误差。

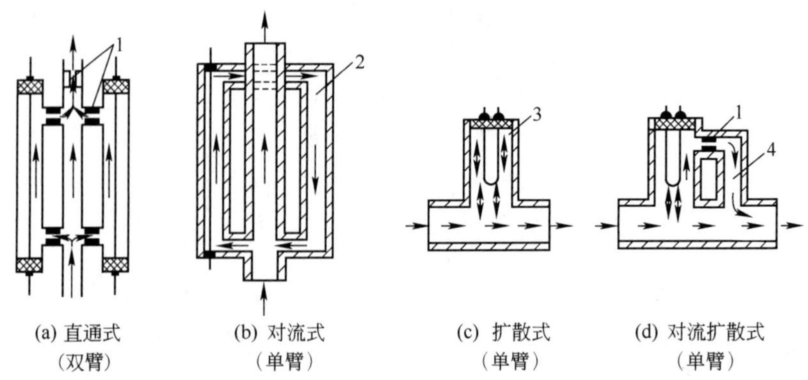

图 2-2-29 发送器的结构形式

1—节流孔；2—循环管；3—扩散管；4—支气管

4.3.2 对流扩散式

图 2-2-29(d) 所示为对流扩散式热导池结构图。被测气体大多流经主气管排出，由于扩散和热对流作用，使部分气体进入测量室，然后流经支气管，与主气管气体一起排出。这样既避免进入测量室的气体发生倒流及气体囤积现象，又保证了待测气体有一定的流速流经测量室。这种结构形式提高了响应速度，减小了测量滞后，并且气体流量的波动对测量影响也较小，故目前生产的热导式气体分析仪的发送器，大都采用这种结构形式。

图 2-2-30 为常用热导式分析仪的热导池结构示意图，将两个测量热导池和两个参比热导池，制作在同一块导热性能良好的金属块上。这种结构因 4 个热导池均处于相同的环境温度之中，减少了测量误差。

在热导式气体分析仪中，普遍采用铂丝作为热敏元件。其铂丝电阻元件在热导池中，按照铂丝元件表面状

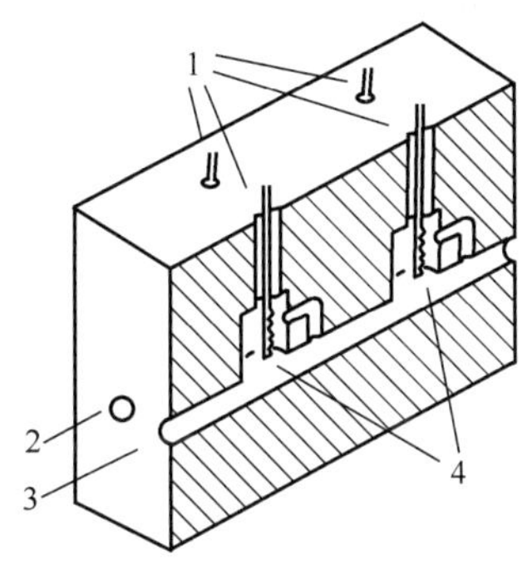

图 2-2-30　热导池结构示意图

1—引线；2—参比气体；3—试样；4—检测元件

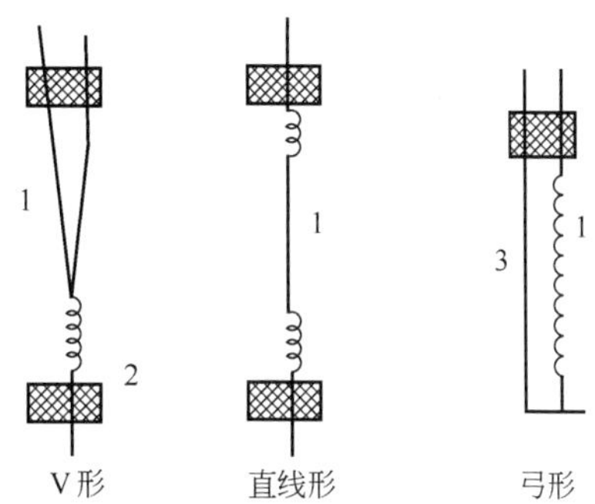

图 2-2-31　裸体铂丝元件的支承方法

1—铂丝；2—铂铱弹簧；3—铂铱丝弓架

况，可分为裸体和包封在玻璃内两种，其支承的方法也有所不同。裸体铂丝的支承方法有V形、直线形和弓形3种，见图 2-2-31。弓形结构是目前最常用的，它的优点是制造方便，灵敏度高，但它的热对称性不如直线形元件。裸体铂丝元件的响应时间比包封在玻璃内的铂丝元件短，但抗震性和抗腐蚀性差。图 2-2-32 所示为3种包封在玻璃内的元件结构，它们均由 0.02mm 纯铂丝制成。U形元件制作简单；螺旋形能控制冷态电阻，而且阻值较大，测量较灵敏。

铂丝两端一般都用铂铱合金丝作引线，有的制成铂铱丝小弹簧拉紧热阻丝，使其几何位置固定，热胀冷缩热阻丝不会变形。

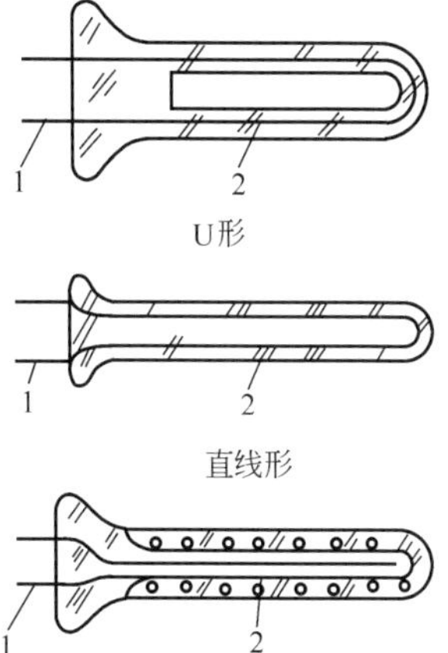

图 2-2-32　覆盖玻璃的铂丝元件

1—铂铱引线；2—铂丝

4.4　热导式分析仪的应用及使用条件

4.4.1　应用

热导式气体分析器的应用范围很广，如 H_2、Cl_2、NH_3、CO_2、Ar、He、SO_2 及 H_2 中的 O_2，O_2 中的 H_2 和 N_2 中的 H_2 等；它的测量范围也很宽，在 0～100%范围内均可测量。热导式分析仪在工业上具体应用于下列几个方面：

① 锅炉燃烧过程中，分析烟道气中 CO_2 的含量；

② 测定合成氨厂中的循环气中的 H_2 的含量；

③ 分析硫酸及磷肥生产流程气体中 SO_2 的含量；

④ 测定空气中 H_2 和 CO_2 的含量及特殊气体中 H_2 的含量；

⑤ 测量 Cl_2 生产流程中 Cl_2 中的含氢量，确保安全生产；

⑥ 测定制氢、制氧过程的纯氢中的氧及纯氧中的含氢量；

⑦ 用来测定有机工业生产中，碳氢化合物中 H_2 的含量等。因为从表 2-2-11 中可看出 H_2 与碳氢化合物的导热率相差很大，而且大多数碳氢化合物的导热率相对于氢的导热率可以看做近似相等，这样可认为碳氢化合物与 H_2 为二元混合物。

4.4.2　使用条件

从理论上讲，热导式分析仪只能正确测定二元混合气体的组分含量，在分析三元或三元以上的混合气体时，必须满足以下条件：

① 三元混合气体中某一种组分含量基本保持恒定，或变动很小；

② 被测组分的导热率与其他各组分导热率相差较大，而且其余组分的导热率基本相同或很接近；

③ 当背景气体的平均导热率保持恒定时，才能正确测量等。

4.5　RD 型热导式气体分析仪

RD 型热导式气体分析仪为一典型的热导式气体分析器，可用来连续自动分析、指示、记录合成氨工艺流程中新鲜气，或循环气中 H_2 的体积百分含量。它与自动控制装置配合，还可对合成氨工艺过程的氢、氮配比进行自动控制等。它的优点是灵敏度高，反应快，连续测量，自动记录，稳定可靠，操作维护简便等。

RD 型气体分析仪的主要技术规范及配套使用见表 2-2-12。

表 2-2-12 RD 型系列气体分析器（部分产品）主要技术规范

序号	仪器型号及名称	主要技术规范							显示配套仪表	仪器主要用途	附注
		仪器入口处气体压力①/mmHg	测量范围/%（体积）	最小分度/%（体积）	精度等级	反应速度/s					
						启动时间	时间常数	稳态时间			
1	RD-004 型热导式氢气分析器	350～450	50～80 H_2	1 H_2	2.5	≤3	≤10	≤40	配一台 10mV 圆图型自动电位差计和一台 27.2mV 指示毫伏计为二次仪表	用于工艺比较稳定的大型化肥厂，连续测定、自动记录合成氨补充气（新鲜气），或循环气（进塔气）中 H_2 含量	仪器还配一对无火花式报警电铃为报警器
2	RD-004A 型热导式氢气分析器	350～450	35～75 H_2	1 H_2	2.5	≤3	≤10	≤40	配一台 10mV 圆图型自动电位差计和一台 27.2mV 指示毫伏计分别为记录和显示仪表	用于中小型化肥厂（氢气浓度波动幅度较大），连续测定、自动记录合成氨补充气或循环气中 H_2 含量	
3	RD-004B 型热导式氢气分析器		0～6 H_2	0.2 H_2	5	≤3	≤10	≤40	配一台 10mV 圆图型自动电位差计为二次仪表	用于连续测定自动记录环境空气中 H_2 含量，当环境空气中 H_2 含量超过预定报警浓度时，仪器会自动连续发出报警信号	
4	RD-004D 型热导式氢气分析器		0～3 H_2	0.1 H_2	5	≤3	≤10	≤40	配一台 10mV 圆图型自动电位差计为二次仪表	用于连续测定、自动记录环境空气中 H_2 含量，当环境空气中 H_2 含量超过预定报警浓度时，仪器会自动连续发出报警信号	
5	RD-004E 型热导式氢气分析器		0～2 H_2	0.1 H_2	≤±0.1% H_2	≤3	≤10	≤40	配一台 10mV 圆图型自动电位差计为二次仪表	用于连续测定、自动记录环境空气中 H_2 含量，当其含量超过预定报警浓度时，仪器会自动连续发出报警信号	
6	RD-006 型热导式 SO_2 分析器	350～450	0～15 SO_2	0.5 SO_2	5	≤5	≤25	≤55	每套仪器配一台 10mV 圆图型电位差计和一台 27.2mV 指示毫伏计为二次仪表	用于硫酸厂和磷肥厂作连续测定、自动记录硫酸转化器进口气体中 SO_2 的含量	仪器还配一个无火花式报警电铃作为报警器
7	RD-014 型热导式 H_2 分析器	350～450	0～2 H_2	0.1 H_2	≤±0.1% H_2	≤3	≤10	≤40	每套仪器配一台 10mV 圆图型电位差计为二次仪表	用于连续测量、自动记录电解氧气中的 H_2 含量	
8	RD-015 型热导式氩气分析器	350～450	0～15 Ar	0.5 Ar	5 级	≤5	≤25	≤55	每套仪器配一台 10mV 圆图型电位差计为二次仪表	用于连续测定、自动记录氩分馏塔中 Ar 的含量	
9	RD-015A 型热导式氩气分析器	350～450	80～100 Ar	1 Ar	5	≤5	≤25	≤55	每套仪器配一台 10mV 圆图型电位差计为二次仪表	用于连续测定、自动记录氩塔粗氩气体中 Ar 含量	
10	RD-042 型热导式氢气分析器	350～450	0～3 H_2	0.1 H_2	5	≤5	≤25	≤55	每套仪器配一台 10mV 圆图型电位差计为二次仪表	用于连续测定、自动记录氩塔精制气体中过量 H_2 的含量	
11	RD-042A 型热导式氢气分析器	350～450	0～2 H_2	0.1 H_2	≤±0.1% H_2	≤5	≤25	≤55	每套仪器配一台 10mV 圆图型电位差计为二次仪表	用于连续测定、自动记录氩塔精制气体中过量 H_2 的含量	
12	RD-024 型热导式氢气分析器	350～450	0～2 H_2	0.1 H_2	≤±0.1% H_2	≤3	≤10	≤40	每套仪器配一台 10mV 圆图型电位差计为二次仪表	用于连续测定、自动记录电子器件生产用保护气 N_2 中 H_2 的含量	

① 1mmHg＝133.322Pa。

图 2-2-33 所示为 RD 传感器结构图。该传感器的铂丝桥臂用环氧树脂胶合，固定在桥体外面的金属骨架上，装有加热线圈，以使桥体在 60℃恒温下工作。电接点式水银温度计的温包部分包有铝铂，以保持与骨架紧密接触。

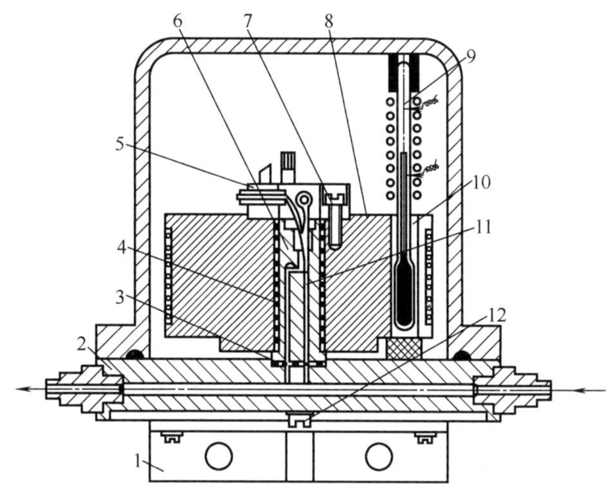

图 2-2-33 RD 传感器结构图

1—支架；2—底座；3—密封垫圈；4—塑料套；5—接线盒；6—桥体；7—连接螺钉；8—金属骨架；9—电接点式水银温度计；10—金属箱；11—铂丝桥臂；12—螺钉

4.6 几种国外热导式分析器简介

4.6.1 施鲁姆伯格 HCD3 型分析器

施鲁姆伯格 HCD3 型分析器如图 2-2-34 所示。它具有平衡性能好，内有水饱和器，保证样品和参比气体的水分含量是一恒定最大值。

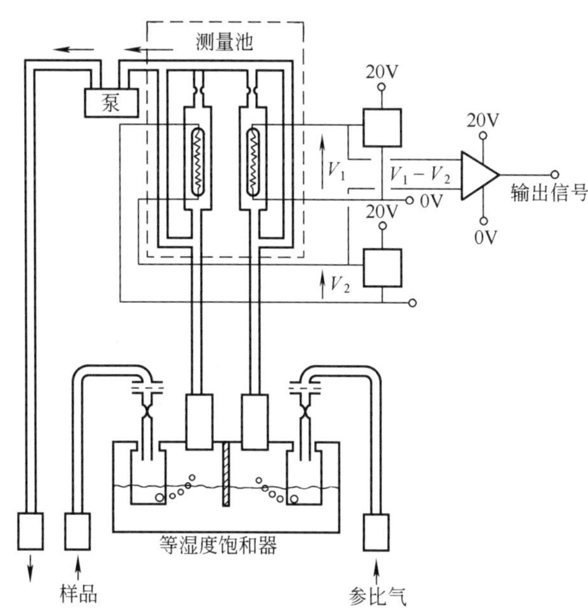

图 2-2-34 施鲁姆伯格 HCD3 型分析器

施鲁姆伯格二氧化碳分析器一般备有 3 个量程范围：0～10%、0～16%和 0～20%。它还可用来检测氢气，测量范围为 0～1%和 0～100%。

4.6.2 MSA的Thermatron热导分析器

图2-2-35为MSA的M型热导池，它有两个气室：一个长而窄，热损失主要靠热传导；一个短而宽，热损失主要靠对流，这种结构改善了对某些气体的选择性。

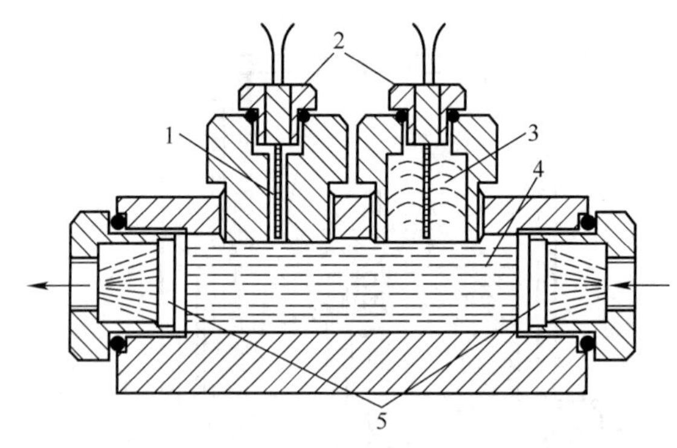

图2-2-35 MSA的M型热导池

1—传导室；2—热丝元件；3—对流室；4—取样室；5—多孔金属圆盘

在MSA M型热导池中，多孔金属圆盘用作格栅，使样品流为层流，减少湍流，同时作为换热过滤器和阻火器。

5 红外线分析器

红外线分析器是根据气体（或液体、固体）对红外线吸收原理制成的一种物理式分析仪器。它能连续测量，测量范围宽，精度高，灵敏度高，并且有良好的选择性，因此在工业生产中得到了广泛的应用。

5.1 红外线分析器的检测原理

各种多原子气体（CO、CO_2、CH_4等）对红外线都有一定的吸收能力，但不是整个波段都能吸收，而只是吸收一部分波段，这些波段称之为特征吸收波段。常见的多原子气体特征吸收波长列于表2-2-13之中。

从表2-2-13中可知，由于气体不同，吸收红外线的波长也不同。红外线分析器就是基于某些气体对不同波长的红外线辐射能具有选择性吸收的特性。当红外线通过混合气体时，气体中的被测组分吸收红外线的辐射能，使整个混合气体因受热而引起温度和压力增加。这种温度和压力变化与被测气体组分的浓度有关，把这种变化转换成其他形式的能量变化，就能确定被测组分的浓度。

表2-2-13 一些物质的红外线特征吸收波长

气　体	吸收波长 λ /μm	气　体	吸收波长 λ /μm	气　体	吸收波长 λ /μm
CO	4.66和2.37	SO_2	7.3	CH_4	3.3和7.7
CO_2	4.27和2.7	NO	5.2	C_2H_2	13.7
NH_4	10.4	NO_2	6.2	C_2H_4	10.5

红外线被吸收的数量与吸收介质的浓度有关。当红外线射入介质被吸收后，透过光的强度与入射光的强度之间的关系由朗伯-贝尔定律确定：

$$I=I_0 e^{-\mu Cl}$$

式中 I、I_0——分别为吸收后和吸收前射线的强度；

μ——吸收系数；

l——介质的厚度（也叫光程长度）；

C——介质的浓度。

当被测组分浓度很低，或l很小时，则上式可近似为线性关系，即：

$$I=I_0(1-\mu Cl)$$

因此，一般红外线分析器为保证仪表读数与浓度呈线性关系，当被测组分浓度大时，选用较短的测量气室；浓度低时，测量气室选得长些。测量气室的长度为 0.5～500mm 范围内。

5.2 红外线分析器的结构组成

图 2-2-36 为典型的红外线气体分析器的结构组成示意图。各组成部分的作用如下。

5.2.1 光源

辐射区的光源有两种，一种是单光源，一种是双光源，如图 2-2-37 所示。单光源只有一个发光元件，经两个反光镜构成一组能量相同的平行光束进入参比室和样品室。而双光源结构则是参比室和样品室各用一个光源。双光源因热丝发光不尽相同而产生误差。

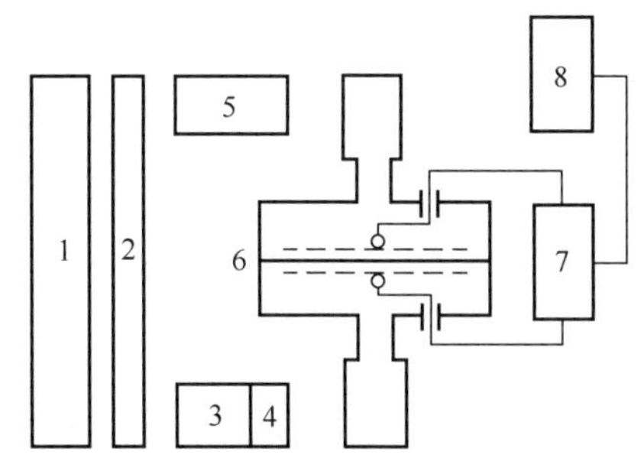

图 2-2-36 红外线气体分析器的一般组成

1—光源；2—斩光器；3—滤光室；4—样品室；5—参比室；6—检测室；7—放大器；8—显示器

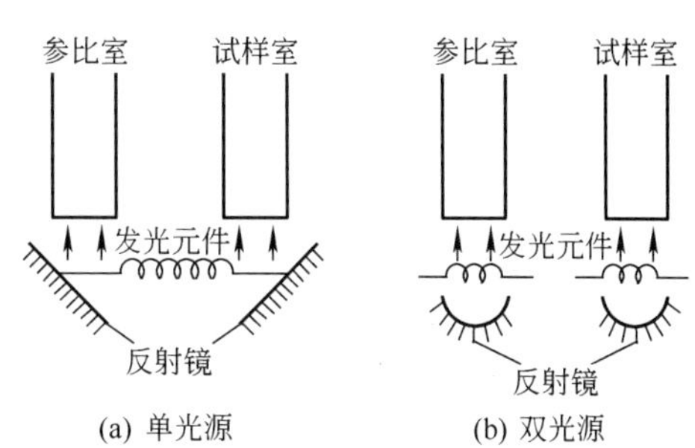

图 2-2-37 两种光源的一般结构

光源的任务是产生具有一定频率（2～12Hz）的两束能量相等又稳定的平行红外光束。光源一般多用镍铬丝制成。

5.2.2 样品室和参比室

多数红外线分析器的样品室和参比室是由黄铜制成的，要求内壁光滑、镀金，以使红外线在气室内多次反射而得到良好的透射效果。如测腐蚀性气体时，可选用玻璃、不锈钢或氟塑料的制品。

参比气室中充有不吸收气体。试样则只能通过样品室。

5.2.3 滤光室

滤光室通常有两种，一种是充气的滤光室，一种是干涉滤光片，能使红外线分析器根据需要更换干涉滤光片，以满足检测不同气体的需要。

5.2.4 斩光器

用来将光源发出的光辐射信号通过电动机调制成交变信号，从而可避免检测信号时间长而漂移。

5.2.5 检测室

检测室（检测器）的作用是用来接收从红外光源辐射出的红外线，并转换成电气信号。大多数红外线分析器都采用电容微音器式检测器。检测器的结构如图 2-2-38 所示。检测器的两个接收室分别充有待测气体和惰性气体的混合物。两个接收气室间用薄金属膜片隔开。因此，当样品室发生了吸收作用时，到达接收室的试样光束比另一接收气室的参比光束弱，于是检测器参比接收室中的气压大于样品接收室的气压。而金属隔膜和一个固定电极构成了一个振动电容的两个极板。此电容器的电容变化与试样室内吸收红外线的程度有关。故测量出此电容量的变化，即可确定出样品中待测气体的成分。

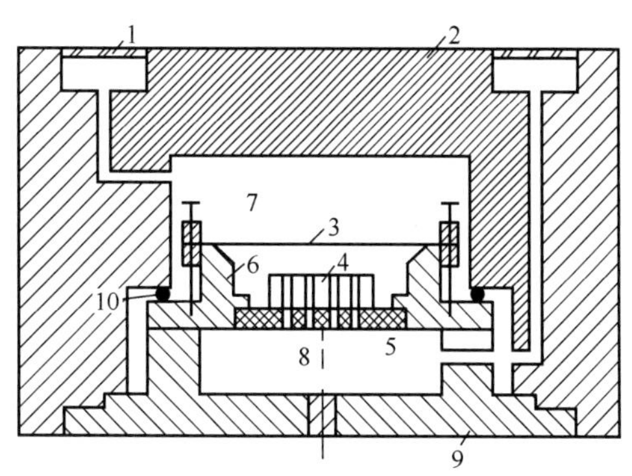

图 2-2-38 双通式检测器结构简图

1—晶片（窗口）；2—壳体；3—薄膜；4—定片；5—绝缘体；6—支持器；7、8—薄膜两侧的空间；9—后盖；10—密封垫圈

5.3 取样系统

常压测量时，红外线气体分析器的气样出口是通大气的。取样系统包括气体净化、减压、干燥、去除化学杂质

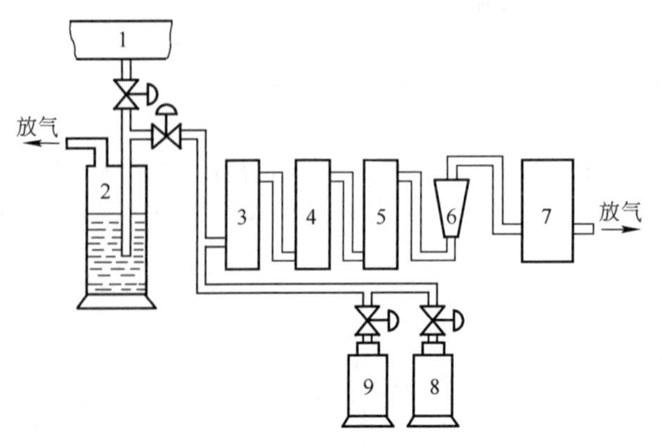

图 2-2-39 取样系统

1—工艺流程管道；2—水封稳压器；3—机械杂质过滤器；4—化学杂质过滤器；5—干燥气；6—流量计；7—分析器；8—标准样气；9—零点样气

和流量计等。如果样气是高温情况，则还需有冷却装置。图 2-2-39 所示为常用的取样系统之一。

图 2-2-39 中，在水封稳压器 2 处放空一部分气体，以减小由工艺管道到过滤器间的气体滞后，并维持样气的压力稳定，避免分析器由于压力增高而破坏；机械杂质过滤器 3 用来滤掉灰尘等机械杂质；化学过滤器 4 是用来除掉低体积分数的干扰组分及腐蚀性气体，其中的填充物应根据被除去的气体性质而定；干燥器 5 中放置氯化钙，用来除去水分；6 为微型转子流量计，分析样品的流量一般为 0.2～1.0L/min；为了校对仪器零位和量程，备有量程样品气和零点样品气（一般为 N_2）各一瓶，以便在分析前对仪器进行调校等。

5.4 红外线气体分析器的型号与功能

红外线气体分析器的型号与功能见表 2-2-14。

表 2-2-14 红外线气体分析器的型号与功能

名称	型　号	测量对象及量程/V_0%	输出信号	主要用途、功能	备　注
红外线气体分析器	GXH-101（U ras3G）	CO：0～0.01～100（任选） CO_2：0～0.002～50（任选） CH_4：0～0.01～100（任选）	0～20mA 或 4～20mA 0～10V 或 2～10V	①用于石油、化工等生产流程中的气体成分分析 ②用于热处理炉、加热炉等气氛控制 ③用于冶金、建材、轻工等工业窑炉、电站锅炉等最佳燃烧条件控制 ④用于环境污染源监控，环境中可燃气体、有毒气体的监测 ⑤用于科研、农业和医疗卫生部门的气体分析	电源：220V AC 50Hz
	GXH-101Ex		0～20mA 或 4～20mA 0～10V 或 2～10V	广泛用于石油、化工、冶金、建材、轻工及各种窑炉或烟道的气体分析，能连续自动测量、记录、指示流程中待测气体百分浓度，同时可作环境监测工具	电源：220V AC 50Hz

5.5 QGS-08 型红外线分析器

QGS-08 型红外线分析器是北京分析仪器厂从德国麦哈克（Maihak）公司引进的，具有国际先进水平，可连续测定气体和蒸气的相对浓度。适用于大气监测、废气控制、化工、石油工业等流程分析控制，也可用于实验室分析。

由于分析器为卧式结构，可以容纳较长的气室，因而可作气体浓度的微量分析（如 CO：0～30μL/L；CO_2：0～20μL/L）。它具有整体防震结构，改变量程或检测组分，只要更换气室或检测器即可。电气线路采用插件板形式，以便更换或增添新的印刷板，因此，它有良好的稳定性和选择性，维护工作量小。

5.5.1 检测原理

QGS-08 型红外线分析器属于非分光型红外线分析仪，是带薄膜微音器型检测器。检测器由两个吸收室组成，它们相互气密，在光学上是串联的。先进入辐射的称为前吸收室，后面的称为后吸收室。前吸收室较薄，主要吸收带中心的能量，而后吸收室则吸收余下的两侧的能量。检测器的容积设计使两部分吸收能量相等，从而使两室内气体受热后产生相同振幅的压力脉冲。当被分析气体进入气室的分析边时，谱带中心的红外辐射在气室首先被吸收掉，导致前吸收室的压力脉冲减弱，因此压力平衡被破坏，所产生的压力脉冲通过毛细管加在差动式薄膜微音器上，被转换为电容量的变化。通过放大器把电容量变化成与浓度成比例的直流电压信号，从而测得被测组分的浓度。其结构原理示意图如图 2-2-40 所示。

为了保证进入分析器的气体清洁、干燥、无腐蚀性，它的预处理装置如图 2-2-41 所示。

气体温度超过 100℃时应加装水冷却器。预过滤器内装棉花，滤掉气样中的灰尘、机械杂质及焦油。化学过滤器滤掉 H_2S、SO_2 和 NH_3 等腐蚀性气体。化学过滤器内装有无水硫酸铜试剂（$CuSO_4$ 96%，Mg0.2%，石墨粉 2%用水合成形 300～400℃烘干）。当试剂失效后，便由原来的蓝色变成黑褐色。干燥过滤器内装有氯化钙或硅胶，用来干燥气体。

5.5.2 QGS-08 型分析器结构

QGS-08 型分析器设计成嵌装式，也有壁挂型和简易型。

QGS-08 分析器的上面板装有指示仪表，在指示仪表下面装有电源开关、样气泵开关，以及故障报警、控温、电源和泵用的发光二极管。多量程时还有量程转换开关和表示量程的发光二极管。在下面板上装有检查过滤器。

电源和记录仪接线用插头连接，与控制输入和继电器接点用的插座，以及与样气入口和出口的接头一起安装在仪器的背面。

下面板可以抽出，便于直接接触分析器。分析器通过防震元件装在可抽出的恒温箱底座上。高频部件直接装在检测器上，这样更换检测器时不会影响电气温度补偿的作用。在可抽出的支座内还装有样气泵和电磁阀。

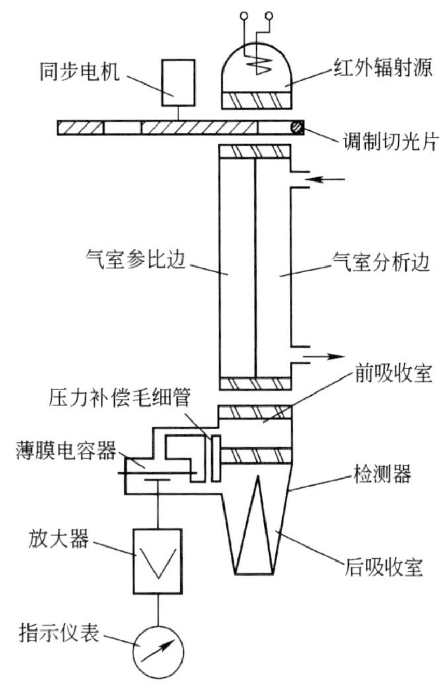

图 2-2-40 QGS-08 型红外分析仪原理示意图

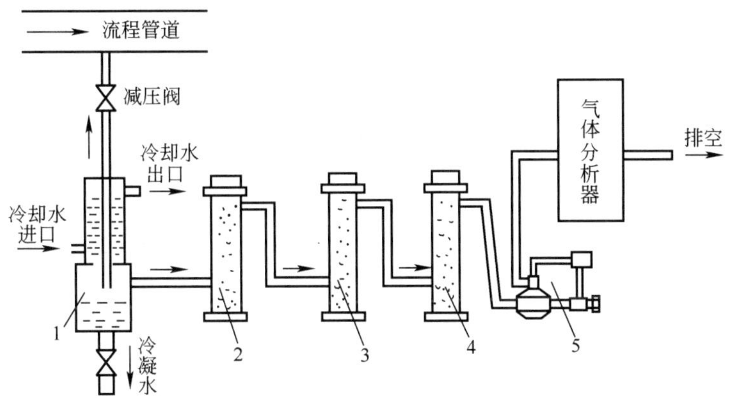

图 2-2-41 预处理装置系统图

1—水冷却器；2—预过滤器；3—化学过滤器；4—干扰过滤器；5—流量控制器

在仪器壳体上部装有电源部件、放大器和其他附加的印刷板。打开上部右方面板，即可方便地接触到印刷板。仪器备有的附加装置有以下几个部分。

(1) 故障报警器 该装置监视电源电压和样气流量，并能发出泵工作中断或样气管道堵塞的信号。流量可调在 10L/h，需要时也可在 5～100L/h。

(2) 量程转换器 只有一个气室时，量程转换的总比例为 1∶10。在上述比例范围内最多可有 4 个量程挡。

因 QGS-08 型分析器采用了双层气室，在两量程之间可取得很大的转换比（1∶10000），例如 $0\sim100\times10^{-6}$ 和 0～10%（体积）。

在操作板上，每个量程各有一个零点和一个灵敏度调节电位器，这样便可单独调校每个量程。零点和灵敏度的调节相互不影响。

当指示值超过或低于所调定的检测上限值时，仪器能自动地转换成较高或较低的量程。自动转换的量程最多有 3 个。

利用对数校正曲线，指示仪表能覆盖较大浓度的量程，同时在低浓度范围有较高的分辨率。所有量程的校正曲线均可用电气方法线性化。

量程压缩最大可达满量程的 70%，结合量程转换可得下列各量程：$0\sim100\times10^{-6}$；$(20\sim40)\times10^{-6}$；$(40\sim80)\times10^{-6}$；或 0～50%；50%～100%（体积）。在 4 个量程中最多能够压缩 2 个量程。

本仪器有 3 个极限值接点。这些接点可在所有量程内调节极限值。转换接点也可从外部接入。

把参比气通过气室参比边，把零点调节到刻度中点，分析器便可进行差动检测。例如 $(-20\sim20)\times10^{-6}$ CO_2，以空气（约 $300\times10^{-6}CO_2$）作为参比气体。

（3）带 2-10 进制编程输出的数字显示器　指示表头的变压器部件采用 $3\frac{1}{2}$位数字显示装置，该部件除有一个 20mA DC 的输出插孔外，还有一个二-十进制编码并行输出。显示值和小数点的位置与量程相一致。在转换量程时，显示值也随量程进行自动转换。

5.5.3　仪表的安装和调整

（1）安装的一般要求　要使本仪器能长期稳定运行，仪器应安装在温度稳定（避免风吹、日晒、雨淋和强热辐射等），无明显的冲击和振动、无强烈腐蚀性气体、无外界强电磁场干扰、大量粉尘等地方。同时为了减少检测滞后，仪器尽可能地靠近取样点，外壳要可靠接地。对零气样和被测的样气，均需按仪器的要求进行严格处理。

（2）仪器的光路平衡调整　两束红外线能量相等的标志是仪表指示值最小，如图 2-2-42 曲线 A 点所示。为了检查光路平衡是否调整好，可通过“状态检查”按钮进行。当按下“状态按钮”时，工作边光源电流将被分流一部分，使工作边光能量减小，这相当于给了一个固定信号，仪表指示应由小到大，单方向偏转，说明“光路平衡”已调好。若出现指针向减小方向偏转或先向减小方向偏转，而后又向增大方向偏转，即出现了“回程”现象，说明“光路平衡”没有调好，应重新调整，直到不出现“回程”现象为止。

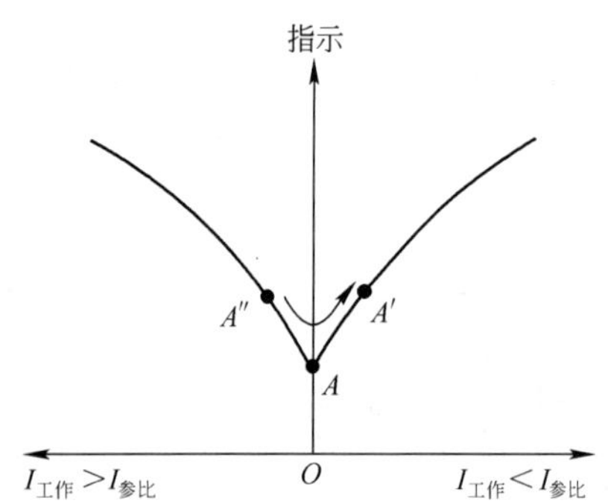

图 2-2-42　“回程”现象示意图

由检测器的检测原理可知，仪表输出电压 $U=f(\Delta C)$，只要 $I_{工作}\neq I_{参比}$，不论哪一个大，仪表都会有一个指示值。如图 2-2-42 所示。设仪表通零样气时，$I_{工作}>I_{参比}$，如图曲线中 A'' 位置，仪表有一个指示值；而当仪表改通被测组分浓度大于零的样气，$I_{工作}$ 逐渐减小，指示值沿着曲线经过 $I_{工作}=I_{参比}$ 这一平衡点（即 A 点）后，再向 $I_{工作}<I_{参比}$ 方向变化，表针的移动过程如图中箭头所示。先是减小，然后增大，此即“回程”现象。为了消除“回程”现象，一般在调整时使 $I_{参比}$ 稍大于 $I_{工作}$，当仪表通入零样气时，仪表指示在 A' 处。这样就不会再出现“回程”现象。

6　工业 pH 计

pH 计又叫酸度计。工业 pH 计是能连续测量工业流程中水溶液的氢离子浓度的仪器。纯水的 $[H^+]=10^{-7}$，所以 pH=7，为中性。$[H^+]>10^{-7}$ 时为酸性溶液，其 pH<7；$[H^+]<10^{-7}$ 时为碱性溶液，其 pH>7。

工业 pH 计由发送器和测量仪器两大部分组成。发送器由玻璃电极和甘汞电极组成，它的作用是把 pH 值转换成直流信号。工业 pH 计的测量仪器一般用电子电位差计即可。

6.1　检测原理

电位测定法的基本原理是在被测溶液中插入两个不同的电极，其中一个电极的电位随溶液氢离子浓度的改变而变化，称为工作电极；另一个电极具有固定的电位，称为参比电极。这两个电极形成一个原电池，如图 2-2-43 所示，测定两电极间的电势就可知道被测溶液的 pH 值。

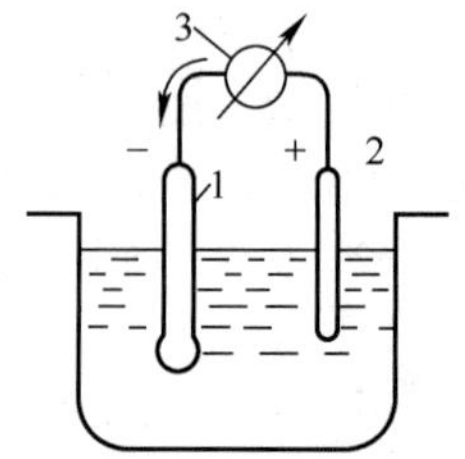

图 2-2-43　工业 pH 测量线路

1—玻璃电极；2—甘汞电极；3—pH 指示表

6.2 参比电极

常用的参比电极有甘汞电极和银-氯化银电极。

(1) 甘汞电极　在溶液 pH 值的测定中使用最普遍的参比电极是甘汞电极，其结构如图 2-2-44 所示。甘汞电极由一个内电极装入一个玻璃外壳制成。内电极的引线下端浸入汞中，汞下面装有糊状的甘汞（甘汞由 Hg_2Cl_2 和 Hg 共同研磨后加 KCl 溶液调制而成），并用浸在氯化钾溶液中的纤维丝堵塞。下部为溶液通道（一般为多孔陶瓷制成）。氯化钾溶液作为盐桥（由于钾离子 K^+ 和氯离子 Cl^- 的浓度较接近，可使溶液接界电位减小到最小）。盐桥连接内电极和被测溶液，使之形成电通路。由能斯特公式，甘汞电极的电位为：

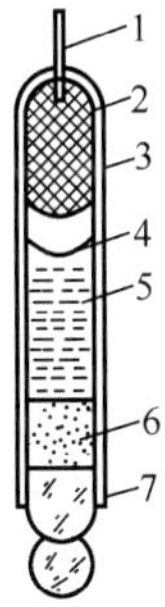

$$E=E_0-\frac{RT}{F}\ln\left[\mathrm{Cl}^-\right]$$

式中　E_0——电极的标准电位；

R——气体常数；

T——溶液的绝对温度；

F——法拉第常数；

$[\mathrm{Cl}^-]$——氯离子的浓度。

图 2-2-44　甘汞电极

1—引出导线；2—汞；3—甘汞；4—棉花；5—氯化钾溶液；6—氯化钾结晶；7—磨口玻璃

由此可见，甘汞电极的电位取决于氯离子 $[\mathrm{Cl}^-]$ 的浓度，改变氯离子的浓度就能得到不同的电极电位。

采用不同浓度的氯化钾溶液，可以制得不同电位的甘汞电极。甘汞电极可分为饱和式、3.5N 式、1N 式和 0.1N 式等几种，常用的是饱和式甘汞电极，因为饱和氯化钾溶液的浓度易于保持。当氯化钾溶液为饱和，温度为 25℃时，甘汞的电极电位为 $E=+0.2433\mathrm{V}$。

甘汞电极结构简单，电位较稳定，但电极电位受温度的影响较大。

(2) 银-氯化银电极　其原理与甘汞电极相似。对于饱和的氯化钾溶液，在 25℃温度下，其电极电位 $E=+0.297\mathrm{V}$。这种电极结构比较简单，电极电位在温度较高时仍然较稳定。

6.3 工作电极

pH 传感器的工作电极有玻璃电极、氢醌电极和锑电极等。工业上常用的是玻璃电极，锑电极主要用于测量半固体、胶状物及水油混合物中的 pH 值。

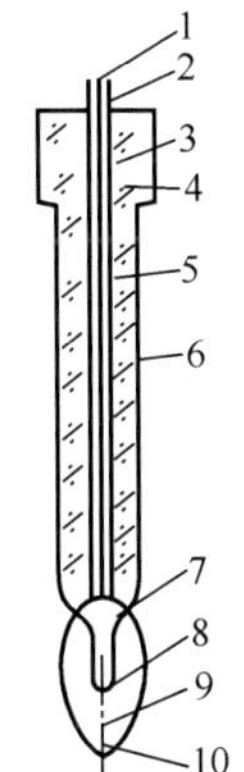

图 2-2-45　普通玻璃电极

1—导线；2—接地屏蔽线；3—橡胶绝缘层；4—电极帽；5—树脂充填物；6—高电阻玻璃；7—汞（电连接）；8—缓冲溶液；9—内参比电极；10—pH 敏感玻璃

(1) 玻璃电极　图 2-2-45 所示为一种常用普通式 pH 玻璃电极。当玻璃电极插入被测试样时，在 pH 敏感玻璃膜内部溶液（参比溶液）和被测溶液之间建立起氢离子的平衡状态，此时的电极电势为：

$$E=E_a+\frac{2.303RT}{F}\lg\frac{[\mathrm{H}^+]_0}{[\mathrm{H}^+]}$$

式中　E_a——不对称电位；

$[\mathrm{H}^+]_0$——参比溶液的氢离子的浓度。

对于给定的玻璃电极，$[\mathrm{H}^+]_0$ 是一个常数，则电极电位只与被测溶液氢离子的浓度有函数关系。

同样玻璃电极受温度的影响较大，必须把温度补偿电阻接入测量电路，以补偿温度对 pH 值测量的影响。玻璃电极的正常工作温度在 2～55℃之间。

(2) 氢醌电极　将铂极片浸于饱和醌-氢醌溶液中，即形成氢醌电极，其电极电势为：

$$E=E_0-\frac{2.303RT}{F}\mathrm{pH}$$

由上式可见，其电势 E 正比于溶液的 pH 值。氢醌电极的优点是结构简单，反应速度快，但温度影响大，在高温下电极电位不稳定等。

(3) 锑电极　这是一种金属-金属氧化物电极。其电极电位产生于金属与覆盖其表面上的氧化物的界面上。锑电极的结构也比较简单，可用于半固体等混合物中的 pH 值的测量，但测量精度不高。

6.4 仪器的维护与检修

该仪器在运行过程中，因它在高阻抗的条件下工作，日常维护工作的好坏将直接影响它的正常使用。为此维护时必须注意以下几点：

① 玻璃电极勿倒置，甘汞电极内从甘汞到陶瓷芯不能有气泡，如有气泡必须拆下清洗；

② 必须保持玻璃接线柱、引线连接部分等的清洁，不能沾污油腻，切勿受潮和用汗手去摸，以免引起检测误差；

③ 在安装和拆卸发送器时，必须注意玻璃电极球泡不要碰撞，防止损坏，同时不宜接触油性物质。应定时清洗玻璃泡，可用 0.1mol 的 HCl 溶液清洗，然后浸在蒸馏水中活化。

仪器的常见故障修理如下。

① 指针不稳有摆动现象时，应检查接地是否良好；检查高阻转换器是否工作稳定；检查各线端子是否接好等。

② 当指示值超出刻度不能读数时，应检查甘汞电极瓶内的溶液是否流完，或陶瓷管内是否有气泡，或测量回路是否开路等；检查电极接线有否脱落、断线；检查高阻转换器是否正常工作；还应检查电极是否有气泡等。

③ 当指示值不准，但指针在刻度范围内时，应检查电极是否有油污，若有时可用干净的药棉轻轻地擦球泡部分，或者用 0.1mol 的稀盐酸清洗、擦干。另外可检查发送器部分的电极和电缆接线端子，以及仪器和电缆的接线端是否绝缘良好，可用低电压绝缘计进行检查，但检测时必须将电极断开，连接仪器的插头也要断开，如发现不好，用乙醚清洗，然后在 100℃ 温度下烘干；若玻璃电极球泡已老化或有裂纹时，则应更换新的电极，新电极在使用前必须在蒸馏水中浸泡 24h；检查发送器接线盒内是否漏水等。

7 工业电导仪

酸、碱、盐溶液都具有传导电流的特殊性质，常用物理量电导 G 来描述，它与溶液的浓度有关，利用溶液的这种性质，可制成各种电导式分析仪。

工业电导仪是一种历史悠久、应用比较广泛的分析仪表。它用来分析酸、碱溶液的浓度时，常称它为浓度计，直接指示溶液电导的就称它为电导仪，用来测量蒸汽和水中盐的浓度时，常称为含盐计。

另外，利用气体溶于某种溶液时，再通过检测该溶液的电导，也能间接地用来分析气体的浓度。

7.1 工业电导仪的检测原理

7.1.1 溶液的电导与电导率

当电解质溶液中插入一对电极并通以电流时，溶液中离子在外电场作用下，分别向两个电极移动，完成电荷的传递，如图 2-2-46 所示，所以电解质溶液又被称为液体导体。电解质溶液同样也遵守欧姆定律，也可用式表示

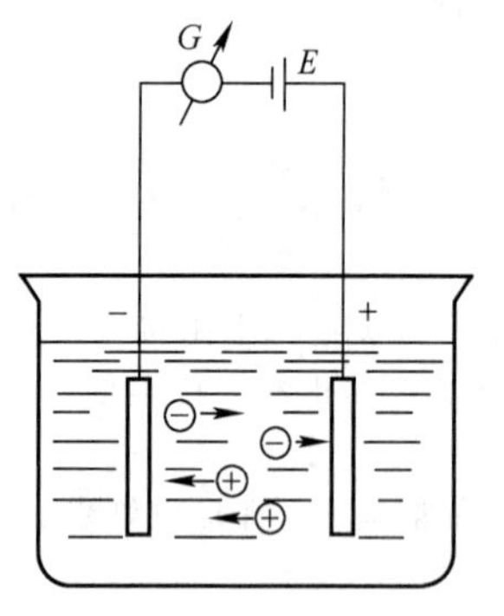

图 2-2-46 溶液的电导

$$R=\rho\times\frac{L}{A}$$

式中 R——溶液的电阻，Ω；

L——电极间的距离，m；

ρ——溶液的电阻率，Ω·m；

A——导体的横截面积，即电极的面积，m^2。

液体的导电特性常用电导和电导率来表示。溶液的电导为

$$G=\frac{1}{R}=\frac{1}{\rho}\times\frac{A}{L}=\sigma\frac{A}{L}$$

式中 G——溶液的电导，S；

σ——溶液的电导率，S/m。

令 $K=\frac{L}{A}$，K 称为电极常数，它与电极的几何尺寸和距离有关，对于已定的电极，它是一个常数。则上式可表示为

$$G=\frac{\sigma}{K}$$

7.1.2 电导率与溶液浓度的关系

电导率的大小既取决于溶液的性质，又取决于溶液的浓度。即同一种溶液，它的浓度不同，其导电性能也不同。图 2-2-47 给出了 NaOH、HCl 溶液在 20℃时电导率与浓度的关系曲线。从图上可看出，电导率 σ 与浓度 C 之间不是线性关系。但在低浓度区域或高浓度区域的某一小段内，电导率 σ 与浓度 c 可近似看成线性关系。图 2-2-48 给出了 20℃时，几种电解质溶液在低浓度范围的电导率和浓度间的线性关系曲线。应用电导法只能检测低浓度或高浓度的溶液，而中等浓度区域因电导率 σ 与浓度 C 不是单值函数关系，故不能用电导法测量。

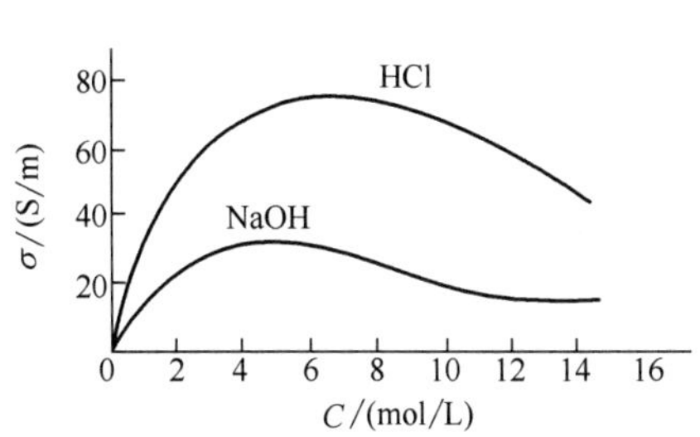

图 2-2-47 常见几种水溶液在 20 ℃时电导率 σ 与浓度 C 的关系曲线

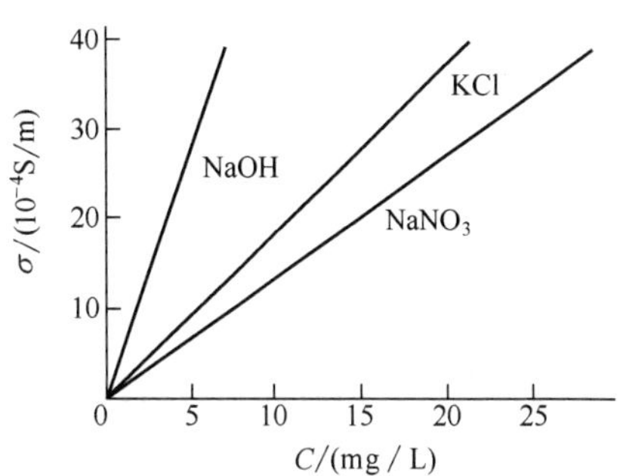

图 2-2-48 常见几种浓度低的水溶液在 20℃时电导率 σ 与浓度 C 的关系曲线

综上述可知，只要测出被测溶液的电导，就可得知溶液的浓度。

7.1.3 溶液电导的检测方法

在实际检测中，都是通过检测两个电极之间的电阻来求取溶液的电导，最后确定溶液的浓度。溶液电阻的检测只能采用交流电源供电的方法，因为直流电会使溶液发生电解，使电极产生极化作用，给检测带来误差。目前常用的检测方法有以下两种。

(1) 分压检测电路 它的检测电路如图 2-2-49 所示。在两极板之间的溶液电阻 R_x 和外接固定的电阻 R_k 相串联，在交流电源 u 的作用下，组成一个分压电路。在电阻 R_k 上的分压为

$$u_k=\frac{uR_k}{R_x+R_k}$$

因为 u 和 R_k 为定值，而溶液浓度的变化引起 R_x 的变化，进而引起 u_k 的变化，所以只要测出 u_k，便可得知溶液的浓度。

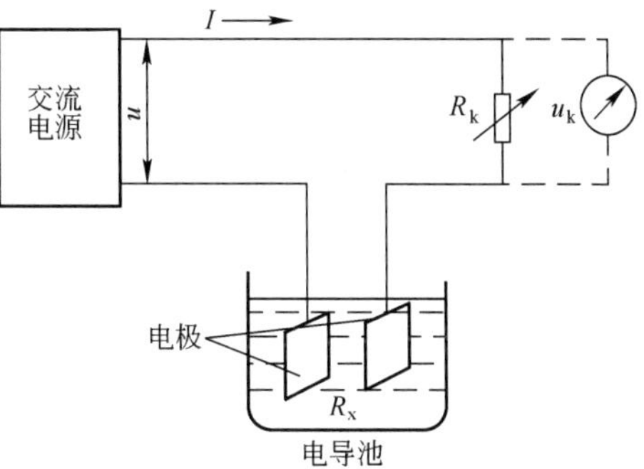

图 2-2-49 分压法测量线路原理图

(2) 电桥检测电路 利用平衡电桥或不平衡电桥均可检测溶液电阻 R_x。图 2-2-50 为平衡电桥法检测原理线路图。调整触点 a 的位置可使电桥平衡，则有

$$R_x=R_1\times\frac{R_3}{R_2}$$

通过平衡时触点 a 的位置便知 R_x 的大小，进而可确定溶液浓度大小。平衡电桥法适用于高浓度，低电阻溶液的检测。对电源电压的稳定性要求不高，检测精度较高。

图 2-2-51 为不平衡电桥法的检测原理线路图。当 R_x 处于浓度起始点所对应的电阻值时，电桥处于平衡状态，显示仪表 3 指零位。当溶液浓度变化而引起溶液电阻 R_x 变化时，电桥失去平衡，不平衡信号电压经桥式整流后，送入指示仪表显示检测结果。不平衡电桥法对电源的稳定性要求较高。

7.2 电导检测器

电导检测器是用来测量溶液电导的一个装置，它又称电导池，包括电极在内的充满被测溶液的容器。常用的电导检测器有两种，一种是筒状电极，另一种是环状电极。

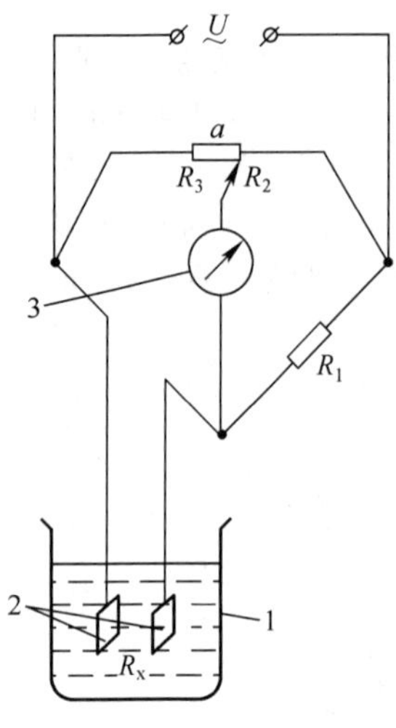

图 2-2-50　平衡电桥法测量原理线路图

1—电导池；2—电极片；3—检流计

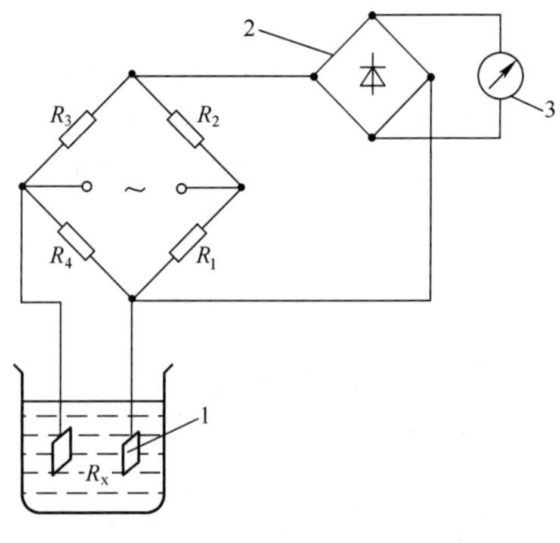

图 2-2-51　不平衡电桥法测量原理线路图

1—电导池；2—桥式整流器；3—指示仪表

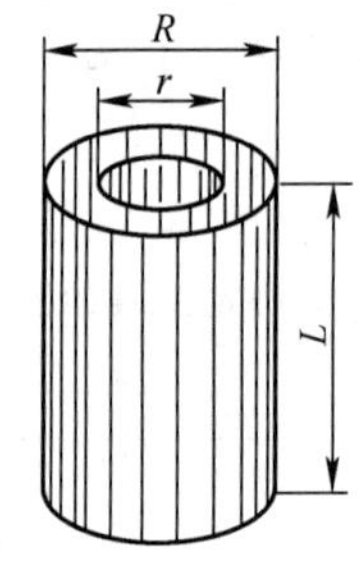

图 2-2-52　筒状电极

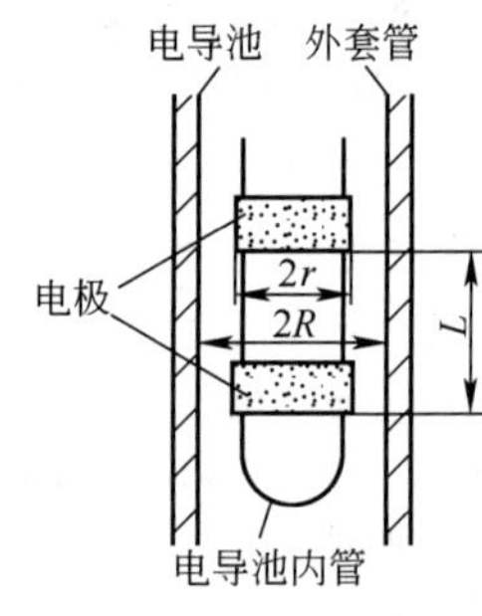

图 2-2-53　环状电极

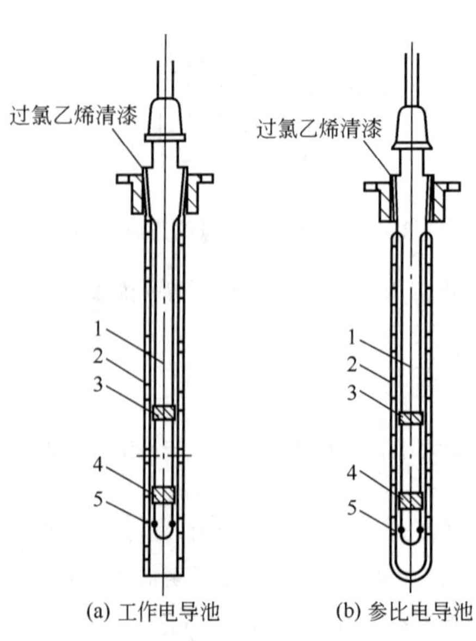

图 2-2-54　电导池

1—电极内管；2—电极外套管；3，4—电极；5—玻璃脚

7.2.1　筒状电极

筒状电极由两个直径不同但高度相同的金属圆筒组成，如图 2-2-52 所示。其电极常数 K 为

$$K=\ln\frac{R}{r}\times\frac{1}{2\pi L}$$

式中　R——外电极的内半径，m；

r——内电极的外半径，m；

L——电极的长度，m。

7.2.2　环状电极

环状电极是由两个同样尺寸的金属电极环套在一个玻璃内管上组成，如图 2-2-53 所示。其 K 为

$$K=\frac{L}{\pi(R^2-r^2)}$$

式中　R——电极外套管内半径，m；

r——电极环的外半径，m；

L——两电极环的距离，m。

7.2.3　工作电导池和参比电导池

工作电导池如图 2-2-54(a) 所示。用一根带有两个镀有铂黑的电极内管，和一个开有小孔的外套管组成。待测溶液从外

套管的小孔通过电导池，在两电极间建立了待测溶液的电阻电路，它作为检测电桥的工作臂。参比电导池如图2-2-54(b) 所示，是由根带有两个镀有铂黑的电极内管和一个封闭的外套管组成。管内充有已知浓度的待测溶液，在两电极间建立了已知溶液浓度的电阻电路，它作为检测电桥的参比臂。

7.3 DDD-32B 型工业电导仪

DDD-32B 型工业电导仪可用来检测锅炉蒸汽中的含盐量，也能检测锅炉给水的电导率及其他工业流程中溶液的电导率的一种仪表。

DDD-32B 型电导仪的检测器配有 3 种电极常数（K 为 0.01、0.1、1.0）的电极。仪表的指示值直接以电导率 $\sigma\times10^{-6}$，即 μS/m。其量程有 0～0.1μS/m、0～1.0μS/m、0～10μS/m、0～100μS/m、0～1000μS/m 等 5 挡。电导仪测得的电导率乘以相应的转换系数，就是溶液的浓度。

7.3.1 仪表的组成

DDD-32B 型工业电导仪由电导检测器、转换器和显示仪表 3 部分组成，如图 2-2-55 所示。

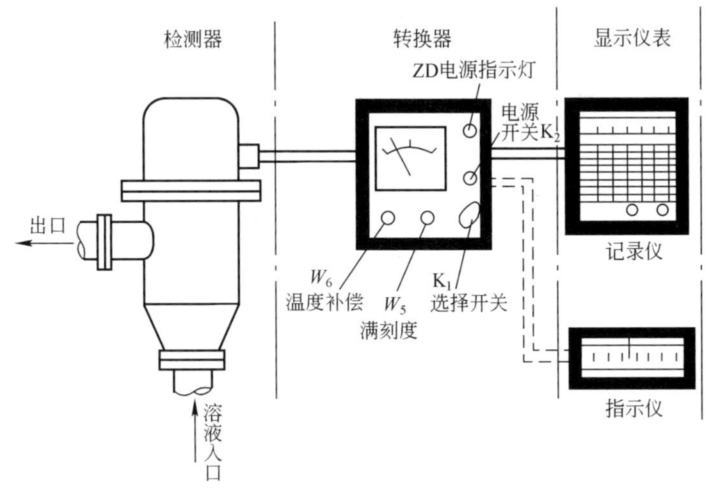

图 2-2-55　DDD-32B 型工业电导仪组成框图

（1）检测器　DDD-32B 型的检测器的结构示意图如图 2-2-56 所示。一个圆柱形的不锈钢内电极和一个圆筒形的不锈钢外电极。另外，还安装了一支铂电阻温度计，用来作为温度补偿。内电极的上部有一段涂有塑料的绝缘层，它与在其外的外电极之间的距离决定了电极常数。电极及电阻温度计的引出线，由出线套管引出，在检测器上部有防护罩密封。被测溶液从下部进入，侧面流出。检测时被测溶液为流动状态，并连续地流过电极。

（2）转换器　转换器的作用是将溶电阻（电导率）的变化，转换成相应的电流或电压信号，送给显示仪表对溶液的浓度进行指示、记录，或作为控制仪表的输入信号。本仪器采用了分压检测电路，并设有分布电容和温度补偿电路。

7.3.2 仪表的安装和调校

（1）仪表的安装　工业电导仪的检测器安装好坏，将严重影响仪表的使用，应引起足够重视，仪表安装必须遵守以下规则。

① 检测器安装流向必须是下进侧出，以保证电极全部浸入溶液中。它可以安装在工艺管道上，也可安装在旁路管上。

② 被测液体应满足下列条件：

a. 不得混有空气泡，进入检测器前必须消除待测溶液中的气泡，否则将产生检测误差；

b. 不得含有固体物质，以免损坏电极，进入检测器前应设法清除待测溶液中的固体物质；

c. 溶液的温度和压力不得超过仪表规定值。

③ 连接检测器的电缆必须用绝缘较好的聚乙烯屏蔽电缆，其绝缘电阻不小于 100MΩ，导线电容应小于 2000pF，导线电阻应小于 2.5Ω。否则应采用直径较粗导线，并且要穿管保护。

④ 仪表应有良好的接地，接地电阻≤4Ω。电源线与仪表的检测线路之间的绝缘电阻应大于 10MΩ。

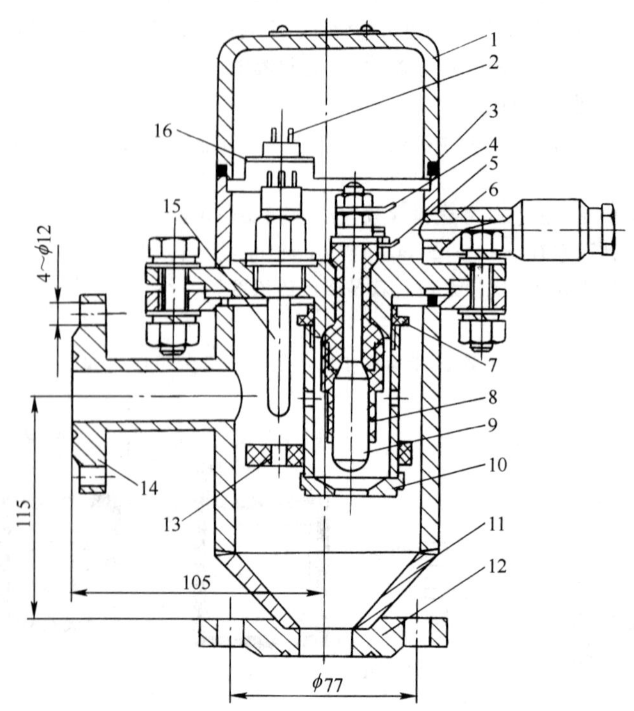

图 2-2-56 检测器结构示意图

1—防护罩；2—温度补偿接线头；3—密封橡皮圈；4—测量电极接线头；5—外电极接线头；6—出线套管；7—外电极固定螺圈；8—内电极涂层；9—内电极；10—外电极；11—检测器外壳；12—进水法兰盘；13—挡板；14—出水法兰盘；15—温度补偿电阻；16—固定螺帽

⑤ 检测器尽量安装在室内。如果要安装在室外，应加防护罩，防止水汽进入检测器，破坏绝缘性能。

(2) 仪表的调校 仪表正确安装后，为了保证仪表检测的准确性，还需对仪表进行整体调校。

DDD-32B 型工业电导仪电气原理图如图 2-2-57 所示。

① 放大器校正 在不接检测器情况下，单独对放大器进行校对。接通电源后，将选择开关置于“校 1”位置，调节负荷电位器 W_7，使仪表指示在满刻度值上。如调不到满刻度时，可调节满度电位器 W_5，使仪表指示在满刻度上。如需外接负载时，可以在输出端串接，调节负荷电位器 W_7，使仪表指示在满度。

② 导线电容补偿调整 将选择开关置于检测位置的最低挡。然后拆去检测器连接导线，或把溶液从检测器放空，即电阻为无穷大，电导率为零，此时仪表指示应为零左右。如不在零位，可调节电容补偿环节的电位器 W_1，使得仪表指零或最小值（不超过 1 小格）。如无法使指示值调到最小，说明导线电容太大，靠调节 W_1 无法达到要求时，应改换导线或缩短导线长度。

③ 温度补偿调整

a. 已知待测溶液的电导率的温度系数的调整。

例如已知溶液电导率的温度系数为 1.4%，则 10℃应变化 14%，首先将开关 K_1 置于“校 1”位置，调节 W_5 使仪表指满度，再将开关 K_1 置于“校 2”位置，调节 W_6 温度补偿电位器，使仪表指示减小满度的 14%，如满度为 10μS/m，则应调至 8.6μS/m，减小 1.4μS/m；

b. 未知电导率的温度系数的调整。

将被测溶液的电导保持不变，并以一定流量均匀、连续地流过检测器，记下仪表的指示值，然后改变溶液温度，指示值发生变化，调节温度补偿电位器 W_6，使指示值仍指示在原来的值上。把选择开关 K_1 置于“校 2”位置，根据指示表的偏移值，即可知道溶液的温度系数。

④ 仪表准确度的检查 仪表在使用过程中，应定期进行检查。用一块标准电阻箱代替检测器对转换器进行检查。电阻箱的电阻值可根据 $R=\frac{K}{\sigma}$ 进行整定，将选择开关拨至电导率×0.1、×1、×10 挡，分别用改变

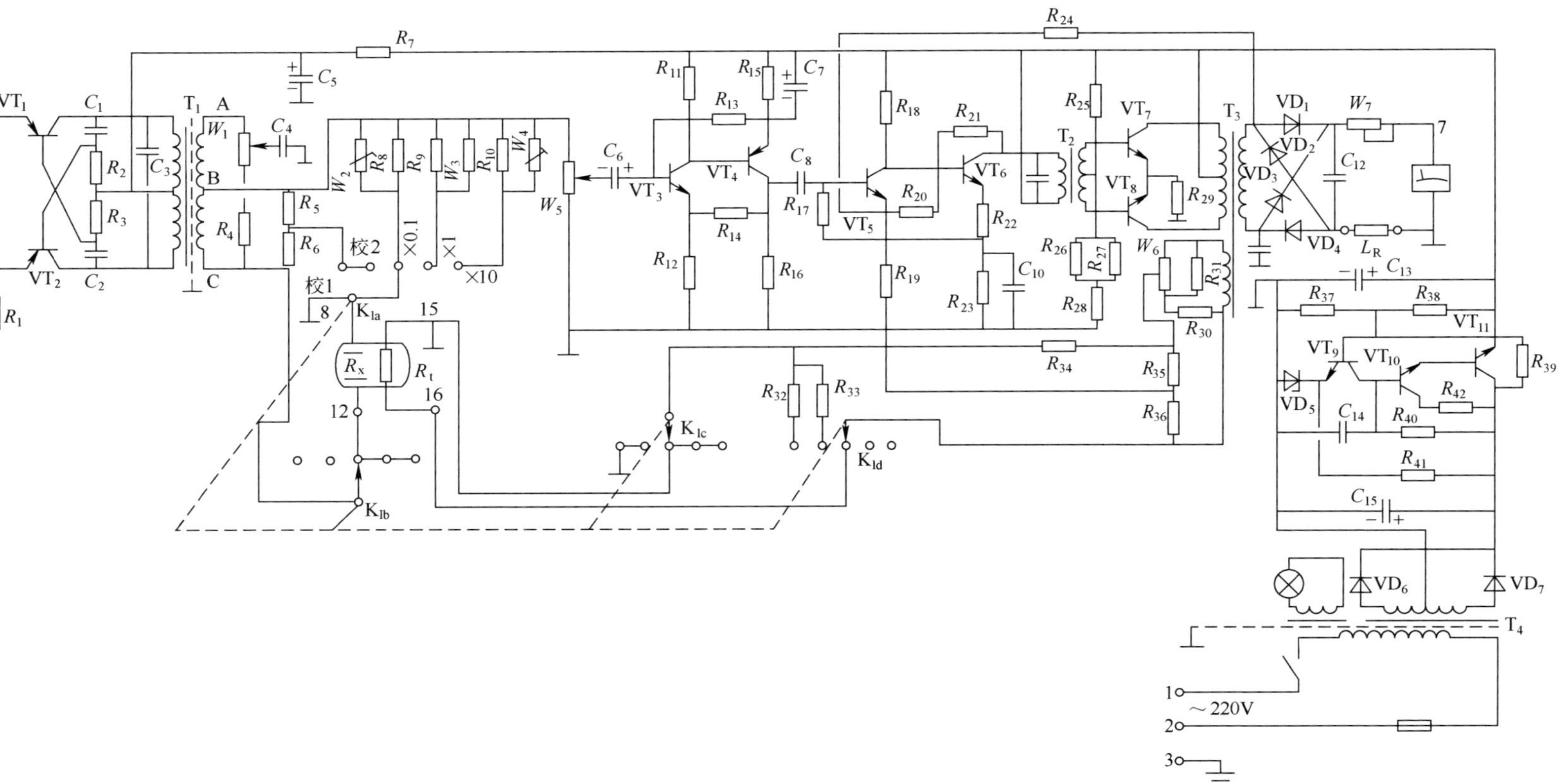

图 2-2-57　DDD-32B 型工业电导仪电气原理图

电阻值校对仪表满度。如有误差，根据检测范围和计算的 R 值，调节 W_2、W_3 和 W_4 电位器，使指示值指示满度。

8 工业黏度计

黏度是流动物质的一种物理特性。当流体在外力的作用下流动时，在分子间呈现的阻力称为黏度。

测量黏度的仪器称为黏度计。黏度计的种类很多，如毛细管式黏度计、落塞式黏度计、旋转式黏度计、振动式黏度计和浮标式黏度计等。表 2-2-15 列出了各种黏度计的主要性能。

表 2-2-15 各种黏度计性能比较

黏度计类型	测量范围/10^{-3}Pa·s	误差	特点	应用场合
毛细管式黏度计	0.1×10^6	0.5%～2%	精度较高，测量范围较大，易维护，可用于高压流体；不能测高黏度、非牛顿流体	润滑油、沥青炼制，燃料油控制
落塞式黏度计	0.1×10^6	1%	精度高、量程宽、耐高温高压，只能周期连续测量	纸张、织物上胶，淀粉转化，肥皂、塑料工业
旋转式黏度计	0.1×10^5	2%～3%	可测非牛顿流体，耐高温高压；安装、维护较复杂	纤维、纸浆、橡胶、食品、树脂等非牛顿流体
振动式黏度计	0.1×10^6	1%～2%	精度高，响应快，耐高温高压，适用于实验室和在线测量	燃料油，血液，熔融金属
浮标式黏度计	0.5×10^4	2%～4%	设备简单、可靠，反应速度性；受流体黏度、压力、纯度影响大	燃料油，石油制品

8.1 旋转式黏度计

旋转式黏度计的工作原理如图 2-2-58 所示。两只直立的同轴圆筒，内筒与外筒之间充满了被测介质（液体）。当外筒以一定的转速旋转时，由于液体的黏性作用，使内筒承受一定的转矩，转矩和液体的动力黏度之间的关系为：

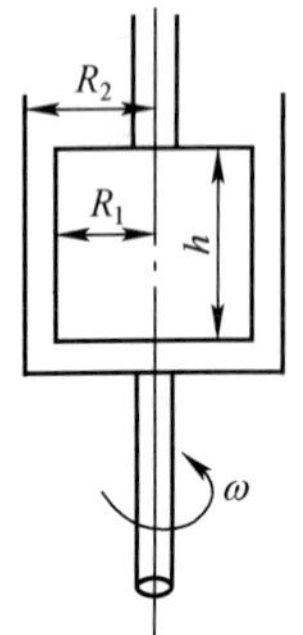

图 2-2-58 旋转式黏度计原理图

$$\eta=\frac{M}{4\pi h\Omega}\left(\frac{1}{R_1^2}-\frac{1}{R_2^2}\right)=K\frac{M}{\Omega}$$

式中 η——被测液体的动力黏度，0.1Pa·s；

M——转矩，10^{-7}N·m；

Ω——转筒的角速度，1/s；

h——内筒的高度，cm；

R_1——内筒的外半径，cm；

R_2——外筒的内半径，cm；

K——仪表常数。

由上式可知，当转筒以一定的恒速旋转时，测量出转矩就可计算出被测液体的黏度。

根据测量转矩的方法，旋转式黏度计还可分为：

① 差动变压器式旋转黏度计 用差动变压器测量弹性扭力管受转矩作用而产生的微小扭力角；

② 电容器或电位器式旋转黏度计 用电容器或电位器测量弹簧游丝受转矩作用而产生的偏转角；

③ 电机式旋转黏度计 测量转动电机因受转矩作用而产生的电流变化。

8.2 振动式黏度计

振动式黏度计是利用电磁作用力来驱动浸在被测液体中的振动元件来测量黏度的仪器，常利用液体对振动元件的阻尼衰减作用来测量液体的黏度。

振动式黏度计有超声波黏度计、振动簧片黏度计及振球式黏度计。

振球式黏度计的检测原理如图 2-2-59 所示。当浸入被测液体中的振球受振荡源和驱动线圈推动杠杆产生

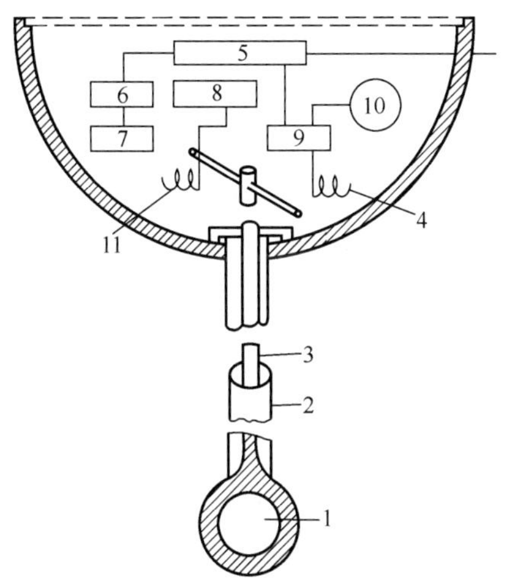

图 2-2-59　振球式黏度计原理方块图

1—振球；2—弹性扭管；3—传动轴；4—拾取线圈；5—直流电源；6—振荡器；7—频率控制；8—功率调整器；9—放大器；10—微安表；11—驱动线圈

扭转振动时，由于液体的黏性阻尼作用，使振球的能量损失，振幅逐渐减小。为了保持振球的振幅不变，需要通过电路和驱动线圈给振球补充能量。使振球保持等幅振荡所需加入的能量与液体的黏度 η 和密度 ρ 有以下关系：

$$E \propto \sqrt{\eta\rho}$$

振球式黏度计的特点：精度高，响应快，耐高温高压，适用于实验室和工业在线测量和控制。

第3章　显示仪表

在工业生产中，不仅需要测量出生产过程中各个参数量的大小，而且还要求把这些测量值进行指示、记录，或用字符、数字、图像等显示出来。这种作为显示被测参数测量值的仪表称为显示仪表。

显示仪表直接接收检测元件、变送器或传感器的输出信号，然后经测量线路和显示装置，把被测参数进行显示，以便提供生产所必须的数据，让操作者了解生产过程进行情况，更好地进行控制和生产管理。

显示仪表按显示方式可分为模拟显示、数字显示和图像显示等3大类。

模拟显示仪表是以仪表的指针（或记录笔）的线位移或角位移来模拟显示被测参数连续变化的仪表。这类仪表使用了磁电偏转机构或电机式伺服机构，因此，测量速度较慢，读数容易造成多值性。但它可靠，又能反映出被测参数的变化趋势，因此，目前工业生产中仍大量地被应用。

数字显示仪表，是直接以数字形式显示被测参数量值大小的仪表，具有测量速度快，精度高，读数直观，并且对所检测的参数便于进行数值控制和数字打印记录，也便于和计算机联用等特点，为此，这类仪表得到了迅速的发展。

图像显示就是直接把工艺参数的变化量，以文字、数字、符号和图像的形式在屏幕上进行显示的仪器，是随着电子计算机的推广应用相继发展起来的一种新型显示设备。图像显示的实质是属于数字式，具有模拟式与数字式显示仪表两种功能，并具有计算机大存储量的记忆能力与快速性功能，是现代计算机不可缺少的终端设备，常与计算机联用，作为计算机综合集中控制不可缺少的显示装置。

1　模拟显示仪表

ER180系列仪表是模拟显示仪表的一种，以集成电路为主要放大元件，采用伺服电机自动平衡式显示仪表，有效记录宽度为180mm。

ER180系列仪表的输入信号为直流毫伏、毫安级电流、热电偶、热电阻或标准统一信号。可以直接配用热电偶、热电阻进行温度指示记录，也可以与多种变送器配合，完成各种生产过程变量的指示记录。仪表还可配有微动报警开关、发讯滑线电阻等附加装置，可内设报警单元和控制单元。

ER180系列仪表中，ER181、ER182、ER183为笔式记录仪，采用便于使用的可更换的纤维笔，分别为单笔、双笔和三笔记录仪；ER184、ER185、ER186、ER187和ER188为打点记录仪，可以对被测的多个检测点进行间断打点记录。主要用于温度记录，分别为双点、三点、六点、十二点和二十四点的记录仪。

1.1　ER180显示仪表的组成原理

ER180系列仪表组成原理方框图如图2-3-1所示。

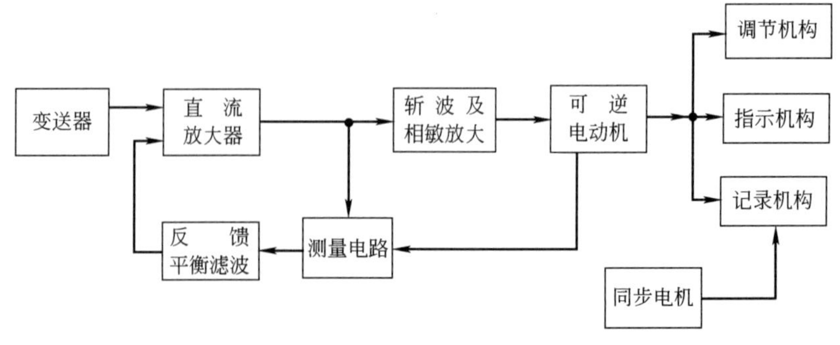

图2-3-1　ER180系列仪表组成方框图

被测信号先进入直流放大器进行放大，检测桥路与滤波电路放在直流放大器的反馈回路中，经放大的直流信号，再进行大信号斩波，完成相敏功率放大，推动可逆电机正、反转。与传统的自动平衡显示仪表一样，可逆电机转动时，一方面带动滑线电阻的滑动触点使仪表在新的位置平衡；同时也带动指针和记录笔（或打印架）进行指示和记录。

1.2 输入检测单元

1.2.1 毫伏输入检测单元

检测单元是仪表的核心部分，将输入信号经运算放大器放大，提供足够的放大倍数。毫伏输入检测单元由前置放大电路、平衡电桥与缓冲放大电路、有源滤波电路和正、反迁移电路组成。毫伏输入检测单元电路原理图如图 2-3-2 所示。

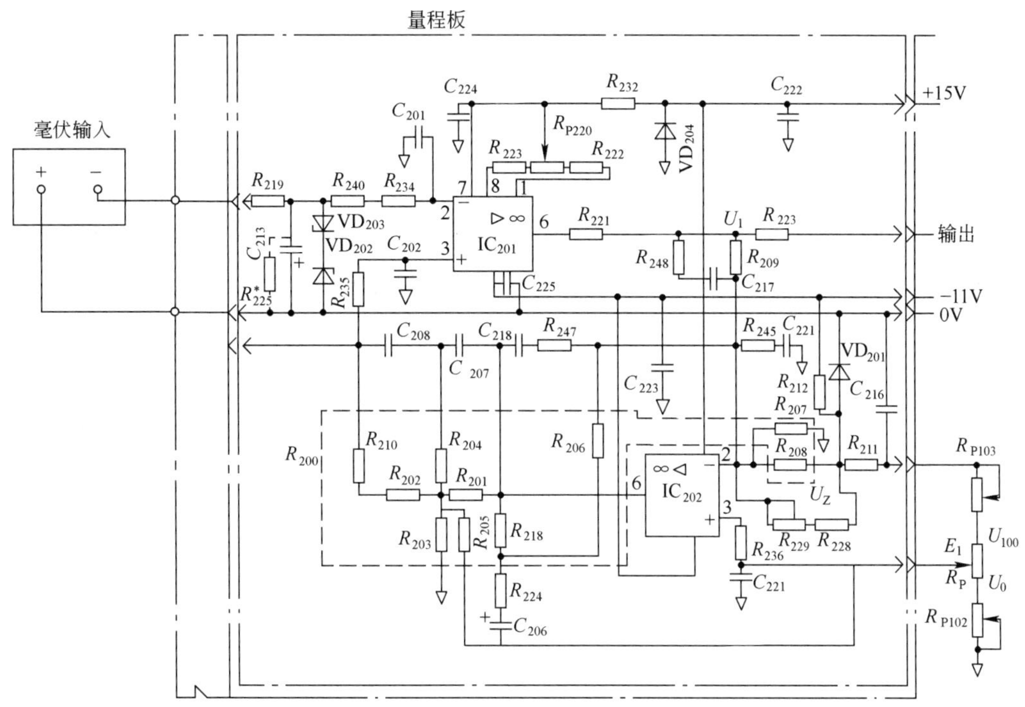

图 2-3-2 毫伏输入测量单元电路

如图所示，输入信号“－”端接放大器 IC_{201} 反相输入端，“＋”端接放大器公共端。经 R_{219}、C_{213} 组成滤波电路，抑制工频干扰；接入 R_{225} 可对输入信号进行衰减；稳压管 VD_{202}、VD_{203} 对输入信号进行限幅；R_{234}、C_{201} 和 R_{235}、C_{202} 起高频干扰抑制作用。

放大器 IC_{201} 的输出电压 U_1 送入后续伺服放大单元，同时引入反馈部分。在反馈电路中，滑线电阻 R_P、可调电阻 R_{P102}、R_{P103}、桥臂电阻 R_{211}、R_{208}、R_{207} 组成平衡电桥，不平衡电压送入缓冲放大器 IC_{202}。IC_{201} 输出电压 U_1 经 R_{209} 接到 IC_{202} 反相输入端，与滑动触点电压 E_1 比较后，送至 IC_{201} 的同相输入端，形成负反馈。其简化等效电路如图 2-3-3 所示。

若某输入 U_i 下桥达到平衡，$U_1=0$，电机不转；当输入发生变化 ΔU_i 则检测电路输出一个不平衡电压

$$U_1=-\frac{R_{209}(R_{201}+R_{203})}{R_{203}(R_{206}+R_{218})}\Delta U_i$$

由于 U_i 负端输入，$\Delta U_i>0$ 时，$U_1>0$。输入正电压信号，经伺服放大，驱动可逆电机正转，使仪表指针向终端方向移动，使 ΔE_1 增大，仪表重新平衡，指针指示检测值。反之亦反。

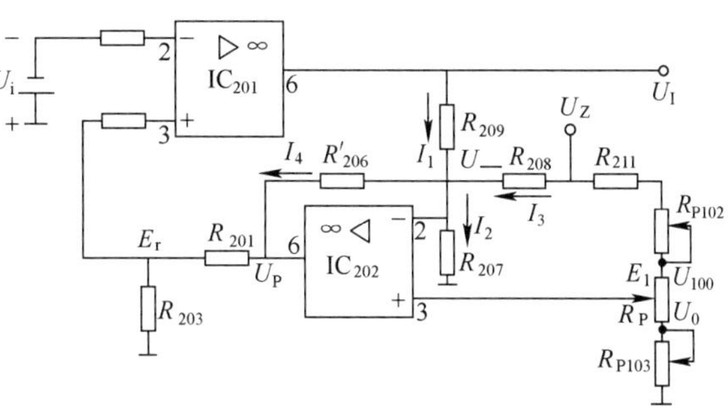

图 2-3-3 测量单元直流信号等效电路

图 2-3-2 中，R_{201}、R_{204}、R_{207}、R_{202}、R_{210} 和 C_{208} 组成滤波电路，与 IC_{201} 一起组成有源滤波器，对输入 50Hz 工频干扰进行有效的抑制；R_{248}、C_{217}、R_{245}、C_{221}、R_{247}、C_{218}、R_{224}、C_{206} 均为动态校正电路，以改善仪表的动态特性；R_{212}、VD_{201} 构成平衡电桥的基准电压稳压电路，产生 $U_2=-6.2V$ 的基准电压。

1.2.2 热电偶输入的检测单元

由于热电偶冷端温度变化，将使外电路热电势产生误差。在 ER180 系列仪表中，冷端温度补偿使冷端校正为 0℃，即补偿电压为 $E(t_0, 0)$。并且冷端温度补偿不是采用铜电阻，而是利用晶体三极管的 U_{be} 随温度变化的特性实现的。具体见图 2-3-4。

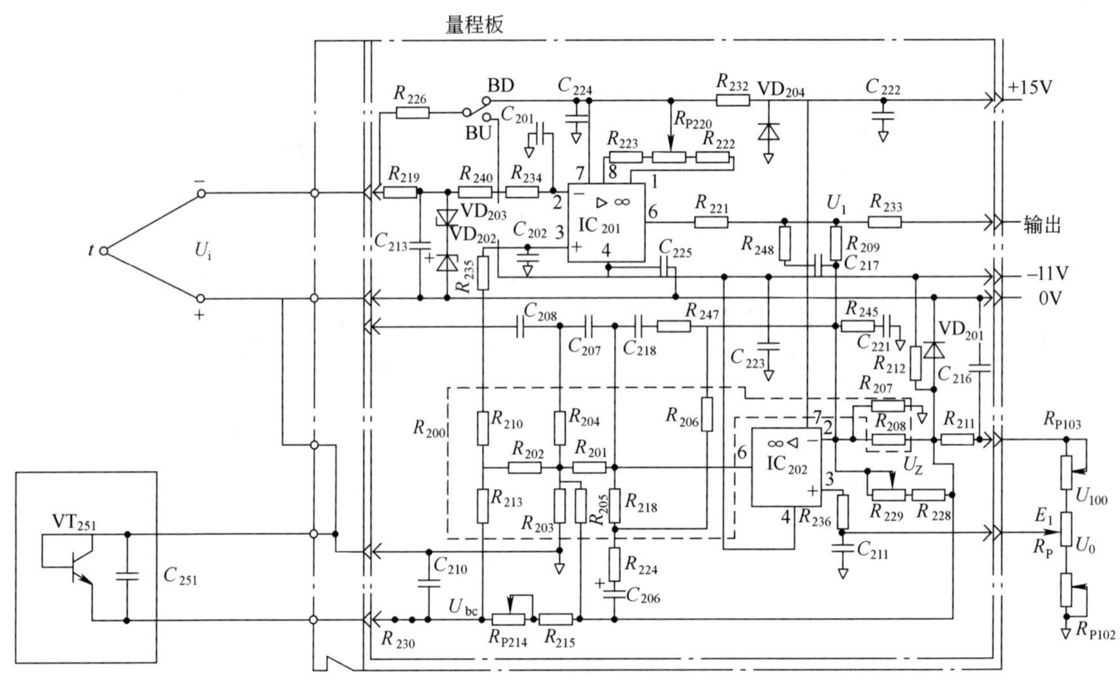

图 2-3-4 热电偶输入测量单元电路

VT_{251} 的基极与集电极短路，连接仪表公共端；它的发射极经 R_{P214}、R_{215} 连接基准电压 U_Z，形成对晶体管 VT_{251} 供电。发射极电压 U_{be} 经 R_{213} 与 R_{202}、R_{203} 分压，同 IC_{202} 输出的负反馈信号叠加，加在放大器 IC_{201} 的同相输入端。C_{251} 为 VT_{251} 内部热噪声的旁路电容；R_{230}（1mH 电感）、C_{210} 组成高频滤波电路，抑制由补偿端引入的高频干扰信号。

根据 VT_{251} 的温度特性和配用热电偶的热电特性，合理选配电阻参数，使得 $E(t_0, 0)=\Delta U_{be}$，则可实现冷端温度的自动补偿。

在 ER180 仪表中还设置了断偶保护电路。若热电偶断路，由于没有检测信号输入，仪表指针将停留在断偶前的位置。为了方便地判断是否断偶，加设了断偶保护电路，如图 2-3-5 所示。在输入端 P_1 通过一个高阻值电阻 R_{226}（R_{226} 在 33MΩ 以上），与正电源（BD）或负电源（BV）接通。在未断偶前，由于 R_{226} 远远大于热电偶本身电阻，电源电压在 P_1 上的分压接近于零，对仪表检测影响极小，一般在允许误差范围之内。当发生了断偶，若与 BD 连接时，则仪表必指示始端极限；如切换至 BV，仪表则将很快地指示终端极限，从而实现了断偶判别的简便方法，同时也起到保护设备的作用。

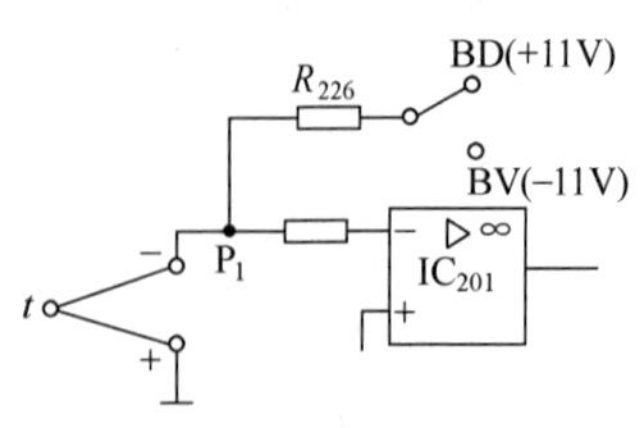

图 2-3-5 断偶保护电路

1.2.3 热电阻输入检测单元

热电阻输入检测单元电路与电子平衡电桥原理不同，是由检测单元提供 1mA 的恒流源，流过热电阻，转换成电压信号作为放大器的输入。因此，测量单元电路除具有与毫伏输入相同的基本电路外，还附加了恒流源电路和导线电阻补偿电路。检测单元原理线路如图 2-3-6 所示。

（1）恒流源及线性化电路　如图 2-3-6 右下部，IC_{202} 是一只双运算放大器，其中一只与 VD_{201}、R_{245}、R_{216}、R_{241} 和 R_{242} 组成恒流源。VD_{201} 电流即流过 R_{216} 的电流，是根据 1/2IC_{202} 的 $U_F=U_T$ 和它们与基准电压 U_Z 的分压，得出 $I=\dfrac{-R_{241}}{R_{216}(R_{241}+R_{242})}U_Z$ 合理选配电阻，使 $I\approx 1$mA。

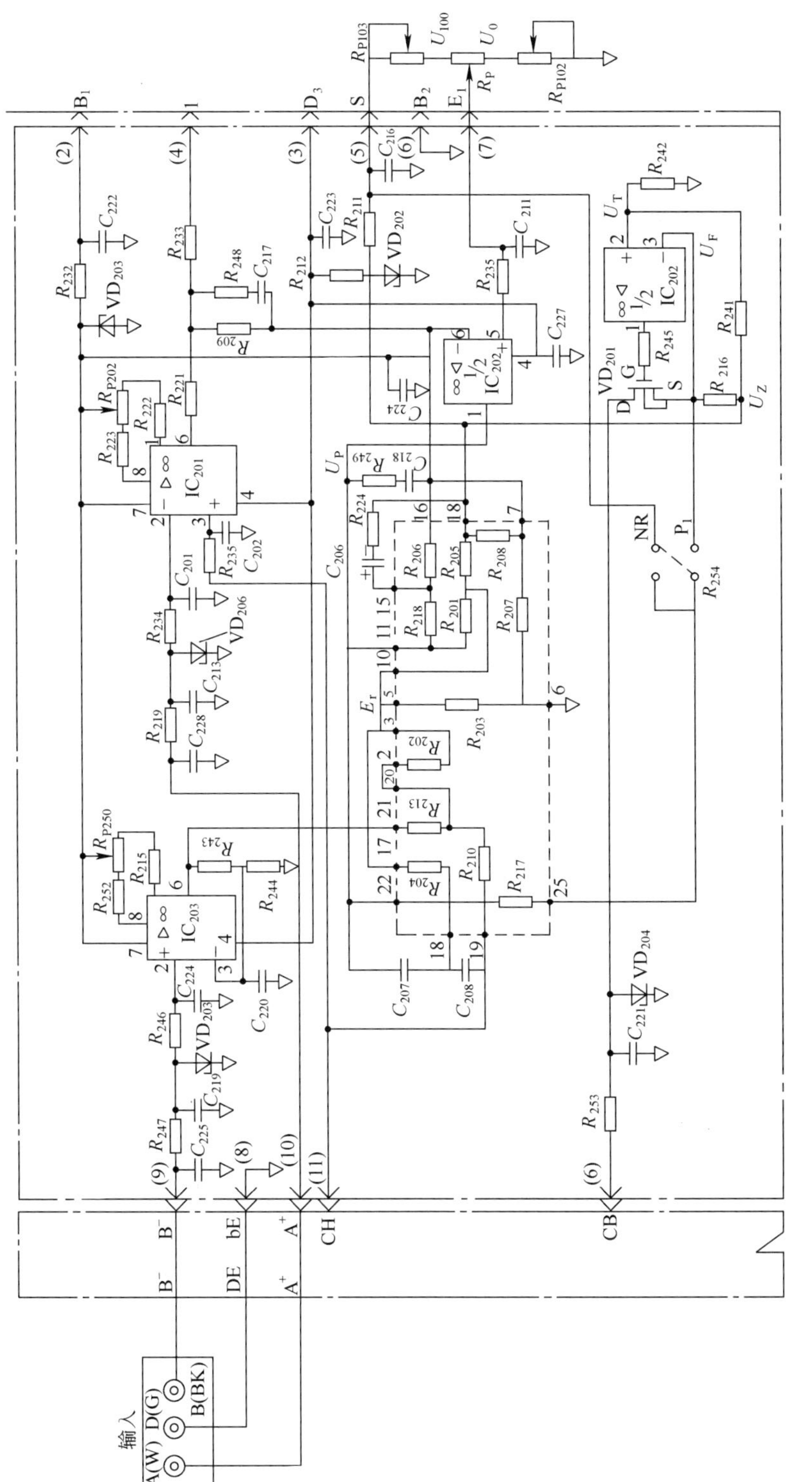

图 2-3-6 热电阻输入测量单元原理线路

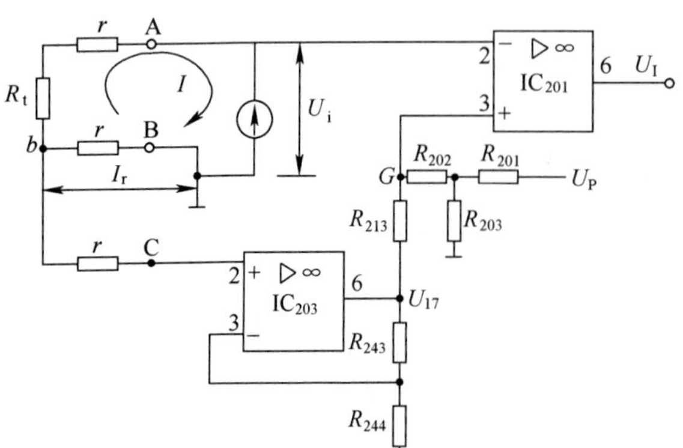

图 2-3-7　导线电阻补偿电路

若配用铂电阻测温，阻值与温度之间存在一定的非线性，而仪表标尺是按线性刻度的，为实现线性化，通过调整电流 I 来实现非线性校正。图中切换开关切至 P_1，使 VD_{201} 的源极连接电阻 R_{217}，R_{217} 连接缓冲放大器½IC_{202} 的输出端。合理选配 R_{217} 的大小，可以实现铂电阻与温度之间的非线性校正。

（2）导线电阻补偿电路　为消除导线电阻对测温的影响，采用三线制接法。连接原理和简化补偿电路如图 2-3-7 所示。

$U_i=IR_t+2Ir$ 进入放大器 IC_{201} 反相端，补偿电路取 Ir 进入 IC_{203} 同相端，则

$$U_w=\frac{R_{244}+R_{243}}{R_{244}}Ir$$

U_w 引入反馈电路，与 U_P 叠加进入 IC_{201} 同相端。只要使 U_w 在 G 处分压 $U_G=2Ir$，即可实现补偿，消除环境温度变化对测温的影响。

1.3　伺服放大单元

伺服放大单元主要由相敏功率放大器和过载保护电路组成。原理线路如图 2-3-8 所示。

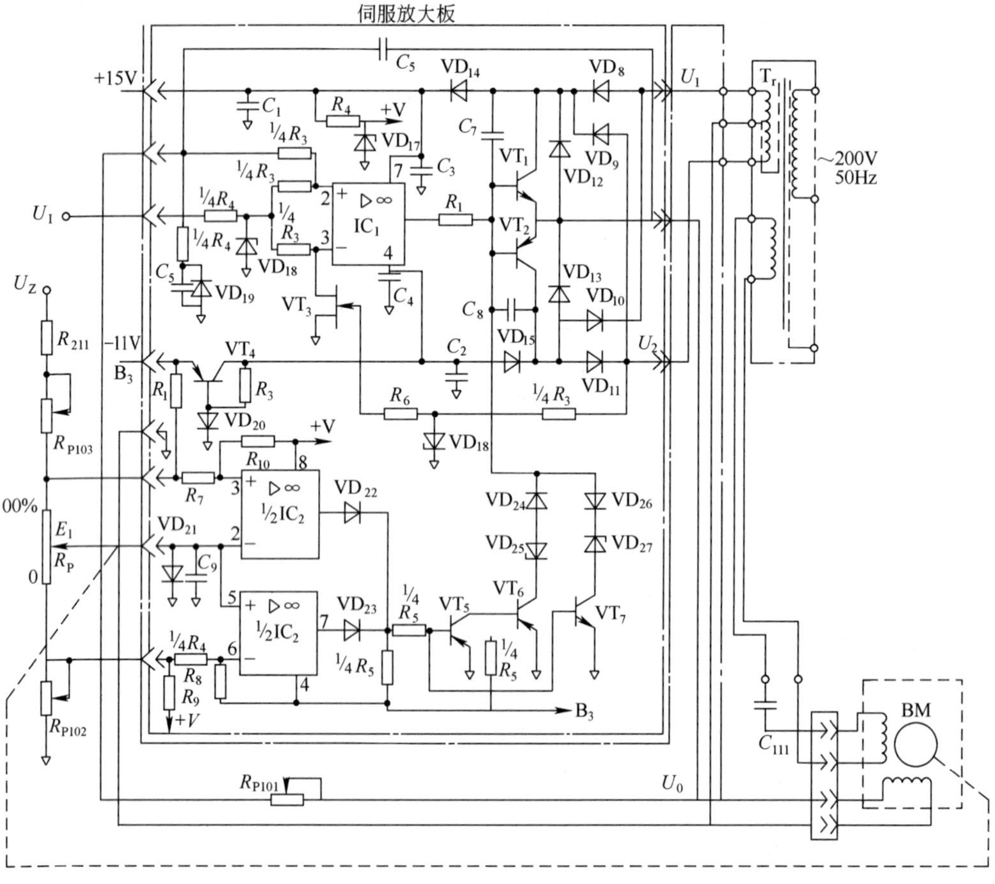

图 2-3-8　伺服放大单元原理线路图

1.3.1　相敏功率放大器

相敏功率放大电路由 IC_1 电压放大器，VD_1、VD_2 互补对称功率放大器和 VD_3 变流电路组成，实现相敏

功率放大和功率驱动。

检测单元输出加到 IC_1 同相端和反相端，在同相端还连接一个起开关作用的场效应管 VT_3，VT_3 的栅极通 R_6、R_2、VD_{16} 连接到变压器 Tr 的次级，次级电压 E 经 VD_{16} 削波，使栅极得到一矩形脉冲电压 E_d。该电压使源、漏极之间交替呈饱和导通和截止状态。使 IC_1 实现分相和电压放大作用。输出经推挽功率放大管 VT_1、VT_2 功率放大驱动可逆电机。

1.3.2 过载保护电路

为了防止仪表过载，伺服放大单元设置了过载保护电路。

过载保护电路由运算放大器 IC_2，晶体管 VT_5、VT_6、VT_7，二极管 VD_{24}、VD_{25}、VD_{26}、VD_{27} 等组成。+11V 和 −11V 电压经 R_{11}、R_7、R_{10} 分压在 R_7 上产生电位差 U_{R7}；滑线电阻满度与中心触头 E_1 之间的电压为 U_{P1}；+11V 和 −11V 电压经 R_9、R_4、R_8 分压在 R_4 上产生电位差 U_{R4}；滑线电阻零位与中心触头 E_1 之间的电压为 U_{P2}。当输入信号 U_i 未过载时，则有 $|U_{R7}|<|U_{P1}|$、$|U_{R4}|<|U_{P2}|$，比较器 IC_2 的同相端均为负电位，则输出均为 −10V，二极管 VD_{22}、VD_{23} 处于反向截止状态，晶体管 VT_5 导通，VT_6、VT_7 截止，不影响功率放大级 VT_1、VT_2 的输入信号。当输入信号 U_i 过载时，如超过满度时，则有 $|U_{R7}|>|U_{P1}|$，$|U_{R4}|<|U_{P2}|$；若低于零位，则有 $U_{R7}|<|U_{P1}|$，$|U_{R4}|>|U_{P2}|$。这两种情况均使比较器 IC_2 的同相端为正电位，则输出均为 +10V，二极管 VD_{22}、VD_{23} 处于正向导通状态，晶体管 VT_5 截止，VT_7 导通；−11V电压经 R_5 向 VT_6 基极供负电压，使 VT_6 导通。功率放大级输出正半周时，通过 VD_{26}、VD_{27}、VT_7 限幅在 +3V；输出负半周时，通过 VD_{24}、VD_{25}、VT_6 限幅在 −3V，从而防止了仪表过载。

2 数字式显示仪表

数字式显示仪表电路目前我国没有统一的设计规定，各部分原理也不尽相同。现以 XMZ-101H 型数字温度显示仪表为例，作一简单介绍，以建立数字仪表整体概念。

2.1 数字式显示仪表的主要技术指标

型式：盘装式；

分辨力：1℃；

检测范围和分度号：−200～1999℃各种分度号热电偶；

采样速率：3 次/s；

精确度：满度±0.5%±1 个字；

显示方式：3½位 LED 数码管显示。

2.2 基本工作原理

XMZ-101H 型仪表为单点简易数字式温度显示仪。它配接热电偶测温，其原理方框图如图 2-3-9 所示。

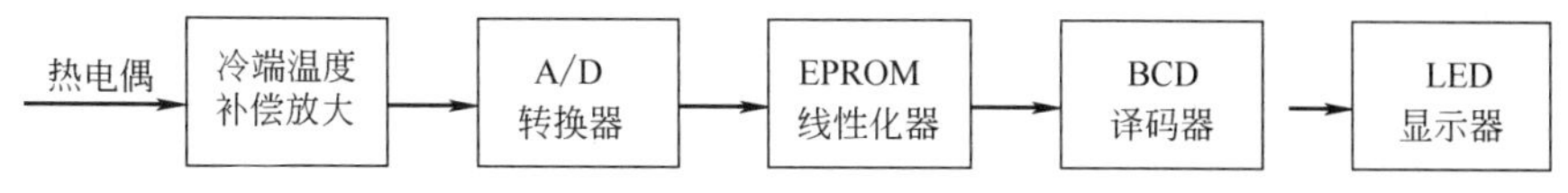

图 2-3-9 XMZ-101H 型仪表原理方框图

热电偶检测温度输出毫伏级电压信号，经冷端温度补偿、滤波和放大后的电势信号，送到 3½位 A/D 转换器 7107，进行模/数转换，输出数字量为 7 段码驱动信号。再将该数字量作为地址送入 EPROM 线性化器，同时实现标度变换，找出与热电偶对应的温度值，送至 CD4511BCD 七段译码器，并驱动 LED 各位进行显示。

仪表采用 PN 结冷端温度补偿，制造工艺简单，补偿精度高；使用了 EPROM 线性化器，通用性强，精度高。不同分度号热电偶只要更换 EPROM 芯片，就可以实现对应的温度非线性补偿。

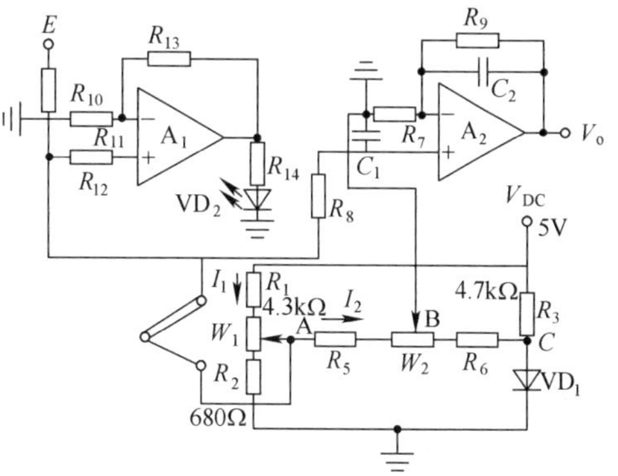

图 2-3-10 二极管冷端温补电路

2.3 热电偶预处理电路

热电偶预处理电路具有冷端温度补偿、断偶保护和滤波放大等功能。电路如图 2-3-10 所示。由于二极管

VD_1 的 PN 结两端电压随温度变化，0℃时，PN 结间电压约 668mV，温度每升高 1℃，电压下降约 2mV。设 $I_1=1mA$，取 $I_2=0.05mA$，由于 $I_1 \gg I_2$，可以认为 I_1 全部流过 R_2，在 0℃时有 $R_2+W_{1下}=\frac{688mV}{1mA}=688\Omega$，取 $R_2=680\Omega$；$R_1+W_{1上}=\frac{5000-688mV}{1mA}=4321\Omega$，取 $R_1=4.3k\Omega$。

R_5、R_6 用以补偿冷端上限 50℃时 E（50，0）对于 S 型热电偶，$R_5+W_{2左}=\frac{0.299mV}{0.05mA}=5.98\Omega$，可选 $R_5=6\Omega$，$R_6+W_{2右}=\frac{688-588-0.299mV}{0.05mA}=1994$，可选 $R_6=2k\Omega$。

在调试时，调节 W_1，使 A 点电位为 688mV；将热电偶矩接，调节 W_2，使仪表指示室温即可。这样，数字式温度仪表本身具有冷端温度自动补偿功能。相当于仪表内部预置了 $E(t_0, 0)$，直接显示热电偶热端的实际温度。

电路中，放大器 A_1、R_{13}、R_{14} 及发光二极管 VD_2 等组成一个断偶报警指示电路。当发生断偶时，则 VD_2 发光，以示报警 R_8、C_1 起滤波抗干扰作用。

2.4 3½位模/数转换器

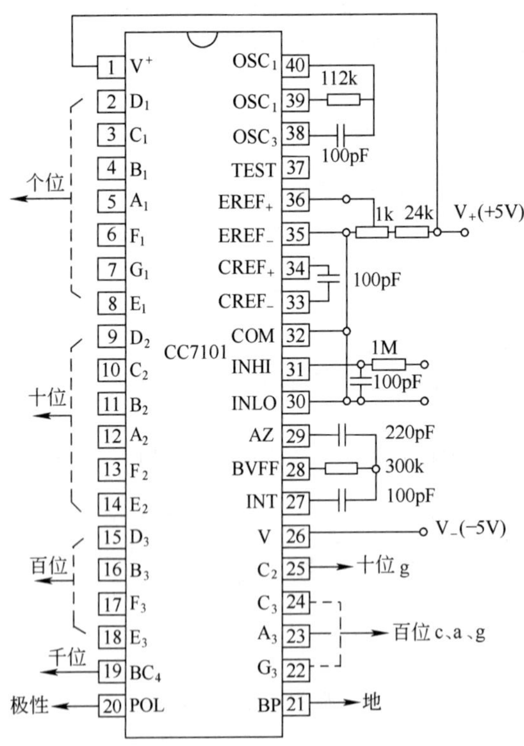

图 2-3-11　7107 的外部引线图

7107A/D 转换器是数字温度显示仪表中应用最多的 3½ 位单片型双积分 A/D 转换器。它的转换数字量是七段码（BCD 码），有 3 个 0～9 全码，最高位只出现 1 这个码，满量程 1999。使用时，只需外接少量的阻容元件，其外部引线如图2-3-11所示。

图中 21 脚是数字地 GND 端；TEST 端在使用中接地；35、36 外部提供基准电压 V^+；33、34 连接基准电容 $C_4=100pF$ 或 $1\mu F$；31、30 端接受输入电压 V_i；29、28、27 分别接自动稳零电容、积分电阻 R_i 和积分电容 C_i；A_1～G_1、A_2～G_2、A_3～G_3 分别为直接驱动个位、十位、百位七段 LED 显示的数字输出引线端；BC_4 为千位显示引出端。38、39、40 接时钟振荡器的外接元件振荡电阻和振荡电容，为数字电路提供固定频率的脉冲时钟信号。

7017 芯片不仅完成 A/D 转换，还具有显示译码、锁存、驱动功能。要注意它们的输出是低电平有效。其输入电压要求为 0～0.2V 或 0～2V。相应前置放大输出范围要与之匹配，相应 7017 外围电路元件参数也要求配套。

2.5 EPROM27128

本仪表使用 EPROM27128（16K 字节），14 根地址输入。由地址线输入的地址，经 x、y 译码后选中内部存储矩阵中的一个单元，经读写控制电路实现对该单元读出。由于 7017A/D 转换器有 23 根线（含符号位，端子 20）输出作地址线，不匹配，因此采用符合电路处理，将 23 根地址线变为 14 根，正好与 27128 地址线输入一样多。

EPROM 中存储非线性补偿对应的温度数值，输出为可显示出与被测温度一致的温度值的各位的 BCD 码信号。

EPROM 输出送至 CD4511（BCD—锁存/7 段译码/驱动器），CD4511 中 4 路输入，产生驱动数码管显示的 a～g 输出，使数码管显示出相应数值，实现数字显示。

XMZ 型数字温度显示仪表的型号规格见表 2-3-1。

表 2-3-1 数字式显示仪型号规格

数字显示仪	输入信号	标准量程/℃	主要技术参数
XMZ、XMZA、XMZH-101	E K K S B T J	0～800 0～800 0～1300 0～1600 0～1800 0～400 0～800	精度：±0.5% 全量程±1个字 电源：220V AC 环境温度：0～40℃ 环境湿度：<85%RH
XMZ、XMZA、XMZH-102	Cu50 Cu100 Pt100 Pt100	−50～150 −50～150 −100～200 −200～500	
XMZ、XMZA、XMZH-103	0～20mV 0～50mV		
XMZ、XMZA、XMZH-104	30～350Ω		
XMZ、XMZA、XMZH-105	0～10mA 4～20mA		

3 无纸记录仪

图像显示是随着超大规模集成电路技术、计算机技术、通信技术和图像显示技术的发展而迅速发展起来的一种显示方式。它将过程变量信息按数值、曲线、图形和符号等方式显示出来。目前图像显示主要分两类，即计算机控制系统中的CRT彩色图像显示和无纸记录仪的液晶（LCD）显示。

无纸记录仪采用常规仪表的标准尺寸，是简易的图像显示仪表，属于智能仪表范畴。它以CPU为核心，内有大容量存储器RAM，可以存储多个过程变量的大量历史数据。它能够直接在屏幕上显示出过程变量的百分值、工程单位当前值、变量历史变化趋势曲线、过程变量报警状态、流量累积值等。提供多个变量值显示的同时，还能够进行不同变量在同一时间段内变化趋势的比较，便于进行生产过程运行状况的观察和故障原因分析等。

无纸记录仪无纸、无笔，避免了纸和笔的消耗与维护；内部无任何机械传动部件，大大减轻了仪表工人的工作量。由于无纸记录仪内置有大容量RAM，存储大量瞬时值和历史数据，可以与计算机连接，将数据存入计算机，进行显示、记录和处理等。

无纸记录仪随着微处理器在仪表中的推广应用，自20世纪90年代以来，国内外仪表生产厂家纷纷推出的新一代记录仪，成为传统机械式记录仪的更新换代的产品。较有代表性的有德哈特曼劳恩公司的DatavisA无纸记录仪，英国Panny & Teletrend公司的无纸记录仪等。我国目前应用较多、推广较快的是浙江大学工业自动化国家工程研究中心开发的SUPCON JL系列无纸记录仪，下面以SUPCON JL系列无纸记录仪为例，简要介绍它的结构原理及应用。

3.1 无纸记录仪的基本结构

无纸记录仪的结构原理框图如图2-3-12所示。它由主机板、LCD图形显示屏、键盘、供电单元、输入处理单元等部分组成。

3.1.1 主机板

主机板是无纸记录仪的核心部件，它包括中央处理器CPU、只读存储器ROM和随机存储器RAM等。

(1) CPU 包括运算器和控制器，实现对输入变量的运算处理，并负责指挥协调无纸记录仪的各种工作，是记录仪的指挥中心。

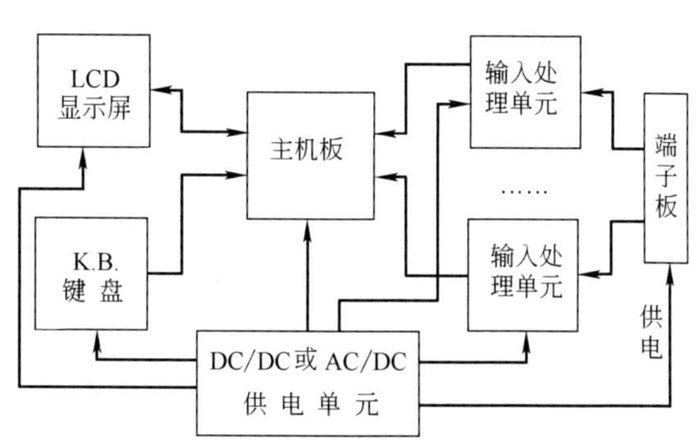

图 2-3-12 无纸记录仪结构原理图

(2) ROM和RAM ROM和RAM是无纸记录仪的数据信息存储装置。ROM中存放支持仪表工作的系统程序和基本运算处理程序，如滤波处理程序、开方运算、线性化程序、标度变换程序等。在仪表出厂前由生产厂家将程序固化在存储器内，用户不能更改其内容；RAM 中存放过程变量的数值，包括输入处理单元送来的原始数据，CPU 中间运算值和变量工程单位数值，其中主要是过程变量的历史数据。对于各个过程变量的组态数据，如记录间隔、输入信号类型、量程范围、报警限等均存放在 RAM 中，允许用户根据需要随时进行修改。

目前无纸记录仪的 RAM 达 516K 以上，常设 2～8 个变量通道。当使用 8 个变量通道时，每个通道可存储 61440 个（60K）数据。这些数据是该变量在不同时期变量值的历史记录存储，随时间推移自动刷新，能支持仪表随时进行变量趋势显示和进行数据分析。所存储数据的时间阶段长短，与该通道所设定的记录间隔有关，记录间隔可根据该变量的重要程度在组态时进行选定，通常可选记录间隔为 1、2、4、8、20、40s 和 1、2、4min。选定 1s 的记录间隔可以存储 17h 内的数据，选定 4min 记录间隔，可以存储 170 天的变量数据。

3.1.2 键盘

无纸记录仪在使用面板上设置了简易键盘。例如 JL 系列无纸记录仪只设置 5 个基本按键，在不同画面显示时定义为不同的功能，从而使仪表结构紧凑，面板美观，操作简便。

3.1.3 LCD 显示

无纸记录仪采用了新型 TFT（薄膜晶管）液晶显示器 LCD，不仅能够方便地显示字符、数字，还可以显示图形、文字，是一种高性能的平面显示终端，并且一般为彩色显示。液晶显示器体积小，重量轻，耗电少，分辨率可达 640×380，可靠性高，寿命长。

3.1.4 供电单元

供电单元采用交流 220V、50Hz 供电或 24V 直流供电。内设高性能备用电池，在记录仪掉电时，保证所有记录数据及组态信息不会丢失。

3.1.5 通信接口

因无纸记录仪设有记录纸记录功能，通常设有通信接口，通过通信网络与上位计算机通信，将记录数据传给计算机，利用打印机打印出需要的报表和信息，或进行数据的综合处理。

JL 系列记录仪具有 RS-232C 和 RS-485 两种串行通信接口。RS232C 标准通信方式支持点对点通信，一台计算机挂接一台记录仪，传输速率为 19.2kbps，最适用便携机随机收取记录仪数据；RS485 标准通信方式支持多点通信，允许一台计算机同时挂接多台记录仪，对于使用终端机的用户是十分方便的。

RS485 通信方式使用较多。使用 RS485 通信方式时，需在记录仪机箱内的扩展槽中插入 RS485 通信卡。

3.2 输入处理单元

无纸记录仪可以接收多种类型的信号输入，如 0～10mA、4～20mA 标准电流信号，0～5V、1～5V 等大信号电压输入，各种热电偶（S、B、E、J、T、K）和热电阻（Pt100、Cu50）输入及脉冲信号输入等，有的记录仪还有开关量报警输入等。经过相应的输入处理单元处理转换成为 CPU 可接收的统一信号。所有处理单元全部采用隔离输入，提高了仪表的抗干扰能力。

3.2.1 模拟量输入处理单元

SUPCON JL 系列无纸记录仪的模拟量输入处理单元，采用了电压-频率转换型 A/D 转换器，将检测信号均转换为脉冲信号，统一经计数处理转为数字量输入。

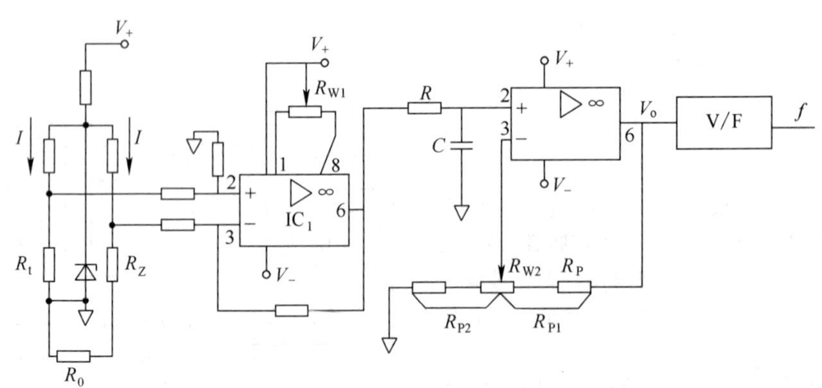

图 2-3-13 热电阻输入处理电路原理图

热电阻输入处理单元电路原理简图如图 2-3-13 所示，包括电阻/电压（R/V）转换、毫伏放大器、电压/频率（V/F）转换器等部分。

① 电阻/电压转换　使用不平衡电桥将热电阻变化值转换成 mV 级不平衡电压，作为差分放大器的输入。不平衡电桥使用稳压源供电，经稳压和恒流措施，使流过桥路的电流恒定（0.5mA）。在测量下限时，通过合理选择电阻 R_0 和 R_Z，使 $R_{tmin}=R_0+R_Z$，则不平衡电桥输出电压 $\Delta U=0.5(R_t-R_0-R_Z)$。差分放大器采用失调电压小的通用集成运算放大器 IC_1，采用差动输入方式，可有效地抑制共模干扰。放大器 IC_1 的 1、8 端子接调零电位器 R_{W1}，调整 R_{W1} 可以微调零点±2mV 左右。

② 毫伏放大器　毫伏放大器实现比例放大，满足后续模数转换器电压输入范围的要求。其放大倍数为 $\beta=1+R_{P1}/R_{P2}$。

③ 电压/频率型（V/F）模数转换器　将输入电压转换为频率信号输出，$f=kV$。然后经过一定时间内计数器计数，将频率信号转换为数字量输出，送 CPU 处理。

在此电路中，更换 R_Z 可以实现零点迁移，因此，称 R_Z 为零点迁移电阻。更换 R_P 可以实现量程大范围调整；调节 R_{W2} 可以实现量程微调。从电路原理可以看出：调节量程不会影响零点，因此，在仪表调校时应先调零位，再调量程。

3.2.2　热电偶输入处理单元

热电偶输入处理单元电路原理简图如图 2-3-14 所示。它采用与热电阻输入处理基本相同的输入电路，R_0 换为起冷端温度补偿作用的铜电阻 R_{Cu}，即在和补偿导线连接后，插入一个冷端温度补偿电桥，原理与热电偶冷端温度补偿器类同。显然，它的不平衡电压即为冷端温度补偿电压，合理设计桥路参数，使补偿电压基本等于 $E(t_0,0)$，实现了冷端温度自动补偿。

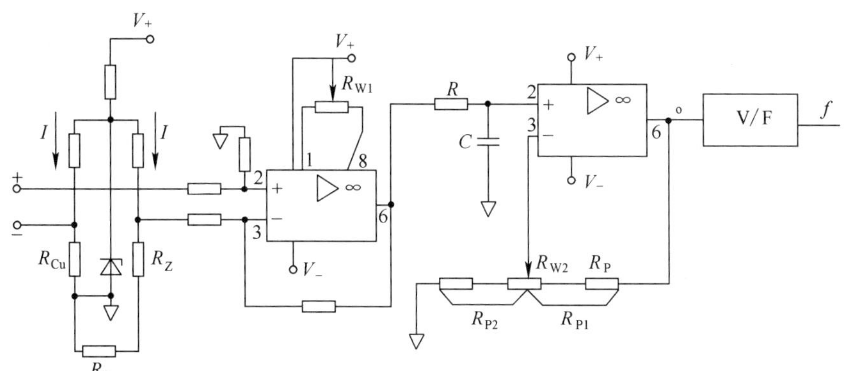

图 2-3-14　热电偶输入处理电路原理图

R_Z 同样可以实现零点迁移，R_{W1} 也是调零电位器。热电偶测温的非线性，本仪表采用软件线性化的方法，即属于数字量非线性补偿法来实现的。

3.2.3　脉冲量输入处理单元

脉冲量输入处理单元的作用是对现场仪表产生的频率信号输出，或现场信号经 V/f 转换等处理后产生的频率或脉冲数输出，在一定时间内进行计数，产生计算机能够接收的数字量，输入 CPU。脉冲量输入处理单元的结构框图如图 2-3-15 所示。

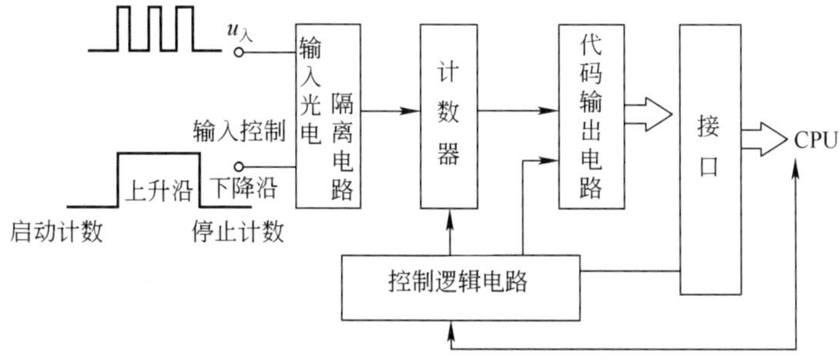

图 2-3-15　脉冲输入电路框图

CPU 发出的输入控制命令启动计数器，脉冲序列在输入光电隔离电路中经光电隔离、整形后送入计数器计数，实现脉冲序列的数字量转换。计数器为 16 位二进制计数器，停止计数后读出计数值。

当计数过程中计数器出现溢出时，则计数器请求中断，控制逻辑电路使代码输出电路程序加 1，计数器清零，继续计数。

根据记录仪不同的软件程序，可利用计数值求取过程变量的瞬时值、脉冲频率和累积值，满足显示内容的需要。

3.3 画面显示和按键操作

无纸记录仪的操作画面可以充分发挥其图像显示的优势，实现多种信息的综合显示。无纸记录仪的显示内容如下：

① 实现过程变量的数字形式双重显示，即同一变量，既能以工程单位数值显示，又能以百分量显示，便于变量的监视；

② 能够显示变量的实时趋势和历史趋势图，通过时间选择，可查看变量在一定时间内变化状况；

③ 以棒图形式显示变量的当前值和报警限设定值，便于远距离观察；

④ 对各通道变量的报警情况进行突出显示。

下面以 SUPCOM JL-22A 型无纸记录仪的显示画面和操作为例做简单说明。

3.3.1 实时单通道显示

单通道显示是无纸记录仪在使用中最常置的显示方式，该显示画面如图 2-3-16 所示。

顶行左上角显示日期、时间，右上角显示该通道变量的工程单位。下面为通道变量的棒图显示，同时显示出报警上下限的设定位置。黑框内表示当前显示的通道号，右侧“A”表示目前处于自动翻页状态（每 4s 自动切换显示下一通道的实时单通道显示画面）；“H”表示通道报警状态（H、L 分别表示上限和下限越限报警）。中间显示的数值为通道变量当前时刻的工程单位数值。中下部的曲线为通道变量的实时趋势曲线，右侧显示出当前曲线的百分标尺（25%、75%），下部为时间轴，显示出时间范围，右侧“0”为当前时刻。下面的小圈表示各通道的报警状态，黑圈表示该通道出现报警，白圈表示该通道处于非报警状态。

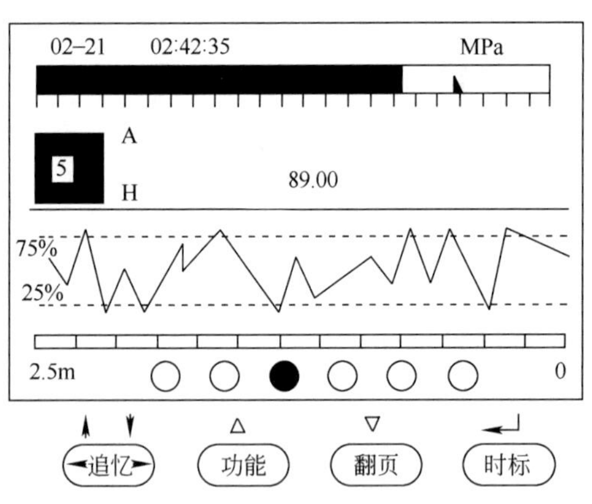

图 2-3-16　实时单通道显示画面

最下部给出屏幕面板上的 5 个按键，其中“追忆”键为左右双键。各键定义有上下两行功能，在不同画面下执行具体功能。

趋势显示曲线的时间标尺可以人为调整。按动“时标”键，可以切换各种设定好的时间范围。实时曲线采用全动态显示，根据变量在时间标尺范围内变化的幅度，仪表将自动调整纵坐标百分标尺。如图 2-3-17 所示，由于变量只在 30%～70%范围内变化，记录仪会自动将百分量范围调整为 30%～70%，画面中虚线显示 40%和 60%，纵坐标百分标尺是等比例的，从显示百分值可以看出曲线的缩放变化。

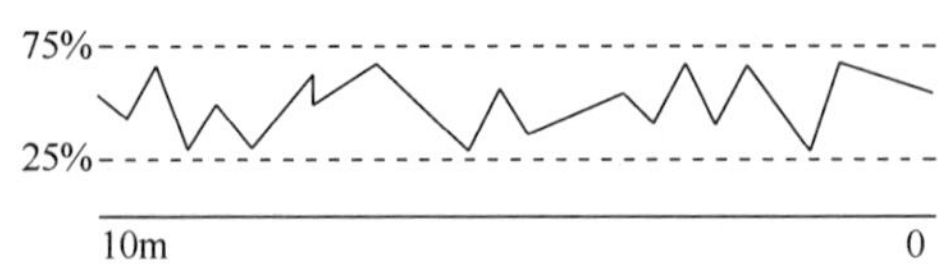

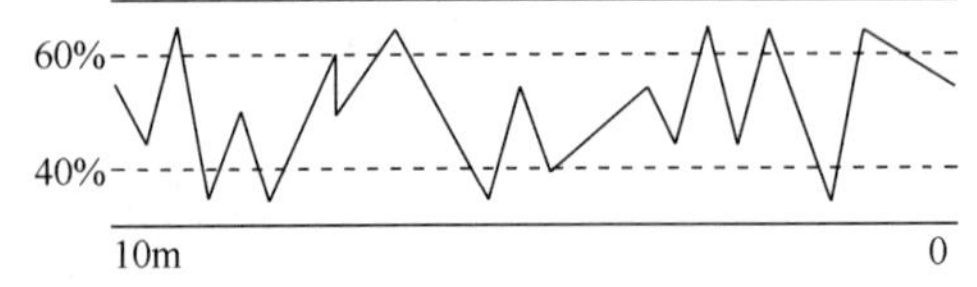

图 2-3-17　实时曲线的自动放大与缩小

时间标尺的变更，可以实现趋势曲线的长时间和短时期变化显示。变更时标尺前后的曲线比较如图 2-3-18 所示。

翻页操作用于更换不同通道的显示。在此画面内，“←”键被定义为自动/手动翻页切换键，在手动切换时，图 2-3-16 画面中“A”显示为“M”。在手动切换方式下，按动“翻页”键，可以切至不同通道的实时显示。

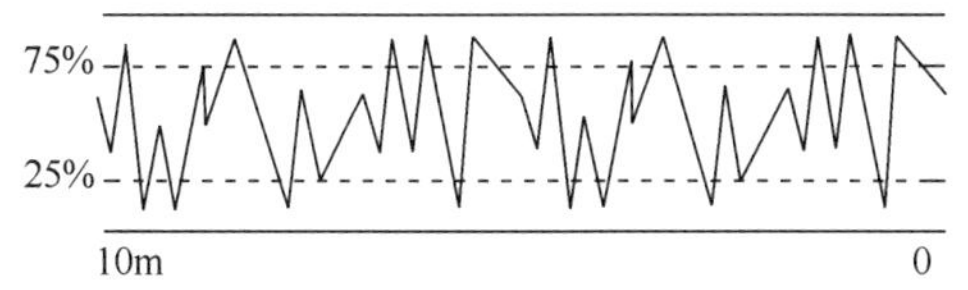

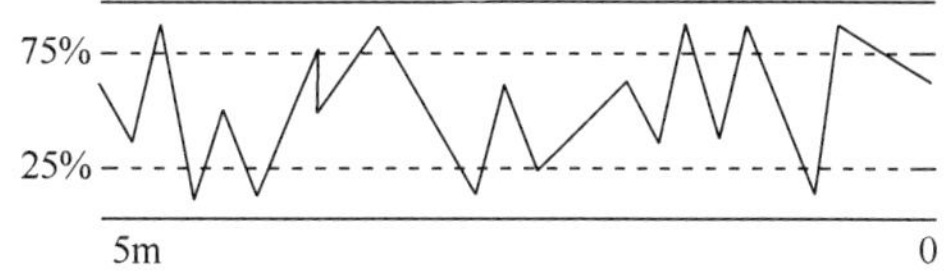

图 2-3-18 实时曲线时间标尺的放大与缩小

“功能”键被定义为随时更换画面显示类型键。按动“功能”键，使画面转为其他类型的显示形式。

3.3.2 单通道趋势显示

单通道趋势显示画面如图 2-3-19 所示。它可以作为模拟走纸记录仪使用，整个屏幕显示单通道的趋势曲线，而且曲线的百分比例不能自动缩放。下部显示出各通道的报警状态，与实时单通道相同。在此画面中，时标变更和通道选择，也与实时单通道显示相同。

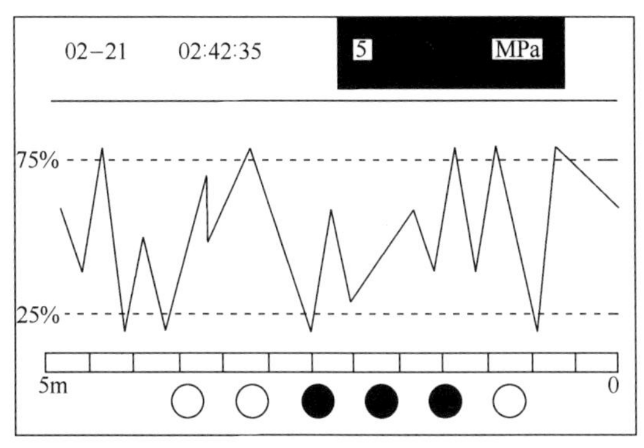

图 2-3-19 单通道趋势显示画面

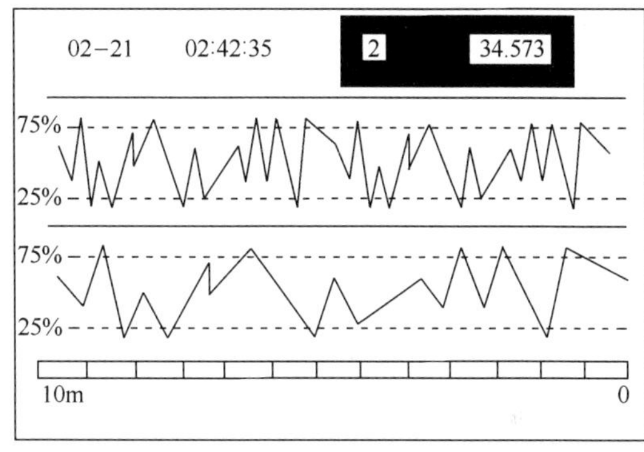

图 2-3-20 双通道趋势对比显示画面

3.3.3 双通道趋势对比显示

该画面可以进行两个通道的实时趋势曲线的对比显示，如图 2-3-20 所示。顶行右侧黑框内显示通道号和该通道的实时工程值。这里曲线采用动态显示，可以自动缩放百分比例标尺，同实时单通道显示，只是此画面不显示报警信息。

3.3.4 双通道追忆显示

此画面与双通道趋势对比显示基本相同，只是在屏幕下部显示报警位置处出现“⇔”追忆字样。在此画面中，以当前时刻为起点，显示到要追忆时刻的两个通道的趋势曲线。按动“←追忆”或“追忆→”键，可随意调整时标；按动“时标”键也可以调整时标。此画面亦采用全动态显示，曲线能够自动缩放。

3.3.5 双通道报警追忆显示

该画面与双通道追忆显示画面基本相同，只是“⇔追忆”字样显示为“报警追忆”。在此画面中，按动“←追忆”向前自动查询有报警的时间段，屏幕右端时间始终显示为出现报警点的时刻。此画面用于快速查询历史趋势中的报警信息。

3.3.6 单通道流量累积显示

流量累积是工艺生产过程中经常需要的数据，无纸记录仪可提供流量累积显示画面。此画面中，可显示本月内每天的流量累积值和向前一年内每个月的流量累积值。这些内容的显示需要几幅画面完成，按动“时标”键，可以循环查看。按动“翻页”键，可以切换下一个通道的累积测量。

3.3.7 8 个通道数据显示

该画面可同时显示出 8 个通道变量的当前工程单位数值，同时给出通道号和对应变量的工程单位。供用户同时查看 8 个通道的实时数据。

3.3.8 8 个通道棒图显示

在此画面内，可同时给出 8 个通道的棒图，并行垂直放置，两侧显示出百分量标尺。为了用户操作方便，系统设定值显示在此画面内，“时标”键亦作为背光打开/关闭开关使用。背光功能关闭时，背光始终不亮；背光打开，任意按一个键就可以打开背光，直至最后一次按键 2min 后自动关闭背光。在光充足时不使用背光。

3.4 组态操作

所谓组态，就是组织仪表的工作状态，类似软件编程，但此处不使用计算机编程语言，而是借助于记录仪本身携带的组态软件，根据组态界面提出的组态项目的内容，进行具体的项目选择和相应参数的填写，完成界面显示的设定和修改。无纸记录仪的组态界面简单明了，操作方便。在记录仪内部备有组态/显示切换插针，将插针插到组态针座位置即可进入组态界面；拔下插针即进入显示画面。在组态状态下，5 个按键执行其上面定义的功能，“↑、↓”键用于光标移动，“△”、“▽”键用于数值增减，“↵”键表示回车确认。

密码: 000000*
组态 1 组态 2
组态 3 组态 4
组态 5 组态 6

图 2-3-21 组态主菜单

进入组态主菜单。组态主菜单如图 2-3-21 所示。记录仪的组态操作一般设密码，进入组态界面后应先正确输入组态密码。利用“↑、↓”键选中适当的位置，使用“△”、“▽”键输入数据，完毕后按“↵”键即可。下面提供 6 组组态内容切换菜单，作为设置和修改组态参数的入口。密码正确输入后，“*”消失，用“↑、↓”键选择要进入的菜单，回车即可。

(1) 时间及通道组态　组态 1 提供时间及通道组态。在该界面中屏幕提供日期、时间、记录点数、采样周期、曲线类型等项目的数据提问，输入对应的数据，即可完成该项基本组态。

记录点数为记录仪处理的变量通道数，最大不能超过硬件所配置的最大通道数。采样周期的选择决定各通道数据被读入记录仪的时间间隔，一般记录点数为 3～4 点时，选择 0.5s 或 1s，记录点数 5～8 时选择 1s。曲线类型指定在趋势曲线显示时曲线的粗细。操作中“△”、“▽”键提供供选择的数值。

(2) 页面及记录间隔组态　组态 2 菜单进入页面及记录间隔组态。在此画面下进行双通道显示的设定，包括哪两个通道在同一个页面中显示，该页面趋势显示的记录间隔时间，背光的打开与关闭的初始设定，如图 2-3-22所示。

记录间隔指在画面曲线显示时，组成曲线各点间的时间间隔。它与采样周期不同，是供记录仪保存历史数据的时间间隔。记录间隔越长，通道数据保存时间越长（存储空间一定）。置于同一页面的通道变量的记录间隔应该相同，为此可将过程变量变化速度相近的变量置于同一页面。通常温度信号的记录间隔选 20s，流量信号的记录间隔选 2～4s，压力和液位信号选 8s。

(3) 通道信息组态　组态 3 菜单进入通道信息组态画面。在该画面上可对各通道的量程上下限、报警限、滤波时间常数以及流量信号的详细参数进行组态，其画面见图 2-3-23 所示。

页面	通道		记录间隔
1	■	02	01s
2	03	04	08s
3	05	06	20s
4	04	08	120s
背光：打开　退回			

图 2-3-22 页面及记录间隔组态

通道：■　　型号：K
量程：0.0(L)　100.0(H)
报警：10.0(L)　90.0(H)
5.0(L)　95.0(HH)
滤波时间：3.0s
流量信号：组态
单位组态　　退回

图 2-3-23 各通道信息组态画面

输入通道号，可以对该通道进行组态。型号指该通道输入信号的类型，记录仪软件中提供所有可能的输入信号类型供选择，按“△”、“▽”键可以进行选定。图中量程、报警限所示数据为默认值，根据需要可以任意更改。将光标移到报警或量程上，按回车键，可以进行小数点位置调整。

流量信号的组态内容较多，光标移到“流量信号组态”一栏，可以进入流量信号深层次的组态画面。流量信号组态包括温压补偿系数的确定、温度和压力信号所在通道号选择、小信号切除设定、流量累积功能设定、累积量工程单位设定等。

单位组态给定的深层组态界面，可选择该通道信号类型（温度、压力等）及工程单位。

(4) 通信信息组态　组态 4 菜单进行通信信息的选择组态，设定本机通信地址号码及通信方式。通信方式有 RS232C 和 RS485 两种。在 RS485 通信方式下，各记录仪的地址号码不允许出现重复，否则通信将出现混乱。

(5) 显示画面选择组态　组态 5 菜单进入显示画面选择组态。在此画面中，可对记录仪所提供的各种显示画面进行应用选择，选中的画面在记录仪使用过程中能够通过画面切换调出显示。画面中给出各个显示的画面的名称。在名称之后，对应有一个选择开关，用“△”、“▽”键可以进行显示与否的选择。

（6）报警信息组态　组态 6 菜单进入报警信息组态画面，该画报警组态设定用于控制报警触点输出。

记录仪具有变量报警输出功能，在接线端子中有几个是触点输出端子。报警组态中确定报警触点输出的通道变量的通道号、报警类型及该报警输出到哪个输出端子上，如图 2-3-24 所示。对应通道的上上限报警发生后，将在触点端子 1 上产生报警输出。

报警组态	通道 ■
报警类型	触点
上上限	01
上　限	03
下　限	06
下下限	
返　回	

图 2-3-24　报警信息组态画面

3.5　安装与接线

无纸记录仪由于采用液晶显示，液晶屏正常工作要求温度在 0～45℃范围内，因此无纸记录仪使用温度为 0～45℃。为了保护液晶屏，仪表使用时禁止阳光直接照射液晶屏。

3.5.1　无纸记录仪的安装

无纸记录仪是一种盘装式仪表，要求安装在粉尘和振动较小的控制室中。与其他常规仪表一样，用固定卡板将记录仪固定在仪表盘上，一般要求水平安装。如需倾斜安装时，则需后部低于前部，以免机芯脱离锁扣滑出。

3.5.2　无纸记录仪的接线

SUPCON JL-22 型无纸记录仪的接线端子布置如图 2-3-25 所示。

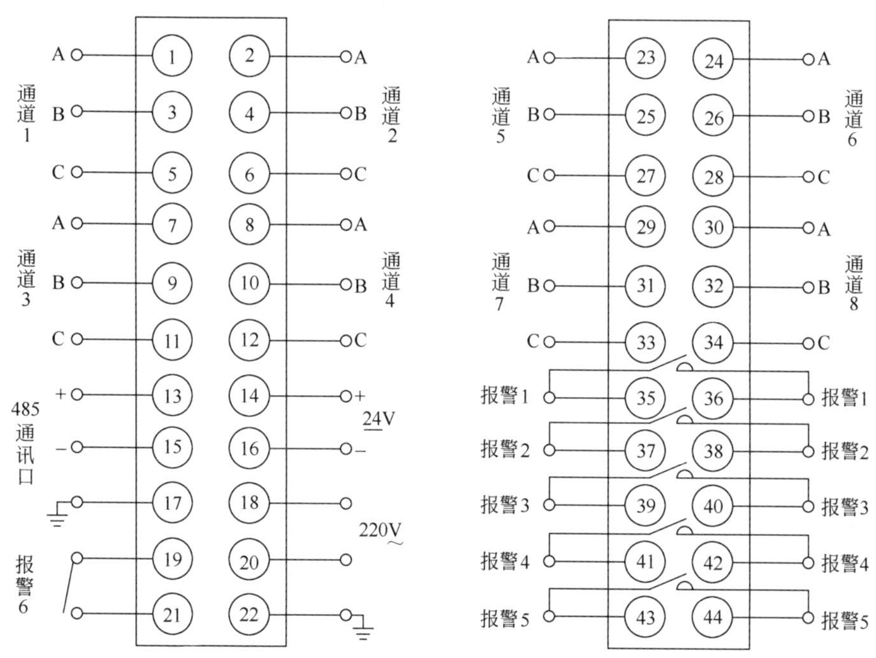

图 2-3-25　背面端子示意图

通道输入采用标准化端子布置。如果连接热电阻测温，采用三线制连接 A、B、C（B）；如配接标准信号输入，A 接正，B 接负，C 悬空；当配接热电偶测温，A 接正，B 接负连接补偿导线，BC 之间连接冷端温度补偿电阻 R_{t0}；如果配接脉冲量输入，A 接＋12V 电压输入，B、C 分别连接输入信号“＋”和“－”。

报警输出设置 6 个端子，均为常开触点，发生报警时闭合。端子组合如图 2-3-25 所示。

无纸记录仪是目前推广应用较快的新型智能记录仪，像 DCS 一样，随着软件、硬件和相关技术的发展而不断更新换代，其显示画面、操作和组态越来越简便，与计算机联网能力会不断加强。

第4章 控制仪表

1 概述

目前工业生产过程自动控制系统中，模拟式控制仪表和数字式控制仪表是重要的组成环节。

1.1 模拟式控制仪表

1.1.1 分类

传统的模拟式控制仪表种类很多，按其工作能源分有气动式、电动式，按结构原理分有基地式、单元组合式和组装式等。

（1）基地式调节仪表 将组成自动控制系统的各个功能部件做成一个整机，以指示记录仪为中心，附加一些线路来完成调节任务。这类仪表结构比较简单，价格较低，一般为就地安装，适用于小型企业进行单参数控制。

（2）单元组合仪表 根据自动检测与自动控制系统中各个组成环节的不同功能和使用要求，将整套仪表划分成能独立实现一定功能的若干单元，各单元之间用统一的标准信号进行联系。利用这些独立的单元，可以灵活地构成各种各样的自动控制系统，来满足各种工业生产自动控制的需要，实现生产过程自动化。

单元组合仪表按能源可分为气动单元组合仪表（QDZ）和电动单元组合仪表（DDZ）。它们的基本性能特点列于表 2-4-1 中。

表 2-4-1 单元组合仪表的性能特点

项 目	DDZ-Ⅱ	DDZ-Ⅲ	QDZ
信号制	0～10mA DC	4～20mA DC	20～100kPa
传输方式	电流传送	电流传送	气压传送
	电流接受	电压接受	气压接受
能 源	220V AC	24V DC	140kPa
防 爆	隔爆型	安全火花型	本安型
基本构成元件	分立元件	集成运算组件	气动元件与组件

1.1.2 模拟式控制仪表的调节规律

调节仪表的作用是实现各种调节规律，将变送器来的测量信号与给定值进行比较后，对偏差信号按一定的调节规律进行运算，并将运算的结果以统一的信号输出，去控制执行器动作。调节器最基本的调节规律如下。

（1）比例调节规律 输出信号 y 与输入偏差信号 e 成比例关系，即：

$$y=K_{P}e$$

式中 K_{P}——比例增益。

（2）积分调节规律 输出信号 y 与输入偏差信号 e 的积分成正比，即：

$$y=\frac{1}{T_{i}}\int e\mathrm{d}t$$

式中 T_{i}——积分时间。

（3）微分调节规律 输出信号 y 与输入偏差信号 e 的变化速度成正比，即：

$$y=T_{D}\frac{\mathrm{d}e}{\mathrm{d}t}$$

式中 T_{D}——微分时间。

以上 y、e 均为相对变化量。

工业上常用的调节器由上述基本调节规律组合而成。相应的仪表产品有比例调节器（P 调节器）、比例积分调节器（PI 调节器）、比例微分调节器（PD 调节器）和比例积分微分调节器（PID 调节器）。各种调节器的特性一般用传递函数或阶跃响应特性曲线来描述，如表 2-4-2 所示。

表 2-4-2　各类调节器特性

特性 \ 类型	比例调节器 （P 调节器）	比例、积分调节器 （PI 调节器）	比例、微分调节器 （PD 调节器）	比例、积分、微分调节器 （PID 调节器）
传递函数表示	$W_P(s)=K_P$	$W_{PI}(s)=K_P\dfrac{1+\dfrac{1}{T_Is}}{1+\dfrac{1}{K_IT_Is}}$	$W_{PD}(s)=K_P\dfrac{1+T_Ds}{1+\dfrac{T_D}{K_D}s}$	$W(s)=K_PF\dfrac{1+\dfrac{1}{T_IFs}+\dfrac{T_D}{F}s}{1+\dfrac{T_D}{K_D}s+\dfrac{1}{K_IT_Is}}$
调节器输出-时间关系	$y(t)=K_P$	$y(t)=K_PK_I\left(1-\dfrac{K_I-1}{K_I}e^{-\frac{t}{K_IT_I}}\right)$	$y(t)=K_P\left[1+(K_D-1)e^{-\frac{K_D}{T_D}t}\right]$	$y(t)=K_P\left[F+(K_I-F)\left(1-e^{-\frac{1}{K_IT_I}}\right)+(K_D-F)e^{-\frac{K_D}{T_D}t}\right]$
调节器参数	比例度 $\delta=\dfrac{1}{K_P}\times100\%$	比例度 $\delta=\dfrac{1}{K_P}\times100\%$ 积分时间 T_I 积分增益 $K_I=\dfrac{K}{K_P}$	比例度 $\delta=\dfrac{1}{K_P}\times100\%$ 微分时间 T_D 微分增益 K_D	比例度 $\delta'=\dfrac{1}{K'_P}\times100\%=\dfrac{1}{K_PF}\times100\%$ 积分时间 $T'_I=T_IF$ 微分时间 $T'_D=\dfrac{T_D}{F}$ 相互干扰系数 F
单位阶跃输入作用下时间响应特性曲线	x, t, x y, 0, K_Px, t	y, 0, T_I, K_Px, K_PK_Ix, t	y, 0, T_D, K_PK_Dx, $K_P(K_D-1)\times63.2\%$, $K_P(K_D-1)x$, K_Px, t	y, 0, T'_I, $\dfrac{T_D}{K_D}$, K_PK_Dx, K'_Px, K_PK_Ix, t

(4) 位式调节规律　根据输入偏差信号的变化，仪表输出继电特性，因而输出信号是断续作用的。常用的有两位调节器、三位调节器、时间比例调节器等。

1.2　可编程调节器

可编程调节器是一种数字式控制仪表，目前在欧美、日本等工业发达国家已普遍应用，成为取代模拟式调节仪表的一类新型自动化控制工具。

为了能进行高级控制，可编程调节器一般可以接受数个输入信号，输出信号虽有几路，但其中只有一路为4～20mA DC的信号控制执行器，亦即其控制分散度为一个回路，所以，国内也称它为数字式单回路调节器。一台可编程调节器具有进行单回路控制所必需的全部运算、控制功能，而且，使用者可根据自己的意图，自行编制适用于各种控制对象的用户软件。

可编程调节器除了能完成模拟和数字信号的输入-输出处理、运算处理和PID调节控制等功能外，通过编程，同样一台调节器，只要软件不同，可实现从简单的PID控制方式至串级控制、前馈控制和多变量控制等高级控制方式。数字式控制仪表与常规模拟调节器的一个重要区别：它具有通讯功能、自诊断功能，能与集散系统兼容，组成综合管理控制系统网络，而且维护方便等。

1.3　安全火花防爆型仪表及系统

1.3.1　安全火花型防爆仪表及系统基本概念

所谓“安全火花”，是指其能量不足以对其周围可燃物质构成点火源。“安全火花型防爆仪表”是指采取一定措施后，在正常或事故状态所产生的“火花”均为“安全火花”的仪表。安全火花型防爆仪表在本质上是安全的，因此，称这类仪表为本质安全防爆仪表，简称本安仪表。

本安仪表所采取的措施主要在两个方面。其一在线路设计上，对处于危险场所的回路（仪表），要选择适当的阻容元件（R，C，L）的参数，借以达到限制其火花能量，使它只产生安全火花；同时在较大的L、C回路中并联二极管，来限制其能量的积累，消除不安全火花；其二是指在仪表品种中增设了安全栅单元，它的作用是对安全场所与危险场所进行隔离，使其安全场所的高能量不能窜入危险场所。

安全火花型防爆仪表可以在易燃、易爆气体的危险场所使用，并且在运行中的仪表，可用安全火花测试仪器在现场进行带电测试和维修。

1.3.2　安全火花型防爆仪表的品种和防爆系统

在Ⅲ型仪表中，属于安全火花型防爆仪表的有差压变送器、温度变送器、电/气转换器、电/气阀门定位器、安全栅等。而安全火花型防爆仪表中又被分为安全火花电路和非安全火花电路。在仪表结构上，当两种电路处于同一块印刷板或装在同一壳体内时，必须采取严格的隔离措施，防止两者混触。如印刷电路板分开布置或分开安装，接线端子分开并有艳色标记以示区别等。

图2-4-1所示为安全火花型防爆系统。它不仅在危险场所使用了安全火花型仪表，而且在控制室仪表与危险场所仪表之间设置了安全栅，这样构成的系统就实现了安全火花防爆的要求。

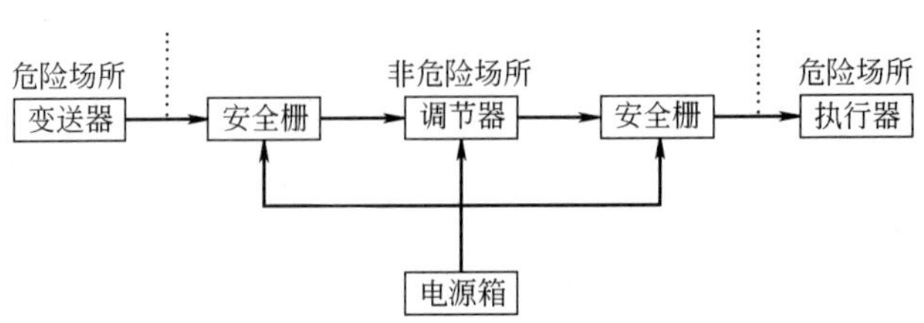

图2-4-1　安全火花型防爆系统

如果上述系统中不采用安全栅，而由分电盘代替，尽管变送器、执行器是安全火花型防爆仪表，但因分电盘只能起信号隔离作用，不能限压、限流，故该系统就不再是安全火花型防爆系统了。

安全栅是实现安全火花型防爆系统的关键仪表，但有了安全栅，系统也不一定就是安全火花型防爆系统。如果在图2-4-1中的现场仪表内有很大的电感、电容器，当线路出现短路或断路故障时，也会产生非安全火花而引起爆炸事故。所以，一个系统是不是安全火花型防爆的重要条件是：一是现场仪表自身不产生非安全火花；二是安全场所的非安全火花不能窜入现场。因而一个系统需经过国家防爆机关进行严格鉴定后，方能确认是否为安全火花防爆系统。

1.3.3 安全火花型防爆仪表的使用环境温度

为了确保安全防爆，必须严格限制仪表的表面温度，仪表的表面温度由两个方面条件所决定：一是周围环境温度；二是仪表本身的积温。

我国规定，将易燃易爆气体按其自燃温度分为5组，将每组自燃温度乘以80%，就是仪表表面的最高允许温度，如表2-4-3所示。

表 2-4-3 仪表表面最高允许温度

组　别	a	b	c	d	e
仪表表面允许温度/℃	360	240	160	110	80

表2-4-3中，a、b、c、d、e为爆炸性混合物自燃温度的级别，分别为450℃，300℃，200℃，135℃和100℃。

由于仪表在运行中或事故状态时可能使仪表有温升，因此仪表使用环境温度应按下式计算：

使用环境温度＝自燃温度×80%－仪表温升

式中仪表温升按10℃计算，根据此式计算，仪表在各组可燃气体中使用时，其允许最高环境温度如表2-4-4所示。

表 2-4-4 仪表使用最高环境温度

组　别	a	b	c	d	e
允许最高环境温度/℃	350	230	150	100	70

表2-4-3和表2-4-4仅仅是考虑了可燃气体不致引起爆炸这一因素。另外要想保证仪表正常工作，还必须考虑仪表本身所能适应的环境温度。如安全栅的工作环境温度为0～50℃，差压变送器的工作环境温度为－40～80℃。所以Ⅲ型仪表中，差压变送器在e组使用时，环境温度最高为70℃（受自燃温度的限制）；在d组使用时环境温度最高为100℃（受自燃温度限制），而在a、b、c 3组使用时，最高环境温度为120℃（受仪表本身正常工作条件的温度所限制）。

1.3.4 仪表的防爆等级标志

仪表的防爆等级标志有以下3种：

（1）HⅢe——“H”指安全火花型，“Ⅲ”指最小引爆电流（能引起爆炸性混合物爆炸的最小电流）小于70mA，“e”指自燃温度为e组；

（2）B3d——“B”指隔爆型，“3”指3级防爆，“d”指自燃温度为d组；

（3）AB3d——“A”指安全型，AB3d表示主体为安全型，接线盒附件为隔爆型，3级防爆d组。

必须注意，安全火花型防爆仪表，具有优越的防爆性能，为了确保生产安全，在安装、维护、检修和使用时，必须严格按照国家规定的防爆规程进行，方能保证其防爆性能，否则将会造成严重后果。

仪表防爆等级标志，详见我国“防爆电气设备制造、检验规程”。

1.4 安全栅

安全栅是保证过程控制系统具有安全火花防爆性能的关键仪表。它必须安装在控制室内，作为控制室仪表及装置与现场仪表的关联设备，它一方面起信号传输的作用；另一方面它还用于限制流入危险场所的能量。

目前使用的安全栅主要有电阻式、齐纳式、中继放大式和隔离式4种。

1.4.1 电阻式安全栅

电阻式安全栅是利用电阻的限流作用，在出现事故时，把流入危险场所的能量限制在临界值以下来达到防爆的目的。图2-4-2所示为V系列仪表的电阻式安全栅的线路原理图。图中300Ω限流电阻就起安全栅的作用。

在实际使用时，还要考虑控制器的最大允许负载，由于负载的限制，控制器输出端的一个300Ω限流电阻上并联两只二极管，正常输出时电流从二极管通过；故障时，当控制器输出高电位时二极管不导通，300Ω电阻起限流作用达到防爆目的。图中250Ω为转换电阻，将4～20mA的输入电流转换成1～5V的电压信号。

电阻式安全栅的特点：精确、可靠、小型、便宜，但防爆额定电压低，使用范围小。

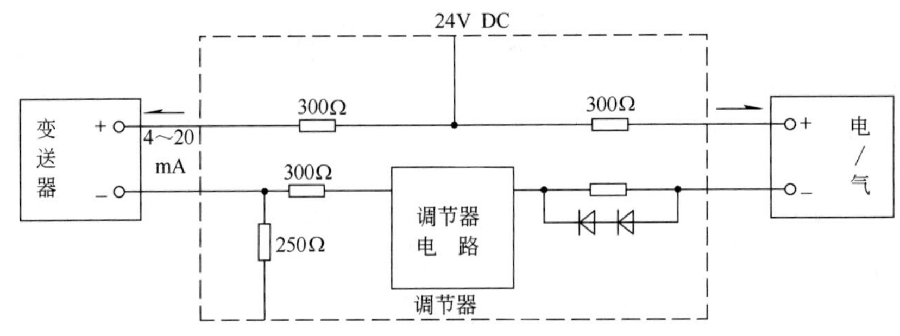

图 2-4-2　电阻式安全保持器的应用

1.4.2　齐纳式安全栅

齐纳式安全栅是基于齐纳二极管的反向击穿性能而工作的，原理线路如图 2-4-3 所示。图中 R、VDW_1、VDW_2 和 Ar 在不同的电压下起保护作用。

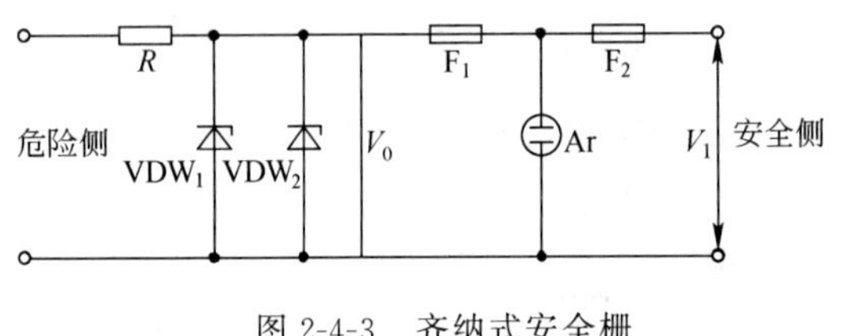

图 2-4-3　齐纳式安全栅

(1) 当电源正常时，电压额定值为 24V，最大为 28V，齐纳二极管 VDW_1、VDW_2 截止，回路电流由变送器决定，在 4～20mA 范围内。此时若现场发生短路事故，由于 R 的存在，把短路电流限制在安全额定电流以下，确保安全。

(2) 当栅端电压 V_1 高于安全定额电压 V_0，而低于放电管的放电电压 V_{Ar}，即 $V_0 \leqslant V_1 < V_{Ar}$时，齐纳二极管被击穿，使流过 F_1 的电流增加。当这一电流增加到大于 125mA 时，快速熔断丝 F_1 首先被熔断（熔断时间为 μs 级），立即把可能造成事故的高压与现场隔断。在 F_1 熔断之前，VDW_1、VDW_2 的稳压作用仍可保证危险场所的安全。

(3) 当 $V_1 \geqslant V_{Ar}$时，放电管 Ar 立即放电，将端电压降到极低的数值（10～20V 以下），此时流过 F_2 的电流迅速增加，当增加到 1A 时，F_2 被熔断，切断危险高压，保障生产安全。

在一般情况下，由于 R 的限流和两只齐纳二极管的稳压作用，危险侧的电流、电压波动就被限制住了，并不需要 F_1、F_2 经常熔断。

齐纳式安全栅体积小、重量轻、精度高、可靠性强、通用性大，价格也比隔离式安全栅便宜，而且防爆定额可以做得很高。但是作为这种安全栅的关键元件——快速熔断丝，它的制造十分困难，工艺和材料的要求都很高。

1.4.3　中继放大式安全栅

它的原理与电阻式安全栅相似，利用运算放大器的高输入阻抗特性来实现安全场所与非安全场所之间的隔离，如图 2-4-4 所示。

中继放大式安全栅由于运算放大器的输入阻抗高达 10MΩ，正常工作情况下输入信号在限流电阻上的损失被中继放大器所弥补。这样中继式安全栅的防爆定额电压就可大大提高，使它可以与计算机、显示仪表等连接。但是，由于输入与输出没有电的隔离，可靠性不高，而且线路较复杂，尺寸较大，价格也高。同时由于中继放大器对信号传输也常带来一些附加误差，故它的使用受到限制。

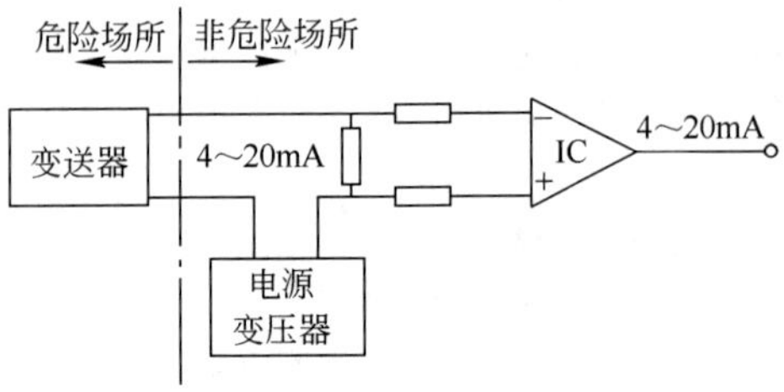

图 2-4-4　中继放大式安全栅原理简图

1.4.4　隔离式安全栅

隔离式安全栅分为检测端安全栅和操作端安全栅两种。检测端安全栅和变送器配合使用。操作端安全栅则与执行器配合使用。

(1) 检测端安全栅　检测端安全栅是现场二线制变送器与控制室仪表及电源联系的纽带，它一方面为变送器提供电源，另一方面将来自变送器的 4～20mA DC 信号，经隔离变压器线性地转换成 4～20mA DC（或 1～5V DC）信号传送给控制室内的仪表。在上述传递过程中，依靠双重限压限流电路，使任何情况下输往危险场所的电压不超过 30V DC，电流不超过 30mA DC，从而保证了危险场所的安全。

图 2-4-5 所示为检测端安全栅的原理方框图。从图中看到，检测端安全栅由直流/交流变换器、整流滤波电路Ⅰ、电压电流限制器、隔离变压器 T_1、共基极放大器、整流滤波电路Ⅱ等部分组成。

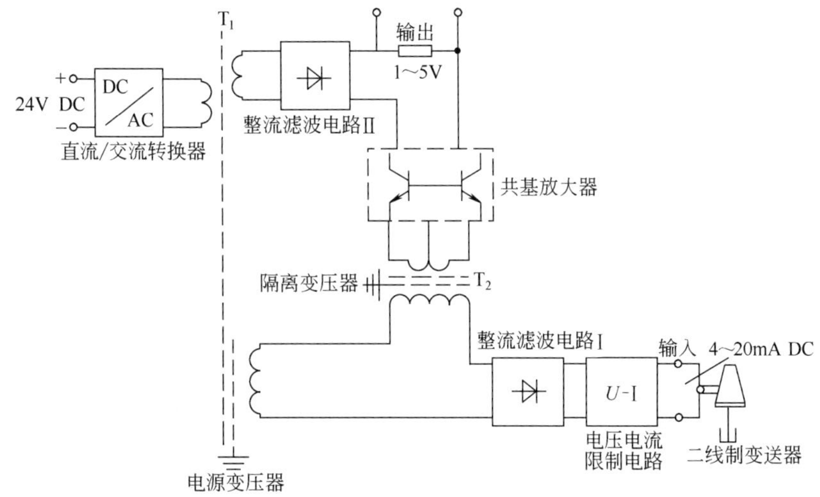

图 2-4-5 检测端安全栅原理

24V 直流电源先由 DC/AC 变换器变成 8kHz 的交流方波电压，经整流滤波Ⅰ后又被转换成直流电压，通过电压电流限制回路后，作为现场二线制变送器的电源电压（仍为 24V DC）。同时方波电压又经变压器 T_1 的另一次级绕组及整流滤波电路Ⅱ，转换成输出电路和共基极放大器的电源电压。这就是检测安全栅的能量传输过程。

检测端安全栅除了进行能量转换传输外，还进行了检测信号的传输。来自现场变送器的 4～20mA DC 信号经限流限压电路，整流滤波电路Ⅰ（此时该电路起调制器的作用），隔离变压器 T_2 耦合到共基极放大整流电路。共基极放大整流电路在此起解调器的作用，把方波信号还原成 1～5V DC 信号，作为输出送给控制室仪表。所以从信号通道来看，安全栅是一个放大系数为 1 的传送器，被传送的信号经过调制→变压器耦合→解调的过程后，照原样送出（或转换成 1～5V DC 的标准信号）。这里电源、变送器、控制室中仪表三者之间除了磁的联系外，没有电的直接联系，从而达到了互相隔离的作用。

（2）操作端安全栅　操作端安全栅与安全火花型电/气转换器或电/气阀门定位器配合使用。将来自控制器（安全场所）的 4～20mA DC 信号 1∶1 地进行隔离变换，同时经过能量限制后，把控制信号送给现场执行器，以防止危险能量窜入危险场所。图 2-4-6 所示为操作端安全栅的原理方框图。

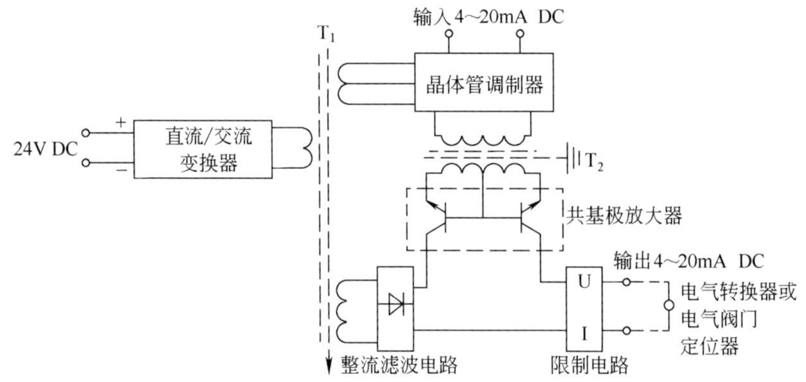

图 2-4-6 操作端安全栅原理图

24V 直流电源经 DC/AC 变换器变成交流方波电压，通过电源变压器 T_1 分成两路，一路供给晶体管调制器，作为 4～20mA DC 信号电流的斩波电压；另一路经整流滤波电路，给共基极放大器、限制电路及执行器供给电源。

操作端安全栅的控制信号通道是这样的：由控制器来的 4～20mA DC 信号，经晶体管调制器变成交流方波信号，通过电流互感器 T_2 作用于共基极放大电路，经解调后恢复为与原来相等的 4～20mA DC 信号，以恒流源的形式输出。该输出经限压限流，供给现场执行器。从整机功能来看，它与检测端安全栅一样，是一个变换系数为 1 的带限压限流装置的信号传送器。为了实现变压器的输入、输出、电源电路之间的隔离，对信号和电源都进行了直流→交流→直流的变换处理。

2 数字单回路调节器

单回路调节器以微处理器作为运算、控制的核心，还包括储存器、输入、输出接口电路等几部分。单回路调节器实质上是一台专用的微型计算机，但其外形不像计算机而像一台仪表。它可以由用户编制程序，组成各种调节规律，所以又称它为“可编程调节器”。用户自编的程序如运行后不满足要求，可以“擦去”（即用紫外线灯照射可擦可编程序只读存储器 EPROM）或修改。可多次擦去，多次编制，直至满意为止。

可编程调节器有两种编程方式，即在线编程和离线编程两种。前者是用调节器自身的中央处理器 CPU，通过编程器将用户程序写入 EPROM 中。这种编程方法要求调节器中的随机存储器 RAM 有较大的容量，并要有可靠的掉电保护装置（如采用非易失性存储器），否则掉电时，就会造成系统混乱。离线编程是使用一台专用的编程器，先在编程器上将程序编好，并写入 EPROM 中，再把该 EPROM 移插到调节器相应的插座上。YS-80 系列的单回路调节器 SLPC 采用的是在线编程方式，而 SSC 系列的单回路调节器 KMM 采用的是离线编程方式。

单回路调节器与模拟式电动调节器在构成原理和所使用的元器件上有很大区别。前者采用数字技术，以 CPU 作为运算、判断和控制的核心；后者采用模拟技术，以运算放大器作为运算控制的基本部件。单回路调节器在诸多方面优于模拟调节器。

（1）智能化　每种单回路调节器都应用其内部微处理器的“智能”作用，进行各种判断、运算和控制，以及自诊断、自整定调整等，这不仅丰富了单台仪表的功能，而且提高了仪表的性能/价格比。

（2）适应性强

① 采用了模拟仪表的外形结构、操作和安装方式，沿袭模拟调节器的人-机对话方式，操作人员容易掌握，易于推广应用。

② 用户编程使用“面向问题语言”（Problem-Oriented Language），简称 POL 语言。只要会使用计算器，稍加培训就可以学会编制用户程序。

（3）灵活性强

① 单回路调节器内部功能模块采用软连接，外部仍采用硬连接，与电动模拟调节器兼容。如果原有控制系统使用 DDZ-Ⅲ调节器，现改用单回路调节器，只需将原模拟调节器的外部接线对应地接到单回路调节器的端子上即可，不必改动现场仪表和盘上的显示仪表。

② 控制系统构成灵活，在不增加设备和不改变任何接线的情况下，仅仅改变用户程序就能改变运算规律和控制方案。

③ 单回路调节器可以通过通讯接口挂到数据总线上，与操作站、上位计算机组成中、大规模的多层次分散型综合控制系统。

（4）可靠性高　单回路调节器可靠性高，故障率低。

在硬件方面它有如下特点：

① 元件以高可靠性的大规模集成电路为主，元件数量少，使硬件电路软件化；

② 电子器件装配之前，都经过严格挑选；

③ 电子元器件、部件和整机都经过热冲击试验和老化处理。

在软件方面，它编制有完备的自诊断程序，当出现故障时能及时显示故障代码，为故障处理提供极大方便，并能自动采取保护措施，确保了安全生产，因此自诊断功能成为微机化仪表大大优于模拟仪表的一个重要方面。

总之，由于单回路调节器具许多独特的优点，已越来越受到用户的欢迎。

2.1 SLCD 指示调节器

SLCD 指示调节器是 YS-80 系列仪表中一个品种（YS-80 系列仪表的型号品种列于表 2-4-5 中）。

表 2-4-5　YS-80 系列仪表

分　类	用途	型　号	名　　称	概　　要	安装方式
基本控制装置	输入变换器	STED	mV 温度变送器	输入为 mV 或电阻、电偶温度信号，输出 1～5V DC 或 4～20mA DC	现场
		SDBT	配电器	一点输入，也可带开方功能，隔离型	架装
		SDBS	配电器	四输入，回路隔离型	架装
		SISD	隔离器	使 1～5V DC 输入与控制侧隔离	架装
	计算单元	SPLR	可编程运算器	接受四个模拟信号或一个接点、三个模拟输入，实现用户编程计算	架装
		SIND	积分器	1～5V 输入信号变换成脉冲输入信号	
		SICD	积算器	接收由 SIND 积分器来的脉冲，并将脉冲累积	
	调节器	SLCD	指示调节器	固定程序通用指示调节器	盘装
		SLPC	可编程调节器	用户可编程序的调节器能把计算和顺控功能联合起来	
		SLMC	可编程脉宽输出调节器	操作端接电动阀、电磁阀的调节器	
	设定操作器	SMLD	手动操作器	提供 4～20mA 和 1～5V 手操信号	盘装
		SMST	自动-手动设定器	对调节器提供 1～5V 设定值或 4～20mA 和 1～5V 的手操输出值，并能进行自动-手动切换	
		SMRT	比率设定器	对调节器提供比率设定，带有通讯功能	
	指示记录仪	SIHM	指示仪	刻度长 100mm，1～5V DC	盘装
		SIHN	指示仪	刻度长 100mm，1～5V 或 4～20mA DC 输入	
		SIHF	荧光柱指示仪	100mm 荧光柱指示器，附加报警功能	
		SRVD	记录仪	记录幅宽 100mm，一个或两个图表记录器	
		SRHD	记录仪	多笔、智能化	
	报警单元	SALD	mV、热电阻输入报警器	对 mV 或温度输入信号高限或低限报警	
		SKYD	报警器	最多两个高限或两个低限报警接点输出，两个同类型报警(高限或低限)，常开或常闭式接点输出	
批量和混合控制装置		SBSD	批量设定器	可作对流量积算进行开关控制的设定器，或与 SLCC 配用	盘装
		SLCC	混合调节器	控制混合物成分，使之按比例混合	
		SLBC	批量调节器	具有 SBSD 和 SLCD 的联合功能，用作批量装载	
		STLD	积算器	接收脉冲或电压信号，进行积算显示	
集中监控和通讯装置		UFCU	现场控制单元	用作通讯接口和程序控制	控制室内安装
		UOPC	操作台	由 14″CRT 屏幕显示器、键盘及软盘驱动器组成，实现集中监控	
		SPRT	打印机	与操作台相连，提供模拟记录(点阵打印)、趋势打印和 CRT 硬拷贝	
		UCIA	通讯接口适配器	作为 L 总线和 F 总线之间的接口、信号缓冲器及信号分配	
		COPS	操作站	带 20″高分辨率的 CRT 彩色图形画面显示	
		COPC	操作台	与具有通讯功能的 YS-80 系列仪表配套使用	
		BARD	安全栅	实现本质安全防爆	

续表

分　类	用途	型　号	名　　称	概　　要	安装方式
公共设备	电源	SDND	电源单元	提供 24V、15A 电源	控制室内
		SBBT	电池组单元	备用电源	
		SSDD	切换单元	电源故障时自动切换至备用电源	
	辅助装置	SPRG	编程组	用于 SLPC 和 SPLR 的程序编制	携带
		SJBD	插孔盘	与记录仪配套使用，在 16 点中选取两点进行趋势记录	

注：1″=25.4mm

它采用微处理器的通用型比例、积分、微分指示调节器，控制功能组装在仪表内部，不需用户编制程序，控制功能的选择通过仪表内侧面的调整板上的开关来实现，故称为固定程序调节器。

2.1.1　SLCD 指示调节器的面板布置

仪表外形与常规模拟调节器相似，其正面板和侧面板见图 2-4-7 和图 2-4-8。

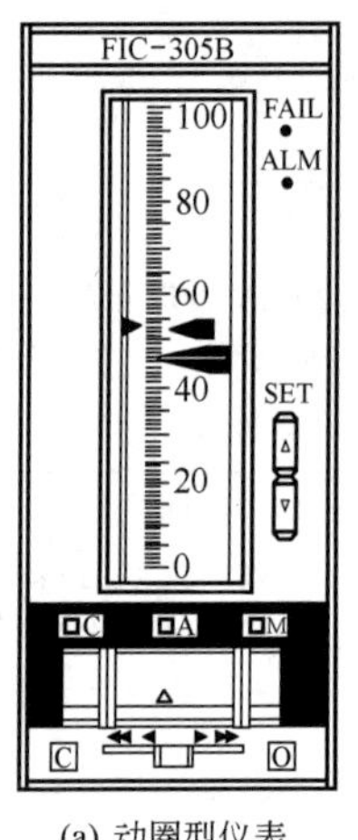

(a) 动圈型仪表

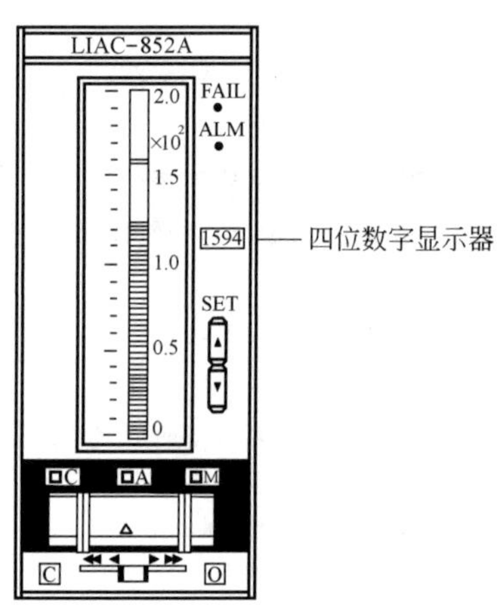

(b) 荧光柱图型仪表

图 2-4-7　SLCD 指示调节器正面板

SLCD＊A 型调节器各种可变参数由侧面板上的电位器来设定。正面板表头有双针动圈仪表和荧光柱图两种类型。面板操作与模拟调节器相似。而功能增强型 SLCD＊E 的侧面板采用了数字键，用 16 段 LED 显示器显示，并采用功能选择开关。

2.1.2　SLCD 指示调节器构成原理

图 2-4-9 所示为 SLCD 指示调节器的电路原理图。它由输入电路、运算和控制电路、故障自诊断电路、输出电路、手操电路及电源等组成。

测量信号输入、串级信号输入及跟踪输入信号经运算放大器放大后，送到输入多路转换器。然后经模/数转换电路转换成数字信号，由 CPU 执行运算控制程序后输出数字信号，再经数/模转换成模拟量，并经输出多路转换器和放大器后，输出 1～5V DC 电压信号和 4～20mA DC 电流信号去驱动执行器动作。

（1）输入电路　有模拟输入电路和状态输入电路。

模拟输入电路：将模拟量输入信号 1～5V DC 转换为相应的数字信号。它由高阻抗输入运算放大器、输入多路转换开关及模/数转换器组成。多路转换开关在 CPU 的控制下，依次接通输入信号，并通过逐次比较型 A/D转换器，将模拟输入量转换成数字量并存入 RAM 中。

状态输入电路：将来自外部继电器的接点输入信号或电位信号，以及来自正面板和侧面板的开关信号，采用高频脉冲变压器耦合方式，将副边的直流电位送到 I/O 接口，使数字信息存入到 RAM 中。这里使用变压器隔离，以抑制回路之间相互干扰。

（2）输出电路　具有模拟输出电路和状态输出电路。

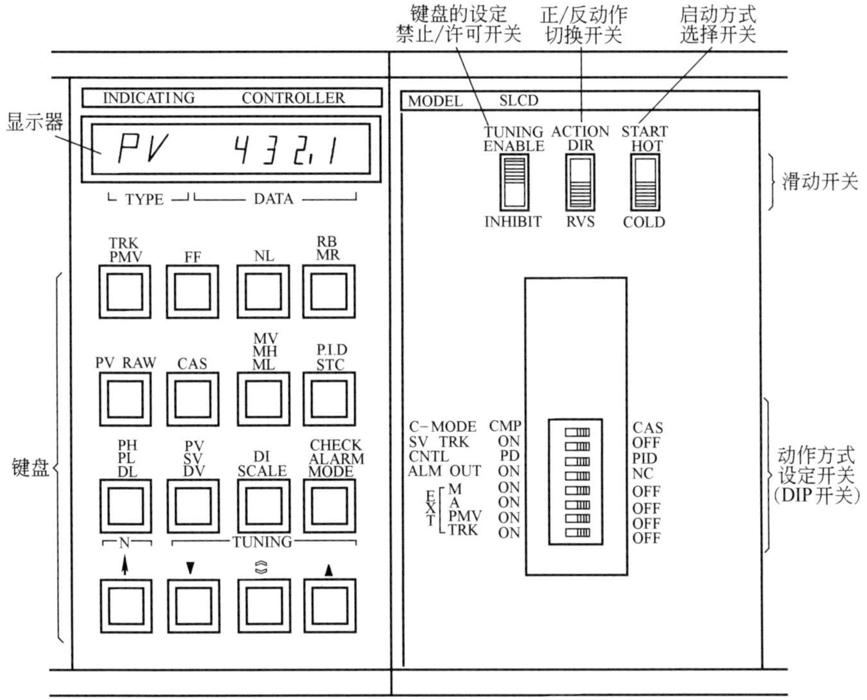

图 2-4-8　SLCD 指示调节器侧面板

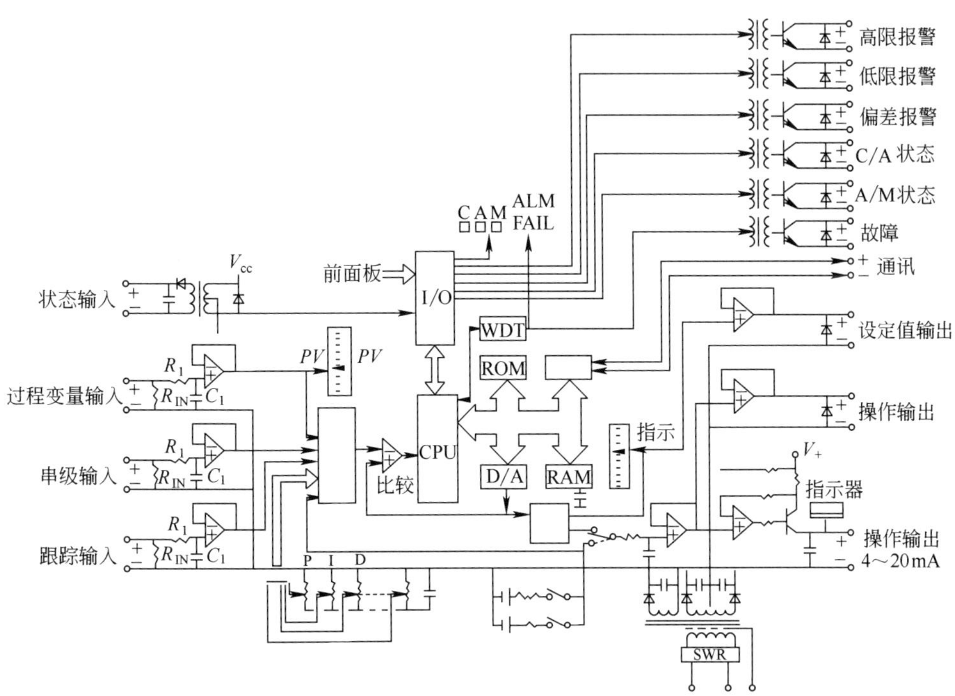

图 2-4-9　SLCD 指示调节器电路原理图

模拟输出信号有电压输出和电流输出两种。它由 D/A 转换器、输出多路切换开关、缓冲放大器及电压/电流转换器等组成，输出 1～5V DC 和 4～20mA DC 信号。

2.1.3　SLCD 的运算与控制功能

SLCD 的运算采用不完全微分的运算式，比例作用有定值和跟踪值两种控制方法供选用。当采用定值控制时通信方式选择开关置 CMPTR（计算机控制 C 或 A 方式），其运算表达式如下：

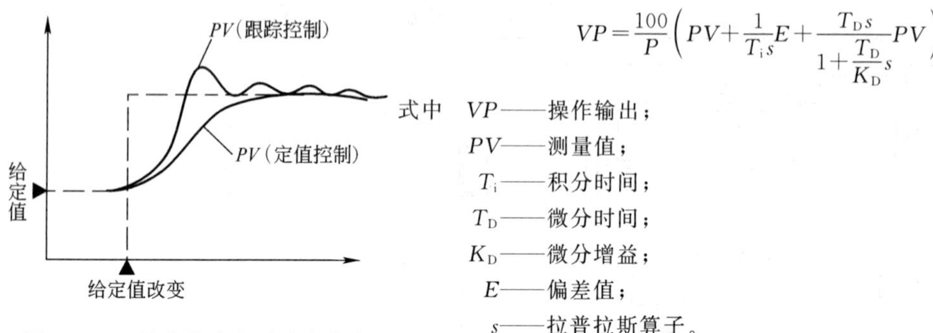

图 2-4-10　给定值改变时响应曲线

$$VP=\frac{100}{P}\left(PV+\frac{1}{T_{\mathrm{i}}s}E+\frac{T_{\mathrm{D}}s}{1+\frac{T_{\mathrm{D}}}{K_{\mathrm{D}}}s}PV\right)$$

式中　VP——操作输出；

PV——测量值；

T_{i}——积分时间；

T_{D}——微分时间；

K_{D}——微分增益；

E——偏差值；

s——拉普拉斯算子。

如图 2-4-10 所示，当给定值改变时，定值控制方式的操作输出值稳定地缓缓上升，不会发生突变。

如果选用跟踪控制方式，通信方式选择开关置 CAS，其运算表达式为：

$$VP=\frac{100}{P}\left(E-\frac{E}{T_{\mathrm{i}}s}+\frac{T_{\mathrm{D}}s}{1+\frac{T_{\mathrm{D}}}{K_{\mathrm{D}}}s}PV\right)$$

从图 2-4-10 可见，当给定值变化时，跟踪控制方式能得到快速响应。

SLCD 指示调节器的基本 PID 运算控制功能如图 2-4-11 所示。对不同的 PID 算法，其运算控制程序都已固化在 ROM 中了，用户只要在仪表正面板和侧面板上对各种选择开关进行操作即可。

SLCD 指示调节器控制功能如表 2-4-6 所示。

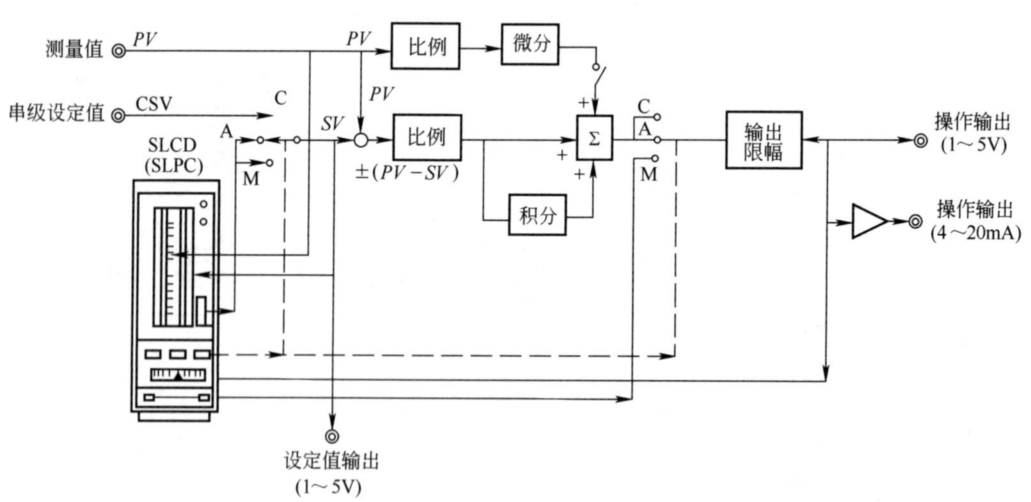

图 2-4-11　基本 PID 控制功能

表 2-4-6　SLCD 指示调节器控制功能

控　制　功　能	SLCD-□00	-□10	-□20	-□30
1. PID 控制	○	○	○	○
2. 设定值输出	○	○	○	○
3. 串级设定	○	○	○	○
4. 输出限幅	○	○	○	○
5. 初始状态设定	○	○	○	○
6. 设定值跟踪	○	○	○	○
7. 通信	—	○	○	○
8. 报警(上限、下限、偏差)	—	—	○	○

续表

控制功能	SLCD-□00	-□10	-□20	-□30
9. 带复位偏差的 PID	—	—	—	—
10. 带手动复位的 PD 控制	—	—	—	○
11. 非线性控制	—	—	—	○
12. CA/M 切换	—	—	—	—
13. C/AM 切换	—	—	—	○
14. 输出跟踪	—	—	—	—
15. CA/M 接点输出	—	—	—	○
16. C/AM 接点输出	—	—	—	○

注："○"表示有，"—"表示无。

2.1.4 SLCD 通讯功能

SLCD 指示调节器中备有通信接口，可以与管理和控制用计算机及操作台连接，可进行集中管理和分散控制。当采用计算机实现给定和控制时，通讯选择开关置 CMPRT（C 方式）。

2.1.5 SLCD 自诊断功能

在硬件电路中设有专门的监视器（WDT），时刻监视着整个仪表的运行情况。当出现故障时，通过故障输出电路，发出报警信号，提请操作人员处理。故障内容有信号越限和仪表本身异常两类，由仪表正面板的报警灯（黄色）和故障灯（红色）显示。自诊断内容列于表 2-4-7 中。

表 2-4-7 SLCD 自诊断功能表

指示灯	诊断内容	处理方法
故障灯亮	①CPU 异常 ②A/D、D/A 变换异常 ③通讯回路异常 ④ROM 异常	操作方式切换到 M 方式，操作输出保持，用手操器进行操作
报警灯亮	测量输入断路或短路	控制作用继续进行
	超量程、设定输入断路或短路，电流输出信号断路，负载电阻过大	输出信号被限制在－6.3%～106.3%
报警灯闪烁	内部保护电池电压下降	1 个月之内需更换电池

2.1.6 主要技术数据、型号规格及接地端子

SLCD 主要技术数据如下。

模拟输入信号　1～5V DC，3 点（测量值、串级给定、跟踪输入）。

状态输入信号　接头，1 点。

模拟输出信号　1～5V DC，2 点；4～20mA DC，1 点（操作输出）。

状态输出信号　接点，6 点（上、下限报警、偏差报警、C/A 状态、A/M 状态、故障）。

动圈式指示表　双针全刻度表有效长度 100mm，指示范围 100%，测量值指针（红色），给定值指针（蓝色），精度±5%。

荧光柱式指示表　0～100%全刻度指示。

四位数显示　显示测量值或给定值。

手动输出操作　由拨杆操作，慢速 40s/全程；快速 4s/全程。

运行方式切换　带指示灯按钮开关 C/A/M。

PID 控制参数：P 2%～1000%，I 0.01～5min，D 0～9999s。

电源　100V AC，80～138V AC，47～63Hz；20～130V DC；

220V AC，138～265V AC，47～63Hz；120～340V DC。

SLCD 指示调节器的型号规格及接线端子见表 2-4-8 和表 2-4-9。

表 2-4-8　SLCD 指示调节器型号规格

型号规格			说明
SLCD			指示调节器
指示表	−1		动圈式
	−2		荧光柱式
通讯功能及规格		0	基本型
		1	基本型，带通讯功能
		2	基本型，带通讯功能，带报警
		3	功能扩展型，带通讯功能，带报警
		0	通常为 0
型式代号 * B			型式 B

注：1. 基本型控制功能：PID＋串级设定＋输出限幅。

2. 报警功能：测量值上、下限报警和偏差报警。

3. 功能扩展型：基本型＋非线性比例带＋开关{带手动复位的 PD 控制；带复位偏置的 PID 控制}＋开关{输出跟踪；C↔A 切换；CA↔M 切换}＋{C/AM 接点输出；CA/M 接点输出}

表 2-4-9　SLCD 的接线端子

端子代号	说明	端子代号	说明	端子代号	说明	端子代号	说明
1	＋ 测量信号	9		17	＋ 通讯	E	＋ 给定值输出 1～5V DC
2	−	10		18	−	H	−
3	＋ 串级给定	11	＋ 切换运转方式输入	19	＋ 偏差报警输出	J	＋ 输入上限报警输出
4	−	12	−	20	−	K	−
5	＋ 跟踪输入	13	＋ 识别 CA/M 接点输出	21	− 故障输出	L	＋ 输入下限报警输出
6	−	14	−	A	＋ 输出 4～20mA DC	M	−
7		15	＋ 识别 C/AM 接点输出	B	−	N	＋ 故障输出
8		16	−	C	＋ 输出 1～5V DC		
				D	−		

2.2　SLPC 可编程调节器

SLPC 可编程调节器是 YS-80 系列仪表中的一个主要机种。它比 SLCD 具有更多的控制功能和运算能力，用户根据需要可以自己编制程序。一台仪表可以实现 PID 控制、串级控制、自动选择等高级控制。仪表外观与模拟调节器相似。

2.2.1　SLPC 可编程调节器的特点

① 仪表正面板具有指示、设定和操作功能，仪表侧面板可以用键盘将所需项目单独调出，并以工程数值显示。

② 使用 SPRG 编程器，只需简单地进行按键操作即会编制程序。

③ 控制功能或运算式的变更，只要更换用户 ROM 即可，从而可大幅度地减少备用仪表。

④ 具有通讯功能，可以用操作台或上位计算机进行数据显示和给定。

⑤ 具有自诊断功能，并对故障做出判断，以代码显示故障内容。当CPU故障时，可以通过表内的备用回路进行输入指示和手动操作。

⑥ 具有停电处理功能等。

⑦ 具有独立的仿真功能，可在实验室内模拟调节对象的特性，进行仿真控制试验。这对系统成功地投运提供了可靠的保证。

2.2.2 SLPC的主要技术数据、型号规格及接线端子

输入信号

模拟量：5点（1～5V DC）；

开关量：3点，接点。

输出信号

模拟量：2点（1～5V DC），负载电阻>2kΩ；

1点（4～20mA DC），负载电阻0～750Ω；

开关量：3点，接点；

故障输出：1点。

测量值和给定值指示表

动圈型指示表：指示范围为0～100%，双针全刻度指示，测量值指针为红色，给定值指针为蓝色；

荧光柱图形指示表：测量值为荧光柱图的0～100%，全刻度指示，给定值指示为明亮的光标；

4位数指示：指示测量值或给定值。

输出指示表

20等分动圈式指示，具有表示阀门开关方向的标志及两枚设置针。

给定、操作切换方式

手动给定：由面板上SET按钮进行给定，速度40s/全刻度；

外部给定：根据输入信号运算给定；

手动输出操作：由拨杆操作，慢速40s/全刻度，快速4s/全刻度；

切换方式：C（串级给定）/A(自动)/M(手动)，带指示灯的按钮开关，无平衡无扰动切换。

基本PID参数

比例度：6.3%～999.9%；

积分时间：1～9999s；

微分时间：1～9999s。

电源（交、直两用）

220V供电：AC 138～264V，47～63Hz

DC 120～340V，无正、负极之分

100V供电：AC 80～138V，47～63Hz

DC 20～130V，无正、负极之分

SLPC可编程调节器的型号规格及接线端子布置见表2-4-10和表2-4-11。

2.2.3 结构原理

SLPC在仪表本身结构和线路组成上与SLCD有许多相同之处，仪表正面表盘的指示、操作、给定等基本上相同（参见图2-4-7）。但SLPC在运算和控制功能方面则更强、更丰富。

表2-4-10 SLPC型号规格

型号	基本规格代号	说明
SLPC		可编程序调节器
指示表	－1 －2	动圈型 荧光柱图型
通讯功能	1	具有通讯功能
	0	通常为0
型式代号	＊A	型式为A

表 2-4-11　SLPC 接线端子图

端子代号	说　明	端子代号	说　明	端子代号	说　明
1	+ 模拟输入	13	+ 接点输入	C	+ 模拟输出
2	−	14	−	D	−
3	+ 模拟输入	15	+ 接点输入	F	+ 模拟输出
4	−	16	−	H	−
5	+ 模拟输入	17	+ 通讯	J	+ 接点输出
6	−	18	−	K	−
7	+ 模拟输入	19	+ 接点输出	L	+ 接点输出
8	−	20	−	M	−
9	+ 模拟输入	21	− 故障	N	+ 故障(+)
10	−				
11	+ 接点输入	A	+ 模拟输出(4～20mA)		
12	−	B	−		

(1) 调节器侧面板　图 2-4-12 所示为调节器侧面板的外观图。它由键盘、显示器、插座和滑动开关等组成。

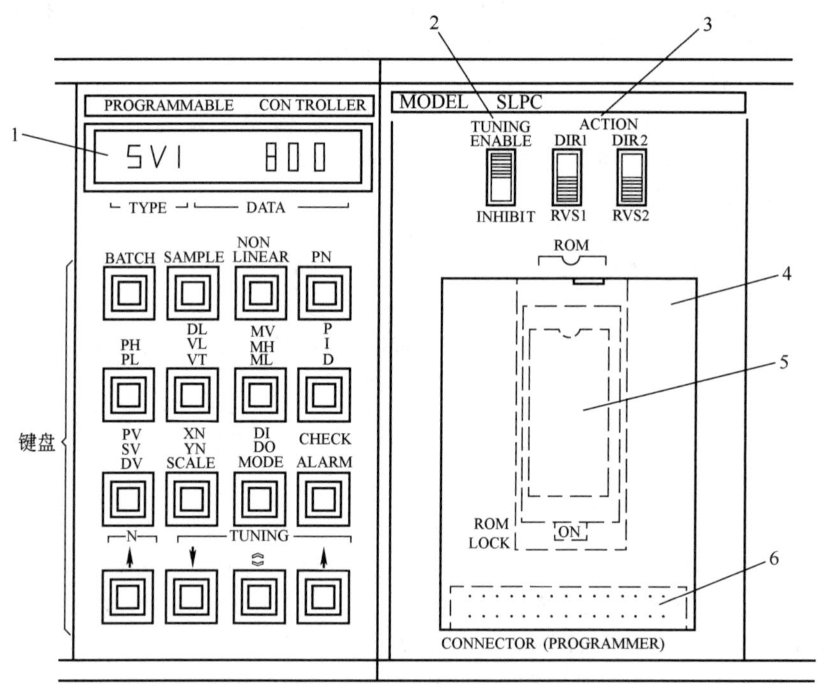

图 2-4-12　SLPC 调节器侧面板外观图

1—显示器；2—键盘设定禁止/许可开关；3—正-反作用切换开关；4—ROM 保护板；5—ROM 插座；6—SPRG 编程器的接续器

键盘操作与显示：侧面板上共有 16 个按键，键盘上每一个数据项目可以用键的操作，显示出字符数字名称和相应的数据。其中数据增加键“▲”、数据减少键“▼”、增速键“⩡”用来改变数据项目，“↑”键为项目序号更新。其余 12 个键均为功能键，通过按键可以设定各种参数，并用 8 位 16 段 LED 显示窗显示。

键盘名称与功能见表 2-4-12。

插座：用户 ROM 插座供插入写有用户程序的 ROM 芯片，另一插座用来连接编程器 SPRG 的电缆插座。

滑动开关（ENABLE/INHIBIT）：键盘设定的“允许/禁止”开关，用来选择能否利用键盘修改各项目数据。

DIR1/RVS1、DIR2/RVS2——分别为 PID_1 和 PID_2 两模块的正/反作用开关，用来选择调节器的正、反作用。

表 2-4-12 键盘功能表

符 号 TYPE	序 号 N	名 称 及 功 能	可否设定	显示/设定范围	单位
PN	1～8	可变参数	○	显示工程量	—
	9～16	可变参数	○	－799.9～799.9	—
NONLINEAR		非线性控制及 10 折线函数			
GW	1,2	非线性控制 死区	○	0.0～100.0	%
GG	1,2	非线性控制 增差	○	0.000～1.000	—
F	1～11	10 折线线性化器输出设定值	○	0～100.0	%
G	1～11	10 折线线性化器输出设定值	○	0～100.0	%
SAMPLE		采样 PI 控制参数			
ST	1,2	采样时间(周期)	○	0～9999	s
SW	1,2	控制时间	○	0～9999	s
BATCH		带间歇开关的 PID 控制参数			
BD	1,2	偏差设定值	○	0～100.0	%
BB	1,2	偏置值	○	0～100.0	%
BL	1,2	锁定宽度	○	0～100.0	%
P	1,2	比例带	○	6.3～999.9	%
I	1,2	积分时间	○	1～9999	s
D	1,2	微分时间	○	0～9999	s
MV		操作信号	○	－6.3～106.3	%
MH	1,2	操作信号 上限限幅值	○	－6.3～106.3	%
ML	1,2	操作信号 下限限幅值	○	－6.3～106.3	%
DL	1,2	偏差报警设定值	○	0～100.0	%
VL	1,2	变化率报警,变化值设定值	○	0～100.0	%
VT	1,2	变化率报警,变化时间设定值	○	1～9999	s
PH	1,2	测量值上限报警设定值	○	与量程相同	—
PL	1,2	测量值下限报警设定值	○	与量程相同	—
DI	1～3	接点输入 DI1、DI2、DI3	×	通:1,断:0	—
DO	1～8	接点输出 DO1、DO2、DO3	×	1:通,0:断	—
		内部接点 DO4、DO5、DO6、DO7、DO8	×		—
MODE	1～5	工作方式	○	参照表 7-8	—
XN	1～5	模拟输入信号	×	显示工程量	
YN	1～6	Y1:模拟电流输出信号	×	－6.3～106.3	
		Y2、Y3:模拟电压输出信号	×	－6.3～106.3	
		Y4～Y6:辅助输出数据	×	－6.3～106.3	
SCALE	1,2	测量值/设定值刻度指定	○	表示工程量	—
PV	1,2	测量输入值	×	与量程相同	—
SV	1,2	给定值	○	与量程相同	—
DV	1,2	偏差值	×	与量程相同	—
CHECK		自诊断,编码表示异常原因			
ALARM		过程报警,编码表示异常原因			
▲		使设定数据增加	—	—	—
︽ ︾		使设定增速(同时压▼▲)	—	—	—
▼		使设定数据减少	—	—	—
N ↑		更新项目序号 N	—	—	—

注：○表示可设定；×表示不可设定。

(2) 电路原理　图 2-4-13 所示为 SLPC 调节器电路原理图。其模拟量输入信号经多路切换开关和 A/D 转换器转换成数字信号，并存入 RAM 中。仪表正面表盘上的设定开关及侧面调整板的数据，通过 I/O 接口，经多路切换开关和 A/D 转换成数字信号，也存入 RAM 中。CPU 根据预先存放在 ROM 中的用户程序进行控制运算，运算结果经 D/A 转换、采样保持和输出放大后，作为调节器模拟量输出信号。

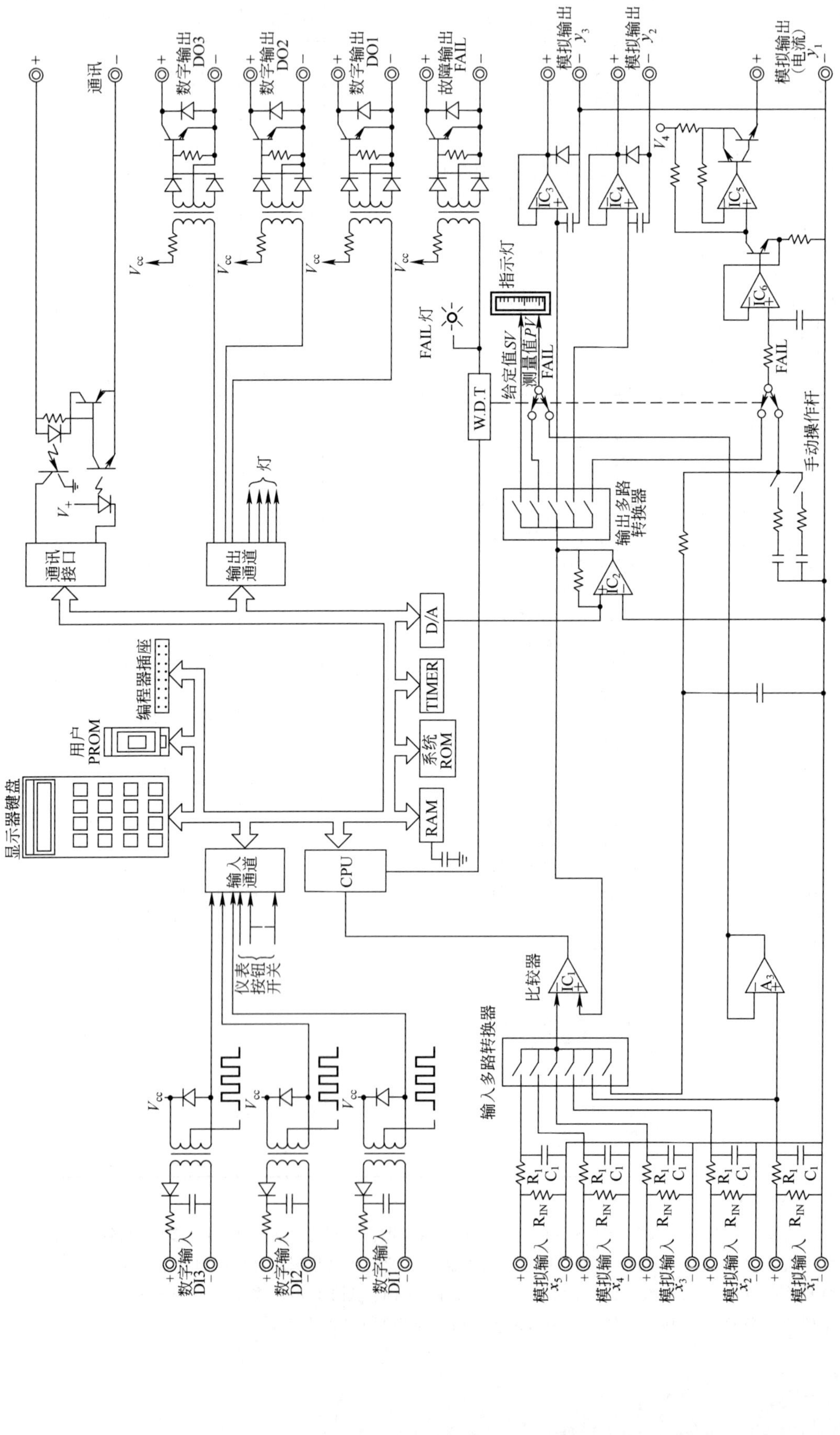

图 2-4-13　SLPC 调节器原理图

数字输入可以接受继电器等接点或电压电平信号。它们的输入、输出回路均采用变压器隔离，以抑制各回路之间相互干扰。

2.2.4　运算原理与控制功能

SLPC 的运算控制功能全部为标准模块。通过编程，使这些模块构成各种控制系统。

（1）运算原理　SLPC 的程序结构采用按步记述的方法，由数据输入、运算和输出 3 个基本动作构成。通常采用以下 3 条基本指令。

LOAD（简记 LD）：读取输入数据及常数，将其送入 S 寄存器。

FUNCTION：执行运算，指令由各自符号（如＋、－、×、÷…）表示，运算结果仍留在 S 运算寄存器中。

STORE（简记 ST）：将运算结果存入输出寄存器。

将这些指令加以组合，可以构成复杂的运算或控制程序。

运算是按照程序步序以 S 寄存器为中心进行的。CPU 内部的 S 寄存器分 S_1～S_5 5 级，呈堆栈结构，按先进后出的原理工作。现以加法运算为例说明运算原理。如图 2-4-14 所示（运算前已存入 A～E 数据）。其程序如下。

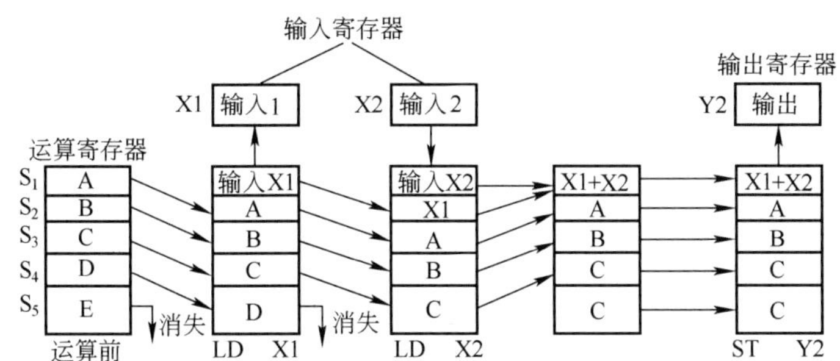

图 2-4-14　运算寄存器工作原理

① 读取输入 1　LD X1

输入寄存器（X1）的数据读入 S_1。这时，S 寄存器各级的数据下移，且 S_5 中的数据消失。

② 读取输入 2　LD X2

将 X2 的数据读入 S_1，S_1 中原有数据下移，数据 D 消失。

③ 加法运算　＋

将 S_1 和 S_2 的数据相加，结果存入 S_1。这时 S 寄存器各级的数据上移，S_5 中原来的数据保留。

④ 输出　ST Y2

S_1 的数据存到输出寄存器 Y2 中。

（2）SLPC 的控制功能　SLPC 调节器具有基本控制（BSC）、串级控制（CSC）和选择控制（SSC）3 种控制功能模块。其控制功能的结构如图2-4-15所示。图中的CNT_1、CNT_2、CNT_3称为控制单元。其中CNT_1

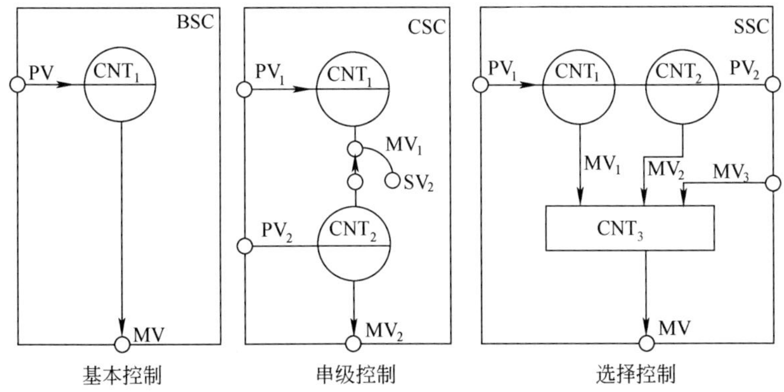

图 2-4-15　控制功能结构简图

和 CNT_2 与一般调节器的功能相似，CNT_3 则相当于自选择调节器。而每种控制单元中有不同的算法，可供用户选择。例如，设定 $CNT_1=1$，则为标准 PID 控制；$CNT_1=2$，为采样 PI；$CNT_1=3$，为批量 PID（带间歇开关的 PID）。

① 基本控制功能　基本控制只包含一个控制单元（CNT_1），适用于基本的单回路控制，其指令符号为 BSC，它的功能逻辑如图 2-4-16 所示。

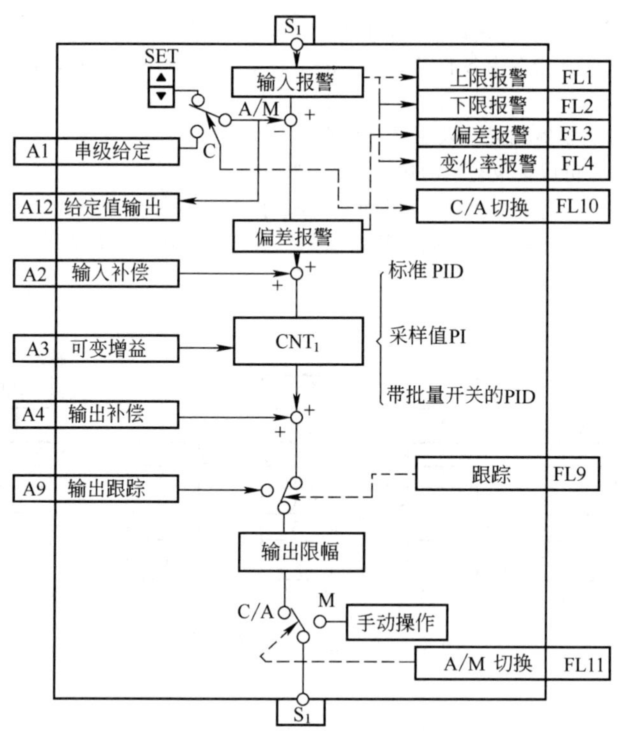

图 2-4-16　BSC 功能结构图

在 BSC 中配有寄存器 A 和寄存器 FL，可进行功能扩展。

BSC 的基本控制作用是将 S_1 中的数据与给定值进行比较形成偏差，然后经 CNT_1 决定的算法运算后，其结果存入 S_1 寄存器。

基本控制运算的程序列于表 2-4-13 中。

表 2-4-13　基本控制的程序

步　序	程　序	S_1　S_2　S_3	说　明
1	LD　X1	X1	读输入 X1（测量值）
2	BSC	MV	基本控制
3	ST　Y1	MV	操作输出 MV 送入 Y1
4	后续运算		

从此看出，对于基本控制运算，不需要用户按 PID 的运算式来编制 PID 的运算程序，而只是用功能符 BSC 来表示即可。

② 串级控制　串级控制模块指令符为 CSC，它的结构与功能如图 2-4-17 所示。它具有两个控制单元：CNT_1 和 CNT_2，可实现串级控制和副回路单独控制（二次回路单独运行的方式）。

CSC 模块处于串级控制时，将主回路的测量值 PV_1 送 S_2，副回路的测量值 PV_2 送 S_1，并按 CNT_1 和 CNT_2 所指定的运算式进行运算与控制，最后将运算结果（操作输出 MV）存于 S_1 中。

在副回路单独控制时，测量值 PV_2 由 S_1 提供，给定值 SV_2 由侧面板上的键盘设定。此时，CNT_1 仍处于工作状态，只是不将其输出送给 CNT_2。

模块中的 A、FL 寄存器可使 CSC 模块的功能得以扩展。

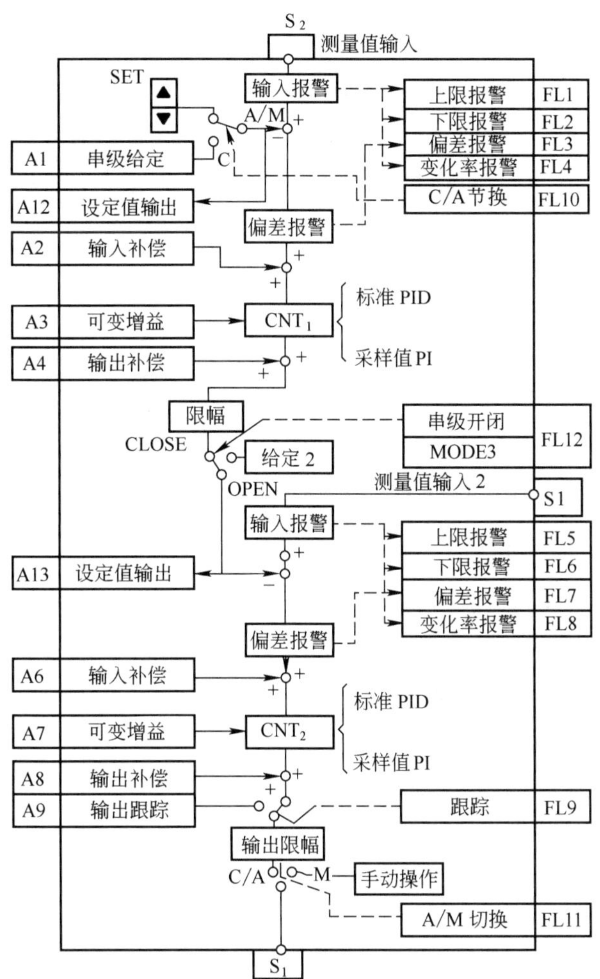

图 2-4-17　CSC 功能结构图

CSC 实现基本串级控制的程序如下：

LD X1　读输入 1（PV_1）

LD X2　读输入 2（PV_2）

CSC　　串级控制运算

ST Y1　运算结果送到 Y1

后续运算

③ 选择控制　选择控制模块的指令符号为 SSC，它的结构与功能如图 2-4-18 所示。

选择控制功能模块 SSC 是对两个控制单元（CNT_1、CNT_2）的输出信号，以及增加的第三个外部信号，由 CNT_3 进行高或低自动选择，选择 3 个信号中的任意 1 个作为输出。如图中所示，它具有两台调节器并联的功能。

在选择控制中，未被选中的控制单元（CNT_1 或 CNT_2）处于比例调节的等待状态，并且其输出能自动跟踪操作输出的变化，从而有效地防止了积分饱和；同时，在调节器的选择状态改变时，能够实现无平衡无扰动切换。

图 2-4-18 可用下述程序表示：

步　　序	程　　序	S_1　S_2　S_3	说　　明
1	LD X1	X1	读取测量输入 1
2	LD X2	X2　X1	读取测量输入 2
3	SSC	MV	执行选择控制
4	ST Y1	MV	操作输出至 Y1
5	后续运算		

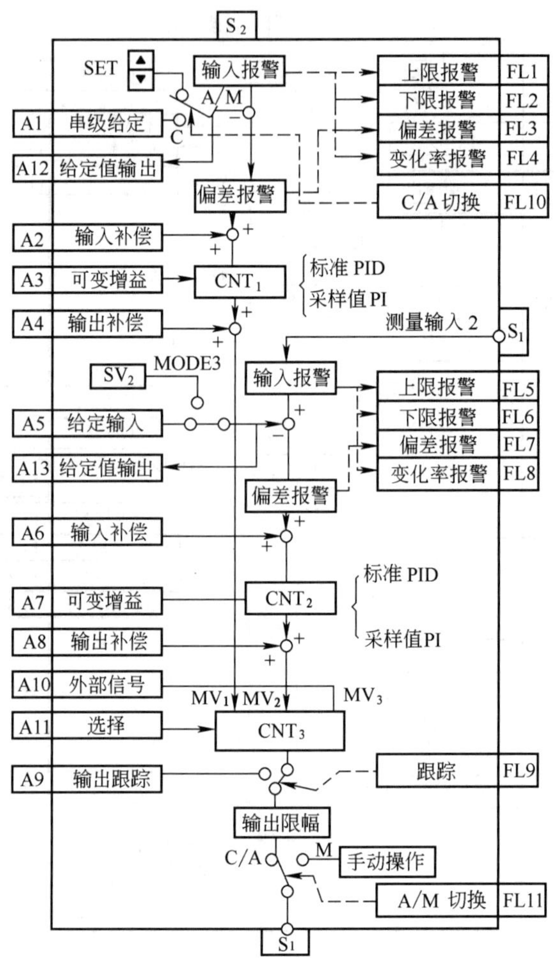

图 2-4-18　SSC 功能结构图

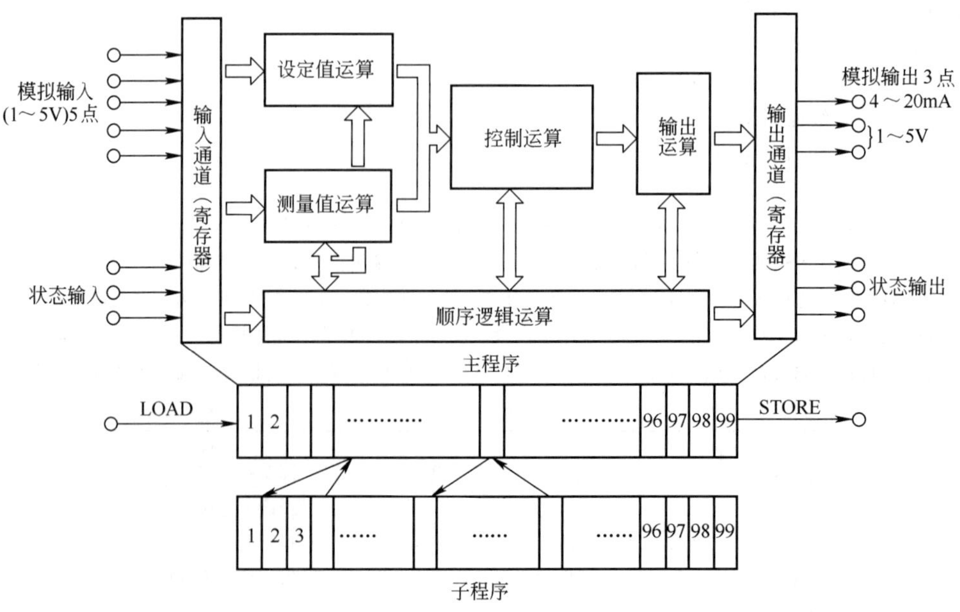

图 2-4-19　SLPC＊E 的运算控制功能和用户程序

图 2-4-19 为 SLPC * E 运算、控制功能及用户程序框图。程序 99 步。

SLPC 可编程调节器程序功能见表 2-4-14，控制功能扩展寄存器 A、FL 的代号、名称、功能见表 2-4-15 和表 2-4-16。

表 2-4-14　程序功能表

分　类		指令码	指　令	运算寄存器						说　明
				指令执行前			指令执行后			
				S_1	S_2	S_3	S_1	S_2	S_3	
读取		LD Xn	读取 Xn	A	B	C	Xn	A	B	n=1～5，Xn：输入
读取		LD Yn	读取 Yn	A	B	C	Yn	A	B	n=1～6，Yn：输出
读取		LD PNn	读取 PNn	A	B	C	PNn	A	B	n=1～16
读取		LD Kn	读取 Kn	A	B	C	Kn	A	B	n=1～16，Kn：固定常数
读取		LD Tn	读取 Tn	A	B	C	Tn	A	B	n=1～4，Tn：暂时寄存器
读取		LD An	读取 An	A	B	C	An	A	B	n=1～16，An：A 类寄存器
读取		LD FLn	读取 FLn	A	B	C	FLn	A	B	n=1～16，FLn：FL 类寄存器
读取		LD DIn	读取 DIn	A	B	C	DIn	A	B	n=1～3，DIn：数字输入
读取		LD DOn	读取 DOn	A	B	C	DOn	A	B	n=1～8，DOn：数字输出
存储		ST Xn	存入 Xn	A	B	C	A	B	C	将 S_1 中的信息存入 Xn
存储		ST Yn	存入 Yn	A	B	C	A	B	C	将 S_1 中的信息存入 Yn
存储		ST Tn	存入 Tn	A	B	C	A	B	C	将 S_1 中的信息存入 Tn
存储		ST An	存入 An	A	B	C	A	B	C	将 S_1 中的信息存入 An
存储		ST FLn	存入 FLn	A	B	C	A	B	C	将 S_1 中的信息存入 FLn
存储		ST DOn	存入 DOn	A	B	C	A	B	C	将 S_1 中的信息存入 DOn
转移		GO　nn	转向第 nn 步	A	B	C	A	B	C	nn=01～99 中的任何整数
结束		END	运算结束	A	B	C	A	B	C	
功能	基本运算	+	加　法	A	B	C	B+A	C	D	$S_1 \leftarrow S_2+S_1$
功能	基本运算	−	减　法	A	B	C	B−A	C	D	$S_1 \leftarrow S_2-S_1$
功能	基本运算	*	乘　法	A	B	C	B * A	C	D	$S_1 \leftarrow S_2 \times S_1$
功能	基本运算	÷	除　法	A	B	C	B÷A	C	D	$S_1 \leftarrow S_2 \div S_1$
功能	基本运算	$\sqrt{\ }$	开平方	A	B	C	$\sqrt{A}$	B	C	$S_1 \leftarrow \sqrt{S_1}$
功能	基本运算	ABS	取绝对值	A	B	C	|A|	B	C	$S_1 \leftarrow \lvert S_1 \rvert$
功能	基本运算	HLM	上限限幅	上限设定值	输入值	A	限于上限值以下的输入值	A	B	若输入值不超过上限设定值，则将输入值存入 S_1，否则将上限设定值存入 S_1
功能	基本运算	LLM	下限限幅	下限设定值	输入值	A	被限幅的输入值	A	B	同样，由下限设定值限幅
功能	基本运算	HSL	高选择	A	B	C	A 或 B 中之较大者	C	D	将 S_1 与 S_2 中的内容进行比较，将其较大者存入 S_1
功能	基本运算	LSL	低选择	A	B	C	A 或 B 中之较小者	C	D	将 S_1 与 S_2 中的内容进行比较，将其较小者存入 S_1
功能	带编号的运算	VLM1～6	变化率限幅	下降变化率限幅值	上升变化率限幅值	输入	变化率被限幅的输入值	A	B	输入值的变化率被限于设定值以内，上升、下降变化率设定值可分别设定

续表

分类		指令码	指令	运算寄存器						说明
				指令执行前			指令执行后			
				S_1	S_2	S_3	S_1	S_2	S_3	
功能	带编号的运算	LAG1～8	一阶滞后运算	时间常数	输入值	A	经一阶滞后运算的输入值	A	B	输入值经一阶滞后运算后存入 S_1
		LED1,2	一阶超前运算	时间常数	输入值	A	经一阶超前运算后的输入值	A	B	输入值经一阶超前运算后,将运算结果存入 S_1 中
		DED1～3	纯滞后运算	纯滞后时间设定值	输入值	A	纯滞后时间前的输入值	A	B	将纯滞后时间前的输入值存入 S_1
		VEL1～3	速率运算	纯滞后时间设定值	输入值	A	当前值减去过去值之差	A	B	当前值减去过去值,其差存入 S_1
		MAV1,2	移动平均运算	时间设定值	输入值	A	平均运算值	A	B	移动平均运算(周期可设定)只用于 SPLR
		FX1,2	10 段折线函数	输入值	A	B	经折线变换后的输入值	A	B	用 10 段折线函数生成固定特性
		TIM1～4	定时器	ON/OFF	A	B	时间	A	B	若 $S_1=0$,定时器停止记数;若 $S_1=1$,启动定时器记数
		CPO1,2	脉冲记数输出	计数率	输入值	A	输入值	A	B	以存于 S_1 中的计数率将 S_2 中的输入值转换成脉冲后输出
	条件	CMP	比较	A	B	C	0/1	B	C	将 S_1 和 S_2 的内容进行比较,若 $S_2<S_1$,则置 0 于 S_1,否则置 1 于 S_1
		HAL1～4	上限报警	滞后宽度设定值	报警设定值	输入值	0/1	输入值	A	带滞后宽度的报警,正常时 S_1 为 0,异常时 S_1 为 1
		LAL1～4	下限报警	滞后宽度	报警设定值	输入	0/1	输入	A	下限报警时与上限报警的处理类似
		AND	逻辑乘	A	B	C	$A \cap B$	C	D	$S_1 \leftarrow S_2 \cap S_1$
		OR	逻辑和	A	B	C	$A \cup B$	C	D	$S_1 \leftarrow S_2 \cup S_1$
		NOT	逻辑非	A	B	C	$\bar{A}$	B	C	$S_1 \leftarrow \bar{S}_1$
		GIF nn	条件转移	0/1	A	B	A	B	C	若 $S_1=0$,则程序转到下一步执行 若 $S_1=1$,则程序转移到执行第 nn 步
		SW	信号切换	0/1	A	B	A 或 B	C	D	当 $S_1=0, S_3 \rightarrow S_1$ 当 $S_1=1, S_2 \rightarrow S_1$
	控制功能	BSC	基本控制功能	PV	A	B	操作输出值	A	B	基本控制
		CSC	串级控制功能	PV_2	PV_1	A	操作输出值	A	B	串级控制
		SSC	信号选择控制功能	PV_2	PV_1	A	操作输出	A	B	选择控制

注：1. 运算寄存器中的 A、B、C、D 分别为运算前预先存入的数据。

2. 虽然 SLPC 运算寄存器为 S_1～S_5，但在此表内只使用 S_1～S_3。

表 2-4-15　A 寄存器的代号、名称、功能

A寄存器	代号	控制功能			名称	功能
		BSC	CSC	SSC		
A1	CSV_1	*	*	*	外部串级给定	处于 C 状态时，A1 的信号为给定值（MODE2＝1）
A2	DM_1	*	*	*	输入补偿	进行加法运算，在控制偏差上加 A2 的信号（用于停歇时间的补偿控制）
A3	AG_1	*	*	*	可变增益	在 CNT_1 的比例上乘以 A3 的信号，即可进行增益调整
A4	FF_1	*	*	*	前馈控制	在控制输出上加 A4 的信号
A5	CSV_2	—	—	*	第二回路给定	选择控制时，成为第二回路的给定值（MODE3＝1）
A6	DM_2	—	*	*	输入补偿	与 A2 相同 }CNT_2 起作用
A7	AG_2	—	*	*	可变增益	与 A3 相同 }CNT_2 起作用
A8	FF_2	—	*	*	前馈控制	与 A4 相同 }CNT_2 起作用
A9	TRK	*	*	*	输出跟踪	处于 C、A 状态，FL9＝1 时，A9 的信号被输出
A10	EXT	—	—	*	选择外部信号	选择控制用的操作信号
A11	SSW	—	—	*	选择指示	规定选择功能（自动选择，一般选择）
A12	SV_1	*	*	*	给定值（CNT_1）	存储 CNT_1 的给定值
A13	SV2	—	*	*	给定值（CNT_2）	存储 CNT_2 的给定值
A14	MV	*	*	*	操作输出值	存储控制单元的操作输出值
A15	PVM	*	*	*	测量值指示仪	A15 存储的信号在测量值指示仪上指示
A16	SVM	*	*	*	给定值指示仪	A16 存储的信号在给定值指示仪上指示

* 只能进行 LD。

表 2-4-16　FL 寄存器

寄存器	代号	控制功能			名称	信号	
		BSC	CSC	SSC		0	1
FL1	PH_1	*	*	*	测量值上限报警	正常	异常
FL2	PL_1	*	*	*	测量值下限报警	正常	异常
FL3	DL_1	*	*	*	控制偏差报警	正常	异常
FL4	VL_1	*	*	*	测量值变化率报警	正常	异常
FL5	PH_2	—	*	*	测量值 2 上限报警	正常	异常
FL6	PL_2	—	*	*	测量值 2 下限报警	正常	异常
FL7	DL_2	—	*	*	控制偏差 2 报警	正常	异常
FL8	VL_2	—	*	*	测量值 2 变化率报警	正常	异常
FL9	TRK	* *	* *	* *	输出跟踪	自动	跟踪
FL10	C/A	* *	* *	* *	C↔A 切换	A	C
FL11	A/M	* *	* *	* *	A↔M 切换	M	C·A
FL12	O/C	—	* *	—	内部串级开关切换	串级	2 次单独
FL13	C/C	* *	* *	* *	给定模拟/计算机	模拟	计算机
FL14	DDC	*	*	*	DDC 保护	—	DDC
FL15	FAIL	*	*	*	信息转换停止		FAIL

* 只能进行 LD；

* * 可以实现 LD 和 ST。

2.2.5　自诊断功能

SLPC 具有对测量值异常报警的功能，还具有自检功能。

面板上有两个指示灯，分别表示 3 种情况：

红灯亮（故障灯）；

黄灯亮（报警灯）；

黄灯闪亮（电池电压降低）。

根据面板上指示灯亮的情况，通过侧面板上的检查键（CHECK），由显示器用符号表示出异常原因。表 2-4-17为自诊断功能表。

表 2-4-17　SLPC 的自诊断功能

指　示　灯	CHECK 键显示码	诊断内容		处　　理
故障灯点亮(红色)	—	CPU 异常	停止控制	故障接点开 保持电流输出值 可以进行手操
	01	A/D 变换异常		
	02	D/A 变换异常		
	10	用户 ROM 异常		
黄灯闪烁	20	电池电压降低		控制可继续,1 个月内需更换电池
报警灯点亮(黄色)	04	运算超量程	继续控制	
	08	输入超量程		
	40	电流输出开路		
	80	RAM 内容挥发		重新启动
	—	过程报警		用 ALARM 键可显示报警内容

2.2.6　通讯功能

SLPC 具有通讯功能，可以同 YS-80 的操作站及计算机连接，因此可以从 UOPC 监视、操作 SLPC，也可以使 SLPC 成为计算机系统的备用调节器。SLPC 通讯项目见表 2-4-18。

表 2-4-18　SLPC 通讯项目一览表

项　目　内　容		SLCD	SLPC	备　　　注
PV	测量值	×	×	CRT 画面显示,不能设定
SV	设定值	○	○	自动手动时可设定
MV	操作输出值	○	○	手动时设定
DV	偏差值	×	×	
PH	上限报警设定值	*	*	SICU 的报警设定与 SLPC 的报警设定分别进行
PL	下限报警设定值	*	*	
DL	偏差报警设定值	*	*	
MH	操作输出上限值	○	○	
ML	操作输出下限值	○	○	
P	比例度	○	○	
I	积分时间	○	○	
D	微分时间	○	○	
BS	运算参数 1		○	SLPC 的 P1、P2 寄存器
CS	运算参数 2		○	
AUX1	辅助输入 1		×	Y4
AUX2	辅助输入 2		×	Y5
AUX3	辅助输入 3		×	Y6
RAW	测量值%数据		×	

接口单元 SICU 中具有 3 个回路通讯插件 LCS。LCS 通过专用电缆、端子板及专用屏蔽线与 SLPC 相连接。每个 LCS 插件最多可连接 8 台 SLPC，因此，每个接口单元 SICU 最多可连接 24 台 SLPC 调节器。

2.2.7　停电处理

当供电电源发生停电时，仪表需要再启动或重新启动。再启动分热启动（HOT）和冷启动（COLD）两种方式。采用哪种启动方式由停电时间长短来决定。停电时间分 3 个区域。

(1) 停电不灵敏区　供电电源为 100V AC，停电时间 $t \leqslant 40$ms，或 24V DC，停电时间 $t \leqslant 1$ms。这段区域因停电时间极短，RAM 中的数据不会发生变化，无需复电操作，仪表继续运行。

(2) 瞬时停电区　停电时间 $t < 2$s，仪表停止工作。当复电时，采用热启动，由于 RAM 中装的保护电池作后备用，RAM 中的数据不会变化，复电时与停电前的控制方式相同。

(3) 长时间停电区　当停电时间 $t < 1$ 年，仪表停止工作。当复电时，可在侧面板上任选热启动或冷启动。停电时间超过 1 年，由于数据保护电池失效，RAM 中的数据也就完全消失，因此，复电时必须采取初始化启动方法，即给定值，输出值都设在 −6.3%，并从手操方式开始操作。

启动方式操作如表 2-4-19 所示。

表 2-4-19　启动方式的操作

项　　目	启　　动　　方　　式		
	HOT 启动	COLD 启动	初始化启动
运转方式	同停电前	手动（MAN）	手动（MAN）
设定值（*SV*）	同停电前	同停电前	－6.3％
操作输出值（*MV*）	同停电前	－6.3％	－6.3％
PID 参数	同停电前	同停电前	编程器设定的初始值

（4）数据保护电池　储存在 RAM 中的数据由备用电池进行保护。备用电池在操作运行条件下可用 5 年。但在停电时，只能维持 1 年。当电池寿命终止时，ALM 灯发出闪光报警，需在 1 个月内更换电池。

2.2.8　编程器 SPRG

SLPC 使用 SPRG 编程器给用户 ROM 写程序。SPRG 编程器还可用于 SLPC 的维护检修和对程序进行修改。不论何种情况，SPRG 都必须接在 SLPC 上使用。

图 2-4-20 为 SPRG 编程器的面板图。图中 MPR 、 G 、 F 三键依次涂成白、黄、蓝三色，用以区分和控制一键多用。其余各键均为白色。

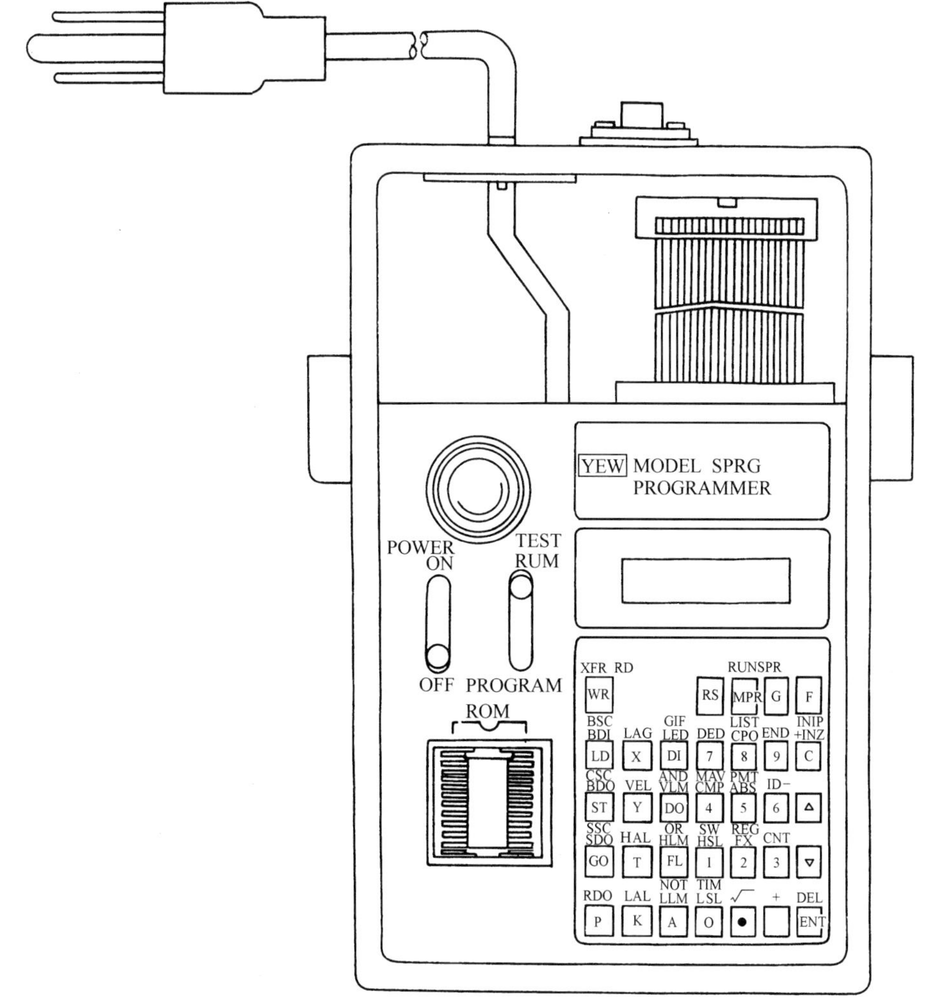

图 2-4-20　SPRG 编程器面板图

(1) SPRG 的功能

① 编程功能　可对 SLPC/SPLR 进行程序编制，并把参数、常数、显示项目等存储在 ROM 中。键盘与助记符相同，可以很方便地用键盘输入程序，并用 8 位 16 段数字显示器显示。

② 试运行功能　在写入 EPROM 之前，对已编好的程序进行调试，在调试过程中发现程序中的错误，可以插入或删除，查出不合适参数，可进行修改。编程器可输入仿真程序来模拟简单的过程模型，构成闭环系统，使 SLPC 调节器的用户程序能进行离线运行，以检验被调试程序的正确性。

③ 写入或读出 EPROM 中的程序　经试运行正确后，可将程序写入清除过的空白 EPROM 中，也可以读出存储在 EPROM（用户 ROM）中的内容。

④ 可连接打印机　如需要，编程器可以外接打印机，打印出程序清单、参数、数据等，以便保存。

(2) 工作原理　SPRG 编程器是由 ROM、RAM 和接口组成，与 SLPC 可编程调节器连接后，它的工作是受 SLPC 仪表中的 CPU 控制的。

当编程器的开关置“PROGRAM”位置时，按键输入程序，并存入 RAM-2 中。开关在“TEST RUM”位置时，开始执行程序。在试运行结束后，再将程序从 RAM-2 转入插在编程器上的空白 EPROM 中，其操作步骤如下。

① SLPC 调节器和 SPRG 编程器的连接　将 SPRG 编程器上专用电缆插在 SLPC 的相应插座上，开关置“PROGRAM”位置，接通两者电源。

② 程序键入　初始化：INZ 键为用户程序区、常数、显示项的初始化，INIP 键为调整参数的初始化。

键入主程序：从步序号 01 开始，用户可按程序键入，最多为 99 步，E 型则为 240 步。

③ 参数键入　通过数字键和 ENT 键送入。

④ 仿真程序输入　仿真程序最多为 20 步，在试运行中用 SPR 键输入。

⑤ 试运行　开关切换到“TEST RUN”位置，并按 RUN 键。

⑥ 计算参数的设定　在试运行情况，可设定 P、I、D 控制参数和计算常数。

⑦ 程序的修改　发现程序出错时，将开关切换到“PROGRAM”位置进行修改，允许用户删除或增加任意一步程序。

⑧ 写入 EPROM 中　用清除过的空白 EPROM 插入 EPROM 的插座上，开关置“PROGRAM”，并按 WR 键，则程序、常数、参数等被写入 EPROM 中。

⑨ 程序打印　如有必要，可外接打印机打印，以便保存。

⑩ 关闭电源　取下 EPROM，并将其插入 SLPC 用户 ROM 插座上，断开 SPRG 与 SLPC 的电缆连接线，则用户程序的编程工作结束。

(3) 编程实例　现以带温度压力补偿的流量控制为例，说明程序的编制过程。

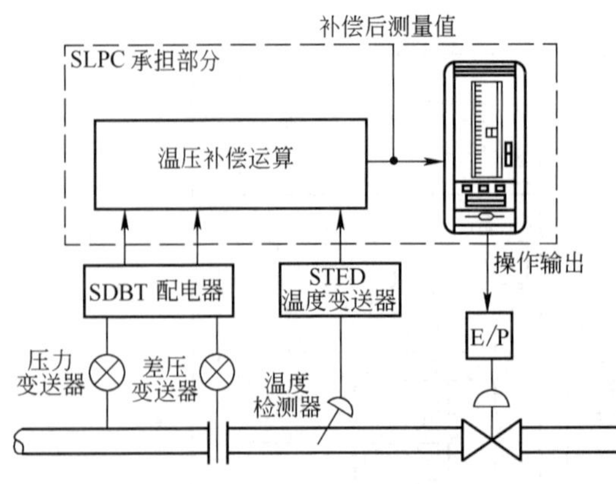

图 2-4-21　带温度压力补偿的流量控制

① 确定 SLPC 的控制任务　图 2-4-21 所示为对流量信号进行温度压力的补偿情况。从温度检测器、压力变送器、差压变送器来的输入信号，经温度变送器和配电器转换成 1～5V DC 后送入 SLPC。SLPC 将差压、压力和温度 3 个输入进行运算实现补偿，将补偿后的数值作为测量信号进行控制，并输出操纵变量 4～20mA DC。同时补偿后的测量值以 1～5V DC 输出，可作为流量积算信号。

② 决定控制模块和控制单元　本例仅仅是完成一个简单的 PID 控制。

控制模块：基本控制 BSC。

控制单元：标准 PID，$CNT_1=1$。

③ 确定运算公式　理想气体流量的温度压力补偿公式为：

$$Q_x = K\sqrt{\frac{p_f T_n}{p_n T_f}\Delta p} \tag{2-4-1}$$

式中　Δp——差压；

Q_x——换算到设计状态的气体流量；

p_f——以绝对压力表示的气体工作压力；

p_n——以绝对压力表示的孔板设计压力；

T_f——以绝对温度表示的气体温度；

T_n——以绝对温度表示的孔板设计温度；

K——流量系数。当节流装置和测量系统确定后为常数。

④ 运算规格化　运算规格化就是将上式中的各量变换成 SLPC 的规格信号（0～1），成为 SLPC 调节器所接受的形式。

设

$$p_f = p_s X2 + p_{min}$$

$$T_f = T_s X3 + T_{min}$$

$$\Delta p = \Delta p_s X1$$

$$Q_x = Q_s Y2$$

式中　$X1$——差压信号（0～1）；

$X2$——压力信号（0～1）；

$X3$——温度信号（0～1）；

$Y2$——补偿后的流量信号（0～1）；

p_s——压力变送器量程；

p_{min}——压力变送器下限刻度值；

T_s——温度变送器量程；

T_{min}——温度变送器下限刻度值；

Δp_s——差压变送器量程；

Q_s——Δp_s 对应的流量数值。

将上述各式代入式（2-4-1）中，则有：

$$Q_s Y2 = K\sqrt{\frac{\dfrac{p_s}{p_n}X2 + \dfrac{p_{min}}{p_n}}{\dfrac{T_s}{T_n}X3 + \dfrac{T_{min}}{T_n}}\Delta p_s X1}$$

因设计状态下有：

$$Q_s = K\sqrt{\Delta p_s}$$

把上两式整理后，得 SLPC 的补偿运算式为：

$$Y2 = \sqrt{\frac{K1X2 + K2}{K3X3 + K4}X1} \qquad (2\text{-}4\text{-}2)$$

式中

$$K1 = \frac{p_s}{p_n},\ K2 = \frac{p_{min}}{p_n},\ K3 = \frac{T_s}{T_n},\ K4 = \frac{T_{min}}{T_n}$$

已知孔板设计压力：$p_n = 600\text{kPa}$

孔板设计温度：$T_n = 300℃$

压力变送器量程：0～1000kPa（0～10kgf/cm^2）

温度变送器量程：0～500℃

差压变送器量程：0～32kPa（0～3200mmH$_2$O）

流量测量范围：0～800Nm^3/h

所以得：

$$K1 = \frac{10}{6 + 1.033} = 1.422$$

$$K2 = \frac{0 + 1.033}{6 + 1.033} = 0.147$$

$$K3 = \frac{500}{300 + 273.2} = 0.872$$

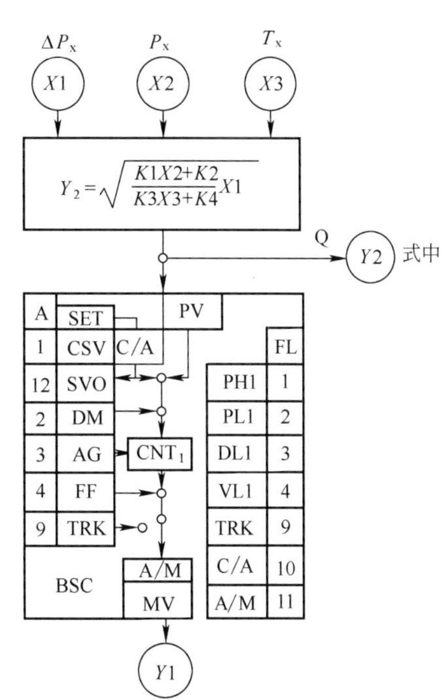

图 2-4-22　组合功能图

$$K4=\frac{0+273.2}{300+273.2}=0.477$$

将 $K1$～$K4$ 的值代入式（2-4-2）中，得：

$$Y2=\sqrt{\frac{1.422X2+0.147}{0.872X3+0.477}\times X1} \tag{2-4-3}$$

式中系数均不超过±8.00，其运算结果也在±8.00以内，所以可用SLPC调节器进行运算。

⑤ 汇编功能模块　本例中将运算式和控制功能模块编制于图2-4-22所示的组合功能图内，并具有输入/输出端子的流程图。

⑥ 填写数据表　数据表如表2-4-20所示。填写输入、输出、给定常数以及通过侧面板显示的工程量等。

表2-4-20　数　据　表

数　据　名		内　　容	下限/0	上限/100%	备　注
模拟输入	$X1$	差压，mmH_2O	0	3200	
	$X2$	压力，$kPa(kgf/cm^2)$	0	1000.00(10.00)	
	$X3$	温度，℃	0	500.00	
模拟输出	Y1	操作输出，%	0	100.00	
	Y2	流量，$\times 10Nm^3/h$	0	800.00	
固定常数	$K1$	1.422			
	$K2$	0.147			
	$K3$	0.872			
	$K4$	0.477			

⑦ 编制程序表　根据图2-4-21的控制图，编制带温压补偿的气体流量控制系统的用户程序，并填入程序表2-4-21中。程序分析如下。

表2-4-21　程　序　表

步　序	程　　序	S_1	S_2	S_3	说　　明
1	LD X2				压力输入
2	LD K01	K01	X2		读入常数 K01=1.422
3	*	K1 * K2			
4	LD K02	K02	K1 * K2		K02=0.147
5	+	a			压力补偿 a=K01×X2+K02
6	LD X3	X3	a		温度输入
7	LD K03	K03	X3	a	K03=0.872
8	*	K3 * X3	a		
9	LD K04	K04	K3 * X3	a	K04=0.477
10	+	b	a		温度补偿 b=K03×X3+K04
11	÷	a/b			温度补偿运算
12	LD X1	X1	a/b		流量差压输入
13	*	c			
14	$\sqrt{\ }$	$\sqrt{c}$			温压补偿运算
15	ST Y2	$\sqrt{c}$			输出结果送 Y2
16	BSC	MV			基本控制运算
17	ST Y1	MV			
18	END				

1～5步：进行压力补偿运算，可用 S_1 和 S_2 进行连续运算；

6～10步：求温度补偿值运算；

11步：求温度压力补偿值。由于压力补偿值储存在寄存器中，因而可连续使用；

12～14步：温度压力补偿值与流量输入相乘后进行开方运算；

15步：将运算结果存入输出寄存器Y2；

16步：将 S_1 中已补偿的流量值作为PV值，进行基本控制（PID控制）运算，并将操作输出值MV存入 S_1 寄存器；

17步：将操作输出值送到输出寄存器Y1；

18 步：应用程序结束，返回程序步 1。

输出寄存器 Y1 以 4～20mA DC 输出，去操纵调节阀动作；Y2 以 1～5V DC 输出，可作为显示仪表的输入信号，进行显示或积算等。

2.3 KMM 可编程调节器

KMM 可编程单回路调节器是 SSC 系列仪表中的一个主要品种。SSC 系列仪表除了 KMM 可编程调节器外，还有 KMS 固定程序调节器、KMP 可编程运算器、KMR 记录仪、KMF 指示仪、KSH 手动操作器和 KSE 手动设定器等。这些仪表是以盘装方式设计的，适用于中、小规模生产过程的自动控制、显示和操纵。但 SSC 系列仪表可通过局部通讯接口（LCI）与个人计算机相连，也可以通过单回路控制仪表接口（SSCP）挂到数据总线（HW）上，从而实现中、大规模生产过程的分散控制，集中操作、监视和管理等。

2.3.1 主要技术数据、型号规格和外形结构

（1）主要技术数据

微处理器 CPU：8085A。

只读存储器 ROM：12K。

随机存取存储器 RAM：1K。

运算周期：100～500ms 可选择。

运算模块：45 种。

用户编程运算模块数：最多 30 个。

后备手操单元：能指示 PV 或 VP（由切换开关选择），允许负载电阻 600Ω。

模拟输入：5 点，1～5V DC。

模拟输出：3 点，1～5V DC；

1 点，4～20mA DC，允许负载电阻 600Ω。

数字输入：5 点（其中一点为外部联锁信号）。

数字输出：4 点（其中一点为备用方式输出，正常时 ON），触点功率 30V DC，0.1A（电阻性负载）。

供电电压：24V DC。

工作环境 温度：0～50℃；

湿度：10%～90%相对湿度。

安装：室内盘装式水平安装。

（2）型号规格 KMM 调节器的通讯板、数据设定器和后备手操器为三大选件。用户可根据自己需要选定，具体型号选择可参见下列格式填写。

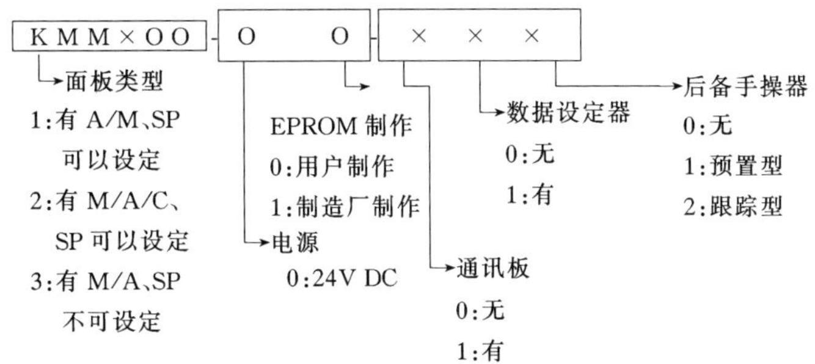

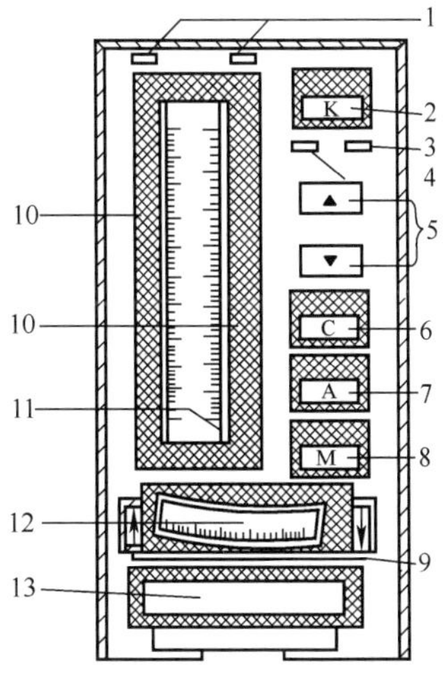

图 2-4-23 KMM 的正面图

1—上、下限报警指示灯；2—联锁状态指示灯及复位按钮；3—通信指示灯；4—仪表异常指示灯；5—给定值（SP）设定按钮；6—“串级”运行方式按钮及指示灯；7—“自动”运行方式按钮及指示灯；8—“手动”运行方式按钮及指示灯；9—输出操作按钮；10—备忘指针；11—给定值（SP）指针和测量值（PV）指针；12—输出指针；13—标牌

（3）外形结构 KMM 调节器的正面板见图 2-4-23 所示。正面表盘的外形尺寸为 IEC 标准（144mm×72mm），可进行多台密集式安装。

指示器如下：

① 给定值（SP）/测量值(PV）指示器 采用双动圈显示方式，指示范围为 0～100%线性刻度，精度为 1%；

② 操作输出（VP）指示器 采用动圈指示显示方式，指示调节器的输出值，指示范围为 0～100%线性刻度，指示精度为±3%。

给定与操作按钮如下：

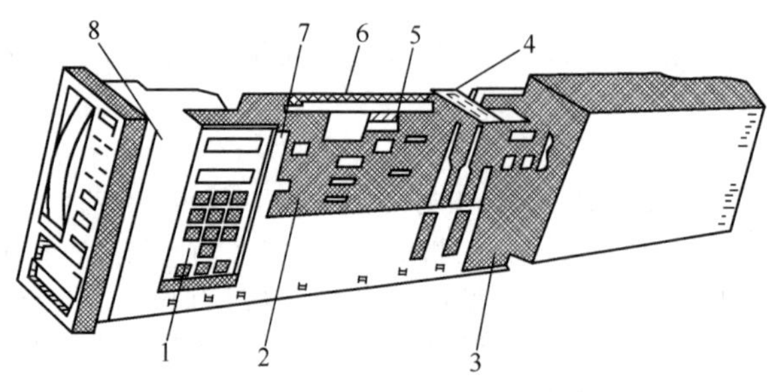

图 2-4-24　KMM 的侧面图

1—数据设定器（任选）；2—辅助开关；3—备用手操器；
4—电源单元；5—BUF 板（前）；6—IOC 板（中）；
7—CPU 板（后）；8—参数表

① 给定按钮 ▲、▼ 用于本机给定值（LSP_1、LSP_2）的调整；

② 手动输出操作按钮 ↑、↓ 用于手动操作输出 AO1I；

③ 调节器运行方式切换按钮。

M 为手动运行方式按钮和指示灯（红色），按下此按钮，调节器进入手动（M）运行方式，灯亮；

C 为串级运行方式按钮和指示灯（橙色），按下此按钮，仪表处于串级工作状态，灯亮；

A 为自动（A）运行方式按钮和指示灯（绿色），按下此按钮，调节器进入自动（A）的运行方式；

R 为复位按钮及联锁指示灯（红色）。当联锁信号出现或调节器异常时，此灯会闪烁或常亮。按此按钮灯灭后，调节器方可切换到其他运行方式。如异常或联锁未解除，则按此钮无效。

指示灯如下：

① 报警指示灯 AL、AH（红色） 以 LED 显示方式，当 PID_1 或 PID_2 模块的测量值超过上限（PVH）或下限（PVL）时灯亮，PVH 和 PVL 值由 PID 运算数据确定；

② 调节器异常指示灯 CPU・F（红色） 当自诊断软件一经判断出现 B 组故障（重故障），CPU 停止工作，调节器自动进入后备（S）运行方式，指示灯亮，此时，面板一切指示无效；

③ 通讯指示灯 COM（绿色） 调节器在通讯工作中时灯亮。

KMM 的侧面图见图 2-4-24 所示。

① 数据设定器 KMM 数据设定器的面板图如图 2-4-25 所示。数据设定器设有两个 5 位数字显示窗口，13 个按键。它可以设定与修改 PID 运算的控制参数（比例带、积分时间和微分时间）和运算所必需的可变参数，并能数字显示输入、输出、各运算模块的中间结果及自诊断的代码显示。不用时，可从调节器的插座上拔出，而不影响调节器的功能和操作，因此，几台 KMM 调节器可以共用一个数据设定器。

② 辅助开关 KMM 调节器的侧面上设有 6 个辅助开关，其中 1 个为显示变换开关 DSP CHG。若按下此开关，则调节器正面板指示器上的 PV、SP 指针显示出表 2-4-22 括号中的内容。另外 5 个辅助开关的作用如表 2-4-23 所示。

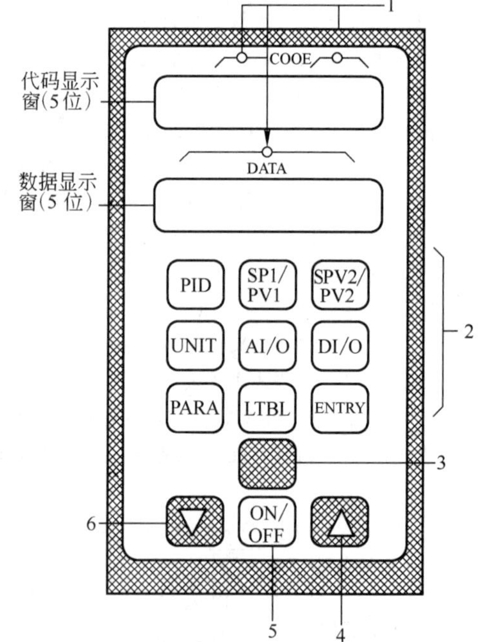

图 2-4-25　数字设定器面板图

1—光标；2—选择调节器显示内容的功能键；
3—光标移动键；4—数据-代码增加键；
5—显示开/关键；6—数据-代码减少键

表 2-4-22　PV、SP 指针指示内容

指针 ＼ 控制方式	控制类型 0		控制类型 1			控制类型 2		控制类型 3		
	M	A	M	A	C	M	A	M	A	C
PV 指针	PV_1	PV_1	PV_1	PV_1	PV_1	PV_1（PV_2）	PV_1（PV_2）	PV_2（PV_1）	PV_2（PV_1）	PV_1（PV_2）
SP 指针	$LSP_1^{①}$	$LSP_1^{①}$	$LSP_1^{①}$（RSP_1）	$LSP_1^{①}$（RSP_1）	RSP_1	$LSP_1^{①}$（RSP_2）	$LSP_1^{①}$（RSP_2）	$LSP_2^{①}$（$LSP_1^{①}$）	$LSP_2^{①}$（$LSP_1^{①}$）	$LSP_1^{①}$（$RSP_2^{①}$）

① 该信号可用给定值设定键。

表 2-4-23 辅助开关的作用

OFF ■□□□□ ON	数据输入允许开关	使用数据设定器变更各种参数。允许数据输入时，必须使用此开关。只有当此开关为 ON 时，按数据设定器的 ENTRY 按键，数据才能输入
OFF □■□□□ ON	初始启动开关	此开关为 ON 的场合，仪表电源置为 ON，而仪表被启动时，这之前由数据设定器所设置的参数将消去，而重新从用户 PROM 内读入用程序装入器装入的初始数据
OFF □□■□□ NO	允许上位机写入开关	这是选择对通信系统禁止写入(OFF)或允许写入(ON)的操作开关。由通信功能写入来自上位机的数据时，此开关为 ON 状态；若为 OFF 状态，则 KMM 禁止写入来自上位机的数据
OFF □□□■□ ON	正/反切换开关 1	用此开关指定“PID_1”的调节作用 ON：正动作[(SP－PV)减少时输出增加] OFF：反动作[(SP－PV)增加时输出增加]
OFF □□□□■ ON	正/反切换开关 2	用此开关指定“PID_2”的调节作用，功能同上

③ 后备手操器　当 KMM 调节器的 ROM、RAM 等主要芯片失效或外部电流输出反馈信号异常时，调节器自动进入后备运行方式。此时，电流输出信号（AO1I）由手动控制后备手操器输出。

根据实际使用的工艺要求需要，后备手操器有预置型和跟踪型两种类型供选用。

预置型：根据工艺要求，预先将输出操作旋钮置于某一数值，一旦发生 B 组诊断的故障，AO1I 强制性地输出该预先设定的值，随后可通过操作输出旋钮执行 AO1I 的控制操作。

跟踪型：B 型故障发生时，调节器自动地切换至后备运行方式，后备手操器输出故障发生前调节器的输出值（AO1I），输出不会产生任何扰动，随后可操作输出增/减按钮，执行 AO1I 的控制操作。

④ 接线端子　调节器背面是两排接线端子，共 44 个，如表 2-4-24 所示，各个端子的作用如表 2-4-25 所示。

表 2-4-24 接线端子

1	2	23	24
3	4	25	26
5	6	27	28
7	8	29	30
9	10	31	32
11	12	33	34
13	14	35	36
15	16	37	38
17	18	39	40
19	20	41	42
21	22	43	44

表 2-4-25 端子号与信号名称对照表

端　子	记　　号	内　　　容	端　子	记　　号	内　　　容
1	＋24V	仪表用主电源⊕	19	—	不使用③
2	SM＋24V	后备手操电源⊕	20	—	不使用③
3	AO1I⊕	4～20mA DC 输出⊕	21	GND	机壳接地
4	AO1I－	4～20mA DC 输出⊖	22	GND	机壳接地
5	AO1V＋	1～5V DC 输出⊕	23	AIR1＋	1～5V DC 输入⊕
6	AO1V－	1～5V DC 输出⊖	24	AIR1－	1～5V DC 输入⊖
7	AO2V＋	1～5V DC 输出⊕	25	AIR2＋	1～5V DC 输入⊕
8	AO2V－	1～5V DC 输出⊖	26	AIR2－	1～5V DC 输入⊖
9	AO3V＋	1～5V DC 输出⊕	27	AIR3＋	1～5V DC 输入⊕
10	AO3V－	1～5V DC 输出⊖	28	AIR3－	1～5V DC 输入⊖
11	0V	电　源 } 公共点	29	AIR4＋	1～5V DC 输入⊕
12	0V	DO1～3、S } 公共点	30	AIR4－	1～5V DC 输入⊖
13	DO2	数字输出 2	31	AIR5＋	1～5V DC 输入⊕
14	DO3	数字输出 3	32	AIR5－	1～5V DC 输入⊖
15	DO1	数字输出 1	33	0V	INT′K，DI1～4 公共点
16	S	“后备”方式①	34	DI1	数字输入 1
17	SMPV＋	备用单元 PV⊕	35	DI2	数字输入 2
18	SMPV－	备用单元 PV⊖	36	DI3	数字输入 3

续表

端　子	记　　号	内　　　容	端　子	记　　号	内　　　容
37	INT'K	外部联锁信号输入②	41	LINK－	SLC-LINK㊀
38	DI4	数字输入 4	42	—	不使用③
39	LINK＋	SLC-LIK㊉	43	—	不使用③
40	—	不使用③	44	—	不使用③

① 调节器为“后备”方式时，此端子输出为“断”（OFF），正常时，输出为“通”（ON）。

② 若输入“断”（OFF），为外部联锁。当不使用外部联锁时，应将㉝和㊲两端子短接。

③ 注明“不使用”的端子请勿使用，否则会引起故障。

2.3.2　输入处理功能（模块）

KMM 调节器具有 5 种输入处理模块，分别为折线模块（TBL）、温度补偿模块（T. COMP）、压力补偿模块（P. COMP）、开方模块（SQRT）和数字滤波模块（D. F），如图 2-4-26 所示。

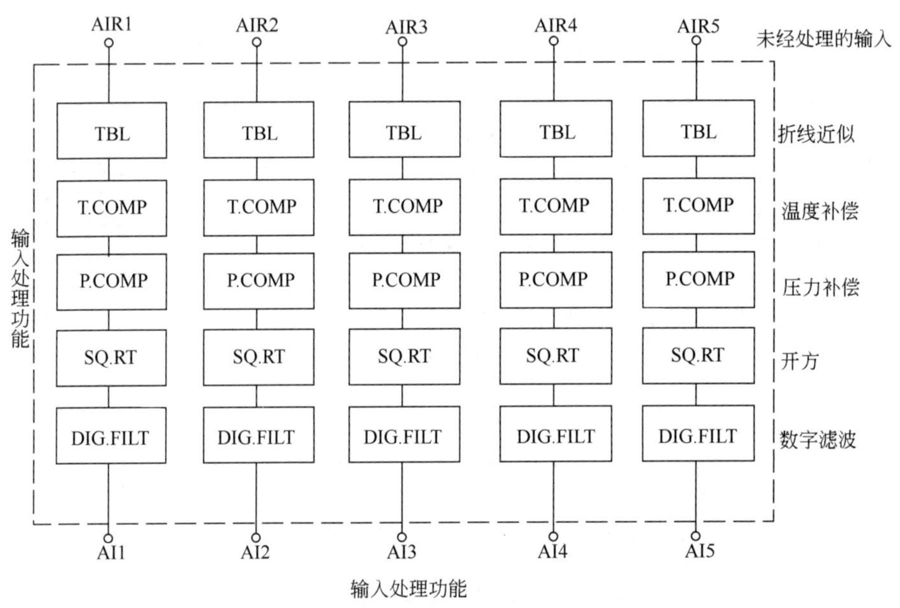

图 2-4-26　输入处理

（1）TBL（折线模块或称折线表）　当输入信号为非线性，需要进行线性化处理时可采用 TBL 模块，以分段线性化来逼近需要的特性。

用户根据需要可以定义折线表中的 10 个折点的坐标值，每个折点的坐标值（x_i，y_i）称为“折线数据”，当 10 个折点的坐标值确定之后，一条折线的形状就确定了。如图 2-4-27 所示。

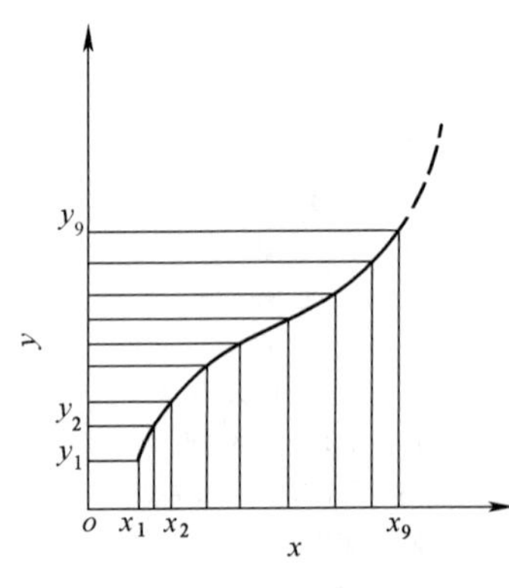

图 2-4-27　折线逼近曲线

KMM 调节器有 3 个折线模块，即 TBL_1、TBL_2 和 TBL_3，它们的功能完全一样。只是 TBL_1 的折线数据可通过数据设定器进行在线更改，而 TBL_2 和 TBL_3 的折线数据在用户编程后就不能进行在线更改了。

需要进行折线处理时，应将折线表号码填入“输入处理数据”（F002）中，同时，将各点（x、y）值填入“折线数据”（F004）中。

（2）温度补偿模块（T. COMP）　当测量气体或蒸汽流量时，T. COMP 可进行温度补偿，自动修正被测流量值。补偿公式为：

$$\Delta p_n = \frac{t_n + c}{t + c}\Delta p \tag{2-4-4}$$

式中　Δp_n——补偿后的差压信号；

Δp——补偿前的差压信号；

t_n——孔板设计温度；

t——被测流体的工作温度；

c——常数，$c=\begin{cases}273\text{（以℃为温度单位时）；}\\523.74\text{（以°F为温度单位时）。}\end{cases}$

在填写F002数据表时，规定“0”代表$c=273$；“1”代表$c=523.74$。

进行温度补偿时，先送温度信号（AIR1），后送流量信号（AIR2）。这样从AI2取得的信号，就是经过温度补偿后的流量信号。

如果不使用T. COMP，在填写F002时，在对应栏目中填写“0”。

（3）压力补偿模块（P. COMP）　P. COMP与T. COMP一样，主要也用于气体或蒸汽测流量时，进行补偿修正流量信号。进行压力补偿后的流量信号为：

$$\Delta p_n=\frac{p+c}{p_n+c}\Delta p$$

式中　p——实测流体的压力（表压）；

p_n——孔板设计压力（表压）；

c——常数，$c=\begin{cases}1.033\text{（压力以}kgf/cm^2\text{为单位时）；}\\10336\text{（压力以}mmH_2O\text{为单位时）。}\end{cases}$

在填写F002数据表时，“0”代表$c=1.033$；“1”代表$c=10336$。

若单独进行压力补偿时，先送压力信号，后送流量信号，则AI2为经过压力补偿后的流量测量信号。

如果温度压力均补偿，则依次为温度（AIR1）、压力（AIR2）和流量（AIR3），这样从AI3取得的信号就是经过温度和压力补偿后的流量信号。

（4）开方模块（SQRT）　SQRT模块主要用于对节流装置的流量信号进行开平方运算，使信号与流量呈线性关系。SQRT还具有小信号切除功能，小信号切除值在F002数据表填写时确定，切除值可在0.0%～100%范围内任意确定，小信号切除值一旦确定后，此值对其他几个需要SQRT处理的输入信号通用。

表2-4-26　输入处理数据（F002　□□　□□）

项　　目	代码的给定范围	代　码	模拟输入数据					初始值
			01	02	03	04	05	
是否使用相应的模拟输入	0,1①	01	1					0
以工程单位表示时小数点位置	0,1,2,3②	02	1					1
输入下限(0)(工程单位)	－9999～9999	03	*0.0	*	*	*	*	0.0
输入上限(100%)(工程单位)	－9999～9999	04	*100.0	*	*	*	*	100.0
折线表号	0,1,2,3③	05	1					0
温度补偿使用的输入号	0,1,2,3,4,5④	06	0					0
温度单位	0,1⑤	07	0					0
设计温度	－9999～9999	08	0					0
压力补偿使用的输入号	0,1,2,3,4,5④	09	0					0
压力单位	0,1⑥	10	0					0
设计压力	－9999～9999	11	0					0
是否进行开平方处理	0,1⑦	12	0					0
开平方处理小信号切除⑧	0.0～100.0%	13	0.0					0.0
数字滤波常数	0.0～999.9(s)	14	*0.0	*	*	*	*	0.0
变送器异常诊断	0,1⑨	15	1					1

① 0：不使用，1：使用。

② 0：××××.，1：×××.×，2：××.××，3：×.×××。

③ 0：不使用折线表（线性），1、2、3为使用相应编号的折线表。

④ 0：不进行温度或压力补偿，1、2、3、4、5为使用相应的输入进行补偿。

⑤ 0:℃，1:°F。

⑥ 0：kgf/cm^2，1：mmH_2O。

⑦ 0：不进行开平方（线性）；1：进行开平方处理。

⑧ 此给定值对五个模拟输入通用。

⑨ 0：不需要诊断，1：需要诊断。

带*号的数据运行后可更改。

(5) D. F（数字滤波） D. F的功能主要是消除输入信号中的高频干扰信号。它实际上是一个一阶滞后环节。D. F的运算式为：

$$输出=\frac{1}{Ts+1}输入$$

式中 T 为滤波时间常数，其值范围为 0～999.9s，T 值的大小由用户在填写 F002 时确定，若调节器投入运行后，发现 T 值不合适，可以通过数据设定器进行在线修改。表 2-4-26 为输入处理数据表 F002 的内容。

上述的 5 种输入处理模块，既能够对 5 个输入模拟信号 AIR1～AIR5 分别进行输入处理，也能够对其中的 1 个或几个输入信号进行输入处理或运算。如蒸汽流量的温度压力补偿，就是对温度、压力和流量 3 个输入信号按补偿公式进行综合的运算处理。

2.3.3 运算模块（运算子程序）

KMM 调节器具有 45 个运算模块，见表 2-4-27。用户可以根据需要，最多从中选择 30 个进行组态，以完成各种运算与控制。

表 2-4-27 运算模块一览表

模块代码	运算式名称	略称	内容	输入端子①				输出	运算时间
				H1	H2	P1	P2		
01	加法	ADD	$U=P1H1+P2H2$	P	P	P	P	P	90
02	减法	SUB	$U=P1H1-P2H2$	P	P	P	P	P	90
03	乘法	MUL	$U=H1H2$	P	P	—	—	P	90
04	除法	DVD	$U=H1/H2+P1$	P	P	P	—	P	83
05	绝对值	ABS	$U=\|H1\|$	P	—	—	—	P	3
06	开平方	SQR	$H1>P1$ 时，$U=\sqrt{H1}$；$H1\leqslant P1$ 时，$U=0$	P	—	P	—	P	136
07	最大值	MAX	U=最大值($H1,H2,P1,P2$)	P	P	P	P	P	8
08	最小值	MIN	U=最小值($H1,H2,P1,P2$)	P	P	P	P	P	8
09	4点加法	SGN	$U=H1+H2+P1+P2$	P	P	P	P	P	27
10	高选	HSE	$H1\geqslant H2$ 时，$U=H1$；$H2>H1$ 时，$U=H2$	P	P	—	—	P	3
11	低限	LLM	$H1\geqslant H2$ 时，$U=H1$；$H2>H1$ 时，$U=H2$（$H2$ 为低限）	P	P	—	—	P	3
12	低选	LSE	$H1\geqslant H2$ 时，$U=H2$；$H2>H1$ 时，$U=H1$	P	P	—	—	P	3
13	高限	HLM	$H1\geqslant H2$ 时，$U=H2$；$H2>H1$ 时，$U=H1$（$H2$ 为高限）	P	P	—	—	P	3
14	高值监视	HMS	$H1\geqslant H2$ 时，U=ON；$H1<H2-P2$ 时，U=OFF	P	P	—	P	F	6
15	低值监视	LMS	$H1<H2$ 时，U=ON；$H1\geqslant H2+P2$ 时，U=OFF	P	P	—	P	F	6
16	偏差监视	DMS	若 $\|H1-H2\|\geqslant P1$，U=ON；若 $\|H1-H2\|<P1-P2$ 时，U=OFF $P1$：给定监视值 $\geqslant 0$ $P2$：给定滞后宽度 $\geqslant 0$	P	P	P	P	F	16
17	变化率限幅	DRL	把 $H1$ 的变化率限制在($+H2,-P1$)%/分内	P	P	P	—	P	130
18	变化率监视	DRM	当 $H1$ 的变化率处在($+H2,-P1$)%/分之外，U=ON	P	P	P	P	F	45
19	手操输出	MAN	手动输出操作单元	P	P	—	—	P	8
20	1#控制	PID_1	第一个 PID 控制	P	P	P	F	P	371
21	2#控制	PID_2	第二个 PID 控制	P	P	P	F	P	371
22	纯滞后时间	DED	$U=e^{-P1s}H1$，$P1$：纯滞后时间	P	—	T	—	P	59
23	超前/滞后环节	L/L	$U=(1+P1s)/(1+P2s)H1$（$P1$ 超前时间，$P2$ 滞后时间）	P	—	T	T	P	283
24	微分	LED	$U=P1s/(1+P2s)H1$（$P1$ 超前时间；$P2$ 滞后时间）	P	—	T	T	P	347
25	移动平均	MAV	$U=\frac{1}{16}\sum_{i=1}^{10}H1\left(\frac{i}{16}P1\right)$，$H1(P1)$ 为 $P1$ 时刻的输入	P	—	T	—	P	143
26	双稳态	RS	双稳态触发	F	F	—	—	F	1

续表

模块代码	运算式名称	略称	内容	输入端子① H1	H2	P1	P2	输出	运算时间
27	与	AND	$U=H1\cap H2$	F	F	—	—	F	1
28	或	OR	$U=H1\cup H2$	F	F	—	—	F	1
29	异或	XOR	$U=H1\oplus H2$	F	F	—	—	F	1
30	非	NOT	$U=\bar{H}1$	F	—	—	—	F	1
31	2点切换开关	SW	$P1$=OFF时,$U=H1$;$P1$=ON时,$U=H2$	P	P	F	—	P	1
32	无扰动切换	SFT	$P1$=OFF时,$U=H1$;$P1$=ON时,$U=H2$,但每次切换时,采样输出按$P2$速率变化	P	P	F	P	P	45
33	计时脉冲(定时器)	TIM	$H1$=ON时,定时器开始计数,在每个$P1$时间里,发出一个脉冲,OUT=ON;当$H1$=OFF时,定时器复位,OUT=OFF	F	—	T	—	F	28
34	积算脉冲输出	CPO	$H1$=OFF时,U=OFF;$H1$=ON时,脉冲输出=0.1 $P1H2$(脉冲/时)	F	P	P	—	F	72
35	斜坡信号	RMP	输出以一定速度增加	F	F	T	—	P	173
36	脉冲宽度调制	PWM	在周期$P1$内输出脉冲宽度与输入$H1$成比例	P	—	T	—	F	108
37	1#折线表	TBL1	用10个折点的折线近似	P	—	—	—	P	136
38	2#折线表	TBL2	用10个折点的折线近似	P	—	—	—	P	136
39	3#折线表	TBL3	用10个折点的折线近似	P	—	—	—	P	136
40	1#反折线表	TBR1	TBL1折线近似的反函数	P	—	—	—	P	136
41	2#反折线表	TBR2	TBL2折线近似的反函数	P	—	—	—	P	136
42	3#反折线表	TBR3	TBL3折线近似的反函数	P	—	—	—	P	136
43	1#控制参数更改	PMD1	对PID_1控制参数更改②	P	—	F	—	P	123
44	2#控制参数更改	PMD2	对PID_2控制参数更改②	P	—	F	—	P	123
45	控制方式切换	MOD	手动、自动、串级、跟踪方式切换	F	F	F	F	—	2

① P——%数据；T——时间数据；F——开关型数据。

② 控制参数更改模块（43、44）还应有输入端（表中未列出）。

将每个运算子程序形象地用一个“模块”表示，即用硬件的形式来表达软件的功能，并赋予4个输入端子：H1、H2、P1、P2和一个输出端子U_n，如图2-4-28所示，这样便于理解和组态。图中左上角的“n”是用户自己组态时，按照模块“连接”次序的序号。U_n是对应n序号模块的输出。

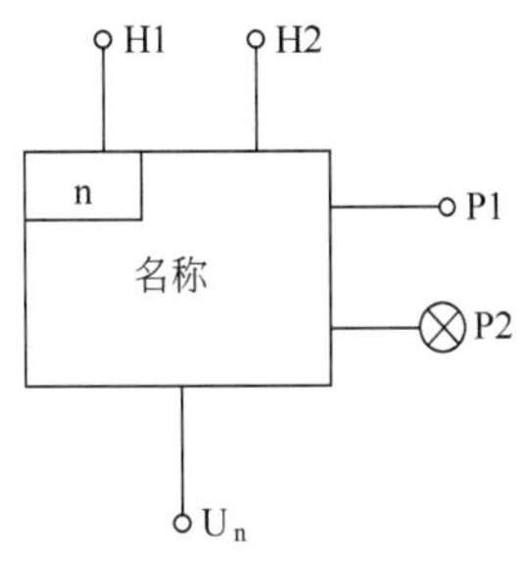

图2-4-28 运算模块的符号图

运算模块的输入输出信号分为百分型数据、时间型数据和开关型数据3种。这3种数据在组态图中的端子上分别用“○”、“●”、“⊗”表示，而在表2-4-27和表2-4-28中分别用“P”、“T”和“F”表示。方块图中的名称按表2-4-27中的“略称”栏的英文缩写字填写。

KMM调节器把存放在RAM中，作为模块之间进行联系的所有信号，统称为内部信号。KMM调节器内部信号共有118种，列于表2-4-28中。表中列出的每一个内部信号都有自己的代码。组态时只需在被调用的模块输入端填入所需连接的内部信号的代码即可。

用户完成某一运算控制方案的组态后，为了便于在编程器上进行编程操作，需填写运算单元数据表F1，见表2-4-29。填写数据表时有时要用到可变参数（分百分型和时间型两种），可变参数的数据填写见表2-4-30。

表 2-4-28　内部信号一览表

信号名称	代　码	数据类型	内　　容	信号名称	代　码	数据类型	内　　容
LSP_1	P0001	P	使用 PID_1 时的内给定	MCHG	P0608	F	变化为手动状态
PV_1	P0002	P	使用 PID_1 时的测量	FCHG	P0609	F	变化为跟踪状态
ER1	P0003	P	使用 PID_1 时的偏差($SP_1—PV_1$)	ACHG	P6010	F	变化为自动状态
PB1	P0004	P	使用 PID_1 时比例度	CCHG	P0611	F	变化为串级状态
RATIO1	P0005	P	使用 PID_1 时的比率	MDCHG	P0612	F	发生状态变化
BIAS1	P0006	P	使用 PID_1 时的偏置	DEV1	P0701	F	(SP_1-PV_1)超限
LSP_2	P0011	P	使用 PID_2 时的内给定	PVL1	P0702	F	PV_1 超下限
PV_2	P0012	P	使用 PID_2 时的测量	PVH1	P0703	F	PV_1 超上限
ER2	P0013	P	使用 PID_2 时的偏差($SP_2—PV_2$)	DEV2	P0711	F	(SP_2-PV_2)超限
PB2	P0014	P	使用 PID_2 时的比例度	PVL2	P0712	F	PV_2 超下限
RATIO2	P0015	P	使用 PID_2 时的比率	PVH2	P0713	F	PV_2 超上限
BIAS2	P0016	P	使用 PID_2 时的偏置	DI1	P0801	F	1# 数字输入的状态
MV	P0020	P	操作输出值(A01)	DI2	P0802	F	2# 数字输入的状态
PPARI	P0101	P	1# %型可变参数	DI3	P0803	F	3# 数字输入的状态
⋮	⋮	⋮	⋮	DI4	P0804	F	4# 数字输入的状态
PPAR20	P0120	P	20# %型可变参数	DI1CHG	P0811	F	1# 数字输入从 OFF 变到 ON
TPAR1	P0201	T	1# 时间型可变参数	DI2CHG	P0812	F	2# 数字输入从 OFF 变到 ON
⋮	⋮	⋮	⋮	DI3CHG	P0813	F	3# 数字输入从 OFF 变到 ON
TPAR5	P0205	T	5# 时间型可变参数	DI4CHG	P0814	F	4# 数字输入从 OFF 变到 ON
AIR1	P0301	P	1# 未经输入处理的模拟量	COME	P0901	F	产生通讯错误
⋮	⋮	⋮	⋮	SENS	P0902	F	产生变送器异常
AIR5	P0305	P	5# 未经输入处理的模拟量	COVF	P0903	F	运算溢出
AI1	P0401	P	1# 经输入处理后的模拟量	OVLD	P0904	F	运算时间溢出
⋮	⋮	⋮	⋮	MSW	P1001	F	手动方式按键
AI5	P0405	P	5# 经输入处理后的模拟量	ASW	P1002	F	自动方式按键
ON	P0501	F	接通(ON)	CSW	P1003	F	串级方式按键
OFF	P0502	F	断开(OFF)	RSTSW	P1004	F	复位按键
CMP	P0601	F	计算机方式	MVRSW	P1005	F	输出增加按键
INTLCK	P0602	F	联锁状态	MVLSW	P1006	F	输出减少按键
M	P0603	F	手动状态	SPRSW	P1007	F	给定增加按键
F	P0604	F	跟踪状态	SPLSW	P1008	F	给定减少按键
A	P0605	F	自动状态	U1	U0001	P,F	1# 运算单元的输出
C	P0606	F	串级状态	⋮	⋮	⋮	⋮
ILCHG	P0607	F	变化为联锁状态	U30	U0030	P,F	30# 运算单元的输出

注：数据类型栏中 P——%数据；T——%时间型数据；F——开关型数据。

表 2-4-29　运算单元数据(F1 □□-□□-)

运算单元编号	运算式		H1 输入信号		H2 输入信号		P1 输入信号		P2 输入信号	
	名称	编号	信号名称	代码	信号名称	代码	信号名称	代码	信号名称	代码
1										
2										
3										
⋮										
30										

表 2-4-30　可变参数

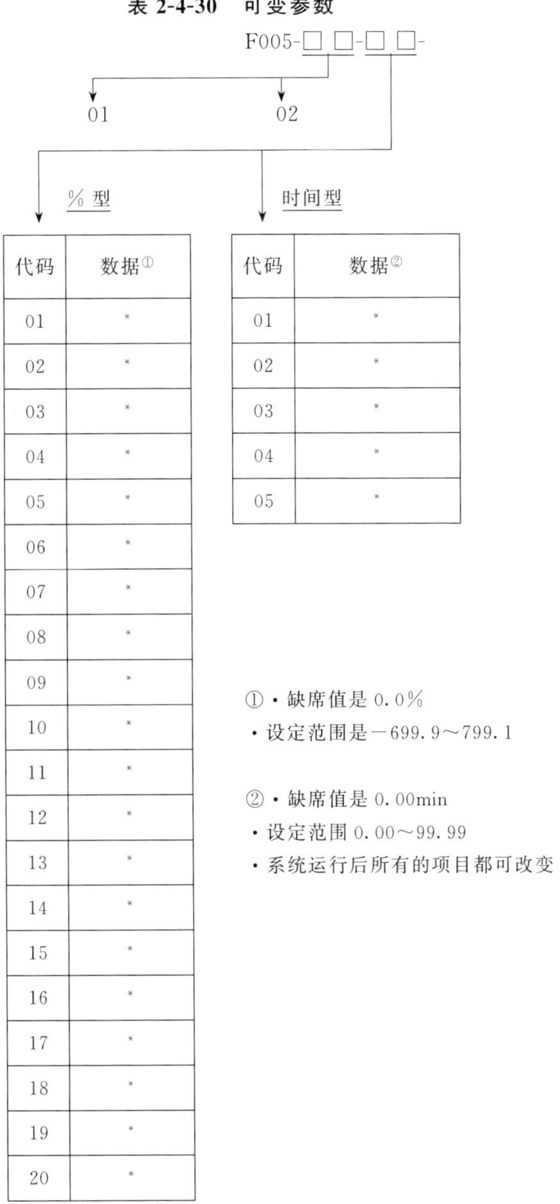

% 型

代码	数据①
01	*
02	*
03	*
04	*
05	*
06	*
07	*
08	*
09	*
10	*
11	*
12	*
13	*
14	*
15	*
16	*
17	*
18	*
19	*
20	*

时间型

代码	数据②
01	*
02	*
03	*
04	*
05	*

① · 缺席值是 0.0%
· 设定范围是－699.9～799.1

② · 缺席值是 0.00min
· 设定范围 0.00～99.99
· 系统运行后所有的项目都可改变

下面介绍几个主要运算模块。

（1）PID 运算模块　KMM 调节器具有 PID_1 和 PID_2 两个 PID 运算模块，它们同时具有常规 PID 和微分先行 PID 规律两种，其原理结构图如图 2-4-29 和图 2-4-30 所示。

模块结构图表明了 PID 运算模块所采用的算法及一些附加功能。同时看出两种算法的主要区别在于，图 2-4-30 表示的微分先行 PID，对给定值信号不进行微分运算。这样当操作人员调整给定值时，不会造成调节器输出的突变，可避免由于改变给定信号而给系统带来的扰动。另外，微分先行的算法中，没有偏差不灵敏区的设定（DBS）。

PID 模块增设附加功能是为了满足用户的不同需要，例如外给定值的偏置（B）和比率（R）运算，测量值的上限报警设定器（HMS）和下限报警设定器（LMS）、偏差报警设定器（DMS）、偏差不灵敏区设定值（DBS）、积分上限限幅设定值（IHL）和下限限幅设定值（ILL），以及输出变化率限制 OCRL 等。PID 运算模块和其他运算模块不同，用户编程时，除了输入输出信号的“连接”之外，还必须设定有关 PID 的运算数据，例如比例度、积分时间、微分时间等。具体填写表 F003 的内容见表 2-4-31。

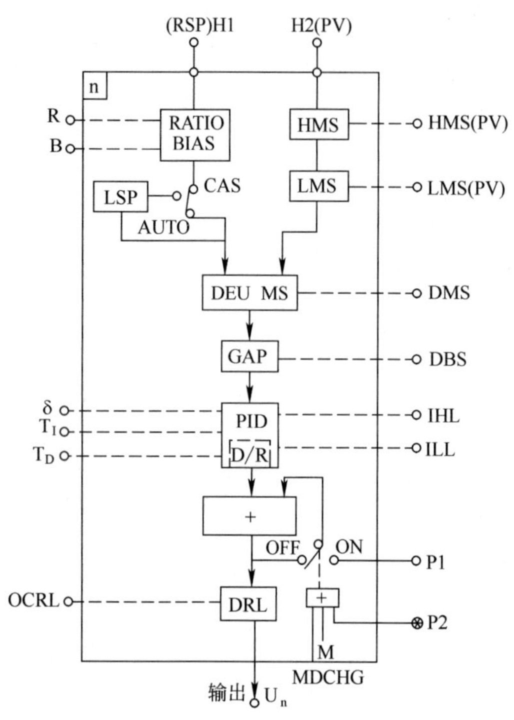

图 2-4-29 常规 PID 运算模块结构图

H1—外部给定信号；H2—测量输入；HMS—高报警给定值；LMS—低报警给定值；DMS—偏差报警给定值；DBS—偏差不灵敏区设定值；IHL—积分限幅上限给定值；ILL—积分限幅下限给定值；P1—跟踪输入；P2—跟踪切换信号；OCRL—输出变化率限幅；T_D—微分时间；T_I—积分时间；δ—比例度；B—偏置；R—比率

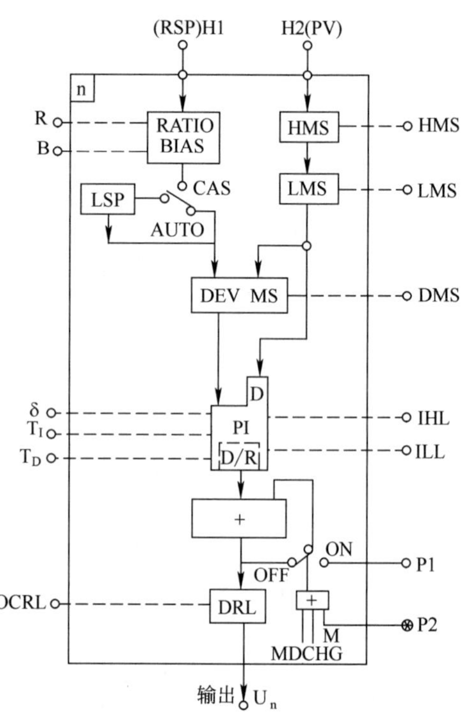

图 2-4-30 微分先行 PID 运算模块结构图

H1—外部给定信号；H2—测量输入；HMS—高报警给定值；LMS—低报警给定值；DMS—偏差报警给定值；IHL—积分限幅上限给定值；ILL—积分限幅下限给定值；P1—跟踪输入；P2—跟踪切换信号；OCRL—输出变化率限幅；T_D—微分时间；T_I—积分时间；δ—比例度；B—偏置；R—比率

表 2-4-31 PID 运算数据表

(F003-□□-□□-)

项　目	代码设定范围	代码	PID 数据		预置值
			01	02	
PID 操作类型	0,1[①]	01			0
PV 输出编号	1～5	02			1
PV 跟踪	0,1[②]	03			0
报警滞后	0.0～100.0(%)	04			1.0
比例带	0.0～799.9(%)	0.5	*	*	100.0
积分时间	0.00～99.99(min)	06	*	*	1.00
微分时间	0.00～99.99(min)	07	*	*	0.00
积分下限	−200.0～200.0(%)	08	*	*	0.0
积分上限	−200.0～200.0(%)	09	*	*	100.0
比率	−699.9～799.9(%)	10	*	*	100.0

续表

项　　目	代码设定范围	代码	PID 数据		预置值
			01	02	
偏置	−699.9～799.9(%)	11	*	*	0.0
死区	0.0～100.0(%)	12	*	*	0.0
输出偏差率限制	0.0～100.0(%)	13	*	*	100.0
偏差报警	0.0～100.0(%)	14	*	*	10.0
报警下限	−6.9～106.9(%)	15	*	*	0.0
报警上限	−6.9～106.9(%)	16	*	*	100.0

① 0：常规 PID；1：微分先行 PID。

② 0：无；1：有。

* 系统运行后可改变的数据。

（2）折线模块（TBL）　折线模块又称折线表。KMM 中有 3 个折线表：TBL*1（可在线更改）、TBL2 和 TBL3。用户编程时，必须将各折线点的坐标值填入 F004 数据表中（见表 2-4-32）。

表 2-4-32　折线数据表

(F004-□□-□□-)

折点		代码	折线数据表①			折点		代码	折线数据表①		
			01	02	03				01	02	03
X 轴	X_1	01	*			Y 轴	Y_1	11	*		
	X_2	02	*				Y_2	12	*		
	X_3	03	*				Y_3	13	*		
	X_4	04	*				Y_4	14	*		
	X_5	05	*				Y_5	15	*		
	X_6	06	*				Y_6	16	*		
	X_7	07	*				Y_7	17	*		
	X_8	08	*				Y_8	18	*		
	X_9	09	*				Y_9	19	*		
	X_{10}	10	*				Y_{10}	20	*		

① 缺席值是 0.0%。

注：1. 必须 $X_i < X_{i+1}$（$i=1\sim9$）。

2. 设定范围是 0.0～799.9%。

3. 系统运行后可改变折线 01。

（3）控制参数更改模块（PMD）　PMD 模块是专用来修改 PID 控制参数的，用它可以实现 PID 参数的自动修改。PMD_1 用以修改 PID_1，PMD_2 用以修改 PID_2。

PMD 模块的方块图如图 2-4-31 所示。

当 P1＝OFF 时，PID 的控制参数不能更改；当 P1＝ON 时，PID 的控制参数能被更改。能更改的参数由“EXT. NO”指定。

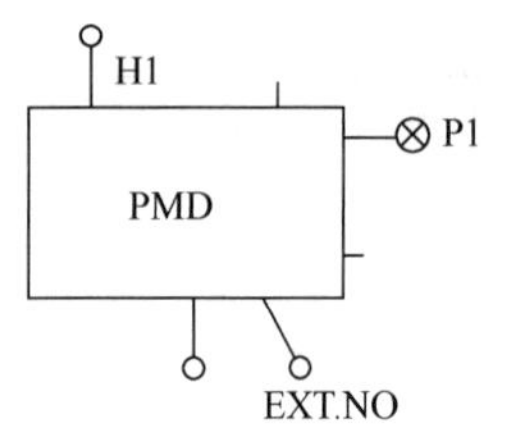

图 2-4-31　控制参数更改模块

PMD 可以修改的 PID 控制参数及相应的编号已列于表 2-4-33 中。

(4) 手动输出模块 (MAN)　MAN 模块可用装在仪表面板上的软手操按钮改变调节器的输出，以实现手动控制。所以，编程时必须使用一个，而且也只允许使用一个 MAN 模块。图 2-4-32 为手动输出模块 MAN 的方块图和结构示意图。

MAN 模块可以与其他模块组合使用，但主要是与 PID 模块直接组态，即 PID 模块的输出与 MAN 模块输入 H1 端连接。而 MAN 模块的输出必须接到调节器的 AO1I 输出端。

表 2-4-33　PMD 模块更改 PID 控制参数

EXT. NO（被更改参数序号）	控制参数	输入 H1/%[①]	被更改参数的范围
1	比例度	0.0～799.9	0.0～799.9%
2	积分时间	0.0～488.2[②]	0.00～99.99min
3	微分时间	0.0～488.2[②]	0.00～99.99min
4	积分下限限幅	0.0～200.0	0.0～200%
5	积分上限限幅	0.0～200.0	0.0～200%
6	比率	−699.9～799.9	−699.9%～799.9%
7	偏置	−699.9～799.9	−699.9%～799.9%
8	偏差不灵敏区	0.0～100.0	0.0～100%
9	偏差报警	0.0～100.0	0.0～100%
10	输出变化率限制	0.0～100.0	0.0～100%
11	PV 下限报警	−6.9～106.9	−6.9%～106.9%
12	PV 上限报警	−6.9～106.9	−6.9%～106.9%
13			
14			
15	内给定	−6.9～106.9	−6.9%～106.9%

① 输入 H1 应该限制在表中指定的数值范围内。

② 用 PMD 模块改变积分时间、微分时间时，因 H1 端必须为%型数据，故 PMD 模块内部按下式给以变换，即：积分(微分)时间=0.2048H1(min)。

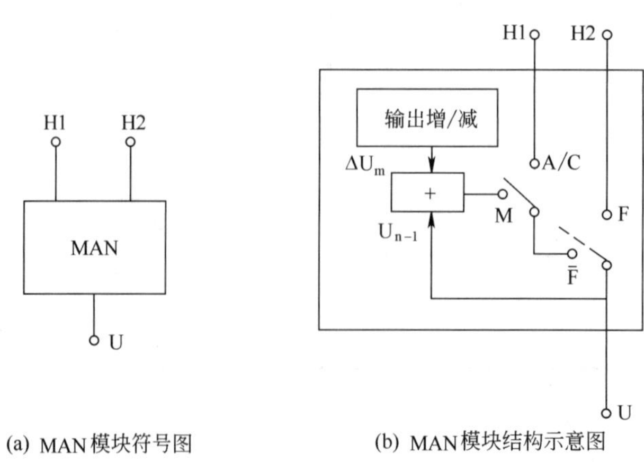

(a) MAN模块符号图　(b) MAN模块结构示意图

图 2-4-32　手操输出模块

2.3.4　输出处理功能

KMM 调节器可向外部输出 3 个模拟信号（AO1、AO2、AO3），其中 AO1 输出的信号有 4～20mA DC 和 1～5V DC，而 AO2、AO3 输出的信号只为 1～5V DC；同时还可输出 3 点数字信号（DO1～DO3）。上述输出信号来自哪个运算模块的输出，编程时必须指定，并填入输出处理数据表 F006 中（见表 2-4-34）。

表 2-4-34　输出处理数表（F006-□□-□□-）

输出	输出端	代码	连接的内部信号名称① 信号名	连接的内部信号名称① 代码	输出	输出端	代码	连接的内部信号名称① 信号名	连接的内部信号名称① 代码
模拟输出	AO1	01			数字输出	DO1	01		
	AO2	02				DO2	02		
	AO3	03				DO3	03		

① 缺席值是 U0000。

2.3.5　控制类型及无扰动切换功能

(1) 控制类型　KMM 调节器有两个 PID 运算模块，根据编程时所选用的 PID 运算模块的个数和给定值的设定方式的不同，可组成 4 种控制类型。

① 控制类型 0　1 台 KMM 调节器中只用 1 个 PID 运算模块，而且只能按内给定值进行自动控制，适用于定值单回路控制系统。如图 2-4-33 所示。

② 控制类型 1　1 台 KMM 调节器也只用 1 个 PID 运算模块，但它具有内/外给定的切换开关，可按内/外给定值进行自动控制，适用于简单比值控制。见图 2-4-34。

③ 控制类型 2　1 台 KMM 调节器中使用了两个相串联的 PID 运算模块，如图 2-4-35 所示。PID_1 用内给定 LSP_1，PID_1 的输出作为 PID_2 的外给定 RSP_2，PID_2 不能进行 LSP_2 内给定自动控制。

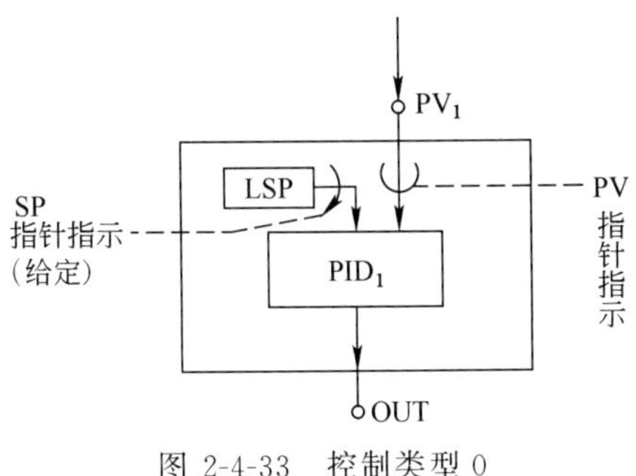

图 2-4-33　控制类型 0

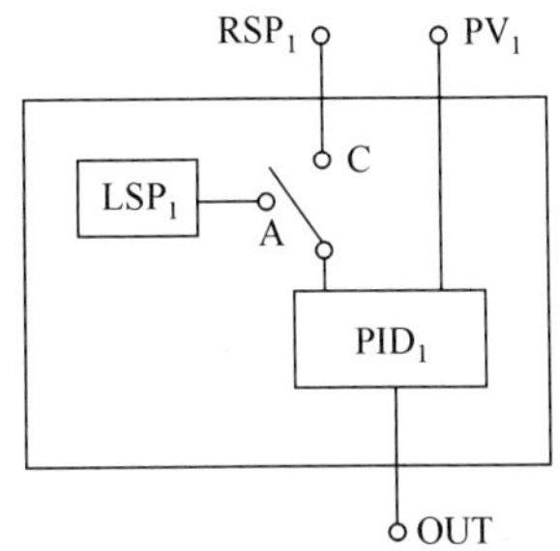

图 2-4-34　控制类型 1

④ 控制类型 3　如图 2-4-36 所示，它是控制类型 0 与控制类型 1 串接而成，也使用了两个 PID 运算模块，与控制类型 2 不同的是，它可以通过面板方式切换开关（A/C）实现两种运行方式：当切换开关为 A 位置时，PID_2 为本机给定（LSP_2）的自动控制；而当切换开关在 C 位置时，PID_1 和 PID_2 进行串级自动控制。

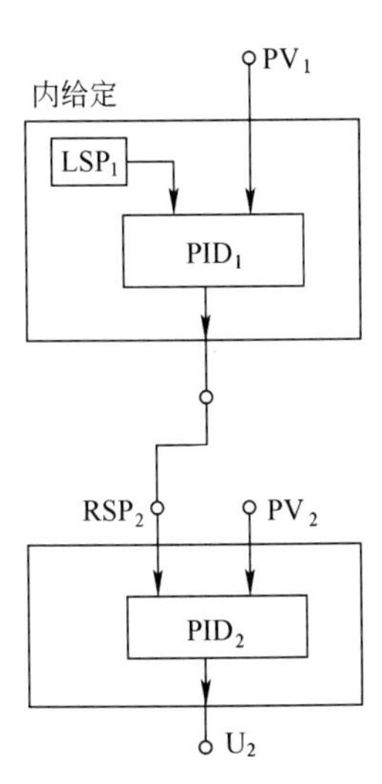

图 2-4-35　控制类型 2

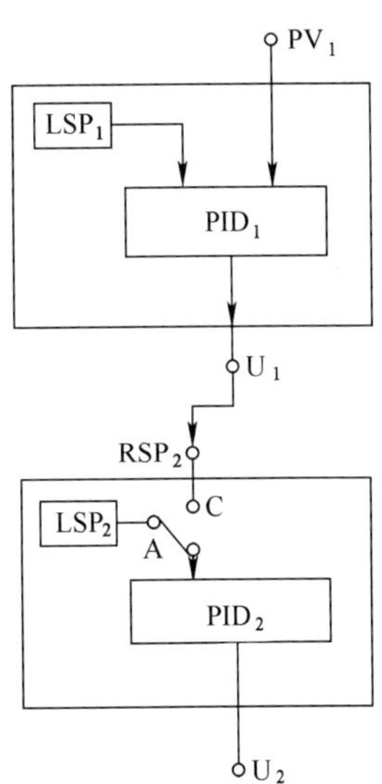

图 2-4-36　控制类型 3

在上述 4 种控制类型中，究竟选用哪一种需要用户在编程时指定，并填入基本数据表 F001-01 中。基本数据表见表 2-4-35 所示。该表中还包括运算周期等项目，用户编程时必须指定。

表 2-4-35 基本数据(F001-01-□□)

项　　目	设定代码 设定范围	代　码	数　　据	初始值
EPROM 管理编号	①	01		0
运算周期	1，2，3，4，5②	02		2
控制类型	0，1，2，3	03		0
PV 报警的 PID 号码	1，2	04		1
调节器编号	1～50	05		1
上位机控制方式	0，1，2③	06		0
上位机异常时控制方式	0，1④	07		0

① 制造厂填写或用户填写。

② 1：100ms（100）；2：200ms（2000）；3：300ms（4000）；4：400ms（6000）；5：500ms（8000）。括号中的数据为运算时间（无名数），见表 2-4-28。

③ 0：无通讯；1：有通讯（无 COMP）；2：有通讯，有 COMP。

④ 0：MAN；1：AUTO（自动）。

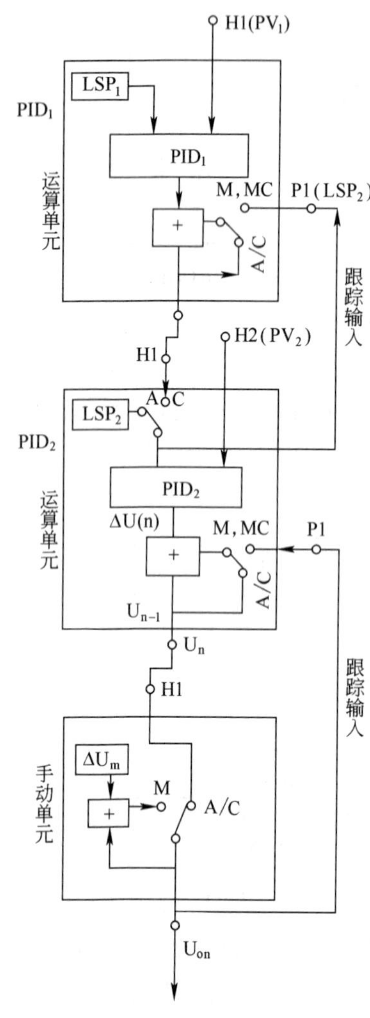

图 2-4-37 无扰动切换原理图

(2) 无扰动切换功能　KMM 调节器用户组态时，只要对 PID 运算模块的 P1 端引入适当的反馈信号，就可以达到 M（手动）、A（自动）和 C（串级）之间的无平衡无扰动切换。如图 2-4-37 所示的控制，PID_1 的 P1 端加 LSP_2 的信号，就能达到 A⇆C 双向切换无扰动；而 PID_2 的 P1 端引入 MAN 模块的输出信号，就能实现 A⇆M 双向切换无扰动。

2.3.6 自诊断功能与异常运行状态

KMM 调节器在每个采样周期对运算、控制处理的各个模块的执行，以及 A/D 转换等是否正常工作进行巡回检查，如果发现异常，则在数据设定器上显示出故障代码。同时，调节器自动切换到异常运行状态，即发生 A 组故障时切入联锁手动（IM）状态；当发生 B 组故障时切入后备（S）操作状态。当故障排除后，必须按复位按钮“R”，灯灭后才能再切换到正常运行状态。

(1) A组故障（轻故障）　KMM 自诊断的轻故障主要有以下 3 种。

① 输入异常　任一个 AIR 值超出－6.9%～106.9%范围时，为输入异常。这是判断各变送器工作是否异常的依据之一。

② 运算溢出　在调节器运行中，任一模块的运算结果超过－699.9%～799.9%范围时，为运算溢出。此项诊断可以检查各运算模块参数的设定值是否合理。

③ 运算过载　在选用的操作周期内，不能完成全部运算内容时，为运算过载。

当自诊断发现上述故障之一时，调节器就自动切入 IM 方式，此时 R 灯亮。IM 方式操作与 M 操作相同，即可用面板上[↑]、[↓]按钮操作输出。

(2) B组故障（重故障）　当调节器出现 B 组故障时，面板上的 CPU. F灯亮。这时按数据设定器上的 ON/OFF 键时，显示 ON 状态，同时在显示器 DATA 窗左端第一位会显示代码，表明故障内容，如表 2-4-36 所示。

自诊断发现上述重故障之一时，调节器自动切到后备状态（S 状态）。这时可利用后备手操器进行输出控制。

表 2-4-36 B 组故障代码含义及处理

代码	故障内容	处理	代码	故障内容	处理
1	ROM 异常	更换 CPU 板	4	A/D 转换异常	更换 I/O 板
2	RAM 异常	更换 CPU 板	5	输出反馈异常	检查或更换 I/O 板
3	采样周期异常		9	CPU 异常	更换 CPU 板

2.3.7 通讯功能

KMM 调节器通过通信接口 LCI 或 SSCP 可以和操作站、上位计算机或个人计算机（PC）通讯。通讯内容见表 2-4-37 所示。

表 2-4-37 KMM 调节器的通讯项目

信号名	内容	调节器发出	上一级系统回送	信号名	内容	调节器发出	上一级系统回送
PV	测量值	√		MH，ML	操作输出上、下限	√	√
SP	给定值	√	√	δ	比例度	√	√
MV	操作输出	√	√	T_I	积分时间	√	√
DV	偏差值	√		T_D	微分时间	√	√
PH，PL	上、下限报警值	√	√	AP	运算参数	√	√
DL	偏差报警值	√	√	AI	辅助输入	√	

2.3.8 KMK 编程器

生产过程控制程序的编制，首先要画出控制系统图，再以运算模块形式画出控制系统的组态图，并把组态图中的所有运算数据和控制数据填入相应的数据表中（F001～F006 和 F1），最后通过 KMK 编程器编制成用户所需要的控制系统程序。

KMK 编程器就是用来编制将要存储于 EPROM 中的用户程序，并把该程序写入 EPROM 中的专用仪器。写入程序后的 EPROM 再移插到 KMM 调节器内侧面对应的插座上，调节器就可以按用户程序投入运行了。

（1）KMK 编程器的组成　KMK 编程器的组成如图 2-4-38 所示。

① 小型打印机　感热式，打印字符数 20 个/行，打印文字 51 种（字母、数字、符号），以 7×5 点阵组成。

② 显示部分　代码/数字显示（红色发光二极管 12 个），信息显示（红色发光二极管 16 个）。

③ 键盘　功能键 13 个，数据输入键 13 个。

④ 用户 EPROM 写入个数　1 个/次，写入时间 100s/次。

⑤ EPROM 擦除器　擦除个数 4 个/次，擦除时间 60min/次。

⑥ 电源开关　是个带锁型开关，开关时略向上提，然后进行开关切换。

（2）键盘和显示部分功能　键盘和显示部分包括的内容以及它们的排列位置如图 2-4-39 所示。

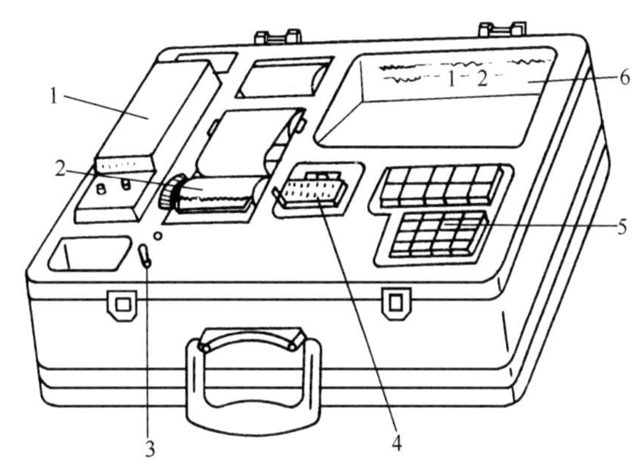

图 2-4-38 程序写入器

1—用户 EPROM 消除器；2—小型打字机；3—电源开关；4—用户 EPROM 插座；5—键盘；6—显示器

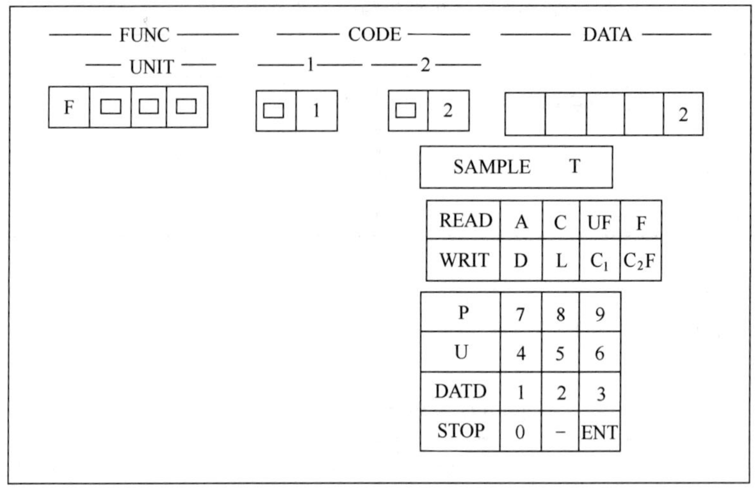

图 2-4-39 键盘和显示器

① 键盘的功能说明见表 2-4-38。

表 2-4-38 KMK 键盘功能

功能键名	说　　明	功能键名	说　　明
F 键	选择要填写的控制数据	C 键	校对检查键
UF 键	传送运算单元的单元号	L 键	打印功能键
C_1 键	调出 CODE1 部分的各个项目(运算单元填写时,调出运算模块编号)	STOP 键	停止打印
		READ 键	读出用户 EPROM 中的内容
C_2F 键	调出 CODE2 部分的各项目(运算单元填写时,调出输入端子号)	WRIT 键	写入键(把程序写入 EPROM 中)
		ENT 键	存入键(按此键,代码、数据存入 RAM 中)
DATA 键	调出数据部分	0～9 键	数字键
A 键	增加运算单元(ADD)	P、U 键	用于运算单元的数据设定
D 键	删除运算单元(DELETE)	一键	负号

② 显示有两个显示窗，上为代码、数据显示，下为信息显示。

a. 代码数据显示是按控制数据表的基本结构显示的。即

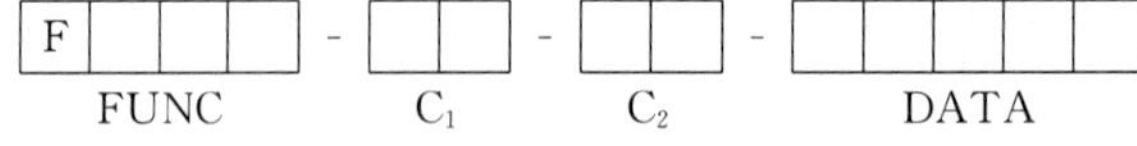

FUNC：按 F 键及相应的数字键即刻显示，随后按 ENT 、C_1、C_2、DATA 等显示初始值。

C_1：按 C_1 及数字键，则显示相应数字。

C_2：每按 C_2F 键一次，C_2 从 01 起依次递增显示，直至最大数值（大小范围决定于 FUNC 内容）后循环。显示数值后，仍须按 ENT 键才能存入 RAM 中。

DATA：按 DATA ，显示初始值，按数字键显示相应的数字或代码，按 ENT 键存入 RAM 中。

b. 信息显示配合代码-数据显示，每操作 ENT 键一次，以代码的形式显示本次操作是否正确，正确时显示操作代码，错误时显示错误信息代码。

c. FUNC（即 F）部分的代码含义如下：

F001　基本数据（参见表 2-4-35）；

F002　输入处理数据（参见表 2-4-26）；

F003　PID 运算数据（参见表 2-4-31）；

F004　折线数据（参见表 2-4-32）；

F005　可变参数（参见表 2-4-30）；

F006　输出处理数据（参见表 2-4-34）；

F101　运算单元（1 号）（参见表 2-4-29）；

⋮　　⋮

F130　运算单元（30 号）。

CODE（即 C_1、C_2）部分代码含义列于表 2-4-39。

表 2-4-39　CODE（即 C_1，C_2）代码含义

数据名	项目	代码		
		FUNC	C_1	C_2
可变参数	百分型参数　1～20 时间型参数　1～5	F005 F005	01 02	01～20 01～05
输出处理数据	模拟输出　1～3 数字输出　1～3	F006 F006	01 02	01～03 01～03
运算单元数据	运算单元序号(n) 运算单元编号(m) 输入端子 H1 输入端子 H2 输入端子 P1 输入端子 P2 控制参数编号(只有 PMD 有)	F101～F130	01～45	H1 H2 P1 P2 EXT. NO

注：其余的代码含义可见 F001、F002、F003 和 F005 中的 C_1、C_2 内容。

(3) 运算单元的增加或删除　当需要修改控制方案的组态图时，可以使用 KMK 编程器中的[A]键（ADD 增加键）或[D]键（删除键）。当使用了[A]或[D]键进行增加或删除某一运算模块后，组态图中其余运算单元的序号和连接关系能自动作相应的修改，而不需要对原来的运算单元序号进行更改或重新填写，所以修改控制方案十分方便。

(4) 清单打印和出错检查　KMK 编程器可以打印已登记的控制数据，以便检查和记录。当程序（控制数据）有错误时，能打印出错误信息。

清单打印内容和相应的键操作见表 2-4-40。

表 2-4-40 中出错代码表示的内容如下。

ERROR22：超过运算时间。

表 2-4-40　打印清单内容

键操作	内容	错误代码显示	备注
[L001] [ENT]	打印 F001 数据		
[L002] [ENT]	打印 F002 数据		
[L003] [ENT]	打印 F003 数据		
[L004] [ENT]	打印 F004 数据		
[L005] [ENT]	打印 F005 数据		如有语法错误,则打印出错清单
[L006] [ENT]	打印 F006 数据		
[L1××] [ENT]	打印运算单元 NO. ××号的数据	ERROR23	××＝01～30
[L777] [ENT]	打印控制数据的全部出错信息清单	ERROR22～27	
[L888] [ENT]	打印全部运算单元中的语法出错清单	ERROR22,23,26	
[L999] [ENT]	打印全部运算单元数据	ERROR22,23,26	如有语法错误,则打印出错清单

ERROR23：运算单元的输出和输入端子的数据类型不一致。

ERROR24：模拟输出连接的数据不是百分型数据。

ERROR25：数字输出连接的数据不是 ON/OFF 型。

ERROR27：在输出处理数据上，连接着未填写的运算单元。

上述打印中想停止打印时，可按STOP键。

另外，在登记数据时，想要打印登记内容时，可按L 5 5 5 ENT。

(5) 检查功能　KMK 编程器还具有检查功能，使用C键。

例如，可以检查 EPROM 经过擦除器的紫外线照射之后，其内部的内容是否消除干净。可以用C 3 3 3 ENT键进行检查，如消除不干净，就显示出 ERROR21。

又如检查打印机的动作，可使用C 6 6 6 ENT键。打印机正常时，应打印出全部符号、数字和字符。按C 7 7 7 ENT键可检查显示器的情况。

2.3.9 KMM 可编程单回路调节器的应用

KMM 可编程调节器具有多达 45 种的功能模块，而这些模块又可以进行任意排列组合，因而可以组成几十甚至几百种的过程控制方案，基本上能满足各种生产过程控制多样化的要求。

(1) 自动变比例度控制系统　在生产过程中，有许多被控对象的特性是非线性的。例如，pH 值控制对象的特性就是非线性，如果使用常规 PID 调节器来控制，很难得到满意的调节效果。这是因为对象的不同控制点，其放大倍数差别很大，即不同的 pH 值，虽然 pH 变化量 ΔpH 值一样，但要求调节阀开度变化量 ΔV 不一样，因此，固定比例度的常规调节器是无法满足这种要求的。采用 KMM 可编程调节器自动变比例度的 PID 调节规律，可以保持系统开环总放大倍数不变，这样就可以改善 pH 调节品质，达到静态自适应的目的。

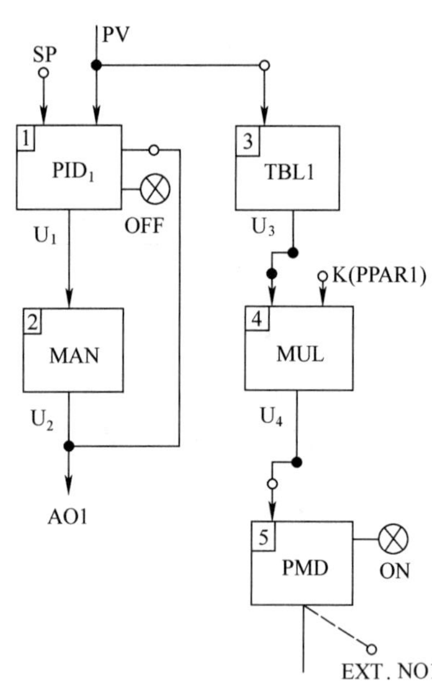

图 2-4-40　自动变比例度组态图

自动变比例度的组态图如图 2-4-40 所示。图中左半部分是一个定值单回路控制系统，右半部分是完成变比例度作用的函数发生器。其中 TBL 模块是折线模块，在这里选用 TBL1，以便在线更改折线的形状。TBL1 折线的形状取决于对象特性曲线。如对象特性曲线某一段斜率大（即放大倍数大），就要求调节器的对应工作段的比例度也要大（即调节器放大倍数小），以保持对象与调节器开环总放大倍数基本不变。图中采用乘法模块 MUL 的目的是，如果要改变整条折线的斜率，只要在线更改可变参数 PPAR1 的数值（百分型）就可以做到，而不必重新更改 TBL1 模块每段折线的折点的数据。

采用图 2-4-40 同样的组态图，还可以实现自动变积分时间、自动变微分时间等，只需在用户编程的数据填写时，指定 PMD 模块对应的“更改控制参数号码 EXT. NO××”就可以了。

(2) 变结构控制系统　变结构系统（VSS）属于特殊的非线性控制系统。其特点是，在控制过程中，系统的“结构”可以根据系统当时偏差值及其变化率，以跃变方式有目的地改变。系统的“结构”可以理解为：凡是两个系统各自至少有两个元件相反的符号连接，或者两个系统连接的方式、参数各不相同，使两个控制系统的调节规律有显著的不同，就称这两个系统“结构”不同。

采用改变“结构”的方法设计的自动控制系统，比固定结构的自控系统具有更好的调节品质。图 2-4-41 表示常规 PI 调节系统与积分、比例分离变结构控制系统的比较。

图 2-4-41(c) 所示的控制规律为：

$$u(t)=\begin{cases}K_{\rm P}e(t) & \text{当}\ |e(t)|\geqslant\varepsilon\\ \dfrac{K}{T_{\rm I}}\displaystyle\int_{t_\varepsilon}^{t}e(t)\,{\rm d}t & \text{当}\ |e(t)|<\varepsilon\end{cases}$$

式中　ε——变结构控制点的偏差设定值［参见图 2-4-41(d)］。

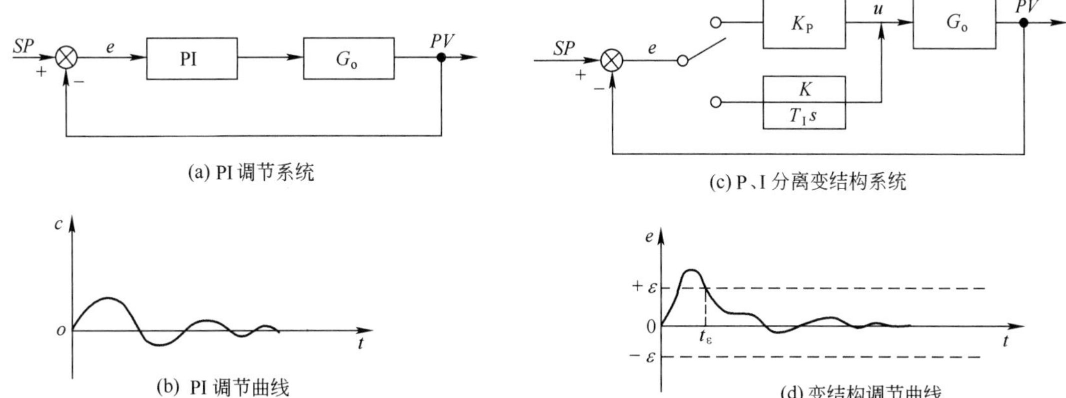

图 2-4-41 常规 PI 调节与变结构调节对比

这种变结构控制的特点是，根据输入偏差 $e(t)$ 的大小，相应采取不同的控制对策。当偏差较大时，为了尽快地消除偏差，采用了快速作用的比例控制规律；当偏差小到一定范围时，就自动改变控制结构，采用了慢速作用的积分调节规律。这样，就可以避免超调，缩短调节时间。从图 2-4-41(b) 和图 2-4-41(d) 所示的两条过渡过程曲线可见，图 2-4-41(d) 的调节品质优于图 2-4-41(b)。采用图 2-4-42 所示的组态图就可以实现图 2-4-41(c) 的变结构控制。

① 比例控制规律　当偏差较大时，即当 $|PV-SP|\geqslant\varepsilon$ 时，DMS 模块的输出 U_2＝ON。这是因为偏差监视模块 DMS 的动作规律（参见表 2-4-27）为：

$|H1-H2|\geqslant P1$ 时，U_2＝ON

从图 2-4-42 中可见：

$H1=PV-SP=U_1$，$H2=0$，$P1=\varepsilon$

所以 $|PV-SP|\geqslant\varepsilon$ 时，U_2＝ON。

当 U_2＝ON，U_1 经第 4 号模块 SW 加到第 5 号模块 MUL，此时，$U_5=K_1U_1$。

$$AO1=K_cK_1U_1=K_PU_1=K_P(PV-SP) \quad (2\text{-}4\text{-}5)$$

式中 $K_P=K_cK_1$，K_c 为 PID 模块的比例放大倍数（即比例度的倒数）。

从式（2-4-5）可见，调节器输出 AO1 与偏差（$PV-SP$）成比例，即实现了比例控制作用。

② 积分调节规律　当偏差较小时，即当 $|PV-SP|<\varepsilon$ 时，U_2＝OFF，此时 U_1 经第 3 号模块 SW 加到第 7 号模块 LED，此时

$$U_7=\frac{T_1 s}{T_2 s+1}U_1$$

因为　$T_2=0$

所以　$U_7=T_1 s\, U_1$

而　$U_8=\dfrac{U_1}{U_7}=\dfrac{U_1}{T_1 s\, U_1}=\dfrac{1}{T_1 s}$

$$U_9=U_8H_2=\frac{1}{T_1 s}U_1$$

$$U_{10}=U_9K_2=\frac{K_2}{T_1 s}U_1$$

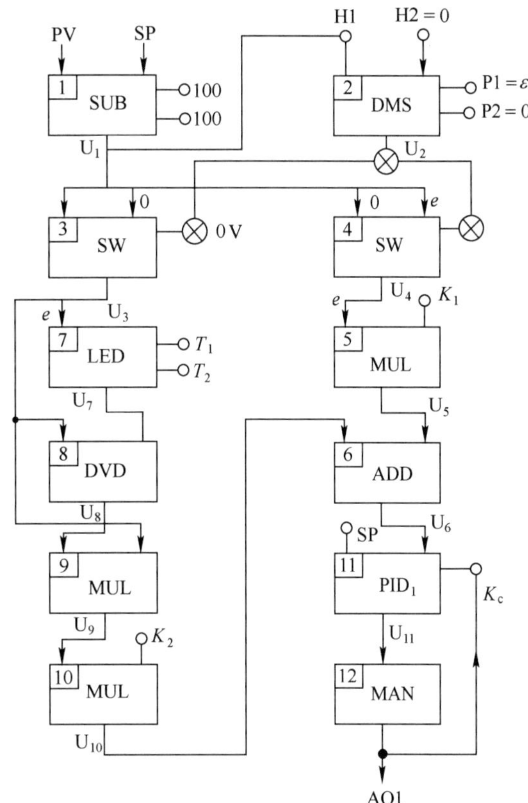

图 2-4-42 P、I 分离结构控制系统组态图

由此可见，从第 7 至第 10 这 4 个模块完成了“积分”运算。

所以调节器输出　$AO1=K_cU_{10}=\dfrac{K_cK_2}{T_1 s}U_1$

令 $\begin{cases}K=K_c K_2\\T_1=T_2\end{cases}$，则：

$$AO1=\frac{K}{T_1 s}U_1=\frac{K}{T_1 s}(PV-SP) \tag{2-4-6}$$

从式（2-4-6）可见，在小偏差情况下，KMM调节器按“积分”规律动作，即调节器的输出与偏差的积分成比例。

以上比例控制规律与积分控制规律的自动切换，是依靠偏差监视模块DMS实现的。只要适当选择参数 ε、K_1、K_2 和 K_c，就可获得较高的静态及动态自动调节品质。

第5章　执　行　器

1　概述

1.1　执行器在自动控制系统中的作用

执行器在自动控制系统中的作用，就是接受调节器发出的控制信号，改变调节参数，把被调参数控制在所要求的范围内，从而达到生产过程自动化，因此，执行器是自动控制系统中一个极为重要而不可缺少的组成部分。

在生产现场，执行器直接控制工艺介质，尤其是高温、高压、低温、强腐蚀、易燃、易爆、易渗透、剧毒及高黏度、易结晶等介质情况下，若选择或使用不当，往往会给生产过程自动化带来困难，导致调节质量下降，甚至会造成严重的生产事故。因此，对执行器的正确选用、安装和维修等各个环节都必须十分重视。

执行器按其能源形式可分为气动、电动和液动3大类。气动执行器习惯称为气动薄膜调节阀，以压缩空气为能源，具有结构简单、动作可靠、平稳、输出推力大、本质防爆、价格便宜、维修方便等独特的优点，大大优于液动和电动执行器，因此，气动薄膜调节阀被广泛地应用在石油、化工、冶金、电力等工业部门中。

气动调节阀可以很方便地与气动仪表配套使用。当采用电动仪表或电子计算机控制时，只要用电-气阀门定位器或电-气转换器，将电量信号转换成20～100kPa的气压信号即可。本书主要介绍气动执行器。

1.2　执行器的分类

执行器分为气动执行器、电动执行器、液动执行器3大类。

气动执行器按其执行机构形式分为薄膜式、活塞式和长行程式。近年来还研制了增力型薄膜调节阀。

电动和液动执行器按执行机构的运动方式分为直行程和角行程两类。

目前在石化工业中普遍采用的是气动执行器，电动执行器使用较少，液动执行器只有在特殊要求下才采用。

气动执行器和电动执行器的规格见表2-5-1。

表2-5-1　气动和电动调节阀的规格

项　目		气动调节阀	电动调节阀
动力源		压缩空气 公称压力:0.3～1.0MPa 工作温度:常温 露点:在带压条件下,低于当地最低温度10℃	电源 交流单相 220^{+20}_{-30}V,50Hz 交流三相380V,50Hz
规格	公称压力/MPa	1.6,4.0,6.4,16.0,32.0,175.0,350.0	1.6,4.0,6.0,10.0
	工作温度/℃	−60～450	−40～450
	口径范围/mm	20～400	20～400
辅助装置		①电/气阀门定位器 ②气动阀门定位器 ③气动继动器 ④三通电磁阀 ⑤锁住阀 ⑥保位阀	①伺服放大器 ②限位开关

1.3 执行器的构成

执行器常称调节阀，又称控制阀。它由执行机构和调节机构（也称调节阀）两部分组成，见图 2-5-1。其中执行机构是调节阀的推动部分，它按控制信号的大小产生相应的推力，通过阀杆使调节阀阀芯产生相应的位移（或转角）。

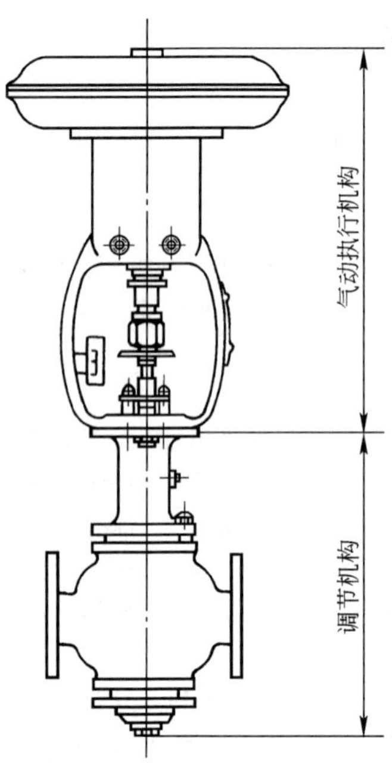

图 2-5-1 气动执行器的外形图

调节机构是调节阀的调节部分，它与调节介质直接接触，在执行机构的推动下，改变阀芯与阀座间的流通面积，从而达到调节流量的目的。

1.3.1 执行机构

（1）气动薄膜执行机构 气动薄膜执行机构是一种应用最广泛的执行机构，它通常接受0.02～0.1MPa或 0.04～0.2MPa 的气动信号。

气动薄膜执行机构分正作用和反作用两种形式，如图 2-5-2 所示。当信号压力增加时推杆向下移动的叫正作用执行机构；信号压力增大时推杆向上移动的叫反作用式执行机构。较大口径的调节阀都采用正作用式执行机构。信号压力通过波纹膜片的上方（正作用式）或下方（反作用式）进入气室，在波纹膜片上产生一个作用力，使推杆移动并压缩或拉伸弹簧，当弹簧的反作用力与膜片上的作用力相平衡时，推杆就稳定在一个新的位置。信号压力越大，作用在波纹膜片的作用力越大，弹簧的反作用力也越大，即推杆的位移越大。国产正作用式执行机构型号为 ZMA 型，反作用式为 ZMB 型。

气动薄膜（有弹簧）执行机构的行程规格有 10、16、25、40、60、100mm 等。薄膜的有效面积有 200、280、400、630、1000、1600cm^2 6 种规格。有效面积越大，执行机构的推力和位移也越大，可按实际需要进行选择。

（2）气动活塞式执行机构 气动活塞式（无弹簧）执行机构如图 2-5-3 所示，它的活塞随气缸两侧压差而移动。气动活塞式执行机构的气缸允许操作压力可达 0.5～0.7MPa，因为没有反力弹簧抵消推力，所以有很大的输出推力，故特别适用于高静压、高压差的工艺场合。

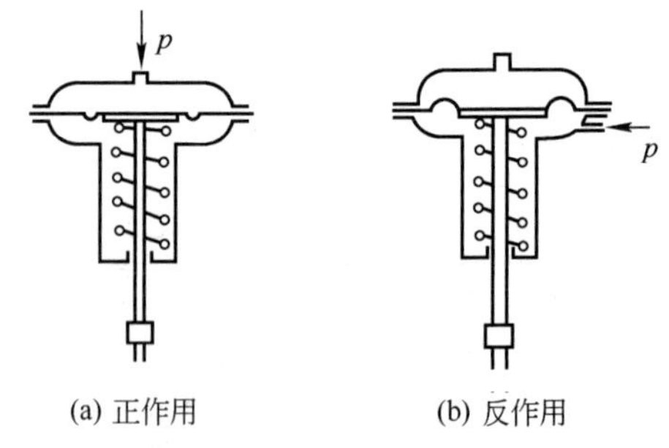

图 2-5-2 执行机构的正反作用

气动活塞式执行机构的输出特性有比例式和两位式两种。所谓比例式是指输入信号压力与推杆位移成比例关系，这种执行机构必须带有阀门定位器，如图 2-5-4 所示。两位式是根据输入执行机构活塞两侧的操作压力之差完成的，活塞由高压侧推向低压侧，就使推杆由一个极端位置移动到另一个极端位置。两位式执行机构的行程一般为 25～100mm。

（3）长行程执行机构 长行程执行机构具有行程长（200～400mm）、转矩大的特点，适用于输出转角（0°～90°）和力矩大的场合。如蝶阀、风门等，它将 0.02～0.1MPa（或 0.04～2.0MPa）的气动信号压力或 4～20mA DC 的电流信号转变成相应的位移或转角。

（4）侧装式气动薄膜执行机构 这种执行机构同时融合了气动薄膜执行机构和活塞执行机构的特点，采用杠杆传动进行力矩放大，可使执行机构的输出力增大 3～5 倍。图 2-5-5 所示为侧装式气动薄膜执行机构示意图，它的输出特性如图 2-5-6 所示。其输出位移与输入信号压力间呈非线性关系，但使用专用的阀门定位器后，可使输出位移与输入信号压力间呈线性关系。这种执行机构通用性好，实现正、反作用很方便，只要将连杆 9 与转板 7 的连接位置做相应的变更即可。侧装式气动执行机构还附有手轮机构，当调节系统因停电、停气或调节器出现故障时，可利用手轮机构直接操作阀，以保证生产过程正常进行。

侧装式气动薄膜执行机构适用于高压差、重负荷、噪声控制等多方面操作要求的控制系统。

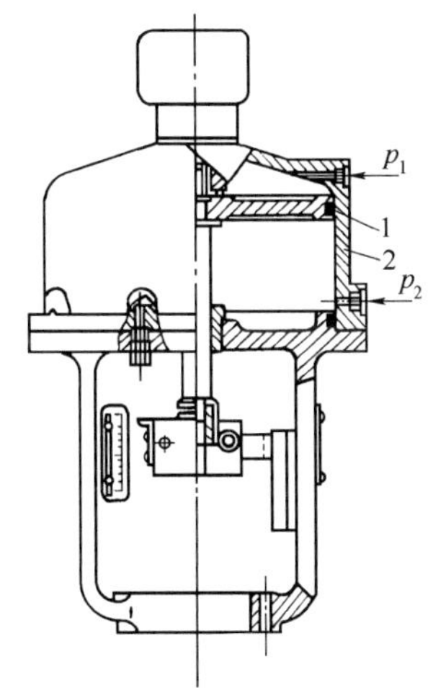

图 2-5-3　气动活塞式执行机构

1—活塞；2—气缸

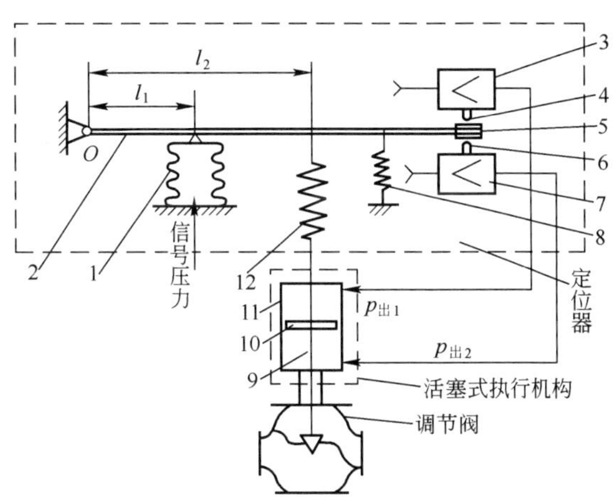

图 2-5-4　带定位器的活塞式执行机构

1—波纹管；2—杠杆；3、7—功率放大器；4—上喷嘴；5—挡板；6—下喷嘴；8—调零弹簧；9—推杆；10—活塞；11—气缸；12—反馈弹簧

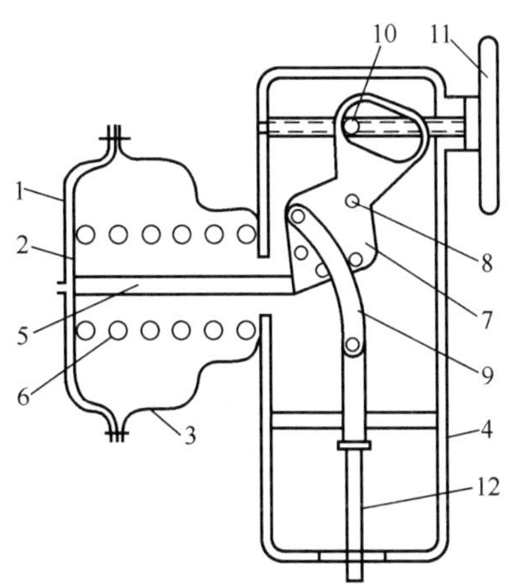

图 2-5-5　侧装式气动薄膜执行机构

1—左膜盖；2—波纹薄膜；3—右膜盖；4—支架；5—推杆；6—压缩弹簧；7—转板；8—轴；9—连杆；10—滑块；11—手轮机构；12—阀杆

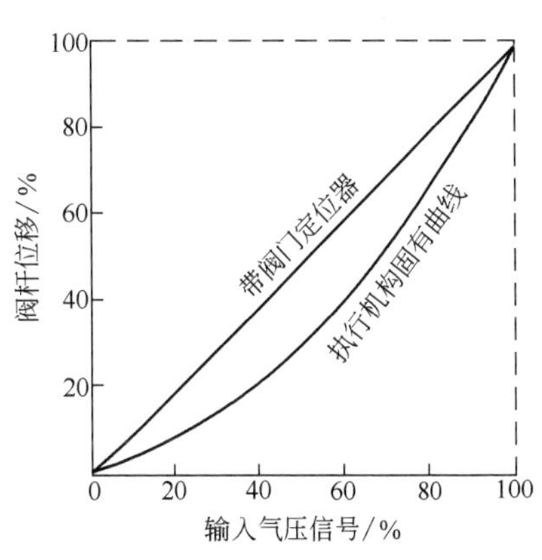

图 2-5-6　侧装式气动薄膜执行机构特性

1.3.2　调节机构（阀）

调节机构又简称阀。阀的种类很多，根据阀的结构、用途来分，其基本形式是直通单座阀、直通双座阀、蝶阀、三通阀等。在此基础上根据特殊用途要求，派生出波纹管密封阀、低温阀、保温夹套阀、隔膜阀、角形阀以及阀体分离阀等。近年来，随着工业自动化装置向大型化、高性能发展，研制出许多新型调节阀，如高温蝶阀、高压蝶阀和超高压调节阀；在阀的结构方面发展也很快，出现了偏心旋转阀、套筒阀、O 形球阀、V 形球阀。在特殊要求下使用的有卫生阀、低噪声阀、低压降比阀以及单座塑料阀和全钛钢调节阀等品种。

(1) 直通单座阀　直通单座阀阀体内有一个阀芯和阀座，其结构如图 2-5-7 所示。由阀杆带动阀芯上、下移动来改变阀芯与阀座之间的相对位置，从而改变流过阀的流量。其基本参数见表 2-5-2，其主要优点和应用注意事项见表2-5-3。

表 2-5-2　气动薄膜直通单、双座调节阀基本参数

公称通径 D/mm			¾″			20		25	32	40	50	65	80	100	125	150	200	250	300
阀座直径 d/mm			3 6	4 7	5 8	10 15	12 20	26	32	40	50	66	80	100	125	150	200	250	300
行程/mm			10					16		25		40			60			100	
流量系数 C 值	单座阀		0.08 0.32	0.12 0.50	0.20 0.80	1.20 3.20	2.00 5.00	8.00	12.0	20.0	32.0	50.0	80.0	120	200	280	450	700	1100
	双座阀							10	16	25	40	63	100	160	250	400	630	1000	1600
公称压力为(100kPa)			16、40、64、100、160(100 及 160 为 20～200mm 通径的单座阀)																
配用薄膜式执行机构型号			ZM_B^A-1			ZM_B^A-2				ZM_B^A-3		ZM_B^A-4			ZM_B^A-5			ZM_B^A-6	
薄膜有效面积 A_0/cm^2			200			280				400		630			1000			1600	
允许[①]压差 Δp 100kPa	输出压力 $p_F=20kPa$	单座				53.5 37 24 13.5		8	5.5	5	3	3	2	1.2	1.2	0.8	0.5	0.5	0.35
		双座						54	44	49	38	47	36	28	37.5	27	21.5	20	17
	输出压力 $p_F=40kPa$	单座				100 74 48 27		16	11	10	6	6	4	2.4	2.4	1.6	1	1	0.7
		双座						100	88	98	76	94	72	56	75	54	43	40	34

① 允许压差是指阀使用在“流开”状态（双座阀为阀杆在流出端），关闭时 $p_2=0$ 的情况下。

表 2-5-3 调节阀选用参考表

序号	名　　称	主 要 优 点	应用注意事项
1	直通单座阀	泄漏量小	阀前后压差小
2	直通双座阀	流量系数及允许使用压差比同口径单座阀大	耐压较低
3	波纹管密封阀	适用于截止不允许泄漏的场合，如氢氟酸、联苯醚等有毒物	耐压较低
4	隔膜阀	适用于强腐蚀、高黏度或含有悬浮颗粒以及纤维的流体。在允许压差范围内可作切断阀用	耐压耐温较低，适用于对流量特性要求不高的场合（近似快开）
5	小流量阀	适用于小流量和要求泄漏量小的场合	
6	角形阀	适用于高黏度或含悬浮物和颗粒状物料	输入和输出管道呈角形安装
7	高压阀（角形）	结构较多级高压阀简单，用于高静压、大压差、有气蚀、空化的场合	介质对阀芯的不平衡力较大，必须选配定位器
8	多级高压阀	基本上解决了以往调节阀在控制高压差介质时寿命短的问题	必须选配定位器
9	阀体分离阀	阀体可拆为上、下两部分，便于清洗。阀芯、阀体可采用耐腐蚀衬压件	加工、装配要求较高
10	三通阀	在两管道压差和温差不大的情况下能很好地代替两个二通阀，并可用作简单的配比调节	两流体的温差 $\Delta t<150℃$
11	蝶　阀	适用于大口径、大流量和浓稠浆液及悬浮粒的场合	液体对阀体的不平衡力矩大，一般蝶阀允许压差小
12	套筒阀（笼式阀）	适用于阀前后压差大和液体出现闪蒸或空化的场合，稳定性好，噪声低，可取代大部分直通单，双座阀	不适用于含颗粒介质的场合
13	低噪声阀	比一般阀可降低噪声 10～30dB，适用于液体产生闪蒸、空化和气体在缩流面处流速超过音速且预估噪声超过 95dB(A)的场合	流通能力为一般阀的 1/2～1/3，价格贵
14	超高压阀	公称压力达 350MPa，是化工过程控制高压聚合釜反应的关键执行器	价格贵
15	偏心旋转阀（凸轮挠曲阀）	流路阻力小，流量系数较大，可调比大，适用于大压差、严密封的场合和黏度大及有颗粒介质的场合。很多场合可取代直通单、双座阀	由于阀体是无法兰的，一般只能用于耐压小于 6.4MPa 的场合
16	球阀（O 形，V 形）	流路阻力小，流量系数较大，密封好，可调范围大，适用于高黏度、含纤维、含固体颗粒和污秽流体的场合	价格较贵，O 形球阀一般作二位调节用，V 形球阀作连续调节用
17	卫生阀（食品阀）	流路简单，无缝隙、死角积存物料，适用于啤酒、蕃茄酱及制药、日化工业	耐压低
18	二位式二（三）通切断阀	几乎无泄漏	仅作位式调节用
19	低压降比（低 S 位）阀	在低 S 值时有良好的调节性能	可调比 R 为 10
20	塑料单座阀	阀体、阀芯为聚四氟乙烯，用于氯气、硫酸、强碱等介质	耐压低
21	全钛阀	阀体、阀芯、阀盖均为钛材，耐多种无机酸有机酸	价格贵
22	锅炉给水阀	耐高压，为锅炉给水专用阀	

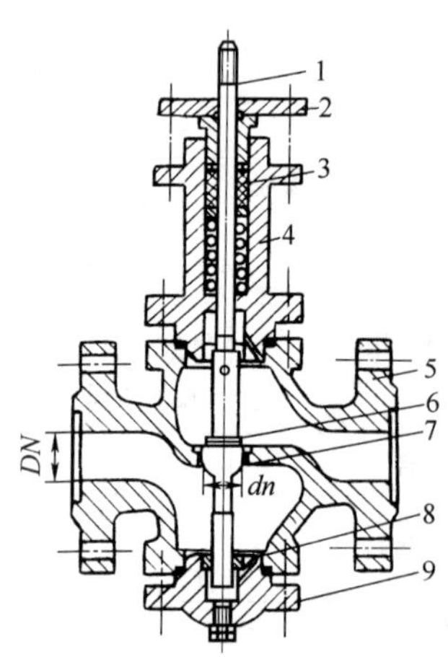

图 2-5-7 直通单座调节阀

1—阀杆；2—压板；3—填料；4—上阀盖；5—阀体；6—阀芯；7—阀座；8—衬套；9—下阀盖

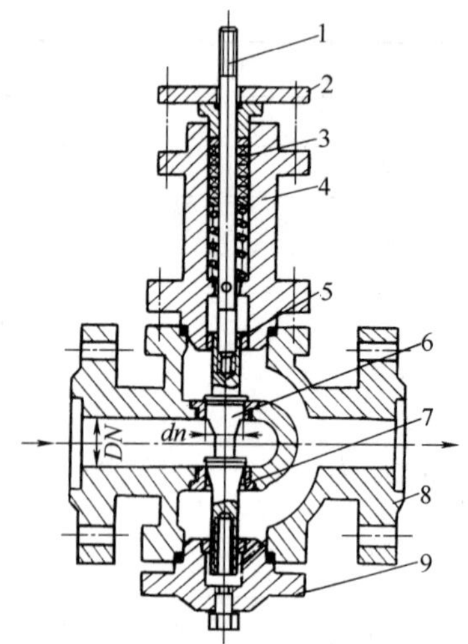

图 2-5-8 直通双座调节阀

注释同图 2-5-7

(2) 直通双座阀 直通双座阀的结构如图 2-5-8 所示。在阀体内有两个阀芯、阀座。流体从左侧进入，通过阀芯、阀座后，从右侧流出。

直通双座阀变正装为反装极为方便，只要把阀杆与阀芯的下端相连接，并把上、下阀盖互换位置安装在阀体上即可。其基本参数见表 2-5-2，其主要优点和使用注意事项见表2-5-3。

(3) 角形阀 角形阀的结构如图 2-5-9 所示。除阀体为直角形之外，其他结构与直通阀相似。角形阀的阀芯为单导向结构，故只能是正装，因此，气开式必须采用反作用式执行机构。其主要优点及应用注意事项见表 2-5-3。

(4) 高压阀 图 2-5-10 为角形高压调节阀的结构示意图。上、下阀体为锻造结构形式，填料箱与阀体做成一体，阀座与下阀体分开。这种结构加工简单，便于换配阀座。阀芯为单导向结构，故也只有正装式。因不平衡力大，一般要配用阀门定位器。其主要优点和应用注意事项见表 2-5-3。

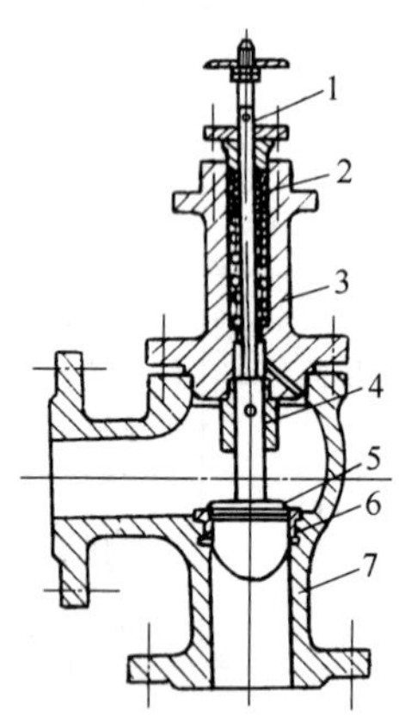

图 2-5-9 角形调节阀

1—阀杆；2—填料；3—阀盖；4—衬套；5—阀芯；6—阀座；7—阀体；

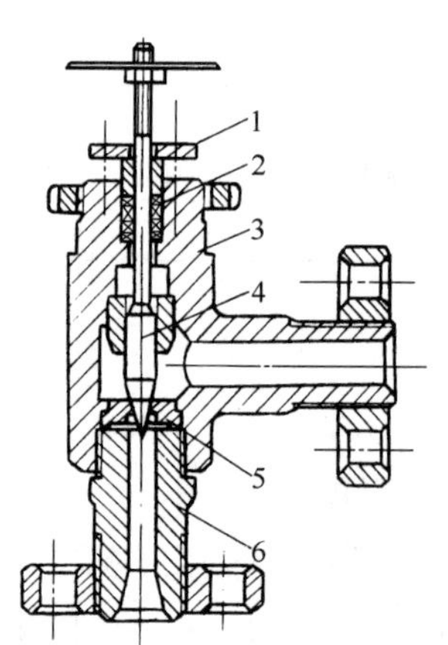

图 2-5-10 角形高压调节阀

1—压板；2—填料；3—上阀体；4—阀芯；5—阀座；6—下阀体

(5) 三通阀 阀体上有 3 个通道与管道相连。按其作用方式，三通阀可分为分流型［一种流体分成两路，见图 2-5-11(a)］和合流型［两种流体混合成一路，见图 2-5-11(b)］。

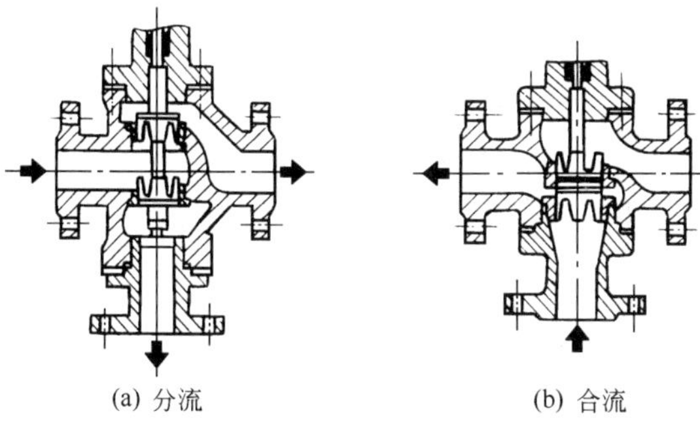

图 2-5-11　三通调节阀

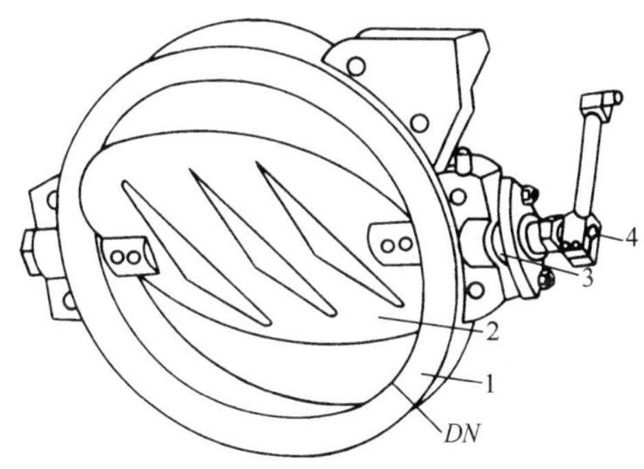

图 2-5-12　蝶阀结构示意图

1—阀体；2—挡板；3—轴封；4—挡板轴

（6）蝶阀　蝶阀又称翻板阀，其结构如图 2-5-12 所示。由于阀板在阀体内旋的角度不同，使阀的流通面积不同，从而调节通过阀的流量。一般常温蝶阀耐温为－20～450℃。近年来相继发展了高温蝶阀（600～850℃）、低温蝶阀（－200～－40℃）、高压蝶阀（*PN*：37MPa）。其主要优点及应用注意事项见表 2-5-3。

（7）隔膜阀　隔膜阀的结构如图 2-5-13 所示。用耐腐蚀衬里和耐腐蚀隔膜代替阀座和座芯组件，隔膜起调节作用。当采用正作用气动薄膜执行机构时，隔膜阀为气关式；而气开式必须采用反作用式执行机构。其主要优点及应用注意事项见表 2-5-3。

（8）偏心旋转阀　偏心旋转阀又称凸轮挠曲阀，简称偏旋阀。它的阀芯结构形式如图 2-5-14 所示，动作过程可以用图 2-5-15 来说明。球面阀芯 6 连在柔臂 7 上与轮毂 8 相接，轮毂与转轴 4 用键滑配，球面阀芯的中心线与转轴中心偏离，转轴带动阀芯偏心旋转。由于这种偏心旋转，使阀芯向前下方进入阀座。工作时转轴的运动是由气动执行机构驱动的，推杆的运动通过曲柄传给转轴。

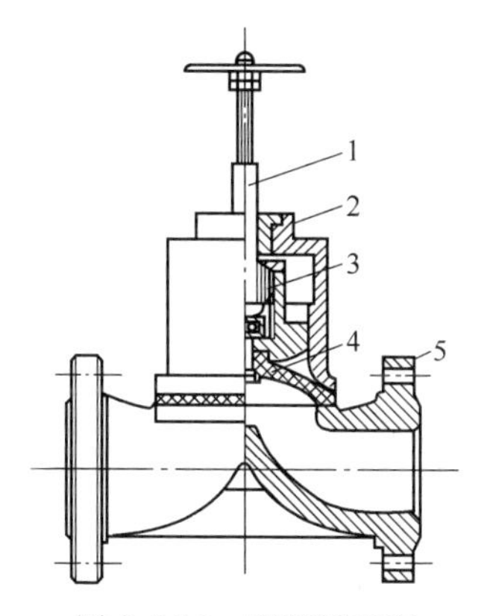

图 2-5-13　隔膜调节阀

1—阀杆；2—阀盖；3—阀芯；4—隔膜；5—阀体

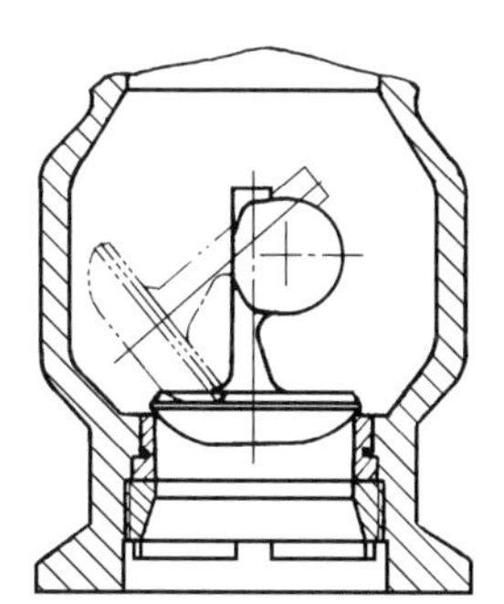

图 2-5-14　偏心旋转阀

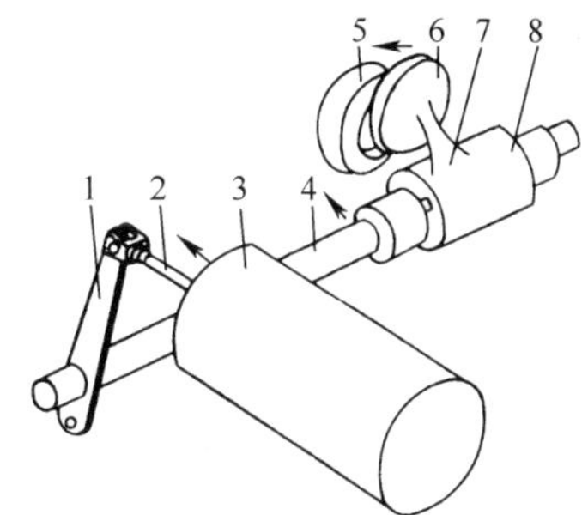

图 2-5-15　偏心旋转阀动作示意图

1—曲柄；2—推杆；3—执行机构；4—转轴；5—阀座；6—阀芯；7—柔臂；8—轮毂

该阀的本体采用无法兰结构，阀内件流路阻力小，流量系数约为同口径直通双座阀的 1.2 倍，而阀盖长度长得多，散热面大，故温度范围宽，并且整机重量仅为直通阀的 1/2。

其主要优点以及应用注意事项见表 2-5-3。

（9）套筒阀　套筒阀也叫笼式阀，是一种新型结构的调节阀，其结构如图 2-5-16 所示。它的阀体与一般直通单座阀相似，阀内有一个圆柱形套筒，也叫笼子。阀芯可在套筒中上下移动，利用套筒导向。阀芯在套筒中移动，改变了套筒的节流孔面积，形成了各种特性并实现流量的调节。

由于套筒阀采用了平衡阀芯结构，阀芯上、下受压相同，不平衡力小，并且阀芯利用套筒侧面导向，所以它的稳定性好，不易振荡，阀芯也不易损坏。它的优点及使用注意事项见表 2-5-3。

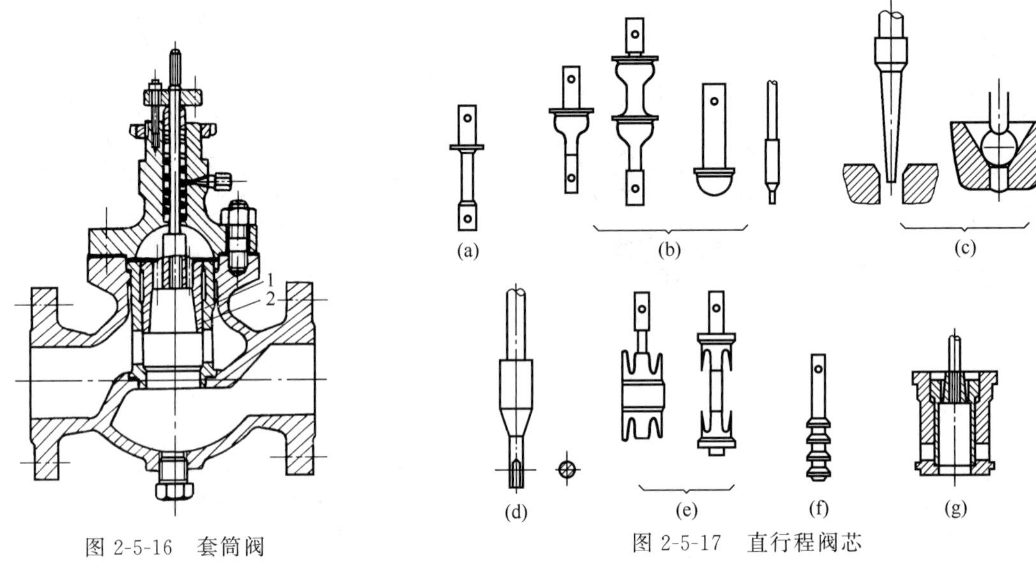

图 2-5-16　套筒阀

1—套筒；2—阀芯

图 2-5-17　直行程阀芯

1.3.3　阀芯形式

阀芯是调节阀最关键的部件。为了适应不同的要求，得到不同的阀特性，阀芯的形式多种多样，但一般分为直行程和角行程阀芯两大类。

（1）直行程阀芯（见图 2-5-17）

① 平板型阀芯　见图 2-5-17(a)，其结构简单，加工方便，具有快开特性，可作两位调节用。

② 柱塞型阀芯　可分上、下双导向和单上导向两种。图 2-5-17(b) 左边两种用于双导向，特点是上、下可倒装，倒装后可使阀变正装为反装。图 2-5-17(b) 右边两种为单上导向，它们用于角形阀、高压阀和小口径直通单座阀。对小流量调节阀，可采用球形、针形阀芯，见图 2-5-17(c)，或圆柱开槽型阀芯，见图 2-5-17(d)。柱塞型阀芯的阀特性，常见的有直线特性和对数特性两种。

③ 窗口型阀芯　见图 2-5-17(e)，常用于三通阀，图中左边的为合流型，右边的为分流型，阀特性有直线、对数和抛物线 3 种。

④ 多级阀芯　见图 2-5-17(f)，把几个阀芯串接在一起，起逐级降压作用，用于高压差阀中，可防止气蚀的破坏作用。

⑤ 套筒阀阀芯　见图 2-5-17(g)，它用于套筒阀，只要改变套筒窗口形状，即可改变阀的特性。

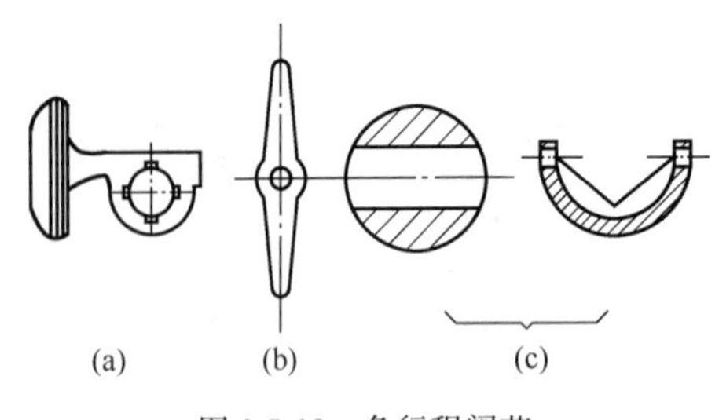

图 2-5-18　角行程阀芯

（2）角行程阀芯（见图 2-5-18）　这种阀芯通过旋转（偏转）运动来改变它与阀座之间的流通截面积。

偏心旋转阀芯见图 2-5-18(a)，它用于偏旋阀。蝶形阀芯见图 2-5-18(b)，它用于蝶阀。球形阀芯见图 2-5-18(c)，它们用于球阀，分“O”形和“V”形两种。

1.3.4　上阀盖形式

为适合不同工作温度和密封要求，上阀盖有 4 种常见的结构形式，见图 2-5-19。

（1）普通型［图 2-5-19(a)］　适用于常温－20～200℃。

（2）散（吸）热型［图 2-5-19(b)］　适用于高温或低温，工作温度为－60～450℃。散（吸）热片的作用是散掉高温流体传给阀体的热量，或吸收外界传给阀体的热量，以保证填料在允许温度范围内工作。

（3）长颈型［图 2-5-19(c)］　适合于深度冷冻场合，工作温度为－60～－250℃。它的上阀盖增加了一段直径，可以保护填料在允许的低温范围内而不致冻结，从而保证阀的正常工作。颈的长短取决于温度的高低和阀的口径。

（4）波纹管密封型［图 2-5-19(d)］　它适用于有毒性、易挥发或贵重的流体，可避免介质外漏损耗，以及有毒易爆介质外漏而发生危险。

上阀盖内具有填料室，内装聚四氟乙烯或石墨石棉或柔性石墨填料，起密封作用。

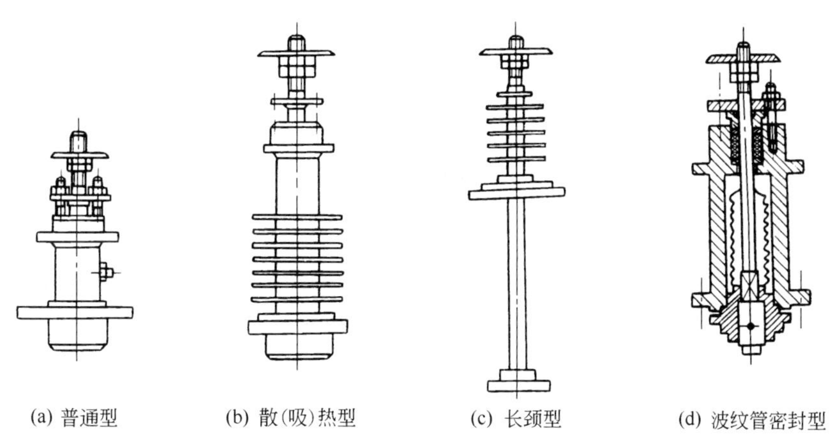
(a) 普通型
(b) 散(吸)热型
(c) 长颈型
(d) 波纹管密封型

图 2-5-19　上阀盖结构

2　调节阀的选型

合理选择调节阀的阀体、阀内件结构形式和材质，是提高调节品质和延长阀的使用寿命的关键。为此，在选择调节阀时，必须要考虑以下几个方面：

① 根据工艺条件，选择合适的结构和类型；

② 根据工艺对象特性，选择合适的流量特性；

③ 根据工艺参数，选择阀门的口径；

④ 根据阀杆受不平衡力的大小，选择足够推力的执行机构；

⑤ 根据工艺过程的要求，选择合适的辅助装置。

2.1　气动薄膜调节阀型号编制说明

气动薄膜调节阀型号由两节组成。第一节以大写汉语拼音字母表示热工仪表分类、能源、结构形式。第二节以阿拉伯数字表示产品的主要参数范围。表示如下：

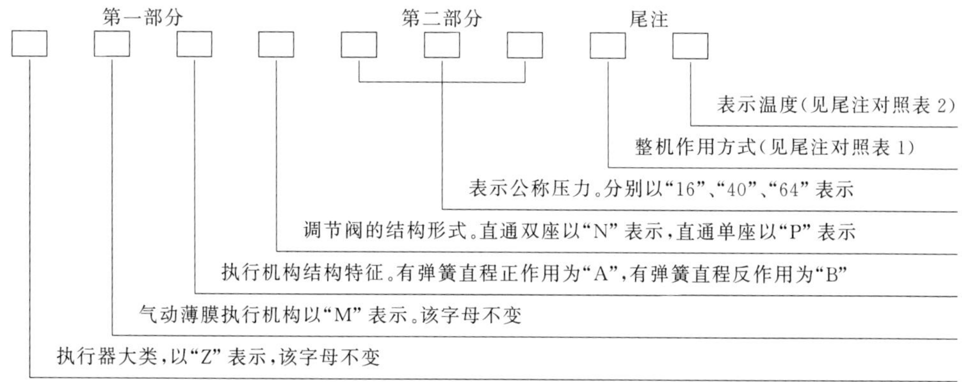
第一部分
第二部分
尾注
表示温度(见尾注对照表 2)
整机作用方式(见尾注对照表 1)
表示公称压力。分别以“16”、“40”、“64”表示
调节阀的结构形式。直通双座以“N”表示,直通单座以“P”表示
执行机构结构特征。有弹簧直程正作用为“A”,有弹簧直程反作用为“B”
气动薄膜执行机构以“M”表示。该字母不变
执行器大类,以“Z”表示,该字母不变

尾注对照表 1

型　式	气　开	气　关
代　号	K	B

尾注对照表 2

名称	普通型	长颈型	散(吸)热型	波纹管密封
代号	(−20～200℃)	D (−60～250℃)	G (−60～450℃)	V

例　ZMAP-64K 型，表示气动薄膜直通单座调节阀，执行机构为有弹簧直程正作用式，公称压力等级为

64×100kPa，整机为气开式，普通型阀。

2.2 调节阀结构形式的选择

调节阀结构形式的选择非常重要。在实际生产过程中，不少控制系统由于阀选型不当，导致控制系统运行不正常，甚至无法投入自动。而改变阀的结构形式后，控制系统不仅能自动控制，而且很平稳。还有些场合因阀选型不当而导致阀经常发生故障，并且缩短阀的寿命。如套筒阀与偏心旋转阀是近年来两种优良的新品种阀，在振动和噪声较大的场合选用套筒阀合适，而介质有黏性或带有微小颗粒时，则选用偏心旋转阀较合适。在选择阀的结构形式时，还应考虑调节介质的工艺条件和流体特性。表 2-5-3 给出了各种调节阀的特点。

2.3 调节阀气开、气关的选择和调节器正反作用的确定

调节阀气开、气关的选择主要从工艺生产需要和安全要求考虑。原则是当信号压力中断时，应保证工艺设备和生产的安全。如阀门处于全开位置时危险性小，则应选用气关式；反之应选气开式。例如，加热炉的燃料气或燃料油应采用气开式调节阀，即当信号压力中断时，应切断进入加热炉的燃料，以免炉温过高造成生产或设备事故。而被加热的原油进料阀应选气关阀，如图2-5-20加热炉自控图所示。

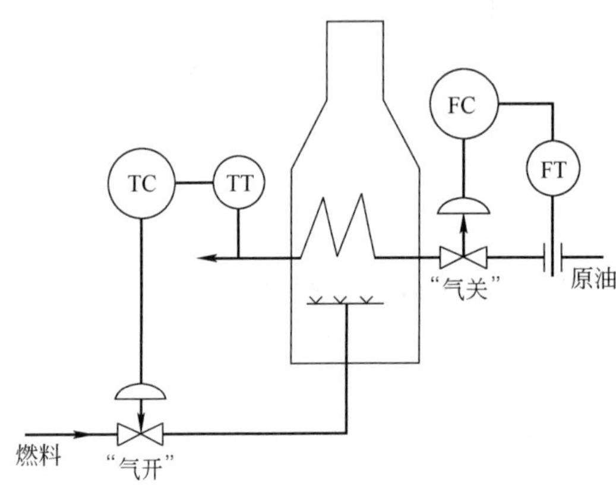

图 2-5-20　加热炉自控示意图

由于执行机构有正、反作用两种，阀也有正装和反装两种，因此，实现调节阀的气开、气关有 4 种组合方式，如图 2-5-21 和表 2-5-4 所示。

在确定了调节阀的气开、气关形式之后，必须根据阀的这一形式来确定调节器的正作用和反作用。例如，图 2-5-20 中的原油进料量调节阀是气关阀，这时调节器应选正作用的；燃料油的调节阀是气开的，则调节器应选用反作用的，以便构成一个具有负反馈的控制系统。

表 2-5-4　气动执行器组合方式表

序　号	执行机构	阀	调节阀
(a)	正	正	气　关
(b)	正	反	气　开
(c)	反	正	气　开
(d)	反	反	气　关

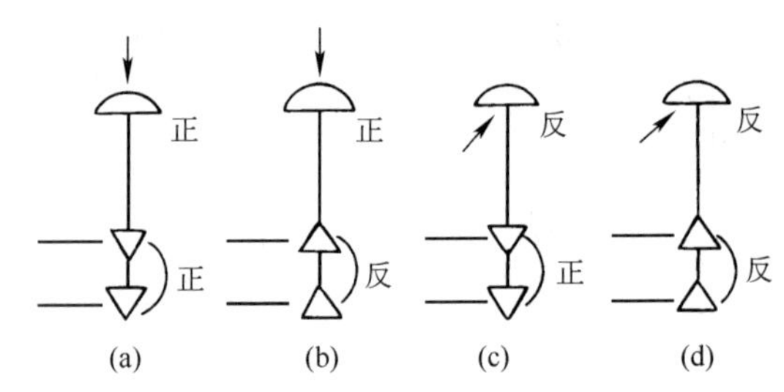

图 2-5-21　组合方式图

2.4 调节阀流量特性的选择

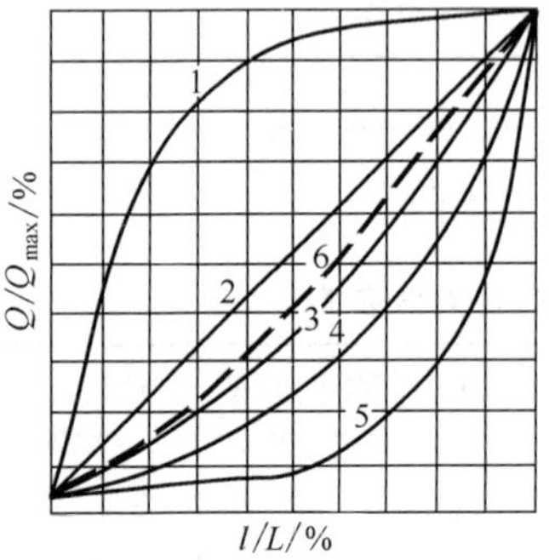

调节阀相对开度和通过阀的相对流量之间的关系称为阀的流量特性，即：

$$\frac{Q}{Q_{\max}}=f\left(\frac{l}{L}\right)$$

式中　$Q/Q_{\max}$——相对流量，即调节阀某一开度下流量与阀全开时流量之比；

l/L——相对开度，即调节阀某一开度下的行程与阀的全行程之比。

图 2-5-22　理想流量特性

1—快开；2—直线；3—抛物线；4—等百分比；5—双曲线；6—修正抛物线

阀前后压差一定时的流量特性称为理想流量特性或称固有流量特性。阀在调节系统使用时的流量特性，称为阀的工作特性或安装特性。铭牌上阀的特性是理想流量特性。调节阀的理想流量特性有快开、线性、抛物线和对数 4 种，见图 2-5-22。但抛物线流量特性与对数流量特性较为接近，前者可用后者来代替，而快开特性又主要用于位式控制和顺序控制，因而

所谓调节阀流量特性的选择，一般为线性特性与等百分比特性（对数特性）的选择。

2.4.1 理想流量特性

（1）直线流量特性 线性流量特性是指调节阀的相对开度与相对流量为直线关系，即：

$$\frac{\mathrm{d}(Q/Q_{\max})}{\mathrm{d}(l/L)}=K$$

式中 K 为常数，即调节阀的放大倍数。积分后得：

$$Q/Q_{\max}=\frac{1}{R}\left[1+(R-1)\frac{l}{L}\right]$$

式中 $R=Q_{\max}/Q_{\min}$ 表示可调范围。

（2）等百分比流量特性 等百分比流量特性又称对数流量特性，是指相对行程的变化所引起的相对流量的变化，与该点的相对流量成正比关系，即：

$$\frac{\mathrm{d}(Q/Q_{\max})}{\mathrm{d}(l/L)}=K(Q/Q_{\max})$$

积分后得：

$$Q/Q_{\max}=R^{\left(\frac{l}{L}-1\right)}$$

2.4.2 工作流量特性

一般来说，改变调节阀的阀芯与阀座间的流通截面积，便可控制流量。而在实际生产使用中，在改变流体流通截面积的同时，调节阀前后压差也是变化的，这时阀的理想流量特性畸变成工作流量特性。

直线和等百分比调节阀在串联管道中的工作流量特性如图 2-5-23 所示。图中 Q_{100} 表示存在管道阻力时调节阀全开流量；S 是阀阻比，它的物理意义是调节阀全开时阀上的压差与系统总压差之比，即：

$$S=\Delta p_{阀全开}/\Delta p_{总}$$

由图 2-5-23 可见，阀阻比越小，特性曲线畸变越严重。

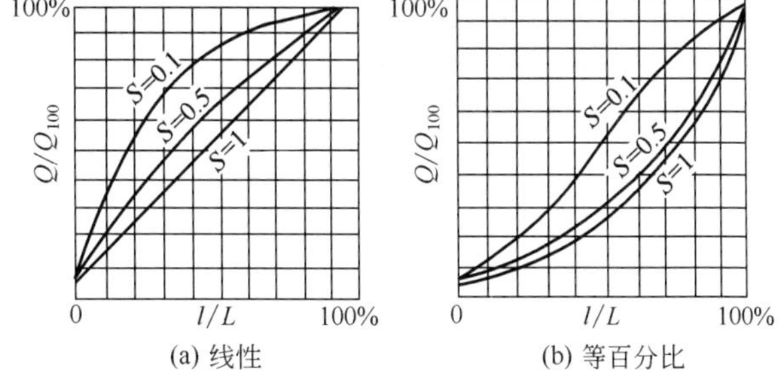

图 2-5-23 串联管道时调节阀的工作特性（以 Q_{100} 为参比值）

2.4.3 调节阀理想流量特性的选择

调节阀流量特性的选择，一般多采用经验准则，可以从下面几个方面来考虑。

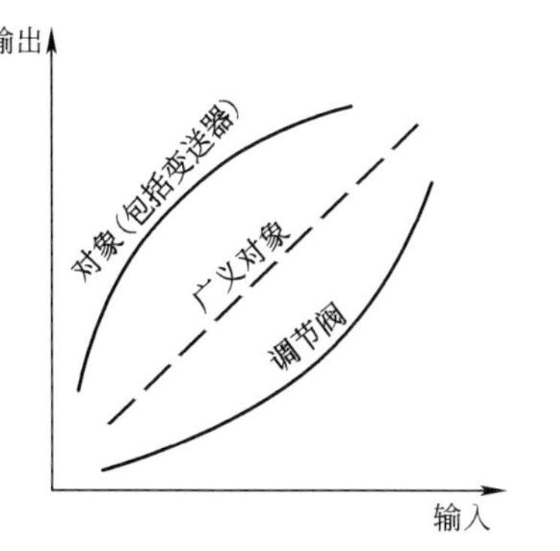

图 2-5-24 调节阀特性补偿示意图

（1）从自动控制系统的调节质量考虑 自动控制系统是由对象、变送器、调节器和调节阀等环节组成，为了使控制系统在整个操作范围内，即在负荷变动的情况下，调节器整定参数不变，系统仍能保持预定的品质指标，则要求系统的广义对象（对象、变送器、调节阀等环节合在一起）的总放大倍数保持不变。但在实际生产过程中，广义对象除调节阀外，其余部分（主要是对象）往往是非线性的，它的放大倍数随外部条件的变化而变化。因此，应适当地选择调节阀特性来补偿，使广义对象的总放大系数不变，达到预定的控制品质指标。从系统要求对调节阀流量特性选取的原则是，使整个广义对象具有线性特性。即当广义对象（除调节阀外）具有非线性特性时，调节阀应足以克服它的非线性影响，而使整个广义对象为线性，如图 2-5-24。所以合理地选择调节阀的流量特性，能克服对象的非线性影响。

（2）从工艺配管情况考虑 考虑工艺配管情况时，可参照表 2-5-5 来选择相应的固有流量特性（理想流量特性）。

表 2-5-5　考虑工艺配管状况

配管状况	S=1～0.6		S=0.6～0.3		S<0.3
阀的工作特性	线性	等百分比	线性	等百分比	不宜控制
阀的理想特性	线性	等百分比	等百分比	等百分比	不宜控制

从表 2-5-5 和图 2-5-23 可看出，当 $S=1\sim0.6$ 之间时，所选理想特性与工作特性一致。当 $S=0.6\sim0.3$ 之间时，若需要工作特性为线性，则应选理想特性为等百分比的阀；若需要工作特性为等百分比时，则理想特性曲线应比等百分比特性更凹一些，此时可通过阀门定位器的反馈凸轮来补偿。当 $S<0.3$ 时，直线固有特性已畸变成为快开特性了，不利于控制。

（3）从负荷变化情况考虑　线性特性调节阀在小开度时流量相对变化量大，过于灵敏，容易引起振荡，阀芯、阀座易损坏，在 S 值小，负荷变化幅度大时不宜采用。等百分比特性调节阀的放大系数随阀门行程增大而增大，流量相对变化量恒定不变，因此，它对负荷波动有较强的适应性，无论在全负荷或半负荷生产时都能很好地调节，所以，在生产自动化中，等百分比的特性是应用最广泛的一种。

2.5　调节阀结构材料的选择

合理选择阀的材质是一个非常重要的问题。选材一般应根据工艺介质的腐蚀性及温度、压力、气蚀、冲刷等几个方面而定，同时还要考虑其经济的合理性。

2.5.1　阀体材料的选择

阀体在耐压等级、使用温度范围和耐腐蚀性等方面，应不低于对工艺管道的要求，应优先在调节阀的定型产品中选取。目前国内调节阀阀体组件常用材料见表 2-5-6。

表 2-5-6　目前国产阀体组件常用材料

阀类型	阀内件名称	材料	使用温度/℃	使用压力/MPa	备注
一般单、双座、角形、三通阀	阀体	HT20～40	−20～250	1.6	
		ZG25B	−40～250	4.0	
		ZG 1Cr18Ni9	−60～250 带散热片	6.4	
	阀杆、阀芯、阀座	1Cr18Ni9	−60～250	1.6	
	垫片	2Cr13,1Cr18Ni9 夹石棉板		4.0	
	密封填料	V 形聚四氟乙烯		6.4	
高温单、双座、角形及三通阀	阀体、阀盖	ZG1Cr18Ni9、ZG25B	250～450 阀盖带散热片	4.0 6.4	
		ZG1Cr18Ni9	450～600 阀盖加长颈和散热片	4.0 6.4	只有直通单、双座有此产品
	阀杆、阀芯、阀座	1Cr18Ni9	250～600	4.0 6.4	
	垫片	2Cr13、1Cr18Ni9 夹石棉板			
	密封填料	V 形聚四氟乙烯、石墨、石棉			
低温单、双座阀	阀体、阀盖	ZG1Cr18Ni9	−60～−250 阀盖加长颈和散热片	0.6 4.0 6.4	
	阀杆、阀芯、阀座	1Gr18Ni9	−60～−250	0.6 4.0 6.4	
	垫片	浸蜡石棉橡胶板			
	密封填料	V 形聚四氟乙烯			

续表

阀类型	阀内件名称	材料	使用温度/℃	使用压力/MPa	备注
高压角形阀	阀体、阀盖	锻钢(25号或40号钢) ZGCr18Ni9Ti ZGCr18Ni12Mo2Ti	−40～250	22.0	
			250～450 阀盖带散热片	32.0	
	阀芯	YG6X、YG8可淬硬钢铬 1Cr18Ni9Ti，Cr18Ni12Mo2Ti堆焊钴铬钨合金	−40～450		
	阀杆	2Cr13、1Cr18Ni9			
	阀座	2Cr13、可淬硬钢			
	密封填料	V形聚四氟乙烯			
蝶阀	阀体、阀板	RT20-40	−20～250	0.6	
		ZG1Cr18Ni9，ZG1Cr18Ni9Ti，ZGCr18Ni12Mo2Ti	−40～−200		
	阀体	ZG2Cr5Mo 阀体外部可采用耐热纤维板	200～600	0.1	
	阀板、主轴	12Cr1MoV，1Cr18Ni9			
	轴承	GH132及GH132渗铬		0.1	
	密封填料	高硅氧纤维(SiO_2 96%以上)			
	阀体	ZG25 与介质接触的内层为耐热混凝土，外层为硅酸铝纤维或高硅氧纤维	600～800		
	主轴	Cr22Ni4N、Cr25Ni20Si2、Cr25Ni20			
	阀板	Cr19Mn12Si2N			
	轴承	GH132及GH132渗铬			
波纹管密封阀	阀体、阀盖	ZG1Cr18Ni9	−60～150	1.0	
	阀杆、阀芯、底座波纹管	1Cr18Ni9			
	密封填料	V形聚四氟乙烯(加在波纹管上部)			
小流量阀	阀体、阀杆、阀芯	1Cr18Ni9	−60～250	10	
	垫片	08，10号钢			

对水蒸气、含水较多的湿气体、易燃易爆的流体，不宜选用铸铁阀体。环境温度低于−10℃的场合，阀内流体在伴热蒸汽中断时会发生冻结的场合，也不应选用铸铁阀体。

化学腐蚀是一个非常复杂的问题。工艺介质种类、浓度、温度及流速不同，对材料腐蚀的程度也不同。因此，一定要根据流体的具体情况选择耐腐蚀材料。表2-5-7为美国仪表学会提供的“抗腐蚀材料表”。

2.5.2 阀内件材质的选择

阀内件是指阀芯和阀座等部件。阀芯、阀座耐腐蚀材料常用的有普通不锈钢（1Cr18Ni9Ti），耐腐蚀程度要求较高的可采用钼二钛（Cr18Ni12Mo2Ti），在大部分腐蚀介质中均能采用全钛控制阀。同时，对腐蚀性流体，也应根据流体的种类、浓度、温度、压力的不同，选用合适的耐腐蚀材料，可参照表1-5-21进行选择。

另外，史太莱合金是钨铬钴合金，含钴75%～90%、铬6%～25%、钨少量，是耐磨损性能很强的材料，堆焊于阀芯和阀座的表面上能增强耐磨性。

表2-5-7列出了中国、美国、日本等8个国家常用的铸铁、铸钢、不锈钢牌号（近似）对照表。

表 2-5-7 国内外铸铁、铸钢、不锈钢（近似）对照表

序号	国别 / 标准号	中国	美国	日本	德国	前苏联	法国	英国	瑞典
		JB	ASTM	JIS	DIN	ГОСТ	NF	RS	SIS
1	灰口铸铁	HT20-40	A126-61T A48-74	G5501 FC20	1691-64	ГОСТ1412-54 СЧ21-40		1452-1977	
2	碳素铸钢	ZG25	A216-63T WCB A27-73，U-60，30	G5101-1958SC46	1681-1967 GS-38，45，52，60	ГОСТ977-58 25Л		3100-1976 A1,A2,A3	
3	不锈耐酸铸钢	ZG1Cr18Ni9	A351-63T GF-8 A296-76 A351-76	G5121 SCS13				3100-1976 304C 15	
4	不锈耐酸铸钢	ZG1Cr18Ni9Ti		G5121 SCS12					
5	不锈耐酸铸钢	ZG1Cr18Ni12Mo2Ti	CF-8M	G5121 SCS-14					
6	碳钢	35	AISI 1035 SAE 1035	S35C	CK35 C35	35	XC38	060A35 S93	1550
7	不锈钢	2Cr13	420 51210	SUS420J1	X20Cr13 1.4021（W-Nr）	20X13（Эж2）	Z20C13	En56B，En56C，S62 420S29，420S37	2303
8	不锈钢	Cr17（17-4PH）	430 51430	SUS430	X8Cr17 1.4016（W-Nr）	12X17 （Эж17）	Z8C17 Z10C17，Z12C18	En60 430S15	3320
9	不锈钢	0Cr18Ni9	304 30304	SUS304	X5CrNi18 9	04X18H10 （0X18H9，ЭЯ0）	Z6CN18-10	En58E 304S15	3332 2333
10	不锈钢	1Cr18Ni9Ti	321 30321	SUS321	X6CrNiTi 18-10 X10CrNiTi 18-9	12X18H19T （X18H9T，ЭЯ1T）	Z19CNT 18-11	En58，CS 110，321S20EN 58B，CS	2337
11	不锈钢	Cr18Ni12Mo2Ti	316	SUS316	X10CrNiMo Ti18 10 1.4571（W-Nr）	10X17H13 （X17H13M2T，ЭИ400，ЭИ401，ЭИ448）	Z8CNDT 17-12	320S17，En58J	2350
12	不锈钢	Cr18Ni12Mo3Ti	317	SUS317	X5CrNi MoTi17 13	X18H12M3T （ЭИ432）	Z3CND 17-13		
13	不锈钢	00Cr17Ni13Mo2	316L	SUS316L	X2CrNi Mo18 10	03X17H 13M2	Z3ND 18-12	316S12	
14	不锈钢	00Cr17Ni14Mo3	317L	SUS317L			Z3CN 17-13 Z2CN 19-15	317S12	2341
15	不锈钢	1Cr17Mo2Ti			X8CrMo Ti17 1.4523（W-Nr）				

2.5.3. 填料选择

调节阀的填料装于上阀盖填料室内，其作用是防止因阀杆移动而阀内介质向外泄漏。最常用的填料是聚四氟乙烯填料，它具有摩擦系数小，密封性能好和耐腐蚀性能好的优点，但耐温差，寿命较短，不能用于熔融状碱金属、高温的氟化氯和含有氟元素等介质。

调节阀用的填料列于表 2-5-8 中，可以根据流体性质、温度、压力进行选用。

柔性石墨填料是一种新型填料。它具有密封性、自润滑性好，耐腐蚀，耐高低温（－200～600℃）和温度变化影响较小等特点。但它对阀杆摩擦力大，通常要使用阀门定位器才能很好工作。它不能用于高浓度、高温的强氧化剂，如浓硝酸、浓硫酸等介质。柔性石墨填料耐腐蚀性能列于表 2-5-9 中，可根据其适用范围进行选用。

表 2-5-8 调节阀用填料

填料号	型　　式	温度/℃	最高压力/MPa	用　　途
P-1	V 形聚四氟乙烯填料（一般防腐）	－180～200	4	各种化学药品和酸、碱（除熔化的碱金属）等几乎所有流体。用于禁止油类的工作场合。填料压盖上出现结晶和含有泥浆的不能用
P-2	圆锥形聚四氟乙烯填料（防腐）	－100～150	1	同 P-1，但工作压力小于 1MPa
P-3	石棉和石墨的橡胶填料（防热）	400	—	适用于水蒸气，高温脂肪族烃（石油），脂肪醚类，动、植物油和氟里昂
P-4	因科镍钢增强石棉石墨填料（高温高压用）	～600	35	与 P-3 相同，而且能经受更高的温度和压力
P-5	石棉加聚四氟乙烯填料（防腐）	－180～280		各种化学药品，酸、碱等所有流体。不可用于强酸，以及 P-1 填料不适用的场合
P-6	石棉加聚四氟乙烯填料（适用液态氧）	－180～260		液态氧、氧气、聚四氟乙烯填料不适用的流体
P-7	聚四氟乙烯编织填料（防腐防污染）	－180～200		同 P-5
P-8	聚四氟乙烯烃蜡处理的石棉石墨填料（适用于强酸）	400		适用于强酸

注：本表摘自吴忠仪表厂引进日本山武公司“调节阀填料 V-40”。

表 2-5-9 柔性石墨耐化学腐蚀性能表

序　号	化学品种类	浓度/%	温度/℃	序　号	化学品种类	浓度/%	温度/℃
1	醋酸	全范围	全范围	16	氯化钠	全范围	全范围
2	硼酸	全范围	全范围	17	氯酸钾	0～10	60
3	铬酸	0～10	98	18	次氯酸钠	0～25	室温
4	盐酸	全范围	全范围	19	氟	全范围	149
5	硫化氢	全范围	全范围	20	氯	全范围	室温
6	硝酸	0～10	85	21	溴	全范围	室温
7	硝酸	浓	不可使用	22	碘	全范围	全范围
8	草酸	全范围	全范围	23	水	—	全范围
9	磷酸	0～85	全范围	24	水蒸气	—	全范围
10	硬脂酸	0～100	全范围	25	矿物油	0～100	全范围
11	硫酸	稀	170	26	丙酮	0～100	全范围
12	硫酸	浓	不可使用	27	苯	0～100	全范围
13	氢氟酸	全范围	全范围	28	汽油	0～100	全范围
14	氨水	全范围	全范围	29	二甲苯	0～100	全范围
15	氢氧化钠	全范围	全范围	30	四氯化碳	0～100	全范围

注：本表摘自上海自动化仪表研究所为无锡羊尖密封件厂生产的柔性石墨所作的试验报告。

2.6 气动执行器常见故障及原因

气动执行器在运行过程中，应进行日常维护和定期检修，以保证执行器的正常工作，延长其使用寿命。气动执行器在运行中的常见故障及原因见表 2-5-10。

表 2-5-10 气动执行器常见故障及原因

故障现象		产生故障的原因
阀不动作	无信号，无气源	压缩机无输出 气源总管泄漏或气源阀门未打开
	有气源，无信号	调节器无输出 信号管线漏 执行机构膜片或活塞密封环漏
	有信号，不动作	阀芯与衬套或阀座卡死 阀芯与阀杆脱开 阀杆弯曲或折断 执行机构有故障
阀动作不稳	气源压力不稳	压缩机容量太小 减压器有故障
	气源信号稳定，阀动作不稳	输出管线漏 执行机构刚度太小 阀杆摩擦力大
阀动作迟钝	往复动作时迟钝	阀被黏性大的介质或泥浆堵塞，结焦 填料硬化或干涸 活塞密封环磨损
阀动作迟钝	单方向动作时迟钝	执行机构膜片破裂 执行机构“O”形密封圈泄漏
阀振荡（有鸣声）	调节阀接近全闭位置时振动	阀口径过大，常在小开度工作 单座阀采用流闭状态
	任何开度均振动	支撑不稳 附近有振动源 阀芯与衬套磨损
阀的泄漏量大	阀全闭，但泄漏量大	阀芯被腐蚀、磨损 阀座外围的螺丝被腐蚀
	阀达不到全闭位置	介质压差很大，执行机构刚度不足 阀体内有异物 衬套烧结
	填料部分及阀体密封部分渗漏	填料盖未压紧 填料润滑油干燥 聚四氟乙烯填料老化 密封垫被腐蚀
	可调比变小	阀芯被腐蚀，使 Q_{min} 变大

3 气动调节阀的性能测试

3.1 气动调节阀的性能指标

以全国统一设计的气动薄膜调节阀为例，其主要技术性能指标，有最大供气气源压力为 250kPa；标准输入信号压力为 20～100kPa；基本误差限（或线性误差）；回差；死区（或灵敏限）；始、终点偏差；允许泄漏量；流量系数误差；流量特性误差；耐压强等。常用的性能指标见表 2-5-11，供测试执行。

表 2-5-11 气动薄膜调节阀主要技术性能表（部分）

名称	调节阀种类									
	单座阀、双座阀、角形阀		三通阀		高压阀		低温阀		隔膜阀	
	不带定位器	带定位器	不带定位器	带定位器	不带定位器	带定位器	不带定位器	带定位器	不带定位器	带定位器
非线性偏差/%	±4	±1	±4	±1	±4	±1	±6	±1	±10	±1
反行程变差/%	2.5	1	2.5	1	2.5	1	5	1	6	1
灵敏限/%	1.5	0.3	1.5	0.3	1.5	0.3	2	0.3	3	0.3
流量系数误差/%	±10 （$C \leqslant 5$ 为±15）		±10		±10		±10 （$C \leqslant 15$ 为±15）		±20	
流量特性误差/%	±10 （$C \leqslant 5$ 为±15）		±10		±10		±10 （$C \leqslant 5$ 为±15）			
允许泄漏量/%	单座角形阀 0.01 双座阀 0.1		0.1		0.01		单座阀 0.01 双座阀 0.1		无泄漏	

3.2 气动薄膜调节阀性能测试方法

3.2.1 非线性偏差、变差及灵敏限的测定

测试装置如图 2-5-25 所示。按图连接测试系统各气路（连接时注意执行机构的正反作用形式）。

(1) 正行程校验　选取 20、40、60、80、100kPa 5 个输入信号校验点，输入信号从 20kPa 开始，依次增大加入膜头的输入信号的压力至各校验点，在百分表上读取各校验点阀杆的位移量，将测试结果填入表 2-5-12 的相应栏目内。

(2) 反行程校验　正行程校验后，接着从 100kPa 开始，依次减小加入膜头的输入信号压力至各校验点，同样读取各点阀杆的位移量，将测试结果填入表 2-5-12 的相应栏目内。并绘制正、反行程校验的"信号-位移"特性曲线。

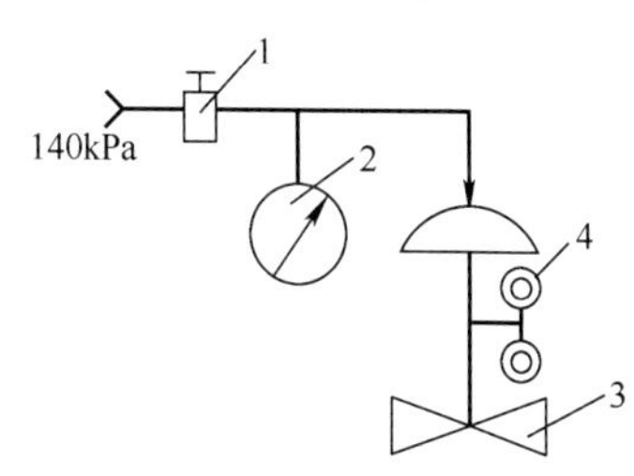

图 2-5-25　非线性偏差测试连接图

1—气动定值器；2—精密压力表；3—执行器；4—百分表

(3) 灵敏限的测定　测试装置同前。分别在信号压力为 10%、50%、90%所对应的阀杆位置，增加和降低信号压力，使阀杆移动 0.01mm（百分表的指示有明显的变化）时，读取各自的信号压力变化值，填入表 2-5-12 中的相应栏目内。

表 2-5-12　非线性偏差、变差及灵敏限校验纪录表

非线性偏差及变差测试记录					
校验点		阀杆位置		阀杆位移量	
百分值/%	信号值/kPa	正行程/%	反行程/%	正行程/%	反行程/%
0					
25					
50					
75					
100					
非线性偏差			%		
变　差			%		
灵敏限测试记录					
测试点		阀杆移动 0.01mm 时的信号变化量			
百分值/%	信号值/kPa	增加信号变化量/kPa		减小信号变化量/kPa	
10					
50					
90					
灵敏限		%			
校验结论：					
校验人：					年　月　日
指导老师					年　月　日

把上述测试数据进行计算，计算结果均不应超过表 2-5-11 中规定的误差。

3.2.2 流量系数、流量特性及允许泄漏量测试

按图 2-5-26 进行校验系统连接。

(1) 流量系数的测定　取阀前取压点为 0.5～2.5D（D 为管径），阀后取压点为 4～6D。当加入输入信号使调节阀全开时，将恒压头的水送入流量系统，流过调节阀后进入计量槽；改变手阀 a 的开度，使调节阀前后的压力差 Δp=100kPa 且恒定后，测出流体流量，即可求出阀的流量系数 C 值的大小，其误差应符合表 2-5-11 中的规定。

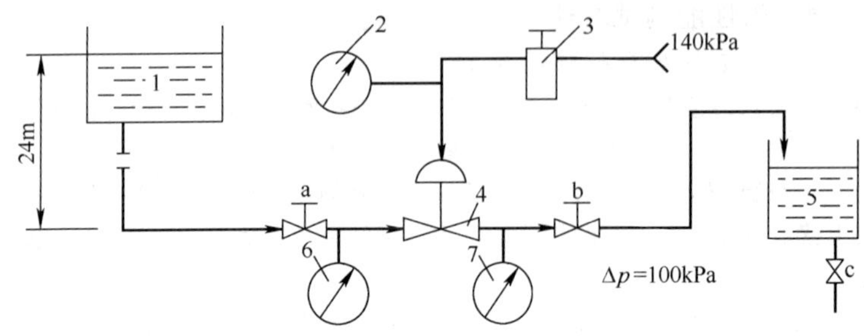

图 2-5-26　流量系数、阀特性及允许泄漏量测试装置连接图

1—高位槽；2、6、7—压力表；3—定值器；4—执行器；5—计量槽；a、b、c—手阀

(2) 流量特性的测试　调节阀的流量特性是指阀前后压差不变（100kPa）的情况下，介质流过阀门的相对流量与阀芯相对行程间的对应关系。

该项测试可按流量系数的测试方法进行，即分别测取相对行程为5%、10%、20%、30%、40%、50%、60%、70%、80%、90%、100%时的相应流量，并折算成各相对流量，由此得到调节阀的实测流量特性。其误差应符合表2-5-11的规定。

(3) 允许泄漏量的测试　输入气压信号使控制阀全关，并将水以规定的压力（正常使用时的介质静压）送入使之流经调节阀，此时所测得的流量大小即为泄漏量。若泄漏量太大，可调节下阀杆，使之符合表2-5-11中的误差范围。

3.2.3　电/气阀门定位器与气动调节阀的联校

电/气阀门定位器零点及量程的调整，按图2-5-27进行联校连接之后进行校检。

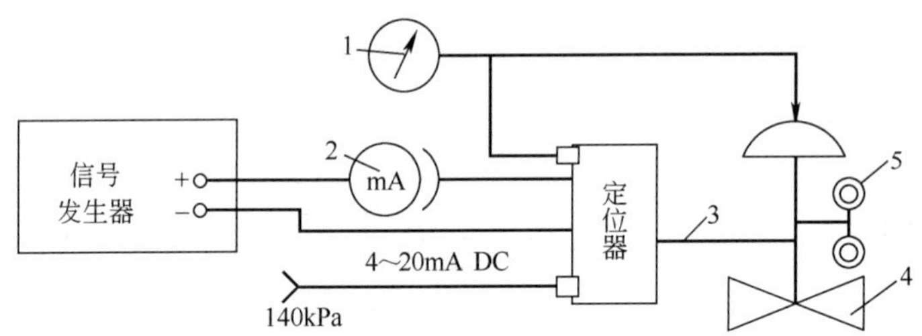

图 2-5-27　执行器与定位器联校连接图

1—精密压力表；2—直流毫安表；3—反馈杆；
4—执行器；5—百分表

① 零点调整　给电/气阀门定位器输入4mA DC信号，其输出气压信号应为20kPa，执行器阀杆应刚好启动。如不符，可调整电/气阀门定位器中的零点调节螺钉来满足。

② 量程调整　给电/气阀门定位器输入20mA DC信号，输出气压信号应为100kPa，执行器阀杆应走完全行程（100%处），否则调节量程螺钉使之满足要求。

零点和量程应反复调整，直至两项均符合要求为止。然后再看一下中间值，不超精度要求，即联校毕，否则要进行非线性和变差校验。

3.3　气动薄膜调节阀的简单误差分析

气动薄膜调节阀在制造厂出厂前已进行过全性能测试，其中流量系数、流量特性等仅为抽测，使用者主要测试并调整非线性偏差、变差及灵敏限等项指标。对调校而言，影响始点和终点偏差、全行程偏差与非线性偏差、变差及灵敏限等项技术指标的因素大致有以下几点。

① 阀杆、阀芯等可动部分在移动过程中受到较大的阻力。诸如填料压得过紧，增大了阀杆的摩擦力；阀杆阀芯的同心度不好或使用过程中，阀杆变形而造成阀杆移动时与填料及导向套筒摩擦等。

② 压缩弹簧的特性发生变化及刚度不合格。

③ 因填料压盖松动或填料老化等因素，会导致填料密封性能不好，甚至出现阀体部分的介质向外泄漏。

④ 若泄漏量大，关不死。有可能是阀芯、阀座受到腐蚀，需重新更换；或者是阀芯、阀座之间盖不严，需重新研磨等。

⑤ 由于膜头中的波纹薄膜老化，特性变化等，此时应更换波纹薄膜。

总之，在对气动薄膜控制进行测试调校时，要在了解其结构原理的基础上，根据具体情况作具体分析，找出不合格的原因，调整和更换零部件，使之达到规定的技术指标与要求。

4 阀门定位器

4.1 阀门定位器的作用与应用

阀门定位器是调节阀的主要附件，可分气动阀门定位器和电-气阀门定位器。气动阀门定位器接受气动信号 0.02～0.1MPa（0.02～0.06MPa 及 0.06～0.1MPa），输出为 0.02～0.1MPa（0.04～0.2MPa）。电-气阀门定位器将 4～20mA DC（0～10mA）的控制信号，转换成 0.02～0.1MPa（0.04～0.2MPa）的气压，并且按气动阀门定位器的功能进行工作。

阀门定位器接受调节器输出的控制信号，去驱动调节阀动作，并利用阀杆的位移进行反馈，将位移信号直接与阀位比较，改善阀杆行程的线性度，克服阀杆的各种附加摩擦力，消除被调介质在阀上产生的不平衡力的影响，从而使阀位对应于调节器的控制信号，实现正确定位。

气动阀门定位器能够增大调节阀的输出功率，减小调节信号的传递滞后，加快阀杆的移动速度等。电-气阀门定位器在易燃易爆场所必须选用防爆产品。国内生产的定位器的品种规格列于表 2-5-13 中。

阀门定位器应用非常普遍，下列情况应采用阀门定位器：

① 摩擦力大，需要精确定位的场合，例如高温、低温调节阀和柔性石墨填料的调节阀；

② 缓慢过程需要提高调节阀速度的系统，如温度、液位、分析等为被调参数的控制系统；

③ 需要提高执行机构输出力和切断能力的场合，如公称通径 $DN>100$mm 的调节阀，或调节阀两端压差大于 1MPa，或者静压大于 10MPa 的场合；

④ 调节介质中含有固体悬浮物或黏性流体的场合；

⑤ 分程调节系统和调节阀运行中有时需要改变气开、气关形式的场合；

⑥ 需要改变调节阀流量特性的场合；

⑦ 采用无弹簧执行机构的控制系统等场合。

表 2-5-13 阀门定位器的品种规格

型 号	气源/MPa	输入信号/mA DC	阀行程/mm	用 途
ZPD-01 型 ZPD-02 型电-气定位器	0.5	0～10 分段操作 0～5 5～10	10,16,25,40,60,100	①双向输出定位器 ②与活塞式执行机构配用,可实现比例调节
ZPD-01 型电-气定位器	0.14	4～20	10,16,25,40,60,100	①两个定位器组合,可实现分程控制 1300 ②与安全栅 DFA-1400可组成本安系统 1500
DQF-200 型电-气定位器	0.14	0～10	6～60	
DQF-1000 型电-气定位器	0.14	4～20	10～80	DQF-1000A 本质安全型 DQF-1000AB 型为安全隔爆复合型
VPI 型电-气定位器	0.14 (0.35)	4～20	12～100	①VPI05 隔爆型 VPI06 抗大气影响型 VPI07 本质安全型 ②三个凸轮分别组成线性、对数、快开流量特性

续表

型　　号	气源 /MPa	输入信号 /mA DC	阀行程 /mm	用　　途
HTP 型气动阀门定位器	0.14 (0.35)	0.02～0.1MPa	12～100 特殊： 6～12	①三个凸轮分别组成线性、对数、快开流量特性 ②正、反作用变换容易 ③单作用力平衡式 ④普通型－25～60℃高温型－15～80℃
VPP 型气动阀门定位器	0.36～0.70	0.02～0.1MPa	14～100	①双作用，可配活塞式执行机构 ②三个凸轮分别组成线性、对数、快开流量特性 ③正、反作用变换容易
ZPQ-01 型 ZPQ-02 型 气动阀门定位器	0.5	0.02～0.1MPa	10,16,25, 40,60,100	①双作用，可配活塞执行机构 ②实行活塞执行机构比例调节
VPT 型电-气转换器	0.14	4～20		VPT05 型隔爆型 VPT06 型抗大气影响型 VPT07 型本安型 普通型－25～60℃ 高温型－15～80℃

4.2　电-气阀门定位器

电-气阀门定位器（以下简称定位器）的结构形式有多种，这里只介绍其中的一种。它的外形结构如图2-5-28所示。定位器主要由接线盒组件、转换组件、气路组件和反馈组件等 4 部分组成。整个机体部分被封装在涂有防腐漆的外壳中，具有防水、防尘等功能。

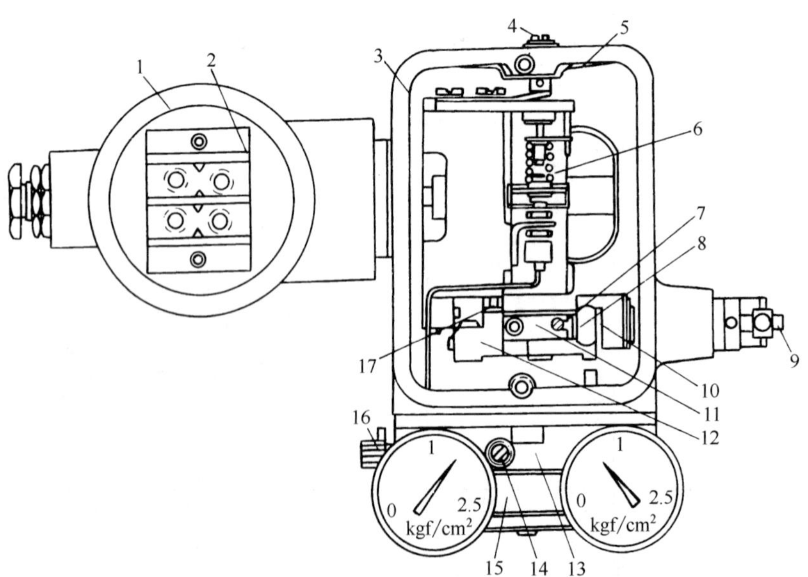

图 2-5-28　定位器的外形结构

1—接线盒组件；2—接线端子板；3—壳体；4—调零螺钉；5—屏蔽板；6—转换组件；7—调量程丝杆；8—调量程支点；9—反馈轴；10—反馈压板；11—反馈组件；12—反馈机体；13—气路组件；14—恒节流孔；15—放大器；16—“自动”“手动”切换阀；17—限位钉

图 2-5-29 为定位器工作原理示意图。来自调节器或输出安全栅送来的 4～20mA DC 电流输入线圈 6、7 时，使位于线圈之中的可动铁心（即杠杆 3）磁化。因为可动铁心位于永久磁钢 5 所产生的磁场中，因而，两磁场相互作用，使杠杆 3 产生偏转力矩，并以中心支点为中心发生偏转。假设输入信号增加，则图中杠杆左端应向逆时针方向偏转。这时，固定在杠杆 3 上的挡板 2 便靠近喷嘴 1，使放大器背压增大，经放大后的输出气压作用于调节阀的膜头上，使其阀杆下移。阀杆的位移通过反馈拉杆 10 转换为反馈轴和反馈压板 14 的角位移，再通过调量程支点 15 使反馈机体 16 向下偏移。固定在杠杆 3 右端上的反馈弹簧 8 被拉伸，产生了一个负的反馈力矩（与信号产生的力矩方向相反），使杠杆 3 向顺时针方向偏转。当反馈力矩与输入力矩相等时，使杠杆 3 平衡，同时，阀杆也稳定在一个相应的确定位置上，从而实现了信号电流与阀位之间的比例关系。

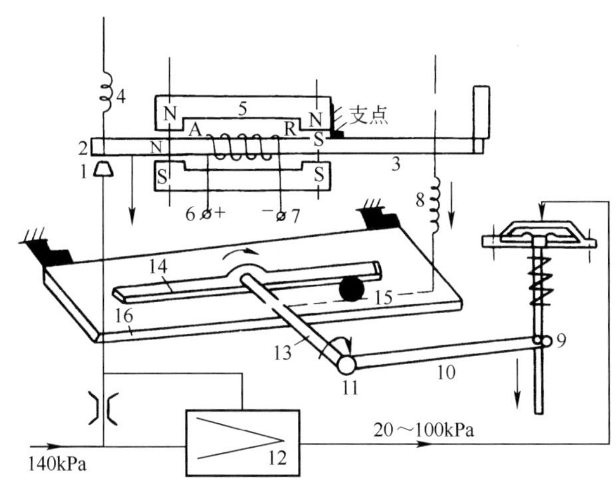

图 2-5-29　定位器简化原理图

1—喷嘴；2—挡板；3—杠杆；4—调零弹簧；5—永久磁钢；6、7—线圈；
8—反馈弹簧；9—夹子；10—拉杆；11—固定螺钉；12—放大器；
13—反馈轴；14—反馈压板；15—调量程支点；16—反馈机体

安全火花型电-气阀门定位器采取了专门的安全火花防爆措施，如图 2-5-30 所示。图中二极管 VD_1、VD_2 是为了防止信号接反而设置的。由于定位器力线圈 L 的匝数多达 4600 匝左右，电感量大约 5H，属于高储能元件，为此，在线圈两端并接了两只稳压二极管 VD_3 和 VD_4（均为 2CW71），限制了线圈两端的最大电压。正常工作时，通过力线圈的电流为 4～20mA DC，力线圈内阻约为 300Ω，稳压管 VD_3、VD_4 处于截止状态；当发生事故时，如输入端突然开路，使 VD_3、VD_4 正向导通，储存在力线圈中的能量将通过 VD_4 和 VD_2、VD_3、VD_1 两个回路缓慢泄放，从而避免了非安全火花的产生。

需要构成安全火花防爆系统时，定位器的输入信号应来自输出式安全栅，如图 2-5-30 所示。

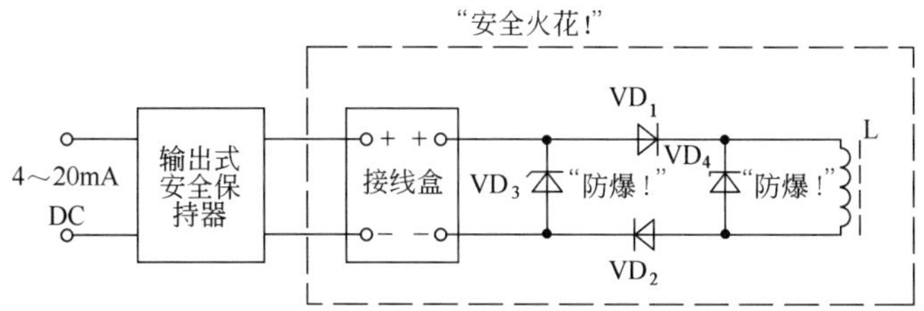

图 2-5-30　定位器的安全火花电路原理图

第6章 控制系统

1 概述

1.1 控制系统的工作原理及组成

在石油、化工等生产中，对各个工艺生产过程中的物理量（或称工艺参数）都有一定的控制要求。有些工艺参数直接表征生产过程，对产品的产量和质量起着决定性的作用。如化学反应器的反应温度必须保持平稳，才能使效率达到最佳指标等。而有些参数虽不直接影响产品的产量和质量，然而保持它平稳却是使生产获得良好控制的先决条件。如用蒸汽加热反应器或再沸器，若蒸汽总管压力波动剧烈，要把反应温度或塔釜温度控制好是很困难的。还有些工艺参数是决定生产工厂的安全问题，如受压容器的压力等，不允许超过最大的控制指标，否则将会发生设备爆炸等严重事故，危及工厂的安全等。对以上各种类型的参数，在生产过程中都必须加以必要的控制。

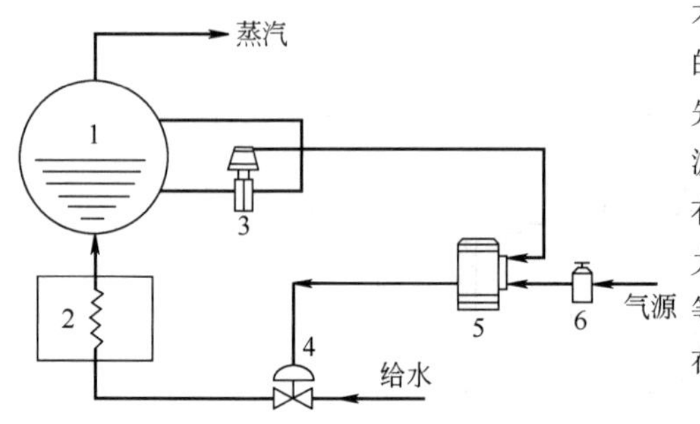

图 2-6-1 锅炉水位自动控制示意图

1—汽包；2—加热室；3—变送器；4—调节阀；5—控制器；6—定值器

图 2-6-1 设置了一个水位自动控制系统，它由气动单元组合仪表组成。图中检测元件与变送器的作用是检测水位高低，当水位高度与正常给定水位之间出现偏差时，调节器就会立刻根据偏差的大小去控制给水阀门（开大或关小），使水位回到给定值上，从而实现了锅炉水位的自动控制。

自动控制系统由被控对象、检测元件（包括变送器）、调节器和调节阀等 4 部分组成。自动控制系统组成的方块图如图 2-6-2 所示。

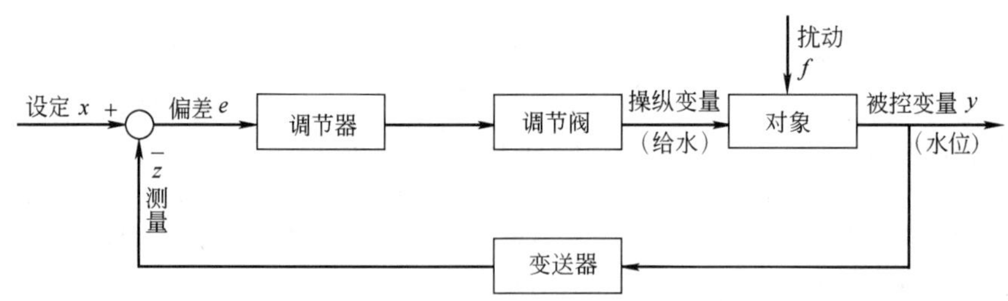

图 2-6-2 锅炉水位控制系统方块图

控制系统中常用的名词术语如下。

① 被控对象：需要实现控制的设备、机器或生产过程，称为被控对象，例如锅炉。

② 被控变量：对象内要求保持设定值（接近恒定值或按预定规律变化）的物理量，称为被控变量，如锅炉水位。

③ 操纵变量：受调节器操纵，用以使被控变量保持设定值（给定值）的物料量或能量，称为操纵变量，如锅炉给水。

④ 干扰（扰动）：除操纵变量以外，作用于对象并能引起被控变量变化的因素，称为干扰或扰动。负荷变化就是一种典型的扰动，如蒸汽用量的变化对锅炉水位控制是一种典型干扰。

⑤ 设定值（给定值）：被控变量的目标值（预定值），称为设定值。

⑥ 偏差：偏差理论上应该是被控变量的设定值与实际值之差。但是能够直接获取的是被控变量的测量值信号而不是实际值，因此，通常把给定值与测量值之差称作为偏差。

1.2 控制系统的分类

由于控制技术的广泛应用及控制理论的发展，使得控制系统具有各种各样的形式。但总的来说可分为两大类，即开环系统和闭环系统。

1.2.1 开环控制系统

控制系统的输出信号（被控变量）不反馈到系统的输入端，因而也不对控制作用产生影响的系统，称为开环控制系统。

开环控制系统又分两种。一种是按设定值进行控制，如蒸汽加热器，其蒸汽流量与设定值保持一定的函数关系，当设定值变化时，操纵变量随之变化，图 2-6-3(a) 为其原理图。另一种是按扰动量进行控制，即所谓前馈控制，如图 2-6-3(b) 所示。在蒸汽加热器中，若负荷为主要干扰，如果使蒸汽流量与冷流体流量保持一定的函数关系，当扰动出现时，操纵变量随之变化。

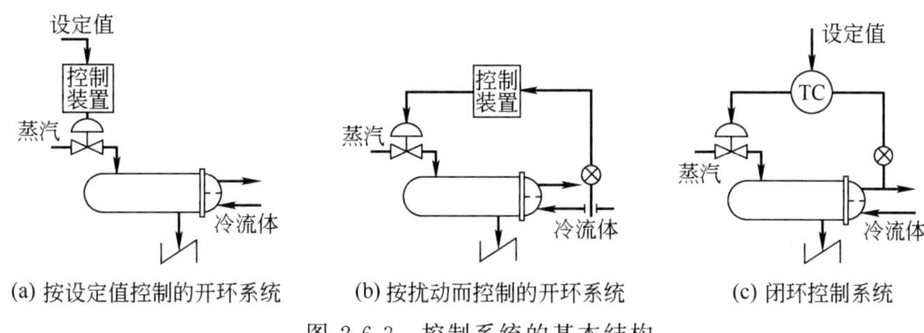

(a) 按设定值控制的开环系统　(b) 按扰动而控制的开环系统　(c) 闭环控制系统

图 2-6-3　控制系统的基本结构

1.2.2 闭环控制系统

从图 2-6-2 方块图可以看出，系统的输出（被控变量）通过测量变送环节，又返回到系统的输入端，与给定信号比较，以偏差的形式进入调节器，对系统起控制作用，整个系统构成了一个封闭的反馈回路，这种控制系统被称为闭环控制系统，或称反馈控制系统。如在蒸汽加热器的出口温度控制系统中，温度调节器接受检测元件及变送器送来的测量信号，并与设定值相比较，根据偏差情况，按一定的控制规律调整蒸汽阀门的开度，以改变蒸汽量，其原理图如图 2-6-3(c) 所示。

在闭环控制系统中，按照设定值的情况不同，又可分类为 3 种类型。

(1) 定值控制系统　所谓定值控制系统，是指这类控制系统的给定值是恒定不变的。如蒸汽加热器在工艺上要求出口温度按给定值保持不变，因而它是一个定值控制系统。定值控制系统的基本任务是克服扰动对被控变量的影响，即在扰动作用下仍能使被控变量保持在设定值（给定值）或在允许范围内。

(2) 随动控制系统　随动控制系统也称为自动跟踪系统，这类系统的设定值是一个未知的变化量。这类控制系统的主要任务，是使被控变量能够尽快地、准确无误地跟踪设定值的变化，而不考虑扰动对被控变量的影响。在化工生产中，有些比值控制系统就属于此类。

(3) 程序控制系统　程序控制系统也称顺序控制系统。这类控制系统的设定值也是变化的，但它是时间的已知函数，即设定值按一定的时间程序变化。在化工生产中，如间歇反应器的升温控制系统就是程序控制系统。

闭环控制系统的过渡过程及其品质指标如下。

(1) 闭环控制系统的过渡过程　一个处于平衡状态的自动控制系统在受到扰动作用后，被控变量发生变化；与此同时，控制系统的控制作用将被控变量重新稳定下来，并力图使其回到设定值或设定值附近。一个控制系统在外界干扰或给定干扰作用下，从原有稳定状态过渡到新的稳定状态的整个过程，称为控制系统的过渡过程。控制系统的过渡过程是衡量控制系统品质优劣的重要依据。

在阶跃干扰作用下，控制系统的过渡过程有如图 2-6-4 所示的几种形式。图 2-6-4(b) 为发散振荡过程，它表明这个控制系统在受到阶跃干扰作用后，非但不能使被控变量回到设定值，反而使它越来越剧烈地振荡起来。显然，这类过渡过程的控制系统是不能满足生产要求的。图 2-6-4(c) 为等幅振荡过程，它表示系统受到阶跃干扰后，被控变量将作振幅恒定的振荡而不能稳下来。因此，除了简单的位式控制外，这类过渡过程一般也是不允许的。图 2-6-4(d) 所示为衰减振荡过程，它表明被控变量经过一段时间的衰减振荡后，最终能重新稳定下来。图 2-6-4(e) 所示为非周期衰减过程，它表明被控变量最终也能稳定下来，但由于被控变量达到新的稳定值的过程太缓慢，而且被控变量长期偏离设定值一边，一般情况下工艺上也是不允许的，而只有工艺允许被控变量不能振荡时才采用。

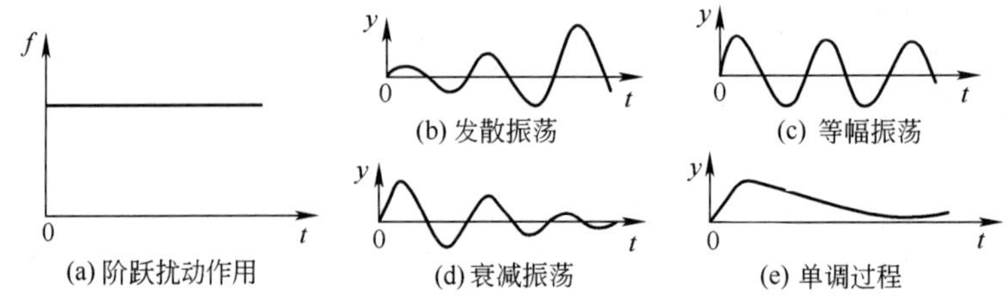

图 2-6-4　过渡过程的几种基本形式

(2) 过渡过程的质量指标　从以上几种过渡过程情况可知，一个合格的、稳定的控制系统，当受到外界干扰以后，被控变量的变化应是一条衰减的曲线。图 2-6-5 表示了一个定值调节系统受到外界阶跃干扰以后的过渡过程曲线，对此曲线，用过渡过程质量指标来衡量控制系统的好坏时，常采用以下几个指标。

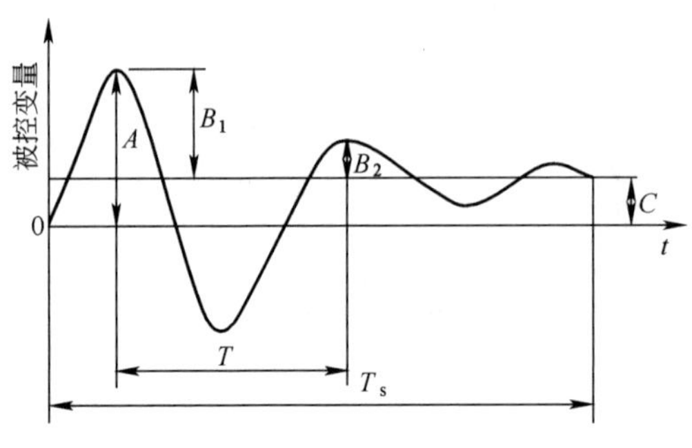

图 2-6-5　一个控制系统的过渡过程

① 衰减比　是表征系统受到干扰以后，被控变量衰减程度的指标。其值为前后两个相邻峰值之比，即图中的 B_1/B_2，一般希望它能在 4∶1 到 10∶1 之间。

② 余差　是指控制系统受到干扰后，过渡过程结束时被控变量的残余偏差，即图中的 C。C 值也就是被控变量在扰动后的稳态值与设定值之差。控制系统的余差要满足工艺要求，有的控制系统工艺上不允许有余差，即 $C=0$。

③ 最大偏差　表示被控变量偏离给定值的最大程度。对于一个衰减的过渡过程，最大偏差就是第一个波的峰值，即图中的 A 值。A 值就是被控变量所产生的最大动态偏差。对于一个没有余差的过渡过程来说，$A=B_1$。

④ 过渡过程时间　又称调节时间，它表示从干扰产生的时刻起，直至被控变量建立起新的平衡状态为止的这一段时间，图中以 T_s 来表示。过渡过程时间愈短愈好。

⑤ 振荡周期　被控变量相邻两个波峰之间的时间叫振荡周期，图中以 T 来表示。在衰减比相同的条件下，周期与过渡时间成正比，因此一般希望周期也是愈短愈好。

2　简单控制系统

2.1　简单控制系统的组成

简单控制系统又称单回路反馈控制系统，是指由一个被控对象、一个测量变送器、一个调节器和一只调节阀所组成的单回路闭合控制系统。它是石油、化工等行业生产过程中最常见、应用最广泛、数量最多的控制系统。简单控制系统结构简单，投资少，易于调整和投运，能满足一般生产过程的控制要求，因而应用很广泛。它尤其适用于被控对象纯滞后小，时间常数小，负荷和干扰变化比较平缓，或者对被控变量要求不太高的场合。简单控制系统常用被控变量来划分，最常见的是温度、压力、流量、液位和成分等 5 种控制系统。

2.1.1　被控变量的选择

被控变量的选择是十分重要的，是自动控制系统设计的第一步，应该从生产过程对自动控制的要求出发，合理地选择被控变量。在一个化工生产过程中，可能发生波动的工艺变量很多，但并非所有的工艺变量都要加以控制，而且也不可能都加以控制。应在工艺流程图上找出对稳定生产，对产品的产量和质量，对确保经济效益和安全生产有决定性作用的工艺变量，或者人工操作过于频繁、紧张而难以满足工艺要求的工艺变量作为被控变量，来设计自动控制系统。生产中作为物料平衡控制的工艺变量通常是流量、液位和压力等工艺参数，它们可以直接被检测出来作为被控变量。而作为产品质量控制的成分往往找不到合适的、可靠的在线分析仪表，因此，常采用反应器的温度、精馏塔某一块灵敏塔板的温度或温度差来代替成分作为被控变量。这种间接的被控变量——温度或温差，只要与成分有对应关系，并且有足够的灵敏度，则完全是适用的，而且被石油、化工生产中广泛应用。

综上所述，被控变量的选择原则为：

① 选用质量指标作为被控变量，它最直接也最有效；

② 当不能用质量指标作为被控变量时，应选择一个与产品质量（成分）有单值对应关系的参数（如温度或温差）作为被控变量；

③ 当被表征的质量指标变化时，被控变量必须具有足够的变化灵敏度和足够大小的信号；

④ 选择被控变量时，必须考虑到工艺过程的合理性、生产安全性以及国内外仪表生产的现状等。

2.1.2 操纵变量的选择

在被控变量选定以后，下一步就是要选择控制系统的操纵变量，去克服扰动对被控变量的影响。当工艺上容许有几种操纵变量可供选择时，要根据对象控制通道和扰动通道特性对控制质量的影响，合理地选择操纵变量。

在化工生产中，工艺总是要求被控变量能稳定在设定值上，因为工艺变量的设定值是按一定的生产负荷、原料组分、质量要求、设备能力、安全极限和合理的单位能耗等因素综合平衡而确定的，工艺变量稳定在设定值上，一般都能得到最大的经济效益。然而由于种种外部和内部的因素，对工艺过程的稳定运转存在着许多干扰。因此，自控设计人员必须正确选择操纵变量，建立一个合理的控制系统，确保生产过程的稳定操作。

选择操纵变量时，必须考虑以下几个原则：

① 首先从工艺上考虑，它应允许在一定范围内改变；

② 在选择操纵变量时，应使扰动通道的时间常数大些，而使控制通道的时间常数适当地小些，控制通道的纯滞后时间越小越好；

③ 被选上的操纵变量的控制通道，放大系数要大，这样对克服扰动较为有利；

④ 应尽量使扰动作用点靠近调节阀处；

⑤ 被选上的操纵变量应对装置中其他控制系统的影响和关联较小，不会对其他控制系统的运行产生较大的扰动等。

另外，要组成一个好的控制系统，除了正确选择被控变量和操纵变量外，还应注意以下几个问题。

① 纯滞后　纯滞后使测量信号不能及时反映被控变量的实际值，从而降低了控制系统的控制质量，因此，必须注意被控变量的测量点（安装位置）应具有真正的代表性，并且纯滞后越小越好。

② 测量滞后　是指由检测元件时间常数所引起的动态误差。如测温元件测温时，由于存在着热阻和比热容，它本身具有一定的时间常数，因而测温元件的输出总是滞后于被控变量的变化，从而引起幅值的降低和相位的滞后，如图 2-6-6 所示。如果调节器接受的是一个幅值降低的、相位滞后的失真信号，它就不能正常发挥校正作用，控制系统的控制质量也会大大降低，所以必须选择快速检测元件，以减小测量滞后。

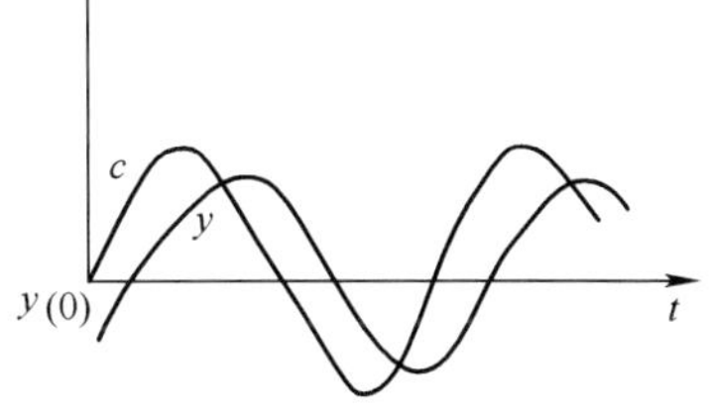

图 2-6-6　被控变量的真实值与测量值比较

③ 传递滞后　为了减小传输时间，当气动传输管线长度超过 150m 时，在中间可采用气动继动器，以缩短传输时间。当调节阀膜头容积过大时，为减少容量滞后，可使用阀门定位器。

④ 选择控制规律　对滞后较大的温度、成分控制系统，可选用带微分作用的调节器，借助微分作用来克服测量滞后的影响。对滞后特别大（特别是有纯滞后存在）的系统，微分作用将难以见效，此时，为了保证控制质量，可采用串级控制系统，借助于副回路来克服纯滞后和对象时间常数等。一般的压力、流量和液位等简单控制系统常常采用比例积分作用即可。

2.2 简单控制系统的投运和调节器参数的工程整定

2.2.1 简单控制系统的投运

所谓控制系统的投运，是指当系统设计、安装就绪，或者经过停车检修之后，控制系统投入使用的过程。要使控制系统顺利地投入运行，首先必须保证整个系统的每一个组成环节都处于完好的待命状态。这就要求操作人员（包括仪表人员）在系统投运之前，对控制系统的各种装置、连接管线、供气、供电等情况进行全面检查。同时要求操作人员掌握工艺流程，熟悉控制方案，了解设计意图，明确控制目的与指标，懂得主要设备的功能，以及所用仪表的工作原理和操作技术等。

简单控制系统的投运步骤如下。

(1) 现场手动操作　简单控制系统的构成如图 2-6-7 所示。先将切断阀 1 和阀 2 关闭，手动操作旁通阀 3，待工况稳定后，可以转入手动遥控调节。

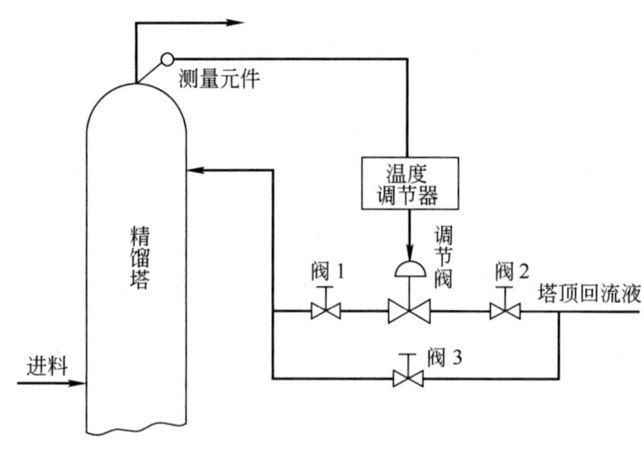

图 2-6-7 精馏塔塔顶温度调节系统原理图

(2) 手动遥控 由手动操作变换为手动遥控的过程：先将阀 1 全开，然后慢慢地开大阀 2，关小阀 3，与此同时，拨动调节器的手操拨盘，逐渐改变调节阀的开度，使被控变量基本不变，直到旁通阀 3 全关，切断阀 2 全开为止。待工况稳定后，即被控变量等于或接近设定值后，就可以从手动切换到自动控制。

(3) 由手动遥控切换到自动 在进行手动到自动切换前，需将调节器的比例度、积分时间和微分时间置于已整定好的数值上。对于第一次投运的系统，调节器参数可参照表 2-6-1，预置在该类系统调节器参数常见范围的某一数值上。然后观察被控变量是否基本上稳定在设定值或极小偏差，若是，立刻把切换开关从手动切换到自动(指无中间平衡类调节器)，再继续观察，如被控变量仍然稳定在给定值上，切换成功。如切自动后，被控变量波动剧烈，可反切到手动，重复上述步骤；如果切自动后，被控变量有波动，且不很理想时，可通过调节器的参数整定，使自动控制达到正常运行状态，即被控变量基本上稳定在设定值上或附近，最大偏差不超过工艺允许值。

表 2-6-1 选择 δ、T_i 和 T_D 的一些规则

比例度 δ	积分时间 T_i	微分时间 T_D
$\delta\downarrow$，将使衰减比 $n\downarrow$，振荡倾向$\uparrow$	$T_i\downarrow$，将使衰减比 $n\downarrow$	$T_D\uparrow$，将使衰减比 $n\uparrow$（但 T_D 太大时，$n\downarrow$）
δ 应大于临界值，例如增大 1 倍	T_i 应取振荡周期的 $\frac{1}{2}$ 倍	取 $T_D=\left(\frac{1}{3}\sim\frac{1}{4}\right)T_i$
K_0（对象放大系数）大时，δ 应大些	引入积分作用后，δ 应比单纯比例时增大(10～20)%	引入微分作用后，δ 可比单纯比例时减小(10～20)%
τ/T_0 大时，δ 应大些		

2.2.2 调节器参数的工程整定

通过调节系统的工程整定，使调节器获得最佳参数，即过渡过程要有较好的稳定性与快速性。一般希望调节过程具有较大的衰减比，超调量要小些，调节时间越短越好，又要没有余差。对于定值控制系统，一般希望有 4∶1 的衰减比，即过程曲线振动一个半波就大致稳定。如对象时间常数太大，调整时间太长时，可采用 10∶1 衰减。有了以上最佳标准，就可整定调节器参数在最佳值上。

最常用的工程整定方法有经验法、临界比例度法、衰减曲线法和反应曲线法等。

(1) 临界比例度法 临界比例度法是应用较广的一种整定调节器参数的方法，特点是不需要求得被控对象的特性，而直接在闭环情况下进行参数整定。具体整定方法如下：先在纯比例作用下，即将调节器的 T_i 放到最大，T_D 置于零，逐步地减小比例度 δ，直至系统出现等幅振荡为止，记下此时比例度和振荡周期，分别称作为临界比例度 δ_k 和临界振荡周期 T_k，见图 2-6-8。δ_k 和 T_k 就是调节器参数整定的依据。然后可按表 2-6-2 中所列的经验算式，分别求出 3 种不同情况下的调节器最佳参数值。

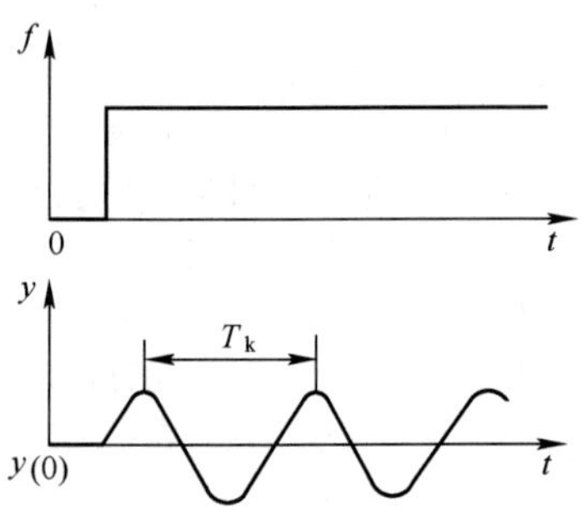

图 2-6-8 临界振荡过程

此法简单明了，容易判断整定质量，因而在生产上应用较多，但是工艺上被控变量不允许等幅振荡时不宜采用。另外流量控制系统由于 T_0 太小，在被控变量的记录曲线上看不出等幅振荡的 T_k 和波形时，也不能采用。

(2) 衰减曲线法 临界比例度法是要使系统产生等幅振荡，还要多次试凑，而用衰减曲线法较为简单，而且可直接求得调节器比例度。衰减曲线法分为 4∶1 和 10∶1 两种。

① 4∶1 衰减曲线法　使系统处于纯比例作用下，在达到稳定时，用给定值改变的方法加入阶跃干扰，观察被控变量记录曲线的衰减比，然后逐渐从大到小改变比例度，使其出现 4∶1 的衰减比为止，如图 2-6-9 所示。记下此时的比例度 δ_s（4∶1 衰减比例度）和它的衰减周期 T_s。然后按表 2-6-3 的经验公式确定 3 种不同规律控制下的调节器的最佳参数值。

表 2-6-2　临界比例度法整定参数的经验算式表

调节规律	调节器参数		
	比例度 δ/%	积分时间 T_i	微分时间 T_D
P	$2\delta_k$		
PI	$2.2\delta_k$	$0.85T_k$	
PID	$1.7\delta_k$	$0.5T_k$	$0.125T_k$

表 2-6-3　4∶1 衰减曲线法算表

调节规律	δ/%	T_i	T_D
P	δ_s		
PI	$1.2\delta_s$	$0.5T_s$	
PID	$0.8\delta_s$	$0.3T_s$	$0.1T_s$

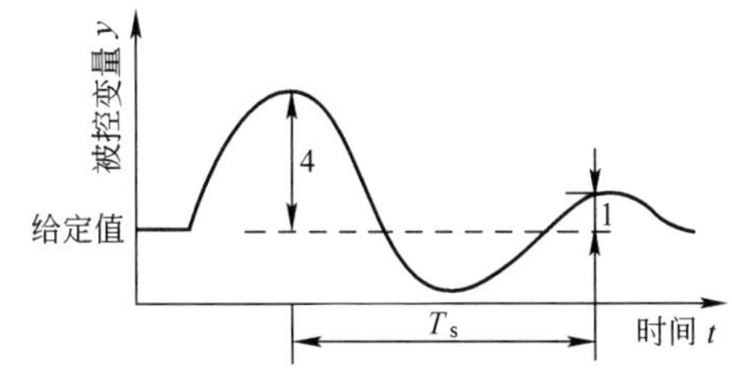

图 2-6-9　4∶1 衰减调节过程曲线

② 10∶1 衰减曲线法　有的生产过程，由于采用 4∶1 的衰减仍嫌振荡太强，则可采用 10∶1 衰减曲线法。方法同上，使被控变量记录曲线得到 10∶1 的衰减时，记下这时的比例度 δ_s' 和上升时间 T_s'（见图 2-6-10）。然后再按表 2-6-4 的经验公式来确定调节器的最佳参数值。

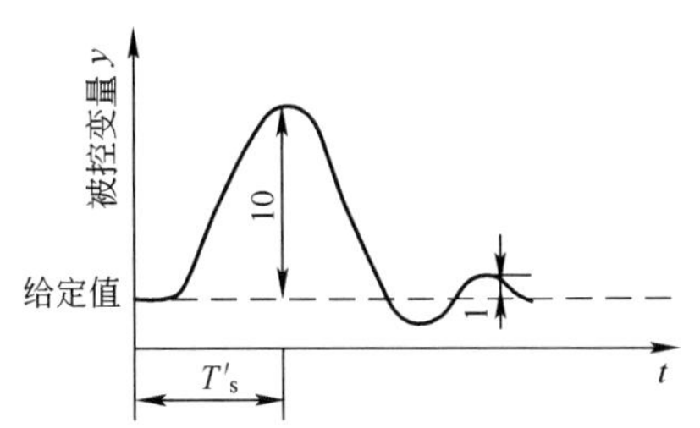

图 2-6-10　10∶1 衰减曲线示意图

表 2-6-4　10∶1 衰减曲线法算表

调节规律	δ/%	T_i	T_D
P	δ'_s		
PI	$1.2\delta'_s$	$2T'_s$	
PID	$0.8\delta'_s$	$1.2T'_s$	$0.4T'_s$

采用衰减曲线法时必须注意以下几点。

a. 加给定干扰不能太大，要根据工艺操作要求来定，一般为 5%左右（全量程）但也有特殊的情况；

b. 必须在工况稳定的情况下才能加设定干扰，否则得不到较正确的 δ_s、T_s 和 δ'_s、T'_s 值；

c. 对于快速反应的系统，如流量、管道压力等控制系统，想在记录纸上得到理想的 4∶1 曲线是不可能的，此时，通常以被控变量来回波动两次而达到稳定，就近似地认为是 4∶1 的衰减过程。

(3) 经验试凑法　经验法是根据参数整定的实际经验，对生产上最常见的温度、流量、压力和液位等 4 大控制系统进行调节。将调节器参数预先放置在常见范围（见表 2-6-5）的某些数值上，然后改变设定值，观察控制系统的过渡过程曲线。如过渡过程曲线不够理想，则按一定的程序改变调节器参数，这样反复凑试，直到获得满意的控制质量为止。

表 2-6-5　各种控制系统 PID 参数经验数据表

被控变量	调节器参数		
	δ/%	T_i/min	T_D/min
温　度	20～60	3～10	0.5～3
液　位	20～80	1～5	
压　力	30～70	0.4～3	
流　量	40～100	0.1～1	

经验凑试法的程序有两种。应用较多的一种是先试凑比例度，再加积分，最后引入微分。

这种试凑法的程序为：先将 T_i 置于最大，T_D 放在零，比例度 δ 取表 2-6-5 中常见范围内的某一数值后，把控制系统投入自动。若过渡过程时间太长，则应减小比例度；若振荡过于剧烈，则应加大比例度，直到取得较满意的过渡过程曲线为止。

引入积分作用时，需将已调好的比例度适当放大 10%～20%，然后将积分时间 T_i 由大到小不断凑试，直到获得满意的过渡过程。

微分作用最后加入，这时 δ 可放得比纯比例作用时更小些，积分时间 T_i 也可相应地减小些。微分时间 T_D 一般取（⅓～¼）T_i，但也需不断地凑试，使过渡过程时间最短，超调量最小。

另一种凑试法的程序是：先选定某一 T_i 和 T_D，T_i 取表 2-6-5 中所列范围内的某个数值，T_D 取（⅓～¼）T_i，然后对比例度 δ 进行凑试。若过渡过程不够理想，则可对 T_i 和 T_D 作适当调整。实践证明，对许多被控对象来说，要达到相近的控制质量，δ、T_i 和 T_D 不同数值的组合有很多，因此，这种试凑程序也是可行的。

经验凑试法的几点说明如下。

① 表 2-6-5 中所列的数据是各类控制系统调节器参数的常见范围，但也有特殊情况。例如有的温度控制系统的积分时间长达 15min 以上，有的流量系统的比例度可大到 200%左右等。

② 凡是 δ 太大，或 T_i 过大时，都会使被控变量变化缓慢，不能使系统很快地达到稳定状态。这两者的区别是：δ 过大，曲线漂移较大，变化较不规则（见图 2-6-11 曲线 a）；T_i 过大，曲线虽然带有振荡分量，但它漂移在给定值的一边，而且逐渐地靠近给定值，见图 2-6-11 曲线 b。

③ 凡是 δ 过小，T_i 过小或 T_D 过大，都会使系统剧烈振荡，甚至产生等幅振荡。它们的区别是：T_i 过小时，系统振荡的周期较长；T_D 太大时，振荡周期较短；δ 过小时，振荡周期介于上述两者之间。图 2-6-12 是这 3 种由于参数整定不当而引起系统等幅振荡的情况。

④ 等幅振荡不一定都是由于参数整定不当所引起的。例如，阀门定位器、调节器或变送器调校不良，调节阀的传动部分存在间隙，往复泵出口管线的流量等，都表现为被控变量的等幅振荡，因此，整定参数时必须联系上面这些情况，作出正确判断。

经验法的实质是：看曲线，作分析，调参数，寻最佳，方法简单可靠，对外界干扰比较频繁的控制系统，尤为合适，因此，在实际生产中得到了最广泛的应用。

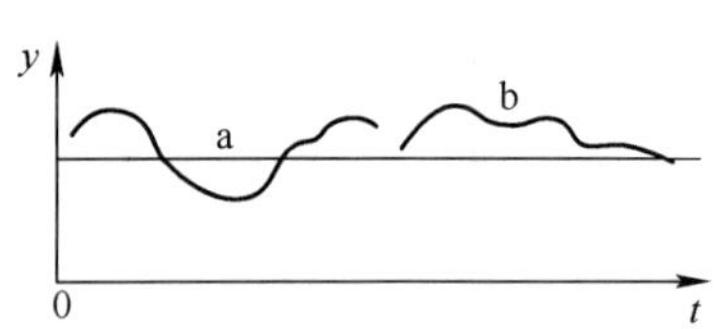

图 2-6-11　两种曲线的比较

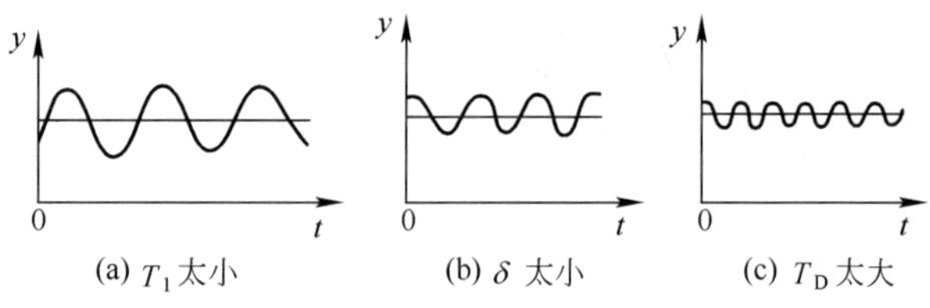

图 2-6-12　三种过渡过程曲线

3　复杂控制系统

按控制系统的结构特征分类，控制系统一般又可分为简单控制系统和复杂控制系统两大类。所谓复杂，是相对于简单而言的。凡是多参数，具有两个以上变送器、两个以上调节器或两个以上调节阀组成多回路的自动控制系统，称之为复杂控制系统。

目前常用的复杂控制系统有串级、均匀、比值、前馈-反馈、选择性、分程以及三冲量等，并且随着生产发展需要和科学技术进步，又陆续出现了许多其他新型的复杂控制系统。

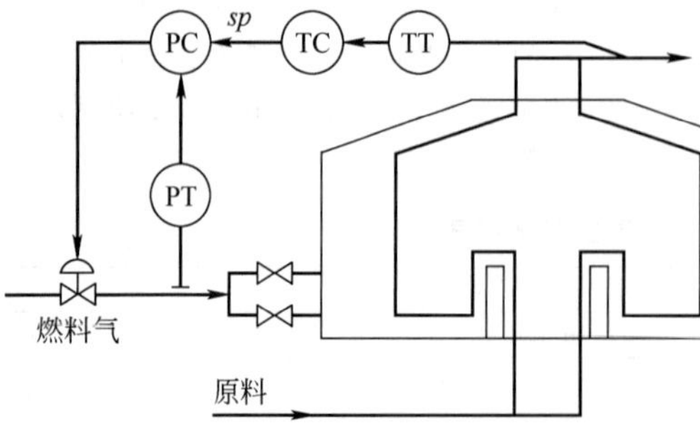

3.1　串级控制系统

串级控制系统是应用最早，效果最好，使用最广泛的一种复杂控制系统。它的特点是两个调节器相串接，主调节器的输出作为副调节器的设定，适用于时间常数及纯滞后较大的被控对象，如加热炉的温度控制等。

PC　sp　TC　TT　PT　燃料气　原料

图 2-6-13　加热炉出口温度与燃料气压力串级控制系统

3.1.1 串级控制系统的基本概念与方块图

图 2-6-13 所示为加热炉原油出口温度控制系统。若采用简单温度控制，当负荷发生变化时，由温度变送器、调节器和调节阀组成一个单回路控制系统，去克服由于负荷变化而引起的原油出口温度的波动，以保持出口温度在设定值上。但是，当燃料气压力波动大且频繁时，由于加热炉滞后很大，将引起原油出口温度 t 的大幅度波动。为此，构成一个燃料气压力（或流量）的控制系统（回路Ⅱ），首先稳定燃料气压力（或流量），而把原油出口温度调节器 TC 的输出，作为压力调节器 PC 的设定值，形成回路Ⅰ，使压力调节器随着原油出口温度调节器的需要而动作，这样就构成了如图中所示的温度-压力串级控制系统。

串级控制系统的方块图见图 2-6-14。

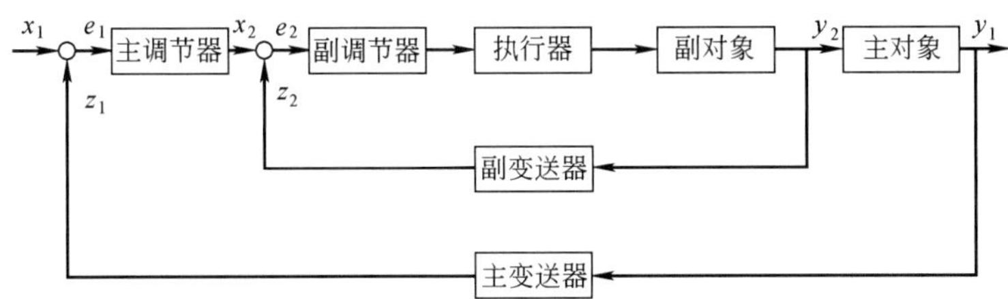

图 2-6-14 串级控制系统方块图

在这个控制系统中，原油出口温度 t 称为主被控变量，简称主变量。调节阀阀后的燃料气压力称为副被控变量，简称为副变量。温度调节器称为主调节器，压力调节器称为副调节器。从燃料阀（调节阀）阀后到原油出口温度这个温度对象称为主对象。调节阀阀后压力对象称为副对象。由副调节器、调节阀、副对象、副测量变送器组成的回路称为副回路。而整个串级控制系统包括主对象、主调节器、副回路等效环节和主变量测量变送器，称为主回路，又称主环或外环。

3.1.2 串级控制系统的特点

从总体上看，串级控制系统仍是定值控制系统，因此，主被控变量在扰动作用下的过渡过程和单回路定值控制系统的过渡过程，具有相同的品质指标和类似的形式。但是，串级控制系统在结构上增加了一个随动的副回路，因此，与单回路相比有以下几个特点：

① 对进入副回路的扰动具有较迅速、较强的克服能力；

② 可以改善对象特性，提高工作频率；

③ 可消除调节阀等非线性特性的影响；

④ 串级控制系统具有一定的自适应能力。

3.1.3 串级控制系统的投运和参数整定

串级控制系统的投运和简单控制系统一样，要求投运过程保证做到无扰动切换。

串级控制系统由于使用的仪表和接线方式各不相同，投运的方法也不完全相同。目前采用较为普遍的投运方法，是先把副调节器投入自动，然后在整个系统比较稳定的情况下，再把主调节器投入自动，实现串级控制。这是因为在一般情况下，系统的主要扰动包含在副回路内，而且副回路反应较快，滞后小，如果副回路先投入自动，把副变量稳定，这时主变量就不会产生大的波动，主调节器的投运就比较容易了。再从主、副两个调节器的联系上看，主调节器的输出是副调节器的设定，而副调节器的输出直接去控制调节阀。因此，先投运副回路，再投运主回路，从系统结构上看也是合理的。

串级控制系统主、副调节器的参数整定方法主要有下列两种。

① 两步整定法　先整定副调节器参数，后整定主调节器参数的方法叫做两步整定法。整定过程如下。

a. 稳定工况，主、副调节器都在纯比例作用下运行，将主调节器的比例度固定在 100％刻度上，逐渐减小副调节器的比例度，求取副回路在 4∶1 或 10∶1 的衰减过渡过程时的比例度 δ_{2s} 和操作周期 T_{2s}；

b. 在副调节器比例度等于 δ_{2s} 的条件下，逐渐减小主调节器的比例度，直至也得到 4∶1 或 10∶1 衰减比下过渡曲线，记下此时主调节器的比例度 δ_{1s} 和操作周期 T_{1s}；

c. 根据上面得到的 δ_{1s}、T_{1s} 和 δ_{2s}、T_{2s}，按表 2-6-3 或表 2-6-4 的经验公式，算出主、副调节器的比例度、积分时间和微分时间；

d. 按“先副后主”、“先比例后积分再加微分”的规律，将计算出的调节器参数加到调节器上；

e. 观察被控变量的过程曲线，适当调整，直到获得满意的过渡过程。

② 一步整定法　所谓一步整定法，就是副调节器的参数按经验直接放置，主调节器的参数按单回路控制系统进行整定。从串级控制系统的特点可知，串级控制系统中的副回路动作较主回路动作一般都快得多，因此主、副回路的动态联系较弱，加上对副回路的调节质量一般没有严格的要求，所以，可凭经验进行一步整定。副调节器的经验数据可参照单回路调节器参数的经验数值，见表 2-6-5。

整定步骤如下：

a. 在生产正常，系统为纯比例运行的条件下，按照表 2-6-5 经验数值，把副调节器的比例度调到某一适当数值上；

b. 利用简单控制系统的任一种参数整定方法，整定主调节器的参数；

c. 如果出现“共振”现象，可加大主调节器或减小副调节器的整定参数值，一般即能消除。

3.2　比值控制系统

在炼油、化工等生产过程中，经常要求两种或两种以上的物料，按一定比例混合后进行化学反应，否则会发生事故或浪费原料量等。

工业生产上为保持两种或两种以上物料比值为一定的控制叫比值控制。

在比值控制系统中，首先要明确哪种物料是主物料，另一种物料按主物料来配比。系统中主物料或主流量，用 G_1 表示。一般情况下，总以生产中的主要物料的流量作为主流量，或者以不可控物料的流量作为主流量。另一种物料随主流量的变化而变化，称之为从物料或副流量，用 G_2 表示。

3.2.1　比值控制方案

常见的比值控制系统有单闭环比值、双闭环比值和串级比值等 3 种。

（1）单闭环比值控制系统　图 2-6-15 为单闭环控制方案图。从物料流量的控制部分看，是一个随动的闭环控制回路，而主物料流量的控制部分则是开环的，其方块图见图 2-6-16。主流量 G_1 经比值运算后使输出信号与输入信号成一定比例，并作为副流量调节器的给定信号值。

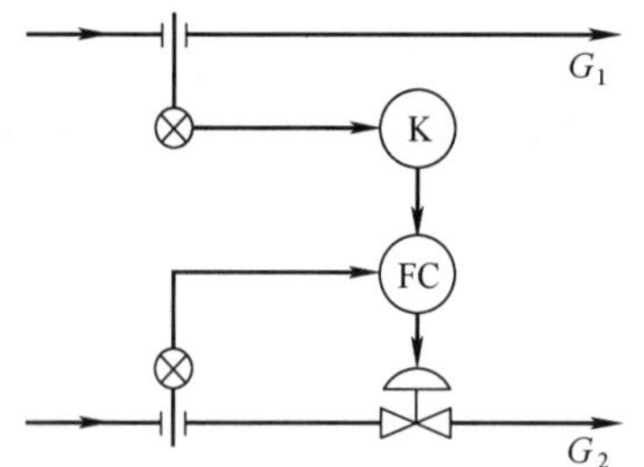

图 2-6-15　单闭环比值控制系统

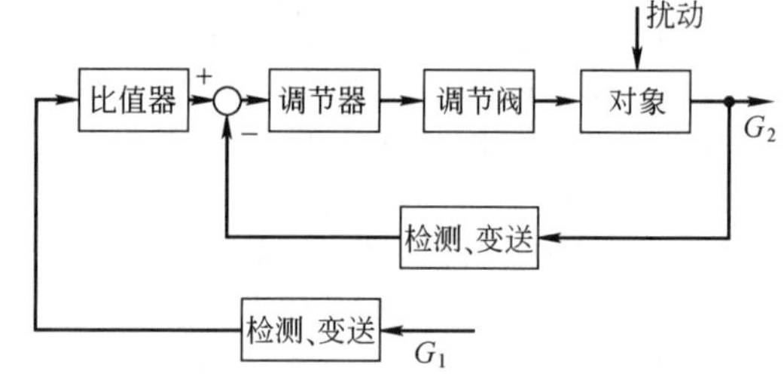

图 2-6-16　单闭环比值系统的方块图

在稳定状态时，主、副流量满足工艺要求的比值，即 $K=G_2/G_1$ 为一常数。当主流量负荷变化时，其流量信号经变送器到比值器，比值器则按预先设置好的比值使输出成比例地变化，即成比例地改变了副流量调节器的给定值，则 G_2 经调节作用自动跟随 G_1 变化，使得在新稳态下 $G_2'/G_1'=K$ 保持不变。当副流量由于扰动作用而变化时，因主流量不变，即 FC 调节器的给定值不变，这样，对于副流量的扰动，闭合回路相当于一个定值控制系统加以克服，使工艺要求的流量比值不变。

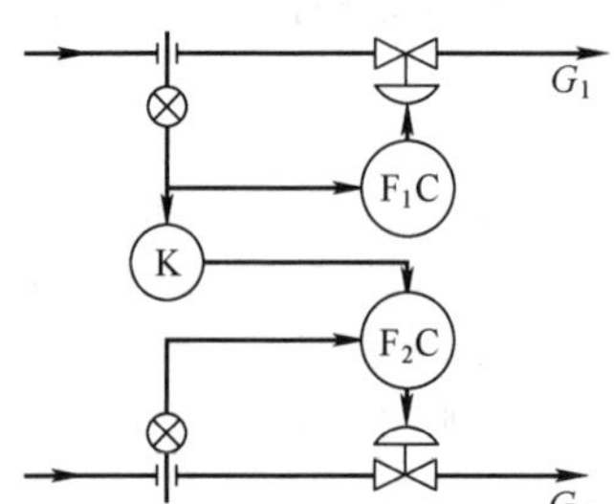

图 2-6-17　双闭环比值控制系统

单闭环比值控制系统的优点，是两种物料流量的比值较为精确，实施方便，从而得到了广泛的应用。但是这种控制方案当主流量出现大的扰动或负荷频繁波动时，副流量在调节过程中，相对于调节器的给定值会出现较大的偏差，因此，这种方案对严格要求动态比值的化学反应是不合适的。

（2）双闭环比值控制系统　如果要求主流量也要保持定值，那么对主流量也要有个闭合的控制回路，主、副流量通过比值器来实现比值关系，这样就构成了双闭环比值控制系统，如图 2-6-17 所示，其方块图如图 2-6-18 所示。

双闭环比值控制系统实质上是由一个定值控制系统和一个随动控制系统所组成，它不仅能保持两个流量之间的比值关系，而且能保证总流量不变。与采用两个单回路流量控制系统相比，其优越性在于主流量一旦失调，仍能保持原定的比值。并且当主流量因扰动而发生变化时，在控制过程中仍能保持原定的比值关系。

双闭环比值控制系统除了能克服单闭环比值控制的缺点外，另一个优点是提降负荷比较方便，只要缓慢地改变主流量调节器的设定值，就可提、降主流量，同时副流量也就自动地跟踪主流量，并保持两者比值不变。

它的缺点是采用单元组合仪表时，所用设备多，投资高；而当今采用功能丰富的数字式仪表，它的缺点则可完全消失。

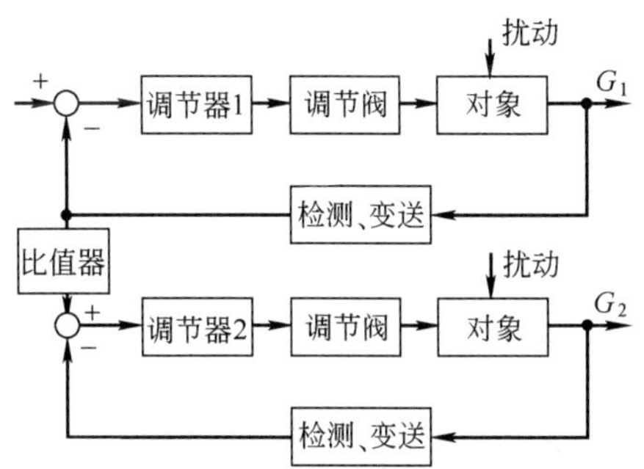

图 2-6-18　双闭环比值控制系统的方框图

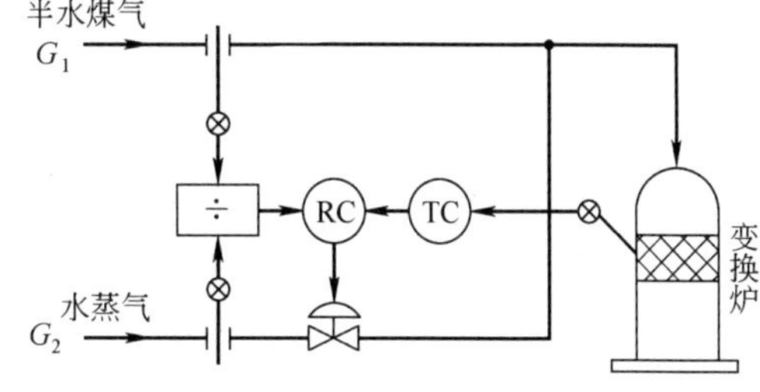

图 2-6-19　串级比值控制系统

（3）串级比值控制系统　以上介绍的两种比值控制系统，其流量比是固定不变的，故也可称定比值控制系统。然而，在某些生产过程中，却需要两种物料的比值按具体工况而改变，比值的大小由另一个控制器来设定，比值控制作为副回路，从而构成串级比值控制系统，也称变比值控制系统。例如在合成氨变换炉生产过程中，用蒸汽控制一段触媒层温度，蒸汽与半水煤气的比值应随一段触媒层温度而变，这样就构成了串级比值控制系统，如图 2-6-19 所示，其方块图见图 2-6-20。

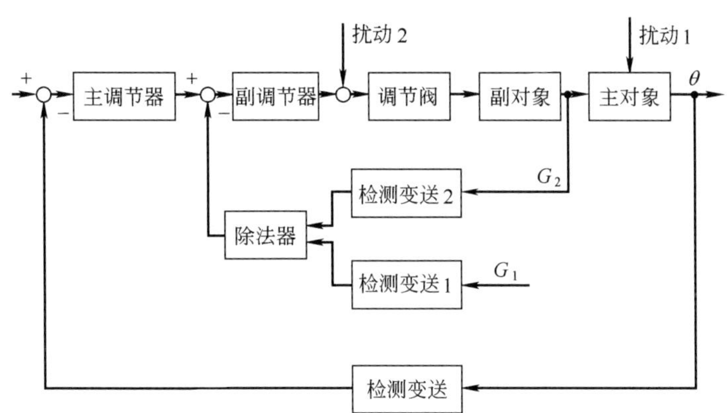

图 2-6-20　串级比值控制系统方块图

若在稳定工况下，假设触媒层温度为 t_1，蒸汽与半水煤气的比值为 K_1。由于扰动的影响，触媒层温度由 t_1 变化到 t_2，为了把温度调回到给定值，就需要把蒸汽和半水煤气的比值由 K_1 变化到一个新的比值 K_2。又因半水煤气为不可控流量，因此通过改变水蒸气流量来达到变比值的目的。这种控制系统控制精度高，应用范围广。

3.2.2　比值控制系统的实施方案

在比值控制系统中，可用两种方案达到比值控制的目的。一种是相除方案，即 $G_2/G_1=R$，可把 G_2 与 G_1 相除的商作为比值调节器的测量值。另一种是相乘方案，由于 $G_2=RG_1$，可将主流量 G_1 乘以系数 R 作为从流量 G_2 调节器的设定值。

（1）相除方案　相除方案如图 2-6-21 所示。图中“÷”号表示除法器。相除方案可用在定比值或变比值控制系统中。从图 2-6-21 中可以看出，它仍然是一个简单的定值控制系统，不过其调节器的测量信号和设定信号值都是流量信号的比值，而不是流量信号本身。

这种方案的优点是直观，能直接读出比值。它的缺点是由于除法器包括在控制回路内，对象在不同负荷下变化较大，负荷小时，系统稳定性差，因而目前已逐渐被相乘方案取代。

(2) 相乘方案　相乘方案如图 2-6-22 所示。图中“×”号表示乘法器或分流器或比值器。

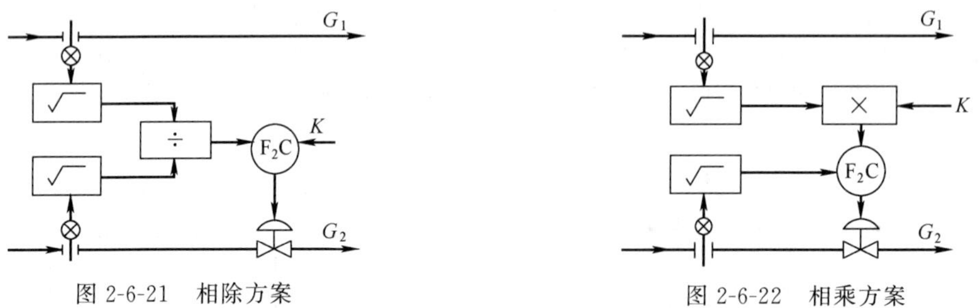

图 2-6-21　相除方案　　　　图 2-6-22　相乘方案

从图 2-6-22 可见，相乘方案仍是一个简单控制系统，不过流量调节器 F_2C 的设定值不是定值，而是随 G_1 的变化而变化，是一个随动控制系统。并且比值器是在流量调节回路之外，其特性与系统无关，避免了相除方案中出现的问题，有利于控制系统的稳定。

以上各种方案的讨论中，比值系统中流量测量变送主要采用了差压式流量计，故在实施方案中加了开方器，目的是使指示标尺为线性刻度。但如果采用如椭圆齿轮等线性流量计时，在实施方案中不用加开方器。

有关比值控制系统的比值系数的计算问题读者可参阅其他参考书。

3.2.3　比值控制系统的投运和参数的整定

比值控制系统在设计、安装好以后，就可进行系统的投运。投运的步骤大致与简单控制系统相同。系统投运前，比值系数不一定要精确设置，可以在投运过程中，逐渐进行校正，直到工艺认为比值合格为止。

对于变比值控制系统，因结构上是串级控制系统，因此，主调节器可按串级控制系统的主调节器整定。双闭环比值控制系统的主物料回路可按单回路定值控制系统来整定。但对于单闭环比值控制系统和双闭环的从物料回路、变比值回路来说，它们实质上均属于随动控制系统，即主流量变化后，希望副流量能快速地随主流量按一定的比例作相应的变化。因此，它不应该按定值控制系统 4∶1 最佳衰减曲线法的要求进行整定，而应该整定在振荡与不振荡的边界为好。其整定步骤大致如下：

① 根据工艺要求的两流量比值，进行比值系数计算。在现场整定时，根据计算的比值系数投运，在投运过程中再作适当调整，以满足工艺要求；

② 将 $T_i \to \infty$，在纯比例作用下，调整比例度（使 δ 由大到小变化），直到系统处于振荡与不振荡的临界过程为止；

③ 在适当放大比例度的情况下，一般放大 20%，然后慢慢地减小积分时间，引入积分作用，直至出现振荡与不振荡的临界过程或微振荡过程为止。

3.3　选择性控制系统

一般控制系统都是在正常工况下工作的，当生产不正常时，通常的处理方法有两种。一种是切入手动，进行遥控操作；另一种是联锁保护紧急停车，防止事故发生，即所谓硬限控制。由于硬限控制对生产和操作都不利，近年来采用了安全软限控制。

所谓安全软限控制，是指当一个工艺参数将要达到危险值时，就适当降低生产要求，让它暂时维持生产，并逐渐调整生产，使之朝正常工况发展。能实现软限控制的控制系统称为选择性控制系统，又称为取代控制系统或超驰控制系统。

选择性控制系统种类很多，图 2-6-23 是常见的选择性控制系统示意图。

在正常工况下，选择器选中正常调节器Ⅰ，使之输出送至调节阀，实现对参数Ⅰ的正常控制。这时的控制系统工作情况与一般的控制系统是一样的。但是，一旦参数Ⅱ将要达到危险值，选择器就自动选中调节器Ⅱ的信号，从而取代调节器Ⅰ操纵调节阀。这时对参数Ⅰ来说，可能控制质量不高，但生产仍在继续进行，并通过调节器Ⅱ的调节，使生产逐渐趋于正常，待到恢复正常后，调节器Ⅰ又取代调节器Ⅱ的工作。这样，就保证在参数Ⅱ达到越限前就自动采取新的控制手段，不必硬性停车。

3.3.1　选择性控制系统的类型

选择性控制系统在结构上的特点是使用了选择器。选择器可以接在两个或两个以上的调节器的输出端，也

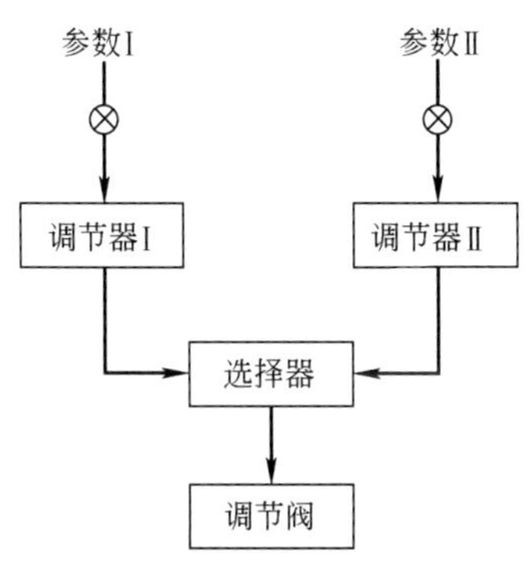

图 2-6-23　选择性控制示意图

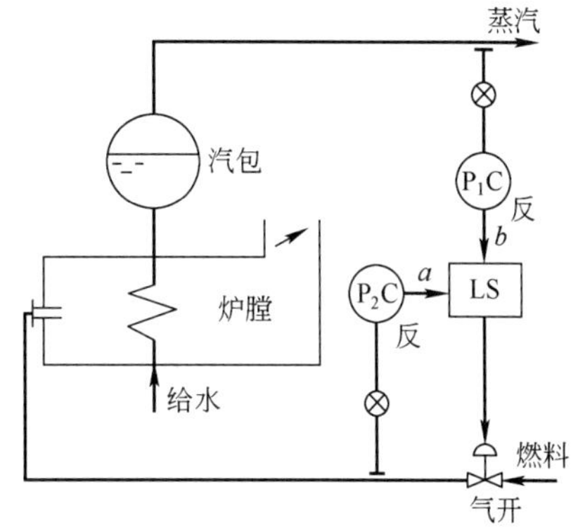

图 2-6-24　辅助锅炉压力选择性控制系统

可接在几个变送器的输出端，对测量信号进行选择，以适应不同工况的需要。

（1）选择器装在调节器与调节阀之间　这类选择性控制系统的特点是几个调节器公用一个调节阀。通常是两个调节器合用一只调节阀，其中一个调节器在正常工况下工作，另一个处于待命备用状态，遇到工艺生产不正常时，就由它取而代之，直到工况恢复正常，再由原来的调节器进行控制。

图 2-6-24 是辅助锅炉蒸汽压力与燃料压力组成的选择性控制系统。它的工作过程如下：正常情况下，阀后压力低于脱火压力时，燃料压力调节器 P_2C 的输出信号 a 大于调节器 P_1C 的输出信号 b，由于低值选择器 LS 能自动选择低值输入信号作输出，因此，正常情况时 LS 的输出为 b，即按蒸汽压力来控制燃料阀门。而当燃料阀门太大，使调节阀阀后的压力接近脱火压力时，$a<b$，a 被 LS 选中，即由 P_2C 取代 P_1C 去控制阀门，使阀关小，避免了因阀后压力过高而造成喷嘴脱火事故。通过 P_2C 的调节，当阀后压力降低，而蒸汽压力回升，达到 $b<a$ 时，调节器 P_1C 再次被选中，恢复正常工况的自动控制。

（2）选择器装在变送器与调节器之间　这种类型的选择性控制系统的特点，是几个变送器合用一只调节器。选择的目的有两种。

① 选出最高或最低测量值　以固定床反应器中最高温度的控制为例。最高温度的位置可能会随催化剂的老化变质、流动等原因有所移动。反应器各处的温度都应当加以比较，选择其中高的用于温度控制，如图 2-6-25 所示。

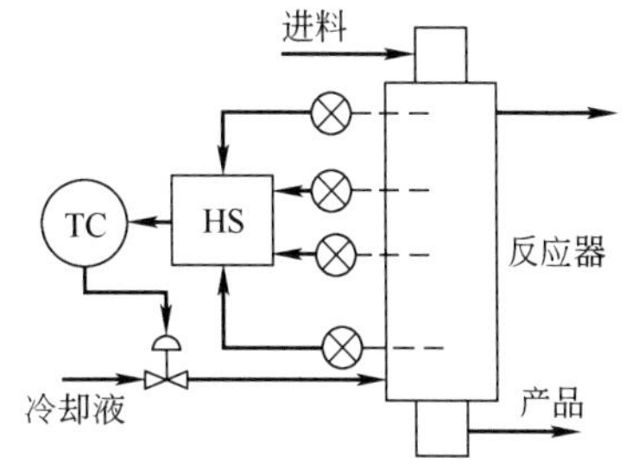

图 2-6-25　高选器用于控制反应器的峰值温度

② 选取可靠测量值　对于关键参数的检测点，如果变送器失灵机会较多，为了避免造成不可估计的损失，可在同一检测点安装两个以上的变送器，通过选择器选出可靠的检测信号值进行自动控制，以提高系统运行的可靠性。

（3）操纵变量选择性控制系统　若一个被控变量有几种操纵变量可供选择，也可用选择性控制系统按不同工况选择不同的操纵变量。

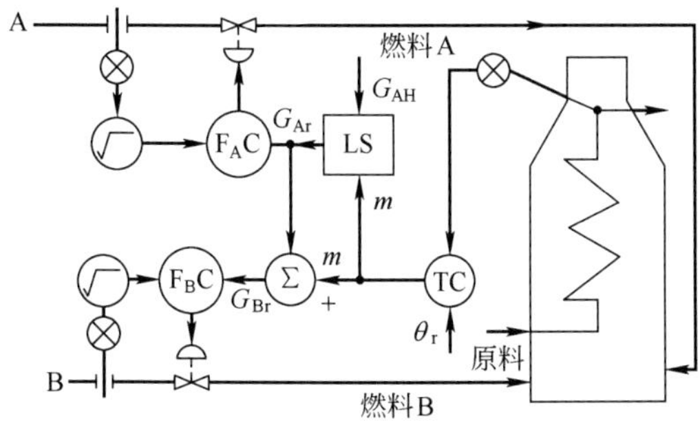

图 2-6-26　有几种燃料的选择性控制系统

例如，加热炉有几种燃料时，如图 2-6-26 所示，只要燃料 A 的流量不超过上限 G_{AH}，尽量用 A 燃料；当 A 的流量 $G_A>G_{AH}$ 时，则用燃料 B 来补充。温度调节器 TC 的输出为 m，正常时，$G_A<G_{AH}$，则低选择器 LS 的作用使燃料 A 的流量调节器 F_AC 的设定值 $G_{Ar}=m$，即 $m<G_{AH}$，F_AC 和温度调节器 TC 组成串级控制系统。因为此时 $G_{Ar}=m$，故 $G_{Br}=m-G_{Ar}=0$，故燃料 B 的阀门全关闭。当 $m>G_{AH}$ 时，即 $G_A>G_{AH}$，LS 选中 G_{AH} 作为输出，使 $G_{AH}=G_{Ar}$，F_AC 为定值流量控制，使 G_A 稳定在 G_{AH} 值上。这时，由于 $G_{Br}=m-G_{Ar}=m-G_{AH}>0$，则温度调节器 TC 与燃料 B 的流量调节器 F_BC 组成串级控制，打开燃料B的阀门，来补充燃料A的不足，使加热炉出口温度保持一定。由此可见，运用LS可选择不同的操纵变量进行选择控制，保证加热炉炉出口温度的稳定。

3.3.2 积分饱和及其防止措施

对于具有积分作用的调节器，若处于开环状态，由于偏差存在，调节器的输出随着时间增加，会达到最大或最小极限值，这就是调节器的积分饱和现象。在选择性控制系统（被控变量选择性控制系统）中，两个调节器中总有一个是处于开环状态，不论哪个调节器，只要有积分作用存在，都有可能产生积分饱和现象。如果正常调节器有积分作用，则在用取代调节器控制，且工况尚未正常时，被控变量一定有偏差存在，正常调节器的输出就会积分到上限或下限极限值，直到工况恢复；如果偏差尚未改变极性，输出仍处于饱和状态，即使偏差已改变极性，输出仍有很大值，这样就不能迅速地切换回来，严重地影响控制质量。

常用的防积分饱和方法有3种。

(1) 限幅法　采用高值或低值限幅器，使调节器的输出信号不超过工作信号的最高值或最低值。至于用高限器还是用低限器，则要根据具体工艺来决定。一般，出现积分饱和的危险工况只能是一侧。如调节器处于待命开环状态，调节器由于积分作用会使输出逐渐增大，则要选用高限器；反之，则用低限器。

(2) 积分切除法　所谓积分切除法，即当调节器具有PI作用时，一旦处于开环状态，立即切除积分功能，只具有比例控制规律。这是一种新型的特殊设计的调节器。若采用数字控制调节器或采用计算机进行选择性控制，只要利用它们的逻辑判断功能，编制出相应的程序即可，十分方便。

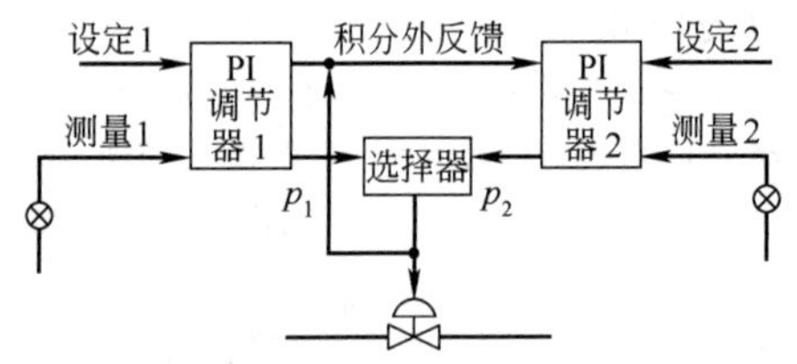

图 2-6-27　积分外反馈防止积分饱和

(3) 积分外反馈法　调节器在开环状态下不选用调节器自身的输出值作反馈，而是借用其他相应的信号用外反馈的方法作为调节器的反馈信号，这样可以防止调节器积分饱和现象的产生。图2-6-27是采用外反馈法防止调节器积分饱和的示意图。这是两台均有积分功能的调节器，它们的输出经一台低选器LS进行选择。低选器的输出去控制调节阀，它们的反馈信号均是阀位信号。当调节器1处于工作状态时，则调节器的外反馈信号是其本身的输出，调节器2的外反馈信号是调节器1的输出，保证调节器2不产生积分饱和。反之，当调节器2被选中，而调节器1待命时，调节器2的输出作为调节器1的反馈信号，调节器1也不会出现积分饱和问题。

3.3.3 选择性控制系统的选型

(1) 选择器的选型　选择器分为高值选择器和低值选择器两类。前者允许较大的信号通过，后者允许较小信号通过。

选型时可按照使系统脱离“危险”区域的手段，以及调节阀的开、关形式来选。如有可能，应尽量选用低值选择器，这样更加安全可靠。因为对调节阀气开、气关的选择，考虑的是在没有气压信号输入阀门的情况，阀门处在全开的位置安全，还是全关的位置安全，所以，当选择器送出低信号时，往往较为安全，万一发生故障，危害性较小。

(2) 调节器的选型　对于正常工况下运行的正常调节器，选型与简单控制系统的选型一样，采用PI或PID控制规律。对于不正常工况下运行的取代调节器的选型，则要求取代时动作迅速可靠，为此，一般常选用狭比例度的纯比例调节器，或采用双位调节器。

3.4 分程控制系统

简单控制系统是一个调节器的输出带动一个调节阀动作，而分程控制系统的特点是一个调节器的输出同时控制几个工作范围不同的调节阀。例如一个调节阀在20～60kPa范围内工作，另一个调节阀在60～100kPa的范围内工作。其方块图如图2-6-28所示。

分程是靠阀门定位器或电-气阀门定位器来实现的。如某调节器的输出信号范围是0.02～0.1MPa气信号，要控制A、B两只调节阀，那么只要在A、B调节阀上分别装上气动阀门定位器，A阀上的定位器调整为：当输入0.02～0.06MPa时，输出为0.02～0.1MPa；而B阀上的定位器调整为：当输入为0.06～0.1MPa时，输出为0.02～0.1MPa。即当调节器输出在0.02～0.06MPa时，A调节阀动作，而调节器输出在0.06～0.1MPa时，B调节阀动作，从而达到了分程的目的。

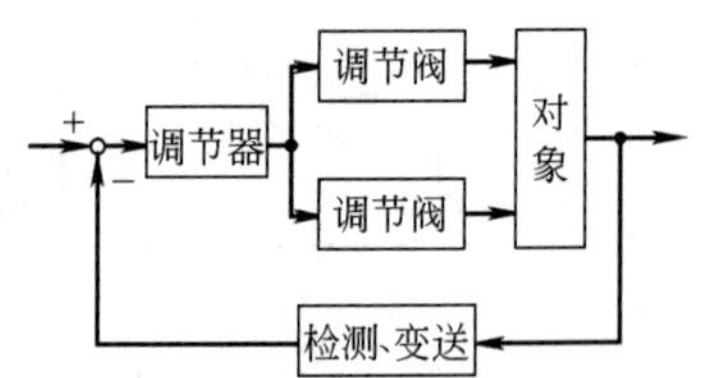

图 2-6-28　分程控制系统方块图

3.4.1 分程控制的应用

(1) 采用几种根本不同的控制手段 图 2-6-29 所示为间歇式化学反应器，每次加料完毕后，为引发化学反应，必须先进行加热。待反应开始后，由于产生大量的反应热，若不及时带走反应热，则反应会越来越剧烈，以致发生爆炸事故，所以要通入冷水降温，将热量带走。为此，设计了如图 2-6-29 所示的分程控制系统。它由一个反作用调节器、气关式冷水调节阀 A 和气开式蒸汽调节阀 B 所组成。当调节器输出信号由 20～60kPa 变化时，A 阀从全开至全关；当信号由 60～100kPa 变化时，B 阀由全关至全开。两只调节阀的动作情况如图 2-6-30 所示。

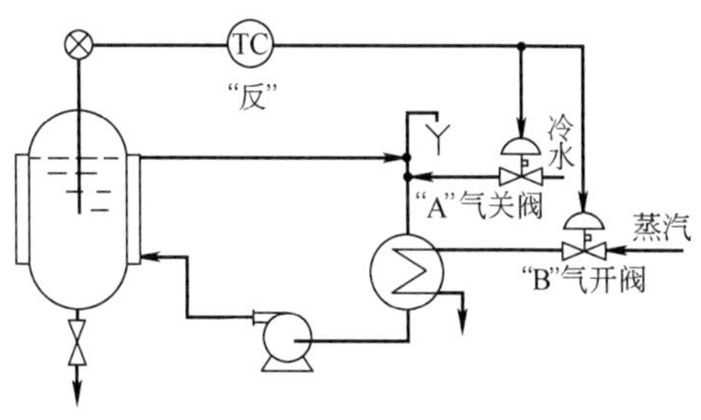

图 2-6-29 反应器温度分程控制

反应与控制过程如下：加料后，反应开始前，反应器内温度低于设定值，反作用调节器输出信号增大，打开 B 阀，用加热蒸汽加热冷水而变成热水，再通过夹套对反应器加热升温，促使反应开始。由于是放热反应，一旦反应进行，将产生反应热，使反应温度迅速上升。当温度大于设定值后，调节器的输出值开始下降，渐渐关闭 B 阀，接着打开 A 阀，通入冷水，带走反应热量，直至把反应温度控制在设定值上。

(2) 扩大调节阀的可调范围 在某些场合，调节手段虽然只有一种，但要求操纵变量的流量有很大的可调范围，例如大于 100 以上。而国产统一设计的调节阀的可调范围最大也只有 30，满足了大流量就不能满足小流量，反之亦然。为此，可采用两个大小阀并联使用，在小流量时用小阀，大流量时用大阀，这样就大大地扩大了可调范围。

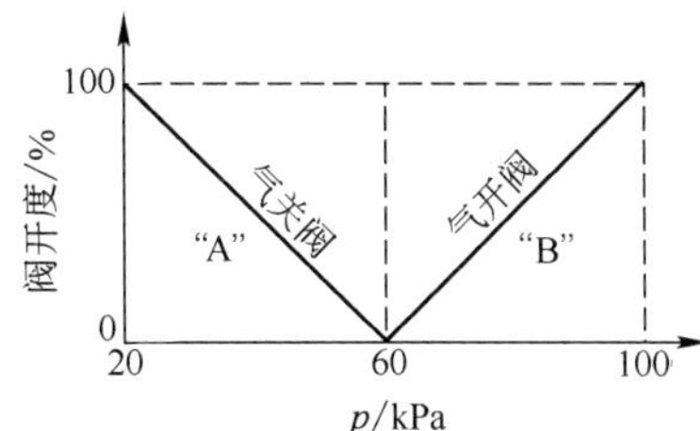

图 2-6-30 调节阀分程动作关系

设大、小两个调节阀的最大流通能力分别是 $C_{\mathrm{Amax}}=100$，$C_{\mathrm{Bmax}}=4$，可调范围 $R_{\mathrm{A}}=R_{\mathrm{B}}=30$。因为：

$$R=\frac{\text{阀的最大流通能力}}{\text{阀的最小流通能力}}=\frac{C_{\max}}{C_{\min}}$$

所以，小阀的最小流通能力：

$$C_{\mathrm{Bmin}}=C_{\mathrm{Bmax}}/R_{\mathrm{B}}=4/30\approx0.133$$

当大、小阀并联组合在一起时，阀的最小流通能力为 0.133，最大流通能力为 104，因而调节阀的可调范围为：

$$R_{\mathrm{T}}=\frac{C_{\mathrm{Amax}}+C_{\mathrm{Bmax}}}{C_{\mathrm{Bmin}}}=\frac{104}{0.133}\approx776$$

这样分程后调节阀的可调范围比单个调节阀的可调范围约增大了 25.9 倍，大大地扩展了可调范围，从而提高了控制质量。

例如在中和反应过程中，若用中和 pH=2 的溶液所选用的调节阀，来中和 pH=5 的溶液时，阀门的开度要减小到原来的 1%。显然，若只用一个调节阀是达不到控制要求的，为此，必须采用大、小两只调节阀进行并联使用，这样就构成了分程控制系统。图 2-6-31 和图 2-6-32 所示分别为大、小调节阀分程控制原理图和分程动作示意图。

3.4.2 分程控制系统对调节阀的要求

(1) 关于流量特性的问题 因为在两只调节阀的分程点上，调节阀的流量特性会产生突变，这在大、小阀并联时更为突出。如果两只调节阀都是线性特性，情况更严重，如图 2-6-33(a) 所示。这种情况的出现对控制系统调节质量是十分不利的。解决办法有两个：①采用两只对数特性调节阀，这样从小阀向大阀过渡时，调节阀的流量特性相对要平滑些，见图 2-6-33(b) 所示；②采用分程信号重叠的方法，如两个信号段可分为 0.02～0.065MPa和 0.055～0.1MPa，即不等小阀全开时，大阀已经小开了，这样流量特性会改善。

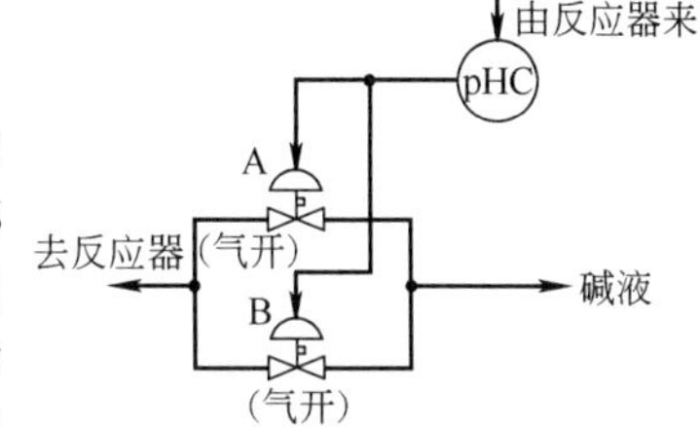

图 2-6-31 大小阀分程控制

(2) 根据工艺要求选择同向或异向规律的调节阀 在分程控制系统中，调节阀的开关形式可分为两类。一类称同向规律调节阀，即随着调节阀输入信号的增加，两个阀门都开大或关小，如图 2-6-34 所示。另一类称为异向规律的调节阀，即随着调节阀输入信号的增加，一个阀门关闭，而另一个阀门开大，或者相反，如图 2-6-35所示。

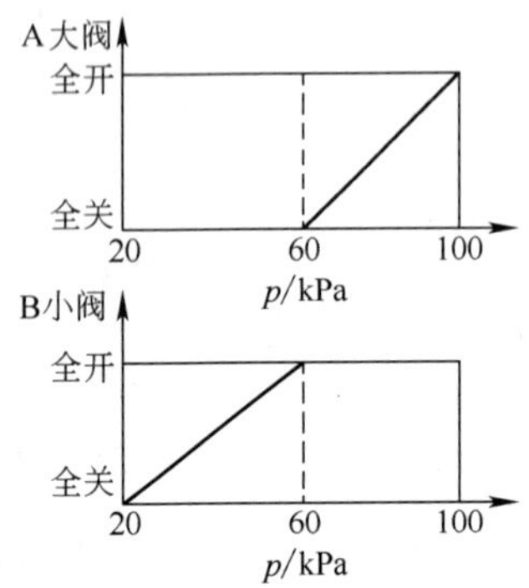

图 2-6-32 大小阀分程动作示意图

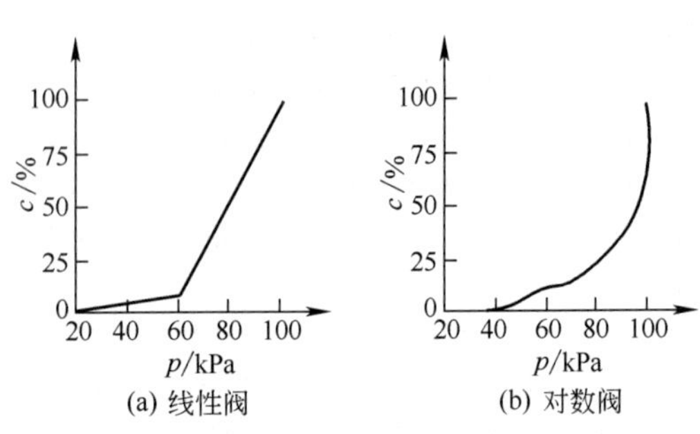

图 2-6-33 分程控制时阀的流量特性

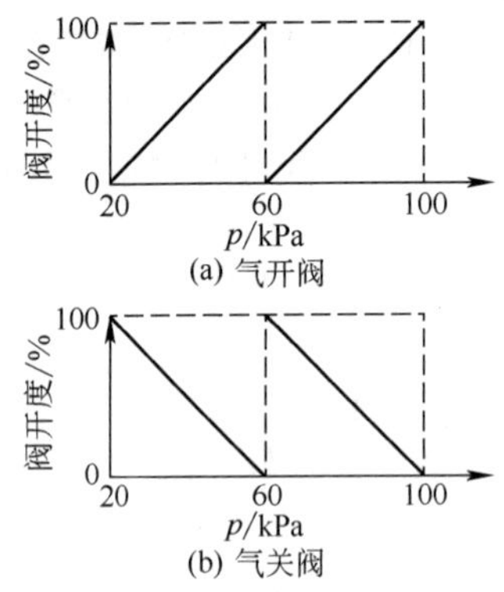

图 2-6-34 调节阀分程动作（同向）

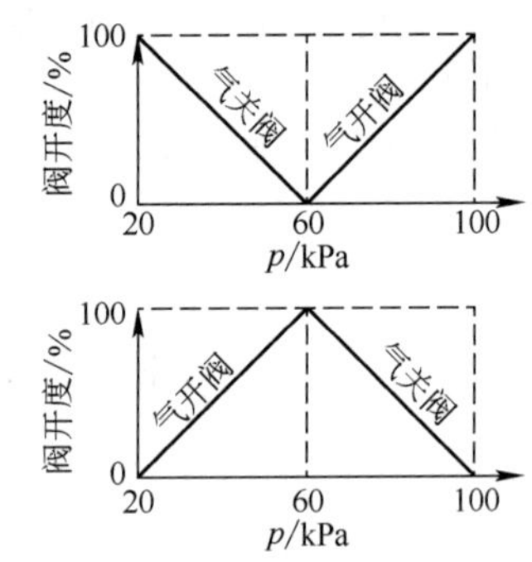

图 2-6-35 调节阀分程动作（异向）

（3）泄漏量问题　分程控制系统中，尽量应使两只调节阀都无泄漏，特别是对大、小阀并联使用时，如果大阀的泄漏量过大，小阀将不能正常发挥作用，调节阀的流量可调范围仍然得不到增加。

（4）调节器参数整定问题　当分程控制系统中两只调节阀分别控制两个操纵变量时，这两只阀所对应的通道特性可能差异很大，即广义对象特性差异很大。这时，调节器参数整定必须注意，需要兼顾两种情况，选取一组合适的调节器参数。

3.5 前馈控制系统

简单控制系统属于反馈控制，它的特点是按被控变量的偏差进行控制，因此只有在偏差产生后，调节器才对操纵变量进行控制，以补偿扰动变量对被控变量的影响。若扰动已经产生，而被控变量尚未变化，控制作用是不会产生的，所以，这种控制作用总是落后于扰动作用的，是不及时的控制。对于滞后大的被控对象，或扰动幅度大而频繁时，采用简单控制往往不能满足工艺生产的要求，若引入前馈控制，实现前馈-反馈控制就能获得显著的控制效果。

前馈控制是按照干扰作用的大小来进行控制的。当扰动一出现，就能根据扰动的测量信号控制操纵变量，及时补偿扰动对被控变量的影响，控制是及时的，如果补偿作用完善，可以使被控变量不产生偏差。

图 2-6-36 所示为一个浓度配比的简单控制系统和前馈控制系统图及方块图。

从两者的方块图可以看出，信号的传递方式有所不同。对于简单控制系统，浓度信号从系统的输出端返回到输入端，因此是反馈，并且它有一个闭合的回路。而对于前馈控制［见图 2-6-36(b)］，水流量信号却是一直向系统的输出端，因此它是前馈，而且是开环的。

从方块图中还可看出，前馈控制规律不采用 PID 形式，它的控制规律由前馈通道和扰动通道的传递函数得到，其极性恰好相反，即：

$$G_{ff}(s)=-\frac{G_f(s)}{G_o(s)}$$

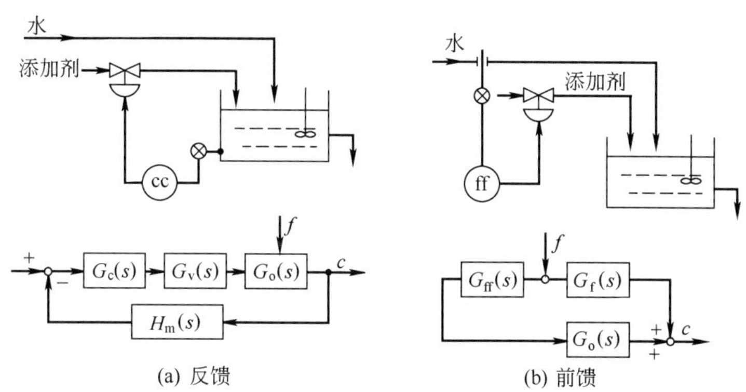

图 2-6-36　前馈控制与反馈控制

由此可见，前馈装置的输出是根据具体对象来确定的。如果 $G_{ff}(s)$ 严格地满足上式关系，就能完全补偿扰动作用。但是，若对象的传递函数略有偏差，或 $G_{ff}(s)$ 达不到上式的功能，那么就不能完全补偿扰动的影响，被控变量也无法再回到原来的数值上。

前馈控制只能克服可测扰动，即扰动可以是不可控的，但必须是可测量的。对于不可测的扰动，前馈控制不能采用。

前馈控制对扰动的补偿是一一对应的，所以，当有几个扰动存在时，要同时测量几个扰动才行。

另外，由于 $G_{ff}(s)$ 不宜太复杂，而且 $G_f(s)$ 和 $G_o(s)$ 也不易测准，因此前馈补偿是不可能得到完全补偿的。同时，扰动也不止一个、两个，因此，在实际使用中往往采用前馈与反馈复合在一起的控制系统，被称为前馈-反馈控制系统，有时简称前馈控制系统，利用前馈控制克服主要干扰，用反馈控制消除其他干扰。

3.5.1　前馈控制系统的结构形式

作为一个完整的前馈控制，不但要考虑最终补偿的结果能否使前馈控制作用恰好与扰动作用进行相互补偿（抵消），使被控变量不产生偏差，而且还应考虑在补偿过程中它们的动态响应要保持一致。前者不考虑动态响应，扰动和校正之间与时间变量无关，这种称为静态前馈；后者则考虑到对象两条通道的动态响应和时间因素，故称为动态前馈。

（1）静态前馈控制系统　静态前馈是在扰动作用下，前馈校正作用只能在补偿过程最终使被控变量回到给定值，而不考虑补偿过程中的偏差大小。其校正作用（前馈装置）的大小，可以通过系统的物料量和能量的平衡关系来得到。现以图 2-6-37 的蒸汽换热器的温度控制系统为例说明。由热量平衡方程式，得：

$$Q_2 L = Q_1 c_p (\theta_2 - \theta_1) \tag{2-6-1}$$

式中，Q_1 为进料流量，Q_2 为蒸汽流量，θ_1 为进料温度，θ_2 为被控变量（物料出口温度），c_p 为被加热物料的比热容，L 为蒸汽冷凝热。由上式得：

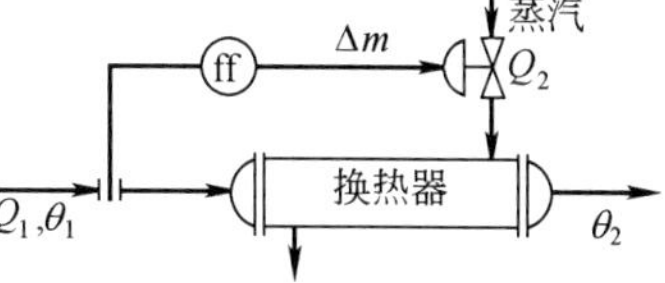

图 2-6-37　静态前馈控制系统

$$Q_2 = \frac{c_p}{L}(\theta_2 - \theta_1) Q_1 \tag{2-6-2}$$

其中 θ_1 和 Q_1 为扰动量。从式（2-6-2）中可知，当 θ_1 不变，而只考虑 Q_1 变化时，要使 θ_2 最终不变，则蒸汽量 Q_2 必须随进料量 Q_1 而变，即：

$$\Delta Q_2 = \frac{c_p}{L}(\theta_2 - \theta_1)\Delta Q_1 = K_{ff}\Delta Q_1 \tag{2-6-3}$$

在此只考虑了最终稳定时的校正，所以是静态前馈控制，K_{ff} 是前馈控制装置的放大倍数。按式（2-6-3）构成的控制方案如图 2-6-38 所示，虚线框中的计算单元构成前馈调节装置。

前馈控制装置的输出 Δm 应能精确控制蒸汽量，即 $\Delta m = \Delta Q_2$，但如果由它直接去控制调节阀，往往达不到控制要求，这是因为阀不一定是线性特性，通常会随外来的干扰而变化。所以，在实际生产应用中，多采用流量反馈控制的辅助回路。

（2）动态前馈系统　动态前馈不仅在静态放大系数上进行补偿，而且在时间上亦考虑进行补偿，使其补偿过程比较合拍。动态前馈补偿装置的控制规律由式（2-6-4）决定。如果对象特性是一阶的，其控制通道和扰动通道的传递函数分别为：

$$G_o(s)=\frac{K_0}{T_0s+1}\text{(其中包括调节阀)}$$

$$G_f(s)=\frac{K_f}{T_fs+1}$$

则动态前馈装置（也称前馈调节器）的传递函数：

$$G_{ff}(s)=-\frac{G_f(s)}{G_o(s)}=-\frac{K_f}{K_0}\times\frac{T_0s+1}{T_fs+1}=-K_{ff}\times\frac{T_1s+1}{T_2s+1} \tag{2-6-4}$$

若时间常数 $T_0>T_f$，即扰动通道比控制通道反应快，则取前馈调节器的 $T_1>T_2$，就是在前馈校正通道上增加一些正微分作用，使校正作用与扰动作用对被控变量的影响在时间上恰好合拍，而使扰动作用完全抵消。反之，若 $T_0<T_f$ 时，则可取 $T_1<T_2$，使前馈调节装置起一个滞后的作用（亦称反微分作用），在时间上使校正作用与扰动作用合拍而相互抵消。

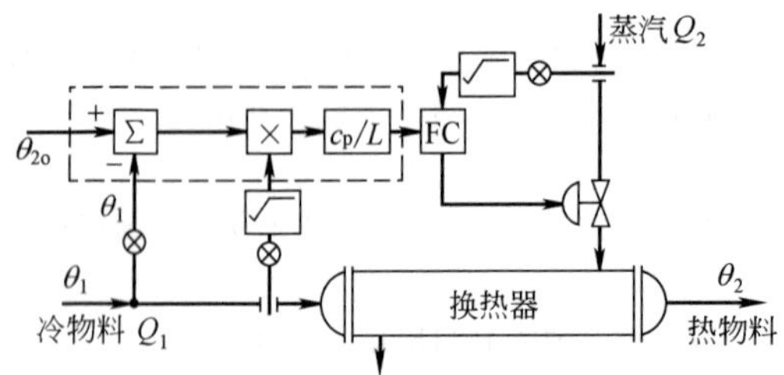

图 2-6-38　静态前馈控制实施方案

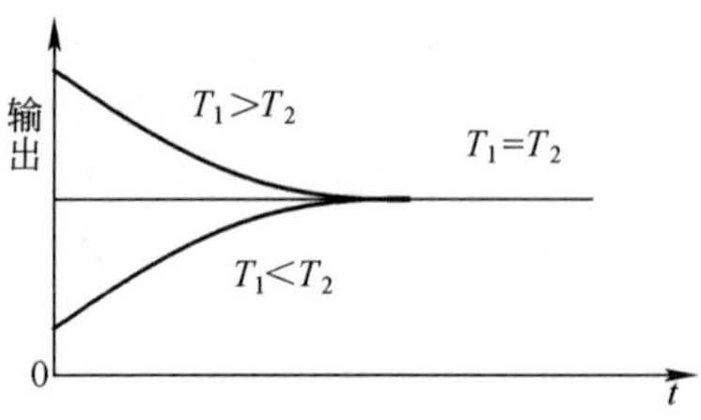

图 2-6-39　超前-滞后环节的阶跃响应

当两条通道的时间常数很接近，即 $T_0\approx T_f$ 时，则可取 $T_1\approx T_2$，这时，就相当于静态前馈补偿。图 2-6-39 绘出了式(2-6-4)的阶跃响应曲线。

具有动态前馈补偿的换热器温度控制系统如图 2-6-40 所示。

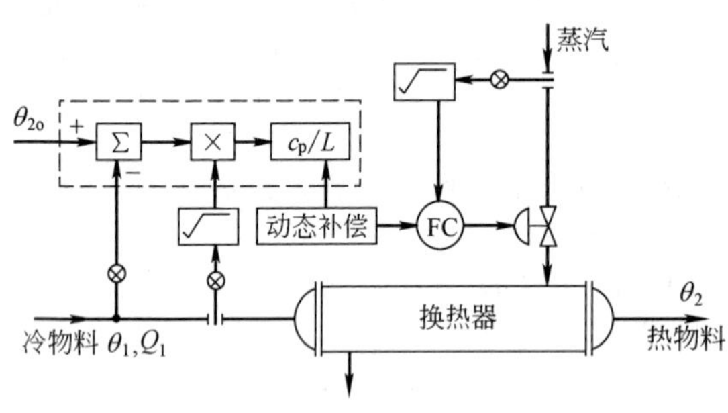

图 2-6-40　动态前馈控制

(3) 前馈-反馈控制系统　综上所述，前馈控制是开环控制的结构形式，对补偿作用没有检验的手段，因此，无法知道被控变量是否存在偏差，也就无法作进一步的校正。而且实际对象中常有多个扰动存在，有的扰动还不可测量，因此，单独采用前馈控制是很难满足工艺生产要求的。所以在实际应用中，往往采用前馈-反馈相结合的控制方案，这样主要干扰用前馈来迅速克服，其他干扰仍由反馈控制系统来克服，从而大大提高了控制系统的调节质量，满足工艺生产的控制要求。换热器的前馈-反馈控制系统如图 2-6-41 所示。

前馈-反馈控制信号通过加法器相加后送往调节阀，加法器的输出信号为：

$$u=a+b-c$$

其中，a 为反馈调节器的输出信号，b 为前馈输出信号，c 为偏置值。偏置值 c 的设定原则是：在正常工况下 c 与 b 能相互抵消。

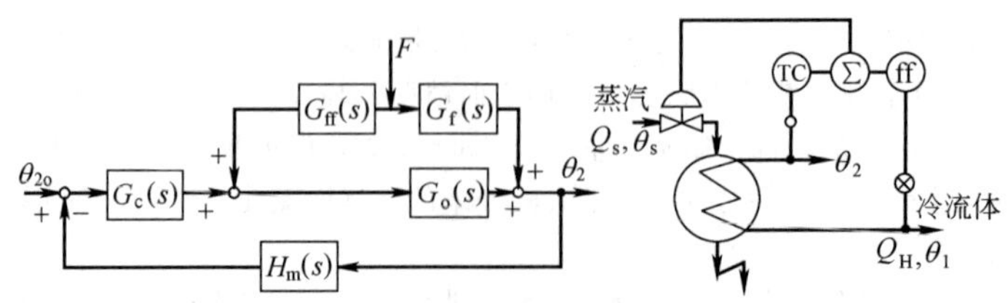

图 2-6-41　换热器的前馈-反馈系统

3.5.2 前馈控制系统的应用

(1) 前馈控制调节器控制规律的选择

① 当 $T_0 \ll T_f$ 时，由于控制通道很灵敏，克服干扰能力强，简单回路控制就能达到满意的控制质量，此时，不必采用前馈控制。

② 当 $T_0 = T_f$ 时，只要采用静态前馈-反馈控制，就可较好地改善调节品质。

③ 当 $T_0 > T_f$ 时，可采用动态前馈-反馈控制改善调节品质，效果尚好。

④ 关于纯滞后时间的补偿。当 $\tau_f > \tau_0$ 时，则前馈控制规律应为：

$$G_{ff}(s) = -\frac{G_f(s)}{G_o(s)} e^{-(\tau_f - \tau_0)s} = -K_{ff}\frac{T_1 s+1}{T_2 s+1} e^{-\tau_{ff}s}$$

但当 $\tau_0 > \tau_f$ 时，要求前馈调节器具有纯超前环节 $e^{\tau_{ff}s}$ 是做不到的，所以，此时不能使用前馈控制。

(2) 前馈控制的应用　前馈控制常用于以下场合：

① 扰动变化频繁而且幅值又较大的场合；

② 主要干扰可测而不可控的场合；

③ 扰动对被控变量的影响显著，单纯的反馈控制难以达到控制要求时，可用前馈控制。

3.5.3 前馈参数整定

(1) 先设置静态前馈系数 K_{ff}　通常采用闭环整定法，即先断开前馈回路而利用反馈回路来整定 K_{ff} 值。在工况稳定情况下，记下扰动的稳态值 f_1 和调节器输出的稳态值 u_1。然后，施加扰动，扰动量为 f_2，待系统重新稳定后，再次记下调节器的输出 u_2 和 f_2。则 K_{ff} 可按下式求出：

$$K_{ff} = \frac{u_2 - u_1}{f_2 - f_1} = \frac{\Delta u}{\Delta f}$$

这种方法是借助反馈校正的原理来设置静态前馈系数 K_{ff}。

(2) 再调整动态前馈参数 T_1 和 T_2　整定时，可预先设置一个 T_1 值，逐渐改变 T_2，观察过渡过程曲线，确定 T_2 的值；然后再逐步改变 T_1，观察过渡过程，直到满意为止。

3.6 三冲量控制系统

蒸汽锅炉是石油、化工、电力（火电厂）等工业部门的主要能源设备。

锅炉汽包液位是表征其生产过程的主要工艺指标，同时也是保证锅炉安全运行的主要条件之一。液位过高，使蒸汽产生带液现象，不仅降低了蒸汽的产量和质量，而且，还会使过热器结垢，或使汽轮机叶片损坏；当液位过低时，轻则影响水汽平衡，重则烧干锅炉，严重时会导致锅炉爆炸等事故，所以锅炉水位是一个极为重要的被控变量。

所谓“冲量”实际就是变量，多冲量控制中的冲量，是指引入系统的测量信号。在锅炉控制中，主要冲量是水位；辅助冲量是蒸汽负荷和给水流量，它们是为提高控制品质而引入的。现今蒸汽锅炉趋向大、中型化，一般都采用水位、蒸汽流量（或压力）和给水流量进行三冲量控制，如图2-6-42所示。

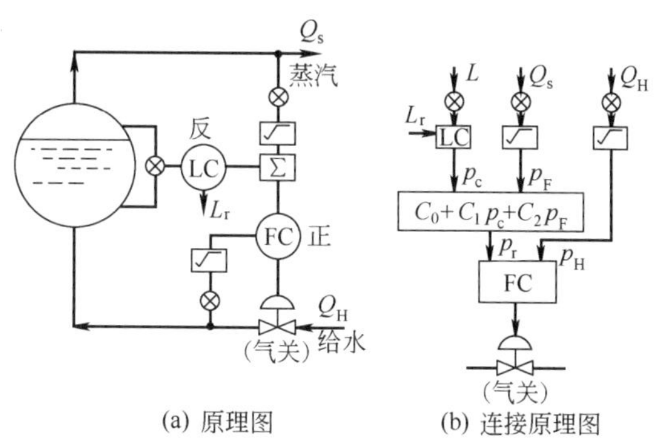

图 2-6-42　三冲量控制系统

图 2-6-42 实质是一个前馈加串级反馈的三冲量控制系统，给水流量为副回路。根据串级控制系统选择主、副调节器的正、反作用的原则，水位调节器 LC 选反作用，流量调节器 FC 为正作用，调节阀为气关阀。当水位由于扰动而升高时，因 LC 为反作用，它的输出下降，经加法器后，使 FC 的给定值下降而输出增加，调节阀开度减小，给水量减少，水位下降，保持在设定值上。当蒸汽流量增加时，FC 的给定值增加而输出减小，调节阀开大，水量增加，保持水、蒸汽平衡，使水位不变。副回路克服给水自身扰动，更进一步地稳定了水位的自动控制。

另外，还有一种较简单的三冲量控制方案，只用一个调节器和一个加法器，加法器可接在调节器之后或之前。图 2-6-43 所示为加法器接在调节器之后，这种接法的特点是可省去一个流量调节器，使结构简单，流量副回路相当于一个 100%的比例调节回路。

图 2-6-44 所示为加法器接在液位调节器 LC 之前。它的特点是可采用一个多通道输入的调节器，亦可实现三冲量的自动控制。

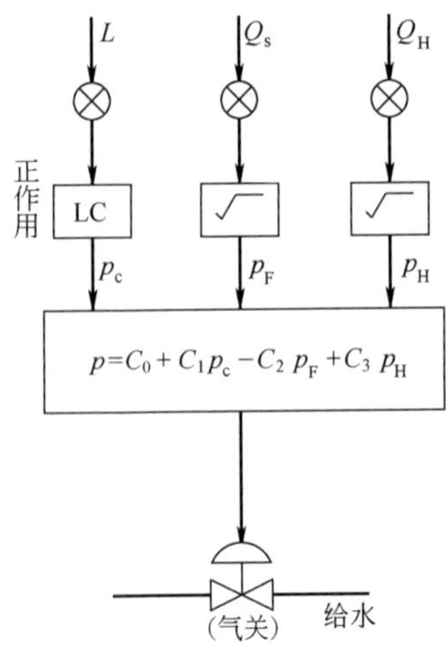

图 2-6-43 加法器在调节器之后

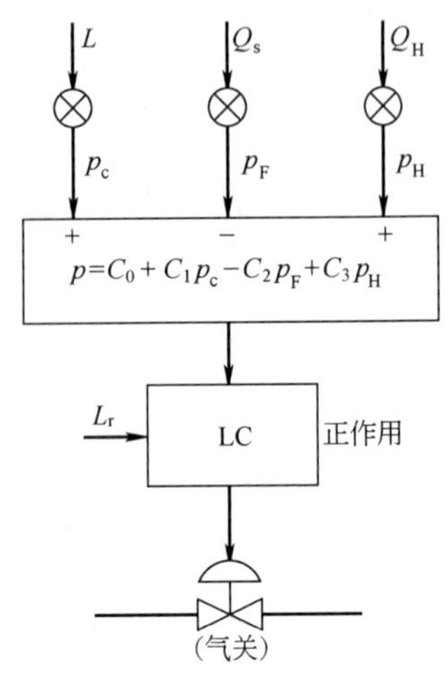

图 2-6-44 加法器在调节器之前

4 新型控制系统

科学技术总是不断地向前发展的，在控制科学和工程领域内，更是如此。最近 10 多年来，出现了许多新的控制策略、控制系统结构和控制算法，如纯滞后补偿控制系统、差拍控制系统、采用阀位调节器的多重控制系统、解耦控制系统、采用计算指标的控制系统、非线性控制系统，以及推断控制、预测控制、状态反馈控制、模糊控制、智能控制与自适应控制等。

开发和研究新型控制系统，以便把这些新型控制系统推广应用到实际生产过程去，将会产生巨大的社会经济效益。

4.1 自适应控制

与通常的反馈理论不同，自适应控制理论建立在系统数学模型参数未知的基础上，而且随着系统状况的变化，自适应控制也会相应地改变调节器的参数，以适应系统特性的这种变化，使整个系统的性能指标达到令人满意的程度。

近 10 多年来，随着控制理论与计算机技术的迅速发展，自适应控制也有了很大进步，形成了独特的方法与理论，在工业生产过程中获得了许多成功的应用。

（1）自适应控制系统的基本概念与类型　许多生产过程的动态特性是不断变化的，不能确切地描述其变化规律，而且往往存在大量的扰动因素，它们的变化规律更是无法预知的。对于这类生产过程，采用普通的反馈控制很难达到预期的生产指标。为此必须采用自适应控制方法，对过程模型或控制规律进行“自动”的调整与修正，保证预期指标能够实现。

自适应控制系统是一个具有自动适应能力的系统，必须能够察觉过程与环境的变化，并自动地校正控制规律。为此，一个自适应控制系统至少应包含以下 3 个部分：

① 具有一个检测机构，能对环境和过程本身进行监视，并具有对检测数据进行分类，以及消除数据中噪声的能力；

② 具有衡量本系统控制效果好坏的性能指标的确切定义，并能够测量或计算性能指标，判断系统是否偏离最优控制状态；

③ 具有自动调整控制规律的功能。

实质上自适应控制集辨识、优化与控制为一体，它比常规反馈控制系统要复杂得多。图 2-6-45 所示的为自适应控制系统的一般性框图。

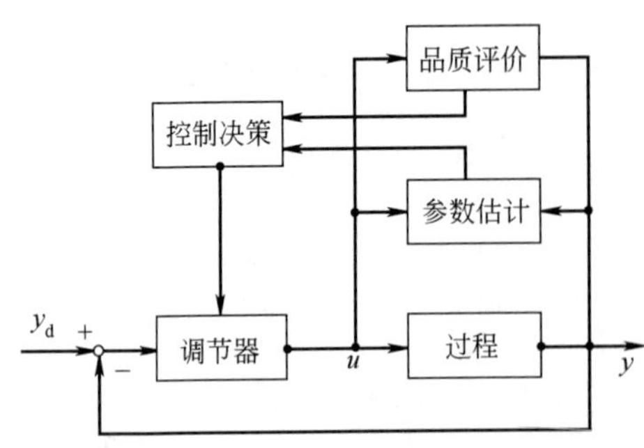

图 2-6-45 自适应控制系统的结构框图

自适应控制系统所要解决的问题是多种多样的，针对不同的问题可有不同的控制方法。到目前为止，根据控制方案的设计原理和结构形式，以下 4 种基本形式已被人们所接受。

① 自整定调节器，或称简单自适应控制系统。对生产过程的参数变化和环境条件，用一些简单、实用的

方法辨识出来，同时也采用较简单的方法修正调节器的参数或控制规律。

② 自校正调节器。在这类自适应控制系统中，先采用辨识手段实时获得过程数学模型的参数，然后按照控制指标自行校正控制算法。通常性能指标可以是最小方差或是线性二次型指标等。

③ 模型参考自适应控制系统。首先采用一个参考模型来代替系统的理想特性，即具有预期的性能指标要求。然后，依据参考模型与实际过程输出间的偏差，调整控制算法，使实际系统的特性尽量与参考模型靠拢。

④ 自学习系统，也称直接优化目标函数的自适应控制系统。依据实际过程的输入与输出测量信息，直接优化调节器的参数，使性能指标达到最佳。

(2) 自整定 PID 参数调节器　依据反映系统特性变化信息的过渡过程曲线，自动整定 PID 参数的调节器称为自整定 PID 参数调节器。

自整定 PID 调节器是一种较为简单而又有效的自适应控制方法。它可以极为方便地用微型计算机来实现。图 2-6-46 是它的原理框图。它的基本原理是：在 PID 调节器采用纯比例作用的条件下，对处于稳定工况的过程，进行设定值的阶跃扰动，同时记录或测量过程输出的过渡过程响应曲线。由于不同的对象特性参数对应的过渡过程响应曲线是不同的，因此，可根据测量的响应曲线的一些特征参数值，在闭环的条件下确定或估计对象的参数。然后，依赖于闭环辨识出的 K、T、τ 参数，采用刻画过渡过程性能指标的积分鉴定，作为调节器 PID 参数整定的目标函数，重新进行 PID 调节器的最优参数整定。

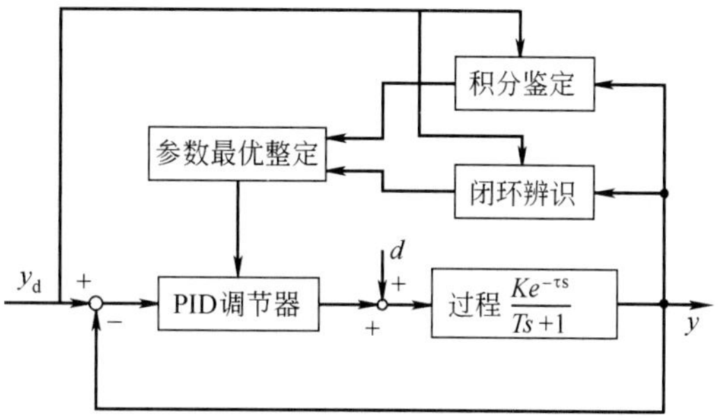

图 2-6-46　自整定 PID 调节器原理图

若定期地自动重复上述过程，则在系统特性变化的条件下，也能保证 PID 调节器参数在积分鉴定意义的最优化，达到自适应控制的目的。

在自整定 PID 调节器中，为了进行调节器的最优整定，必须定义衡量过程动态响应好坏的性能指标。

① 定值控制系统的参数整定　对于定值控制系统，输入是扰动作用，其控制系统的主要目的，是使系统输出的最大偏差尽可能小。为此，采用积分鉴定的 ISE 指标作为参数整定的目标函数是适宜的。在此条件下，根据过程模型的参数估计值 $\hat{K}$、$\hat{T}$、$\hat{\tau}$，使 ISE 指标最小的 PID 参数即为调节器的最优整定参数。

为了便于自整定 PID 调节器在工业上的应用，采用曲线拟合方法，可得出最优 PID 参数整定值与对象模型参数之间的关系为：

$$\begin{cases} K_c = \dfrac{1}{K}(8.082 - 18.341\tau/T) \\ T_i = \dfrac{\tau}{0.4864 + 0.658\tau/T} \\ T_d = \tau(0.7683 - 0.4705\tau/T) \end{cases}$$

② 随动控制系统的参数整定　随动控制系统的输入是设定值变化，它要求系统的输出迅速跟踪设定值的变化。为此采用积分鉴定的 ITAE 指标作为参数整定的目标函数。

与上述参数整定的方法相同，可得到随动控制系统的 PID 参数最优整定公式：

$$\begin{cases} K_c = \dfrac{1}{K}(5.658 - 12.014\tau/T) \\ T_i = \dfrac{\tau}{0.0121 + 0.8893\tau/T} \\ T_d = \tau(0.3467 + 0.0546\tau/T) \end{cases}$$

式中 K、T、τ 分别为对象的放大倍数、时间常数和纯滞后时间。

自整定 PID 调节器的特点，是实现简单，便于工程应用，适用于 $\tau/T \leqslant 0.3$ 的过程。这种控制方案已用于实验性二元精馏塔的自控，结果表明自整定 PID 调节器明显优于常规 PID 调节器，对工况的变化具有较强的自适应性。

4.2　双重控制系统

对于一个被控变量采用两个或两个以上操纵变量进行控制的控制系统称为双重或多重控制系统。这类控制系统采用不止一个调节器，其中有一个调节器的输出作为另一个称为阀位调节器的测量信号。

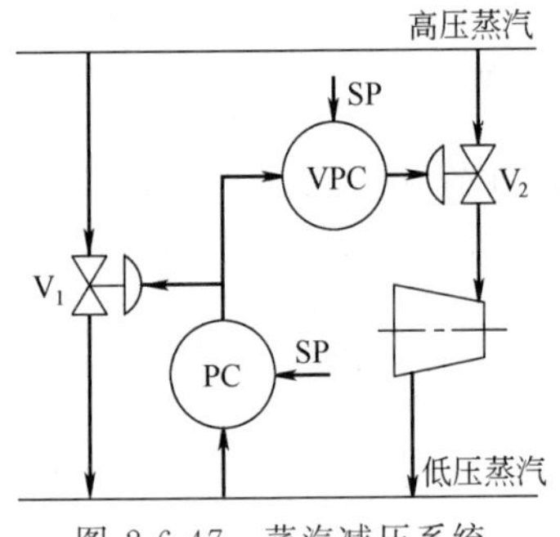

图 2-6-47 蒸汽减压系统

图 2-6-47 是双重控制系统的应用实例。在蒸汽减压系统中，高压蒸汽通过两种控制方法减为低压蒸汽。一种方法是直接通过减压阀 V_1。这种控制方法动态响应快速，控制效果好，但是能量消耗在减压阀 V_1 上，不经济。另一种方法是通过蒸汽透平回收能量，同时使蒸汽压力降到用户所需压力。这种控制方法可以有效地回收能量，但是调节迟缓。图 2-6-47 中所示的双重控制系统，是从操作优化的观点出发而设计的。图中 VPC 是阀位调节器，PC 是低压侧的压力调节器。正常情况下，大量蒸汽通过蒸汽透平机来减压，既回收了能量，又达到了蒸汽减压的作用。调节阀 V_1 的开度处于具有快速响应条件下的尽可能小的开度，例如开 10%。一旦蒸汽用量发生变化，在 PC 偏差开始阶段，主要通过调节阀 V_1 的快速调节，来迅速消除偏差。与此同时，通过阀位控制器 VPC 逐渐改变调节阀 V_2 的开度，使 V_1 的开度较平稳地回复到原来的开度。由此可见，双重控制系统既能迅速消除偏差，又能最终回复到较好的静态性能指标上。

图 2-6-48(a) 所示为双重控制系统方块图，对它稍加变换，可画成图 2-6-48(b) 的形式。图中 $G_{o1}(s)$、$G_{o2}(s)$ 分别是主、副广义对象的传递函数。通常主对象是具有快速响应的过程。$G_{c1}(s)$ 是主调节器传递函数，$G_{c2}(s)$ 是副调节器（这里称阀位调节器）的传递函数。可以看到，在稳态时，V_1 的开度回复到 VPC 的给定值 R_2 的开度上，故称 VPC 为阀位调节器。

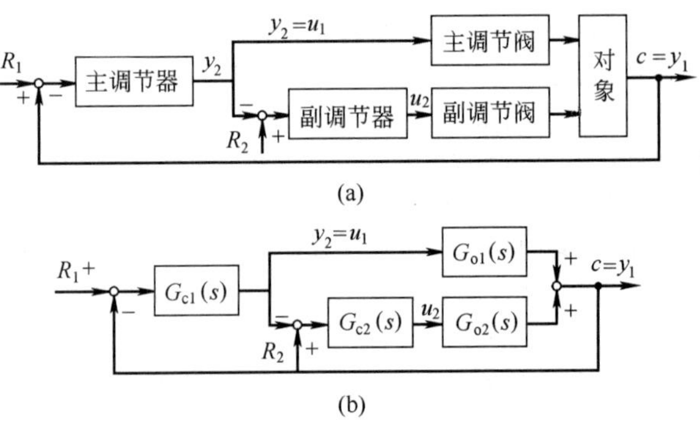

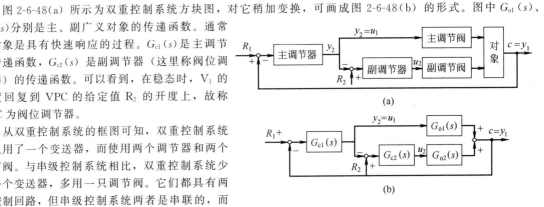

图 2-6-48 双重控制系统框图

从双重控制系统的框图可知，双重控制系统中只用了一个变送器，而使用两个调节器和两个调节阀。与串级控制系统相比，双重控制系统少用一个变送器，多用一只调节阀。它们都具有两个控制回路，但串级控制系统两者是串联的，而双重控制系统中两者却是并联的，它们都具有很好的控制功能。

从整体来看，双重控制系统仍是一个定值控制系统，但由于双回路的存在，使双重控制系统能先用主调节器的调节作用，使 y_1 尽快回复到设定值 R_1，保证系统具有良好的动态响应，达到了“急则治标”的功效；同时，在偏差减小的时候，双重控制系统又充分发挥了阀位调节器缓慢的调节作用，从根本上消除偏差，并使 y_2 回复到设定值 R_2，这样就使系统具有良好的静态性能。由于双重控制系统较好地解决了动与静的矛盾，从而达到了操作优化的目的。

双重控制系统设计与实施中的一些问题如下。

① 主、副操作变量的选择　符合工艺要求的慢响应对象，通常作为双重控制系统的副对象，因此，从提高系统动态响应角度出发，对双重控制系统的主操纵变量应选用响应快的变量。

② 主、副调节器的选择　组成双重控制系统的主、副调节器均起定值控制作用，为了消除余差，主、副两个调节器均应选用具有积分作用的调节器，并且不用微分作用。因为，为了使 y_1 尽快回复到 R_1，常选用具有快速响应的操纵变量，所以不必再用微分作用。只有当主对象的时间常数也较大时，主调节器才适当加入微分作用。对于副调节器，由于它起缓慢的调节作用，所以可采用纯积分作用的调节器。

③ 主、副调节器正反作用方式的选择　与简单控制系统中调节器正、反作用的选择方法一样，双重控制系统一般也先根据工艺条件确定主、副调节阀的作用形式，然后，再根据快响应回路确定主调节器的正、反作用方式。最后根据慢响应回路确定副调节器的作用方式。

④ 双重控制系统的投运和参数整定　双重控制系统的投运工作与简单控制系统相同。在手动-自动切换时应无扰动切换。投运程序是先主后副，即先使快响应回路切入自动，然后再切入慢响应回路。

双重控制系统的主调节器参数与快响应控制时的参数相类似，而副调节器参数常选用宽比例度和较大的积分时间，或可采用纯积分作用。

采用双重控制系统的特点，是用一个阀位调节器迫使调节阀的开度最终处于某一设定的开度，而这一调整过程通常是比较缓慢的，因此，这类控制系统一般需要有一个快响应的调节回路和一个慢响应的调节回路。下列的几个应用实例说明这类系统应用的广泛性。

① 喷雾干燥过程　在食品加工、化工等工业部门中，应用的喷雾干燥过程如图 2-6-49 所示。

进料通过阀 V_1 后经喷头喷淋下来，与热空气接触，进料被干燥并从干燥器底部排出。干燥的程度通过间接指标温度来控制。为了获得高精度的温度控制，尽可能节省蒸汽的消耗量，采用了如图 2-6-49 所示的双重控制系统，并取得了良好的效果。

② 加热系统　双重控制系统在加热器温度控制中的应用实例如图 2-6-50 所示。

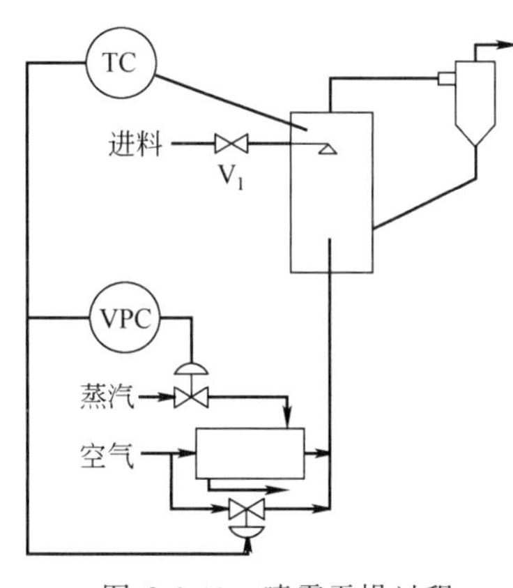

图 2-6-49　喷雾干燥过程

为保证废热蒸汽得到充分的利用，在生产过程中使废热蒸汽阀处于全开状态。当扰动引起加热器出口温度变化时，首先通过 V_1 的快速调节，然后，经过 V_2 的缓慢控制，改变添加蒸汽量，最后保证 V_1 仍在最大开度 90%左右，使废热蒸汽得到最充分的利用。

图 2-6-51 所示为利用热油加热再沸器的控制系统原理图。希望通过各塔再沸器的热油流量最大，而其加热温度尽可能低，以减少燃料及烟道气的热损失。VPC 通过高选器选择最大的再沸器阀位信号作为测量信号。在满足所需热量情况下，使油温处于最低值。VPC 的设定值可设在 90%以上。为防止在气源中断时油阀关闭或油路堵塞，使油路仍能保持循环，设置了 PdC。它在正常工况时关闭旁通阀，避免热油走旁路，事故时则能迅速打开旁通阀，以保证生产安全。

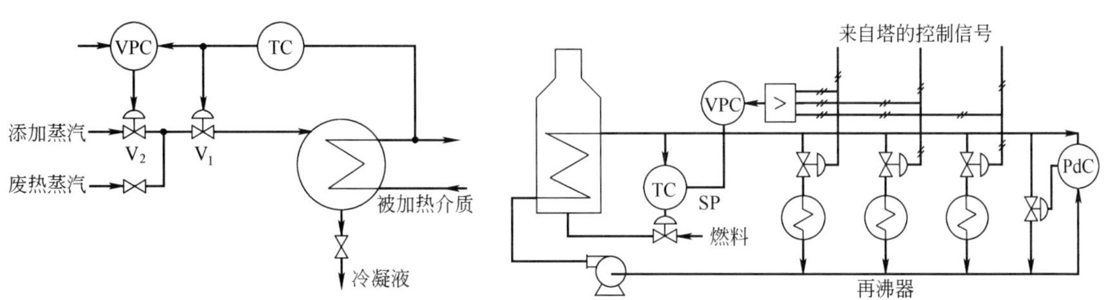

图 2-6-50　加热器温度控制系统　　图 2-6-51　热油加热再沸器控制系统

③ 蒸汽降压系统　蒸汽-电力联合发生装置中的蒸汽减压系统的控制系统如图 2-6-52 所示。蒸汽压力分别为 6.4、1.6 和 0.3MPa，供用户使用的 0.3MPa 低压蒸汽压力要求稳定。为了合理利用能量，正常时，全部由通过蒸汽透平的废气来满足。考虑用户用汽量变化大，本系统采用了由 3 个 VPC 组成的多重控制系统。正常时，V 在某一较小开度或接近于关闭，V_2 打开，V_3 关闭，PC 通过 V_1 来控制压力。当压力升高时，通过 V_3 利用二次蒸汽来回收热能。当压力降低时，首先通过 V 补充蒸汽，如阀 V 在某一开度还不能满足要求，则关闭 V_2，同时，通过 V_1 来缓慢改变透平负荷，使之处于满负荷。

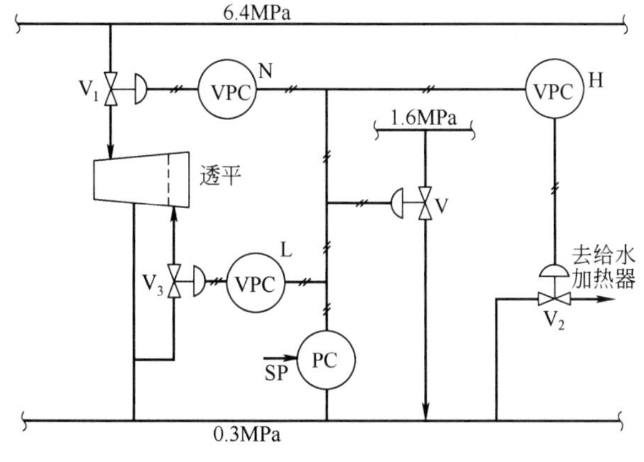

图 2-6-52　蒸汽减压控制系统

3 个阀位调节器的设定值将根据压力的大小分别对 V 起作用。对应某一个稳定状态，只有一个 VPC 是起作用的，而透平在任何时候都进行满负荷运行。

④ 合成反应器中温串级双重控制系统　图 2-6-53为合成反应器中温与入口温度的串级双重控制系统示意图。从图 2-6-53 可知，为了保证反应器沸腾床的正常工作，TRC 的输出同时控制正逆两个

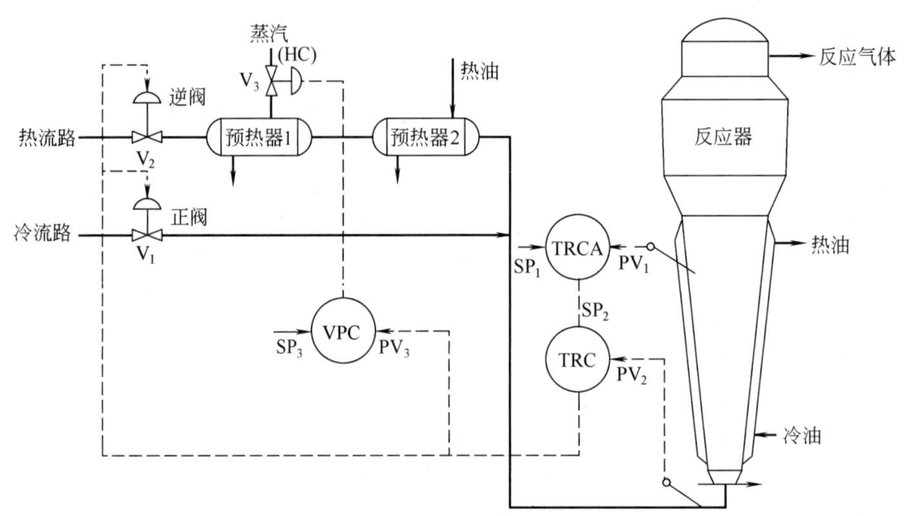

图 2-6-53　反应器串级双重控制系统示意图

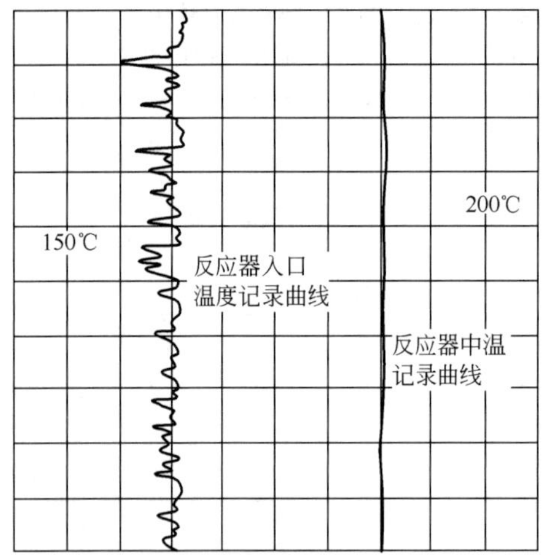

图 2-6-54　反应器中温和入口温度记录曲线

调节阀，及时改变冷热两路流量，减小反应器入口温度和压力的波动。图中 VPC 是阀位调节器，TRCA 为反应器中温调节器，TRC 为反应器入口温度调节器（副调节器）。当中温或入口温度变化时，TRC 立即输出一个控制信号，快速改变 V_1 与 V_2 的开度，调整冷、热两路流量，减小入口温度的偏差；与此同时，TRC 的输出作用在 VPC 上，VPC 的输出逐渐改变蒸汽调节阀的开度（V_3）。这样，调节的结果使经过 V_2 的热路流量变化的同时，温度也相应地发生了变化，从而加快了调节过程，减缓了 V_1、V_2 的动作幅度，减小了入口温度的偏差，提高了整个系统的控制质量。

合成反应器实现串级双重控制后，反应器入口温度波动减小了（由原来波动±15℃减小到±7℃左右，见图2-6-54），并确保了中温的偏差小于±0.5℃；同时，把第一预热器由遥控改为自控，大大减轻了操作人员的劳动强度，并且每年还节约了大量的加热蒸汽，提高了经济效益。

4.3　模糊控制

模糊控制的理论基础是模糊集合理论。通俗地讲，模糊集合是一种介于严格定量与定性之间的数学表达式。如衣服尺寸分为｛特大、大、中、小｝等，变量的数值分为｛正大（PB）、正中（PM）、正小（PS）、0、负小（NS）、负中（NM）、负大（NB）｝等。模糊集合理论的核心是对复杂的系统或过程建立一种语言分析的数学模式，使自然语言能够直接转化为计算机能接受的算法语言。

模糊集合理论的一个基本概念是隶属函数。在普遍的集合理论中，每个元素的隶属关系是明确的，要么属于集合 A，要么不属于集合 A，一个命题不是真就是假。而引入隶属函数可以从非 0 即 1 或非 1 即 0 的二值逻辑中用更符合自然的方式进行有限的扩展，可以取｛0，1｝闭区间中的任一值来指示元素从属集合的程度。例如偏差 E 有 13 个等级，而 E 的模糊子集分为｛PB、PM、PS、0、NS、NM、NB｝。表 2-6-6 所示为模糊变量 E 的隶属度赋值表。

举例说明：如数值 6 显然属于 PB，隶属度赋值为 1，由于不精确性的存在，6 也有属于 PM 的可能性，隶属度或可赋值为 0.2；数值 5 介于 PB 与 PM 之间，对 PB 的隶属度赋值为 0.8，而对 PM 的隶属度赋值为 0.7。对其他数值也可作类似解释。

把模糊集合理论应用于控制，英国的马丹尼首先于 1974 年建立了模糊调节器，并用于锅炉和蒸汽机的控制，取得了良好效果。

模糊控制的构思可以说是吸收了人工控制时的经验。人们把搜集各个变量的信息形成概念，如温度过高、稍高、正好、稍低、过低等，然后依据一些推理规则，决定控制决策。模糊调节器的设计基本上包含 3 个部分。

① 把测量信息（通常是精确量）化为模糊量，其间应用了模糊子集和隶属度的概念；

② 运用一些模糊推理规则，得出控制决策。通常是依据偏差及其变化率来决定控制作用；

③ 这样推理得到的控制作用也是一个模糊量，要设法转化为精确量。

表 2-6-6 模糊变量 E 的隶属度赋值表

模糊子集	−6	−5	−4	−3	−2	−1	0	1	2	3	4	5	6
PB	0	0	0	0	0	0	0	0	0	0.1	0.4	0.8	1.0
PM	0	0	0	0	0	0	0	0	0.2	0.7	1.0	0.7	0.2
PS	0	0	0	0	0	0	0.3	0.9	1.0	0.7	0.1	0	0
0	0	0	0	0	0	0.5	1.0	0.5	0	0	0	0	0
NS	0	0	0.2	0.7	1.0	0.9	0.3	0	0	0	0	0	0
NM	0.2	0.7	1.0	0.7	0.2	0	0	0	0	0	0	0	0
NB	1.0	0.8	0.4	0.1	0	0	0	0	0	0	0	0	0

整个控制过程是先把精确量模糊化，然后经模糊集合处理后，再转变成精确量。如果概括地从输入和输出看，那就是根据偏差 E 及变化率 $\dot{E}$ 的等级，按一定的规则决定控制作用的等级（输出变化量 U）。表 2-6-7 为模糊控制表。在表中，E 和 $\dot{E}$ 分别为自 −6～6 的 13 个等级，U 分为自 −7～7 的 15 个等级。

为了把偏差 E 和其变化率 $\dot{E}=\frac{\Delta E}{\Delta t}$ 归入这 13 个等级之内，需要对它们分别乘以比例因子 K_1 和 K_2，然后再进行整量化，例如，把 4.5～5.4 都归为 5；3.5～4.4 都归作 4 等。

表 2-6-7 模糊控制表

E \ U \ $\dot{E}$	−6	−5	−4	−3	−2	−1	0	1	2	3	4	5	6
−6	7	−7	−7	−6	−6	−6	−6	−4	−4	−2	0	0	0
−5	−7	−7	−7	−6	−6	−6	−6	−4	−4	−2	0	0	0
−4	−6	−6	−6	−6	−6	−6	−6	−4	−4	−2	0	0	0
−3	−6	−6	−6	−6	−6	−6	−6	−3	−2	0	1	1	1
−2	−4	−4	−4	−5	−4	−4	−4	−1	0	0	1	1	1
−1	−4	−4	−4	−5	−4	−4	−1	0	0	0	3	2	1
0	−4	−4	−4	−5	−1	−1	0	1	1	1	4	4	4
1	−4	−2	−2	−2	0	0	1	4	4	3	4	4	4
2	−2	−2	−1	−2	0	3	4	4	4	3	4	4	4
3	0	0	0	0	3	3	6	6	6	6	6	6	6
4	0	0	0	2	4	4	6	6	6	6	6	6	6
5	0	0	0	2	4	4	6	6	6	6	7	7	7
6	0	0	0	2	4	4	6	6	6	6	7	7	7

得出的 U 值要化为实际的控制作用，需要乘以比例因子 K_3。整个模糊调节器的方框图如图 2-6-55 所示。

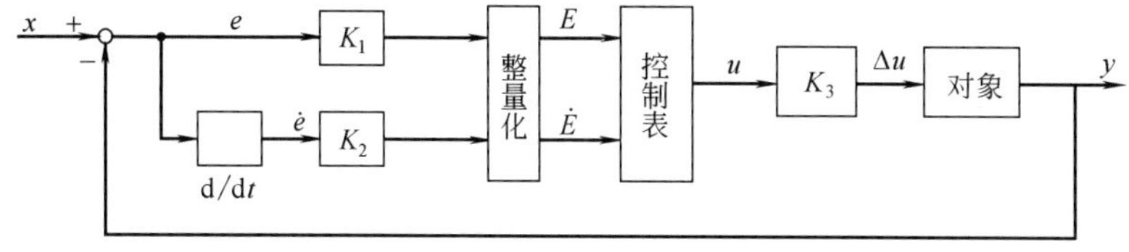

图 2-6-55 模糊调节器的方块图

说明几点如下：

① 输出往往是增量形式 $\Delta u(t)$，因此，$u(t)$ 是由累积值和瞬时值两者所决定，尽管不是线性运算，却类似于积分与比例控制作用；

② 当偏差及其变化率进入零点附近的区域时，$\Delta u(t)$ 将成为零，这样就不能实现无差控制的要求，为此，必须引入一些补充的规则或措施；

③ 比例系数 K_1、K_2 和 K_3 的调整，其效果相当于常规调节器的参数整定，一般由手工调整，但可设法进行自整定，此外，模糊控制表也可作适当的调整，以提高控制质量。

模糊控制质量的好坏关键是控制表。与常规的 PI 控制相比，控制表不仅是整量化的，而且是非线性的。非

线性控制规律运用得当，会使控制品质得到明显的改善。从分析表 2-6-7 中 U 与 E 和 $\dot{E}$ 的关系，可以看出，当 $|E+\dot{E}|$ 超过某一界限后，$|U|$ 的值就保持不变而达到饱和，$|U|$ 值不过量可避免被控变量的剧烈振荡。

4.4 故障检测、诊断与容错控制

信号报警系统可以说是故障检测的初级形式。当某些变量达到安全“软”限时，系统发出声光报警信号，而在接近安全“硬”限时，将使联锁装置动作，甚至紧急停车。这些系统主要器件为触点、继电器和继电线路等。随着电子技术的进步，无触点系统出现，并广泛地采用电子集成元件构成的脉冲数字电路，报警与联锁系统的灵敏性与可靠性得到了大大的提高。对联锁报警系统进一步的发展与扩充，就是故障检测、诊断系统。

信号报警与联锁系统不能满足现代工业需要，有以下几个重要原因。第一，化工生产工艺趋向大型化和单机组化，如年产 30 万吨合成氨的大型装置是一炉、一机和一塔的形式。另一方面精细化工有了很大发展，而许多精细化工生产中的物料价格昂贵并有剧毒。这两个方面都对生产的安全性和可靠性提出了更高的要求。第二，仪表故障会导致错误判断，甚至引起停车事故。例如，某大型合成氨装置曾因吸收塔的仪表失灵，误认为已发生液泛现象，导致紧急停车。又如某厂曾因联锁装置的误动作而停止其使用，但到真的发生故障时却不能紧急停车了，导致严重事故等。第三，有些事故在初时无明显征兆，难以使人察觉。等到现象显露，则已无法挽回了。例如，一段转化炉产生结焦的过程往往就是如此。因此，需要开发新的技术，在事故的萌芽状态时即可检测出事故，这就是故障检测命题。同时还需要判断故障的性质、内容和位置，这就是故障诊断命题。

近几年来，过程控制中的故障检测与诊断技术主要有下列几个方面。

(1) 基于稳态数学模型进行故障检测　例如某合成厂使用计算机对合成工段用的多台往复式压气机进行控制。其中有一台压气机活塞环泄漏，因混在多台压气机之中，难以发现。为此，对每台压气机测量气体流量、进出口压力和原动力功率等，将这些信号在计算机中进行运算，求出每台压气机的效率，如效率低于某一界限值，就表明该机存在故障。类似的应用很多，如吸收塔的液泛、转化炉的结焦等，都可以通过工艺计算，判断操作是否进入危险区域。

(2) 基于动态数学模型进行故障检测　如对被控变量（过程）经常地或周期性地进行系统辨识，估计动态模型参数。当参数超出一定界限时，就表明有故障存在。在 20 世纪 70 年代，关于地下煤气管道的泄漏检测的研究，就基于此原理。因此，故障检测已被作为系统辨识的一个应用领域。在方法上人们作了多种探索，包括采用卡尔曼滤波技术等。

(3) 故障树和网络分析法　故障检测和诊断技术在电子器件和线路中的研究颇有成就，其中所开发的一些技术和方法也适用于过程控制领域。故障树和网络分析方法主要用于故障诊断。

(4) 采用专家系统进行故障检测和诊断　在实际的生产过程中，故障的类型、性质、原因等比较复杂。在流程较长、设备较多时更是如此，需要通过综合性的分析，并加强逻辑推理，才能作出正确判断，所以引入专家系统对过程故障进行检测与诊断是非常现实的。

“容错”原是计算机系统设计技术中的一个概念。它是指系统在遭受到内部环节的局部故障或失效时，仍能继续正常运行的一种特性。今将容错的概念移植到控制领域，就是要求在构成系统的某一部分出现故障或失效时，系统仍能维持一定的控制功能，使被控变量的数值和品质指标维持在一定的范围内。显然，容错控制是提高系统安全性和可靠性的一条好的新途径，因此受到控制学术界的重视。

容错控制的研究尚处于初创阶段，从理论到应用需有一个过程，现有的研究有以下 3 个类型。

(1) 无冗余容错控制　无冗余容错控制是指在常规的控制系统结构下，不引入任何部件的备份及其他环节，而是通过合理设计控制方案，以构成容错调节器，从而实现对某些故障因素的容错控制。由于系统的运行以调节器的正常工作为前提，容许传感器或执行器的硬件失效、被控对象特性在一定程度内的漂移、甚至允许调节器本身参数在一定范围内变化等故障因素，但调节器本身的硬件不能失效。

(2) 结构冗余容错控制　结构冗余已成为工程可靠性技术中，提高系统可靠性的基本方法之一。引用于控制系统，对某些关键装置设置一定备份，同样可成为一种有效的容错控制方式。如在多输入多输出的控制系统中，采用调节器两倍冗余系统，即设计两个调节器 A 和 B，在 A 和 B 同时工作，或是单用 A 或 B，系统都能正常工作。

(3) 故障检测-常规系统的递阶容错控制　故障检测技术与容错控制技术是相辅相成的，两者都是提高系统可靠性的手段。把故障检测机构与常规结构的控制系统直接结合起来，则可构成递阶容错控制系统。它实时监测控制系统的运行和故障情况，并根据故障信息，及时地改变系统的结构及控制作用，这也是一种有效的容错控制方法，是系统故障检测与控制相结合的闭环控制策略。

5　先进控制技术[22]

先进过程控制技术，也称“先控”技术，或简称“APC”，已逐步被工业生产过程控制界所熟悉，并且正在迅速推广应用；同时也受到自动控制理论界的关注，成为自动控制理论研究的热点。先进控制的主要特点如下。

① 先进控制与传统的PID控制不同，是一种基于模型的控制策略，如模型预测控制和推断控制等。目前，智能控制和模糊控制，正成为先进控制的一个重要发展方向。

② 先进控制通常用于处理复杂多变量过程控制，是建立在常规单回路控制之上的动态协调约束控制，可使控制系统适应实际工业生产过程的动态特性和操作要求。

③ 先进控制的实现需要足够的计算能力作为支持平台。由于先进控制受控制算法的复杂性和计算机硬件两方面因素的影响，早期的先进控制算法常常在上位机上实施的。随着DCS功能的不断增强，先进控制策略可以与基本控制回路一起在DCS中实现，而且更有效地增强先进控制的可靠性、可操作性和可维护性。

从全厂综合自动化的角度看，先进控制恰好处在承上启下的重要地位。如图2-6-56所示，性能良好的先进控制是在线优化得以有效实施的前提下，并进而可将企业领导者的经营决策、生产管理和调度的有关信息及时落实到各生产装置的实际运行中，并可真正实现全厂综合优化控制。

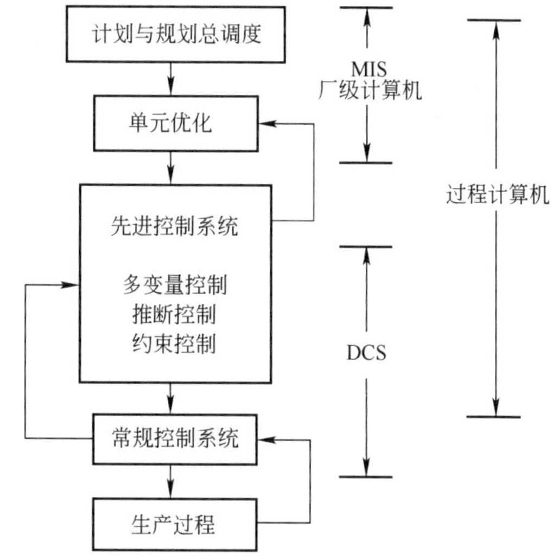

图2-6-56　工厂综合优化控制

5.1　软测量技术

软测量就是选择与被估计变量相关的一组可测变量，构成某种以可测变量为输入，被估计变量为输出的数学模型，用计算机软件实现重要过程变量的估计。这类数学模型及相应的计算机软件也被称为软测量器或“软仪表”。软测量的估计值可作为控制系统的被控变量或反映过程特征的工艺参数，为优化控制和决策提供重要信息。

软测量技术包括软测量建模方法、模型实时演算的工程化实施技术及模型维护技术。

5.1.1　软测量模型结构的选择

软测量模型结构的选择，就是根据工艺特点、模型应用目的和样本数据特征，选择合理的模型类型及模型的结构参数。下面列出常用的软测量模型。

- 机理
  - 动态
    - 微分方程、状态方程
    - 非线性——微分方程、状态方程
  - 静态
    - 线性——代数方程
    - 非线性——代数方程
- 辨识
  - 动态
    - 线性——状态方程
    - 非线性——回归方程、ANN、模糊ANN
  - 静态
    - 线性——回归方程
    - 非线性——回归方程、ANN、模糊ANN
- 混合
  - “机理＋辨识”混合模型——“机理方程＋ANN”
  - “线性＋非线性”混合模型——“线性回归＋ANN”

对于工艺机理简单的过程，若输入输出关系明确，估计变量与可测变量之间关系也明确，应先建立过程机理模型，再推导软测量模型。

无法建立明确机理模型的工艺过程，可根据过程的定性机理和操作数据特点，选择合适的模型类型。最常见的类型是静态线性回归模型和静态ANN。静态线性回归模型适合工作点附近为线性特性的过程，结构参数为线性回归的变量个数，能通过回归分析算法决定。

当操作数据聚类分析表明过程操作呈多稳态、非线性特点时，当使用单一模型无法取得满意估计时，可考虑选用混合模型。如多稳态线性回归混合模型，ANN计算参变量的机理模型，线性回归模型与ANN的串联结构、并联结构模型等。

5.1.2 软测量模型的实施

常见的实施平台和工具有：

① 单片机的汇编程序；

② 工业 PC 机的汇编或高级语言；

③ DCS 的运算模块组态；

④ DCS 的可编程语言；

⑤ 实时数据库、关系数据库、流程模拟软件包支持的 CIMS 应用程序等。

在软测量模型选择时，应考虑到模型的复杂性，以及在实际系统硬件、软件平台上的可实现性。静态线性模型实施的成本较小，神经网络类模型所需的计算资源较多。考虑到软测量模型的维护和修正，目前在先进控制系统中实施的软测量模型一般采用双层结构，底层用 DCS 运算模块或可编程语言，来实现软测量在线数据的采集、数据滤波和误差检验等，以及数据预处理和软测量计算；上层工业 PC 机实现软测量模型的组态、自校正和离线维护。其中，待估变量 x 的离线化验分析数据 x^* 的采集和集成，是软测量模型自校正的关键，也是软测量上层平台的重要任务。投资省的集成方式是人工将离线分析数据输入 PC 上位机，但需要严格的操作管理来保证数据集成的质量。理想的集成方案是在全厂综合自动化信息集成系统中，通过实验信息管理子系统，将化验分析的数据写入实时数据库，供软测量模型调用。

5.1.3 软测量模型的自校正及维护

工业生产过程的对象特性，由于工艺改造、原料改变及操作条件变化等原因，会发生较大变化，如果此时软测量模型不做修正，则软测量精度会大大下降。通常采用在线自校正和不定期更新模型，确保模型能跟踪过程的变化。

(1) 在线自校　根据被估计变量的离线检测值与软测量估计值的误差，对软测量模型进行在线自动校正，使软测量器能跟踪系统特性缓慢变化，提高静态软测量器的自适应能力。通常在线校正采用常数项修正法，即软测量模型为

$$\hat{x}=f(d_2,u,y)+\Delta x$$

$$\Delta x=\beta(x^*-\hat{x})$$

若 $\Delta x>\Delta_{max}$，则 $\Delta x=\Delta_{max}$；若 $\Delta x<\Delta_{min}$，则 $\Delta x=\Delta_{min}$。Δ_{max}、Δ_{min} 分别为每次修正的上、下限幅值，β 为自适应因子可调节模型自校正的强度。

对于线性模型，也可采用带遗忘因子的最小二乘法直接在线修正模型参数。一些特定形式的神经网络系统，如 RBF 网络，可以采用遗忘因子递推算法进行数值修正。

(2) 模型更新　当对象特性发生较大变化，软测量器经过校正也无法保证预估精度时，必须利用软测量器运算所积累的历史数据，进行模型更新。通常是人工干预下的软测量模型进行离线重组，即调整模型结构，重新估计模型参数；或根据新的样本数据训练 ANN，使模型适应新的工况。

5.2 内模控制

内模控制（Internal Model Control，简称 IMC）是一种基于过程数学模型进行调节器设计的新型控制策略。由于设计简单、控制性能好和系统分析方便等优越性，因此，内模控制不仅是一种实用的先进控制算法，而且是研究预测控制等基于模型的控制策略的重要理论基础，也是提高常规控制系统设计水平的有力工具。

图 2-6-57 所示为内模控制结构框图，图中虚线框内是整个控制系统的内部结构，可用模拟硬件或计算机软件来实现。由于该结构中除了有调节器 G_{IMC} 以外，还包含了过程模型 $\widetilde{G}_p$，因此称它为内模控制。

5.2.1 内模控制基本原理

为求取图 2-6-57 中输入 r 和 d 与过程输出 y 之间的传递函数，可以先将图 2-6-57 等价变换为图 2-6-58 所示的简单反馈控制系统形式。这样，对于图 2-6-58 中的内环反馈控制器有：

$$G(s)=\frac{G_{IMC}(s)}{1-G_{IMC}(s)\widetilde{G}_p(s)} \tag{2-6-5}$$

式中分母出现负项的原因是因 $G_{IMC}(s)$ 的反馈通道正反馈。图 2-6-58 中的输入输出关系可以表达为：

$$\frac{y(s)}{r(s)}=\frac{G_c(s)G_p(s)}{1+G_c(s)G_p(s)} \tag{2-6-6}$$

$$\frac{y(s)}{d(s)}=\frac{G_d(s)}{1+G_c(s)G_p(s)} \tag{2-6-7}$$

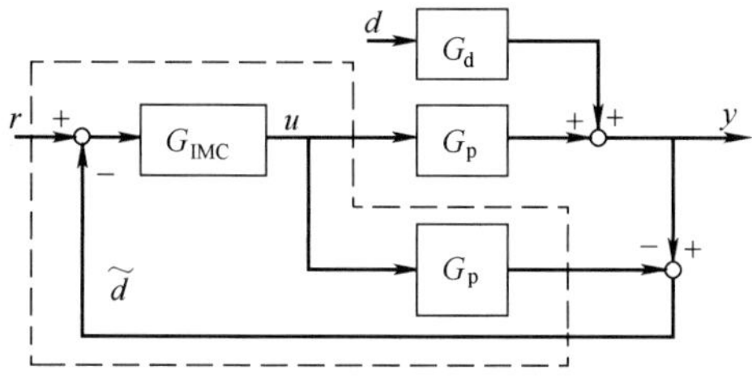

图 2-6-57 内模控制结构框图

G_{IMC}—内模控制器；G_p—过程；

$\widetilde{G}_p$—过程模型；G_d—扰动通道传递函数

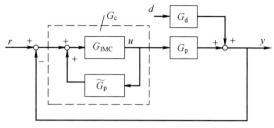

图 2-6-58 IMC 等价结构

将式（2-6-5）分别代入式（2-6-6）和式（2-6-7）中，整理后得：

$$\frac{y(s)}{r(s)}=\frac{G_{IMC}(s)G_p(s)}{1+G_{IMC}(s)[G_p(s)-\widetilde{G}_p(s)]} \tag{2-6-8}$$

$$\frac{y(s)}{d(s)}=\frac{[1-G_{IMC}(s)\widetilde{G}_p(s)]G_d(s)}{1+G_{IMC}(s)[G_p(s)-\widetilde{G}_p(s)]} \tag{2-6-9}$$

这样，图 2-6-58 系统的闭环响应为：

$$y(s)=\frac{G_{IMC}(s)G_p(s)r(s)}{1+G_{IMC}(s)[G_p(s)-\widetilde{G}_p(s)]}+\frac{[1-G_{IMC}(s)\widetilde{G}_p(s)]G_d(s)}{1+G_{IMC}(s)[G_p(s)-\widetilde{G}_p(s)]} \tag{2-6-10}$$

从图 2-6-57 可知，其反馈信号为：

$$\widetilde{d}(s)=[G_p(s)-\widetilde{G}_p(s)]u(s)+G_d(s)d(s) \tag{2-6-11}$$

如果模型准确，即 $\widetilde{G}_p(s)=G_p(s)$，且没有外界扰动，即 $d(s)=0$ 时，则模型的输入 $\widetilde{y}$ 与过程输出的 y 相等，此时反馈信号为零。这样，在模型不确定性和无未知输入的条件下，内模控制系统具有开环结构。这就清楚地表明，对开环稳定的过程而言，反馈的目的是克服过程的不确定性。也就是说，如果过程及过程输入都完全清楚时，只需要前馈（开环）控制，而不需要反馈（闭环）控制。实际上在工业生产过程控制中，克服扰动是控制系统的主要任务，而模型的不确定性也是难免的。因此，在图 2-6-57 所示的 IMC 结构中，反馈信号 $\widetilde{d}(s)$ 就反映了过程模型的不确定性和扰动的影响，从而构成了闭环控制结构。

5.2.2 内模控制的主要特性

（1）对偶稳定性　为了考察 IMC 系统内部的稳定性，应先计算出所有可能的系统输入与系统输出之间的传递函数。对图 2-6-57 而言，在模型准确时，由式（2-6-8）、（2-6-9）可知，闭环系统的输出 $y(s)$ 只与 IMC 系统的前向通道传递函数 $G_{IMC}(s)$、$G_p(s)$ 有关。因此，当模型匹配时，IMC 系统的闭环稳定性只取决于前向通道各环节的自身的开环稳定性。

定理 1　假设模型是准确的，即 $\widetilde{G}_p(s)=G_p(s)$，则 IMC 系统内部稳定的充要条件：过程 $G_p(s)$ 与控制器 $G_{IMC}(s)$ 都是稳定的。

此定理的稳定条件比起经典控制理论中常用的劳斯稳定判据、根轨迹判据和频率特性等稳定性分析方法要简单得多。即使在控制器输出有限幅的情况下，该定理仍然成立。

根据定理，若过程 $G_p(s)$ 是开环不稳定的，则在使用 IMC 之前，应先采用简单的反馈控制规律加以镇定。对于简单的积分过程，可以直接采用内模控制。

（2）理想控制器特性　当过程 $G_p(s)$ 稳定，且模型准确，即 $G_p(s)=\widetilde{G}_p(s)$ 时，若设计控制器使之满足

$$G_{IMC}(s)=\widetilde{G}_p^{-1}(s)$$

且模型的逆 $\widetilde{G}_p^{-1}(s)$ 存在并可以实现时，由式（2-6-10）可得：

$$y(s)=\begin{cases} r(s) & \text{设定值扰动下} \\ 0 & \text{外界干扰扰动下} \end{cases}$$

上式表明：在所有时间内和任何干扰 d 的作用下，系统输出都等于输入设定值，即 $y(s)=r(s)$。这意味着系统对于任何干扰 $d(s)$ 都能加以克服，因而能实现对参考输入的无偏差跟踪控制。

应当指出的是：理想控制器特性是在 $\widetilde{G}_p^{-1}(s)$ 存在，而且控制器 $G_{IMC}(s)$ 可以实现的条件下得到的，然而，对象中常见的时滞和惯性环节 $\widetilde{G}_p^{-1}(s)$ 中甚至含有不稳极点。总之，当被控对象为一非最小相位过程时，不能直接采用上述理想控制器的设计方法，而应将对象模型进行分解，然后再利用分解出的含有稳定零点和稳定的极点的部分设计控制器和滤波器。

（3）零稳态偏差特性　如图 2-6-58 所示，若闭环系统稳定，即使模型与过程失配，即 $\widetilde{G}_p(s) \neq G_p(s)$，只要控制器设计满足 $G_{IMC}(0) = \widetilde{G}_p^{-1}(0)$，即控制器的稳态增益等于模型稳态增益的倒数，则此系统属于零稳态偏差系统，且对于阶跃输入和常值干扰均不存在稳态偏差。由图 2-6-58 可知

$$E(s)=r(s)-y(s)=\frac{[1-G_{IMC}(s)\widetilde{G}_p(s)]}{1+G_{IMC}(s)[G_p(s)-\widetilde{G}_p(s)]}[r(s)-d(s)]$$

显然，若 $G_{IMC}(0)=\widetilde{G}_p^{-1}(0)$，则对于阶跃输入和扰动，由终值定理可知，稳态偏 $e(\infty)$ 为零。

IMC 系统的这一零稳态偏差特性表明：IMC 系统本身具有偏差积分作用，无需在内模控制器设计时引入积分环节。

5.3　模型预测控制

模型预测控制是一种基于模型的闭环优化控制策略。其核心是可预测过程未来行为的动态模型、在线反复优化计算并滚动实施的控制作用和模型误差的反馈校正。模型预测控制具有控制效果好、鲁棒性强等优点，可有效地克服过程的不确定性、非线性和关联性，并能方便地处理过程被控变量和操纵变量中的各种约束。因此，模型预测控制已在炼油、化工、冶金和电力等复杂工业过程中得到了广泛的应用。

5.3.1　模型预测控制的基本原理

模型预测控制可分为 3 大类。

第一类，基于非参数模型的预测控制算法。代表性的算法有模型算法控制（MAC）和动态矩阵控制（DMC）。此类算法分别采用有限脉冲响应模型和有限阶跃响应模型作为过程预测模型，无需考虑模型的结构和阶次。可将过程时滞自然纳入模型中，尤其适合表示动态响应不规则的对象特性，适用于处理开环稳定多变量过程约束问题的控制。

第二类，基于 ARMA 或 CARIMA 等输入输出参数化模型的预测控制算法。这类算法由经典自适应控制发展而来，融合了自校正控制和预测控制的优点。其反馈校正通过模型的在线辨识和控制规律的在线修正，以自校正的方式来实现的。其中最具代表性的是广义预测控制（GPC）算法，可用于开环不稳定、非最小相位和时变时滞等较难控制的对象，并对系统的时滞和阶次不确定有良好的鲁棒性。但对于多变量系统，算法实施较困难。

第三类，称为“滚动时域控制”（RHC），由著名的 LQ 或 LQG 算法发展而来。对于状态空间模型，用有限时域二次性能指标，再加终端约束的滚动时域控制方法，来保证系统稳定性。它已拓展至跟踪控制和输出反馈控制。

以上 3 类模型预测控制虽然在模型、控制算法和性能上存在许多差异，但其核心都是基于滚动时域原理。算法中包含了预测模型、滚动优化和反馈校正 3 个基本原理，即：

① 在当前时刻，基于过程的动态模型对未来某段时域内的过程输出序列作出预测，这些预测值是当前和未来控制作用的函数；

② 按照某个目标函数确定当前和未来控制作用的大小，这些控制作用将使未来输出预测序列沿某个参考轨迹“最优化”地达到期望的输出设定值，但只实施当前的控制量；

③ 在下一时刻，根据最新实测数据对前一刻的过程输出预测序列作出校正，并重复执行①和②。

在每一采样时刻，优化总是以该时刻起，未来一段时域的性能为指标，同时以该时刻起的若干控制增量为优化变量，但实施时只取当前时刻的控制作用。

基于对生产过程测试得到的过程动态数学模型，模型预测控制算法采用在线滚动优化，且在优化过程中不断通过系统实际输出与模型预测输出之差来进行反馈校正。因此，它能在一定的程度上克服由于预测模型误差和某些不确定性干扰等的影响，从而增强控制系统的鲁棒性。模型预测控制具有以下 3 个基本特征。

（1）建立预测模型方便　用于描述过程动态行为的预测模型可以通过简单的实验测试得到，无需系统辨识这类建模过程的复杂运算。此外，因采用了非最小化形式描述的离散卷积和模型，信息冗余量大，有利于提高系统的鲁棒性。

（2）采用滚动优化策略　预测控制算法与通常的离散最优控制算法不同，不是采用一个不变的全局优化目标，而是采用滚动式的有限时域优化策略。即优化过程不是一次离线进行，而是在线反复进行优化计算，滚动

实施，从而使模型失配、时变、干扰等引起的不确定性能及时得到弥补，提高了系统的控制精度。

(3) 采用误差反馈校正　由于实际系统中存在非线性、不确定性等因素的影响，在预测控制算法中，基于不变模型的预测输出不可能与系统的实际输出完全一致，而在滚动优化过程中，又要求模型输出与实际系统输出保持一致，为此，模型预测控制采用过程实际输出与模型输出之间的误差进行反馈校正来弥补这一缺陷。这样的滚动优化，可有效地克服系统中的不确定性，从而提高了控制系统的控制精度和鲁棒性。

此外，由于模型预测控制采用多步预测方式，扩大了反映过程未来变化趋势的信息，因而更增强了克服各种不确定性和复杂变化影响的能力。特别是多变量预测控制策略综合了各种复杂控制系统的优点，其特有的隐式解耦能力，可有效地克服传统分散控制、解耦控制的繁琐和缺陷，从而使模型预测控制成为工业过程递阶结构控制中，介于基础控制级与优化控制级之间极为重要的动态约束控制级。由于模型预测控制确保了对于过程设定值的良好动态响应和稳态精度，以及较强的抑制干扰的能力，因此，它为实现装置实时优化奠定了基础。

5.3.2　模型预测控制在催化裂化反应再生系统的应用

催化裂化是靠催化剂的作用，在一定的温度和压力条件下，使重馏分油和回炼油经过一系列化学反应，转化成轻质油品的复杂过程。催化裂化装置包括反应再生系统和分离两大部分，反应再生系统直接影响到产品的产率和整个装置的平稳操作。催化裂化反应再生系统的工艺流程如图 2-6-59 所示。

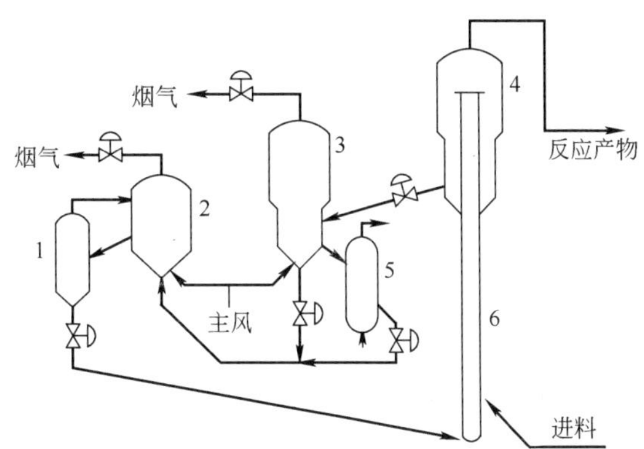

图 2-6-59　催化裂化反应再生系统流程图

1—脱气罐；2—二段再生器；3—一段再生器；4—沉降器；5—外取热器；6—提升管反应器

(1) 反应再生系统预测控制策略　根据反应再生系统机理复杂、操作方案多变、操作变量强耦合、参数强约束的过程特点，确定以多变量协调预测控制为核心，来实现反应再生系统的在线平稳操作控制。采用协调预测控制策略，易于实现不同层次的控制目标，可直接处理过程约束。并且对反应再生这一非线过程，此算法对由工作点附近的近似线性模型用于控制带来的误差具有一定的鲁棒性。协调控制也非常适合于多变量过程的合理化控制。

① 催化裂化 (FCCU) 控制模型的建立　为了实现复杂的 FCCU 反应再生系统多变量协调预测控制，首先必须建立可靠的过程动态数学模型。为此，选择原料预热温度、回炼油流量、渣油流量、蜡油流量、总进料、一再主风流量、二再主风流量、提升管反应器出口温度、油浆回炼流量和外取热器的取热量作为操纵变量，分别以 MV_1～MV_{10} 表示，见表 2-6-8。选取一段再生器烟气 CO_2 含量、二段再生器烟气 O_2 含量、一段再生器密相床温度和二段再生器密相床温度作为被控变量，分别以 CV_1、CV_2、CV_3 和 CV_4 表示，见表 2-6-9。通过辨识得到传递函数矩阵形式的数学模型，如表 2-6-10 所示。其中，各变量的取值范围经归一化处理为 0～1。

表 2-6-8　多变量预测辨识模型操纵变量

变量名	变量含义	约束类型	变量名	变量含义	约束类型
MV_1	原料预热温度	幅值上下限、变化率上下限	MV_6	一再主风流量	幅值上下限、变化率上下限
MV_2	回炼油流量	幅值上下限、变化率上下限	MV_7	二再主风流量	幅值上下限、变化率上下限
MV_3	渣油流量	幅值上下限、变化率上下限	MV_8	提升管反应器出口温度	幅值上下限、变化率上下限
MV_4	蜡油流量	幅值上下限、变化率上下限	MV_9	油浆回炼流量	幅值上下限、变化率上下限
MV_5	总进料	幅值上下限、变化率上下限	MV_{10}	外取热器取热量	幅值上下限、变化率上下限

表 2-6-9　多变量预测辨识模型被控变量

变量名	变量含义	约束类型	变量名	变量含义	约束类型
CV_1	一段再生器烟气 CO_2 含量	幅值上下限	CV_3	一段再生器密相床温度	幅值上下限
CV_2	二段再生器烟气 O_2 含量	幅值下限	CV_4	二段再生器密相床温度	幅值上下限

表 2-6-10 多变量协调预测控制数学模型

变量	CV_1	CV_2	CV_3	CV_4
MV_1	$\frac{0.0576e^{-27s}}{30.9s^2+7.8s+1}$	$\frac{0.349e^{-22s}}{13.7s^2+7.4s+1}$	$\frac{0.728e^{-11s}}{15s^2+5s+1}$	$\frac{0.07(1+2s)e^{-13s}}{59.2s^2+8.3s+1}$
MV_2	$\frac{0.102(1+s)e^{-12s}}{59.2s^2+7.7s+1}$	$\frac{0.1457e^{-22s}}{8.16s^2+4s+1}$	$\frac{-0.1025(1-15s)e^{-20s}}{100s^2+9s+1}$	$\frac{-0.048e^{-24s}}{30.9s^2+7.8s+1}$
MV_3	0	$\frac{-0.3714(1+7s)e^{-24s}}{30.9s^2+4.4s+1}$	$\frac{0.1887e^{-23s}}{69.4s^2+8.3s+1}$	$\frac{0.2764(1-15s)e^{-20s}}{156.3s^2+11.3s+1}$
MV_4	$\frac{-0.1668(1+2s)e^{-35s}}{25s^2+7s+1}$	0	$\frac{-0.0851(1+3s)e^{-34s}}{25s^2+6s+1}$	$\frac{-0.0356e^{-26s}}{20.7s^2+4.5s+1}$
MV_5	0	$\frac{-1.0714e^{-4s}}{1+4s}$	$\frac{0.18(1-10s)e^{-4s}}{59.17s^2+8s+1}$	$\frac{0.714e^{-2s}}{1+9s}$
MV_6	0	$\frac{0.1114(1+6s)e^{-13s}}{20.7s^2+2.9s+1}$	0	$\frac{-0.0152(1+3s)e^{-13s}}{11.1s^2+3.7s+1}$
MV_7	0	$\frac{0.3e^{-6s}}{1+7s}$	$\frac{0.0829(1+3s)}{11.1s^2+4s+1}$	0
MV_8	$\frac{0.07e^{-2s}}{15.8s^2+7.9s+1}$	$\frac{-0.2273e^{-s}}{18.9s^2+9.1s+1}$	$\frac{-0.3571e^{-3s}}{14.8s^2+8.8s+1}$	$\frac{0.06167e^{-2s}}{15.8s^2+7.8s+1}$
MV_9	0	0	$\frac{0.05}{s^2+0.7s+1}$	$\frac{0.15e^{-3s}}{s^2+4s+1}$
MV_{10}	0	0	$\frac{-0.5}{900s^2+10s+1}$	$\frac{-0.7}{900s^2+5s+1}$

② FCCU 多变量协调预测控制　在获得过程控制模型后，需要根据总体控制要求和装置特点，以及对于模型可控性分析，确定合适的控制对象子系统，以及相应的被控变量 CV、操纵变量 MV 和干扰变量 DV 来构成控制算法，这是方案设计的关键问题。这里针对实际的 FCCU 工艺情况，将反再系统热平衡看做是系统平稳操作的重要标志，并将再生温度作为反应热平衡的一项重要工艺参数，应尽量保持其基本稳定。

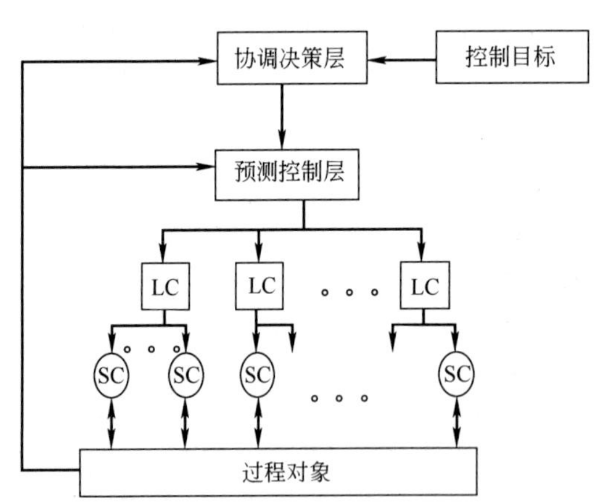

图 2-6-60　多变量协调预测控制系统结构
LC—局部控制器；SC—单回路控制器

从对象的数学模型可以看出，不少通道具有较大的纯滞后，部分通道有非最小相位特性，各通道之间耦合严重。从过程控制要求来看，被控变量有设定值控制和区域控制两种要求。而控制变量在可调范围内根据装置优化操作的原则，还存在着理想静态值(IRV)。这种控制目标和可控性程度之间的折中，就构成了多目标多自由度的控制问题。这里采用预测控制的二次动态矩阵控制（QDMC）策略来处理这一核心控制问题，即图 2-6-60 中的预测控制层，而多变量之间的协调则通过图 2-6-60 的协调决策层来处理。

在将多变量协调预测控制算法应用于实际 FCCU 系统之前，首先要通过闭环仿真来考察系统的动态响应、稳态精度和对于模型误差的鲁棒性。闭环仿真结果表明，将预测控制方法应用于反应再生系统的控制是合适的，为工程应用奠定了基础。但控制系统的仿真毕竟不同于在线闭环控制，实时控制时需要进一步考虑两个问题：a. 如何简化在线优化计算，以提高控制实时性，节约计算内存；b. 为保证控制精度，每隔一段时间需对系统进行辨识，获取新的控制模型，以消除装置特性和参数的漂移可能对控制系统带来的影响。

(2) 预测模型控制应用结果　将上述预测控制策略在一套 1.4×10^6 t/a 渣油催化裂化装置上进行了实施。该装置反应再生系统流程如图 2-6-59 所示。在基本控制回路基础上，设计提升管温度分布和汽剂比控制两个局部控制系统。取一段再生器烟气 CO_2 含量、二段再生器烟气 O_2 含量、一段再生器密相床温度和二段再生器密相床温度为被控变量，选择原料预热温度、回炼油流量、渣油流量、蜡油流量、总进料、一再主风流量、二再主风流量和提升管反应器出口温度作为控制变量，辨识得到对象的阶跃响应系数模型，建立约束多变量协调控制系统。针对该装置可能存在的主风量不足和主风量可调两种工况，分别确定稳定一、二再烧焦和处理量最大两种操作方案。取采样周期 $t=5\text{min}$，响应时域 $N=40$，预测时域 $P=10$，控制时域 $M=4$，得到稳定一、二再烧焦方案下的控制系统投用前后结果，见图 2-6-61。图中虚线和实线分别是将回炼油浆、总进料和提升管出口温度作为主要控制手段时，各主要过程变量在控制系统投运前和投运期间的实测曲线。

从图中看出，系统投运后，一再的 CO_2 含量变化不大，二再的 O_2 含量、一再密相温度和二再密相温度波动明显减小。同时，既是控制系统操纵变量、又是反应深度标志之一的提升管出口温度波动也有所减弱。其中有的变量数据平均值在正常工作范围内有所变化，是由于其他操纵参数变化引起的，对生产没有直接影响。多变量预测控制提高了操作平稳性，有效地抑制了过程不可测扰动带来的影响。

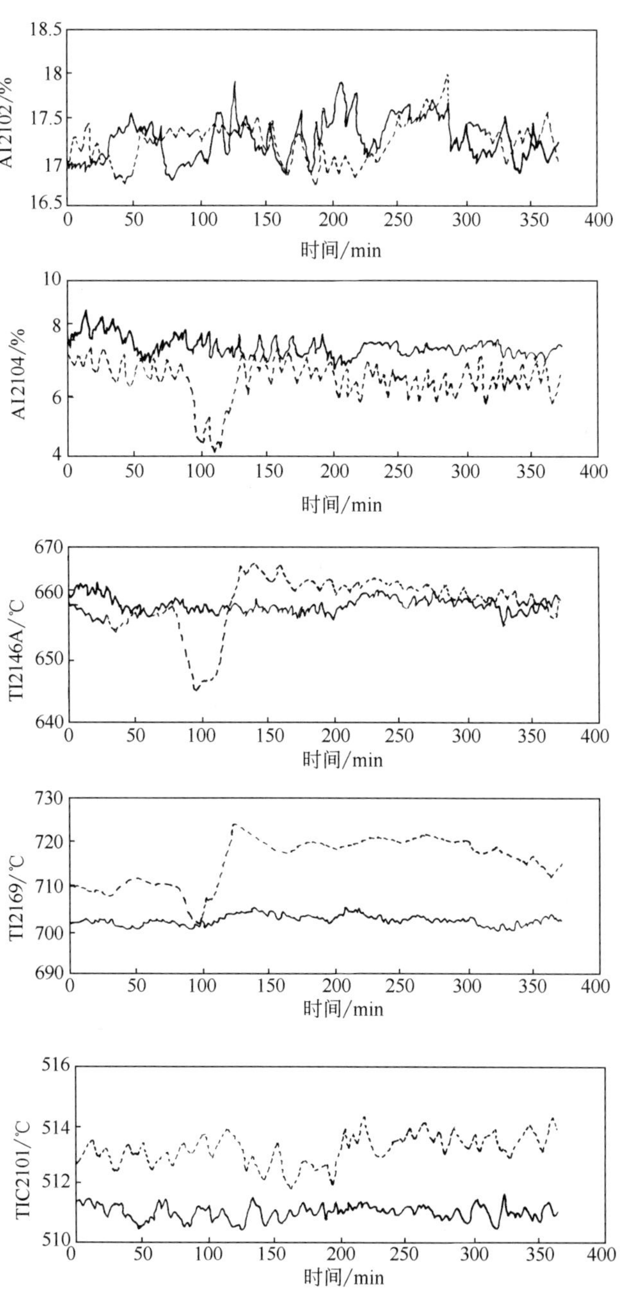

图 2-6-61 控制系统投用前后过程变量曲线

- - - - -未投运 ——投运

5.4 神经网络控制

近年来随着经济的发展，对控制系统的要求越来越高，传统的控制理论及传统的控制方法已很难满足需要。神经网络控制以其独特的优点，受到控制界的关注，在控制系统中得到日益广泛的应用。

用神经元网络设计的控制系统，具有高度的自适应性和鲁棒性，对于非线性和不确定性系统也取得了满意的控制效果，这些效果是传统的控制方法难以达到的。目前，人工神经元网络已在对象建模、系统辨识、参数估计、自适应控制、预测控制、容错控制、故障诊断、数据处理等领域得到了广泛应用。

5.4.1 基于模型的神经控制

与传统的控制理论方法不同，基于模型的神经控制方法，不是基于对象的数学模型，而是基于对象的神经元网络模型。模型的神经控制系统主要有下列几种控制结构。

（1）直接逆控制　这种控制方法将神经网络直接作为控制器串联于实际系统之前，其系统结构如图 2-6-62 所示。

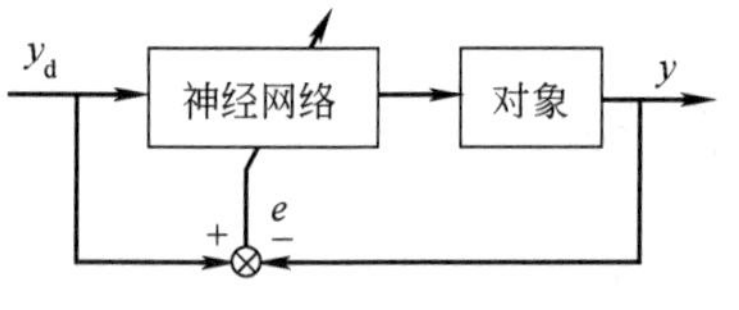

图 2-6-62　神经网络直接逆控制

它的主要思想是利用神经网络的逼近能力对系统的逆动态进行建模，以使得整个系统的输入输出为恒等映射，从而实现高性能的控制。此法结构简单，可充分利用神经网络的建模能力，但系统初始响应取决于网络初始权值，控制开始投入时，系统的鲁棒性欠佳。仿真结果表明该控制策略具有良好的动静态性能。系统控制特性取决于模型的精确程度。当模型存在误差或对象扰动大时，容易造成系统不稳定。为此，在直接逆控制上加一个误差补偿动态反馈控制，构成如图 2-6-63 所示的静态动态状态反馈控制。理论证明，只要逆动态模型符号正确，就可以保证系统的稳定性。

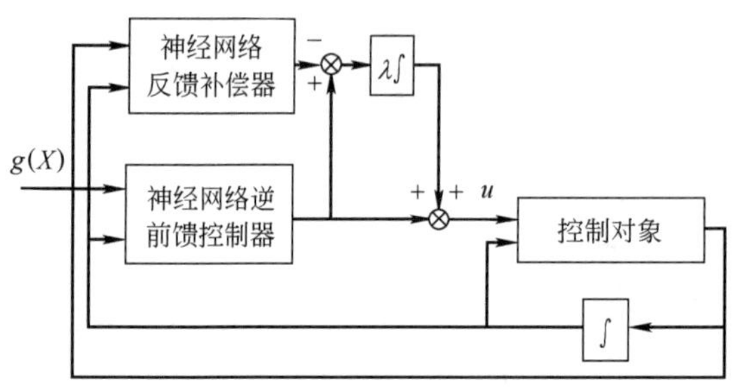

图 2-6-63　神经网络静态动态状态反馈控制

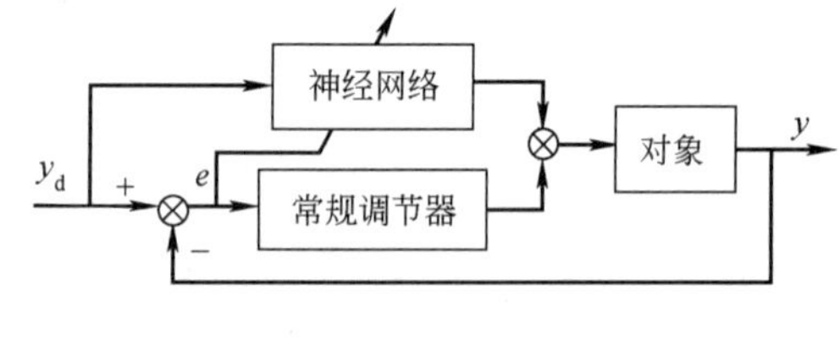

图 2-6-64　神经网络复合控制

（2）前馈加反馈复合控制　控制方案如图 2-6-64 所示。其中，前馈控制是基于不变性原理的控制方法，它可以显著提高系统的稳态精度和跟踪性能，而且系统的动态性能也比较容易得到保证。而反馈控制则有利于提高系统的稳定性。当前馈传递函数和系统逆模型一致时，这种方案可实现理想控制。但在实际系统中，由于系统的传递函数只是对真实系统在一定范围内的近似，而且由于系统中各种随机干扰的影响，因此前馈传递函数和系统的逆函数之间存在相当的偏差。对于许多非线性系统而言，其过程的逆函数是不可得的。因此常规的前馈调节器难以满足系统设计的要求。而人工神经网络能充分逼近任意非线性函数，图 2-6-64 中用神经网络作为前馈控制器，利用它对系统的逆动态建模，以满足不变性原理的要求，实现跟踪控制。这种方法已在实际系统中得到广泛应用，体现了良好的控制性能。

（3）神经内模控制　内模控制因有较强的鲁棒性和易于进行稳定性分析等优点，从而在过程控制系统中获得广泛应用。图 2-6-65 为神经网络内模控制系统图。图中被控对象的前向动态神经网络模型与被控对象相并联。控制器采用被控对象逆动态的神经网络模型，并在控制器前串联了滤波器 f，它对误差信号进行柔化处理，将误差投射到控制器的适当空间，使得在闭环回路中引入期望的跟踪响应。而滤波器 g 则可以平衡扰动造成的模型失配，增强系统的鲁棒性。此控制方案应用于连续搅拌的反应釜和 pH 过程控制，仿真结果表明，这种控制增加了控制系

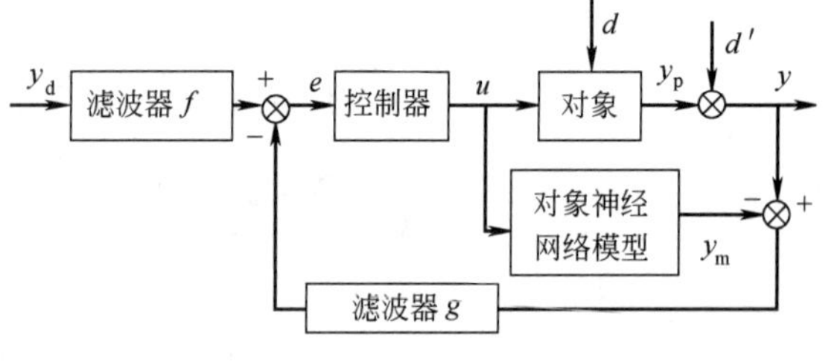

图 2-6-65　神经网络内模控制

统的快速性和鲁棒性，但它只能用于开环稳定系统。

(4) 基于神经网络的预测控制　神经网络预测控制就是利用对象辨识模型的神经网络产生预测信号，该预测信号与系统的未来期望输出值之间存在误差，根据极小化性能指标，利用优化算法就可以求出控制矢量，实现对非线性系统的预测控制。神经网络预测控制的方框图，如图 2-6-66 所示。

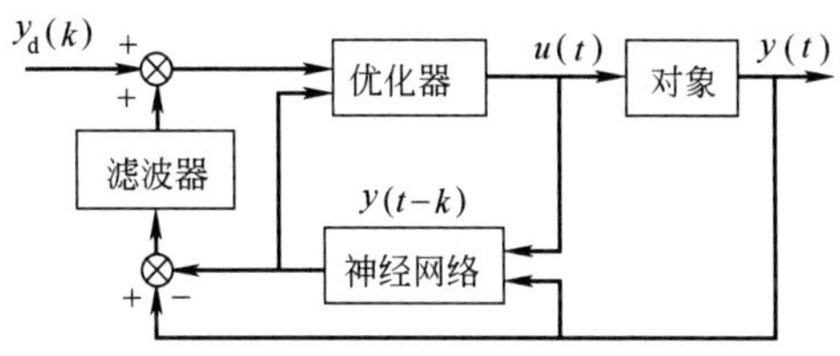

图 2-6-66　神经网络预测控制

(5) 神经自适应控制　神经网络自适应控制是实际中广泛运用的一种控制策略。图 2-6-67 为神经自适应控制系统的结构方框图。图中神经网络模型用来对控制对象进行辨识，网络权值由两者的输出误差 e 进行调整，而神经网络控制器则根据对象实际输出与理想输出（参考模型输出）之间的误差 E 来在线修改其权值。由于辨识模型和控制器均采用了神经网络，因此增加了系统的鲁棒性。

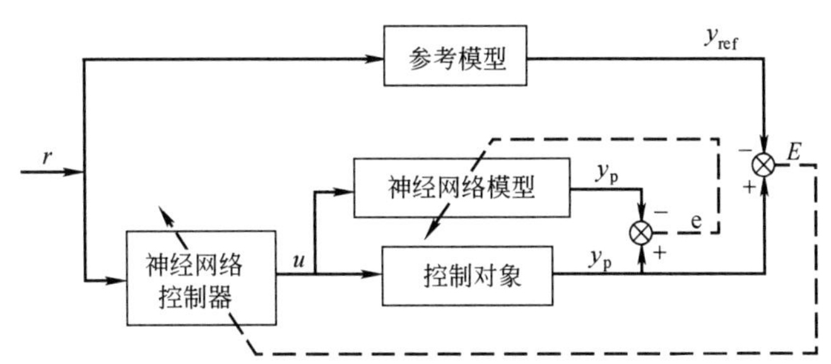

图 2-6-67　神经网络自适应控制

神经网络自适应控制是在实际中广泛运用的一种控制策略，其中用微分几何方法综合处理反馈状态，可消除过程中的非线性特性，从而可用常规的 PID 调节器对整个系统进行控制。但由于这种控制方法中，神经网络在线学习，因此当系统模型变化或出现扰动时，系统需修改大量的网络权值，从而降低系统的响应速度。实际上对许多对象而言，模型可以通过机理分析的方法来获得，只是模型的参数未知。针对这类系统，有人提出了如图 2-6-68 所示的神经网络参数自适应控制方法。其中，网络利用对象的输入-输出数据进行离线学习，实际运行时，模型参数由神经网络在线计算得到，进而可以算出所需的控制量。这样系统可根据对象的实际特性来选择相应的控制器，而且因系统在线地调整参数少，可明显地改善动态性能。

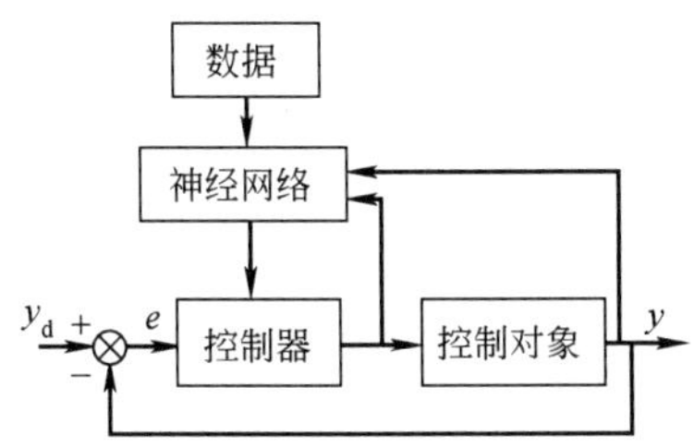

图 2-6-68　神经网络参数自适应控制

5.4.2　其他神经网络控制系统

(1) 基于神经网络的 PID 控制　PID 控制是实际系统中广泛使用的一种常规控制方法，它具有结构简单、计算量小、稳定性好、可靠性高、易于设计和易于工程实现等优点。但对于模型参数大范围变化或者具有较强的非线性因素的系统，如负载变化大的电力拖动系统，它就存在参数整定困难、控制品质和系统鲁棒性欠佳等缺点。而神经网络具有很强的学习性能和鲁棒性，因此将两者有机地结合，利用神经网络来在线整定 PID 调节器的参数，就可以增加系统的鲁棒性，实现高性能的控制。

(2) 模糊神经网络控制　模糊系统是以模糊集合论、模糊语言变量及模糊逻辑推理的知识为基础，力图在一个较高的层次上对人脑思维的模糊方式进行工程化的模拟。而神经网络则是建立在对人脑结构和功能的模拟与简化的基础上。由于人脑思维的容错能力，源于思维方法上的模糊性，以及大脑本身的结构特点，因此将二者综合运用便成为自动控制领域的一种自然趋势。模糊神经网络控制主要采用以下两种综合方式。

① 将人工神经网络作为模糊系统中的隶属函数和模糊规则的描述形式。将系统按动态响应分类，再利用控制对象的动态输出来建模。在此基础上，设计出了模糊 PI 控制器，并采用神经网络来决定模糊控制器的成员函数及模糊规则集，构成神经-模糊控制系统；

② 改变传统神经元的运算规则和映射函数，使神经元在功能上表现为各种模糊运算规则，形成神经模糊网络。模糊与神经元和模糊或神经元构成模糊神经元系统，这种系统中可以嵌入先验知识，而且可以根据网络

的连接权来解释网络的内部性能。

5.5 专家控制

专家控制是智能控制的主要内容之一，建立在控制理论和人工智能技术基础之上，为工业自动化控制的系统设计提供了新的方法。

不能将专家控制系统简单地看作是带有实时功能的常规专家系统，应用于动态控制。因几乎所有现有的专家系统，包括设计、诊断、规划，以及修复等专家系统，其主要任务是完成一种咨询工作，被询问时提供适当的信息。专家系统通常运行在非实时环境下，而专家控制系统则运行在连续的实时环境之中。它使用实时信息处理方式，监控系统的动态性能，并给出适当的控制作用，使系统保持良好的运行状态。专家控制系统与专家系统之间的区别如表 2-6-11 所示。

表 2-6-11　专家控制系统和专家系统的比较

比较内容	专家控制系统	专家系统	比较内容	专家控制系统	专家系统
执行速度	高速,实时操作	低速,咨询为主	推理方式	符号或数值推理,速度很快	主要是启发式推理,功能强大但耗时长
知识库	小巧而简单	庞大而复杂	解释说明	非常简略	非常详尽
知识来源	专家经验和在线学习	专门知识	实现方式	常规语言	人工智能语言

与传统的先进控制系统相比，专家控制系统的基本特性，是基于知识的结构和处理不确定性问题的能力。尽管已有许多方法来提高传统先进控制系统处理不确定性问题的能力，如鲁棒控制、自适应控制等，但是它们仍然难以应用到工业过程中。这是因为传统先进控制系统采用的是纯粹的分析结构、线性和时不变约束等，而且难以被用户理解。通过引入专家系统技术，专家控制系统具有灵活性、可靠性和处理不确定信息的能力；可以进行预测、诊断错误、给出补救方案，并且监视其执行，以保证控制性能。专家控制系统和常规先进控制的比较，它们的主要区别见表 2-6-12 所示。

表 2-6-12　专家控制系统和常规先进控制的比较

比较内容	专家控制系统	常规先进控制	比较内容	专家控制系统	常规先进控制
系统结构	基于知识	基于模型	过程模型	可以是不完整或定性的	必须很精确
信息处理	符号推理和数值计算	数值计算	维护与升级	相当简单	通常很困难
知识来源	文档或经验知识	文档知识	解释说明	可以提供	一般没有
外界输入	可以是不完整的	必须是完整的	执行方式	启发式、逻辑式和算法式	纯算法式
搜索方式	启发式或算法式	算法式	用户感受	使用简单	使用困难

5.5.1 专家控制系统分类

尽管专家控制的历史不长，但是各种各样的专家控制系统已经在控制工程中得到了广泛应用。根据系统的结构和功能的实现方法，专家控制系统可分为以下几类。

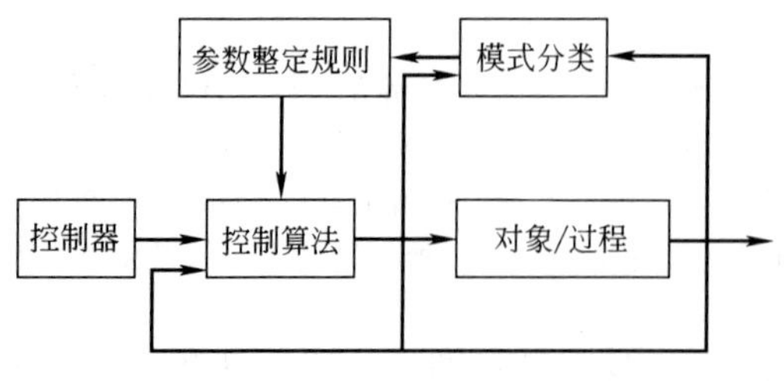

图 2-6-69　基于规划的自整定控制器框图

(1) 基于规则的专家整定和自适应控制器　基于规则的自整定控制器在过程控制中越来越多。常规调节器的参数，如 PID 参数的值，由控制工程师和装置操作员来确定，以 IF、THEN、ELSE 规则形式储存在知识库中。当系统运行时，通过一个模式分类和辨识器获取过程的特征行为。推理机构根据调整规则和分类模式自动地调整控制器的参数，使系统的性能得到提高。基于规则的自整定控制器的结构如图 2-6-69 所示。

专家整定控制器提供了一个将实时控制算法和逻辑运算结合在一起的结构。其各种不同的控制算法（如 P、PI、PD 和 PID）的控制参数都可以根据数据库和过程的分类进行选择和调整，例如根据死区时间和过程增益等。

基于规则的专家整定和自适应控制器已被广泛地应用在过程控制工程中，它们可以很容易地用微处理器实现。算法和启发式推理的综合，可以使编程和修改变得非常简单，这是实现智能过程控制的一种简单而有效的方法。

(2) 专家监督控制系统　把专家系统技术引入到控制系统的监督层，是另外一种实现专家控制的常用方法。专家监督控制系统主要关心在线辨识、过程监测、故障检测诊断。它的结构通常包括一个含有信号处理和常规控制算法的直接控制层，和一个含有知识库和推理机构的监督层，用来在线进行性能检测、故障检测和诊断、目标优化、紧急情况处理和决策。图 2-6-70 展示了一个专家监督控制系统的典型结构。

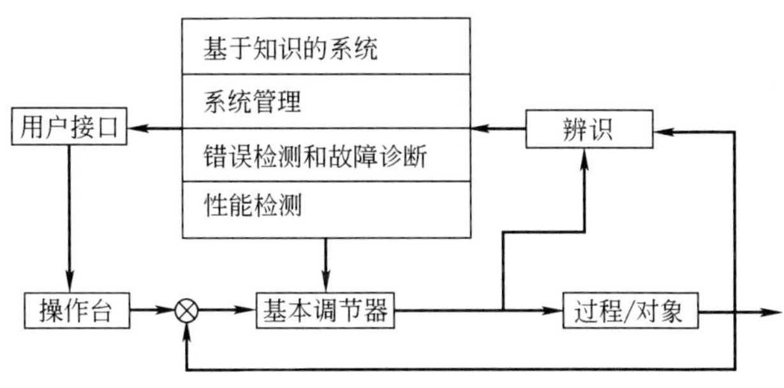

图 2-6-70　专家监督控制系统框图

专家监督控制系统是一种重要的基于知识的控制系统。他们通常被应用在流程工业和加工制造系统中，以获得高质量、低消耗，并进行故障诊断、紧急情况处理和危险预报等。

(3) 混合型专家控制系统　是一种复合式的智能控制系统，应用多层递阶结构，综合各种技术，包括专家系统技术、模式识别、模糊逻辑、神经元网络和计算机过程控制技术等。由于知识来源多种多样，在混合专家控制系统中，多采用黑板式结构。黑板是通过适当地划分问题的范围，来最大限度地保证知识来源独立性的工作空间。这种结构可以容纳各式各样的知识，用户可以在任何知识源中存储或读取信息。黑板用来对有关问题中间决策进行记录和表格化。

混合型专家控制系统能够有效地在完整性与简洁性之间取得折中，从而最大限度提高系统性能。如某个基于规则的方法只能够处理某些领域的问题，而一个神经元网络由于具备并行处理和在线学习的能力，可以在某些特定场合使用。这样，在一定条件下把专家系统技术和神经元网络结合起来，可以获得更好的控制效果。

混合型专家控制系统具有许多优良特性，如非单调性推理、模式精确匹配、面向对象规划、超越规则和实时性。尽管混合型专家控制系统不如基于规则的控制器和专家监督控制系统那样成熟，并存在一些有待进一步研究的问题，但它的发展对智能过程控制的重要性是显而易见的。

(4) 实时专家智能控制系统　实时专家控制的方法是使用知识工程方法，应用专家系统的设计规则和实现形式，来构建一个实时专家智能控制系统（REICS），是一个具备了所有专家系统特性的典型实时专家系统。例如具备有专家系统的模块化（灵活性）、启发式推理和透明性等。它还具备了一个控制系统所具有的特性，如实时操作、可靠性和自适应等。REICS通常具有较复杂的结构，拥有强力的推理能力和相对完备的功能。

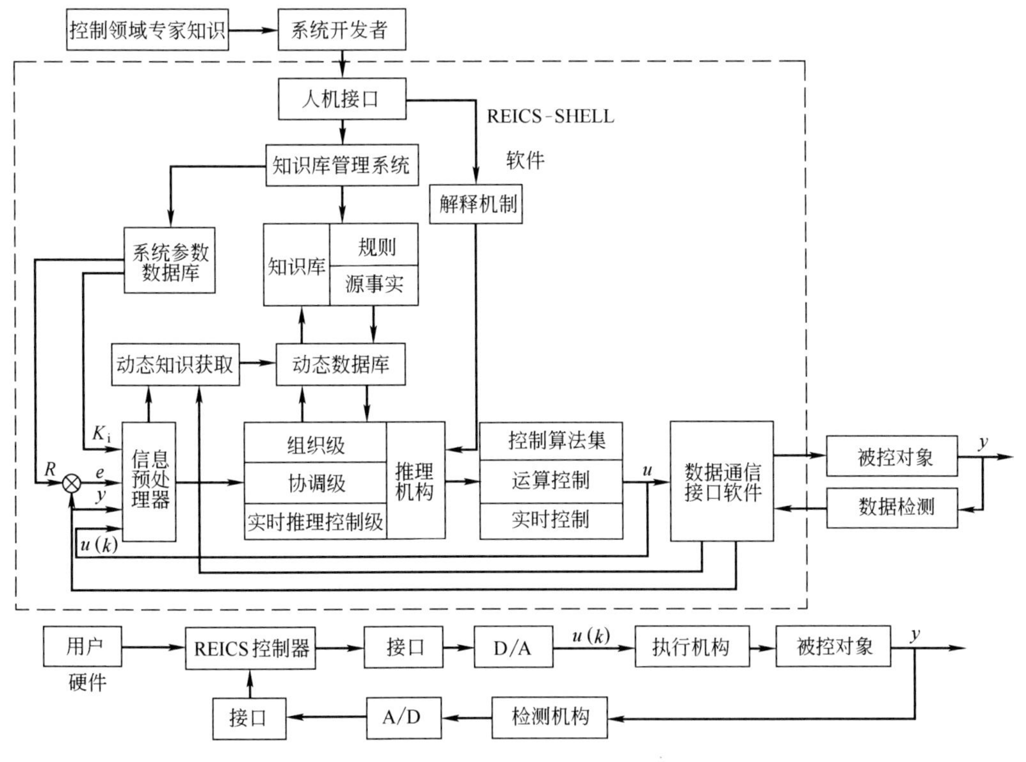

图 2-6-71　REICS 软硬件总体结构图

开发一个实时专家智能控制系统是一项非常困难的任务，因为它必须满足闭环控制的苛刻要求，如在线信息的处理、动态推理、在线自学习和知识提炼、过程监督，以及用户的交互界面和解释说明等。实时专家智能控制系统的典型结构如图 2-6-71 所示。它由知识获取、知识库、知识库管理系统、系统参数数据库、实时推理机、信息预处理器、解释机制、控制算法集、数据通信接口软件、人机接口、动态知识获取模块等组成，可用于一些难以获得精确数学模型的复杂工业过程的控制。

(5) 仿人智能控制系统　仿人智能控制的研究和专家控制有着密切的联系，通常将它归为专家控制的范畴。

仿人智能控制所要研究的主要目标不是被控对象，而是控制器本身。研究控制器的结构和功能，如何更好地模拟控制专家宏观上大脑的功能和行为功能。仿人智能控制器的研究从分层递阶智能控制系统的最低层次（直接控制级）着手，直接对人的控制经验、技巧和各种直觉推理逻辑进行测辨、概括和总结，编制成各种简单实用、精度高、鲁棒性强、能实时运行的控制算法，用于实际控制系统。仿人智能控制方法的基本原理是模仿人的启发式直觉推理逻辑，即通过特征辨识，判断系统当前所处的特征状态，确定控制的策略，进行多模态控制或决策。

仿人智能控制器有多种模式，例如仿人比例控制、仿人智能积分控制、智能采样控制、仿人智能开关控制等。通常可表示为一种高阶产生式系统结构，由目标级产生式和间接级产生式组成。具体的结构是分层递阶的，并遵照层次随“智能增加而精度降低”的原则，较高层次解决较低层次中的状态描述、操作变更以及规则选择等问题，间接地影响整个控制问题的求解。这种高阶产生式系统结构，实际上是一种分层信息处理与决策机构。

仿人智能控制拥有分层的信息处理和决策机构，具有在线特征辨识和特征记忆的特点，运用户发式直觉推理逻辑，使用建立在经典控制理论基础上的多模态控制方法，实现对控制对象的仿人式智能化控制，在很大程度上体现了专家控制的思想，具有专家控制的本质特征。

5.5.2　专家控制的应用示例

专家控制在流程工业中已有许多成功的应用，在解决一些传统控制方法难以解决的问题方面，专家控制往往能较好地完成复杂的控制任务。现以一个面向循环流化床锅炉（CFBB）的实时专家控制系统为例，对专家控制的一些基本问题和方法作一个简单的说明。

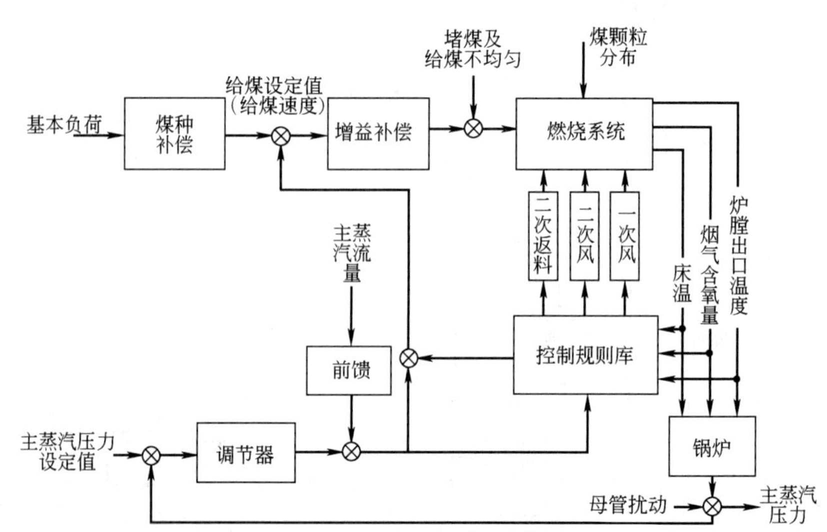

图 2-6-72　CFBB 燃烧系统专家智能控制框图

CFBB 燃烧系统专家控制智能系统如图 2-6-72 所示。整个控制系统体现了控制床温稳定（安全燃烧）和在此基础上维持主蒸汽压力稳定两个主要目标。在这个控制目标的指导下，把料床温度、炉出口温度模糊化量为 5 个值：

$T_{床}$	HH	H	M	L	LL
$T_{出口}$	HH	H	M	L	LL

其中 HH、H、M、L、LL 分别表示超高、高、中、低、超低等模糊概念。相应地，高、中、低为正常控制状态，超高、越低为紧急事故状态。系统求取床温及炉膛温度的变化率并模糊化为 7 个量：

$\Delta T_{床}$	HR	FR	SR	ST	SD	FD	LD
$\Delta T_{出口}$	HR	FR	SR	ST	SD	FD	LD

HR、FR、SR、ST、SD、FD、LD 分别表示变化率的超升、快升、慢升、平稳、慢降、快降、超降等变化率的模糊化概念。其中超升、超降为紧急事故状态，其余为正常控制状态。

根据以上定义的模糊量，可定义燃烧系统的状态 S_T

$$S_T = f(T_1, \Delta T_1, T_2, \Delta T_2)$$

其中 T_1、T_2、ΔT_1、ΔT_2 分别表示床温、出口温度、床温变化率、出口温度变化率的模糊量，f 为状态函数。

控制规则库设计如图 2-6-73 所示。

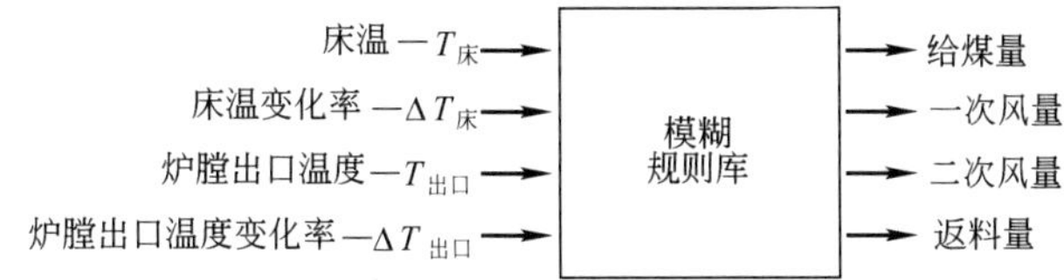

图 2-6-73　控制规则库示意图

针对 CFBB 燃烧控特点，把控制规则库的规则分为两类。

一类是故障判断及事件处理规则，主要应付工艺设计不佳带来的堵煤、堵灰，以及外工况可能带来的熄火和结焦等。规则处理一般为计算机控制加报警，例如：

if（$T_{床}$<820℃）and（$\Delta T_{床}$ 缓降、快降）then（报警）

if（$T_{床}$>970℃）and（$\Delta T_{床}$ 缓升、快升）then（报警）

……

另一类是正常状态控制规则库，这是根据判断燃烧状态的 4 个决定量所组成的 15×15 的控制规则表，指明每个状态量 S_T 给出相应的控制输出量，包括给煤、一次风、二次风、三次返料的控制，例如：

if（$\Delta T_{床}$ 平稳）and（$\Delta T_{出口}$ 平稳）

and if（$T_{床}$>950℃）and（$\Delta T_{出口}$ 高、中）then（减煤 3%～5%）

if（$T_{床}$>950℃）and（$\Delta T_{出口}$ 低）then（返料加大）

if（$T_{床}$≤850℃）and（$\Delta T_{出口}$ 高）then（返料减少）

if（$T_{床}$<850℃）and（$\Delta T_{出口}$ 低、中）then（加煤 3%～5%）

……

所有规则的表达方式均采用产生式规则，易于建立和修改，并且与专家表达方法基本一致，从而易于表达和理解。所有规则都以控制规则表的形式加以存放，可以在 DCS 上实时在线修改。

规则库的知识获取采用离线建立的方法，主要来源于 CFBB 的燃烧过程理论，工程师和操作人员的经验，现场实际摸索和运行过程的不断完善。

推理机采用广度优先搜索方法与查表相结合的方法，既保持广度优先、结构简单、可靠性好的优点，又通过查表法克服了效率较低的缺点。

该控制方案在浙大中控公司的 SUPCON JX-300DCS 平台上实施，并在某热电厂 NG-75/3.82-M4 型循环流化床锅炉上成功投运。经现场运行证明，整套系统燃烧控制投运率超过热电行业的自动化要求，基本上杜绝了结焦事故的发生，极大地减轻了操作人员的劳动强度，燃烧平稳，煤耗降低，取得了较好的经济效益和社会效益。

专家控制成功地解决了循环流化床锅炉的燃烧控制问题，显示出专家控制思想在过程控制领域的应用有很好前景。

附录 2-1　常用热电偶分度表

附表 2-1-1　铂铑 10-铂热电偶（S 型）$E(t)$ 分度表

ITS—90　　　　参考温度：0℃

t/℃	0	−1	−2	−3	−4	−5	−6	−7	−8	−9
					E/mV					
−50	−0.236									
−40	−0.194	−0.199	−0.203	−0.207	−0.211	−0.215	−0.219	−0.224	−0.228	−0.232
−30	−0.150	−0.155	−0.159	−0.164	−0.168	−0.173	−0.177	−0.181	−0.186	−0.190
−20	−0.103	−0.108	−0.113	−0.117	−0.122	−0.127	−0.132	−0.136	−0.141	−0.146
−10	−0.053	−0.058	−0.063	−0.068	−0.073	−0.078	−0.083	−0.088	−0.093	−0.098
0	0.000	−0.005	−0.011	−0.016	−0.021	−0.027	−0.032	−0.037	−0.042	−0.048

t/℃	0	1	2	3	4	5	6	7	8	9
					E/mV					
0	0.000	0.005	0.011	0.016	0.022	0.027	0.033	0.038	0.044	0.050
10	0.055	0.061	0.067	0.072	0.078	0.084	0.090	0.095	0.101	0.107
20	0.113	0.119	0.125	0.131	0.137	0.143	0.149	0.155	0.161	0.167
30	0.173	0.179	0.185	0.191	0.197	0.204	0.210	0.216	0.222	0.229
40	0.235	0.241	0.248	0.254	0.260	0.267	0.273	0.280	0.286	0.292
50	0.299	0.305	0.312	0.319	0.325	0.332	0.338	0.345	0.352	0.358
60	0.365	0.372	0.378	0.385	0.392	0.399	0.405	0.412	0.419	0.426
70	0.433	0.440	0.446	0.453	0.460	0.467	0.474	0.481	0.488	0.495
80	0.502	0.509	0.516	0.523	0.530	0.538	0.545	0.552	0.559	0.566
90	0.573	0.580	0.588	0.595	0.602	0.609	0.617	0.624	0.631	0.639
100	0.646	0.653	0.661	0.668	0.675	0.683	0.690	0.698	0.705	0.713
110	0.720	0.727	0.735	0.743	0.750	0.758	0.765	0.773	0.780	0.788
120	0.795	0.803	0.811	0.818	0.826	0.834	0.841	0.849	0.857	0.865
130	0.872	0.880	0.888	0.896	0.903	0.911	0.919	0.927	0.935	0.942
140	0.950	0.958	0.966	0.974	0.982	0.990	0.998	1.006	1.013	1.021
150	1.029	1.037	1.045	1.053	1.061	1.069	1.077	1.085	1.094	1.102
160	1.110	1.118	1.126	1.134	1.142	1.150	1.158	1.167	1.175	1.183
170	1.191	1.199	1.207	1.216	1.224	1.232	1.240	1.249	1.257	1.265
180	1.273	1.282	1.290	1.298	1.307	1.315	1.323	1.332	1.340	1.348
190	1.357	1.365	1.373	1.382	1.390	1.399	1.407	1.415	1.424	1.432
200	1.441	1.449	1.458	1.466	1.475	1.483	1.492	1.500	1.509	1.517
210	1.526	1.534	1.543	1.551	1.560	1.569	1.577	1.586	1.594	1.603
220	1.612	1.620	1.629	1.638	1.646	1.655	1.663	1.672	1.681	1.690
230	1.698	1.707	1.716	1.724	1.733	1.742	1.751	1.759	1.768	1.777
240	1.786	1.794	1.803	1.812	1.821	1.829	1.838	1.847	1.856	1.865
250	1.874	1.882	1.891	1.900	1.909	1.918	1.927	1.936	1.944	1.953
260	1.962	1.971	1.980	1.989	1.998	2.007	2.016	2.025	2.034	2.043
270	2.052	2.061	2.070	2.078	2.087	2.096	2.105	2.114	2.123	2.132
280	2.141	2.151	2.160	2.169	2.178	2.187	2.196	2.205	2.214	2.223
290	2.232	2.241	2.250	2.259	2.268	2.277	2.287	2.296	2.305	2.314
300	2.323	2.332	2.341	2.350	2.360	2.369	2.378	2.387	2.396	2.405
310	2.415	2.424	2.433	2.442	2.451	2.461	2.470	2.479	2.488	2.497
320	2.507	2.516	2.525	2.534	2.544	2.553	2.562	2.571	2.581	2.590
330	2.599	2.609	2.618	2.627	2.636	2.646	2.655	2.664	2.674	2.683
340	2.692	2.702	2.711	2.720	2.730	2.739	2.748	2.758	2.767	2.776
350	2.786	2.795	2.805	2.814	2.823	2.833	2.842	2.851	2.861	2.870
360	2.880	2.889	2.899	2.908	2.917	2.927	2.936	2.946	2.955	2.965
370	2.974	2.983	2.993	3.002	3.012	3.021	3.031	3.040	3.050	3.059
380	3.069	3.078	3.088	3.097	3.107	3.116	3.126	3.135	3.145	3.154
390	3.164	3.173	3.183	3.192	3.202	3.212	3.221	3.231	3.240	3.250
400	3.259	3.269	3.279	3.288	3.298	3.307	3.317	3.326	3.336	3.346
410	3.355	3.365	3.374	3.384	3.394	3.403	3.413	3.423	3.432	3.442

续表

t/℃	0	1	2	3	4	5	6	7	8	9
					E/mV					
420	3.451	3.461	3.471	3.480	3.490	3.500	3.509	3.519	3.529	3.538
430	3.548	3.558	3.567	3.577	3.587	3.596	3.606	3.616	3.626	3.635
440	3.645	3.655	3.664	3.674	3.684	3.694	3.703	3.713	3.723	3.732
450	3.742	3.752	3.762	3.771	3.781	3.791	3.801	3.810	3.820	3.830
460	3.840	3.850	3.859	3.869	3.879	3.889	3.898	3.908	3.918	3.928
470	3.938	3.947	3.957	3.967	3.977	3.987	3.997	4.006	4.016	4.026
480	4.036	4.046	4.056	4.065	4.075	4.085	4.095	4.105	4.115	4.125
490	4.134	4.144	4.154	4.164	4.174	4.184	4.194	4.204	4.213	4.223
500	4.233	4.243	4.253	4.263	4.273	4.283	4.293	4.303	4.313	4.323
510	4.332	4.342	4.352	4.362	4.372	4.382	4.392	4.402	4.412	4.422
520	4.432	4.442	4.452	4.462	4.472	4.482	4.492	4.502	4.512	4.522
530	4.532	4.542	4.552	4.562	4.572	4.582	4.592	4.602	4.612	4.622
540	4.632	4.642	4.652	4.662	4.672	4.682	4.692	4.702	4.712	4.722
550	4.732	4.742	4.752	4.762	4.772	4.782	4.793	4.803	4.813	4.823
560	4.833	4.843	4.853	4.863	4.873	4.883	4.893	4.904	4.914	4.924
570	4.934	4.944	4.954	4.964	4.974	4.984	4.995	5.005	5.015	5.025
580	5.035	5.045	5.055	5.066	5.076	5.086	5.096	5.106	5.116	5.127
590	5.137	5.147	5.157	5.167	5.178	5.188	5.198	5.208	5.218	5.228
600	5.239	5.249	5.259	5.269	5.280	5.290	5.300	5.310	5.320	5.331
610	5.341	5.351	5.361	5.372	5.382	5.392	5.402	5.413	5.423	5.433
620	5.443	5.454	5.464	5.474	5.485	5.495	5.505	5.515	5.526	5.536
630	5.546	5.557	5.567	5.577	5.588	5.598	5.608	5.618	5.629	5.639
640	5.649	5.660	5.670	5.680	5.691	5.701	5.712	5.722	5.732	5.743
650	5.753	5.763	5.774	5.784	5.794	5.805	5.815	5.826	5.836	5.846
660	5.857	5.867	5.878	5.888	5.898	5.909	5.919	5.930	5.940	5.950
670	5.961	5.971	5.982	5.992	6.003	6.013	6.024	6.034	6.044	6.055
680	6.065	6.076	6.086	6.097	6.107	6.118	6.128	6.139	6.149	6.160
690	6.170	6.181	6.191	6.202	6.212	6.223	6.233	6.244	6.254	6.265
700	6.275	6.286	6.296	6.307	6.317	6.328	6.338	6.349	6.360	6.370
710	6.381	6.391	6.402	6.412	6.423	6.434	6.444	6.455	6.465	6.476
720	6.486	6.497	6.508	6.518	6.529	6.539	6.550	6.561	6.571	6.582
730	6.593	6.603	6.614	6.624	6.635	6.646	6.656	6.667	6.678	6.688
740	6.699	6.710	6.720	6.731	6.742	6.752	6.763	6.774	6.784	6.795
750	6.806	6.817	6.827	6.838	6.849	6.859	6.870	6.881	6.892	6.902
760	6.913	6.924	6.934	6.945	6.956	6.967	6.977	6.988	6.999	7.010
770	7.020	7.031	7.042	7.053	7.064	7.074	7.085	7.096	7.107	7.117
780	7.128	7.139	7.150	7.161	7.172	7.182	7.193	7.204	7.215	7.226
790	7.236	7.247	7.258	7.269	7.280	7.291	7.302	7.312	7.323	7.334
800	7.345	7.356	7.367	7.378	7.388	7.399	7.410	7.421	7.432	7.443
810	7.454	7.465	7.476	7.487	7.497	7.508	7.519	7.530	7.541	7.552
820	7.563	7.574	7.585	7.596	7.607	7.618	7.629	7.640	7.651	7.662
830	7.673	7.684	7.695	7.706	7.717	7.728	7.739	7.750	7.761	7.772
840	7.783	7.794	7.805	7.816	7.827	7.838	7.849	7.860	7.871	7.882
850	7.893	7.904	7.915	7.926	7.937	7.948	7.959	7.970	7.981	7.992
860	8.003	8.014	8.026	8.037	8.048	8.059	8.070	8.081	8.092	8.103
870	8.114	8.125	8.137	8.148	8.159	8.170	8.181	8.192	8.203	8.214
880	8.226	8.237	8.248	8.259	8.270	8.281	8.293	8.304	8.315	8.326
890	8.337	8.348	8.360	8.371	8.382	8.393	8.404	8.416	8.427	8.438
900	8.449	8.460	8.472	8.483	8.494	8.505	8.517	8.528	8.539	8.550
910	8.562	8.573	8.584	8.595	8.607	8.618	8.629	8.640	8.652	8.663
920	8.674	8.685	8.697	8.708	8.719	8.731	8.742	8.753	8.765	8.776
930	8.787	8.798	8.810	8.821	8.832	8.844	8.855	8.866	8.878	8.889
940	8.900	8.912	8.923	8.935	8.946	8.957	8.969	8.980	8.991	9.003
950	9.014	9.025	9.037	9.048	9.060	9.071	9.082	9.094	9.105	9.117
960	9.128	9.139	9.151	9.162	9.174	9.185	9.197	9.208	9.219	9.231
970	9.242	9.254	9.265	9.277	9.288	9.300	9.311	9.323	9.334	9.345
980	9.357	9.368	9.380	9.391	9.403	9.414	9.426	9.437	9.449	9.460
990	9.472	9.483	9.495	9.506	9.518	9.529	9.541	9.552	9.564	9.576
1000	9.587	9.599	9.610	9.622	9.633	9.645	9.656	9.668	9.680	9.691
1010	9.703	9.714	9.726	9.737	9.749	9.761	9.772	9.784	9.795	9.807
1020	9.819	9.830	9.842	9.853	9.865	9.877	9.888	9.900	9.911	9.923

续表

t/℃	0	1	2	3	4	5	6	7	8	9
					E/mV					
1030	9.935	9.946	9.958	9.970	9.981	9.993	10.005	10.016	10.028	10.040
1040	10.051	10.063	10.075	10.086	10.098	10.110	10.121	10.133	10.145	10.156
1050	10.168	10.180	10.191	10.203	10.215	10.227	10.238	10.250	10.262	10.273
1060	10.285	10.297	10.309	10.320	10.332	10.344	10.356	10.367	10.379	10.391
1070	10.403	10.414	10.426	10.438	10.450	10.461	10.473	10.485	10.497	10.509
1080	10.520	10.532	10.544	10.556	10.567	10.579	10.591	10.603	10.615	10.626
1090	10.638	10.650	10.662	10.674	10.686	10.697	10.709	10.721	10.733	10.745
1100	10.757	10.768	10.780	10.792	10.804	10.816	10.828	10.839	10.851	10.863
1110	10.875	10.887	10.899	10.911	10.922	10.934	10.946	10.958	10.970	10.982
1120	10.994	11.006	11.017	11.029	11.041	11.053	11.065	11.077	11.089	11.101
1130	11.113	11.125	11.136	11.148	11.160	11.172	11.184	11.196	11.208	11.220
1140	11.232	11.244	11.256	11.268	11.280	11.291	11.303	11.315	11.327	11.339
1150	11.351	11.363	11.375	11.387	11.399	11.411	11.423	11.435	11.447	11.459
1160	11.471	11.483	11.495	11.507	11.519	11.531	11.542	11.554	11.566	11.578
1170	11.590	11.602	11.614	11.626	11.638	11.650	11.662	11.674	11.686	11.698
1180	11.710	11.722	11.734	11.746	11.758	11.770	11.782	11.794	11.806	11.818
1190	11.830	11.842	11.854	11.866	11.878	11.890	11.902	11.914	11.926	11.939
1200	11.951	11.963	11.975	11.987	11.999	12.011	12.023	12.035	12.047	12.059
1210	12.071	12.083	12.095	12.107	12.119	12.131	12.143	12.155	12.167	12.179
1220	12.191	12.203	12.216	12.228	12.240	12.252	12.264	12.276	12.288	12.300
1230	12.312	12.324	12.336	12.348	12.360	12.372	12.384	12.397	12.409	12.421
1240	12.433	12.445	12.457	12.469	12.481	12.493	12.505	12.517	12.529	12.542
1250	12.554	12.566	12.578	12.590	12.602	12.614	12.626	12.638	12.650	12.662
1260	12.675	12.687	12.699	12.711	12.723	12.735	12.747	12.759	12.771	12.783
1270	12.796	12.808	12.820	12.832	12.844	12.856	12.868	12.880	12.892	12.905
1280	12.917	12.929	12.941	12.953	12.965	12.977	12.989	13.001	13.014	13.026
1290	13.038	13.050	13.062	13.074	13.086	13.098	13.111	13.123	13.135	13.147
1300	13.159	13.171	13.183	13.195	13.208	13.220	13.232	13.244	13.256	13.268
1310	13.280	13.292	13.305	13.317	13.329	13.341	13.353	13.365	13.377	13.390
1320	13.402	13.414	13.426	13.438	13.450	13.462	13.474	13.487	13.499	13.511
1330	13.523	13.535	13.547	13.559	13.572	13.584	13.596	13.608	13.620	13.632
1340	13.644	13.657	13.669	13.681	13.693	13.705	13.717	13.729	13.742	13.754
1350	13.766	13.778	13.790	13.802	13.814	13.826	13.839	13.851	13.863	13.875
1360	13.887	13.899	13.911	13.924	13.936	13.948	13.960	13.972	13.984	13.996
1370	14.009	14.021	14.033	14.045	14.057	14.069	14.081	14.094	14.106	14.118
1380	14.130	14.142	14.154	14.166	14.178	14.191	14.203	14.215	14.227	14.239
1390	14.251	14.263	14.276	14.288	14.300	14.312	14.324	14.336	14.348	14.360
1400	14.373	14.385	14.397	14.409	14.421	14.433	14.445	14.457	14.470	14.482
1410	14.494	14.506	14.518	14.530	14.542	14.554	14.567	14.579	14.591	14.603
1420	14.615	14.627	14.639	14.651	14.664	14.676	14.688	14.700	14.712	14.724
1430	14.736	14.748	14.760	14.773	14.785	14.797	14.809	14.821	14.833	14.845
1440	14.857	14.869	14.881	14.894	14.906	14.918	14.930	14.942	14.954	14.966
1450	14.978	14.990	15.002	15.015	15.027	15.039	15.051	15.063	15.075	15.087
1460	15.099	15.111	15.123	15.135	15.148	15.160	15.172	15.184	15.196	15.208
1470	15.220	15.232	15.244	15.256	15.268	15.280	15.292	15.304	15.317	15.329
1480	15.341	15.353	15.365	15.377	15.389	15.401	15.413	15.425	15.437	15.449
1490	15.461	15.473	15.485	15.497	15.509	15.521	15.534	15.546	15.558	15.570
1500	15.582	15.594	15.606	15.618	15.630	15.642	15.654	15.666	15.678	15.690
1510	15.702	15.714	15.726	15.738	15.750	15.762	15.774	15.786	15.798	15.810
1520	15.822	15.834	15.846	15.858	15.870	15.882	15.894	15.906	15.918	15.930
1530	15.942	15.954	15.966	15.978	15.990	16.002	16.014	16.026	16.038	16.050
1540	16.062	16.074	16.086	16.098	16.110	16.122	16.134	16.146	16.158	16.170
1550	16.182	16.194	16.205	16.217	16.229	16.241	16.253	16.265	16.277	16.289
1560	16.301	16.313	16.325	16.337	16.349	16.361	16.373	16.385	16.396	16.408
1570	16.420	16.432	16.444	16.456	16.468	16.480	16.492	16.504	16.516	16.527
1580	16.539	16.551	16.563	16.575	16.587	16.599	16.611	16.623	16.634	16.646
1590	16.658	16.670	16.682	16.694	16.706	16.718	16.729	16.741	16.753	16.765

附表 2-1-2 铂铑 13-铂热电偶（R 型）$E(t)$ 分度表

ITS—90　　参考温度：0℃

t/℃	0	−1	−2	−3	−4	−5	−6	−7	−8	−9
	E/mV									
−50	−0.226									
−40	−0.188	−0.192	−0.196	−0.200	−0.204	−0.208	−0.211	−0.215	−0.219	−0.223
−30	−0.145	−0.150	−0.154	−0.158	−0.163	−0.167	−0.171	−0.175	−0.180	−0.184
−20	−0.100	−0.105	−0.109	−0.114	−0.119	−0.123	−0.128	−0.132	−0.137	−0.141
−10	−0.051	−0.056	−0.061	−0.066	−0.071	−0.076	−0.081	−0.086	−0.091	−0.095
0	0.000	−0.005	−0.011	−0.016	−0.021	−0.026	−0.031	−0.036	−0.041	−0.046

t/℃	0	1	2	3	4	5	6	7	8	9
	E/mV									
0	0.000	0.005	0.011	0.016	0.021	0.027	0.032	0.038	0.043	0.049
10	0.054	0.060	0.065	0.071	0.077	0.082	0.088	0.094	0.100	0.105
20	0.111	0.117	0.123	0.129	0.135	0.141	0.147	0.153	0.159	0.165
30	0.171	0.177	0.183	0.189	0.195	0.201	0.207	0.214	0.220	0.226
40	0.232	0.239	0.245	0.251	0.258	0.264	0.271	0.277	0.284	0.290
50	0.296	0.303	0.310	0.316	0.323	0.329	0.336	0.343	0.349	0.356
60	0.363	0.369	0.376	0.383	0.390	0.397	0.403	0.410	0.417	0.424
70	0.431	0.438	0.445	0.452	0.459	0.466	0.473	0.480	0.487	0.494
80	0.501	0.508	0.516	0.523	0.530	0.537	0.544	0.552	0.559	0.566
90	0.573	0.581	0.588	0.595	0.603	0.610	0.618	0.625	0.632	0.640
100	0.647	0.655	0.662	0.670	0.677	0.685	0.693	0.700	0.708	0.715
110	0.723	0.731	0.738	0.746	0.754	0.761	0.769	0.777	0.785	0.792
120	0.800	0.808	0.816	0.824	0.832	0.839	0.847	0.855	0.863	0.871
130	0.879	0.887	0.895	0.903	0.911	0.919	0.927	0.935	0.943	0.951
140	0.959	0.967	0.976	0.984	0.992	1.000	1.008	1.016	1.025	1.033
150	1.041	1.049	1.058	1.066	1.074	1.082	1.091	1.099	1.107	1.116
160	1.124	1.132	1.141	1.149	1.158	1.166	1.175	1.183	1.191	1.200
170	1.208	1.217	1.225	1.234	1.242	1.251	1.260	1.268	1.277	1.285
180	1.294	1.303	1.311	1.320	1.329	1.337	1.346	1.355	1.363	1.372
190	1.381	1.389	1.398	1.407	1.416	1.425	1.433	1.442	1.451	1.460
200	1.469	1.477	1.486	1.495	1.504	1.513	1.522	1.531	1.540	1.549
210	1.558	1.567	1.575	1.584	1.593	1.602	1.611	1.620	1.629	1.639
220	1.648	1.657	1.666	1.675	1.684	1.693	1.702	1.711	1.720	1.729
230	1.739	1.748	1.757	1.766	1.775	1.784	1.794	1.803	1.812	1.821
240	1.831	1.840	1.849	1.858	1.868	1.877	1.886	1.895	1.905	1.914
250	1.923	1.933	1.942	1.951	1.961	1.970	1.980	1.989	1.998	2.008
260	2.017	2.027	2.036	2.046	2.055	2.064	2.074	2.083	2.093	2.102
270	2.112	2.121	2.131	2.140	2.150	2.159	2.169	2.179	2.188	2.198
280	2.207	2.217	2.226	2.236	2.246	2.255	2.265	2.275	2.284	2.294
290	2.304	2.313	2.323	2.333	2.342	2.352	2.362	2.371	2.381	2.391
300	2.401	2.410	2.420	2.430	2.440	2.449	2.459	2.469	2.479	2.488
310	2.498	2.508	2.518	2.528	2.538	2.547	2.557	2.567	2.577	2.587
320	2.597	2.607	2.617	2.626	2.636	2.646	2.656	2.666	2.676	2.686
330	2.696	2.706	2.716	2.726	2.736	2.746	2.756	2.766	2.776	2.786
340	2.796	2.806	2.816	2.826	2.836	2.846	2.856	2.866	2.876	2.886
350	2.896	2.906	2.916	2.926	2.937	2.947	2.957	2.967	2.977	2.987
360	2.997	3.007	3.018	3.028	3.038	3.048	3.058	3.068	3.079	3.089
370	3.099	3.109	3.119	3.130	3.140	3.150	3.160	3.171	3.181	3.191
380	3.201	3.212	3.222	3.232	3.242	3.253	3.263	3.273	3.284	3.294
390	3.304	3.315	3.325	3.335	3.346	3.356	3.366	3.377	3.387	3.397
400	3.408	3.418	3.428	3.439	3.449	3.460	3.470	3.480	3.491	3.501
410	3.512	3.522	3.533	3.543	3.553	3.564	3.574	3.585	3.595	3.606
420	3.616	3.627	3.637	3.648	3.658	3.669	3.679	3.690	3.700	3.711
430	3.721	3.732	3.742	3.753	3.764	3.774	3.785	3.795	3.806	3.816
440	3.827	3.838	3.848	3.859	3.869	3.880	3.891	3.901	3.912	3.922
450	3.933	3.944	3.954	3.965	3.976	3.986	3.997	4.008	4.018	4.029

续表

t/℃	0	1	2	3	4	5	6	7	8	9
					E/mV					
460	4.040	4.050	4.061	4.072	4.083	4.093	4.104	4.115	4.125	4.136
470	4.147	4.158	4.168	4.179	4.190	4.201	4.211	4.222	4.233	4.244
480	4.255	4.265	4.276	4.287	4.298	4.309	4.319	4.330	4.341	4.352
490	4.363	4.373	4.384	4.395	4.406	4.417	4.428	4.439	4.449	4.460
500	4.471	4.482	4.493	4.504	4.515	4.526	4.537	4.548	4.558	4.569
510	4.580	4.591	4.602	4.613	4.624	4.635	4.646	4.657	4.668	4.679
520	4.690	4.701	4.712	4.723	4.734	4.745	4.756	4.767	4.778	4.789
530	4.800	4.811	4.822	4.833	4.844	4.855	4.866	4.877	4.888	4.899
540	4.910	4.922	4.933	4.944	4.955	4.966	4.977	4.988	4.999	5.010
550	5.021	5.033	5.044	5.055	5.066	5.077	5.088	5.099	5.111	5.122
560	5.133	5.144	5.155	5.166	5.178	5.189	5.200	5.211	5.222	5.234
570	5.245	5.256	5.267	5.279	5.290	5.301	5.312	5.323	5.335	5.346
580	5.357	5.369	5.380	5.391	5.402	5.414	5.425	5.436	5.448	5.459
590	5.470	5.481	5.493	5.504	5.515	5.527	5.538	5.549	5.561	5.572
600	5.583	5.595	5.606	5.618	5.629	5.640	5.652	5.663	5.674	5.686
610	5.697	5.709	5.720	5.731	5.743	5.754	5.766	5.777	5.789	5.800
620	5.812	5.823	5.834	5.846	5.857	5.869	5.880	5.892	5.903	5.915
630	5.926	5.938	5.949	5.961	5.972	5.984	5.995	6.007	6.018	6.030
640	6.041	6.053	6.065	6.076	6.088	6.099	6.111	6.122	6.134	6.146
650	6.157	6.169	6.180	6.192	6.204	6.215	6.227	6.238	6.250	6.262
660	6.273	6.285	6.297	6.308	6.320	6.332	6.343	6.355	6.367	6.378
670	6.390	6.402	6.413	6.425	6.437	6.448	6.460	6.472	6.484	6.495
680	6.507	6.519	6.531	6.542	6.554	6.566	6.578	6.589	6.601	6.613
690	6.625	6.636	6.648	6.660	6.672	6.684	6.695	6.707	6.719	6.731
700	6.743	6.755	6.766	6.778	6.790	6.802	6.814	6.826	6.838	6.849
710	6.861	6.873	6.885	6.897	6.909	6.921	6.933	6.945	6.956	6.968
720	6.980	6.992	7.004	7.016	7.028	7.040	7.052	7.064	7.076	7.088
730	7.100	7.112	7.124	7.136	7.148	7.160	7.172	7.184	7.196	7.208
740	7.220	7.232	7.244	7.256	7.268	7.280	7.292	7.304	7.316	7.328
750	7.340	7.352	7.364	7.376	7.389	7.401	7.413	7.425	7.437	7.449
760	7.461	7.473	7.485	7.498	7.510	7.522	7.534	7.546	7.558	7.570
770	7.583	7.595	7.607	7.619	7.631	7.644	7.656	7.668	7.680	7.692
780	7.705	7.717	7.729	7.741	7.753	7.766	7.778	7.790	7.802	7.815
790	7.827	7.839	7.851	7.864	7.876	7.888	7.901	7.913	7.925	7.938
800	7.950	7.962	7.974	7.987	7.999	8.011	8.024	8.036	8.048	8.061
810	8.073	8.086	8.098	8.110	8.123	8.135	8.147	8.160	8.172	8.185
820	8.197	8.209	8.222	8.234	8.247	8.259	8.272	8.284	8.296	8.309
830	8.321	8.334	8.346	8.359	8.371	8.384	8.396	8.409	8.421	8.434
840	8.446	8.459	8.471	8.484	8.496	8.509	8.521	8.534	8.546	8.559
850	8.571	8.584	8.597	8.609	8.622	8.634	8.647	8.659	8.672	8.685
860	8.697	8.710	8.722	8.735	8.748	8.760	8.773	8.785	8.798	8.811
870	8.823	8.836	8.849	8.861	8.874	8.887	8.899	8.912	8.925	8.937
880	8.950	8.963	8.975	8.988	9.001	9.014	9.026	9.039	9.052	9.065
890	9.077	9.090	9.103	9.115	9.128	9.141	9.154	9.167	9.179	9.192
900	9.205	9.218	9.230	9.243	9.256	9.269	9.282	9.294	9.307	9.320
910	9.333	9.346	9.359	9.371	9.384	9.397	9.410	9.423	9.436	9.449
920	9.461	9.474	9.487	9.500	9.513	9.526	9.539	9.552	9.565	9.578
930	9.590	9.603	9.616	9.629	9.642	9.655	9.668	9.681	9.694	9.707
940	9.720	9.733	9.746	9.759	9.772	9.785	9.798	9.811	9.824	9.837
950	9.850	9.863	9.876	9.889	9.902	9.915	9.928	9.941	9.954	9.967
960	9.980	9.993	10.006	10.019	10.032	10.046	10.059	10.072	10.085	10.098
970	10.111	10.124	10.137	10.150	10.163	10.177	10.190	10.203	10.216	10.229
980	10.242	10.255	10.268	10.282	10.295	10.308	10.321	10.334	10.347	10.361
990	10.374	10.387	10.400	10.413	10.427	10.440	10.453	10.466	10.480	10.493
1000	10.506	10.519	10.532	10.546	10.559	10.572	10.585	10.599	10.612	10.625
1010	10.638	10.652	10.665	10.678	10.692	10.705	10.718	10.731	10.745	10.758

续表

t/℃	0	1	2	3	4	5	6	7	8	9
					E/mV					
1020	10.771	10.785	10.798	10.811	10.825	10.838	10.851	10.865	10.878	10.891
1030	10.905	10.918	10.932	10.945	10.958	10.972	10.985	10.998	11.012	11.025
1040	11.039	11.052	11.065	11.079	11.092	11.106	11.119	11.132	11.146	11.159
1050	11.173	11.186	11.200	11.213	11.227	11.240	11.253	11.267	11.280	11.294
1060	11.307	11.321	11.334	11.348	11.361	11.375	11.388	11.402	11.415	11.429
1070	11.442	11.456	11.469	11.483	11.496	11.510	11.524	11.537	11.551	11.564
1080	11.578	11.591	11.605	11.618	11.632	11.646	11.659	11.673	11.686	11.700
1090	11.714	11.727	11.741	11.754	11.768	11.782	11.795	11.809	11.822	11.836
1100	11.850	11.863	11.877	11.891	11.904	11.918	11.931	11.945	11.959	11.972
1110	11.986	12.000	12.013	12.027	12.041	12.054	12.068	12.082	12.096	12.109
1120	12.123	12.137	12.150	12.164	12.178	12.191	12.205	12.219	12.233	12.246
1130	12.260	12.274	12.288	12.301	12.315	12.329	12.342	12.356	12.370	12.384
1140	12.397	12.411	12.425	12.439	12.453	12.466	12.480	12.494	12.508	12.521
1150	12.535	12.549	12.563	12.577	12.590	12.604	12.618	12.632	12.646	12.659
1160	12.673	12.687	12.701	12.715	12.729	12.742	12.756	12.770	12.784	12.798
1170	12.812	12.825	12.839	12.853	12.867	12.881	12.895	12.909	12.922	12.936
1180	12.950	12.964	12.978	12.992	13.006	13.019	13.033	13.047	13.061	13.075
1190	13.089	13.103	13.117	13.131	13.145	13.158	13.172	13.186	13.200	13.214
1200	13.228	13.242	13.256	13.270	13.284	13.298	13.311	13.325	13.339	13.353
1210	13.367	13.381	13.395	13.409	13.423	13.437	13.451	13.465	13.479	13.493
1220	13.507	13.521	13.535	13.549	13.563	13.577	13.590	13.604	13.618	13.632
1230	13.646	13.660	13.674	13.688	13.702	13.716	13.730	13.744	13.758	13.772
1240	13.786	13.800	13.814	13.828	13.842	13.856	13.870	13.884	13.898	13.912
1250	13.926	13.940	13.954	13.968	13.982	13.996	14.010	14.024	14.038	14.052
1260	14.066	14.081	14.095	14.109	14.123	14.137	14.151	14.165	14.179	14.193
1270	14.207	14.221	14.235	14.249	14.263	14.277	14.291	14.305	14.319	14.333
1280	14.347	14.361	14.375	14.390	14.404	14.418	14.432	14.446	14.460	14.474
1290	14.488	14.502	14.516	14.530	14.544	14.558	14.572	14.586	14.601	14.615
1300	14.629	14.643	14.657	14.671	14.685	14.699	14.713	14.727	14.741	14.755
1310	14.770	14.784	14.798	14.812	14.826	14.840	14.854	14.868	14.882	14.896
1320	14.911	14.925	14.939	14.953	14.967	14.981	14.995	15.009	15.023	15.037
1330	15.052	15.066	15.080	15.094	15.108	15.122	15.136	15.150	15.164	15.179
1340	15.193	15.207	15.221	15.235	15.249	15.263	15.277	15.291	15.306	15.320
1350	15.334	15.348	15.362	15.376	15.390	15.404	15.419	15.433	15.447	15.461
1360	15.475	15.489	15.503	15.517	15.531	15.546	15.560	15.574	15.588	15.602
1370	15.616	15.630	15.645	15.659	15.673	15.687	15.701	15.715	15.729	15.743
1380	15.758	15.772	15.786	15.800	15.814	15.828	15.842	15.856	15.871	15.885
1390	15.899	15.913	15.927	15.941	15.955	15.969	15.984	15.998	16.012	16.026
1400	16.040	16.054	16.068	16.082	16.097	16.111	16.125	16.139	16.153	16.167
1410	16.181	16.196	16.210	16.224	16.238	16.252	16.266	16.280	16.294	16.309
1420	16.323	16.337	16.351	16.365	16.379	16.393	16.407	16.422	16.436	16.450
1430	16.464	16.478	16.492	16.506	16.520	16.534	16.549	16.563	16.577	16.591
1440	16.605	16.619	16.633	16.647	16.662	16.676	16.690	16.704	16.718	16.732
1450	16.746	16.760	16.774	16.789	16.803	16.817	16.831	16.845	16.859	16.873
1460	16.887	16.901	16.915	16.930	16.944	16.958	16.972	16.986	17.000	17.014
1470	17.028	17.042	17.056	17.071	17.085	17.099	17.113	17.127	17.141	17.155
1480	17.169	17.183	17.197	17.211	17.225	17.240	17.254	17.268	17.282	17.296
1490	17.310	17.324	17.338	17.352	17.366	17.380	17.394	17.408	17.423	17.437
1500	17.451	17.465	17.479	17.493	17.507	17.521	17.535	17.549	17.563	17.577
1510	17.591	17.605	17.619	17.633	17.647	17.661	17.676	17.690	17.704	17.718
1520	17.732	17.746	17.760	17.774	17.788	17.802	17.816	17.830	17.844	17.858
1530	17.872	17.886	17.900	17.914	17.928	17.942	17.956	17.970	17.984	17.998
1540	18.012	18.026	18.040	18.054	18.068	18.082	18.096	18.110	18.124	18.138
1550	18.152	18.166	18.180	18.194	18.208	18.222	18.236	18.250	18.264	18.278
1560	18.292	18.306	18.320	18.334	18.348	18.362	18.376	18.390	18.404	18.417
1570	18.431	18.445	18.459	18.473	18.487	18.501	18.515	18.529	18.543	18.557
1580	18.571	18.585	18.599	18.613	18.627	18.640	18.654	18.668	18.682	18.696
1590	18.710	18.724	18.738	18.752	18.766	18.779	18.793	18.807	18.821	18.835

附表 2-1-3 铂铑 30-铂铑 6 热电偶（B 型）$E(t)$ 分度表

ITS—90 参考温度：0℃

t/℃	0	1	2	3	4	5	6	7	8	9
	E/mV									
0	0.000	−0.000	−0.000	−0.001	−0.001	−0.001	−0.001	−0.001	−0.002	−0.002
10	−0.002	−0.002	−0.002	−0.002	−0.002	−0.002	−0.002	−0.002	−0.003	−0.003
20	−0.003	−0.003	−0.003	−0.003	−0.003	−0.002	−0.002	−0.002	−0.002	−0.002
30	−0.002	−0.002	−0.002	−0.002	−0.002	−0.001	−0.001	−0.001	−0.001	−0.001
40	−0.000	−0.000	−0.000	0.000	0.000	0.001	0.001	0.001	0.002	0.002
50	0.002	0.003	0.003	0.003	0.004	0.004	0.004	0.005	0.005	0.006
60	0.006	0.007	0.007	0.008	0.008	0.009	0.009	0.010	0.010	0.011
70	0.011	0.012	0.012	0.013	0.014	0.014	0.015	0.015	0.016	0.017
80	0.017	0.018	0.019	0.020	0.020	0.021	0.022	0.022	0.023	0.024
90	0.025	0.026	0.026	0.027	0.028	0.029	0.030	0.031	0.031	0.032
100	0.033	0.034	0.035	0.036	0.037	0.038	0.039	0.040	0.041	0.042
110	0.043	0.044	0.045	0.046	0.047	0.048	0.049	0.050	0.051	0.052
120	0.053	0.055	0.056	0.057	0.058	0.059	0.060	0.062	0.063	0.064
130	0.065	0.066	0.068	0.069	0.070	0.072	0.073	0.074	0.075	0.077
140	0.078	0.079	0.081	0.082	0.084	0.085	0.086	0.088	0.089	0.091
150	0.092	0.094	0.095	0.096	0.098	0.099	0.101	0.102	0.104	0.106
160	0.107	0.109	0.110	0.112	0.113	0.115	0.117	0.118	0.120	0.122
170	0.123	0.125	0.127	0.128	0.130	0.132	0.134	0.135	0.137	0.139
180	0.141	0.142	0.144	0.146	0.148	0.150	0.151	0.153	0.155	0.157
190	0.159	0.161	0.163	0.165	0.166	0.168	0.170	0.172	0.174	0.176
200	0.178	0.180	0.182	0.184	0.186	0.188	0.190	0.192	0.195	0.197
210	0.199	0.201	0.203	0.205	0.207	0.209	0.212	0.214	0.216	0.218
220	0.220	0.222	0.225	0.227	0.229	0.231	0.234	0.236	0.238	0.241
230	0.243	0.245	0.248	0.250	0.252	0.255	0.257	0.259	0.262	0.264
240	0.267	0.269	0.271	0.274	0.276	0.279	0.281	0.284	0.286	0.289
250	0.291	0.294	0.296	0.299	0.301	0.304	0.307	0.309	0.312	0.314
260	0.317	0.320	0.322	0.325	0.328	0.330	0.333	0.336	0.338	0.341
270	0.344	0.347	0.349	0.352	0.355	0.358	0.360	0.363	0.366	0.369
280	0.372	0.375	0.377	0.380	0.383	0.386	0.389	0.392	0.395	0.398
290	0.401	0.404	0.407	0.410	0.413	0.416	0.419	0.422	0.425	0.428
300	0.431	0.434	0.437	0.440	0.443	0.446	0.449	0.452	0.455	0.458
310	0.462	0.465	0.468	0.471	0.474	0.478	0.481	0.484	0.487	0.490
320	0.494	0.497	0.500	0.503	0.507	0.510	0.513	0.517	0.520	0.523
330	0.527	0.530	0.533	0.537	0.540	0.544	0.547	0.550	0.554	0.557
340	0.561	0.564	0.568	0.571	0.575	0.578	0.582	0.585	0.589	0.592
350	0.596	0.599	0.603	0.607	0.610	0.614	0.617	0.621	0.625	0.628
360	0.632	0.636	0.639	0.643	0.647	0.650	0.654	0.658	0.662	0.665
370	0.669	0.673	0.677	0.680	0.684	0.688	0.692	0.696	0.700	0.703
380	0.707	0.711	0.715	0.719	0.723	0.727	0.731	0.735	0.738	0.742
390	0.746	0.750	0.754	0.758	0.762	0.766	0.770	0.774	0.778	0.782
400	0.787	0.791	0.795	0.799	0.803	0.807	0.811	0.815	0.819	0.824
410	0.828	0.832	0.836	0.840	0.844	0.849	0.853	0.857	0.861	0.866
420	0.870	0.874	0.878	0.883	0.887	0.891	0.896	0.900	0.904	0.909
430	0.913	0.917	0.922	0.926	0.930	0.935	0.939	0.944	0.948	0.953
440	0.957	0.961	0.966	0.970	0.975	0.979	0.984	0.988	0.993	0.997
450	1.002	1.007	1.011	1.016	1.020	1.025	1.030	1.034	1.039	1.043
460	1.048	1.053	1.057	1.062	1.067	1.071	1.076	1.081	1.086	1.090
470	1.095	1.100	1.105	1.109	1.114	1.119	1.124	1.129	1.133	1.138
480	1.143	1.148	1.153	1.158	1.163	1.167	1.172	1.177	1.182	1.187
490	1.192	1.197	1.202	1.207	1.212	1.217	1.222	1.227	1.232	1.237
500	1.242	1.247	1.252	1.257	1.262	1.267	1.272	1.277	1.282	1.288
510	1.293	1.298	1.303	1.308	1.313	1.318	1.324	1.329	1.334	1.339
520	1.344	1.350	1.355	1.360	1.365	1.371	1.376	1.381	1.387	1.392
530	1.397	1.402	1.408	1.413	1.418	1.424	1.429	1.435	1.440	1.445
540	1.451	1.456	1.462	1.467	1.472	1.478	1.483	1.489	1.494	1.500

续表

t/℃	0	1	2	3	4	5	6	7	8	9
					E/mV					
550	1.505	1.511	1.516	1.522	1.527	1.533	1.539	1.544	1.550	1.555
560	1.561	1.566	1.572	1.578	1.583	1.589	1.595	1.600	1.606	1.612
570	1.617	1.623	1.629	1.634	1.640	1.646	1.652	1.657	1.663	1.669
580	1.675	1.680	1.686	1.692	1.698	1.704	1.709	1.715	1.721	1.727
590	1.733	1.739	1.745	1.750	1.756	1.762	1.768	1.774	1.780	1.786
600	1.792	1.798	1.804	1.810	1.816	1.822	1.828	1.834	1.840	1.846
610	1.852	1.858	1.864	1.870	1.876	1.882	1.888	1.894	1.901	1.907
620	1.913	1.919	1.925	1.931	1.937	1.944	1.950	1.956	1.962	1.968
630	1.975	1.981	1.987	1.993	1.999	2.006	2.012	2.018	2.025	2.031
640	2.037	2.043	2.050	2.056	2.062	2.069	2.075	2.082	2.088	2.094
650	2.101	2.107	2.113	2.120	2.126	2.133	2.139	2.146	2.152	2.158
660	2.165	2.171	2.178	2.184	2.191	2.197	2.204	2.210	2.217	2.224
670	2.230	2.237	2.243	2.250	2.256	2.263	2.270	2.276	2.283	2.289
680	2.296	2.303	2.309	2.316	2.323	2.329	2.336	2.343	2.350	2.356
690	2.363	2.370	2.376	2.383	2.390	2.397	2.403	2.410	2.417	2.424
700	2.431	2.437	2.444	2.451	2.458	2.465	2.472	2.479	2.485	2.492
710	2.499	2.506	2.513	2.520	2.527	2.534	2.541	2.548	2.555	2.562
720	2.569	2.576	2.583	2.590	2.597	2.604	2.611	2.618	2.625	2.632
730	2.639	2.646	2.653	2.660	2.667	2.674	2.681	2.688	2.696	2.703
740	2.710	2.717	2.724	2.731	2.738	2.746	2.753	2.760	2.767	2.775
750	2.782	2.789	2.796	2.803	2.811	2.818	2.825	2.833	2.840	2.847
760	2.854	2.862	2.869	2.876	2.884	2.891	2.898	2.906	2.913	2.921
770	2.928	2.935	2.943	2.950	2.958	2.965	2.973	2.980	2.987	2.995
780	3.002	3.010	3.017	3.025	3.032	3.040	3.047	3.055	3.062	3.070
790	3.078	3.085	3.093	3.100	3.108	3.116	3.123	3.131	3.138	3.146
800	3.154	3.161	3.169	3.177	3.184	3.192	3.200	3.207	3.215	3.223
810	3.230	3.238	3.246	3.254	3.261	3.269	3.277	3.285	3.292	3.300
820	3.308	3.316	3.324	3.331	3.339	3.347	3.355	3.363	3.371	3.379
830	3.386	3.394	3.402	3.410	3.418	3.426	3.434	3.442	3.450	3.458
840	3.466	3.474	3.482	3.490	3.498	3.506	3.514	3.522	3.530	3.538
850	3.546	3.554	3.562	3.570	3.578	3.586	3.594	3.602	3.610	3.618
860	3.626	3.634	3.643	3.651	3.659	3.667	3.675	3.683	3.692	3.700
870	3.708	3.716	3.724	3.732	3.741	3.749	3.757	3.765	3.774	3.782
880	3.790	3.798	3.807	3.815	3.823	3.832	3.840	3.848	3.857	3.865
890	3.873	3.882	3.890	3.898	3.907	3.915	3.923	3.932	3.940	3.949
900	3.957	3.965	3.974	3.982	3.991	3.999	4.008	4.016	4.024	4.033
910	4.041	4.050	4.058	4.067	4.075	4.084	4.093	4.101	4.110	4.118
920	4.127	4.135	4.144	4.152	4.161	4.170	4.178	4.187	4.195	4.204
930	4.213	4.221	4.230	4.239	4.247	4.256	4.265	4.273	4.282	4.291
940	4.299	4.308	4.317	4.326	4.334	4.343	4.352	4.360	4.369	4.378
950	4.387	4.396	4.404	4.413	4.422	4.431	4.440	4.448	4.457	4.466
960	4.475	4.484	4.493	4.501	4.510	4.519	4.528	4.537	4.546	4.555
970	4.564	4.573	4.582	4.591	4.599	4.608	4.617	4.626	4.635	4.644
980	4.653	4.662	4.671	4.680	4.689	4.698	4.707	4.716	4.725	4.734
990	4.743	4.753	4.762	4.771	4.780	4.789	4.798	4.807	4.816	4.825
1000	4.834	4.843	4.853	4.862	4.871	4.880	4.889	4.898	4.908	4.917
1010	4.926	4.935	4.944	4.954	4.963	4.972	4.981	4.990	5.000	5.009
1020	5.018	5.027	5.037	5.046	5.055	5.065	5.074	5.083	5.092	5.102
1030	5.111	5.120	5.130	5.139	5.148	5.158	5.167	5.176	5.186	5.195
1040	5.205	5.214	5.223	5.233	5.242	5.252	5.261	5.270	5.280	5.289
1050	5.299	5.308	5.318	5.327	5.337	5.346	5.356	5.365	5.375	5.384
1060	5.394	5.403	5.413	5.422	5.432	5.441	5.451	5.460	5.470	5.480
1070	5.489	5.499	5.508	5.518	5.528	5.537	5.547	5.556	5.566	5.576
1080	5.585	5.595	5.605	5.614	5.624	5.634	5.643	5.653	5.663	5.672
1090	5.682	5.692	5.702	5.711	5.721	5.731	5.740	5.750	5.760	5.770
1100	5.780	5.789	5.799	5.809	5.819	5.828	5.838	5.848	5.858	5.868

续表

t/℃	0	1	2	3	4	5	6	7	8	9
					E/mV					
1110	5.878	5.887	5.897	5.907	5.917	5.927	5.937	5.947	5.956	5.966
1120	5.976	5.986	5.996	6.006	6.016	6.026	6.036	6.046	6.055	6.065
1130	6.075	6.085	6.095	6.105	6.115	6.125	6.135	6.145	6.155	6.165
1140	6.175	6.185	6.195	6.205	6.215	6.225	6.235	6.245	6.256	6.266
1150	6.276	6.286	6.296	6.306	6.316	6.326	6.336	6.346	6.356	6.367
1160	6.377	6.387	6.397	6.407	6.417	6.427	6.438	6.448	6.458	6.468
1170	6.478	6.488	6.499	6.509	6.519	6.529	6.539	6.550	6.560	6.570
1180	6.580	6.591	6.601	6.611	6.621	6.632	6.642	6.652	6.663	6.673
1190	6.683	6.693	6.704	6.714	6.724	6.735	6.745	6.755	6.766	6.776
1200	6.786	6.797	6.807	6.818	6.828	6.838	6.849	6.859	6.869	6.880
1210	6.890	6.901	6.911	6.922	6.932	6.942	6.953	6.963	6.974	6.984
1220	6.995	7.005	7.016	7.026	7.037	7.047	7.058	7.068	7.079	7.089
1230	7.100	7.110	7.121	7.131	7.142	7.152	7.163	7.173	7.184	7.194
1240	7.205	7.216	7.226	7.237	7.247	7.258	7.269	7.279	7.290	7.300
1250	7.311	7.322	7.332	7.343	7.353	7.364	7.375	7.385	7.396	7.407
1260	7.417	7.428	7.439	7.449	7.460	7.471	7.482	7.492	7.503	7.514
1270	7.524	7.535	7.546	7.557	7.567	7.578	7.589	7.600	7.610	7.621
1280	7.632	7.643	7.653	7.664	7.675	7.686	7.697	7.707	7.718	7.729
1290	7.740	7.751	7.761	7.772	7.783	7.794	7.805	7.816	7.827	7.837
1300	7.848	7.859	7.870	7.881	7.892	7.903	7.914	7.924	7.935	7.946
1310	7.957	7.968	7.979	7.990	8.001	8.012	8.023	8.034	8.045	8.056
1320	8.066	8.077	8.088	8.099	8.110	8.121	8.132	8.143	8.154	8.165
1330	8.176	8.187	8.198	8.209	8.220	8.231	8.242	8.253	8.264	8.275
1340	8.286	8.298	8.309	8.320	8.331	8.342	8.353	8.364	8.375	8.386
1350	8.397	8.408	8.419	8.430	8.441	8.453	8.464	8.475	8.486	8.497
1360	8.508	8.519	8.530	8.542	8.553	8.564	8.575	8.586	8.597	8.608
1370	8.620	8.631	8.642	8.653	8.664	8.675	8.687	8.698	8.709	8.720
1380	8.731	8.743	8.754	8.765	8.776	8.787	8.799	8.810	8.821	8.832
1390	8.844	8.855	8.866	8.877	8.889	8.900	8.911	8.922	8.934	8.945
1400	8.956	8.967	8.979	8.990	9.001	9.013	9.024	9.035	9.047	9.058
1410	9.069	9.080	9.092	9.103	9.114	9.126	9.137	9.148	9.160	9.171
1420	9.182	9.194	9.205	9.216	9.228	9.239	9.251	9.262	9.273	9.285
1430	9.296	9.307	9.319	9.330	9.342	9.353	9.364	9.376	9.387	9.398
1440	9.410	9.421	9.433	9.444	9.456	9.467	9.478	9.490	9.501	9.513
1450	9.524	9.536	9.547	9.558	9.570	9.581	9.593	9.604	9.616	9.627
1460	9.639	9.650	9.662	9.673	9.684	9.696	9.707	9.719	9.730	9.742
1470	9.753	9.765	9.776	9.788	9.799	9.811	9.822	9.834	9.845	9.857
1480	9.868	9.880	9.891	9.903	9.914	9.926	9.937	9.949	9.961	9.972
1490	9.984	9.995	10.007	10.018	10.030	10.041	10.053	10.064	10.076	10.088
1500	10.099	10.111	10.122	10.134	10.145	10.157	10.168	10.180	10.192	10.203
1510	10.215	10.226	10.238	10.249	10.261	10.273	10.284	10.296	10.307	10.319
1520	10.331	10.342	10.354	10.365	10.377	10.389	10.400	10.412	10.423	10.435
1530	10.447	10.458	10.470	10.482	10.493	10.505	10.516	10.528	10.540	10.551
1540	10.563	10.575	10.586	10.598	10.609	10.621	10.633	10.644	10.656	10.668
1550	10.679	10.691	10.703	10.714	10.726	10.738	10.749	10.761	10.773	10.784
1560	10.796	10.808	10.819	10.831	10.843	10.854	10.866	10.877	10.889	10.901
1570	10.913	10.924	10.936	10.948	10.959	10.971	10.983	10.994	11.006	11.018
1580	11.029	11.041	11.053	11.064	11.076	11.088	11.099	11.111	11.123	11.134
1590	11.146	11.158	11.169	11.181	11.193	11.205	11.216	11.228	11.240	11.251
1600	11.263	11.275	11.286	11.298	11.310	11.321	11.333	11.345	11.357	11.368
1610	11.380	11.392	11.403	11.415	11.427	11.438	11.450	11.462	11.474	11.485
1620	11.497	11.509	11.520	11.532	11.544	11.555	11.567	11.579	11.591	11.602
1630	11.614	11.626	11.637	11.649	11.661	11.673	11.684	11.696	11.708	11.719
1640	11.731	11.743	11.754	11.766	11.778	11.790	11.801	11.813	11.825	11.836
1650	11.848	11.860	11.871	11.883	11.895	11.907	11.918	11.930	11.942	11.953

续表

t/℃	0	1	2	3	4	5	6	7	8	9
					E/mV					
1660	11.965	11.977	11.988	12.000	12.012	12.024	12.035	12.047	12.059	12.070
1670	12.082	12.094	12.105	12.117	12.129	12.141	12.152	12.164	12.176	12.187
1680	12.199	12.211	12.222	12.234	12.246	12.257	12.269	12.281	12.292	12.304
1690	12.316	12.327	12.339	12.351	12.363	12.374	12.386	12.398	12.409	12.421
1700	12.433	12.444	12.456	12.468	12.479	12.491	12.503	12.514	12.526	12.538
1710	12.549	12.561	12.572	12.584	12.596	12.607	12.619	12.631	12.642	12.654
1720	12.666	12.677	12.689	12.701	12.712	12.724	12.736	12.747	12.759	12.770
1730	12.782	12.794	12.805	12.817	12.829	12.840	12.852	12.863	12.875	12.887
1740	12.898	12.910	12.921	12.933	12.945	12.956	12.968	12.980	12.991	13.003

附表 2-1-4 镍铬-镍硅热电偶（K 型）*E*(*t*) 分度表

ITS—90　　参考温度：0℃

t/℃	0	−1	−2	−3	−4	−5	−6	−7	−8	−9
					E/mV					
−190	−5.730	−5.747	−5.763	−5.780	−5.797	−5.813	−5.829	−5.845	−5.861	−5.876
−180	−5.550	−5.569	−5.588	−5.606	−5.624	−5.642	−5.660	−5.678	−5.695	−5.713
−170	−5.354	−5.374	−5.395	−5.415	−5.435	−5.454	−5.474	−5.493	−5.512	−5.531
−160	−5.141	−5.163	−5.185	−5.207	−5.228	−5.250	−5.271	−5.292	−5.313	−5.333
−150	−4.913	−4.936	−4.960	−4.983	−5.006	−5.029	−5.052	−5.074	−5.097	−5.119
−140	−4.669	−4.694	−4.719	−4.744	−4.768	−4.793	−4.817	−4.841	−4.865	−4.889
−130	−4.411	−4.437	−4.463	−4.490	−4.516	−4.542	−4.567	−4.593	−4.618	−4.644
−120	−4.138	−4.166	−4.194	−4.221	−4.249	−4.276	−4.303	−4.330	−4.357	−4.384
−110	−3.852	−3.882	−3.911	−3.939	−3.968	−3.997	−4.025	−4.054	−4.082	−4.110
−100	−3.554	−3.584	−3.614	−3.645	−3.675	−3.705	−3.734	−3.764	−3.794	−3.823
−90	−3.243	−3.274	−3.306	−3.337	−3.368	−3.400	−3.431	−3.462	−3.492	−3.523
−80	−2.920	−2.953	−2.986	−3.018	−3.050	−3.083	−3.115	−3.147	−3.179	−3.211
−70	−2.587	−2.620	−2.654	−2.688	−2.721	−2.755	−2.788	−2.821	−2.854	−2.887
−60	−2.243	−2.278	−2.312	−2.347	−2.382	−2.416	−2.450	−2.485	−2.519	−2.553
−50	−1.889	−1.925	−1.961	−1.996	−2.032	−2.067	−2.103	−2.138	−2.173	−2.208
−40	−1.527	−1.564	−1.600	−1.637	−1.673	−1.709	−1.745	−1.782	−1.818	−1.854
−30	−1.156	−1.194	−1.231	−1.268	−1.305	−1.343	−1.380	−1.417	−1.453	−1.490
−20	−0.778	−0.816	−0.854	−0.892	−0.930	−0.968	−1.006	−1.043	−1.081	−1.119
−10	−0.392	−0.431	−0.470	−0.508	−0.547	−0.586	−0.624	−0.663	−0.701	−0.739
0	0.000	−0.039	−0.079	−0.118	−0.157	−0.197	−0.236	−0.275	−0.314	−0.353

t/℃	0	1	2	3	4	5	6	7	8	9
					E/mV					
0	0.000	0.039	0.079	0.119	0.158	0.198	0.238	0.277	0.317	0.357
10	0.397	0.437	0.477	0.517	0.557	0.597	0.637	0.677	0.718	0.758
20	0.798	0.838	0.879	0.919	0.960	1.000	1.041	1.081	1.122	1.163
30	1.203	1.244	1.285	1.326	1.366	1.407	1.448	1.489	1.530	1.571
40	1.612	1.653	1.694	1.735	1.776	1.817	1.858	1.899	1.941	1.982
50	2.023	2.064	2.106	2.147	2.188	2.230	2.271	2.312	2.354	2.395
60	2.436	2.478	2.519	2.561	2.602	2.644	2.685	2.727	2.768	2.810
70	2.851	2.893	2.934	2.976	3.017	3.059	3.100	3.142	3.184	3.225
80	3.267	3.308	3.350	3.391	3.433	3.474	3.516	3.557	3.599	3.640
90	3.682	3.723	3.765	3.806	3.848	3.889	3.931	3.972	4.013	4.055
100	4.096	4.138	4.179	4.220	4.262	4.303	4.344	4.385	4.427	4.468
110	4.509	4.550	4.591	4.633	4.674	4.715	4.756	4.797	4.838	4.879
120	4.920	4.961	5.002	5.043	5.084	5.124	5.165	5.206	5.247	5.288
130	5.328	5.369	5.410	5.450	5.491	5.532	5.572	5.613	5.653	5.694
140	5.735	5.775	5.815	5.856	5.896	5.937	5.977	6.017	6.058	6.098
150	6.138	6.179	6.219	6.259	6.299	6.339	6.380	6.420	6.460	6.500
160	6.540	6.580	6.620	6.660	6.701	6.741	6.781	6.821	6.861	6.901
170	6.941	6.981	7.021	7.060	7.100	7.140	7.180	7.220	7.260	7.300

续表

t/℃	0	1	2	3	4	5	6	7	8	−9
					E/mV					
180	7.340	7.380	7.420	7.460	7.500	7.540	7.579	7.619	7.659	7.699
190	7.739	7.779	7.819	7.859	7.899	7.939	7.979	8.019	8.059	8.099
200	8.138	8.178	8.218	8.258	8.298	8.338	8.378	8.418	8.458	8.499
210	8.539	8.579	8.619	8.659	8.699	8.739	8.779	8.819	8.860	8.900
220	8.940	8.980	9.020	9.061	9.101	9.141	9.181	9.222	9.262	9.302
230	9.343	9.383	9.423	9.464	9.504	9.545	9.585	9.626	9.666	9.707
240	9.747	9.788	9.828	9.869	9.909	9.950	9.991	10.031	10.072	10.113
250	10.153	10.194	10.235	10.276	10.316	10.357	10.398	10.439	10.480	10.520
260	10.561	10.602	10.643	10.684	10.725	10.766	10.807	10.848	10.889	10.930
270	10.971	11.012	11.053	11.094	11.135	11.176	11.217	11.259	11.300	11.341
280	11.382	11.423	11.465	11.506	11.547	11.588	11.630	11.671	11.712	11.753
290	11.795	11.836	11.877	11.919	11.960	12.001	12.043	12.084	12.126	12.167
300	12.209	12.250	12.291	12.333	12.374	12.416	12.457	12.499	12.540	12.582
310	12.624	12.665	12.707	12.748	12.790	12.831	12.873	12.915	12.956	12.998
320	13.040	13.081	13.123	13.165	13.206	13.248	13.290	13.331	13.373	13.415
330	13.457	13.498	13.540	13.582	13.624	13.665	13.707	13.749	13.791	13.833
340	13.874	13.916	13.958	14.000	14.042	14.084	14.126	14.167	14.209	14.251
350	14.293	14.335	14.377	14.419	14.461	14.503	14.545	14.587	14.629	14.671
360	14.713	14.755	14.797	14.839	14.881	14.923	14.965	15.007	15.049	15.091
370	15.133	15.175	15.217	15.259	15.301	15.343	15.385	15.427	15.469	15.511
380	15.554	15.596	15.638	15.680	15.722	15.764	15.806	15.849	15.891	15.933
390	15.975	16.017	16.059	16.102	16.144	16.186	16.228	16.270	16.313	16.355
400	16.397	16.439	16.482	16.524	16.566	16.608	16.651	16.693	16.735	16.778
410	16.820	16.862	16.904	16.947	16.989	17.031	17.074	17.116	17.158	17.201
420	17.243	17.285	17.328	17.370	17.413	17.455	17.497	17.540	17.582	17.624
430	17.667	17.709	17.752	17.794	17.837	17.879	17.921	17.964	18.006	18.049
440	18.091	18.134	18.176	18.218	18.261	18.303	18.346	18.388	18.431	18.473
450	18.516	18.558	18.601	18.643	18.686	18.728	18.771	18.813	18.856	18.898
460	18.941	18.983	19.026	19.068	19.111	19.154	19.196	19.239	19.281	19.324
470	19.366	19.409	19.451	19.494	19.537	19.579	19.622	19.664	19.707	19.750
480	19.792	19.835	19.877	19.920	19.962	20.005	20.048	20.090	20.133	20.175
490	20.218	20.261	20.303	20.346	20.389	20.431	20.474	20.516	20.559	20.602
500	20.644	20.687	20.730	20.772	20.815	20.857	20.900	20.943	20.985	21.028
510	21.071	21.113	21.156	21.199	21.241	21.284	21.326	21.369	21.412	21.454
520	21.497	21.540	21.582	21.625	21.668	21.710	21.753	21.796	21.838	21.881
530	21.924	21.966	22.009	22.052	22.094	22.137	22.179	22.222	22.265	22.307
540	22.350	22.393	22.435	22.478	22.521	22.563	22.606	22.649	22.691	22.734
550	22.776	22.819	22.862	22.904	22.947	22.990	23.032	23.075	23.117	23.160
560	23.203	23.245	23.288	23.331	23.373	23.416	23.458	23.501	23.544	23.586
570	23.629	23.671	23.714	23.757	23.799	23.842	23.884	23.927	23.970	24.012
580	24.055	24.097	24.140	24.182	24.225	24.267	24.310	24.353	24.395	24.438
590	24.480	24.523	24.565	24.608	24.650	24.693	24.735	24.778	24.820	24.863
600	24.905	24.948	24.990	25.033	25.075	25.118	25.160	25.203	25.245	25.288
610	25.330	25.373	25.415	25.458	25.500	25.543	25.585	25.627	25.670	25.712
620	25.755	25.797	25.840	25.882	25.924	25.967	26.009	26.052	26.094	26.136
630	26.179	26.221	26.263	26.306	26.348	26.390	26.433	26.475	26.517	26.560
640	26.602	26.644	26.687	26.729	26.771	26.814	26.856	26.898	26.940	26.983
650	27.025	27.067	27.109	27.152	27.194	27.236	27.278	27.320	27.363	27.405
660	27.447	27.489	27.531	27.574	27.616	27.658	27.700	27.742	27.784	27.826
670	27.869	27.911	27.953	27.995	28.037	28.079	28.121	28.163	28.205	28.247
680	28.289	28.332	28.374	28.416	28.458	28.500	28.542	28.584	28.626	28.668
690	28.710	28.752	28.794	28.835	28.877	28.919	28.961	29.003	29.045	29.087

续表

t/℃	0	1	2	3	4	5	6	7	8	9
					E/mV					
700	29.129	29.171	29.213	29.255	29.297	29.338	29.380	29.422	29.464	29.506
710	29.548	29.589	29.631	29.673	29.715	29.757	29.798	29.840	29.882	29.924
720	29.965	30.007	30.049	30.090	30.132	30.174	30.216	30.257	30.299	30.341
730	30.382	30.424	30.466	30.507	30.549	30.590	30.632	30.674	30.715	30.757
740	30.798	30.840	30.881	30.923	30.964	31.006	31.047	31.089	31.130	31.172
750	31.213	31.255	31.296	31.338	31.379	31.421	31.462	31.504	31.545	31.586
760	31.628	31.669	31.710	31.752	31.793	31.834	31.876	31.917	31.958	32.000
770	32.041	32.082	32.124	32.165	32.206	32.247	32.289	32.330	32.371	32.412
780	32.453	32.495	32.536	32.577	32.618	32.659	32.700	32.742	32.783	32.824
790	32.865	32.906	32.947	32.988	33.029	33.070	33.111	33.152	33.193	33.234
800	33.275	33.316	33.357	33.398	33.439	33.480	33.521	33.562	33.603	33.644
810	33.685	33.726	33.767	33.808	33.848	33.889	33.930	33.971	34.012	34.053
820	34.093	34.134	34.175	34.216	34.257	34.297	34.338	34.379	34.420	34.460
830	34.501	34.542	34.582	34.623	34.664	34.704	34.745	34.786	34.826	34.867
840	34.908	34.948	34.989	35.029	35.070	35.110	35.151	35.192	35.232	35.273
850	35.313	35.354	35.394	35.435	35.475	35.516	35.556	35.596	35.637	35.677
860	35.718	35.758	35.798	35.839	35.879	35.920	35.960	36.000	36.041	36.081
870	36.121	36.162	36.202	36.242	36.282	36.323	36.363	36.403	36.443	36.484
880	36.524	36.564	36.604	36.644	36.685	36.725	36.765	36.805	36.845	36.885
890	36.925	36.965	37.006	37.046	37.086	37.126	37.166	37.206	37.246	37.286
900	37.326	37.366	37.406	37.446	37.486	37.526	37.566	37.606	37.646	37.686
910	37.725	37.765	37.805	37.845	37.885	37.925	37.965	38.005	38.044	38.084
920	38.124	38.164	38.204	38.243	38.283	38.323	38.363	38.402	38.442	38.482
930	38.522	38.561	38.601	38.641	38.680	38.720	38.760	38.799	38.839	38.878
940	38.918	38.958	38.997	39.037	39.076	39.116	39.155	39.195	39.235	39.274
950	39.314	39.353	39.393	39.432	39.471	39.511	39.550	39.590	39.629	39.669
960	39.708	39.747	39.787	39.826	39.866	39.905	39.944	39.984	40.023	40.062
970	40.101	40.141	40.180	40.219	40.259	40.298	40.337	40.376	40.415	40.455
980	40.494	40.533	40.572	40.611	40.651	40.690	40.729	40.768	40.807	40.846
990	40.885	40.924	40.963	41.002	41.042	41.081	41.120	41.159	41.198	41.237
1000	41.276	41.315	41.354	41.393	41.431	41.470	41.509	41.548	41.587	41.626
1010	41.665	41.704	41.743	41.781	41.820	41.859	41.898	41.937	41.976	42.014
1020	42.053	42.092	42.131	42.169	42.208	42.247	42.286	42.324	42.363	42.402
1030	42.440	42.479	42.518	42.556	42.595	42.633	42.672	42.711	42.749	42.788
1040	42.826	42.865	42.903	42.942	42.980	43.019	43.057	43.096	43.134	43.173
1050	43.211	43.250	43.288	43.327	43.365	43.403	43.442	43.480	43.518	43.557
1060	43.595	43.633	43.672	43.710	43.748	43.787	43.825	43.863	43.901	43.940
1070	43.978	44.016	44.054	44.092	44.130	44.169	44.207	44.245	44.283	44.321
1080	44.359	44.397	44.435	44.473	44.512	44.550	44.588	44.626	44.664	44.702
1090	44.740	44.778	44.816	44.853	44.891	44.929	44.967	45.005	45.043	45.081
1100	45.119	45.157	45.194	45.232	45.270	45.308	45.346	45.383	45.421	45.459
1110	45.497	45.534	45.572	45.610	45.647	45.685	45.723	45.760	45.798	45.836
1120	45.873	45.911	45.948	45.986	46.024	46.061	46.099	46.136	46.174	46.211
1130	46.249	46.286	46.324	46.361	46.398	46.436	46.473	46.511	46.548	46.585
1140	46.623	46.660	46.697	46.735	46.772	46.809	46.847	46.884	46.921	46.958
1150	46.995	47.033	47.070	47.107	47.144	47.181	47.218	47.256	47.293	47.330
1160	47.367	47.404	47.441	47.478	47.515	47.552	47.589	47.626	47.663	47.700
1170	47.737	47.774	47.811	47.848	47.884	47.921	47.958	47.995	48.032	48.069
1180	48.105	48.142	48.179	48.216	48.252	48.289	48.326	48.363	48.399	48.436
1190	48.473	48.509	48.546	48.582	48.619	48.656	48.692	48.729	48.765	48.802

附表 2-1-5　镍铬-铜镍合金（康铜）热电偶（E 型）$E(t)$分度表

ITS—90　　　　参考温度：0℃

t/℃	0	−1	−2	−3	−4	−5	−6	−7	−8	−9
					E/mV					
−190	−8.561	−8.588	−8.616	−8.643	−8.669	−8.696	−8.722	−8.748	−8.774	−8.799
−180	−8.273	−8.303	−8.333	−8.362	−8.391	−8.420	−8.449	−8.477	−8.505	−8.533
−170	−7.963	−7.995	−8.027	−8.059	−8.090	−8.121	−8.152	−8.183	−8.213	−8.243
−160	−7.632	−7.666	−7.700	−7.733	−7.767	−7.800	−7.833	−7.866	−7.899	−7.931
−150	−7.279	−7.315	−7.351	−7.387	−7.423	−7.458	−7.493	−7.528	−7.563	−7.597
−140	−6.907	−6.945	−6.983	−7.021	−7.058	−7.096	−7.133	−7.170	−7.206	−7.243
−130	−6.516	−6.556	−6.596	−6.636	−6.675	−6.714	−6.753	−6.792	−6.831	−6.869
−120	−6.107	−6.149	−6.191	−6.232	−6.273	−6.314	−6.355	−6.396	−6.436	−6.476
−110	−5.681	−5.724	−5.767	−5.810	−5.853	−5.896	−5.939	−5.981	−6.023	−6.065
−100	−5.237	−5.282	−5.327	−5.372	−5.417	−5.461	−5.505	−5.549	−5.593	−5.637
−90	−4.777	−4.824	−4.871	−4.917	−4.963	−5.009	−5.055	−5.101	−5.147	−5.192
−80	−4.302	−4.350	−4.398	−4.446	−4.494	−4.542	−4.589	−4.636	−4.684	−4.731
−70	−3.811	−3.861	−3.911	−3.960	−4.009	−4.058	−4.107	−4.156	−4.205	−4.254
−60	−3.306	−3.357	−3.408	−3.459	−3.510	−3.561	−3.611	−3.661	−3.711	−3.761
−50	−2.787	−2.840	−2.892	−2.944	−2.996	−3.048	−3.100	−3.152	−3.204	−3.255
−40	−2.255	−2.309	−2.362	−2.416	−2.469	−2.523	−2.576	−2.629	−2.682	−2.735
−30	−1.709	−1.765	−1.820	−1.874	−1.929	−1.984	−2.038	−2.093	−2.147	−2.201
−20	−1.152	−1.208	−1.264	−1.320	−1.376	−1.432	−1.488	−1.543	−1.599	−1.654
−10	−0.582	−0.639	−0.697	−0.754	−0.811	−0.868	−0.925	−0.982	−1.039	−1.095
0	0.000	−0.059	−0.117	−0.176	−0.234	−0.292	−0.350	−0.408	−0.466	−0.524

t/℃	0	1	2	3	4	5	6	7	8	9
					E/mV					
0	0.000	0.059	0.118	0.176	0.235	0.294	0.354	0.413	0.472	0.532
10	0.591	0.651	0.711	0.770	0.830	0.890	0.950	1.010	1.071	1.131
20	1.192	1.252	1.313	1.373	1.434	1.495	1.556	1.617	1.678	1.740
30	1.801	1.862	1.924	1.986	2.047	2.109	2.171	2.233	2.295	2.357
40	2.420	2.482	2.545	2.607	2.670	2.733	2.795	2.858	2.921	2.984
50	3.048	3.111	3.174	3.238	3.301	3.365	3.429	3.492	3.556	3.620
60	3.685	3.749	3.813	3.877	3.942	4.006	4.071	4.136	4.200	4.265
70	4.330	4.395	4.460	4.526	4.591	4.656	4.722	4.788	4.853	4.919
80	4.985	5.051	5.117	5.183	5.249	5.315	5.382	5.448	5.514	5.581
90	5.648	5.714	5.781	5.848	5.915	5.982	6.049	6.117	6.184	6.251
100	6.319	6.386	6.454	6.522	6.590	6.658	6.725	6.794	6.862	6.930
110	6.998	7.066	7.135	7.203	7.272	7.341	7.409	7.478	7.547	7.616
120	7.685	7.754	7.823	7.892	7.962	8.031	8.101	8.170	8.240	8.309
130	8.379	8.449	8.519	8.589	8.659	8.729	8.799	8.869	8.940	9.010
140	9.081	9.151	9.222	9.292	9.363	9.434	9.505	9.576	9.647	9.718
150	9.789	9.860	9.931	10.003	10.074	10.145	10.217	10.288	10.360	10.432
160	10.503	10.575	10.647	10.719	10.791	10.863	10.935	11.007	11.080	11.152
170	11.224	11.297	11.369	11.442	11.514	11.587	11.660	11.733	11.805	11.878
180	11.951	12.024	12.097	12.170	12.243	12.317	12.390	12.463	12.537	12.610
190	12.684	12.757	12.831	12.904	12.978	13.052	13.126	13.199	13.273	13.347
200	13.421	13.495	13.569	13.644	13.718	13.792	13.866	13.941	14.015	14.090
210	14.164	14.239	14.313	14.388	14.463	14.537	14.612	14.687	14.762	14.837
220	14.912	14.987	15.062	15.137	15.212	15.287	15.362	15.438	15.513	15.588
230	15.664	15.739	15.815	15.890	15.966	16.041	16.117	16.193	16.269	16.344
240	16.420	16.496	16.572	16.648	16.724	16.800	16.876	16.952	17.028	17.104
250	17.181	17.257	17.333	17.409	17.486	17.562	17.639	17.715	17.792	17.868
260	17.945	18.021	18.098	18.175	18.252	18.328	18.405	18.482	18.559	18.636
270	18.713	18.790	18.867	18.944	19.021	19.098	19.175	19.252	19.330	19.407
280	19.484	19.561	19.639	19.716	19.794	19.871	19.948	20.026	20.103	20.181
290	20.259	20.336	20.414	20.492	20.569	20.647	20.725	20.803	20.880	20.958
300	21.036	21.114	21.192	21.270	21.348	21.426	21.504	21.582	21.660	21.739
310	21.817	21.895	21.973	22.051	22.130	22.208	22.286	22.365	22.443	22.522
320	22.600	22.678	22.757	22.835	22.914	22.993	23.071	23.150	23.228	23.307
330	23.386	23.464	23.543	23.622	23.701	23.780	23.858	23.937	24.016	24.095
340	24.174	24.253	24.332	24.411	24.490	24.569	24.648	24.727	24.806	24.885

续表

t/℃	0	1	2	3	4	5	6	7	8	9
					E/mV					
350	24.964	25.044	25.123	25.202	25.281	25.360	25.440	25.519	25.598	25.678
360	25.757	25.836	25.916	25.995	26.075	26.154	26.233	26.313	26.392	26.472
370	26.552	26.631	26.711	26.790	26.870	26.950	27.029	27.109	27.189	27.268
380	27.348	27.428	27.507	27.587	27.667	27.747	27.827	27.907	27.986	28.066
390	28.146	28.226	28.306	28.386	28.466	28.546	28.626	28.706	28.786	28.866
400	28.946	29.026	29.106	29.186	29.266	29.346	29.427	29.507	29.587	29.667
410	29.747	29.827	29.908	29.988	30.068	30.148	30.229	30.309	30.389	30.470
420	30.550	30.630	30.711	30.791	30.871	30.952	31.032	31.112	31.193	31.273
430	31.354	31.434	31.515	31.595	31.676	31.756	31.837	31.917	31.998	32.078
440	32.159	32.239	32.320	32.400	32.481	32.562	32.642	32.723	32.803	32.884
450	32.965	33.045	33.126	33.207	33.287	33.368	33.449	33.529	33.610	33.691
460	33.772	33.852	33.933	34.014	34.095	34.175	34.256	34.337	34.418	34.498
470	34.579	34.660	34.741	34.822	34.902	34.983	35.064	35.145	35.226	35.307
480	35.387	35.468	35.549	35.630	35.711	35.792	35.873	35.954	36.034	36.115
490	36.196	36.277	36.358	36.439	36.520	36.601	36.682	36.763	36.843	36.924
500	37.005	37.086	37.167	37.248	37.329	37.410	37.491	37.572	37.653	37.734
510	37.815	37.896	37.977	38.058	38.139	38.220	38.300	38.381	38.462	38.543
520	38.624	38.705	38.786	38.867	38.948	39.029	39.110	39.191	39.272	39.353
530	39.434	39.515	39.596	39.677	39.758	39.839	39.920	40.001	40.082	40.163
540	40.243	40.324	40.405	40.486	40.567	40.648	40.729	40.810	40.891	40.972
550	41.053	41.134	41.215	41.296	41.377	41.457	41.538	41.619	41.700	41.781
560	41.862	41.943	42.024	42.105	42.185	42.266	42.347	42.428	42.509	42.590
570	42.671	42.751	42.832	42.913	42.994	43.075	43.156	43.236	43.317	43.398
580	43.479	43.560	43.640	43.721	43.802	43.883	43.963	44.044	44.125	44.206
590	44.286	44.367	44.448	44.529	44.609	44.690	44.771	44.851	44.932	45.013
600	45.093	45.174	45.255	45.335	45.416	45.497	45.577	45.658	45.738	45.819
610	45.900	45.980	46.061	46.141	46.222	46.302	46.383	46.463	46.544	46.624
620	46.705	46.785	46.866	46.946	47.027	47.107	47.188	47.268	47.349	47.429
630	47.509	47.590	47.670	47.751	47.831	47.911	47.992	48.072	48.152	48.233
640	48.313	48.393	48.474	48.554	48.634	48.715	48.795	48.875	48.955	49.035
650	49.116	49.196	49.276	49.356	49.436	49.517	49.597	49.677	49.757	49.837
660	49.917	49.997	50.077	50.157	50.238	50.318	50.398	50.478	50.558	50.638
670	50.718	50.798	50.878	50.958	51.038	51.118	51.197	51.277	51.357	51.437
680	51.517	51.597	51.677	51.757	51.837	51.916	51.996	52.076	52.156	52.236
690	52.315	52.395	52.475	52.555	52.634	52.714	52.794	52.873	52.953	53.033
700	53.112	53.192	53.272	53.351	53.431	53.510	53.590	53.670	53.749	53.829
710	53.908	53.988	54.067	54.147	54.226	54.306	54.385	54.465	54.544	54.624
720	54.703	54.782	54.862	54.941	55.021	55.100	55.179	55.259	55.338	55.417
730	55.497	55.576	55.655	55.734	55.814	55.893	55.972	56.051	56.131	56.210
740	56.289	56.368	56.447	56.526	56.606	56.685	56.764	56.843	56.922	57.001
750	57.080	57.159	57.238	57.317	57.396	57.475	57.554	57.633	57.712	57.791
760	57.870	57.949	58.028	58.107	58.186	58.265	58.343	58.422	58.501	58.580
770	58.659	58.738	58.816	58.895	58.974	59.053	59.131	59.210	59.289	59.367
780	59.446	59.525	59.604	59.682	59.761	59.839	59.918	59.997	60.075	60.154
790	60.232	60.311	60.390	60.468	60.547	60.625	60.704	60.782	60.860	60.939
800	61.017	61.096	61.174	61.253	61.331	61.409	61.488	61.566	61.644	61.723
810	61.801	61.879	61.958	62.036	62.114	62.192	62.271	62.349	62.427	62.505
820	62.583	62.662	62.740	62.818	62.896	62.974	63.052	63.130	63.208	63.286
830	63.364	63.442	63.520	63.598	63.676	63.754	63.832	63.910	63.988	64.066
840	64.144	64.222	64.300	64.377	64.455	64.533	64.611	64.689	64.766	64.844
850	64.922	65.000	65.077	65.155	65.233	65.310	65.388	65.465	65.543	65.621
860	65.698	65.776	65.853	65.931	66.008	66.086	66.163	66.241	66.318	66.396
870	66.473	66.550	66.628	66.705	66.782	66.860	66.937	67.014	67.092	67.169
880	67.246	67.323	67.400	67.478	67.555	67.632	67.709	67.786	67.863	67.940
890	68.017	68.094	68.171	68.248	68.325	68.402	68.479	68.556	68.633	68.710

附表 2-1-6 铁-铜镍合金（康铜）热电偶（J 型）$E(t)$分度表

ITS—90 参考温度：0℃

t/℃	0	−1	−2	−3	−4	−5	−6	−7	−8	−9
	E/mV									
−40	−1.961	−2.008	−2.055	−2.103	−2.150	−2.197	−2.244	−2.291	−2.338	−2.385
−30	−1.482	−1.530	−1.578	−1.626	−1.674	−1.722	−1.770	−1.818	−1.865	−1.913
−20	−0.995	−1.044	−1.093	−1.142	−1.190	−1.239	−1.288	−1.336	−1.385	−1.433
−10	−0.501	−0.550	−0.600	−0.650	−0.699	−0.749	−0.798	−0.847	−0.896	−0.946
0	0.000	−0.050	−0.101	−0.151	−0.201	−0.251	−0.301	−0.351	−0.401	−0.451

t/℃	0	1	2	3	4	5	6	7	8	9
	E/mV									
0	0.000	0.050	0.101	0.151	0.202	0.253	0.303	0.354	0.405	0.456
10	0.507	0.558	0.609	0.660	0.711	0.762	0.814	0.865	0.916	0.968
20	1.019	1.071	1.122	1.174	1.226	1.277	1.329	1.381	1.433	1.485
30	1.537	1.589	1.641	1.693	1.745	1.797	1.849	1.902	1.954	2.006
40	2.059	2.111	2.164	2.216	2.269	2.322	2.374	2.427	2.480	2.532
50	2.585	2.638	2.691	2.744	2.797	2.850	2.903	2.956	3.009	3.062
60	3.116	3.169	3.222	3.275	3.329	3.382	3.436	3.489	3.543	3.596
70	3.650	3.703	3.757	3.810	3.864	3.918	3.971	4.025	4.079	4.133
80	4.187	4.240	4.294	4.348	4.402	4.456	4.510	4.564	4.618	4.672
90	4.726	4.781	4.835	4.889	4.943	4.997	5.052	5.106	5.160	5.215
100	5.269	5.323	5.378	5.432	5.487	5.541	5.595	5.650	5.705	5.759
110	5.814	5.868	5.923	5.977	6.032	6.087	6.141	6.196	6.251	6.306
120	6.360	6.415	6.470	6.525	6.579	6.634	6.689	6.744	6.799	6.854
130	6.909	6.964	7.019	7.074	7.129	7.184	7.239	7.294	7.349	7.404
140	7.459	7.514	7.569	7.624	7.679	7.734	7.789	7.844	7.900	7.955
150	8.010	8.065	8.120	8.175	8.231	8.286	8.341	8.396	8.452	8.507
160	8.562	8.618	8.673	8.728	8.783	8.839	8.894	8.949	9.005	9.060
170	9.115	9.171	9.226	9.282	9.337	9.392	9.448	9.503	9.559	9.614
180	9.669	9.725	9.780	9.836	9.891	9.947	10.002	10.057	10.113	10.168
190	10.224	10.279	10.335	10.390	10.446	10.501	10.557	10.612	10.668	10.723
200	10.779	10.834	10.890	10.945	11.001	11.056	11.112	11.167	11.223	11.278
210	11.334	11.389	11.445	11.501	11.556	11.612	11.667	11.723	11.778	11.834
220	11.889	11.945	12.000	12.056	12.111	12.167	12.222	12.278	12.334	12.389
230	12.445	12.500	12.556	12.611	12.667	12.722	12.778	12.833	12.889	12.944
240	13.000	13.056	13.111	13.167	13.222	13.278	13.333	13.389	13.444	13.500
250	13.555	13.611	13.666	13.722	13.777	13.833	13.888	13.944	13.999	14.055
260	14.110	14.166	14.221	14.277	14.332	14.388	14.443	14.499	14.554	14.609
270	14.665	14.720	14.776	14.831	14.887	14.942	14.998	15.053	15.109	15.164
280	15.219	15.275	15.330	15.386	15.441	15.496	15.552	15.607	15.663	15.718
290	15.773	15.829	15.884	15.940	15.995	16.050	16.106	16.161	16.216	16.272
300	16.327	16.383	16.438	16.493	16.549	16.604	16.659	16.715	16.770	16.825
310	16.881	16.936	16.991	17.046	17.102	17.157	17.212	17.268	17.323	17.378
320	17.434	17.489	17.544	17.599	17.655	17.710	17.765	17.820	17.876	17.931
330	17.986	18.041	18.097	18.152	18.207	18.262	18.318	18.373	18.428	18.483
340	18.538	18.594	18.649	18.704	18.759	18.814	18.870	18.925	18.980	19.035
350	19.090	19.146	19.201	19.256	19.311	19.366	19.422	19.477	19.532	19.587
360	19.642	19.697	19.753	19.808	19.863	19.918	19.973	20.028	20.083	20.139
370	20.194	20.249	20.304	20.359	20.414	20.469	20.525	20.580	20.635	20.690
380	20.745	20.800	20.855	20.911	20.966	21.021	21.076	21.131	21.186	21.241
390	21.297	21.352	21.407	21.462	21.517	21.572	21.627	21.683	21.738	21.793
400	21.848	21.903	21.958	22.014	22.069	22.124	22.179	22.234	22.289	22.345
410	22.400	22.455	22.510	22.565	22.620	22.676	22.731	22.786	22.841	22.896
420	22.952	23.007	23.062	23.117	23.172	23.228	23.283	23.338	23.393	23.449
430	23.504	23.559	23.614	23.670	23.725	23.780	23.835	23.891	23.946	24.001
440	24.057	24.112	24.167	24.223	24.278	24.333	24.389	24.444	24.499	24.555
450	24.610	24.665	24.721	24.776	24.832	24.887	24.943	24.998	25.053	25.109
460	25.164	25.220	25.275	25.331	25.385	25.442	25.497	25.553	25.608	25.664
470	25.720	25.775	25.831	25.886	25.942	25.998	26.053	26.109	26.165	26.220
480	26.276	26.332	26.387	26.443	26.499	26.555	26.610	26.666	26.722	26.778

续表

t/℃	0	1	2	3	4	5	6	7	8	9
					E/mV					
490	26.834	26.889	26.945	27.001	27.057	27.113	27.169	27.225	27.281	27.337
500	27.393	27.449	27.505	27.561	27.617	27.673	27.729	27.785	27.841	27.897
510	27.953	28.010	28.066	28.122	28.178	28.234	28.291	28.347	28.403	28.460
520	28.516	28.572	28.629	28.685	28.741	28.798	28.854	28.911	28.967	29.024
530	29.080	29.137	29.194	29.250	29.307	29.363	29.420	29.477	29.534	29.590
540	29.647	29.704	29.761	29.818	29.874	29.931	29.988	30.045	30.102	30.159
550	30.216	30.273	30.330	30.387	30.444	30.502	30.559	30.616	30.673	30.730
560	30.788	30.845	30.902	30.960	31.017	31.074	31.132	31.189	31.247	31.304
570	31.362	31.419	31.477	31.585	31.592	31.650	31.708	31.766	31.823	31.881
580	31.939	31.997	32.055	32.113	32.171	32.229	32.287	32.345	32.403	32.461
590	32.519	32.577	32.636	32.694	32.752	32.810	32.869	32.927	32.985	33.044
600	33.102	33.161	33.219	33.278	33.337	33.395	33.454	33.513	33.571	33.630
610	33.689	33.748	33.807	33.866	33.925	33.984	34.043	34.102	34.161	34.220
620	34.279	34.338	34.397	34.457	34.516	34.575	34.635	34.694	34.754	34.813
630	34.873	34.932	34.992	35.051	35.111	35.171	35.230	35.290	35.350	35.410
640	35.470	35.530	35.590	35.650	35.710	35.770	35.830	35.890	35.950	36.010
650	36.071	36.131	36.191	36.252	36.312	36.373	36.433	36.494	36.554	36.615
660	36.675	36.736	36.797	36.858	36.918	36.979	37.040	37.101	37.162	37.223
670	37.284	37.345	37.406	37.467	37.528	37.590	37.651	37.712	37.773	37.835
680	37.896	37.958	38.019	38.081	38.142	38.204	38.265	38.327	38.389	38.450
690	38.512	38.574	38.636	38.698	38.760	38.822	38.884	38.946	39.008	39.070
700	39.132	39.194	39.256	39.318	39.381	39.443	39.505	39.568	39.630	39.693
710	39.755	39.818	39.880	39.943	40.005	40.068	40.131	40.193	40.256	40.319
720	40.382	40.445	40.508	40.570	40.633	40.696	40.759	40.822	40.886	40.949
730	41.012	41.075	41.138	41.201	41.265	41.328	41.391	41.455	41.518	41.581
740	41.645	41.708	41.772	41.835	41.899	41.962	42.026	42.090	42.153	42.217

附表 2-1-7 铜-铜镍合金（康铜）热电偶（T 型）*E*(*t*)分度表

ITS—90　　　　参考温度：0℃

t/℃	0	−1	−2	−3	−4	−5	−6	−7	−8	−9
					E/mV					
−190	−5.439	−5.456	−5.473	−5.489	−5.506	−5.523	−5.539	−5.555	−5.571	−5.587
−180	−5.261	−5.279	−5.297	−5.316	−5.334	−5.351	−5.369	−5.387	−5.404	−5.421
−170	−5.070	−5.089	−5.109	−5.128	−5.148	−5.167	−5.186	−5.205	−5.224	−5.242
−160	−4.865	−4.886	−4.907	−4.928	−4.949	−4.969	−4.989	−5.010	−5.030	−5.050
−150	−4.648	−4.671	−4.693	−4.715	−4.737	−4.759	−4.780	−4.802	−4.823	−4.844
−140	−4.419	−4.443	−4.466	−4.489	−4.512	−4.535	−4.558	−4.581	−4.604	−4.626
−130	−4.177	−4.202	−4.226	−4.251	−4.275	−4.300	−4.324	−4.348	−4.372	−4.395
−120	−3.923	−3.949	−3.975	−4.000	−4.026	−4.052	−4.077	−4.102	−4.127	−4.152
−110	−3.657	−3.684	−3.711	−3.738	−3.765	−3.791	−3.818	−3.844	−3.871	−3.897
−100	−3.379	−3.407	−3.435	−3.463	−3.491	−3.519	−3.547	−3.574	−3.602	−3.629
−90	−3.089	−3.118	−3.148	−3.177	−3.206	−3.235	−3.264	−3.293	−3.322	−3.350
−80	−2.788	−2.818	−2.849	−2.879	−2.910	−2.940	−2.970	−3.000	−3.030	−3.059
−70	−2.476	−2.507	−2.539	−2.571	−2.602	−2.633	−2.664	−2.695	−2.726	−2.757
−60	−2.153	−2.186	−2.218	−2.251	−2.283	−2.316	−2.348	−2.380	−2.412	−2.444
−50	−1.819	−1.853	−1.887	−1.920	−1.954	−1.987	−2.021	−2.054	−2.087	−2.120
−40	−1.475	−1.510	−1.545	−1.579	−1.614	−1.648	−1.683	−1.717	−1.751	−1.785
−30	−1.121	−1.157	−1.192	−1.228	−1.264	−1.299	−1.335	−1.370	−1.405	−1.440
−20	−0.757	−0.794	−0.830	−0.867	−0.904	−0.940	−0.976	−1.013	−1.049	−1.085
−10	−0.383	−0.421	−0.459	−0.496	−0.534	−0.571	−0.608	−0.646	−0.683	−0.720
0	0.000	−0.039	−0.077	−0.116	−0.154	−0.193	−0.231	−0.269	−0.307	−0.345

续表

t/℃	0	1	2	3	4	5	6	7	8	9
					E/mV					
0	0.000	0.039	0.078	0.117	0.156	0.195	0.234	0.273	0.312	0.352
10	0.391	0.431	0.470	0.510	0.549	0.589	0.629	0.669	0.709	0.749
20	0.790	0.830	0.870	0.911	0.951	0.992	1.033	1.074	1.114	1.155
30	1.196	1.238	1.279	1.320	1.362	1.403	1.445	1.486	1.528	1.570
40	1.612	1.654	1.696	1.738	1.780	1.823	1.865	1.908	1.950	1.993
50	2.036	2.079	2.122	2.165	2.208	2.251	2.294	2.338	2.381	2.425
60	2.468	2.512	2.556	2.600	2.643	2.687	2.732	2.776	2.820	2.864
70	2.909	2.953	2.998	3.043	3.087	3.132	3.177	3.222	3.267	3.312
80	3.358	3.403	3.448	3.494	3.539	3.585	3.631	3.677	3.722	3.768
90	3.814	3.860	3.907	3.953	3.999	4.046	4.092	4.138	4.185	4.232
100	4.279	4.325	4.372	4.419	4.466	4.513	4.561	4.608	4.655	4.702
110	4.750	4.798	4.845	4.893	4.941	4.988	5.036	5.084	5.132	5.180
120	5.228	5.277	5.325	5.373	5.422	5.470	5.519	5.567	5.616	5.665
130	5.714	5.763	5.812	5.861	5.910	5.959	6.008	6.057	6.107	6.156
140	6.206	6.255	6.305	6.355	6.404	6.454	6.504	6.554	6.604	6.654
150	6.704	6.754	6.805	6.855	6.905	6.956	7.006	7.057	7.107	7.158
160	7.209	7.260	7.310	7.361	7.412	7.463	7.515	7.566	7.617	7.668
170	7.720	7.771	7.823	7.874	7.926	7.977	8.029	8.081	8.133	8.185
180	8.237	8.289	8.341	8.393	8.445	8.497	8.550	8.602	8.654	8.707
190	8.759	8.812	8.865	8.917	8.970	9.023	9.076	9.129	9.182	9.235
200	9.288	9.341	9.395	9.448	9.501	9.555	9.608	9.662	9.715	9.769
210	9.822	9.876	9.930	9.984	10.038	10.092	10.146	10.200	10.254	10.308
220	10.362	10.417	10.471	10.525	10.580	10.634	10.689	10.743	10.798	10.853
230	10.907	10.962	11.017	11.072	11.127	11.182	11.237	11.292	11.347	11.403
240	11.458	11.513	11.569	11.624	11.680	11.735	11.791	11.846	11.902	11.958
250	12.013	12.069	12.125	12.181	12.237	12.293	12.349	12.405	12.461	12.518
260	12.574	12.630	12.687	12.743	12.799	12.856	12.912	12.969	13.026	13.082
270	13.139	13.196	13.253	13.310	13.366	13.423	13.480	13.537	13.595	13.652
280	13.709	13.766	13.823	13.881	13.938	13.995	14.053	14.110	14.168	14.226
290	14.283	14.341	14.399	14.456	14.514	14.572	14.630	14.688	14.746	14.804
300	14.862	14.920	14.978	15.036	15.095	15.153	15.211	15.270	15.328	15.386
310	15.445	15.503	15.562	15.621	15.679	15.738	15.797	15.856	15.914	15.973
320	16.032	16.091	16.150	16.209	16.268	16.327	16.387	16.446	16.505	16.564
330	16.624	16.683	16.742	16.802	16.861	16.921	16.980	17.040	17.100	17.159
340	17.219	17.279	17.339	17.399	17.458	17.518	17.578	17.638	17.698	17.759
350	17.819	17.879	17.939	17.999	18.060	18.120	18.180	18.241	18.301	18.362
360	18.422	18.483	18.543	18.604	18.665	18.725	18.786	18.847	18.908	18.969
370	19.030	19.091	19.152	19.213	19.274	19.335	19.396	19.457	19.518	19.579
380	19.641	19.702	19.763	19.825	19.886	19.947	20.009	20.070	20.132	20.193
390	20.255	20.317	20.378	20.440	20.502	20.563	20.625	20.687	20.748	20.810

附录 2-2　常用热电阻分度表

附表 2-2-1　工业用铂电阻温度计（Pt100）*R*(*t*)分度表（℃表示）

R(0)＝100.00Ω

t/℃	0	−1	−2	−3	−4	−5	−6	−7	−8	−9
					R/Ω					
−200	18.52									
−190	22.83	22.40	21.97	21.54	21.11	20.68	20.25	19.82	19.38	18.95
−180	27.10	26.67	26.24	25.82	25.39	24.97	24.54	24.11	23.68	23.25
−170	31.34	30.91	30.49	30.07	29.64	29.22	28.80	28.37	27.95	27.52
−160	35.54	35.12	34.70	34.28	33.86	33.44	33.02	32.60	32.18	31.76
−150	39.72	39.31	38.89	38.47	38.05	37.64	37.22	36.80	36.38	35.96
−140	43.88	43.46	43.05	42.63	42.22	41.80	41.39	40.97	40.56	40.14
−130	48.00	47.59	47.18	46.77	46.36	45.94	45.53	45.12	44.70	44.29
−120	52.11	51.70	51.29	50.88	50.47	50.06	49.65	49.24	48.83	48.42
−110	56.19	55.79	55.38	54.97	54.56	54.15	53.75	53.34	52.93	52.52
−100	60.26	59.85	59.44	59.04	58.63	58.23	57.82	57.41	57.01	56.60
−90	64.30	63.90	63.49	63.09	62.68	62.28	61.88	61.47	61.07	60.66
−80	68.33	67.92	67.52	67.12	66.72	66.31	65.91	65.51	65.11	64.70
−70	72.33	71.93	71.53	71.13	70.73	70.33	69.93	69.53	69.13	68.73
−60	76.33	75.93	75.53	75.13	74.73	74.33	73.93	73.53	73.13	72.73
−50	80.31	79.91	79.51	79.11	78.72	78.32	77.92	77.52	77.12	76.73
−40	84.27	83.87	83.48	83.08	82.69	82.29	81.89	81.50	81.10	80.70
−30	88.22	87.83	87.43	87.04	86.64	86.25	85.85	85.46	85.06	84.67
−20	92.16	91.77	91.37	90.98	90.59	90.19	89.80	89.40	89.01	88.62
−10	96.09	95.69	95.30	94.91	94.52	94.12	93.73	93.34	92.95	92.55
0	100.00	99.61	99.22	98.83	98.44	98.04	97.65	97.26	96.87	96.48

t/℃	0	1	2	3	4	5	6	7	8	9
					R/Ω					
0	100.00	100.39	100.78	101.17	101.56	101.95	102.34	102.73	103.12	103.51
10	103.90	104.29	104.68	105.07	105.46	105.85	106.24	106.63	107.02	107.40
20	107.79	108.18	108.57	108.96	109.35	109.73	110.12	110.51	110.90	111.29
30	111.67	112.06	112.45	112.83	113.22	113.61	114.00	114.38	114.77	115.15
40	115.54	115.93	116.31	116.70	117.08	117.47	117.86	118.24	118.63	119.01
50	119.40	119.78	120.17	120.55	120.94	121.32	121.71	122.09	122.47	122.86
60	123.24	123.63	124.01	124.39	124.78	125.16	125.54	125.93	126.31	126.69
70	127.08	127.46	127.84	128.22	128.61	128.99	129.37	129.75	130.13	130.52
80	130.90	131.28	131.66	132.04	132.42	132.80	133.18	133.57	133.95	134.33
90	134.71	135.09	135.47	135.85	136.23	136.61	136.99	137.37	137.75	138.13
100	138.51	138.88	139.26	139.64	140.02	140.40	140.78	141.16	141.54	141.91
110	142.29	142.67	143.05	143.43	143.80	144.18	144.56	144.94	145.31	145.69
120	146.07	146.44	146.82	147.20	147.57	147.95	148.33	148.70	149.08	149.46
130	149.83	150.21	150.58	150.96	151.33	151.71	152.08	152.46	152.83	153.21
140	153.58	153.96	154.33	154.71	155.08	155.46	155.83	156.20	156.58	156.95
150	157.33	157.70	158.07	158.45	158.82	159.19	159.56	159.94	160.31	160.68
160	161.05	161.43	161.80	162.17	162.54	162.91	163.29	163.66	164.03	164.40
170	164.77	165.14	165.51	165.89	166.26	166.63	167.00	167.37	167.74	168.11
180	168.48	168.85	169.22	169.59	169.96	170.33	170.70	171.07	171.43	171.80
190	172.17	172.54	172.91	173.28	173.65	174.02	174.38	174.75	175.12	175.49
200	175.86	176.22	176.59	176.96	177.33	177.69	178.06	178.43	178.79	179.16
210	179.53	179.89	180.26	180.63	180.99	181.36	181.72	182.09	182.46	182.82
220	183.19	183.55	183.92	184.28	184.65	185.01	185.38	185.74	186.11	186.47
230	186.84	187.20	187.56	187.93	188.29	188.66	189.02	189.38	189.75	190.11
240	190.47	190.84	191.20	191.56	191.92	192.29	192.65	193.01	193.37	193.74
250	194.10	194.46	194.82	195.18	195.55	195.91	196.27	196.63	196.99	197.35

续表

t/℃	0	1	2	3	4	5	6	7	8	9
					R/Ω					
260	197.71	198.07	198.43	198.79	199.15	199.51	199.87	200.23	200.59	200.95
270	201.31	201.67	202.03	202.39	202.75	203.11	203.47	203.83	204.19	204.55
280	204.90	205.26	205.62	205.98	206.34	206.70	207.05	207.41	207.77	208.13
290	208.48	208.84	209.20	209.56	209.91	210.27	210.63	210.98	211.34	211.70
300	212.05	212.41	212.76	213.12	213.48	213.83	214.19	214.54	214.90	215.25
310	215.61	215.96	216.32	216.67	217.03	217.38	217.74	218.09	218.44	218.80
320	219.15	219.51	219.86	220.21	220.57	220.92	221.27	221.63	221.98	222.33
330	222.68	223.04	223.39	223.74	224.09	224.45	224.80	225.15	225.50	225.85
340	226.21	226.56	226.91	227.26	227.61	227.96	228.31	228.66	229.02	229.37
350	229.72	230.07	230.42	230.77	231.12	231.47	231.82	232.17	232.52	232.87
360	233.21	233.56	233.91	234.26	234.61	234.96	235.31	235.66	236.00	236.35
370	236.70	237.05	237.40	237.74	238.09	238.44	238.79	239.13	239.48	239.83
380	240.18	240.52	240.87	241.22	241.56	241.91	242.26	242.60	242.95	243.29
390	243.64	243.99	244.33	244.68	245.02	245.37	245.71	246.06	246.40	246.75
400	247.09	247.44	247.78	248.13	248.47	248.81	249.16	249.50	249.85	250.19
410	250.53	250.88	251.22	251.56	251.91	252.25	252.59	252.93	253.28	253.62
420	253.96	254.30	254.65	254.99	255.33	255.67	256.01	256.35	256.70	257.04
430	257.38	257.72	258.06	258.40	258.74	259.08	259.42	259.76	260.10	260.44
440	260.78	261.12	261.46	261.80	262.14	262.48	262.82	263.16	263.50	263.84
450	264.18	264.52	264.86	265.20	265.53	265.87	266.21	266.55	266.89	267.22
460	267.56	267.90	268.24	268.57	268.91	269.25	269.59	269.92	270.26	270.60
470	270.93	271.27	271.61	271.94	272.28	272.61	272.95	273.29	273.62	273.96
480	274.29	274.63	274.96	275.30	275.63	275.97	276.30	276.64	276.97	277.31
490	277.64	277.98	278.31	278.64	278.98	279.31	279.64	279.98	280.31	280.64
500	280.98	281.31	281.64	281.98	282.31	282.64	282.97	283.31	283.64	283.97
510	284.30	284.63	284.97	285.30	285.63	285.96	286.29	286.62	286.95	287.29
520	287.62	287.95	288.28	288.61	288.94	289.27	289.60	289.93	290.26	290.59
530	290.92	291.25	291.58	291.91	292.24	292.56	292.89	293.22	293.55	293.88
540	294.21	294.54	294.86	295.19	295.52	295.85	296.18	296.50	296.83	297.16
550	297.49	297.81	298.14	298.47	298.80	299.12	299.45	299.78	300.10	300.43
560	300.75	301.08	301.41	301.73	302.06	302.38	302.71	303.03	303.36	303.69
570	304.01	304.34	304.66	304.98	305.31	305.63	305.96	306.28	306.61	306.93
580	307.25	307.58	307.90	308.23	308.55	308.87	309.20	309.52	309.84	310.16
590	310.49	310.81	311.13	311.45	311.78	312.10	312.42	312.74	313.06	313.39
600	313.71	314.03	314.35	314.67	314.99	315.31	315.64	315.96	316.28	316.60
610	316.92	317.24	317.56	317.88	318.20	318.52	318.84	319.16	319.48	319.80
620	320.12	320.43	320.75	321.07	321.39	321.71	322.03	322.35	322.67	322.98
630	323.30	323.62	323.94	324.26	324.57	324.89	325.21	325.53	325.84	326.16
640	326.48	326.79	327.11	327.43	327.74	328.06	328.38	328.69	329.01	329.32
650	329.64	329.96	330.27	330.59	330.90	331.22	331.53	331.85	332.16	332.48
660	332.79	333.11	333.42	333.74	334.05	334.36	334.68	334.99	335.31	335.62
670	335.93	336.25	336.56	336.87	337.18	337.50	337.81	338.12	338.44	338.75
680	339.06	339.37	339.69	340.00	340.31	340.62	340.93	341.24	341.56	341.87
690	342.18	342.49	342.80	343.11	343.42	343.73	344.04	344.35	344.66	344.97
700	345.28	345.59	345.90	346.21	346.52	346.83	347.14	347.45	347.76	348.07
710	348.38	348.69	348.99	349.30	349.61	349.92	350.23	350.54	350.84	351.15
720	351.46	351.77	352.08	352.38	352.69	353.00	353.30	353.61	353.92	354.22
730	354.53	354.84	355.14	355.45	355.76	356.06	356.37	356.67	356.98	357.28
740	357.59	357.90	358.20	358.51	358.81	359.12	359.42	359.72	360.03	360.33
750	360.64	360.94	361.25	361.55	361.85	362.16	362.46	362.76	363.07	363.37
760	363.67	363.98	364.28	364.58	364.89	365.19	365.49	365.79	366.10	366.40
770	366.70	367.00	367.30	367.60	367.91	368.21	368.51	368.81	369.11	369.41
780	369.71	370.01	370.31	370.61	370.91	371.21	371.51	371.81	372.11	372.41
790	372.71	373.01	373.31	373.61	373.91	374.21	374.51	374.81	375.11	375.41
800	375.70	376.00	376.30	376.60	376.90	377.19	377.49	377.79	378.09	378.39
810	378.68	378.98	379.28	379.57	379.87	380.17	380.46	380.76	381.06	381.35
820	381.65	381.95	382.24	382.54	382.83	383.13	383.42	383.72	384.01	384.31

续表

t/℃	0	1	2	3	4	5	6	7	8	9
	R/Ω									
830	384.60	384.90	385.19	385.49	385.78	386.08	386.37	386.67	386.96	387.25
840	387.55	387.84	388.14	388.43	388.72	389.02	389.31	389.60	389.90	390.19
850	390.48									

附表 2-2-2　铜热电阻 Cu50 分度表

分度号 Cu50　　　　R(0℃)=50.000Ω

℃ ITS—90	0	−1	−2	−3	−4	−5	−6	−7	−8	−9
	电阻值/Ω									
−50	39.242									
−40	41.400	41.184	40.969	40.753	40.537	40.322	40.106	39.890	39.674	39.458
−30	43.555	43.339	43.124	42.909	42.693	42.478	42.262	42.047	41.831	41.616
−20	45.706	45.491	45.276	45.061	44.846	44.631	44.416	44.200	43.985	43.770
−10	47.854	47.639	47.425	47.210	46.995	46.780	46.566	46.351	46.136	45.921
−0	50.000	49.786	49.571	49.356	49.142	48.927	48.713	48.498	48.284	48.069

℃ ITS—90	0	1	2	3	4	5	6	7	8	9
	电阻值/Ω									
0	50.000	50.214	50.429	50.643	50.858	51.072	51.286	51.501	51.715	51.929
10	52.144	52.358	52.572	52.786	53.000	53.215	53.429	53.643	53.857	54.071
20	54.285	54.500	54.714	54.928	55.142	55.356	55.570	55.784	55.988	56.212
30	56.426	56.640	56.854	57.068	57.282	57.496	57.710	57.924	58.137	58.351
40	58.565	58.779	58.993	59.207	59.421	59.635	59.848	60.062	60.276	60.490
50	60.704	60.918	61.132	61.345	61.559	61.773	61.987	62.201	62.415	62.628
60	62.842	63.056	63.270	63.484	63.698	63.911	64.125	64.339	64.553	64.767
70	64.981	65.194	65.408	65.622	65.836	66.050	66.264	66.478	66.692	66.906
80	67.120	67.333	67.547	67.761	67.975	68.189	68.403	68.617	68.831	69.045
90	69.259	69.473	69.687	69.901	70.115	70.329	70.544	70.762	70.972	71.186
100	71.400	71.614	71.828	72.042	72.257	72.471	72.685	72.899	73.114	73.328
110	73.542	73.751	73.971	74.185	74.400	74.614	74.828	75.043	75.258	75.472
120	75.686	75.901	76.115	76.330	76.545	76.759	76.974	77.189	77.404	77.618
130	77.833	78.048	78.263	78.477	78.692	78.907	79.122	79.337	79.552	79.767
140	79.982	80.197	80.412	80.627	80.843	81.058	81.273	81.788	81.704	81.919
150	82.134									

附表 2-2-3　铜热电阻 Cu100 分度表

分度号 Cu100　　　　R(0℃)=100.00Ω

℃ ITS—90	0	−1	−2	−3	−4	−5	−6	−7	−8	−9
	电阻值/Ω									
−50	78.48									
−40	82.80	82.37	81.94	81.51	81.07	80.64	80.21	79.78	79.35	78.92
−30	87.11	86.68	86.25	85.82	85.39	84.96	84.52	84.06	83.66	83.23
−20	91.41	90.98	90.55	90.12	89.69	89.26	88.83	88.40	87.97	87.54
−10	95.71	95.28	94.85	94.42	93.99	93.56	93.13	92.70	92.27	91.84
−0	100.00	99.57	99.14	98.71	98.28	97.85	97.42	97.00	96.57	96.14

℃ ITS—90	0	1	2	3	4	5	6	7	8	9
	电阻值/Ω									
0	100.00	100.43	100.86	101.29	101.72	102.14	102.57	103.00	103.42	103.86
10	104.29	104.72	105.14	105.57	106.00	106.43	106.86	107.29	107.72	108.14
20	108.57	109.00	109.43	109.86	110.28	110.71	111.14	111.57	112.00	112.42
30	112.85	113.28	113.71	114.14	114.56	114.99	115.42	115.85	116.27	116.70
40	117.13	117.56	117.99	118.41	118.84	119.27	119.70	120.12	120.55	120.98
50	121.41	121.84	122.26	122.69	123.12	123.55	123.97	124.40	124.83	125.26
60	125.68	126.11	126.54	126.97	127.40	127.82	128.25	128.68	129.11	129.53
70	129.96	130.39	130.82	131.24	131.67	132.10	132.53	132.96	133.38	133.81
80	134.24	134.67	135.09	135.52	135.95	136.38	136.81	137.23	137.66	138.09
90	138.52	138.95	139.37	139.80	140.23	140.66	141.09	141.52	141.94	142.37

续表

℃ ITS—90	0	1	2	3	4	5	6	7	8	9
	电阻值/Ω									
100	142.80	143.23	143.66	144.08	144.51	144.94	145.37	145.80	146.23	146.66
110	147.08	147.51	147.94	148.37	148.80	149.23	149.66	150.09	150.52	150.94
120	151.37	151.80	152.23	152.66	153.09	153.52	153.95	154.38	154.81	155.24
130	155.67	156.10	156.52	156.95	157.38	157.81	158.24	158.67	159.10	159.53
140	156.96	160.39	160.82	161.25	161.68	162.12	162.55	162.98	163.41	163.84
150	164.27									

参考文献

1 李政学. 化工测量及仪表. 第二版. 北京：化学工业出版社，1992

2 周春晖. 过程控制工程手册. 北京：化学工业出版社，1993

3 李克勤. 气动调节仪表. 第二版. 北京：化学工业出版社，1993

4 潘新民，王燕芳. 微型计算机与传感器技术. 北京：人民邮电出版社，1988

5 陆德民. 石油化工自动控制设计手册. 第二版. 北京：化学工业出版社，1988

6 尹廷金. 电动调节仪表. 北京：化学工业出版社，1988

7 刘绍周，夏谷生. 化工生产常用自动分析仪器. 北京：科学出版社，1986

8 郭振宇. 自动成分分析仪表. 第二版. 北京：化学工业出版社，1993

9 张蕴端. 化工自动化及仪表. 上海：上海交通大学出版社，1987

10 刘琨. 电动调节仪表. 北京：中国石化出版社，1993

11 曹润生，黄祯地，周泽魁. 过程控制仪表. 杭州：浙江大学出版社，1987

12 [美] J·W·哈奇森. 调节阀手册. 第二版. 北京：化学工业出版社，1984

13 叶昭驹. 化工自动化基础. 北京：化学工业出版社，1984

14 俞金寿，何衍庆，夏圈世. 新型控制系统. 北京：化学工业出版社，1990

15 方卫东. 炼油化工自动化. 1993，(6)

16 蒋慰孙. 过程与控制. 北京：化学工业出版社，1989

17 幸荣辉，李言旻. 化工仪表及自动化知识. 北京：化学工业出版社，1985

18 盛宇中，姜哲生. 炼油化工自动化. 1992，(5)

19 王卫东. 炼油化工自动化. 1990，(1)

20 曹王剑. 炼油化工自动化. 1994，(1)

21 王绍中. 炼油化工自动化. 1991，(3)

22 王树青. 先进控制技术及应用. 北京：化学工业出版社，2001

第 3 篇　可编程控制器和集散控制系统

第 1 章　可编程控制器

1　概述

PLC 可编程控制器是 20 世纪 60 年代发展起来的一种新型自动化控制装置，最早是用于替代传统的继电器控制装置，功能上只有逻辑计算、计时、计数以及顺序控制等，而且只能进行开关量控制，因此，其英文原名为“Programmable Logic Controller”，简称 PLC，中文称“可编程逻辑控制器”。后来随着技术的进步，其控制功能已远远超出逻辑控制的范畴，其名称也就改为“Programmable Controller”，简称 PC。但 PC 又容易与个人计算机“Personal Computer”的简称 PC 产生混淆，所以人们还使用 PLC 这一简称，中文称“可编程控制器”。

1.1　可编程控制器的特点

可编程控制器与传统的继电器控制线路相比，具有许多优点。

（1）应用灵活　PLC 为标准的积木式硬件结构，现场安装十分简便。各种控制功能通过软件编程完成，因而能适应各种复杂情况下的控制要求，也便于控制系统的改进和修正，特别适应各种工艺流程变更较多的场合。

（2）功能完善　PLC 既有开关量输入/输出，也有模拟量输入/输出，还具有逻辑运算、算术运算、定时、计数、顺序控制、PID 调节、各种智能块、远程 I/O 模块、人-机对话、自诊断、记录、图形显示和组态等功能。除了适用于离散型开关量控制系统外，它也能用于连续的流程控制系统，几乎所有的控制要求均能满足。

（3）操作方便，维修简单　PLC 采用工程技术人员习惯的梯形图形式编程，易懂易学，编程和修改程序方便。PLC 还具有完善的显示和诊断功能，故障和异常状态均有显示，便于操作人员、维修人员及时了解出现的故障。出现故障后可通过更换模块或插件迅速排除故障。

（4）节点利用率高，成本低　传统继电器控制电路中一个继电器只能提供几个节点用于联锁，在可编程控制器中，一个输入中的开关量或程序中的一个“线圈”，可提供用户所需用的任意的联锁节点，即节点在程序中可不受限制地使用。PLC 提供的继电器节点、计时器、计数器、顺控器的数量与实际数量的继电器、计时器、计数器、顺控器相比要便宜得多。

（5）安全可靠　PLC 是适应于工业环境下应用的数字电路产品，制造时已从线路及电源等诸多方面严格把关，使之具有很强的抗干扰能力，PLC 产品一般平均无故障时间可达几万小时。

1.2　可编程控制器的基本组成

可编程控制器一般由中央处理器 CPU、存储器、输入/输出模块、电源及编程器等部分组成，见图 3-1-1。

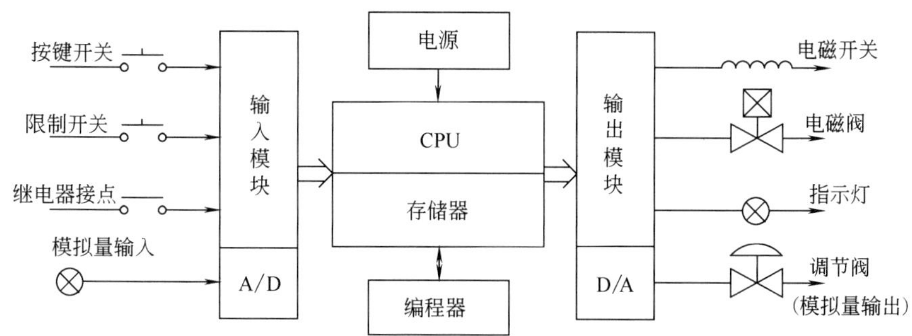

图 3-1-1　可编程控制器基本构成

1.2.1 中央处理器 CPU

中央处理器是可编程控制器的核心部件。为了满足用户的不同需要，使用户为现场所配置的系统经济、高效，可编程控制器生产厂家生产了多种高、中、低档的处理器，高档处理器用于控制大型复杂系统，低档处理器用于小型简单系统。

中央处理器模板配有多种接口，主要用于与编程器通信，也能和外部设备或其他 PLC 通信。

所有可编程控制器的处理器单元都配置了后备电源，当电源掉电时，后备电源保证存于 RAM 中的程序不会丢失，同时也保证重新上电时，系统能从当前状态继续运行。

中央处理器模板都具有运行开关以及运行和故障的指示灯。

1.2.2 存储器

可编程控制器的存储器包括系统存储器和用户存储器。系统存储器存储系统管理和监控程序及对用户程序做编译工作。系统程序由厂家在制造时将其固化在 ROM 或 EPROM 内，用户不能修改。用户存储器内存部分为程序区和数据区。程序区存放用户编写的控制程序，此程序可由用户修改、增删存储内容，故使用 RAM 存储器，用户存储器的数据区用来存放输入、输出数据、中间变量，提供计时器、计数器、寄存器及系统程序所使用和管理的系统状态和算法信息。当 PLC 处在编程工作方式下，用户程序可通过编程器的键盘输入到 RAM 的指定区域。RAM 的容量随 PLC 机型大小而不同。

1.2.3 输入/输出模块

输入/输出模块是 PLC 的中央处理器与外部现场进行通讯的界面。输入模块把外部信号转换成中央处理器可以接收的信号，并传送给中央处理器；输出模块把输出信号传送到外部现场。

小型集成式 PLC 的输入/输出和中央处理器做在一个框架上，输入/输出点数是固定的。

中、大型的 PLC 都是模块可插拔式，厂家根据现场的各种需要，提供多种输入/输出模块供用户选择。不仅输入/输出模块可组合，而且安装输入/输出模块的框架也可组合，因此用户配置控制系统具有灵活的选择性。

一台 PLC 可以配置一个或几个输入/输出模块。一个模块能够接收及传送信号的数目称为输入、输出点数。输入、输出点数的总和称为 PLC 的 I/O 点数。

PLC 的每个输入、输出点（称端子）均有确定的地址（厂家固定的编码），以便访问。

1.2.4 编程器

PLC 编程器是人-机通讯专用工具。通过编程器，可以编制、调试、运行应用程序，可以测试、诊断 PLC 的运行状态，也可以在控制过程中修改控制参数。

编程器一般是由键盘、显示器、智能处理器及外部设备（软盘驱动器、硬盘驱动器）等组成，并有通讯接口与 PLC 相联。

编程器主要功能有 3 个。

(1) 编程　PLC 的应用程序可以使用语句表语言、梯形图语言及其他专用高级语言来编程。一般编程器具有上述一种或多种语言的编译系统。人们使用编程器的键盘，在编程器的屏幕或显示器上输入和显示应用程序，并借助于编程器的编辑功能，编辑和修改应用程序，最后将编辑完的应用程序下装至 PLC，也可以利用存储器介质（软磁盘、EPROM 芯片、盒式磁带等）将程序保存起来。

(2) 与 PLC 对话　在程序编辑完成和下装后，要对新编程序进行调试，调试人员可以用编程器的单步执行程序、连续执行程序和中断等功能和手段验证编制的应用程序是否正确，并可随时修改参数（例如定时器或计数器的设定值等）和显示操作人员需要掌握的各种信息。在出现故障情况下，可以利用编程器来查找故障的原因。因此，在程序正确运行之前，编程器是人-机对话的重要手段。

(3) 参与 PLC 的过程控制　在一般情况下，当程序调试结束并确认正确无误之后，编程器可与 PLC 脱机，以后的程序执行和对被控对象的控制，可以完全由 PLC 自己来完成。在某些情况下，特别是进行过程控制时，用户也可以让编程器参与控制，将编程器作为工作站使用，可以用编程器来启动和停止系统、运行和监控，故障时用编程器进行手动操作及修改某些控制参数等。

现有 PLC 编程器大致分两种类型。一种是小型手握式编程器。其专用功能键及由发光二极管或液晶组成的显示器连成一体，像 PG605 和 PG615 这种编程器主要使用语句表语言。另一种是高功能编程器，其配置有键盘、CRT 显示器、硬盘和软盘驱动器、通讯接口等，其配置相当于一台个人计算机，像 P190、PG635、PG685、PG695 等。

近年来，各PLC制造商还研制开发出各种在DOS操作系统下的编辑PLC程序的软件及相应编程接口，用个人计算机代替编程工具，并且将成为编程器的发展方向。

1.3 可编程控制器的分类

PLC的分类一般主要是根据其输入/输出点数及存储器容量大小而定，详见表3-1-1。

表3-1-1 PLC的类型表

类 型	I/O点数	存储器容量/KB	类 型	I/O点数	存储器容量/KB
超小型PLC	64以下	1～2	大型PLC	512～8192	16～64
小型PLC	64～128	2～4	超大型PLC	8192以上	64～128
中型PLC	128～512	4～6			

1.4 国外主要可编程控制器系列产品

表3-1-2～表3-1-9介绍国外几家主要PLC系列产品。

表3-1-2 AEG施耐德自动化公司的QUANTUM CPU系列性能一览表

模板型号	140CPU11302	140CPU11303	140CPU21304	140CPU42401
描述				
CPU	80186	80186	80186	80486DX
时钟	20MHz	20MHz	20MHz	66MHz
协处理器	N	N	Y	Y
存储区				
RAM	256KB	512KB	768KB	2MB
Flash PROM	256KB	256KB	256KB	256KB
984形式存储区				
用户区	8KB	16KB	32或48KB	64KB
数据区	10KB	10KB	32或64KB	64KB
扩展数据	N/A	N/A	65535	65535
开关量I/O点	8192	8192	65535	65535
寄存器数量	9999	9999	57KB或28KB	57KB
扫描特性				
逻辑解算速度(最小)	0.3ms/K	0.3ms/K	0.3ms/K	0.1ms/K
逻辑解算速度(一般)	0.3～1.4ms/K	0.3～1.4ms/K	0.3～1.4ms/K	0.1～0.5ms/K
本地I/O结构				
本地I/O字	64入/64出	64入/64出	64入/64出	64入/64出
本地I/O基板数	1	1	1	1
远程I/O结构				
远程I/O字	64入/64出	64入/64出	64入/64出	64入/64出
远程I/O站数	31	31	31	31
远程I/O网络	1	1	1	1
分布式I/O结构				
分布式I/O字/站	30入/32出	30入/32出	30入/32出	30入/32出
分布式I/O字/网络	500入/500出	500入/500出	500入/500出	500入/500出
分布式I/O站数	63	63	63	63
分布式I/O网络数	3	3	3	3
通讯口				
Modbus	1	1	1	1
Modbus Plus	1	1	1	1
总线耗电/mA	780	790	900	2000
占用基板槽位	1	1	1	1

表 3-1-3　美国 ALLEN-BRADLEY（A-B 公司）PLC-5 性能一览表

产　品		记忆容量/KB	后备记忆 EEPROM/KB	I/O（任何组合）	最大机架数（1771 I/O）	构成 本地/远方	1771 远方 I/O 通信方式	通　信
专用控制	SLC5/00	1	1	72	—		1747-DCM	DH-485
	SLC5/01	1/4	1/4	256	—		1747-DCM	DH-485
	SLC5/02	4	4	480	—		1747-DCM	DH-485
分散控制	PLC5/10	6	6	256	1	1/—	无	1DH+
	PLC5/12	6	6	256	1	1/—	适配器	1DH+
	PLC5/15	<14	6	512	4	1/3	扫描器或适配器	1DH+
	PLC5/VME	14	—	512	4	—/4	扫描器	1DH+
	PLC5/25	<21	13	1024	8	1/7	扫描器或适配器	1DH+
	PLC5/40	48	48	2048	16	1/15	同时扫描器/适配器	4DH+或远方 I/O 1RS232/422/423 口
	PLC5/40L	48	48	2048	16	1/15（本地或远方）	同时扫描器/适配器	2DH+或远方 I/O 1RS232/422/423 口 1 本地 I/O 口
	PLC5/60	64	64	3072	24	1/23	同时扫描器/适配器	4DH+或远方 I/O 1RS232/422/423 口
	PLC5/60L	64	64	3072	24	1/16（本地）23（远方）	同时扫描器/适配器	2DH+或远方 I/O 1RS232/422/423 口 1 本地 I/O
集成控制	PLC5/250	384KB 每处理器	—	4096	8/远方扫描器 最大 4 扫描器	全远方	扫描器与/或适配器	2DH/DH+ 1RS232/422/423 口

表 3-1-4　德国 SIEMENS 公司 PLC 系列 SIMATICS5 性能一览表

产　　品	I/O 数	模拟 I/O 数	程序记忆/KB	扫描时间/ms	处　理　器
S5-90U	16		4	<2	8052
S5-95U	32	9	8	<2	
S5-100U(102CPU)	256	16	4	7	
S5-100U(103CPU)	256	32	20	1.6	
S5-115U(941CPU)	512	128	18	10	
S5-115U(942CPU)	2048	128	42	10	
S5-115U(944CPU)	2048	128	96	1.5	
S5-135U(928)	2048	192	64	1.1	
S5-135U(922)	2048	192	64	20	
S5-135U(921)	2048	192	64	1.3	
S5-155U(946/947)	10000	384	2000	1.4	
S7-200(CPU212)	30	8	1	1.3	
S7-200(CPU214)	64	16	4	0.8	
S7-300(CPU312 IFM)	144	32	6	0.6	
S7-300(CPU313)	128	32	12	0.6	
S7-300(CPU314)	512	64	24	0.3	

表 3-1-5　日本立石公司（OMRON 公司）SYSMAC-C 系列性能一览表

产　　品	I/O 数	模拟 I/O 数	程序容量/B	扫描时间/(ms/KB)	指　令　数
SP 10	10	—	100	0.2～0.72	34
SP 16	16	—	250	0.2～0.72	38
SP 20	20	—	250	0.2～0.72	38
C20	140	—	1194	4～80	27
C20/28/40K	140	16	1.2K	10	
C20/28/40/60P	128～148	16	1.2K	4～95	37
C20/28/40/60H	140～240	36	2.8K	0.75～2.25	130

续表

产　　品	I/O数	模拟I/O数	程序容量/B	扫描时间/(ms/KB)	指　令　数
C200H	480(1792) 有远方I/O	40	6.6K	0.75～2.25	145
C500	512	64	6.6K	3～83	71
C1000H	1024(2084) 有远方I/O	64	30.8K	0.4～2.4	174
C2000H	2048	64	30.8K	0.4～2.4	174

表 3-1-6　日本三菱公司 MELSEC-A 系列和小型 F 系列性能一览表

产　　品		I/O数	数据寄存器/点	程序容量/KB	执行时间/μs
微型高速	F1	120	64	1	12
	F2	120	192	2	7
	FX2	256	512	2～8	0.74
紧凑分散	A1S	256	1024	8	1.0
	A2C	512	1024	8	1.25
	A3M	2048	1024	30	0.2 BASIC编程
高功能	A1N	256	1024	6	1.0
	A2N(S1)	512(1024)	1024	14	1.0
	A3N	2048	1024	60	1.0
超高速	A2A(S1)	512(1024)	8192	14	0.2
	A3A	2048	8192	60	0.15

表 3-1-7　GE-Funuc 跨国公司 PLC 产品性能一览表

产　　品		I/O数	模拟I/O数	程序记忆/KB	扫描速度/ms	处理器
原GE	系列 1JR	96	—	0.7		
	系列 1	112	—	1.7		Z 80
	系列 1/E	112	24	1.7		
	系列 1plus	168	24	3.7		
	系列 5	2048	512	16		
	系列 6plus	8000	992	64		
	系列 90-20/211	28		1		
	系列 90-30/311	160	96	3		80188
	系列 90-30/331	512	192	8	18	80188
	系列 90-70/711	512	256	16		80186
	系列 90-70/771	2048	1024	256		80186
	系列 90-70/781	12K	4K	256		80386

表 3-1-8　法国 TELEMECANIQUE 公司 PLC 产品性能一览表

产　品	I/O数	模拟I/O数	扩展框	程序记忆/KB	扫描时间/ms	UNITEL WAY	TEL WAY	MAP WAY	智能模件
TSX17-10	120	—		8	3	—	—	—	—
TSX17-20	160	12		24	3	有	—	—	—
TSX47-10	256	32	1	34	0.4	—	有	—	—
TSX47-20	256	32	1	34	0.4	有	有	—	—
TSX47-30	512	32	4	56	0.4	有	有	—	—
TSX67-20	1024	128	6	56	0.4	有	有	—	有
TSX87-30	2048	256	14	128	0.4 17.6μs	有	有	—	有
TSX47-40	1024	32	6	112	0.5 17.6μs	有	有	有	有
TSX67-40	2048	128	14	224	0.5 17.6μs	有	有	有	有
TSX87-40	2048	256	14	352	0.5 10μs	有	有	有	有
TSX107-40	2048	256	14	352	0.32 4.7μs	有	有	有	有

表 3-1-9　MODICON 984 系列控制器

控制器							输入输出(I/O)					可选模块	
控制器型号	存储器			扫描时间	MODBUS接口	MODBUS+接口	I/O系列	最大				C986 协处理器(copro)	S911 热备处理器
	用户逻辑	寄存器	总计					开关量 I/O	总 I/O 位数	分站数	本地机架数		
M984-230	4K	1920	6K	5ms/K	1	—	300	64/48	64/64	1	—	—	—
984-380	4K 6K	1920	6K 8K	5ms/K	1 2	— —	800	256 任混	512/512	1	2	—	—
984-381	4K 6K	1920	6K 8K	5ms/K	2	—	800	512 任混	512/512	1	2	—	—
984-385	4K 6K	1920	6K 8K	5ms/K	1	1	800	512 任混	512/512	1	2	—	—
984-480	4K 8K	1920	6K 10K	5ms/K	2	—	800/500/200	1024 任混	3584/3584	7	2	—	—
984-485	4K 8K	1920	6K 10K	3ms/K	1	1	800/500/200	1024 任混	3584/3584	7	2	—	—
984-680	8K 16K	1920	10K 18K	3ms/K	2	—	800/500/200	2048 任混	16384/16384	32	5	有	有
984-685	8K 16K	1920	10K 18K	2ms/K	1	1	800/500/200	2048 任混	16384/16384	32	5	有	有
984-780	16K 32K	9999	26K 42K	1.5ms/K	2	—	800/500/200	8192/8192	16384/16384	32	5	有	有
984-785	16K 32K	9999	26K 42K	1.5ms/K	1	1	800/500/200	8192/8192	16384/16384	32	5	有	有
984X	8K	1920	10K	0.75ms/K	2	—	800/500/200	2048 任混	3584/3584	7	5	有	有
984A 带 S908 带 S901	16K 32K	1920	18K 34K	0.75ms/K	3	—	800/500/200	2048 任混 2048 任混	32768 任混 4096/4096	32 16	— —	有	有
984B 带 S908 带 S901	32K 64K	9999	42K 74K 106K 138K	0.75ms/K	3	—	800/500/200	8192/8192 4096/4096	32768/32768 4096/4096	32 16	— —	有	有

2　MODICON984 系列可编程控制器

MODICON984 系列是美国 MODICON 公司的全系列可编程控制器产品，该系列共有 13 个型号，用户逻辑从 1.5～64KB 可供选择，可支持的开关量点为 112～16384。

2.1　主机（控制器）

MODICON984 共有 13 个型号，也就是说有 13 种不同规格的主机（控制器）。其性能指标如表 3-1-9 所示。

选择 984PLC 主机，可以根据具体应用的开关量输入/输出的点数及模拟量输入/输出的点数，计算出所需的内存，再根据各种型号控制器可控的开关量和模拟量数目，即可确定主机型号。

内存计算公式为：

(开关量输入数×10)＋(开关量输出数×5)＋(模拟量输入数＋模拟量输出数)×100＝所需内存字节数

该数除以 1024 则为所需的 K 数。一般要考虑加上 10%～25%的余量。

在选定主机后需根据应用要求，选择合适的内存插件和执行插件。

2.2　MODICON 通讯网络

计算机和集成制造系统的发展要求现场控制设备之间（如 PLC），以及控制设备与上位计算机之间能进行数据通讯，以便实现整个工厂的统一管理和控制。MODICON 提供丰富的通讯网络产品：远程 I/O 通讯网络、MODBUS 主从通讯网络和 MODBUS⁺、MODBUSⅡ对等通讯网络等 4 种。

2.2.1　S908 高速数据远程 I/O 通讯系统

MODICON. S 908 是 MODICON 984 PLC 的高速远程 I/O 网络，最大 I/O 处理速度为 1.5Mbps。

S908 高速数据远程 I/O 通讯系统有两种方式。一种为内装式，在 MODICON 984-480 和 MODICON 984-485 中央处理器中内装了 S908 远程 I/O 处理器，可支持 6 个远程 I/O 站，见图 3-1-2。另一种为可选式，S908 高速数据远程 I/O 处理器做成可选板，最多可支持 32 个远程 I/O 站，见图 3-1-3。

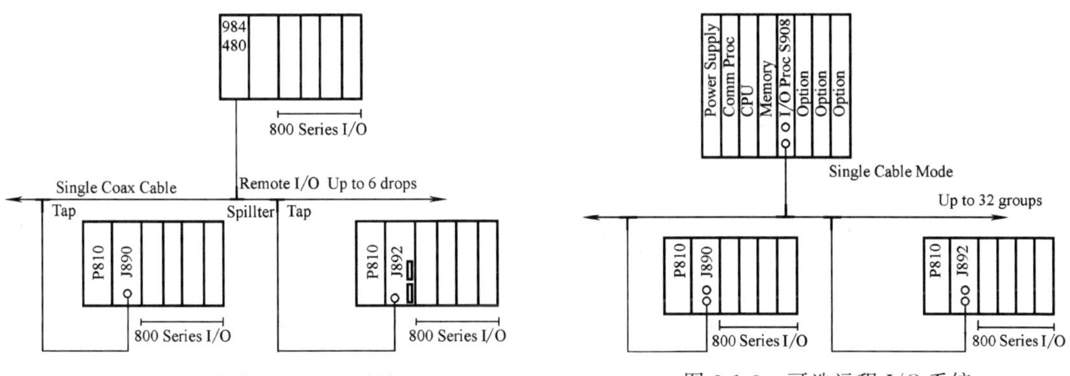

图 3-1-2　内装远程 I/O 系统　　　图 3-1-3　可选远程 I/O 系统

使用 S908 I/O 处理器模块也可以构成 I/O 冗余系统，见图 3-1-4。

2.2.2　内装 MODBUS 接口用于低成本和高效率的通讯

984 系列 PLC 都内装有 MODBUS 接口，用于构成主机多重通讯网络。一个 MODBUS 网络可容纳 1 台主机和多达 247 台从机，通讯速率最大为 19.2kbps，通讯介质可以是 4 线双绞线、电话线和微波。

2.2.3　内装 MODBUS⁺通讯接口用于对等通讯网络

MODBUS⁺是一个本地通讯网络，该通讯网络允许 984-385、485、685、785 PLC 以对等方式进行通讯，速度为 1Mbps，使用令牌传递通讯协议，使用屏蔽式双绞线。

在 IBM-PC/XT、AT 及其兼容机上，插入 SA85 网络适配器后，IBM-PC/XT、AT 可以与 MODBUS⁺网络上的 984 系列 PLC 进行数据通讯，从而可用 IBM-PC/XT、AT 对生产过程进行监控。

2.2.4　MODBUSⅡ高速对等通讯选件模块

984-680、685、780、785 PLC 可支持 MODBUSⅡ选件模块，构成与 MINI MAP 兼容的对等的通讯网络，符合 IEEE802.4 标准。通讯速率 5Mbps，在最多 64 台 PLC 之间提供数据实时响应（32 台性能最佳）。

经过 FM180 单元控制器，MODBUSⅡ网络可连接到 MAP2.1 网上。

MODBUSⅡ使用同轴电缆连接 MINI MAP 网络，编程使用两个简单的强功能指令 MBUS 和 PEER。

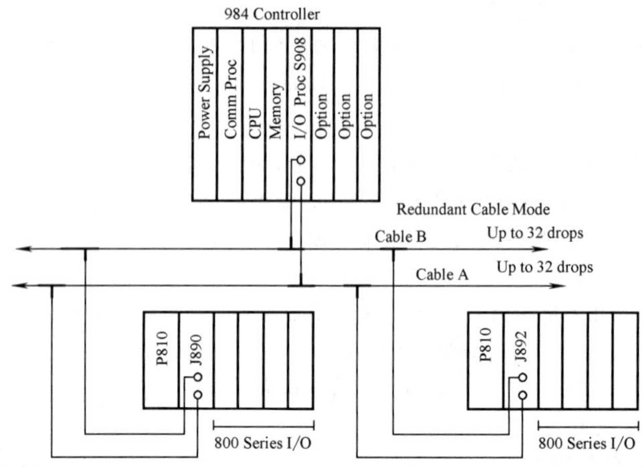

图 3-1-4　冗余 I/O 系统

2.3　可选模块

984 系列的 984-680、685、780、785、A、B、X 可支持选件模块，以增强系统并行处理能力和优化系统性能。可选模块包括 S908 远程 I/O 处理器、S975MODBUSⅡ通讯处理器、D908 分布式控制处理器、C986 协处理器（Copro）和 S911 热备处理器等 5 种。前两种模块的应用在 MODICON 通讯网络里已介绍了，下面介绍其他 3 种模块。

2.3.1　使用 D908 分布式控制处理器构成 984 分布式控制系统

以 D908 为接口，1 台 984 可对 32 个 984-680、685、780、785PLC 进行监视，以实现内部联锁和高速数据传送。通讯速率为 1.5Mbps。图 3-1-5 为 D908 分布系统典型例子。

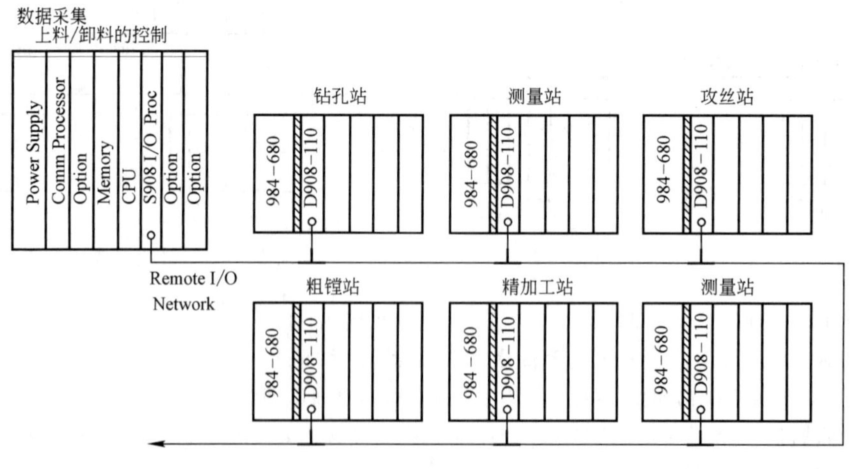

图 3-1-5　D908 分布系统

D908 也可以支持冗余 I/O 电缆系统，以防止电缆损坏或信号噪声的干扰，增强系统的可靠性。其典型配置见图 3-1-6。

2.3.2　MODICON C986 Copro 协处理器

C986 Copro 是一个工业化的多任务微机，它增加了 MODICON984 PLC 系统的实时处理能力。

C986 协处理器的作用是在 984 控制系统中增加一项微机数据处理功能，984 直接控制和检测现场设备，而 C986 则用于完成诸如统计质量控制、数据采集和处理、复杂计算、机器诊断和报表生成等工作。

C986 除了具有 4 个用户可配置的 RS-232/422 通讯端口用于连接各种智能设备外，还有 2 个用于高速数据传输的接口：IEEE-488 接口和大容量存储器接口。

IEEE-488 接口是一个高速并行接口。使用标准 IEEE-488 协议的 IEEE 接口，与数据记录仪、数据采集系统或计算机等设备交换数据的速度可达每秒 170KB。使用 IEEE-488 接口需要 MODICON 公司的 W488-006 专用电缆，以保证设备的正确连接。

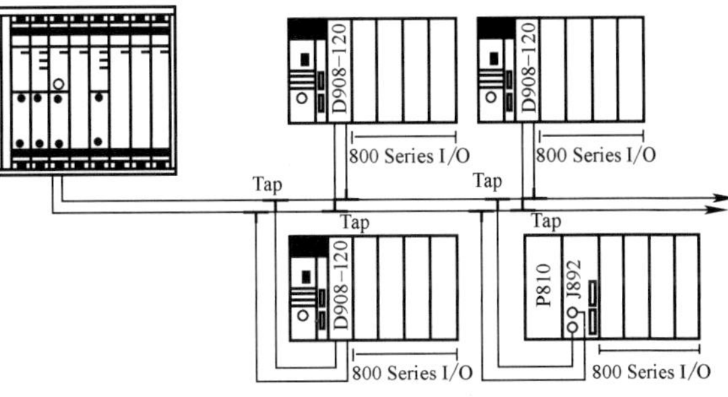

图 3-1-6　D908 冗余系统

MODICON 公司的大容量存储器是一带 40MB 硬盘和一容量为 360KB 的 12.7cm（5 吋）软盘驱动器的装置。大容量存储器可用于数据的记录和汇集，配方的存储与装入，保存 984 程序（C986 采用 NETDRUM 子程序，并经过其串行接口对 984 进行程序的装入和转储），C986 任务的存储与选择。

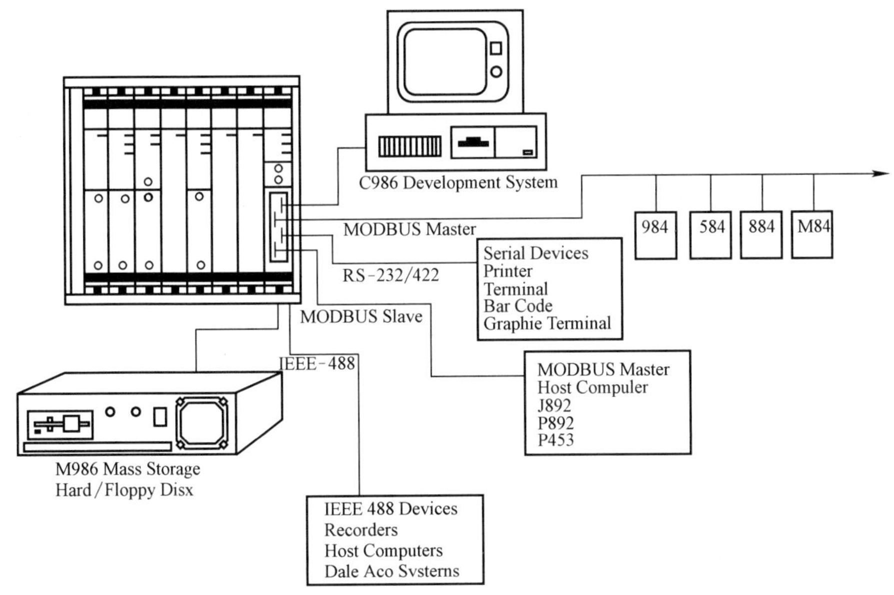

图 3-1-7　使用 C986 协处理器模块的 984 系统

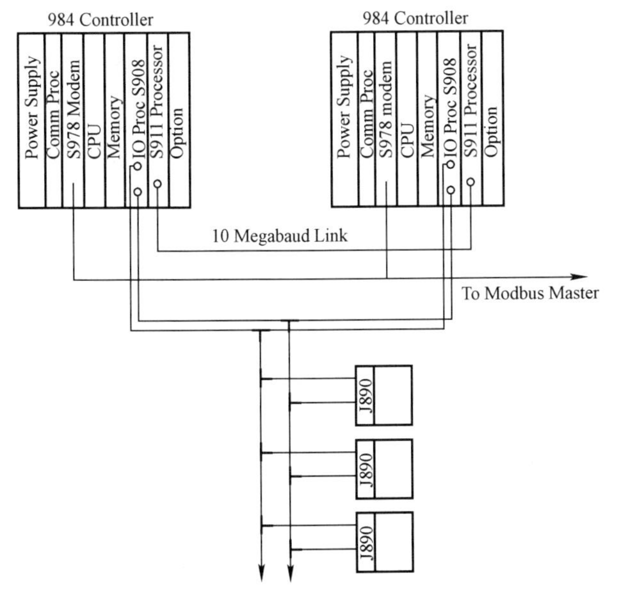

图 3-1-8　984 双机热备系统

使用 C986 协处理器模块的 984 系统如图 3-1-7 所示。

2.3.3　S911 热备处理器

S911 热备处理器对于那些由于安全和产量的原因要求系统的停机时间最短的应用，提供了高可靠性和安全性。S911 管理一个冗余控制系统，当工作控制器出现故障时，S911 可自动地进行切换，使备用控制器开始工作。只需要很少的硬件改变就可以实现冗余系统，即需要增加两块 S911 热备处理板和一个同样的 984PLC 就可以构成双机热备系统。图 3-1-8 是一个 984 双机热备系统。

2.4　800 系列 I/O 模块

MODICON800 系列 I/O 模块有 50 多种，用户很容易从中选取最适合其应用要求的模块。

800 系列 I/O 的基本模块如下。

2.4.1 开关量输入模块（表 3-1-10）

表 3-1-10 开关量输入模块表

型 号	电压范围	输入点数	公地点数	模块内部功耗/mA			占用状态表地址		接线端子型号
				5.0V	4.3V	−5.0V	开关量 I/O	寄存器 I/O	
B805-016	115V AC	16	8	40	1	14	16/0	0/0	AS-8534-000
B817-116	115V AC	16	1	25	25	8	16/0	0/0	AS-8535-000
B803-008	115V AC	8	1	27	1	2	8/0	0/0	AS-8534-000
B807-032	120V AC（TH）	32	8	80	2	0	32/0	0/0	AS-8535-000
B809-016	230V AC	16	8	42	1	15	16/0	0/0	AS-8534-000
B817-216	230V AC	16	1	25	25	8	16/0	0/0	AS-8535-000
B827-032	24V DC(TH)	32	32	30	1	0	32/0	0/0	AS-8535-000
B825-016	24V DC(TH)	16	8	27	2	0	16/0	0/0	AS-8534-000
B833-016	24V DC(TL)	16	8	27	2	0	16/0	0/0	AS-8534-000
B881-001	24V DC(LATCH)	16	16	30	1	0	0/0	1/1	AS-8534-000
B821-008	10～60V DC(TH)	8	2	27	1	0	8/0	0/0	AS-8534-000
B837-016	24V AC/DC	16	8	40	1	15	16/0	0/0	AS-8534-000
B849-016	48V AC/DC	16	8	40	1	15	16/0	0/0	AS-8534-000
B853-016	125V DC	16	8	40	1	15	16/0	0/0	AS-8534-000
B829-116	5V TTL	16	16	27	1	0	16/0	0/0	AS-8534-000
B865-001	TTL REGISTER	8CH	8	400	600	0	0/0	8/0	AS-8535-000

2.4.2 开关量输出模块（表 3-1-11）

表 3-1-11 开关量输出模块表

型 号	电压范围	输出点数	公地点数	模块内部功耗/mA			占用状态表地址		接线端子型号
				5.0V	4.3V	−5.0V	开关量 I/O	寄存器 I/O	
B804-016	115V AC	16	8	76	480	0	0/16	0/0	AS-8534-000
B810-008	115V AC	8	1	50	240	0	0/8	0/0	AS-8534-000
B802-008	115V AC	8	2	76	240	0	0/8	0/0	AS-8534-000
B806-032	120V AC(TH)	32	16	210	1.1	0	0/32	0/0	AS-8535-000
B808-016	230V AC	16	8	76	480	0	0/16	0/0	AS-8534-000
B838-032	24V DC(TH)	32	8	160	1	0	0/32	0/0	AS-8535-000
B826-032	24V DC(TH)	32	32	90	1	0	0/32	0/0	AS-8535-000
B824-016	24V DC(TH)	16	8	32	260	0	0/16	0/0	AS-8534-000
B832-016	24V DC(TL)	16	8	32	235	0	0/16	0/0	AS-8534-000
B820-008	10～60V DC(TH)	8	2	90	80	0	0/8	0/0	AS-8534-000
B836-016	12～250V DC	16	1	50	603	0	0/16	0/0	AS-8535-000
B814-108	RELAY(NO/NC)	8	1	107	800	0	0/8	0/0	AS-8534-000
B840-108	REED RELAY(NO/NC)	8	1	67	400	0	0/8	0/0	AS-8534-000
B828-016	5V TTL	16	16	32	220	0	0/16	0/0	AS-8534-000
B864-001	TTL REGISTER	8CH	8	220	180	0	0/0	0/8	AS-8535-000

2.4.3 模拟量输入模块(表 3-1-12)

表 3-1-12 模拟量输入模块表

型 号	说 明	通道数	模块内部功耗/mA			占用状态表地址		接线端子型号
			5.0V	4.3V	−5.0V	开关量 I/O	寄存器 I/O	
B875-101	FAST A/D:4～20mA;±10V;±5V;0～10V;0～5V;1～5V	8	650	975	0	0/0	8/0	在模块上
B875-001	A/D:4～20mA;1～5V	8	300	300	0	0/0	8/0	在模块上
B873-001	A/D:4～20mA;1～5V	4	300	300	0	0/0	4/0	在模块上
B875-011	A/D:−10～+10V	8	300	300	0	0/0	8/0	在模块上
B873-011	A/D:−10～+10V	4	300	300	0	0/0	4/0	在模块上

续表

型　号	说　　明	通道数	模块内部功耗/mA			占用状态表地址		接线端子型号
			5.0V	4.3V	−5.0V	开关量 I/O	寄存器 I/O	
B883-200	热电偶，类型：B、E、J、K、R、S、T、N 或者线性 m VRTD：美国或者欧洲 100Ω 铂电阻	10	300	0	0	0/0	3/3	在模块上
B883-201		8	400	5	0	0/0	3/3	在模块上
B846-001	模拟量多路器：16 路电压输入，1 路输出	16	65	1	0	0/0	0/1	AS-8535-000
B846-002	模拟量多路器：16 路电流输入，1 路输出	16	65	1	0	0/0	0/1	AS-8535-000

2.4.4 模拟量输出模块(表 3-1-13)

表 3-1-13 模拟量输出模块表

型　号	说　　明	通道数	模块内部功耗/mA			占用状态表地址		接线端子型号
			5.0V	4.3V	−5.0V	开关量 I/O	寄存器 I/O	
B872-002	D/A：4～20mA，1～5V	4	475	11	0	0/0	0/4	在模块上
B872-011	D/A：±10V，±5V，0～10V，0～5V	4	240	750	0	0/0	0/4	在模块上

2.4.5 智能 I/O 模块(表 3-1-14)

表 3-1-14 智能 I/O 模块表

型　号	说　　明	模块内部功耗/mA			占用状态表地址		接线端子型号
		5.0V	4.3V	−5.0V	开关量 I/O	寄存器 I/O	
B882-239	2 通道高速计数器，加计数，0～30kHz	188	0	0	0/0	2/2	在模块上
B883-001	2 通道高速计数器，加/减计数，50kHz，内部时钟	680	0	0	0/0	3/3	在模块上
B883-101	凸轮模拟器，绝对编码输入，8 个离散输出	1000	0	0	0/0	3/3	在模块上
B883-111	带速度补偿的凸轮模拟器	1000	0	0	0/0	3/3	在模块上
B884-002	2 回路 PID 调节，串级调节，单回路调节，11 个 I/O	50	0	0	0/0	4/4	在模块上
B885-001	ASCII/BASIC，64KB RAM，2 个 RS-232/422 接口	500	1760	0	0/0	6/6	在模块上

2.5 800 系列远程 I/O 适配器和远程 I/O 站

984PLC 有多种远程 I/O 适配器，为 984PLC 和 800 系列 I/O 之间提供一个直接的接口（参阅表 3-1-15 和表 3-1-16）。

表 3-1-15 800 系列远程 I/O 适配器和接口一览表

型　号	说　　明	使用机架	槽　宽
S908-110	984-68X、78X 远程 I/O 处理器，单电缆	H8XX-209	1(4)
S908-120	984-68X、78X 远程 I/O 处理器，双电缆	H8XX-209	1(4)
D908-110	984-68X、78X 分布式控制处理器，单电缆	H8XX-209	1(4)
D908-120	984-68X、78X 分布式控制处理器，双电缆	H8XX-209	1(4)
J890-001	远程 I/O 适配器，用于 S908，单电缆	H8XX-103/107	1.5
J890-002	远程 I/O 适配器，用于 S908，双电缆	H8XX-103/107	1.5
P890-000	远程 I/O 适配器，用于 S908，单电缆，内装 3A 电源	H8XX-209	1
J892-001	远程 I/O 适配器，用于 S908，单电缆，2 个 ASCII 端口	H8XX-103/107	1.5
J892-002	远程 I/O 适配器，用于 S908，双电缆，2 个 ASCII 端口	H8XX-103/107	1.5
P892-000	远程 I/O 适配器，用于 S908，单电缆，2 个 ASCII 端口，内装 3A 电源	H8XX-209	1
J810-000	远程 I/O 适配器，用于 S901	H8XX-103/107	1.5
J812-000	远程 I/O 适配器，用于 S901，2 个 ASCII 端口	H8XX-103/107	1.5

表 3-1-16　远程 I/O 站一览表

控制器型号	远程 I/O 处理器型号	远程 I/O 接口（适配器）	冗余电缆	最　　大				
				每站 I/O 位数①	电缆距离	ASCII 接口②		每站模块数
						分站	共计	
M984-230	—	—	—	—	—	—		—
984-38X	—	—	—	—	—	—		—
984-48X	S908/800 （内装） /200③	J890/J892 P890/P892 J290/J291	— — —	512/512 512/512 256/256	5000ft④	2	12	32
984-68X	S908/800 /800 /200③	J890/J892 P890/P892 J290/J291	√ — J290 支持	512/512 512/512 256/256	5000ft	2	32	32
984-78X	S908/800 /800 /200③	J890/J892 P890/P892 J290/J291	√ — J290 支持	512/512 512/512 256/256	5000ft	2	32	32
984X	S929/800 /800 /200③	J890/J892 P890/P892 J290/J291	— — —	512/512 512/512 256/256	15000ft	2	12	32
984A	S908/800 /800 /200③ S901/800 /200③	J890/J892 P890/P892 J290/J291 J810/J812 P451/P453	√ — J290 支持 — —	1024/1024 1024/1024 256/256 256/256 256/256	15000ft	2	32	32
984B	S908/800 /800 /200③ S901/800 /200③	J890/J892 P890/P892 J290/J291 J810/J812 P451/P453	√ — J290 支持 — —	1024/1024 1024/1024 256/256 256/256 256/256	15000ft	2	32	32

① 每个开关量 I/O 点需占 1 位，每个模拟量/寄存器 I/O 点需占 16 位。

② 每个 B885 ASCII/BASIC 模块提供 2 个附加的 ASCII 接口。

③ 500 系列 I/O 模块经由 P45X/J540 接口（仅适用于开关量）。

④ 1ft=0.3048m。

2.6　控制器机架和 800 系列 I/O 机架

984 系列 PLC 有多种型号的机架，以便安装各种插件组成 984 系列 PLC 系统。表 3-1-17～表 3-1-20 分别列出控制器机架一览表、800 系列 I/O 机架一览表及与其配套的 800 系列电源一览表和 800 系列 I/O 电缆一览表。

表 3-1-17　控制器机架一览表

984-38X,-48X,-68X,-78X 机架		984A,984B,984X 机箱	
H819-209		P93X-004	
类型	主机架	类型	4 槽机箱
尺寸	19″(48.3cm)	质量	43lb
可装 I/O 模块数	6(984-38X,-48X)		
	5(984-68X,78X)	可选槽	2(984X)
H×D×W	13.5″×8.87″×17.48″		0(984A,984B)
	(34.29×22.52×44.39cm)	H×D×W	19″×11″×10.5″
			(279mm×483mm×267mm)

续表

H827-209		P93X-007	
类型	主机架	类型	7 槽机箱
尺寸	27″(68cm)	质量	54lb
可装 I/O 模块数	10(984-38X,-48X) 9(984-68X,78X)	可选槽	3(984A,984B)
H×D×W	13.5″×8.87″×27.8″ (34.29×22.52×68.77cm)	H×D×W	19″×19″×10.5″ (483mm×483mm×267mm)

表 3-1-18　800 系列 I/O 机架一览表

型　号	说　　明	长度	可装 I/O 模块数
H819-209	主机架,用于 984-38X,48X,68X,78X,S908,P890 和 I/O	19″ (48.3cm)	6(38X,48X),5(68X,78X),4(68X,78X 带 S908)
H827-209	主机架,用于 984-38X,48X,68X,78X,S908,P890 和 I/O	27″ (68cm)	10(38X,48X),9(68X,78X),8(68X,78X 带 S908)
H819-103	主机架,用于远程 I/O 适配器,电源和 I/O	19″ (48.3cm)	4(带适配器和电源)
H827-103	主机架,用于远程 I/O 适配器,电源和 I/O	27″ (68cm)	8(带适配器和电源)
H819-100	从机架,用于电源和 I/O	19″ (48.3cm)	5(带电源),7(不带电源)
H827-100	从机架,用于电源和 I/O	27″ (68cm)	9(带电源),11(不带电源)

表 3-1-19　800 系列 I/O 电缆一览表

型　号	说　　明	长　度			
		1.5ft	6.0ft	12.0ft	20ft
W801-XXX	I/O 机架间信号电缆,用于本地站和远程站	-002	-006	-012	无
W808-XXX	I/O 机架电源电缆,I/O 机架到一不装电源的机架	-002	-006	无	无
W802-XXX	I/O 机架电源电缆,I/O 机架到一不装电源的机架	无	无	-012	无
W804-XXX	I/O 机架电源电缆,I/O 机架到一装电源的机架	-002	-006	-012	无
W929-XXX	984X 到本地站的信号电缆	无	-006	-012	-020

表 3-1-20　800 系列 I/O 电源一览表

型　　号	说明	电压	使用机架	槽宽	输出功率/mA		
					+5.0V	+4.3V	−5.0V
P884-001	装入远程 I/O 主从机架	120/220V AC	H8XX-100/103/107	1.5	5000	10100	500
P890-000	装入远程 I/O 主从机架	120/220V AC 或 24V DC	H8XX-209	1.0	3000	3000	250
P802-001	装入远程 I/O 主从机架	24V DC	H8XX-100/103/107	1.5	2500	10100	500
P892-000	装入远程 I/O 主从机架	120/220V AC 或 24V DC	H8XX-209	1.0	3000	3000	250
P810-000	装入远程 I/O 主从机架	120/220V AC	H8XX-100/103/107	1.5	5000	5000	300(1)
984-68X/78X	内部电源用于本地 I/O	120/220V AC,24V DC	H8XX-209	1.5	8000	6000	500(2)
984-48X/38X	内部电源用于本地 I/O	120/220V AC,24V DC	H8XX-209	1.0	3000	3000	250(3)

2.7　编程与支持软件

MODICON 提供了许多强功能的支持软件。

2.7.1　P190 编程器和软件

984PLC 可以用 P190 编程器编程。P190 内装有磁带驱动器和一个打印机接口。P190 软件为 984PLC 提供如下在线编程、组态和档案管理功能：

① 编程支持软件　用户使用该软件可编写梯形逻辑程序和组态 I/O；

② 文件生成支持软件　使用梯形图列表功能，编排程序并生成文件；

③ 控制器支持软件　将上述两个软件结合在一个软件包内。

2.7.2　模拟 P190 软件的 IBM 个人计算机软件

在 IBM 个人计算机（PC/XT 或 AT 以及兼容机）上装上该软件后，就可以用 IBM 个人计算机对 984PLC 进行编程、组态和编档保存。

IBM 个人计算机要求配置有 320KB 内存、串行口，至少 10MB 硬盘和不低于 DOS2.1 版本。

2.7.3 DEC 用于档案保存的文件编制软件

该软件可用于 PDP-11 和 VAX 计算机，做档案保存、文件处理等操作。

2.7.4 强功能的 IBM 在线和离线软件

MODICON984 PLC 的 IBM 软件有在线和离线两种。该软件可简化程序编制、调试和应用程序的文件编制。该软件除了具有 P190 的软件特性外，还具有离线编制梯形逻辑程序、在线修改逻辑程序、ASCII 信息生成文件库等功能。

2.8 使用环境和电源要求

使用环境和电源要求见表 3-1-21。

表 3-1-21 环境和电源要求

环境		电源	
温度	0～60℃(32～140°F)	正常电压	120V RMS(98～133V AC,频率 47～63Hz) 220V RMS(195～265V AC,频率 47～63Hz)
湿度	0～95% 无凝结		24V DC(20.4～27.6V DC),用于 984-38X,-48X,-68X,-78X
冲击	10G's,11ms		
振动	0.625 在 50～500Hz		电压可由用户选择
RFI/EMI	符合 FCC 要求	浪涌冲击	ANSI C37.90a/IEEE472
RFI/EMI 辐射	MIL STD-461B CS02-传导	正常负载	180VA(P930),300VA(P933) 40VA(984-38X,-48X)80VA(984-68X,78X)
	RS03-辐射	指示灯	电源,CPU,内存,Modbus 通讯
UL 列表	E54088		远程 I/O 通讯状态显示
CSA 列表	LR32678	控制开关	交流电源开关,直流电源开关,内存保护开关

2.9 984-685PLC 硬件构成举例

图 3-1-9 是某厂安全联锁 PLC 控制系统的硬件构成图。

该工艺过程完全由 DCS 系统控制。由于要求安全联锁十分可靠，该安全联锁控制不由 DCS 系统来完成，而专门设计 PLC 系统独立完成。

PLC 的主机采用冗余热备份的方式，一台主机工作，另一台主机热备份。当工作中的主机出现故障时，能自动切换到另一台主机继续工作，这样大大提高了安全联锁控制系统的可靠性。

该系统输入有开关量输入 128 点，模拟量输入 16 点；输出有开关量输出 64 点，模拟量输出 4 点。

3 富士 T40 可编程控制器

T40 是日本富士公司生产的小型 PLC 产品。

3.1 构成

T40 是由基本系统、扩展系统、编程器、EPROM 写入器、编程器延长连接器和扩展电缆等部分组合而成。其机种及部件见表 3-1-22。

表 3-1-22 机种和部件一览表

项目	系统	程序存储器	输出指标			(输入/输出)点数
			继电器输出型 2A/1 点	双向可控硅输出型 2A/1 点	晶体管输出型 2A/1 点	
1	基本系统	1024 字	T40-R	T40-S	T40-T	输入 24/输出 16 点
2	基本系统内有连接器	1024 字	T40P-R	T40P-S	T40P-T	输入 24/输出 16 点
3	扩展系统		T24E-R	T24E-S	T24E-T	输入 16/输出 8 点
			T16E-R	T16E-S	T16E-T	输出 16 点
4	编程器		A12T			
5	EPROM 读入器		A03M			
6	编程器延长连接器		A00M（带加长电缆 0.8m)			
7	扩展电缆		UY2111 型：长 50mm，UY2112 型：长 400mm			

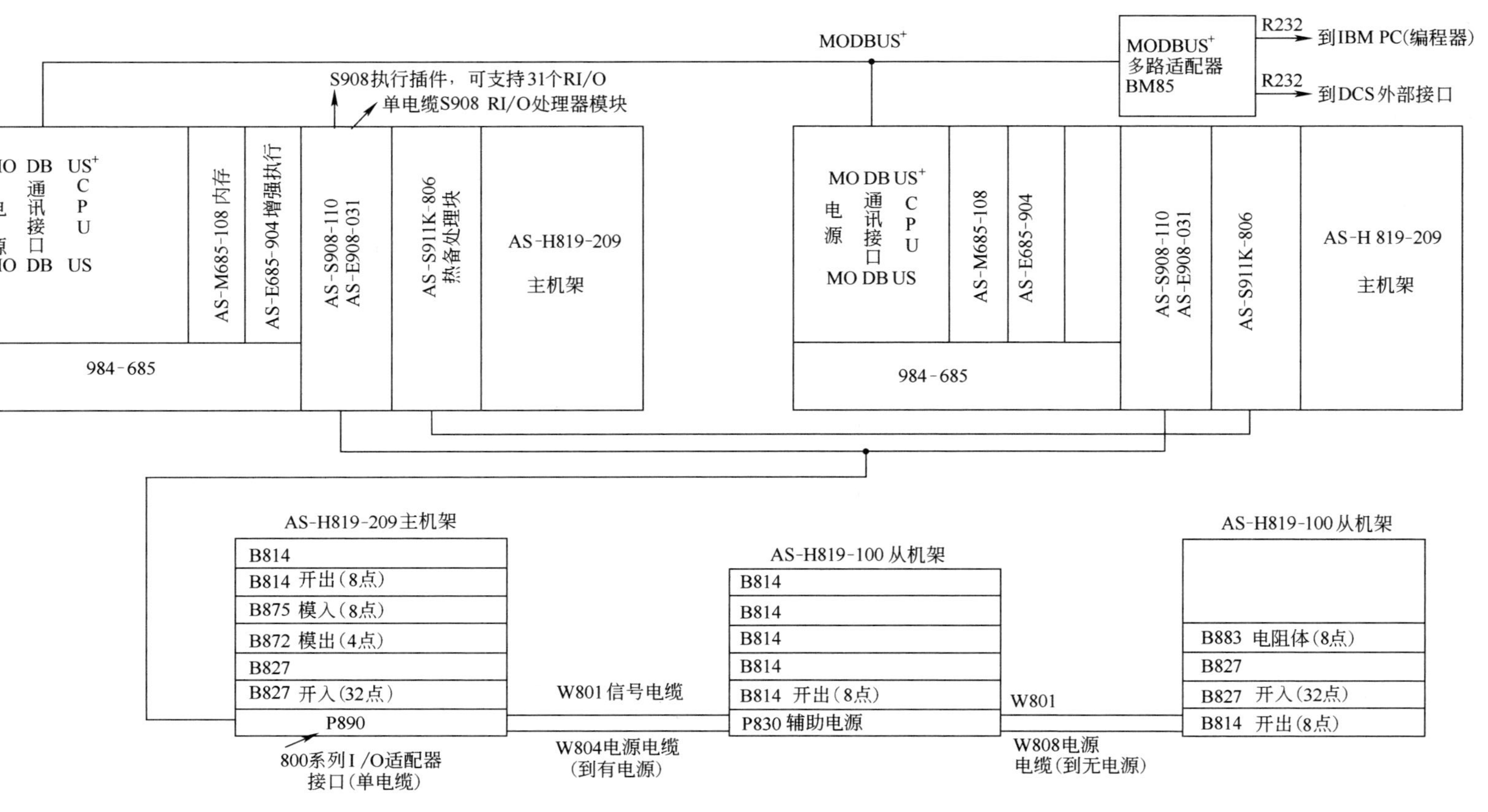

图 3-1-9　984-685PLC 结构图

（1）基本系统　基本系统 T40 是主机，不但有 CPU 和内存储器，还带有 24 点开关量输入和 16 点开关量输出。程序存储器的容量是 1024 个字节。CMOS RAM 是采用超电容加锂电池或镍镉电池的双重备用电源。

（2）扩展系统　扩展系统 T24E 有 16 点开关量输入和 8 点开关量输出。T16E 只有 16 点开关量输出。不论是基本系统还是扩展系统，其开关量输出都有 3 种类型供选择：继电器输出型（R 型）、双向可控硅输出型（S 型）和晶体管输出型（T 型）。由于 T40、T24E 和 T16E 的组合使用，可以构成 40～112 点输入/输出的 PLC 系统。表 3-1-23 为系统组合一览表。

表 3-1-23　系统组合一览表

系统 I/O 总计点数			40	56	64	72	80	88		96	104	112	1 个单元实装的输入输出点数
输入/输出点数			24/16	24/32	40/24	24/48	40/40	56/32	24/64	40/56	56/48	72/40	
基本系统	T40（P）	-R											
		-S	1	1	1	1	1	1	1	1	1	1	输入 24/输出 16 点
		-T											
扩展系统	T24E	-R											
		-S	0	0	1	0	1	2	0	1	2	3	输入 16/输出 8 点
		-T											
	T16E	-R											
		-S	0	1	0	2	1	0	3	2	1	0	输出 8 点×2 的卡共 16 点
		-T											
扩　展　电　缆			0	1	1	2	2	2	3	3	3	3	—

（3）编程器　编程器 A12T 是插拔式的，可以直接插在主机上，也可以通过编程器延长连接器 AOOM（带加长电缆 0.8m）远离主机操作。

（4）EPROM写入器　T40 编程完并调试成功后，可由 EPROM 写入器把程序写入 EPROM，再把 EPROM 装到 T40 上。以后，一开机 T40 就自动按 EPROM 上的程序运行。

3.2　地址指定范围

T40PLC 的所有输入/输出点都有固定的地址，而定时器、计数器等则由用户在指定的范围内自定义地址。T40 的地址全用 10 进制数表示，其地址范围如表 3-1-24 所示。

表 3-1-24　地址范围一览表

名　　称	地址号	点　数	场　所	停　电　时　动　作
程序地址号	0～1023	1024 字	程序存储器	能够用后备电容及锂电池、或镍镉电池双重备用
输入范围	0.0～2.7	24 点	内部数据[①]存储器	固定区(基本单元部分)
输出范围	3.0～4.7	16 点		
输入、出范围	5.0～13.7	72 点		扩展区(扩展单元部分)
辅助继电器	14.0～47.7	272 点		挥发(电源投入时 OFF)
定时器[②]				
计数器[②]				
移位寄存器				
步控制器				
保持继电器	48.0～63.7	128 点		不挥发

① 输入、输出继电器的空地址号可以作为辅助继电器、定时器、计数器、移位寄存器、步控制器来用。

② 定时器的设定值：0.1～12.7s，计数器的设定值：1～127。

3.3　内部数据存储器的构成和分配

内部数据存储器 1 位单位的位地址、8 位单位的卡地址如表 3-1-25 所示，其确定辅助开关量、定时器、计数器、移位寄存器、步控制器等分配到这个范围的某处。卡地址表示继电器 8 点的地址号，及定时器、计数器、移位寄存器、步控制器 1 点的地址号。位地址表示包含在一个卡的一个个继电器的地址号。例如 5 号卡的先头内部继电器表示成 5.0 号。1.2 是基本单元的 1.2 号端子的输入继电器。

表 3-1-25 地址分配表

卡地址 \ 位地址	0	1	2	3	4	5	6	7	区域
0	0.0	0.1	0.2	0.3	0.4	0.5	0.6	0.7	输入区；基本单元（固定）
1	1.0	1.1	1.2	1.3	1.4	1.5	1.6	1.7	
2	2.0	2.1	2.2	2.3	2.4	2.5	2.6	2.7	
3	3.0	3.1	3.2	3.3	3.4	3.5	3.6	3.7	输出区
4	4.0	4.1	4.2	4.3	4.4	4.5	4.6	4.7	
5	5.0	5.1	5.2	5.3	5.4	5.5	5.6	5.7	扩展 I/O；扩展单元（最大）
6	6.0	6.1	6.2	6.3	6.4	6.5	6.6	6.7	
				⋮					
12	12.0	12.1	12.2	12.3	12.4	12.5	12.6	12.7	
13	13.0	13.1	13.2	13.3	13.4	13.5	13.6	13.7	
14	14.0	14.1	14.2	14.3	14.4	14.5	14.6	14.7	内部数据存储区
15	15.0	15.1	15.2	15.3	15.4	15.5	15.6	15.7	
16	16.0	16.1				16.5	16.6	16.7	
				⋮					
			44.2	44.3					
45	45.0	45.1	45.2	45.3	45.4	45.5	45.6	45.7	
46	46.0	46.1	46.2	46.3	46.4	46.5	46.6	46.7	
47	47.0	47.1	47.2	47.3	47.4	47.5	47.6	47.7	
48	48.0	48.1	48.2	48.3	48.4	48.5	48.6	48.7	
49	49.0	49.1	49.2	49.3	49.4	49.5	49.6	49.7	
50	50.0								不挥发区（即使停电数据也不消失）
				⋮					
		59.1	59.2	59.3	59.4			59.7	
60	60.0	60.1	60.2	60.3	60.4	60.5	60.6	60.7	
61	61.0	61.1	61.2	61.3	61.4	61.5	61.6	61.7	
62	62.0	62.1	62.2	62.3	62.4	62.5	62.6	62.7	
63	63.0	63.1	63.2	63.3	63.4	63.5	63.6	63.7	

使用定时器或计数器时，一个卡为一个定时器或计数器，位地址 7 表示是否工作。若位地址 7 为 1，则表示定时器工作或计数器工作。

使用移位寄存器或步控制器时，一个卡为一组移位寄存器（8 位组成）或一组步控制器（8 步）。例如，若 15 号卡作为步控制器，则 15.2 为 10 号步控制器的第 3 步。

卡作为继电器用，还是作为定时器用，由程序自由选择。

3.4 指令系统

3.4.1 指令的种类

T40 有包括逻辑运算、功能运算、输入输出控制及其他功能的指令共 17 条，见表 3-1-26。

表 3-1-26 指令一览表

指令字	阶梯图符号	对象继电器	说明
R		输入输出继电器、辅助继电器、保持继电器、定时器、计数器	逻辑开始 运算结果的中间存储
RN		输入输出继电器、辅助继电器、保持继电器、定时器、计数器	逻辑开始 运算结果的中间存储
A		输入输出继电器、辅助继电器、保持继电器、定时器、计数器	逻辑积
AN		输入输出继电器、辅助继电器、保持继电器、定时器、计数器	逻辑积
O		输入输出继电器、辅助继电器、保持继电器、定时器、计数器	逻辑和
ON		输入输出继电器、辅助继电器、保持继电器、定时器、计数器	逻辑和
A MRG			前一指令以前的运算结果和这以前的中间记忆的逻辑积①
O MRG			前一指令以前的运算结果和这以前的中间存储的逻辑和①
W		入出继电器、辅助继电器、保持继电器	输出
W TMR		定时器	定时器动作
W CTR		计数器	计数器动作
DS			定时器、计数器的设定值②
W SR		输入输出继电器、辅助继电器、保持继电器	移位寄存器工作③
W SC		输入输出继电器、辅助继电器、保持继电器	步控制器工作③
CLR			卡的数据清除③
W NRG			通用内部锁定④
WN NRG			通用内部锁定解除④

① 暂存堆栈（MRG）是一段。

② TMR、CTR 的设定值是由 DS 指令进行，在 TMR 指令、CTR 指令的前一个程序。

③ 详细的指令动作参照后面。

④ 具体的使用方法参照后面。

3.4.2 寄存器种类

T40 用指令执行运算时，必须把运算的结果放到暂存的地方。暂存这个运算结果的地方叫寄存器，有下面 3 种类型。

（1）ARG（运算寄存器：ARITHMETIC REGISTER）

运算结果——→ ARG

动作：

① 在 R、RN 指令下，把指定的继电器号的内容（ON、OFF 状态）放入；

② 在 A、AN，O、ON 指令下，把指定的运算结果放入。

（2）MRG（存储寄存器：MEMORY REGISTER）

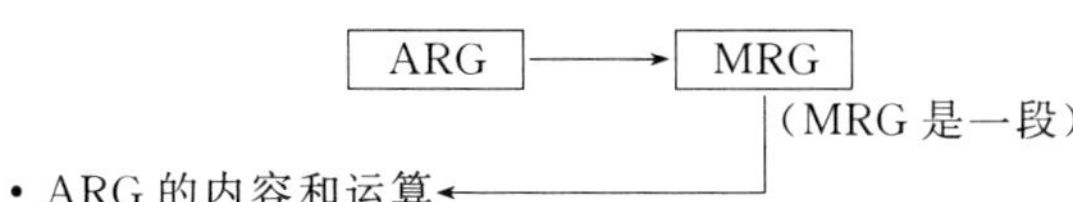

动作：

① 在 R、RN 指令下，把 ARG 的内容自动地退到 MRG；

② 在 A、MRG，O、MRG 指令下，运算 MRG 和 ARG 的内容。

(3) NRG（运算联锁寄存器：INTERLOCK REGISTER）

ARG ——→ NRG

动作：

① 用 W NRG 指令把 ARG 的内容放到 NRG 中；

② 程序执行时 W NRG 以后的阶段是 NRG 的内容和 AND 运算；

③ 用 WN NRG 指令把数据“1”放到 NRG 中，“让 NRG 内容和 AND 运算”的指令被解除。

3.4.3 指令动作说明

(1) R（读）/W（写）

顺　序

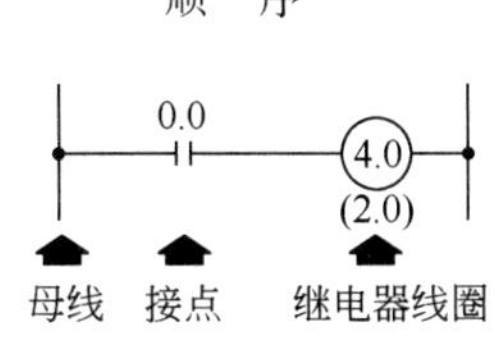

编　码

步	指令
0	R　0.0
1	W　4.0 (2.0)

寄存器内容

ARG	MRG
0.0	—
0.0	—

R——母线的启动必须使用 R 指令。

指令	
R	0.0

W——继电器线圈必须用 W 指令。

指令	
W	4.0 (2.0)

寄存器动作：

R——把指定接点的内容（ON 或 OFF）记到 ARG 中，而且 ARG 以前的内容被传送到 MRG 中。

0.0 ——→ ARG ——→ MRG

W——把 ARG 的内容输出到指定的继电器号上（这时 ARG 的内容不变）。

ARG ——→ 4.0(2.0)

(2) RN（非读）/W（写）

顺　序

0.0　4.0 (2.0)

编　码

步	指令
0	RN　0.0
1	W　4.0 (2.0)

寄存器内容

ARG	MRG
0.0	—
0.0	—

RN——母线启动使用反转接点时，用 RN 代替 R 指令。

指令	
RN	0.0

寄存器动作：

RN——使指定接点的内容反转记到 ARG 上，而且 ARG 以前的内容被送到 MRG 中。

(3) A（与）

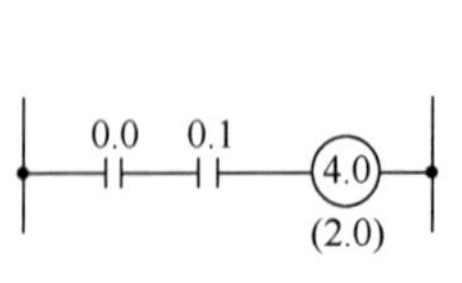

编 码

步	指令
0	R 0.0
1	A 0.1
2	W 4.0 (2.0)

寄存器内容

ARG	MRG
0.0	—
0.0 0.1	—
0.0 0.1	—

A——串联接点使用指令 A。

指令	
A	0.1

寄存器动作：

A——把指定接点的内容进行 ARG 和 AND 运算，其结果放到 ARG 中。

接点数：

接点数不限，不管多少连续用 A 即可。

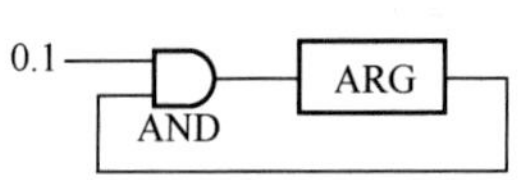

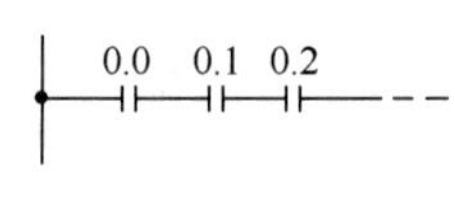

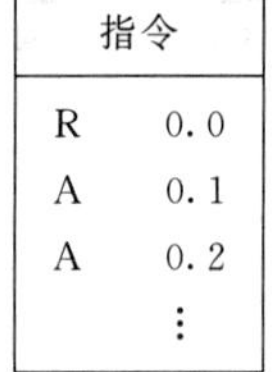

指令	
R	0.0
A	0.1
A	0.2
	⋮

(4) AN（与非）

顺 序

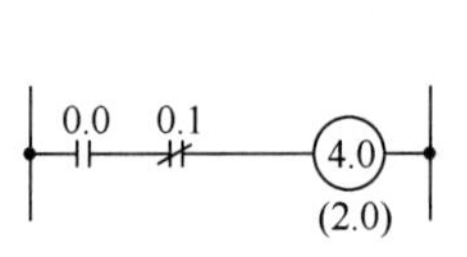

编 码

步	指令
0	R 0.0
1	AN 0.1
2	W 4.0 (2.0)

寄存器内容

ARG	MRG
0.0	—
0.0 0.1	—
0.0 0.1	—

AN——串联接点为 b 接点时用 AN 指令代替 A 指令。

指令	
AN	0.1

寄存器动作：

AN——使指定接点的内容反转并将 ARG 和 AND 运算，其结果放到 ARG 中。

接点数：

接点数不限，不管多少连续用 AN 即可。

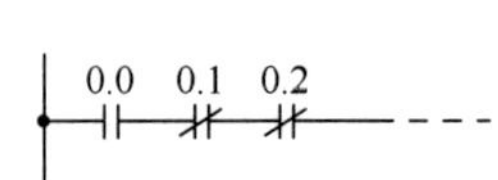

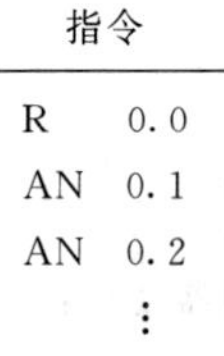

指令	
R	0.0
AN	0.1
AN	0.2
	⋮

（5）O（或）

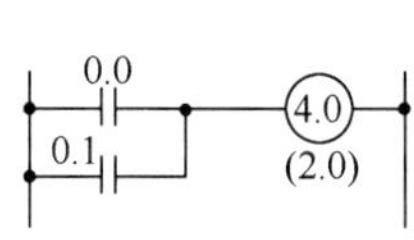

编　码

步	指令
0	R　0.0
1	O　0.1
2	W　4.0 (2.0)

寄存器内容

ARG	MRG
0.0	
0.0 0.1	
0.0 0.1	

O——并联接点使用 O 指令。

指令	
O	0.1

寄存器动作：

O——把指定接点的内容进行 ARG 和 OR 运算，其结果存到 ARG 中。

接点数：

接点数不限，不管多少次连续用 O 即可。

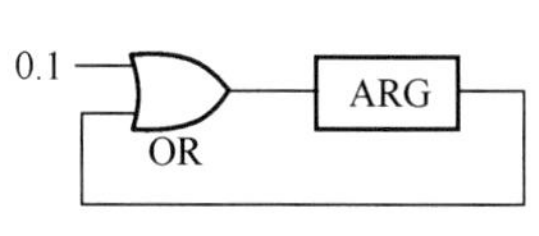

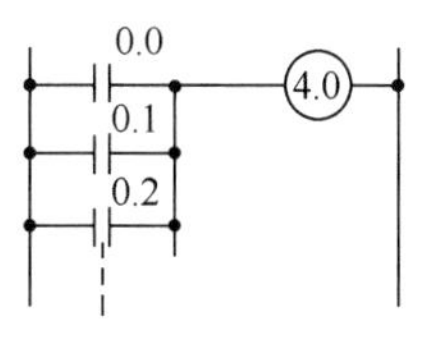

指令	
R	0.0
O	0.1
O	0.2
	⋮

（6）ON（或非）

顺　序

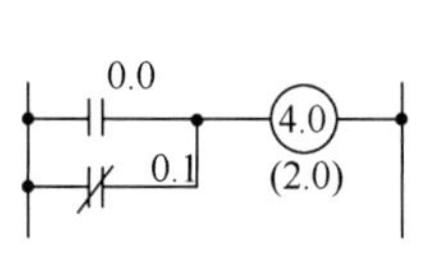

编　码

步	指令
0	R　0.0
1	ON　0.1
2	W　4.0 (2.0)

寄存器内容

ARG	MRG
0.0	
0.0 0.1	
0.0 0.1	

ON——并联 b 接点时使用 ON 指令代替 O 指令。

指令	
ON	0.1

寄存器内容：

ON——将指定的接点内容反转作 ARG 和 OR 运算，其结果存到 ARG 中。

接点数：

接点数不限，不管多少次，连续用 ON 即可。

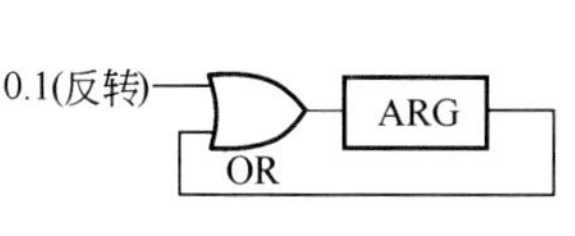

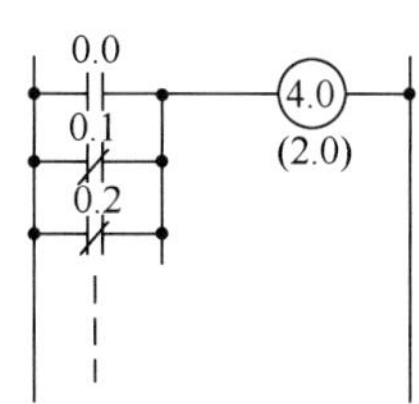

指令	
R	0.0
ON	0.1
ON	0.2
⋮	
W	4.0 (2.0)

(7) A MRG（与 MRG）

顺　序

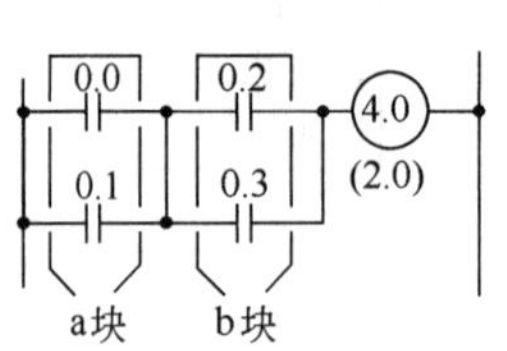

编　码

步	指　令
0	R　　0.0
1	O　　0.1
2	R　　0.2
3	O　　0.3
4	A　MRG
5	W　　4.0 (2.0)

寄存器内容

ARG	MRG
0.0	
0.0 0.1	
0.2	0.0 0.1
0.2 0.3	0.0 0.1
0.0 0.2 0.1 0.3	
0.0 0.2 0.1 0.3	

R（步 2 的 R0.2）——在 a 块内作 AND，块内最初使用的指令。

A MRG——将 a 块和 b 块串联时使用。

寄存器动作：

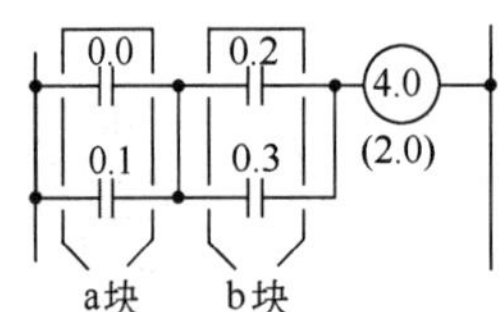

① 把 R 0.0 O 0.1 的块运算结果存到 ARG 中；

② 由于 b 块 R0.2，a 块的内容传送到 MRG 中；

③ 将 MRG（a 块）和 ARG（b 块）的内容串联，再存到 ARG 中（A MRG 指令执行时）。

A MRG——将 ARG 和 MRG 的内容进行运算，其结果放到 ARG 中。

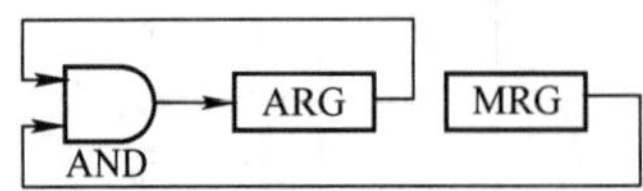

块数：

作 A MRG 的块数不限。用多少，连续用 R～A MRG 即可。

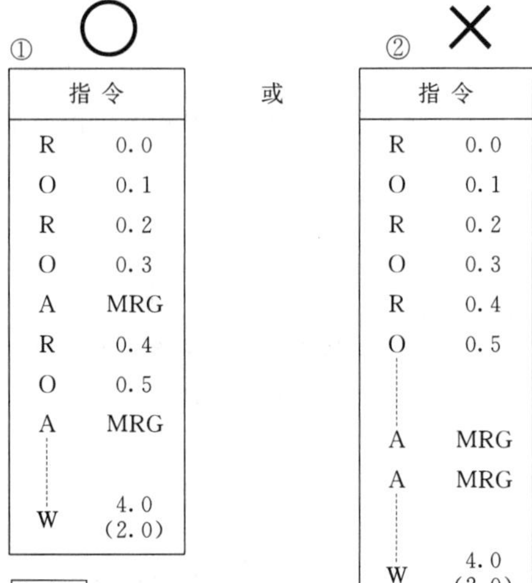

① ○

指令	
R	0.0
O	0.1
R	0.2
O	0.3
A	MRG
R	0.4
O	0.5
A	MRG
⋮	
W	4.0 (2.0)

或

② ×

指令	
R	0.0
O	0.1
R	0.2
O	0.3
R	0.4
O	0.5
⋮	
A	MRG
A	MRG
⋮	
W	4.0 (2.0)

注 意

上图的顺序时，有程序①和②的方法。在 μT mini、μT micro 中 MRG1 段作①那样的程序。

(8) O MRG

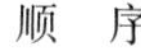

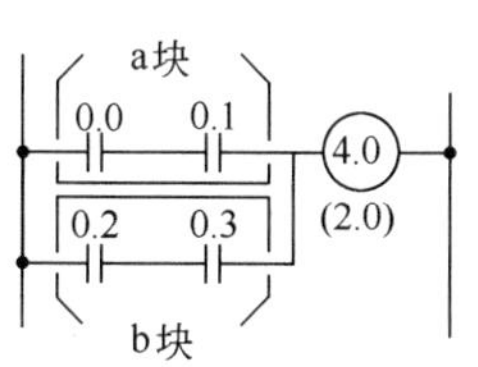

编　码

步	指　令
0	R　0.0
1	A　0.1
2	R　0.2
3	A　0.3
4	O　MRG
5	W　4.0 (2.0)

寄存器内容

ARG	MRG
0.0	
0.0 0.1	
0.2	0.0 0.1
0.2 0.3	0.0 0.1
0.0 0.1 / 0.2 0.3	
0.0 0.1 / 0.2 0.3	

R（步 2 的 R 0.2）——在 a 块中作 OR，块内最初使用的指令。

O MRG——将 a 块和 b 块并联时使用。

寄存器的动作：

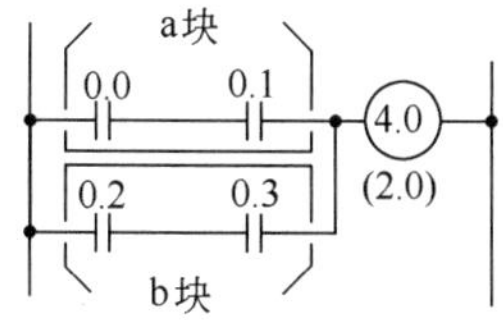

① 由 R 0.0 A 0.1 把 a 块的运算结果存到 ARG 中；

② 由于 b 块 R 0.2，a 块的运算结果传送到 MRG 中等待，另外 b 块的 R 0.2 A 0.3 的运算结果存到 ARG 中；

③ 将 MRG（a 块）和 ARG（b 块）内容并联，再送到 ARG 中（O MRG 指令执行时）。

O MRG——ARG 和 MRG 的内容进行 OR 运算，其结果存到 ARG 中。

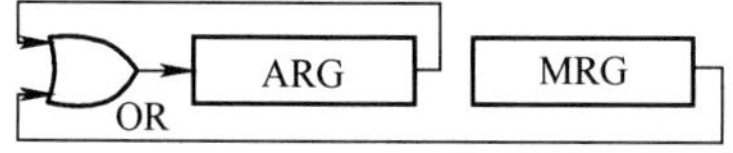

块数：

作 O MRG 块数不限。用多少次，连续使用 R～O MRG 即可。

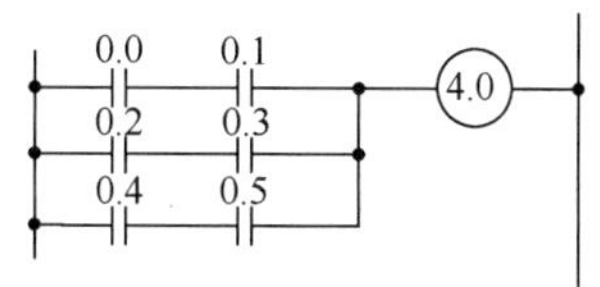

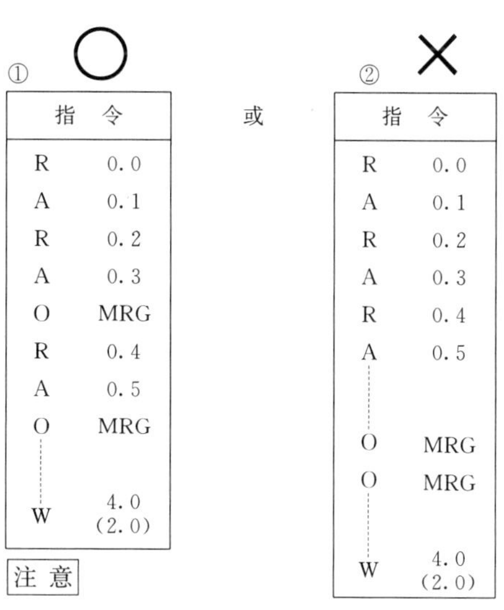

① ○

指　令	
R	0.0
A	0.1
R	0.2
A	0.3
O	MRG
R	0.4
A	0.5
O	MRG
⋮	
W	4.0 (2.0)

或

② ×

指　令	
R	0.0
A	0.1
R	0.2
A	0.3
R	0.4
A	0.5
⋮	
O	MRG
O	MRG
⋮	
W	4.0 (2.0)

注 意

上图这样的顺序有①和②的方法。在 μT mini.

μT micro 中 MRG 堆栈一段作①的程序。

(9) W NRG/WN NRG

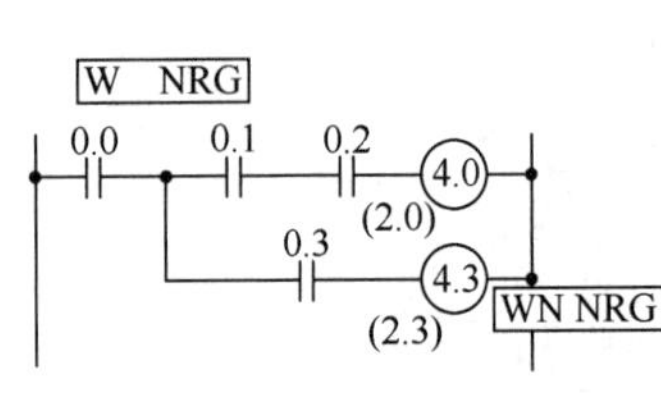

步	指　令	
0	R	0.0
1	W	NRG
2	R	0.1
3	A	0.2
4	W	4.0 (2.0)
5	R	0.3
6	W	4.3 (2.3)
7	WN	NRG

ARG	MRG	NRG
0.0		1
0.0		
0.1 ○	0.0	(ARG)=1
0.1 0.2 ○	0.0	
0.1 0.2 ○	0.0	(ARG)
0.3 ○	0.1 0.2 ○	=0
0.3 ○	0.1 0.2 ○	
○(OFF)	○ (OFF)	1(ON)

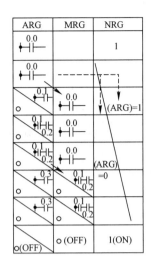

W NRG/WN NRG——电路有多个输出的分支情况下使用。

※0.0 为 OFF 时

W NRG 和 WN NRG 之间的继电器按下面动作：

输出继电器，内部继电器　OFF

定时器，计数器　　　　　复位

移位寄存器，步控制器　　维持现状

※0.0 为 ON 时

与没有 W NRG、WN NRG 的普通继电器电路相同。

寄存器的动作：

① 使用 W NRG 指令把 ARG 的内容（ON/OFF）存到 NRG 中；

② 之后的指令处理因为是根据 AND 条件进行，若 NRG 为“O”（OFF），则以后的指令处理全部为“0”；

③ 用 WN NRG 指令，NRG 被设置为“1”，NRG 的内容与 AND 运算指令被解除，根据以后的输入条件来作输出动作。

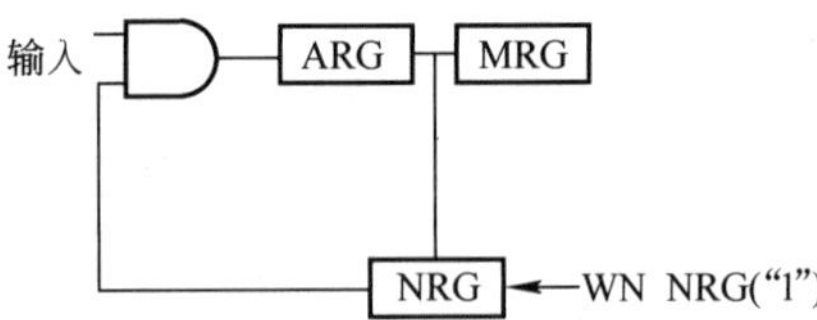

(10) W TMR（定时器）

顺　序

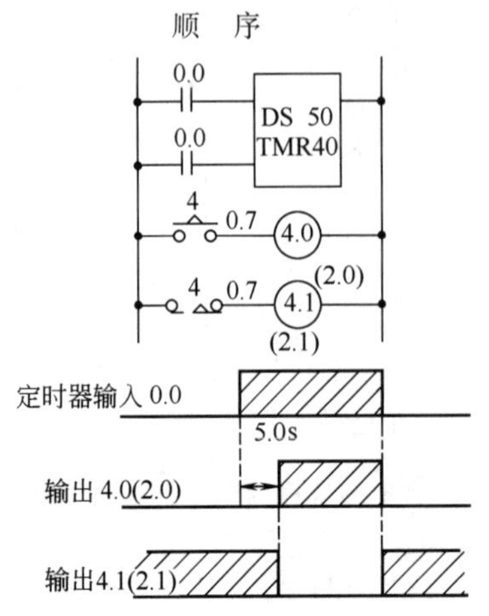

编　码

步	指　令		
0	R		0.0
1	R		0.0
2	DS		50
3	W	TMR	40
4	R		40.7
5	W		4.0 (2.0)
6	RN		40.7
7	W		4.1 (2.1)

TMR——可以和继电器回路一样使用。

※定时器线圈

TMR 部分的程序用两步：

TMR→ DS 50：时间设定值 0～127（0～12.7s）
MTR40：定时器号 0～63（μTmicro 时 0～62）

寄存器动作：

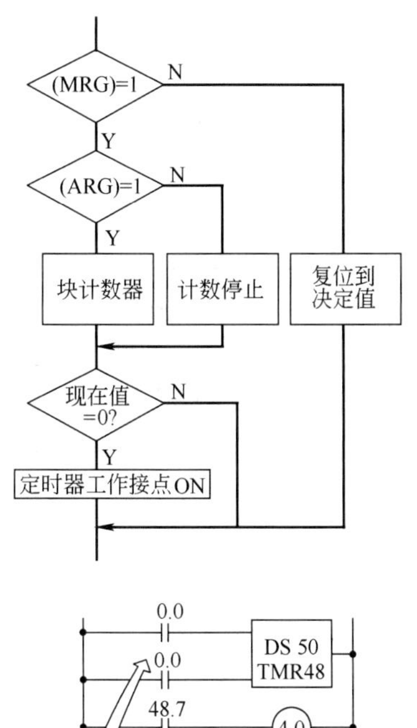

- 定时器是减法运算。
  定时器用减法，现在值若为 0，则输出。而且定时器输入为 OFF，现在值返回到设定值。定时器的输出由通常输出接点输出。
- 定时器的输出接点是卡的最末位。
  上述的卡 NO40 的接点地址为“40.7”。
- 定时器的基准脉冲为 0.1s。
  DS（数据设置）为 50，则为 50×0.1s=5s
- 电源 OFF 时定时器被复位。
  电源 OFF 时定时器被复位或设定值。
- 停电记忆型定时器。
  即使电源 OFF，也想记忆以前的定时器值，则用不挥发存储器区（参照下图）。

步	指　令
0	R　0.0
1	R　0.0
2	DS　50
3	W　TMR 48
4	R　48.7
5	W　4.0 (2.0)

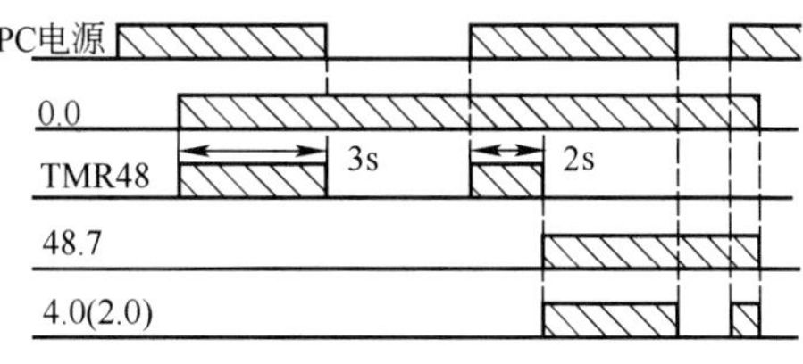

（将地址作为 0.1 累计定时器而得到）

（11）W CTR（计数器）

顺　序

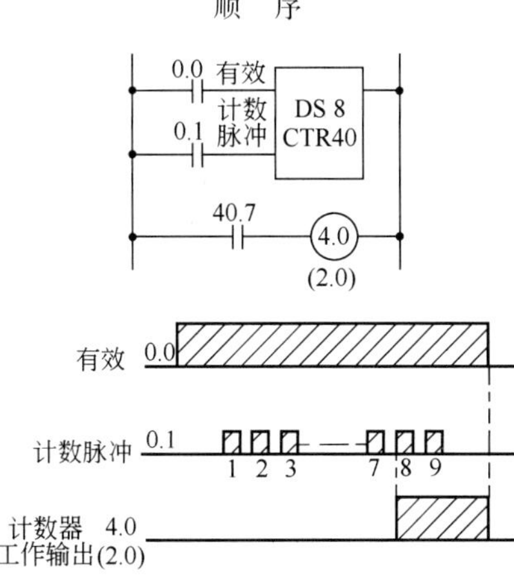

编　码

步	指　令
0	R　0.0
1	R　0.1
2	DS　8
3	W　CTR　40
4	R　40.7
5	W　4.0 (2.0)

W CTR——计数器是按有效、计数脉冲、计数值的顺序作程序。

※CTR 的线圈部分的程序用两步：

CTR→ DS 8：计数值 1～127
W CTR40：计数器号 0～63（μTmicro 时 0～62）

寄存器动作：

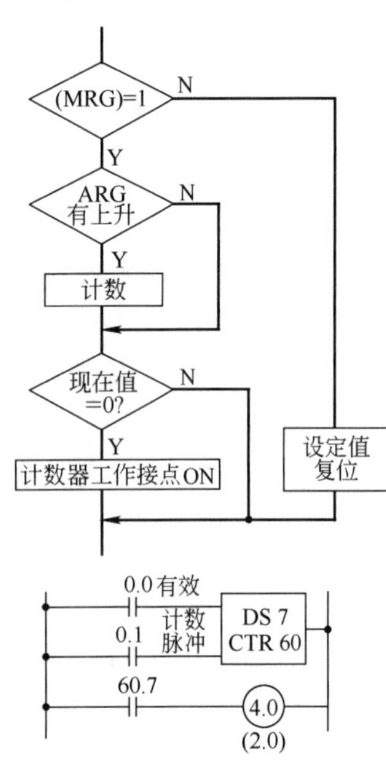

· 计数器作减法。

计数器用减法，若现在值为 0，则计数器工作，有效为 OFF，则现在值回到设定值，计数器的输出一般由输出继电器外部输出。

· 计数器工作和以后的输入无关。

· 计数器输入是上升（OFF→ON）时，作一次计数（即现在值－1）

· 计数器的输出接点是卡的最后位。

上述的卡 NO40 输出接点地址为“40.7”。

· 电源 OFF 时计数也被复位。

电源 OFF 时的计数器，复位的现在值被复位到设定值。

· 停电时记忆型计数器。

即使电源 OFF 时也想记忆 OFF 以前的计数值，则用不挥发的存储器区。

步	指 令	
0	R	0.0
1	R	0.1
2	DS	7
3	W CTR	60
4	R	60.7
5	W	4.0 (2.0)

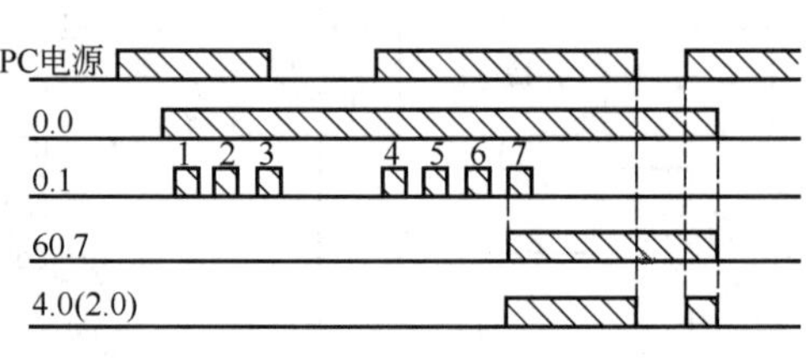

（12） W SR（移位寄存器）

顺 序

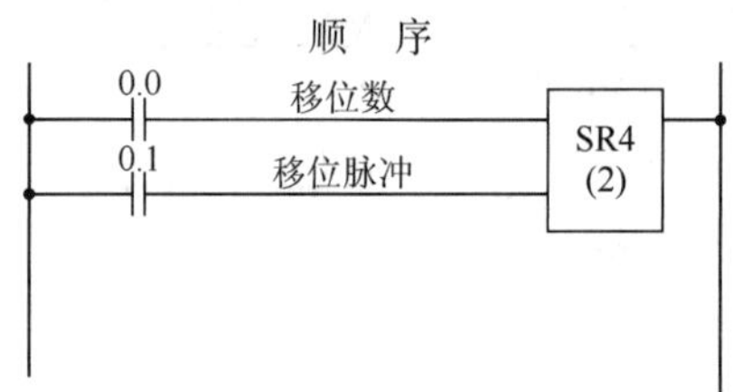

编 码

步	指 令	
0	R	0.0
1	R	0.1
2	W SR	4 (2)

※把 0.0 信号同步成 0.1 的移位脉冲作为输入，用 0.1 的 0→1 的上升信号一位位传送，分别输出。

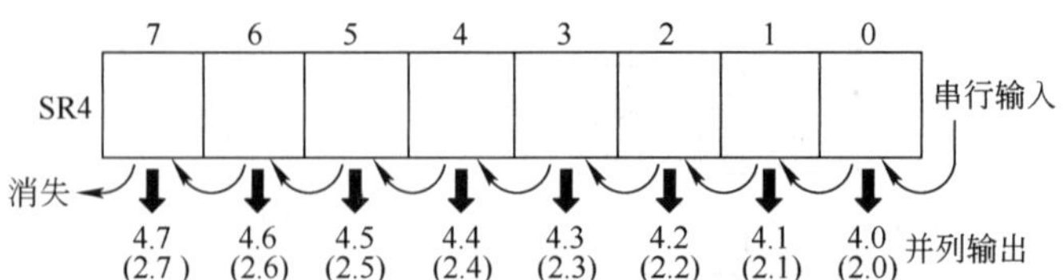

（13） W SC/CLR（步控制器/清除）

顺 序

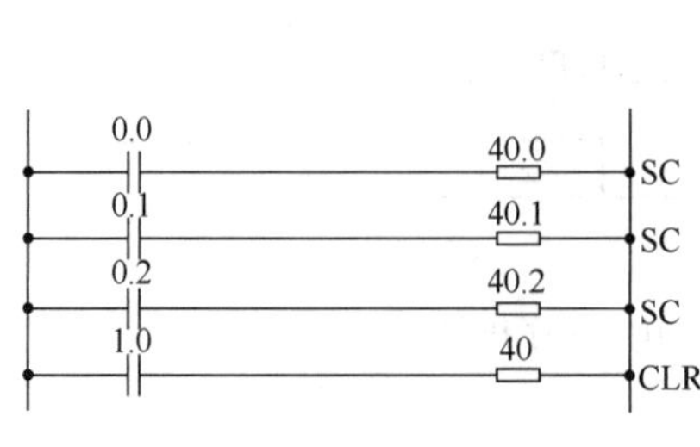

编 码

步	指 令	
0	R	0.0
1	W SC	40.0
2	R	0.1
3	W SC	40.1
4	R	0.2
5	W SC	40.2
6	R	1.0
7	CLR	40

在步控制器中，输出是自保持，到下个输出指令或有清除的指令为止，连续输出。

这个电路是后输入优先的电路。

CLR 指令是把指定卡的地址的内容清除的指令。1.0 为 ON 时卡 40 被清除。

SC 指令有多种时效的使用方法。

3.5 编程操作

3.5.1 编程器 A12T

编程器 A12T 如图 3-1-10 所示。

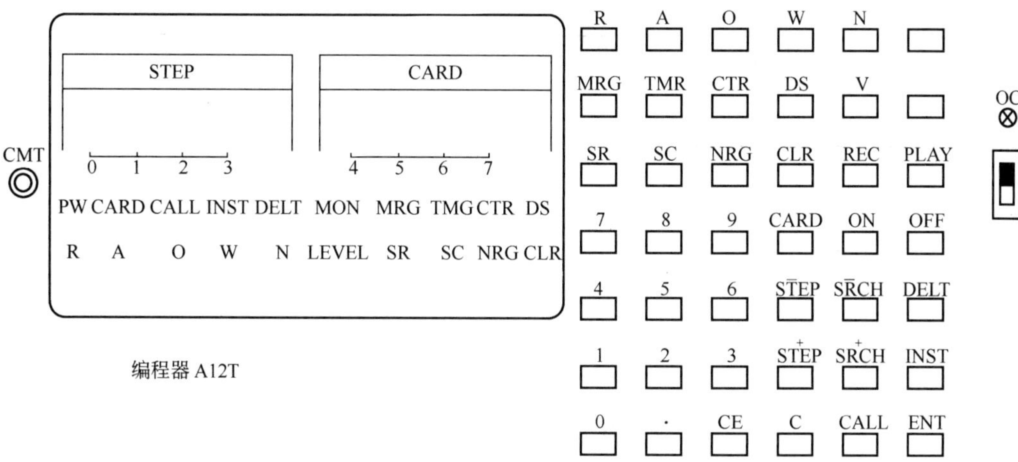

图 3-1-10 编程器 A12T 正面布置图

编程器 A12T 各键的种类及功能见表 3-1-27。

在 T40 基本系统上还有一方式选择开关，可用来选择 PLC 两种工作方式。

① 运行（RUN）方式：在运行方式下，PLC 完全执行用户程序，接收输入信息，并对外部设备进行控制。在运行工作方式下，用户不能对程序进行编辑、修改、插入和删除等操作。

② 编程（PROGRAM）方式：在此种工作方式下，PLC 将总线控制权交给编程器，因此不执行用户程序，用户可以通过编程器读/写用户程序、修改和清除程序。

表 3-1-27 键功能表

键功能	名　称	功　能
控制器键	C	显示的清除，存储器清除，指定程序步骤调卡
	CE	数字的清除
	CALL	调出程序步，调卡
	ENT	程序的写入
	+ STEP	程序步、卡地址的+1 步进
	− STEP	程序步、卡地址的−1 步进
	+ SRCH	+步方向的指令字检索、继电器接点的检索
	− SRCH	−步方向的指令字检索、继电器接点的检索
	INST	储存器的清除，程序的插入
	DELT	程序的清除
	CARD	卡检查
	ON，OFF	强制 ON、OFF
	REC，PLAY，V	程序的录制、再生、比较操作

续表

键功能	名　　称	功　　能
指令键	R,A,O,W,N,MRG TMR,CTR,DS,NRG CLR	各指令的指定
置数键	0～9	程序步、卡地址、位地址的指定、定时器、计数器设定值的设定
		卡地址,位地址的区分

3.5.2　键操作顺序一览表

(1) 编程

操作内容	基本单元方式		编程器上的 OC 开关	操作顺序
	PRG	RUN		
仅程序存储区清除	○	—	下侧  LED OFF	C→INST(按完 C 键,再按 INST 键)
仅数据存储区清除	○	—	上侧  LED ON	C→INST(按完 C 键,再按 INST 键)
程序步的调出	○	○	上下皆可	C→[步数]→CALL
程序步的连续调出	○	○	上下皆可	+STEP:+1 步进,−STEP:−1 步的步进
程序的写入	○	—	上下皆可	[指令键]→{卡地址 / 位地址}→INST
程序的插入(1 字)	○	—	上下皆可	[插入步的确认]→ 指令键→{卡地址 / 位地址}→INST
程序的插入(n 字)	○	—	上下皆可	[插入步的确认]→[指令字削除]→[插入指令数设定]→INST※n 字被插入下面指令顺延
程序的消除(1 步)	○	—	上下皆可	[消除步的调出]→DELT
程序的消除(n 步)	○	—	上下皆可	[消除的步确认]→[指令字消除]→[消除指令数设定]→DELT ※n 步被消除可认为下面的指令向上排

(2) 检索

操作内容	基本单元方式		编程器上的OC开关	操作顺序
	PRG	RUN		
指定指令字的检索	○	○	上下均可	[指令字]→SRCH+[或SRCH−]
使用指定地址的指令字的检索	○	○	上下均可	{卡地址/位地址}→SRCH+[或SRCH−]

(3) 监控

操作内容	基本单元方式		编程器上的OC开关	操作顺序
	PRG	RUN		
入出信号的监控(位为单位)	○	○	上下均可	C→CARD→{卡地址/位地址}→CALL
入出信号的监控(卡为单位)	○	○	上下均可	C→CARD→{卡地址}→CALL
数据存储器监控(位为单位)	○	○	上下均可	C→CARD→{卡地址/位地址}→CALL
数据存储器监控(卡为单位)	○	○	上下均可	C→CARD→{卡地址}→CALL
定时器、计数器现在值的监控	○	○	上下均可	C→CARD→TMR/CTR→[卡地址]→CALL

(4) 强制 ON、OFF

操作内容	基本单元方式		编程器上的OC开关	操作顺序
	PRG	RUN		
强制 ON	○	○	 上侧	C→CARD→{卡地址/位地址}→CALL→ON
强制 OFF	○	○	 上侧	C→CARD→{卡地址/位地址}→CALL→OFF

3.5.3 编程顺序

程序的写入及修改过程可用图 3-1-11 表示。

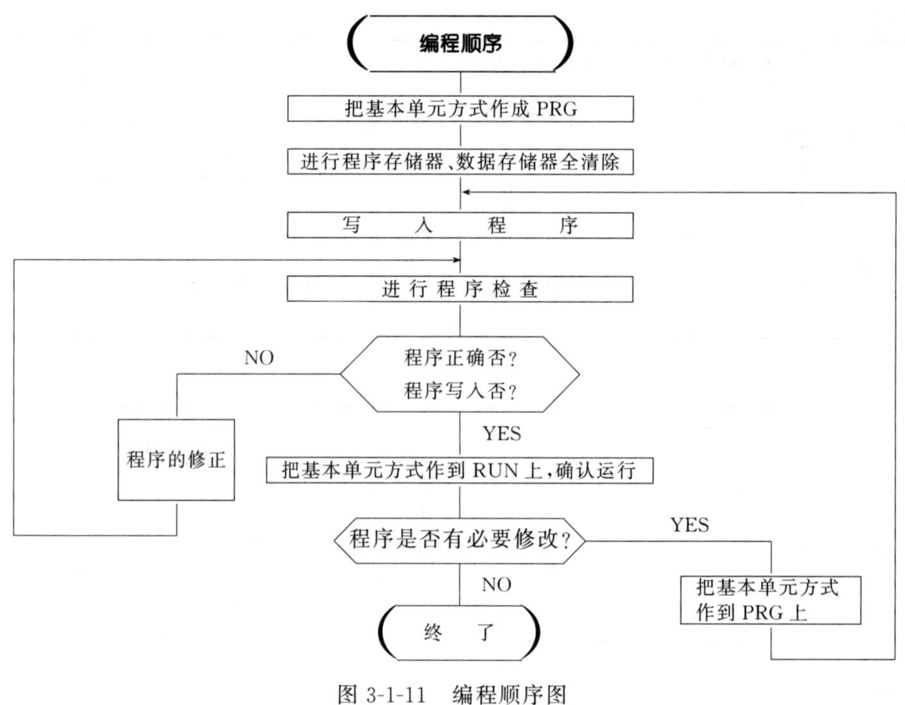

图 3-1-11　编程顺序图

3.5.4　存储器的清除

(1) 程序存储器区全清

操作过程	键操作	指令显示	STEP 显示	CARD 显示	备注
方式开关确认	PRG [PRG侧] RUN				
O C 开关确认	OC 下侧				
按 C 键	C				
按 INST 键	INST	INST (亮)			· 一边按 C 键 一边按 INST 键

(2) 数据全部清除

操作过程	操 作 键	指令显示	STEP 显示	CARD 显示	备 注
方式开关确认	PRG ▨□ RUN				
OC 开关确认	OC 上侧				
按 C 键	C				
按 INST 键	INST	INST			· 一边按 C 键 一边按 INST 键

程序存储器区全清操作完必然接着进行数据全部清除操作。

3.5.5 程序的写入

(1) 表示存储器清除后从 0 步开始写入程序的顺序

操作过程	键 操 作	指令显示	STEP 显示	CARD 显示	备 注
方式开关确认	PRG ▨□ RUN				· 确认基本单元是 PRG 方式
按 C 键	C				调出 0 步[①]
按步号	O		0		
按 CALL 键	CALL		0	0	
置指令	R	R	0	0	· 按指令键或置数键的 指令或指定内部继电 器及定时器计数器号
	O	R	0	0	
	·	R	0	0	
	O	R	0	00	· 相应按下键的指示灯亮， 数字表示 CARD 的显示部分
按 ENT 键	ENT		1	0	· 显示中的指令全被写 到程序存储器上 · 同时步数被加 1

① 想由第 n 步写入程序时，作 C n CALL 操作，n 步后和上面进行相同的操作。

（2）写入程序的例子

例 1　输入输出

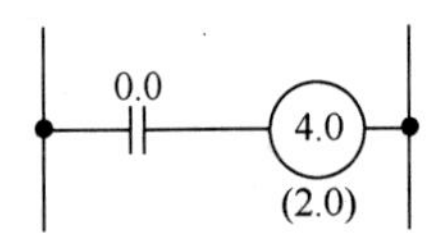

步	指　令	
0	R	0.0
1	W	4.0(2.0)

C　INST　　记忆清除
C　0　CALL　　调出 0 步
R　0　.　0　ENT
W　4(2)　.　0　ENT

动作确认：

① 切换开关 PRG/RUN 打到 RUN 侧；

② 0.0 的开关为 ON；

③ 在 μTmini 中确认 4.0 输出灯 LED 亮，μTmicro 中 2.0 的输出灯亮。

例 2　反向

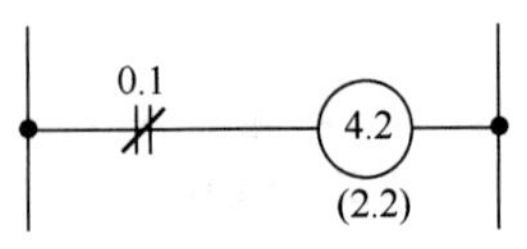

步	指　令	
0	RN	0.1
1	W	4.2(2.2)

C　0　CALL
R　N　0　.　1　ENT
W　4(2)　.　2　ENT

例 3　串联

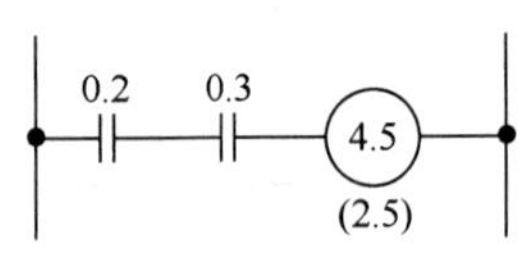

步	指　令	
0	R	0.2
1	A	0.3
2	W	4.5(2.5)

C　0　CALL
R　0　.　2　ENT
A　0　.　3　ENT
W　4(2)　.　5　ENT

例 4　并联

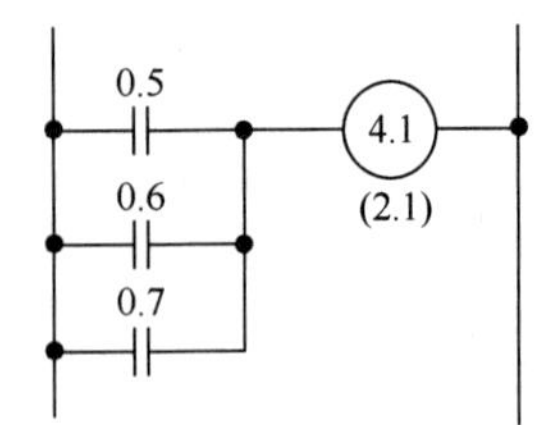

步	指　令	
0	R	0.5
1	O	0.6
2	O	0.7
3	W	4.1(2.1)

C　0　CALL
R　0　.　5　ENT
O　0　.　6　ENT
O　0　.　7　ENT
W　4(2)　.　1　ENT

例 5　串并联（1）

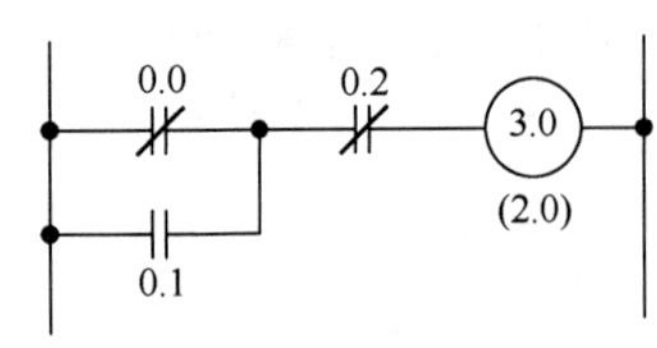

步	指　令	
10	RN	0.0
11	O	0.1
12	AN	0.2
13	W	3.0(2.0)

C　1　0　CALL
R　N　0　.　0　ENT
O　0　.　1　ENT
A　N　0　.　2　ENT
W　3(2)　.　0　ENT

例 6　串并联（2）

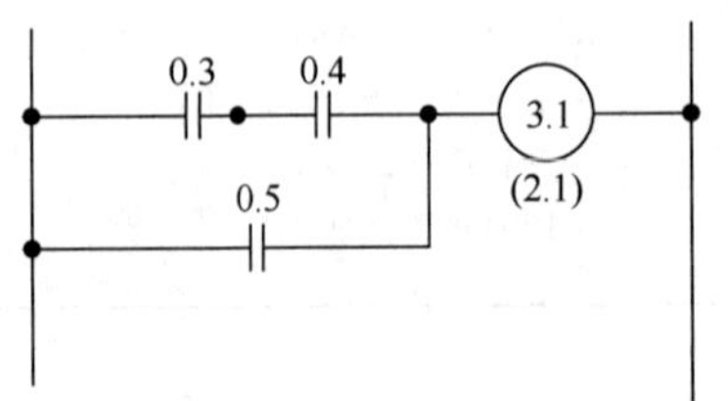

步	指　令	
27	R	0.3
28	A	0.4
29	O	0.5
30	W	3.1(2.1)

C　2　7　CALL
R　0　.　3　ENT
A　0　.　4　ENT
O　0　.　5　ENT
W　3(2)　.　1　ENT

例 7 A MRG

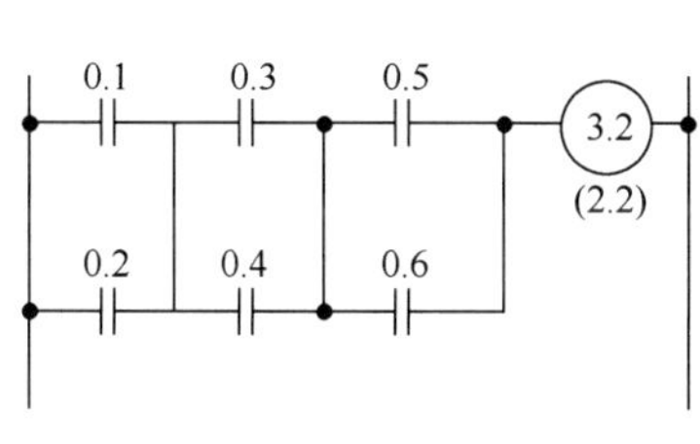

步	指 令	键操作
		C 1 0 1 CALL
101	R 0.1	R 0 . 1 ENT
102	O 0.2	O 0 . 2 ENT
103	R 0.3	R 0 . 3 ENT
104	O 0.4	O 0 . 4 ENT
105	A MRG	A MRG CE※ ENT
106	R 0.5	R 0 . 5 ENT
107	O 0.6	O 0 . 6 ENT
108	A MRG	A MRG CE※ ENT
109	W 3.2(2.2)	W 3(2) . 2 ENT

※ CE 键用来清除数字。

例 8 O MRG

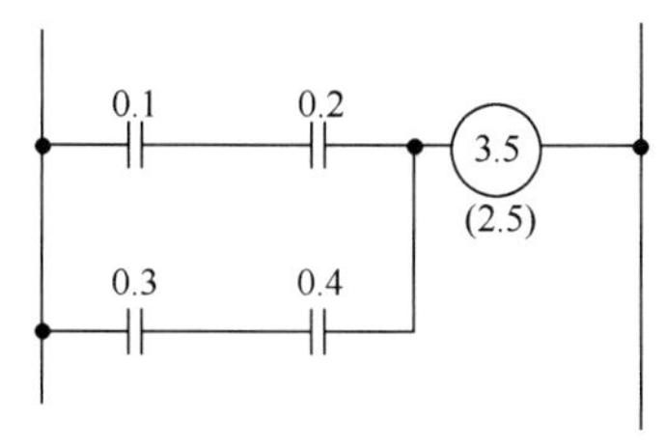

步	指 令	键操作
		C 1 7 5 CALL
175	R 0.1	R 0 . 1 ENT
176	A 0.2	A 0 . 2 ENT
177	R 0.3	R 0 . 3 ENT
178	A 0.4	A 0 . 4 ENT
179	O MRG	O MRG CE※ ENT
180	W 3.5(2.5)	W 3(2) . 5 ENT

※ CE 键用来清除数字。

例 9 定时器

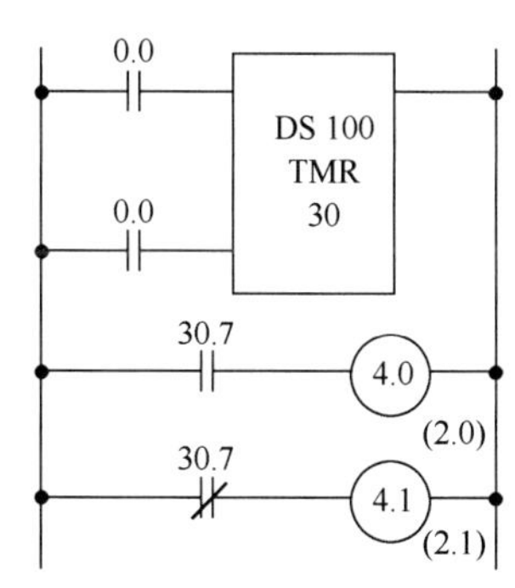

步	指 令	键操作
		C 0 CALL
0	R 0.0	R 0 . 0 ENT
1	R 0.0	R 0 . 0 ENT
2	DS 100	DS 1 0 0 ENT ※
3	W TMR30/	W TMR 3 0 ENT ※
4	R 30.7	R 3 0 . 7 ENT
5	W 4.0(2.0)	W 4(2) . 0 ENT
6	RN 30.7	R N 3 0 . 7 ENT
7	W 4.1(2.1)	W 4(2) . 1 ENT

※ W TMR 指令按 DS(设定值)定时器号的顺序编程序。

例 10 计数器

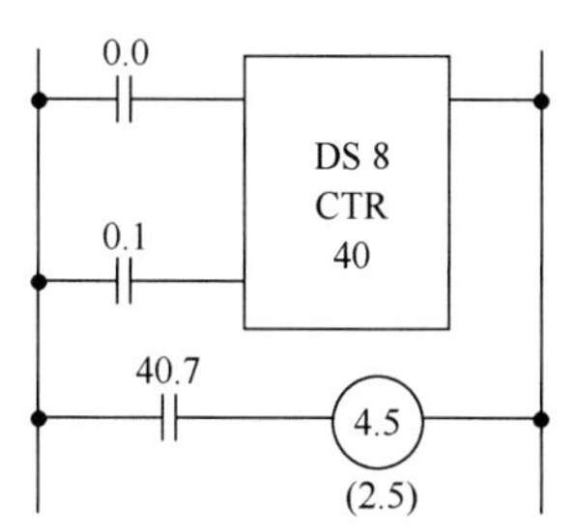

步	指 令	键操作
		C 0 CALL
0	R 0.0	R 0 . 0 ENT
1	R 0.1	R 0 . 1 ENT
2	DS 8	DS 8 ENT
3	W CTR40	W CTR 4 0 ENT
4	R 40.7	R 4 0 . 7 ENT
5	W 4.5(2.5)	W 4(2) . 5 ENT

例 11 W NRG/WN NRG

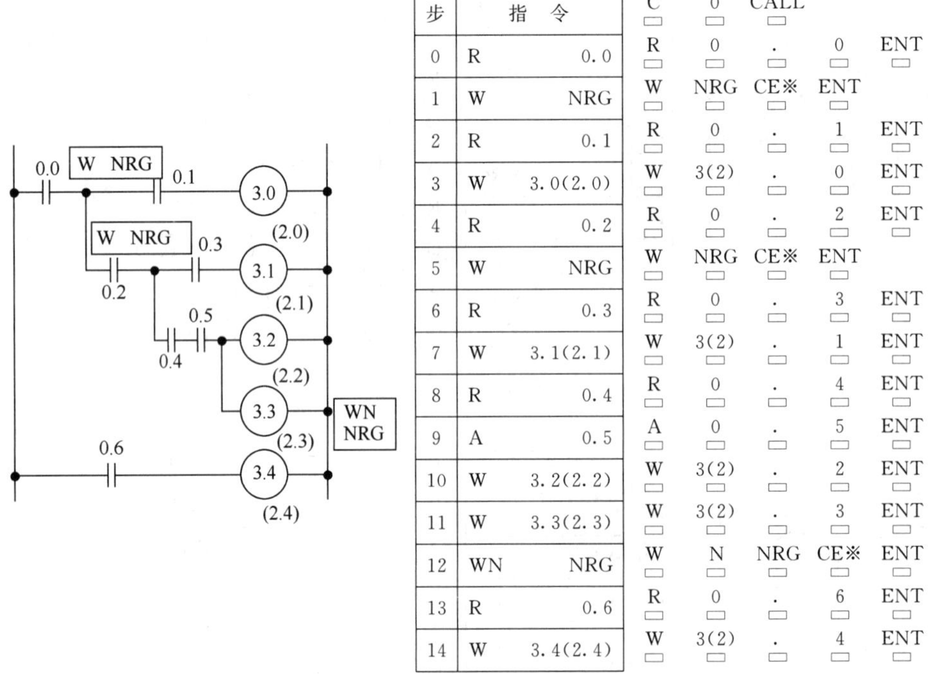

步	指 令	
		C 0 CALL
0	R	0.0	R 0 . 0 ENT
1	W	NRG	W NRG CE※ ENT
2	R	0.1	R 0 . 1 ENT
3	W	3.0(2.0)	W 3(2) . 0 ENT
4	R	0.2	R 0 . 2 ENT
5	W	NRG	W NRG CE※ ENT
6	R	0.3	R 0 . 3 ENT
7	W	3.1(2.1)	W 3(2) . 1 ENT
8	R	0.4	R 0 . 4 ENT
9	A	0.5	A 0 . 5 ENT
10	W	3.2(2.2)	W 3(2) . 2 ENT
11	W	3.3(2.3)	W 3(2) . 3 ENT
12	WN	NRG	W N NRG CE※ ENT
13	R	0.6	R 0 . 6 ENT
14	W	3.4(2.4)	W 3(2) . 4 ENT

※ CE 键用来清除数字。

例 12 W SR——其 1:基本电路

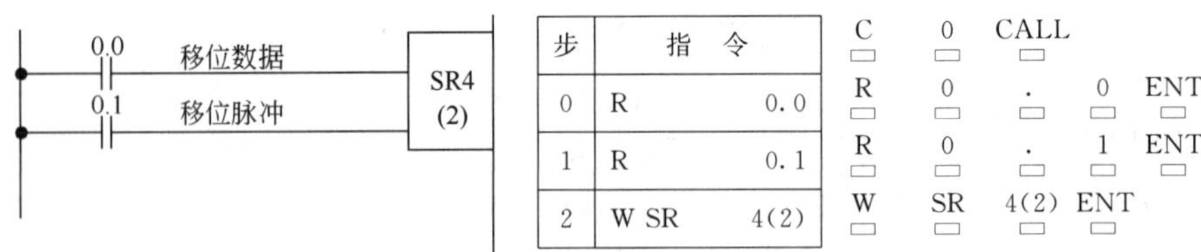

步	指 令		键操作
			C 0 CALL
0	R	0.0	R 0 . 0 ENT
1	R	0.1	R 0 . 1 ENT
2	W SR	4(2)	W SR 4(2) ENT

例 13 W SR——其 2:接点串联的计数器

0.0 4.0 4.1 4.2 4.3 4.4 4.5 4.6 SR4
0.0 (2.0) (2.1) (2.2) (2.3) (2.4) (2.5) (2.6) (2)

步	指 令		键操作
			C 0 CALL
0	R	0.0	R 0 . 0 ENT
1	AN	4.0(2.0)	A N 4(2) . 0 ENT
2	AN	4.1(2.1)	A N 4(2) . 1 ENT
3	AN	4.2(2.2)	A N 4(2) . 2 ENT
4	AN	4.3(2.3)	A N 4(2) . 3 ENT
5	AN	4.4(2.4)	A N 4(2) . 4 ENT
6	AN	4.5(2.5)	A N 4(2) . 5 ENT
7	AN	4.6(2.6)	A N 4(2) . 6 ENT
8	R	0.0	R 0 . 0 ENT
9	W SR	4 (2)	W SR 4(2) ENT

例 14 W SR——其 3:串联连接

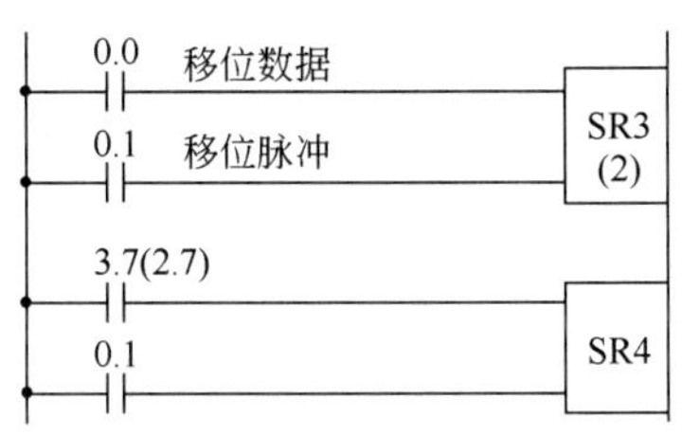

步	指令	C 0 CALL
0	R 3.7(2.7)	R 3(2) . 7 ENT
1	R 0.1	R 0 . 1 ENT
2	W SR 4	W SR 4 ENT
3	R 0.0	R 0 . 0 ENT
4	R 0.1	R 0 . 1 ENT
5	W SR 3(2)	W SR 3(2) ENT

例 15 W SC——其 1:基本电路(后入优先)

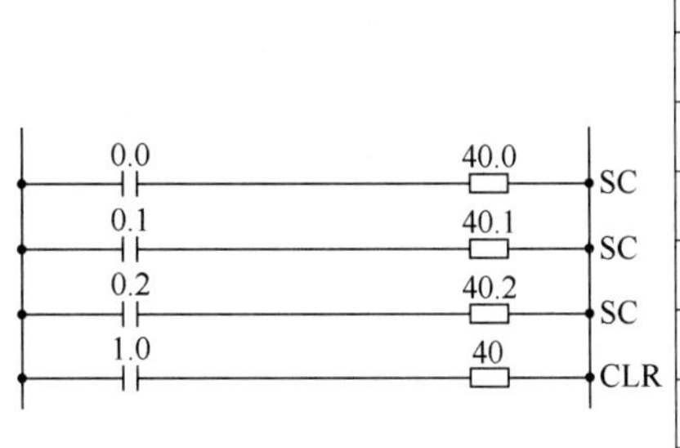

步	指令	C 0 CALL
0	R 0.0	R 0 . 0 ENT
1	W SC 40.0	W SC 4 0 . 0 ENT
2	R 0.1	R 0 . 1 ENT
3	W SC 40.1	W SC 4 0 . 1 ENT
4	R 0.2	R 0 . 2 ENT
5	W SC 40.2	W SC 4 0 . 2 ENT
6	R 1.0	R 1 . 0 ENT
7	CLR 40	CLR 4 0 ENT

例 16 W SC——其 2:顺序动作基本电路

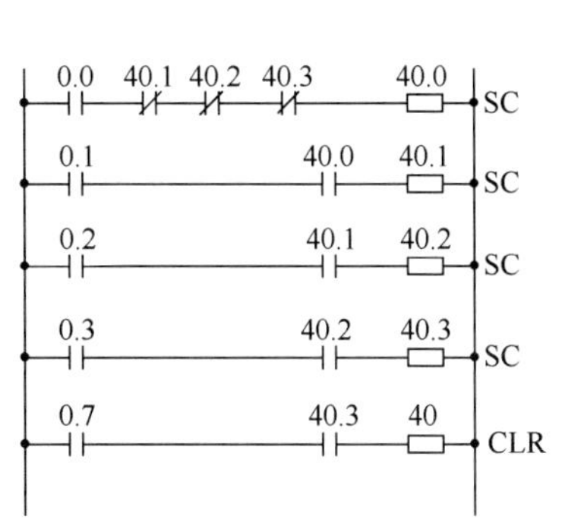

步	指令	C 0 CALL
0	R 0.0	R 0 . 0 ENT
1	AN 40.1	A N 4 0 . 1 ENT
2	AN 40.2	A N 4 0 . 2 ENT
3	AN 40.3	A N 4 0 . 3 ENT
4	W SC 40.0	W SC 4 0 . 0 ENT
5	R 0.1	R 0 . 1 ENT
6	A 40.0	A 4 0 . 0 ENT
7	W SC 40.1	W SC 4 0 . 1 ENT
8	R 0.2	R 0 . 2 ENT
9	A 40.1	A 4 0 . 1 ENT
10	W SC 40.2	W SC 4 0 . 2 ENT
11	R 0.3	R 0 . 3 ENT
12	A 40.2	A 4 0 . 2 ENT
13	W SC 40.3	W SC 4 0 . 3 ENT
14	R 0.7	R 0 . 7 ENT
15	A 40.3	A 4 0 . 3 ENT
16	CLR 40	CLR 4 0 ENT

3.6 T40 外部接线图

用继电器和双向可控硅型输出卡的例子见图 3-1-12。用晶体管型输出卡的例子见图 3-1-13。

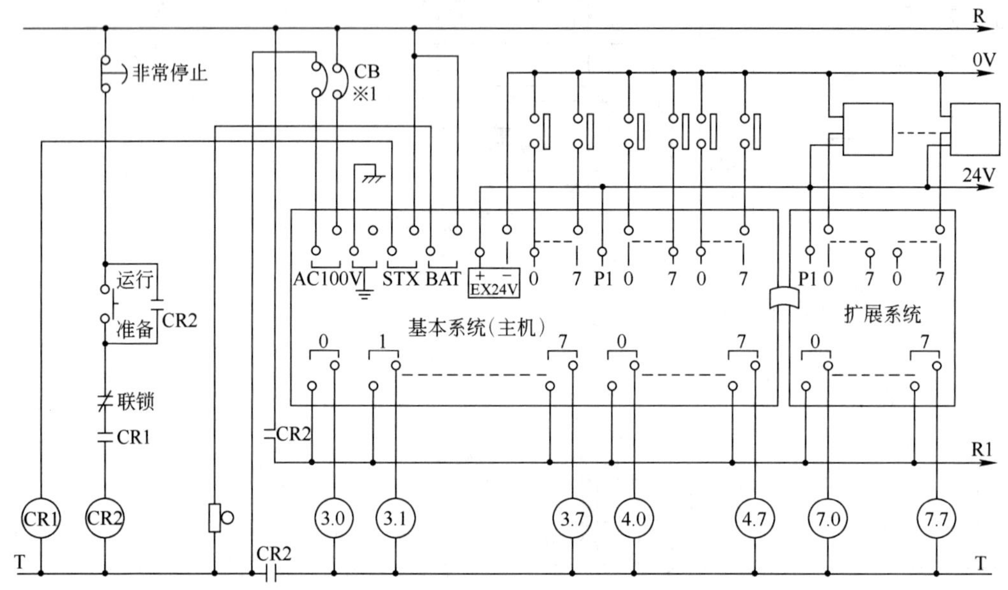

图 3-1-12 使用继电器和双向可控硅型输出卡

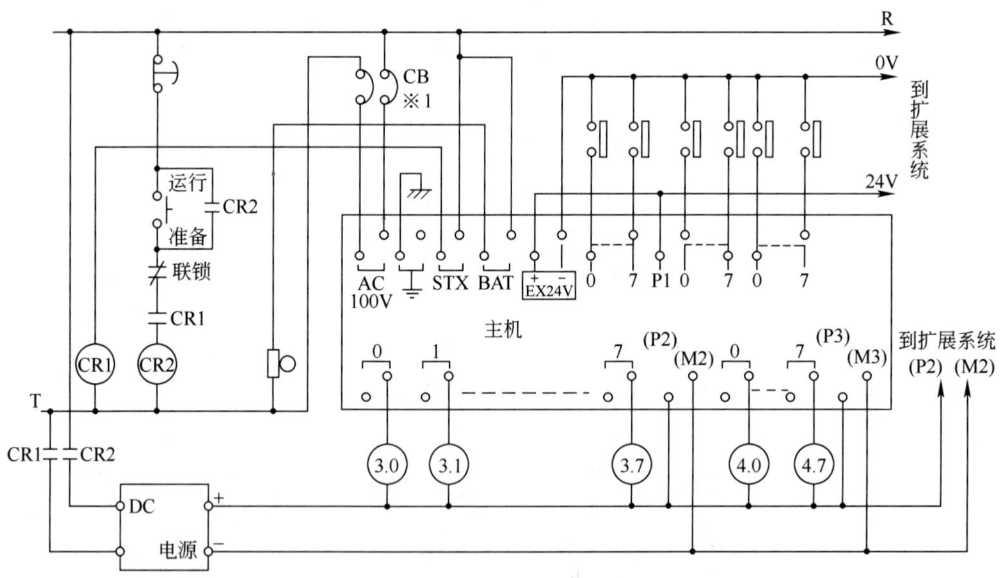

图 3-1-13 使用晶体管型输出卡

3.7 T40 应用举例

某污水处理厂的初沉池刮泥机系统是用 T40 PLC 系统进行控制的。

3.7.1 工艺过程

污水处理厂的每个初沉池里有一台刮泥机。刮泥机包括刮泥行车部分和刮泥机耙两部分。3 个初沉池 1#、2#、3# 分别通过自动浆液阀 1#、2#、3#，共同使用 1 台污泥泵。

刮泥机的正常工作过程是：刮泥机从起始点 A 开始，先放下机耙，再启动刮泥行车正行，以达到把初沉池内污泥从起始端 A 刮到污泥泵所在的 B 端，再通过自动浆液阀，由污泥泵抽出。每次污泥泵运行 20min 后停止，接着，刮泥机抬耙并返行程从 B 点回到 A 点，完成一次任务。

初沉池刮泥机系统工艺示意图见图 3-1-14。

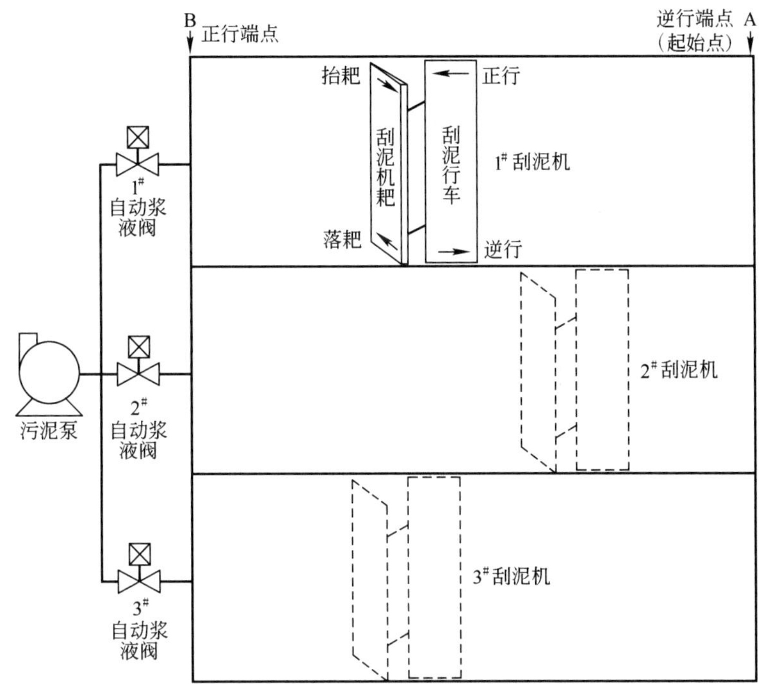

图 3-1-14　初沉池刮泥系统工艺示意图

3.7.2　系统的配置

考虑到 3 个初沉池、3 台刮泥机、3 台自动浆液泵及其公用的 1 台污泥泵的程序控制要求及硬件输入/输出点数，选用由基本系统 T40-R（24 点开关量输入，16 点开关量输出）及扩充系统 T24E-R（16 点开关量输入，8 点开关量输出）组成的控制系统。考虑到现场所控制的均是电动设备，故基本系统和扩充系统均选用继电器输出类型。其系统构成图如图 3-1-15 所示。

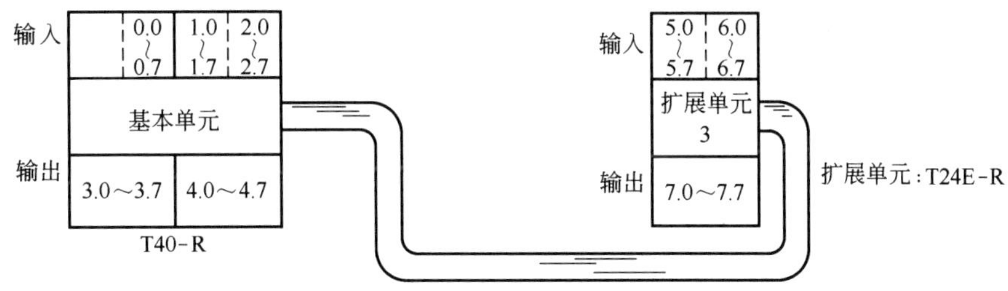

图 3-1-15　系统构成图

3.7.3　输入/输出地址的分配

由于系统由 T40-R 及 T24E-R 构成。其相应输入/输出的地址分配如表 3-1-28 所示。

表 3-1-28　输入输出地址分配

		0	1	2	3	4	5	6	7
输入	0	1# ✓ 放耙到位	1# ✓ 抬耙到位	1# ✓ 正行到位	1# ✓ 返行到位	1# ✓ 阀全开	1# ✓ 阀全关	1# ✓ 正行	2# ✓ 返行
	1	2#							
	2	3#							

续表

		0	1	2	3	4	5	6	7
输出	3	1# ✓ 放耙	1# ✓ 抬耙	1# ✓ 正行	1# ✓ 返行	1# ✓ 开阀	1# ✓ 关阀	泵启停	Ⅰ耙总报警
	4	2# 放耙	2# 抬耙	2# 正行	2# 返行	2# 开阀	2# 关阀	2# 使用泵	Ⅱ耙总报警
输入	5	泵状态	1# 耙“0”手→自“1”	2# 耙手→自	3# 耙手→自				
	6								
输出	7	3# 放耙	3# 抬耙	3# 正行	3# 返行	3# 开阀	3# 关阀	3# 使用泵	Ⅲ耙总报警
Ⅰ Ⅱ Ⅲ 报警	8	2min 放耙不到位	5s 正行不启动	30min 正行不到位	1min 阀未开	5s 泵未启动	5s 泵未停	1min 阀未关报警	2min 抬耙不到位
	9	5s 返行未启动	30min 返行不到位	Ⅰ耙启动泵					
	10								
	11			Ⅱ耙启动泵					
	12								
	13			Ⅲ耙启动泵					
	14	CTR	2min						
	15	CMR	5s	（未启动）					
	16	CTR	30min						
	17	CTR							
	18	CTR	1min						
	19	CMR	5s	（未停）					
	20	CTR	72min						
	21	CTR							
	22	泵启动记忆							
	23	P_{I1}	P_{I2}	P_{I3}	过渡状态				
	24	CTR	20min 泵运转						
Ⅰ	25								
	26								
	27								
	⋮								
	56	TMR	10s						
	57	$P'_{Ⅰ1}$	$P'_{Ⅱ1}$	$P'_{Ⅲ1}$	正行排队				
	58	$P'_{Ⅰ2}$	$P'_{Ⅱ2}$	$P'_{Ⅲ2}$	使用泵排队				
	59								
	60								
	61								
	62								
	63								

T40-R 的输入点为 24 个，输入地址为 0.0～0.7，1.0～1.7，2.0～2.7。输出点为 16 个，输出地址为 3.0～3.7，4.0～4.7。T24E-R 的输入点为 16 点，输入地址为 5.0～5.7，6.0～6.7。输出地址为 7.0～7.7。

3.7.4 刮泥机控制系统控制流程图

刮泥机系统程序控制流程如图 3-1-16 所示。控制逻辑图及指令表如图 3-1-17 所示。

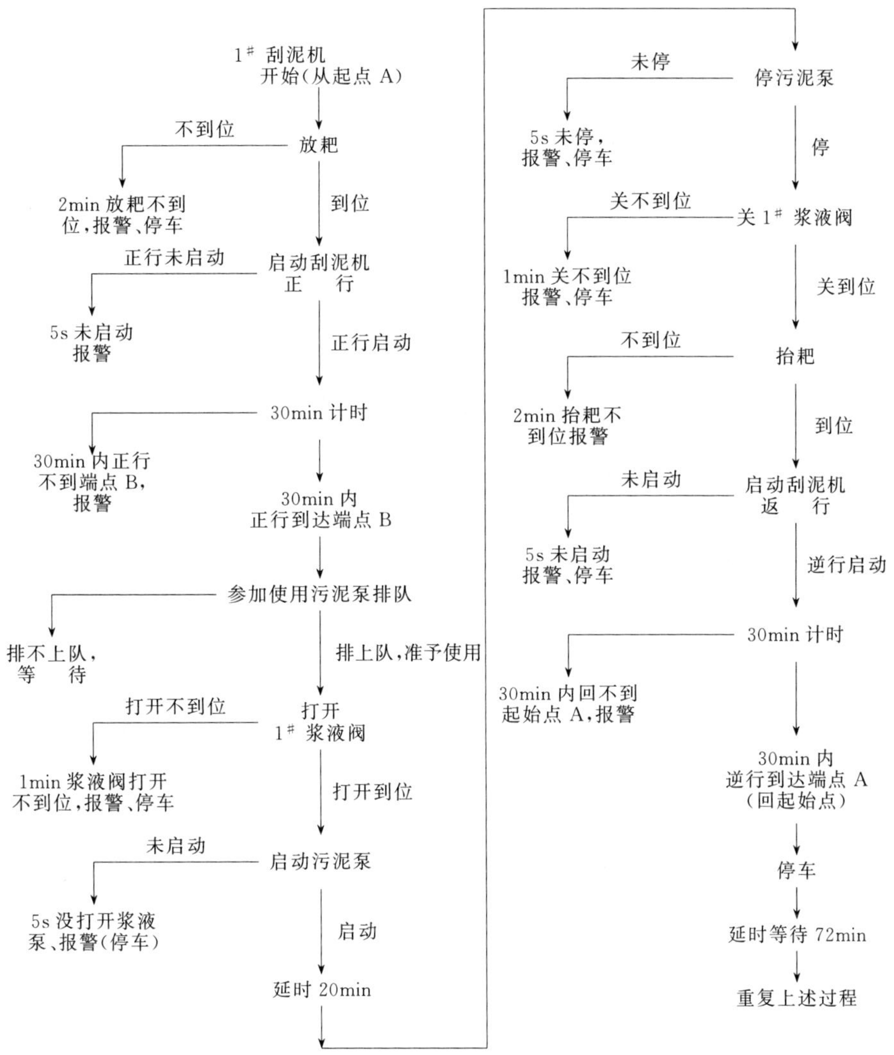

图 3-1-16 刮泥机系统程序控制流程图

3.7.5 几点说明

① 这里举的例子是 3 台刮泥机用一套 PLC 系统控制。每台刮泥机的控制过程都是一样的，刮泥机的控制流程图及相应的逻辑图、指令表仅摘其中 1# 刮泥机为例。

② 由于 3 台刮泥机共同使用 1 台污泥泵，当某一刮泥机使用污泥泵时，其相应的浆液阀要打开，而另外两台浆液阀却要保证关闭。这就需要设计相应排队线路和联锁线路。

③ 由于硬件输出点数的限制，逻辑中的许多报警点仅用内部寄存器 8.0～8.7，9.0～9.7，10.0～10.7，11.0～11.7，12.0～12.7，13.0～13.7。再通过总的硬件报警点 3.7、4.7、7.7 外部显示，在调试时可通过编程器内部显示发现具体是哪一个报警。

④ 在设计中考虑到由于机械等原因，可能造成故障停车，当故障处理后程序应能从原断点继续往下做。故程序中设计了许多状态标志，并加以记忆，保证在各种故障状态下，只要故障处理好，程序立即自动从断点往下做，不用人工干预。

运行实践证明这套系统从 PLC 硬件和编程软件都非常可靠、稳定，完全能满足控制要求。

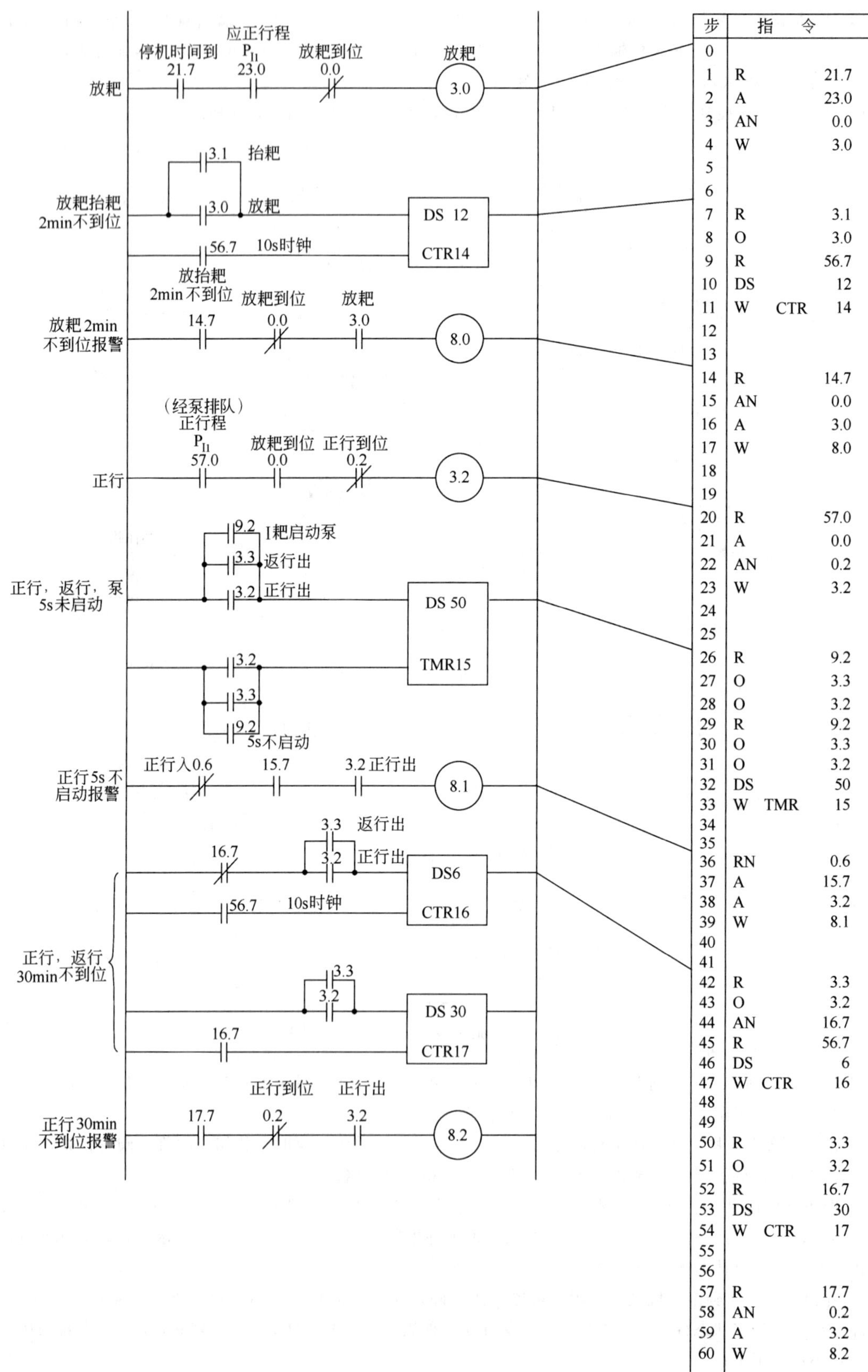

步	指令		
0			
1	R		21.7
2	A		23.0
3	AN		0.0
4	W		3.0
5			
6			
7	R		3.1
8	O		3.0
9	R		56.7
10	DS		12
11	W	CTR	14
12			
13			
14	R		14.7
15	AN		0.0
16	A		3.0
17	W		8.0
18			
19			
20	R		57.0
21	A		0.0
22	AN		0.2
23	W		3.2
24			
25			
26	R		9.2
27	O		3.3
28	O		3.2
29	R		9.2
30	O		3.3
31	O		3.2
32	DS		50
33	W	TMR	15
34			
35			
36	RN		0.6
37	A		15.7
38	A		3.2
39	W		8.1
40			
41			
42	R		3.3
43	O		3.2
44	AN		16.7
45	R		56.7
46	DS		6
47	W	CTR	16
48			
49			
50	R		3.3
51	O		3.2
52	R		16.7
53	DS		30
54	W	CTR	17
55			
56			
57	R		17.7
58	AN		0.2
59	A		3.2
60	W		8.2

图 3-1-17　阶梯图及程序

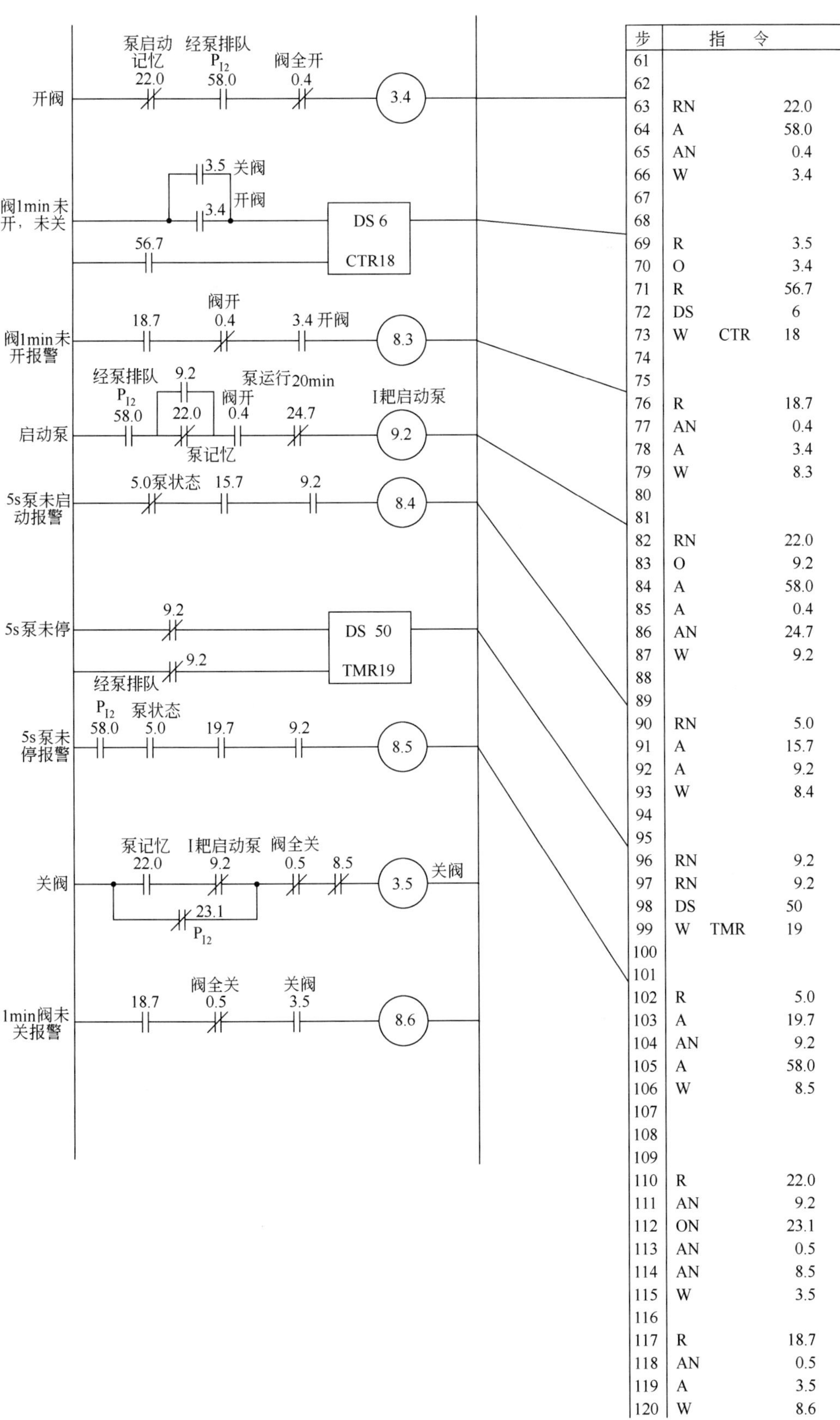

步	指令		
61			
62			
63	RN		22.0
64	A		58.0
65	AN		0.4
66	W		3.4
67			
68			
69	R		3.5
70	O		3.4
71	R		56.7
72	DS		6
73	W	CTR	18
74			
75			
76	R		18.7
77	AN		0.4
78	A		3.4
79	W		8.3
80			
81			
82	RN		22.0
83	O		9.2
84	A		58.0
85	A		0.4
86	AN		24.7
87	W		9.2
88			
89			
90	RN		5.0
91	A		15.7
92	A		9.2
93	W		8.4
94			
95			
96	RN		9.2
97	RN		9.2
98	DS		50
99	W	TMR	19
100			
101			
102	R		5.0
103	A		19.7
104	AN		9.2
105	A		58.0
106	W		8.5
107			
108			
109			
110	R		22.0
111	AN		9.2
112	ON		23.1
113	AN		0.5
114	AN		8.5
115	W		3.5
116			
117	R		18.7
118	AN		0.5
119	A		3.5
120	W		8.6

图 3-1-17 阶梯图及程序（续 1）

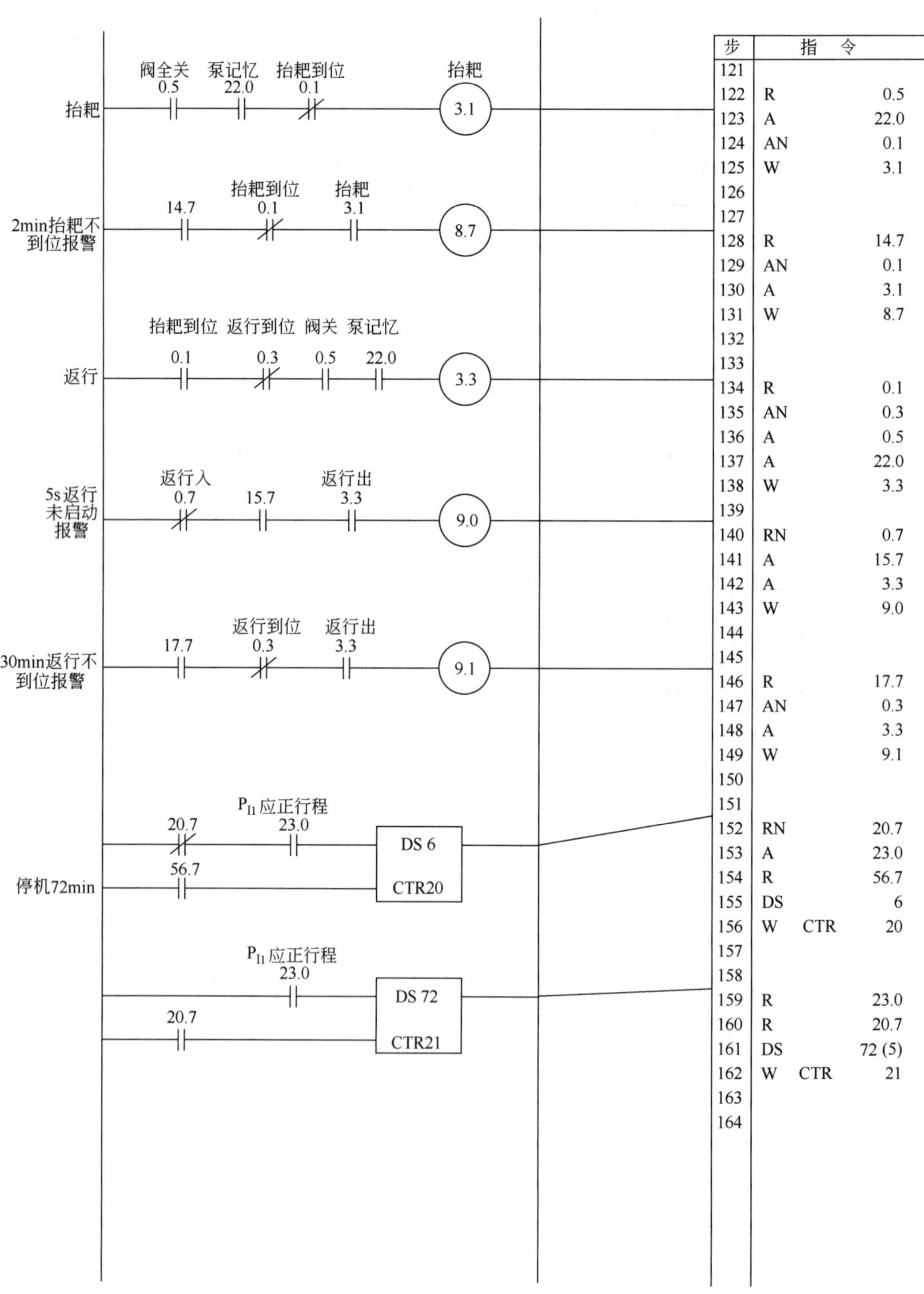

步	指令		
121			
122	R		0.5
123	A		22.0
124	AN		0.1
125	W		3.1
126			
127			
128	R		14.7
129	AN		0.1
130	A		3.1
131	W		8.7
132			
133			
134	R		0.1
135	AN		0.3
136	A		0.5
137	A		22.0
138	W		3.3
139			
140	RN		0.7
141	A		15.7
142	A		3.3
143	W		9.0
144			
145			
146	R		17.7
147	AN		0.3
148	A		3.3
149	W		9.1
150			
151			
152	RN		20.7
153	A		23.0
154	R		56.7
155	DS		6
156	W	CTR	20
157			
158			
159	R		23.0
160	R		20.7
161	DS		72 (5)
162	W	CTR	21
163			
164			

图 3-1-17　阶梯图及程序（续 2）

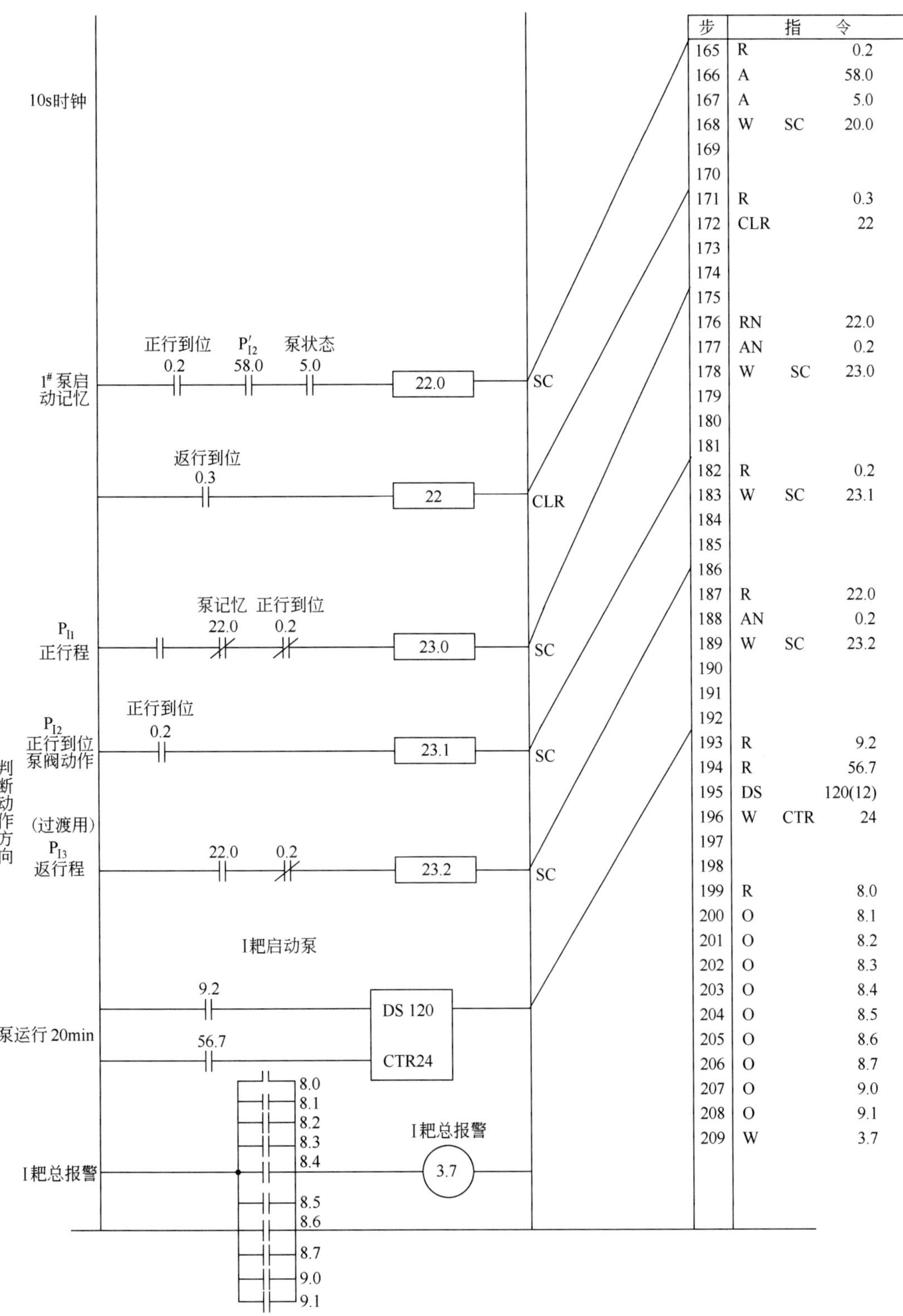

步	指	令	
165	R		0.2
166	A		58.0
167	A		5.0
168	W	SC	20.0
169			
170			
171	R		0.3
172	CLR		22
173			
174			
175			
176	RN		22.0
177	AN		0.2
178	W	SC	23.0
179			
180			
181			
182	R		0.2
183	W	SC	23.1
184			
185			
186			
187	R		22.0
188	AN		0.2
189	W	SC	23.2
190			
191			
192			
193	R		9.2
194	R		56.7
195	DS		120(12)
196	W	CTR	24
197			
198			
199	R		8.0
200	O		8.1
201	O		8.2
202	O		8.3
203	O		8.4
204	O		8.5
205	O		8.6
206	O		8.7
207	O		9.0
208	O		9.1
209	W		3.7

图 3-1-17 阶梯图及程序（续 3）

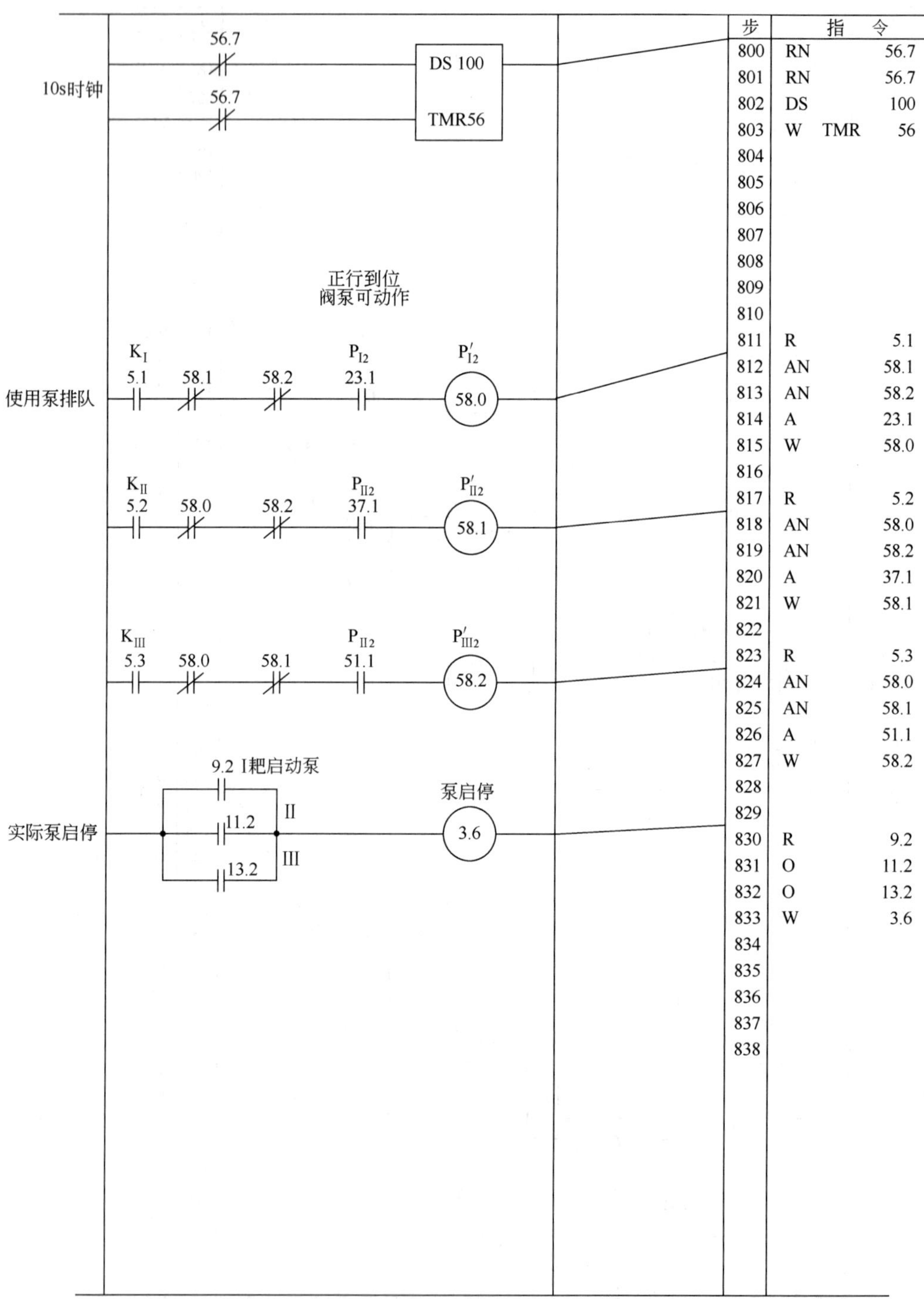

图 3-1-17　阶梯图及程序（续 4）

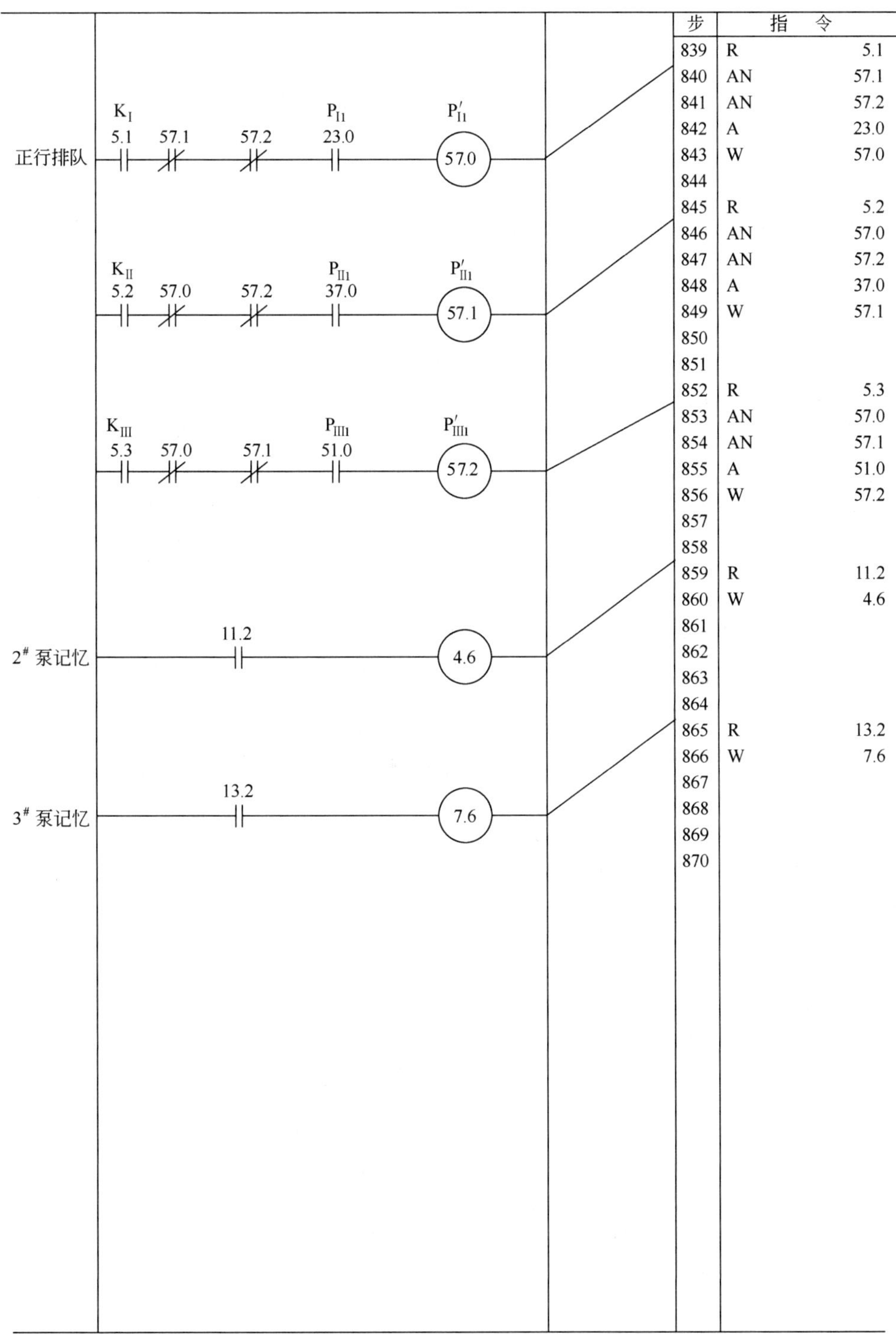

步	指令	
839	R	5.1
840	AN	57.1
841	AN	57.2
842	A	23.0
843	W	57.0
844		
845	R	5.2
846	AN	57.0
847	AN	57.2
848	A	37.0
849	W	57.1
850		
851		
852	R	5.3
853	AN	57.0
854	AN	57.1
855	A	51.0
856	W	57.2
857		
858		
859	R	11.2
860	W	4.6
861		
862		
863		
864		
865	R	13.2
866	W	7.6
867		
868		
869		
870		

图 3-1-17　阶梯图及程序（续 5）

第 2 章　集散控制系统

1　概述

分散控制系统 DCS（Distributed Control System）又名集中分散控制系统（简称集散控制系统），也叫分布式控制系统，是集计算机技术、控制技术、通讯技术和 CRT 技术为一体的综合性高技术产品。DCS 通过操作站对整个工艺过程进行集中监视、操作、管理，通过控制站对工艺过程各部分进行分散控制，既不同于常规仪表控制系统，又不同于集中式的计算机控制系统，而是集中了两者的优点，克服了它们各自的不足。DCS 以可靠性、灵活性、人机界面友好性及通讯的方便性等特点日益被广泛应用。

1.1　DCS 的基本构成

DCS 概括起来可分为集中管理部分、分散控制监视部分和通讯部分三大部分，见图 3-2-1。

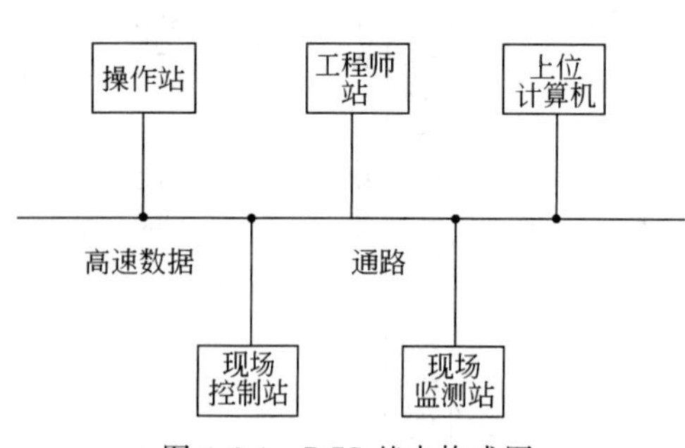

图 3-2-1　DCS 基本构成图

集中管理部分又可分为操作站、工程师站和上位计算机。操作站是由微处理器、CRT、键盘、打印机等组成的人机系统，实现集中显示，集中操作和集中管理。工程师站主要用于组态和维护。上位计算机用于全系统的信息管理和优化控制。

分散控制监测部分按功能可分为现场控制站和现场监测站。现场控制站是由一个微处理器、存储器、I/O 输入输出板、A/D、D/A 转换器、内总线、电源和通信接口等组成，可以控制多个回路，具有较强的运算能力和各种控制算法功能，可自主地完成回路控制任务，实现分散控制。

现场监测站或叫数据采集装置也是微计算机结构，主要是采集非控制变量以进行数据处理，并将某个采集的过程信息经高速数据公路送到上位计算机。

通信部分又叫高速数据通路，是实现分散控制和集中管理的关键。其连接 DCS 的操作站、工程师站、上位计算机、控制站和监测站等各个部分，完成数据、指令及其他信息的传递。

1.2　DCS 的特点

DCS 是一个以微机为基础的标准产品的分级系列，这些产品可以根据控制对象任意组合，为连续或间歇过程提供任意程度的分散控制。DCS 具有如下特点。

（1）控制功能多样化　DCS 的最低级为现场控制站或现场控制单元，一般都具有几十种运算控制算法或其他数学和逻辑功能，如四则运算、逻辑运算、前馈、超前控制、PID 控制、自适应控制和滞后时间补偿等，还有顺序控制和各种联锁保护、报警功能。根据控制对象的不同要求，把这些功能有机地组合起来，能方便地满足系统的要求。

（2）操作简便　DCS 各级都配备了灵活且功能强的人机接口。操作员通过 CRT 可以对被控对象进行集中监视，通过各种功能键实现各种操作功能。打印机可以打印各种需要的信息及报表。

（3）系统便于扩展　DCS 的设计是根据不同规模的工程对象进行的。部件设计采用积木式的结构，可以模板、模板箱及至控制柜和站等为单位，逐步增加。用户通过通讯链路可以方便地从单台数字调节器或过程控制站扩展成小系统，或将小规模系统扩展成中规模或大规模系统。DCS 设置有工程师站或工程师键盘，系统工程师根据控制对象可生成需要的自动控制系统。

（4）维护方便　DCS 的设计是按照标准化、积木化、系列化进行的。积木式的模板功能单一，便于装配和维修更换，系统配有智能的自动故障检查诊断程序和再启动等功能，维修非常方便。

（5）可靠性高　DCS 是监视集中而控制分散，故障影响面小，并且在设计时已考虑到有联锁保护功能、自诊断功能、冗余措施、系统故障人工手动控制操作措施等，使系统可靠性大大提高。

（6）便于与其他计算机联用　DCS 配备有高、中、低不同速率和不同模式的通讯接口，可方便地与个人计算机或其他大型计算机联用，组成工厂自动化综合控制和管理系统。随着 DCS 系统向开放系统发展，在符合开放系统的各制造厂产品间可以相互连接、相互通信和进行数据交换，第三方的应用软件也能在系统中应用，从而使 DCS 进入了更高的阶段。

1.3 国内外 DCS 生产厂家一览

国内外 DCS 生产厂家一览见表 3-2-1。

表 3-2-1 国内外 DCS 生产厂家一览

国别	生产厂家	系统型号
中国	北京和利时自动化工程有限公司	HS-2000
中国	浙大中控自动化公司	JX-300X SUPCON WebField ECS-100
中国	浙江威盛自动化有限公司	FB-2000 FB-2000NS
中国	重庆工业自动化仪表研究所	DJK-7500
中国	航天部深控公司等	DJKF-1000
中国	清华大学	DCS-100
中国	无锡自动化仪表研究所等	DJK-200
中国	核工业部二院	PRK-80
中国	上海调节器厂	μ-2000
中国	化工部自动化研究所	HTCS
中国	华东理工大学自动化所	ONSPEC-PCMS
美国	霍尼威尔（HONEYWELL）	TDC-2000 TDC-3000 TDC-3000/PM
美国	福克斯波罗（FOXBORO）	SPECTRUM I/A SERIES
美国	费希尔（FISHER）	PROVOX PROVOX-PLUS
美国	贝利（BAILEY）	NETWORK 90 INFI-90
美国	泰勒（TAYLOR）	MOD-Ⅲ MOD-30 MOD-300
美国	西屋（WESTING HOUSE）	WDPF WDPFⅡ WDPFⅢ
美国	罗斯蒙特（ROSEMONT）	SYSTEM 3
美国	里诺（LEEDS-NORTHRUP）	MAX-1 MAX-1000
美国	费希尔-波特（FISHER-PORTER）	DCI-4000 DCI SYSTEM6
美国	贝克曼（BACKMAN）	MV8000
美国	摩尔（MOORE）	MYCROⅡ MYCRO APACS
英国	BBC-KENT	P4000
英国	GEC	GEC80
英国	FERANT COMPUTER SYSTEM	PMS 100
日本	横河（YOKOGAWA）	YEWPACK MARKⅡ CENTUM CENTUM-μXL CENTUM-XL CENTOM-CS
日本	山武-霍尼威尔	TDCS-3000
日本	东芝	TOSDIC-200 TOSDIC-SS TOSDIC-210D TOSDIC-AS TOSDIC-AD
日本	日立	Σ系列 UNITROL EX EX-1000 HX-1000 EX-1000 NEW MODEL
日本	富士	MICREX NEW MICREX FPEC-10 MICRO F500、600、700、800 MICRO/FFI
日本	三菱	MACTUS 620 MACTUS 770 MACTUS 810
日本	北辰	900/TX
日本	岛津	PTS-1100 SIDAC
德国	西门子（SIEMENS）	TELEPERM M
德国	哈特曼-布朗（H-B）	CONTRONIC-Z CONTRONIC-P
德国	埃卡特（ECKARDT）	PLS-80
德国	维地俄（VDO）	MICON MDC-200
德国	ABB	ABB MASTER
瑞典	SATT CONTROL	SATTCON 90 SATTLINE
荷兰	PHILIPS	PCS 8000
瑞士	ASEA	ASEA MASTER
芬兰	VALMEL	DAMATIC

1.4 国内外主要 DCS 产品性能比较

国内外主要 DCS 产品性能比较见表 3-2-2。

表 3-2-2 国内外主要 PCS 产品性能比较

性能 厂家与产品	A. 连续控制	B. 批量过程控制	C. 其　　他	D. 高速通道
	1. 连续控制功能 2. 系统控制器完全冗余 3. 自动无扰动转换 4. 在线修改控制软件 5. 用于控制器组态的设备 6. 冗余控制器公用相同母板	1. 批过程控制功能 2. 批控制/连续控制使用相同控制器 3. 批控制器如何组态 4. 批控制器全冗余	1. 图形组态采用的办法 2. 高密度 I/O 模块 3. 操作员控制台可访问整个数据库和可有标准的用户图形 4. 电源供电中断，控制信号如何对故障做出反应 5. 机架上的插板可以带电更换码 6. 距离远程控制器最大 I/O 距离 7. SPC、SQC 或 CAD 可用否	1. 可有协议 Ethernet、TOP、MAP 2. 通信链路 3. 是否能和智能传感器通信 4. 高速通道的运行 5. 最大长度 6. 光纤高速通道是否可用
浙大中控 SUPCON JX-300X	1. 有 2. 是的 3. 是的 4. 是的 5. 系统工程师站 6. 分离 7. PID 调节等常规算法	1. 有 2. 相同 3. 提供基于 IEEE-1131 标准的图形编程语言 4. 全冗余	1. CAD 式的标准 Windows 界面 2. 是的 3. 是的 4. 双重电源 5. 可以 6. ISOOM 7. 都可用	1. 采用 Ethernet TCP/IP 等网络协议 2. SCnet 3. 能 4. 高速工业以太网 5. 10km 6. 可用
原电子工业部六所 HS2000	1. 有 2. 是的 3. 是的 4. 是的 5. 系统工程师站或操作员站 6. 分离 7. PID 等常规算法	1. 有 2. 相同 3. 用梯形图语言编程 4. 是的	1. CAD 式的标准 Windows 界面 2. 是的 3. 是的 4. 双重电源 5. 可以 6. 1000m 7. 都可用	1. 采用 Ethernet TCP/IP 等网络协议 2. SNET 3. 能 4. 令牌传送 5. 6.5km 6. 可用
日本横河 YOKOGAWA CENTOM CS-3000	1. 有 2. 是的 3. 是的 4. 是的 5. 通用的 6. 分离的	1. 有 2. 相同 3. SFC 顺控表中批量控制软件包 4. 是的，1∶1	1. 是的 2. 是 3. 双重电源 4. 是 5. 2km 6. 在工程师站上使用图形编辑器	1. Ethernet，MAP 可用 2. V-net 通信总线 3. 控制权和控制权的传送 4. 10km(有中继) 5. 可用 6. 支持 FF
美国霍尼威尔 HOMEYWELL TDC3000	1. 有 2. 是的 3. 是的 4. 是的 5. 通用站 6. 分离的	1. 有 2. 相同 3. 一种控制语言 4. 是的，通过 1∶0 实现 1∶1 的冗余	1. 在以工程方式工作的通用站上使用图形编辑器 2. 是的 3. 是的 4. 用户可选择 5. 是的，数据采集和控制板 6. 1000ft 7. SPC、SQC、CAD 皆可用	1. 皆可用 2. 数据高速通道 250KB LCN：5Bb(位)，VCN：5Mb(位) 3. 是的，Honeywell 4. 通用站访问数据，以便显示报警送往所有的站 5. 3×5000ft 6. 可用

续表

性能 / 厂家与产品	A. 连续控制	B. 批量过程控制	C. 其　他	D. 高速通道
	1. 连续控制功能 2. 系统控制器完全冗余 3. 自动无扰动转换 4. 在线修改控制软件 5. 用于控制器组态的设备 6. 冗余控制器公用相同母板	1. 批过程控制功能 2. 批控制/连续控制使用相同控制器 3. 批控制器如何组态 4. 批控制器全冗余	1. 图形组态采用的办法 2. 高密度 I/O 模块 3. 操作员控制台可访问整个数据库和可有标准的用户图形 4. 电源供电中断，控制信号如何对故障做出反应 5. 机架上的插板可以带电更换码 6. 距离远程控制器最大 I/O 距离 7. SPC、SQC 或 CAD 可用否	1. 可有协议 Ethernet、TOP、MAP 2. 通信链路 3. 是否能和智能传感器通信 4. 高速通道的运行 5. 最大长度 6. 光纤高速通道是否可用
美国费希尔 FISHER CONTROLS PROVOX PLUS	1. 有 2. 是的 3. 是的 4. 是的 5. ENVOX 工作站，该站由 DEC VAX/VMS 计算组成 6. 分离的	1. 有 2. 相同 3. 填空方法及利用批处理步骤和功能序列库的函数 4. 是的，通过 1∶4 实现 1∶1 的冗余	1. ENVOX 工作站显示编辑器 2. 是的 3. 是的 4. 用户可选择 5. 是的，所有 I/O 板 6. 5000ft 7. 是的(所有的)	1. 皆可用 2. PROVOX数据库报道：250 KBd Ethernet/Dccnet 178 KBd 3. 是的，Rosemount 的 4. 控制台可选择时间间隔访问数据，报警送往事先选定的设备 5. 7500ft 6. 可用
美国福克斯波罗 FOXBORO I/A SERES SYSTEM	1. 有 2. 是的 3. 是的 4. 是的 5. CRT 工作站或 PCAT 机的兼容机 6. 分离的(可选)	1. 有 2. 相同 3. 序列控制语言，梯形逻辑语言和/或高级生产管理软件包 4. 是的，1∶1	1. 工作站或 PC 2. 是的 3. 是的 4. 用户可选择 5. 是的(所有板) 6. 4000ft 7. SPC、SQC、CAD 皆可用	1. MAP可用，Ethernet、TOP 不可用 2. LAN：10MB(位) 现场总线：250Nb(位) 3. 是的，FOXBORO 的 4. 异常请求通信 5. 5000ft 6. 不可用
美国西屋 WESTING HOUSE WDPF	1. 有 2. 没有 3. 没有 4. 是的 5. 工程师控制台或 IBM-PC 6. 分开的	1. 有 2. 相同 3. 与CRT 交互式的高级填空法 4. 是的，1∶1	1. 工程师控制台或 IBM-PC 2. 是的 3. 是的 4. 用户可选择 5. 是的，所有 I/O 板 6. 1000ft 7. 皆可用	1. 尚无资料 2. WESTNET1.2MBd 3. 是的，ROSEMOU-NT 4. 广播式通信，高速通道协议连续地将数据放入高速通道 5. 2000ft 6. 可用
美国贝利 BAILEY INF190	1. 有 2. 是的 3. 是的 4. 是的 5. 操作员控制台，PC 工作站，手握式终端 6. 相同	1. 有 2. 相同 3. 用户功能块和/或批过程控制 90 高级语言 4. 是的，1∶1	1. 基于 PC 的工作站 2. 是的 3. 是的 4. 用户可选择 5. 是的(所有板) 6. 1000ft 7. 是的(所有的)	1. 皆可用 2. INFI-NET10MB(环式)控制通道 1MHz(总线式)，从属总线：500Hz，现场总线：9600Bd，远程 I/O：1MBd 3. 是的，BAILEY 和 FIP 的 4. 缓冲插入/异常报告 5. 100000ft 6. 可用

续表

性能 厂家与产品	A. 连续控制	B. 批量过程控制	C. 其　　他	D. 高速通道
	1. 连续控制功能 2. 系统控制器完全冗余 3. 自动无扰动转换 4. 在线修改控制软件 5. 用于控制器组态的设备 6. 冗余控制器公用相同母板	1. 批过程控制功能 2. 批控制/连续控制使用相同控制器 3. 批控制器如何组态 4. 批控制器全冗余	1. 图形组态采用的办法 2. 高密度I/O模块 3. 操作员控制台可访问整个数据库和可有标准的用户图形 4. 电源供电中断,控制信号如何对故障做出反应 5. 机架上的插板可以带电更换码 6. 距离远程控制器最大I/O距离 7. SPC、SQC 或 CAD 可用否	1. 可有协议 Ethernet、TOP、MAP 2. 通信链路 3. 是否能和智能传感器通信 4. 高速通道的运行 5. 最大长度 6. 光纤高速通道是否可用
美国泰勒 C-E TAYLOR MOD 300	1. 有 2. 是的 3. 是的 4. 是的 5. 任何控制台,监视终端 6. 分离的	1. 有 2. 相同 3. 采用块结构梯形逻辑语言和用于公式计算的结构式语言 4. 是的,通过1∶11实现1∶1冗余	1. MOD 300画面建立终端 2. 是的 3. 是的 4. 用户可选择 5. 是的,包括所有I/O板控制器 6. 3500ft 7. SPC、SQC 可用,CAD不可用	1. Ethernet,MAP可用,TOP不可用 2. 分布式通信网络DCN∶2MBd 3. 不能 4. 请求访问数,报警传送事先指定的设备 5. 89760ft 6. 不可用
美国摩尔 MOORE PRODUCTS COMYCROLL	1. 有 2. 是的 3. 是的 4. 是的 5. IBM-PC 6. 分离的	1. 有 2. 相同 3. 梯形逻辑程序中使用高级序列语言(MYSL) 4. 是的,1∶1	1. 采用绘画/编辑功能的类似PC的图形终端 2. 是的 3. 是的 4. 检测控制信号采用关状态 5. 是的(所有板) 6. 4000ft 7. 皆可用	1. 皆可用 2. 宽带网(OSI):10MBd截波带,(OSI):5MBd高级链路LAN500KBd本地仪表链路:500KBd 3. 不能 4. 将全局数据以广播式传送到每个站,令牌传送到所有的设备 5. 6000ft 6. 可用
美国罗斯蒙特 ROSEMOUNT SYSTEM 3	1. 有 2. 是的 3. 是的 4. 是的 5. 任何系统控制台 6. 相同(冗余)	1. 有 2. 相同 3. 高级语言和控制块 4. 是的,1∶1	1. 类似CAD的像素组态方式 2. 是的 3. 是的 4. 用户可选择 5. 是的,所有板 6. 5000ft 7. SPC、SQC可用,CAD不可用	1. 皆可用 2. 现场网络1200BD,I/O网络:9600Bd,控制网络:1MBd,工厂网络,1MBd 3. 是的,ROSEMOUNT、BROOKS和MICROMOTION仪表 4. 利用时间片复合,按需完整传送数据 5. 3300ft 6. 可用

注:1ft=0.3048m。

2 SUPCON WebField ECS-100 控制系统

SUPCON WebField ECS-100 是浙大中控在 JX-100、JX-200、JX-300、JX-300X 基础上，经不断完善、提高，全新设计的新一代网络化现场智能控制系统。其采用了新型的 WEB 化体系结构，突破了传统控制系统的层次模型，实现了多种总线兼容和异构系统综合集成的“网络化控制系统”，真正体现工业基础自动化 WEB 的应用特性，使工业自动化系统真正实现了网络化、智能化、数字化，突破了传统 DCS、PLC 等控制系统的概念和功能，也是企业内过程控制、设备管理的合理统一。

WebField ECS-100 具有以下鲜明的特点。

(1) 开放性　融合各种标准化的软、硬件接口，方便地接入最先进的现场总线设备和第三方集散控制系统、逻辑控制器等，通过各种远程介质或 Internet 实现远程操作。

(2) 兼容性　符合现场总线标准的数字信号和传统的模拟信号在系统中并存，使企业现行的工业自动化方案和现场总线技术的实施变得简单易行。

(3) 设备管理　增加先进的设备管理功能（AMS），能对现场总线的智能变送器进行参数设置等项目实现自动管理，达到了设备管理和过程控制的完美结合。

(4) 安全性　系统安全性和抗干扰性符合工业使用环境下的国际标准。

(5) 故障诊断　具有卡件、通道以及变送器或传感器故障诊断功能，智能化程度高，轻松排除热电偶断线等故障。

(6) 机械结构　采用 19″国际标准的机械结构，部件采用标准化的组合方式，方便各种应用环境。

(7) 供电电源　本系统采用集中供电方式。交直流电源都采用双重化热冗余供电模式，部件能进行热插拔，方便安装和维护。

(8) 远程服务　能够通过远程通信媒体实现远程监控、故障诊断、系统维护、操作指导、系统升级等。

(9) 实时仿真　系统具有离线的实时调试和仿真功能，缩短系统在现场的调试周期并降低了方案实施的风险。

(10) 系统容量　系统规模灵活可变，可满足从几个回路、几十个 I/O 信息量到 1000 个控制回路、10000 个 I/O 信息量的用户应用要求。

(11) 运行环境　控制机柜内合理的冷却风路设计、防尘设计。

(12) 信号配置　提供 2 点、4 点、8 点和 16 点系列 I/O 卡件，为用户提供了多种选择，优化了系统的配置。

(13) 信号精度　I/O 卡件采用国际上最新推出的高精度 A/D 采样技术（Σ-△A/D）、先进的信号隔离技术、严格测试下的带电插拔技术，以及多层板和贴片技术，使信号的采集精度更高、卡件的稳定性更好。

(14) 控制　系统控制组态增加了符合 IEC1131-3 标准的组态工具 FBD、LD、SFC、ST 等，使 DCS 与 PLC 的控制功能得到统一，实现了局部控制区域内的实时过程信息的共享。

(15) 集成性　WebField ECS-100 是一个开放的可扩展系统，可以方便地进行扩展和集成，采用 Microsoft COM策略，使用户可以根据自己的特殊需要，在 WebField 中添加第三方的自定义应用。

(16) 图形界面　提供集成化图形界面组态工具，可以方便、快捷地生成图形画面，提供多种预定义图库对象。

(17) 数据管理　收集并管理数据、储存历史数据并将之传到公共数据库，也可以将数据分散到不同的报表中，从而保证过程在一个最佳的状态运行。

(18) 报警　采用分布式报警管理系统。可以管理无限报警区域的报警、基于事件的报警、报警优先权、报警过滤以及通过拨号输入/输出管理设备的远程报警。

2.1 系统硬件

2.1.1 系统结构

(1) 整体结构　WebField ECS-100 控制系统由工程师站、操作站、控制站、过程控制网络等组成。

工程师站是为专业工程技术人员设计的，内装有相应的组态平台和系统维护工具。通过系统组态平台生成适合于生产工艺要求的应用系统，具体功能包括系统生成、数据库结构定义、操作组态、流程图画面组态、报表程序编制等。而使用系统的维护工具软件，可实现过程控制网络调试、故障诊断、信号调校等。

操作站是由工业 PC 机、CRT、键盘、鼠标、打印机等组成的人机系统，是操作人员完成过程监控管理任务的人机界面。高性能工控机、卓越的流程图机能、多窗口画面显示功能，可以方便地实现生产过程信息的集中显示、集中操作和集中管理。

控制站是系统中直接与工业现场进行信息交互的I/O处理单元，完成整个工业过程的实时监控功能。控制站内部各部件可按用户要求冗余配置。在同一系统中，任何信号均可按冗余或不冗余连接，对于系统中重要的公用部件，建议采用100%冗余，如主控制卡、数据转发卡和电源箱。

过程控制网络实现工程师站、操作站、控制站的连接，完成信息、控制命令的传输与发送，双重化的冗余设计，使得信息传输安全、高速。

WebField 控制系统基本结构如图 3-2-2 所示。

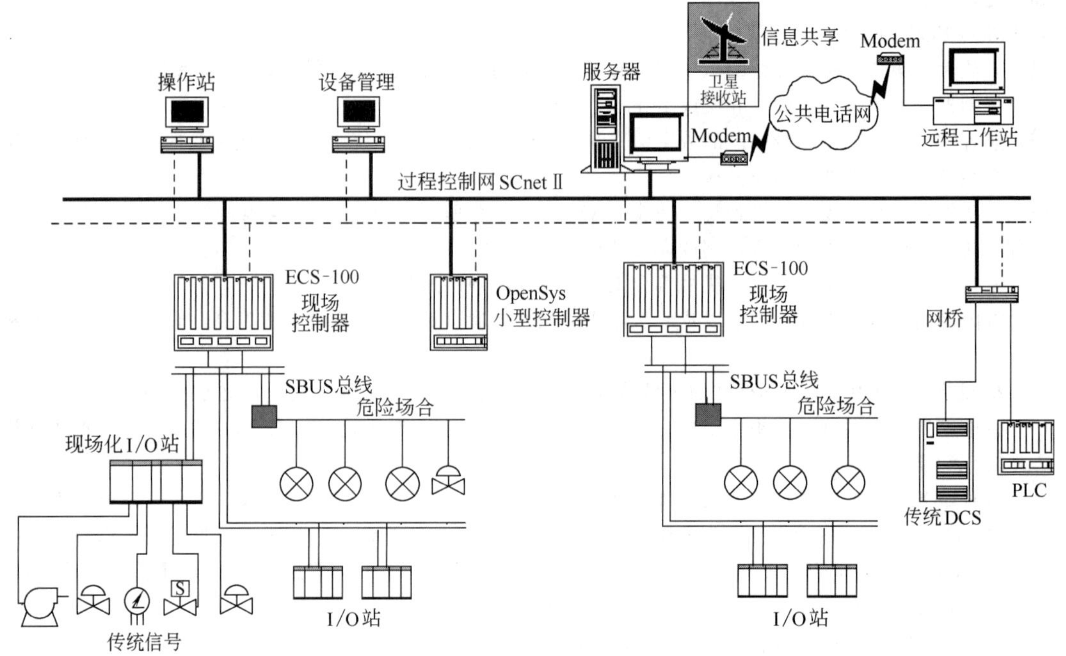

图 3-2-2　WebField 控制系统结构图

最上层为信息管理网，采用标准的工业以太网，连接了各个控制装置的网桥，以及企业内各类管理计算机，用于工厂级的信息传送和管理，是实现全厂综合管理的信息通道。

中间层为过程控制网（名称为 SCnet Ⅱ），采用了双高速冗余工业以太网 SCnet Ⅱ作为其过程控制网络，连接操作站、工程师站与控制站等，传输各种实时信息。

底层网络为控制站内部网络（名称为 SBUS），采用主控制卡指挥式令牌网，存储转发通信协议，是控制站各卡件之间进行信息交换的通道。

(2) 控制站结构　WebField ECS-100 控制站内部以机笼为单位，机笼固定在机柜的多层机架上，卡件机笼根据内部所插卡件的型号分为两类：主控制机笼（配置主控制卡）和 I/O 机笼（不配置主控制卡）。机笼正面结构见图 3-2-3。

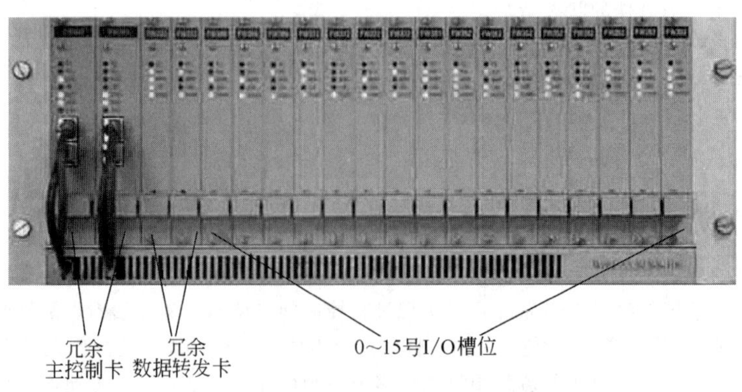

图 3-2-3　机笼正面结构图

ECS-100 系统信号配线采用端子板转接形式。端子板安装在起固定、保护作用的端子盒中。系统的输入、输出信号经过端子板转接分别供系统卡件处理或用于驱动小功率继电器、伺服放大器等。端子板上有滤波电路、抗浪涌冲击电路、过流保护电路等功能电路，提供对信号的前期处理及保护功能。端子板通过系统内部电缆与相关的 I/O 卡件相连接。

主控制卡必须插在机笼最左端的两个槽位。I/O 机笼通过双重化高速串行通讯总线 SBUS 与主控制机笼相连，可以与主控制机笼放置在一个机柜内，而且还允许把 I/O 机笼放置在远离控制室的生产现场。

主控制卡是控制站的核心，可以冗余配置，保证实时过程控制的完整性。主控制卡采用高度模件化结构，用简单的组态方法可实现复杂的过程控制。

数据转发卡槽位可配置成互为冗余的两块数据转发卡。数据转发卡是每个机笼必配的卡件。如果数据转发卡件按非冗余方式配置，则数据转发卡件可插在这两个槽位的任何一个，空缺的一个槽位不可作为 I/O 槽位。

数据转发卡右侧为 16 个 I/O 卡件槽位，用户可以根据需要，对卡件选择全冗余、部分冗余或不冗余。

2.1.2　系统规模

(1) 通讯网络　过程控制网络 SCnet Ⅱ连接系统的工程师站、操作站和控制站，完成站与站之间的数据交换。SCnet Ⅱ可以接多个 SCnet Ⅱ子网，形成一种组合结构。每个 SCnet Ⅱ网理论上最多可带 2048 个节点，最远可达 10000m。为实现控制系统特有的安全性和实时性要求，在现场应用中整个网络按控制区域划分，一个控制区域最大包括 15 个控制站、32 个操作站或工程师站，系统容量最大可达到 10000 点。

(2) 控制站规模　每个控制站内，主控制卡通过 SBUS 网络可以最多挂接 8 个本地 IO 单元或远程 IO 单元。

将端子板和卡件集中在一个机柜中，每只机柜最多安装 1 只电源箱机笼和 3 只卡件机笼，其余空间放置端子板；将端子板和卡件分放在两个机柜中，机柜最多可安装 1 只电源箱机笼和 8 只卡件机笼，另 1 个机柜中全部放置端子板。

各种信号最大配置点数为：

① AO 模出点数≤128/站；

② AI 模入点数≤320（包括脉冲量）/站；

③ DI 开入点数≤2048/站；

④ DO 开出点数≤1024/站；

⑤ 控制回路：128 个/站（其中自定义单回路 BSC 和自定义串级回路之和最大不得超过 64 个）；

⑥ 程序空间，4Mbit Flash RAM，数据空间 4Mbit SRAM；

⑦ 虚拟开关量≤4096（内部开关触点）；

⑧ 虚拟 2 字节变量≤2048（int、sfloat）；

⑨ 虚拟 4 字节变量≤512（long，float）；

⑩ 虚拟 8 字节变量≤256（sum）；

⑪ 秒定时器 512 个，分定时器 512 个。

2.1.3　系统性能

(1) 工作环境

工作温度　0～50℃；

存放温度　－40～70℃；

工作湿度　10%～90%RH，无凝露；

存放湿度　5%～95%RH，无凝露；

高　　度　海拔 2000m；

振动（工作）　0.1″振幅，5～17Hz，2.5G 峰值冲击，17～500Hz；

振动（不工作）　0.2″振幅，5～17Hz，3G 峰值冲击，17～500Hz。

注：G 为重力加速度。

(2) 电源性能

控制站　双路供电，85～264V AC，47～400Hz，最大 600W，功率因数校正（符合 IEC61000-3-2 标准）；

操作站、工程师站和多功能站　200～250V AC，50Hz，最大 500W。

（3）运行速度

采样和控制周期　100ms～5.0s（逻辑控制）；

双机切换时间　<0.1s；

双机冗余同步速度　1Mbps。

（4）电磁兼容性　采用具有功率因素校正的开关电源，谐波辐射大大降低，使系统对电源网络的干扰达到最小。所有卡件达到工业三级抗电磁干扰标准。

2.1.4　系统通讯网络

（1）信息管理网（Ethernet）　信息管理网的基本特性

拓扑规范　总线型（无根树）结构，或星形结构；

传输方式　曼彻斯特编码方式；

通讯控制　符合 IEEE802.3 标准协议和 TCP/IP 标准协议；

通讯速率　10Mbps、100Mbps、1Gbps 等；

网上站数　最大 1024 个；

通讯介质　双绞线（星形连接），50Ω 细同轴电缆、50Ω 粗同轴电缆（总线型连接，带终端匹配器），光纤等；

通讯距离　最大 10km。

（2）SCnetⅡ网　基本性能指标

拓扑规范　总线型结构，或星形结构，或光纤环结构；

传输方式　曼彻斯特编码方式；

通讯控制　符合 TCP/IP 和 IEEE802.3 标准协议；

通讯速率　10Mbps、100Mbps 等；

节点容量　最多 15 个控制站，32 个操作站、工程师站或多功能站；

通讯介质　双绞线，50Ω 细同轴电缆、50Ω 粗同轴电缆、光缆；

通讯距离　最大 10km。

（3）SBUS 总线　SBUS 总线是控制站内部 I/O 控制总线，主控制卡、数据转发卡、I/O 卡通过 SBUS 进行信息交换。SBUS 总线分为两层：双重化总线 SBUS-S2、SBUS-S1 网络。控制站 SBUS 结构见图 3-2-4。

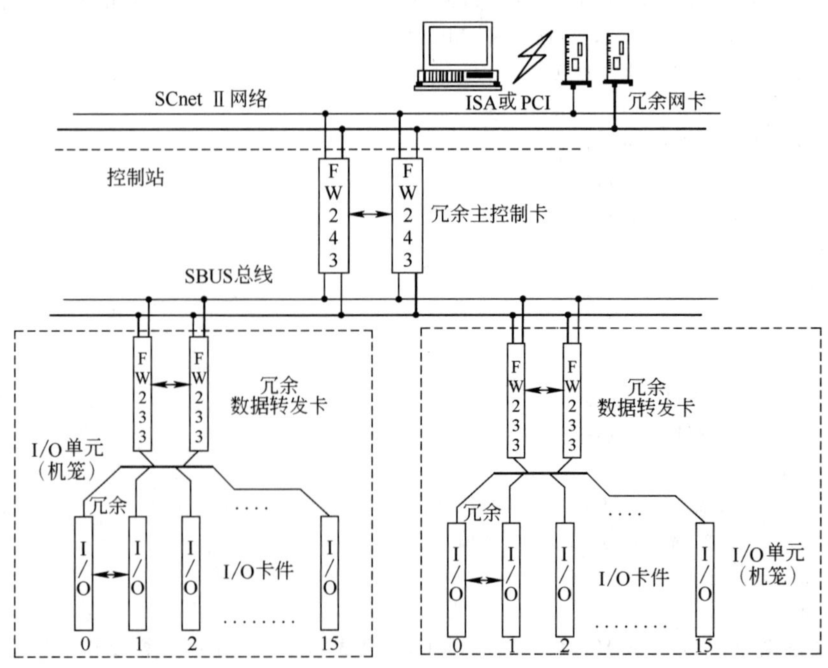

图 3-2-4　控制站 SBUS 结构示意图

SBUS总线分为两层。

① 第一层为双重化总线SBUS-S2。SBUS-S2总线是系统的现场总线，物理上位于控制站所管辖的I/O机笼之间，连接了主控制卡和数据转发卡，用于主控制卡与数据转发卡间的信息交换。

② 第二层为SBUS-S1网络。物理上位于各I/O机笼内，连接了数据转发卡和各块I/O卡件，用于数据转发卡与各块I/O卡件间的信息交换。

SBUS-S1和SBUS-S2合起来称为WebField ECS-100控制系统的SBUS总线，主控制卡通过它们来管理分散于各个机笼内的I/O卡件。SBUS-S2级和SBUS-S1级之间为数据存储转发关系，按SBUS总线的S2级和S1级进行分层寻址。

① SBUS-S2总线主要性能指标

用　　途　主控制卡与数据转发卡之间进行信息交换的通道。

电气标准　EIA的RS-485标准。

通信介质　特性阻抗为120Ω的八芯屏蔽双绞线。

拓扑规范　总线型结构，节点可组态。

传输方式　二进制码。

通信协议　采用主控制卡指挥式令牌的存储转发通信协议。

通信速率　1Mbps（MAX）。

节点数目　最多可带载16块数据转发卡。

通信距离　最远2.5km（使用电气中继或光中继情况下）。

冗 余 度　1∶1热冗余。

② SBUS-S1总线主要性能指标

通信控制　采用数据转发卡指挥式的存储转发通信协议。

传输速率　156kbps。

电气标准　TTL标准。

通信介质　印刷电路板连线。

网上节点数目　最多可带载16块智能I/O卡件。

（4）主控制卡的通信　控制站作为SCnetⅡ的节点，其网络通讯功能由主控制卡担当。主控制卡结构图如图3-2-5所示，面板上有2个互为冗余的SCnetⅡ通讯口和7个LED状态指示灯。

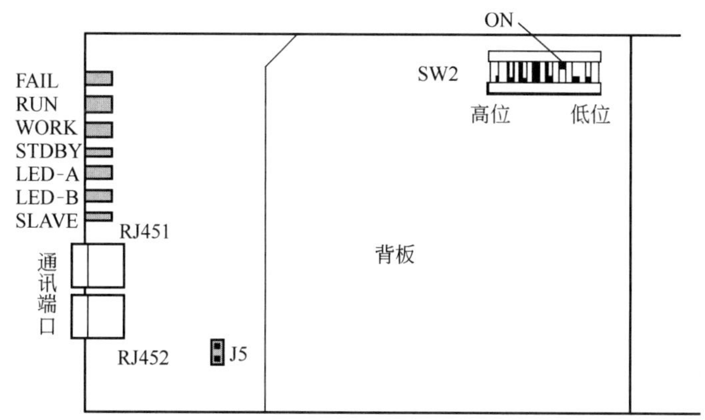

图3-2-5　主控制卡结构示意图

主控制卡上有关网络通讯的接口及指示灯说明如下。

① PORT-A（RJ451）　通讯端口0，通过双绞线RJ45连接器与冗余网络SCnetⅡ的0#网络相连。

② PORT-B（RJ452）　通讯端口1，通过双绞线RJ45连接器与冗余网络SCnetⅡ的1#网络相连。

③ LED-A　本卡件的通讯网络端口0的通讯状态指示灯。

④ LED-B　本卡件的通讯网络端口1的通讯状态指示灯。

⑤ SLAVE　Slave CPU运行状态指示，包括网络通信和I/O采样运行指示。

（5）操作站网卡　操作站网卡FW023采用带内置式10BaseT收发器（提供RJ45接口）的以太网接口。它既是 SCnetⅡ通讯网与上位操作站（或工程师站）的通讯接口，又是 SCnetⅡ网的节点（两块互为冗余的网卡为一个节点），完成操作站与 SCnetⅡ通讯网络的数据交换和初步数据处理。

（6）SCnetⅡ网络部件　SCnetⅡ网络物理上可采用双绞线、细缆、粗缆及光纤等介质及网络部件来构造，表 3-2-3 列出了常用部件的型号和说明。

表 3-2-3　SCnetⅡ网络部件型号

型　号	部件名称	单位	型　号	部件名称	单位
FW 401 NET	细同轴电缆终端匹配器	个	FW 415 NET	SBUS 总线扩展电缆	m
FW 402 NET	细同轴电缆 T 形头	个	FW 416 NET	DB25 线(端子板和卡件之间的扩展连线)	根
FW 404 NET	RJ45 联接器(RJ45＋护套)	套	FW 422 NET	RS485/以太网转换卡	块
FW 405 NET	粗同轴电缆终端匹配器	套	FW 423 NET	16 口中继式集线器(Hub)	个
FW 407 NET	网线理线架，19″标准安装	个	FW 425 NET	16 口交换器或集线器(Switch Hub)	个
FW 411 NET	网络通信电缆(细缆)	m	FW 426 NET	10BASE-5 粗缆收发器(含 AUI 连接线)	个
FW 413 NET	网络通信电缆(五类双绞线)	m	FW 428 NET	RS232/485 转换模块(10～25V 供电)	个
FW 414 NET	网络通信电缆(粗缆)	m			

（7）通信接口卡（FW244）　FW244 是通信接口单元的核心，是 SCnet Ⅱ网络节点之一（在 SCnetⅡ中 FW244 处于与 FW243 同等的地位），它解决了 ECS-100 系统与其他厂家测控系统和智能设备的互联问题，具有 RS232/RS485 通信接口，通过网间连接，其他厂家测控系统和智能设备的过程参数可成功地与系统内控制站、操作站等进行信息双向通信，使异种设备成为 ECS-100 系统的一部分。

2.1.5　系统控制站卡件

控制站卡件位于控制站卡件机笼内，主要由主控制卡、数据转发卡和 I/O 卡（即信号输入/输出卡）组成。卡件按一定的规则组合在一起，完成信号采集、信号处理、信号输出、控制、计算、通信等功能。

（1）部件分类和命名规则（除端子板外）

① 注释 A　该 3 位数字表示部件型号，从 000～999。

a. 3 位数字中最高位表示系统分类号，用 0～9 表示：

0——表示操作站部件；

1——表示软件；

2——表示控制站公共部件，包括控制机柜、电源、主控制卡等；

3——表示控制站 I/O 卡件，该级卡件以是否挂接在 SBUS 网络上来区分；

4——表示网络部件。

b. 当最高位为 0、1、2、4 时，第 2、3 位顺序排列，表示部件序号。

c. 当最高位为 3 时

- 第 2 位表示控制站 I/O 卡件分类号，用 0～9 表示，其中，第 2 位为 1～4 时表示 300、300X 系统中已经存在，在 ECS-100 系统中可以兼容使用的卡件，第 2 位为 5～9 时表示在 ECS-100 系统中新设计推出的卡件；
- 第 3 位表示控制站 I/O 卡件序号，用 0～9 表示。

② 注释 B　表示该部件内的不同零部件序号（子部件号），如果没有则可以省略。

③ 注释C　是部件名称的英文字母缩写，作为型号后缀，以便识别。在实际使用中，型号后缀可以省略：

PW——电源；　MECH——机械部件；　DI——触点型开关量输入；

DO——普通开关量输出；　DRO——继电器输出；　RTD——热电阻输入；

V/CI——电压/电流信号输入；　AO——模拟量输出；　SYS——控制站系统卡件；

NET——网络部件；　SOFT——上位机软件；　KB——键盘。

（2）端子板命名原则

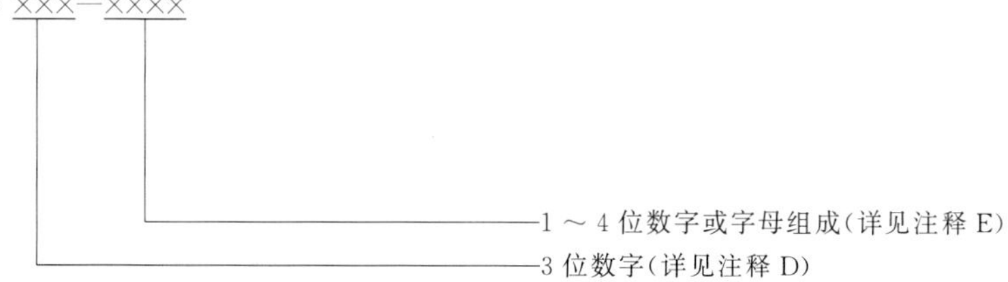

① TB　表示端子板。

② 注释D　3位数字与其相连的I/O卡件完全对应。

③ 注释E　1～4位字符表示端子板的特性，即与同一卡件相连的不同种类端子板。

a. 对于模拟量卡件

R：表示具有冗余功能的端子板；

P：表示只有配电功能的端子板（无其他功能）；

PR：表示只有配电功能的冗余端子板。

b. 对于开关量卡件

48V：48V DC输入；

110V：110V AC输入；

220V：220V AC输入；

R：表示继电器隔离输入或输出；

SSR：表示固态继电器输出；

D：表示可以配两块开关量卡件的端子板。

（3）控制站公用部件

① 机械部件，见表3-2-4。

表3-2-4　机械部件表

型　号	部件名称	备　　注	单位
FW205MECH	I/O端子板机柜(800＊800＊2200)	标准19″立柱，铁门，安装端子板专用机柜，需配置一个电源机笼。最多可安装52块端子板	个
FW206MECH	端子和机笼混装机柜(800＊800＊2200)	标准19″立柱，铁门，安装有AC配电箱、直流汇流排，最多安装3个机笼及32块端子板	个
FW207MECH	机笼机柜(800＊800＊2200)	标准19″立柱，铁门，安装机笼专用机柜，最多可安装一个电源箱机笼和六个I.O机笼	个
FW208MECH	仪表柜(800＊800＊2200)	标准19″立柱，铁门	个
FW 212 MECH	机笼标准套件		个
FW252MECH	电源机笼，19″标准架装	可安装4个电源	个
FW 256 MECH	AC配电箱	AC电源分线、过流保护、冗余电源开关	个
FW257-01 MECH	端子板支架	一个最多可配装16块端子板(4列＊4行)	个

续表

型　号	部件名称	备　注	单位
FW257-02 MECH	端子板支架	一个最多可配装12块端子板(4列*3行)	个
TB252	机柜温度控制器		个
TB252CFG	温度设置与故障诊断软件		套

注:1″=2.54cm。

② 电源部件，见表3-2-5。

表3-2-5　电源部件表

型　号	部件名称	单　位	型　号	部件名称	单　位
FW 252-03 PW	电源(5V),75W	个	FW 252-05 PW	电源(5V,24V),110W	个
FW 252-04 PW	电源(24V),150W	个			

③ 系统级卡件，见表3-2-6。

表3-2-6　系统级卡件

型　号	部件名称	备　注	单　位
FW 243M SYS	主控制卡	能驱动1～2个I/O机笼,组件包括1块主控制卡,2根双绞线	块
FW 243L SYS	主控制卡	能驱动3～8个I/O机笼,组件包括1块主控制卡,2根双绞线	块
FW 233 SYS	数据转发卡		块
FW 221	电源指示卡	安装于I/O卡件机笼的最左端两个槽位(除主控机笼外)	块
FW246	仿真器		块

④ 控制站主要I/O卡件　所有8点模拟量、16点开关量卡件须与FW212机笼配套使用。2点、4点卡件若需在ECS-100系统中使用，必须配套端子板TB315，并安装在FW212机笼中。见表3-2-7。

表3-2-7　主要I/O卡件

型　号	部件名称	性　能	配套端子板
FW 315 AGI	应变信号输入卡	2路输入,点点隔离,四线制	TB315
FW 335 PI	脉冲量输入卡	4路输入,最大10kHz	TB315
FW 341 PAT	位置调节输出卡(PAT卡)	1组(每组包括2路DI,1路AI,2路DO输出)	TB315
FW 342 PAT	位置调节输出卡(PAT卡)	4组(每组包括2路DI,1路AI,2路DO输出)	TB342
FW 365 API	自适应脉冲量输入卡	8路输入,统一隔离	TB365
FW 366 DI	16路数字信号输入卡	16路输入,分组隔离	TB366-*
FW 367 DO	16路数字信号输出卡	16路输出,分组隔离	TB367-*
FW 368 PI	8路脉冲量输入卡	8路输入,分组隔离	TB368
FW 351 V/CI	8路标准信号输入卡	8路输入(电流/电压信号),点点隔离	TB351-R TB351
FW 352 TC	8路热电偶信号输入卡	8路输入,点点隔离	TB352-R TB352
FW 353 RTD	8路热电阻信号输入卡	8路输入,点点隔离	TB353-R TB353
FW 354 AGI	2路应变信号输入卡	2路输入,点点隔离	TB354
FW 372 AO	8路电流信号输出卡	8路输出,点点隔离	TB372-R TB372
FW 000	空卡	I/O槽位保护板	

(4) 控制站卡件

① 主控制卡(FW243)

a. 功能　FW243 是控制站的软硬件核心,负责协调控制站内的所有软硬件关系和各项控制任务,如完成控制站中的 I/O 信号处理、控制计算、与上下网络通信控制处理、冗余诊断等功能。主控制卡的功能和性能将直接影响系统功能的可用性、实时性、可维护性和可靠性。

b. 技术特点

• 采用双微处理器结构,主、从 CPU 协同处理控制站的任务。

• 具有双重化 10Mbps/100Mbps 以太网标准通讯控制器和驱动接口,互为冗余,构成了双重化、热冗余的 SCnet Ⅱ。互为冗余的主控制卡能自动进行高速数据交换,有效数据同步速度达 1Mbps,暂态数据同步不超过一个周期。

• 控制软件和算法模块采用模块化设计,核心程序固化在 CPU 卡的 EPROM 中。

• 控制回路可达 128 个(其中自定义 BSC、CSC 之和最大不超过 64 个,常规 BSC、CSC 之和最大不超过 64 个)。

• 具有 4MB 的用户可组态(编程)的控制程序和 4MB 的数据区,为用户设计的复杂控制程序和数据区准备了充足的内存空间。

• 实时诊断和状态信息由卡件上的 LED 指示灯的状态显示,并向 SCnetⅡ上广播。

• 采样周期和控制速率从 100ms 到 5s 可选。

• 带算术、逻辑、控制算法库。

• 支持 SBUS 的 I/O 总线的通讯接口。

• 可带 16～128 块 I/O 卡,通过 SBUS 实现就地或远程 I/O 功能,节省安装费用。

• 综合诊断到 I/O 卡件、I/O 通道级。

• 具有灵活的报警处理和信号质量码功能。过程点的传感器和高低限检查,过程点报警处理,增加了过程点质量标志——"报警"、"变送器故障"、"自动/手动"、"可疑"等。

• 卡件供电:5V DC,280mA;24V DC,5mA。

• 用户程序的存储介质采用大容量的 Flash 内存,控制程序可以实现在线修改,断电不丢失,可靠保存。

• 内置后备锂电池,提高了系统安全性和可维护性。在系统断电的情况下,能保护 SRAM 数据不丢失最长时间为 3 年。

② 数据转发卡(部件号 FW233 SYS)

a. 功能　数据转发卡(FW233)是系统 I/O 机笼的核心单元,是主控制卡连接 I/O 卡件的中间环节,一方面驱动 SBUS 总线,支持 SBUS-I/O 总线通讯规约,即冗余 625kbps 高速 SBUS 总线通讯;另一方面管理本机笼的 I/O 卡件;同时具有冷端温度采集功能,实现了冷端温度测量元件安装在任意位置,节约热电偶补偿导线。

b. 技术特点

• FW233 卡件板上具有 WDT 看门狗复位功能,在卡件受到干扰而造成软件混乱时能自动复位 CPU,使系统恢复正常运行。

• FW233 卡件负责主机与 I/O 卡件之间数据交换,是每个机笼的必备卡件。

• FW233 支持冗余结构。每个机笼可配置双 FW233 卡,互为备份。若不需冗余,也可单卡工作。

• 可采集冷端温度,作为本机笼温度信号的参考补偿信号。

• 可检测环境温度,并将数据传送至上层,作为系统对本机笼工作状态的监控依据。

• 可通过中继器实现总线节点的远程连接。FW233 卡设有选频跳线,可根据实际节点连接方法,选择相应的通信波特率。

• 可对本机笼的供电状况实行自检。系统 5V,24V 采用双路冗余供电方式。FW233 可在其中任何一路出现异常情况时,实现故障显示。

③ 标准信号输入卡(部件号 FW351 AVI)

a. 功能　标准信号输入卡是一块智能型、带有模拟量信号调理的 8 路点点隔离信号采集卡,与其配套端子板共同使用时,每路可分别接收标准(Ⅱ型、Ⅲ型)电流、电压信号,也可配套相应端子板为变送器提供

24V（或 25.5V）隔离电源。

b. 性能指标

通道隔离　任何通道间 250V AC，47～53Hz，60s；任何通道对地 500V AC，47～53Hz，60s。

输入阻抗　电流输入 250Ω，电压输入 1MΩ。

最大可分辨输入　≥－40mA DC，≤40mA DC；≥－10V DC，≤10V DC。

A/D 转换分辨率　15 位＋符号位/16 位。

共模抑制比　250V AC，50Hz，－50～50V DC，≥120dB。

串模抑制比　1V AC，50Hz，≥60dB。

c. 精度　对于不同的输入信号，FW351 可调整的范围及精度如表 3-2-8 所示。

表 3-2-8　FW 351 可调整的范围及精度

信号类型	测量范围	精度	信号类型	测量范围	精度
标准电压（Ⅱ型）	0～5V	±0.05%FS	标准电流（Ⅱ型）	0～10mA	±0.1%FS
标准电压（Ⅲ型）	1～5V	±0.05%FS	标准电流（Ⅲ型）	4～20mA	±0.1%FS

④ 热电偶信号输入卡（部件号 FW352 TC）

a. 功能　热电偶信号输入卡是一块智能型的、带有模拟量信号调理的 8 路点点隔离热电偶信号采集卡，配合端子板完成冷端补偿功能。

b. 性能指标

通道隔离　任何通道间 250V AC，47～53Hz，60s；任何通道对地 500V AC，47～53Hz，60s。

输入阻抗　≥10MΩ。

最大可分辨输入　≥－100mV DC，≤100mV DC。

A/D 转换分辨率　15 位＋符号位/16 位。

标称平均精度　量程的±0.2%。

共模抑制比　250V AC，50Hz，－50～50V DC，≥120dB。

串模抑制比　100mV AC，50Hz，≥60dB。

c. 精度　对于不同的输入信号，FW352 可调整的范围及精度如表 3-2-9。

表 3-2-9　FW352 可调整范围及精度

毫伏信号	测量范围	毫伏绝对精度	毫伏信号	测量范围	毫伏绝对精度
	－20～20mV	±20μV		－20～20mV	±20μV
	－100～100mV	±100μV		－100～100mV	±100μV
热电偶信号	测量范围	精度	热电偶信号	测量范围	精度
E 型	－200～900℃	±0.2%FS	T 型	－200～350℃	±0.2%FS
J 型	－200～750℃	±0.2%FS	S 型	0～1600℃	±0.2%FS
K 型	－200～1300℃	±0.2%FS	R 型	0～1750℃	±0.2%FS
N 型	0～1300℃	±0.2%FS	B 型	500～1800℃	±0.2%FS

⑤ 热电阻信号输入卡（部件号 FW353 RTD）

a. 功能　热电阻信号输入卡是一块专用于测量热电阻信号的、可冗余的 8 路点点隔离 A/D 转换卡，每一路分别可接收 Pt100、Cu50 两种热电阻信号，将其调理后转换成数字信号送给主控卡 FW243 进行处理。

b. 性能指标

通道隔离　任何通道间 60V AC，47～53Hz，60s；任何通道对地 500V AC，47～53Hz，60s。

输入阻抗　≥10MΩ。

A/D 转换分辨率　15 位＋符号位/16 位。

绝对精度　Pt100　±0.5℃（25℃），±0.5℃（0～60℃）；Cu50 ±0.5℃（25℃），±0.5℃（0～60℃）。

输入最小分辨率　Pt100　0.05℃；Cu50　0.07℃。

共模抑制比　250V AC 50Hz，－50～50V DC，≥120dB。

串模抑制比　100mV AC，50Hz，≥60dB。

c. 精度　对于不同的输入信号，FW353 卡可调整信号的范围如表 3-2-10。

表 3-2-10　FW 353 卡可调整信号范围

信号类型	测量范围	精　度	信号类型	测量范围	精　度
Pt100	－200～850℃	±0.5℃	Cu50	－50～150℃	±0.5℃

⑥ 模拟信号输出卡（部件号 FW372 AO）

a. 功能　FW 372 模拟信号输出卡为 8 路点点隔离型电流（Ⅱ型或Ⅲ型）信号输出卡。作为带 CPU 的高精度智能化卡件，具有自诊断故障、在线无扰动切换、冗余配置等功能。

b. 性能指标

通道隔离　任何通道间 250V AC，47～53Hz，60s；任何通道对地 500V AC，47～53Hz，60s。

标称平均精度　量程的 0.2%。

共模抑制比　250V AC，50Hz，－50～50V DC，≥120dB。

串模抑制比　1V AC，50Hz，≥60dB。

⑦ 数字信号输入卡　（部件号 FW366 DDI）

a. 功能　FW 366 DDI 是 16 路分组隔离数字量信号智能输入卡，它能够快速响应干触点信号和电平信号的输入，实现数字量信号的准确采集。具有 WDT 看门狗复位、自检、软硬件滤波等功能。

b. 性能指标

通道隔离　组间 250V AC，47～53Hz，60s；任何通道对地 500V AC，47～53Hz，60s。

输入阻抗　10KΩ。

共模抑制比　250V AC，50Hz，－50～50V DC，≥120dB。

串模抑制比　1V AC，50Hz，≥60dB。

c. 输入指标

干触点信号输入

信号状态	ON	干触点内阻＜1kΩ
	OFF	干触点内阻＞100kΩ
输入回路内阻	10kΩ	
输入回路短路电流	2.4 mA（max）	

电平信号输入

信号状态	ON	20V＜电平＜32V
	OFF	0V＜电平＜5V
输入回路内阻	10kΩ	

⑧ 3.2.8 数字信号输出卡（部件号 FW367 DDO）

a. 功能　FW367 卡提供 16 个晶体管分组隔离无源触点输出，可通过中间继电器驱动电动控制装置，卡件 24V 由外部配电。

b. 性能指标

通道隔离　组间 250V AC，47～53Hz，60s；任何通道对地 500V AC，47～53Hz，60s；24V DC，≤100mW。

共模抑制比　250V AC，50Hz，－50～50V DC，≥120dB。

串模抑制比　1V AC，50Hz，≥60dB。

⑨ SOE 信号输入卡（部件号 FW369 SOE）

a. 功能　FW369 为 16 点干触点 SOE 输入卡。SOE 卡多用于电厂，当发生事故跳闸，一系列开关动作时，

SOE 卡以相对于第一个发生跳变的点作为计量单位，记录各点跳变的先后顺序，以利于事故后的分析。

b. 性能指标

隔离电压　现场侧与系统侧 500V AC。

干触点输入时　ON 状态——触点电阻小于 200Ω；OFF 状态——触点电阻大于 500kΩ。

配电　由卡件提供 24V 配电电压。

分辨率　具有 1ms 的事故顺序记录分辨率。

卡件内存　1MB，可记录保存 3000 条事件记录。

软件设置　干扰滤波时间、触点抖动滤波时间。

⑩ 应变信号输入卡（部件号 FW315 AGI）

a. 功能　FW315 应变信号输入卡是 2 路隔离具有信号调理功能的模入卡，可以对小于 10mV 的微弱信号进行高精度、高稳定性的测量，每块卡可以单独工作，也可以按照 1∶1 冗余方式工作，FW315 必须与端子板 TB511 共同使用。

b. 性能指标

分辨率　15B。

隔离电压　现场侧 500V AC/min；通道间 250 V AC/min。

共模抑制比　＞120dB。

串模抑制比　＞60dB。

卡件供电　母板供电 5V，＜50mA；24V，＜100mA。

精　　度　0.2％FS。

输入阻抗　＞10MΩ。

⑪ 脉冲量输入卡（部件号 FW335 PI）

a. 功能　FW335 脉冲量输入卡是 4 路脉冲量隔离输入智能型卡件，卡件上 3 个 CPU 协同工作将输入脉冲进行累计，并将计算频率传递给主控卡，通过软件组态，可以使卡件对输入信号按照频率型或累积型信号转换。卡件能接受 0～10kHz TTL 电平的脉冲量信号，输入信号实现点点隔离，可冗余配置。

b. 性能指标

隔离方式　光耦点点隔离。

隔离电压　现场测 500V AC。

信号类型　电平信号，小于 1.0V 为逻辑 0，大于 3.5V 为逻辑 1。

信号要求　输入信号为方波，峰值小于 5V，占空比 40％～60％。

响应频率　0～10kHz。

精　　度　0.2％FS。

⑫ 位置调节输出卡 PAT（部件号 FW341 PAT）

a. 功能　FW341 多用于控制电动阀，带有两路开关量输入，用于正负极限报警；一路模拟量输入，用于引入位置反馈；两路开关量输出，用于控制固态继电器。

b. 性能指标

更新时间　10ms。

测量信号　电流信号　4～20mA，电阻信号　0～1kΩ。

分辨率　0.15％。

A/D 精度　0.5％。

模拟量输入阻抗　＞10MΩ。

数字量输入阻抗　ON 报警　50Ω；OFF 报警　500kΩ。

隔 离 电 压　数字地对模拟地　500V AC/1min；通道对总线　500V AC/1min。

共模抑制比　＞120dB。

串模抑制比　＞60dB。

⑬ HART 信号处理卡件（部件号 FW356 HART）

a. 概述　FW356HART 卡 8 点 HART 信号的点点隔离输入卡，实现对符合 HART 协议的现场总线的智能仪表进行数据采集、组态、网络设备管理，并允许 Rosemount 的 275 型手持操作器作为第二主设备接入

HART 网络。

b. 性能指标

响应时间　对单台仪表的组态、调校等操作响应时间小于 2s；读实时数据响应时间（8 台）小于 0.2s。

输入阻抗　250Ω（电流信号）。

隔离电压　现场侧　500Vp-p；通道间　250V AC，250V DC。

精　　度　由于采用数字通讯，精度等级完全由现场仪表决定。

通讯接口　卡件与上位机的通讯采用 RS485 通讯接口，波特率为 19.2kbps。

设备管理　即插即用，能对现场仪表进行标定、组态、调校、诊断、维护等各项设备管理操作。

c. 卡件的 485 接口　HART 卡的 485 通讯信号必须通过 RS485/232 转换器，转换成 232 信号后，卡件才能和上位管理软件通讯。通讯速率为 19.2kbps。总线连接示意图如图 3-2-6 所示。

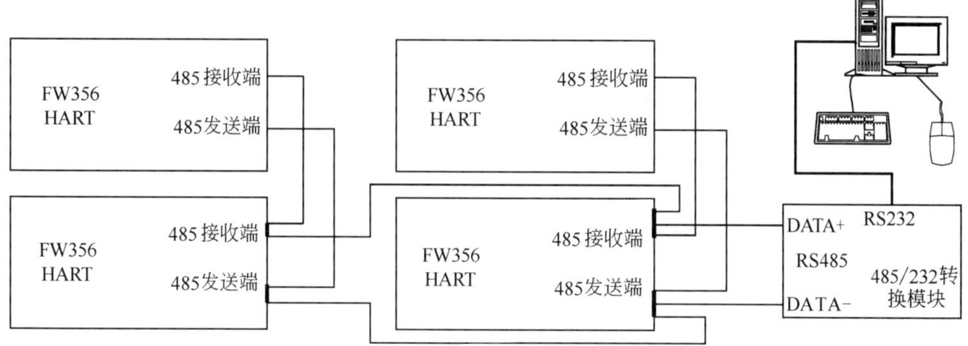

图 3-2-6　FW356 HART 卡 485 总线连接示意图

d. FW356 HART 的上位机软件　该软件是 SAMS 智能设备管理系统，由客户程序 SAMSClient、数据服务器 SAMSServer、通讯服务器 HARTServer 组成。系统的结构如图 3-2-7 所示。

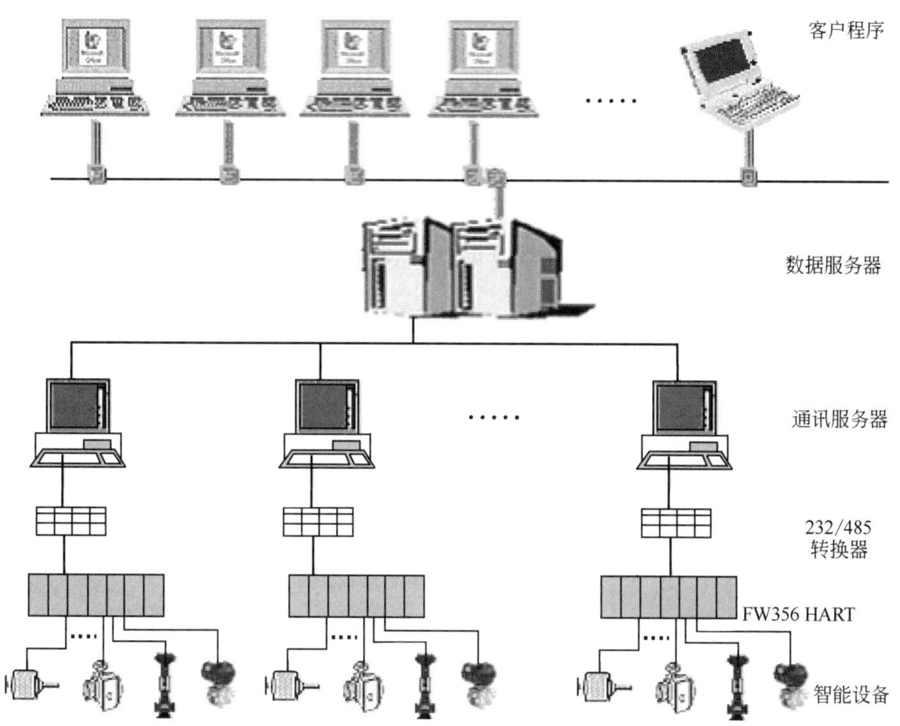

图 3-2-7　FW356HART 上位机系统结构图

e. SAMS 系统结构　一个数据服务器可以挂接最多 16 个客户程序和通讯服务器，在一个客户端可以管理多个通讯服务器连接的智能设备，多个客户也可以同时管理同一个智能设备。

数据服务器用关系数据库记录智能设备的组态信息、报警记录和用户的操作记录。用户可以配置客户程序的访问权限，SAMS 软件中 OPC 服务器 SAMSDAServer，可运行在数据服务器端。

2.2　系统软件综述

2.2.1　SupView 软件特点

SupView 是新一代工业自动化软件系统，其以强大、可靠的自动化解决方案而成为工业新概念。SupView 创造了一个突破性的软件系统，重新定义了设计和维护工业自动化解决方案的新思路，并再次推动工业自动化达到一个新的水平。

它是一套全集成、开放式、基于组件技术的自动化软件产品。在设计的时候，它有效的克服了以往软件包的约束性，使得工控平台与商业系统以及其他第三方应用程序之间更加易于集成，覆盖并提高了 SUPCON 软件包早期版本的所有功能，同时还增加了许多重要功能，主要体现为：

① 强大的即插即用平台；

② 组件化的对象结构；

③ 集成化的 WorkSpace 开发环境；

④ 使用通用的 Microsoft VBA 为脚本语言；

⑤ 全面支持 OPC、OLE 和 ActiveX™；

⑥ 增强了安全性和可靠性；

⑦ 高级图形功能；

⑧ 可扩展的配置向导结构；

⑨ 广泛的 Internet 支持；

⑩ 增强的报警功能；

⑪ 增强的网络性能。

这些重要的改进可以缩短自动化工程的设计周期，又可简单而迅速地对系统进行升级和维护，同时提供了对 SView 与第三方产品之间的无缝集成，神奇般地提高了生产力。

2.2.2　SupView 软件组成

(1) 组态软件包

FW131　控制站组态软件（每个项目必须至少选用一套）；

FW132　实时监控及操作画面组态软件（每个项目必须至少选用一套）；

FW134　编程软件（含图形编程软件和语言编程软件）（每个项目必须选用一套）。

(2) 实时监控软件包（每个操作站选用一个）

FW114　实时监控软件（含 I/O 驱动服务器 SLink 和回路调整软件 SLoop）。

(3) 维护软件包（用户可选）

FW152　SOE 事件查看软件；

FW153　故障分析软件。

2.2.3　组态软件包

由 SConfig 控制站组态软件和 SViewCfg 实时监控及操作画面组态软件组成。

(1) 控制站组态软件

① 包括 I/O 组态、自定义变量组态、控制方案组态等；

② 是一个全面支持该系统各类控制方案的硬件组态软件；

③ 友好的用户界面，大量采用 Windows 标准控件，操作方便；

④ 采用分类的树状结构管理组态信息，使用户能清晰把握系统的组态状况；

⑤ 提供强大的在线帮助功能。

(2) 实时监控及操作画面组态软件

① 有组态和运行功能；

② 包括流程图组态、数据库组态、报警组态、安全和权限组态、网络组态等。

(3) 语言编程 Sprogram

① 是 ESC-100 控制站的专用语言编程软件；

② 编辑环境符合 Windows 环境下编辑器的设计准则，易于使用；

③ 功能强大，除了提供 C 语言的基本元素，还提供丰富的函数库、专门的控制功能模块、位号数据类型等；

④ 若选用 FW244 卡，则需配套选用该语言编程软件。

(4) 图形化编程

① 是 ECS-100 控制系统用于编制系统控制方案的图形编程工具；

② 依据 IEC1131-3 标准，为用户提供高效的图形编程环境；

③ 集成 LD 编辑器、FBD 编辑器、SFC 编辑器、ST 语言编辑器、数据类型编辑器、变量编辑器及 DFB 编辑器；

④ 使用 Windows NT 的友好图形界面，方便掌握与操作；

⑤ 编辑环境通过工程文件管理多个图形文件，易于操作；

⑥ 提供灵活的在线调试功能；

⑦ 提供完备的在线帮助；

⑧ 采用工程化的文档管理方法；

⑨ 强大的查找和替换功能；

⑩ 组态元素放置灵活，自动格线对齐，触点、线圈、功能块和变量等可用文本进行注释；

⑪ 图形绘制采用矢量方式，具备块剪切、拷贝、粘贴、删除等功能，达到事半功倍的效果；

⑫ 具备对前次操作步骤的撤消和恢复功能，提高了编程效率；

⑬ 智能连线处理，数据类型匹配的模块引脚接近时自动连接。

2.2.4 实时监控软件包

(1) I/O 驱动程序 Slink

① 是专为系统设计的通讯驱动服务器，以实现 WebField 硬件设备实时数据的读写；

② 具有高性能，易组态，支持 OLE 的特点；

③ 无需 SView 软件也可单独运行；

④ 提供简单易用的用户图形界面；

⑤ 支持无线通讯，拨号网络（TAPI)，Modem 组消息，端口共享；

⑥ 采样周期自动调整；

⑦ 通道、设备、数据块三层对象使其具有高级诊断功能：数据监听和信息统计。

(2) 实时监控软件 SView

① SView 是一个工业自动化监控软件，提供一个“过程的窗口”；

② 根据人员和软件应用要求，提供实时数据；

③ 其基本功能为数据采集和数据管理；

数据采集：从现场设备采集数据，与现场的 I/O 设备直接通信，通过 SLink 与 I/O 设备的接口通信；

数据管理：用于处理、使用所取数据。包括过程监视（图形显示）、监视控制、报警、报表、数据存档等；

④ SView 包括 Sview 动画及图形、数据管理、任务调度管理、VBA（VB 应用）、报表、报警管理和报警显示、实时趋势和历史趋势、ODBC 数据库链接。

(3) 回路调整软件 SLoop

① 主要对控制回路进行查看和参数修改，比如 PID 参数调整、回路设定值、阀位输出值修改等；

② 控制回路方案主要包括以下几种：手操器、单回路、串级控制、前馈、串级前馈（三冲量）、比值控制、串级变比值、采样控制方案等。

2.2.5 维护软件包

(1) 故障分析软件 SDiagnose

① 是针对 WebField ECS-100 控制系统所开发的故障诊断和分析软件，是 SupView 系统套装软件之一，是对 SupView 进行设备调试、性能测试，以及故障分析的重要工具；

② 主要应用于卡件故障诊断（包括对网络通讯、控制站主控卡、数据转发卡、I/O 卡件的诊断)、主机通

讯命令调试、网络节点通断测试和通讯速率测试、网络节点搜索、控制回路管理和网络通讯监听；

③ SCDiagnose 故障分析软件由以下几部分组成：故障诊断、以太网络测试、网络响应测试、节点地址管理、控制回路管理、网络通讯监听。

(2) SOE 事件查看软件 SSOE

① SOE 是 Sequence of Event 的简写；

② 通过与 SOE 卡的配合，可以永久性地记录产生间隔在毫秒级的开关事件；

③ 记录的内容包括时间、状态、类型和位置等；

④ 提供对 SOE 卡进行组态、通讯、显示、过滤等功能；

⑤ 方便用户对信息的存储、查询和打印；

⑥ SSOE 软件必须与 SOE 卡绑定选购。

3 CENTUM-XL 系统

3.1 系统构成

CENTUM-XL 系统是日本横河（YOKOGAWA）公司的 DCS 产品。其系统构成如图 3-2-8。

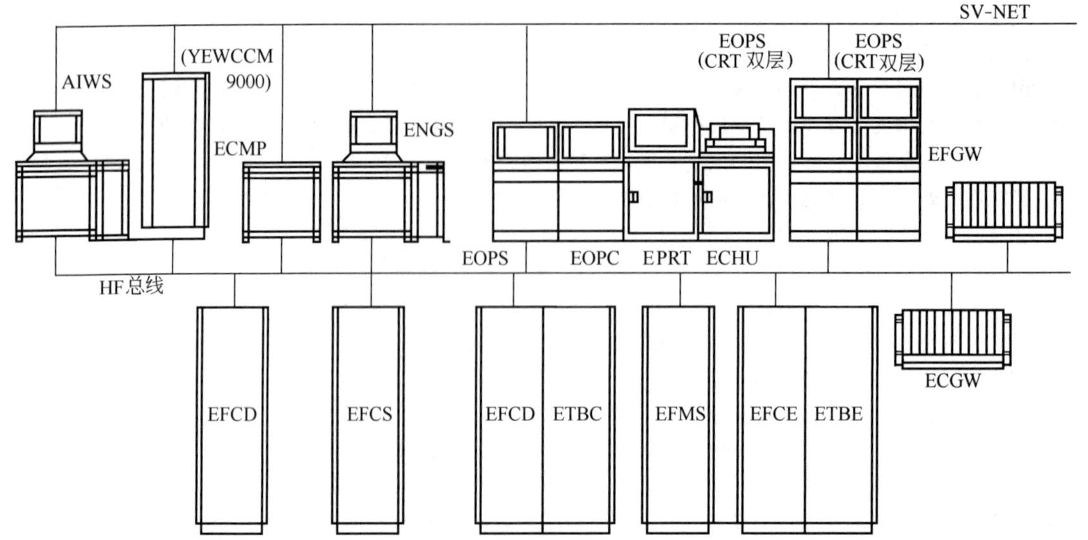

图 3-2-8　CENTUM-XL 系统构成图

CENTUM-XL 系统由 ENGS 工程师工作站、EOPS 操作站（一个 EOPS 操作站最多可接 3 台 EOPC 操作台、4 台 EPRTZ 串行打印机、1 台 ECHUZ 彩色硬拷贝机）、EFCS 现场控制站、EFCD 双重化现场控制站（可另配 ETBC 端子柜）、EFCE 电站用现场控制站（可另配 ETBE 端子柜）、EFMS 现场监视站，以及 ECMP 计算机站、ECGW 通信门单元、EFGW 现场门单元、AIWS 人工智能工作站、YEWCOM9000 上位计算机等部分组成，它们之间用 HF 通信总线相连，作为控制级通信。一个 HF 总线上最多可接 32 个站。在 ENGS、EOPS、ECMP、AIWS、YEWCOM9000 之间还可以通过以 MAP 为标准的 SV-NET 总线连成局部网络，实现管理级通信。

3.2 EOPS 操作站

3.2.1 EOPS 构成

EOPS 是具有智能机构的站，它和外围装置相连接，构成最适宜操作的人-机接口。

EOPS 由 CRT 显示器、操作员键盘、软磁盘驱动装置 FDD、工程技术用键盘及智能部分构成。

(1) CRT 显示器　在 50.8cm (20in) 的高清晰度 CRT 上备有手触画面功能，16 色，画面调出时间为 1s。

(2) 操作员键盘　键盘采用防水、防尘薄膜键盘，包括功能键、调节键、画面调出键、工位与数据设定键、方式切换开关，参阅操作键盘构成图（图 3-2-9）与说明表（表 3-2-11）。

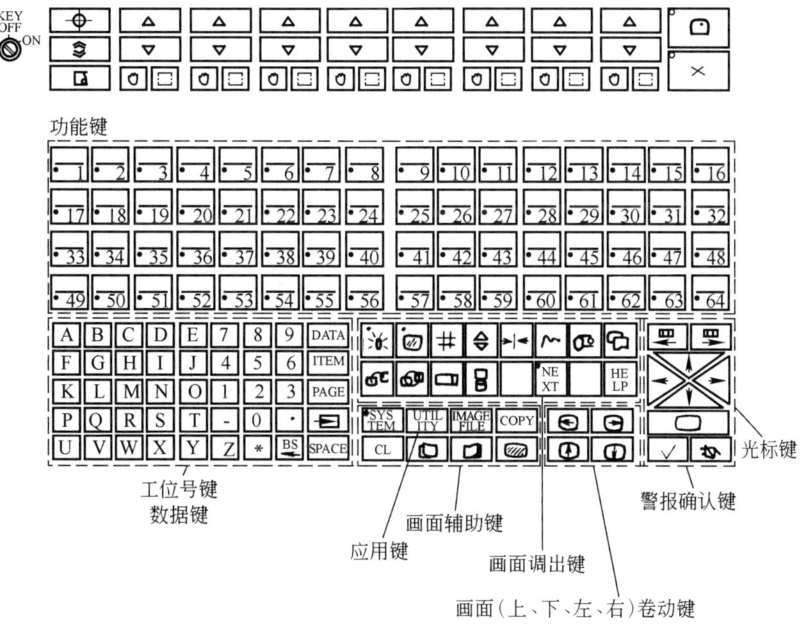

图 3-2-9 操作员键盘图

(3) 软盘驱动装置(FDD) 使用 9cm(3.5in)软盘(1MB),用于过程数据文件、系统映像的装入/保存等。

(4) 工程技术键盘 主要用于 BASIC 程序的编制和应用操作。

(5) 智能部分 数据处理和图像处理分别采用最新的 32 位 CPU(MC68020)。

3.2.2 EOPS 功能

(1) 操作画面功能 EOPS 操作画面主要有 7 种。

① 总貌画面:每个画面分为 32 个单元(要素),相当于"报警灯"的画面,当某工位发生报警时,相应的"要素"的颜色就发生变化。

每台 EOPS 可有 32 个总貌画面,合计可显示 1024 要素;

② 分组画面:将 8 个回路的测量值、设定值、输出值、回路状态等以仪表图来显示。

每台 EOPS 可有 800 个分组画面,合计可显示 6400 个回路;

③ 调整画面:显示 1 个回路的仪表图、调整参数、调整趋势(测量、设定、操作输出)。

每台 EOPS 可有 16000 个调整画面;

④ 报警一览画面:按报警发生顺序的先后可显示 20 个过程报警;

⑤ 操作指导画面:按发生的前后顺序显示 10 个操作指导信息;

⑥ 趋势记录画面:像模拟记录仪那样显示趋势记录数据,具有高速、实时、历史、批量记录几种方式;

⑦ 流程图画面:作为操作中心的工艺流程模拟图画面最多可达 300 页。

(2) BASIC功能 BASIC 程序强化和充实了 EOPS 操作站的标准机能,使用户更容易掌握的监视、操作功能和打印功能。

依靠强有力的运算功能,在 EOPS 能实现数据文件的检索/显示,用流程图画面进行对话式操作,以及记录的存入/报表的制作等高级功能。BASIC 程序还可以由用户的仪表工程师在现场进行程序的开发和更改。

(3) 超级窗口功能 在 EOPS 上对 ECMP 计算机站及 YEWOCOM 计算机系统进行监视和操作。因为超级窗口被分配在 EOPS 的流程图画面内,所以可以通过调出分配有超级窗口的流程图画面,自动地和计算机进行通信。

(4) 过程报告功能 可以将现在的内部仪表、要素、输入输出的状态进行画面显示和用打印机打印,另外还可将操作站的历史信息文件中存储着的与生产过程有关的信息进行画面显示和打印。

表 3-2-11　操作员键盘使用说明表

*新键

	：INC/DEC 键
	：设定值变更键
	：高速变更键
	：串级键
*	：回路状态变更键 (MAN/AUT)
	：取消
	：确认
	：带有 LED 的功能键
· 0～9 A～Z −	用于工位号、数值、小数：点、符号输入（注）· 不能用于工位号的输入
DATA	：数据输入时用
ITEM	：指定数据类型时用
PAGE	：指定页数时用
□ BS SPACE	：对过程报告进行检索时用
	：卷动键（用于趋势画面、报警一览画面）
*	：光标键
	：显示键
	：报警一览画面调出键
	：操作指导信息画面调出键
#	：整体观察画面调出键
	：控制分组画面调出键
*	：调整画面调出键
	：趋势分组画面调出键
	：流程图画面调出键
	：过程报告调出键
* *	：向其他 CRT 的画面展开键
	：画面设定键
*	：图形文件调出键
*	：上位画面调出键
* ST	：顺序操作时用
HELP	：辅助窗口调出键
SYSTEM	：系统报警信息画面调出键
*UTILITY	：操作员应用画面调出键
*□	：主画面的图形文件收纳键
COPY	：硬拷贝机启动键
CL	：操作取消时用
	：向后翻页键
	：向前翻页键
	：画面消去键
	：报警·误操作确认时用
	：停止蜂鸣器时用

（5）安全性功能　在 EOPS 上，根据操作员的职责范围，可以对操作、监视功能进行分级，防止误操作和使误操作的影响降到最小程度。

安全性功能由三级方式构成。

① 工程师方式：系统维修、保养用。用操作员键、工程技术键可以进行所有的操作、监视；

② 操作员方式（KEY ON）操作用。可以进行操作员应用功能及一般的操作、监视；

③ 操作员方式（KEY OFF）：运转用。可以事先设定好的范围内进行监视、操作。

（6）过程报警功能　EOPS 操作站具有显示过程异常的过程报警功能。EOPS 能根据报警的重要度进行分级（重要警报优先显示，次要警报稍后显示等），实现了减轻操作员负担的高级报警功能。

（7）操作员应用功能　操作员应用功能是用来分配指定总貌画面、分组画面、趋势画面的显示内容，设定功能键的功能及汇总在运转中变更设定的项目的功能。

（8）系统维修保养功能　系统维修保养功能可以进行 CENTUM-XL 的自我故障诊断，对控制站的系统信息的装入/保存，以及操作站和工程技术站之间的信息等值化。

3.3 EFCD 双重化现场控制站

3.3.1 EFCD 构成

EFCD 由站控制箱（智能部分 SCN）、输入输出插件箱、信号变换部分，以及装这些部分的控制柜构成（参阅图 3-2-10）。

机柜一般前面分 7 层，顶上 1 层放站控制箱，最后 1 层放分电盘和耦合器，中间 5 层可以放输入输出插件箱；后面分 3 层，每层放 4 排端子插件板或信号变换器插件箱，顶部为双重化电源箱。

（1）站控制箱　该部分负责过程控制和 HF 总线通信两部分功能。控制部分为双重化，正常时一侧维持运行，另一侧为热备用，进行自我诊断。双重化控制部分负责监视两个控制部分的状态，一旦运行中的控制部分发生异常，则使热备用的控制部分投入运行，代替发生异常的控制部分（参阅图 3-2-11）。

（2）输入输出插件箱　输入、输出部分把来自信号变换器的现场信号变换为内部数据传送给智能部分，同时把来自智能部分的数据变换为控制信号，并送往现场的装置。

输入、输出插件箱内最多可安装输入、输出插件 8 块，与控制箱通讯用的公用插件 NC4 1 块，以及电源插件 PS31 2 块（双重化），参阅图 3-2-12 及表 3-2-12。

（3）信号变换部分　信号变换部分包括信号变换器（简称 SC）、信号变换器插件箱和端子插件板。

信号变换器插件箱可以接受对输入输出信号进行变换的信号变换器插件 16 块，起到对输入输出信号进行中继、变换、绝缘的作用，参阅表 3-2-13 和表 3-2-14。

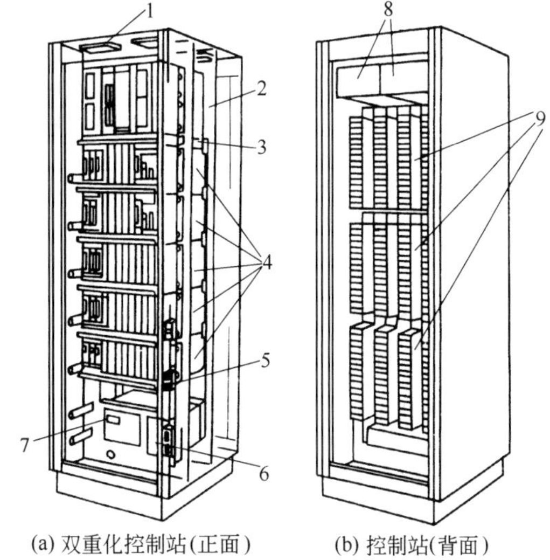

图 3-2-10　控制站的构成

1—换气风扇；2—站控制插件箱；3—插件箱用换气风扇；4—输入输出插件箱；5—总线单元；6—耦合器；7—分电盘；8—信号变换器用 24V DC 电源（双重化）；9—信号变换器的分路插件箱或端子插件板

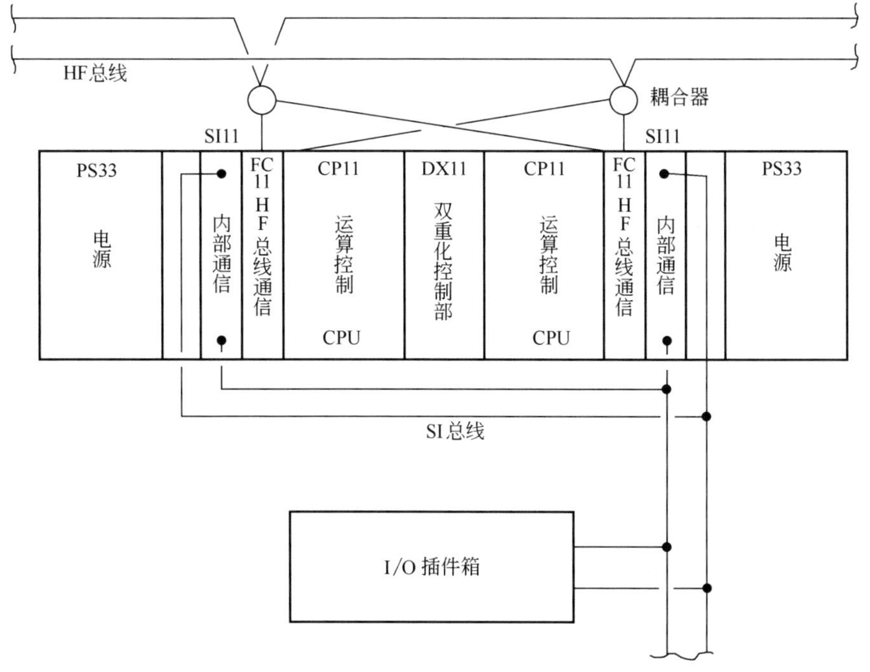

图 3-2-11　EFCD 双重化站控制箱

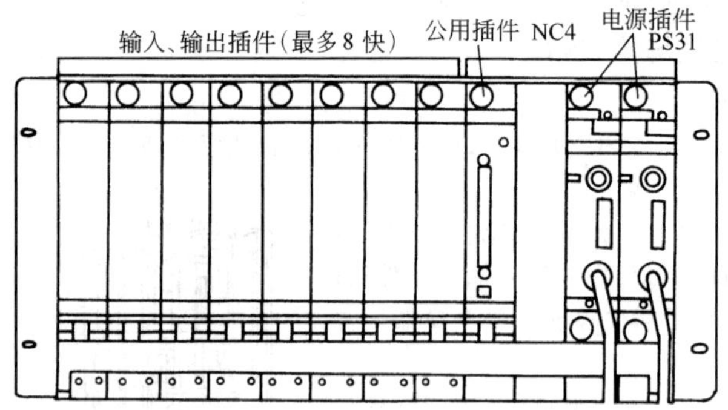

图 3-2-12　输入、输出插件箱的构成

表 3-2-12　输入、输出插件箱及装入插件一览表

型号·名称	功　　能	装设限制
MAC2 控制插件	8 个回路用 输入:1～5V、输出:4～20mA	2 块（MAC2 和 PAC 不能同时装入使用）
PAC 控制插件	8 个回路用 输入:脉冲信号、输出:4～20mA	2 块
VM1 模拟输入 VM2 模拟输入、输出 VM4 模拟输出	16 点　输入:1～5V 各 8 点　信号:1～5V 16 点　输出:1～5V	MAC2、PAC 及 VM 插件,最多合计 6 块
PM1 脉冲输入	16 点　输入:脉冲信号	1 块
ST2 接点输入、输出 ST3 接点输入 ST4 接点输出 ST5 接点输入、输出 ST6 接点输入 ST7 接点输出 PB5 多点按钮输入卡	各 16 点　输入:接点、输出:Tr 接点 32 点　输入:接点 32 点　输出:Tr 接点 各 32 点　输入:接点、输出:Tr 接点 64 点　输入:接点 64 点　输出:Tr 接点 16 点接点或电压信号状态的变化输入	每个站最多能处理接点输入、输出数为 768 点
LCU 回路通讯卡 LCS 回路通讯卡	供回路显示单元 ULDU 用 供 Y80 盘装仪表用	
NC4 公用插件 PS31 电源卡	和 SCN 部分的内部通讯用 供电 100/110/115/120V AC	

表 3-2-13　信号变换端子插件板一览表

型　号	名　　称	功　　能	
EUB	通用端末插件板	16 点×2 块	
EUD	通用端末插件板	32 点	ST5、ST6、ST7 用
ELB	继电器输出插件板	16 点	ST2(输出侧)、ST4 用
ELD	继电器输出插件板	16 点 2 连接型	ST5(输出侧)、ST7 用
EYB	继电器输入插件板	16 点	ST2(输入侧)、ST3 用
EYD	继电器输入插件板	16 点 2 连接型	ST5(输入侧)、ST6 用
ECM	控制用端末插件板	8 个回路	MAC2、PAC 用
ECL	和仪表连接插件板	16 台	LCU、LCS 用
ENC	通用 SC 插件箱	可装入 16 台	
ENM	控制用 SC 插件箱	8 个回路用	

表 3-2-14　信号变换器一览表

应用	型　号	名　　称	输　入	输　出	规　　格
输入用	*ET5	热电偶输入插件	热电偶	1～5V DC	有任意测量范围。10～63mV 带线性化电路
	*ER5	电阻体输入插件	Pt100Ω	1～5V DC	有任意测量范围。10～500℃带线性化电路
	*ES1	滑线电阻器输入插件	滑线电阻	1～5V DC	量程 80Ω～2kΩ
	*EM1	mV 输入插件	10～100mV	1～5V DC	
	EH1	输入隔离插件	1～5V DC	1～5V DC	
	*EH5	输入隔离插件	1～5V DC	1～5V DC	带开平方运算
	EA1	二线式变送器输入插件	4～20mA	1～5 VDC	可以和 BRAIN 连接
	*EA5	二线式变送器输入插件	4～20mA	1～5V DC	可以和 BRAIN 连接，带开平方运算
	*EP1	脉冲列输入插件	脉冲	脉冲	PMI 插件用，0～6kHz，内装 12V 电源
输出用	ECO	控制输出隔离插件	4～20mA	4～20mA	MAC2/PAC 插件用
	EAO	输出隔离插件	1～5V DC	4～20mA	负载电阻 0～750Ω
	EHO	输出隔离插件	1～5V DC	1～5V DC	
公用	EXI	输入输出短接用			输入输出直接连通
	ESC	信号变换器通讯卡			
	EXT	扩展卡			

注：*带有微处理器的插件。

3.3.2　EFCD 控制站功能

EFCD 控制站的功能以反馈控制功能、顺序控制功能为中心，还包括数据运算功能、报警功能和通信功能等。

一台控制站可以实现的控制功能的应用容量如表 3-2-15 所示。

反馈、顺序和算术运算的功能是通过智能部分中的“内部仪表”实现的。

在现场控制站里，备有功能和常规仪表调节器、比率设定器和指示器等仪表相类似的功能块，称这种标准算法或标准软件包为“内部仪表”。“内部仪表”有信号的输入、输出端，可以通过软连接把“内部仪表”连接起来，构成反馈控制回路或算术运算等。在一台控制站中，最多可以用 255 个“内部仪表”。“内部仪表”的种类详见表 3-2-16。

顺序功能通过来自状态输入输出的信号，以及反馈控制功能等的状态信号，按预先设定的顺序和条件，对所需的控制各阶段进行逐步的控制。顺序的先后次序可以用流程表或流程图的形式给出。顺序表中的条件信号元件和操作信号元件称为顺序元件。

表 3-2-15　应用容量

<table>
<tr><td colspan="2">反馈控制内部仪表</td><td>255</td></tr>
<tr><td colspan="2">控制回路数</td><td>80</td></tr>
<tr><td colspan="2">反馈算术运算式</td><td>255</td></tr>
<tr><td rowspan="2">顺序控制内部仪表</td><td>工序显示器</td><td>32</td></tr>
<tr><td>开关仪表</td><td>255</td></tr>
<tr><td colspan="2">顺　序　表</td><td>200</td></tr>
<tr><td rowspan="11">顺序元件</td><td>内部开关</td><td>2048</td></tr>
<tr><td>接点输入</td><td rowspan="2">合计 768</td></tr>
<tr><td>接点输出</td></tr>
<tr><td>内部计时器</td><td rowspan="4">合计 511</td></tr>
<tr><td>内部计数器</td></tr>
<tr><td>代码输入</td></tr>
<tr><td>代码输出</td></tr>
<tr><td>报警开关</td><td>256</td></tr>
<tr><td>关系式</td><td>255</td></tr>
<tr><td>顺序信息</td><td>656</td></tr>
<tr><td>资源管理</td><td>16</td></tr>
<tr><td colspan="2">顺序算术运算式</td><td>255</td></tr>
</table>

表 3-2-16　反馈控制内部仪表清单

机能单元的种类	仪　表　型　号	仪　表　名　称
输入指示单元	PVI PVI-DV	输入指示器 偏差报警指示器
调节单元	PID PI-HLD PID-BSW ONOFF ONOFF-G PID-TP PID-MR PI-BLEND	PID 调节器 取样 PI 调节器 带批量开关的 PID 调节器 2 位置式 ON/OFF 调节器 3 位置比例 ON/OFF 调节器 时间比例 ON/OFF 调节器 比例调节器 混合 PI 调节器

续表

机能单元的种类	仪 表 型 号	仪 表 名 称
手动操作单元	MLD MLD-PVI MLD-SW	手动操作器 带输出指示的手动操作器 带输出切换开关手动操作器
变化率限制单元	VELLIM	变化率限制器
比率设定单元	RATIO	比率设定器
信号选择单元	AS-H,AS-M,AS-L SS-H,SS-M,SS-L SS-DUAL	自动选择器 信号选择器 双重化信号选择器
切换开关单元	SW-33 SW-91 DSW-14	切换开关:3 对 1 接点 3 回路 切换开关:9 对 1 接点 1 回路 14 点常数切换开关
常数设定单元	DSET DSET-PVI	常数设定器 带输入指示的常数设定器
程序设定单元	PG-L13 PG-S13	程序设定器:13 折线型 程序设定器:13 折线阶跃型
运算单元	LAG LD RAMP LDLAG DLAY DLAY-C AVE-M AVE-C FUNC CALCU	一次滞后器 微分器 斜率单位 超前滞后器 滞后时间器 滞后时间补偿器 移动平均器 区间平均器 折线函数器 算术运算器
代表报警单元	ALM-R	代表报警器
定量设定单元	BSETU	定量设定器
批量设定单元	BDSET-1 BDSET-2	批量数据设定器:1 批量型 批量数据设定器:2 批量型
批量收集单元	BDA	批量数据收集器
电动机单元	MC-2	2 位置式电动机器 3 位置式电动机器
站结合单元	SLD SLD-2	站结合器用于 EFCS/EFCD/EFCS/EFCD 之间 站结合器用于 EFCS/EFCD-CFCS2/CFCD2 之间
YEWSERIES 80 单元	SLCD SLPC SLMC SMST-111 SMST-121 SMRT	指示调节器 可编程序指示调节器 可编程序脉冲宽度输出指示调节器 带设定值输出的手动操作器 带输出调节头的手动操作器 比率设定器
YEWSERIES BCS 单元	SBSD SLCC SLBC STLD	批量设定器 混合调节器 批量调节器 积算器

3.4 通信系统

横河公司的集散控制系统采用了几种通信总线：HL 总线用于 YEWPACK；RL 总线用于 μXL；HF 总线和 SV-NET 用于 CENTUM 及 CENTUM-XL。此外，还有光通信网络 YEWLINK-32 及以太网。

HF 总线是 CENTUM-XL 的控制级通信总线，由通信电缆和 HF 总线通信控制插件组成。采用 5D-2V 同轴电缆，最大传送距离为 1km；采用 8D-2V 同轴电缆，最大传送距离可达 2km；如加转换器则传送距离可达 10km；如与光纤通信系统一起使用，最大可传送 20km。

HF总线的传输速率为1Mbps。它采用令牌传送的存取方式，符合HDLC高级数据链路控制规程。网络拓扑为总线型。帧校验采用循环冗余码CRC校验。其通信方式是串行半双工方式，采用指令/应答式。最大传送字数是91字。HF总线采用双重冗余的冗余方式。HF总线最多可以连接32个站。HF总线通信控制插件安装在各站，是和HF总线通信联系的装置，按站的类型不同有相应的插件。HF总线的数据通信根据站的不同类型有下列几种数据传送方式。

(1) 控制站和操作站之间的双向通信　分为DDC通信和顺序控制数据通信两种。DDC通信是操作站读取控制站内的各种程序、过程数据，以及对控制站写入设定值的通信。顺序控制数据通信是由操作站读取控制站内的顺序控制用的逻辑元件数据，以及对控制站进行设定的通信。

(2) 控制站对操作站进行的信息通信　由于操作站不具有信息输出的装置，因此控制站的信息输出是通过信息通信先送到操作站，然后由操作站的信息输出装置向外输出信息。控制站对操作站进行的信息传送，主要有控制站状态异常信息和过程报警信息等。

(3) 操作站之间的补偿通信

补偿通信是当多个操作站连接在同一条HF总线上，当某一个操作站进行信息显示并改变操作时，会发生其他站的信息与它不一致，为了使这些信息能够一致，必须在操作站之间进行数据通信，这种通信称补偿通信。

(4) 控制站之间的双向通信　为了传送反馈控制回路的各种数据及顺序控制的各种数据，控制站之间需进行双向通信，它是通过站间结合元件来实现的。

3.5 应用举例（带Smith补偿的中温串级调节系统的组态）

图3-2-13为某乙酸乙烯合成生产控制流程图。

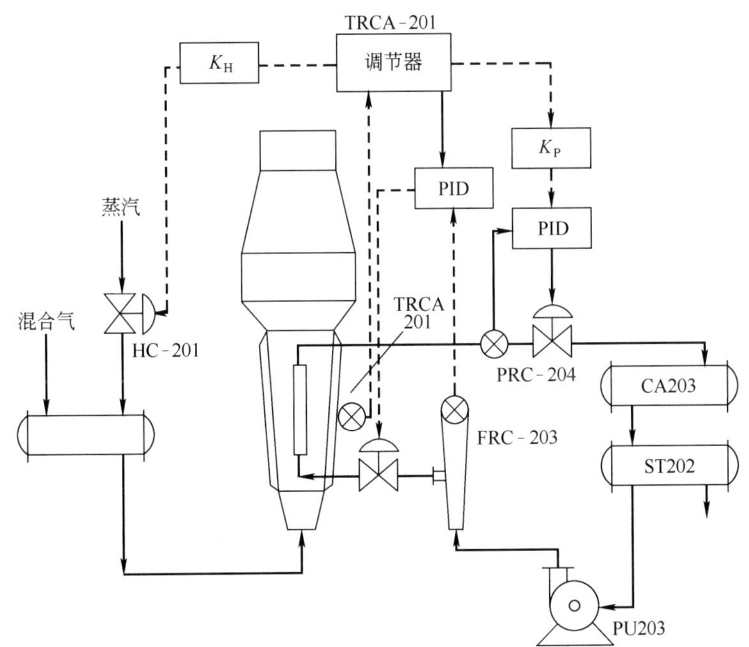

图3-2-13　乙酸乙烯合成控制流程图

在乙酸乙烯合成生产流程控制中，最重要的控制之一是合成反应器中部温度的控制，其控制的好坏对合成醋酸乙烯的产量、质量，以及触媒使用寿命影响很大。因此，工艺要求严格控制中部温度在某个定值，允许波动范围为±0.5℃。

中部温度的控制是靠控制反应器入口气体预热器的加热蒸汽的大小和进入反应器内部列管中的水流量，以及与之相连的汽包中的压力来实现的。用于合成反应器体积庞大，时间常数及纯滞后较大，用常规仪表单回路PID控制或简单的串级控制已达不到工艺控制要求。CENTUM-XL控制系统具有丰富的运算控制功能和逻辑判断能力，很适合构成常规仪表无法实现或很难实现的一些复杂、特殊的调节系统。

下面简单介绍利用CENTUM-XL的内部仪表组态成带Smith补偿的中部温度串级调节系统。

（1）Smith 补偿原理　一般的反馈调节系统方块图如下：

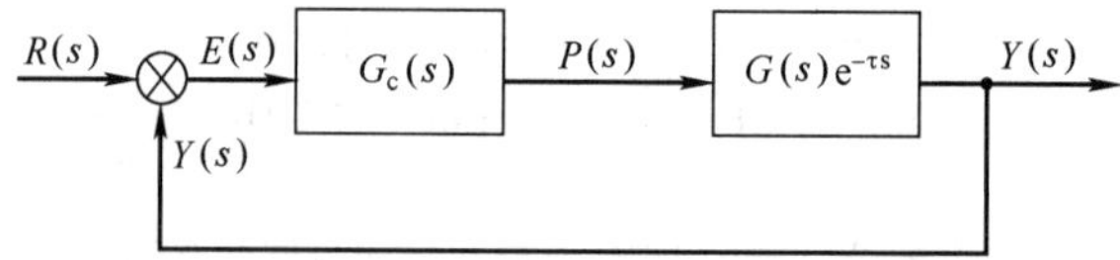

其中 $G_c(s)$ 为调节器传递函数，$G(s)e^{-\tau s}$ 为对象调节通道传递函数。

若在反馈回路内部增加一个与对象调节通道并联的补偿环节 $G_L(s)$，就变成下图：

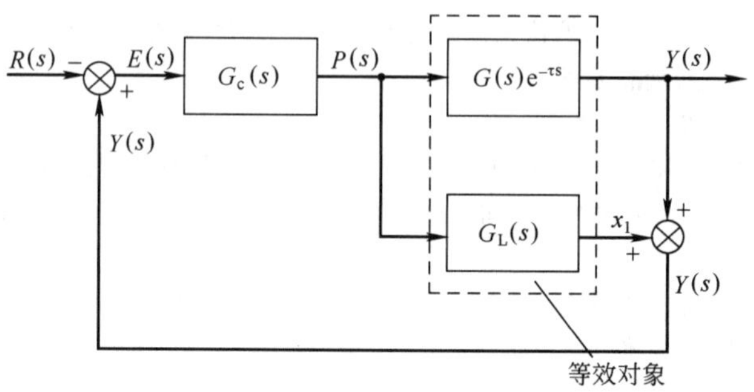

补偿后的等效对象传递函数为：

$$\frac{Y'(s)}{P(s)}=G(s)e^{-\tau s}+G_L(s)$$

为了消除纯滞后 $e^{-\tau s}$ 项的影响，达到补偿的目的，必须使

$$\frac{Y'(s)}{P(s)}=G(s)$$

以纠正其造成的不良影响，改善调节质量。

（2）纯滞后时间补偿单元（DLAY-C）　在 CENTUM-XL 系统的运算单元功能块里，已设计有一纯滞后时间补偿单元 DLAY-C，其传递函数表达式为：

$$\frac{GAIN}{HT_I s}(e^{-\tau s}-1)$$

因此，使用非常方便。

图 3-2-14 更清楚地说明 CENTOM-XL 系统的纯滞后时间补偿单元的应用。

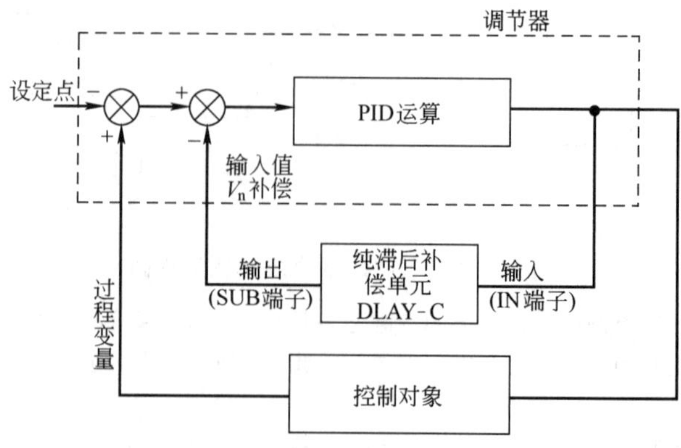

图 3-2-14　CENTUM-XL 系统纯滞后时间补偿单元的应用

设
$$G'_L(s)=-G_L(s)=G(s)[e^{-\tau s}-1]$$

可把图 3-2-14 变换成下图，这样，在调节器的通道并联一个 $G(s)$ $[e^{-\tau s}-1]$ 补偿环节，就成为 Smith 补

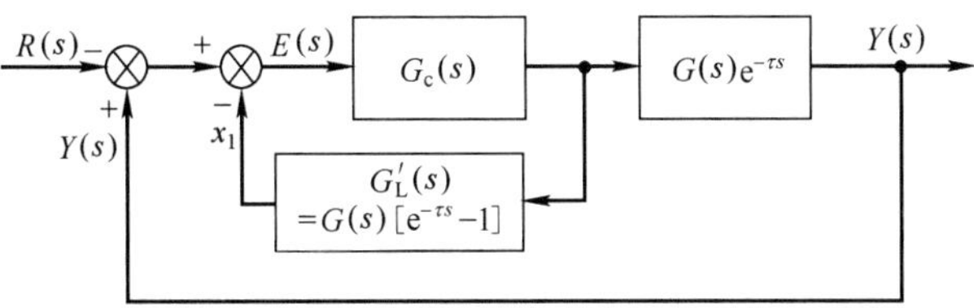

偿调节回路。其实质是通过补偿环节来预估 τ 时间之后系统的输出，并以此超前信号进行反馈，以克服纯滞后 τ 所造成的滞后。

（3）带 Smith 补偿的中部温度串级调节系统的组态　在中部温度控制中使用 Smith 预估补偿调节器的串级调节系统组态图如图 3-2-15。

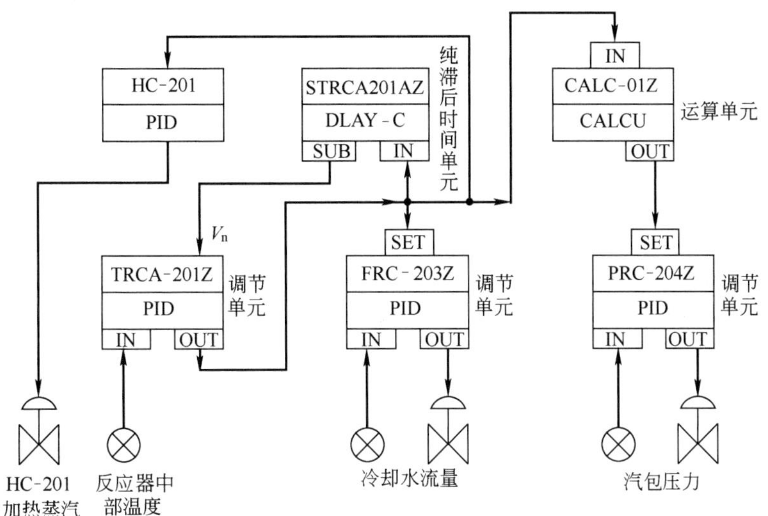

图 3-2-15　组态图

Smith 预估补偿调节系统要得到全补偿的条件，是准确地找出对象的特征参数 $GAIN$、T_1 和 τ 值。一般根据测试和现场调试经验，可以把纯滞后时间补偿单元（DLAY-C）的 $GAIN$、T_1 和 τ 设置在尽量接近实际对象的特征参数值，以得到较理想的控制效果。

4　Plantscape 系统

4.1　系统简介

PlantScape　Process/C200 集散控制系统是 Honeywell 公司推出的应用于批量处理、过程控制和 SCADA（数据采集与控制系统）等并且规模灵活可变的开放型集散控制系统。它为用户提供最佳的性能，使用方便和灵活，使得系统在购买、投运和维护的整体价格达到了极高的性能价格比。PlantScape Process/C200 能满足自动控制的应用，是广泛应用于工厂控制级的真正的混合型控制系统。

自 1997 年发布以来，PlantScape 系统在全球的多个工业行业得到广泛的应用，主要应用行业有炼油、化工、电站、冶金和金属、造纸、采油和输配等。系统经过多年的不断完善，其最新版本 R500 已经达到一个更加成熟可靠及更加开放的系统。

PlantScape Process/C200 集散控制系统采用功能强大的基于 Microsoft Windows NT/ Windows 2000 Professional（R 400 版本）服务器/客户机系统结构。PlantScape Process/C200 集散控制系统集成了全新的高性能混合控制器、先进的工程工具和开放的现场控制网络。PlantScape Process/C200 集成的最新的技术包括：

① 基于 Microsoft Windows NT/Windows 2000 Professional（R 400 版本）的服务器集成了高速动态数据管理、报警管理、人机接口功能、历史数据采集和自动报表生成等功能；

② HMIWeb™ 技术，提供安全的以及高级的人机接口 HMI，它采用开放的工业标准的 html 文件格式，可以用网络浏览器对其访问；

③ 单个紧凑的高性能混合型控制器，提供真正的集成控制功能；

④ 面向对象的组态、开发工具，能快速简便地创建可重复使用的控制策略；

⑤ ControlNet 提供安全开放的现场控制网络；

⑥ FOUNDATION^{TM} Fieldbus，基金会现场总线用于集成测量和控制设备；集成安全的 Internet 浏览器功能，能提供在线文档和技术支持。

大多数的工业过程控制应用通过调用一些公用的控制运算模块，包括通讯协议和控制算法来构成具体的控制策略。PlantScape Process/C200 集散控制系统在其标准操作框架内集成了这些优化的功能模块，用户使用组态工具生成控制策略时，只需将精力集中于具体应用的构成上，从而大大减少了工程量。采用 PlantScape Process/C200 集散控制系统，用户能在最短的时间内将应用系统投入生产运行，并产生实际的效益。

4.2 系统组成及功能概述

PlantScape Process/C200 集散控制系统提供面向对象的图形化工具，以及完整的过程控制功能库，集成了广泛应用于工业控制现场的过程调节控制、对本地语言的支持和面向用户的接口，大大提高了工程开发的速度和质量。PlantScape Process/C200 集散控制系统基本的系统组件包括以下几点。

（1）集成了过程调节和离散量控制功能的混合型过程控制器

① 功能强大的 C200 控制处理器；

② 冗余或非冗余选项；

③ 50ms 或 5ms 的控制执行环境 CEE；

④ 现场总线型设备接口，包括 Foundation Fieldbus、HART 和 Profibus（R400 版本）设备集成；

⑤ 可选远程接线端子，可灵活装卸的紧凑的机架 I/O 模块系列；

⑥ 应用于危险环境的带隔离/本安等功能的输入/输出模块。

（2）PlantScape 高性能过程服务器

① 可组成冗余或非冗余服务器选项；

② 集成大量的第三方控制器驱动程序接口，包括 OPC；

③ 应用于地理位置分散和工厂级分布式服务器结构。

（3）PlantScape 操作站的人机接口功能（HMI）

① 基于 Honeywell 的 HMIWeb（R400 版本以上）技术；

② 抢占式和固定操作站提供最大的使用灵活性，并最大地降低使用成本；

③ 高分辨率的图形操作画面；

④ 采用清晰的图表实时监视控制策略的运行情况。

（4）PlantScape Process/C200 系统软件

① 系统监控软件具有动态数据存取、报警/事件管理、报表和满足用户的各种需求的软件可选项；

② 集成丰富控制功能模块的 Control Builder 组态工具，用于组态过程控制策略及建立所有的系统过程点，且可多用户使用；

③ Display Builder 工具用于创建各种用户操作画面以及基于 HTML 的图形界面；

④ Knowledge Builder 工具提供在线的基于 HTML 的帮助文档；

⑤ 提供系统组态和诊断的工具。

（5）过程控制网络

① ControlNet　冗余的通讯介质，可应用于各种高可靠性要求的过程应用场合；

② Ethernet　采用开放通讯技术，应用灵活。

采用 C200 控制处理器的混合型过程控制器结构适应于范围广泛的各种要求，如连续过程控制、批量处理、离散量操作和设备控制等的需要。采用高性能价格比的 C200 控制器，是集成调节控制、快速逻辑控制、顺序控制和批量控制应用的理想选择。其控制功能通过系统提供的完整的功能块（FBs）库来实现。工程师能很方便地使用图形方式组态工具 Control Builder 来生成控制策略，而且能通过 Control Builder 下装和监视控制策略。

图 3-2-16 为一典型的 PlantScape Process/C200 集散控制系统，包括冗余的系统服务器和冗余的 C200 混合型控制器，通过冗余的过程通讯网络（Supervisory ControlNet）互相进行通讯，并可通过该网络实现控制器之间的点对点的通讯，输入/输出机架和远程机架通过冗余的过程通讯网络（I/O ControlNet）与混合型控制器进行控制数据的通讯传输，所有的操作员站通过过程管理网络（EtherNet 以太网）连接与系统服务器进行通讯。混合型过程控制器支持 ControlNet 的协同工作，具有与第三方控制器通讯的能力，允许在过程控制应用中完

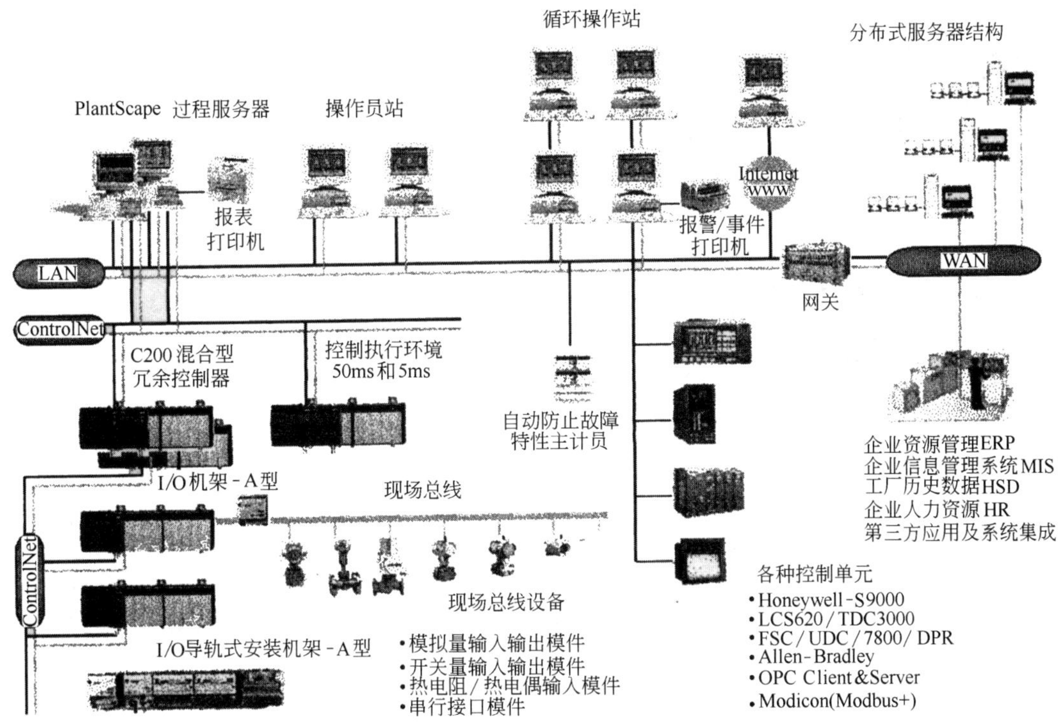

图 3-2-16 典型的 PlantScape Process/C200 集散控制系统结构图

全集成高速的逻辑控制。

混合控制器结构可以处理各种控制需求，包括连续过程、批量过程、离散操作，以及机器控制。C200 控制器是紧凑的，具有很高的性能价格比，对于集成的调节控制、高速逻辑、顺序控制和批量控制应用最为理想。控制功能是由一个称为功能块（Function Blocks）的模板库所提供的。借助于图形化的工程组态工具 Control Builder，控制策略可以很任意建立和组态，一旦建立以后，用 Control Builder 可以下载和监视控制策略。

PlantScape Process 集散控制系统支持 Fieldbus（Foundation 现场总线），用户可使用现场总线接口模块（Fieldbus Interface Module，FIM），将现场总线设备集成到本系统。用户可以充分享受 Fieldbus 智能仪表的先进功能，如现场设备的诊断功能和报警功能，并可以作为 PlantScape 已有的强大的回路调节、顺序控制和逻辑控制的补充，它可以和 PlantScape 系统的 I/O 子系统混合使用。此外还支持 HART、Profibus 现场总线（R 400 以上版本）。

4.3 混合控制器结构描述

4.3.1 控制处理器、机箱和 I/O 模块

如图 3-2-17 所示，带有 C200 控制处理器选项的混合型控制器由一个机箱（机架）、电源模块、控制处理器、ControlNet 接口、冗余模块和 I/O 模块，还提供可选的电池扩展模块（在图 3-2-17 中未显示）。根据容量大小、机箱有 5 种型号：4、7、10、13 和 17 槽。所有的输入输出模块都可带电插拔，且所有的模块都可选用密封包装，适应特殊环境的要求。

（1）电源模块① 在系统中不占机箱的槽位，外部供电可以是 120/240V AC 或 24V DC。机架电源模件总是连接在机架的最左边，并且不占用机架槽位。

（2）C200 控制处理器模块（TC-PRS021）② 由两块双面电路板组成，采用的是 100MHz 的 PowerPC 603E 处理器和带有错误检测和纠错功能的 8MRAM。支持冗余和非冗余的控制系统方案。4M 奇偶保护闪存 ROM 用来保存程序，并能方便地升级。内置的锂电池保存控制器内的数据，另外，一块可选的单槽电池扩展模块可用来代替锂电池。对控制器要求冗余的系统，冗余的控制器对采用相同的控制机架、相同的模件和相同的槽位布置，所有的输入输出模件均安装在输入输出机架上。

（3）ControlNet 接口模块③ 用来连接控制器或 ControlNet 过程控制网络。ControlNet 支持过程管理/过

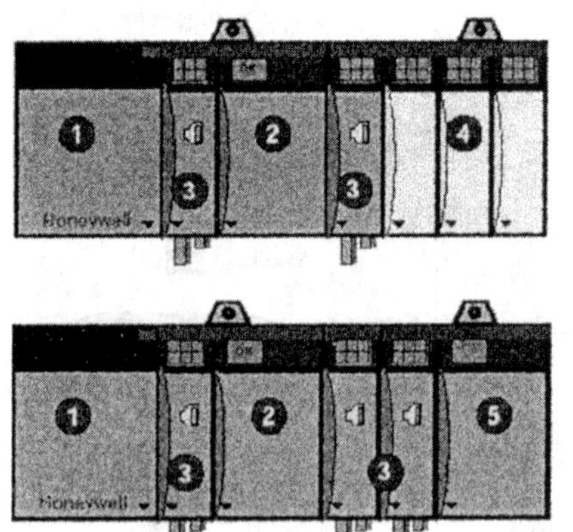

图 3-2-17 混合型控制器及输入/输出模件

程控制（控制器与 HMI 之间）、点到点和 I/O 网络的通信。ControlNet 是归 ControlNet 国际基金会所有，Honeywell 是该基金会创建成员之一。通过冗余通讯或非冗余通信介质，数据传输速率达到 5MB/s。传输介质是 75Ω 阻抗的 RG6 同轴电缆，通过 BNC 连接器和 ControlNet 总线连接。通过使用光纤中继器，ControlNet 最远可传输 10km，使用同轴电缆和中继器，最远可传输 6km。

此外，根据现场总线基金会组织的标准新推出的现场总线设备接口，采用现场总线接口模块（Fieldbus Interface Module，FIM），使用户可通过 ControlNet 将 C200 混合型控制器与现场总线基金会组织的现场总线 H1 网络连接在一起。这样，每一个控制器能够访问并控制现场总线设备，大大增强了 C200 控制器的功能。每个 FIM 支持 2 条 Foundation31. 25kbps H1 网络，每个 H1 网络允许支持多达 10 个现场总线设备

（4）机箱型系列 A I/O 模块④ 它是机箱（机架）固定式的具有各种密度的 I/O 模块。模块的结构外形小（5“X5”），带有 I/O 更新速率管理和自诊断功能，支持本地（模块前部）或远程端子，以及软件组态/管理。

（5）冗余模块⑤ 在两台 C200 控制器间实现冗余功能。主从控制器的同步对用户来说是完全透明的，控制的切换时间可以忽略不计。冗余（RM）模块之间通过冗余的光缆连接，连接光缆可以在线更换而不破坏用户的过程控制。

控制器、I/O 系统，以及所有的组件都可安装在 Class1、Division2、GroupA、B、C 和 D 的区域，且系统符合 CE-Mark 标准，满足各种环境要求的应用。系列 H 漏电隔离/本质安全型（GI/IS）输入/输出模块系列，能够安装在潜在的爆炸（Ex）气体的环境中，它还通过 G3 级腐蚀保护测试，测试标准为 ISA-S71. 04-1985。

腐蚀性将导致模块电路板在恶劣环境下发生故障，为了在这种环境下最大程度地保护模块，Honeywell 提供可选的防护层方案。所有的 I/O 模块（包括系列 H 和系列 A）都设计有防腐蚀保护层，系统其他的组件提供防腐蚀保护可选项。

4.3.2 控制策略组态 Control Builder

Control Builder 是一个面向对象的工程组态开发工具软件包，支持 C200 控制器控制策略的组态，组态文本以及监视等功能。Control Builder 提供简单易解的工具使用功能块（FBs）库组态 I/O、调节控制、逻辑控制、设备控制、顺序控制、批处理和高级控制功能，每一个功能块（FB）支持对任何参数的监视，以便了解功能块的执行情况。通过“软接线”将各个功能块相互连接，能很方便地实现控制策略或应用。

所有相互连接的运算功能块，包含在控制模块（CM）和顺序控制块（SCM）内。SCM 模块由一系列根据一个或几个条件完成一个或几个过程操作的功能块连接而组成，以执行批量处理操作。CMs 和 SCMs 作为“包容器”功能块，用来创建、组织和检测控制策略。用基本功能块创建的简单 PID 调节块中，CM 块的名字是 FIC 105。每一个控制模块 CM 可以分配从 5ms 到 2s 的执行周期，用户可以分配 CM 块内每一个功能块的执行顺序。Control Builder 允许“top-own”执行和创建可重复利用的控制策略，增强了工程组态的功能。控制功能块在 Control Builder 内通过图形的方式显示，功能块之间通过“线（wire）”连接。控制策略能够在线监视和修改相关控制参数，且对控制策略进行简单的测试。Control Builder 允许创建应用模板，以便修改和重复使用已创建的控制策略，提高开发效率。

PlantScape Control Builder 控制功能块的类型，包括过程变量、调节控制、现场总线集成、设备（电机）控制、逻辑控制和顺序控制，以及常用的功能块如旗标、数字量、定时器和数组。内置的 Control Solver 执行环境允许用户利用这些功能库选项。Control Builder 也支持多用户控制策略的开发和调试环境，通过 TCP/IP 或 UDP/IP 通信，可以远程访问工程数据仓库。提供密码保护功能为最大程度的安全性。多个用户可以同时通过不同的操作站进行创建、组态和下装控制策略，并且多个用户可以同时打开且下装同一幅控制图。当多用户监视控制策略的执行时，根据用户的权限，用户可以修改控制参数。

除了标准的控制功能块库以外，Plantscape 还支持特殊的功能块库如 Profibus 和 Fieldbus 库，但需要单独的许可证。此外还提供一些特定应用的功能块库，如美国天然气协会的流量计算功能块（American Gas Association Flow Rate Calculation Blocks）和 Allen-Bradley 驱动接口库等。

4.4 PlantScape 监视系统

4.4.1 概述

PlantScape 是基于 Windows NT/Windows 2000 Professional（R 400 版本以上）操作系统，具有高性能的模块化、集成监控和网络功能的系统，系统所有组件完全集成为一体。例如，当用户创建的控制策略下装时，相应的数据同时下装到 C200 控制器和服务器数据库中；对于系统工具、集成化报警、控制器和操作站提供一致的接口；控制器和服务器使用一致的点名；服务器的自动数据调度功能采集所有被请求的数据，并对数据的采集和处理提供优化。

PlantScape 系统采用前沿开放性技术，如 Windows NT/Windows 2000Professional（R400 版本以上）、以太网、TCP/IP 和基于 Intel 处理器的 PC 等提供经济简便的系统。在完全集成化的系统环境内，PlantScape 结构提供简便的操作和工程组态。

PlantScape 的结构保证用户完全且透明地访问控制器数据库。PlantScape 还集成了其他 Honeywell 产品和第三方设备的接口，以保护用户已存在的控制投资和完整地集成过程信息。操作员、工程师和 MIS 级计算机都可使用这些集成化的过程信息。这样既可提供更高的控制水平，保证各个控制系统之间的完全一致性，又可节约用户的资金。

PlantScape Process 提供的是一个只需通过简便的组态就可实现各种应用的系统。系统提供有大量的在工业过程中的应用，以及工业过程控制功能。PlantScape Process 在其标准的操作结构中包含的这些功能，使用户可以将更多的精力关注控制的应用工程，而不是系统的构架。

标准的 PlantScapeProcess 系统不需对系统作更多设置，用户就可进行点和硬件的组态。一旦系统生成了用户定义的点后，在系统的标准画面或用户操作画面就可以显示这些点的参数，如：

① 报警汇总画面；
② 事件汇总画面；
③ 操作组画面；
④ 趋势画面；
⑤ 回路调节画面；
⑥ 诊断画面；
⑦ 用户画面；
⑧ 标准报表；
⑨ 预定义复合点；
⑩ 复合点点细目画面；
⑪ 点处理算法；
⑫ 预组态按钮/工具条，按键功能；
⑬ 下拉式或画面式菜单；
⑭ 最新/紧急报警区域；
⑮ 标准状态显示栏。

Plant Scape 提供大量的标准功能，而且极其灵活，用户可以按照需求使用、修改或扩展这些标准功能。例如，所有的系统画面用户都可打开，并进行修改。这样，用户就可以在最短的时间内将系统建立起来，并投入运行。

4.4.2 PlantScape 监视系统主要特性

系统特性包括：

① 基于 Windows NT/Windows 2000 Professional（R400 版本）服务器和基于 Windows NT/Windows 2000 Professional（R 400 版本）或 Windows 95/98 的人机接口；
② 多个本地或远程操作站；
③ 现场总线接口；
④ 服务器冗余；
⑤ 支持冗余控制器/RTU 通信；
⑥ 支持多系统的分布式服务器结构；
⑦ 过程设备的实时数据采集；
⑧ 丰富的报警功能；
⑨ 可扩展的历史及趋势功能；
⑩ 灵活的标准或用户自定义报表；
⑪ 视频信号的集成；
⑫ 集成符合工业标准的本地网或全局网；
⑬ 和第三方应用的数据集成；
⑭ 丰富的应用开发环境；

⑮ ActiveX 和程序脚本语言的支持；

⑯ 通过 Safe Browse 提供 HTML。

（1）操作员界面（Station）—监控操作画面　PlantScape Process/C200 集散控制系统采用工业标准的系统组件，如微软的 Windows NT、Windows 2000 Professional（R 400 版本），以及 Windows 95/98 和采用互联网浏览技术 IE 等用户熟悉的操作环境，并提供给操作人员各种面向对象应用的丰富图形监控操作画面。用户只需经过简单的培训就可上机操作。

用户可组态的下拉式菜单、工具条方便用户的使用和简明易用的系统工具可让用户快速获取所需的内容。操作员接口支持重复、拷贝和粘贴，视频信号集成，ActiveX 文档，脚本语言，应用执行等，还支持声卡、触摸屏、双屏卡和轨迹球。

紧急信息通过报警显示，包括控制器失效、操作员操作信息、控制器运行情况和设备故障情况。报警浏览画面最下面显示的是最新（或最旧）最高级别且未确认的报警标准系统画面，便于操作员使用系统。标准的系统画面包括菜单/导航画面、报警汇总画面、事件汇总画面、趋势画面、操作组、点细目画面、系统状态显示画面、组态显示画面、回路调节画面、诊断和维护画面、信息画面。

动态视频信号可集成操作人员不可到达区域的重要监视画面。PlantScape 不仅允许操作员浏览远程动态视频信号，且可实现远程操作，如镜头切换、倾斜度或焦距调整等。一个动态视频的例子是使用 WebCam，允许通过以太网连接 CCTV 摄像头，并且每一个操作员都可通过使用 SafeBrowse 浏览。

抢占式操作站允许网络上的多个用户共享几个预组态的操作站连接到 PlantScape 系统。这样，系统允许多个不固定用户连接到系统。

Plant Scape 系统将常用的访问速度要求高的数据保存在内存中，而将不常用的访问速度要求低的数据保存在硬盘上。且系统每分钟将内存里的实时数据保存到硬盘上，以便系统掉电时，最大限度地降低数据丢失。

（2）报警/事件管理　PlantScape Process/C200 系统提供方便的报警/事件管理，并提供报表。操作员能方便地浏览报警信息。系统提供多种工具可以快速查找系统问题：

① 多个报警级别
② 专用报警区域
③ 声音报警
④ 报警阻截
⑤ 区域分配
⑥ 操作员杂志
⑦ 报警分级
⑧ 报警/事件报表
⑨ 报警/通信/消息/停车　通知
⑩ 报警级别逐步升级

标准的报警汇总画面提供过滤功能，操作员能很快地查找出所关心的报警事件。

报警可以按以下条件排序显示：区域、确认状态、级别。

报警浏览画面中的报警可以单独或按页确认。在用户操作画面，报警也可单独或按页确认。标准的点报警行为是当报警未确认且处于报警状态时，为红色且闪烁，当仍处于报警状态，但已确认时，为红色不闪烁。

每个点可以组态多于 4 种的报警状态，包括：PV 值高、PV 值低、PV 值高高、PV 值低低、偏差高、偏差低、变化率、控制失败、控制超时。每个报警可以分配的报警级别为日志、低、高和紧急。另外的报警还包括控制失败和控制超时。

事件信息表所列出的是系统发生的事件，包括：报警、报警确认、返回正常状态、操作员控制动作、操作员登录和安全级别的改变、在线数据库修改、通信报警、系统重启动信息。

事件信息表中可存储 30000 多条信息。扩展的事件存档选项可以在线存储 10^6 个事件，并且可以存储在可移动的介质中。

（3）历史数据　PlantScape Process 集散控制系统的实时数据库维护一个庞大的过程点和系统点的历史数据记录。历史数据可按照 1s 到 24h 的不同数据采样间隔周期来采集数据。

缺省的历史数据采集周期为：5s 瞬时值、1min 瞬时值、1h 瞬时值、8h 瞬时值、24h 瞬时值、6min 平均值、1h 平均值、8h 平均值、24h 平均值。

采集的历史数据可以用于趋势显示、用户画面显示、报表、应用程序、EXCEL 或 ODBC 兼容的数据库。数据可以存储在本地硬盘、光盘等，可以选择存储数据到 TPS 管理系统。

（4）趋势　使用系统提供的灵活的趋势组态工具，用户只需简单地输入点名和选择相应的参数，即可组态趋势。任何的历史数据存档间隔，都可作为趋势数据的采样间隔。标准的趋势包括：单点棒图；两点棒图；三点棒图；多画笔趋势图；多量程趋势图；X-Y 分布图；数据表；S9000 和 Micromax 设置程序图、组趋势；实时数据/历史数据组合显示；趋势图的缩放、移动显示和滚动等；某趋势曲线的屏蔽；定位读数；趋势采样周期可组态；存档数据的读取；趋势保护；支持与剪贴板的数据拷贝/粘贴功能。

（5）报表　系统提供多种内置的报表功能，标准的报表功能包括以下几点。

① 报警/事件日志报表　包括在一定时间间隔的所有报警和事件。通过使用过滤器，可以生成操作员和/或点跟踪报表功能。

② 集成的 EXCEL 报表　可以通过 EXCEL 的格式生成所有的其他标准报表。通过 ODA 选项，Microsoft EXCEL 可以读取 PlantScape 数据库的数据。

③ 可选的故障分析报表　提供故障事件和原因报表。

④ 自由格式报表　以灵活的格式生成数据报表，包括算术计算和统计功能，如最大/最小和标准数据等。

⑤ 点属性报表　显示点的特定属性，如停止扫描、坏值和报警禁止等。

⑥ 点交叉调用报表　提供点的相关性，方便系统的维护，特别是当改变点名时。

⑦ ODBC 数据交换报表

⑧ 批量处理报表　可以按一定时间周期来生成报表，或通过事件触发生成报表，并且允许在线组态。报表可以输出到指定的打印机、显示屏、文件，或其他用来对数据进行分析的计算机等。

（6）系统安全性　系统通过可组态的安全级别、控制级别和区域分配来维护系统的安全性。对系统安全性的组态可以对每一个操作员或操作站进行，最多有 6 种安全级别限制操作员的访问权限和系统的功能。

（7）第三方应用数据接口　PlantScape Process 系统服务器作为数据的采集核心，同时也可提供和第三方的控制器或 RTU 设备的应用数据通信接口。

① 数据采集　PlantScape Process 提供数据采集功能。

• 周期性扫描。PlantScape Process 系统自动根据数据采集的需求，来计算所需数据包最小个数，从而达到优化通信。

• 例外报告（RBE）。在控制器支持的条件下用来减少系统扫描负载，改善系统的响应功能。

根据需要，可以混合使用周期性扫描和 RBE，确保数据的完整。

② 在线组态　只要有足够的权限，从任何操作站，包括通过调制解调器拨号连接的远程操作站，都可以浏览、操作和分析系统的所有数据。

③ 诊断　只要控制器已组态，且连接到系统 PlantScape Process 自动诊断扫描设备，另外，PlantScape Process 自动检查所有从控制器请求的数据，当接收到无效或超时，数据被忽略，并且记录错误。系统自动统计通信成功和失败的请求，用户可以组态“报警限”和“失败”值，当系统检测到超值时，系统自动报警。通信统计信息记录在标准的系统画面，通过报表和用户画面可以调用。

④ OPC 客户　OPC 客户允许和第三方的 OPC 服务器和 PlantScape Process 服务器数据库连接。OPC 服务器的数据可以实现显示、报警、历史采集和控制。OPC 客户服务基于 OPC 标准 V2.0。

⑤ AB 集成的接口　PlantScape Process 提供和 PLC5/SLC 的紧密集成。例如，系统自动生成标准的测试画面，如机架错误、重要或次要错误，自动在 PlantScape Process 报警系统生成报警。不需要额外的组态。PlantScape Process 通过生成简单的点，就能够访问 AB PD 或 HONEYWELL 智能变送器。

（8）服务器冗余　PlantScape Process 集散控制系统可以选择服务器冗余配置（见图 3-2-18）。采用主从服务器结构，当主服务器工作出现故障时，从服务器自动转换为主服务器，提供与控制器/RTU 的通信、数据采集等功能，并为其他操作站提供服务。主服务器定时传送数据库中所有数据信息到从服务器，以确保主从服务器之间的完全同步。

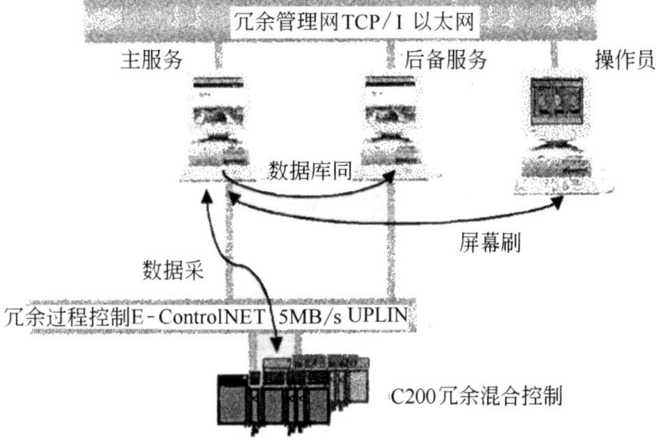

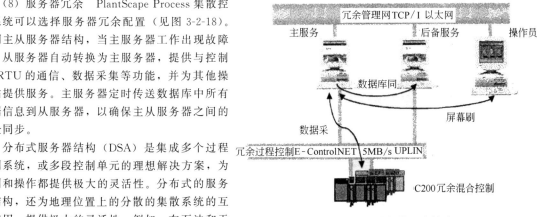

图 3-2-18　服务器冗余构成

分布式服务器结构（DSA）是集成多个过程控制系统，或多段控制单元的理想解决方案，为控制和操作都提供极大的灵活性。分布式的服务器结构，还为地理位置上的分散的集散系统的互联应用，提供极大的灵活性。例如，在石油和天然气的多段管道地区、大量的油井的应用场合使用的集散系统，可以有多个远程站，同时，还可在中央控制室对远程过程控制系统进行监控。

通过广域网连接的分布式服务器，从中央控制室到每一个远程站获取数据，可以连接或不连接本地的控制器。分布式服务器通过逻辑上创建一个全局的数据库，相互交换以下数据信息：全局的实时数据；实时和历史趋势；全局报警；全局系统信息。

(9) 应用程序　PlantScape Process 提供功能强大的应用程序，通过简便的组态（而不是编程），就可实现的各种应用要求，大大缩短应用的开发时间，并节约开支。

① 处方管理　PlantScape Process 配方管理程序提供创建配方和下载到指定的设备。每个处方可组态多达 30 个项。处方项可以设置成分目标、设置报警限制、设置时钟和设置设备到正确操作状态。配方项可以单独启用，用以改变规模。

② 故障分析　故障分析用来检测、记录设备失败或处理过程延迟。系统提供故障代码记录在故障事件，或通过调用以前的故障事件进行系统维护。故障报表可以周期打印，也可按要求打印。

③ 点控制时间表　此选项允许在指定的时刻对点进行控制。可以是基于单个事件、间隔或按天。

④ SPQC （统计过程和质量控制）此选项提供实时数据的采集，并提供强大的统计能力。选项功能包括在线生成 X 和 R 控制图，历史或 Sigma 趋势，UCL（控制上限）Shewart 计算和 LCL（控制下限），以及在线统计报警功能等。

⑤ 扩展的事件存档　扩展的事件存档选项，用来对历史事件的存档，以便以后调用。存储能力取决于存储介质的容量。100 000 个事件的存储大约需 60MB 的硬盘。

⑥ 报警寻呼机功能　点报警可选送到报警 BP 机或信息系统。最多可组态 100 个 BP 机，每一个 BP 机可有分配的时间操作，BP 机接收的信息通常为报警浏览表的内容。对每个号码，可以分配使用的时间。

⑦ ODBC 数据交换　此选项允许在 PlantScape Process 服务器数据库和 ODBC 兼容的本地或远程第三方数据库之间，进行双向数据交换。采用标准的 SQL 命令语言。使用此选项时，PlantScape Process 服务器作为客户机，可交换的信息包括点值、点历史值和用户文件数据。ODBC 驱动的数据库包括 SQL 服务器、ORACLE7、ACCESS 和 SYSBASE10。

⑧ ODA 开放式数据存取功能　当第三方应用从 PlantScape Process 服务器中请求数据时，要使用 ODA 选项。例如：

• 通过 EXCEL 读取数据；
• 从 ACCESS 数据库中执行 SQL 语言；
• 其他的 PlantScape 系统请求数据；
• OPC 客户机请求数据；
• 用户的程序从 PlantScape 数据库取得数据。

ODA 三个主要的选项如下。

a. ODBC 驱动选项　可以在其他方面应用，如 ACCESS 中使用 SQL 语言获取 PlantScape Process 服务器的数据。服务器数据库包括只读的 ODBC 表，包括点，事件历史和过程历史。其特性包括：

• 开放的实时和历史数据读取；
• 数据流量控制，避免影响性能；
• 冗余数据源；
• 完全的性能。

b. OPC 服务器　PlantScape OPC 服务器允许第三方 OPC 客户应用读/写 PlantScape Process 点参数。OPC 服务器基于 HONEYWELL 的 HCI 服务器工具以及 OPC V2.0，它支持所有标准的 OPC 接口和可选的位号浏览接口。

c. 网络服务器　此选项提供基于网络访问 PlantScape Process 服务器数据库的应用，如：EXCEL 数据交换、网络节点接口和网络 API 选项。

• MICROSOF TEXCEL 数据交换允许从 EXCEL 获取 PlantScape Process 的实时或历史数据。此选项可以读写一个或多个 PlantScape Process 数据库，且提供报表工具等。

• 网络节点接口允许 PlantScape 服务器可以读写其他 PlantScape Process 服务器的数据。

• 通过网络 API 可以从其他网络应用访问 PlantScape Process 服务器数据库。通过 C++或 VISUAL BAS-

IC 获取 PlantScapeProcess 系统的数据。

⑨ 应用开发工具　系统提供两种编程接口（API）。第一种是基于 PlantScapev Process 服务器的应用 API（C/C++）；第二种基于网络上的客户机的应用 API（VISUAL BAISC 和 C/C++）（但不需要操作站）。

基于服务器的应用 API（C/C++）包括：

- 读写数据库的点的参数；
- 访问报警/事件系统；
- 访问历史数据；
- 访问用户定义数据库；
- 初始化高级控制行为；
- 提供操作员输入。

基于网络上客户机的应用 API（VISUAL BAISC 和 C/C++）：

- 读写数据库控制块参数；
- 访问用户自定义数据库；
- 读取历史数据；
- 创建报警/事件。
- 初始化高级控制行为；

（10）QUICK BUILDER—系统数据库管理工具

允许用户组态及管理系统数据库点、控制器/RTU、操作站和打印机。Quick Builder 提供窗口式界面进行操作。另外通过 Quick Builder 可以在线对 PlantScape 数据库进行修改。

DisplayBuilder 采用基于对象的集成化的图形开发工具，生成特定的用户应用流程画面。用户通过简单的填表式操作，组态画面上的显示点，并采用点击式操作就可迅速完成图形对象动画的组态。系统本身提供真实的三维工业设备图库，如罐体、管道、阀门、塔、电机等，用户采用这一工具可快速地生成用户动态图形画面，并将动态数据连接到画面中。采用 VisualBasic 脚本和 ActiveX 组件可生成特定的动态效果。还可在画面中嵌入 Excel、Word 及视频输入的现场图像。

Control Builder 是一个图形化的、面向对象的、基于 windows 的工程工具，用于在 PlantScape C200 控制器中设计、组态和实现控制策略。它可以用于组态硬件-网络、I/O 模块、控制器和现场总线设备，也可以组态控制点，如调节控制、设备（电机）控制、离散控制、顺序控制，以及特殊的用户自定义功能。Control Builder 包含以下特点：

- 输入/输出　选中的控制策略和硬件组态，用于整个系统数据库的移植，这使得组态文件可以共享；
- 不同的 Project（离线）和 Monitor（在线）数据库，以致组态可以在线完成和离线完成。

下装可使得在线修改保存到 Project 数据库；

- 快照保存和恢复，用于保护和迅速恢复 C200 控制器的数据库；
- 智能复制和粘贴，复制某个控制模块到全厂的控制策略中；
- 数据库维护工具保证系统的安全性和系统备份。

5　Delta V 系统

5.1　简介

Delta V 系统是 Fisher-Rosemount 公司在两套 DCS 系统（RS3、PROVOX）的基础上，依据现场总线 FF 标准设计出的，兼容现场总线功能的全新的控制系统，充分发挥众多 DCS 系统的优点，如系统的安全性、冗余功能、集成的用户界面、信息集成等，同时克服传统 DCS 系统的不足，具有规模灵活可变、使用简单、维护方便的特点，它是代表 DCS 系统发展趋势的新一代控制系统。

与其他 DCS 系统相比，Delta V 系统具有以下优点。

① 系统数据结构完全符合基金会现场总线（FF）标准，在实行 DCS 所有功能的同时，可以毫无障碍地支持将来 FF 功能的现场总线设备。Delta V 系统可在接受目前的 4～20mA 信号、1～5V DC 信号、热阻热电偶信号、HART 智能信号、开关量信号的同时，非常方便地处理 FF 智能仪表的所有信息。

② 开放的网络结构和 OPC 技术的采用，可以将 Delta V 系统毫无困难地与工厂管理网络连接，避免在建立工厂管理网络时进行二次接口开发工作。通过 OPC 技术可实现各工段、车间及全厂在网络上共享所有信息与数据，大大提高过程生产效率与管理质量。同时通过 OPC 技术可以使 Delta V 系统和其他支持 OPC 的系统之间无缝集成，为工厂以后的 CIMS 等更高层次的工作打下坚实的基础。

③ 规模可变的特点可以为全厂的各种工艺、各种装置提供相应的硬件与软件平台，更好、更灵活地满足企业生产中对生产规模不断扩大的要求。

④ 即插即用、自动识别系统硬件，所有卡件均可带电插拔，操作维护可不必停车，同时系统可实现真正

的在线扩展。这些功能大大降低了系统安装、组态及维修的工作量。

⑤ 内置的智能设备管理系统（AMS）对智能设备进行远程诊断、预维护，减小企业因仪表、阀门等故障引起的非计划停车，增加连续生产周期，保证生产的平稳性。

⑥ Delta V 工作站的安全管理机制，使得 Delta V 接收 NT 的安全管理权限，可以使操作员在灵活、严格限制的极限内对系统进行操作，而不需要担心操作员对职责范围以外的任务的访问。

⑦ Delta V 系统的远程工作站可以使用户通过局域网监视甚至控制过程，从而满足用户对过程的组态、操作、诊断、维护等要求。

⑧ Delta V 系统的流程图组态软件采用 Intellation 公司的最新控制软件 iFix，并支持 VBA 编程，使用户随心所欲开发最出色的流程画面。

⑨ Web Server 可以使用户在任何地方，通过 Internet 远程对 Delta V 系统进行访问、诊断、监视。

⑩ 强大的集成功能，提供 PLC 的集成接口，提供 Profi Bus、A-Si 等总线接口。

⑪ 基于 Delta V 系统的 APC 组件，使用户方便地实现各种先进控制要求，功能块的实现方式使用户的 APC 实现同简单控制回路的实现一样容易。

5.2 Delta V 系统的构成

Delta V 系统由冗余的控制网络、工作站及控制器等部分组成。其系统结构如图 3-2-19。

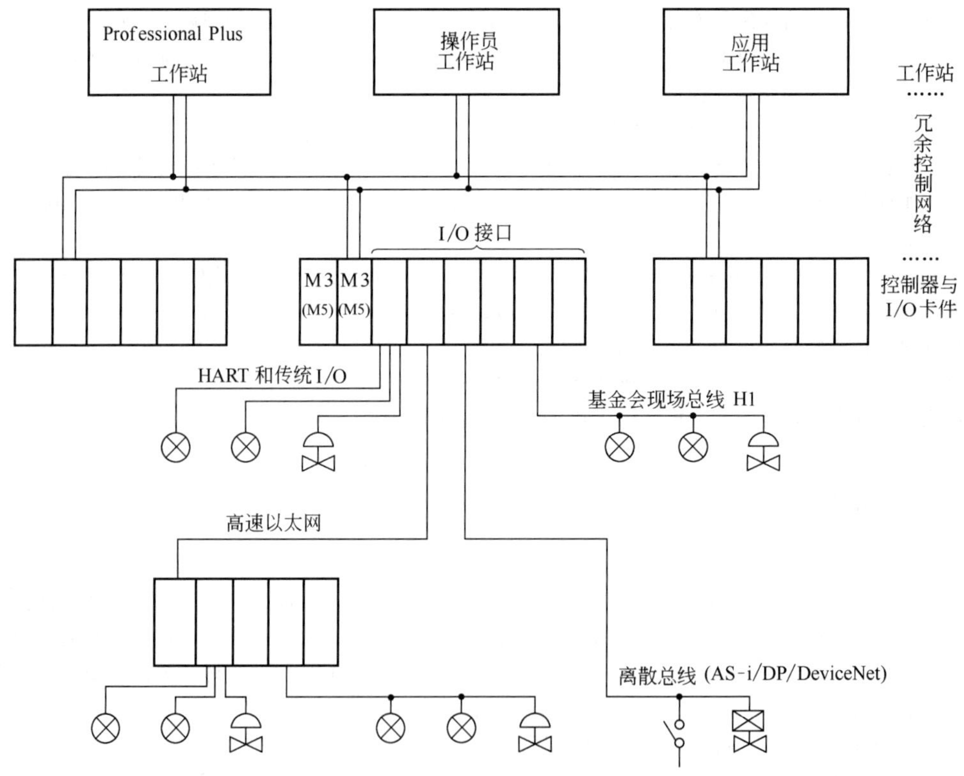

图 3-2-19 Delta V 系统结构图

5.2.1 冗余的控制网络

Delta V 系统的控制网络，是以 10M/100M 以太网为基础冗余的局域网（LAN）。系统的所有节点（工作站及控制器）均直接连接到控制网络上，不需要增加任何额外的中间接口设备。简单灵活的网络结构可支持就地和远程操作站及控制设备。

网络的冗余设计提供了通讯的安全性。通过两个不同的网络集线器及连接的电缆，建立了两条完全独立的网络，分别接入工作站和控制器的主副两个网口。Delta V 系统的工作站和控制器都配有冗余的以太网口。

为保证系统的可靠性和功能的执行，控制网络专用于 Delta V 系统。与其他工厂网络的通讯，通过使用集成工作站来实现。

Delta V 系统可支持最多 120 个节点，100 个（不冗余）或 100 对（冗余）控制器、60 个工作站、80 个远程工作站；它支持的区域也达 100 个，使用户安全管理更灵活。

5.2.2 Delta V 系统工作站

Delta V 系统工作站是 Delta V 系统的人机界面，通过这些系统的工作站，企业操作人员、工程管理人员及企业管理人员，随时了解、管理并控制整个企业的生产及计划。所有工作站采用最新的 INTEL 芯片及 32 位 Windows NT 操作系统，21″彩色平面直角高分辨率的监视器。

Delta V 系统的所有应用软件均为面向对象的 32 位操作软件，满足系统组态、操作、维护及集成的各种需求。而可以快速调出 Delta V 系统 Web 方式 Books-on-line（在线帮助手册），可随时提供有用的系统帮助信息。

Delta V 工作站上的 Configure Assistant 给出了用户具体的组态步骤，用户只要运行它，并按照它的提示进行操作，则图文并茂的形式很快就可以使用户掌握组态方法。

Delta V 系统工作站分为 3 种。

(1) Professional Plus 工作站　每个 Delta V 系统都需要有一个 Professional Plus 工作站。该工作站包含 Delta V 系统的全部数据库。系统的所有位号和控制策略被映像到 Delta V 系统的每一个节点设备。

Professional Plus 配置系统组态、控制及维护的所有工具，从 IEC1131 图形标准的组态环境到 OPC、图形和历史组态工具。用户管理工作也在这里完成，从这里可以设置系统许可和安全口令。

(2) 操作员工作站　Delta V 操作员站可提供友好的用户界面、高级图形、实时和历史趋势、由用户规定的过程报警优先级和整个系统安全保证功能，还可具有大范围管理和诊断功能。操作员界面为过程操作提供了先进的艺术性的工作环境，并有内置的易于访问的特性。不论是查看最高优先级的报警、下一屏显示，还是查看详细的模块信息，都采用直观一致的操作员导航方式。

(3) 应用工作站　Delta V 系统应用工作站用于支持 Delta V 系统与其他通讯网络，如工厂管网（LAN）之间的连接。应用工作站可运行第三方应用软件包，并将第三方应用软件的数据链接到 Delta V 系统中。

应用工作站同样具有使用简单、位号组态惟一性的特点。应用工作站通过经现场验证的 OPC 服务器，将过程信息与其他应用软件集成。OPC 可支持每秒 2 万多个过程数据的通讯，OPC 服务器可以用于完成带宽最大的通讯任务。任何时间、任何地点都可获得安全可靠的数据集成功能。

通过应用工作站，可以在与之连接的局域网上设置远程工作站。通过远程工作站可以对 Delta V 系统进行组态、实时数据监视等，远程工作站可以具备与 Delta V 系统本地工程师站或操作员站完全相同的功能。

另外通过应用工作站，可以监视最多 25000 个连续的历史数据、实时与历史趋势。

5.2.3 Delta V 系统控制器与 I/O 卡件

Delta V 系统的 M3 控制器是基于 20 世纪 90 年代的技术开发的控制器，采用 Power860 芯片，主频为 50MHz（比原来的 68040 芯片主频高 1 倍），7 层的电路板设计使得 M3 的体积更小，功能更强大，同样的控制器硬件可以完成从简单到复杂的监视、联锁及回路控制。特别值得注意的是 M3 控制器完成这些控制功能的软件功能块，完全符合基金会现场总线标准。

M3 控制器提供现场设备与控制网络中其他节点之间的通讯和控制。Delta V 系统创建的控制策略和系统组态，也可以在这个功能更强的控制器中使用。M5 控制器提供 M3 控制器的所有特性和功能，又增加批量控制的应用功能。功能强大的 M3/M5 控制器，通过底板与 IO 卡件连接。在同一个控制器中可以同时任意混合安装常规 IO 卡件和基金会现场总线接口卡件（H_1）。所有的控制器与 IO 卡件均为模块化设计，符合Ⅰ级Ⅱ区的防爆要求，可直接安装在现场。

Delta V I/O 子系统是个开放的系统，它对今天的现场数字智能设备是兼容的。当系统运行时，无需断开电源或移去任何 I/O 接线就取下 I/O 卡件或安装 I/O 卡件。

可以在 Delta V 资源管理器中对新的 I/O 界面进行查看和组态。

更为方便的是，每个 I/O 接口界面都有预先设定的缺省值，这可减少对控制器组态的工作量。

可以采用多种现场总线混用的方法来优化安装、工程和运行费用，如采用基金会现场总线、HART、串行口、传统 I/O、AI-i 总线、DeviceNet 和 Profibus DP 离散总线技术等。若采用高速以太网，可提高系统的远程 I/O能力。

通过串行通讯卡，Delta V 系统可用作 MODBUS 上的主设备或从设备，这将使 Delta V 系统和其他自动化系统集成时提供很大的方便。

当 Delta V 系统用作 MODBUS 从设备时，Delta V 系统可视为 MODBUS 兼容的自动化系统的 I/O 点。

当 Delta V 系统作为 MODBUS 主设备时，Delta V 系统可方便地接受从当前自动化系统传送来的信息，并可将这些信息供操作员视图、控制策略和智能报警使用，同时它可通过 Delta V 的 OPC 服务器在厂区的任何地点使用。

由于可用作 MODBUS 主设备或从设备，Delta V 系统可方便地同 PROVOX，RS3 和其他 DCS 和 PLC 系统的主机进行连接。

串行卡件的可编程功能可方便地将它同其他工业串行设备作连接，如磅秤、条形码读取器、PLC 和计量系统。

基金会现场总线接口卡 H1 可以通过总线方式将现场总线设备信号连接到 Delta V 系统中，一个控制器可以支持最多 40 个 H1 卡件。一个 H1 卡件可以连接 2 段（Segment） H1 现场总线，每段 H1 总线最多可连接 16 个现场总线设备，所有设备可在 Delta V 系统中自动识别其设备类型、生产厂家、信号通道号等信息。

5.3 Delta V 系统的软件

Delta V 工程软件包括组态软件、控制软件、操作软件及诊断软件等。

5.3.1 组态软件

Delta V 组态工作室软件可以简化系统组态过程。利用标准的预组态模块及自定义模块，可方便地学习和使用系统组态软件。

Delta V 组态非常直观，标准的 Microsoft Windows NT 提供的友好界面能更快地完成组态工作。组态工作室还配置了一个图形化模块控制策略（控制模块）库、标准图形符号库和操作员界面，拖放式、图形化的组态方法简化初始工作，并使维护更为简单。

Delta V 系统预置的模块库完全符合基金会现场总线的功能块标准，从而可以在完全兼容现在广泛使用的 HART 智能设备、非智能设备的同时，在不修改任何系统软件和应用软件的条件下，兼容 FF 现场总线设备。

连接到控制网络中的 Delta V 控制器、I/O 和现场智能设备，能够自动识别并自动地装入组态数据库中。

单一的全局数据库全全协调所有组态操作，从而不必进行数据库之间的数据映像，或者通过寄存器或数字来引用过程和管理信息的操作。

模块化的、可重复使用的控制策略如下。

Delta V 系统基于模块的控制方案集中了所有过程设备的可重复使用的组态结构，模块通常定义为一个或多个现场设备及其相关的控制逻辑，如回路控制、电机控制及泵的控制，每个模块都有惟一的位号。除了控制方案外，模块还包括历史数据和显示画面定义。模块系统中通过位号通讯，对一个模块的操作和调试完全不影响其他模块。Delta V 的模块功能可以让用户以最少的时间完成组态。

Delta V 系统具有部分下装、部分上装的功能，即将组态好的部分控制方案在线地从工作站中下装到控制器，而不影响其他回路或方案的执行。同样也可以在线将部分控制方案从控制器上装到工作站中。

5.3.2 控制软件

Delta V 的控制软件在 Delta V 系统控制器中提供完整的模拟、数字和顺序控制功能，可以管理从简单的监视到复杂的控制过程数据。IEC 1131-3 控制语言可通过标准的拖放技术修改和组态控制策略，而在线帮助功能使 Delta V 系统的学习和使用都变得更直观更简单。

控制策略以最快 50ms 的速度连续运行。控制软件包括显示、趋势、报警和历史数据的能力，这些数据通过 I/O 子系统（传统 I/O、HART、基金会现场总线及串行接口）送到控制器。

控制软件还包括数字控制功能和顺序功能图表。

Delta V 使用功能块图来连续执行计算、过程监视和控制策略。Delta V 功能块符合基金会现场总线标准，同时又增加和扩展了一些功能块，以满足控制策略设计更灵活的要求。基金会现场总线标准的功能块可以在系统控制器中执行，也可在基金会现场总线标准的现场设备中执行。

5.3.3 操作软件

Delta V 操作员界面软件组拥有一整套高性能的工具满足操作需要。这些工具包括操作员图形、报警管理和报警简板、实时趋势和在线上下文相关帮助。用户特定的安全性确保了只有那些有正确的许可权限的操作员可以修改过程参数或访问特殊信息。

5.3.4 诊断软件

用户不需要记住用哪个诊断包诊断系统及如何操作诊断软件包。Delta V 系统提供了覆盖整个系统及现场设备的诊断。不论是尽快地检查控制网络通讯、验证控制器冗余，还是检查智能现场设备的状态信息，Delta V 系统的诊断功能都是一种快速获取信息的工具。

6 FB-2000NS 分散型控制系统

6.1 系统概述

FB-2000NS DCS 系统是浙江威盛自动化有限公司在 FB-2000 基础上，经全新设计，采用了最新技术，于 2000 年推出的第三代分散型控制系统，已广泛应用在石油化工、冶金、制药、轻工等行业。

6.1.1 系统简介

FB-2000NS DCS 系统体系结构先进、可靠，功能的完整，系统采用了最先进的技术和开放性标准，向用户提供了更广阔的应用空间和想像空间，是一套适应企业各种自动化需求的、开放的、规模可变的控制系统。

FB-2000NS DCS 系统主要由服务器（SE）、工程师站（ES）、系统操作站（SOPS）、现场控制站（FCS）及过程控制网络（NET）等组成。

FB-2000NS 体系结构如图 3-2-20 所示。

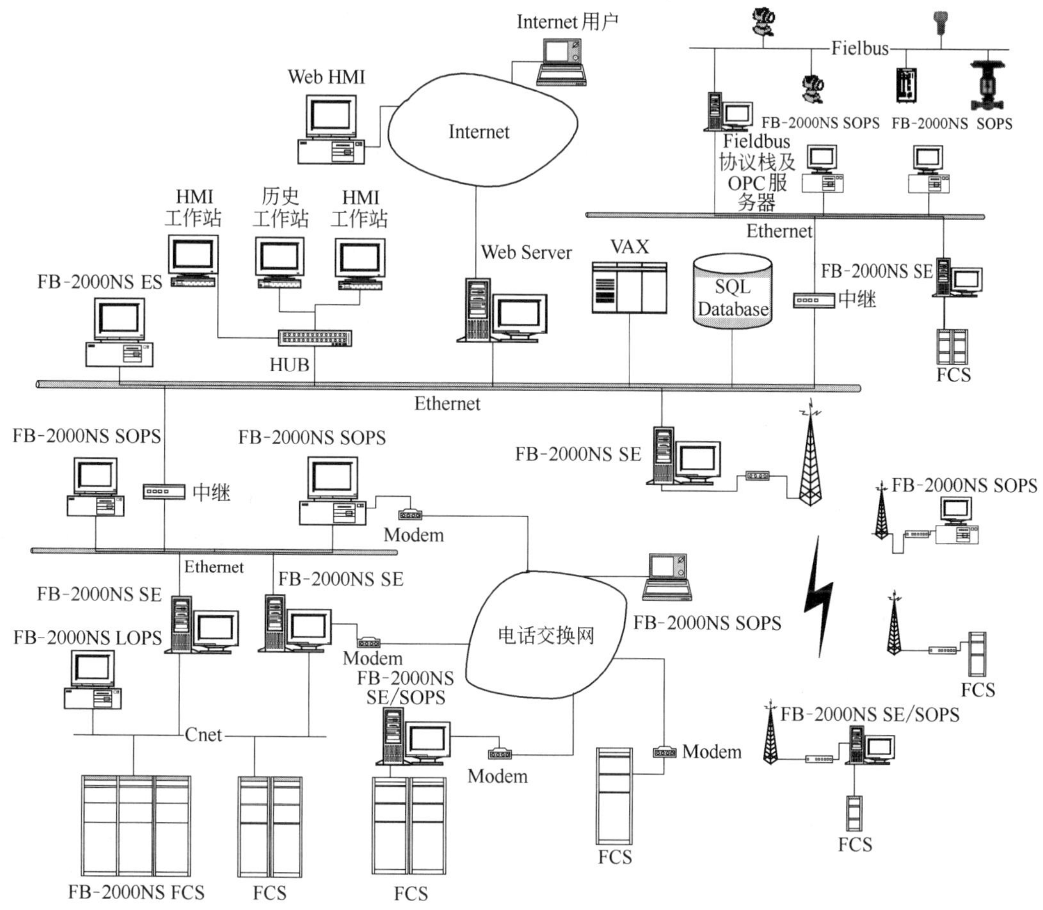

图 3-2-20 FB-2000NS 体系结构

6.1.2 系统主要性能指标

（1）系统规模　过程控制网络连接系统的服务器站、工程师站、系统操作站和现场控制站，完成站与站之间的信息交换。每个高速控制网络（CNET）最大可带 32 个节点，无中继最远距离 1.2km。

（2）现场控制站规模　FB-2000NS DCS 系统现场控制站内部以机箱为单位。机箱固定在标准机柜内。每个机距最多可配置 4 个机箱。本系统的机箱为一体化机箱，即在一个机箱内，正面插入 I/O 模板或主控制器模板，背面插入 I/O 模板的信号处理端子板，以及相应的电源插件。

机箱根据内部所插模板型号分为两类：主控制机箱（配置有主控制器等）和I/O扩展机箱（不配主控制器模板）。主控制机箱可以配置1块主控制板和8块I/O模板及相应的8块I/O信号处理端子板。扩展I/O机箱可以配置9块I/O模板及相应的9块I/O信号处理端子板。另外不管主机箱和I/O扩展机箱，还可配置2块电源插件（电源冗余）。

在电源不冗余时，FB-P40NS电源插件插入机箱背面最左边槽位。配置冗余电源时，FB-P20NS冗余电源插件插入机箱正面最右边槽位。主控制卡可以插入机箱内正面任意I/O模板槽位，建议插入机箱正面I/O槽位的最左边槽。在一个现场控制站内，主控制卡通过I/O NET网络可以挂接127块I/O模板，即大约12个机箱。主控制卡是一个控制站的心脏，可以冗余配置，以保证实时过程控制的可靠性和安全性。

FB-2000NS DCS系统具有非常灵活的配置，用户可以根据实际系统的需求，选择各种I/O模板和相应信号处理端子板，也可以选择全冗余，局部冗余或不冗余，在充分保证其系统可靠性、实用性基础上，把费用控制到最低限度。在选择配置时，地址和速度应严格遵循以下原则。

① 在同一CNET网络上的多个主控制卡（多个现场控制站，其中包括冗余主控制卡），地址范围为1～31，且地址不能重复，而且CNET网络中各卡件的通信速率要相同。

② 在一个现场控制站内的I/O模板地址为1～127，且不能重复（包括冗余I/O模板）。冗余配置的2块I/O板只能插入同一机箱的相邻槽位。

（3）系统主要性能

① 工作环境

工作温度：－10～60℃；　　存放温度：－40～85℃；

工作湿度：≤90%（无凝露）；　　存放湿度：≤95%（无凝露）；高度：海拔2500m；

振动（工作）0.1s振幅：≤17Hz，　　振动（不工作）0.2s振幅：≤17Hz；

3G峰值冲击：≤500Hz；　　3G峰值冲击：≤500Hz。

② 电源性能

现场控制站：可以双路供电（进口开关电源），160～260V AC，最大600W；

操作站：200～250V AC，50Hz，最大500W。

③ 接地电阻＜4Ω。

④ 运行速度

采样和控制周期：50ms～300s；冗余信号切换时间：＜10ms。

（4）可靠性　系统可靠性指标为：平均无故障时间（MTBF）≥10万h；可利用率≥99.9%。

为满足上述指标，FB-2000NS DCS系统的设计制造和应用中采用了许多保证系统可靠性性能指标的设计方法、制造工艺、安装调试工艺。

设计上采用可靠性预测及各子项的可靠性合理分配。在具体的设计过程中使用耐环境设计、热设计、电磁兼设计、降额设计等方法，来充分保证系统的可靠性指标。

① 系统的主控制器板采用双CPU协同工作，一个32位CPU分管数据处理运算，一个CPU分管通信，分散CPU的负荷量，延长CPU的寿命，提高系统效率。

② FB-2000NS采用具有容错功能的现场总线（I/O NET）连接各I/O模板，并且各I/O模板具有高度智能化功能，各自完成数据采集、处理以及故障自诊断与自恢复，从而将系统的故障点限制在一块I/O模板范围。

③ 每块模板都设计有带电插拔保证电路，确保模板的带电插拔功能的可靠实现。

④ 互连器件全采用进口接插件，模板的元件采用低功耗的CMOS器件，模板上元件采用降额使用原则，从而保证其可靠性。

⑤ 所有I/O现场信号都可以采用隔离技术，将干扰拒之于系统之外，从而提高信号处理的可靠性。

在生产制造上有严格的质量保证体系具体体现在以下几个方面：

① 所有关键元器件和材料，均从国外大公司直接订购，以保证器件和材料的高性能、高可靠性；

② 元器件经过严格的测试、筛选和老化试验；

③ 全部成品均经过72h带电运行试验

a. 高低温试验：－20～60℃；　　b. 湿热试验：5%～95%相对湿度；

c. 振动试验：0.1s　50Hz；　　d. 射频干扰试验：27～500MHz　10V/m。

系统的应用中采用

① 冗余配置。FB-2000NS 系统从操作站、现场控制站、I/O 模板、电源，都可以配置成冗余，从而使系统的可靠性指标得到充分保证；

② 系统故障时的快速恢复，由于 I/O 模板、主控制器都具有很强的故障自诊断能力，使得定位故障非常容易，加之所有模板都具有带电更换功能，从而使维护系统更加方便快捷；

③ FB-2000NS 系统限制模板及部件的故障范围及影响。

6.2 FB-2000NS 系统的通信网络

FB-2000NS DCS 系统的通信网络分三层，如图 3-2-21 所示。第二层网络是过程控制网（CNET）。最低层网络是 FCS 过程控制站内部现场总线 I/O 网络（I/O NET）。

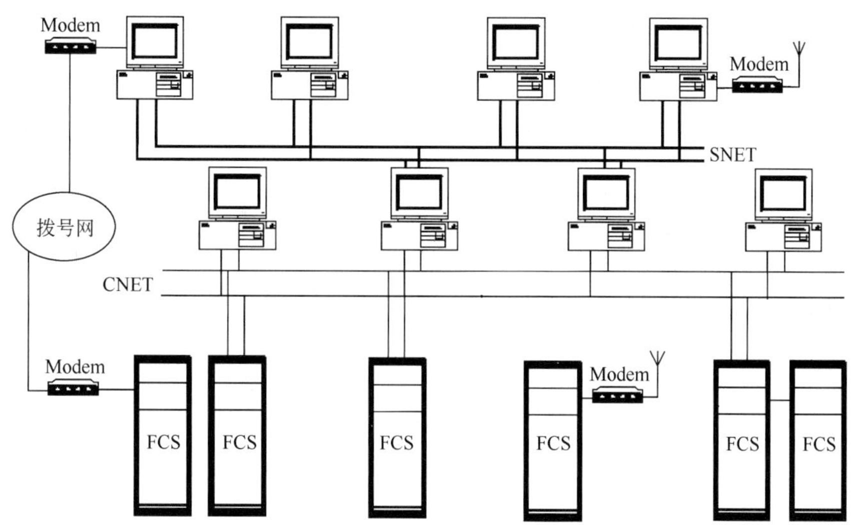

图 3-2-21　最上层网络是系统网（SNET）

6.2.1　系统网（SNET）

系统网采用工业以太网络，用于系统信息传送和管理，是实现企业综合管理的信息通道。

系统网的基本特性：

① 拓扑规范　总线型结构或星形结构；

② 通信速度　10Mbps，100Mbps；

③ 通信介质　双绞线星形连接，50Ω 细同轴缆，粗同轴电缆、光纤等；

④ 传输方式　曼彻斯特编码；

⑤ 通信控制　符合 IEEE802.3 标准协议和 TCP/IP 标准协议；

⑥ 网上站数　最大 1024 个。

采用标准的工业以太网卡的安装调试方法，具体请参见相应网卡说明书及 Windows 中的有关网络安装配置说明。

6.2.2　过程控制网（CNET）

(1) 过程控制网概述　FB-2000NS DCS 系统采用高速控制网（CNET），过程控制网络直接连接了系统内的过程控制站、服务器、系统操作站、工程师，是传送过程控制实时数据的通道，具有很高的实时性和可靠性。通过服务器站，过程控制网可以与上层的系统网（SNET）或其他厂家设备连接。

过程控制网基本性能指标如下。

① 拓扑结构　总线型结构；

② 节点容量　32 个节点（控制站、监控站）；

③ 传输方式　二进制编码；

④ 通信速度　最大 1Mbps；

⑤ 通信介质　屏蔽双绞线。

过程控制网中的 CNET 网络可以冗余配置如图 3-2-22 所示。

特殊选择的 RS232 网。

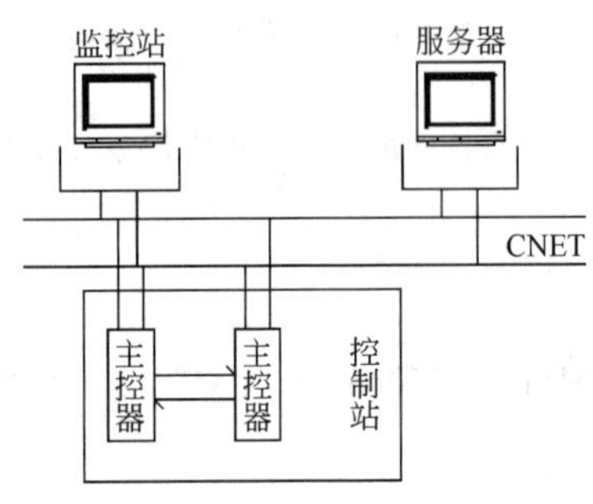

图 3-2-22　CNET 网络

① 通信介质　双绞线（点对点），市话网（点对多点），无线网（点对多点）；

② 传输方式　二进制编码；

③ 通信速度　最大 57.6kbps。

（2）过程控制网组件

① 操作站网卡 FB-2005NS/P　该网卡既是操作站的通信接口，也是 CNET 网上的一个节点（2 块 FB-2005NS/P 配置为冗余时，占 CNET 网上 2 个节点），完成操作站与 CNET 通信网的连接。

② 主控制器板 FB-2001NS　过程控制站作为过程控制网上的节点，其网络通信功能由主控制器板承担。

6.2.3　现场总线网（I/O NET）

现场总线网（I/O NET）是在控制站内部，主控制板、I/O 模板通过 I/O NET 网进行信息交换。现场总线网(I/O NET)结构示意图如图 3-2-23 所示。

现场总线 I/O 网（I/O NET）基本特性如下。

① 拓扑结构：总线；

② 通信速度：最大 500kbps；

③ 介质：印制板线或双绞线；

④ 传输形式：二进行编码。

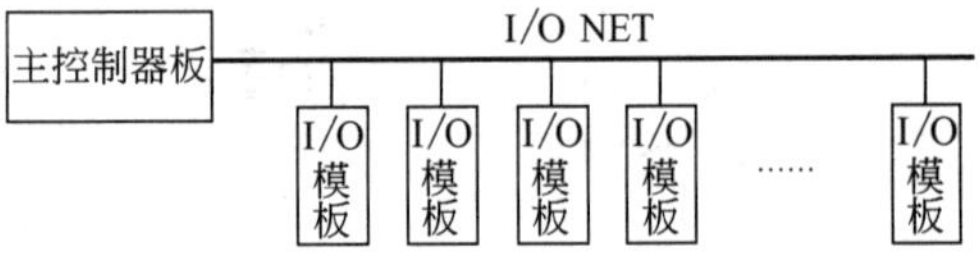

主控制器板　I/O NET　I/O 模板　I/O 模板　I/O 模板　I/O 模板　……　I/O 模板

图 3-2-23　现场总线网结构示意图

6.3　FB-2000NS 系统构成及配置

FB-2000NS 由 4 个单元组成：现场控制站（FCS）、服务器（SE）、工程师站（ES）、系统操作站（SOPS）。

6.3.1　现场控制站

（1）功能

① 与现场变送器，执行器一起构成具有调节功能的控制站。

② 对现场送来的各种信号进行调理，变为 FCS 能接受的标准信号。

③ 对 FCS 送至现场执行器的信号进行放大，使之能驱动现场设备。

④ 配有相应 I/O 模板和主控器板，完成信号输入/输出变换及处理、控制。

⑤ 具有与监控站（OPS/OPC）进行数据交换的通信接口。

⑥ 对于 I/O 模板可以远程安装，以便节约现场布线数量。

（2）结构

① 机柜　FCS 选用符合 IEC297.3 标准的机柜，有良好的强度及防尘性能。

② 机箱　FCS 现场控制站内的机箱选用 FB-U01 机箱，1 个 FCS 站可安装 1～4 个 FB-U01 机箱，分为主机箱和扩展箱两种。

FCS 结构示意图如图 3-2-24 所示。

6.3.2　系统操作站（SOPS）

FB-2000NS 系统操作站（SOPS）运行在 32 位 Windows NT/ Windows2000 网络平台上，可挂接局域网或广域网，和 FB-2000NS 服务器连接，实现系统的监控功能。

基本配置如下。

CPU：PⅡ400 以上；

RAM：64MB 以上；

硬盘：6.4GB 以上；

CRT：XVGA 19″（分辨率≥1024×768）以上；

光驱：4 倍速以上；

软件：Control X-HMI，Control X-HIS，Control X-SRP；Control X-AEM，Control X-SSM；

操作系统：Windows NT4.0 Workstation（中文版）以上；

网络：Ethernet 网卡，MODEM 等；

其他：鼠标、键盘、触摸屏等其他多媒体配件。

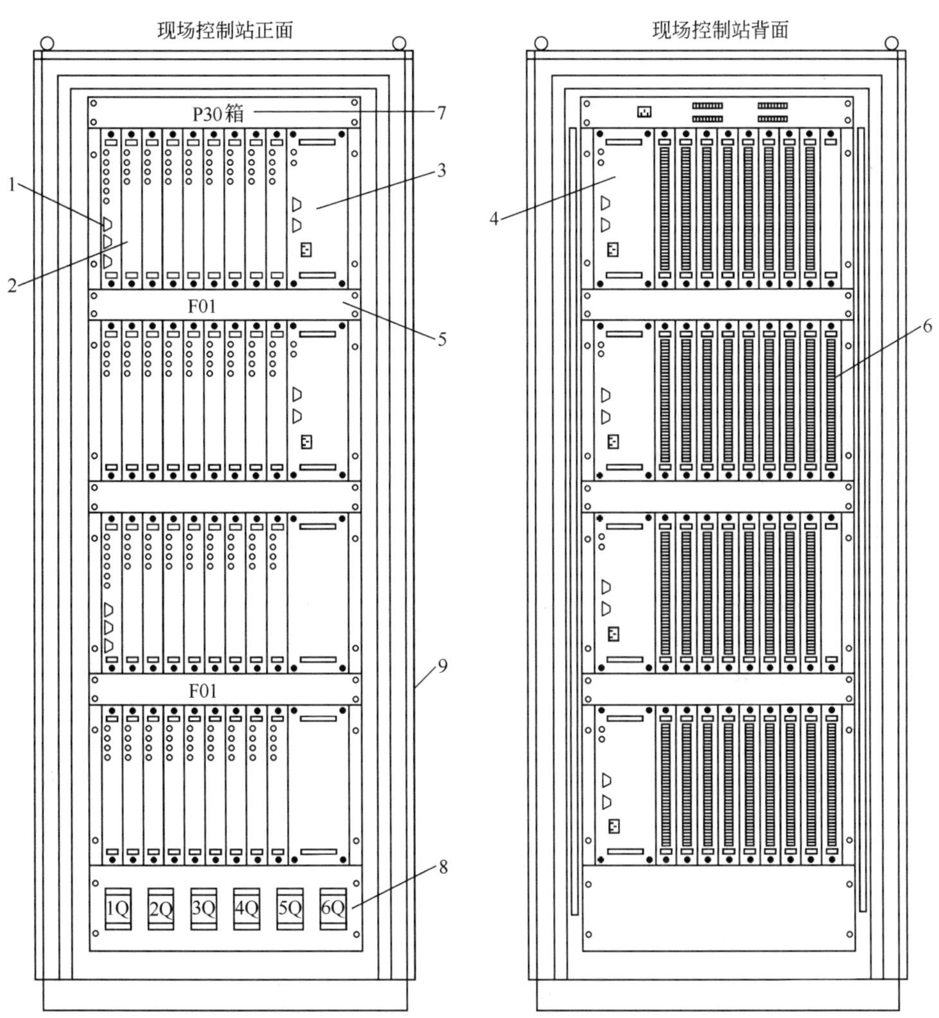

图 3-2-24　FCS 现场控制站结构图

1—主控制板；2—I/O 模板；3—机箱 P20NS 电源插件；4—机箱 P40NS 电源插件；5—风机单元 F01；6—I/O 端子板；7—P30NS 端子板电源箱；8—系统电源开关；9—机柜

6.3.3　工程师站（ES）

FB-2000NS 工程师站（ES）运行在 32 位 Windows NT/ Windows2000 网络平台上，可挂接局域网或广域网，和 FB-2000NS 服务器连接，实现系统的组态及监控功能。

基本配置如下。

CPU：PⅡ 400 以上；

RAM：64MB 以上；

硬盘：6.4GB 以上；

CRT：XVGA 15″（分辨率≥800×600）以上；

光驱：4 倍速以上；

软件：Control X-SSM，Control X-HMI，Control X-REP；Control X-HIS，Control X-CSCD；

操作系统：Windows NT4.0 Workstation（中文版）以上；

网络：Ethernet 网卡，MODEM 等；

其他：鼠标、键盘、触摸屏等其他多媒体配件。

6.3.4　服务器（SE）

FB-2000NS 服务器（SE）运行在 32 位 Windows NT/ Windows 2000 网络平台上，可挂接局域网或广域

网，并和 FB-2000NS 过程控制网、工厂数据库等连接，为系统操作站、工程师站及 FB-2000NS 现场控制站提供数据存取、历史数据采集、报警事件处理及和工厂数据库存取服务。

基本配置如下。

CPU：PⅡ400 以上；

RAM：64MB 以上；

硬盘：6.4GB 以上；

CRT：XVGA 15″（分辨率≥800×600）以上；

光驱：4 倍速以上；

软件：Control X-DA&Aeser，Control X-SSM，Control X-HISser；

操作系统：Windows NT4.0 Workstation（中文版）以上；

网络：Ethernet 网卡，MODEME 及 FB-2005NS/P 等；

其他：鼠标、键盘、触摸屏等其他多媒体配件。

6.4 工业控制软件 ControlX

6.4.1 概述

ControlX 采用先进的设计思想和技术，其中包括面向对象的设计技术、COM/DCOM、ActiveX、ODBC、客户/服务器模型和 OPC 等。

ControlX 的人机界面软件、报警事件管理软件及历史数据分析软件等，均是基于 OPC 的客户程序，可作为任何支持 OPC2.0 以上标准的 OPC 服务器的客户程序。同时，ControlX OPC 服务器支持 OPC2.0 标准，因此其他基于 OPC2.0 的客户软件也可直接访问 FB-2000NS。基于 OPC 的开放控制技术，FB-2000NS 提供了灵活的互可操作性。

由于采用了 DCOM 和 ActiveX 控件等技术，可通过 Internet 访问 FB-2000NS。ODBC 提供了 FB-2000NS 和 SQL 数据库之间的互访。通过 OPC 服务器提供的客户接口和自动化接口 FB-2000，支持用户用 C（＋＋）、VC 或 VB 等高级语言定制的应用程序。

6.4.2 软件组成

ControlX 软件包含：

FB2000NS 数据存取报警事件服务器软件（ControlX-DA&AEser）；

FB2000NS 历史数据服务器软件（ControlX-HISer）；

ControlX 画面组态及浏览软件（ControlX-HMI）；

ControlX 报表软件（ControlX-REP）；

ControlX 报警事件管理软件（ControlX-AEM）；

ControlX 安全管理系统软件（ControlX-SSM）；

ControlX 控制策略软件（ControlX-CSCD）；

基于 OPC 的 ActiveX 控件。

ControlX 还将继续推出独立的应用软件、新的 ActiveX 控件和版本升级服务。

6.4.3 系统结构

ControlX 采用客户/服务器结构，由 OPC 服务器提供和 FB-2000NS 过程控制网络（Cnet）的连接、报警处理、历史数据采集等，客户程序如 HMI 等通过 COM/DCOM 接口请示服务器提供所需的服务，如参数调显、修改等。

ControlX 提供各种服务器和客户软件，可根据系统应用的具体情况来配置。

（1）在同一台计算机上运行服务器和客户程序　见图 3-2-25。

（2）在多台计算机上运行客户程序　见图 3-2-26。

（3）服务器冗余　见图 3-2-27。

（4）在多台机器上运行服务器　见图 3-2-28。

（5）可和其他类型的服务器连接　见图 3-2-29。

（6）网络透明性　ControlX 系统由于采用了 DCOM 技术，因而实现了网络的透明性。DCOM 已经实现网络底层协议的所有细节，在 DCOM 支持的协议范围内，服务器和客户程序可以分布在局域网内，或在广域网上，通过不同的介质和协议进行连接。见图 3-2-30。

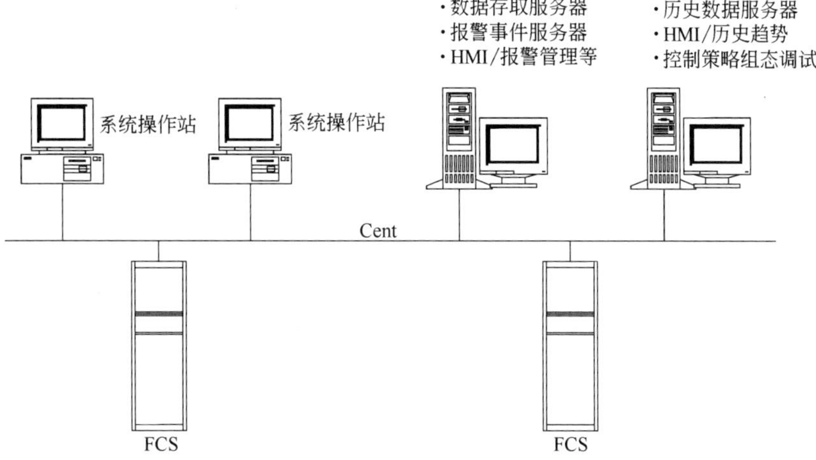

图 3-2-25 在同一台计算机上运行服务器和客户程序

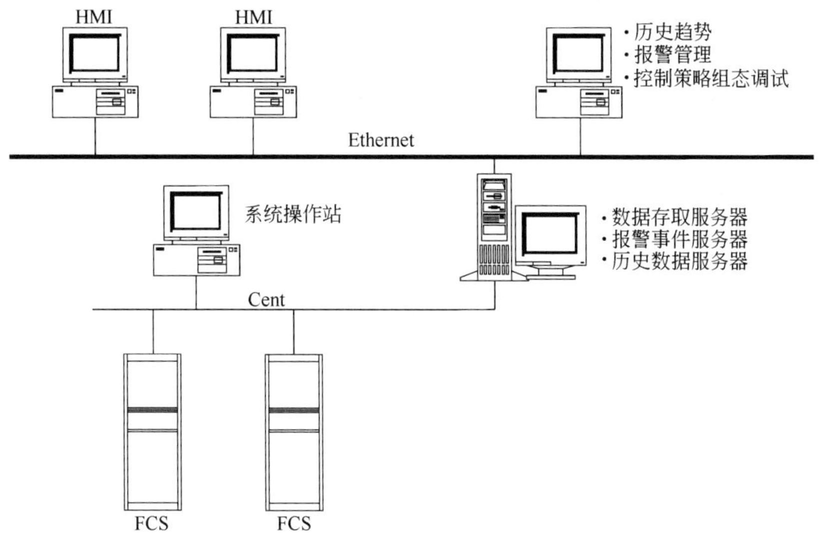

图 3-2-26 在多台计算机上运行客户程序

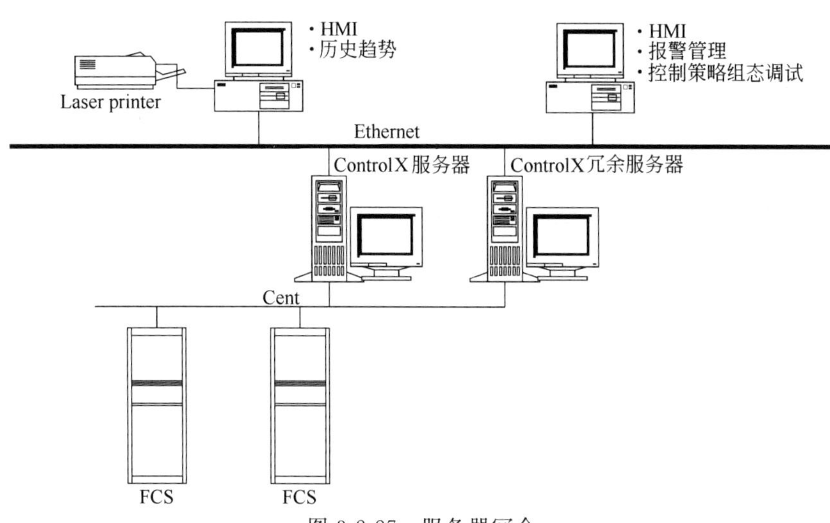

图 3-2-27 服务器冗余

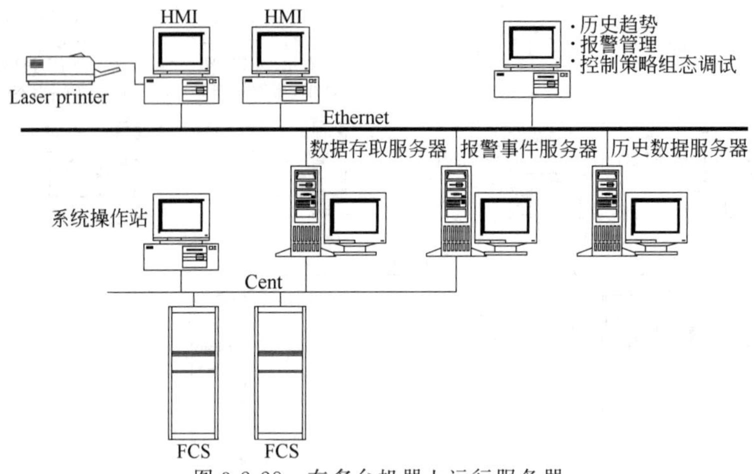

图 3-2-28　在多台机器上运行服务器

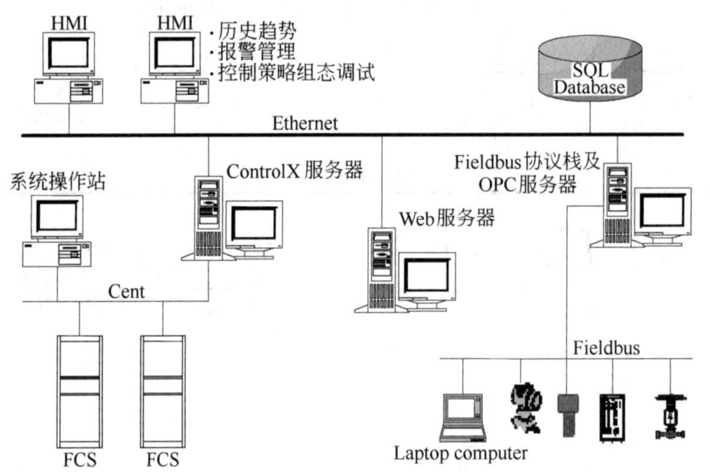

图 3-2-29　可和其他类型的服务器连接

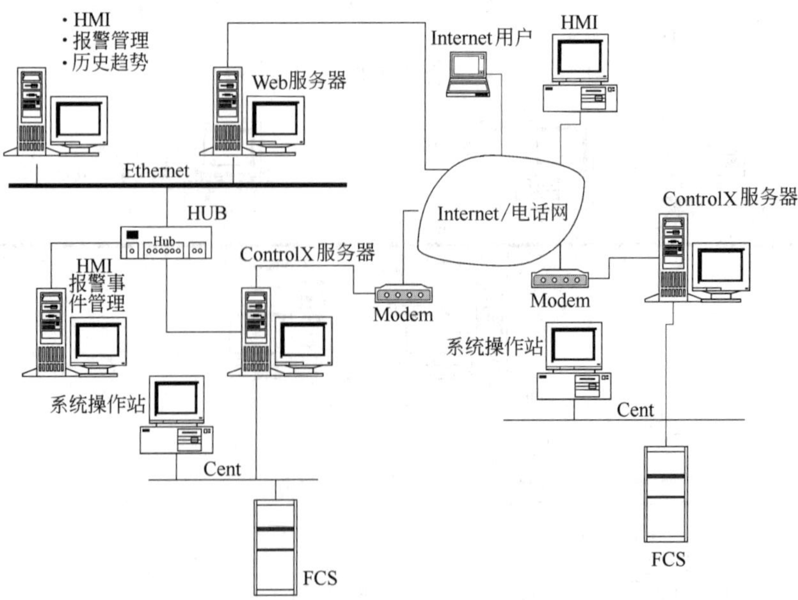

图 3-2-30　采用 DCOM 技术的 ControlX 系统

6.5 FB-2000NS 系统硬件及组件说明

(1) FB-2001NS 主控制器板　FB-2001NSA 主控制器板是按照工业控制要求设计的，采用双 CPU 协同工作。主 CPU 采用 32 位微处理器，用于控制运算及数据处理；通讯 CPU 采用高性能单片机系统来管理和协调通信，包括程序存储器 ROM、静态存储器 SRAM、运行监视器（WatchDog），配有实时过程软件，保证了主控制器的实时性。FB-2001NS 有 3 个外接通信接口，2 个用于控制网的通信（CNET 网），1 个 RS232 作为低速控制网。

网络节点地址：1～32；

供电电源：+5V DC；

工作环境：温度−10～60℃，相对湿度≤95%（无冷凝）；

安装形式：插入 VME 标准机箱。

FB-2001NSR 是 FB-2001NSA 的冗余版，可双机并联运行，构成 1∶1 的热备冗余系统。

(2) FB-2005NS/P 网络控制卡　FB-2005NS/P 网络控制卡是用于监控级 Cnet 控制网络上的网络控制器，使用户将工业 PC 机作为监控操作站。FB-2005NS/P 插入工业 PC 机的扩展槽 ISA 总线上。网络控制卡是智能的，通讯数据的收发、组织等工作均在板上的高性能 CPU 机上完成，网卡与 PC 机的数据交换采用双口 RAM 方式，并且占用 PC 机的一段内存和一个中断，网卡上的通信接口和 PC 机之间采用光耦合器隔离，通信的速度和网络节点地址，均由用户自行配置。

网络节点地址选择：1～32；

工作环境：温度−10～60℃，相对湿度≤95%（无冷凝）。

(3) FB-2010NS 16 路模拟量输入模板　FB-2010NS 模拟量输入模板采用一个高性能单片机系统来完成模拟信号的采集、滤波、非线性校正、标度变换等工作。CPU 通过通信接口接受来自主控制器的命令，并根据命令的要求向主控制器传送经过处理的采样数据。固化的控制软件提供了多种数据采集、滤波、非线性校正等工作方式，可由主控制器通过通讯命令选择。设有完善的自诊断、自恢复系统，CPU 运行监视器在模板工作不正常时会自动复位，并向主控制器报告恢复状况；发生不可恢复故障时，面板上的红色故障指示灯被点亮。模板采用低功耗 CMOS 电路，一方面减少功耗，另一方面大大改善了电路的噪声容量，提高可靠性。模拟电路的供电采用 DC/DC 电源模块，特殊设计的保护电路确保模板可以带电插拔，实现在线维护。

模入通道：16 路；

转换时间：≤35μs；

分辨率：12 位；

模板地址选择：0～127；

精　度：±0.1%；

工作环境：温度−10～60℃，相对湿度≤95%（无冷凝）；

电　源：+5V DC 电源供电；

安装形式：插入标准 VME 机箱。

输入范围：0～5V，0～10V；

可选择配用的端子板有：

FB-SC10NS 16 路模拟量大信号输入端子板；

FB-SC12NS 12 路模拟量小信号输入端子板。

(4) FB-2011NS 8 路模拟量输入模板　FB-2010NS 模拟量输入模板采用一个高性能单片机系统来完成模拟信号的采集、滤波、非线性校正、标度变换等工作；CPU 通过通信接口接受来自主控制器的命令，并根据命令的要求，向主控制器传送经过处理的采样数据；固化的控制软件提供了多种数据采集、滤波、非线性校正等工作方式，可由主控制器通过通讯命令选择；设有完善的自诊断、自恢复系统，CPU 运行监视器在模板工作不正常时会自动复位，并向主控制器报告恢复状况，发生不可恢复故障时，面板上的红色故障指示灯被点亮；模板采用低功耗 CMOS 电路，一方面减少功耗，另一方面大大改善了电路的噪声容量，提高可靠性；模拟电路的供电采用 DC/DC 电源模块，特殊设计的保护电路确保模板可以带电插拔，实现在线维护。

模入通道：8 路；

转换时间：≤35μs；

分辨率：12 位；

模板地址选择：0～127；

精　度：±0.1%；

工作环境：温度−10～60℃，相对湿度≤95%（无冷凝）；

电　源：+5V DC 电源供电；

安装形式：插入标准 VME 机箱。

输入范围：0～5V，0～10V；

可选择配用的端子板有：

FB-SC14NS　8 路隔离型热电偶输入端子板；

FB-SC15NS　8 路隔离型热电阻输入端子板。

(5) FB-2020NS 4 路模拟量输出模板　FB-2020NS 模拟量输出模板采用一个高性能单片机系统来完成数据的输出处理；CPU 通过通信接口接受来自主控制器的命令和数据；固化有控制软件，设有完善的自诊断、自恢复系统及故障报警等功能；模板采用低功耗 CMOS 电路，提高了模板的可靠性，模拟电路的供电采用 DC/DC 模块；特殊设计的硬件和软件确保模板可以带电插拔，实现在线维护。

模板地址选择：0～127；

精 度：电压±0.1%，电流±0.3%；

负载电阻：0～5V/2.5kΩ (min)、4～20mA/375Ω (max)、0～10mA/750Ω (max)；

电 源：+5V DC 电源供电 ；

输出通道：4 路；

输出信号范围：电压 0～5V，电流 4～20mA/0～10mA；

工作环境：温度－10～60℃，相对湿度≤95%（无冷凝）；

安装形式：插入标准 VME 机箱。

可配用的 I/O 端子板有 FB-SC20NS 4 路模拟量输出端子板。

(6) FB-2030NS 16 路开关量输入模板　FB-2030NS 开关量输入模板采用一个高性能单片机系统来完成开关量状态的采集工作，CPU 通过通信接口接受来自主控制器的命令，并将采集到的数据传送至主控制器；固化有控制软件，设有完善的自诊断、自恢复系统及故障报警等功能；采用低功耗 CMOS 器件，提高了模板的可靠性；特殊的硬件和软件设计确保模板可以带电插拔，实现在线维护。

模板地址选择：0～127；

输入通道：16 路；

工作环境：温度－10～60℃，相对湿度≤95%（无冷凝）；

输入信号：TTL 电平；

电 源：+5V DC 电源供电；

安装形式：插入标准 VME 机箱。

可选择配用的 I/O 端子板有：

FB-SC30NS　16 路开关量光隔离（24V DC）输入端子板；

FB-SC32NS　16 路开关量交流信号（220V AC）输入端子板。

(7) FB-2040NS 16 路开关量输出模板　FB-2040NS 开关量输出模板采用一个高性能单片机系统来完成开关量状态的输出；板上 CPU 通过通信接口接受来自主控制器的命令及输出数据，并将开关量状态输出；板上固化有控制软件，设有完善的自诊断、自恢复系统及故障报警等功能；采用低功耗 CMOS 器件，提高了模板的可靠性；特殊的硬件和软件设计确保模板可以带电插拔，实现在线维护。

模板地址选择：0～127；

输出通道：16 路；

工作环境：温度－10～60℃，相对湿度≤95%（无冷凝）；

输出信号：OC 门输出；

电 源：+5V DC 电源供电；

安装形式：插入标准 VME 机箱。

可选择配用的 I/O 端子板有：

FB-SC40NS 16 路开关量光隔离输出端子板；

FB-SC42NS 16 路开关量交流信号输出端子板；

FB-SC43NS 16 路开关量触点输出端子板。

(8) FB-2050NS 6 路脉冲量输入模板

(9) FB-2060NS 16 路脉冲量输出模板

(10) FB-2071NS 简单 PLC 板

(11) FB-SC10NS 16 路模拟量大信号输入端子板

(12) FB-SC12NS 12 路模拟量小信号输入端子板

(13) FB-SC14NS 8 路隔离型热电偶输入端子板

(14) FB-SC20NS 4 路模拟量输出端子板

(15) FB-SC30NS 16 路开关量光隔离输入端子板

(16) FB-SC32NS 16 路开关量交流信号输入端子板

(17) FB-SC40NS 16 路开关量光隔离输出端子板

(18) FB-SC42NS 16 路开关量交流信号输出端子板

(19) FB-SC43NS 16 路开关量触点输出端子板

(20) FB-SC50NS 6 路脉冲量光隔离输入端子板

(21) FB-SC70NS 开关量光隔离输入/输出端子板

(22) FB-SCRNS 冗余板

(23) FB-P20NS 机箱电源卡

(24) FB-P40NS 机箱电源卡

(25) FB-U01 机箱

7 DCS 系统的接地

7.1 接地

将电路、单元与充作信号电位公共参考点的一等位点或等位面实现低阻抗连接，称之为接地。在 DCS 系统中，接地是抑制噪声和防止干扰的主要方法，在设计和实施中如能把接地和屏蔽正确结合起来使用，即能解决大部分噪声问题。

接地有 4 个基本目的：

① 消除各电路电流流经一个公共地线阻抗时所产生的噪声电压；

② 避免受磁场和地电位差的影响，即不使其形成地环路，如果接地方式处理得不好，就会形成噪声耦合；

③ 使屏蔽和滤波有环路；

④ 安全，即安全接地。

接地的含义可理解为一个等电位点或等电位面，是电路或系统的基准电位，但不一定为大地电位。保护地线必须在大地电位上，信号地线依据设计要求，可以是大地电位，也可以不是大地电位。

7.2 接地处理方法

为了正确接地，必须正确处理各种不同信号的接地。在 DCS 系统中，大致可分为下面几种地线。

(1) 数字地 这种地也叫逻辑地，是各种开关量（数字量）信号的零电位。

(2) 模拟地 这种地是各种模拟量信号的零电位。

(3) 信号地 这种地通常为传感器的地。

(4) 交流地 交流供电电源的地线，这种地线通常是产生噪声的地。

(5) 直流地 直流供电电源的地。

(6) 屏蔽地（也叫机壳地） 为防止静电感应和磁场感应而设。

以上几种地线如何处理有下面 5 种原则。

7.2.1 一点接地和多点接地

一般情况下，高频电路应就近多点接地，低频电路应一点接地。在低频电路中，布线和元件间的电感不是大问题，而接地形成的环路的干扰影响很大，因此常以一点作为接地点。但一点接地不适用于高频，地线上具有电感而增加了地线阻抗，同时各地线之间又产生电感耦合。一般来说，频率在 1MHz 以下可用一点接地，高于 10MHz 时，采用多点接地，在 1MHz 到 10MHz 之间可用一点接地，也可采用多点接地。通常 DCS 系统采用一点接地。

7.2.2 交流地与信号地不能共用

由于在一段电源地线的两点间会有数毫伏甚至几伏电压，对低电平信号电路来说，这是一个非常严重的干扰，因此必须加以隔截和防止。

7.2.3 浮地与接地的比较

全机浮空即系统各个部分与大地浮置起来。这种方法简单，但整个系统与大地的绝缘电阻不能小于 50MΩ。这种方法具有一定的抗干扰能力，但一旦绝缘下降就会带来干扰。

还有一种方法，就是将机壳接地，其他部分浮空。这种方法抗干扰能力强，安全可靠，但实现起来比较复杂。通常 DCS 系统以接大地为好。

7.2.4 模拟地

模拟地的接法十分重要。为了提高抗共模干扰能力，对于模拟信号可采用屏蔽浮地技术。

7.2.5 屏蔽地

在 DCS 系统中为了减少信号中电容耦合噪声，准确检测和控制，对信号采用屏蔽措施是十分必要的。根据屏蔽目的的不同，屏蔽地的接法也不一样。电场屏蔽解决分布电容问题，一般接大地。电磁场屏蔽主要避免雷达、电台，这种高频电磁场辐射干扰，利用低阻金属材料高导流而制成，可接大地。磁气屏蔽防止磁铁、电机、变压器、线圈等磁感应、磁耦合，其屏蔽方法是用高导磁材料使磁路闭合，一般接大地为好。

当信号电路是一点接地时，低频电缆的屏蔽层也应一点接地。如果电缆的屏蔽层接地点有一个以上时，将产生噪声电流，形成噪声干扰源。当一个电路有一个不接地的信号源与系统中接地的放大器相连时，输入线的屏蔽应接至放大器的公共端。相反，当接地的信号源与系统中不接地的放大器相连时，输入线的屏蔽层也应接到信号源的公共端。这种单端接地方式如图 3-2-31 所示。

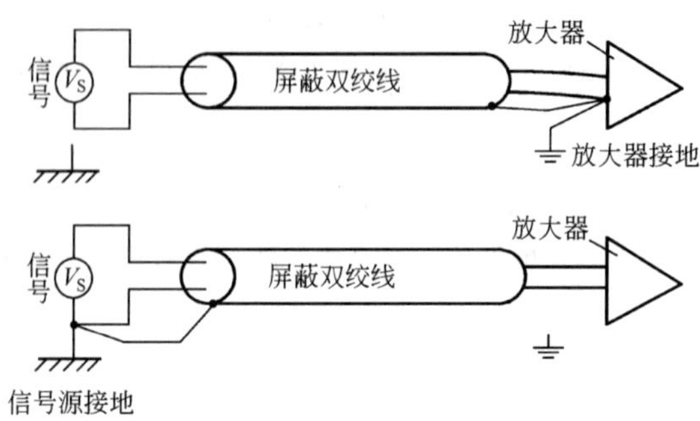

图 3-2-31　屏蔽接地图

7.3　DCS 系统接地举例

不同的 DCS 厂家对其产品的接地要求各有不同，一般要按厂家的安装要求接地。图 3-2-32 所示为 CENTUM 系统的接地图，图 3-2-33 所示为 PROVOX 系统的接地图。

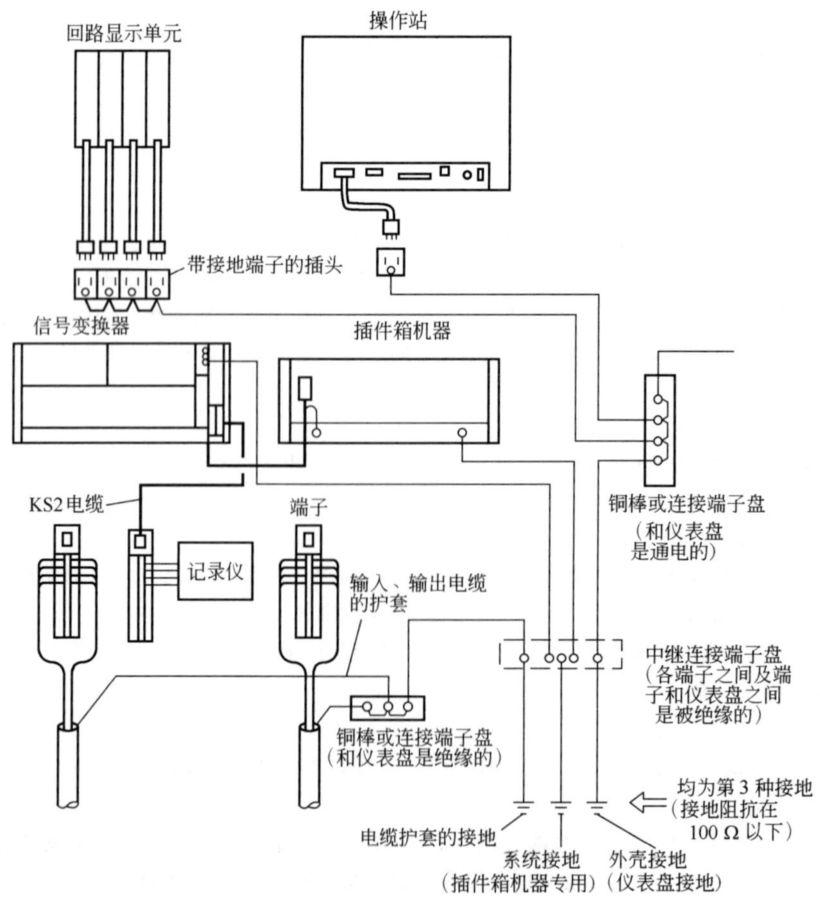

图 3-2-32　CENTOM 系统接地图

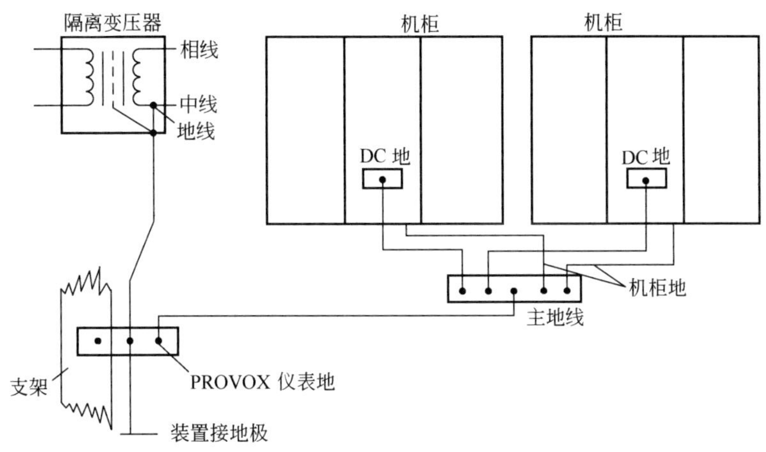

图 3-2-33 PROVOX 系统接地图

8 DCS 系统的故障诊断

DCS 系统在工业生产过程的广泛应用，使可靠性、稳定性问题更加突出，也使人们对整个系统要求越来越高。人们希望 DCS 系统尽量少出故障，又希望 DCS 系统一旦出现故障，能尽快诊断出故障部位，并尽快修复，使系统重新工作。下面简单介绍故障大体分类及故障诊断的一般方法。

8.1 DCS 系统故障的分类

为了便于分析、诊断 DCS 系统故障发生的部位和产生原因，可以把故障大致分为如下几类。

8.1.1 现场仪表设备故障

现场仪表设备包括与生产过程直接联系的各种变送器、各种开关、执行机构、负载等。现场仪表设备发生故障，直接影响 DCS 系统的控制功能。在目前的 DCS 控制系统中，这类故障占绝大部分。这类故障一般是由于仪表设备本身的质量和寿命所致。

8.1.2 系统故障

这是影响系统运行的全局性故障。系统故障可分为固定性故障和偶然性故障。如果系统发生故障后可重新启动，使系统恢复正常，则可认为是偶然性故障。相反，若重新启动不能恢复，而需要更换硬件或软件，系统才能恢复，则可认为是固定性故障。这种故障一般是由系统设计不当或系统运行年限较长所致。

8.1.3 硬件故障

这类故障主要指 DCS 系统中的模板（特别是 I/O 模板）损坏造成的故障。这类故障一般比较明显且影响也是局部的，它们主要是由使用不当或使用时间较长，模板内元件老化所致。

8.1.4 软件故障

这类故障是软件本身所包含的错误所引起的。软件故障又可分为系统软件故障和应用软件故障。系统软件是 DCS 系统带来的，若设计考虑不周，在执行中一旦条件满足就会引发故障，造成停机或死机等现象。此类故障并不常见。应用软件是用户自己编定的。在实际工程应用中，由于应用软件工作复杂，工作量大，因此软件错误几乎难以避免，这就要求在 DCS 系统调试及试运行中十分认真，及时发现并解决。

8.1.5 操作、使用不当造成故障

在实际运行操作中，有时会出现 DCS 系统某功能不能使用或某控制部分不能正常工作，但实际上 DCS 系统并没有毛病，而是操作人员操作不熟练或操作人员操作错误所引起的。这对于初次使用 DCS 系统的操作工较为常见。

8.2 故障的分析诊断

DCS 系统一旦出现故障，正确分析和诊断故障发生的部位是当务之急。故障的诊断就是根据经验，参照发生故障的环境和现象，来确定故障的部位和原因。这种诊断方法因 DCS 系统产品不同而有一定差别。

DCS系统故障诊断可按下列步骤进行。

① 是否为使用不当引起的故障。这类故障常见的有供电电源错误、端子接线错误、模板安装错误、现场操作错误等。

② 是否为DCS系统操作错误引起的故障。这类故障常见的有某整定参数整定错误、某设定状态错误造成的。

③ 确认是现场仪表设备故障还是DCS系统故障。若是现场一次仪表故障，修复相应现场仪表。

④ 若是DCS系统本身的故障，应确认是硬件毛病或是软件故障。

⑤ 若是硬件故障，找出相应硬件部位，更换模板。

⑥ 若是软件故障，还应确认是系统软件或是应用软件故障。

⑦ 若是系统软件有故障，可重新启动看能否恢复，或重新装载系统软件重新启动。

⑧ 若是应用软件故障，可检查用户编写的程序和组态的所有数据，找出故障原因。

⑨ 利用DCS系统的自诊断测试功能，DCS系统的各部分都设计有相应的自诊断功能，在系统发生故障时一定要充分利用这一功能，来分析和判断故障的部位和原因。

第3章　现场总线

1　概述

1.1　现场总线简介

1.1.1　现场总线由来

20世纪80年代中期，随着微处理器与计算机功能的不断增强和价格的急剧降低，计算机与计算机网络系统得到迅速发展，企业间的竞争日趋激烈。为了追求更高的T、Q、C、S（调整产品上市时间、质量、成本、售后服务），不断地促进技术进步与管理改革，逐渐形成了计算机集成制造系统。它采用系统集成、信息集成的观点来组织工业生产，把市场、生产计划、制造过程、企业管理、售后服务看作要统一考虑的生产过程，并采用计算机、自动化、通信等技术，实现整个过程的综合自动化，以改善生产加工、管理决策等。这样就把整个生产过程看作是信息的采集、传送及加工处理的过程。信息技术成为工业生产制造过程中的重要因素。但是生产过程自动控制系统采用一对一连线，检测仪表通过电压、电流模拟信号传送，即使采用DCS集散控制系统，也难以实现设备之间以及系统与外界之间的信息交换，使自动化系统成为"信息孤岛"。要实现企业的信息集成，要实施企业综合自动化，就必须有一种能在企业现场环境下运行的、性能可靠、价格低廉的通信系统，形成工厂底层网络、实现仪表自动化设备之间的多点数字通信，实现底层现场设备之间，以及生产现场与外界之间的信息交换。现场总线就是在这种实际需求的驱动下应运而生的。

1984年，美国仪表协会（ISA）下属的标准与实施工作组中的ISA/SP50开始制定现场总线标准；1985年国际电工委员会决定由Pro Way Working Group负责现场总线体系结构与标准的研究制定工作；1986年德国开始制定过程现场总线（Process Fieldbus）标准，简称为PROFIBUS。由此拉开了现场总线标准制定及其产品开发的序幕。

1992年，由Siemens，Rocemount，ABB，Foxboro，Yokogawa等80家公司联合，成立了ISP（Interoperable System Protocol）组织，着手在PROFIBUS的基础上制定现场总线标准。1993年，以Honey Well，Bailey等公司为首，成立了World FIP（Faetory Instrumentation Protocol）组织，有120多个公司加盟该组织，并以法国标准FIP为基础制定现场总线标准。此时各大公司均已清醒地认识到，现场总线应该有一个统一的国际标准，现场总线技术应用势在必行。但总线标准的制定工作并非一帆风顺，由于行业与地域发展历史等原因，加之各公司和企业集团受自身商业利益的驱使，致使总线的标准化工作进展缓慢。

1994年ISP和World FIP北美部分合并，成立了现场总线基金会FF（Fieldbus Foundation），推动了现场总线标准的制定和产品开发。1996年第一季度颁布了低速总线H_1的标准，安装了示范系统，将不同厂商的符合FF规范的仪表互连为控制系统和通信网络，使H_1低速总线开始步入实用阶段。

2000年，最终通过了包括FF、PROFIBUS、WORLD FIP等8种类型的现场总线国际标准IEC 61158。

1.1.2　现场总线的含义

现场总线是应用在生产现场，在微机化测量控制设备之间实现双向串行多节点数字通信系统，也被称为开放式、数字化、多点通信的底层控制网络。它在制造业、石化系统、交通、楼宇等方面的自动化系统中，得到广泛的应用。

现场总线是将专用微处理器置入传统的测量控制仪表，使它们各自都有了数字计算和数字通信能力，或者称为有数字通信能力的智能仪表。在此基础上，采用可进行简单连接的双绞线等作为总线，把多个具有数字通信能力的智能测量控制仪表连接成网络系统，按公开、规范的通信协议，在位于现场的多个微机化测量控制仪表（设备）之间，以及现场仪表与远程监测与控制计算机之间实现数据传输与信息交换，形成各种适应实际需要的自动控制系统。也可以说，是将单个分散的测量控制设备变成网络节点，以现场总线为纽带，把它们连接成可以相互沟通信息，共同完成自控任务的网络系统与控制系统。

现场总线使自控系统与设备具有了通信能力，把它们连接成网络系统，加入到信息网络的行列，沟通了生产过程现场控制设备之间及其与更高控制管理层网络之间的联系，为彻底打破自动化系统的信息孤岛创造了条件。

现场总线控制系统既是一个开放通信网络，又是一种全分布控制系统。它作为智能设备的联系纽带，把挂接在总线上、作为网络节点的智能设备连接为网络系统，并进一步构成自动化系统，实现基本控制、补偿计算、参数修改、报警、显示、监控、优化及管控一体化的综合自动化功能。这是一项为智能传感器、控制、计算机、数字通信、网络为主要内容的综合技术。

现场总线适应了工业控制系统向分散化、网络化、智能化发展的方向。现场总线的出现，导致目前生产的自动化仪表集散控制系统（DCS）、可编程控制器（PLC）在产品的体系结构、功能结构方面发生较大变革，自动化仪表制造厂家面临更新换代的又一次挑战，传统的模拟仪表将逐步让位于具备数字通信功能的智能仪表，出现了可集检测温度、压力、流量于一身的多变量变送器，出现了带控制模块亦具备有故障信息的执行器，由此将大大改变现有的仪表设备维护管理状况。

现场总线是低带宽的底层控制网络，可以与因特网（Internet）、企业内部网（Intranet）相连，且位于生产控制和网络结构的底层，因而也称为底层网（Infranet）。现场总线作为网络系统最显著的特征是具有开放、统一的通信协议，肩负着生产运行一线测量控制的特殊任务。

图 3-3-1 中的现场控制层网段 H_1、H_2，即为底层控制网络。它们与工厂现场设备直接连接，一方面将现场测量控制设备互连为通信网络，实现不同网段，不同现场通信设备间的信息共享，同时又将现场运行的各种信息传送到远离现场的控制室，并进一步实现与操作终端、上层管理网的连接和信息共享。在把一个现场设备的运行参数状态，以及故障信息等送往控制室的同时，又将各种控制、维护、组态命令，乃至现场设备的工作电源等送往各相关的现场设备，沟通了生产过程现场级控制设备之间，以及与更高控制管理层次之间的联系。

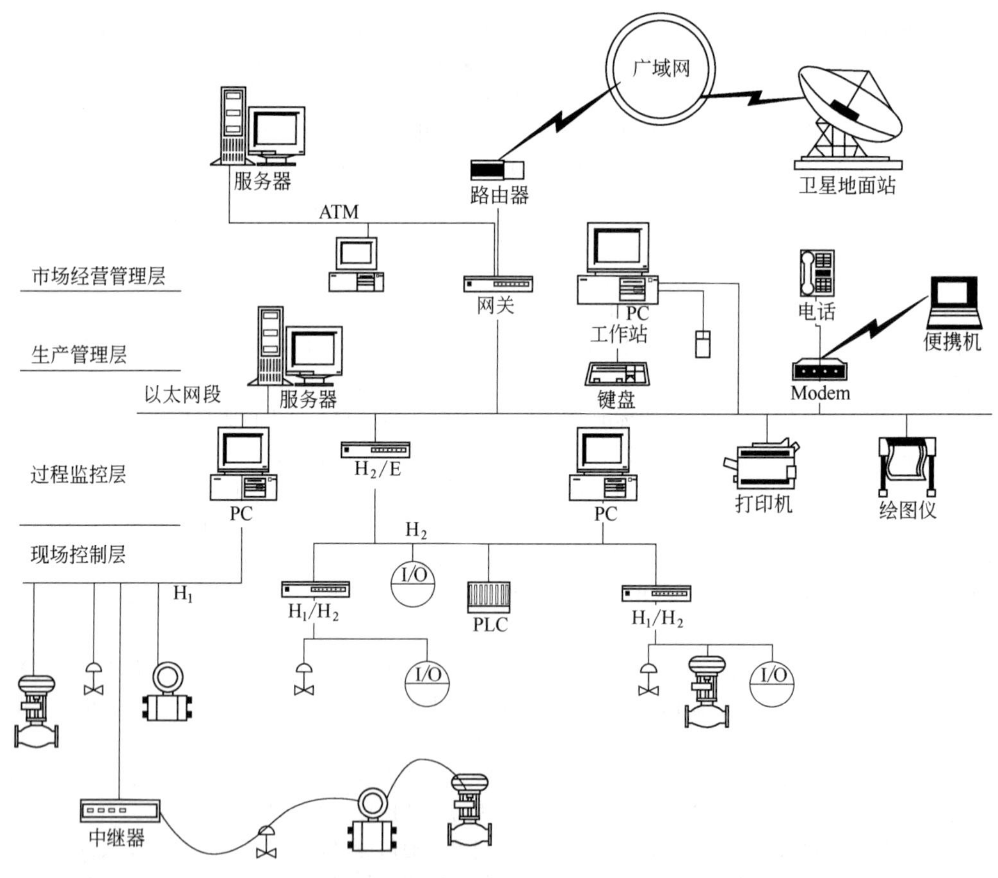

图 3-3-1 企业网络信息集成系统结构示意图

现场总线网络集成自动化系统应该是开放的，可以由不同设备制造商提供的遵从相同通信协议（IEC 61158）的各种测量控制设备共同组成。

1.1.3 现场总线系统

由现场总线组成的网络集成式全分布控制系统，称为现场总线控制系统 FCS。这是继基地式仪表控制系统、单元组合式模拟仪表控制系统、数字仪表控制系统、集散控制系统（DCS）后的新一代控制系统。

DCS 系统中，过程控制用计算机是数字系统，但测量变送仪表一般是模拟仪表，可以整个系统是一种模拟数字混合系统，可以实现装置级、车间级的集散控制和优化控制。但 DCS 系统由于生产厂商不是采用统一标准，各厂家产品自成系统，不同厂商产品不能互连在一起，难以实现互换和互操作，更难达到信息共享。

现场总线系统突破了 DCS 系统中通信由专用网络的封闭系统来实现所造成的缺陷，把基于封闭、专用的解决方案变成了基于公开化、标准化的解决方案，即可以把来自不同厂商而遵守同一协议规范的自动化设备通过现场总线网络联成系统，实现综合自动化的各种功能。同时把 DCS 集中与分散相结合的集散系统结构，变成了新型全分布式结构，把控制功能彻底下放到现场，依靠现场智能设备本身便可以实现基本控制功能。

伴随着控制系统结构与测控仪表的更新换代，系统的功能、性能也在不断完善与发展。现场总线系统得益于仪表微机化以及设备的通信功能。把微处理器置入现场自控设备，使设备具有数字计算和数字通信能力，一方面提高了信号的测量、控制和传输精度，同时丰富控制信息的内容，为实现其远程传送创造了条件。在现场总线系统中，借助设备的计算、通信能力，在现场就可以进行许多复杂计算，形成真正分散在现场的完整控制系统，提高控制系统运行的可靠性，还可以借助现场总线网段，以及与之有通信关系的网段，实现异地远程自动控制。提供传统仪表所不能提供的如阀门开关动作次数、故障诊断等信息，便于操作人员更好更深入地了解生产现场和自控设备运行状况。

1.2 现场总线的特点

1.2.1 现场总线实现了彻底的分散控制

传统的模拟控制系统采用一对一的设备连接，按控制回路、检测回路，分别进行连接。也就是说，位于现场的各类变送器、检测仪表、各类执行机构、调节阀、开关、电机等，和位于控制室内的盘装仪表或 DCS 系统中监控站内的输入输出接口之间，均为一对一的物理连接。

现场总线系统采用了智能现场设备，能够把原先 DCS 系统中处于控制室的控制模块，各类输入输出模块置入现场设备，再加上现场设备具有通信能力，现场的测量变送仪表可以与调节阀等执行机构直接传送信号，因而控制系统功能能够不依赖控制室的计算机或控制仪表而直接在现场完成，实现了彻底的分散控制。

1.2.2 现场总线简化了系统结构

由于采用数字信号替代模拟信号，因而可实现一对电线上传输多个信号，见图 3-3-2 所示。现场总线同时又为多个设备提供电源，现场设备不再需要模拟/数字，数字/模拟转换部件，简化了系统结构，节省连接电缆和安装费用。

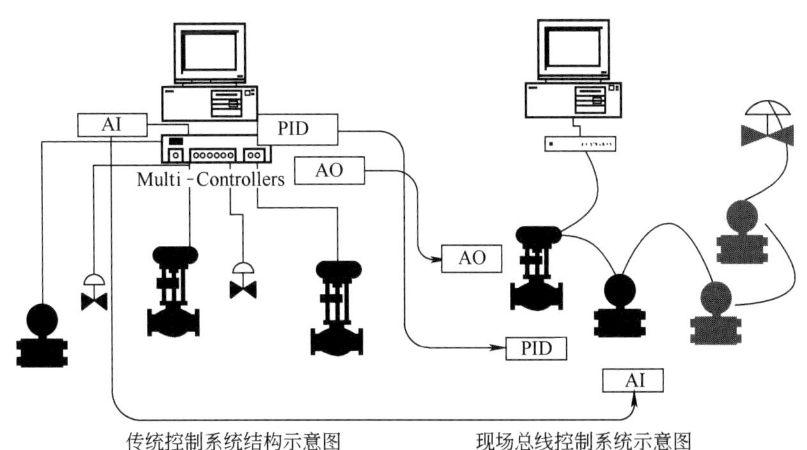

图 3-3-2 现场总线控制系统与传统控制系统结构的比较

1.2.3 现场总线实现了系统的开放性

开放是指相关标准的一致性、公开性，强调对标准的共识与遵从。一个开放系统是指它可以与世界上任何地方遵守相同标准的其他设备或系统连接。

现场总线建立统一的工厂底层网络开放系统。用户可以按自己的需要和考虑，不限定厂家、机型，把来自不同供应商的产品组成大小随意的系统，实现自动化领域的开放互连系统。

1.2.4 现场总线系统的互可操作性和互用性

互可操作性是指实现互联设备间、系统间的信息传送与沟通，而互用性则意味着不同生产厂家的性能类似的设备，可实现相互替换。

1.2.5 现场总线系统采用数字传输方式，提高传输精度

模拟通信方式是用4～20mA直流模拟信号传送信息拓扑一对一方式，即一对线只能接一台现场仪表，传送方向具有单向性，因此，接收现场设备信息的配线和发给现场设备控制信号的配线是分开的。

混合通信方式是在4～20mA模拟信号上，把现场仪表信息作为数字信号重叠的通信方式，加上模拟通信方式的功能，可以进行现场仪表量程的设定和零点调整的远程设定。

现场仪表进行的自诊断等信息采用专用终端收集。

但是混合通信方式是厂家个别开发的，厂家不同设备之间不能进行信息交换。混合通信方式实现数字数据的通信，基本上以模拟4～20mA通信为主体，因此混合通信方式的数字数据的通信速度比现场总线通信方式速度低。

现场总线通信方式与模拟通信和混合通信方式不同，是完全的数字信号通信方式。现场总线通信方式可以进行双向通信，因此与模拟通信方式和混合通信方式不同，可以传送多种数据。模拟通信方式一对配线只能接一台现场仪表，现场总线通信方式没有这种限制，一根现场总线配线可以连接多台现场仪表。

图3-3-3为一台带阀门定位器的调节阀。阀上有控制器的输出信号（调节阀位置控制信号）、阀位上限信号、阀位下限信号、阀位开度信号。模拟通信方式的这台调节阀至少要4根电缆连接，而现场总线只要1根普通双绞线即可替代。

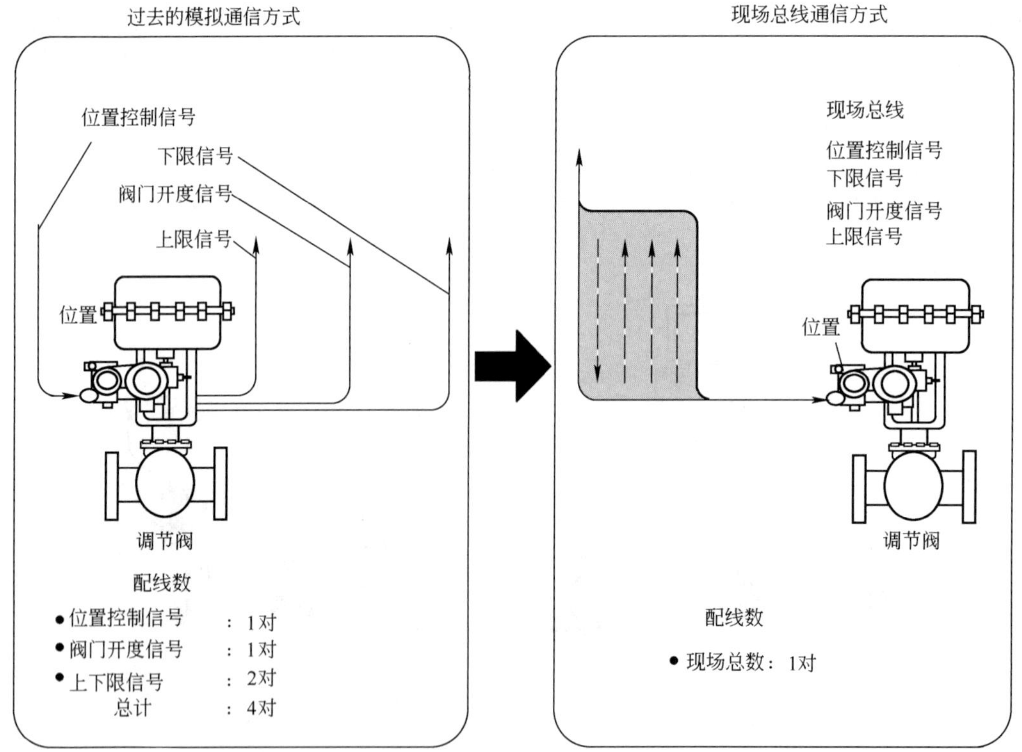

图3-3-3 模拟通信方式与现场总线的通信方式相比较

现场总线通信方式推进了国际标准化，确保了相互运用性。

表3-3-1为4～20mA的模拟通信方式、混合通信方式以及现场总线通信方式的比较。

表 3-3-1　通信方式比较

项　目	现场总线	混　合	模　拟	项　目	现场总线	混　合	模　拟
拓扑式	多种	一对一	一对一	传送方向	双向	单向（模拟） 双向（数字）	单向
传送方式	数字信号	4～20mA DC 模拟数字	模拟信号	信号种类	多重信号	部分多重信号	单信号
				规格	规格化中	每个厂家不同	规格化

现场总线可以消除模拟通信方式中数据传送时产生的误差，提高传送精度，见图 3-3-4。

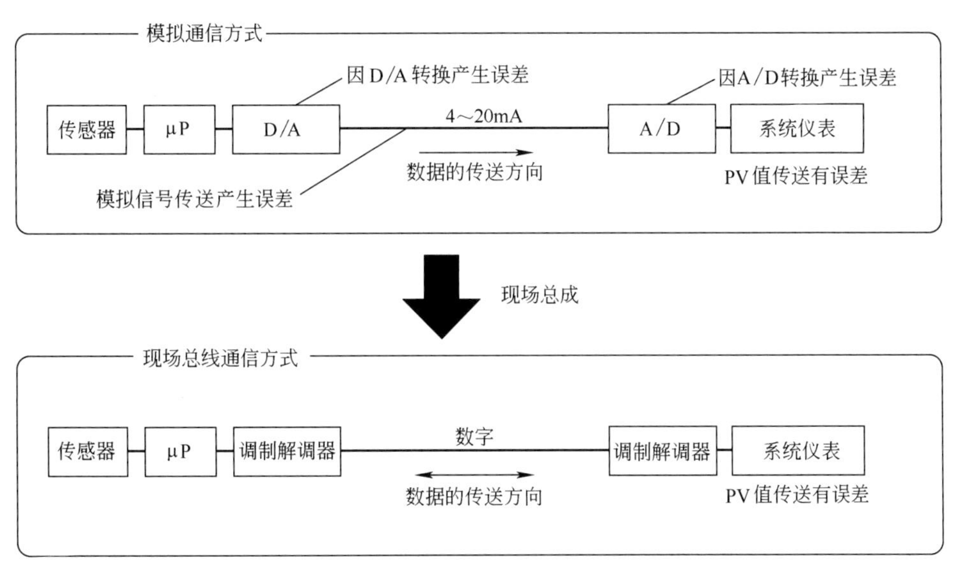

图 3-3-4　两种通信方式精度的比较

模拟通信方式产生误差的原因有以下 3 个方面，即现场仪表中 D/A 转换产生误差；模拟信号传递产生误差；系统仪表的 A/D 转换产生误差。模拟通信方式中，传送装有微处理器的现场仪表数据时，数据进行 A/D，D/A 转换产生误差。使用现场总线，可以消除传送时的转换误差。现场总线采用数字信号传送数据不同于模拟信号传送，不产生因信号传送带来的误差，亦不需要 A/D，D/A 转换。

现场总线传送消除了模拟通信方式产生的 3 个误差，从而提高了传送精度。

1.2.6　现场总线节省硬件数量与投资，节省安装费用

由于现场总线系统中分散在现场的智能设备，能直接执行多种传感、控制、报警和计算功能，因而可减少变送器的数量，不再需要单独的调节器、计算单元等，也不再需要 DCS 系统的信号调理、转换、隔离等功能单元及其复杂接线，还可以用工控 PC 机作为操作站，从而节省了一大笔硬件投资，并可减少控制室的占地面积。

现场总线接线十分简单，一对双绞线或一条电缆通常可挂接多个设备，因而电缆、接线端子、槽盆、槽架的用量大大减少。当需要增加现场控制设备时，无需增加新的电缆，可就近连接在原有的电缆上，既节省了投资，也减少了设计、安装的工作量。据有关典型试验工程的测算资料表明，可节约安装费用 60%以上。

1.3　现场总线国际标准（IEC 61158）综述

IEC 61158 现场总线国际标准，包含 8 种类型现场总线，分别为：

类型 1　IEC 技术报告（即 FF H1）；

类型 2　Control Net（美国 Rockwell 公司支持）；

类型 3　Profibus（德国 Siemens 公司支持）；

类型 4　P-Net（丹麦 Process Data 公司支持）；

类型 5　FF HSE（即原 FF H2，美国 Fisher Rosemount 公司支持）；

类型 6　Swift Net（美国波音公司支持）；

类型 7　World Fip（法国 Alstom 公司支持）；

类型 8　Interbus（德国 Phoenix Contact 公司支持）。

它们各自的特点如下。

（1）类型 1　现场总线 FF　类型 1 现场总线是专门为过程自动化而设计的。基金会现场总线 FF 是它的一个子集。它参照 ISO/OSI 参考模型，采用了其中的物理层、数据链路层和应用层，再加上用户层，形成 4 层结构。其特点是：在应用层上面，增加了一个内容广泛的用户层。这在其他总线是没有的。它由两个部分组成，即功能块和设备描述语言。

功能块将控制功能进行了标准封装，如模拟输入、模拟输出、PID 控制等。可根据需要内置于现场设备中，以实现所希望的功能。设备描述以设备描述语言写成，用以描述设备通信所需的所有信息，并由设备供应商提供。一旦设备描述上载到主机系统后，系统及所有其他设备就能识别出该设备的所有性能。

由于有了用户层，就可以充分实现设备的互操作性。

（2）类型 2　Control Net 现场总线　Control Net 最早由 Rock well 公司于 1995 年 10 月提出。它是一种用于对信息传递有时间苛刻要求、高速确定性的网络。同时它允许传送形象时间苛求的报文数据。

Control Net 采用一种新的通信模式，即以生产者/客户（Producer/Consumer）模式取代传统的源/目的模式。它允许网络上的所有节点同时从单个数据源存取相同的数据。这种模式最主要的特点增强了系统的功能，提高了效率和实现精确的同步。

（3）类型 3　Profibus 现场总线　Profibus 协议是得到 Profibus 用户组织 PNO 的支持。它有 3 种兼容类型，即 Profibus—FMS、Profibus—DP 和 Profibus—PA。这 3 种类型均使用单一的总线访问协议，通过 ISO/OSI 通信模型的第二层实现，包括数据的可靠性以及传输协议和报文的处理。其中 FMS 主要用于工厂、楼宇自动化中的单元级；DP 主要用在楼宇自动化中，实现自控系统和分散式外部设备 I/O 及智能现场仪表之间的高速数据通信；PA 则用于过程控制。

DP 和 FMS 用 RS485 传输，属于高速部分，传送速率在 9.6KB/s 和 12MB/s 之间；PA 则采用 IEC 61158-2，传输速率为 31.25KB/s 属于低速部分。

Profibus 支持主从模式、纯主站模式、多主多从模式等，主站对总线有控制权，可主动发信息。对多主站模式，在主站之间按令牌传递决定对总线的控制权，取得控制权的主站，可向从站发送，获取信息，实现点对点通信。

（4）类型 4　P-Net 现场总线　P-Net 出现于丹麦，主要应用于啤酒、食品、农业和饲养业。它是带多网络和多端口，允许在几个总线区直接寻址，是一种多网络结构。该总线协议包括 1、2、3、4 和 7 层，并利用信道结构定义用户层。通信采用虚拟令牌传递方式，总线访问权通过虚拟令牌在主站之间循环传递，即通过主站中的访问计数器和空闲总线位周期计数器，确定令牌的持有者和持有令牌的时间。这种基于时间的循环机制，不同于采用实报文传递令牌的方式，节省了主站的处理时间，提高了总线的传输效率，而且它不需要任何总线仲裁的功能。

另外，P-Net 不采用专用芯片，它对从站的通信程序仅需几千字节的编码。因此它结构简单，易于开发和转化。

（5）类型 5　HSE　类型 5 现场总线即为 IEC 定义的 H2 总线，由基金会现场总线 FF 组织负责开发，并于 2000 年 3 月正式公布。该总线使用框架式以太网技术，传输速率从 100Mbps 到 1Gbps 或更高。HSE 完全支持类型 1 现场总线的各项功能，如功能块和设备描述等。并允许基于以太网的装置通过一种连接器与 H1 设备连接。HSE 总线成功地采用 CSMA/CD 链路控制协议和 TCP/IP 传输协议，并使用了高速以太网 IEEE802.3u 标准的最新技术。

（6）类型 6　Swift Net　Swift Net 是美国 SHIP STAR 公司应 Boeing Commercial Airplane（波音公司）的要求制定的，主要用于航空和航天等领域。该总线是一种结构简单、实时性高的总线，协议仅包括物理层和数据链路层，在协议中没有定义应用层。

物理层传输速率为 5Mbps，总线使用 TDMA（Slotted-time Division Multiple Access）槽时间片多种存列方式，提供专用高速、低抖动同步通道和按要求指定的通道。专用通道适用于自动状态数据的分配或交换；按要求指定的通道则适用于非调度报文。

（7）类型 7　World FIP 现场总线　1994 年 6 月，World FIP 北美部分与 ISP 合并成为 FF 以后，World FIP 的欧洲部分仍保持独立，总部设在法国。World FIP 是一种用于自动化系统的现场总线网络协议。它采用

3层通信结构：物理层、数据链路层和应用层，其目的是提供0级设备（传感器/执行器）和1级设备（PLC/控制器）之间的连接。

World FIP由一个集中化的链路活动调度器试问网络，保证时间临界的大容量循环数据通信的确定性。它具有单一的总线，可用于过程控制及离散控制，而且没有任何网桥或网关，低速与高速部分的衔接用软件的办法来解决。

（8）类型8 Interbus Interbus于1984年推出，其主要技术支持者为德国的Phoenix Contact。它是一种串行总线系统，适用于分散输入/输出，以及不同类型控制系统间的数据传输。协议包括物理层、数据链路层和应用层。Interbus总线网络可构成主/从式和环路拓扑结构，传输速率为500kbps，采用RS 485标准，它的数据链路层采用整体帧协议方式传输循环和非循环数据。应用层服务只对主站有效，用于实现实时数据交换、VFD支持、变量访问、程序调用和几个相关的服务。Interbus总线对单主机的远程I/O具有良好的诊断能力。

2 开放系统互连参考模型

2.1 OSI参考模型的结构

随着计算机工业迅速发展，不断提出计算机互连通信要求，1978年国际标准化组织（ISO）建立了一个“开放系统互连”分技术委员会，起草了“开放系统互连基本参考模型”的建议草案，1983年成为正式国际标准（ISO 7498）。1986年又对该标准进行了进一步的完善和补充。

为实现开放系统互连所建立的分层模型，简称OSI参考模型。其目的是为异种计算机互连提供一个共同的基础和标准框架，并为保持相关标准的一致性和兼容性提供共同的参考。

OSI参考模型提供了概念性和功能性结构。该模型将开放系统的通信功能划分为7个层次。各层协议细节的研究是各自独立进行的。7个层次分别为物理层，数据链路层、网络层、传输层、会话层、表示层和应用层。OSI参考模型如图3-3-5所示。

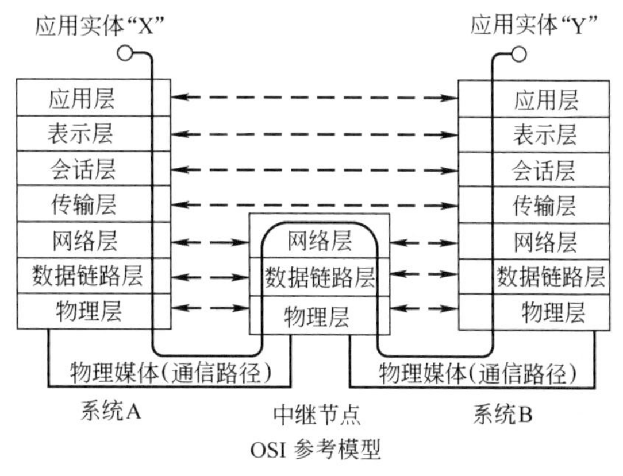

图3-3-5 OSI参考模型

2.1.1 物理层（第1层）

物理层并不是物理媒体本身，只是开放系统中利用物理媒体实现物理连接的功能描述和执行连接的规程。物理层提供用于建立、保持和断开物理连接的机械的、电气的、功能的和过程的条件，总之，物理层提供有关同步和比特流在物理媒体上的传输手段，其典型的协议有EIA-232-D等。

2.1.2 数据链路层（第2层）

数据链路层用于建立、维持和拆除链路连接，实现无差错传输的功能。在点到点或点到多点的链路上，保证信息的可靠传递。

2.1.3 网络层（第3层）

网络层规定了网络连接的建立、维持和拆除的协议。它的主要功能是利用数据链路层所提供的相邻节点间的无差错数据传输功能，通过路由选择和中断功能，实现两个系统之间的连接。

2.1.4 传输层（第4层）

传输层完成开放系统之间的数据传送控制。主要功能是开放系统之间数据的收发确认，同时，还用于弥补各种通信网络的质量差异，对经过下3层之后仍然存在的传输差错进行恢复，进一步提高可靠性。

2.1.5 会话层（第5层）

会话层依靠传输层以下的通信功能，使数据传送功能在开放系统间有效地进行。其主要的功能是按照在应用进程之间的约定，按照正确的顺序收、发数据，进行各种形式的对话。

2.1.6 表示层（第6层）

表示层的主要功能是把应用层提供的信息变换为能够共同理解的形式，提供字符代码、数据格式、控制信息格式、加密等的统一表示。表示层仅对应用层信息内容的形式进行变换，而不改变其内容本身。

2.1.7 应用层（第 7 层）

应用层是 OSI 参考模型的最高层。其功能是实现应用进程（如用户程序，终端操作员等）之间的信息交换。同时，还具有一系列业务处理所需要的服务功能。

2.2 物理层协议

物理层协议是网络中最低层协议，连接两个物理设备，为链路层提供透明位流传输所必须遵循的规则，有时也称为物理接口。接口两边的设备，在 ISO 术语中被叫做 DTE（数据终端设备）和 DCE（数据通信设备），物理层协议主要提供在 DTE 和 DCE 之间接口。

2.2.1 物理层 4 个重要特性

① 物理层的机械特性规定了物理连接时所使用的可接插连接器的形状尺寸，连接器中引脚的数量与排列情况等。

② 物理层的电气特性规定了在物理连接器上传输二进制比特流时，线路上信号电平的高低、阻抗及阻抗匹配、传输速率与距离限制。

③ 物理层的功能特性规定了物理接口上各条信号线的功能分配和确切定义。物理层接口信号线一般分为数据线、控制线、定时线和地线等几类。

④ 物理层的规程特性定义了利用信号线进行二进制比特流传输的一组操作过程，包括各信号线的工作规则和时序。

不同物理接口标准，在以上 4 个重要特性上都不尽相同。

2.2.2 以 EIA-232-D（亦称 RS 232 标准）为例

(1) 机械特性方面　EIA-232-D 规定使用一个 25 根插针（DB-25）的标准连接器，如图 3-3-6 所示。

它和 ISO 2110 标准一致。对 DB-25 连接器的机械尺寸及每根针排列的位置均做了明确的规定。

(2) 电气特性　EIA-232-D 电气连接方式如图 3-3-7 所示。非平衡型每个信号用一根导线，所有信号回路公用一根地线。信号速率限于 20kbps 之内，电缆长度限于 15m 之内。其电性能用 ±12V 标准脉冲，EIA-232 采用负逻辑。

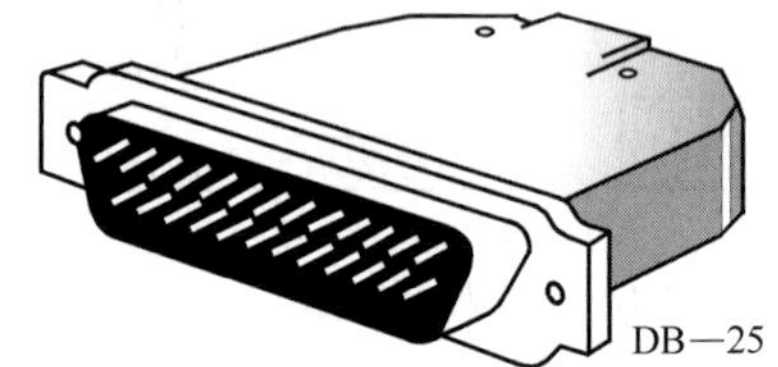

图 3-3-6　DB-25 结构示意图

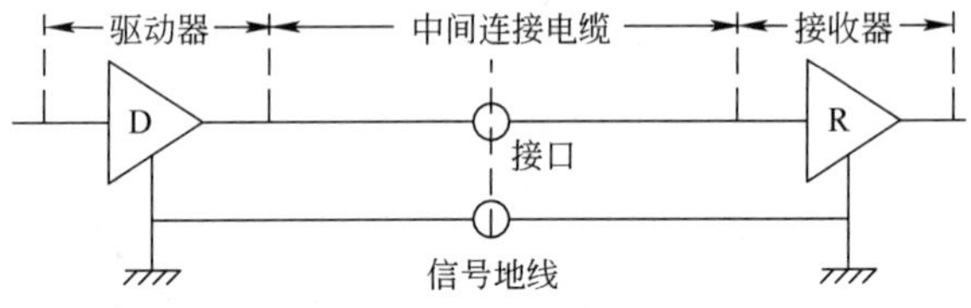

图 3-3-7　EIA-232-D 的电气连接

(3) EIA-232-D 功能特性　DB-25 各条信号线功能分配如图 3-3-8 所示。

EIA	信号去向	信号名称	引脚
SBA	到DCE	辅信道发送数据	14
DB	到DTE	发送时钟	15
SBB	到DTE	辅信道接收数据	16
DD	到DTE	接收时钟	17
		未用	18
SCA	到DCE	辅信道请求发送	19
CD	到DCE	数据终端就绪	20
	到DTE	信号质量检测	21
CE	到DTE	振铃指示	22
	到DCE	数据信号速率选择	23
DA	到DCE	发送时钟	24
		未用	25

引脚	信号名称	信号去向	EIA
1	保护地	到DCE	AA
2	发送数据	到DCE	BA
3	接收数据	到DTE	BB
4	请求发送	到DCE	CA
5	允许发送	到DTE	CB
6	调制解调器就绪	到DTE	CC
7	信号地		AB
8	载波检测	到DTE	CF
9	留作测试用		
10	留作测试用		
11	未用		
12	辅信道载波检测	到DTE	SCF
13	辅信道允许发送	到DTE	SCB

图 3-3-8　DB-25 的引线分配

（4）EIA-232-D 规程特性　EIA-232-D 规定了 DTE 与 DCE 之间控制信号与数据信号的发送时序、应答关系与操作过程。图 3-3-9 给出了一种典型的 DTE 根据 EIA-232-D 规程特性进行数据发送流程图、信号时序与操作过程。

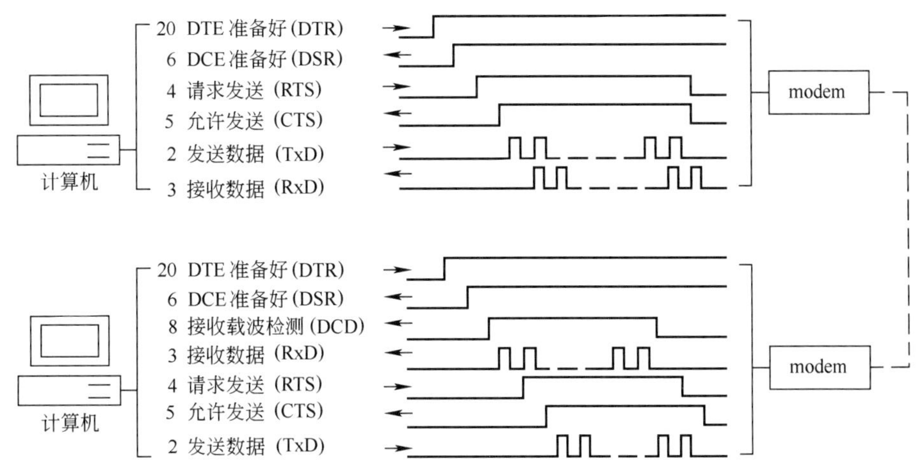

图 3-3-9　典型 EIA-232 规程特性

从图中可以看到两台计算机通过 modem，由电话线互连的结构。它们按以下规则与时序进行工作。

a. 物理连接建立　如果主机 A 发起一次物理连接，首先通过 EIA-232-D 的第 20 号连接线（以下简称 20 线），向 DCE 发送数据终端准备好 DTR 信号，拨号呼叫对方主机 B，建立物理连接。

主机 A 连接的 modem A 在拨号之后，执行 modem 内部协议。双方 modem 通过发送用于检测通信线路状态和通信质量的载波检测信号。在确定通信线路接通并可以正常工作后，modem A 通过 6 号线，向主机 A 发送设备准备好 DSR 信号。

主机 B 在接到主机 A 拨号请求建立物理连接指示后，如同意建立物理连接，应向与其连接的 modem B 发送 DTR 信号；在接收到 modem B 的 DSR 信号后，进入数据传输准备状态。

至此，双方 DTE 通过 DCE 与通信线路建立起物理连接，完成数据传输准备工作。

b. 数据传输　如果主机 A 准备发送比特流，它将通过 4 号线向 modem A 传送请求发送信号 RTS；modem A 在接收到 RTS 信号后，做好发送准备，通过 5 号线向主机 A 发出允许发送信号 CTS。

主机 A 通过 2 号线向 modem A 传送准备发送数据信号 TxD；modem A 将数字数据信号调制后，变成模拟数据信号，经通信线路传送到对方 modem B；modem B 经过解调后，还原成数字数据信号，通过 3 号线向主机 B 传送接收数据 RxD。

如果主机 B 也要向主机 A 发送数据，应采用与主机 A 相同的 RTS，CTS 控制信号交互过程。

c. 物理连接释放　当主机 A 一次通信结束，通过释放 DTR 信号来通知 modem A，通过 modem 的内部协议，结束一次物理连接。

2.3　数据链路层协议

数据链路层是 OSI 模型第 2 层。该层协议处理两个有物理通道直接相连的邻接站之间的通信。该层协议的目的在于提高数据传输的效率，为其上层提供透明的无差错的通道服务。把传输媒体的不可靠因素尽可能地屏蔽起来，让高层协议免于考虑物理介质的可靠性问题。

对于一个报文（message），它是由若干个字符组成的完整的信息。直接对冗长的报文进行检错和纠错，不但原理和设备十分复杂，而且效率很低，往往无法实际使用。为此，通常把报文按一定要求分块，每个代码块加上一定的头部信息，指明该代码的源和目的地址，属于哪个报文，是该报文的第几块代码，是否属于报文的最初或最后一块代码等。这样的代码块称为包或分组。在相邻两点间（或主机与节点间）传输这些包时，为了差错控制，还要加上一层“封皮”，就构成了帧（frame）。这层封皮分头尾两部分，把包夹在中间。当帧从一个节点传到另一个节点后，帧的头尾被用过后取消，包的内容原封不动。若收到帧的节点还要把该包传至下一节点，另加上新的头尾信息，因此，帧是数据链路层的传输单位，数据链路层协议又称为帧传送协议。

数据链路层所承担的任务和主要功能有以下几点：

① 数据链路层的建立和拆除　包括同步、站址确认、收发关系的确定、最终一次传输的表示等；

② 信息传输　包括信息格式、数量、顺序编号、接收认可、信息流量调节方案等；

③ 传输差错控制　包括一套防止信息丢失、重复和失序的方法；

④ 异常情况处理　包括如何发现可能出现的异常情况及发现后的处理过程，协议中对异常情况的处理主要用于发现和恢复永久性故障。

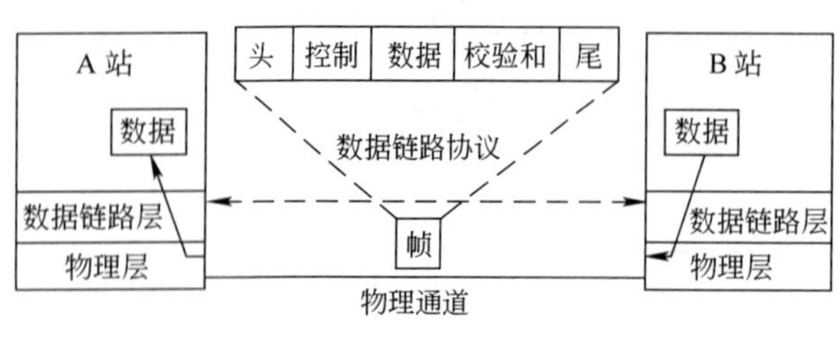

图 3-3-10　数据链路协议工作图

发送方数据链路层的具体工作是接受来自高层的数据，并将它加工成帧，然后经物理通道将帧发送给接受方，如图 3-3-10 所示。

帧包含头、尾、控制信息、数据、校验和等部分。校验和、头、尾部分一般由发送设备的硬件实现，数据链路层不必考虑其实现方法。当帧到达接收站时，首先检查校验和。若校验和错，则向接收计算机发出校验和错的中断信息；若校验和正确，确认无传输错误，则向计算机发送帧正确到达信息，接受方的数据链路层应检查帧中的控制信息，确认无误后，才将数据分送往高层。

2.4　应用层协议

应用层是 OSI 模型最高层，实现的功能分为两大部分，即用户应用进程和系统应用管理进程。系统应用管理进程管理系统资源，如优化分配系统资源和控制资源的使用等。由管理进程向系统各层发出下列要求：请求诊断，提交运行报告，收集统计资料和修改控制等。除此之外，系统应用管理进程还负责系统的重启动，包括从头启动和由指定点重启动。

用户应用进程由用户要求决定，通常的应用有数据库访问、分布计算和分布处理等。通用的应用程序有电子邮件、事务处理、文件传输协议和作业操作协议等。目前 OSI 标准的应用层协议有：

- 文件传送、访问与管理协议（FTAM）；
- 公共管理信息协议（CMIP）；
- 虚拟终端协议（VTP）；
- 事务处理协议（TP）；
- 远程数据库访问协议（RDA）；
- 制造业报文规范协议（MMS）；
- 目录服务协议（DS）；
- 报文处理系统协议（MHS）。

2.5　OSI 参考模型与现场总线通信模型

具有 7 层结构的 OSI 参考模型可支持的通信功能是相当强大的。作为工业控制现场底层网络的现场总线，

ISO/OSI 模型		现场总线协议	FF 现场总线模型		PROFIBUS-DP	PROFIBUS-FMS
			用户层	用户层	DP 行规	FMS 设备行规
应用层	7	应用层	现场总线报文规范层 现场总线访问子层	通信栈	省去3～7层	现场总线信息规范
表达层	6		省去3～6层			省去3～6层
会话层	5					
传输层	4					
网络层	3	总线访问子层				
数据链路层	2	数据链路层	数据链路层		数据链路层	数据链路层
物理层	1	物理层	物理层	物理层	物理层	物理层

图 3-3-11　OSI 与部分现场总线通信模型的对应关系

要构成开放互连系统，应该如何选择通信模型？这是现场总线技术形成过程中必须考虑的重要问题。

工业生产现场存在大量传感器、调节器、执行器等，它们通常相当零散地分布在工艺流程的各个角落。对由它们组成的工业控制底层网络来说，单个节点面向控制的信息量不大，信息传输的任务相对比较简单，但实时性、快速性的要求较高。根据现场总线的要求和特点，现场总线采用的通信模型大都在OSI模型的基础上进行了不同程度的简化，一般是物理层、数据链路层和应用层。

典型的现场总线协议模型如图3-3-11所示，采用了OSI模型中的3个典型层，即物理层、数据链路层和应用层，省去了3～6层。考虑现场总线的通信特点，设置一个现场总线访问子层。它具有结构简单、执行协议直观、价格低廉等优点，也满足工业现场应用的性能要求。它是OSI模型的简化形式，其流量与差错控制在数据链路层中进行。开放系统互连模型是现场总线技术的基础，现场总线参考模型既要遵循开放系统集成的原则，又要充分兼顾测控应用的特点和特殊要求。

3 基金会现场总线

3.1 基金会现场总线的主要技术

基金会现场总线的最大特色就在于它不仅是一种总线，而且是一个系统；是网络系统，也是自动化系统。它作为自动化系统，其最大特征在于它具有开放型数字通信能力，使自动化系统具备了网络化特征。而作为一种通信网络，和其他网络系统相比，它位于工业生产现场，是基层网络，网络通信是围绕完成各种自动化任务进行的。

基金会现场总线系统作为全分布式自动化系统，要完成的主要功能是对工业生产过程各个参数进行测量、信号变送、控制、显示、计算等，实现对生产过程的自动检测、监视、自动调节、顺序控制和自动保护，保障工业生产处于安全、稳定、经济的运行状态。这些功能和任务是和DCS系统一样的，其不同之点在于现场总线的全分布式自动化系统把控制功能完全下放到现场，仅由现场仪表即可构成完整的控制功能。这是因为基金会现场总线的现场变送、执行仪表（亦称现场设备）内部都有微处理器，现场设备内部可以装入控制计算模块，只需通过现场总线连接变送器和执行器，便可组成控制系统。从这个意义上讲，全分布无疑将增强系统的可靠性和系统组成的灵活性。另外，这种控制系统还可以与别的系统或控制室的计算机进行信息交换，构成各种高性能、复杂的控制系统。

基金会现场总线系统作为低带宽的通信网络，把具备通信能力、同时具有控制、测量等功能的现场自控设备作为网络的节点，由现场总线把它们互联成网络，通过网络上各节点间的操作参数与数据调用，实现信息共享与系统的各项自动化功能。各网络节点的现场设备内具备通信接收、发送与通信控制能力。它们的各项自动化功能是通过网络节点间的信息传输、连接，各部分的功能集成而共同完成的，因而称为网络集成自动化系统。网络集成自动化系统的目的，是实现人与人、机器与机器、人与机器、生产现场的运行控制信息与办公室的管理指挥信息的沟通和一体化。借助网络信息传输与数据共享，组成多种复杂的测量、控制、计算功能，更有效、方便地实现生产过程的安全、稳定、经济运行，并进一步实现管控一体化。

基金会现场总线作为工厂的底层网络，相对一般广域网、局域网而言，它是低速网段，其传输速率的典型值为31.25kbps、1Mbps和2.5Mbps。现场总线可以由单一总线段或多总线段构成，也可以由网桥把不同传输速率、不同传输介质的总线段互连而构成。还可以通过网关或计算机接口板将其与工厂管理层的网段挂接，形成了完整的工厂信息网络。

基金会现场总线围绕工厂底层网络和全分布自动化系统这两个方面，形成了它的技术特色。其主要内容如下。

（1）基金会现场总线的通信技术　包括基金会现场总线的通信模型、通信协议、通信控制器芯片、通信网络与系统管理等内容。

（2）标准化功能块与功能块应用进程　它提供一个通用结构，把实现控制系统所需的各种功能划分为功能模块，使其公共特征标准化，规定它们各自的输入、输出、算法、事件、参数与块控制图，并把它们组成可在某个现场设备中执行的应用进程，便于实现不同制造商产品的混合组态与调用。功能块的通用结构是实现开放系统构架的基础，也是实现各种网络功能与自动化功能的基础。

（3）设备描述与设备描述语言　为实现现场总线设备的互操作性，支持标准功能块操作，基金会现场总线采用了设备描述技术。设备描述为控制系统理解来自现场设备的数据意义提供必需的信息，因而也可以看作控制系统或主机对某个设备的驱动程序，即设备描述是设备驱动的基础。设备描述语言是一种用以进行设备描述的标准编程语言。

（4）现场总线通信控制器与智能仪表或工业控制计算机之间的接口技术。

（5）系统集成技术　它包括通信系统与控制系统的集成，如网络通信系统组态、网络拓扑、配线、网络系统管理、控制系统组态、人机接口、系统管理维护等。这是一项集控制、通信、计算机、网络等多方面的知识，集软硬件于一体的综合性技术。

（6）系统测试技术　包括通信系统的一致性与互可操作性测试技术，总线监听分析技术、系统的功能和性能测试技术。

3.2　通信系统主要组成部分及相互关系

基金会现场总线的核心之一，是实现现场总线信号的数字通信。为了实现通信系统的开放性，其通信模型参考了 ISO/OSI 参考模型，并在此基础上根据自动化系统的特点进行演变后得到的。基金会现场总线的参考模型有 OSI 参考模型 7 层中的 3 层，即物理层、数据链路层和应用层。根据现场总线的实际要求，把应用层划分为两个子层，即总线访问子层与总线报文规范子层。又在 OSI 参考模型第 7 层应用层之上增加了新的一层，即用户层。这样可以将通信模型视为 4 层。其中，物理层规定了信号如何发送；数据链路层规定如何在设备间共享网络和调度通信；应用层则规定了在设备间交换数据、命令、事件信息，以及请求应答中的信息格式。用户层则用于组成用户所需要的应用程序，如规定标准的功能块、设备描述、实现网络管理、系统管理等。也可以将物理层和用户层中间部分作为一个整体，统称为通信栈。这样，现场总线的通信参考模型可简单地视为 3 层。图 3-3-12 显示基金会现场总线通信模型的主要组成部分及相互关系。

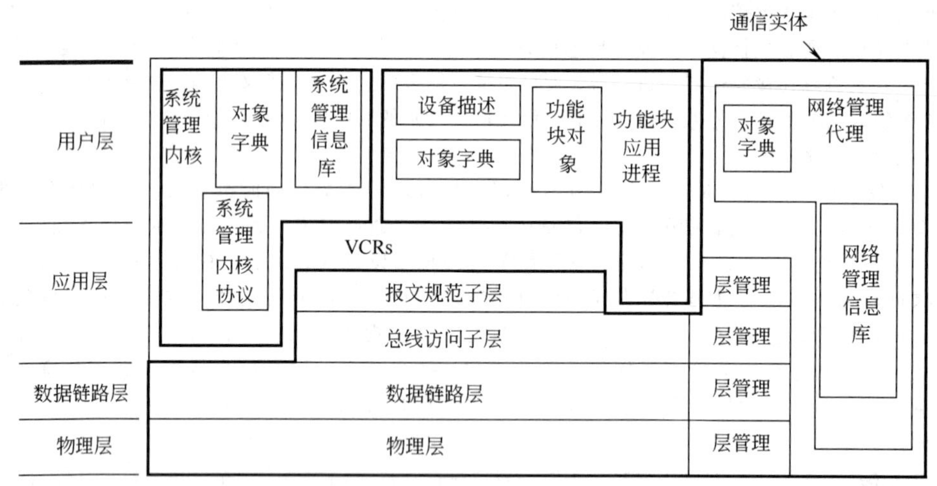

图 3-3-12　通信模型的主要组成部分及其相互关系

变送器、执行器等都属于现场总线物理设备。每个具有通信能力的现场总线物理设备都应具有通信模型。

从图中可以看到，通信参考模型所对应的 4 个分层，即物理层、数据链路层、应用层、用户层，按要完成的功能又可分为 3 大部分：通信实体、系统管理内核、功能块应用进程。各部分之间通过虚拟通信关系来沟通信息。

通信实体贯穿从物理层到用户层的所有各层。由各层协议与网络管理代理共同组成。通信实体的任务是生成报文与提供报文传送服务，是实现现场总线信号数字通信的核心部分。

系统管理内核在模型分层结构中只占有应用层和用户层的位置。系统管理内核主要负责与网络系统相关的管理任务，如确立本设备在网段中的位置，协调与网络上其他设备的动作和功能块执行时间。

功能块应用进程在模型分层结构中位于应用层和用户层。功能块应用进程主要用于实现用户所需要的各种功能。

应用进程（AP）是ISO 7498中为参考模型所定义的名词，用以描述留驻在设备内的分布式应用。应用进程AP是现场总线系统活动的基本组成部分，是指设备内部实现一组相关功能的整体。应用进程可以看作在分布系统或分布应用中的信息及其处理过程，可以对它赋予地址，也可以通过网络访问它。应用进程可表述为存在于一个设备内包装成组的功能块。应用进程是最基本的对象，把多个应用进程组合起来，可形成复合对象，还可以把几个复合对象组合在一起，形成复合列表对象。

一个设备可以包含的应用进程数量与执行情况相关，规范中对所包含的应用进程数目没有限制。在设备组态或网络运行期间，应用进程是否装载进一个设备，取决于该设备的物理能力和应用进程如何被执行。PC机、可编程逻辑控制器能够随着软件下载而接受其应用进程。另外一些设备，如简单变送器、执行器可以让它们的应用进程在专用集成电路中执行。

功能块把为实现某种应用功能或算法，按某种方式反复执行的函数模块化，提供一个通用结构来规定输入、输出、算法和控制参数，把输入参数通过这种模块化的函数，转化为输出参数。如PID功能块完成现场总线系统中的控制计算，AI功能块完成参数输入，还有用于远程输入输出的交互模块等。每种功能块被单独定义，并可为其他块所调用。由多个功能块及其相互连接，集成为功能块应用。

在功能块应用进程部分，除了功能块对象之外，还包括对象字典（OD）和设备描述（DD）。

3.3　网络通信中的虚拟通信关系

在基金会现场总线网络中，设备之间传送信息是通过预先组态好了的通信通道进行的。这种在现场总线网络各应用之间的通信通道称之为虚拟通信关系（VCR）。

虚拟通信关系有客户/服务器型、报告分发型、发布/预订接收型3种类型。

（1）客户/服务器型虚拟通信关系　客户服务器型虚拟通信关系用于现场总线上两个设备间由用户发起的、一对一的、排队式、非周期通信。这里的排队意味着消息的发送与接收是按优先级所安排的顺序进行，先前的信息不会被覆盖。

当一个设备得到传递令牌时，这个设备可以对现场总线上的另一设备发送一个请求信息，这个请求者被称为客户，而接受这个请求的被称为服务器。当服务器收到这个请求，并得到了来自链路活动调度者的传递令牌时，就可以对客户的请求做出响应。采用这种通信关系在一对客户与服务者之间进行的请求/响应式数据交换，是一种按优先权排队的非周期性通信。由于这种非周期性通信是在周期性通信的间隙中进行的，设备与设备之间采用令牌传送机制，共享周期通信以外的间隙时间，因而存在传送中断的可能。当这种情况发生时，采用再传送程序来恢复中断了的传送。

客户/服务器型虚拟通信关系常用于设置参数或者实现某些操作，如改变给定值、对调节器参数的访问与调整、对报警的确认、设备的上载与下载等。

（2）报告分发型虚拟通信关系　报告分发型虚拟通信关系是一种排队式、非周期通信，也是一种由用户发起的一对多的通信方式。当一个带有事件报告或趋势报告的设备收到来自链路活动调度器的传递令牌时，就通过这种报告分发型虚拟通信关系，把它的报文分发给由它的虚拟通信关系所规定的一组地址，即有一组设备将接收该报文。它区别于客户/服务器型虚拟通信关系的最大特点，是它采用一对多通信，一个报告者对应由多个设备组成的一组收听者。

这种报告分发型虚拟通信关系用于广播或多点传送事件与趋势报道。数据持有者向总线设备多点投送其数据，可以按事先规定好的虚拟通信关系目标地址分发所有报告，也可能按每种报文的传送类型排队而分别发送，按分发次序传送给接收者。由于这种非周期通信是在受调度的周期性通信的间隙进行的，因而要尽量避免由于传送受阻而发生的断裂。按每种报文的传送类型排队而分别发送，则在一定程度上可以缓解这一矛盾。

报告分发型虚拟通信关系最典型的应用场合是将报警状态、趋势数据等通知操作台。

（3）发布/预订接收型虚拟通信关系　发布/预订接收型虚拟通信关系主要用来实现缓冲型一对多通信。当数据发布设备收到令牌时，将对总线上的所有设备发布或广播它的消息。希望接收这一发行消息的设备被称为预订接收者。缓冲型意味着只有最近发布的数据保留在网络缓冲器内，新的数据会完全覆盖先前的数据。数据的产生与发布者采用该类虚拟通信关系（VCR），把数据放入缓冲器中。发布者缓冲器的内容会在一次广播中同时传送到所有数据用户，即预订接收者的缓冲器内。为了减少数据生成和数据传输之间的延迟，要把广播者的缓冲器刷新和缓冲器内容的传送协调起来。缓冲型工作方式是这种虚拟通信关系的重要特征。

这种虚拟通信关系中的令牌，可以由链路活动调度者按准确的时间周期发出，也可以由数据用户按非周期方式发起，即这种通信可由链路活动调度者发起，也可以由用户发起。

现场设备通常采用发布/预订接收型虚拟通信关系，按周期性的调度方式，为用户应用功能块的输入输出刷新数据，如刷新过程变量、操作输出等。

表 3-3-2 总结比较了这几种虚拟通信关系。

表 3-3-2 虚拟通信关系的类型与应用

VCR 类型	客户/服务器型	报告分发型	发布/预订接收型
通信特点	排队、一对一、非周期	排队、一对多、非周期	缓冲、一对多、受调度或非周期
信息类型	初始设置参数或操作模式	事件通告，趋势报道	刷新功能块的输入数据
典型应用	设置给定值，改变模式，调整控制参数，上载/下载，报警管理，访问显示画面，远程诊断	向操作台通告报警状态，报告历史数据趋势	向 PID 控制功能块和操作台发送测量值

基金会现场总线由物理层，数据链路层和应用层共同作用，来支持这几种虚拟通信关系。其中，物理层负责物理信号的产生与传送，数据链路层负责网络通信调度，应用层规定了相关的各种信息格式、以便交换命令、应答、数据和事件信息。

3.4 基金会现场总线物理层

3.4.1 物理层的功能

物理层用于实现现场物理设备与总线之间的连接，为现场设备与通信传输媒体的连接提供机械和电气接口，为现场设备对总线的发送或接收提供合乎规范的物理信号。

物理层作为电气接口，一方面接受来自数据链路层的信息，把它转换为物理信号，并传送到现场总线的传输媒体上，起到发送驱动器的作用；另一方面把来自总线传输媒体的物理信号转换为信息送往数据链路层，起到接收器的作用。

当它接收到来自数据链路层的数据信息时，需按基金会现场总线的技术规范，对数据帧加上前导码与定界码，并对其实行数据编码（曼彻斯特编码），再经过发送驱动器，把所产生的物理信号传送到总线的传输媒体上。另一方面，它又从总线上接收来自其他设备的物理信号，对其去除前导码、定界码，并进行解码后，把数据信息送往数据链路层。

考虑到现场设备的安全稳定运行，物理层作为电气接口，还应该具备电气隔离、信号滤波等功能，有些还需处理总线向现场设备供电等问题。

现场总线的传输介质一般为两根导线，如双绞线，因而其机械接口相对比较简单。在设备的连线处，配备标有“+”，“—”号的醒目标签，以清楚地表明接口处的极性。

3.4.2 物理层的结构

按照 IEC 物理层规范的有关规定，物理层又被分为媒体相关子层与媒体无关子层。媒体相关子层负责处理导线、光纤、无线介质等不同传输媒体、不同速率的信号转换问题，也称为媒体访问单元。支持多种媒体访问的媒体访问冗余设备，为每种要与连接的物理媒体设有一个物理层实体，冗余连接数可多至 8 个。当出现多个连接时，物理媒体相关子层对所有连接同时传送。在两个子层连接处，物理媒体相关子层选择其中之一，把它的信号送到媒体无关子层，形成所通过的单一数据。

IEC 规定的物理层所包含的内容如图 3-3-13 所示。从图中可以看到，对不同种类介质，不同传输速率要求的场合，应分别设置不同的物理层实体。

所有的现场总线设备都具有至少一个物理层实体。在网桥设备中，每个口则至少有一个物理层实体。

媒体无关子层则是媒体访问单元与数据链路层之间的接口。上述有关信号编码、增加或去除前导码、定界码的工作，均在物理层的媒体无关子层完成。这里设有专用电路来实现编码等功能。

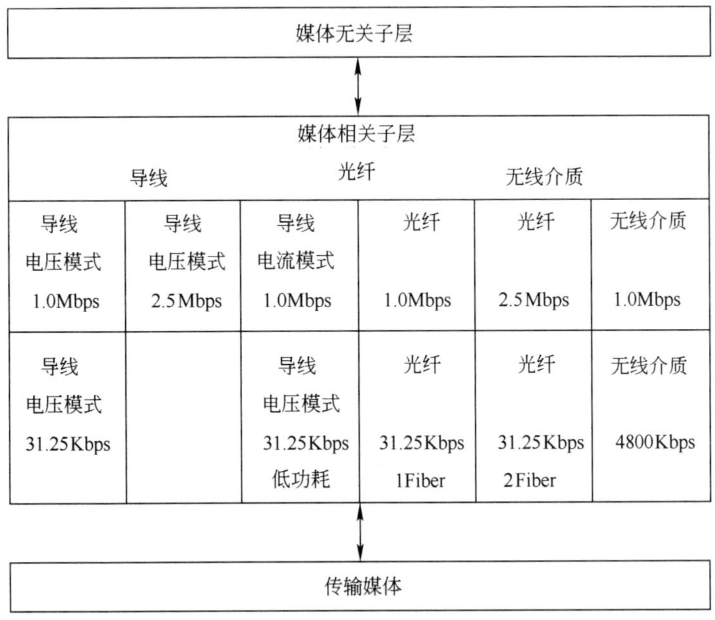

图 3-3-13　IEC 物理层的结构与主要内容

3.4.3　传输介质

基金会现场总线支持多种传输介质：双绞线、电缆、光缆、无线介质。目前应用较为广泛的是前两种。H1 标准采用的电缆类型，可分为无屏蔽双绞线、屏蔽双绞线、屏蔽多对双绞线、多芯屏蔽电缆几种类型。

显然，在不同传输速率下，信号的幅度、波形与传输介质的种类、导线屏蔽、传输距离等密切相关。由于要使挂接在总线上的所有设备都满足在工作电源、信号幅度、波形等方面的要求，必须对在不同工作环境下作为传输介质的导线横截面、允许的最大传输距离等做出规定。线缆种类、线径粗细不同，对传输信号的影响各异。基金会现场总线对采用不同缆线时所规定的最大传输距离见表 3-3-3。

表 3-3-3　导线媒体的允许传输距离

电缆类型	电缆型号	传输速率	最大传输距离
A 屏蔽双绞线	18# AWG	H1 31.25Kbps	1900m
	22# AWG	H2 1Mbps	750m
	22# AWG	H2 2.5Mbps	500m
B 屏蔽多对双绞线	22# AWG	H1 31.25Kbps	1200m
C 无屏蔽双绞线	22# AWG	H1 31.25Kbps	400m
D 多芯屏蔽电缆	16# AWG	H1 31.25Kbps	200m

根据 IEC1158-2 的规范，以导线为媒体的现场设备，不管是否为总线供电，当在总线主干电缆屏蔽层与现场设备之间进行测试时，对低于 63Hz 的低频场合，测量到的绝缘阻抗应该大于 250kΩ。一般通过在设备与地之间增加绝缘，或在主干电缆与设备间采用变压器、光耦合器等隔离部件，以增强设备的电气绝缘

性能。

3.4.4 物理信号波形

基金会现场总线为现场设备提供两种供电方式：总线供电与非总线式单独供电。总线供电设备直接从总线上获取工作能源；非总线式单独供电方式的现场设备，其工作电源直接来自外部电源，而不是取自总线。对总线供电的场合，总线上既要传送数字信号，又要由总线为现场设备供电。按 31.25kbps 的技术规范，电压模式的现场总线信号波形如图 3-3-14 所示。携带协议信息的数字信号以 31.25kHz 的频率、峰-峰电压为 0.75～1V 的幅值加载到 9～32V 的直流供电电压上，形成现场总线的信号波形。图 3-3-14 中的（c）表明了现场总线上对现场设备的网络配置。由于要求在现场总线网络的两端分别连接一个终端器，每个终端器由 100Ω 电阻和一个电容串联组成，形成对 31.25kHz 频率信号的带通电路。终端器应设于主干电缆的两端尽头，跨接在两根信号线之间。

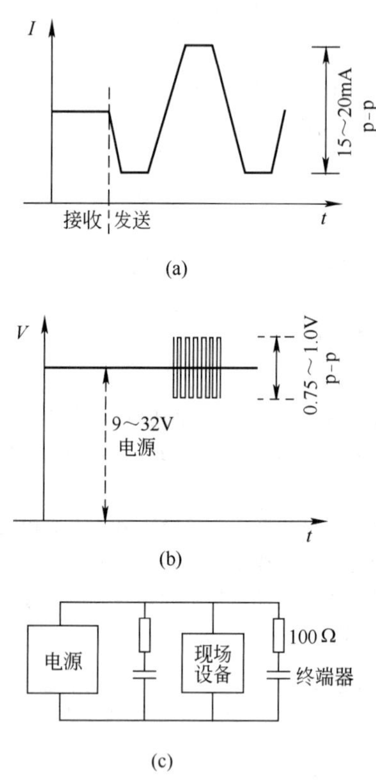

图 3-3-14 31.25kbps H1 总线电压模式的信号波形

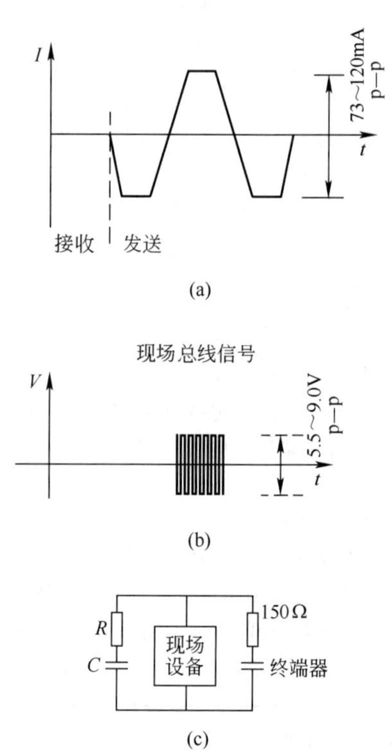

图 3-3-15 H2 总线电压模式的信号波形

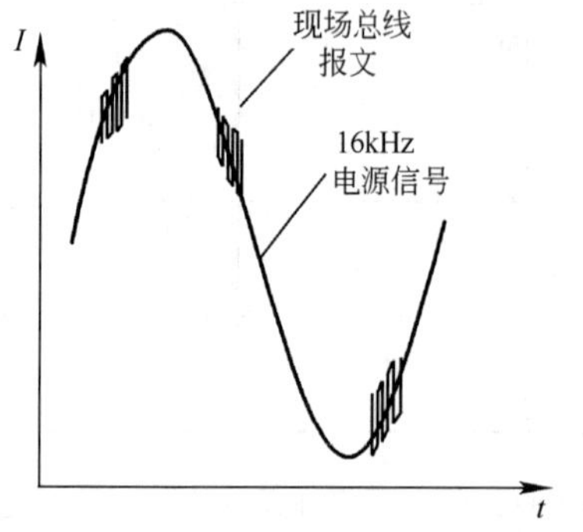

图 3-3-16 H2 总线电流模式的信号波形

从图中可以看到，这样的网络配置使得其等效阻抗为 50Ω。现场变送设备内峰-峰 15～20mA 的电流变化，就可在等效阻抗为 50Ω 的现场总线网络上形成 0.75～1V 的电压信号。

对于 1.0Mbps 和 2.5Mbps 的 H2 总线规范来说（H1，H2 均为基金会现场总线），其信号波形如图 3-3-15 所示。网络配置的等效阻抗为 75Ω，现场变送设备在总线上传送±60mA，频率为 1.0MHz 或 2.5MHz 的电流信号，便会在总线上产生电压为峰-峰 9V，频率为 1.0MHz 或 2.5MHz 的电压信号。

1.0Mbps 的 H2 总线规范还支持一种特殊的电流模式，用于本安型总线供电的应用场合。1.0Mbps 的现场总线信号是加载在 16kHz 的交流电源信号上的。这种电流模式的信号波形，如图 3-3-16 所示。

3.4.5 现场设备

现场设备是连接到现场总线上并与之通信的物理实体。按基金会现场总线的相关规范，现场设备按使用环境被分成类。符合 H1 规范的现场设备的分类情况如表 3-3-4 所示。纯粹从通信观点来看，表中各类设备均可在同一总线段上共存，但使用中应考虑是否满足安全与供电的应用要求。

表 3-3-4 H1 现场设备的分类与编号

型 式	标 准 信 号		低 功 耗 信 号	
	总线供电	分开单独供电	总线供电	分开单独供电
本质安全型	111	112	121	122
非本质安全型	113	114	123	124

注：H2 规范现场设备的编号为 2xx，3xx。

从设备类型的分类表可以看到，它是按照设备是否为总线供电、是否可用于易燃易爆环境以及功耗类别而区分的。对总线供电类的设备，由于挂接在总线不同位置上的设备，从总线所得到的电压会有所不同，任何一个制造商所提供的现场总线设备，应该可挂接在总线的任何位置上都能正常工作，因而必须对满足设备正常工作的电压、电流范围等参数做出明确规定。表 3-3-5 为总线供电的本安型标准设备列出了现场总线基金会的推荐参数。显然，对不同类别的设备，其参数的要求应有所区别。如本安型与非本安型设备，在功率消耗方面的指标应该不同。

表 3-3-5 111 类现场设备的推荐参数

参数	设备允许电压	设备允许电流	设备输入电源	设备残余容抗	设备残余感抗
推荐值	最小 24V	最小 250mA	1.2W	<5nF	$<20\mu$H

按照 IEC1158.2 的规范要求，现场总线基金会对设备电路开路时最大输出电压的推荐值为 35V。

3.4.6 基金会现场总线的网络拓扑结构

低速现场总线 H1 支持点对点连接，总线型、菊花链型、树型拓扑结构，而高速现场总线 H2 只支持总线型拓扑结构。图 3-3-17 低速现场总线拓扑结构示意图。表 3-3-6 则为 H1，H2 总线网段的主要特性参数。

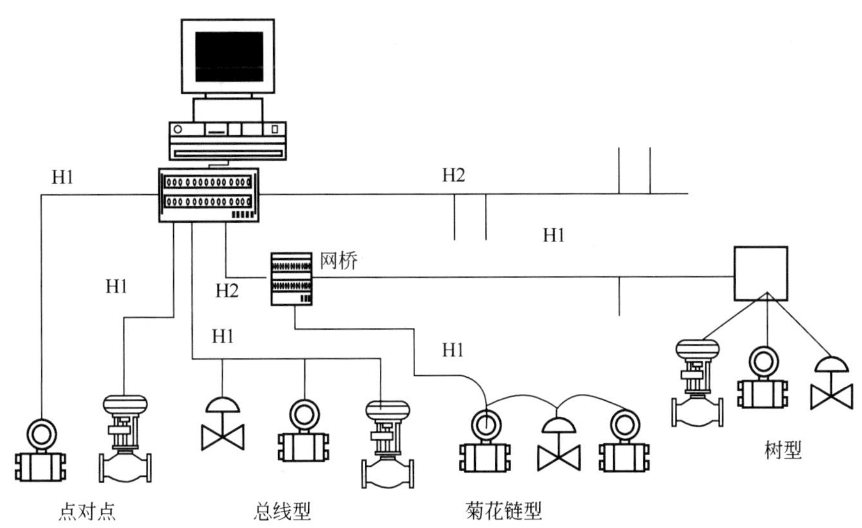

图 3-3-17 低速总线拓扑结构

基金会现场总线支持桥接网，可以通过网桥把不同速率、不同类型的网段连成网络。网桥设备具有多个口，每个口有一个物理层实体。

表 3-3-6　H1、H2 总线网段的主要特性参数

项　目	低速现场总线 H1			高速现场总线 H2		
传输速率	31.25kbps	31.25kbps	31.25kbps	1Mbps	1Mbps	2.5Mbps
信号类型	电压	电压	电压	电流	电压	电压
拓扑结构	总线/菊花链/树型	总线/菊花链/树型	总线/菊花链/树型	总线型	总线型	总线型
通信距离	1900m	1900m	1900m	750m	750m	750m
分支长度	120m	120m	120m	0	0	0
供电方式	非总线供电	总线供电	总线供电	总线交流供电	非总线供电	非总线供电
本质安全	不支持	不支持	支持	支持	不支持	支持
设备数/段	2～32	1～12	2～6	2～32	2～32	2～32

3.5　基金会现场总线数据链路层

数据链路层（DLL）位于物理层与总线访问子层之间，为系统管理内核和总线访问子层访问媒体提供服务。在数据链路层上所生成的协议控制信息，就是为完成对总线上的各类链路传输活动进行控制而设置的。总线通信中的链路活动调度，数据的接收发送，活动状态的探测、响应，总线上各设备间的链路时间同步，都是通过数据链路层实现的。每个总线段上有一个媒体访问控制中心，称为链路活动调度器（LAS）。链路活动调度器具备链路活动调度能力，可形成链路活动调度表，并按照调度表的内容形成各类链路协议数据，链路活动调度是该设备中数据链路层的重要内容。

3.5.1　链路活动调度器（LAS）

链路活动调度器（LAS）拥有总线上所有设备的清单，由它来掌管总线段上各设备对总线的操作。任何时刻每个总线段上都只有一个链路活动调度器处于工作状态，总线段上的设备只有得到链路活动调度器的许可，才能向总线上传输数据，因此链路活动调度器 LAS 是总线的通信活动中心。

基金会现场总线的通信活动被归纳为两类：受调度通信与非调度通信。由链路活动调度器按预定调度时间表周期性依次发起的通信活动，称为受调度通信。现场总线系统中这种受调度通信，一般用于在设备间周期性地传送控制数据，如在现场变送器与执行器之间传送测量或控制器输出信号。

在预定调度时间表之外的时间，通过得到令牌的机会发送信息的通信方式称为非调度通信。非调度通信在预定调度时间表之外的时间，由链路活动调度器通过现场总线发出一个传递令牌，得到这个令牌的设备就可以发送信息。所有总线上的设备都有机会通过这一方式发送调度之外的信息。基金会现场总线通信采用令牌总线工作方式。

受调度通信与非调度通信都是由链路活动调度器掌管的。按照基金会现场总线的规范要求，链路活动调度器应具有以下 5 种基本功能。

① 向设备发送强制数据（CD）。按照链路活动调度器内保留的调度表，向网络上的设备发送 CD。调度表内只保存要发送强制数据的请求，其余功能函数都分散在各调度实体之间。

② 向设备发送传递令牌，使设备得到发送非周期数据的权力，为它们提供发送非周期数据的机会。

③ 为新入网的设备探测未被采用过的地址。当为新设备找好地址后，把它们加入到活动表中。

④ 定期对总线段发布数据链路时间和调度时间。

⑤ 监视设备对传递令牌的响应，当设备既不能随着传递令牌顺序进入使用，也不能将令牌返还时，就从活动表中去掉这些设备。

3.5.2　通信设备类型

并非所有总线设备都可成为链路活动调度器。按照设备的通信能力，基金会现场总线把通信设备分为 3 类：链路主设备、基本设备和网桥。链路主设备是指那些有能力成为链路活动调度器的设备；而不具备这一能力的设备则被称为基本设备。基本设备只能接收令牌并做出响应，这是最基本的通信功能，因而可以说网络上的所有设备，包括链路主设备，都具有基本设备的能力。当网络中几个总线段进行扩展连接时，用于两个总线段之间的连接设备，就称之为网桥。网桥属于链路主设备。

一个总线段上可以连接多种通信设备，也可以挂接多个链路主设备，但一个总线段上某个时刻，只能有一

个链路主设备成为链路活动调度器 LAS，没有成为 LAS 的链路主设备，起着后备链路活动调度器的作用。图 3-3-18 表示了现场总线通信设备的类型。

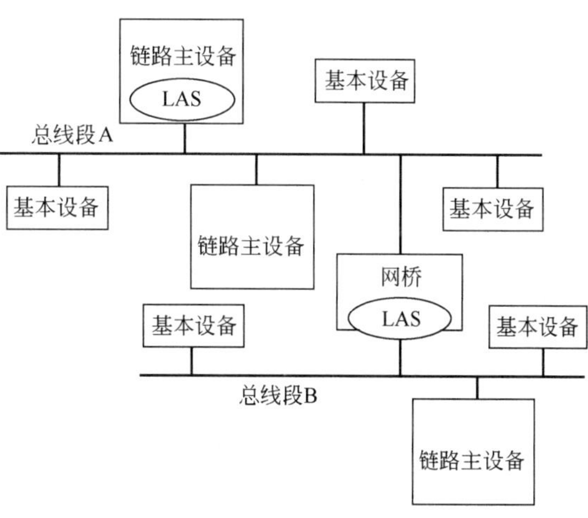

图 3-3-18 现场总线的通信设备与 LAS

3.5.3 数据传输方式

基金会现场总线提供 3 种数据传输方式，一种为无连接数据传输，两种为面向连接的传输方式。

无连接数据传输是指在数据链路服务访问点之间，排队传输数据链路协议数据单元。这类传输主要用于在总线上发送广播数据。通过组态可以把多个地址编为一组，并使其成为数据传输的目的地址。

无连接数据传输的特点，是在数据传输之前不需要单独为数据传输而发送创建连接的报文，也不需要数据接收者的应答响应信息。

面向连接的传输连接方式，则要求在数据传输之前发布某种信息来建立连接关系。面向连接的传输又分为两种，一种为通信双方经请求响应交换信息后进行的数据传输，另一种是以数据发送方的协议数据单元（DLPPU）为依据的传输方式。

受调度通信发送方式，只能在本网段内发送数据。当发送者与接收者处于不同网段时，要在发布者与网桥、网桥与接收者之间，分别建立相关的连接。

3.6 现场总线访问子层

现场总线访问子层（FAS）是基金会现场总线通信参考模型中应用层的一个子层，和总线报文规范层一起构成应用层。

总线访问子层 FAS 位于报文规范层（FMS）与数据链路层（DLL）之间，把报文规范层和数据链路层分隔开来，利用数据链路层的受调度通信与非调度通信作用，为总线报文规范层提供服务，对报文规范层和应用进程提供虚拟通信关系的报文传送服务。

在分布式应用系统中，各应用进程之间要利用通信通道传递信息。在应用层中，把这种模型化了的通信通道称为应用关系。应用关系负责在所要求的时间，按规定的通信特性，在两个或多个应用进程之间传送报文。总线访问子层的主要活动，就是围绕与应用关系相关的服务进行的。

3.6.1 总线访问子层的协议机制

可以把总线访问子层的协议机制划为 3 层：总线访问子层服务协议机制（FSPM）；应用关系协议机制（APPM）；数据链路层映射协议机制（DMPM）。它们之间的相互关系如图 3-3-19 所示。

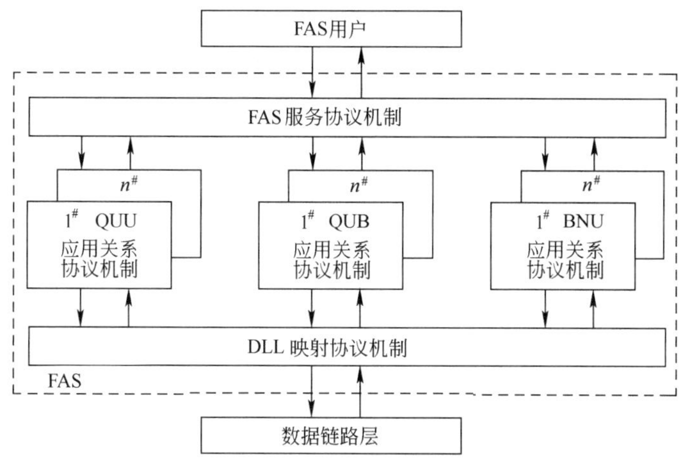

图 3-3-19 总线访问子层的协议分层

总线访问子层的服务协议机制（FSPM）是总线访问子层用户和应用关系端点之间的接口，总线访问子层用户是指总线报文规范层和功能块应用进程。对所有类型的应用关系端点，其服务协议机制都是公共的，没有任何状态变化。它负责把服务用户发来的信息转换为总线访问子层的内部协议格式，并根据应用关系端点参数，为该服务选择一个合适的应用关系协议机制，它是对上层的接口。

数据链路层映射协议机制（DMPM）与总线访问子层的服务协议机制有点类似。它是对下层即数据链路层的接口。它将来自应用关系协议机制的总线访问子层内部协议格式，转换成数据链路层可以接受的服务格式，并送给数据链路层，或者反过来，将接收到的来自数据链路层的内容，以总线访问子层内部协议格式发送给应用关系协议机制。

应用关系协议机制是总线访问子层的中心。

这 3 层协议机制集成在一起，构成总线访问子层的有机整体。

3.6.2 应用关系端点分类

按应用关系端点的综合特性，将应用关系协议机制（AREP）划分为以下 3 类端点。

① 排队式、用户触发、单向类应用关系协议机制，简称为 QUU 类端点。

② 排队式、用户触发、双向类应用关系协议机制，简称为 QUB 类端点。

③ 缓冲式、网络调度、单向类应用关系协议机制，简称为 BNU 类端点。

QUU 类端点所提供的应用关系支持从一个应用进程到零个或多个应用进程，按要求排队的非确认服务，源方/收存方的相互关系就属于这种。源方端点接收非确认服务请求，将它具体体现在相应的现场总线访问子层的协议数据单元中，并把这个现场总线访问子层协议数据单元提交给数据链路层。数据链路层按应用关系协议机制的属性定义，提供排队的无连接数据传输服务。采用数据链路层提供的同级服务，发送源方端点的所有现场总线访问子层协议数据单元。收存方端点接收从数据链路层来的现场总线访问子层协议数据单元，并按次序递送非确认服务指针，指针按照接收的顺次排序。

QUB 类端点：这种类型端点所提供的应用关系支持两个应用进程之间的确认服务。

客户端点接受确认服务请求，将它具体体现在相应的现场总线访问子层协议数据单元中，并把这个现场总线访问子层协议数据单元交给数据链路层。数据链路层按照应用关系协议机制的属性定义，提供排队的、面向连接的数据传输服务。为应用关系协议机制所规定的通信特性决定了如何配置数据链路层。发送所有客户端点的现场总线访问子层协议数据单元，都采用数据链路层提供的相同等级的服务。服务器方端点接收从数据链路层来的现场总线访问子层协议数据单元，并按顺序递送确认的服务指针、指针按照接收的顺次排序。

服务器方端点接受来自用户的确认服务响应，将它具体体现在相应的现场总线访问子层协议数据单元中，并把现场总线访问子层协议数据单元交给数据链路层。数据链路层按照端点的属性定义，提供有向排队、面向连接的数据传输服务。发送所有服务器方端点的现场总线访问子层协议数据单元，都采用该数据链路层提供的相同等级的服务。客户方端点接收这个现场总线访问子层协议数据单元，把确认服务传送到与这个端点相关的应用进程，完成这个确认服务。

BNU 类端点所提供的应用关系支持对零个或多个应用进程的周期性、缓冲型、非确认的服务，发布方/预订接收方间的相互作用，就属于这一类。

发布方端点接受非确认的服务请求，把它具体体现在相应的现场总线访问子层协议数据单元中，并将现场总线访问子层协议数据单元交给数据链路层。数据链路层按照应用进程协议机制的属性定义，提供缓冲型面向连接的数据传输服务。发送所有来自发布方端点的现场总线访问子层协议数据单元，都采用由数据链路层提供的相同等级的服务。预订接收方端点从数据链路层接收现场总线访问子层协议数据单元，并且按次序递送非确认服务指针，该次序是指与这个端点相关的应用进程的接收次序。

3.7 现场总线报文规范层

现场总线报文规范层（FMS）是通信参考模型应用层中的另一个子层。该层描述了用户应用所需要的通信服务、信息格式、行为状态等。它在整个通信模型中的位置及其与其他层的关系，如图 3-3-12 所示。

FMS 提供了一组服务和标准的报文格式。用户应用可采用这种标准格式在总线上相互传递信息，并通过 FMS 服务，访问应用进程对象，以及它们的对象描述。把对象描述收集在一起，形成对象字典。应用进程中的网络可视对象和相应的对象字典（OD）在现场总线报文规范层中称为虚拟现场设备 VFD。

现场总线报文规范层服务在虚拟通信关系端点提供给应用进程。现场总线报文规范层服务分为确认的和非确认的。确认服务用于操作和控制应用进程对象，如读/写变量值及访问对象字典，它使用客户方/服务器方型虚拟通信关系；非确认服务用于发布数据或通报事件，发布数据使用发布方/预订接收方 VCR（虚拟通信关系）。

现场总线报文规范层由以下几个模块组成：虚拟现场设备 VFD；对象字典管理；联络关系（上下文）管理；域管理；程序调用管理；变参访问；事件管理。

3.7.1 虚拟现场设备

由通信伙伴看来，虚拟现场设备 VFD 是一个自动化系统的数据和行为的抽象模型，用于远距离查看对象字典中定义过的本地设备的数据，其基础是 VFD 对象。虚拟现场设备对象包含有可由通信用户通过服务使用的所有对象及对象描述。对象描述存放在对象字典中，每个虚拟现场设备有一个对象描述。因而虚拟现场设备可以看作应用进程的网络可视对象和相应的对象描述的体现。总线报文规范层服务没有规定具体的执行接口，它们以一种可用函数的抽象格式出现。

一个典型的现场设备可有几个虚拟现场设备，至少应该有两个虚拟现场设备。一个用于网络与系统管理，一个作为功能块应用。它提供对网络管理信息库和系统管理信息库的访问。网络管理信息库（NMIB）包括虚拟通信关系、动态变量、统计。当该设备成为链路主设备时，它还负责链路活动调度器的调度工作。系统管理信息库（SMIB）的数据包括设备标签、地址信息和对功能块执行的调度。

虚拟现场设备对象的寻址由虚拟通信关系表中的虚拟通信关系隐含定义。虚拟现场设备对象有几个属性，如厂商名、模型名、版本、行规号等，逻辑状态和物理状态属性说明了设备的通信状态及设备总状态；虚拟现场设备对象列表具体说明它所包含的对象。

虚拟现场设备支持的服务有 3 种：Status，Unsolicited Status 和 Identify。

表 3-3-7 为其服务内容。

表 3-3-7 VFD 服务内容

服务名称	服务内容
Status	读取设备/用户状态
Unsolicited Status	发送一个未经请求(主动提供)的状态 *
Identify	读取制造商,类型,版本

Status 为读取状态服务，后面括号内的服务属性为逻辑状态、物理状态。Status，req/ind（ ）；Status，rsp/cnf（Logical Status，Physical Status）。

Unsolicited Status 为设备状态的自发送服务。

Identify 为读虚拟现场设备识别信息服务，后面括号内的服务属性为厂商名、模型名、版本号。Identify，req/ind（ ）；Identify，rep/cnf（Vendor Name，Model Name，Revison）。

厂商名、模型名、版本与行规号，都属于可视字符串类，由制造商输入，分别表明制造商的厂名，设备功能模型名和设备的版本水平。行规号以固定的两个 8 位字节表示，如果一个设备没有相应的行规与之对应，则这两个 8 位字节都输入为“0”。

逻辑状态是指有关该设备的通信能力状态：

0——准备通信状态，所有服务都可正常使用；

2——服务限制数，指某种情况下能支持服务的有限数量；

4——非交互对象字典装载，如果对象字典处于这种状态，不允许执行 Initiate Put OD 服务；

5——交互对象字典装载，如果对象字典处于这种状态下，所有的连接服务将被封锁，并将拒绝建立进一步的连接，只有 Initiate Put OD 服务可以被接收，即可启动对象字典装载。只有在这种连接状态下才允许以下服务：Initate，Abort，Reject，Status，Identify，PhysRead，Phywrite，Get OD，Initiate，Put OD，Terminate Put OD。

物理状态则给出了实际设备的大致状态：

0——工作状态；

1——部分工作状态；

2——不工作状态；

3——需要维护状态。

Unsolicited Status 是为用户或设备状态的自发传送而采用的服务。它也包括逻辑状态、物理状态及指明本地应用状态的 Local Detail。

Identify 服务用于读取虚拟现场设备的识别信息。

3.7.2 对象字典

由对象描述说明通信中跨越现场总线的数据内容。把这些对象描述收集在一起，形成对象字典 OD。对象字典包含有以下通信对象的对象描述：数据类型、数据类型结构描述、域、程序调用、简单变量、矩阵、记录、变量表事件。字典的条目提供了对字典本身的说明，被称为字典头，并为用户应用的对象描述规定了第一个条目。用户应用的对象描述能够从 255 以上的任何条目开始。条目 255 及以下条目定义了数据类型，如用于构成所有其他对象描述的数据结构、位串、整数、浮点数。

对象字典 OD 由一系列的条目组成。每一个条目分别描述一个应用进程对象和它的报文数据。对一个对象字典惟一地分配统一的一个对象字典的对象描述。这个对象字典的对象描述包含关于这个对象字典结构的信息，用一个惟一的目录号来标注这个对象描述，它是一个 16 位无符号数。目录号或者名称在对象与对象描述的服务中起到关键作用。

3.8 用户层

基金会现场总线用户层是在 ISO/OSI 参考模型中 7 层结构的基础上添加的一层，功能块应用进程是用户层的重要组成部分，用于完成基金会现场总线中的自动化系统功能。

现场总线系统可以看成是协同工作的应用进程（AP）的集合，应用进程是现场总线系统活动的基本组成部分，最基本的对象。每个应用进程表述了存在于一个设备网的分别被包装成组的功能块。功能块应用进程是由功能块所构成的应用进程。对象是构成功能块应用的基本元素。

3.8.1 功能块应用进程对象分类

(1) 块对象　块是一个软件的逻辑处理单元。输入事件影响算法的调用；算法执行产生获得输出事件块，使输入或输出值在块执行期间不受外部变化的影响。块的算法可以是外部不可见的，并可包含不可见的内部变量。块的参数有输入参数、输出参数及用于控制块执行的内含参数，它们是网络可视的。内含参数规定块的专有数据，不参与连接。

位号（Tag）提供对块的应用场合的识别，它在一个现场总线系统内是惟一的。

块有 3 类：资源块、功能块、变换块。在资源块内部，块有其目录，以便于现场总线报文规范层访问。

块的属性包含一个参数表，每个参数有其标识、存储法、用法及与其他参数的关系等特性。

参数的数据类型可能是一个简单数据类型、一个数组或一个记录。输入、输出参数的数据类型是一个记录，即状态与值。状态可能是好、不确定或坏；值为浮点、位串等。内含参数数据类型和结构视具体参数而不同。

块有 6 个通用参数，是必须含有的。另外，不同的块有不同的标准功能参数，制造商还可另加入特殊参数。

6 个通用参数位于参数表的开头 6 个子目录，它们是：

静态版本（ST-REV，Unsigned 16）；

位号说明（TAG-DESC，字节串）；

策略（STRATEGY，Unsigned 16）；

警键（ALERT-KEY，Unsigned 16）；

模式（MODE-BLK）——它含有 4 个子项：目标模式、实际模式、允许模式、正常模式，它们都是位串类型。

块出错（BLOCK-ERR）是位串类型，如 1 表示块组错误；2 表示连接组态错误；8 表示输出错误；9 表示存储器错误；13 表示设备需要维修等。

上述通用参数都是内含参数。内含参数还有设定值（SP）、过程变量（PV）、远程参数、量程、通道、报警总貌、事件、仿真、测试等。

输入参数（Pri-In，Cas-In，BKcal-In 等）和输出参数（Pri-Out，BKcal-Out）是参与块之间链接的参数，它们的数据结构是值与状态。

(2) 链接对象　链接对象用于访问、分配、交换对象和虚拟通信关系，某功能块输入参数和另一功能块输出参数的关联等。

链接对象一般在总线组态时定义，在现场设备在线运行前，或运行时传送给它，用于建立通信连接。

链接对象的子目录包括本地目录、虚拟通信关系号、远程目录、服务操作、失效计数极限。它映射为现场总线报文规范层记录，包含这5个元素，数据结构目录号为81。

(3) 设备资源　功能块应用进程的虚拟现场设备（VFD）称作资源，它表示该应用进程的网络可访问的软件、硬件对象。设备资源构成功能块应用的网络接口，提供用现场总线报文规范层传送服务请求/响应的信息，组成资源的对象定义包含在对象字典中，由现场总线报文规范层和功能块应用共享。通过资源可以访问对象及其参数。每个资源有惟一的一个资源块。

一个现场设备通常包含一个资源，以支持其功能块应用。而当组成设备的元素有不同的应用要求时，可有多个资源支持功能块应用。

(4) 报警对象　报警对象用于块的报警和事件报告。

报警对象的子目录有块目录、警键、标准类型、信息类型（1、事件通知；3、警报发生）、优先权等。报警分作3个子类：模拟报警、离散报警及警报更新。子类属性值从相应的报警或事件参数中拷贝而得，映射为现场总线报文规范层记录，它们在对象字典中数据结构的目录号分别为75，76，77。

(5) 趋势对象　趋势对象对功能块的趋势性参数进行采样，提供参数采样值的短期存储，以便接口设备收集这些信息。趋势对象包含最近6个采样值及其状态，以及最后一次采样时间。另外，趋势对象还包含有块目录、趋势参数、相对目录、采样类型及间隔等属性。

趋势有3个子类：浮点趋势、离散趋势、位串趋势，分别对应数据结构目录号78、79、80，映射为现场总线报文规范层记录。

(6) 观测对象　观测对象使一组块参数的属性值可被一次性地访问，主要用于获得运行、诊断、组态的信息，在观测对象中定义的块参数分作4类，即动态操作参数（View-1）、静态操作参数（View-2）、完全动态参数（View-3）、其他静态参数（View-4）。

(7) 程序调用对象　现场总线报文规范层规范规定，一定种类的对象具有一定的行为规则。一个远程设备能够控制在现场总线上的另一设备中的程序状态。即通过该类对象的服务实现程序调用对象的状态转换。例如，远程设备可以利用现场总线报文规范层服务中的创建程序调用，把非存在状态改变为空闲状态，也可以利用现场总线报文规范层中的启动（Start）服务把空闲状态改变为运行状态等。

(8) 域对象　域即一部分存储区，可包含程序和数据，它是“字节串”类型，域的最大字节数在对象字典中定义。属性有名称、数字标识、口令、访问组、访问权限、本地地址、域状态等。

相应的服务主要是下载、上载。现场总线报文规范层服务容许用户应用在一个远程设备中上载或下载“域”。上载指从现场设备中读取数据，下载指向现场设备发送或装入数据。

(9) 作用对象　作用对象用于创建或删除一个块或对象。作用对象的子目录有作用（0：无作用请求；1：创建块或对象；2：删除一个块或对象）、对象的设备描述 Member ID、对象在对象字典中的位置序号。作用对象的值可由 FB-Action 服务写入。作用对象映射现场总线报文规范层记录，含3个元素，其数据结构目录号为86。

3.8.2 功能块的内部结构与功能块连接

功能块应用进程提供一个通用结构，把实现控制系统所需的各种功能划分为功能模块，使其公共特征标准化，规定它们各自的输入、输出、算法、事件、参数与块控制图，把按时间反复执行的函数模块化为算法，把输入参数按功能块算法转换成输出参数。反复执行意味着功能块或是按周期，或是按事件发生重复作用的。

图3-3-20显示了一个功能块的内部结构。从图中结构可以看到，不管在一个功能块内部执行的是哪一种算法，实现的是哪一种功能，它们与功能块外部的连接结构是通用的。分布位于图中左、右两边的一组输入参数与输出参数，是本功能块与其他功能块之间要交换的数据和信息，其中输出参数是由输入参数、本功能块的内含参数、算法共同作用而产生的。图中上部的执行控制用于在某个外部事件的驱动下，触发本功能块的运行，并向外部传送本功能块执行的状态。

例如，生产过程控制中常用的 PID 算法就是一个标准的功能块。把被控变量测量 AI 模块的输出连接到 PID 功能块，就成为 PID 块的输入参数。当采用串级控制时，其他 PID 功能块的输出也可以作为输入参数，置入到 PID 功能块内作为给定值。比例带、积分时间、微分时间等所有不参与连接的参数，则是本功能块的内含参数。处理算法就是开发者编写的 PID 算式的运行程序。由链路活动调度器根据时钟时间、触发 PID 功能

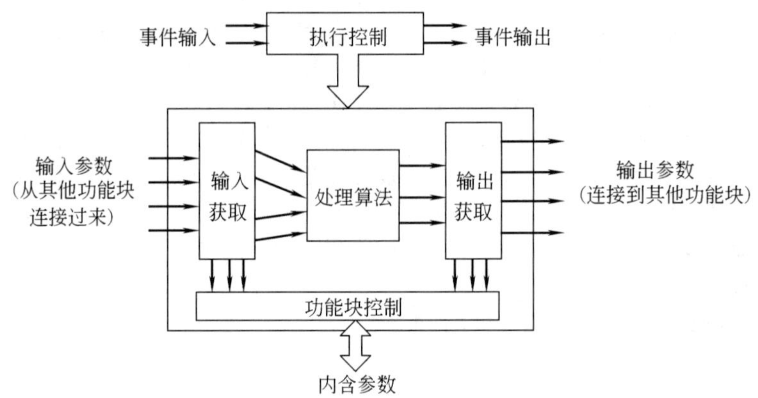

图 3-3-20　功能块的内部结构

块的运行，由运行结果产生输出参数，送往与它连接的 AO 模块，又成为 AO 模块的输入参数。然后它通过 AO 模块作用后，送往指定的阀门执行器。

采用这种功能块的通用结构，内部的处理算法与功能块的框架结构相对独立。使用者可以不必顾及功能与算法的具体实现过程。这样有助于实现不同功能块之间的连接，便于实现同种功能块算法版本的升级，也便于实现不同制造商产品的混合组态与调用。功能块的通用结构是实现开放系统构架的基础，也是实现各种网络功能与自动化功能的基础。

功能块被单个地设计和定义，并集成为功能块应用。一旦定义好某个功能块之后，可以把它用于其他功能块应用之中。功能块由其输入参数、输出参数、内含参数及操作算法所定义，并使用一个位号和一个对象字典索引识别。

功能块连接是指把一个功能块的输入连接到另一个功能块的输出，以实现功能块之间的参数传递与功能集成。功能块之间的连接存在于功能块 AP 内部，也存在于功能块 AP（应用进程）之间。图 3-3-21 表明了功能块应用进程中的功能块及其与对象的连接。

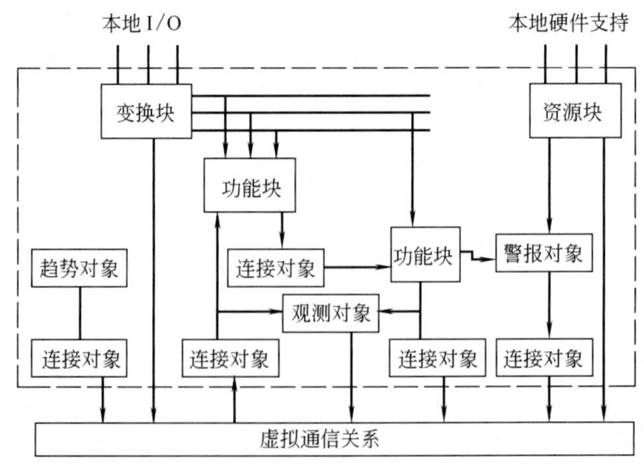

图 3-3-21　功能块及其与对象的连接

3.8.3　功能块应用进程中的用户功能块

现场总线基金会规定了基于“块”的用户应用，不同的块表达了不同类型的应用功能。典型的用户应用块有功能块、资源块、变换块。基金会已定义了资源块、10 个基本功能块、19 个先进功能块，以及一组变换块。

(1) 资源块　功能块应用进程把它的虚拟现场设备 VFD 模块化为一个个资源块。资源块表达了应用进程的网络硬件和软件对象，描述了现场总线设备的特征，如设备名、制造者、系列号。为了使资源块表达这些特性，规定了一组参数。资源块没有输入或输出参数。它将功能块与设备硬件特性隔离，可以通过资源块在网络上访问与资源块相关设备的硬件特性。

资源块也有其算法，用以监视和控制物理设备硬件的一般操作。其算法的执行取决于物理设备的特性，由制造商规定。该算法可能引起事件的发生。一个设备中只有惟一的一个资源块。

(2) 变换块　变换块读取传感器硬件，并写入到相应的接受这一数据的硬件中。允许变换块按所要求的频率从传感器中取得数据，并确保合适地写入到要读取数据的硬件之中。它不含有运用该数据的功能块，这样便于把读取数据、写入的过程从制造商的专有物理 I/O 特性中分离出来，提供功能块的设备入口，并执行一些功能。

变换块包含有量程数据、传感器类型、线性化、I/O 数据表示等信息。它可以加入到本地读取传感器功能块或硬件输出功能块中。通常每个输入或输出功能块内部都会有一个变换块。

(3) 功能块　功能块是参数、算法和事件的完整组成，由外部事件驱动功能块的执行，通过算法把输入参数变为输出参数，实现应用系统的控制功能。对输入和输出功能块来说，要把它们连接到变换块，与设备的 I/O硬件相互联系。

与资源块和变换块不同，功能块的执行是按周期性调度或按事件驱动的。功能块提供控制系统功能，功能块的输入输出参数可以跨越现场总线实现连接。每个功能块的执行受到准确的调度。单一的用户应用中可能有多个功能块。现场总线基金会规定了如表 3-3-8 所示的一组标准功能块。此外还为先进控制规定了 19 个标准的附加功能块。

表 3-3-8　FF 的基本标准功能块

功能块名称	功能块符号	功能块名称	功能块符号	功能块名称	功能块符号
模拟量输入	AI	离散输入	DI	比例积分微分	PID
模拟量输出	AO	离散输出	DO	比率系数	RA
偏置	B	手动装载	ML		
控制选择	CS	比例微分	PD		

功能块可以按照对设备的功能需要设置在现场总线设备内。例如简单的温度变送器可能包含一个 AI 模拟量输入功能块，而调节阀则可能包含一个 PID 功能块和 AO 模拟量输出功能块。这样一个完整的控制回路就可以只由一个变送器和一个调节阀组成。有时，也把 PID 功能块装入温度、压力等变送器内。

在用户应用中采用了以下内容。

① 连接对象　为了组成系统，在应用进程之间和应用进程内部，采用连接对象把不同功能块连接在一起，用来记录这类信息的对象称为连接对象。

连接对象规定了功能块之间的连接关系，它包括一个设备内部各块之间的连接关系，也包括跨越现场总线的不同设备间的输入与输出之间的连接关系。

运用连接对象来定义输入输出参数之间的连接关系，也运用连接对象来规定从外部对观测、趋势和报警对象的访问。连接对象要识别被连接的参数或对象，识别用于传输数据的现场总线报文规范层服务，用于传输的虚拟通信关系。对跨越现场总线的不同设备间的输入输出参数连接，还要识别远程参数。

② 趋势对象　趋势对象允许将功能块参数局部化，它可以被主机或其他设备所访问。趋势对象收集短期历史数据，并存储在一个设备中，它提供了回顾其特征的历史信息。

③ 报警对象　报警对象允许对报警状态和现场总线上的事件进行报告。当判断出有报警或事件时，报警对象生成通知信息，可通过接口设备访问。

报警对象对块状态偏离进行监测。它在报警和事件发生时，发出事件通知，并等待特定的接收响应的时间。如果在预定的时间之内没有收到响应，将重发事件通知。这一方法确保了报警信息不会丢失。

为功能块、事件报告规定了两类报警。当功能块偏离了一个特定的状态时，例如当一个参数越过了规定的门槛，采用事件表报道状态变化。不仅是在功能块发布了一个特殊状态时，对其特殊状态采用报警，而且当它返回到一个状态时也采用报警。

④ 观测对象　观测对象支持功能块的管理和控制，提供了对状态与操作的可视性。观测对象将操作数据转换成组并处理、使其可被一个通信请求成组地访问。

通过预先定义观测对象，把人机接口采用的块参数组分成几类。功能块规范中为每种功能块规定了 4 个观测对象。表 3-3-9 表示了把一般功能块参数按观测对象分组的情况，它只给出了功能块的部分参数。

表 3-3-9 功能块参数按观测对象分组

功能块参数	1# 观测对象操作动态	2# 观测对象操作静态	3# 观测对象完全动态	4# 观测对象其他静态
设定值 SP	*		*	
过程变量 PV	*		*	
SP 高限		*		
串级输入 CAS IN			*	
增益 GAIN				*

注：1# 观测对象——动态操作信息，工厂操作人员运行生产过程所需要的信息。

2# 观测对象——静态操作信息，需要读取一次，然后与动态数据一起显示的信息。

3# 观测对象——完全动态变化且在细目显示中可能需要参照的信息。

4# 观测对象——其他静态信息，如组态与维护信息。

3.8.4 块参数

块参数的标准化分 4 个层次。它们是现场总线基金会定义的 6 个通用参数（静态版文，位号说明，策略，警键，模式，块出错）；各类块的功能参数；FF 行规组定义的设备参数；制造商定义的特殊参数（用设备描述语言描述）。

(1) 资源块参数　资源块参数是内含的，所以它没有连接。除 6 个通用参数（目录号 1～6）外，资源块的其他参数列表如表 3-3-10。其中 RS_STATE 描述了资源状态总貌（1 为启动；2 为初始化；3 为在线连接；4 为在线；5 为备用；6 为失败）。目录号 13 为 DD_REV，用以识别和寻找设备描述，以便设备描述服务可正确地选择资源所用的设备描述。目录号 16 为 RESTART，描述资源的启动状态（1—运行；2—重启资源；3—缺省重启；4—处理器重启）。目录号 15 为 HARD_TYPES，说明硬件 I/O 类型（位串类型：位 0—AI；位 1—AO；位 2—DI；位 3—DO）。目录 20 为 CYCLE_SEL，说明资源支持的性能（位 0—代码类型；位 1—报告；位 2—失效保护；位 3—软写保护；位 4—硬写保护；位 5—输出回馈；位 6—直接接入输出硬件）。

表 3-3-10 资源块参数表

目录号	参数助记符	说　明	目录号	参数助记符	说　明
7	RS_STATE	资源的状态	22	MEMORY_SIZE	存储器大小
8	TEST_RW	读写测试参数	23	NV_CYCLE_T	参数写入 NV 的时间
9	DD_RESOURSE	包含 DD 的资源的位号	24	FREE_SJPACE	剩余空间
10	MANUFAC_ID	制造商识别符	25	FREE_TIME	剩余时间
11	DEV_TYPE	设备类型	26	SHED_RCAS	远程串级屏蔽
12	DEV_REV	设备版本	27	SHED_ROUT	远程输出屏蔽
13	DD_REV. DD	版本	28	FAIL_SAFE	失效保护
14	GRANT_DENY	访问允许或禁止	29	SET_FSAFEM	设置失效保护
15	HARD_TYPES	硬件类型	30	CLR_FSAFE	清除失效保护
16	RESTART	允许重启状态	31	MAX_NOTIFY	报警最大通知数
17	FEATURES	特性	32	LIM_NOTIFY	通知数极限
18	FEATURE_SEL	特性选择	33	CONFRIM_TIME	确认时间
19	CYCLE_TYPE	循环类型	34	WRITE_LOCK	写保护
20	CYCEL_SEL	循环选择	35	UPDATE_EVT	更新事件
21	MIN_CYCLE_T	最小循环时间	36	BLOCK_ALM	块报警

续表

目录号	参数助记符	说 明	目录号	参数助记符	说 明
37	ALARM_SUM	报警总貌	39	WRITE_PRI	清除写保护时所生成的报警的优先级
38	ACK_OPTION	确认选项	40	WRITE_ALM	清除写保护时所生成的报警

(2) 功能块参数　基金会已定义了10个基本功能块，分别为输入块：AI，DI；控制块：ML，BG，CS，PD，PID，RA；输出块：AO，DO。它们可满足低速现场总线一般应用的80%，如常见的典型控制回路和应用形式：输入；输出；手动控制（ML+AO）；反馈控制（AI+PID+AO）；前馈控制；串级控制；比值控制等。

例如AI模拟输入功能块，通道值（CHANNEL）是由输入变换块通道来的；它首先给出仿真参数，这是一个数据结构[包括模拟状态（Simulate Status）、模拟值（Simulate Value）、发送状态（Transducer Status）、发送值（Transducer Value）、允许/不允许（Enable/Disabl）5个变量]。当仿真允许（Enable=2）时，它手动提供块输入值和状态；禁止（Enable=1）时，输入值为变换块值。然后，经过各种变换（变换量程XD_SCALE；线性化L_TYPE；输出量程OUT_SCALE；小信号切除LOW_CUT及PV滤波）。另外还有许多报警参数。

现场值（Field_Val）=100×(Channel_Val_EU@0）÷（EU@100%_EU@0）×[XD_Scale]

线性化类型L_TYPE为直接时，PV=Channel_Val；线性化类型L_TYPE为间接时，PV=Channel_Val * [OUT_SCALE]。

AI块支持的模式有O/S、AUTO、MAN。

AI块参数列于表3-3-11，前面6个通用参数未列出。

表 3-3-11　AI 功能块参数表

目录号	参数助记符	说 明	目录号	参数助记符	说 明
7	PV	过程变量	22	ALAT_SUM	报警总貌
8	OUT	功能执行结果值	23	ACK_OPTION	自动确认选项
9	SIMULATE	仿真参数	24	ALARM_HYS	报警期间的PV值
10	XD_SCALE	变换器量程	25	HI_HI_PRI	高_高报警优先级
11	OUT_SCALE	输出量程	26	HI_HI_LIM	高_高报警限
12	GRANT_DENY	允许/禁止	27	HI_PRI	高报警优先级
13	IO_OPTS	输入输出选项	28	HI_LIM	高报警限
14	STATUS_OPTS	块状态选项	29	LO_PRI	低报警优先级
15	CHANNEL	变换块通道值	30	LO_LIM	低报警限
16	L_TYPE	线性化类型	31	LO_LO_PRI	低_低报警优先级
17	LOW_CUT	小信号切除	32	LO_LO_LIM	低_低报警限
18	PV_FTIME	PV信号滤波时间常数	33	HI_HI_ALM	高_高报警
19	FIELD_VAL	现场值(未线性化,未滤波)	34	HI_ALM	高报警
20	UPDATE_EVT	更新发生的事件	35	LO_ALM	低报警
21	BLOCK_ALM	块报警	36	LO_LO_ALM	低_低报警

(3) 变换块参数　现场总线设备的功能块应用进程可分作两个部分：控制应用进程（CAP）和设备应用进程（DAP）。控制应用进程通过I/O、计算、控制块的连接、组态而定义，它可在一个设备中或在几个设备间存在。一个设备应用进程总是存在于一个静态的设备中，它由资源块和变换块定义，没有通信链接。资源块包含虚拟现场设备（VFD）资源的通信对象，而变换块包含VFD中部分或全部描述物理I/O特性的通信对象。一个资源只有一个资源块，但可有多个变换块，也可以没有。设备应用进程（DAP）运用通道与控制应用进程部分进行通信，通道可以是双向的，可以有多个值。

变换块分作 3 个子类：输入变换块、输出变换块、显示变换块。所有变换块的参数表除 6 个通用参数外，还有 6 个变换块参数，按目录号依次为：UPDATE_EVT（更新发生的事件）；BLOCK_ALM（块报警）；TRANSDUCER_DIRECTORY（变换块说明）；TRANSDUCER_TYPE（变换块类型）；XD_ERROR（变换块错误代码）；COLLECTION_DIRECTORY（变换块中的说明集）。

变换块参数都是内含的。基金会已定义了 7 类标准的变换块，由变换块类型参数描述，带标定的标准压力变换块（100），带标定的标准温度变换块（101），带标定的标准液位变换块（103），带标定的标准流量变换块（104），标准的基本阀门定位块（105），标准的阀门定位块（106），标准的离散阀门定位块（107）。

3.9 网络管理代理

为了在设备的通信模型中把第 2 至第 7 层，即数据链路层至应用层的通信协议集成起来，并监督其运行，现场总线基金会采用网络管理代理（NMA），网络管理者工作模式。网络管理者实体在相应的网络管理代理的协调下完成网络的通信管理。

网络管理者按系统管理者的规定，负责维护网络运行。网络管理者监视每个设备中通信栈的状态。在系统运行需要或系统管理者指示时，执行某个动作。网络管理者通过处理由网络管理代理生成的报告，来完成其任务。它指挥网络管理代理，通过现场总线报文规范层，执行它所要求的任务。一个设备内部网络管理与系统管理相互作用属本地行为，但网络管理者与系统管理者之间的关系涉及到系统构成。

网络管理者（NMgr）实体指导网络管理代理（NMA）运行，由网络管理者向网络管理代理发出指示，而网络管理代理对它做出响应，网络管理代理也可在一些重要的事件或状态发生时通知网络管理者。每个现场总线网络至少有一个网络管理者。

每个设备都有一个网络管理代理（NMA），负责管理其通信栈。通过网络管理代理支持组态管理、运行管理、监视判断通信差错。网络管理代理利用组态管理设置通信栈内的参数，选择工作方式与内容，监视判断有无通信差错。在工作期间，它可以观察、分析设备通信的状况，如果判断出有问题，需要改进或者改变设备间的通信，就可以在设备一直工作的同时实现重新组态。是否重新组态则取决于它与其他设备间的通信是否已经中断。组态信息、运行信息、出错信息尽管大部分实际上驻留在通信栈内，但都包含在网络管理信息库 NMIB 中。

网络管理负责以下工作：

- 下载虚拟通信关系表或表中某一条目；
- 对通信栈组态；
- 下载链路活动调度表 LAS；
- 运行性能监视；
- 差错判断监视。

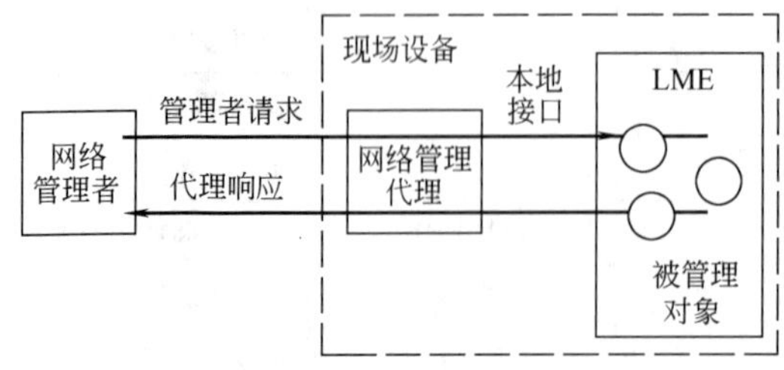

图 3-3-22 网络管理者、被管理对象、网络管理代理之间的相互作用关系

网络管理代理（NMA）是一个设备应用进程，它由一个现场总线报文规范层虚拟现场设备模型表示。在现场总线报文规范层虚拟现场设备中的对象是关于通信栈整体或各层管理实体的信息。这些网络管理对象集合在网络管理信息库（NMIB）中，可由网络管理者使用一些现场总线报文规范层服务，通过与网络管理代理建立虚拟通信关系进行访问。

网络管理者、网络管理代理及被管理对象间的相互作用如图 3-3-22 所示。

人们为网络管理者与它的网络管理代理之间的通信规定了标准虚拟通信关系。网络管理者与它的网络管理代理之间的虚拟通信关系总是虚拟通信关系表中的第一个虚拟通信关系。它提供了可用时间、排队式、用户触发、双向的网络访问。网络管理代理虚拟通信关系，以含有网络管理代理的所有设备都熟知的数据链路连接端点地址的形式，存在于含有网络管理代理的所有设备中，要求所有的网络管理代理都支持这个虚拟通信关系。通过其他虚拟通信关系，也可以访问网络管理代理，但只允许通过那些虚拟通信关系进行监视。

网络管理信息库（NMIB）是网络管理的重要组成部分之一，它是被管理变量的集合，包含了设备通信系统中组态、运行、差错管理的相关信息。网络管理信息库（NMIB）与系统管理信息库（SMIB）结合在一起，成为设备内部访问管理信息的中心。网络管理信息库的内容是借助虚拟现场设备管理和对象字典来描述的。

3.10 系统管理内核

每个设备中都有系统管理实体。该实体由用户应用和系统管理内核（SMK）组成。系统管理内核可看作一种特殊的应用进程 AP。从它在通信模型中的位置可以看出，系统管理是通过集成多层的协议与功能而完成的。

系统管理用以协调分布式现场总线系统中各设备的运行。基金会现场总线采用管理员/代理者模式，每个设备的系统管理内核（SMK）承担代理者角色，对从系统管理者（SMgr）实体收到的指示做出响应。系统管理可以全部包含在一个设备中，也可以分布在多个设备之间。

系统管理内核使该设备具备与网络上其他设备进行互操作的基础。图 3-3-23 为系统管理内核的框图。在一个设备内部，系统管理内核与网络管理代理和设备应用进程之间的相互作用属于本地作用。

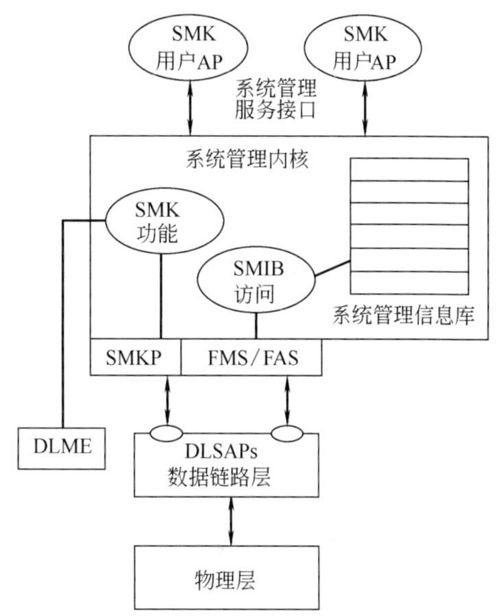

图 3-3-23　系统管理与其他部分的关系

系统管理内核是一个设备管理实体。它负责网络协调和执行功能的同步。系统管理内核采用两个协议进行通信，即现场总线报文规范层和系统管理内核协议。为加强网络各项功能的协调与同步，使用了系统管理员/代理者模式。在这一模式中，每个设备的系统管理内核承担了代理者的任务，并响应来自系统管理员实体的指示。系统管理内核协议（SMKP）就是用以实现管理员和代理者之间的通信的。系统管理操作的信息被组织为对象，存放在系统管理信息库中，从网络的角度来看，SMIB（系统管理信息库）属于管理虚拟现场设备（MVFD），这使得系统管理信息库对象可以通过现场总线报文规范层服务进行访问（如读、写），管理虚拟现场设备与网络管理代理共享。

系统管理内核的作用之一是要把基本系统的组态信息置入到系统管理信息库中。采用专门的系统组态设备，如手持编程器，通过标准的现场总线接口，把系统信息置入到系统管理信息库。组态可以离线进行，也可以在网络上在线进行。

系统管理内核采用了两种通信协议，即现场总线报文规范层与系统管理内核协议，现场总线报文规范层用于访问系统管理信息库，系统管理内核协议用于实现系统管理内核的其他功能。为执行其功能，系统管理内核必须与通信系统如设备中的应用相联系。

系统管理内核除了使用某些数据链路层服务之外，还运用现场总线报文规范层的功能来提供对系统管理信息库（SMIB）的访问。设备中的系统管理内核采用与网络管理代理共享的虚拟现场设备的模式。采用应用层服务可以访问系统管理信息库对象。

在地址分配过程中，系统管理必须与数据链路管理实体（DLME）相联系。系统管理 SM 和数据链路管理实体（DLME）的界面是本地生成的。

系统管理内核与数据链路层有着密切联系。它直接访问数据链路层，以执行其功能。这些功能由专门的数据链路服务访问点来提供。数据链路服务访问点（DLSAP）地址保留在数据链路层。

系统管理内核采用系统管理内核协议与远程系统管理内核通信。这种通信应用有两种标准数据链路地址。一个是单地址，该地址惟一地对应了一个特殊设备的系统管理内核；另一个是链路的本地组地址，它表明了在一次链接中要通信的所有设备的系统管理内核。系统管理内核协议采用舌连接方式的数据链接服务和数据链路单元数据。而系统管理内核则采用数据链路时间（DL-time）服务，来支持应用时钟同步和功能块调度。

从系统管理内核与用户应用的联系来看，系统管理支持节点地址分配、应用服务调度、应用时钟同步和应用进程位号的地址解析。系统管理内核通过上述服务，使用户应用得到这些功能。

3.11 设备描述

3.11.1 设备描述（DD）

在基金会现场总线的现场设备开发中，一项重要内容就是开发现场设备的设备描述。设备描述是基金会现场总线为实现可互操作性而提供的一个重要工具。由于要求现场总线设备具备互操作性，必须使功能块参数与性能规定标准化。同时它也为用户和制造商加入新的块或参数提供了条件。设备描述为虚拟现场设备中的每个对象提供了扩展描述。设备描述中包括参数标签、工程单位、要显示的十进制数、参数关系、量程与诊断菜单。

设备描述 DD 由设备描述语言（DDL）实现。这种为设备提供可互操作性的设备描述由两个部分组成。一部分是由基金会提供的，它包括由设备描述语言描述的一组标准块及参数定义；一部分是制造商提供的，它包括由设备描述语言描述的设备功能的特殊部分。这两部分结合在一起，完整地描述了设备的特性。

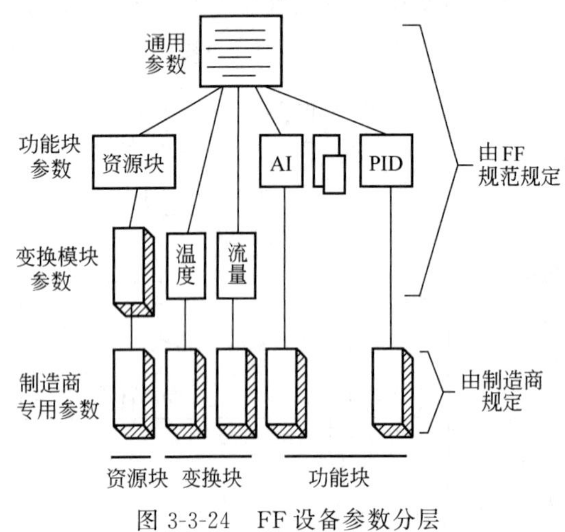

图 3-3-24　FF 设备参数分层

3.11.2　设备描述分层

为了使设备构成与系统组态变得更容易，现场总线基金会已经规定了设备参数的分层。分层规定如图 3-3-24 所示。分层中的第一层是通用参数，通用参数指哪些公共属性参数，如标签、版本、模式等，所有的块都必须包含通用参数。

分层中的第二层是功能块参数。该层为标准功能块规定了参数，也为标准资源块规定了参数。

第三层称为变换模块参数。本层为标准变换模块定义参数，在某些情况下，变换块规范也可能为标准资源块规定参数。现场总线基金会已经为头 3 层编写了设备描述，形成了标准的现场总线基金会设备描述。

第四层称之为制造商专用参数。在这个层次上，每个制造商都可以自由地为功能块和变换块增置他们自己的参数。这些新增置的参数应该包含在附加设备描述中。

3.11.3　设备描述的开发步骤

设备描述的开发可分为几个步骤。

① 设备描述 DD 按一种被称作设备描述语言 DDL 的标准编程语言编写。开发者首先用设备描述语言描述其设备，写成设备描述源文件。源文件描述标准的、用户组定义的，以及设备专用的块及参数的定义。

② 采用设备描述源文件编译器 DD Tokenizer，对源文件进行编译，生成设备描述目标文件。编译器也可对源文件进行差错检查，编译生成的二进制格式的目标文件可在网络上传送，为机器可读格式。

③ 开发配置基金会现场总线设备的设备描述库。

开发好设备描述源文件，进行编译后，应提交基金会进行互可操作性实验。通过后，由基金会进行设备注册，颁发 FF 标志，并将该设备的设备描述（目标文件）加入到基金会现场总线（FF）的设备描述库中，分发给用户。这样，所有的现场总线系统用户就可直接使用该设备了。

④ 开发或配置设备描述服务 DDS。

在主机一侧，采用称为设备描述服务的库函数来读取设备描述。注意，设备描述服务读取的是描述，而不是操作值。跨越现场总线从现场设备中读取操作值应采用现场总线报文规范层通信服务。

主机系统把基金会现场总线（FF）提供的设备描述服务作为解释工具，对设备描述目标文件信息进行解释，实现设备的互操作。设备描述目标文件一般存在于主机系统中，也可存在于现场设备中。设备描述服务 DDS 提供了一种技术，只需采用一个版本的人机接口程序，便可使来自不同供应商的设备能挂接在同一段总线上协同工作。设备描述库的组成及其工作过程如图 3-3-25 所示。

3.11.4　设备描述语言 DDL

现场总线基金会规定的设备描述语言是一种程序语言，用它描述通过现场总线接口可访问的信息。设备描述语言是可读的结构文本语言，表示一个现场设备如何与主机及其他现场设备相互作用。

设备描述语言由一些基本结构件组成，每个结构件有一组相应的属性，属性可以是静态的，也可以是动态的，它随参数值的改变而改变。现场总线基金会规定的设备描述语言共有 16 种基本结构。

块（blocks）　它描述一个块的外部特性。

变量（Variables）、记录（records）、数据（arrays）　分别描述设备包含的数据。

菜单（menus）、编辑显示（edit displays）　提供人机界面支持方法，描述主机如何提供数据。

方法（methods）　描述主机应用与现场设备间发生相互作用的复杂序列的处理过程。

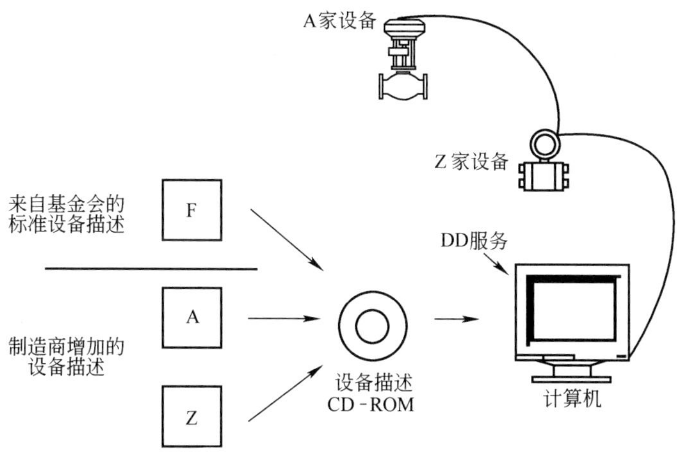

图 3-3-25 设备描述库的组成及其工作过程

单元关系（onit relations）、刷新关系（refresh relations）及整体写入关系（write-as-one relations） 描述变量、记录、数组间的相互关系。

变量表（variable lists） 按成组特性描述设备数据的逻辑分组。

项目数组（item arrays）、数集（collections） 描述数据的逻辑分组。

程序（programs） 说明主机如何激活设备的可执行代码。

域（domains） 用于从现场设备上载或向现场设备下载大量的数据。

响应代码（response codes） 说明一个变量、记录、数组、变量表、程序或域的具体应用响应代码。

3.12 系统组态

基金会现场总线系统应该是一个完整的、协调有序工作的自动化系统与网络系统。在系统启动运行之前，要对作为系统组成部分的每一个自控设备、网络节点规定其在系统中的作用与角色，设置某些特定参数，然后按一定的程序，使各部分设备进入各自的工作状态，并集成为一个有序工作的系统。这就是系统的组态与运行要完成的任务。

3.12.1 基金会现场总线系统的组态信息

系统组态就是要从系统整体需要出发，为其组成成员分配角色，选择希望某个设备所承担的工作，并为它们完成这些工作设置好静态参数、动态初始参数，以及不易丢失的参数值。

静态值是指在系统运行期间不变化的值。动态值是指会随系统运行状态的变化而变化，而且在电源掉电后会丢失的值。不易丢失的参数值是指在系统运行中的确会变化，但在电源掉电期间会保持其值的参数。

基金会现场总线规定了组态的 4 个层次：制造商定义层组态、网络定义层组态、分布式应用定义层组态和设备定义层组态。不同层次规定不同的组态信息。

(1) 制造商定义层组态 本层组态信息由设备制造商在产品开发或出厂前定义。制造商要规定一个设备所提供的应用进程的种类和数量，并要能识别出每个设备的网络可视对象。

本层组态内容、所选组态参数如下。

• 对象字典的定义和结构，每个网络可视应用进程的应用进程索引。

• 由于基金会现场总线报文规范层识别服务的应用需要，必须提供制造商厂名，设备模块名（如压力变送器）、虚拟现场设备管理、功能块应用进程虚拟现场设备以及其他类虚拟现场设备的版本号。

• 对设备和虚拟现场设备的识别信息赋值。

(2) 网络定义层组态 网络是由多个设备组成的。这个层次的组态要规定网络拓扑。它包括以下内容：

• 指定通信控制策略；

• 选定的协议版本号；

• 识别每个网段和设备；

• 分配设备位号和数据链路地址；

• 为每个总线段指定希望成为首选的链路主管；

• 规定为每个链路活动调度器所采用的链路参数；

• 指定一个主要的应用时钟发布者，0个、1个或多个后备的应用时钟发布者，作为时间发布源。

(3) 分布式应用层组态　应用是由分布在网段各处的资源构成的。本层组态规定了分布在资源间的相互作用。它包括以下内容：

• 规定功能块应用进程FBAP的连接对象，并组成虚拟通信关系；

• 规定虚拟通信关系列表，形成数据链路地址；

• 规定功能块和链路活动调度器调度表及宏周期；

• 规定节点树构成图，包括转发和重发布表。

(4) 设备层组态　在本层组态中，要对设备内每个应用进程赋值。本层组态包括以下内容：

• 对用户应用进程赋予指定值；

• 对网络管理信息库赋予指定值；

• 对系统管理信息库赋予指定值。

3.12.2　系统组态

在把设备连接到处于工作状态的网络之前，采用带有系统专门信息的装载设备，对某个现场设备进行的组态，称为离线组态。为了实现离线组态，必须给这个设备分配一个离线网络地址，因为若没有这个地址，系统管理内核将不允许现场总线报文规范层进入工作状态。当离线组态的装载完成之后，在从离线网络上把该设备卸掉之前，这个地址必须被清除。

离线组态主要装载两类信息。一类用于规定该设备在系统中所完成的功能；另一类用于规定该设备与这个系统中其他设备间如何相互作用。

一个设备的基本能力是由这个设备软件和硬件的集成组合而实现的。通过把软件装载到设备中就可规定这个设备的基本能力。这里的基本能力包括有该设备内所有应用进程的对象描述和应用进程索引，只要知道了这组基本能力之后，并不必要实地把它们装载到设备中，便可进行离线组态了。

对设备的功能组态，从分配给它一个物理设备位号开始，它运用了系统管理内核的功能，进行在线地址分配之前，位号分配、功能块对象与参数都可以按照功能块应用进程规范进行组态。

对第二类网络参数，即规定该设备与这个系统中其他设备间相互作用的参数，其参数装载也是在物理设备信号分配之后开始的。它包括每个功能块应用进程（FBAP）及其连接对象，还包括把所有的预定义参数装入网络管理信息库。例如虚拟通信关系列表和协议的专门信息，在把它们装入设备之前，最好检查一下所装入信息的正确性。

对包括网桥在内的链路主设备来说，可以通过离线组态，把链路活动调度器调度表和设备加入到网络时所采用的链路组态参数，离线装载到设备内。这些信息也可以在线装载，但需要在它成为链路活动调度器之前完成装载工作。另外，还应该设置好网络管理信息库中的链路主管参数，以指明这个设备是不是首选链路主管。如果是网桥作为链路主管，转发和重发布表也是离线装载的内容。这些转发和重发布表也可以在线组态，但应在该设备起到网桥作用之前完成。

3.13　基金会现场总线仪表——EJA现场总线变送器简介

3.13.1　概述

日本横河川仪有限公司（YOKOGAWA SICHUAN）生产的Dpharp EJA系列现场总线型差压/压力变送器，采用单晶硅谐振式传感器，具有EJA（带BRAIN协议）一样的基本性能和操作方式，这方面不再叙述。

FF总线EJA中包含有两个虚拟现场设备VFD，一个VFD是系统/网络管理者，其作用如下：

① 设置通信必须的节点地址和物理设备信号（PD位号）；

② 控制功能块的运行；

③ 管理工作参数和虚拟通信关系（VCR）。

另一个VFD是功能模块，由源模块，测量转换器模块和AI功能模块组成。其中源模块主要功能有：

① 管理EJA硬件；

② 将任何检测到的错误或异常信息自动传送到主机。

测量转换器模块主要功能为将传感器输出信号转换为压力信号，并传送到AI功能模块。

功能模块 AI1 用来修正来自测量转换器模块的原始数据；输出差压信号；量程调节、阻尼调节和开方。

功能模块 AI2 其主要功能是输出静压信号。

EJA 中模块逻辑结构如图 3-3-26 所示。

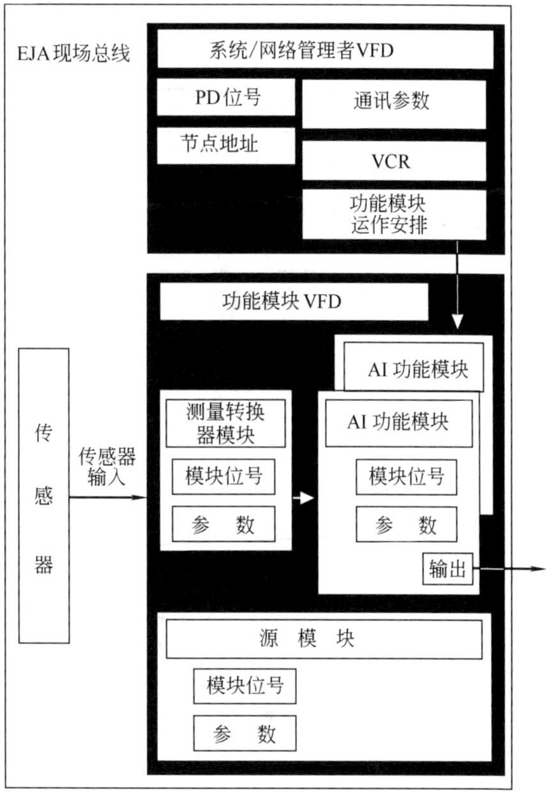

图 3-3-26　模块逻辑结构图

3.13.2　设置

调整 EJA 参数使其性能满足现场要求，具体步骤如下。

(1) 网络定义　在将设备连接到现场总线之前，需对现场总线网络进行定义，所有的设备（除去终端器等被动设备）必须进行 PD 位号和节点地址的分配。

PD 位号与传统设备的使用一样，最长 32 位，可使用字母和数字以及连字符。

节点地址用于通信时设备的标识，因为 PD 位号太长，所以主机在通信时使用节点地址来代替 PD 位号，节点地址可在 16 至 247（十六进制下为 10 至 7F）之间设置。带总线控制功能（数据链路基本功能）的设备（LM 设备）从较小的地址（16）开始分配，其他不带总线控制功能的设备（基本设备）从较大的地址（247）开始逐一分配。EJA 定义为基本设备，设定 LM 设备所使用的地址范围，见表 3-3-12。

图 3-3-27 为节点地址的可用范围，在图中所标为“未使用”的地址不能用于现场总线。相对其他地址而言，这些地址被周期性地检测，用于鉴别是否有新设备被安装。此地址范围不宜过大，否则会影响现场总线的性能。

表 3-3-12　设定地址范围的参数

符　号	参　　数	说　　明
V(FUN)	First-Unpolled-Node	主机或其他 LM 设备未使用的下一个地址
V(NUN)	Number-of-consecufive-Unpolled-Node	未使用的地址范围

为了保证现场总线操作的稳定性，需确定操作参数，并在 LM 设备中进行相应设置。当设定表 3-3-13 中的参数时，所设定的参数须是现场总线上所连接的设备的最保守值。

表 3-3-13 的 LM 设备设定的 EJA 操作参数值。

表 3-3-13　LM 设备设定的 EJA 操作参数值

符　号	参　　数	说　　明
V(ST)	Slot-Time	设备即时响应所需的时间。单位为 2 的 8 次方（256μs）。对所有的设备设定最大指定值。对 EJA 而言，应设为大于等于 4s
V(MID)	Minimum-Inter-PDU-Delay	通讯数据间隔的最小时间值。单位为 2 的 8 次方（256μs）。对所有的设备设定最大指定值。对 EJA 而言，应设为大于等于 4s
V(MRD)	Maximom-Reply-Delay	记录响应所需要的最长时间，单位为即时响应时间的倍数。应设定此值使 V(MRD) * V(ST)为各设备指定的最大值。对 EJA 而言，应设为大于等于 12s

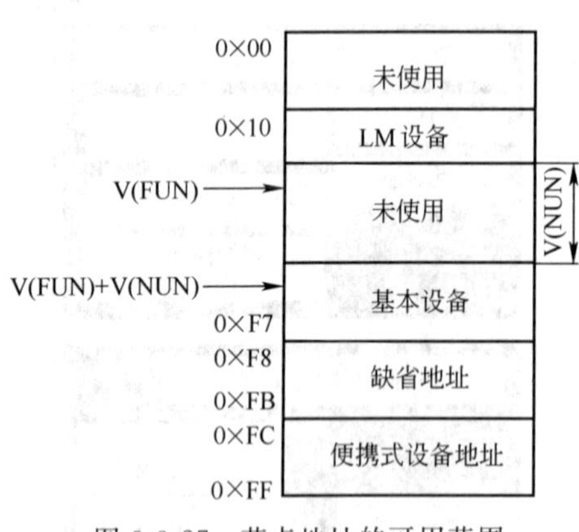

图 3-3-27 节点地址的可用范围

(2) 连接功能模块定义 功能模块输入输出参数须进行连接。以 EJA 为例，两个 AI 模块的输出参数（OUT）必须连接。它们同控制模块的输入连接也是必须的。

(3) 设定位号和地址 EJA 进行 PD 位号和节点地址设定，共有 3 种现场总线设备状态，即未设置（位号及地址均未设置）、开始（仅设置位号）、SM-OP-ERATIONAL（位号和地址已存在，功能模块可执行）。如果设备状态比 SM-OPERATIONAL 还低，则没有功能模块被执行。当 EJA 的位号及节点地址被改变时，必须在此状态下。

如无特别指定，EJA 出厂设定为 PD 位号（F11001），节点地址为（245，十六进制为 F5），用户如需改变节点地址，只需清零节点地址后重新设定即可。当改变 PD 位号时，需把节点地址和 PD 位号同时清零，再分别进行设定。

(4) 通信设置 如需设定通信功能，必须更改 SM-VFD 中数据库。

① VCR 设定 设定 VCR（虚拟通信关系），除第 1 个用于管理 VCR 以外，EJA 中有 9 个应用进程能更改 VCR。VCR 清单见表 3-3-14。

表 3-3-14 VCR 清单

索引	VCR 号	出厂设置	索引	VCR 号	出厂设置
293	1	系统管理用(固定)	298	6	AI1 发布(LocalAddr=0x20)
294	2	服务器(LocalAddr=0xF1)	299	7	报警源(LocalAddr=0x07，Remote Address=0x110)
295	3	服务器(LocalAddr=0xF4)	300	8	服务器(LocalAddr=0xF9)
296	4	服务器(LocalAddr=0xF7)	302	9	AI2 发布(LocalAddr=0x21)
297	5	趋势源(LocalAddr=0x07，Remote Address=0x111)			

EJA 中有 3 种形式 VCR。

第一种服务器（QUB）VCR。服务器响应来自主机请求，此通信需要数据交换。这种通信方式称为 QUB VCR。

第二种为资源（QUU）VCR。一个资源多点传送报警或趋向给其他设备，这种通信方式称为 QUU VCR。

第三种为发行（BNU）VCR。发行方式点传送 AI 模块输出给其他功能模块，这种通信方式称为 BNU VCR。

每一个 VCR 都含有表 3-3-15 所列的参数。因为参数的更改可能引起不协调操作，所以参数必须与 VCR 一起变化。

表 3-3-15 VCR 静态输入

子索引	参数	说明
1	FasAr Type And Role	指定通讯(VCR)的类型与用处。EJA 有如下 3 种类型： 0x32：服务器(响应从主机来的请求) 0x44：资源(传送报警及趋向) 0x66：发行(发送 AI 模块的输出至其他模块)

续表

子索引	参数	说明
2	FasDII LocalAddr	设定本地地址给特定的 EJA 中的 VCR。六进制为 20 至 F7
3	FasDII Configured RemoterAddr	通信安全的地址及指定 VCR(DLSALP 或 DLCEP,范围内 20～F7,子索 2 和 3 相时应的 VCR 及同一内容必须设定)
4	FasDII SSAP	指定通讯的属性,通常情况下,选下列之一: 0x2B 服务器 0x01 资源(报警) 0x03 资源(趋向) 0x99 发行
5	FasDIIMax Confirm Delay On Connect	为通讯建立连接,被叫方响应的最大等待时间,单位为 ms。出厂设定值为 60s(60000)
6	FasDIIMax Confirm Delay OnData	数据请求使用,被叫方响应的最大等待时间,单位为 ms。出厂设定值为 60s(60000)
7	FasDIIMax Disdu Size	指定最大的 DL 服务数据单位大小(DLSDU)。服务器或趋向设为 256,其他 VCR 设为 64
8	FasDII Residual Activity Supported	指定连接是否被监控,主机设为 YES(0xff),其他通讯不用此参数
9	FasDII Time liness Class	EJA 未使用
10	FasDII Publisher Time Window Size	EJA 未使用
11	FasDII Publisher Synchronizaing Dlcep	EJA 未使用
12	FasDII Subsriber Time Window Size	EJA 未使用
13	FasDII Subsriber Time Window Size	EJA 未使用
14	FmsVfdld	为使用的 EJA 设定 VFD (0x1:系统/网络管理 VFD 0x1234:功能模块 VFD)
15	FmsMax OUtstanding Service Calling	服务器设定为 0,其他应用程序不使用
16	FmsMax Outstanding Service Called	服务器设定为 1,其他应用程序不使用
17	Fms Features Supported	指定应用层的服务类型,对 EJA 而言,它由特定应用程序自动指定

② 功能模块执行控制　设定功能模块的执行周期和执行计划。

执行 AI 模块的最大时间为 100ms。为了同下一个功能模块进行连接通信，必须安排一个大于 100ms 的时间间隔，EJA 的两个 AI 功能模块不可能同时执行。

(5) 模块设定　设定功能模块虚拟现场设备的参数。

① 连接目标　EJA 共有 5 个连接目标，每个连接目标指定 1 个组合。每个连接目标含有表 3-3-16 中所列出的参数。因为每个参数的改变可能造成不一致的操作，参数必须随每个 VCR 的改变而改变。

表 3-3-16　连接目标所含参数

子目录	参　　数	说　　明
1	Local Index	设定被组合功能模块参数的索引，如为报警或趋向选“0”
2	Vcr Number	设定被组合的 VCR 的索引，如设为“0”，此链接目标未使用
3	Remote Index	EJA 未使用此参数，设为“0”
4	Service Opration	在以下参数中选一： 0　未定义 2　发行 6　报警 7　趋向
5	Stale Count Limit	EJA 未使用此参数，设为“0”

5 个连接目标的出厂设置如表 3-3-17 所示。

表 3-3-17　出厂设置连接目标

指针	链接目标	出　厂　设　定	指针	链接目标	出　厂　设　定
2000	1	AI1. OUT→VCR＃6	2003	4	AI2. OUT→VCR＃9
2001	2	Trend→VCR＃5	2004	5	Not used
2002	3	Alert→VCR＃7			

② 趋向目标　设定参数使功能模块自动传送趋向是可行的，EJA 有 3 个趋向目标，在模拟模式参数下，3 个全部使用，每个趋向目标对就一个参数的趋向。

每一个趋向目标都含有如表 3-3-18 所列的参数，前 4 个需要设定，在写入一个趋向目标之前，必须打开 WRITE-LOCK 参数。

表 3-3-18　趋向目标参数

子　索　引	参　　数	说　　明
1	Block Index	设定带趋向功能模块的主指针
2	Parameter Relative Index	设定由功能模块开始相关量所形成的参数趋向指针。如为 EJA 产品，有以下三种类型： 7　PV 8　OUT 19　FIELD-VAL
3	Sample Type	指定趋向的采样方式，选如下之一： 1　功能模块执行上的采样 2　采样平均值
4	Sample Interval	指定采样的间隔，单位为 1/32ms。为功能模块执行周期的整数倍
5	Last Update	上次采样时间
6 至 21	List of Statrs	采样参数的状态部分
21 至 37	List of Samples	采样参数的数据部分

表 3-3-19 列出趋向目标的出厂设置。

表 3-3-19　趋向（trend）目标的出厂设置

指　针	趋向(trend)目标	出厂设置	指　针	趋向(trend)目标	出厂设置
2200	1	未使用	2202	3	未使用
2201	2	未使用			

③ 可察看（View）目标　由模块中参数所构成的组目标，其优点是降低数据传送量。EJA 共有 4 组可察看目标，即资源模块，转换器模块，AI1 和 AI2 模块。每个可察看目标的目的见表 3-3-20，每个可察看目标的参数清单见表 3-3-21（源模块参数表）、表 3-3-22（测量转换器模块参数表）和表 3-3-23（AI1、AI2 功能模块参数表）。

表 3-3-20　各组可察看目标的目的

目　标	说　　明	目　标	说　　明
VIEW1	工厂操作所需的动态参数(PV,SV,OUT,Mode 等)	VIEW3	所有的动态参数
VIEW2	工厂操作所需的静态参数(量程等)	VIEW4	配置以及维护的静态参数

表 3-3-21　源模块参数表

序号	参数符号	VIEW1	VIEW2	VIEW3	VIEW4	序号	参数符号	VIEW1	VIEW2	VIEW3	VIEW4
1	ST_REV	2	2	2	2	22	MEMORY_SIZE			2	
2	TAG_DESC					23	NV_CYCLE_T		4		
3	STRATEGY				2	24	FREE_SPACE		4		
4	ALERTKEY				1	25	FREE_TIME	4		4	
5	TODE_BLK	4		4		26	SHED_RCAS		4		
6	BLOCK_ERR	2		2		27	SHED_ROUT		4		
7	RS_STATE	1		1		28	FAIL_SAFE	1		1	
8	TEST_RW					29	SET_FSAFE				
9	DD_RESOURCE					30	CLR_FSAFE				
10	MANUFAC_ID				4	31	MAX_NOTIFY				4
11	DEV_TYPE				4	32	LIM_NOTIFY		4		
12	DEV_REV				4	33	CONFIRM_TIME		4		
13	DD_REV				1	34	WRITE_LOCK		1		
14	GRANT_DENY		2			35	UPDATE_EVT				
15	HARD_TYPES				2	36	BLOCK_ALM				
16	RESTART					37	ALARM_SUM	8		8	
17	FEATURES				2	38	ACK_OPTION				2
18	FEATURE_SEL		2			39	WRITE_PRI				1
19	CYSLE_TYPE			1		40	WRTE_ALM				
20	CYCLE_SEL		1				总计(＃bytes)	31	26	31	26
21	MIN_CYCL_ET				4						

表 3-3-22　测量转换器模块参数表

序号	参　数　符　号	VIEW 1	VIEW 2	VIEW 3	VIEW 4	序号	参　数　符　号	VIEW 1	VIEW 2	VIEW 3	VIEW 4
1	ST_REV	2	2	2	2	20	SENSOR_TYPE				2
2	TAG_DESC					21	SENSOR_RANGE				11
3	STRATEGY				2	22	SENSOR_SN				
4	ALERTKEY				1	23	SENSOR_CAL_METHOD				1
5	TODE_BLK	4		4		24	SENSOR_CAL_LOC				32
6	BLOCK_ERR	2		2		25	SENSOR_CAL_DATE				6
7	UPDATE_EVT					26	SENSOR_CAL_WHO				32
8	BLOCK_ALM					27	SECONDARY_VALUE	5		5	
9	TRANSDUCER_DIRECTORY					28	SECONDARY_VALUE_UNIT		2		2
10	TRANSDUCER_TYPE	2	2	2	2	29	TERTIARY_VALUE	5		5	
11	XD_ERROR	1		1	1	30	TERTIARY_VALUE_UNIT				
12	COLLECTION_DIRECTORY		2		2	31	TRIM_PV_ZEROFY				
13	PRIMARY_VALUE_TPE		2		2	32	TRIM_MODE				1
14	PRIMARY_VALUE	5		5		33	EXT_ZERO_ENABLE		1		1
15	PRIMARY_VALUE_RANGE					34	MODEL		1		1
16	CAL_POINT_HI		4		4	35	DISPLAY_MODE		1		1
17	CAL_POINT_LO		4		4	36	DISPLAY_CYCLE		1		1
18	CAL_MIN_SPAN				4	37	ALARM_SUM	8		8	
19	CAL_UNIT				4		总计(＃bytes)	34	21	34	16

表 3-3-23　AI1 AI2 功能模块参数表

序号	参数符号	VIEW1	VIEW2	VIEW3	VIEW4	序号	参数符号	VIEW1	VIEW2	VIEW3	VIEW4
1	ST_REV	2	2	2	2	13	IO_OPTS				2
2	TAG_DESC					14	STATUS_OPTS				2
3	STRATEGY				2	15	CHANNEL				2
4	ALERTKEY				1	16	L_TYPE				1
5	TODE_BLK	4		4		17	LOW_CUT				4
6	BLOCK_ERR	2		2		18	PV_FTIME				4
7	PV	5		5		19	FIELD_VAL	5		5	
8	OUT	5		5		20	UPDATE_EVT				
9	SIMULATE					21	BLOCK_ALM				
10	XD_SCALE		11			22	ALARM_SUM	8		8	
11	OUT_SCALE		11			23	ACK_OPTION				2
12	GRANT_DENY		2			24	ALARM_HYS				4

续表

序号	参数符号	VIEW1	VIEW2	VIEW3	VIEW4	序号	参数符号	VIEW1	VIEW2	VIEW3	VIEW4
25	HI_HI_PRI				1	32	LO_LO_LIM				4
26	HI_HI_LIM				4	33	HI_HI_ALM				
27	HI_PRI				1	34	HI_ALM				
28	HI_LIM				4	35	LO_ALM				
29	LO_PRI				1	36	LO_LO_ALM				
30	LO_LIM				4		总计(#bytes)	31	26	31	26
31	LO_LO_PRI				1						

表 3-3-24 为各模块的可观察（VIEW）索引。

表 3-3-24　各模块的 VIEW 索引

模　块	VIEW1	VIEW2	VIEW3	VIEW4	模　块	VIEW1	VIEW2	VIEW3	VIEW4
源模块	2300	2301	2302	2303	AI1 功能模块	2308	2309	2310	2311
测量变换器模块	2304	2305	2306	2307	AI2 功能模块	2312	2313	2314	2315

④ 功能模块参数　从主机上可以读取或设置功能模块参数。关于 EJA 模块的详细参数，可见表 3-3-28、表 3-3-29（EJA 各模块参数表）。以下所列的为一些重要参数及它们的设置方法。

• MODE_BLK　指定功能模块的 3 种模式：Out-of-Srevice，Manual，Auto。在 Out-of -Sevice 模式下，AI 模块不能操作。在 Manual 模式下，值不能更新。在 Auto 模式下，测量值才能被更新。在通常情况下，MODE_BLK 应设定为 Auto，这也是出厂的设置。

• CHANNEL　这是输入 AI 模块的转换器模块的参数。AI1 模块分配给差压，AI2 模块分配作静压。不要更改这个参数。

• XDSCALE　来自转换器模块的输入刻度。校正范围是出厂设置（0 到 100%）。通常情况下，压力单位为 kPa，如更改单位（只能为压力单位）会造成转换器自动改变。

由 XD-SCALE 所设定的单位指针如表 3-3-25 所示。

表 3-3-25　XD_SCALE 的单位指针

MPa	1132. 1545(绝压),1546(表压)	Mbar	1138
kPa	1133. 1547(绝压),1548(表压)	Atm	1140
HPa	1136. 1553(绝压),1554(表压)	%	1342
bar	1137		

• L-TYPE　指定 AI 模块的操作功能。如设定为“Direct”，发送到 CHANNEL 的输入将直接反映到 OUT 上。如设定为“Indirect”，XD-SCALE 和 OUT-SCALE 的刻度会反映到 OUT。如设定为“Indirect SQRT”，被 XD-SCALE 分刻度后，平方根运算被执行，再由 OUT-SCALE 分刻度反映到 OUT。

• PV-FTIME　设定 AI 模块的阻尼系数，单位为 s。

• OUT-SCALE　设定输出的范围（从 0 到 100%）。单位也可被设定。

• Alarm Priority　说明过程报警的优先级。如所设定值大于 3，则传送一个报警。出厂设置为 1。一共有 4 种报警可设，分别为 HI_PRI，HI_HI_PRI，LO_PRI，及 LO_LO_PRI。

• Alarm Threshold 设定报警产生的界限。出厂设置为不产生任何报警。一共 4 种报警可设，分别为 HI-LIM，HI-HI-LIM，LO-LIM 和 LO-LO-LIM。

⑤ 转换器模块参数 转换器模块设置功能指定 EJA 的差压和压力的测量。关于 EJA 每个模块的参数清单见表 3-3-30（EJA 各模块参数表）。下面所列为一些重要参数的设置方法。

• TERTIARY-VALUE 显示 EJA 膜盒的温度。

• TERTIARY-VALUE-UNIT 设定 EJA 的温度指示单位。设 1001 为摄氏度指示；设 1002 为华氏度指示。出厂设定为摄氏度。

• DISPLAY-MODE 设定 LCD 液晶显示的单位。如设定 1，则为%指示，出厂设定为 1。

• DISPLAY-CYCLE 设定显示在功能模块执行循环单位的 LCD 周期。出厂设定为 1，由于低温环境使查看困难，推荐使用较长的显示时间。

3.13.3 运行

EJA 在运行中如何对功能模块中的可变参数进行设置。

（1）模式转换 当功能块模式设置为 Out-of-Service，功能模块暂停工作，并发出模块警告。

当功能块模式设为手动时，功能模块的输出值不再跟随输入值。此时，可将功能模块内的输出值设为恒定值输出。

（2）警报

① 警报显示 当自诊断功能显示设备出错，源模块发出报警信号（设备报警）。当单一功能模块被检测出错或过程值被检测出错，相关单一功能模块将会发出报警信号。如安装了 LCD 显示表头，在 LCD 板上将会显示出错误代码 AL、XX。如果有多个警报同时发生，将以 2s 间隙交替显示。表 3-3-26 为警报错误代码清单。

表 3-3-26 错误代码清单

LCD	警报内容
AL. 01	膜盒出错
AL. 02	放大板出错
AL. 03	EEPROM 出错
AL. 20	AI1 模块未设定
AL. 21	源模块处于 O/S 模式
AL. 22	测量转换器模块处于 O/S 模式
AL. 23	AI1 或 AI2 功能模块处于 O/S 模式
AL. 41	差压值超界。当输入差压值低于 LRL 10% 或高于 URL 10%报警
AL. 42	静压超界，静压超过 EJA 最大工作压力的 10%报警
AL. 43	温度异常。当温度超出 －50～130℃ 范围报警
AL. 61	表头显示超范围报警（－32000～32000）
AL. 62	AI1 模块处于模拟模式
AL. 63	AI1 功能模块为手动模式
AL. 64	零点调校异常。量程超界低于 LRL 10%或高于 URL 10%报警

② 警告及事件　如果允许，EJA 将对如下警告或事件进行报警。

模拟信号报警（当过程值超出临界范围）：

AI1 模块　高-高报警，高报警，低报警，低-低报警；

AI2 模块　高-高报警，高报警，低报警，低-低报警。

离散报警（当有异常情况被检测时）：

源模块　模块报警，写入报警；

测量转换器模块　模块报警，写入报警；

AI1 模块　模块报警，写入报警；

AI2 模块　模块报警，写入报警。

更新报警（一个重要可变参数更新）：

源模块　更新事件；

测量转换器模块　更新事件；

AI1 模块　更新事件；

AI2 模块　更新事件。

报警项目如表 3-3-27 所示。

表 3-3-27　报警项目

次索引			参数名称	说明
模拟报警	离散报警	更新报警		
1	1	1	Block Index	发生报警的模块索引
2	2	2	Alert key	从模块中拷贝报警关键字
3	3	3	Standard Type	警告类型
4	4	4	Mfr Type	制造商的 DD 软件中定义的警告名称
5	5	5	Mess afe type	警报发生原因
6	6	6	Prioriry	警报优先级
7	7	7	Time Stamp	检查到异常状况时报警延迟时间
8	8		Subcode	警报发生原因的代码
9	9		Value	参考数据值
10	10		Relatile Index	参考数值的关联索引
		8	Static Revision	模块静态值(ST_REV)
11	11	9	Unit Index	参考数据值的单位代码

（3）模拟（仿真）功能　模拟功能模块能模拟一输入信号，并将此信号送入测量转换器模块处理。利用该功能可对下一程序模块及报警程序进行测试。

SIMOLATE-ENABLE 开关位于 EJA 放大板上，当开关位于 ON 位置，EJA 处于模拟功能状态。假如通过运传终端设定该功能，在源模块的 TEST-RW 参数（索引号 308）的第 9 个元素（32 位字符串）写入 REMOTE LOOP TEST SWITCH 。上述两种操作设定在关电源后将复位。处于模拟功能状态时，源模块将发出报警信号，其他设备警报将被屏蔽。基于上述原因，该功能在使用结束后应立即关掉。

EJA 各模块参数见表 3-3-28～表 3-3-30。

表中写模式代号的含义：

Note　在写模式下各参数均可写；

O/S　在 O/S 模式下可写；

MAN　在 Man 与 O/S 模式下可写；

AUTO　在 Auto，Man 和 O/S 模式下可写。

表 3-3-28　EJA 各模块参数表—源模

序号	索引	参　数　名	出厂设定	写模式	说　　明
0	300	Block Header	TAG:“RS”	Block Tag＝O/S	源模块信息，包括模块号，DD 版本号，执行时间等
1	301	ST_REV	—	—	源模块设定参数的修改号可以表现、查阅变更等
2	302	TAG_DESC	Null	AUTO	位号的内容说明
3	303	STRATEGY	0	AUTO	块的分类识别
4	304	ALERT_KEY	0	AUTO	用于主机的报警排序等
5	305	MODE_BLK	Auto	AUTO	块的状态 Actual、Target、Permit、Normal
6	306	BLOCK_ERR	—	—	块的硬件及软件错误
7	307	RS_STATE	—	—	变送器内的 Resource 状态
8	308	TEST_RW	Null	AUTO	对变送器进行读写测试的参数
9	309	DD_RESOURCE	Null	—	包含资源块情报的 Device Description 的名字
10	310	MANUF_ID	0×00594543	—	制造者的识别号(ID 番号)
11	311	DEV_TYPE	3	—	EJA 的番号是 3
12	312	DEV_REV	1	—	变送器的修正号
13	313	DD_REV	1	—	对变送器 Device Description 的修正号
14	314	GRANT_DENY	0	AUTO	诊断、控制盘操作、报警参数块等的选择
15	315	HARD_TYPES	Scalar input	—	硬件类型 bit0:模拟输入　　bit1:模拟输出 bit2:数字输入　　bit4:数字输出
16	316	RESTART	—	—	再启动的四种方式： 1. RUN 2. Kestent resource 3. Restont with defaults 4. Restont processor
17	317	FEATURES	Soft write lock Supported Report Supported	—	决定源模块的可选
18	318	FEATURE_SEL	Soft write lock Supported Report Supported	AUTO	EJA 不可选
19	319	CYCLE_TYPE	Scheduled	—	源模块的三种类型： bit0:Schednled　　bit1:Evewt driren bit2:Manufacturer specifieel
20	320	CYCLE_SEL	Scheduled	AUTO	对源模块、选择块的运行方法
21	321	MIN_CYCLE_T	3200(100ms)	—	实行周期的最小值

续表

序号	索引	参　数　名	出厂设定	写模式	说　　明
22	322	MEMORY_SIZE	0	—	功能块组态可使用的内存,下载前需确认
23	323	NV_CYCLE_T	0	—	设定 NV 属性的参数在 E^2PROM 里保持的周期
24	324	FREE_SPACE	0	—	剩余的组态用内存百分比表示
25	325	FREE_TIME	0	—	EJA 未用
26	326	SHED_RCAS	—	AUTO	EJA 未用
27	327	SHED_Rout	—	AUTO	EJA 未用
28	328	FAUlT_STATE	1	—	EJA 未用
29	329	SET_FSTATE	1	AUTO	EJA 未用
30	330	CLR_FSTATE	1	AUTO	EJA 未用
31	331	MAX_NOT1FY	3	—	变送器内能保持的 Messope 的最大数
32	332	LIM_NOT1FY	3	AUTO	变送器保持的报警极限
33	333	CONFIRM_TIM	5000(ms)	AUTO	设定对 ALETY 的 CONFIRM 的等待时间
34	334	WRITE_LOCK	Unlocked	AUTO	禁止外部写入设定值
35	335	UPDATE_EVT	—	—	设定值变更时,事件内容表示出来
36	336	BLOCK_ALM	—	—	块报警发生时,报警内容显示出来
37	337	ALARM_SUM	Enable	—	表示整块的报警状况
38	338	ACK_OPTION	0	AUTO	对报警的确认
39	339	WRITE_PR1	1	AUTO	设定 WRITE_AUM 的优先级
40	340	WRITE_ALM	—	—	WRITE_Lock 解除时,报警发生

表 3-3-29　EJA 各模块参数表—功能块

序号	AI1	AI2	参　数　名	出厂设定	写模式	注　　释
0	600	700	Block Heaoler	AI1 或 AI2	Block Tag=O/S	块名、DD 修正号、执行时间等相关信息
1	601	701	ST_REV	—	—	随设定值变更,修正号更新,用于查阅有无参数变更
2	602	702	TAG_DESC	(bank)	AUTO	位号的内容说明
3	603	703	STRATEGY	0	AUTO	用于主机的报警排序等
4	604	704	ALERT_KEY	0	AUTO	块的分类识别
5	605	705	MODE_BLK	Auto	AUTO	块的状态 Actual Target Permit Normal
6	606	706	BLOCK_ERR	—	—	EJA 的 AI 功能块,使用位标志如下:bit3 模拟中 bit15:O/S 模式
7	607	707	PV	—	—	过程值
8	608	708	OUT	—	Ualue=MAN	表示输出值及状态,在 MAN 式 O/S 时能保持
9	609	709	SIMUATE	Disable	AUTO	模拟测试,通过通道用户可注意设定输入值及状态
10	610	710	XD_SCALE	specified at the time of order	MAN	输入值的设定,0～100%

续表

序号	AI1	AI2	参 数 名	出厂设定	写模式	注 释
11	611	711	OUT_SCALE	Specified at the time of order	MAN	输出设定:0～100%
12	612	712	GRANT_DENY	0	AUTO	各种操作是否执行的确认参数
13	613	713	IO_OPTS	0	O/S	EJA的AI块,只有在Bit6:Low cutoff时有效
14	614	714	STATUS_OPTS	0	O/S	状态块处理
15	615	715	CHANNEL	AI1:1 AI2:2	O/S	EJA的AI 1块,通常设定为差压信号
16	616	716	L_TYPE	Specified at the time of order	MAN	输出的计算法选择:线性、开方、直接三种可选
17	617	717	LOW_CUT	线性:0 开方:10%	AUTO	开方演算输出时小信号切出
18	618	718	PV_FTIME	2sec	ATUO	AI块的过滤时间,单位为s
19	619	719	FIELD_VAL	—	—	现场设备的传送值
20	620	720	UPDATE_EVT	—	—	设定值变更时,事件的内容产生
21	621	721	BLOCK_ALM	—	—	块报警产生时,报警内容显示出来
22	622	722	ALARM_SUM	Enable	—	表示报警块的报警状况
23	623	723	ACK_OPTION	0	AUTO	对报警的确认
24	624	724	ALARM_HYS	0.5%	AUTO	清除各报警后所产生的位标志值
25	625	725	HI_HI_PRI	0	AUTO	高高报警的优先级设定
26	626	726	HI_HI_LIM	+INF	AUTO	高高报警的极限值
27	627	727	HI_PRI	0	AUTO	高报警的优先级设定
28	628	728	HI_LIM	+INF	AUTO	高报警的极限值
29	629	729	LO_PRI	0	AUTO	低报警的优先级设定
30	630	730	LO_LIM	−INF	AUTO	低报警的极限值
31	631	731	LO_LO_PRI	0	AUTO	低低报警的优先级设定
32	632	732	LO_LO_LIM	−INF	AUTO	低低报警的极限值
33	633	733	HI_HI_ALM	—	—	高高报警信息
34	634	734	HI_ALM	—	—	高报警信息
35	635	735	LO_ALM	—	—	低报警信息
36	636	736	LO_LO_ALM	—	—	低低报警信息

表 3-3-30 EJA各模块参数表—传送块

序号	索引	参 数 名	出厂设定	写模式	说 明
0	400	Block Header	TAG:"TB"	Block Tag=O/S	块名、DD修正号、执行时间等相关信息
1	401	ST_REV	—	—	随设定值的变更,修正号更新,用于查阅有关参数变更
2	402	TAG_DESC	(blank)	AUTO	位号内容说明
3	403	STRATEGY	0	AUTO	用于主机的报警排序等
4	404	ALEKT_KEY	1	AUTO	块的分类识别

续表

序号	索引	参 数 名	出厂设定	写模式	说 明
5	405	AODE_BLK	Auto	AUTO	块的状态 Actual Target Permit,Normal
6	406	BLOCK_ERR	—	—	EJA 的错误状态,放大板异常等
7	407	UPDATE_EVT	—	—	设定值变更时,事件产生
8	408	BLOCK_ACM	—	—	块报警产生时,报警内容显示出来
9	409	TRANSDOCER_ DIRECTORY	—	—	变送器传送的相关索引
10	410	TRANSDUCER_ TYPE	100 (Standard Pressure with Calibration)	—	EJA 类型:带毛细管的标准压力变送器
11	411	XD_ERROR	—	—	重要的错误: 0=无异常 20=无电池 21=机械故障 22=I/O 失效
12	412	COLLECTION_ DIRECTORY	—	—	重要参数索引及 DD 的 ID 号
13	413	PRIMARY_VALUE_ TYPE	107:差压力 108:表压力 109:绝对压力	—	优先级的类型: 107=差压 108=表压 109=绝压
14	414	PRIMARY_VALUE	—	—	差压值
15	415	PRIMARY_VALUE_ RANGE	范围	—	差压值的范围
16	416	CAL_POINT_HI	最大范围	O/S	上限值的调整
17	417	CAL_POINT_LO	0	O/S	下限值的调整
18	418	CAL_MIN_SPAN	最小量程	—	最小量程
19	419	CAL_UNIT	kPa	—	传感器的校正值单位
20	420	SENSOR_TYPE	Silicon resonant	—	传感器类型:EJA,126=Silicon resonant
21	421	SENSOR_RANGE	—	—	膜盒范围
22	422	SENSOR_SN	序号	—	传感器的序列号
23	423	SENSOR_CAL_ METHOD	103:factory trim Standard Calibration	O/S	传感器的校正方法
24	424	SENSOR_CAL_LOC	—	O/S	膜盒的设定,指示区域
25	425	SENSOR_CAL_DATE	—	O/S	校正日期
26	426	SENSOR_CAL_WHO	—	O/S	校正者
27	427	SECONDARY_VALUE	—	—	EJA 的静压值
28	428	SECONDARY_VALUE_ UNIT	MPa	—	静压值的单位

续表

序号	索引	参 数 名	出厂设定	写模式	说 明
29	429	TERTIARY_VALUE	—	—	EJA 的温度
30	430	TERTIARY_VALUE_UNIT	C	O/S	温度单位设定
31	431	TRIM_PV_ZERO	0	O/S	零点调整
32	432	TRIM_MODE	Trim disable	O/S	零点调整模式
33	433	EXT_ZERO_ENABLE	Enable	O/S	此项设定后,外部可零点调整
34	434	MODEL	Model Code	—	变送器的型号名
35	435	DISPLAY_MODE	1	O/S	LCD 的表示模式 1=实际单位 2=%表示
36	436	DISPLY_CYCLE	1	O/S	LCD 的更新周期
37	437	ALARMSUM	Enable	—	整块的报警状态
38	438	TEST_1	—	—	EJA 未用
39	439	TEST_2	—	—	EJA 未用
40	440	TEST_3	—	—	EJA 未用
41	441	TEST_4	—	—	EJA 未用
42	442	TEST_5	—	—	EJA 未用
43	443	TEST_6	—	—	EJA 未用
44	444	TEST_7	—	—	EJA 未用
45	445	TEST_8	—	—	EJA 未用
46	446	TEST_9	—	—	EJA 未用
47	447	TEST_10	—	—	EJA 未用
48	448	TEST_11	—	—	EJA 未用
49	449	TEST_12	—	—	EJA 未用
50	450	TEST_13	—	—	EJA 未用
51	451	TEST_14	—	—	EJA 未用

3.14 基金会现场总线仪表部分目录

基金会现场总线仪表发展很快，以 RoseMount（罗斯蒙特公司），YOKO GAWA（日本横河），以及 Smar 公司为例列于表 3-3-31。

表 3-3-31 常见的 FF 总线仪表

型 号	名 称	厂 商	型 号	名 称	厂 商
3051	FF 总线压力、流量和液位变送器	RoseMount	4081C	FF 总线电导率变送器	RoseMount
3244MV	FF 总线多变量变送器	RoseMount	5300	FF 总线流量和密度仪表	RoseMount
848T	FF 总线多输入温度变送器	RoseMount	ELQ800	FF 总线阀门执行器	RoseMount
4081	FF 总线双线 pH 变送器	RoseMount	GCX	FF 总线工业气相色谱分析变送器	RoseMount
5000	FF 总线直插氧量变送器	RoseMount	Power Vue	FF 总线风门挡板执行机构	RoseMount
8742C	FF 总线电磁流量变送器	RoseMount	4081FG	FF 总线直插式氧量分析仪	RoseMount
8800C	FF 总线涡街流量计	RoseMount	Dpharp EJA	FF 总线差压/压力变送器	YOKOGAWA
DVC5000f	FF 总线数字阀门控制器	RoseMount	YEWFLO E	FF 总线涡街流量计	YOKOGAWA

续表

型　号	名　称	厂　商	型　号	名　称	厂　商
ADMAGAE	FF总线电磁流量计	YOKOGAWA	TT302	现场总线(FF)温度变送器	Smar
YTA	FF总线温度变送器	YOKOGAWA	DF47	现场总线本质安全栅	Smar
YVP	FF总线阀门定位器	YOKOGAWA	DF53/DF49	现场总线电源阻抗匹配器	Smar
CLW-1	FF总线超声波物位计	YOKOGAWA	DC302	现场总线远程I/O	Smar
FF/4～20mA	电流转换器	YOKOGAWA	DT302	现场总线浓度/密度变送器	Smar
BC302	现场总线(FF)/USB接口(尚未推出)	Smar	FB2050	基金会现场总线(FF)通讯栈芯片	Smar
DFI302	现场总线(FF)/以太网(Ethernet)通用网桥	Smar	FI302	现场总线(FF)到电流转换器	Smar
FBTools	现场总线设备级维护软件	Smar	FY302	现场总线(FF)阀门定位器	Smar
FB3050	基金会现场总线(FF)通讯栈芯片	Smar	IF302	电流到现场总线(FF)转换器	Smar
FP302	现场总线(FF)到气动信号转换器	Smar	LD302	现场总线(FF)压力变送器(高性能)	Smar
FY402	现场总线(FF)阀门定位器(单行程)	Smar	PCI302	现场总线(FF)接口卡	Smar
LD292	现场总线(FF)压力变送器	Smar	SR301	远传法兰及现场总线清洁型变送器	Smar
OLE/OPC Server	smar OLE服务器端软件	Smar	TP302	现场总线(FF)位置变送器	Smar
pH302	现场总线(FF)pH计	Smar	BT302	现场总线终端器	Smar
SYSCON	系统组态软件	Smar	DF48	现场总线重复器	Smar

3.15　现场总线系统安装

3.15.1　安装

由于现场总线系统具有数字化通信特征，所以现场总线系统布线和安装与传统的模拟控制系统有很大的区别。

图3-3-28是一个典型的基金会现场总线网段。在这个图中，有作为链路主管；组态器和人机界面的PC机；符合FF通信规范要求的PC接口卡；网段上挂接的现场设备；总线供电电源；连接在网段两端的终端器；电缆式双绞线，以及连接端子。

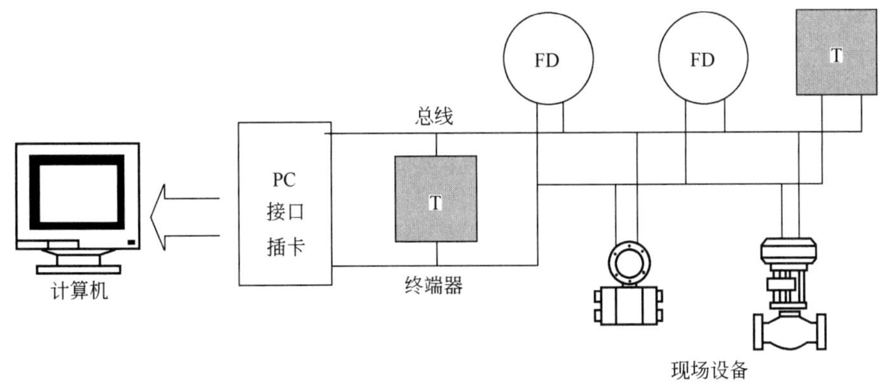

图3-3-28　基金会现场总线网段的基本构成

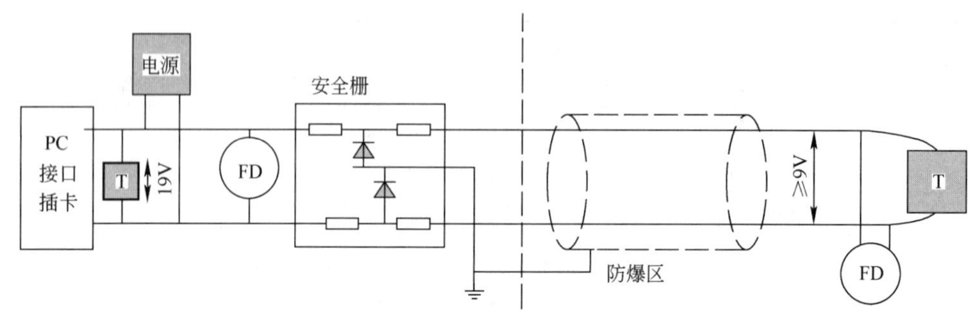

图 3-3-29　基金会现场总线的本安网段

如果现场设备间距离较长，超出规范要求 1900m 时，可采用中断器延长网段长度；也可使用中继器增加网段上的连接设备数。还可采用网桥或网关与不同速度、不同协议的网段连接；在有本质安全防爆要求的危险场所，现场总线网段还应该配有本质安全防爆栅。图 3-3-29 为基金会现场总线的本安网段示例。

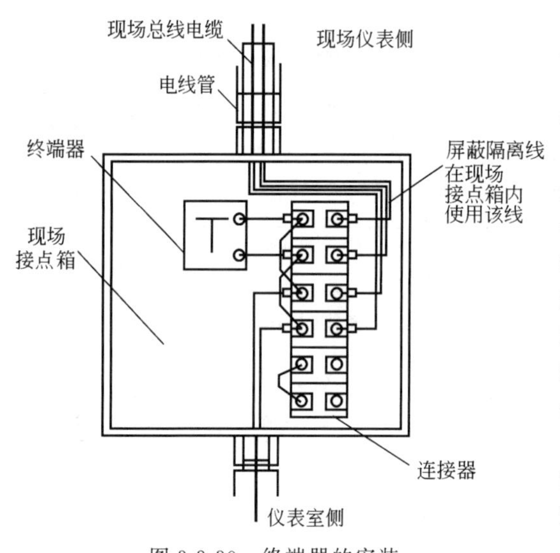

图 3-3-30　终端器的安装

网段上连接的现场设备有两种。一种是总线供电式现场设备，需要从总线上获取工作电源。总线供电电源就是为这种设备准备的。另一种是单纯供电的现场设备，它不需要从总线上获取工作电源。

终端器是连接在总线末端或末端附近的阻抗匹配元件。每个总线段上需要两个，而且只能有两个终端器。终端器采用反射波原理使信号变形最小，它所起到的作用是保护信号，使它少受衰减与畸变。有封装好的终端器商品供选购、安装。有时，也将终端器电路内置在电源、安全栅、PC 接口下、端子排内。在安装前要了解清楚是否某个设备已有终端器，避免重复使用，影响总线的数据传输。

为了提高耐环境性，免受机械性冲击，将终端器设置在分线箱或现场节点箱内，也可将终端器配置在现场仪表内。图 3-3-30 为显示终端器的安装。

现场总线控制系统的布线，具有代表性的系统构成有两种：“总线型”和“树型”。

（1）总线型布线　总线型布线将电源和系统设备设置在控制室内。从连接在系统设备总线通信模块（ACF11）向现场各部配线，这种现场总线可以连接各种现场设备，并且可在现场总线两端连接终端器。根据需要也可将终端器放入现场节点盒内。图 3-3-31 为总线型布线图。

（2）树型布线　树型布线时，各种现场仪表通过现场节点箱连接在现场总线上，把现场仪表集中设置在一定区域，在区域中心设置一台终端器，可以缩短各连接现场仪表分支电缆的长度。

树型布线时，电缆最大长度和总线型布线相同。树型布线如图 3-3-32 所示。

各种现场仪表通过连接器和分支电缆与现场总线相连。为免受机械性冲击，应将连接器设置在分线箱或现场节点箱内，如图 3-3-33 所示。

现场总线中可使用多种型号的电缆，在表 3-3-32 中列出了 A、B、C、D 4 种电缆，可供选用，其中 A 型为新安装系统中推荐使用的电缆。

当工厂中同一地区有多条现场总线时，或者在改造安装工程中，多采用 B 型，即屏蔽多股双绞线是比较合适的。

C、D 两种型号电缆主要应用于改造工程中，相对 A、B 而言，C、D 在使用长度上要短。

中继器是总线供电或非总线供电的设备，用来扩展现场总线网络。在现场总线网络任何两个设备之间最多可以使用 4 个中继器。使用 4 个中继器时，网络中两个设备间的最大距离可达 9500m。

网桥是总线供电或非总线供电的设备，用于连接不同速度或不同物理层，如金属线、光导纤维等的现场总

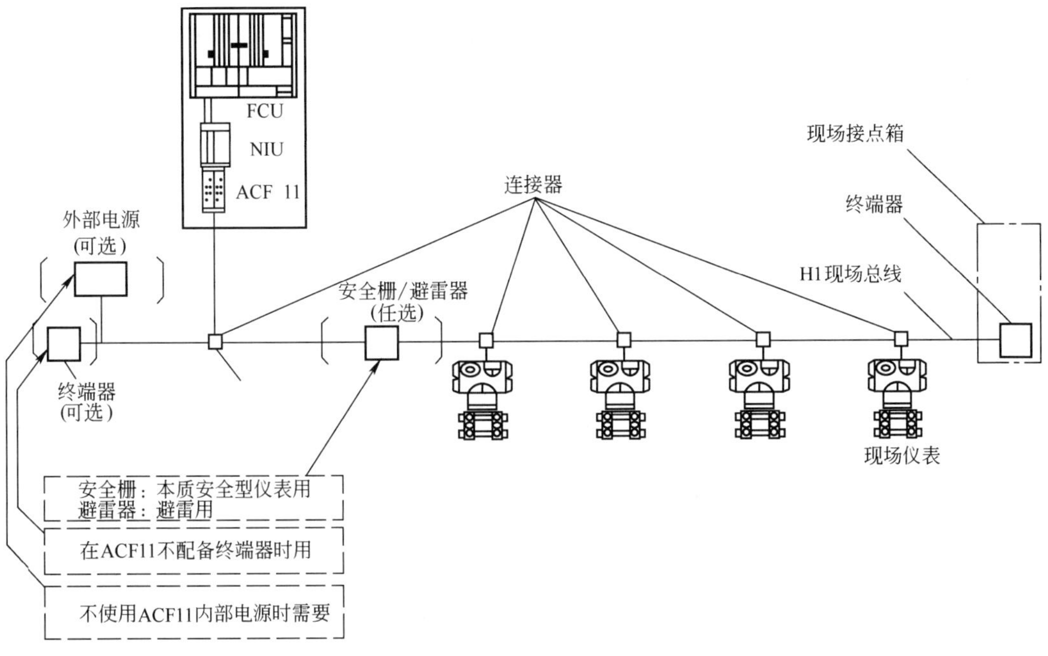

图 3-3-31 总线型布线图

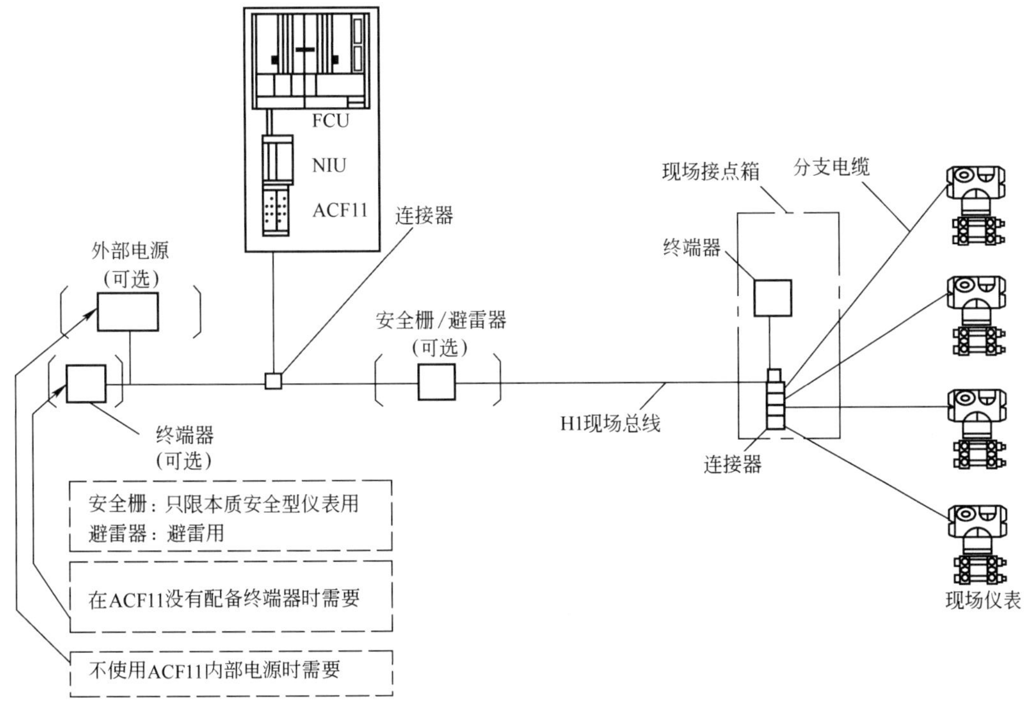

图 3-3-32 树型布线图

表 3-3-32 现场总线电缆规格

型号	特　　征	规格/mm^2	最大长度/m	型号	特　　征	规格/mm^2	最大长度/m
A	屏蔽双绞线	0.8	1900	C	无屏蔽多股双绞线	0.13	400
B	屏蔽多股双绞线	0.32	1200	D	外层屏蔽、多芯非双绞线	0.125	200

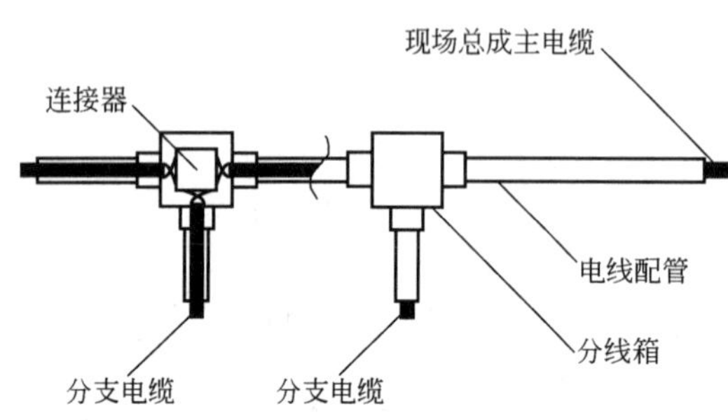

图 3-3-33 连接器的安装

线网段，而组成一个大网络。

网关是总线供电或非总线供电的设备，用于将现场总线的网段连向其他通信协议的网段，如以太网、RS485 等。

现场总线的网段由主干及其分支构成。主干是指总线段上挂接设备的最长电缆路径，其他与之相连的线缆通道都叫做分支线。网络扩充是在主干的任何一点分接或者延伸，并添加网络设备而实现的。

网络扩充应遵循一定的规则，或者说应受到某些限制。如网段上的主干长度和分支线长度的总和是受到限制的。不同类型的电缆对应不同的最大长度，长度应包括主干线缆和分支线的总和，其最大长度的米数参见表 3-3-33。

表 3-3-33 每个分支上最大长度的建议值/m

设备总数	1个设备/分支	2个设备/分支	3个设备/分支	4个设备/分支
25～32	1	1	1	1
19～24	30	1	1	1
15～18	60	30	1	1
13～14	90	60	30	1
1～12	120	90	60	30

3.15.2 总线供电与网络配置

在网络上如果有两线制的总线供电现场设备，应该确保有足够的电压可以驱动它。每个设备至少需要 9V，为了确保这一点，在配置现场总线网段时，需要知道以下情况：

① 每个设备的功耗情况；

② 设备在网络中的位置；

③ 电源在网络中的位置；

④ 每段电缆的阻抗；

⑤ 电源电压。

每个现场设备的电压由直流回路的分析得到，以图 3-3-34 为例。

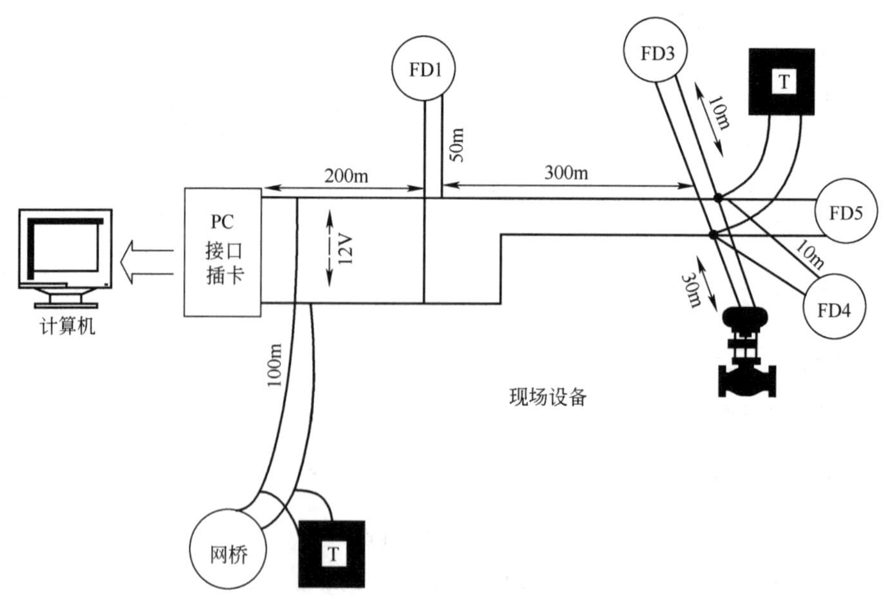

图 3-3-34 电源与网段配线示例

图中，假设在接口板处设置一个 12V 的电源，而且在网络中全部使用 B 型电缆。在 10m 的分支线处，有一个现场设备 FD5 采用单独供电方式（是一个 4 线制现场设备）。在 10m 分支线处，有一个现场设备 FD3，消耗电流为 20mA。其他设备各自耗能为 10mA。网桥为单独供电方式，它不消耗任何网络电流。

忽略温度影响，每米导线电阻为0.1Ω。表3-3-34显示了每段电缆的电阻，流经此段的电流以及压降。

表3-3-34 图3-3-34中各段的电路参数

段长度/m	电阻/Ω	电流/A	压降/V	段长度/m	电阻/Ω	电流/A	压降/V
200	20	0.05	1.0	10	1	0.02	0.02
50	5	0.01	0.05	30	3	0.01	0.03
300	30	0.04	1.2				

因而，总线供电设备从网段上得到的电压如下：FD1处可得到10.95V，FD3处可得到9.73V，FD4处可得到9.74V，阀门处可得到9.72V。所有的现场设备都得到了大于9V的电压，这个结果符合要求。如果网络上有更多的现场设备或网络电缆直径较小，就可能出现电压不足9V的情况，这样就需要提高供电电源的电压，或者需要调整电源的安装位置来加以克服。

某些情况下，网络可能负荷过重，以至于不得不考虑重新摆放电源的位置，使每个设备的供电电压得到满足。当做这些计算时，还要考虑到高温状态下电缆的电阻会增加的因素。

现场总线基金会规定了几种型号的总线供电电源。其中131型为给安全栅供电的非本安电源；133型为推荐使用的本安型电源；132型为普通非本安电源，输出电压最大值为直流32V。按照规范要求，现场设备从总线上得到的电源不能低于直流9V，以保证现场设备的正常工作。

现场总线上的供电电源需要有一个电阻/电感式阻抗匹配网络。阻抗匹配可在网络一侧实现，也可将它嵌入到总线电源中。

可以按照IEC/ISA物理层标准要求，组成电源的冗余式结构。

4 PROFIBUS现场总线

4.1 概述

PROFIBUS是Process Fieldbus的缩写，现在是现场总线国际标准IEC 61158八种类型之一，亦是EN 50170欧洲标准。目前世界上许多自动化仪表厂商生产的设备提供PROFIBUS接口。PROFIBUS已经广泛应用于加工制造，过程自动化和楼宇自动化，其应用范围如图3-3-35所示。

PROFIBUS根据应用特点分为PROFIBUS-DP、PROFIBUS-FMS和PROFIBUS-PA三个兼容版本，如图3-3-36所示。它们各自特点如下。

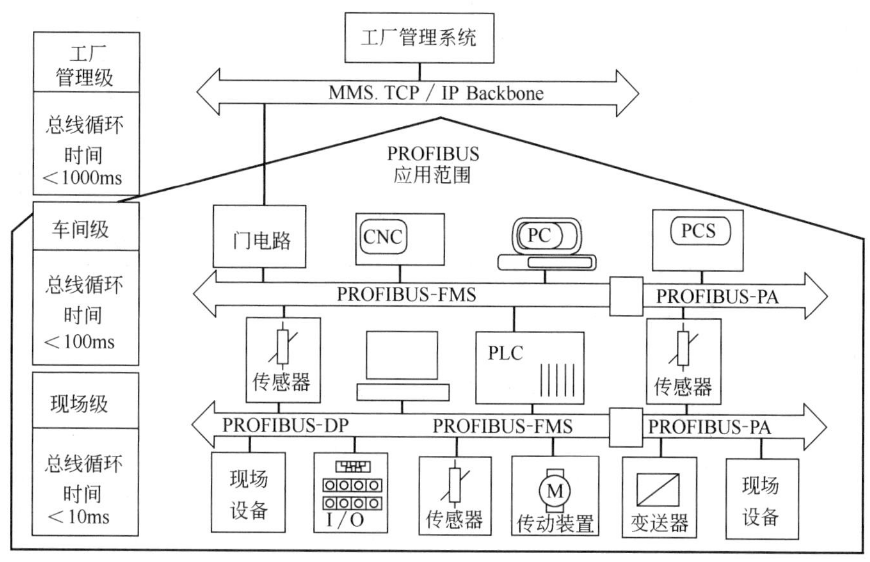

图3-3-35 PROFIBUS应用范围

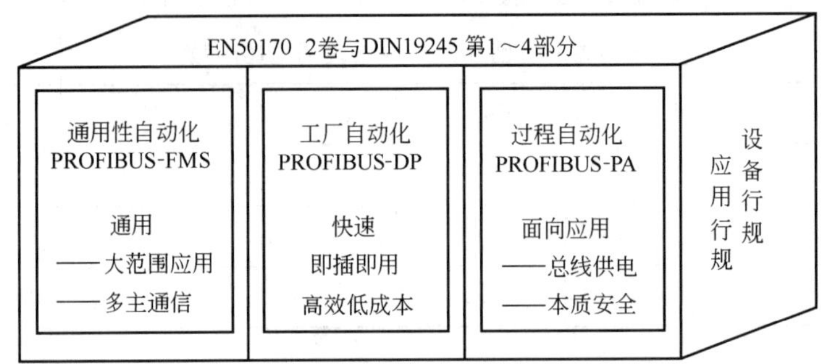

图 3-3-36　PROFIBUS 系列

① PROFIBUS-DP　经过优化的高速、廉价的通信连接，专为自动控制系统和设备级分散 I/O 之间通信而设计，使用 PROFIBUS-DP 模块可取代价格昂贵的 24V 或 0～20mA 并行信号线，用于分布式控制系统的高速数据传输。

② PROFIBUS-FMS　解决车间级通用性通信任务，提供大量的通信服务，完成中等传输速度的循环和非循环通信任务，用于纺织工业、楼宇自动化、电气传动、传感器和执行器、可编程序控制器以及低压开关设备等一般自动化控制。

③ PROFIBUS-PA　专为过程自动化而设计，标准的本质安全的传输技术，实现了 IEC1158-2 中规定的通信规程，用于对安全性要求高的场合及由总线供电的站点。

4.2　PROFIBUS 基本特性

PROFIBUS 可实现分散式数字化控制器从现场底层到车间级之间的网络化，PROFIBUS 区分主设备（主站）和设备（从站）。主站决定总线的数据通信。当主站得到总线控制权（令牌）时，即使没有外界请求也可以主动发送信息。在 PROFIBUS 协议中，主站也称为主动站。

从站为外围设备。典型的从站包括输入输出装置、阀门、驱动器和测量发送器。它们没有总线控制权，仅对接收到的信息给予确认或当主站发出请求时向它发送信息。从站也称为被动站。由于从站只需总线协议的一小部分，所以实施起来特别经济。

4.2.1　协议结构

PROFIBUS 协议结构以 ISO 7498 国际标准为基础，第 1 层（物理层）定义了物理的传输特性，第 2 层（数据链路层）定义了总线的存取协议，第 7 层（应用层）定义了应用功能。其结构如图 3-3-37 所示。

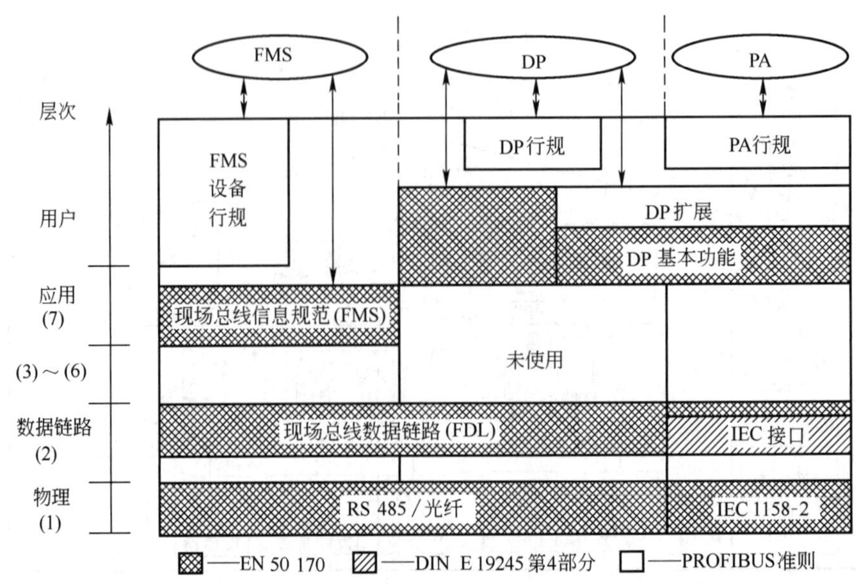

图 3-3-37　PROFIBUS 协议结构

PROFIBUS-DP 使用第 1 层、第 2 层和用户接口，第 3 层到第 7 层未加以描述，这种结构确保了数据传输的快速和有效，直接数据链路映像提供易于进入第 2 层的用户接口。用户接口规定了用户及系统以及不同设备可以调用的应用功能，并详细说明了各种不同 PROFIBUS-DP 设备的设备行为，还提供了传输用的 RS485 传输技术或光纤传输技术。

PROFIBUS-FMS 中第 1 层、第 2 层和第 7 层均加以定义。应用层包括现场总线报文规范（FMS）和低层接口（LLI）。现场总线报文规范包括了应用协议并向用户提供了可广泛选用的功能强的通信服务。低层接口协调不同的通信关系，并向 FMS 提供与设备无关的第 2 层访问。第 2 层现场数据链路（FDL）可完成总线存取控制并确保数据的可靠性，它还为 PROFIBUS-FMS 提供 RS485 或光纤传输技术。

PROFIBUS-PA 的数据传输采用扩展的 PROFIBUS-DP 协议。另外还使用了描述现场设备行为的 PA 行规。根据 IEC1158-2 标准，这种传输技术可确保其本征的安全性并通过总线给现场设备供电。使用段耦合器，PROFIBUS-PA 设备能很方便地集成到 PROFIBUS-DP 网络中。

PROFIBUS-DP 和 PROFIBUS-FMS 系统使用了同样的传输技术和统一的总线存取协议，因而这两套系统可在同一根电缆上同时操作。

4.2.2 传输技术

现场总线系统的应用在很大程度上取决于选用的传输技术，既要考虑一些通用的要求（传输可靠性、传输距离和高速传输），又要考虑一些简便而费用又不高的机电因素。当涉及过程自动化时，数据和电源的传送必须在同一根电缆上。由于单一的传输技术不可能满足所有的要求，因此 PROFIBUS 提供了三种传输类型：用于 DP 和 FMS 的 RS485 传输技术，用于 PA 的 IEC1158-2 传输技术以及光纤（FO）传输。

（1）用于 DP 和 FMS 的 RS485 传输　RS485 是 PROFIBUS 最常用的一种传输技术。这种技术通常称为 H2。它采用的电缆为屏蔽双绞铜线，并共用一根导线对。它适用于需要高速传输和设施简单而又便宜的各个领域，RS485 传输技术的基本特性如表 3-3-35 所示。

表 3-3-35　RS485 传输技术基本特性

网络拓扑	线性总线，两端有有源的总线终端电阻。短截线的波特率≤1.5Mbps
介质	屏蔽双绞电缆，也可取消屏蔽，取决于环境条件(EMC)
站点数	每段 32 个站，不带转发器。带转发器最多可到 127 个站
插头连接器	最好为 9 针 D 副插头连接器

RS485 操作容易，敷设双绞电缆不需要具有专业知识。总线结构允许站点增加或减少，而且系统的分步投入也不会影响到其他站点的操作，后增加的站点对已投入运行的站点没有任何影响。

传输速度可在 9.6KB/s 到 12MB/s 之间选用，一旦系统投入运行，全部设备均需选用同一传输速度。

全部设备均与总线连接，在每一个分段上最多可接 32 个站（主站或从站），每段的头和尾各有一个有源总线终端器。为确保操作运行不发生误差，两个总线终端器必须永远有电源。当使用的站超过 32 个时，必须使用中继器（线路放大器），以连接各个总线的分支段。电缆的最大长度取决于传输速度，如表 3-3-36 所示。

表 3-3-36　RS485 传输速度与 A 型电缆的距离

波特率/kbps	9.6	19.2	93.75	187.5	500	1500	12000
每段的距离/m	1200	1200	1200	1000	400	200	100

（2）用于 PA 的 IEC1158-2 传输技术　IEC1158-2 传输技术能满足化工和石化工业的要求。它可以保持其本质安全性并使现场设备通过总线供电，此技术是一种位同步协议，可进行无电流的连接传输，通常称之为 H1，用于 PROFIBUS-PA，其传输技术特性见表 3-3-37。

IEC1158-2 传输技术原则如下：

① 每段只有一个电源作为供电装置；

② 站发送信息时不向总线供电；

③ 每站现场设备所消耗的为常量稳态基本电流；

④ 现场设备的作用相当于无源的电流吸收装置；

⑤ 主总线两端起无源终端线的作用；

⑥ 允许使用线形、树型和星形网络；

⑦ 设计时可采用冗余的总线段，用以提高系统可靠性。

IEC1158-2 传输技术特性如表 3-3-37 所示。

表 3-3-37 IEC1158-2 传输技术特性

数据传输	数字式，位同步，曼彻斯特编码	防爆型	可能进行本质和非本质安全操作
传输速度	31.25kbps，电压式	拓扑结构	线形或树型，或两者相结合型
数据可靠性	预兆性，避免误差采用起始和终止限定符	站数	每段最多 32 个，总数最多 126 个
电缆	双绞线(屏蔽或非屏蔽)	中继器	可扩展至最多 4 台
远程电源供电	可选附件，通过数据线		

为了调制的目的，每个总线站点至少需要 10mA 的基本电流才能使设备启动。通信信号是通过发送设备把电流从±9mA 调制到基本电流而生成的。

通常位于控制室内的是过程控制系统、监控设备以及将 IEC1158-2 传输技术的总线段与 RS485 传输技术的总线段连接的段耦合器。耦合器使 RS485 信号与 IEC1158-2 信号相适配。它们为现场设备的远程电源供电，供电装置可限制在 IEC1158-2 总线段上的电流和电压。

PROFIBUS-PA 的网络拓扑有树型和线形结构，或者两种拓扑的耦合，见图 3-3-38。线形结构沿着现场总线电缆连接各节点并与供电线路的安装相似。现场总线电缆通过现场设备连接成回路，对一台或更多台现场设备也可以进行分支连接。树型结构可与经典的现场安装技术做比较。

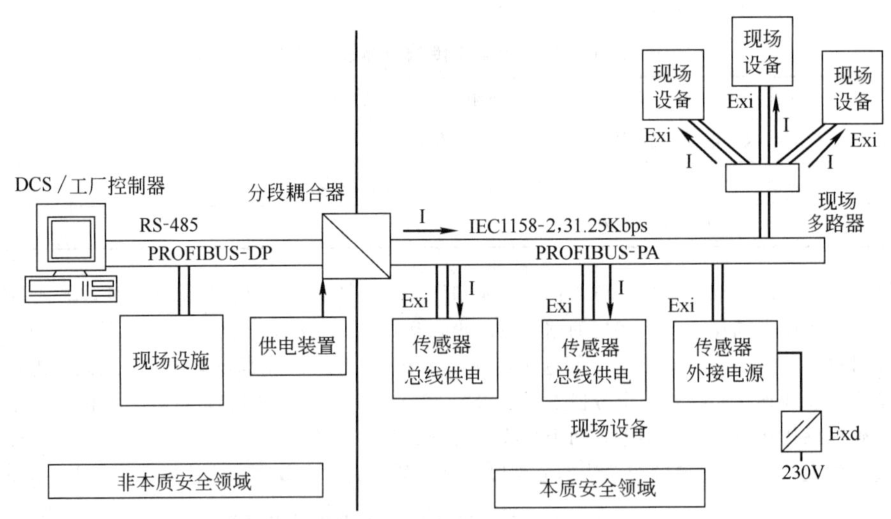

图 3-3-38 过程自动化典型结构

多芯主电缆可用双线总线电缆替代。现场配电箱仍继续用来连接现场设备并放置总线终端电阻器。当采用树型结构时，连在现场总线分段的全部现场设备都并联地接在现场配电箱上。

主总线电缆的两端各有一个无源线性终端器，内有一个串联的 RC 元件，$R=100\Omega$，$C=1\mu F$。当总线站极性反向连接时，它对总线的功能不会有任何影响。建议设备最好装有极性自动分辨装置，这样无论输入端子如何分配数据信号，设备都不会发生错误操作。

连接到一个段的站点数量多限于 32 个。按选用的防爆等级及总线供电电源，站点的数量将进一步受到限制。

关于线路最长长度的确定，根据经验，应先计算一下电流的需要，从表 3-3-38 中选用一种供电电源装置，再从表 3-3-39 中根据线的长度选定用哪种电缆。所需电流是现场设备、操作者手持设备、总线主站的耦合器以及所使用的所有中继器等所需要的基本电流以及故障断开设备的门限电流的总和。该电流大小可从连接在总线上的每台设备计算出来。一旦发生故障时的最大电流与操作电流之间有差别，优先考虑的是带最大门限电流的设备。

表 3-3-38　标准供电装置（操作值）

型号	应用领域	供电电压/V	供电最大电流/mA	最大功率/W	典型站数
Ⅰ	EEXi A/iB IIC	13.5	110	1.8	8
Ⅱ	EEXibIIC	13.5	110	1.8	8
Ⅲ	EEXibIIB	13.5	250	4.2	22
Ⅳ	不具有本质安全	24	500	12	32

表 3-3-39　IEC1158-2 传输设备的线路长度

供电装置型号	Ⅰ	Ⅱ	Ⅲ	Ⅳ	Ⅴ	Ⅵ
供电电压/V	13.5	13.5	13.5	24	24	24
Σ电流需要/mA	≤110	≤110	≤250	≤110	≤250	≤500
q=0.8mm^2 的线长度(参考)/m	≤900	≤900	≤400	≤1900	≤1300	≤650
q=1.5mm^2 的线长度(参考)/m	≤1000	≤1500	≤500	≤1900	≤1900	≤1900

(3) 光纤传输技术　PROFIBUS 系统在电磁干扰很大的环境下应用时，可使用光纤导体以增加高速传输的最大距离。现有两种光纤导体，一种为便宜的塑料纤维导体，供距离小于等于 50m 时使用，另一种为玻璃纤维导体，供距离小于等于 1000m 时使用。许多厂商提供专用总线插头，它带有集成转换器，可将 RS485 信号转换成光纤导体或将光纤导体转换成 RS485 信号，这样就为 RS485 和光纤传输技术在同一系统上使用提供了一个转换控制十分简便的方法。

4.2.3　PROFIBUS 总线存取协议

PROFIBUS 的 DP、FMS 和 PA 三个兼容版本均使用单一的总线存取协议，并通过 OSI 参考模型的第 2 层实现，包括数据的可靠性以及传输协议和报文的处理。

在 PROFIBUS 中，第 2 层称为现场总线数据链路层（FDL）。介质存取控制（MAC）具体控制数据传输的程序，MAC 必须确保在任何时刻只有一个站点发送数据。PROFIBUS 协议的设计者应注意满足介质存取控制的如下基本要求。

① 在复杂的自动化系统（主站）间通信时，必须保证在确切限定的时间间隔中任何一个站点有足够的时间来完成它的通信任务。

② 在复杂的可编程序控制器和它所属的简单的 I/O 设备（从站）间通信时，应尽可能快速又简单地完成循环的实时的数据传输。

因此，PROFIBUS 总线存取协议包括主站之间的令牌传递方式和主站与从站之间的主从方式（见图 3-3-39）。

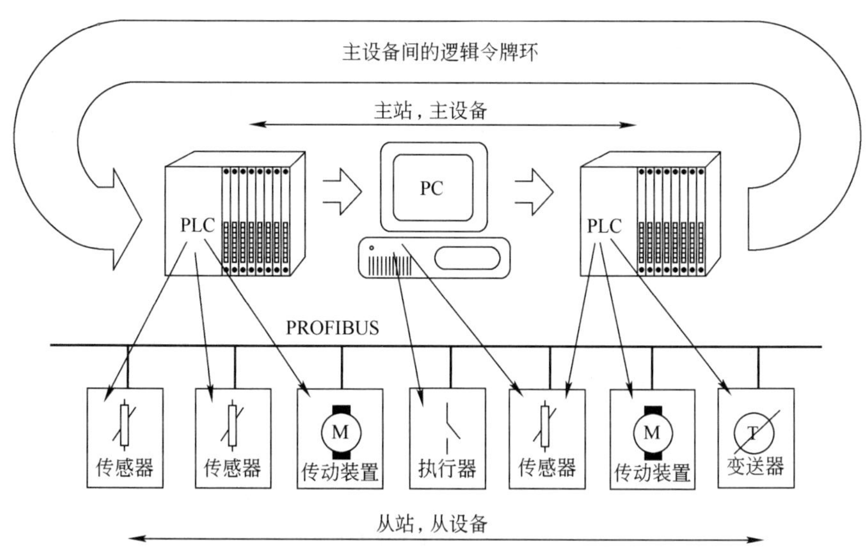

图 3-3-39　PROFIBUS 总线存取协议

令牌传递程序保证了每个主站在一个确切规定的时间框内得到总线存取令牌，令牌是一条特殊的电文，它在所有主站中循环一周的最长时间是事先规定的，在 PROFIBUS 中，令牌只在各主站之间通信时使用。

主从方式允许主站在得到总线存取令牌时可与从站通信，每个主站均可向从站发送或索取信息，通过这种方法有可能实现下列系统配置：纯主-从系统，纯主-主系统（带令牌传递），混合系统。

图 3-3-39 所示为由 3 个主站和 7 个从站构成的 PROFIBUS 系统配置。3 个主站构成令牌逻辑环。当某主站得到令牌报文后，该主站可在一定时间内执行主站工作。在这段时间内，它可与在主-从通信关系表中所列的所有从站通信，也可与在主-主通信关系表中所列的所有主站通信。

令牌环是所有主站的组织链，按照它们的地址构成逻辑环。在这个环中，令牌（总线存取权）在规定的时间内按照次序（地址的升序）在各主站中依次传递。

在总线系统初建时，主站的介质存取控制（MAC）的任务是检查总线上主站点的逻辑分配并建立令牌环。在总线运行期间，断电或损坏的主站必须从环中排除，新接入的主站必须加入令牌环。另外，总线存取控制保证令牌按地址升序依次在各主站间传送。各主站持有令牌的实际时间长短取决于该令牌配置的循环时间。另外，PROFIBUS 介质存取控制的特点是监测传输介质及收发器是否有故障，检查站点地址是否出错（如地址重复）以及令牌是否有错误（如多个令牌或令牌丢失）。

第 2 层的另一个重要工作任务是保证数据的可靠性。PROFIBUS 第 2 层的报文帧格式保证高度的数据完整性，所有报文的海明距离 HD=4（这是按照国际标准 IEC870-5-1 规定的使用特殊的起始和结束定界符，无间距的字节同步传输及每个字节的奇偶校验保证的）。

PROFIBUS 第 2 层按照非连接的模式操作，除提供点对点逻辑数据传输外，还提供多点通信功能，如广播及有选择广播。广播通信的含义是主站向所有其他站点（主站和从站）发送信息，不要求回答。有选择广播通信的含义是主站向一组站点（主站或从站）发送信息，不要求回答。

在 PROFIBUS-FMS、PROFIBUS-DP 和 PROFIBUS-PA 中，分别使用了第二层服务的不同子集，详见表 3-3-40。这些服务由上层协议通过第 2 层的服务存取点（SAP）调用。在 PROFIBUS-FMS 中，这些服务存取点是用来建立逻辑通信地址的关系表的。在 PROFIBUS-DP 和 PROFIBUS-PA 中，每个 SAP 点都赋存一个定义明确的功能。所有主站和从站可同时使用多个服务存取点。服务存取点有源 SSAP 和目标 DSAP 之分。

表 3-3-40 PROFIBUS 数据链路层的服务

服　务	功　　能	DP	PA	FMS
SDA	发送数据要应答			•
SRD	发送和请求回答的数据	•	•	•
SDN	发送数据不需应答	•	•	•
CSRD	循环性发送和请求回答的数据			•

注：“•”表示使用该对应的服务，空白表示没有使用对应的服务。

4.3 PROFIBUS-DP 简介

PROFIBUS-DP 用于现场一级的高速数据传送。在这一级，中央控制器（如可编程序控制器 PLC/PC）通过高速串行线同分散的现场设备（如 I/O、驱动器以及阀门等）进行通信。同这些分散的设备进行数据交换多数是循环的。根据 EN50170 标准，这些数据交换所需的功能是由 PROFIBUS-DP 的基本功能所规定的。除了执行这些循环性功能外，智能化现场设备还需非循环的通信以进行组态、诊断和报警处理。

4.3.1 PROFIBUS-DP 的基本功能

中央控制器（主站）循环地读取从站的输入信息并周期地向从站发送输出信息。总线循环时间必须要比中央控制器（PLC）的程序循环时间短，在很多场合，程序循环时间约为 10ms，除了循环的用户数据传输外，PROFIBUS-DP 还提供强有力的诊断和组态功能。数据通信是由主站和从站上的监控功能进行监控的。有关 PROFIBUS-DP 基本功能的概述可见表 3-3-41。

表 3-3-41 PROFIBUS-DP 的基本功能

传输技术	总线存取
• RS485 双绞线，双线电缆或光缆 • 波特率从 9.6kbps 到 12Mbps	• 主站间为令牌传递方式，主站与从站间为主-从传送方式 • 支持单主或多主系统 • 主和从设备，总线上最多站点数为 126

续表

<table>
<tr><td>通信
·点对点(用点数据传送)或广播(控制指令)
·循环的主-从用户数据传输和非循环的主-主数据传输</td><td rowspan="2">功能
·DP 主站和 DP 从站间循环的用户数据传输
·各 DP 从站的动态激活和不激活
·DP 从站组态的检查
·强大的诊断功能,三级诊断信息
·输入和/或输出的同步
·通过总线给 DP 从站赋予地址
·通过总线对 DP 主站(DPM1)进行组态
·每个 DP 从站的输入和输出数据最大为 246 字节</td></tr>
<tr><td rowspan="2">运行模式
·运行:输入和输出数据的循环传送
·清除:输入被读取,输出被保持为故障-安全状态
·停止:只能进行主-主数据传输</td></tr>
<tr><td>可靠性和保护功能
·所有报文的传输按海明距离 HD=4 进行
·DP 从站带看门狗定时器(Watchdog timer)
·对 DP 从站的输入/输出进行存取保护
·DP 主站上带可变定时器的用户数据传送监视</td></tr>
<tr><td>同步
·控制指令允许输入和输出同步
·同步模式:输出同步
·锁定模式:输入同步</td><td>设备类型
·第二类 DP 主站(DPM2):可进行编程、组态、诊断的设备
·第一类 DP 主站(DPM1):中央可编程的控制器,如 PLC、PC 等
·DP 从站:带二进制值或模拟量输入/输出的设备、驱动器和阀门等</td></tr>
</table>

(1) 基本特性　对于一个成功的现场总线系统来说，仅仅具备高数据通信能力是不够的，对用户来说，安装和服务的简便，良好的诊断能力和无差错的传输技术也很重要，PROFIBUS 则体现了这些特性的优化结合。

① 速率　在一个有着 32 个站点的分布系统中，PROFIBUS-DP 对所有站点传送 512 字节的输入数据和 512 字节输出数据，在 12Mbps 时，只需 1ms。图 3-3-40 所示为典型的 PROFIBUS-DP 传输时间表，它与站点数和传输速率有关。与 PROFIBUS-FMS 相比，PROFIBUS-DP 速率大大提高的主要原因是因为它采用了第 2 层的收发数据 (SRD) 服务功能，这种功能使得输入和输出数据在单一周期内完成。

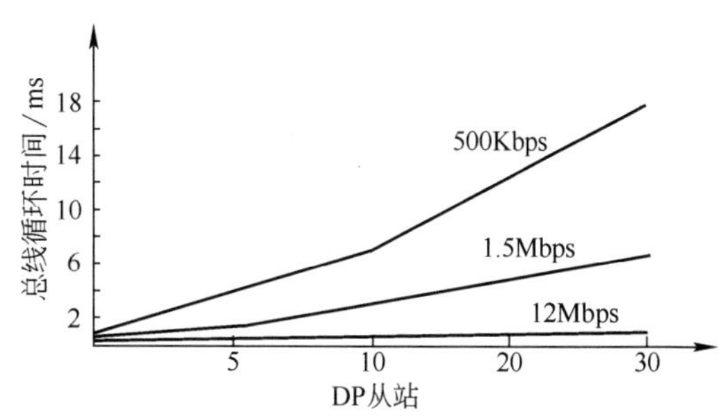

图 3-3-40　PROFIBUS-DP 单主系统的总线循环时间

② 诊断功能　通过扩展的 PROFIBUS-DP 诊断功能，能对故障进行快速定位。诊断信息在总线上传输并由主站采集。这些诊断信息分为三级。

a. 站诊断　该诊断信息表示整个设备的一般运行状态，如温度过高，电压过低等；

b. 模块诊断　该诊断信息表示一个站点的某具体 I/O 模块出现故障（如 8 字节的输出模块）；

c. 通道诊断　该诊断信息表示某个单独的输入/输出位的故障（如输出通道 7 短路）。

(2) 系统组态和设备类型　PROFIBUS-DP 允许构成单主站或多主站系统，这就为系统组态提供了高度的灵活性。在同一总线上最多可连接 126 个站点（主站和从站）。系统组态的描述包括站数、站地址和输入/输出地址的分配、输入/输出数据的格式、诊断信息的格式以及所使用的总线参数。每个 PROFIBUS-DP 系统可包括以下 3 种不同类型的设备。

① 一类 DP 主站（DPM1）　一类 DP 主站是中央控制器，它在规定的信息周期内与分散的站点（如 DP 从站）交换信息。典型的主设备包括可编程序控制器 PLC 和个人计算机 PC。

② 二类 DP 主站（DPM2）　二类 DP 主站是编程器、组态设备或操作面板。它们在 DP 系统组态时或对系统运行监视时使用。

③ DP 从站　DP 从站是进行输入信息采集和向控制器发送输出信息的外围设备（如输入/输出设备、驱动器、变送器和阀门等），也有一些设备只采集输入信息或只提供输出信息。

输入和输出信息量的大小取决于设备类型。目前允许的输入和输出信息最多不超过 246 字节。

在单主站系统中，总线系统在运行阶段只有一个主站在运行。图 3-3-41 所示为一个单主站系统的配置图。可编程序控制器作为中央控制部件，分散的 DP 从站通过总线连接到可编程序控制器上，单主站系统可获得最短的总线循环时间。

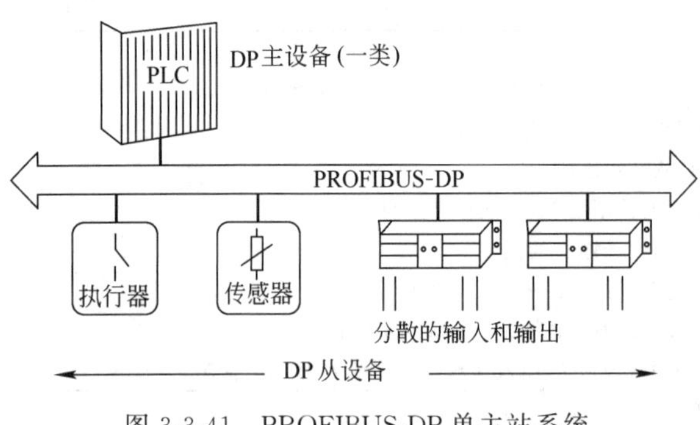

图 3-3-41　PROFIBUS-DP 单主站系统

在多主站系统中，总线上连接多个主站。这些主站或者与各自的从站构成相对独立的子系统（包括一个 DPM1 主站和它们指定的从站），或者作为网上的附加配置和诊断设备，如图 3-3-42 所示。任何一个主站均可读取 DP 从站的输入和输出映像，但只有一个 DP 主站（在系统组态时指定的 DPM1）允许对 DP 从站写入输出数据。多主站系统的总线循环时间要比单主站系统的总线循环时间长一些。

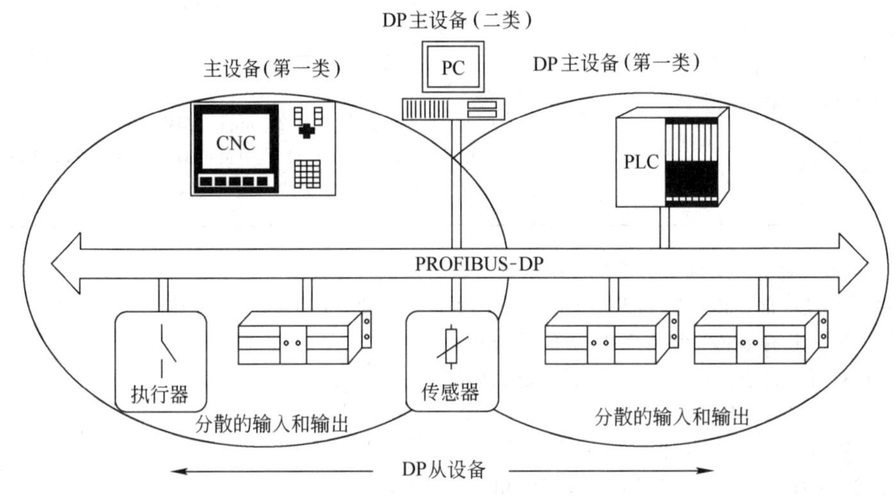

图 3-3-42　PROFIBUS-DP 多主站系统

(3) 系统行为　PROFIBUS-DP 规范包括了对系统行为的详细描述以保证设备的可互换性。系统行为主要取决于 DPM1 的运行状态，这些状态由本地或总线的组态设备所控制。PROFIBUS-DP 系统行为主要有如下三种状态。

① 停止　在这种状态下，DPM1 和 DP 从站之间没有数据传输。

② 清除　在这种状态下，DPM1（一类 DP 主站）读取 DP 从站的输入信息并使输出信息保持在故障安全状态。

③ 运行　在这种状态下，DPM1 处于数据传输阶段，循环数据通信时，DPM1 从 DP 从站读取输入信息并向 DP 从站写入输出信息。

DPM1 设备在一个预先组态的时间间隔内，以有选择的广播方式循环地将其本地状态发送到每一个有关的 DP 从站。

如果在 DPM1 的数据传输阶段中发生故障（例如一个 DP 从站有故障），系统将做出反应，它是由组态参数“自动清除”确定的。如果此参数为真，DPM1 则将所有有关的 DP 从站的输出数据立即转入安全保护状态，而 DP 从站不再为用户传输数据。在这之后，DPM1 转入清除状态。如果此参数为假，则 DPM1 即使在这个 DP 从站出错，系统仍停留在运行状态，然后由用户决定对系统做出什么反应。

(4) DPM1 和 DP 从站间的循环数据传输　用户数据在 DPM1 和相关 DP 从站之间的传输由 DPM1 按照确定的递归顺序自动执行。在对总线系统进行组态时，用户对 DP 从站与 DPM1（DP 主站）的关系进行定义并确定哪些 DP 从站被纳入循环的用户数据传输，哪些 DP 从站被排斥在外。

DP 主站和 DP 从站间的数据传输分为三个阶段，即参数化阶段，组态阶段和数据传输阶段。

在参数化和组态阶段，每一个 DP 从站将自己的实际组态数据和从 DP 主站接收到的组态数据进行比较。只有当实际数据与所需的组态数据相匹配时，DP 从站才进入用户数据传输阶段。因此，设备类型、数据格式和长度以及输入输出数量必须与实际组态数据一致。这些测试可为用户提供可靠的保护，以防止参数化发生错误。除了 DP 主站自动执行用户的数据传输外，新的参数化数据可根据用户的请求发送给 DP 从站。PROFIBUS-DP 用户数据传输可见图 3-3-43。

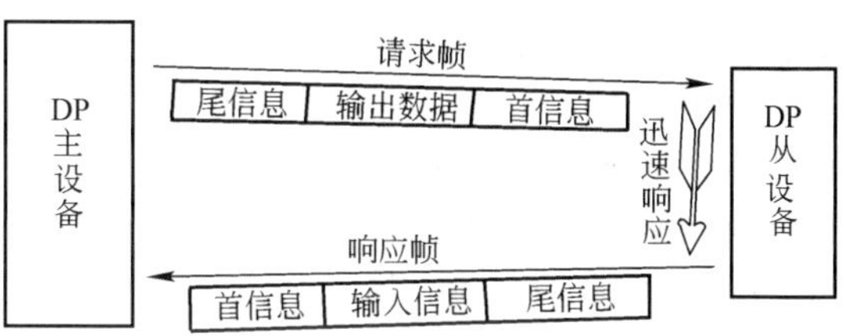

图 3-3-43　PROFIBUS-DP 的用户数据传输

(5) DP 主站和系统组态设备间的循环数据传输　除主-从功能外，PROFIBUS-DP 还允许主-主之间的数据通信，见表 3-3-42。这些功能使组态和诊断设备通过总线对系统进行配置。

表 3-3-42　PROFIBUS-DP 的主-主功能

功　　能	含　　义	DPM1	DPM2
取得主站诊断数据	读取 DPM1 的诊断数据或 DP 从站的诊断数据摘要	M	O
上装/下装组(开始,上装/下装,结束)	上装或下装 DPM1 及相关 DP 从站的全部组态数据	O	O
激活参数(广播)	同时激活所有已编址的 DPM1 设备的总线参数	O	O
激活参数	激活已编址的 DPM1 设备的参数或改变其运行状态	O	O

注：M——必备的功能；O——可选的功能。

除了上装和下装功能外，主-主功能还允许 DP 主站与各个 DP 从站间的数据传输动态地进行或停止，DP 主站的运行状态也能被改变。

(6) 同步和锁定模式　除由 DP 主站设备自动执行相关站的用户数据传输之外，DP 主站设备也可以向单独的 DP 从站、一组从站或全体从站同时发送控制命令。这些命令是通过有选择的广播命令发送的。它们可以使用同步及锁定模式以实现 DP 从站的事件控制的同步。当这些 DP 从站接收到从它们主站发来的同步命令后，即进入同步模式。在这种模式中，所有编址的从站输出数据锁定在当前状态下。在后继的用户数据传输期间，从站存储接收输出数据，但它的输出状态保持不变，直到接收到下一同步命令，所存储的输出数据才被发送到外围设备上。用户可以通过非同步命令退出同步模式。

同样，锁定控制命令使得编址的从站进入锁定模式。在锁定模式中，从站的输入状态被锁定在当前状态下，直到主站发送下一个锁定命令时才可以变更。用户可以通过非锁定命令退出锁定模式。

(7) 保护机制　为了达到安全可靠的目的，PROFIBUS-DP 必须有一个有效的保护功能，以防止出现参数化差错或传输设备发生故障。DP 主站和 DP 从站均带有时间监视器，其监视间隔时间在组态时就加以确定了。

DP 主站使用数据控制定时器对从站的数据传输进行监视，每个从站则都采用各自的控制定时器。在规定的监视时间间隔中，如数据传输发生差错，定时器就会超时，一旦出现超时，用户便会得到这个信息。如果错误自动反应功能被启动，DP 主站将退出运行状态，并将所有相关从站的输出置于故障安全状态，并进入清除状态。

DP 从站使用看门狗控制器来检测主站和传输线路的故障。如果在一定的时间间隔内发现没有与主站的数据通信，从站自动将其输出进入故障安全状态。

为保证多主站系统的安全运行，有必要对 DP 从站的输入和输出进行存取保护。这就保证了只有指定的主站才能直接进行存取操作。对其他主站来说，它只能读取从站提供的输入和输出映像，而没有存取操作权。

4.3.2　PROFIBUS-DP 扩展功能

PROFIBUS-DP 扩展功能允许非循环的读、写功能和中断与循环数据传输并行的应答。另外，非循环存取从站的参数及测量值可以由某些诊断或操作员控制站（二类 DP 主站，DPM2）来完成。这样的扩展功能使 PROFIBUS-DP 满足了复杂设备的要求。这些复杂设备的参数往往是在运行中才能确定的，典型的应用例子如用于过程自动化的现场设备、智能化操作控制和监视设备以及变频器等。与循环性测量值相比，这些参数很少有所变化。因此，相对于高速循环的用户数据传输而言，这一传输是在低优先权情况下进行的。

PROFIBUS-DP 扩展功能是可选的，它们和 PROFIBUS-DP 的基本功能兼容。现有的设备若不想使用或不需使用这些扩展功能，仍可继续运行，因为扩展功能仅作为现有基本功能的补充。PROFIBUS-DP扩展功能的实现通常采用软件更新的办法。

(1) DP主站与DP从站间扩展的数据通信　一类DP主站（DPM1）与DP从站间的非循环通信功能是通过附加的服务存取点51来执行的。在服务顺序中，DPM1与DP从站建立一个连接，称为C1，它与DPM1与DP从站间的循环数据传输紧密地连接在一起。当连接成功后，DPM1可通过C连接来执行循环数据传输，并通过C连接进行非循环数据传输。

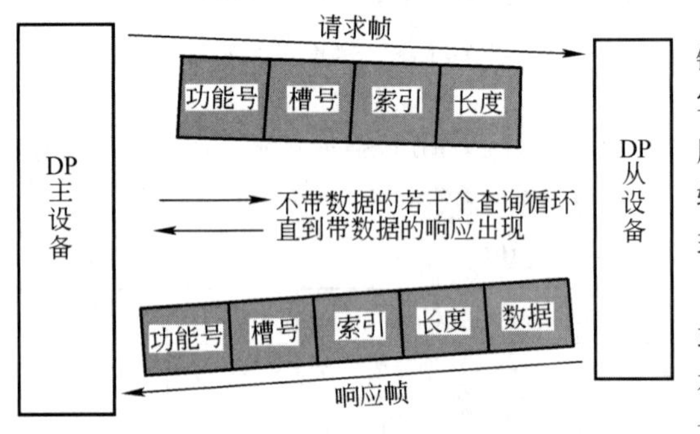

图 3-3-44　读出服务的执行过程

在该通信中，数据读/写采用的是DDLM（直接数据链路映像）读/写的非循环读/写功能。该功能用来读或写从站中任何所希望的数据块，采用的是第2层的SRD服务（发送和请求回答的数据）。在DDLM读写请求传输后，主站用SRD报文查询直到DDLM读/写响应出现。图3-3-44是一个读出存取服务的例子。

数据块的寻址假定DP从站的物理设计是模板式的或按逻辑功能单元的内部构成模块。这个模型也用于基本DP功能的循环数据传输，那里的每一模板有一个常量的输入和/或输出的字节数，并在用户数据报文中按固定位置来传输。寻址是以识别符为依据的（如输入或输出、数据类型等），所有这些从站识别符放在一起组成从站的配置，在启动时也受DP主站的检查。

这个模型也用来作为新的非循环服务的基础，一切能进行读/写存取的数据块都可被认为是属于这些模板的。这些数据块通过插槽号和索引来寻址，插槽号寻址该模板，而索引寻址属于模板的数据块，每个数据块包括256个字节，具体的读写寻址过程见图3-3-45。

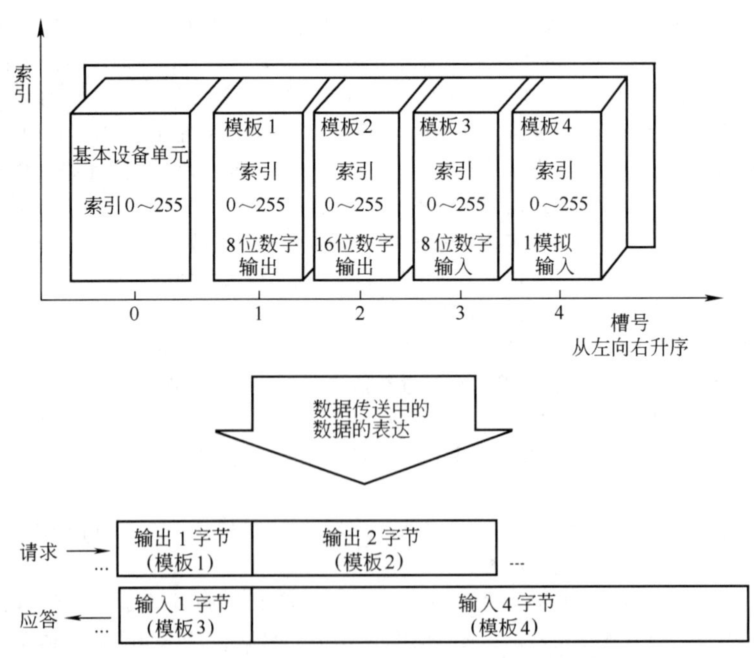

图 3-3-45　读写服务寻址

当涉及模板设备时，模板的槽号被指定。从1开始，模板编号按升序编排，0为设备本身的槽号。紧凑的设备也可作为一个虚拟模板来对待，这里也可用槽号和索引来寻址。

在读写请求中使用长度规范时，数据块的部分数据也能读/写。如果数据块的存取成功，DP从设备就给予肯定的读/写应答；如果不成功，则DP从站给予否定的应答，在应答中问题是精确分类的。

(2) DPM2（二类DP主站）与从站间扩展的数据传输　PROFIBUS-DP扩展功能允许一个或多个诊断或

操作控制设备（DPM2）对 DP 从站的任何所需的数据块进行非循环读/写服务。这种通信是以连接为主来实现的，这种连接称之为 C2。该新的服务 DDLM-Initiate（直接数据链路映像-进入）在用户开始传输数据之前被用来建立起这种连接，从站对该连接的成功建立用肯定的应答予以确认。此时，通过 DDLM 读/写服务，连接就可用来为用户传输数据了。在用户数据传输过程中，允许有任何长度时间的间歇。如果需要的话，主站在这些间歇时间中可自动地插入监视报文，这样 C2 的连接就具有了时间控制的自动连接监视。

4.3.3 PROFIBUS-DP 行规

PROFIBUS-DP 协议明确规定了用户数据怎样在总线各站之间进行传输。用户数据不是由 PROFIBUS-DP 传输协议来评定的，它的含义是在行规中具体说明的。另外，行规还具体规定了 PROFIBUS-DP 如何用于应用领域。由于与应用有关的参数含义均作了精确的规定，因此利用行规，设备操作者和最终用户具有互换不同厂商生产设备的优点，行规也大大降低了用户的工程成本。使用行规也可使不同厂商所生产的不同零部件互换使用，而工厂操作人员毋须担心两者之间的差异。下列 PROFIBUS-DP 行规已更新并可提供，括号内的数字是文件编号。

(1) NC/RC 行规（3.052） 该行规介绍了人们怎样通过 PROFIBUS-DP 对操作机和装配机器人进行控制，根据详细的顺序图解，从高一级自动化设备的角度介绍了机器人的动作和程序控制情况。

(2) 编码器行规（3.062） 本行规介绍了回转式、转角式和线性编码器与 PROFIBUS-DP 的连接。这些编码器带有单转式多转分辨率。有两类设备定义了它们的基本和附加功能，如标定、中断处理和扩展诊断等。

(3) 变速传动行规（3.071） 传动技术设备的主要生产厂共同制订了 PROFIBUS-DP 的行规。行规具体规定了传动设备怎样被参数化，以及设定值和实际值怎样进行传递，这样不同厂商生产的传动设备就可互换。行规也包括了速度控制和定位必需的规格参数。传动设备的基本功能在行规中也有具体规定，但根据具体应用留有进一步扩展和发展的余地。该行规也描述了 DP 或 FMS 应用功能的映像。

4.4 PROFIBUS-PA 简介

PROFIBUS-PA 是 PROFIBUS 专为过程自动化而设计的。PROFIBUS-PA 将自动化系统和过程控制系统中使用的压力、温度和液位变送器等现场设备连接在一起，用来替代 4～20mA 模拟技术。PROFIBUS-PA 在现场设备设计、敷设电缆、调试、投入运行和维修成本方面可节约 40%左右，亦大大提高了它的功能和安全可靠性。图 3-3-46 显示了一套常规的 4～20mA 模拟系统和一套 PROFIBUS-PA 总线系统在布线方面的差别。

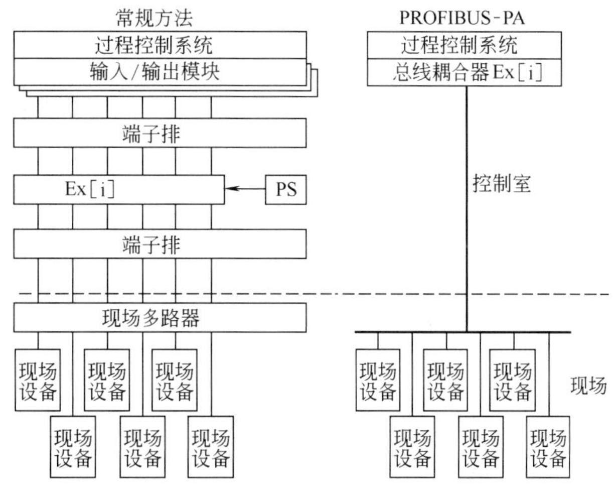

图 3-3-46 两种传输技术的比较

对每台设备而言，需要分别供电。当使用常规接线方法时，每台设备的信号线必须与过程控制系统的输入/输出模板相连接；当使用 PROFIBUS-AP 时，只需一根双股线就可传送信息并向现场设备供电。这样不仅节省了布线成本，而且可减少过程控制系统所需的输入/输出模板数量。由于 PROFIBUS-PA 总线由具有本质安全的单一供电装置供电，它就不再需要绝缘装置和隔离装置。PROFIBUS-AP 允许设备在操作过程中进行维修、接通或断开，即使在潜在的爆炸区也不会影响到其他站。

PROFIBUS-PA 是在与过程工业（NAMUR）的用户们密切合作下开发的，满足这一应用领域有如下特殊要求：

① 具有过程自动化独特的应用行规以及来自不同厂商的现场设备的互换性；

② 增加和去除总线站点，即使在本质安全地区也不会影响到其他站点；

③ 过程自动化中的 PROFIBUS-PA 总线段和制造自动化中的 PROFIBUS-DP 总线段之间通过耦合器实现通信透明化；

④ 同样的两条线，基于 IEC1158-2 技术可进行过程供电和数据传输；

⑤ 在潜在的爆炸区使用防爆型“本质安全”或“非本质安全”。

4.4.1 PROFIBUS-PA 传输协议

PROFIBUS-PA 使用 PROFIBUS-DP 的基本功能传输测量值和状态，使用 PROFIBUS-DP 扩展功能对现场设备进行操作并实现参数的设置。

传输采用基于 IEC1158-2 的两线技术。PROFIBUS 总线存取协议（第 2 层）和 IEC1158-2 技术（第 1 层）之间的接口在 DIN19245 系列标准的第 4 部分中做了规定。在 IEC1158-2 段传输时，报文被加上起始和结束界定符。图 3-3-47 为其原理图。

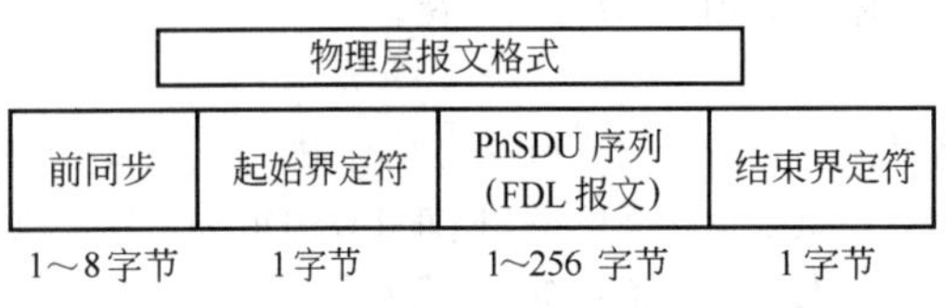

图 3-3-47 总线上 PROFIBUS-PA 数据传输

4.4.2 PROFIBUS-PA 行规

PROFIBUS-PA 行规保证了不同厂商生产的现场设备的互换性和互操作性。它是 PROFIBUS-PA 的组成部分，可从 PROFIBUS 用户组织订购，订购号为 3.042。

PROFIBUS-PA 行规的任务是为现场设备类型选择实际需要的通信功能，并为这些设备功能和设备行为提供所有需要的规格说明。

PROFIBUS-PA 行规使用功能块模型，如图 3-3-48 所示。该模型也符合国际标准化的考虑。目前，已对所有通用的测量传送器和以下一些设备类型的设备数据单做了规定：

① 压力、液位、温度和流量的测量传送器；

② 数字量输入和输出；

③ 模拟量输入和输出；

④ 阀门；

⑤ 定位器。

设备行为用标准化变量描述，变量取决于各测量传送器。图 3-3-49 为压力变送器的原理图，以“模拟量输入”功能块描述。

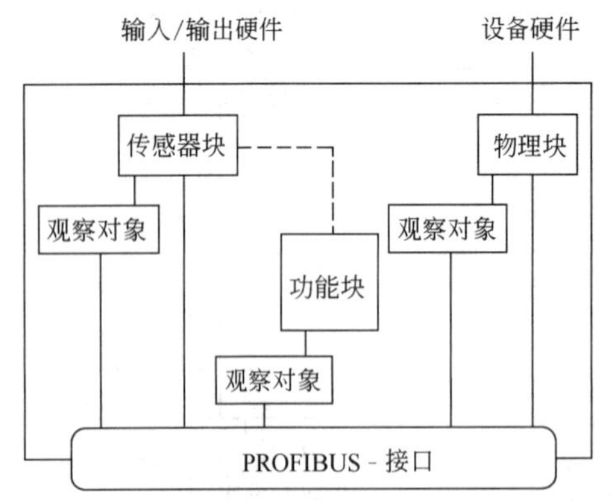

图 3-3-48 PROFIBUS-PA 功能块模型

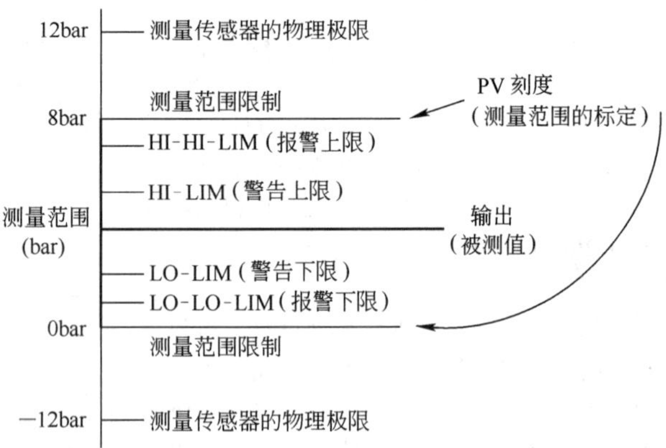

图 3-3-49 PROFIBUS-PA 行规中压力传送器的参数图

每个设备都提供 PROFIBUS-PA 行规中规定的参数如表 3-3-43 所示。

表 3-3-43 模拟量输入功能块（AI）参数

参　　数	读	写	功　　能
OUT	●		过程变量和状态的当前测量值
PV_SCALE	●	●	测量范围上限和下限的过程变量的标定，单位编码和小数点后位数
PV_FTIME	●	●	功能块输出的上升时间，以秒表示
ALAEM_HYS	●	●	报警功能滞后以测量范围的%表示
HI_HI_LIM	●	●	上限报警，如果超出，报警和状态位置 1
HI_LIM	●	●	上限警告，如果超出，警告和状态位置 1
LO_LIM	●	●	下限警告，如果低于，警告和状态位置 1

续表

参　　数	读	写	功　　能
LO_LO_LIM	●	●	下限报警，如果低于，中断和状态位置 1
HI_HI_ALM	●		带时间标记的上限报警状态
HI_ALM	●		带时间标记的上限警告状态
LO_ALM	●		带时间标记的下限警告状态
LO_LO_ALM	●		带时间标记的下限报警状态

4.5　PROFIBUS-FMS 简介

PROFIBUS-FMS 用于车间一级的通信。在这一级主要是可编程序控制器（PLC）或过程计算机（PC）之间的通信。

4.5.1　PROFIBUS-FMS 应用层

该应用层为用户提供通信服务，主要是存取变量，执行和传输程序和控制事件 PROFIBUS-FMS 应用层包括下列两部分：

① 现场总线报文规范（FMS），它描述了通信对象和服务；

② 低层接口（LLI），它将 FMS 服务适配到第 2 层（数据链路层）。

4.5.2　PROFIBUS-FMS 通信模型

PROFIBUS-FMS 通信模型允许分散的应用过程通过通信统一到一个共用的过程中去。在现场设备的应用过程中，该通信模型可用来通信的那部分称为虚拟现场设备（VFD）。图 3-3-50 指出了实际现场设备与虚拟现场设备之间的关系。在这个例子中，仅有一定的变量（如部件数、故障率和停机时间）是虚拟现场设备的部分，并能够通过两个通信关系来读或写。

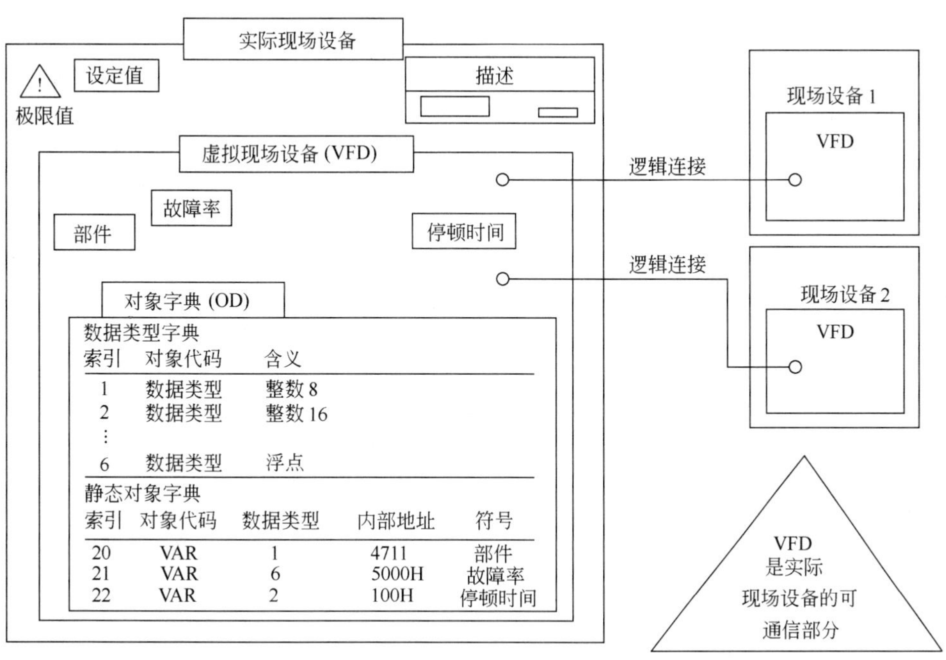

图 3-3-50　带对象字典的虚拟现场设备

4.5.3　通信对象与对象字典

每个现场总线报文规范（FMS）设备的所有通信对象都填入该设备的本地对象字典（OD）。对简单的设备，对象字典（OD）可以预定义。当涉及复杂设备时，OD 可在本地或远程通过组态加到设备中去。OD 包括描述、结构和数据类型，还包括通信对象的内部设备地址及其在总线上的标志（索引/名称）之间的关系。

对象字典（OD）由下列元素组成：

① 头　包括 OD 的结构信息；

② 静态数据类型表　所支持的静态数据类型表；

③ 静态对象字典　包括全部静态的通信对象；

④ 变量表的动态表　所有已知变量表的表；

⑤ 动态程序表　所有已知的程序表。

对象字典的各个部分只有当设备实际支持这些功能时才提供。静态通信对象均进入静态对象字典。它们可由设备生产厂商预先定义或者在总线系统组态时再定义。

FMS 能识别 5 种通信对象：

① 简单变量；

② 数组　一系列具有相同数据类型的简单变量；

③ 记录　一系列具有不同数据类型的简单变量；

④ 定义域；

⑤ 事件。

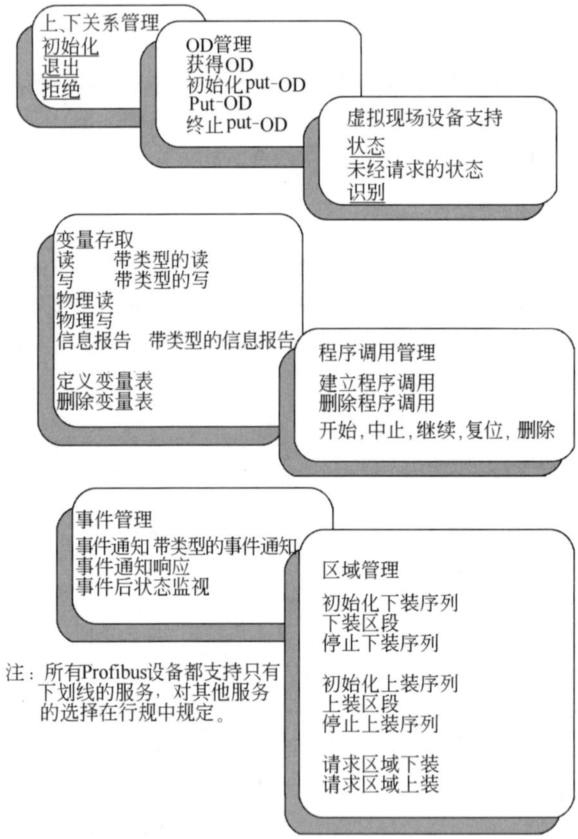

图 3-3-51　FMS 服务一览表

动态通信对象均进入到对象字典的动态部分。它们可以用 FMS 服务预先定义、定义、删除或更新。FMS 可识别两种类型的动态通信对象：

① 程序调用；

② 变量表　一系列简单变量、数组或记录。

逻辑寻址是 FMS 通信对象寻址的优选方法。它们用一个称为索引的短地址存取，索引是一个无符合 16 位数。每个对象均有一个单独的索引。作为一种可选办法，对象也可以用名称或物理地址来寻址。

为避免非授权存取，每个通信对象可选用存取保护。只有用一定的存取口令才能对通信对象或某一特定设备组进行存取。在每一个对象的对象字典中可以单独定义口令和设备组。另外，通过对象字典中的定义，可对存取对象的服务进行限制，如允许只读。

4.5.4　PROFIBUS-FMS 服务

PROFIBUS-FMS 服务是 ISO 9506 制造信息规范（MMS）服务项目的子集，该服务项目在现场总线应用中已被优化，而且还增加了通信对象管理和网络管理功能。FMS 服务的执行是用服务序列来描述的，这些服务序列包括称为服务原语的一些内部服务操作、服务原语描述请求者和应答者之间的内部操作。图 3-3-51 显示了 PROFIBUS-FMS 服务情况。

确认服务只用于面向连接的通信关系中，图 3-3-52 表示确认服务的执行顺序。

非确认服务可用于非连接通信关系中（广播和有选择广播），并用高或低优先权来传递。一项非确认服务由“请求服务原语”请求，此原语在总线上传送后，给各接收站的应用过程发送指示服务原语，非确认的服务不存在确认/应答服务原语。

PROFIBUS-FMS 服务有以下几组。

① 上下关系管理服务　用来建立和释放逻辑连接并拒绝非允许。

② 变量存取服务　用来存取简单变量、记录、数组和变量表。

③ 域管理服务　用来传输大的存储域，传输的数据由用户分成段来传输。

④ 程序调用管理服务　用于程序控制。

⑤ 事件管理服务　用来传送报警信息和事件。这些信息也可通过广播或有选择的广播方式传输。

⑥ 虚拟现场设备（VFD）支持服务　用于设备识别和状态查询。应某台设备的请求，它们也可自发的通过广播或有选择的广播方式来传递。

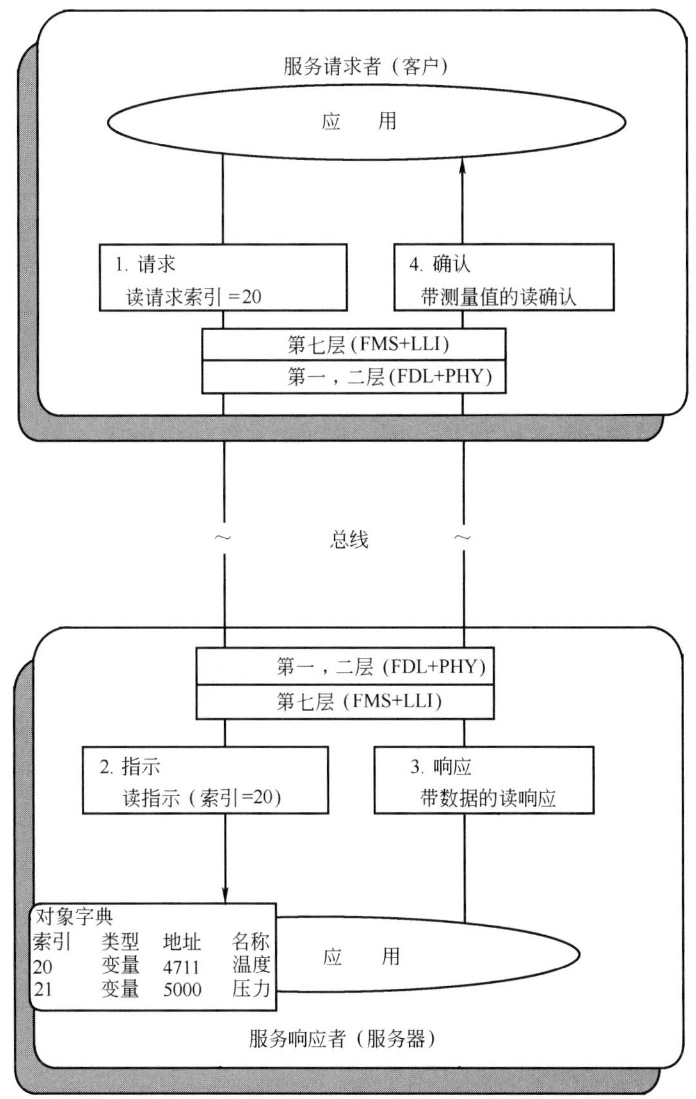

图 3-3-52　FMS 确认服务的执行顺序

对象字典（OD）管理服务　用来存取对对象字典的读或写。

4.5.5　低层接口（LLI）

PROFIBUS-FMS 应用层组成之一低层接口（LLI），它将 FMS 服务适配到第 2 层，其任务包括数据流控制和连接监视。

用户通过称为通信关系的逻辑通道与其他应用过程进行通信。为了 FMS 及 FMA7（第 7 层现场总线管理）服务的执行，LLI 提供了各种类型的通信关系。通信关系具有不同连接能力（如监视、传输和对通信伙伴的需求），见图 3-3-53。

面向连接的通信关系表示两个应用过程之间的点对点逻辑关系。在使用连接传送数据之前，必须先用“初始化服务”建立连接。建立成功后，连接受到保护，防止第三者非授权的存取并传送数据。如果该建立的连接不再需要了，则可用“退出服务”来中断连接。而对连接的通信关系，LLI 允许时间控制的连接监视。

面向连接的通信关系的另一个特点是连接属性的“开放”和“确定”。在确定连接中，通信伙伴在组态期间具体指定；在开放连接中，通信伙伴直到连接建立阶段才具体指定。

非连接的通信关系允许一台设备使用非确认服务同时与好几个站进行通信。广播通信关系中，非确认服务可同时发送到其他所有站；有选择广播通信关系中，非确认服务可同时发送给预选定的站组。

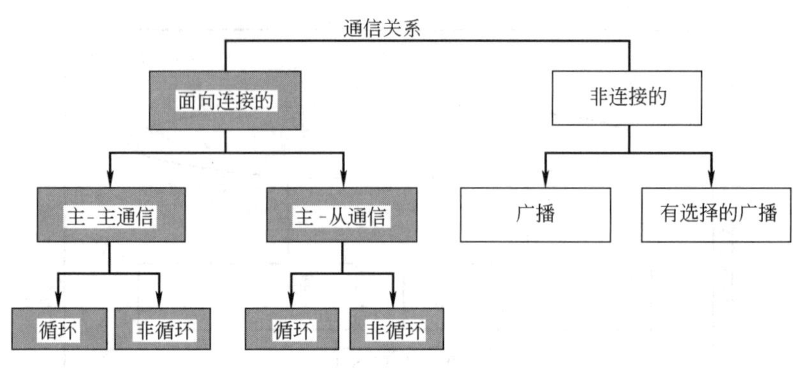

图 3-3-53 各种可能的通信服务

(1) 循环和非循环的数据传输 PROFIBUS-FMS 允许进行循环和非循环的数据传输。

循环数据传输意味着通过一个连接，可继续不断地读/写一个变量。与非循环数据传送相比，LLI 所提供的这一高效服务方法，缩短了传输时间。

非循环数据传输意味着不同的通信对象在应用过程请求时可定期的通过连接存取。

(2) 通信关系表 FMS 设备的全部通信关系都登入在通信关系表（CRL）中。对于简单设备而言，生产厂商对该通信关系表可预先定义，而对复杂设备而言，CRL 可通过组态形成。每个通信关系的寻址使用一个本地短索引，称之为通信索引（CREF）。从总线观点看，一个 CREF 是由站地址、第 2 层服务存取点和 LLI 服务存取点定义的。通信关系表包括了通信索引地址、第 2 层地址和低层接口地址间的关系。另外，对每个通信索引而言，所支持的 FMS 服务及报文长度等均在通信关系表中有具体说明。

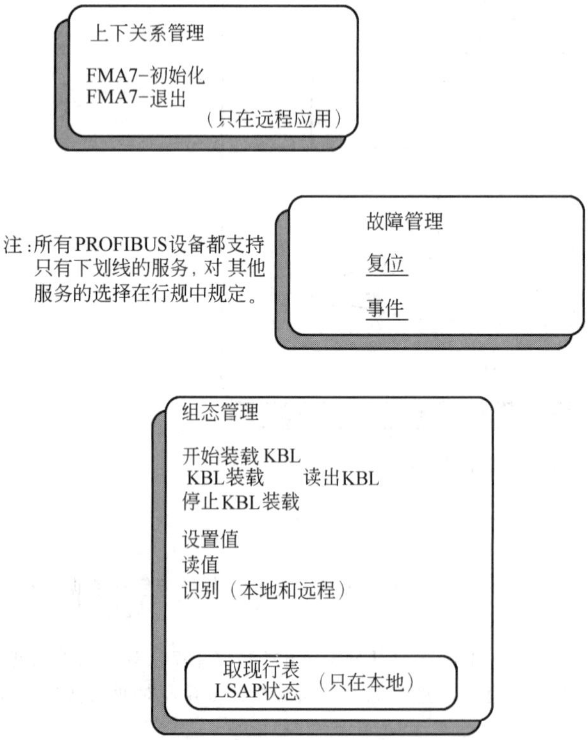

4.5.6 网络管理

除了 PROFIBUS-FMS 服务外，FMS 还提供了网络管理功能 FMA7（现场总线管理层 7）。FMA7 功能可见图 3-3-54。它们允许集中组态并可在本地或远程初始化。

上下关系管理用来建立和释放 FMA7 连接；组态管理用来存取通信关系表、变量、统计计数器及第 1 层和第 2 层的参数，它也可用来对站进行识别和登记。故障处理用于指明故障/事件和复位设备。

用缺省管理连接的规范可对组态设备进行统一的存取。每个支持 FMA7 服务响应的设备必须在其通信关系表（CRL）中输入通信关系索引，即令 CREF＝1，以此作为缺省管理连接。

上下关系管理
FMA7-初始化
FMA7-退出
（只在远程应用）

注：所有PROFIBUS设备都支持只有下划线的服务，对其他服务的选择在行规中规定。

故障管理
复位
事件

组态管理
开始装载KBL
KBL装载 读出KBL
停止KBL装载
设置值
读值
识别（本地和远程）
取现行表
LSAP状态 （只在本地）

图 3-3-54 FMA7 服务一览

4.5.7 PROFIBUS-FMS 和 PROFIBUS-DP 混合操作

PROFIBUS-FMS 和 PROFIBUS-DP 设备在一条总线上进行混合操作是 PROFIBUS 总线的一个主要优点。两个协议也可以同时在一台设备上执行，这些设备称为混合设备。

PROFIBUS-DP 和 PROFIBUS-FMS 之所以可以进行混合操作是因为这两个协议版本均使用了统一的传输技术和总线存取协议。不同的应用功能是通过第 2 层不同的服务存取点来分开的。

PROFIBUS-FMS 功能一览表见表 3-3-44。

表 3-3-44 PROFIBUS-FMS 功能一览

<table>
<tr><th>面向对象的客户——服务器模型</th><th>面向对象的客户——服务器模型</th></tr>
<tr><td rowspan="3">FMS 服务
·建立和释放逻辑连接（上、下关系管理）
·读写变量（变量存取）
·装载和读出存储区（区域管理）
·连接、开始和停止程序（程序调用管理）
·高或低优先权的发送事件信息（事件管理）
·状态请求和设备识别（VFD 支持）
·对象字典的管理服务（对象字典管理）</td><td>点对点或有选择广播/广播通信</td></tr>
<tr><td>带可调监视间隔的自动连接监视</td></tr>
<tr><td rowspan="2">本地和远程网络管理功能
·上、下关系管理
·故障管理
·组态管理</td></tr>
<tr><td rowspan="3">现场总线的通信关系类型
·主-主连接
·循环和非循环数据传输的主-从连接
·循环和非循环数据传输的主-从连接，由从站启动
·非连接的通信关系
·连接属性（开放、确定、开始）</td></tr>
<tr><td>主站和从站设备，单主或多主系统配置</td></tr>
<tr><td>每项服务的数据最多为 240 字节</td></tr>
</table>

4.5.8 PROFIBUS-FMS 行规

PROFIBUS-FMS 提供了范围广泛的功能来保证它的普遍应用。在不同应用领域，具体需要的功能范围必须与具体应用要求相适应。设备的功能必须有应用性定义。这些适用性定义称为行规。行规提供了设备的互换性，保证不同生产厂商所生产的设备具有相同的通信功能。对 PROFIBUS-FMS 定义的行规如下。

（1）控制器间的通信（3，002） 此通信行规定义了用于可编程序控制器（PLC）之间通信的 FMS 服务。根据控制器类型，该行规对每台控制器所支持的服务、参数和数据类型做了具体规定。

（2）楼宇自动化行规（3，011） 这一行规提供了一个特定的分支和服务，作为楼宇自动化中的公共基础。该行规对楼宇自动化系统使用 FMS 进行监视、闭环和开环控制、操作控制、报警处理及系统档案管理作了描述。

（3）低压开关设备（3，032） 它是一个面向行业的 FMS 应用行规，它具体说明了通过 FMS 在通信过程中低压开关设备的应用行为。

4.6 PROFIBUS 协议芯片

PROFIBUS 协议芯片已形成广泛系列，一个简单的 DP 接口，成本仅 35 美元左右。

各种方式所需的各类硬件和软件，在市场上可以从好几家厂商买到，详细见表 3-3-45。

表 3-3-45 可提供的 PROFIBUS 协议芯片一览表(01/97)

厂商	芯片	类型	特 点	FMS	DP	PA
IAM	PBS	从	不依赖微处理器的 I/O 芯片,3Mbps,完全的第 2 层实现	·	·	
IAM	PBM	主	不依赖微处理器的 I/O 芯片,3Mbps,完全的第 2 层实现	·	·	
摩托罗拉	68302	主-从	带 PROFIBUS 核心功能的 16 位微控制器,500kbps,第 2 层部分实现	·	·	
摩托罗拉	68360	主-从	带 PROFIBUS 核心功能的 32 位微控制器,1.5Mbps,第 2 层部分实现	·	·	
西门子	SIM1	Modem	Modem 芯片,连接本征安全的 IEC 传输技术			·
西门子	SPC4	从	不依赖微处理器的 I/O 芯片,12Mbps,第 2 层和 DP 实现	·	·	·
西门子	SPC3	从	不依赖微处理器的 I/O 芯片,12Mbps,第 2 层和 DP 实现		·	
西门子	SPM2	从	单芯片,DP 完全实现,64 位输入/输出位直接与芯片连接		·	
西门子	ASPC2	主	不依赖微处理器的 I/O 芯片,12Mbps,第 2 层完全实现	·	·	·
西门子	LSPM2	从	低成本单芯片,DP 完全实现,32 位输入/输出直接与芯片连接		·	
Delta-t	IX1	主-从	单芯片或不依赖微处理器的 I/O 芯片,1.5Mbps,可装载协议	·	·	·
Smar	PA-Asic	Modem	Modem 芯片,连接 PROFIBUS-PA 本征安全的传输技术			·

注:"·"表示使用了该行对应的芯片,空白表示未使用该行对应的芯片。

5 WORLDFIP 现场总线

5.1 概述

WorldFIP 是一种用于自动化系统的开放的现场总线。WorldFIP 协议最初是在 Cegelec（现为 ABB-ALSTOM POWER 所收购）等几家法国公司原有通讯技术的基础上，根据用户的要求而制定，当初称为 FIP（Factory Ins＋rumentation Protocol），不久成为法国标准，后来采纳了 IEC61158-2（现场总线物理层国际标准），改为 WorldFIP，成为欧洲标准 EN50170-3。现在，WorldFIP 现场总线是 IEC61158 现场总线国际标准八种类型之一。

WorldFIP 组织成立于 1987 年 3 月，是一个非赢利的中性国际组织，不附属于任何工业集团，致力于推动 WorldFIP 技术在世界范围的开发和应用。该组织目前已有 100 多个成员，如阿尔斯通（ALSTOM）、施耐德（Schneider）、霍民韦尔（Honey Well）等世界大公司，亦有半数来自用户。1994 年 6 月，WorldFIP 的北美分部与 ISP 合并成为 FF（基金会现场总线），WorldFIP 在法国巴黎克拉马的欧洲总部保持独立。

WorldFIP 作为实时工业控制网络，可用于连续或间歇过程的自动化控制。在 WorldFIP 系统中，传感器、执行器、现场设备之间网络通信（通常称为 0 级）以及可编程序控制器（PLC）/个人计算机（PC）之间网络通信等都使用同一种协议，如图 3-3-55 所示。

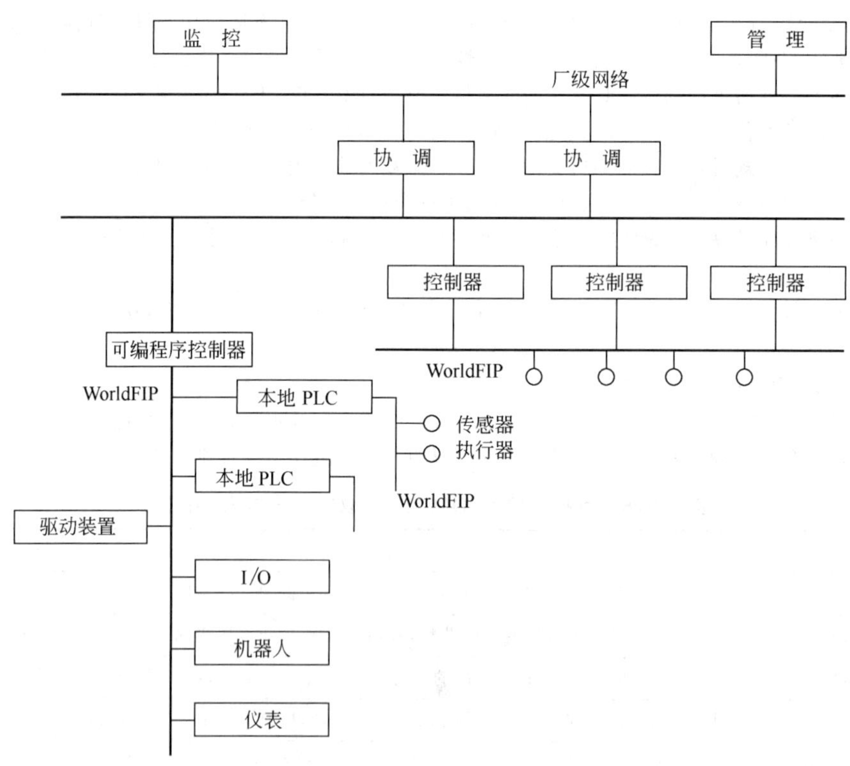

图 3-3-55 WorldFIP 的一般结构

WorldFIP 支持分布数据库，其中的控制器和协调设备是可以根据需要灵活设置的，便于系统从集散控制系统（DCS）向现场总线控制系统（FCS）过渡。对于双绞线介质，根据不同的速率（31.25Kbps、1Mbps、2.5Mbps）每个子段长度不同（5km、1km、500m），对于光纤介质，长度均达 40km。每个子段最多可有 32 个物理连接点，通过使用分线盒可以连接 256 个站点，整个网络最多使用 3 个中继器连接 4 个子段。

WorldFIP 作为一种现场总线，基于经济上的考虑，即为了减少敷设电缆及设计、安装和联调过程中的费用，以及基于技术上的考虑，即为了使之易于维护和修改，简化在传感器和处理部件之间的“点对点”传统连线工艺，保证响应时间、安全可靠、增加对各种变量的访问能力，WorldFIP 协议使用 3 层通信层即物理层，数据链路层和应用层。这 3 层结构以及通信协议规范见图 3-3-56。

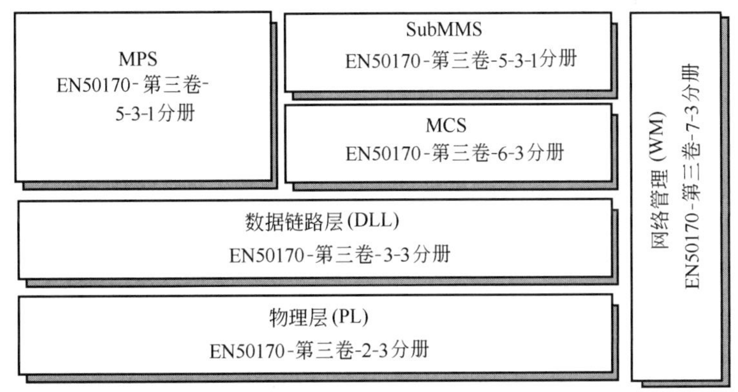

图 3-3-56　WorldFIP 通信模型结构

注：1. EN 50170 第三卷 1-3 册表示通用现场通讯系统；

2. EN 50170 第三卷 2-3 册表示物理层规范及服务定义

2-3-1 分册：IEC 双绞线

2-3-2 分册：IEC 双绞线改进

2-3-3 分册：IEC 光纤

EN50170 第三卷 3-3 册：数据链路层服务定义

3-3-1 分册：数据链路层定义

3-3-2 分册：FCS 定义

3-3-3 分册：网桥定义

EN50170 第三卷 5-3 册：应用层服务定义

5-3-1 分册：MPS 定义

5-3-2 分册：SubMMS 定义

EN50170 第三卷 6-3 册：应用层协议规范（MCS）

EN50170 第三卷 7-3 册：网络管理

5.2　WorldFIP 现场总线物理层

WorldFIP 总线物理层保证各信息位从一个设备安全地传送到接在总线上的所有其他设备。传送介质可以是屏蔽双绞线或光纤。

5.2.1　拓扑结构

WorldFIP 网络见图 3-3-57。它使用两根主干电缆和一个中继器。

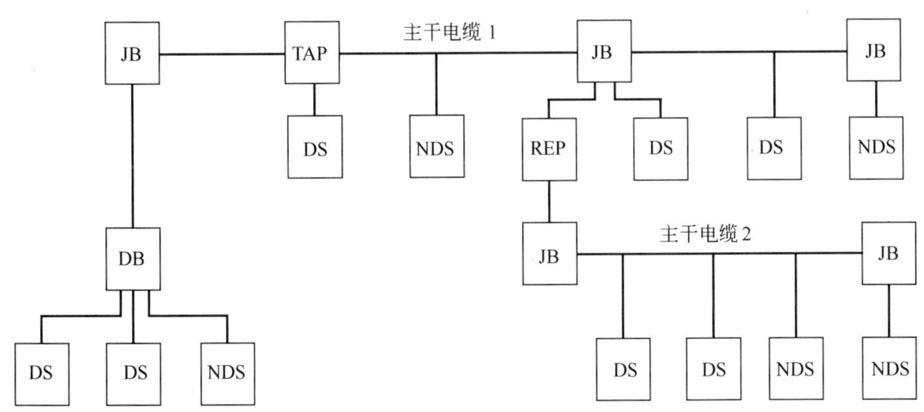

图 3-3-57　WorldFIP 拓扑结构

主干电缆上挂有如下设备：

JB——连接盒，它是一个无源多抽头盒，至少提供两个引出头；

TAP——分线箱，它主要目的是在主干电缆上提供一个连接点；

Repeater——中继器（REP）是一种专用的有源星形连接器，它将两极主干电缆连在一起以形成现场总线；

DB——扩展盒，扩展盒或广播盒是一种专用的有源星形连接器，它将若干终端段与主干电缆连接在一起；

DS——本地可断开的用户站；

NDS——非本地可断开的用户站。

5.2.2　传输速率

现已规定了如下 3 种传输速率用于铜线物理层：

① S1　31.25KB/s，低速；

② S2　1MB/s，高速；

③ S3　2.5MB/s，高速。

其中 S2 是标准速率，S1 和 S3 只用于专门的应用场合。另外还定义了 5MB/s 的速率用于光纤物理层。

5.2.3　编码

物理层使用曼彻斯特（Manchester）码对数据链路层发送的数据位进行编码。这种编码方式使得同时实现信号和数据时间上的同步成为可能。表示位码的每个时间间隔分为二等分。

对若干符号做如下说明：逻辑“1”，逻辑“0”，无意义 V_+，无意义 V_-。各种符号的意义见图 3-3-58。

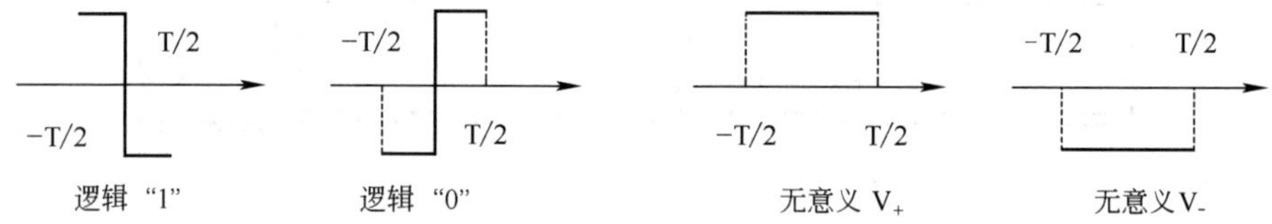

图 3-3-58　各符号的意义

5.2.4　WorldFIP 帧的编码

所有的 WorldFIP 帧（帧-问题、帧-应答、帧-报文等等）由帧开始序列（FSS）、数据和检验字段（CAD）和帧结束序列（FED）三部分组成。其组成示意图见图 3-3-59。

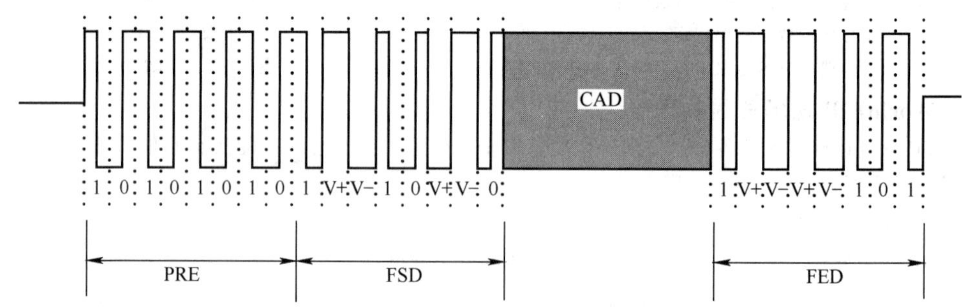

图 3-3-59　帧的组成

帧开始序列（FSS）包括下列字段。

① 前同步（PRE），一串 8 位的“1”码，使接收器与发送器时钟实现自同步。

② 帧开始分界符（FSD），一串位码，向数据链路层指示有用信息（CAD）的开始。

控制和数据字段（CAD）仅包含数据链路层的逻辑信息“0”和“1”。

帧结束序列（FED）是一串位码，数据链路层用此序列确定 CAD 字段结束。物理层对每个发送的帧附加 24 个符号。

5.3　WorldFIP 现场总线数据链路层

WorldFIP 数据链路层提供两种发送服务：一是交换被标识变量；二是报文传送。

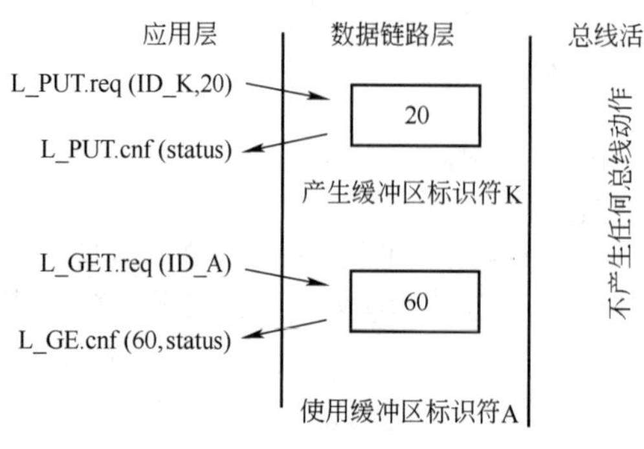

图 3-3-60　数据链路层和应用层接口

交换又可分为周期性交换与根据用户请求交换两种。

① 周期性交换　指在系统组态时，通信目标的名称及其周期被设定。不需要用户请求，变量或报文的交换会自动进行。

② 根据用户明确的请求要求，这些请求会引起一个（或多个）变量值，或一个（或多个）报文值在总线上传播。

数据链路层使用物理层的服务并向应用层提供服务。数据链路层由一组产生和使用缓冲区组成。这些缓冲区存放由用户或网络最近更新的各种值。将新值引入产生和使用缓冲区时，以前的值就被重写。当开始配置一个站的时候，就要分配用于描述缓冲区的资源。将产生和使用的标识符作为媒介实现对缓冲区的访问。WorldFIP 总线数据链路层和应用层的接口如图 3-3-60 所示。

图中的数据链路层有产生缓冲区对应标识符 K 和使用缓冲区对应标识符 A 两个缓冲区。

应用层使用写服务（L _ PUT. req）在产生缓冲区放置一个新值（20），然后，应用层使用读服务（L _ GET. req)移去使用变量值。这些读和写服务在站内进行，在总线上没有任何活动。也可以通过总线访问产生或使用缓冲区，移去或放入变量值。这种机制称为缓冲区传送。

因为缓冲区有两种访问方式，见图 3-3-61。数据链路层必须解决两种访问可能产生冲突所引起的问题。在单个通信实体内产生和使用一个变量时，数据链路层包含一个产生缓冲区和一个使用缓冲区。为了实现缓冲区传送，总线仲裁器发送问题帧 ID _ DAT，并标明标识符数值。

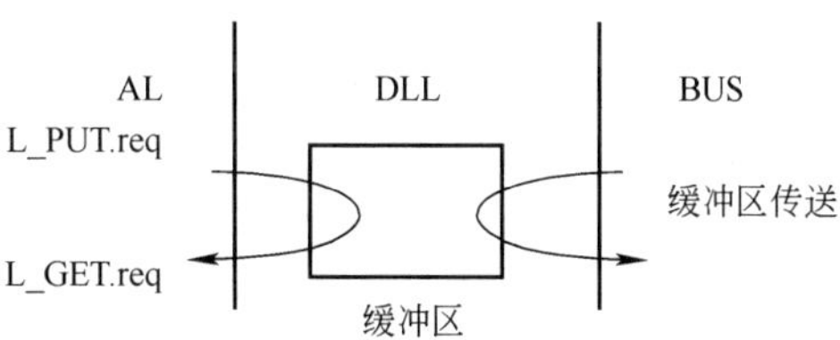

图 3-3-61 缓冲区访问方式

如果一个站被声明为标识符生产者，数据链路层在应答帧 RP-DAT 中应答一个变量值，然后数据链路层向应用层送一指示符（L _ SENT. ind）表示发送该变量值。如果一个站被声明为标识符使用者，数据链路层接收在下一个应答帧 RP-DAT 中的变量值，然后数据链路层向应用层送一指示符（L _ RECEIVED. ind)，表示接收到标识符。缓冲区的最大容量是 128 字节，缓冲区只存放被标识的变量值，不包括任何报文，上述工作过程见图 3-3-62。

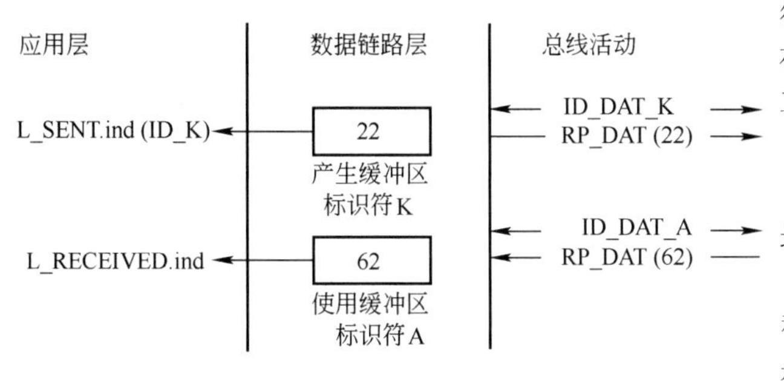

图 3-3-62 缓冲区传递过程

5.3.1 寻址

WorldFIP 寻址模式具有变量寻址和报文寻址两种不同的寻址空间。

(1) 变量寻址 在分布系统中，每个变量和一个专门表示该变量的标识符相关联。寻址是全局的。

使用 16 位整数对标识符进行编码，理论上能够命名 65536 个变量。参加交换变量的实体不是在物理上相互寻址，而是访问标识符，识别产生者或使用者。

对于一个给定标识符可以有一个也只能有一个产生者，但可以有多个使用者，常通过广播实现变量的交换。

(2) 报文寻址 在单段总线上的点对点或多点的情况下发生报文交换，所发送的每个报文包含发送实体的地址和目的实体的地址，这些地址使用 24 位编码，它们表示网络区段和这段上的站地址。

5.3.2 总线仲裁器

WorldFIP 网络由多个站组成，这些站具有两种功能：

① 总线仲裁 管理对传输介质的访问；

② 产生/使用功能。

任何一个 WorldFIP 站都能同时执行这两种功能。但是在任一给定时刻只有一个站能够执行有效的总线仲裁功能，如图 3-3-63 所示。

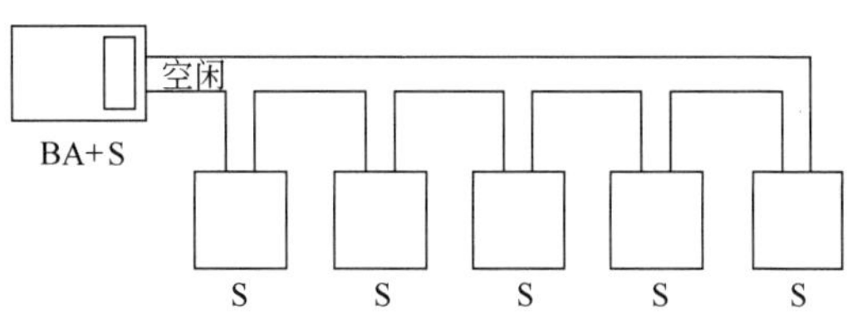

图 3-3-63 WorldFIP 的站

注："S" 表示站，"BA" 表示总线仲裁器。

总线仲裁器（BA）拥有扫描变量所需要的资源，这些变量在组成系统的时候就被定义。仲裁器拥有一张扫描表，该表列出了在总线上循环的标识符。

总线仲裁器的任务相对简单。它使用问题帧 ID-DAT 在总线上广播标识符的名称，接在总线上的所有站的链路层同时接收到该问题帧。这些站中，有一个（也只能有一个站）识别为标识符的产生者（P)。一个或更多的其他站自识别为标识符变量的使用者（C)。标识符的产生者（P）如图 3-3-64 所示。

变量产生者然后在应答帧 RP-DAT 中广播标识符值。所有的使用站同时得到该值，如图 3-3-65 所示。然后，总线仲裁器继续在扫描表中找到下一个标识符，并重复完成同样的提问，亦称应答周期。

在总线上发送产生值或者接收使用值都要涉及缓冲区发送机制。缓冲区传送过程产生的主动权在总线仲裁器，它与任何用户活动均无关。

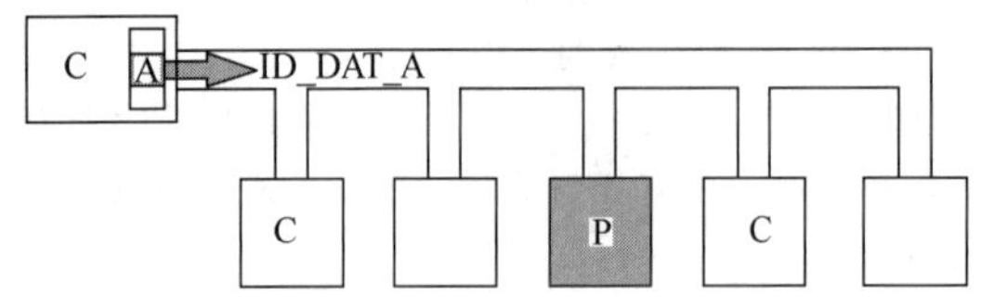

图 3-3-64 标识符的产生者（P）

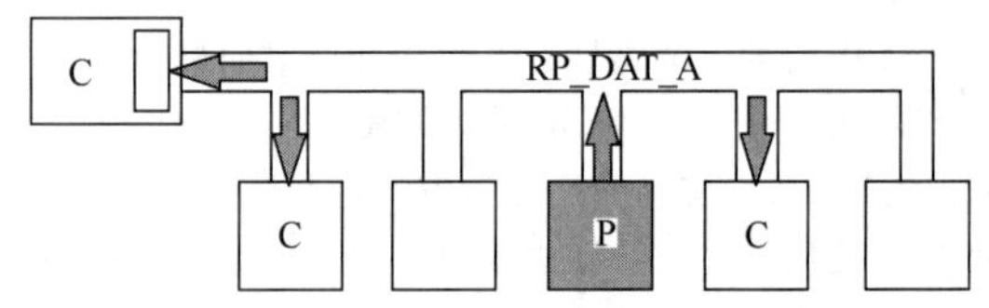

图 3-3-65 变量产生者广播标识符值

5.3.3 非周期传送请求

在分布式应用中，不必将所有的变量都纳入总线仲裁器的循环扫描表，有些变量可能只是偶尔被交换。WorldFIP 提供了一种非周期传送服务，传送服务分为下列三个阶段。

第一阶段，总线仲裁器在周期传输窗口中广播一个标识符 A 的问题帧，变量 A 的产生者使用对应的变量应答，并在应答帧中的控制字段设置非周期请求位（RQ）。总线仲裁器在请求变量传送队列中记下标识符 A。具体过程见图 3-3-66。

在请求做非周期传送时，能够指定两个优先级：紧急和正常。总线仲裁器有两个队列，每个优先级对应一个队列。

第二阶段，在非周期变量传输窗口中，总线仲裁器使用一个标识请求帧（ID-RQ）要求标识符 A 的产生者发送它的请求，A 的产生者应答一个 RP-RQ 帧（标识符表），由总线仲裁器处理此标识符表，将其存入另一队列。一个应答请求可以容纳 1～64 个标识符。在记下请求之后，总线仲裁器可能很快发送标识请求帧，也可能非常慢。服务延迟取决于周期信息量和请求数目。其具体过程见图 3-3-67。

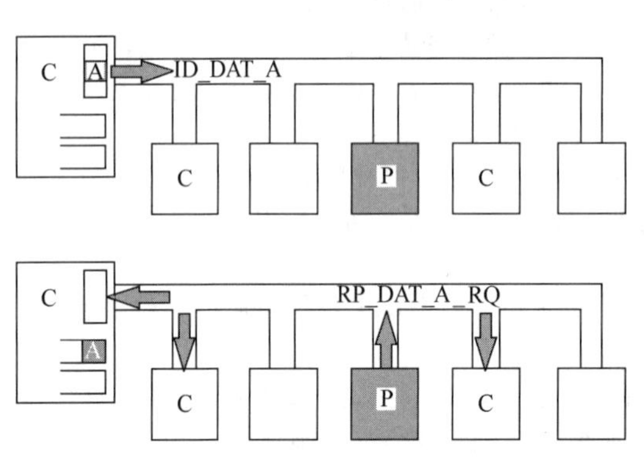

图 3-3-66 非周期传送服务第一阶段

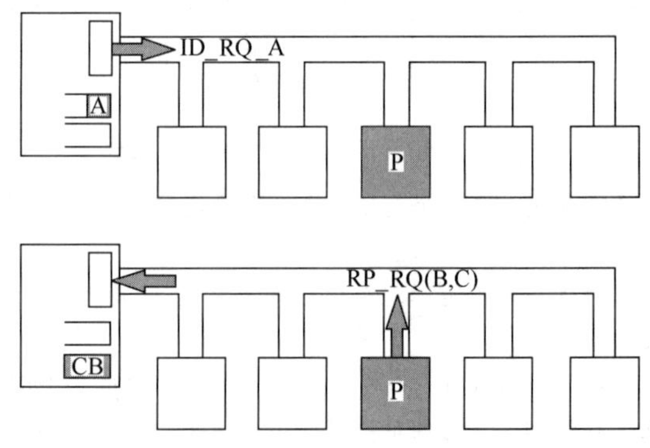

图 3-3-67 非周期传送第二阶段

第三阶段，这也是最后一个阶段发生在非周期窗口中，由一系列非周期传送的请求组成，这些请求存在总线仲裁器的队列中；依据这种信息交通中基本循环内可用的时间，总线仲裁器填充一个或多个请求；接着，总线仲裁器使用与上述相同的机制，广播一标识符，由单个产生者产生而由所有阅读此变量的站使用。其具体过程见图 3-3-68。

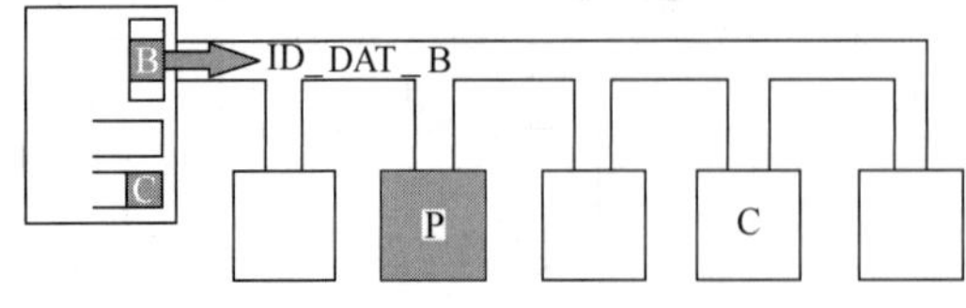

图 3-3-68 非周期传送第三阶段

请求非周期传送的站可以是变量的产生者、变量的使用者、变量的产生者和使用者以及第三方变量（既不是产生者，也不是使用者）。

一个站能够利用对它自己产生的变量进行应答，而只产生非周期传送，并在循环信息交通中对变量进行组态。

5.3.4 报文传输请求

报文传输请求分有确认的报文传送请求和无确认的报文传输请求。

在点对点或广播通信方式中，WorldFIP 数据链路层提供无确认报文的传送。非周期报文传送的原理与非周期变量传送请求很相似。该机制分为三个阶段。

第一阶段，总线仲裁器调用标识符 B。B 的产生者以 B 值应答并在帧的控制字段中（MSG 位）表明，它有传送报文的请求。其具体过程见图 3-3-69。

总线仲裁器标注含请求的标识符 B，并将其放入报文请求队列。

第二阶段，在扫描非周期报文传送请求的窗口中，总线仲裁器向标识符 B 的产生者给出“说话权利”，然后 B 的产生者发送它的报文，该报文把它的地址和一个或多个目的站的地址放在 RP-MSG-NOACK 型帧中。具体过程见图 3-3-70。

总线仲裁器然后等待接收一个报文帧，表示报文传送事务结束。

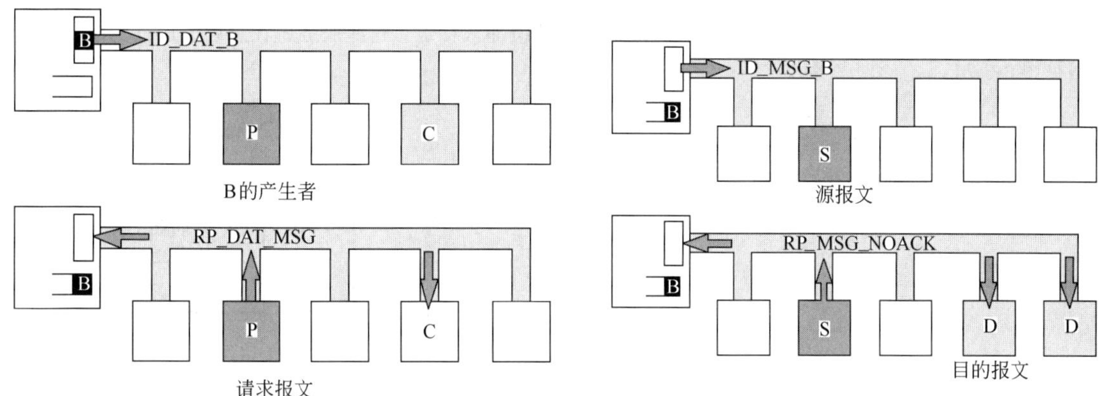

图 3-3-69　非周期报文传送第一阶段　　图 3-3-70　非周期报文传送第二阶段

第三阶段，将总线的控制权返回总线仲裁器，其具体过程见图 3-3-71。

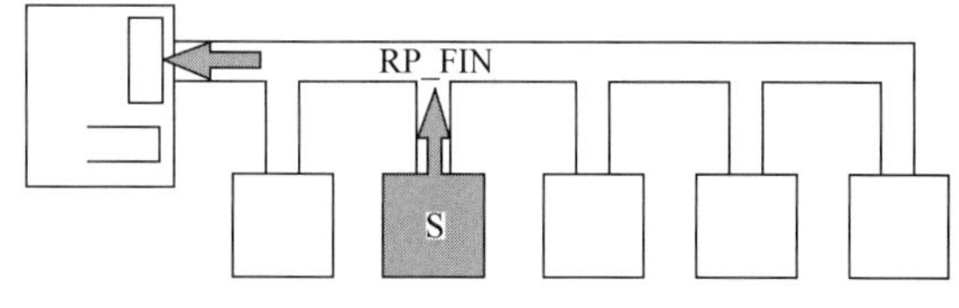

图 3-3-71　非周期报文传送第三阶段

发送器将它的报文送上总线后，接着发送一个 RP-FIN 帧。当总线仲裁器向报文产生者给出使用网络的权利时，它事先并不知道该请求有无确认。因此仲裁器必须核实，在基本循环期间要有足够的时间完成该请求。总线仲裁器设置一个定时器计时，以避免无休止地等待一个表示报文事务处理完成的帧。

有确认的报文传送请求在 WorldFIP 的数据链路层中也提供此服务，使点对点报文交换更为可靠。该服务的操作原理在第一阶段和第二阶段中，与无确认服务几乎相同。报文发送器以 RP-MSG-ACK 帧应否，而不是 RP-MSG-NOACK 帧。交换是按点对点方式进行的。该种传送的具体过程见图 3-3-72。

目的站回答一个确认帧，然后发送器在报文事务处理结束时向总线仲裁器发送 RP-FIN 信号。该服务使用模-2 报文计数机制，使目的站能够检测到报文是否丢失或重复。在收不到确认帧的情况下，该数值在 0～2 之间重复。该参数是 WorldFIP 网络的一个全局操作参数。这种有确认的报文传送过程见图 3-3-73。

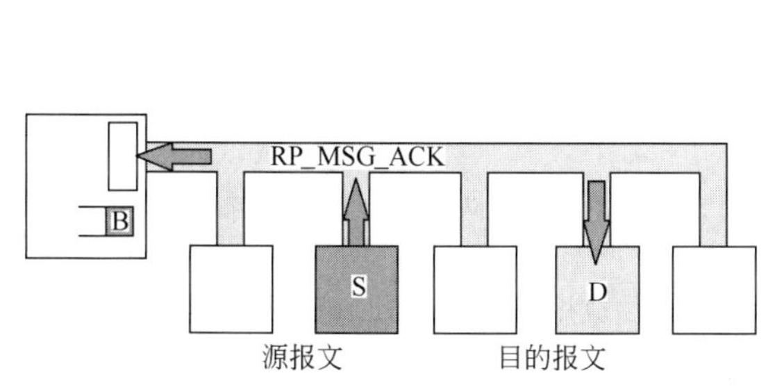

图 3-3-72　有确认报文传送过程（1）

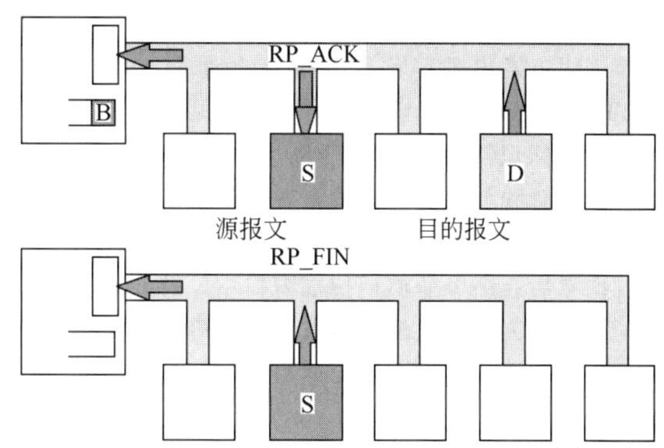

图 3-3-73　有确认报文传送过程（2）

5.4 应用层

应用层为数据访问和进程间同步提供了各种服务，大致可以分为总线仲裁器应用服务（ABAS）、实现周期/非周期服务（MPS）和报文服务子集（Sub MMS）三个不同的组。

应用层 MPS（实现周期/非周期服务）为用户提供了下列服务：

① 本地读/写服务；

② 远程读/写服务；

③ 变量发送/接收指示；

④ 有关被使用的信息更新的信息；

⑤ 有关数据时空一致性的信息。

(1) 本地读/写服务　WorldFIP 的应用层为用户提供了本地变量读/写服务。这些服务利用数据链路层服务 L _ PUT. req 和 L _ GET. req 将各种值放入缓冲区或从缓冲区移走。这些服务不在总线上进行。该项服务示意图见图 3-3-74。

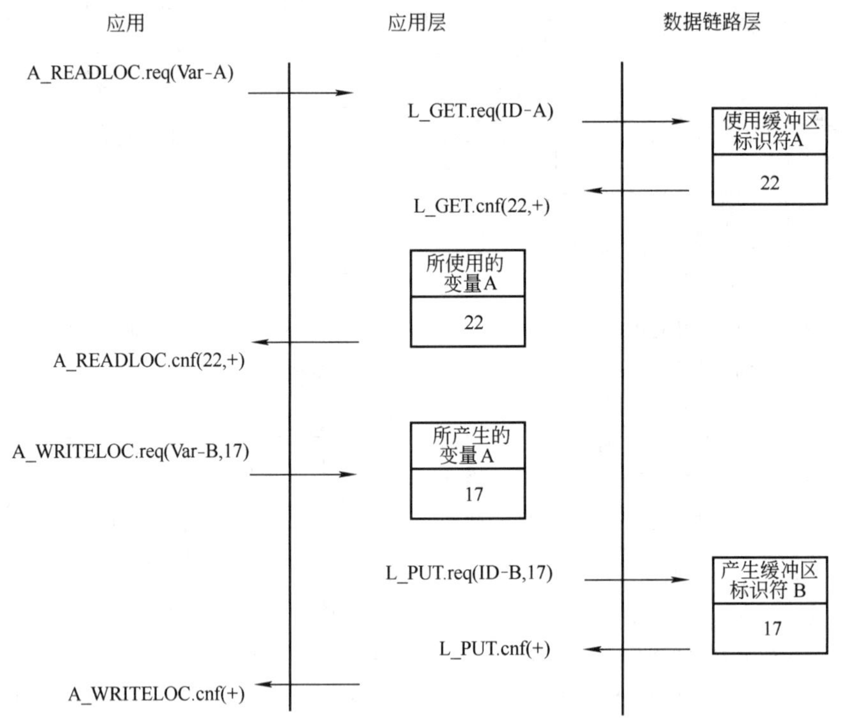

图 3-3-74　应用层本地读/写服务

以上所示只对非再同步变量有效。

(2) 远程读/写服务　WorldFIP 的应用层对标识的变量提供了远程读/写服务。远程读变量 A 的机制如图 3-3-75 所示。

远程读按下列步骤进行：

① 用户发出对变量 B 远程读的请求 A _ READFAR. req（Var _ A），然后，应用层利用 L _ FREE _ UPDATE. req（ID _ A）请求自由更新，见图中①；

② 将标识符 ID-B 加入非周期传送请求的队列，见图中②；

③ 由总线仲裁器向有关站发出请求，利用该站产生的第一个标识符，数据链路层通过在控制字段设置 RQ 位进行响应，见图中③；

④ 然后在一个非周期扫描窗口中，总线仲裁器请求得到非周期变量传送队列的内容，见图中④；

⑤ 该队列的发送触发请求更新的确认，见图中⑤；

⑥ 下一步，再次在非周期窗口中，接收该变量的指示并被送往应用层，然后应用层使用本地读服务访问最近的接收值，见图中⑥；

⑦ 进行确认，在肯定的情况下，帧应包含该变量值，应用层中的定时器用于检测是否超过了等待时间，见图中⑦。

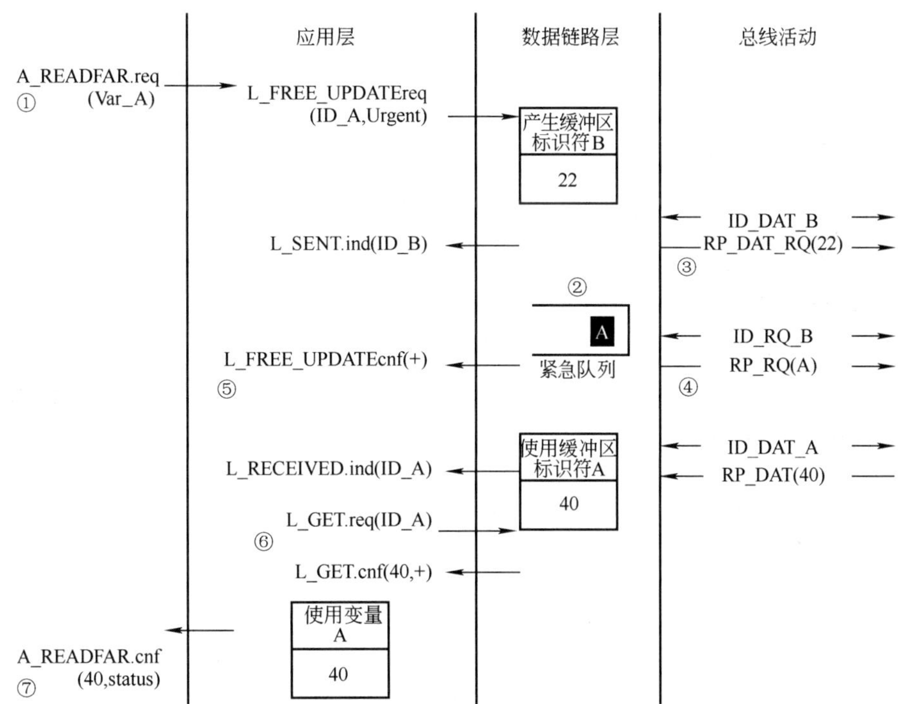

图 3-3-75　应用层远程读机制

远程写机制 WRITEFAR. req（Var）在功能上几乎与远程读一样。应用层先更新存放变量值的缓冲区，然后提出它的传送请求。当应用层收到变量发送的指示后，它要确认该服务。

（3）变量发送/接收指示　如果用户选择可被通知发送或接收的一个标识变量，他就可以使用这个信息。例如，自动与一组网络信息同步。当应用层收到产生变量（或使用变量）的发送（或接收）指示信息时，应用层应当把该指示信息转发给用户。该过程见图 3-3-76。在对一个站进行组态时，必须对每个产生变量或使用变量加以说明，是否产生指示信息。

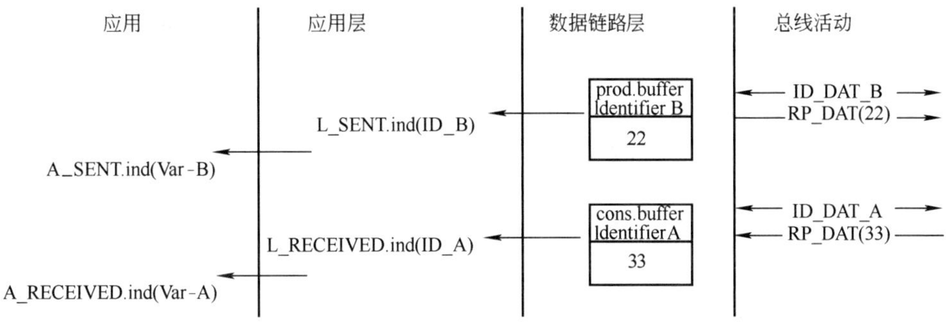

图 3-3-76　发送/接收指示

（4）重新同步　通过在产生和使用过程中所提供的再同步服务，可在分布式同步应用中实现异步应用处理。再同步机制在应用层使用双存储方式：一个私有缓冲区，只能在产生或使用的应用过程中对它访问；一个公共缓冲区，可以通过网络取走或存入值。该双存储方式示意图见图 3-3-77。

“使用”的再同步机制的实现方法是在接收一个同步变量后，将公共缓冲区的内容重新复制到私有缓冲区的。

“产生”的再同步机制的实现方法是在接收一个同步变量后，将私有缓冲区的内容重复到公共缓冲区的。

图 3-3-78 表示了上述的处理过程。私有缓冲区和公共缓冲区的内容是所产生的再同步变量时间的函数。

通过本地写服务，用户可更新变量的私有缓冲区（见图 3-3-78 的曲线）。每当接收到一个再同步变量，应用

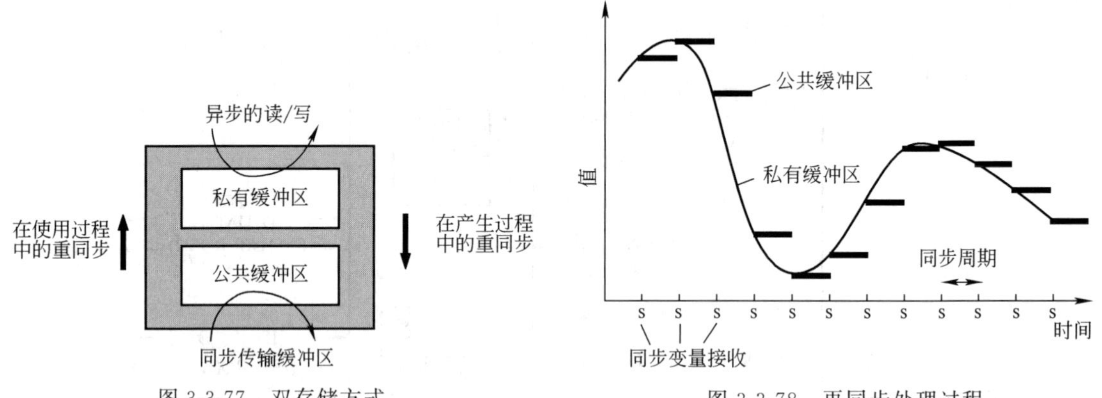

图 3-3-77　双存储方式

图 3-3-78　再同步处理过程

层将私有缓冲区复制到公共缓冲区（图 3-3-78 中的灰色矩形）。该缓冲区的值将被保存直到接收到另一个同步变量为止。

同步的周期与总线仲裁器扫描表中的同步变量的周期一致。再同步是可选机制，在对一个站进行组态时，必须指明每个产生和使用的变量是否可以再同步。如果该变量确实是再同步变量，那么有关的再同步变量也必须标明。

（5）时空的一致性　WorldFIP 的应用层提供一张读服务清单。该清单由一组使用变量组成。在应用层中，读服务读该清单中的所有值，然后向用户提供“超状态”，以通知它要使用的信息是新的。它也能提供一个空间一致性的状态以表明该变量清单的所有拷贝与使用该清单的所有通信实体中的清单相同。

① 时间上产生的一致性　时间上的一致性是布尔状态，可由被标识变量清单的使用者选用。时间上的一致性可以在产生和使用的过程中引用，它们可以是异步的或定时的。

图 3-3-79 中有三个传感器（流量、温度和压力），每个产生一个和更新状态有关的值。一个站使用一些由这三个变量组成的清单。

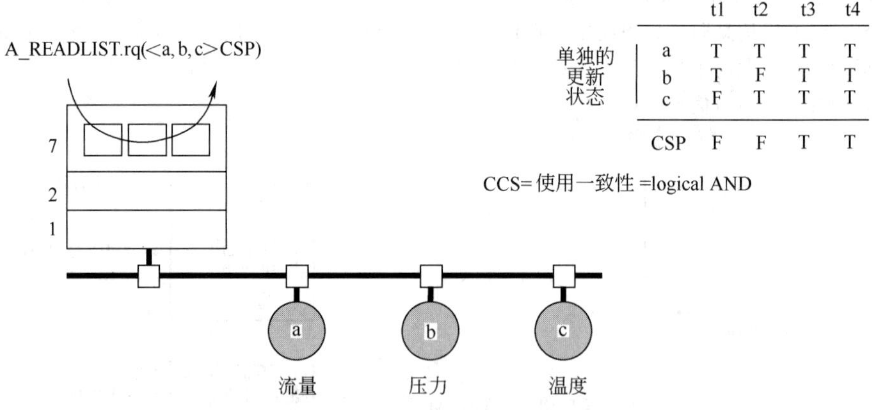

图 3-3-79　逻辑与与时间一致性

清单使用者的应用层使用三对《值，状态》，并对各自的更新状态进行逻辑与。如果三个状态都为“真”，那么时间上的产生一致性为“真”，否则为“假”。

用户利用单个读操作，就可知道所有的产生者是否遵守产生周期，这些产生周期与它们所产生的变量相关联，对各个提示状态进行逻辑与，就可以产生时间使用上的一致性。

② 空间上的一致性　空间上的一致性是一个可选的布尔状态，由使用变量清单的应用层产生。其原理相对简单，如果清单中的所有拷贝是相同的，那么该状态是“真”，否则是“假”。

5.5　网络管理

网络管理标准描述了两组服务，一组用于管理通信服务，另一组用于所需要的通信资源。网络管理结构见图 3-3-80。

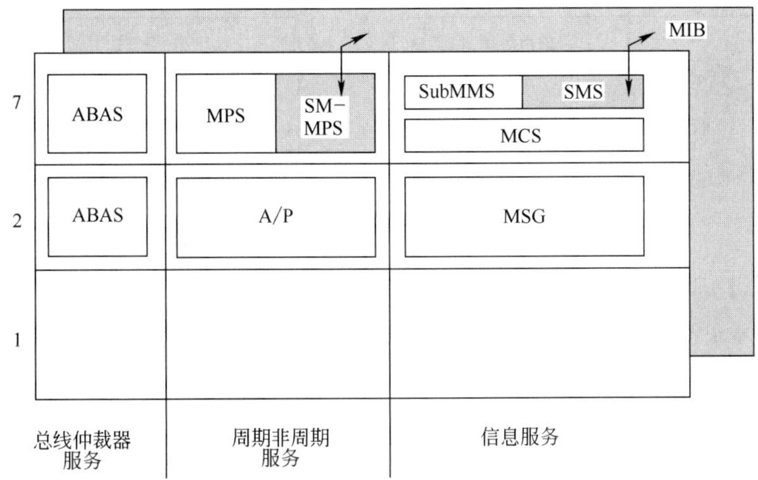

图 3-3-80　网络管理结构

在 WorldFIP 中，有两类网络管理服务：

① 基于变量的网络管理服务 SM-MPS；

② 基于报文服务的网络管理服务 SMS。

SM-MPS 服务对远程通信实体的完整管理是不变的。管理信息库（MIB）对通信资源加以了描述，MIB 是树型结构，它一层接一层地描述每层的属性和每种服务的范围。

WorldFIP 有三种基本网络管理功能。

（1）操作方式的管理

① 启/停命令；

② 有效/无效命令；

③ 复位命令；

④ 读/写功能。

（2）组态管理

① 目标的创建；

② 目标的消除；

③ 启/停通信实体。

（3）失败和完成程度的管理

① 读计数器；

② 将计数器复位到 0。

一个 WorldFIP 站具有两种不同的应用进程：

① 用户应用进程（AP），具有执行分布式应用的功能；

② 系统管理应用进程（SMAP），具有处理网络管理功能。

SMAP 可以分为：①代理者系统管理应用进程，它用以响应远程调用；②管理者系统管理应用进程，它用来进行网络管理。

图 3-3-81 为两个 WorldFIP 的站，每个站包括一个用户应用进程（AP）和一个系统管理应用进程（SMAP）。

第一个站为管理站，它使用网络管理变量（pres _ I，ident _ 1，…）引导对话和进行读/写服务。管理者具有一个 Super-MIB，它描述网上所有站的特性。该信息使它能够对远程站进行组态和启动等等。该站还有一个 AP，利用产生和使用的变量 var _ 1 和 var _ 2 参与分布式的应用。

第二个站为代理者站。它通过它的系统管理应用实体（SMAE）管理网络管理变量，接收启动命令或远程下载一个组态文件。这些命令或下载等会直接对它的管理信息库（MIB）进行操作。该站还有一个 AP，通过变量 var _ 1，…，var _ 9，参加分布式应用，并通过它的应用实体 AE 管理这些变量。

5.5.1　本地服务和远程服务

网络管理服务可以是本地的，也可以是远程的。虽然在传送标识变量的过程中不使用物理地址，但所有的 WorldFIP 站必须有一个物理地址和一个应用标记。站地址为 1 字节编码，站号为 0～255。应用标记是 32 位字符串。

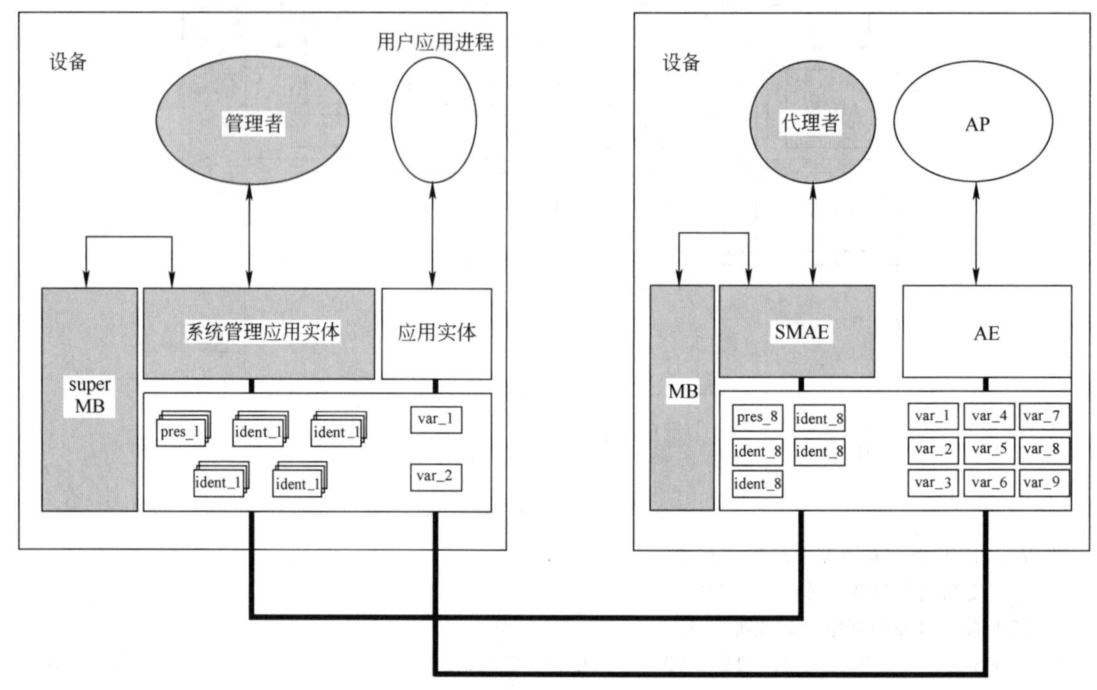

图 3-3-81　WorldFIP 的站

该信息可以存放在本地的站内（通过开关、插盒等等）或者通过网络远程调用。如果一个站没有应用标记，管理者就不能为该站分配物理地址。

为了向一个设备分配应用标记，管理者必须与代理者进行点对点的逻辑连接。只有对没有标记的设备，才能对其分配应用标记。实现点对点逻辑连接的最简单的方法是物理上的点对点方法。

通用定位标识符由管理站产生。该标识符包含组成应用标记的字符串，由代理者使用。一旦代理者知道它的应用标记（本地输入或远程下载），管理者就能把物理地址分配给它。依次类推，代理者产生另一个含《标记，地址》对通用定位标识符。管理者管理一些标记与站号的对照表。

当代理者接收到了这个变量，它就要将收到的标记名与存储的标记名进行比较。如果相同，代理者站就考虑和确定对应的物理地址，利用确定的站号，在系统管理应用实体（SMAE）内创建一组网络变量。这些变量使该站能接收其他远程下载和远程命令。

5.5.2　多重应用实体

WorldFIP 中一个站拥有一个应用进程 AP，利用包含在应用实体 AE 中的变量进行对话；一个站还拥有一个系统管理应用进程 SMAP，它利用包含在系统管理应用实体（SMAE）中的变量进行通信。为了安全或顺序启动起见，或为了可以将问题局限在有限的基于变量的网络管理服务（SM-MPS）内，一个 WorldFIP 站至多能管理 8 个应用实体（AE/SEI）。图 3-3-82 是 WorldFIP 站管理应用实体示意图。

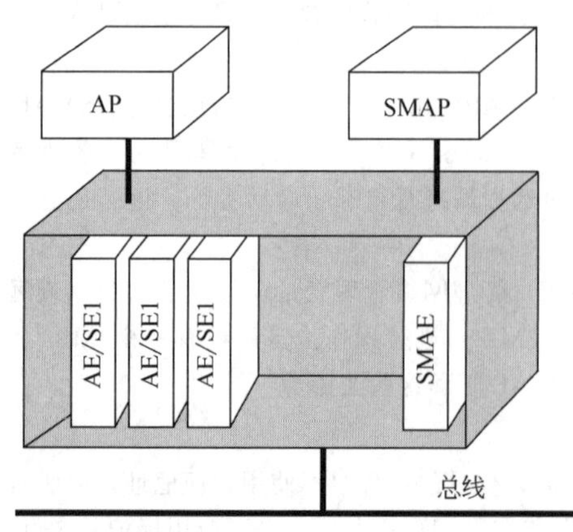

图 3-3-82　WorldFIP 站管理应用实体

5.5.3　SM-MPS 服务清单

基于变量的网络管理服务（SM-MPS）的具体服务内容如下：

① 标志一个物理地址和标记名；

② 远程下载标识符；

③ 远程读（重读组态）；

④ 远程控制操作（启动，停止，使一个或多个 AE/SES

有效或无效)；

⑤ 远程监视（读 AE/SE 操作状态)；

⑥ 报告（所有出错计数器的性能水平测定设备)；

⑦ 现有状态和标识变量的管理；

⑧ 存在站清单的管理。

5.6 安全性

5.6.1 介质冗余

WorldFIP 支持介质冗余。网络管理提供了一组管理网络冗余的服务，当介质冗余时，被管理的每条线路都有一个查线工具。当某站产生了一个帧，该帧同时发往两条线路，每个接收器都在两条线路上接收该帧。本地机制利用第一个载波检测将线路激活，为了维护线路或已经在线路上检测到太多错误时，网络管理可以强制一些站在线路上监听或发送信息。

物理层利用指示信息通知开关的网络管理，以监听介质中的那一条线路。网络管理服务为每一条线路管理一组出错和性能计数器。

5.6.2 物理层中的错误

一旦物理层检测到信号出错，就通知管理上、下流计数器的网络管理服务。物理层还包括一个杂音探测机制，当一个站企图独占网络时，该机制就会起作用。每发送 1 位，物理层使一个计数器加 1。当该计数器超出规定值时，物理层就中断数据链路层。杂音出错信息被递交给网络管理服务。

5.6.3 数据链路层状态机制

数据链路层状态机制其中包括安全机制。如果应答帧与问题帧不对应，这些机制会防止应答帧和接收的问题帧相关联。当数据链路层探测到 ID-DAT 帧，它就设定一个内部定时器。如果这个定时器计满，该站对下面的帧，除 ID-DAT 帧以外一律不予理睬。如果网络的组态是正确的，要是应答帧与被调用的标识符不一致，就不能与此标识符关联。

5.6.4 帧检验序列

有一个 16 位字与每个所发送的帧相关联。该字是对所交换的有用信息进行多项式运算的结果。在发送和接收一个帧时，都要计算帧检验序列。如果接收的帧检验序列码与计算的帧检验序列码相等，那么该帧正确的概率非常之高。产生的多项式从理论上讲以 1MB/s 的速度进行运算，若一天工作 24h 可保证在 20 年内不会有多于 1 个被检测到成正确的错误帧。

5.6.5 总线仲裁器的冗余

网络管理规定总线仲裁器冗余。在一个 WorldFIP 网络中，可能有一个或多个总线仲裁器。在一个给定的时刻，只有一个总线仲裁器是活动的，其他的总线仲裁器处于备用状态，但监视着激活仲裁器的活动。当一个活动的总线仲裁器发生故障，利用存在于全部潜在的总线仲裁器中的本地机制选出一个新的总线仲裁器。这种选举不经商议。

每个 WorldFIP 站中有一个物理站号，其范围在 0～255 之间。选举新的总线仲裁器的机制是站号和时间的函数。一旦潜在的总线仲裁器探测到网络上是静止的，它就设定定时器 T3。当该定时器计满，而总线上仍然没有活动，它就选举自己为总线仲裁器。计算 T3 的公式为：

$$T3=4\times(n+1)\times T0$$

式中 n——站号；

T0——基本时间（填充时间)，缺省值为 110μs。

如果 n=1，T0=110μs，则 T3=880μs（如果站号为 0，则仲裁器处于故障状态)。新的总线仲裁器在探测到网络静止，经 880μs 后启动。

有一点是非常清楚的，即作为网的总线仲裁器，必须赋予低站号。一旦选出新的总线仲裁器，它就开始扫描。为了防止可能的失败，必须正确地对新的总线仲裁器组态，使用与以前的仲裁器一样的基本循环和宏循环。

新的总线仲裁器可以按不同的方法取得网络的控制权。在每个基本循环开始的时候，激活的总线仲裁器更新并扫描总线仲裁器同步变量，该变量由数据对《基本循环数，宏循环数》组成。备用的总线仲裁器使用此变量并跟随宏循环和基本循环数量的变化。当总线仲裁器选中自己时，它能够：

① 在开始时，重启动当前的宏循环；

② 在当前的宏循环中重新启动基本循环；

③ 利用被中断的基本循环余下的时间设定定时器，而且在定时器计满时开始下一轮基本循环以保证变量扫描的时间同步；

④ 在网络启动的时候进行总线仲裁器的初选；

⑤ 总线仲裁器的优先权机制，当具有较高优先权的总线仲裁器 BA 到来，正在起作用的总线仲裁器就被中断。

5.6.6 变量的有效性

一个站使用的值可以是有效的，也可以是无效的。网络管理提供了验证数据有效性的机制。一个变量在数据链路层上无效时，该站在总线仲裁器扫描该变量时不予应答。据此就有可能使用冗余设备完成同样的任务。而且如果正在服务的设备出现故障，只要简单地通过远程网络管理命令使后者的变量有效就可切换至备用设备(用同样的方法对它进行组态)。变量有效也可用于：在将一组站接入网络前，检验它们组态的一致性。

当变量有效时，使用者能够访问它的值。但是此值可能永远不被它的拥有者更新。在这种情况下，该变量是无意义的。当产生者给它一个值，该变量就变为有效。使用者在读一个无意义变量时，会被告知。

5.7 WorldFIP 设备

5.7.1 概述

一个 WorldFIP 设备可简单，可复杂，可以是传感器、执行器，也可以是 I/O 模块或可编程序控制器（PLC）以及个人计算机（PC）等，其整体结构如图 3-3-83 所示。

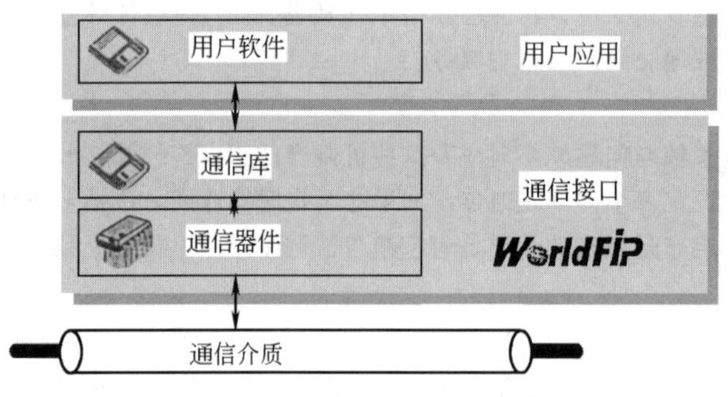

图 3-3-83 WorldFIP 产品结构

通信接口可以得到 WorldFIP 协议的服务。

通信器件使在所选通信介质上的通话成为可能。它总是围绕着通信控制器和线工具构成的通信接口以得到 WorldFIP 协议所提供的服务。这些器件都遵守有关电磁兼容性（EMC）的欧洲规范。

① 通信控制器包括协议的一组功能。现在可提供的主要通信控制器有 FIPIU2、FIPCO1、FULLFIP2 和 MICROFIP。

② 线工具使通信控制器在传输介质上按 WorldFIP 格式发送数据。当前提供的线工具可以用于连接铜线介质（FIELDDRIVE，CREOL）和光纤介质（FIPOPTIC-TP，FIPOPTIC-TS）。

通信库用于在用户应用和通信控制器之间建立连接，并提供一组遵守 WorldFIP 协议的服务。通信库使用集成在通信控制器中的函数，并利用软件创建一组由 WorldFIP 标准要求的扩充函数。这种库都专为通信器件服务。

用户应用可分为两部分：①纯粹的应用部分；②管理对 WorldFIP 网络的访问和网络检验。

采用标准条文和应用需求描述的表达方式，工作组已经鉴定了一批设备描述文件，这些文件根据各产品系列的要求描述服务组。每个产品系列有一个扩充标准。

5.7.2 通信控制器

通信控制器有 4 种型号，即 FIPIU2，FULLFIP2，FIPCO1，MICROFIP。FIPIU2 和 FULLFIP2 能提供与总线仲裁器功能有关的服务、与站功能有关的服务以及网络管理服务。FIPCO1 和 MICROFIP 仅提供上述三种服务中的某个服务。下面以 FIPIU2 为例，介绍其性能。

(1) 功能 FIPIU2 提供数据链路层接口和对 MPS（实现周期/非周期服务）应用层有用的机制。它在规定的标准速度（31.25kbps，1Mbps，2.5Mbps）下工作，与微处理器配合使用，FIPIU2 能执行以下功能：

① 用户站功能，执行 WorldFIP 数据链路层的服务和协议；

② 同步或独立地执行总线仲裁器功能，提供总线上活动的时序；

③ 网络观察者功能，读取并存储所有在总线上传输的帧，实现该功能就不能执行另两个功能中的任何一个。

其中用户站功能又包括以下几点：

① FIPIU2 能管理 128 字节的 2000 个变量（或 64 字节的 16000 个变量等等）；

② 可为每个变量产生一个可编程中断；

③ 显式指定缓冲传输；

④ 显式自由缓冲传输；

⑤ 非周期/周期报文传输；

⑥ 报文接收；

⑦ 能够识别单地址和组地址；

⑧ 就地标记数据以帮助在提示状态下进行计算；

⑨ 能够识别单个变量；

⑩ 错误检测和性能计数器。

由于有两个标识符表，因此有可能一个表投入运行，而另一个进入被修改状态，然后可以替换。

FIPIU2 能支持 WorldFIP 标准中描述的总线仲裁功能：

① 周期性的交换（变量和报文）；

② 非周期更新；

③ 非周期发送报文；

④ 为同步循环填充（报文）。

网络观察者功能不能与上述的任何一个功能同时起作用（用户站和/或总线仲裁器）。它用于在内存中建立总线跟踪区（记录在总线上已传输的帧）。当接收到一个特殊帧（仅识别帧的前 3 个字节）或用软件命令后该功能才能起作用。该功能起作用后，就开始在预先规定的内存地址中（下限）存放在总线上循环的每一帧的有用部分（无起始和结束分界符）。

（2）内部结构　FIPIU2 由以下 6 部分以及两条总线组成（见图 3-3-84）：

① FIPART，完成串并转换、并串转换和数据编码；

② BUS Arbitrator，总线仲裁器功能；

③ Net Work transfers Control，网络传输控制功能块，用于实现数据链路层协议；

④ FIP Services Access，服务控制功能块，用于访问 WorldFIP 服务；

⑤ RAM access arbitrator，存储器访问功能块，用于仲裁；

⑥ RAM access Control，存储器访问功能块，用于控制对共享内存的访问；

⑦ RAM BUS，8 位数据线和 20 位内存地址总线；

⑧ μP1 BUS，8 位或 16 位微处理总线，利用 ALE 使地址/数据多路复用。

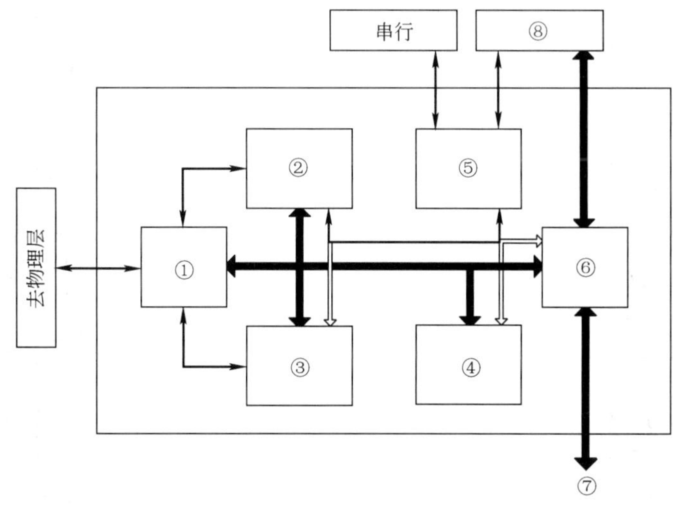

图 3-3-84　FIPIU2 内部结构

（3）外部结构　FIPIU2 可以有 2 种外部结构，使用 1 片或 2 片微处理器。在任何情况下，它都管理对公共源（共享内存）的访问。双处理器结构使用户可以对现有的系统增加一个 WorldFIP 连接。FIPIU2 外部结构见图 3-3-85。

在某些情况下，例如在设计一个新产品的时候，有可能考虑使用只带一片微处理器的简单结构。配备一片 FIPIU2 的单微处理器结构对应最低限度的 WorldFIP 产品实现方法。在双微处理器结构中，其第二片微处理器 μP2 用于管理系统应用，而第一片微处理器 μP1 用于处理通信任务。

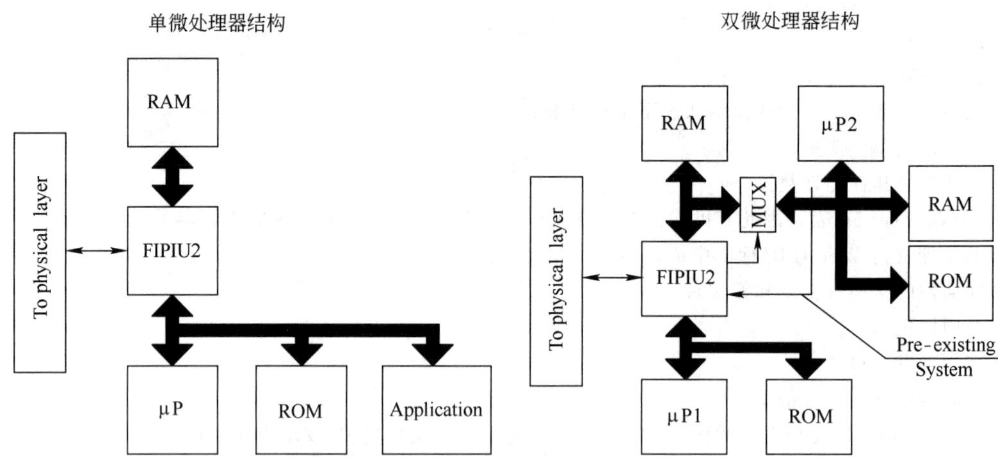

图 3-3-85　FIPIU2 外部结构

FIPIU2

1 /CSFIP2
2 /ASKBUS2
3 /WRHIC2
4 /RDHIC2
5 RDYHIC2
6 /DEHIC2
7 ITI 2
8 /CSFIP1
9 /ASKBUS1
10 /WRMIC1
11 /RDMIC1
12 RDYMIC1
13 VDDI
14 CLKTR
15 CLKF
16 PRGCLKF
17 INIR
18 /INTA
19 ALE
20 VSSI
21 /BHE
22 ASMIC1[19]
23 ASMIC1[18]
24 ASMIC1[17]
25 ASMIC1[16]
26 VDDI
27 LED1
28 LED2
29 LEDRUN
30 /RESET
31 ADMIC1[15]
32 ADMIC1[14]
33 ADMIC1[13]
34 ADMIC1[12]
35 VSSO
36 VDDO
37 ADMIC1[11]
38 ADMIC1[10]
39 ADMIC1[9]
40 ADMIC1[8]
41 ADMIC1[7]
42 ADMIC1[6]
43 ADMIC1[5]
44 ADMIC1[4]
45 VSSO
46 VDDO
47 ADMIC1[3]
48 ADMIC1[2]
49 ADMIC1[1]
50 ADMIC1[0]
51 TEST
52 /SWLD
53 SWCLK
54 SWIN
55 / ERPHY1
56 COUSEM
57 CD
58 RXD
59 RTS
60 TXD
61 CK2PR
62 VSSO
63 VDDO
64 DRAM[0]
65 DRAM[1]
66 DRAM[2]
67 DRAM[3]
68 DRAM[4]
69 DRAM[5]
70 VSSI
71 DRAM[6]
72 DRAM[7]
73 / RDBU
74 / WRBUS
75 VSSO
76 VDDO
77 ARAM[0]
78 ARAM[1]
79 ARAM[2]
80 ARAM[3]
81 ARAM[4]
82 ARAM[5]
83 ARAM[6]
84 ARAM[7]
85 VDDO
86 VSSO
87 ARAM[8]
88 ARAM[9]
89 ARAM[10]
90 ARAM[11]
91 ARAM[12]
92 ARAM[13]
93 ARAM[14]
94 ARAM[15]
95 VDDO
96 VSSO
97 ARAM[16]
98 ARAM[17]
99 ARAM[18]
100 ARAM[19]

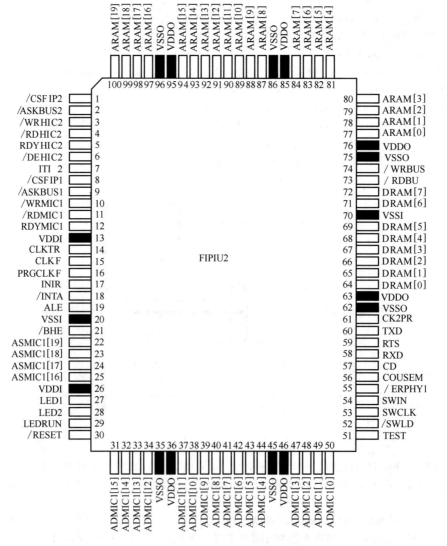

图 3-3-86　FIPIU2 插座

（4）FIPIU2 的特性

① 电源　5V±10%。

② 温度范围　−40～85℃。

③ 储藏温度范围　−40～93℃。

④ 数据链路层兼容性　WorldFIP　EN-50170-3 及 IEC1158-2。

⑤ FIPIU2 采用 0.6μm VLS1 技术，使用 100-pin 的 PQFP 插座，该插座详见图 3-3-86。

5.7.3　通信控制器性能

（1）电气性能　FULLFIP2，FIELDUAL，FIPIU2，FIPCO1，以及 MICROFIP 几种通信控制器的电气性能见表 3-3-46。

表 3-3-46　通信控制器电气性能

性能	FULLFIP2	FIELDUAL	FIPIU2	FIPCO1	MICROFIP
所支持的通讯速度	31.25kbps 1Mbps 2.5Mbps	31.25kbps 1Mbps 2.5Mbps	31.25kbps① 1Mbps 2.5Mbps①	31.25kbps① 1Mbps 2.5Mbps①	31.25kbps 1Mbps 2.5Mbps
封装形式	84PLLC 100MQFP	PLCC44	100PQFP	100PQFP	100MQFP
工作温度	−40～85℃	−40～85℃	−40～93℃	−40～85℃	−40～85℃
技术	0.8μCMOS	0.8μCMOS	0.6μCMOS	0.8μCMOS	0.6μCMOS
输入/输出	TTL 兼容	C-MOS 电平	TTL 兼容	TTL 兼容	C-MOS 电平
电源电压	5V±10%	5V±10%	5V±10%	5V±10%	5V±10% 3.3V±10% （本质安全）
时钟	31.25kbps： 40MHz 1Mbps： 64MHz 2.5Mbps： 80MHz	31.25kbps： 20MHz 1Mbps： 32MHz 2.5Mbps： 40MHz	31.25kbps： 48MHz 1Mbps： 48MHz 2.5Mbps： 60MHz	31.25kbps： 24MHz 1Mbps： 24MHz 2.5Mbps： 40 或 60MHz	31.25kbps： 20 或 40MHz 1Mbps： 20 或 40MHz 2.5Mbps： 20 或 40MHz
功耗	31.25kbps:25mA 1Mbps:30mA 2.5Mbps:35mA 低功耗型 FULLFIP2LP（电源 3.3V±10%） 31.25kbps： 1.4mA	典型:12mA	典型:40mA	31.25kbps： min. 2mA max. 15mA 1Mbps： min. 3mA max. 20mA 2.5Mbps： min. 10mA max. 30mA	31.25kbps:2mA 1Mbps:10mA 2.5Mbps:20mA

① 可与厂方商量。

（2）功能特性　FULLFIP2，FIPIU2，FIPCO1 和 MICROFIP 几种通信控制器的功能特性见表 3-3-47。

表 3-3-47　WorldFIP 通信控制器功能特性

功能特性	FULLFIP2	FIPIU2	FIPCO1	MICROFIP	
				独立方式	微控制方式
变量数	4095　128 字节变量,带有 2MB RAM	2000 128 字节变量或 16000 16 字节变量带有 1MB RAM	max. 128	2	max. 8
传送非周期变量请求	支持	支持	支持	不支持	不支持

续表

功能特性	FULLFIP2	FIPIU2	FIPCO1	MICROFIP	
				独立方式	微控制方式
更新状态的管理	集成	通过软件	通过软件	集成	集成
提示状态的管理	集成	集成 （变量标日期）	通过软件	集成	集成
报文发送的信道数	8+1 非周期	2000 128 字节变量或 16000 16 字节变量带有 1MB RAM	—	—	1
报文接收的队列数	1	max. 32	—	—	1
报文长度	256 字节	256 字节	—	—	128 字节（包括用于选址的 6 字节）
路径及广播的管理	通过软件	集成	—	—	通过软件
Lsap 管理	通过软件	集成	—	—	通过软件
双介质管理	FIELDUAL 器件	—	—	集成	集成
总线仲裁器	支持	支持	不支持	不支持	不支持

5.7.4 线工具

线工具包括部分依赖于所使用的通信介质的物理层。WorldFIP 拥有一组线工具，用于管理各种带屏蔽的双绞线和光纤电缆的标准二进制速率。

对于铜线工具 FIELDRIVE 和 CREOL，必须使用变压器进行电隔离。在发送速度为 31.25KB/s、1MB/s 或 2.5MB/s 的情况下，FIELDRIVE 分别与 FIELDTR31.25、FIELDTR1 和 FIELDTR2.5 一起使用。CREOL 与 TRANSFOFIP 1FC 1007 一起使用，速率为 1MB/s。

（1）FIELDRIVE FIELDRIVE 器件是一种集成线工具，提供通信器件与电隔离变压器之间的接口。该线工具连接示意图见图 3-3-87 所示。

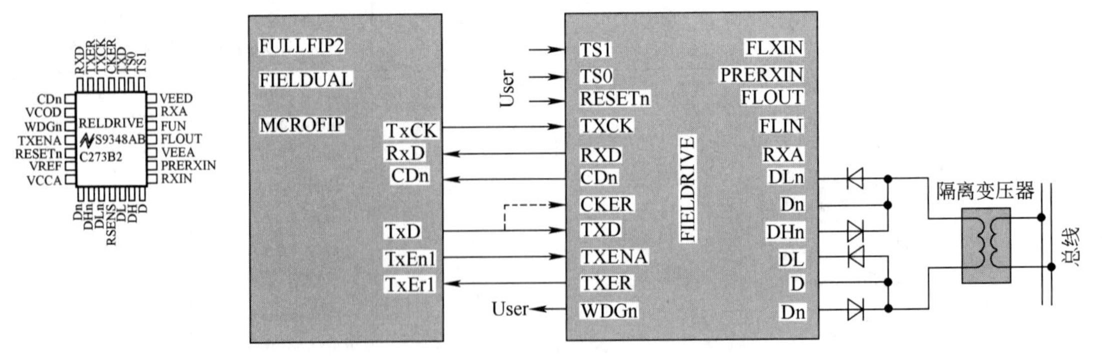

图 3-3-87 FIELDRIVE 线工具连接示意图

在接收线上，首先对差分信号滤波。然后 FIELDRIVE 产生 CD 活动探测信号通知 FULLFIP2 网络上信号的存在。FIELDRIVE 发送级由差分 3 态线驱动器组成。该级管理有以下 4 个功能：

① 管理线驱动器的 3 态输出；

② 产生出错信号，表示在发送过程中电路已经探测到 UPLOAD 或 UNDERLOAD 错误（输出驱动器功率的检验）；

③ 产生出错信号，表示在介质上出现时间大于 4 倍传输率的稳定状态（饱和的信号），1Temps Bits=1/发送速度；

④ 在发送信号长于 8128 Temps Bits 时，产生看门狗信号（用于禁止发送）。

该电路还具有线重读方式，能够检验所发送信号的准确性。

该电路可提供三种1500V隔离变压器：

① FIELDTR1，用于传输速率为1MB/s的场合；

② FIELDTR2.5，用于传输速率为2.5MB/s的场合；

③ FIELDTR31.25，用于传输速率为31.25KB/s的场合。

（2）CREOL（MTC-3055） CREOL器件是一种集成线工具，提供通信控制器与电隔离变压器的接口。该器件也是Aicatel Mietec公司生产的MTC-3055。它产生一个探测信号，通知FIPIU2网络上信号存在。这种线工具连接示意图见图3-3-88。

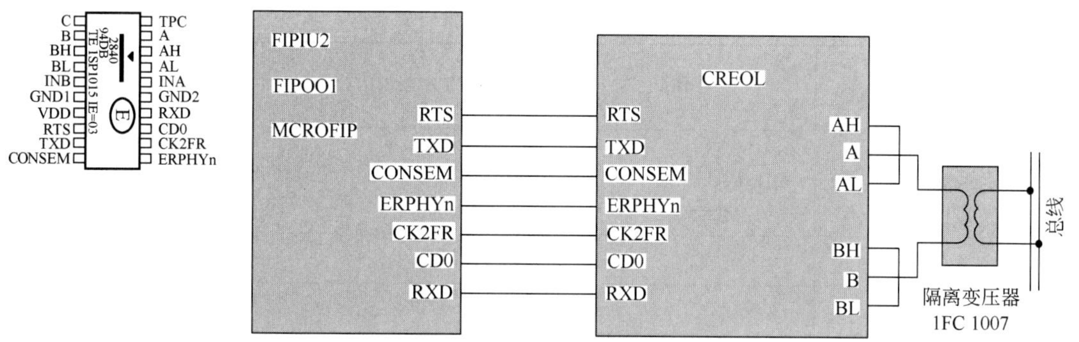

图3-3-88 CREOL线工具连接示意图

CREOL发送级由一差分3态线驱动器组成。该级具有下列功能：

① 管理驱动器的3态输出；

② 产生出错信号，表示在发送过程中电路已经探测到UPLOAD或UNDERLOAD错误（输出驱动器功率的检验）；

③ 产生出错信号，表示时钟信号失效。

它可提供的1500V隔离变压器为TRANSFOFIP IEC1007，适合于传输速率为1Mbps的场合。

（3）FIPOPTIC-TP和FIPOPTIC-TS 本线工具用于在塑料光纤（TP）或硅光纤传输介质上，按World-FIP格式发送和接收数据帧。

该器件由SAGEM公司使用LFASTⅡ技术开发。

FIPOPTIC-TP信号指标：

① 波长	600nm（典型）
② 所用纤维	980/1000芯直径 980mm
③ 光纤发送功率（FO. out）	9dBm（典型）
④ 接收的动态范围（FO. IN）	29dBm（最小） 和9dBm（最大）
⑤ 光耦合指数	17dB

FIPOPTIC-TS信号指标：

⑥ 波长	850nm（典型）
⑦ 使用的纤维	50/125，芯直径 50nm；62.5/125，芯直径62.5nm
⑧ 50/125光纤发送功率 （FO. out）	19dBm（典型）
⑨ 62.5/125光纤发送 功率（FO. out）	19dBm（典型）
⑩ 动态接收范围（FO. IN）	31dBm（最小）和 11dBm（最大）
⑪ 光耦合指数50/125	9dB

⑫ 光耦合指数 62.5/125　　　9dB

在接收器上，该器件首先将光信号转换成电信号，然后再经过放大和滤波。然后 FIPOPTIC 产生 CD 载波探测信号，通知通信控制器网络上信号存在。

FIPOPTIC 发送级带有一个处理和发送检验级。其用途是：

① 管理光信号输出；

② 在发送信号时间大于 4ms±20%时，产生看门狗信号。

(4) 线工具性能　线工具的电气特性见表 3-3-48。

表 3-3-48　线工具电气特性一览表

电气特性	CREOL	FIELDRIVE	FIP OPTIC TC
所支持的通讯速度	31.25kbps① 1Mbps 2.5Mbps①	31.25kbps 1Mbps 2.5Mbps	1Mbps
封装形式	S0 20	PLCC 28	子板
工作温度	0～70℃	－40～85℃	0～50℃
输入/输出	CMOS/模拟	TTL/模拟	TTL/光信号
电源电压	5V±10%	5V±5%	5V±10%
功耗	max.10mA (1Mbps Rx 方式) max.170mA (1Mbps Tx 方式)	max.40mA (1Mbps Rx 方式) max.120mA (1Mbps Tx 方式)	典型:180mA(TP) 典型:230mA(TS)

① 可与厂方商量。

线工具兼容性能见表 3-3-49。

表 3-3-49　线工具兼容性能表

线工具 \ 通信控制器	FULLFIP2	FIPIU2	FIPCO1	MICROFIP
FIELDRIVE FIELDTR	兼容	不兼容	不兼容	兼容
FIELDUAL FIELDRIVE FIELDTR	兼容	不兼容	不兼容	不兼容
CREOL TransfoFIP 1F7 1007	不兼容	兼容	兼容	兼容
FIP OPTIC TC 或 FIP OPTIC TP	兼容	兼容	兼容	兼容

5.7.5　通信库

通信库用于在用户应用与通信控制器之间创建连接。通信库提供了一组遵守 WorldFIP 协议的服务，它使用集成在控制器中的功能，并通过软件的帮助实现由标准所要求的附加服务功能。

每一个通信库针对一种通信控制器。选择一个库的准则首先取决于所要求的功能（总线仲裁、周期变量、非周期交换、报文服务、网络管理以及有关的服务等等），其次是开发的要求，开发的要求具体有以下几种内容：

① 与通信控制器相关的特性；

② 技术参数，例如码的长度、易实现性、用户目的的难易程度或组态方法；

③ 相关的开发工具；

④ 网络连接的费用要求。

有关 WorldFIP 通信库 FIP DEVICE MANAGER，FIPIULIB，FIPLIB，MICROFIP 和 FSDS 各种性能见表 3-3-50。

表 3-3-50 WorldFIP 通信库性能一览

性能	FIP DEVICE MANAGER	FIPIULIB	FIPLIB	MICROFIP HANDLER	FSDS
版本	4	2	3	1	1
通讯控制器	FULLFIP2	FIPIU2	FULLFIP2 或 FIPIU2	MICROFIP	FIPCO1
源代码	是	是	是	是	不是
目标码	是	是	是	不是	是
码的长度	42～110KB	15～35KB	8～30KB	—	—
可能的设备规范	1,2,3,4(参考互操作指南)	1,2,3,4(参考互操作指南)	1,2(参考互操作指南)	1,2,3(参考互操作指南)	2(参考互操作指南)
可能带管理器设备	是	是	不推荐	不	不
组态	通过程序	OLGA	FIPC	通过程序或 OLGA(选件)	预组态
介质冗余管理	是	不	不	集成在器件中	不
由库管理的 SM-MPS 代理变量	存在 报告 标识 存在检验	存在 报告 标识 存在检验 段参数 遥控 装载,检验 读	存在 报告 标识	存在 标识	存在 报告 标识 存在检验 段参数 遥控 远程读
由库管理的 SM-MPS 管理器变量	存在检验	存在检验	无	无	无
不由库处理的 SM-MPS 管理器变量	通过应用软件	通过应用软件	通过应用软件	不	不
AESEI 或 AE/LE 管理	是	是	不	不	不
BA 组态	由程序动态进行(BA 不停机)	由 OLGA 或 BAGEN 动态进行(BA 不停机)	由 OLGA 或 BAGEN 动态进行(BA 停机)	无总线仲裁器(BA)	无总线仲裁器(BA)
Micro MMS 选件	是	是	不	正在开发	不
应用管理	通过应用软件	通过应用软件	通过应用软件	通过应用软件	集成

6 现场总线常用英文缩写

ABAS　Bus Arbitrator Application Servicer　总线仲裁器应用服务
AE　Application Entity　应用实体
ALI　Application Layer Interface　应用层接口
AP　Application Process　应用进程
ARPM　Application Relation Protocol Machine　应用关系协议机制
ASIC　Application Specific Integrated Circuit　专用集成电路
BA　Bus Arbitrator　总线仲裁器
BP　Bus Protocol　总线协议
BNU　Bufferd Network-Scheduled Unidirectional　缓冲式、网络调度、单向类
CAN　Control Area Network　控制局域网络
CD　Compel Data　强制数据
CMIP　Common Management Information Protocol　公共管理信息协议
CRC　Cyclic Redundancy Code　循环冗余编码
CRL　Communication Relation List　通信关系表
CS　Communication Stack　通信栈
DD　Device Description　设备描述
DLL　Data Link Layer　数据链路层
DDL　Device Description Language　设备描述语言
DLPDU　Data Link Protocol Data Unit　数据链路协议数据单元
DMPM　DLL Mapping Protocol Machine　数据链路层映射协议机制
DLSAP　Data Link Service Access Point　数据链路服务访问点
DS　Directory Service　目录服务
DLME　Data Link Management Entity　数据链路管理实体
DMA　Direct Memory Access　直接存储器存取
DDLM　Direct Data Link Mapper　直接数据链路映像
DP　Decentralized Periphory（Distiibuted Control）　分布式外围设备（分散控制）
EN　Enterprice Networks　企业网络
EIA　Electronic Industries Association　美国电子工业协会
FB　Function Block　标准化功能块
FCS　Fieldbus Foundation　现场总线基金会
FBAP　Function Block Apllication Process　功能块应用进程
FAS　Fieldbus Access Sublayer　现场总线访问子层
FMS　Fieldbus Massage Specification　总线报文规范层
FTAM　File Ttransfer Access and Management　文件传送，访问与管理
FSPM　FAS Service Protocol Machine　总线访问子层服务协议机制
FDM　FIP Device Manager　设备管理程序
FDL　Fieldbus Data Link　现场总线数据链路
GSD　Device Data Base File　电子设备数据库文件
HART　Highway Addressable Remote Transducer　可寻址远程传感器高速通道
HMI　Human Machine Interface　人机界面
LAS　Link Active Scheduler　链路活动调度器
LAN　Local Area Network　局域网
LLI　Lower Layerinferface　低层接口
MAC　Medium Access Control　介质存取控制
MAP　Manufacturing Automation Protocol　制造自动化协议

MMS　Manufacturing Message Specification　制造报文规范
MHS　Message Handling Systems　报文处理系统
MVFD　Management Virtual Field Device　管理虚拟设备
MIB　Management Information Base　管理信息库
MPS　Manufacturing Periodical/Aperiodical Services　实现周期/非周期服务
NMA　Network Management Agent　网络管理代理
NMge　Network Manager　网络管理者
NMIB　Network Management Information Base　网络管理信息库
OSI　Open System Interconnection　开放系统互连
OD　Object Dictionary　对象字典
OLE　Object Linking and Embedding　对象链路嵌入
OPC　Ole in Process Control　过程控制的对象链路嵌入
PA　Process Automation　过程自动化
PNO　Profibus User Organization in Germany　德国 PROFIBUS 用户组织
PT　Pass Token　传递令牌
PI　Program Invocation　程序调用
PL　Physical Layer　物理层
PDU　Protocol Data Units　协议数据单元
RDA　Remote Database Access　远程数据库访问
QUU　Queued User-Triggered Undirectional　排队式、用户触发、单向类
QUB　Queued User-Triggered Bidirectional　排队式、用户触发、双向类
（说明：BNU、QUU、QUB 均为应用关系端点的类型）
SMIB　System Management Information Base　系统管理信息库
SMK　System Management Kernal Protocol　系统管理内检协议
SMAE　System Management Application-Entity　系统管理应用实体
SMAP　System Management Application Process　系统管理应用进程
SubMMS　Subset of Messaging Service　报文服务子集
SAP　Service Access Point　服务存取点
TOP　Technical and Office Protocol　办公自动化协议
TD　Time Distribution　时间发布消息
TP　Transaction Protocol　事务处理协议
TD　Transaction Processing　事务处理
TSDI　Station Delay Time Initiator　起始站的请求延迟时间
TSDR　Station Delay Time Responder　响应站的响应延迟时间
VFD　Virtual Field Device　虚拟现场设备
VCR　Virtual Communication Relationship　虚拟通信关系
VTP　Vitual Terminal Protocol　虚拟终端协议
WAN　Wide Area Network　广域网

参 考 文 献

1 阳宪惠主编. 现场总线技术及其应用. 北京：清华大学出版社，1999.6
2 许忠仪. 现场总线的发展与以太网. 中国化工装备增刊，2001.6
3 YOKOGAWA SICHUAN，TI01C22T02-01CY. 2000.5
4 YOKOGAWA SICHUAN，TI38K3A01-01CY. 2000.5
5 米歇尔. 伏尔茨. PROFIBUS 现场总线技术手册. 杨昌琨译. 中国机电一体化技术应用协会现场总线（PROFIBUS）专业委员会. 1997.4 版本
6 王春荄，吴亚平，史学玲编. WorldFIP 现场总线. 汤树明译. WorldFIP 技术推广中心，2000.3

第4篇　仪表检定与校准

第1章　概　　述

各类仪表都是用以直接或间接地测量被测对象量值的器具。根据计量器具的定义，各类仪表都属于计量器具。

运行中的计量器具由于多种原因，可能会导致计量性能的改变，因而有必要对其进行定期检定或校准。

1　检定

1.1　检定（Veritication）的定义

检定是为评定计量器具的计量性能（准确度、稳定度、灵敏度等），并确定其是否合格所进行的全部工作。

检定按性质可分为以下几种。

（1）出厂检定　计量器具生产厂生产出计量器具，应对其计量性能进行确认，合格的计量器具才准许出厂。

（2）抽样检定　指批量生产的计量器具按一定比例抽取，对其计量性能进行确认，如合格率未能达到规定比例，则加倍抽样检定，仍达不到规定比例的合格率，则应视该批计量器具为不合格。一般抽样检定只用于批量大且较简单的计量器具，如玻璃量器、简易玻璃液体温度计等。

（3）首次检定　新购计量器具在领用后进行的第一次检定，称为首次检定。亦将作为周期检定的第一次检定。

（4）周期检定　根据计量器具的结构、性能、使用频度等制定出两次检定工作的间隔期，称为检定周期。按照检定周期进行的检定称为周期检定。周期检定工作是计量管理中十分重要的环节，只有制定出合理的检定周期，并严格按周期进行检定，才能保证计量器具的性能达到规定的要求。

（5）临时检定　政府计量行政部门或企业主管部门对企业计量工作实施监督检查时，对随机抽取的计量器具的计量性能进行确认的检定。

（6）仲裁检定　指在发生计量争议或纠纷时，进行以仲裁为目的的检定。

检定按管理形式可分为：

（1）强制检定　对计量法规定部门和企业、事业单位使用的最高一级计量标准器具，以及用于贸易结算、安全防护、医疗卫生、环境监测等方面列入强制检定目录的工作计量器具，实行定点、定期的检定称为强制检定。

（2）非强制检定　使用单位自行依法对使用的计量器具进行定期检定，称为非强制检定。

检定定义中涉及到的准确度（或称精确度）（Accuracy）是测量结果中系统误差与随机误差的结合，表示测量结果与真值的一致程度；稳定度（Stability）是在规定工作条件内，计量器具某些性能随时间保持不变的能力；灵敏度（Sensitivity）是指计量器具对被测量变化的反应能力。

1.2　检定的基本要求

按计量管理要求的规定，计量检定必须执行计量检定规程。

检定规程（Regulation of vevification）是为评定计量器具的计量性能，作为检定依据的具有国家法定性的技术文件。在检定规程中，对规程适用范围、计量器具的计量性能、检定项目、检定条件、检定方法、检定周期及检定结果处理等内容都作了规定。

国家计量检定规程由国务院计量行政部门制定。没有国家计量检定规程的，由国务院有关主管部门和省、自治区、直辖市人民政府计量行政部门分别制定部门计量检定规程和地方计量检定规程。

虽然各计量器具检定要求不完全一致，但是开展计量检定工作至少要具备以下最基本的条件。

① 应具备一个满足检定规程要求，可开展计量检定工作的环境条件（温度、湿度、振动、磁场等对计量器具的影响），应尽可能使计量器具的计量性能达到最佳状态。

② 要有满足精度要求的计量标准器。按一般规定，作为标准器的误差限至少应是被检计量器具的误差限的 1/3～1/10，并且这些标准器都应按计量管理要求溯源。

③ 要有合格的检定人员。进行计量检定工作的人员必须持有“检定员证”，只有持证人员才有资格出具计量检定合格证及检定结果数据。“检定员证”由政府计量行政部门或企业主管部门主持考核，成绩合格后颁发，一般有效期 3～5 年。

这三条是开展计量检定应具备的最基本的要求，计量器具检定后应认真填写记录，加盖检定印章，签上检定、复核、主管人员的姓名。经检定合格的计量器具应签发“检定证书”，检定不合格的计量器具应该填写“检定结果通知书”。

2 校准

在经典仪表管理中一直使用“校验”这一名词，现在在计量管理中，称为“校准”。

校准（Calibration）是确定计量器具示值误差（必要时也包括确定其他计量性能）的全部工作。

2.1 校准与检定的异同

校准和检定是两个不同的概念，但两者之间有密切的联系。校准一般是用比被校计量器具精度高的计量器具（称为标准器具）与被校计量器具进行比较，以确定被校计量器具的示值误差，有时也包括部分计量性能，但往往进行校准的计量器具只需确定示值误差。如果校准是检定工作中示值误差的检定内容，那校准可说是检定工作中的一部分，但校准不能视为检定，况且校准对条件的要求亦不如检定那么严格，校准工作可在生产现场进行，而检定则须在检定室内进行。

有人把校准理解为将计量器具调整到规定误差范围的过程，这是不够确切的。虽然校准过程中可以调整，但调整又不等于校准。

2.2 校准的基本要求

校准应满足的基本要求如下。

(1) 环境条件　校准如在检定（校准）室进行，则环境条件应满足实验室要求的温度、湿度等规定。校准如在现场进行，则环境条件以能满足仪表现场使用的条件为准。

仪器　作为校准用的标准仪器，其误差限应是被校表误差限的 1/3～1/10。

(2) 人员　校准虽不同于检定，但进行校准的人员也应经有效的考核，并取得相应的合格证书，只有持证人员方可出具校准证书和校准报告，也只有这种证书和报告才认为是有效的。

第2章　就 地 校 准

就地校准也就是安装现场校准。大量的仪表安装在生产现场，对这些仪表进行现场校准是经常进行的。

1　概述

对仪表进行现场校准是仪表日常维修工作的范畴，一般说现场校准仪表只是对示值误差的确认。按校准定义，校准工作虽然可以包括对仪表其他计量性能的确认，但多数情况下只是对示值误差的确认。

2　差压变送器就地校准

差压变送器分为气动、电动两大类，炼油、化工、冶金、医药等行业广泛采用差压变送器，大多用来与节流装置配用测量流量，也有的用来测量液位或其他参数。大量的差压变送器服务在生产现场，多数情况校准都在现场进行。

2.1　工具与仪器

现场校准差压变送器一般不需要将变送器拆下。先关闭引压管正、负压阀，打开平衡阀，卸下正、负压排气孔堵头，气压信号可以从变送器正压侧经校表接嘴进入，负压侧通大气。校准用的工具无特殊要求，有150mm、200mm（6in、8in）的常用扳手及仪表工配用的工具即可。作校准用的标准器，其误差限应是被校表误差限的1/3～1/10。

校准差压变送器需用的器具如下：

名　称	规格及型号	单位	数量
数字压力计	0～160kPa或0～250kPa	台	2
精密电流表	0～30mA	台	1
气源减压阀		只	1
气动定值器		只	1
气源管三通	ϕ6（ϕ8）	只	1
胶　　管	ϕ6（ϕ8）	米	
电　　线	若干米		
校表接嘴			

2.2　接线

本章提供的仪表校准接线是仪表从运行状态取下的接线。现场不取下仪表校准时可结合实际情况连接，如气动表可不另接气源，电动表可不另接电源等。

（1）气动差压变送器校准接线原理图（图4-2-1）

（2）电动差压变送器校准接线原理图（图4-2-2）

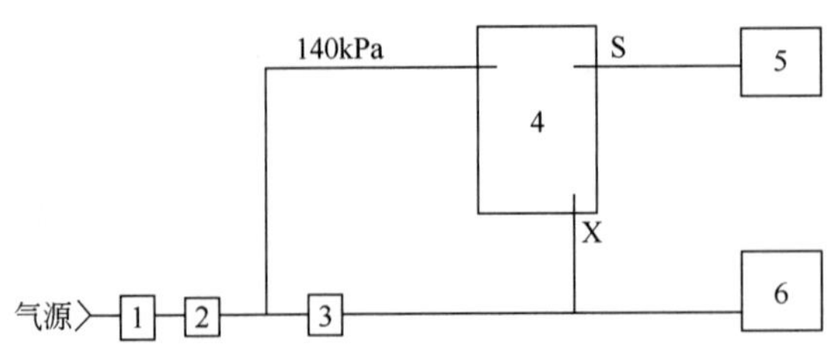

图4-2-1　气动差压变送器校准接线原理图

1—气源切断阀；2—气源减压阀；3—气动定值器；4—被校表；5，6—数字压力计；X—输入；S—输出

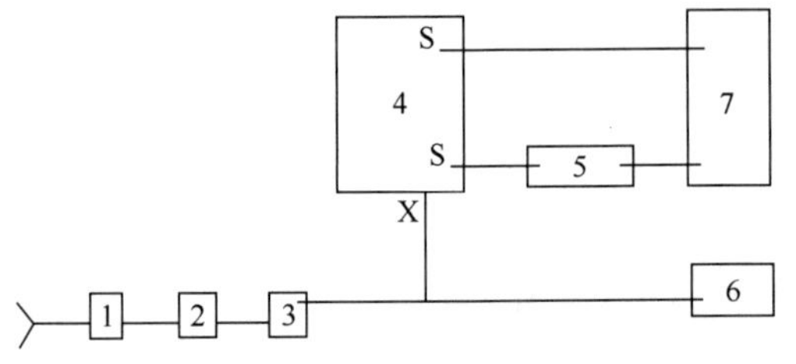

图4-2-2　电动差压变送器校准接线原理图

1—气动定值器；2—被校表；3—数字压力计；4—精密电流表；5—数字电压表；6—数字压力计；7—供电电源；X—输入；S—输出

对于高差压的差压变送器，输入信号可由活塞压力计提供。

现场校表时直接用现场的电源。

2.3 操作步骤

2.3.1 气动差压变送器的校准步骤

(1) 基本误差校准

a. 关闭引压管正、负压阀，打开平衡阀。

b. 按图 4-2-1 接好校准线路。

c. 卸去正、负侧排气堵头。

d. 用气源将正、负压室内的残液从排气堵头经放空堵头吹净。

e. 打开气源阀供气。

f. 经校表接嘴向正压侧排气孔加输入信号，选差压变送器测量范围的 0、25%、50%、75%、100%5 个点为标准值进行校准。

g. 平稳增加信号压力，读取输出各点相应的实测值。

h. 使输出信号上升到上限的 105%处，停留 2min 左右，使输出信号平稳地减少到最小，读取各点相应的实测值。

i. 计算基本误差：

正行程误差
$$\delta_Z=\frac{p_Z-p_0}{80}\times 100\%$$

反行程误差
$$\delta_F=\frac{p_F-p_0}{80}\times 100\%$$

式中 δ_Z——正行程基本误差，%；

p_Z——正行程输出实测值，kPa；

p_0——输出信号公称值，kPa；

δ_F——反行程基本误差，%；

p_F——反行程输出实测值，kPa；

80——输出上限与下限之差，kPa。

气动差压变送器的允许基本误差不得超过变送器规定的精度等级。

(2) 回程误差的校准　在同一点测得正、反行程实测值之差的绝对值，即为气动差压变送器的回程误差。

回程误差的计算：

$$A_H=|p_Z-p_F|$$

式中 A_H——气动差压变送器的回程误差，kPa；

p_Z——正行程时输出信号的实测值，kPa；

p_F——反行程时输出信号的实测值，kPa。

气动差压变送器的回程误差不得超过变送器规定允许基本误差的绝对值。

(3) **例**　兰州炼油厂仪表厂 QBC 型气动差压变送器的校准。

① 准备及接管连接

a. 关闭三阀组的正、负压阀，并打开平衡阀。

b. 取下正、负压侧的排气堵头，在正压侧排气堵头上接上校表接嘴。

c. 打开下方放空堵头，用气源从校表接嘴处向放空堵头吹扫残物、残液，然后堵好放空堵头。

d. 接上压力信号源及数字压力表（可用手动加压泵，亦可用气源经定值器加压）。

e. 卸开输出端接头，然后接上数字压力计。

此时，仪表呈图 4-2-3 状态。

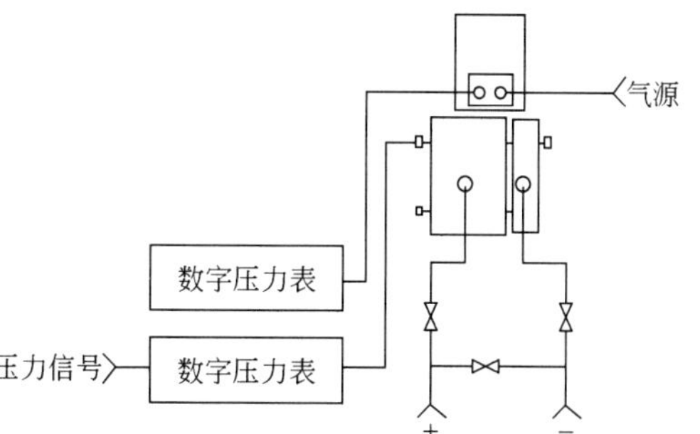

图 4-2-3　QBC 型气动差压变送器校准图

② 校准

先进行基本误差及变差的校准，其具体的步骤如下。

a. 将差压测量值分别置于规定测量值的0、20%、40%、60%、80%、100%各点。

b. 记录下实际输出压力在各个点的对应值。

c. 计算基本误差。实际输出压力与计算值之间的差对输出压力的范围（80kPa）的百分率即是基本误差。

接着进行变差的校准，其具体步骤如下。

a. 使测量值略超过测量范围（如105%），然后使测量值分别置于100%、80%、60%、40%、20%、0。

b. 记录下实际输出压力在各个点的对应值。

c. 计算变差。变送器各点正、反行程输出压力的差对输出压力范围（80kPa）的百分率即为变差。

变差校准完成后，再进行静压试验。现场校表一般不校静压误差。

最后进行气源波动影响的测定，其步骤如下。

a. 使测量置于0。

b. 使气源压力变化±14kPa。

c. 使测量置于最大100%。

d. 使气源压力变化±14kPa。

在两个测量点时，当气源压力变化为±14kPa时，输出变化都应小于30Pa。

2.3.2 电动差压变送器的校准步骤

（1）基本误差校准

a. 关闭引压管正、负压阀，打开平衡阀。

b. 按图4-2-2接好校准线路。

c. 卸去正、负侧排气堵头。

d. 用空气将正、负压室内的残液从排气堵头经放空堵头吹净。

e. 检查确认后接通电源。

f. 经校表接嘴向正压侧排气孔加信号。选变送器测量范围或输出信号的0、25%、50%、75%、100% 5个点为标准值进行校准。

g. 平稳地输入差压信号，读取各点相应的实测值。

h. 使输出信号上升到上限值的105%保持1min，然后逐渐使输出信号减少到最小，读取各点相应的实测值。

i. 计算基本误差：

正行程误差
$$\delta_Z=\frac{A_Z-A_0}{16}\times100\%$$

反行程误差
$$\delta_F=\frac{A_F-A_0}{16}\times100\%$$

式中 δ_Z——正行程基本误差，%

δ_F——反行程时基本误差，%；

A_Z——正行程时输出实测值，mA；

A_F——反行程时输出实测值，mA；

A_0——输出信号公称值，mA；

16——输出信号上、下限之差，mA。

（对Ⅱ型电动差压变送器应为10mA）

电动差压变送器的允许基本误差不得超过变送器规定的精度等级。

（2）回程误差的校准 在同一点测得正、反行程实测值之差的绝对值，即为电动差压变送器的回程误差。

回程误差的计算：

$$A_H=|A_Z-A_F|$$

式中 A_H——电动差压变送器的回程误差，mA；

A_Z——正行程时输出信号的实测值，mA；

A_F——反行程时输出信号的实测值，mA。

电动差压变送器的回程误差不得超过变送器规定允许差绝对值。

(3) 填写校准记录 气动差压变送器校准记录表格形式如下。

单位　　　　　　　　仪表名称

规格型号　　　　　　精度等级

测量范围　　　　　　制造厂　　　　　　　出厂编号

输 入 信 号		输出公称值/kPa	输出实测值/kPa		误差/kPa		回程误差/kPa
/%	/kPa		正	反	正	反	
0							
25							
50							
75							
100							

允许基本误差：　　　　　　　　　　　　最大基本误差：

允许回程误差：　　　　　　　　　　　　最大回程误差：

校准人：　　　　　　审核人：　　　　　　　　　　年　月　日

电动差压变送器校准表格形式如下。

单位　　　　　　　　仪表名称

规格型号　　　　　　精度等级

测量范围　　　　　　制造厂　　　　　　　出厂编号

输 入 信 号		输出公称值/kPa	输出实测值/kPa		误差/kPa		回程误差/kPa
/%	/kPa		正	反	正	反	
0							
25							
50							
75							
100							

允许基本误差：　　　　　　　　　　　　最大基本误差：

允许回程误差：　　　　　　　　　　　　最大回程误差：

校准人：　　　　　　审核人：　　　　　　　　　　年　月　日

(4) **例** 西安仪表厂 1151DP 型差压变送器的校准

① 准备及接管连接

a. 关闭三阀组正、负压阀，打开平衡阀。

b. 取下正压侧排气堵头，并在堵头位置接上校表接嘴。

c. 打开下方排气/排液阀，鼓气吹扫残物、残液后关死排气、排液阀。

d. 接上压力信号源及数字压力计。

e. 卸开二次表的输入端子（只卸一端），串上标准电流表。

此时仪表将呈图 4-2-4 接管状态。

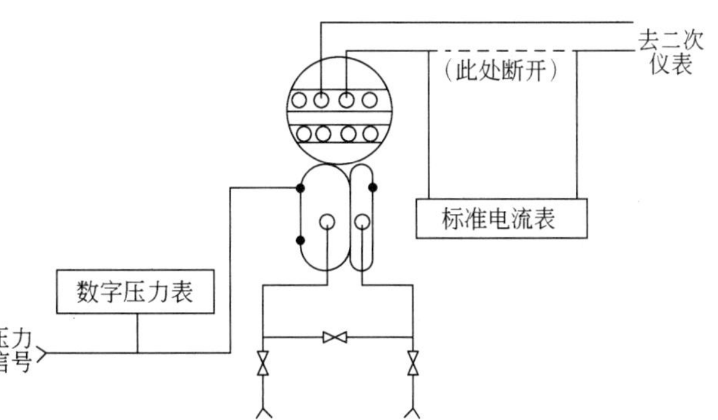

图 4-2-4 1151DP 型差压变送器校准接线图

② 校准

a. 基本误差及回程误差的校准

• 将差压测量值分别置于规定测量值的 0、25%、50%、75%、100%各点。

• 记录下输出对应于各点的实际值。

• 计算基本误差。实际输出值与公称输

出值之差对输出值的范围（16mA）的百分率即为基本误差。

b. 回程误差的校准

• 使测量值略超过测量最高值（如105%），然后依次将测量输入值分别置于100%、75%、50%、25%、0各点。

• 记录下输出对应于各点的实际值。

• 计算回程误差。变送器各点正、反行程输出实测值之差的绝对值即为回程误差。

c. 静压误差校准。现场校准一般不校静压误差，只确定是否存在静压误差。

3 压力变送器就地校准

压力变送器是将压力转变成20～100kPa气压信号或转变成4～20mA电流信号的仪表。压力变送器分为气动、电动两大类，压力变送器在炼油、化工、冶金、医药等行业广泛采用，就地对压力变送器的校准也是经常进行的。

3.1 工具与仪器

现场校准压力变送器不需拆下，也不需要特殊的工具，有常用的200mm、250mm（8in、10in）的扳手及仪表工配用的工具即可。校准用仪器的误差限为被校表误差限的1/3～1/10。

校准压力变送器需要的器具如下：

名称	规格型号	单位	数量	备注
活塞压力计	YS-60或YS-600	台	1	按被校表量程选用
数字压力计	0～160kPa	台	1	
精密电流表	0～30mA	台	1	
气源减压阀		只	1	
胶管		米	1	
电线		若干米		

3.2 接线

（1）气动压力变送器校准接线原理图（图4-2-5）

（2）电动压力变送器校准接线原理图（图4-2-6）

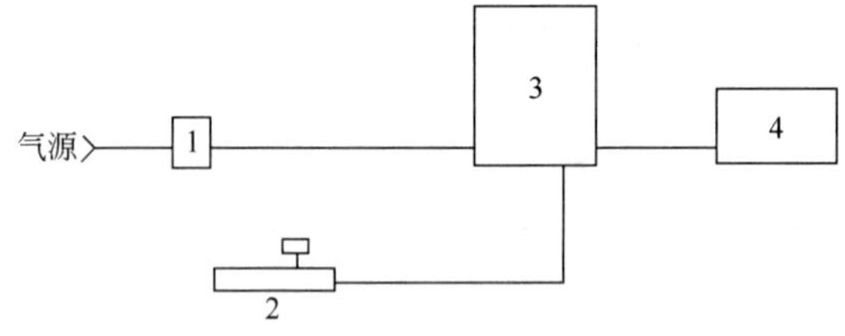

图4-2-5 气动压力变送器校准接线原理图

1—气源减压阀；2—活塞压力计；3—被校表；4—数字式压力计

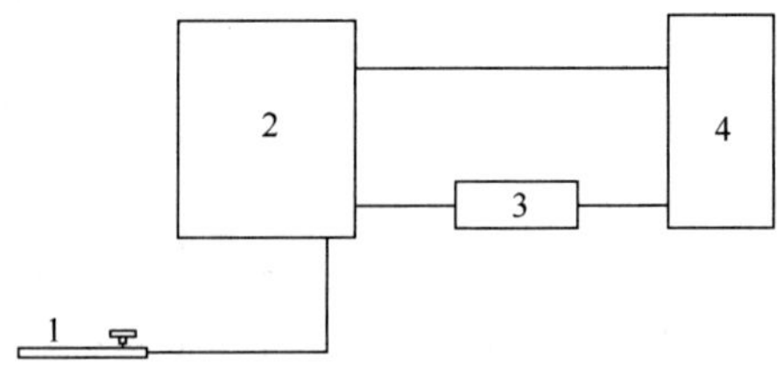

图4-2-6 电动压力变送器校准接线原理图

1—活塞压力计；2—被校表；3—精密电流表；4—供电电源

3.3 操作步骤

3.3.1 气动压力变送器的校准步骤

（1）基本误差的校准

a. 关闭引压管入变送器的阀，断开原引压管接头，接上活塞压力计，按图4-2-5接好校准线路。

b. 经检查无误，打开气源供气（现场可不另接气源）。

c. 选压力变送器测量范围的0、25%、50%、75%、100%为5个标准值进行校准。

d. 用活塞压力计平稳加信号压力，读取各点相应实测值。

e. 使输出信号上升到上限值105%处，停留2min，再使压力信号平稳下降到最小，读取各点相应实测值。

f. 计算基本误差：

正行程误差
$$\delta_Z=\frac{p_Z-p_0}{80}\times 100\%$$

反行程误差 $$\delta_F=\frac{p_F-p_0}{80}\times 100\%$$

式中 δ_Z——正行程基本误差，％；

δ_F——反行程基本误差，％；

p_Z——正行程输出实测值，kPa；

p_F——反行程输出实测值，kPa；

p_0——输出信号标准值，kPa；

80——输出值上限与下限之差，kPa。

气动压力变送器的允许基本误差不得超过变送器规定的精度等级。

(2) 回程误差的校准　在同一点测得的正、反行程实测值之差的绝对值，即为气动压力变送器的回程误差。

回程误差的计算：

$$A_H=|p_Z-p_F|$$

式中 A_H——气动压力变送器的回程误差，kPa；

p_Z——正行程时输出信号的实测值，kPa；

p_F——反行程时输出信号的实测值，kPa。

气动压力变送器的回程误差不得超过变送器规定允许基本误差的绝对值。

压力变送器的校准方法步骤基本上和差压变送器相同，故不再提供压力变送器校准的实例。

3.3.2 电动压力变送器的校准步骤

(1) 基本误差的校准

a. 关闭引压管入变送器的阀，断开原引压管接头，接上活塞压力计，按图 4-2-6 接好校准线路。

b. 经检查确认无误后通电。

c. 选压力变送器测量范围或输出信号的 0、25％、50％、75％、100％ 5 个点为标准值进行校准。

d. 用活塞压力计平稳增加压力信号，读取各点相应实测值。

e. 使输出信号上升到上限的 105％处保持 2min，然后逐渐使输出的信号减少到最小值，读取各点相应的实测值。

f. 计算基本误差：

正行程误差 $$\delta_Z=\frac{A_Z-A_0}{16}\times 100\%$$

反行程误差 $$\delta_F=\frac{A_F-A_0}{16}\times 100\%$$

式中 δ_Z——正行程基本误差，％；

δ_F——反行程基本误差，％；

A_Z——正行程输出实测值，mA；

A_F——反行程输出实测值，mA；

A_0——输出信号标准值，mA；

16——输出信号上、下限之差，mA。

(对Ⅱ型电动压力变送器应是 10mA)

电动压力变送器的允许基本误差不得超过变送器规定的精度等级。

(2) 回程误差的校准　同一点测得正、反行程实测值之差的绝对值，即电动压力变送器的回程误差。

回程误差的计算：

$$A_H=|A_Z-A_F|$$

式中 A_H——电动压力变送器的回程误差，mA；

A_Z——正行程时输出信号的实测值，mA；

A_F——反行程时输出信号的实测值，mA。

电动压力变送器的回程误差不得超过变送器规定允许基本误差。

(3) 填写校准记录　气动压力变送器校准记录表格形式如下。

单位　　　　　　仪表名称
规格型号　　　　精度等级
测量范围　　　　制造厂
出厂编号

基本误差、回程误差

输入信号		输出公称值/kPa	输出实测值/kPa		误差/kPa		回程误差/kPa
/%	/kPa		正	反	正	反	
0							
25							
50							
75							
100							

允许基本误差：　　　　　　　　　　　　最大基本误差：

允许回程误差：　　　　　　　　　　　　最大回程误差：

校准人：　　　　　　审核人：　　　　　　　　年　　月　　日

电动压力变送器校准表格形式如下。

单位　　　　　　仪表名称
规格型号　　　　精度等级
测量范围　　　　制造厂
出厂编号

基本误差、回程误差

输入信号		输出公称值/kPa	输出实测值/kPa		误差/kPa		回程误差/kPa
/%	/kPa		正	反	正	反	
0							
25							
50							
75							
100							

允许基本误差：　　　　　　　　　　　　最大基本误差：

允许回程误差：　　　　　　　　　　　　最大回程误差：

校准人：　　　　　　审核人：　　　　　　　　年　　月　　日

4　显示仪表现场校准

显示仪表的种类很多，但总的可以分为气动和电动两大类。气动显示仪表主要有一针或多针指示、记录仪和气动色带指示仪等；电动显示仪表主要有一针或多针指示、记录仪和条形指示仪、数字显示仪表，还有动圈式仪表、自动电子电位差计、自动平衡电桥、智能显示仪表等等。电动仪表从输入信号形式可以分为电压输入（1～5V）和电流输入（4～20mA）两种。这里将重点介绍与前述的差压变送器、压力变送器经常配用的显示仪表。

4.1　工具与仪器

4.1.1　气动显示仪校准用工具与仪器

对气动一针或多针指示、记录仪和气动色带指示仪等仪表进行现场校准，不需要特殊或专用工具，有常用的扳手（100～150mm）及仪表工日常配备的工具即可。所需仪器如下：

数字式压力计	0～160kPa	1台
手动加压泵式		1台
气动定值器		1台
胶管		若干米

4.1.2　电动显示仪表校准用的工具及仪器

对电动一针或多针指示记录仪和NRE记录仪等仪表进行现场校准，也不需要特殊或专用工具，仪表工日常配备的工具即可。所需仪器如下：

数字电压表		1台
精密电流表		1台
校准信号发生器	（0～30mA DC）	1台
精密线绕电阻	250Ω±0.02%	1只

4.2　接线

4.2.1　气动显示仪表校准接线原理图（图4-2-7）

4.2.2　电动显示仪表校准接线原理图（图4-2-8）

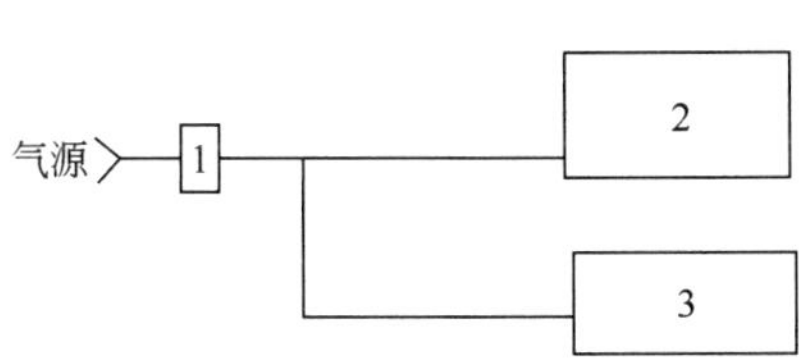

图4-2-7　气动显示仪表校准接线原理图
1—手动加压泵（或气动定值器）；
2—被校表；3—数字压力计

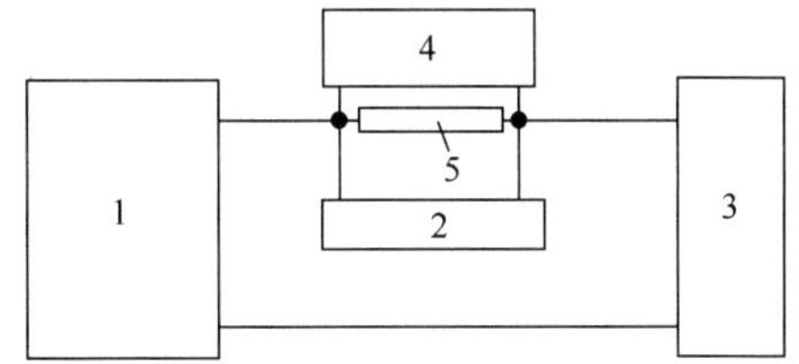

图4-2-8　电动显示仪表校准接线原理图
1—恒流信号发生器；2—精密电流表；3—被校表；
4—数字电压表；5—250Ω电阻

4.3　操作步骤

4.3.1　气动显示仪表校准步骤

a. 按图4-2-7接线，将来自变送器的信号管拆下，另接气压信号。

b. 分别输入被校表的0、25%、50%、75%、100%的信号进行校准。

c. 逐渐增加输入信号，直到最大值，读取各点相应实测值。

d. 使输入信号上升到最大值的105%，停留2min，再使输入信号逐渐减少至最小值，读取各点相应的实测值。

e. 基本误差计算：

$$\delta_Z = \frac{p_Z - p_0}{80} \times 100\%$$

$$\delta_F=\frac{p_F-p_0}{80}\times 100\%$$

式中　δ_Z——正行程时基本误差，%；

δ_F——反行程时基本误差，%；

p_Z——正行程时各点相应实测值，kPa；

p_F——反行程时各点的标准值，kPa；

p_0——输出信号标准值，kPa；

80——测量范围上、下限之差，kPa。

最大基本误差不得超过仪表规定的精度等级。

f. 回程误差的计算。仪表的回程误差不得超过允许基本误差的绝对值。

回程误差按下式计算：

$$\Delta_H=|p_Z-p_F|$$

式中　Δ_H——回程误差，kPa；

p_Z——正行程时各点相应的实测值，kPa；

p_F——反行程时各点相应的实测值，kPa。

对多针指示、记录的仪表将按上述步骤逐个进行校准。

4.3.2　电动显示仪表校准步骤

a. 按图 4-2-8 接线，将从变送器来的信号线拆去。

b. 取仪表指示刻度的 0、25%、50%、75%、100% 5 个点进行校准。

c. 调整恒流信号源逐渐增加，读取各点相应的实测值。

d. 使仪表指示到刻度的 105%处，停留 2min，再逐渐减少到 0，读取各点相应的实测值。

e. 计算各点刻度指示误差：

$$\delta_Z=\frac{V_Z-V_0}{V}\times 100\%$$

式中　δ_Z——上行程刻度指示误差，%；

V_Z——上行程各刻度点相应实测值，V；

V_0——各刻度点标准值，V；

V——输入测量量程，V。

$$\delta_F=\frac{V_F-V_0}{V}\times 100\%$$

式中　δ_F——下行程刻度指示误差，%；

V_F——下行程各刻度点相应的实测值，V；

V_0——各刻度点标准值，V；

V——输入测量量程，V。

各点刻度指示误差中最大值，即为仪表的基本误差。

f. 回程误差按下式计算：

$$\delta_H=|\delta_Z-\delta_F|$$

式中　δ_H——某刻度点回程误差，%；

δ_Z——上行时对应某点的指示误差，%；

δ_F——下行时对应某点的指示误差，%。

取各点刻度指示回程误差的最大值，即为仪表的回程误差。

对电流输入的电动显示仪将按图 4-2-8 接线，此时有关电压均为电流（mA）。

多针多笔的指示记录仪可按上述步骤逐一进行校准。校准仪器可用热工仪表精密校验仪或Ⅲ型仪表校验仪，更为方便。

4.3.3 校准记录表格形式（可以使用通用形式的表格，对多针、多笔可用多张记录合订一起保存）

（1）气动显示仪表校准记录表格形式

输入信号		输出公称值/kPa	输出实测值/kPa		误差/kPa		回程误差/kPa
/%	/kPa		正	反	正	反	
0							
25							
50							
75							
100							

允许基本误差： 最大基本误差：
允许回程误差： 最大回程误差：

校准人： 审核人： 年 月 日

（2）电动显示仪表校准记录表格形式

输入信号		输出公称值/kPa	输出实测值/kPa		误差/kPa		回程误差/kPa
/%	/kPa		正	反	正	反	
0							
25							
50							
75							
100							

允许基本误差： 最大基本误差：
允许回程误差： 最大回程误差：

校准人： 审核人： 年 月 日

5 调节阀（附阀门定位器）现场校准

调节阀在调节系统中是执行机构，阀门的动作受调节器控制，同时阀门的动作也直接影响工艺参数的变化，所以除了现场装有副线的调节阀可以经副线将调节阀切出运行状态进行校准外，其余都只能在停运状态下才能校准。为了提高调节性能，调节阀往往装有阀门定位器，在一般情况下调节阀都是连同阀门定位器一起校准的。阀门定位器分为气动和电动两种。

5.1 工具与仪器

调节阀带阀门定位器及其他附件，机械结构比较复杂，零部件也比较多，所以要求配置的工具比较齐全。要求有套筒扳手、内六角扳手（200～375mm 或 8～15in）、各种规格的活动扳手以及仪表工日常使用的工具，必要时还应配 0.5t 的葫芦。使用仪器如下：

数字压力计	0～160kPa	2 台
气动定值器		1 台
精密电流表	0～30mA	1 台
电流信号发生器		1 台

5.2 接线及校准步骤

5.2.1 带气动阀门定位器的调节阀校准

（1）接线 按图4-2-9接配管线。接通气源调整定值器，使其输出（数字压力计1）为20kPa，观察阀门行程是否在起始位置（最大行程位置）。调整定值器输出到100kPa，观察阀门行程是否达到最大（起始位置）。图中数字压力计2作为监视定位器输出用。

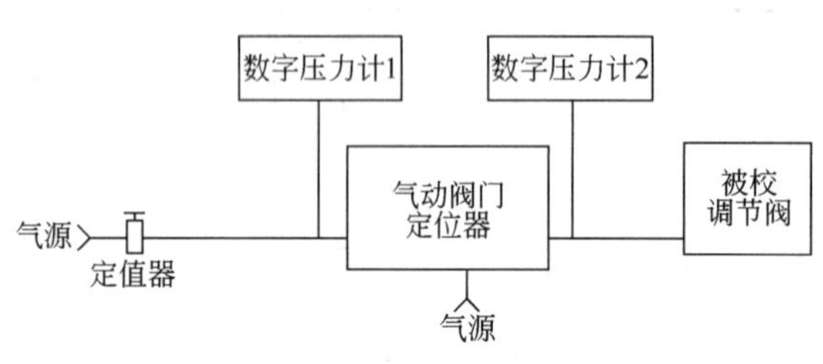

图4-2-9 带气动阀门定位器的调节阀校准原理图

（2）步骤

a. 选输入信号压力20kPa、40kPa、60kPa、80kPa、100kPa 5个点进行校准。

b. 对应阀位指示应为0、25%、50%、75%、100%。

c. 正、反两个方向进行校准。阀位指示如以全行程（mm）乘上刻度百分数，即能得到行程的毫米数。

5.2.2 带电气阀门定位器的调节阀调准

（1）接线 按图4-2-10接配管线。图中数字压力计作监视定位器输出用。

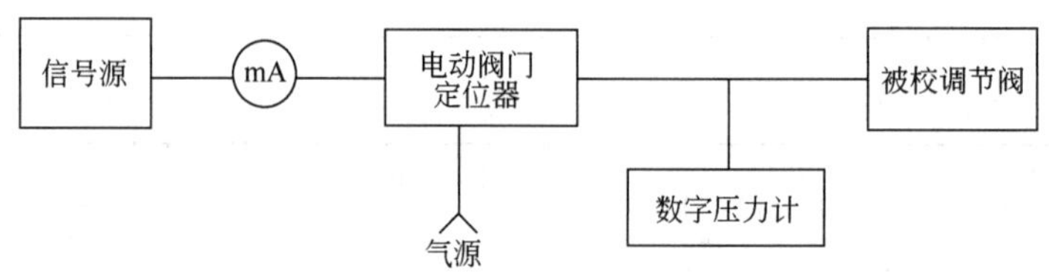

图4-2-10 带电气阀门定位器的调节阀校准原理图

先送入4mA的输入信号，观察数字压力计是否为20kPa，阀门行程是否在起始位置（最大行程位置）。再将输入信号调整到20mA，观察数字压力计是否为100kPa，阀门行程是否达到最大（起始位置）。

（2）步骤

a. 选输入信号为4mA、8mA、12mA、16mA、20mA 5个点校准。

b. 对应阀门指示应为0、25%、50%、75%、100%。

c. 正、反两个方向进行校准。阀位指示如以全行程（mm）乘上刻度百分数，即能得到行程的毫米数。

在对调节阀校准中，因是现场校准，阀门已经装在使用位置，所以有的项目如气密性试验等无法进行。在定位器和调节阀联动校准过程中，如发现定位器工作不正常，则应将定位器取下单独校准。

6 调节器现场校准

调节器分气动和电动两大类，目前使用中的调节器有Ⅱ型和Ⅲ型、可编程序型等。Ⅱ型调节器已大多被Ⅲ型调节器替代，本节着重介绍Ⅲ型调节器。

调节器在生产现场直接控制工艺参数，时刻都在调节，所以除了外接手操器将其脱离运行状态外，一般无法进行现场校准，这里说的校准都是指脱离运行状态下进行的校准。

6.1 工具和仪器

气动和电动调节器进行校准时对工具没有特殊的要求，仪表维修工配用的常用工具及随表附配的小型工具和内六角、通针等即可满足校准使用要求。使用仪器如下：

数字压力计	0～160kPa	2台
信号发生器或Ⅲ型仪表校验仪		2台
数字电压表		2台
气动定值器		1台
电线、胶管等		

6.2 接线与校准

6.2.1 气动Ⅲ型调节器的校准

6.2.1.1 给定和测量的校准

a. 如图 4-2-11 接配管线。

b. 把数字压力计接到试验开关接口上，并将试验开关拨到试验位置，送上 150kPa 气源。

c. 拧动给定旋钮，使给定针从 0 到 25%、50%、75%、100%各点，这时数字压力表应分别指为 20kPa、40kPa、60kPa、80kPa、100kPa。然后使给定针从 100%到 75%、50%、25%、0 各点，这时数字压力计应分别指为 100kPa、80kPa、60kPa、40kPa、20kPa。其允许误差应为量程间隔（80kPa）的±0.5%。

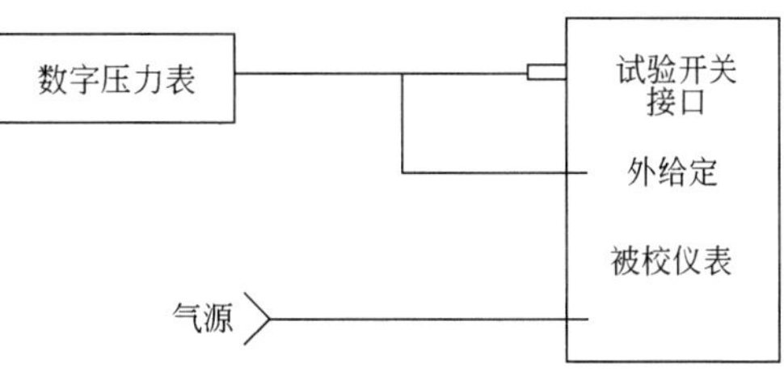

图 4-2-11 调节器给定和测量校准原理图

d. 拧动给定旋钮，使数字压力计从 20kPa 到 40kPa、60kPa、80kPa、100kPa 各点，这时给定的指针对应指示刻度分别应为 0、25%、50%、75%、100%。然后使数字压力计从 100kPa 到 80kPa、60kPa、40kPa、20kPa，这时给定指针对应指示刻度分别应为 100%、75%、50%、25%、0。其允许误差应为量程间隔（100%）的±0.5%。

e. 拧动给定的旋钮，在全行程范围内检查两指针的同步误差不得超过全行程范围（100%）的±0.5%。正、反两个方向进行检查。

6.2.1.2 自动调节单元的校准

（1）平衡度校准

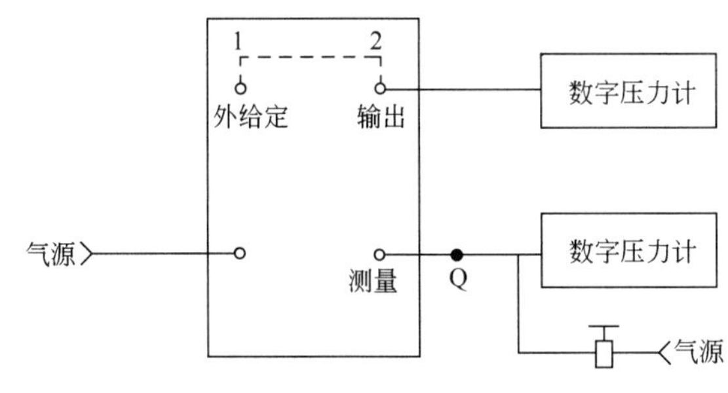

图 4-2-12 调节器自动单元校准接线图

a. 如图 4-2-12 接配管线（如调节器有外部反馈时，需将 1、2 相连）。

b. 将手操单元手柄切换到“自动”位置，微分、积分放到刻度的最小位置。

c. 调整定值器，使测量指针指在刻度 50%处。

d. 将比例度定在 50%，调整给定旋钮，使输出稳定在 20～100kPa 之间的任意值，这时两指针的偏差不应超过量程范围（100%）的±0.5%。

e. 重复 c、d 两项，其控制点偏差都不应超过量程范围（100%）的±0.5%。

（2）调节单元静差的校准

a. 将比例度设定在 100%，积分时间设为最大，微分时间设为最小。

b. 将自动-手动开关切换到手动，调节手操轮，使输出稳定在 50%，将自动-手动开关切换到自动。

c. 当给定、测量指针定在 25%、75%时，读出输出信号与 50%之间的差。其偏差应不超过测量间隔（100%或 80kPa）的±1%。

（3）比例动作校准

a. 把自动-手动开关切换到手动位置，使给定指针设定在 50%。

b. 调整手操轮，使输出稳定在 50%（60kPa）。

c. 调整测量信号，使测量的指针指在 50%（即偏差为 0）。

d. 将比例度设在 100%，微分设为最小，积分时间设为最大。

e. 将自动-手动开关切换到自动的位置上。

f. 将输入的测量信号由 50%增加到 75%（即偏差为+25%），或者减小到 25%（即偏差为-25%），记下调节器的输出变化量。

g. 按同样方法测定比例度为 200%、50%时的输出变化量。

h. 计算实测比例度：

$$P_{\mathrm{B}}=\frac{\text{测量(给定)信号变化量}}{\text{输出信号变化量}}\times 100\%$$

实测的比例度与设定的比例度之间的误差不应超过20%。

i. 将比例度设定在0，微分时间设为最小，积分时间仍为最大。给定指针设定在50%处，使测量针靠近设定点，读取输出信号开始急剧变化时的测量值。再将测量针按反方向缓慢返回，读取当输出信号开始急剧变化时的测量值，求出两个测量值的差，其差值不应超过量程间隔（80kPa或100%）的2%。

（4）积分动作的校准

a. 将比例度设定在100%处，积分时间设为2min，微分时间设为最小。

b. 将自动-手动切换开关切换到手动位置，调节手操轮，使输出稳定在60kPa。

c. 拧动给定旋钮，使给定指针指在50%处，改变测量输入信号，使测量指针指在75%（或25%）。

d. 迅速将自动-手动切换开关切换到自动位置，待输出信号从60kPa变化到80kPa（或40kPa）时，应立即按动秒表。当输出信号缓慢变化到100kPa（或20kPa）时，立即按停秒表，秒表上的时间即为积分时间，读取时间应在1.6～2.4min范围内。

（5）微分动作校准

a. 设定比例度为100%，积分时间为最大，微分时间为最小。

b. 将自动-手动切换开关切换到手动位置，调节手操轮，使输出稳定在60kPa。

c. 拧动给定旋钮，使给定指针指在50%处，改变输入信号，使测量指针也指示在50%，然后再将自动-手动切换到自动。

d. 将微分时间设定在2min，卡死（用夹子卡断）输入信号进入的连接管（图中4-2-12的Q点），使输入信号变化2kPa或−2kPa，放开Q点，待调节器的输出急剧变化到92kPa（或28kPa）时，立即按动秒表，待输出再继续变化到73kPa（或47kPa）时，按停秒表，将所测得的时间乘上微分增益K，即得微分时间T（$K\approx16$）。

以上几个数字来源：

60＋2×16(微分增益)＝92（kPa）　　　　30×0.632＝18.96（kPa）

92－(60＋2)＝30（kPa）　　　　92－18.96＝73.04（kPa）

因考虑到用正、负阶跃信号，所以b项中规定使输出稳定在60kPa。如只加正阶跃信号，则输出可稳定在较小值上，如40kPa，这样d项中输入信号变化也可以适当大一点，便于操作。

（6）微分机构检查

a. 按图4-2-13接配管线，测量信号从表壳后进入，数字压力计接到吸气式放大器的堵头上。

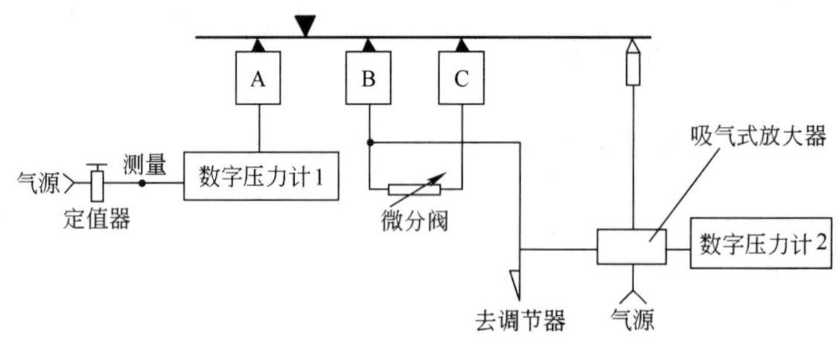

图4-2-13　控制器微分机构检查原理图

b. 将微分时间定为最小。

c. 使测量信号置于20kPa、60kPa、100kPa，此时数字压力计2对应指示分别应为20kPa、60kPa、100kPa，其误差应为量程间隔（80kPa）的±0.25%。

d. 将微分时间设定为∞。

e. 调整测量信号为5kPa，读取数字压力计2读数。

f. 实测微分单元的微分增益K，应近似等于16。

6.2.1.3　手操单元的校准

a. 如图4-2-14接配管线。

b. 将切换手柄拨到“手动”（MAN）位置。

c. 接通 150kPa 气源，这时“切换气源”接头应有气送出，然后堵死“切换气源”接头，进行阀位指示校准。

d. 拨动手操轮，以刻度值为标准，分别在 0、25%、50%、75%、100% 5 个点进行校准，对应的输出值应分别为 20kPa、40kPa、60kPa、80kPa、100kPa，其误差不应超过±2%。

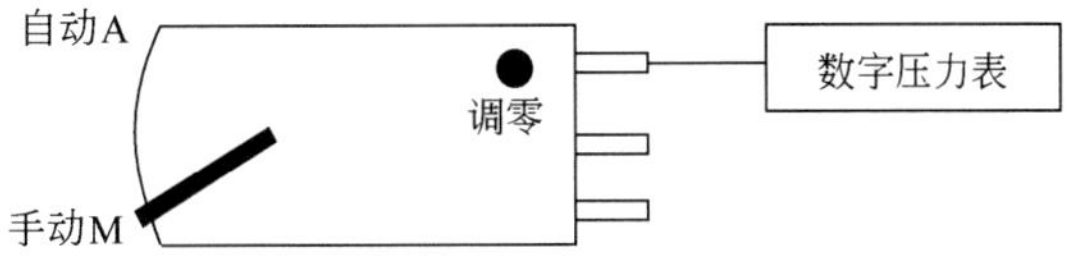

自动A
调零
数字压力表
手动M

图 4-2-14 调节器手操单元校准原理图

6.2.1.4 无扰动切换试验

a. 如图 4-2-12 接配管线，在输出端接一个 5L 左右的容器作为气容。

b. 将调节器置于“手动”位置，比例度设在 100%，积分时间设定在 20min 以上。

c. 使给定指针指在 50%，测量指针指在 25%，拨动手操轮使输出稳定在 20～100kPa 之间的任意一点上，停留 1min，来回拨动调节器的切换开关，此时输出的变动不应超过量程间隔（80kPa 或 100%）的±1%。

6.2.1.5 校准结果记录

气动Ⅲ型调节器校准记录表格形式如下。

给定和测量校准记录形式如下：

给定指示位置 /%		数字压力计读数 /kPa		误差 /kPa		数字压力计读数 /kPa		给定指示位置 /%		误差 /%		给定、测量两指针同步误差	
正	反	正	反	正	反	正	反	正	反	正	反	正	反

允许误差±0.5%（0.4kPa）　　允许误差±0.5%　　允许误差±0.5%

最大误差　　kPa　　最大误差　　%　　最大误差　　%

平衡度校准记录形式如下：

<table>
<tr><td>比　例　度
测量指针位置</td><td colspan="2">50%</td><td colspan="2">200%</td></tr>
<tr><td rowspan="2">控制点偏差</td><td>第一次</td><td></td><td>第一次</td><td></td></tr>
<tr><td>第二次</td><td></td><td>第二次</td><td></td></tr>
<tr><td>允许偏差</td><td colspan="2">±0.5%</td><td colspan="2">最大偏差　　%</td></tr>
<tr><td>比　例　度
测量指针位置</td><td colspan="2">25%</td><td colspan="2">50%</td></tr>
<tr><td>输出与 50%之间的偏差</td><td colspan="2"></td><td colspan="2"></td></tr>
<tr><td>允许偏差</td><td colspan="2">±1%</td><td colspan="2">最大偏差　　%</td></tr>
</table>

比例动作校准记录形式如下：

比例度设定值	50%	100%	200%
输入信号的变化值			
输出信号的变化值			
实测比例度			
实测值与设定值的允许差	±20%	最大误差	%

比例度设定值	50%
测量正向靠近给定时输出变化时的测量值	
测量逆向靠近给定时输出变化时的测量值	
两值允许误差　　±2%	实际两值误差　　　%

积分动作校准记录形式如下：

设定刻度值/min	
测量输入变化值/kPa	
输出变化值/kPa	
实测积分时间/min	
实测值与设定值的允许差±0.5%	最大误差　　　%

微分动作校准记录形式如下：

设定刻度值/min	
测量输入变化值/kPa	
输出变化值/kPa	
实测微分时间/min	
实测值与设定值的允许差±0.5%	最大误差　　　%

手操单元校准记录形式如下：

手操刻度指示		输　出/kPa		误　差
正	反	正		
0	100			
25	75			
50	50			
75	25			
100	0			
允许误差　±2%			最大误差	%

无扰动试验记录如下：

项　目	切换前输出值/kPa	切换后输出值/kPa	允许误差/%	最大误差/%
自动-手动 1				
手动 1-手动 2				
手动 2-自动				

6.2.1.6 例 兰州炼油厂仪表厂 QXJ 型气动指示记录调节仪的校准

仪表校准前，首先卸去表壳后两只螺钉，以便于抽出自动调节和手动控制部分。

（1）手动控制部分的校准

按图 4-2-15 所示连接。

a. 将切换开关拨到“手动”。

b. 接通气源，这时“切换气源”接头应有气送出，堵死“切换气源”接头。

c. 拨动手操轮，使指针分别置于刻度盘的 0、25%、50%、75%、100% 5 个点。

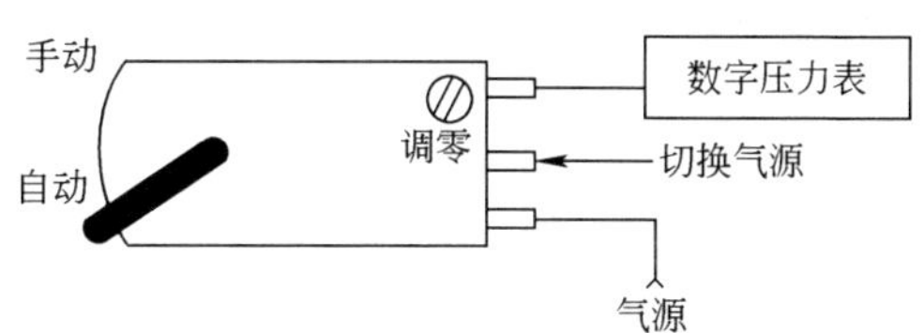

图 4-2-15 调节器手动控制部分校准图

d. 分别记录以上各点相对应的输出值应为 20kPa、40kPa、60kPa、80kPa、100kPa，各点的误差应满足±2%的要求。

e. 若 0 刻度点指示超差，则用调零螺钉调整；若 100%刻度点指示超差，则改变传动片长度，调整传动片往里移动，可使指示不到的范围达到规定范围，传动片往外移动，可使超过范围的回到范围之内。

（2）给定、测量机构

① 精度与同步误差校准（QXJ-213A、B 型）

a. 将自动调节部分从表壳内拉出，取下外给定堵头，并将外给定与测量连通，再接上数字压力计，堵头输出，送上气源，如图 4-2-16 所示。

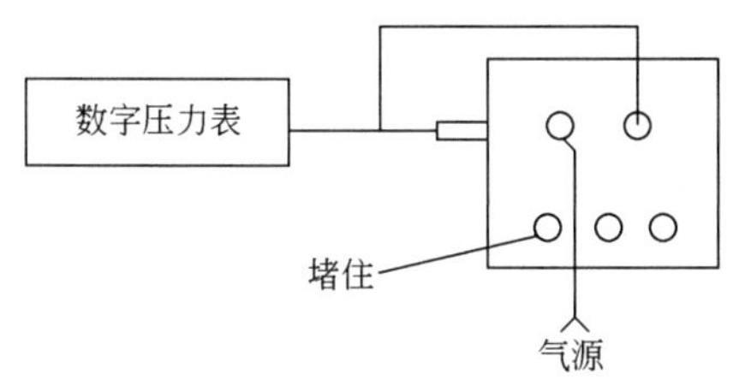

图 4-2-16 调节器给定、测量机构校准图

b. 调节给定轮，使测量值分别置于刻度的 0、25%、50%、75%、100%5 个点。

c. 读取数字表在各点的相应值，应分别为 20kPa、40kPa、60kPa、80kPa、100kPa。

d. 调整给定轮使指针稍高于 100%，然后稳定降压，使测量值分别置于刻度的 100%、75%、50%、25%、0。

e. 读取数字表在各个点的相应值，应分别为 100kPa、80kPa、60kPa、40kPa、20kPa。

f. 计算基本误差。其刻度指示值（应折合成计算标准值 kPa）与实测值之差对应于全范围（80kPa）的百分率即为精度，应满足±1.0%的要求。

g. 拧动给定轮，在全行程范围内检查两指针同步误差不得大于 40kPa。

② 调整（略）

（3）控制器校验（对负向）

① 比例度调零

a. 接线如图 4-2-17。

b. 积分时间放在最短，调整定值器，使测量、给定都置于 60kPa。

c. 将比例度定在刻度 10%，经调整调零螺钉（力平衡比例积分调节器的调零螺钉）使输出稳定在 60kPa。

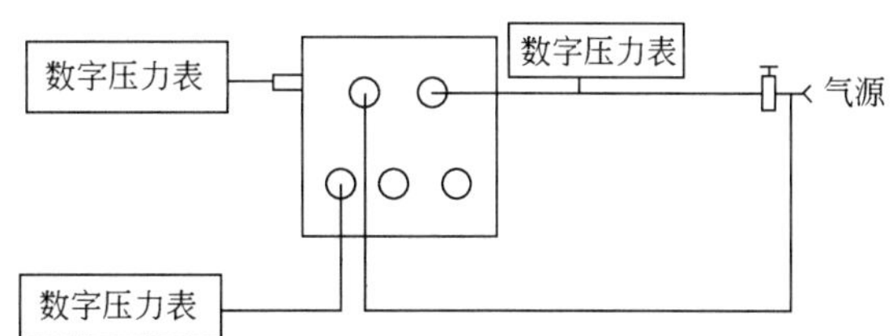

图 4-2-17 调节器校准图（对负向）

d. 将比例度定在刻度 250%，经调整调零螺钉使输出稳定在 60kPa。

e. 重复 c、d 两项调整，使比例杆在可调范围内拨动，而调节器控制点变化不大于基本允许误差的绝对值。

f. 给定不变，使测量值分别稳定在 30kPa、90kPa，达到 e 项要求。

g. 使给定和测量均置于 30kPa，和给定置于 90kPa，测量置于 60kPa，两种状态下，使输出稳定在 30kPa、90kPa，达到 e 项要求。

② 比例度校准

a. 接线如图 4-2-17 所示。

b. 将积分时间放在最短，比例度放在最小刻度值，给定置于 60kPa，改变测量，使输出稳定在 60kPa。

c. 将积分时间放在最长，比例度定在被校刻度上（校准点不应少于 3 点）。

d. 改变测量信号，得到一个测量信号的变化值 Δp，相应读得输出信号 Δp。

当比例度为 10%时，Δp 为±30kPa；

当比例度为 10%～150%时，Δp 为±20kPa；

当比例度为 150%～250%时，Δp 为±20kPa。

e. 计算实际比例度：

$$比例度=\frac{测量信号变化量(\Delta p_{测})}{输出信号变化量(\Delta p_{出})}\times 100\%$$

③ 精度校准

a. 接线按如图 4-2-17 所示。

b. 使给定置于 30kPa，改变测量，使输出分别稳定在 30kPa、60kPa、90kPa 各点。此时测量与输出的最大差值对全程范围（80kPa）之比的百分率即为调节器正行程误差。

c. 改变测量，使输出置于 105kPa，然后再改变测量，使输出依次稳定在 90kPa、60kPa、30kPa 各点。计算出控制器反行程误差。

d. 正、反行程基本误差的绝对值即为控制器的变差。

e. 将给定分别稳定在 60kPa、90kPa，重复进行 b、c 项。

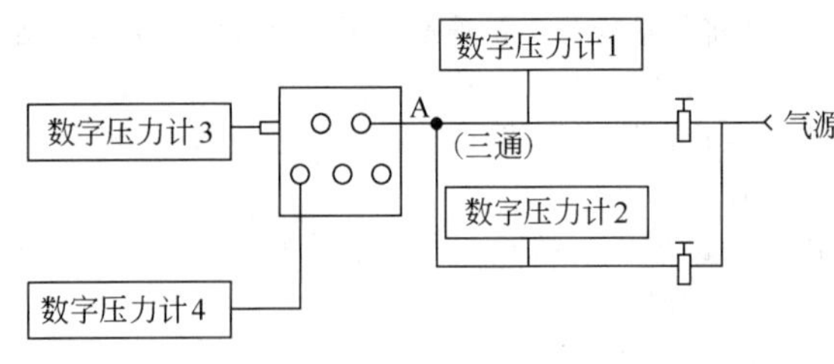

图 4-2-18　调节器积分时间校准图

④ 积分时间试验

a. 如图 4-2-18 接线。

b. 将积分时间放在最短，比例度全在 100%，使给定置于 60kPa，改变测量 1（数字压力计 1），使输出稳定在 60kPa。

c. 将积分时间依次定在各被校点上（被校点不应少于 3 点）。

d. 改变测量 2（数字压力计 2），改变值为测量 1 值±13.33kPa。

e. 切换三通阀，使测量进入仪表。

f. 当输出值出现±1kPa 阶跃变化，并等速变化后，从任一输出值起开动秒表，待输出等速变化 1kPa 时，按停秒表，读取秒表走时时间即为积分时间。测量积分时间应在输出为 25kPa 至 95kPa 的范围内进行。

⑤ 微分时间的校准（这里介绍阶跃法测定微分时间）　将比例度置于 100%，积分阀全开，将给定针置于刻度标尺的 50%，改变测量，等输出基本稳定在 60kPa，全关积分阀。

测量加入一个阶跃信号 Δp（2kPa），待输出信号急剧变化到 80kPa 时，按动秒表，再等输出继续变化到 68kPa 或 62kPa 时，按停秒表，所得时间乘上微分增益 K 即为微分时间（该表微分增益 $K\approx 10$）。

⑥ 手动-自动切换试验

a. 按图 4-2-15 接线，在输出端接一 5L 气容。

b. 将切换开关切到“手动”，比例度置于 100%，积分时间在 20min 以上。

c. 将给定、测量均置于 40kPa，拨动手操轮，使输出在 40～80kPa 之间任一点停 1min，然后将切换阀切到“自动”位置，此时输出波动不得大于 60kPa。

d. 使给定、测量都置于 60kPa 和 80kPa 两种状态，重复 c 项操作，都应达到输出波动不大于 60kPa 的要求。

⑦ 自动-手动切换试验

方法步骤同⑥ 各项所述，但将切换开关从“自动”拨到“手动”，要求输出波动不大于 60kPa。

6.2.2　电动Ⅲ型调节器的校准

6.2.2.1　给定与测量输入指示校准

(1) 如图 4-2-19 接线。

(2) 各开关位置

a. 自动/手动开关切换到手动位置。

b. 远方/本机开关置于本机给定。

c. 测量/表检开关置于测量。

(3) 测量指针校准

a. 接通电源与测量的输入，预热5min左右。

b. 使测量输入分别置于1V、3V、5V时，测量指针应分别为0、50%、100%。

c. 其误差不得超过±0.5%。

(4) 给定指针校准

a. 将数字电压表接到放大器的接线端子A(+)和A(−)。

b. 调整设定轮，使数字电压表的读数为1.000V、3.000V、5.000V时，给定的指针对应指示应分别为0、50%、100%。

c. 其误差不得超过±0.5%。

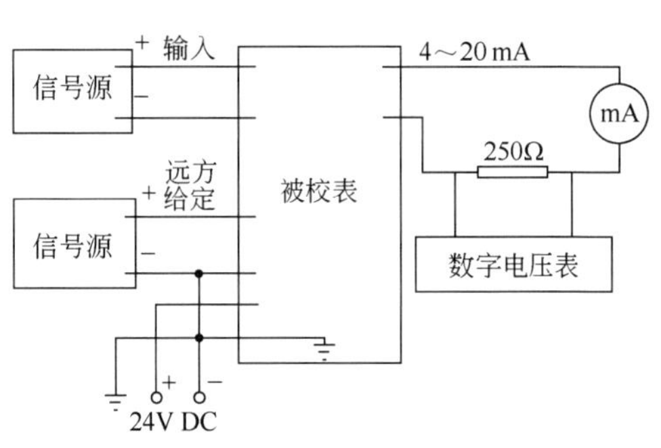

图4-2-19 调节器开环校准接线原理图

(5) 表检给定电压校准

a. 将测量/表检开关置于表检位置。

b. 此时给定与测量两指针均应指示在50%。

c. 其指示误差不得超过±0.5%。

d. 将测量/表检开关拨回到测量位置。

6.2.2.2 手动调节回路校准

(1) 将自动/手动切换开关切换到手动位置

a. 将软手操开关倒向右侧时，调节器输出增加，倒向左侧时输出减少，输出范围应是4～20mA。

b. 当轻轻拨动软手操开关（即慢挡）时，至满刻度时间应为100s；当用力快速拨动软手操开关（即快挡）时，至满刻度时间为6s。

(2) 输出（阀位指示精度）的校准

a. 用软手操开关调整输出电流，使输出分别在0、50%、100%。

b. 输出标准电流表指示应分别为4mA、12mA、20mA。

c. 其误差不应超过±2.5%（0.4mA）。

(3) 保持特性试验 当输出在100%时，连续数小时，输出的保持特性漂移应不超过0.5h。

(4) 硬手动调节回路的校准

a. 将A/M/H开关切换到H位置，拨动硬手操杆时，输出表头进行跟踪，得到4～20mA。

b. 将硬手操杆分别置于0、50%、100%，这时输出指针应分别指在0、50%、100%。

c. 其误差应不超过3%。

6.2.2.3 自动调节回路的校准

(1) 闭环试验

a. 按图4-2-20接线。

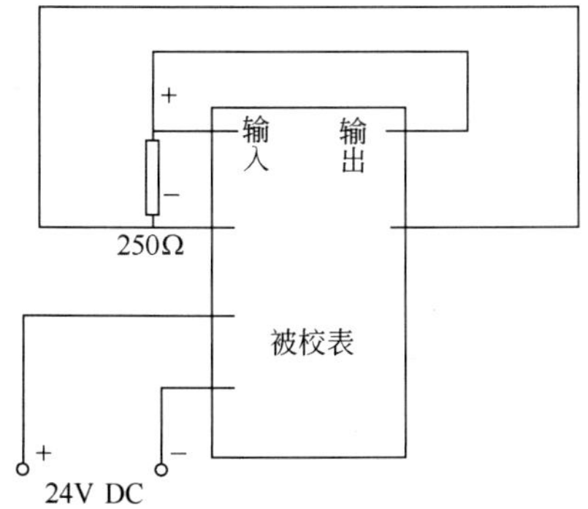

图4-2-20 调节器闭环校准接线原理图

b. 各开关位置：

正/反作用开关置于反作用；

远方/本机开关置于本机给定；

积分时间最小；

微分时间断；

比例度2%～500%。

c. 将比例度置于最小（20%）。将给定的值分别置于0、50%、100%，这时测量指针应跟随给定指针，跟随的误差应不超过±0.5%。

d. 将比例度置于最大（500%）。将给定的值分别置于0、50%、100%，这时测量指针应跟随给定指针，跟随的误差应不超过±0.5%。

（2）开环试验（P、I、D 动作试验） 接线如图 4-2-19。A/M/H 开关切换到自动 A。

① 比例度试验

a. 条件 积分时间置于最大，微分时间断。

b. 步骤 将 A/M/H 开关切换到 M，输入信号和给定信号均置于 50%（3.000V），用软手操调整输出到 50%（3.000V）。

将 A/M/H 开关切换到自动 A，改变输入信号，使输出变化满量程的 20%（3.2mA）。

计算比例度
$$P=\frac{\text{输入信号的变化量}}{\text{输出信号的变化量}}\times 100\%$$

实测比例度与设定比例度的差不应超过 20%。

上述步骤分别在比例度设定点为 2%、100%、500% 3 个点上进行一次。

② 微分时间（T）校准

a. 条件 比例度 100%，T 取最大。

b. 步骤 将 A/M/H 开关切换至 M，外给定，把输入信号和给定信号均置于 50%（3.000V）。

微分时间 T“断”，实际比例度为 100%，正/反作用开关置于正作用，积分时间最大。

用软手操使输出为 0（1V 或 4mA），然后把 A/M/H 开关切换到自动 A，将微分时间置于 10min，给定一个阶跃信号（可用内、外给定切换加阶跃信号）10%（0.4V），测出输出变化到 10.9mA 所需的时间 T。这个时间乘上微分增益 K（10 倍）即为实测微分时间。实测的微分时间与设定的微分时间之差不应超过 25%。

（3）积分时间的校准

a. 条件 T 置于断（OFF），$P=100\%$。

b. 步骤 将积分时间 T 置于最大，A/M/H 开关置于软手操 M，外给定，正/反作用开关置于正作用。

调整输入及给定，使其均指示在 50%（3.000V），用软手操使输出为 0（1V 或 4mA），然后把 A/M/H 切换开关切换到自动 A，打开积分时间，置于被测位置（1min 或 10min）。给给定加一个阶跃信号 10%（0.4V），测出输出变化到 7.2mA（1.8V）所需的时间，即为实测积分时间。

其误差：×1 挡应不超过 0.5～1.5min

×10 挡应不超过 5～15min

6.2.2.4 A/M/H 开关切换过程试验

a. 调节器按开环接线图 4-2-19 接线。$P=100\%$，积分时间置于最大，微分时间置于断（OFF），给定设在 50%，测量置于 25%或 75%，手操使输出为 50%。

b. A/M/H 开关置手动 M，此时输出扰动应不超过±0.25%。

c. A/M/H 开关置于 M 位置，把硬手操杆转到与输出指针相重合，然后把 A/M/H 开关切换到 H 位置，输出扰动应不超过±0.5%。

d. 再把 A/M/H 开关由 H 切换到 M 的位置，输出扰动应不超过±0.25%。

A/M/H 开关也可称自动-手动-手动开关。

6.2.2.5 电动Ⅲ型调节器校准记录

比例度刻度误差校准记录如下：

项目＼刻度值	阶跃前	阶跃后	变化值
输入信号/V			
输出信号/V			
实际比例度	%		
相对比例度	%		
允许误差			

积分、微分时间刻度校准记录如下：

项目		积分时间	微分时间
刻度值/min		1	1
正阶跃	实际值/min		
	相对值/%		
负阶跃	实际值/min		
	相对值/%		
允许误差		±25%	±25%
实测最大误差		%	%

调节动作校准记录如下：

项目 \ 公称值		%	50%	100%
		1.000V	3.000V	5.000V
上	实测值/V			
	误差/%			
下	实测值/V			
	误差/%			
回程误差/%				
允许误差/%		±2.0%	实测最大误差	%
允许回程误差/%		1.0%	实测最大回程误差	%
上	实测值/V			
	误差/%			
下	实测值/V			
	误差/%			
回程误差/%				
允许误差/%		±2.0%	实测最大误差	%
允许回程误差/%		1.0%	实测最大回程误差	%
上	实测值/V			
	误差/%			
下	实测值/V			
	误差/%			
回程误差/%				
允许误差/%		±2.0%	实测最大误差	%
允许回程误差/%		1.0%	实测最大回程误差	%

输出保持特性试验记录如下：

输出位置	开始时输出	1h输出值	保持特性误差
90%			
允许误差	+1.0%	实测误差	%

切换试验记录如下：

项　　目	切换前输出值/V	切换后输出值/V	误差/%	允差/%	结　　论
自动-手动 1				0.5	
手动 1-手动 2				0.5	
手动 2-手动 1				0.5	
手动 1-自动				0.5	

6.2.2.6　日本横河 5241-3501 型 IEC 指示调节器的校准

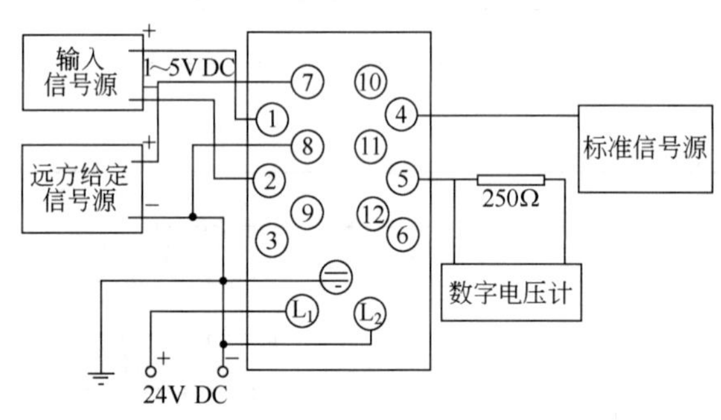

图 4-2-21　电动调节器开环校准接线图

(1) 测量指针校准

a. 各开关位置：

自动/手动切换开关置于“手动”M；

远方/本机开关置于“本机”L；

测量/表检开关置于“测量”(ME ASU RE)。

b. 如图 4-2-21 接好线路。

c. 接通测量与电源并预热 5min。

d. 使输入信号分别为 1.000V、3.000V、5.000V。

e. 此时测量指针应分别为 0、50%、100%。

f. 各点误差不应大于 0.5%（±2mV），如超差，则应调整指示单元左边的调零螺钉及输入放大器量程调整电位器，使其达到要求。

(2) 给定指针的校准

a. 各开关位置不变。

b. 将数字电压计接到输入放大器的接线端子。

c. 调节给定轮，使数字电压计指示分别为 1.000V、3.000V、5.000V，这时给定指针应分别指示到 0、50%、100%。

d. 各点误差不应大于±0.5，如超差，则应调整指示单元右侧的调零螺钉及输入放大器的量程调整电位器，使其达到要求。

(3) 手动调节的校准

a. 将自动/手动切换开关置于“手动”M。

b. 轻轻扳动软手操（M）开关时，满刻度时间应为 100s。

c. 当用力扳动软手操（M）开关时，满刻度时间应为 6s。

(4) 阀位指示精度校准

a. 用软手操调整输出电流，使输出指示分别为 0、50%、100%。

b. 输出电流各点对应值应为 4mA、12mA、20mA，其误差不应大于±0.4mA（±2.5%）。

(5) 硬手动调节回路的校准

a. 将 A/M/H 切换开关拨到 H，拨动硬手动操作杆时，用输出表头跟踪，得到 4～20mA 的输出。

b. 将硬手动杆分别置于 0、50%、100%处，则输出指示应分别为 0、50%、100%。

c. 各点允许误差应小于±3%。

d. 如超差，则可通过在侧面板上的零点调整电阻和量程调整电阻来进行调整。

(6) 闭环试验

a. 如图 4-2-22 接线。

b. 各开关位置：

正/反作用开关置于反作用（DEC）；

自动/手动开关置于自动（A）；

远方/本机开关置于本机给定（L）。

c. 参数：积分时间置于最小，微分时间挡调到关（OFF）位置。

d. 比例带置于最小，给定值分别置于 0、50%、100%，此时，测量指针应跟随给定指针，亦分别指在 0、50%、100%，其跟随误差应不大于±0.5%。

e. 比例带置于最大，给定值分别置于 0、50%、100%，比例测量指针应跟随给定指针，亦分别指在 0、50%、100%。其跟随误差应不大于±0.5%。

f. 如跟随误差超差，则可调整控制单元内残差调整电位器。

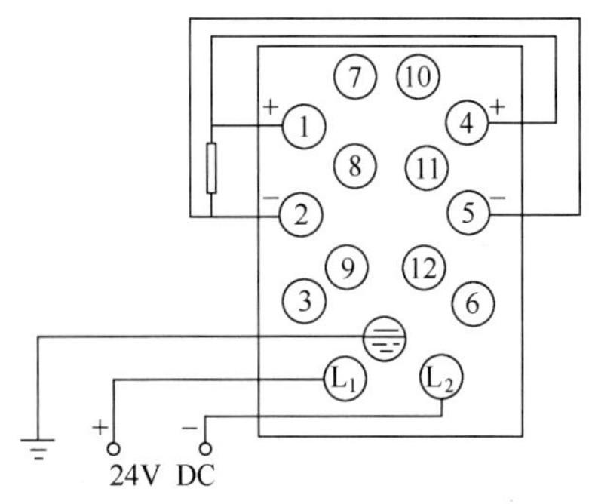

图 4-2-22 调节器闭环校准接线图

(7) 开环试验（P、I、D 动作试验）

① 如图 4-2-21 接线。

② 比例带校准。

a. 积分时间置于最大。

b. 微分时间断（OFF）。

c. 将 A/M/H 切换开关置于 M。

d. 用软手操将给定和输入信号均置于 50%（3.000V）。

e. 将 A/M/H 切换开关置于自动 A。

f. 改变输入信号，使输出变化为满量程的 20%，即 3.2mA（满量程为 16mA）。

g. 核验比例带刻度误差是否小于±20%。

对比例带的校准应在 2%、100%、500% 3 点进行。

③ 微分时间 T 校准

a. 比例带 P=100%。

b. 积分时间取最大值。

c. 正/反作用开关置于正作用。

d. 微分时间关断（OFF）。

e. 将 A/M/H 切换开关置于 M。

f. 用软手操使输出置于 0（或 1V 或 4mA）。

g. 把 A/M/H 切换开关切到自动 A。

h. 打开微分时间并置于 10min。

i. 使给定信号发生一个阶跃变化（可以用内外给定切换来实现加阶跃信号）。如阶跃信号为 10%(0.4V)，测得输出变化到 10.9mA 时所需的时间 T 乘上微分增益 K(10)，即为实测微分时间，其误差不得大于 25%。

④ 积分时间 T 的校准

a. 比例带置于 P=100%。

b. 微分时间断（OFF）。

c. 将 A/M/H 切换开关置于 M。

d. 正/反作用开关置于正作用。

e. 使输入置于 50%（3.000V）。

f. 用软手操使输出置于 0（1V 或 4mA）。

g. 将 A/M/H 切换开关拨到自动（A）。

h. 打开积分时间并将置于被测位置（1min 或 10min）。

i. 使给定信号发生一个阶跃变化（可以用内外给定切换来实现加阶跃信号），如阶跃信号为 10%（0.4V），测得输出变化到 7.2mA（或 1.8V）时所需时间，即为实测积分时间。

规定误差：×1 挡在 0.5～1.5min 内

×10 挡在 5～15min 内

⑤ A/M/H 切换试验

a. 按图 4-2-21 接线。

b. 比例带置于 100%。

c. 积分时间最大。

d. 微分时间断（OFF)。

e. 给定置于50％。

f. 测量置于25％（或75％)。

g. 用手操使输出置于50％。

h. 将A/M/H切换开关从手动M切换到自动A或者由自动A切换到手动M，此时输出波动应不大于±2.5％。

i. 当A/M/H切换开关切至M时，把硬手操杆转到与输出指针重合，然后把A/M/H切换开关置于硬手动H，此时，输出的波动不应大于±0.5％。

j. 把A/M/H切换开关由硬手动H切换到软手动M，此时，输出的波动不应大于0.25％。

第3章　在检定室检定

计量器具按要求进行检定时，须在检定室内进行，进行计量器具的检定必须使检定室的环境符合检定工作的要求。这里着重介绍检定室的环境条件要求。

1　检定对环境的要求

检定对环境的要求如下：

① 进行计量检定用的各种计量标准设备，应按计量检定规程要求配备恒温设施，根据各种计量器具对恒温要求的不同，一般控制在20℃±(0.5～3)℃；

② 计量检定室要远离振源，仪器基础、工作台要采取防振措施；

③ 计量检定室要有防尘、防腐蚀措施，灰尘含量（净化度）应小于0.25mg/m；

④ 计量检定室的相对湿度应控制在60%～70%；

⑤ 对使用有毒物质的计量检定室应采取隔离和防污染措施；

⑥ 计量检定室应有必要的安全、防护设施，包括专用工作服、拖鞋、更衣柜等；

以上是计量检定室通常的要求，在具体进行计量检定时，不同的项目又有不同的要求。

1.1　温度检定室

温度可分低温、中温、高温。低温使用的是液氮、冰柜；中温用水浴、油浴；高温用加热炉、退火炉等。

进行温度检定要将热源和仪表检定室隔离开，中间可设置双层玻璃窗观察。对油浴应设置良好的通风设备，及时抽去油浴加热时产生的油气。仪表检定室的恒温一般控制在20℃±2℃。检定用的仪器按计量器具检定系统中的要求确定。若被检的计量器具尚未制定出检定系统，则标准器具应选择误差限（或不确定度）为被检计量器具误差限的1/3～1/10以上，温度检定室的面积一般可按15～20m^2/人确定。

1.2　电学检定室

电学检定仪器选用原则同前，恒温一般控制在20℃±(2～3)℃，检定室的面积可按10～15m^2/人设置。电学检定室应有良好的接地。

1.3　力学检定室

力学检定仪器的选用原则同前，恒温一般控制在20℃±2℃，检定室的面积可按10～15m^2/人确定。

1.4　几何量检定室

几何量检定仪器的选用原则同前，恒温一般控制在20℃±(0.5～1)℃，检定室的面积可按10～15m^2/人确定。对几何量检定室应考虑仪器及工作台的防振措施。

为了使读者能根据国家制定的计量检定系统，选择在开展计量检定时所需的计量标准器，现将企业开展计量检定中比较普遍项目的国家计量检定系统的编号、名称列出，企业可根据这些系统中的规定配置计量标准器。

JJG 2003—87　热电偶检定系统

JJG 2004—87　辐射测温检定系统仪

JJG 2005—87　布氏硬度计量器具检定系统

JJG 2018—89　表面粗糙度计量器具检定系统

JJG 2020—89　273.15～903.89K温度计量器具检定系统

JJG 2022—89　真空计量器具检定系统

JJG 2023—89　压力计量器具检定系统

JJG 2024—89　容量计量器具检定系统

JJG 2053—89　质量计量器具检定系统

JJG 2055—90　振动计量器具检定系统

JJG 2056—90　长度计量器具（量块）检定系统

JJG 2057—90　平面角计量器具检定系统
JJG 2059—90　电导计量器具检定系统
JJG 2060—90　pH（酸度）计量器具检定系统
JJG 2063—90　水流量计量器具检定系统
JJG 2064—90　气体流量计量器具检定系统
JJG 2067—90　金属洛氏硬度计量器具检定系统
JJG 2068—90　金属表面洛氏硬度计量器具检定系统
JJG 2071—90　压力（－2.5～2.5kPa）计量器具检定系统
JJG 2074—90　交流电能计量器具检定系统
JJG 2084—90　交流电流计量器具检定系统
JJG 2085—90　交流功率计量器具检定系统
JJG 2086—90　交流电压计量器具检定系统
JJG 2087—90　直流电动势计量器具检定系统

2　仪表检定

仪表检定只是一种统称，测量温度的仪表属温度检定，测量流量、压力的仪表属力学检定，测电信号仪表属电学检定等等，不同的检定项目有不同的要求，第一节都作了介绍。

进行计量检定必须按检定规程规定的要求进行，至今大部分仪表都已制定并颁发了国家、地方、部门的计量检定规程，每个规程都清楚地规定了规程适用的范围、技术要求、检定条件、检定项目、检定方法、检定结果处理和检定周期等内容。计量检定只能按这些要求逐项进行，与校准有所不同。为了便于读者掌握和了解常规仪表对应的计量检定规程，这里列举了到 1994 年为止的有关计量检定规程，供查阅。

JJG 74—92　自动平衡显示仪表检定规程
JJG 124—93　电流表、电压表、功率表及电阻表检定规程
JJG 186—89　配热电阻用动圈式指示仪表检定规程温度指示位式调节
JJG 187—86　配热电偶用动圈式指示仪表检定规程温度指示位式调节
JJG 285—93　带时间比例、比例积分微分作用的温度指示调节仪表检定规程
JJG 310—83　压力式温度计检定规程
JJG 376—85　电导仪试行检定规程
JJG 441—86　交流电桥检定规程
JJG 461—86　靶式流量变送器检定规程
JJG 466—93　气动指针式测量仪检定规程
JJG 484—87　直流测量电桥检定规程
JJG 488—87　打点记录式仪表检定规程
JJG 617—89　数字温度指示仪检定规程
JJG 662—90　热磁式氧分析器检定规程
JJG 663—90　热导式氢分析器检定规程
JJG 700—90　气相色谱检定规程
JJG 706—90　节位式控制自动平衡显示仪检定规程
JJG 718—91　温度巡回检测仪检定规程
JJG 829—93　电动温度变送器检定规程
JJG 857—94　锗电阻温度计检定规程
JJG 874—94　温度控制器检定规程
JJG 875—94　数字压力计检定规程
JJG 882—94　压力变送器检定规程

化工部制定的气动Ⅱ型仪表（QDZ-Ⅱ系列）部分计量检定规程：

JJG（化工）28—89　差压变送器检定规程
JJG（化工）29—89　压力变送器检定规程

JJG（化工）30—89　靶式流量变送器检定规程
JJG（化工）31—89　温度变送器检定规程
JJG（化工）32—89　记录调节仪检定规程
JJG（化工）33—89　指示记录仪检定规程
JJG（化工）34—89　条形、色带指示仪检定规程
JJG（化工）35—89　积算器检定规程
JJG（化工）36—89　加减器检定规程
JJG（化工）37—89　乘除器检定规程
化工部制定的电动Ⅱ型仪表（DDZ-Ⅱ系列）部分计量检定规程：
JJG（化工）15—89　差压变送器检定规程
JJG（化工）16—89　压力变送器检定规程
JJG（化工）17—89　靶式流量变送器检定规程
JJG（化工）18—89　浮筒液位变送器检定规程
JJG（化工）19—89　温度变送器检定规程
JJG（化工）20—89　调节器检定规程
JJG（化工）21—89　开方积算器检定规程
JJG（化工）22—89　气电转换器检定规程
JJG（化工）23—89　电气转换器检定规程
JJG（化工）24—89　电-气阀门定位器检定规程
JJG（化工）25—89　乘除器检定规程
JJG（化工）26—89　加减器检定规程
JJG（化工）27—89　报警器检定规程
化工部制定的电动Ⅲ型仪表（DDZ-Ⅲ系列）部分计量检定规程：
JJG（化工）1—89　调节器检定规程
JJG（化工）2—89　力平衡变送器检定规程
JJG（化工）3—89　全电子式变送器检定规程
JJG（化工）4—89　温度变送器检定规程
JJG（化工）5—89　计算器检定规程
JJG（化工）6—89　积算器检定规程
JJG（化工）7—89　配电器检定规程
JJG（化工）8—89　安全栅检定规程
JJG（化工）9—89　指示计检定规程
JJG（化工）10—89　Q型操作器检定规程
JJG（化工）11—89　气电转换器检定规程
JJG（化工）12—89　电气转换器检定规程
JJG（化工）13—89　信号转换器检定规程
JJG（化工）14—89　隔音器、反向器、升压器检定规程
在仅对仪表作校准时亦可参照检定规程中基本误差、回程误差的有关要求进行。

第5篇　仪表安装

第1章　概　　述

自动化仪表要完成其检测或调节任务，其各个部件必须组成一个回路或组成一个系统。仪表安装就是把各个独立的部件即仪表、管线、电缆、附属设备等按设计要求组成回路或系统完成检测或调节任务。也就是说，仪表安装根据设计要求完成仪表与仪表之间、仪表与工艺设备、仪表与工艺管道、现场仪表与中央控制室、现场控制室之间的种种连接。这种连接可以用管道连接（如测量管道、气动管道、伴热管道等），也可以是电缆（包括电线和补偿导线）连接，通常是两种连接的组合和并存。

1　安装术语与符号

1.1　安装术语

(1) 一次点　指检测系统或调节系统中，直接与工艺介质接触的点。如压力测量系统中的取压点，温度检测系统中的热电偶（电阻体）安装点等等。一次点可以在工艺管道上，也可以在工艺设备上。

(2) 一次部件　又称取源部件。通常指安装在一次点的仪表加工件。如压力检测系统中的取压短节，测温系统中的温度计接头（又称凸台）。一次部件可能是仪表元件，如流量检测系统中的节流元件，也可能是仪表本身，如容积式流量计、转子流量计等，更多的可能是仪表加工件。

(3) 一次阀门　又称根部阀、取压阀。指直接安装在一次部件上的阀门。如与取压短节相连的压力测量系统的阀门，与孔板正、负压室引出管相连的阀门等。

(4) 一次仪表　现场仪表的一种。是指安装在现场且直接与工艺介质相接触的仪表。如弹簧管压力表、双金属温度计、双波纹管差压计。热电偶与热电阻不称作仪表，而作为感温元件，所以又称作一次元件。

(5) 一次调校　通称单体调校，指仪表安装前的校验。按《工业自动化仪表工程施工及验收规范》GBJ 93—86的要求，原则上每台仪表都要经过一次调校。调校的重点是检测仪表的示值误差、变差，调节仪表的比例度、积分时间、微分时间的误差，控制点偏差，平衡度等。只有一次调校符合设计或产品说明书要求的仪表，才能安装，以保证二次调校的质量。

(6) 二次仪表　是仪表示值信号不直接来自工艺介质的各类仪表的总称。二次仪表的仪表示值信号通常由变送器变换成标准信号。二次仪表接受的标准信号一般有三种：①气动信号，0.02～0.10MPa；②Ⅱ型电动单元仪表信号，0～10mA DC；③Ⅲ型电动单元仪表信号，4～20mA DC。也有个别的不用标准信号，一次仪表发出电信号，二次仪表直接指示，如远传压力表等。二次仪表通常安装在仪表盘上。按安装位置又可分为盘装仪表和架装仪表。

(7) 现场仪表　是安装在现场仪表的总称，是相对于控制室而言的。可以认为除安装在控制室的仪表外，其他仪表都是现场仪表。它包括所有一次仪表，也包括安装在现场的二次仪表。

(8) 二次调校　又称二次联校、系统调校，指仪表现场安装结束，控制室配管配线完成且校验通过后，对整个检测回路或自动调节系统的检验，也是仪表交付正式使用前的一次全面校验。其校验方法通常是在测量环节上加一干扰信号，然后仔细观察组成系统的每台仪表是否工作在误差允许范围内。如果超出允许范围，又找不出准确的原因，要对组成系统的全部仪表重新调试。

二次调试通常是一个回路一个回路的进行，包括对信号报警系统和联锁系统的试验。

(9) 仪表加工件　是指全部用于仪表安装的金属、塑料机械加工件的总称。也就是仪表之间，仪表与工艺设备、工艺管道之间，仪表与仪表管道之间，仪表与仪表阀门之间的配管、配线，及其附加装置之间金属的或塑料的机械加工件的总称，仪表加工件在仪表安装中占有特殊地位。

(10) 带控制点流程图　管道专业的图名是管道仪表图，它详细地标出仪表的安装位置，是确定一次点的重要图纸。

1.2 仪表安装常用图形符号和文字代号

1.2.1 图形符号（部分通用图形符号见第1篇第2章）

名　　称	图形符号	名　　称	图形符号
嵌在管道中的检测仪表（圈内应标注仪表位号）		文丘里管及喷嘴	
就地仪表安装		无孔板取压接头	
集中仪表盘面安装仪表		转子流量计	
就地仪表盘面安装仪表		带弹簧的气动薄膜执行机构	
集中仪表盘后安装仪表		无弹簧的气动薄膜执行机构	
就地仪表盘后安装仪表		电动执行机构	M
通用执行机构		活塞执行机构	
带能源转换的阀门定位器的气动薄膜执行机构		带气动阀门定位器的气动薄膜执行机构	
带人工复位装置的执行机构	R R	电磁执行机构	S
带远程复位装置的执行机构	R	执行机构与手轮组合	
能源中断时调节阀保持原位置，允许向开启方向漂移		能源中断时调节阀开启	
导压毛线管		能源中断时调节阀关闭	
液压信号线		能源中断时调节阀保持原位置	
孔　　板		能源中断时调节阀保持原位移，允许向关闭方向漂移	

1.2.2 集散系统、逻辑控制器、计算机系统图形符号

系统名称	图形符号	说明
集散系统共享显示或共享控制仪表,操作者通常是可存取的	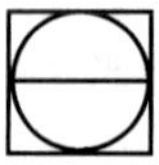	在监视室内,进行图形显示,包括记录仪、报警点、指示器,具有: a. 共享显示 b. 共享显示和共享控制 c. 对通讯线路的存取受限制 d. 在通讯线路上的操作员接口,操作员可以存取数据
		操作者辅助接口装置: a. 不装在主操作控制台上,采用安装盘或模拟荧光面板 b. 可以是一个备用控制器或手操台 c. 对通讯线路的存取受限制 d. 操作员接口通过通讯线路
	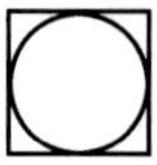	操作者不可存取数据情况: a. 无前面板的控制器,共享盲控制器 b. 共享显示器,在现场安装 c. 共享控制器中的计算、信号处理 d. 可装在通讯线路上 e. 通常无监视手段运行 f. 可以由组态来改变
计算机系统用符号。计算机元部件驱动集散系统各功能的集成电路微处理机不同,组成计算机的各单元装置可以通过数据主连路与系统成一整体,也可以是单独设置的计算机	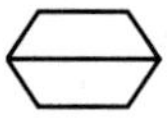	操作者通常是可存取的,用于图像显示指示器/控制器/记录器/报警点等
	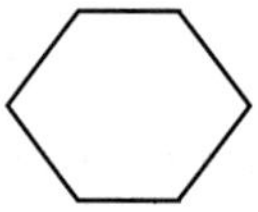	操作者通常不能利用输入输出部件进行存取,以下情况用该符号: a. 输入输出接口 b. 在计算机内进行的计算/信号处理 c. 可以看作是没有操作面板的盲控制器或者一个软件计算模件
逻辑控制与顺序控制用符号		通用符号,用于没有定义的复杂的内部互连逻辑控制或顺序控制
		带有二进制或者顺序逻辑控制的集散系统内,控制设备连接的逻辑控制器。用该符号表示: a. 程序标准化的可编程逻辑控制器或集散控制设备的数字逻辑控制整体 b. 操作者通常是不可存取的
	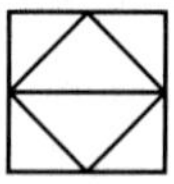	有二进制或者顺序逻辑功能的集散系统内部连接逻辑控制器: a. 插件式可编程逻辑控制器或者集散系统控制设备的数字逻辑控制整体 b. 操作者正常情况下可以存取
通用功能框图符号(SAMA 标准)	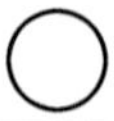	测量值
		手动信号处理
	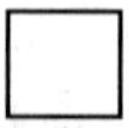	自动信号处理
	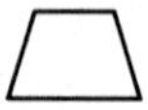	最后的控制对象
共用符号通讯链	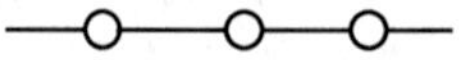	以下情况用通讯链表示: a. 用来指示一个软件链路或由制造厂提供的系统各功能之间的连接 b. 所选择的链如果是隐含的,由相邻接符号替代表示 c. 可以用来指示用户选择的通讯链

2 仪表安装程序

自动化仪表系统按其功能可分为三大类型：检测系统、自动调节系统和信号联锁系统。从安装角度来说，信号联锁系统往往寓于检测系统和自动调节系统之中，因此安装系统只有检测系统和自动调节系统两大类型。

不管是检测系统还是自动调节系统，除仪表本身的安装外，还包括与这两大系统有关的许多附加装置的制作、安装，仪表管道及其支架的制作、安装。除此之外，仪表为工艺服务这一特性决定着它与工艺设备、工艺管道、土建、电气、防腐、保温及非标制作等各专业之间的关系。它的安装必须与上述各专业密切配合，密切合作，而这种配合，往往是自控专业需要主动，甚至为顾全大局，需要作出局部让步，才能最终完成自控安装任务。

仪表安装程序可分为三个阶段，即施工准备阶段—施工阶段—试车交工阶段。

2.1 施工准备阶段

施工准备是仪表安装的一个重要阶段，它的工作充分与否，将直接影响施工的进展乃至仪表试工任务的完成。

施工准备包括资料准备、技术准备、物资准备、表格准备和工机具及标准仪器的准备。

2.1.1 资料准备

资料准备是指安装资料的准备。安装资料包括施工图、常用的标准图、自控安装图册、《工业自动化仪表安装工程施工验收规范》和质量验评标准以及有关手册、施工技术要领等。

施工图是施工的依据，也是交工验收的依据，还是编制施工图预算和工程结算的依据。一套完整的仪表施工图，应该包括下列内容：

① 图纸目录
② 设计说明书
③ 仪表设备汇总表
④ 仪表一览表
⑤ 安装材料汇总表
⑥ 仪表加工件汇总表
⑦ 电气材料汇总表
⑧ 仪表盘正面布置图
⑨ 仪表盘背面接线图
⑩ 供电系统图
⑪ 电缆敷设图
⑫ 槽板（桥架）定向图
⑬ 信号、联锁原理图
⑭ 供电原理图
⑮ 电气控制原理图
⑯ 调节系统原理图
⑰ 设备平面图
⑱ 调节阀、节流装置计算书及数据表
⑲ 仪表系统接地
⑳ 复用图纸
㉑ 一次点位置图
㉒ 检测系统原理图
㉓ 仪表加工件（按工号）一览表
㉔ 带控制点工艺流程图
㉕ 设计单位企业标准和安装图册

施工单位向建设单位领取图纸，施工队向项目部领取图纸，施工小组向施工队领取图纸，都要按图纸目录进行核对。

上述图纸是对常规仪表而言，集散控制系统没有仪表盘，而多了端子柜、输入输出装置、单元控制装置、报警联锁装置和电机控制中心部分。

施工验收规范是在施工中必须要达到和遵守的技术要求和工艺纪律。执行什么规范，一般在开工前，即在施工准备阶段必须同建设单位商定妥当。通常国家标准《工业自动化仪表工程施工及验收规范》GBJ 93—86是设计、施工、建设三方面都接受的标准。但除化工单位外，有些部门、有些企业还有自行的验收标准，这在开工前必须确定。

对于引进项目，在签订合同时，应该明确执行什么标准以及执行标准的深度。若采用国外标准，还应弄清与国内标准（规范）的差异，便于在施工时掌握。

质量评定工作是施工过程中，特别是施工结束时必须完成的一个工作。一般情况下都执行《自动化仪表安装工程质量检验评定标准》GBJ 131—90。对质量验评标准，各部门、各行业之间会有不同的要求，在施工准备阶段，必须同建设单位商定。

2.1.2 技术准备

技术准备是在资料准备的基础上进行的。具体地说，要做下列技术准备工作。

（1）参与施工组织设计的编制　施工组织设计是指施工单位拟建工程项目，全面安排施工准备，规划、部署施工活动的指导性技术经济文件。编制施工组织设计已成为施工准备工作不可缺少的内容，并已形成了一项制度。化工部对编制施工组织设计，就编制内容、编制方法、编制职责、审批程序及权限、组织实施等做了统一规定，并于 1993 年 8 月发布《化工建设施工组织设计标准》HG 20235—93。编制内容主要包括：①编制说明；②建设项目概况简述；③施工部署；④施工方法和施工机械选择；⑤施工总进度控制计划；⑥劳动力需用计划；⑦临时设施规划；⑧施工总平面图布置；⑨施工技术组织措施纲要；⑩各项需要量计划；⑪施工准备工作计划；⑫主要技术经济指标；⑬本工程所采用的主要标准、规程、规范编目；⑭其他项目说明。

自控专业要参与由总工程师牵头的施工组织设计编写，其大部分内容都要有自控专业自己的意见。

（2）施工方案的编制　施工方案按其内容的重要性决定它的审批权限。施工方案分为三类。自控专业最重要的方案是中控室仪表的调校方案（集散系统），属于第三类方案。它由施工队自控专业技术负责人编写，项目部（或工程处）工程部自控专业技术负责人审核，项目部总工程师审批。其他方案，如仪表安装方案，单体调校方案，信号联锁系统调试方案等等均属于一、二类方案，由施工队技术员编写，技术组长审核，项目部（工程处）自控专业技术负责人审批即可。有些更小的方案，如电缆敷设方案等只要施工队审批，工程部备案即可。

一个完整的自控技术方案，应包括如下内容：①编制说明；②编制依据；③工程概况，包括主要的实物量；④工程特点；⑤主要施工方法和施工工序；⑥质量要求及质量保证措施；⑦安全技术措施；⑧进度网络计划或统筹图；⑨劳动力安排；⑩主要施工工、机具，标准仪器一览表；⑪预计经济效益（几个方案比较中选取）。

主要施工方法和施工工序是方案的核心。质量要求和质量保证措施是方案的基础。这些是技术方案的重点。

施工方案和施工步骤要一步一步具体地写出来，以施工人员拿到方案后能按照方案自行工作、解决技术问题并能保证质量为检验方案的标准。若施工人员拿到施工方案，不能自行施工，那么这个方案是失效的。主要施工方法要写出特色，有新意。若引用国家级、部级工法，要补充施工工艺和主要施工方法。工法（包括企业工法）虽是经过实践行之有效的一种施工方法，但略去了施工诀窍，略去了施工的核心部分。作为施工方案，必须把工法的“保密点”公开。

质量保证是方案得以实施的基础。没有质量就没有进度。质量保证措施应尽可能地具体和详细，执行的工程验收规范要写清楚。

安全技术措施也是方案的一个重点。没有安全技术措施的方案是不完善的施工方案，安全第一应贯穿始终。

（3）两个会审　自控专业的技术准备工作，还包括两个重要的图纸会审。一个是由建设单位牵头，以设计单位为主，施工单位参加的设计图纸会审，主要解决设计存在的问题，特别是设备、材料的缺项和提供的图纸、院标、作业指导书是否齐全。另一个图纸会审由施工单位自行组织，通常由技术总负责人（总工程师）牵头，主管工程技术的部门具体组织，各专业技术负责人和各施工队技术人员参加。自控专业在这个会审中解决的重点是其他专业可能会影响仪表施工的问题。这些问题要尽可能地提出来，在施工以前解决。

（4）施工技术准备的三个交底　这三个交底分别是设计交底、施工技术交底和工程技术员向施工人员的施工交底。

设计技术交底在施工准备初期进行，由建设单位组织，施工单位参加，设计单位向这两个单位作设计交底。一般由设计技术负责人主讲，然后按专业分别对口交底。设计交底的主要目的是介绍设计指导思想、设计意图和设计特点。施工单位参加的目的是更好地了解设计，为以后施工中可能产生的种种问题的解决，确定一个明确的指导思想。

施工技术交底是由施工单位中主管施工、技术的部门组织，总工程师或项目部、工程处技术负责人向在第一线的施工技术人员的技术交底。重点是对一特定的工程项目准备采用的主要施工方法、使用的主要施工机具、施工总进度的具体安排以及质量指标、安全指标、效益指标的交底。

技术人员向施工人员的技术交底一般在施工中进行，严格地说不是施工准备的内容。这是一个以自控专业工程技术员主讲，具体实施施工人员参加的一个交底。要针对某一具体工序，向施工人员讲清楚工序衔接、施工要领、达到要求的设想。也就是说，要告诉工人应该怎样干，不应该怎样干，要交待清楚质量要求及执行规范的具体条款。此外还要交待清楚安全要求。这个交底可以是文字的也可以是口头的，但必须要有记录。

(5) 划分单位工程　划分单位工程是施工准备的一个重要内容。具体操作是按项目要求，按建设单位的要求，把所施工的项目划分成单项工程、单位工程、分部工程和分项工程。

单位工程划分的依据，各部门、各行业之间差别很大。单位工程的划分对下一步施工，以及交工资料整理都有直接关系。比较好的做法是与甲方质量检查部门充分协商。

单位工程划分完后，技术部门与质量管理部门要一起编制“质量控制点明细”或称“质量控制点一览表”。按分项工程、分部工程和单位工程的顺序，把每一工序质量检查都列出来，按重要性分为A、B、C三类。C类为班组自检，B类为在自检基础上，工程处、项目部质量专职检查员要检查认可，A类是在专职质检员认可基础上，通知建设单位质检处，要有甲方认可。检查前要发质量共检单，作为交工资料的一个内容。

(6) 培训和特殊工、机具准备　技术准备还有一个重要内容是特殊工种的培训和特殊需要的工、机具的准备。

随着工业自动化的飞速发展，施工图提供的设备一览表中新型自动化仪表不断出现，要掌握这些仪表，必须对人员进行必要的培训，要校验这些新仪表，就必须配备必要的标准仪表及施工用的工、机具。工程仪表的高速发展必然导致标准仪表与施工工、机具的同步发展。

2.1.3　物资准备

物资准备是施工准备的关键。物资准备包括施工图上提及的所有仪表设备和材料的领取，包括一次仪表、二次仪表、仪表盘（柜），材料表上所列的各种型钢、管材、电缆、电线、补偿导线、加工件、紧固件、垫片，也包括图上未提及的消耗材料、手段用料、临设材料及一些不可预计的材料与设备的准备。

物资准备的重点是施工材料（主材和副材）和加工件。加工件包括仪表接头、法兰和辅助容器等。

为保证施工进度和工程质量，在准备加工件的同时，也应准备好加工件保管仓库及保管人员，特别是数量不多的特种材料加工件，尤其应该建立严格的出入库制度。

2.1.4　表格准备

对于施工单位来说，竣工时要向建设单位交付两件东西，一件是一套完整无缺能够按设计要求进行运转的装置，这是硬件，另一件是按合同和规范要求，交出一套完整的竣工资料，这是软件。现在对软件的要求越来越高，完整的资料是靠表格来反映的。因此，施工前表格资料的准备是一件重要的事。

表格资料主要分两类。一类是施工表格，是如实记录施工过程中工程施工情况的表格，一般由工程管理部门负责。另一类表格是质量记录表格，是如实记录施工过程中质量管理和质量情况的表格，一般由质量管理部门负责。

施工表格与《工业自动化仪表安装工程施工验收规范》GBJ 93—86配套使用。施工表格又可分为施工记录表格，如隐蔽工程记录、节流装置安装记录、导压管吹扫、试压、脱脂、防腐、保温等，和仪表调试记录表格，如仪表单体调校记录和系统调试、信号联锁试验记录等。质量验评表格与国家标准《自动化仪表安装工程质量检验评定标准》GBJ 131—90配套使用。这两类表格是相对独立的。由于行业之间理解深度不一，要求不等，因此与这两个国家标准配套使用的表格也各不相同，但一定要符合建设单位的要求。

2.1.5　施工工、机具和标准仪器的准备

施工进度的快慢在很大程度上依赖于施工使用的工具和机具。在工期紧张时，尤其更强调工具和机具的使用。除常用的电动、液动工具，如电动套丝机、液压弯管机、开孔机、切割机、切管器等，对特殊施工还应准备相应的专用工具和机具。

标准仪表的准备同样重要。目前工程仪表向小、巧、精、稳，即固体化、全电子化、无可动部件、高精度、高稳定性方向发展，因此对用于校验、检定的标准仪器的要求更高。另外要注意检定、校验用的标准仪表的有效期。这类用作量值传递的标准仪表是企业的工作标准，也可能是企业最高标准，它必须按中华人民共和国计量法的要求，定期检定。超检定周期使用，是不合法的，也是无效的。

2.2　施工阶段

仪表工程的施工周期很长。在土建施工期间就要主动配合，要明确预埋件、预留孔的位置、数量、标高、坐标、大小尺寸等。在设备安装、管道安装时，要随时关心工艺安装的进度，主要是确定仪表一次点的位置。

仪表施工的高潮一般是在工艺管道施工量完成70%时。这时装置已初具规模，几乎全部工种都在现场，会出现深度的交叉作业。

施工过程中主要的工作有：

① 配合工艺安装取源部件（一次部件）；

② 在线仪表安装；

③ 仪表盘、柜、箱、操作台安装就位；

④ 仪表桥架、槽板安装，仪表管、线配制，支架制作安装，仪表管路吹扫、试压、试漏；

⑤ 单体调试，系统联校，模拟试验；

⑥ 配合工艺进行单体试车；

⑦ 配合建设单位进行联动试车。

其安装顺序大致如下。

① 仪表控制室仪表盘的安装与现场一次点的安装。仪表控制室的安装工作有仪表盘基础槽钢的制作、安装和仪表盘、操作台的安装，核对土建预留孔和预埋件的数量和位置，考虑各种管路、槽板进出仪表控制室的位置和方式。

② 进行工艺管道、工艺设备上一次点的配合安装及复核非标设备制作时仪表一次点的位置、数量、方位、标高，以及开孔大小能否符合安装需要。

③ 对出库仪表进行一次校验。这项工作进行时间较为灵活，可以早到施工准备期，也可以达到系统调校前。

在现场要考虑仪表各种管路的走向和标高，以及固定它的支架形式和支架制作安装，保温箱保护箱底座制作，接线盒、箱的定位。

④ 现场仪表配线和安装包括保护箱、保温箱、接线箱的安装，仪表槽板、桥架安装，保护管、导压管、气动管的敷设，控制室仪表安装和配线、校线。

⑤ 仪表管路吹扫和试压。现场仪表安装完毕，现场仪表管路施工完毕，配合工艺管道进行吹扫、试压。为此节流装置不能安装孔板，调节阀在吹扫时必须拆下，用相同长度的短节代替，用临时法兰连接。

仪表控制室盘上仪表安装完毕，盘后接线、校线完毕，并与现场仪表连接并较核完毕，做好系统联校准备。

配合工艺管道试压、吹扫完毕，在工艺管道正式复位时，安装上孔板，取下临时短节，安装好调节阀，并接上线，配好管。

⑥ 二次联校。安装基本结束，与建设单位和设计单位一起进行装置的三查四定，检查是否完成设计变更的全部内容。

控制室进行二次联校、模拟试验，包括报警和联锁回路。集散系统进行回路调试。

2.3 试车、交工阶段

工艺设备安装就位，工艺管道试压、吹扫完毕，工程即进入单体试车阶段。

试车由单体试车、联动试车和化工试车三个阶段组成。

单体试车阶段主要工作是传动设备试运转，电力系统受电、送电，照明系统试照。对于仪表专业来说只是简单地配合。传动设备试运转时，只是应用一些检测仪表，并且大都是就地指示仪表，如泵出口压力指示，轴承温度指示等。大型传动设备试车时，仪表配合复杂些，除就地指示仪表外，信号、报警、联锁系统也要投入，有些还通过就地仪表盘或智能仪表、可编程序控制器进行控制。重要的压缩机还要进行抗喘振、轴位移控制。

单体试车是由施工单位负责，建设单位参加。

联动试车是在单体试车成功的基础上进行的。整个装置的动设备、静设备、管道都连接起来。有时用水作介质，称为水联动，打通流程。这个阶段，原则上所有自控系统都要投入运行。就地指示仪表全部投入，控制室仪表（或 DCS）也大部分投入。自控系统先手动，系统平稳时，转入自动。除个别液位系统外，全部流量系统、液位系统、压力系统、温度系统都投入运行。

联动试车以建设单位为主，施工单位为辅。按规范规定，联动试车仪表正常运行 72h 后施工单位将系统和仪表交给建设单位。

化工试车是在联动试车通过的基础上进行的。顺利通过联动试车后，有些容器完成惰性气体置换后即具备了正式生产的条件。

投料是试车的关键。仪表工应全力配合。建设单位的仪表工已经接替施工单位的仪表工进入岗位。随着化工试车的进行，自控系统逐个投入，直到全部仪表投入正常运行。

投料以后，施工单位仪表工仅作为保镖参加化工试车，具体操作和排除可能发生的故障，全由建设单位的仪表工来完成。

仪表系统交给建设单位，这是交工的主要内容，也称为硬件。与此同时，也要把交工资料交给建设单位，这是软件。原则上交工资料要与工程同时交给建设单位，但一般是在工程交工后一个月内把资料上交完毕。

一份完整的仪表专业交工资料，应有如下内容：①交工资料目录；②工程交接证书（或交工验收证书）；③中间交接证书（若有中间交接）；④仪表设备移交清单；⑤未完工程（项目）明细表；⑥隐蔽工程记录；⑦仪表管路试压、脱脂记录；⑧节流装置安装记录；⑨仪表（单体）调校记录；⑩仪表二次联校记录；⑪信号联锁系统调试、试验记录；⑫仪表电缆、电线、补偿导线敷设记录；⑬仪表电缆绝缘测试记录；⑭设备、材料代用通知单汇总；⑮设计变更、联络笺汇总；⑯竣工图；⑰其他。

对石化系统，仪表工程建设交工技术文件应按 SH3503 标准。对化工系统，也可参照这一标准。

综上所述，以集散系统安装为例，仪表施工顺序可用图 5-1-1 来表示。

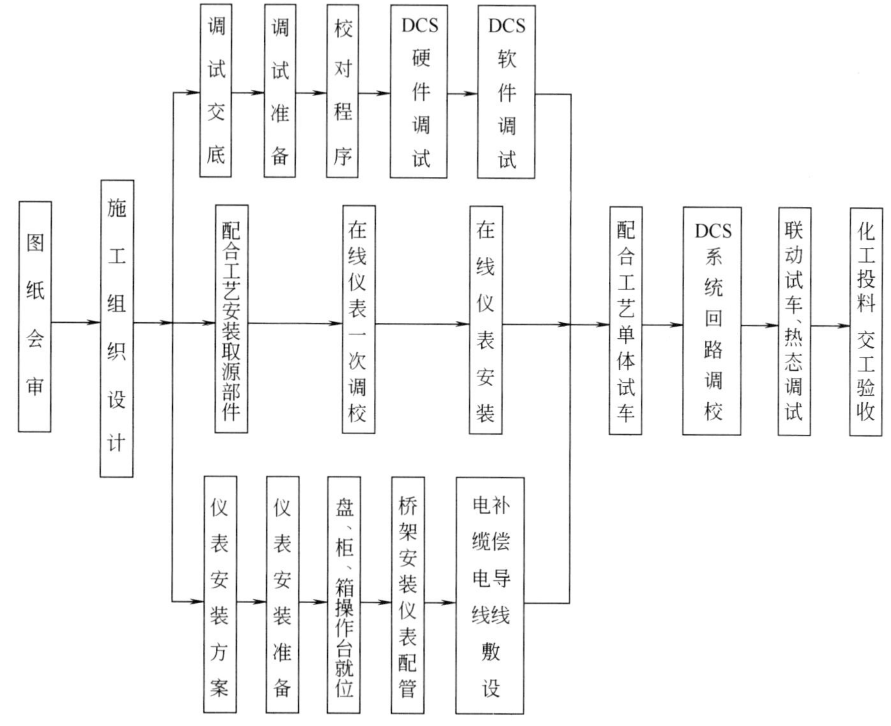

图 5-1-1 仪表施工顺序图

注：本程序以 DCS 系统为例，把 DCS 调试改为常规仪表调试，即适用于常规仪表系统。

3 仪表安装技术要求

仪表安装应按照设计提供的施工图、设计变更、仪表安装使用说明书的规定进行。当设计无特殊规定时，要符合 GBJ93—86《工业自动化仪表工程施工及验收规范》的规定。仪表和安装材料的型号、规格和材质要符合设计规定。修改设计必须要有设计部门签发的设计变更。

仪表安装中电气设备、电气线路、防爆、接地等要求要符合 GBJ93—86《工业自动化仪表工程施工及验收规范》的规定。当 GBJ93—86 规定不明或没有规定时，要符合现行国家标准《电气装置安装工程施工及验收规范》中的有关规定。

仪表安装中导压管的焊接，应与同介质的工艺管道同等要求。要符合国家标准《现场设备、工业管道焊接工程施工及验收规范》中的有关规定。

仪表安装中供气系统的吹扫，供液系统的清洗，管子的切割方法，采用螺纹法兰连接的高压管的螺纹和密封面的加工，以及管子的连接等，应符合国家标准《工业管道工程施工及验收规范》的规定。

待安装的仪表设备，要按其要求的保管条件分类妥善保管。仪表工程用的主要安装材料，尤其是特殊材料，应按其材质、型号、规格分类保管。管件与加工件应同样对待。

仪表安装总的要求是首先要强调合理，然后是美观，切忌拖泥带水、横不平、竖不直，要整洁、明快、干净、利索。

4 常用仪表施工机具及标准表

4.1 常用仪表施工机具

① 台式钻床（13mm）
② 手电钻（6.5mm）
③ 电动套丝机（19.05～12.7mm）
④ 手动切割机
⑤ 砂轮切割机
⑥ 角相磨光机
⑦ 砂轮机
⑧ 电锤
⑨ 冲击电钻
⑩ 电动弯管机或液压弯管机
⑪ 手动弯管机
⑫ 液压开孔机
⑬ 自制弯管器
⑭ 电动开孔机
⑮ 无油润滑压缩机（$2m^3/min$）

4.2 常用校验标准表

① 压力校验器
② 氧气表校验器
③ 活塞式压力计
④ 0.4 级标准压力表
⑤ 0.25 级精密台式压力表
⑥ 0.1 级，0.05 级数字压力表
⑦ 数字万用表（5 位半）
⑧ 数字电压表（0.02 级，0～20mA DC）
⑨ 多功能信号发生器
⑩ 频率发生器
⑪ 交直流稳压电源
⑫ 温度仪表校验仪（包括水浴、油浴、管状炉）
⑬ 100V 兆欧表
⑭ 接地电阻测定仪
⑮ 气动仪表校验仪

第 2 章　仪表常用安装材料

仪表安装材料多达上千种，常用的有近百种，可分为两大类。一类是成品或半成品，如仪表管材、仪表阀门、仪表使用的型钢等等，这是本章的内容。另一类是需经机械加工的，如仪表管件（接头），仪表安装使用的法兰、垫片、紧固件，统称为加工件，是第 3 章的内容。

本章主要介绍仪表常用的管材、电缆、型钢、阀门和保温材料。

1　仪表安装常用管材

仪表管道（又称管路、管线）很多，可分为四类，即导压管、气动管、电气保护管和伴热管。

1.1　导压管

导压管又称脉冲管，是直接与工艺介质相接触的一种管道，是仪表安装使用最多、要求最高、最复杂的一种管道。

由于导压管直接接触工艺介质，所以管子的选择与被测介质的物理性质、化学性质和操作条件有关。总的要求是导压管工作在有压或常压条件下必须具有一定的强度和密封性。因此这类管道应该选用无缝钢管。在中低压介质中，常用的导压管为 $\phi14\times2$ 无缝钢管，这是使用最多的一种管子，有时也用 $\phi18\times3$ 或 $\phi18\times2$ 无缝钢管。分析用的取样管路通常也使用 $\phi14\times2$ 无缝钢管，有时使用 $\phi10\times1.5$、$\phi10\times1$ 或 $\phi12\times1$ 无缝钢管。在超过 10MPa 的高压操作条件下，多采用 $\phi14\times4$ 或 $\phi15\times4$ 无缝钢管或无缝合金钢管。

导压管的材质取决于被测介质的腐蚀程度。微腐蚀或不腐蚀介质，选用 20 号钢，弱腐蚀介质选用 1Cr18Ni9Ti 耐酸不锈钢。对于较强腐蚀介质，如尿素生产，则要采用与工艺管道一样的尿素级不锈钢 316L 或其他含钼的不锈钢。如果是测量氯气或氯化氢等强腐蚀的介质，只能采用塑料管子。

导压管的选用必须满足工艺要求和设计要求，代用必须取得设计同意。

1.2　气动管路

气动管路也称气源管或气动信号管路，它的通常介质是压缩空气。压缩空气经过处理，是干燥、无油、无机械杂物的干净压缩空气（有时也用氮气），它的工作压力为 0.7～0.8MPa。气源总管通常由工艺管道专业作为外管的一种，安装到每一个装置的入口，进装置由仪表专业负责。通常工艺外管的气源管多为 $DN100$，即 4″管道，个别情况为 $DN50$，即 2″管道，一般为无缝钢管。而进装置的仪表专业敷设的气动管路则多为 $DN25$，即 1″以下的镀锌焊接钢管（旧称镀锌水煤气管），一般主管为 $DN25$ 即 1″，支管为 $DN20$ 即 3/4″和 $DN15$ 即 1/2″的镀锌焊接钢管。与每一个气动仪表和气动调节阀相连接的则是紫铜管、被覆铜管（紫铜管外面有一塑料保护层），多采用 $\phi6\times1$ 管，个别情况也有用 $\phi7\times1$ 或 $\phi8\times1$ 的紫铜管和尼龙 1010 的 $\phi6\times1$ 管。在大量采用气动仪表的场合使用管缆，多是 $\phi6\times1$ 的被覆管缆和尼龙管缆。

气动管路必须保持管内干净，不生锈，因此在引进项目中，有时也使用材质为不锈钢的无缝钢管，一般不采用碳钢管。

1.3　电气保护管

电气保护管也是仪表安装用得较多的一种管子，它是用来保护电缆、电线和补偿导线的。为美观，多采用镀锌的有缝管，即电气管，有时也采用镀锌焊接钢管。专用的电气管管壁较薄，其规格如表 5-2-1 所示。镀锌焊接钢管的规格如表 5-2-2 所示。

表 5-2-1　电气管的规格

公称直径 DN/in	1/2	5/8	3/4	1	1¼	1½	2
公称直径 DN/mm	15	18	20	25	32	40	50
外径/mm	12.7	15.87	19.05	25.4	31.75	38.1	50.8
壁厚/mm	1.6	1.6	1.8	1.8	1.8	1.8	2.0
内径/mm	9.5	12.67	15.45	21.6	28.15	34.5	46.8
质量/(kg/m)	0.451	0.562	0.765	1.035	1.335	1.611	2.40

表 5-2-2　镀锌焊接钢管规格

公称直径 DN/in	1/2	3/4	1	1¼	1½	2	2½	3	4
公称直径 DN/mm	15	20	25	32	40	50	70	80	100
外径/mm	21.25	26.75	33.5	42.25	48	60	75.5	88.5	114
壁厚/mm	2.75	2.75	3.25	3.25	3.5	3.5	3.75	4.0	4.0
内径/mm	15.75	21.25	27	35.75	41	53	68	80.5	106
质量/(kg/m)	1.44	2.01	2.91	3.77	4.58	6.16	7.88	9.81	13.44

有时也采用硬氯乙烯管作为电气保护管，可用来输送腐蚀性液体和气体，每根长度为 4.0m±0.1m，相对密度为 1.4～1.6。硬氯乙烯管规格如表 5-2-3 所示。

表 5-2-3　硬聚氯乙烯管技术数据

外径/mm	外径公差/mm	轻型(使用压力≤0.6MPa)		重型(使用压力≤1MPa)	
		壁厚及公差/mm	近似质量/(kg/m)	壁厚及公差/mm	近似质量/(kg/m)
10	±0.2	—	—	1.5+0.4	0.06
12	±0.2	—	—	1.5+0.4	0.07
16	±0.2	—	—	2.0+0.4	0.18
20	±0.3	—	—	2.0+0.4	0.17
25	±0.3	1.5+0.4	0.17	2.5+0.5	0.27
32	±0.3	1.5+0.4	0.22	2.5+0.5	0.35
40	±0.4	2.0+0.4	0.36	3.0+0.6	0.52
50	±0.4	2.0+0.4	0.45	3.5+0.6	0.77
68	±0.5	2.5+0.5	0.71	4.0+0.8	1.11
75	±0.5	2.5+0.5	0.85	4.0+0.8	1.34
90	±0.7	3.0+0.6	1.23	4.5+0.9	1.81
110	±0.8	3.5+0.7	1.75	5.5+1.1	2.71
125	±1.0	4.0+0.8	2.29	6.0+1.1	3.35
140	±1.0	4.5+0.9	2.88	7.0+1.2	4.38
160	±1.2	5.0+1.0	3.65	8.0+1.4	5.72
180	±1.4	5.5+1.1	4.52	9.0+1.6	7.26
200	±1.5	6.0+1.1	5.48	10.0+1.7	8.95
225	±1.8	7.0+1.2	7.20		
250	±1.8	7.5+1.3	8.56		
280	±2.0	8.5+1.5	10.88		
325	±2.5	9.5+1.6	13.68		
355	±3.0	10.5+1.8	17.05		
400	±3.5	12.0+2.0	21.94		

电气保护管与仪表连接处采用金属软管，又称蛇皮管，是用条形镀锌铁皮卷制成螺旋形而成。为了更好地在腐蚀性介质（空气）中使用，现在都在蛇皮管外面包上一层耐腐蚀塑料，金属软管因此易名为金属挠性管，一般长度有 700mm 和 1000mm 两种规格，需要再长的可在订货上注明所需长度。常用金属挠性管规格如表 5-2-4所示。

表 5-2-4 常用挠性金属管规格

公称内径 /mm	外 径 /mm	内外径允许偏差 /mm	节 距 /mm	自然变曲直径大于 /mm	理论质量 /(g/m)
13	16.5	±0.35	4.7	65	176
15	19	±0.35	5.7	80	236
20	24.3	±0.4	6.4	100	342
25	30.3	±0.45	8.5	115	432
38	45.0	±0.60	11.4	228	807
51	58.0	±1.00	11.4	306	1055

注：防爆金属挠性管见第 9 章“恶劣环境仪表安装”。

保护管的选用要从材质和管径两个方面去考虑。材质取决于环境条件，即周围介质特性，一般腐蚀性可选择金属保护管，强酸性环境只能用硬聚氯乙烯管，而管径则由所保护的电缆、电线的芯数和外径来决定，一般可套用经验公式，见表 5-2-5。

表 5-2-5 保护管直径选用经验公式

导线种类	保护管内导线（电缆）根数		
	2	3	4～10
橡皮绝缘电线	$0.32D^2 \geqslant d_1^2+d_2^2$	$0.42D^2 \geqslant d_1^2+d_2^2+d_3^2$	$0.40D^2 \geqslant n_1 d_1^2+n_2 d_2^2+\cdots$
乙烯绝缘电线	$0.26D^2 \geqslant d_1^2+d_2^2$	$0.34D^2 \geqslant d_1^2+d_2^2+d_3^2$	$0.32D^2 \geqslant n_1 d_1^2+n_2 d_2^2+\cdots$

注：D——电气保护管内径，mm；d_1，d_2，d_3——电线外径，mm；n_1，n_2，…——相同直径对应的电线根数。

配管时，要注意保护管内径和管内穿的电缆数。通常电缆的直径之和不能超过保护管内径的一半。

以常用的 2.5mm^2 控制电缆（或补偿导线）为例，其电气保护管的选择可参照表 5-2-6 的数据。

表 5-2-6 也适用于截面为 1.5mm^2 的控制电缆或补偿导线。

表 5-2-6 保护管允许穿电缆数

电缆截面面积 /mm^2	保护管种类	管内电缆数							
		1	2	3 4	5 6	7 8	9	10 11	12
2.5	电气管/in①	3/4	1	1¼					
	焊接钢管/in①	1/2	3/4	1	1¼	1½	2	2½	3
	轻型硬氯乙烯管	*DN*15	*DN*20	*DN*25	*DN*32	*DN*40	*DN*50	*DN*65	*DN*80

①1in=25.4mm。

1.4 伴热管

伴热管简称伴管。伴热对象是导压管、调节阀、工艺管道或工艺设备上直接安装的仪表及保温箱，它的介质是 0.2～0.4MPa 的低压蒸汽。伴管比较单一，其材质是 20 号钢或紫铜，其规格对 20 号钢来说多为 $\phi14\times2$ 无缝钢管或 $\phi12\times1$、$\phi10\times1$ 无缝钢管，对紫铜来说，多为 $\phi8\times1$ 紫铜管，有时也选用 $\phi10\times1$ 的紫铜管。

2 仪表电缆

仪表电缆通常可分为三类，即控制系统电缆、动力系统电缆和专用电缆。

控制系统包括控制、测量部分，传递控制和检测的电流信号，如常规电动单元组合仪表，也包括传递热电偶、热电阻的信号。它们共同的特点是输送电信号较弱，都是毫伏级的，因此负荷电流小，为此对整个回路的线路电阻要求较高，线路电阻过大，会降低测量精度。

动力系统是指仪表电源及其控制系统，它不同于电气专业的电力系统。仪表的电源都是市电，并且多用 220V AC，极少场合采用 380V AC。这种系统对电缆要求不高，只要考虑电路电流不超过电流额定值，不超过总负荷值即可，不必考虑线路电阻。

专用电缆也很普遍，如 DCS 专用电缆，放射性检测系统专用电缆，巡回检测系统专用电缆等，它们大多数是屏蔽电缆，有时采用同轴电缆。专用电缆有的是检测设备配备的，有的需现场配备。

此外，在自控安装中，大量使用绝缘电线和补偿导线。

2.1 仪表用绝缘导线

仪表用绝缘导线常用的有橡皮绝缘电线和聚氯乙烯绝缘电线两种。由于合成材料，特别是塑料工业的飞速发展，聚氯乙烯绝缘电线广泛使用，特别是盘内配线，多采用这种电线。

常用的绝缘电线如表 5-2-7 所示。

橡皮铜芯软线仅作电动工具连接线用，工程上不使用软线。

表 5-2-7 常用绝缘电线及其主要用途

型 号	名 称	主 要 用 途
BXF	铜芯橡皮电线	供交流 500V,直流 100V 电力用线
BXR	铜芯橡皮软线	同 BXF,但要求柔软电线时采用
BV	铜芯聚氯乙烯绝缘电线	同 BXF,也可作仪表盘配线用
BVR	铜芯聚氯乙烯绝缘软线	同 BXR
VR	铜芯聚氯乙烯绝缘软线	作交流 250V 以下的移动式日用电器及仪表连线
RVZ	中型聚氯乙烯绝缘及护套软线	作交流 500V 以下电动工具和较大的移动式电器连线
KVVR	多芯聚氯乙烯绝缘护套软线	作交流 500V 以下的电器仪表连线
FVN	聚氯乙烯绝缘尼龙护套电线	作交流 250V,60Hz 以下的低压线路连线

聚氯乙烯绝缘电线有很多种。表 5-2-7 中的 BV 是单芯铜线，其标称截面积分别为 0.5、0.75、1.0、1.5、2.5、4.0mm^2 几种。其中 0.75、1.0、1.5mm^2 三种多用于仪表盘配线。BVR 也是单芯铜线，但其线性结构为多股铜丝组成，有 7 股，17 股，19 股三种。BVR 比较柔软，多用于专门插头的连线。盘后连线要讲究美观、整齐，不能用软线。AVR 和 BVR 基本相同，主要是标称截面规格较多。除铜芯以外还有镀锡铜芯，特别适用于制成带线或多芯插头线，当需与仪表焊接时更为方便。KVVR 是多芯聚氯乙烯绝缘电线，且有外壳护套，有 5 芯、6 芯两种，每芯结构都是多股线，比较柔软，可作为现场仪表箱与仪表室的信号连线，但已逐渐被电缆取代。

2.2 仪表用电缆

仪表用电缆除专用电缆外分控制电缆和动力电缆两种。仪表用电负荷较小，动力电缆比较细。铜芯电缆有 1.0、1.5、2.5、4.0mm^2 四种，铝芯电缆有 1.5、2.5、4.0 和 6.0mm^2 四种。仪表外部供电（如控制室供电）由电气专业考虑，电缆也由电气专业计算负荷和选用。

控制电缆是仪表专业使用的主要电缆。由于对线路电阻有较高要求，故控制电缆全是铜芯。它主要用在电动单元仪表连接，热电阻连接，DCS 外部连接，系统信号，联锁、报警线路。其标准截面大多采用 1.5mm^2 和 2.5mm^2，偶尔使用 0.75mm^2 和 1.0mm^2。

控制电缆有 2 芯，3 芯，4 芯，5 芯，6 芯，8 芯，10 芯，14 芯，19 芯，24 芯，30 芯和 37 芯 12 种规格。DDZ-Ⅲ型仪表采用 2 芯电缆，热电阻采用三线制连接，使用 3 芯和 4 芯电缆。DDZ-Ⅱ型常用 4 芯电缆。槽板作为电缆架设的主要形式，中间常采用接线箱，使主槽板中电缆与从现场来的通过保护管的电缆连接，因此主槽板中的电缆可采用 30 芯和 37 芯电缆。

仪表常用的控制电缆见表 5-2-8 和表 5-2-9。

表 5-2-8 控制电缆型号、名称及用途

型 号	名 称	用 途
KYV	铜芯聚乙烯绝缘、聚氯乙烯护套控制电缆	敷设在室内、电缆沟中、穿管
KVV*	铜芯聚氯乙烯绝缘、聚氯乙烯护套控制电缆	同 KYV
KXV	铜芯橡皮绝缘、聚氯乙烯护套控制电缆	同 KYV
KXF	铜芯橡皮绝缘、聚丁护套控制电缆	同 KYV
KYVD	铜芯聚乙烯绝缘、耐寒塑料护套控制电缆	同 KYV
KXVD	铜芯橡皮绝缘、耐寒塑料护套控制电缆	同 KYV
KXHF	铜芯橡皮绝缘、非燃性橡套控制电缆	同 KYV

续表

型号	名称	用途
KYV_{20}	铜芯聚乙烯绝缘、聚氯乙烯护套内钢带铠装控制电缆	敷设在室内、电缆沟中、穿管及地下，能承受较大机械外力
KVV_{20}^{*}	铜芯聚氯乙烯绝缘、聚氯乙烯护套内钢带铠装控制电缆	同 KYV_{20}
KXV_{20}	铜芯橡皮绝缘、聚氯乙烯护套内钢带铠装控制电缆	同 KYV_{20}

注：带 * 者为仪表安装常用。

表 5-2-9　控制电缆技术数据

芯数 \ 外径 \ 型号	KYV /mm	KYVD /mm	KVV /mm	KXV /mm	KXVD /mm	KXF /mm	KXHF /mm	KYV_{20} /mm	KVV_{20} /mm	KXV_{20} /mm	截面积 /mm^2
4	9.11	9.11	9.70	11.20	11.20	10.85	11.20	—	—	—	1.0
	9.70	9.70	11.10	11.70	11.70	11.42	11.70	—	—	—	1.5
	10.60	10.60	12.00	12.70	12.70	12.35	12.70	—	—	—	2.5
	11.80	11.80	13.20	13.80	13.80	14.50	13.80	15.10	16.40	—	4.0
5	9.79	9.79	10.20	12.10	12.10	11.75	12.10	—	—	—	1.0
	10.44	10.44	11.90	12.70	12.70	12.42	12.70	—	—	—	1.5
	11.50	11.50	13.00	13.80	13.80	14.60	13.80	—	—	—	2.5
	12.82	12.82	14.30	—	—	15.80	—	16.10	17.50	—	4.0
7	10.49	10.49	10.90	13.00	13.00	11.20	13.00	—	—	—	1.0
	11.20	11.20	12.80	13.70	13.70	14.45	13.70	—	—	—	1.5
	12.40	12.40	14.00	14.90	14.90	15.60	14.90	15.70	17.60	18.10	2.5
	13.82	13.82	15.40	16.30	16.30	17.00	16.30	17.20	19.40	19.90	4.0
10	12.82	12.82	13.20	16.10	16.10	16.82	16.10	—	—	—	1.0
	13.80	13.80	15.80	17.10	17.10	17.80	17.10	17.10	19.50	21.50	1.5
	15.34	15.34	17.30	19.60	19.60	19.35	19.00	19.00	21.20	23.00	2.5
	17.30	17.30	19.60	21.60	21.60	21.30	21.60	21.80	24.40	25.40	4.0
14	13.78	13.78	14.20	17.40	17.40	18.10	17.40	—	—	—	1.0
	14.85	14.85	17.00	19.50	19.50	19.10	19.50	18.10	21.80	22.90	1.5
	16.56	16.56	19.10	21.20	21.20	20.90	21.20	20.30	23.50	25.00	2.5
	19.10	19.10	21.20	—	—	23.00	—	23.20	26.00	27.10	4.0
19	15.15	15.15	15.50	20.30	20.30	19.95	20.30	18.90	19.50	24.10	1.0
	16.75	16.75	19.10	21.50	21.50	21.15	21.50	20.10	23.50	25.30	1.5
	18.70	18.70	21.10	23.40	23.40	23.10	23.40	22.80	25.90	27.20	2.5
	—	—	—	—	—	—	—	—	—	—	4.0
24	17.84	17.84	17.90	23.40	23.40	23.10	23.40	22.00	22.70	27.20	1.0
	19.32	19.32	22.10	25.80	25.80	25.50	25.80	23.40	26.90	28.60	1.5
	21.70	21.70	24.80	28.20	28.20	27.88	28.20	26.50	29.60	31.40	2.5
	—	—	—	—	—	—	—	—	—	—	4.0
30	18.85	18.85	19.20	25.70	25.70	25.50	25.70	23.10	24.00	28.60	1.0
	20.40	20.40	23.30	27.20	27.20	27.00	27.20	24.90	28.10	30.50	1.5
	22.90	22.90	26.20	29.70	29.70	29.40	29.70	27.40	31.00	32.90	2.5
	—	—	—	—	—	—	—	—		—	4.0
37	20.22	20.22	20.60	27.50	27.50	27.28	27.50	24.70	25.40	30.80	1.0
	21.90	21.90	25.50	29.20	29.20	28.90	29.20	28.40	30.30	32.40	1.5
	25.00	25.00	28.20	32.90	32.90	32.60	32.90	29.10	33.00	35.90	2.5
	—	—	—	—	—	—	—	—	—	—	4.0

2.3 控制电缆

仪表专用电缆有的由检测设备配备，随设备一起到货。这里所说的是需现场配备的专用电缆（集散系统专用同轴电缆或屏蔽电缆，由集散系统供货单位考虑），以数字巡回检测装置使用的屏蔽控制电缆为例，列于表5-2-10和表5-2-11。

表 5-2-10 KJCP 屏蔽控制电缆（0.75m²）

芯数及截面面积/mm²	对数	导线直径/mm	护套厚/mm	参考外径/mm	质量/(kg/km)
2×0.75	1	0.97	0.60	7.84	74.90
4×0.75	2	0.97	0.60	8.74	97.79
6×0.75	3	0.97	0.60	11.60	140.55
8×0.75	4	0.97	0.60	12.58	170.15
10×0.75	5	0.97	0.60	13.65	201.30
12×0.75	6	0.97	0.60	14.78	235.32
14×0.75	7	0.97	0.60	14.78	244.27
16×0.75	8	0.97	0.60	15.91	275.47
18×0.75	9	0.97	0.60	18.94	350.50
20×0.75	10	0.97	0.60	18.94	359.51
22×0.75	11	0.97	0.60	19.52	385.18
24×0.75	12	0.97	0.60	19.52	394.20
26×0.75	13	0.97	0.60	20.50	434.70
28×0.75	14	0.97	0.60	20.50	443.76
30×0.75	15	0.97	0.60	21.57	486.33
32×0.75	16	0.97	0.60	21.57	495.33
40×0.75	20	0.97	0.60	23.83	590.77
48×0.75	24	0.97	0.60	26.46	698.91
60×0.75	30	0.97	0.60	28.02	822.10

注：制造长度均为100m。

表 5-2-11 KJCP 屏蔽控制电缆（1.5m²）

芯数及截面面积/mm²	对数	导线直径/mm	护套厚/mm	参考外径/mm	质量/(kg/km)
2×1.5	1	1.37	0.60	8.64	97.10
4×1.5	2	1.37	0.60	9.70	135.81
6×1.5	3	1.37	0.60	13.09	198.01
8×1.5	4	1.37	0.60	14.24	244.25
10×1.5	5	1.37	0.60	15.52	293.69
12×1.5	6	1.37	0.60	16.85	346.32
14×1.5	7	1.37	0.60	16.85	366.22
16×1.5	8	1.37	0.60	18.19	420.22
18×1.5	9	1.37	0.60	21.70	519.07
20×1.5	10	1.37	0.60	21.70	538.68
22×1.5	11	1.37	0.60	22.39	580.89
24×1.5	12	1.37	0.60	22.39	600.51
26×1.5	13	1.37	0.60	23.54	662.70
28×1.5	14	1.37	0.60	23.54	682.32
30×1.5	15	1.37	0.60	24.82	747.84
32×1.5	16	1.37	0.60	24.82	764.45
40×1.5	20	1.37	0.60	27.49	925.61
48×1.5	24	1.37	0.60	31.00	1129.94
60×1.5	30	1.37	0.60	32.84	1344.31

注：制造长度均为100m。

2.4 屏蔽电线和屏蔽电缆

仪表工作在强电、强磁场环境的可能性很大，有时受电波干扰。为此，要使用屏蔽电线或屏蔽电缆。常用屏蔽电线型号及用途见表 5-2-12。

表 5-2-12 常用屏蔽电线型号及主要用途

型　号	名　　称	主　要　用　途
BVP	聚氯乙烯绝缘金属屏蔽铜芯导线	用于防强电干扰的场合，环境温度为－15～65 ℃
BVVP	聚氯乙烯绝缘金属屏蔽护套铜芯导线	同 BVP，但能抗机械外伤
BVPR	聚氯乙烯绝缘屏蔽铜芯软线	用于弱电流电器及仪表连接
RVVPR	聚氯乙烯绝缘聚氯乙烯护套屏蔽铜芯软线	同 BVP

屏蔽电线有 1 芯，2 芯。3 芯是屏蔽电缆。屏蔽电缆是仪表供电用的。其每芯由 7 根直径为 0.52mm 的镀锡铜线绞合而成，用硅橡胶绝缘，使用环境温度为－60～250℃，250V AC 以下动力系统用。

2.5 补偿导线

补偿导线是热电偶连接线，是为补偿热电偶冷端因环境温度的变化而产生的电势差。不同型号和分度号的热电偶要使用与分度号一致的补偿导线，否则，不但得不到补偿，反而会产生更大的误差。补偿导线在连接时要注意极性，必须与热电偶极性一致，严禁接反。

补偿导线在冷端（0℃）与环境温度变化范围内（一般考虑 50℃或 100℃）的电热性质应与热电偶本身的电热性质相一致，这样才能起到冷端补偿的效果，只是热电偶的材质较严格，费用昂贵，而补偿导线相对要便宜得多。热电偶的补偿导线只是把冷端变化的温度引到控制室，实质是在环境温度下延长热电偶到温度较为恒定的控制室。

表 5-2-13 是几种常用热电偶补偿导线的技术特性。

表 5-2-13 常用补偿导线技术特性

热电偶名称	补　偿　导　线								
	型　号	正 极		负 极		冷端为 0℃，热端为 100℃时标准电热势/mV	电阻值/(Ω/m)		
		材料	颜色	材料	颜色		$1mm^2$	$1.5mm^2$	$2.5mm^2$
铂铑-铂	WRP (S)	铜	红	铜镍	绿	－0.634±0.023	0.05	0.03	0.02
镍铬-镍硅 镍铝	WRN (K)	铜	红	康铜	蓝	－4.10±0.15	0.52	0.35	0.21
镍铬-考铜	WRK (E)	镍铬	红	考铜	黄	＋6.95±0.30	1.15	0.77	0.46
铜-考铜	WRT (T)	铜	红	考铜	黄	－4.76±0.15	0.5	0.33	0.20

注：1. 型号中（ ）内表示该热电偶分度号。

2. 表中颜色是指绝缘橡皮颜色，不是补偿导线金属丝的颜色。

在电磁干扰较强的场合，要采用带屏蔽层的补偿导线。其屏蔽层采用 0.15～0.20mm 的镀锡铜丝或镀锌铜丝编织，屏蔽层接地。

补偿导线有单芯线（硬线）和多芯线（软线）两种。单芯线使用广泛、普遍，多芯线适用于较复杂的接线，例如仪表盘后的配线。

补偿导线需穿管敷设或在槽板内敷设。

补偿导线的截面积有 0.5、1.0、1.5 和 $2.5mm^2$ 四种，常用的是 $1.5mm^2$ 和 $2.5mm^2$。

多芯（多对）补偿导线，例如 30 芯（15 对），适用于测温点比较集中的场合，且要用分线箱或接线箱。

3 仪表安装常用型钢

仪表盘安装需要基础槽钢，制作要用薄钢板，保温箱安装需用薄钢板作底座，仪表管道、电缆敷设需用角钢、槽钢、扁钢、工字钢作支架，自制加工件需用圆钢。基本上各种型钢在仪表安装上都有用。常用的型钢规格列于表 5-2-14～表 5-2-22 中。

表 5-2-14 镀锌铁线

直径/mm	1.6	1.8	2.0	2.3	2.6	2.9	3.2	3.5	4.0	4.5	5.0	5.5	6.0
截面面积/mm^2	2.011	2.545	3.142	4.155	5.309	6.605	8.042	9.621	12.57	15.90	19.64	23.76	28.27
质量/(kg/km)	15.69	19.85	24.51	32.41	41.41	51.52	62.73	75.04	98.05	124.0	153.2	185.3	220.5

表 5-2-15 热轧圆钢（GB 702—65）

直径/mm	5	5.6	6	6.3	7	8	9	10	11	12	13
理论质量/(kg/m)	0.154	0.193	0.222	0.245	0.302	0.395	0.499	0.617	0.746	0.888	1.04
直径/mm	14	15	16	17	18	19	20	21	22	24	25
理论质量/(kg/m)	1.21	1.39	1.58	1.78	2.00	2.23	2.47	2.72	2.98	3.55	3.85

表 5-2-16 热轧扁钢

宽度/mm		12	16	20	25	30	32	40	50	63	70	75	80	100
厚度/mm		理论质量/(kg/m)												
	4	0.38	0.50	0.63	0.79	0.94	1.01	1.26	1.57	1.98	2.20	2.36	2.51	3.14
	5	0.47	0.63	0.79	0.98	1.18	1.25	1.57	1.96	2.47	2.75	2.94	3.14	3.93
	6	0.57	0.75	0.94	1.18	1.41	1.50	1.88	2.36	2.97	3.30	3.53	3.77	4.71
	7	0.66	0.88	1.10	1.37	1.65	1.76	2.20	2.75	3.46	3.85	4.12	4.40	5.50
	8	0.75	1.00	1.26	1.57	1.88	2.01	2.51	3.14	3.96	4.40	4.71	5.02	6.28
	9	—	1.15	1.41	1.77	2.12	2.26	2.83	3.53	4.45	4.95	5.30	5.65	7.07
	10	—	1.26	1.57	1.96	2.36	2.54	3.14	3.93	4.94	5.50	5.89	6.28	7.85
	11	—	—	1.73	2.16	2.59	2.76	3.45	4.32	5.44	6.04	6.48	6.91	8.64
	12	—	—	1.88	2.36	2.83	3.01	3.77	4.71	5.93	6.59	7.07	7.54	9.42
	14	—	—	—	2.75	3.36	3.51	4.40	5.50	6.90	7.69	8.24	8.79	10.99
	16	—	—	—	3.14	3.77	4.02	5.02	6.28	7.91	8.79	9.42	10.05	12.50

表 5-2-17 小扁钢技术数据

厚×宽/mm	3×10	3×12	3×14	3×16	3×18	3×20	4×12
质量/(kg/m)	0.24	0.28	0.33	0.38	0.42	0.47	0.38
厚×宽/mm	4×14	4×20	4×25	4×30	4×40	4×50	5×30
质量/(kg/m)	0.44	0.63	0.79	0.94	1.26	1.57	1.41

表 5-2-18 热轧薄钢板

厚度/mm	0.5	0.8	1.0	1.5	2	3	4	5
质量/(kg/m)	3.93	6.28	7.85	11.78	15.7	23.55	31.4	43.18
厚度/mm	6	8	10	12	14	16	18	20
质量/(kg/m)	47.10	62.80	78.50	92.40	109.9	125.6	141.3	157.0

表 5-2-19 热轧普通槽钢

型号	尺寸/mm h	尺寸/mm b	尺寸/mm d	质量/(kg/m)	型号	尺寸/mm h	尺寸/mm b	尺寸/mm d	质量/(kg/m)
5	50	37	4.5	5.44	20	200	75	9.0	25.77
6.3	63	40	4.8	6.63	22a	220	77	7.0	24.99
8	80	43	5.0	8.04	22	220	79	9.0	28.45
10	100	48	5.3	10.00	25a	250	78	7.0	27.47
12.6	126	53	5.5	12.37	25b	250	80	9.0	31.39
14a	140	58	6.0	14.53	25c	250	82	11.0	35.32
14b	140	60	8.0	16.73	28a	280	82	7.5	31.42
16a	160	63	6.5	17.23	28b	280	84	9.5	35.81
16	160	65	8.6	19.74	28c	280	86	11.5	40.21
18a	180	68	7.0	20.17	32a	320	88	8.0	38.22
18	180	70	9.0	22.99	32b	320	90	10.0	43.25
20a	200	73	7.0	22.63	32c	320	92	12.0	48.28

注：h——高度；b——腿宽；d——腰厚。

表 5-2-20 等边角钢

型号		2		2.5		3		3.6			4		
尺寸/mm	b	20		25		30		36			40		
	d	3	4	3	4	3	4	3	4	5	3	4	5
质量/(kg/m)		0.889	1.145	1.124	1.459	1.373	1.786	1.656	2.163	2.654	1.852	2.422	2.976

型号		4.5				5				5.6			
尺寸/mm	b	45				50				56			
	d	3	4	5	6	3	4	5	6	3	4	5	8
质量/(kg/m)		2.088	2.736	3.369	3.985	2.332	3.059	3.770	4.465	2.624	3.446	4.251	6.568

型号		6.3					10					
尺寸/mm	b	63					100					
	d	4	5	6	8	10	6	7	8	10	12	14
质量/(kg/m)		3.907	4.822	5.721	7.469	9.151	9.366	10.830	12.276	15.12	17.898	20.611

注：b——边宽；d——边厚。

表 5-2-21 不等边角钢

型号		2.5/1.6		3.2/2		4/2.5		4.5/2.8		5/3.2	
尺寸/mm	B	25		32		40		45		50	
	b	16		20		25		28		32	
	d	3	4	3	4	3	4	3	4	3	4
质量/(kg/m)		0.912	1.176	1.171	1.522	1.484	1.936	1.687	2.203	1.908	2.494

型号		5.6/3.6			6.3/4				7.5/5			
尺寸/mm	B	56			63				75			
	b	36			40				50			
	d	3	4	5	4	5	6	7	5	6	8	10
质量/(kg/m)		2.153	2.818	3.466	3.185	3.920	4.638	5.339	4.808	5.699	7.431	9.098

续表

型　号		8/5				10/6.3				10/8			
尺寸/mm	B	80				100				100			
	b	50				63				80			
	d	5	6	7	8	6	7	8	10	6	7	8	10
质量/(kg/m)		5.005	5.935	6.848	7.745	7.550	8.722	9.878	12.142	8.350	9.659	10.946	13.476

注：B——长边宽；b——短边宽；d——边厚。

表 5-2-22　热轧普通工字钢

型 号	尺寸/mm			质量/(kg/m)	型 号	尺寸/mm			质量/(kg/m)
	h	b	d			h	b	d	
10	100	68	4.5	11.2	25a	250	116	8	38.4
12.6	126	74	5	14.2	25b	250	118	10	42
14	140	80	5.5	16.9	28a	280	122	8.5	43.4
16	160	88	6	20.5	28b	280	124	10.5	47.4
18	180	94	6.5	24.1	32a	320	130	9.5	52.7
20a	200	100	7	27.9	32b	320	132	11.5	57.7
20b	200	102	9	31.1	32c	320	134	13.5	62.8
22a	220	110	7.5	33	36a	360	136	10	59.9
22b	220	112	9.5	36.4	36b	360	138	12	65.6
					36c	360	140	14	71.2

注：h——高度；b——腿宽；d——腰厚。

4　仪表阀门

阀门种类繁多，作用各异。了解各种阀门的基本特点和阀门类别、驱动方式、连接形式、密封面或衬里材料、公称压力、公称直径及阀体材料等基本情况，便于选用合适的阀门。

4.1　阀门型号的标志说明

阀门型号由 7 个单元组成，如下所示：

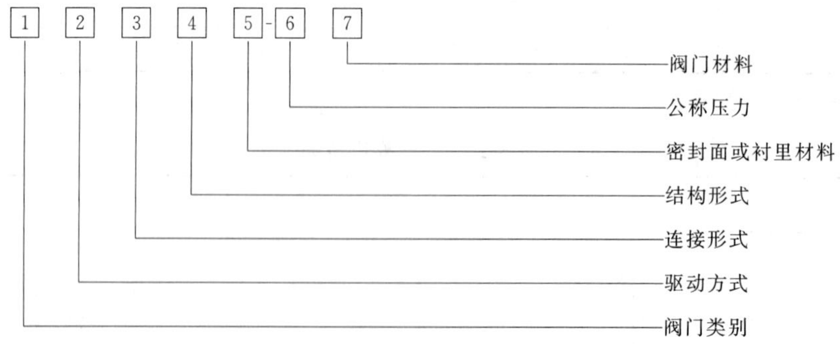

第一单元为阀门类别，用汉语拼音表示，如表 5-2-23 所示。

表 5-2-23　阀门类别的代号

阀门类别	代　号	阀门类别	代　号	阀门类别	代　号
闸　阀	Z	蝶　阀	D	安全阀	A
截止阀	J	隔膜阀	G	减压阀	Y
节流阀	L	旋塞阀	X	疏水器	S
球　阀	Q	止回阀	H		

第二单元是驱动形式，用阿拉伯数字表示，如表5-2-24所示。

第三单元表示连接形式，用阿拉伯数字表示，如表5-2-25所示。

表 5-2-24　阀门驱动方式及其代号

驱动方式	代　号	驱动方式	代　号
电磁驱动	0	伞齿轮	5
电磁-液动	1	气动	6
电-液动	2	液动	7
涡　轮	3	气-液动	8
飞齿轮	4	电动	9

注：1. 对于驱动形式为气动和液动的，又分常开（K）和常闭（B）两种，如气动常开用6K表示，液动常闭用7B表示。

2. 防爆电动用“9B”表示。

表 5-2-25　阀门连接形式及其代号

连接形式	代　号	连接形式	代　号
内螺纹	1	焊　接	6
外螺纹	2	对　夹	7
法兰	3	卡　箍	8
	4	卡　套	9
	5		

注：焊接连接包括对接焊和承插焊。

第四单元为结构形式，用阿拉伯数字表示。不同的阀表示方法不同，见表5-2-26～表5-2-28。

第五单元为阀座密封面或衬里材料，用汉语拼音表示，见表5-2-29。

表 5-2-26　截止阀与节流阀的结构形式及其代号

截止阀和节流阀结构形式		代　号
直　通　式		1
角　　　式		4
直　流　式		5
平　衡	直　通　式	6
	角　　　式	7

表 5-2-27　球阀结构形式及其代号

球阀结构形式			代号
浮　动	直　通　式		1
	L　形	三通式	4
	T　形		5
固　定　直　通　式			7

表 5-2-28　闸阀结构形式及其代号

闸阀结构形式				代号
明　杆	楔　式	弹性闸板		0
		刚性	单闸板	1
			双闸板	2
	平行式		单闸板	3
			双闸板	4
暗杆楔式		单　闸　板		5
		双　闸　板		6

表 5-2-29　阀座密封面或衬里材料及其代号

阀座密封面或衬里材料	代号	阀座密封面或衬里材料	代号
铜　合　金	T	渗　碳　钢	D
橡　　　胶	X	硬质合金	Y
尼龙塑料	N	衬　　　胶	J
氟　塑　料	F	衬　　　铅	Q
巴氏合金	B	搪　　　瓷	C
合　金　钢	H	渗　硼　钢	P

注：由阀体直接加工的阀座密封面材料代号用“W”表示。当阀座和阀瓣（闸板）密封面材料不同时，用低硬度材料代号表示（隔膜阀除外）。

第六单元为公称压力 PN，单位是0.1MPa（kgf/cm^2）。

第七单元为阀体材料，用汉语拼音字母表示，见表5-2-30。

表 5-2-30　阀体材料及其代号

阀体材料	代　号	阀体材料	代　号
HT25-27（灰铸铁）	Z	Cr5Mo（铬钼钢）	I
KT30-6（可锻铸铁）	K	1Cr18Ni9Ti	P
QT40-15（球墨铸铁）	Q	Cr18Ni12Mo2Ti	R
H62（铜合金）	T	12Cr1MoV	V
ZG25Ⅱ（铸钢）	C	高硅铸铁	G

注：$PN \leqslant 1.6$MPa的灰铸铁阀体和 $PN \geqslant 2.5$MPa的碳素钢阀体，省略本代号。

4.2 常用阀门的选用

4.2.1 闸阀

闸阀可按阀杆上螺纹位置分为明杆式和暗杆式两类。从闸板的结构特点又可分为楔式、平行式两类。

楔式闸阀的密封面与垂直中心成一角度，并大多制成单闸板。平行式闸阀的密封面与垂直中心平行，并大多制成双闸板。

闸阀的密封性能较截止阀好，流体阻力小，具有一定调节性能，明杆式可根据阀杆升降高低调节启闭程度，缺点是结构较截止阀复杂，密封面易磨损，不易修理。闸阀除适用于蒸汽、油品等介质外，还适用于含有颗粒状固体及黏度较大的介质，并适用于作放空阀和低真空系统的阀门。

弹性闸阀不易在受热后被卡除，适用于蒸汽、高温油品及油气等介质，及开关频繁的部位，不宜用于易结焦的介质。

楔式单闸板闸阀较弹性闸阀结构简单，在较高温度下密封性能不如弹性或双闸板闸阀好，适用于易结焦的高温介质。

楔式闸阀中双闸板式密封性好，密封面磨损后易修理，其零部件比其他形式多，适用于蒸汽、油品和对密封面磨损较大的介质，或开关频繁部位，不宜于易结焦的介质。

4.2.2 截止阀

截止阀与闸阀相比，其调节性能好，密封性能差，结构简单，制造维修方便，流体阻力较大，价格便宜。适用于蒸汽等介质，不宜用于黏度大、含有颗粒、易沉淀的介质，也不宜作放空阀及低真空系统阀门。

4.2.3 节流阀

节流阀的外形尺寸小，重量轻，调节性能较截止阀和针形阀好，但调节精度不高。由于流速较大，易冲蚀密封面。适用于温度较低，压力较高的介质，以及需要调节流量和压力的部位，不适用于黏度大和含有固体颗粒的介质，不宜作隔断阀。

4.2.4 止回阀

止回阀按结构可分为升降式和旋启式两种。升降式止回阀较旋启式止回阀的密封性好，流体阻力大。卧式的宜装在水平管线上，立式的应装在垂直管线上。旋启式止回阀不宜制成小口径阀门，可以水平、垂直或倾斜安装。如装在垂直管线上，介质流向应由下至上。

止回阀一般适用于清净介质，不宜用于含固体颗粒和黏度较大的介质。

4.2.5 球阀

球阀结构简单，开关迅速，操作方便。它体积小，重量轻，零部件少，流体阻力小，结构比闸阀、截止阀简单。密封面比旋塞阀易加工且不易擦伤。适用于低温、高压及黏度大的介质，不能作调节流量用。目前因密封材料尚未解决，不能用于温度较高的介质。

4.2.6 旋塞阀

旋塞阀的结构简单，开关迅速，操作方便。它流体阻力小，零部件少且质量轻。适用于温度较低，黏度较大的介质和要求开关迅速的场合。一般不适用于蒸汽和温度较高的介质。

4.2.7 蝶阀

蝶阀与相同公称压力等级的平行式闸板阀比较，其尺寸小，重量轻，开关迅速，具有一定的调节性能，适合于制成较大口径阀门，用于温度小于80℃、压力小于1MPa的原油、油品及水等介质。

4.2.8 隔膜阀

阀的启闭件是一块橡胶隔膜，夹于阀体与阀盖之间。隔膜中间突出部分固定在阀杆上，阀体内衬有橡胶，由于介质不进入阀盖内腔，因此无需填料箱。

隔膜阀结构简单，密封性能好，便于维修，流体阻力小，适用于温度小于200℃，压力小于1MPa的油品、水、酸性介质和含浮物的介质，不适用于有机溶剂和强氧化剂的介质。

综上所述，仪表取源部件上使用的根部阀一般采用球阀，气源部分也多使用球阀和闸阀。

有酸性腐蚀介质的切断阀选用隔膜阀。

蒸汽检测系统一般选用闸阀和截止阀。

排污阀、放气阀、放空阀一般选用球阀和旋塞阀。

阀门使用在管路上，按其管路及检测需要可分为三类。一类是气动管路用阀，这类阀以截止阀为主，也使用球阀。一类是测量管路用阀，包括取源、切断、放空、排污和调节，也多使用截止阀和球阀。一类是检测和控制所需的阀组。

4.3 气动管路用阀

气动管路是指气动单元组合仪表的气源回路、测量回路、调节回路以及电动单元组合仪表中气动调节阀控制回路及其所需气源部分。仪表用阀多采用截止阀和球阀。这类阀的作用是切断或导通气动管路通道。这类阀的特点是密封性能好，外形小巧美观，结构简单，价格便宜。常用的气动管路用阀见表 5-2-31。

表 5-2-31 气动管路截止阀（铜管、尼龙管用）

<table>
<tr><th>型 号</th><th>公称压力/MPa</th><th>通 径</th><th>材 质</th><th>连 接 方 式</th></tr>
<tr><td>QJ-1</td><td rowspan="10">≤1</td><td rowspan="10">5</td><td rowspan="10">H62</td><td>两端均配铜管(φ6,φ8,φ10)</td></tr>
<tr><td>QJ-2A</td><td>一端配铜管(φ6,φ8,φ10),一端为外螺纹(ZG⅛",ZG¼")</td></tr>
<tr><td>QJ-2B</td><td>一端配铜管(φ6,φ8,φ10),一端为外螺纹(M10×1,M12×1.25)</td></tr>
<tr><td>QJ-3A</td><td>一端配铜管(φ6,φ8,φ10),一端为内螺纹 M10×1</td></tr>
<tr><td>QJ-3B</td><td>一端配铜管(φ6,φ8,φ10),一端为内螺纹(ZG⅛",ZG¼")</td></tr>
<tr><td>QJ-4</td><td>两端都为内螺纹(M10×1,M12×1,ZG⅛",ZB¼"中的一种)</td></tr>
<tr><td>QJ-5A</td><td>两端都为外螺纹 M10×1 与 M12×1.25 中的一种</td></tr>
<tr><td>QJ-5B</td><td>两端都为外螺纹 ZG⅛"与 ZG¼"中的一种</td></tr>
<tr><td>QJ-6A</td><td>角式截止阀,一端接 φ6,φ8 铜管,一端为外螺纹 M10×1,M14×1.5,M16×1.5,G¼",G⅛",ZG¼",ZG⅛"</td></tr>
<tr><td>JE(QY_1)</td><td>一端配铜管 φ6 或 φ8,一端接 G½"</td></tr>
<tr><td>QZ-1</td><td>2.5</td><td>4</td><td>H62</td><td>φ6—φ6,φ8—φ8,φ10—φ10 中的一种铜管</td></tr>
<tr><td>QZ-2</td><td>2.5</td><td>4</td><td>H62</td><td>一端为外螺纹 M10×1、M12×1.25、G⅛"、ZG⅛"和 ZG¼"中的一种,另一端为 φ6 或 φ8 铜管</td></tr>
<tr><td>QZ-3</td><td>2.5</td><td>4</td><td>H62</td><td>一端为内螺纹 M10×1、M12×1.25、G⅛"、ZG⅛"、G¼"、ZG¼"中的一种,另一端为 φ6 或 φ8 铜管</td></tr>
<tr><td rowspan="2">QJ-4
三通截止阀</td><td rowspan="2">1</td><td>3</td><td rowspan="2">H62</td><td>接管 φ6 铜管</td></tr>
<tr><td>4</td><td>接管 φ8 或 φ10 铜管</td></tr>
</table>

注：尼龙 1010 管与铜管一样适用。

这类阀门也可以作为气源的取压阀、排污阀和放空阀。在大多数场合，它作为每个气动仪表（含调节阀）气源的二通阀，安装在从气源总管下来的支管（为 *DN*15 即½"镀锌焊接钢管）与铜管（φ6×1）连接处，详见“管道敷设”一节。

4.4 仪表测量管路用阀

这类阀门是仪表安装专业使用量最大的阀门。它包括全部取源用的根部阀和切断阀，配合差压变送器、压力变送器的排污阀、放气阀和放空阀，气源部分的放空阀，分析系统用阀，蒸汽伴热系统用阀等等。为满足不同工艺介质的要求，对阀门的公称压力、适用温度、管路连接方式、耐腐蚀性能等等都有不同的要求。表 5-2-32 列出了常用的 80 余种阀门。

球阀也广泛应用于仪表检测回路。仪表使用的球阀还有以下特点：①采用了全密封形式，用优质高强度聚四氟乙烯充填内腔与球体整个空间，使阀门经清洗后无滞留物，从而保证了仪表稳定可靠的性能；②密封口处增添了调节机构，保证球阀无论在正压或负压工况下密封均无泄漏。独特的金属卡环，使阀门在真空系统中工作填料不会滑入阀口；③结构紧凑，外形美观和谐，价格低廉。

球阀的结构形式有直通、角式、三通、排气、多位一通、多位二通切换等，除仪表检测回路外，还广泛使用于实验室、液压、气动管道。主要产品见表 5-2-33。

表 5-2-32　仪表常用测量管路阀门

名　　称	型　号	公称压力 /MPa	通径 /mm	连　接　形　式
内螺纹截止阀	J11W-16T	1.6	10	两端均为内螺纹 ZG$^{1}/_{4}$″
内螺纹截止阀	J11W-16T	1.6	15	两端均为内螺纹 ZG$^{1}/_{2}$″
内螺纹截止阀	J11H-25C	2.5	10	两端均为内螺纹 G$^{1}/_{2}$″或 ZG$^{1}/_{2}$″
内螺纹截止阀	J11H-25C	2.5	15	两端均为内螺纹 G$^{1}/_{2}$″或 ZG$^{1}/_{2}$″
内螺纹截止阀	J11H-25C	2.5	20	两端均为内螺纹 G$^{1}/_{2}$″或 ZG$^{1}/_{2}$″
内螺纹截止阀	J11W-25P	2.5	10	两端均为内螺纹 G$^{1}/_{2}$″或 ZG$^{1}/_{2}$″
内螺纹截止阀	J11W-25P	2.5	15	两端均为内螺纹 G$^{1}/_{2}$″或 ZG$^{1}/_{2}$″
内螺纹截止阀	J11W-25P	2.5	20	两端均为内螺纹 G$^{1}/_{2}$″或 ZG$^{1}/_{2}$″
内螺纹截止阀	J11H-64C	6.4	10	两端均为内螺纹 G$^{1}/_{2}$″或 ZG$^{1}/_{2}$″
内螺纹截止阀	J11H-64C	6.4	15	两端均为内螺纹 G$^{1}/_{2}$″或 ZG$^{1}/_{2}$″
内螺纹截止阀	J11W-64P	6.4	10	两端均为内螺纹 G$^{1}/_{2}$″或 ZG$^{1}/_{2}$″
内螺纹截止阀	J11W-64P	6.4	15	两端均为内螺纹 G$^{1}/_{2}$″或 ZG$^{1}/_{2}$″
内螺纹截止阀	J11H-160C	16	15	两端均为内螺纹 G$^{1}/_{2}$″或 ZG$^{1}/_{2}$″
内螺纹截止阀	J11W-160P	16	15	两端均为内螺纹 G$^{1}/_{2}$″或 ZG$^{1}/_{2}$″
内螺纹截止阀	J11H-320C	32	15	两端均为内螺纹 G$^{1}/_{2}$″或 ZG$^{1}/_{2}$″
内螺纹截止阀	J11W-320P	32	15	两端均为内螺纹 G$^{1}/_{2}$″或 ZG$^{1}/_{2}$″
内外螺纹截止阀	J$^{1}_{2}$1H-200C	20	5	一端内螺纹,一端外螺纹,Z$^{1}/_{4}$″-Z$^{1}/_{4}$″
内外螺纹截止阀	J$^{1}_{2}$1W-200P	20	5	一端内螺纹,一端外螺纹,Z$^{1}/_{4}$″-Z$^{1}/_{4}$″
内外螺纹截止阀	J$^{1}_{2}$1W-400C	40	5	一端内螺纹,一端外螺纹,Z$^{1}/_{4}$″-Z$^{1}/_{4}$″
内外螺纹截止阀	J$^{1}_{2}$1W-400P	40	5	一端内螺纹,一端外螺纹,Z$^{3}/_{8}$″-Z$^{3}/_{8}$″
内外螺纹截止阀	J$^{1}_{2}$1W-400P	40	5	一端内螺纹,一端外螺纹,Z$^{1}/_{4}$″-Z$^{1}/_{4}$″
内外螺纹截止阀	J$^{1}_{2}$1W-400P	40	5	一端内螺纹,一端外螺纹,Z$^{1}/_{2}$″-Z$^{1}/_{4}$″
内外螺纹截止阀	J$^{1}_{2}$1W-400P	40	5	一端为内螺纹,一端为外螺纹,Z$^{1}/_{4}$″-Z$^{1}/_{4}$″
内外螺纹截止阀	J$^{1}_{2}$1W-400P	40	5	一端为内螺纹,一端为外螺纹,Z$^{3}/_{8}$″-Z$^{3}/_{8}$″
内外螺纹截止阀	J$^{1}_{2}$1W-400P	40	5	一端为内螺纹,一端为外螺纹,Z$^{1}/_{2}$″-Z$^{1}/_{2}$″
卡套截止阀	J91H-200C	20	5	两端均为卡套,可直接配管 ϕ12
卡套截止阀	J91H-200C	20	5	两端均为卡套,可直接配管 ϕ14
卡套截止阀	J91W-200P	20	5	两端均为卡套,可直接配管 ϕ12
卡套截止阀	J91W-200P	20	5	两端均为卡套,可直接配管 ϕ14
卡套截止阀	J91H-400C	40	5	两端均为卡套,可直接配管 ϕ12
卡套截止阀	J91H-400C	40	5	两端均为卡套,可直接配管 ϕ14
卡套截止阀	J91W-400P	40	5	两端均为卡套,可直接配管 ϕ12
卡套截止阀	J91W-400P	40	5	两端均为卡套,可直接配管 ϕ14
卡套截止阀	J94H-64C	6.4	3	两端均为卡套,可直接配管 ϕ14
卡套截止阀	J94W-64P	6.4	3	两端均为卡套,可直接配管 ϕ14
卡套截止阀	J94H-160C	16	3	两端均为卡套,可直接配管 ϕ14
卡套截止阀	J94W-160P	16	3	两端均为卡套,可直接配管 ϕ14
卡套截止阀	J94H-64C	6.4	6	两端均为卡套,可直接配管 ϕ14
卡套截止阀	J94W-64P	6.4	6	两端均为卡套,可直接配管 ϕ14
卡套截止阀	J94H-160C	16	6	两端均为卡套,可直接配管 ϕ14
卡套截止阀	J94W-160P	16	6	两端均为卡套,可直接配管 ϕ14
卡套截止阀	J94H-64C	6.4	10	两端均为卡套,可直接配管 ϕ14
卡套截止阀	J94W-64P	6.4	10	两端均为卡套,可直接配管 ϕ14
卡套截止阀	J94H-160C	16	10	两端均为卡套,可直接配管 ϕ14
卡套截止阀	J94W-160P	16	10	两端均为卡套,可直接配管 ϕ14
外螺纹截止阀	J21H-25C	2.5	5	两端均为外螺纹 G$^{1}/_{2}$″
外螺纹截止阀	J21W-25P	2.5	5	两端均为外螺纹 G$^{1}/_{2}$″
外螺纹截止阀	J21H-25C	2.5	10	两端均为外螺纹 G$^{3}/_{4}$″
外螺纹截止阀	J21W-25P	2.5	10	两端均为外螺纹 G$^{3}/_{4}$″

续表

名　　称	型　号	公称压力/MPa	通径/mm	连　接　形　式
外螺纹截止阀	J21H-25C	2.5	15	两端均为外螺纹 G1″
外螺纹截止阀	J21W-25C	2.5	15	两端均为外螺纹 G1″
外螺纹截止阀	J21W-160P	16	10	两端均为外螺纹接管 $\phi14$
外螺纹截止阀	J21H-160C	16	10	两端均为外螺纹接管 $\phi14$
外螺纹截止阀	J21H-320C	32	10	两端均为外螺纹接管 $\phi14$
外螺纹截止阀	J21W-320P	32	10	两端均为外螺纹接管 $\phi14$
外螺纹角式截止阀	J24H-160C	16	3	两端均为外螺纹接管 $\phi14$
外螺纹角式截止阀	J24W-160P	16	3	两端均为外螺纹接管 $\phi14$
外螺纹角式截止阀	J24W-320C	32	3	两端均为外螺纹接管 $\phi14$
外螺纹角式截止阀	J24W-320P	32	3	两端均为外螺纹接管 $\phi14$
外螺纹角式截止阀	J24H-160C	16	5	两端均为外螺纹接管 $\phi14$
外螺纹角式截止阀	J24W-160P	16	5	两端均为外螺纹接管 $\phi14$
外螺纹角式截止阀	J24W-320C	32	5	两端均为外螺纹接管 $\phi14$
外螺纹角式截止阀	J24W-320P	32	5	两端均为外螺纹接管 $\phi14$
外螺纹角式截止阀	J24H-160C	16	10	两端均为外螺纹接管 $\phi14/\phi18$
外螺纹角式截止阀	J24W-160P	16	10	两端均为外螺纹接管 $\phi14/\phi18$
外螺纹角式截止阀	J24W-320C	32	10	两端均为外螺纹接管 $\phi14/\phi18$
外螺纹角式截止阀	J24W-320P	32	10	两端均为外螺纹接管 $\phi14/\phi18$
压力表截止阀	J11H-200C	20	5	一端为 M20×1.5(左),另一端为压力表螺纹 M20×1.5
压力表截止阀	J11H-200C	20	5	一端为 M20×1.5(左),另一端为压力表螺纹 $G^1/_2$″
压力表截止阀	J11W-200P	20	5	一端为 M20×1.5(左),另一端为压力表螺纹 M20×1.5
压力表截止阀	J11W-200P	20	5	一端为 M20×1.5(左),另一端为压力表螺纹 $G^1/_2$″
压力表截止阀	J11H-400C	40	5	一端为 M20×1.5(左),另一端为压力表螺纹 M20×1.5
压力表截止阀	J11H-400C	40	5	一端为 M20×1.5(左),另一端为压力表螺纹 $G^1/_2$″
压力表截止阀	J11W-400P	40	5	一端为 M20×1.5(左),另一端为压力表螺纹 M20×1.5
压力表截止阀	J11W-400P	40	5	一端为 M20×1.5(左),另一端为压力表螺纹 $G^1/_2$″
压力表用截止阀	J29H-320C	32	3	一端为 M20×1.5,一端为 M14×1.5(角式)
压力表用截止阀	J29W-320P	32	3	一端为 M20×1.5,一端为 M14.5(角式)
压力表用截止阀	J29H-320C	32	3	两端均为 M20×1.5 螺纹(角式)
压力表用截止阀	J29W-320P	32	3	两端均为 M20×1.5 螺纹(角式)
法兰式截止阀	J41H-320C	32	3	法兰厚为 15mm,直径 70mm
法兰式截止阀	J41W-320P	32	3	法兰厚为 15mm,直径 70mm
法兰式截止阀	J41H-320C	32	6	法兰厚为 15mm,直径 70mm
法兰式截止阀	J41W-320P	32	6	法兰厚为 15mm,直径 70mm
法兰式截止阀	J41H-320C	32	10	法兰厚为 20mm,直径 95mm
法兰式截止阀	J41W-320P	32	10	法兰厚为 20mm,直径 95mm
法兰式截止阀	J41H-320C	32	15	法兰厚为 20mm,直径 105mm
法兰式截止阀	J41W-320P	32	15	法兰厚为 20mm,直径 105mm
法兰式角式截止阀	J44H-320C	32	3	法兰厚 15mm,法兰直径 70mm
法兰式角式截止阀	J44W-320P	32	3	法兰厚 15mm,法兰直径 70mm
法兰式角式截止阀	J44H-320C	32	6	法兰厚 15mm,法兰直径 70mm
法兰式角式截止阀	J44W-320P	32	6	法兰厚 15mm,法兰直径 70mm
法兰式角式截止阀	J44H-320C	32	10	法兰厚 20mm,法兰直径 95mm
法兰式角式截止阀	J44W-320P	32	10	法兰厚 20mm,法兰直径 95mm
法兰式角式截止阀	J44H-320C	32	15	法兰厚 20mm,法兰直径 105mm
法兰式角式截止阀	J44W-320P	32	15	法兰厚 20mm,法兰直径 105mm

表 5-2-33 仪表常用球阀

型 号	名 称	公称压力/MPa	通径/mm	配 管 外 径
Q81SA-64T	卡箍式球阀	6.4	4,6,8	ϕ6,ϕ8,ϕ10
Q81SA-64P	卡箍式球阀	6.4	4,6,8	ϕ6,ϕ8,ϕ10
Q$^{2}_{8}$1SA-64T	终端卡箍式球阀	6.4	4,6,8	ϕ6,ϕ8,ϕ10 一端为外螺纹
Q$^{2}_{8}$1SA-64P	终端卡箍式球阀	6.4	4,6,8	ϕ6,ϕ8,ϕ16 一端为外螺纹
Q$^{1}_{8}$1SA-64T	卡箍式球阀	6.4	4,6,8	ϕ6,ϕ8,ϕ10 一端为内螺纹
Q$^{1}_{8}$1SA-64P	卡箍式球阀	6.4	4,6,8	ϕ6,ϕ8,ϕ16 一端为内螺纹
Q11SA-64T	内螺纹球阀	6.4	4,6,8,10	两端均为内螺纹
Q11SA-64P	内螺纹球阀	6.4	4,6,8,10	两端均为内螺纹
Q11SA-64C	内螺纹球阀	6.4	4,6,8,10	两端均为内螺纹
Q11SA-64T	内螺纹球阀	6.4	4,6,8,10	两端均为内螺纹
Q11F-64C	内螺纹球阀	6.4	10,15,20,25,40	两端均为内螺纹
Q11F-64P	内螺纹球阀	6.4	10,15,20,25,40	两端均为内螺纹
Q11F-64R	内螺纹球阀	6.4	10,15,20,25,40	两端均为内螺纹

型 号	名 称	公称直径/mm	公称压力/MPa	配 管 外 径
Q21F-64C	外螺纹球阀	10,15,20,25	6.4	两端均为外螺纹
Q21F-64P	外螺纹球阀	10,15,20,25	6.4	两端均为外螺纹
Q21F-64R	外螺纹球阀	10,15,20,25	6.4	两端均为外螺纹
Q91SA-64C	卡套球阀	4,6,8,10	6.4	6,8,(10),12,14
Q91SA-64P	卡套球阀	4,6,8,10	6.4	6,8,(10),12,14
Q91SA-64R	卡套球阀	4,6,8,10	6.4	6,8,(10),12,14
Q93SA-64C	双卡套角式球阀	4,6,8,10	6.4	6,8,(10),12,14
Q93SA-64T	双卡套角式球阀	4,6,8,10	6.4	6,8,(10),12,14
Q93SA-64P	双卡套角式球阀	4,6,8,10	6.4	6,8,(10),12,14
Q13SA-64C	内螺纹角式球阀	4,6,8,10	6.4	配内螺纹
Q13SA-64T	内螺纹角式球阀	4,6,8,10	6.4	配内螺纹
Q13SA-64P	内螺纹角式球阀	4,6,8,10	6.4	配内螺纹
Q94SA-64C	卡套三通球阀	4,6,8,10	6.4	6,8,10,(12),14
Q94SA-64T	卡套三通球阀	4,6,8,10	6.4	6,8,10,(12),14
Q94SA-64P	卡套三通球阀	4,6,8,10	6.4	6,8,10,(12),14

型 号	名 称	公称压力/MPa	公称通径/mm	配 管 尺 寸
Q14SA-64C	内螺纹三通球阀	6.4	4,6,8,10	都为外螺纹
Q14SA-64T	内螺纹三通球阀	6.4	4,6,8,10	都为外螺纹
Q14SA-64P	内螺纹三通球阀	6.4	4,6,8,10	都为外螺纹
PQ81SA-64T	排气球阀	6.4	4,4,6	6,8,10
PQ81SA-64P	排气球阀	6.4	4,4,6	6,8,10
YFP-1A-64C	两位一通双卡球阀	6.4	4,6,8,10	6,8,12,14
YFP-1A-64P	两位一通双卡球阀	6.4	4,6,8,10	6,8,12,14
YFP-1A-64T	两位一通双卡球阀	6.4	4,6,8,10	6,8,12,14
YFP-1B-64C	二位一通内螺纹切换球阀	6.4	4,6,8,10	配内螺纹
YFP-1B-64T	二位一通内螺纹切换球阀	6.4	4,6,8,10	配内螺纹
YFP-1B-64P	二位一通内螺纹切换球阀	6.4	4,6,8,10	配内螺纹
YFP-2	两位两通切换球阀	6.4	2.4	M10×1,ZG$^{1}/_{8}$″,ZG$^{1}/_{4}$″
YFP-3	四位一通切换球阀	6.4	2.5	M10×1,ZG$^{1}/_{8}$″,ZG$^{1}/_{4}$″
YFP-5	六位一通切换球阀	1	4	配 ϕ6×1 钢管或尼龙管
YFP-6	六位两通切换球阀	1	4	配 ϕ6×1 钢管或尼龙管

续表

型　号	名　称	试验压力/MPa	公称压力/MPa	温　度/℃
Q61N-160	高压球阀	24	16	−40～50
Q61N-320	高压球阀	48	32	−40～50
Q71N-160	高压球阀	24	16	−40～50
Q71N-320	高压球阀	48	32	−40～50

注：螺纹尺寸（包括内外螺纹）同公称通径的关系如下。

公称通径	螺纹尺寸	公称通径	螺纹尺寸
ϕ4	M10×1,ZG⅛″,G⅛″	ϕ20	M30×2
ϕ6	ZG¼″,G¼″,M10×1,ZG⅛″	ϕ25	M42×2
ϕ8	M16×1.5,ZG⅜″,G⅜″,M10×1	ϕ32	M48×2
ϕ10	M20×1.5,ZG½″,G½″	ϕ40	M63×3
ϕ10	M24×1.5	ϕ50	M80×8
ϕ15	M33×2		

因控制或其他需要，表 5-2-34 所列阀门在仪表安装中也常用到。

表 5-2-34　仪表安装使用的其他阀门

型　号	名　称	型　号	名　称	型　号	名　称
J24SN-160	角式节流截止阀	YZP-2	四位两通切换阀	J17H	歧管阀
L21X-160	阻尼阀	YZP-3	六位一通切换阀	J99H	微型三通截止阀
K12-54	排气阀	S19H-1	热动力式疏水器	J93H	微型直通截止阀
YZP-1	六位两通切换阀	J26W	三通截止阀	J94H	微型角式截止阀

4.5　仪表用阀组

4.5.1　二阀组

{QE-05C
 QE-05P

这是同一型号两种规格。QE-05C 的公称压力为 16MPa，通径为 ϕ5mm，适用温度≤450℃，阀体材质为 25 号钢，是不耐腐蚀的。QE-05P 的公称压力为 32MPa，通径为 ϕ5mm，适用温度不超过 200℃，阀体材料为镍铬钛钢，有一定的耐腐蚀性。

这两种阀门与差压变送器配套使用。其作用是将差压变送器正、负压室与引压点导通或切断，或将正、负压室切断或导通。

{EF-1H-200C
 EF-1W-200P
 EF-1H-400C
 EF-1W-400P

这是 EF-1 型二阀组的四种规格。其通径为 ϕ10mm。前两种公称压力为 20MPa，后两种公称压力为 40MPa，适用温度不超过 400℃。型号中带 P 的阀体材质为 1Cr18Ni9Ti，有一定的耐蚀性，不带 P 的阀体材质为优质碳钢，耐蚀性较差。

这类二阀组，用两个外螺纹 ZG½″与配管连接，本身还带一个 ZG¼″的排气孔，因此它能将切断、校准、排气三种装置集于一体，结构小巧紧凑，减少了易漏接头。

{EF-2H-200C
 EF-2W-200P
 EF-2H-400C
 EF-2W-400P

这是 EF-2 型系列的四种规格。与 EF-1 型一样，型号中带 P 的有一定的耐蚀性，不带 P 的耐蚀性较差。与 EF-1 型相比，它的两个阀不像 EF-1 型平行安装，而是成一定角度，减少了体积。另一个不同是它的通径为 ϕ5mm，其余性能相同。它的接头螺纹可以是 ZG½″，也可以按用户要求，选用 PT，PF，NDT，G，ZG，M

等标准螺纹。

EF-3 型系列二阀组，其基本性能与 EF-2 型相同。

4.5.2 三阀组

（1）QFF3 三阀组　QFF3 系列三阀组有六种规格，如表 5-2-35 所示。连接形式为卡套式。配管范围为 $\phi 6 \sim \phi 18$mm。

表 5-2-35　QFF3 系列三阀组

型　号	公称压力/MPa	通径/mm	适用介质	型　号	公称压力/MPa	通径/mm	适用介质
QFF3-320C	32	5	微腐蚀	QFF3-160P	16	5	有腐蚀
QFF3-320P	32	5	有腐蚀	QFF3-64C	6.4	5	微腐蚀
QFF3-160C	16	5	微腐蚀	QFF3-64P	6.4	5	有腐蚀

QFF3 三阀组是国产差压变送器配套的三阀组，应用范围很广。它由高压阀、低压阀和平衡阀三个阀组成。高压阀接差压变送器正压室，低压阀接差压变送器负压室。它的作用是将差压变送器正、负压室与引压导压管导通或切断，或将正、负压室导通或切断。公称压力为 32MPa 的三阀组与导压管连接处，应用焊接为妥。

（2）1151-150 型三阀组　1151-150 三阀组是专为 1151 电容式差压变送器配套的三阀组。它只有两种规格，见表 5-2-36。

表 5-2-36　1151-150 型三阀组

型　号	公称压力/MPa	通径/mm	适用温度/℃	适用介质	阀体材质
1151-150-1	≤40	5	≤100	非腐蚀	35 号钢
1151-150-2	≤25	5	≤250	有腐蚀	镍铬钛钢

（3）其他型号三阀组　除上述两种应用较广的三阀组外，还有其他型号的三阀组可使用，其作用原理基本相同，见表 5-2-37。

表 5-2-37　其他型号三阀组

型　号	公称压力/MPa	公称通径/mm	适用介质	适用温度/℃	阀体材料
SF-1H-200C	20	5	非腐蚀	－20～240	碳钢
SF-1W-200P	20	5	有腐蚀	－70～240	1Cr18Ni9Ti
SF-1H-400C	40	5	非腐蚀	－20～240	碳钢
SF-1W-400P	40	5	有腐蚀	－70～240	1Cr18Ni9Ti
SF-2H-200C	20	5	非腐蚀	－20～240	碳钢
SF-2W-200P	20	5	有腐蚀	－70～240	1Cr18Ni9Ti
SF-2H-400C	40	5	非腐蚀	－20～240	碳钢
SF-2W-400P	40	5	有腐蚀	－70～240	1Cr18Ni9Ti
SF-3H-200C	20	5	非腐蚀	－20～240	碳钢
SF-3W-200P	20	5	有腐蚀	－70～240	1Cr18Ni9Ti
SF-3H-400C	40	5	非腐蚀	－20～240	碳钢
SF-3W-400P	40	5	有腐蚀	－70～240	1Cr18Ni9Ti

4.5.3 五阀组

五阀组能与各种差压变送器配套使用。它有与三阀组同样的作用，即将差压变送器正、负压室与引压点切断或导通，或将正、负压室切断或导通。它的特点是：可随时进行在线仪表的检查、校验、标定或排污、冲洗，减少安装施工的麻烦。

五阀组由高压阀、低压阀、平衡阀和两个校验（排污）阀组成，结构紧凑，设计合理，采用球锥密封，密封性能可靠，使用寿命长。正常工作时，将两组校验阀关闭，平衡阀关闭。若需校验仪表，只要将高、低压阀切断，打开平衡阀与两个校验阀，然后再关闭平衡阀即可对在线仪表进行校验。五阀组型号规格见表 5-2-38。

表 5-2-38 常用五阀组

型 号	公称压力/MPa	通径/mm	适用温度/℃	阀体材料
WF-1	32	5	－20～450	35 号钢
WF-2	25	5	－70～200	1Cr18Ni9Ti
WF-3H-200C	20	5	－20～240	碳钢
WF-3W-200P	20	5	－70～240	1Cr18Ni9Ti
WF-3H-400C	40	5	－20～240	碳钢
WF-3W-400P	40	5	－70～240	1Cr18Ni9Ti
WF-4H-200C	20	5	－20～240	碳钢
WF-4W-200P	20	5	－70～240	1Cr18Ni9Ti
WF-4H-400C	40	5	－20～240	碳钢
WF-4W-400P	40	5	－70～240	1Cr18Ni9Ti

5 常用仪表保温材料

5.1 对保温材料的基本要求

保温材料应具有密度小，机械强度大，热导率小，化学性能稳定，以及能长期在工作温度下运行等特点。国家标准 GB 4277—84 对保温材料及其制品的基本性能作出下列具体规定：

① 热导率要低，在平均温度等于或小于 350℃时，热导率不得大于 0.12kcal[1]/(m·h·℃)；

② 密度（容重）小，不大于 500kg/m^3；

③ 耐振动，具有一定的抗振强度。硬质成型制品的抗压强度应不小于 0.3MPa；

④ 保温材料及其制品允许使用的最高或最低温度要高于或低于流体温度；

⑤ 化学性能稳定，对被保温金属表面无腐蚀作用；

⑥ 吸水率要小，特别是保冷材料，吸湿率要严格控制；

⑦ 耐火性能良好，保温材料中的可燃物质含量要小，采用塑料及其制品为保温材料时，必须选用能自熄的塑料；

⑧ 具有线胀系数和体积膨胀系数的保温材料，施工时应根据保温材料膨胀系数的大小，预留一定的膨胀缝，如线胀系数不大，则体积膨胀系数约为线胀系数的 3 倍；

⑨ 价格低廉，施工方便。

5.2 常用保温材料的特性

常用保温材料的特性见表 5-2-39 和表 5-2-40。除表中所列的保温材料外，目前新的保温材料还在不断出现。使用时，要尽量顾及对保温材料的基本要求。

仪表专业保温施工有其特殊性。孔板、电磁流量计、调节阀等安装在工艺管道上的仪表，保温由工艺管道专业统一考虑并由他们施工，但仪表专业要提出具体要求。导压管及保温箱等保温由仪表专业负责。其保温材料可从表 5-2-40 选取。一般，可用石棉绳包扎，然后用玻璃布缠起来，再刷上油。保温箱内多用泡沫塑料板。

表 5-2-39 常用保温材料

类别	名 称	密 度 /(kg/m^3)	热导率 /[kcal[1]/(m·h·℃)]	使用温度 /℃	气孔率 /%	吸水率	特 性	制 品
纤维型	玻璃棉	80～120 结构荷重小	0.04～0.08	350	95～99	大	无毒，耐腐蚀，不燃烧，对皮肤有刺痒感觉，密度小，导热系数小，吸水率大，使用时要有防水措施	保温板，保温管，壳，棉毡

[1] 1cal＝4.18J。

续表

类别	名称	密度/(kg/m³)	热导率/[kcal[①]/(m·h·℃)]	使用温度/℃	气孔率/%	吸水率	特性	制品
纤维型	超细玻璃棉	10～20	0.028(常温)	有碱 450℃ 无碱 600～650℃		大	纤维细而软，对皮肤无刺激感，密度小，热导率小，吸水率大，使用时要有防水措施	有碱超细棉毡，酚醛超细棉板、管，无碱超细棉，无碱超细棉毡
	矿渣棉	100～200	0.04(常温)			大	有较好的抗酸碱性能，对人体有刺激感，密度小，热导率小，吸水率大，使用时注意防水	原棉，沥青棉毡，半硬板，酚醛保温带，管壳及毡，吸音板，绝热板
	岩石棉			600～800		大	有较好的耐腐蚀性能，不燃，耐热温度高，密度小，热导率小，吸水性大	
	石棉类：石棉绒 石棉绳 石棉碳酸镁 硅藻土石棉	300～400 350～400	}0.07(常温) 0.24(常温)	400～480 500 900			较高的热稳定性，耐碱性强，耐酸性弱	石棉绒，石棉绳，布，石棉纸板，石棉布等
发泡型	硅藻土			1280		大	机械强度高，耐火度高，密度大，热导率大，吸水性大	砖，板，管壳
	泡沫混凝土	400～500	0.1		85		气孔率大，密度大，强度低，易破碎	
	微孔硅酸钙	180～200	0.045～0.08		91	大	机械强度大，抗压强度大，密度小，热导率小，吸水率大	板、瓦
	泡沫塑料：聚氨基甲酸酯 聚苯乙烯	40～60 15～50	0.02 0.38			小	结构强度大，能防水，耐腐蚀，隔音性能好，化学稳定性好，热导率小，密度小，适宜冷保温	
	泡沫玻璃					小	耐水、耐酸、耐碱，轻质不燃，热导率较大，不耐磨，适宜于冷保温	
多孔颗粒	膨胀珍珠岩	70～350	0.035～0.07(0℃)	800	90～98		不腐蚀，不燃烧，隔音，化学稳定性高，热导率小，容重变化范围大	水玻璃珍珠岩制品，水泥珍珠岩制品，磷酸盐珍珠岩制品等(砖，管壳等)
	膨胀蛭石	800～200	0.04～0.06			大	耐火度高，化学稳定性好，不易变质，没有腐蚀性，热导率小，强度大，吸水率大，加胶结剂后的蛭石制品保温性能比膨胀蛭石差	水玻璃膨胀蛭石制品(砖，管壳等)水泥膨胀蛭石制品(砖，管壳，板)沥青膨胀蛭石制品(管壳、板)
	碳化软木						抗压强度高，无毒，无刺激，稳定性好，不易腐烂，防潮条件好，易被虫蛀、鼠咬	碳化软木板，砖，管壳等

① 1cal=4.18J。

表 5-2-40　常用保温材料性能

序号	品　　种	密　度/(kg/m³)	热导率/[kcal[5]/(m·h·℃)]	化学物理性能	最高允许温　度/℃
1	玻璃棉原棉[1]	80～100	0.033＋0.00015t_{cp}	尚可	≤300
2	沥青玻璃棉毡[1]	80～120	0.037＋0.00015t_{cp}		≤250
3	沥青玻璃棉缝毡[1]	85～120	0.037＋0.00015t_{cp}	尚可	≤250
4	中碱超细玻璃棉原棉(3.1～3.6μm)	30	0.0167＋0.000163t_{cp}(75＜t_{cp}＜300 适用)		≤400
5	中碱超细玻璃棉原棉(3.1～3.6μm)	50	0.0182＋0.00012t_{cp}(75＜t_{cp}＜300 适用)		≤400
6	中碱超细玻璃棉原棉(3.1～3.6μm)	100	0.0206～0.000163t_{cp}(75＜t_{cp}＜300 适用)		≤400
7	中碱超细玻璃棉管壳(酚醛树脂黏结)	64	0.027～0.00013t_{cp}(t_{cp}＜150℃适用)		≤400
8	中级玻璃纤维管壳	86	0.029～0.00031t_{cp}(t_{cp}＜200℃适用)		≤250
9	中级玻璃纤维管壳	138	0.033＋0.00014t_{cp}		≤250
10	中级玻璃纤维棉原棉	50	0.021＋0.0002t_{cp}		≤300
11	中碱酚醛超细棉毡[1]	20～50	0.028＋0.0002t_{cp}	尚可	≤3000
12	无碱超细棉毡[1]	≤60	0.028＋0.0002t_{cp}	耐腐蚀性强	≤600
13	无碱超细玻璃棉[1]	40～60	0.028＋0.0002t_{cp}	耐腐蚀性强	≤650
14	矿渣棉原棉[1]	100～150	0.043＋0.00017t_{cp}	有较好的耐酸碱性	≤800
15	沥青矿渣棉毡[1]	100～150	0.043＋0.00017t_{cp}	耐酸碱性,抗拉强度 8～12kPa	≤250
16	酚醛矿渣棉管壳[1]	150～200	0.04～0.045	耐酸碱性,抗拉强度 0.15～0.2MPa	≤300
17	纸浆矿渣棉制品[3]	300	0.04	不耐酸碱	≤130
18	岩石棉原棉[1]	80～110	0.035＋0.043	有较好的耐腐蚀性	800 以下
19	沥青岩石棉毡[1]	105～135	≤0.045	有较好的耐腐蚀性	≤250
20	水玻璃岩石棉板,管壳[1]	300～450	≤0.1	有较好的耐腐蚀性	≤400
21	石棉绒[1]	300～400	0.075＋0.0002t_{cp}	耐酸碱	500
22	硅藻土石棉粉[1]	500～650	0.08～0.11	耐酸碱	900
23	石棉绳[2]	590～730	0.06～0.18	耐酸碱	500
24	石棉碳酸镁管壳[2]	360～450	0.055＋0.00028t_{cp}	耐酸碱	300
25	泡沫石棉毡	生产密度 50～70,安装密度 70～95	0.033＋0.0002t_{cp}	抗拉强度 0.01～0.1MPa	＜500
26	硅酸铝耐火纤维[1]	140～200	0.12～0.25(t_{cp}＝1000℃)	有较好的稳定性抗拉强度 36kPa	1250
27	高硅氧超细棉毡[1]	≤95	0.028＋0.0002t_{cp}	耐腐蚀性强	≤1000
28	膨胀珍珠岩散料[4]	54	0.033＋0.000157t_{cp}(t_{cp}＜100℃适用)	耐酸碱	
29	膨胀珍珠岩散料[4]	86	0.0373＋0.000147t_{cp}(t_{cp}＜100℃适用)	耐酸碱	
30	膨胀珍珠岩散料[4]	106	0.0394＋0.000139t_{cp}(t_{cp}＜100℃适用)	耐酸碱	

续表

序号	品　　种	密　度 /(kg/m³)	热导率 /[kcal[5]/(m·h·℃)]	化学物理性能	最高允许温　度 /℃
31	膨胀珍珠岩散料[4]	147	0.0439+0.000128t_{cp} (t_{cp}<100℃适用)	耐酸碱	
32	膨胀珍珠岩散料[4]	252	0.0561+0.000162t_{cp} (t_{cp}<100℃适用)	耐酸碱	
33	水玻璃珍珠岩制品[4]	250～300	0.056+0.00012t_{cp}	耐酸碱	600
34	磷酸盐珍珠岩制品[4]	200～250	0.045+0.00025t_{cp}	耐酸碱	800～1000
35	水玻璃珍珠岩	189.5	0.0566+0.0000909t_{cp}	稳定性好	600
36	磷酸铝珍珠岩制品	268	0.0414+0.00014t_{cp}		800～1000
37	耐火水泥珍珠岩制品	429	0.069+0.00012t_{cp}		800～1000
38	耐火水泥珍珠岩制品	560	0.087+0.00012t_{cp}		800～1000
39	水泥珍珠岩制品[3]	199	0.046+0.00011t_{cp}		600
40	水泥珍珠岩制品[3]	291	0.053+0.00013t_{cp}		600
41	水泥珍珠岩制品[3]	514	0.0846+0.00009t_{cp}		600
42	矾土水泥珍珠岩制品	399	0.071+0.000101t_{cp}		800～1000
43	矾土水泥珍珠岩制品	464	0.0756+0.00011t_{cp}		800～1000
44	膨胀珍珠岩粉[3]	≤80	0.035+0.00019t_{cp} (1Pa 真空度)	有较好稳定性	900
45	水泥泡沫混凝土制品[3]	400	0.078+0.000165t_{cp}	有较好化学稳定性	250
46	水泥泡沫混凝土	450	0.086+0.00017t_{cp}	尚可	250
47	煤灰泡沫混凝土制品[3]	500	0.085+0.00017t_{cp}		300～350
48	泡沫玻璃制品	50～170	0.043+0.0002t_{cp}	有较好的化学稳定性	500
49	聚氨酯硬质泡沫塑料制品[3]	38.9	0.019(t_{cp}=35℃)	有较好的化学稳定性	130
50	聚氨酯硬质泡沫塑料制品[3]	41.7	0.0229(t_{cp}=5℃)	有较好的化学稳定性	130
51	聚氨酯硬质泡沫塑料	40.0	0.030～0.033 (20～50℃)　0.045 (100℃)		
52	聚乙烯泡沫塑料板[3]	78.0	0.0374(t_{cp}=20℃)	化学性质稳定,可燃	70
53	胶黏软木[3](粒径 20mm)	大粒胶黏	0.057(t_{cp}=36℃)	不耐酸碱易燃	150
54	胶黏软木[3](粒径 15mm)	细粒胶黏	0.074(t_{cp}=20℃)	不耐酸碱	150
55	微孔硅酸钙制品	200～250	0.045+0.00009t_{cp}	化学性质稳定抗压强度≥0.3MPa,不燃,吸水性大	650
56	微孔硅酸钙制品	200～250	0.035+0.0001t_{cp}	化学性质稳定	650

① 吸水性大（≤0.5%），不燃烧；

② 不燃烧；

③ 吸水性大，易燃烧；

④ 吸水性低，不燃烧；

⑤ 1cal=4.18J。

第 3 章　仪表加工件

仪表加工件是指仪表与仪表之间，仪表与工艺管道、工艺设备之间，仪表与仪表管道之间，仪表管道与工艺管道之间，及仪表配管、配线及其附属装置（如保护箱、保温箱、仪表盘、配电盘、仪表桥架、槽板、仪表阀门等）之间的金属、塑料机械加工的总称。仪表加工件主要有仪表接头，包括仪表阀门接头（也称仪表管件）、仪表配用的法兰和为满足检测、调节需要必须增加的附加装置。如小管道测温用的扩大管及各种不同用途的平衡容器等。

1　仪表接头

仪表接头也称仪表管件。它包括所有仪表的表接头、仪表管道接头、仪表阀门接头、仪表取源部件接头、仪表电气接头、金属软管接头等等。它品种繁多，规格各异，每种仪表接头都有其自己的功能。

按其流通的介质分，仪表接头可分三种。第一种仪表接头流通的介质为工艺介质，即这种接头直接同工艺介质相接触。如一次表的表接头、仪表阀门接头、仪表导压管接头和仪表取源部件接头等。这类接头对其材质有较高的要求，一般要高于工艺管道的材质。这类接头的特点是不同工艺介质采用不同的材质。如一般没有腐蚀或微腐蚀介质采用 20 号钢，一般腐蚀的工艺介质用 1Cr18Ni9Ti 和 316，强腐蚀性的工艺介质用 316L。另外，不同压力等级的接头，其外径不变而壁厚增加，通径减小。因此，应当注意，使用在不同工艺介质和不同压力等级的仪表接头，其外形十分相似，甚至完全一致，要十分小心，不能用错。一般在仓库就严格分类保管。第二种仪表接头通过的介质是 0.7～0.8MPa 的压缩空气。如调节阀接头、仪表压缩空气管道使用接头和气动仪表所用接头等，其材质为 3 号钢或铜，表面镀铬，管道的压力等级为 1.0MPa。这类仪表接头虽然品种复杂，但每种接头有专门的用途，一般不易用错，即使用错了，也不会对整个工艺生产产生大的影响。第三种接头是为保护电缆、电线和补偿导线，如仪表电气接头和金属软管接头，它不承受压力，只是保证它所保护的导线不受机械损伤。它的材质为 3 号钢，表面镀锌。

我国仪表接头生产已经标准化，为 YZG 系列。其表示方法如下：

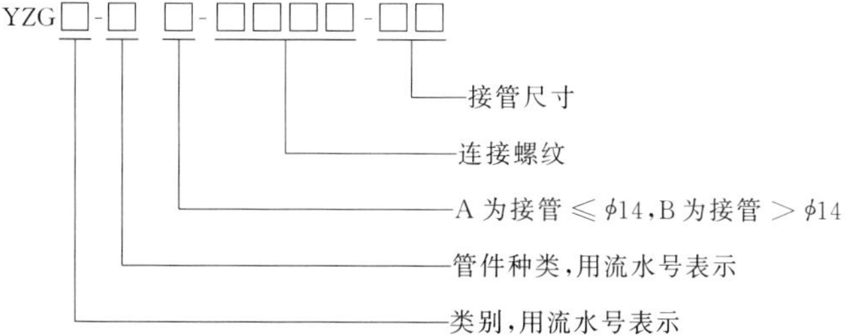

YZG 系列共有 16 大类，流水号为：

① 大套式管接头
② 铜制卡套式气动管路接头（铜管、尼龙管用）
③ 铜制卡套式气动管路接头（塑料管用）
④ 扩口式管接头
⑤ 焊接式管接头
⑥ 承插焊式管接头
⑦ 内螺纹式管接头
⑧ 金属软管（挠性管）接头
⑨ 橡胶管式接头
⑩ 电缆（管缆）接头
⑪ 连接头（管嘴）
⑫ 压力表接头
⑬ 玻璃板液面计接头
⑭ 短节
⑮ 活接头
⑯ 堵头

1.1　卡套式管接头（YZG1 系列）

卡套式管接头 YZG1 系列适用于仪表各系统的测量管路、液压管路和其他管路。其公称压力分为 16MPa 和 32MPa 两大类，适用介质为油、气、水等，分微腐蚀和有腐蚀两大类。制造材料为 20 号钢，1Cr18Ni9Ti，

316 和 316L。接管的外径为 $\phi6\sim\phi22$。有 $\phi6$，$\phi8$，$\phi10$，$\phi12$，$\phi14$，$\phi16$，$\phi18$，$\phi22$ 八种。连接螺纹有公制与英制两类。公制的有 M10×1，M14×1.5，M18×1.5，M20×1.5，M22×1.5 和 M27×2 六种，英制的有 ZG⅛″，ZG¼″，ZG⅜″，ZG½″和 ZG¾″五种。

卡套式管接头共有 29 个品种，对应于种类的流水号如下：

① YZG1-1 直通终端接头
② YZG1-2 直通终端锥管接头
③ YZG1-3 直通中间接头
④ YZG1-4 异径直通管接头
⑤ YZG1-5 穿板接头
⑥ YZG1-6 压力表直通管接头
⑦ YZG1-7 压力表直通穿板接头
⑧ YZG1-8 组合直通管接头
⑨ YZG1-9 焊接直通管接头
⑩ YZG1-10 弯通中间接头
⑪ YZG1-11 异径弯通接头
⑫ YZG1-12 弯通终端接头
⑬ YZG1-13 弯通终端锥管接头
⑭ YZG1-14 组合弯通管接头
⑮ YZG1-15 压力表弯通管接头
⑯ YZG1-16 三通中间接头
⑰ YZG1-17 异径三通管接头
⑱ YZG1-18 压力表三通接头（一）
⑲ YZG1-19 压力表三通接头（二）
⑳ YZG1-20 组合三通管接头
㉑ YZG1-21 三通终端接头（一）
㉒ YZG1-22 三通终端接头（二）
㉓ YZG1-23 三通终端锥管接头（一）
㉔ YZG1-24 三通终端锥管接头（二）
㉕ YZG1-25 四通中间接头
㉖ YZG1-26 堵头（一）
㉗ YZG1-27 堵头（二）
㉘ YZG1-28 卡套
㉙ YZG1-29 螺母

以上 29 种管件、接管、连接螺纹都可自由组合，因此共有 261 种接头。其中序号 29 即螺母，有连接螺纹为 M24×1.5，接管为 $\phi18$ 和连接螺母纹为 M30×1.5，接管为 $\phi32$ 两种规格。

YZG1 系接接头的形式可参照 YZG5 系列。与 YZG5 系列不同的是 YZG1 系列用卡套密封，有安装方便的特点，但仅适宜于中、低压管道，并且不能经常拆装，容易渗漏。YZG5 系列用焊接连接，安全可靠。

1.2 铜制卡套式气动管路接头（铜管、尼龙管用）（YZG2 系列）

铜制卡套式气动管路接头（YZG2 系列）适用于一般压缩空气管路，用于仪表各系统气源、信号管路，自控系统、仪表的气动管路和装置中，是应用很广的一种仪表接头。公称压力 $PN\leqslant1.0$MPa（部分 1.6MPa），适用介质为空气或其他微腐蚀性气体。其适用温度≤150℃（尼龙管为常温）。制造材料为黄铜或 3 号钢，表面镀铬。配管为外径 $\phi6\sim\phi14$ 紫铜管、被覆铜管和尼龙管。

YZG2 共有 26 种接头，对应种类流水号如下。

① YZG2-1 直通终端接头

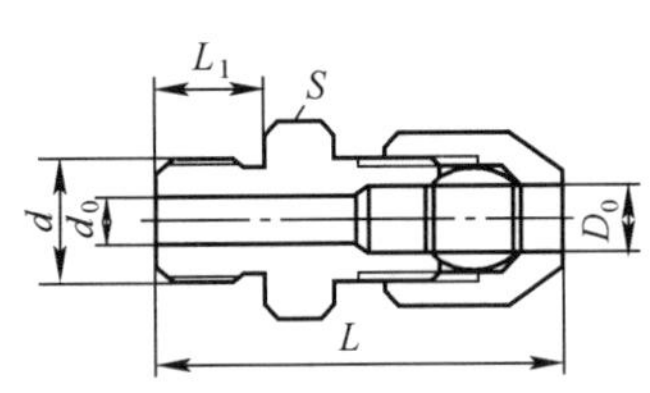

D_0	d	d_0	L	L_1	S	D_0	d	d_0	L	L_1	S
6	M10×1	4	34	9	14	8	ZG½″	6	42	15	27
6	M12×1	4	36	10	14	10	M14×1.5	7	38	12	19
6	M14×1.5	4	38	12	19	10	M16×1.5	8	38	12	19
6	M16×1.5	4	38	12	19	10	M18×1.5	8	40	15	24
6	M18×1.5	4	38	15	24	10	M20×1.5	8	42	15	27
6	M20×1.5	4	42	15	27	10	ZG½″	8	42	15	27
6	ZG½″	4	42	15	27	12	M16×1.5	10	38	12	19
8	M10×1	5	34	9	14	12	M18×1.5	10	40	15	24
8	M12×1	6	36	10	14	12	M20×1.5	10	42	15	27
8	M14×1.5	6	38	12	19	12	ZG½″	10	42	15	27
8	M16×1.5	6	38	15	19	14	M18×1.5	12	40	15	24
8	M18×1.5	6	38	15	24	14	M20×1.5	12	42	15	27
8	M20×1.5	6	42	15	27	14	ZG½″	12	42	15	27

标记示例：YZG2-1-M10×1-$\phi6$

② YZG2-2　直通中间接头

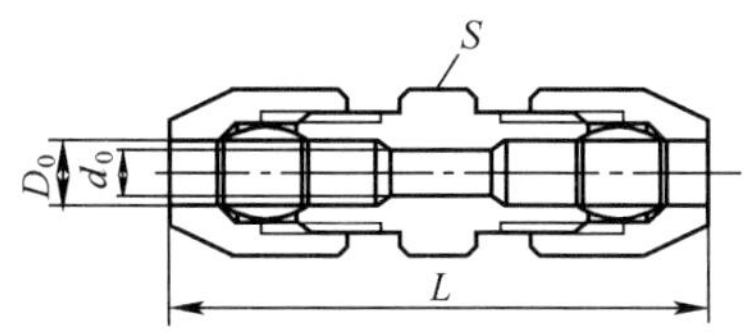

D_0	d_0	L	S
6	4	44	12
8	6	44	14
10	8	47	17
12	10	49	19
14	12	52	22

标记示例：YZG2-2-2-ϕ6

③ YZG2-3　直通穿板接头

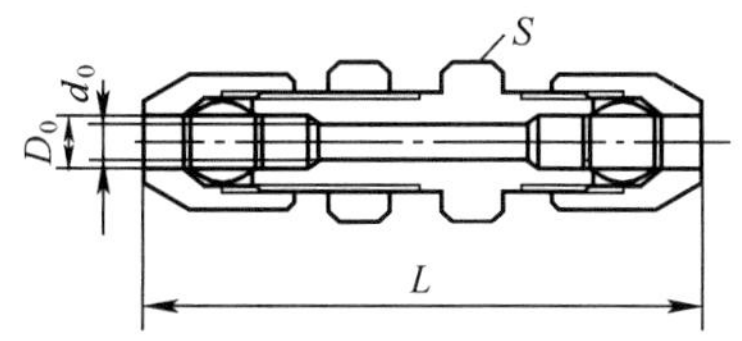

D_0	d_0	L	S
6	4	54	12
8	6	54	14
10	8	57	17
12	10	59	19
14	12	62	22

标记示例：YZG2-3-ϕ6

④ YZG2-4　压力表直通接头

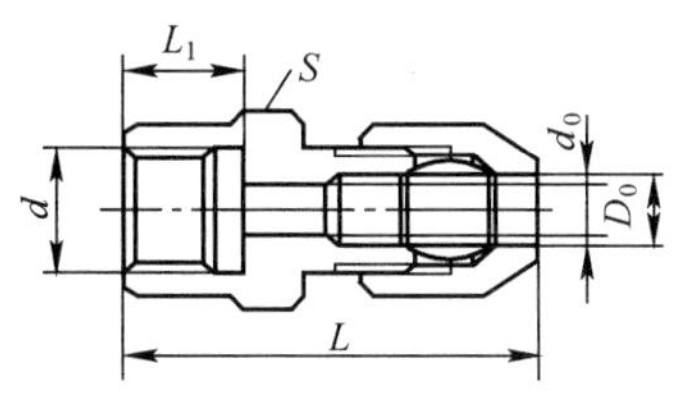

D_0	d	d_0	L	L_1	S	D_0	d	d_0	L	L_1	S
6	M10×1	4	35	10	14	8	G½″	6	40	13	27
6	M14×1.5	4	39	13	19	10	M16×1.5	8	40	13	22
6	M16×1.5	4	39	13	22	10	M20×1.5	8	41	13	24
6	M20×1.5	4	40	13	24	10	G½″	8	41	13	27
6	G½″	4	40	13	27	12	M20×1.5	10	43	13	24
8	M14×1.5	6	39	13	19	12	G½″	10	43	13	27
8	M16×1.5	6	39	13	22	14	M20×1.5	12	45	13	24
8	M20×1.5	6	40	13	24	14	G½″	12	45	13	27

标记示例：YZG2-4-M10×1-ϕ6

⑤ YZG2-5　弯通终端接头

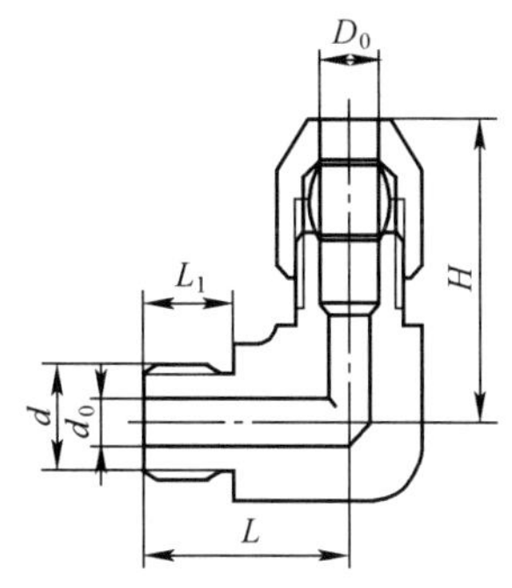

D_0	d	d_0	L	L_1	H	D_0	d	d_0	L	L_1	H
6	M10×1	4	20	9	26	10	M16×1.5	8	25	12	31
6	M16×1.5	4	23	12	30	10	ZG½″	8	28	15	32
6	ZG¼″	4	22	11	28	12	M16×1.5	10	26	12	33
8	M10×1	6	21	9	26	12	ZG½″	10	29	15	34
8	M16×1.5	6	24	12	30	14	M16×1.5	12	27	12	33
8	ZG¼″	6	23	11	28	14	ZG½″	12	30	15	34

标记示例：YZG2-5-M10×1-ϕ6

⑥ YZG2-6　弯通中间接头

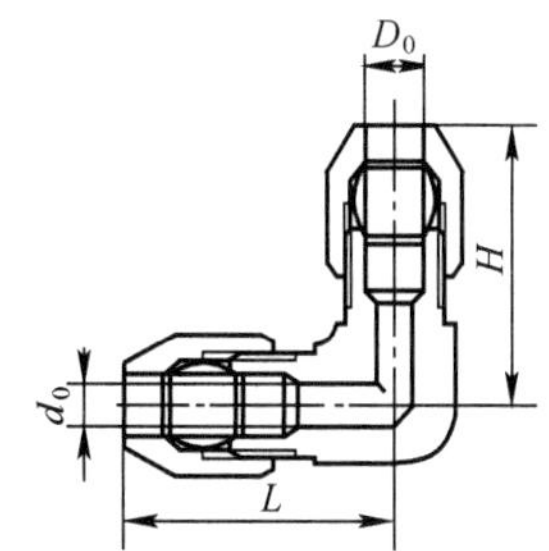

D_0	d_0	L	H
6	4	27	27
8	6	28	28
10	8	30	30
12	10	32	32
14	12	34	34

标记示例：YZG2-6-ϕ6

⑦ YZG2-7　弯通穿板接头

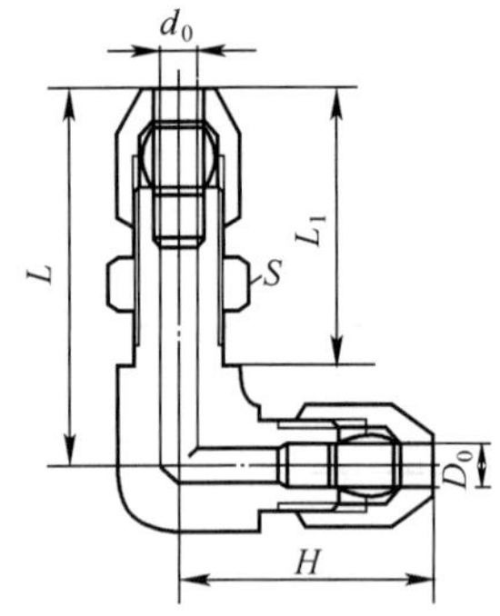

D_0	d_0	L	L_1	H	S
6	4	41	20	27	14
8	6	42	20	28	17
10	8	43	20	30	17
12	10	44	22	32	19
14	12	45	22	34	22

标记示例：YZG2-7-ϕ6

⑧ YZG2-8　三通终端接头

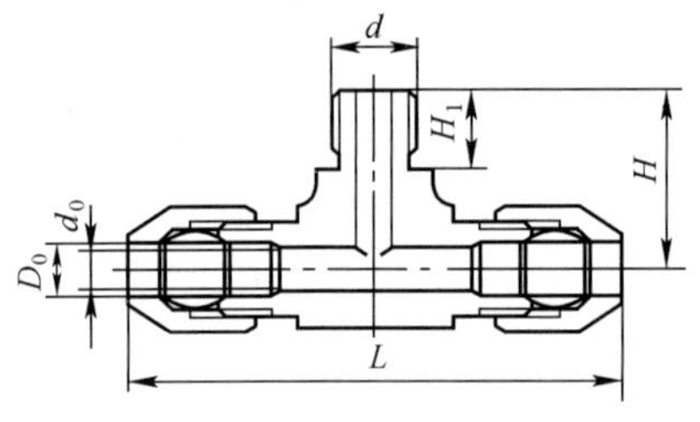

D_0	d	d_0	L	H_1	H_1	D_0	d	d_0	L	H	H_1
6	M10×1	4	52	20	9	10	M14×1.5	8	58	24	11
6	M14×1.5	4	56	22	11	10	M16×1.5	8	62	25	12
6	M16×1.5	4	60	23	12	10	ZG¼″	8	58	24	11
6	ZG¼″	4	56	22	11	12	M14×1.5	10	62	25	11
8	M10×1	6	52	21	9	12	M16×1.5	10	66	26	12
8	M14×1.5	6	56	23	11	12	ZG½″	10	68	29	15
8	M16×1.5	6	60	24	12	14	M16×1.5	12	66	27	12
8	ZG¼″	6	56	23	11	14	ZG½″	12	68	30	15

标记示例：YZG2-8-M10×1-ϕ6

⑨ YZG2-9　调节阀三通接头

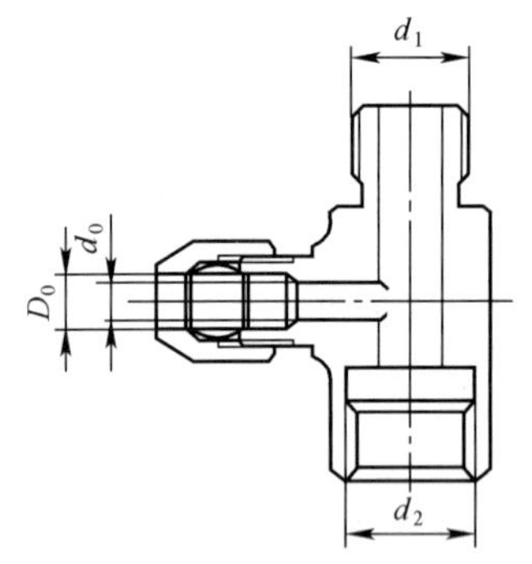

D_0	d_0	d_1	d_2	D_0	d_0	d_1	d_2
6	4	M14×1.5	M14×1.5	6	4	ZG½″	M14×1.5
6	4	M16×1.5	M14×1.5	8	6	M16×1.5	M14×1.5
6	4	M16×1.5	M10×1.5	8	6	M16×1.5	M10×1
6	4	M16×1.5	M16×1.5	8	6	M14×1.5	M16×1.5
6	4	M14×1.5	M16×1.5	8	6	ZG¼″	M14×1.5
6	4	ZG¼″	M12×1.5	8	6	ZG½″	M14×1.5

标记示例：YZG2-9-M14×1.5-M14×1.5-ϕ6

⑩ YZG2-10　压力表三通接头

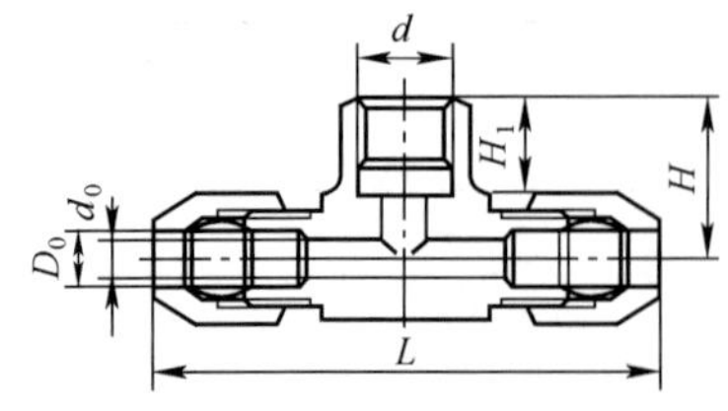

D_0	d	d_0	L	H	H_1	D_0	d	d_0	L	H	H_1
6	M10×1	4	57	17	10	10	M14×1.5	8	62	21	13
6	M14×1.5	4	60	21	13	10	M20×1.5	8	62	21	13
6	M20×1.5	4	67	21	13	10	G½″	8	62	22	13
6	ZG⅛″	4	57	17	10	12	M14×1.5	10	67	22	13
8	M10×1	6	57	17	10	12	M20×1.5	10	73	22	13
8	M14×1.5	6	60	21	13	12	G½″	10	67	22	13
8	M20×1.5	6	67	21	13	14	M14×1.5	12	67	22	13
8	ZG⅛″	6	57	17	10	14	M20×1.5	12	73	22	13
10	M10×1	8	62	19	10	14	G½″	12	67	22	13

标记示例：YZG2-10-M10×1-ϕ6

⑪ YZG2-11　三通中间接头

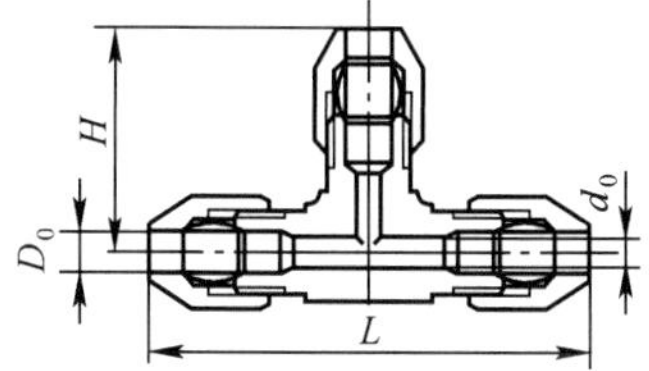

D_0	d_0	L	H
6	4	54	27
8	6	56	28
10	8	60	30
12	10	64	32
14	12	68	34

标记示例：YZG2-11-ϕ6

⑫ YZG2-12　四通中间接头

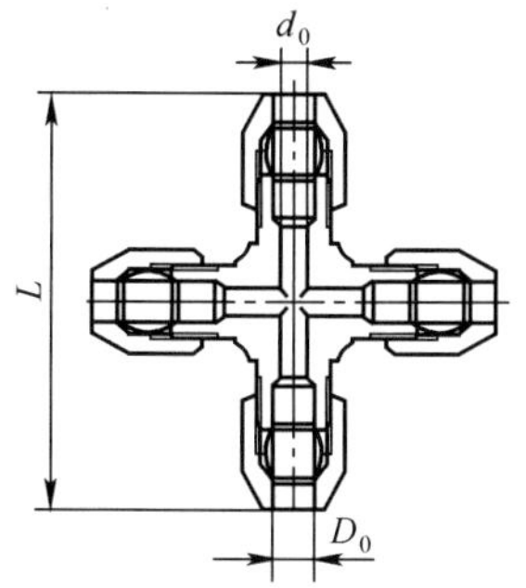

D_0	d_0	L
6	4	54
8	6	56
10	8	60
12	10	64
14	12	68

标记示例：YZG2-12-ϕ6

⑬ YZG2-13　外套螺母

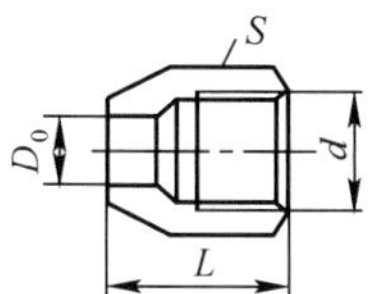

D_0	d	L	S
6	M10×1	15	12
8	M12×1	15	14
10	M14×1	17	17
12	M16×1.5	19	19
14	M18×1.5	19	22

标记示例：YZG2-13-ϕ6

⑭ YZG2-14　密封圈（涨圈）

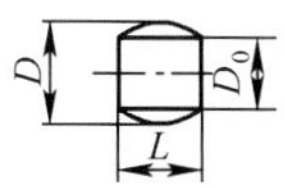

D_0	D	L
6	8	7
8	10	7
10	12	7
12	4	7
14	16	7

标记示例：YZG2-14-ϕ6

⑮ YZG2-15　直通终端接头

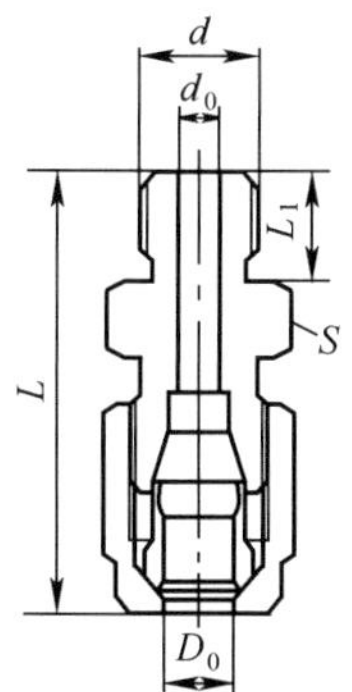

D_0	d	d_0	L	L_1	S	D_0	d	d_0	L	L_1	S
6	M10×1	4	36	9	14	8	ZG½″	6	46	15	27
6	M12×1	4	38	10	17	10	M14×1.5	8	42	12	19
6	M14×1.5	4	40	12	19	10	M16×1.5	8	42	12	22
6	M16×1.5	4	40	12	22	10	M18×1.5	8	44	15	24
6	M18×1.5	4	40	15	24	10	M20×1.5	8	46	15	27
6	M20×1.5	4	44	15	27	10	ZG½″	8	46	15	27
6	ZG½″	4	44	15	27	12	M16×1.5	10	42	12	22
8	M10×1	6	36	9	14	12	M18×1.5	10	44	15	24
8	M12×1	6	38	10	17	12	M20×1.5	10	46	15	27
8	M14×1.5	6	40	12	19	12	ZG½″	10	46	15	27
8	M16×1.5	6	40	15	22	14	M18×1.5	12	44	15	24
8	M18×1.5	6	40	15	24	14	M20×1.5	12	46	15	27
8	M20×1.5	6	44	15	27	14	ZG½″	12	46	15	27

标记示例：YZG2-15-M10×1-ϕ6

⑯ YZG2-16 直通终端接头

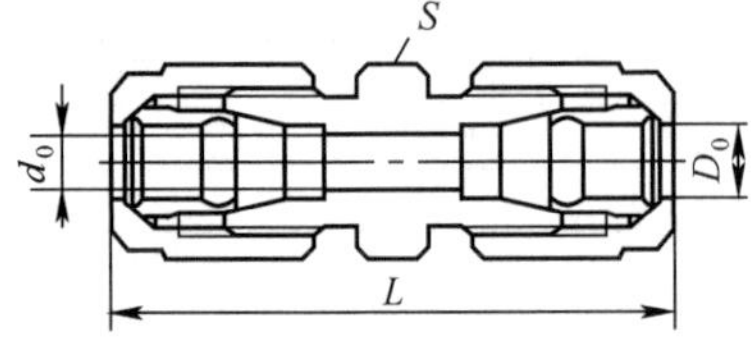

D_0	d_0	L	S
6	4	48	14
8	6	48	17
10	8	51	19
12	10	53	22
14	12	55	24

标记示例：YZG2-16-ϕ6

⑰ YZG2-17 直通穿板接头

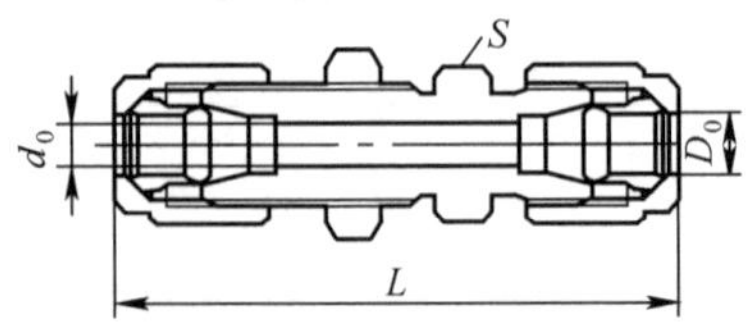

D_0	d_0	L	S
6	4	58	14
8	6	58	17
10	8	61	19
12	10	63	22
14	12	65	24

标记示例：YZG2-17-ϕ6

⑱ YZG2-18 压力表直通接头

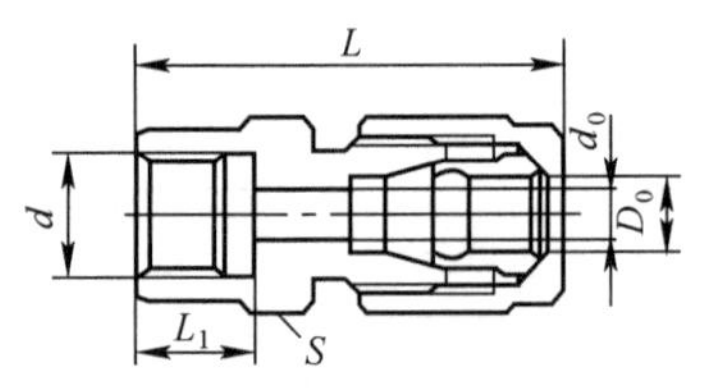

D_0	d	d_0	L	L_1	S	D_0	d	d_0	L	L_1	S
6	M10×1	4	37	10	14	8	G½″	6	42	13	27
6	M14×1.5	4	41	13	19	10	M16×1.5	8	42	13	22
6	M16×1.5	4	41	13	22	10	M20×1.5	8	43	13	24
6	M20×1.5	4	12	13	24	10	G½″	8	43	13	27
6	G½″	4	42	13	27	12	M20×1.5	10	45	13	24
8	M19×1.5	6	41	13	19	12	G½″	10	45	13	27
8	M16×1.5	6	41	13	22	14	M20×1.5	12	47	13	24
8	M20×1.5	6	42	13	24	14	G½″	12	47	13	27

标记示例：YZG2-18-M10×1-ϕ6

⑲ YZG2-19 弯通终端接头

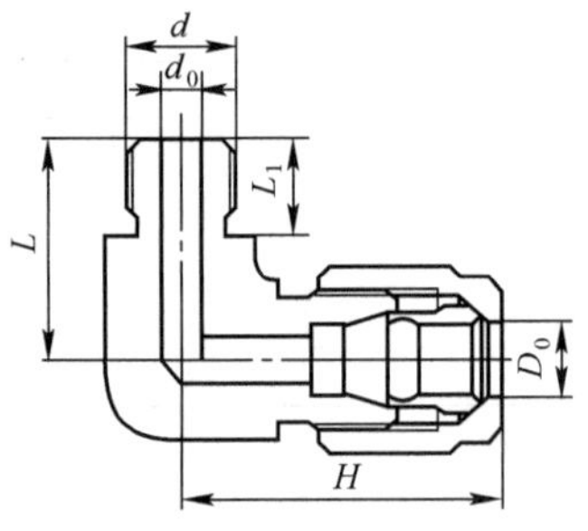

D_0	d	d_0	L	L_1	H	D_0	d	d_0	L	L_1	H
6	M10×1	4	20	9	28	10	M16×1.5	8	25	12	33
6	M16×1.5	4	23	12	32	10	ZG½″	8	28	15	35
6	ZG¼″	4	22	11	30	12	M16×1.5	10	26	12	35
6	M10×1	6	21	9	28	12	ZG½″	10	29	15	36
8	M16×1.5	6	24	12	32	14	M16×1.5	12	27	12	35
8	ZG¼″	6	23	11	30	14	ZG½″	12	30	15	36

标记示例：YZG2-19-M10×1-ϕ6

⑳ YZG2-20 弯通中间接头

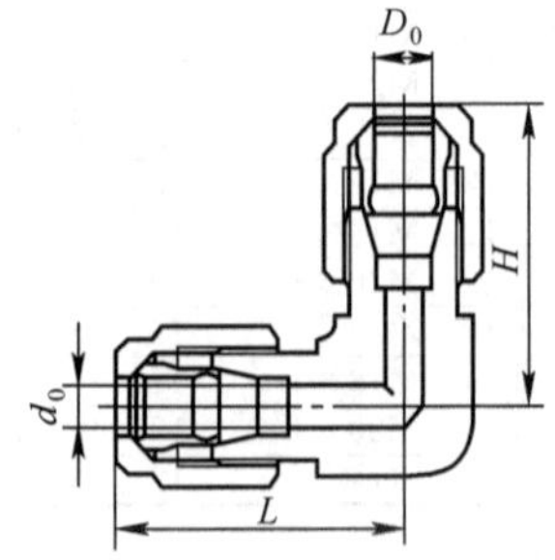

D_0	d_0	L	H
6	4	29	29
8	6	30	30
10	8	32	32
12	10	34	34
14	12	36	36

标记示例：YZG2-20-ϕ6

㉑ YZG2-21 弯通穿板接头

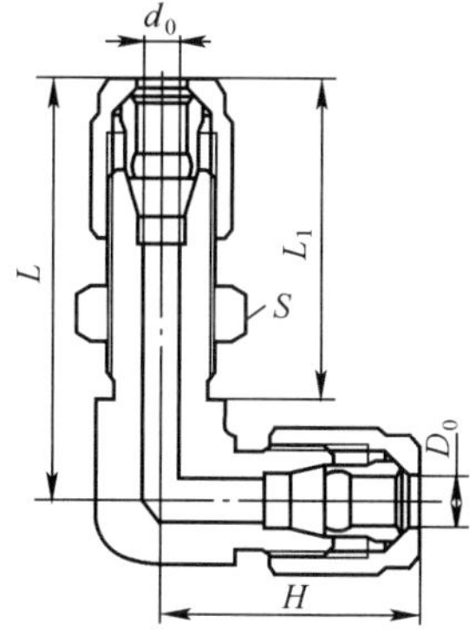

D_0	d_0	L	L_1	H	S
6	4	43	20	29	14
8	6	44	20	30	17
10	8	45	20	32	19
12	10	46	22	34	22
14	12	47	22	36	24

标记示例：YZG2-21-ϕ6

㉒ YZG2-22 三通终端接头

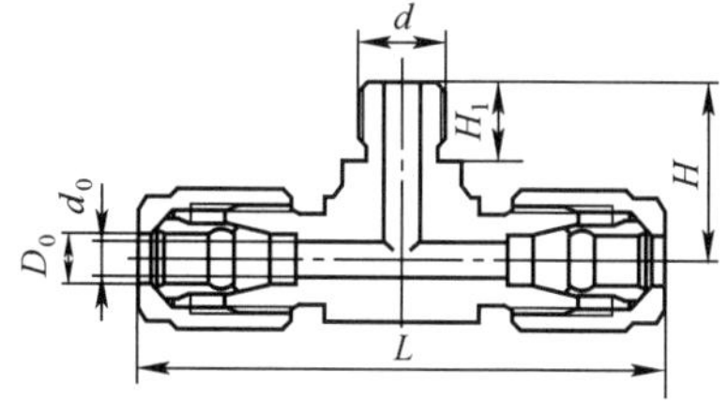

D_0	d	d_0	L	H	H_1	D_0	d	d_0	L	H	H_1
6	M10×1	4	56	20	9	10	M14×1.5	8	62	24	11
6	M14×1.5	4	60	22	11	10	M16×1.5	8	66	25	12
6	M16×1.5	4	64	23	12	10	ZG¼″	8	62	24	11
6	ZG¼″	4	60	22	11	12	M14×1.5	11	66	25	11
8	M10×1	6	56	21	9	12	M16×1.5	10	70	26	12
8	M14×1.5	6	60	23	11	12	ZG½″	10	72	29	15
8	M16×1.5	6	64	24	12	14	M16×1.5	12	70	27	12
8	ZG¼″	6	60	23	11	14	ZG½″	12	72	30	15

标记示例：YZG2-22-M10×1-ϕ6

㉓ YZG2-23 三通中间接头

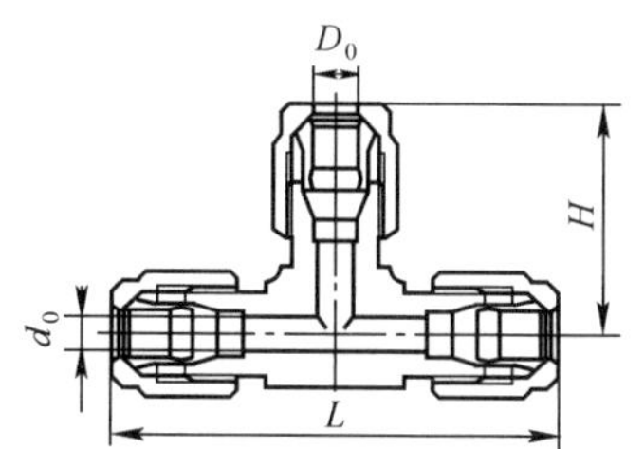

D_0	d_0	L	H
6	4	58	29
8	6	60	30
10	8	64	32
12	10	68	34
14	12	72	36

标记示例：YZG2-23-ϕ6

㉔ YZG2-24 外套螺母

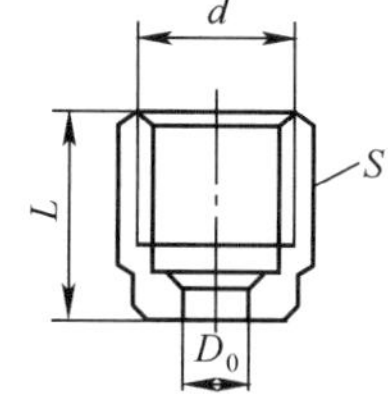

D_0	d	L	S
6	M12×1	15	14
8	M14×1	16	17
10	M16×1.5	17	19
12	M18×1.5	18	22
14	M20×1.5	19	24

标记示例：YZG2-24-ϕ6

㉕ YZG2-25 卡套

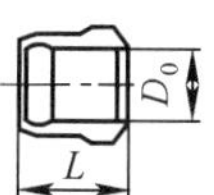

D_0	L
6	8
8	9
10	10
12	10
14	10

标记示例：YZG2-25-ϕ6

㉖ YZG2-26　薄壁管衬管

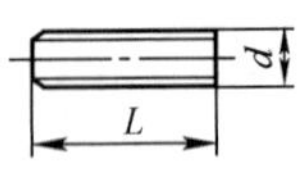

d	L	d	L
4	16	8.5	18
1.5	16	10	18
5	16	10.5	18
6	17	12	20
6.5	17	14	20
8	18	15	20

标记示例：YZG2-26-ϕ4

1.3　铜制卡套式气动管路接头（塑料管用）（YZG3 系列）

铜制卡套式气动管路接头 YZG3 系列是专门为塑料管而设计的，用于各系统的气源、信号管路及气动单元组合仪表装置中。该系列产品根据尼龙管用气动管路截止阀改制而成，同样适用于尼龙管（使用前用 100℃左右开水，将管端加温后插入产品即可安装）。适用公称压力 $PN\leqslant 1$MPa 的系统。介质为空气。适用温度为常温。制造材料为黄铜。配管为 $\phi6\times1$ 和 $\phi8\times1$ 塑料管和尼龙管。

本系列接头使用范围不广，共有 10 类产品，对应种类流水号为：

① YZG3-1　直通终端接头（一）
② YZG3-2　直通终端接头（二）
③ YZG3-3　直通中间接头
④ YZG3-4　直通穿板接头
⑤ YZG3-5　弯通终端接头
⑥ YZG3-6　弯通穿板接头
⑦ YZG3-7　三通中间接头
⑧ YZG3-8　压力表三通接头
⑨ YZG3-9　三通终端接头
⑩ YZG3-10　螺母

YZG3 系列使用范围狭窄，仅局限于塑料管的气源管路，耐压较低。该系列品种较少，其接管仅为 ϕ6 和 ϕ8 两种。连接螺纹一般为公制 M8×1、M10×1 和英制 ZG⅛″、ZG¼″四种。有时也有 M14×1.5，M16×1.5，M20×1.5 和英制 ZG½″四种，但用得很少。

1.4　扩口式管接头（YZG4 系列）

扩口式管接头 YZG4 系列用于自控系统的测量管路、液压管路和其他管路。公称压力为 8MPa 和 16MPa。适用温度根据使用介质与选用垫片而定。一般 $t\leqslant450$℃。制造材料为 20 号钢、1Cr18Ni9Ti、316 和 316L。配管为紫铜管、碳钢管和不锈钢管。

该系列共有 21 个品种，对应种类流水号如下：

① YZG4-1　普通终端接头
② YZG4-2　直通终端锥管接头
③ YZG4-3　普通中间接头
④ YZG4-4　压力表直通接头
⑤ YZG4-5　焊接管接头
⑥ YZG4-6　直通穿板接头
⑦ YZG4-7　弯通终端接头
⑧ YZG4-8　弯通终端锥管接头
⑨ YZG4-9　弯管中间接头
⑩ YZG4-10　组合弯管接头
⑪ YZG4-11　弯管穿板接头
⑫ YZG4-12　三通终端接头
⑬ YZG4-13　端直角三通管接头
⑭ YZG4-14　三通终端锥管接头
⑮ YZG4-15　三通中间接头
⑯ YZG4-16　组合三通管接头
⑰ YZG4-17　组合直角三角管接头
⑱ YZG4-18　四通中间接头
⑲ YZG4-19　管套
⑳ YZG4-20　外套螺母（A 型）
㉑ YZG4-21　外套螺母（B 型）

该系列接头在中、低压系统中使用。其连接螺纹从 M10×1 到 M42×2 共九种，分别是 M10×1，M12×1.5，M14×1.5，M16×1.5，M18×1.5，M22×1.5，M27×2，M33×2 和 M42×2。接管范围也很广，有 ϕ4，ϕ5，ϕ6，ϕ8，ϕ10，ϕ12，ϕ14，ϕ16，ϕ18，ϕ20，ϕ22，ϕ25，ϕ28，ϕ32 和 ϕ34 共 15 种规格，许多规格中有 A、B 之分，其差别在于螺帽，A 类表示直型螺帽，B 类表示锥型螺帽。其基本式样可参照 YZG5 系列。

1.5　焊接式管接头（YZG5 系列）

焊接式管接头 YZG5 系列适用于自控各系统的测量管路、液压管路和其他管路。公称压力有 6.4MPa、16MPa 和 32MPa 三档，覆盖全部系列压力。适用介质为油、水、气等（分微腐蚀和腐蚀两类）。适用温度与使用介质和选用垫片有关，一般为 $t\leqslant450$℃。制造材料为 20 号钢、35 号钢、1Cr18Ni9Ti、316 和 316L。配管为普通级无缝钢管。

该系列接头共有 33 类，相应种类流水号如下。

① DYZG5-1　直接终端接头

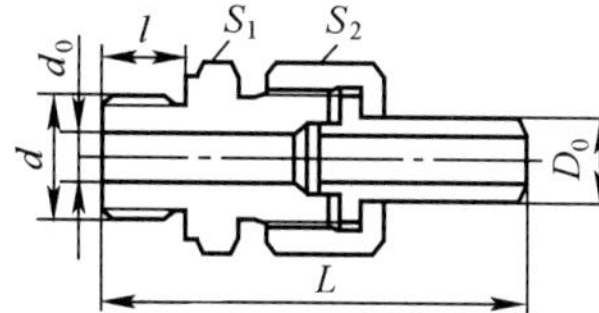

d	D_0	d_0	L	l	S_1	S_2	代　　号
M10×1	6	3	49	9	14	17	YZG5-1-M10×1-6
M10×1	10	4	55	9	17	19	YZG5-1-M10×1-10
M14×1.5	10	6	59	12	19	19	YZG5-1-M14×1.5-10
M14×1.5	14	8	66	12	24	27	YZG5-1-M14×1.5-14
M18×1.5	14	10	70	14	27	27	YZG5-1-M18×1.5-14
M18×1.5	18	10	78	14	30	32	YZG5-1-M18×1.5-18
M22×1.5	18	12	78	14	32	32	YZG5-1-M22×1.5-18
M22×1.5	22	12	79	14	32	36	YZG5-1-M22×1.5-22
M27×1.5	22	15	83	16	36	36	YZG5-1-M27×2-22
M27×1.5	28	17	88	16	41	41	YZG5-1-M27×2-28
M33×2	28	20	88	16	41	41	YZG5-1-M33×2-28
M33×2	34	22	95	16	46	50	YZG5-1-M33×2-34
M42×2	34	25	101	18	55	50	YZG5-1-M42×2-34
M42×2	42	28	105	18	55	60	YZG5-1-M42×2-42
M48×2	42	32	107	20	60	60	YZG5-1-M48×2-42
M48×2	50	40	115	20	65	70	YZG5-1-M48×2-50
M10×1	6	3	81	41	14	17	YZG5-1J-M10×1-6
M10×1	10	4	90	44	17	19	YZG5-1J-M10×1-10
M14×1.5	10	6	94	47	19	19	YZG5-1J-M14×1.5-10
M14×1.5	14	8	103	55	24	27	YZG5-1J-M14×1.5-14
M18×1.5	14	10	113	57	27	27	YZG5-1J-M18×1.5-14
M18×1.5	18	10	121	59	30	32	YZG5-1J-M18×1.5-18
M22×1.5	18	12	121	59	32	32	YZG5-1J-M22×1.5-18
M22×1.5	22	12	126	60	32	36	YZG5-1J-M22×1.5-22
M27×2	22	15	130	64	36	36	YZG5-1J-M27×2-22
M27×2	28	17	142	70	41	41	YZG5-1J-M27×2-28
M33×2	28	20	142	70	41	41	YZG5-1J-M33×2-28
M33×2	34	22	160	81	46	50	YZG5-1J-M33×2-34
M42×2	34	25	166	83	55	50	YZG5-1J-M42×2-34
M42×2	42	28	174	90	55	60	YZG5-1J-M42×2-42
M48×2	42	32	181	92	60	60	YZG5-1J-M48×2-42
M48×2	50	40	193	98	65	70	YZG5-1J-M48×2-50

② YZG5-2　直通终端锥管接头

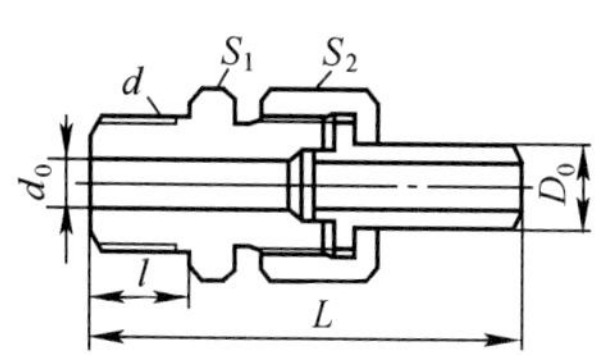

d	D_0	d_0	L	l	S_1	S_2	代　　号
Z⅛″	10	6	56	9	19	19	YZG5-2-Z⅛″-10
Z¼″	14	8	65	11	24	27	YZG5-2-Z¼″-14
Z⅜″	18	10	72	12	30	32	YZG5-2-Z⅜″-18
Z½″	22	15	79	15	36	36	YZG5-2-Z½″-22
Z¾″	28	20	86	17	41	41	YZG5-2-Z¾″-28
Z1	34	25	99	19	50	50	YZG5-2-Z1-34
Z1¼″	42	32	108	22	60	60	YZG5-2-Z1¼″-42
Z1½″	50	40	118	23	65	70	YZG5-2-Z1½″-50
Z⅛″	10	6	73	25	19	19	YZG5-2J-Z⅛″-10
Z¼″	14	8	90	29	24	27	YZG5-2J-Z¼″-14
Z⅜″	18	10	95	33	30	32	YZG5-2J-Z⅜″-18
Z½″	22	15	100	35	36	36	YZG5-2J-Z½″-22
Z¾″	28	20	110	39	41	41	YZG5-2J-Z¾″-28
Z1″	34	25	128	48	50	50	YZG5-2J-Z1-34
Z1¼″	42	32	139	52	60	60	YZG5-2J-Z1¼″-42
Z1½″	50	40	151	56	65	70	YZG5-2J-Z1½″-50

③ YZG5-3　直通中间接头

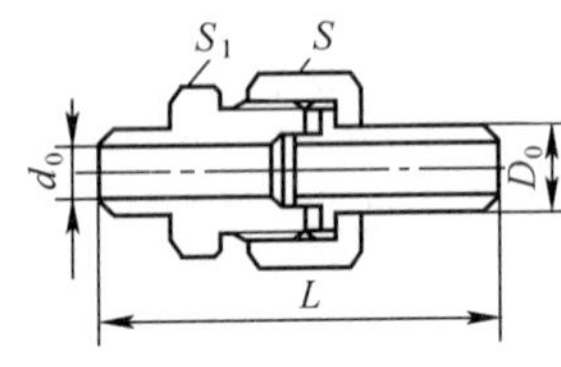

D_0	d_0	L	S_1	S_2	代　号
6	3	48	14	17	YZG5-3-6
10	6	54	19	19	YZG5-3-10
14	8	66	24	27	YZG5-3-14
18	10	72	32	32	YZG5-3-18
22	15	77	36	36	YZG5-3-22
28	20	85	41	41	YZG5-3-28
34	25	96	50	50	YZG5-3-34
42	32	106	60	60	YZG5-3-42
50	40	115	70	70	YZG5-3-50

④ YZG5-4　直通穿板接头

D_0	d_0	L	l	S_1	S_2	S_3	代　号
6	3	98	58	17	17	17	YZG5-4-6
10	6	110	64	19	22	19	YZG5-4-10
14	8	125	71	27	30	27	YZG5-4-14
18	10	137	76	32	36	32	YZG5-4-18
22	15	145	80	36	41	36	YZG5-4-22
28	20	155	85	41	50	41	YZG5-4-28
34	25	172	92	50	55	50	YZG5-4-34
42	32	186	100	60	65	60	YZG5-4-42
50	40	202	109	70	75	70	YZG5-4-50

⑤ YZG5-5　压力表直通接头

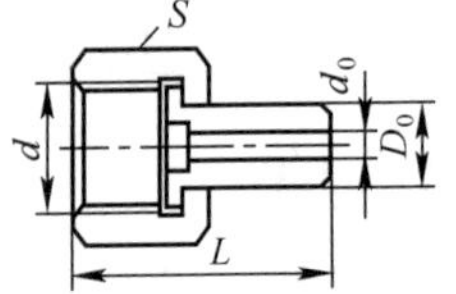

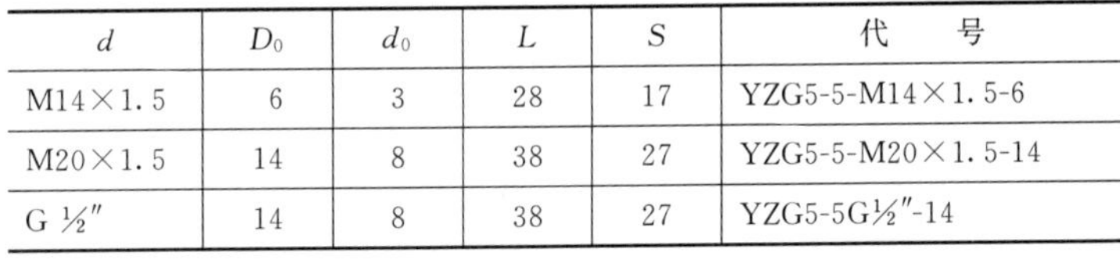

d	D_0	d_0	L	S	代　号
M14×1.5	6	3	28	17	YZG5-5-M14×1.5-6
M20×1.5	14	8	38	27	YZG5-5-M20×1.5-14
G ½″	14	8	38	27	YZG5-5G½″-14

⑥ YZG5-6　弯通终端接头

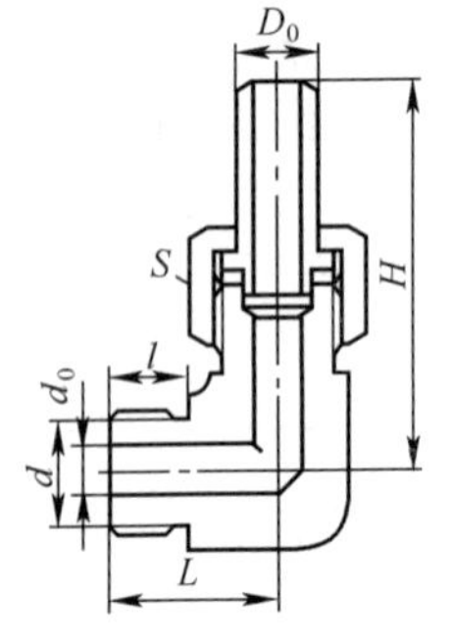

d	D_0	d_0	L	l	H	S	代　号
M10×1	10	6	20	9	50	19	YZG5-6-M10×1-10
M14×1.5	14	8	23	12	60	27	YZG5-6-M14×1.5-14
M18×1.5	18	10	30	14	68	32	YZG5-6-M18×1.5-18
M22×1.5	22	15	35	14	71	36	YZG5-6-M22×1.5-22
M27×2	28	20	37	16	82	41	YZG5-6-M27×2-28
M33×2	34	25	40	16	92	50	YZG5-6-M33×2-34
M42×2	42	32	47	18	103	60	YZG5-6-M42×2-42
M48×2	50	40	54	20	115	70	YZG5-6-M48×2-50

⑦ YZG5-7　弯通终端锥管接头

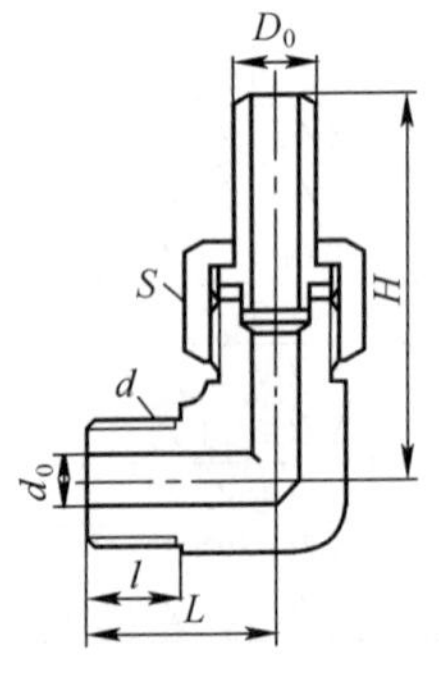

d	D_0	d_0	L	l	H	S	代　号
Z⅛″	10	6	20	9	51	19	YZG5-7-Z⅛″-10
Z¼″	14	8	22	11	60	27	YZG5-7-Z¼″-14
Z⅜″	18	10	28	12	68	32	YZG5-7-Z⅜-18″
Z½″	22	15	36	15	73	36	YZG5-7-Z½″-22
Z¾″	28	20	38	17	82	41	YZG5-7-Z¾″-28
Z1″	34	25	43	19	94	50	YZG5-7-Z1″-34
Z1¼″	42	32	51	22	105	60	YZG5-7-Z1¼″-42
Z1½″	50	40	57	23	115	70	YZG5-7-Z1½″-50

⑧ YZG5-8 弯通中间接头

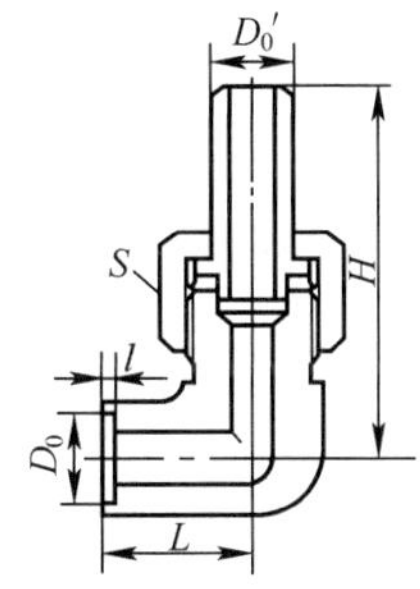

D_0	D_0'	L	l	H	S	代　号
6	6	17	2	40	17	YZG5-8-6
10	10	20	2	47	19	YZG5-8-10
14	14	25	2	57	27	YZG5-8-14
18	18	29	2	66	32	YZG5-8-18
22	22	32	2	69	36	YZG5-8-22
28	28	36	2	77	41	YZG5-8-28
34	34	41	2	87	50	YZG5-8-34
42	42	48	3	98	60	YZG5-8-42
50	50	55	3	109	70	YZG5-8-50

⑨ YZG5-9 弯通穿板接头

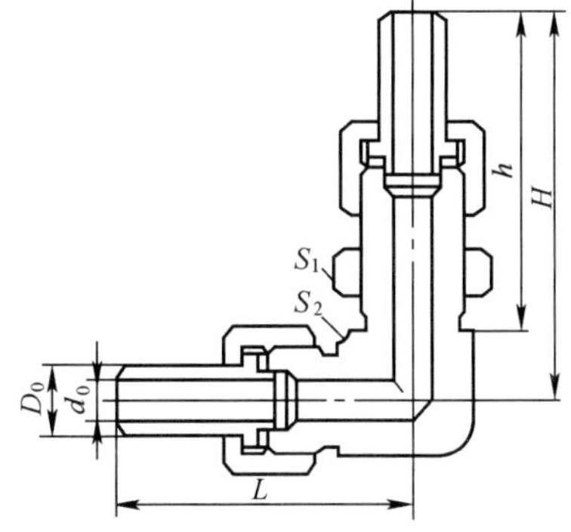

D_0	d_0	L	H	h	S_1	S_2	代　号
6	3	43	68	57	17	17	YZG5-9-6
10	6	51	76	83	22	19	YZG5-9-10
14	8	59	88	70	30	27	YZG5-9-14
18	10	67	95	75	36	32	YZG5-9-18
22	15	71	103	79	41	36	YZG5-9-22
28	20	79	111	84	50	41	YZG5-9-28
34	25	90	122	91	55	50	YZG5-9-34
42	32	100	137	100	65	60	YZG5-9-42
50	40	110	150	108	75	70	YZG5-9-50

⑩ YZG5-10 三通中间接头

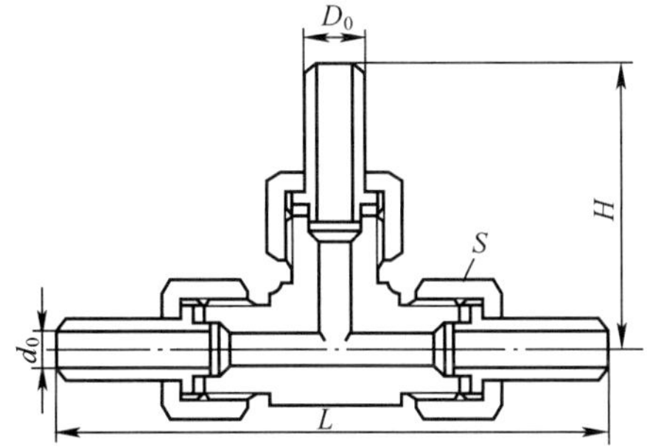

D_0	d_0	L	H	S	代　号
6	3	82	41	17	YZG5-10-6
10	6	96	48	19	YZG5-10-10
14	8	116	58	27	YZG5-10-14
18	10	132	66	32	YZG5-10-18
22	15	138	69	36	YZG5-10-22
28	20	156	78	41	YZG5-10-28
34	25	176	88	50	YZG5-10-34
42	32	198	99	60	YZG5-10-42
50	40	218	109	70	YZG5-10-50

⑪ YZG5-11 四通中间接头

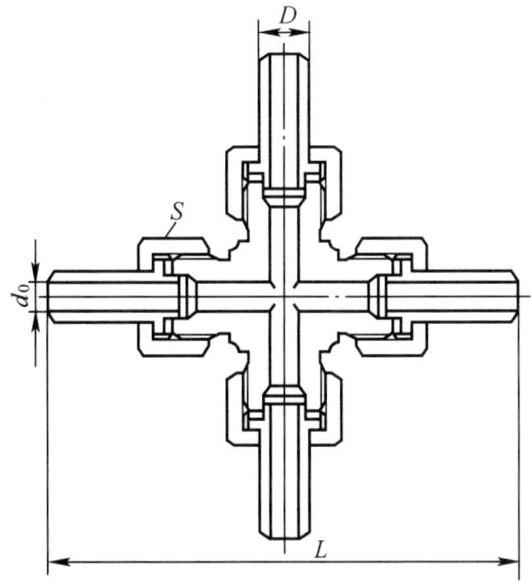

D	d_0	L	S	代　号
6	3	82	17	YZG5-11-6
10	6	96	19	YZG5-11-10
14	8	116	27	YZG5-11-14
18	10	132	32	YZG5-11-18
22	15	138	36	YZG5-11-22
28	20	156	41	YZG5-11-28
34	25	176	50	YZG5-11-34
42	32	198	60	YZG5-11-42
50	40	218	70	YZG5-11-50

⑫ YZG5-12　堵头

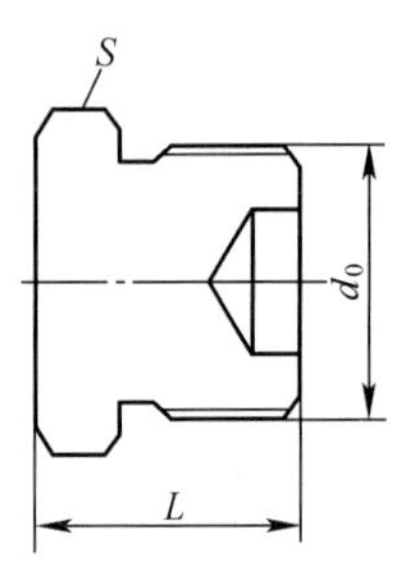

d_0	L	S	代　号
M12×1.25	18	14	YZG5-12-M12×1.25
M16×1.5	20	17	YZG5-12-M16×1.5
M22×1.5	23	24	YZG5-12-M22×1.5
M27×1.5	25	30	YZG5-12-M27×1.5
M30×1.5	27	32	YZG5-12-M30×1.5
M36×2	31	41	YZG5-12-M36×2
M42×2	35	46	YZG5-12-M42×2
M52×2	41	55	YZG5-12-M52×2
M60×2	46	65	YZG5-12-M60×2

⑬ YZG5-13　螺母

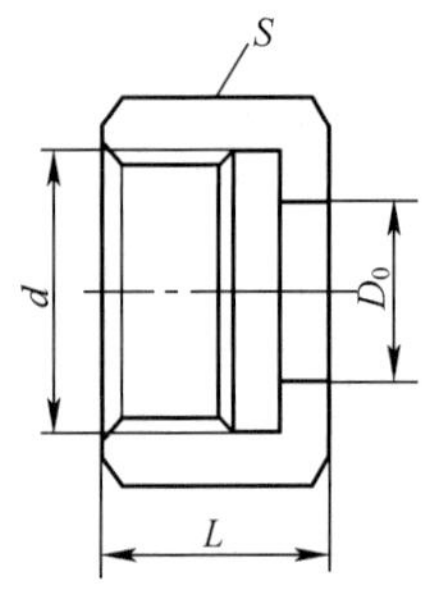

d	D_0	L	S	代　号
M12×1.25	6	12	17	YZG5-13-M12×1.25
M16×1.5	10	14	19	YZG5-13-M16×1.5
M22×1.5	14	17	27	YZG5-13-M22×1.5
M27×1.5	18	20	32	YZG5-13-M27×1.5
M30×1.5	22	21	36	YZG5-13-M30×1.5
M36×2	28	22	41	YZG5-13-M36×2
M42×2	34	26	50	YZG5-13-M42×2
M52×2	42	28	60	YZG5-13-M52×2
M60×2	50	30	70	YZG5-13-M60×2

⑭ YZG5-14　接管

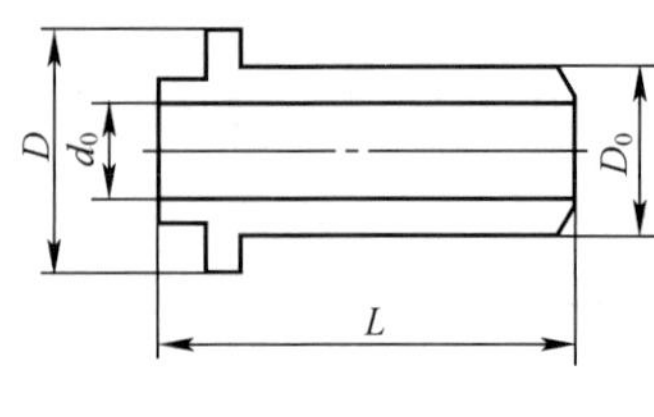

D_0	d_0	D	L	代　号
6	3	10	25	YZG5-14-6
10	6	14	29	YZG5-14-10
14	8	20	33	YZG5-14-14
18	10	24	37	YZG5-14-18
22	15	27	38	YZG5-14-22
28	20	33	41	YZG5-14-28
34	25	39	44	YZG5-14-34
42	32	49	46	YZG5-14-42
50	40	57	50	YZG5-14-50

⑮ YZG5-15　变径接管

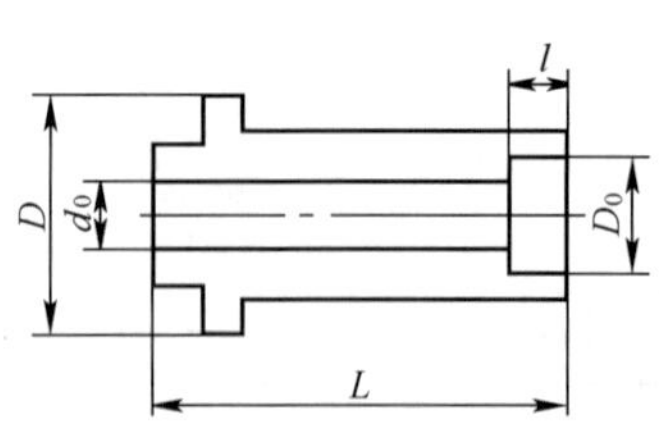

D_0	d_0	D	L	l	代　号
6	3	14	29	5	YZG5-15-6
10	6	20	33	5	YZG5-15-10
14	8	24	37	5	YZG5-15-14
18	10	27	38	6	YZG5-15-18
22	15	33	41	6	YZG5-15-22
28	20	39	44	6	YZG5-15-28
34	25	49	46	8	YZG5-15-34
42	32	57	50	8	YZG5-15-42

⑯ YZG5-16　直通终端接头

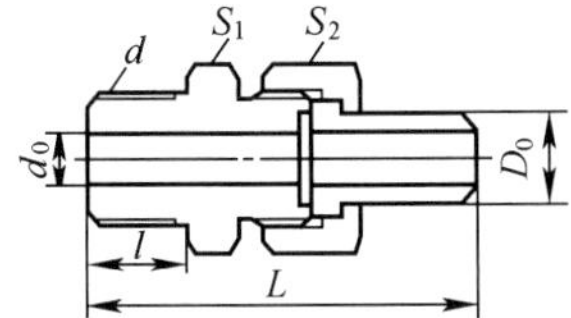

d	D_0	d_0	L	l	S_1	S_2	代　号
M10×1	6	3	45	9	14	17	YZG5-16-M10×1-6
M10×1	10	4	51	9	17	19	YZG5-16-M10×1-10
M14×1.5	10	6	55	12	19	19	YZG5-16-M14×1.5-10
M14×1.5	14	8	61	12	24	27	YZG5-16-M14×1.5-14
M18×1.5	14	10	63	14	27	27	YZG5-16-M18×1.5-14
M18×1.5	18	10	69	14	30	32	YZG5-16-M18×1.5-18
M22×1.5	18	12	69	14	32	32	YZG5-16-M22×1.5-18
M22×1.5	22	12	70	14	32	36	YZG5-16-M22×1.5-22
M27×2	22	15	74	16	36	36	YZG5-16-M27×2-22
M27×2	28	17	79	16	41	41	YZG5-16-M27×2-28
M33×2	28	20	79	16	41	41	YZG5-16-M33×2-28
M33×2	34	22	86	16	46	50	YZG5-16-M33×2-34
M42×2	34	25	92	18	55	50	YZG5-16-M42×2-34
M42×2	42	28	96	18	55	60	YZG5-16-M42×2-42
M48×2	42	32	98	20	60	60	YZG5-16-M48×2-42
M48×2	50	40	106	20	65	70	YZG5-16-M48×2-50
M10×1	6	3	77	41	14	17	YZG5-16J-M10×1-6
M10×1	10	4	86	44	17	19	YZG5-16J-M10×1-10
M14×1.5	10	6	90	47	19	19	YZG5-16J-M14×1.5-10
M14×1.5	14	8	104	55	24	27	YZG5-16J-M14×1.5-14
M18×1.5	14	10	106	57	27	27	YZG5-16J-M18×1.5-14
M18×1.5	18	10	114	59	30	32	YZG5-16J-M18×1.5-18
M22×1.5	18	12	114	59	32	32	YZG5-16J-M22×1.5-18
M22×1.5	22	12	118	60	32	36	YZG5-16J-M22×1.5-22
M27×2	22	15	122	64	36	36	YZG5-16J-M27×2-22
M27×2	28	17	133	70	41	41	YZG5-16J-M27×2-28
M33×2	28	20	133	70	41	41	YZG5-16J-M33×2-28
M33×2	34	22	151	81	46	50	YZG5-16J-M33×2-34
M42×2	34	25	157	83	55	50	YZG5-16J-M42×2-34
M42×2	42	28	168	90	55	60	YZG5-16J-M42×2-42
M48×2	42	32	172	92	60	60	YZG5-16J-M48×2-42
M48×2	50	40	184	98	65	70	YZG5-16J-M48×2-50

⑰ YZG5-17　直通终端锥管接头

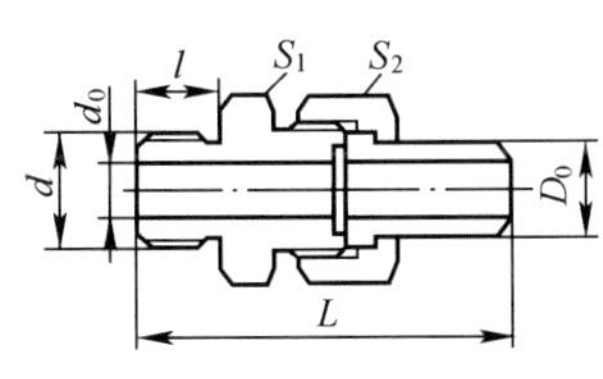

d	D_0	d_0	L	l	S_1	S_2	代　号
Z⅛″	10	6	52	9	19	19	YZG5-17-Z⅛″-10
Z¼″	14	8	60	11	24	27	YZG5-17-Z¼″-14
Z⅜″	18	10	67	12	30	32	YZG5-17-Z⅜″-18
Z½″	22	15	73	15	36	36	YZG5-17-Z½″-22
Z¾″	28	20	80	17	41	41	YZG5-17-Z¾″-28
Z1″	34	25	93	19	50	50	YZG5-17-Z1-34
Z1¼″	42	32	100	22	60	60	YZG5-17-Z1¼″-42
Z1½″	50	40	109	23	65	70	YZG5-17-Z1½″-50
Z⅛″	10	6	68	25	19	19	YZG5-17J-Z⅛″-10
Z¼″	14	8	83	29	24	27	YZG5-17J-Z¼″-14
Z⅜″	18	10	88	33	30	32	YZG5-17J-Z⅜″-18
Z½″	22	15	93	35	36	36	YZG5-17J-Z½″-28
Z¾″	28	20	102	39	41	41	YZG5-17J-Z¾″-28
Z1″	34	25	120	48	50	50	YZG5-17J-Z1″-34
Z1¼″	42	32	130	52	60	60	YZG5-17J-Z1¼″-42
Z1½″	50	40	142	56	65	70	YZG5-17J-Z1½″-50

⑱ YZG5-18　直通中间接头

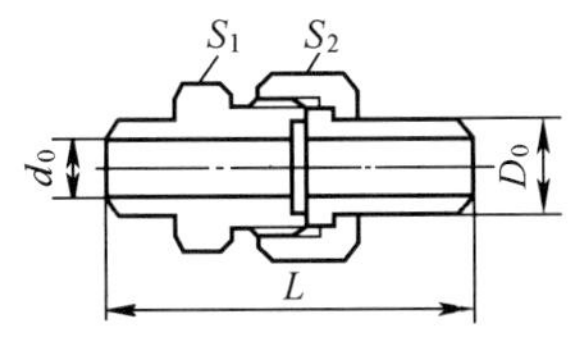

D_0	d_0	L	S_1	S_2	代　号
6	3	44	14	17	YZG5-18-6
10	6	49	19	19	YZG5-18-10
14	8	60	24	27	YZG5-18-14
18	10	66	32	32	YZG5-18-18
22	15	69	36	36	YZG5-18-22
28	20	77	41	41	YZG5-18-28
34	25	88	50	50	YZG5-18-34
42	32	97	60	60	YZG5-18-42
50	40	106	70	70	YZG5-18-50

⑲ YZG5-19　直通穿板接头

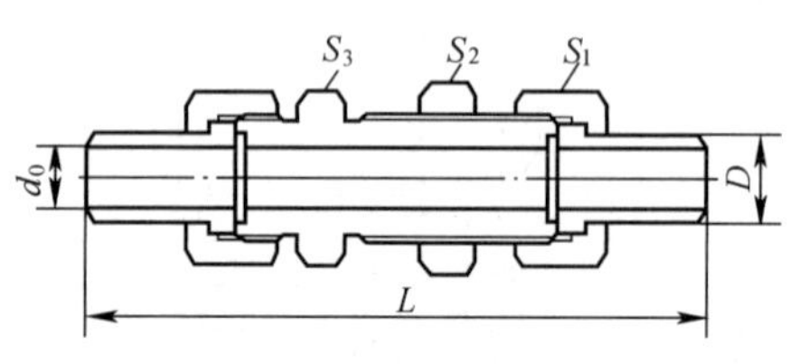

D	d_0	L	S_1	S_2	S_3	代　　号
6	3	92	17	17	17	YZG5-19-6
10	6	104	19	22	19	YZG5-19-10
14	8	117	27	30	27	YZG5-19-14
18	10	127	32	36	32	YZG5-19-18
22	15	134	36	41	36	YZG5-19-22
28	20	144	41	50	41	YZG5-19-28
34	25	160	50	55	50	YZG5-19-34
42	32	174	60	65	60	YZG5-19-42
50	40	190	70	75	70	YZG5-19-50

⑳ YZG5-20　压力表直通接头

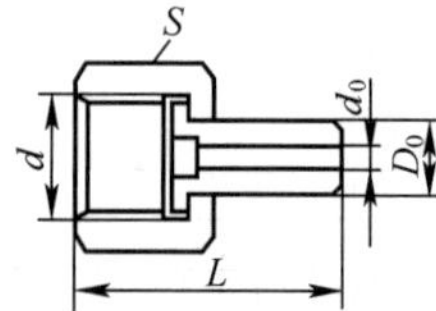

d	D_0	d_0	L	S	代　　号
M14×1.5	6	3	28	17	YZG5-20-M14×1.5-6
M20×1.5	14	8	38	27	YZG5-20-M20×1.5-4
G½″	14	8	38	27	YZG5-20-G½″-4

㉑ YZG5-21　弯通终端接头

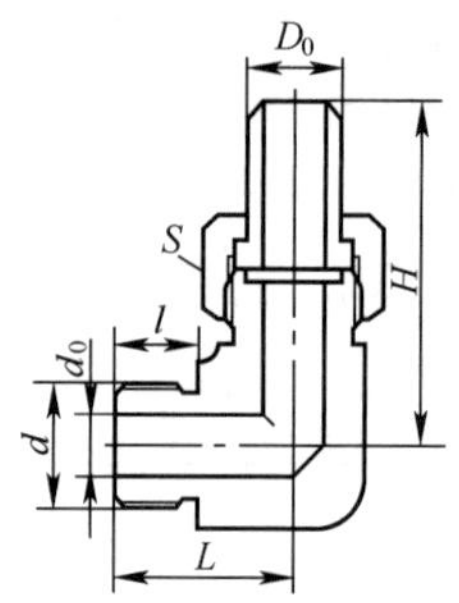

d	D_0	d_0	L	l	H	S	代　　号
M10×1	10	6	20	9	46	19	YZG5-21-M10×1-10
M14×1.5	14	8	23	12	55	27	YZG5-21-M14×1.5-14
M18×1.5	18	10	30	14	63	32	YZG5-21-M18×1.5-18
M22×1.5	22	15	35	14	66	36	YZG5-21-M22×1.5-22
M27×2	28	20	37	16	86	41	YZG5-21-M27×2-28
M33×2	34	25	40	16	76	50	YZG5-21-M33×2-34
M42×2	42	32	47	18	95	60	YZG5-21-M42×2-42
M48×2	50	40	54	20	107	70	YZG5-21-M48×2-50

㉒ YZG5-22　弯通终端锥管接头

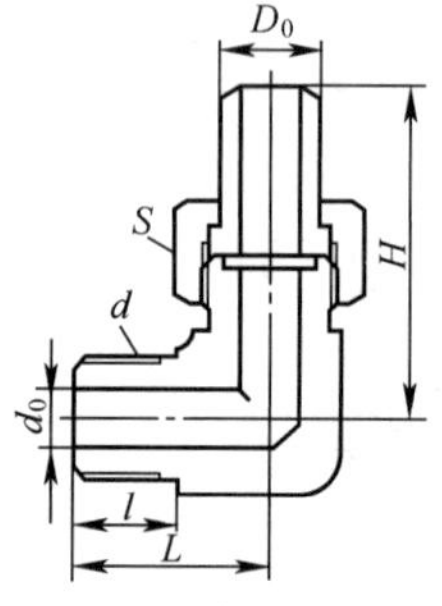

d	D_0	d_0	L	l	H	S	代　　号
Z⅛″	10	6	20	9	47	19	YZG5-22-Z⅛″-10
Z¼″	14	8	22	11	55	27	YZG5-22-Z¼″-14
Z⅜″	18	10	28	12	63	32	YZG5-22-Z⅜″-18
Z½″	22	15	36	15	68	36	YZG5-22-Z½″-22
Z¼″	28	20	38	17	76	41	YZG5-22-Z¾″-28
Z1″	34	25	43	19	88	50	YZG5-22-Z1″-34
Z1¼″	42	32	51	22	98	60	YZG5-22-Z1¼″-42
Z1½″	50	40	57	23	107	70	YZG5-22-Z1½″-50

㉓ YZG5-23　弯通中间接头

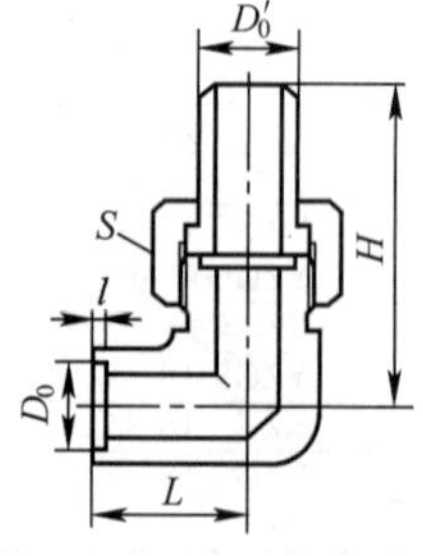

D_0	D_0'	L	l	S	H	代　　号
6	6	17	2	17	39	YZG5-23-6
10	10	20	2	19	46	YZG5-23-10
14	14	25	2	27	55	YZG5-23-14
18	18	29	2	32	63	YZG5-23-18
22	22	32	2	36	66	YZG5-23-22
28	28	36	2	41	74	YZG5-23-28
34	34	41	2	50	84	YZG5-23-34
42	42	48	3	60	94	YZG5-23-42
50	50	55	3	70	105	YZG5-23-50

㉔ YZG5-24　弯通穿板接头

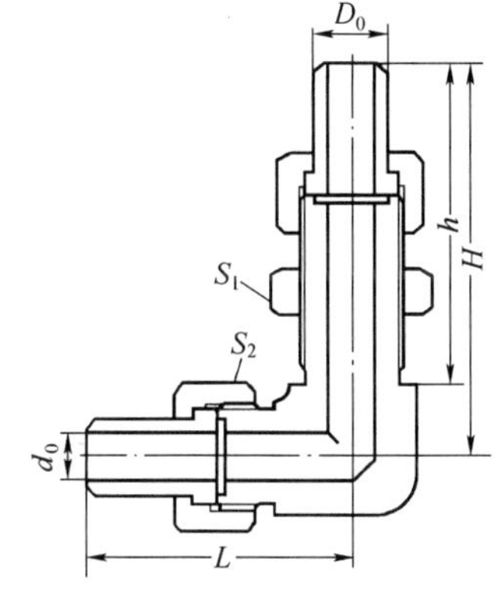

D_0	d_0	L	H	h	S_1	S_2	代　号
6	3	41	66	55	17	17	YZG5-24-6
10	6	49	74	61	22	19	YZG5-24-10
14	8	56	85	68	30	27	YZG5-24-14
18	10	64	92	72	36	32	YZG5-24-18
22	15	68	100	76	41	36	YZG5-24-22
28	20	76	108	81	50	41	YZG5-24-28
34	25	87	119	88	55	50	YZG5-24-34
42	32	96	133	96	65	60	YZG5-24-42
50	40	107	147	104	75	70	YZG5-24-50

㉕ YZG5-25　三通中间接头

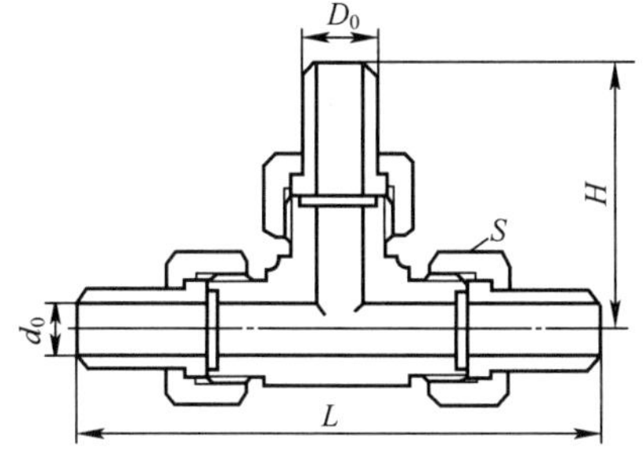

D_0	d_0	L	H	S	代　号
6	3	78	39	17	YZG5-25-6
10	6	92	46	19	YZG5-25-10
14	8	110	55	27	YZG5-25-14
18	10	125	62	32	YZG5-25-18
22	15	130	65	36	YZG5-25-22
28	20	148	74	41	YZG5-25-28
34	25	168	84	50	YZG5-25-34
42	32	188	94	60	YZG5-25-42
50	40	208	103	70	YZG5-25-50

㉖ YZG5-26　四通中间接头

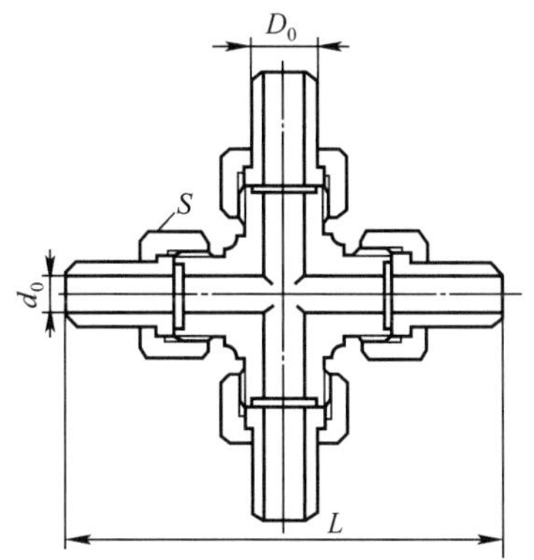

D_0	d_0	L	S	代　号
6	3	78	17	YZG5-26-6
10	6	92	19	YZG5-26-10
14	8	110	27	YZG5-26-14
18	10	125	32	YZG5-26-18
22	15	130	36	YZG5-26-22
28	20	148	41	YZG5-26-28
34	25	168	50	YZG5-26-34
42	32	188	60	YZG5-26-42
50	40	208	70	YZG5-26-50

㉗ YZG5-27　铰接管接头

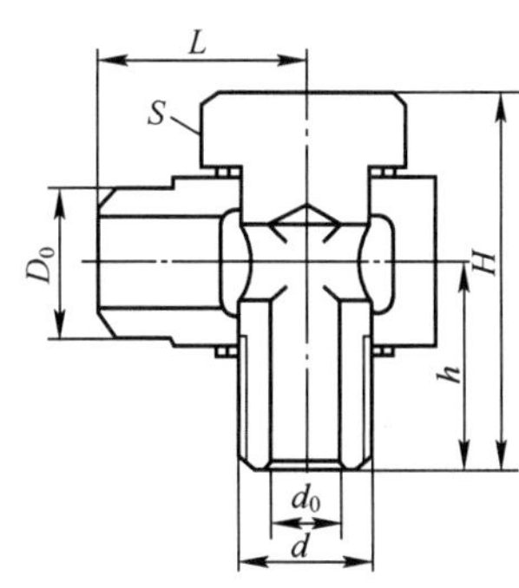

d	D_0	d_0	L	H	h	S	代　号
M10×1	10	4	16	32	17	17	YZG5-27-M10×1-10
M14×1.5	14	8	22	40	22	19	YZG5-27-M14×1.5-14
M18×1.5	18	11	27	47	26	24	YZG5-27-M18×1.5-18
M20×1.5	18	12	27	47	26	27	YZG5-27-M20×1.5-18
M22×1.5	22	14	33	58	32	30	YZG5-27-M22×1.5-22
M24×1.5	22	16	33	58	32	32	YZG5-27-M24×1.5-22
M27×2	28	18	38	67	36	36	YZG5-27-M27×2-28

㉘ YZG5-28　弯通焊接接管

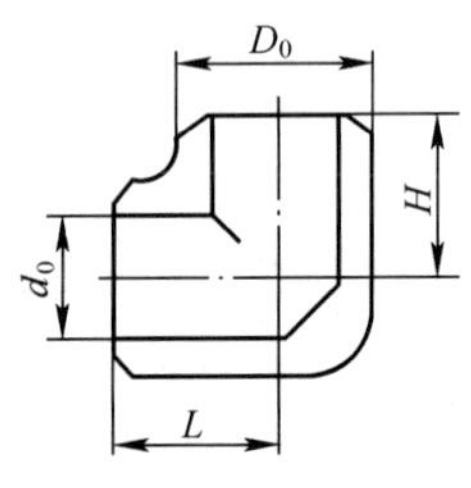

D_0	d_0	L	H	代　号
6	3	9	9	YZG5-28-6
10	6	11	11	YZG5-28-10
14	8	14	14	YZG5-28-14
18	10	16	16	YZG5-28-18
22	15	18	18	YZG5-28-22
28	20	21	21	YZG5-28-28
34	25	25	25	YZG5-28-34
42	32	29	29	YZG5-28-42
50	40	33	33	YZG5-28-50

㉙ YZG5-29　堵头（一）

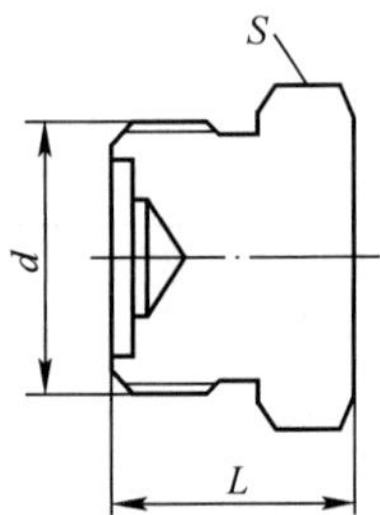

d	L	S	代　号
M12×1.25	16	14	YZG5-29-M12×1.25
M16×1.5	18	17	YZG5-29-M16×1.5
M22×1.5	21	24	YZG5-29-M22×1.5
M27×1.5	23	30	YZG5-29-M27×1.5
M30×1.5	24	32	YZG5-29-M30×1.5
M36×2	28	41	YZG5-29-M36×2
M42×2	32	46	YZG5-29-M42×2
M52×2	38	55	YZG5-29-M52×2
M60×2	42	65	YZG5-29-M60×2

㉚ YZG5-30　堵头（二）

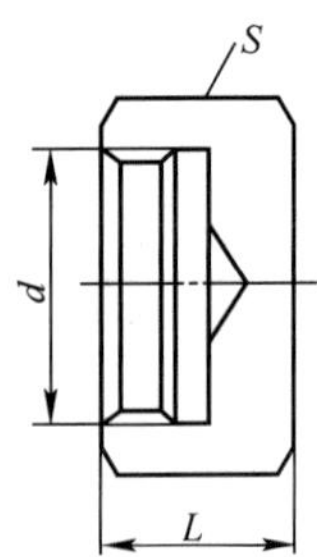

d	L	S	代　号
M12×1.25	12	17	YZG5-30-M12×1.25
M16×1.5	14	19	YZG5-30-M16×1.5
M22×1.5	17	27	YZG5-30-M22×1.5
M27×1.5	20	32	YZG5-30-M27×1.5
M30×1.5	21	36	YZG5-30-M30×1.5
M36×2	22	41	YZG5-30-M36×2
M42×2	26	50	YZG5-30-M42×2
M52×2	28	60	YZG5-30-M52×2
M60×2	30	70	YZG5-30-M60×2

㉛ YZG5-31　螺母

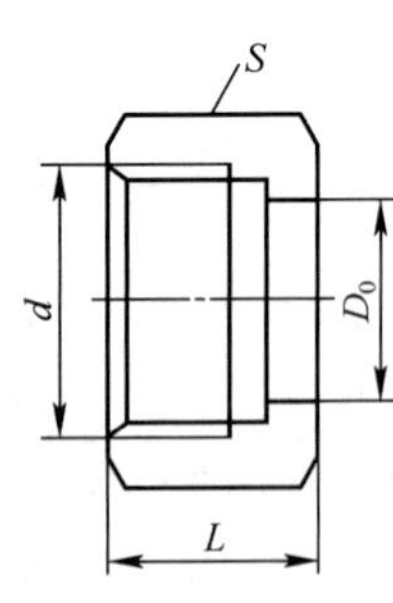

d	D_0	L	S	代　号
M12×1.25	6	12	17	YZG5-31-M12×1.25
M16×1.5	10	14	19	YZG5-31-M16×1.5
M22×1.5	14	17	27	YZG5-31-M22×1.5
M27×1.5	18	20	32	YZG5-31-M27×1.5
M30×1.5	22	21	36	YZG5-31-M30×1.5
M36×2	28	22	41	YZG5-31-M36×2
M42×2	34	26	50	YZG5-31-M42×2
M52×2	42	28	60	YZG5-31-M52×2
M60×2	50	30	70	YZG5-31-M60×2

㉜ YZG5-32 接管

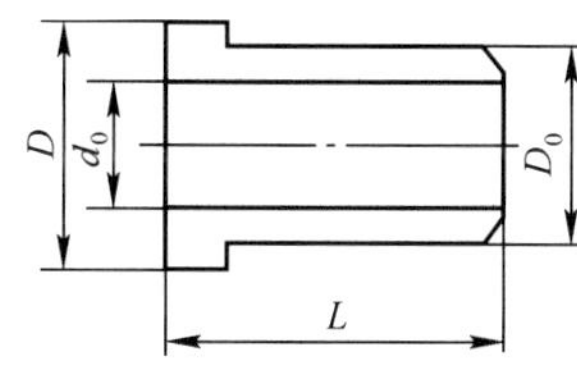

D_0	d_0	D	L	代　　号
6	3	10	20	YZG5-32-6
10	6	14	24	YZG5-32-10
14	8	20	28	YZG5-32-14
18	10	24	32	YZG5-32-18
22	15	27	32	YZG5-32-22
28	20	33	35	YZG5-32-28
34	25	39	38	YZG5-32-34
42	32	49	40	YZG5-32-42
50	40	57	44	YZG5-32-50

㉝ YZG5-33 变径接管

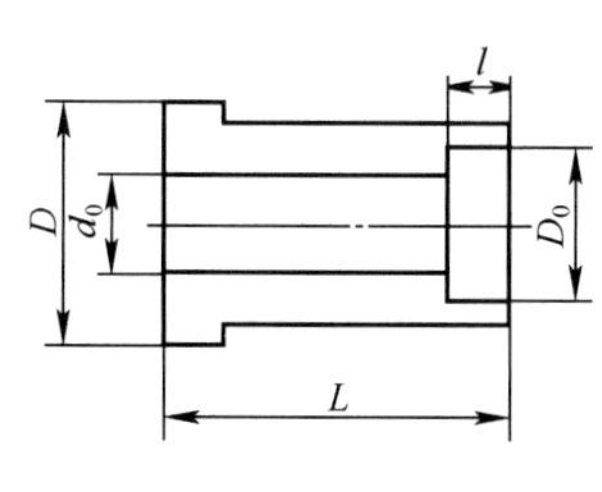

D_0	d_0	D	L	l	代　　号
6	3	14	24	5	YZG5-33-6
10	6	20	28	5	YZG5-33-10
14	8	24	32	5	YZG5-33-14
18	10	27	32	6	YZG5-33-18
22	15	33	35	6	YZG5-33-22
28	20	39	38	6	YZG5-33-28
34	25	49	40	8	YZG5-33-34
42	32	57	44	8	YZG5-33-42

该系列接头是应用最广泛和最有代表性的导压管常用接头。它的接管可以从 $\phi 6\times 1$ 铜管到 $\phi 50\times 2.5$ 无缝钢管。连接螺纹可用公制，也可用英制，也可有特殊要求，如 PT、NPT 等螺纹。

系列中有许多名称相同的接头，其差别是接管的配合形式，流水号 15 以前为一凸出小管与接头配合。流水号 15 以后，则是平面配合，如图 5-3-1 所示。

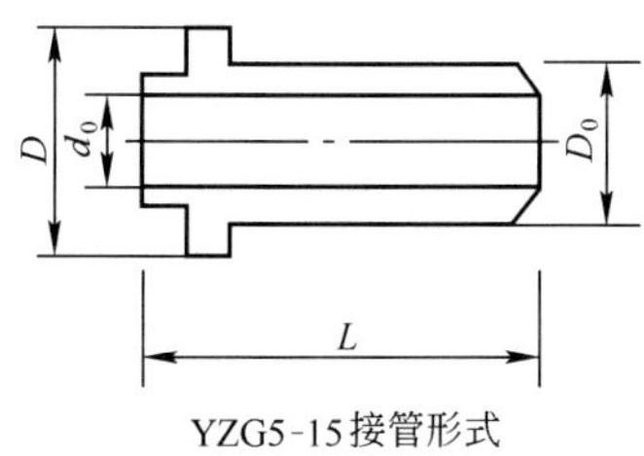

YZG5-15接管形式

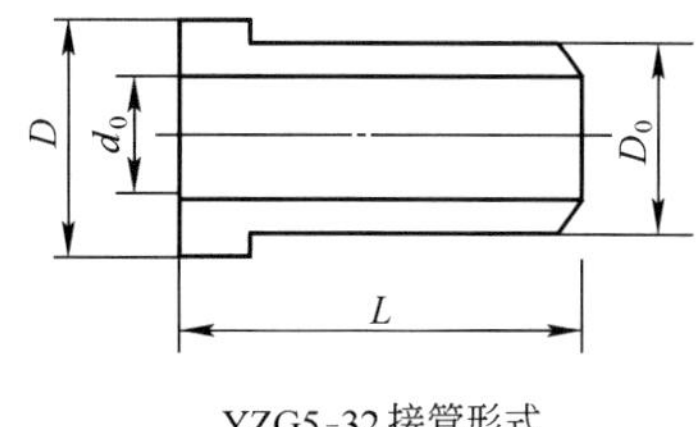

YZG5-32接管形式

图 5-3-1 接管形式

1.6 承插焊式管接头（YZG6 系列）

承插焊式管接头 YZG6 系列适用于自控系统各种测量管路。公称压力 $PN=16\text{MPa}$。适用温度视介质温度和所选垫片而定，一般 $t\leqslant 450℃$。制造材料为 20 号钢、1Cr18Ni9Ti、316 和 316L。

该系列接头有 4 个品种，按种类流水号为：

① YZG6-1 承插焊异径接头

② YZG6-2 承插焊弯管接头

③ YZG6-3 承插焊三通接头

④ YZG6-4 承插焊四通接头

接管最小为 $\phi 15$，最大为 $\phi 49$。

该系列共有 26 个规格。

1.7 内螺纹式管接头（YZG7 系列）

内螺纹式管接头 YZG7 系列适用于自控系统各种测量管路。公称压力为 16MPa。适用温度视介质和使用垫片而定，一般 $t \leqslant 450$℃。制造材料为 20 号钢、1Cr18Ni9Ti、316 和 316L。

该系列共有 3 类、共计 63 个规格：

① YZG7-1　内螺纹异径接头

② YZG7-2　内螺纹弯通接头

③ YZG7-3　内螺纹三通接头

该系列所有螺纹都是英制管锥螺纹。最小为 ZG¼″，最大为 ZG2″。

1.8 金属软管挠性管接头（YZG8 系列）

金属软管接头 YZG8 系列与各种金属软管、金属挠性管相配合，具有保护电缆免受机械损伤和隔爆双重作用。

该系列接头与仪表所留电缆孔螺纹相配合，因此有内、外螺纹两个类别。产品有三类：

① YZG8-1　内螺纹金属软管接头（一）

② YZG8-2　内螺纹金属软管接头（二）

③ YZG8-3　外螺纹金属软管接头

YZG8-1 内螺纹分别为英制管螺纹 ZG½″、ZG¾″和 ZG1″三种，与其相配的金属软管分别为 *DN*15 和 *DN*20。

YZG8-2 内螺纹为英制管螺纹 ZG½″、ZG¾″、ZG1″和 ZG1½″四种螺纹，相配的金属软管分别为 *DN*13，*DN*17，*DN*21 和 *DN*31 四种。

这两类金属软管接头通常是和保护管相连接的。

YZG8-3 一般和设备与仪表配合，它有 10 个规格，外螺纹有公制和英制两类。公制的有 M16×1.5，M18×1.5，M20×1.5，M27×2 和 M33×2 五种规格，英制的有 G½″，G¾″，G1″及 ZG½″和 ZG¾″五种规格。与之相配的金属软管为 *DN*13，*DN*15 和 *DN*20。

金属软管与设备和保护管相配合的这一端接头可换。若没有合适的规格，可提出定做接头，以满足合适的螺纹要求。

1.9 橡胶管接头（YZG9 系列）

橡胶管接头 YZG9 系列多用于取样或临时需要，正式自控系统用得不多。它有端部焊接与端部螺纹连接两大类，共计 15 个规格。材料一般选用 20 号钢。一端接胶管，接胶管的外径为 $\phi 8$，接头内径为 $\phi 4$，因此只适用于外径是 $\phi 8$ 的胶管。

端部螺纹有公制与英制两种，公制只有 M10×1 一种规格，英制的有 G⅛″，G¼″，G½″，G¾″，G1″五种管螺纹和 ZG¼″，ZG⅜″，ZG½″，ZG¾″四种管锥螺纹。

1.10 电缆（管缆）接头（YZG10 系列）

电缆接头 YZG10 系列应用范围相对较窄，仅适用于电缆、管缆，有填料函、填料盒、电缆管接头、屏蔽电缆管接头 4 类，共计 37 个规格。自控系统一般不使用。

1.11 连接头（管嘴）（YZG11 系列）

连接头 YZG11 系列又称管嘴，实质上是温度计的一次部件，也称温度计接头或温度计凸台，应用极为广泛。

适用温度一般为 100℃以下，公称压力有 $PN \leqslant 16$MPa 和 $PN \leqslant 32$MPa 两类。制造材料为 20 号钢、1Cr18Ni9Ti、316 和 316L。按流水号分共有 9 个种类，共计 88 个规格。按种类流水号为：

① YZG11-1　直形连接头（一）

② YZG11-2　直形连接头（二）

③ YZG11-3　45°角形连接头

④ YZG11-4　双金属温度计直形管嘴

⑤ YZG11-5　双金属温度计斜形管嘴

⑥ YZG11-6　表面热电偶连接头

⑦ YZG11-7　温度计套管

⑧ YZG11-8　温度计转换接头（一）

⑨ YZG11-9　温度计转换接头（二）

温度计接头是很常用的，其技术数据可参照温度计安装一节。温度计接头的螺纹有公制与英制两种。公制的有 M27×2 和 M33×3 两种，英制的有 G½″、G¾″和 G1″三种。温度计接头螺纹的选择应随温度计螺纹而定，两者必须相符。温度计螺纹有的是定型的，如双金属温度计，绝大多数情况是 M27×2，安装双金属温度计的接头螺纹也必须是 M27×2。温度计螺纹特别是电阻体与热电偶，它们随安装场合与温度而改变其螺纹大小，有 G½″，G¾″和 G1″三种。选择温度计接头时，一定要搞清温度计的螺纹。

M27×2 和 G¾″，M33×3 和 G1″两种接头螺纹外径很相似，前者为 ϕ26.5 左右，后者为 ϕ32.5 左右，但它们是两种不能互换的螺纹，选用时要注意。

温度计接头的长度取决于测温点是否要保温，不需保温的测温点，接头长度为 60～80mm，需要保温的测温点，视保温层厚度决定，一般以露出保温层 30～50mm 为宜，接头长度一般为 120～140mm，有时可达 200mm。

直型温度计接头使用广泛。设备上温度点都采用直型，管道上安装温度计视管道的直径，小直径(≥ϕ80mm)可用 45°斜型，但必须是测温元件逆着流向。太小的管道直径（≤ϕ80mm）只能用扩大管来安装温度计。当管道≥200mm 时，才能使用直形接头。在条件许可时，安装在弯头上的温度计可减低对管道直径的要求。

1.12 压力表接头（YZG12 系列）

压力表接头 YZG12 系列是一种应用很广泛的接头，只要有压力表，就有 YZG12 系列的接头。

YZG12系列接头制造材料要与管道材料相同或高于管道材料。常用的标准件的材质是20号钢、1Cr18Ni9Ti、316和316L，选用时，要高选一档。温度适应范围大，通常 t≤800℃，它能正常使用。

该系列共有 5 个品种 16 个规格。

① YZG12-1 接表阀接头。螺纹为 M20×1.5 左。此类接头一端直接焊在取压管上，另一端接阀，阀的另一端为 M20×1.5 右螺纹，直接可与压力表相连。

② YZG12-2 压力表组合接头。此类仪表接头一端为外螺纹，螺纹为英制 ZG⅛″和 ZG¼″两种，接别的仪表或阀。另一端为内螺纹，接压力表。按压力表的螺纹，内螺纹有 M10×1，M12×1.25，M14×1.5，M20×1.5 和 G½″五种。

③ YZG12-3 压力表接头（A)。此种接头一端为外螺纹 G½″，接阀门，另一端为内螺纹 M20×1.5，接压力表，专配½″阀的。

④ YZG12-4 压力表接头（B)。此类接头为两端内螺纹，一端内螺纹是英制 G¼″和 G½″两种，接阀或其他设备。另一端内螺纹为公制 M20×1.5，有时也用英制 G½″，接压力表。国产压力表的螺纹都是公称的，Y-150 以上都是 M20×1.5。引进系统要考虑国外习惯，压力表都是英制 G½″。

⑤ YZG12-5 压力表接头（C)。此类接头也称压力表转换接头。如果管道上、设备上都有一阀门，其内螺纹为 ZG½″或 ZG¼″，就可用这种接头。它的两端接头分别是一端外螺纹 ZG½″和 ZG¼″两种，另一端内螺纹为 M20×1.5。

1.13 玻璃板液面计接头（YZG13 系列）

玻璃板液面计接头 YZG13 系列适用于各种容器的玻璃液面计上。适用温度 t≤800℃。材料为 20 号钢、1Cr18Ni9Ti、316 和 316L。公称压力 PN≤6.4MPa。

该系列接头共有 5 个品种 7 个规格，相对应的流水号如下所示。

① YZG13-1 液面计排污接头（一）

这是一端焊接一端外螺纹的接头。

② YZG13-2 液面计排污接头（二）

这是两端都为外螺纹的接头。

按现场液面计的具体情况选取 YZG13-1 或 YZG13-2。

液面计蒸汽夹套接头（一)、(二)、(三）对应的为：

③ YZG13-3 液面计蒸汽夹套接头（一）

④ YZG13-4 液面计蒸汽夹套接头（二）

⑤ YZG13-5 液面计蒸汽夹套接口（三）

这三种接头功能相似，结构形式不一样，有两头为外螺纹的[(一)型]，一端内螺纹、一端焊接的[(三)型]和一端焊接，一端外螺纹[(三)型]的，按现场具体情况而选取。

1.14 短节（YZG14 系列）

短节 YZG14 系列实质是取压部件。它适用于各种测量回路，特别是压力、流量、液面，公称压力 PN=

16MPa。适应温度视介质与选定的垫片而定，一般 $t \leqslant 450$℃。制选材料为 20 号钢、1Cr18Ni9Ti、316 和 316L。

该系列共有 8 类 64 个规格。对应流水号如下。

① YZG14-1　单头短节

多用于压力取源部件，一头焊在压力点，一端用螺纹与一次阀连接。螺纹常用 ZG½″。拓宽单头短节的使用范围，其螺纹设有 ZG¼″、ZG⅜″、ZG½″、ZG¾″、ZG1″、ZG1½″和 ZQ2″共七种规格。

② YZG14-2　单头加厚短节

用途与规格同 YZG14-1 只是使用在压力等级高的场合。

③ YZG14-3　双头短节

多用于压力、流量、液面取源部件，需要两头用螺纹连接的场合，其规格与 YZG14-1 相同。

④ YZG14-4　双头加厚短节

使用场合与规格完全同 YZG14-3，只是压力等级提高。

⑤ YZG14-5　单头异径短节

一端有外螺纹 ZG⅜″、ZG½″和 ZG¾″、直接与阀或设备、仪表连接，另一端为外径 $\phi14$，可与导压管直接连接。

1.15　活接头（YZG15 系列）

活接头 YZG15 系列是自控系统的辅助接头之一，适合于各种测量、信号和气源管路上。公称压力为 4MPa，10MPa，16MPa 和 32MPa。适应温度范围视介质与选用垫片而异，一般为 $t \leqslant 450$℃。材质为 20 号钢和 1Cr18Ni9Ti。

该系列共有 5 类 26 个规格，按流水号为：

① YZG15-1　内螺纹活接头

② YZG15-2　焊接式活接头（一）

③ YZG15-3　焊接式活接头（二）

④ YZG15-4　高压活接头

⑤ YZG15-5　异径活接头

本系列活接头主要用于较长的管路和安装多台设备的管路上，用活接头的原因是便于安装和维修。

活接头常用在管径较小的管道上（大管径采用法兰连接），多用在 DN15～40。作为系列产品，其管径从 DN15 一直到 DN70。通常 $DN>50$ 就不用活接头了。

1.16　堵头（YZG16 系列）

堵头 YZG 系列又称为丝堵。一般使用于已经开孔，安装了接头，但暂时又用不着的场合，或吹扫、试压、加液、排气、排污、排液等场合，或安装正式仪表条件不具备，用丝堵暂时堵上。该系列产品适用于各种测量回路或工艺设备上，公称压力为 6.4MPa 和 16MPa，$t \leqslant 450°$的场合。制造材质是 20 号钢、1Cr18Ni9Ti、316 和 316L。

该系列接头共有 4 类 28 个品种，对应流水号如下。

① YZG16-1　堵头（一）

共有 6 种螺纹，分别是 G¼″，G⅜″，G½″，G¾″，M20×1.5 和 M27×2。

② YZG16-2　堵头（二）

共有 6 种锥螺纹，分别是 ZG¼″，ZG⅜″，ZG½″，ZG¾″，ZG1″和 ZG1½″。

③ YZG16-3　内螺纹堵头

全为内螺纹锥螺纹，共有 ZG¼″，ZG⅜″，ZG½″，ZG¾″，ZG1″和 ZG1½″六种规格。

④ YZG16-4　螺塞

也是丝堵的一种。全是外螺纹，且全为公制，有 M8×1，M10×1，M12×1.25，M14×1.5，M16×1.5，M18×1.5，M22×1.5，M27×2，M33×2 和 M42×2 十种规格。

2　法兰

法兰是仪表加工件的一个大类。

仪表使用的法兰很多，总的可分为两类。一类是安装取源部件用，如压力、温度的取源部件。它们多数在设备上，在安装温度表、压力表的位置上留下一片法兰，仪表安装人员要配上另一片法兰，然后再安装温度、压力的取源部件。另一类是安装仪表用，可能在设备上，但大多数在工艺管道上要安装孔板、转子流量计、电磁流量计和调节阀等仪表的地方。在仪表上有两片法兰，安装时要配上另两片法兰。

不管是取源部件的安装还是仪表本身的安装，仪表施工人员都需“配”法兰。即有一半法兰在设备上或仪表上，是不能再改变的，要“配”上另一半法兰，才能完成安装。“配”法兰要求仪表安装人员认真、仔细，稍有差错就安装不上去。

考虑到当前我国生产的定型设备、仪表、阀门及管道配件等的接管法兰都采用原一机部的标准，化工部在制定标准时，尽量使两个部的管法兰标准具有最大的互配性，只要压力等级、公称通径、密封面形式相同，两种标准的法兰完全可以配用。表 5-3-1～表 5-3-8 提供了化工部管法兰中常用的中、低压标准，供选用。

配用法兰时要掌握几个要点：

① 压力等级原则上是相同或高于，不能用低于压力等级的代用压力等级高的；

② 公称通（直）径应该一致，不一致的若能配用也会严重影响美观；

③ 密封面形式必须一致，否则，不能保证不泄漏；

④ 考虑螺栓孔的数目与距离。若用高压力等级配用低压力等级，能保证螺栓数目相同的可用，否则不能用，螺栓孔距离不同的也不能用。

非标准法兰在安装时也时常用到。如引进项目中或单机引进中，要进行实地测绘，测绘的要点是：法兰接管直径、法兰螺栓数目、螺栓孔直径、密封面形式。其压力等级反映在法兰的厚度上，厚度与相配法兰保持等厚即可。

取源部件的安装大量使用法兰盖，如容器、设备、非标上，法兰盖的技术数据列于表 5-3-9～表 5-3-11，供选用。

管路法兰的密封面决定于介质的性质，一般情况下采用平面（即光滑面）法兰。对于易燃、易爆、有毒的介质，采用密封面性能好的凹凸面法兰。榫槽面法兰，虽然其密封性能优越，但因制造、检修比较麻烦，因此除剧毒介质外，一般不使用。

法兰所使用垫片的材料由管道介质的特性、温度及工作压力来决定。调节阀、孔板、转子流量计、电磁流量计等法兰使用的垫片与工艺管道法兰所选用的垫片相同。常用的有如下几种。

(1) 橡胶石棉垫　这种垫片常用在水管、压缩空气及蒸汽管道中，压力较低，一般在 4.0MPa 以下。用于水管和压缩空气管道的橡胶石棉垫要涂以鱼油与石墨粉的拌和物。用于蒸汽管道的橡胶石棉垫要涂以机油与石墨粉的拌和物。油品、溶剂管道的垫片要选用耐油橡胶石棉垫。

耐酸石棉板使用在有腐蚀性的介质管道中，现已逐渐被聚四氟乙烯代替。

(2) 金属石棉缠绕式垫片　这种垫片用钢带和石棉分层缠绕而成，是用金属把石棉包住。采用不同材质的金属板，以适应不同腐蚀要求管道的需要。这种垫片具有多道密封作用。弹性较好，可制成较大直径，而且没有横向接缝，供公称压力 PN0.16～4.0MPa 的管道法兰使用，而且更适宜在温度及压力有较大波动的管道上。

缠绕式垫片适用于光滑面和凹凸面法兰上。

(3) 金属垫片　当公称压力≥6.4MPa 时，一般都采用金属垫片。常用的金属垫片截面有齿形、椭圆形和八角形等。金属齿形垫片适用于 PN 为 4.0、6.4、10、16、20MPa 的凹凸面法兰。

截面为椭圆形或八角形的金属垫片，因其与法兰密封面的接触面积小，故在较小的螺栓拉紧力下能获得较高的密封性能，适用于 PN≥6.4MPa 的梯形槽式法兰。

选用金属垫片的材质应与管材一致。

(4) 透镜垫　高压螺纹法兰连接的密封多采用透镜垫，这也包括高压压力表与阀门连接所使用的垫片。

中、低压压力表用的垫片多采用橡胶石棉垫，也有聚四氟乙烯垫。

中、低压管道温度一次元件（电阻体、热电偶、双金属温度计等）所使用的垫片一般是橡胶石棉垫、聚四氟乙烯垫，有时也有紫钢垫。

化工部管法兰中常用的中、低压标准如下所述。

2.1　钢制螺纹法兰（HG 5008—58）

配用螺栓 GB 5—76，螺母 GB 41—76，见表 5-3-1。

表 5-3-1　螺纹法兰

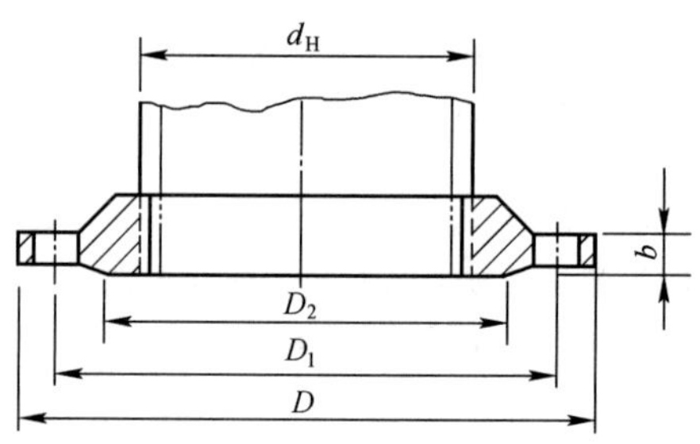

mm

DN	管子		法兰					螺栓		橡胶石棉板			使用场合
	d_H	螺纹	D	D_1	D_2	b	质量/kg	数量	直径×长度	外径	内径	厚度	
PN=0.25MPa，0.6MPa													
10	17	⅜″	75	50	35	12	0.321	4	M10×45	35	17	1.5	压力、温度取源部件，调节阀
15	21.25	½″	80	55	40	12	0.367	4	M10×45	40	21.25	1.5	
20	26.75	¾″	90	65	50	14	0.516	4	M10×50	50	26.75	1.5	
25	33.5	1″	100	75	60	14	0.742	4	M10×50	60	33.5	1.5	
32	42.25	1¼″	120	90	70	14	0.986	4	M12×50	70	42.25	1.5	
40	48	1½″	130	100	80	14	1.10	4	M12×50	80	48	1.5	
50	60	2″	140	110	90	14	1.29	4	M12×55	90	60	1.5	
70	75.5	2½″	160	130	110	14	1.60	4	M12×55	110	75.5	1.5	
80	88.5	3″	185	150	128	16	2.27	4	M16×55	128	88.5	1.5	
100	114	4″	205	170	148	16	2.70	4	M16×55	148	114	2	
125	140	5″	235	200	178	16	3.37	8	M16×55	178	140	2	
150	165	6″	260	225	202	16	3.91	8	M16×55	202	165	2	
PN=1.0MPa，1.6MPa													
10	17	⅜″	90	60	40	14	0.558	4	M12×50	40	17	1.5	压力、温度取源部件，调节阀
15	21.25	½″	95	65	45	14	0.614	4	M12×50	45	21.25	1.5	
20	26.75	¾″	105	75	58	14	0.791	4	M12×50	58	26.75	1.5	
25	33.5	1″	115	85	68	14	0.962	4	M12×50	68	33.5	1.5	
32	42.25	1¼″	135	100	78	16	1.45	4	M16×55	78	42.25	1.5	
40	48	1½″	145	110	88	16	1.64	4	M16×55	88	48	1.5	
50	60	2″	160	125	102	18	2.21	4	M16×60	102	60	1.5	
70	75.5	2½″	180	145	122	18	2.87	4	M16×60	122	75.5	1.5	
80	88.5	3″	195	160	138	20	3.70	4.8①	M16×65	138	88.5	1.5	
100	114	4″	215	180	158	20	4.06	8	M16×65	158	114	2	
125	140	5″	245	210	188	22	5.72	8	M16×65	188	140	2	

① 用于 PN=1.0MPa 的配件 4 个螺栓，用于 PN=1.6MPa 的配 8 个螺栓。

2.2 平焊法兰（HG 5010—58）

配用螺栓 GB 5—76，螺母 GB 41—76，见表 5-3-2。

表 5-3-2 平焊法兰

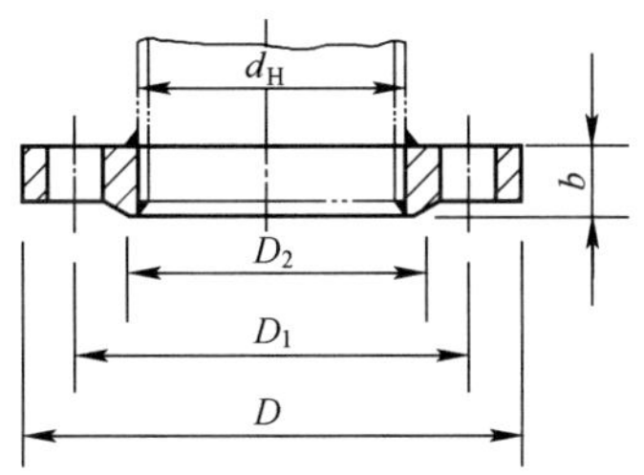

mm

公称直径	管子	法兰					螺栓		橡胶石棉垫片			使用场合
DN	d_H	D	D_1	D_2	b	质量/kg	数量	直径×长度	外径	内径	厚度	
PN=0.1MPa												
10	14	75	50	35	8	0.20	4	M10×30	35	14		
15	18	80	55	40	8	0.23	4	M10×30	40	18	1.5	温度、压力取源部件
20	25	90	65	50	8	0.30	4	M10×30	50	25		
25	32	100	75	60	8	0.37	4	M10×30	60	32		
32	38	120	90	70	8	0.53	4	M12×30	70	38	1.5	温度、压力取源部件，转子流量计，调节阀
40	45	130	100	80	8	0.58	4	M12×30	80	45		
50	57	140	110	90	8	0.64	4	M12×30	90	57		
70	76	160	130	110	10	1.02	4	M12×35	110	76	1.5	调节阀，孔板，转子流量计，电磁流量计
80	89	185	150	128	10	1.39	4	M16×40	128	89		
100	108	205	170	148	10	1.57	4	M16×40	148	108		
125	133	235	200	178	10	1.98	8	M16×40	178	133	2	调节阀，孔板，转子流量计，电磁流量计
150	159	260	225	202	12	2.62	8	M16×45	202	159		
175	194	290	255	232	14	3.62	8	M16×50	232	194		
200	219	315	280	258	14	3.80	8	M16×50	258	219	2	调节阀，孔板，转子流量计，电磁流量计
225	245	340	305	282	14	4.10	8	M16×50	282	245		
250	273	370	335	312	14	4.65	12	M16×50	312	273		
300	325	435	395	365	16	6.83	12	M20×55	365	325	2	调节阀，孔板，转子流量计，电磁流量计
350	377	485	445	415	16	7.64	12	M20×55	415	377		
400	426	535	495	465	18	9.58	16	M20×60	465	426		
450	478	590	550	520	18	11.10	16	M20×60	520	478	3	孔板，电磁流量计
500	529	640	600	570	20	13.50	16	M20×60	570	529		
600	630	755	705	670	20	17.15	20	M22×65	670	630		
700	720	860	810	775	22	25.30	24	M22×70	775	720	3	孔板，电磁流量计
800	820	975	920	880	24	33.90	24	M27×80	880	820		
900	920	1075	1020	980	24	37.90	24	M27×80	980	920		
PN=0.25MPa												
10	14	75	50	35	10	0.254	4	M10×35	35	14		
15	18	80	55	40	10	0.29	4	M10×35	40	18	1.5	温度、压力取源部件
20	25	90	65	50	12	0.45	4	M10×40	50	25		
25	32	100	75	60	12	0.553	4	M10×40	60	32		
32	38	120	90	70	12	0.795	4	M12×40	70	38	1.5	温度、压力取源部件，转子流量计
40	45	130	100	80	12	0.87	4	M12×40	80	45		
50	57	140	110	90	12	0.954	4	M12×40	90	57		
20	76	160	130	110	14	1.43	4	M12×45	110	76	1.5	转子流量计，孔板，电源流量计，调节阀
80	89	185	150	128	14	1.95	4	M16×50	128	89		

续表

公称直径	管子	法　兰					螺　栓		橡胶石棉垫片			使用场合
DN	d_H	D	D_1	D_2	b	质量/kg	数量	直径×长度	外径	内径	厚度	
PN=0.25MPa												
100	108	205	170	148	14	2.2	4	M16×50	148	108	2	孔板，调节阀，电磁流量计
125	133	235	200	178	14	2.78	8	M16×50	178	133		
150	159	260	225	202	16	3.49	8	M16×50	202	159		
175	194	290	255	232	16	3.86	8	M16×50	232	194	2	孔板，调节阀，电磁流量计
200	219	315	280	258	18	4.88	8	M16×55	258	219		
225	245	340	305	282	20	5.93	8	M16×60	282	245		
250	273	370	335	312	22	7.32	12	M16×65	312	273	2	孔板，调节阀，电磁流量计
300	325	435	395	365	22	9.4	12	M20×70	365	325		
350	377	485	445	415	22	10.5	12	M20×70	415	377		
400	426	535	495	465	22	11.7	16	M20×70	465	426	3	孔板，电磁流量计
450	478	590	550	520	24	14.9	16	M20×70	520	478		
500	529	640	600	570	24	16.2	16	M20×70	570	529		
600	630	755	705	670	24	20.6	20	M22×75	670	630	3	孔板，电磁流量计
700	720	860	810	775	26	29.9	24	M22×80	775	720		
800	820	975	920	880	26	36.7	24	M27×85	880	820		
PN=0.6MPa												
10	14	75	50	35	12	0.313	4	M10×40	35	14	1.5	温度、压力取源部件
15	18	80	55	40	12	0.325	4	M10×40	40	18		
20	25	90	65	50	14	0.536	4	M10×40	50	25		
25	32	100	75	60	14	0.641	4	M10×40	60	32	1.5	温度、压力取源部件，转子流量计
32	38	120	90	70	16	1.097	4	M12×50	70	38		
40	45	130	100	80	16	1.219	4	M12×50	80	45		
50	57	140	110	90	16	1.348	4	M12×50	90	57	1.5	孔板，调节阀，转子流量计
70	76	160	130	110	16	1.67	4	M12×50	110	76		
80	89	185	150	128	18	2.48	4	M16×55	128	89		
100	108	205	170	148	18	2.89	4	M16×55	148	108	2	孔板，调节阀，电磁流量计
125	133	235	200	178	20	3.94	8	M16×60	178	133		
150	159	260	225	202	20	4.47	8	M16×60	202	159		
175	194	290	255	232	22	5.54	8	M16×65	232	194	2	孔板，调节阀，电磁流量计
200	219	315	280	258	22	6.07	8	M16×65	258	219		
225	245	340	305	282	22	6.6	8	M16×65	282	245		
250	273	370	335	312	24	8.03	12	M16×70	312	273	2	调节阀，孔板，电磁流量计
300	325	435	395	365	24	10.3	12	M20×70	365	325		
350	377	485	445	415	26	12.59	12	M20×75	415	377		
400	426	535	495	465	28	15.2	16	M20×80	465	426	3	孔板，电磁流量计
450	478	590	550	520	28	17.59	16	M20×80	520	478		
500	529	640	600	570	30	20.67	16	M20×85	570	529		
600	630	755	705	670	30	26.57	20	M22×85	670	630	3	孔板，电磁流量计
700	720	860	810	775	32	37.1	24	M22×90	775	720		
800	820	975	920	880	32	46.2	24	M27×95	880	820		
900	920	1075	1020	980	34	55.1	24	M27×100	980	920	3	孔板
1000	1020	1175	1120	1080	36	57.3	28	M27×105	1080	1020		
PN=1.0MPa												
10	14	90	60	40	12	0.458	4	M12×40	40	14	1.5	温度、压力取源部件
15	18	95	65	45	12	0.511	4	M12×40	45	18		
20	25	105	75	58	14	0.748	4	M12×45	58	25		

续表

公称直径	管子	法兰					螺栓		橡胶石棉垫片			使用场合
DN	d_H	D	D_1	D_2	b	质量/kg	数量	直径×长度	外径	内径	厚度	
PN=1.0MPa												
25	32	115	85	68	14	0.89	4	M12×45	68	32	1.5	温度、压力取源部件
32	38	135	100	78	16	1.40	4	M16×50	78	38		
40	45	145	110	88	18	1.71	4	M16×55	88	45	1.5	调节阀,转子流量计,孔板
50	57	160	125	102	18	2.09	4	M16×55	102	57		
70	76	180	145	122	20	2.84	4	M16×60	122	76		
80	89	195	160	138	20	3.24	4	M16×60	138	89	1.5	调节阀,电磁流量计,孔板
100	108	215	180	158	22	4.01	8	M16×65	158	108	2	
125	133	245	210	188	24	5.40	8	M16×70	188	133		
150	159	280	240	212	24	6.12	8	M20×70	212	159	2	调节阀,电磁流量计,孔板
175	194	310	270	242	24	7.44	8	M20×70	242	194		
200	219	335	295	268	24	8.24	8	M20×70	268	219		
225	245	365	325	295	24	9.30	8	M20×70	295	245	2	电磁流量计,孔板
250	273	390	350	320	26	10.7	12	M20×75	320	273		
300	325	440	400	370	28	12.9	12	M20×80	370	325		
350	377	500	460	430	28	15.9	16	M20×80	430	377	3	电磁流量计,孔板
400	426	565	515	482	30	21.8	16	M22×85	482	426		
450	478	615	565	532	30	24.4	20	M22×85	532	478		
500	529	670	620	585	32	27.7	20	M22×90	585	529	3	电磁流量计,孔板
600	630	780	725	685	36	39.4	20	M27×105	685	630		
PN=1.6MPa												
10	14	90	60	40	14	0.547	4	M12×45	40	14		温度、压力取源部件
15	18	95	65	45	14	0.711	4	M12×45	45	18		
20	25	105	75	58	16	0.867	4	M12×50	58	25		
25	32	115	85	68	18	1.174	4	M12×50	68	32		温度、压力取源部件,转子流量计
32	38	135	100	78	18	1.6	4	M16×55	78	38		
40	45	145	110	88	20	2.0	4	M16×60	88	45		
50	57	160	125	102	22	2.61	4	M16×65	102	57		调节阀,孔板,转子流量计
70	76	180	145	122	24	3.45	4	M16×70	122	76		
80	89	195	160	138	24	3.71	8	M16×70	138	89		调节阀,孔板,电磁流量计
100	108	215	180	158	26	4.8	8	M16×70	158	108		
125	133	245	210	188	28	6.47	8	M16×75	188	133		调节阀,孔板,电磁流量计
150	159	280	240	212	28	7.92	8	M20×80	212	159		
175	194	310	270	242	28	8.81	8	M20×80	242	194		
200	219	335	295	268	30	10.1	12	M20×85	268	219		调节阀,孔板,电磁流量计
225	245	365	325	295	30	11.7	12	M20×85	295	245		
250	273	405	355	320	32	15.7	12	M22×90	320	273		
300	325	460	410	378	32	18.1	12	M22×90	378	325		孔板,电磁流量计
350	377	520	470	438	34	23.3	16	M22×95	438	377		
400	426	580	525	496	18	31.0	16	M27×105	496	426		
450	478	640	585	550	42	40.2	20	M27×115	550	478		孔板,电磁流量计
500	529	705	650	610	48	55.1	20	M30×130	610	529		
600	630	840	770	720	50	80.3	20	M30×140	720	630		
PN=2.5MPa												
10	14	90	60	40	16	0.634	4	M12×50	40	14	1.5	温度、压力取源部件
15	18	95	65	45	16	0.804	4	M12×50	45	18		
20	25	105	75	58	18	0.985	4	M12×50	58	25		

续表

PN=2.5MPa												
公称直径	管子	法兰					螺栓		橡胶石棉垫片			使用场合
DN	d_H	D	D_1	D_2	b	质量/kg	数量	直径×长度	外径	内径	厚度	
25	32	115	85	68	18	1.174	4	M12×50	68	32	1.5	温度、压力取源部件,转子流量计
32	38	135	100	78	20	1.96	4	M16×60	78	38		
40	45	145	110	88	22	2.60	4	M16×65	88	45		
50	57	160	125	102	24	2.71	4	M16×70	102	57	1.5	调节阀,孔板,转子流量计
70	76	180	145	122	24	3.22	8	M16×70	122	76		
80	89	195	160	138	26	4.06	8	M16×70	138	89		
100	108	230	190	162	28	6.0	8	M20×80	162	108	2	调节阀,孔板,电磁流量计
125	133	270	220	188	30	8.26	8	M22×85	188	133		
150	159	300	250	218	30	10.4	8	M22×85	218	159		
175	194	330	280	248	32	11.9	12	M22×90	248	194	2	调节阀,孔板,电磁流量计
200	219	360	310	278	32	14.5	12	M22×90	278	219		
225	245	395	340	305	34	17.0	12	M27×100	305	245		
250	273	425	370	335	34	18.9	12	M27×100	335	273	2	调节阀,孔板,电磁流量计
300	325	485	430	390	36	26.8	16	M27×105	390	325		
350	377	550	490	450	42	34.35	16	M30×120	450	377		
400	426	610	550	505	44	44.9	16	M30×120	505	426	3	孔板,电磁流量计
450	478	660	600	555	48	51.92	20	M30×130	555	478		
500	529	730	660	615	52	67.3	20	M30×150	615	529		

2.3 榫槽面平焊法兰(HG 5011—58)

配用螺栓 GB 5—76,螺母 GB 41—76,见表 5-3-3。

表 5-3-3 榫槽面平焊法兰

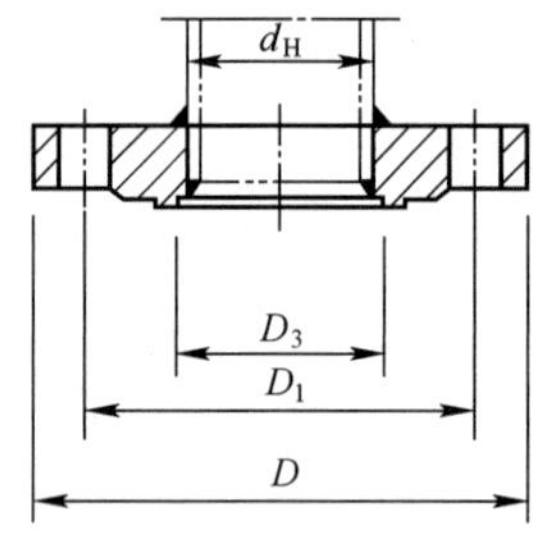

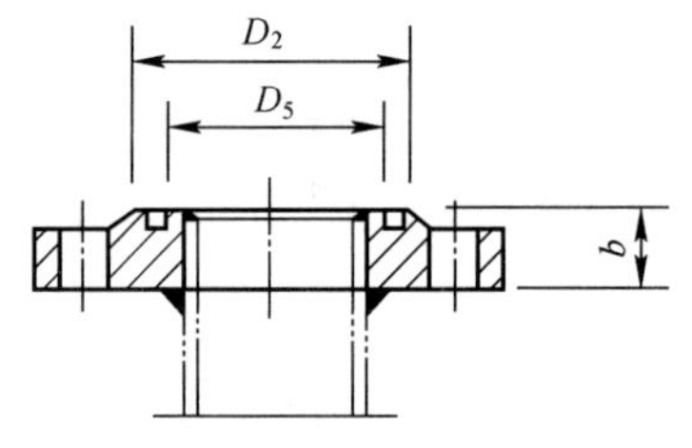

mm

PN=0.25MPa															
公称直径	管子	法兰						法兰质量/kg		螺栓		橡胶石棉垫片			使用场合
DN	d_H	D	D_1	D_2	D_3	D_5	b	榫面	槽面	数量	直径×长度	外径	内径	厚度	
10	14	75	50	35	19	18	10	0.276	0.242	4	M10×40	29	19	1.5	温度、压力取源部件
15	18	80	55	40	23	22	10	0.31	0.27	4	M10×40	33	23		
20	25	90	65	50	38	32	12	0.47	0.47	4	M10×45	43	33		
25	32	100	75	60	41	40	12	0.58	0.53	4	M10×45	51	41	1.5	温度、压力取源部件,转子流量计
32	38	120	90	70	49	48	12	0.82	0.77	4	M12×45	59	49		
40	45	130	100	80	55	54	12	0.91	0.83	4	M12×45	69	55		
50	57	140	110	90	66	65	12	1.01	0.91	4	M12×45	80	66	1.5	调节阀,孔板,转子流量计,电磁流量计
70	76	160	130	110	86	85	14	1.5	1.4	4	M12×50	100	86		
80	89	185	150	128	101	100	14	2.02	1.88	4	M16×55	115	101		
100	108	205	170	148	116	115	14	2.34	2.06	4	M16×55	137	117	2	调节阀,孔板,转子流量计,电磁流量计
125	133	235	200	178	145	144	14	2.95	2.61	8	M16×55	166	146		
150	159	260	225	202	170	169	16	3.7	3.29	8	M16×60	191	171		

续表

公称直径	管子	法兰						法兰质量/kg		螺栓		橡胶石棉垫片			使用场合
DN	d_H	*D*	D_1	D_2	D_3	D_5	*b*	榫面	槽面	数量	直径×长度	外径	内径	厚度	
PN=0.25MPa															
175	194	290	255	232	206	205	16	4.11	3.61	8	M16×60	227	207	2	调节阀，电磁流量计，孔板
200	219	315	280	258	228	227	18	5.15	4.61	8	M16×65	249	229		
225	245	340	305	282	255	254	20	6.23	5.62	8	M16×65	276	256		
250	273	370	335	312	282	281	22	7.65	7.0	12	M16×70	303	283	2	调节阀，孔板，电磁流量计
300	325	435	395	365	335	334	22	9.8	9.0	12	M20×75	356	336		
350	377	485	445	445	385	384	22	11.0	10.0	12	M20×75	406	386		
400	426	535	495	465	435	434	22	12.8	11.1	16	M20×75	456	436	3	孔板，电磁流量计
450	478	590	550	520	488	487	24	15.52	14.28	16	M20×80	509	489		
500	529	640	600	570	540	540	24	16.95	15.55	16	M20×80	561	541		
600	630	755	705	670	644	643	24	21.9	19.8	20	M22×80	667	645	3	孔板，电磁流量计
700	720	860	810	775	736	735	26	31.2	28.6	24	M22×85	763	737		
800	820	975	920	880	840	839	26	38.0	35.5	24	M27×90	867	841		
PN=0.6MPa															
10	14	75	50	35	19	18	12	0.325	0.301	4	M10×45	29	10	1.5	温度、压力取源部件
15	18	80	55	40	23	22	12	0.349	0.321	4	M10×45	33	23		
20	25	90	65	50	33	32	14	0.560	0.517	4	M10×50	43	33		
25	32	100	75	60	41	40	14	0.664	0.618	4	M10×50	51	41	1.5	温度、压力取源部件，转子流量计
32	38	120	90	70	49	48	16	1.124	1.07	4	M12×55	59	49		
40	45	130	100	80	55	54	16	1.261	1.177	4	M12×55	69	55		
50	57	140	110	90	66	65	16	1.398	1.298	4	M12×55	80	66	1.5	转子流量计，孔板，调节阀，电磁流量计
70	76	160	130	110	86	85	16	1.735	1.615	4	M12×55	100	86		
80	89	185	150	128	101	100	18	2.41	2.55	4	M16×65	115	101		
100	108	205	170	148	117	116	18	3.03	2.75	4	M16×65	137	117	2	转子流量计，孔板，调节阀，电磁流量计
125	133	235	200	178	146	145	20	4.11	3.77	8	M16×65	166	146		
150	159	260	225	202	171	170	20	4.67	4.27	8	M16×65	91	171		
175	194	290	255	232	207	206	22	5.79	5.29	8	M16×70	227	207	2	孔板，调节阀，电磁流量计
200	219	315	280	258	229	228	22	6.34	5.80	8	M16×70	249	229		
225	245	340	305	282	256	255	22	6.91	6.29	8	M16×70	276	256		
250	273	370	335	312	283	282	24	8.37	7.69	12	M16×75	303	283	2	孔板，调节阀，电磁流量计
300	325	435	395	365	336	335	24	10.7	9.9	12	M20×80	356	336		
350	377	485	445	415	386	385	26	13.09	12.09	12	M20×85	406	386		
400	426	565	495	465	436	435	28	16.19	14.01	16	M20×85	456	436	3	孔板，电磁流量计
450	478	615	550	520	489	488	28	18.21	16.97	16	M20×90	509	489		
500	529	670	600	570	541	540	30	21.32	20.02	16	M20×90	561	541		
600	630	755	705	670	645	644	30	27.87	25.27	20	M22×90	667	645	3	孔板，电磁流量计
PN=1.0MPa															
10	14	90	60	40	19	18	12	0.476	0.446	4	M12×45	29	19	1.5	温度、压力取源部件
15	18	95	65	45	23	22	12	0.525	0.487	4	M12×45	33	23		
20	25	105	75	58	33	32	14	0.769	0.729	4	M12×50	43	33		
25	32	115	85	68	41	40	14	0.91	0.87	4	M12×50	51	41	1.5	温度、压力取源部件，转子流量计
32	38	135	100	78	49	48	16	1.427	1.378	4	M16×60	59	49		
40	45	145	110	88	55	54	18	1.752	1.668	4	M16×65	69	51		
50	57	160	125	102	66	65	18	2.14	2.04	4	M16×65	80	66	1.5	转子流量计，孔板，调节阀，电磁流量计
70	76	180	145	122	86	85	20	2.90	2.78	4	M16×70	100	86		
80	89	195	160	138	101	100	20	3.31	3.17	4	M16×70	115	101		

续表

公称直径	管子	法兰						法兰质量/kg		螺栓		橡胶石棉垫片			使用场合
DN	d_H	D	D_1	D_2	D_3	D_5	b	榫面	槽面	数量	直径×长度	外径	内径	厚度	
PN=1.0MPa															
100	108	215	180	158	117	116	22	4.15	3.87	8	M16×70	137	117	2	孔板，调节阀，电磁流量计
125	133	245	210	188	146	145	24	5.57	5.28	8	M16×75	166	146		
150	159	280	240	212	171	170	24	6.32	5.92	8	M20×80	191	171		
175	194	310	270	242	207	206	24	7.55	7.19	8	M20×80	227	207	2	孔板，调节阀，电磁流量计
200	219	335	295	268	229	228	24	8.51	7.97	8	M20×80	249	229		
225	245	365	325	295	256	255	24	9.61	9.0	8	M20×80	276	256		
250	273	390	350	320	283	282	26	11.03	9.37	12	M20×85	303	283	2	孔板，调节阀，电磁流量计
300	325	440	400	370	336	335	28	13.29	12.51	12	M20×90	356	336		
350	377	500	460	430	386	385	28	16.4	15.4	16	M20×90	406	386		
400	426	565	515	482	436	435	30	22.39	21.21	16	M22×95	456	436	3	孔板，电磁流量计
450	478	615	565	532	489	488	30	24.678	23.78	20	M22×95	509	489		
500	529	670	620	585	541	540	32	28.35	27.05	20	M22×100	561	541		
600	630	780	725	685	645	644	36	40.70	38.10	20	M27×110	667	645	3	孔板，电磁流量计
PN=1.6MPa															
10	14	90	60	40	24	23	14	0.561	0.533	4	M12×50	34	24	1.5	温度、压力取源部件
15	18	95	65	45	29	28	14	0.728	0.694	4	M12×50	39	29		
20	25	105	75	58	36	35	16	0.897	0.837	4	M12×55	50	36		
25	32	115	85	68	43	42	18	1.208	1.14	4	M12×60	57	43	1.5	温度、压力取源部件，转子流量计
32	38	135	100	78	51	50	18	1.64	1.56	4	M16×65	65	51		
40	45	145	110	88	61	60	20	2.047	1.953	4	M16×65	75	61		
50	57	160	125	102	73	72	22	2.66	2.56	4	M16×70	87	73	1.5	转子流量计，孔板，电磁流量计，调节阀
70	76	180	145	122	95	94	24	3.52	3.38	4	M16×70	109	95		
80	89	195	160	138	106	105	24	3.79	3.63	8	M16×75	120	106		
100	108	215	180	158	129	128	26	4.94	4.67	8	M16×80	149	129	2	转子流量计，孔板，电磁流量计，调节阀
125	133	245	210	188	155	154	28	6.68	6.31	8	M16×85	175	155		
150	159	280	240	212	183	182	28	8.11	7.73	8	M16×90	203	183		
175	194	310	270	242	207	206	28	9.03	8.59	8	M20×90	227	207	2	孔板，调节阀，电磁流量计
200	219	335	295	268	239	238	30	10.36	9.84	12	M20×95	259	239		
225	245	365	325	295	256	255	30	12.01	11.39	12	M20×95	276	256		
250	273	405	355	320	292	291	32	16.08	15.37	12	M22×100	312	292	2	孔板，调节阀，电磁流量计
300	325	460	410	378	343	342	32	18.45	17.75	12	M22×100	363	343		
350	377	520	470	438	395	394	34	23.98	22.62	16	M22×105	421	395		
400	426	580	525	490	447	446	38	31.75	30.25	16	M27×115	473	447	3	孔板，电磁流量计
450	478	640	585	550	497	496	42	41.01	39.39	20	M27×130	523	497		
500	529	705	650	610	549	548	48	56.03	51.17	20	M27×140	575	549		
600	630	840	770	720	651	650	50	81.4	70.2	20	M36×150	677	651	3	孔板，电磁流量计
PN=2.5MPa															
10	14	90	60	40	24	23	16	0.648	0.620	4	M12×55	34	24	1.5	温度、压力取源部件
15	18	95	65	45	29	28	16	0.821	0.787	4	M12×55	39	29		
20	25	105	75	58	36	35	18	1.015	0.955	4	M12×60	50	36		
25	32	115	85	68	43	42	18	1.209	1.139	4	M12×60	57	43	1.5	温度、压力取源部件，转子流量计
32	38	135	100	78	51	50	20	2.00	1.92	4	M16×65	65	51		
40	45	145	110	88	61	60	22	2.65	2.55	4	M16×75	75	61		

续表

PN=2.5MPa																
公称直径	管子	法兰						法兰质量/kg		螺栓		橡胶石棉垫片			使用场合
DN	d_H	D	D_1	D_2	D_3	D_5	b	榫面	槽面	数量	直径×长度	外径	内径	厚度	
50	57	160	125	102	73	72	24	2.77	2.66	4	M16×75	87	73	1.5	转子流量计,孔板,调节阀,电磁流量计
70	76	180	145	122	95	94	24	3.29	3.15	8	M16×75	109	95		
80	89	195	160	138	101	100	26	4.14	3.98	8	M16×80	120	106		
100	108	230	190	162	129	128	28	6.14	5.86	8	M20×85	149	129	2	转子流量计,孔板,调节阀,电磁流量计
125	133	270	220	188	155	154	30	8.42	8.10	8	M22×95	175	155		
150	159	300	250	218	183	182	30	10.59	10.31	8	M22×95	203	183		
175	194	330	280	248	213	212	32	12.12	11.68	12	M22×100	233	213	2	孔板,调节阀,电磁流量计
200	219	360	310	278	239	238	32	14.76	14.24	12	M22×100	259	239		
225	245	395	340	305	266	265	34	17.27	16.73	12	M27×105	286	266		
250	273	425	370	335	292	291	34	19.23	18.57	12	M27×105	312	292	2	孔板,调节阀,电磁流量计
300	325	485	430	390	343	342	36	27.15	26.45	16	M27×120	363	343		
350	377	550	490	450	395	394	42	35.03	33.67	16	M30×130	421	395		
400	426	610	550	505	447	446	44	45.65	44.15	16	M30×130	473	447	3	孔板,电磁流量计
450	478	660	600	555	497	496	48	52.73	51.11	20	M30×140	523	497		
500	529	730	660	615	549	548	52	68.23	66.37	20	M36×150	575	549		

2.4 凹凸面平焊法兰（HG 5012—58）

配用螺栓 GB 5—76，见表 5-3-4。

表 5-3-4 凹凸面平焊法兰

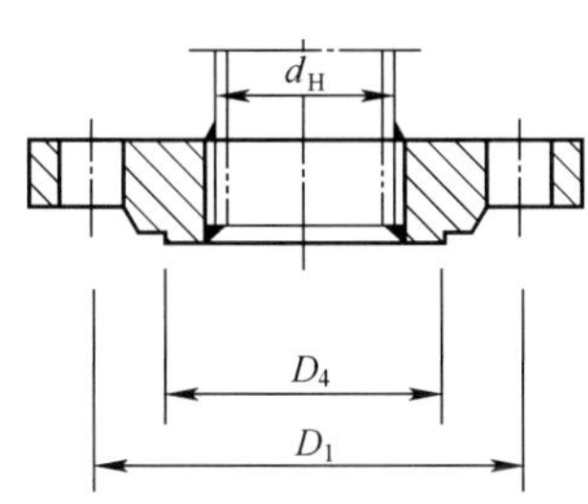

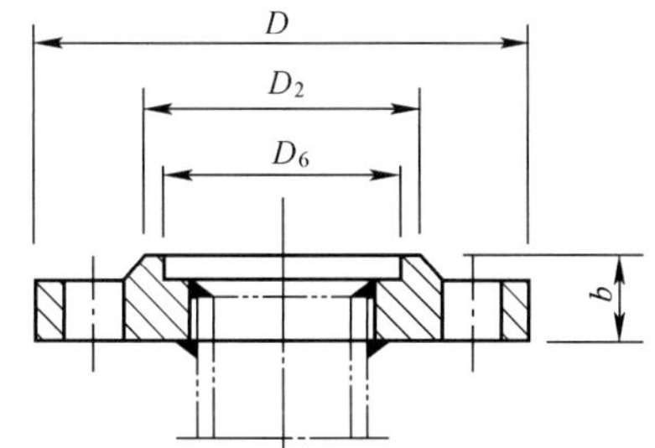

mm

PN=0.6MPa															
公称直径	管子	法兰						法兰质量/kg		螺栓		橡胶石棉垫片			使用场合
DN	d_H	D	D_1	D_2	D_4	D_6	b	凸面	凹面	数量	直径×长度	外径	内径	厚度	
20	25	90	65	50	42	43	14	0.564	0.506	4	M10×40	42	25	1.5	温度、压力取源部件,转子流量计
25	32	100	75	60	51	52	14	0.680	0.600	4	M10×40	51	32		
32	38	120	90	70	60	61	16	1.150	1.041	4	M12×50	60	38		
40	45	130	100	80	69	70	16	1.286	1.148	4	M12×50	69	45	1.5	温度、压力取源部件,调节阀,转子流量计
50	57	140	110	90	80	81	16	1.426	1.266	4	M12×50	80	57		
70	76	160	130	110	99	100	16	1.769	1.566	4	M12×50	99	76		
80	89	185	150	128	116	117	18	2.616	2.337	4	M16×55	116	89	1.5 2	调节阀,孔板,电磁流量计
100	108	205	170	148	135	136	18	3.07	2.70	4	M16×55	135	108		
125	133	235	200	178	164	165	20	4.20	3.68	8	M16×60	164	133		
150	159	260	225	202	188	189	20	4.75	4.18	8	M16×60	188	159	2	调节阀,孔板,电磁流量计
200	219	315	280	258	245	246	22	6.40	5.72	8	M16×65	245	219		
250	273	370	335	312	298	299	24	8.426	7.618	12	M16×70	298	273		

续表

公称直径	管子	法 兰						法兰质量/kg		螺 栓		橡胶石棉垫片			使用场合
DN	d_H	D	D_1	D_2	D_4	D_6	b	凸面	凹面	数量	直径×长度	外径	内径	厚度	
							PN=0.6MPa								
300	325	435	395	365	353	354	24	10.83	9.73	12	M20×70	353	325	2	调节阀，孔板，电磁流量计
350	377	485	445	415	403	404	26	13.62	11.94	12	M20×75	403	377		
400	426	535	495	465	453	454	28	15.9	14.44	16	M20×80	453	426	3	孔板，电磁流量计
450	478	590	550	520	506	507	28	18.44	16.71	16	M20×80	506	478	3	孔板，电磁流量计
500	529	640	600	570	557	558	30	21.61	19.70	16	M20×85	557	529		
600	630	755	705	670	659	660	30	27.95	25.14	20	M22×85	659	630	3	孔板
700	720	860	810	775	762	763	32	39.4	34.7	24	M22×90	762	720		
800	820	975	920	880	869	870	32	49.26	43.07	24	M27×95	869	820		
900	920	1075	1020	980	969	970	34	58.5	51.6	24	M27×100	969	920	3	孔板
1000	1020	1175	1120	1080	1069	1070	36	61.1	53.4	28	M27×105	1069	1020		
							PN=1.0MPa								
25	32	115	85	68	57	58	14	0.945	0.832	4	M12×45	57	32	1.5	温度、压力取压部件，转子流量计
32	38	135	100	78	65	66	16	1.469	1.320	4	M16×50	65	38		
40	45	145	110	88	75	76	18	1.799	1.617	4	M16×55	75	45		
50	57	160	125	102	87	88	18	2.196	1.979	4	M16×55	87	57	1.5	温度、压力取压部件，转子流量计，孔板，调节阀
70	76	180	145	122	109	110	20	2.991	2.684	4	M16×60	109	76		
80	89	195	160	138	120	121	20	3.40	3.074	4	M16×60	120	89		
100	108	215	180	158	149	150	22	4.30	3.71	8	M16×65	149	108	2	孔板，调节阀，电磁流量计
125	133	245	210	188	175	176	24	5.76	5.03	8	M16×70	175	133		
150	159	280	240	212	203	204	24	6.56	5.67	8	M20×70	203	159		
200	219	335	295	268	259	260	24	8.77	7.69	8	M20×70	259	219	2	孔板，调节阀，电磁流量计
250	273	390	350	320	312	313	26	11.33	10.05	12	M20×75	312	273		
300	325	440	400	370	363	364	28	13.6	12.15	12	M20×80	363	325		
350	377	500	460	430	421	422	28	16.98	14.79	16	M20×80	421	377	2	孔板，电磁流量计
400	426	565	515	482	473	474	30	23.1	20.47	16	M22×85	473	426	3	
							PN=1.6MPa								
15	18	95	65	45	39	40	14	0.745	0.677	4	M12×45	39	18	1.5	温度、压力取源部件
20	25	105	75	58	50	51	16	0.92	0.814	4	M12×50	50	25		
25	32	115	85	68	57	58	18	1.25	1.1	4	M12×50	57	32	1.5	温度、压力取源部件，转子流量计
32	38	135	100	78	65	66	18	1.9	1.3	4	M16×55	65	38		
40	45	145	110	88	75	76	20	2.34	1.66	4	M16×60	75	45		
50	57	160	125	102	87	88	22	2.8	2.42	4	M16×65	87	57	1.5	孔板，调节阀，电磁流量计
70	76	180	145	122	109	110	24	3.6	3.3	4	M16×70	109	76		
80	89	195	160	138	120	121	24	3.9	3.51	8	M16×70	120	89		
100	108	215	180	158	149	150	26	5.6	4.44	8	M16×70	149	108	2	孔板，调节阀，电磁流量计
125	133	245	210	188	175	176	28	6.9	6.04	8	M16×75	175	133		
150	159	280	240	212	203	204	28	8.5	7.34	8	M20×80	203	159		
200	219	335	295	268	259	260	30	10.8	9.3	12	M20×85	259	219	2	孔板，调节阀，电磁流量计
250	273	405	355	320	312	313	32	16.0	15.4	12	M22×90	312	273		
300	325	460	410	378	363	364	32	18.4	17.8	12	M22×90	363	325		
400	426	580	525	490	473	474	38	28.8	16	16	M27×105	473	426	3	孔板，调节阀，电磁流量计
							PN=2.5MPa								
15	18	95	65	45	39	40	16	0.838	0.77	4	M12×50	39	18	1.5	温度、压力取压部件
20	25	105	75	58	50	51	18	1.011	0.93	4	M12×50	50	25		
25	32	115	85	68	57	58	18	1.24	1.11	4	M12×50	57	32		

续表

PN=2.5MPa															
公称直径	管子	法兰						法兰质量/kg		螺栓		橡胶石棉垫片			使用场合
DN	d_H	D	D_1	D_2	D_4	D_6	b	凸面	凹面	数量	直径×长度	外径	内径	厚度	
32	38	135	100	78	65	66	20	2.04	1.88	4	M16×60	65	38		温度、压力取压部件,转子流量计
40	45	145	110	88	75	76	22	2.70	2.5	4	M16×65	75	45	1.5	
50	57	160	125	102	87	88	24	2.82	2.6	4	M16×70	87	57		
70	76	180	145	122	109	110	24	3.25	3.19	8	M16×70	109	76	1.5	孔板,调节阀,电磁流量计
80	89	195	160	138	120	121	26	4.20	3.84	8	M16×70	120	89	1.5	
100	108	230	190	162	149	150	28	4.36	4.24	8	M20×80	149	108	2	
125	133	270	220	188	175	176	30	8.70	7.82	8	M22×85	175	133		孔板,调节阀,电磁流量计
150	159	300	250	203	203	204	30	10.90	9.9	8	M22×85	203	159	2	
200	219	360	310	259	259	260	32	15.30	13.7	12	M22×90	259	219		
250	273	425	370	335	312	313	34	19.90	17.9	12	M27×100	312	273	2	孔板,调节阀,电磁流量计
300	325	485	430	390	363	364	36	28.50	25.1	16	M27×105	363	325	2	
400	426	610	550	505	473	474	44	46.80	43.0	16	M30×120	473	426	3	

2.5 平焊法兰(HG 5013—58)

HG 5013—58 平焊法兰用于焊接钢管(前称英制水煤气管),配用螺栓 GB 5—76,螺母 GB 41—76。这种法兰除少数调节阀外,自控专业很少采用。有可能采用的 $PN=1$ MPa 的法兰列于表 5-3-5。

表 5-3-5 平焊法兰

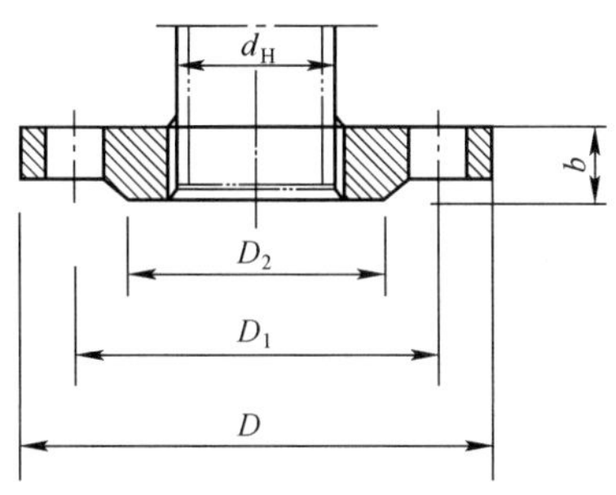

mm

PN=1.0MPa											
公称直径	管子	法兰				螺栓		橡胶石棉垫片			使用场合
DN	d_H	D	D_1	D_2	b	数量	直径×长度	外径	内径	厚度	
10(⅜″)	17	90	60	40	12	4	M12×40	40	17		调节阀法兰
15(½″)	21.25	95	65	45	12	4	M12×40	50	22	1.5	
20(¾″)	26.75	105	75	58	14	4	M12×45	58	27		
25(1″)	33.5	115	85	68	14	4	M12×45	68	34		调节阀法兰
32(1¼″)	42.25	135	100	78	16	4	M16×50	78	43	1.5	
40(1½″)	48	145	110	88	18	4	M16×55	88	48		
50(2″)	60	160	125	102	18	4	M16×55	102	60		调节阀法兰
70(2½″)	75.5	180	145	122	20	4	M16×60	122	76	1.5	
80(3″)	88.5	195	160	138	20	4	M16×60	138	89		
100(4″)	114	215	180	158	22	4	M16×65	158	114		调节阀法兰
125(5″)	140	245	210	188	24	4	M16×70	188	140	2	
150(6″)	165	280	240	212	24	4	M16×70	212	165		

2.6 对焊法兰（HG 5014—58）

配用螺栓 GB 5—76，螺母 GB 41—76，见表 5-3-6。

表 5-3-6 对焊法兰

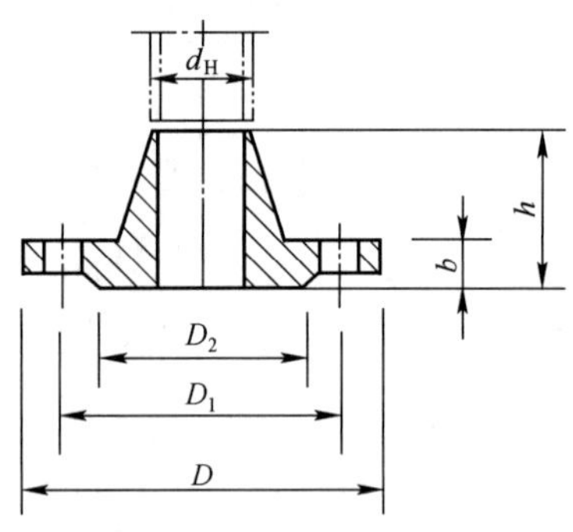

mm

公称直径	管子	法兰					螺栓		橡胶石棉板			使用场合
DN	d_H	D	D_1	D_2	b	h	数量	直径×长度	外径	内径	厚度	
PN=0.25MPa												
10	14	75	50	35	10	25	4	M10×40	35	8	1.5	温度、压力取源部件
15	18	80	55	40	10	28	4	M10×40	40	12		
20	25	90	65	50	10	30	4	M10×40	50	18		
25	32	100	75	60	10	30	4	M10×40	60	25	1.5	温度、压力取源部件，转子流量计，调节阀
32	38	120	90	70	10	30	4	M12×40	70	31		
40	45	130	100	80	12	36	4	M12×45	80	38		
50	57	140	110	90	12	36	4	M12×45	90	49	1.5	转子流量计，孔板，调节阀，电磁流量计
70	76	160	130	110	12	36	4	M12×45	110	66		
80	89	185	150	128	14	38	4	M16×50	128	78		
100	108	205	170	148	14	40	4	M16×50	148	96	2	孔板，调节阀，电磁流量计
125	133	235	200	178	14	40	8	M16×50	178	121		
150	159	260	225	202	14	42	8	M16×50	202	146		
175	194	290	255	232	16	46	8	M16×60	232	177	2	孔板，调节阀，电磁流量计
200	219	315	280	258	16	55	8	M16×60	258	202		
225	245	340	305	282	18	55	8	M16×65	282	226		
250	273	370	335	312	20	55	12	M16×70	312	254	2	孔板，调节阀，电磁流量计
300	325	435	395	365	20	58	12	M20×70	365	303		
350	377	485	445	415	20	58	12	M20×70	415	351		
400	426	535	495	465	20	60	16	M20×70	465	398	3	孔板，电磁流量计
450	478	590	550	520	20	60	16	M20×70	520	450		
500	529	640	600	570	24	62	16	M20×80	570	501		
600	630	755	705	670	24	74	20	M22×80	670	602	3	孔板，电磁流量计
700	720	860	810	775	24	74	24	M22×80	770	692		
800	820	975	920	880	24	85	24	M27×85	880	192		
PN=0.6MPa												
10	14	75	50	35	12	25	4	M10×40	35	8	1.5	温度、压力取压部件
15	18	80	55	40	12	30	4	M10×40	40	12		
20	25	90	65	50	12	32	4	M10×40	50	18		
25	32	100	75	60	14	32	4	M10×45	60	25	1.5	温度、压力取压部件，转子流量计
32	38	120	90	70	14	35	4	M12×50	70	31		
40	45	130	100	80	14	38	4	M12×50	80	38		
50	57	140	110	90	14	38	4	M12×50	90	49	1.5	转子流量计，孔板，调节阀，电磁流量计
70	76	160	130	110	14	38	4	M12×50	110	66		
80	89	185	150	128	16	40	4	M16×60	128	78		

续表

公称直径	管子	法兰					螺栓		橡胶石棉垫片			使用场合
DN	d_H	D	D_1	D_2	b	h	数量	直径×长度	外径	内径	厚度	
$PN=0.6MPa$												
100	108	205	170	148	16	42	4	M16×60	148	96		
125	133	235	200	178	18	44	8	M16×65	178	121	2	孔板，调节阀，电磁流量计
150	159	260	225	202	18	46	8	M16×65	202	146		
175	194	290	255	232	20	50	8	M16×70	232	177		
200	219	315	280	258	20	55	8	M16×70	258	202	2	孔板，调节阀，电磁流量计
225	245	340	305	282	20	55	8	M16×70	282	226		
250	273	370	335	312	22	60	12	M16×75	312	254		
300	325	435	395	365	22	60	12	M20×75	365	303	2	孔板，调节阀，电磁流量计
350	377	485	445	415	22	60	12	M20×75	415	351		
400	426	535	495	465	22	62	16	M20×75	465	398		
450	478	590	550	520	24	62	16	M20×75	520	450	3	孔板，电磁流量计
500	529	640	600	570	24	62	16	M20×80	570	501		
600	630	755	705	670	24	74	20	M22×80	670	602		
700	720	860	810	775	24	74	24	M22×80	775	692	3	孔板，电磁流量计
800	820	975	920	880	24	85	24	M27×85	880	792		
$PN=1.0MPa$												
10	14	90	60	40	12	35	4	M12×45	40	8		
15	18	95	65	45	12	35	4	M12×45	45	12	1.5	温度、压力取压部件
20	25	105	75	58	14	38	4	M12×50	58	18		
25	32	115	85	68	14	40	4	M12×50	68	25		
32	38	135	100	78	16	42	4	M16×60	78	31	1.5	温度、压力取压部件，转子流量计
40	45	145	110	88	16	45	4	M16×60	88	38		
50	57	160	125	102	16	45	4	M16×60	102	49		
70	76	180	145	132	18	48	4	M16×65	122	66	1.5	转子流量计，孔板，调节阀，电磁流量计
80	89	195	160	138	18	50	4	M16×65	138	78		
100	108	215	180	158	20	52	8	M16×70	158	16		
125	133	245	210	188	22	60	8	M16×75	188	121	2	孔板，调节阀，电磁流量计
150	159	280	240	212	22	60	8	M20×75	212	146		
175	194	310	270	242	22	60	8	M20×75	242	177		
200	219	335	295	268	22	62	8	M20×75	268	202	2	孔板，调节阀，电磁流量计
225	245	365	325	295	22	65	8	M20×75	295	226		
250	273	390	350	320	24	65	12	M20×80	320	254		
300	325	440	400	370	26	65	12	M20×85	370	303	2	孔板，调节阀，电磁流量计
350	377	500	460	430	26	65	16	M20×85	430	351		
400	426	565	515	482	26	65	16	M22×85	482	398		
450	478	615	565	532	26	70	20	M22×85	532	450	3	孔板，电磁流量计
500	529	670	620	585	28	78	20	M22×90	585	501		
600	630	780	725	685	28	90	20	M27×95	685	602		
700	720	895	840	800	30	90	24	M27×100	800	692	3	孔板，电磁流量计
800	820	1010	950	905	32	106	24	M30×110	905	792		
$PN=1.6MPa$												
10	14	90	60	40	12	35	4	M12×50	40	8		
15	18	95	65	45	12	35	4	M12×50	45	12	1.5	压力、温度取源部件
20	25	105	75	58	14	36	4	M12×50	58	18		
25	32	115	85	68	14	38	4	M12×50	68	25		
32	38	135	100	78	16	42	4	M16×60	78	31	1.5	压力、温度取源部件，转子流量计
40	45	145	110	88	16	45	4	M16×60	88	38		

续表

公称直径	管子	法兰					螺栓		橡胶石棉垫片			使用场合
DN	d_H	D	D_1	D_2	b	h	数量	直径×长度	外径	内径	厚度	
PN=1.6MPa												
50	57	160	125	102	16	48	4	M16×60	102	49	1.5	转子流量计，孔板，调节阀，电磁流量计
70	76	180	145	122	18	50	4	M16×65	122	66		
80	89	195	160	138	20	52	8	M16×70	138	78		
100	108	215	180	158	20	52	8	M16×70	158	96	2	孔板，调节阀，电磁流量计
125	133	245	210	188	22	60	8	M16×80	188	121		
150	159	280	240	212	22	60	8	M20×80	212	146		
175	194	310	270	242	24	60	8	M20×80	242	177	2	孔板，调节阀，电磁流量计
200	219	335	295	268	24	62	12	M20×80	268	202		
225	245	365	325	295	24	68	12	M20×80	295	226		
250	273	405	355	320	26	68	12	M22×85	320	254	2	孔板，调节阀，电磁流量计
300	325	460	410	378	28	70	12	M22×90	378	303		
350	377	520	470	438	32	78	16	M22×100	438	351		
400	426	580	525	490	36	90	16	M27×115	490	398	3	孔板，电磁流量计
450	478	640	585	550	38	95	20	M27×120	550	450		
500	529	705	650	610	42	98	20	M30×130	610	501		
600	630	840	770	720	46	105	20	M36×140	720	602	3	孔板，电磁流量计
700	720	910	840	790	48	110	24	M36×140	790	692		
800	820	1020	950	900	50	115	24	M36×150	908	792		
PN=2.5MPa												
10	14	90	60	40	16	35	4	M12×55	40	8	1.5	温度、压力取源部件
15	18	95	65	45	16	35	4	M12×55	45	12		
20	25	105	75	58	16	36	4	M12×55	58	18		
25	32	115	85	68	16	38	4	M12×55	68	25	1.5	温度、压力取源部件，转子流量计
32	38	135	100	78	18	45	4	M16×65	78	31		
40	45	145	110	88	18	48	4	M16×65	88	38		
50	57	160	125	102	20	48	4	M16×70	102	49	1.5	转子流量计，孔板，调节阀，电磁流量计
70	76	180	145	122	22	52	8	M16×70	122	66		
80	89	195	160	138	22	55	8	M16×70	138	78		
100	108	230	190	162	24	62	8	M20×80	162	96	2	孔板，调节阀，电磁流量计
125	133	270	220	188	26	68	8	M22×85	188	121		
150	159	300	250	218	28	72	8	M22×90	218	146		
175	194	330	280	248	28	75	12	M22×95	248	177	2	孔板，调节阀，电磁流量计
200	219	360	310	278	30	80	12	M22×95	278	202		
225	245	395	340	305	32	80	12	M27×105	305	226		
250	273	425	370	335	32	85	12	M27×105	335	254	2	孔板，调节阀，电磁流量计
300	325	485	430	390	36	92	16	M27×115	390	303		
350	377	550	490	450	40	98	16	M30×120	450	351		
400	426	610	550	505	44	115	16	M30×130	505	398	3	孔板，电磁流量计
450	478	660	600	555	46	115	20	M30×140	555	450		
500	529	730	660	615	48	120	20	M36×150	615	500		
600	630	840	770	720	54	130	20	M36×160	720	600	3	孔板，电磁流量计
700	720	955	875	815	58	140	24	M42×170	815	690		
800	820	1070	990	930	60	150	24	M42×180	930	790		

2.7 榫槽面对焊法兰（HG 5015—58）

PN16、PN25 法兰配用螺栓 GB 5—76，螺母 GB 41—76。PN40、PN64 法兰配用螺栓 GB 901—76，螺母 GB 52—76，见表 5-3-7。

表 5-3-7 榫槽面对焊法兰

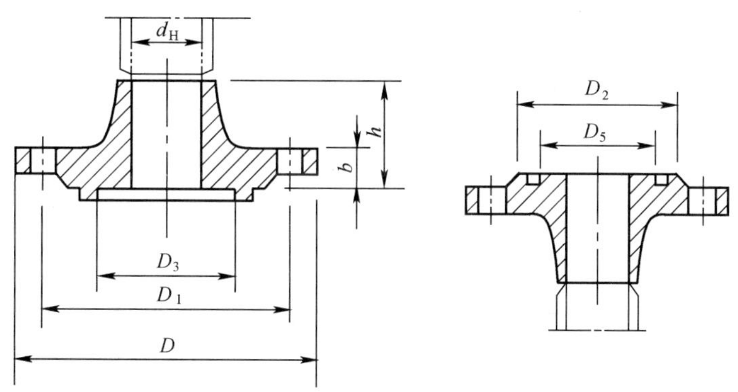

mm

公称直径	管子	法 兰							螺 栓		橡胶石棉垫片			使用场合
DN	d_H	D	D_1	D_2	D_3	D_5	b	h	数量	直径×长度	外径	内径	厚度	
PN=1.6MPa														
10	14	90	60	40	24	23	14	35	4	M12×50	34	24		
15	20	95	65	45	29	28	14	35	4	M12×50	39	29	1.5	压力、温度取源部件
20	25	105	75	58	36	25	14	36	4	M12×50	50	36		
25	32	115	85	68	43	42	14	38	4	M12×50	57	43		
32	38	135	100	78	51	50	16	42	4	M16×60	65	51	1.5	压力、温度取源部件，转子流量计
40	45	145	110	88	61	50	16	45	4	M16×60	75	61		
50	57	160	125	102	73	72	16	48	4	M16×60	87	73		
70	76	180	145	122	95	94	18	50	4	M16×65	109	95	1.5	孔板，调节阀，电磁流量计
80	89	195	160	138	106	105	20	52	8	M16×70	120	106		
100	108	215	180	158	129	128	20	52	8	M16×70	149	129		
125	133	245	210	188	155	154	22	60	8	M16×80	175	155	2	孔板，调节阀，电磁流量计
150	159	280	240	212	183	182	22	60	8	M16×80	203	183		
175	194	310	270	242	213	212	24	60	8	M20×80	233	213		
200	219	335	295	268	239	238	24	62	12	M20×80	259	239	2	孔板，调节阀，电磁流量计
225	245	365	325	295	266	265	24	68	12	M20×80	286	266		
250	273	405	355	320	292	291	26	68	12	M22×85	312	292		
300	325	460	410	378	343	342	28	70	12	M22×90	363	343	2	孔板，调节阀，电磁流量计
350	377	520	470	438	395	394	32	78	16	M22×100	421	395		
400	426	580	525	490	447	446	36	90	16	M27×115	473	447		
450	478	640	585	550	497	496	38	95	20	M27×120	523	497	3	孔板，电磁流量计
500	529	705	650	610	549	548	42	98	20	M27×130	575	549		
600	630	840	770	720	651	650	46	105	20	M36×140	677	651		
700	720	910	840	790	741	740	48	110	24	M36×140	767	741	3	孔板，电磁流量计
800	820	1020	950	900	849	848	50	115	24	M36×150	875	849		
PN=2.5MPa														
10	14	90	60	40	24	23	16	35	4	M12×55	34	24		
15	18	95	65	45	29	28	16	35	4	M12×55	39	29	1.5	压力、温度取源部件
20	25	105	75	58	36	35	16	36	4	M12×55	50	36		
25	32	115	85	68	43	42	16	38	4	M12×55	57	43		
32	38	135	100	78	51	50	18	45	4	M16×65	65	51	1.5	压力、温度取源部件，转子流量计
40	45	145	110	88	61	60	18	48	4	M16×65	75	61		
50	57	160	125	102	73	72	20	48	4	M16×70	87	73		
70	76	180	145	122	95	94	22	52	8	M16×70	109	95	1.5	孔板，调节阀，电磁流量计
80	89	195	160	138	106	105	22	55	8	M16×70	120	106		

续表

公称直径	管子	法兰							螺栓		橡胶石棉垫片			使用场合
DN	d_H	D	D_1	D_2	D_3	D_5	b	h	数量	直径×长度	外径	内径	厚度	
PN=2.5MPa														
100	108	230	190	162	129	128	24	62	8	M20×80	149	129	2	孔板，调节阀，电磁流量计
125	133	270	220	188	155	154	26	68	8	M22×85	175	155		
150	159	300	250	218	183	182	28	72	8	M22×90	203	183		
175	294	330	280	248	213	212	28	75	12	M22×90	233	213	2	孔板，调节阀，电磁流量计
200	219	360	310	278	239	238	30	80	12	M22×95	259	239		
225	245	395	340	305	266	265	32	80	12	M27×105	286	266		
250	273	425	370	335	292	291	32	85	12	M27×105	312	292	2	孔板，调节阀，电磁流量计
300	325	485	430	390	343	342	36	92	16	M27×115	363	343		
350	377	550	490	450	394	393	40	98	16	M30×120	421	395		
400	426	610	550	505	447	446	44	115	16	M30×130	473	447	3	孔板，电磁流量计
450	478	660	600	555	497	496	46	115	20	M30×140	523	497		
500	529	730	660	615	549	548	48	120	20	M36×150	575	549		
600	630	840	770	720	651	650	54	130	20	M36×160	677	651	3	孔板，电磁流量计
700	720	955	875	815	741	740	58	140	24	M42×170	767	741		
800	820	1070	990	930	849	848	60	150	24	M42×180	875	849		
PN=4.0MPa														
10	14	90	60	40	24	23	16	35	4	M12×65	34	24	1.5	温度、压力取源部件
15	18	95	65	45	29	28	16	35	4	M12×65	39	29		
20	25	105	75	58	36	35	16	36	4	M12×65	50	36		
25	32	115	85	68	43	42	16	38	4	M12×65	57	43	1.5	温度、压力取源部件，转子流量计
32	38	135	100	73	51	50	18	45	4	M16×75	65	51		
40	45	145	110	88	61	60	18	48	4	M16×75	75	61		
50	57	160	125	102	73	72	20	48	4	M16×80	87	73	1.5	转子流量计，孔板，调节阀
70	76	180	145	122	95	94	22	52	8	M16×85	109	95		
80	89	195	160	138	106	105	24	58	8	M16×85	120	106		
100	108	230	190	162	129	128	26	68	8	M20×100	149	129	2	孔板，调节阀，电磁流量计
125	133	270	220	188	155	154	28	68	8	M20×110	175	155		
150	159	300	250	218	183	182	30	72	8	M20×110	203	183		
175	194	350	295	260	213	212	36	88	12	M27×130	233	213	2	孔板，调节阀，电磁流量计
200	219	375	320	285	239	238	38	88	12	M27×140	259	239		
225	245	415	355	315	266	265	40	98	12	M30×150	286	266		
250	273	445	385	345	292	291	42	102	12	M30×150	312	292	2	孔板，调节阀，电磁流量计
300	325	510	450	410	343	342	46	116	16	M30×160	363	343		
350	377	570	510	465	395	394	52	120	16	M30×170	421	395		
400	426	655	585	535	447	446	58	142	16	M36×200	473	447	3	孔板，电磁流量计
450	478	680	610	560	497	496	60	146	20	M36×200	523	497		
500	529	755	670	615	549	548	62	156	20	M42×210	575	549		
PN=6.4MPa														
10	14	100	70	50	24	23	18	48	4	M12×70	34	24	1.5	温度、压力取源部件
15	18	105	75	55	29	28	18	48	4	M12×70	39	29		
20	25	125	90	68	36	35	20	50	4	M16×80	50	36		
25	32	135	100	78	43	42	22	58	4	M16×85	57	43	1.5	温度、压力取源部件
32	38	150	110	85	51	50	24	62	4	M20×95	65	51		
40	45	165	125	96	61	60	24	68	4	M20×95	75	61		
50	57	175	135	108	73	72	26	70	4	M20×100	87	73	1.5	孔板，调节阀
70	76	200	160	132	95	94	28	75	8	M20×110	109	95		
80	89	210	170	142	106	105	30	75	8	M20×110	120	106		

续表

PN=6.4MPa														
公称直径	管子	法　兰							螺　栓		橡胶石棉垫片			使用场合
DN	d_H	*D*	D_1	D_2	D_3	D_5	*b*	*h*	数量	直径×长度	外径	内径	厚度	
100	108	250	200	170	129	128	32	80	8	M22×120	149	129	2	孔板,调节阀
125	133	295	240	205	155	154	36	98	8	M27×140	175	155		
150	159	340	280	240	183	182	38	110	8	M30×150	203	183		
175	194	370	310	270	213	212	42	110	12	M30×150	233	213	2	孔板,调节阀
200	219	405	345	300	239	238	44	116	12	M30×160	259	239		
225	245	430	370	325	266	265	46	120	12	M30×160	286	266		
250	273	470	400	355	292	291	48	122	12	M36×180	312	292	2	孔板,调节阀
300	325	530	460	415	343	342	54	136	16	M36×190	363	343		
350	377	595	525	475	395	394	60	154	16	M36×200	421	395	2	孔板
400	426	670	585	525	447	446	66	170	16	M42×220	473	447	3	

2.8　凸凹面对焊法兰（HG 5016—58）

*PN*1.6、*PN*2.5 法兰配用螺栓 GB 5—76，螺母 GB 41—76。*PN* 4.0、*PN* 6.4 法兰配用双头螺栓 GB 901—76A 型，螺母 GB 52—76，见表 5-3-8。

表 5-3-8　凸凹面对焊法兰

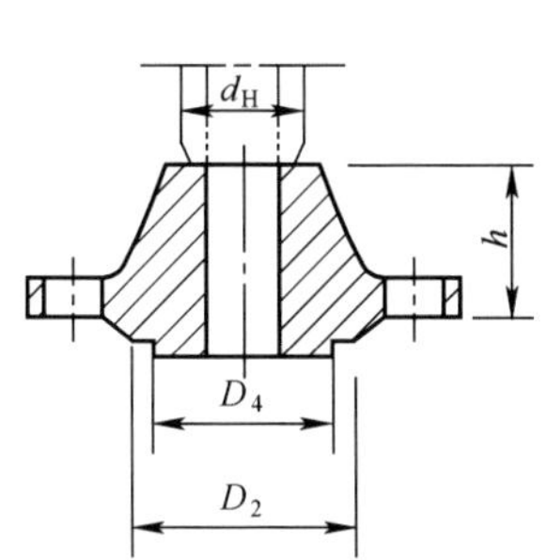

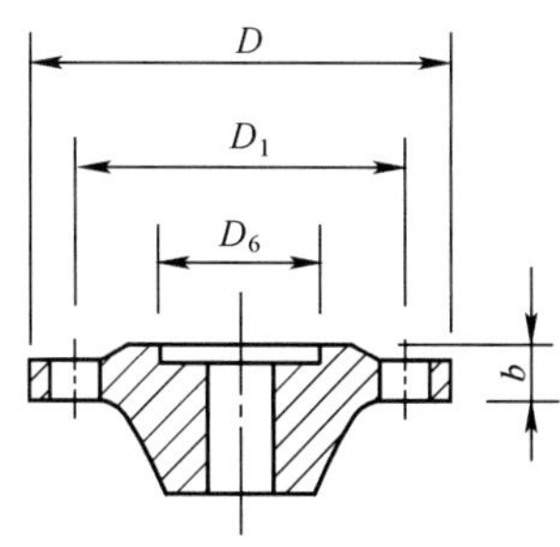

mm

PN=1.6MPa														
公称直径	管子	法　兰							双头螺栓		橡胶石棉垫片			使用场合
DN	d_H	*D*	D_1	D_2	D_4	D_6	*b*	*h*	数量	直径×长度	外径	内径	厚度	
15	18	95	65	45	39	40	14	35	4	M12×45	39	18	1.5	取源部件(温度、压力)
20	25	105	75	58	50	51	14	36	4	M12×45	50	25		
25	32	115	85	68	57	58	14	38	4	M12×45	57	32		
32	38	135	100	78	65	66	16	42	4	M16×55	65	38	1.5	取源部件,转子流量计
40	45	145	110	88	75	76	16	45	4	M16×55	75	45		
50	57	160	125	102	87	88	16	48	4	M16×55	87	57		
70	76	180	145	122	109	110	18	50	4	M16×55	109	76		孔板,调节阀,电磁流量计
80	89	195	160	138	120	121	20	52	8	M16×60	120	89	1.5	
100	108	215	180	158	149	150	20	52	8	M16×60	149	108	2	
125	133	245	210	188	175	176	22	60	8	M16×65	175	133	2	孔板,调节阀,电磁流量计
150	159	280	240	212	203	204	22	60	8	M20×70	203	159		
200	219	335	295	268	259	260	24	62	12	M20×75	258	218		
250	273	405	355	320	312	313	26	68	12	M22×80	312	273	2	孔板,调节阀,电磁流量计
300	325	460	410	378	363	364	28	70	12	M22×85	363	325		
400	426	580	525	490	473	474	36	90	16	M27×100	473	426	3	
PN=2.5MPa														
15	18	95	65	45	39	40	16	35	4	M12×50	39	18	1.5	取源部件(温度、压力)
20	25	105	75	58	50	51	16	36	4	M12×50	50	25		
25	32	115	85	68	57	58	16	38	4	M12×50	57	32		

续表

公称直径	管子	法兰							双头螺栓		橡胶石棉垫片			使用场合
DN	d_H	D	D_1	D_2	D_4	D_6	b	h	数量	直径×长度	外径	内径	厚度	
PN=2.5MPa														
32	38	135	100	78	65	66	18	45	4	M16×55	65	38		
40	45	145	110	88	75	76	18	46	4	M16×55	75	45	1.5	取源部件,转子流量计
50	57	160	125	102	87	88	20	48	4	M16×60	87	57		
70	76	180	145	122	109	110	22	52	8	M16×65	109	76	1.5	
80	89	195	160	138	120	121	22	55	8	M16×65	120	89		孔板,调节阀,电磁流量计
100	108	230	190	162	149	150	24	62	8	M20×75	149	108	2	
125	133	270	220	188	175	176	26	68	8	M22×80	175	133		
150	159	300	250	218	203	204	28	72	8	M22×85	203	159	2	孔板,调节阀,电磁流量计
200	219	360	310	278	259	260	30	82	12	M20×85	258	218		
250	273	425	370	335	312	313	32	85	12	M27×95	312	273	2	
300	325	485	430	390	363	364	36	92	16	M27×100	363	325		孔板,调节阀,电磁流量计
400	426	610	550	505	473	474	44	115	16	M30×120	473	426	3	
PN=4.0MPa														
15	18	95	65	45	39	40	16	35	4	M12×65	39	19		
20	25	105	75	58	50	51	16	36	4	M12×65	50	26	1.5	温度、压力取源部件
25	32	115	85	68	57	58	16	38	4	M12×65	57	29		
32	38	135	100	78	65	66	18	45	4	M16×75	65	37		
40	45	145	110	88	75	76	18	48	4	M16×75	75	45	1.5	温度、压力取源部件,转子流量计
50	57	160	125	102	87	88	20	48	4	M16×80	87	57		
70	76	180	145	122	109	110	22	52	8	M16×85	109	79	1.5	
80	89	195	160	138	120	121	24	58	8	M16×85	120	90		孔板,调节阀,电磁流量计
100	108	230	190	162	149	150	26	68	8	M20×100	148	114	2	
125	133	270	220	188	175	176	28	68	8	M22×110	174	140		
150	159	300	250	218	203	204	30	72	8	M22×110	202	168	2	孔板,调节阀,电磁流量计
200	219	375	320	285	259	260	38	88	12	M22×140	258	218		
250	277	445	385	345	312	313	42	102	12	M30×150	311	271	2	
300	325	510	450	410	363	364	46	116	16	M30×160	362	322		孔板,调节阀,电磁流量计
400	426	655	585	535	473	474	58	142	16	M30×200	470	432	3	
PN=6.4MPa														
15	18	105	75	55	39	40	18	48	4	M12×70	39	19		
20	25	125	90	68	50	51	20	56	4	M16×80	50	26	1.5	温度、压力取源部件
25	32	135	100	78	57	58	22	58	4	M16×85	57	29		
32	38	150	110	85	65	66	24	62	4	M20×95	65	37		
40	45	165	125	96	75	76	24	68	4	M20×95	75	45	1.5	温度、压力取源部件,转子流量计
50	57	175	135	108	87	88	26	70	4	M20×100	87	57		
70	76	200	160	132	109	110	28	75	8	M20×110	100	79	1.5	
80	89	210	170	142	120	121	30	75	8	M20×110	120	90		孔板,调节阀
100	108	250	200	170	149	150	32	80	8	M20×120	149	114	2	
125	133	295	240	205	175	176	36	98	8	M27×140	174	140		
150	159	340	280	240	203	204	38	110	8	M30×150	202	168	2	孔板,调节阀
200	219	405	345	300	259	260	44	116	12	M30×160	258	218		
250	277	470	400	355	312	313	48	122	12	M36×180	311	271	2	
300	325	530	460	415	363	364	54	136	16	M36×190	362	322		孔板,调节阀
400	426	670	585	525	473	474	66	170	16	M42×220	470	432	3	

2.9 平面法兰盖（HG 5028—58）（见表 5-3-9）

表 5-3-9 不同压力、不同直径下平面法兰盖厚度 b 值

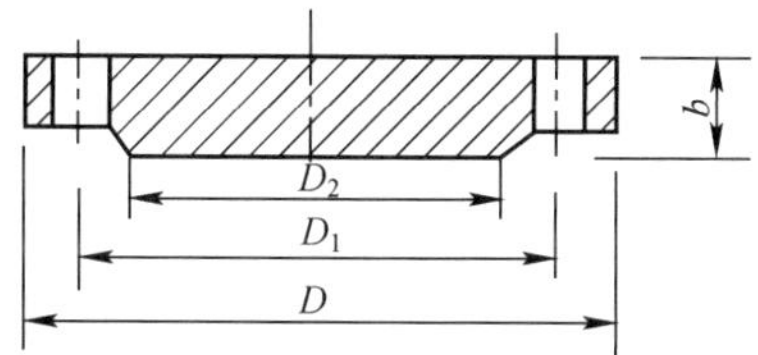

公称压力 PN /MPa 公称直径 DN	0.25	0.6	1.0	1.6	2.5	公称压力 PN /MPa 公称直径 DN	0.25	0.6	1.0	1.6	2.5
10	10	12	12	12	12	200	16	16	16	20	26
15	10	12	12	12	12	250	16	16	18	24	30
20	12	12	12	12	12	300	18	18	20	28	34
25	12	12	12	12	12	350	18	18	24	32	38
32	12	12	12	12	12	400	20	20	26	36	42
40	12	14	14	14	14	450	22	22	28	42	—
50	12	14	14	14	14	500	24	24	32	46	—
70	14	14	14	14	16	600	24	28	36	54	—
80	14	14	14	14	18	700	26	32	42	—	—
100	14	14	14	16	20	800	26	36	48	—	—
125	14	16	16	16	22	900	28	40	54	—	—
150	16	16	16	18	24	1000	30	44	58	—	—

注：D、D_1、D_2 与相应法兰相同。

2.10 凸凹面法兰盖（HG 5028—58）（见表 5-3-10）

表 5-3-10 凸凹面法兰盖厚度 b 值

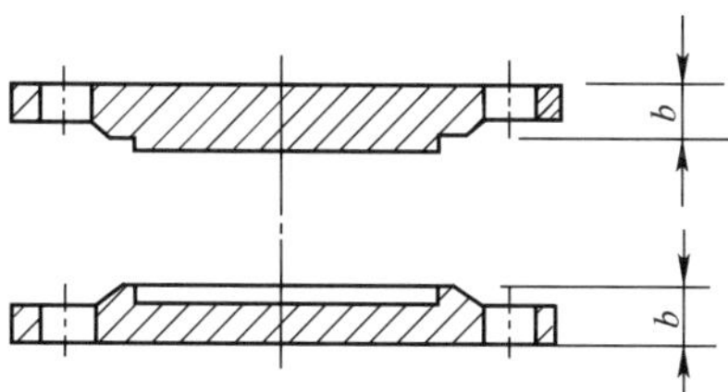

公称压力 PN/MPa 公称直径 DN	0.6	1.0	1.6	2.5	4.0	6.4
15	—	—	12	12	16	18
20	12	—	12	12	16	20
25	12	12	12	12	16	22
32	12	12	12	12	16	24
40	14	14	14	14	16	24
50	14	14	14	14	18	26
70	14	14	14	16	20	28
80	14	14	14	18	22	30
100	14	14	16	20	24	34

续表

公称压力 PN/MPa 公称直径 DN	0.6	1.0	1.6	2.5	4.0	6.4
125	16	16	16	22	28	40
150	16	16	18	24	30	48
200	16	16	20	26	38	56
250	16	18	24	30	44	64
300	18	20	28	34	50	72
350	18	24	32	38	—	—
400	20	26	36	42	—	—
450	22	—	—	—	—	—
500	24	—	—	—	—	—

2.11 榫槽面法兰盖（HG 5028—58）（见表 5-3-11）

表 5-3-11 榫槽面法兰盖厚度 b 值

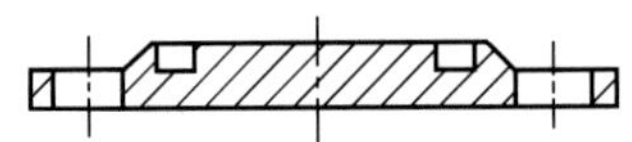

公称压力 PN/MPa 公称直径 DN	0.6	1.0	1.6	2.5	4.0	6.4
10	12	12	12	12	16	18
15	12	12	12	12	16	18
20	12	12	12	12	16	20
25	12	12	12	12	16	22
32	12	12	12	12	16	24
40	14	14	14	14	16	24
50	14	14	14	14	18	26
70	14	14	14	16	20	28
80	14	14	14	18	22	30
100	14	14	16	20	24	34
125	16	16	16	22	28	40
150	16	16	18	24	30	48
200	16	16	20	26	38	56
250	16	18	24	30	44	64
300	18	20	28	34	50	72
350	18	24	32	38	56	80
400	20	26	36	42	64	88
450	22	28	42	—	—	—
500	24	32	46	—	—	—
600	28	36	54	—	—	—
700	32	42	—	—	—	—
800	36	48	—	—	—	—

3 紧固件

紧固件是指法兰的紧固件，即螺栓、螺母和垫圈。

法兰所用螺栓的类型和材质取决于法兰的公称压力和工作温度，基本原则如下。

① 当公称压力≤2.5MPa，工作温度≤350℃时，可选用半精制六角螺栓和A型半精制六角螺母；公称压力≤0.6MPa时，也可选用粗制螺栓和螺母。

② 当公称压力≥4～20MPa或工作温度>350℃时，应选用精制“等长双面螺栓”（两端螺纹长度相等）和A型精制六角螺母。

③ 公称压力≥16～32MPa的高压管道，如采用高压螺纹法兰连接，则应按高压管件和紧固件技术标准选取。

④ 法兰螺栓数目和尺寸主要由法兰直径和公称压力来决定。相应法兰标准上有明确规定。螺栓的直径以小于螺栓孔的直径1mm为宜。

螺栓的数目一般为4的倍数，这是便于对角法（又称十字法）拧紧。

螺栓的规格以“螺栓直径×螺栓长度”来表示。在选择螺栓与螺母材料时，应注意螺母的材料硬度不要高于螺栓的材料硬度，以免在施工过程中螺母破坏螺杆上的螺纹。

第 4 章　常用仪表安装

自控仪表按其测试作用分可分为三大类。第一类为检测仪表类，测量的是热工参数，如压力、温度、物位、流量以及与它们有关的一些热工量，如压差、温差、阻力降等。第二类为调节器类，在自控系统中起主导作用，主要有气动调节器、电动调节器，以及单元组合仪表中的调节单元、执行单元、手操单元，除此还有可编程序调节器、可编程序控制器和集散控制系统。可编程序调节器和可编程序控制器的安装完全同 DDZ-Ⅲ型表，故不再另外叙述。集散控制系统的安装与调试放在第 5 章叙述。第三类是分析仪表，本章把它的主要类别用接线图方式予以叙述。

1　温度仪表安装

1.1　温度一次仪表安装方式

温度一次仪表安装按固定形式可分为四种：法兰固定安装；螺纹连接固定安装；法兰和螺纹连接共同固定安装；简单保护套插入安装。

1.1.1　法兰安装

适用于在设备上以及高温、腐蚀性介质的中低压管道上安装温度一次仪表，具有适应性广，利于防腐蚀，方便维护等优点。

法兰固定安装方式中的法兰一般有五种：

① 平焊钢法兰　HG 5010—58（碳钢），HG 5019—58（不锈钢）

② 对焊钢法兰　HG 5014—58（平面对焊法兰），HG 5016—58（凹凸面对焊法兰）

③ 平焊松套钢法兰　HG 5022—58

④ 卷边松套钢法兰　HG 5025—58（铜），HG 5026—58（铝）

⑤ 法兰盖　HG 5028—58

1.1.2　螺纹连接固定

一般适用于在无腐蚀性介质的管道上安装温度计，炼油部门按习惯也在设备上采用这种安装形式，具有体积小、安装较为紧凑的优点。高压（*PN*22MPa，*PN*32MPa）管道上安装温度计采用焊接式温度计套管，属于螺纹连接安装形式，有固定套管和可换套管两种形式。前者用于一般介质，后者用于易腐蚀、易磨损而需要更换的场合。

螺纹连接固定中的螺纹有五种，英制的有 1″、¾″和½″，公制的有 M33×2 和 M27×2。

热电偶多采用 1″或 M33×2 螺纹固定，也有采用¾″螺纹的，个别情况也用½″螺纹固定。

热电阻多用英制管螺纹固定，其中以¾″为最常用，½″有些也用。

双金属温度计的固定螺纹是 M27×2。

压力式温度计的固定螺纹是¾″和 M27×2 两种。

G¾″与 M27×2 外径很接近，并且都能拧进 1～2 扣，安装时要小心辨认，否则焊错了温度计接头（凸台）就装不上温度计。

1.1.3　法兰与螺纹连接共同固定

当配带附加保护套时，适用于有腐蚀性介质的管道、设备上安装。

1.1.4　简单保护套插入安装

有固定套管和卡套式可换套管（插入深度可调）两种形式，适用于棒式温度计在低压管道上作临时检测的安装。

测温元件大多数安装在碳钢、不锈钢、有色金属、衬里或涂层的管道和设备上，有时也安装在砖砌体、聚氯乙烯、玻璃钢、陶瓷、糖瓷等管道和设备上。后者的安装方式与安装在碳钢或不锈钢管道和设备上有很大不同，但与衬里或涂层设备和管道上基本相同，取源部件也类似，可以参考。

温度计在管道上插入深度、附加保护套长度见表 5-4-1。

表 5-4-1 温度计在管道上插入深度和附加保护套长度 mm

名称	压力式温度计	热电偶										热电阻										双金属温度计	
安装方式	直形接头直插	直形接头直插		45°角接头斜插		法兰直插		高压套管 PN_{32}^{22} MPa 固定套管		高压套管 PN_{32}^{22} MPa 可换套管		直形接头直插		45°角接头斜插		法兰直插		高压套管 PN_{32}^{22} MPa 固定套管		高压套管 PN_{32}^{22} MPa 可换套管		直形内外螺纹接头直播	
连接件标称高度 H	60	60	120	90	150	150		41		～70		60	120	90	150	150		41		～70		内 80 外 60	内 140 外 120
DN	L_3	L					L_1	L	L_3	L	L_2	L					L_1	L	L_3	L	L_2	L	
65								100	100	100	70							100	100				
80		100	150	150	200	200	195	100	100	100	70	100	150	150	200	200	195	100	100	150	115	125	200
100		100	150	150	200	200	195	100	100	150	115	150	200	150	200	200	195	100	100	150	115	125	200
125		150	200	150	200	200	195	100	100	150	115	150	200	200	250	250	245	150	150	150	115	150	200
150	210	150	200	200	250	250	245	150	150	150	115	150	200	200	250	250	245	150	150	200	165	150	250
175	235	150	200	200	250	250	245	150	150	150	115	150	200	200	250	250	245	150	150	200	165	200	250
200	260	150	200	200	250	250	245	150	150	200	165	200	250	250	300	250	245	200	200	200	165	200	250
225		200	250	250	300	250	245					200	250	250	300	300	295					200	300
250		200	250	250	300	300	295					200	250	250	300	300	295					250	300
300		200	250	300	300	300	295					250	300	300	400	300	295					250	300
350		250	300	300	400	300	295					250	300	300	400	300	295					300	400
400		250	300	400	400	400	395					300	300	400	400	400	395					300	400
450		300	300	400	400	400	395					300	400	400	500	400	395					400	400
500		300	400	400	500	400	395					400	400	500		400	395					400	400
600		400	400	500		500	495					400	500			500	495					400	500
700		400	500									500										500	
800		500																					

注：L——插入深度；L_1——套管长度；L_2——可换套管长度；L_3——连接头＋套管长度。

1.2 温度仪表安装注意事项

① 温度一次点的安装位置应选在介质温度变化灵敏且具有代表性的地方，不宜选在阀门、焊缝等阻力部件的附近和介质流束呈死角处。

就地指示温度计要安装在便于观察的地方。

热电偶的安装地点应远离磁场。

温度一次部件若安装在管道的拐弯处或倾斜安装，应逆着流向。

双金属温度计在管径 $DN\leqslant50$ 的管道或热电阻、热电偶在管径 $DN\leqslant70$ 的管道上安装时，要加装扩大管。扩大管要按标准图制作（见第 10 章）。

压力式温度计的温包必须全部浸入被测介质中。

② 温度二次表要配套使用。热电阻、热电偶要配相应的二次表或变送器。特别要注意分度号，不同分度号的表不能误用。

③ 热电偶必须用相应分度号的补偿导线。热电阻宜采用三线制接法，以抵消环境温度的影响。每一种二次表都有其外接线路电阻的要求，除补偿导线或电缆的线路电阻外，还须用锰铜丝配上相应的电阻，以符合二次表的要求。

④ 电阻体通常使用三芯电缆或四芯电缆中的三芯，每一芯的电阻值可用下法测得。

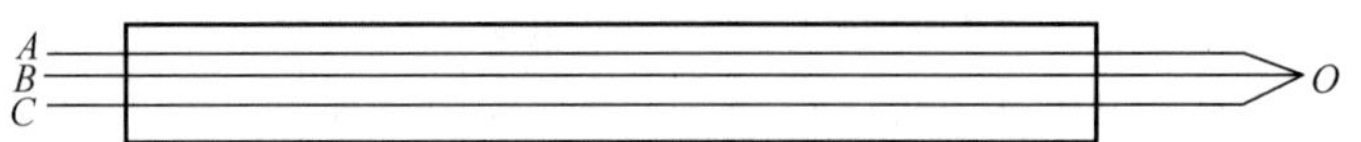

a. 把电缆一端三根线拧在一起；

b. 用电桥分别测得 R_{AB} 为 N_1，R_{AC} 为 N_2，R_{BC} 为 N_3；

c. 解下列三元一次方程组：

$$A+B=N_1 \tag{5-4-1}$$

$$A+C=N_2 \tag{5-4-2}$$

$$B+C=N_3 \tag{5-4-3}$$

得：

$$A=\frac{N_1+N_2-N_3}{2}$$

$$B=\frac{N_1+N_3-N_2}{2}$$

$$C=\frac{N_2+N_3-N_1}{2}$$

若为四芯电缆，一芯是备用的，把三芯拧在一起，很容易把第四芯找出来（与另二芯电阻为很大的这一芯即是）。

⑤ 补偿导线或电缆通过金属挠性管与热电偶或热电阻连接。

⑥ 同一条管线上若同时有压力一次点和温度一次点，压力一次点应在温度一次点的上游侧。

⑦ 温度二次仪表安装较为简单。把单体调校合格的二次表按安装说明书分别安装在指定的仪表盘上或框架上即可。

温度二次仪表是近年来发展较快的一类显示仪表，大多数指针指示的二次表（即动圈指示仪）逐步被外形尺寸完全一致的数字显示温度表所代替，但在安装上没有多大变化。

1.3 常用温度仪表的安装

常用温度仪表安装方式见图 5-4-1 至图5-4-7。

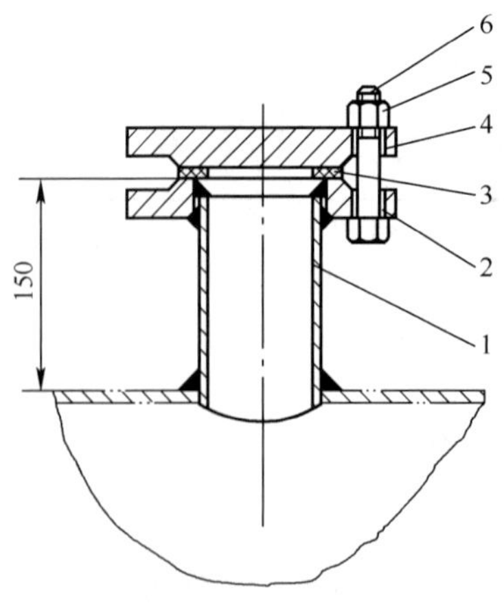

图 5-4-1 温度计用平焊法兰接管在钢管道、设备上焊接

1—接管；2—法兰；3—垫片；4—法兰盖；5—螺母；6—螺栓

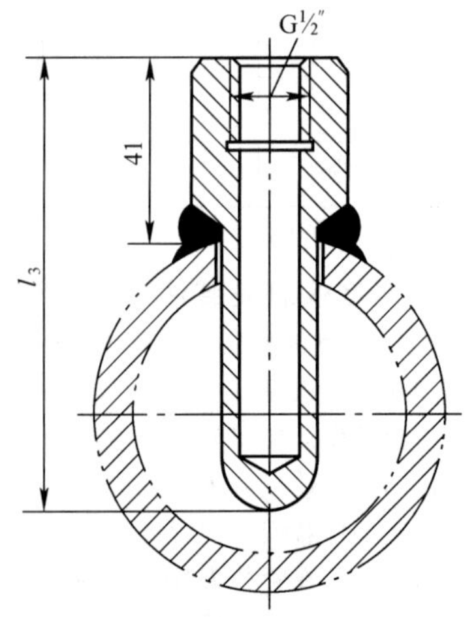

图 5-4-2 温度计高压套管在管道上焊接

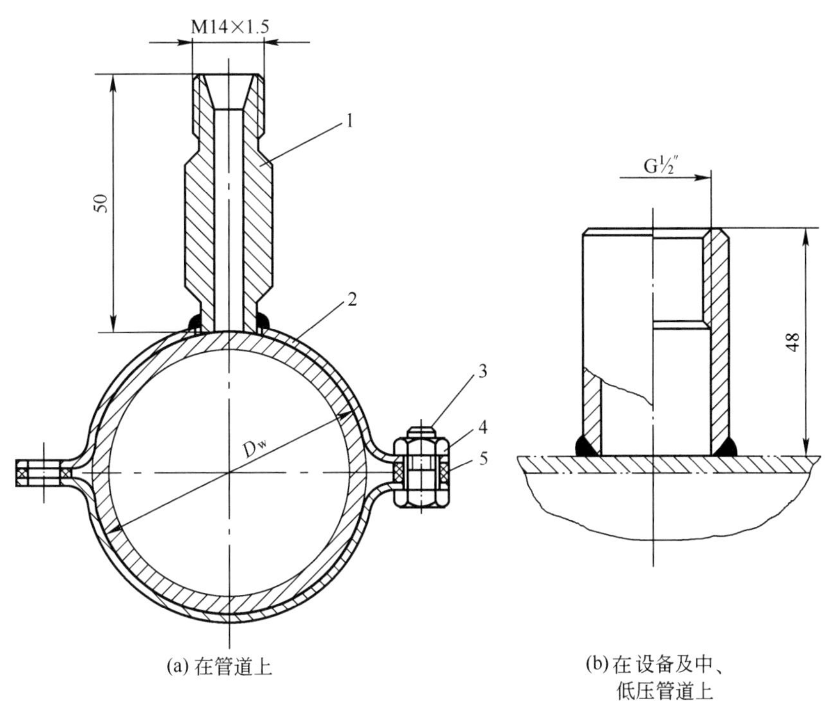

图 5-4-3　测表面温度的取源部件

1—铠装热电偶连接头（卡套式）；2—管卡；3—螺栓；4—螺母；5—垫片

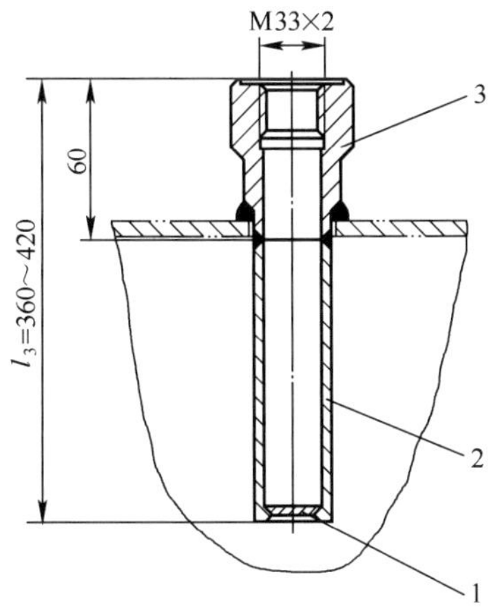

图 5-4-4　温包连接头及附加保护套在钢或耐酸钢设备上焊接

1—底；2—套管；3—直形连接头

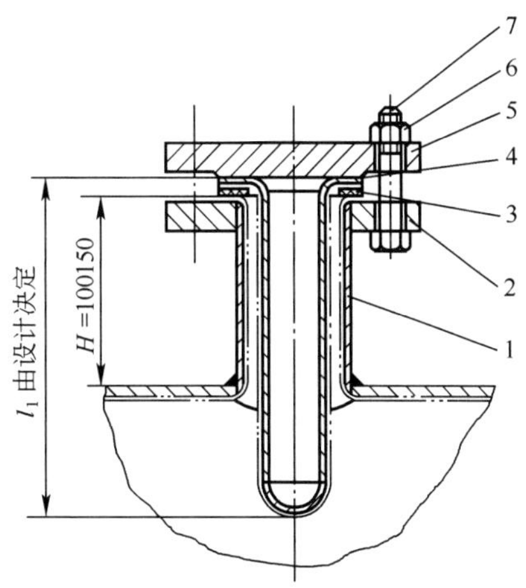

图 5-4-5　温度计用光滑面搭焊法兰接管在衬里（涂层）管道、设备上焊接（带附加保护套）

1—接管；2—法兰；3—垫片；4—衬（涂）层保护外套；5—法兰盖；6—螺母；7—螺栓

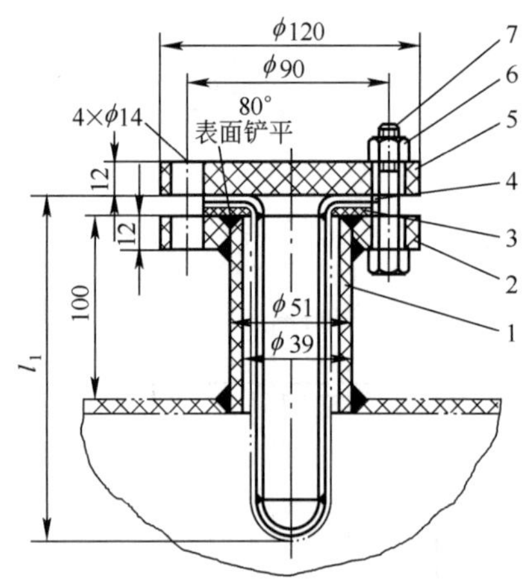

图 5-4-6 聚氯乙烯管道、设备上的测温取源部件

1—接管；2—法兰；3—垫片；4—衬（涂）层保护外套；5—法兰盖；6—螺母；7—螺栓

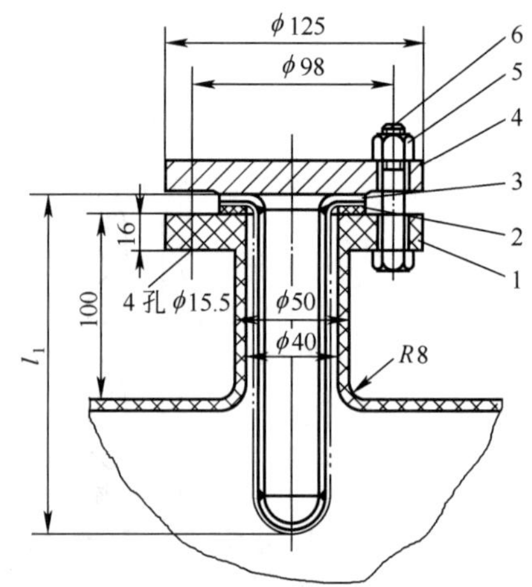

图 5-4-7 玻璃钢管道、设备上的测温取源部件

1—法兰；2—光滑面法兰垫片；3—衬（涂）层保护外套；4—法兰盖；5—螺母；6—螺栓

2 压力仪表安装

2.1 压力取源部件安装

2.1.1 安装条件

压力取源部件有两类。一类是取压短节，也就是一段短管，用来焊接管道上的取压点和取压阀门。一类是外螺纹短节，即一端有外螺纹，一般是 KG½″，一端没有螺纹。在管道上确定取压点后，把没有螺纹的一端焊在管道上的压力点（立开孔），有螺纹的一端便直接拧上内螺纹截止阀（一次阀）即可。

不管采用哪一种形式取压，压力取源部件安装必须符合下列条件：

① 取压部件的安装位置应选在介质流速稳定的地方；

② 压力取源部件与温度取源部件在同一管段上时，压力取源部件应在温度取源部件的上游侧；

③ 压力取源部件在施焊时要注意端部不能超出工艺设备或工艺管道的内壁；

④ 测量带有灰尘、固体颗粒或沉淀物等混浊介质的压力时，取源部件应倾斜向上安装。在水平工艺管道上应顺流束成锐角安装；

⑤当测量温度高于 60℃的液体、蒸汽或可凝性气体的压力时，就地安装压力表的取源部件应加装环形弯或 U 形冷凝弯。

2.1.2 就地安装压力表

水平管道上的取压口一般从顶部或侧面引出，以便于安装。安装压力变送器，导压管引远时，水平和倾斜管道上取压的方位要求如下：流体为液体时，在管道的下半部，与管道水平中心成 45°的夹角范围内，切忌在底部取压；流体为蒸汽或气体时，一般为管道的上半部，与管道水平中心线成 0°～45°的夹角范围内。

2.1.3 导压管

安装压力变送器的导压管应尽可能的短，并且弯头尽可能的少。

导压管管径的选择：就地压力表一般选用 ϕ18×3 或 ϕ14×2 的无缝钢管；压力表环形弯或冷凝弯优先选用 ϕ18×3；引远的导压管通常选用 ϕ14×2 无缝钢管；压力高于 22MPa 的高压管道应采用 ϕ14×4 或 ϕ14×5 优质无缝钢管；在压力低于 16MPa 的管道上，导压管有时也采用 ϕ18×3，但它冷煨很难一次成型，一般不常用；对于低压或微压的粉尘气体，常采用 1″水煤气管作为导压管。

导压管水平敷设时，必须要有一定的坡度，一般情况下，要保持 1∶10～1∶20 的坡度。在特殊情况下，坡度可达 1∶50。管内介质为气体时，在管路的最低位置要有排液装置（通常安装排污阀）；管内介质为液体时，在管路的最高点设有排气装置（通常情况下安装一个排气阀，也有的安装气体收集器）。

2.1.4　隔离法测量压力

腐蚀性、黏稠的介质的压力采用隔离法测量，分为吹气法和冲液法两种。吹气法进行隔离，用于测量腐蚀性介质或带有固体颗粒悬浮液的压力；冲液法进行隔离，适用于黏稠液体以及含有固体颗粒的悬浮液。

采用隔离法测量压力的管路中，在管路的最低位置应有排液的装置。灌注隔离液有两种方法。一种是利用压缩空气引至一专用的隔离液罐，从管路最低处的排污阀注入，以利管路内空气的排出，直至灌满顶部放置阀为止。这种方法特别适用于变送器远离取压点安装的情况。另一种方法是变送器就近取压点安装时，隔离液从隔离容器顶部丝墙处进行灌注。为易于排净管路内的气泡，第一种方法为好。

2.1.5　垫片

压力表及压力变送器的垫片通常采用四氟乙烯垫。对于油品，也可采用耐油橡胶石棉板制作的垫片。蒸汽、水、空气等不是腐蚀性介质、垫片的材料可选普通的石棉橡胶板。

2.1.6　接头螺纹

压力变送器的接头螺纹与压力表（Y-100 及其以上）接头一样，是 M20×1.5。

2.1.7　阀门

用于测量工作压力低于 50kPa，且介质无毒害及无特殊要求的取压装置，可以不安装切断阀门。

2.1.8　焊接要求

取压短节的焊接、导压管的焊接，其技术要求完全与同一介质的工艺管道焊接要求一样（包括焊接材料、无损检测及焊工的资格）。

2.1.9　安装位置

就地压力表的安装位置必须便于观察。泵出口的压力表必须安装在出口阀门前。

2.2　压力管路连接方式与相应的阀门

2.2.1　按阀门和管接头分类

① 管路连接系统主要采用卡套式阀门与卡套或管接头。其特点是耐高温，密封性能好，装卸方便，不需要动火焊接。

② 管路连接采用外螺纹截止阀和压垫式管接头，是化工常用的连接形式。

③ 管路连接系统采用外螺纹截止阀、内螺纹闸阀和压垫式管接头，是炼油系统常用的连接形式。

上述三种方法可以随意选用，但在有条件时，尽可能选用卡套式连接形式。

2.2.2　压力测量常用阀门

(1) 卡套式阀门　卡套式连接时，应采用卡套式阀门，如卡套式截止阀、卡套式节流阀和卡套式角式截止阀。这种阀可作为根部阀（一次阀），也可作切断阀，也可作放空阀和排污阀。

常用的卡套式截止阀是 J91-64、J91-200 和 J91-100，每一种型号都有 J91H-64C、J91W-64P，通径大小有 $\phi5$ 与 $\phi10$ 两种规格，连接的外管可以是 $\phi12$ 和 $\phi14$（外径）。卡套式节流阀有 J11-64、J11-200 和 J11-400，每种型号都有 J11H-64C 和 J11W-64P 两种规格，通径都是 $\phi5$，但外接螺纹有 M20×1.5 和 G½″两种规格。卡套角式截止阀的型号为 J94W-160P，其通径有 $\phi3$ 与 $\phi6$ 两种规格。

(2) 内、外螺纹截止阀　这类截止阀也可作为一次阀、切断阀、放空阀和排污阀。

常用的内螺纹截止阀的型号有 J11-40～400，公称通径为 $\phi5$～$\phi10$，螺纹规格为 Z½″或 ZG½″，内外螺纹截止阀的型号有 J½1-200～400，公称通径为 $\phi5$，连接螺纹为 Z¼″或 ZG¼″、Z⅜″或 ZG⅜″和 Z½″或 ZG½″。外螺纹截止阀的型号有 J21-25～320，公称通径为 $\phi5$、$\phi10$ 和 $\phi15$ 三种，外螺纹的规格有 G½″、G¾″和 G1″。角式外螺纹截止阀的型号有 J24-160～320，公称通径有 $\phi3$、$\phi5$ 和 $\phi10$ 三种，外螺纹接管为 $\phi14$ 和 $\phi18$。以上各阀的公称压力最高可达 32MPa 和 40MPa。

(3) 常用压力表截止阀　除上述阀门接上 M20×1.5 接头可互接接压力表外，还有带压力表接头的截止阀，其型号为 J11-64、J11-200 和 J11-400，适合于高、中、低压力测量。压力表接头为 M20×1.5 和 G½″两种。国产 Y-100 以上大的圆盘式弹簧管压力表，其接头几乎全是 M20×1.5。

(4) 其他　还有些阀门可用在压力测量上，参看仪表阀门一节。

2.3　常用压力表的安装

常用压力表测量管线连接见图 5-4-8～图 5-4-16。

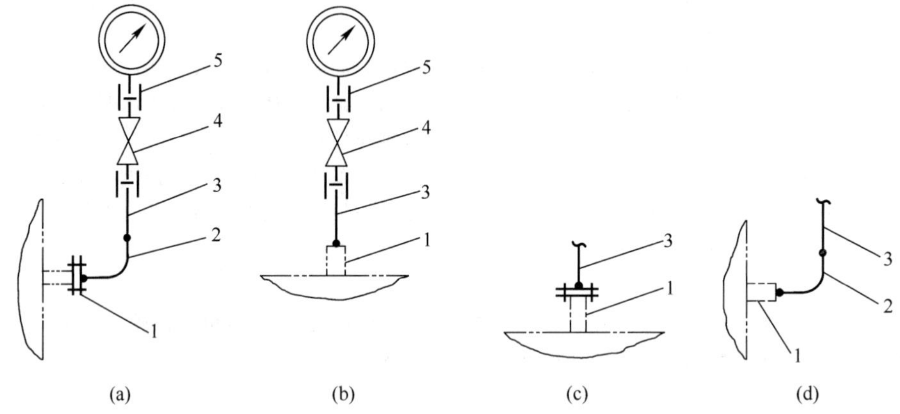

图 5-4-8 压力表安装图

1—管接头或法兰接管；2—无缝钢管；3—接表阀接头；4—压力表截止阀或阻尼截止阀；5—垫片

注：当介质压力脉动时，4 选用压力表阻尼截止阀。

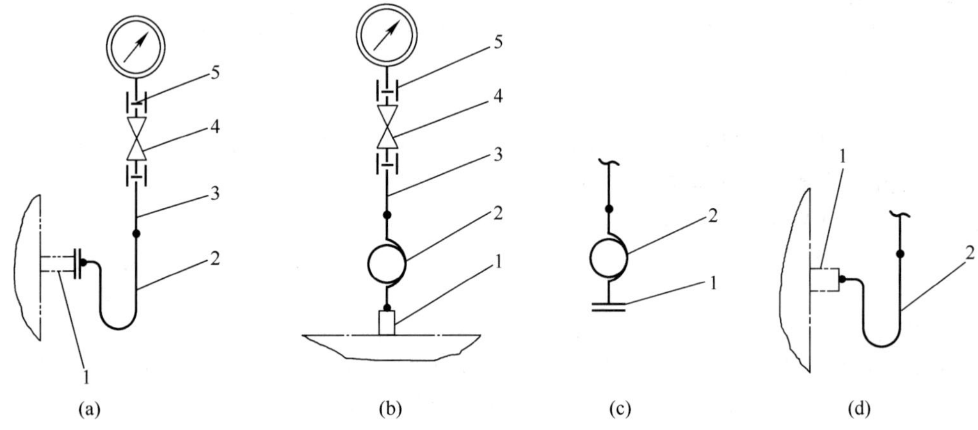

图 5-4-9 带冷凝管的压力表安装图

1—管接头或法兰接管；2—冷凝圈或冷凝弯；3—接表阀接头；4—压力表截止阀或阻尼截止阀；5—垫片

注：当介质压力脉动时，4 选用压力表阻尼截止阀。

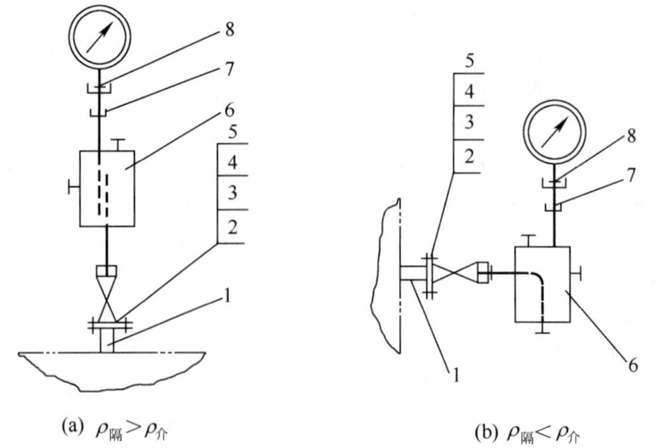

(a) $\rho_{隔} > \rho_{介}$ (b) $\rho_{隔} < \rho_{介}$

图 5-4-10 带插管式隔离器压力表安装图

1—法兰接管；2—垫片；3—螺栓；4—螺母；5—取压截止阀；

6—隔离容器；7—压力表直通接头；8—垫片

注：隔离容器需加固定，以免阀门的卡套密封受影响。

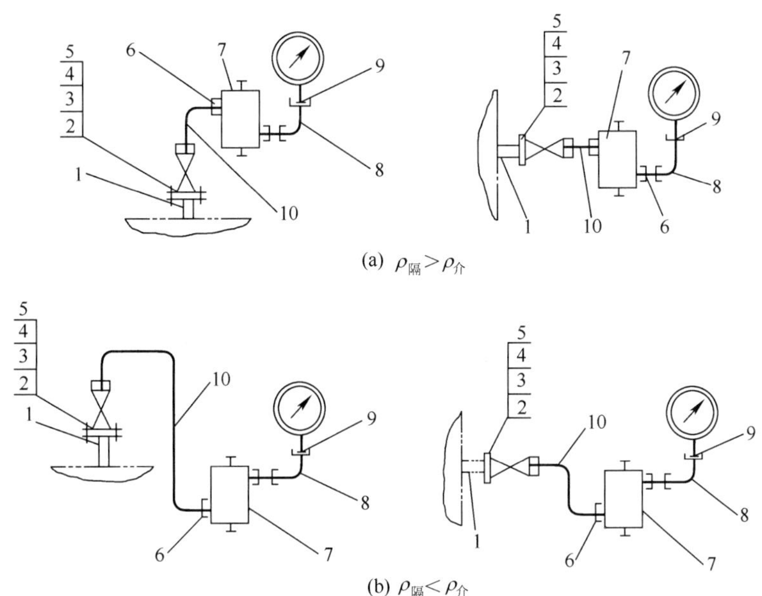

图 5-4-11　带隔离容器压力表安装图

1—法兰接管；2—垫片；3—螺栓；4—螺母；5—取压球阀（*PN*25 时）或取压截止阀（*PN*64 时）；6—直通终端接头；7—隔离容器；8—压力表弯通接头；9—垫片；10—无缝钢管

注：隔离器需加固定，以免阀门的卡套密封受影响。

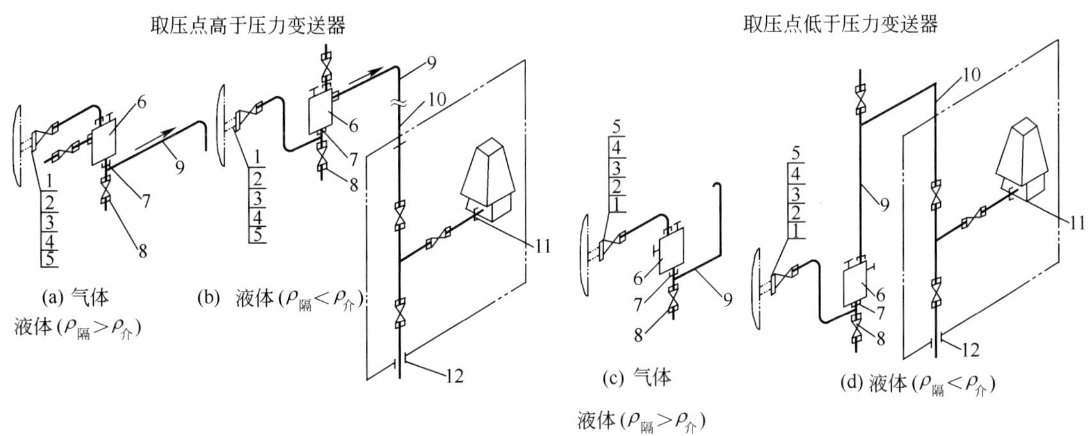

图 5-4-12　隔离器隔离测量压力管路连接图

1—法兰接管；2—垫片；3—螺栓；4—螺母；5—取压球阀（*PN*25 时）或取压截止阀（*PN*64 时）；6—隔离容器；7—直通终端接头；8—卡套式球阀（*PN*25 时）或卡套式截止阀（*PN*64 时）；9—无缝钢管；10—直通穿板接头；11—压力表直通接头；12—填料函

注：1. 当不需要对管线进行吹扫时，靠近变送器的切断阀门应安装在虚线部位上。

2. 当测量腐蚀性介质压力时，为维护方便起见，亦可将隔离器安装在靠近压力变送器的上方。

3. 隔离液更换不频繁时，隔离器侧部或顶部阀门可改用堵头。

（a）和（b）若隔离器底部产生的沉淀物不多时，可将底部的阀门取消。

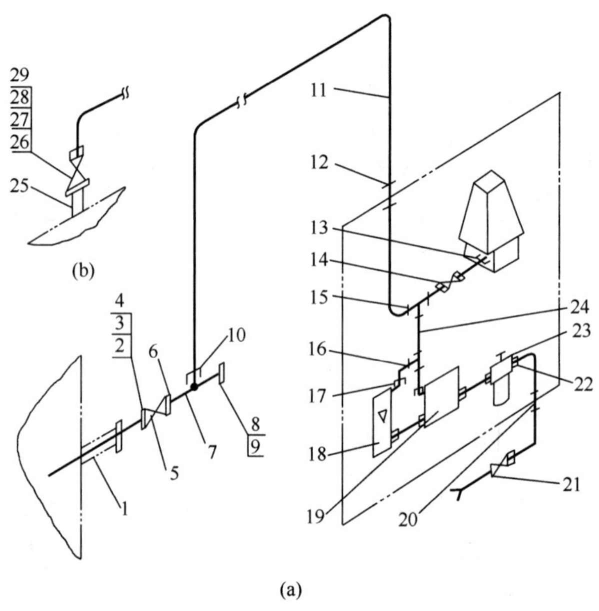

图 5-4-13　吹气法测量压力管路连接

1—法兰接管；2—垫片；3—螺栓；4—螺母；5—法兰楔式单闸板阀；6—凸面法兰；7—接管；
8—凹面法兰；9—凸面法兰盖；10—终端焊接接头；11—无缝钢管；12—直通穿板接头；13—压力表直通接头；
14—卡套式球阀；15—三通异径接头；16—三通中间接头；17—弯通中间接头；18—玻璃转子流量计；
19—恒差继动器；20—直通穿板接头；21—气源球阀；22—直通终端接头；23—空气过滤减压器；
24—尼龙单管或紫铜管；25—法兰接管；26—垫片；27—螺栓；28—螺母；29—取压球阀

注：1.（a）适用于流化床设备，（b）适用于黏性或腐蚀性介质，仅取源部件形式不同。

2. 变送器尽可能安装得高于取压点。可以用限流孔板代替恒差继动器和带针阀的转子流量计。

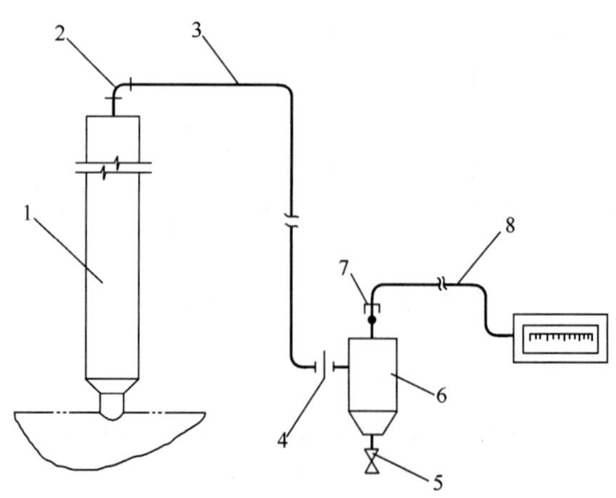

图 5-4-14　带除尘器的压力表安装图

1—沉降除尘器；2—弯头；3—水煤气管；4—外接头；5—内螺纹填料旋塞；
6—旋风除尘器；7—橡胶管接头；8—橡胶管

注：除尘器安装时必须加以固定。

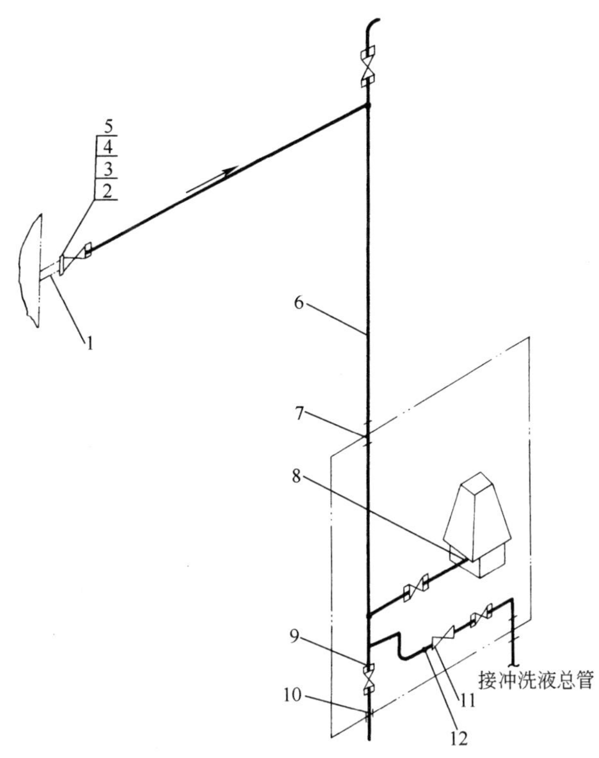

图 5-4-15　冲液法测量压力管路连接图

1—法兰接管；2—垫片；3—螺栓；4—螺母；5—取压截止阀；6—无缝钢管；

7—直通穿板接头；8—压力表直通接头；9—卡套式截止阀；

10—填料函；11—内螺纹止回阀；12—短节

注：止回阀也可安装在箱外。

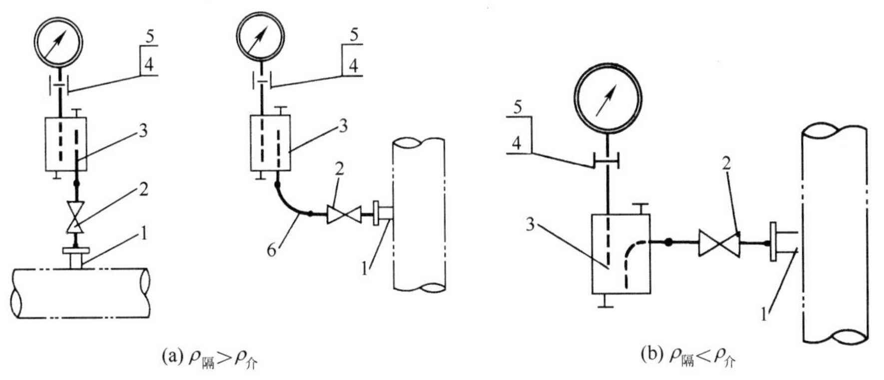

图 5-4-16　带隔离器的压力表在硬聚氯乙烯管道上安装图

1—法兰接管；2—带螺纹 45°角式截止阀；3—压力表用聚氯乙烯隔离器；

4—压力表接头；5—垫片；6—弯管

注：隔离器需加固定。

2.4　压力变送器的安装

压力变送器（气动单元组合仪表或电动单元组合仪表中的 DDZ-Ⅱ型和 DDZ-Ⅲ型）虽型号不同，输出形式不同，输出信号不同，但安装方式基本相同。分为支架安装、保温箱与保护箱安装和直接安装几种。

2.4.1　支架安装

支架安装分为两种，一种为支架在墙上，一种为支架在地上。这两种标高一般为＋1.20～＋1.50m，保持变

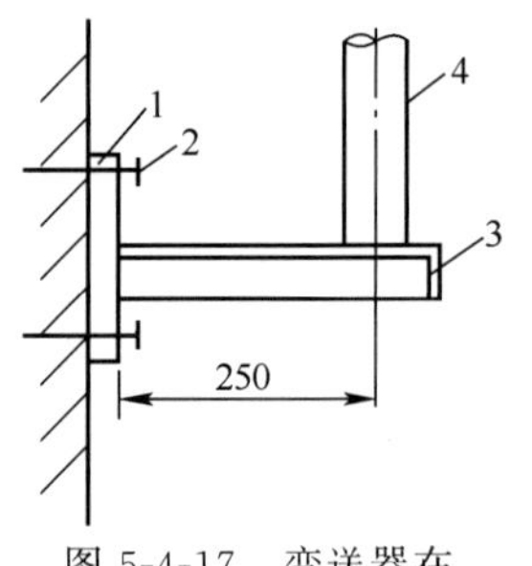

图 5-4-17 变送器在墙上安装图

1—厚 8～10mm，长×宽为 150×150mm 的钢板 1 块；2—M12×100 膨胀螺栓 4 个；3—L45 或 L50 角铁长 300mm1 根，用[100 槽钢更好；4—G2″管子一段，长 300mm

送器指示表的标高为＋1.500m。若这两种安装方式在同一车间或同一厂房，则要求标高一致，墙上与地上支架安装的变送器（包括差压变送器等）都要一致。

(1) 墙上安装（如图 5-4-17） 安装步骤为：

a. 在适合导压管走向的墙面或柱上用膨胀螺栓固定铁板 1，标高为＋1.20m；

b. 在铁板的中心焊角钢 3，平面朝上，角钢平面的标高为＋1.10m；

c. 在角铁离铁板 250mm 处，焊上长 300mm 的 G2″管；

d. 把变送器用专用卡子（仪表带）安装在 2″管上，其标高可在＋1.20～＋1.50 范围调节。

(2) 地坪上安装 地坪上安装一般在车间已打完水泥地坪后。若尚未打完地坪，可用预埋铁的方法安装，如图 5-4-18。

预埋铁可选 $\delta=8\sim10$mm 铁板一块，尺寸为 150mm×150mm，在铁板的一面焊上 $\phi10\sim\phi12$ 长 100mm 的钢筋两条，然后按选定的位置打入地下，使铁板低于以后浇注的混凝土地坪 2～3mm。

在已浇注的混凝土地坪上安装，就要用膨胀螺栓固定铁板，然后焊上一根 1.5m 的 G2″管即可，如图 5-4-19 所示。

变送器习惯于集中安装，不管是气动仪表还是电动仪表，都便于配管、配线。集中安装的支架如图 5-4-20 所示。这是 $\phi2''$管作为主柱（800mm 高），$\phi2''$作为横梁的安装支架，横梁可用[100 槽钢代替。地坪用两块 150mm×150mm，$\delta=8\sim10$mm 的钢板并用四只膨胀螺栓固定。横梁的长度根据集中安装的变送器而定。在横梁的两个头可焊第一个和最后一个变送器安装立柱，都是 $\phi2''$管，长度为 500～700mm，一般为 500mm。每个变送器的安装间距和气动变送器与 DDZ-Ⅱ型变送器的间距分别为 450mm，DDZ-Ⅲ为 300mm。

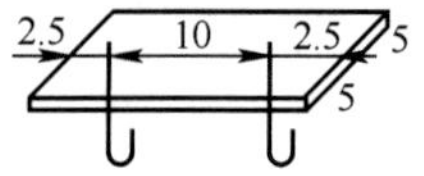

2.5 10 2.5 5 5

图 5-4-18 预埋铁制作

以上几种支架安装方式适合于安装各种类型变送器，也适合于不同型号不同类别的变送器混装，如差压变送器与压力变送器混装，差压变送器、压力变送器不同型号的混装。但不适合于不同种类的变送器混装，如气动变送器与电动变送器混装，DDZ-Ⅱ型变送器与 DDZ-Ⅲ型变送器混装等。

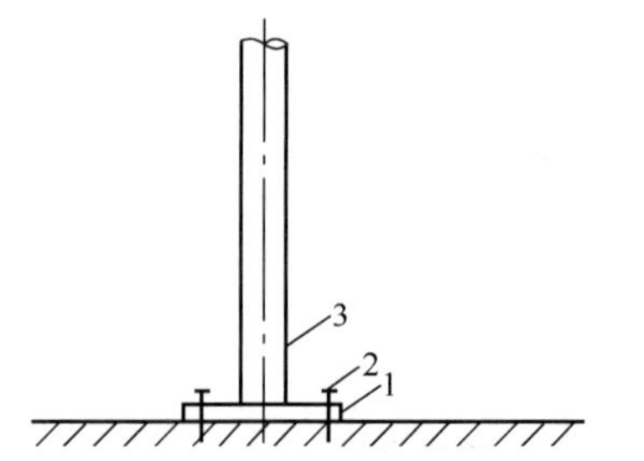

图 5-4-19 地坪上安装变送器支架图

1—铁板，厚 8～10mm，长×宽 150×150mm1 块；2—M12×100 膨胀螺栓 4 个；3—G2″钢管 1 根，长 1.50m

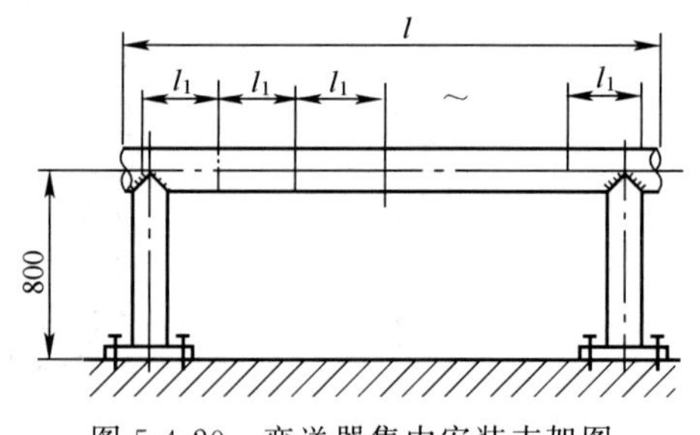

图 5-4-20 变送器集中安装支架图

2.4.2 保温箱与保护箱安装

参阅保温箱安装一节。

2.4.3 压力变送器导压管敷设

参阅导压管敷设一节。

2.4.4 压力变送器气源管敷设

参阅气源管敷设一节。

2.4.5 压力变送器电气保护管敷设

参阅电气保护管敷设一节。

2.4.6 保温箱中盘管及保温管的敷设

参阅伴热管一节。

2.4.7 膜盒压力表的安装

膜盒压力表用于低压和微压或负压测量，它的连接是通过胶皮管与仪表的胶皮嘴相接。

3 常用流量仪表的安装

流量测量包括对液体、气体、蒸汽和固体流量的测量。化工和石油化工生产重点是气体、液体、蒸汽流量的检测与控制。

流量分为瞬时流量和累积流量两种。瞬时流量是指单位时间内流过管道某一截面的流体的量，流量计显示的量一般是瞬时流量。累积流量是指某一定时间内流过管道某一截面流体的总量，其单位为体积或重量，即 m^3、L、t 和 kg。只有带累积（积算）功能的流量计才能测量累积流量。

流量又可分体积流量与质量流量，也就是单位时间内流过某一截面流量的计算单位是体积单位还是质量单位，体积单位如 m^3/h，L/h，质量单位如 t/h、kg/h 等。

流量计种类很多，安装方法也不尽相同，这里介绍几种常见流量计的安装。

3.1 转子流量计安装

转子流量计是由一个上大下小的锥管和置于锥管中可以上下移动的转子组成。从结构特点上看，它要求安装在垂直管道上，垂直度要求较严，否则势必影响测量精度。第二个要求是流体必须从下向上流动。若流体从上向下流动，转子流量计便会失去功能。

转子流量计分为直标式、气传动与电传动三种形式。对于流量计本身，只要掌握上述两个要点，就会较准确地测定流量。

还须注意的是转子流量计是一种非标准流量计。因为其流量的大小与转子的几何形状、转子的大小、重量、材质、锥管的锥度，以及被测流体的雷诺数等有关，因此虽然在锥管上有刻度，但还附有修正曲线。每一台转子流量计有其固有的特性，不能互换，特别是气、电远传转子流量计。若转子流量计损坏，但其传动部分完好时，不能拿来就用，还须经过标定。

安装注意事项：

① 实际的系统工作压力不得超过流量计的工作压力；

② 应保证测量部分的材料、内部材料和浮子材质与测量介质相容；

③ 环境温度和过程温度不得超过流量计规定的最大使用温度；

④ 转子流量计必须垂直地安装在管道上，并且介质流向必须由下向上；

⑤ 流量计法兰的额定尺寸必须与管道法兰相同；

⑥ 为避免管道引起的变形，配合的法兰必须在自由状态对中，以消除应力；

⑦ 为避免管道振动和最大限度减小流量计的轴向负载，管道应有牢固的支架支撑；

⑧ 截流阀和控制流量都必须在流量计的下游；

⑨ 直管道要求在上游侧 5*DN*，下游侧 3*DN*（*DN* 是管道的通径）；

⑩ 用于测量气体流量的流量计，应在规定的压力下校准。如果气体在流量计的下游释放到大气中，转子的气体压力就会下降，引起测量误差。当工作压力与流量计规定的校准压力不一致时，可在流量计的下游安装一个阀门来调节所需的工作压力。

对于电远传转子流量计，在安装时还应注意：

① 电缆直径为 8～13mm；

② 电缆要有滴水点（电缆 U 形弯曲），以防雨水顺电缆进入接线盒；

③ 电缆不能承受任何机械负载；

④ 电缆进口处放完电缆后，必须用胶泥封口，同时把多余的电缆进出孔也用胶泥封住；

⑤ 按规定妥善接地。

对危险地点的安装还应注意：

① 电源必须取自有可靠保证的安全电路的供电单元，或电源隔离变换器；

② 电源安装在危险场合外面或安装在一个适合的防爆罩子内；

③ 要检查转子流量计是否有防爆等级证明，不符合条件的流量计不能在危险场合安装。

3.2 质量流量计安装

科氏流量计与液体的其他任何参数如密度、温度、压力、黏度、导电率和流动轨迹都无关，并且能对均匀分布的小固体粒子（稀浆）和含有气泡的液体进行测量。

科氏流量计安装要点如下：

① 传感器的刚性和无应力支撑，如图 5-4-21 所示；

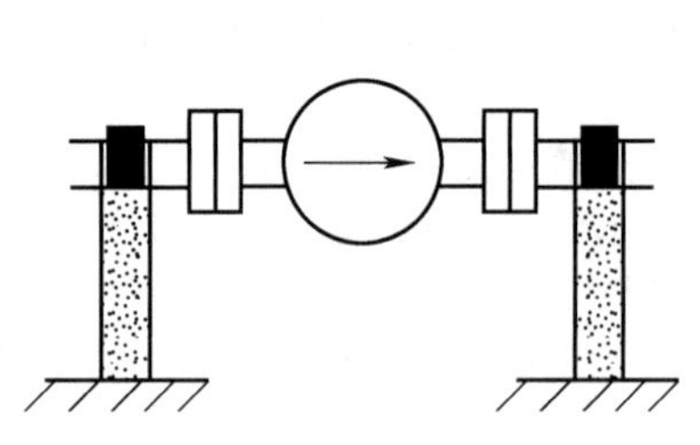

图 5-4-21 传感器的支撑

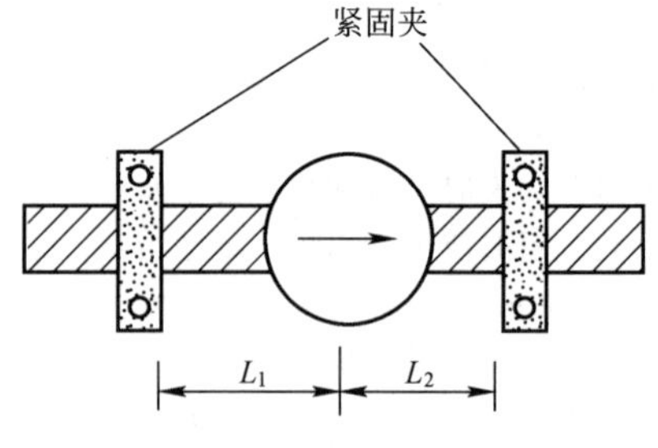

图 5-4-22 传感器的安装

② 通常传感器是用两个金属紧固夹进行安装的，紧固夹固定到一个安装板或支柱上，如图 5-4-22 所示，L_1 可以与 L_2 相等，也可以不等；

③ 避免把传感器安装在管道的最高位置，因为气泡会集结和滞留，在测试系统中引起测量误差；

④ 如果不能避免过长的下游管道（一般不大于 3m），应多装一个通流阀；

⑤ 与输送泵的距离至少要大于传感器本身长度的 4 倍（两法兰之间距离），如果泵引起多余的振动，必须用挠性管或连接管进行隔离，如图 5-4-23 所示；

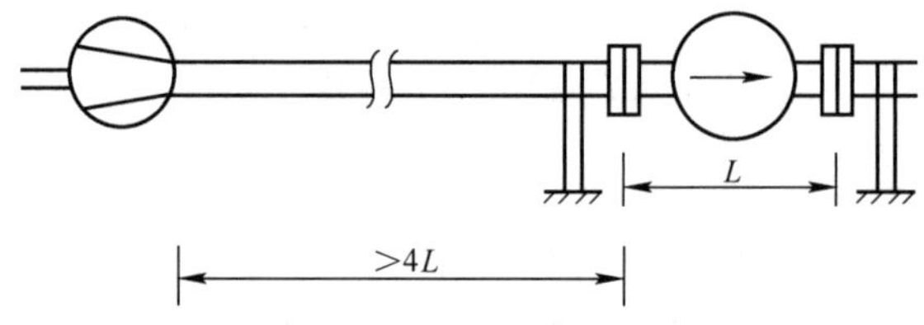

图 5-4-23 传感器与输送泵的距离

⑥ 调节阀、检查观察窗等附加装置都应安装在离传感器至少 1×“L”远处；

⑦ 垂直铺设管道，管道的刚度要足够支撑传感器，有时可以不在靠近传感器的地方安装支架，但必须使管道支撑得非常牢固，必要时，也要加支架，支架的距离为 1～2L；

⑧ 支架不能安装在法兰或外壳上，一般离法兰的距离为 20～200mm；

⑨ 一般不使用挠性软管，只有当振动大的场合才使用，使用软管时，在隔一段 1～2L 的刚性管后连接；

⑩ 质量流量计可以垂直安装，也可水平安装。

3.3 涡轮流量计安装

涡轮流量计是另一类型的流量计，它属速度流量计。它的安装要求较高，安装环境较苛刻。安装时，特别要安装好涡轮，使涡轮与轴承的阻力为最小，以便涡轮在轴承上运转自如。

涡轮流量计不能在强磁场与强电场环境下安装，否则将会产生很大干扰而影响其测量精度，因此使用受到较大的限制。它的调试也较麻烦，日常维护量也较大。

3.4 靶式流量计安装

这是一种使用较为广泛的流量计，虽然精度不高，一般为±1.0%，但在要求不高的场合经常采用。

它的安装较为方便，把靶按要求装到管道上即可。由于它的测量原理是把靶的力矩转换成标准气信号或标准电信号，对产生力矩的流束要求较高，因此要求有一定长度的直管段，以保持正常的流束。它的维护工作量较小且方便。

需要注意的是靶式流量计需要二次安装，第一次安装是确定它的位置，在管道吹扫前拆下，以防损坏内件。吹扫合格后，重新装上，再次进行调整。

3.5 电磁流量计安装

电磁流量计是一种很有发展前途的流量计，特别适宜于化工生产使用。它能测各种酸、碱、盐等有腐蚀性介质的流量，也可测脉冲流量；它可测污水及大口径的水流量，也可测含有颗粒、悬浮物等物体的流量。它的密封性好，没有阻挡部件，是一种节能型流量计。它的转换简单方便，使用范围广，并能在易爆易燃的环境中广泛使用，是近年来发展较快的一种流量计。

国产的电磁流量计已经系列化、标准化。管径可以小到 40mm，大到 1200mm 以上。标定简单，不管检测什么介质的流量，都可用水标定。只是它的密封性受压力与温度的影响，受到了限制，使用范围限制在压力低于 1.6MPa，温度 5～60℃范围之内。

电磁流量计安装注意事项如下：

① 电磁流量计，特别是小于 DN100mm（4″）的小流量计，在搬运时受力部位切不可在信号变送器的任何地方，应在流量计的本体；

② 按要求选择安装位置，但不管位置如何变化，电极轴必须保持基本水平；

③ 电磁流量计的测量管必须在任何时候都是完全注满介质的；

④ 安装时，要注意流量计的正负方向或箭头方向应与介质流向一致；

⑤ 安装时要保证螺栓、螺母与管道法兰之间留有足够的空间，便于装卸；

⑥ 对于污染严重的流体的测量，电磁流量计应安装在旁路上；

⑦ $DN>200$（8″）的大型电磁流量计要使用转接管，以保证对接法兰的轴向偏移，方便安装；

⑧ 最小直管段的要求为上游侧 5DN，下游侧 2DN；

⑨ 要避免安装在强电磁场的场所；

⑩ 电磁流量计的环境温度要求为，产品温度＜60℃时，环境温度＜60℃，产品温度＞60℃时，环境温度＜40°。

为避免因夹附空气和真空度降低损坏橡胶衬垫引起测量误差，可参照建议位置安装，见图 5-4-24。

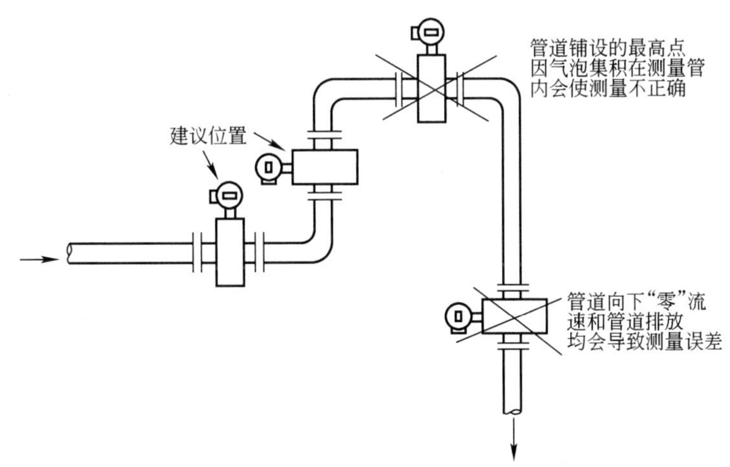

图 5-4-24　电磁流量计的安装（一）

水平管道安装电磁流量计时，应安装在有一些上升的管道部分，如图 5-4-25 所示。如果不可能，应保证足够的流速，防止空气、气体或蒸汽集积在流动管道的上部。

在敞开进料或出料时，流量计安装在低的一段管道上，如图 5-4-26 所示。

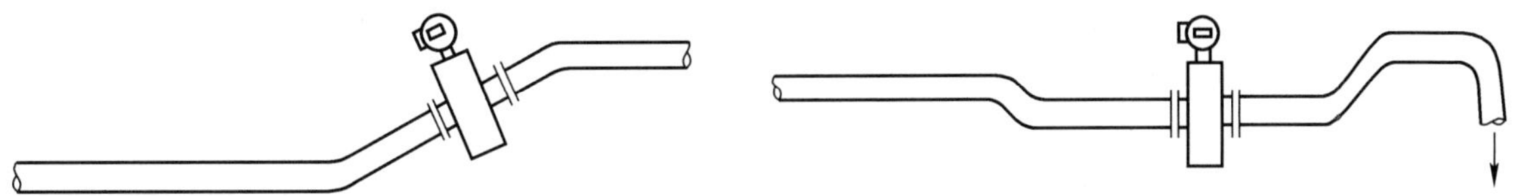

图 5-4-25　电磁流量计的安装（二）　　图 5-4-26　电磁流量计的安装（三）

当管道向下且超过 5m 时，要在下游安装一个空气阀（真空），见图 5-4-27。

在长管道中，调节阀和截流阀始终应该安装在流量计的下游，见图 5-4-28。

流量计绝不可安装在泵的吸口一端，见图 5-4-29。

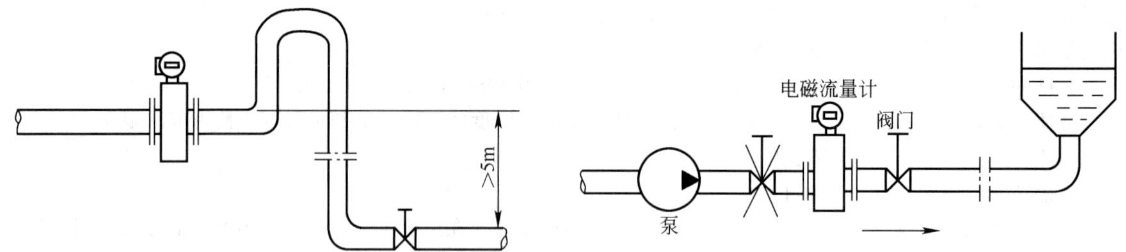

图 5-4-27　电磁流量计的安装（四）　　图 5-4-28　电磁流量计的安装（五）

在系统温度超过 100℃ 的场所，要提供相应装置补偿管道受热的轴向膨胀：

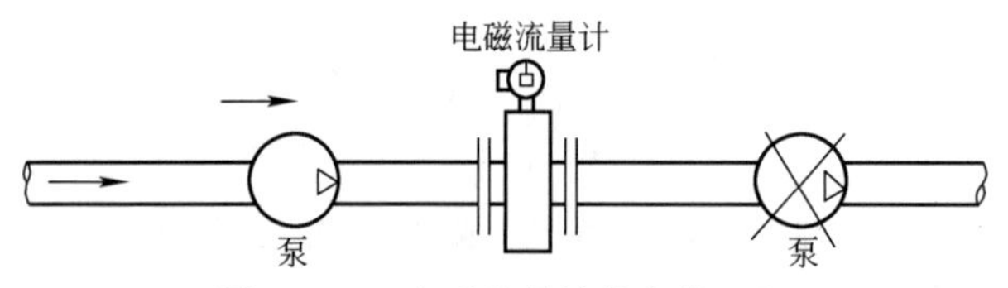

图 5-4-29　电磁流量计的安装（六）

① 短的管道采用弹性垫圈；

② 长的管道安装挠性管道部件(如肘形弯管)。

流量计安装应与管道轴成一直线。

管道法兰面必须平行，容许的最小偏差为：

$$L_{max}-L_{min}<0.5\text{mm}$$

其中 L_{max}、L_{min} 是两个法兰最大与最小的距离。

3.6　节流元件的安装

3.6.1　节流元件种类及使用场合

节流元件一般指孔板，还有喷嘴与文丘里管。

孔板除标准孔板外还有圆缺孔板、端头孔板、双重孔板等，它们的使用场合如下：

（1）标准孔板　是用得最广泛的一种节流元件。它的公称压力由 0.25MPa 到 32MPa，公称直径为 50～1600mm，适用于绝大多数流体，包括气体、蒸汽和液体的流量检测和控制。

（2）标准喷嘴　公称压力由 0.6MPa 到 6.4MPa，公称直径由 50mm 到 400mm，取压形式为环室取压，法兰上钻孔取压和宽边钻孔取压，并能与紧密面为平面、榫面、凸面的法兰配套使用。

（3）标准短文丘里喷嘴　公称压力由 0.6MPa 到 6.4MPa，公称直径由 100mm 到 400mm，$\left(\frac{d}{D}\right)^2$ 必须大于 0.1，且仅能与平面法兰配套使用。

（4）标准文丘里喷嘴　公称压力≤0.6MPa，公称直径由 200mm 到 800mm，仅能与平面法兰配套使用。

（5）圆缺孔板　公称压力由 0.25MPa 到 6.4MPa，公称直径由 500mm 到 1600mm。取压形式可为环室取压和宽边钻孔取压。能与紧密面为平面、榫面、凸面的法兰配套使用。

（6）端头孔板　公称直径为 50mm 至 600mm，取压形式有环室取压和安装环上钻孔取压两种。能安装在管道的入口或出口上。

（7）双重孔板　公称压力由 0.25MPa 至 6.4MPa，公称直径由 100mm 到 400mm。取压形式可为环室和宽边钻孔取压。能与紧密面为平面、榫面、凸面的法兰配套使用。

（8）1/4 圆喷嘴　公称压力由 0.25MPa 至 6.4MPa，公称直径由 25mm 至 100mm。取压形式可为环室取压和宽边钻孔取压。能与紧密面为平面、榫面、凸面的法兰配套使用。

3.6.2　节流装置安装注意事项

① 节流装置安装有严格的直管段要求。一般可按经验数据前 8 后 5 来考虑。即节流装置上游侧要有 8 倍管道内径的距离，下游侧要有 5 倍管道内径的距离。

② 节流装置安装前后 $2D$ 的直管段内，管道内壁不应有任何凹陷和用肉眼看得出的突出物等不平现象。由于管道的圆锥度、椭圆度或者变形等所产生的最大允许误差：当 $d/D\geqslant 0.55$ 时，不得超过±0.5%，当 $d/D<0.55$ 时，不得超过±2.0%。

③ 节流装置的端面应与管道的几何中心相垂直，其偏差不应超过 1°。法兰与管道内口焊接处应加工光滑，不应有毛刺及凹凸不平现象。节流装置的几何中心线与管道中心线相重合，偏差不得超过 $0.015D\left(\frac{D}{d}-1\right)$。

④ 节流装置在水平管道上安装时，取压口方位如图 5-4-30 所示。

⑤ 节流装置的安装必须在工艺管道吹扫后进行。

⑥ 在水平和倾斜的工艺管道上安装孔板或喷嘴，若有排泄孔时，排泄孔的位置对液体介质应在工艺管道的正上方，对气体及蒸汽介质应在工艺管道的正下方（一般钻一个 $\phi3$ 的小孔作为排泄孔）。

⑦ 环室与孔板有“+”号的一侧应在被测介质流向的上游侧。当用箭头标明流向时，箭头的指向应与被测介质的流向一致。

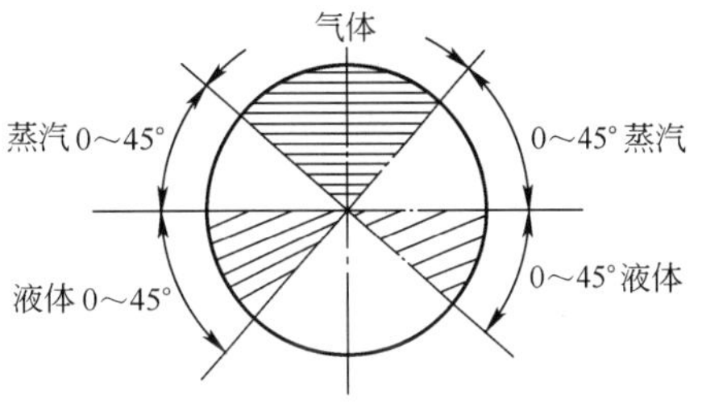

图 5-4-30　节流装置在管道上的取压口方位

⑧ 节流装置的垫片应与工艺管道同一质地，并且不能小于管道内径。

常用节流装置安装方式见图 5-4-31 至图 5-4-37。

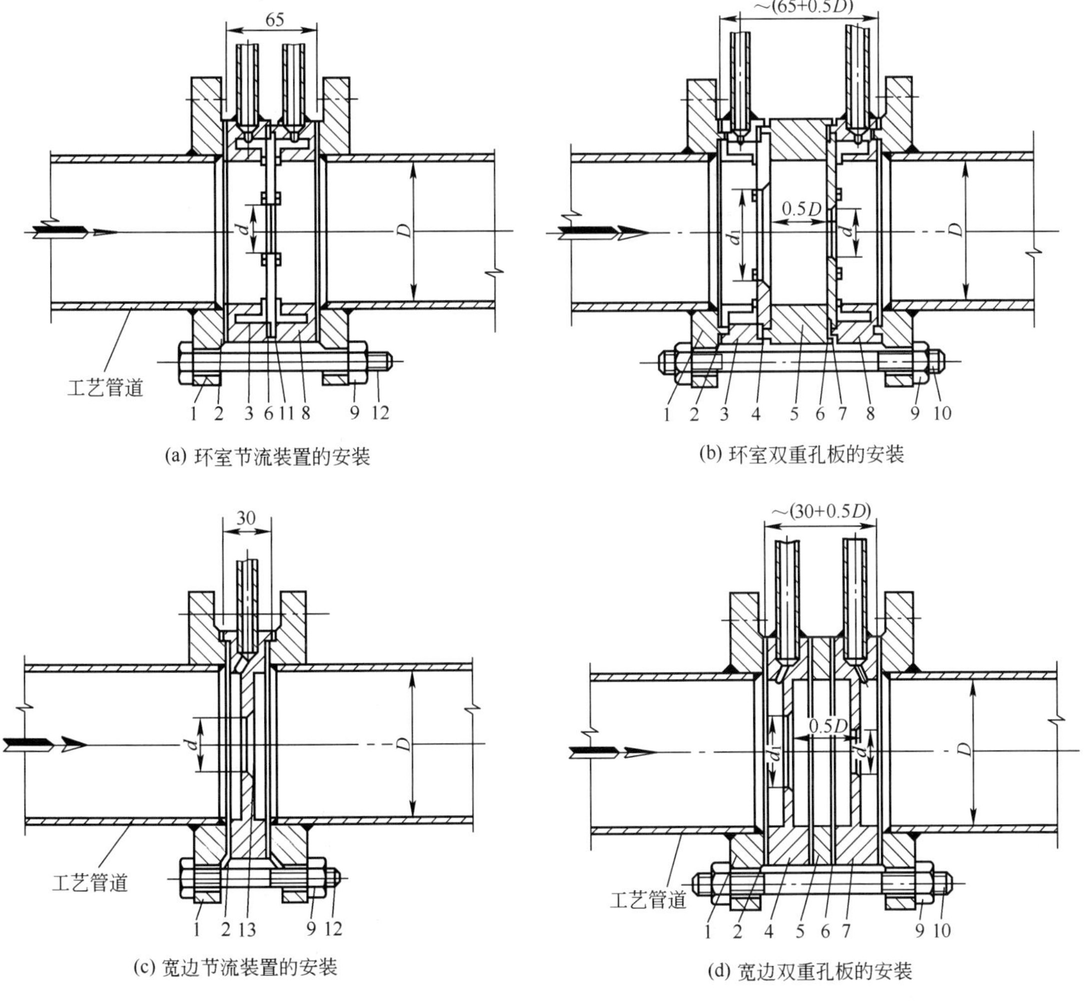

图 5-4-31　带平面（槽面、凹面）密封面的节流装置在钢管上的安装图

1—法兰；2—垫片；3—正环室；4—前孔板；5—中间环；6—垫片；7—后孔板；8—负环室；9—螺母；10—双头螺栓；11—环室节流装置；12—螺栓；13—宽边节流装置

注：焊接采用 45°角焊，焊缝应打光无毛刺。

3.6.3　节流装置的取压方式

常见的节流装置取压方式有三种，即环室取压、法兰取压和角接取压。

(1) 环室取压　环室取压是应用较多的一种节流装置取压形式，适用于公称压力 0.6～6.4MPa，公称直径 50～400mm 的场合。它能与孔板、喷嘴和文丘里配合，也能与平面、榫面和凸面法兰配套使用。环室分为平面环室、槽面环室和凹面环室三类。

（2）法兰取压　就是在法兰边上取压。其取压孔中心线至孔板面的距离为 25.4mm（1″）。它较环室取压有加工简单，且金属材料消耗小，容易安装，容易清理脏物，不易堵塞等优点。

根据法兰取压的要求和现行标准法兰的厚度、现场备料以及加工条件，可采用直式钻孔型和斜式钻孔型两种形式。

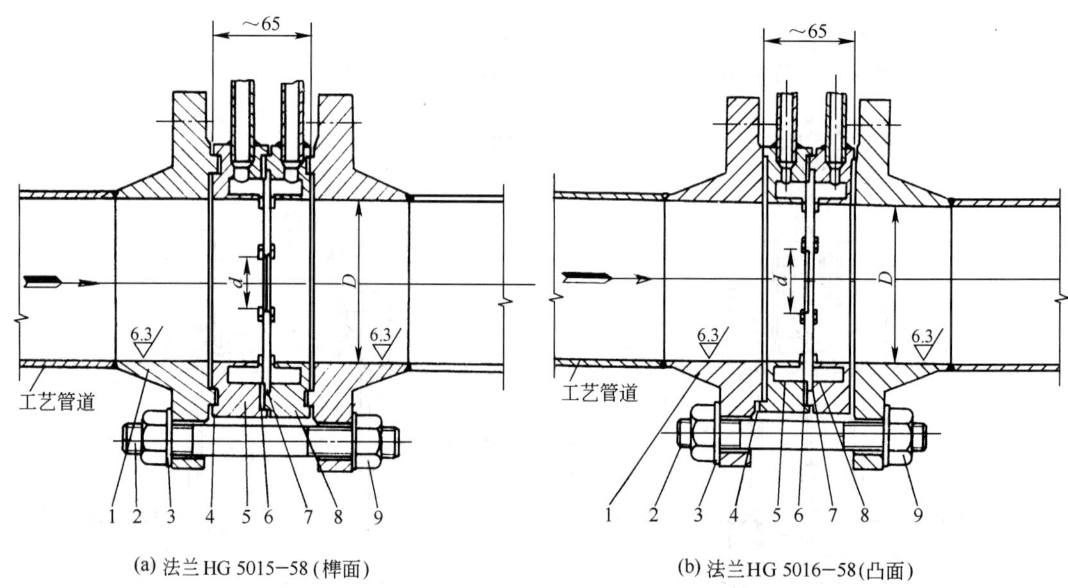

图 5-4-32　带槽面（凹面）环室（或宽边）的孔板、喷嘴、1/4 圆喷嘴在钢管上的安装图

1—对焊法兰；2—光双头螺栓；3—光垫圈；4—垫片；5—正环室；6—垫片；7—节流装置；8—负环室；9—光六角螺母

注：1. 法兰内孔在安装前应扩孔至管道计算直径 D；2. 法兰与工艺管道焊接处的内侧应打光磨平。

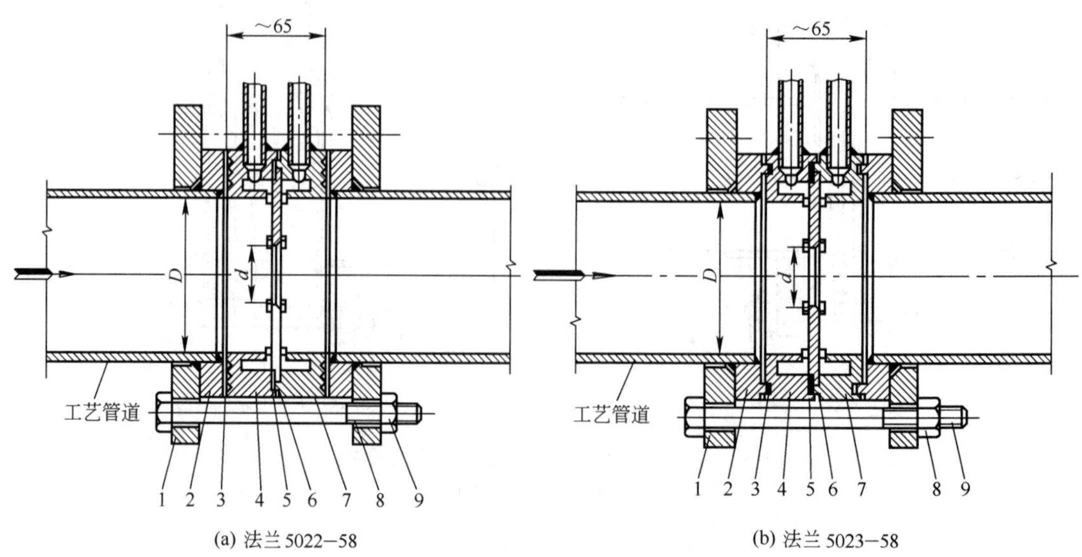

图 5-4-33　带平面（槽面）密封面的节流装置在不锈钢管上的安装图

1—法兰；2—焊环；3—垫片；4—正环室；5—垫片；6—节流装置；7—负环室；8—螺栓；9—螺母

注：焊接采用 45°角焊，焊缝应打光，无毛刺。

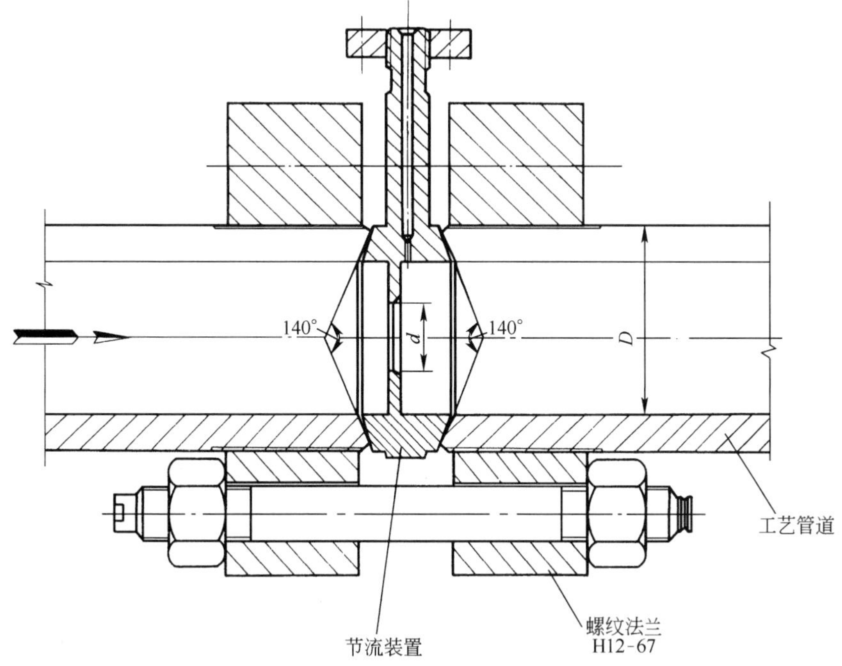

图 5-4-34　孔板、喷嘴在钢管上的安装图

注：1. 节流装置包括：标准孔板 $PN=320$，$DN=15\sim150$；标准喷嘴 $PN=320$，$DN=15\sim150$；

2. 节流装置和工艺管道的偏心度不得超过 $0.015D\ (D/d-1)$ 和 $0.0075D$。

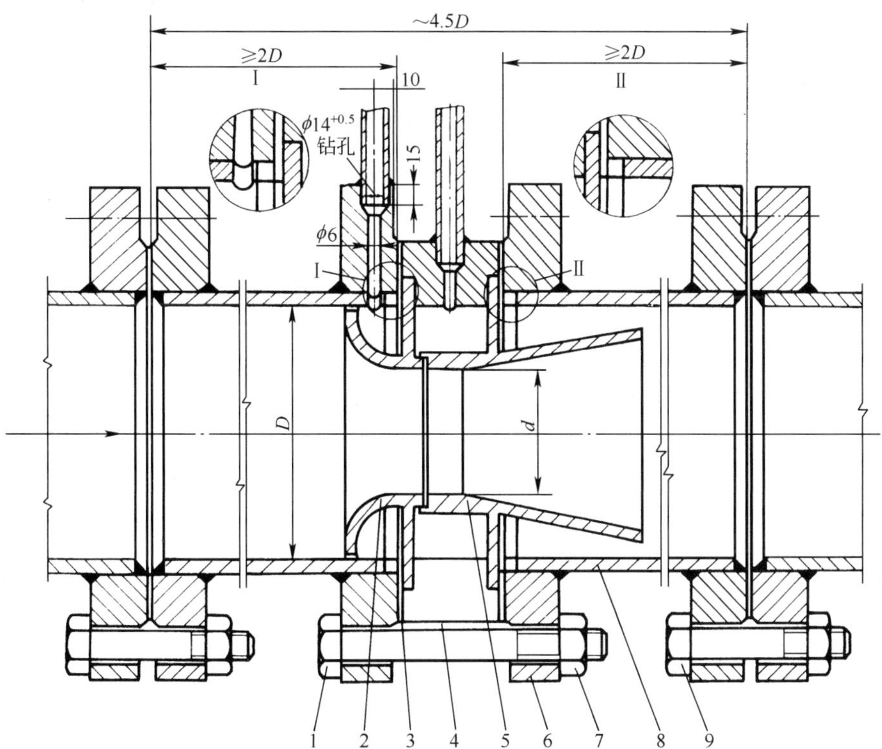

图 5-4-35　短式文丘里喷嘴在钢管上的安装图

1—螺栓；2—喷管；3—垫片；4—衬环；5—扩散管；6—平焊法兰；7—螺母；8—接管；9—螺栓

注：1. 法兰焊缝应打光，无毛刺；

2. 在法兰上钻孔时应在法兰与管子焊好后进行，钻孔位置应与螺栓孔错开；

3. 接管内径 D 只能有正公差。

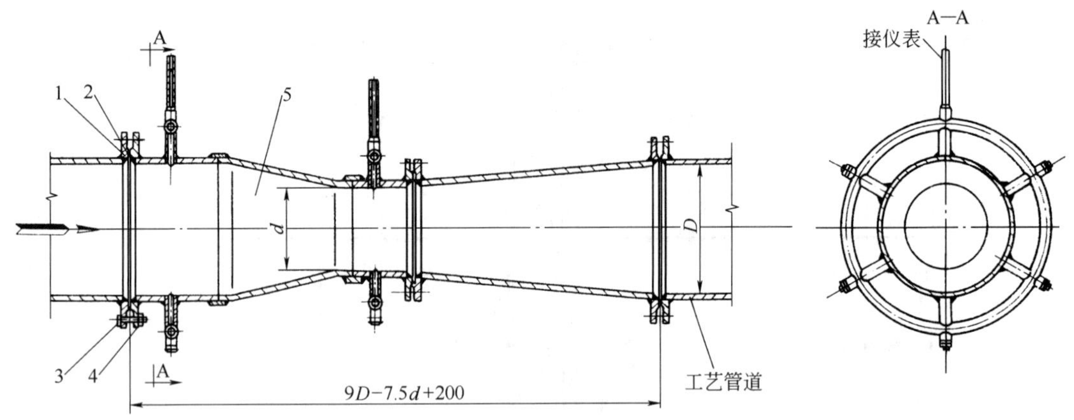

图 5-4-36 长式文丘里管在钢管上的安装图

1—平焊法兰；2—垫片；3—螺栓；4—螺母；5—长式文丘里管

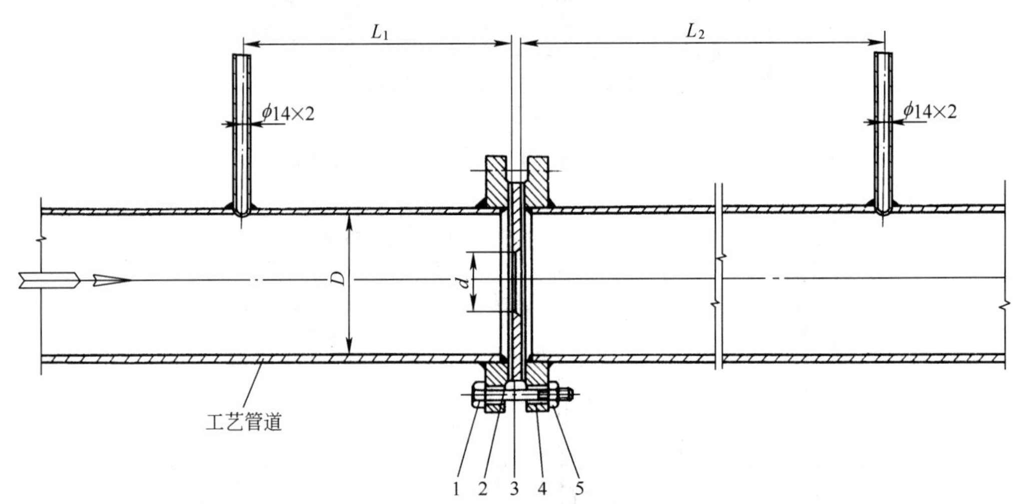

图 5-4-37 管接取压和径距取压的孔板在钢管上的安装图

1—螺栓；2—垫片；3—标准孔板；4—平焊法兰；5—螺母

注：1. 法兰焊接采用45°角焊，焊缝应打光，无毛刺。

2. 当采用管接取压时，$L_1=2.5D$，$L_2=8D$。

3. 当采用径距取压时，$L_1=D$，$L_2=0.5D$。

① 直式钻孔型　当标准法兰的厚度大于 36mm 时，可利用标准法兰进一步加工即可。如果标准法兰的厚度小于 36mm，则需用大于 36mm 的毛坯加工。取压孔打在法兰盘的边沿上与法兰中心线垂直。

② 斜式钻孔型　当采用对焊钢法兰且法兰厚度小于 36mm 时，取压孔以一定斜度打在法兰颈的斜面上即可。

不同公称压力与公称直径的孔板钻孔如表 5-4-2 所示。

表 5-4-2　不同压力、直径的孔板钻孔

公称直径 DN/mm \ 钻孔形式 / 公称压力/MPa	直式		斜式
	标准法兰	加厚的法兰毛坯	标准法兰
0.6	1000	700～900	
1.6	400～600	250～350	
4.0	175～500		50～150
6.4	125～400		50～100

法兰钻孔取压节流装置安装见图 5-4-38 和图 5-4-39。

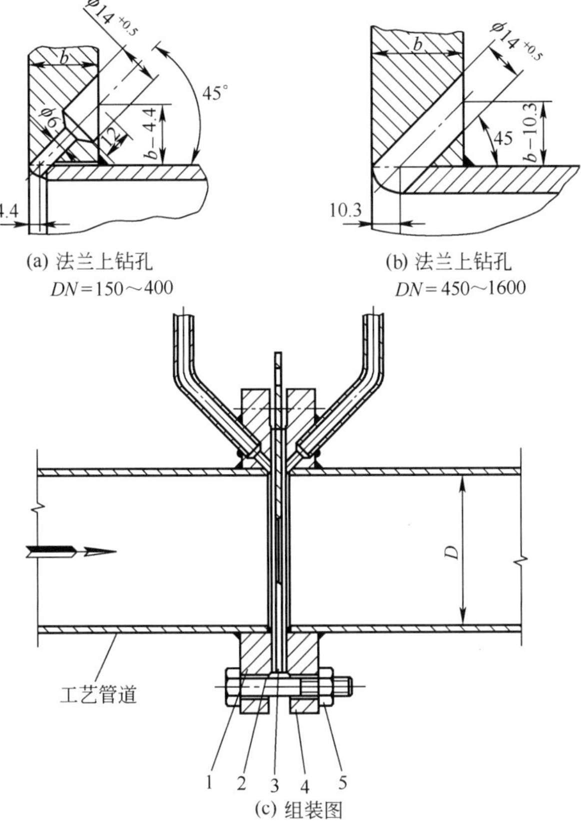

图 5-4-38　法兰上钻孔取压的孔板、喷嘴在钢管上的安装图

1—螺栓；2—垫片；3—节流装置；4—法兰；5—螺母

注：1. 节流装置包括带柄孔板、银边孔板、带柄喷嘴、整体圆缺孔板和银边圆缺孔板。

2. 焊接采用 45°角焊，焊缝应打光，无毛刺。

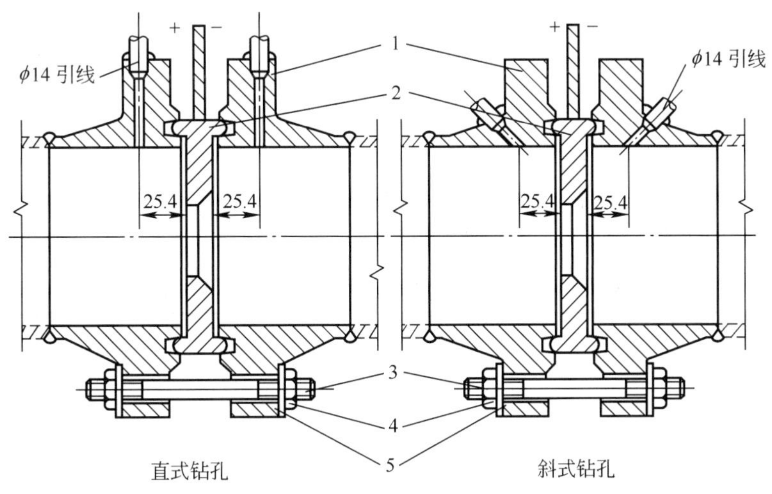

图 5-4-39　锐孔板安装图

1—对焊钢法兰；2—锐孔板；3—双头螺栓；4—螺母；5—垫圈

注：1. 安装时应保证法兰端面对管道轴线的不垂直度不得大于 1°。

2. 法兰与管道对焊后应进行处理，使内壁焊缝处光滑，无焊疤及焊渣。

3. 安装时注意锐孔板和法兰的配套，锐孔板的安装正负方向及引压口的方位均应符合设计要求。

4. 锐孔板的安装应在管线吹扫后进行。

法兰钻孔取压的注意事项如下。

(1) 法兰内径　为了不影响流量测量精度，法兰内径应与所在管道内径相同。当采用标准法兰加工时，会遇到两种情况：一是当标准法兰内径小于锐孔板所在管道的管子内径时，需将标准法兰内径扩孔，使之与管内径相同；二是当标准法兰内径大于锐孔板所在管道的管子内径时，安装时需要更换一段长度为 20～30D，内径与法兰内径相同的管道。

(2) 取压孔与法兰面距离 M 值的确定　按规定法兰取压法取压孔中心线至锐孔板面的距离为 25.4mm，其误差不超过$^{+1.0}_{-0}$mm。此外当锐孔板厚度大于 6mm 时，锐孔板上游面至低压取压孔中心线的距离不应超过 31.5mm，因此：

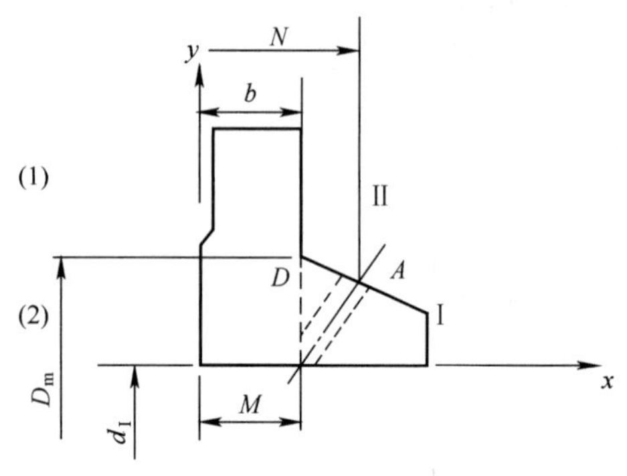

图 5-4-40　求补钻孔点 N

① 当锐孔板厚度 $\delta \leqslant 6$mm 时，M 值主要根据垫片厚度确定；

② 当锐孔板厚度 $\delta > 6$mm 时，为了满足锐孔板上游面到下游取压孔的距离不大于 31.5mm，应将锐孔板下游面的夹持边缘车去一部分，以符合要求。

(3) 斜式钻孔定点方法　当外钻孔时，斜式钻孔关键在于 β 角的确定（倾斜角度）。钻点的确定原则首先是保证 M 值，以满足 1″取压对取压点距离的要求。在此前提下争取 β 角尽可能大一些，以便利钻孔加工。具体步骤如下：

先用图解法解出合理的 β 角。

定坐标 x、y，见图 5-4-40。

直线Ⅰ的方程：

$$y-\frac{1}{2}(D_m-d_1)=-k(x-b)$$

直线Ⅱ的方程：

$$y=(x-M)\tan\beta$$

式中 K 为直线Ⅰ的斜率，由采用的标准法兰查出。

直线Ⅰ、Ⅱ的交点 A 的横坐标 N 即为钻孔点。解方程组，即得：

$$x=\frac{\frac{1}{2}(D_m-d_1)+M\tan\beta+Kb}{\tan\beta+K}$$

即：

$$N=\frac{\frac{1}{2}(D_m-d_1)+M\tan\beta+Kb}{\tan\beta+K}$$

找出 N，依据 β 角，向内钻孔即可。

当内钻孔时，按 M 值在法兰内壁定点往外钻孔，然后再从外边扩孔即可。此时 β 角不作严格要求。

有关法兰、螺栓、垫片材料的选用见表5-4-3和表 5-4-4。

表 5-4-3　平焊法兰螺栓、螺母垫片材料选用表

介　质	公称压力 /MPa	操作温度 /℃	平焊法兰 (钢号)	双头螺栓 (钢号)	螺母 (钢号)	非金属垫片
油　品 液化液 溶　剂 氢　气 催化剂	0.25 0.6 1.6	≤200	A_3	A_{10}	A_3	耐油橡胶石棉垫
蒸　汽	1.6	≤250	A_3	A_{10}	A_3	中压橡胶石棉垫

续表

介　质	公称压力/MPa	操作温度/℃	平焊法兰（钢号）	双头螺栓（钢号）	螺母（钢号）	非金属垫片
水、盐水 碱液	1.6	≤60	A_3	A_{10}	A_3	橡胶垫
		≤150				中压橡胶石棉垫
压缩空气 空　气 惰性气体	≤1.6	≤200	A_3	A_{10}	A_3	中压橡胶石棉垫
硫酸 （浓度＞76％）	≤1.6	≤35	A_3	A_{10}	A_3	中压橡胶石棉垫

表 5-4-4　对焊法兰、螺栓、螺母、垫片材料选用表

介　　质	公称压力/MPa	操作温度/℃	对焊法兰（钢号）	双头螺栓（钢号）	螺　母（钢号）	缠绕式垫片
油品 溶剂、油气 催化剂 液化气 水、盐水	4	≤350	20	35	25	15 号钢带-石棉带 0Cr13 带-石棉带
		351～450	20	30CrMoA 或 35CrMoA	35	
		451～550	Cr5Mo	25Cr2MoVA	30CrMoA 或 35CrMoA	
	6.4	≤350	20	35	25	
		351～450	20	30CrMoA 或 35CrMoA	35	
		451～550	Cr5Mo	25Cr2MoVA	30CrMoA 或 35CrMoA	
氢气 氢气＋油气 爆炸性气体	4	≤200	20	35	25	15 号钢带-石棉带
		201～350	Cr5Mo	30CrMoA 或 35CrMoA	35	
		351～450	Cr5Mo	25Cr2MoVA	30CrMoA 或 35CrMoA	0Cr13-石棉带
		451～510	Cr5Mo	25Cr2MoVA	30CrMoA 或 35CrMoA	
	6.4	≤200	20	35	25	
		201～350	Cr5Mo	30CrMoA 或 35CrMoA	35	
		351～450	Cr5Mo	30CrMoA 或 35CrMoA	35	
		451～510	Cr5Mo	25Cr2MoVA	30CrMoA 或 35CrMoA	
蒸汽、氨、空气碱液	4	≤350	20	35	25	15 号钢带-石棉带
		351～450	20	30CrMoA 或 35CrMoA	35	
硫酸（浓度＞76％）	4	≤35	20	35	25	0Cr13 带-石棉带

3.7　差压计的安装

差压变送器及其他差压仪表，如常用来作现场指示、记录和累积的双波纹管差压计，其仪表本身的安装不复杂，且与压力变送器的安装相同，但它的导压管敷设比较复杂，为使差压能正确测量，尽可能缩小误差，配管必须正确。

测量气体、液体流量的管路在节流装置近旁连接分差压计，差压计相对节流装置的位置的高低有三种情况。测量蒸汽流量的管路连接分差压计，该分差压计的安装位置可有低于和高于节流装置两种情况。还有许多管路连接法，如隔离法、吹气法、测量高压气体的管路连接等。

小流量时，也可采用 U 管指示。差压指示要表示流量的大小时，要注意差压是与对应的流量的平方成正比关系。小流量用差压计来检测，会降低其精度。

常用流量测量管路连接图见图 5-4-41 至图 5-4-46。

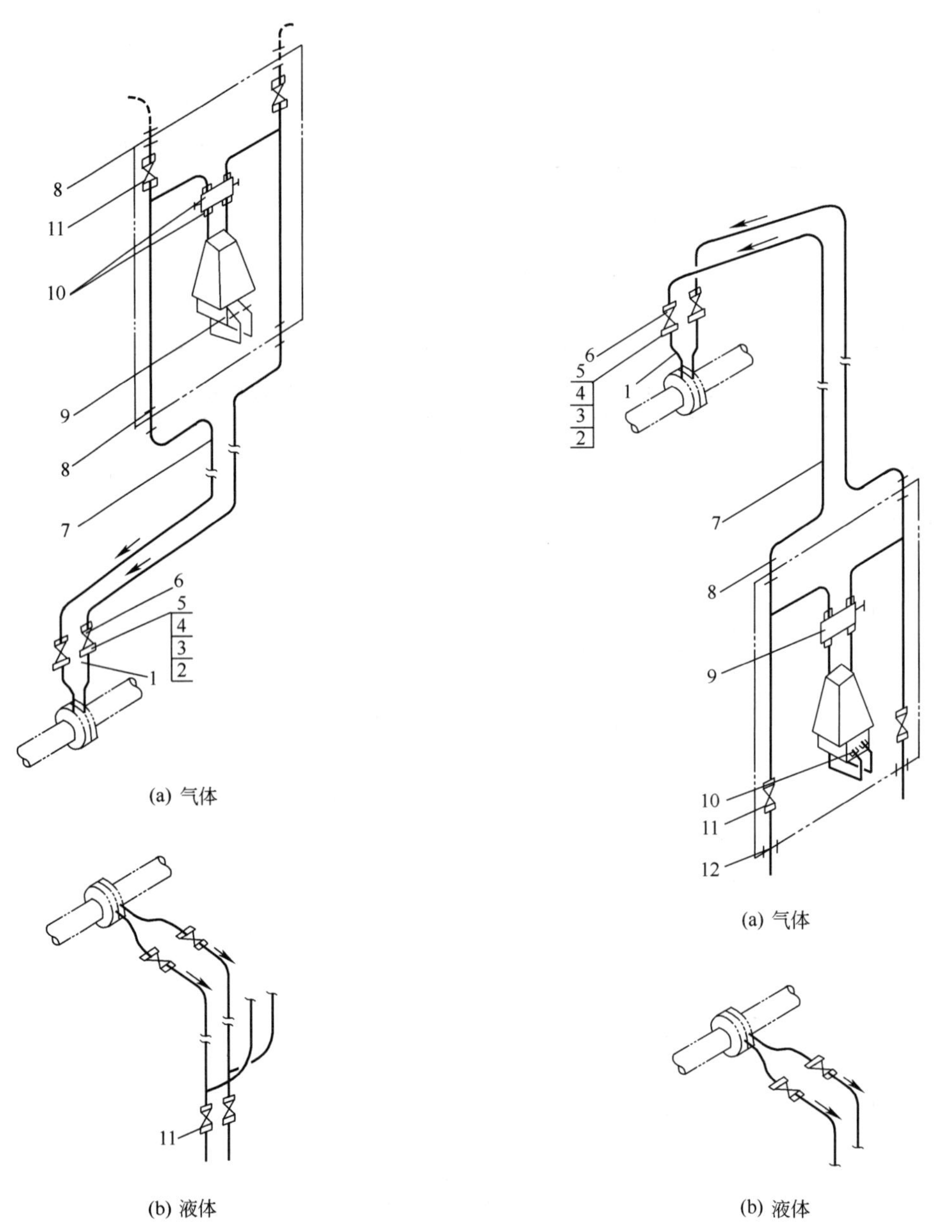

图 5-4-41　测量气体、液体流量管路连接图
（差压计高于节流装置）

1—无缝钢管；2—法兰；3—螺栓；4—螺母；5—垫片；6—取压球阀（*PN*25 时）或取压截止阀（*PN*64 时）；7—无缝钢管；8—直通穿板接头；9—直通终端接头；10—三阀组附接头；11—卡套式球阀（*PN*25 时）或卡套式截止阀（*PN*64 时）

注：图中虚线部分 8 和 11 均为(b)所采用，(a)不采用。

图 5-4-42　测量气体、液体流量管路连接图
（差压计低于节流装置）

1—无缝钢管；2—法兰；3—螺栓；4—螺母；5—垫片；6—取压球阀（*PN*25 时）或取压截止阀（*PN*64 时）；7—无缝钢管；8—直通穿板接头；9—三阀组附接头；10—直通终端接头；11—卡套式球阀（*PN*25 时）或卡套式截止阀（*PN*64 时）；12—填料函

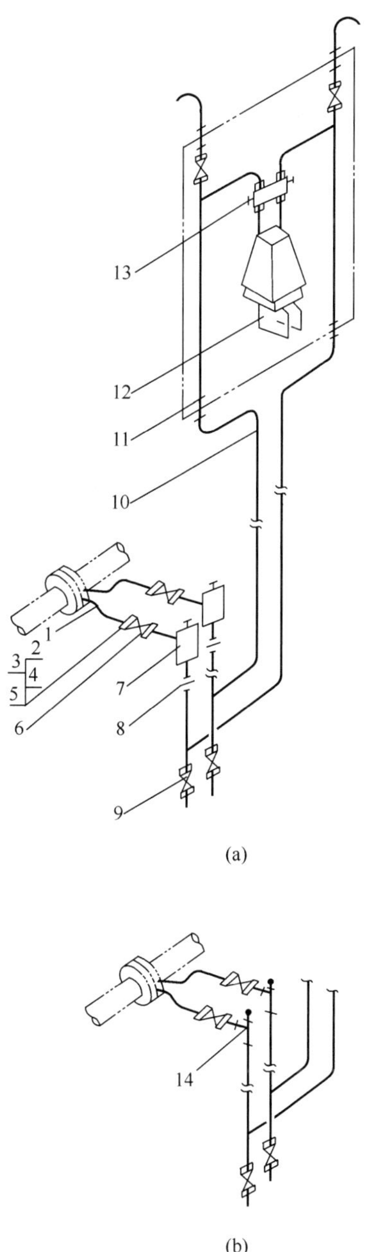

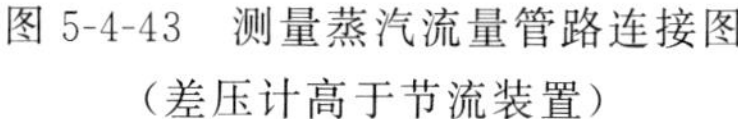

图 5-4-43　测量蒸汽流量管路连接图
（差压计高于节流装置）

1—无缝钢管；2—凸面法兰；3—螺栓；4—螺母；5—垫片；6—截止阀；7—冷凝容器；8—直通中间接头；9—卡套式截止阀；10—无缝钢管；11—直通穿板接头；12—直通终端接头；13—三阀组附接头；14—三通中间接头

注：1.（a）装有冷凝容器，适用于各种差压计测量蒸汽流量；（b）采用冷凝管，仅适用于 QDZ、DDZ 型力平衡式中、高、大差压变送器测量蒸汽流量。

2. 若特殊需要，也可将三阀组安装在变送器的下方。

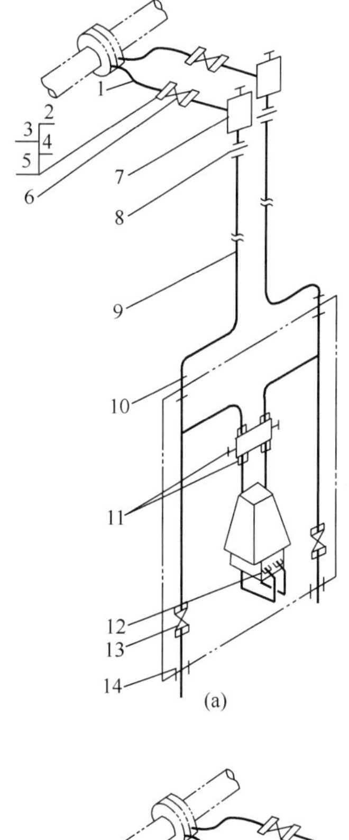

图 5-4-44　测量蒸汽流量管路连接图
（差压计低于节流装置）

1—无缝钢管；2—凸面法兰；3—螺栓；4—螺母；5—垫片；6—截止阀；7—冷凝容器；8—直通中间接头；9—无缝钢管；10—直通穿板接头；11—三阀组附接头；12—直通中间接头；13—卡套式截止阀；14—填料函；15—三通中间接头（带堵头）

注：（a）设有冷凝容器，它适用于各种差压计测量蒸汽流量。

（b）采用冷凝管，仅适用于 QDZ、DDZ 型力平衡式中、高、大差压变送器测量蒸汽流量。

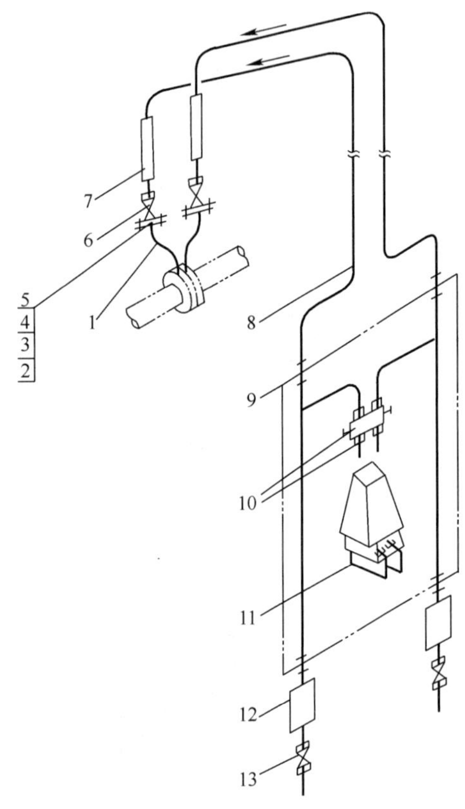

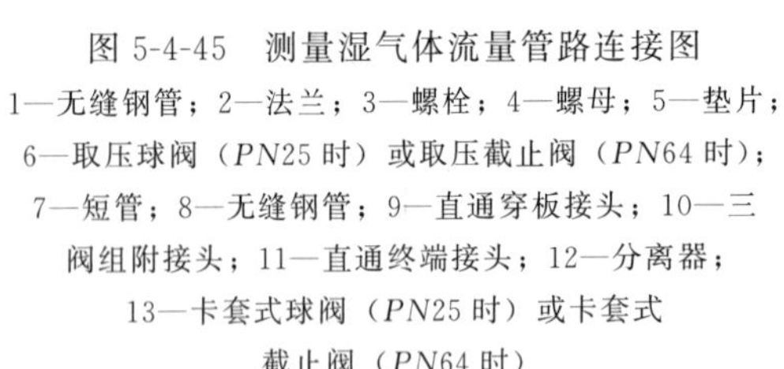

图 5-4-45　测量湿气体流量管路连接图

1—无缝钢管；2—法兰；3—螺栓；4—螺母；5—垫片；6—取压球阀（PN25 时）或取压截止阀（PN64 时）；7—短管；8—无缝钢管；9—直通穿板接头；10—三阀组附接头；11—直通终端接头；12—分离器；13—卡套式球阀（PN25 时）或卡套式截止阀（PN64 时）

注：1. 本图适用于气体相对湿度较大的场合。

2. 若差压计高于节流装置，则从节流装置引出的导压管可由保温箱的下方引至三阀组及差压计，并取消 12、13 设备及减少 2 个直通穿板接头。

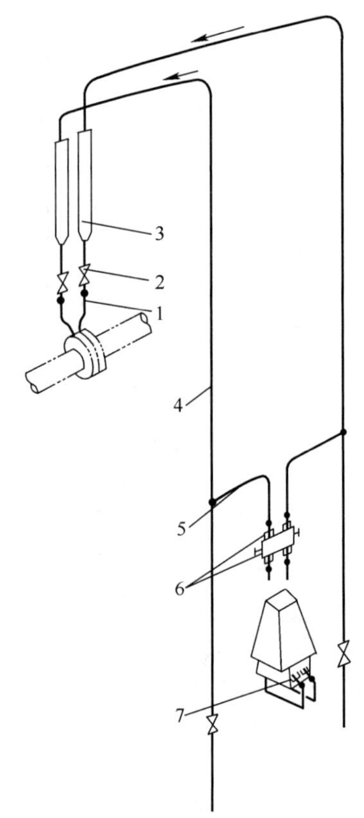

图 5-4-46　测量粉尘气体流量管路连接图

1—无缝钢管；2—内螺纹填料旋塞；3—短管；4—水煤气管；5—无缝钢管；6—三阀组附接头；7—直通终端接头

4　物位仪表安装

常用的液位测量仪表有浮球式液面计、浮筒式液面计、电容式液面计、电阻式液面计、电极式液面计、法兰式差压液面变送器、差压式液面测量、冲液法液面测量、吹气法液面测量、放射性液面计及玻璃板、玻璃管液面计等。

4.1　玻璃板液面计安装

玻璃板液面计安装较为简单，安装法兰都在工艺设备上。安装前要认真检查法兰是否相匹配，垫片是否能满足要求，螺栓型号、规格是否相符。要求螺栓露出螺帽 2～3 扣，平螺母或超出太长都不合适，要调换螺栓。

玻璃板液面计的截止阀（切断阀）要求试压与研磨，以便正式启用后免去跑、冒、滴、漏的麻烦。

4.2　浮球式液位计安装

浮球式液位计安装也较简单，在预定位置装上浮球后，注意应保证浮球活动自如。介质对浮球不能有腐蚀，它常用于在公称压力小于 1MPa 的容器内的液位测量，安装的要求也不高。

4.3 浮标式液位计安装

在大罐上常用，它适用于精度不高，只是要求直观的场合。

4.4 浮筒液面计安装

浮筒液面计分为内外浮筒，安装重点是垂直度。内装在浮筒内的浮杆必须自由上下，不能有卡涩现象，垂直度保证不了，就要影响测量精度。浮筒气动调节器是基地式仪表，浮筒作为发送部分。需要注意的是发送部分没有可调部件，若发现零位、量程、非线性等问题，只能改变凸轮与凸轮板的接触位置，而这种改变通常要请制造厂到现场服务予以解决，超出了安装的范畴。安装时除保证其垂直度（通常为±1mm）外，还要注重法兰、螺栓、垫片、切断阀的选择与配合。切断阀还须试压合格。

4.5 放射性液位计安装

放射性液位计是尿素生产中常采用的一种液位计。一般采用的放射源是钴（Co），有时也采用铱（Ir）。

放射性液位计要有专业队伍安装。安装程序如下。

4.5.1 设备开箱、检验

通常专业队伍由施工单位转包，厂方推荐。因此放射性液位计安装直接关系到甲方（建设单位）、乙方（施工单位）和丙方（放射性专业安装单位）。

(1) 开箱检查　开箱检查时，甲、乙、丙三方都要到场，一起开箱，一起检点货物并查清备件数量，要确认仪表及其备品的完整性和齐全性，要登记造册，三方各持一份。

(2) 安装前仪表性能检验　此项工作以丙方为主，在调整间进行。通常检验项目有：

① 仪表成套性　分离出安装件和备用件，初步检查各部件的机械结构、电气性能，组成成套仪表；

② 仪表出厂时设定值检查；

③ 仪表的射线性能　主要检查控制和测试性能、保证其正确接线和送电并定性定量观测仪表射线探测性能；

④ 放射源的放射性及防护开关操作性能检查；

⑤ 重要机件的尺寸检查（核对图纸）；

⑥ 源井检查。

(3) 检查结论　做出仪表可否安装或需退换、索赔等结论和处理意见。

4.5.2 安装

以丙方为主，乙方配合。有两项主要工作：

① 仪表测量装置几何布置图的提出；

② 放射源和探头安装点上、下操作空间及安装、维修人员上下梯道、工作的吊装结构等图纸的提出。

以上工作需乙方协助施工，丙方现场指导，提出具体要求并进行检查和验收。

(1) 探测变送器安装

①机械安装；②电源选择及安装。

(2) 通电检验

①接线，并检查确信无误；②通电；③检查工作情况；④放射本底测量（现场放射强度测量）；⑤ 封盖。

(3) 放射源安装

该项工作要在其他一切工作都就位时才能进行。这些工作有以下几项：

① 运输源罐及（放射）源罐车的制作；

② 必要的核防护用品和射残个人剂量仪的购置；

③ 为避免设备维修时射线可能造成的损伤和引起的心里恐惧，建议建立一个专门的放射源固定源库；

④ 乙方配合其他安装工作的进行，如吊装源罐，清除源罐安装运输途中的障碍。

(4) 源的开关比测定

(5) 现场辐射场测定

4.5.3 仪表设置

①量程设置；②测量单位设置；③小数点位设置；④时间常数设置；⑤报警设置；⑥模拟输出设置和校准。

4.5.4 标定

用清水来标定。按一般液位计的校验方法和步骤进行。

①零点标定；②满刻度标定；③线性曲线测定（做 11 点）；④线性曲线制备；⑤结点设备；⑥校验；⑦投运前运行 48h；⑧投付使用。

4.5.5 验收

甲、乙、丙三方代表共同验收。

①甲、乙、丙三方各派 1～2 名代表，就仪表投用效果作评价并做出结论；②移交安装、测试图纸记录；③甲方验收、交接。

4.6 光导电子液位计安装

光导电子液位计是近几年才投入使用的一种新型液位计。

光导电子液位计是根据力平衡原理和光导电子新技术研制而成的新型液位仪表，此仪表的特点是电路转换全部采用无触头（点）形式，一次仪表无齿轮传动，因而结构简单，直观，可靠，精度高而且安全，既能现场指示，又能遥测、遥控，安装、操作、使用、维修方便，防爆级别高，可用于一切防爆场所。

光导电子液位计的安装没有特别的地方。

4.7 差压法测量液面

这是目前使用最多的一种液面测量法。用普通差压变送器可以测量容器内的液面，也可用专用的液面差压变送器测量容器液面，如单法兰液面（差压）变送器、双法兰液面（差压）变送器。其测量液面的原理完全一样，就是差压法。

用差压法测量液面又分常压容器（敞口容器）和压力容器两种。

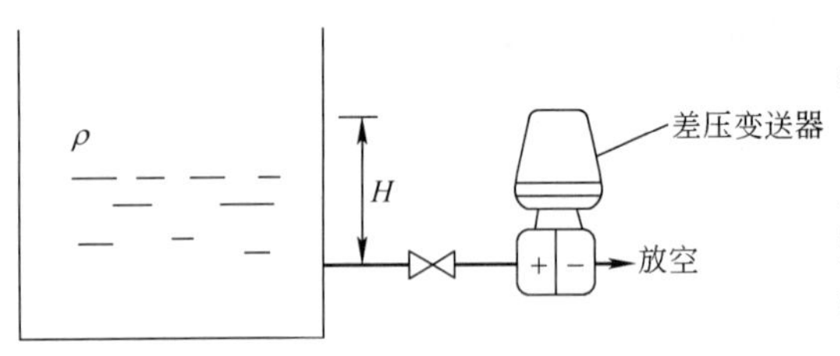

图 5-4-47 常压容器用差压法测量液位

常压容器测液位是差压法测液位的基本情况，如图 5-4-47 所示。

常压容器预留上、下两个孔，是为测液位准备的。上孔可以不接任何加工件，也可以配一个法兰盘，中心开个小孔，通大气。下孔接差压变送器的正压室。差压变送器的负压室放空。

安装要注意的问题是下孔（一般是预留法兰）要配一个法兰，法兰接管装一个截止阀，阀后配管直接接差压变送器的正压室即可。

若测有压容器，只要把上孔与负压室相连，见图5-4-48。这种安装也很简单，按照设计要求，配上两对法兰（包括垫片和螺栓），配上满足压力与介质测量要求的两个截止阀及配管，上孔接负压室，下孔接正压室即可。

以上两种是差压法测液面的基本形式。测量条件变化，安装略有变化。

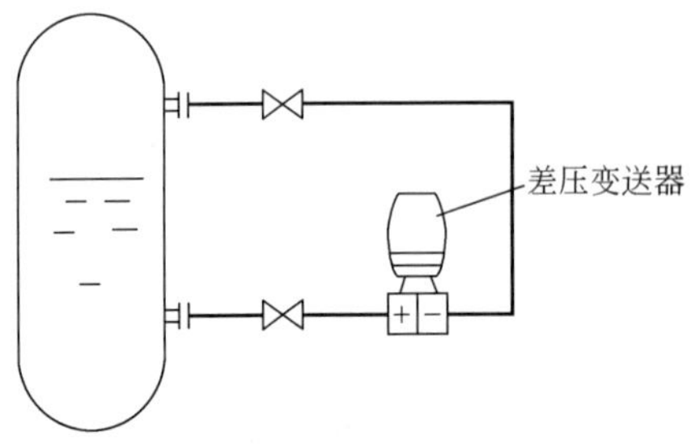

图 5-4-48 有压容器的液面测量（用差压法）

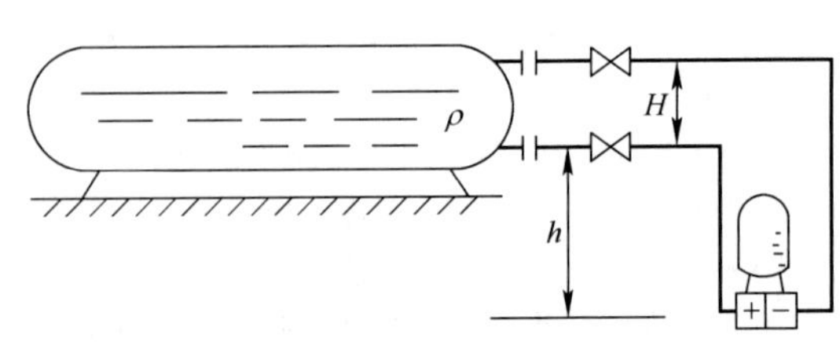

图 5-4-49 差压变送器安装在压力容器下面

由于安装条件的限制，在很多情况下，差压变送器安装在容器的下面，如图 5-4-49 所示。由于没有安装位置，差压变送器只能安装在容器的下面，其正压室要多承受 ρh 的压力。若不把 ρh 的压力作合适的处理，就会使差压变送器的可变差压范围缩小，这样会使液面测量系统的精度下降。可行的办法是在负压室也加上 ρh 的压力，使它能平衡正压室的 ρh 压力，也就是把正压室的 ρh 压力迁移掉，这就是正迁移。方法很简单，安装完变送器后，迁移螺钉上调（在正压室加上 ρh 的压力，可用水来标定），使差压变送器的输出为 0。这种办法也适合于要求液面在较小范围内变化，而预留测量孔距离较大的情况。也可用正迁移迁移掉一部分正压，使液位在较小范围内变化，其输出增大，从而提高整个系统的精度。

生产实际中常常需要测量产生蒸汽的锅炉或废热锅炉的液位。负压是气、液两相混合，为测量正确起见，加装冷凝罐，如图 5-4-50 所示。

由图 5-4-49 可知，在正常情况下正压室所受的压力 $\rho h+p$ 要小于负压室所受的压力 $H\rho+p$，随着液面增高，$H-h$ 减小，正负压室的差也减小，差压计的输出同样也减小，这时，指示表的读数也减小。这与人们的习惯正好相反，但这可以用负迁移来消除。若液位为 0 时，正压室受压为 0，负压室受压为 $H\rho$。如果在负压室减去 $H\rho$ 的压力，也即在正压室加上 $H\rho$ 的压力，这时正、负压室受压平衡，其输出为 0。差压变送器附带了一组迁移弹簧。调整迁移弹簧，使液面为 0 时，其输出为“0”即可。输出为“0”的概念，对于气动差压变送器是 0.02MPa，对于 DDZ-Ⅱ变送器是 0mA，对于 DDZ-Ⅲ变送器是 4mA DC。

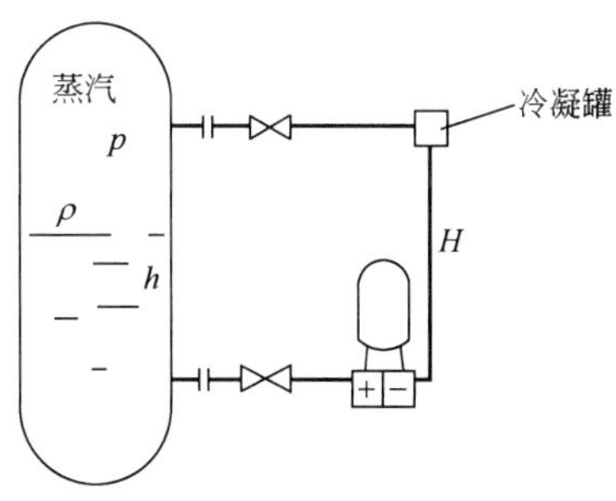

图 5-4-50　用差压法测废热锅炉液位

有无迁移，不改变其安装方式和安装难度，只是在安装结束二次联调时，多调一次迁移弹簧。

典型物位仪表安装见图 5-4-51 至图 5-4-54。

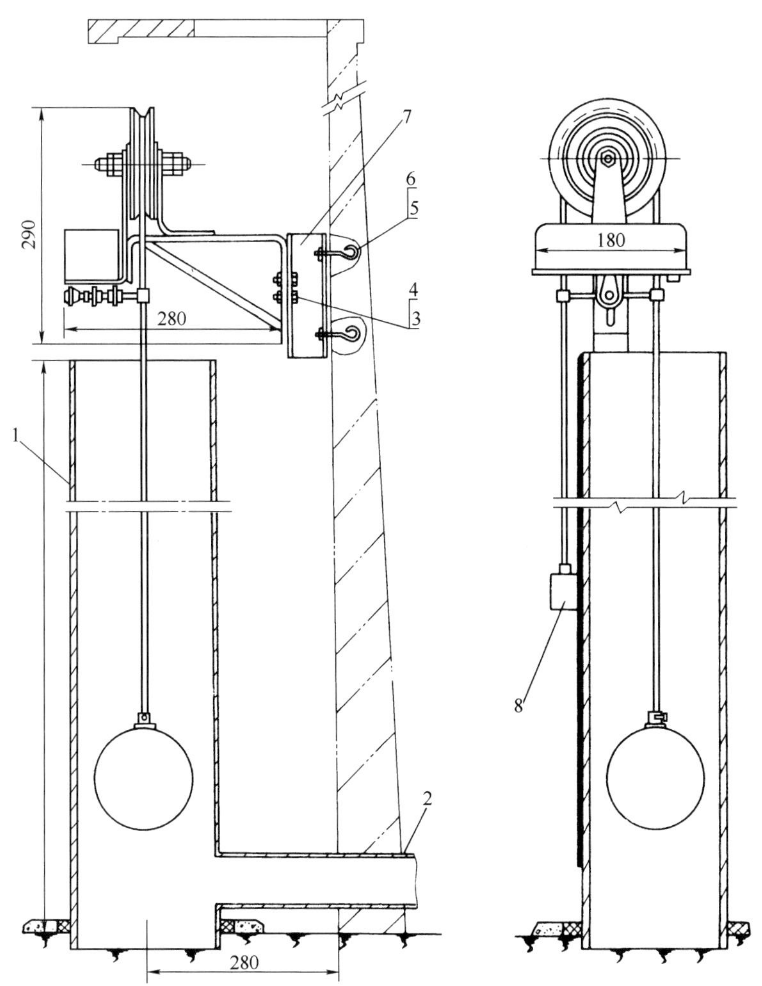

图 5-4-51　FQ-Ⅱ浮标液面计在设备上的安装图

1，2—无缝钢管；3—螺栓；4—螺母；5—地脚螺栓；6—螺母；7—槽钢；8—标尺

注：1. 连通管 1 距墙 280mm，应用时可视现场情况调整。

2. 连通管 2 不能高于室外池底 200mm。

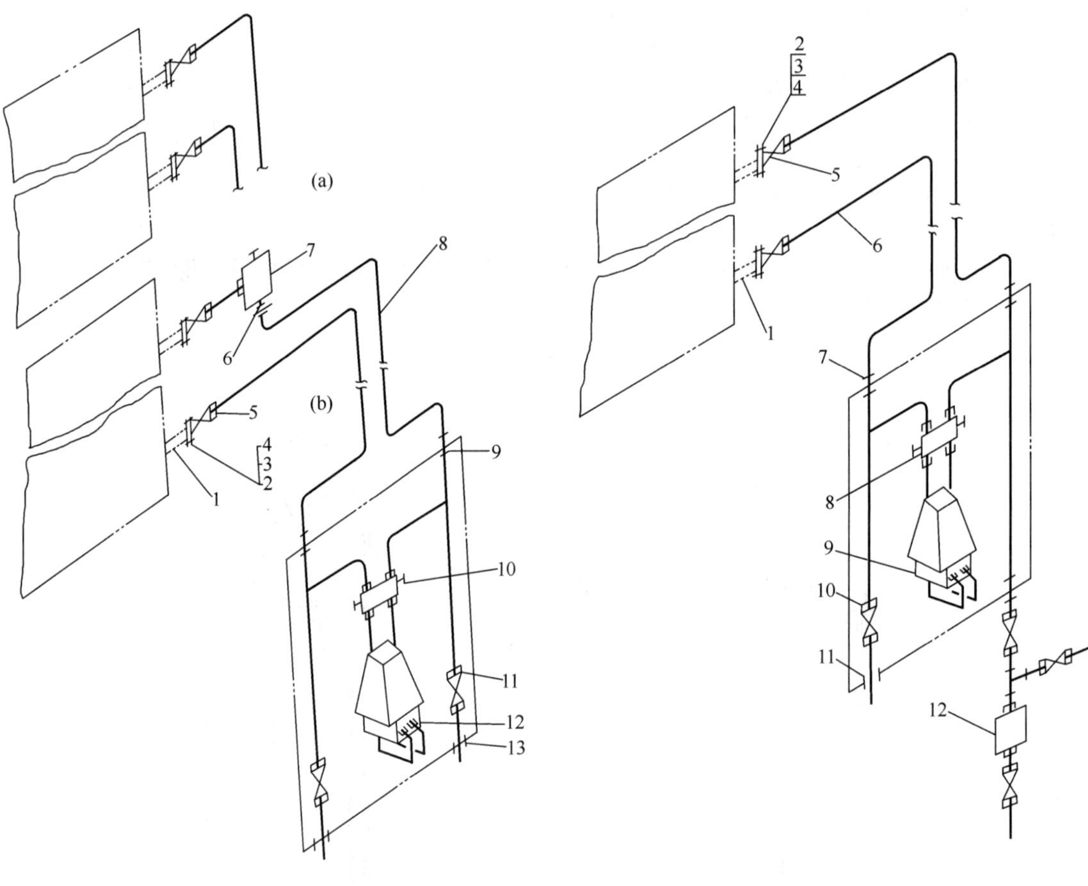

图 5-4-52　差压式测量有压设备液面管路连接图

1—法兰接管；2—螺栓；3—螺母；4—垫片；5—取压球阀（*PN*25 时）或取压截止阀（*PN*64 时）；6—直通中间接头；7—冷凝容器；8—无缝钢管；9—直通穿板接头；10—三阀组附接头；11—卡套式取压球阀（*PN*25 时）或卡套式取压截止阀（*PN*64 时）；12—直通终端接头；13—填料函

注：1. 适用于气相不冷凝和不需要隔离的情况。

2. 适用于气相易冷凝的情况，件号 7 冷凝容器也是平衡容器。

图 5-4-53　差压式测量有压或负压设备液面管路连接图

1—法兰接管；2—垫片；3—螺栓；4—螺母；5—取压球阀（*PN*25 时）或取压截止阀（*PN*64 时）；6—无缝钢管；7—直通穿板接头；8—三阀组附接头；9—直通终端接头；10—卡套式球阀（*PN*25 时）或卡套式截止阀（*PN*64 时）；11—填料函；12—分离器

注：1. 该方案适用于气相凝液不多，而又能够及时排除的情况。

2. 当测量负压时，需增加以虚线表示的三通和阀门。

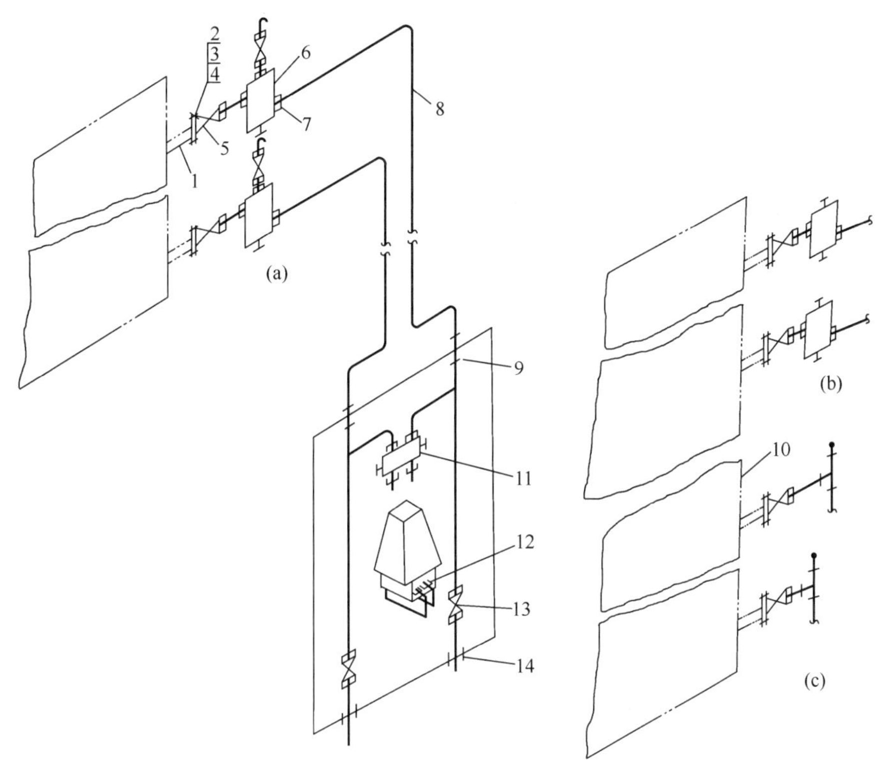

图 5-4-54 带隔离差压式测量有压设备液面管路连接图

1—法兰接管；2—垫片；3—螺栓；4—螺母；5—取压球阀（*PN*25 时）或取压截止阀（*PN*64 时）；6—隔离容器；7—直通终端接头；8—无缝钢管；9—直通穿板接头；10—三通中间接头；11—三阀组附接头；12—直通终端接头；13—卡套式球阀（*PN*25 时）或卡套式截止阀（*PN*64 时）；14—填料函

注：1. 图中包括隔离器和管内隔离两种方案，力平衡式差压变送器允许采用管内隔离的方案。

2. 当采用从隔离器顶部灌注隔离液以及不需要对管线进行吹扫时，应选用（b）。

3. 图中方案仅适用于隔离液密度较被测介质密度大的场合。

5 常用工业分析仪表安装

工业分析仪表在工业生产中检测或控制介质的化学组成、结构及某些物理特性的仪器仪表的总称。这里所说的工业分析仪表是指在线仪表，不包括安装在工业化验室的手工及自动分析仪表。

工业分析仪表多在检测环节，目前连在系统中参与调节的还属少数。

工业分析仪表品种繁多，功能各异，工作原理也不相同，但它们的基本组成却相同或相似，通常由六大部分组成：①取样装置（如果介质是负压，还须有抽吸装置）；②预处理系统；③检测系统（包括变换系统）；④测量及信号处理系统；⑤显示装置；⑥补偿装置及辅助装置。

安装时以这六大部分为重点。

工业分析仪表的安装主要在于它的取样与配管，图 5-4-55 至图 5-4-60 列出了常用的几种分析仪的配管图。注意，管路图按照分析仪种类，并根据操作压力、温度加以划分，虽然分析仪种类不同，但管路却是通用的。

分析取样的取源部件基本上可参照压力取源部件的要求，但它要求其安装位置应选在压力稳定、反应灵敏，反映真实成分，具有代表性的被分析介质的地方。

当被分析气体内含有固体或液体杂质时，取源部件的轴线与水平线之间的仰角要大于 15°。

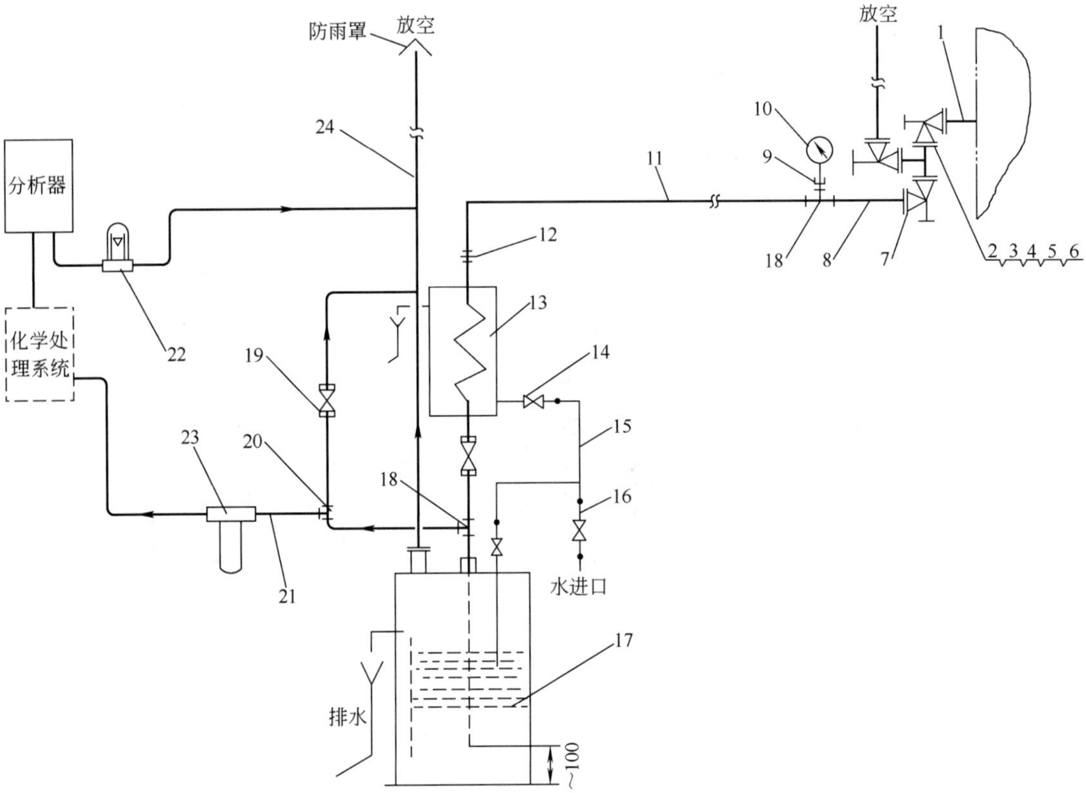

图 5-4-55 热导式红外线气体分析器管路连接系统图

1—高压引出口；2—透镜垫密封螺纹法兰；3—透镜垫；4—角式截止阀；5—双头螺栓；6—六角螺母；7—角式节流阀；8—钢管；9—压力表直通接头；10—压力表；11—钢管；12—直通中间接头；13—冷却罐；14—内螺纹截止阀；15—钢管；16—短节 A；17—水封；18—三通中间接头；19—卡套式截止阀；20—三通异径接头；21—钢管；22—转子流量计；23—检查过滤器；24—放空管

注：1. 化学处理系统由分析器配带，或现场组配，根据实际情况决定。

2. 17 水封、24 放空管是按通用形式考虑的，根据分析点数的多少选用相应的尺寸。

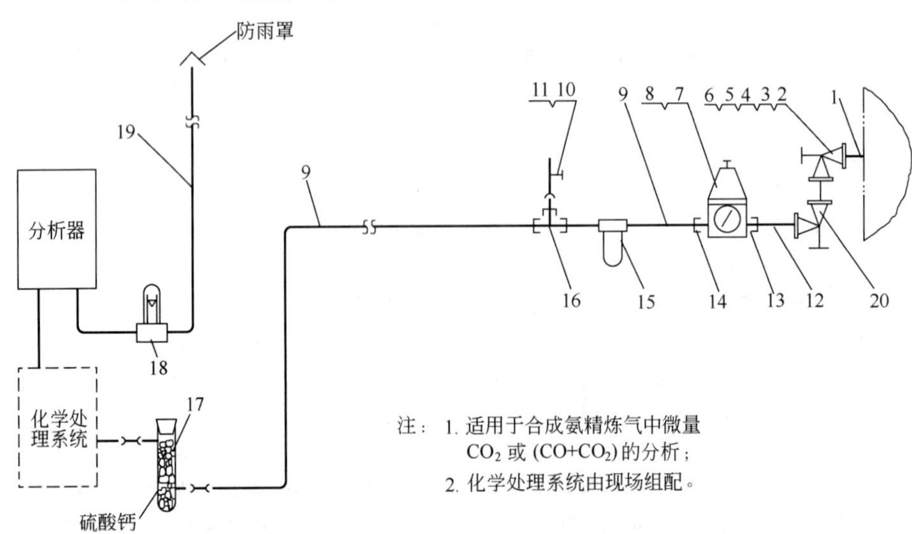
防雨罩
分析器
化学处理系统
硫酸钙
注：1. 适用于合成氨精炼气中微量
CO_2 或 $(CO+CO_2)$ 的分析；
2. 化学处理系统由现场组配。

图 5-4-56 CO、CO_2 红外线气体分析器管路连接系统图

1—高压引出口；2—透镜垫密封螺纹法兰；3—角式截止阀；4—透镜垫；5—双头螺栓；6—六角螺母；7—压力表；8—减压阀；9—钢管；10—橡胶管；11—胶管夹；12—钢管；13，14—直通终端接头；15—检查过滤器；16—等径三通接头；17—干燥瓶；18—转子流量计；19—放空管；20—角式节流阀

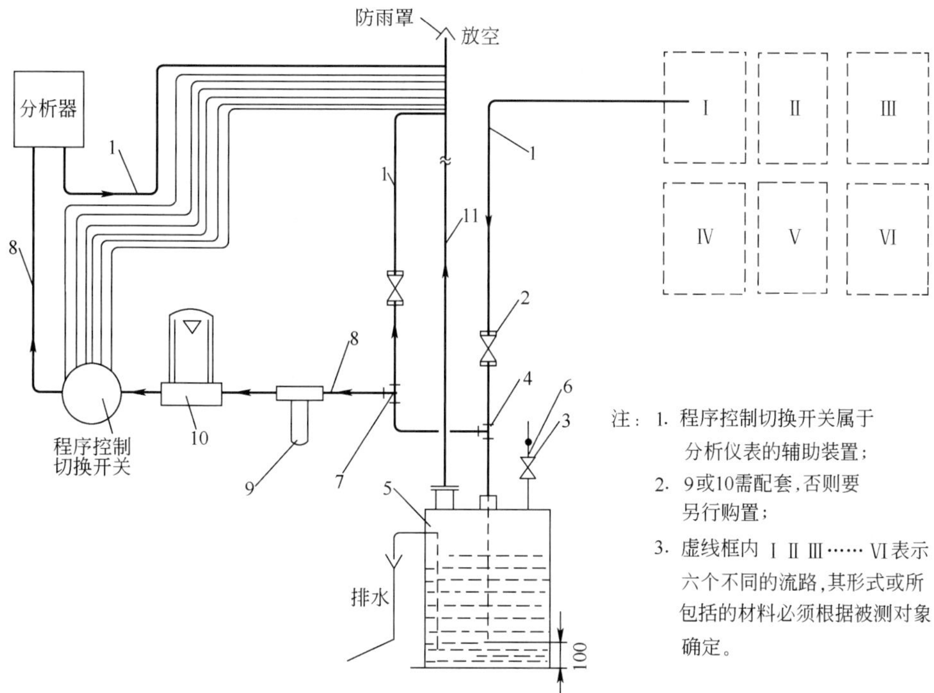

图 5-4-57　合成氨用工业色谱仪管路连接系统图

1—无缝钢管；2—卡套式截止阀；3—内螺纹截止阀；4—三通中间接头；5—水封；6—短节 A；7—直通异径接头；8—不锈钢管；9—检查过滤器；10—转子流量计；11—钢管

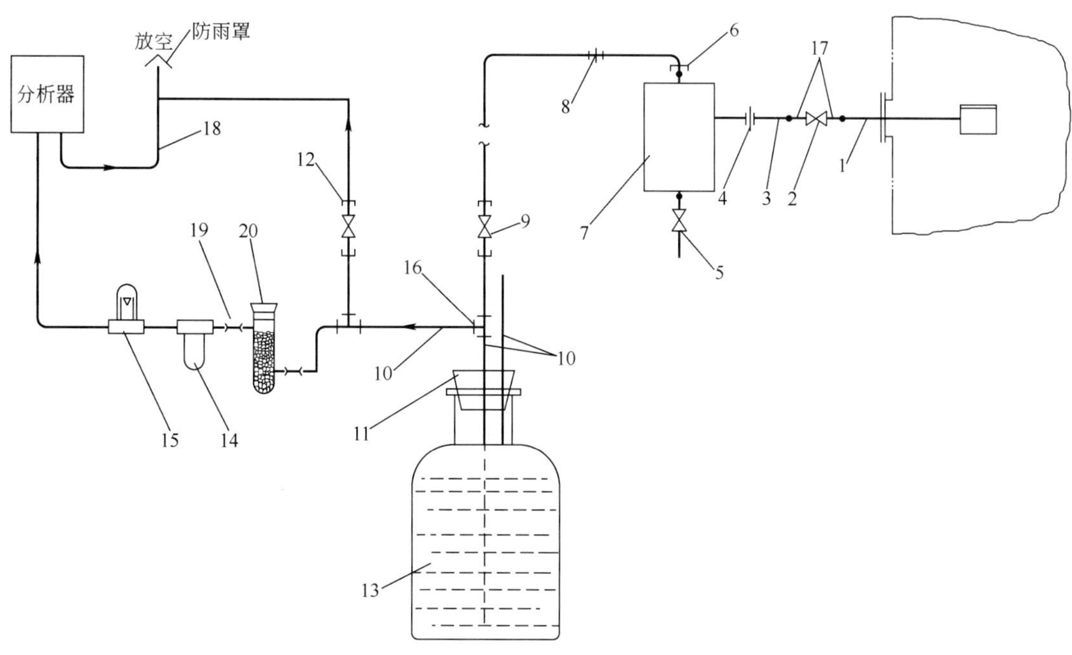

图 5-4-58　二氧化硫分析器管路连接系统图

1—碳化硅过滤器取源部件；2—内螺纹闸阀；3—碳钢管；4—活接头；5—内螺纹截止阀；6—终端焊接接头；7—除尘器；8—直通异径接头；9—球阀；10—塑料管；11—橡皮塞；12—直通终端接头；13—油封；14—过滤器；15—转子流量计；16—三通接头；17—短节 A；18—无缝钢管；19—橡胶管；20—干燥瓶

注：1. 14 和 15 需配套，否则另行购置。

2. 图中所示适用焙烧 2 段 $T \leqslant 300℃$ 的场合，若取样在 SO_2 鼓风机出口，$T \leqslant 60℃$ 时，则可不安装碳化硅过滤器。

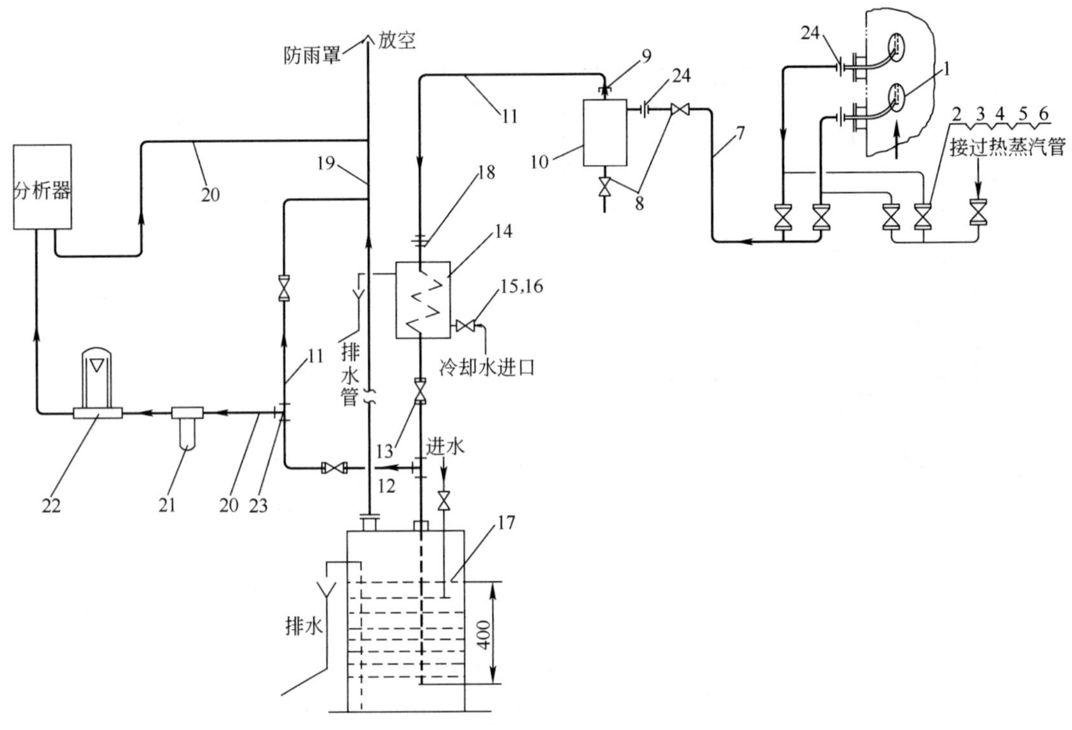

图 5-4-59　石油催化裂化烟道气氧气分析器管路连接系统图

1—流线形采样器；2—凸面法兰；3—螺母；4—螺栓；5—垫片；6—闸板阀；7—无缝钢管；8—内螺纹截止阀；9—终端焊接接头；10—除尘器；11—无缝钢管；12—三通中间接头；13—卡套式截止阀；14—冷却罐；15—内螺纹截止阀；16—短节 A；17—水封（两路）；18—直通中间接头；19—钢管；20—不锈钢管；21—检查过滤器；22—转子流量计；23—三通异径接头；24—活接头

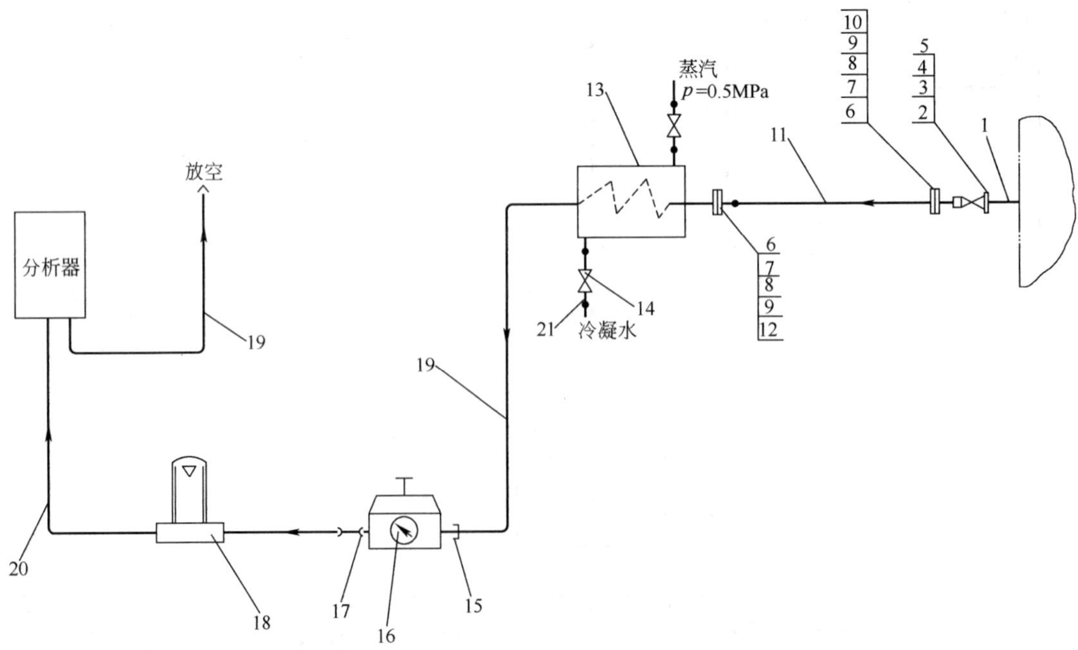

图 5-4-60　液化烯烃全组分分析管路连接系统图

1—法兰接管；2—螺栓；3—螺母；4—垫片；5—取压截止阀；6—凹凸面法兰；7—螺栓；8—螺母；9—垫片；10—节流孔板；11—无缝钢管；12—节流孔板；13—汽化罐；14—内螺纹截止阀；15—直通终端接头；16—减压器；17—橡胶管；18—转子流量计；19—无缝钢管；20—不锈钢管；21—短节 A

第5章　集散系统的安装与调试

1　集散系统的安装

严格地说，集散系统应由两部分组成。第一部分是中心控制室内的集散系统软件、硬件设备、电源部分和内部电缆，这一部分通常称为集散系统。第二部分是现场仪表，只有现场仪表与作为控制的集散系统紧密配合，集散系统才能真正发挥作用。

现场仪表的安装就是常规仪表的安装，在有关章节已经介绍，本节着重介绍集散系统本体的安装。

集散系统本体由硬件和软件组成。集散系统的硬件安装包括盘、柜、机的安装和它们之间的连线，系统工作接地，电源及基本控制器、多功能控制器的安装，安全接地与隔离。

1.1　集散系统安装的外部条件

集散系统安装的外部条件就是控制室和操作室应具备使用的条件。对集散系统的控制室和操作室的要求高于常规仪表的中控室，它对室内温度、湿度、清洁度都有严格的要求。在安装前，控制室和操作室的土建、安装、电气、装修工程必须全部完工，室内装饰符合设计要求，空调机启用，并配有吸尘器。其环境温度、湿度、照度以及空气的净化程度必须符合集散系统运行条件，才可开箱安装。

集散系统的安装对安装人员也有严格的要求，安装人员必须保持清洁，到控制室或操作室工作必须换上干净的专用拖鞋，以防带灰尘进入集散系统装置内。有条件，要尽量避免静电感应对元器件的影响。调试时，不穿化纤等容易产生静电的织物。

1.2　机、柜、盘安装

机、柜、盘要求整体运输到控制室，在安装前拆箱。

目前，虽然国内有少量厂家生产 DCS 系统，但大多数还是从国外引进。引进装置开箱安装时，要遵守有关“开箱检验”的规定。开箱时，要有设备供应部门人员和接、保、检部门人员在场、共同检查外观质量，设备内部卡件接线的缺陷情况以及随机带来的质量保证文件、技术资料，三方人员都要详细登记，认真做好记录。三方人员共同核对，共同签字认可。质量保证文件要妥善保管，交工时，随交工资料一起转交甲方（建设单位），技术资料另行保管，以备安装、调试时使用。

集散系统硬件包装箱在运输、开箱、搬运时必须小心，防止倾倒和产生强烈振动，以免造成意外损失。

机、柜、盘的安装顺序与常规仪表箱安装顺序相同，并要制作槽钢底座。集散系统控制室通常有 500mm 左右的防静电、防潮地板，因此底座的高度要考虑好，以保证其稳定性和强度。底座要磨平，不能有毛刺和棱角。要及时除锈和作防腐处理。然后再用焊接法（有预埋铁）或用膨胀螺栓（没有预埋铁）牢固地固定在地板上。盘、柜、操作台用 M10 的螺栓固定在底座上。

1.3　接地及接地系统的安装

集散系统对接地的要求要远高于常规仪表。它分为本质安全接地、系统直流工作接地、交流电源的保护接地和安全保护接地等。各类接地系统、各接地母线之间彼此绝缘。各接地系统检查无混线后，方能与各自母线和接地极相连。

系统直流工作接地有时又称为数据高速通路逻辑参考地（Logic ground），要求最高，不同机型有不同要求，阻值一般不能超过 1Ω，因此必须打接地极，在地下水位很高的地方容易做到，但在地下水位不高的地方却很困难。尽管困难，也必须要达到小于 1Ω 的要求，因此有时要采取一些特殊的减小电阻损失的措施。

其他系统接地要求是接地电阻小于 4Ω。安全保护接地还可以与全厂系统接地网连起来。

组成系统的模件、模块比较娇贵，有的怕静电感应，有的经受不了雷击感应。安装时要注意说明书中对接地的要求。

1.4　接线

集散系统的接线主要有两大部分。第一部分是硬件设备之间的连接，第二部分是集散系统和在线仪表包括执行器的连接。

1.4.1 硬件设备之间的连接

这种连接在控制室内部进行，大多采用多芯（65 芯或 50 芯）屏蔽双绞线或同轴电缆，用已标准化了的插件插接。这些电缆又称作系统电缆。插接件很多，要仔细、谨慎，绝对不能误插、错插，通常情况是由一个人或一个小组主接电缆，主接插接件，另一个人或另一小组按图审核。若审核没问题即算通过，审核有问题，两人或两个小组共同商量，找出错接、误接原因，正确接线后，最好由第三者重新审核（主要是错接部分）。总之，要保证接线准确无误。

1.4.2 集散系统和在线仪表的连接

这是控制室与现场仪表的连接，量大点多。这种连接有两种基本形式。第一种形式是一根电缆从头到底，与也就是现场仪表或现场执行器连接的两芯电缆一直连到控制室集散系统相应的模件接线端子上。第二种形式是控制室通过主电缆（一般为 30 芯）连接到现场点集中的地方，通过接线盒，再分别用两芯电缆与每一个一次点连接。这两种电缆敷设形式都很普遍，通常引进项目以多芯电缆为多。不管采用哪一种接线方法，每组信号都要经过三个接点。一般的集散系统都有上百个回路，它的接点可多达 4 万～5 万个，而每一个接点都必须准确无误，牢固可靠，并且要求排列整齐、美观。

集散系统与现场在线仪表的连接，通过各个回路的调试，可方便地检查出接线的错误，但很耽误时间。因此，要求一个人接的线，由另一个人来校核，以便尽早发现问题。

1.5 电源

集散系统对电源要求远高于常规仪表，电源必须可靠且安全，对供电系统的安全性要求很高。通常，它采用双回路供电，自动切换。万一两个回路都停电，还要有不间断电源瞬时接上，以保证系统运行在安全状态。

1.6 基本控制器、多功能控制器的安全接地与隔离

基本控制器、多功能控制器是集散系统的基本组成，集散系统许多优于常规仪表的功能都要靠它们去完成。但它们对静电却很敏感，特别是组成它们的集成模块，很容易受静电感应而被破坏。调试人员穿化纤衣服或用化纤手套产生的静电，击穿了集成模块的例子时有发生。解决的办法是重在预防，除通电后，尽量不用化纤织物外，加强它们的安全接地是重要手段之一。因此，每个装置都应有各自的接地系统。

保证系统安全的另一措施是隔离。隔离的目的是为了防止感应。通常隔离的办法是采用隔离变压器和采用光电法隔离。

2 集散系统的调试

各种不同的集散系统，调试的方法也不同，但总的内容与步骤如下。

2.1 调试前的检查

调试前的检查是为了保证开机顺利、可靠。通常集散系统不经检查是不允许送电，不允许开机的。并且在每次送电前，每次开机前，都应进行必要的检查。检查的主要内容如下。

2.1.1 环境检查

检查环境（主控室、现场控制站、分析室等与系统有关的环境）的空气温度、湿度、室内照度是否已达到集散系统的使用条件。为此要在第一次使用前检查空调系统、照明系统及空气净化系统的运行是否正常，是否符合要求，若有一项不符合，就不具备开机条件。停机之后再开机，若停机时间很长，仍要按上述要求检查。若停机时间不长，在一二天内，并且不是因环境条件的原因而停机，则可稍为放松些，只要检查环境温度是否达到要求，湿度是否符合要求，净化度是否在控制值之内即可。

2.1.2 导线绝缘电阻的检查

这项检查可视为抽检。每一个回路都有保险丝予以超载保护，可以抽检几个回路。检查方法是导线与设备断开，用 500V 兆欧表测绝缘电阻。具体要求是：信号线路绝缘电阻≥2MΩ，补偿导线之间的绝缘电阻≥0.5MΩ，低于 4V DC 的超低压线路绝缘电阻≥0.1MΩ，系统电源带电部分与外壳的绝缘电阻≥5MΩ。

2.1.3 供电检查

供电检查分两个步骤。第一是装置的供电系统检查，包括 UPS（不间断电源）的检查。第二是供电单元的检查，包括熔断管容量检查和负载性能试验。特别要检查每个模件的两个供电装置是否接在不同的相线上。

2.2 调试的主要方法

2.2.1 系统调试的覆盖方法

(1) 硬件调试项目覆盖　将所有单元、台件分类制定调试表格，将具体的检查、确认、测量所要求的正确状态、标准数据和允许误差填好。调试时按表格次序逐一检查、测量，并填入实际结果状态和数据。

(2) 软件调试覆盖　计算机软件已经经过制造厂调试。现场调试工作主要是检查使用系统软件。对相应软件进行结构性测试和功能性测试，其主要内容有：

① 根据操作站说明书和操作卡对系统基本功能逐项试验；

② 根据设计组态数据表或规格书对程序和模块的组态数据进行校对，修改完善；

③ 利用功能画面、窗口、菜单等设计程序图，通过冷态调试对应用程序进行试验；

④ 在系统调试中进行参数给定、程序启动和投入过程控制。

(3) 单回路调试　根据回路接线图，将输入、输出信号按模拟量输入、输出，数字量输入、输出和毫伏、伏、毫安、脉冲、接点等类型分类，并按其范围和特点分成调试组，排出调试顺序。

无论一个回路的调试分几部分完成，每完成一部分即用色笔在回路图上对已调试的线路和单元作上标记。标记布满，则表示该回路调试覆盖完毕，简单清晰。同时要做好相应的数据记录，要点如下。

① 输入信号从回路的起点开始，输出信号到回路的终端元件。注意，回路的分支、指示、记录、报警等回路都可同时试验。

② 每个回路调试前，再测试核对一次线路，正确无误后通电。调试完毕后，在现场挂牌，投入运行，并在可能的条件下，及时向建设单位交接。

(4) 联锁回路调试覆盖　利用设计提供的信号联锁逻辑图或将线路图整理成逻辑测试图，对联锁系统进行逻辑功能调试。其要点为测试前核对逻辑图。逻辑“1”和“0”的条件结果需双重测试。在逻辑图上做标记。不遗漏设计需要的逻辑功能，也不能出现多的逻辑功能。

(5) 程序控制系统调试覆盖　按程序表逐步测试。对每一步的进行条件、各元件状态、程序时间全面检查、试验。

2.2.2 系统调试的模拟方法

系统调试中采用综合模拟方法。采用这种方法的目的是在系统投入生产过程以前完整、真实地模拟过程参数，进行系统状态调试。

(1) 从输入信号模拟　从系统输入端送入模拟过程变量相应信号，使用0.05级数字万用表和数字压力表作标准表，保证精度上的要求。

(2) 输出负载模拟　冷态调试时，现场负载不接入。对模拟量输出负载，可在控制室内有关盘中输出输入端子上接入与负载相当的小功率电阻，使其在屏幕上正常显示。当数字输出信号的负载需要时，可用信号灯模拟。

热态调试前拆除模拟负载。

(3) 系统模拟　系统模拟主要使用在重要且复杂的联锁系统，采用冷态调试。制作模拟板。数字信号用开关和信号灯模拟。模拟量信号可由简易电子元件线路产生。

(4) 故障模拟　故障模拟的主要目的是为了检查计算机系统对故障的检测诊断和冗余功能。送入越限信号、故障信号、测试操作站的显示状态。用切断电源、切断负载、拔出插件（卡）、人为调整和加临时跨接线等方法模拟故障状态，测试操作站对相应故障的检测诊断和冗余功能。

2.3 调试人机对话

利用DCS操作站等人机接口的功能，如各单元插卡的发光二极管显示，以及现场的显示操作部分等，或必要时在端子上插入临时的人机接口，提高系统调试的速度、效率和准确性。其要点是：数据通道按三级优先权通讯。对不同的功能画面，扫描周期不同。注意调试中相应等待、监视、延时，不要急于对话。延时也包括调节单元的滞后，如向调节阀发出输出改变信号后，需等待阀的行程动作时间。与现场联系要使用对讲机。

2.4 DCS系统现场调试中的故障诊断与处理

DCS系统尽管有许多优越性，给现场安装、调试及系统运行带来了很多方便，然而要保证控制系统输入输出点顺利开通，所有回路、调节、联锁、检测及报警系统安全、正确、可靠地投入运行，仍然必须注意现场安装、调试的高质量与高效率，及时排除隐患。根据以往的经验，在施工过程中要注意以下几个方面的问题，并采取相应的措施。

2.4.1 DCS系统早期故障

① 尽管制造厂已对DCS的软件、硬件进行过检查和测试，引进的DCS系统出国检验人员也认真地进行过软件、硬件的检查与测试，但范围与时间有限，不一定能充分发现故障。并且经过运输、存放和安装，也有可能产生新的故障。

② 工程设计、制造厂的设计存在着不完善和缺陷。尤其是各专业设计不够严密，或者条件不清楚，存在着欠缺和错误。

③ 安装和接线不良造成的故障。

④ 系统元件质量引起的故障。

⑤ 现场环境因素的影响，如温度、湿度、灰尘、振动、冲击、干扰、鼠害等造成的故障。

⑥ 调试投运期间，操作人员不熟练引起的误操作和损坏。

2.4.2 现场常见的硬件故障

(1) 系统插卡和元件故障　可能产生的原因是元器件质量不良；使用条件不当；调整不当；错误的接线引入不正常电压而形成的短路。

(2) 线路故障　可能产生的原因是因电缆导线端子、插头损坏或松动而造成接触不良；或因接线错误、调试中临时接线、拆线或跨接线不当；或因外界腐蚀损坏等。这类故障常是隐蔽的。

(3) 电源故障　供电线路事故，线路负载不匹配，可引起系统或局部的电源消失，或电压波动幅度超限，或某元器件损坏，或某些误操作，产生电源故障。这类故障常常影响范围较大。

2.4.3 软件方面的故障

(1) 程序错误　设计、编程和操作都可能出现程序错误，特别是联锁、顺控软件，不少问题往往是由于工艺过程对控制的要求未被满足而引起的。

(2) 组态错误　设计和输入组态数据时发生错误，这可调出组态显示进行检查和修改。组态错误引起信息传递处理出错。

2.4.4 故障测试的基本途径

① 现场调试工作主要包括三个部分，硬件调试、软件调试和系统调试。硬件调试和软件调试也可以和现场安装后对DCS系统的设备检验工作结合起来进行。系统调试是安装后投入运行前对软件、硬件的综合性的最终检查。

故障的诊断和处理过程步骤如图5-5-1所示。

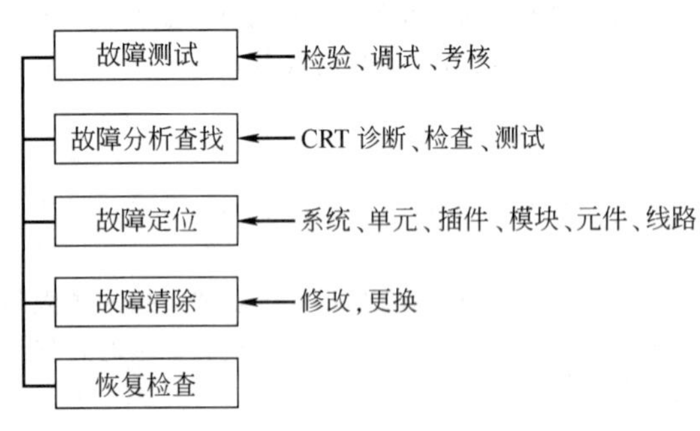

图5-5-1　故障的诊断和处理过程

② 可以充分利用制造厂提供的故障检查流程图和故障诊断表。

2.4.5 故障的位置及处理

(1) 故障的CRT显示　DCS系统能及时对挂在总线上的各回路进行周期诊断。通过检查如发现异常现象，其内容就被编成代码，经由总线的操作站传递信息，从而在CRT上显示和报告故障发生的位置。通过CRT了解故障情况后，应进一步通过机、柜的有关插卡上的一系列发光二极管的显示状态，查询不正常状态的故障内容。插卡外部的故障则要逐步检查分析。

(2) 常用的故障定位方法

① 直接判断法　根据故障现象、范围、特点以及故障发生的记录，直接分析、判断产生的原因和故障部位，查出故障。

② 外部检查法　对一些明显的有外表特征的故障，通过外观检查，判断故障部位，如插头松动、断线、碰线、短路、元件发热烧坏、虚焊、脱焊等等。有的故障，特别是暂时性的故障，可以通过人为摇动、敲击来发现。

③ 替换对比法　对有怀疑的故障部件，用备件或同样的插卡部件、元件进行替换，或相互比较。但要注意，替换前，要先分析排除一些危害性故障，如电源异常、负载短路等引起元件损坏的故障，若不先行排除，则替换上的插件会继续损坏。

④ 分段查找法　当故障范围不明时，可对故障相关的部件、线路进行分段。逐段分析检查、测试或替换。

⑤ 隔离法　可与分段查找法配合使用。将某些部件或线路暂时断开，观察故障现象变化情况，逐步缩小怀疑对象。

2.4.6　组态错误处理

调试中若发现组态错误，可以核对组态表格和组态数据。对组态的修改和键锁操作，应有专人负责。对于点标记组态，除核对组态表外，还要在调试过程中根据组态功能逐点核对。对调试中某些输入信号，有时还需临时改变组态数据，以便于回路调试，调试完后仍复原运行组态。

2.4.7　程序错误处理

应用软件的编制，一般在设计阶段已经完成，因而现场调试时，难免会有一些程序上的修改，包括程序编入错误和控制上的变化修改。每种机型都有特定的编程语言，在调试中可以对程序进行检查和运行。如对程控程序调试运行中的故障，可以通过 CRT 上的顺序错误代码、故障代码及顺序状态说明符号，查明其意义并进行处理。

逻辑控制程序常以梯形图在屏幕上显示。现场调试中要将逻辑图和梯形图进行核对。先查出梯形图的逻辑缺点，然后对系统进行逻辑测试，确认已改正错误后，再与现场连通。

2.4.8　离线诊断

在系统调试中如发生故障无法进行在线诊断，可进行离线诊断。操作站的离线诊断主要是利用专用设备（诊断磁盘和维修用插卡）进行测试，检查有关功能。

以上各项调试工作归纳在图 5-5-2 上。

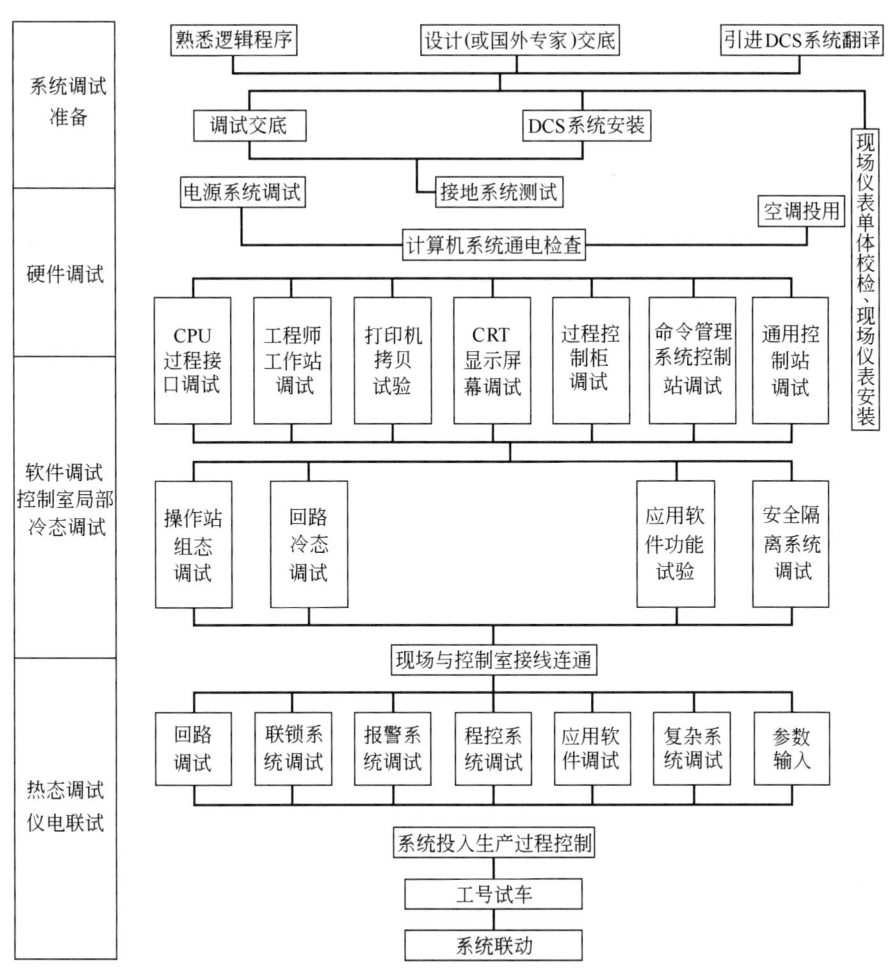

图 5-5-2　DCS 调试系统图

第6章　执行器安装

执行器在单元组合仪表中称执行单元。电动单元组合仪表中执行单元包括伺服放大器、直行程执行器、角行程执行器及电动调节阀。气动单元组合仪表中执行单元包括薄膜执行机构、活塞式执行机构和长行程执行机构，特别是气动薄膜调节阀应用最为普遍。液动单元组合仪表中的执行器包括执行机构与油泵装置，其中执行机构又有曲柄式、直柄式与双侧连杆直柄式之分。液动、电动单元组合仪表中执行器使用不很普遍，安装也较为简单，因此本章重点介绍气动执行器的安装。

1　气动薄膜调节阀的安装

虽然目前已经有电动调节阀，可以接受DDZ-Ⅱ型的标准信号（0～10mA DC）和DDZ-Ⅲ型的标准信号（4～20mA DC），可以直接配合DDZ-Ⅱ型和DDZ-Ⅲ仪表，但由于规格的限制、压力等级的限制和调节品质的限制，它尚不能代替气动调节阀，尽管调节单元、指示单元、记录单元都是电动的，执行单元还是气动的，甚至出现了可编程序调节器和集散系统，用电脑、智能仪表来检测工业参数，但其执行单元还是通过电/气转换器后，采用气动薄膜调节阀。可见气动薄膜调节阀有它特别的优点。

以前的仪表施工图上，气动薄膜调节阀是仪表工的安装任务之一。近几年，随着引进装置的增多，国内设计也逐渐向标准设计接轨，调节阀画在管道图上，并由管道施工人员安装，而不是由仪表工安装。但技术上的要求，仪表工必须掌握，最后的调试和投产后的运行、维修都属于仪表工的工作范畴。

调节阀安装应考虑如下几个问题：

① 调节阀安装要有足够的直管段；

② 调节阀与其他仪表的一次点，特别是孔板，要考虑它们的安装位置；

③ 调节阀安装高度不妨碍和便于操作人员操作；

④ 调节阀的安装位置应使人在维修或手动操作时能过得去，并在正常操作时能方便地看到阀杆指示器的指示；

⑤ 调节阀在操作过程中要注意是否有可能伤及人员或损坏设备；

⑥ 如调节阀需要保温，则要留出保温的空间；

⑦ 调节阀需要伴热，要配置伴热管线；

⑧ 如果调节阀不能垂直安装，要考虑选择合适的安装位置；

⑨ 调节阀是否需要支撑，应当如何支撑。

这些问题，设计者不一定考虑周到，但在安装过程中，仪表工发现这类问题，应及时取得设计的认可与同意。

安装调节阀必须给仪表维修工有足够的空间，包括上方、下方和左、右、前、后侧面。有可能卸下带有阀杆和阀芯的顶部组件的阀门，应有足够的上部空隙。有可能卸下底部法兰、阀杆、阀芯部件的阀门，应有足够的下部空隙。

对于有配件的，如电磁阀、阀门定位器，特别是手动操作器和电机执行器的调节阀，应有侧面的空间。

在压力波动严重的地方，为使调节阀有效而又平稳地运转，应该采用一个缓冲器。

1.1　调节阀的安装

调节阀的安装通常情况下有一个调节阀组，即上游阀、旁路阀、下游阀和调节阀。阀组的组成形式应该由设计来考虑，但有时设计考虑不周。作为仪表工，要了解和掌握调节阀组组成的几种基本形式。

图5-6-1为调节阀组组成的六种基本形式。

切断阀（上游阀、下游阀）和旁路阀的安装要靠近三通，以减少死角。

1.2　调节阀安装方位的选择

通常调节阀要求垂直安装。在满足不了垂直安装时，对法兰用4个螺栓固定的调节阀可以有向上倾斜45°、向下倾斜45°、水平安装和向下垂直安装四个位置。对法兰用8个螺栓固定的调节阀则可以有9个安装位置（即垂直向上安装，向上倾斜22.5°，向上倾斜45°，向上倾斜67.5°，水平安装，向下倾斜22.5°，向下倾斜

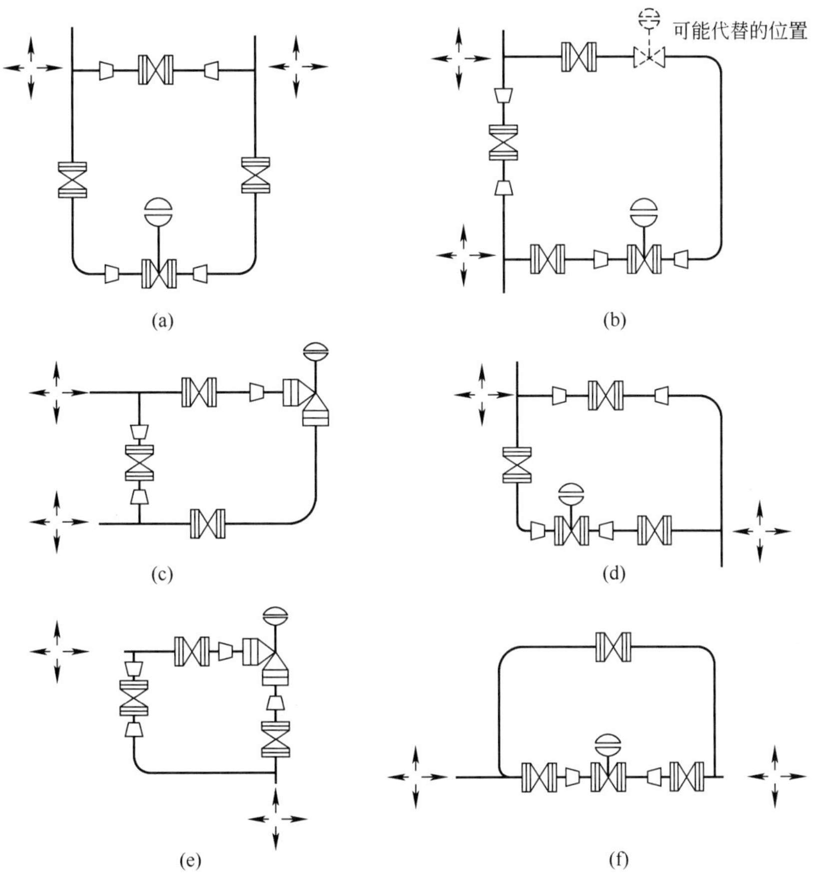

图 5-6-1　调节阀组组成形式

注：调节阀的任一侧的放空和排放管没有表示，调节阀的支撑也没有表示。

图（a）推荐选用，阀组排列紧凑，调节阀维修方便，系统容易放空；

图（b）推荐选用，调节阀维修比较方便；

图（c）经常用于角形调节阀。调节阀可以自动排放。用于高压降时，流向应沿阀芯底进侧出；

图（d）推荐选用，调节阀比较容易维修，旁路能自动排放；

图（e）阀组排列紧凑，但调节阀维修不便，用于高压降时，流向应沿阀芯底进侧出；

图（f）推荐选用，旁路能自动排放，但占地空间大。

45°，向下倾斜 67.5°和向下垂直安装）。

在这些安装位置中，最理想的是垂直向上安装，应该优先选择；向上倾斜的位置为其次，依次是 22.5°、45°、67.5°；向下垂直安装为再次位置；最差的位置是水平安装，它与接近水平安装的向下倾斜 67.5°，一般不被采纳。

1.3　调节阀安装注意事项

① 调节阀的箭头必须与介质的流向一致。用于高压降的角式调节阀，流向是沿着阀芯底进侧出。

② 安装用螺纹连接的小口径调节阀时，必须要安装可以拆卸的活动连接件。

③ 调节阀应牢固地安装。大尺寸的调节阀必须要有支撑。操作手轮要处于便于操作的位置。

④ 调节阀安装后，其机械传动应灵活，无松动和卡涩现象。

⑤ 调节阀要保证在全开到全闭或从全闭到全开的活动过程中，调节机构动作灵活且平稳。

1.4　调节阀的二次安装

调节阀分为气开和气闭两种。气开阀是有气便开。在正常状态下（指没有使用时的状态）调节阀是关闭的。在工艺配管时，调节阀安装完毕，对气开阀来说还是闭合的。当工艺配管要试压与吹扫时，没有压缩空气，打不开调节阀，只能把调节阀拆除，换上与调节阀两法兰间同等长度的短节。这时，调节阀的安装工作已经结束。拆下调节阀后，要注意保管拆下来的调节阀及其零、部、配件，如配好的铜管、电气保护管（包括挠性金属管）和阀门定位器、电气转换器、过滤器减压阀、电磁阀、紧锁阀等，待试压、吹扫一结束，立即复位。

二次安装对调节阀是一个特殊情况。节流装置虽也存在二次安装问题，但它在吹扫前，没有安装孔板，而是厚垫或与孔板同样厚的假孔板，不存在拆下后又重新安装的问题。

2 气缸式气动执行器的安装

气缸式气动执行器多用在双位控制中，或作为紧急切断阀，放在需要放空或排放或泄压的关键管道上。

用得最多的气缸式气动执行器是快速启闭阀，多用在易爆易燃的环境，如炼油厂的油罐的进出口阀门。它可以手动开启和关闭（用手轮），也可以到现场按气动按钮快速启闭。它的气源压力为 0.5～0.7MPa，这是一般仪表空气总管的压力。因此，它的配管采用½″镀锌水煤气管作为支管，其主管通常是 1½″～2″的镀锌水煤气管。

安装时要注意的是气罐的垂直度（立式）或水平度（卧式）的控制。气缸上下必须自如，不能有卡涩现象。

这种阀门的全行程时间很短，一般为 3s 左右，这就要求气源必须满足阀动作的需要。为了保证这一点，气源管的阻力要尽可能小，通常选用较大口径的铜管与快速启闭阀相配，接头处与焊接处严防有漏、堵现象，否则气压不够，气量不足，阀的开关时间就保证不了。快速启闭阀气源管不允许有泄漏，稍有泄漏，0.5～0.7MPa 的气源就不够使用，阀或开、关不灵，或满足不了快速的要求。

快速启闭阀在控制室也可以遥控。接上限位开关，还可以在中控室实现灯光指示，这时的电气保护管、金属挠性管、开关的敷设和安装要符合防爆要求，也就是说零、部件必须是防爆的，有相应的防爆合格证。安装要符合防爆规程的要求，严防出现疏漏，产生火花。

这种气缸式气动阀常用于放空阀、泄压阀、排污阀，在这些阀中，它作为执行器。这几种阀是作为切断阀使用的，严防泄漏。因此，对这种阀的本体必须要进行仔细检查与试验，如阀体的强度试验、泄漏量试验。必要时，阀要进行研磨。

这三种阀都属遥控阀，气源管一直配到控制室。管道多用½″的镀锌水煤气管。在小型装置中一般采用螺纹连接。螺纹套完丝后，要清洗干净，不要把金属碎末留在管子里，以防 0.5MPa 的压力把它们吹到气缸里，卡死气缸壁与活塞的活动间隙，影响阀的运动。

在空分装置中，多用气缸或气动执行器作为蓄冷器的自动切换阀的执行器。切换信号通过电/气转换，由电信号转换成气信号，其转换器是电磁阀。所以自控系统或遥控系统，大多数情况是通过电信号到现场，在现场通过电/气转换（例如电磁阀）达到气动控制目的。这种方式也是大中型装置常使用的方法。

3 电磁阀的安装

电磁阀是自控装置中常用的执行器，或者作为直接的执行阀使用。

电磁阀是电/气转换元件之一，电信号通电后（励磁）改变了阀芯与出气孔的位置，从而达到改变气路的目的。

常用的电磁阀有两通电磁阀、三通电磁阀、四通电磁阀和五通电磁阀，各有各的用处。其主要功能就是通过出气孔的闭合与开启，改变其气路。

电磁阀有直流与交流两种，安装时，要注意其电压。电磁阀的线圈都是用很细的铜丝（线）绕制而成，电压等级不一致，很容易烧断。

电磁阀的安装位置很重要。通常电磁阀是水平安装的，这样可不考虑铁心的重量。若垂直安装，线圈的磁吸力不能克服铁心的重力，电磁阀不能正常工作。因此，安装前，要仔细阅读说明书，弄清它的安装方式。

有些电磁阀不能频繁工作，频繁的工作会使线圈发热，影响正常工作和使用寿命。在这种情况下，一方面可以加强冷却，另一方面可以加些润滑油，以减少其活动的阻力。

电磁阀的安装要用支架固定，有些阀在线圈动作时，振动过大，更要注意牢固地固定。固定的方法通常是用角铁做成支架，用扁钢固定。若电磁阀本身带固定螺丝孔，那么固定就简单多了。

电磁阀的配管、配线也要注意。配线除选择合适的电缆外，保护管一般为½″镀锌水煤气管或电气管。与电磁阀相连接的也要用挠性金属管。若用在防爆、防火的场合，要注意符合防爆防火的条件，电磁阀本身必须是防爆产品，挠性金属管的接头也必须是防爆的。

电磁阀的气源管是采用½″镀锌水煤气管。有时也用 $\phi18\times3$ 或 $\phi14\times2$ 的无缝钢管。½″镀锌水煤气管采用螺纹连接，$\phi18\times3$ 和 $\phi14\times2$ 的无缝钢管采用焊接。不管采用什么连接方法，管道配好后要进行试压与吹扫，要保持气源管的干净。

上述电磁阀的作用其实是电/气转换，作为直接控制用的电磁阀多用在操作不方便处的排污或放空。这时，电磁阀直接接在工艺管道上，一般为 DN50 左右。这类电磁阀是通过线圈的励磁或断磁，吸合或排斥铁心（或直接是阀芯，或通过铁心带动阀芯）。通常存在着铁心或阀芯的重力问题。安装时要仔细，不要安装错位置，以致电磁阀起不了作用。

这类阀门与工艺阀一样，需经过试压，包括强度试验与泄漏量试验。泄漏量不合要求的电磁阀不能作为排污阀或放空阀。

这类阀门是与工艺介质直接接触，要注意介质是否有腐蚀性。对腐蚀性介质要选择耐腐蚀性材质制造的阀芯。对空气是腐蚀性的环境，电磁阀不宜使用，因为它的线圈是铜制的，耐腐蚀性较差。

电磁阀在安装前，要测量其接线端子间的绝缘电阻，也要测量它们与地的绝缘电阻，并做好记录。

第 7 章　仪表管道敷设

1　概述

仪表管道有四种，即气动管路、测量管路、电气保护管和伴热管，其加起来的长度总数并不会比同一装置的工艺管道少多少，因此，管道的工作量很大。

气动管路又叫信号管路。介质是仪表用的压缩空气。常温。主管压力为 0.5～0.7MPa。到每一个仪表上是通过过滤器减压阀，气源压力为 0.14MPa。气动仪表的标准信号是 0.02～0.10MPa。主管是无缝钢管，支管是镀锌水煤气管。到每一个仪表上去的是 $\phi6\times1$ 的铜管或被覆铜管，也可以是管缆和尼龙管。

测量管路又称脉冲管路，在仪表四种管路中是惟一与工艺管道直接相接的管道。介质完全同工艺管道。这种管道的安装要求完全同工艺管道，因此，对它的要求高于其他三种管道，需要经过耐压试验。

电气保护管是仪表电缆补偿导线的保护管。通常使用专用电气管或镀锌水煤气管。其作用是使电缆免受机械损伤和排除外界电、磁场的干扰。它用螺纹连接，不需试压。

伴热管又称伴管，介质是低压蒸汽。它给仪表、仪表管道和仪表保温箱伴热。管材是无缝钢管（$20^{\#}$）或铜管，要经过试压。

仪表管道要求横平竖直，讲究美观。测量管路多用 $\phi14\times2$ 或 $\phi18\times3$ 无缝钢管，有专门自制的弯管器。电气保护管和气动管路多用½″～2″的各种弯管器，也有电动的和液动的弯管器。

2　仪表气动管路敷设

仪表气动管路也就是仪表供气系统的管路。气源来自专用的仪表空气压缩机，通常采用无油润滑压缩机。标准压力为 0.5～0.7MPa，正常仪表供气压力不低于 0.5MPa。

它的主管属于工艺外管，由工艺管道专业施工，从储气罐一直到每个工号的管廊上。主管通常是 *DN*50 或 2″管，*DN*50 是无缝钢管，2″管是镀锌水煤气管。

支管是 2″以下的镀锌水煤气管。气动仪表集中的地方用的管径大些。通常½″管能供 4～6 台气动仪表或调节阀的用气。超过 6 台，就要用¾″管。

支管与主管的连接采用螺纹连接。支管之间的连接不管是否变径，都采用螺纹连接。仪表空气要求较高。镀锌管一般不采用焊接连接。若用焊接，镀层就要损坏，氧化物会成层脱落。外表面可以用防腐的办法予以弥补，而内表面剥落的汽化铁粉末极可能堵住气动仪表的恒节流孔，使仪表产生故障。虽然管道安装完要经过吹扫，能把氧化层吹扫掉，但破坏了的内表面，在 0.5MPa 的压缩空气冲击下，还会不断氧化，产生氧化铁粉末。

每一条气源支管的最低点或末端要安装排污阀，用来排除可能的污物和水分。排污阀安装的位置不能影响工艺管道、工艺设备和仪表设备，因此在安装时，排污阀的排出口不能对着仪表或工艺设备。

气动管路的安装一般是由 2″管缩小到 1½″到 1¼″，到 1″，到¾″一直到½″，½″管是最小的支管。支管安装，不管是 2″管或是½″管，超过 30m 时，要装活接头。中间的管件或支路多于三个，例如有三个弯头、三个三通或二个弯头加一个三通等，都要装活接头，这样有利于装拆，也有利于维修。

支管在安装前要对管和管件进行清洗。清洗干净的管子或用塑料塞子塞住，或用塑料布或黑胶皮把两端管头包起来，以免进脏物。管件要存放在干净的库房里。

管子套丝后，要把管内毛刺去掉。管道连接时，要把塑料管塞去掉。

气源管的安装要求横平竖直，整齐美观，不能交叉。管子要用管卡牢固地固定在支架上。水平敷设的支架距离为 1～1.5m，垂直敷设的支架为 1.5～2m。在同一直线段上的支架距离应当均匀一致，不要有明显的差距。

现场气动仪表如气动差压变送器、气动压力变送器、单、双法兰液面变送器和气动薄膜调节阀的气源都来自支管。支管均为½″镀锌水煤气管。距仪表气源进口约 1～1.5m 处安装一个二通阀（气动管路截止阀），阀后连接铜管。铜管通常采用 $\phi6\times1$ 紫铜管或 $\phi6\times1$ 被覆铜管，有时也用 $\phi8\times1$ 的紫铜管（由设计考虑）。铜管与仪表的连接是标准仪表接头，可用标准密封件——ϕ6 密封圈方便地密封 ϕ6×1 铜管。铜管要用管卡和支架固定。其支架的间距要符合 GBJ 93—86 规定，即水平敷设 0.5～0.7m，垂直敷设 0.7～1m，同一直线段的支架间距要均匀。气源管不能直埋地下，一般要架空敷设。

安装完毕的供气管路，其管道、管件均要进行强度试验。试验压力为操作压力的 1.5 倍。主管与支管都要进行用 1.05MPa 压力试压。

气动管路是仪表的供气管路。对气源的质量要求高于其他压缩空气。通常由无油润滑压缩机供给，压缩机出口压力为 0.7MPa，通过干燥器干燥，经过储气罐沉淀才能进入供气网络，因此，配制完的供气管路在正式供气前，必须再次清洗。清洗采用对比法，即在干燥器出口和检验管段出口同时封住漂白布并通气，经过半小时后，检验两块布的布尘情况，相同为合格。必要时也可采用滤纸计量法、光散射原理计数法及分光光度法检验，这些工作可委托专业部门进行。

如果角度特殊或没有合适弯头，镀锌水煤气管也可弯曲。弯管的具体操作见电气保护管敷设。

铜管的弯制可用自制的弯管器。弯管器由 3～5mm 厚的钢板作为底板，前面 10mm 处弯成直角弯，距离直角弯 7～8mm 处焊上直径为 25～30mm，高约 7mm 的钢圈即可。具体见图 5-7-1。

手炳可打磨光滑后扎上塑料皮。

ϕ6×1 铜管插在钢板直角弯与钢圈之间，可轻松地自由煨弯。

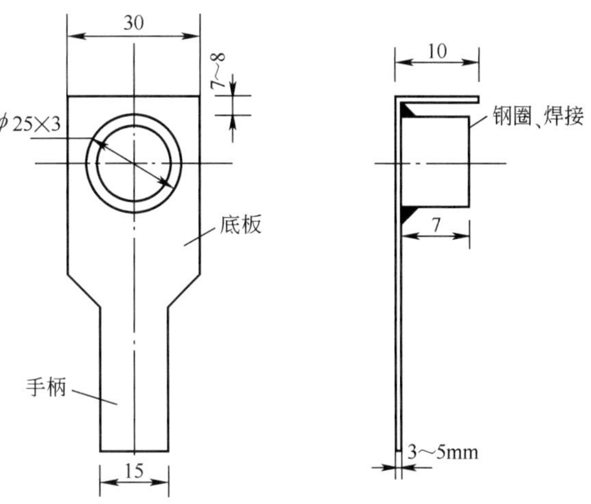

图 5-7-1　自制 ϕ6×1 铜管弯管器

3　仪表测量管路敷设

仪表测量管路又称脉冲管路、冲击管路，导压管是它最为确切的称呼。它是仪表管路中惟一与工艺设备、工艺管道直接连接的管道。管内介质完全与同它相连接的工艺管道和工艺设备中的介质相同。由于介质复杂，仪表测量管路及其管件、阀门、垫片、法兰不像其他仪表管路那样单一，一般工艺采用什么特殊的材质，它也要采用这种材质。它分为无腐蚀性介质、一般腐蚀性介质和强腐蚀性介质几种。从管材的等级上分，可分为低压管道、中压管道和高压管道。无腐蚀性的管材为 20# 钢，多用 ϕ14×2 或 ϕ18×3 无缝钢管。一般腐蚀性的管材采用 1Cr18Ni9Ti 的普通不锈钢，通常是 ϕ14×2 无缝钢管。强腐蚀性介质选用含钼的不锈钢，如 316L。有特殊要求的场合，由设计来选定特种材质。

低压和中压管道通常选用 ϕ14×2 的无缝钢管，高压管道选用 ϕ14×4 无缝钢管。

仪表测量管路的起点是自控仪表的一次点或一次仪表，如流量检测系统的起点是孔板引出管的一次阀后。测量管路的终点通常是现场仪表，如流量检测系统中差压变送器或双波缝管差压计便是它的终点。从起点到终点的途径很多，如中间可能有工艺设备、工艺管道，土建的墙、柱、楼板，还可能有电气的桥架、配管，仪表的配管、调节阀，仪表的槽板等等，还要考虑导压管本身的保温和周围工艺管道的保温。因此导压管的标高与走向都是非常灵活的，导压管配得好与坏，主要在于仪表工的经验。

导压管敷设前要大致了解工艺设备和工艺管道的安装情况。已经确定的导压管标高和走向，如确信没有工艺设备和工艺管道的阻碍，便可付之实践。否则，配好了管，也挡不住工艺变更对仪表安装的影响。因此，仪表工必须要有较快了解施工区域内其他专业施工情况的能力，注意左右、上下、前后的多种情况，特别要留意是否有障碍物和是否会出现障碍物。导压管敷设首先要确定标高和走向。

3.1　导压管敷设原则

导压管敷设原则为躲、让、靠。

导压管通常使用 ϕ14×2 的无缝钢管，偶尔采用 ϕ18×3 无缝钢管。与工艺管道相比，工艺管道的最小管道 1″管也要比导压管大。如果工艺管道与仪管导压管有矛盾，要采取躲、让、靠的办法。

“躲”，就是躲着工艺管道，尽量离它远一点，要弄清周围是否有保温管道，导压管与保温管道的间距必须要大于管道保温层的厚度。

“让”就是要让开可能有变更的管道，尽量不占有它们的空间。要考虑大管道有可能的管托与支架的安装距离，避开它。

“靠”就是要走别的专业不用的路，如贴着柱子，靠着天花板寻找最佳配管路线。如确信工艺管道已经配完管，也留出了足够的保温距离，也可以“靠”着工艺管道配管，并可以利用工艺管道的支架。

理论上，当导压管的起讫点决定后，直接把它连起来就是最佳的方案。实际上，很少遇到这样的理想情况，总要拐几个弯，上上下下，变几个标高，才能达到目的。

3.2 导压管敷设要求

导压管敷设的要求为距离短、横平竖直。

导压管的敷设，在满足测量要求的前提下，要按最短的路径敷设，并且尽量少弯直角弯，以减少管路阻力。

导压管的要求是横平竖直，讲究美观，不能交叉。

测量管路沿水平敷设时，应根据不同测量介质和条件，有一定坡度。其坡度为 1∶10～1∶100。其倾斜方向应保证能排除气体或排放冷凝液。

导压管一般不直埋地下，应架空敷设。在穿墙或过楼板处，应有保护管保护。当导压管与高温工艺设备或工艺管道连接时，要有补偿热膨胀的措施。

导压管在敷设前，管内应清洗干净。需要脱脂的管道，要按 GBJ 93—86 规定，脱脂合格后，才能敷设。

导压管在敷设前，要平直管道，否则达不到横平竖直的要求。

安装结束的导压管，应同工艺管道一起试压，试压的等级要求，完全与工艺管道相同。没有与工艺管道一起试压的导压管，要单独试压。试压的压力要求为操作压力的 1.5 倍。压力可由根部阀加入，必须一个回路一个回路地试。没有试压或试压不合格的导压管，不能投入使用。

试压合格的导压管要与工艺管道一起吹扫，吹扫合格方可投入使用。

导压管焊接和无损探伤的要求也完全同工艺管道。

焊接必须要取得相应焊接项目的合格焊工施焊，严禁无证施焊或项目不符的焊工施焊。

3.3 管道的弯制

导压管在一般情况下都是 $\phi14\times2$ 的无缝钢管。不同介质其材质不同，但管径大多数都采用 $\phi14$。

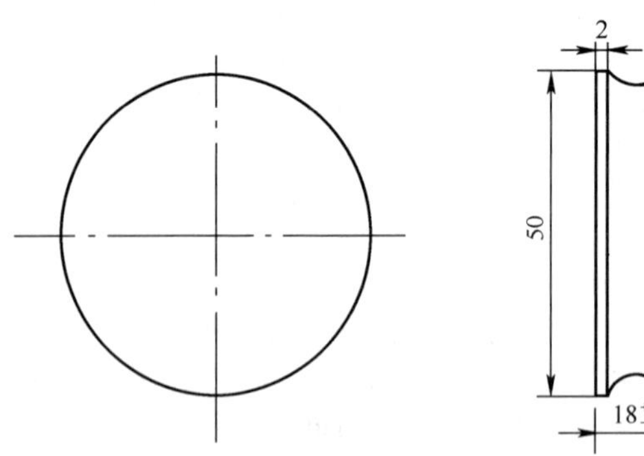

图 5-7-2 $\phi14$ 弯管器制作图

弯管器是自制的，具体制作图见图 5-7-2。材料为 20# 钢、钢板、圆钢均可以，装配图如图 5-7-3。

用一块 $\delta=5\sim6$mm 铁板作为底板，把加工好的弯管器圆盘焊在上面。然后用气焊割成如图 5-7-3 的形状，再焊上 $\phi14\times2$ 或 $\phi18\times3$ 的管子。焊时，把要焊的一头用锤子敲扁，直接焊在半圆形的槽内。另一头距离半圆形槽边 15mm 处焊上一截 $\phi10$ 的钢筋，长为 20mm。钢筋内侧要磨平。

弯管的尺寸掌握是施工的诀窍。可用经验公式计算。先计算出弯曲的圆弧长度 L，通常是弯 90°弯，以弯成圆弧后的长度计算。若为 H，以 H 为计算点，前面为 $2/3L$，后面为 $1/3L$，$2/3L$ 为起弯点。

导压管常要煨成套弯的形式。几根、甚至十几根、几十根导压管在一起敷设。直线段间距定下后，其套弯的间距也定下来了。再计算其弯曲的圆弧长度。按照需要，决定起弯处 H_N，然后按 $2/3L_N$ 在前，$1/3L_N$ 在后的经验，即可以煨成漂亮的套弯。示意图如图 5-7-4。

上述弯管的经验公式仅适合 90°弯及 90°套弯，不适合其他角度。

导压管的煨弯角度绝大多数是 90°弯，另有部分称压脖弯，如图 5-7-5 形状。

压脖弯主要保证上下平行，间距为 h。为减少阻力，两平行管间的外错角通常选择 135°。这种弯管要保证两个管头均合适较为困难，通常是保证一头及两管距离 h，另一头待弯后，把长的锯掉，短的接上，弯管就不很严格了。

需要注意的是，弯曲时，要保证弯曲半径不能小于导压管直径的 3 倍。也就是说，对 $\phi14\times2$ 无缝钢管来说，最小弯曲半径约为 45mm 左右。

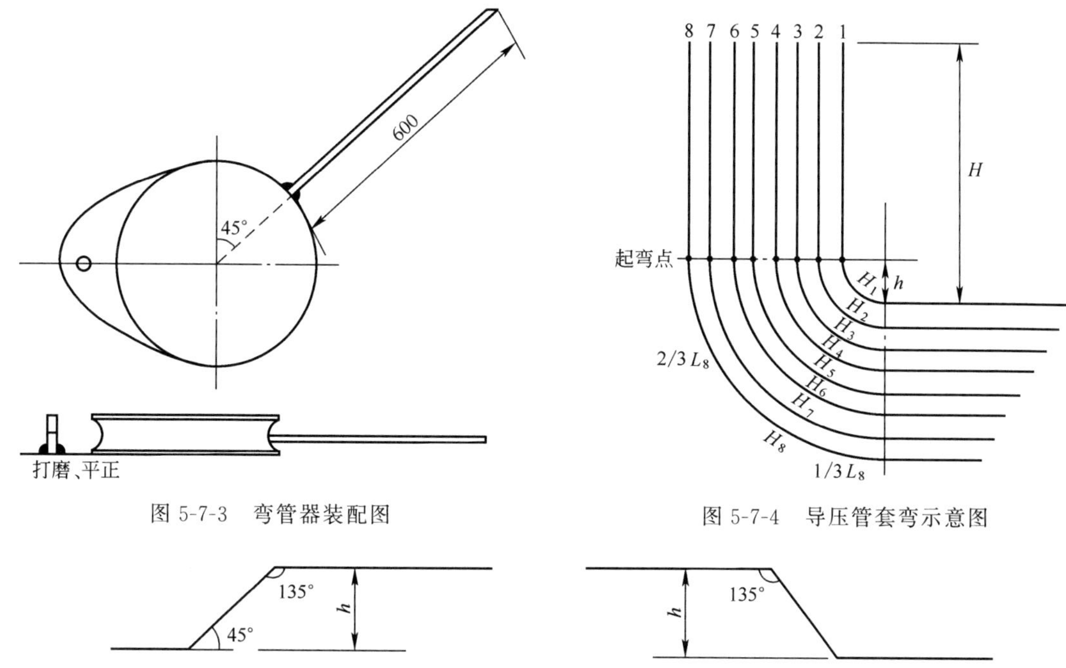

图 5-7-3　弯管器装配图

图 5-7-4　导压管套弯示意图

图 5-7-5　导压管压脖弯

导压管要冷弯。$\phi 14 \times 4$ 高压用的导压管煨弯要一次弯成。

管子弯制后，不能有裂纹和凹陷，也不能留下弯管器用力过猛留下的凹坑。

3.4　管子弯成后的固定

导压管要牢固地固定在支架上。支架的制作安装要符合 GBJ 93—86 的有关规定。具体形式见第 10 章第 3 节“仪表安装用支架”。

导压管要用管卡固定。管卡通常是自制的，用 1～2mm 薄铁皮压制而成。详细情况参见第 10 章第 4 节“管卡”。

导压管支架距离要符合 GBJ 93—86 的具体规定，即水平敷设 1～1.5m，垂直敷设 1.5～2m。

在同一直线段，支架间距要大致均匀。

需要伴热、保温、保冷的管子，支架的间距缩小到垂直管道 1～1.5m，水平管道 0.7～1m。

不锈钢管固定时，要有与碳钢直接接触的隔离措施。

3.5　需要特别注意的问题

需要特别注意的问题是材质不能误用。

由于导压管介质很复杂，有耐碱、耐酸及普通不耐酸、碱的，耐腐蚀还有强、弱之分。压力、温度等级也涉及管材与加工件材质的不同。要引起特别注意的是，管子及加工件外形十分相似，特别是加工件，如取压短节、连接螺纹、阀门、法兰、三通、弯头等管件，要确保使用场合准确无误。对于特殊材质，需要有专门保管，专门领用记录、使用记录，以备查询。

对于特殊材料的焊接，母材不能错，加工件不能错，焊材也不能错。除法兰外，一般氩弧焊都可焊接，焊丝要保证使用正确。法兰焊接，除氩弧焊打底外，还要电焊盖面，焊条不能用错。

4　电气保护管敷设

电气保护管有三种。一种是专用的电气保护管，是一种薄壁镀锌有缝钢管；一种是普通镀锌水煤气管，又称作镀锌焊接钢管；另一种是硬质聚乙烯塑料管。这三种管都可作为仪表电缆与补偿导线的保护管。

由于电气保护管壁太薄，不易弯制，使用不方便，现场使用逐渐减少。

硬质塑料管虽能很好保护电缆及补偿导线，但不能抗电场和磁场的干扰，使用范围受到限制。现场使用最多也最普遍的是镀锌水煤气管。

电缆是自控系统的神经，特别是电动单元仪表和集散系统，每个仪表信号通过电缆到中控室的仪表盘，从调节器到现场的调节阀也是用电缆来连接的，因此，用来保护电缆的电气保护管使用量很大。

与导压管不同的是，它没有流动介质，只有固定的电缆与补偿导线，不受介质压力、温度及有无腐蚀性的影响，它只要求能很好地保护电缆，具备较好的电气连续性。在防爆环境中还有特殊要求，可参阅第 10 章恶劣环境的仪表安装。

4.1 仪表电气保护管配制的一般要求

① 敷设在多尘和潮湿场所的电气保护管，它的管口与管子间连接处、管子与接线盒、穿线盒的连接处都应密封。

② 保护管不能用焊接方法连接，只能用螺纹连接。管子间的连接通过活接头、管箍、弯头（不常用）、穿线盒（分直通、弯通与三通）连接。

③ 保护管与设备、仪表的连接，应采用挠性金属管（即金属软管，又称蛇皮管），并要用金属软管的连接头连接。

④ 仪表用电缆或补偿导线保护管一般不埋地。实在要埋地敷设时，要征得设计同意，并做好防腐工作。仪表用电缆或补偿导线保护管不能埋在墙或柱内。过墙、过楼板的仪表保护管必须要有保护套管。

4.2 管子弯曲要求

① 仪表用的保护管用得最多的是 $\phi\frac{1}{2}''$ 和 $\phi\frac{3}{4}''$，其次是 $\phi1''$ 和 $\phi1\frac{1}{4}''$、$\phi1\frac{1}{2}''$ 和 $\phi2''$ 管也要用到。大于 $\phi2''$ 管很少用。

② 电气管由于壁薄，一般不能煨弯。煨弯仅对镀锌水煤气管而言。

③ 保护管的弯曲要大于 90°，否则要影响穿线。$\phi1''$ 管以下的弯制可用弯管器（市场供应）手工煨制。90°煨管的尺寸控制同导压管的弯曲。有时也要煨套弯，其弯曲方法也同导压管。$\phi1''$ 以上的管子弯曲通常用油压弯管器或电动弯管器。仪表用的保护管采用冷弯，一般不采用热弯。

④ 电气保护管在使用前要去毛刺。特别在套丝以后，一定要把管口毛刺去干净。

⑤ 管子的切割可用切管机、钢锯锯等方法。目前用得最多、最普通、也最方便的是砂轮切割机。切割后的管口要打磨。保护管不能用气焊切割。

⑥ 管子套丝方法有两种，即手工用手动套丝机及自动或半自动用电动套丝机。

⑦ 煨弯的弯曲半径应不小于保护管外径的 4 倍。

⑧ 保护管敷设应横平竖直（不要有坡度），整齐美观，不能交叉，间距要相等。转弯部分要按套弯的要求施工。

⑨ 电气保护管的敷设要在热水管下方 0.2m，蒸汽管下方 1.0m。

⑩ 配制好的电气保护管要用管卡固定在支架上。

⑪ 电气保护管直线段连接可用管箍。弯角时，除个别情况允许用弯头外，通常都用穿线盒来代替。穿线盒有直通、左、右弯通及三通，其详细规格请查阅第 8 章“仪表电缆敷设”。

4.3 电气保护管加穿线盒的原则

① 管子无弯曲，直管敷设，超过 45m 时，要加一个直通穿线盒，以后每 30m 加一个。

② 管子敷设有 1 个 90°弯时，其长度超过 20m 加一个直通穿线盒。管子敷设有 1 个 135°弯或更大的角度，超过 30m 时加一个直通穿线盒。以后每增加 15m 加一个弯通。

③ 管子敷设有 2 个弯（每个弯的角度均大于 90°）时，每增加 15m 加一个直通穿线盒。

④ 管子敷设若有 3 个弯，每个弯的间距都在 5～10m 之间，且每个弯的角度都大于 90°，直管段超过 10m 就要加接线盒。

⑤ 在垂直管道敷设时，接线盒装设原则是：

a. 保护管变径由大变小时要加装接线盒；

b. 保护管内的电缆空间超过 40%时，每延长 20m 要加装一个接线盒。电缆空间超过 60%时，每 10m 要加装一个接线盒。

仪表电缆和补偿导线保护管用的管卡和支架制作安装，可参阅第 10 章第 4 节和第 5 节。

最近，国外出现了电缆不用任何保护管保护而采用∠30×3 的镀锌角钢作保护，这样省去了大量保护管和挠性金属管，并且施工方便。不过电缆的级别要提高，SNAM 公司选用屏蔽电缆。

用角钢作保护，国内的设计仅局限于毛细管的保护，原因之一是毛细管不能穿管，如压力式温度计的毛细管、单、双法兰式液位变送器的毛细管。把角钢引用到电缆保护是否值得推荐，有待实践证明，给施工带来方便确是十分确凿的事。

5 仪表伴热管的安装

5.1 伴热管的特点

仪表伴热管简称伴管。它的特点如下：

① 功能单一，就是伴热；

② 材质单一，一经选定，整个系统只有一种材质，即普通碳钢或紫铜；

③ 介质单一，无一例外，全为低压蒸汽，一般压力为 0.2MPa；

④ 管径单一，一经选定，整个系统只有一种规格，即 $\phi14\times2$ 或 $\phi18\times2$ 或 $\phi10\times1$ 或 $\phi8\times1$ 的无缝钢管或铜管；

⑤ 安装要求不高，除保温箱内的伴管裸露，需要弯制整齐、美观，其余部分都被保温物质覆盖住，安装要求不高。

所以说，它是仪表安装四种管道中最为简单的一种管线。

5.2 伴管安装中注意事项

(1) 伴管介质　分清伴管是直接伴热还是间接伴热。伴管的目的是保证管道内凝固点较高的介质始终处于流动状态。基于这种原因，对沸点较低的介质，只要保证它不凝固，正常流动就可，不必使介质汽化。介质汽化的结果，对流量测量、压力测量会带来不可忽视的误差。这类介质属于间接伴热，又称轻伴热。但对凝固点较低的介质，如伴热温度不够，要影响介质的流动性。这样的介质必须采取直接伴热，也称重伴热。

重伴热是使伴管紧贴着伴热的导压管，保温也要仔细检查。轻伴热是使伴管与被伴导压管有一间隔，大约10mm左右。具体要视管内介质的物理性质和低压蒸汽的压力而定。直接伴热与间接伴热的区分很重要，它直接影响系统的正常检测和控制。而这个问题往往被施工者所忽视。

(2) 确定低压蒸汽引入的位置　在自控图上，伴管低压蒸汽的引入往往是“就近引入”。但有时，在附近没有低压蒸汽。

解决这类问题的最好办法是在伴管较为集中的地方安装一个低压蒸汽分配器，引入一个低压蒸汽。然后，再从分配器接出去。这要比单从低压蒸汽总管引入到伴管方便。

(3) 冷凝水要集中排放　这个问题往往被设计者所忽视。“就地排放”是最轻松的说法。就地排放的结果是开始到处是蒸汽（疏水器有可能损坏），然后是水，最后是冰。在框架平台上积起来的冷凝水都变成冰，会给操作工的工作带来很大困难。集中排放，分片排入地沟或地漏，会使装置整齐得多，也使操作工方便得多。

(4) 敷设完伴管要试压　伴管要试压，试压要求与蒸汽管道试压要求相同。强度试验压力为工作压力的1.5倍。

伴管试压只作强度试验，不必作严密性和气密性试验。

强度试验时要连阀门和疏水器一起试。如果连上保温箱，保温箱内的伴管（弯管）也要一起试。这段管若有泄漏，要影响保温箱内仪表的正常运行，应特别注意。试压时，要拆下仪表，免受损害。

伴管的支架可随所伴的导压管。

(5) 伴管敷设时对阀门与仪表的处理　伴热管不能中间脱节，否则脱节的这一段容易凝固。容易脱节的地方是仪表阀门、孔板的根部阀。对阀门不管是直接伴热还是间接伴热，都可以紧靠着，不至于使阀内液体汽化。不靠紧，要影响保温。对仪表的伴热管，只考虑介质接触部分。如变送器，考虑到进入变送器的导压管，压力变送器为一条，流量、液面用的差压变送器为两条。特殊情况可考虑正、负压室的伴热。对压力表，指示式液面计（如玻璃板液面计）只要伴热管配到仪表接头为止就即可。

(6) 伴热管的保温　伴管的保温是一道重要的工序。仪表管路本身很细（$\phi14\times2$），若采用玻璃棉，会使小管变成大管。保温不好，会使本来很整齐美观的导压管成为臃肿的棉团。因此要选择好保温材料，仔细地保温。

仪表保温常用材料为石棉绳和玻璃纤维布。用石棉绳把伴管和被伴管缠起来，然后用玻璃纤维布仔细地包起来，用细铁丝扎捆。最后按设计要求，刷上调和漆即可。

保温箱的保温材料一般为泡沫塑料板，这种多孔的塑料板隔热效果很好。

第 8 章　仪表电缆敷设

1　仪表用电缆桥架

仪表电缆在一般情况下不用直埋方法敷设，而架空敷设。在电缆集中的场合，大多使用槽板或桥架。使用电缆桥架，仪表电缆的敷设、维修、寻找故障都很方便，综合造价也不高，因此，应用越来越广泛。桥架制造业发展也很快，电缆桥架已有定型产品，并且已经系列化。

1.1　电缆桥架的类型代号及意义

电缆桥架按制造材质分，可分为玻璃钢电缆桥架和钢制电缆槽架。钢制电缆槽架又分槽式电缆桥架、梯级式电缆桥架、托盘式电缆桥架和组合式电缆桥架四种。

桥架表示法中用汉语拼音第一个字母表示桥架的类型，BQJ 表示玻璃钢桥架，XQJ 表示钢制桥架。具体表示如下：

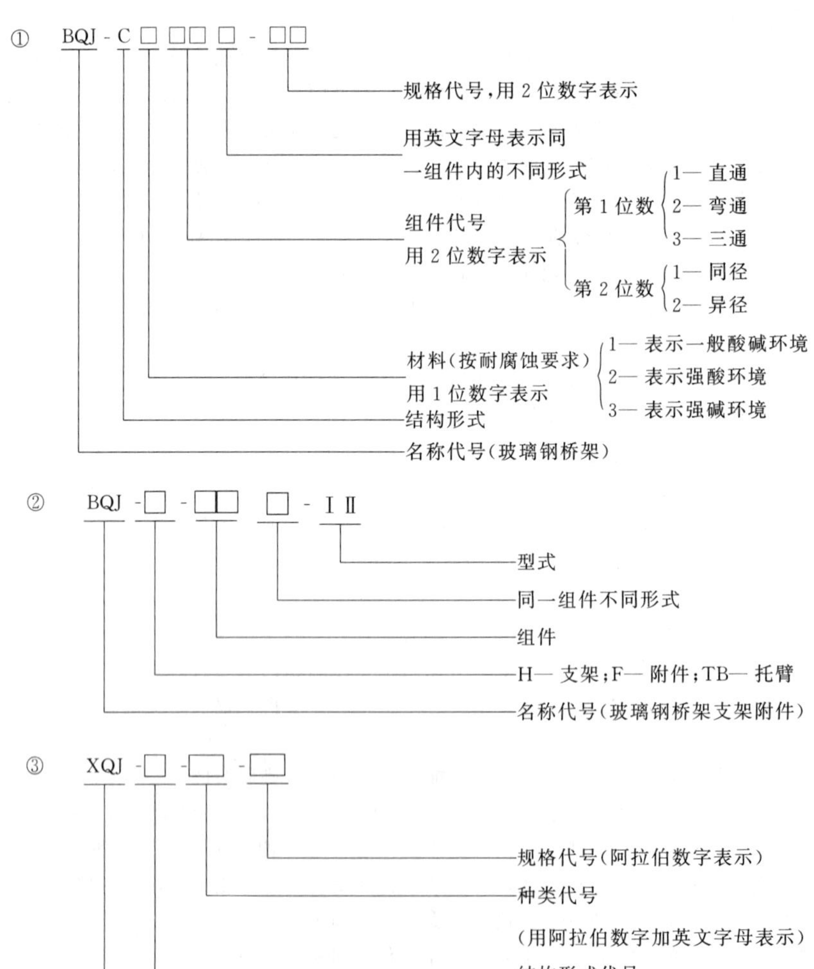

1.2 玻璃钢汇线槽（BQJ 系列）

这一部分主要指玻璃钢电缆桥架中的汇线槽、线槽的支架以及电缆桥架中所需的各种通用附件。

汇线槽统称槽板，为玻璃钢制作的槽式线槽以及直通、三通、四通、弯通、调宽、左、右转弯等标准件，经过选择组合后，组成桥架系统。

线槽的支架有各种钢立柱，立柱底座和托臂可满足在工艺管架上、墙壁上、楼板下、电缆沟内不同安装形式的需要，如悬吊式、直立式、侧壁式、单双边和多层等。

支架部分的连接螺栓也配套供应。支架表面处理可根据需要采用表面镀锌、涂料或其他防腐处理。

附件包括各种电缆、管缆卡子和连接紧固件，这些都是电缆桥架安装中的通用附件。

玻璃钢槽板每节长 2000mm，盖板长 2030mm，宽度有 100、150、200、300、400、500、600mm 七种规格，相对应的槽板外径与盖板分别为 108、158、208、308、408、508、608 和 115、165、215、315、415、515、615mm。其槽板高度分别为 50，75，100 和 150mm（超过 300mm 宽度的高度都为 150mm）。

1.3 钢制槽式电缆桥架

钢制槽式电缆桥架又称电缆槽板，是一种全封闭型电缆桥架。它最适用于敷设计算机电缆、通讯电缆、仪表电缆、热电偶电缆及其他高灵敏系统的控制电缆等。它对控制电缆的屏蔽干扰和重腐蚀环境中电缆的防护有较好的效果，是自动化仪表电缆敷设普遍采用的桥架。

槽板的通用配件包括调宽片、调高片、连接片、调角片、隔板、护罩等。它是电缆桥架安装中的变宽、变高、连接、水平和垂直走向中的小角度转向及动力电缆和控制电缆的分隔等必要的附件。其表面处理分为静电喷塑、镀锌、喷漆三种。在重腐蚀环境还可特殊处理。

电缆槽板规格齐全。基本桥架是直通槽板，长为 2m，宽×高共有 10 个规格，分别为 XQJ-C-01A-1，50×25；-2，1000×50；-3，150×75；-4，200×100；-5，250×150；-6，300×150；-7，400×200；-8，500×200；-9，600×200；-10，800×200。品种有：槽板终端封颈（XQJ-C-01B），水平弯通（XQJ-C-02A），水平三通（XQJ-C-03A），上垂直三通（XQJ-C-03B），下垂直三通（XQJ-C-03C），上边垂直三通（XQJ-C-03D），下边垂直三通（XQJ-C-03E），上角垂直三通（XQJ-C-03F），下角垂直三通（XQJ-C-03G）水平四通（XQJ-C-04A），上垂直四通（XQJ-C-04B），垂直上弯通（XQJ-C-05A），垂直下弯通（XQJ-C-05B），垂直左上弯通（XQJ-C-05C），垂直左下弯通（XQJ-C-05D），垂直右上弯通（XQJ-C-05E），垂直右下弯通（XQJ-C-05F），异径接头（XQJ-C-06A，XQJ-C-06B，XQJ-C-06C，XQJ-C-06D，它们的差别是 A、B 是一边对齐，另一边缩径或扩径；C、D 是中心对齐的缩径或扩径）。这些品种都有与直通槽板一样的 10 种规格。可以互相配合使用。每种异径接头都有 45 种规格，从宽 50mm 起到宽 800mm 的 10 种规格，都有异径接头。

1.4 钢制梯级式电缆桥架

XQJ-T 型梯级式电缆桥架具有重量轻，成本低，造型别具，安装方便，散热、透气性好等优点，适用于直径大的电缆敷设，特别适合高、低压动力电缆的敷设。

其表面处理分为静电喷塑、镀锌和喷漆三种，在重腐蚀环境中还可特殊处理。

这种电缆桥架仪表很少采用，一般说来是电气专业的专用桥架。

直通桥架是其基本型。长 2m，宽为 200、300、400、500、600、800mm 6 个品种，每个品种的高度都有 3 种，即 60、100、150mm，因此它共有 18 个品种，已形成自己的系列。

1.5 钢制托盘式电缆桥架

托盘式桥架因为重量轻，载荷大，造型美观，结构简单，安装方便，是广泛应用的一种电缆桥架。它既适用于动力电缆，也适用于控制电缆的敷设。自控专业也常选用它。

其表面处理分为镀锌和喷漆两种，在重腐蚀环境中可进行特殊防腐处理。

直通式（XQJ-P-01）是其基本型，每节长为 2m。宽度有 6 个品种，分别为 200、300、400、500、600、700mm，每个品种的高度都有 3 种规格，即 60、100 和 150mm，因此共有 18 个规格。这种桥架型号有水平弯通（XQJ-P-02）、水平三通（XQJ-P-03）、水平四通（XQJ-P-04）、垂直凹弯通（XQJ-P-05A）、垂直凸弯通（XQJ-P-05B）和垂直转动弯通（XQJ-P-05C）。每种型号都有 18 个规格。

1.6 钢制组合式电缆桥架

钢制组合式电缆桥架是一种最新型的桥架，适用于各项工程的各种情况下的各种电缆的敷设。它具有结构简单、配合灵活、安装方便、型式新颖等优点。

组合式电缆桥架只要采用宽100、150、200mm的三种基型，就可组装成所需尺寸的电缆桥架，不需要弯通、三通等配件就可在现场任意转向、变宽、分支、引上、引下，在任意部位不需要打孔、焊接就可以用管引出。它既可方便工程设计，又方便生产运输，更方便安装施工，是目前电缆桥架中最理想的产品。

它的表面处理为镀锌、静电喷塑。在强腐蚀环境可做特殊的防腐处理。

它的基形为XQJ-ZH-01A-100、XQJ-ZH-01A-150和XQJ-ZH-01A-200，每节长度为2m，宽度分别为100、150和200mm，高度为25mm。XQJ-ZH-02型宽度为50mm，高度为50mm。XQJ-ZH-03型宽度为100mm，高度为50mm。XQJ-ZH-04型宽度为50mm，高度为25mm。这几种规格靠连接板、连接片可组成所需高度、宽度的电缆桥架。

2 保护管口径的选择

仪表安装过程中，虽然有施工图作为施工的依据，但管道已经敷设好，又增加电缆或电线根数的情况也时有发生。因此，施工人员很关心各种电气保护管能容纳（允许）几根、多大截面的电缆或电线。

2.1 选择保护管的计算公式

2.1.1 美国1962年电气规范

保护管名称	计算公式				
管内导线根数	1	2	3	4	5
导线(有铅护层)	$0.53D^2 \geqslant d^2$	$0.31D^2 \geqslant d_1^2+d_2^2$	$0.43D^2 \geqslant d_1^2+d_2^2+d_3^2$	$0.40D^2 \geqslant d_1^2+\cdots+d_4^2$	$0.40D^2 \geqslant n_1 d_1^2+n_2 d_2^2+\cdots$
导线(无铅护层)	$0.55D^2 \geqslant d^2$	$0.30D^2 \geqslant d_1^2+d_2^2$	$0.40D^2 \geqslant d_1^2+d_2^2+d_3^2$	$0.38D^2 \geqslant d_1^2+\cdots+d_4^2$	$0.35D^2 \geqslant n_1 d_1^2+n_2 d_2^2+\cdots$

2.1.2 日本“配电工现场的手册”

保护管名称	计算公式		
管内导线根数	2	3	4～10
橡皮绝缘电线	$0.32D^2 \geqslant d_1^2+d_2^2$	$0.42D^2 \geqslant d_1^2+d_2^2+d_3^2$	$0.40D^2 \geqslant n_1 d_1^2+n_2 d_2^2+\cdots$
乙烯绝缘电线	$0.26D^2 \geqslant d_1^2+d_2^2$	$0.34D^2 \geqslant d_1^2+d_2^2+d_3^2$	$0.32D^2 \geqslant n_1 d_1^2+n_2 d_2^2+\cdots$

注：D——保护管内径，mm；d_1、d_2、d_3——电线或电缆外径，mm；n_1、n_2、…——相同直径的电线或电缆根数。

2.2 电线、电缆、补偿导线穿管

2.2.1 BV、BLV型电线穿管表

（1）穿电线管

<table>
<tr><td rowspan="2">标准截面
/mm²</td><td colspan="37">管内电线根数</td></tr>
<tr><td>2</td><td>3</td><td>4</td><td>5</td><td>6</td><td>7</td><td>8</td><td>9</td><td>10</td><td>11</td><td>12</td><td>13</td><td>14</td><td>15</td><td>16</td><td>17</td><td>18</td><td>19</td><td>20</td><td>21</td><td>22</td><td>23</td><td>24</td><td>25</td><td>26</td><td>27</td><td>28</td><td>29</td><td>30</td><td>31</td><td>32</td><td>33</td><td>34</td><td>35</td><td>36</td><td>37</td><td>38</td></tr>
<tr><td>1.0</td><td colspan="2">½″</td><td colspan="2">⅝″</td><td colspan="3">¾″</td><td colspan="9">1″</td><td colspan="11">1¼″</td><td colspan="10">1½″</td></tr>
<tr><td>1.5</td><td colspan="2">½″</td><td colspan="2">⅝″</td><td colspan="2">¾″</td><td colspan="9">1″</td><td colspan="9">1¼″</td><td colspan="13">1½″</td></tr>
<tr><td>2.5</td><td colspan="2">⅝″</td><td colspan="2">¾″</td><td colspan="5">1″</td><td colspan="6">1¼″</td><td colspan="8">1½″</td><td colspan="14">2″</td></tr>
</table>

（2）穿镀锌水煤气管

<table>
<tr><td>1.0</td><td colspan="3">½″</td><td colspan="3">¾″</td><td colspan="2">1″</td><td colspan="2">1¼″</td></tr>
<tr><td>1.5</td><td colspan="2">½″</td><td colspan="3">¾″</td><td colspan="2">1″</td><td colspan="3">1¼″</td></tr>
<tr><td>2.5</td><td>½″</td><td colspan="3">¾″</td><td>1″</td><td colspan="3">1″</td><td>1½″</td><td>2″</td></tr>
</table>

(3) 穿硬质氯乙烯管

<table>
<tr><td>1.0</td><td colspan="4">DN15</td><td colspan="2">DN20</td><td colspan="2">DN25</td><td colspan="3">DN32</td></tr>
<tr><td>1.5</td><td colspan="2">DN15</td><td colspan="3">DN20</td><td colspan="2">DN25</td><td colspan="3">DN32</td><td>DN40</td></tr>
<tr><td>2.5</td><td>DN15</td><td colspan="2">DN20</td><td colspan="2">DN25</td><td colspan="4">DN32</td><td>DN40</td><td>DN50</td></tr>
</table>

2.2.2 补偿导线穿管表

<table>
<tr><td rowspan="2">截面/mm²</td><td rowspan="2">保护管型号</td><td colspan="12">管内导线根数</td></tr>
<tr><td>1</td><td>2</td><td>3</td><td>4</td><td>5</td><td>6</td><td>7</td><td>8</td><td>9</td><td>10</td><td>11</td><td>12</td></tr>
<tr><td rowspan="3">2.5</td><td>电线管</td><td>¾″</td><td>1″</td><td colspan="2">1¼″</td><td colspan="2">1½″</td><td colspan="2">2″</td><td>—</td><td colspan="2">—</td><td>—</td></tr>
<tr><td>镀锌水煤气管</td><td>½″</td><td>¾″</td><td colspan="2">1″</td><td colspan="2">1¼″</td><td colspan="2">1½″</td><td>2″</td><td colspan="2">2½″</td><td>3″</td></tr>
<tr><td>硬质氯乙烯管</td><td>DN15</td><td>DN20</td><td colspan="2">DN25</td><td colspan="2">DN32</td><td colspan="2">DN40</td><td>DN50</td><td colspan="2">DN65</td><td>DN80</td></tr>
</table>

2.2.3 KVV 控制电缆穿管表

<table>
<tr><td rowspan="2">截面/mm²</td><td rowspan="2">保护管型号</td><td colspan="15">管内电缆根数</td></tr>
<tr><td>1</td><td>2</td><td>3</td><td>4</td><td>5</td><td>6</td><td>7</td><td>8</td><td>9</td><td>10</td><td>11</td><td>12</td><td>13</td><td>14</td><td>15</td></tr>
<tr><td rowspan="3">4×1.5</td><td>电线管</td><td>¾″</td><td>1″</td><td colspan="2">1¼″</td><td colspan="2">1½″</td><td colspan="3">2″</td><td colspan="3">— — —</td><td colspan="3">— — —</td></tr>
<tr><td>镀锌水煤气管</td><td>½″</td><td>¾″</td><td colspan="2">1″</td><td colspan="2">1¼″</td><td colspan="3">1½″</td><td>2″</td><td colspan="2">2½″</td><td colspan="3">3″</td></tr>
<tr><td>硬质氯乙烯管</td><td>DN15</td><td>DN20</td><td colspan="2">DN25</td><td colspan="2">DN32</td><td colspan="3">DN40</td><td>DN50</td><td colspan="2">DN65</td><td colspan="3">DN80</td></tr>
</table>

有如下几点说明。

① 补偿导线截面 1.5mm²，可套用 2.5mm² 的选择表。

② 多芯控制电缆穿管表可按下表考虑：

<table>
<tr><td>截面/mm²</td><td>管内电缆芯数</td><td>2</td><td>3</td><td>4</td><td>5</td><td>7</td><td>10</td><td>14</td><td>19</td><td>24</td><td>30</td><td>37</td></tr>
<tr><td>1.5</td><td>镀锌水煤气管</td><td colspan="4">½″</td><td colspan="2">¾″</td><td>1″</td><td>1¼″</td><td>1½″</td><td colspan="2">2″</td></tr>
</table>

③ 铠装电缆一般是埋地敷设，不穿管。若要穿管，可按多芯控制电缆穿管表提高管径一个级别来考虑。如铠装电缆 10×1.5，可按 KVV14×1.5 来考虑。

④ 屏蔽电缆穿管可按多芯控制电缆考虑。若是管内电缆根数（不是芯数），可按热电偶穿管表考虑。

⑤ 控制电缆穿管表中控制电缆按 KVV 来考虑，它的相同芯数的外径值具有代表性。除铠装电缆外，其余控制电缆均可按此来选择保护管。

3 电缆敷设的管件

3.1 YHX 型铝合金穿线盒

仪表电缆敷设时，保护管长度太长，不利于电缆的敷设，要用直通穿线盒。一条保护管弯管不能超过 2 个，超过 2 个，就得用直角弯穿线盒。电缆要分支，可用三通接线盒。铝合金穿线盒广泛应用于自控、电气线路的敷设中。

铝合金穿线盒型号规格见表 5-8-1。

表 5-8-1 铝合金穿线盒型号、规格

<table>
<tr><td rowspan="2">型　号</td><td rowspan="2">名　称</td><td colspan="8">规　格</td></tr>
<tr><td>G½″</td><td>G¾″</td><td>G1″</td><td>G1¼″</td><td>G1½″</td><td>G2″</td><td>G</td><td>2½″</td></tr>
<tr><td>YHX-E</td><td>直通穿线盒</td><td>√</td><td>√</td><td>√</td><td>√</td><td>√</td><td>√</td><td>√</td><td>√</td></tr>
<tr><td>YHX-T</td><td>三通穿线盒</td><td>√</td><td>√</td><td>√</td><td>√</td><td>√</td><td>√</td><td>√</td><td>√</td></tr>
<tr><td>YHX-S</td><td>四通穿线盒</td><td>√</td><td>√</td><td>√</td><td>√</td><td>√</td><td>√</td><td>√</td><td>√</td></tr>
<tr><td>YHX-Z</td><td>左盖弯通穿线盒</td><td>√</td><td>√</td><td>√</td><td>√</td><td>√</td><td>√</td><td>√</td><td>√</td></tr>
<tr><td>YHX-Y</td><td>右盖弯通穿线盒</td><td>√</td><td>√</td><td>√</td><td>√</td><td>√</td><td>√</td><td>√</td><td>√</td></tr>
<tr><td>YHX-H</td><td>后盖弯通穿线盒</td><td>√</td><td>√</td><td>√</td><td>√</td><td>√</td><td>√</td><td>√</td><td>√</td></tr>
<tr><td>YHX-W</td><td>弯通穿线盒</td><td>√</td><td>√</td><td>√</td><td>√</td><td>√</td><td>√</td><td>√</td><td>√</td></tr>
<tr><td>YHX-HT</td><td>后盖三通穿线盒</td><td>√</td><td>√</td><td>√</td><td>√</td><td>√</td><td>√</td><td>√</td><td>√</td></tr>
</table>

3.2 铸铁、铸铝管件

这类管件与水暖通用，但它的质量要求低一些，穿线管的连接不承受压力，只要接触好，保证有电气连续性即可，见表 5-8-2。

表 5-8-2 电缆敷设常用铸铁（铝）管件

名称	别称	规格	用途
外接头	管箍、套筒	½″，¾″，1″，1¼″，1½″，2″	用于保护管直管的连接
异径外接头	大小头	½″×¾″，½″×1″，½″×1¼″， ½″×1½″，½″×2″ ¾″×1″，¾″×1¼″，¾″×1½″， ¾″×2″ 1″×1¼″，1″×1½″，1″×2″ 1¼″×1½″，1¼″×2″ 1½″×2″	直接用于保护管的变径
内接头	补心 内外螺母	同异径外接头	与穿线盒配合，用于保护管的变径
锁紧螺母	根母 纳之 防松螺母	½″，¾″，1″，1¼″，1½″，2″	用于保护管与槽板、接线箱的固定

4 仪表电缆、电线、补偿导线的敷设

4.1 仪表电缆敷设注意事项

① 仪表用的电缆、电线在使用前应做外观及导通检查与试验，并要准确测试其电缆芯向，电缆芯与外保护层，绝缘层之间的绝缘，并做好记录（一般用 500V 兆欧表测），其电阻值不应小于 5MΩ。

② 补偿导线在使用前要仔细核对型号与分度号。连接过程（包括中间连接和终端连接）绝不能接错极性。

③ 仪表电气线路敷设一般要穿保护管。要按最短距离敷设。有条件集中的，同一走向的保护管要集中敷设，横平竖直，整齐美观，不能交叉。

保护管不应敷设在易受机械损伤、有腐蚀性介质排放、滴漏、潮湿以及有强磁场、强电场干扰的区域。不能满足要求时，要采取保护措施或屏蔽措施。

直接埋地的仪表电缆要用铠装控制电缆（KVV_{22}），电缆沟深度为 700mm，其口下要铺 100mm 厚砂子，砂子上面盖一层砖或混凝土护扳，再回填土。

④ 仪表电气线路不能在高温工艺设备、管道的上方平行敷设，也不能在有腐蚀性液体介质的工艺设备、工艺管道的下方平行敷设。碰到这种情况，要在它们的侧面平行敷设。

⑤ 仪表用电缆、电线、补偿导线外面的绝缘护套多用塑料制成，因此它们与保温的工艺设备、工艺管道的保温层表面之间的距离要大于 200mm，与有伴热管的仪表导压管线之间也要有 200mm 以上的间距。对不保温的工艺管道、工艺设备的间距以工艺设备维修不构成对仪表线路的损害为基础，一般为 100～150mm。

⑥ 自控电缆原则上不允许有中间接头。实在没有办法时，对有腐蚀空气的环境必须采用压接的方法，或者加分线盒和接线盒，不能使用焊接。在无腐蚀性介质的环境中，也推荐采用压接方法，但可以采用焊接，不能使用有腐蚀性的焊剂。

补偿导线不能用焊接方法连接，只能采用压接方法。

同轴电缆和高频电缆要采用专用接头连接。

⑦ 敷设电缆要穿过混凝土梁、柱时，不能采用凿孔安装，要预埋管。在防腐蚀厂房内安装电缆保护管或支架，不能破坏防腐层。

⑧ 电缆桥架是专用来敷设电缆的，它们在现场组对。采用螺栓组对时，连接螺栓要采用平滑的半圆头螺栓，且螺母在电缆桥架的外侧，要保持内侧光滑，不至于损坏电缆的绝缘层。

电缆桥架要横平竖直，整齐美观，不能交叉。

电缆放在槽板（桥架）内要整齐有序，编号并固定好，以便于检修。

放完电缆的桥架，要及时盖上保护罩。

4.2 桥架安装注意事项

① 在现场组对桥架时，要特别注意两节桥架成一条线。在厂房内安装电缆桥架，要注意标高和天花板的距离，要有足够的操作空间。

② 桥架直角拐弯时，其最小的弯曲半径要大于或等于槽板内最粗电缆外径的10倍，否则，这条最粗的电缆就不能很好处理。电缆桥架的直角弯头是设计选定的，要求安装人员在图纸会审时，考虑所选弯头桥架的弯曲半径是否足够大，否则要加宽桥架的宽度（由此可见，桥架选择并不单单是电缆多少，还要考虑电缆粗细）。

③ 桥架开孔不能使用气焊，要用机械开孔方法。现在有专用电动或液动开孔器。放上保护管后，要用合适的护圈固定保护管，通常用锁紧螺母。

④ 桥架内的排水孔要保持畅通。

⑤ 当电缆桥架直线距离超过50m时，要有热膨胀措施。

⑥ 桥架按设计通常安装在管廊上或工艺管道的管架上。桥架的安装位置应该在它们的上方或侧面，不能安装在它们的下方。

4.3 电缆桥架选择原则

① 仪表电缆桥架的支撑距离　XQJ型电缆桥架在装置上的支撑间距要小于允许最大负荷的支撑跨距。

② 桥架宽度　从电缆数量上考虑，要求选择的桥架宽度有一定余量，以便于今后增加电缆时用。从最粗电缆的直角转弯上考虑，所选桥架的弯曲半径要大于最大电缆外径的10倍。

③ 隔开敷设　在某一区间，动力电缆与控制电缆数量相对于桥架容量都较小时，可放在同一桥架内，但必须隔开。

④ 电缆固定　要求水平走向电缆每隔2m固定一次，垂直走向电缆每隔1.5m固定一次。

⑤ 可靠接地　仪表用电缆桥架要可靠接地。长距离的电缆桥架每隔30～50m接地一次。

第 9 章　恶劣环境下的仪表安装

仪表安装过程中经常会遇到不适宜于安装仪表的环境，如易爆易燃的环境，高寒地带，多尘的环境，环境温度高又湿度大的潮湿地区，还有强电场和强磁场地区。在这些环境下安装仪表，必须要采取针对性措施。

1　易燃易爆环境下的仪表安装

1.1　在易燃易爆环境下仪表安装注意事项

① 仪表的电气线路应在爆炸危险性较小的环境或远离释放源的地方敷设。

a. 当易燃物质比空气重时，仪表的电气线路应在较高处敷设或直接埋地。架空敷设时要采用槽板。

b. 当易燃物质比空气轻时，电气线路应在较低处敷设。

c. 仪表的电气线路要在爆炸危险的建、构筑物的墙外敷设。

d. 仪表电缆中间不允许有接头。

② 仪表电气线路的电缆或钢管，穿过墙、楼板的孔洞，应用阻燃性或非燃性材料严密堵塞。

③ 敷设电气线路时，要避开可能受到机械损伤、振动、腐蚀以及可能受热的地方。不能避开时，要采取预防措施。

④ 安装在爆炸和火灾危险区的所有仪表、电气设备、电气材料，必须要有符合防爆质量标准的技术鉴定文件和“防爆产品出厂合格证”，并且外部没有损伤和裂纹。

⑤ 保护管之间，保护管与接线盒、分线箱、拉线盒之间的连接，采用圆柱管螺纹连接，螺纹有效啮合部分应在 6 扣以上，螺纹处要涂导性防锈脂，并用锁紧螺母锁紧。不应缠麻涂铅油。连接处应保证良好的电气连续性。

⑥ 全部保护管必须密封。

⑦ 保护管应用管卡牢固固定，不能用焊接。

⑧ 电气线路沿工艺管架敷设时，其流量应在爆炸与火灾危险环境危险性较小的一侧。当工艺管道内可能产生爆炸和燃烧的介质密度大于空气时，仪表管线应在工艺管架上方；小于空气时，则应在工艺管架的下方。

⑨ 仪表线路在现场接线和分线时，应采用防爆型分线箱和接线箱。接线必须牢固可靠，接线良好，并应加防松和防拔脱装置。接线箱和分接线盒的接线口必须密封。

⑩ 采用正压通用防爆仪表箱的通风管必须畅通，也不能装切断阀。

⑪ 在爆炸和火灾危险场合安装仪表箱以及仪表、电气设备，必须挂牌操作。也就是应该有“电源未切断，不得打开”的标志。

⑫ 本质安全线路和非本质安全线路不能共用一根电缆，也不能合穿一根保护管。

⑬ 采用芯线无屏蔽电缆或无屏蔽电线时，两个及其以上不同系列的本质安全型线路不能共用一根电缆和同穿一根保护管。

⑭ 本质安全型线路敷设完毕，要用 50Hz，500V 交流电压进行 1min 试验，没有击穿，表明其绝缘性能已符合要求。

⑮ 保护管要采用镀锌水煤气管，不能用电气管和塑料管。

⑯ 本质安全型仪表系统的接地宜采用独立的接地极或接至信号接地极上，其接地电阻值应符合设计要求。

⑰ 本质安全线路本身不接地，但仪表功能要求接地时，应按仪表安装使用说明书规定执行。

⑱ 挠性连接管必须采用防爆的。技术数据见表 5-9-1。

防爆金属挠性管配防爆接头，其接头要与仪表相配套。订货时，可另行提出。

1.2　易燃易爆环境下导压管的敷设

1.2.1　导管分级

导压管的分级同工艺管道，按表 5-9-2 分级。

表 5-9-1 防爆金属挠性管

型号及规格	连接管内径/mm	连接管长度/mm	防爆标志	型号及规格	连接管内径/mm	连接管长度/mm	防爆标志
ANG13×700	13	700	A0e	NGI25×700	25	700	A0e
ANG20×700	20	700	A0e	NGI32×1000	32	1000	A0e
ANG25×700	25	700	A0e	NGI38×1000	38	1000	A0e
ANG32×1000	32	1000	A0e	NGD13×700	13	700	B3d
ANG38×1000	38	1000	A0e	NGD20×700	20	700	B3d
BNG13×700	13	700	B3d	NGD25×700	25	700	B3d
BNG20×700	20	700	B3d	NGD32×1000	32	1000	B3d
NGI13×700	13	700	A0e	NGD38×1000	38	1000	B3d
NGI20×700	20	700	A0e				

表 5-9-2 管道分级

管道级别	适用范围
A	剧毒介质管道
	设计压力大于或等于 9.81MPa 的易燃可燃介质管道
B	介质闪点低于 28℃的易燃介质管道
	介质爆炸下限低于 5.5%的管道
	操作温度高于或等于介质自燃点的 C 级管道
C	介质闪点 28～60℃易燃可燃介质管道
	介质爆炸下限高于或等于 5.5%的管道

1.2.2 管子、管件及阀门的检验

① 管子、管件及阀门必须按工艺管道的标准和要求进行检验。

② 管子、管件及阀门在使用前要进行外观检查，其表面应符合下列要求：

a. 无裂纹、夹渣、折叠等缺陷；

b. 无超过壁厚的锈蚀、凹陷及其他机械损伤；

c. 螺纹密封面良好，精度及表面粗糙度达到设计要求；

d. 有材料标记。

③ 凡按规定作抽样检查或检验的样品中，如有一件不合格，需按原规定数加倍抽检，仍不合格，则对这批管子、管件及阀门要进行 100%检查。

④ A 级管道 100%检查。B 级管道按 5%抽查，且不少于 1 根。

⑤ 对 A 级管道的全部管件和 B 级管道的焊接管件，要核对制造厂的合格证明书，并确认下列项目，并符合设计要求：

a. 化学成分；

b. 力学性能；

c. 合金管件的金相分析结果。

如发现合格证明书上的指标有问题，应对该批管件抽 2%且不少于 1 件，复查硬度和化学成分。

⑥ A、B 级管道使用的非金属密封垫片，每批抽 2%且不少于一个，进行密封试验。试验介质宜用空气或氮气。试验压力为设计压力的 1.1 倍。A 级管道垫片应沉入水中，B 级管道可涂肥皂水检查，30min 内无冒泡为合格。

⑦ 阀门要检验。A、B 级管道阀门在安装前应逐个对阀体进行液压强度试验，试验压力为操作压力的 1.5 倍，5min 不泄漏为合格。

其阀门的检验项目与要求同工艺管道阀门。

1.2.3　管道焊接

① 焊工要有相应项目的合格证，并要相对稳定。合格的焊工连续中断工作在6个月以上，资格即失效。

② 焊工艺评定可参考工艺专业。

③ 焊材要有合格证，并要烘烤。

④ 坡口大小和型式同工艺管道。

⑤ 按要求进行探伤，执行工艺管道探伤标准。

1.2.4　管道安装

① 安装要符合GB J93—86的要求，还要符合工艺管道的安装要求。

② 安装导压管所需阀门、垫片、管件、加工件都要符合相应管道级别的要求。

③ 安装完的导压管要同工艺管道一起作强度试验和严密性试验，必要时进行气密性试验。试验要求与标准同工艺管道。

来不及与工艺管道同步试验的导压管，要按回路进行强度试验、严密性试验，必要时进行气密性试验。

单独试验的导压管在设计压力<1.6MPa时可用气压代替，其他情况要用液压进行试压。

试验压力：强度试验为设计强度的1.5倍，严密性试验为设计强度的1.1倍。

工作压力<0.1MPa的真空管道，还应做真空度试验。真空度试验要在气温变化较小的环境中进行。试验时间为24h，增压率按下式计算（A级管道不应大于3.5%，B、C级管道不大于5%）：

$$\Delta p=\frac{p_2-p_1}{p_1}\times 100\%$$

式中　Δp——24h的增压率，%；

p_1——试压初始压力（表压）；

p_2——24h后的实际压力（表压）。

2　其他恶劣环境下的仪表安装

2.1　有剧毒介质的仪表安装

在这种环境下安装，要谨防管道的泄漏。剧毒介质在管道内流动、输送，管道不泄漏是不会有危险性的。因此，对导压管的管材、加工件、阀门、管道加工、管道焊接、管道试压，包括强度试验、严密性试验与气密性试验都有较高的要求，具体要求可参照“易爆易燃环境下的导压管敷设”一节，它们的要求是同等的。

新建项目可以不考虑保健措施。扩建、改建项目必须有可靠的安全防护措施，万一毒气或毒物泄漏，要有相应的万无一失的安全措施。如必须要有排风装置，使工作环境空气流通，并且一旦发生毒气泄漏，立即能把毒气排出装置外，确保施工人员的安全和不损害健康。

除此之外，必须要有足够的防毒用品，如防毒面罩、防毒衣服等，以防万一发生毒气泄漏可以立即采取必要的防护措施。

在这种环境施工，必须要有有毒气体或有毒物质的检测仪和报警仪。在警戒之内，可以施工，超出警戒，便立即停工。

2.2　介质是高温、高压的仪表安装

高温、高压的介质在化工生产中经常遇到的。仪表管道、仪表设备、仪表电缆的安装要尽可能地远离高温工艺设备和工艺管道，以尽可能地减少温度的影响。高温管道和高温设备通常都需要保温，仪表安装或管道敷设要预先查阅保温层的厚度，使仪表的一次阀、一次点的安装在保温层的外面。在选择仪表加工件时（如温度计凸台），要选择加长的一种（如不选长度为60mm的，而要选长度在140mm以上的）。

对高压介质的仪表施工有些特殊的要求：

① 高压管子与高压管件要经过检验，包括高压紧固件都必须检验，检验的标准是GB J235—82《工业管道工程施工及验收规范》（金属管道篇）；

② 仪表高压管的弯制都是冷弯，对高压管的特殊要求是一次弯成，不允许反复弯制；

③ 当高压管路分支时，要采用三通连接。三通必须通过检验，其材质与管路相同。

2.3　在有氧气介质环境中的仪表安装

氧气能助燃。若管道和设备上有油脂，碰到明火，在氧气的帮助下，可能发生燃烧甚至爆炸。因此，凡有

氧气作为介质的管道、阀门（调节阀）、仪表设备，都必须做脱脂处理。

2.3.1 常用的脱脂溶剂

① 工业用二氯乙烷，适用于金属件的脱脂。

② 工业用四氯化碳，适用于黑色金属、铜和非金属件的脱脂。

③ 工业用三氯乙烯，适用于黑色金属和有色金属的脱脂。

④ 工业酒精（浓度不低于95.6%），适用于要求不高的仪表、调节阀、阀门和管子的脱脂，也可作为脱脂件的补充擦洗液用。

⑤ 浓度为98%的浓硝酸，适用于工作介质为浓硝酸的仪表、调节阀、阀门和管子的脱脂。

⑥ 碱性脱脂液（配方见表5-9-3），适用于形状简单、易清洗的零部件和管子的脱脂。

需要注意的是脱脂溶剂不能混合使用，且不能与浓酸、浓碱接触。

使用四氯化碳、二氯乙烷和三氯乙烯脱脂时，脱脂件应干燥，无水分。

脱脂完的仪表、调节阀、阀门和管子、管件要封闭处理、不能再沾油污。

脱脂工具、器具和仪器，必须先脱脂。

表 5-9-3 碱性脱脂液配方及使用条件

配方(重量%)	适 用 范 围	配方(质量分数)/%	适 用 范 围
氢氧化钠 0.5～1 碳酸钠 5～10 硅酸钠 3～4 水 余量	适用于一般钢铁件	氢氧化碳 0.5～1.5 磷酸钠 3～7 碳酸钠 2.5 硅酸钠 1～2 水 余量	适用于一般铜及铜合金件
氢氧化钠 1～2 磷酸钠 5～8 硅酸钠 3～4 水 余量	适用于一般钢铁件	磷酸钠 5～8 磷酸二氢钠 2～3 硅酸钠 5～6 烷基苯磺酸钠 0.5～1 水 余量	碱性较弱，有除油能力，对金属腐蚀性较低，适用于钢铁件和铝合金件

2.3.2 脱脂方法

① 有明显油污或锈蚀的管子，应先清除油污及铁锈后再脱脂。

② 易拆卸的仪表、调节阀及阀门脱脂时，要将需脱脂的部件、主件、零件、附件及填料拆下，并放入脱脂溶剂中浸泡，浸泡时间为1～2h。

③ 不易拆卸的仪表、调节阀等进行脱脂时，可采用灌注脱脂溶剂的方法，灌注后浸泡时间不应小于2h。

④ 管子内表面脱脂时，可采用浸泡的方法，浸泡时间为1～1.5h，也可采用白布浸蘸脱脂溶剂擦洗的方法，直至脱脂合格为止。

⑤ 采用擦洗法脱脂时，不能使用棉纱，要使用不易脱落纤维的布和丝绸。脱脂后必须仔细检查，严禁纤维附着在脱脂表面上。

⑥ 经过脱脂的仪表、调节阀、阀门和管子应进行自然通风或用清洁、无油、干燥的空气或氮气吹干，直至无溶剂味为止。当允许用蒸汽吹洗时，可用蒸汽吹洗。

2.3.3 检验

经脱脂后的仪表必须检验脱脂是否合格。

当采用直接法检验时，符合下面规定条件之一的视为合格：

① 当用清洁、干燥的白滤纸擦洗脱脂表面时，纸上应无油迹；

② 当用紫外线灯照射脱脂表面时，应无紫蓝荧光；

当采用间接法检验时，符合下面之一规定时为合格：

① 当用蒸汽吹洗脱脂件时，盛少量蒸汽冷凝液于器皿内，放入数颗粒度小于1mm的纯樟脑，樟脑应不停旋转；

② 当用浓硝酸脱脂时，分析其酸中所含有机物的总量，应不超过0.03%。

2.4 在潮湿环境下的仪表安装

潮湿环境一般不具备安装仪表的条件。在湿度很大的环境下要注意保护仪表。在控制室内，仪表使用的湿度应予以满足。

在配管、配线时，要注意电气的绝缘。通常用硬质塑料管作保护管。有可能带电的金属部分和金属裸露部分必须接地。

第10章 仪表辅助设备制作安装

1 仪表供电系统安装

1.1 供电设备安装

安装前要检查设备的外观和技术性能，并符合下列要求：

① 继电器、接触器及各类开关的触点，接触应紧密可靠，分断时应坚决断开，动作灵活，触点无锈蚀与损坏；

② 固定和接线用的紧固件、接线端子应完好无损，且无污物和锈蚀；

③ 防爆设备、密封设备的密封垫、填料函应完整、密封；

④ 设备的电气绝缘、输出电压值、熔断器的容量以及备用供电设备的切换时间，应符合设计或安装使用说明书的规定；

⑤ 设备的附件齐全，不应缺损。

供电设备的安装应牢固、整齐、美观。设备位号、端子编号、用途标牌、操作标志及其他标记，应完整无缺，书写正确清楚。

检查、清洗或安装供电设备时，要注意保护供电设备的绝缘、内部接线和触点、接点部分。没有特殊原因时，不要将设备上已经密封的可调装置（电阻、电感或电容）及密封罩启封。当必须启封时，启封后，检查通过时要重新密封，并做好记录。

仪表盘上安装供电设备时，其裸露带电体相互间或与其他裸露导电体之间的距离不能小于4mm。不能保证4mm的间距，相互间就必须要有可靠的绝缘。

供电箱、照明箱安装高度通常为箱体中心距地面1.3～1.5m。成排安装的供电箱、照明箱应排列整齐、美观。

金属供电箱要有明显的接地标记。接地线连接要牢固、可靠，可以与电气接地网连起来。

稳压器在使用前要测试其稳压特性，其输出电压波动值要符合设计要求或安装使用说明书的规定。

不间断电源系统安装完毕，要检查其自动切换装置的可靠性，切换时间及切换电压值应符合设计规定。

供电系统送电前，系统内所有的开关位置均应该置于“断”（OFF）的位置，并检查熔断器的容量。

供电设备送电前要做绝缘测试。金属外壳与供电设备的每一带电部分的绝缘电阻≥5MΩ。

1.2 配电盘（板）的制作安装

仪表用配电盘有时需在现场制作。制作的步骤如下。

① 按仪表用电的总容量选择符合要求的空气开关或闸刀开关（含熔断丝）。

② 按仪表供电回路选择好各自的开关（含熔断丝）。

③ 设计供电盘（板）的正面布置图和背面接线图（还要考虑进、出供电盘的接线端子），如图5-10-1所示。

④ 按照元件的多少，选择大小合适的胶木板或塑料板。胶木板厚为10～15mm，塑料板一般选聚氯乙烯塑料板，厚为8～10mm。

⑤ 用电钻钻孔，固定电气元件于胶木板上。

⑥ 用∠40～∠45的角钢做成两个⨅型架子。用螺栓把两个⨅型架固定在仪表盘侧面或在后面的盘上。或用膨胀螺栓把两个⨅型架固定在仪表盘侧面或背面的墙上。

⑦ 把装有电气元件的胶木板牢固地固定在两个⨅型架上。

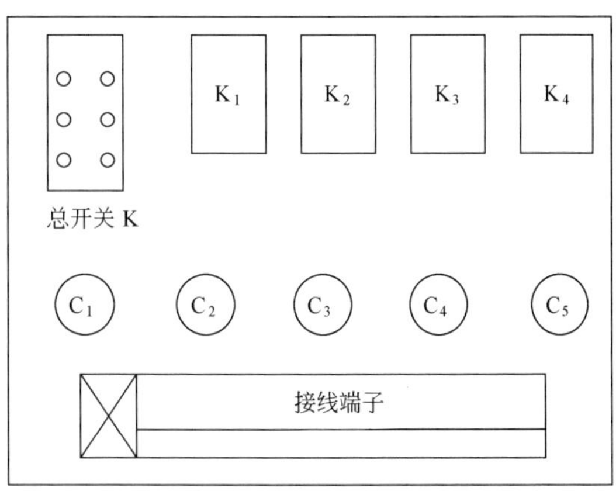

图5-10-1 仪表供电盘正面布置图

K—开关；C—插座

⑧ 从外面引入的电源线和到各仪表用的供电，统一由配电盘下面部分的端子板出入。

继电器盘也可按此方法制作、安装。

2　仪表供气和供液系统的安装

2.1　供气系统

供气系统主要是对气动仪表来说的。安装时要注意以下几项。

① 控制室内配管一律采用镀锌水煤气管。

② 控制室内的供气总管应有不小于 1∶500 的坡度，并在某集液处安装排污阀。

③ 控制室内气源总管要双路供气，以防其中一个过滤器（含减压阀）修理时停气。减压过滤器前、后均要装压力表。为便于维修，每一路供气管至少要装一个活接头。

④ 排污阀或泄压阀的管口要尽可能地离开仪表、电气设备和接线端子。安装在过滤器下面的排污阀与地面间要留有便于操作的空间。

⑤ 供气系统内的安全阀的动作压力要按规定值整定。

2.2　供液系统

供液系统的安装适用于液动单元组合仪表及液压仪表。

液压泵的安装要考虑自然流动回液管的坡度不少于 1∶10，否则要加大回液管的管径。当回液落差较大时，为减少油所产生的泡沫，在集液箱之前要安装一个水平段或 U 形弯管。

储液箱的安装位置应低于回液集管，回液集管与储液箱上回液管接头间的最小高差为 0.3～0.5m。

油压管路不应平行敷设在高温工艺设备、工艺管道上方。与热表面绝热层间的距离要大于 150mm。

回液管路的各分支管与总管连接时，支管要顺介质流动方向与总管成锐角连接。

储液箱及液压管路的集气处应有放空阀，放空管的小端应向下弯 180°。

供液系统用的过滤器，安装前要检查其滤网是否符合产品规定的标准，并应清洗干净。进口与出口方向不能装错。排污阀与地面间应留有便于操作的距离。

接至液压调节器的液压流体管路不能有环形弯或曲折弯。

液压调节器与供液管和回液管的连接要采用金属耐压软管。

供液系统内逆止阀与闭锁阀在安装前应清洗、检查和试验。

供液系统安装完后，要进行压力试验。按设计压力 1.25 倍进行强度试验。

3　仪表安装用支架

仪表管道敷设需用支架。实际施工中，导压管、气动管路、电气保护管的支架可统一考虑，并且同一方向的可以在同一支架上固定。伴管是随导压管敷设的，其支架完全同导压管的支架。

做支架的材料一般是∠30～∠45 的角钢和 30～50mm 的扁钢，有时也用 ⊏10 的槽钢。

支架安装分有预埋件和没有预埋件两种情况。有预埋件的安装件直接焊上即可，管架安装中在管廊上安装属于这种情况。没有预埋件的，就要用膨胀螺栓固定在墙、柱或地坪上，然后再焊上支架，支架安装稍复杂些，多了一道工序，支架的形式没有本质区别。

支架的种类很多，常用的如下。

3.1　吊装

吊装是安装在天花板下。通常有预埋件。预埋件分两类。一类是预埋钢板，可把支架直接焊上去。另一类是预埋钢丝，通常是 $\phi8$～$\phi10$ 的钢丝，支架就焊在钢丝上。若预留钢丝位置不正确，要调整支架的位置比较困难。预留钢板调整比较容易些。

吊架又分单杆吊架与双杆吊架两种，单杆吊架又分为单层、二层、三层三种，如图 5-10-2。

吊架的宽度从 200～1000mm，可由实际管子的多少而定，其高度 L_1、L_2、L_3 由实际安装位置决定，以不影响工艺配管和方便工作为准。

双杆吊架如图 5-10-3 所示。

双杆吊架通常有预埋钢筋（圆钢）。一般采用焊接方法固定吊架。

双杆吊架可以用来敷设钢管、铜管、电缆（保护管），也可以用来固定桥架。

预留的圆钢要视负荷大小来确定规格。

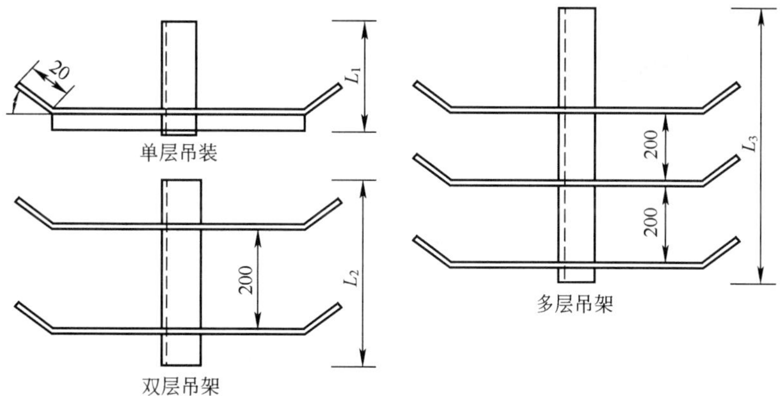

图 5-10-2　仪表用单杆吊架示意图

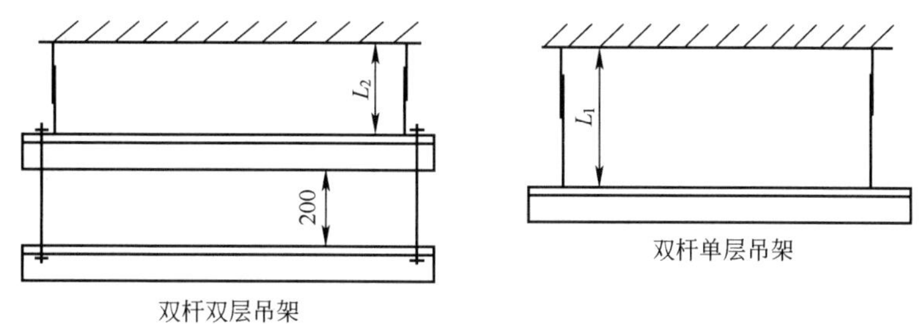

图 5-10-3　双杆吊架示意图

L_1、L_2 吊架高度可随现场情况而定。

吊装宽度为 1500mm 以内。

3.2　悬臂式支架

悬臂式支架是仪表安装最常用的支架之一。它可安装在混凝土墙、柱上，砖墙、砖柱上，也可以安装在管架、管托上。

悬臂的材料一般是∠45 或∠50 角钢，有时也用∠40×4 角钢。

悬臂支架有三种基本情况。第一是有预埋件，可用角钢直接焊上见图 5-10-4(a)。第二种情况是没有预埋件，采用打眼把角钢埋进去，这样强度较大，可支撑较多的管道敷设，见图 5-10-4(b)。第三种情况是用得最多的，没有预埋件，用膨胀螺栓固定一块铁板，然后再把角钢焊上去，如图 5-10-4(c)。

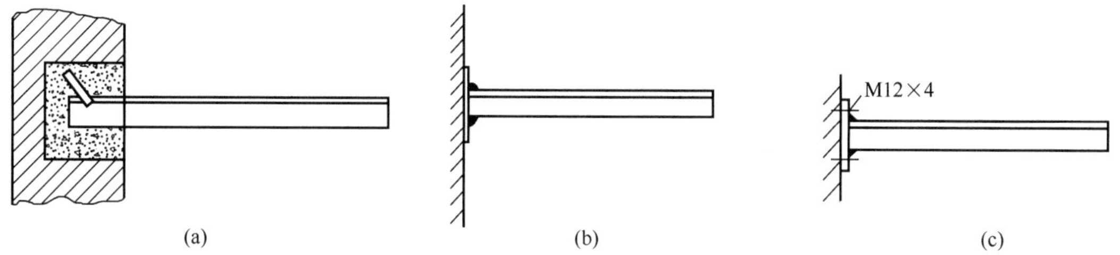

图 5-10-4　悬臂支架的基本形式

有时悬臂支架支撑强度较大，可以用加斜撑方法予以加强。如图 5-10-5。这是有预埋铁的，其他形式也一样。

悬臂支架用∠50×5 角铁，斜撑可用∠30×3 角钢。

3.3　槽形支架

槽形支架又称⊓型支架，也是仪表最常用的一种支架形式。基本形式如图 5-10-6 所示。

它的制作方法有两种。第一种方法是分三段焊接。第二种方法是量好尺寸，用锯切开 90°，然后弯成直角，焊接而成，如图 5-10-7。

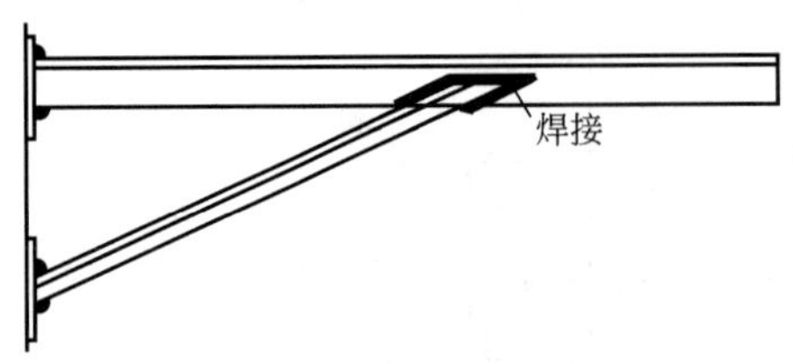

图 5-10-5　带支撑悬臂支架

图 5-10-6　槽形支架的基本形式

图 5-10-7　槽形支架制作

槽形支架和悬臂支架一样，可以在混凝土墙、柱、砖墙、砖柱和管架上安装。安装形式与悬臂支架一样，可以埋入墙内，也可以利用预埋件，采用焊接方法；也可以用膨胀螺栓先把铁板固定在墙上，然后再把槽形架焊上去。

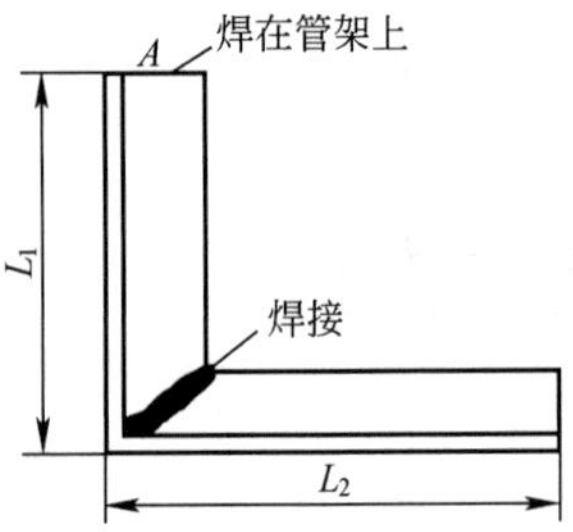

图 5-10-8　L 形支架示意图

3.4　L 形支架

L 形支架适用于 1～2 根管的敷设，它结构简单，安装、制作都很方便，自控专业安装中使用最广。

它由两根长约 200～300mm（按需要）的角钢焊接而成。L 形支架负荷较小，角钢也用小型号的，如∠30×3、∠25×3 等，基本形式如图 5-10-8。

L_1 的长度由安装位置而定。L_2 的长度由敷设管道的数目而定。

角钢端面 A 可以焊在管架或管托上；也可焊在拱顶罐的罐壁上，在其另一直角边上就可以敷设管道。

3.5　抱卡

抱卡是在仪表管道需要中间有支架，但又没有办法固定支架的情况下，把支架抱在工艺管道上的一种支架。

抱卡由扁钢或圆钢做成，也可以用废管头割开使用。其基本形式如图 5-10-9 所示。

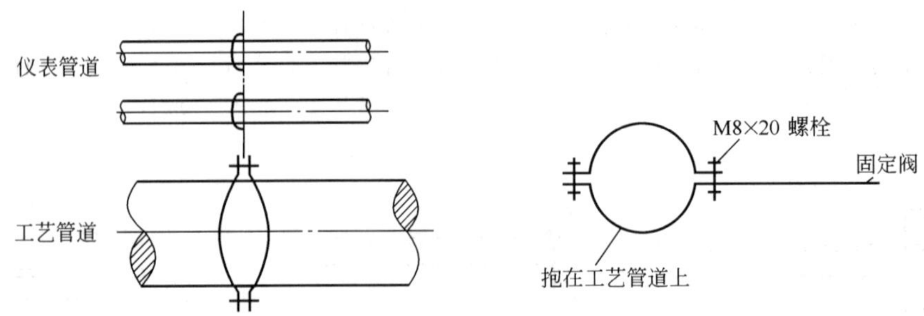

图 5-10-9　抱卡示意图

4　管卡

管卡是仪表安装中使用最为普遍的一种辅助部件，因为不管是管子还是电缆固定，都需要管卡（电缆卡）。管子中导压管的管卡较为简单，基本上是 $\phi14\times2$ 的管卡。而电气保护管规格较多，管卡的规格也就多。常用的管卡如下。

4.1　U 形卡

U 形卡是使用最为普遍的管卡，见图5-10-10。它适用于各种电气管，也适用于各种镀锌水煤气管。

它由 $\phi5$ 圆钢弯制、镀锌而成。两端的螺纹是 M5。它的规格是½″，¾″，1″，

图 5-10-10　U 形卡

1¼″,1½″, 2″。超过 2″的，制作的圆钢要粗一些。

U 形卡适宜于卡单根管，使用灵活、方便。

4.2 导压管管卡（$\phi 8 \sim \phi 22$）

4.2.1 单面管卡（如图 5-10-11）

单面管卡的技术数据如下：

D	a	l	c	展开长度	D	a	l	c	展开长度
$\phi 8$	4	30	9	45	$\phi 16$	8	35	17	62
$\phi 10$	5	30	11	48	$\phi 18$	9	36	19	66
$\phi 12$	6	30	13	51	$\phi 20$	10	42	21	75
$\phi 14$	7	30	15	54	$\phi 22$	11	45	23	82

管卡可用 1～2mm 厚的铁皮做成。使用 M5 螺丝固定。

单面管卡可用来固定导压管和电缆。

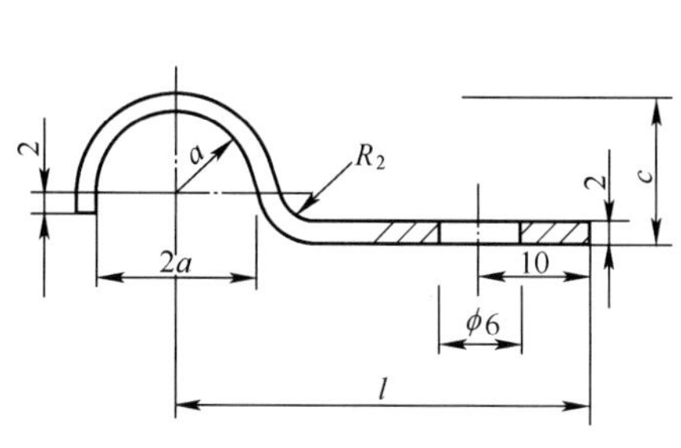

图 5-10-11 单面管卡

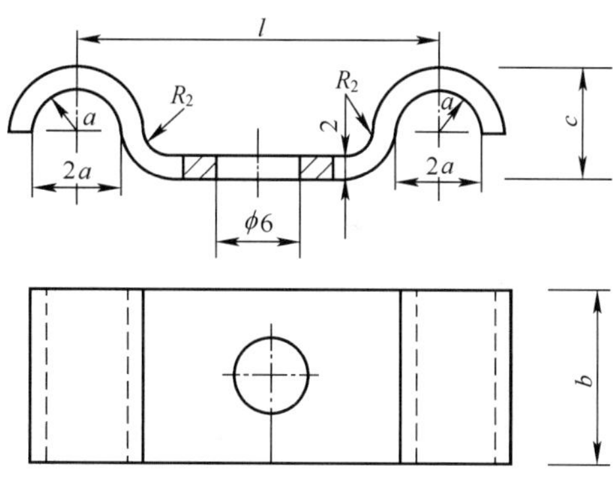

图 5-10-12 双面管卡

4.2.2 双面管卡（如图 5-10-12）

双面管卡技术数据如下：

D	a	l	c	b	展开长度	D	a	l	c	b	展开长度
$\phi 8$	4	40	9	1.0	62	$\phi 16$	8	50	17	2	92
$\phi 10$	5	40	11	1.0	67	$\phi 18$	9	52	19	2	100
$\phi 12$	6	40	13	1.5	71	$\phi 20$	10	64	21	2	117
$\phi 14$	7	40	15	1.5	77	$\phi 22$	11	70	23	2	128

双面管卡特别适合作导压管管卡。对差压变送器配管，两条管子平行出来最合适。配管时要注意两管中心距离，即 l 的大小，以免管子不能卡正。

4.2.3 电气保护管卡（见图 5-10-13）

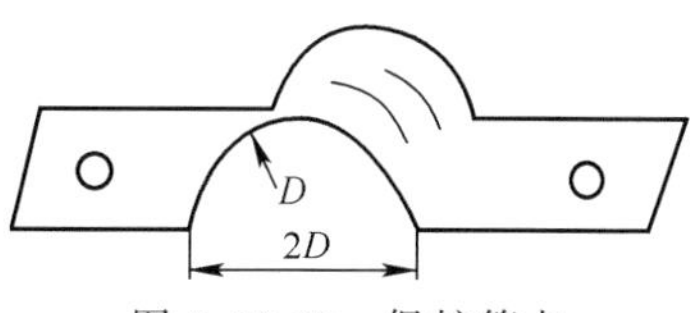

图 5-10-13 保护管卡

这种管卡用厚 1.5～2mm 铁板制成。有的镀锌。

D 的大小由所卡管子而定。一般的规格是 ½″，¾″，1″，1¼″，1½″，2″，2½″，3″。超过 3″，很少用这种管卡。

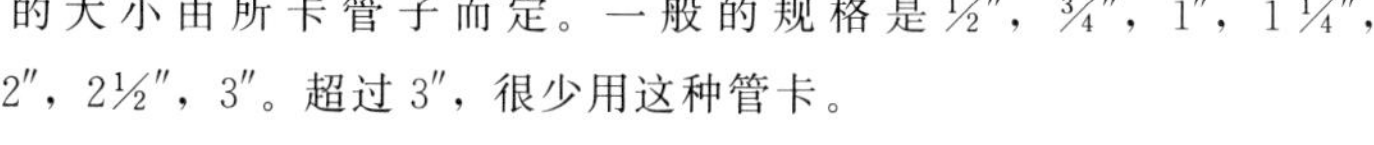

4.2.4 铜管管卡

当一排铜管紧凑排列安装时，可以采用这种管卡，见图 5-10-14。

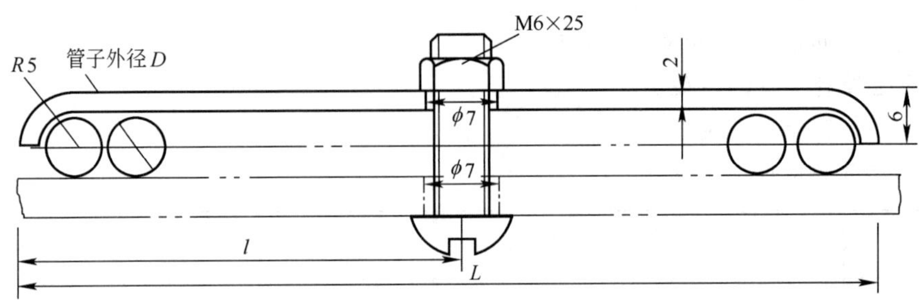

图 5-10-14 铜管管卡

这种管卡适宜于 ϕ6、ϕ7、ϕ8、ϕ10 等铜管 2～10 根排列。其管卡的具体尺寸是：

管路根数	ϕ6		ϕ8		ϕ10		管路根数	ϕ6		ϕ8		ϕ10	
	l	L	l	L	l	L		l	L	l	L	l	L
2	12	24	14	28	16	32	7	30	54	38	68	46	82
3	18	30	22	36	26	42	8	30	60	38	76	46	92
4	18	36	22	44	26	52	9	36	66	46	84	56	102
5	24	42	30	52	36	62	10	36	72	46	92	56	112
6	24	48	30	60	36	72							

4.2.5 电缆卡

电缆卡的形状同单面管卡和双面管卡。现在电缆大多放在槽板（桥架）内，这种卡用得相对要少一些。

随着引进装置的增多，电缆绑扎卡逐渐应用于施工中。它是一种塑料制品。绑扎卡头上带一个小舌头。绑扎卡是一条带有多道小平齿的塑料带。当小平齿通过小舌头时，塑料带只能紧不能松，越拉越紧，除非抬起小舌头。如图 5-10-15 所示。

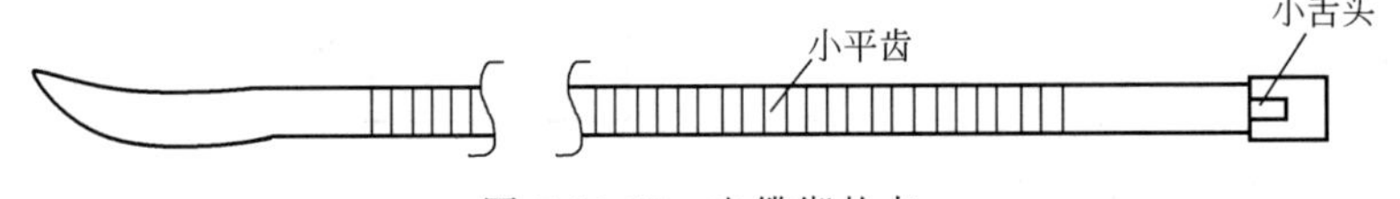

图 5-10-15 电缆绑扎卡

这种绑扎卡实用又经济，很受施工单位欢迎。

5 仪表盘安装

仪表盘安装包括控制室的操作台安装。先要制作一个仪表盘底座，其底座的大小刚好与仪表盘底大小一致。

底座由 [10 槽钢焊接而成。焊接时，槽钢的槽面向里，使底座的高度正好为 100mm。焊接完后要打磨，不能有毛刺和焊瘤。焊接过程中要注意焊接变形。

焊完的底座要做防腐处理，一般是先刷两遍防锈底漆，然后再刷两遍防锈黑漆。

底座安装在基本已经找平的控制室地坪上。有时，地坪有预埋角钢或钢板。焊接前，要找准预埋件，其水平标高不能＞1mm。若没有预埋件，就要用膨胀螺栓固定。

制作成的槽钢底槽要用机械方法钻孔，不能用气焊割孔。不管是固定底槽的孔，还是在底槽上用来固定仪表盘的孔，都必须用电钻钻孔。

安装好底槽，要重新复测位置，其水平度差不能＞1mm。

基础槽钢也可用来制作集散系统盘的底座。做法与要求同仪表盘底座。

底座在控制室地面尚未最后处理完时安装，安装太早，控制室地面标高不准，地面不平，影响仪表盘的安装质量。处理完地面再安装仪表盘也不妥，因为在安装仪表盘底座时，不可避免地要损坏地面。因此，控制室仪表盘底座的安装要抓住安装的最佳时机。

对于有防静电和防潮地板的控制室，仪表盘底座的安装比较灵活，因为底座固定的地面在防静电地板的下面。

仪表盘的安装要求较高。仪表盘是仪表最集中的地方，也是最受人注意的地方。

单独仪表盘的安装：垂直度每米不超过 1.5mm，水平倾斜度每米不超过 1mm。

成排仪表盘的安装：垂直度每米不超过 1.5mm，相邻两盘的高差不超过 2mm。连接处多于 2 处的盘顶最大高差不超过 5mm，盘之间的间隙不允许超过 2mm。盘正面的平面度相邻两盘不能超过 1mm，多于 5 处时，盘面连接的平面度不能超过 5mm。

仪表盘的平面度、垂直度，要求拉线用水平尺量，盘之间的间隙用塞尺测量，要求是很高的。

6 保温（护）箱安装

保温箱、保护箱在自控安装中使用得极为普遍，其主要作用是保护仪表，免受机械损坏，特别在寒冷地区，仪表正常使用的温度要用保温箱来提供，因此，大多数保温箱还有伴热装置，一般采用蒸汽伴热，也有的采用电伴热。

6.1 保温箱底座制作

保温箱底座有两种基本形式，即方框式和立柱式。通常要求保温箱安装高度为 600～800mm。

6.1.1 方框式

方框式底座是用∠40×4 的角钢焊制成与保温箱底大小一致的底座，一般是 600mm×500mm。见图 5-10-16。

对保温箱的垂直度、水平度都有较高的要求，因此，制作底座的要求也较多。首先不能用气焊切割角钢，而应当用砂轮切割机切割。尺寸要求准确。焊接完后，要用砂轮打平。在焊接过程中，要注意焊接变形。

高度 h>800mm 时要加横撑。横撑也是由∠40 角钢做成。

做成的底座要求平稳，不晃动。稳定度要好。

做好的底座要做防腐处理。刷两遍防锈底漆之后，再按设计要求刷两遍防锈漆。

底座固定在楼板和地面上，可用膨胀螺栓固定，在框架上可用焊接。要求牢固、平稳。

6.1.2 立柱式底座

立柱式底座由两块铁板（厚为 6mm），中间是一条 3″管构成，见图 5-10-17。

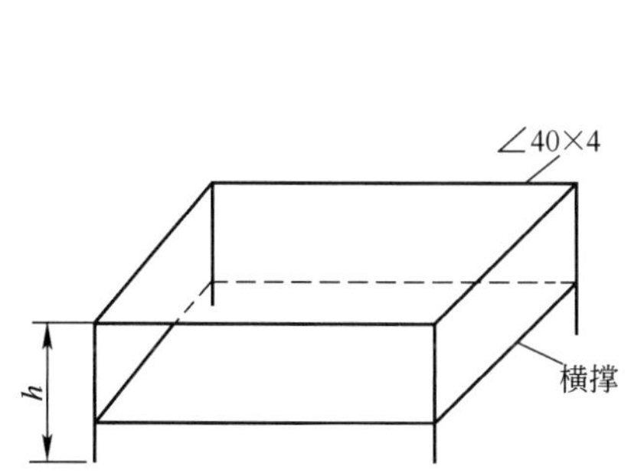

图 5-10-16 方框式保温箱底座

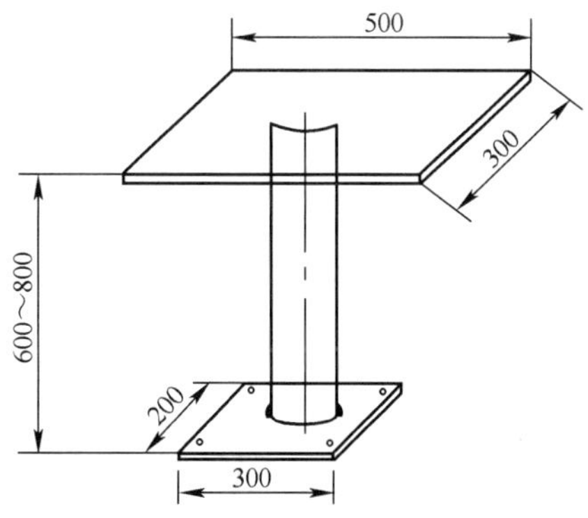

图 5-10-17 立柱式保温箱底座

立柱式底座同样要求平稳、牢固，同样要求做防腐处理。

下底座 200mm×300mm，用来固定底座。在混凝土地坪用 4 个膨胀螺栓固定。在钢板地坪可用焊接固定。

上底座 300mm×500mm 用来固定保温箱。铁板上可用电钻钻孔固定保温箱。

立柱是 3″镀锌水煤气管（不能用电气保护管），要有足够的强度。

6.2 保温箱伴热管安装

保温箱内的伴热管通常是蒸汽伴热，用 $\phi8\times1$ 的紫铜管弯成盘管状，见图 5-10-18。一般要看安装地的气温而言，通常有 4 个弯已足够。

盘管要牢固地固定在保温箱内壁上，保温箱低压蒸汽的进入与冷凝水的排出要有统一安排。低压蒸汽排出，也即保温箱内盘管的出口要通过疏水器统一排入地沟，不允许乱排。

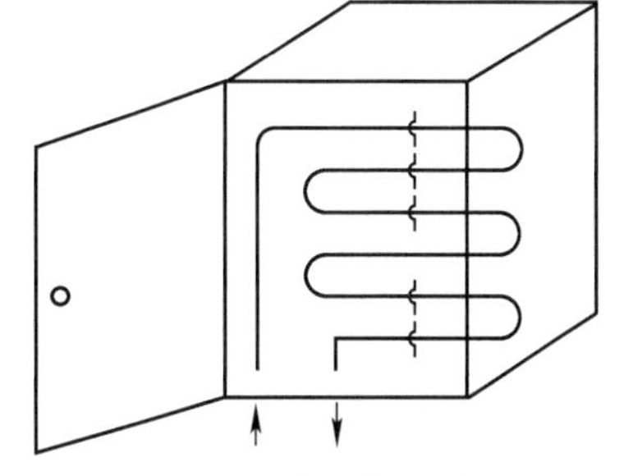
图 5-10-18 保温箱及其盘管

6.3 保温箱安装

保温箱国内生产厂家很多，施工单位制作很少，只要查阅样本，订货即可。

保温箱的安装，出于配导压管的需要，有时几个保温箱安装在一起，这就提出了较高的要求。如垂直度允许偏差 3mm，倾斜度允许偏差 3mm，5 个以上允许偏差 5mm。这种偏差要求实际上很难达到。对保温箱的质量要求，制造厂有些不太严格，其固有的偏差可能就大于 5mm，这样的箱体安装在一起肯定就有很大问题。因此，在安装前应先挑选一下，把质量符合要求的保温箱安装在一起或安装在显要位置处，把质量较差的保温箱安装在位置不重要的地方。

集中安装保温箱也要选择保温箱的底座。底座在制作过程中不可能完全一致，因此要进行选择。几个基本尺寸相同的保温箱底座安装在一起，能较好地保证保温箱的安装质量。

保温箱内的仪表安装多采用立柱式支架。采用 $\phi 2''$的立柱，长 300～400mm，固定在保温箱合适位置，然后用仪表带来的 U 形卡，把仪表固定在立柱上。需要注意的是不管是变送器还是其他仪表，其指示部分要处于易于观察的地方。

7 辅助容器的制作安装

仪表安装辅助容器很多，在很多情况下需现场制作。如冷凝器、隔离器、除尘器、分离器、平衡容器、冷却罐、冷却器、汽化罐、水封容器、洗涤稳压器、重度测定槽等等，种类很多，作用各异，安装也各有特色，这里只介绍使用最多的冷凝器与隔离器。

7.1 冷凝器制作

冷凝器制作图如图 5-10-19 所示，材料为 20 号钢。

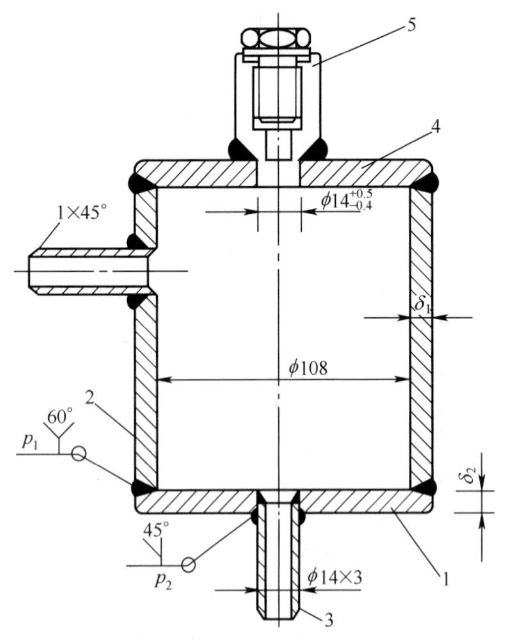

公称压力/MPa	尺寸					
	δ_1	D_1	δ_2	p_1	p_2	试压
6.4	6	86	15	1	11	9.6
16	10	78	15	2	9	24

图 5-10-19 冷凝器制作图

1—底板，δ_2；2—筒体，$\phi 108\times 6$，$L=150$；3—接管，$\phi 14\times 3$，$L=55$；4—底板，δ_2；5—M18×1.5 或 M20×1.5 丝堵

技术要求：

① 按钢制焊接容器技术条件进行制造、试验和验收；

② 焊接采用电焊，焊条型号为 J422；

③ 容器制成后进行水压试验，试验压力如图 5-10-19 中表所示（公称压力的 1.5 倍）；

④ 制成的容器表面涂漆，漆的规格由设计确定。

冷凝器的安装注意事项如下：

① 测量流量，必须保持冷凝器水平，不能因冷凝液的人为误差，造成测量误差；

② 必须保持冷凝器水平面有一定高度，水平面降低，应立即加水保证平面高度。

7.2 隔离容器

隔离容器的形式有两种，即 $\rho_{隔}>\rho_{测}$ 与 $\rho_{测}>\rho_{隔}$ 两种，如图 5-10-20 和图 5-10-21。制作材料为 20 号钢或耐酸钢，垫片为橡胶石棉板或氟塑料。

技术要求：

① 按钢制焊接容器技术条件 JB 741—73 进行制造、试验和验收；

② 焊接采用电焊，碳钢容器焊条型号 J422；

③ 材料选用耐酸钢时，其钢号与焊条型号由工程设计确定；

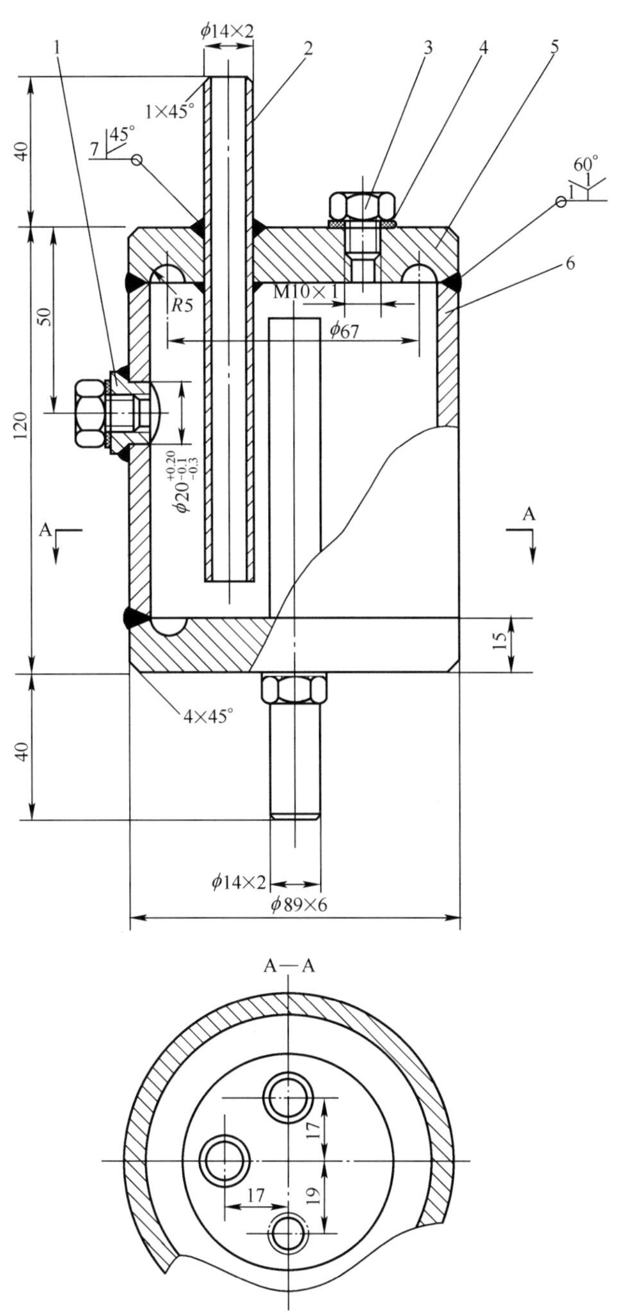

图 5-10-20 隔离容器基本形式之一（$\rho_{隔}>\rho_{测}$）

1—连接座，M10×1；2—接管，ϕ14×2，L=135；3—螺塞，M10×1；4—垫片，ϕ18/11，δ=2；5—底板，δ=15；6—筒体，ϕ89×6，L=100

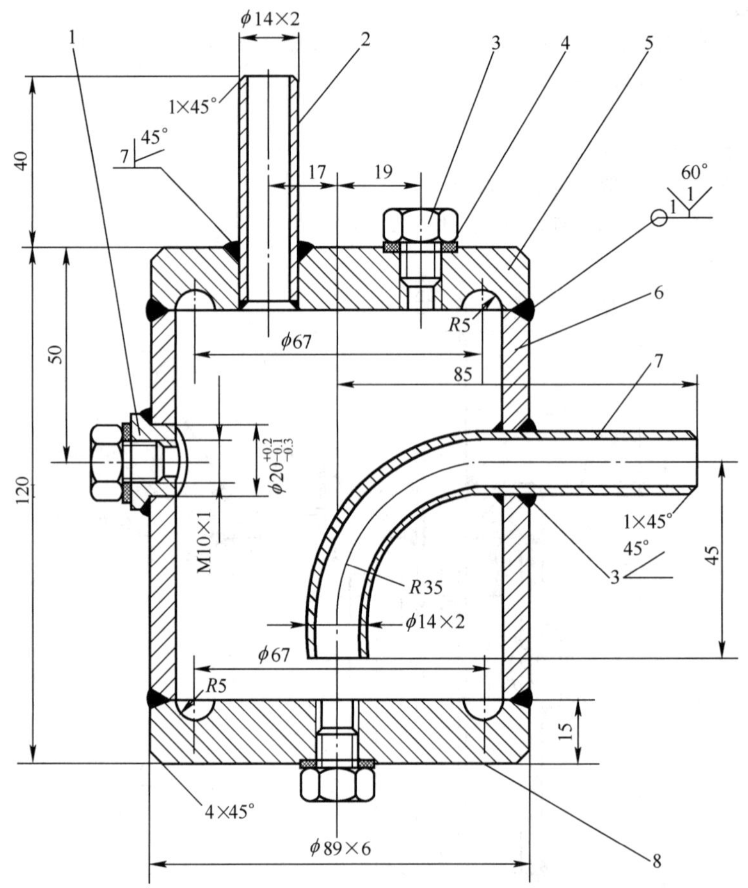

图 5-10-21　隔离容器基本形式之二（$\rho_{隔}<\rho_{测}$）

1—连接座，M10×1；2—接管，φ14×2，L=50；3—螺塞，M10×1；4—垫片，φ18/11，δ=2；
5—底板，δ=15；6—筒体，φ89×6，L=100；7—接管，φ14×2，L≈115；8—底板，δ=15

④ 容器制成后进行水压试验，试验压力 9.6MPa；

⑤ 容器表面涂漆，漆的规格由工程设计决定。

8　测温扩大管的制作

测温用的扩大管是检测小管道温度的必备辅助设施，通常在现场制作。制作方法有两种。一种是找一段长为 200mm 的 φ108×4 管，两头各留 50mm，用做大小头的方法缩成。另一种方法是按标准图做成，具体数据见图 5-10-22。材料是 10 号钢、耐酸钢或同工艺管道。焊缝技术要求按 GB 985—67 的规定。

管道通径 DN		10	15	20	25	32	40	50	70
大小头长度 L	D×δ=57×3.5	120	100	100	75	75	75		
	D×δ=89×4.5	120	120	100	100	100	75	75	75

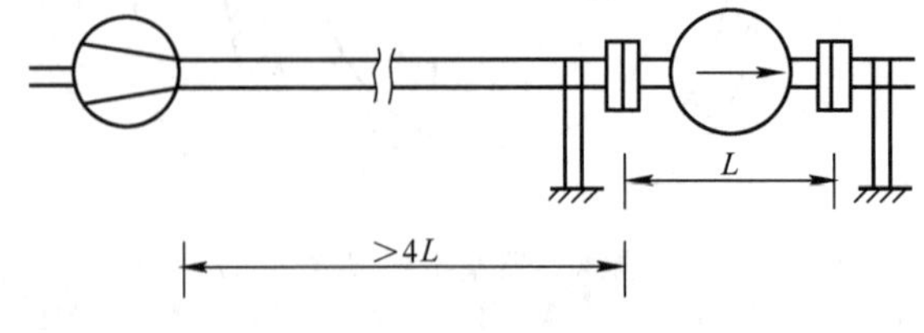

图 5-10-22　测温扩大管

第11章　试车、交工

1　自控仪表的单体调校

1.1　仪表单体调校的必要性

国家标准《工业自动化仪表工程施工及验收规范（GB J93—86)》第11.1.1条规定："仪表单体调校宜在安装前进行。"在第12.2.2条"交工时应交验下列文件"中明确指出包括"仪表调校记录。"这就要求仪表不仅要调校，而且要如实记录。

仪表在出厂前，虽经过制造厂的校验，但通过长途运输、装卸、颠簸、保管等条件的影响，可能会使仪表的零位、量程及精度有所波动。施工单位应掌握第一手资料，保证安装上去的自控仪表符合设计要求。只有通过单体调校，才能达到这一目的。

对于引进装置，仪表的单体调校可以与仪表的品质检验结合起来。仪表有误差，可以作为索赔的依据。

1.2　仪表单体调校与计量器具检定的区别

按照计量法的规定，所有计量器具都必须要周期检定。自控仪表都是计量器具，都要进行周期检定。周期检定与调校都是对仪表的一种校验或检定，所采用的方法基本相同，校验或检定的项目也基本相同，但却有很大的区别。

① 计量器具的周期检定，是对国家计量法的一种承诺，并且必须要在政府计量部门或政府计量行政部门指定的单位进行。而单体调校，施工单位可以自行进行，不必通过政府计量部门。但检定（校验）人员的资格和标准仪表的有效性必须由政府计量部门认可。

② 计量器具的周期检定具有法律效用。计量行政部门出具的周期检定证书具有权威性，而仪表的单体调校，是施工单位仪表安装的一个程序，施工单位只对校验结果负责，并没有法律效用。

③ 计量器具的周期检定是对所检定的计量器具的认可，即合格与否的认可。不合格的计量器具的修理不是周期检定的内容。而仪表的单体调校对不合格的仪表应在尽可能的条件下使它满足精度要求，必要时请制造厂来人或送制造厂校验，直至合格。

1.3　单体调校内容

仪表单体调校内容在GB J93—86中有明确规定。

① 被校仪表应外观及封印完好，附件完全，表内零件无脱落和损坏，铭牌清楚完整，型号、规格及材质符合设计规定。

② 被校仪表在调校前，应按下列规定进行性能试验。

电动仪表在通电前应先检查其电气开关的操作是否灵活可靠，电气线路的绝缘电阻值，应符合国家仪表专业标准或仪表安装使用说明书的规定；被校仪表的阻尼特性及指针移动速度，应符合国家仪表专业标准或仪表安装使用说明书的规定。

仪表的指示和记录部分应：

a. 仪表的面板和刻度盘整洁清新；

b. 指针移动平稳，无摩擦、跳动和卡针现象；

c. 记录机构的划线或打印点清晰，没有断线、漏打、乱打现象；

d. 记录纸上打印点的号码（或颜色）与切换开关及接线端子板上标志的输入信号的编号相一致。

③ 报警器应进行报警动作试验。

④ 电动执行器、气动执行器及气动薄膜调节阀应进行全行程时间试验。

⑤ 调节阀应进行阀体强度试验。

⑥ 有小信号切除装置的开方器及开方积算器，应进行小信号切除性能试验。

⑦ 调节器应进行手动和自动操作的双向切换试验，具有软手动功能的电动调节器还应进行下列试验：

a. 软手动时，快速及慢速两个位置输出指示仪表走完全行程所需时间的试验；

b. 软手动输出为4.960V（19.8mA）时输出保持特性试验；

c. 软、硬手动操作的双向试验。

被校仪表或控制器还应进行下列项目的精确度调校。

① 被校仪表应进行死区（即灵敏限）、正行程、反行程、基本误差及回差调校。

② 被校调节器应按下列要求进行：

a. 手动操作误差试验；

b. 电动调节器的闭环跟踪误差调校，气动调节器的控制点偏差调校；

c. 比例带、积分时间、微分时间刻度误差试验；

d. 当有附加机构时，应进行附加机构的动作误差调校。

此外，还要注意，仪表调校点应在全刻度范围内均匀选取不少于 5 点。

由于现场条件的限制，下列仪表单体调校一般不进行：

① 温度仪表中热电偶和电阻体的热/电特性，因“规范”没有明确规定，建设单位有明确要求时，要充分协商，但也只是抽检；

② 除节流装置外的流量仪表（因缺少标准流量槽）；

③ 部分没有提供样气（品）的分析仪表。

1.4 单体调校方法

见第 4 篇“仪表检定与校验”。

1.5 单体调校的时间安排

原则上单体校验安排在安装前。但校验过早，超过半年，又得重校。安排过迟，会影响安装进度。一般是积极创造条件，修建简易但合格的现场调整室（或施工单位准备集装箱，可按正规调整室装备），一般在仪表安装前 3～4 个月进行。

1.6 单体调校后的保管

单体调校后仪表的保管很重要。要做好标记，调校合格的与不合格的和没有调校的表要分别妥善保管。保管仪表的库房要满足基本条件：环境温度为 5～35℃，相对湿度低于 85%。要有货架，不能放在地上。

校验结果要如实填写，特别是调校不合格但经过修理后合格的仪表。

1.7 标准仪表的选取

见第 4 篇“仪表检定与校验”。

2 自控仪表的系统调校

2.1 系统调校的条件

系统调校应在工艺试车前，且具备下列条件后进行：

① 仪表系统安装完毕，管道清扫完毕，压力试验合格，电缆（线）绝缘检查合格，附加电阻配制符合要求；

② 电源、气源和液压源已符合仪表运行要求。

2.2 系统调校方法

系统调校按回路进行。自控系统的回路有三类，即自动调节回路，信号报警、联锁回路，检测回路。

2.2.1 检测回路的系统调校

检测回路由现场一次点、一次仪表、现场变送器和控制室仪表盘上的指示仪、记录仪组成。系统调校的第一个任务是贯通回路。即在现场变送器处送一信号，观察控制室相应的二次表是否有指示。其目的是检验接线是否正确，配管是否有误。第二个任务是检查系统误差是否满足要求。方法是在现场变送器处送一阶跃信号，记下组成回路所有仪表的指示值。其计算公式为：

$$\delta=\sqrt{\delta_1^2+\delta_2^2+\cdots+\delta_n^2}$$

式中 δ——系统误差；

δ_1，δ_2，…，δ_n——组成回路各块仪表的误差。

δ 在允许误差范围内为合格。

若配线、配管有误，相应二次表就没有指示，应重新检查管与线，排除差错。

若 $\delta>$允许误差，则要对组成检测回路的各个仪表逐一重新进行单体调校。

2.2.2 调节回路的系统调校

调节回路由现场一次点、一次仪表、变送器和调节室里调节器（含指示、记录）和现场执行单元（通常为气动薄膜调节阀）组成。系统调校的第一个任务是贯通回路，其方法是把控制室调节器中手-自动切换开关定在自动上，在现场变送器输入端加一信号，观察控制室调节器指示部分有没有指示？现场调节阀是否动作？其目的是检查其配管接线的正确。然后把手-自动开关定在手动上，由手动输送信号，观察调节阀的动作情况。当信号从最小到最大时，调节阀的开度是否也从最小到最大（或从最大到最小），中间是否有卡的现象，调节阀的动作是否连续、流畅。最后是按最大、中间、最小三个信号输出，调节阀的开度指示应符合精度要求。其目的是检查调节阀的动作是否符合要求。第三个试验是在系统信号发生端（通常选择调节器测量信号输入端），给调节器一模拟信号，检查其基本误差、软手动时输出保持特性和比例、积分、微分动作趋向以及手-自动操作的双向切换性能。

若线路有问题，调节器手动输出动作控制不了相应的调节阀，就必须重新校线、查管。若调节阀的作用方向或行程有问题，要重新核对调节器的正、反作用开关和调节阀的特性，使调节器的输出与调节阀动作方向符合设计要求。若调节器的输出与调节阀量程不一致，而调节阀又不符合其特性，就要对调节阀单独校验。若调节器的基本误差超过允许范围，手-自动双向切换开关不灵，就要对调节器重新校验。

系统调校过程中，特别是带阀门定位器的调节系统很容易调乱，一旦调乱，再调校就很不容易了。在这种情况下，有一经验调校办法，就是当输入为一半时（若DDE-Ⅲ型表，输入为12mA DC，气动仪表为0.06MPa时），阀门定位器的传动连杆应该是水平的。也就是说，把阀门定位器的传动连杆放在水平位置，然后再把输入信号定在12mA，再进行校验，就能较快地完成二次调校。

2.2.3 报警、信号、联锁回路的系统调校

报警、联锁回路由仪表、电气的报警接点或报警单元，控制盘上的各种调节器、继电器、按钮、信号灯、电铃（电笛、蜂鸣器）等组成。

报警单元的系统调试，首先是回路贯通。把报警机构的报警值调整到设计报警的位置，然后在信号输入端作模拟信号（报警机构的报警接点短接或断开），观察相应的指示灯和声响是否有反应。然后，按消除铃声按钮，正确的结果应该是铃声停止，灯光依旧。第二个试验是撤除模拟信号，按试验按钮，全部信号应灯亮铃响，再按消除铃声按钮，应该是铃停灯继续亮。其目的是检查接线正确与否。

联锁回路的调试与报警回路相同，只是在短接报警机构输入接点后，除观察声光外，还要观察其所带的继电器动作是否正常，特别是所接控制设备的接点，应用万用表测量，是否由通到断或由断到通，应反复3次，动作无误才算通过。

如果输入模拟信号，相应的声光无反应，要仔细分析原因。首先要检查报警单元是否动作，信号灯泡是否完好，确信不是上述原因后，再对配线做仔细检查。

如果试验按钮或消除铃声按钮没有作用，要重新检查盘后配线，有必要时，要检查逻辑原理图或信号原理图。

对联锁回路的检查尤为重要，这是这个回路检查的重点，检查的内容还应包括各类继电器的动作情况。若用无接点线路，在动作不正确情况下，要仔细核对原理图和接线图。

3 “三查四定”和“中间交接”

“三查四定”是交工前必须做的一个施工工序，由设计单位、施工单位和建设单位组成的三方人员对每一个系统进行全面仔细的检查，检查重点是施工质量是否符合GBJ 93—86规定，施工内容是否符合图纸要求，是否有不安全因素和质量隐患，是否还有未完成项目。对查出问题必须“定责任、定时间、定措施、定人员。”

“三查四定”工作完成后，建设单位应对施工单位所施工的工程进行接管。从施工阶段进入试车阶段时，装置由施工单位负责转到由建设单位负责。由于工程进入紧张的试车阶段，建设单位人员大量介入，如果工程保管权还在施工单位，会对试车不利，但又不具备正式交工条件，因此有一“中间交接”阶段。这一阶段是一个特殊的阶段，是建设、施工单位人员携手共同进行试车工作的阶段。中间交接双方要签字，要承担责任。

只有有“中间交接”的装置，建设单位才有权使用。

4 试车

4.1 试车的三个阶段

国家标准GBJ 93—86规定：取源部件，仪表管路，仪表供电、供气和供液系统，仪表和电气设备及其附

件，均已按设计和本规范的规定安装完毕，仪表设备已经过单体调校合格后，即可进行试运行。

试运行是试车的第一阶段，也就是单体试车，主要标志是传动设备的试车，管道的吹扫，设备和管道的置换，仪表的二次调校。

单体试车时，需要仪表专业配合工艺的量不大，内容不多，只是就地指示仪表的指示。对大型的传动设备，如大型压缩机、高压泵等还应开通报警、联锁系统。在这个阶段，仪表专业重点还在完成未完成工程项目和进行系统调校。如管道吹扫完后，工艺管道全部复位，仪表应把孔板安装好，调节阀卸掉短节、复位放在首要。此外，把吹扫时堵住口的温度计全部装上，压力表按设计要求安装好。调节阀复位后，抓紧做好配管配线工作。总的说来，这个阶段，仪表的工作还局限于安装的扫尾工作。技术人员应抓紧时间做好交工资料的整理和竣工图的绘制工作。

联动试车是试车的第二个阶段。联动试车又称无负荷试车。工艺的任务是打通流程，通常用水来代替工艺介质，故又称水联动。这个阶段，原则上仪表要全部投入运行。由于试车阶段工艺参数不稳定，有些仪表因此而不能投入运行，如流量表。调节器只能放在手动位置，用手动可在控制室开启、关闭或调节阀门。报警、联锁系统要全部投入运行，并在有条件的情况下，进行实际试验。

对仪表专业而言，GB J93—86 指出："仪表系统经调试完毕，并符合设计和本规范的规定，即为无负荷试运行合格"。

无负荷试车，系统打通流程并稳定运行 48h 即为合格，这时对仪表的考验也已通过。GB J93—86 指出："经无负荷试运行合格的仪表系统，已对工艺参数起到检测、调节、报警和联锁作用，并经 48h 连续正常运行后，即为负荷试运行合格"。

负荷试车是试车的第三阶段，这时已经投料，开始进行正式的试生产了。对仪表而言，在负荷试车前，已提前通过了"负荷试运行"。

4.2 试车三阶段中施工单位仪表专业的任务

4.2.1 单体试车阶段

这个阶段，施工单位仪表专业要全面负责起单体试车工作，并积极帮助建设单位仪表专业人员尽快熟悉现场，熟悉仪表，尽快进入角色。

4.2.2 无负荷试车阶段

这个阶段，仪表专业应该是正在办理或已经办理完"中间交接"对装置仪表的使用权和保管权，正从施工系统向建设单位转移，并逐渐由建设系统负责，施工单位协助。

4.2.3 负荷试车阶段

在无负荷试车结束后，仪表专业已完成负荷试车。因此在实际进行负荷试车时，仪表的操作、管理已完全由建设单位全权负责。施工单位仪表人员只是根据建设单位的需要，做"保镖"和进行必要的"维修"。

5 交工

整个系统经无负荷试车合格后，施工单位在统一组织下，仪表专业与其他专业一起，向建设单位交工。建设单位应组织验收。

交工验收有硬件与软件。硬件就是完整的、运行正常、作用正确的仪表及其系统。软件就是交工资料。交工资料的清单已在本篇第 1 章详述，施工单位可按施工项目的情况酌情增减。交工资料总的来说包括两个内容，一是施工过程中实际的工程记录，包括隐蔽记录与调试记录，第二是质量评定记录，是按施工时已经划定的分项工程为单位进行质量评定。这两种记录都应全面、完整、真实。

仪表工程建设交工技术文件包括：

① 交工技术文件目录
② 交工验收证书
③ 工程中间交接记录
④ 未完工程项目明细表
⑤ 隐蔽工程记录
⑥ 仪表管路试压、脱脂、酸洗记录
⑦ 节流装置安装检查记录
⑧ 调校记录
⑨ DCS 基本功能检测记录
⑩ 调节器调校记录
⑪ 仪表系统调试记录
⑫ 报警、联锁系统试验记录
⑬ 电缆放设记录
⑭ 电缆（线）绝缘电阻测定记录

⑮ 接地极、接地电阻安装测定记录

⑯ 设计变更一览表

仪表安装工程质量检验评定表主要包括：

① 温度取源部件安装质量检查记录

② 压力取源部件安装质量检查记录

③ 流量取源部件安装质量检查记录

④ 物位取源部件安装质量检查记录

⑤ 分析取源部件安装质量检查记录

⑥ 成排仪表盘（操作台）安装质量检查记录

⑦ 差压计、差压变送器安装质量检查记录

⑧ 漩涡流量计安装质量检查记录

⑨ 分析仪表安装质量检查记录

⑩ 供电设备安装质量检查记录

⑪ 电线（缆）保护管明敷设质量检查记录

⑫ 电线（缆）保护管暗敷设质量检查记录

⑬ 硬质塑料保护管敷设质量检查记录

⑭ 电缆明敷设安装质量检查记录

⑮ 仪表防爆安装质量检查记录

⑯ 管路敷设质量检查记录

⑰ 脱脂质量检查记录

⑱ 隔离、吹洗、伴热、绝热、涂漆防护工程安装质量检查记录

⑲ 指示仪表单体调校质量检查记录

⑳ 记录仪表单体调校质量检查记录

㉑ 变送器单体调校质量检查记录

㉒ 分析仪表单体调校质量检查记录

㉓ 调节仪表单体调校质量检查记录

㉔ 调节阀、执行机构和电磁阀单体调校质量检查记录

㉕ 报警装置单体调校质量检查记录

㉖ 检测系统调试质量检查记录

㉗ 调节系统调试质量检查记录

㉘ 报警系统调试质量检查记录

6 验收“规范”和评定“标准”

这是两个有关仪表施工的国家标准。

《工业自动化仪表工程施工验收规范》GB J93—86 是仪表施工的验收规范，是施工与验收的最高标准。仪表施工人员要切实按规范要求进行施工，建设单位也应按规范要求验收工业自动化仪表工程。高于规范的要求，可通过协商解决。

《工业自动化仪表工程施工及验收规范》GB J93—86 共 12 章 44 节，4 个附录。主要内容有总则，取源部件，仪表盘（箱、操作台），仪表设备，仪表供电设备及供气，供液系统的安装，仪表用电气线路的敷设，电气防爆和接地，仪表用管路的敷设、脱脂、防护，仪表调校以及工程验收。

引进项目还要遵照引进国家工业自动化仪表施工的有关规范。

《自动化仪表安装工程质量检验评定标准》GB J131—90 与 GB J93—86 配套使用，即工程项目按“GB J93—86”施工、验收，工程质量按“GB J131—90”评定。

GB J131—90《自动化仪表安装工程质量评定标准》是国家建设部于 1990 年以（90）建标字第 242 号发布的国家标准，1991 年 3 月 1 日起执行。该标准共分 11 章和 4 个附录，主要内容有总则，质量检验评定方法与质量等级划分，取源部件的安装，仪表盘（箱、操作台）的安装，仪表用电气线路的敷设、防爆和接地，仪表用管路的敷设、脱脂和防护，仪表调校以及仪表工程质量检验数量和方法等。

质量评定在施工过程中极为重要。工程质量优劣的最终结论依靠此检验评定标准下结论。通常评定的程序是由施工单位质量管理部门负责人会同建设单位质量监督部门负责人和有关人员商定单位工程、分部工程及分项工程的划分，商量质量控制点即 A、B、C 检验点的确定。然后在施工中，对 A 类、B 类项目按施工队的“共检项目通知单”进行三方（施工队、施工单位质量管理部门和建设单位质量监督员）共检，随时进行分项工程的质量评定。按工程进展情况，进行分部工程的质量评定。单位工程的质量评定要在负荷试车合格后进行。

质量评定只有两个等级，即合格与优良。

检验项目分为三部分：保证项目、主要检验项目和一般检验项目。

分项工程质量评定规定如下。

(1) 合格　保证项目全部合格，主要检验项目全部合格和 80%以上一般检验项目符合 GB J131—90 规定。

(2) 优良　保证项目全部合格，主要检验项目和全部一般检验项目都必须符合 GB J131—90 规定。

分部工程质量等级的评定规定如下。

(1) 合格　所包含的分项工程的质量全部达到合格标准，即该分部工程为合格。

(2) 优良　所包含的分项工程的质量全部达到合格标准，并有 50%及其以上分项工程达到优良标准的分

部工程为优良。

单位工程质量等级的评定规定如下。

(1) 合格 各项试验记录和施工技术文件齐全，在该单位工程中所含的分部工程全部达到合格标准，为合格的单位工程。

(2) 优良 各项试验记录和施工技术文件齐全，在该单位工程中全部分部工程合格，且其中50%及其以上为优良（其中主要分部工程必须优良），可评该单位工程为优良。

分项工程的质量评定是施工班组自评，由施工队施工员和班组长组织有关人员进行检验评定，由施工单位质量管理部门专职质量检查员核定。

分部工程的质量评定由施工队技术负责人和施工队长组织有关人员进行质量检验评定，并经施工单位质量管理部门专职质量检查员核定、施工单位技术管理和质量管理部门认定。

单位工程质量评定由施工单位技术负责人和行政领导组织有关部门进行检验评定，质量管理部门核定后，经上报上级主管部门认定。也可以由建设单位质量主管部门或地方质量监督机构认定。

第 6 篇　仪表日常维护与常见故障处理

第 1 章　日 常 维 护

1　过程检测与控制仪表日常维护

过程检测与控制仪表的日常维护是一件十分重要的工作，它是保证生产安全和平稳操作诸多环节中不可缺少的一环。仪表日常维护保养体现出全面质量管理预防为先的思想，仪表工应当认真做好仪表的日常维护工作，保证仪表正常运行。

仪表日常维护大致有以下几项工作内容：①巡回检查；②定期润滑；③定期排污；④保温伴热；⑤故障处理。

1.1　巡回检查

仪表工一般都有自己所辖仪表维护保养责任区，根据所辖责任区仪表分布情况，选定最佳巡回检查路线，每天至少巡回检查一次。巡回检查时，仪表工应向当班工艺人员了解仪表运行情况。

① 查看仪表指示、记录是否正常，现场一次仪表（变送器）指示和控制室显示仪表、调节仪表指示值是否一致，调节器输出指示和调节阀阀位是否一致（通常需两位仪表工同时观察。若工艺生产变化不大，生产现场和控制室观察有一个时间差是正常的）。

② 查看仪表电源（若电动Ⅲ型仪表用 24V DC 电源，要检查电源电压是否在规定范围内）、气源（0.14MPa）是否达到额定值。

③ 检查仪表保温、伴热状况。

④检查仪表本体和连接件损坏和腐蚀情况。

⑤检查仪表和工艺接口泄漏情况。

⑥查看仪表完好状况。仪表完好状况可参照化学工业部颁发的《设备维护检修规程》进行检查。举例如下。

根据 HG 25359—91《涡街流量计维护检修规程》，涡街流量计（漩涡流量计）完好条件如下。

① 零部件完整，符合技术要求，即：

a. 铭牌应清晰无误；

b. 零部件应完好齐全并规格化；

c. 紧固件不得松动；

d. 插接件应接触良好；

e. 端子接线应牢靠；

f. 可调件应处于可调位置；

g. 密封件应无泄漏。

② 运行正常，符合使用要求，即：

a. 运行时，仪表应达到规定的性能指标；

b. 正常工况下，仪表示值应在全量程的 20％～80％；

c. 累积用机械计数器应转动灵活，无卡涩现象。

③ 设备及环境整齐、清洁，符合工作要求，即：

a. 整机应清洁，无锈蚀，漆层应平整、光亮、无脱落；

b. 仪表管线、线路敷设整齐，均要做固定安装；

c. 在仪表外壳的明显部位应有表示流体流向的永久性标志；

d. 管路、线路标号应齐全、清晰、准确。

④ 技术资料齐全、准确，符合管理要求，即：

a. 说明书、合格证、入厂检定证书应齐全；

b. 运行记录、故障处理记录、校准记录、零部件更换记录应准确无误；

c. 系统原理图和接线图应完整、准确；

d. 仪表常数及其更改记录应齐全、准确；

e. 防爆型仪表生产厂必须有防爆鉴定机关颁发的防爆合格证；

f. 应有完整的累积器的设定（或编程）数据记录。

1.2 定期润滑

定期润滑也是仪表工日常维护的一项内容，但在具体工作中往往容易忽视。定期润滑的周期应根据具体情况确定，一个月或一季度均可。

需要定期润滑的仪表和部件如下：

① 记录仪（自动平衡电桥、自动电子电位差计）的传动机构、平衡机构；

② 气动记录（调节）仪表自动-手动切换滑块、走纸机构；

③ 椭圆齿轮流量计现场指示部分齿轮传动部件；

④ 与漩涡流量计（涡街流量计）和涡轮流量计配套的累积器的机械计数器；

⑤ 气动长行程执行机构的传动部件；

⑥ 气动凸轮挠曲阀转动部件；

⑦ 气动切断球阀转动部件；

⑧ 气动蝶阀转动部件；

⑨ 调节阀椭圆形压盖上的毡垫；

⑩ 保护箱、保温箱的门轴。

此外，固定环室的双头螺栓、外露的丝扣以及其他恶劣环境下固定仪表、调节阀等使用的螺栓、丝扣，外露部分应涂上黑铅油（石墨粉加黄油），防止丝扣锈蚀，拆装困难。

1.3 定期排污

定期排污主要有两项工作，其一是排污，其二是定期进行吹洗。这项工作应因地制宜，并不是所有过程检测仪表都需要定期排污。

1.3.1 排污

排污主要是针对差压变送器、压力变送器、浮筒液位计等仪表，由于测量介质含有粉尘、油垢、微小颗粒等在导压管内沉积（或在取压阀内沉积），直接或间接影响测量。排污周期可由仪表工根据实践自行确定。

定期排污应注意事项如下：

① 排污前，必须和工艺人员联系，取得工艺人员认可才能进行；

② 流量或压力调节系统排污前，应先将自动切换到手动，保证调节阀的开度不变；

③ 对于差压变送器，排污前先将三阀组正负取压阀关死；

④ 排污阀下放置容器，慢慢打开正负导压管排污阀，使物料和污物进入容器，防止物料直接排入地沟，否则，一来污染环境，二来造成浪费；

⑤ 由于阀门质量差，排污阀门开关几次以后会出现关不死的情况，应急措施是加盲板，保证排污阀处不泄漏，以免影响测量精确度；

⑥ 开启三阀组正负取压阀，拧松差压变送器本体上排污（排气）螺丝进行排污，排污完成拧紧螺丝；

⑦ 观察现场指示仪表，直至输出正常，若是调节系统，将手动切换成自动。

1.3.2 吹洗

吹洗是利用吹气或冲液使被测介质与仪表部件或测量管线不直接接触，以保护测量仪表并实施测量的一种方法。吹气是通过测量管线向测量对象连续定量地吹入气体。冲液是通过测量管线向测量对象连续定量地冲入液体。

对于腐蚀性、黏稠性、结晶性、熔融性、沉淀性介质进行测量，并采用隔离方式难以满足要求时，才采用吹洗。

典型吹洗方式如图 6-1-1 所示。

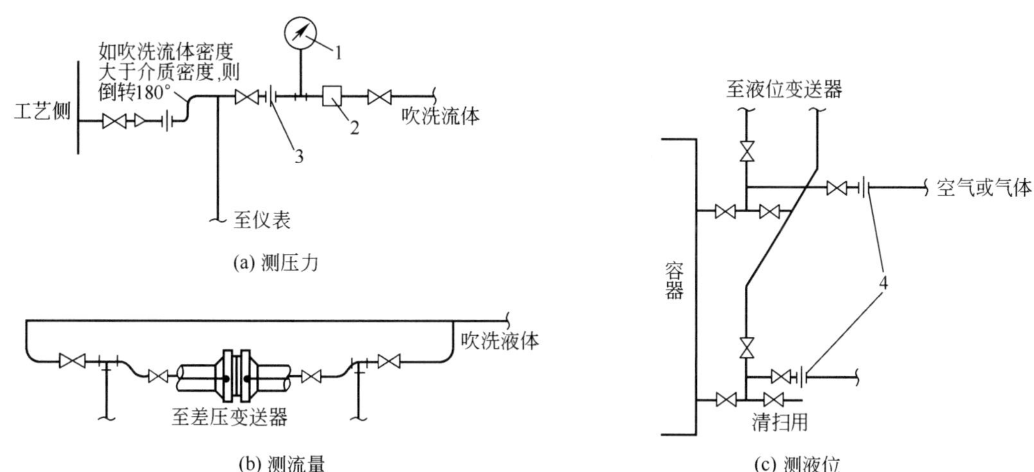

图 6-1-1　仪表吹洗

1—压力表；2—过滤器；3—限流孔板；4—限流孔板或钻孔闸阀

吹洗应注意事项如下。

① 吹洗气体或液体必须是被测工艺对象所允许的流动介质，通常它应满足下列要求：

a. 与被测工艺介质不发生化学反应；

b. 清洁，不含固体颗粒；

c. 通过节流减压后不发生相变；

d. 无腐蚀性；

e. 流动性好。

② 吹洗液体供应源充足可靠，不受工艺操作影响。

③ 吹洗流体的压力应高于工艺过程在测量点可能达到的最高压力，保证吹洗流体按设计要求的流量连续稳定地吹洗。

④ 采用限流孔板或带可调阻力的转子流量计测量和控制吹洗液体或气体的流量。

⑤ 吹洗流体入口点应尽可能靠近仪表取源部件（或靠近测量点），以便使吹洗流体在测量管线中产生的压力降保持在最小值。

⑥ 为了尽可能减小测量误差，要求吹洗流体的流量必须恒定。根据吹洗流体的种类、被测介质的特性以及测量要求决定吹洗流量，下列吹洗流体数值供参考。

a. 流化床：吹洗流体为空气或其他气体时，一般为 0.85～3.4m^3/h；

b. 低压储槽液位测量：吹洗流体为空气或其他气体时，一般为 0.03～0.045m^3/h；

c. 一般流量测量：吹洗流体为气体时，一般为 0.03～0.14m^3/h；吹洗流体为液体时，一般为 0.014～0.036m^3/h。

1.4　保温伴热

检查仪表保温伴热，是仪表工日常维护工作的内容之一，它关系到节约能源，防止仪表冻坏，保证仪表测量系统正常运行，是仪表维护不可忽视的一项工作。

这项工作的地区性、季节性比较强。冬天，仪表工巡回检查应观察仪表保温状况，检查安装在工艺设备与管线上的仪表，如椭圆齿轮流量计、电磁流量计、漩涡流量计（涡街流量计）、涡轮流量计、质量流量计、法兰式差压变送器、浮筒液位计和调节阀等保温状况，观察保温材料有否脱落，有否被雨水打湿造成保温材料不起作用。个别仪表需要保温伴热时，要检查伴热情况，发现问题及时处理。

还要检查差压变送器和压力变送器导压管线保温情况，检查保温箱保温情况。差压变送器和压力变送器导压管内物料由于处在静止状态，有时除保温以外尚需伴热，伴热有电伴热和蒸汽伴热。对于电伴热应检查电源电压，保证正常运行。蒸汽伴热是化工企业最常见的伴热形式。对于蒸汽伴热，由于冬天气温变化很大，温差可达 20℃左右，仪表工应根据气温变化调节伴热蒸汽流量。蒸汽流量大小可通过观察伴热蒸汽管疏水器排汽状况决定，疏水器连续排汽说明蒸汽流量过大，很长时间不排汽说明蒸汽流量太小。蒸汽流量调节裕度是很大的，因为蒸汽伴热是为了保证导压管内物料不冻。要注意的是伴热蒸汽量不是愈大愈好，有些仪表工为了省事，加大伴热蒸汽量，天气暖和了也不关小蒸汽流量，这样一是造成不必要的能源浪费，增加消耗，有时反而造成测量故障。因为化工物料冰点和沸点各不相同（参见表 1-5-2），对于沸点比较低的物料保温伴热过高，会出现汽化现象，导压管内出现汽液两相，引起输出振荡，所以根据冬天天气变化及时调整伴热蒸汽量是十分必要的。本篇第 2 章第 2 节仪表常见故障处理实例中将详细介绍此情况。

1.5 开停车注意事项

生产企业开车、停车很普遍。短时间停车对仪表影响不大，工艺人员根据仪表进行停车或开车操作，需要仪表工配合的事不多，仪表自身需要处理的事也不多。本文要阐述的开停车主要是由于全厂大检修，全厂范围内的停车和开车，或者某个产品由于产品滞销、原材料供应不上等原因需要较长一段时间停车然后再开车的情况。新建项目投产开车不在此范围之中。

1.5.1 仪表停车

仪表停车相对比较简单，应注意事项如下。

① 和工艺人员密切配合。

② 了解工艺停车时间和化工设备检修计划。

③ 根据化工设备检修进度，拆除安装在该设备上的仪表或检测元件，如热电偶、热电阻、法兰差压变送器、浮筒液位计、电容液位计、压力表等，以防止在检修化工设备时损坏仪表。在拆卸仪表前先停仪表电源或气源。

④ 根据仪表检修计划，及时拆卸仪表。拆卸储槽上法兰式差压变送器时，一定要注意确认储槽内物料已空才能进行。若物料倒空有困难，必须确保液面在安装仪表法兰口以下，待仪表拆卸后，及时装上盲板。

⑤ 拆卸热电偶、热电阻、电动变送器等仪表后，电源电缆和信号电缆接头分别用绝缘胶布、黏胶带包好，妥善放置。

⑥ 拆卸压力表、压力变送器时，要注意取压口可能出现堵塞现象，造成局部憋压；物料（液和气）冲出来伤害仪表工。正确操作是先松动安装螺栓，排气，排残液，待气液排完后再卸下仪表。

⑦ 对于气动仪表、电气阀门定位器等，要关闭气源，并松开过滤器减压阀接头。

⑧ 拆卸环室孔板时，注意孔板方向，一是检查以前是否有装反，二是为了再安装时正确。由于直管段的要求，工艺管道支架可能少，要防止工艺管道一端下沉，给安装孔板环室带来困难。

⑨ 拆卸的仪表其位号要放在明显处，安装时对号入座，防止同类仪表由于量程不同安装混淆，造成仪表故障。

⑩ 带有联锁的仪表，切换置手动然后再拆卸。

1.5.2 仪表开车

仪表一次开车成功或开车顺利，说明仪表检修质量高，开车准备工作做得好。反之，仪表工就会在工艺开车过程中手忙脚乱，有的难以应付，甚至直接影响工艺生产。由于仪表原因造成工艺停车、停产，是仪表工作最忌讳的事。

仪表开车注意事项如下。

① 仪表开车要和工艺密切配合。要根据工艺设备、管道试压试漏要求，及时安装仪表，不要因仪表影响工艺开车进度。

② 由于全厂大修，拆卸仪表数量很多，安装时一定要注意仪表位号，对号入座。否则仪表不对号安装，出现故障很难发现（一般仪表工不会从这方面去判断故障原因或来源）。

③ 仪表供电。仪表总电源停的时间不会很长，这里讲仪表供电是指在线仪表和控制室内仪表安装接线完毕，经检查确认无误后，分别开启电源箱自动开关，以及每一台仪表电源开关，对仪表进行供电。用 24V DC 电源，要特别注意输出电压值，防止过高或偏低。

④ 气源排污。气源管道一般采用碳钢管，经过一段时间运行后会出现一些锈蚀，由于开停车的影响，锈蚀会剥落。仪表空气处理装置用干燥的硅胶时间长了会出现粉末，也会带入气源管内。另外一些其他杂质在仪表开车前必须清除掉。

排污时，首先气源总管要进行排污，然后气源分管进行排污，直至电气阀门定位器配置的过滤器减压阀，以及其他气动仪表、气动切断球阀等配置的过滤器减压阀进行气源排污，控制室有气动仪表配置的气源总管也要排污。待排污后再供气，防止气源不干净造成恒节流孔堵塞等现象，使仪表出现故障。

⑤ 孔板等节流装置安装要注意方向，防止装反。要查看前后直管段内壁是否光滑、干净，有脏物要及时清除，管内壁不光滑用锉、砂布打光滑。环室要在管道中心，孔板垫和环室垫要注意厚薄，材料要准确，尺寸要合适。节流装置安装完毕要及时打开取压阀，以防开车时没有取压信号。取压阀开度建议手轮全开后再返回半圈。

⑥ 调节阀安装时注意阀体箭头和流向一致。若物料比较脏，可打开前后截止阀冲洗后再安装（注意物料回收或污染环境），前后截止阀开度应全开后再返回半圈。

⑦ 采用单法兰差压变送器测量密闭容器液位时，用负压连通管的办法迁移气相部分压力。这种测量方法是在负压连通管内充液，因此当重新安装后，要注意在负压连通管内加液，加液高度和液体密度的乘积等于法兰变送器的负迁移量。加液一般和被测介质即容器内物料相同。

⑧ 用隔离液加以保护的差压变送器、压力变送器，重新开车时，要注意在导压管内加满隔离液。

⑨ 气动仪表信号管线上的各个接头都应用肥皂水进行试漏，防止气信号泄漏，造成测量误差。

⑩ 当用差压变送器测量蒸汽流量时，应先关闭三阀组正负取压阀门，打开平衡阀，检查零位。待导压管内蒸汽全部冷凝成水后再开表。防止蒸汽未冷凝时开表出现振荡现象，有时会损坏仪表。也有一种安装方式，即环室取压阀后加一个隔离罐，在开表前通过隔离罐往导压管内充冷水，这样在测量蒸汽流量时就可以立即开表，不会引起振荡。

⑪ 热电偶补偿导线接线注意正负极性，不能接反。热电阻 A、B、B 三线注意不要混淆。

⑫ 检修后仪表开车前应进行联动调校，即现场一次仪表（变送器、检测元件等）和控制室二次仪表（盘装、架装、计算机接口等）指示一致，或者一次仪表输出值和控制室内架装仪表（配电器、安保器、DCS 输入接口）的输出值一致。检查调节器输出、DCS 输出、手操器输出和调节阀阀位指示一致（或与电气阀门定位器输入一致）。

⑬ 有联锁的仪表，在仪表运行正常，工艺操作正常后再切换到自动（联锁）位置。

⑭ 金属管转子流量计开车时，由于检修停车时间长，工艺动火焊接法兰等因素，在工艺管道内可能有焊渣、铁锈、微小颗粒等杂物，应先打旁路阀，经过一段时间后开启金属管转子流量计进口阀，然后打开出口阀，最后关闭旁路阀，避免新安装的金属管转子流量计开表不久就出现堵的故障。

另外要注意开关阀门的顺序，对于离心泵为动力输送物料的工艺路线，开关顺序要求不高；若是活塞式定量泵输送物料，阀门开关顺序颠倒（先关旁路阀，再开进口阀与出口阀。而且开关阀门时间间隙又大一些，即关闭旁路阀后没有立即开启金属管转子流量计出口阀），往往引起管道压力增加，损坏仪表，出现一些其他故障。

2 分析仪表日常维护

2.1 取样装置日常维护

取样装置是指在线分析仪表基于管道、容器、塔罐中的工艺样品靠自身压力，或靠装置抽吸功能，通过取样探头、取样阀取出，不失真地输送至样品预处理系统，或直接送入分析器的装置。

取样装置由取样探头、根部切断阀、法兰、初级处理装置、取样管道等几部分组成，见图 6-1-2 所示。

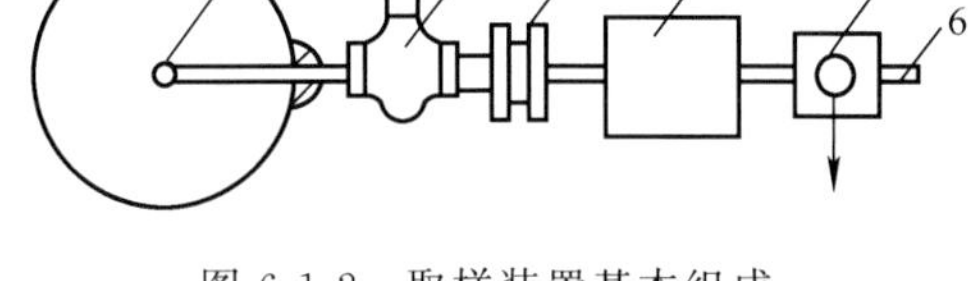

图 6-1-2 取样装置基本组成

1—取样探头；2—根部切断阀；3—法兰；4—初级处理装置；5—样品取出口；6—堵头

2.1.1 取样装置的完好标准

根据 HG 25451—91《取样装置维护检修通用规程》，取样装置完好标准如下。

① 装置及零部件完整，符合技术要求，即：

a. 装置零部件、附件齐全完好；

b. 装置铭牌清晰；

c. 紧固件无松动，不泄漏，无堵塞，可动件调节灵活自如；

d. 杂质多、样品压力温度等条件苛刻需设置初级处理装置时，初级处理样品的质量能达到使用要求；

e. 防爆现场的装置符合防爆现场等级的要求。

② 运转正常，性能良好，符合使用要求，即：

a. 经装置处理后的样品能满足样品预处理系统或分析器直接取样的要求；

b. 装置中的部件、阀件、转动件等长期运行无腐蚀，不堵塞，工作状态良好；

c. 装置运行正常，运行质量达到技术性能指标，即样品输出压力稳定性符合仪表要求技术指标，样品输出流量稳定性符合仪表要求技术指标，样品输出温度稳定性符合仪表要求技术指标，滞后时间≤60s，气密性达到正常运行压力1.5倍条件下，密闭半小时压力下降不低于仪表技术要求。

③ 设备及环境整齐、清洁，符合工作要求，即：

a. 装置外壳无油污、无腐蚀，油漆无剥落，无明显损伤；

b. 装置所处环境无强烈振动，腐蚀性弱，清洁干燥；

c. 装置及输送管路排列整齐，可视部件显示清晰，调节方便；

d. 装置工作环境安全，照明灯具工作正常，设置的可燃、有毒气体检测报警器检测灵敏、准确；

e. 装置及部件保温、伴热、制冷等符合技术及现场安全运行的要求。

④ 技术资料齐全、准确，符合管理要求，即：

a. 装置说明书、运转资料、部件图纸等资料齐全；

b. 装置及部件制造单位、型号、出厂日期及产品合格证等有关资料保存完好；

c. 装置历年校准、检修、故障处理及零部件更换记录等资料准确、齐全。

2.1.2 巡回检查

巡回检查是日常维护的一项重要工作，每班至少进行两次巡回检查。检查内容如下：

① 根部切断阀的开度检查；

② 伴热保温装置，包括电加热、蒸汽伴热、流体夹套伴热的检查和调整；

③ 冷却部件，包括探头夹套、水冷器、半导体制冷器、节流膨胀制冷器等的检查和调整；

④ 高压减压阀、节流部件、限流孔板、显示部件、安全阀等工作状态的检查和调整；

⑤ 增压部件，包括喷射器、增压泵等的工作状态检查和调整；

⑥ 供装置正常工作所需的电源、气源、水源的电压、压力和流量的检查和调整；

⑦ 排污阀、疏水器、旁路阀、放空阀等的检查和排放；

⑧ 装置泄漏检查；

⑨ 根据装置特殊要求进行的巡检；

⑩ 巡检中发现不能解决的故障应及时报告，危及仪表安全运行时应采取紧急停运等措施，并通知工艺人员；

⑪ 做好巡回检查记录。

2.1.3 定期维护

日常维护的另一项重要工作就是定期维护。定期维护的工作内容以及维护周期见表6-1-1。

表6-1-1 取样装置定期维护项目内容

项目	定期维护时间			维护内容	备注	项目	定期维护时间			维护内容	备注
	1个月	3个月	6个月				1个月	3个月	6个月		
根部切断阀			√	检查		安全阀				检查、调校	模拟调校
法兰			√	检查		减压阀			√	检查、调校	
加热器		√		检查	注意防爆要求	过滤器		√		检查、清洗	
制冷器		√		检查	注意防爆要求	疏水器	√			检查、清洗	
增压泵			√	检查、注油	注意防爆要求	排污阀	√			检查、清洗	
喷射器			√	检查、清洗		压力表			√	检查	
节流装置			√	检查、清洗		转子流量计			√	检查、清洗	若清洁可不进行
限流孔板			√	检查、清洗		输样管路		√		检查	
电磁阀			√	检查	注意防爆要求						

2.1.4 故障处理

取样装置常见故障以及处理方法见表6-1-2。

表 6-1-2　取样装置故障处理

现　　象	原　　因	处 理 方 法
无法取样	根部切断阀未开	检查并打开阀门
	装置或输送管线堵塞	逐段检查排除
	取样探头堵塞	反吹探头或机械方法疏通
	样气带液堵塞	找出带液原因,排除积液
	过滤器堵塞	反吹或清洗过滤器
	排污阀未排污,输气管带液	打开排污阀,利用样品本身压力吹扫管线
	喷射器或增压泵无抽吸力	排除故障
样品压力过低	取样点样品压力低	更改取样点或增加增压泵
	取样探头局部堵塞	反吹探头或机械方法疏通
	装置泄漏	检查、排除泄漏
	过滤器局部堵塞	检查、清洗
	安全阀动作	检查动作原因,重新调整
	装置阀件输出能力达不到设计要求	更换阀件
	装置及输送管线阻力过大	改进设计,检查管线走向
	喷射器或增压泵抽力不足	检查排除故障
	样气带液造成局部堵塞	找出带液原因,排除
样品严重带水、带液	装置设计不当,无法分离气液相	改进装置的设计
	水气分离器未能正常工作	检查原因,排除故障
	伴热保温管未能正常工作	检查原因,排除故障
	带液样气输送管线未设排污阀	增设排污阀,并定期排污
	装置差压过大,产生节流膨胀制冷	样品伴热采用多级减压
超　　压	压力表损坏,输出指示不准确	更换压力表
	安全阀失控,不动作	检查排除安全阀故障
	高压减压阀串气或工作不正常	检查排除故障
样品失真	取样探头或装置、输送管线材质选择不当	更换和样品起反应的材质
	水或蒸汽喷射,使样气中溶解氧增加	根据水质酸度实验,扣除增加的溶解氧量
	不允许和动力介质接触的样气,动力介质混入样气中	更改喷射器至分析器的后端位置
	取样附近、取样探头、装置或输送管线泄漏	检查和排除泄漏点
	要求伴热保温样品未达到要求,致使样品变质	检查伴热保温管线及装置

2.2　样品预处理系统（装置）日常维护

分析仪表样品预处理系统是指采用机械、物理、化学吸附、吸收等方法对工艺样品进行工艺化处理，并对工艺样品压力、温度、流量进行调节和控制，对样品中的机械杂质、粉尘进行过滤，并进行除水、除油雾等处理，达到仪表对工艺样品的技术要求。

样品预处理系统要根据工艺样品物相状态及杂质含量，由各种功能不同的预处理部件构成。预处理部件有冷动器，如散热器、水冷器、制冷剂制冷器（冰箱）、节流膨胀制冷器、半导体制冷器等；减压器件，如节流孔板、多级限流孔板减压器、毛细管减压器、减压阀等；增压器，如喷射器、增压泵（包括真空泵、电磁泵、活塞泵等）；过滤器，如布袋、金属筛、毛毡、陶瓷、粉末冶金、纸质过滤器等；除水、除湿、除油雾部件，如气液分离器、旋风分离器、静电除雾器、制冷器、化学试剂脱湿器等。

样品预处理系统处理对象以及采用预处理部件使用中应注意事项见表 6-1-3。

表 6-1-3 预处理对象与相应预处理部件

处理对象	处理方法	预处理部件	使用中注意问题
高温样品	冷却	散热器	
		水冷器	
		涡流管制冷器	
		制冷剂制冷器	注意防爆要求
		半导体制冷器	注意防爆要求
		水或溶剂洗涤制冷	样气不能和水或溶剂发生化学反应
高压样品	减压	针形阀	出口水封稳压
		毛细管降压器	不适用于含粉尘样气
		多级限流孔板组减压器	
		节流杆减压器	出口需加安全阀
		压力调节阀	阀前需加过滤器
		稳流阀	阀前需稳压
负压、常压、微正压样品	增压	真空泵	注意防爆要求
		电磁泵	注意防爆要求
		活塞泵	注意防爆要求
		喷射器	
机械杂质、粉尘、炭黑	过滤、除尘	布袋过滤器	作初滤用
		金属网过滤器	作初滤用
		毛毡、编织过滤器	定期清洗和更换
		陶瓷过滤器	定期清洗或更换
		粉末冶金过滤器	定期清洗
		静电除尘器	不能用于含氧的碳氢化物气，注意防爆要求
		旋风分离器	
		纸质过滤器	
		水或溶剂洗涤	样气不能和水或溶剂发生化学反应
样气中水滴或水雾	除水、除湿	水气分离器	
		旋风分离-水气分离器	
		自清扫除雾器	
		静电除湿器	不能用于含氧的碳氢化物气，注意防爆要求
		除雾器	
		半导体制冷器	注意防爆要求
		制冷剂制冷器	注意防爆要求
		化学试剂脱湿	微量分析慎用
样气中含油雾	除油雾	除雾器	
		溶剂洗涤器	样气不能和溶剂发生化学反应
		毛毡除雾器	
		旋风分离器	
		自清扫过滤器	
		静电除雾器	不能用于含氧的碳氢化物气，注意防爆要求
		纸质过滤器	
易聚合样品	保温、伴热	电加热器	控制温度，防止超温
		蒸汽伴热保温	
		夹套物料流伴热器	

2.2.1 预处理装置完好标准

根据 HG 25452—91《样品预处理系统维护检修通用规程》，分析仪表预处理装置完好标准如下。

① 系统及零部件完整，符合技术要求，即：

a. 系统及零部件、附件齐全完好；

b. 系统铭牌清晰；

c. 紧固件无松动、不泄漏、不堵塞，电气件接触良好，可动件调节灵活自如；

d. 防爆现场系统符合现场防爆等级的要求。

② 运转正常，符合使用要求，即：

a. 系统运转正常，经处理后的样品能满足仪表分析器安全稳定运行的要求；

b. 经处理后，样品输出的压力、温度、流量、露点、杂质含量等技术性能指标达到仪表规定的要求；

c. 系统及各预处理部件长期运行中无腐蚀、不堵塞、不泄漏；

d. 保温伴热、制冷部件、带压调节部件、带电元件等完好无损，符合技术和安全工作要求；

e. 旁路放空或排放回收的样品不影响分析器正常工作并符合安全规定。

③ 系统及环境整齐、清洁，符合工作要求，即：

a. 系统外表无灰尘、油污，油漆无剥落，无明显损伤；

b. 系统安装现场接近取样装置，靠近仪表分析器处无强烈振动，腐蚀性弱，清洁干燥；

c. 系统和外部连接管路、电缆敷设、排列整齐，可视部件显示清晰，调节方便，并有足够的维护检修空间；

d. 若系统集中安装在防爆现场的分析室内，防爆照明灯具工作正常，安置的可燃、有毒气体检测报警器工作灵敏、准确，并符合安全运行的要求。

④ 技术资料齐全、准确，符合管理要求，即：

a. 系统及其部件说明书、运转资料、图纸及有关参数等资料齐全；

b. 系统制造单位、型号、出厂日期及产品合格证等有关资料保存完好；

c. 系统及部件历年校准、检修、故障处理及零部件更换记录等资料准确、齐全。

2.2.2 巡回检查

巡回检查每班至少进行两次。其内容如下：

① 系统输出样品压力、温度、流量等及其显示部件的检查和调整；

② 调节阀、增压泵、喷射器等部件工作状态的检查和调整；

③ 安全阀、旁路放空回路、样品回收装置的检查和调整；

④ 供系统工作用的电源、气源、水源的检查和调整；

⑤ 加热、冷却、伴热保温等部件的检查；

⑥ 排污阀、疏水器、旁路阀、放空阀等阀件开度的检查和调整；

⑦ 系统的泄漏检查；

⑧ 防爆现场系统工作环境的安全检查；

⑨ 根据系统特殊要求规定的巡检；

⑩ 巡检中发现不能解决的故障应及时报告，危及仪表安全运行时应采取紧急停运等措施，并通知工艺人员；

⑪ 做好巡检记录。

2.2.3 定期维护

日常维护的另一项工作内容是对样品预处理系统进行定期维护。定期维护的项目、内容以及周期见表 6-1-4。

表 6-1-4 预处理装备定期维护项目内容

项目	定期维护时间			维护内容	备注	项目	定期维护时间			维护内容	备注
	1个月	3个月	6个月				1个月	3个月	6个月		
散热器			✓	检查	或根据实际情况定	毛细管减压器		✓		检查、反吹扫	样品太脏不能使用
水冷器		✓		检查、清洗	或根据实际情况定	压力调节阀			✓	检查	或根据实际情况定
半导体制冷器		✓		检查	或根据实际情况定	水封稳压器		✓		检查	或根据实际情况定
节流膨胀制冷器			✓	检查	或根据实际情况定	真空泵		✓		检查、加油	或根据实际情况定
制冷剂制冷器		✓		检查	或根据实际情况定	电磁泵		✓		检查	或根据实际情况定
减压阀			✓	检查	或根据实际情况定	活塞泵		✓		检查、注油	或根据实际情况定
限流孔板		✓		检查、清洗	或根据实际情况定	喷射器			✓	检查、清洗	或根据实际情况定

续表

项　　目	定期维护时间			维护内容	备　　注	项　　目	定期维护时间			维护内容	备　　注
	1个月	3个月	6个月				1个月	3个月	6个月		
金属网过滤器	√			检查、清洗	或根据实际情况定	除雾器		√		检查、清洗	或根据实际情况定
毛毡过滤器	√			检查、更换	或根据实际情况定	排污阀		√		检查、清洗	或根据实际情况定
陶瓷过滤器			√	检查、清洗	或根据实际情况定	安全阀		√		检查、调试	或根据实际情况定
纸质过滤器	√			检查、更换	或根据实际情况定	疏水器	√			检查、清洗	或根据实际情况定
粉末冶金过滤器			√	检查、清洗	或根据实际情况定	转子流量计			√	检查、清洗	或根据实际情况定
静电除尘除湿器		√		检查、清洗	或根据实际情况定	放空管路				检查、排堵	或根据实际情况定
旋风分离器		√		检查、清洗	或根据实际情况定	加热、伴热装置		√		检查	或根据实际情况定
水或溶剂洗涤器		√		检查、清洗	或根据实际情况定	排放回收装置		√		检查	或根据实际情况定
水气分离器		√		检查、清洗	或根据实际情况定	环境安全			√	检查	或根据实际情况定
自清扫除雾器			√	检查、清洗	或根据实际情况定	系统泄漏		√		检查、排堵	或根据实际情况定
化学试剂脱湿器	√			更换或再生	或根据实际情况定						

2.2.4 故障处理

样品预处理系统常见故障以及处理方法见表 6-1-5。

表 6-1-5 样品预处理系统故障处理

现　　象	原　　因	处 理 方 法
样气带水、带液	系统设计不当，不能满足工艺在正常运行时对样气处理的能力	针对样气带水、带液特性改进系统
	水冷器、水气分离器、制冷器设计不当或使用不当，不能满足系统要求	改进部件设计或正确使用部件
	水冷器、水气分离器、制冷器未及时维护检修，造成系统带水、带液	加强系统的维护检修
	系统旁路排放、排污回路设计不当或调节不合要求	改进旁路排放、排污回路，正确使用
	系统中各部件流速调节不当，产生节流膨胀制冷造成系统带水	改进节流回路，改进设定参数
	阀件压差太大产生节流膨胀制冷，致使系统带水、带液	减小阀件差压
	化学试剂失效	及时更换试剂或及时再生处理
样气带油雾、水雾	系统设计不当，不能满足工艺在正常运行时对样气处理的能力	针对样气带油雾、水雾特性改进系统
	系统中的除雾器、旋风分离器、静电除雾器等部件设计不当或使用不当	改进部件性能，改进使用条件和使用方法
	系统设计的冷却能力不足，使制冷温度或冷却温度达不到要求	改进冷却器结构或采用新的冷却方法
	系统冷却、除雾后未设排放回路，或旁路排放量不够	增设排放回路，增大排放量
	系统未设置自清扫回路，致使水雾、油雾进入分析器中	增设自清扫回路
	系统压差过大或局部堵塞，产生节流膨胀制冷，样气带水雾	改进调节阀差压设定值，检查系统是否局部堵塞

续表

现　　象	原　　因	处 理 方 法
输出压力和流量不稳定	系统设计不当，不能满足工艺在正常运行时压力波动和流量变化的处理能力	改进系统调节压力和输出流通能力，或更换适合的调节阀
	调节阀性能不良或阀件内部故障	更换调节阀或修复
	调节阀输入输出压差小于0.05MPa，阀件不能正常调节	改变调节设定参数
	调节阀后的预处理部件或管路局部堵塞	检查、修复
	系统泄漏	检查、排除故障
	系统旁路放空量设置过大	重新设定放空量
	样品放空管内径太小，或放空管回路局部堵塞	检查、疏通、更换放空管路
	系统局部带液	针对带液原因排除故障
	水封入口压力过大，或压力波动过大	水封入口前减压，或改用压力调节阀
	系统过滤器滤芯局部堵塞	针对堵塞滤芯堵塞物进行清洗
	系统使用化学试剂粒度过小，或使用中变质粉化	选择强度大、粒度适中的化学试剂，加强维护
使用过程中系统易堵塞	系统设计不当，易造成堵塞	粉尘、机械杂质多的样品采用多级过滤，加强维护
	系统过滤部件不能满足样品过滤质量的要求	更换过滤部件
	过滤器滤芯孔径太小	更换适合的滤芯
	过滤器未设置旁路自清扫回路	改进
	系统带液	针对系统带液原因，排除故障
	系统使用化学试剂，粉尘进入其他部件引起系统堵塞	选用强度大的化学试剂、化学试剂部件出口增设过滤器
	系统的各种阀件和有节流孔的部件孔径太小，而样品中固体颗粒大造成堵塞	节流孔前增设过滤器，或在允许情况下扩大节流孔径
样品失真或变质	系统设计不当，样品在系统中失真或变质	针对原因改进系统
	使用了不适当的化学试剂，处理过程中发生化学变化，或超出允许中的吸附、吸收量	慎用化学试剂，微量分析最好不使用
	系统对样品的温度、压力等参数预处理不当，使样品发生相变、聚合、催化、碳化或其他化学反应	改变系统对样品温度、压力等参数的预处理能力
	系统泄漏或选用不当的材质，大气反扩散致使样品失真	检漏，微量分析不宜用橡胶管、塑料管
	系统部件和公用管路选用材质不当，引起样品污染或严重的记忆效应	更换相应的材质
	系统及公用管路开车时吹扫时间不够，或吹扫量不足引起交叉污染或严重记忆效应	增长吹扫时间或增大吹扫量
	系统回路或公用管路串气	检查、排除故障
样品预处理温度达不到设定要求	系统设计不当，样品出口温度达不到设定要求	针对样品特性，特别是工艺异常时的特性，改进系统
	水冷器、制冷器或加热部件性能差，质量达不到使用要求	改进部件结构，加强维护
	系统压力、流量参数设定不当	改变系统压力、流量参数
	系统因带液、机械杂质、粉尘堵塞、泄漏或其他部件工作状态不良，引起系统压力、流速波动，超过系统处理能力	排除积液，疏通堵塞处，检漏，针对性能不良部件修复或更换

2.3 工业气相色谱仪日常维护

工业气相色谱仪是化工企业常用的一种在线分析仪器，亦在生产过程中起着相当重要的作用。

2.3.1 工业气相色谱仪的完好标准

根据 HG 25485—91《工业气相色谱仪维护检修通用规程》，工业气相色谱仪完好标准如下。

① 整机及零部件完整，符合技术要求，即：

a. 仪表零部件、附件齐全完好；

b. 仪表铭牌清晰；

c. 紧固件无松动、不泄漏，接插件接触良好，可动件调节灵活自动；

d. 防爆现场仪表符合防爆现场等级的要求。

② 运转正常，性能良好，符合使用条件，即：

a. 取样装置及预处理系统运转正常，经处理后的样品能满足分析器安全稳定运行的要求；

b. 载气纯度≥99.99%；

c. 燃烧气、助燃空气的纯度和质量符合仪表的要求；

d. 仪表运行质量达到规定的技术性能指标。

③ 设备及环境整齐、清洁，符合工作要求，即：

a. 仪表外壳无灰尘、油污，油漆无剥落，无明显损伤；

b. 仪表现场所处环境无强烈振动，无强电磁场，腐蚀性弱，清洁干燥；

c. 仪表管路、电缆敷设、排列整齐，保温伴热符合要求；

d. 钢瓶与仪表隔开、固定，排放整齐，放在干燥通风处，避免阳光直照和雨淋，并符合防爆要求。

④ 技术资料齐全、准确，符合管理要求，即：

a. 仪表说明书、运转资料、部件及记录器等资料齐全；

b. 产品制造单位、型号、出厂日期及产品合格证等有关资料保存完好；

c. 仪表历年校准、检修、故障处理及零部件更换记录等资料准确、齐全。

2.3.2 巡回检查

每班至少进行两次巡回检查，检查内容如下：

① 载气、燃烧气、助燃空气和样品压力指示数值的检查和调整；

② 取样装置的压力指示、加热和冷却系统、安全阀、减压阀等工作状态的检查；

③ 预处理系统各压力指示、转子流量计浮子位置、电磁阀、冷却器、疏水器、加热器、排污阀等的工作状态检查；

④ 分析器温控指示，各流路电磁阀、取样阀、柱切阀、大气平衡阀压力指示，各路转子流量计浮子位置等的工作状态检查和调整；

⑤ 供预处理系统正常工作的电源、气源、水源、仪表空气等的电压或压力、流量的检查和调整；

⑥ 各管路的仪表气路系统泄漏检查；

⑦ 热导检测器的桥流检查；

⑧ 程序控制器、信息器、计算机各种状态显示检查；

⑨ 记录器、打印机、CRT 记录显示各参数和组分浓度数值的观察和检查；

⑩ 根据仪表特殊要求进行的巡回检查；

⑪ 巡回检查中发现不能解决的故障应及时报告，危及仪表安全运行时应采取紧急停表措施，并通知工艺人员；

⑫ 做好巡回检查记录。

2.3.3 定期维护

定期维护是仪表日常维护的重要一环，工业气相色谱仪定期维护的项目、内容以及周期见表 6-1-6。

2.3.4 故障处理

(1) 基线不稳定　基线不稳定的原因以及排除方法见表 6-1-7。

(2) 无峰或峰太低　无峰或峰太低的原因及排除故障方法见表 6-1-8。

(3) 出乱峰　出乱峰的原因以其检查排除方法见表 6-1-9。

表 6-1-6 工业气相色谱仪定期维护项目及周期

项目	定期维护时间			维护内容	项目	定期维护时间			维护内容
	1个月	3个月	6个月			1个月	3个月	6个月	
分析器温控		√		检查	取样装置		√		检查泄漏,调试
转子流量计			√	检查、清洗	预处理系统		√		检查泄漏,调试
过滤器			√	检查、清洗	净化装置		√		视谱图异常,及时更换或定期更换
冷却器			√	检查、清洗	程序动作调整	√			根据组分出峰及记录器记录异常峰谱时检查调整
加热器		√		检查	程序器、信息器或计算机控制器运行检查	√			根据各继电器、电路板、变压器发热状态,指示灯异常指示,打印机打印状态异常检查
排污阀	√			检查、清洗					
疏水器		√		检查、清洗	记录器			√	检查、清洗滑线电阻,校准

表 6-1-7 基线不稳定原因及处理方法

现象	原因	处理方法
基线漂移	炉温漂移	检查炉温和温控电路
	热导检测器不稳定	更换热丝并老化,用无水酒精清洗
	载气流速不稳定或泄漏	检漏、重调载气流速
	色谱柱固定液流失严重	检查或更换色谱柱
基线噪声大	检测器污染	清洗热导池或火焰离子化检测器
	放大器漂移	检修或更换放大器
	记录器的放大器性能不好	修理放大器
	热导检测器供电不稳	检查供电电源电压及纹波
	载气未净化好或污染	检查和处理净化装置
	载气压力不稳,流速过高	检查和测试载气流速
	载气泄漏	检漏
	检测器污染或接触不良,或热丝松弛	检查和清洗热导池,更换热丝;检查和清洗火焰离子化检测器
	色谱柱被污染或固定液流失严重	检查色谱柱,用高纯载气吹扫,无法挽回时,更换柱系统
	输气管道局部堵塞	检查、吹扫
	放空管道不畅通	检查
	电路接触不良	接插件用无水酒精清洗擦净吹干,插紧,拧紧各端子接线
	接地不良	改变一点接地点或浮空检查
	桥路供电稳定性不好或纹波太大	改变供电电源,观察变化状况,确认后修复
	放大器噪声引起	输入端短路。确认后进行修复
	信号电缆绝缘性能下降	电缆两端接头拆卸,用兆欧表检查
	加热器电源干扰	切断加热器电源,确认后修理
	记录器灵敏度太高,工作不正常或电位器触头太脏	输入端短路确认,调节放大量,或修理,或用无水酒精擦洗电位器触头

续表

现　　象	原　　因	处 理 方 法
基线无规则漂移 	载气净化不好	再生或更换净化装置
	载气压力不稳或泄漏	检漏和测试流速，调节阀件上的压差应大于 0.05MPa
	载气中有空气使热丝氧化严重	热丝阻值差大于 1Ω 以上更换
	气路放空管位置处于风口或气流扰动大的区域	改变放空位置
	温控不稳定	暂停用，确认后检查、修理
	色谱柱系统低沸点物挥发出来或高沸点物沾污	检查预处理系统，载气流速和程序器设定时间是否错或温控失控否
	检测器被污染	无水酒精清洗后烘干
	桥路稳压电源失控	检查电源稳定度和纹波
	接地不良	改变一点接地点或接地浮空，检查后重新埋设接地线
	记录器已损坏	输入端短路确认后修理
基线出现大毛刺、周期性干扰或波动  	载气出口有冷凝物或凝聚物局部堵塞	检查测试出口流速
	载气输入压力过低或稳压阀失控	提高输入压力，使稳压阀降压大于 0.05MPa 或检查阀的性能
	灰尘或固体微粒进入检测器	清洗和烘干
	色谱柱填料填装过松或柱出口过滤用玻璃棉松动	检查和测定色谱柱气阻
	分析器安装环境振动过大	加防震装置
	电源干扰	检查供电电路是否接在大功率设备上，改为单独供电
	供电电路不稳定	检查各级稳压电源和纹波
	电源插头接触不良	检查插头是否松动，用无水酒精洗触头
	继电器电火花干扰	检查继电器灭弧组件
	恒温箱保温不好或温控电路失控	检查和测定温控精度，检查温控电路
	记录器滑线电阻接触不良	用无水酒精清洗
基线呈 S 形波动	恒温箱保温性能不好，随外界环境温度变化而变化	恒温箱外层加保温棉
	分析器安装在风口或气流变化大的环境中	更改安装分析器的地点
基线上漂至量程卡死	载气用完或泄漏严重	最好采用并列共用钢瓶，严格检漏

表 6-1-8　无峰、峰太低原因及处理方法

现　　象	原　　因	处 理 方 法
无　　峰	未供载气或载气用完	加强检查，改用并列共用钢瓶
	载气泄漏完	严格检漏
	载气气路严重泄漏	做气密性检查，特别对色谱接头、检测器入口的泄漏进行检查
	热导池未加桥流或桥路供电接线断	检查桥路供电
	桥路供电调整管或电路损坏	检查稳压或稳流电源，进行修复

续表

现　　象	原　　因	处　理　方　法
无　　峰	信号线或信号电缆折断或信号线和屏蔽线、地线相碰	用万用表检查，或信号线两端拆卸开用兆欧表检查
	未加驱动空气或驱动空气压力不够	检查驱动空气压力
	取样阀未激励，不能取样	检查取样阀有否故障并排除
	大气平衡阀未激励，样品不能流入定量管中	检查大气平衡阀有否故障
	温控给定的温度太低，样品在柱上冷凝	检查温控电路，测定炉温温度
	汽化室温度太低，样品不能汽化	检查汽化室温度
	记录器损坏	记录器输入端短路确认并修理
	放大器损坏	放大器输入端接标准信号检查，确认后修复或更换
峰太低	桥流因电路故障而降低	检查桥路供电电流
	载气流速太低	检查测定分析器出口载气流速
	取样阀漏，样品流量减少	检查取样阀的气密性
	大气平衡阀激励不好，样品流入定量管流速太低	检查大气平衡阀的气密性
	反吹阀或柱切阀因程序时间设置不当，使组分被反吹、柱切或开关门设置不当	根据色谱的分离谱图重排反吹、柱切时间，重排组分出峰时间
	色谱柱因保留时间变化或载气流速变化导致组分被反吹或柱切	检查分析器出口和载气流速，标准气检查色谱柱的分离谱图，重排程序时间或更换色谱柱
	预处理系统输送管线断或堵	检查样品输送管路
	衰减电位器衰减过头或运行中衰减量发生变化	检查或重新调整衰减电位器
	炉温降低	检查炉温并重新给定
	自动调零失控基线漂移	将操作开关放在手动衰减或色谱挡，检查基线并处理
	放大器不稳定	重调放大器工作点
	继电器损坏或触点接触不良	更换继电器

表 6-1-9　出乱峰原因及处理方法

现　　象	原　　因	处　理　方　法
圆顶峰 	进样量大	改小定量管
	记录器增益太低	调整放大量
	超出检测器的线性动态范围	改小定量管
	记录器笔尖向满刻度运动时被卡	检查排除

续表

现　象	原　因	处理方法
平顶峰	进样量过大，色谱柱饱和	改小定量管
	放大器放大量太高或衰减电位器衰减量过小	重新检查和调整
	记录器、滑线电阻或机械传递系统有故障	检查和调整
前延峰	汽化室温度太低，以致样品未完全汽化	提高汽化室温度，汽化温度一般高于柱温50～100℃
	柱温设定太低，样品在柱系统中部分被冷凝	提高柱温
	载气流速太低	检查载气稳压阀，检查柱出口流速，重调
	进样量过大，造成色谱柱过载	改小定量管
拖尾峰	柱温太低	适当提高柱温，但不可太高
	色谱柱选择不当，拖尾峰往往是极性较强的组分、腐蚀性组分，它们和柱填料间产生强作用力	重选色谱柱，改用极性较强的填料或适当加脱尾剂
	含极性组分的样品进样量大	改小定量管
出乱峰 开门　关门 开门　关门	预处理系统工作不正常，样品中有害组分进入色谱柱，损坏或造成柱系统严重污染	观察检查预处理系统并改进
	载气严重不纯，特别换钢瓶后未作基线检查，污染柱系统	检查色谱基线，换载气瓶后坚持检查
	载气流速或高或低，组分保留时间变化，重组分进入主分柱中，污染柱子，或重组分在下一个分析周期中流出，造成峰重叠	检查稳压阀件，阀前后压降必须大于0.05MPa，阀才能正常工作，勤检查检测器和流速
	汽化室温度设定太高，样品分解	检查汽化室温度及温控系统
	温控失控造成柱温太高，固定液流失严重，柱温太低，重组分不能反吹，流入下一个分析周期中和下周期组分重合	用Ⅱ级温度计检查温控精度，检查和修复温控电路
开门　关门 开门 开门　关门	色谱柱未老化，气液柱的大量溶剂被吹扫出	自制的气液柱，需选择合适温度进行较长时间的老化
	气固柱未再生活化好，组分分离性能差，重复性差	严格再生活化气固柱条件，参考有关技术书籍
	固定液全部流出，色谱柱失效	检查色谱柱分离性能、更换
	色谱柱选择不当和样品发生作用、催化作用或分解	更换色谱柱
	样品在预处理系统中发生记忆效应或交叉污染	加大预处理系统中的快速回路流量和旁路放空量，检查管道是否局部堵塞
	系统载气泄漏较严重	检漏
	检测器被严重污染或检漏时起泡剂进入检测器	用无水酒精清洗检测器，再烘烤干
	放大器部分元件损坏	在放大器输入短路下确认后进行检查修理或更换

（4）程序设置不当　程序设置不当引起的各种现象、原因以及检查排除方法如表6-1-10。

（5）重复性差　色谱峰高或峰面积重复性差原因以及检查排除办法见表6-1-11。

表 6-1-10　程序设置不当及处理方法

现　　象	原　　因	处 理 方 法
程序动作时的动态基线故障 	程序动作时记录器干扰，程序器或信息器的继电器触点接触不良，电路的布线不合理	用信号短路法逐级检查电路中继电器触点，拨动软线，观察现象是否变化
	反吹、柱切、前吹时，由于经检测器的载气气路色谱柱更换，基线波动范围在±1%～±2%是正常的，若超过此值是色谱柱和平衡柱的气阻值不相等引起	若为固定平衡柱，测试气阻并调节至相等。若为气阻阀需耐心调节，有时还需改变柱前压力，旁路载气流量等
出乱峰	运行条件下，色谱分离情况正常时出乱峰主要是反吹、前吹、柱切等的程序设定时间不准造成	标准样检查柱系统正常时，根据组分的谱图重新安排反吹、前吹、柱切时间
	反吹时间设置不当出乱峰；反吹时间设置不当，一些组分定量分析偏低	重组分进入预分柱、主分柱中，调整反吹时间
	前吹时间设置提前，出乱峰	部分前吹掉的组分进入主分柱中，调整前吹时间
	前吹时间设置太后，一些组分定量分析偏低	待分析部分被前吹，调整前吹时间
	柱切时间设置提前，进入主分析柱的部分组分被柱切，组分定量分析偏低	调整柱切时间
	柱切时间设置太后，对主分柱有害的组分进入，使主分柱中毒	调整柱切时间
自动调零时的故障  基线 自动调零 Ⅰ	自动调零时基线跑至最大，调零电路保持电容或集成块损坏，调零电路故障引起（Ⅰ）	在自动调零时观察基线的突然变化，修理或更换
	自动调零时基线不能快速回至零位或调零时指示摆动，是由于自动调零电路接触不好或有故障，记录器零位和放大器零位未调整好	自动调零电路接触不良，清洗触点，进一步检查自动调零电路，检查记录器零位
 基线 Ⅱ	自动调零时基线回零，调零信号消失基线偏零，是放大电路中集成块失调电压未调好造成（Ⅱ）	自动调零电路正常，检查和调整放大器失调补偿电位器，使两者基线一致
 A B C 自动调零 Ⅲ	自动调零时间选择在B峰拖尾时，C峰浓度低，衰减量小，B峰浓度高，衰减量大，造成C峰定量偏低，影响下周期的正常分析（Ⅲ）	B峰拖尾严重，更换色谱柱。更改自动调零时间，必须将自动调零时间设置在基线稳定的区域或没有组分信号的区域
 开门 Ⅰ	开门过晚（Ⅰ）造成积分定量偏低，开门晚至峰值过后再开门，峰定量更会偏低	运行时观察开门时记录器指针是否突然上升来确认。在门谱档检查谱图如Ⅰ所示，调整开门时间
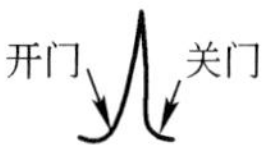 开门　关门 Ⅱ	关门过早（Ⅱ）造成积分定量偏低，关门在峰高之前，峰高定量更会偏低	运行时观察峰值下降过程中突然峰回到零时确认。门谱档检查谱图如Ⅱ所示，调整关门时间

续表

现　　象	原　　因	处　理　方　法
A B 开门 关门 衰减器切换 Ⅲ	关门后B峰出现两大峰,原因是A、B组分浓度相差较大。A峰拖尾,关门时,衰减电位器自动切换,由于衰减量小,以致A峰拖尾信号大于B峰信号,造成如图Ⅲ所示峰谱,此时峰定量分析大大偏高	更换色谱柱。关门设置时间延后或另选择运行条件

表 6-1-11　重复性差原因及处理方法

现　　象	原　　因	处　理　方　法
峰谱重复性不好	预处理系统工作不正常 无大气平衡阀,样品流速又不稳定 大气平衡阀在激励或释放时泄漏或串气 取样阀瓣因划伤串气 取样管道部分堵塞 色谱柱填料装填太松,阻值变化造成保留值变化 放大器工作不稳定或放大器中继电器触点接触不良 桥路供电不稳定,或高或低 自动调零电路工作不稳定 衰减电位器接触不良 记录器灵敏度太低或过阻尼	检查和改进 检查预处理及样品流路稳压或稳流系统 检查修理或更换大气平衡阀 检查、修复或更换取样阀瓣 逐段检查排除 测定气阻,重新装填或更换 检查隐患,必要时更换继电器或电路元件 连续监测桥路电流和纹波 在色谱或门谱档检查 用无水酒精清洗,吹干后复原 检查和调整记录器
峰谱中一些组分突变	预处理系统中带气泡的液体未能消除气泡 预处理系统中带液体的气体未能分离液体或液沫 压力较高,沸点相差大的气样因减压,节流膨胀带液或液沫 工艺异常时,预处理系统不能正常工作,使样品失真 预处理系统因快速回路或旁路流速调节不当引起记忆效应	预处理系统中增加气液分离器或采用其他方法除液沫 预处理系统中增加除液部件或采用其他方法除液或液沫 增设加热器或用其他办法防止气体中某些组分发生相变 改善或改进预处理系统 重新调节快速回路,或旁路放空容量
	载气严重不纯,基线波动大	色谱档检查,更换载气瓶后必须做检查,更换载气瓶

2.4　工业酸度计日常维护

工业酸度计也是化工企业常用的一种在线分析仪表。工业酸度计产品规格型号很多，但基本都采用原电池原理工作。仪器主要由检测器、前置放大器、pH变送器（或分析器）和清洗装置组成。

2.4.1　工业酸度计的完好标准

根据HG 25504—91《工业酸度计维护检修通用规程》，工业酸度计的完好标准如下。

① 整机及零部件完整，符合技术要求，即：

a. 取样装置、预处理系统、各种管线、电缆、仪表零部件及各种附件齐全完好；

b. 仪表铭牌清晰无缺；

c. 紧固件无松动，管线无泄漏，插接件接触良好，信号引线无干扰，玻璃电极电缆的屏蔽良好，可动件调节灵活自如；

d. 密封部件的密封性能良好；

e. 电极引线和端子及印刷线路板清洁且干燥；

f. 仪表的防爆等级应满足现场的防爆要求。

② 运转正常，性能良好，符合使用要求，即：

a. 被测溶液的温度、压力和流量等应满足分析器安全稳定运行的要求；

b. 仪表运行质量达到如下性能指标：

精确度：±0.2pH 或±0.1pH，或出厂指标；

重复性误差：±0.05pH，或±0.01pH，或出厂指标；

响应时间：约 10s 左右（敏感元件或缓冲溶液在 20℃平衡时），或出厂指标。

③ 设备及环境整齐、清洁，符合工作要求，即：

a. 仪表外壳无灰尘和油污，油漆无剥落，无明显损伤；

b. 仪表现场所处环境无强烈振动，无强电磁场，腐蚀性弱，清洁干燥；

c. 仪表管路和电缆敷设、排列整齐，保温伴热符合要求；

d. 工作场所避免热辐射源。

④ 技术资料齐全、准确，符合管理要求，即：

a. 仪表说明书、运转资料、主要部件和记录器等资料齐全；

b. 产品制造单位、型号、出厂日期、校验单及产品合格证等有关资料保存完好；

c. 仪表历年校准、检修、故障处理及零部件更换记录等资料准确、齐全。

2.4.2 巡回检查

每班至少进行两次巡回检查。检查内容如下：

① 仪表运行状态是否正常；

② KCl 溶液液位是否正常；

③ 流通式测量时，样品流量、压力、温度的检查和调整，冷却器冷却效果的检查；

④ 超声波清洗装置是否运行正常；

⑤ 检查记录曲线有无异常；

⑥ 若发现不能及时处理的故障应及时报告，危及仪表安全运行时应采取紧急停表措施，并通知工艺人员；

⑦ 做好巡检记录。

2.4.3 定期维护

对工业酸度计除了按完好标准进行巡回检查外，尚需定期维护。定期维护的内容和周期如下：

① 每月检查仪表中的干燥剂一次，如干燥剂失效，则更换；

② 每 3 个月检查玻璃电极一次，如有污染，进行清洗；

③ 每 3 个月检查湿部件的 O 形环一次；

④ 每 3 个月检查清洗装置一次。重点检查清洗装置是否腐蚀，喷嘴是否堵塞，刷子是否磨损。

2.4.4 故障处理

仪表工在巡检中发现故障或分析人员在操作中出现故障应及时排除和处理。常见的故障现象和处理方法见表 6-1-12。

表 6-1-12　工业酸度计故障处理

现　　象	原　　因	处 理 方 法
有明显的测量误差	被测溶液压力、温度和流速不满足电极的工作条件，带压 KCl 储瓶的压力不符合要求	检查被测溶液状态和带压 KCl 储瓶的压力，如必要，则应调整使满足要求
	玻璃电极被污染	清洗玻璃电极
	电极室周围的绝缘不良	干燥电极室，如果 O 形环损坏，则更换之
	玻璃电极的特性变坏	更换玻璃电极，然后用缓冲溶液进行校准
	盐桥(液络)堵塞	清洗盐桥，如果仍不能进行正常测量，则更换之
	参比电极内的溶液浓度变化	对可充灌型敏感元件，更换内部溶液；对充灌型敏感元件则清洗敏感元件内部且充灌 KCl 溶液

续表

现　　象	原　　因	处理方法
有明显的测量误差	测量线路绝缘变坏	清洗和干燥电缆端子，使其绝缘电阻大于 $10^{12}\Omega$
	pH 变送器线路异常	修理或更换变送器的放大器
	参比电极损坏	更换参比电极
	电缆接线错误和接插件接触不良	对照接线图检查接线和接插件接触情况
	接地线不适当	检查更换接地线或接地点
	温度补偿电阻开路或短路	修复或更换温度补偿电极
指示波动	被测溶液压力和流速变化太快	检查被测溶液状态，如必要则进行调整
	玻璃电极被污染	清洗玻璃电极
	盐桥被堵塞	清洗盐桥，如仍不能进行测量，则更换之
	测量线路绝缘不良	清洗和干燥电缆端子，使其绝缘电阻大于 $10^{12}\Omega$
响应缓慢	被测溶液的置换缓慢	检查被测溶液状况，如必要则进行改进
	玻璃电极没有充分浸泡	重新浸泡玻璃电极直至工作状态正常
	玻璃电极被污染	清洗玻璃电极
	盐桥被堵塞	清洗盐桥，若不能进行正常测量，则更换之
指针跳到刻度以外	电极室周围绝缘破坏	干燥电极室，如果 O 形环损坏，则用备品替换之
	玻璃电极被损坏	更换玻璃电极
	测量线路绝缘电阻降低	清洗和干燥电缆端子，使其绝缘电阻大于 $10^{12}\Omega$
指示值单向缓慢漂移	玻璃电极球泡有微孔或裂纹	更换玻璃电极
	参比电极 KCl 溶液向外渗透太快	更换参比电极
	参比电极内有气泡	检查并补充 KCl 溶液且排除气泡
	新电极浸泡时间不够	重新浸泡电极（24h 以上）

2.5 可燃有毒气体检测报警器日常维护

可燃有毒气体检测报警器是化工企业确保安全生产不可缺少的一类仪器，常用的有 GP-840 型可燃气体检测报警器、RZ-1〈K〉-S 扩散型泄漏气体检测报警器、RZ-1〈K〉-S 吸入型泄漏气体检测报警器、ED 系列扩散型可燃气体检测报警器、730PW 系列 CD 检测报警器等在线可燃、有毒气体检测报警仪表。

这类仪表基本工作原理多采用催化接触氧化燃烧、金属氧化物半导体吸附、隔膜电极比较、红外线气体吸收以及电化学原电池等，其结构分为扩散式和吸收式两大类。

扩散式仪表由检测器、放大器及信息处理单元、报警单元、电源等几部分构成。

吸入式仪表由吸入口、过滤器、抽吸泵、喷射器组成的取样装置和预处理系统，以及检测器、放大器及信息处理器、电源、报警单元、显示或记录单元构成。

几种不同工作原理的仪表主要技术性能指标见表 6-1-13。

2.5.1 完好标准

根据 HG 25518—91《可燃、有毒气体检测报警器维护检修通用规程》，可燃、有毒气体检测报警器完好标准如下。

① 整机及零部件完整，符合技术要求，即：

a. 仪表零部件、附件齐全完好；

b. 仪表铭牌清晰；

c. 紧固件无松动、不泄漏、不堵塞，接插件接触良好，可动件调节灵活自如；

d. 防爆现场仪表符合防爆现场等级的要求。

表 6-1-13 可燃、有毒气体检测报警仪主要性能指标

项目	催化接触氧化燃烧	半导体吸附	红外线吸收
精确度	±2%～±10%/FS	±10%～±20%/FS	±2%/FS
重复性误差	±1%～±5%/FS	±100ppm	±1%/FS
零点浮移	±10%/FS/年	±1000ppm/年	±3%/FS/年
响应时间	10～60s	10～60s	10～60s
测量对象	可燃、有毒气体	有毒、可燃气体	有毒、可燃气体
测量范围	0～100%LEL	0～数千 ppm	低浓度至高浓度
最小报警浓度	1/10LEL	200ppm	数十 ppm
输出信号	见各仪表说明书	见各仪表说明书	见各仪表说明书
检测器输出特性	线性	对数	近似线性
防爆级别	见各仪表说明书	见各仪表说明书	见各仪表说明书
环境温度	－10～55℃	－10～55℃	－10～55℃
环境湿度	见各仪表说明书	见各仪表说明书	见各仪表说明书
供电电源	见各仪表说明书	见各仪表说明书	见各仪表说明书
吸入式样品流量	见各吸入式仪表说明书	见各吸入式仪表说明书	见各吸入式仪表说明书
绝缘性能	≥10MΩ 以上	≥10MΩ 以上	≥10MΩ 以上

注：1ppm＝10^{-6}。

② 运转正常，性能良好，符合使用要求，即：

a. 吸入式仪表取样装置及预处理系统运转正常，经处理后的泄漏气体能满足仪表安全稳定运行的要求；

b. 扩散式、吸入式仪表工作状态正常；

c. 仪表零点和下限报警值调校准确，反应灵敏；

d. 仪表运行质量达到表 6-1-13 所示技术性能指标。

③ 设备及环境整齐、清洁，符合工作要求，即：

a. 仪表外壳无油污，油漆无剥落，无明显损伤；

b. 仪表现场所处环境无强烈振动，腐蚀性弱，清洁干燥；

c. 仪表管路、电缆敷设、排列整齐；

d. 仪表工作场所符合仪表安全运行的要求。

④ 技术资料齐全，准确，符合管理要求，即：

a. 仪表说明书、运转资料、部件及显示器等技术资料齐全；

b. 产品制造单位、型号、出厂日期及产品合格证等有关资料保存完好；

c. 仪表历年校准、检修、故障处理及零部件更换记录等资料准确、齐全。

2.5.2 巡回检查

可燃、有毒气体警报仪每班至少进行两次巡回检查。其内容如下：

① 观察仪表电源、放大器及信息处理、报警等单元指示灯、事故灯等显示是否正常；

② 若有记录器时，观察仪表记录曲线、报警指示灯，若异常，检查确认是仪表故障还是现场发生泄漏；

③ 吸入式仪表的取样装置和预处理系统及其部件工作状态的检查和调整，调节吸入气体的压力和流量至规定数值；

④ 根据仪表特殊要求进行的巡检；

⑤ 巡检中发现不能解决的故障应及时报告，危及仪表安全运行时应采取紧急停表措施，并通知工艺人员；

⑥ 做好巡检记录。

2.5.3 定期维护

可燃、有毒气体检测报警器日常维护除每班进行巡回检查外，尚需定期维护。定期维护的项目、内容以及周期见表 6-1-14。

表 6-1-14 可燃、有毒气体检测报警器定期维护

项 目	定期维护时间			维 护 内 容
	1 个月	3 个月	6 个月	
扩散口		√		检查是否堵塞
吸入口	√			检查、清洗
抽吸泵		√		检查、清洗、注油
喷射器		√		检查、清洗
过滤器		√		检查、清洗
转子流量计		√		检查、清洗
电路检查			√	根据有否异常来确定维护内容
声报警			√	模拟检查或(和)校准同步检查
光报警			√	模拟检查或(和)校准同步检查
显示器			√	模拟检查或(和)校准同步检查
记录器			√	检查、清洗滑线电阻、校准

2.5.4 故障处理

仪表工在巡回检查过程中发现故障要及时处理。这类仪表可能出现的故障以及处理方法见表 6-1-15。

表 6-1-15 可燃、有毒气体检测报警器故障处理

现 象	原 因	处 理 方 法
仪表无指示或指示偏低	未送电或保险丝断	检查供电电源及保险丝
	电路损坏或开路	检查电路
	电路接触不良	检查电路接插件及虚焊
	检测元件因污染、中毒或使用过久失效	更换新的检测元件
	检测器损坏	数字万用表检查确认后更换
	扩散式或吸入式仪表过滤器堵塞	检查过滤器，清洗，排堵
	记录器或输出表头损坏	检查记录器或输出表头修复
指示不稳定	检测器安装在风口或气流波动大的地方	更改检测器安装位置
	检测器安装位置风向不定	更改检测器安装位置
	检测器安装在振动过大的地方	更改检测器安装位置
	检测器元件局部污染	更换检测元件
	过滤器局部堵塞	检查和清洗过滤器芯
	电路接触不良，端子松动或放大器噪声大	检查电路接插件及端子
	供电不稳定，纹波大或接地不良	检查电源及纹波，检查接地线
	电缆绝缘下降或未屏蔽	兆欧表检查确认，改用屏蔽电缆

续表

现　　象	原　因	处 理 方 法
指示值跑至最大	现场大量泄漏	确认后配合工艺紧急处理现场
	检测元件损坏	更换检测元件
	检测器参比元件损坏	更换参比元件
	电路故障	检查和修复电路
	未校准好仪表	重新校准仪表
	校准气不标准	用精度更高仪器检查和确认
	检测器中进入了脏物或液滴	检查检测器,清洗,烘干
仪表时而报警,时而正常	现场检测点附近时而大量泄漏	配合工艺检查确认
	检测器安装在风口或气流不稳的地方	更改检测器安装位置
	检测器安装位置风向不定	更改检测器安装位置
	检测环境存在使检测元件中毒的组分	用实验室仪器检查确认
	检测器进入脏物或液滴	检查检测器,清洗,烘干
	检测元件或参比元件接触不良	检查端子和接线
	放大器电路故障	检查电路故障,修复
	电路供电异常	检查供电电压及纹波,修复
	现场大量泄漏而过滤器局部堵塞	清洗过滤芯,配合工艺紧急处理现场

第2章　常见故障处理

1　故障判断思路

化工（石化）生产过程中经常出现仪表故障现象。由于检测与控制过程中出现的故障现象比较复杂，正确判断、及时处理仪表故障，不但直接关系到化工生产的安全与稳定，涉及到化工产品的质量和消耗，而且也最能反映出仪表工实际工作能力和业务水平，也是仪表工能否获得工艺操作人员信任、彼此配合密切的关键。

由于化工生产操作管道化、流程化、全封闭化等特点，尤其是现代化的化工企业自动化水平很高，工艺操作与检测仪表休戚相关，因此工艺人员常通过检测仪表显示的各类工艺参数，诸如反应温度、物料流量、容器的压力和液位、原料的成分等等来判断工艺生产是否正常，产品质量是否合格，并根据仪表指示做出提量或减产、甚至停车等决定。仪表指示出现异常现象（指示偏高，偏低，不变化，不稳定等等）本身包含两种因素：一是工艺因素，仪表忠实地反映出工艺异常情况；二是仪表因素，由于仪表（测量系统）某一环节故障而出现工艺参数误指示。这两种因素总是混淆在一起，很难马上判断出来，有经验的工艺操作人员往往首先判断是否是工艺原因。

仪表工要提高仪表故障判断能力，除了对仪表的工作原理、结构、性能特点熟悉外，尚需熟悉测量系统中每一个环节，对工艺介质的特性、化工设备的特性也应有所了解，这能帮助仪表工拓宽思路，有助于分析和判断故障现象。

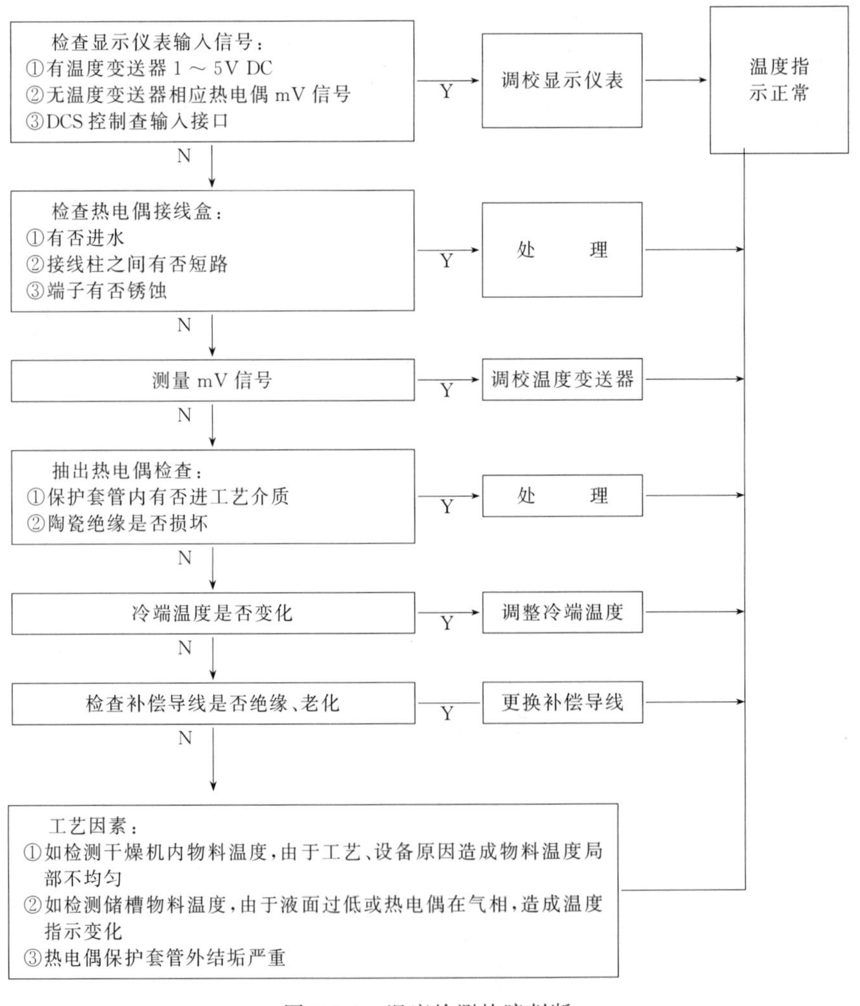

图6-2-1　温度检测故障判断

下面分别介绍检测与控制系统故障判断思路。

1.1 温度检测故障判断

故障现象：温度指示不正常，偏高或偏低，或变化缓慢甚至不变化等。

以热电偶作为测量元件进行说明。

首先应了解工艺状况。可以询问工艺人员被测介质的情况及仪表安装位置（在气相还是液相）。

因为是正常生产过程中的故障，不是新安装的热电偶的故障，所以可以排除热电偶和补偿导线极性接反、热电偶或补偿导线不配套等因素。排除上述因素后可以按图 6-2-1 所示思路逐步进行判断和检查。

1.2 流量检测故障判断

故障现象：流量指示不正常，偏高或偏低。

以电动差压变送器为例（1151DP，1751DP）。

仪表工在处理故障时应向工艺人员了解故障情况，了解工艺情况，如被测介质情况，机泵类型，简单工艺流程等。

故障处理可以按图 6-2-2 所示思路进行判断和检查。

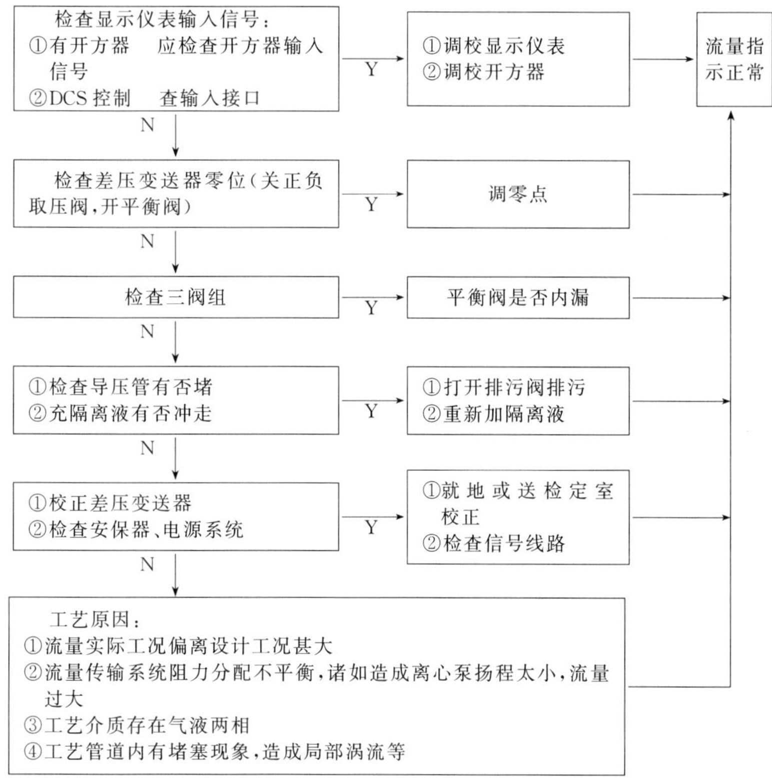

图 6-2-2　流量检测故障判断

1.3 压力检测故障判断

故障现象：某一化工容器压力指示不正常，偏高或偏低，或不变化。

以电动压力变送器为例（1151GP，1751GP）。

首先了解被测介质是气体、液体还是蒸汽，了解简单工艺流程。有关故障判断、处理可按图 6-2-3 所示思路进行。

1.4 液位检测故障判断

故障现象：液位指示不正常，偏高或偏低。

以电动浮筒液位变送器为检测仪表。

首先要了解工艺状况、工艺介质，被测对象是精馏塔、反应釜还是储罐（槽）、反应器。用浮筒液位计

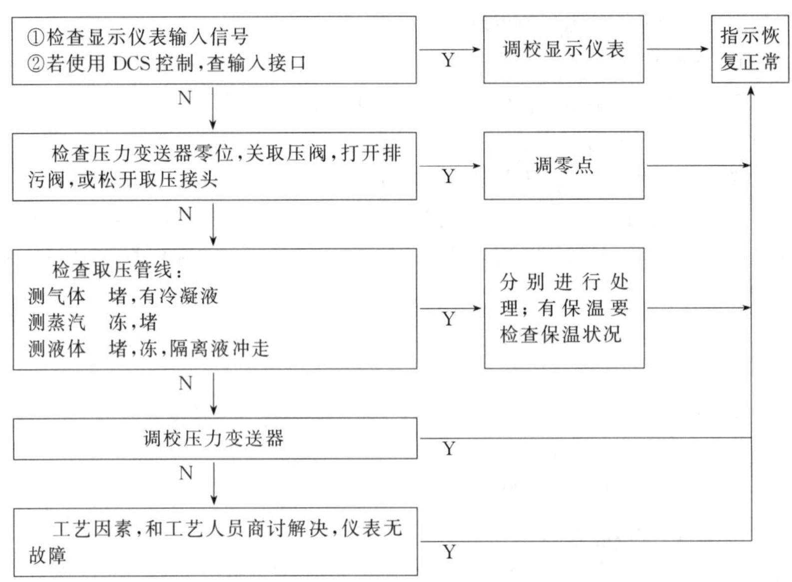

图 6-2-3 压力检测故障判断

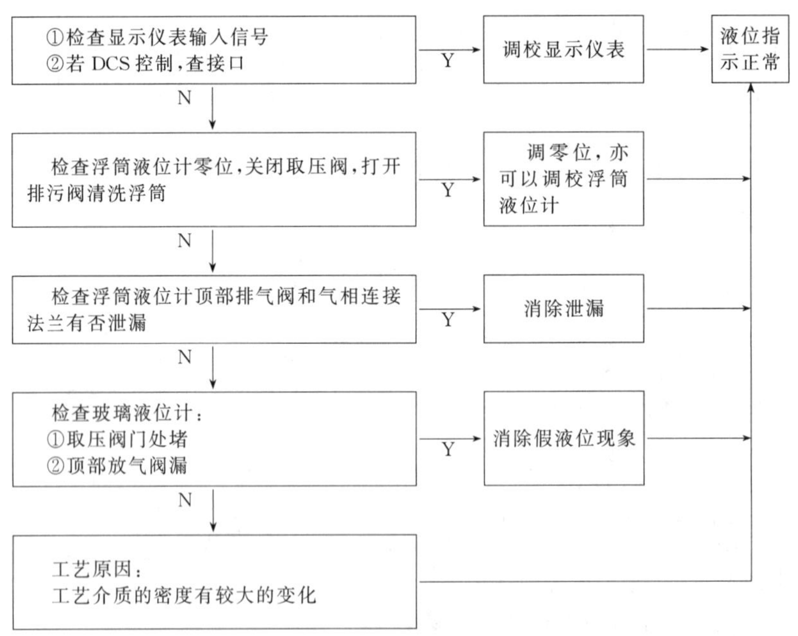

图 6-2-4 液位检测故障判断

有关液位（物位）检测故障判断思路详见图 6-2-4。

测量液位，往往同时配置玻璃液位计。工艺人员以现场玻璃液位计为参照来判断电动浮筒液位变送器指示偏高或偏低，因为玻璃液位计比较直观。

1.5 简单控制系统故障判断

故障现象：控制系统不稳定，输入信号波动大。

以流量简单控制系统为例，控制系统由电动差压变送器、单回路调节器和带电气阀门定位器的气动薄膜调节阀组成。

在处理这类故障时，仪表工应很清楚该流量控制系统的组成情况，要了解工艺情况，诸如工艺介质，简单工艺流程，是加料流量还是出料流量或是精馏塔的回流量，是液体、气体还是蒸汽。处理故障步骤详见图 6-2-5。

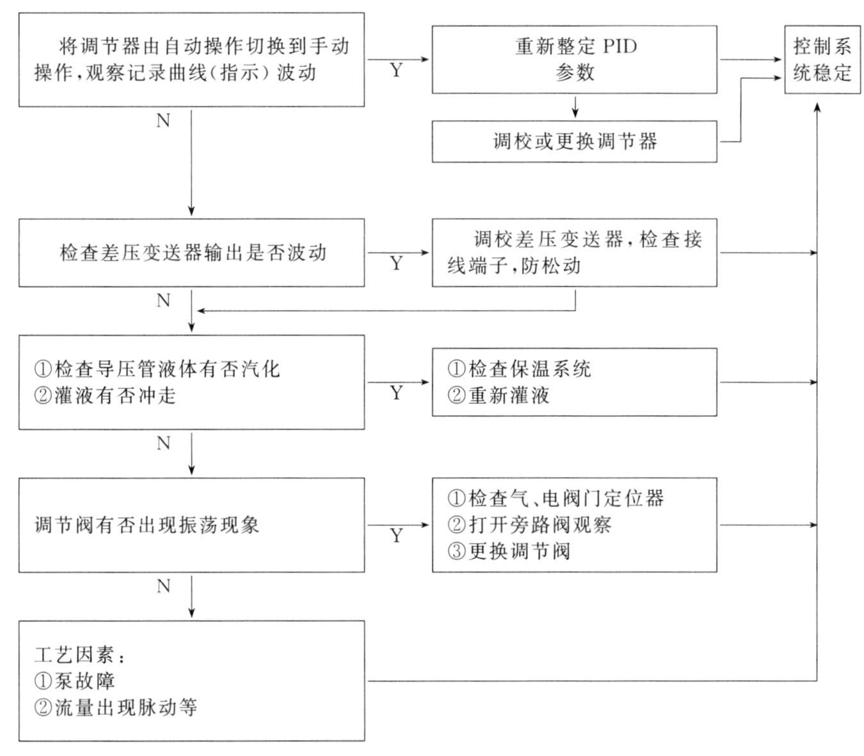

图 6-2-5　自动控制系统故障判断

2　仪表常见故障处理实例

这里介绍的仪表常见故障处理实例比较零乱，不系统，有些也比较肤浅，可以说是无数仪表故障处理中的沧海一粟，仅供参考。

2.1　流量检测与控制系统故障处理

2.1.1　触媒再生装置加热蒸汽流量指示偏低

(1) 工艺过程　某化工企业触媒再生装置加热蒸汽流量指示调节FIC-306，采用节流装置（孔板）和差压变送器测量蒸汽流量，导压管配冷凝液罐。如图 6-2-6 所示。

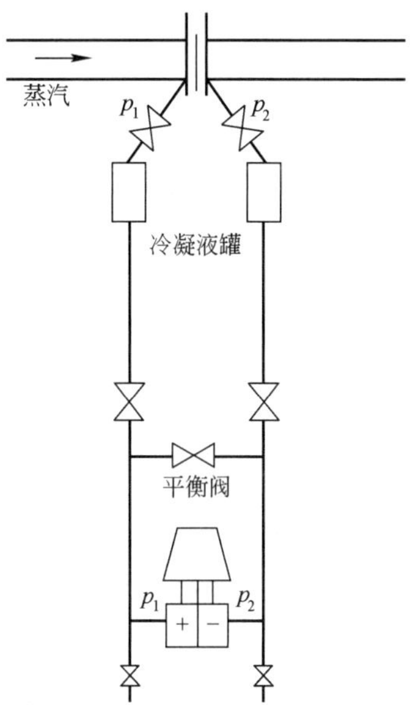

图 6-2-6　蒸汽流量测量

(2) 故障现象　蒸汽流量指示慢慢下跌，或者说流量指示不断地偏低。

(3) 分析与判断　首先检查差压变送器的零位是否偏低、漂移，再检查取压系统，发现差压变送器的平衡阀有微量泄漏。

由于平衡阀有泄漏，正压侧压力 p_1 通过平衡阀传递到负压侧，使负压侧压力 p_2 增加，造成压降 $\Delta p=p_1-p_2$ 减小，指示偏低。因为是微量泄漏，Δp 下降很慢，所以流量指示表现为慢慢下跌。如泄漏量很大，则 $p_1=p_2$，$\Delta p=0$，流量指示为零。另外，在孔板两边压差作用下，导压管内的冷凝液会被冲走，虽然蒸汽冷凝会补充一些冷凝液，但速度慢，补偿不了冷凝液被冲走的量，这样造成正压导压管内冷凝液慢慢地下降，流量指示也慢慢地偏低。

找到原因，处理比较简单。更换平衡阀，或处理造成平衡阀泄漏的原因，流量指示即可恢复正常。

2.1.2　乙烯出料流量指示偶发性偏低

(1) 工艺过程　某石化企业乙烯装置乙烯出料流量记录调节系统 FRC-02 由孔板及差压变送器、单元组合

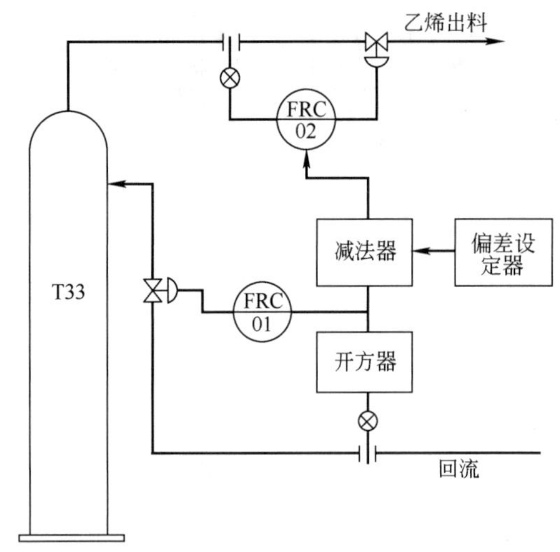

图 6-2-7　乙烯出料流量自控流程图

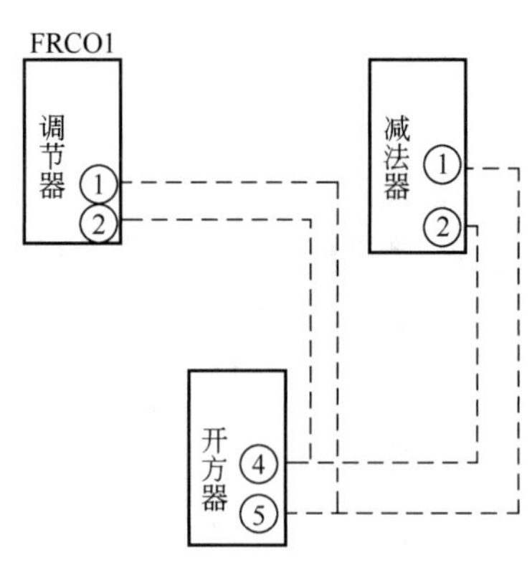

图 6-2-8　仪表接线图

调节器（DDZ-Ⅲ）、指示记录仪、调节阀等组成。塔顶回流流量记录调节系统 FRC-01 由孔板差压变送器、开方器、单元组合调节器（DDZ-Ⅲ）、指示记录仪、调节阀等组成。FRC-01 和 FRC-02 通过减法器相关联。其控制点流程图如图 6-2-7 所示。乙烯出料流量调节系统 FRC-02 调节器与回流量调节系统 FRC-01 中的开方器以及减法器接线图如图 6-2-8 所示。

(2) 故障现象　工艺人员反映乙烯出料流量 FRC-02 的指示值经常出现突然下跌后又自动恢复的现象。除流量指示值下偏外，还出现过调节器的给定值指针也下跌。

(3) 分析与判断　首先用备品替换 FRC-02 的调节器，故障现象没有消除。

上述故障现象发生时间很短，很快又恢复正常。根据工艺人员反映和叙述的现象，仪表工认为可能是仪表测量回路有故障，又因为调节器的外给定指针也有过下跌现象，综合考虑，不单纯是仪表输入回路有故障。根据自控流程图，FRC-02 的外给定是由 FRC-01 的开方器输出经过减法器提供的，逐项检查减法器和开方器。在校验 FRC-01 开方器时，发现开方器输出端子⑤的螺丝严重松动，与减法器相连的一个引线焊片接触不好。由图 6-2-7 可知，FRC-02 乙烯出料流量调节器外给定值是回流量（FRC-01）与偏差设定器提供的偏差设定值在减法器中相减后的输出值。如果开方器⑤号端子一根引线松动，偶尔接触不好，即无电压输出，将造成减法器瞬间无输出，亦造成 FRC-02 调节器外给定指针下跌。外给定瞬时下跌一般不会引起操作工的注意，而由于外给定变化引起调节器输出变化，直至流量下跌时才会引起操作工的注意。当操作工发现乙烯流量下跌时，开方器端子接触又好了，调节器外给定恢复正常，流量慢慢又恢复正常。因为流量恢复需要一定时间，调节器外给定指示变化只在瞬间，故操作工看到流量下跌现象较多，而流量下跌又恢复正常的原因实际上是由外给定接触不好造成的。

原因找到了，只需将开方器⑤号端子拧紧，这种故障现象就消失了。

2.1.3　裂解炉原料油流量波动大

(1) 工艺过程　某石化企业裂解炉原料油加入流量指示调节 FIC-01，该调节系统采用节流装置配差压变送器来测量原料油流量。它的安装形式有一个特点，即孔板与差压变送器安装在同一个水平高度，而导压管向下弯了一个 U 形后再与差压变送器相连接，如图6-2-9 所示。

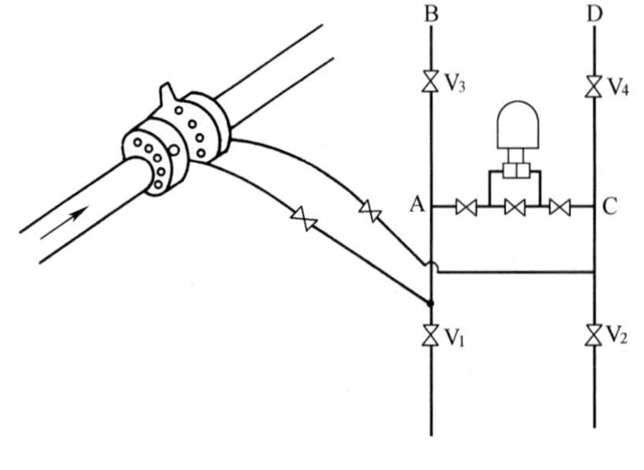

图 6-2-9　乙烯裂解原料油测量

(2) 故障现象　仪表大修后开车投料，发现 FIC-01 裂解炉原料油流量指示波动大。

(3) 分析与判断　首先对导压管进行排污，排污后流量指示波动仍然大。继续分析原因。由于大检修，导压管和仪表本体内所有原料油都排放干净了，因此空气进入导压管和仪表表体中。开车以及排污时，导压管内空气一部分从排污阀 V_1、V_2 中排掉，另一部分通过差压变送器表体上的正负压室排气、排液孔中排除。由图 6-2-9 中可知，导压管 AB 段和 CD 段内的空气无法从 V_1、V_2 以及差压变送器本体排液、排气阀中排除，而积聚在导压管顶部。由于空气可以压缩，具有弹性，当原料油压力作用在空气团上时，它先受压缩，后又膨胀，产生弹性振动，流量指示自然就波动，不稳定了。

处理办法：通过顶部排气阀 V_3 和 V_4 进行排气，直至原料油连续排出而无气泡为止，关上排气阀 V_3 和 V_4。原料油流量指示恢复稳定。

2.1.4 稀释蒸汽流量调节系统振荡

(1) 工艺过程 某石化企业裂解炉稀释蒸汽流量调节系统 FIC-108 是一个单回路简单调节系统。该装置建成初开车。调节阀采用笼式阀（套筒阀）。

(2) 故障现象 流量调节系统手动状态稳定，投入自动状态就产生系统振荡，无法稳定。

(3) 分析与判断 装置是刚建成投产的，流量指示调节系统也属于开车之列，它不同于大修后重又开车的调节系统。后者经过生产实践考验，说明系统设计合理。前者出现故障，除正常判断外，还要考虑调节系统设计是否合理。

首先检查仪表流量测量系统，看差压变送器自身是否产生振荡，重新整定调节器 P、I 参数。如果差压变送器正常，调节器本身调校也正常，那么调节系统组成中只剩下调节阀这一环节了。通过对调节阀进行分析，认为调节阀流通能力选择过大，即 C_v 值过大。在相同压力差和相同阀门开度下，C_v 值越大，单位时间内介质流过阀门的量越多。在稀释蒸汽流量调节系统中，由于调节阀 C_v 选得过大，当系统中流量稍有变化，产生的偏差信号就使调节器发出微小的调节信号，调节信号将改变调节阀的开度。因为 C_v 值大，调节阀开度虽然变化不大，却引起工艺流量较大幅度地变化，或者说调节过量了。这样反过来又产生偏差，引起调节器反方向产生调节信号，引起调节阀反方向变化，造成工艺流量较大幅度变化（若上次是流量增加太多，这次则是工艺流量减少太多），如此反复，造成系统振荡。

处理办法是调换调节阀阀芯，因为是笼式阀，将阀芯窗口面积减小，即将原调节阀 C_v 值从 175 减小到 99，控制系统得以稳定。

2.1.5 新安装流量计不能开表

(1) 工艺过程 某化工企业新安装一套工艺装置，其中冷却水总管流量测量 F1-8005 采用孔板和 1151 差压变送器作为检测仪表。因为是冷却水总管流量，工艺管道直径为 DN400mm，流体传送装置采用离心泵。

(2) 故障现象 工艺泵、管道有流量，打开取压阀、三阀组，供电后，仪表指示最大。

(3) 分析与判断 调校、检查 1151 差压变送器，没有问题，符合精度，稳定性能好；检查导压管系统，也没有发现负压导压管有泄漏；仪表本体负压室也无泄漏。对仪表以及测量系统检查，没有发现问题，那么，剩下的原因就是工艺因素了。

分析工艺过程，因为是冷却水总管，管径很大，流体（水）流过管径阻力很小，压力损失也很小。观察离心泵出口压力表，表压很低，DN400 管道和工艺阀门很大，一时难以判断阀门开度。从离心泵特性可知，离心泵扬程和流量有一定关系，上述情况就是离心泵流量太大，扬程太小。关小离心泵出口阀，离心泵出口压力指示上升到 0.4MPa，差压变送器检测流量正常。所谓差压变送器不能开表的原因，实际上是水流量太大，远远超过设计流量值，流量指示自然到最大值了。关小离心泵出口阀，增加系统阻力，改变流量与扬程的关系，使泵出口流量达到设计值，只要工艺达到设计值，仪表也就指示正常了。

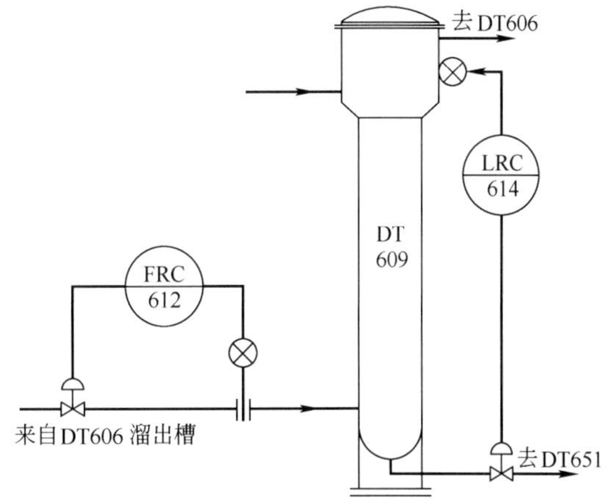

图 6-2-10 流量调节系统图

2.1.6 萃取塔加料流量调节系统振荡

(1) 工艺过程 某化工企业回收工段萃取塔加料流量调节系统 FRC-612，其流量来自第六精馏塔（醋酸塔）

馏出槽，组分是醋酸异丙酯、少量醋酸以及其他物质。用醋酸异丙酯萃取醋酸与醋酸钠溶液中的醋酸，其工艺流程图如图 6-2-10 所示。

（2）故障现象　流量指示大幅度振荡，其振荡幅度可达仪表满刻度，即仪表指示指针在 0%～100%之间摆动。

（3）分析与判断　流量指示大幅度振荡，调节系统不稳定。改变 P、I 参数，减小 P 值，增加 I 值，没有效果，判断不是一般扰动。检查调节器，调节器本身工作正常，比例作用、积分作用都有。可以进一步校正调节器，即使不校正，经初步检查也可以排除是调节器的故障。这个流量调节系统已经运行了很长时间，应该说调节系统设计是合理的，那么调节阀的选取是正确的，也可以排除由于 C_v 值过大或过少造成调节系统不稳定。检查调节阀以及阀位定位器，调节阀本身不振荡，排除调节阀因素。

将流量调节系统由自动切换到手动，流量指示仍然大幅度振荡，因此可以证明是测量系统有问题。流量本身大幅度地脉动，向工艺人员了解，工艺过程稳定，没有发生异常，泵运行良好，所以可以排除工艺因素，剩下的是差压变送器测量系统。

观察孔板差压变送器测量系统，自环室取压开始配有蒸汽伴热保温，仪表及三阀组安置在仪表保温箱内，保温箱内亦有蒸汽伴热（从导压管配下来，经保温箱排入地沟）。冬天开保温蒸汽伴热，夏天停蒸汽伴热，保温仍然有（指一般保温棉）。平时调节系统运行稳定，流量控制记录曲线几乎成一直线，而现在为什么大幅值振荡？原来，时值冬天，天气骤然转暖，而仪表伴热蒸汽量仍开得比较大。在天寒地冻时，为了防止仪表冻坏，加大伴热蒸汽量是应该的。但虽然都是冬季，温差可以相差近 20℃（天气转暖的中午与最冷天半夜最寒冷时的比较），仪表工应当及时关小伴热蒸汽量，一是防止浪费能源，二是防止导压管内液体汽化。现在出现的这种故障现象就是由伴热蒸汽量开大引起的。

分析工艺介质，主要是醋酸异丙酯，另有少量醋酸。醋酸异丙酯熔点－73.4℃，沸点 88.4℃，醋酸熔点 16.6℃，沸点 118.1℃。如工艺介质是纯醋酸异丙酯，根据醋酸异丙酯的物化特性，可以不必配蒸汽伴热。现介质内含有少量醋酸，醋酸熔点很高，不配蒸汽伴热，在冬天环境温度下要冰冻，所以该流量测量系统导压管以及仪表本体需蒸汽伴热保温。但是蒸汽伴热保温量过大，由于醋酸异丙酯沸点为 88.4℃，将造成醋酸异丙酯汽化。醋酸异丙酯汽化量很大，导压管内形成气液两相，造成差压变送器输出大幅度波动。

解决办法：减少伴热蒸汽量，打开保温箱门。降温后仪表指示正常，流量调节恢复正常。

2.1.7　锅炉燃料油（重油）流量调节系统故障之一

（1）工艺过程　锅炉采用重油作为燃料，其流量调节系统 FIC-716 检测仪表采用孔板与差压变送器，环室取压，取压阀门后装隔离液罐，隔离液采用乙二醇，导压管用蒸汽伴热保温，见图 6-2-11。

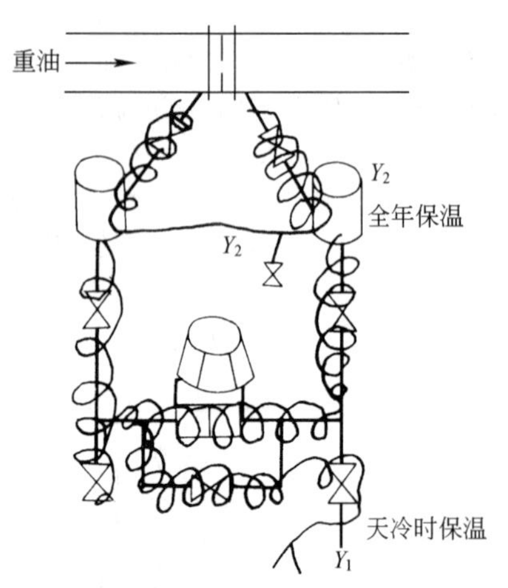

图 6-2-11　锅炉重油流量检测

（2）故障现象　重油流量 FIC-716 工作一段时间后，出现指示逐步下降的现象，有时还会有波动。

（3）分析与判断　对于采用隔离液的差压流量测量系统，这一类现象在分析与判断时，要首先考虑隔离液问题。在处理具体故障时，首先应检查仪表零位，仪表零位正常，基本上就是导压管系统故障了。

该测量系统用蒸汽伴热保温，在配伴热蒸汽管时，通常一根环绕或平行正压导压管，另一根环绕或平行负压导压管。因为测量重油通常需要蒸汽伴热，导压管内乙二醇隔离液受蒸汽伴热的影响，受热不断蒸发，上升进入工艺管道被带走，封液会逐渐下降。由于各种原因，正负导压管内乙二醇蒸发量不可能完全一样，乙二醇蒸发后被重油取代，造成导压管内附加液柱压力差（乙二醇和重油密度不同）。如正压导压管内乙二醇蒸发多，乙二醇液柱低于负压导压管内乙二醇液柱，则仪表指示偏低；如负压导压管内乙二醇蒸发量多，则仪表指示出现偏高。另有一种情况，乙二醇蒸发汽化量大，一时没有被工艺管道带走，这时导压管内有部分气体，则仪表指示出现振荡。此例故障原因就在于此。

处理方法是要解决导压管内隔离液的蒸发问题。原保温伴热蒸汽管重新配置，分为上下两部分（原来可以看成左右两部分，正压导压管一部分，负压导压管一部分）。上端为环室取压至隔离液罐段，这段测量介质是重油，需全年伴热保温，以防重油低温固化。下端为隔离液罐以下导压管以及仪表本体部分，这段保温为季节性蒸汽伴热保温。乙二醇凝固点为－12.78℃，沸点为197.8℃，所以到天气寒冷时，为了防止乙二醇凝固，需蒸汽伴热，但无需太多的量；相反，伴热蒸汽量太多，乙二醇温度虽然不会达到沸点，但加速它汽化、蒸发，又会出现故障，或系统不能长期稳定运行。

2.1.8 锅炉燃料油流量调节系统故障之二

(1) 工艺过程　同“锅炉燃料油流量调节系统故障之一”工艺过程。

(2) 故障现象　FIC-716锅炉燃料油流量指示调节系统流量计指示不能随工艺阀门开度的变化而变化，或者说流量变化了，而仪表指示不变。

(3) 分析与判断　流量计指示不能随流量变化而变化，说明流量改变，引起差压信号改变，这个变化没有传递到仪表中来，以致造成仪表指示不变。另一种原因就是仪表损坏，不能反应这个变化。首先检查仪表、差压变送器，正常，排除仪表原因，剩下就是测量系统原因了。

由于保温不良，引起环室取压口导压管与取压阀等处重油凝固，堵死导压管，堵死取压阀出口，造成压力无法传递，原正负压室内压力不变，因此仪表指示不变。

处理方法：用蒸汽吹导压管、取压阀，将凝固的重油熔化。由于重油黏度大，附着力强，一次吹不干净，要多吹几次。吹扫之前，先关闭环室取压阀，吹扫干净后，更换隔离液，然后再打开环室取压阀。检查保温系统，保证蒸汽伴热，防止再冻。

2.1.9 锅炉燃烧油流量调节系统故障之三

(1) 工艺过程　同“锅炉燃烧油流量调节系统故障之一”工艺过程。

(2) 故障现象　FIC-716重油流量调节系统在下了一场大雨后，流量指示出现上下波动现象。

(3) 分析与判断　这是一个流量调节系统，流量指示出现上下波动现象，不仅仅是测量问题，还有系统问题。将调节器由自动切换成手动，看流量指示变化情况。如流量指示仍然上下波动，说明是测量系统的问题；如流量指示不波动，说明是调节系统的问题，可以通过改变P、I、D参数重新整定调节系统，但有时这种办法不能解决问题。针对下了一场大雨后，流量指示出现上下波动故障现象，分析其原因，导压管保温系统的保温棉外面没有防湿措施，一场大雨将保温层淋湿，热量损失，使导压管内重油黏度增加，压力传递阻力增加，反应滞后。也就是说，测量滞后增加。从物理意义上讲，压力传递阻力增加，反应迟滞，孔板两侧的压差变化不能及时传到变送器上，使调节器不能对流量变化的信号进行调节。如流量指示稍有下降，出现偏差，调节器随即反应，输出一个调节信号，增加调节阀开度，流量很快达到设定值，现在测量出现滞后，流量变化了，但调节器不能立即作出反应，流量继续变化，待调节器作出反应时，流量已大大地超过工艺指标，再进行反向调节，由于滞后太大而出现流量过小，这样反复不止，使系统指示上下波动。由于测量滞后过大，仅改变P、I、D参数不能克服。

处理办法：打开保温蒸汽，使导压管温度上升，重油黏度降低，克服测量滞后，流量指示不再上下波动，恢复正常，停止保温伴热蒸汽，在原保温棉基础上，加油毡，防止雨水。

2.1.10 变送器输出信号偏高或偏低

(1) 故障现象　合成氨装置一段转化炉控制水碳比的蒸汽流量控制系统有时会出现变送器输出信号偏高或偏低的现象。

(2) 分析与判断　造成变送器输出信号偏高或偏低可能的原因如下：

① 变送器取压装置取压孔堵塞；

② 变送器取压导压管泄漏；

③ 变送器供气或供电波动超过允许值；

④ 气动变送器喷嘴挡板磨损或变形；

⑤ 气动信号管线泄漏；

⑥ 测量膜盒环；

⑦ 取压平衡阀关不死。

由于该系统是一套蒸汽流量控制系统，其特点是高温高压，综上所述，该系统变送器信号偏高或偏低，其主要原因是取压导压管泄漏。

处理方法：

① 取压导压管尽量不采用卡套式接头连接，以减少静密封点。

② 取压管内要有足够的冷凝液才能开表。

2.1.11 气动仪表组成的流量控制系统故障

(1) 工艺过程　某选用气动仪表组成的流量控制系统如图6-2-12所示。

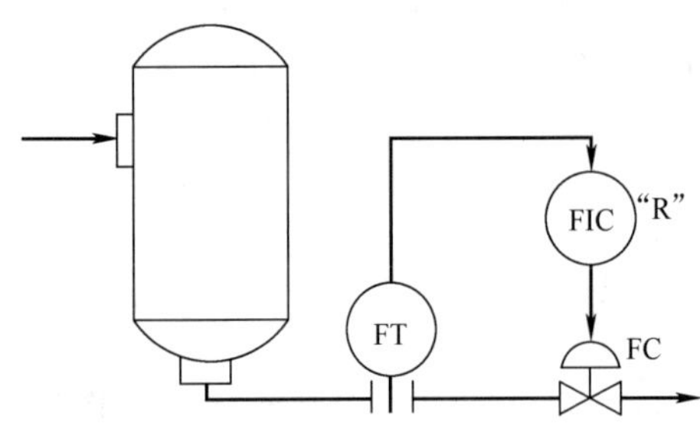

图 6-2-12　气动仪表组成的流量控制系统

(2) 故障现象　运行中突然发现测量值偏高且气动差压变送器输出逐渐上升至最大，造成调节阀全关。

(3) 分析与判断　造成气动差压变送器的输出偏高或达到最大的原因通常有：

① 负压侧导压管或负压室堵塞或泄漏；

② 喷嘴堵塞；

③ 气源压力过高；

④ 负反馈管线或负反馈波纹管泄漏。

处理办法：迅速将调节器切至手动操作，使输出保持在正常输出值，或迅速用调节阀手轮操作，保持阀位于正常开度。同时对气动差压变送器对应上述故障原因作如下处理：

① 疏通负压侧导压管或负压室，处理泄漏处；

② 疏通喷嘴；

③ 调整气源压力至正常值，若系减压阀故障则修理或更换减压阀；

④ 处理泄漏处或更换波纹管。

2.1.12　除盐水站涡街流量变送器无指示

(1) 故障现象　1997 年 12 月，冬季大检修后，除盐水站试车中发现进水涡街流量计与成品水出水涡街流量计都无指示。在试车前已对这两套变送器进行过校验，拆下重新对变送器进行检查，通过测试检查发现这两套变送器的前置放大电路的集成功放同时损坏。

(2) 分析与判断　针对这一现象，说明变送器曾受高电压或大电流击穿。首先检查供电回路，并对电缆绝缘性能进行了测试，排除了由供电系统引起的问题。从另一方面分析，故障电压或电流如果经过发生体，通过传感信号进入变送器也会造成电路击穿（发生体安装在输水管线上）。经了解得知，工艺车间在检修输水管线时，使用过电焊机，焊接点离信号发生体不远。由此分析，焊接时瞬时产生的高电压和大电流可能是产生故障的重要原因。

防范措施　加强与工艺车间的联系，特别是对工艺车间改造的项目，凡影响到仪表运行的因素都要及时掌握，做好保护措施。

2.1.13　锅炉给粉机突然全部回零

(1) 故障现象　1993 年 12 月 20 日，4 号炉带负荷 400t/h，12 台给粉机除停运 2 台外，其余全部处于运行状态。在 9 时 10 分左右给粉机转速突然全部回零，锅炉由于失去燃料而灭火停炉。

(2) 分析与判断　4 号炉滑差给粉机转速控制是通过 TF-900/B 实现的，滑差给粉机转速控制器按工艺要求设定了最低转速，即当控制信号中断后（控制信号为零伏时），转速控制器仍能保持 300r/min 的最低转速控制输出，而不导致锅炉发生灭火事故。

此次燃料中断导致灭火事故的发生，是由于 TF-900/B 监控组件正电源消失，其 A/M 控制组件输出到转速控制器的控制电压变为－2V，在如此高的负电压作用下，转速控制器的最低转速设定电压被抵消，致使滑差给粉机转速回零。

防范措施　为防止此类事故的再次发生，在转速控制器的输入端反向并接一个二极管，这样当转速控制器的输入端出现负电压时，则该控制电压将被二极管钳位在－0.6V 左右，可以确保在控制信号中断时，滑差调速给粉机仍能维持原设定的最低转速；另外应定期检查最低转速设定值是否正常，以杜绝此类灭火事故的重演。

2.1.14　质量流量计指示波动

(1) 故障现象　质量流量计测量时不时出现无规律的类似“噪声”的干扰。

(2) 分析与判断　质量流量计一向以测量可靠和测量精度高著称。所以，在查找原因时，尽量以查找测量条件为突破口。

在对测量参数设置等进行核对正确后，又对供电电源等进行了替换实验，随后又多次对质量流量计进行在线调零，结果都没有消除故障。最后怀疑介质中有气泡。在工艺人员的帮助下，发现为避免介质聚合堵塞管路，工艺一直向管内吹氮气。经工艺确认并关掉氮气，仪表故障排除。

介质中气泡对质量流量计测量的影响应引起足够重视。

2.1.15 丁辛醇装置氢气量消耗高

(1) 工艺过程　二化氢气来源于氯碱厂、烯烃厂，通过B点（界区）进行累积并于厂外进行核算，而厂内由装置内仪表FT-3302、FT-1116来累积并进行核算。FT-3302所测的氢量是辛醇气相加氢和液相加氢的总需氢量，FT-1116所测的氢量是丁醇气相加氢的总需氢量，因此，丁辛醇装置的总需氢气量即为FT-3302和FT-1116的累积总和。

(2) 故障现象　2000年8月丁辛醇车间反映，装置氢气量消耗高，每天多消耗近20000m^3，直接影响厂内经济核算。

(3) 分析与判断　从以下几个方面进行查找和分析。

① 对装置内智能变送器FT-3302和FT-1116进行检查　检查一次取压阀、二次取压阀、导压管安装、表头等，然后根据设计数据用通讯接口依次检查两表的零点、量程设置，均未发现问题，FT-3302和FT-1116出现问题的可能排除。

② 对B点（界区）仪表进行检查　检查FT-02（氯碱厂来）和FT-03（烯烃厂来）两变送器，根据设计数据用通讯接口对两台智能变送器进行零点、量程的检查，同时检查一次取压阀、二次取压阀、导压管安装、表头等，并与计量科联系确认取压孔板的选型与安装等技术指标，均正常，此时针对B点累积器，根据通用气体补偿公式对该累积器各参数进行核实、检查，均未发现问题。该通用气体补偿公式如下：

$$Q_n = Q\times f(p,V,T) = Q\times(T_0+20℃)\times(p_0+p)/p_0\times(T_0+T)\quad m^3/h$$

③ 对DCS组态进行检查　因氢气是受温度和压力影响较大的气体，因此在DCS中需对FT-3302和FT-1116进行温度、压力补偿；DCS中通过PT-3335、TE-3301对FT-3302进行温度、压力补偿；通过PT-1138、TE-1150对FT-1116进行温度、压力补偿，经检查DCS中各组态参数均正常。

④ 对B点累积器和装置内仪表FT-3302、FT-1116进行累积统计　2000年8月12、13日对FT-3302和FT-1116进行累积统计：

累　积	位　号	时间(AM　7：30)		消耗/天	合　计
		8月12日	8月13日		
质量累积/kg	FQ-3302	9521.090	9538.840	17750	25650
	FQ-1116	4450.860	4458.760	7900	
体积累积/Nm^3	B点(界区)氢气	178323	178519	196000	196000

根据设计计算书，密度$d=0.13$kg/Nm^3，则装置内总耗氢量的体积流量为25650/0.13=197307.690(Nm^3)。

由表上可看出B点（界区）进装置的氢气量为196000Nm^3，两者差值：197307.690－196000.000=1307.690(Nm^3)，此量可认为送至合成消耗，由此看出，丁辛醇装置的氢消耗与B点界区进氢气量基本吻合，并不超高。于是对丁辛醇车间统计员进行询问，并查询了工艺车间内部核算计算机台账，终于发现问题所在，原来该计算机台账中软件设置的氢气密度为0.12kg/Nm^3，由此可得出每天的氢气消耗量为25650/0.12=213750（Nm^3），与B点界区进气量比较：213750－196000=17750（Nm^3），可看出多消耗17750Nm^3（近20000Nm^3）。

丁辛醇装置氢气消耗高为丁辛醇车间内部换算中氢气密度值设置不合适所致，此问题排除，丁辛醇车间与厂内部经济换算问题得到解决。

2.1.16 2$^{\#}$纤维烘干机蒸汽流量无显示

(1) 故障现象与处理　2$^{\#}$纤维烘干机蒸汽流量计无显示值，因蒸汽靴中蒸汽流量的大小关系着产品的质量，2$^{\#}$纤维烘干机被迫停车抢修。

(2) 分析与判断　通过检查控制回路，排除760调节器、变送器、电磁阀的故障可能性；认真检查FV8304-2，发现调节阀不动作，最后判断调节阀膜片破裂。拆开后发现膜片大面积破裂；阀杆与膜头底部卡扣下的密封圈严重磨损。拆下膜头，更换膜片、密封圈，重新调校定位器。工艺开车，流量计指示正常。

在故障发生前的一段时间，曾发现该阀动作不到位，当加20mA DC信号时，调节阀不能全开，开度约为

90%。检修人员采取了加弹簧、加大气源压力等办法，使调节阀的开度达到 100%。当时的气源压力已加大至 0.27MPa。

前段时间发现的调节阀动作不到位是由膜片上有小的破损引起的，但在检修中没有对此进行检查、检修，而是加大了调节阀的气源压力，虽使调节阀动作正常，但却加速了膜片的破损，最终造成事故的发生。

2.2 压力检测与控制系统故障处理

2.2.1 压力联锁失灵

(1) 工艺过程　某石化企业重油总管压力测量报警联锁 PAS-723，其自控流程图如图 6-2-13 所示。

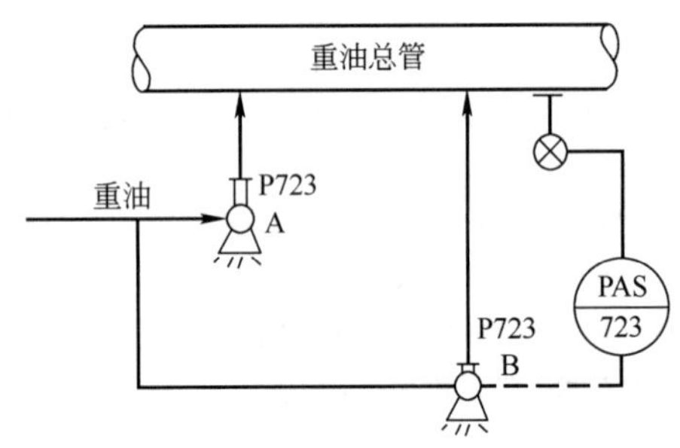

图 6-2-13　重油总管压力测量系统图

(2) 故障现象　锅炉燃料油-重油总管压力下降，但备用泵 P723B 不能自动启动，导致重油压力继续下降，直到锅炉联锁动作切断重油而停车，造成故障。

(3) 分析与判断　正常情况下，当重油总管压力下降到某一值时，备用油泵 P723B 应自动启动，使重油保持一定流量和压力。现在 P723B 没有启动，说明备用泵没有收到压力下降的信号，也就是说 PAS-723 压力变送器（传感器）没有感受到总管压力的变化。检查到该故障是由导压管内隔离液被放掉、重油进入导压管以及变送器的弹簧管内而引起的。由于采用隔离液测量总管压力，导压管和仪表没有采用伴热保温，重油凝固点比较低，因此在导压管和弹簧管内冻结，不能感应和传递总管压力的变化。同时，由于重油固化而体积膨胀，传感元件受力使指示偏高，亦一直保持这个值。当总管压力下降时，此值不变，备用泵不启动，直至锅炉停车。

(4) 处理办法　用蒸汽吹扫导压管，拆下弹簧管用汽油洗干净。仪表重新投用前导压管内要充满隔离液。清洗充液后，仪表指示正常，联锁报警系统正常。仪表工在日常维护时要注意隔离液，不能随便排污。

2.2.2 裂解汽油压力指示回零

(1) 工艺过程　某石化企业裂解汽油压力调节系统，如图 6-2-14 所示。

(2) 故障现象　裂解汽油压力测量系统中测压导压管保温关后不久，压力指示回零，调节阀关死，裂解塔不出料，造成塔液位太高停车事故。

(3) 分析与判断　平时这台测压仪表压力波动较大，采用将进口阀开大、用针形阀调节阻力的办法可以减小仪表指示的波动。仪表工在日常维护中可能有人不了解该表的具体情况，看到仪表指示波动太大，即把进口阀关小。因为进口阀口径比较大，很难控制，一旦进口阀关小到压力指示波动不大时，实际上该阀门已处于全关位置，而平时巡回检查也没注意到这个问题，待天热关保温后，即出现仪表指示回零，调节阀全关现象。保温蒸汽关闭后，导压管冷却了，导压管内原来全部汽化的介质冷凝成液体，体积减小，压力骤降几乎到零，如取压阀门没有关死，介质冷凝成液体，体积减小，而裂解塔内将补充介质并传递压力，压力指示不变。如今阀门关死变成一个盲区，若保温不关，介质处于全部汽化状态，则压力指示维持不变。现在进口阀关闭而且保温也关了，仪表压力指示就回零了。仪表信号为零，通过调节器作用，调节阀全关，塔液位迅速上升而造成停车事故。

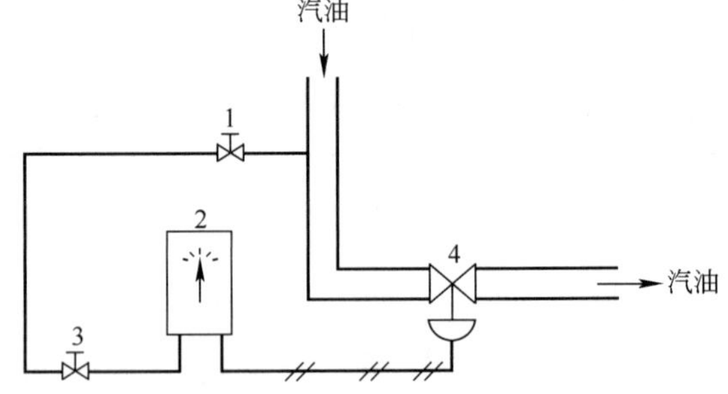

图 6-2-14　裂解汽油压力调节系统

1—取压阀；2—压力指示调节器；3—针形阀；4—调节阀

处理方法很简单，打开进口阀，指示就正常了。

应当注意，这类压力波动较大的检测控制系统常常采用加节流阻力的方法来减小测量波动，但阻力要加适当，一般使指针尚有波动为止，否则就会出现上述故障，造成恶劣后果。

2.2.3 裂解炉炉膛负压压力指示偏低

(1) 工艺过程　裂解炉炉膛负压测量如图 6-2-15 所示。

(2) 故障现象　压力变送器指示偏低。

(3) 分析与判断　裂解炉负压测量采用一个积水缸以防止湿空气中冷凝水进入负压变送器，增加测量误差。由图 6-2-15 可知，湿空气中水分不断冷凝成水，当导压管积水缸水位上升到高于右边管道进口处高度时，即积水缸水位高于 A 点时，由于炉膛负压的影响，会引起一段水柱，水柱高度记为 H，液柱产生附加压力 $p'=H\rho$（ρ 为水的密度）。附加压力 p' 作用在压力（真空度）变送器上的力正好与炉膛负压 p_0 的作用力相反，因此负压指示偏低一个值，见下式：

$$p=p_0-H\rho$$

式中，p 为差压变送器的指示压力。

由于 $H\rho$ 存在，$p<p_0$，压力指示偏低。

(4) 处理方法　定期排除水缸里的积水，尤其是停车期间，湿空气进入管内，积水更多，所以在开炉前应排放一次积水。其次是改配管，将炉膛负压导压管改为图 6-2-15 中虚线所示，这样可以减少排液次数。

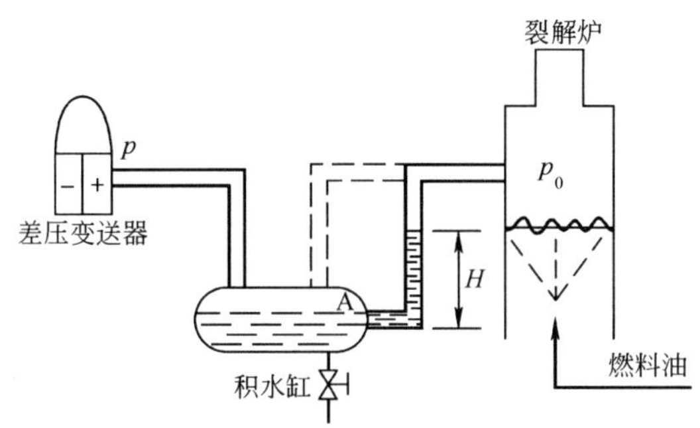

图 6-2-15　裂解炉炉膛负压测量

2.2.4　裂解炉炉膛负压指示变成正压

(1) 工艺过程　裂解炉炉膛负压指示，其位号分别为 P101、P103 和 P105。

(2) 故障现象　下了一场大雨后，裂解炉炉膛负压压力指示 P101、P103、P105 均指示为正压。

(3) 分析与判断　炉膛负压很小（－80Pa），采用差压变送器测量，正压室连接炉膛，负压室通大气，通大气口向下。

下大雨后，雨水沿差压变送器负压室放空管往下流，由于放空管口径很小（放空管很大，一旦刮风，强风对负压室产生附加力，会使炉膛负压指示波动），水被虹吸上去，吸上高度记为 H，由于吸入雨水产生一个附加压力 p'，此时差压变送器负压室压力 p_2 不再等于大气压 p_0，即：

$$p_0=p_2+p'$$

其中：

$$p'=H\rho$$

因此 $p_2<p_0$，即差压变送器负压室小于大气压，负压侧压力减小，相当于正压侧压力 p_1 增加，造成差压变送器输出增加。因为炉膛负压是－80Pa，一旦负压放空管吸入水柱高度 $H>$8mm，仪表指示就成为正压了。

处理方法　在放空管出口端安装一个喇叭口，以避免虹吸现象发生，效果很好。

2.2.5　控制系统不能对燃气量进行补偿

(1) 工艺过程　某合成氨厂一段转化炉炉膛压力控制系统原理图如图 6-2-16 所示，采用 KMM 可编程调节器，并选用控制类型 3（两个 PID 串级型）。KMM 组态如图 6-2-17 所示。

(2) 故障现象　KMM 检修后运行时，该控制系统不能对燃气量进行补偿。

(3) 分析与判断　该控制系统采用控制类型 3（两个 PID 串级型），PID_1 和 PID_2 均设计有 PV 跟踪功能，设计通过软开关逻辑判断实现炉膛负压值变化率监视并自动切换至 PID_1 或 PID_2，从而实现调节器 PID 参数自动选择。正常时 A 状态下，PID_2 输出控制炉膛负压，异常状态时调节器处于 C 状态，PID_1 输出控制炉膛负压。该控制系统可实现对燃料量变化所造成的转化炉炉膛压力的变化进行前馈补偿。KMM 检修后投运发生故障，大多是因为停电检修时电池失效、PP 参数（可变参数）丢失所致。

处理方法　将 PP_3、PP_4、PP_5 分别输入计算出来的值（即丢失的值）。

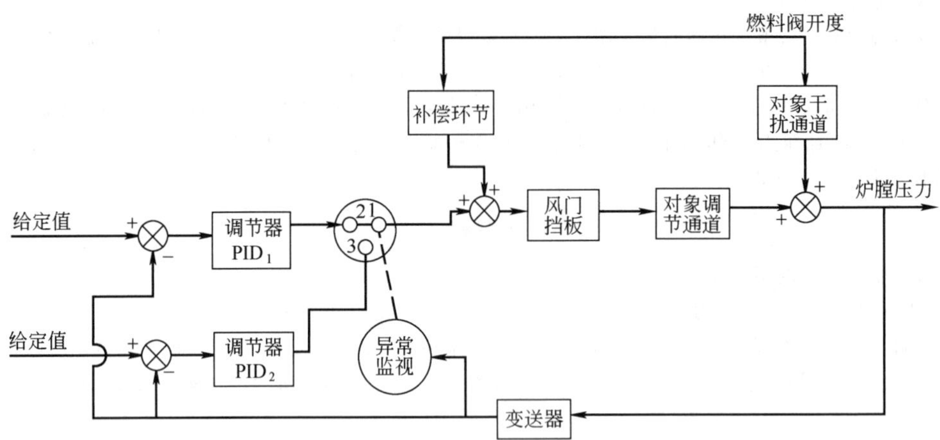

图 6-2-16　压力控制系统方框图

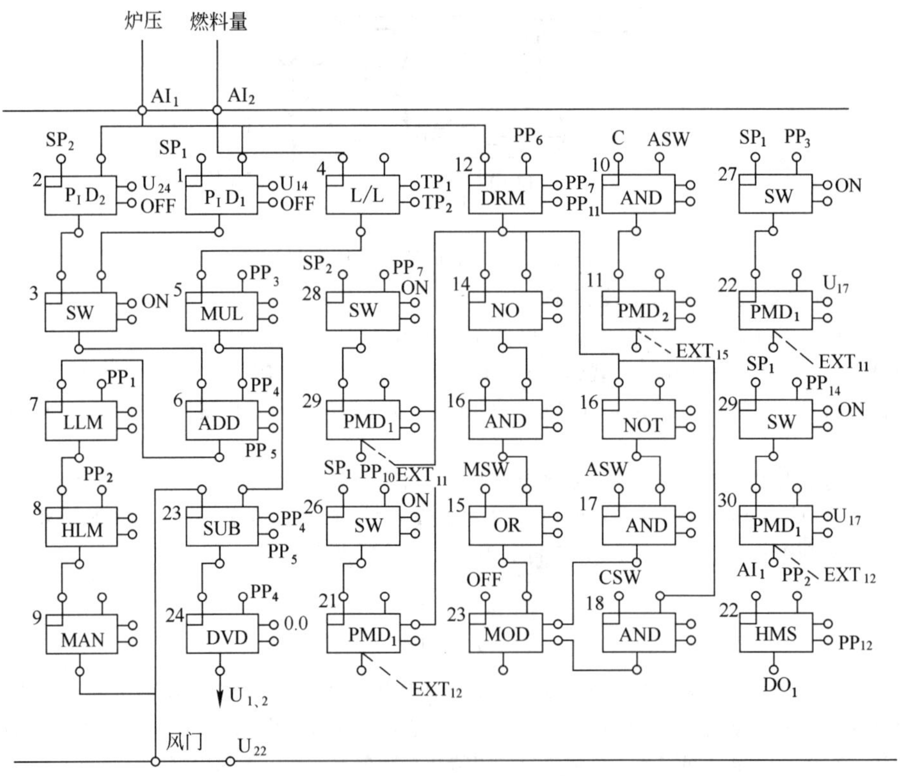

图 6-2-17　KMM 组态图

2.2.6　大风大雨条件下负压大幅度波动

(1) 故障现象　氨厂转化炉炉膛负压在大风大雨条件下大幅度波动。

(2) 分析与判断　转化炉炉膛是工艺生产过程严格控制的工艺指标，不允许大幅度波动。在大风大雨条件下引起负压大幅度波动的原因有：

① 下雨天负压侧渗水；

② 刮大风使变送器负压侧改变了作用力，特别是在不规则的风速情况下，变送器输入信号将大幅度波动，调节器输出波动，采取调节的执行机构大幅度波动，这样使系统负反馈恶性循环。

处理办法：

① 改变变送器安装方式，负压侧通大气端加一导压短管，方向向下，不让雨水形成静压力；

② 在变送器输出管线上加一个气容。

2.2.7 1[#]精馏塔顶压力指示异常

（1）工艺过程　一化合成氨装置控制仪表采用 TDC-3000PM 系统，现场仪表多采用 1151 系列变送器，回路中采用北京远东 EKZ231B 系列齐纳式本质安全栅。现场信号电缆为 KVV3×1 线连接。回路连接图如图 6-2-18 所示。

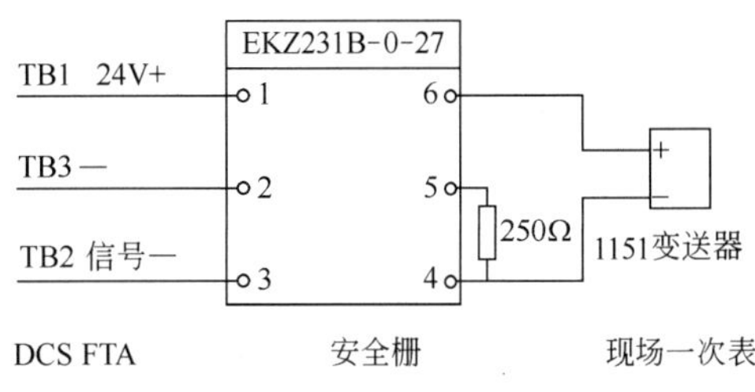

图 6-2-18　1151 变送器回路连接图

回路工作原理如下。FTA 上 TB1、TB3 提供 24V 直流电源，经过 EK231B-0-27 安全栅隔离限能，向 1151 变送器提供本质安全电压，变送器产生的工作电流经过 250Ω 信号电阻，将 4～20mA 电流信号转换为 1～5V 信号电压。FTA 上 TB1、TB3 间的 250Ω 电阻已去掉，TB2、TB3 从安全栅 1、2 间取 1～5V 电压信号。正常情况下在安全栅处测量，可得到：

① 2、3 间电压为 24V DC；

② 5、6 间电压为 24V DC；

③ 1、2 间电压为 1～5V DC；

④ 从 4 串接万用表，电流应为 4～20mA。

（2）故障现象　PI 608 为制冷装置 1[#]精馏塔顶压力指示，量程为 2.5MPa，测量介质为气氨，导压管灌变送器油，正常情况下，PI608 指示为 60%，即 1.5MPa。2000 年 5 月 17 日，仪表巡检人员发现 PI608 趋势图变化波动大，大部分时间在 20%～40%波动，且有几次位于零点附近。工艺操作人员反映，压力应在 60%左右，且波动较少，比较稳定。

（3）分析与判断

① 判断取压系统　因 PI608 导压管灌有隔离液，是否因为隔离液流失造成指示不准？隔离液中有气体而造成指示波动？将隔离液放掉，更新灌液，调校零点后启表，仪表指示仍偏低。

② 判断安全栅及 FTA 问题　在安全栅处测量电压及信号，情况如下：在 1、2 和 4、5 端测得电压信号为 2.6V DC，而 DCS 指示为 40.5%，说明 FTA 及 IOP 工作正常，无故障；在 2、3 和 5、6 端测得电压为 24V DC，4、6 间电压为 19V DC，安全栅向变送器输出的电压正常；在 4 端串接万用表测得电流为 10.3mA，这与 DCS 指示对应，说明安全栅无故障。

③ 判断 1151 变送器问题　在 1151 变送器接线端子处测得电压为 10.6V DC，低于 1151 变送器工作电压，拆掉变送器信号线，测得信号线电压为 24V DC。而在安全栅本质安全侧的电压为 19V DC，说明在电缆上有很大压降产生。用 CA11 标准仪器模拟 1151 变送器，DCS 指示仍存在故障，验证 1151 变送器无故障。从安全栅本安侧接上 CA11 标准仪器，模拟 1151 变送器信号，DCS 指示与 CA11 输出电流相对应，证明了故障就在信号电缆上。

④ 从安全栅断开信号电缆，并将电缆短路，把现场断开的信号电缆与 1151 变送器连接，测得信号电缆阻值为 2kΩ 且变化较大，而信号电缆的正常阻值是 4Ω 左右。说明信号电缆某处出现故障，当电流信号流过时产生较大的压降，降低了信号电压。

因为信号电缆阻值大，在电缆上产生了较大的电压降，减少了信号电压，使 P608 指示比实际值低；电缆阻值的大范围波动，造成 P608 指示波动大；若电缆阻值过大，将造成回路信号很小，以致电压信号在 1.2V 左右。

处理方法　更换信号电缆，PI608 指示恢复正常，与实际相对应。

2.2.8 合成氨装置供气压力下降

（1）故障现象　1987 年引进的合成氨 DCS CENTUM 系统为了适应现场气动仪表而设置了一套 E/P（电气）转换装置，它直接控制着现场近 60 余个调节阀。1999 年 3 月份的大检修后，发现供气压力有所下降，调整压力使压力达到了指标，但过不多久压力又逐渐下降。这时考虑到过滤器可能阻塞，经切换、拆下后发现过滤器已被油污等严重阻塞，如不及时发现、清洗，将可能发生不可想像的后果。

（2）分析与判断　虽然在检修中过滤器刚刚经过清洗，但在检修过程中，仪表风压缩机和其附属设备都处在一种非正常的运行状态，经常使管线内出现油、水及干燥剂的粉尘等杂质。由于检修期间绝大多数现场仪表都已停运，这个问题并不突出，但 CENTUM E/P 装置随时都要供气，不能间断，这样一部分杂质就被引进，造成了过滤器堵塞。

防范措施：一是加强仪表风系统操作，保持其安全正常运行，使其分离器、过滤器、干燥器都处在一种良好的状态下；二是对机房内侧的过滤器进行定期排放、切换和清洗，特别是对检修期间和检修后期的仪表风进行重点监测，发现问题及时处理，把事故隐患消灭在萌芽之中。

2.2.9 腈纶厂空分站空冷塔压力偏低

(1) 故障现象与处理　空分装置操作工发现主控室空冷塔压力偏低、报警，检查发现切-508阀指示灯不亮，阀关不死。通知仪表工处理，处理过程中，F101精馏塔停车，纺丝A/B线循环系统氧含量上升，AT7226达到3.8%。

(2) 分析与判断　仪表工到现场查看，在电磁阀柜内现场手动，无效，检查二位五通电磁阀（VFR4110-4D型）排气口，未见漏气现象，怀疑电磁阀坏，对电磁阀进行整体更换，更换完毕后试用仍无效，F101精馏塔停车。经过进一步检查发现切-508阀连接的气源管脱落。恢复后，切-508阀动作正常，精馏塔开车。

造成事故发生的原因总结为以下三点。

① 切-508阀气源管路由紫铜管、卡套连接改为塑料管、快速接头连接，由于使用时间较长，塑料气源管出现老化变形，快速接头插入深度不够，导致密封不严并脱落，造成切-508阀不动作。

② 仪表人员对故障原因判断不够准确，延误了对电磁阀整体更换的时间，最终造成精馏塔停车。

③ 操作人员切换液氮有滞后，造成纺丝 N_2 压力波动，致使氧含量上升。

防范措施：

① 对所有切换阀的气源管路及快速接头进行认真检查、重新连接，对部分老化的快速接头予以更换；

② 加强巡检，及时发现、处理设备隐患，避免事故停车。

2.2.10 压缩机入口乙烯压力波动

(1) 故障现象　控制室操作人员突然发现压缩机入口乙烯压力发生波动，紧接着压缩机K102联锁停车。

(2) 分析与判断　从联锁报警表中发现停车原因是由于压缩机入口压力高报，将阀PPV-A206切到手动仍无法控制调整乙烯压力，因此判断是现场阀门出了问题。

现场检查发现PPV-A206阀门由于管道振动过大，致使阀门定位器的反馈连杆处弹簧卡丢失，在阀门向下运动时将反馈杆顶弯，反馈系统失灵，调节阀失去调节作用，导致乙烯压力高报联锁停车。重新更换反馈杆，经调试后阀门恢复正常工作。

此次故障的主要原因是管道振动较大，阀门位置较高且缺乏有效支撑。今后应注意对现场振动较大的阀门加装有效支撑，减小阀门同工艺管道发生共振的机会，以确保阀门定位器的正常工作。还应加强对现场仪表的巡检，做到仔细认真，将故障消灭在萌芽状态。

2.2.11 氧压机氧气入口压力低导致联锁停车

(1) 工艺过程　来自100#空分装置压力为0.05MPa、温度为21℃、流量为12286Nm^3/h的氧气经XC-152/1氧气滤器过滤后，进入由14K蒸汽透平T-152带动的单杠三段氧气压缩机C-152进行压缩，压力提高到1.25MPa，再经过EC-152/3换热后送往200# C-203进一步压缩后作为汽化炉的原料气，另有一部分送往乙烯。

为确保C/T152的安全稳定运行，设有联锁保护系统，联锁条件有：

① 油温2/3；

② 轴位移2/3、轴振动；

③ 氧气入口压力2/3；

④ 密封气差压；

⑤ 出口蒸汽压力2/3；

⑥ 油压2/3；

⑦阀位开关。

以上条件只要正常，就会安全稳定运行，只要有一个条件发生联锁，就会导致透平电磁阀UV15301掉电，从而切断透平蒸汽，使氧压机C/T152停车。

(2) 故障现象　1999年2月8日早晨突然停车，操作人员反映当时最先发生报警的是PI-COL2-15236、PI-COL2-15237、PI-COL2-15238，由于它们的氧气入口压力低导致联锁C/T152停车，而其他联锁条件均正常。

(3) 分析与判断　PI-COL2-15236、PI-COL2-15237、PI-COL2-15238取压点为同一根 O_2 入口管线，并且为3取2联锁，也就是说三个压力中只有其中任意两个都低到联锁设定值时，才能使C/T152停车。检查三个压力表均正常，表明氧气入口压力确实低于联锁值而使系统停车。经过仔细分析检查发现HV15205氧气入口阀位指示灯熄灭，阀关闭。正常情况下HV15205氧气入口阀为指示灯亮，阀打开。而HV15205的安装位置位于三个入口压力表 PI-COL2-15236、PI-COL2-15237、PI-COL2-15238 之前，如果入口阀 HV15205 关闭，就切断了压缩机的入口氧气，入口压力必然低，又经过对 HV15205 的回路检查发现 HV15205 电磁阀保险丝断，更换后，开车正常。

这说明停车现象时氧气入口压力低的根本原因是氧气入口阀关闭。

2.2.12 3101 压缩机密封油罐压差低导致联锁停车

(1) 工艺过程 二化丁辛醇 3101 压缩机是整个丁辛醇生产的核心设备，采用 3.6MPa（36kg/cm²）蒸汽透平带离心式压缩机方式工作，压缩的气体组分主要为 CO、丙烯等循环气体，压缩机的任何故障都将会导致丁辛醇装置的全面停车。

(2) 故障现象 1994 年 8 月 4 日下午 3 时，3101 压缩机由于其密封油缓冲气压差低联锁导致停车，并导致丁辛醇装置停车。

(3) 分析与判断 压缩机就地仪表盘上的 PALL430 红灯报警显示为停车第一信号，说明压缩机停车应是由该原因引起，该信号由一压力开关产生，该压力开关主要用于监测压缩机密封油与缓冲气之间的压差，缓冲气是采用氮气，其压力应始终高于密封油压力，目的是防止压缩机内压缩的易燃易爆气体溢出引发爆炸等恶性事故的发生。停车后，工艺人员检查氮气压力，正常，辅助油泵运行正常，油箱液位正常，从示镜上看密封油流动正常，就地密封油压力表指示正常，初步判断应为该压力开关误动作。

根据初步判断，首先对 PSLL430 微动压力开关进行加压校验，在对仪器轻拆轻放连接校验后，先不进行调整，先进行加压、泄压实验，发现该压力开关运行正常，符合报警动作要求，联锁值 32kPa（0.32kg/cm²），完全符合工艺要求，说明原因不在于此。该开关取压来自一台进行密封油缓冲气压差测量的气动变送器的输出，该输出同时也作 PDIC437 调节器的输入源来进行密封油缓冲气压差的调节（见图 6-2-19）。在排除压力开关问题后，又对 PDT436 气动变送器进行了校验，变送器工作正常。继续对 PDIC436 调节器进行校验也未发现调节器有问题。同时工艺人员反映该调节器指示波动较大，由此首先想到 PID 参数是否合适，经检查，参数设置均是按以前开车正常状态下设定的值，以前能够符合要求现在也应该符合。另外就应该检查密封油系统和缓冲气系统本身的情况，密封油压力是由一台自力阀控制，经检查自力阀正常，在油系统运行正常的情况下，其压力应是稳定的。缓冲气由一台就地测量调节一体的基地式调节器 PDIC437 调节以达到工艺要求的压力，该调节器仅有比例作用，且位于压缩机厂房的顶部高位油槽处，巡检很不方便，经爬上去检查发现其由于年久失修，已基本不能正常工作，由于其调节缓冲压力不稳，导致调节器 PDIC436 指示波动大，大到一定程度，PDIC436 调节器的 PID 参数调不过来，PDT436 输出波动到 PSLL430 压力开关的低联锁值时，导致了停车。

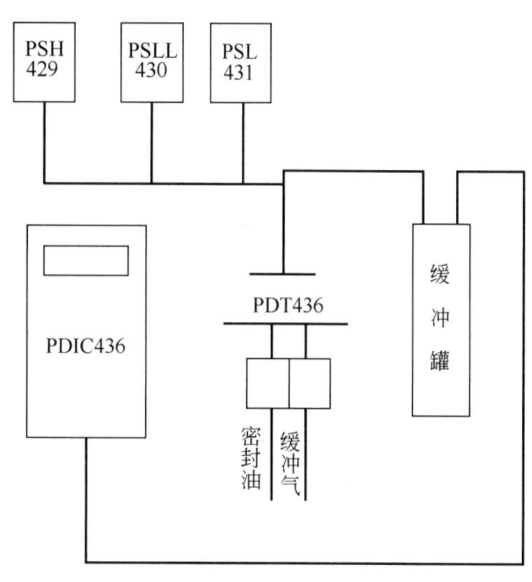

图 6-2-19 缓冲气、密封油示意图

针对前面对问题的提出和分析，采取了以下改造措施。

① 对 PDIC437 调节回路进行改造。首先应把原基地式调节器的测量与调节分开。原基地式调节器的导压管从压缩机入口及来合成气管线上取压后分别接在基地式调节器膜盒的两边，差压综合作用的膜片移动直接传递给调节器前面板指针，且由于调节器所选用的测量范围过大，使正常工况下，差压指示仅占调节器满刻度的 10%，精度很差。测量与调节分开后可针对工艺范围选用适当测量范围的差压变送器，有利于提高测量精度，分开后变送器输出 20～100kPa（0.2～1.0kg/cm²）标准信号，更有利于调节器接收。现利用其他装置换下的 FOXBRO 气动差压变送器，根据工艺正常要求的差压 10kPa（0.1kg/cm²），选用了一台差压范围为 0～20kPa（0～0.2kg/cm²）的变送器，这样正常情况下差压变送器输出为 50%，提高了测量精度。经过仔细调校后，仍采用原基地式调节器所在位置固定安装，安装于高位平台高于两取压口位置，这样安装考虑到防止压缩机入口气或来合成气中会有液体积聚而引起测量误差的现象出现，另一方面原安装支架可加以利用，气源接口也在附近，很方便。分开后的调节器选用了一台带比例积分作用的 FOXBRO 气动调节器，考虑到便于工艺人员日常

观察和操作以及原位于3101压缩机就地仪表盘旁的FT405的安装支架可以利用，将其装于二楼的地面上，将变送器输出用长10mϕ6的铜管引到调节器的输入，较长的传输距离也给了调节器一个缓冲，减小输出剧烈波动时对调节器调节作用的影响，然后对调节器进行了仔细的调校。开车投用后，对调节器PID参数而言，采用经验调试法设定$P=120$、$I=0.5$，在手动状态下发现输入波动比较厉害，于是加大了变送器的阻尼，将给定设为50%，并使$P=180$、$I=0.6$，投自动后，测量与给定基本吻合，使用效果良好。

② 对PDIC436调节回路进行改造。该环节的改造主要针对原调节系统测量点离调节点太近，测量波动大，调节作用易发散的情况，另外还针对测量信号输出同时送给压力开关，干扰到来时，有时调节作用还未来得及实施，压力开关已动作停车的情况，为了给调节器足够的调节时间，实际改造中，我们通常在变送器测量输出后增加缓冲罐，使测量输出气路先进入缓冲罐，由缓冲罐出来的气再分别去调节器和压力开关。缓冲罐的加入滞后了测量剧烈波动时对调节器的调节作用的影响，测量的滞后可对调节器引入微分作用超前调节消除滞后，同时可适当加强比例积分作用，使调节能力更强。安装完成后，对原气动调节器加装微分组件。系统开车投用后，将比例、积分作用放在较强的位置，投自动发现测量跟踪给定变化稍有滞后，加入0.2的微分作用后，系统调节有明显的超前作用，最后，$P=120$、$I=0.3$、$D=0.2$，调节阀跟踪偏差变化十分迅速，虽然比例、积分作用比以前更强了，但系统运行平稳，完全达到了改造目的。

2.2.13 抽提装置压缩机PHHS-1956出口压力误报警

(1) 工艺过程　PHH-1956是一带有两组同步开关触点的压力开关式仪表，一组开关触点的24V DC开关信号由现场传输到室内DCS控制报警联锁，另一组开关信号直接到现场就地仪表盘灯屏闪光报警。

(2) 故障现象　1999年5月，压缩机二段出口压力正常，就地仪表盘PHH-1956误报警。

(3) 分析与判断　首先检测压力开关两组触点在达到报警设定值时能否同步动作，用一台压力计打压到设定值，室内四路报警及时、准确，就地仪表盘闪光报警也反应及时，这说明两组的触点能同步动作，基本满足保护压缩机的需要。经过联校后，整套的报警联锁回路表面上看无任何故障。但就地盘PHH-1956多次误报警，说明该回路确有不易被发现的故障，经过仔细分析认为故障有可能出现在线路上，于是逐步检查回路中报警器、端子箱的接线情况，压线螺丝都非常紧固，没有松动处。当检查到压力开关触点的接线时，发现压线螺丝较为松动，导线轻轻就能拽下来，装上防振垫片重新上好螺丝压好线，投用联锁后，PHH-1956没有发生误报警。

就地盘PHH-1956误报警的主要原因是导线的接线松动。在压缩机运转时，会产生振动，造成线路似接非接，引起开关信号中断，从而导致操作压力正常仪表发生误报警。接线松动原因是压线螺丝没有压上防振垫片，根据仪表安装技术规程规定，振动场所的仪表接线电线应有防振垫片。

处理办法　按保护套管插入深度配置热电偶长度，使热电偶热端一直插到保护套管顶部，直到相碰为止。处理完后，温度指示正常，调节系统品质指标亦改善了。

2.3 温度检测与控制系统故障处理

2.3.1 温度指示偏低

(1) 工艺过程　某化工企业温度记录系统TR-306用热电偶作为测温元件，直接和电子自动电位差计连接，记录指示被测温度，见图6-2-20。

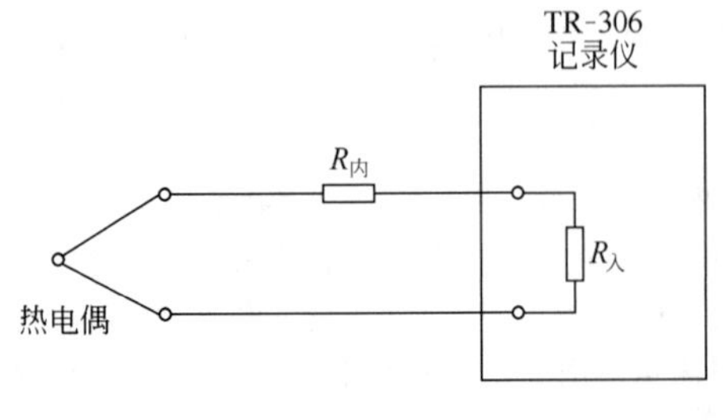

图6-2-20　TR-306输入回路

(2) 故障现象　温度指示偏低。

(3) 分析与判断　检查记录指示仪，无故障；查装置上的热电偶，发现热电偶接线端子处螺丝松动，接触不好。接触不好造成接触电阻增大，即信号源内阻增大。一般情况下，记录仪的输入阻抗比较大，能克服信号源内阻对测量精度的影响，但有一定的限度。当信号源内阻很大时，会有一部分信号被分压掉，记录仪上的信号小了，温度指示偏低。由图6-2-20可得：

$$U_0=\frac{E}{R_内+R_入}R_入=\frac{R_入}{R_内+R_入}E$$

式中　U_0——电子电位差计输入电压；

E——热电势；

$R_{内}$——信号源内阻，即导线电阻、接触电阻等；

$R_{入}$——电子电位差计输入阻抗。

如果 $R_{内} \ll R_{入}$，则 $\frac{R_{入}}{R_{内}+R_{入}}=1$，$U_0=E$。

当 $R_{内}$ 不能忽略不计时，则 $R_{入}/(R_{内}+R_{入})<1$，$U_0<E$，温度指示偏低了。

处理办法　拧紧松动的接线端子，温度指示恢复正常。

2.3.2　控制室温度指示比现场温度指示低 50℃

(1) 工艺过程　温度指示调节系统 TIC-706 采用热电偶作为测温元件。除热电偶测温外，在装置上采用双金属温度计 TG 就地指示。

(2) 故障现象　TIC-706 指示和 TG 就地指示不符，比 TG 指示低 50℃。

(3) 分析与判断　双金属温度计比较简单、直观，首先从 TIC-706 系统着手。在现场热电偶端子处测量热电势值，对照相应温度，确定偏低，说明不是调节器指示系统有故障，问题出在热电偶测温元件上。抽出热电偶，发现在热电偶保护套管内有积水。积水造成下端短路，一则热电势减小，二则热电偶测量温度是点温，即热电偶测温点的温度，由于有积水，积水部分短路，造成电偶测量点变动，引起测量温度变化。

处理方法　将保护套管内的水分充分擦干或用仪表气源吹干，热电偶在烘箱内烘干后再安装。重新安装后，要注意热电偶接线盒的密封和补偿导线的接线要求，防止雨水再次进入保护套管内。

2.3.3　裂解炉出口温度指示偏低，且变化滞缓

(1) 工艺过程　裂解炉出口温度指示调节 TIC-202 用热电偶作为测量元件，以改变燃料量来控制出口温度。

(2) 故障现象　TIC-202 温度指示偏低，当改变调节阀开度增加燃料油流量时，温度指示变化迟缓。

(3) 分析与判断　温度调节系统出现这样的故障现象比较难以判断。调节系统调节不灵敏有许多因素，诸如调节器 P、I、D 参数不合适，比例 P 和微分 I 作用不够，调节阀的调节裕量不够等，工艺提量了，而阀门尺寸没有变，使得调节阀显得小了，调节阀有卡堵现象，以及测温元件滞后造成调节系统不灵敏等。经过检查，发现热电偶芯长度不够，没有插到保护套管，见图 6-2-21，这样造成热电偶热端和套管顶部之间有一段空隙。由于空气热阻大，传热性能差，造成很大的测量滞后。纯滞后大的测量系统一般 PID 调节器是很难改善调节的，所以出现温度变化迟缓等现象。另外测温点位置也有变化。如果设备内温度分布不很均匀，那么 A 点和 B 点的温度就会有差异。再者，套管端点温度通过空气层传递到热电偶热端时，有热量损失，热电偶热端温度 t_1 要低于保护套管顶部温度 t_0，所以温度指示偏低。

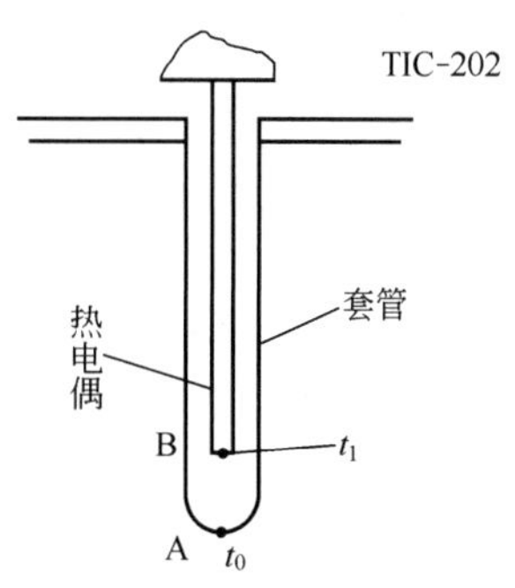

图 6-2-21　TIC-202 测温热电偶

2.3.4　大批温度调节器指示偏低

(1) 工艺过程　某化工企业装置内有大批温度调节系统，用热电偶作为测温元件，经过温度变送器将信号传送至单回路调节器。

(2) 故障现象　大修后仪表开车，发现大批温度调节器指示偏低。

(3) 分析与判断　仪表在大修时都校正过，但是出现大批量指示偏低现象，就需要重新检查了。

采用热电偶作为测温元件，存在一个冷端补偿问题和补偿导线问题。大批量仪表指示偏低，冷端补偿处理不好的可能性极大。

温度变送器输入信号 V_0 等于热电偶测得相应温度的热电势 E_1 减去冷端温度（环境温度）所产生的热电势 E_2（也称室温电势），即：

$$V_0=E_1-E_2 \tag{6-2-1}$$

冷端温度（或称室温）不同地点有不同温度。正确的环境温度是室温补偿电阻所在的环境温度。对于温度变送器而言，环境温度是温度变送器接线端子板小盒中的温度，它所产生的室温电势记为 E_{20}。

在大修校正温度变送器时，由于控制室有空调，环境温度比较低，它产生的室温电势记为 E_{21}。若考虑冷端补偿时采用 E_{21} 的值，由式（6-2-1）可得：

$$V_{01}=E_1-E_{21}$$

而仪表正常运行时，室温电势应为 E_{20}，即：

$$V_{00}=E_1-E_{20}$$

因为 $E_{21}<E_{20}$，所以 $V_{01}>V_{00}$。

仪表工发现温度变送器输出偏高，将温度变送器零位调下来，待实际投用时，则温度指示偏低了。

处理方法　可用实际测得温度变送器室温补偿电阻处的温度。具体办法是把温度计伸入到端子接线板小盒内，并用绝热材料包好，避免冷风吹。测得环境温度，用测得的环境温度相应的热电势代入式（6-2-1）进行校正，这样校正仪表比较精确。

2.3.5　温度调节不稳

（1）工艺过程　重油温度调节系统 TIC-706，重油通过热交换器，采用中压蒸汽加热。自控流程图见图 6-2-22。

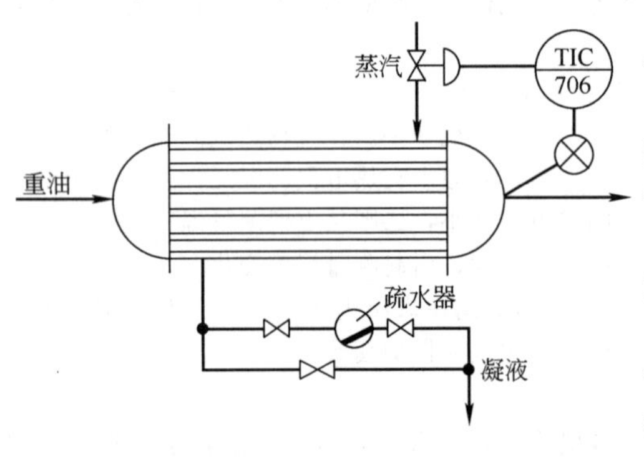

图 6-2-22　重油温度调节系统

（2）故障现象　改变蒸汽调节阀开度，TIC-706 温度变化慢，投自动档时温度变化大、波动。

（3）分析与判断　改变蒸汽流量，重油温度不能明显变化，说明检测系统有滞后，检查热电偶测量系统，确认没有问题，说明传热系统有问题。为了充分利用蒸汽潜热，中压蒸汽要冷凝成水后再通过疏水器定时排放掉。蒸汽和重油通过热交换器进行传热，热交换过程需要一定时间。中压蒸汽温度为 280℃，加热后重油为 150℃，当加热蒸汽温度由 280℃逐渐冷却，与热交换后的重油温度 150℃相接近时，热交换几乎达到相对平衡（由于热阻存在，有一点温差），此时加热蒸汽尚未全部冷凝成液体，它仍占据着热交换器的空间，即使开大调节阀，新的蒸汽也补充不进来，即便补充也是微量。这样造成用于热交换的蒸汽温度达不到设计值 280℃（虽然外来蒸汽温度是 280℃），而是在 280℃与蒸汽冷凝成水的温度之间变化。由于实际用于热交换的蒸汽温度低于设计值，热交换时间增加，造成温度测量滞后，测量滞后大就造成系统不稳定。

处理方法是针对该系统，整定 PID 参数，增加微分作用，加适量的积分作用，加大比例作用，$P=50\%$，$T_i=5\text{min}$，$T_d\approx1.5\text{min}$，结果比较理想。

2.3.6　反应炉温度超限

（1）故障现象　某反应炉上的铂铑-铂热电偶温度指示器在运行时突然出现温度超限。

（2）分析与判断　此现象是由断偶现象引起的。铂铑-铂热电偶不能用于 H_2、CO 之类的有还原性气体存在的场所测温，因为还原性气体可从氧化物中夺取氧原子，使热电偶的热接点产生一种白色脆性物质，导致断偶。

处理办法：

① 采用钨铼等能在还原性气体中长期稳定工作的热电偶代替铂铑-铂热电偶；

② 采用吹气（空气或氮气）方法加以防止。

2.3.7　合成塔开车升温过程中温度指示异常

（1）工艺过程　某氨厂合成塔，从上至下装有一支 10m 左右长的热电偶套管，内插多点热电偶。

（2）故障现象　开车升温过程中发现有温度指示异常，初期各测温点温度指示相应上升，一段时间后，下部各测温点温度仍继续上升，均在 200℃左右，惟最上部测温点的温度指示在 100℃左右停滞。据分析，该点实际温度肯定在 130℃以上。

（3）分析与判断　最上部测温点温度指示在 100℃左右停滞，说明该处有水汽积聚，其水分受热后向上蒸发，在上部遇冷凝结成小水珠，该水珠又在套管内落下，如此反复，致使上部测温点的指示停滞在水沸点（100℃）左右。产生此故障的原因是保护导管安装前未经处理或处理不符合要求以及套管内气体温度仍较高。

处理方法　将该多点热电偶往上提，使上部测温点高于套管顶部一定距离，其内部的部分水汽被夹带出套管后在外部蒸发。如此反复多次，如水汽不多，一般可恢复正常，否则，须把热电偶全部取出，用一支细尼龙管插入导管底部，将干燥的氮气充入管内，使水汽逐渐地被置换出来。

2.3.8　SM 装置 BA301 炉温度异常

（1）故障现象　1995 年 10 月 17 日，塑料厂 SM 装置 BA301 炉多次发生联锁停炉现象，后又正常，原因不清。

(2) 分析与判断　BA301 炉出口温度多次发生异常，造成温度报警设定器接点动作引起联锁停炉，过一会又转为正常。怀疑补偿导线接触不好或温度报警设定器有问题，多次检查找不准原因。检查该热偶也无问题，最后将热电偶芯子抽出检查，由工作温度 800℃左右降到室温后，发现此时内阻增大，热电偶焊接点处有氧化现象，断定为此热电偶质量发生了问题，更换备件后正常，此后再没有发生故障。

该热电偶长期在高温下使用，其材料内部发生变化，特别在焊接点处产生问题，这是一个渐变过程。当热电偶处于这种临界状态时，性能不稳定，用毫伏表检测，数值仍然正常，但其热电偶内阻已逐渐增大，故而发生多次联锁动作。由此应注意，在高温下工作的热电偶应该定期全部更换。

2.3.9　GB 301 压缩机出口温度高联锁停车

(1) 故障现象　1996 年 11 月 26 日，塑料厂 SM 装置 GB 301 压缩机出口温度高联锁动作，造成停车。

(2) 分析与判断　GB 301 压缩机出口有两只热电偶，一只为 TI3121，在 DCS 上显示；一只是 TI3126，通过温度报警设定器执行联锁动作。当时 TI3121 不正常，仪表维护人员在处理时，误将 TI3126 当成了 TI3121，到现场后用万用表电阻挡直接测量，导致大毫伏信号动作，此时 GB 301 应该跳闸停车，但却未有反应，而 1h 之后压缩机突然停车，经深入分析认为机械跳闸阀久不动作，造成连杆卡涩，线圈断电后，由于机器的振动，约 1h 后突然掉下停车。

该停车事故可能由以下几点原因引起：

① 两只出口热电偶在同一位置，且无明显区别，这是隐患；

② 仪表人员去现场后用万用表直接测量，非常错误；

③ 造成误联锁动作后，应该停车而未停车，操作工和仪表工都没有认真思考，只在现场检查一下跳闸机构，造成问题接二连三发生；

④ 显然 GB 301 跳闸机构不在正常状况，假如正常需要动作时，它却又拒动，联锁保护失去作用。

2.3.10　烯烃厂芳烃装置温度指示异常

(1) 故障现象　芳烃新上的二加氢单元的一些热电偶温度指示表经常出现指示突然降低十几度，但过一会儿，又恢复正常的现象，而在雨季会多次反复。

(2) 分析与判断　初步断定由测量回路中进水而引起。经现场检查，在热电偶接线盒、中间接线箱、室内端子柜中都没有进水。对此，对这种温度的变化现象进行了仔细分析：温度能在短时间内降低十几度，而在二三分钟后又恢复了正常，如果是有（雨）水流进套管内，水受热挥发，必将使热电偶的探头降低十几度，一旦水挥发完之后，套管内的温度又恢复正常。这种分析与实际现象十分吻合。到现场仔细观察发现，固定热电偶的贝帽虽然紧到头但没有密封圈，雨水有可能沿着热电偶流进套管内。

处理方法　将热电偶、热电阻（重要的）所有密封圈加密封胶，经这样处理后就没再出现温度异常变化的现象。该故障主要是由设计与施工部门的不合规范造成的。

2.3.11　烯烃厂裂解装置 DCS 温度指示偏高

(1) 故障现象　乙烯装置 45 万吨改造完以后，开车前检查校验温度变送器时发现有近 300 个温度点，DCS 显示均比实际标准温度高出 2～3℃，而这些温度点大部分是分离冷区冷箱及几个重要的塔上的温度指示，如果测量不准，将无法进行温度控制，直接影响乙烯产品的质量。

(2) 分析与判断　45 万吨乙烯 DCS 改造，从端子排到温度变送器的补偿导线均由日方提供，在校验温度变送器时，从输入端子加信号 DCS 指示比标准值要高出 2～3℃，以 TIC405 为例，详见右表。

标准值	－50℃	0℃	100℃
DCS 指示值	－47.5	2	102.4

由此可见指示明显高于标准值，而用同样长度的另一根补偿导线校验时 DCS 指示与标准值几乎没有误差，因此断定是补偿导线出了问题。对所有的温度点进行了检查，发现由日方提供的所有的 K 型（红＋，黄－）、T 型（红＋，蓝－）补偿导线的极性均接反，且输入端子柜与温度变送器柜之间存在 1～2℃温差，从而导致了测量误差。

处理方法　换补偿导线的极性，指示正常。

2.3.12　聚氯乙烯装置 DCS 温度指示偏高

(1) 故障现象　PVC 装置自 DCS 改造后，温度调节回路电阻输入经 p＋f 隔离栅 KFD_2-CT 进行信号转换

（1～5V DC）后进 DCS，在试车联校阶段发现，DCS 指示温度比实际温度高 1.5～2℃。

（2）分析与判断　KFD_2-CT 是一种智能卡，KFD_2-CT 出厂内部热电阻分度表采用国际标准（中国现行国家标准），而 PVC 装置现场电阻体是老的日本标准，即 OLD JIS 标准，根据不同的标准，Pt100 铂电阻 100℃时的电阻值国际标准为 138.51Ω，OLD JIS 标准为 139.16Ω，两者相差 0.65Ω，相应的温度值是 1.5℃左右，这就是问题的根本所在，而这 2℃的差别就可以导致聚合釜产品严重的质量问题，从而造成生产上的重大事故。

处理方法　发现问题后通过编程软件对所有 KFD_2-CT 卡的内部数据进行修改，把国际标准数据换算为 OLD JIS 标准数据，同时 DCS 内部 I/O 点的组态亦修改成 OLD JIS 标准，这样组态下装后，经调试所有温度调节回路都正常，达到 DCS 精度等级要求，保证了 PVC DCS 改造的成功和安全生产。

2.3.13　腈纶装置温度超限引起联锁

（1）故障现象　1995 年 11 月 20 日下午 15 时左右，纺丝车间纺丝工段 5#、6#纺丝机突然联锁掉位，与 5#、6#纺丝机相对应的主 N_2 加热器、计量泵、甬道加热器全部停止，并进行大量充 N_2。

（2）分析与判断　根据联锁逻辑关系判断，该故障应是由与 5#、6#纺丝机相对应的主 N_2 加热器出口温度 TE7315-3 或主 N_2 加热器表面温度 TE7325-3 发生故障而引起的，经查找相关历史趋势图，发现是 TE7315-3 突然上升，超过联锁值 425℃而引起安全联锁。打开 TE7315-3 的接线盒发现：热电阻接线松动，致使接触不良，原因是检修的仪表工责任心不强，当时没有压线端子，只是把引线绕压在螺丝下，导致事故的发生。

处理方法　加强对仪表人员的责任心教育和技术培训，保证检修质量，制定重要联锁仪表管理规定等。

2.3.14　反应罐测温元件损坏

（1）故障现象　分子筛装置共有三个反应罐，在正常生产中由于工艺原因经常造成测温元件的损坏。

（2）分析与判断　在反应罐内热阻体保护管插入深度为 1.5m，保护管为 $\phi16$ 的不锈钢，原料在电动搅拌机的作用下产生巨大的旋转冲击力，冲击热阻保护套管，使热阻保护套管和内装的热电阻产生不规律振动，造成热阻损坏。

因反应罐内壁为搪瓷结构，从工艺上不能对测温点进行改造，加粗保护套管的外管又对温度反应曲线造成严重的滞后，不利于仪表测量和原料的反应效果。经过对工艺的观察发现原料在反应罐内产生的冲击力是造成振动的直接原因。为此，对仪表测温保护管进行改造。在保护管受冲击力最强的端面上加两片不锈钢板，使冲击力从不锈钢板处分力和分流，以减小对保护管的冲击，避免了测温元件的损坏。通过这种行之有效的改造，达到了保护测温元件的目的，又不影响仪表的测量精度，从而解决了反应罐因工艺原因造成的热电阻一次件的损坏的问题。

2.4　物位检测与控制系统故障处理

2.4.1　强制汽化法测量液位故障

（1）工艺过程　某石化企业脱甲烷塔（T301）液位测量采用差压变送器，负压侧和塔釜气相部分相连，正压侧在塔釜底部用导压管相连，其导压管用蒸汽伴热保温进行强制汽化，测量原理图见图 6-2-23。

（2）故障现象　液位指示很快下降到零。

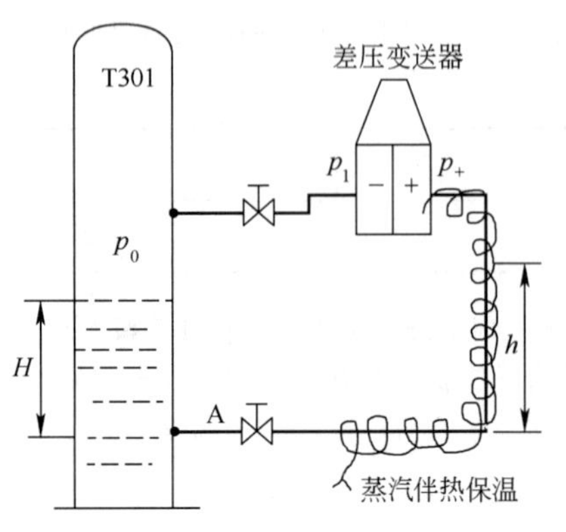

图 6-2-23　强制汽化法测液位

（3）分析与判断　采用差压法测液位常用法兰差压变送器（双法兰差压变送器），这里用差压变送器也是一种测量方法。

由图 6-2-23 可知，正压侧出口法兰处 A 点的压力 $p_A=p_0+H\rho$，其中 p_0 为 T301 塔内气相压力，H 是被测液位高度，ρ 是塔内物料密度，因为导压管内物料全部汽化，所以差压变送器正压室压力 $p_+=p_A$，负压室压力 $p_-=p_0$

$$\Delta p=p_+-p_-=p_0+H\rho-p_0=H\rho \tag{6-2-2}$$

液面和差压成正化，正常情况下可以准确测量液位的变化。

当强制汽化失灵时，正压侧导压管内气体冷凝成液体，塔压又把液体压向正压侧导压管中，使正压侧导压管内液柱升高到某一高度 h，导压管上部仍有一部分未冷凝气体。这时差压变送器正压室压力记为 p_+。对于 A 点，塔的一侧的 p_A 为：

$$p_A=p_0+H\rho \tag{6-2-3}$$

导压管一侧 p_A 为：

$$p_A = p'_+ + h\rho \tag{6-2-4}$$

两式相等

$$p_0 + H\rho = p'_+ + h'\rho$$

则

$$p'_+ = p_0 + H\rho - h\rho \tag{6-2-5}$$

这时差压变送器感受到的差压记为 $\Delta p'$：

$$\Delta p' = p'_+ - p_- = p_0 + H\rho - h\rho - p_0$$

$$= \rho(H-h) \tag{6-2-6}$$

比较式（6-2-2）和式（6-2-6）可知，$h<H$ 时，$\Delta p'<\Delta p$，$H=h$ 时，液面指示为零。也就是说，当天气寒冷时，强制保温失灵，正压导压管内气相物料大部分被冷凝，造成导压管内液柱 h 很高，当高到等于或大于 H 时，仪表指示回零，甚至在零下。冷凝液不多，$h<H$ 时，仪表指示偏低。

处理的关键是要解决强制汽化伴热保温的问题。该保温系统疏水器坏，蒸汽不通，以致温度下降，液位指示回零，更换疏水器后，液面指示恢复正常。

2.4.2 两个液位计指示不一致

（1）工艺过程 T-501 塔液位测量采用浮筒液面计，在同一位置安装玻璃液面计，如图 6-2-24 所示。

（2）故障现象 浮筒液面计指示为 50%，而相同位置的玻璃板液面计指示已是满刻度了。

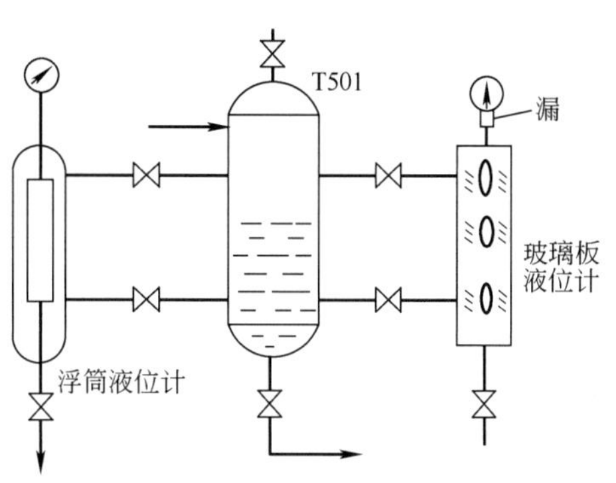

图 6-2-24 T-501 液位检测

（3）分判与判断 用浮筒液面计测量精馏塔的液位是常用的一种测量方法，在安装浮筒液位计的同时也常常安装玻璃板液位计，以便操作工在生产现场巡检时能比较直观地观察塔的液位，这种安装方法往往会出现两个仪表指示不一致的现象。

出现这类故障，工艺人员往往会认为是浮筒液位计坏了，仪表工一般也首先检查浮筒液位计。关闭浮筒液位计取样阀，打开排污阀，检查零位，然后在外浮筒内加液，检查指示是否相应变化，对应刻度值，如不正确，加以校正。

针对此故障现象，检查浮筒液位计，无故障。检查玻璃板液位计也没有堵。然后进行查漏试验，发现玻璃液面计顶部的压力计接头处漏。由于微量泄漏，造成玻璃板压力计气相压力偏低，液面相对就上升了，造成玻璃板液位假指示。

还有一种情况，即玻璃板液位计取样阀处堵塞。当液位下降时，浮筒液位计指示随之下降，而玻璃板液位计由于取压阀门处堵塞，仪表内液位不变，造成两表指示不同。

处理方法 拧紧气相压力表处接头，使之不漏，则仪表指示恢复正常，两表指示一致。

2.4.3 锅炉汽包液面指示不准

（1）工艺过程 某石化企业锅炉 F-701 液位指示调节系统 LIC-701 采用差压变送器检测液位，同时在汽包另一侧安装玻璃板液位计，如图 6-2-25 所示。

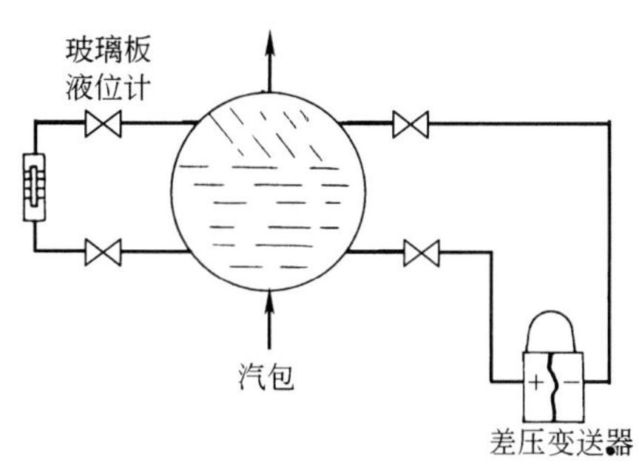

图 6-2-25 锅炉汽包液位检测

（2）故障现象 开车时，差压变送器输出比玻璃板液面计指示值高很多。

（3）分析与判断 采用差压变送器检测密闭容器液位时，导压管内充满冷凝液，用 100% 负迁移将负压管内多于正压管内的液柱迁移掉，使差压变送器的正负压力差 $\Delta p=h\rho$，h 为液面高度，ρ 为水的密度。差压变送器的量程就是 $H\rho$，H 为汽包上下取压阀门之间的距离。

调校时，水的密度取锅炉正常生产时沸腾状态的值，$\rho=0.76\text{g/cm}^3$。

锅炉刚开车，锅内温度、压力没有达到设计值，此时水的密度 $\rho=0.98\text{g/cm}^3$，虽然 h 不变，但 $h\rho$ 值增大，$\Delta p=\rho h$，输出增加。玻璃板液位计只和 h 有关系，所以它指示正常，但差压变送器指示液面高度却大于玻璃液面计高度。

这种情况是暂时现象，过一段时间锅炉正常运行时，两表指示就能一致，不必加以处理，但要和工艺人员解释清楚。要防止一点，由于仪表工解释不清楚这个现象产生的原因，而工艺人员又坚持要两表指示一致，这时仪表工将差压变送器零位下调，直至两表一致。待锅炉运行一段时间后，如不将差压变送器零位调回来，差压变送器指示将偏低。

2.4.4 铜洗塔液位变送器测量值信号不变化

(1) 工艺过程 由一台浮筒液位变送器与控制室调节器组成铜洗塔液位调节系统。

(2) 故障现象 液位变送器在工艺系统工况变化时，常出现测量值信号不变化现象，导致调节失调。

(3) 分析与判断 铜洗塔液位控制系统保证铜洗塔液位控制在有效范围，如果液位高于控制范围高限，将引起压缩机带液，液位低于控制范围低限，那么高压气体进入低压系统，后果将不堪设想。工况要求该液位调节系统必须灵、准、稳，但是铜铵液介质在低温条件下容易结晶，结晶体卡住浮筒或堵塞取样管，当液位变化时，变送器输出信号将不会变化，不能达到系统正常控制的目的。

处理方法：

① 更换高质量的大口径一次取压阀门；

② 尽量缩短设备与浮筒的距离；

③ 在取压阀门和浮筒体周围安装蒸汽伴管保温，保温介质温度控制适当；

④ 在浮筒液位变送器旁装一就地变送器指示输出信号，在仪表工巡回检查时，观察液位变化情况。

2.4.5 显示仪表少数指示灯常亮

(1) 工艺过程 电极式水位计常用于锅炉汽包水位测量，测量系统如图 6-2-26 所示。

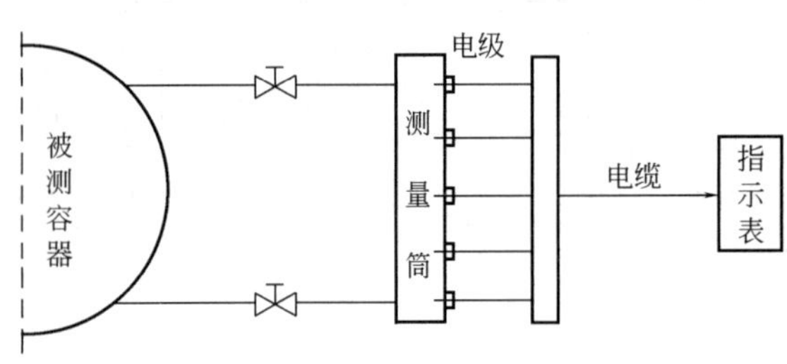

图 6-2-26 电极式水位计组成的测量系统

(2) 故障现象 显示仪表出现少数指示灯常亮故障。

(3) 分析与判断 电极式水位计利用被测介质液相（水）和气相（蒸汽）导电率差异大的特点，使汽包测量筒上的电极在浸入气相（蒸汽）中使筒体的阻抗发生数量级的变化，从而将被测容器的液位转化为电量信号，再经放大处理后，由指示仪表上一串指示灯的“亮”或“灭”来指示液位高度范围。

题述故障，应先判断是指示仪表故障还是电极回路引起的故障，可采取如下办法。

① 断开指示仪表上常亮指示灯对应电极的接线，若指示灯继续常亮，则故障应在指示仪表，否则应检查电极回路。

② 若断开指示仪表上常亮指示灯对应电极的接线，指示灯熄灭，则首先可以对电接点测量筒进行冲洗排污，排除电极绝缘端子因沾污物而发生的故障。若故障还未消除，则可在停运测量筒的情况下拆下电极，检查电极内外极之间的绝缘电阻，一般属于绝缘电阻太低引起的故障，需重新更换电极。更换电极时电极额定工作压力、工作温度和长度应与锅炉汽包水位测量筒设计参数相符，电极太长或太短使得电极的内电极与测量筒壁距离太近，都可导致该点对应指示表上指示灯常亮。

2.4.6 二次表记录曲线来回摆动不停

(1) 工艺过程 用电容式差压变送器测量锅炉汽包水位。

(2) 故障现象 二次表记录曲线来回摆动不停，且摆幅较大。

(3) 分析与判断 首先查仪表各部分，均正常。这种现象是由于锅炉汽包内液体剧烈沸腾引起了液面波动从而使变送器接受的差压信号波动。由于变送器输出信号波动，在记录仪上即画出等幅振荡曲线。

处理方法：

① 调整变送器上的阻尼电位器，减小变送器输出信号的波动；

② 适当调整记录仪阻尼特性。

2.4.7 裂解装置液位低报警造成停车

(1) 工艺过程 GB201 密封油高位槽高压缸液位控制正常情况下由 LC2013 控制入口阀 LV2013，当 LC2013 指示低于 36%时，经联锁回路去电气自启动 GA2011B 辅助油泵以补充密封油使液位升高。当液位继续下降至－26mm 油柱（以变送器零位为基准）时，才会导致液位开关 LS2014 动作，从而引起 GB201 联锁停车。工艺流程图如图 6-2-27 所示。

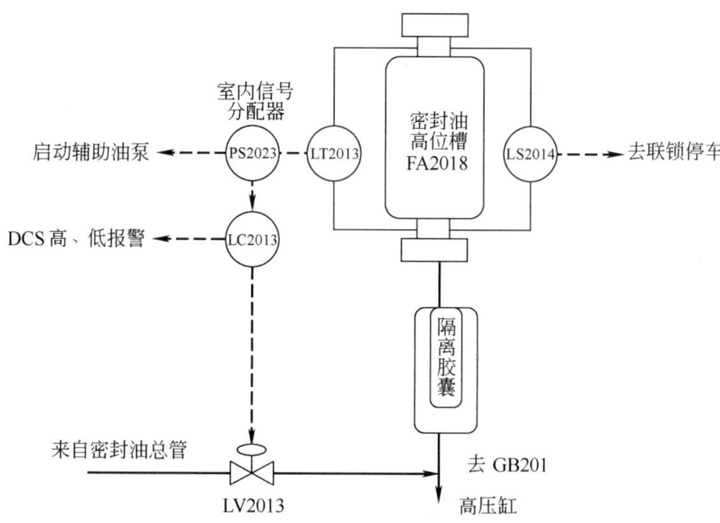

图 6-2-27　密封油高位槽液位控制

（2）故障现象　裂解装置 LS2014（GB201 密封油高位槽高压缸）液位低报警，造成 GB201 联锁停车事故。

（3）分析与判断　检查 LC2013 液位指示，其指示值为 50%，正常，阀门开度正常，现场玻璃板指示 50%，也正常。实际液位并不低。重点检查 LS2014 联锁回路，发现输入继电器失电，因此对液位开关本身进行检查，发现微动开关输出触点处于断开状态且不能复位，由此看来，这次联锁停车事故的主要原因是 LS2014 微动开关元件老化从而引起动作失灵。

处理方法　更换配件，调校后投用正常。由于装置运行时间已达十几年之久，一些仪表元件已经老化。因此要及时更新一些关键的压力联锁开关，避免停车事故发生。

2.4.8　裂解装置脱丙烷塔釜液位指示失常

（1）故障现象　LC425 仪表指示失常，仪表跟踪缓慢。停表，关闭一次阀，打开排污阀发现排放不通畅，怀疑排污阀堵，排放完存液后，仪表指示仍为 35%。

（2）分析与判断　LC425 测量的是脱丙烷塔釜液位，介质为 C_4，温度 83℃，压力 0.72MPa，在正常情况下易结焦，形成絮状物，充满浮筒底部，另外，扭力管部分也被这种絮状物塞满，因此导致仪表误指示、跟踪缓慢或者不变化等。

处理方法　将浮筒解体下线，将絮状物清理干净，投入使用。

防范措施：

① 走访工艺人员将易结焦、易凝固介质所使用的仪表一一列出；

② 根据结焦、凝固程度不同，分别规定排放周期，定期排放；

③ 值班人员加强巡检，提高巡检质量。

2.4.9　氯乙烯装置汽化器液位控制

（1）工艺过程　为提高氯乙烯车间 400# 裂解炉热利用率，降低能耗，于 2000 年大检修期间氯乙烯车间对 400# 二氯乙烷进料系统进行改造，改液相进料为气相进料。其工艺流程如下：精 EDC 由高压泵 GA-451A、B、C 送至 EDC 预热器 EA-412A/B 预热，用温度调节器 TICA-451A/B 使温度控制在 115～167℃，然后进入裂解炉 BA-401A、B 对流段上部回收烟道气流量，热量回收后，精 EDC 温度升为 179～223℃，然后经 LICA-451A/B-1、2 与 FIC-451A/B-1、2 串级流量调节后，进入热回收汽化器 EA-411A/B、EA-411C/D 以及回收裂解炉 BA-401A、B，其出口处为高温裂解气（温度约为 480℃）汽化后的 EDC 温度为 252～268℃，压力为 3.15～3.90MPa（表压），然后经 FICA-452A/B-1、2 进入裂解炉 BA-401A、B 对流段及辐射段过热和裂解。其流程图如图 6-2-28 所示。

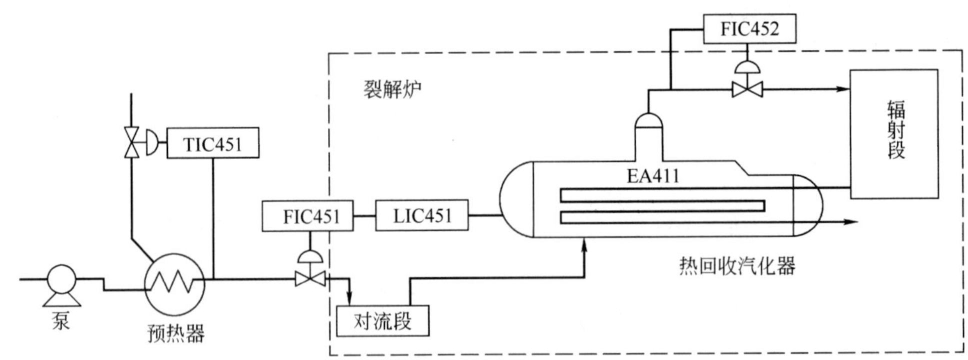

图 6-2-28　氯乙烯装置汽化器液位控制

由上可知，汽化器的液位控制的精确度极为重要，如液位控制过高，则容易夹带液相 EDC 进入裂解炉炉管，导致炉管结焦；如液位控制过低，则裂解炉出口的高温裂解气将容易导致汽化器内盘管结焦，为此正常工艺操作时汽化器的液位波动率需控制在 125mm 范围以内。

(2) 分析与判断　由于在整个工艺开车、正常运行、停车过程中工况不同，汽化器内 EDC 温度与压力均在一个较大幅度的范围内波动，导致 EDC 的汽液两相密度亦随之不断变化，如以常规方式对液位加以测量计算，则不可能得出真实的液位。为解决这个问题，必须对应 EDC 的实际工况，分别对 EDC 的汽液两相密度加以补正，并折算出汽化器真实的液位值。其补偿算式如下：

$$L=\frac{h_{高}\ L_0(\rho_{LD}-\rho_{GD})}{100(\rho_L-\rho_G)}+\frac{h_{高}(\rho_{GD}-\rho_G)}{(\rho_L-\rho_G)}$$

式中　L ——经补偿后的液位真实值；

L_0 ——液位变送器实测值（量程为 0～100）；

$h_{高}$ ——等于 1610mm（上下取压口高度差）；

ρ_{LD} ——等于 1282kg/cm^3（设计液相密度）；

ρ_{GD} ——等于 4.4155kg/cm^3（设计汽相密度）；

ρ_L ——变量（经温压补偿后的液相密度）；

ρ_G ——变量（经温压补偿后的气相密度）。

液位计原设计采用双法兰差压变送器测量液位，投用后发现测量值波动较大，测量精度不高，且由于高温高压，双法兰差压变送器使用寿命极短，维护成本较高，估计是由于汽化器内 EDC 处于沸腾状态，汽液两相极不稳定，变送器使用环境相当恶劣所致。

处理方法　改用浮筒式液位变送器，由于浮筒内 EDC 工况相对比较稳定，投用后液位测量值趋于稳定，与工艺板式液位计指示接近，真实反映出汽化器的实际液位及其变化，为工艺生产装置得以稳定长久运行提供了保障。

2.4.10　丙烯球罐液位测量仪表指示偏高

(1) 工艺过程　丙烯球罐是把存储烯烃厂送来的丙烯用泵抽出送入丁辛醇装置作为原料的设备。球罐可进行压力控制和液位测量。液位反映球罐内丙烯量的多少，如果丙烯供应不上，装置就要停车，因此液位控制是保证丁辛醇装置稳定生产的关键。液位测量有就地钢带测量和差压远程测量两种方式，一般液位控制在 60%或 70%左右。差压法测液位采用智能差压变送器、负压室加灌封液以及量程全迁移的测量方式，如图 6-2-29 所示。

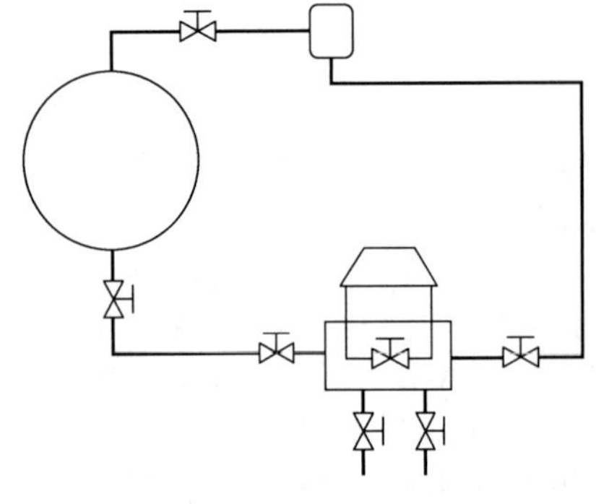

图 6-2-29　丙烯球罐现场仪表安装图

(2) 故障现象　1998 年 7 月，总控室液位指示 50%，现场泵上的压力表不稳定，泵抽空，工艺操作人员去现场核实，罐内确实已没有丙烯，仪表人员现场检查，钢带指示为零，由于原料供应不上，装置停车。

(3) 分析与判断　测量表差压变送器指示与现场实际指示不符，偏高 50%，导致操作失误。丙烯罐抽空是本次事故的直接原因。其他可能原因有：

① 测量表头坏了，造成误指示；

② 智能变送器处于恒流源输出方式，输出50%，不变化；

③ 负压室导压管内有异物堵塞，压力传不过来，导致表指示偏高；

④ 封液跑了 煤油和丙烯的密度相当，所以选煤油做封液，煤油易挥发。由于是全迁移的表，封液跑了导致负压室压力下降，表指示偏高。

处理方法有如下几项。

① 首先用智能接口与变送器通讯，检查变送器状态。状态正常，且并非在恒流源输出方式下。

② 将一次取压阀切断，五阀组上正负压室切断，平衡阀打开，正负压室丝堵拧开对大气，由于是全迁移的表，表应跑最大。如跑最大，将平衡阀切断，正压室不变，负压室恢复取压回路，看表是否回零，如果回零说明表是好的。实际检查，智能变送器本身无问题。

③ 检查各连接口处是否有泄漏，丙烯液漏出会汽化，导致降温结冰凝结，接口处应能看出来；煤油漏出也会有痕迹。检查没有泄漏的迹象，又进行连接点肥皂水试漏，没有漏点。

④ 关闭平衡阀，打开正压室排放阀，看正压取压管内是否有异物，排放很顺畅，说明没有堵塞（注意排放安全措施，丙烯易燃）。负压室有封液，为防止封液流失，负压室排放阀应少开一点，由液体流出情况判断是否堵塞，流出顺畅，无异物堵塞。

⑤ 最后判断只有可能是封液跑了导致仪表误指示。因此重新灌装封液，指示正常。

2.4.11 污水调节池液位指示不准

(1) 故障现象 动力水车间液位测量原设计大多数为干簧管液位计，由于其质量不过硬，维修量很大，使用周期也不长，后来用麦克投入式液位计取代了干簧管液位计。投入式液位计的工作原理是：根据探头顶部膜片所受压力的大小，由转换电路把压力信号转换成相应的4～20mA直流信号输出。实践证明，此液位计工作稳定可靠，极少出现质量问题。

但是污水站调节池液位计改型用麦克投入式液位计后，我们发现，出现液位指示与实际不相符合的情况(指示值小于实际值)，且相差较大。我们首先检查了液位计，证明液位计工作正常，其次对测量回路检查也没发现问题。经过连续几天的现场观察，终于发现了问题所在。

(2) 分析与判断 液位计安装地点距调节池提升泵较近。在停泵时，水池液位相对静止，液位计工作正常。但开泵时，污水随着泵的吸力，在水池底部形成一股流速较大的水流，带动液位计的探头离开池底，而漂浮于水池中，如图6-2-30所示，探头这时所受的压力必然小于在池底部所受压力，则相应输出信号出会随之减小，指示值必然低于实际值。

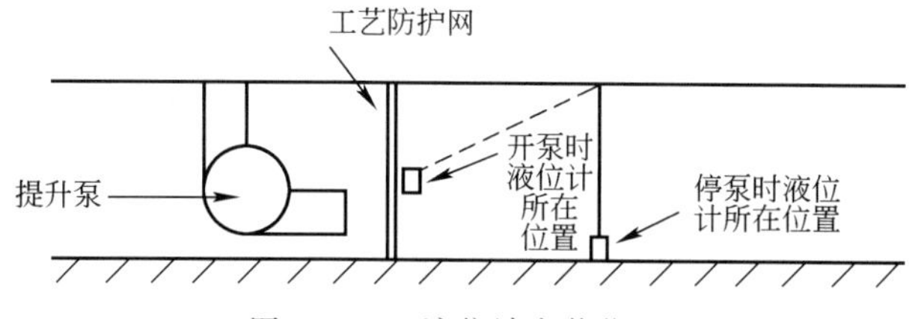

图 6-2-30 液位计安装位置图

处理方法 将液位计电缆通过一根镀锌管引入池底，然后把镀锌管固定在水池岸边的防护栏上，如图6-2-31所示。

通过这样处理后，再没有出现过上述现象，液位计工作正常。

2.4.12 空冷塔液位LIC-101冬季调节失灵

(1) 工艺过程 空分空冷塔的作用是保证由空压机压缩的空气的温度（温度100℃）降到分子筛入口要求的温度（8℃），为了保证这一降温过程的实现，合理的塔底液位必不可少，因此LIC-101调节准确及时便显得尤其重要。仪表流程见图6-2-32。

该调节系统变送器采用普通电Ⅲ型仪表，仪表正压管为测量液体——水，负压室充满了湿空气，因此为保证测量的准确性，负压室应事先由上方注满水。

(2) 故障现象 该调节系统在春夏秋三个季节运行良好，但是一到冬季伴热投用时，便出现测量值逐渐偏大，最终导致调节失灵，空冷塔底部无水现象发生。

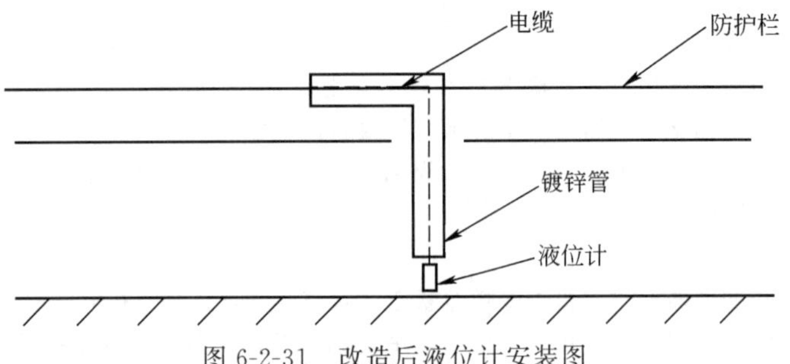

图 6-2-31　改造后液位计安装图

（3）分析与判断　从上面流程图中可以分析，冬季伴热投用时，负压管中的水位由于湿空气补充的水小于伴热蒸发掉的水，因此负压管中的水位越来越低，测量误差越来越大，调节失灵在所难免。

处理方法　从负压管上方注水可缓解一时之急，但不能从根本上解决问题，采用双法兰液位计可较好地满足生产的要求，因为双法兰液位计的正负引管内封硅油不蒸发，不泄漏。其安装图如图 6-2-33 所示。

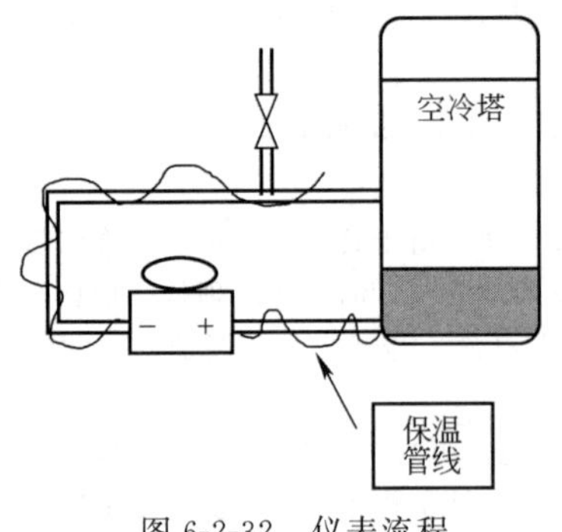

图 6-2-32　仪表流程

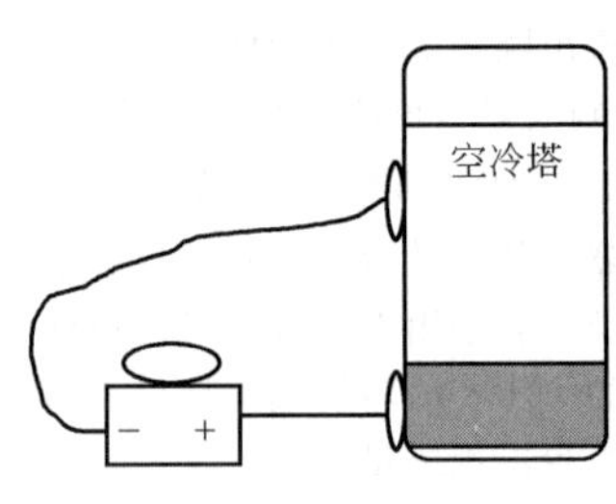

图 6-2-33　双法兰液位计安装图

2.4.13　第一闪蒸罐 110-F 液位开关高联锁造成停车

（1）故障现象　1998 年 8 月 8 日 12 时，合成氨冷冻系统第一闪蒸罐 110-F 液位开关 LA-36 高联锁，造成合成氨装置 A 级联锁停车。事故发生后，工艺人员根据 LICA-43（110-F 液位表）液位指示情况（停车时显示 50%，停车后显示 57%）判定是 LA-36 误动作。图 6-2-34 为 LA-36 与 LICA-43 的位置图。

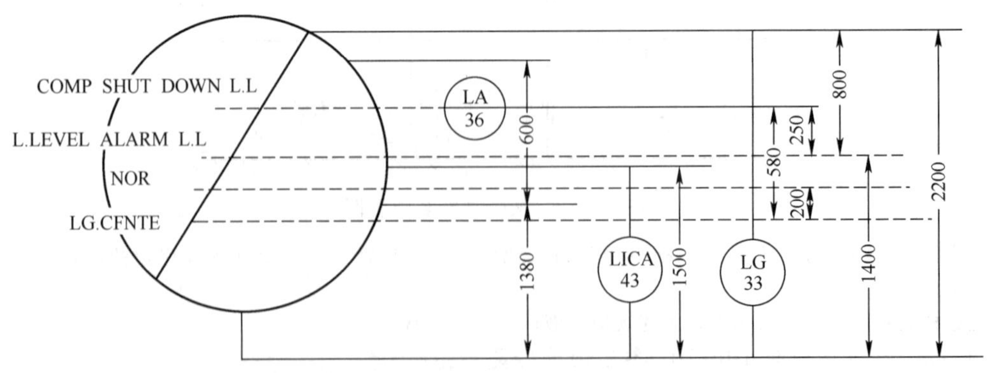

图 6-2-34　LA-36 与 LICA-43 位置图

（2）分析与判断　当停车时，与之有关的仪表工艺参数 112-F（第三闪蒸罐）压力 PRC-49 显示 0.166MPa，105-J 压缩机转速为 7790r/min，LICA-45(111-F)液面指示 50%，LICA-47(112-F)液面指示 50%。

反复调校检查多次，LA-36 浮筒开关均动作良好（EH：水校 183），增加振动因素，也没发现误动作现象。因此，初步认为液位开关 LA-36 没有误动作。那么“真正”的停车原因只能在 LICA-43 指示调节回路中。其中调节阀为气开阀，为 110-F 入口阀，故障状态下，阀全关，调节器为反作用。液位高，同样阀关。排除调节阀故障因素后，又对浮筒变送器 LT-43 进行调校检查（当时系统已正常运行，110-F 介质是液氮，调校困难），结果发现该表在液面上升时，变送输出严重滞后，而液位下降指示正常，这就是说，当液位升高时，指示及变送输出一直在给定值 50%以下缓慢上升，由于时间严重滞后，致使液位严重超高，得不到及时调节而联锁停车。

处理方法　更换 LT-43 变送表头，该表至今运行正常。

2.4.14　E-GP-201 四段吸入罐液位指示误差造成停车

（1）故障现象　1990 年 7 月 8 日，E-GP-201 四段吸入罐液位调节器 E-LICA-266 和往常一样，投自动并设定为 20%，高报警设定为 60%，当测量到 40%时，调节阀全开，室内主操立即通知室外人员到外边开导淋，当其回到室内时，E-LICA-266 达到 60%，并且报警、灯闪，当到达 70%时，E-LSW-265 动作，蜂鸣器响，灯闪光，E-GB-201 停车。自控流程图如图 6-2-35 所示。

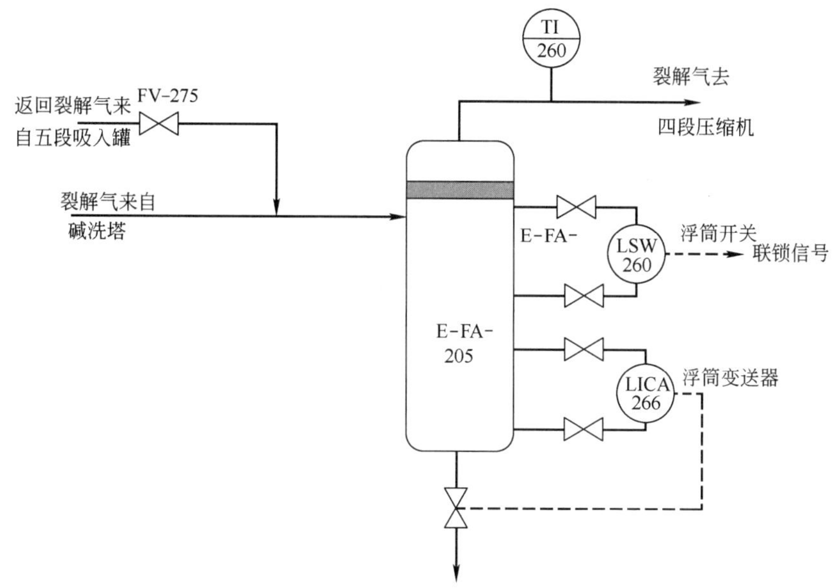

图 6-2-35　四段吸入罐自控流程图

为什么 E-LICA-266 指示 70%时，E-LSW-265 就动作了？

从计算机上打印出四段吸入罐的出口温度 E-TUI-260 和四段吸入罐的液位指示 E-LICA-266 数据如下：

时　间	E-TUI-260 出口温度/℃	E-LICA-266 液位指示/%	时　间	E-TUI-260 出口温度/℃	E-LICA-266 液位指示/%
9:02	24	64.493	9:07	24	70.243
9:03	24	65.812	9:08	24	69.963
9:04	24	67.459	9:09	24	69.729
9:05	24	66.157	9:10	24	71.222
9:06	24	66.714			

从上述数据来看：①9 时零 5 秒到 9 时 10 分，E-LICA-266 都指示在 69%左右，并没有指示 100%，而 E-LSW-265 却联锁动作，到现场看时吸入罐液位确实已满；② 四段吸入罐的操作温度应该是 39℃，但 E-TUI-260指示 24℃，比正常低了 15℃。

原设计介质相对密度是 1.0，仪表重新校验合格。

（2）分析与判断　四段吸入罐内是烃液而不是水，从而介质密度发生改变，导致仪表指示偏低。因为在四段吸入罐内，重组分已经很少，即便是冷凝液下的烃液密度也远小于水。按烃液相对密度 0.7 计算，则 LICA-266 最大指示到 70%，尽管四段吸入罐内液位已满，但 LICA-266 却永远也不能指示到 100%，直至液位持续上升使 LSW-265 动作而联锁停车。

那么这样多的烃液是从哪里来的？是什么原因造成的？主要有下列原因。

① 四段吸入罐的温度比正常操作温度低，计算机打印数据表明：停车时 TUI-260 为 24℃，而正常 39℃，

相差 15℃。在同样的压力下，温度一低，使大量的烃液冷凝下来，致使液位上升。

② 当时炉子处于 5+1 运行状态，FV-275 在 25%的开度，FV-275 的截流作用使返回的物料温度急剧下降，这种低温物料与四段吸入罐的入口物料混合，从而使大量的烃液冷凝下来。

防范措施　从上面的事例来看，它不仅仅是由仪表指示不准造成的。这种故障不易预测，且介质的相对密度到底是多少也无法确定，惟一的办法就是加强巡检，尤其是在切换炉子的情况下，要注意定时排放。

2.4.15　甲醇装置 200# F-202 炭黑分离器液位失控

(1) 工艺过程　甲醇装置 200# F-202 炭黑分离器的主要作用是实现原料气与炭黑的分离，分离器器内液相介质为含少量硫化氢和氢氰酸的炭黑水，分离器液位由 LCV-2104 气动薄膜调节阀控制，控制回路如图 6-2-36 所示。LCV-2104 阀带有电磁阀，在 200# 系统中起着重要作用。在系统开车时，要求 LCV-2104 的电磁阀失电，阀门关闭，满足系统升压条件，而在系统压力正常以后，又要求电磁阀带电，LCV-2104 阀打开，以调节炭

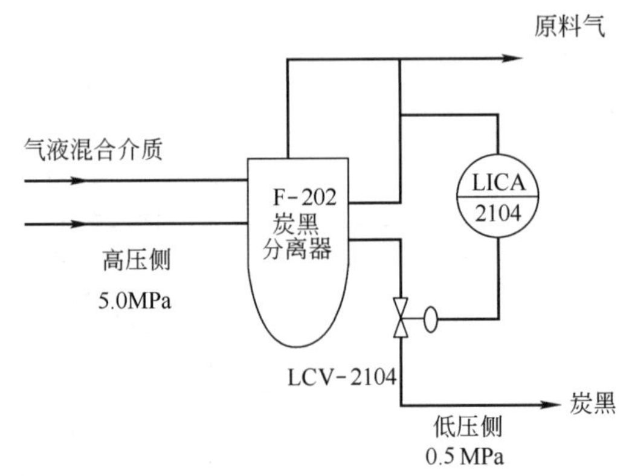

图 6-2-36　F-202 炭黑分离器液位调节回路图

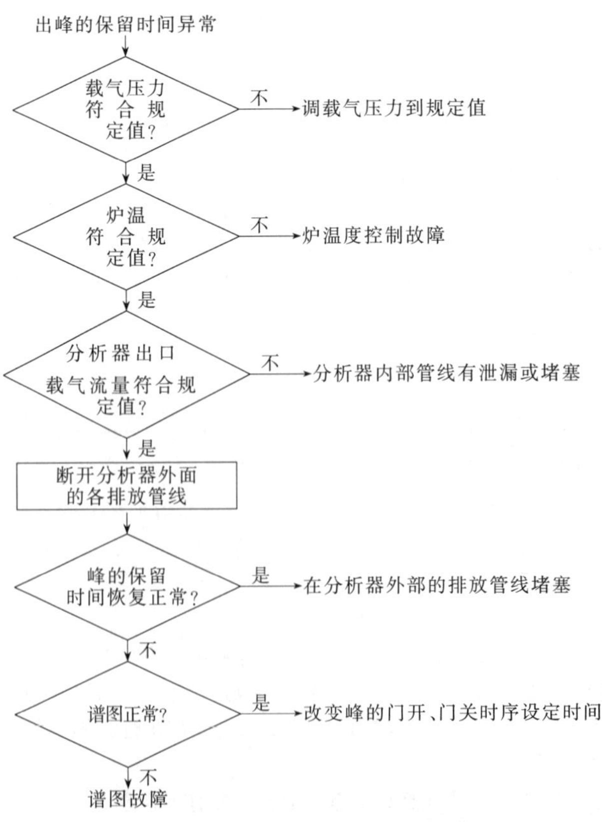

图 6-2-37　出峰保留时间异常判断

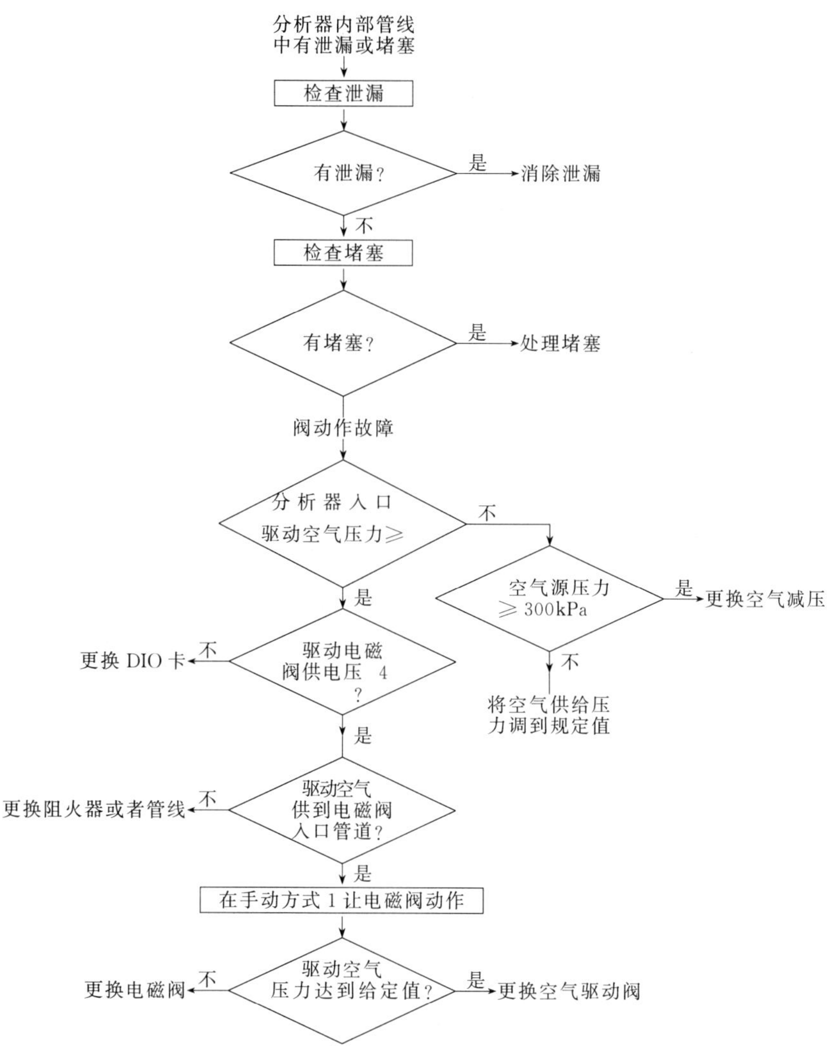

图 6-2-38　内部管线泄漏、堵塞故障判断

黑水流量，使分离器液位稳定在所要求的水平。由于阀前后系统压差很大，因此如果该阀出现故障，就会造成分离器液位不稳定，从而影响整个系统的压力，甚至会引起液位下降、压力失衡，从而导致高压侧原料气窜入低压侧造成严重事故。

(2) 故障现象　工艺反映 F-202 液位保不住，经检查发现 LCV-2104 调节阀工作异常，阀杆振动，噪声较大，且阀关不严，有渗漏。打副线后将阀解体，发现阀芯被冲蚀损坏，导致阀关不严，液位保不住。

(3) 分析与判断

① 阀前后压差过大，阀芯动作不稳，造成振动。

② 介质为 145℃的炭黑水含有固体炭黑颗粒，对阀芯、阀座造成冲蚀。

③ 在大差压下采用了底进侧出形式的角形阀，容易造成调节阀振动和不稳定，自洁性也不好。

④ 调节阀薄膜有效面积较小，弹簧刚度较小，不利于调节阀稳定工作。

处理方法有如下几点。

① 在不影响工艺流通能力的前提下，针对阀前后压差过大的现象，可在调节阀前管线加一组限流孔板，使阀前后压差减至 3.5MPa 左右，限流孔板后加一个隔膜式现场压力表和一台双金属温度计，以对介质的压力和温度进行监视。

② 为增强调节阀的稳定性，防止振动，采用侧进底出形式的高压角形阀，同时也增强了自洁性。调节阀薄膜气室选用大刚度弹簧，并增大薄膜有效面积，从而保证了输出力稳定可靠，有效地克服压差造成的振动。

③ 采用硬质合金阀芯，并对阀座进行硬化处理，防止和减小高速流体介质的冲刷和磨损。

④ 依据调节阀两端压差，选择合适的阀及阀门定位器，以使调节阀经常工作在较大开度，一般为 20%以上，防止阀因长期工作在小开度而被严重冲刷和强烈振动，使阀门工作不稳定。

经过改造后，LCV-2104 调节阀工作稳定，动作可靠，克服了以往的不足，调节能力显著改善，并能保证长期无故障运行。

2.5 分析仪表故障处理

2.5.1 工业色谱仪出峰保留时间异常

(1) 故障现象 出峰保留时间异常。

(2) 分析与判断 见逻辑框图 6-2-37。

2.5.2 内部管线泄漏和堵塞故障

(1) 故障现象 GC8 工业色谱仪内部管线泄漏和堵塞。

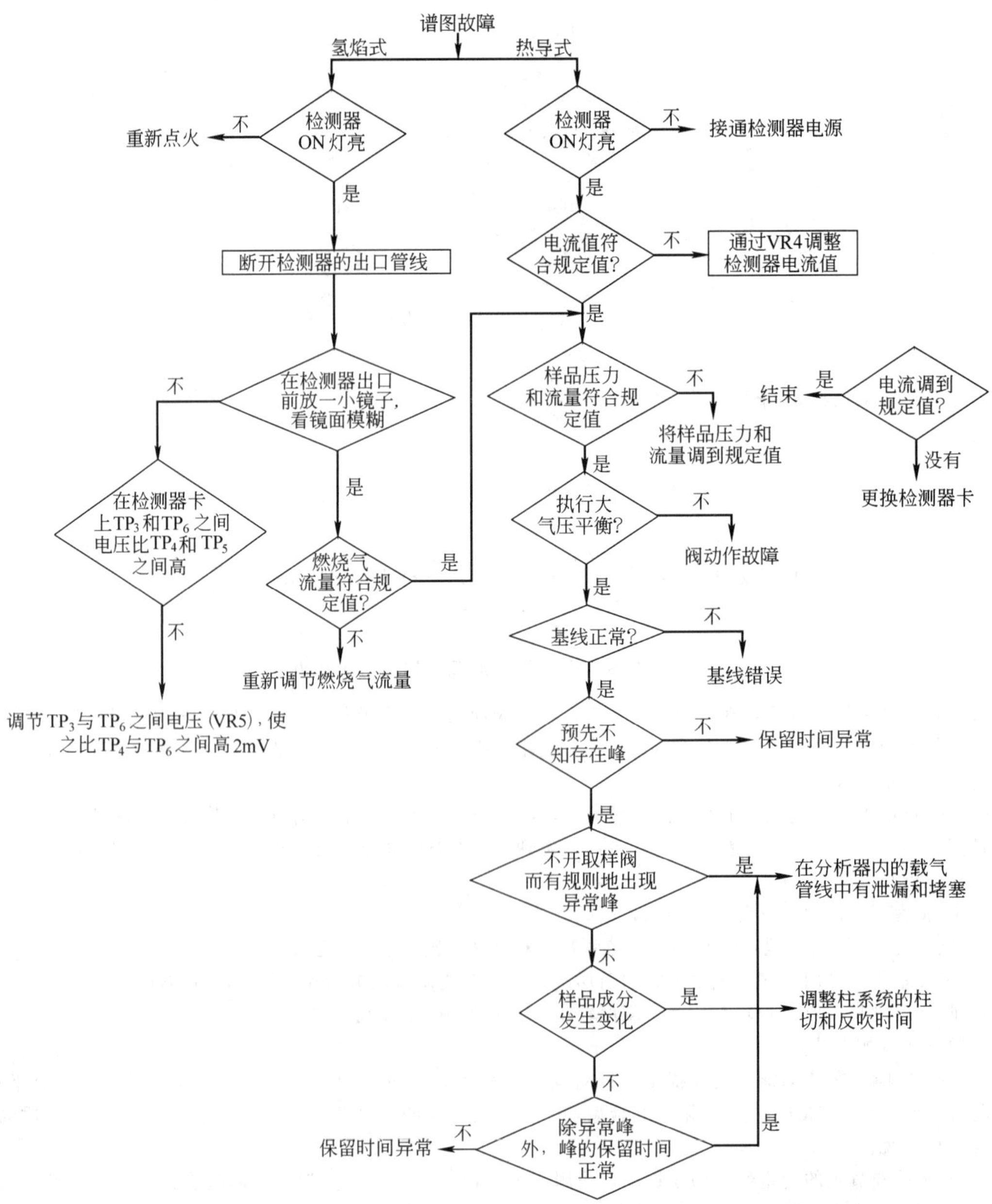

图 6-2-39 谱图故障判断

(2) 分析与判断　见逻辑框图 6-2-38。

2.5.3　谱图故障

(1) 故障现象　产品 GC8 工业色谱仪谱图故障。

(2) 分析与判断　见逻辑图 6-2-39。

2.5.4　基线不正常

(1) 故障现象　GC8 工业色谱仪出现基线不正常。

(2) 分析与判断　见逻辑图 6-2-40。

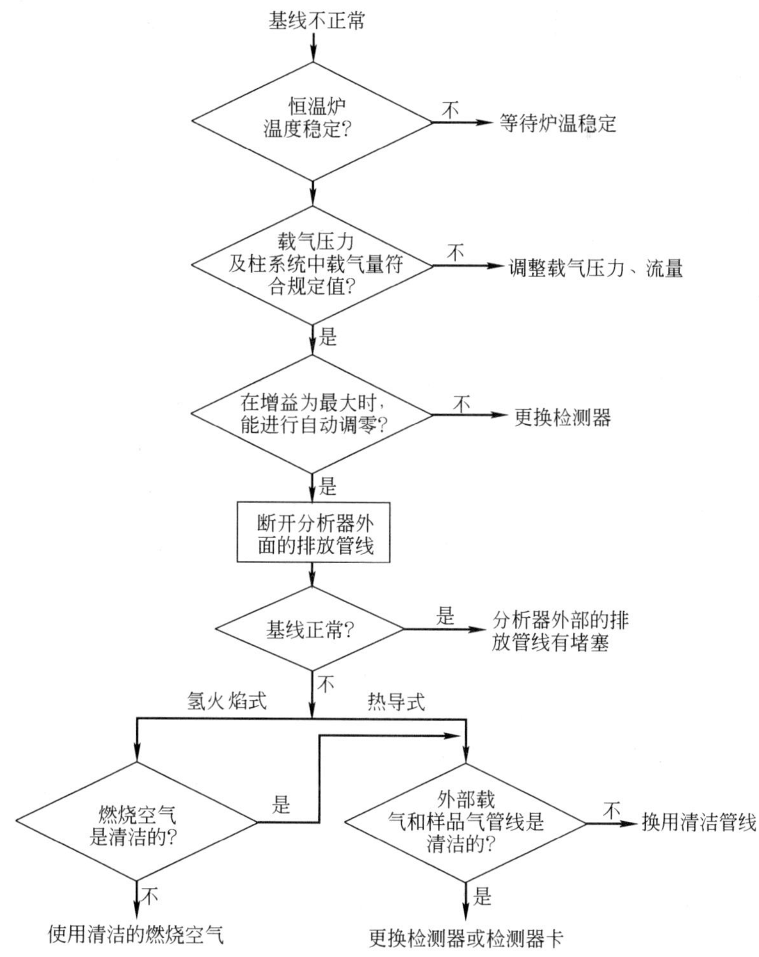

图 6-2-40　基线不正常故障判断

2.5.5　恒温炉温控故障

(1) 故障现象　GC8 工业气相色谱仪恒温炉温度控制故障。

(2) 分析与判断　见逻辑图 6-2-41。

2.5.6　红外线气体分析器零点升高，指示值波动

(1) 故障现象　某在线红外线气体分析器分析气体含量时，发现指示值零点升高，示值波动。

(2) 分析与判断　此情况一般是由于分析器测量气室窗口沾污，从而引起进入测量气室的光通量减小，而参比边进入检测器的光通量不变，引起电容变化量增加，进而造成指示值零点升高。又因窗口沾污，使其进入测量气室的光通量不稳定，故又造成示值波动。

2.6　调节阀故障处理

2.6.1　调节阀膜头漏气

(1) 故障现象　工艺系统正常运行，发现一段炉工艺天然气压力调节阀（气开式）膜头漏气。

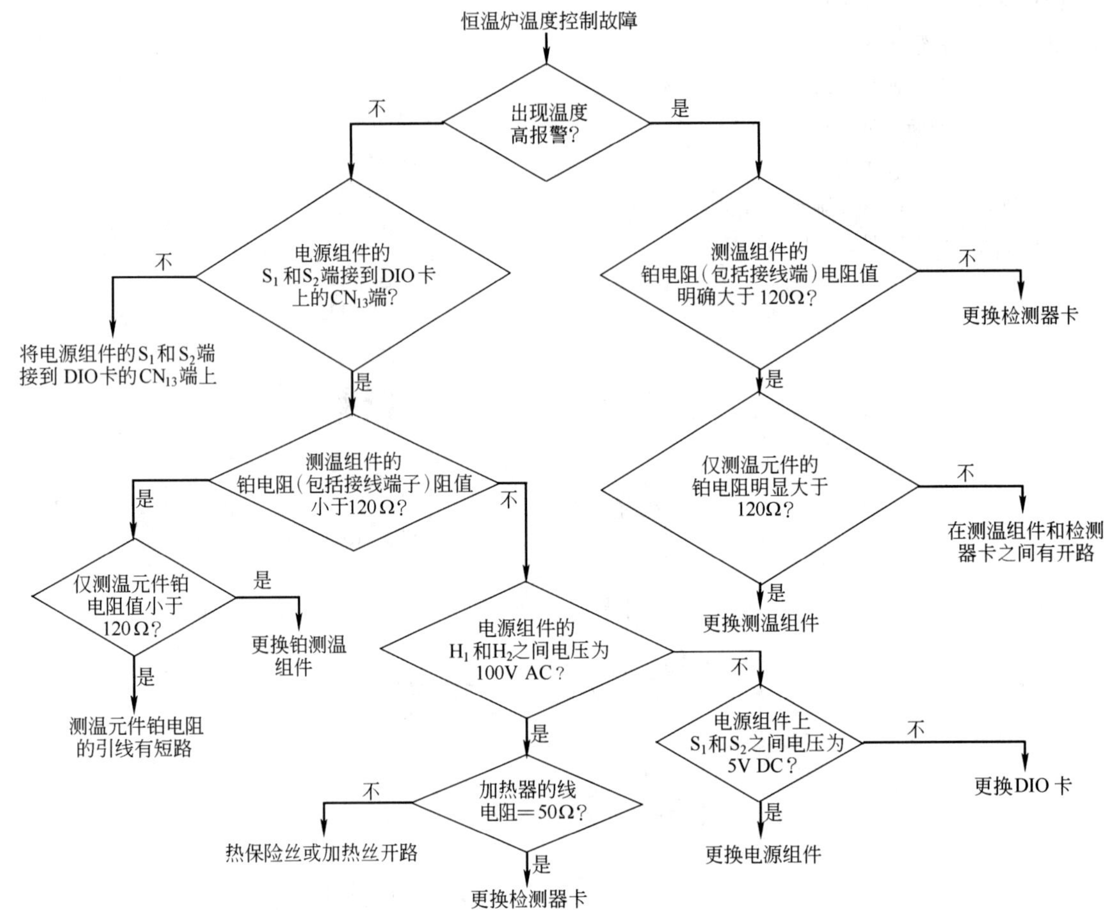

图 6-2-41　恒温炉温控故障判断

注：测温组件的铂电阻值是随恒温炉温度的变化而变化的，在正常温度下≤120Ω。

(2) 分析与判断　判断为膜头损坏。在不停车的情况应做如下处理：

① 准备两颗能调节长度的双头顶丝，伸缩距离为 40mm 左右，总长度能满足执行机构压盖与阀杆连接件的距离要求；

② 工艺操作人员把控制器切换到手动位置，将工艺参数调整到平稳状态；

③ 仪表维修人员详细记录调节器测量值、给定值、输出值与调节阀阀位；

④ 用调节顶丝顶住执行机构压盖与阀杆连接件，保证在切断信号时调节阀不能关闭，并在顶丝受力下不能脱落；

⑤ 慢慢减小调节器输出，观察阀位变化，确认调节阀不关闭的情况下，切断调节阀信号和供气；

⑥ 用最快的速度拆开膜头，更换膜片或密封环，直到检修工作完成；

⑦ 打开调节阀气源，请工艺人员慢慢用手轮把输出恢复到检修前的数据；

⑧ 慢慢拆下顶丝；

⑨ 请工艺人员微调，观察工艺参数变化情况；

⑩ 投入自动控制。

2.6.2　调节阀阀杆与阀芯连接处经常折断

(1) 工艺过程　合成氨装置脱碳岗位吸收塔液位控制系统为分程控制系统。

(2) 故障现象　控制系统中某一调节阀阀杆与阀芯连接处经常折断。

(3) 分析与判断

① 该控制系统中一调节阀经常处于小开度下工作。调节阀一般不宜在小开度下工作，阀在小开度时，节流件间隙小，流体流速大，流体介质容易产生闪蒸，对节流件除机械冲刷气蚀外，小开度造成不平衡力大，使

阀稳定性差，产生振荡，使阀杆容易折断；

② 阀芯、阀杆材质选择不当；

③ 阀芯、阀杆连接方法不当，机械应力集中；

④ 阀芯与阀盖导向间隙配合不当，若间隙配合过大则易产生振荡。

处理办法：

① 该系统为一分程控制系统，可固定一个调节阀的开度，适当调整和增大另一调节阀的开度，在校准时两调节阀信号重合性比例适当；

② 选择韧性较大的材质，由于脱碳系统是苯菲尔溶液，采用 316L 不锈钢较合适；

③ 阀芯与阀杆连接处在焊接后应在车床上加工一圆弧，让机械应力分散；

④ 根据材质的强度、膨胀系数及阀芯直径和耐磨特性配制间隙，美国型 30 万吨氨装置吸收塔液位 LRC-91“C”阀一般间隙为 0.25mm 较为理想。

2.6.3 腈纶厂南线纺丝机全线停车

(1) 故障现象与处理　1999 年 10 月 1 日凌晨 1 时 40 分，纺丝车间 DCS 控制室工艺员巡检时发现 1[#]、2[#] 纺丝机入口氮气压力 PIT7316-1 测量值为 460mmH_2O，高出压力设定值 100mmH_2O。手动调节阀 PV7316-1 的开度，但不起作用。同时流量计 FIT7305-1 示值超出正常示值近 1000kg/h，判断为现场仪表问题。通知仪表值班人员，仪表工到达控制室通过对系统现象的综合分析，判断调节阀 PV7316-1 失控。并根据经验进一步判定为该阀电气转换器故障，对该阀进行紧急抢修，更换了一只电气转换器。

2 时 30 分，流量变送器 FIT7305-1 流量示值为 0，FSL7305-1 低流量联锁启动，1[#]/2[#] 纺丝机联锁掉位，系统中 O_2 含量上升。

2 时 38 分，南线氮气系统氧含量 A7226-1 上升超过了 8%的联锁值，南线纺丝机全线联锁掉位。

(2) 分析与判断　事后对现场进行了认真的检查，发现仪表检修人员在更换调节阀 PV7316-1 的电气转换器时，误将原来的 EPT6110 型电气转换器更换为 EPT6170 型电气转换器，EPT6110 型电气转换器输出为 0.2～1kg/cm^2 (1kg/cm^2=10^{5}Pa)，而 EPT6170 型电气转换器的输出则是 0.4～2kg/cm^2。当调节器自动调节阀 PV7316-1 的开度时，EPT6170 电气转换器的输出压力曾经经过了 1.0kg/cm^2 点，正好使调节阀 PV7316-1 全关（调节阀 PV7316-1 为气关阀）。因 PV7316-1 全关，使 1[#]/2[#] 纺丝机主氮气停止流动，FIT7305-1 低流量联锁启动，1[#]/2[#] 纺丝机掉位。同时 1[#]/2[#] 纺丝机出口氮气调节阀 PV7318-1 自动调节至全开，南线纺丝氮气循环系统通过 1[#]/2[#] 纺丝机的甬道口大量吸氧，系统中 O_2 含量上升，最终达到 8%的联锁值，导致南线纺丝机全线掉位。

以下是对这次事故原因的几点分析：

① 仪表检修人员在检修过程中未认真核对所更换备件的型号，更换错误的电气转换器是造成这一事故的主要原因；

② 现场 DCS 操作员采取应急措施不力，在 1[#]/2[#] 纺丝机已经联锁掉位后没有及时将 1[#]/2[#] 纺丝机退出氮气循环系统，致使 1[#]/2[#] 纺丝甬道大量吸氧，造成南线氮气循环系统中氧含量迅速上升，并超过 8%的联锁值，从而引发南线纺丝机全线停车；

③ 重要设备检修方案审批程序未建立，联锁仪表检修时未施行跨接保护作业，这是造成此事故的管理原因。

2.6.4 PP 装置 FV331 调节阀全开

(1) 故障现象　1996 年 7 月 5 日，塑料厂 PP 装置仪表人员在现场打扫卫生时，FV331 阀门全开，致使丙烯回流全部返回，R201、R202 环管反应器丙烯进料降至零。

(2) 分析与判断　FRCA-331 为一丙烯回流调节回路，当时发生故障时现场仪表人员在打扫卫生，故障发生后，又转为正常，原因不明。于是将仪表相关人员叫至现场，重新回顾当时打扫卫生的具体动作，当时仪表人员见丙烯流量变送器接线盒没有拧紧，容易渗进雨水，故又拧了几圈。开盖一看，硬线接线顶着后盖，且接线端子施工安装时没有压紧，致使在拧盖时触动断开，造成回路电流信号中止，回流阀全开。问题找到后，将 FRCA-331 切手动控制阀门，然后将变送器接线盒引线重新压接，一切正常。

此问题在查找时较为困难，且发生不规则，如果正常后不去继续认真检查，必将深藏隐患，有更大的危害性；同时安装施工中的质量检查要认真仔细，防止潜伏事故隐患。

2.6.5 空分装置分子筛系统电磁阀故障

(1) 故障现象 2000年9月22日14时16分，水厂空分装置分子筛由加热状态向冷吹切换时，氮-222、氮-223及氮-221阀相继关闭，氮-201阀没有打开。但吹筛-202阀处于正常开状态，随后1#分子筛出口阀空-212也突然关闭，造成空分塔断气，空压机出口超压，安-102起跳，氧压机、氮压机停车。在对该事故进行检查时，上述5台阀的状态突然自动恢复正常。

(2) 分析与判断

① 分子筛程序紊乱。

② 电磁阀出现故障。

③ 电磁阀供电电源突然断电。

④ 仪表风压力低。

处理方法有如下几点。

① 检查DCS计算机中的历史记录，看分子筛程序是否有异常记录。经检查，未发现分子筛程序有异常记录，且计算机发出的指令一直正常。

② 检查电源开关，没有发现跳闸。由于该系统电源是由UPS直接提供的220V AC电源，如果该电源出现波动，不但会导致上述5台阀的电磁阀掉电，其他设备也会失电，并且该系统的吹筛-202也应关闭。故可判定电磁阀供电电源无问题，电源供电系统工作正常。

③ 在上述5台阀自动恢复正常后，对分子筛程序进行进一步的运行检查，分子筛程序的运行与切换均很正常，由此更加判定计算机中分子筛程序无问题。

④ 对电磁阀而言，一般应该只是1台突然发生故障，不可能5台同时出现故障。对该5台电磁阀进行检查时，发现电磁阀本身正常，但氮-223电磁阀的气路中发现有铁屑。

⑤ 分子筛的切换气源要求0.45MPa以上，气源的波动对其影响很大。该故障极有可能是仪表风气源压力降低导致，而仪表风压力降低的原因可能是仪表风管线局部堵塞，从氮-223阀电磁阀气路中发现铁屑这一现象更可证明这一点。故对该部分仪表风管路进行吹扫排放。

⑥ 经以上处理后，分子筛系统恢复正常运行，工艺车间进行开车。

2.6.6 温度调节回路调节阀阀杆振荡

(1) 故障现象 尿素装置中TRC909调节系统在运行中，出现在调节器输出指针不变的情况下，调节阀阀杆在一定范围内（阀杆行程的20%）上下振荡。

(2) 分析与判断 根据调节阀上下振荡的情况，判断调节阀可能是：①定位器不好；②执行机构刚度太小，液体（介质）压力变化造成推力不足；③阀杆摩擦力大；④输出管线漏气。

首先检查输出管线及接头，不存在漏气现象，第④条可以排除；同时，停车后工艺管道内没有流量，但调节阀仍旧振荡，故第②条可以排除。

根据以往经验，阀门定位器输出不稳定，经常由气路脏引起，尤其是喷嘴挡板脏。所以清洗了定位器的节流孔、防爆环、喷嘴挡板等部件，但故障仍未排除。为了验证该定位器的好坏，特换上良好的TRC915阀门定位器，TRC909调节阀仍旧振荡，而TRC915运行正常。这样，就排除了第①条阀门定位器不好的故障原因。

最后就剩第③条调节阀摩擦力大的问题。采取松填料室压盖的方法，将紧固填料室压盖的螺母松开后，调节阀阀杆上下振荡的现象消除，但是松开填料室压盖后，很容易引起介质的泄漏，所以必须及时更换调节阀填料，这样就彻底解决了调节阀阀杆振荡和填料泄漏的问题。

补充说明：在排除完前3条故障原因后，曾考虑到该调节系统的调节器输出是否有问题，通过检查测量，该调节器完好。如果调节器输出不稳定，也会引起调节阀的振荡。

2.6.7 丙烯腈厂某装置调节阀阀杆振动

(1) 故障现象 调节阀在接近全关位置时，阀杆出现振动，影响控制质量。

(2) 分析与判断 导致阀振动的原因，一般有以下几个：①阀门定位器输出不稳定；②膜片漏；③气路漏；④阀体方向反。

处理方法如下。首先对气路、膜头进行泄漏检查、试验，均正常；又对定位器进行校验，正常。

最后，分析可能是阀体装反。但阀体的方向标志与流体流向一致。经拆检，发现此阀改装过，阀体确实装反。正确安装后，故障消除。

2.6.8 氯乙烯装置联锁阀HC-423B故障

(1) 故障现象 联锁阀HC-423B突然动作，由全关变为全开，且阀的动作不受室内信号的控制，值班人员认为阀门定位器坏，更换了一台定位器，故障仍未消除。

（2）分析与判断

① 调节阀气路部分泄漏；

② 调节阀上的附件电磁阀有故障；

③ 信号电缆故障；

④ DCS 输出卡件故障。

处理方法如下：

① 检查调节阀气路，过滤器减压阀输入输出正常；

② 定位器固定牢固，反馈杆位置正确；

③ 检查电磁阀电阻、绝缘都正常，100V DC 电源正常；

④ 用信号源给定位器在现场加信号，定位器及调节阀动作正常；

⑤ 拆下定位器输入的正端，串入万用表（电流挡），从室内改变输出信号，电流变化很小；

⑥ 从室内端子柜断开现场侧电缆，接上万用表（电流挡），改变输出信号，电流信号正常。

⑦ 用同类型定位器接到端子柜的现场侧，并在正端串入万用表（电流挡），改变输出信号，电流信号正常；

⑧ 检查电缆绝缘情况，线间绝缘、对地绝缘均正常；

⑨ 更换电源，系统恢复正常。

2.6.9 透平压缩机 PCV-25 调节阀失去控制

（1）工艺过程　为保证透平压缩机的正常运行，中压蒸汽管网压力必须保持在 38kg/m^2（1kg/m^2≈10Pa），如果压力过高或过低均会影响合成氨装置各压缩机的正常运行，当压力过低时可打开 PCV-13A 使蒸汽压力达到 38kg/m^2，如果中压蒸汽管网压力大于 38kg/m^2 压力时，PCV-25 打开排放，用以保持管网 38kg/m^2 的压力。这一中压蒸汽网的压力调节系统是保证合成氨装置压缩机运行的关键。

（2）故障现象　PCV-25 调节阀突然失去控制，全开 100%，中压蒸汽管网 38kg/m^2 的 PCV-25 放空，压力急剧下降，为此使压缩机 101-J、102-J、101-JB、105-J、104-J 等由于蒸汽动力降低而停车，造成全装置 AA 级停车及压缩机倒转，压缩机损坏，后果十分严重。

（3）分析与判断　仪表人员到现场对 PCV-25 进行全面严格的检查，PCV-25 是气开阀，正常情况下 PCV-25 的信号由计算机供给，一般不会出现输出突然到最大的可能，但必须对信号进行检查：

① 计算机画面上 PIC-25 的输出是否为最大，如果不是最大，输出无问题；

② 检查上气缸是否漏气，如果漏气厉害，阀可全开，如果不漏气或漏少量气，则原因不在此；

③ 检查上气缸继动器及气源，如果无气源，PCV-25 可能全开，如果有气源，此阀有故障；

④ 检查下气缸继动器、锁位阀是否有气源漏入气缸，如果有则调节阀能全开，否则继续查找；

⑤ 下气缸附件上存在微型阀漏现象，使气源直通下气缸造成全开。

经检查分析下气缸附件上增压继动器坏，6kg/m^2 气源直接通入 PCV-25 下气缸使其全开。

2.6.10 二氧化碳升压机防喘振调节阀开度忽高忽低

（1）工艺过程　U-FCV-1001 调节阀是尿素装置的二氧化碳升压机 GB 101 的防喘振调节阀，简易流程图如图 6-2-42 所示。它接受调节器 U-FIC-1001 的输出信号，控制二氧化碳升压机 GB 101 的二氧化碳循环量，实现二氧化碳升压机 GB 101 的防喘振控制。

（2）故障现象　1999 年 7 月 26 日，调节阀 U-FCV-1001 工作不稳定，其开度忽高忽低，无法正确地控制

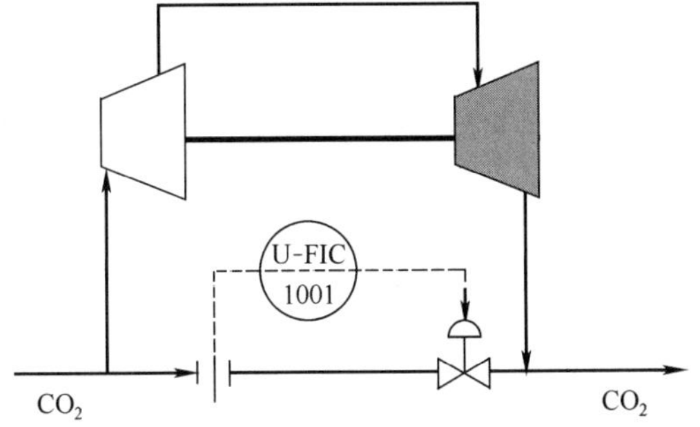

图 6-2-42　二氧化碳升压机 GB 101 简易流程图

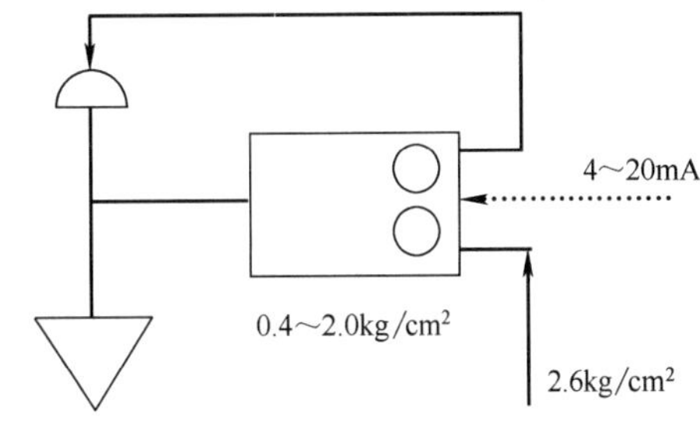

图 6-2-43　U-FCV-1001 结构示意图

1kg/cm^2＝10^{5}Pa

二氧化碳升压机 GB 101 的二氧化碳循环量，导致二氧化碳循环量激烈波动，威胁着二氧化碳升压机 GB 101 的安全稳定运行。

(3) 分析与判断　调节阀 U-FCV-1001 是气动薄膜式调节阀，其结构示意图如图 6-2-43 所示。根据其结构特点和以往的维护经验，造成调节阀 U-FCV-1001 工作不稳定、开度忽高忽低的主要原因有以下几点：

① 调节器的输出信号不稳定；

② 阀门定位器的气源压力波动；

③ 阀门定位器故障，工作失灵；

④ 工艺管道基座剧烈振动；

⑤ 调节阀的流通能力 C 值过大，调节阀在小开度状态下工作；

⑥ 调节阀的阀杆摩擦力大，产生迟滞性振荡；

⑦ 调节阀的执行机构的刚度不够或预紧弹簧的预紧量不够，造成了振荡；

⑧ 调节阀的节流元件配合或导向套间隙过大。

处理方法如下。根据现场检查的情况，基本排除了调节器 U-FIC-1001 输出信号不稳定、阀门定位器的气源压力波动和工艺管道剧烈振动的原因。调节阀 U-FCV-1001 工作不稳定的原因就在于调节阀本身和阀门定位器。将调节阀 U-FCV-1001 切换到手动控制方式，断开阀门定位器反馈杆与调节阀阀杆之间的连接，使调节阀与阀门定位器之间完全隔离，即调节阀不受阀门定位器输出信号的控制，阀门定位器不受调节阀动作的影响，观察调节阀和阀门定位器的运行情况，调节阀的阀杆不再动作，工作稳定，而阀门定位器的输出信号仍在不停地波动。

显然，阀门定位器故障，工作失灵是造成调节阀 U-FCV-1001 工作不稳定的原因。

2.7　控制系统及 DCS 故障处理

2.7.1　系统在投运中突然发生压力高报警

(1) 工艺过程　某合成氨厂节能控制系统中合成驰放气自动控制系统如图 6-2-44 所示。

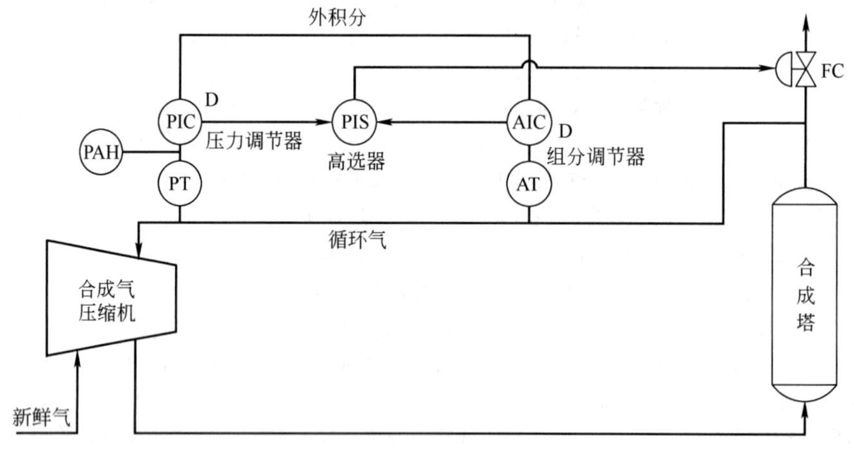

图 6-2-44　合成驰放气自动控制系统

(2) 故障现象　系统在投入自动控制运行中突然发生压力高报警。

(3) 分析与判断　在分析此类复杂控制系统故障时，涉及仪表较多，可能是压力变送器、报警器以及高选器等等。

该系统是由合成系统压力控制系统 PIC 和合成驰放气气体组分控制系统 AIC 组成的选择性控制系统，一般合成氨厂在生产过程中采用手动控制，即使放空阀保持一定开度，将合成系统惰性气体连续放空，维持合成系统压力，这样做能耗较大，因为在惰性气体放空的同时，也将放走一部分合成气。图示系统在投入自控时，由组分变送器 AT 测量出循环气中惰性气体 CH_4 和 Ar 的总量，由 AIC 控制以保证合成系统惰性气体组分为一定值，这样，可使合成气放空损失减到最小，起到节能效果。当合成系统压力超过额定值，压力调节器 PIC 将根据压力变送器 PT 的检测信号，使输出不断增大，通过 PIS 高选器取代 AIC 调节器进行压力定值控制，以防止合成系统超压。

发生系统压力高报警，应立即在现场用手轮操作，并首先判断压力变送器、报警器等无故障后，进一步检查压力调节器输出是否取代组分调节器输出值。若压力调节器工作正常，且输出值已达正常取代值而未通过高选器取代组分调节器，则判断为高选器故障；若为压力调节器故障，则迅速将此调节器切至手动，不断调大输出值，以此控制合成系统压力。

2.7.2 串级均匀控制系统投运时，主参数稳定，而副参数波动较大

(1) 工艺过程 某串级均匀控制系统如图 6-2-45 所示。

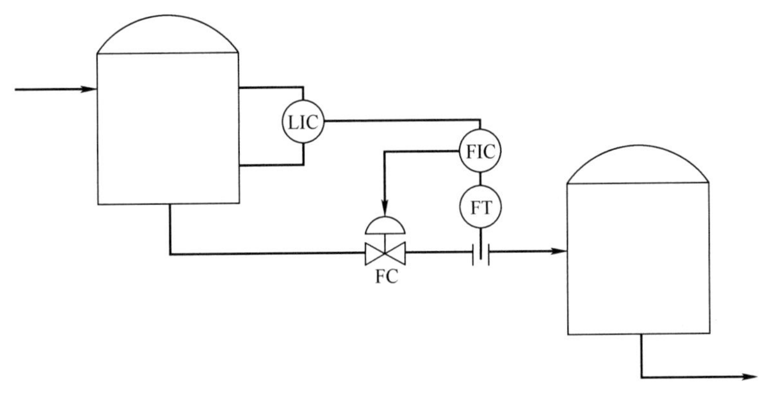

图 6-2-45 串级均匀控制系统

(2) 故障现象 某串级均匀控制系统在投运时发现，主参数液位稳定在定值，副参数波动较大，给后续工序造成较大干扰。

(3) 分析与判断 发生以上现象显然是由调节器参数整定思路及方法不对造成的，应按如下思路及步骤整定各调节器参数：

① 将液位调节器的比例度调至一个适当的经验数值上，然后由小而大地调整流量调节器的比例度，同时观察调节过程，直到出现缓慢的周期衰减过程为止；

② 将流量调节器的比例度固定在整定好的数值上，由小而大地调整液位调节器的比例度，观察记录曲线，求取更加缓慢的周期衰减过程；

③ 根据对象的具体情况，适当给液位调节器加入积分作用，以消除干扰作用下产生的余差；

④ 观察调节过程，微调调节器参数，直到液位和流量两个参数均出现更缓慢的周期衰减过程为止。

2.7.3 液位三冲量控制系统中蒸汽流量指示器突然指示为零

(1) 工艺过程 锅炉汽包液位三冲量控制系统如图 6-2-46 所示。

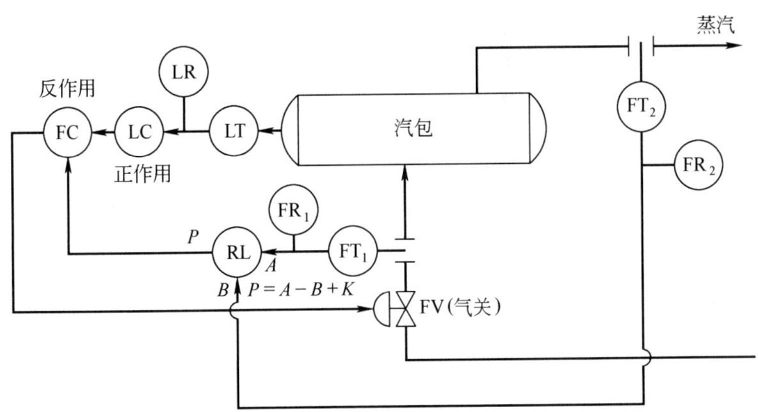

图 6-2-46 三冲量控制系统

(2) 故障现象 锅炉汽包液位三冲量控制系统中，蒸汽流量指示器 FR_2 突然指示为零。

(3) 分析与判断 FR_2 突然为零，意味着 FT_2 故障造成“蒸汽流量”信号为零，即信号 B 为零，P 上升使 FC 输出下降至最小，调节阀全开，给水流量大幅度增加。若处理不及时，将造成汽包水位快速上涨，造成

严重的蒸汽带水事故。

发生此类故障，应立即将副压调节器FC打至手动控制，将输出信号调在正常输出值上，或用调节阀手轮操作，然后查找故障。

这种故障一般都是由变送器回路所致，信号突然至零，若是由电动变送器故障所致，一般是变送信号线断线，检测线圈断线或保险丝熔断等；对于气动变送器，则故障原因多为信号管断裂，气源管断或变送器本身故障，如节流孔堵死等。应找出故障原因，排除后再将系统投入自动控制。

2.7.4 一尿素包装机故障处理

一尿素包装机的电子秤是由梅特勒-托利多公司设计制造，系统采用了高精度的TOLE-DO传感器、专用匹配板及先进的JAGUAR仪表组成的称量单元。

（1）故障一　称量超差，零点漂移。

① 故障原因

a. 由于天气变化如下雨阴天等引起料粒结块，卡在喂料门口，致使喂料门关不死，不能停止喂料，而造成称量超差；

b. 料粒湿度大，黏附在称量斗上，增加了附加重量，改变了电子秤的零点，使实际称量的质量达不到设定值，产生称量超差现象；

c. 称量料斗采用三传感器悬挂，由于周围的机械振动，使传感器的限位支点产生位移，引起传感器输出信号不稳定，造成称量超差。

② 处理方法

a. 改善环境条件，避免料粒结块；

b. 定期清理料斗上的黏附料，并重新校秤；

c. 巡检时密切注意限位支点位置，发现位移应及时处理。

（2）故障二　在包装机自动运行中，每拨动一次CPS拨杆开关，系统将开始夹袋，现拨动CPS开关，系统不动作，经检查测试，CPS开关动作后，24V DC信号已送到PLC的输入端，但PLC无输出。

① 故障原因　夹袋开关或线路断开。在系统运行中，只有满足以下条件PLC才会有输出：

a. CPS拨杆开关、夹袋开关、1#或2#排门接近开关接通；

b. 自动按钮接通；

c. 紧急停车按钮断开；

d. 继电器指示灯亮。

② 处理方法　认真检查各元件是否工作正常，是否能满足PLC正常工作的条件，发现问题及时处理、维修或更换。

（3）故障三　在自动状态下，系统启动按钮按下时，系统不启动，喂料门打不开。

① 故障原因　除尘风机没有启动。在自动状态下，系统启动按钮按下时，除尘风机和系统同时启动，喂料门打开。除尘风机若不能启动，系统就不能启动。

② 处理方法　除尘风机带有过热保护开关，当除尘风机过热后，保护开关自动断开，系统停止运行。再次启动时，应手动复位过热保护开关，这样才能按系统启动按钮启动系统。

2.7.5 二化谢尔汽化装置A套停车带停B套

（1）故障现象　谢尔汽化装置1990年完成了手动投油变自动投油的改造。为实现自动投油，德国鲁奇公司对原设计逻辑进行了修改，改造结束后曾一度出现A套炉停车带停B套或B套炉停车带停A套，这一事故现象给安全运行的装置带来了不安全的阴影。

（2）分析与判断　一套炉停车带停另一套装置停车，事故第一信号为渣油压力低联锁。最初大家认为，A套（B套）装置停车时，可能是没有保住B套（A套）渣油泵入口压力而导致渣油压力低联锁停车。后经现场实际压力测试发现，并非操作所为，实际另一台泵的压力的确是因一套装置停车而大幅下降，渣油压力低联锁是对泵入口压力下降的真实反映。那么问题又出现在哪里呢？下面由图6-2-47、图6-2-48对油泵系统进行分析。

由图6-2-47、图6-2-48不难看出，若A套装置停车，则UV-2108A进油阀关闭，UV-2109A大循环阀打开，C-204A渣油泵将把F-1303来的油又送回灌区完成循环。这一系列动作过程必将导致整个渣油泵系统压力

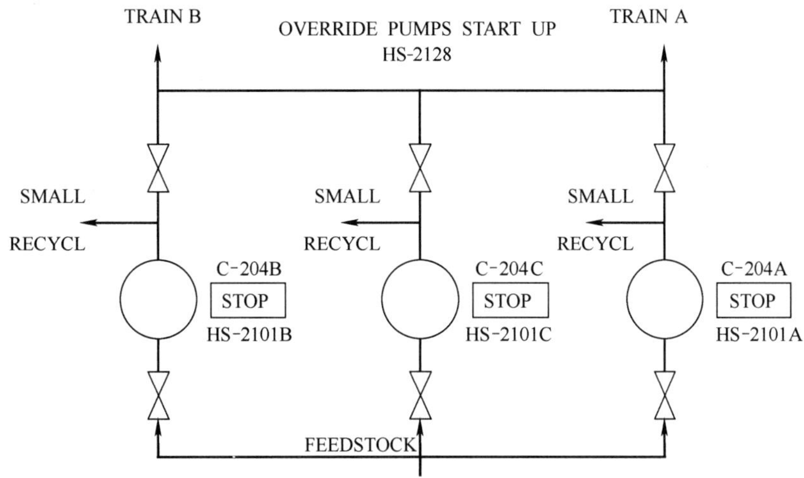

图 6-2-47 渣油泵工艺流程示意图

C-204A—A 套渣油泵；C-204B—B 套渣油泵；C-204C—备用泵；

TRAIN A/B—汽化炉 A 套、B 套

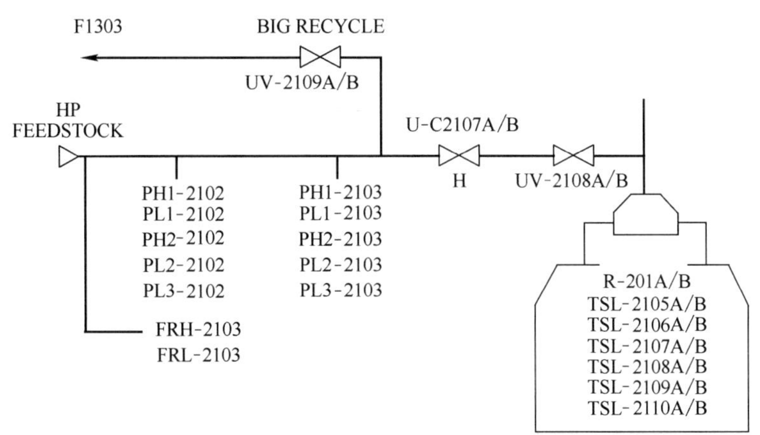

图 6-2-48 汽化炉进油部分示意图

UV-2108A/B—进炉油阀；UV-2109A/B—大循环阀

失衡。

按下面思路进行分析：正常开车时，A 炉、B 炉内压力约 50bar（$1bar=10^5Pa$），而渣油罐压力约为 2bar，即使加上管道阻力也不会超过 16bar，也就是说 C-204A 出口阻力瞬间由 50bar 变为十几巴，必将导致 C-204A 出口流量变大，这就会使得 B 泵入口流量相对变小，又由注塞泵的工作原理可知，C-204B 出口压力必然下降，从而引发 B 套装置渣油压力低联锁停车。

处理方法　A 套（B 套）装置停车后，相应的渣油泵立即停车。这样就可确保渣油泵入口管线流量及压力的稳定性，从而确保了另一台泵入口及出口压力的稳定，使另一套装置平稳运行，也就是说原设计渣油泵的停车逻辑存在缺陷，即 A 套（B 套）装置停车后，C-204A（C-204B）渣油泵并不停泵，从而导致油泵系统压力波动，引发另一套装置因渣油压力低而联锁停车。图 6-2-49 至图 6-2-52 所示为原设计渣油泵停车示意框图、原设计逻辑图及更改后渣油泵停车示意框图、更改后停泵逻辑图。

由原设计图 6-2-51 可以看出停车信号 S-ST-2-A 经 20s 延时后发出 ST-FS-A 停泵信号。而这段时间内 U-O2109A及 U-C2108A 完全可以切换到位，从而使 RS 触发器保持“0”信号输出，即停泵信号不能发出，也

图 6-2-49　改造前停车示意框图　　　　图 6-2-50　更改后停泵示意图

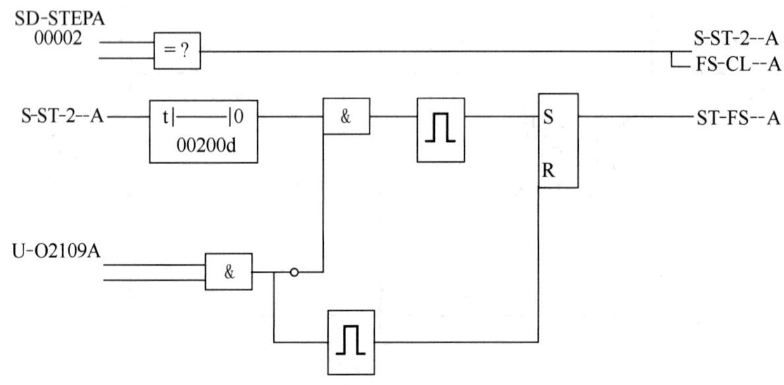

图 6-2-51　原设计停泵逻辑图

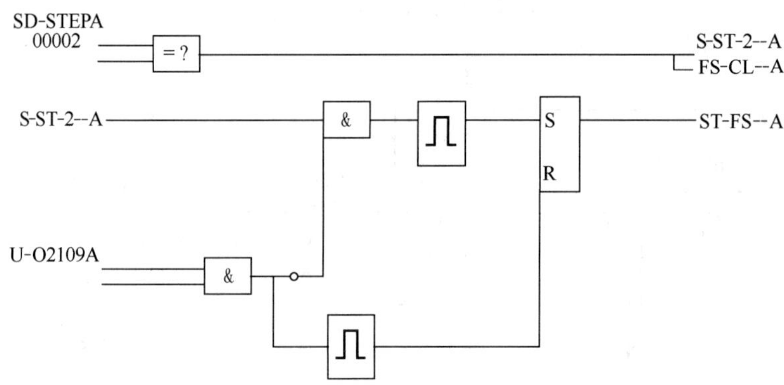

图 6-2-52　改进后停泵逻辑图

就无法实现装置停车后相应的渣油泵停车。再由更改后逻辑图 6-2-52 可知，停车信号 S-ST-2A 瞬间以上升延脉冲发出，触发器 RS 立即将停泵“1”信号送给 ST-FS-A，使相应的渣油泵停车。这就满足了装置安全生产的要求，从而消除了原设计不足带来的隐患。

2.7.6　二化 B-801 锅炉灭火停炉

(1) 工艺过程　B-801 锅炉为微正压、底部烧嘴的燃油气锅炉，额定蒸发量 200t/h，按胜利渣油设计，炉底布置四只渣油燃烧器和一只气体燃烧器，1#、2#、4#、5# 渣油燃烧器均布炉膛底部四周，3# 气体燃烧器位于炉底中央，其中 1#、2# 燃烧器在锅炉开工时可换柴油枪燃烧柴油，用于冷态启动升温。气体燃烧器为多喷嘴式燃烧器，渣油燃烧器为内混式蒸汽机械雾化器。该锅炉的自动点火系统及联锁保护系统由 HIMA 插卡组成，控制系统由 SPEC200 仪表组成。

(2) 故障现象　1999 年 10 月 11 日，B-801 锅炉的五个燃烧器同时灭火，渣油流量迅速下降，造成停炉并导致两醇装置及空分装置全部停车。没有任何联锁信号及第一信号报警，然而 B-801 锅炉恢复开车相当顺利。

(3) 分析与判断　引起 B-801 灭火停车的原因有：

① 汽包液位低联锁（小于 14%）；

② 渣油压力低联锁（小于 7bar）；

③ 雾化蒸气压力低联锁（小于 5bar）；

④ 仪表风压力低联锁（小于 2.5bar）；

⑤ 空气流量低联锁（小于 14%）。

以上五个条件均有第一信号报警功能，显然不是本次停车的原因。从停车的现象看，失去燃料（流程见附图）跳闸是重要的线索，我们做如下分析：

① 电磁阀供电 220V AC 瞬间断电，燃料阀关闭；

② 局部仪表风中断，燃料阀关闭；

③ 因火焰检测器传送的是频率信号，受到周围强的电磁干扰出现误动作；

④ 渣油流量调节阀 FCV-8009 关闭，失去燃料，灭火停炉。

对以上可能引起停炉的原因相应作了检查和处理：

① 与电气联系，检查 UPS 及其供电，紧固接线端子，电磁阀带电正常；

② 对局部仪表风系统作了全面检查，燃料切断阀均为气开；

③ 停止 801 附近正在进行的探伤工作；

④ 对调节阀 FCV-8009 及其定位器作了全面检查，没有发现任何问题。

最后对风油配比控制系统进行检查与分析。该控制系统的控制原理见图 6-2-53，其中三台调节器均为反作用，两台调节阀均为气开阀。从原理图分析，因外界用气量变化而导致锅炉减负荷时，PIC-8022 的输出减小，如果低选器存在问题（比如死区太大），将使燃料减不下来，导致空气量也减不下来，锅炉负荷不能减小，PIC-8022 的输出继续减小，小到一定时候，即偏差大于死区时，FIC-8009 外给定突然减小，使 FCV-8009 突然关闭，失去燃料，灭火停炉。

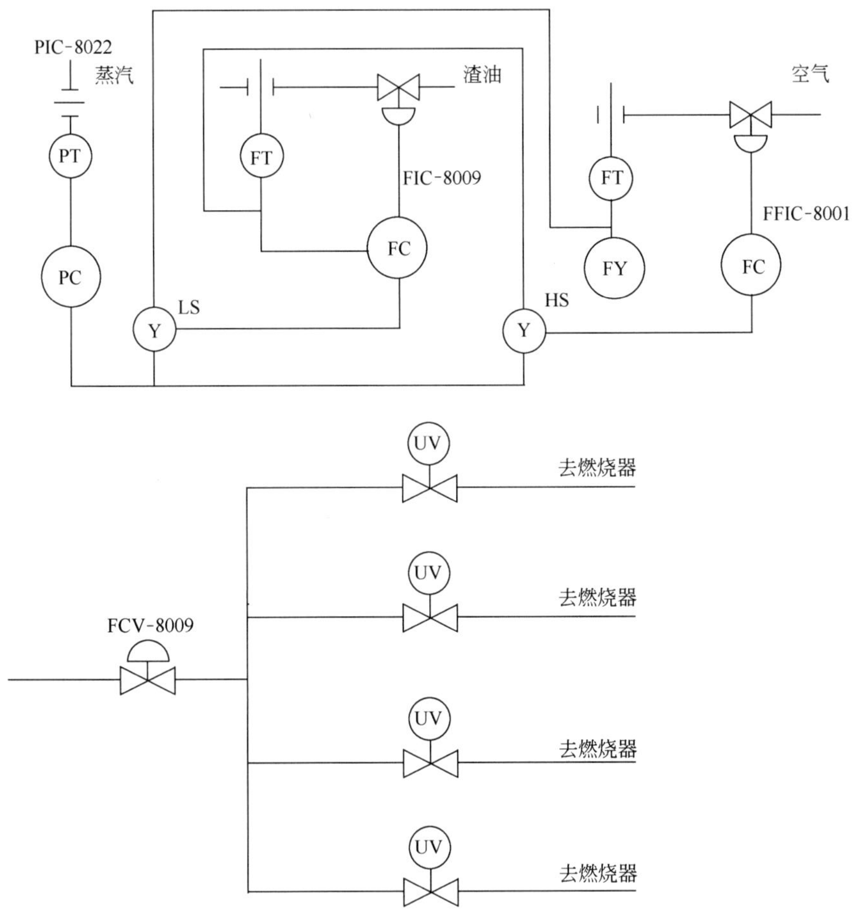

图 6-2-53　风油比控制系统图

处理方法　由以上分析看出，低选器死区太大是导致锅炉灭火停炉的原因，我们把调节阀手轮固定，控制系统切手动，更换了低选器，B-801 运行稳定。

2.7.7　污水处理计算机显示误差

(1) 故障现象　污水处理Ⅲ系列 AS 215 系统施工结束投用初期，计算机所显示的 9 个液位示值异常，当液位达到一定数值后指示值出现较大误差，平均偏差约为±38%，而工艺实际液位却比较平稳，变送器指示也较稳定。

(2) 分析与判断　引起计算机显示异常的情况有以下原因：

① 变送器故障；

② 计算机 I/O 卡故障；

③ 信号电缆绝缘性能差，抗干扰能力弱；

④ 信号因多重接地而串入干扰。

处理方法：

① 变送器工作正常，经校验符合使用标准；

② 从计算机 I/O 卡件直接输入 4～20mA DC 信号，计算机显示正常。

根据故障现象和检查结果，证明计算机、变送器本身和信号电缆在独立工作时并不存在任何问题。由于仪表设备周围以及电缆敷设路径上并没有电机之类的强电磁干扰源，且信号屏蔽良好，因此基本可以排除电磁干扰这一原因。

因此，初步断定故障是由于系统识配不合理造成的。经查，计算机卡件（6DS 480 型）为非浮地式，而变送器（407AF 型）的输出为非隔离电流输出，说明信号在电缆两端均已间接接地，导致因地电位差而使干扰信号进入，这是由系统设计者疏忽所致。故障检查时（现场输入一个隔离的标准信号）的现象也证明了这一点。

要解决该故障，惟一的办法就是更换设备，即将计算机卡件或（和）变送器更新为浮地式。若更新变送器，意味着要将 9 台 407AF 型非浮地式液位计全部更新为 407AFT 型隔离电流输出液位计，这将造成极大的浪费。由于 9 台液位计的模拟信号均从一个 I/O 卡件接入计算机，因此只需更换该一个卡件即可，且卡件的更换对另外的 7 个 I/O 点并无影响。

最终决定将原来的 6DS 470 型非浮地式输入卡更换为 6DS 465 型浮地式输入卡。更换后，故障现象消失。

2.7.8　二抽提 GB101 突然停车

(1) 故障现象　1999 年 3 月 31 日 8 时 59 分，二抽提压缩机 GB101 在工艺人员未发现任何指令的情况下突然停车，过程报警显示，手动按钮 PB-1 至 PB-5 同时处于停车状态，压缩机联锁中的油泵、轴位移及部分非联锁中的泵也同时停止运行，但联锁中的压力、温度均未报警。

(2) 分析与判断

总结压缩机停车的各种原因可归纳为以下四个方面（见图 6-2-54)。

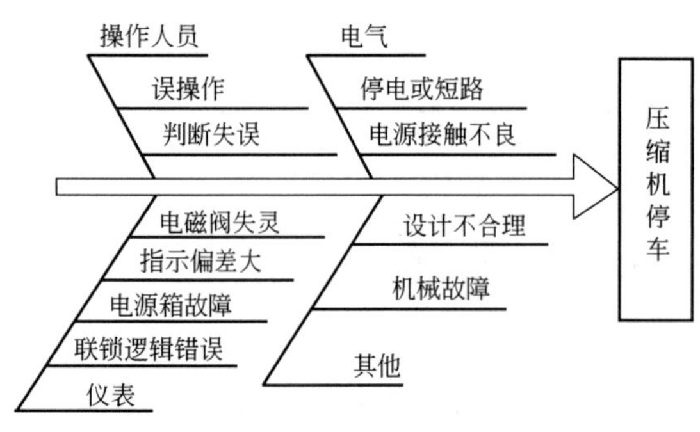

图 6-2-54　压缩机停车事故分析图

① 操作人员的原因

a. 判断失误；

b. 操作失误。

② 仪表方面的原因

a. 电磁阀失灵；

b. 仪表指示偏差过大；

c. 24V DC 电源箱故障；

d. 联锁逻辑组态有问题。

③ 电气方面原因

a. 停电或短路；

b. 电源设备接触不良。

④ 其他原因

a. 设计不合理；

b. 机械故障。

DCS 人员到达现场后，首先查看系统报警和过程报警，并向操作工询问故障发生的过程，检查联锁逻辑组态及仪表设备，均无故障。由过程报警也可排除误操作的可能，机电仪各方人员对自己的设备进行检查，均未发现故障，这就增加了故障分析的难度。从报警信息来分析，因报警信息中的时间精确到分和秒，能够分秒不差地将 5 个手动按钮及多个泵同时打到停止状态，显然不是操作人员、仪表设备或机械故障引发的。可能性较大的是联锁逻辑错误和电气问题，而联锁逻辑错误也不会引发联锁外的泵同时停，所以问题还是集中于电气 220V AC 的供电上。机电仪和工艺协作，重新模拟事故的发生过程，首先电气停掉 220V AC 电源，由此引发的各种现象及报警信息与事故发生时完全相同。证明了电气 220V AC 存在隐患。

2.7.9 ECH-SG 装置冷冻机 A-RF-2 突然跳车

(1) 故障现象　1999 年 9 月 20 日凌晨，冷冻机突然跳车，工艺人员及时处理，待各项工艺开车条件恢复正常后，按启动按钮，冷冻机不启动。

(2) 分析与判断　冷冻机 A-RF-2 跳车的主要原因有以下几条：

① 吸入压力≤－50cmHg（1cmHg≈13.3Pa）；

② 吐出压力≥19kg/cm²（1kg/cm²≈10^5 Pa）；

③ 油压≤0.5kg/cm²，延迟 30s；

④ 油温≥55℃；

⑤ 零负荷调整开关状态；

⑥ 电气故障；

⑦ 盘内中间继电器故障。

对跳车的主要原因逐条进行分析处理。

① 在蜂鸣器、灯泡完好情况下，未发现有声光报警，这样油泵启动后，油压、油温、吸入压力、吐出压力、电气故障这几项原因被排除。有关继电器 RA40、RA41、RA42、RA43、RA44 均未励磁，所以 RA1 励磁，油泵运转后 RA3 励磁，油压上升，RA7 励磁，见图 6-2-55。

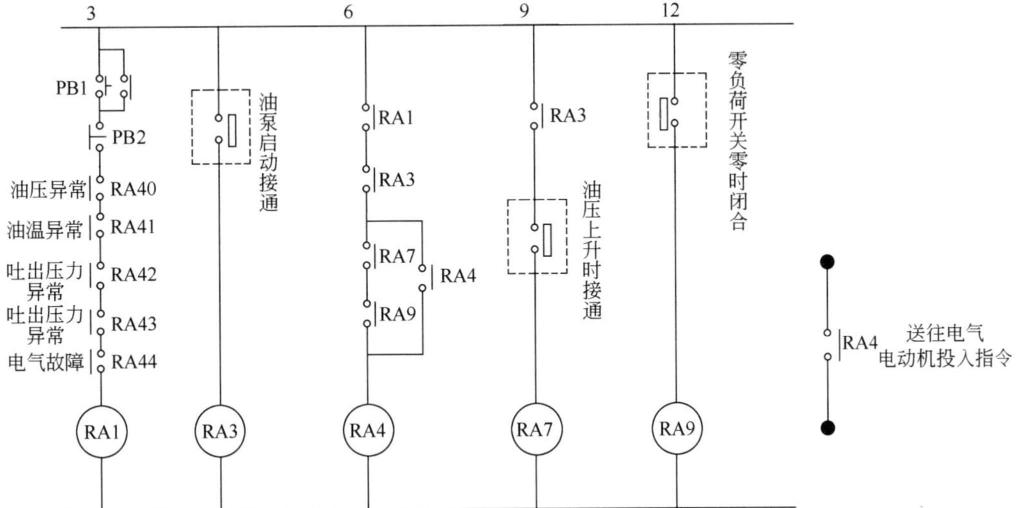

图 6-2-55　冷冻机信号联锁图

② 检查零负荷开关是否到位。若此开关不到位，断开接点，使 RA9 不带电，RA4 不励磁，冷冻机主机电源未送，不启动；若零负荷开关恢复到位，RA9 应励磁，从图纸上看，应具备开车条件，但在工艺、电气原因排除后，冷冻机仍未启动。

③ 开盘检查，发现 RA40、RA41、RA42、RA43、RA44 均未励磁，RA7、RA9 均励磁。RA4 继电器应有一接点送往电气，来控制冷冻机电源，但此时 RA4 未励磁，导致动力电未送，从而冷冻机不启动。

④ 拆卸 RA4 继电器，发现 RA4 由于长时间励磁，线圈过热而烧毁。更换此继电器，检查无误后，电气合闸送电，工艺人员启动冷冻机成功。

2.7.10 烧碱离心机 DC-503 停车

(1) 故障现象　1999 年 7、8 月份，烧碱中央控制室离心机 DC-503 振动 XA-D504 报警，离心机主机立刻停车。工艺操作人员报警确认后，振动 XA-D504 报警恢复，重新启动离心机主机，离心机正常运行。此事故在 7 月底至 8 月初连续出现三次。

(2) 分析与判断　造成离心机主机停车的原因可归纳为以下几点：

① 工艺人员操作不当，引起非计划停车；

② 设备自身事故，振动开关 XA-D504 动作，引起联锁停车；

③ 仪表振动开关 XA-D504 因端子松动、电源接地短路、信号线接地短路等诸多原因引起振动开关输出信号误动作，从而主机联锁停车；

④ 电气主机电源断电或 100V AC 控制电源掉电，引起主机停车。

对停车原因逐条进行分析处理。

① 工艺设备组织人员对操作过程以及设备运行状况进行全面检查和测试。

② 计量科和仪表车间组织技术人员对整机进行了检查校验，对制约整机运行的两个联锁点振动开关 XA-D504 和油压开关 PA-D501 进行了全面的检查、调校，并对各接线端子进行了紧固处理。

③ 电气车间组织技术人员对影响主机运行的各种因素也进行了全面的分析和探讨。

④ 经过机电仪、设备多方面的检查和精确的测量、确认，发现 DC-503 主机外壳有一条微小、狭长的裂缝。因裂缝的存在，主机振动的频率和幅度发生了变化，在某一时刻超过了离心机主机振动的设定值，从而使主机因振动过大而联锁停机。主机停后，振动相对减小，振动开关恢复正常，因此主机能够重新启动，但在某一刻又因振动过大而停机。这就是上述连续三次离心机主机停车的事故原因所在。

生产车间组织人员对离心机 DC-503 主机外壳进行了处理更换，振动开关重新投用后。主机运行正常。

2.7.11 甲铵泵 GA102A 非联锁停车

(1) 故障现象 1998 年，甲铵泵 GA102A 突然发生了非联锁停车，甲铵泵 GA102A 是尿素装置的大型机组之一，它是由 40kgf/cm^2 (1kgf/cm^2 ≈ 10^5Pa)、366℃ 的蒸汽透平驱动并将甲铵液由 24kgf/cm^2 升压至 260kgf/cm^2 的动力设备，其自身配备了完善的仪表检测和联锁保护系统。事故发生后，其仪表监控及联锁保护系统（DCS 系统）除发生了停车指示信号 XA111A 报警外，没有任何相关的联锁原因显示和记录。

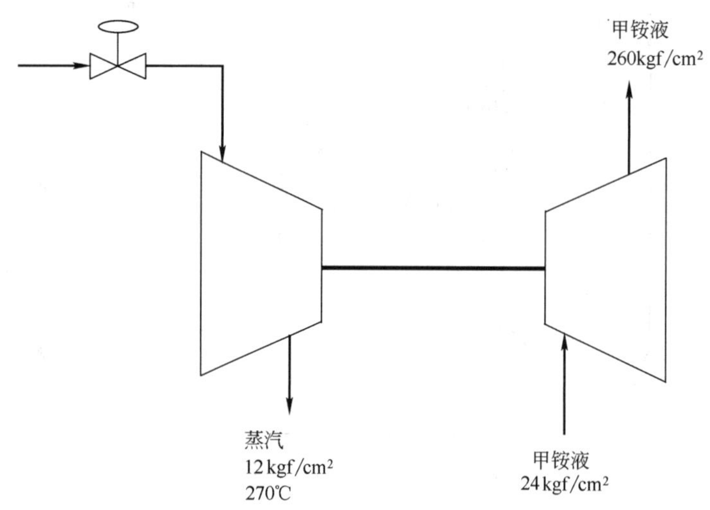

图 6-2-56 甲铵泵工艺流程

1kgf/cm^2 = 10^5Pa

(2) 分析与判断 在甲铵泵 GA102A 停车之后，参照其实际工艺流程（见图 6-2-56）、联锁保护逻辑（见图 6-2-57）和联锁输出回路（见图 6-2-58）三个方面，仔细全面分析了所有可能导致 GA102A 停车的原因：

① 合成塔 DC101 超压 280kgf/cm^2；

② 仪表空气停止；

③ 1# 与 2# kV 断电；

④ 润滑油油压低于 0.3kgf/cm^2；

⑤ 密封水泵 GA102-GA1A 和 B 停车；

⑥ 甲铵升压泵 GA403 A 和 B 停车；

⑦ 平衡管压力高于 30kgf/cm^2；

⑧ 平衡管温度高于 120℃；

⑨ 紧急事故阀 EMV-103 关闭；

⑩ 甲铵泵透平 GT102A 超转速；

⑪ 主蒸汽切断阀故障关闭；

⑫ 联锁输出回路的继电器环节和电磁阀发生故障。

对上述停车的原因逐一进行排除。

① 在甲铵泵 GA102A 停车前后的时间里，仪表监控及联锁保护系统（DCS）均运行正常，没有发生任何类型的系统报警和可能导致甲铵泵 GA102A 停车的过程报警，因此排除了仪表联锁原因造成甲铵泵停车的可能。

② 根据机械维护人员的检查结果，主蒸汽切断阀和蒸汽透平无机械故障，性能良好，从而排除了主蒸汽

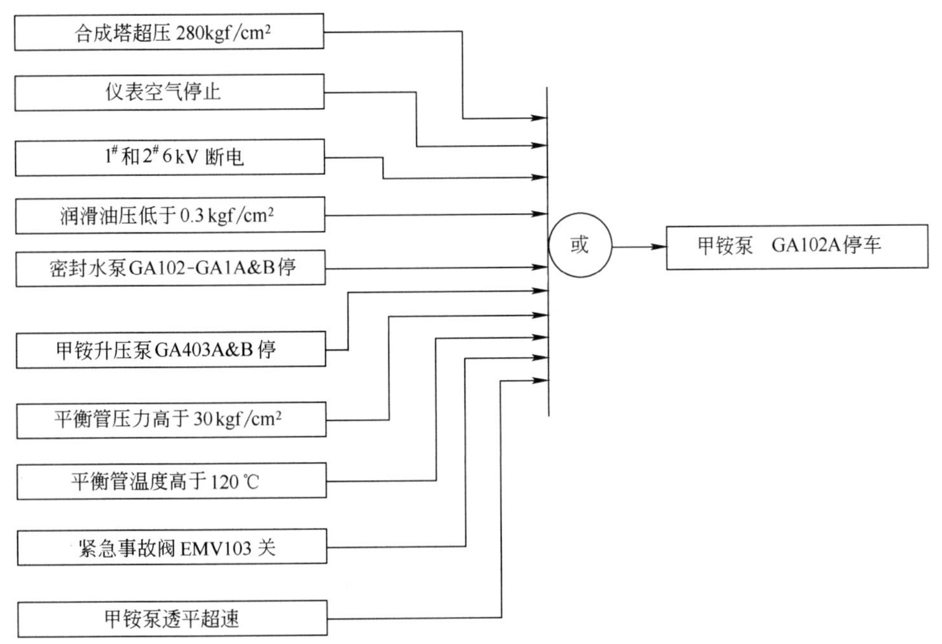

图 6-2-57 联锁逻辑关系

$1kgf/cm^2 = 10^5 Pa$

切断阀和蒸汽透平故障造成甲铵泵 GA102A 停车的可能。

③ 检查联锁输出回路的两个环节继电器和电磁阀。继电器把联锁开关信号输出到电磁阀的中间环节，无过热现象，测试性能良好，且这种并联配置的继电器环节（见图 6-2-59）在同一时刻同时发生故障（误动作）的概率极小，所以排除了继电器环节。电磁阀 GA102A-SOV 的检查结果是电气部件的各参数指标正常、性能良好，但执行机构的两个橡胶密封环老化，多处断裂，因此造成气室间串气，使电磁阀误动作，导致了甲铵泵停车。

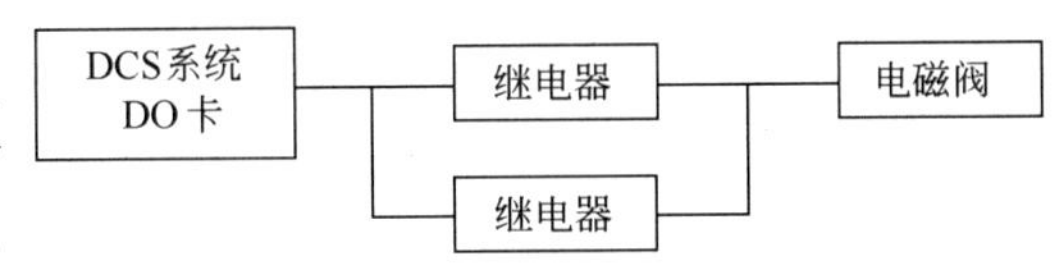

图 6-2-58 联锁输出回路

2.7.12 乙烯装置辅助油泵自启动

（1）故障现象 1999 年 3 月 5 日，GB 501 的辅助油泵 GA5011B/5012B 现场开关打自动后，在未满足启动条件下，自启动。

（2）分析与判断 检查引起 GA5011B/5012B 自启动的原因：

① PSL-5011（GB 501 调速油压力低于 $6.5kg/cm^2$）；

② PSL-6011（GB 601 调速油压力低于 $6.5kg/cm^2$）；

③ PSL-5015（GB 501 润滑油压力低于 $0.84kg/cm^2$）；

④ PSL-6015（GB 601 润滑油压力低于 $0.84kg/cm^2$）；

⑤ PSL-5019（GB 501 密封油液位低于 34%）；

⑥ PSL-6019（GB 601 密封油液位低于 34%）。

经检查发现上述 6 个条件均属于正常状态，因此排除真正自启动的原因。经过进一步对此联锁回路进行检查发现，经 TMR 联锁系统去电气的继电器 54R61 并未带电，属于正常，但测量 54R61 继电器 13、14 端子始终有 10V 左右的电压，虽然继电器显示无电状态，10V 电压仍能够使继电器吸合，常开触点 9、5 闭合，并始终送电气一个闭合信号，见图 6-2-59，因此只要现场开关在自动位置，则泵就会自启动。

经过仔细检查 TMR 输出卡（51# 柜上下两卡冗余），其中下面一块卡的第 13 点坏，我们将此点的保险丝拆除，再测量继电器 54R61 的 13、14 电源电压，其电压为 0V，这就说明了造成 GA5011B/5012B 无条件自启动的真正原因就是 TMR 输出卡坏。

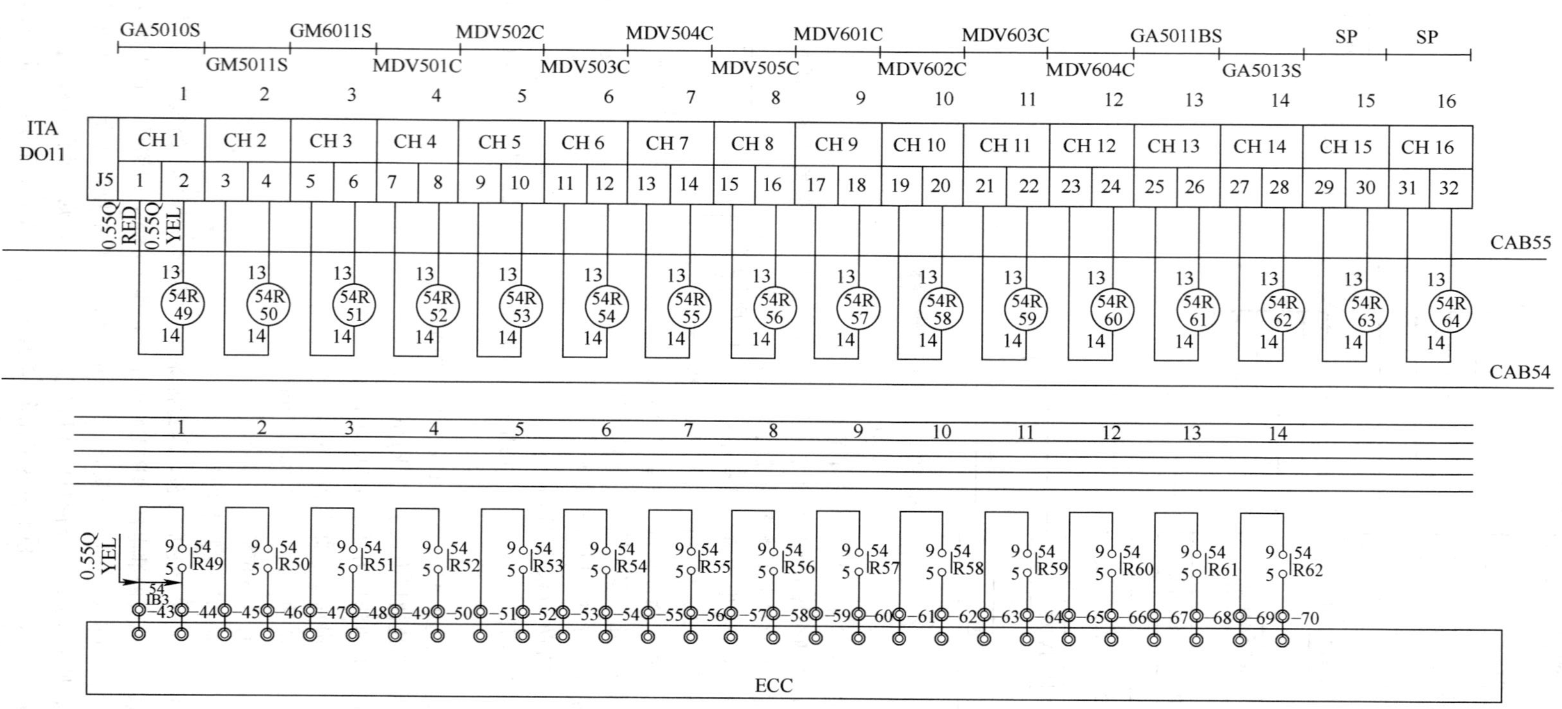

图 6-2-59　辅助油泵继电器连接图

针对上述原因，我们更换了下面一块输出卡，消除了事故隐患。同时我们还制定了对 TMR 系统进行定期检查的制度，争取及早发现隐患，及早进行处理，以防止类似故障的发生。

2.7.13 VCM 装置画面不能调出

(1) 故障现象 VCM 装置在运行过程中，流程画面不能调出。

(2) 分析与判断 引起该故障的原因主要有以下 3 点：①通风故障；②数据丢失；③HM 硬盘故障。

处理方法：

① 发现上述现象后，在其他 CRT 上调流程图，仍有部分流程图不能调出；

② 观察 HM 及通讯卡状态，状态代码正常；

③ 用通讯命令检查 HM 中的数据，发现用户卷中没有流程图的目录；

④ 在另一目录中拷入活动硬盘中保存的流程图，故障现象消失；

⑤ 制作应急盘装入 F2 驱动器，并将路径指向 F2 维持系统正常运转；

⑥ 更换 HM 硬盘，并进行相应的初始化及数据下装工作，系统恢复正常。

2.7.14 丁辛醇装置 DCS 故障

(1) 故障现象 2000 年 2 月 1 日，DCS 维护班人员点检发现 FSC 的 CENTRAL PART ONE 停止运行，其 DBM 窗口时钟也停止运行。

(2) 分析与判断 检查系统接地和卡件接触，没有发现问题，系统诊断结果为内部通讯故障、CENTRAL PART ONE 通讯失败。

经过切换 RUN/STOP 开关后，重新启动正常运行。可是半小时后，CENTRAL PART ONE 再次停止运行，无论切换开关，还是断电重启全都失败。最后，由 HONEYWELL 公司技术人员重写 EPROM 程序后，系统恢复正常。

但 2000 年 3 月 3 日、4 月 12 日、5 月 7 日，曾 3 次出现同样的故障。

2000 年 6 月 6 日，丁辛醇装置大检修，HONEYWELL 公司技术人员进行现场服务，重新烧了 CENTRAL PART ONE 的 EPROM，并将 CENTRAL PART 硬件对调。大修后，系统投用正常。

初步判定：①系统硬件没有故障；②用户程序的 EPROM 应该也没有问题；③故障可能出现在 FSC 操作系统的 EPROM 中。

由此可见，对于 FSC 和 DCS 的故障判断有相当强的逻辑性，应根据现场实际情况，采用层层排除的方法，将最终的故障原因查找出来。

2.7.15 二加氢 HONEYWELL 公司 TPS 系统故障

(1) 故障现象 后备控制器经常出现 FAIL。UCN 电缆状态显示 HPM 节点的 A 缆特别是 B 缆噪声记数过大，RESET 后几分钟内噪声记数马上会达到几万。有时会出现 DROP A、DROP B 两条缆同时 FAIL。

(2) 分析与判断 UCN 通讯有噪声，造成通讯堵塞。但由于故障现象时有时无，很难判断故障点的位置。

维护人员及 HONEYWELL 公司技术人员对曾多次怀疑有问题的 UCN 的 TRUNK 及 DROP、T 型头、终端电阻及接头等进行了检查、清理或更换，仍然没能彻底解决问题，经过长时间的试验观察，发现在 NIM 节点的 UCN 的 TAP 头处产生故障的可能性较大。可能是由于 NIM 的 UCN 连接处晃动从而产生噪声。由于系统在运行期间很难对 TAP 头位置进行调整，为此，我们对此处脚踏板进行了保护，经长时间观察确认，故障彻底解除。

防范措施：

① 日常点检中，注意检查 UCN 电缆的状态显示，在出现 UCN 噪声故障时，应重点检查终端电阻及 TAP 头。一般来说，UCN 电缆本身问题的可能性极小。

② 在定货时，NIM 和 HM 移到机房内，不要随操作站一起放置在操作室内。

2.7.16 第三常减压 ABB 公司 OCS 系统故障

(1) 故障现象 1999 年 6 月工程师站发生死机故障，工程师站无法自启动，处于瘫痪状态。

(2) 分析与判断 OCS 系统（Open Control System）为开放式控制系统，该故障分析判断应为硬盘故障，估计是系统文件与相关应用软件遭到破坏。

考虑到工程师站其特殊的作用及所处的位置，决定对其采取以下措施。

① 使用备用硬盘进行更换，重装工程师/操作站系统软件及 OCS 软件；

② 对数据库进行 FMS-FULL-BACKUP 的恢复。需要指出，不能在此时恢复源数据库备份，否则会带来系统各节点对非目标数据库的“排斥现象”，即工程师站会与其他四个节点产生数据库不匹配现象。

经过大约 6h，恢复工作完成，重新启动系统，系统故障消除。

OCS 系统由于沿袭了 MOD300 系统的数据库传统，其源数据库和目标数据库必须保持一致，否则极易产生数据库不兼容或数据库不能修改的问题。新型系统 OCS 尽管提供了可以进行源数据库及目标数据库映像备份的 FMS-FULL-BACKUP 工具，但由于系统本身存在缺陷，致使数据库备份没能彻底完整，从而导致系统硬盘恢复后不能进行数据库在线修改。

随着系统的不断完善和升级，系统已经提供了比较灵活的数据备份工具。我们吸取了上次事故的教训，通过 1.6/3 版本中提供的 Station Backup（站备份），已将重油、三常的 OCS 系统中的重要工作站都做了整站备份，以便应急各种突发事件。

2.7.17 催化车间 TDC3000 异常报警

（1）故障现象　2000 年 8 月 4 日，操作人员发现 DCS 系统有异常报警。系统维护人员到达现场后检查发现 DCS 系统故障现象表现为：

① UGN CABLE STATUS 状态显示 FAIL，UCN COMM STATUS 画面显示 NIM 及 HPM 节点的 UCN A 和 UCN B 交替出现大量的噪声，当噪声突然急剧增大时，相应的 UCN A 或 UCN B 就会丧失通讯功能，并显示 FAIL 状态，TDC3000 系统组成图如图 6-2-60 所示；

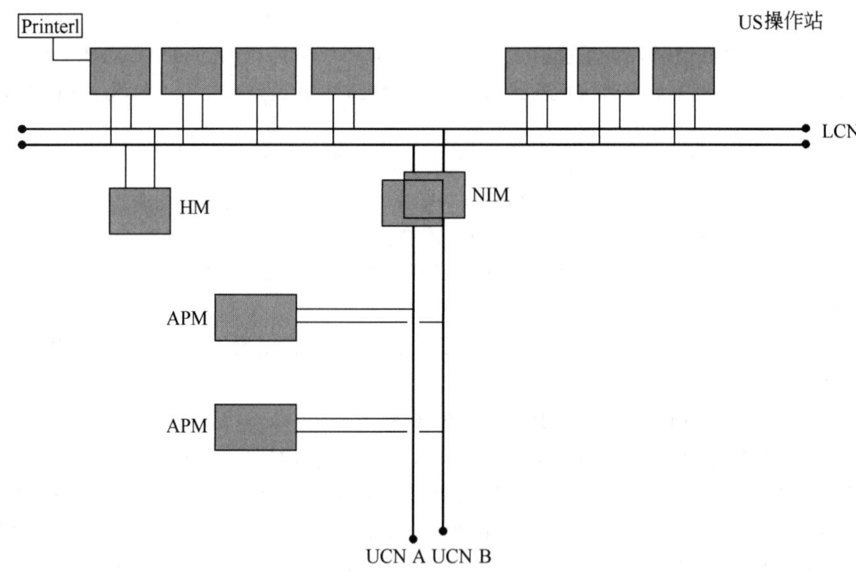

图 6-2-60　TDC3000 系统组成图

② 当 UCN 上同一节点的 UCN A 及 UCN B 同时丧失通讯功能并显示 FAIL 状态时，这一节点就会 FAIL，并丧失通讯和控制功能，NIM 主备节点交替 FAIL，HPM 主备控制器在 5h 内出现过 3 次全部短暂的 FAIL 状态，系统维护人员及时处理，化险为夷，仅短暂影响操作。

（2）分析与判断　由于故障现象不集中，所有节点都出现类似的故障，故障点难以查找。因此初步断定为 UCN 通讯有噪声，造成通讯堵塞，从而影响 NIM 的正常工作，产生 HPM 失效的假象。

处理方法如下。

① 针对系统通讯噪声值较大的现象，在确认系统硬件完好的前提下，取一个与 150m 的户外 UCN 电缆连接的 HPM。我们怀疑可能是环境存在某种异常干扰因素（如电磁、外伤及渗水等）。在经过调查和检测后，未发现有异常的干扰因素。

② 根据经验，分析认为应该为系统通讯本身存在障碍，对系统的 UCN 网络进行彻底检查，包括所有的网络线及 TAP 接头的连接。检查结果未发现异常，故障现象仍然存在。

③ 从 UCN COMM STATUS 画面的显示分析，两个 NIM 节点中只有一个 NIM 节点总是保持非常高的噪声值。而且系统错误记录中 NIM21 的错误信息明显多于 NIM22，因此怀疑故障原因可能是由于 NIM21 节点

故障引起 NIM21 节点 SHUT DOWN 并下电。将 NIM21 节点的 DROP 电缆拆除（将 NIM21 节点从 UCN 网上摘除），然后对系统进行观察，10min 内没有任何噪声产生，系统通讯恢复正常，重新恢复 NIM21 节点再继续观察发现故障又重新发生，因此判断故障点在 NIM21 节点。

④ NIM21 节点与 UCN 直接连接的卡件是 NIM MODEM 卡，我们首先怀疑这块卡可能出现问题。但由于没有备件，因此我们首先将节点的其他卡件进行更换测试，发现故障没有解除。

⑤ 最终确定是 NIM MODEM 卡件故障，经公司设备处联系协调，从氯碱厂借用一块新的 NIM MODEM 卡代替后，系统完全恢复正常。

2.7.18 催化车间 TDC3000 系统故障

(1) 故障现象　2000 年 8 月 10 日，在正常点检时，DCS 系统维护人员发现系统 LCN-A 经常处于挂起状态，无法正常工作，UCN 网络工作正常。

(2) 分析与判断　检查系统错误记录，发现 US04 节点有频繁的报错信息如下：

US04 LCN DRIVER 000 SLOT 000 CMD REG 0200 NODE 000001 SECD 019 0005 0000 0000 16

US04 $ $ WATCHDOG COMMUNICATN TIMEOUT NODE 01 02

US04 $ $ NODE ADMIN SOFTWARE 00540456 005404FB 00540C1C 30 43 LP00 01

根据以上信息，怀疑故障点应在 US04 节点，可能为 LCN A 某处接触不良或其 CLCN-A 接口卡出现故障。

处理：

① 对 US04 的 LCN 网络进行全面检查，重点检查了网络电缆及节点接头的连接状况，未发现异常；

② 将 US04 节点 SHUT DOWN 并下电，拆除 LCN-A 的连接电缆，对系统进行观察，发现系统故障排除，因此判定故障点在 US04 节点；

③ 更换 US04 节点的 CLCN-A 接口卡，US04 节点重新启动，经过观察发现故障彻底排除。

2.7.19 减粘车间 ABB 公司 MOD300 系统故障

(1) 故障现象　1997 年 10 月，DP 数据处理子系统不能启动。

(2) 分析与判断　可能为硬件故障。

处理：

① 通过系统诊断 VT 终端监视观察，不能确定故障原因；

② 检查电源及接地等，没有异常；

③ 更换备份硬盘，系统不能启动，排除软件问题；

④ 更换怀疑有问题的卡件后，系统仍不能启动；

⑤ 将所有卡件进行更换，故障仍然存在；

⑥ 怀疑卡件箱背板可能有问题，更换卡件箱并做相应设置，恢复卡件，启动系统成功。

系统卡件箱出现问题的可能性极小，但由于质量或环境原因而导致卡件箱背板损坏的可能性仍然存在，因此，在排除卡件故障和软件故障的前提下，应该考虑卡件箱问题。

2.7.20 常减压车间 ABB 公司的 MOD300 系统故障

(1) 故障现象　1998 年 5 月，操作站显示故障。

(2) 分析与判断　可能为显卡、视频线或显示器硬件故障。

处理：

① 对显示器进行交换检查，故障不在显示器；

② 检查更换显示卡，故障仍然没有消除；

③ 检查接头，没有异常；

④ 视频线交换试验，显示恢复；

⑤ 检查视频线，没有鼠咬现象，仔细检查发现在显示器处有一轻微磨痕，处理外皮确认线芯已经折断；

⑥ 重新焊接处理，显示恢复。

防范措施：

① 机柜室及操作室的老鼠问题很难解决，地下电缆应全部进行保护，至少也应使用厚壁塑料软管保护，避免老鼠破坏；

② 在线路出现故障时，首先应检查地下电缆，其次应在可能磨损的拐角处检查。

2.7.21 硫磺车间YOKOGAWA公司CS1000系统故障

(1) 故障现象　1999年10月，HIS0163操作站不能启动。

(2) 分析与判断　认为可能为硬件故障。

处理：

① 通过更换内存排除内存故障；

② 检查硬盘并重新安装系统，系统不能启动，排除硬盘故障；

③ 联系该公司技术人员上门服务，更换主板，系统不能启动；

④ 确定为CPU问题，更换后系统正常。

防范措施如下。

① 由于NT系统的普及，DCS系统采用HP或DELL等微机作为操作站越来越普遍，一方面降低了投资，另一方面由于普通微机的硬件质量与原先专用机硬件的质量仍然存在着一些差异，其出现故障的概率要高一些。但由于微机备件比较容易购买，而且价格便宜，因此准备充足备件以及时进行更换应引起足够重视。

② 在签订DCS合同时，应明确要求DCS供应商必须提供操作站微机至少3年的保修服务（如果不单独提出，为节省费用，对方一般只提供1年保修，而一般微机公司至少提供3年保修）。

2.7.22 气体车间重庆所的DJK7500系统故障

(1) 故障现象　1998年8月至1999年3月，DJK7500系统操作站频繁死机，控制器状态显示异常。

(2) 分析与判断　认为可能为软硬件故障。

处理：

① 对操作站所有卡件均进行更换，故障仍然发生；

② 对电源进行检查测试，发现尽管电源卡件供电正常，但其工作状况不稳定，有时会对系统启动产生影响，导致操作站故障；

③ 检查系统冷却风扇，对运行状况不好的进行更换，系统故障减少，但仍然时有发生；

④ 更换卡件箱，系统恢复正常，但过一段时间故障又会出现；

⑤ 检查系统网络线路及T形接头，发现其质量不好且有轻微腐蚀现象。

根据近3个月的事故处理结果，经与厂家技术人员研讨，初步得出以下结论：

① 系统主要卡件使用的为MOTOROLA产品质量应该没有问题；

② 系统配置的电源工作不稳定会对系统产生影响；

③ 系统卡件箱布局不合理导致散热效果较差，因此3个冷却风扇必须保证运行良好，否则极易影响系统稳定运行；

④ 系统接地连接松动可能对系统有影响；

⑤ 系统网络接头可能是带来系统故障的最关键因素。

在1999年的检修中，经与厂家一起对系统的通讯、接地、电源及风扇等进行了彻底更新或维修。经过一年多的运行，DJK7500系统运行一直良好。

2.7.23 TDC-3000事故案例

(1) US死机　当系统的US出现死机FAIL时，应记下当时的温度、湿度、锁定的画面，观察左上角的时钟是否走动，记下此时US的地址号，然后按RESET键，再按LOAD键，选择路径N，1，2，3，4，X? 再选属性O，E，U? 最后按ENTER键，3～5min后即可恢复正常。

(2) 信号反应慢、滞后　检查其滤波参数T_D，将其改小或置零即可。

(3) 工艺反应其控制回路控制作用相反　根据工艺反应，明确该问题属于下列哪种情况并进行相应处理：

① 自动时控制作用相反，手动时正常，则为控制作用错误，将CTLACTN字段内容做相反调整，即“DIRECT”改为“REVERSE”或“REVERSE”改为“DIRECT”；

② 自动时控制作用正常，手动时相反，则控制作用及输出信号作用设置均有误，将CTLACTN和OPTDIR字段做相反调整；

③ 自动和手动时作用均相反，则为输出信号作用设置错误，将OPTDIR做相反调整。

(4) PV坏值报警

① PV超出扩展上限或低于扩展下限，则做相应修改；

② PV源不对则修改PV源。

（5）US 触屏不灵敏或失灵　若 US 触屏不灵敏或失灵，可按【SYST MENU】，调出系统菜单画面，触【CLEAR SCREEN】，进行清屏，用小毛刷清扫 CRT 四周的红外线发光管，如果清扫后触屏还不行，可将此 US 停掉，然后进行重新加载。

（6）LLPIU 故障　若 LLPIU 故障，首先进入 HIWAY 状态画面，触【BOX STATUS】，键入箱号 14，回车，查看其故障内容，如果其故障内容为“A/D ZERO OFFSET EXCEEDS LIMITS”，可以将 LLPIU 重新加载，故障一般可消除。加载方法为：在 HIWAY 状态触【LOAD DATA】，键入 LLPIU 的箱号，并触屏【DEFAULT SOURCE】＋【EXECUTE COMMD】。触屏【START FUNCTION】，稍后 14 号箱为 OK。若 LLPIU 出现别的故障，亦可用此方法或更换相应卡件。

（7）CHECKPOINT 故障

① 检查 HIWAY 是否处于允许状态　按键【SYST STATUS】调出系统状态画面，触屏【1】，调出 HIWAY 状态画面，触屏【HIWAY COMMD】，调出 HIWAY 命令，触屏【CKPT ENABLE】，使能够 CHECKPOINT，触屏【EXECU COMMD】。

② 检查 BOX 是否处于允许状态　按键【SYST STATUS】，调出系统状态画面，触屏【1】，调出 HIWAY 状态画面，触屏【BOX COMMD】，触屏【CKPT ENABLE】，使能够 CHECKPOINT，触屏【EXECU COMMD】。

③ 手动检查点的操作过程　调出系统状态画面，调出 HIWAY 状态画面，触屏【SAVE DATA】，触屏【ALL BOXES】，触屏【DEFAULT SOURCE】选择存储路径为 HM，触屏【EXECU COMMD】。

④ 检查 HG 是否处于允许状态　调出系统状态画面，触屏【HG】调出 HG 状态画面，触屏【AUTO SAVE】使当前状态显示为 ENABLE。

（8）紧急停电

若 UPS 系统出现故障出现紧急停电时：

① 通知工艺改副线；

② 切掉 UPS 来的各路电源；

③ 关闭系统所有的交、直流开关；

④ 准备好活动硬盘和工程师钥匙以备系统进行加载启动。

（9）系统停机　若系统因停电或其他原因出现重大故障，引起系统停机，需要对系统进行重新启动，分以下几个步骤：

① LCN 网络上各节点的启动

a. 检查电源无误后，先合上各节点下面的 AC 开关，然后在合上后面的直流开关，此时各节点进行自检；

b. HM 自行装载并启动，启动成功后，HM 显示地址号，表明 HM 已经正常；

c. US 需要人为启动，可以先启动一台 US，用它对其他 US 进行加载启动。

具体方法如下：

选一台带有工程师钥匙的 US，按 RESET 键，等“〉”出现。按 LOAD 键，屏幕显示“N，1，2，3，4，X?”键入“N”，过一会显示“OPR，ENG，UNV?”，若选操作员属性则键入“O”，若选万能属性则键入“U”，若选工程师属性则键入“E”。过一会，US 启动成功。

用类似的方法对其他 US 进行加载启动。

对 NIM 进行启动，方法如下：在 NIM 的 NODE STATUS 画面中选中 AUTO NETLOAD 键，对 NIM 进行加载。

对 CG 进行启动的方法同 NIM 启动。至此，LCN 网络上的节点全部启动。

② UCN 网络上 HPM 启动

a. 首先合上 HPM 下面的直流开关，每个 HPM 机柜下中有两个冗余的电源，此时 HPM 各卡件进行自检；

b. 当 HPM 处于 ALIVE 状态时，表明 HPM 自检正常；

c. 选中 HPM 节点，对节点进行 LOAD PROGRAM 加载，等 HPM 处于 IDLE 状态时，表明 HPM 加载成功，然后，对 HPM 进行 START 启动，当处于 OK 状态时，表明 HPM 启动成功，可以服务于生产了。其他 HPM 的启动方法一样，不同之处是冗余 HPM 最后的正常状态变成 BACKUP。

至此，整个系统启动成功。

（10）HPM 中 CON/COMM 卡或 I/O LINK 卡故障　当 HPM 中 CON/COMM 卡或 I/O LINK 卡任何一块

出现故障，HPM 会自动切换到备用 HPM 上去，系统出现报警。处理方法如下。

① 卡件出现故障后，首先通知工艺做好防范准备，重要的回路改手操器或副线。

② 对故障的卡件进行重新加载 CON/COMM 卡或 I/O LINK 卡可以通过重新插拔的方法，使其复位，然后对故障的卡件进行重新启动加载。

③ 若不能启动加载，则表明卡件发生故障，需要进行卡件更换。卡件更换时，要参见现场存放的“DCS 卡件更换程序”。首先通知工艺做好切实的防范准备，并注意跳线位置，带好防静电手镯。更换完毕后，对更新的卡件进行加载。启动成功后，通知工艺，恢复正常生产操作。

（11）HPM 中 I/O 卡的故障

① 冗余的 I/O 卡件故障　对于冗余的 I/O 卡件故障情况比较好处理。因为系统自动的由故障 I/O 卡件切换到冗余的 I/O 卡件上去，不会影响生产操作。处理方法同 HPM 中 CON/COMM 卡或 I/O LINK 卡处理方法一样，可通过重新插拔的方法使其复位，新换的 I/O 卡件自动启动，变成 BACKUP 状态。

② 非冗余的 I/O 卡件故障　非冗余的 I/O 卡件发生故障时不好处理。因为系统出现故障的 I/O 卡件没有冗余的 I/O 卡件可切换，会影响生产操作，处理时一定要慎重。首先通知工艺做好防范准备，重要的回路改手操器或副线。若是 AO 模块故障，让工艺人员记下故障回路的输出值，因为当 I/O 卡件重新启动后，其输出会变为“O”。处理方法同 HPM 中 CON/COMM 卡或 I/O LINK 卡故障处理方法一样，可通过重新插拔或更换卡件的方法解决。首先使其复位，变为 ALIVE 状态，此时的 I/O 卡件需要进行 RESTORE MODULE 数据恢复步骤，才能使其启动变为 OK 状态，启动成功后，通知工艺，恢复正常操作。若是 AO 模块故障时的恢复，则让工艺人员写入故障时回路的输出值，恢复正常生产操作。

（12）HM 硬盘损坏

① 若是备用硬盘损坏，不会影响 HM 的正常工作，但会发出报警信息 WARING。可将 HM 停掉，将备用硬盘拆下，送 HONEYWELL CRC 服务中心修理。

② 若是主硬盘损坏，HM 会出现故障，不能完成历史趋势数据的收集功能，处于 FAIL 状态。此时可将 HM 停掉，把主硬盘拆下来，将备用硬盘通过调地址的方法改为主硬盘，插入主硬盘槽中，对 HM 进行启动，使 HM 正常工作。损坏的硬盘送 HONEYWELL CRC 服务中心修理。

（13）炼厂第二催化 ESD 系统软件恢复及启动方案

① ESD 系统软件恢复方法　如果 ESD 系统的软件损坏，可以用下列方法恢复。

a. REGENT 系统编程软件 WINTERPRET 3.32 和 CMS3000 软件的安装命令为 A：\〉SETUP，不同的是它们分别安装在 C：\WINTERP 目录下和 C：\PMON\目录下。

b. WINTERPRET 应用软件的压缩文件为 QLWIN. ARJ，将它解压恢复在 C：\WINTERP\QLPC\目录下，命令为：

C：\WINTERP\QLPC\ARJ　X　-R　QLWIN. ARJ　*. *

c. CMS3000 应用软件的压缩文件为：QLPMON. ARJ，将它解压恢复在 C：\PMON\目录下，命令为：

C：\PMON\ARJ　X　-R　QLPMON. ARJ　*. *

② ESD 系统启动步骤

a. 将 PC 工控机启动，输入开机口令。

b. 进入 WIN3.1，选中 WINTERPRET 目标，输入用户名“ALL”，输入口令“ALL PASSWORD”。进入后选中项目 QLPC，再选中下拉式窗口菜单 PROGRAM 中的 LOAD PROGRAM 命令，再选中下拉式窗口菜单 PROGEAM 中的 RUN 命令，REGENT 系统投入运行。

c. 退出 WINDOWS，执行命令 C：\PMON\QL 即可进入系统的监视画面，使 ESD 系统投入正常运行。

2.8　信号联锁系统故障处理

2.8.1　塑料厂 LLDPE 装置挤压造粒机组联锁停车

（1）故障现象　1995 年 5 月 24 日，塑料厂 LLDPE 装置后工段挤压造粒机组连续发生联锁停车，原因不清。

（2）分析与判断　引起挤压造粒机组联锁停车的原因很多，而且挤压机、混炼机、切粒机互为关联。第一故障在何处？经认真检查，发现问题出在混炼机电机前端轴承温度上，此温度检测元件为热电阻，二次表为机房机柜镶装的数字显示表，联锁报警点从表头后部输出。首先检查测量热电阻，阻值正常，排除元件问题，数显表更换一只，仍不正常。再继续检查，发现问题出在表壳后部的接线上，热电阻的一条引线绝缘破皮后接地，使热电阻测量桥路不平衡。此问题看似简单，但查找也不容易，在查找问题时要对各部分的连接部位多加注意，尽快迅速地找准并消除故障。

2.8.2 腈纶厂 A/B 线烘干机同时联锁喷淋

(1) 故障现象 2000 年 6 月 29 日，B 线烘干机按计划停车冲洗、检修，B 线风送输送风机。粉碎机按计划停车检修。上午 9 时 40 分，A/B 线烘干机同时喷淋，A 线烘干机停车，16 台循环风机、排风机停，A 线输送风机、粉碎机停。

(2) 分析与判断 A/B 线烘干机各自存在停车、喷淋联锁条件，主要是烘干机几个区的高温联锁、烘干机内部的火焰及过热探测器动作。但是两台烘干机之间没有共同的联锁停车、喷淋条件。两台烘干机同时联锁喷淋，只能从 A/B 线烘干机逻辑运算的结合处进行分析查找。

两台烘干机及风送系统的联锁运算分别在 DCS 中和 P31 盘（硬件联锁盘）中并行运算，DCS 中两台烘干机的联锁运算不在同一个 FBM 中，P31 盘中 A/B 线烘干机的逻辑运算继电器分别供电：A 线为 4H，B 线为 5H。4H 和 5H 分别来自 C2 配电盘的两个空气开关，打开 C2 配电盘，发现这两个空气开关由同一相线——绿色相线供电。由此怀疑，绿相线这一路可能存在异常。但因 C2 配电盘还给纺丝、聚合釜等重要设备的控制运算供电，无法退出检修，且未完全证实 A/B 线烘干机同时喷淋的真正原因。先把 A 线烘干机的逻辑运算继电器的电源 4H 改为由红色相线供电，7 月 8 日 B 线烘干机再次喷淋，现象与 6 月 29 日相似，只是 A 线烘干机安然无恙。再次把 B 线烘干机的逻辑运算继电器的电源 5H 改为由黄色相线供电，至今再未发生同类事故。由此可知事故原因为：C2 配电盘中绿色相线这一路存在隐患，造成 A/B 线烘干机同时联锁停车喷淋。因为没有真正满足喷淋条件，所以 DCS 显示画面上无喷淋显示报警。

2.8.3 二化 B-801 锅炉汽包液位低联锁停车

(1) 故障现象 1997 年 11 月，B-801 锅炉因汽包液位低联锁停车，导致两醇装置及空分装置全部停车。事故现象是：L-COAL1-8001（白灯）报警，L-COAL2-8001（白灯）报警，L-COAL1/COAL2-8001（红灯）报警，LRCAL-8002（白灯）报警，汽包液位低联锁是本次停车的原因。

B-801 为单汽包，单段蒸发。汽包上装有两支就地液位计，一台电浮筒液位计 LRCAHL-8002 用于三冲量控制，一台浮球式水银开关用于报警联锁。

锅炉给水由两台高压锅炉给水泵 C-801A/B（透平与电极驱动，C-801B1 正常备用）供给，经 HIC-8003/8004 两台调节阀进入汽包。控制点流程图如图 6-2-61 所示。

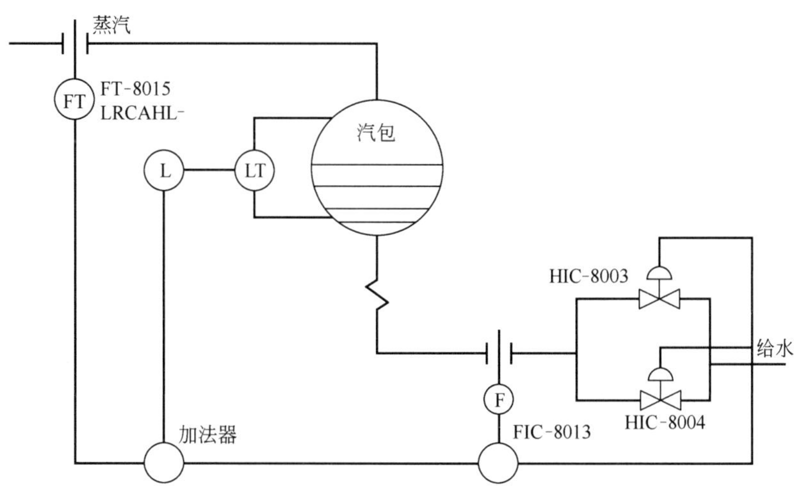

图 6-2-61 LRCAHL-8002 三冲量控制图

(2) 分析与判断

① 高压锅炉给水压力（PI-COAL-8113）低，备用泵没有自启；

② 锅炉给水调节阀 HIC-8003/8004（均为气开）关闭；

③ 有关联锁表误动作。

针对以上三项做自启试验，检查了调节阀及其定位器、仪表风系统、有关仪表的供电及接线等，均没有发现任何问题，因此对三冲量控制系统的分析显得至关重要。

从三冲量控制系统的原理看，引起给水阀关闭的原因有：①FR-8013 给水流量增大；②FR-8015 锅炉负荷减小；③LRCAHL-8002 汽包液位。

针对以上问题我们对三台仪表进行了外观检查、接线供电检查、导压管排放检查、保温伴热以及仪表调校等全方位检查，结果发现 FR-8013 伴热存在一定问题（伴热温度较低）。原因是该表伴热回水与工艺管线相连，因工艺管线压力升高，使该表回水不畅通，伴热温度下降，仪表瞬间失灵，指示最大（波动），造成给水调节阀 HIC-8003/8004 关闭，汽包液位低联锁停车。

处理方法　立即对该表及部分有类似问题的仪表伴热进行改造，仪表回水单独引出，彻底与工艺管线分开，解决了装置的重大隐患，保证了安全生产。

2.8.4　腈纶厂腈纶装置聚合物烘干机联锁停车

（1）故障现象　1996 年 4 月 11 日，聚合物烘干机加热蒸汽，压力为 0.55MPa（5.5kg/cm^2）的蒸汽的温度波动，连续几次造成烘干机联锁停车。

原设计该联锁为：蒸汽温度（T5112）高达 187℃后，延时 8min 后联锁停止烘干机，而操作人员反映，有时感觉温度升高不足 8min 烘干机就停运了，有一次刚高温不一会儿，就联锁停车。

（2）分析与判断　对原设计检查，未发现不合理之处。对 DCS 梯形逻辑组态进行检查。梯形逻辑 005-E：5136PLB-1 中的计时线圈为该逻辑的延时继电器线圈 TC02-S，时间设定值为 480s，无误；再检查硬件联锁盘中的时间继电器 TDR-30 的时间整定值也是 8min，无错误。用电阻箱加信号模拟测试，同时监视 DCS 梯形逻辑的运行状况：T5112 高温后延时 8min 联锁动作准确无误，但如使高温信号保持时间小于 8min，则发现当高温信号消除后，计时线圈未能复位，此时再加入高温信号，计时线圈在原计时值基础上继续计时，至 480s 时联锁动作发生。

显然，在原设计及 DCS 组态中，只考虑了蒸汽高温信号持续出现的情况，而未考虑到高温信号在短时间内及时恢复这一特殊情况（事实上，工艺人员发现蒸汽高温后，应立即调整蒸汽减压阀，以将蒸汽温度降回到规定值上），致使 DCS 计时线圈连续累加计时，这时联锁动作提前发生，操作人员感到不足 8min 就联锁了。

同样杜邦的联锁检查程序中，只针对第一种情况做了检查程序，未提及后一种特殊情况，致使装置投产 2 年多，才意外发现该设计中的错误。

处理方法　修改两台聚合物烘干机的 DCS 梯形逻辑组态，使得当高温信号恢复后，立即将计时线圈 TC02-S 复位，待下次高温信号出现后，计时从零开始。现该联锁正常运行。

2.8.5　丁苯橡胶装置压块破碎机联锁控制失灵

（1）故障现象　1996 年 8 月 18 日，压块破碎机操作人员反映，其联锁控制失灵，自动、手动均不能使系统正常运行。

（2）分析与判断　操作人员与电气专业人员联系，电气技术员反映，仪表没有给电气送接点信号，需让仪表人员检查一下仪表联锁情况。现场观察，破碎机液位测控系统正常，不存在影响联锁正常动作的因素。从联锁逻辑图分析，仪表系统送给电气的信号为一瞬时接点信号，为检查电气系统完好情况，从盘后端子 10ZT-17、18 给电气一接点信号，压块破碎机不能正常运行。考虑到手动也不能使系统运行，应从电气方面查找原因。电气技术人员通过认真检查，发现现场搅拌机手动、自动由于质量原因不能切换到位，需要更换新的，而且仪表方面也有问题，仪表不但送一瞬时接点，而且还有一个液位高值接点，如果这个接点没有送给电气设备，系统手动、自动都不能使系统运行。仪表人员检查压力开关，通过校验，发现开关回差超差，不符合联锁设定要求，需更换一新压力开关。在电气人员和仪表维修人员处理完设备故障后，系统投入正常运行。

造成系统不能运行主要有两方面原因造成。电气设备方面在此不做分析。仪表方面联锁压力超差，是造成联锁失灵的主要原因。从深层次分析，仪表人员在校验用于联锁系统的压力开关时不能仔细认真校验，从而使不符合要求的开关继续使用，是造成故障发生的决定性因素。同时，仪表联锁逻辑图中，没有标明去电气液位高值联锁接点，从而使仪表人员在检查仪表故障时，不能考虑到而影响故障处理。

2.8.6　抽提装置 GB-101 压缩机停车

（1）故障现象　1999 年 2 月 4 日 8 时，抽提装置 GB-101 压缩机 PK-134 压缩机二段出口压力高，联锁停车灯闪光，蜂鸣器响，GB-101 运行灯灭，GB-101 停车，造成装置停车 8h，损失巨大。

（2）分析与判断　从故障现象看，GB-101 停车是由 PK-134 压力高造成的。但在正常的操作条件下，引起 PK-134 压力高的原因很多。

① 工艺原因。操作工误操作，人为造成 PK-134 压力过高，从而造成压缩机二段出口压力过高，联锁动作，压缩机 GB-101 停车。

② 由于调节阀 PV-109、FV-118 关闭，造成压缩机二段出口压力过高，联锁动作，压缩机 GB-101 停车。

造成调节阀 PV-109、FV-118 关闭有仪表原因、工艺原因和电气原因。工艺原因可能是人为地关闭调节阀。电气方面的原因，可能是 GB-101 运行接点动作，信号错误，使阀关闭。由于装置运行十余年，电气元件老化，有的接点接触不良，造成信号传输错误，调节阀关闭，压缩机停车。根据联锁图 6-2-62 我们可以分析，正常情况下（通电状态），常开接点 $Z_{23\text{-}23,24}$ 闭合，由于电气元件接触不良，$Z_{23\text{-}23,24}$ 断开，继电器 $X_{8\text{-}1}$ 失电，造成 9、5 接点断开，产生一个高电平，经过或非门 N4，产生一个低电平，造成 $Y_{8\text{-}5}$、$Y_{8\text{-}6}$ 失电，从而使 $Y_{8\text{-}5}$ 的 9、5 接点和 $Y_{8\text{-}6}$ 的 9、5 接点断开，调节阀 FCV-118、PCV-109 关闭，造成 PK-134 二段出口压力过高，联锁动作，装置停车。

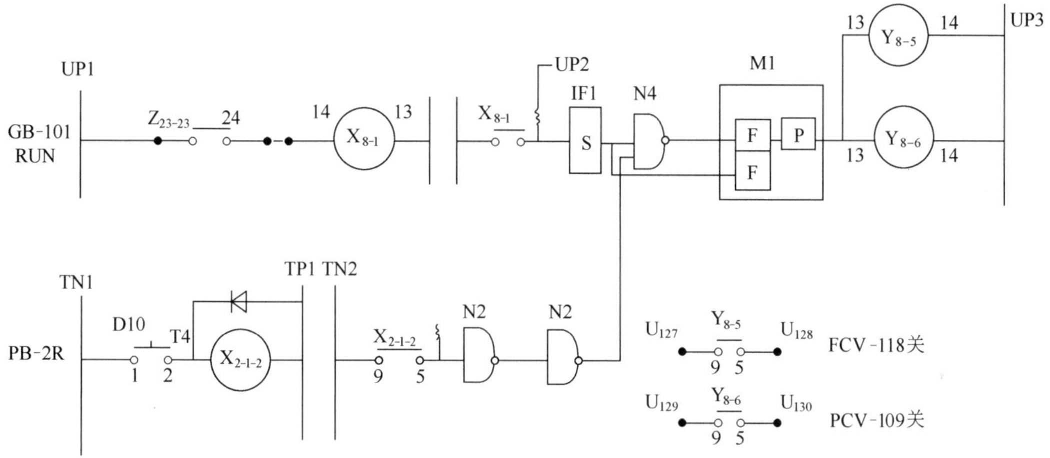

图 6-2-62　GB-101 信号联锁图

仪表原因如下所述。PV-109 系统故障，调节阀、阀门定位器坏，造成调节不起作用。另外由于仪表设备、元器件长期工作，造成仪表元器件接点接触不良，调节器失灵，电缆老化，信号传输不畅通，引起 PV-109 调节系统故障，从而导致调节阀 PV-109 关闭。FV-118 也因同样原因造成系统故障，导致 FV-118 关闭。另外一个主要原因是联锁误动作。该误动作将造成 PV-109、FV-118 关闭。联锁出现误动作，从联锁线路上可以看出，继电器、模块 N2、双稳态触发器等元件坏，均可造成联锁误动作。

根据故障现象，查看记录曲线，发现 FV-118、FV-119 同时从正常流量位置突然下降至零，说明这两流量没有了，PV-109、FV-118 同时关闭。经询问，工艺操作正常，排除工艺原因。电气方面也进行检查，无问题。从仪表方面进行查找。首先对 PV-109、FV-118 两调节系统进行了检查。因停车后，PV-109、FV-118 都处于联锁停车关闭状态。进行试验前须先解除联锁，解除联锁后，从室内调节器加信号对调节阀进行校验检查，未发现问题。对调节器调节作用进行试验，也无问题。通过检查、试验，可以排除由于仪表失灵造成停车的因素，很可能是联锁误动作造成的。对联锁系统进行检查，按下 PB-2R 复位按钮，无法复位，调节阀不能正常投用，说明线路有问题，检查继电器 $X_{2\text{-}1}$、X_8、Y_8 均无问题，检查 N4 逻辑块、双稳态触发器 M1，发现逻辑块 N4 坏，更换 N4，仪表投用正常。

防范措施：

① 联锁部分用可编程控制器代替；

② 更换有关继电器；

③ 将有关信号引至丁苯 DCS 系统进行实时监控，如再发生停车事故，可很清楚地知道原因，对彻底解决问题起重要作用。

2.8.7　尿素 4M12 压缩机油压联锁失灵

（1）故障现象　1999 年大修中，现场试验仪表联锁发现尿素 3# 4M12CO2 压缩机油压联锁不起作用，油压低于联锁值但压缩机仍继续运转，压缩机轴瓦温度急剧升高。

（2）分析与判断　由联锁原理图可以看出润滑油压力低、冷却水压力低、轴瓦温度高是造成联锁停车的必要条件，其因果关系如下：

条　　件	动　作　过　程	条　　件	动　作　过　程
润滑油压≤0.05MPa	联锁动作压缩机停车	轴瓦温度≥65℃	联锁动作压缩机停车
冷却水压≤0.05MPa	联锁动作压缩机停车		

就油压联锁不起作用而言，原因也有许多，可能是电接点压力表触点损坏，可能是中间继电器触点不动作，可能是电缆接线松动，也可能是电工方面的原因。这就需要进行具体的原因排查。

处理方法：

① 拨动电接点压力表设定指针，使设定与测量两指针触点重合，用万用表测量输出接线，结果电接点压力表触点接触良好；

② 用万用表检查仪表电缆及各接线端子，均未发现问题；

③ 送电检查油压中间继电器，发现联锁时触点不动作，簧片变形，银触点严重变黑；

④ 用尖嘴钳修整簧片，用细砂纸清除银触点上的黑色氧化物；

⑤ 送电联锁试验，油压联锁恢复正常，故障排除。

防范措施　为避免压缩机仪表联锁系统出现故障，应选用抗振动性强的铠装电阻体，避免普通电阻体因振动易断而引起的仪表联锁故障，严格继电器、电接点压力表以及温度记录仪等的产品质量，投用前进行抗振性试验及假负荷通电考核。

参　考　文　献

1　陆德民主编．石油化工自动控制设计手册．第二版．北京：化学工业出版社，1988

2　中华人民共和国化学工业部．设备维护检修规程．第四分册．仪器仪表部分．北京：化学工业出版社，1993

3　王森，朱炳兴．仪表工试题集．北京：化学工业出版社，1992

附　　录

附录1　中华人民共和国工人技术等级标准（摘选）

化工仪表维修工

一、工种定义

按照化工仪表维护检修规程，使用相应的标准计量器具、测试仪器及专用工具，对化工生产过程中使用的仪表、自动化装置及附属设备进行维护、检修。

二、主要职责任务

负责化工生产过程中在线运行的仪表、自动化装置及其附属设备和维修工用的仪器、仪表的维护保养、定期检修与故障处理，确保其正常运行；负责仪表及自动化装置更新、安装、调试、检定、开表、投运等工作。

三、适用范围

本标准适用于化工系统中专门从事化工仪表维修的工人。

四、技术等级线

分为初、中、高三个等级。

五、专业培训时间

二年。

初级化工仪表维修工

必　备　知　识

一、基础知识

1. 高中毕业。

2. 懂得电工、电子技术及常用金属和防腐材料的基本知识。

3. 机械制图的基本知识。

二、专业技术知识

4. 掌握计量的基本知识，包括计量分类、计量法及法定计量单位，量值传递等一般知识。

5. 掌握测量误差的各种表示方法，仪表精度等级的概念及其表示方法。

6. 懂得温度（包括温标）、压力、流量等化工参数的定义，初步掌握化工自动化方面的基本知识。

三、工具设备知识

7. 掌握标准计量器具其附属设备和使用工具的名称、型号、性能、作用和正确使用与维护保养方法。

四、安全防护知识

8. 掌握有关安全规章制度、安全生产法规、消防条例等有关规定。

9. 了解所管辖的化工装置对仪表的防腐、防爆要求。

五、管理知识

10. 了解班组的生产管理、设备管理的基本概念。

11. 熟知班组各项规章制度。

12. 熟知全面质量管理知识。

六、其他相关知识

13. 熟各所管辖范围内的工艺流程、生产特点、被测介质的性质以及仪表一次元件所采用的材质。

14. 了解电工、钳工、管工的相关知识。

技　能　要　求

一、专业作业能力

1. 在所管辖的专责区内能独立值班。

2. 对所管辖的仪表（包括一次元件）和自动化系统能正确使用、维护保养、调校、检定和一般检修，并能使其达到规定的技术指标。

3. 能正确调整各类二次仪表、变送器（传感器）的量程。

4. 能正确选用和安装常用仪表、变送器、一次元件及其附件。

5. 能正确填写各种检定记录，熟记本企业所规定的记录格式。

二、应变和事故处理能力

6. 能及时发现在线仪表运行中的异常现象，并能进行一般故障的排除。

7. 在仪表能源中断等突发性外部原因引起的生产异常时，能对各类仪表、联锁和调节系统进行妥善的应急处理。

8. 能根据安全规程正确使用消防、防毒器材，能掌握急救防护方法。

三、仪表设备使用维修能力

9. 能正确使用和维护保养常用的校验仪器、设备、工具及其附属设备。

10. 能对常用的标准仪表、仪器正确使用和维护保养。

11. 能正确进行电压、电流、电阻等参数的测量，元、器件的焊接，仪表机械零部件的拆装、清洗和更换。

12. 能正确使用和维护保养电工、钳工、管工常用工、器具。

四、计算能力

13. 在对仪表、计量器具调校时，进行精度与误差的计算。

14. 能对流量计进行差压与流量的换算；对热电阻、热电偶进行电阻、电势与温度的换算；以及电动、气动仪表校验数据的相互换算。

15. 正确掌握法定计量单位的相互换算。

五、识图、制图能力

16. 能看懂带控制点的工艺流程图、仪表的供电、供气示意图。

17. 能看懂主要原理结构简图。

18. 能看懂一般电路图。

六、管理能力

19. 能对仪表维修使用的元、器件、材料进行经济估算。

20. 具备使用全面质量管理有关图表的能力。

七、其他相关能力

21. 能正确领会和阐述所管辖的仪表、自动化装置的开表、投运等过程。

22. 掌握钳工、管工的一般技能。

23. 具有流畅的语言、文字表达能力。

中级化工仪表维修工

必 备 知 识

一、基础知识

1. 掌握与本工种相关的基础数学知识，包括函数、极限、微积分和逻辑代数。

2. 掌握与本工种相关的机械知识，包括齿轮传动、链传动、挠性传动、连杆机构、间歇传动机构和凸轮机构等基本知识。

3. 掌握电工和电子技术的基本知识。

4. 掌握常用化工仪表的基本原理及其具体应用。

5. 掌握化工过程诸参数的测量原理及有关计算方法。

6. 了解简单化工过程原理及设备的结构原理。

7. 了解自动调节系统的基本组成，各环节的作用、特性及其对调节品质的影响。

二、专业技术知识

8. 熟练掌握所管辖范围内在线仪表的名称、型号、工作原理、安装要求和维护保养的正确方法。

9. 掌握化工仪表维护检修规程及各类岗位操作法。

10. 掌握在线调节器的参数整定方法。

三、工具设备知识

11. 熟练掌握标准计量器具及其附属设备，熟知使用工具的名称、型号、性能和作用，能正确使用与维修保养。

四、安全防护知识

12. 明确所管辖的计量仪表、自动化系统可能发生的事故性质、危害程度及预防措施。

13. 熟知本工种配备的防火设施和防护用品的性能及使用方法。

14. 熟知本企业各种有害物料在生产过程所引起的伤害及其防治方法。

15. 熟知在工作中触电、中毒和介质灼伤的一般急救处理方法。

五、管理知识

16. 掌握计量法的基本内容，量值传递的过程以及仪表检定的各项要求。

17. 较熟练地掌握全面质量管理的基本内容和方法，能够应用因果图、排列图等解决仪表管理中的实际问题。

六、其他相关知识

18. 掌握钳工工艺、管工工艺的基本知识。

19. 了解焊接工艺的一般基本知识。

技 能 要 求

一、专业作业

1. 能按化工仪表维护检修规程对所管辖的各类仪表进行全面的维护检修。

2. 对所管辖的自动化系统进行整定、投运操作，并能完成大中修、日常检修工作。

3. 在仪表的单校和联动试验中，能进行正确调整，使其达到各项技术指标。

4. 能承担仪表的开箱、验收、安装和调试工作。

二、应变和事故处理能力

5. 能配合工艺操作人员，根据仪表运行情况正确处理生产中存在原问题。

6. 在各种复杂情况下能及时发现、判断和熟练处理在线仪表和自动化系统的异常现象和故障，能分析原因并及时排除故障。

7. 生产中关键仪表发生故障时，能采取临时应急措施，以保证生产的正常运行。

8. 熟悉各种安全规定，并能根据实际情况制定和实施工作中的安全措施。

三、仪表设备使用维修能力

9. 掌握各种常用检验仪器的构造、性能、使用规则和检修、维护保养的方法。

10. 能对示波器、TTL电路、集成电路测试仪以及其他电子仪表测试仪正确使用、掌握维护保养方法。

11. 能修理仪表维修、安装用的各种常用工、器具。

四、计算能力

12. 能对电子电路中的分列元器件进行计算和选用。

13. 具备对调节阀流通能力的估算能力。

14. 具备对调节器参数的经验整定能力。

五、识图、制图能力

15. 能绘制带控制点的工艺流程图和仪表设备示意图。

16. 能看懂仪表、自动化系统的施工图。

17. 能看懂较复杂的电工、电子的电路图。

18. 能绘制仪表的简单加工件草图。

六、管理能力

19. 能运用全面质量管理方法，对本岗位存在的问题，制定出改进措施，并组织实施。

20. 能在检修和施工安装时，进行估工、估料。

七、其他相关能力

21. 能对仪表、自动化系统和其他自控装置提出改进建议，总结和推广先进经验。

22. 熟练掌握初级钳工、管工和电工的技能要求。

高级化工仪表维修工

必 备 知 识

一、基础知识

1. 具有本工种相关的高中以上的热学、力学、电学、光学、化学分析等方面的基本知识。

2. 具有本工种相关的较高的数学知识，包括线性代数、拉氏变换和模糊数学等方面的基本知识。

3. 具有中等专业学校的自动化仪表专业的理论知识。

4. 具有化工工艺、化工原理的基本理论知识。

5. 具有自动调节原理和化工自动化方面的基本理论知识。

6. 了解测量、误差的基本理论。

7. 熟练掌握化工仪表维护检修规程。

二、专业技术知识

8. 熟练掌握复杂仪表、高精度仪表、新型仪表、智能仪表的种类、名称、型号、构造、工作原理及正确使用方法和维护保养的方法。

9. 全面掌握化工单元的自动控制系统的工作过程。

10. 掌握工艺生产的特点，工艺对仪表、自动控制提出的要求。

三、工具设备知识

11. 全面熟练掌握各种复杂的标准计量器具和先进的校验设备及其附属设备、使用工具的名称、型号、性能、作用和正确使用与维护保养知识。

四、安全防护知识

12. 掌握计量仪表、自动化系统可能发生的事故性质、危害程度及预防方法。

13. 熟练掌握本工种所配备的各种安全设施和防护用品的性能及使用方法。

五、管理知识

14. 具有仪表技术管理的基本知识。

15. 具有计量管理的全面知识。

六、其他相关知识

16. 具有初级焊工的工艺知识。

17. 具有电工中级工的专业技术知识。

18. 具有接受仪表、自动化专业范围内的新设备、新理论的基础知识。

技 能 要 求

一、专业作业能力

1. 熟练掌握各种复杂的、高精度的、先进的仪表和调节器的维护检修、试验调整和检定。

2. 能对仪表及自动化系统进行施工准备和安装调试工作。

3. 能根据智能仪表使用说明书的规定进行编程和检修。

4. 能对集散控制系统进行大、中修作业。

二、应变和事故处理能力

5. 能根据被调参数的记录曲线在线改变调节系统的各种参数，以提高系统的调节品质。

6. 熟练处理整定智能仪表和集散控制系统的各种参数，能正确判断运行中发生的异常情况，并进行处理。

7. 能解决各类仪表、自动化系统运行中的疑难问题，并提出改进意见。

8. 根据生产中的问题，能提出解决仪表、自动化方面的技术改革方案。

9. 能独立处理在线仪表的复杂故障。

三、仪表设备使用维修能力

10. 熟练掌握各种复杂的标准计量器具和先进的校验设备的使用方法、性能、结构和维护检修方法。

四、计算能力

11. 掌握节流装置、调节阀的计算方法。

12. 掌握流量测量的温度、压力的补偿计算。

13. 掌握调节器参数的工程整定方法，并根据被调参数的记录曲线改善调节品质。

14. 能进行电子电路元器件的代换计算，小型变压器的计算和一般稳压电路的设计。

五、识图、制图能力

15. 能绘制仪表设备示意图、安装接线图。

16. 能熟练地看懂仪表、自动化的施工图。

17. 能看懂工艺管道、桥架、脉冲管线和电气线保护管设备的空视图。

六、管理能力

18. 能将全面质量管理、目标管理和网络技术等现代化管理手段运用于各项管理工作中。

19. 能组织实施各项管理工作和生产任务。

七、其他相关能力

20. 能提出检修和安装工作中的技术措施和安全措施。

21. 能以仪表自动化专业为基础，向其他工种（如工艺、设备等）提出改进办法；能分析综合性事故的原因，提出改进办法和措施。

化工分析仪器维修工

一、工种定义

按照化工仪表维护检修规程对化工生产企业中试验室、分析化验室及分析岗位的分析仪器（色谱、质谱、电镜、X 光等）进行维护检修，以保证其正常使用。

二、主要职责任务

负责化工生产企业中，用于原料和产成品分析、中间控制分析、环保检测、科研开发等分析仪器的安装、调试、投运和使用中的正常维护保养、故障处理和定期维护检修，以及与本工种有关人员的协调工作等。

三、适用范围

本标准适用于化工系统从事分析仪器及附属设备维护、检修作业的工人。

四、技术等级线

本工种为初、中、高三个技术等级。

五、专业培训时间

二年。

初级化工分析仪器维修工

必 备 知 识

一、基础知识

1. 高中毕业。

2. 懂得电工和电子技术基础的基本知识。

3. 了解分析仪器的分类、简单工作原理和常用术语的念义。

二、专业技术知识

4. 了解本岗位分析专业的基本知识。

5. 了解本岗位分析仪器及附属设备的名称、规格、型号、结构、性能、工作原理、主要技术指标和操作条件。

6. 了解常用元部件的简单工作原理（如各种晶体管器件、充电器、继电器、分析器常用电极、仪器用气路部件、机械传动部件等）。

7. 掌握仪器仪表的一般维修知识。

8. 掌握本岗位分析仪器的操作规程和维护检修规程。

9. 了解同类型在线分析仪表的组成及工作原理。

三、工具设备知识

10. 了解常用工具、设备、测试仪器、标准仪器等的名称、规格、性能及使用保养知识。

四、安全防护知识

11. 掌握有关的安全规章制度、安全生产法规、消防条例等。

12. 了解对本岗位分析仪器可能发生的事故原因和防范知识。

五、管理知识

13. 了解全面质量管理内容，熟知本岗位基础管理的要求。

技 能 要 求

一、专业作业能力

1. 能按规定完成本岗位的定期检查、维护和检修任务。

2. 能按调校要求对本岗位检修后的分析仪器进行检验和调整，并能按照说明书简单的分析仪器进行安装和调试。

3. 能正确开、停和操作本岗位的分析仪器。

4. 能正确进行电压、电流、电阻等的测量；元器件焊接；零部件拆装清洗更换；小机械零件修配和粘补等。

二、应变和事故处理能力

5. 能及时发现本岗位分析仪器的各种异常现象，并能进行一般故障处理。

6. 能正确使用安全、消防、急救器材。

三、设备及仪表使用维修能力

7. 能正确使用和维护常用工具及测试仪器、标准仪器等。

四、计算能力

8. 按测得数据计算有关分析器的技术指标。

9. 能进行直流电路的各种计算。

10. 掌握法定计量单位和其他有关单位的换算。

11. 能对本岗位维修使用的元部件、材料等进行经济估算。

五、识图制图能力

12. 能看懂简单的电路图、接线图和装配、结构图。

13. 能绘出本岗位分析仪器工作原理的方框图。

14. 制简单的零件草图。

六、管理能力

15. 具备使用全面质量管理有关图表的能力。

16. 能正确填写有关基础管理表格、记录等。

七、其他相关能力

17. 能按规定提出本岗位备品备件及材料计划。

中级化工分析仪器维修工

必 备 知 识

一、基础知识

1. 掌握分析化学的基础知识。

2. 了解有关数据取舍、数据近似取值的原则、误差计算等基本知识。

3. 熟练掌握电工和电子技术基础的基本理论。

4. 掌握仪器分析的有关基础理论。

二、专业技术知识

5. 掌握本工种仪器中各种部件的工作原理。

6. 掌握电化学、分光、色谱等分析仪器及附属设备的名称、结构、工作原理、技术指标和适用范围。

7. 掌握电化学、分光、色谱分析仪器的一般操作知识。

8. 了解在线分析仪表种类、结构、工作原理及安装和使用特点。

9. 了解一般的机械及加工知识。

三、工具设备知识

10. 熟练掌握常用工具、设备、测试仪器、标准仪器等的性能，使用方法和适用条件等知识。

四、安全防护知识

11. 了解多岗位分析仪器可能发生的事故的原因和防范知识。

五、管理知识

12. 掌握全面质量管理的基本内容，了解本单位技术管理的内容及要求。

技 能 要 求

一、专业作业能力

1. 能按维护检修规程完成多岗位、多类型分析仪器的日常检查、维护、检修和调整。

2. 能正确开、停和操作多岗位、多类型的分析仪器。

3. 能承担分析仪器的开箱验收和安装、调试、投运工作。

4. 能独立进行较复杂的维修作业，并能指导初级工完成各项工作。

5. 能提出本职范围内的中、小修检修项目，提出相应的措施、组织并参与完成检修和验收。

6. 能提出改进建议，能总结和推广先进经验。

二、应变和事故处理能力

7. 能发现、判断和正确处理多岗位、多类型分析仪器的异常现象、原因及处理方法。

8. 能完成多岗位、多类型分析仪器的故障处理，并能对常见故障采取预防措施。并能写出事故报告。

三、设备及仪表使用维护能力

9. 会使用较复杂的测试仪器、设备、标准仪器等；能测试电子元器件的主要参数等。

四、计算能力

10. 能进行一般电路和元器件代换的计算（如小型变压器设计，稳压电路设计等）。

五、识图制图能力

11. 看懂一般分析仪器的电路图，能正确修正错误或提出改进意见。

12. 能测绘简单电路或局部电路的接线图，并能整理成原理图。

六、管理能力

13. 能根据全面质量管理的原则，收集和分析管理数据，形成简单成果。

14. 能配合高级工参与本单位的技术管理。

高级化工分析仪器维修工

必 备 知 识

一、基础知识

1. 中专水平的数学、物理、化学知识。

2. 了解智能型分析仪器的有关知识。

3. 较全面掌握仪器分析的基础理论知识。

二、专业技术知识

4. 较全面掌握本工种各种分析仪器及附属设备的名称、规格、性能、工作原理、主要技术指标和适用范围。

5. 了解各种分析仪器主要技术指标的检查方法。

6. 了解分析仪器在新技术、新元件、新方法方面的进展。

7. 了解分析仪器产品与维修技术的动态。

8. 了解微处理器的工作原理及使用知识。

9. 掌握较复杂分析仪器的安装、调试、投运验收知识。

10. 较全面掌握本工种各分析仪器的常见故障、现象、原因及处理方法。

三、工具设备知识

11. 较精密或较大型测试仪器的调整和使用知识。

四、安全防护知识

12. 了解紫外线、X射线及其他放射线、有毒气体等对人身安全的危害及预防知识。

五、管理知识

13. 熟悉本单位基础管理和技术管理的内容及要求。

技 能 要 求

一、专业作业能力

1. 能及时发现和判断本工种分析仪器存在的各种异常现象和隐患，指导仪器正常使用。

2. 具有较丰富经验，能组织对本工种分析仪器进行检查，调整或检修。

3. 能承担或指导较复杂分析仪器的开箱验收、安装调试及投运工作。

4. 具备一定经验和技巧，能承担分析仪器中较复杂的精密部件的拆装修复工作。

5. 能提出本工种分析仪器检修计划、制订措施。并能组织实施和验收。

6. 能操作和处理本岗位微处理器的有关问题。

7. 能操作和处理本岗位微机控制分析仪器的有关问题。

二、应变和事故处理能力

8. 能判断和处理本工种分析仪器较复杂或较疑难的故障。

9. 能采取措施防止紫外线、X射线伤害，防止放射性污染和有毒气体损害。

三、设备及仪表使用维护能力

10. 能识别进口设备、工具、材料、零部件的铭牌、警告、面板文字或简单说明等内容。

11. 具有扩展现有测试仪器、设备等的能力。

四、计算能力

12. 能对局部电路进行电路计算。

五、识图制图能力

13. 能看懂较复杂分析仪器的电路图和接线图。

14. 能测绘一般电路并能整理成原理图。

15. 能测绘简单的机械零件图。

六、管理能力

16. 能参与制订仪器操作规程等技术文件。

17. 能参与制订维修安全规章制度，并能采取安全措施。

18. 能把全面质量管理的先进科学手段应用于本职工作。

七、其他相关能力

19. 能带教好初、中级工，具备考核初、中级工的能力。

20. 能配合做好计量管理工作。

附录2　技能鉴定规范（摘选）

化工仪表维修工

化工仪表维修工（初级）

一、鉴定要求

1. 适用对象

适用于化工生产系统中专门从事化工仪表维修的人员。

2. 申报条件

(1) 文化程度：高中毕业（含技校）。

(2) 现有技术等级证书级别：学徒期满。

(3) 本工种工作年限：三年。

(4) 身体状况：健康。

3. 考生与考评员比例

(1) 知识：15∶1

(2) 技能：1∶3

4. 鉴定方式和时间

(1) 知识：闭卷、笔试，限时90min。满分100分，60分及格。

(2) 技能：答辩和操作，按照考核题目及鉴定方式确定考核时间。满分100分，60分及格。

二、鉴定内容

1. 知识要求

项　目	鉴定范围	鉴　定　内　容	鉴定比重 %
基本知识	1. 识图知识	① 常用电气，电子基本元器件的图形符号及画法； ② 识读常用电子线路图，接线图； ③ 识读简单的工艺流程图	5
	2. 电工基础知识	① 电路的基本概念，如电流、电阻、电压、电动势、电位、电位差、电感、电容等； ② 欧姆定律及基尔霍夫定律； ③ 串、并联电路，电位计算； ④ 交流电的基本概念，正弦交流电的瞬时值、最大值、有效值的概念及换算； ⑤ 变压器的基本构造及其原理	10
	3. 电子基础知识	① 常用晶体二极管、稳压管、三极管、场效应管等元器件主要参数及工作原理； ② 整流、滤波、稳压电路的组成及原理； ③ 单管放大器的估算； ④ 简单的门电路（与、或、非、与非、或非）表达方法，工作原理	10
	4. 安全防护知识	① 化工对仪表的防腐、防爆的基本知识； ② 与本专业有关的安全规章制度，安全法及消防条例等知识	5

续表

项　目	鉴定范围	鉴　定　内　容	鉴定比重 %
专业知识	1. 工具设备知识	① 常用电工测量仪表的名称规格及用途，如电压表、电流表、万用表等； ② 常用工具名称、规格及用途，如试电笔、旋具、钢丝钳、电烙铁、电工刀等	5
	2. 化工测量仪表知识	① 测量误差及测量仪表等级精度； ② 测量仪表的分类及构成； ③ 压力测量、流量测量的基本知识； ④ 弹簧管式压力计的构造及原理； ⑤ 热电阻、热电偶温度计的组成及原理	20
	3. 化工自动化知识	① 自动控制系统的组成、特点及分类； ② 比例、积分、微分控制器控制规律定义及作用； ③ 简单控制系统	20
	4. 单元组合仪表知识	① 单元组合仪表分类及组成； ② 气动及电动仪表的优缺点； ③ 变送单元的结构及其工作原理，如气动差变、电动差变等； ④ DDZ-Ⅲ仪表系统连接方块图特点	20
相关知识	1. 化工知识	① 专人责任区内的化工工艺流程； ② 介质特性及主要控制指标(专责区内)	3
	2. 机械设备知识	① 管工初级工知识； ② 与仪表关联的主要设备材质构造、用途	2

2. 技能要求

项　目	鉴定范围	鉴　定　内　容	鉴定比重 %
操作技能	1. 基本操作能力	① 会调校差变、温变、记录仪、指示仪等一、二次仪表； ② 能正确表达在线自动控制装置的开表、投运程序； ③ 会正确选用与安装一次仪表变送器及其附件； ④ 能对一、二次仪表零部件拆装、清洗、维护及检修	55
	2. 检查处理能力	① 能及时发现和排除在线测量仪表运行中异常现象和简单故障； ② 能根据安全技术规程正确使用消防、防毒器材，如灭火器、防毒面具等	10
工具设备的使用与维护	1. 工具的使用与维护能力	正确使用常用工具并做好维护保养工作	5
	2. 仪器仪表的使用与维护能力	正确使用电工测量仪表如电压表、电流表、万用表等，并做好维护保养工作	5
其他能力	1. 计算能力	① 在调校仪表时，能正确进行误差与精度的计算； ② 流量与差压的换算，热电偶、热电阻与不同温度的热电势、热电阻的换算； ③ 气动信号与电动信号的相互换算； ④ 法定计量单位与非法定单位的换算	10
	2. 识图能力	① 能看懂带控制点的工艺流程图； ② 能看懂仪表供电、供气示意图和一般电路图	10
	3. 相关能力	会钳工、管工的基本操作技能	5

化工仪表维修工（中级）

一、鉴定要求

1. 适用对象

适用于化工生产系统中，专门从事化工仪表维修的人员。

2. 申报条件

(1) 文化程度：高中毕业（含技校）。

(2) 现有技术等级证书级别：初级工技术等级证书，持证三年。

(3) 本工种工作年限：五年。

(4) 身体状况：健康。

3. 考生与考评员比例

(1) 知识：15∶1

(2) 技能：1∶3

4. 鉴定方式和时间

(1) 知识：闭卷、笔试，限时 90min。满分 100 分，60 分及格。

(2) 技能：答辩和操作，按照考核题目及鉴定方式确定考核时间。满分 100 分，60 分及格。

二、鉴定内容

1. 知识要求

项　目	鉴定范围	鉴　定　内　容	鉴定比重 %
基本知识	1. 电路基础知识	① 戴维南定理及其应用； ② 电压源和电流源的等效变换； ③ 正弦交流电路的分析及表示方法如解析法、图形法、矢量法等； ④ 三相交流电路的基本知识	10
	2. 电子基础知识	① 交直流放大电路的组成及工作原理； ② 正弦振荡电路组成及工作原理； ③ 晶体管直流稳压电源； ④ 集成运放电路的基础知识	15
	3. 安全防护知识	① 本工种配备的防火设施和防护用品的性能及用途； ② 计量仪表、自动化装置可能发生的事故性质及危害	5
专业知识	1. 工具设备知识	① 专用工具名称、规格及用途，如喷灯、射钉器、电锤等； ② 常用标准检验仪器的名称、规格、用途，如活塞式压力计、电位差计、直流电桥等	5
	2. 化工测量仪表知识	① 浮筒式液位计构造及工作原理； ② 容积法测流量； ③ 电子平衡电桥与电位差计； ④ 过程分析器的分类、特点	20
	3. 化工自动化知识	① 对象特性及其对控制质量的影响； ② 调节阀流量特性的选择； ③ 复杂控制系统	20
	4. 电动控制仪表知识	① DDZ-Ⅲ仪表特点，系统构成； ② DTL-3110 控制器组成及原理； ③ 运算单元如开方器的工作原理	20

续表

项　目	鉴定范围	鉴　定　内　容	鉴定比重 %
相关知识	1. 化工工艺知识	① 液体传动基础知识； ② 传热及换热知识； ③ 精馏与蒸馏知识	3
	2. 管理知识	① 与计量有关的管理知识； ② 质量管理的基础知识	2

2. 技能要求

项　目	鉴定范围	鉴　定　内　容	鉴定比重 %
操作技能	1. 基本操作能力	① 能按化工仪表维护检修规程对常用仪表进行全面维护和检修； ② 能对在线仪表自动化系统参数整定、投运及操作； ③ 能正确调整在线仪表单校、联动试验中的各项技术指标； ④ 能承担仪表的开箱、验收、安装与调试工作	55
	2. 检查处理能力	① 根据仪表运行，能配合工艺操作人员正确处理在生产中存在的问题； ② 能及时发现判断和处理在线仪表与自动化系统的异常现象及故障； ③ 当生产中关键仪表产生故障时，能采取应急措施，保证生产正常	10
工具设备的使用与维护	1. 工具的使用与维护能力	正确使用常用的校验工具，并做好维护保养工作	5
	2. 仪器，仪表的使用与维护能力	正确使用电桥、电子电位差计及示波器等测试仪表及其维护保养工作	5
其他能力	1. 计算能力	① 能对电子电路中分类元器件参数进行估算及选用； ② 能对气动调节阀流通能力的估算	10
	2. 识图，制图能力	① 能看懂比较复杂的电工，电子电路图； ② 能绘制带控制点的工艺流程图； ③ 能绘制仪表零部件的简单加工图及仪表设备示意图	10
	3. 相关能力	掌握初级电工基本技能要求	5

化工仪表维修工（高级）

一、鉴定要求

1. 适用对象

适用于化工生产系统中，专门从事化工仪表维修的人员。

2. 申报条件

（1）文化程度：高中毕业（含技校）。

（2）现有技术等级证书级别：中级工技术等级证书，持证三年。

（3）本工种工作年限：七年。

（4）身体状况：健康。

3. 考生与考评员比例

（1）知识：15∶1

（2）技能：1∶3

4. 鉴定方式和时间

(1) 知识：闭卷、笔试，限时 120min。满分 100 分，60 分及格。

(2) 技能：答辩和操作，按照考核题目及鉴定方式确定考核时间。满分 100 分，60 分及格。

二、鉴定内容

1. 知识要求

项　目	鉴定范围	鉴　定　内　容	鉴定比重 %
基本知识	1. 电子技术基础知识	① 数-模转换、模-数转换原理； ② 集成运放同相、反相输入，虚地和输入阻抗，放大倍数等基本概念； ③ 触发电路，如触发器、3～8 译码器、计数器的基本原理； ④ 计算机组成及各部分作用	20
	2. 安全防护知识	触电、中毒和介质灼伤等一般急救处理	5
专业知识	1. 工具设备知识	① 常用标准计量器具的名称、规格及用途如示波器、集成电路测试仪等； ② 各种先进校验设备及其附属设备使用工具的名称、型号和用途	5
	2. 化工测量仪表知识	① 涡轮流量计的构造、原理； ② 电子电位差计构造、原理及组成； ③ 过程分析器(在线)组成原理和热导，磁氧红外线等分析器	25
	3. 化工自动化知识	① 均匀、比值控制系统； ② 前馈补偿控制系统； ③ 分程控制系统； ④ 化工单元控制典型方案	25
	4. 计算机控制知识	① DCS 系统基础； ② 单回路数字系统基础	10
相关知识	1. 相关工种工艺知识	具有钳工、电工的基本知识	5
	2. 管理知识	① 仪表技术管理知识； ② 计量管理的一般知识	5

2. 技能要求

项　目	鉴定范围	鉴　定　内　容	鉴定比重 %
操作技能	1. 基本操作能力	① 能对各种复杂的高精度仪表进行维护检修、试验调整和检定； ② 能对仪表的自动化系统进行施工准备及安装调试； ③ 能根据被控参数的记录曲线在线改变控制器参数； ④ 能根据智能仪表使用说明书的规程进行编程； ⑤ 具备对本工种初、中级仪表维修工的培训能力	45
	2. 检查处理能力	① 能解决各类仪表、自动化系统中的疑难问题并提出改进意见； ② 能提出检修与安装工作中的技术措施和安全措施	10
工具设备的使用与维护	1. 工具使用和维护能力	能正确使用较为复杂的标准计量器具及维护保养	10
	2. 仪器仪表使用与维护能力	正确使用 DDZ-Ⅲ型测试仪及较为复杂的其他电子测试仪，并能维护保养	10

续表

项目	鉴定范围	鉴定内容	鉴定比重 %
其他能力	1. 计算能力	① 能对流量测量的温度压力补偿计算； ② 节流装置的计算步骤； ③ 调节阀的计算	10
	2. 识图制图能力	① 能看懂仪表，自动化施工图； ② 能绘制仪表设备示意图，安装接线图	10
	3. 管理能力	① 会对仪表维修使用的元器件及材料进行经济核算； ② 能运用质量管理知识解决仪表管理的实际问题	5

化工分析仪器维修工

化工分析仪器维修工（初级）

一、鉴定要求

1. 适用对象

适用于化工企业中从事分析仪器及附属设备维护、检修作业的人员。

2. 申报条件

(1) 文化程度：初中毕业。

(2) 现有技术等级证书级别：学徒期满。

(3) 本工种工作年限：三年。

(4) 身体状况：健康。

3. 考生与考评员比例

(1) 知识：15∶1

(2) 技能：1∶3

4. 鉴定方式和时间

(1) 知识：闭卷、笔试，限时 90min。满分 100 分，60 分及格。

(2) 技能：答辩、模拟操作，按照考核题目及鉴定方式确定考核时间。满分 100 分，60 分及格。

二、鉴定内容

1. 知识要求

项目	鉴定范围	鉴定内容	鉴定比重 %
基本知识	1. 识图知识	① 电路图的种类，简单电路图的识读； ② 识读简单电子线路图和接线图	5
	2. 电工基础知识	① 电路的基本概念，如电流、电位、电压、电动势、电阻、电容、电感等； ② 欧姆定律和基尔霍夫定律； ③ 串、并联电路，电位分析与计算； ④ 正弦交流电的三要素，正弦交流电的瞬时值、最大值、有效值、平均值的概念及换算	10
	3. 电子基础知识	① 常用元器件（电子管、晶体管、可控硅、热电偶、热电阻等）的主要参数、特性及工作原理； ② 整流、滤波、稳压电路的概念及实现方法； ③ 单级放大电路的分析与计算； ④ 常用门电路（与、或、非、与非、或非）的工作原理	10

续表

项目	鉴定范围	鉴定内容	鉴定比重 %
基本知识	4. 安全防护知识	① 预防触电及触电急救知识； ② 本专业常用灭火器材的使用知识	5
专业知识	1. 工具设备知识	① 常用检修工具的名称、规格及使用方法； ② 常用测试检修仪器的名称、规格及使用(万用表、兆欧表、电子管毫伏表、直流电位差计等)	10
	2. 分析仪器的主要技术性能指标及常用术语	① 灵敏度、稳定性、线性、精度、响应时间； ② 气相色谱仪、工业色谱仪、零点漂移、色谱检测器、色谱柱、载气、色谱图、色谱峰、柱老化、基线、峰高、噪声、漂移、保留时间、暗电流、光电效应、钠差、电极极化	15
	3. 常用实验室分析仪器的基本组成和简单工作原理	① 电导仪； ② 酸度计； ③ 极谱仪； ④ 分光光度计； ⑤ 气相色谱仪； ⑥ 液相色谱仪； ⑦ 黏度计	20
	4. 常用在线分析仪器的基本组成和简单工作原理	① 热导式分析器； ② 工业酸度计； ③ 工业电导仪； ④ 红外线气体分析器； ⑤ 氧化锆式氧分析器； ⑥ 工业色谱仪	20
相关知识	1. 钳工有关知识 2. 分析工有关知识	① 千分尺和游标卡尺的使用； ② 常用清洁剂和游标卡尺的使用	5

2. 技能要求

项目	鉴定范围	鉴定内容	鉴定比重 %
操作技能	1. 基本操作技能	① 用万用表进行半导体器件(晶体管、可控硅)、阻容元件的检查； ② 电流、电压、电阻的正确测量； ③ 按图组装简单的电子线路； ④ 简单分析仪器及其附属设备的开、停车； ⑤ 对常用分析仪器的维护、保养	30
	2. 检查处理能力	常用分析仪器简单故障的判断与处理	35
工具设备的使用与维护	1. 工具的使用	正确使用焊接工具及材料进行实物焊接	5
	2. 测试仪器的使用与保养	正确使用和保养常用检修测试仪器(万用表、兆欧表、电子管毫伏表、电位差计等)	5
其他能力	1. 识图制图能力	能看懂分析仪器的原理框图及简单电路的电原理图	10
	2. 计算能力	简单直流电路的计算	10
	3. 相关能力	利用游标卡尺和千分尺进行实物测量	5

化工分析仪器维修工（中级）

一、鉴定要求

1. 适用对象

适用于化工企业中，从事分析仪器及其附属设备维护、检修作业的人员。

2. 申报条件

（1）文化程度：初中毕业。

（2）现有技术等级证书级别：初级工技术等级证书，持证三年。

（3）本工种工作年限：五年。

（4）身体状况：健康。

3. 考生与考评员比例

（1）知识：15∶1

（2）技能：1∶3

4. 鉴定方式和时间

（1）知识：闭卷、笔试，限时120min。满分100分，60分及格。

（2）技能：答辩和模拟操作、按照考核题目及鉴定方式确定考核时间。满分100分，60分及格。

二、鉴定内容

1. 知识要求

项　目	鉴定范围	鉴　定　内　容	鉴定比重 %
基本知识	1. 识图知识	识读常用分析仪器（酸度计、电导仪、分光光度计、气相色谱仪、液相色谱仪）及其附属设备的单元电路图	5
	2. 电路基础知识	① 用回路电流法、节点电压法、戴维南定理求解较复杂电路图； ② 电压源和电流源的概念及等效变换原理； ③ 三相交流电路的基本知识（线、相电压、线、相电流之间的关系）	10
	3. 电子基础知识	① 晶体管直流稳压电源的构成及工作原理； ② 交、直流放大电路的工作原理； ③ 交、直流电桥的工作原理； ④ 振荡电路、触发电路的工作原理； ⑤ 逻辑电路的基础知识； ⑥ 集成运算放大器的基础知识	10
	4. 安全防护知识	① 分光光度计、光谱仪光源检修防护知识； ② 气相色谱仪检修防护知识	5
专业知识	1. 工具设备知识	常用测试检修仪器的名称、规格、使用方法及注意事项（频率计、示波器、晶体管特性图示仪等）	5
	2. 可控硅及其应用知识	① 可控硅的主要参数、特性及工作原理； ② 可控硅调压的工作原理； ③ 可控硅触发信号发生电路的分类及工作原理	15
	3. 分析仪器常用部件的特性及作用	① 平面镜、凸凹镜、棱镜、光栅、滤光片、光电池、光电管、光电倍增管； ② 继电器、电磁阀、针形阀稳压阀、稳流阀	5
	4. 常用实验室分析仪器及其附属设备的工作原理、一般故障分析及仪器的基本操作	① 酸度计； ② 电导仪； ③ 分光光度计； ④ 气相色谱仪； ⑤ 液相色谱仪	30

续表

项　目	鉴定范围	鉴　定　内　容	鉴定比重 %
专业知识	5. 实验室分析仪器与在线分析仪器的主要差别	① 精度； ② 可靠性； ③ 进样及防腐、防爆要求	5
相关知识	1. 机械知识	① 机械装配与修理的有关知识； ② 机械识图有关知识	5
	2. 管理知识	① 工具、设备、仪器、仪表管理知识； ② 班组管理	5

2. 技能要求

项　目	鉴定范围	鉴　定　内　容	鉴定比重 %
操作技能	1. 基本操作能力	① 分析仪器常用部件（气相色谱仪用微电机、热导及氢焰检测器等）的拆装与清洗； ② XWC 电子电位差计校验； ③ 常用分析仪器的基本操作	30
	2. 检查处理能力	① 能正确判断故障产生的大致范围，区别是操作问题还是仪器本身问题； ② 能排除常用分析仪器出现的一般故障	35
工具、设备的使用与维护能力	工具、设备的使用与维护能力	① 能正确使用晶体管图示仪频率计和示波器，对晶体管器件和电子线路进行测试； ② 掌握上述仪器的保养知识	10
其他能力	1. 识图能力	① 分析仪器常用电路原理分析； ② 能绘制常用分析仪器原理框图	10
	2. 计算能力	① 复杂直流电路的计算； ② 热电偶、热电阻、电势、与温度之间的换算	10
	3. 管理能力	① 工具、设备、仪器、仪表的管理； ② 班组管理、安全管理	5

化工分析仪器维修工（高级）

一、鉴定要求

1. 适用对象

化工企业中，从事分析仪器及其附属设备维护、检修作业的人员。

2. 申报条件

（1）文化程度：高中毕业（含技校）。

（2）现有技术等级证书级别：中级工技术等级证书，持证三年。

（3）本工种工作年限：七年。

（4）身体状况：健康。

3. 考生与考评员比例

（1）知识：15∶1

（2）技能：1∶3

4. 鉴定方式和时间

（1）知识：闭卷、笔试，限时 120min。满分 100 分，60 分及格。

（2）技能：答辩、模拟操作，按照考核题目及鉴定方式确定考核时间。满分 100 分，60 分及格。

二、鉴定内容

1. 知识要求

项　目	鉴定范围	鉴　定　内　容	鉴定比重 %
基本知识	1. 识图知识	① 识读常用分析仪器电气原理图和系统连接图； ② 识读气相色谱仪气路图、光谱仪光路图	5
	2. 电子基础知识	反馈的概念，四种负反馈电路（电流串联、电流并联、电压串联、电压并联）的工作原理及具体应用	20
	3. 安全防护知识	① 全面掌握本专业安全操作规程，并能做好教育与示范工作； ② 能及时处理本专业发生的人身设备事故	5
专业知识	1. 工具设备知识	本专业常用检修、检定工具设备的工作原理，使用方法及简单故障处理	5
	2. 数字化测量技术知识	A/D 变换、D/A 变换的基本工作原理	5
	3. 分析仪器常用部件知识	常用微电机（可逆电机、步进电机）的构造及工作原理	10
	4. 检定知识	气相色谱仪检定的一般内容及所需设备	5
	5. 常用分析仪器及其附属设备的原理，故障分析知识	① 分析仪器受干扰因素及抗干扰措施； ② 智能化分析仪器的基本工作原理及故障区域分析； ③ 气相色谱仪较复杂故障的分析； ④ 色谱数据处理机的工作原理及简单故障分析； ⑤ 光谱仪（红外、紫外、原子吸收）的组成、工作原理、简单故障分析	40
相关知识	1. 分析工知识	气相色谱分析定性、定量方法	3
	2. 管理知识	全面质量管理知识	2

2. 技能要求

项　目	鉴定范围	鉴　定　内　容	鉴定比重 %
操作技能	基本操作能力	① 常用分析仪器的验收、安装、调试及投运； ② 常用分析仪器故障的分析与排除； ③ 智能化分析仪器和色谱数据处理机的一般操作； ④ 气相色谱仪检定	65
工具设备使用、维修	工具设备使用及维护能力	熟练使用本工种常用检修、校验仪器进行故障检查和校验	10
其他能力	1. 计算能力	① 误差的常用表达方式及计算方法； ② 运算放大器常用接法下的闭环放大倍数的计算	10
	2. 识图制图能力	① 识读常用分析仪器的电路图、接线图、装配图，并能修正错误； ② 根据实物测绘局部电子线路图	10
	3. 管理能力	① 本专业备品、备件计划的制定； ② 分析仪器大修程序及内容	5